九章筭法比類大全

上册

國家古籍整理出版專項經費資助項目

[明]吴敬◇撰

二〇二一—二〇三五年國家古籍工作規劃重點出版項目

周霄漢◇整理

中國科技典籍選刊

第七輯

主編　孫顯斌　高峰

山東科學技術出版社
·濟南·

圖書在版編目（CIP）數據

九章算法比類大全 /（明）吴敬撰；周霄漢整理 .-- 濟南：山東科學技術出版社，2023.4
（中國科技典籍選刊 / 孫顯斌，高峰主編 . 第七輯）
ISBN 978-7-5723-2024-8

Ⅰ. ①九… Ⅱ. ①吴… ②周… Ⅲ. ①古典數學—中國 Ⅳ. ① O112

中國國家版本館 CIP 數據核字（2024）第 060091 號

九章算法比類大全

JIUZHANG SUANFA BILEI DAQUAN

責任編輯：楊　磊　孫小杰
裝幀設計：孫　佳
封面題簽：徐志超

主管單位：山東出版傳媒股份有限公司
出 版 者：山東科學技術出版社
地址：濟南市市中區舜耕路 517 號
郵編：250003　電話：（0531）82098088
網址：www.lkj.com.cn
電子郵件：sdkj@sdcbcm.com
發 行 者：山東科學技術出版社
地址：濟南市市中區舜耕路 517 號
郵編：250003　電話：（0531）82098067
印 刷 者：山東新華印務有限公司
地址：濟南市高新區世紀大道 2366 號
郵編：250104　電話：（0531）82091306

規格： 16 開（184 mm × 260 mm）
印張： 84.25　**字數：** 1644 千
版次： 2023 年 4 月第 1 版　**印次：** 2023 年 4 月第 1 次印刷
定價： 480.00 元（全三册）

中國科技典籍選刊

中國科學院自然科學史研究所組織整理

《中國科技典籍選刊》總序

我國有浩繁的科學技術文獻，整理這些文獻是科技史研究不可或缺的基礎工作。竺可楨、李儼、錢寶琮、劉仙洲、錢臨照等我國科技史事業開拓者就是從解讀和整理科技文獻開始的。二十世紀五十年代，科技史研究在我國開始建制化，相關文獻整理工作有了突破性進展，涌現出许多作品，如胡道静的力作《夢溪筆談校證》。

改革開放以來，科技文獻的整理再次受到學術界和出版界的重視，這方面的出版物呈現系列化趨勢。巴蜀書社出版《中華文化要籍導讀叢書》（簡稱《導讀叢書》），如聞人軍的《考工記導讀》、傅維康的《黄帝内經導讀》、繆啓愉的《齊民要術導讀》、胡道静的《夢溪筆談導讀》及潘吉星的《天工開物導讀》。上海古籍出版社與科技史專家合作，爲一些科技文獻作注釋并譯成白話文，刊出《中國古代科技名著譯注叢書》（簡稱《譯注叢書》），包括程貞一和聞人軍的《周髀算經譯注》、聞人軍的《考工記譯注》、郭書春的《九章算術譯注》、繆啓愉的《東魯王氏農書譯注》、陸敬嚴和錢學英的《新儀象法要譯注》、潘吉星的《天工開物譯注》、李迪的《康熙幾暇格物編譯注》等。

二十世紀九十年代，中國科學院自然科學史研究所組織上百位專家選擇并整理中國古代主要科技文獻，編成共約四千萬字的《中國科學技術典籍通彙》（簡稱《通彙》）。它共影印五百四十一種書，分爲綜合、數學、天文、物理、化學、地學、生物、農學、醫學、技術、索引等共十一卷（五十册），分别由林文照、郭書春、薄樹人、戴念祖、郭正誼、唐錫仁、苟翠華、范楚玉、余瀛鰲、華覺明等科技史專家主編。編者爲每種古文獻都撰寫了“提要”，概述文獻的作者、主要内容與版本等方面。自一九九三年起，《通彙》由河南教育出版社（今大象出版社）陸續出版，受到國内外中國科技史研究者的歡迎。近些年來，國家立項支持《中華大典》數學典、天文典、理化典、生物典、農業典等類書性質的系列科技文獻整理工作。類書體例容易割裂原著的語境，這對史學研究來説多少有些遺憾。

總的來看，我國學者的工作以校勘、注釋、白話翻譯爲主，也研究文獻的作者、版本和科技内容。例如，潘吉星將《天工開物校注及研究》分爲上篇（研究）和下篇（校注），其中上篇包括時代背景，作者事迹，書的内容、刊行、版本、歷史地位和國際影響等方面。《導讀叢書》《譯注叢書》《通彙》等爲讀者提供了便於利用的經典文獻校注本和研究成果，也爲科技史知識的傳播做出了重要貢獻。不過，可能由於整理目標與出版成本等方面的限制，這些整理成果不同程度地留下了文獻版本方面的缺憾。《導讀叢書》《譯注叢書》和其他校注本基本上不提供保持原著全貌的高清影印本，并且録文時將繁體字改爲簡體字，改變版式，還存在截圖、拼圖、换圖中漢字等現象。《通彙》的編者們儘量選用文獻的善本，但《通彙》的影印質量尚需提高。

歐美學者在整理和研究科技文獻方面起步早於我國。他們整理的經典文獻爲科技史的各種專題與綜合研究奠定了堅實的基礎。有些科技文獻整理工作被列爲國家工程。例如，萊布尼兹（G. W. Leibniz）的手稿與論著的整理工作於一九〇七年在普魯士科學院與法國科學院聯合支持下展開，文獻内容包括數學、自然科學、技術、醫學、人文與社會科學，萊布尼兹所用語言有拉丁語、法語和其他語種。該項目因第一次世界大戰而失去法國科學院的支持，但在普魯士科學院支持下繼續實施。第二次世界大戰後，項目得到東德政府和西德政府的資助。迄今，這個跨世紀工程已經完成了五十五卷文獻的整理和出版，預計到二〇五五年全部結束。

二十世紀八十年代以來，國際合作促進了中文科技文獻的整理與研究。我國科技史專家與國外同行發揮各自的優勢，合作整理與研究《九章算術》《黄帝内經素問》等文獻，并嘗試了新的方法。郭書春分别與法國科研中心林力娜（Karine Chemla）、美國紐約市立大學道本周（Joseph W. Dauben）和徐義保合作，先後校注成中法對照本《九章算術》（*Les Neuf Chapitres*，二〇〇四）和中英對照本《九章算術》（*Nine Chapters on the Art of Mathematics*，二〇一四）。中科院自然科學史研究所與馬普學會科學史研究所的學者合作校注《遠西奇器圖説録最》，在提供高清影印本的同時，還刊出了相關研究專著《傳播與會通》。

按照傳統的説法，誰占有資料，誰就有學問，我國許多圖書館和檔案館都重“收藏”輕“服務”。在全球化與信息化的時代，國際科技史學者們越來越重視建設文獻平臺，整理、研究、出版與共享寶貴的科技文獻資源。德國馬普學會（Max Planck Gesellschaft）的科技史專家們提出“開放獲取”經典科技文獻整理計劃，以“文獻研究＋原始文獻”的模式整理出版重要典籍。編者盡力選擇稀見的手稿和經典文獻的善本，向讀者提供展現原著面貌的複製本和帶有校注的印刷體轉録本，甚至還有與原著對應編排的英語譯文。同時，編者爲每種典籍撰寫導言或獨立的學術專著，包含原著的内容分析、作者生平、成書與境及參考文獻等。

任何文獻校注都有不足，甚至會引起對某些内容解讀的争議。真正的史學研究者不會全盤輕信已有的校注本，而是要親自解讀原始文獻，希望看到完整的文獻原貌，并試圖發掘任何細節的學術價值。與國際同行的精品工作相比，我國的科技文獻整理與出版工作還可以精益求精，比如從所選版本截取局部圖文，甚至對所截取的内容加以“改善”，這種做法使文獻整理與研究的質量打了折扣。

實際上，科技文獻的整理和研究是一項難度較大的基礎工作，對整理者的學術功底要求較高。他們須在文字解讀方面下足够的功夫，并且準確地辨析文本的科學技術内涵，瞭解文獻形成的歷史與境。顯然，文獻整理與學術研究相互支撑，研究决定着整理的質量。隨着研究的深入，整理的質量自然不斷完善。整理跨文化的文獻，最好借助國際合作的優勢。如果翻譯成英文，還須解决語言轉换的難題，找到合適的以英語爲母語的合作者。

在我國，科技文獻整理、研究與出版明顯滯後於其他歷史文獻，這與我國古代悠久燦爛的科技文明傳統不相稱。相對龐大的傳統科技遺産而言，已經系統整理的科技文獻不過是冰山一角。比如《通彙》中的絶大部分文獻尚無校勘與注釋的整理成果，以往的校注工作集中在幾十種文獻，并且没有配套影印高清晰的原著善本，有些整理工作存在重複或雷同的現象。近年來，國家新聞出版廣电總局加大支持古籍整理和出版的力度，鼓勵科技文獻的整理工作。學者和出版家應該通力合作，借鑒國際上的經驗，高質量地推進科技文獻的整理與出版工作。

鑒於學術研究與文化傳承的需要，中科院自然科學史研究所策劃整理中國古代的經典科技文獻，并與湖南科學技術出版社合作出版，向學界奉獻《中國科技典籍選刊》。非常榮幸這一工作得到圖書館界同仁的支持和肯定，他們的慷慨支持使我們倍受鼓舞。國家圖書館、上海圖書館、清華大學圖書館、北京大學圖書館、日本國立公文書館、早稻田大學圖書館、韓國首爾大學奎章閣圖書館等都對“選刊”工作給予了鼎力支持，尤其是國家圖書館陳紅彦主任、上海圖書館黄顯功主任、清華大學圖書館馮立昇先生和劉薔女士以及北京大學圖書館李雲主任，還慨允擔任本叢書學術委員會委員。我們有理由相信，有科技史、古典文獻與圖書館學界的通力合作，《中國科技典籍選刊》一定能結出碩果。這項工作以科技史學術研究爲基礎，選擇存世善本進行高清影印和録文，加以標點、校勘和注釋，排版采用圖像與録文、校釋文字對照的方式，便於閱讀與研究。另外，在書前撰寫學術性導言，供研究者和讀者參考。受我們學識與客觀條件所限，《中國科技典籍選刊》還有諸多缺憾，甚至存在謬誤，敬請方家不吝賜教。

我們相信，隨着學術研究和文獻出版工作的不斷進步，一定會有更多高水平的科技文獻整理成果問世。

張柏春　孫顯斌

於中關村中國科學院基礎園區

二〇一四年十一月二十八日

目　録

整理説明

一、《九章算法比類大全》的内容及價值

《九章算法比類大全》（約一四五〇）是明代吴敬編纂的一部大型數學著作，是十三至十六世紀中國古典數學普及化的代表性作品。在十三世紀之後，包括《九章算術》在内的《算經十書》的流傳出現了一定程度的停滯。如《比類大全》作序者聶大年所言“自大撓以來古今凡六十六家，而《十書》今已無傳，惟九章之法僅存，而能通其説者亦鮮矣”。吴敬本人亦稱其“歷訪《九章》全書，久未之見”。而其最終獲得的一部《九章》“寫本”并不能讓他滿意。

其目二百四十有六。内方田、粟米、衰分不過乘除互换，人皆易曉。若少廣之“截多益少”“開平方圓”，商功之“修築堆積”，均輸之“遠近勞費”，其法頗難。至于盈朒、方程、勾股，題問深隱，法理難明，古注混淆，布算簡略，初學無所發明。由是通其術者鮮矣。

吴敬在其所獲的《九章》和其他算書的基礎之上“采輯舊聞，分章詳注，補其遺闕，芟其紕繆，粲然明白，如指諸掌。前增乘除開方起例之法，中添詳注比類歌詩之術，後續鎖積演段還源之方”。經他編集之後全書共分十卷，最開始的“乘除開方起例”包含了全書所用的數學基本概念、單位名稱與换算、乘除開方算法的基礎口訣和算例，寫算、河圖書數等特殊算術方式等繁雜内容，這部分并不被列爲第一卷。這似乎是爲了有意保持《九章》的原始的章節次序，即仍然依次以“方田”“粟米”“衰分”“少廣”“商功”“均輸”“盈不足”“方程”“勾股”作爲一至九卷的標題，另在最後增補“還源開方算法”作爲第十卷。一至九卷均又分爲“古問”“比類”“詩詞（或詞詩）”三個小節。其中，“古問”基本保留了《九章算術》中的問題和答案，在解法前冠以“法曰”二字，與《九章》中“術曰”的稱謂不同，而解法上也有部分差异，但整體上“古問”部分保留了《九章》的大部分内容。“比類”爲與該章問題情景類似或用同類

算法解决的算題，“詩詞（或詞詩）”是以“五言”“六言”打油詩或“西江月”“鳳栖梧”等詞牌、曲牌形式給出的算題，亦可視爲詩詞形式的“比類”。十卷内容絕大多情況下均以“問－答－法”的組合作爲文本最小單位，在此之外，少有對題目類型或算法的描述或概括。這樣的組合對應吴敬序言中所稱的“總千四百餘問”。相比之下原始《九章》被歸類在“古問”中的二百四十六題僅占全書篇幅的一小部分，或可言在《九章》原始分類體系的基礎上，吴敬通過“比類”方式“編集”出一部體量更加巨大的數學著作。而大量的“比類”和“詩詞”算題也成了該書的顯著特色，便於當時讀者的學習和理解，增加閲讀趣味，爲該書的普及和傳播起到了重要作用。

以往學者或偏重複雜數學内容，在古書中尋找與現代高等數學内容相當的歷史材料，在這種編史學進路下往往對此書的關注不够或評價不高。然而如果我們變换視角，嘗試從明代一般讀者的角度去看待該書，卻可以發現其中多樣的數學知識和操作，簡便的計算方法，以及豐富的實際應用場景。錢寶琮在其主編的《中國數學史》中即已提出，《比類大全》有兩個特點應予以注意，其一，“有意識地提倡古代經典數學起着後來數學著作的規範作用”。其二，“商業經濟的發展推動商業算術的發展”〔一〕。該書與義大利同時期的“脱雷維沙（Treviso）算術”的内容有相似處〔二〕，兩書中都有不少與商業資本有關的應用問題。這也反映了社會中頻繁複雜的商業活動對數學知識的需求。

此外，在“歷史語境中還原數學知識”學術取向下，該書更可視爲一個極好的樣本，不僅對我們理解當時數學普及著作本身有幫助，而且對我們理解傳統數學的連續性發展有重要意義。有關《九章比類算法大全》的内容來源，嚴敦傑先生最早指出宋代楊輝《詳解九章算法》（一二六一）對該書的影響〔三〕。法國學者林力娜（Karine Chemla）教授也注意到楊輝著作和吴敬著作中圖的相似之處〔四〕。張久春先生通過比對兩書，認爲《詳解九章算法》中“詳解”部分對吴敬作品影響尤大，並且發現了《比類大全》中數學内容的其他來源，如《楊輝算法》、元代朱世傑《算學啟蒙》（一二九九）等書的影響〔五〕。台灣學者洪萬生和黄清揚也在此方面進行研究，尤其關注了《算學啟蒙》與《比

〔一〕錢寶琮主编，《中國數學史》，科學出版社，一九六四年：一三五—一三六頁。

〔二〕Frank J. Swetz, *Capitalism and Arithmetic*, the New Math of the 15th Century, Including the full text of the *Treviso Arithmetic* of 1478 (translated by David Eugene Smith), La Salle, Illinois, Open Court Publishing Company, 1987.

〔三〕嚴敦傑，宋楊輝算書考，《宋元數學史論文集》，科學出版社，一九六六年：一五二—一五三頁。

〔四〕Karine Chemla, Variétés des modes d'utilisation des *tu* dans les textes mathématiques des Song et des Yuan, European and North American Exchanges in East Asian Studies Conference. Paris, 二〇〇一年：十頁。

〔五〕張久春，《九章算法比類大全》的資料來源及其影響，中國科學院自然科學史研究所碩士論文，二〇〇一年；張久春，《九章算法比類大全》淵源初探，《自然科學史研究》，二〇一一年第三十卷第二期，二〇七—二一五頁。

類大全》的异同和可能的傳承[一]。筆者最近的研究解釋了《比類大全》中“古問”題目順序與楊輝《詳解九章算法纂類》之間的關係，以及這種重新編排的部分原因，並探究了《詳解九章算法》與《比類大全》之間在某些數學概念和操作方面的連續性[二]。在吴敬《比類大全》誕生一個半世紀之後，另一部傳播廣泛、影響巨大的算書爲明代程大位（一五三三—一六〇六）的《算法統宗》（一五九二），但其中仍可看到《比類大全》的諸多痕迹和影響。總體而言，《比類大全》在以《九章算術》爲核心和框架的中國傳統數學的流傳中起到承上啟下的作用。

具體而言《比類大全》還可有一個明顯且直接的用途。因爲《比類大全》對楊輝作品的繼承，以《比類大全》的内容去完全恢復已經缺失的楊輝《詳解九章算法》的文字雖然難以做到[三]，但對於《詳解》中的部分關鍵文句，仍然可以由《比類大全》推測出。《詳解》中位於“詳解”二字之下爲楊輝對《九章》算題的解説，反映出十三世紀的數學從事者對經典文獻的理解和重新詮釋，具有重要意義。但是現存《詳解九章算法》爲清代宜稼堂刻本（一八四三），依據的是石研齋殘缺且舛誤頗多的抄本，僅保留盈不足、方程、勾股、商功、均輸五個章節的内容，此五章節内亦有一些題目完全遺失。例如，對於方程一章中被歸入“纂類”損益術下第一題的“二馬一牛”之題，其下本該有楊輝借“詳解”該題而闡明其對“損益術”的理解和評論，但是現存的《詳解》版本中該題遺失，這樣的“詳解”内容無從得知。通過考察我們可推知吴敬采用《詳解》各部分文本以編輯《比類大全》的大致規律，其中“詳解”部分的文字往往被吴敬引用作爲雙行小字放置在“法曰”之下。那么現存《比類大全》方程章“二馬一牛”問題中的“未知牛馬半價者，當損益求齊……”等一段文字則來自楊輝對該題的“詳解”，結合楊輝在其他地方反復强調的“不可損益”的例題，可知其對損益術的適用條件和範圍的約束和限定。這樣的例子還有一些，需要對兩處的文本作精細的分析，方可知道所恢復的語句的重要意義，在此不贅。然而這里的前提便是掌握一部完備和準確的《比類大全》的文本内容。

〔一〕黄清揚、洪萬生，從吴敬算書看明代《算學啟蒙》的流傳，《中華科技史學會會刊》，二〇〇六年第十期：七十一—八十八頁；洪萬生，數學與明代社會：一三六八—一六〇七，《中國史新論：科技與中國社會分册》，經聯，二〇一〇年：三七三—三八〇頁。

〔二〕Zhou Xiaohan, Elements of Continuity between Mathematical Writings from the Song-Yuan (13th—14th Century) Dynasties and the Ming Dynasty (15th Century): Comparing Yang Hui's *Mathematical Methods* (1261 CE) and Wu Jing's *Great Compendium* (1450 CE) [D], 巴黎狄德羅大學博士論文，二〇一八年：一六九—三三八頁。

〔三〕郭書春，吴敬《九章比類》與賈憲《九章細草》比較芻議，《自然科學史研究》，二〇一六年第三十五卷第二期：一六七—一七四頁。

二、《九章算法比類大全》作者吴敬及作序者身份

有關該書作者吴敬的生平，雖然之前論及《比類大全》的學者已經有過介紹，但目前所依據的資料只有該書序言中的部分信息。相比之下，爲吴敬算書作序者的身份信息，歷史記載較爲豐富，此爲明末之前算書之少見。此處加以介紹，以還原該算書所在的時代和人文社會背景〔一〕。吴敬生活在明代中早期的杭州地區，該書項麒序言稱：

凡吾浙藩田疇之饒衍，糧税之滋多，與夫户口之浩繁，載諸版籍之間者，皆于翁手是資，則無遺而無爽焉。一時藩臬重臣皆禮遇而信託之者，有由然矣。

由此我們知道吴敬曾經作爲江浙一帶地方官員的助手，負責測量和計算土地面積、賦役税收等方面的事宜，並且受到“藩臬重臣”的器重。“藩臬重臣”應指明代掌管一省政令及財賦之事的“承宣布政使司”及主管一省刑名按劾之事的“提刑按察使司”兩官署中的要員〔二〕。然而，在各种不同時期編纂的仁和、钱塘和浙江的地方志文獻中，我們尚未見到與吴敬相關的信息。

景泰元年（一四五〇）吴敬撰寫自序，稱自己“積功十年”方才完成了這部宏大著作的書稿，而在此時他已經“年老目昏”。三十八年後的弘治元年（一四八八），當該書經過其孫子的修訂而再版時，吴敬或許已經離世。

現存的《九章算法比類大全》均爲一四八八年版本，該版本以聶大年（一四〇二—一四五六）所作序言爲開篇。在序言中，聶大年簡要地談論了數學的歷史、功用、以及吴敬編寫《比類大全》的緣由，並肯定了吴敬此書對於當時“治教休明、興學育才”的重要作用。

聶大年，字壽卿，號東軒，出生在江西撫州臨川〔三〕。聶大年與吴敬寫序日期同爲一四五〇年。根據其墓志銘及地方志中的材料，在此之前聶大年就已經被薦舉爲仁和縣儒學（供生員修業學習的學校）“訓導”一職，進行輔助教學。“藩憲大臣與一時達官顯人過杭者皆禮重之”，且其文章之名就已經傳播甚遠。其後，他曾離開仁和，在常州

〔一〕該小節内容部分出自周霄漢，《明代數學著作的商品化特徵初探：以“副文本”爲研究中心》，科學史通訊（台灣），第四十五期，二〇二一年：一—三十八頁，該文包括對該書作序者和作像讀者的更爲詳細的考證。

〔二〕“藩臬重臣”亦有可能指一省最高行政長官從二品官職的“藩司（布政使）”和正三品官職的“臬司（按察使）”，參見張政烺、吕宗力主編，《中國歷代官制大辭典（修訂版）》，商務印書館，二〇一五年：二二九頁、六二一頁、六四五頁、九八三頁。

〔三〕有關聶大年的人物資料較多，現可查閱到其墓志銘（焦竑，《國朝獻征録》，《續修四庫全書》五二九册，上海古籍出版社，卷八十三—八十四：八十五頁。）和在明嘉靖二十八年所修的《仁和縣志》中收録的聶大年的傳記（沈朝宣，《嘉靖仁和縣志》，成文出版社有限公司，一九七五年：四八四頁。）

教學九年。正是在一四五〇年，聶大年遷升爲仁和縣的儒學“教諭”。元明清時期，縣學設置教諭，掌管文廟祭祀，教育生員。這也正是聶大年在該序末署名所用的教銜。聶大年也在序言中提到，在該書刊刻完成後吴敬邀請他作序推薦（“徵序其首簡”）。由此可以推測吴敬與聶大年有一些接觸和交往，但也正如洪萬生先生所提醒的那樣，我們無法排除這與請人作序交付“潤筆”的可能[一]。

《比類大全》的其他作序人在寫序（像贊）時，都已有過比較高的官職。與這種情況相比，聶大年在寫作該序時尚没有顯赫的官職。在仁和教諭的職位上，聶大年建議修建學校、嚴格校規，得到廣大生員的敬慕。在聶大年爲《比類大全》作序時，我們至少比較確定的是，他在當時已經以詩文和書法在地方享有名聲。如其墓志銘中所言，在被薦舉爲仁和訓導之前，“（聶大年）尤篤意古人及晋唐人詩，書法歐陽率更、趙松雪，皆臻其妙，由是名動縉紳間”。

李儼[二]與吴智和[三]的研究均表明，在明代聶大年所在的縣一級的學校，數學都不是一個必須的科目。而且聶大年也在其序言中坦誠自己並未進行過數學學習（“余於算學未暇學”）。在現存的清光緒丁酉年（一八九七）刊刻的聶大年的詩文集《東軒集選》中[四]，保存了大量聶大年記事詠物或與友交遊的詩文，但我們没能找到任何與數學或與數學工作從事者有關的信息。這使得我們也懷疑聶大年與吴敬是否有深入的交往。

一四八八年的刻本加入的序言爲項麒（約一四二六—約一五〇八）所作。該序記述了吴敬孫子吴訥修訂景泰元年舊版《比類大全》並重新出版該書的經過。

翁（吴敬）嘗編纂其《九章算法比類大全》，通九卷，以刻於梓，以開導其後進之士。何其厚也！未幾，板毁於隣熋，而十存其六焉。翁之長嗣怡庵處士嘆惜彌深，輒命其季子，名訥字仲敏而號循善者，重加編較而印行之。

該段文字中提到的吴敬長嗣“怡庵處士”以及孫子吴訥的信息均難以考證。由上段可见，現存的《比類大全》中實際上有相當多部分是經過吴訥的修訂。

項麒，字文祥，仁和人。在該序末尾，項麒署上了官銜“奉議大夫修正庶尹南京刑部郎中”。各地方志文獻中的記載雖稍有出入，但我們可以確認項麒在成化年間就已經告老還鄉，而他在弘治元年書寫《比類大全》的這篇序言時，項麒應早已經不再擁有這

〔一〕洪萬生，數學與明代社會：一三六八—一六〇七，《中國史新論：科技與中國社會分册》，經聯，二〇一〇年：四一〇頁。

〔二〕李儼，《中國數學大綱（下册）》，科學出版社，一九五八年：二九三—二九五頁。

〔三〕吴智和，《明代的儒學教官》，台灣學生書局，一九九一年：一〇三—一〇七頁。

〔四〕聶大年，《東軒集選》，《叢書集成續編》一四〇册，新文豐出版公司，一九八八年。

樣的官職。

同樣的情况也出現在爲此書中吴敬的畫像撰寫像贊的張寧身上。張寧（一四二六—一四九六），字靖之，浙江吴興人〔一〕。学者昝聖騫考证張寧出生在一四二六年〔二〕。《浙江通志》中張寧傳又記載〔三〕張寧於景泰五年（一四五四）考取進士，其政治生涯的開端將不會早於這一年。在現存《比類大全》的吴敬像贊中，張寧也寫下了他長長的官銜“賜進士中憲大夫福建汀州知府前禮科都給事中賜一品服”。吴敬的畫像及其後的兩篇像贊均未標明時間，但從張寧的這一頭銜來看，這段像贊只可能是爲一四八八年的再版所做。

《浙江通志》和《明史》的張寧傳記載其退休的年紀：“乞歸，時年四十一。”結合其出生年份即知這一年是一四六六年。這些傳記也都記載張寧退休歸鄉之後居家三十年，即知他最終於一四九六年去世。基於這些時間點，我們知道當他爲一四八八年再版的《比類大全》撰寫吴敬畫像的像贊時，張寧已經從他所署名的官位上告退二十餘年。

與聶大年在作序時的情况一樣，張寧也以書畫聞名，在此方面的名聲和影響力，或許也是張寧被邀請爲吴敬畫像作贊的一部分原因。在現存的張寧文集《方洲集》和《方洲雜言》中，我們仍然没有找到任何與數學或與再版此書的吴敬後人的聯繫，但是其中卻有下面這位像贊作者的信息。

《比類大全》中吴敬畫像的第二篇像贊是孫暲（約一四七八）所作。孫暲，字景章，浙江海寧人。孫暲所署的官銜表明他在另一地區做官，“大中大夫山東布政使司右參政”。在明清時期“參政”是一個下三品的官銜。布政使司是設於各直省的地方政府機構，掌管一省政令及財賦之事。在該官署下，設左右布政使各一人，而左右參政是該署第二等的執行官職〔四〕。根據《明憲宗實録》的記載，孫暲于憲宗成化十四年（一四七八）被提升至這一官銜〔五〕。我們可以推算孫暲擔任右參政時可能的年齡。《浙江通志》的孫暲傳引用《兩浙名賢録》中的記載，提到孫暲是“景泰壬申（一四五二）以賢良方正薦授江西泰和縣丞〔六〕，保守假設他在這一年是三十歲的話，那么在一四七八年被遷升爲山

〔一〕在張寧的傳世作品《方洲集》中，作者署名爲海鹽張寧。根據《明史·地理志》，在洪武二年（一三九六），海鹽降爲嘉興府的縣。而吴興是湖州的舊稱。在十五世紀，杭州、嘉興和湖州是相鄰的同一行政等級的府級區劃。

〔二〕昝聖騫，明代詞人生卒年考七則，《中國韻文學刊》，二〇一二年第二十六卷第二期：九十四—九十七頁。

〔三〕薛應旂，《浙江通志》，成文書局，一九八三年：二二二三—二二二四頁。

〔四〕張政烺、吕宗力主編，《中國歷代官制大辭典（修訂版）》，商務印書館，二〇一五年：五七五頁。

〔五〕“成化十四年九月……廣西潯州府知府孫暲，俱爲右參政……泰、暲山東，琰山西。”參見《明憲宗實録》，“中研院”歷史語言研究所校印本，一九六二年，卷一八二。

〔六〕沈翼機，《浙江通志》，雍正十三年（一七三五）編，《四庫全書》本，卷一六七，第七頁。

東右參政的年紀已經是五十六歲。據此懷疑在一四八八年其爲吴敬畫像寫贊時，很有可能已經卸任該官職了。

張寧和孫暲以及其他友人一起交遊燕飲、詩文酬酢十分頻繁〔一〕。從這些頻繁交往來看，這段時間張寧和孫暲應該是居住在同一地區，並有十分親密的關係。如上文所説，一四六六年張寧就已經告老還鄉，而張寧和孫暲的這些社交活動似乎也暗示着孫暲也已經從山東布政司右參政的職位上告退，居住在他的故鄉杭州地區。

綜合以上人物信息的考證，我們可以看到爲《比類大全》一四五〇年版和一四八八年版作序或者爲吴敬的畫像撰寫畫贊的人，均是吴敬所居住的杭州附近的士大夫。項麒、張寧和孫暲都是明代的官員。但上面的考證揭示出，當這些人在寫序或者畫贊時，没有一人仍具有官職，甚至已經退休二十餘年。但他們無一例外都在序或像贊中署下自己榮耀的最高官銜。在他們作序的時代，聶大年和張寧都已經以其詩文和書畫聞名。而且在現存的這些人的著作集中，他們都未提及任何與數學、或與吴敬及其後人交往的信息。

這些當地退休官員和文化名流所做的序及畫贊，或許在當時能够起到彰顯這部算書或其作者地位的作用。這可與明代數學工作從事者的社會地位不高的一般印象聯繫。而在各種地方志文獻以及以上這些作者的文集中，没有任何與吴敬及其後人相關的記録，這一現象印证了這種判斷。雖然尚缺足够的證據，但是仍不妨有這樣合理的推測：《比類大全》的作者、修訂者和出版者試圖依靠這些大衆認可的文化資本和象徵資本的持有者，即當地的書畫名家和退休官員，來提升自己和著作的地位，以爲這本普及型的數學著作獲得更多讀者。

三、《九章算法比類大全》之版本

根據《九章算法比類大全》序言記載，此書首次刊刻發行於一四五〇年，其後其木板毁於"鄰烶"，而僅存十分之六。後由作者吴敬後人重加編校，一四八八年再次發行。此後五百年左右，至二十世紀九十年代以前，未有任何此書被翻刻再版的歷史記録。

現存四部《九章算法比類大全》明代刻本，均具有一四八八年的重刻序言。此四部明刊本分别收藏於中國國家圖書館，北京大學圖書館，上海市圖書館和日本静嘉堂文庫。

中國國家圖書館藏本上鈐蓋有"涵芬樓""養素居士""海鹽張元濟經收""北京圖書館館藏"的藏書印。"養素居士"暫不能確認其身份，有可能是浙江海寧的乾隆十三年進士陳淦（約一七四八）。上海商務印書館的張元濟曾收藏此書，故鈐有商務印書館收藏古籍的涵芬樓印。一九二五年，涵芬樓擴建成爲一座現代公共圖書館，名爲東方圖

〔一〕張寧，《方洲集》，《四庫全書》本：卷九、十一、十六、二十六。

書館。李儼是二十世紀最早發現並介紹該版本的數學史家。一九三〇年，他曾前往東方圖書館並拍攝了若干數學古籍〔一〕。一九三二年，該圖書館毀於日軍的恐襲，李儼曾認爲該館所藏的古籍均遭焚毀。然而，該部《比類大全》與其他古籍在轟炸前已被轉移到銀行地庫而倖免於難。在中華人民共和國成立之後，這部分古籍由商務印書館捐贈給北京和上海圖書館。二十世紀八十年代，在北京圖書館的基礎上建立國家圖書館，其藏書也爲國家圖書館收藏，這是該本《比類大全》之由來。

李儼先生在二十世紀三十年代拍攝的該書照片保存在中國科學院自然科學史研究所，該照片爲黑白反色，尺寸較原書小，因年代久遠和拍攝技術的限制，相當一部分文字已經難以辨別。一九九三年，國家圖書館藏本被重新影印，收録在郭書春先生主編、河南教育出版社出版的《中國科學技術典籍通彙・數學卷》第二卷中，該影印本爲黑白影印，並未包含該書天頭地脚。然而，在國家圖書館藏本的某些頁面上，留有部分紅色和黑色的墨迹圈點，並且在天頭有少部分簡短批注。一九九三年版的影印本中缺失了這些批注信息。二〇一三年該書由國家圖書館影印出版，收録在"中華再造善本"叢書中，這次出版采用雙色印刷，並且完整保存了頁面上批注。但限於該藏本本身頁面文字的清晰程度，仍有部分頁面難以卒讀。

北京大學圖書館收藏一部《比類大全》，該書曾爲清末民初著名藏書家李盛鐸先生（一八五九—一九三四）舊藏。一九三九年，李盛鐸藏書被捐贈給北京大學圖書館。在《北京大學圖書館藏李氏書目》中可見該書著録情况："明弘治刻本（書眉有嘉靖間人批注有缺葉）一二册（李口一五一二）。"其中，所言嘉靖間人批注主要出現在該書的序言及第一卷的書眉。批注時間是"嘉靖二十三年（一五四四）十月十二（三）日"，批注人身份不詳，其所批注的文字並非均針對數學内容，而最長的一條批注是寫於孫暲爲吴敬所作的像讚之上，針對其中"丹青"二字的古文寫法而作的考訂。該本印刷所用紙張泛黄，似爲竹紙，印刷質量不佳，尚未被影印出版。

上海圖書館藏本曾于二〇〇二年收録在《續修四庫全書》子部一〇四三册中，該藏本上除在商功章的卷首鈐有"上海圖書館藏"的印外，未見有其他藏書印可供我們考察此本的收藏和流傳情况。《續修四庫全書》中的影印本缺少"起例"部分的一至二十一葉，卷十"還原開方"的二十至八十八葉，並且卷十的二十、二十一、二十二葉僅有欄界且未有文字，欄界似由後人修補。此外，《續修四庫》本影印的"起例"部分在全書的位置與其他版本中這部分的位置不同，它們被置於全書的末尾。筆者懷疑該書重新裝訂者錯誤地認爲這部分"起例"頁面屬於卷十"還原開方"，因爲現在看來這兩部分頁面版心的葉碼幾乎是連續的。但根據吴敬自己在序言中的描述，起例部分位於全書

〔一〕李儼，東方圖書館善本算書解題，《國立北平圖書館館刊》，一九三三年第七卷第一期：七—十一頁。

之前應無异議。另外值得注意的是，筆者通過對比上海圖書館該書的電子文檔（編號八〇二〇三一—四〇）與該影印本，發現《續修四庫本》影印的該書並非全部采自上海圖書館藏本，但其並未作説明，讀者使用時尤需注意。例如，電子文檔第六頁中項麒的序言中，版面右下角缺失，但在《續修四庫》第二百八十九頁的對應的版面完整；該頁電子文檔中的"天資穎達而博通乎筭數"之"達"字模糊不清，但在《續修四庫》對應處卻清晰可見。此外，《續修四庫》本與上海圖書館藏本電子文檔的頁面順序在局部也不一致。更爲重要的是，《續修四庫》本的"卷一方田"的内容更是直接采用了國家圖書館藏本的相應頁面，雖然其卷首的國家圖書館藏書印模糊不清，但從頁面磨損和殘破的情況來看，與國家圖書館藏本完全一致，甚至連《續修四庫》本第二百九十九頁上墨筆圓圈批注的大小和位置都與國家圖書館藏本如出一轍。經向上海市圖書館管理員咨詢，其在書庫中並未查到該書卷一部分。總之，上海市圖書館所藏《比類大全》版本情况不佳，有殘損錯亂情况。

日本静嘉堂文庫由日本商人岩崎彌之助（一八五一—一九〇八）所創立。二十世紀初，彌之助先生從清末藏書家陸心源（一八三八年—一八九四）的子嗣處購得其舊藏圖書。李儼先生最早指出静嘉堂收藏《比類大全》一書，此後衆多學者重複該信息。然查包含陸氏"皕宋樓"和"十萬卷樓"藏書書目的《静嘉堂秘籍志》，却未記載該書。《中國數學史大系·中國算學書目彙編》〔一〕中記録明弘治元年（一四八八）刊本有"上海（市圖書館），北（京圖書館），北大（圖書館），日本鈴木久男，静（嘉堂）"幾種副本，即認爲在日本有静嘉堂藏本和日本學者鈴木久男（一九二四—二〇〇五）藏本兩種。一九九四年，靖玉樹先生將鈴木久男寄送的《比類大全》複印本影印出版，收録在其主編的《中國歷代算學集成》中册第三編中，但並未提及鈴木該複印本的來源。此次影印的效果亦極不佳，書上三種鈐章僅依稀可辨，一方似爲"恒畏"二字，一方即爲"静嘉堂珍藏"。由此可知，鈴木久男所影印者正是静嘉堂藏本，《中國算學書目彙編》誤認爲其爲兩種。最後一方長條形多字楷書印章，印文模糊，但通過與其他文獻用印文字對比可知爲以下内容"歸安陸氏守先閣書籍，稟請奏定，立案歸公，不得盜賣盜買"。該印證實此本《比類大全》確爲陸心源舊藏，保存在陸氏收藏一般古籍的"守先閣"内。一八八二年，陸心源將守先閣向公衆開放，因此在其中藏書上鈐蓋上如此印文以防止讀者偷盜〔二〕。在其去世後，守先閣部分藏書也由静嘉堂購得，然而或因此本當時並未被視爲珍本或善本，之後《静嘉堂秘籍志》也未著録。

雖然以上四種藏本均爲一四八八年刻本，但通過細緻比較已經影印出版的國家圖書

〔一〕李迪，《中國數學史大系 副卷二：中國算學書目彙編》，北京師範大學出版社，二〇〇〇年：四〇頁。
〔二〕王紹仁，江南藏書史話，上海古籍出版社，二〇〇九年：一八二—一八四頁。

館藏本、上海圖書館藏本和静嘉堂本發現，這幾種副本存在一些差异。首先，該書的一些頁面顯示印製該頁的木板已經斷裂，這些裂紋導致頁面文字和欄界不能連貫，甚至影響閱讀。然而三種副本上同一版面的裂紋大小不同，很多情况下，静嘉堂藏本的版面裂紋較小，而且該本的文字和圖示由原木板刊印的效果比其他副本清楚。如果我們一般認爲木板被印刷的次數越多、使用的時間越久，其裂紋會越來越大、文字會愈加模糊，那么静嘉堂本的印刷時間估計會比其他兩種要早。其次，國家圖書館和上海圖書館所藏的副本的一些頁面有被人修整的痕迹。例如，静嘉堂藏本的勾股卷第十九葉是完整而清晰的，僅在頁面頂端看到非常不明顯的一道裂紋。然而，在印製國家圖書館藏和上海圖書館藏的副本時，該木板頂部似乎已經破損斷裂，導致這一部分文字和欄界没有印出，或與其他斷損的木板錯誤拼接。在上海圖書館藏本上，某人在該頁的左起第五欄添加了“今”字，與静嘉堂藏本對比，可以確認該字添加正確，然而上海圖書館藏本該頁其他欄頂端的缺失文字没有添補。國家圖書館藏本該葉出現頂端文字與大半下部文字無法連貫的情况（錯誤的拼接甚至出現了“今法”這樣會錯誤誘導讀者的詞彙），經翻閲全書，發現均輸卷第三十四葉的頂部同樣與下部文字無法連貫，而與勾股卷第十九葉的文字契合，而國家圖書館藏本用於修補勾股卷第十九葉頂部的文字與均輸卷彼葉亦若合符契。同樣静嘉堂藏本勾股卷第二十葉完整清晰，但在上海圖書館藏本上，該葉頂部缺失，僅在每道問題的開端添補“今”字，構成“今有”的固定用語，其餘文字没有添補。而國家圖書館藏本該葉頂部則與均輸卷第三十三葉的頂部錯誤對調，導致兩處頁面題目均難以理解。第三，除上述上海圖書館藏本存在個别文字修補的情况外，國家圖書館藏本的個别文字亦有被修改痕迹，雖然情况不多，但若不經過與静嘉堂本的細緻對比，很容易認爲此墨迹修改爲刻本原字。如静嘉堂藏本方田卷第十葉左起第三欄底部小字“二分”，國家圖書館藏本此處爲小字“四分”。根據此處題意“二分”爲正確，鑒於國家圖書館藏本方田卷上已有圈注，此“四”字亦似爲用墨迹在“二”上添加筆畫而成，實爲錯誤的修改。當然静嘉堂本本身也存在一些問題，比較重要的一處是，商功章第二十葉到第三十葉間，該本出現頁面缺失和較嚴重的裝訂順序錯亂。其缺失第二十二葉，在前後不同位置重複出現第三十葉。而國家圖書館藏本缺失第二十六葉，只上海圖書館藏本頁面無缺且順序正確。此處需要注意的是，全書原版頁面即存在編碼重複的現象。如起例卷第二十四葉、第二十五葉之後，分别出現“又廿四”和“又廿五”葉。粟米卷第三十葉、第三十葉之後，分别出現“又卅”葉和“又卅一”葉。此或爲原書製版時出現的計版問題，抑或與吴敬之孫在殘存原版上修訂重刊有關，但文字内容連貫，不影響閲讀。

總體而言，現存的各種《比類大全》的藏本均不完美，在每種副本上都有一些頁面模糊不清，導致現代讀者無法識讀。然而，静嘉堂藏本的情況較其他藏本爲好，或許它印製的時間較早，木板尚未出現較多大的裂紋，字迹磨損也較淺。而且，我們在此藏本上也未見有不當的修補，以及會造成與原刻本文字混淆的批注。故本整理本依據日本静嘉堂收藏的《比類大全》爲底本，參照國家圖書館藏本、上海圖書館藏本，釋讀、校勘出該書的幾乎全部文字，給現代讀者提供一份完整清晰的《比類大全》版本。

四、整理説明

凡底本静嘉堂藏本清楚而國家圖書館藏本和上海圖書館藏本缺失或模糊者，不出校勘記。凡底本模糊不清處，則依次參照國家圖書館藏本和上海圖書館藏本校正。對於三版本均模糊不清的文字，此校勘本使用校勘人根據題意或計算推測出的文字，並在校勘記中説明。此外，前人研究都已揭示出吴敬《九章算法比類大全》與楊輝《詳解九章算法》的關係密切，二者有部分文字相同。對於各本均模糊不清的个别文字，校勘人將參考《詳解九章算法》或其他同時期算書中相應的文字做出推測，並在校勘記中説明。

《比類大全》一書中算題多有難以解析或從現在角度認爲明顯錯誤之處，此校勘意欲恢復一四八八年刻本原貌，提供給現代讀者一個清晰可辨的排印本。若校勘人通過題意或運算推測原本文字有誤，將另有研究文章探討其錯誤原因和思維過程，不在此校勘本中過多校改底本。

因算術文本形式複雜，而文字排布的格式和佈局往往藴含特殊意義，它們是古人進行數學思維活動的依據，故原始刻本的文本排版形式極爲重要，只有其能展示出“文字内容”與所指示的運算“形式内容”之間的相互吻合，這凸顯出影印原書圖版的重要意義。如方田卷第八葉第一題“列置分母子”之後“二分、三分、四分、五分於右”“之一、之二、之三於左”兩句作雙行小字，左右對應排列，前句居右，後句居左。再如方程卷問題解法中排布的數據矩陣，分“左、中、右”或“一、二、三、四”等多行排列，在算法後文中則指稱其爲“左行”“中行”“右行”或“第一行”“第二行”等。這類内容文字排布的形式本身體現數學意義，不可换行重排。另外，如方程和開方卷内一些記録算法操作步驟和中間運算結果的文字量巨大，且較爲模式化，按照原版式换行排印較易於讀者找到對應的原版文字。故本整理本在原板式的文字間添加標點，以便讀者閲讀，僅依叢書體例將文字改爲横排。算書内容與一般古典文獻有不小差异，尤其是算法文句，根據句意及大小字自然形成的差异，可知所描述的運算操作，本不宜以現代標點强行斷句。且原文在某些同一層次的算法之間，已使用“○”號作爲分隔（如方田卷第四十六葉，粟米卷第五十一葉，衰分卷第二十三葉，開方卷第十葉等）。在盡量避免算法文字所指操作産生混淆的情況下，該整理本主要依靠句號和逗號兩種標點，爲原文提供一種標點的方式供讀者參考。《比類大全》中的部分算法和算題，曾收録在郭書春先生主編《中華大典·數學典·中國傳統算法分典》〔一〕相應的章節和主題下。潘有發、潘紅麗所著《中國古典詩詞體數學題譯注》〔二〕中亦收録部分吴敬算書内容。該整理本因形式和體例與以上著作不同，部分標點參考這些著作，但標點方式或有差异。

對原書中部分异體字或舊字形，參照二〇一三年頒布的《通用規範漢字表》和二〇二一年發布的《古籍印刷通用字規範字形表》，盡量按照現代繁體中文出版規範做統一，但仍保留部分异體字和俗體字，以使排印文字與原書用字保持一致，如總體而言"萬"字在原文大字中爲"萬"，而在小字中作"万"，"箇"字在原文大字中多作"箇"，而在小字中作"个"。而對於有些字形，如"數"和"数"在原文中的使用并無明顯的規律，即便在同一頁面中，我們可以看到在大字中同時使用"數"和"数"（如均輸卷第十三葉），在小字中亦同時使用這兩種字形（如方田卷第九葉）。整理本將統一做"數"，如欲進一步探究二者使用之區别，可參看影印文字。以下每組文字中，采用第二個文字，不出校勘記，如數數、為爲、微微、舊舊、刾刻、開開、筭筭、嵗歲、若若、呉吴、卻却、鄉鄉、髙高、扵於、㑹會、徵徵、眀明、㝎定、圖圖、增增、叚段、纔纔、沒没、逺遠、几凡、爽爽、涉涉、帰歸、若若、畆畝、衡衡、乘乘、等等、歩步、冩寫、環環、垜垛、鄉鄉、㓛功、圓圓、類類、隱隱、噐器、兎兔、瓠瓠、壯壯、纒纏、垂垂、臺臺、减減、亷廉、㢘廉、鹽鹽、雙雙、隻隻、磚磚、皆皆、瓜瓜、緫總、倚倚、欹欹、初初、處處、零零、晝晝、繫繫、滿滿、丈丈、染染、轉轉、皃兒、邊邊、毎每、攺改、戸户、啇商、鰥鰥、羮羹、經經、折折、夲本、紙紙等。

〔一〕郭書春，《中華大典·數學典·中國傳統算法分典》，濟南：山東教育出版社，二〇一八年。
〔二〕潘有發、潘紅麗，《中國古典詩詞體數學題譯注》，沈陽：遼寧教育出版社，二〇一六年。

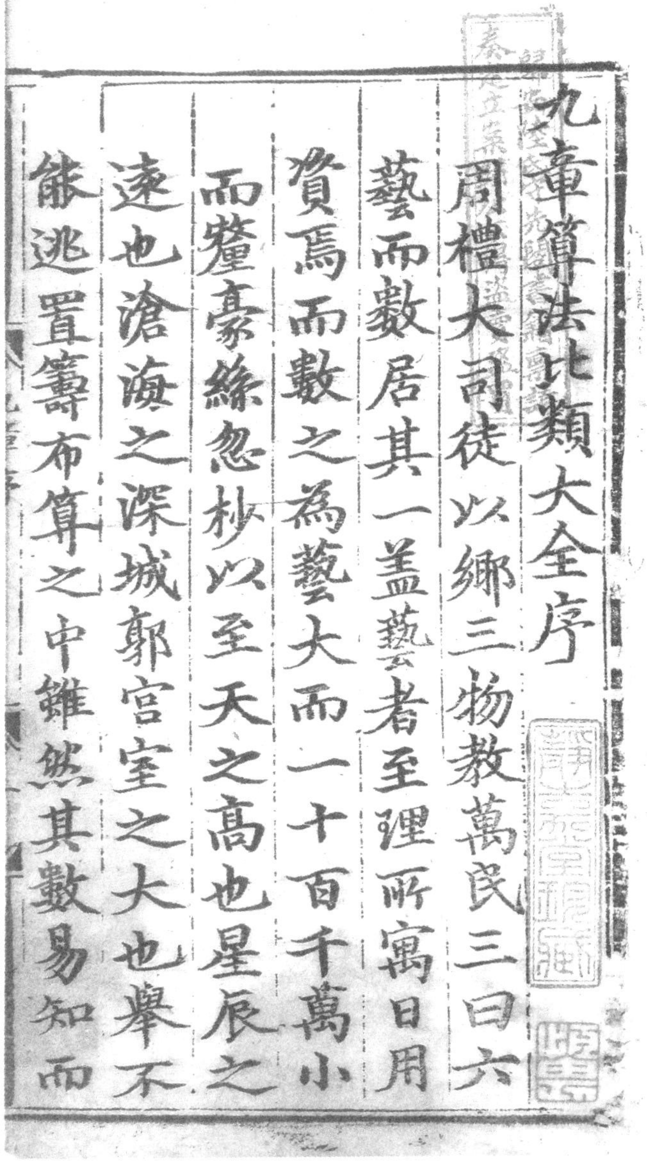
九章算法比類大全序
周禮大司徒以鄉三物教萬民三曰六
藝而數居其一盖藝者至理所寓日用
資焉而數之爲藝大而一十百千萬小
而釐豪絲忽杪以至天之高也星辰之
遠也滄海之深城郭宮室之大也舉不
能逃置籌布算之中雖然其數易知而

九章算法比類大全序[1]

《周禮·大司徒》以鄉三物教萬民，三曰“六藝”，而數居其一。盖藝者至理所寓，日用資焉。而數之爲藝，大而一、十、百、千、萬，小而釐、豪、絲、忽、杪。以至天之高也，星辰之遠也，滄海之深，城郭宮室之大也，舉不能逃置籌布算之中。雖然，其數易知，而

1 該頁三方藏書印分别是“歸安陸氏守先閣書籍，禀請奏定，立案歸公，不得盜賣盜買”“静嘉堂珍藏”和“恒（疑似）畏”。

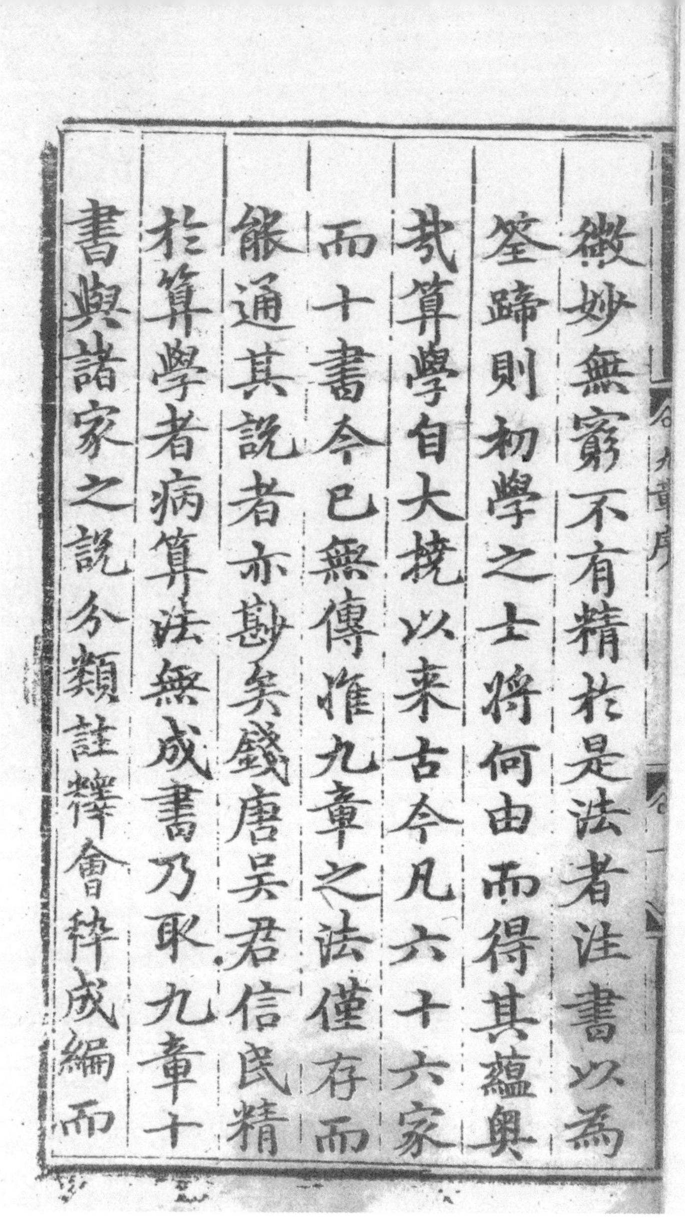
微妙無窮不有精於是法者注書以爲
筌蹄則初學之士將何由而得其蘊奥
哉算學自大撓以来古今凡六十六家
而十書今已無傳惟九章之法僅存而
能通其說者亦尠矣錢唐吴君信民精
於算學者病算法無成書乃取九章十
書與諸家之說分類註釋會粹成編而

微妙無窮，不有精於是法者注書以爲
筌蹄，則初學之士將何由而得其蘊奥
哉？算學自大撓以来古今凡六十六家，
而“十書”今已無傳，惟《九章》之法僅存，而
能通其説者亦尠矣。錢唐吴君信民，精
於算學者，病算法無成書，乃取《九章》《十
書》與諸家之説，分類注釋，會粹成編，而

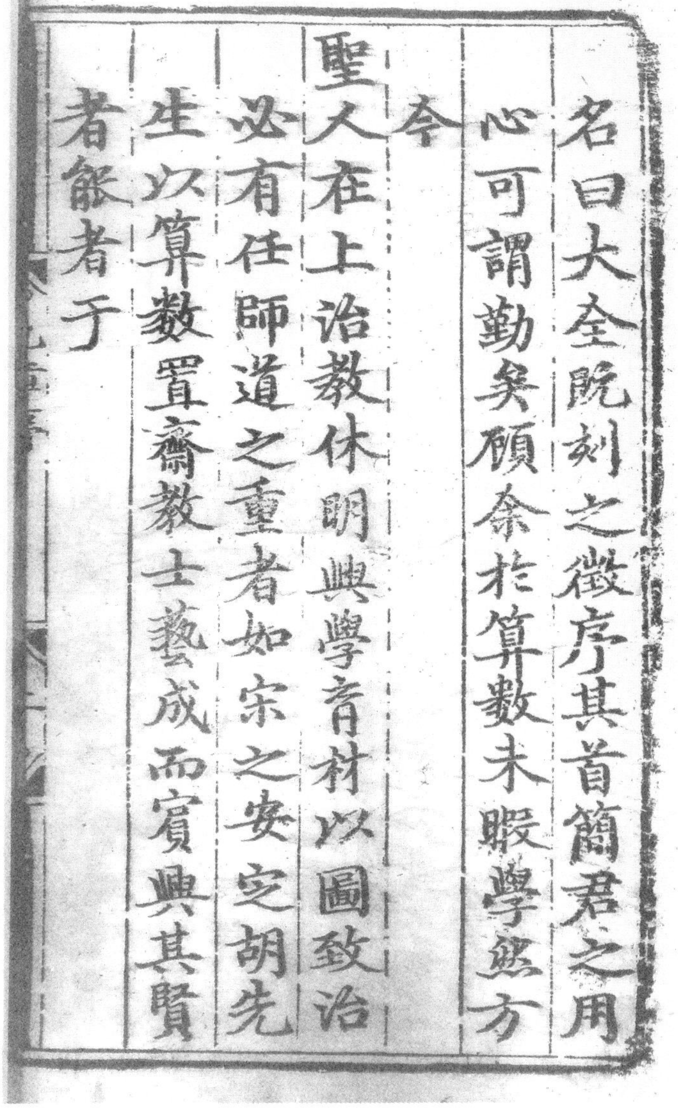
名曰大全旣刻之徵序其首簡君之用
心可謂勤矣顧余於算數未暇學然方
今
聖人在上治教休明興學育材以圖致治
必有任師道之重者如宋之安定胡先
生以算數置齋教士藝成而寘興其賢
者能者于

名曰《大全》。既刻之，徵序其首簡，君之用

心可謂勤矣。顧余於算數未暇學，然方

今

聖人在上，治教休明、興學育材，以圖致治。

必有任師道之重者，如宋之安定胡先

生[1]，以算數置齋教士，藝成而寘興其賢

者能者，于

1 胡瑗（993—1059），字翼之，世居長子縣安定堡，世稱安定先生，是北宋時期理學家，“安定學派”創始人。其在蘇州、湖州辦學，首創分齋教學的制度，將曆算列入教學內容。

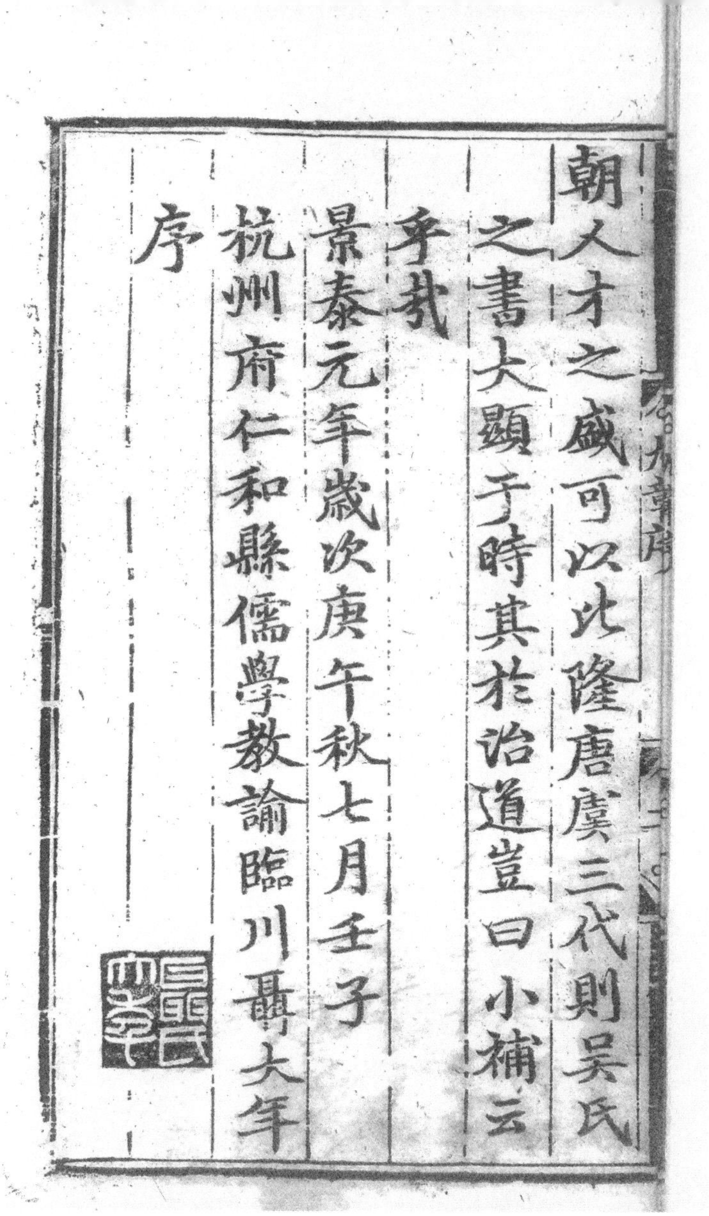
朝人才之盛可以比隆唐虞三代則吴氏
之書大顯于時其於治道豈曰小補云
乎哉
景泰元年歲次庚午秋七月壬子
杭州府仁和縣儒學教諭臨川聶大年
序

朝，人才之盛可以比隆唐虞三代。則吴氏

之書大顯于時，其於治道豈曰小補云

乎哉？

景泰元年歲次庚午秋七月壬子[1]

杭州府仁和縣儒學教諭臨川聶大年[2]

序[3]

1 “景泰元年歲次庚午秋七月壬子”爲公曆一四五〇年八月十七日。

2 聶大年（1402—1455），字壽卿，號東軒。出生於江西撫州臨川。當其作此序言時，聶大年爲杭州仁和縣儒學教諭，六年後聶大年應詔入翰林院。聶氏生前身後以詩詞書畫名世。

3 該葉末陰文印章印文“聶氏大年”。

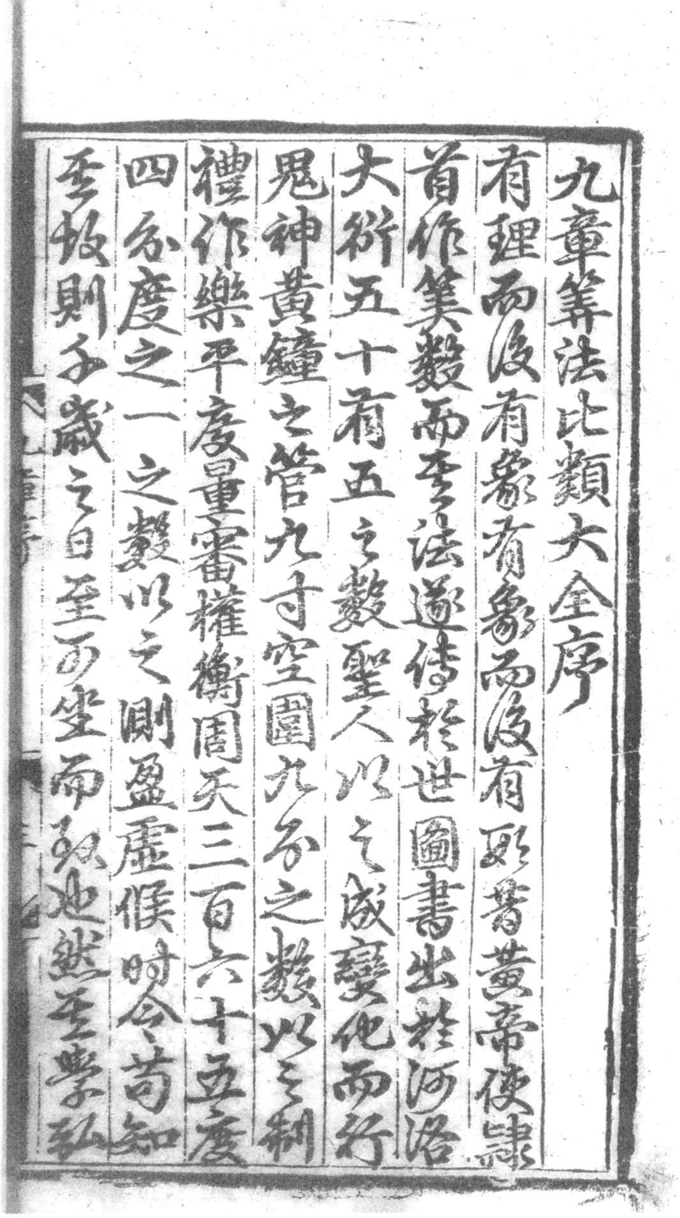
九章筭法比類大全序
有理而後有象有象而後有形昔黃帝使隷
首作筭數而其法遂傳於世圖書出於河洛
大衍五十有五之數聖人以之成變化而行
鬼神黃鐘之管九寸空圍九分之數以之制
禮作樂平度量審權衡周天三百六十五度
四分度之一之數以之測盈虛候时令苟知
其故則千歲之日至可坐而致也然其學弘

九章筭法比類大全序

有理而後有象，有象而後有形，昔黃帝使隷
首作筭數，而其法遂傳於世。圖書出於河洛，
大衍五十有五之數，聖人以之成變化而行
鬼神。黃鐘之管九寸，空圍九分之數，以之制
禮作樂，平度量，審權衡。周天三百六十五度
四分度之一之數，以之測盈虛，候时令，苟知
其故，則千歲之日至可坐而致也。然其學弘

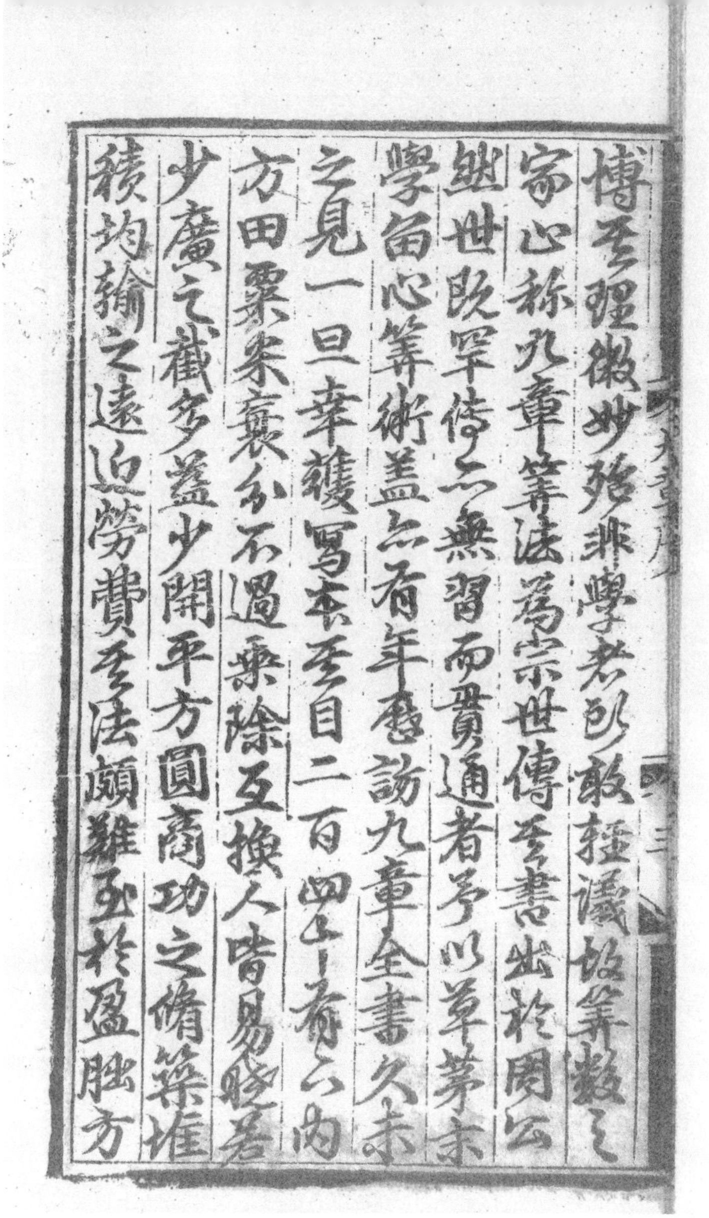
博其理微妙殆非學者斷敢輕議故筭數之
家止称九章筭法爲宗世傳其書出於周公
然世既罕傳亦無習而貫通者予以草茅末
學留心筭術盖亦有年歷訪九章全書久未
之見一旦幸獲寫本其目二百四十有六内
方田粟米衰分不過乘除互换人皆易晓若
少廣之截多益少開平方圓商功之脩築堆
積均輸之遠近勞費其法頗難至於盈朒方

博，其理微妙，殆非學者斷敢輕議。故筭數之家止称《九章筭法》爲宗。世傳其書出於周公，然世既罕傳，亦無習而貫通者。予以草茅末學，留心筭術，盖亦有年。歷訪《九章》全書，久未之見。一旦幸獲寫本，其目二百四十有六。内方田、粟米、衰分不過乘除互换，人皆易晓。若少廣之“截多益少”“開平方圓”，商功之“脩築堆積”，均輸之“遠近勞費”，其法頗難。至於盈朒、方

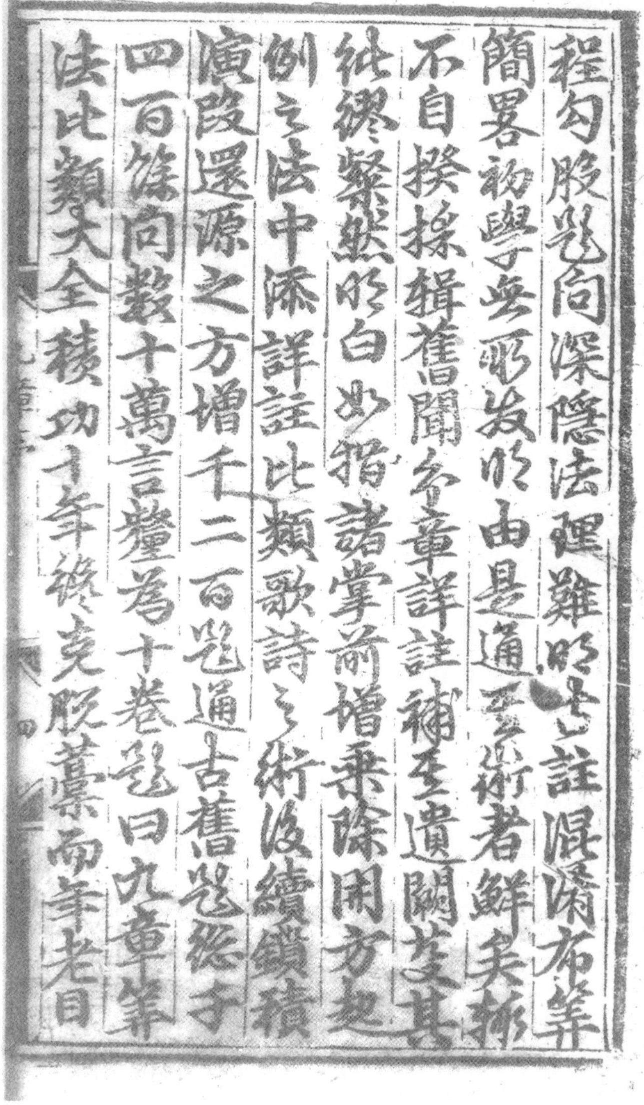
程勾股題問深隱法理難明古註混淆布筭
簡畧初學無所發明由是通其術者鮮矣輙
不自揆採輯舊聞分章詳註補其遺闕芟其
紕繆粲然明白如指諸掌前增乘除開方起
例之法中添詳註比類歌詩之術後續鎖積
演段還源之方增千二百題通古舊題総千
四百條問數十萬言釐為十卷題曰九章筭
法比類大全積功十年纔克脫藳而年老目

程、勾股，題問深隱，法理難明，古注混淆，布筭簡畧，初學無所发明。由是通其術者鮮矣。輒不自揆，采辑舊聞，分章詳注，補其遺闕，芟其紕繆，粲然明白，如指諸掌。前增乘除開方起例之法，中添詳注比類歌詩之術，後續鎖積演段還源之方。增千二百題，通古舊題総千四百馀問，數十萬言，釐爲十卷，題曰《九章筭法比類大全》。積功十年，纔克脱藁，而年老目

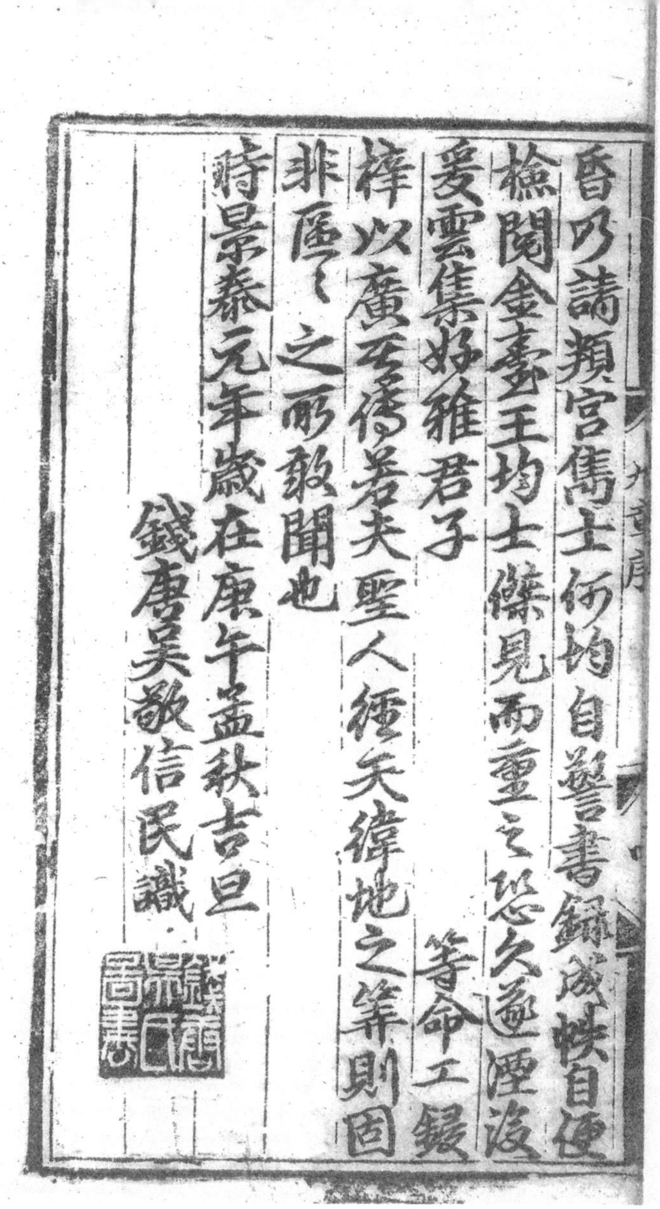
昏乃請頖宮雋士何均自警書録成帙自便
檢閱金臺王均士傑見而重之恐久遂湮沒
爰雲集好雅君子　　　　　　等命工鋟
梓以廣其傳若夫聖人經天緯地之筭則固
非區區之所敢聞也
時景泰元年歲在庚午孟秋吉旦
錢唐吳敬信民識
錢唐吳氏圖書

昏，乃請頖宮雋士何均自警書録成帙，自便檢閱。金臺王均士傑，見而重之，恐久遂湮没，爰雲集好雅君子□□□□□□[1]等命工鋟梓，以廣其傳。若夫聖人經天緯地之筭，則固非區區之所敢聞也。

時景泰元年歲在庚午孟秋吉旦[2]

錢唐吳敬信民識[3]

1“景泰元年歲在庚午孟秋吉旦”爲公曆一四五〇年八月八日。

2 各本此處均爲空白，約爲六字，似爲一至兩位出資者的姓名。

3 該葉末陰文印章印文“錢唐吳氏圖書”。

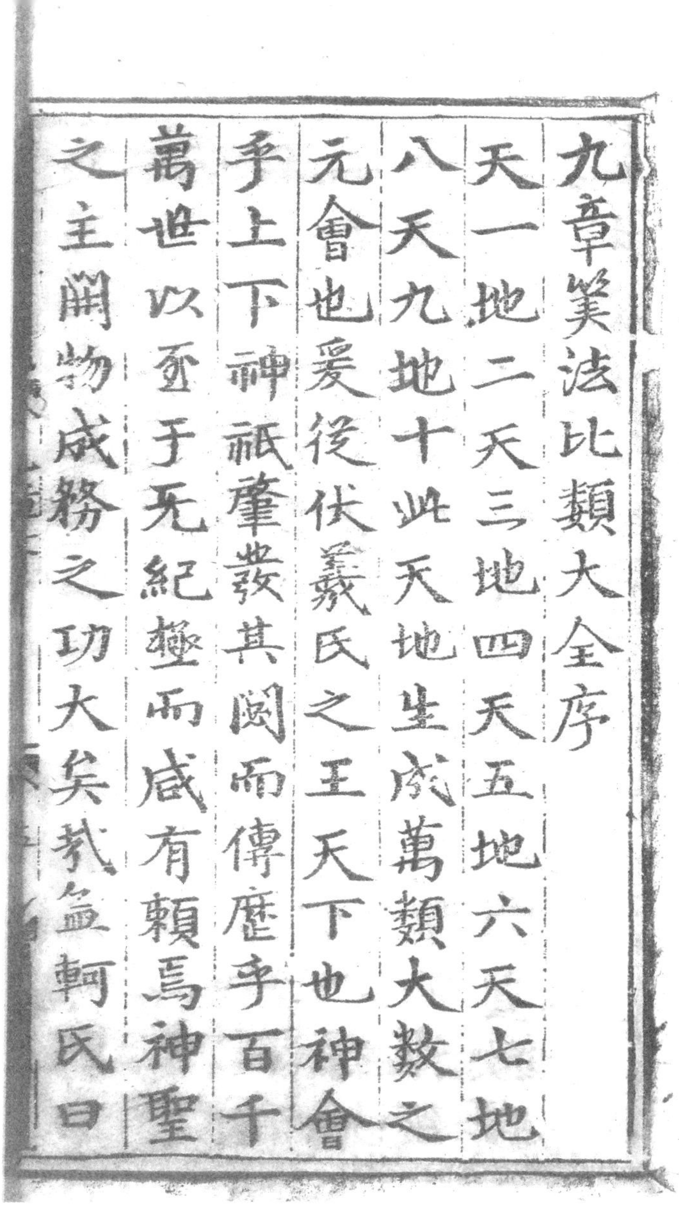
九章筭法比類大全序
天一地二天三地四天五地六天七地
八天九地十此天地生成萬類大數之
元會也爰從伏羲氏之王天下也神會
乎上下神祇肇發其閟而傳歷乎百千
萬世以至于无紀極而咸有賴焉神聖
之主開物成務之功大矣哉孟軻氏曰

九章筭法比類大全序

天一地二，天三地四，天五地六，天七地八，天九地十，此天地生成萬類，大數之元會也。爰從伏羲氏之王天下也，神會乎上下。神祇肇發其閟，而傳歷乎百千萬世，以至于無紀極，而咸有賴焉。神聖之主開物成務之功大矣哉。孟軻氏曰：

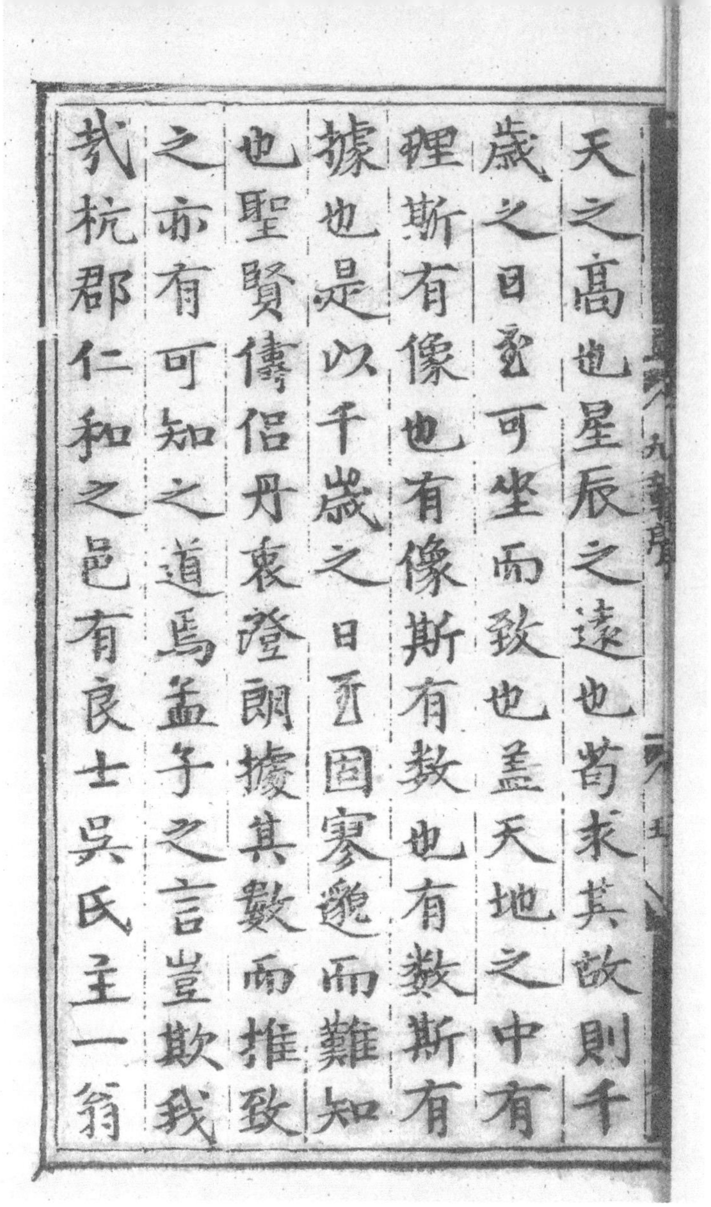
天之高也星辰之遠也茍求其故則千
歳之日至可坐而致也盖天地之中有
理斯有像也有像斯有數也有數斯有
據也是以千歳之日至固寥邈而難知
也聖賢儔侶丹衷澄朗據其數而推致
之亦有可知之道焉孟子之言豈欺我
哉杭郡仁和之邑有良士吴氏主一翁

“天之高也，星辰之遠也，茍求其故，則千歲之日至，可坐而致也。”盖天地之中有理斯有像也，有像斯有數也，有數斯有據也。是以千歲之日至，固寥邈而難知也，聖賢儔侶丹衷澄朗，據其數而推致之，亦有可知之道焉。孟子之言豈欺我哉？杭郡仁和之邑有良士吴氏主一翁

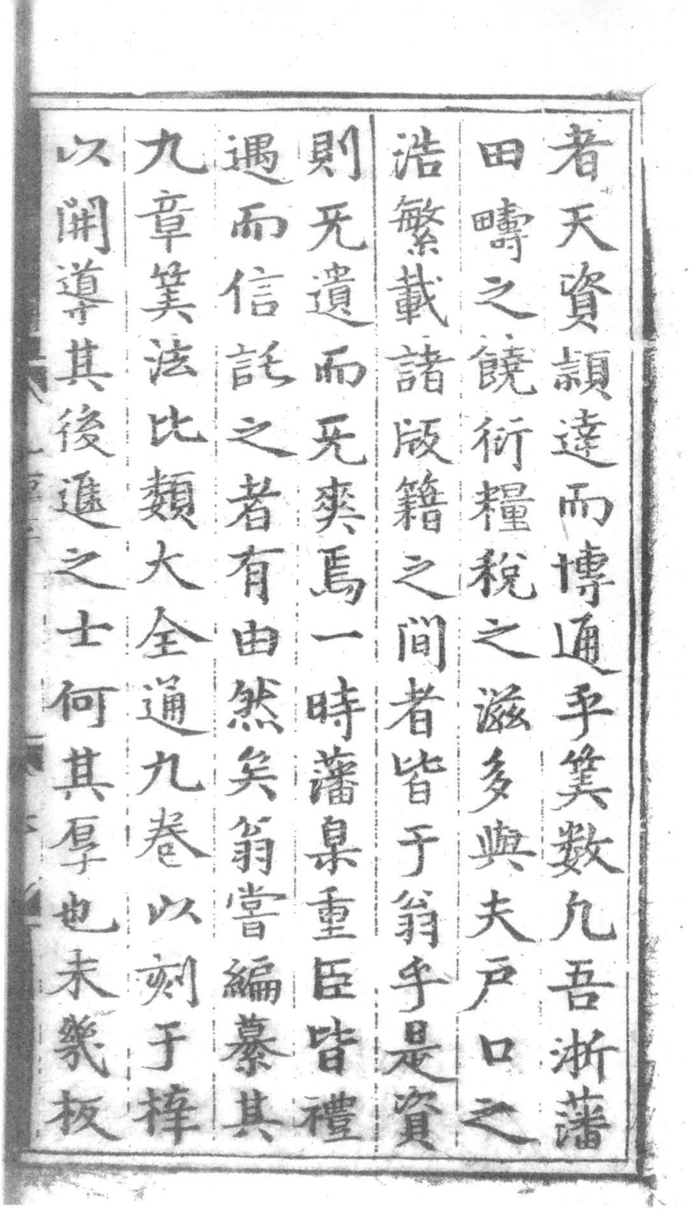
者天資頴達而博通乎筭數凡吾浙藩
田疇之饒衍糧稅之滋多與夫戶口之
浩繁載諸版籍之間者皆于翁乎是資
則无遺而无爽焉一時藩臬重臣皆禮
遇而信託之者有由然矣翁嘗編纂其
九章筭法比類大全通九卷以刻于梓
以開導其後進之士何其厚也未幾板

者，天資潁達，而博通乎筭數。凡吾浙藩
田疇之饒衍，粮稅之滋多，與夫户口之
浩繁，載諸版籍之間者，皆于翁乎是資，
則無遺而無爽焉。一時藩臬重臣皆禮
遇而信託之者，有由然矣。翁嘗編纂其
《九章筭法比類大全》，通九卷，以刻于梓，
以開導其後進之士。何其厚也！未幾，板

毁于隣娗，而十存其六焉。翁之長嗣怡
庵處士歎惜彌深，輙命其季子，名訥字
仲敏而號循善者，重加編較而印行之。
以上继其父祖之素志，又何其厚也。然
則披閲斯集而攻乎筭藝者，可不深念
夫吴氏諸良，更涉三世，而其立心制行，
一歸于忠厚有如是焉，而必圖所以参

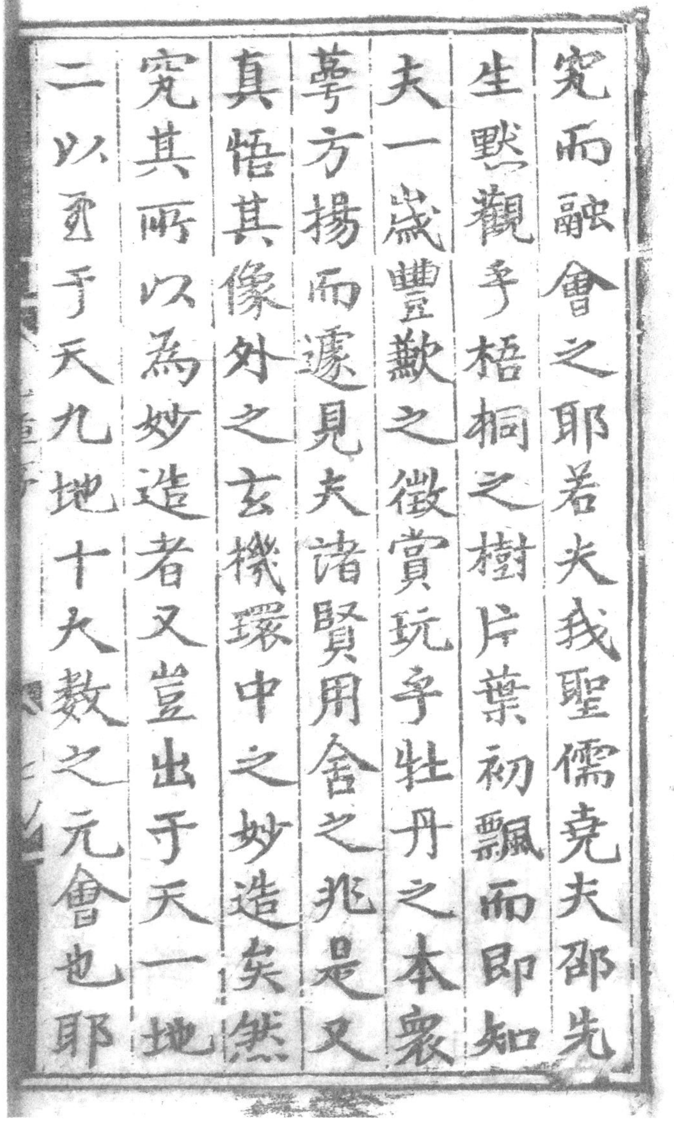
究而融會之耶若夫我聖儒堯夫邵先
生默觀乎梧桐之樹片葉初飄而即知
夫一歲豐歉之徵賞玩乎牡丹之本衆
萼方揚而遽見夫諸賢用舍之兆是又
真悟其像外之玄機環中之妙造矣然
究其所以爲妙造者又豈出于天一地
二以至于天九地十大數之元會也耶

究而融會之耶。若夫我聖儒堯夫邵先生[1]默觀乎梧桐之樹，片葉初飄而即知夫一歲豐歉之徵；賞玩乎牡丹之本，衆萼方揚而遽見夫諸賢用舍之兆。是又真悟其像外之玄機，環中之妙造矣。然究其所以爲妙造者，又豈出于天一地二以至于天九地十，大數之元會也耶？

1 邵雍（1011—1077），字堯夫，謚號康節，自號安樂先生，北宋理學家。

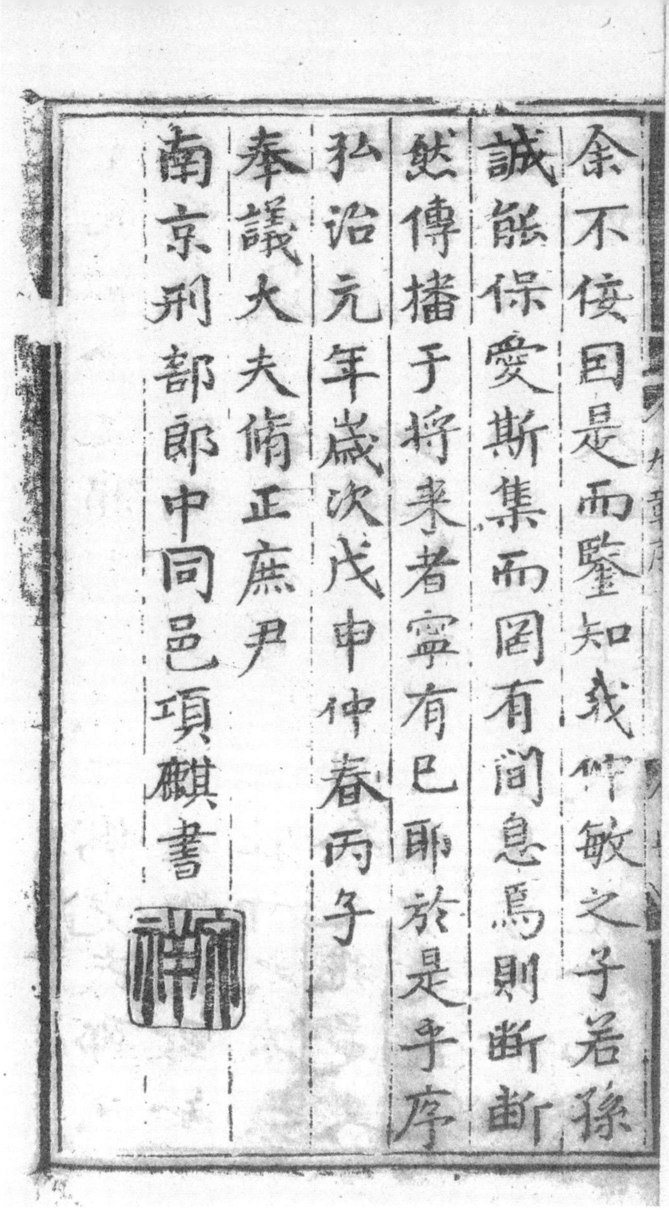
余不佞因是而鑒知我仲敏之子若孫
誠能保愛斯集而罔有間息焉則斷斷
然傳播于將来者寧有已耶於是乎序
弘治元年歲次戊申仲春丙子
奉議大夫脩正庶尹
南京刑部郎中同邑項麒書

余不佞，因是而鑒知我仲敏之子若孫，

誠能保愛斯集而罔有間息焉，則断断

然傳播于將来者，寧有已耶。於是乎序。

弘治元年歲次戊申仲春丙子[1]

奉議大夫脩正庶尹

南京刑部郎中同邑項麒[2]書[3]

1 “弘治元年歲次戊申仲春丙子”爲公曆一四八八年二月二十三日。

2 項麒（約1426—約1508），字文祥，杭州仁和人。景泰七年舉人，官至南京刑部郎中。成化十七年（1481）以郎中稱疾乞閒。

3 該葉末陽文印章印文“文祥”。

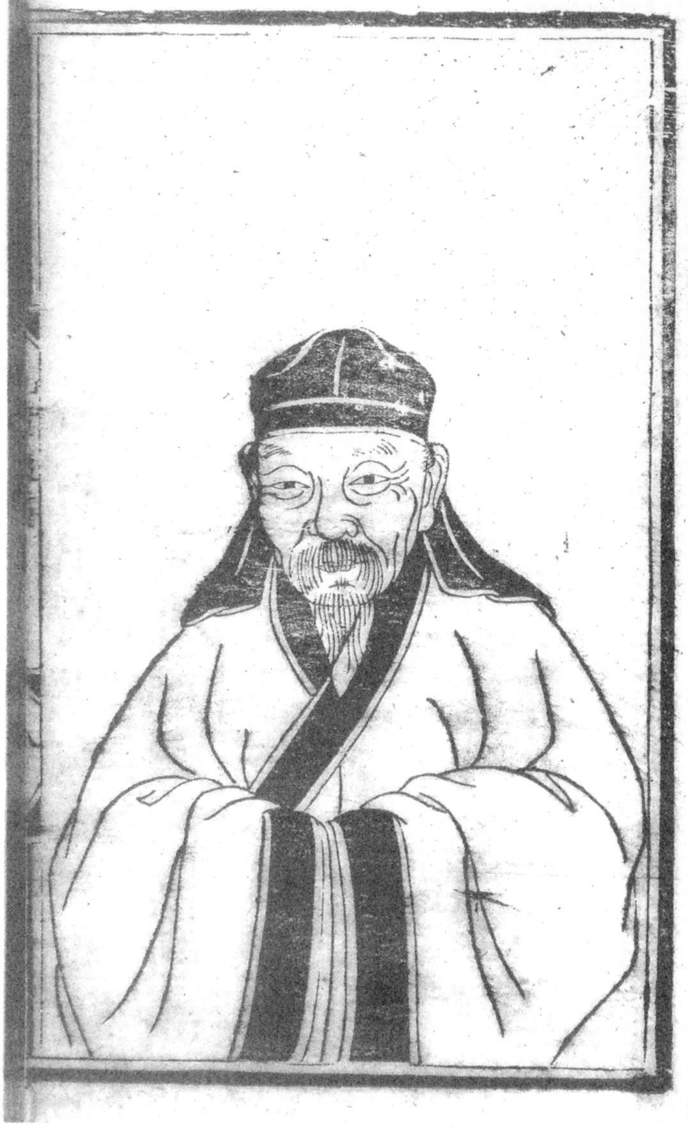

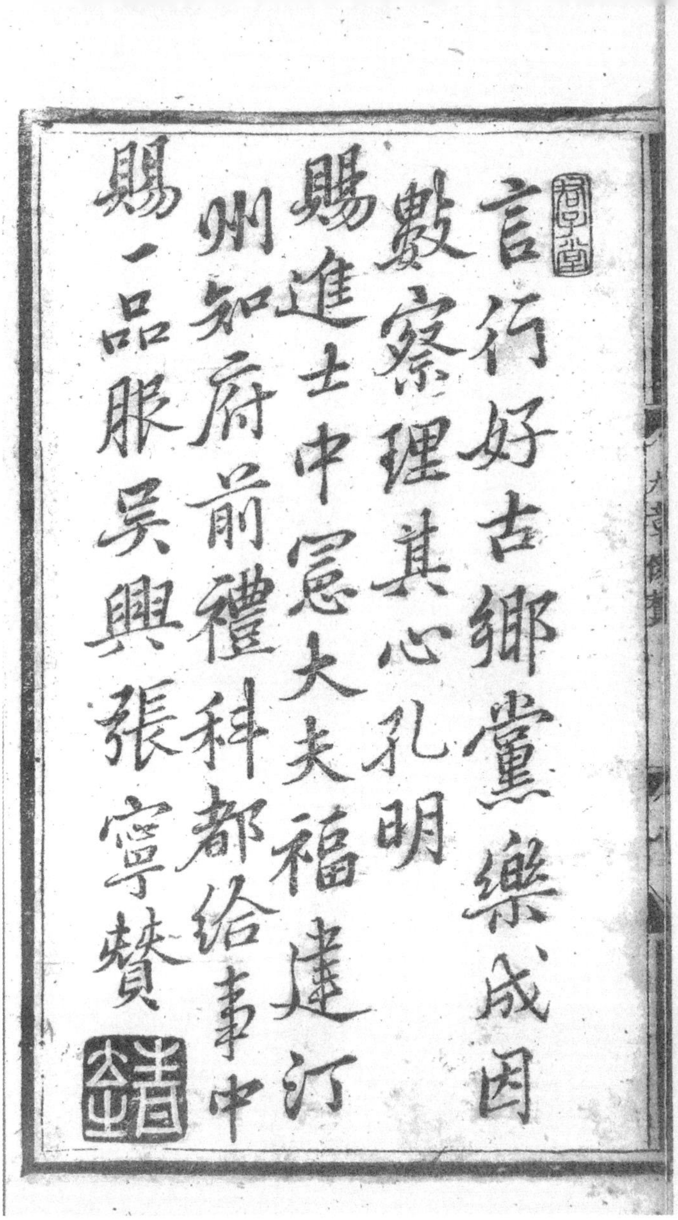

言行好古鄉黨樂成因
數察理其心孔明
賜進士中憲大夫福建汀
州知府前禮科都給事中
賜一品服吴興張寧贊

言行好古，鄉黨樂成，因

數察理，其心孔明。

賜進士中憲大夫福建汀

州知府前禮科都給事中

賜一品服，吴興張寧[1]贊[2]

1 張寧（1426—1496），字靖之，湖州（古稱吴興）人。景泰五年（1454）進士，其四十一歲時（1466）乞歸歸鄉。張寧工書畫，有《方洲集》《方洲雜言》傳世。

2 該葉首陽文印章印文“君子堂”，葉末陰文印章印文“靖之”。

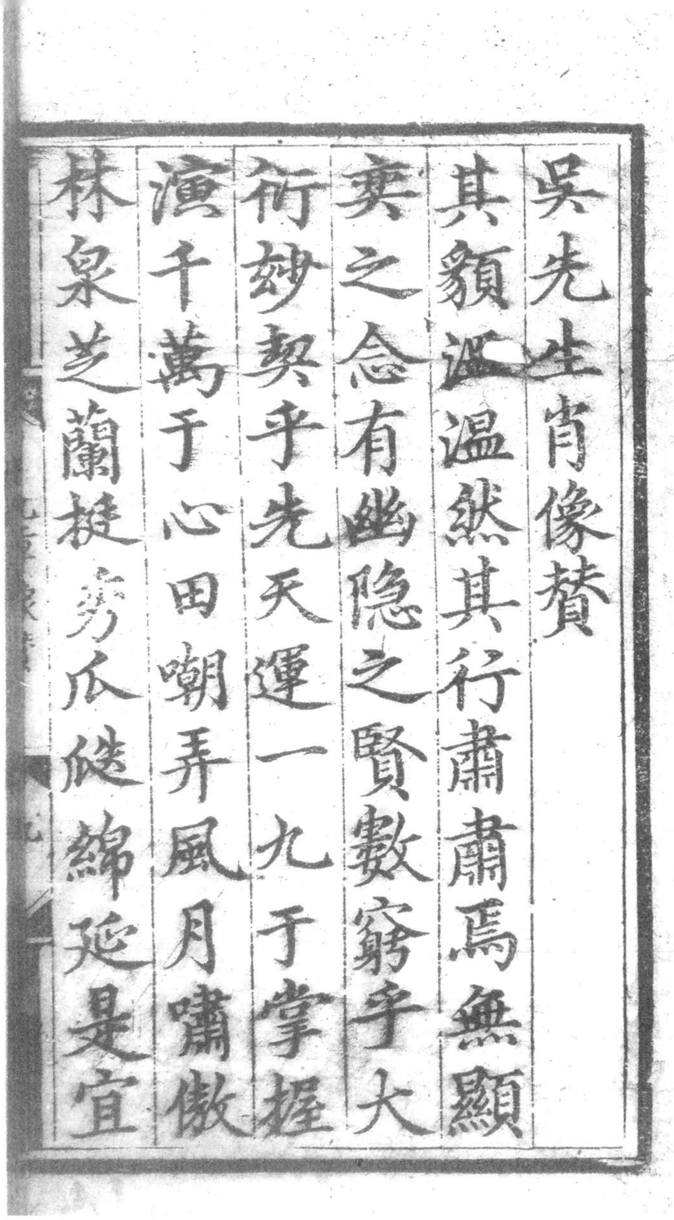

吴先生肖像賛
其顡温温然其行肅肅焉無顯
奕之念有幽隐之賢數窮乎大
衍玅契乎先天運一九于掌握
演千萬于心田嘲弄風月嘯傲
林泉芝蘭挺秀瓜瓞綿延是宜

吴先生肖像贊

其顡温温然，其行肅肅焉，無顯奕之念，有幽隐之賢。數窮乎大衍，玅契乎先天，運一九于掌握，演千萬于心田。嘲弄風月，嘯傲林泉。芝蘭挺秀，瓜瓞綿延，是宜

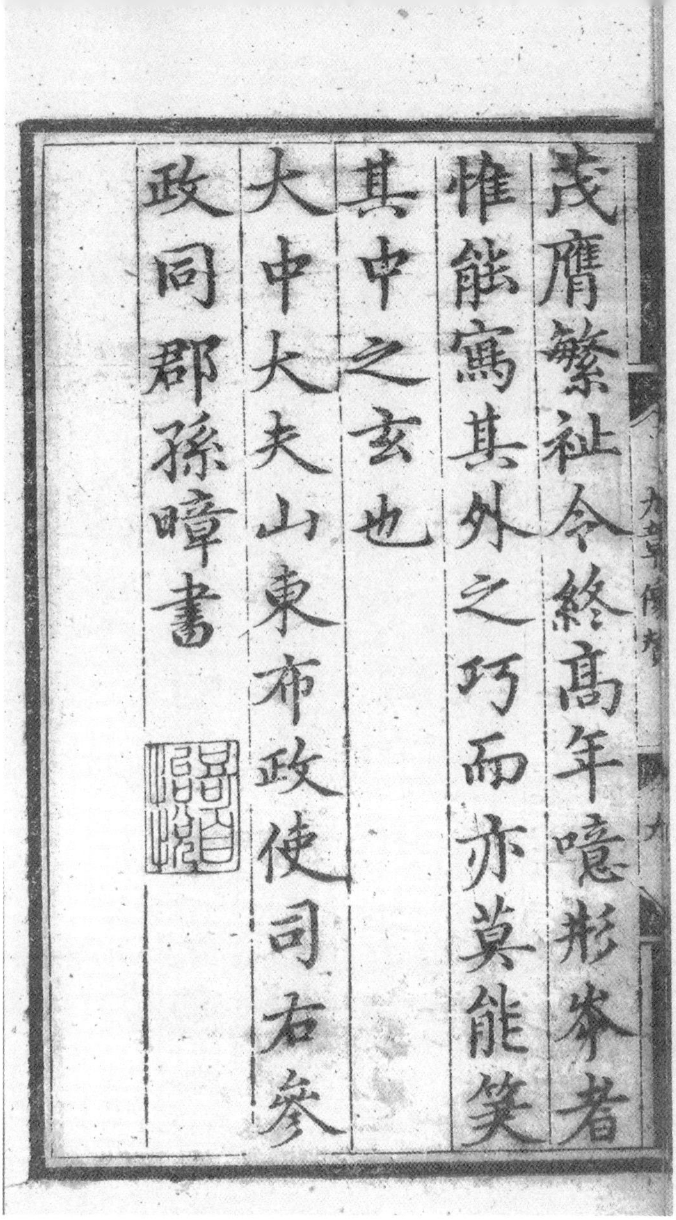
茂膺繁祉令終高年噫[illegible]者
惟能寫其外之巧而亦莫能[illegible]
其中之玄也
大中大夫山東布政使司右參
政同郡孫暲書

茂膺繁祉，令終高年。噫！丹青[1]者

惟能寫其外之巧，而亦莫能筆

其中之玄也。

大中大夫山東布政使司右參

政同郡孫暲[2]書[3]

1 原葉此處爲“丹青”二字的古文字形隸定後的寫法，參見《説文解字》（中華書局，1963 年，106 頁），此爲畫工的代稱。

2 孫暲（生卒年不詳），字景章，浙江海寧人。據《憲宗實録》記載，其於成化十四年（1478）任大中大夫山東布政使司右參政。張寧《方洲集》多次記載張寧與孫暲等人之交遊。

3 該葉末陽文印章印文“只可自怡悦”。

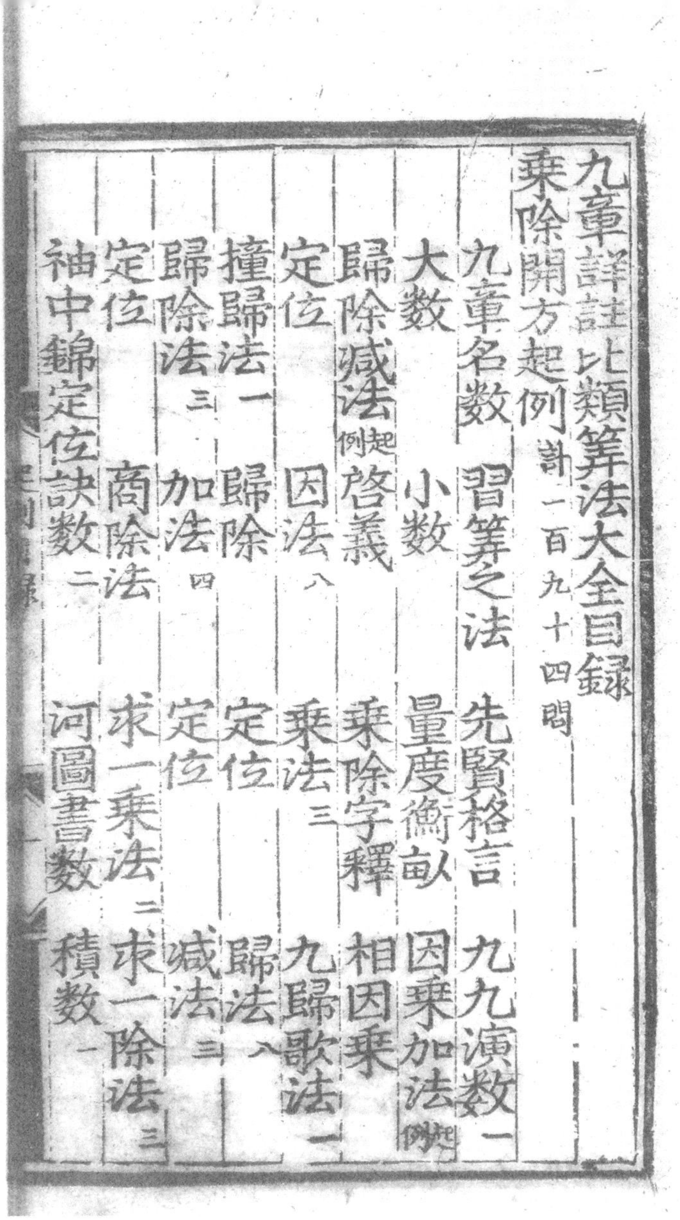

九章詳注比類筭法大全目録

乘除開方起例計一百九十四問

九章名數	習筭之法	先賢格言	九九演數一
大數	小數	量度衡畝	因乘加法起例
歸除減法起例	啓義	乘除字釋	相因乘
定位	因法八	乘法三	九歸歌法一
撞歸法一	歸除	定位	歸法八
歸除法三	加法四	定位	減法三
定位	商除法	求一乘法二	求一除法三
袖中錦定位訣數二		河圖書數	積數一

因法一	乘法一	歸法一	歸除法一
加法一	減法一	寫筭	因法一
乘法三	加法一	歸法一	歸除法二
減法一	乘除易會筭訣		乘法一
歸除法一	約分二	乘分四	除分四
開平方法一	代開平方一百面成數		開立方法一
代開立方一百面成數		田畝四	積步爲畝法
起畝見步法	端匹四	斤秤八十三	兩求斤法
斤秤兩銖等法	異乘同除三	就物抽分二	差分二
貴賤差分二	孕推男女一	占病法一	盤量倉窖八

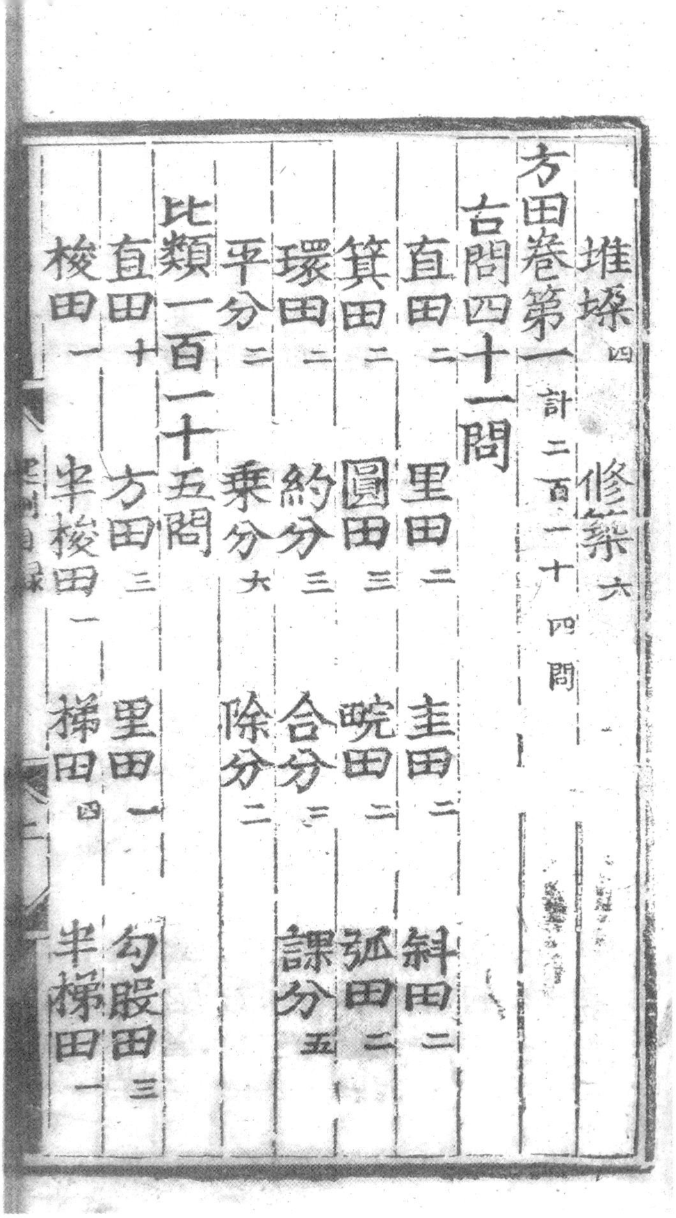

堆垜[四]　修築[六]

方田卷第一計二百一十四問

古問四十一問

直田[二]　里田[二]　圭田[二]　斜田[二]

箕田[二]　圓田[三]　畹田[二]　弧田[二]

環田[二]　約分[三]　合分[三]　課分[五]

平分[二]　乘分[六]　除分[二]

比類一百一十五問

直田[十]　方田[三]　里田[一]　勾股田[三]

梭田[一]　半梭田[一]　梯田[四]　半梯田[一]

二梯田[一]	圭田[三]	半圭田[四]	圓田[四]
環田[三]	二不等田[一]	四不等田[一]	八不等田[一]
箭筈田[一]	箭翎田[一]	丘田[一]	盆田[一]
覆月田[一]	錢田[六]	火塘田[一]	三廣田[一]
抹角田[一]	眉田[一]	牛角田[一]	船田[一]
三角田[一]	六角田[一]	八角田[一]	幞頭田[一]
磬田[一]	曲尺田[一]	鞋底田[一]	苽田[一]
簫田[一]	蛇田[一]	牆田[一]	鼓田[一]
杖鼓田[五]	錠田[四]	錠腰田[六]	欖核田[五]
碗田[一]	凹田[一]	勾月田[一]	車輞田[一]

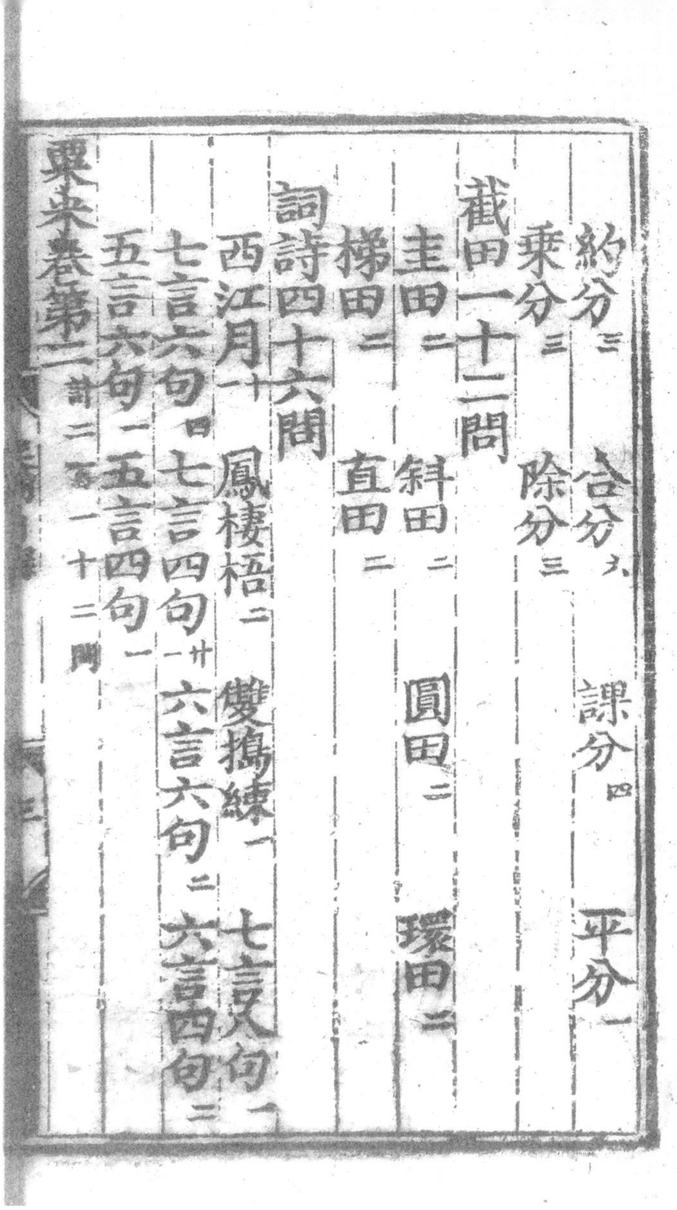

約分三　合分六　課分四　平分一

乘分三　除分三

截田一十二問

圭田二　斜田二　圓田二　環田二

梯田二　直田二

詞詩四十六問

西江月十二　鳳棲梧二　雙搗練一　七言八句一

七言六句四　七言四句廿二　六言六句二　六言四句二

五言六句一　五言四句一

粟米卷第二計二百一十二問

古問四十六問

粟求各米十九　各米求粟五　糲求各米二　糲飯求飧一

菽求熟菽一　菽求豉一　麥求小麴一　麥求大麴一

錢買布漆等物歸除法六　買絲失羽貴賤率九

比類一百三問

乘法八　除法二　歸除法十四　異乘同除十二

貴賤率九　就物抽分二　互换乘除廿三　買物各停五

買物二色九　買物三色六　買物四色一　買物五色一

買物六色三　借寬還窄四　金、銅、鐵、錫煉鎔四

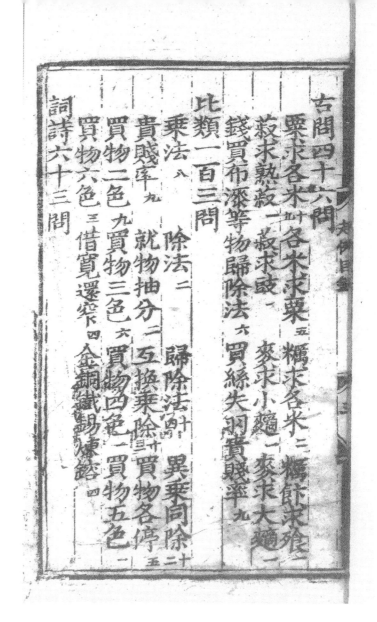

詞詩六十三問

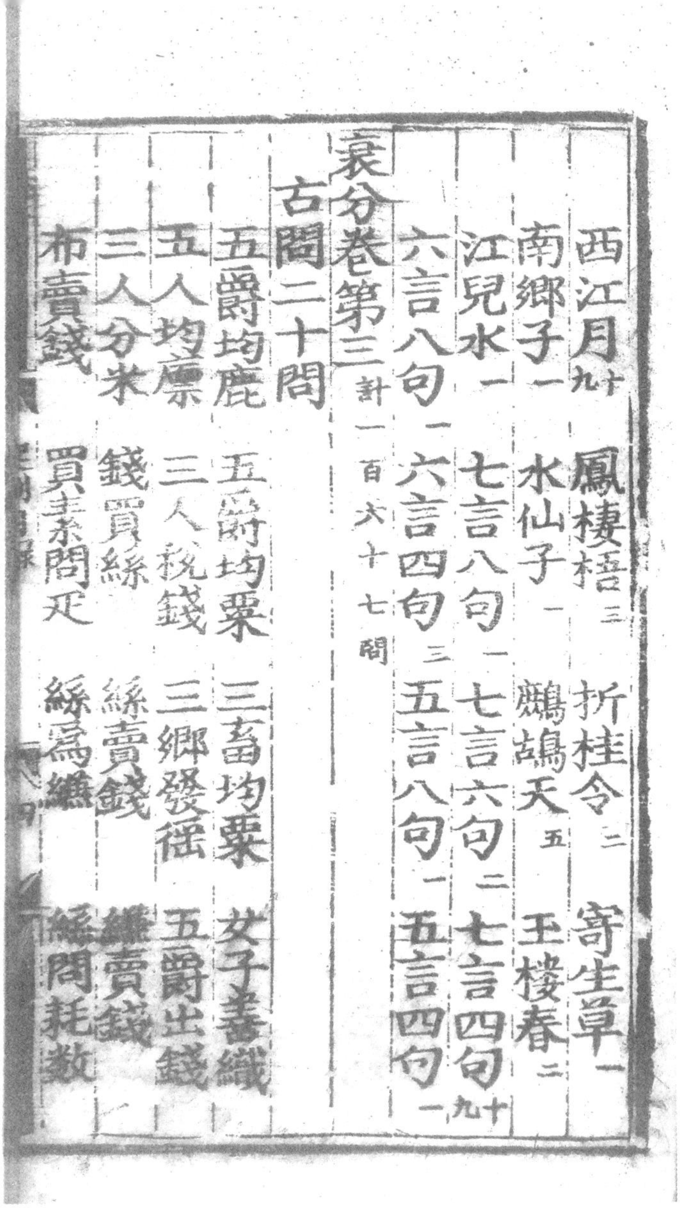

西江月十九	鳳棲梧三	折桂令二	寄生草一
南鄉子一	水仙子一	鷓鴣天五	玉樓春二
江兒水一	七言八句一	七言六句二	七言四句十九
六言八句一	六言四句三	五言八句一	五言四句一

衰分卷第三計一百六十七問

古問二十問

五爵均鹿	五爵均粟	三畜均粟	女子善織
五人均廩	三人税錢	三鄉發徭	五爵出錢
三人分米	錢買絲	絲賣錢	縑賣錢
布賣錢	買素問匹	絲爲縑	絲問耗數

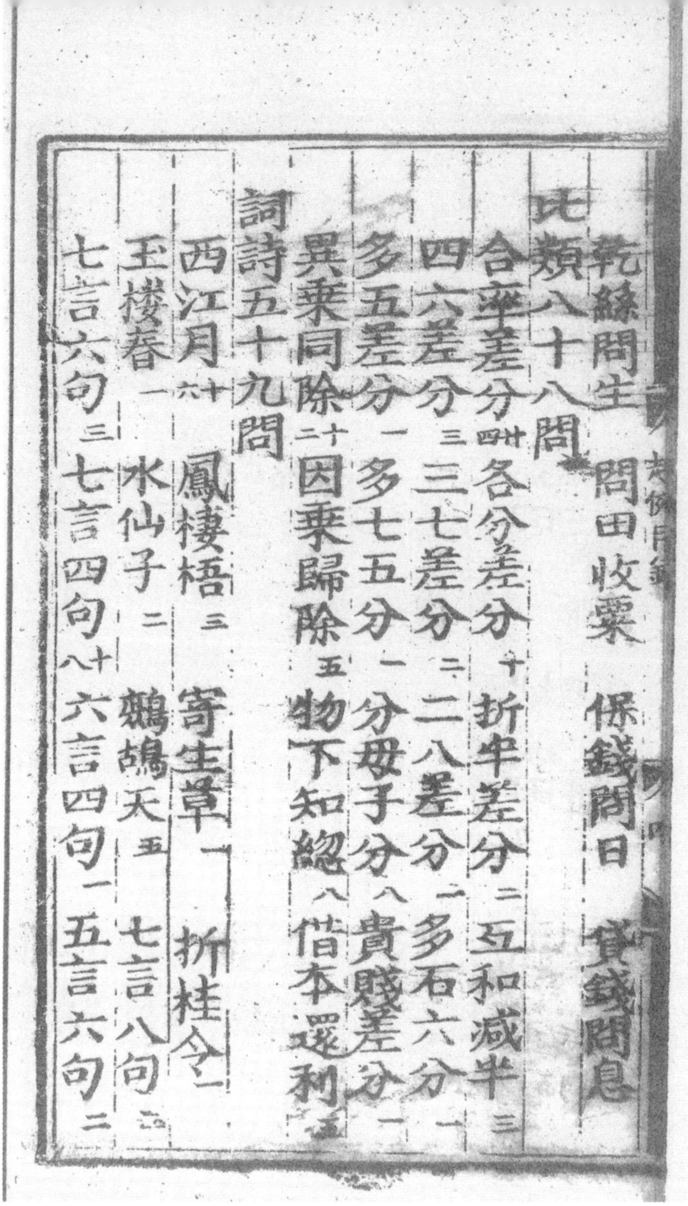
乾絲問生　問田收粟　保錢問日　貸錢問息
比類八十八問
合率差分廿四　各分差分十　折半差分二　互和減半三
四六差分三　三七差分二　二八差分二　多石六分一
多五差分一　多七五分一　分母子分八　貴賤差分一
異乘同除十二　因乘歸除五　物不知總八　借本還利五
詞詩五十九問
西江月十六　鳳棲梧三　寄生草一　折桂令一
玉樓春一　水仙子二　鷓鴣天五　七言八句二
七言六句三　七言四句十八　六言四句一　五言六句二

乾絲問生　問田收粟　保錢問日　貸錢問息

比類八十八問

合率差分廿四	各分差分十	折半差分二	互和減半三
四六差分三	三七差分二	二八差分二	多石六分一
多五差分一	多七五分一	分母子分八	貴賤差分一
異乘同除十二	因乘歸除五	物不知總八	借本還利五

詞詩五十九問

西江月十六	鳳棲梧三	寄生草一	折桂令一
玉楼春一	水仙子二	鷓鴣天五	七言八句二
七言六句三	七言四句十八	六言四句一	五言六句二

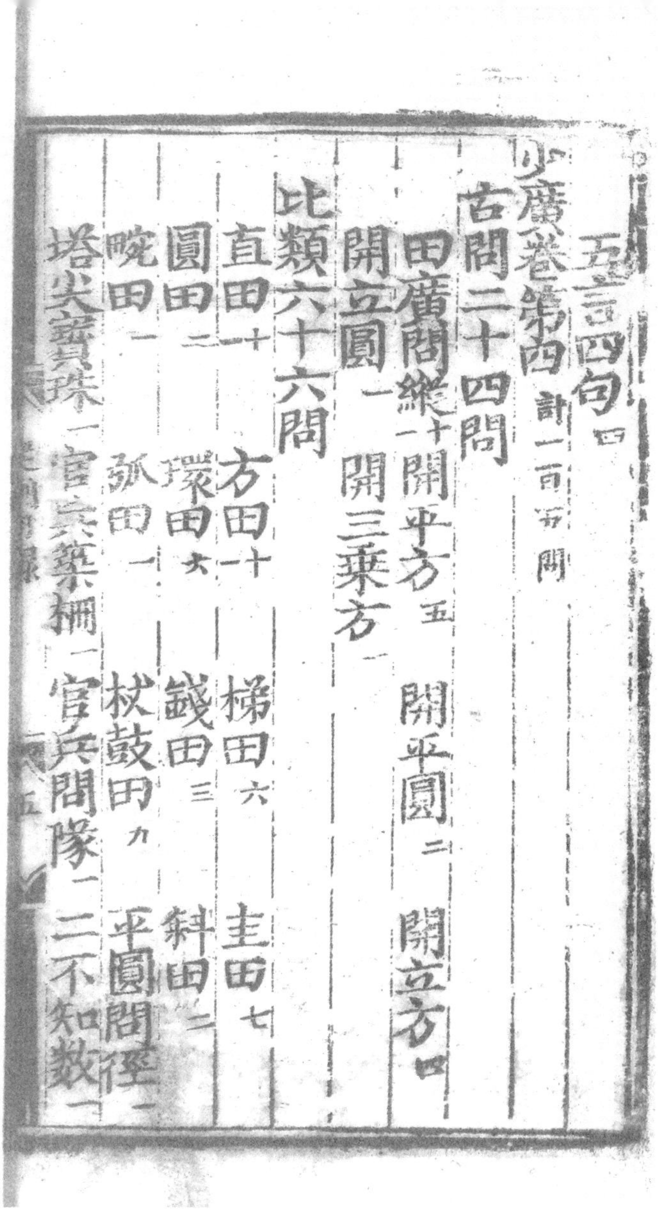

五言四句[四]

少廣卷第四計一百五問

古問二十四問

田廣問縱[十二]	開平方[五]	開平圓[二]	開立方[四]
開立圓[一]	開三乘方[一]		

比類六十六問

直田[十二]	方田[十一]	梯田[六]	圭田[七]
圓田[二]	環田[六]	錢田[三]	斜田[二]
畹田[一]	弧田[一]	杖鼓田[九]	平圓問徑[一]
塔尖寶珠[一]	官兵築柵[一]	官兵問隊[一]	二不知數[一]

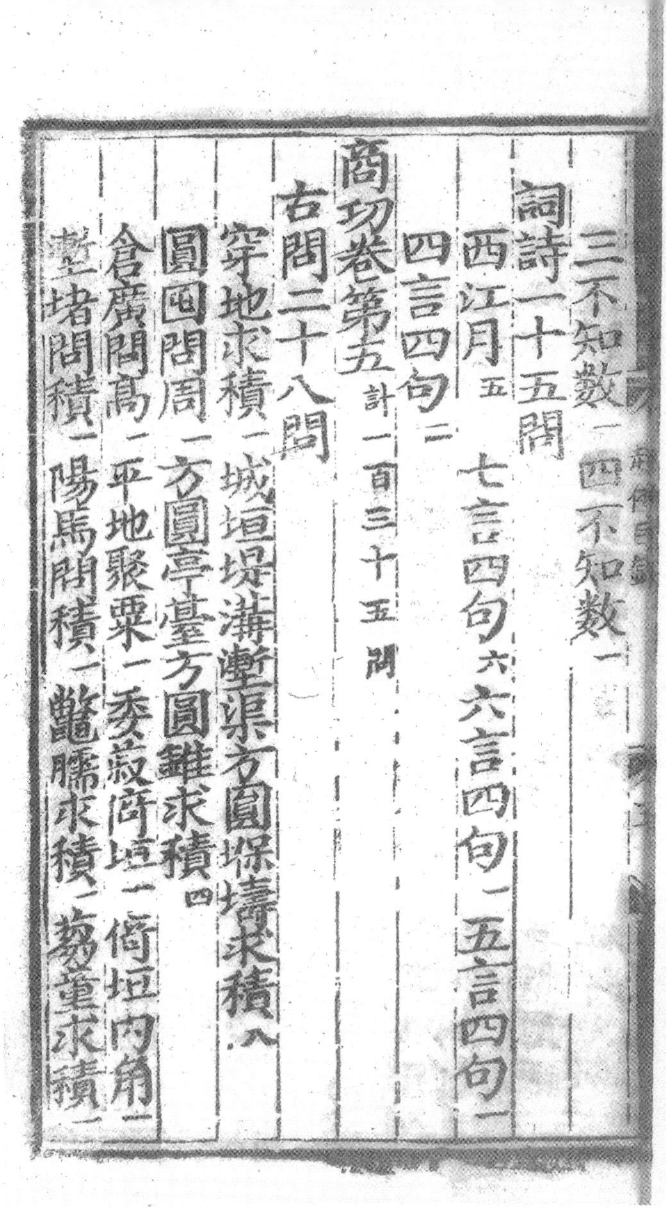

三不知數一　四不知數一

詞詩一十五問

西江月五　七言四句六　六言四句一　五言四句一

四言四句二

商功卷第五計一百三十五問

古問二十八問

穿地求積一　城、垣、堤、溝、壍、渠、方、圓垜壔求積八

圓囷問周一　方、圓亭臺　方、圓錐求積四

倉廣問高一　平地聚粟一　委菽倚垣一　倚垣内角一

壍堵問積一　陽馬問積一　鼈臑求積一　芻童求積一

曲池、盤池、冥谷、蒭甍、羨除求積[五]　　穿地爲垣[一]

比類九十五問

築墻[二]	築方臺[四]	築圓臺[五]	築方錐[二]
築圓錐[三]	築城[三]	築臺[四]	築堤[二]
築堰[二]	開河[一]	開穿渠[三]	長倉[四]
方倉[三]	圓倉[三]	方窖[四]	圓窖[四]
平地尖堆[四]	倚壁尖堆[三]	倚壁外角[三]	倚壁内角[三]
長酒棧[一]	方酒棧[一]	方箭[一]	圓箭[一]
方垛[一]	果子垛[二]	三角垛[一]	酒瓶罈垛[二]
屋盖垛[一]	平尖草垛[一]	瓦垛[一]	磚垛[一]

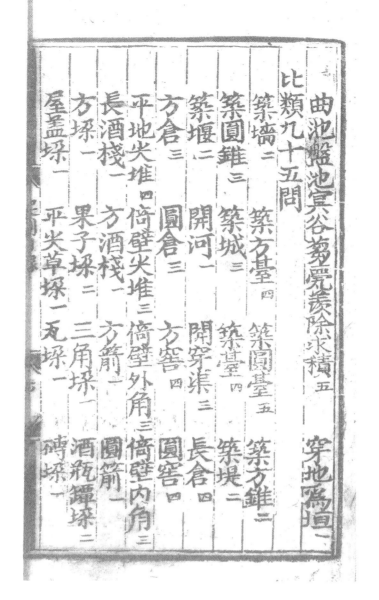

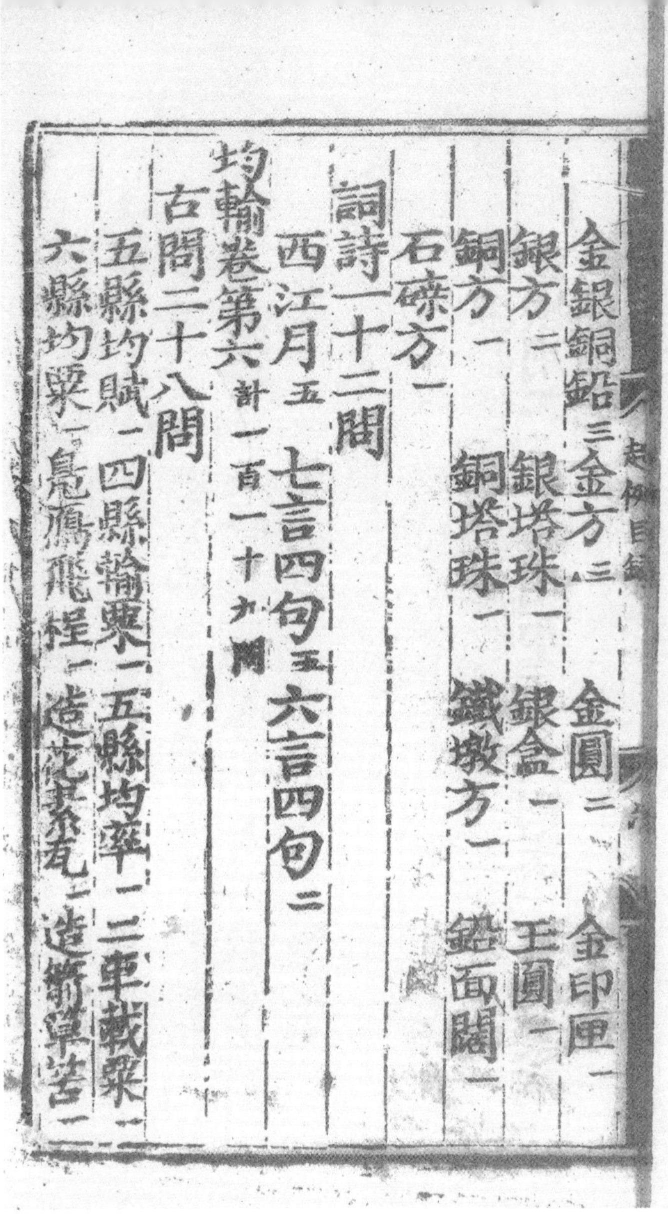

金銀銅鉛三　金方三　金圓二　金印匣一

銀方二　銀塔珠一　銀盒一　玉圓一

銅方一　銅塔珠一　鐵墩方一　鉛面闊一

石磉方一

詞詩一十二問

西江月五　七言四句五　六言四句二

均輸卷第六計一百一十九問

古問二十八問

五縣均賦一　四縣輸粟一　五縣均率一　二車載粟一

六縣均粟一　鳧鴈飛程一　造花素瓦一　造箭箄筶一

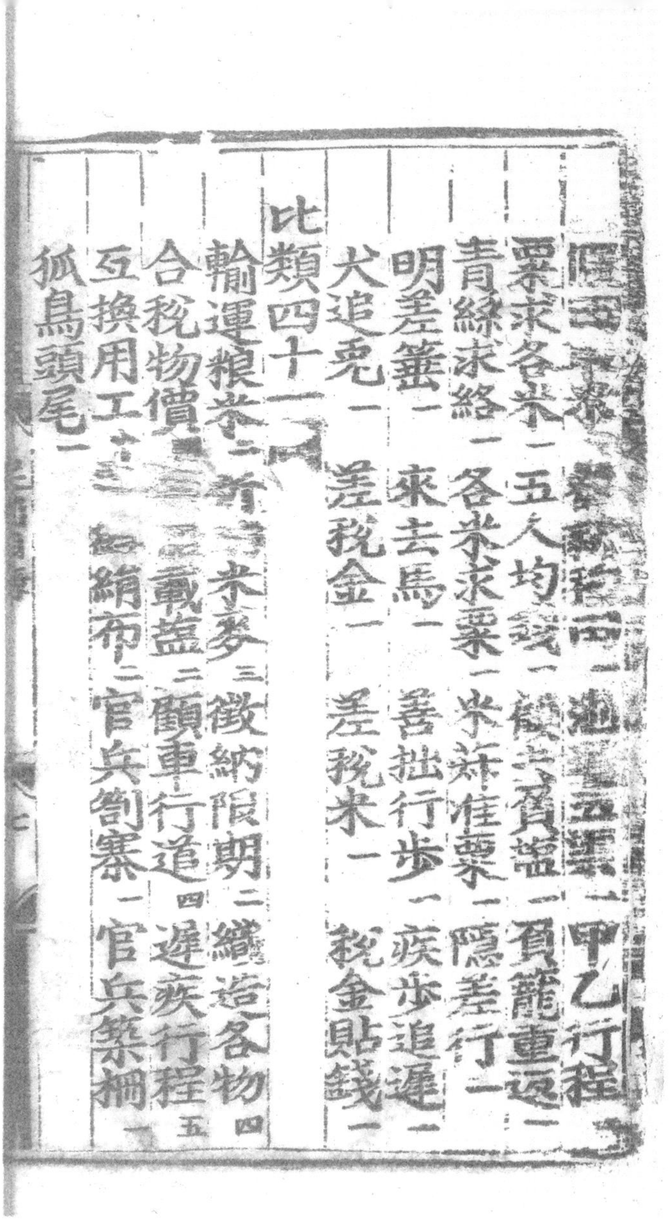

假田取米一　■■■[1]田一　池通五渠一　甲乙行程一

粟求各米一　五人均錢一　顧夫負鹽一　負籠重返一

青絲求絡一　各米求粟一　米菽准粟一　隱差行一

明差簟一　來去馬一　善拙行步一　疾步追遲一

犬追兔一　差税金一　差税米一　税金貼錢一

比類四十一

輸運粮米二　折納[2]米麥三　徵納限期二　織造各物四

合税物價四　顧舡[3]載鹽二　顧車行道四　遲疾行程五

互換用工十　支給[4]絹布二　官兵劄寨一　官兵築柵一

狐鳥頭尾一

1 此處三字各本均不清。

2“折納”二字各本均不清，依據“均輸”卷第二十葉左起第七欄標題，知此處爲此。

3“顧舡”二字各本均不清，依據“均輸”卷第二十五葉左起第七欄標題，知此處爲此。

4“支給”二字各本均不清，依據“均輸”卷第三十一葉左起第七欄標題，知此處爲此。

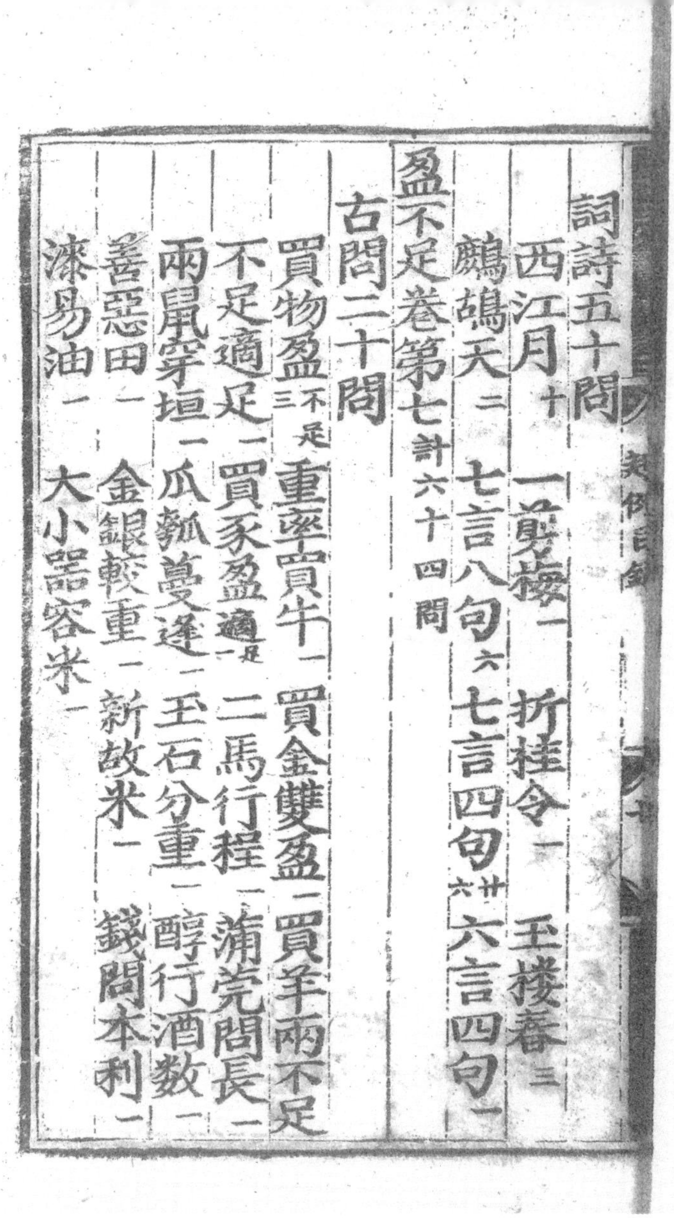

詞詩五十問

西江月十	一剪梅一	折桂令一	玉楼春三
鷓鴣天二	七言八句六	七言四句廿六	六言四句一

盈不足卷第七計六十四問

古問二十問

買物盈不足三	重率買牛一	買金雙盈一	買羊兩不足
不足適足一	買豕盈適足二	二馬行程一	蒲莞問長一
兩鼠穿垣一	瓜瓠蔓逢一	玉石分重一	醇行酒數一
善惡田一	金銀較重一	新故米一	錢問本利一
漆易油一	大小器容米一		

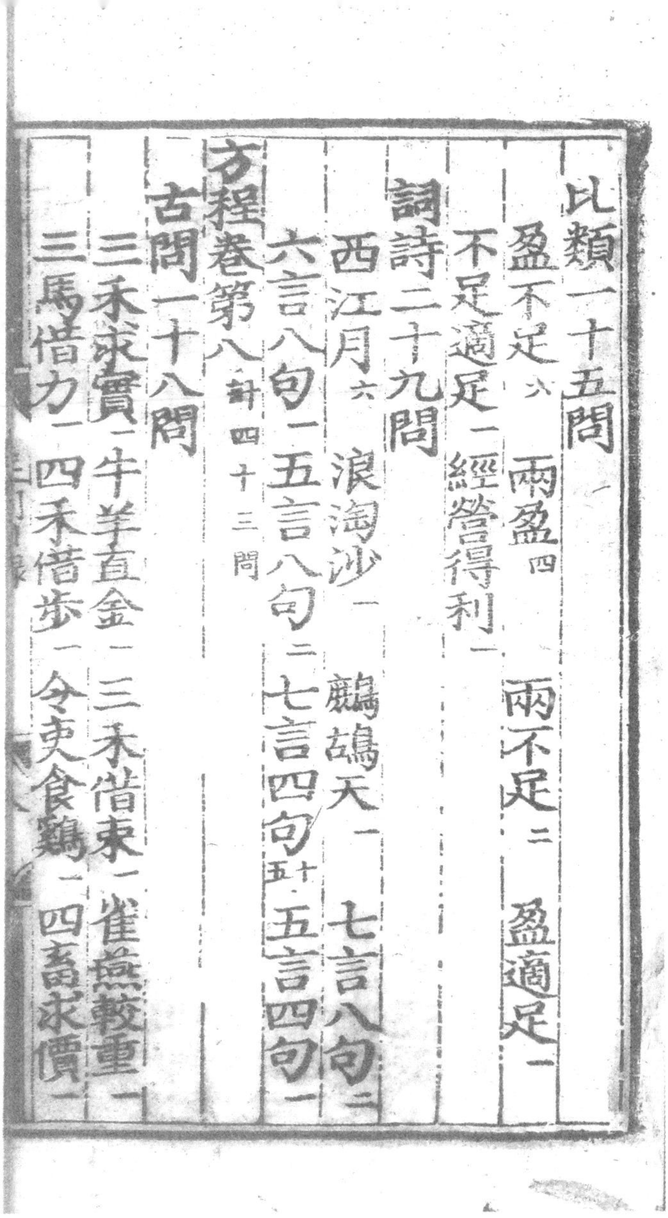

比類一十五問

盈不足六　兩盈四　兩不足二　盈適足一

不足適足一　經營得利一

詞詩二十九問

西江月六　浪淘沙一　鷓鴣天一　七言八句二

六言八句一　五言八句二　七言四句十五　五言四句一

方程卷第八計四十三問

古問一十八問

三禾求實一　牛羊直金一　三禾借束一　雀燕較重一

三馬借力一　四禾借步一　令吏食鷄一　四畜求價一

五穀求價一　牛馬損益一　甲乙持錢一　二禾損益一

三畜正負一　二禾添實一　三禾較重一　二禾損實二

借綆問井深一

比類一十六問

三帛問價一　三錦問價一　三客分絲一　三等輸米一

齋僧支襯一　絹布較價一　硃漆較價一　賣紗買段一

羊豕問價一　綾絹問價一　三色較價一　旗軍支米一

壯弱載米一　三則田絲二　四色問價一

詞詩九問

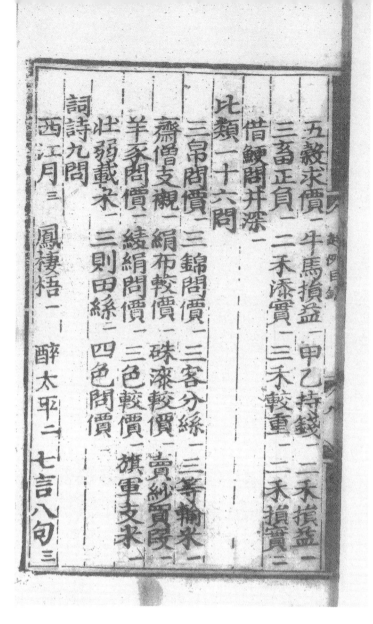

西江月三　鳳棲梧一　醉太平二　七言八句三

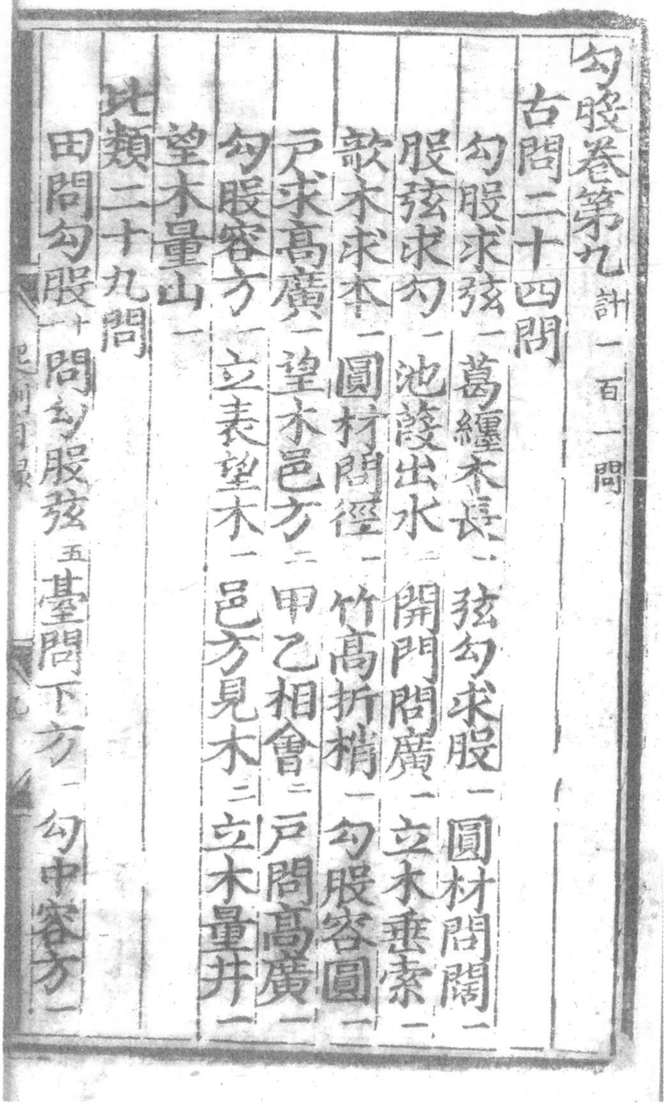

勾股卷第九計一百一問

古問二十四問

勾股求弦[一]　葛纏木長[一]　弦勾求股[一]　圓材問闊[一]

股弦求勾[一]　池葭出水[一]　開門問廣[一]　立木垂索[一]

欹木求本[一]　圓材問徑[一]　竹高折梢[一]　勾股容圓[一]

户求高廣[一]　望木邑方[二]　甲乙相會[二]　户問高廣[一]

勾股容方[一]　立表望木[一]　邑方見木[二]　立木量井[一]

望木量山[一]

比類二十九問

田問勾股[十一]　問勾股弦[五]　臺問下方[一]　勾中容方[一]

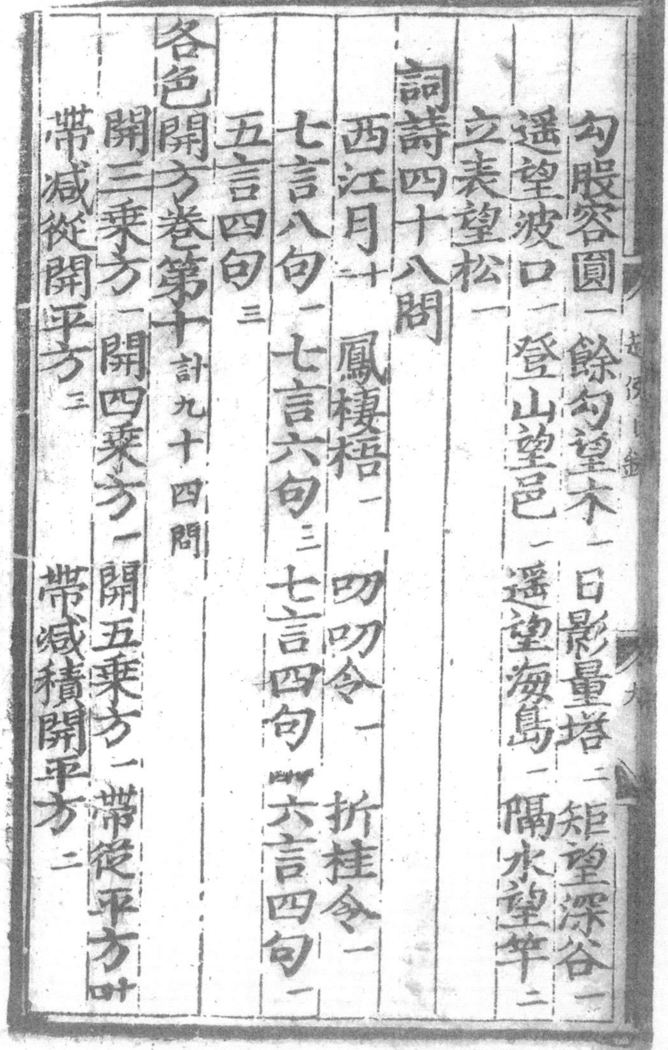

勾股容圓一　餘勾望木一　日影量塔二　矩望深谷一
遥望波口一　登山望邑一　遥望海島一　隔水望竿二
立表望松一

詞詩四十八問

西江月十三　鳳棲梧一　叨叨令一　折桂令一
七言八句一　七言六句三　七言四句廿四　六言四句一
五言四句三

各色開方卷第十計九十四問

開三乘方一　開四乘方一　開五乘方一　帶從平方十四
帶減從開平方三　帶減積開平方二

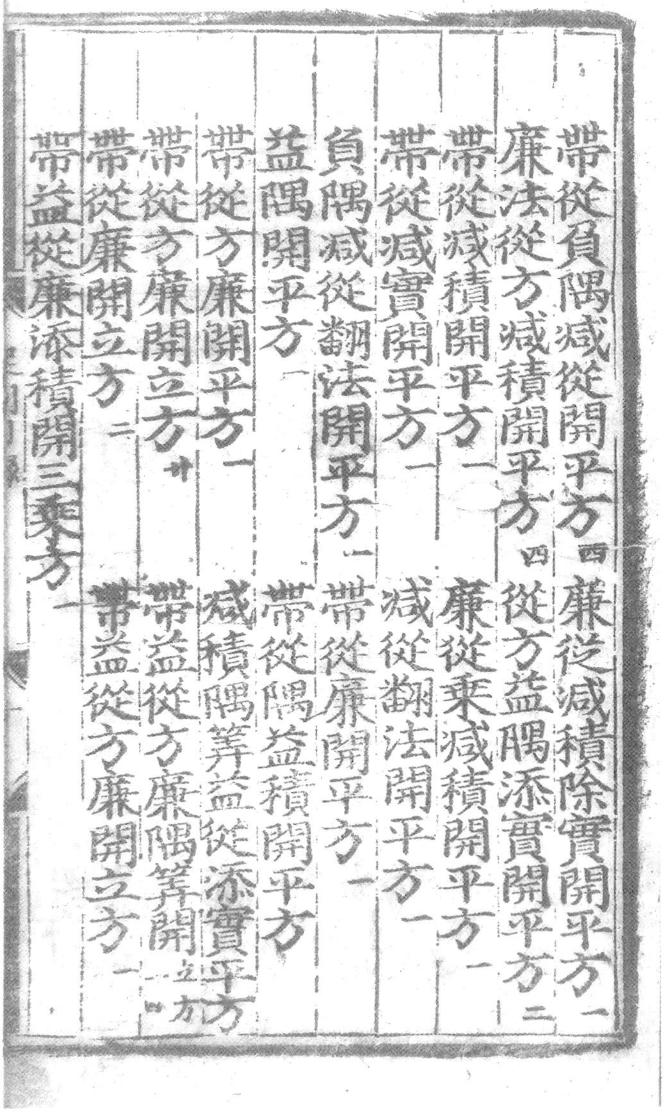

帶從負隅減從開平方[四]　廉從減積除實開平方[一]

廉法從方減積開平方[四]　從方益隅添實開平方[二]

帶從減積開平方[一]　廉從乘減積開平方[一]

帶從減實開平方[一]　減從翻法開平方[一]

負隅減從翻法開平方[一]　帶從廉開平方[一]

益隅開平方[一]　帶從隅益積開平方

帶從方廉開平方[一]　減積隅筭益從添實平方

帶從方廉開立方[廿]　帶益從方廉隅筭開立方[十四][1]

帶從廉開立方[二]　帶益從方廉開立方[一]

帶益從廉添積開三乘方[一]

1“十四”二字，各本均不清，依據“各色開方”卷相應題目數量推知此處爲此。

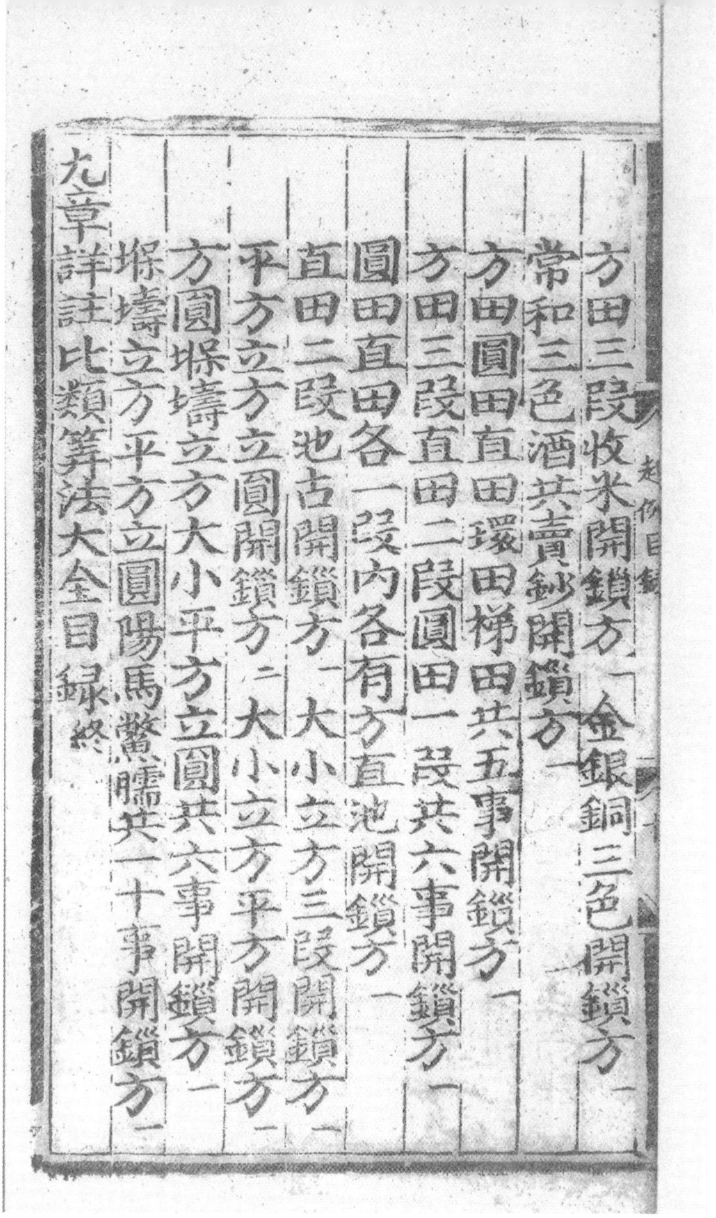

方田三段收米開鎖方一　　金銀銅三色開鎖方一

常和三色酒共賣鈔開鎖方一

方田、圓田、直田、環田、梯田共五事開鎖方一

方田三段、直田二段、圓田一段共六事開鎖方一

圓田、直田各一段内各有方直池開鎖方一

直田二段池古開鎖方一　　大小立方三段開鎖方一

平方、立方、立圓開鎖方二　　大小立方、平方開鎖方一

方圓垛壔、立方、大小平方、立圓共六事開鎖方一

垛壔、立方、平方、立圓、陽馬、鱉臑共一十事開鎖方一

九章詳注比類筭法大全目録終

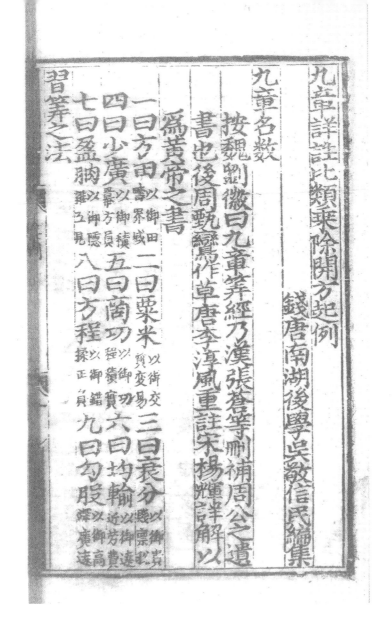

九章詳注比類乘除開方起例

錢唐南湖後學吴敬信民編集

九章名數

按：魏劉徽曰，《九章筭經》乃漢張蒼等刪補周公之遺書也，後周甄鸞作草，唐李淳風重注，宋楊輝詳解，以爲黄帝之書。

一曰方田以御田疇界域。二曰粟米以御交質變易。三曰衰分以御貴賤稟稅。

四曰少廣以御積冪方員。五曰商功以御功程積實。六曰均輸以御遠近勞費。

七曰盈朒以御隱雜互見。八曰方程以御錯揉正負。九曰勾股以御高深廣遠。

習筭之法

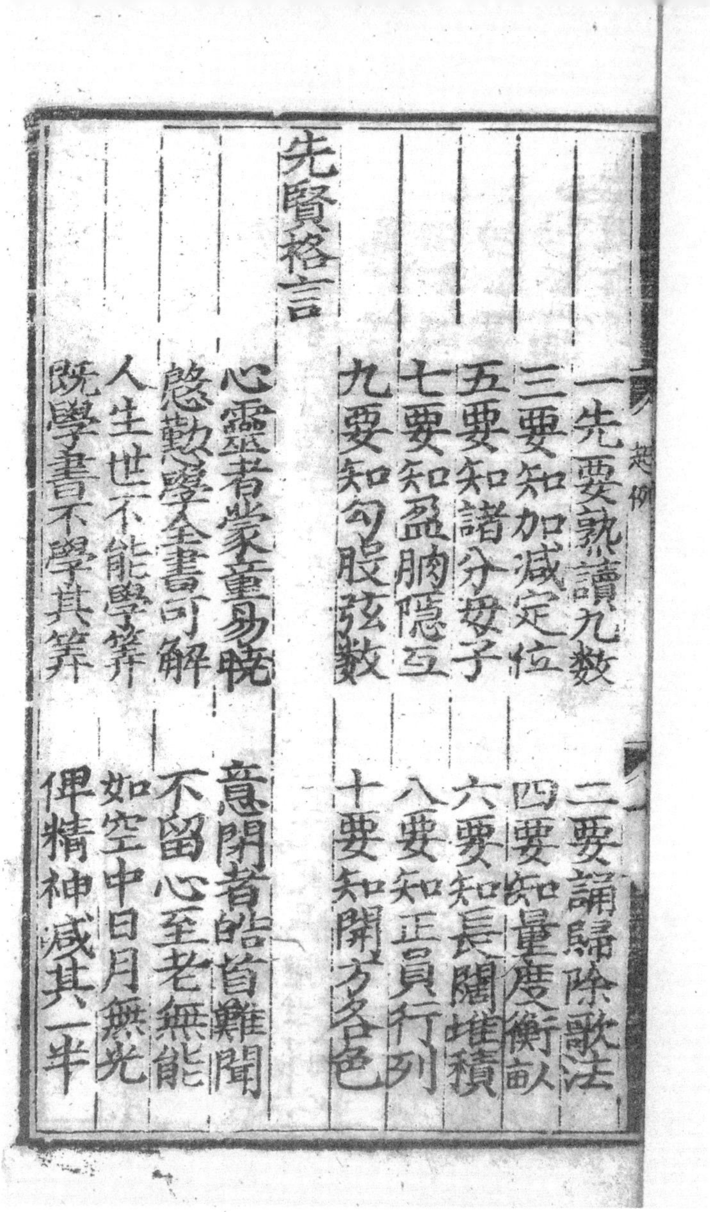

一要先熟讀九數，　二要誦歸除歌法。

三要知加減定位，　四要知量度衡畝。

五要知諸分母子，　六要知長闊堆積。

七要知盈朒隱互，　八要知正負行列。

九要知勾股弦數，　十要知開方各色。

先賢格言

心靈者蒙童易曉，　意閉者皓首難聞。

慇懃學全書可解，　不留心至老無能。

人生世不能學筭，　如空中日月無光。

既學書不學其筭，　俾精神減其一半。

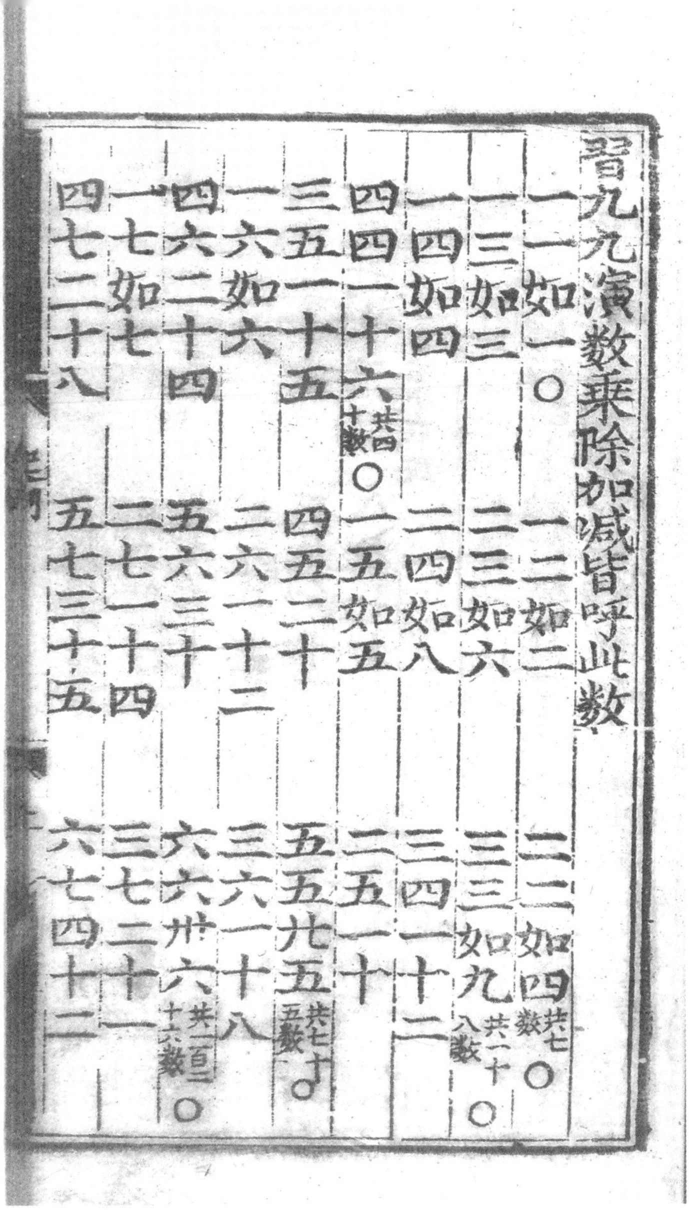

习九九演数乘除加减皆呼此数

一一如一〇	一二如二	二二如四共七数〇
一三如三	二三如六	三三如九共一十八数〇
一四如四	二四如八	三四一十二
四四一十六共四十数〇	一五如五	二五一十
三五一十五	四五二十	五五廿五共七十五数〇
一六如六	二六一十二	三六一十八
四六二十四	五六三十	六六卅六共一百二十六数〇
一七如七	二七一十四	三七二十一
四七二十八	五七三十五	六七四十二

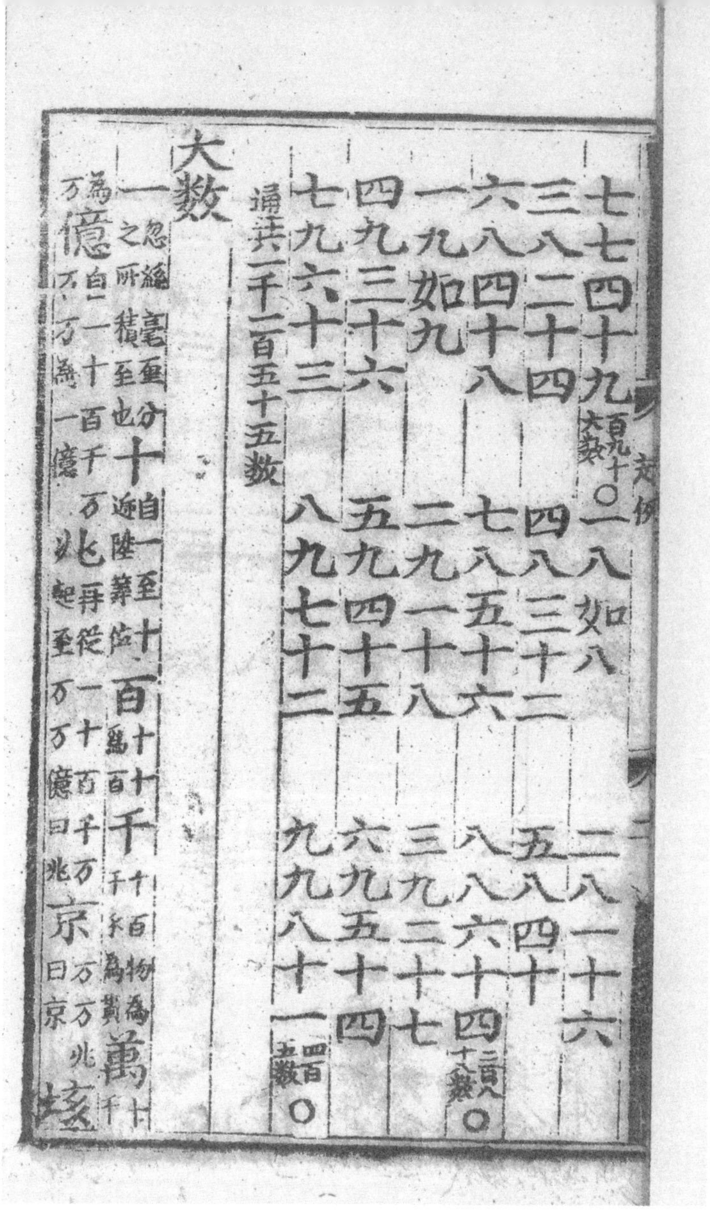

七七四十九百九十六數○	一八如八	二八一十六
三八二十四	四八三十二	五八四十
六八四十八	七八五十六	八八六十四二百八十八數○
一九如九	二九一十八	三九二十七
四九三十六	五九四十五	六九五十四
七九六十三	八九七十二	九九八十一四百五數○

通共一千一百五十五數。

大數

一忽絲毫厘分之所積至也。十自一至十遞陞筭位。百十十爲百。千十百物爲十千，錢爲貫。萬十千爲万。億自一十百千万，万万爲一億。兆再從一十百千万起至万万億曰兆。京万万兆曰京。垓

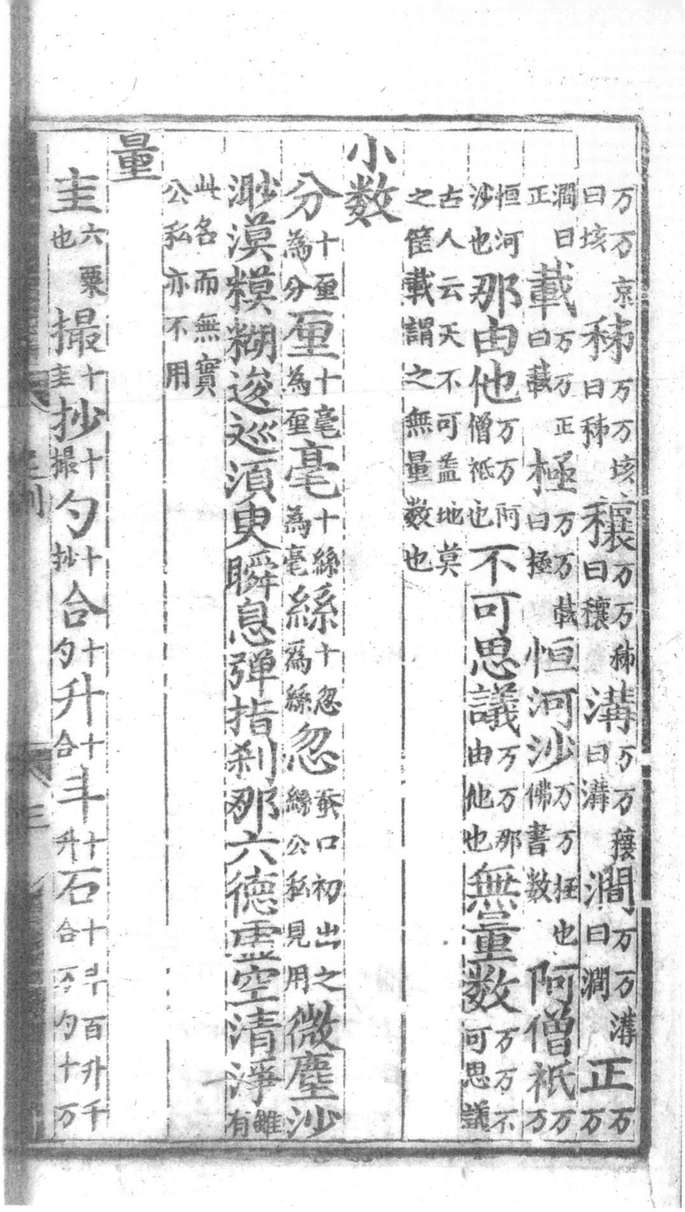

万万京曰垓。秭万万垓曰秭。穰万万秭曰穰。溝万万穰曰溝。澗万万溝曰澗。正万万澗曰正。載万万正曰載。極万万載曰極。恒河沙万万極也，佛書數。阿僧祇万万恒河沙也。那由他万万阿僧祇也。不可思議万万那由他也。無量數万万不可思議。

古人云：天不可蓋，地莫之筐載，謂之無量數也。

小數

分十厘爲分。厘十毫爲厘。毫十絲爲毫。絲十忽爲絲。忽蚕口初出之絲，公私見用。微、塵、沙、渺、漠、糢、糊、逡巡、須臾、瞬息、彈指、剎那、六德、虛空、清靜雖有此名而無實，公私亦不用。

量

圭六粟也。撮十圭。抄十撮。勺十抄。合十勺。升十合。斗十升。石十斗，百升，千合，万勺，十万

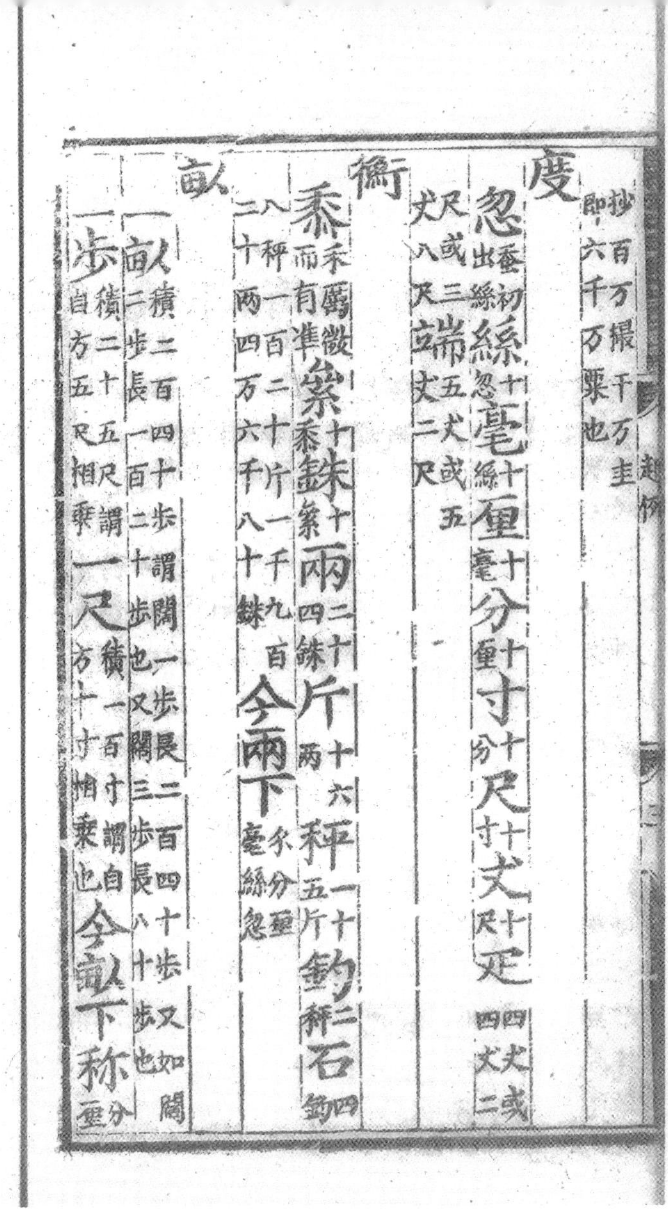

抄，百万撮，千万圭，即六千万粟也。

度

忽蚕初出絲。絲十忽。毫十絲。厘十毫。分十厘。寸十分。尺十寸。丈十尺。匹四丈，或四丈二尺，或三丈八尺。端五丈，或五丈二尺。

衡

黍禾属微而有准。絫十黍。銖十絫。兩二十四銖。斤十六兩。秤一十五斤。鈞二秤。石四鈞，八秤，一百二十斤，一千九百二十兩，四万六千八十銖。今兩下錢、分、厘、毫、絲、忽。

畝

一畝積二百四十步，謂闊一步長二百四十步，又如闊二步長一百二十步也，又闊三步長八十步也。

一步積二十五尺，謂自方五尺相乘。一尺積一百寸，謂自方十寸相乘也。今畝下称分、厘、

毫、絲、
忽也。

因加乘法起例

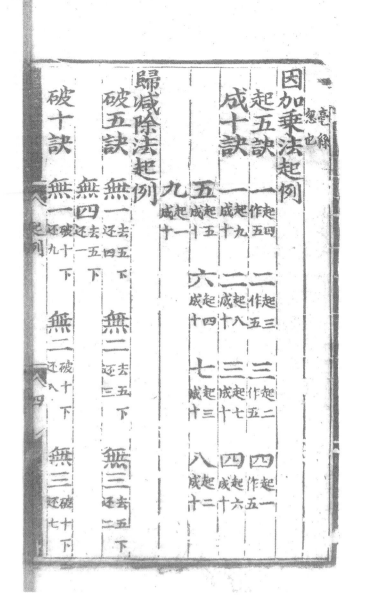

起五訣	一起四作五	二起三作五	三起二作五	四起一作五
成十訣	一起九成十	二起八成十	三起七成十	四起六成十
	五起五成十	六起四成十	七起三成十	八起二成十
	九起一成十			

歸減除法起例

破五訣	無一去五下還四	無二去五下還三	無三去五下還二
	無四去五下還一		
破十訣	無一破十下還九	無二破十下還八	無三破十下還七

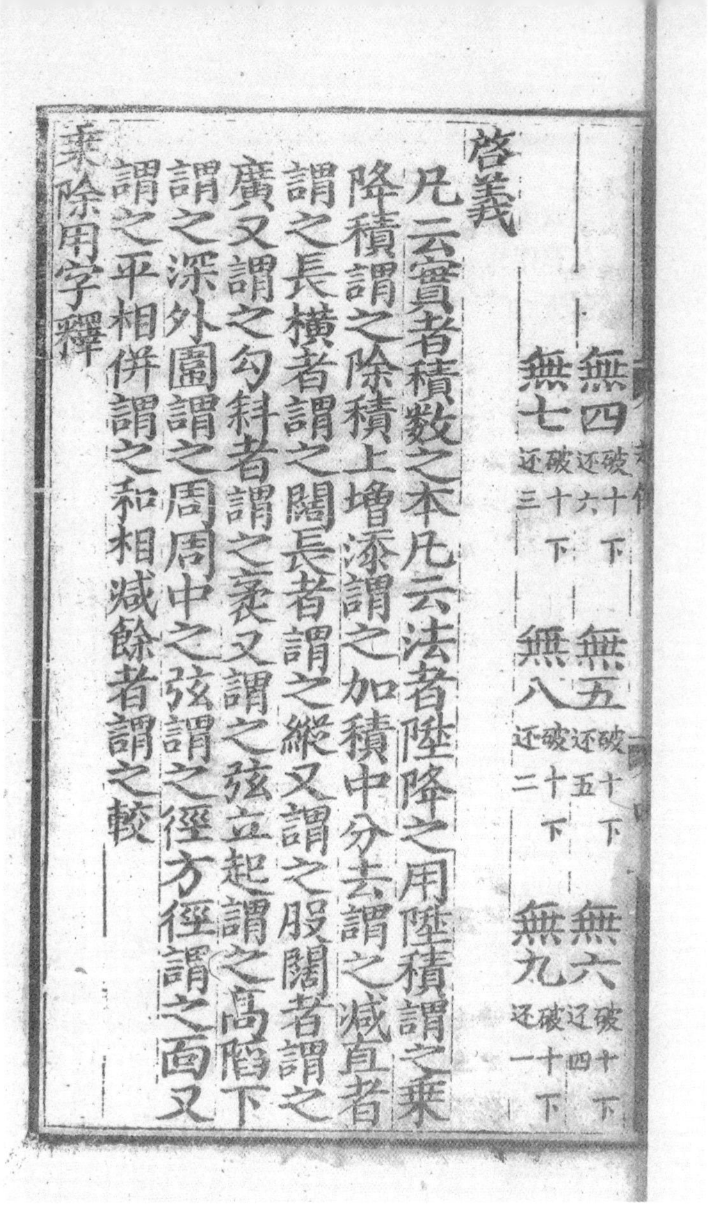

無四破十下還六　無五破十下還五　無六破十下還四

無七破十下還三　無八破十下還二　無九破十下還一

啟義

凡云實者，積數之本。凡云法者，陞降之用。陞積謂之乘，降積謂之除。積上增添謂之加，積中分去謂之減。直者謂之長，横者謂之闊。長者謂之縱，又謂之股。闊者謂之廣，又謂之勾。斜者謂之衺，又謂之弦。立起謂之高，陷下謂之深。外圍謂之周，周中之弦謂之徑。方徑謂之面，又謂之平。相并謂之和，相減餘者謂之較。

乘除用字釋

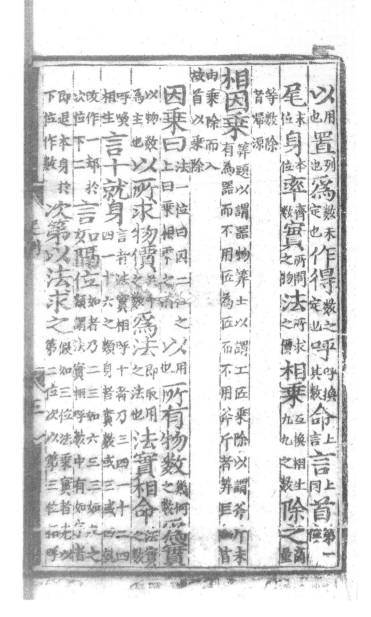

以（用也。）置（列也。）爲（數未定也。）作得（數之定也。）呼（呼换其數。）命（上言。）言（上同。）首（第一位。）

尾（末位。）身（本位。）率（齊數。）實（所問之物。）法（所求之價。）相乘（互换相生九九之數。）除之（商量等數，除者，歸源。）

相因乘（筭題以謂器物，筭士以謂工匠，乘除以謂斧斤。未有爲器而不用匠，爲匠而不用斧斤者，筭巨細皆由乘除而入，故首以乘除。）

因乘曰：（法一位曰因，二位之上曰乘，相乘之術。）以（用也。）所有物數（幾何之數。）爲實，（以物數爲主也。）以所求物價（若干之數。）爲法，（即取用之法也。）法實相命（法實之數呼换相生。）言十就身（言者，法實相呼。十者，乃三四一十二、四四一十六之類。身者，實數。或三或四，就改作一，却於次位下二。）言如隔位（如者，乃二三如六，三三如九之類。謂法實相呼，數中有如字者，即退本身，於下位作數。）次第以法求之（假如三位法乘實者，先以第二位，次以第三位，相呼

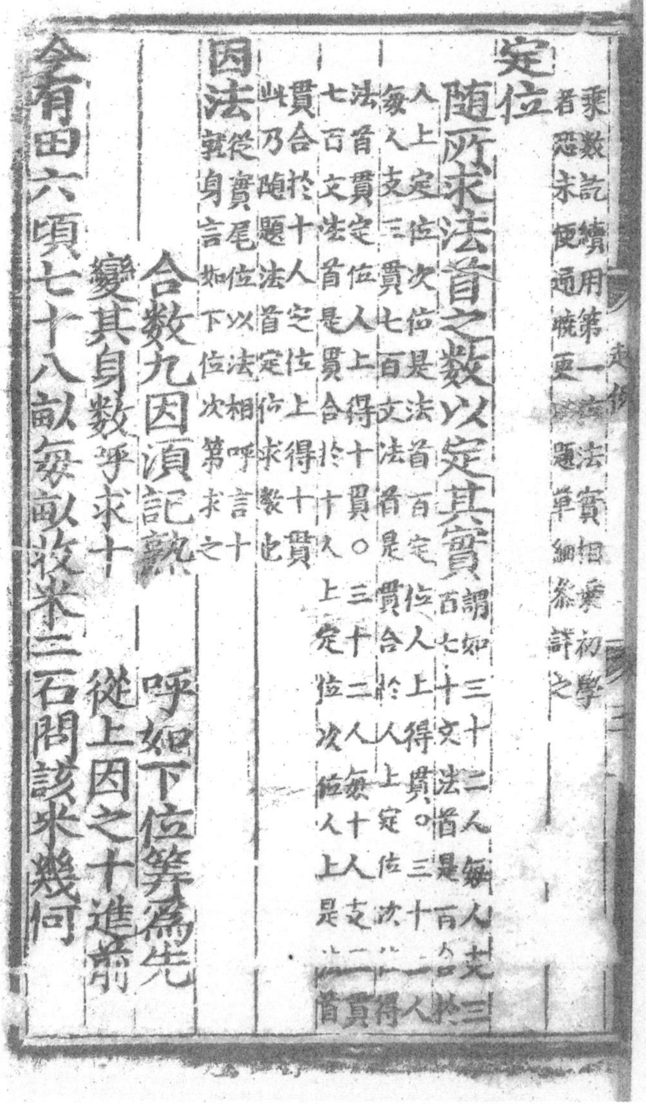

乘數，訖，續用第一位法實相乘。初學者恐未便通曉，更以題草細參詳之。

定位

隨所求法首之數以定其實。謂如三十二人，每人支三百七十文，法首是百，合於人上定位。次位是法首百，定位人上得貫。〇三十二人，每人支三貫七百文，法首是貫，合於人上定位。次位得法首貫，定位人上得十貫。〇三十二人，每十人支三貫七百文，法首是貫，合於十人上定位，次位人上是法首貫，合於十人定位，上得十貫。此乃隨題法首定位求數也。

因法從實尾位，以法相呼。言十就身，言如下位，次第求之。

合數九因須記熟，呼如下位筭爲先。

變其身數呼求十，從上因之十進前。

今有田六頃七十八畝，每畝收米二石，問該米幾何？

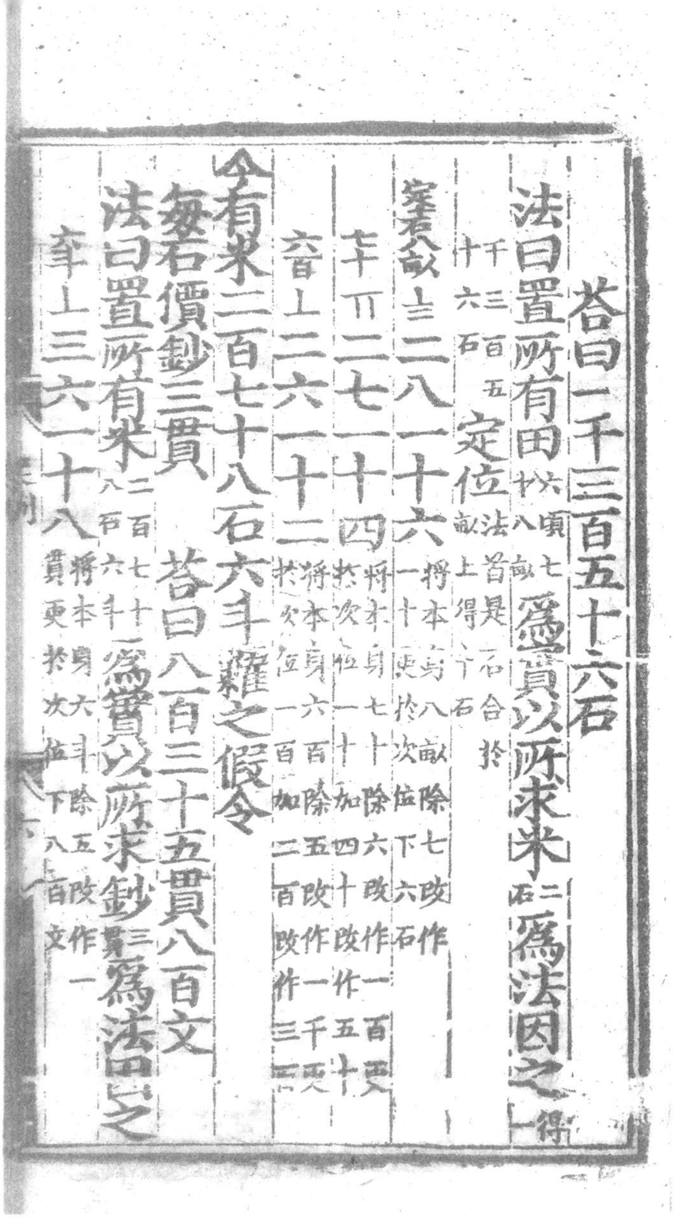

答曰：一千三百五十六石。

法曰：置所有田六頃七十八畝爲實，以所求米二石爲法因之得一千三百五十六石。定位法首是石，合於畝上得千石。

定十石八畝 𝍰[1] 二八一十六將本身八畝除七改作一十，更於次位下六石。

七十 𝍦 二七一十四將本身七十除六改作一百，更於次位一十加四十改作五十。

六百 𝍮 二六一十二將本身六百除五改作一千，更於次位一百加二百改作三百。

今有米二百七十八石六斗，糶之，假令：

每石價鈔三貫。答曰：八百三十五貫八百文。

法曰：置所有米二百七十八石六斗爲實，以所求鈔三貫爲法，因之。

六斗 𝍮 三六一十八將本身六斗除五改作一貫，更於次位下八百文。

1 此爲算籌符號，僅在此處列出算籌符號縱式、橫式及對應阿拉伯數字供參考。

縱式

𝍠	𝍡	𝍢	𝍣	𝍤
1	2	3	4	5
𝍥	𝍦	𝍧	𝍨	
6	7	8	9	

橫式

𝍩	𝍪	𝍫	𝍬	𝍭
1	2	3	4	5
𝍮	𝍯	𝍰	𝍱	
6	7	8	9	

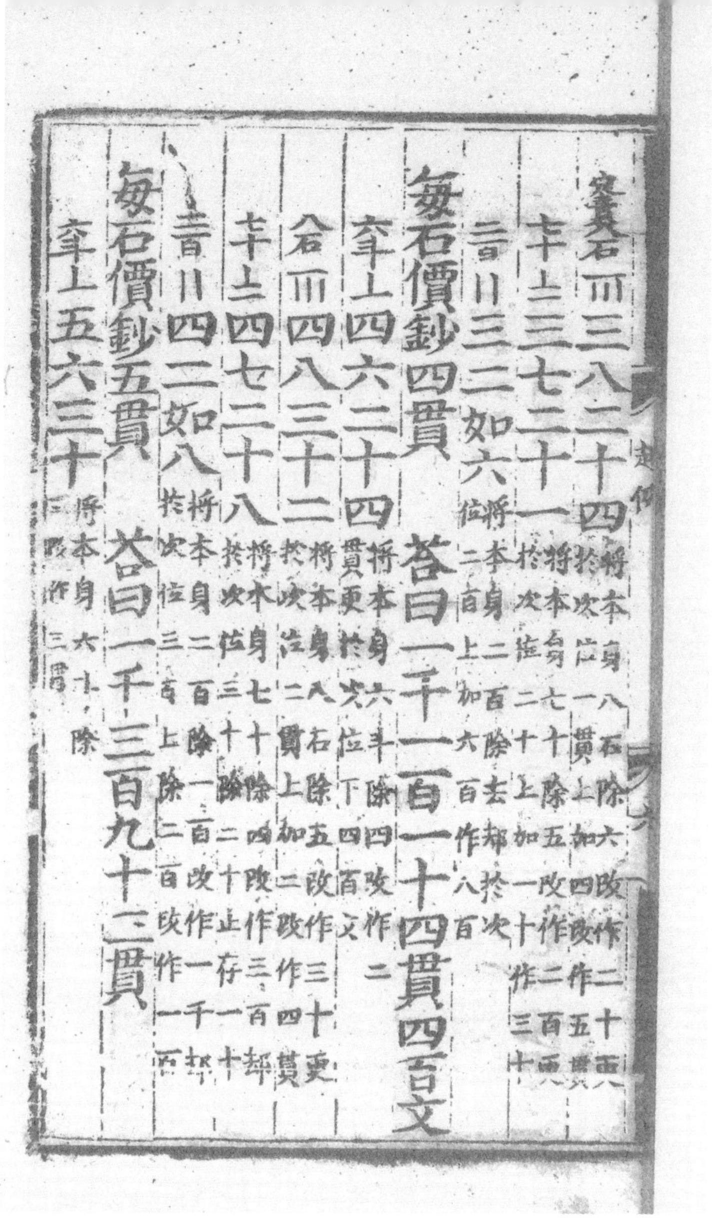

定實八石 𝍧　三八二十四將本身八石除六改作二十，更於次位一貫上加四改作五貫。

七十 𝍦　三七二十一將本身七十除五改作二百，更於次位二十上加一十作三十。

二百 𝍡　三二如六將本身二百除去，却於次位二百上加六百，作八百。

每石價鈔四貫。答曰：一千一百一十四貫四百文。

六斗 𝍥　四六二十四將本身六斗除四改作二貫，更於次位下四百文。

八石 𝍧　四八三十二將本身八石除五改作三十，更於次位二貫上加二改作四貫。

七十 𝍦　四七二十八將本身七十除四改作三百，却於次位三十除二十止存一十。

二百 𝍡　四二如八將本身二百除一百改作一千，却於次位三百上除二百改作一百。

每石價鈔五貫。答曰：一千三百九十三貫。

六斗 𝍥　五六三十將本身六十除三改作三貫。

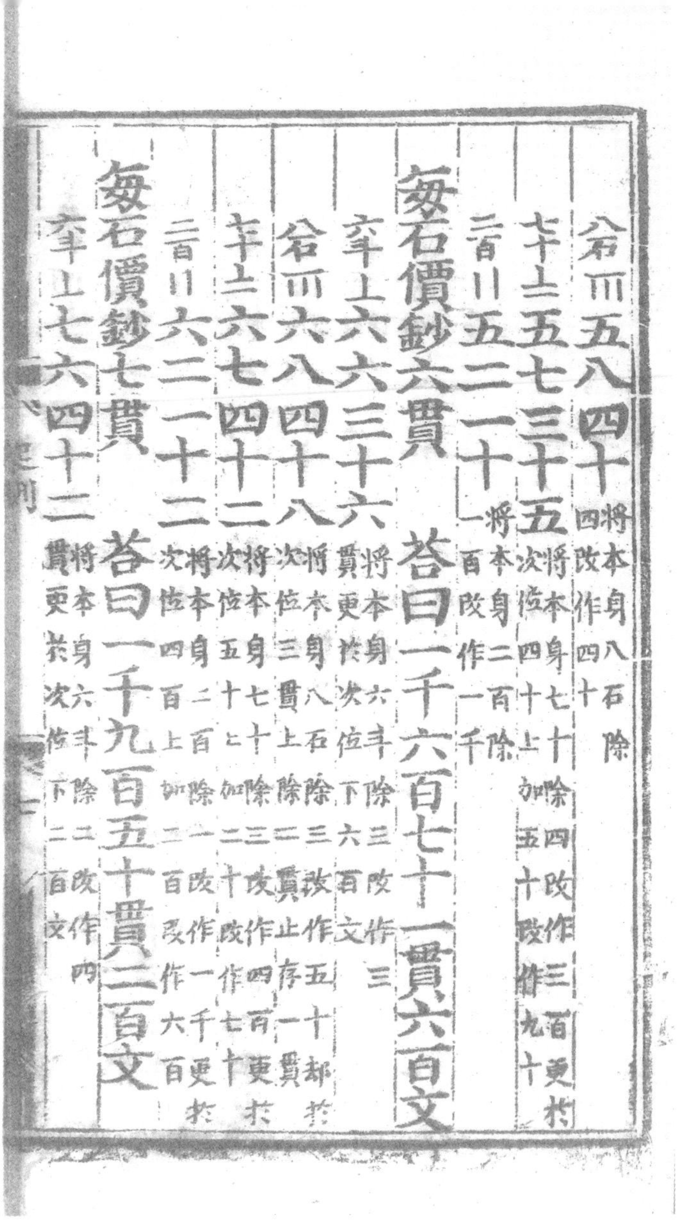

八石 𝍧　五八四十將本身八石除四改作四十。

七十 𝍭　五七三十五將本身七十除四改作三百，更於次位四十上加五十改作九十。

二百 ‖　五二一十將本身二百除一百改作一千。

每石價鈔六貫。答曰：一千六百七十一貫六百文。

六斗 ⊥　六六三十六將本身六斗除三改作三貫，更於次位下六百文。

八石 𝍧　六八四十八將本身八石除三改作五十，却於次位三貫上除二貫止存一貫。

七十 𝍭　六七四十二將本身七十除三改作四百，更於次位五十上加二十改作七十。

二百 ‖　六二一十二將本身二百除一改作一千，更於次位四百上加二百改作六百。

每石價鈔七貫。答曰：一千九百五十貫二百文。

六斗 ⊥　七六四十二將本身六斗除二改作四，貫更於次位下二百文。

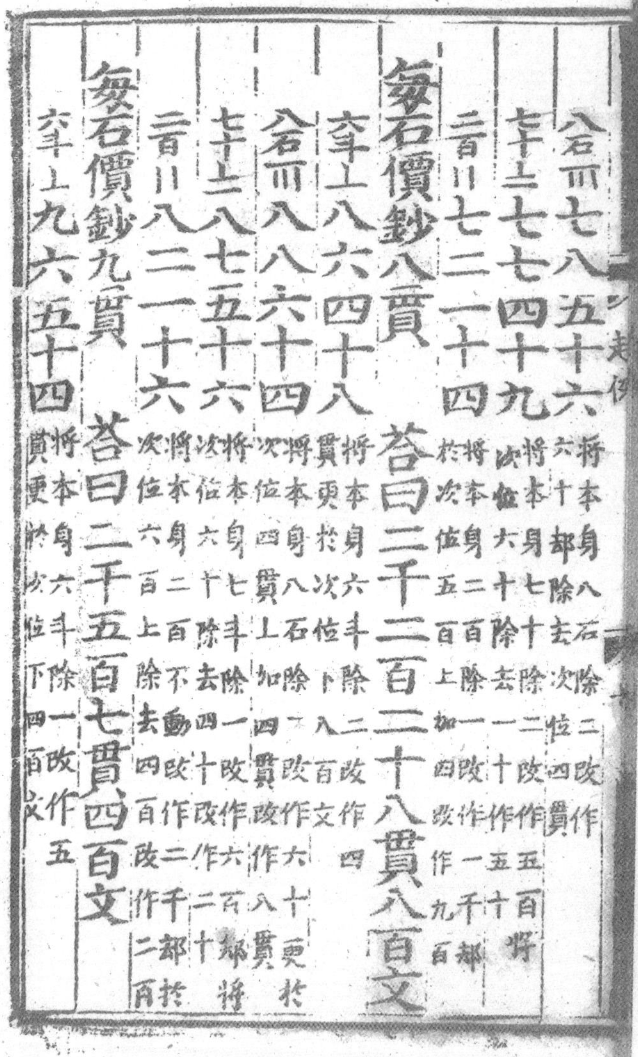

八石 𝍧　七八五十六 將本身八石除二改作六十，却除去次位四貫。

七十 𝍶　七七四十九 將本身七十除二改作五百，將次位六十除去一十作五十。

二百 ‖　七二一十四 將本身二百除一改作一千，却於次位五百上加四，改做九百。

每石價鈔八貫。答曰：二千二百二十八貫八百文。

六斗 ⊥　八六四十八 將本身六斗除二改作四貫，更於次位下八百文。

八石 𝍧　八八六十四 將本身八石除二改作六十，更於次位四貫上加四貫改作八貫。

七十 𝍶　八七五十六 將本身七斗除一改作六百，却將次位六十除去四十改作二十。

二百 ‖　八二一十六 將本身二百不動改作二千，却於次位六百上除去四百改作二百。

每石價鈔九貫。答曰：二千五百七貫四百文。

六斗 ⊥　九六五十四 將本身六斗除一改作五貫，更於次位下四百文。

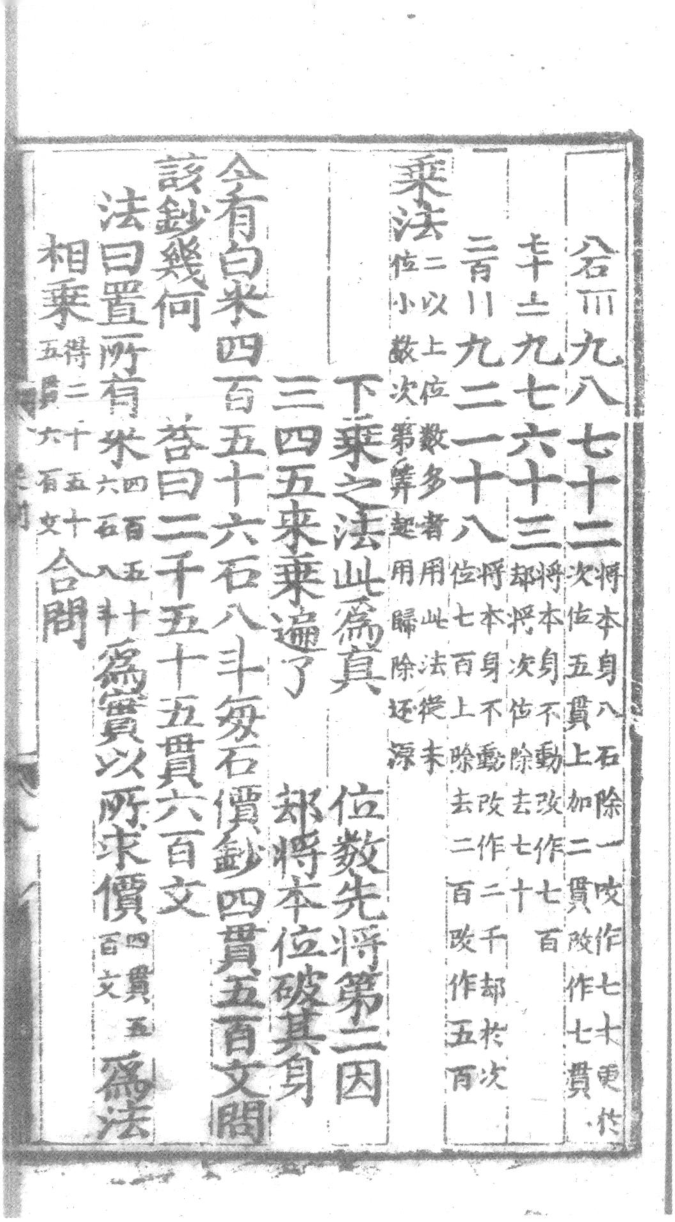

八石 𝍧　九八七十二將本身八石除一改作七十，更於次位五貫上加二貫改作七貫。

七十 𝍮　九七六十三將本身不動改作七百，却將次位除去七十。

二百 𝍡　九二一十八將本身不動改作二千，却於次位七百上除去二百改作五百。

乘法二以上位數多者用此法，從末位小數次第筭起，用歸除還源。

下乘之法此爲真，位數先將第二因。

三四五來乘遍了，却將本位破其身。

今有白米四百五十六石八斗，每石價鈔四貫五百文，問該鈔幾何？答曰：二千五十五貫六百文。

法曰：置所有米四百五十六石八斗爲實，以所求價四貫五百文爲法，

相乘得二千五十五貫六百文。合問。

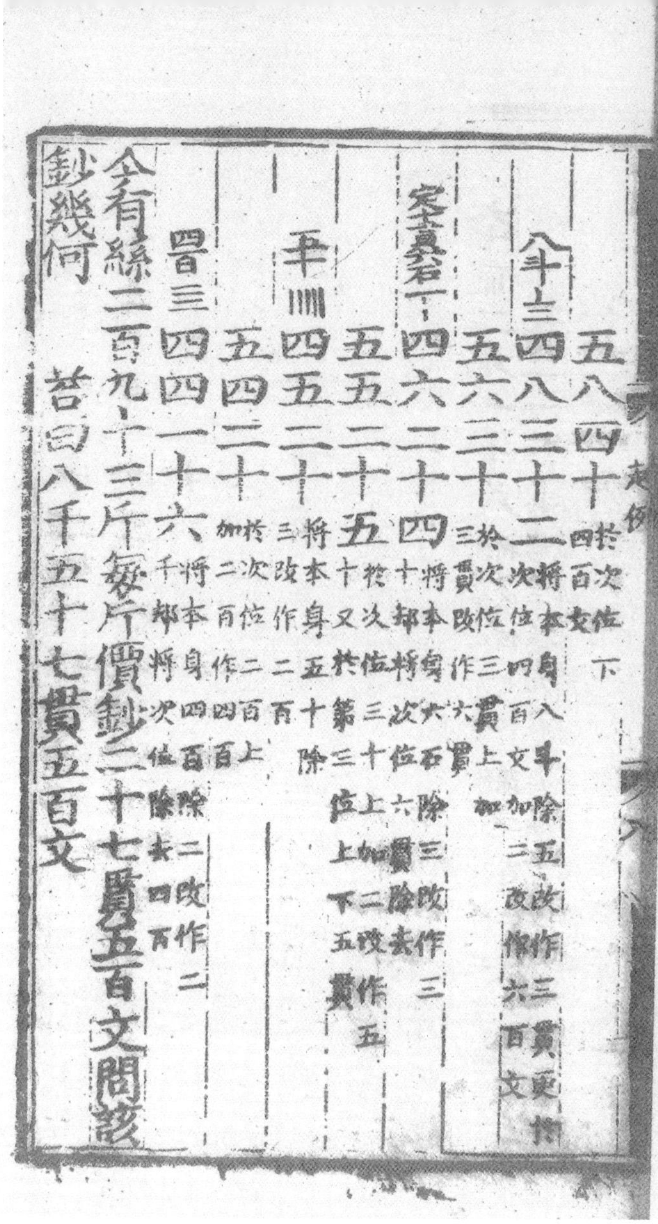

五八四十於次位下四百文。

八斗 ╧ 四八三十二將本身八斗除五改作三貫，更於次位四百文加二改作六百文。

五六三十於次位三貫上加三貫改作六貫。

定十貫六石 ⊤ 四六二十四將本身六石除三改作三十，却將次位六貫除去。

五五二十五於次位三十上加二改作五十，又於第三位上下五貫

五十 𝍣 四五二十將本身五十除三改作二百。

五四二十於次位二百上加二百作四百。

四百 ≣ 四四一十六將本身四百除二改作二千，却將次位除去四百。

今有絲二百九十三斤，每斤價鈔二十七貫五百文，問該鈔幾何？答曰：八千五十七貫五百文。

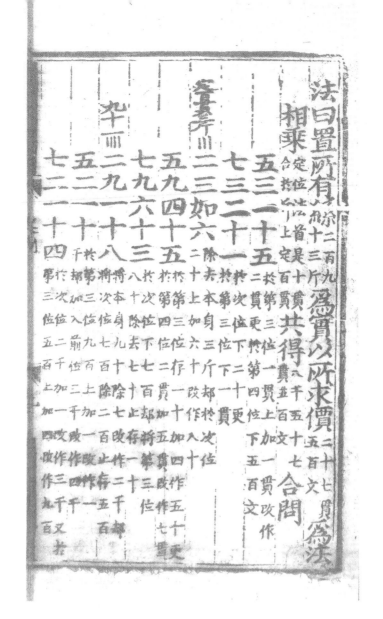

法曰：置所有絲二百九十三斤爲實，以所求價二十七貫五百文爲法，

相乘定位：法首是十貫，合於斤上定百貫。共得八千五十七貫五百文。合問。

五三一十五於第三位一貫上加一貫改作二貫，更於第四位下五百文。

七三二十一於次位下二十，更於第三位下一貫。

定百貫三斤Ⅲ　二三如六除去本身三斤，却於次位二十上加六十改作八十。

五九四十五於第三位存一十加四作五十，更於第四位二貫加五貫改作七貫。

七九六十三於次位下七百，却將第三位八十除去七十，止存一十。

九十Ⅲ　二九一十八將本身九十除七改作二千，却將次位七百除二百止存五百。

五二一十於第三位九百上加一改作一千，却加入前位三千改作四千。

七二一十四於次位二千加一改作三千，又於第三位五百上加四改作九百。

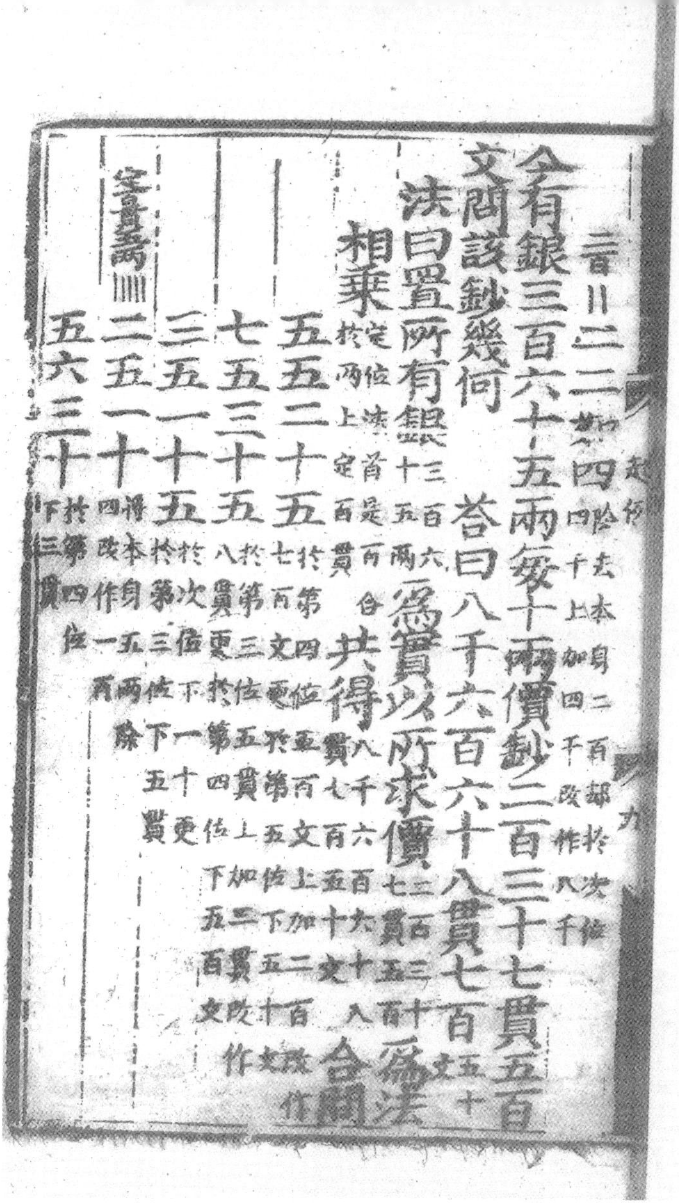

二百‖　二二如四除去本身二百，却於次位四千上加四千改作八千。

今有銀三百六十五兩，每十兩價鈔二百三十七貫五百文，問該鈔幾何？答曰：八千六百六十八貫七百五十文。

法曰：置所有銀三百六十五兩爲實，以所求價二百三十七貫五百爲法，

相乘定位：法首是百，合於兩上定百貫。共得八千六百六十八貫七百五十文。合問。

五五二十五於第四位五百文上加二百改作七百文，更於第五位下五十文。

七五三十五於第三位五貫上加三貫改作八貫，更於第四位下五百文。

三五一十五於次位下一十，更於第三位下五貫。

定百貫五兩‖‖‖　二五一十將本身五兩除四改作一百。

五六三十於第四位下三貫。

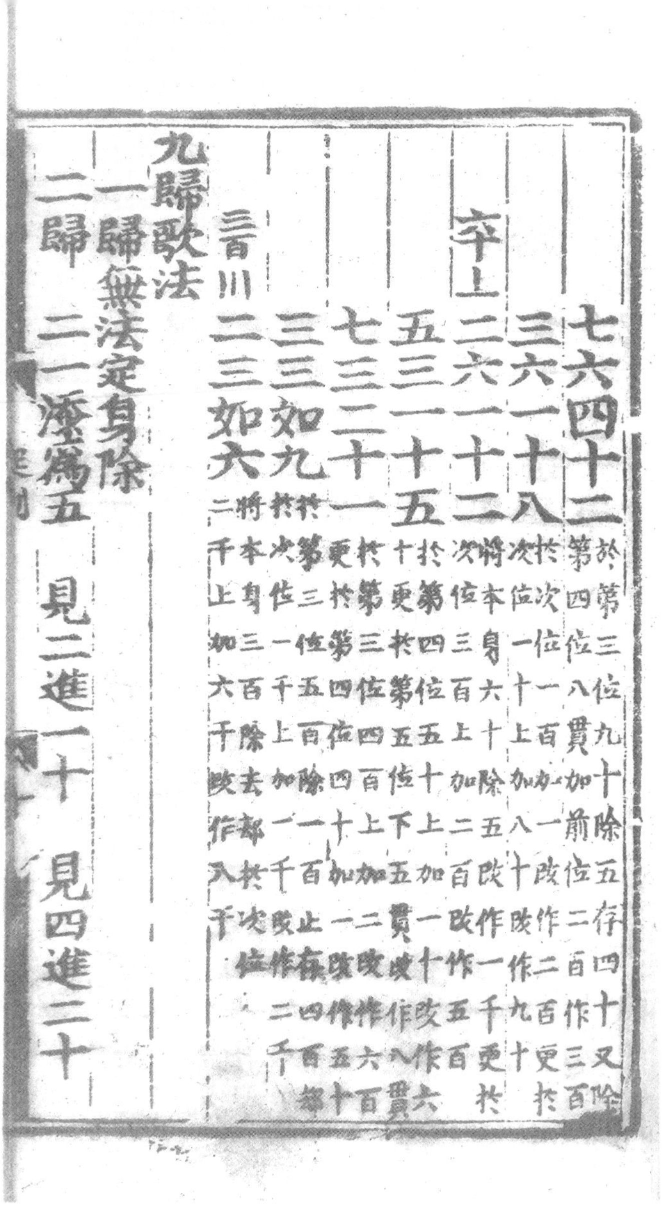

六十 ⊥

七六四十二 於第三位九十除五存四十，又除第四位八貫，加前位二百作三百。

三六一十八 於次位一百加一改作二百，更於次位一十上加八十改作九十。

六十 ⊥　二六一十二 將本身六十除五改作一千，更於次位三百上加二百改作五百。

五三一十五 於第四位五十上加一十改作六十，更於第五位下五貫改作八貫。

七三二十一 於第三位四百上加二改作六百，更於第四位四十加一改作五十。

三三如九 於第三位五百除一百止存四百，却於次位一千上加一千改作二千。

三百 Ⅲ　二三如六 將本身三百除去，却於次位二千上加六千改作八千。

九歸歌法

一歸無法定身除

二歸　二一添爲五　見二進一十　見四進二十

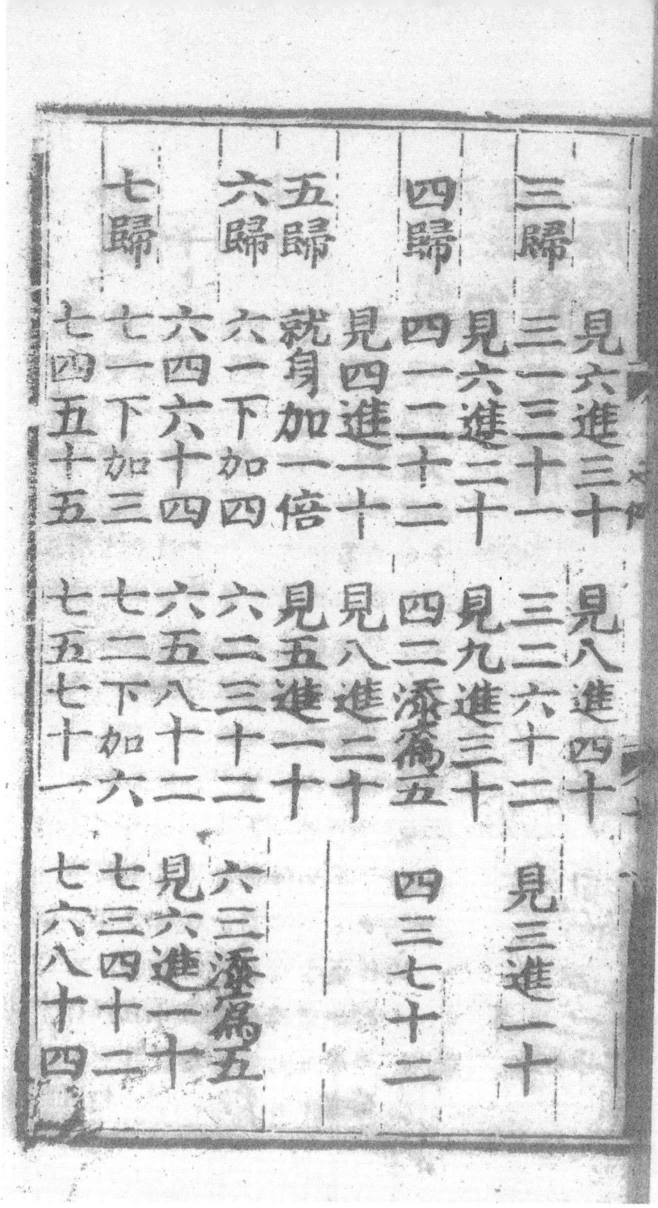

	見六進三十	見八進四十	
三歸	三一三十一	三二六十二	見三進一十
	見六進二十	見九進三十	
四歸	四一二十二	四二添爲五	四三七十二
	見四進一十	見八進二十	
五歸	就身加一倍	見五進一十	
六歸	六一下加四	六二三十二	六三添爲五
	六四六十四	六五八十二	見六進一十
七歸	七一下加三	七二下加六	七三四十二
	七四五十五	七五七十一	七六八十四

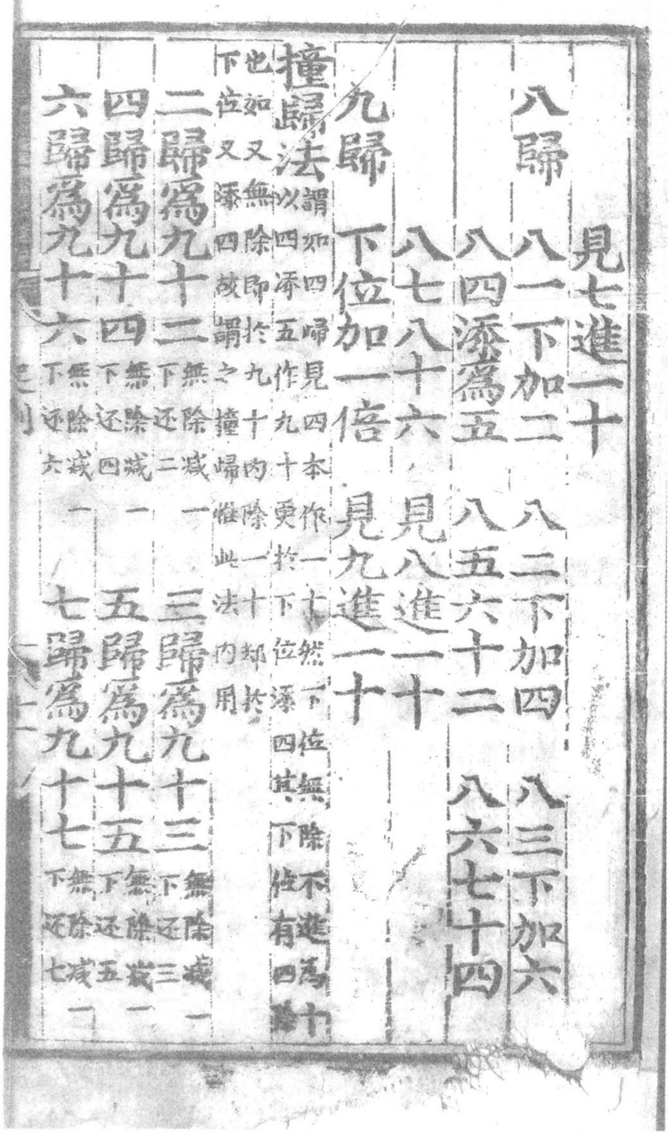

見七進一十

八歸　八一下加二　八二下加四　八三下加六

八四添爲五　八五六十二　八六七十四

八七八十六　見八進一十

九歸　下位加一倍　見九進一十

撞歸法謂如四歸見四，本作一十，然下位無除，不進爲十。以四添五作九十，更於下位添四，其下位有四除也。如又無除，即於九十内除一十，却於下位又添四，故謂之撞歸，惟此法内用。

二歸爲九十二無除減一下還二。　三歸爲九十三無除減一下還三。

四歸爲九十四無除減一下還四。　五歸爲九十五無除減一下還五。

六歸爲九十六無除減一下還六。　七歸爲九十七無除減一下還七。

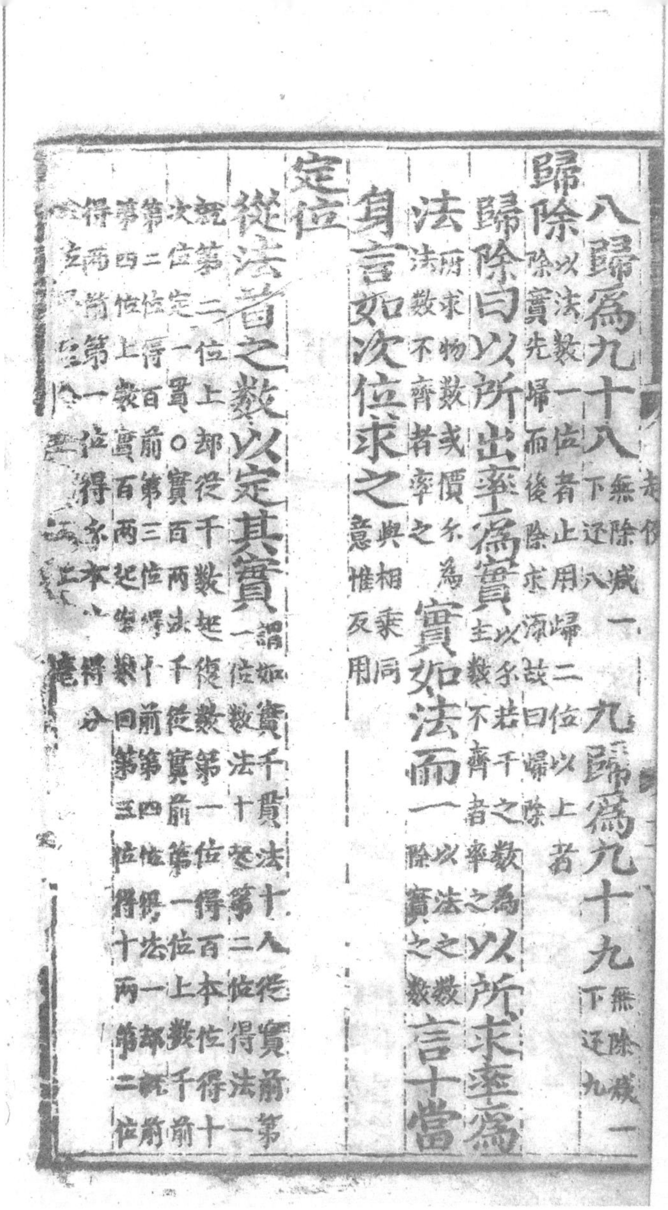

1 末行小字各本均模糊不清。

八歸爲九十八無除減一下還八。九歸爲九十九無除減一下還九。

歸除以法數一位者，止用歸，二位以上者，除實先歸而後除，求源，故曰“歸除”。

歸除曰：以所出率爲實，以錢若干之數爲主，數不齊者率之。以所求率爲法，所求物數或價錢爲法數，不齊者率之。實如法而一，以法之數，除實之數。言十當身，言如次位求之。與相乘同，意惟反用。

定位

從法首之數以定其實。謂如實千貫，法十人，從實前第一位數法十，起第二位得法一，就第二位上却從千數起，復數第一位得百，本位得十，次位定一貫。〇實百兩，法千，從實前第一位上數千，前第二位得百，前第三位得十，前第四位得法一，却就前第四位上數實百兩起，復數回第三位得十兩，第二位得兩，前第一位得錢，本位得分[1]

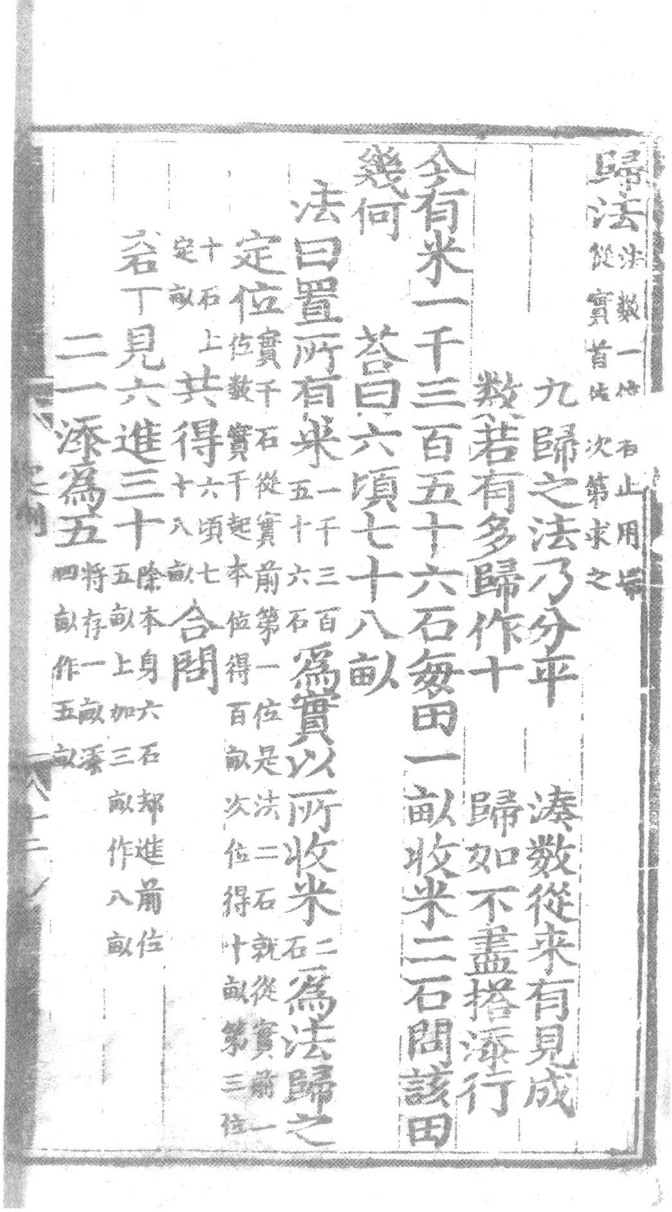

歸法法數一位者止用歸，從實首位，次第求之。

九歸之法乃分平，湊數從來有見成。

數若有多歸作十，歸如不盡搭添行。

今有米一千三百五十六石，每田一畝收米二石，問該田幾何？答曰：六頃七十八畝。

法曰：置所有米一千三百五十六石爲實，以所收米二石爲法歸之，

定位實千石，從實前第一位是法二石，就從實前一位數實千起，本位得百畝，次位得十畝，第三位十石，上定畝。共得六頃七十八畝。合問。

六石 丅　見六進三十除本身六石，却進前位五畝上加三畝作八畝。

二一添爲五將存一畝添四畝作五畝。

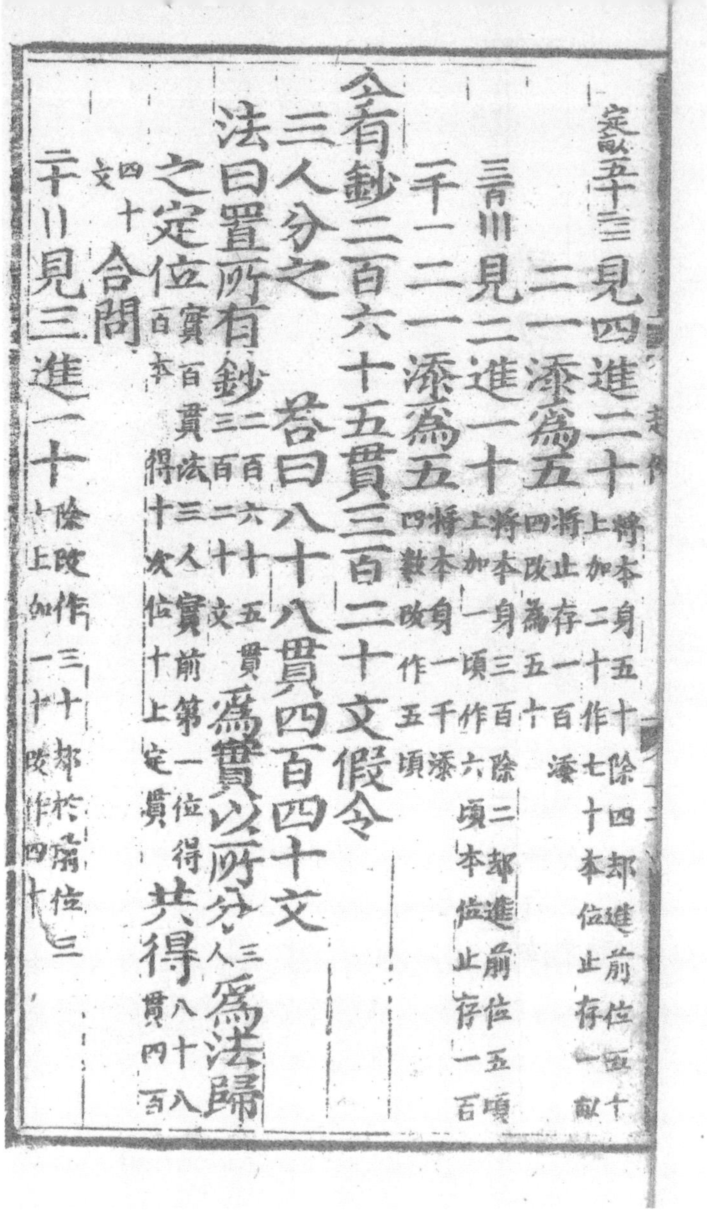

定畝五十≣　見四進二十將本身五十除四，却進前位五十上加二十作七十，本位止存一畝。

二一添爲五將止存一百添四改爲五十。

三百 Ⅲ　見二進一十將本身三百除二，却進前位五頃上加一頃作六頃，本位止存一百。

一千 一　二一添爲五將本身一千添四數改作五頃。

今有鈔二百六十五貫三百二十文，假令：

三人分之。答曰：八十八貫四百四十文。

法曰：置所有鈔二百六十五貫三百二十文爲實，以所分三人爲法，歸之，定位實百貫，法三人，實前第一位得百，本位得十，次位十上定貫。共得八十八貫四百四十文。合問。

二十 Ⅱ　見三進一十除改作三十，却於前位三十上加一十改作四十。

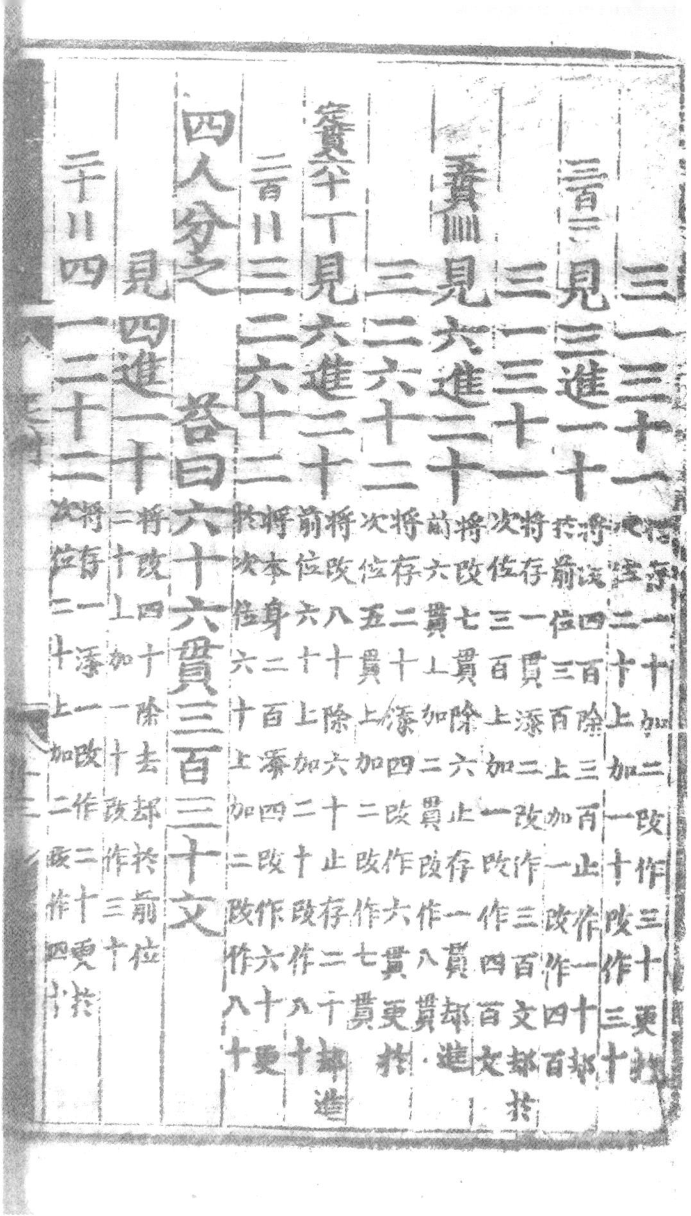

三一三十一将存一十加二改作三十，更於次位二十上加一十改作三十。

三百 ≡ 見三進一十将存四百除三百止作一十，却於前位三百上加一改作四百。

三一三十一将存一貫添二改作三百文，却於次位三百上加一改作四百文。

五貫 ||||| 見六進二十将改七貫除六止存一貫，却進前六貫上加二貫改作八貫。

三二六十二将存二十添四改作六貫，更於次位五貫上加二改作七貫。

定貫六十 ⊤ 見六進二十将改八十除六十止存二千，却進前位六十上加二十改作八十。

二百 ‖ 三二六十二将本身二百添四改作六十，更於次位六十上加二改作八十。

四人分之。答曰：六十六貫三百三十文。

見四進一十将改四十除去，却於前位二十上加一十改作三十。

二十 ‖ 四一二十二将存一添一改作二十，更於次位二十上加二改作四十。

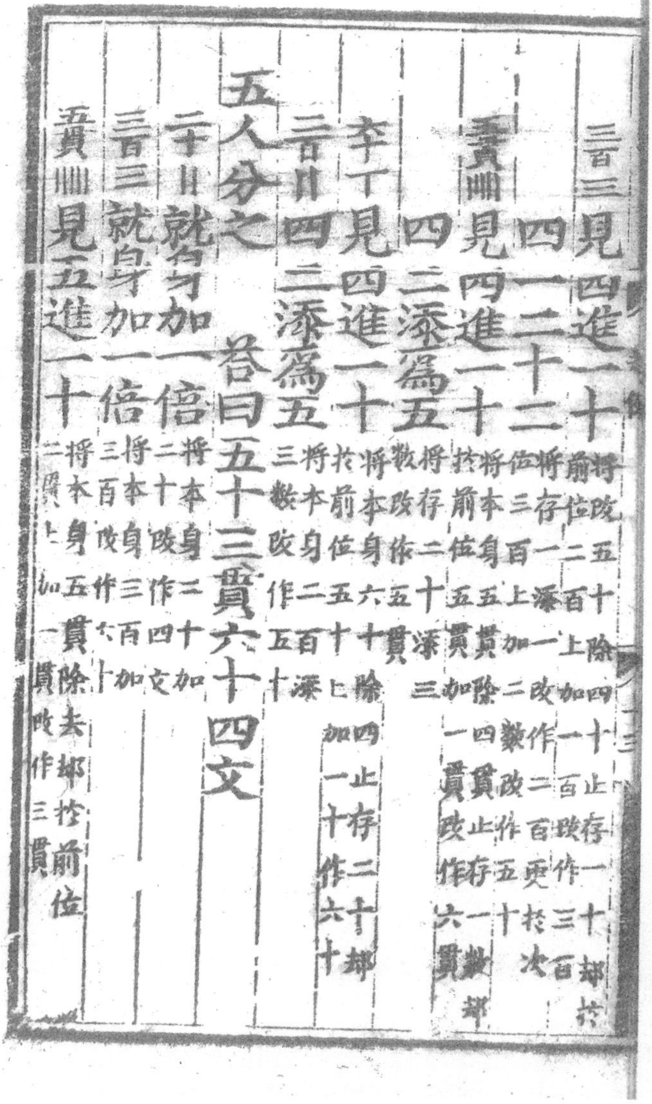

三百 ≡　見四進一十（將改五十除四十止存一十，却於前位二百上加一百改作三百。）

四一二十二（將存一添一改作二百，更於次位三百上加二數改作五十。）

五貫 ||||| 　見四進一十（將本身五貫除四貫止存一數，却於前位五貫加一貫改作六貫。）

四二添爲五（將存二十添三數改作五貫。）

六十 丅　見四進一十（將本身六十除四止存二十，却於前位五十上加一十作六十。）

二百 ‖　四二添爲五（將本身二百添三數改作五十。）

五人分之。答曰：五十三貫六十四文。

二十 ‖　就身加一倍（將本身二十加二十改作四文。）

三百 ≡　就身加一倍（將本身三百加三百改作六十。）

五貫 |||||　見五進一十（將本身五貫除去，却於前位二貫上加一貫改作三貫。）

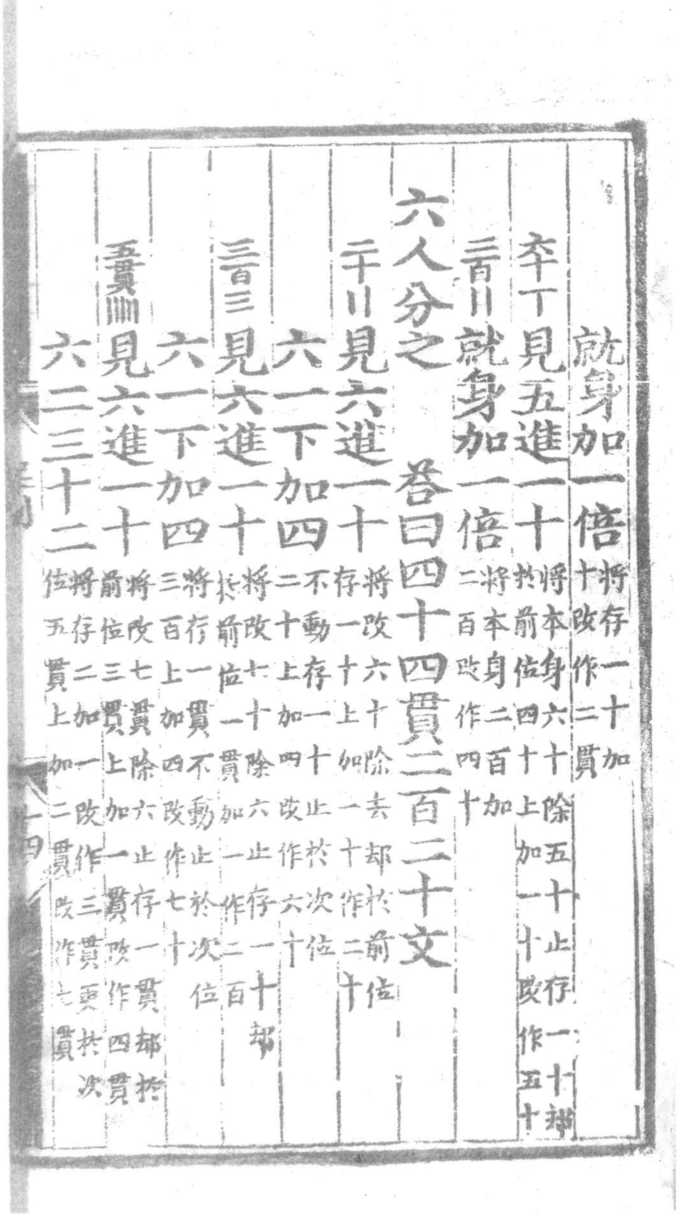

就身加一倍將存一十加十改作二貫。

六十丅　見五進一十將本身六十除五十止存一十，却於前位四十上加一十改作五十。

二百 ‖　就身加一倍將本身二百加二百改作四十。

六人分之。答曰：四十四貫二百二十文。

二十 ‖　見六進一十將改六十除去，却於前位存一十上加一十作二十。

六一下加四不動存一十，止於次位二十上加四改作六十。

三百 ≡　見六進一十將改七十除六止存一十却，於前位一貫加一作二百。

六一下加四將存一貫不動，止於次位三百上加四改作七十。

五貫 ||||　見六進一十將改七貫除六止存一貫，却於前位三貫上加一貫改作四貫。

六二三十二將存二加一改作三貫，更於次位五貫上加二貫改作七貫。

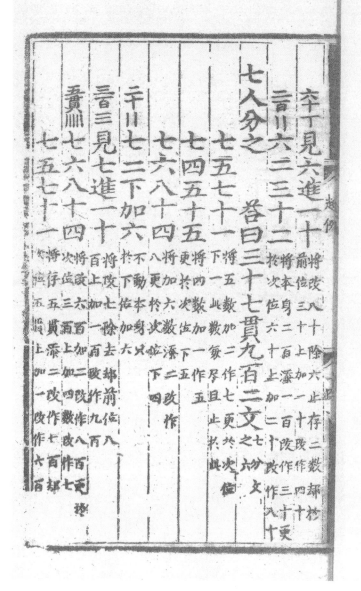

六十 丅　見六進一十（將改八十除六止存二數，却於前位三十上加一十改作四十。）

二百 ‖　六二三十二（將本身二百添一百改作三十，更於次位六十上加二十改作八十。）

七人分之。答曰：三十七貫九百二文（七分文之六）。

七五七十一（將五數加二作七，更於次位下一，此數每尽且止於此。）

七四五十五（將四數加一作五，更於次位下五。）

七六八十四（將加六數添二改作八，更於次位下四。）

二十 ‖　七二下加六（不動本身，只於下位加六。）

三百 ≡　見七進一十（將改七除去，却前位八百上加一百改作九百。）

五貫 |||||　七六八十四（將改六百加二改作八百，更於次位三百上加四數改作七。）

七五七十一（將存五貫添二改作七百，却於次位五貫上加一改作六百。）

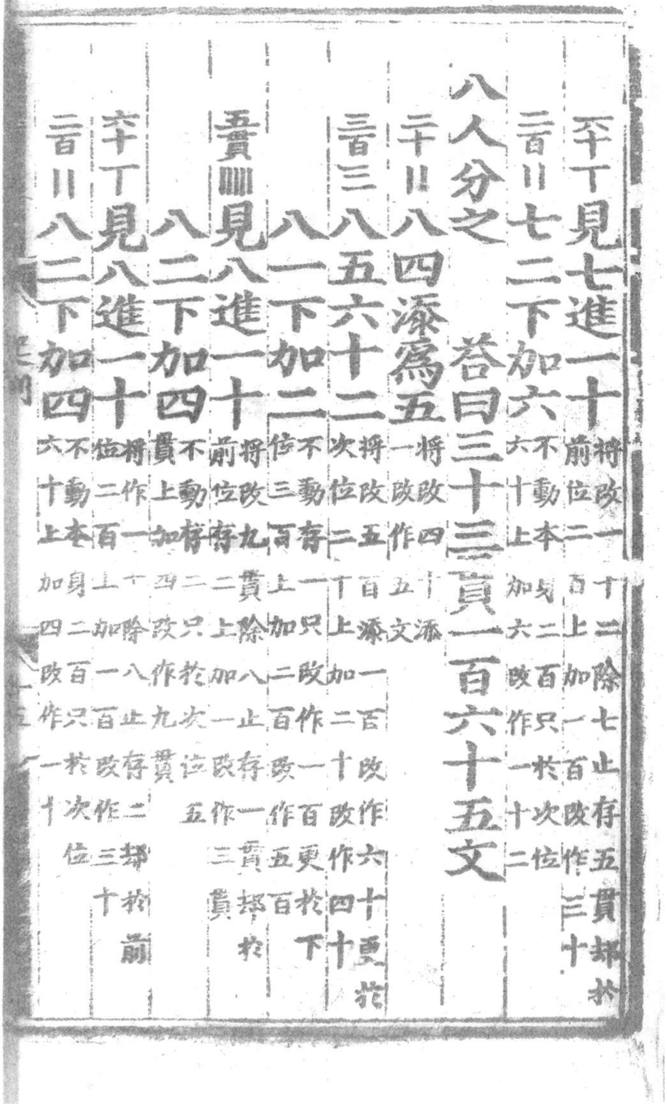

六十 丅　見七進一十將改一十二除七止存五貫，却於前位二百上加一百改作三十。

二百 ‖　七二下加六不動本身二百，只於次位六十上加六改作一十二。

八人分之。答曰：三十三貫一百六十五文。

二十 ‖　八四添爲五將改四十添一改作五文。

三百 ≡　八五六十二將改五百添一百改作六十，更於次位二十上加二十改作四十。

八一下加二不動存一，只改作一百，更於下位三百上加二百改作五百。

五貫 |||||　見八進一十將改九貫除八止存一貫，却於前位存二上加一改作三貫。

八二下加四不動存二，只於次位五貫上加四改作九貫。

六十 丅　見八進一十將作一十除八止存二，却於前位二百上加一百改作三十。

二百 ‖　八二下加四不動本身二百，只於次位六十上加四改作一十。

九人分之。答曰：二十九貫四百八十文。

二十 ‖　見九進一十除去改九十，却於前位七十上加一十改作八十。

下位加一倍不動作七百，只改作七十却於次位二十加七十改作九十。

三百 ≡　下位加一倍將存四作四百文不動，只於次位三百上加四百改作七百。

五貫 ||||　見九進一十將改一十三除九止存四數，却於前位八貫上加一貫作九貫。

六十 ⊤　下位加一倍不動改八十只改作八貫，却於次五貫上加八改作一十三。

二百 ‖　下位加一倍不動本身二百只改作二十，却於次位六十上加二十改作八十。

歸除二十以上至百千万以上百位有二三四五六七八九者，皆以此法分之，從首位大數筭起，用乘法還源。

唯有歸除法更奇，將身歸了次除之。

有歸若是無除數，起一還將原數施。

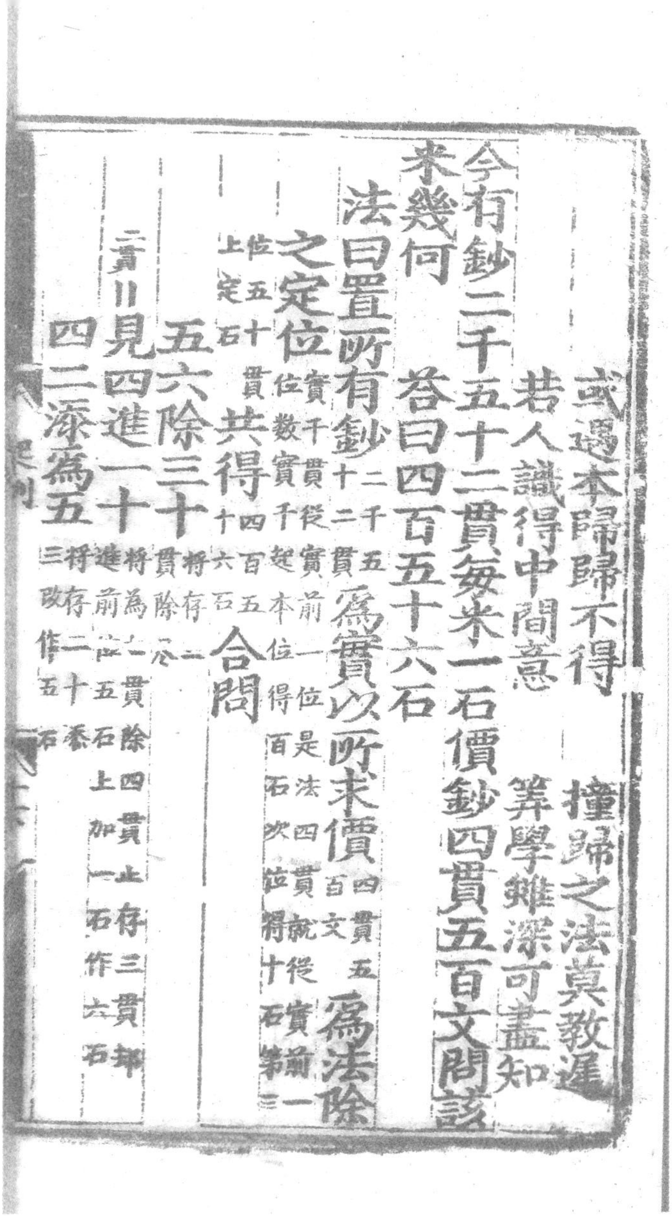

或遇本歸歸不得，撞歸之法莫教遲。

若人識得中間意，筭學雖深可盡知。

今有鈔二千五十二貫，每米一石價鈔四貫五百文，問該米幾何？答曰：四百五十六石。

法曰：置所有鈔二千五十二貫爲實，以所求價四貫五百文爲法，除之，定位實千貫，從實前一位是法四貫，就從實前一位數實千起，本位得百石，次位得十石，第三位五十貫上定石。共得四百五十六石。合問。

五六除三十將存三貫除尽。[1]

二貫 ‖ 見四進一十將爲七貫除四貫止存三貫，却進前位五石上加一石作六石。

四二添爲五將存二十添三改作五石。[2]

1“三”，各本不清，依題意作此。

2“七”“位”，各本不清，依題意作此。

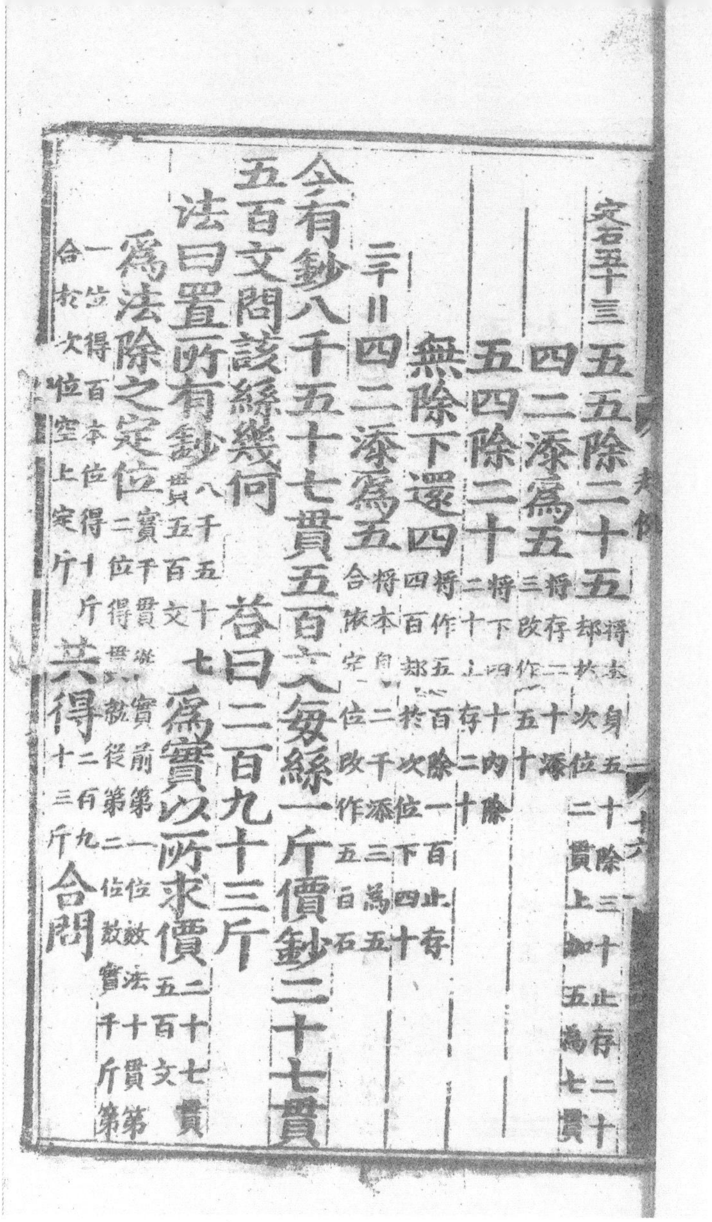

定石五十≣　五五除二十五將本身五十除三十止存二十，却於次位二貫上加五爲七貫。

四二添爲五將存二十添三改作五十。

五四除二十將下四十内除二十上存二十。

無除下還四將作五百除一百止存四百，却於次位下四十。

二千‖　四二添爲五將本身二千添三爲五，合依定位改作五百石。

今有鈔八千五十七貫五百文，每絲一斤價鈔二十七貫五百文，問該絲幾何？答曰：二百九十三斤。

法曰：置所有鈔八千五十七貫五百文爲實，以所求價二十七貫五百文爲法，除之，定位實千貫，從實前第一位數法，十貫第二位得貫，就從第二位數實千斤，第一位得百，本位得十斤，合於次位空上定斤。共得二百九十三斤。合問。

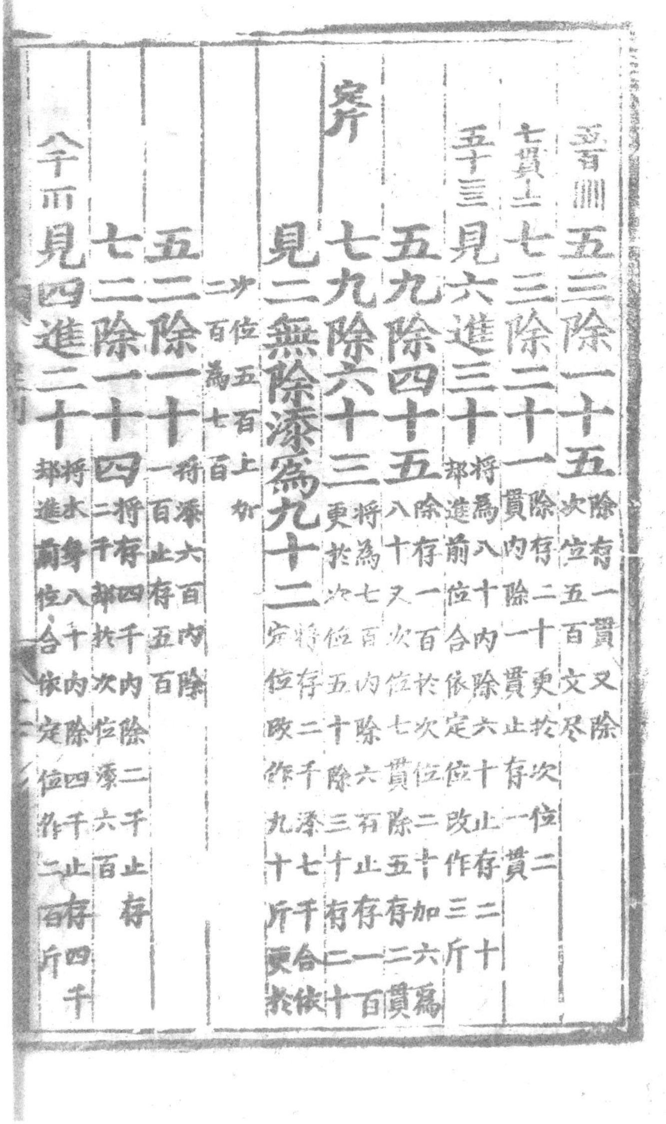

五百 〣　五三除一十五除存一貫，又除次位五百文尽。

七貫 ⊥　七三除二十一除存二十，更於次位二貫内除一貫止存一貫。

五十 〣　見六進三十將爲八十内除六十止存二十，却進前位，合依定位改作三斤。

五九除四十五除存一百，於次位二十加六爲八十，又次位七貫除五存二貫。

定斤　七九除六十三將爲七百内除六百止存一百，更於次位五十除三十存二十。

見二無除添爲九十二將存二千添七千，合依定位改作九十斤，更於次位五百上加二百爲七百。

五二除一十將添六百内除一百止存五百。

七二除一十四將存四千内除二千止存二千，却於次位添六百。

八千 〨　見四進二十將本身八千内除四千止存四千，却進前位合依定位作二百斤。

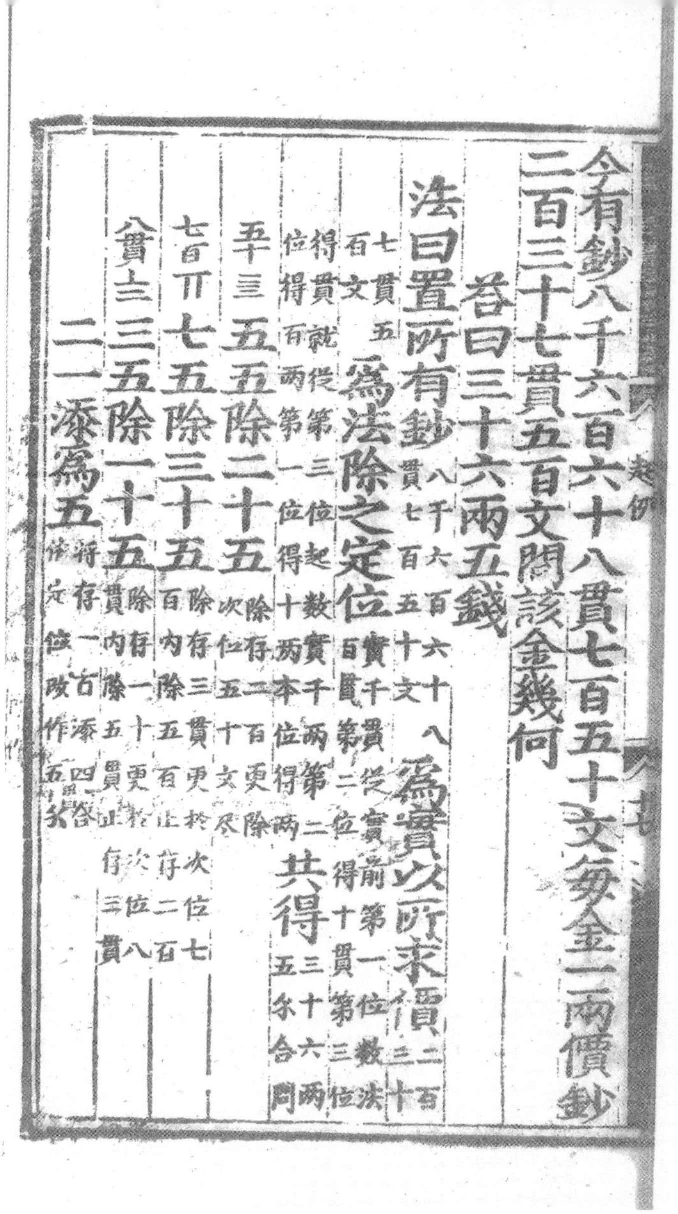

今有鈔八千六百六十八貫七百五十文，每金一兩價鈔二百三十七貫五百文，問該金幾何？

答曰：三十六兩五錢。

法曰：置所有鈔八千六百六十八貫七百五十文爲實，以所求價二百三十七貫五百文爲法，除之，定位實千貫，從實前第一位數法百貫，第二位得十貫，第三位得貫。就從第三位起數實千兩，第二位得百兩，第一位得十兩，本位得兩。共得三十六兩，五錢，合問。

五十 ≣　五五除二十五除存二百，更除次位五十文尽。

七百 𝍦　七五除三十五除存三貫，更於次位七百内除五百止存二百。

八貫 𝍯　三五除一十五除存一十，更於次位八貫内除五貫止存三貫。

二一添爲五將存一百添四合，依定位改作五錢。

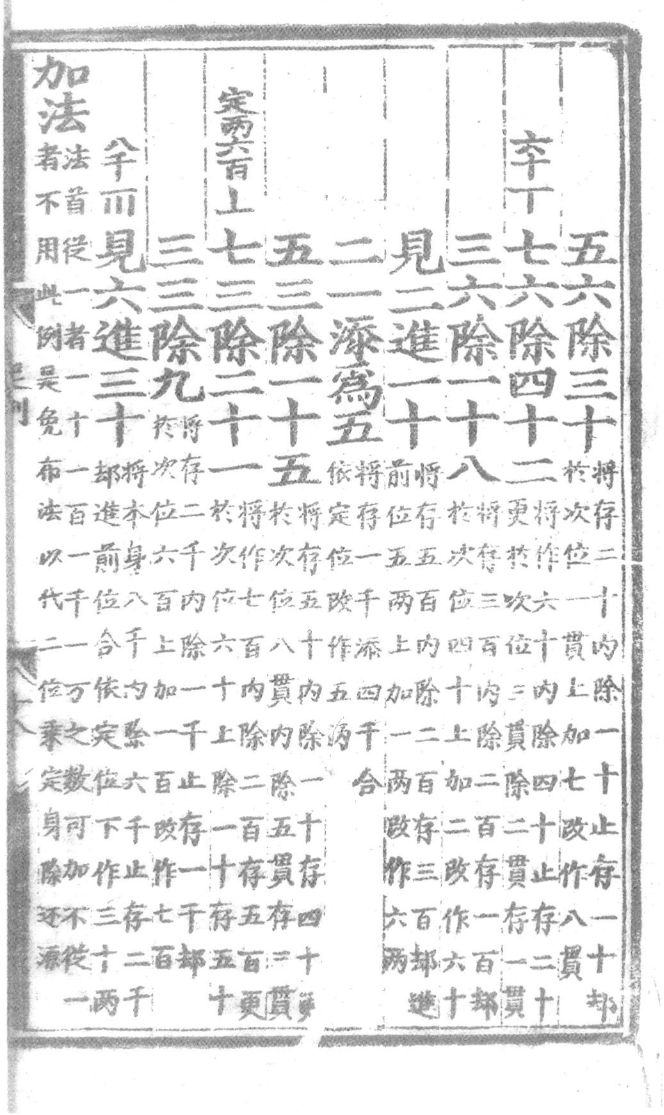

五六除三十將存二十內除一十止存一十，却於次位一貫上加七改作八貫。

六十丅　七六除四十二將作六十內除四十止存二十，更於次位三貫除二貫存一貫。

三六除一十八將存三百內除二百存一百，却於次位四十上加二改作六十。

見二進一十將存五百內除二百存三百，却進前位五兩上加一兩改作六兩。

二一添爲五將存一千添四千，合依定位改作五兩。

五三除一十五將存五十內除一十存四十，更於次位八貫內除五貫存三貫。

定兩六百⊥　七三除二十一將作七百內除二百存五百，更於次位六十上除一十存五十。

三三除九將存二千內除一千止存一千，却於次位六百上加一百改作七百。

八千Ⅲ　見六進三十將本身八千內除六千止存二千，却進前位合依定位下作三十兩。

加法法首從一者，一十一百一千一万之數可加，不從一者不用此例。是免布法，以代二位乘，定身除還源。

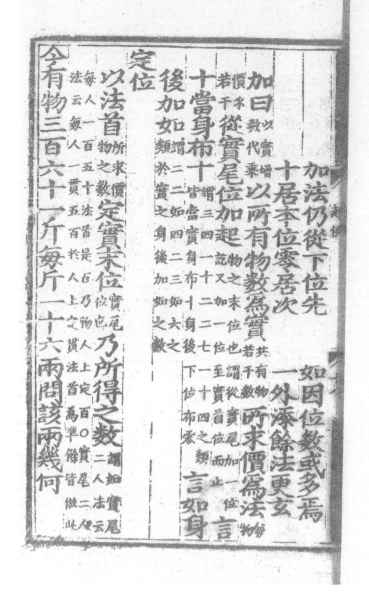

加法仍從下位先，如因位數或多焉。

十居本位零居次，一外添餘法更玄。

加曰：以實增數代乘。以所有物數爲實共有物若干數。所求價爲法每物價錢若干。從實尾位加起物之末位也。謂從實尾加一位，言訖，又加一位，至實首位而止。

十當身布十謂三四一十二，二七一十四之類，皆當實身布十，身後下法布零。言如身後加如謂二二如四，二三如六之類，於實之身後加如之數。

定位

以法首所求價物之數。定實末位實尾位也。乃所得之數謂如實尾二人，法云每人一百五十，法首是百，乃物人上定百。〇實尾二人，法云每人一貫五百，於人上定貫，法首爲准，餘皆倣此。

今有物三百六十一斤，每斤一十六兩，問該兩幾何？

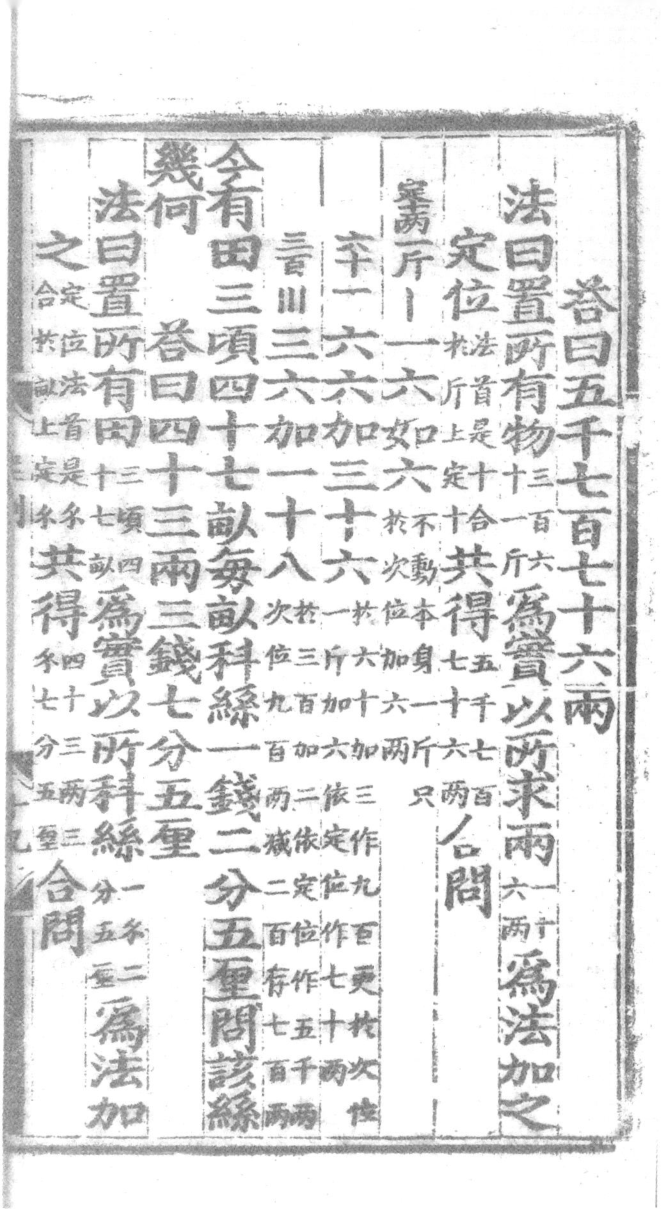

答曰：五千七百七十六兩。

法曰：置所有物三百六十二斤爲實，以所求兩一十六兩爲法，加之定位法首是十，合於斤上定十。共得五千七百七十六兩。合問。

定十兩一斤 丨　一六如六不動本身一斤，只於次位加六兩。

六十 一　六六加三十六於六十加三作九百，更於次位一斤加六，依定位作七十兩。

三百 Ⅲ　三六加一十八於三百加二，依定位作五千兩，次位九百兩減二百，存七百兩。

今有田三頃四十七畝，每畝科絲一錢二分五厘，問該絲幾何？答曰：四十三兩三錢七分五厘。

法曰：置所有田三頃四十七畝爲實，以所科絲一錢二分五厘爲法，加之定位法首是錢，合於畝上定錢。共得四十三兩三錢七分五厘。合問。

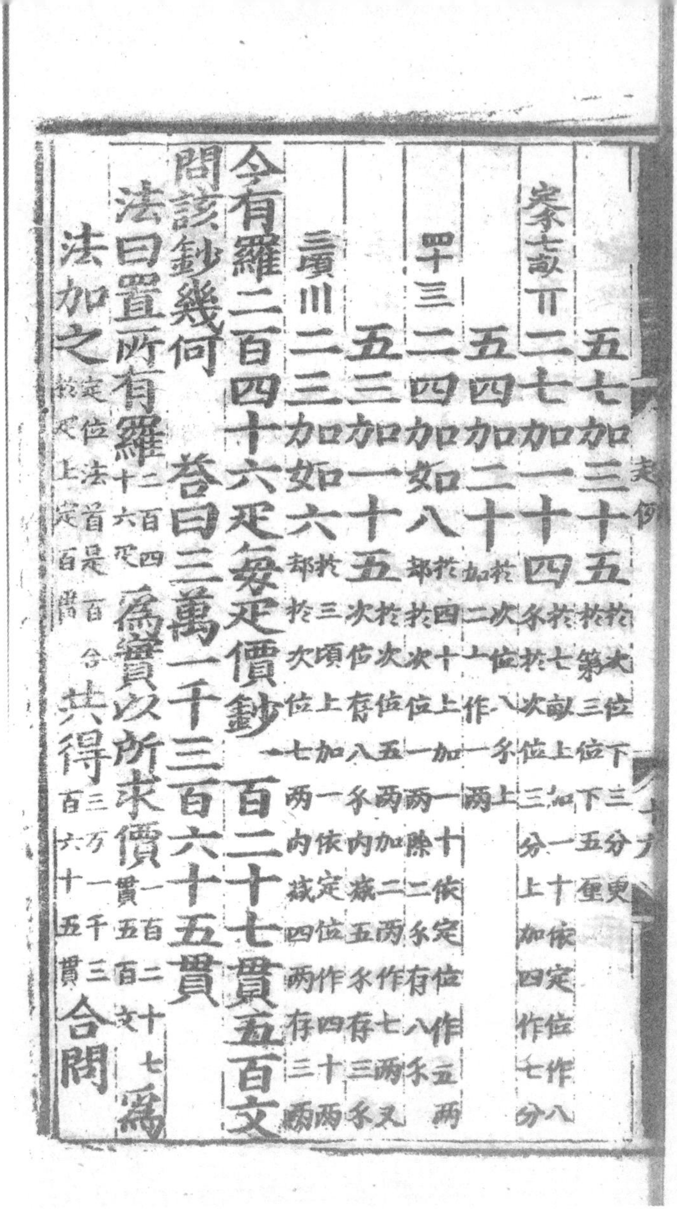

五七加三十五於次位下三分，更於第三位下五厘。

定錢七畝 ╥ 二七加一十四於七畝上加一十，依定位作八錢於次位三分上加四作七分。

五四加二十於次位八錢上加二十作一兩。

四十 ≣ 二四加如八於四十上加一十，依定位作五兩，却於次位一兩除二錢存八錢。

五三加一十五於次位五兩加二兩作七兩，又次位存八錢内減五錢存三錢。

三頃 Ⅲ 二三加如六於三頃上加一，依定位作四十兩，却於次位七兩内減四兩存三兩。

今有羅二百四十六匹，每匹價鈔一百二十七貫五百文，

問該鈔幾何？答曰：三萬一千三百六十五貫。

法曰：置所有羅二百四十六匹爲實，以所求價一百二十七貫五百文爲法，加之定位：法首是百，合於匹上定百貫。共得三万一千三百六十五貫。合問。

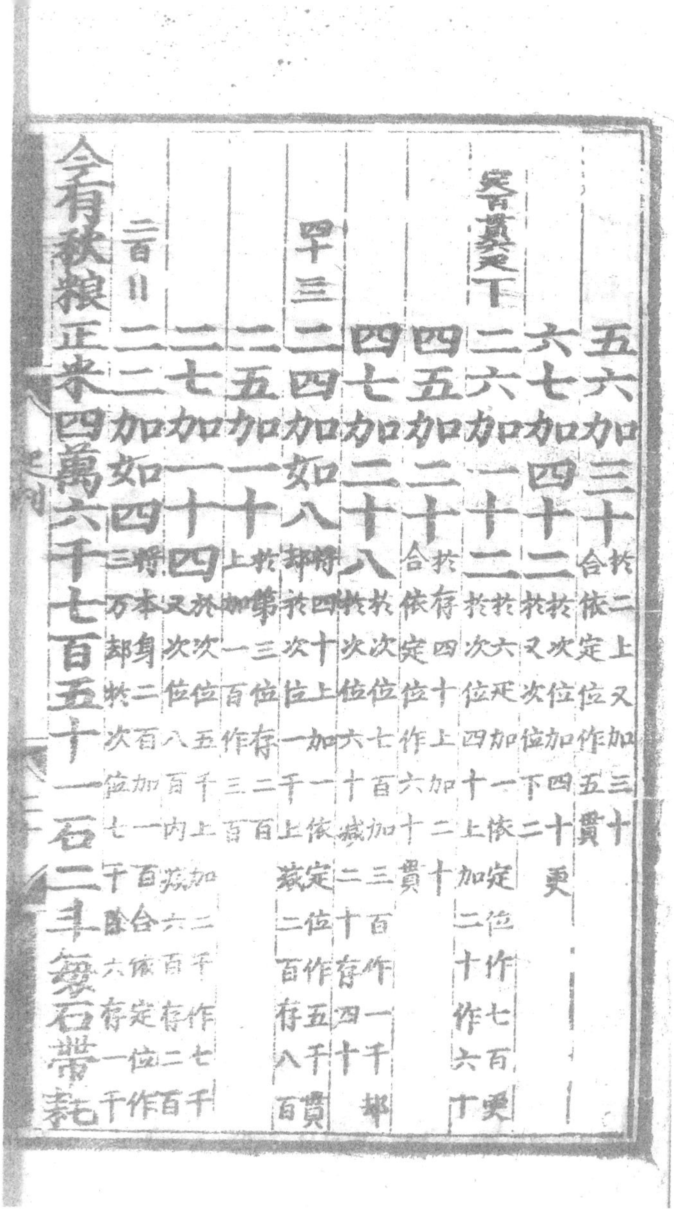

五六加三十於二上又加三十，合依定位作五貫。

六七加四十二於次位加四十，更於又次位下二。

定百貫六匹 ⊤　二六加一十二於六匹加一，依定位作七百，更於次位四十上加二十作六十。

四五加二十於存四十上加二十，合依定位作六十貫。

四七加二十八於次位七百加三百作一千，却於次位六十減二十存四十。

四十 ≣　二四加如八將四十上加一，依定位作五千貫，却於次位一千上減二百存八百。

二五加一十於第三位存二百上加一百作三百。

二七加一十四於次位五千上加二千作七千，又次位八百内減六百存二百。

二百 ‖　二二加如四將本身二百加一百，合依定位作三万，却於次位七千除六存一千。

今有秋粮正米四萬六千七百五十一石二斗，每石帶耗

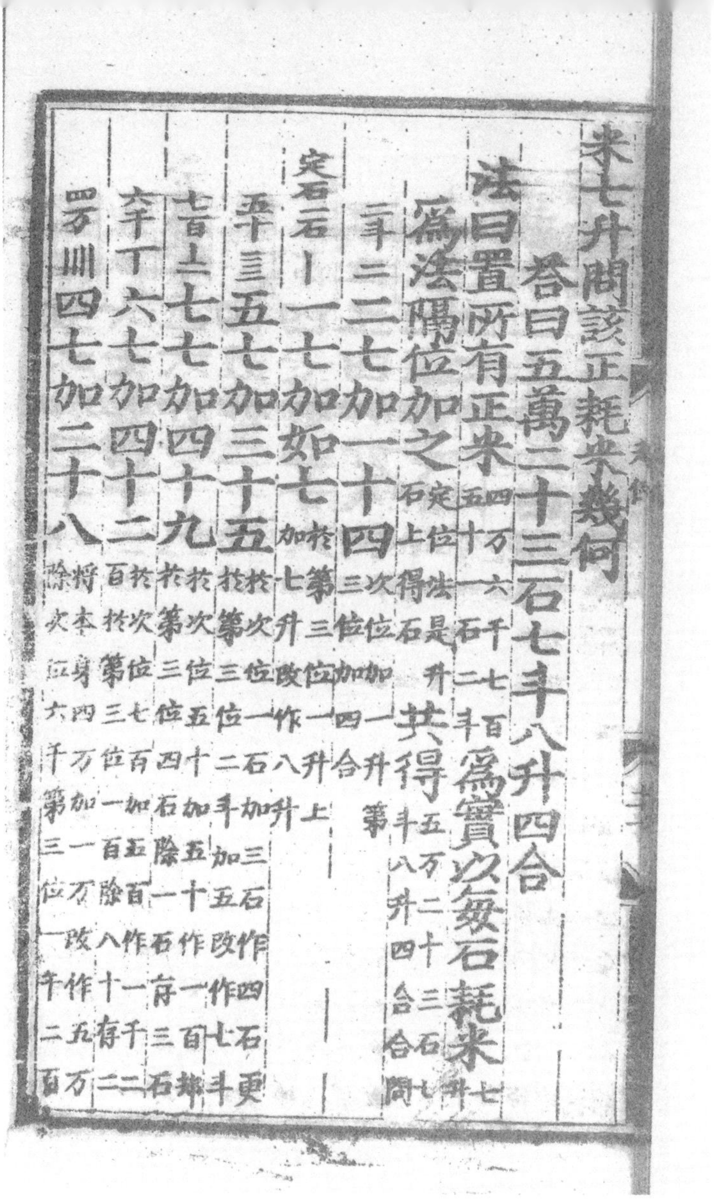

米七升，問該正耗米幾何？

答曰：五萬二十三石七斗八升四合。

法曰：置所有正米四万六千七百五十一石二斗爲實，以每石耗米七升爲法，隔位加之定位：法是升石上得石。共得五万二十三石七斗八升四合，合問。

二斗 ＝ 二七加一十四次位加一升，第三位加四合。

定石一石 丨 一七加如七於第三位一升上加七升改作八升。

五十 ≣ 五七加三十五於次位一石加三石作四石，更於第三位二斗加五改作七斗。

七百 ⊥ 七七加四十九於次位五十加五十作一百，却於第三位四石除一石存三石。

六千 ⊤ 六七加四十二於次位七百加五百作一千二百，於第三位一百除八十存二。

四万 |||| 四七加二十八將本身四万加一万改作五万，除次位六千，第三位一千二百。

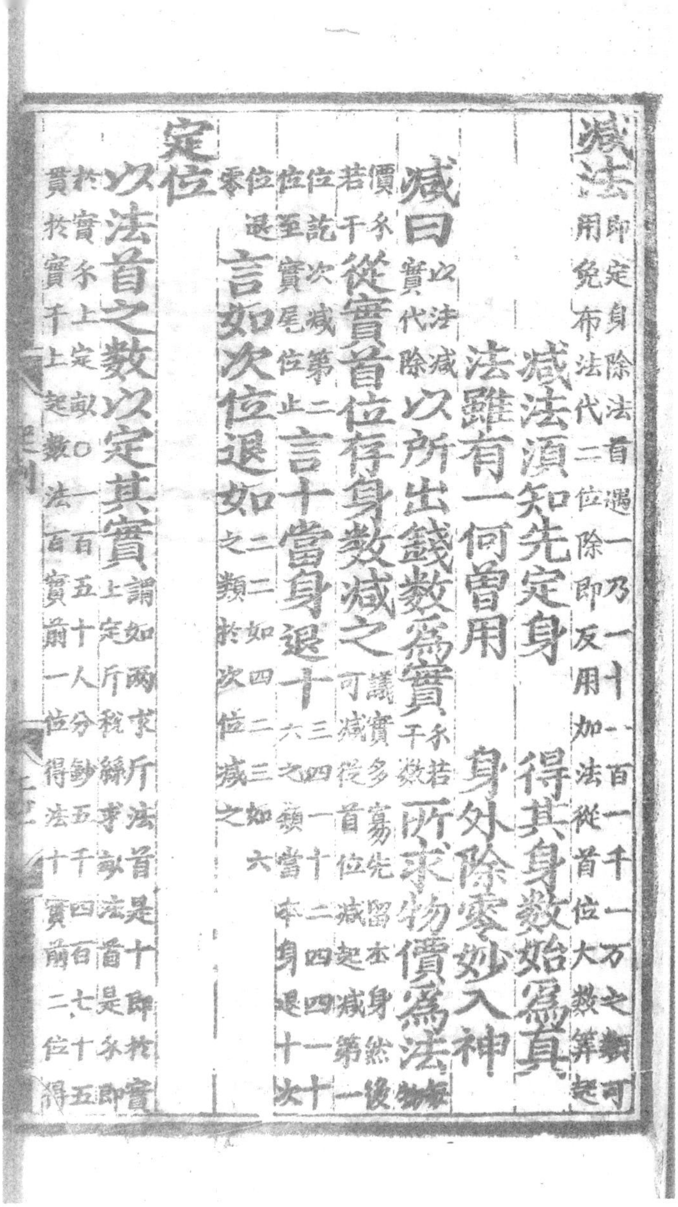

減法即定身除法，首遇一，乃一十、一百、一千、一万之類，可用免布法代二位除，即反用加法。從首位大數筭起。

減法須知先定身，得其身數始爲真。

法雖有一何曾用，身外除零妙入神。

減曰：以法減實代除。以所出錢數爲實錢若干數。所求物價爲法，每物價錢若干。從實首位存身數減之，議實多寡，先留本身，然後可減。從首位減起，減第一位，訖，次減第二位，至實尾位止。言十當身退十三四一十二，四四一十六之類，當本身退十，次位退零。言如次位退如二二如四，二三如六之類，於次位減之。

定位

以法首之數以定其實。謂如兩求斤，法首是十，即於實上定斤，稅絲求畝，法首是錢，即於實錢上定畝。〇一百五十人分鈔五千四百七十五貫，於實千上起數法百，實前一位得法十，實前二位得

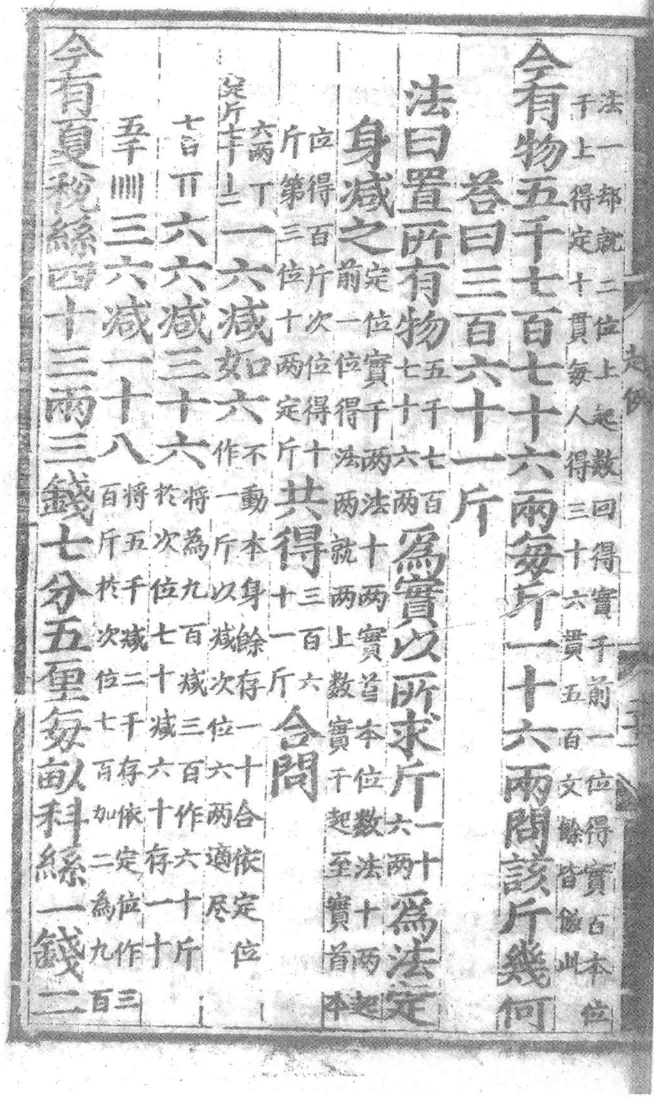

法一。却就二位上起數回得實千，前一位得實百，本位千上得定十貫，每人得三十六貫五百文，餘皆倣此。

今有物五千七百七十六兩，每斤一十六兩，問該斤幾何？

答曰：三百六十一斤。

法曰：置所有物五千七百七十六兩爲實，以所求斤一十六兩爲法，定身減之。定位實千兩，法十兩，實首本位數法十兩起，前一位得法兩，就兩上數實千起至實首，本位得百斤，次位得十斤，第三位十兩，定斤。共得三百六十一斤。合問。

六兩 ㆒ 定斤七十 ⊥　一六減如六不動本身，餘存一十，合依定位作一斤，以減次位六兩適尽。

七百 ㆒ 六六減三十六將爲九百減三百作六十斤，於次位七十減六十存一十。

五千 ||||　三六減一十八將五千減二千，存依定位作三百斤，於次位七百加二爲九百。

今有夏税絲四十三兩三錢七分五厘，每畝科絲一錢二

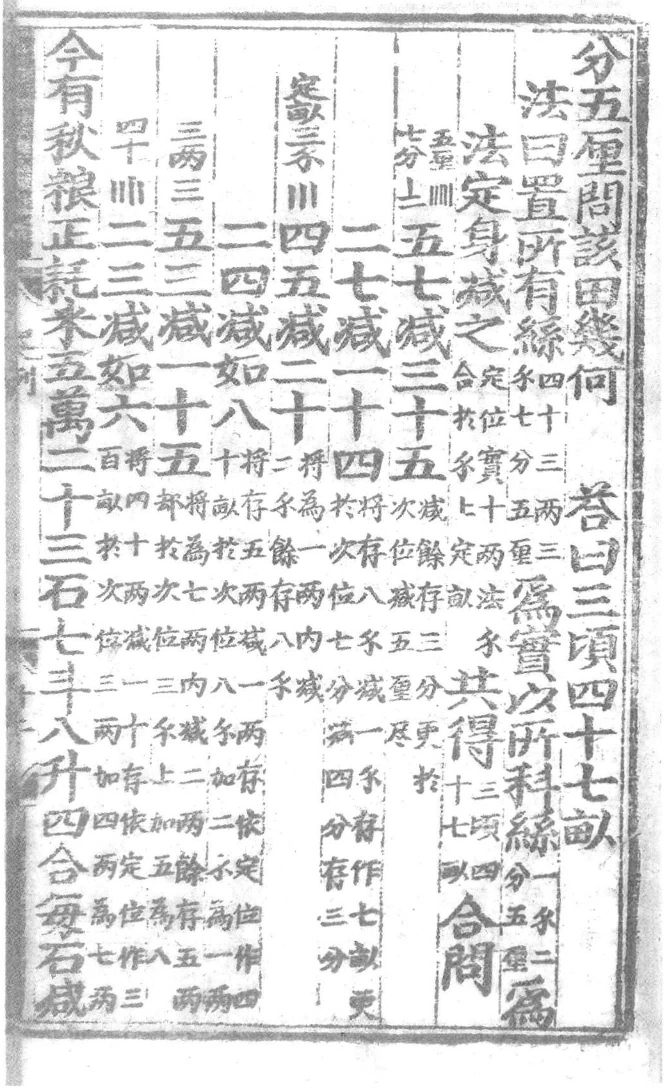

分五厘問該田幾何？答曰：三頃四十七畝。

法曰：置所有絲四十三兩三錢七分五厘爲實，以所科絲一錢二分五厘爲法，定身減之定位實十兩，法錢，合於錢上定畝。共得三頃四十七畝。合問。

五厘 ||||| 七分 ⊥　五七減三十五減餘存三分，更於次位減五厘尽。

二七減一十四將存八錢減一錢存作七畝，更於次位七分減四分存三分。

定畝三錢 |||　四五減二十將爲一兩，内減二錢餘存八錢。

二四減如八將存五兩減一兩，存依定位作四十畝，於次位八錢加二錢爲一兩。

三兩 ≡　五三減一十五將爲七兩内減二兩餘存五兩，却於次位三錢上加五爲八。

四十 ||||　二三減如六將四十兩減一十，存依定位作三百畝，於次位三兩加四兩爲七兩。

今有秋粮正耗米五萬二十三石七斗八升四合，每石減

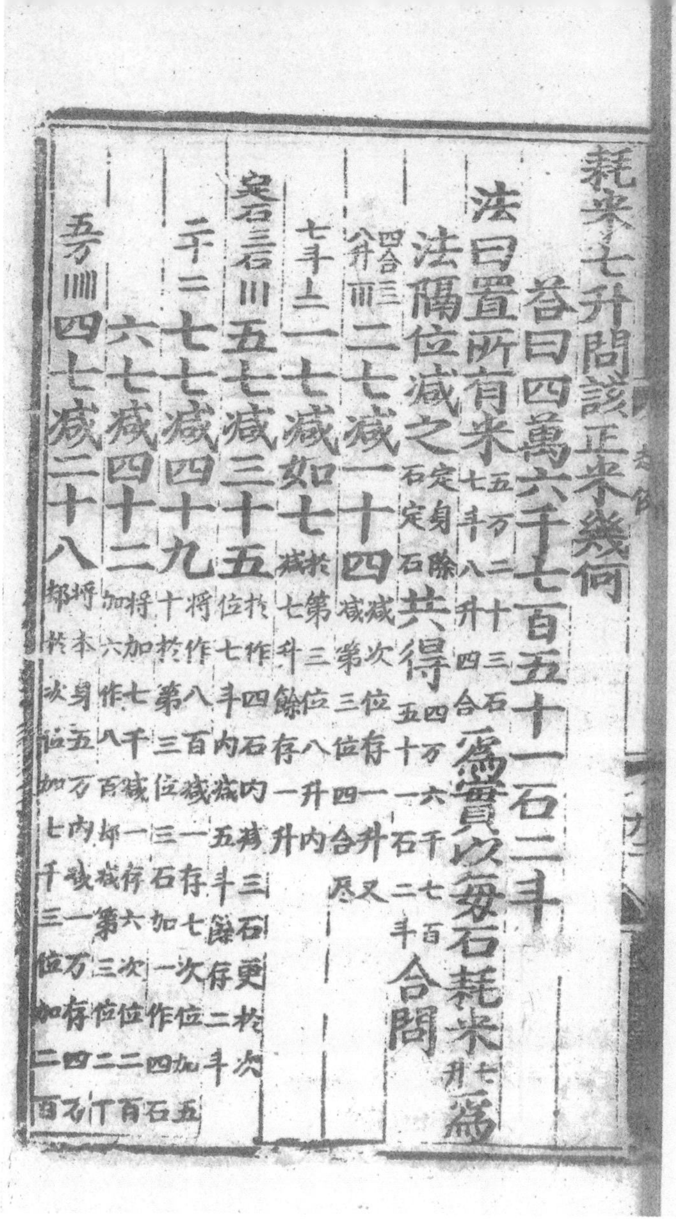

耗米七升，問該正米幾何？

答曰：四萬六千七百五十一石二斗。

法曰：置所有米五万二十三石七斗八升四合爲實，以每石耗米七升爲法，隔位減之。定身除，石定石。共得四万六千七百五十一石二斗。合問。

四合 ≡ 八升 ╥　二七減一十四減次位存一升，又減第三位四合尽。

七斗 ⊥　一七減如七於第三位八升内減七升餘存一升。

定石三石 Ⅲ　五七減三十五於作四石内減三石，更於次位七斗内減五斗餘存二斗。

二十 ＝　七七減四十九將作八百減一存七，次位加五十於第三位三石加一作四石。

六七減四十二將加七千減一存六，次位二百加六作八百，却減第三位二十。

五万 ⅡⅡ　四七減二十八將本身五万内減一万存四万，却於次位加七千，三位加二百。

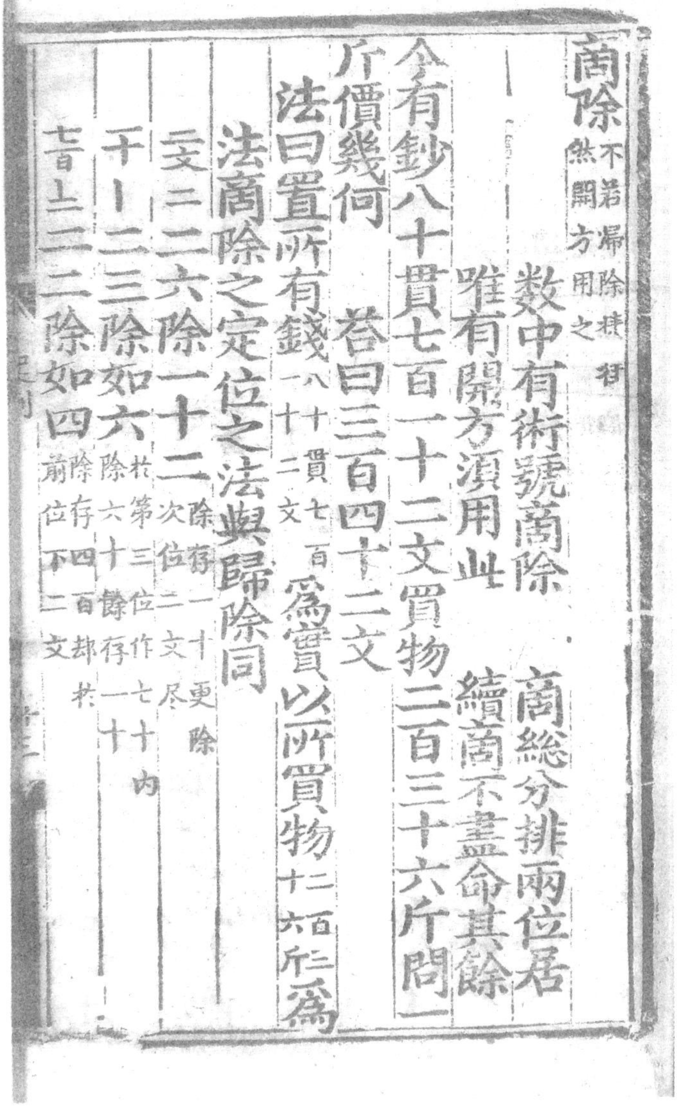

商除不若歸除捷徑，然開方用之。

數中有術號商除，商総分排兩位居。

唯有開方須用此，續商不盡命其餘。

今有鈔八十貫七百一十二文，買物二百三十六斤，問一斤價幾何？答曰：三百四十二文。

法曰：置所有錢八十貫七百一十二文爲實，以所買物二百三十六斤爲法商除之，定位之法與歸除同。

二文＝　二六除一十二除存一十，更除次位二文尽。

一十丨　二三除如六於第三位作七十内除六十餘存一十。

七百⊥　二二除如四除存四百，却於前位下二文。

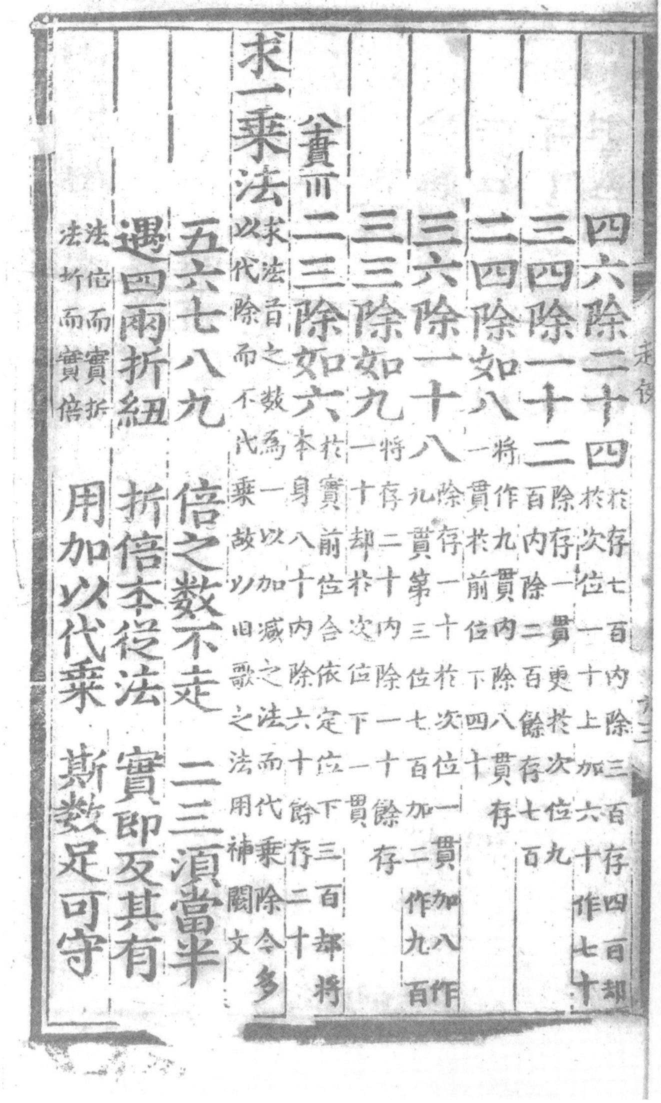

四六除二十四於存七百内除三百存四百，却於次位一十上加六十作七十。

三四除一十二除存一貫，更於次位九百内除二百餘存七百。

二四除如八將作九貫内除八貫存一貫，於前位下四十。

三六除一十八除存一十於次位一貫加八作九貫，第三位七百加二作九百。

三三除如九將存二十内除一十餘存一十，却於次位下一貫。

八十貫 〢　二三除如六於實前位合依定位下三百，却將本身八十内除六十餘存二十。

求一乘法求法首之數爲一，以加減之法而代乘除，今多以代除而不代乘，故以旧歌之法，用補闕文。

五六七八九，倍之數不走。二三須當半，

遇四兩折紐。折倍本從法，實即反其有。

法倍而實折，法折而實倍。用加以代乘，斯數足可守。

今有芝麻二十三石四斗五升，每石價鈔二貫八百文，問該鈔幾何？答曰：六十五貫六百六十文。

法曰：置所有麻[二十三石四斗五升]倍之[得四十六石九斗。]爲實，以每石價鈔[二貫八百文]折半[得一貫四百文。]爲法，加之，合問。

今有絲三百七十一兩，每兩價鈔四百八十文，問該鈔幾何？答曰：一百七十八貫八十文。

法曰：置所有絲[三百七十一兩]重倍[得一千四百八十四兩。]爲實，以所求價鈔[四百八十文]兩折半[得一百二十文。]爲法，加之，合問。

今有絹一十二匹二丈八尺[匹法四丈。]每尺價鈔五百二十文，問該鈔幾何？答曰：二百六十四貫一百六十文。

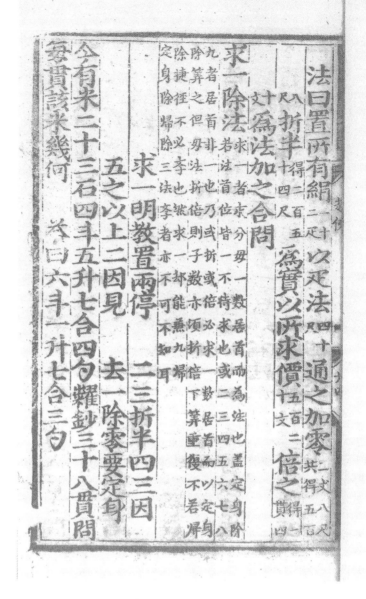

法曰：置所有絹二十一匹以匹法四十尺通之，加零二丈八尺，共得五百八十八尺。折半得二百五十四尺。爲實，以所求價五百二十文倍之得一貫四十文。爲法加之。合問。

求一除法求一者，求分母一數居首而爲法也，蓋定身除若法首位皆一，不待求也。或二三四五六七八九者，居首非一也，乃或折或倍，必求一數居首而以定身除筭之。但母法折倍，則子數亦須折倍，下筭重復，不若歸除捷徑，不必學也。然求一却能兼九歸、定身除、歸除三法，學者亦不可不知耳。

求一明教置兩停，二三折半四三因。

五之以上二因見，去一除零要定身。

今有米二十三石四斗五升七合四勺，糶鈔三十八貫，問每貫該米幾何？答曰：六斗一升七合三勺。

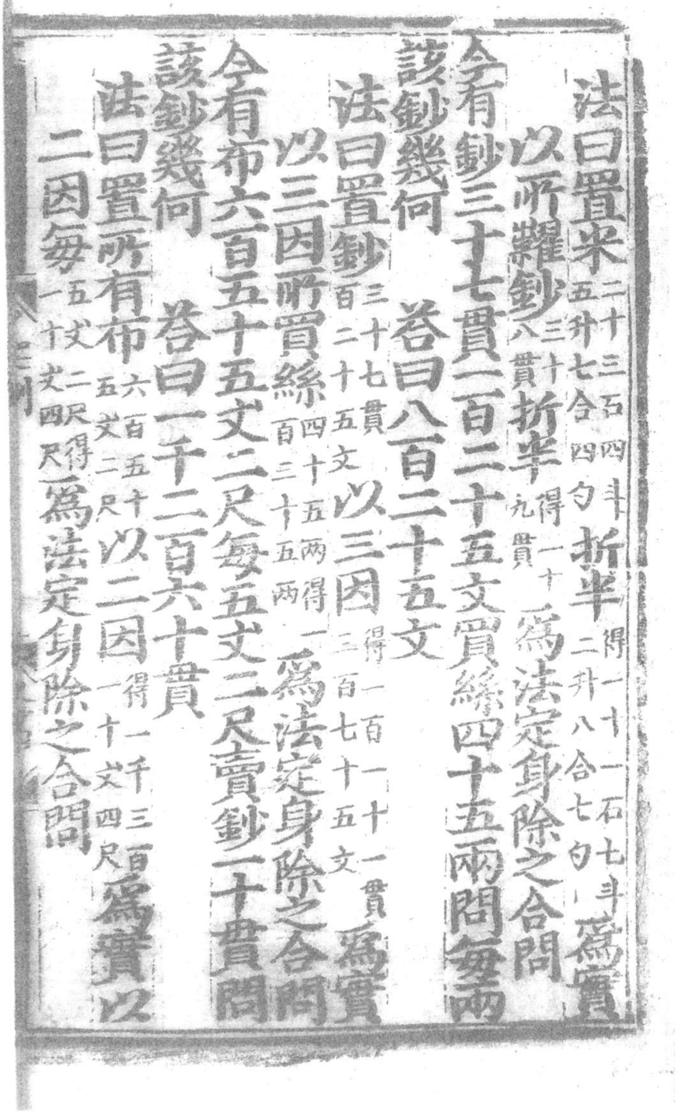
法曰置米二十三石四斗五升七合四勺折半得一十一石七斗二升八合七勺爲實
以所糴鈔三十八貫折半得一十九貫爲法定身除之合問
今有鈔三十七貫一百二十五文買絲四十五兩問每兩
該鈔幾何　荅曰八百二十五文
法曰置鈔三十七貫百二十五文以三因得一百一十一貫三百七十五文爲實
以三因所買絲四十五兩得一百三十五兩爲法定身除之合問
今有布六百五十五丈二尺每五丈二尺賣鈔一十貫問
該鈔幾何　荅曰一千二百六十貫
法曰置所有布六百五十五丈二尺以二因得一千三百一十丈四尺爲實以
二因每五丈二尺得一十丈四尺爲法定身除之合問

法曰：置米（二十三石四斗五升七合四勺）折半（得一十一石七斗二升八合七勺。）爲實，

以所糴鈔（三十八貫）折半（得一十九貫。）爲法，定身除之。合問。

今有鈔三十七貫一百二十五文，買絲四十五兩，問每兩該鈔幾何？答曰：八百二十五文。

法曰：置鈔（三十七貫百二十五文）以三因（得一百一十一貫三百七十五文。）爲實，

以三因所買絲（四十五兩，得一百三十五兩。）爲法，定身除之。合問。

今有布六百五十五丈二尺每五丈二尺，賣鈔一十貫，問該鈔幾何？答曰：一千二百六十貫。

法曰：置所有布（六百五十五丈二尺）以二因（得一千三百一十丈四尺。）爲實，以

二因，每（五丈二尺，得一十丈四尺。）爲法，定身除之。合問。

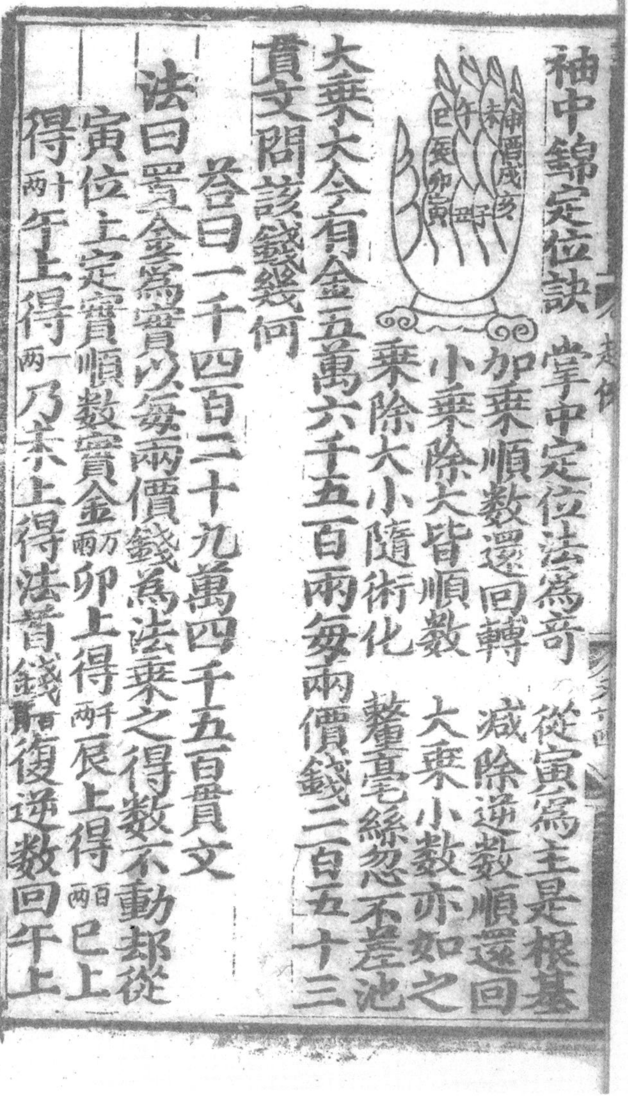
袖中錦定位訣　掌中定位法爲奇，從寅爲主是根基。加乘順數還回轉，減除逆數順還回。小乘除大皆順數，大乘小數亦如之。乘除大小隨術化，釐毫絲忽不差池。
大乘大：今有金五萬六千五百兩，每兩價錢二百五十三貫文，問該錢幾何？
答曰：一千四百二十九萬四千五百貫文。
法曰：置金爲實，以每兩價錢爲法，乘之，得數不動，却從寅位上定實，順數實金万兩卯上得千兩辰上得百兩巳上得十兩午上得一兩乃未上得法首錢百貫復逆數回午上

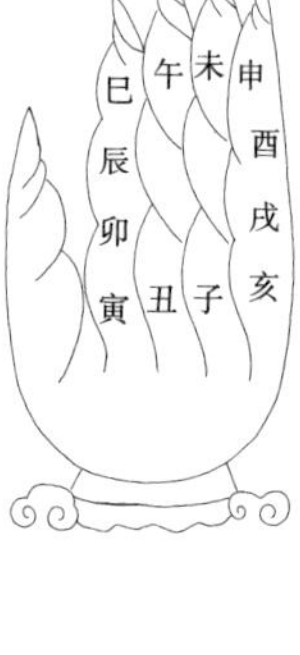

袖中錦定位訣　掌中定位法爲奇，從寅爲主是根基。

加乘順數還回轉，減除逆數順還回。

小乘除大皆順數，大乘小數亦如之。

乘除大小隨術化，釐毫絲忽不差池。

大乘大：今有金五萬六千五百兩，每兩價錢二百五十三貫文，問該錢幾何？

答曰：一千四百二十九萬四千五百貫文。

法曰：置金爲實，以每兩價錢爲法，乘之，得數不動，却從寅位上定實，順數實金万兩卯上得千兩。辰上得百兩。巳上得十兩。午上得一兩。乃未上得法首錢百貫。復逆數回午上

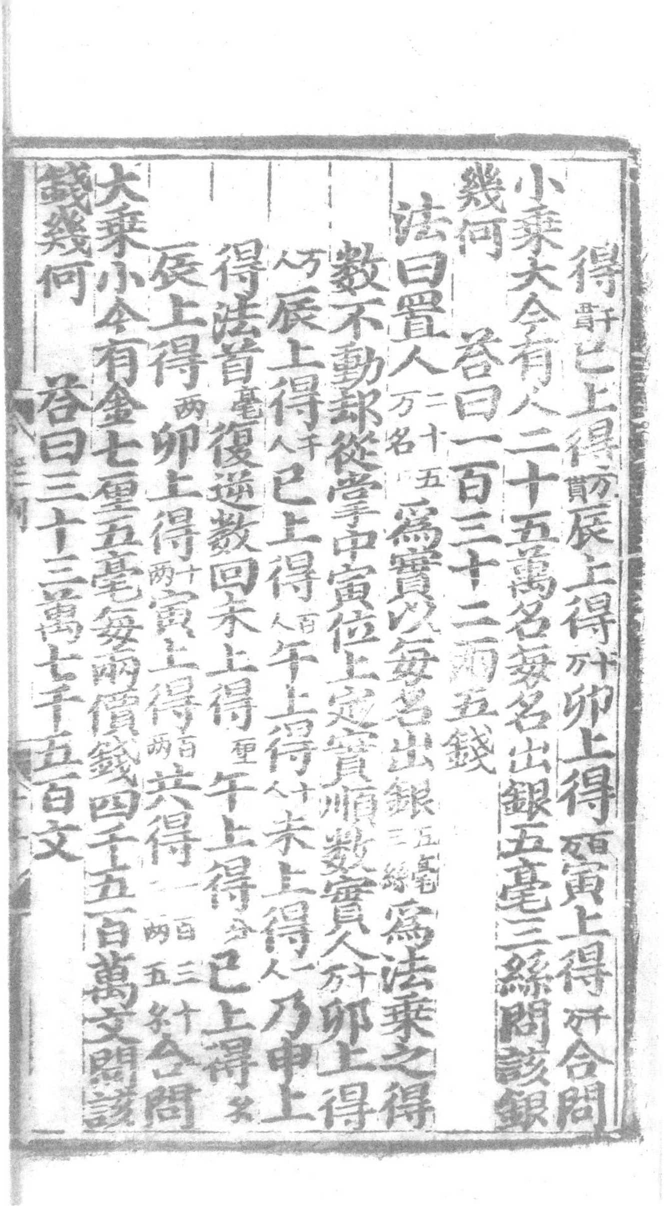

得千貫。巳上得万貫。辰上得十万。卯上得百万。寅上得千万。合問。

小乘大：今有人二十五萬名，每名出銀五毫三絲，問該銀幾何？　答曰：一百三十二两五錢。

法曰：置人二十五万名爲實，以每名出銀五毫三絲爲法，乘之，得數不動，却從掌中寅位上定實，順數實人十万。卯上得万人。辰上得千人。巳上得百人。午上得十人。未上得一人。乃申上得法首毫。復逆數回未上得厘。午上得分。巳上得錢。辰上得两。卯上得十两。寅上得百两。共得一百三十二两五錢。合問。

大乘小：今有金七厘五毫，每两價錢四千五百萬文。問該錢幾何？答曰：三十三萬七千五百文。

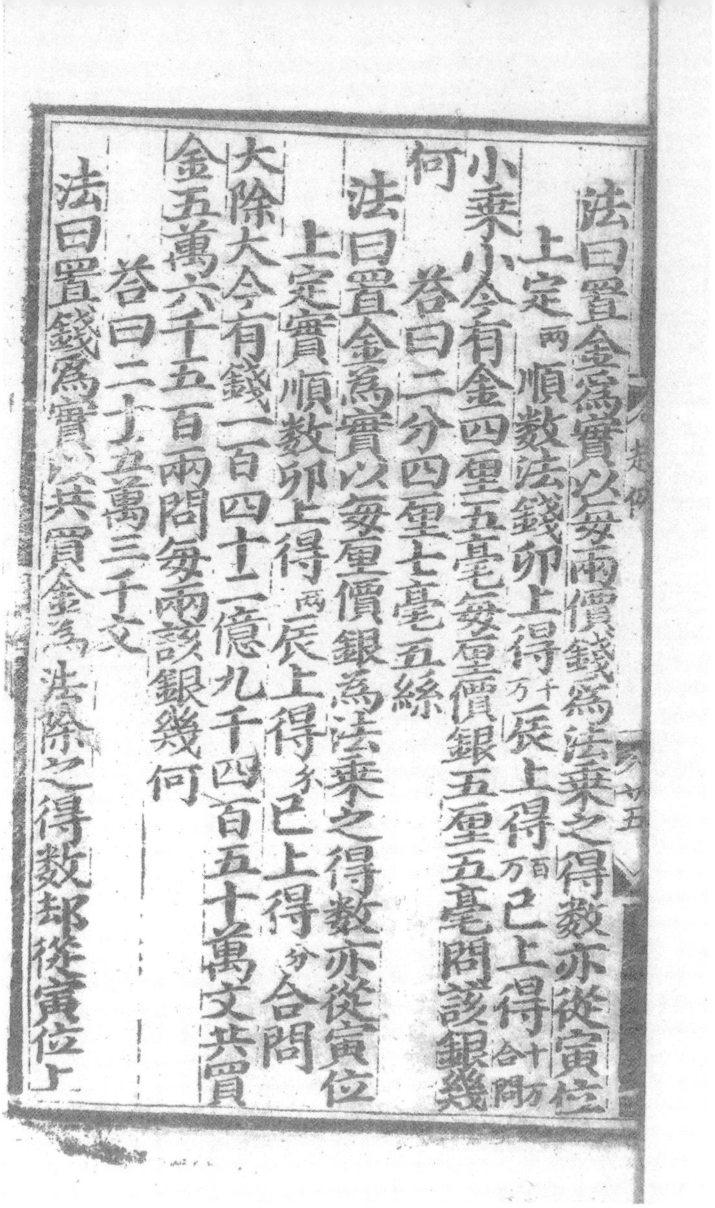

法曰：置金爲實，以每兩價錢爲法，乘之，得數亦從寅位

上定[兩]。順數法錢，卯上得[千万]。辰上得[百万]。巳上得[十万]。合問。

小乘小：今有金四厘五毫，每厘價銀五厘五毫，問該銀幾

何？答曰：二分四厘七毫五絲。

法曰：置金爲實，以每厘價銀爲法，乘之，得數亦從寅位

上定實，順數卯上得[兩]。辰上得[錢]。巳上得[分]。合問。

大除大：今有錢一百四十二億九千四百五十萬文，共買

金五萬六千五百兩，問每兩該銀幾何？

答曰：二十五萬三千文。

法曰：置錢爲實，以共買金爲法，除之，得數却從寅位上

定實，逆數法金丑上得万两。子上得千两。亥上得百两。戌上得十两。酉上得一两。乃酉上得實首錢百億。仍順數回戌上得十億。亥上得一億。子上得千万。丑上得百万。寅上得十万。合問。

大除小：今有錢三十三萬七千五百文，買金每兩價錢四千五百萬文，問該買金幾何？答曰：七厘五毫。

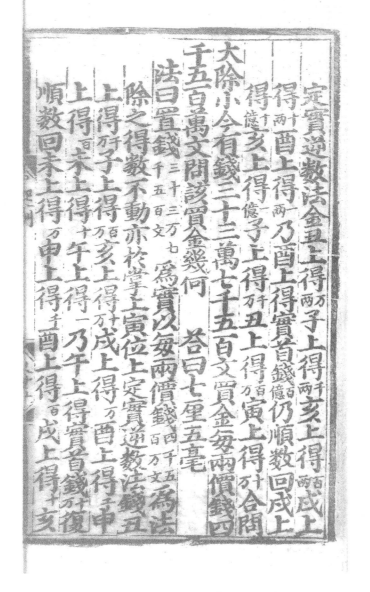

法曰：置錢三十三万七千五百文爲實，以每兩價錢四千五百万文爲法，除之，得數不動，亦於掌上寅位上定實，逆數法錢丑上得千万。子上得百万。亥上得十万。戌上得万。酉上得千。申上得百。未上得十。午上得一。乃午上得實首錢十万。復順數回未上得万。申上得千。酉上得百。戌上得十。亥上得一两。子上得钱。丑上得分。寅上得厘。合問。

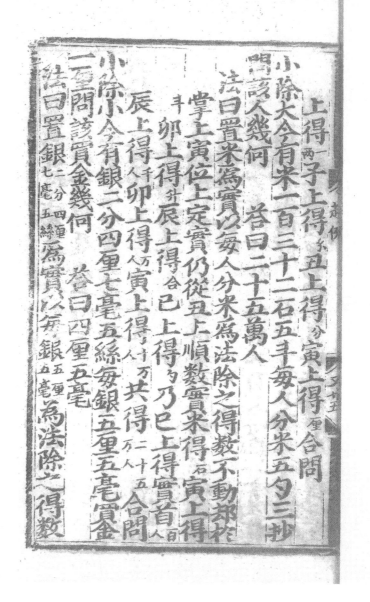

小除大：今有米一百三十二石五斗，每人分米五勺三抄，問該人幾何？答曰：二十五萬人。

法曰：置米爲實，以每人分米爲法，除之得數不動，却於掌上寅位上定實，仍從丑上順數實米得石。寅上得斗。卯上得升。辰上得合。巳上得勺。乃巳上得實首百人。辰上得千人。卯上得万人。寅上得十万人。共得二十五万人。合問。

小除小：今有銀二分四厘七毫五絲，每銀五厘五毫買金一厘，問該買金幾何？答曰：四厘五毫。

法曰：置銀二分四厘七毫五絲爲實，以每銀五厘五毫爲法，除之，得數

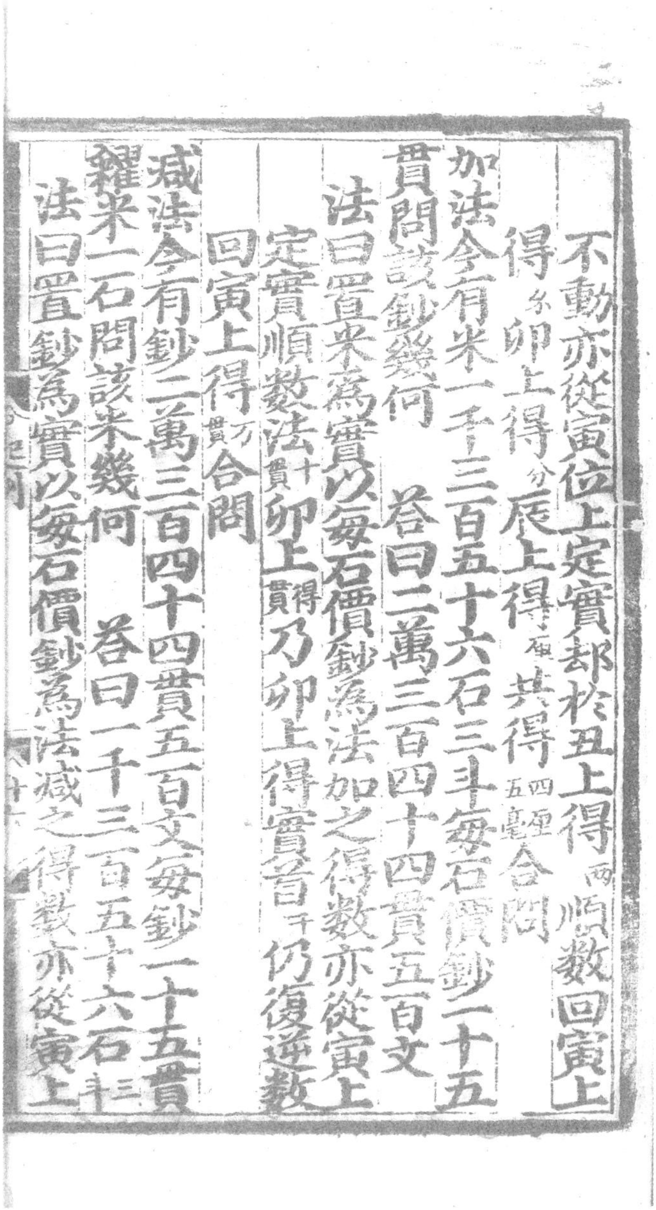

不動，亦從寅位上定實，却於丑上得兩。順數回寅上得錢。卯上得分。辰上得厘。共得四厘五毫。合問。

加法：今有米一千三百五十六石三斗，每石價鈔一十五貫，問該鈔幾何？　答曰：二萬三百四十四貫五百文。

法曰：置米爲實，以每石價鈔爲法，加之，得數亦從寅上定實，順數法十貫卯上得貫。乃卯上得實首千。仍復逆數回寅上得万貫。合問。

減法：今有鈔二萬三百四十四貫五百文，每鈔一十五貫糴米一石，問該米幾何？答曰：一千三百五十六石三斗。

法曰：置鈔爲實，以每石價鈔爲法，減之，得數亦從寅上

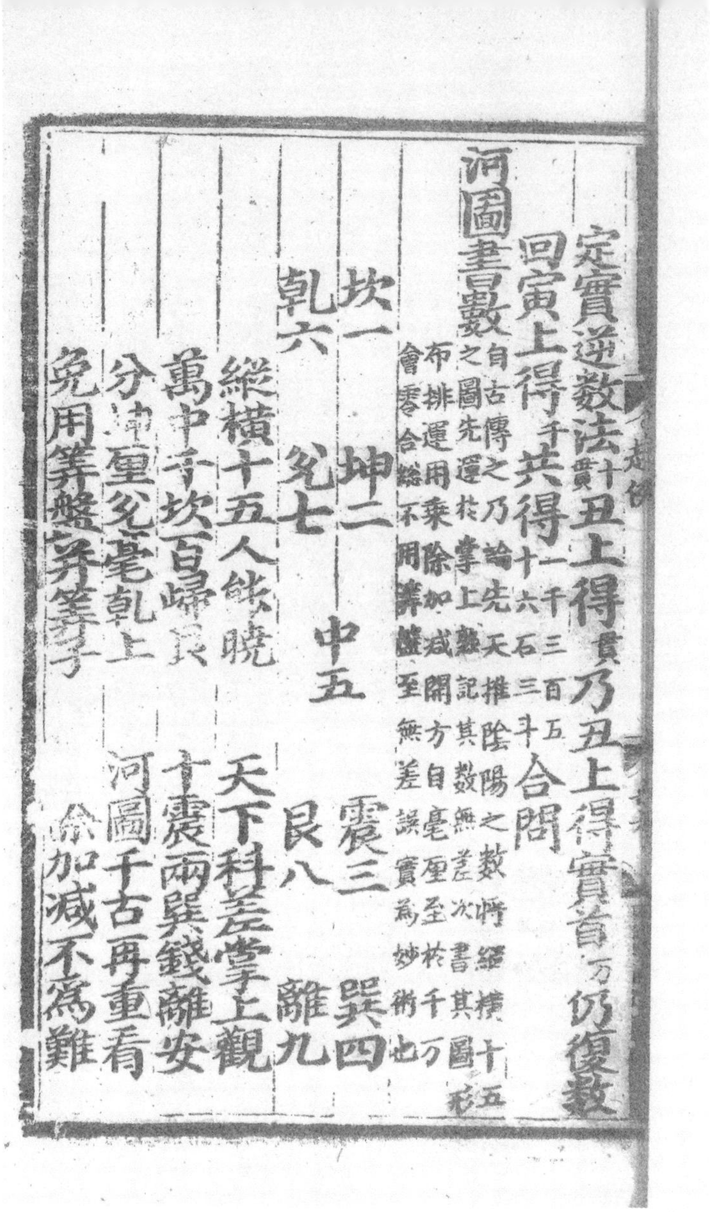

定實，逆數法十貫丑上得貫。乃丑上得實首万。仍復數回寅上得千。共得一千三百五十六石三斗。合問。

河圖書數自古傳之，乃論先天，推陰陽之數，將縱横十五之圖先運於掌上，熟記其數無差。次書其圖形布排，運用乘除加減開方，自毫厘至於千万，會零合總，不用筭盤，至無差誤，實爲妙術也。

坎一	坤二		震三	巽四
		中五		
乾六	兑七		艮八	離九

縱横十五人能曉，天下科差掌上觀。

萬中千坎百歸艮，十震兩巽錢離安。

分坤厘兑毫乾上，河圖千古再重看。

免用筭盤并筭子，乘除加減不爲難。

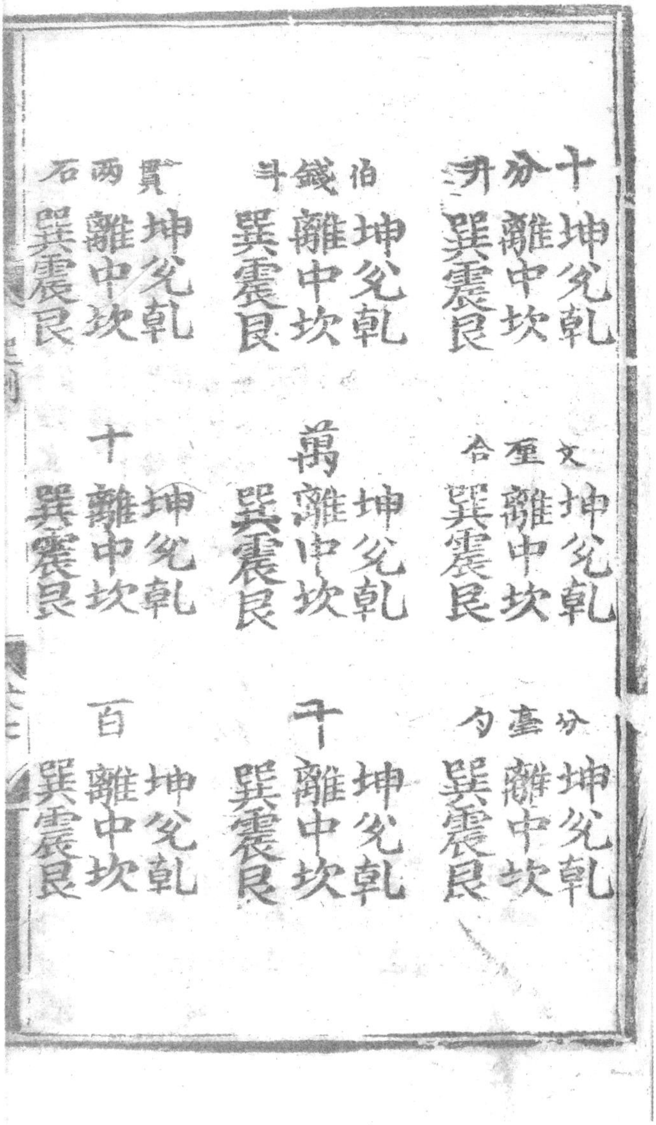

十 坤兌乾
分 離中坎
升 巽震艮

佰 坤兌乾
錢 離中坎
斗 巽震艮

貫 坤兌乾
两 離中坎
石 巽震艮

文 坤兌乾
厘 離中坎
合 巽震艮

坤兌乾
萬 離中坎
巽震艮

坤兌乾
十 離中坎
巽震艮

分 坤兌乾
毫 離中坎
勺 巽震艮

坤兌乾
千 離中坎
巽震艮

坤兌乾
百 離中坎
巽震艮

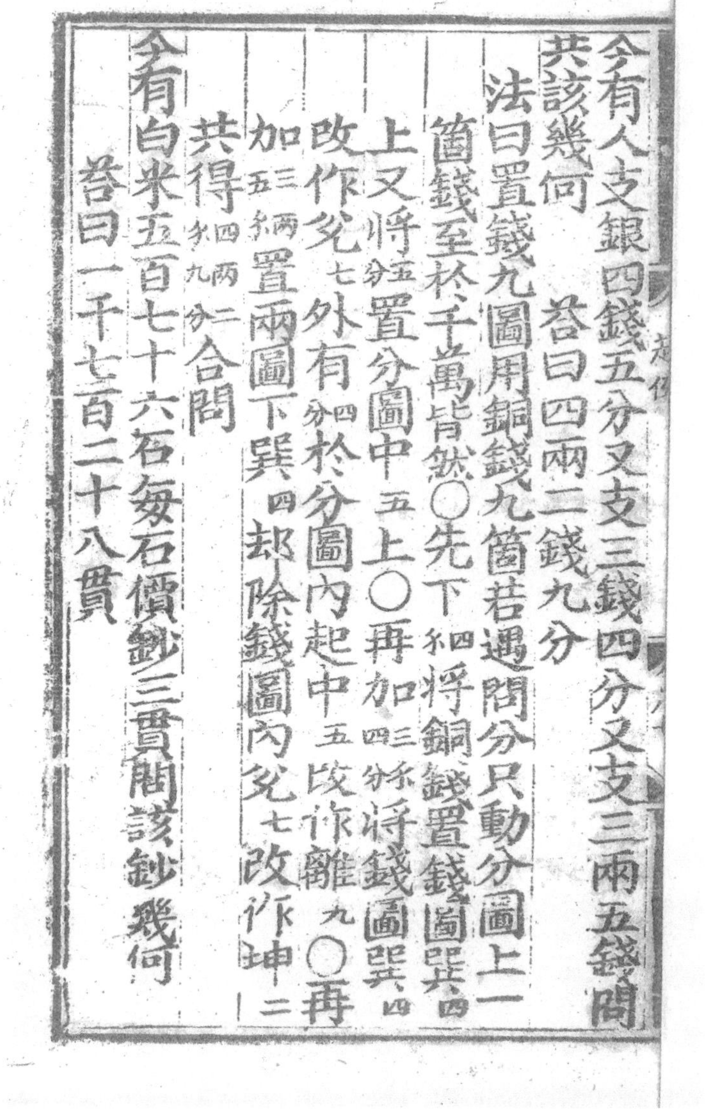

今有人支銀四錢五分，又支三錢四分，又支三兩五錢，問共該幾何？答曰：四兩二錢九分。

法曰：置錢九圖，用銅錢九箇，若遇問分，只動分圖上一箇錢，至於千萬皆然。〇先下四錢將銅錢置錢圖巽四上，又將五分置分圖中五上。〇再加三錢四分將錢圖巽四改作兑七。外有四分於分圖内起中五改作離九。〇再加三兩五錢置兩圖，下巽四。却除錢圖内兑七，改作坤二共得四兩二錢九分。合問。

今有白米五百七十六石，每石價鈔三貫，問該鈔幾何？

答曰：一千七百二十八貫。

法曰：置米五百七十六石爲實，以每石價鈔[1]三貫爲法，因之。合問。

乾六石　三六一十八　將乾六改做坎一，却於次位下艮八，合依定位得八貫。[2]

兑七十　三七二十一　將兑七改作坤二，却將次位坎一改作坤二。

中五百　三五一十五　將中五改作坎一，却將次位坤二改作兑七。

今有絲二千七百六十八兩，每兩價鈔四百六十文，問該鈔幾何？答曰：一千二百七十三貫二百八十文。

法曰：置絲二千七百六十八兩爲實，以每兩價鈔四百六十文爲法，乘

六八四十八　於次位下巽四，又次位下艮八，合依定位得八十文。

艮八兩　四八三十二　將艮八改作震三，又將次位巽四改作乾六。

六六三十六　將次位震三改作兑七，却將下位乾六改作坤二。

1 “價鈔”，各本均不清，依題意作此。

2 “改做”，各本不清，依題意作此。

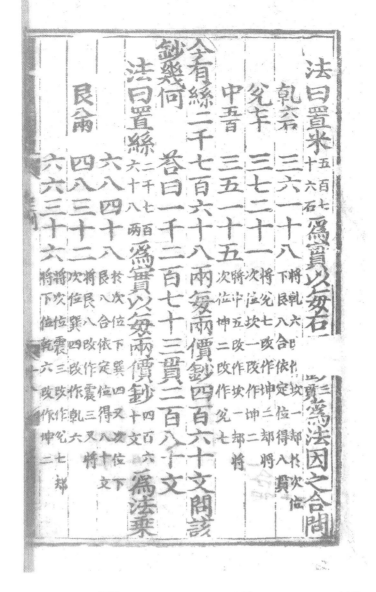

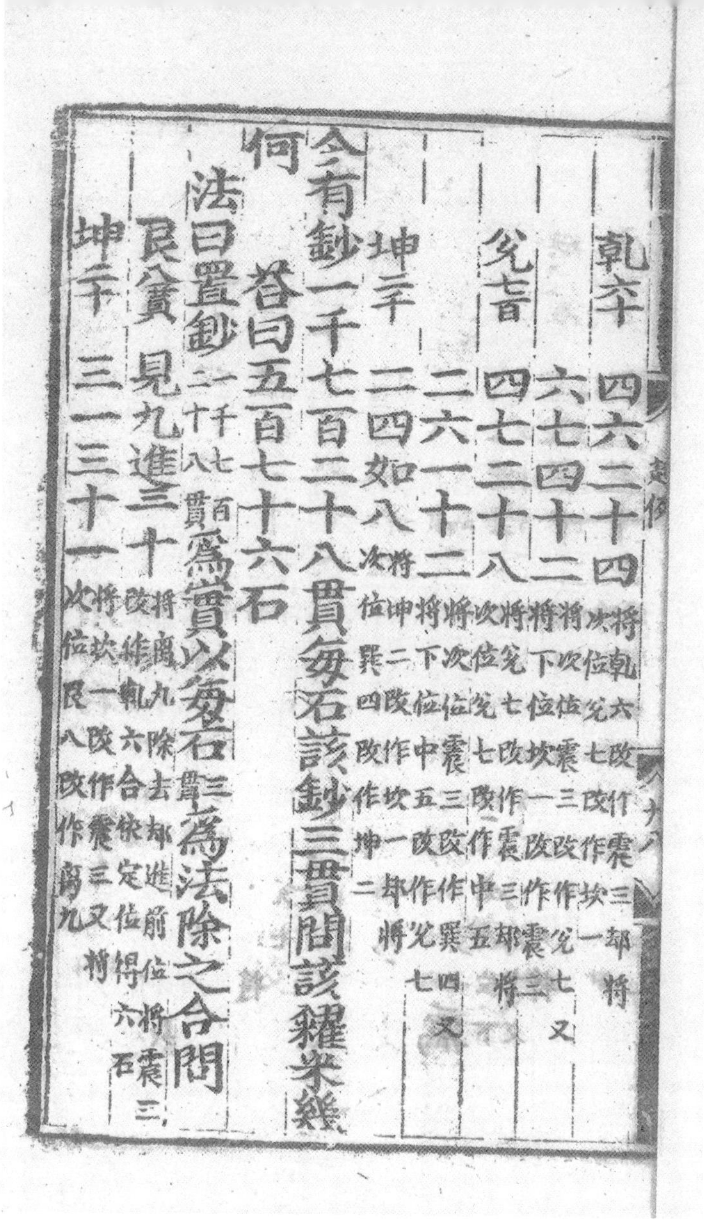

乾六十　四六二十四將乾六改作震三，却將次位兑七改作坎一。

　　　　六七四十二將次位震三改作兑七，又將下位坎一改作震三。

兑七百　四七二十八將兑七改作震三，却將次位兑七改作中五。

　　　　二六一十二將次位震三改異四，又將下位中五改作兑七。

坤二千　二四如八將坤二改作坎一，却將次位巽四改作坤二。

今有鈔一千七百二十八貫，每石該鈔三貫，問該糴米幾何？　答曰：五百七十六石。

法曰：置鈔一千七百二十八貫爲實，以每石三貫爲法除之，合問。

艮八貫　見九進三十將離九除去，却進前位，將震三改作乾六，合依定位得六石。

坤二十　三一三十一將坎一改作震三，又將次位艮八改作离九。

見三進一十將巽四改作坎一，却進前位將乾六改作兑七。

兑七百　三二六十二將坤二改作乾六，又將次位坤二改作巽四。

見六進二十將艮八改作坤二，却進前位將震三改作中五。

坎一千　三一三十一將坎一改作震三，又將次位兑七改作艮八。

今有鈔一千二百七十三貫二百八十文，每鈔四百六十文買絲一兩，問該絲幾何？答曰：二千七百六十八兩。

法曰：置鈔一千二百七十三貫二百八十文爲實，以每兩四百六十文爲法，除之。

艮八十文　六八除四十八將巽四除去，又除次位艮八尽。

坤二百　見四進一十將艮八改作巽四，却進前位將兑七改作艮八。

震三貫　四三七十二將震三改作兑七，又將次位乾六改作艮八。

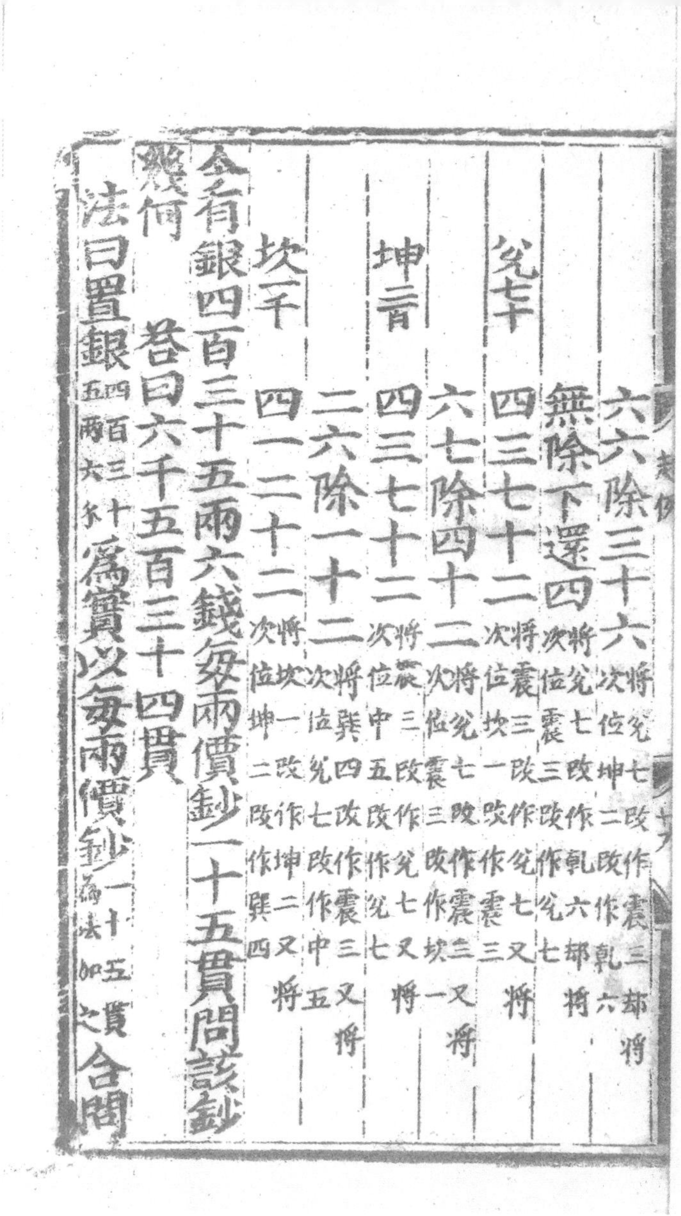

六六除三十六將兌七改作震三，却將次位坤二改作乾六。

無除下還四將兌七改作乾六，却將次位震三改作兌七。

兌七十　四三七十二將震三改作兌七，又將次位坎一改作震三。

六七除四十二將兌七改作震三，又將次位震三改作坎一。

坤二百　四三七十二將震三改作兌七，又將次位中五改作兌七。

二六除一十二將巽四改作震三，又將次位兌七改作中五。

坎一千　四一二十二將坎一改作坤二，又將次位坤二改作巽四。

今有銀四百三十五兩六錢，每兩價鈔一十五貫，問該鈔幾何？答曰：六千五百三十四貫。

法曰：置銀四百三十五兩六錢爲實，以每兩價鈔一十五貫爲法，加之。合問。

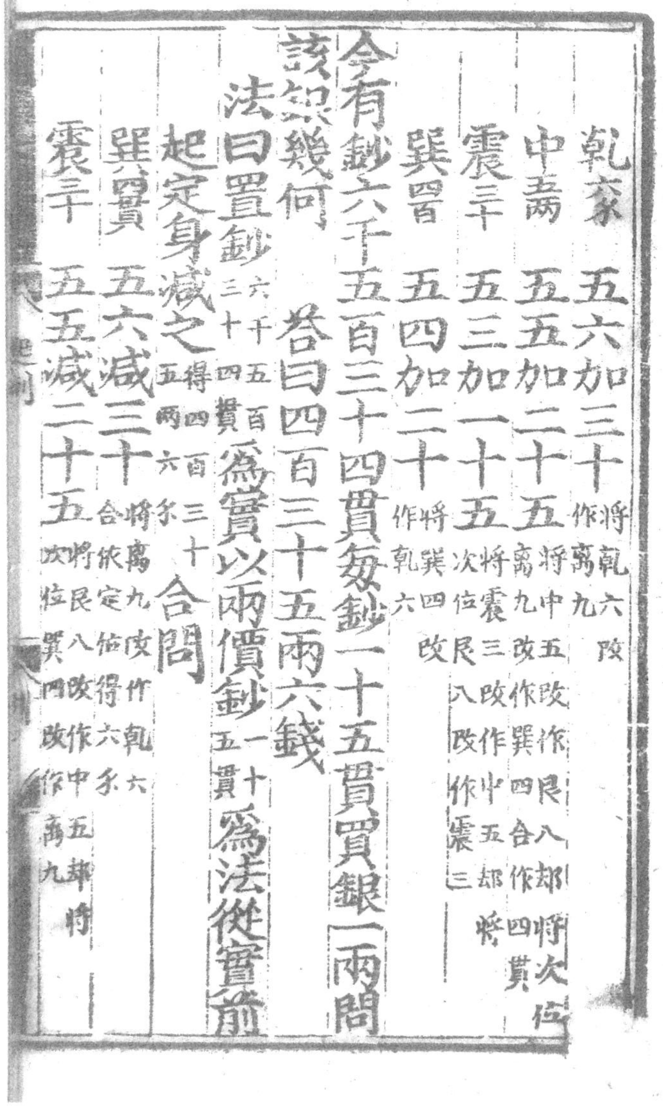
乾六錢　五六加三十將乾六改作离九

中五兩　五五加二十五將中五改作艮八却將次位离九改作巽四合作四貫

震三十　五三加一十五將震三改作中五却將次位艮八改作震三

巽四百　五四加二十將巽四改作乾六

今有鈔六千五百三十四貫每鈔一十五貫買銀一兩問

該銀幾何　答曰四百三十五兩六錢

法曰置鈔六千五百三十四貫爲實以兩價鈔一十五貫爲法從實前

起定身減之得四百三十五兩六錢合問

巽四貫　五六減三十將离九改作乾六合依定位得六錢

震三十　五五減二十五將艮八改作中五却將次位巽四改作离九

乾六錢　五六加三十將乾六改作离九。

中五两　五五加二十五將中五改作艮八，却將次位离九改作巽四，合作四貫。

震三十　五三加一十五將震三改作中五，却將次位艮八改作震三。

巽四百　五四加二十將巽四改作乾六。

今有鈔六千五百三十四貫，每鈔一十五貫買銀一兩，問該銀幾何？答曰：四百三十五兩六錢。

法曰：置鈔六千五百三十四貫爲實，以兩價鈔一十五貫爲法，從實前起定身減之。得四百三十五兩六錢。合問。

巽四貫　五六減三十將离九改作乾六，合依定位得六錢。

震三十　五五減二十五將艮八改作中五，却將次位巽四改作离九。

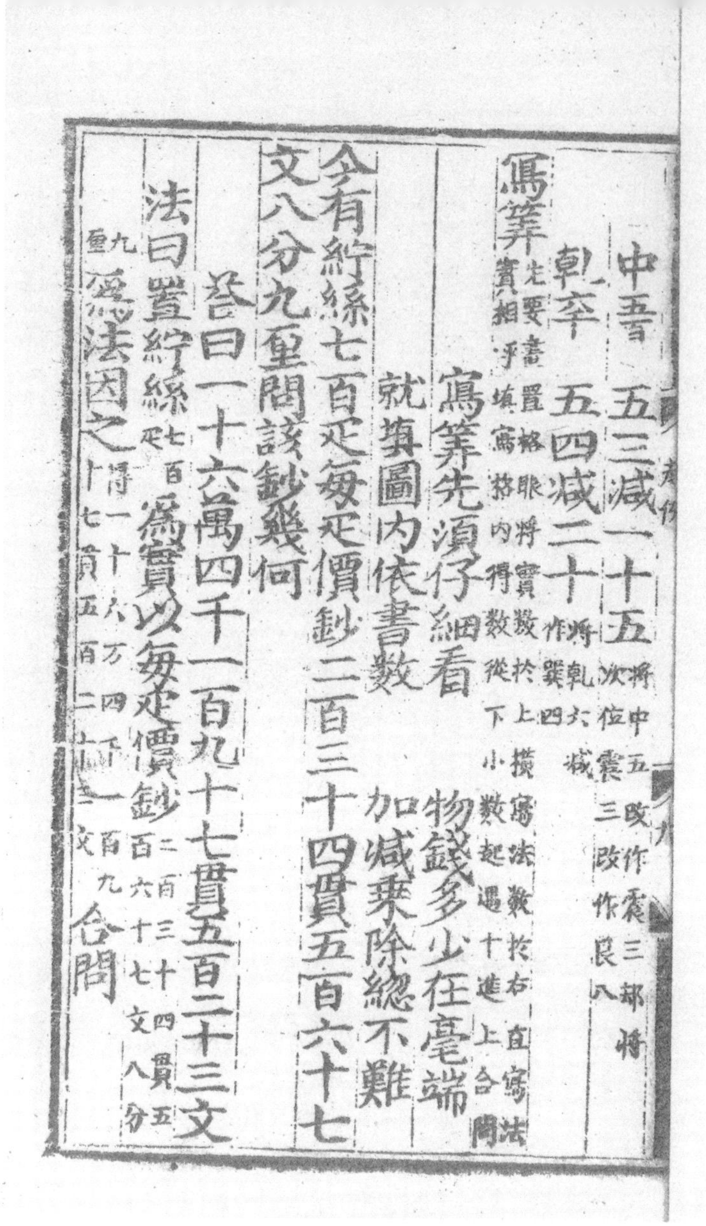

中五百　五三減一十五將中五改作震三，却將次位震三改作艮八。

乾六千　五四減二十將乾六減作巽四。

寫筭先要畫置格眼，將實數於上橫寫，法數於右直寫。法實相呼，填寫格内，得數從下小數起，遇十進上，合問。

寫筭先須仔細看，物錢多少在毫端。

就填圖内依書數，加減乘除總不難。

今有紵絲七百匹，每匹價鈔二百三十四貫五百六十七文八分九厘，問該鈔幾何？

答曰：一十六萬四千一百九十七貫五百二十三文。

法曰：置紵絲七百匹爲實，以每匹價鈔二百三十四貫五百六十七文八分九厘爲法，因之得一十六万四千一百九十七貫五百二十三文。合問。

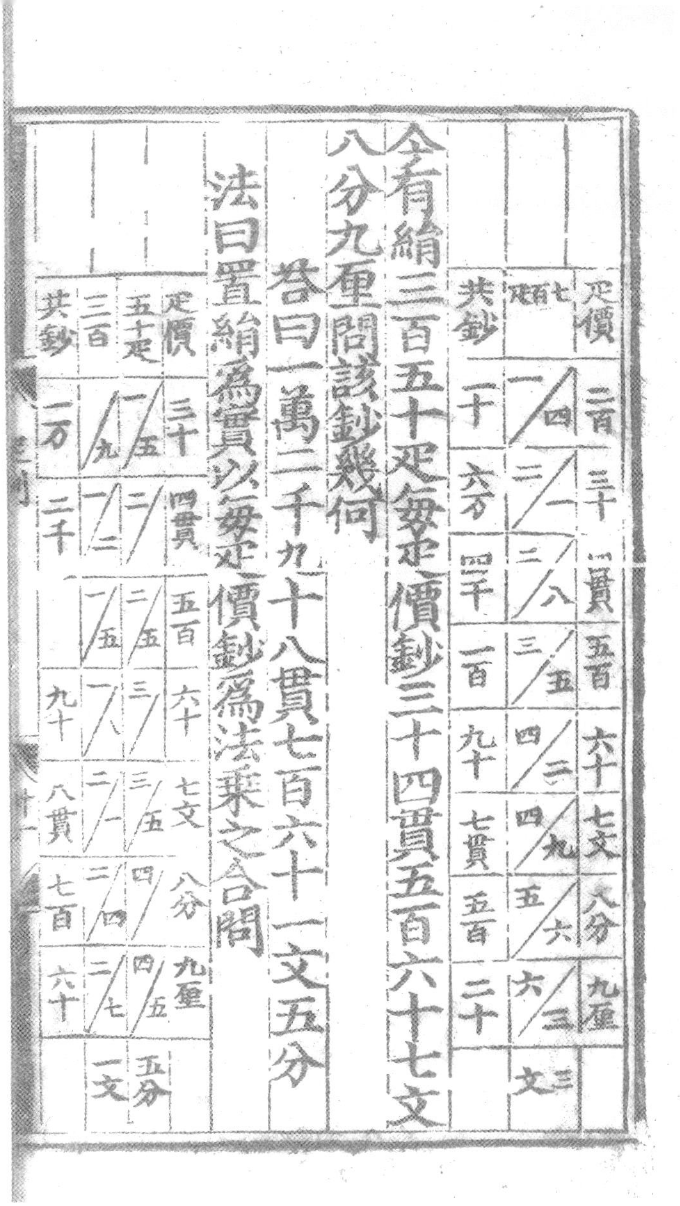
今有絹三百五十疋每疋價鈔三十四貫五百六十七文八分九厘問該鈔幾何
答曰一萬二千九十八貫七百六十一文五分
法曰置絹爲實以每疋價鈔爲法乘之合問

今有絹三百五十匹，每匹價鈔三十四貫五百六十七文八分九厘，問該鈔幾何？

答曰：一萬二千九十八貫七百六十一文五分。

法曰：置絹爲實，以每匹價鈔爲法乘之。合問。[1]

1 此葉及隨後若干葉均包含乘除算圖，在畫好的格界中填寫已知數據用以計算，并記録中間數據。算圖方向不宜隨文字横排，恕不重繪，參見原葉面對應内容。

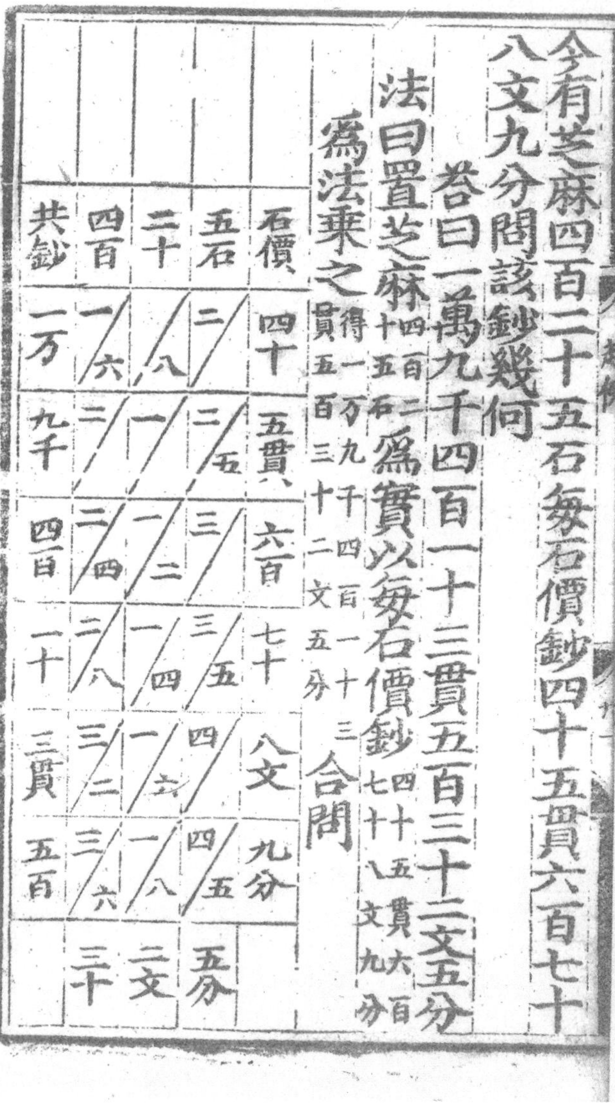

今有芝麻四百二十五石每石價鈔四十五貫六百七十八文九分問該鈔幾何

荅曰一萬九千四百一十三貫五百三十二文五分

法曰置芝麻四百二十五石爲實以每石價鈔四十五貫六百七十八文九分爲法乘之得一万九千四百一十三貫五百三十二文五分合問

共鈔	四百	二十	五石	石價
一万	一/六	/八	二/	四十
九千	二/	一/	二/五	五貫
四百	二/四	一/二	三/	六百
一十	二/八	一/四	三/五	七十
三貫	三/二	一/六	四/	八文
五百	三/六	一/八	四/五	九分
	三十	二文	五分	

今有芝麻四百二十五石，每石價鈔四十五貫六百七十八文九分，問該鈔幾何？

答曰：一萬九千四百一十三貫五百三十二文五分。

法曰：置芝麻四百二十五石爲實，以每石價鈔四十五貫六百七十八文九分爲法，乘之得一万九千四百一十三貫五百三十二文五分。合問。

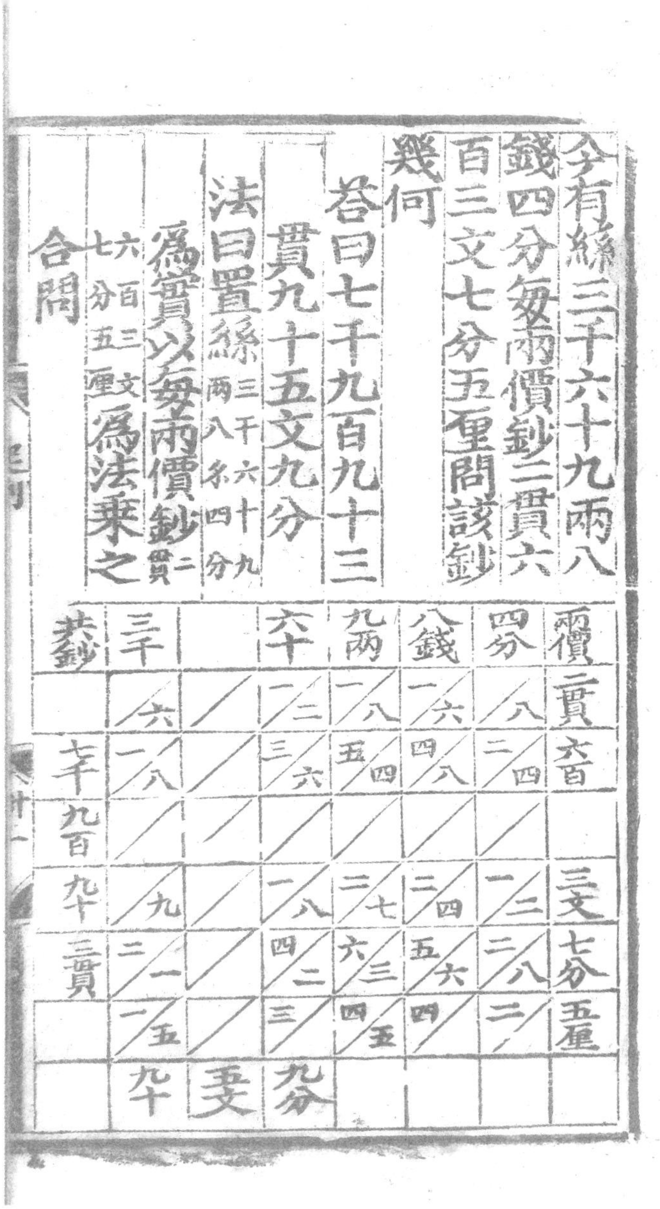

今有絲三千六十九兩八錢四分，每兩價鈔二貫六百三文七分五厘，問該鈔幾何？

答曰：七千九百九十三貫九十五文九分。

法曰：置絲三千六十九兩八錢四分爲實，以每兩價鈔二貫六百三文七分五厘爲法，乘之。合問。

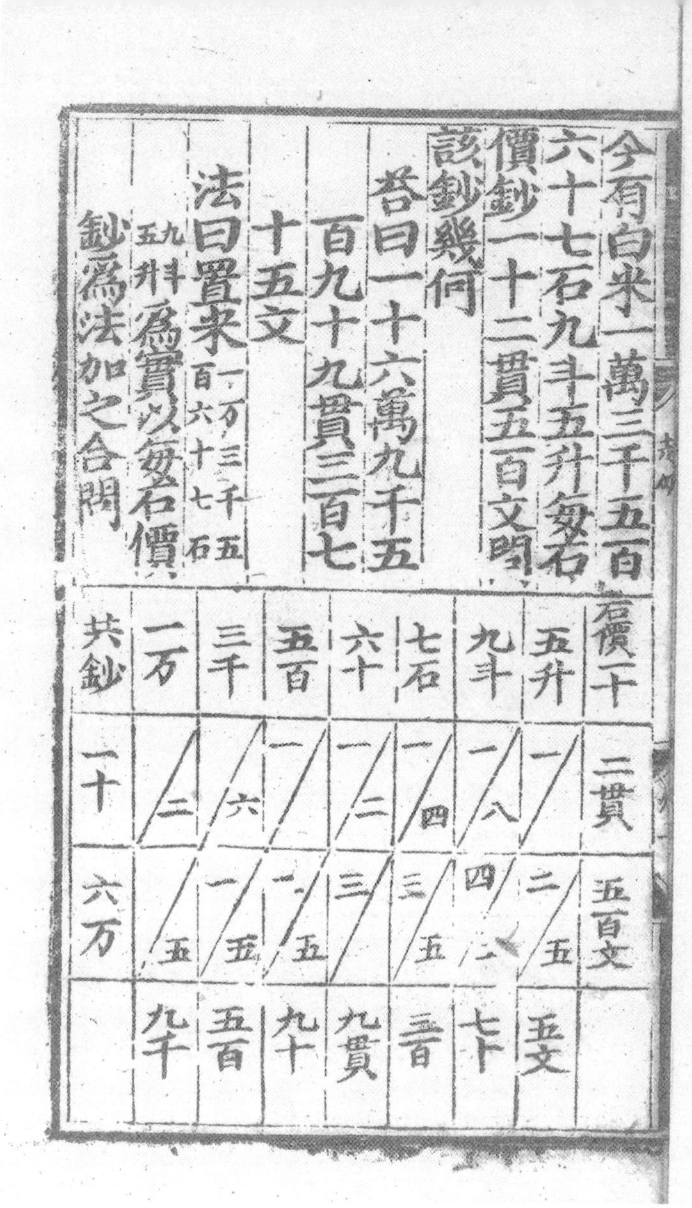

今有白米一萬三千五百六十七石九斗五升，每石價鈔一十二貫五百文，問該鈔幾何？

答曰：一十六萬九千五百九十九貫三百七十五文。

法曰：置米一万三千五百六十七石九斗五升爲實，以每石價鈔爲法，加之。合問。

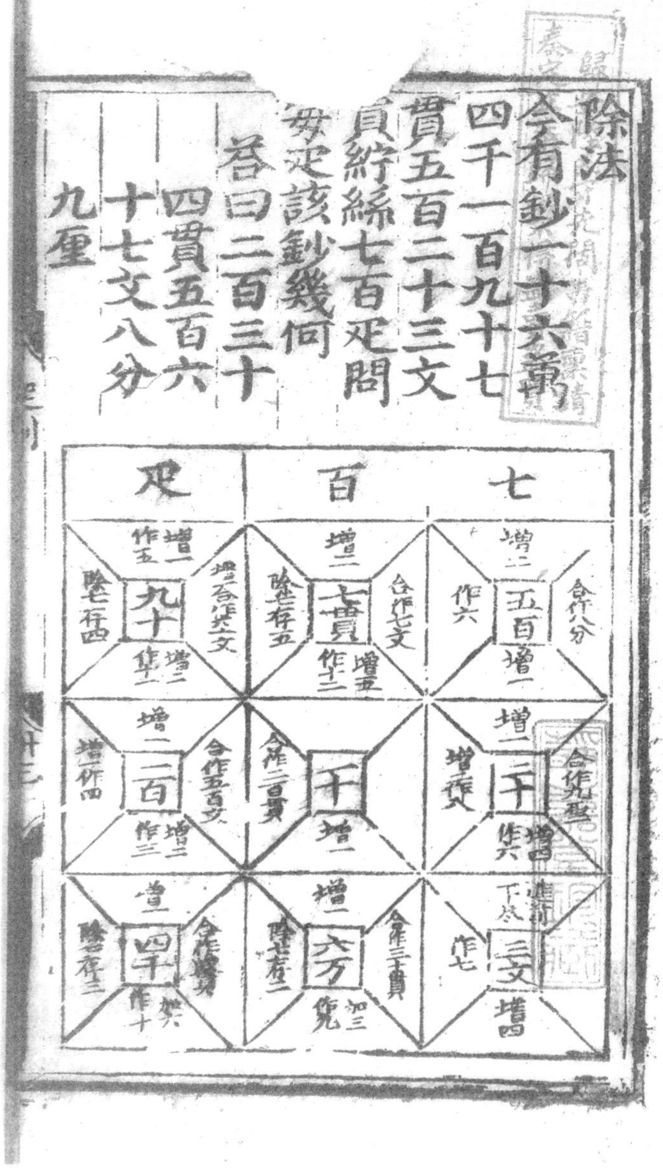

除法

今有鈔一十六萬

四千一百九十七

貫五百二十三文，

買紵絲七百匹，問

每匹該鈔幾何？

答曰：二百三十

四貫五百六

十七文八分

九厘。

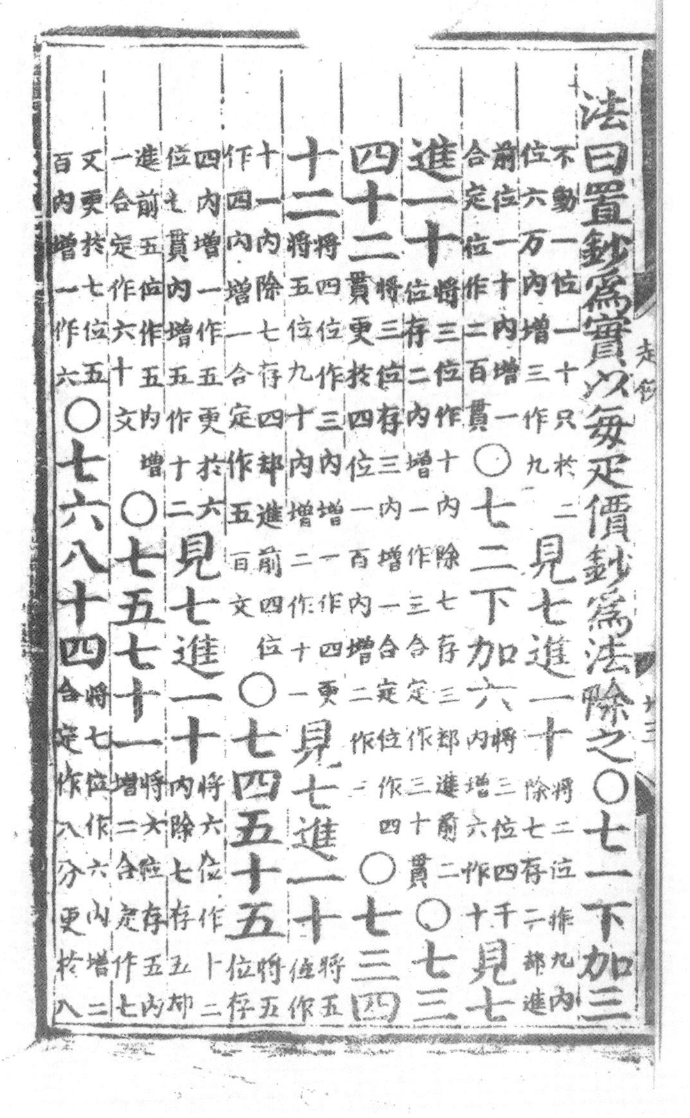

法曰：置鈔爲實，以每匹價鈔爲法，除之。〇七一下加三不動一位一十，只於二位六万內增三作九。見七進一十將二位作九，內除七存二，却進前位一十內增一，合定位作二百貫。〇七二下加六將三位四千內增六作十。見七進一十將三位作十內除七存三，却進前二位存二內增一作三，合定作三十貫。〇七三四十二將三位存三內增一，合定位作四一貫，更於四位一百，內增二作三。〇七三四十二將四位作三，內增一作四，更一將五位九十內增二作十一。見七進一十將五位作十一內除七存四，却進前四位作四，內增一，合定作五百文。〇七四五十五將五位存四內增一作五，更於六位七貫內增五作十二。見七進一十將六位作十二內除七存五，却進前五位作五內增一，合定作六十文。〇七五七十一將六位存五內，增二，合定作七，又更於七位五百內增一作六。〇七六八十四將七位作六，內增二，合定作八分，更於八

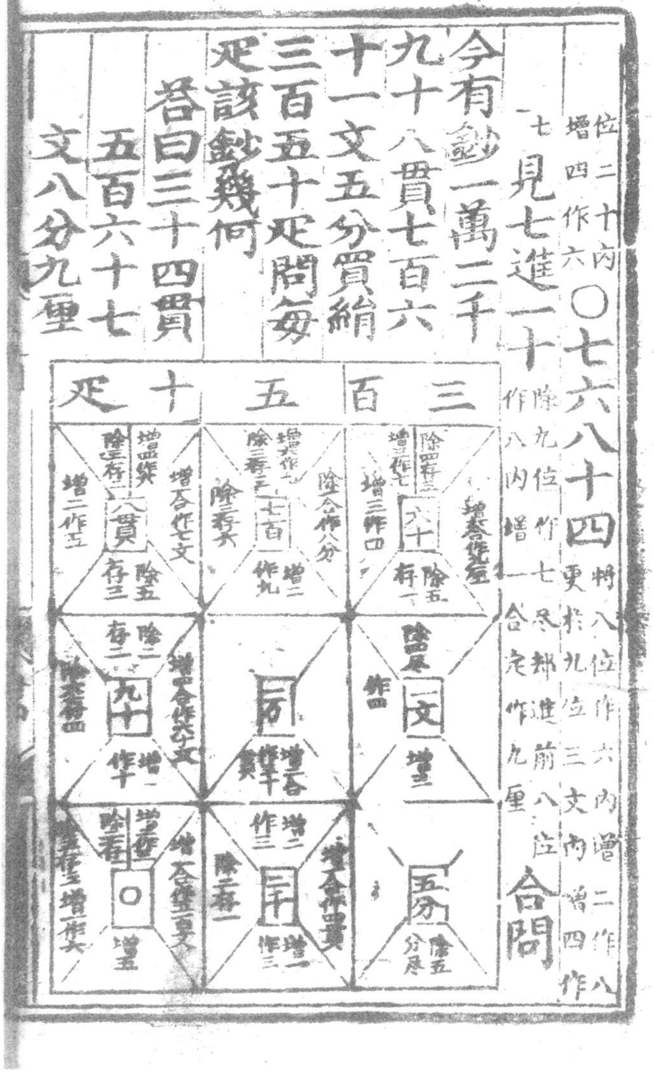

位二十内增四作六。〇七六八十四將八位作六，内增二作八，更於九位三文内增四作七。見七進一十除九位作七尽，却進前八位作八，内增一合定作九厘。合問。

今有鈔一萬二千

九十八貫，七百六

十一文五分，買絹

三百五十四，問每

匹該鈔幾何？

答曰：三十四貫

五百六十七

文八分九厘。

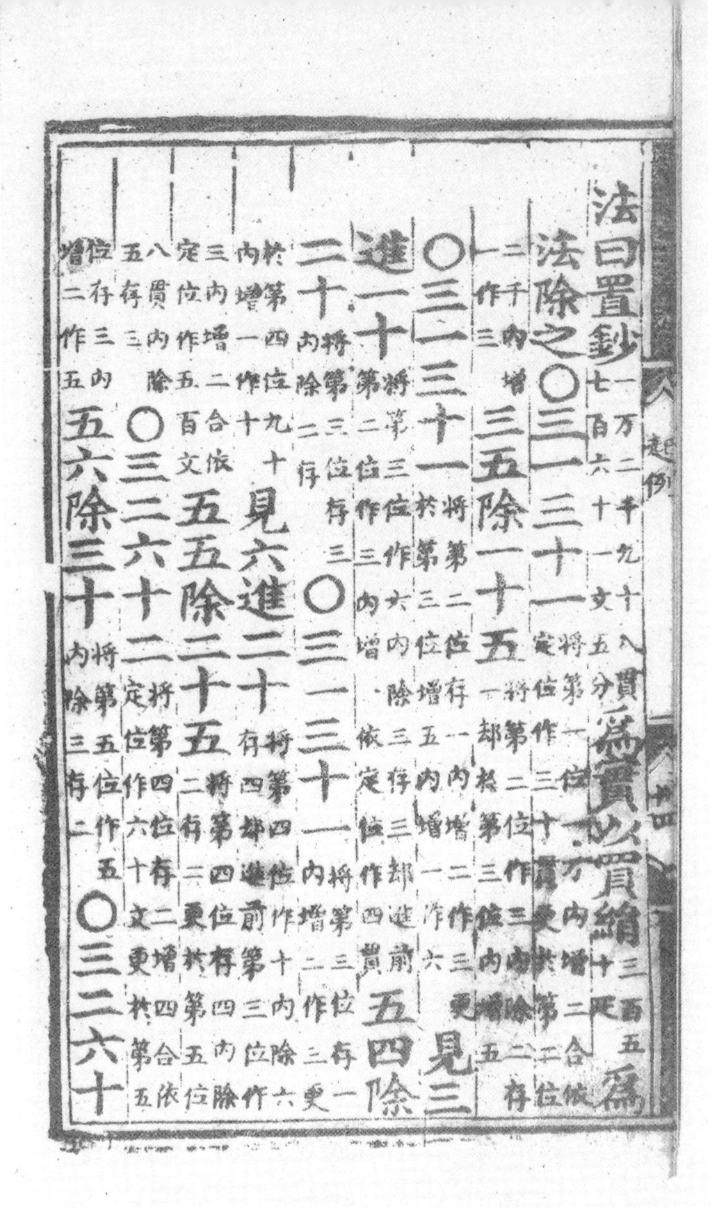

法曰：置鈔一万二千九十八貫七百六十一文五分爲實，以買絹三百五十四爲

法除之。〇三一三十一將第一位一万内增二，合依定位作三十貫，更於第二位

二千内增一作三。三五除一十五將第二位作三内除二，存一，却於第三位内增五。

〇三一三十一將第二位存一内增二作三，更於第三位增五内增一作六。見三

進一十將第三位作六内除三存三，却進前第二位作三内增一，依定位作四貫。五四除

二十將第三位存三内除二存一。〇三一三十一將第三位存一内增二作三，更

於第四位九十内增一作十。見六進二十將第四位作十内除六存四，却進前第三位作

三内增二，合依定位作五百文。五五除二十五將第四位存四内除二存二，更於第五位

八貫内除五存三。〇三二六十二將第四位存二增四，合依定位作六十文，更於第五

位存三内增二作五。五六除三十將第五位作五内除三存二。〇三二六十

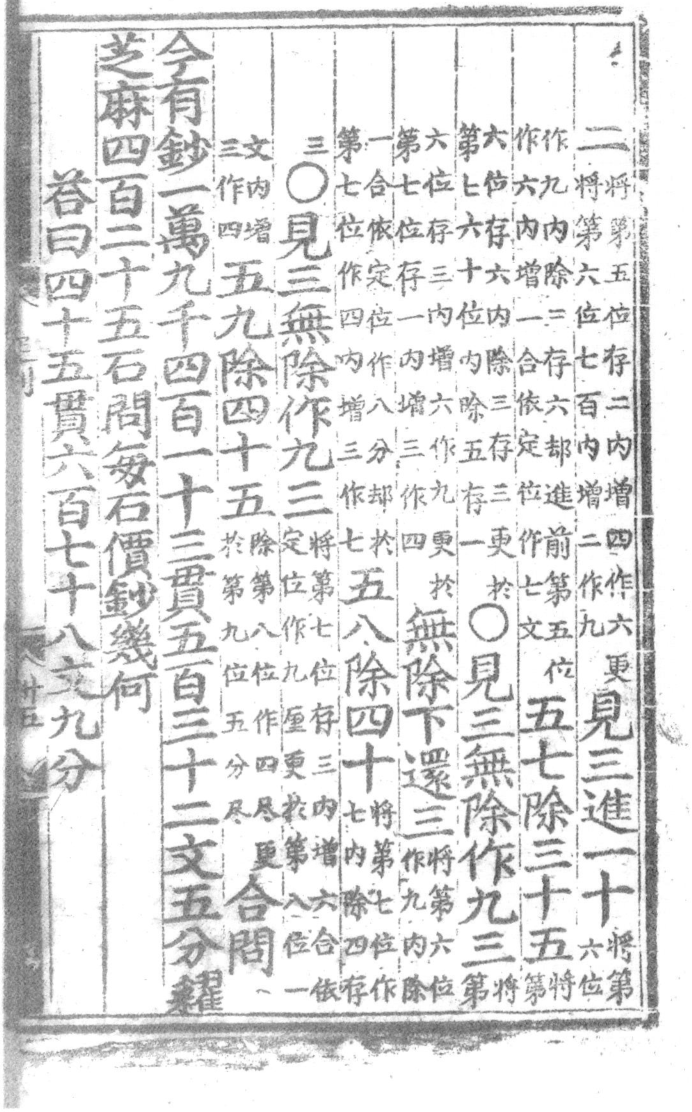

一將第五位存二內增四作六，更一將第六位七百內增二作九。見三進一十將第六位作九內除三存六，却進前第五位作六內增一，合依定位作七文。五七除三十五將第六位存六內除三存三，更於第七六十位內除五存一。○見三無除作九三將第六位存三內增六作九，更於第七位存一內增三作四。無除下還三將第六位作九內除一，合依定位作八分，却於第七位作四內增三作七。五八除四十將第七位作七內除四存三。○見三無除作九三將第七位存三內增六，合依定位作九厘，更於第八位一文內增三作四。五九除四十五除第八位作四尽，更於第九位五分尽。合問。

今有鈔一萬九千四百一十三貫五百三十二文五分，糴芝麻四百二十五石，問每石價鈔幾何？

答曰：四十五貫六百七十八文九分。

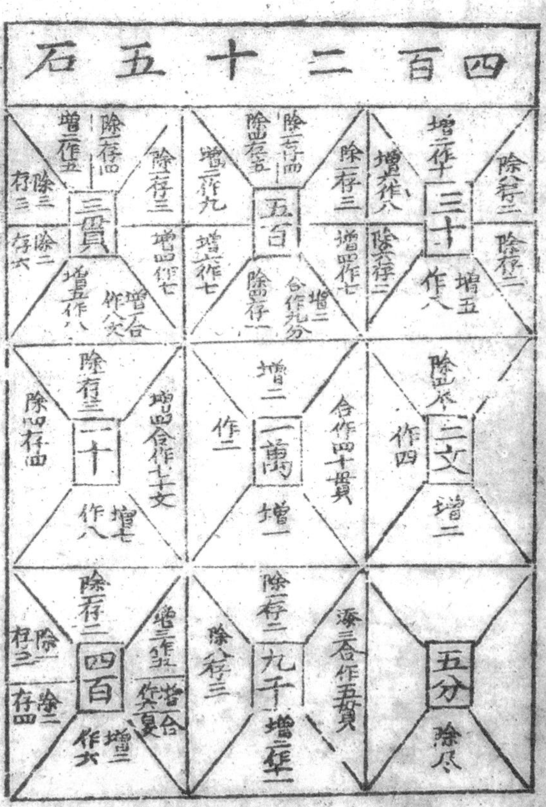
四百二十五石
三十
五百
三貫
二文
一萬
二十
五分
除盡
九千
四百

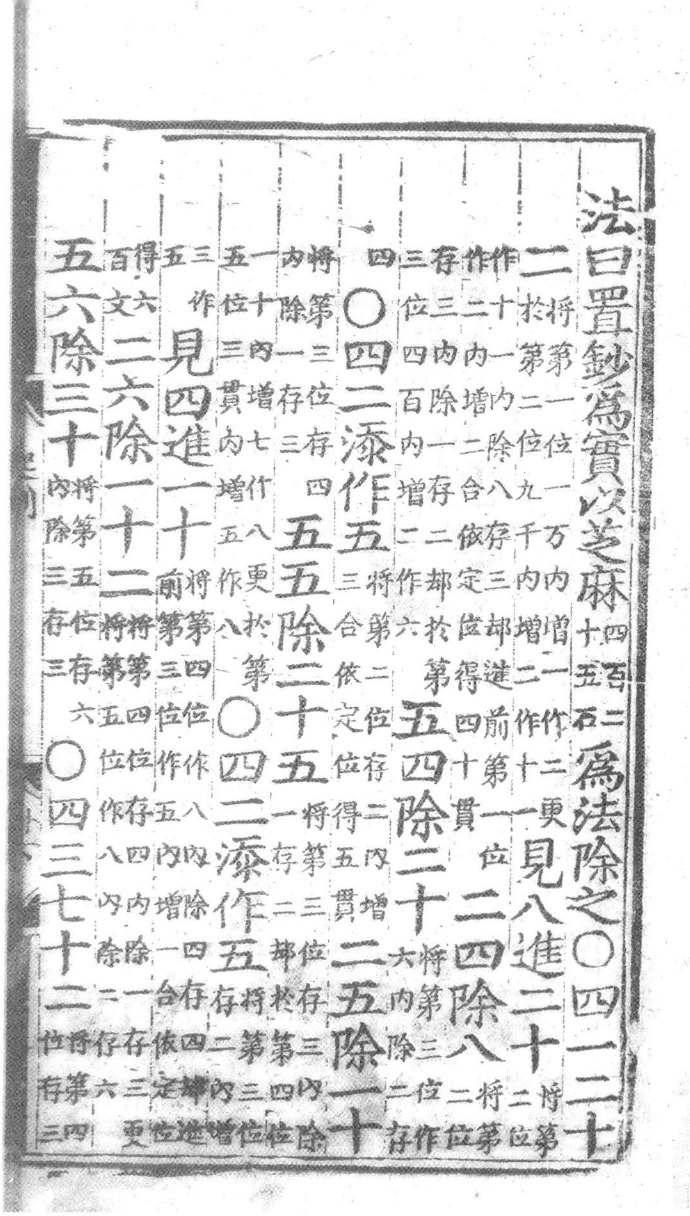

法曰：置鈔爲實，以芝麻四百二十五石爲法，除之。○四一二十一將第一位一万内增一作二，更於第二位九千内增二作十一。見八進二十將第二位作十一内除八存三，却進前第一位作二内增二，合依定位得四十貫。二四除八將第二位存三内除一存二，却於第三位四百内增二作六。五四除二十將第三位作六内除二存四。○四二添作五將第二位存二内增三，合依定位得五貫。二五除一十將第三位存四内除一存三。五五除二十五將第三位存三内除一存二，却於第四位一十内增七作八，更於第五位三貫内增五作八。○四二添作五將第三位存二内增三作五。見四進一十將第四位作八内除四存四，却進前第三位作五内增一，合依定位得六百文。二六除一十二將第四位存四内除一存三，更將第五位作八内除二存六。五六除三十將第五位存六内除三寸三。○四三七十二將第四位存三

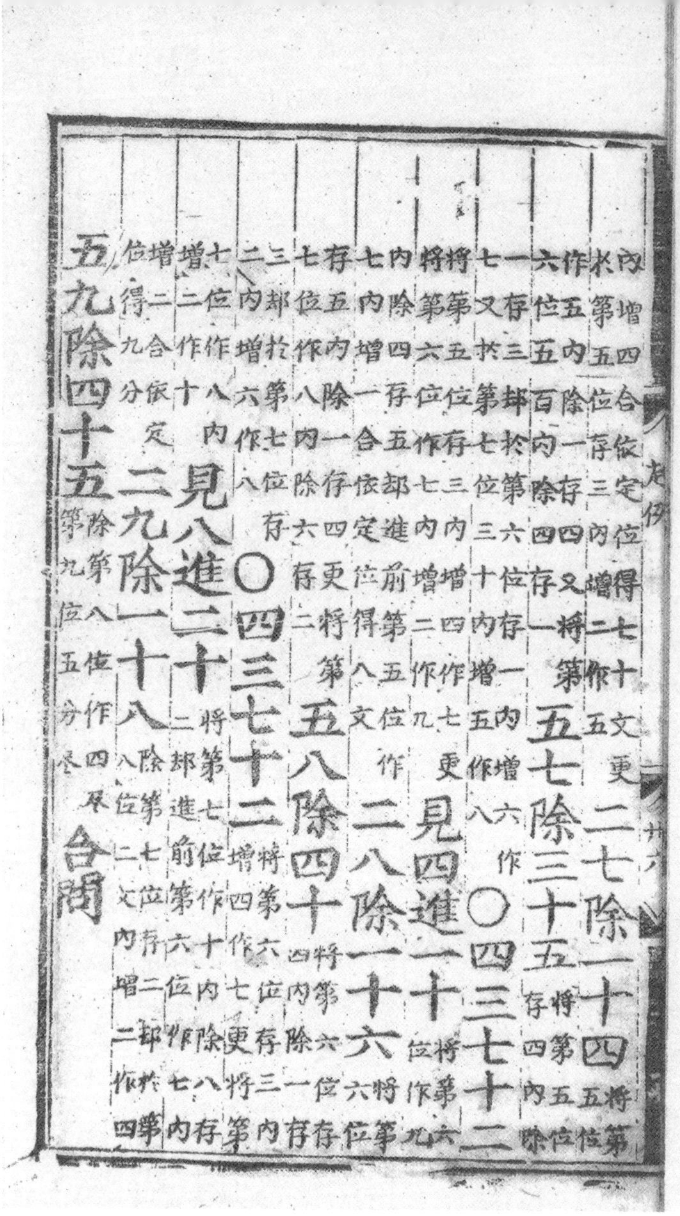

內增四，合依定位得七十文，更於第五位存三內增二作五。二七除一十四將第五位

作五內除一存四，又將第六位五百內除四存一。五七除三十五將第五位存四內除

一存三，却於第六位存一內增六作七，又於第七位三十內增五作八。〇四三七十二

將第五位存三內增四作七，更將第六位作七內增二作九。見四進一十將第六位作九

內除四存五，却進前第五位作七內增一，合依定位得八文。二八除一十六將第六位

存五內除一存四，更將第七位作八內除六存二。五八除四十將第六位存四內除一存

三，却於第七位存二內增六作八。〇四三七十二將第六位存三內增四作七，更將第

七位作八內增二作十。見八進二十將第七位作十內除八存二，却進前第六位作七內

增二，合依定位得九分。二九除一十八除第七位存二，却於第八位二文內增二作四。

五九除四十五除第八位作四尽，第九位五分尽。合問。

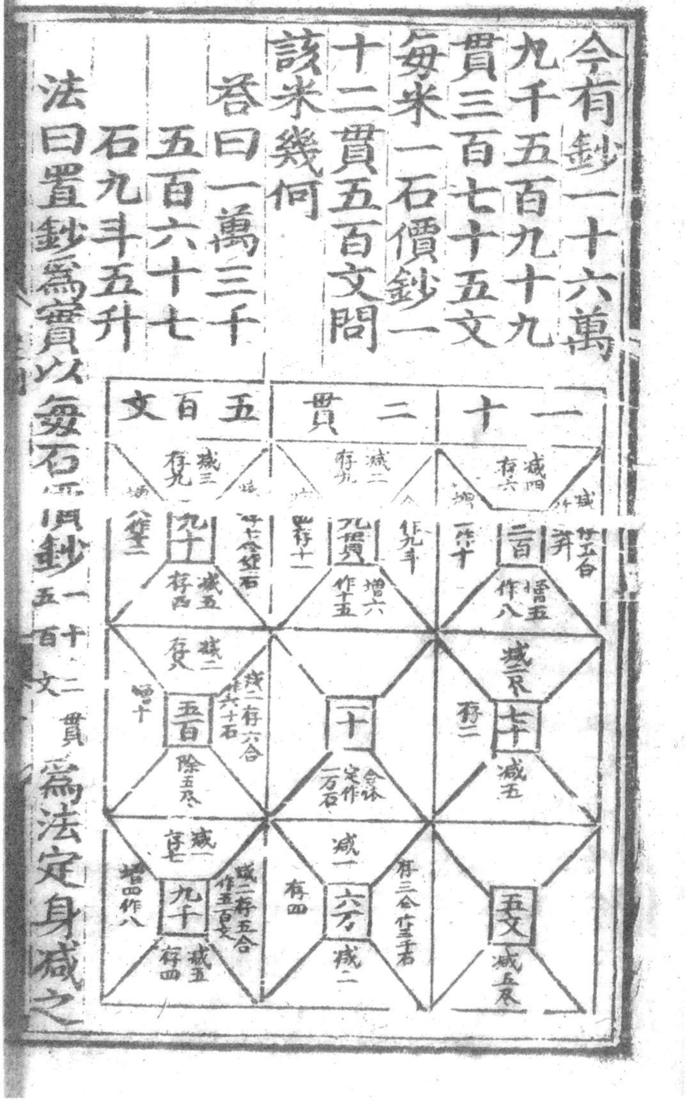

今有鈔一十六萬

九千五百九十九

貫三百七十五文，

每米一石價鈔一

十二貫五百文，問

該米幾何？

答曰：一萬三千

五百六十七

石九斗五升。

法曰：置鈔爲實，以每石價鈔一十二貫五百文爲法，定身減之。

〇一二減二不動第一位一十，合依定位作一万石。將第二位六万內除二存四。一五減五將第三位九千內減五存四。〇二三減六將第二位存四內減一存三，合依定位得三千石，却於第三位存四內增四作八。五三減一十五將第三位作八內減一存七，更減第四位五百尽。〇二五減一十將第三位存七內減二存五，合依定位得五百文，却於第四位增十。五五減二十五將第四位增十內減二存八，更於第五位九十貫內減五存四。〇二六減一十二將第四位存八減二存六，合依定位得六十石，却於第五位存四內增八作一十二。五六減二十將第五位十二內減三存九。〇二七減一十四將第五位存九內減二存七，合依定位得七石，却於第六位九貫內增六作十五。五七減三十五將第六位作十五內減四存十一，却於第七位三百內增五作八。〇二九減一十八將第六位存十一內減二存九，合依定位得九斗，却於第七位作八，內增二作

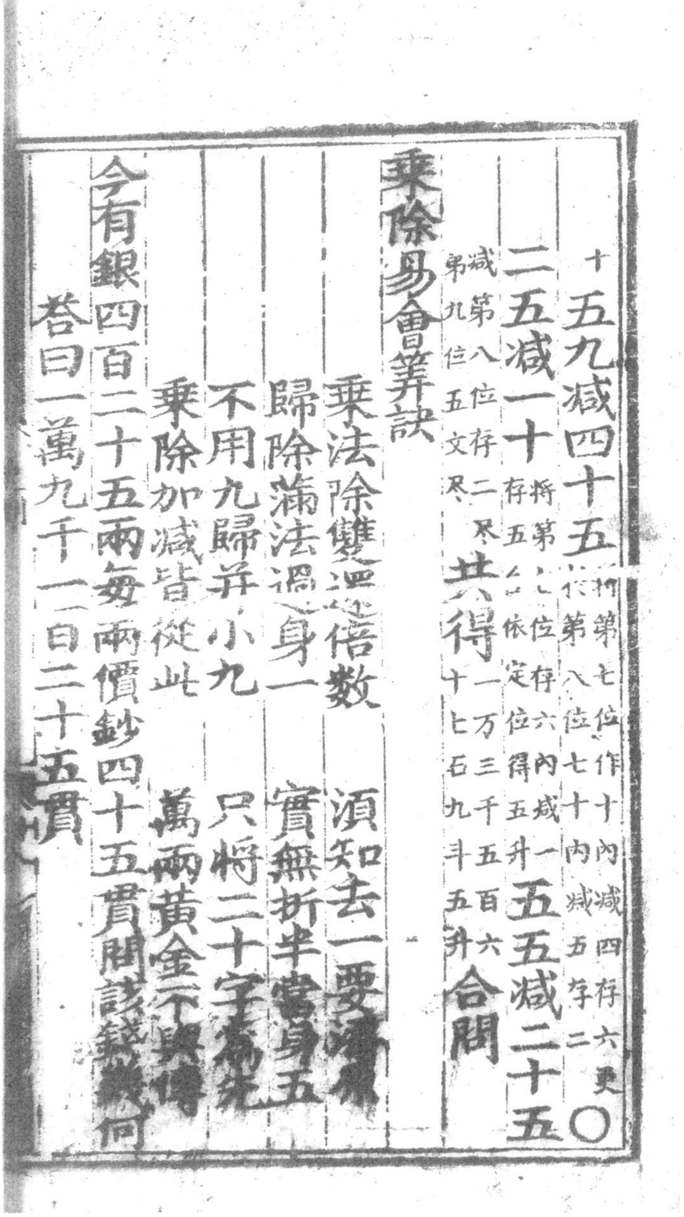

十。五九減四十五將第七位作十内減四存六，更於第八位七十内減五存二。〇

二五減一十將第七位存六内減一存五，合依定位得五升。五五減二十五

減第八位存二尽，第九位五文尽。共得一万三千五百六十七石九斗五升。合問。

乘除易會筭訣

乘法除雙還倍數，　須知去一要添原。

歸除滿法過身一，　實無折半當身五。

不用九歸并小九，　只將二十字爲先。

乘除加減皆從此，　萬兩黄金不與傳。

今有銀四百二十五兩，每兩價鈔四十五貫，問該錢幾何？

答曰：一萬九千一百二十五貫。

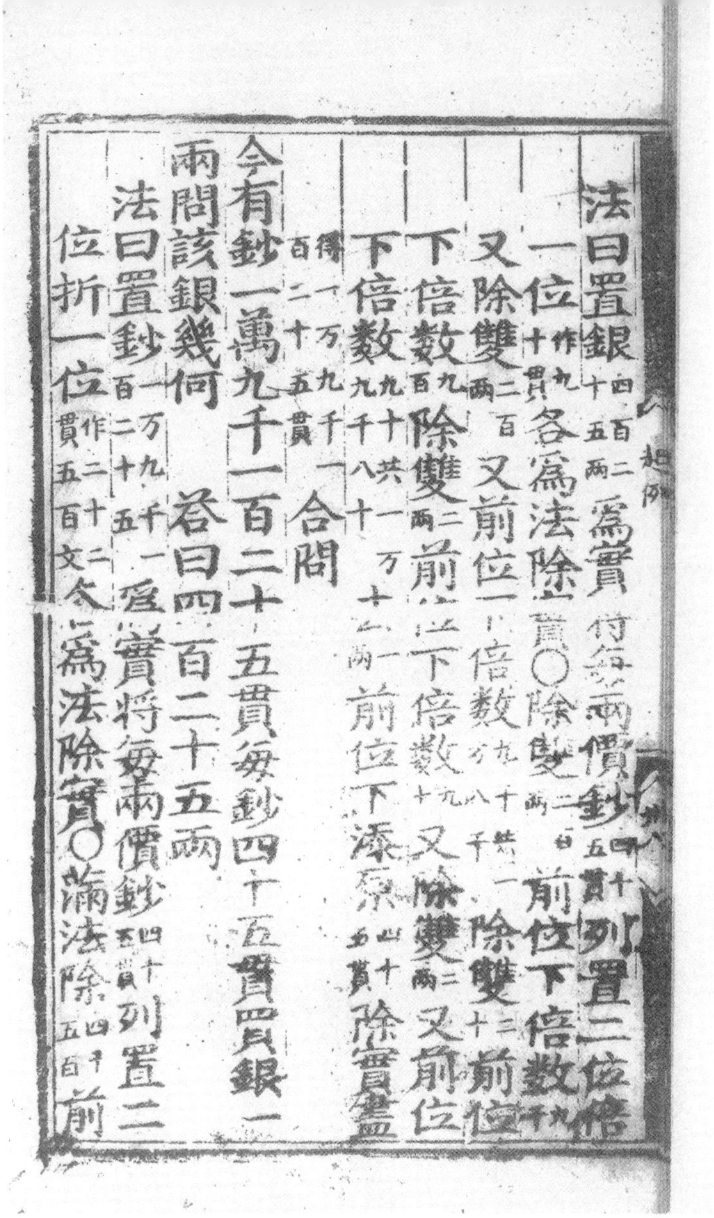

法曰：置銀四百二十五兩爲實，將每兩價鈔四十五貫列置二位，倍一位作九十貫。各爲法，除實。○除雙二百兩前位下倍數九千又除雙二百兩又前位下倍數九千，共一万八千。除雙二十前位下倍數九百。除雙二兩前位下倍數九十。又除雙二兩又前位下倍數九十，共一万九千八十。去二兩前位下添原四十五貫除實盡，得一万九千一百三十五貫。合問。

今有鈔一萬九千一百二十五貫，每鈔四十五貫買銀一兩，問該銀幾何？　答曰：四百二十五兩。

法曰：置鈔一万九千一百二十五爲實，將每兩價鈔四十五貫列置二位，折一位作二十二貫五百文。各爲法，除實。○滿法除四千五百前

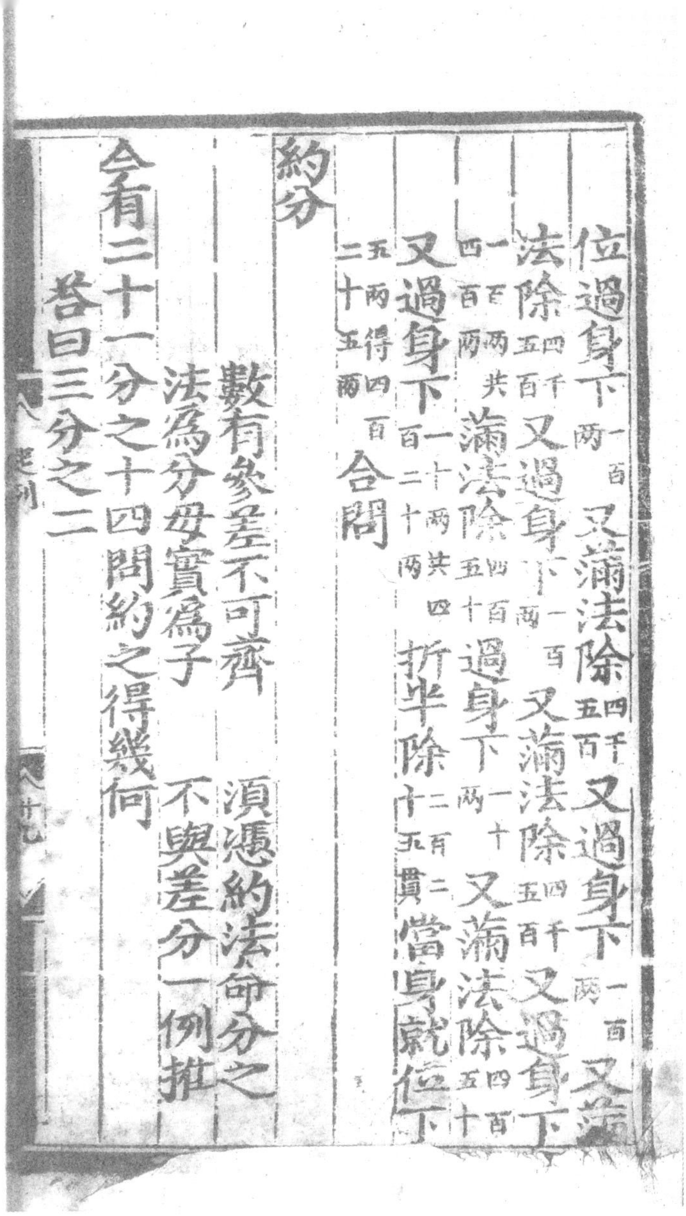

位過身下一百兩。又滿法除四千五百又過身下一百兩。又滿法除四千五百又過身下一百兩。又滿法除四千五百又過身下一百兩，共四百兩。滿法除四百五十過身下一十兩。又滿法除四百五十又過身下一十兩，共四百二十兩。折半除二百二十五貫當身就位下五兩，得四百二十五兩。合問。

約分

數有參差不可齊， 須憑約法命分之。

法爲分母實爲子， 不與差分一例推。

今有二十一分之十四，問約之得幾何?

答曰：三分之二。

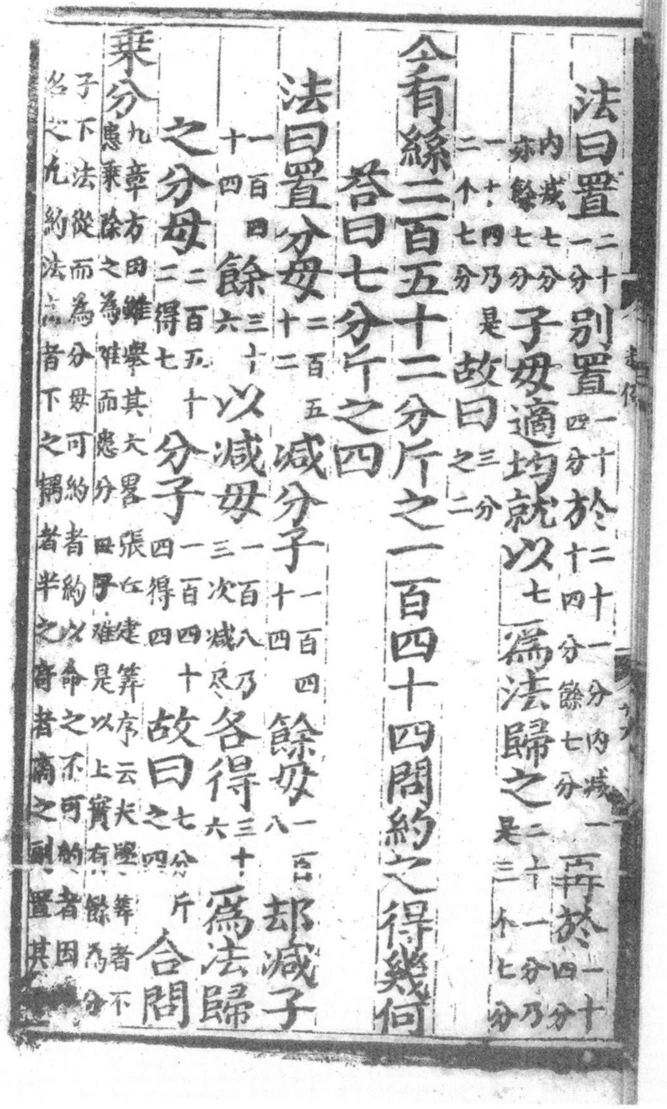

法曰：置二十二分別置一十四分於二十一分内減一十四分，餘七分。再於一十四分内減七分亦餘七分。子母適均，就以七爲法歸之二十一分乃是三个七分，二十四乃是二个七分。故曰三分之二。

今有絲二百五十二分斤之一百四十四，問約之得幾何？

答曰：七分斤之四。

法曰：置分母二百五十二減分子一百四十四餘母一百八。却減子一百四十四餘三十六。以減母一百八，乃三次減尽。各得三十六。爲法，歸之。分母二百五十二得七。分子一百四十四得四。故曰七分斤之四。合問。

乘分九章方田雖舉其大畧，《張邱建筭》序云：夫學筭者不患乘除之爲難，而患分母子難，是以上實有餘爲分子，下法從而爲分母。可約者約以命之，不可約者因以名之。凡約法高者下之，耦者半之，奇者商之，副置其子，

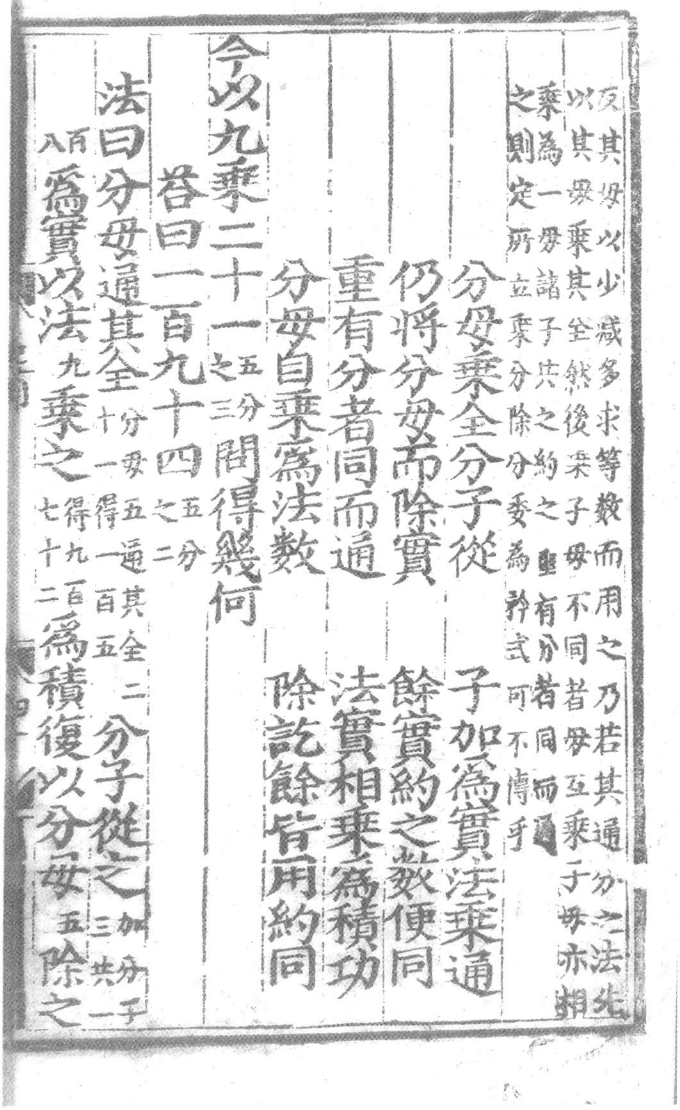

反其母，以少減多，求等數而用之。乃若其通分之法。先以其母乘其全，然後乘子，母不同者，母互乘子，母亦相乘爲一母，諸子共之，約之，至有分者，同而通之，則定所立，乘分除分，委爲矜式，可不傳乎？

分母乘全分子從，　子加爲實法乘通。

仍將分母而除實，　餘實約之數便同。

重有分者同而通，　法實相乘爲積功。

分母自乘爲法數，　除訖餘皆用約同。

今以九乘二十一（五分之三），問得幾何？

答曰：一百九十四（五分之二）。

法曰：分母通其全（分母五，通其全二十一得一百五。）分子從之（加分子三，共一百八。）爲實，以法（九）乘之（得九百七十二。）爲積，復以分母（五）除之

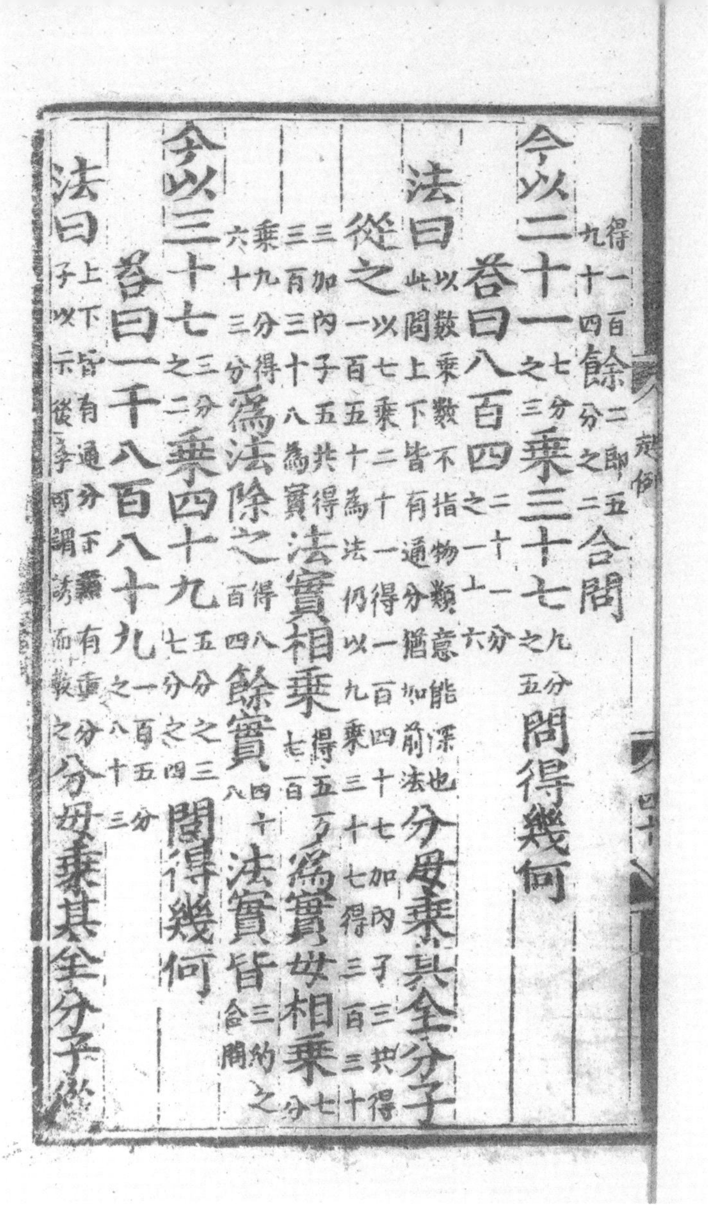

得一百九十四。餘二即五分之二。合問。

今以二十一七分之三乘三十七九分之五，問得幾何？

答曰：八百四二十一分之一十六。

法曰：以數乘數不指物類，意能深也。此問上下皆有通分，猶如前法。分母乘其全，分子從之以七乘二十一，得一百四十七，加内子三，共得一百五十爲法。仍以九乘三十七，得三百三十三，加内子五，共得三百三十八爲實。法實相乘得五万七百。爲實，母相乘七分乘九分得六十三分。爲法，除之，得八百四。餘實四十八法實皆三約之。合問。

今以三十七三分之二，乘四十九五分之三七分之四，問得幾何？

答曰：一千八百八十九一百五分之八十三。

法曰：上下皆有通分，下兼有重分子，以示後學，可謂誘而教之。分母乘其全，分子從

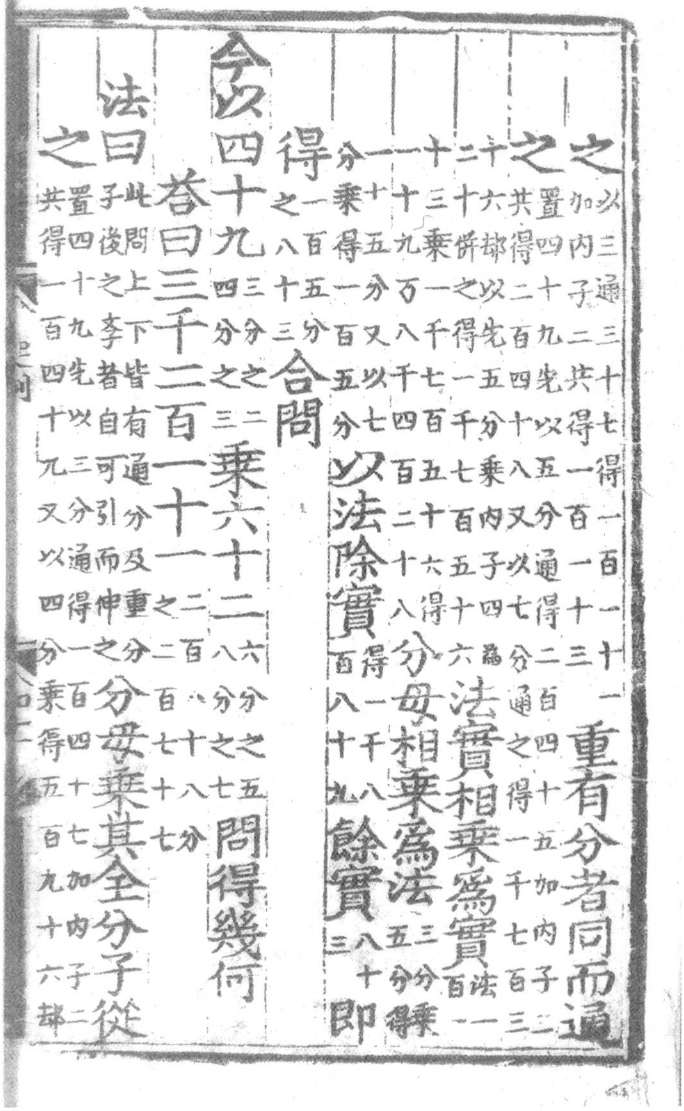
之以三通三十七得一百一十一加內子二共得一百一十三重有分者同而通之置四十九先以五分通得二百四十五加內子三共得二百四十八又以七分通之得一千七百三十六却以先五分乘內子四爲二十并之得一千七百五十六法實相乘爲實法一百一十三乘一千七百五十六得一十九万八千四百二十八分母相乘爲法三分乘五分得一十五分又以七分乘得一百五分以法除實得一千八百八十九餘實八十三即得一百五分之八十三合問
今以四十九三分之二四分之三乘六十二六分之五八分之七問得幾何
答曰三千二百一十一二百八十八分之二百七十七
法曰此問上下皆有通分及重分子後之學者自可引而伸之分母乘其全分子從之置四十九先以三分通得一百四十七加內子二共得一百四十九又以四分乘得五百九十六却二

之以三通三十七，得一百一十一加內子二，共得一百一十三。重有分者，同而通之。置四十九先以五分通得二百四十五，加內子三，共得二百四十八，又以七分通之得一千七百三十六，却以先五分乘內子四爲二十。并之得一千七百五十六。法實相乘爲實。法一百一十三乘一千七百五十六，得一十九万八千四百二十八。分母相乘爲法三分乘五分得一十五分，又以七分乘得一百五分。以法除實得一千八百八十九。餘實八十三即得一百五分之八十三。合問。

今以四十九三分之二四分之三，乘六十二六分之五八分之七，問得幾何?

答曰：三千二百一十一二百八十八分之二百七十七。

法曰：此問上下皆有通分及重分子，後之學者自可引而伸之。分母乘其全，分子從之置四十九，先以三分通得一百四十七，加內子二，共得一百四十九。又以四分乘得五百九十六，却

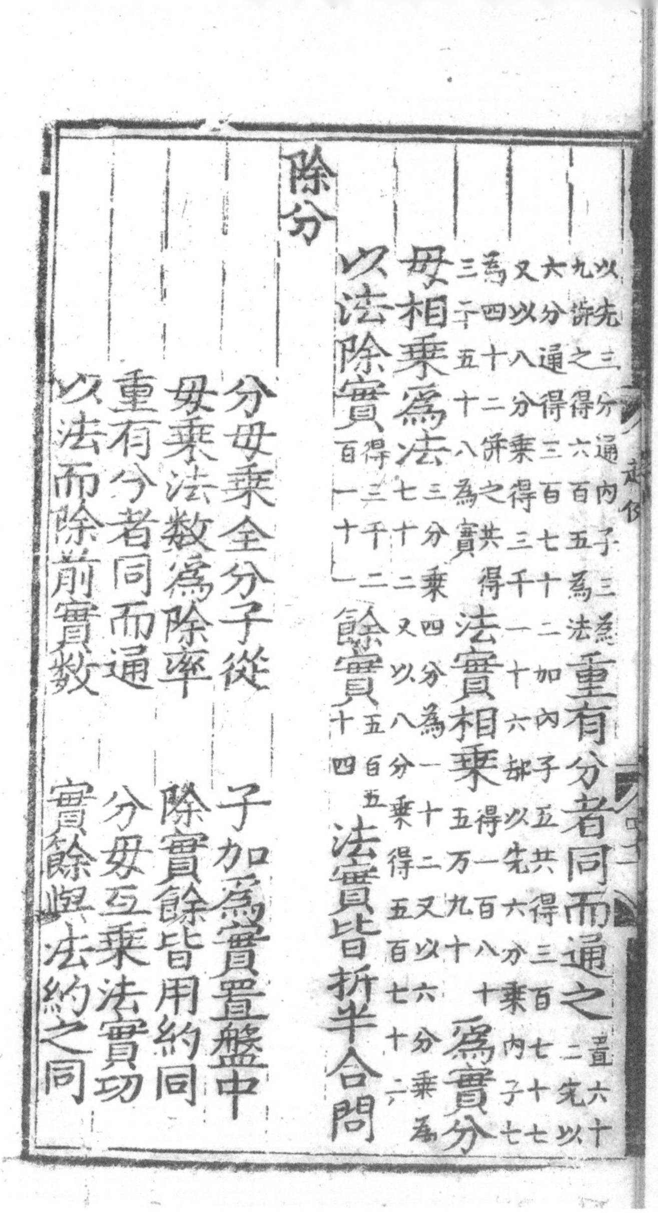

以先三分通内子三，爲九，并之得六百五爲法。重有分者，同而通之置六十二，先以六分通得三百七十二，加内子五，共得三百七十七。又以八分乘得三千一十六，却以先六分乘内子七，爲四十二，并之共得三千五十八爲實。法實相乘得一百八十五万九十。爲實，分母相乘爲法三分乘四分爲一十二，又以六分乘爲七十二，又以八分乘得五百七十六。以法除實得三千二百一十二。餘實五百五十四。法實皆折半，合問。

除分

分母乘全分子從，　子加爲實置盤中。
母乘法數爲除率，　除實餘皆用約同。
重有分者同而通，　分母互乘法實功。
以法而除前實數，　實餘與法約之同。

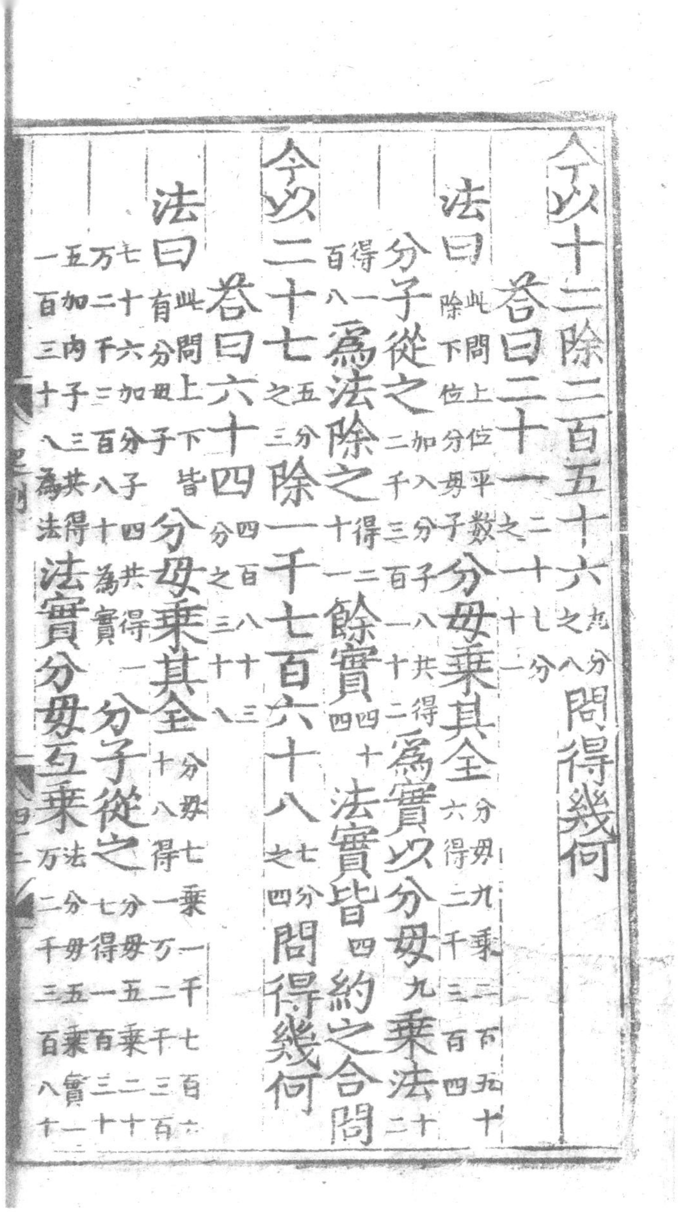

今以十二除二百五十六九分之八，問得幾何？

答曰：二十一二十七分之一十一。

法曰：此問上位平數除下位分母子。分母乘其全分母九乘二百五十六，得二千三百四。分子從之加入分子八，共得二千三百一十二。爲實。以分母九乘法十二得一百八。爲法除之得二十二。餘實四十四法實皆四約之。合問。

今以二十七五分之三除一千七百六十八七分之四，問得幾何？

答曰：六十四四百八十三分之三十八。

法曰：此問上下皆有分母子。分母乘其全分母七乘一千七百六十八得一万二千三百七十六，加分子四，共得一万二千三百八十爲實。分子從之分母五乘二十七，得一百三十五，加內子三，共得一百三十八爲法。法實分母互乘法分母五乘實一万二千三百八十

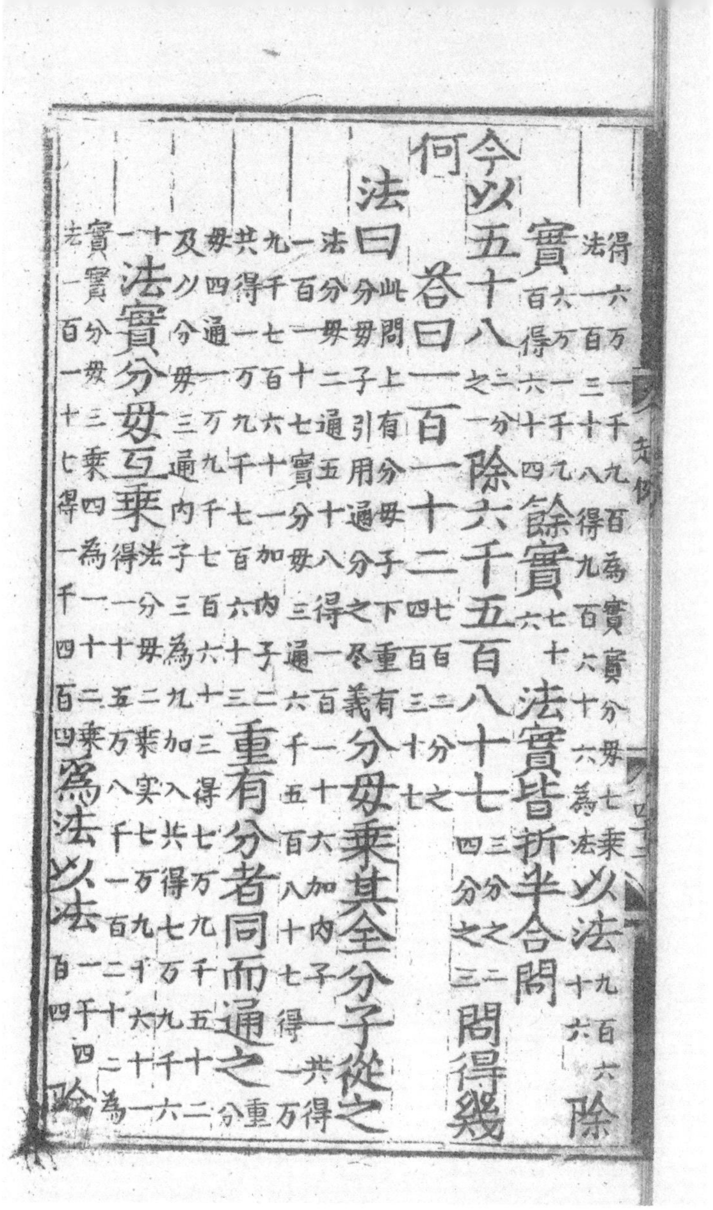

得六万一千九百爲實，實分母七乘法一百三十八得九百六十六爲法。以法九百六十六除實六万一千九百得六十四。餘實七十六。法實皆折半，合問。

今以五十八二分之一除六千五百八十七三分之二四分之三，問得幾何？　答曰：一百一十二七百二分之四百三十七。

法曰：此問上有分母子，下重有分母子，引用通分之尽義。分母乘其全，分子從之，法分母二通五十八得一百一十六，加内子一，共得一百一十七。實分母三通六千五百八十七，得一万九千七百六十一，加内子二，共得一万九千七百六十三。重有分者，同而通之重分母四通一万九千七百六十三，得七万九千五十二，及以分母三通内子三爲九，加入共得七万九千六十一。法實分母互乘法分母二乘實七万九千六十一得一十五万八千一百二十二爲實，實分母三乘四爲一十二，乘先一百一十七得一千四百四。爲法。以法一千四百四除實一十五万八千一百二十二得一百一十二。餘實八百七十四法實折半。

今以六十二三分之二四分之三，除三千二百四十二六分之五八分之七，問得幾何？　答曰：五十一一千五百二十二分之二百二十七。

法曰：此問上下皆重有分母子。分母乘其全，分子從之法分母三通六十二得一百八十六，加內子二，共得一百八十八。實分母六通三千二百四十二爲一万九千四百五十二，加內子五，共得一万九千四百五十七。重有分者同而通之。法重分母四通一百八十八，得七百五十二，却以分母三通內子三爲九，加入共得七百六十一爲法，實重分母八通一万九千四百五十七得一十五万五千六百五十六，却以分母六通內子七得四十二加入，共得一十五万五千六百九十八爲實。法實分母互乘法分母三分乘四分爲一十二，以乘實一十五万五千六百九十八，得一百八十六万八千三百七十六爲實。實分母六分乘八分得四十八，以乘法七百六十一得三

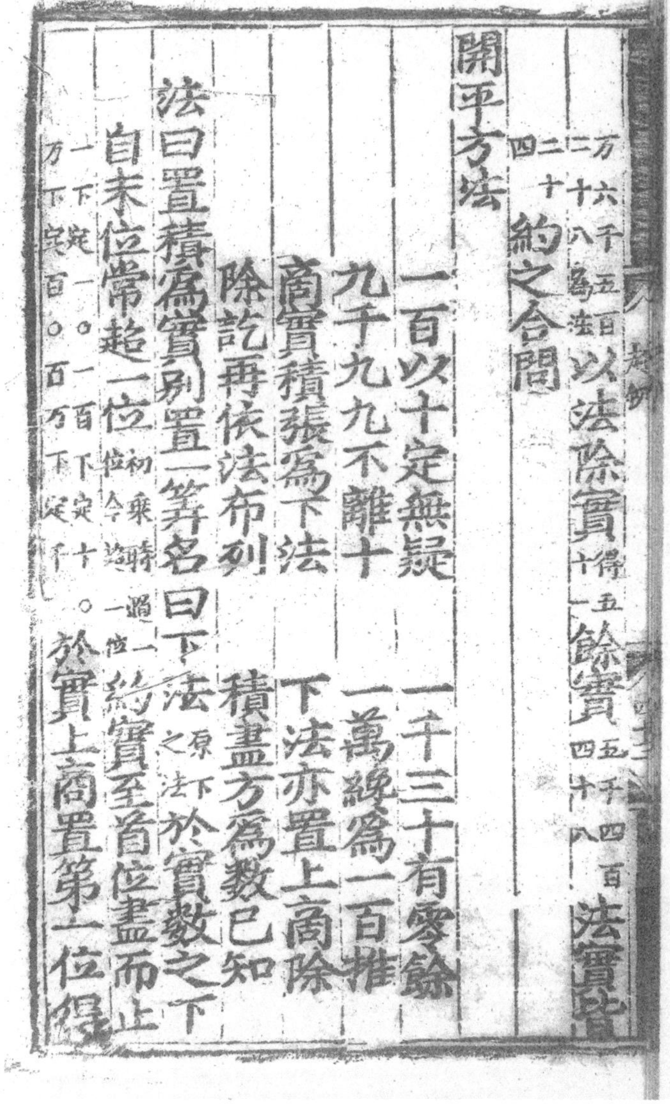

万六千五百二十八爲法。以法除實得五十一。餘實五千四百四十八。法實皆二十四約之。合問。

開平方法

一百以十定無疑，　一千三十有零餘。

九千九九不離十，　一萬纔爲一百推。

商實積張爲下法，　下法亦置上商除。

除訖再依法布列，　積盡方爲數已知。

法曰：置積爲實，别置一筭，名曰“下法”原下之法。於實數之下自末位常超一位初乘時過一位，今超一位。約實至首位盡而止。

一下定一。〇一百下定十。〇万下定百。〇百万下定千。於實上商置第一位，得

數以方法一一，二二，三三，四四，五五，六六，七七，八八，九九之數爲商，商本体實數。下法之上

亦置上商數。即原乘法數也。名曰“方法”於本積内去其一方。命上商除

實法實相呼，以破積數。乃二乘方法爲廉法，一退謂乘廉，万退爲千，一方帶

兩邊直，以助其壯如廉，故二乘退位。下法再退下法即定之筭，再退即万退爲百，重定其位約

實。○於上商之次，續商置第二位得數與上意同。下法之

上亦置上商，進一位爲隅，以廉、隅二法亦先乘之法也。皆命

上商除實。照前法實相呼以破其實。乃二乘隅法并入廉法，一退

倍廉入方作一大方，以求次位得數。下法再退前意百退爲一。○續商置第三

位得數，下法之上照上商數置隅，以廉、隅二法皆命

上商除實。照第二位解意同。得平方一面之數。若更有不尽之數，依第三

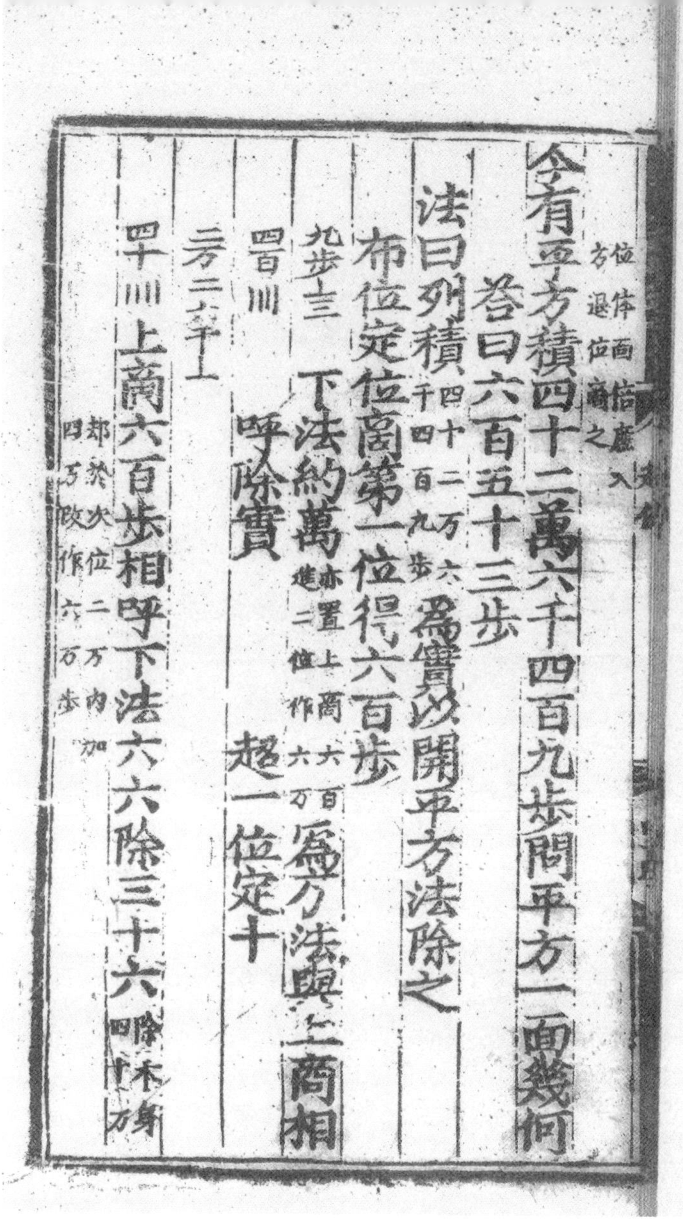

位体面倍廉入方，退位商之。

今有平方積四十二萬六千四百九步，問平方一面幾何？

答曰：六百五十三步。

法曰：列積（四十二万六千四百九步）爲實，以開平方法除之。

布位定位商第一位得六百步。

九步 $\perp\!\!\!\equiv$ 下法約萬（亦置上商六百進二位作六万。）爲方法，與上商相

四百 $\Vert\Vert$ 呼除實。 超一位定十。

二万 $=$ 六千 $\perp$

四十 $\Vert\Vert$ 上商六百步相呼下法，六六除三十六，（除本身四十万，）

却於次位二万内加四万改作六万步。

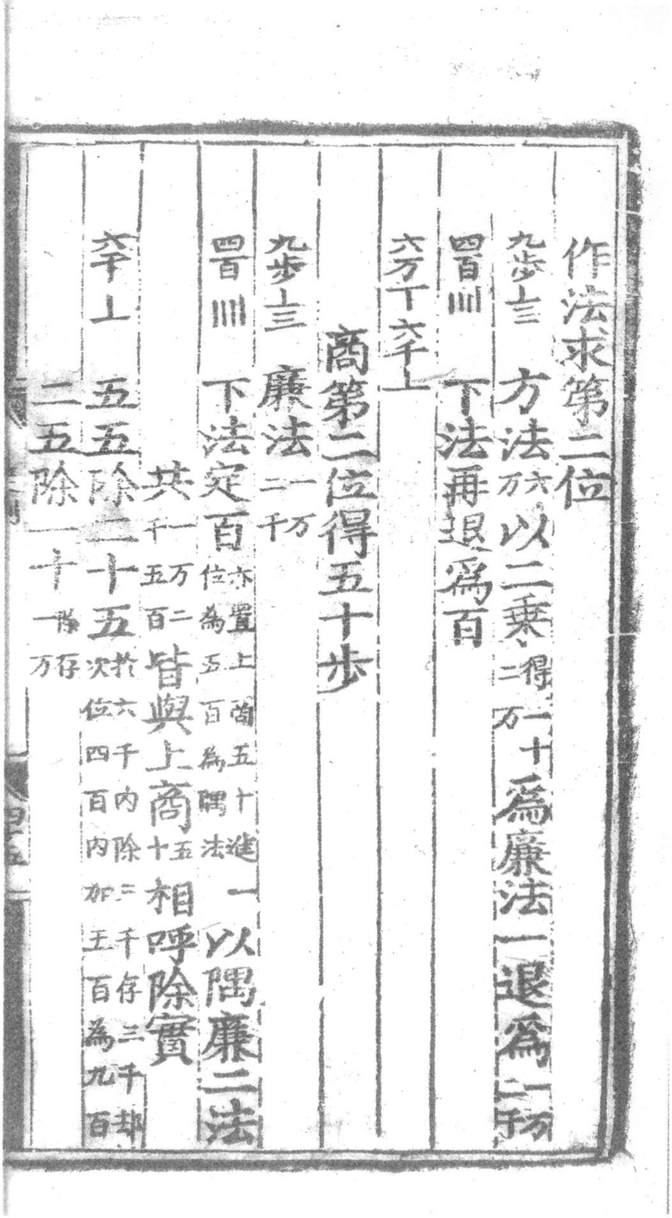

作法求第二位

九步 𝍱　方法六万以二乘得一十二万。爲廉法，一退爲二万二千。

四百 𝍣　下法再退爲百。

六万 丅　六千 ⊥

商第二位得五十步。

九步 𝍱　廉法二万二千

四百 𝍣　下法定百亦置上商五十進一位爲五百爲隅法。以隅、廉二法

共一万二千五百。皆與上商五十相呼除實。

六千 ⊥　五五除二十五於六千内除三千存三千，却次位四百内加五百爲九百。

二五除一十除存一万。

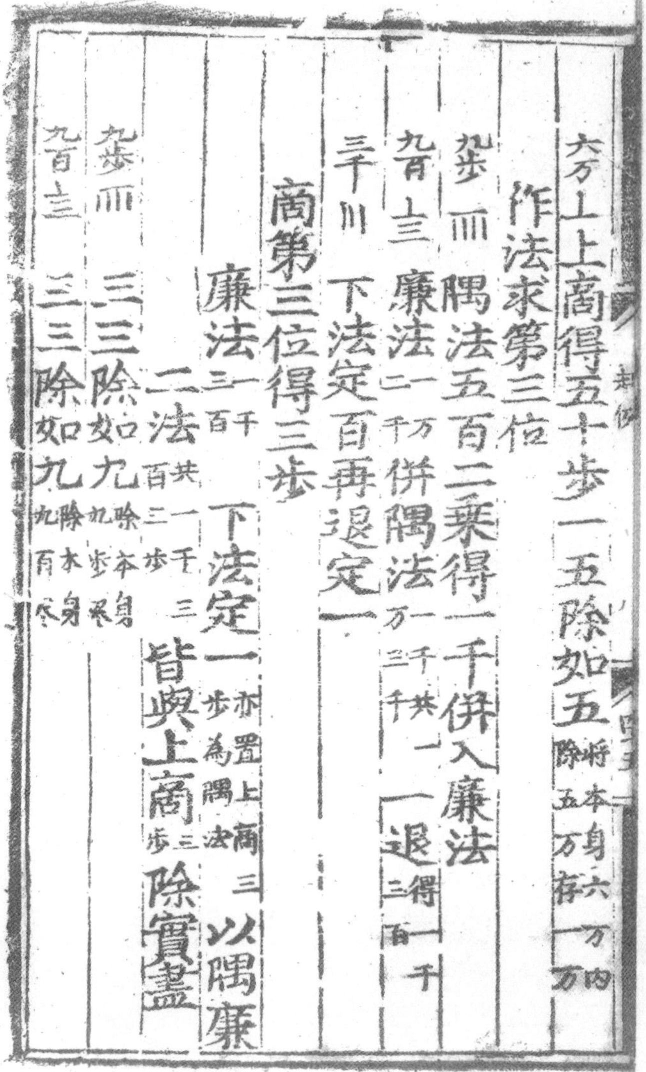

六万 ⊥　上商得五十步，一五除如五（將本身六万内除五万存一万。）

作法求第三位

九步 𝍨　隅法五百二乘得一千，并入廉法。

九百 𝍱　廉法（一万二千）并隅法（一千，万三千。）（共一）一退（得一千三百。）

三千 𝍢　下法定百再退定一。

商第三位得三步

廉法（一千三百）　下法定一（亦置上商三步爲隅法。）以隅、廉二法（共一千三百三步）皆與上商（三步）除實盡。

九步 𝍨　三三除如九（除本身九步尽。）

九百 𝍱　三三除如九（除本身九百尽。）

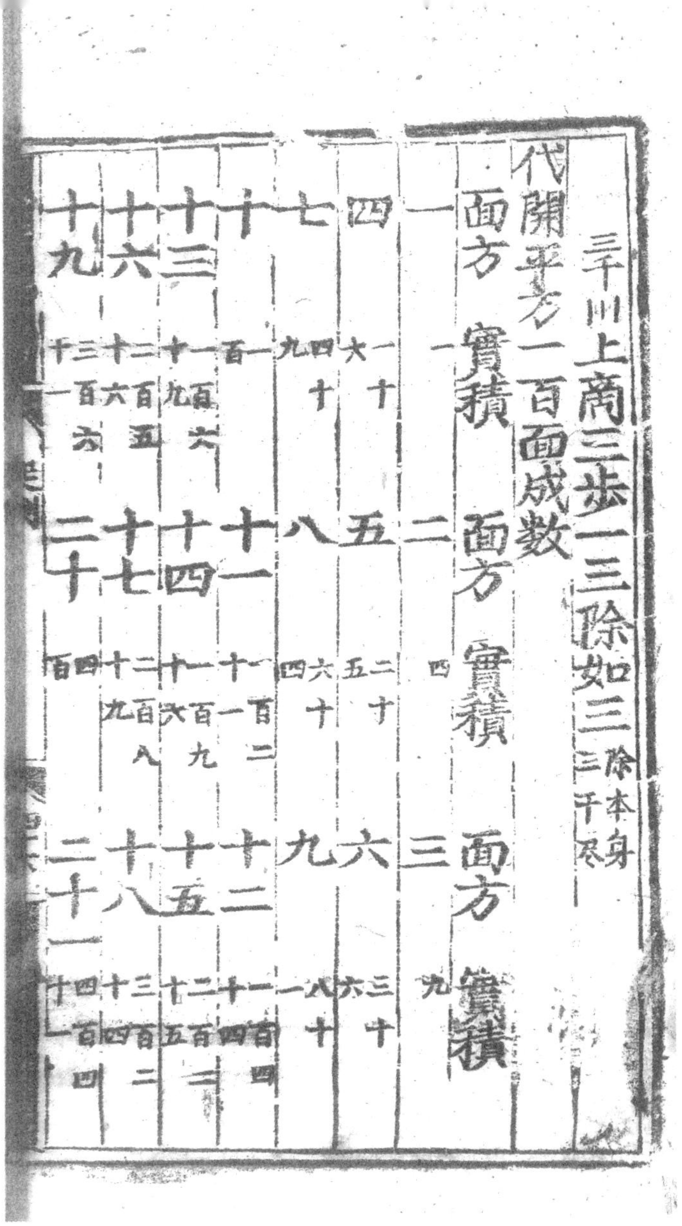

三千Ⅲ　上商三步，一三除如三除本身三千尽。

代開平方一百面成數

面方	實積	面方	實積	面方	實積
一	一	二	四	三	九
四	一十六	五	二十五	六	三十六
七	四十九	八	六十四	九	八十一
十	一百	十一	一百二十一	十二	一百四十四
十三	一百六十九	十四	一百九十六	十五	二百二十五
十六	二百五十六	十七	二百八十九	十八	三百二十四
十九	三百六十一	二十	四百	二十一	四百四十一

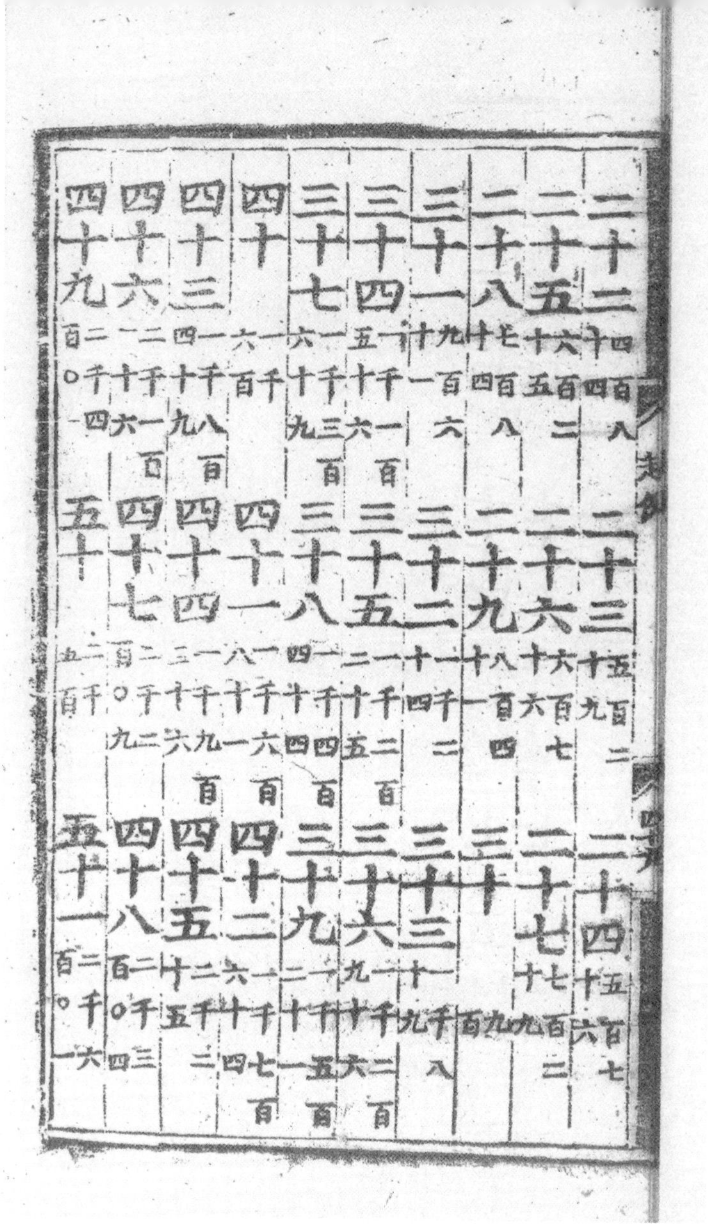

二十二四百八十四	二十三五百二十九	二十四五百七十六
二十五六百二十五	二十六六百七十六	二十七七百二十九
二十八七百八十四	二十九八百四十一	三十　九百
三十一九百六十一	三十二一千二十四	三十三一千八十九
三十四一千一百五十六	三十五一千二百二十五	三十六一千二百九十六
三十七一千三百六十九	三十八一千四百四十四	三十九一千五百二十一
四十　一千六百	四十一一千六百八十一	四十二一千七百六十四
四十三一千八百四十九	四十四一千九百三十六	四十五二千二十五
四十六二千一百一十六	四十七二千二百〇九	四十八二千三百〇四
四十九二千四百〇一	五十　二千五百	五十一二千六百〇一

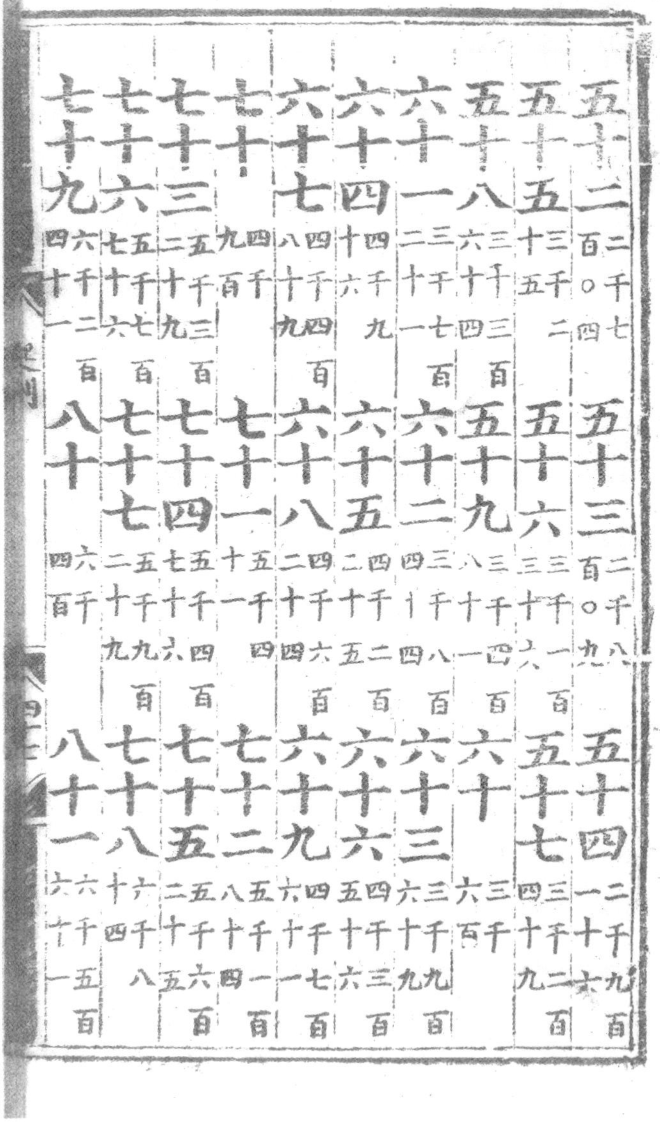

五十二二千七百〇四	五十三二千八百〇九	五十四二千九百十六
五十五三千二十五	五十六三千一百三十六	五十七三千二百四十九
五十八三千三百六十四	五十九三千四百八十一	六十 三千六百
六十一三千七百二十一	六十二三千八百四十四	六十三三千九百六十九
六十四四千九十六	六十五四千二百二十五	六十六四千三百五十六
六十七四千四百八十九	六十八四千六百二十四	六十九四千七百六十一
七十 四千九百	七十一五千四十一	七十二五千一百八十四
七十三五千三百二十九	七十四五千四百七十六	七十五五千六百二十五
七十六五千七百七十六	七十七五千九百二十九	七十八六千八十四
七十九六千二百四十一	八十 六千四百	八十一六千五百六十一

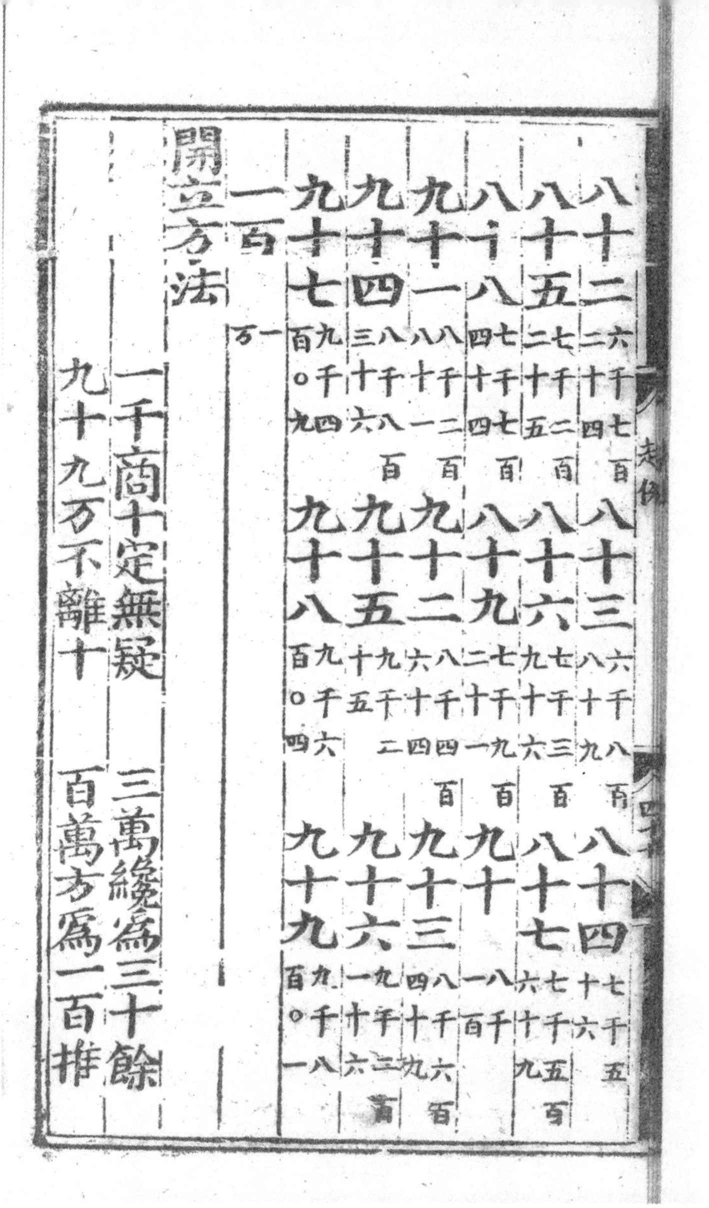

八十二六千七百二十四	八十三六千八百八十九	八十四七千五十六
八十五七千二百二十五	八十六七千三百九十六	八十七七千五百六十九
八十八七千七百四十四	八十九七千九百二十一	九十八千一百
九十一八千二百八十一	九十二八千四百六十四	九十三八千六百四十九
九十四八千八百三十六	九十五九千二十五	九十六九千二百一十六
九十七九千四百〇九	九十八九千六百〇四	九十九九千八百〇一
一百一万		

開立方法

一千商十定無疑，三萬纔爲三十餘。

九十九万不離十，百萬方爲一百推。

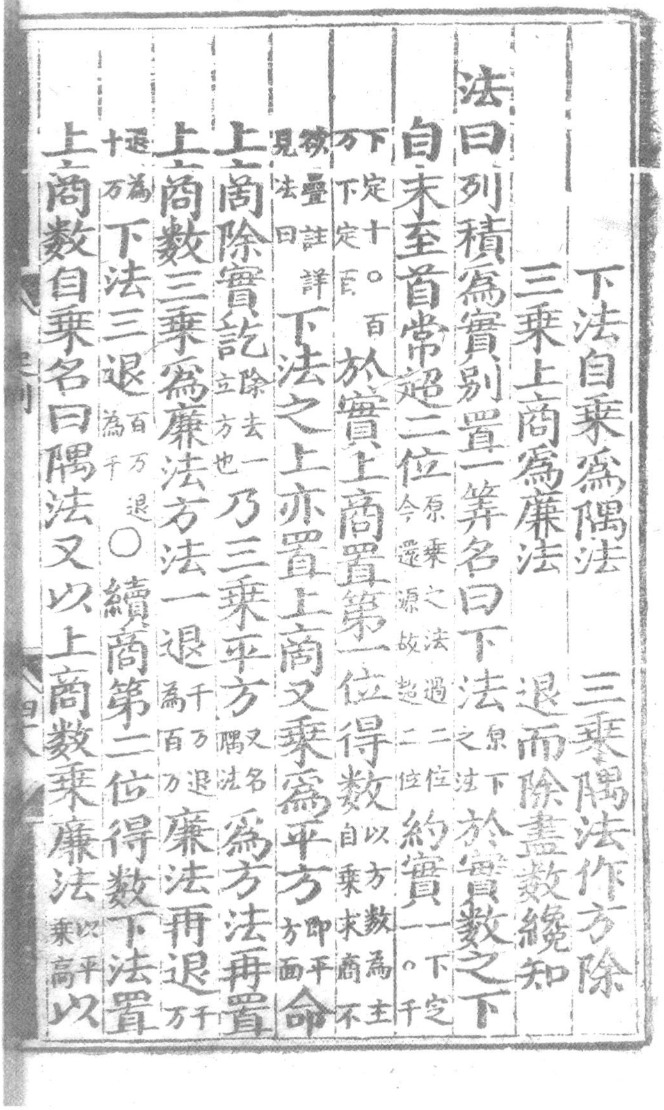

下法自乘爲隅法，三乘隅法作方除。

三乘上商爲廉法，退而除盡數纔知。

法曰：列積爲實，別置一筭名曰“下法”。原下之法。於實數之下自末至首常超二位原乘之法過二位今還源，故超二位。約實一下定一。○千下定十。○百万下定百。於實上商置第一位得數以方數爲主自乘求商，不欲疊注，詳見“法曰”。下法之上亦置上商，又乘爲平方即平方面。命上商除實訖除去一立方也。乃三乘平方又名隅法。爲方法。再置上商數三乘爲廉法，方法一退千万退爲百万。廉法再退千万退爲十万。下法三退百万退爲千。○續商第二位得數，下法置上商數，自乘名曰“隅法”，又以上商數乘廉法以平乘高以

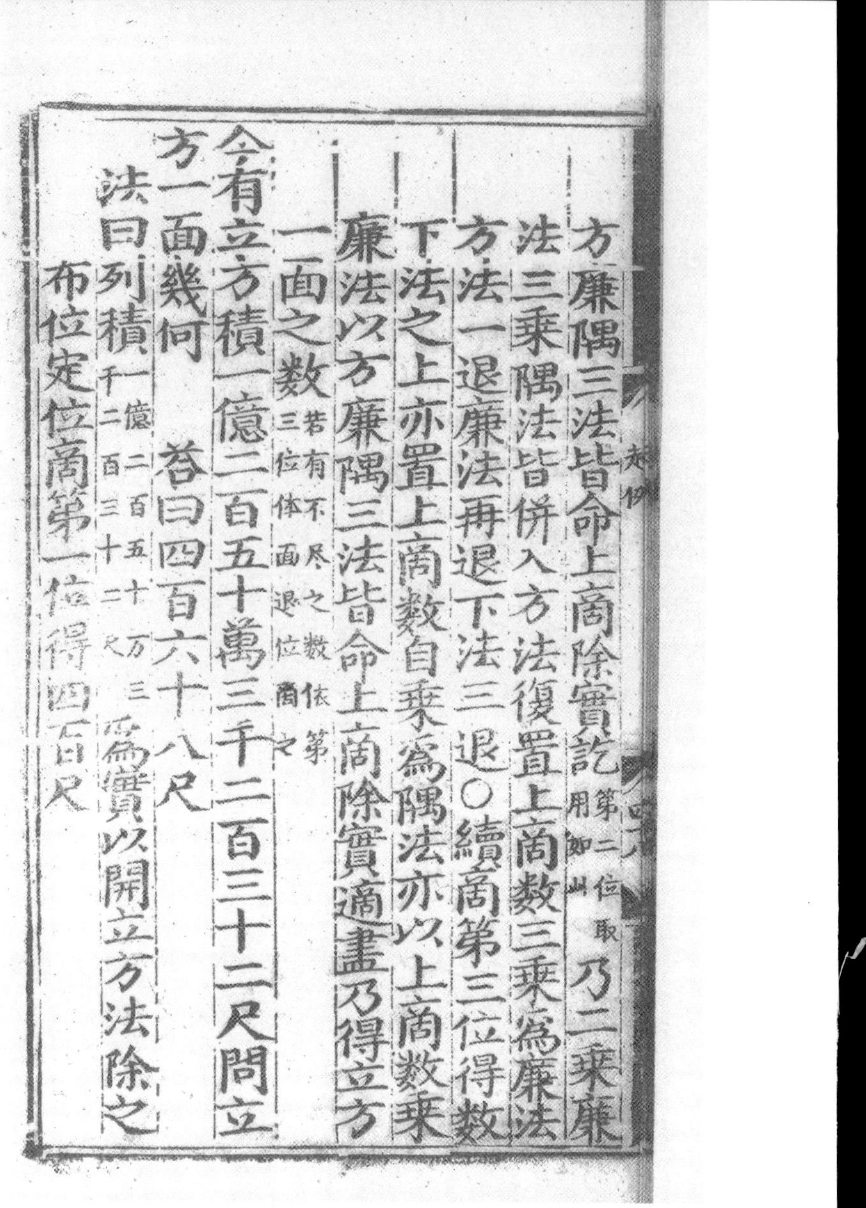
方廉隅三法皆命上商除實訖第二位取用如此乃二乘廉
法三乘隅法皆併入方法復置上商数三乘爲廉法
方法一退廉法再退下法三退○續商第三位得数
下法之上亦置上商数自乘爲隅法亦以上商数乘
廉法以方廉隅三法皆命上商除實適盡乃得立方
一面之数若有不尽之数依第三位体面退位商之
今有立方積一億二百五十萬三千二百三十二尺問立
方一面幾何　荅曰四百六十八尺
法曰列積一億二百五十万三千二百三十二尺爲實以開立方法除之
布位定位商第一位得四百尺

方、廉、隅三法皆命上商除實訖，第二位取用如此。乃二乘廉法，三乘隅法，皆并入方法，復置上商數三乘爲廉法，方法一退，廉法再退，下法三退。○續商第三位，得數，下法之上亦置上商數，自乘爲隅法，亦以上商數乘廉法，以方、廉、隅三法皆命上商，除實適盡，乃得立方一面之數。若有不尽之數，依第三位体面退位商之。

今有立方積一億二百五十萬三千二百三十二尺，問立方一面幾何？　答曰：四百六十八尺。

法曰：列積一億二百五十万三千二百三十二尺爲實，以開立方法除之，

布位定位商第一位得四百尺。

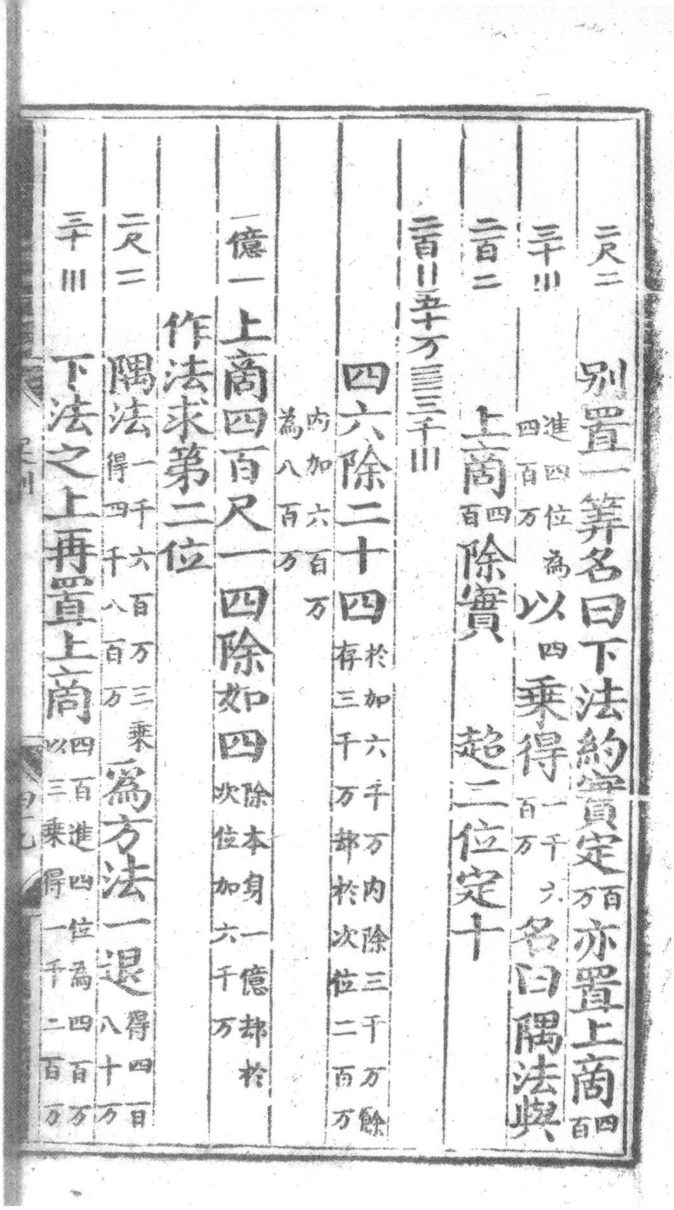

二尺〓　别置一筭，名曰“下法”，約實定百万。亦置上商四百

三十〣　進四位爲四百万。以四乘得一千六百万。名曰“隅法”與

二百〓　上商四百除實　超二位定十

二百〢　五十万〣　三千〣

四六除二十四於加六千万内除三千万餘存三千万，却於次位二百万

内加六百万爲八百万。

一億一上商四百尺。一四除如四除本身一億，却於次位加六千万。

作法求第二位

二尺〓　隅法一千六百万，三乘得四千八百万。爲方法，一退得四百八十万。

三十〣　下法之上再置上商四百進四位爲四百万，以三乘得一千二百万。

二百＝　　爲廉法再退得一十二万。　下法定百万三退得千。

三千Ⅲ　八百╧　五十万|||||　三千≡

商第二位得六十尺。

二尺‖　方法四百八十万　廉法一十二万以上商六乘得七十二万。

三十≡　下法定千亦置上商六十進二位爲六千，以六乘得三万六千爲隅。

二百‖　方、廉、隅三法共五百五十五万六千。皆與上商六十除實。

三千≡　六六除三十六於存二十万内減一十万，止存一十万，却於次位加六万。

又次位三千内加四千爲七千。

五十万|||||　五六除三十於五十万内除三十万餘存二十万。

八百Ⅲ　五六除三十於八百万内除三百万餘存五百万。

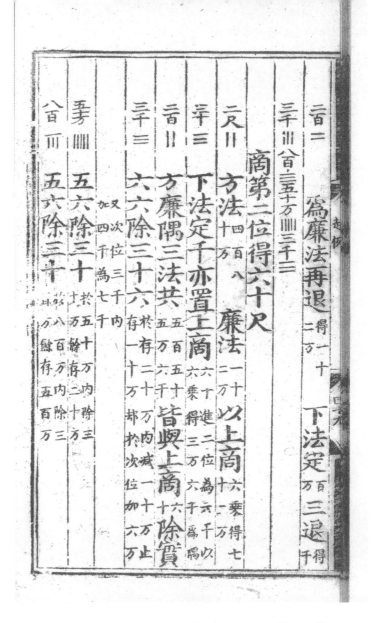

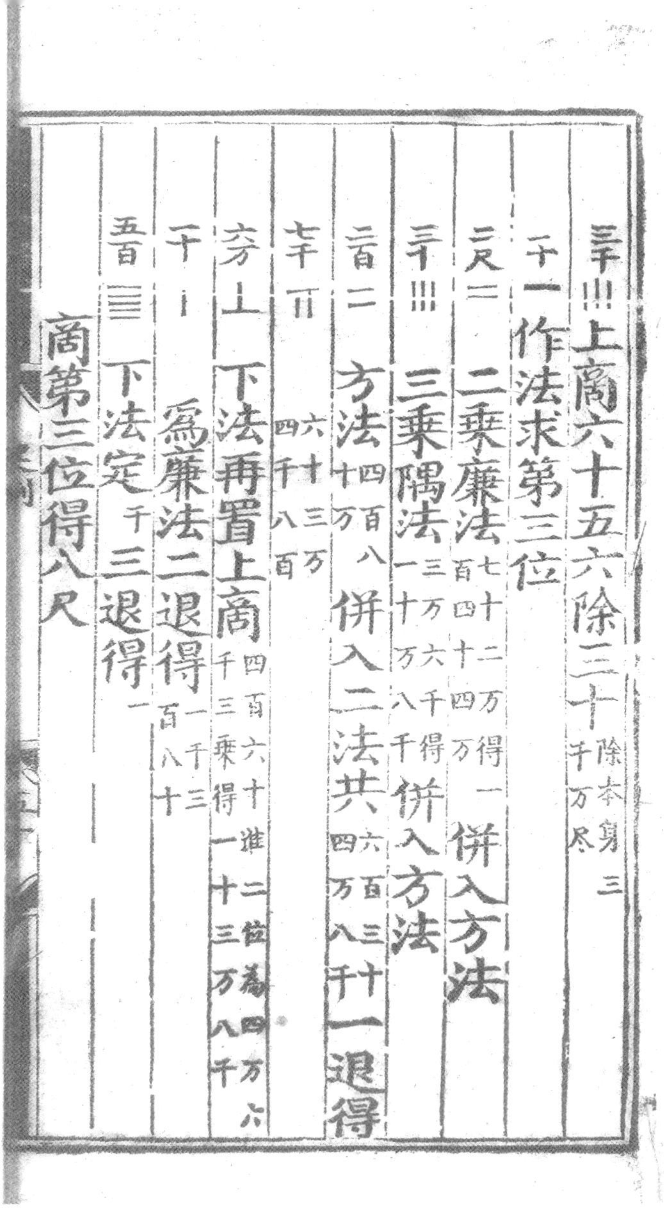

三千Ⅲ　上商六十五六除三十除本身三千万尽。

一十一　作法求第三位。

二尺＝　二乘廉法七十二万，得一百四十四万。并入方法。

三十Ⅲ　三乘隅法三万六千，得一十万八千。并入方法。

二百＝　方法四百八十万并入二法共六百三十四万八千。一退得

七千𝍦　六十三万四千八百。

六万⊥　下法再置上商四百六十進二位爲四万六千，三乘得一十三万八千。

一十丨　爲廉法，二退得一千三百八十。

五百≣　下法定千三退得一。

商第三位得八尺。

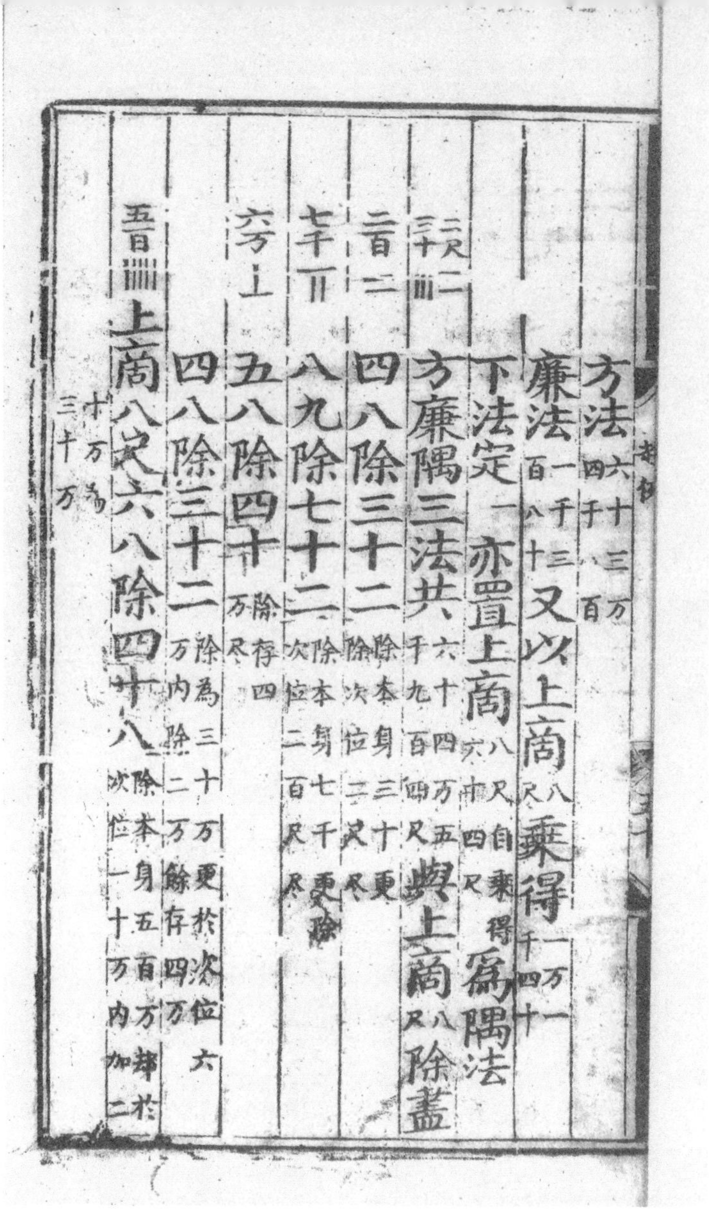

方法六十三万四千八百

廉法一千三百八十又以上商八尺乘得一万一千四十。

下法定一亦置上商八尺自乘得六十四尺。爲隅法。

二尺三十 ═|||　方、廉、隅三法共六十四万五千九百四尺。與上商八尺除盡。

二百 ═　四八除三十二除本身三十，更除次位二尺尽。

七千 ╥　八九除七十二除本身七千，更除次位二百尺尽。

六万 ⊥　五八除四十除存四万尽。

四八除三十二除爲三十万，更於次位六万内除二万餘存四万。

五百 ||||　上商八尺六八除四十八除本身五百万，却於次位一十万内加二十万爲三十万。

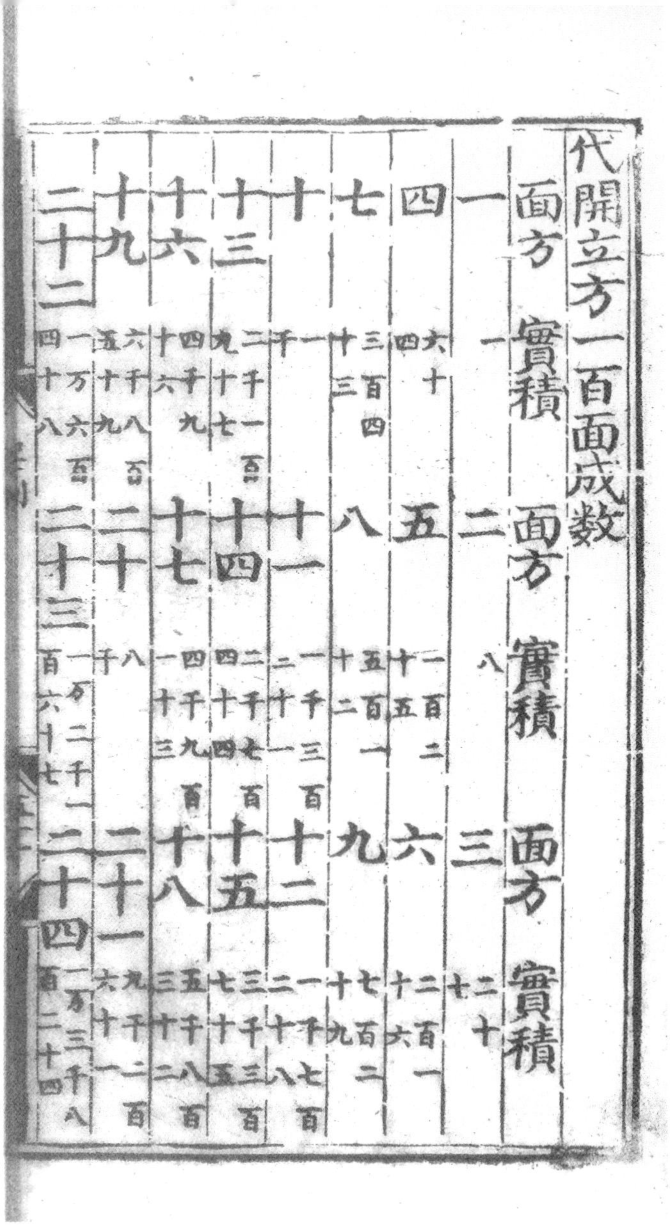

代開立方一百面成數

面方	實積	面方	實積	面方	實積
一	一	二	八	三	二十七
四	六十四	五	一百二十五	六	二百一十六
七	三百四十三	八	五百一十二	九	七百二十九
十	一千	十一	一千三百三十一	十二	一千七百二十八
十三	二千一百九十七	十四	二千七百四十四	十五	三千三百七十五
十六	四千九十六	十七	四千九百一十三	十八	五千八百三十二
十九	六千八百五十九	二十	八千	二十一	九千二百六十一
二十二	一万六百四十八	二十三	一万二千一百六十七	二十四	一万三千八百二十四

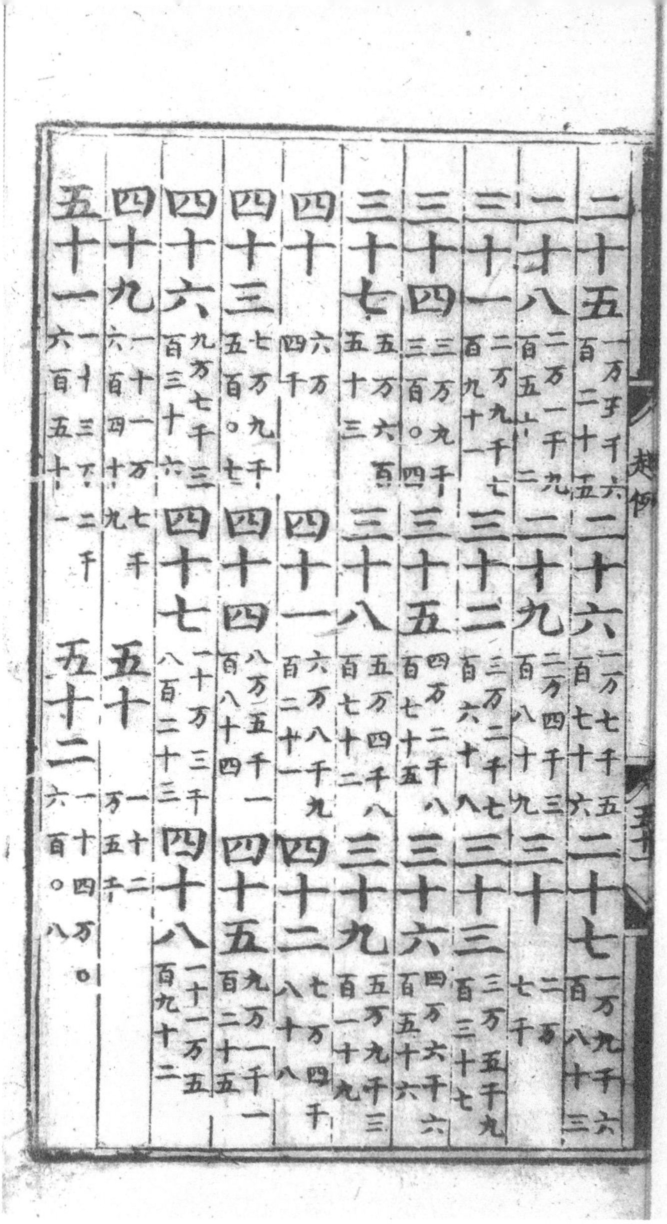

二十五	一万五千六百二十五	二十六	一万七千五百七十六	二十七	一万九千六百八十三
二十八	二万一千九百五十二	二十九	二万四千三百八十九	三十	二万七千
三十一	二万九千七百九十一	三十二	三万二千七百六十八	三十三	三万五千九百三十七
三十四	三万九千三百〇四	三十五	四万二千八百七十五	三十六	四万六千六百五十六
三十七	五万六百五十三	三十八	五万四千八百七十二	三十九	五万九千三百一十九
四十	六万四千	四十一	六万八千九百二十一	四十二	七万四千八十八
四十三	七万九千五百〇七	四十四	八万五千一百八十四	四十五	九万一千一百二十五
四十六	九万七千三百三十六	四十七	一十万三千八百二十三	四十八	一十一万五百九十二
四十九	一十一万七千六百四十九	五十	一十二万五千		
五十一	一十三万二千六百五十一	五十二	一十四万〇六百〇八		

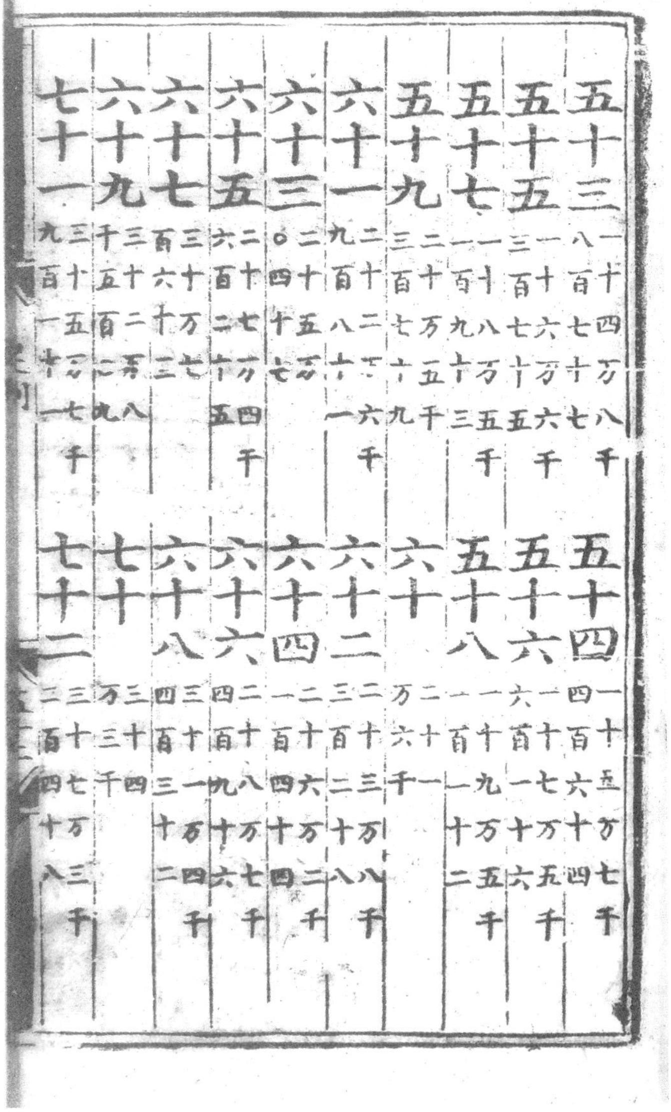
五十三 一十四万八千八百七十七
五十四 一十五万七千四百六十四
五十五 一十六万六千三百七十五
五十六 一十七万五千六百一十六
五十七 一十八万五千一百九十三
五十八 一十九万五千一百一十二
五十九 二十万五千三百七十九
六十 二十一万六千
六十一 二十二万六千九百八十一
六十二 二十三万八千三百二十八
六十三 二十五万〇四十七
六十四 二十六万二千一百四十四
六十五 二十七万四千六百二十五
六十六 二十八万七千四百九十六
六十七 三十万七百六十三
六十八 三十一万四千四百三十二
六十九 三十二万八千五百〇九
七十 三十四万三千
七十一 三十五万七千九百一十一
七十二 三十七万三千二百四十八

五十三	一十四万八千八百七十七	五十四	一十五万七千四百六十四
五十五	一十六万六千三百七十五	五十六	一十七万五千六百一十六
五十七	一十八万五千一百九十三	五十八	一十九万五千一百一十二
五十九	二十万五千三百七十九	六十	二十一万六千
六十一	二十二万六千九百八十一	六十二	二十三万八千三百二十八
六十三	二十五万〇四十七	六十四	二十六万二千一百四十四
六十五	二十七万四千六百二十五	六十六	二十八万七千四百九十六
六十七	三十万七百六十三	六十八	三十一万四千四百三十二
六十九	三十二万八千五百〇九	七十	三十四万三千
七十一	三十五万七千九百一十一	七十二	三十七万三千二百四十八

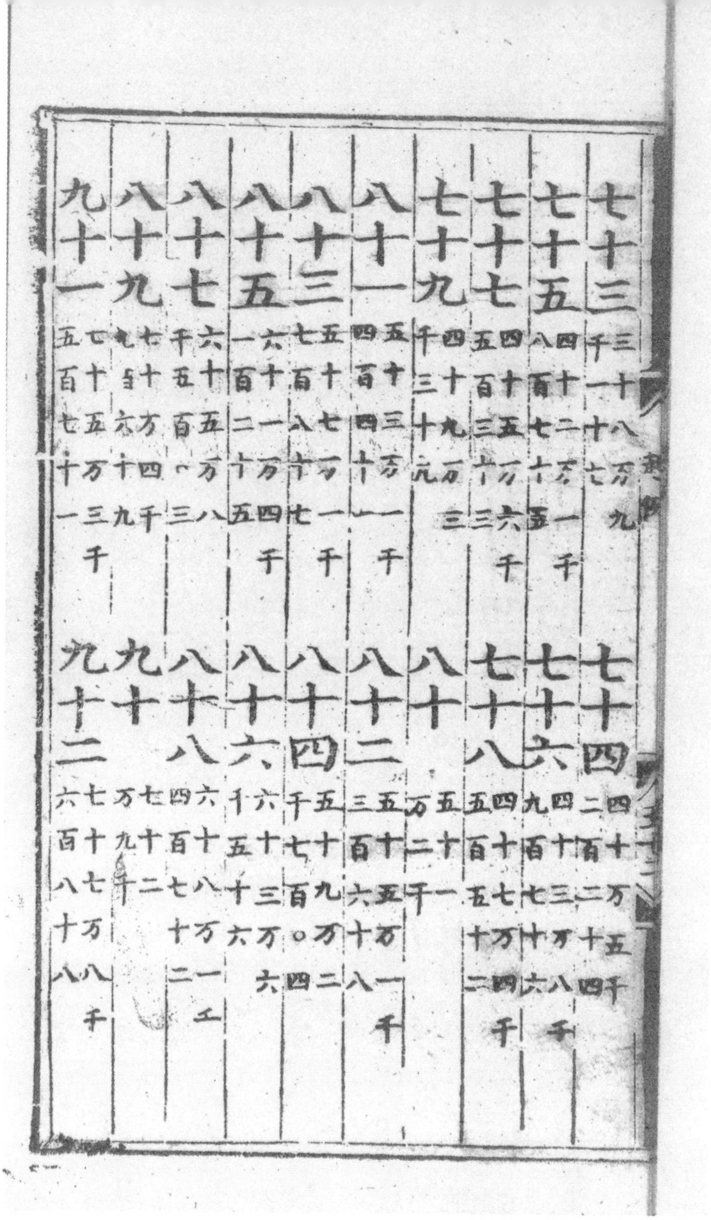

七十三	三十八万九 千一十七	七十四	四十万五千 二百二十四
七十五	四十二万一千 八百七十五	七十六	四十三万八千 九百七十六
七十七	四十五万六千 五百三十三	七十八	四十七万四千 五百五十二
七十九	四十九万三 千三十九	八十	五十一 万二千
八十一	五十三万一千 四百四十一	八十二	五十五万一千 三百六十八
八十三	五十七万一千 七百八十七	八十四	五十九万二 千七百〇四
八十五	六十一万四千 一百二十五	八十六	六十三万六 千五十六
八十七	六十五万八 千五百〇三	八十八	六十八万一千 四百七十二
八十九	七十万四千 九百六十九	九十	七十二 万九千
九十一	七十五万三千 五百七十一	九十二	七十七万八千 六百八十八

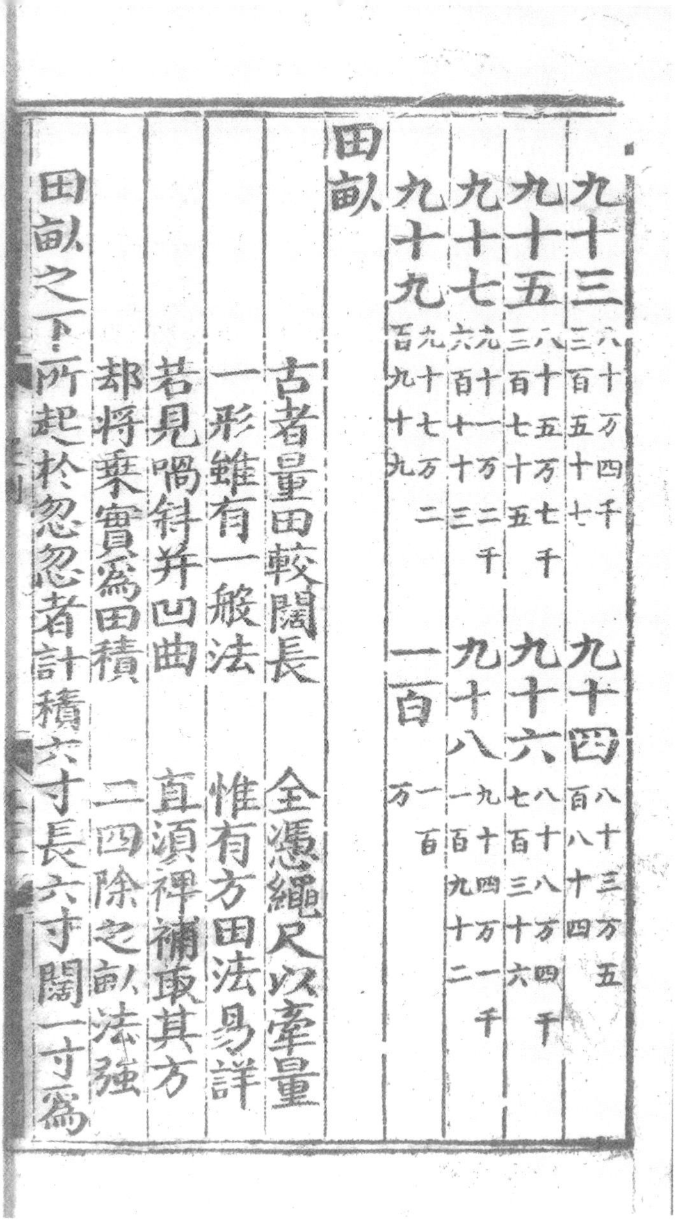

九十三	八十万四千三百五十七	九十四	八十三万五百八十四
九十五	八十五万七千三百七十五	九十六	八十八万四千七百三十六
九十七	九十一万二千六百七十三	九十八	九十四万一千一百九十二
九十九	九十七万二百九十九	一百	一百万

田畝

古者量田較闊長，　全憑繩尺以牽量。

一形雖有一般法，　惟有方田法易詳。

若見喎斜并凹曲，　直須裨補取其方。

却將乘實爲田積，　二四除之畝法强。

田畝之下所起於忽，忽者計積六寸，長六寸闊一寸爲

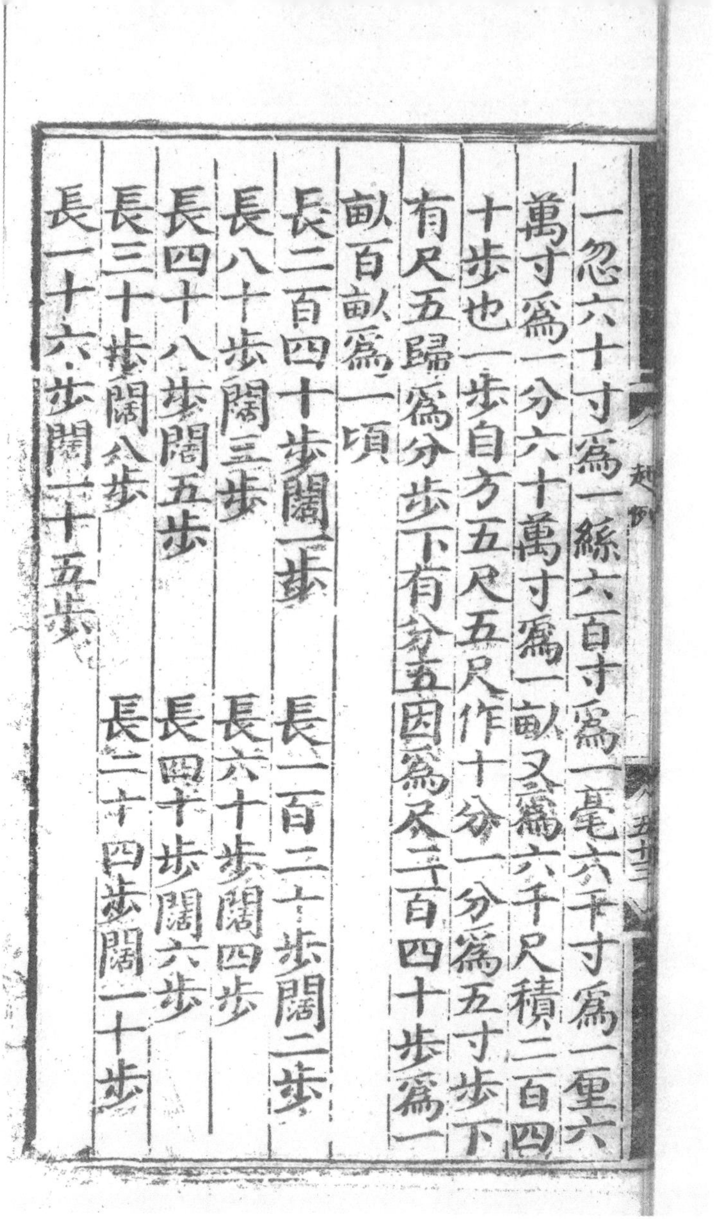

一忽，六十寸爲一絲，六百寸爲一毫，六千寸爲一厘，六萬寸爲一分，六十萬寸爲一畝，又爲六千尺，積二百四十步也。一步自方五尺，五尺作十分，一分爲五寸。步下有尺，五歸爲分步，下有分，五因爲尺。二百四十步爲一畝，百畝爲一頃。

長二百四十步，闊一步；　長一百二十步，闊二步；

長八十步，闊三步；　長六十步，闊四步；

長四十八步，闊五步；　長四十步，闊六步；

長三十步，闊八步；　長二十四步，闊一十步；

長一十六步，闊一十五步。

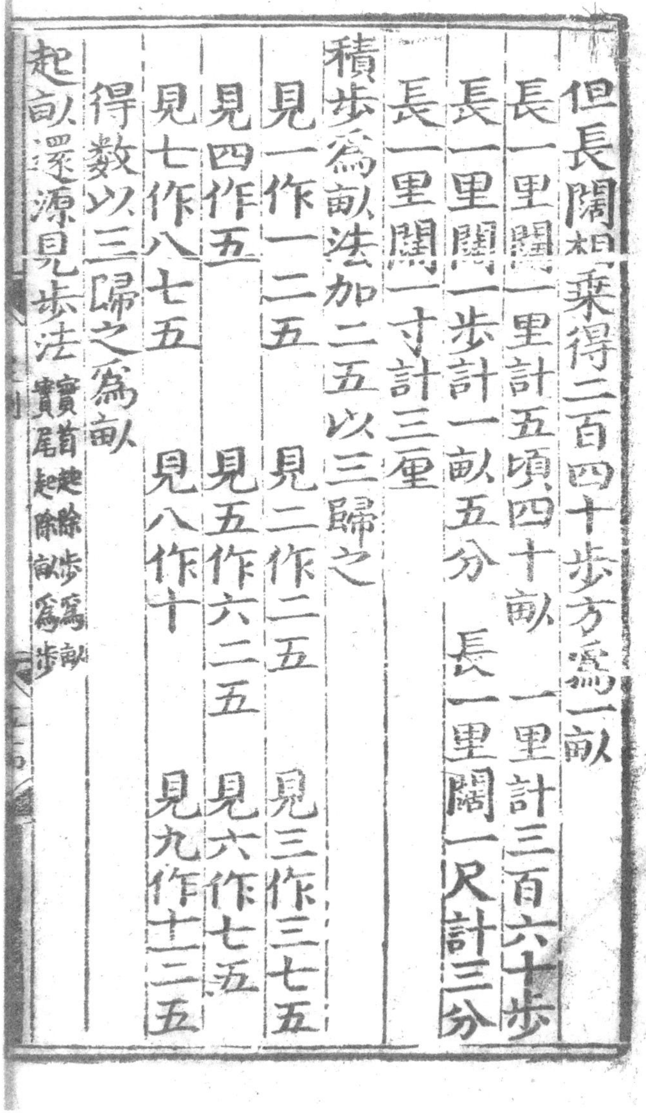

但長闊相乘得二百四十步方爲一畝。

長一里，闊一里，計五頃四十畝。　一里計三百六十步。

長一里，闊一步，計一畝五分。 長一里，闊一尺，計三分。

長一里，闊一寸，計三厘。

積步爲畝法，加二五以三歸之。

見一作一二五，　見二作二五，　見三作三七五，

見四作五，　見五作六二五，　見六作七五，

見七作八七五，　見八作十，　見九作十一二五。

得數以三歸之爲畝。

起畝還源見步法實首起除步爲畝，實尾起除畝爲步。

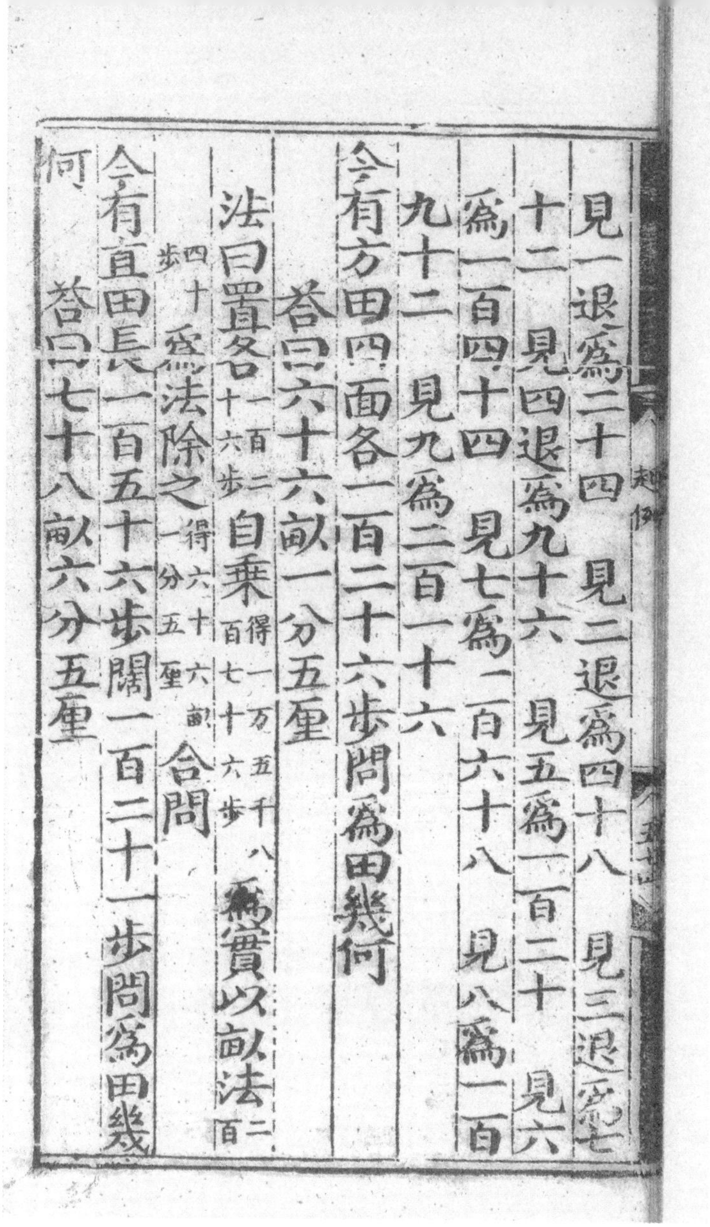

見一退爲二十四，見二退爲四十八，見三退爲七十二，見四退爲九十六，見五爲一百二十，見六爲一百四十四，見七爲一百六十八，見八爲一百九十二，見九爲二百一十六。

今有方田，四面各一百二十六步，問爲田幾何？

答曰：六十六畝一分五厘。

法曰：置各一百二十六步自乘得一万五千八百七十六步。爲實，以畝法二百四十步爲法除之得六十六畝一分五厘。合問。

今有直田，長一百五十六步，闊一百二十一步，問爲田幾何？答曰：七十八畝六分五厘。

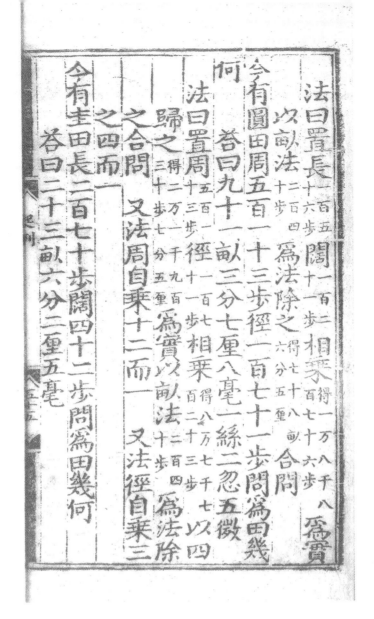

法曰置長一百五十六步闊一百二十一步相乘得一万八千八百七十六步爲實
以畝法二十四步爲法除之得七十八畝六分五厘合問
今有圓田周五百一十三步徑一百七十一步問爲田幾
何 荅曰九十一畝三分七厘八毫一絲二忽五微
法曰置周五百一十三步徑一百七十一步相乘得八万七千七百二十三步以四
歸之得二万一千九百三十步七分五厘爲實以畝法二百四十步爲法除
之合問 又法周自乘十二而一 又法徑自乘三
之四而一
今有圭田長二百七十步闊四十二步問爲田幾何
荅曰二十三畝六分二厘五毫

法曰：置長一百五十六步闊一百二十一步相乘得一万八千八百七十六步。爲實，

以畝法二百四十步爲法，除之得七十八畝六分五厘。合問。

今有圓田，周五百一十三步，徑一百七十一步。問爲田幾何？　答曰：九十一畝三分七厘八毫一絲二忽五微。

法曰：置周五百一十三步徑一百七十一步相乘得八万七千七百二十三步。以四歸之得二万一千九百三十步七分五厘。爲實，以畝法二百四十步爲法，除之，合問。　又法：周自乘十二而一。　又法：徑自乘，三之四而一。

今有圭田，長二百七十步，闊四十二步，問爲田幾何？

答曰：二十三畝六分二厘五毫。

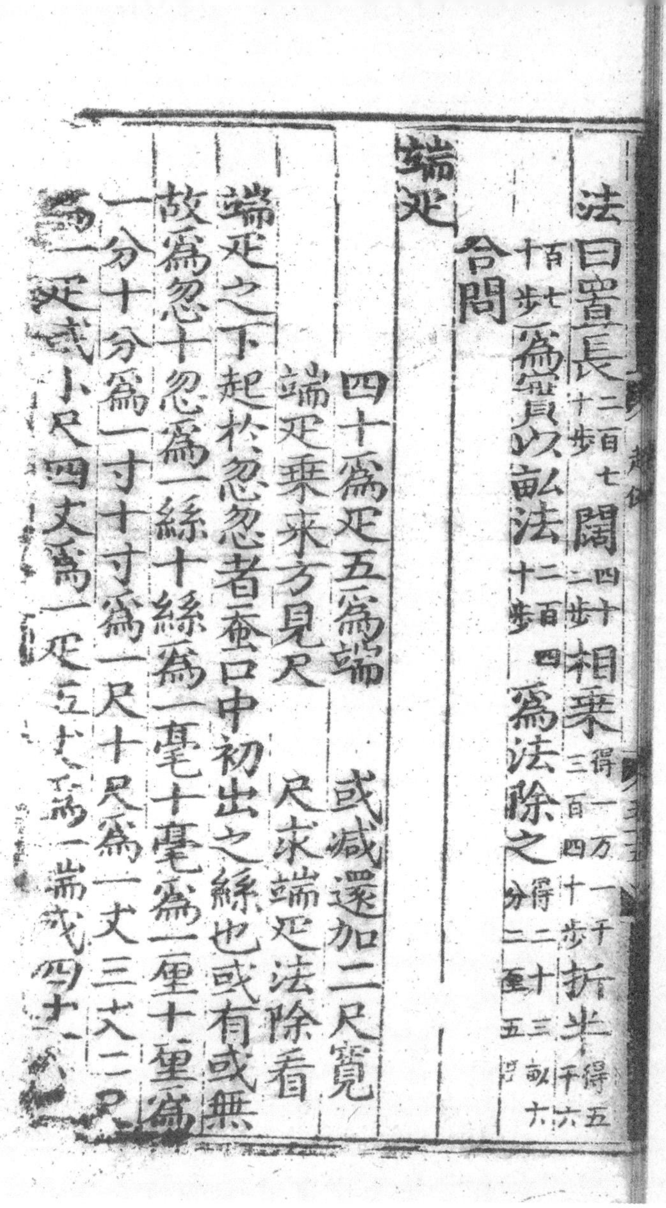

法曰：置長二百七十步闊四十二步相乘得一万一千三百四十步。折半得五千六百七十步。爲實，以畝法二百四十步爲法，除之得二十三畝六分二厘五毫。合問。

端匹

四十爲匹五爲端，　或減還加二尺寬。

端匹乘來方見尺，　尺求端匹法除看。

端匹之下起於忽，忽者蚕口中初出之絲也。或有或無，故爲忽。十忽爲一絲，十絲爲一毫，十毫爲一厘，十厘爲一分，十分爲一寸，十寸爲一尺，十尺爲一丈。三丈二尺爲一匹，或小尺四丈爲一匹。五丈爲一端，或四丈■[1]

1 各本均不清，明代王文素《算學寶鑑》第三卷“端匹”中稱“五丈爲端，或四丈八尺或五丈二尺爲之者，隨題用法行之而無定則”。

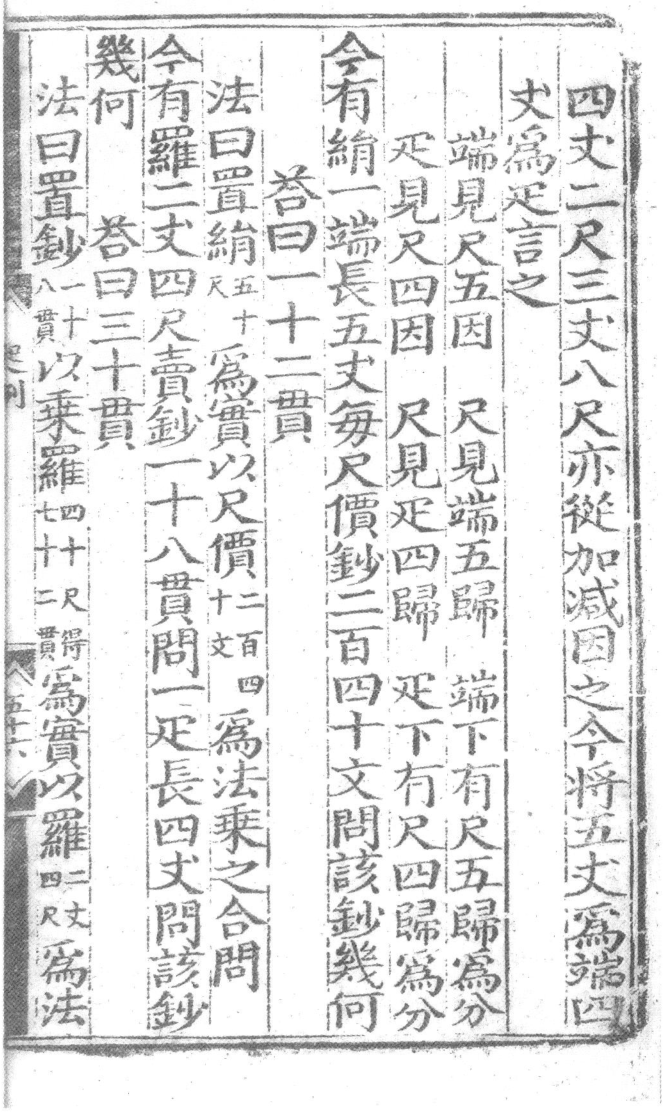

四丈二尺，三丈八尺，亦從加減因之。今將五丈爲端，四丈爲匹言之。

端見尺五因，尺見端五歸，端下有尺五歸爲分。

匹見尺四因，尺見匹四歸，匹下有尺四歸爲分。

今有絹一端，長五丈，每尺價鈔二百四十文，問該鈔幾何？

答曰：一十二貫。

法曰：置絹五十尺爲實，以尺價二百四十文爲法，乘之，合問。

今有羅二丈四尺，賣鈔一十八貫，問一匹長四丈，問該鈔幾何？　答曰：三十貫。

法曰：置鈔一十八貫以乘羅四十尺得七十二貫爲實，以羅二丈四尺爲法，

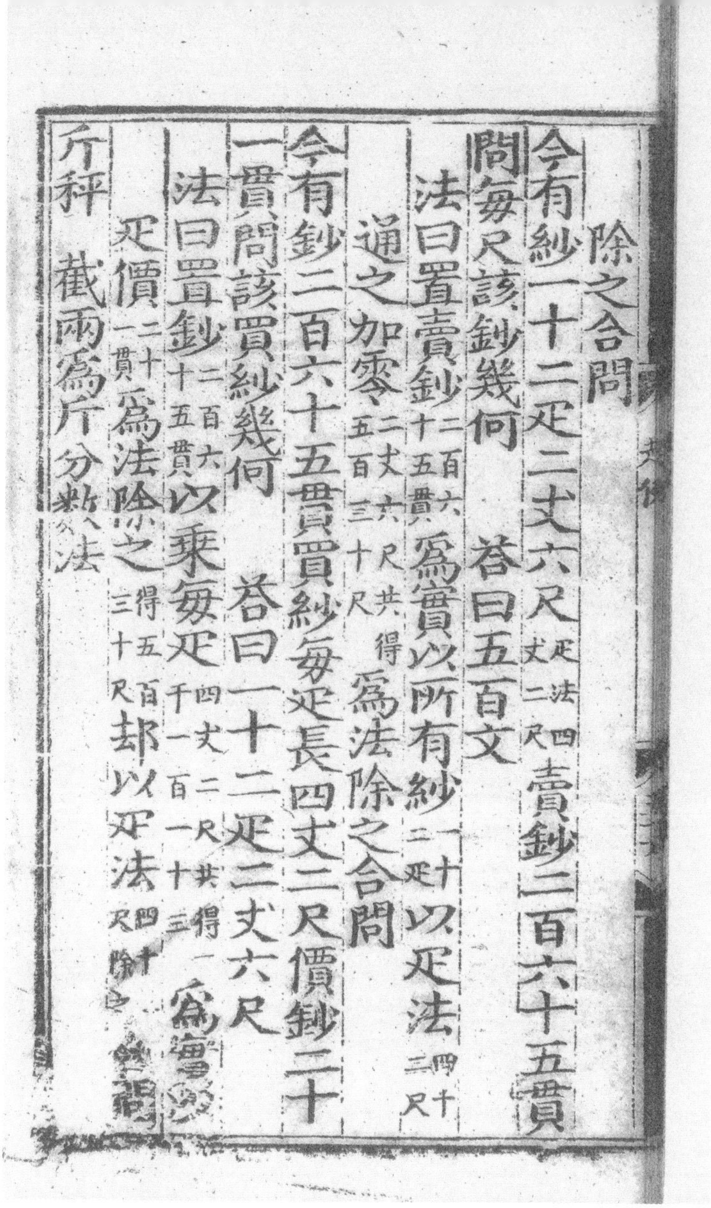

除之，合問。

今有紗一十二匹二丈六尺匹法四丈二尺。賣鈔二百六十五貫，問每尺該鈔幾何？　答曰：五百文。

法曰：置賣鈔二百六十五貫爲實，以所有紗二十二匹以匹法四十二尺通之，加零二丈六尺，共得五百三十尺。爲法，除之，合問。

今有鈔二百六十五貫買紗，每匹長四丈二尺價鈔二十一貫，問該買紗幾何？　答曰：一十二匹二丈六尺。

法曰：置鈔二百六十五貫以乘每匹四丈二尺，共得一千一百一十三。爲實，以匹價二十一貫爲法除之得五百三十尺。却以匹法四十二尺除之。合問。

斤秤　截兩爲斤分數法

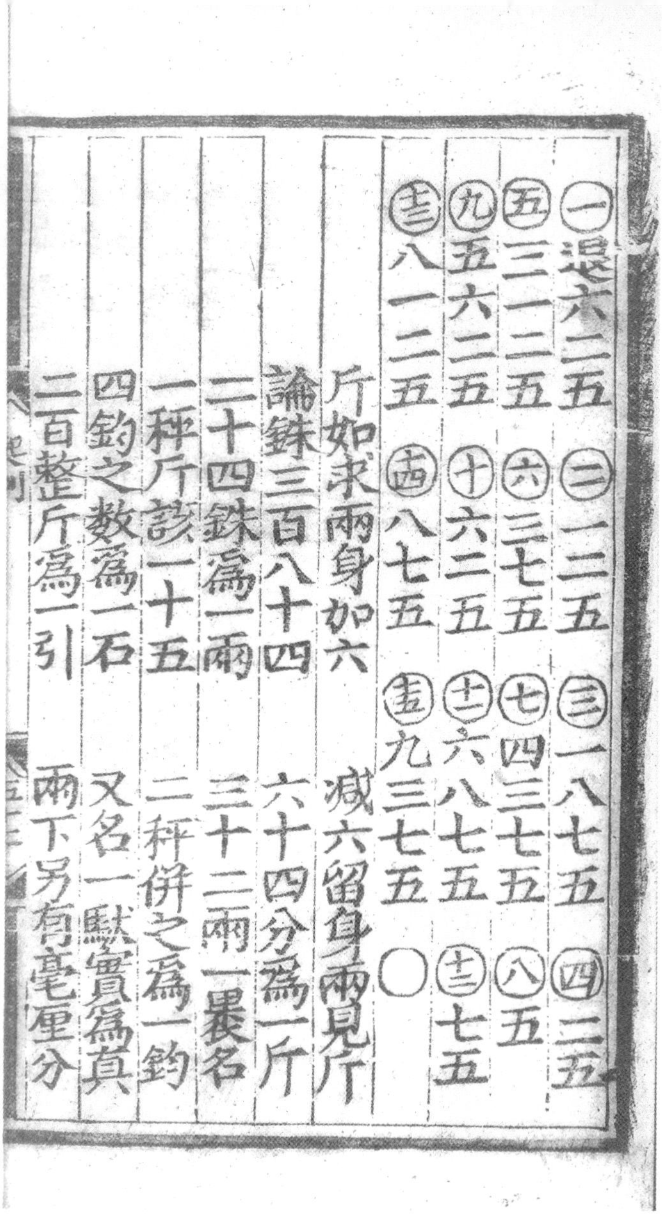

㊀ 退六二五	㊁ 一二五	㊂ 一八七五	㊃ 二五
㊄ 三一二五	㊅ 三七五	㊆ 四三七五	㊇ 五
㊈ 五六二五	㊉ 六二五	(十一) 六八七五	(十二) 七五
(十三) 八一二五	(十四) 八七五	(十五) 九三七五	○

斤如求兩身加六，　減六留身兩見斤。

論銖三百八十四，　六十四分爲一斤。

二十四銖爲一兩，　三十二兩一裹名。

一秤斤該一十五，　二秤并之爲一鈞。

四鈞之數爲一石，　又名一馱實爲真。

二百整斤爲一引，　兩下另有毫厘分。

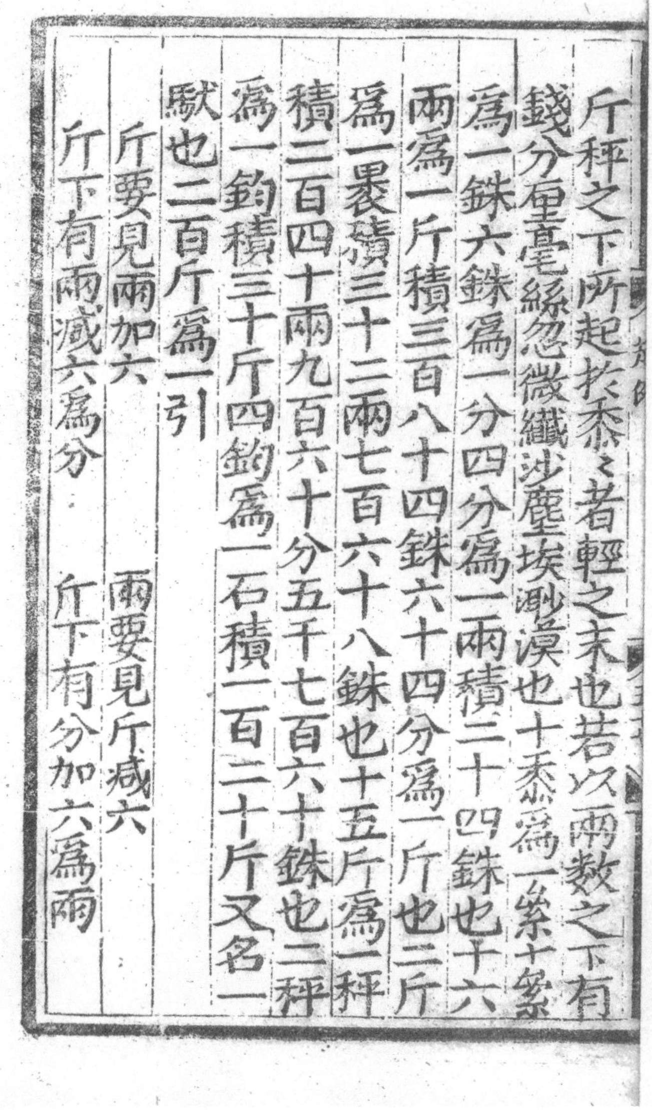

斤秤之下所起於黍，黍者輕之末也。若以兩數之下有錢、分、厘、毫、絲、忽、微、纖、沙、塵、埃、渺、漠也。十黍爲一絫，十絫爲一銖，六銖爲一分，四分爲一兩，積二十四銖也。十六兩爲一斤，積三百八十四銖，六十四分爲一斤也。二斤爲一裹，積三十二兩，七百六十八銖也。十五斤爲一秤，積二百四十兩，九百六十分，五千七百六十銖也。二秤爲一鈞，積三十斤。四鈞爲一石，積一百二十斤，又名一馱也。二百斤爲一引。

斤要見兩加六，　　兩要見斤減六。

斤下有兩減六爲分，　斤下有分加六爲兩。

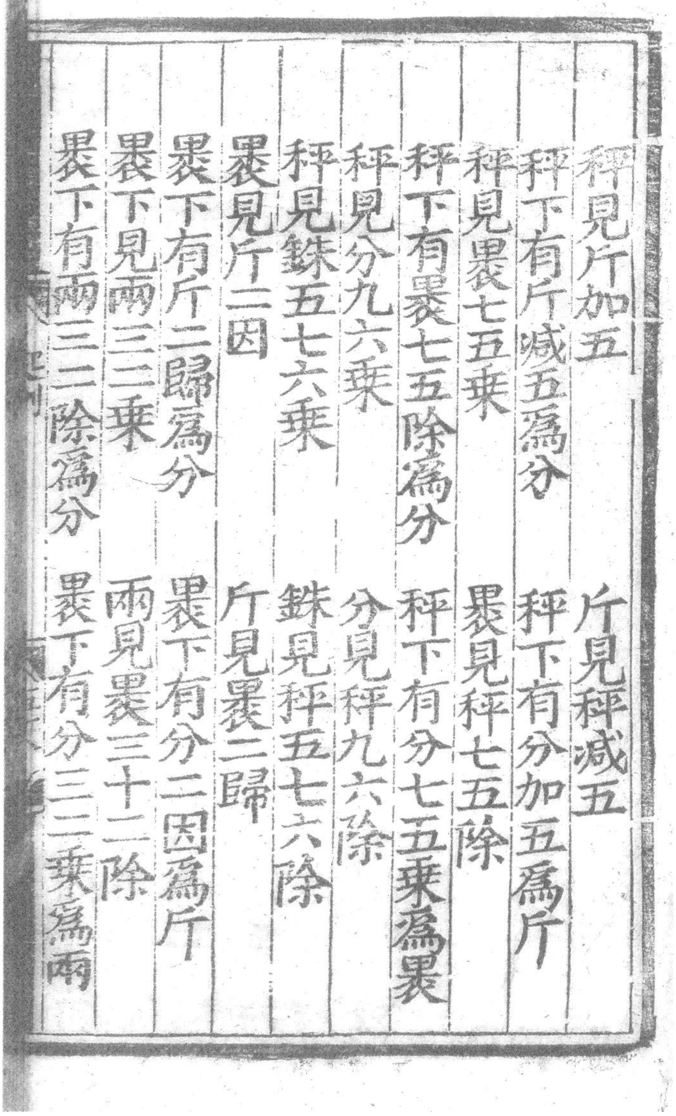
秤見斤加五　斤見秤減五
秤下有斤減五爲分　秤下有分加五爲斤
秤見裹七五乘　裹見秤七五除
秤下有裹七五除爲分　秤下有分七五乘爲裹
秤見分九六乘　分見秤九六除
秤見銖五七六乘　銖見秤五七六除
裹見斤二因　斤見裹二歸
裹下有斤二歸爲分　裹下有分二因爲斤
裹下見兩三二乘　兩見裹三十二除
裹下有兩三二除爲分　裹下有分三二乘爲兩

秤見斤加五，　斤見秤減五。

秤下有斤減五爲分，　秤下有分加五爲斤。

秤見裹七五乘，　裹見秤七五除。

秤下有裹七五除爲分，秤下有分七五乘爲裹。

秤見分九六乘，　分見秤九六除。

秤見銖五七六乘，　銖見秤五七六除。

裹見斤二因，　斤見裹二歸。

裹下有斤二歸爲分，　裹下有分二因爲斤。

裹下見兩三二乘，　兩見裹三十二除。

裹下有兩三二除爲分，裹下有分三二乘爲兩。

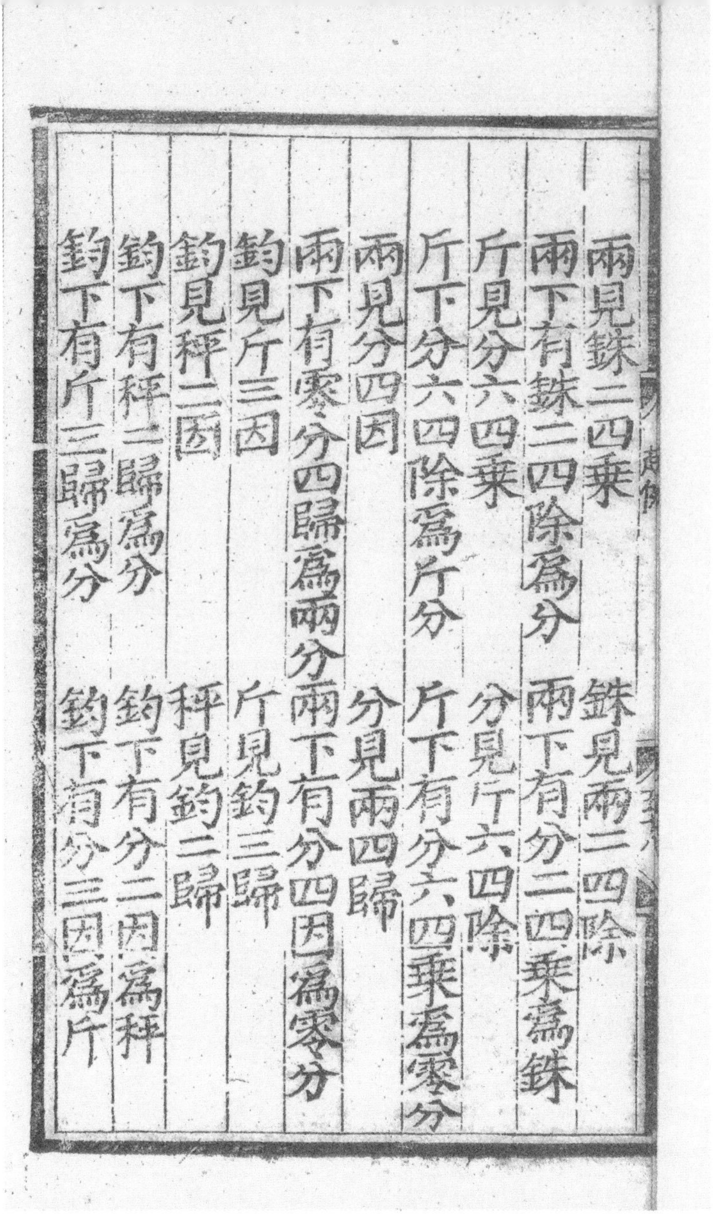
兩見銖二四乘　銖見兩二四除
兩下有銖二四除爲分　兩下有分二四乘爲銖
斤見分六四乘　分見斤六四除
斤下分六四除爲斤分　斤下有分六四乘爲零分
兩見分四因　分見兩四歸
兩下有零分四歸爲兩分兩下有分四因爲零分
鈞見斤三因　斤見鈞三歸
鈞見秤二因　秤見鈞二歸
鈞下有秤二歸爲分　鈞下有分二因爲秤
鈞下有斤三歸爲分　鈞下有分三因爲斤

兩見銖二四乘，	銖見兩二四除。
兩下有銖二四除爲分，	兩下有分二四乘爲銖。
斤見分六四乘，	分見斤六四除。
斤下分六四除爲斤分，	斤下有分六四乘爲零分。
兩見分四因，	分見兩四歸。
兩下有零分四歸爲兩分，	兩下有分四因爲零分。
鈞見斤三因，	斤見鈞三歸。
鈞見秤二因，	秤見鈞二歸。
鈞下有秤二歸爲分，	鈞下有分二因爲秤。
鈞下有斤三歸爲分，	鈞下有分三因爲斤。

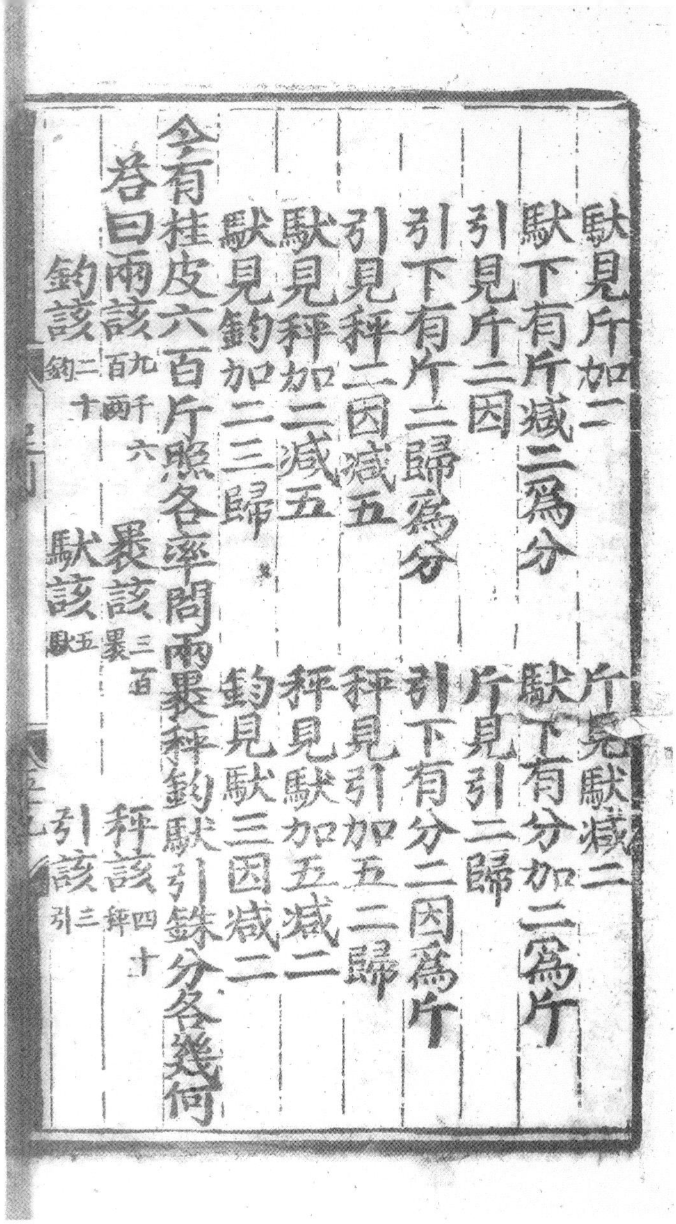
駄見斤加二　斤見駄減二
駄下有斤減二爲分　駄下有分加二爲斤
引見斤二因　斤見引二歸
引下有斤二歸爲分　引下有分二因爲斤
引見秤二因減五　秤見引加五二歸
駄見秤加二減五　秤見駄加五減二
駄見鈞加二三歸　鈞見駄三因減二
今有桂皮六百斤照各率問兩裹秤鈞駄引銖分各幾何
荅曰兩該九千六百兩　裹該三百裹　秤該四十秤
鈞該二十鈞　駄該五駄　引該三引

駄見斤加二，　斤見駄減二。

駄下有斤減二爲分，　駄下有分加二爲斤。

引見斤二因，　斤見引二歸。

引下有斤二歸爲分，　引下有分二因爲斤。

引見秤二因減五，　秤見引加五二歸。

駄見秤加二減五，　秤見駄加五減二。

駄見鈞加二三歸，　鈞見駄三因減二。

今有桂皮六百斤，照各率，問兩、裹、秤、鈞、駄、引、銖、分各幾何？

荅曰：兩該九千六百兩　裹該三百裹　秤該四十秤

鈞該二十鈞　駄該五駄　引該三引

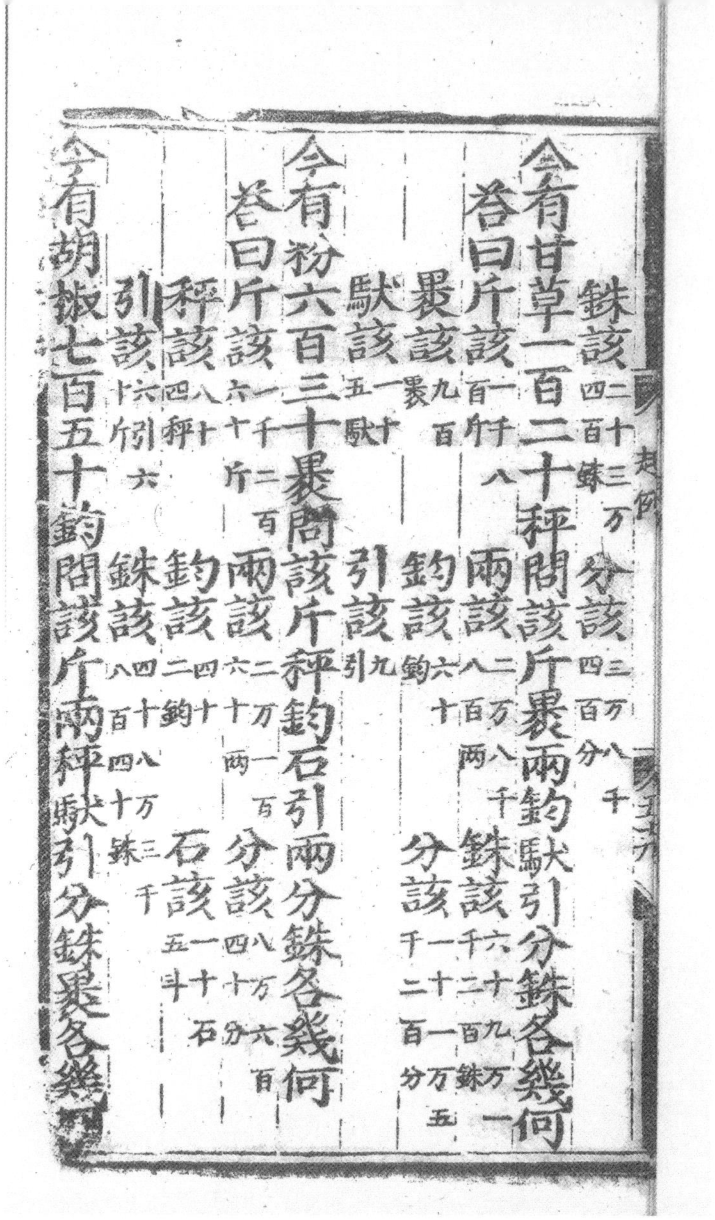

銖該二十三万四百銖　　分該三万八千四百分

今有甘草一百二十秤，問該斤、裹、兩、鈞、馱、引、分、銖各幾何？

答曰：斤該一千八百斤　　兩該二万八千八百兩　　銖該六十九万一千二百銖

裹該九百裹　　鈞該六十鈞　　分該一十一万五千二百分

馱該一十五馱　　引該九引

今有粉六百三十裹，問該斤、秤、鈞、石、引、兩、分、銖各幾何？

答曰：斤該一千三百六十斤　　兩該二万一百六十兩　　分該八万六百四十分

秤該八十四秤　　鈞該四十二鈞　　石該一十石五斗

引該六引六十斤　　銖該四十八万三千八百四十銖

今有胡椒七百五十鈞，問該斤、兩、秤、馱、引、分、銖、裹各幾何？

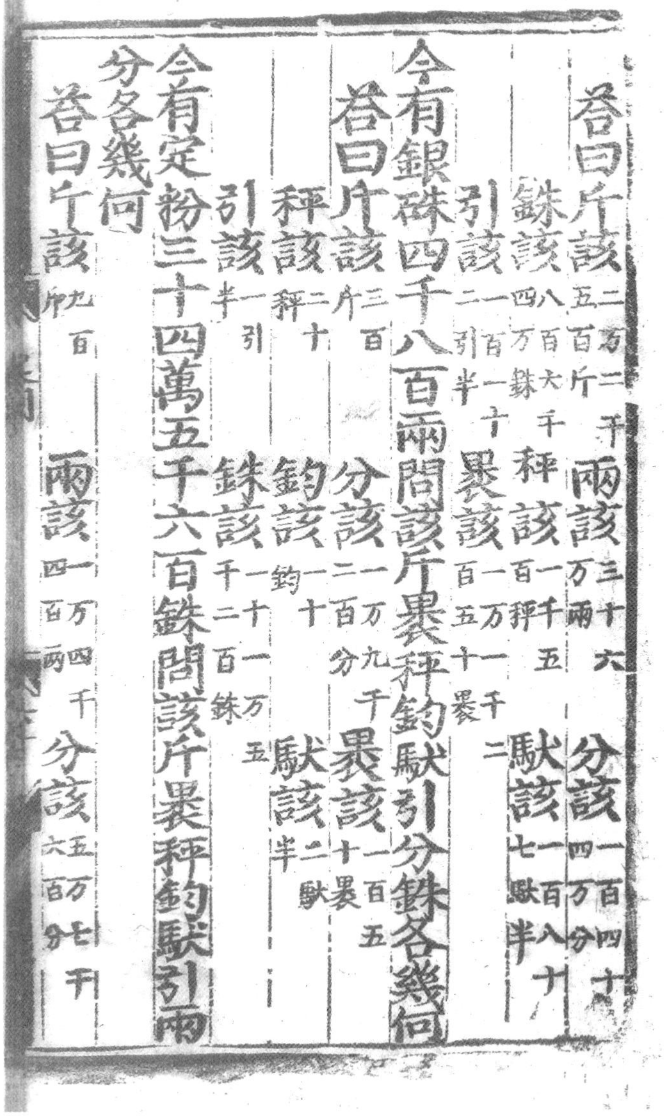
答曰斤該二万二千五百斤 兩該三十六万兩 分該一百四十四万分
銖該八百六千四万銖 秤該一千五百秤 馱該一百八十七馱半
引該一百一十二引半 裹該一万一千二百五十裹
今有銀硃四千八百兩問該斤裹秤鈞馱引分銖各幾何
答曰斤該三百斤 分該一万九千二百分 裹該一百五十裹
秤該二十秤 鈞該一十鈞 馱該二馱半
引該一引半 銖該一十一万五千二百銖
今有定粉三十四萬五千六百銖問該斤裹秤鈞馱引兩分各幾何
答曰斤該九百斤 兩該一万四千四百兩 分該五万七千

答曰：斤該二万二千五百斤　兩該三十六万兩　分該一百四十四万分

銖該八百六千四万銖　秤該一千五百秤　馱該一百八十七馱半

引該一百一十二引半　裹該一万一千二百五十裹

今有銀硃四千八百兩，問該斤、裹、秤、鈞、馱、引、分、銖各幾何？

答曰：斤該三百斤　分該一万九千二百分　裹該一百五十裹

秤該二十秤　鈞該一十鈞　馱該二馱半

引該一引半　銖該一十一万五千二百銖

今有定粉三十四萬五千六百銖，問該斤、裹、秤、鈞、馱、引、兩、分各幾何？

答曰：斤該九百斤　兩該一万四千四百兩　分該五万七千六百分

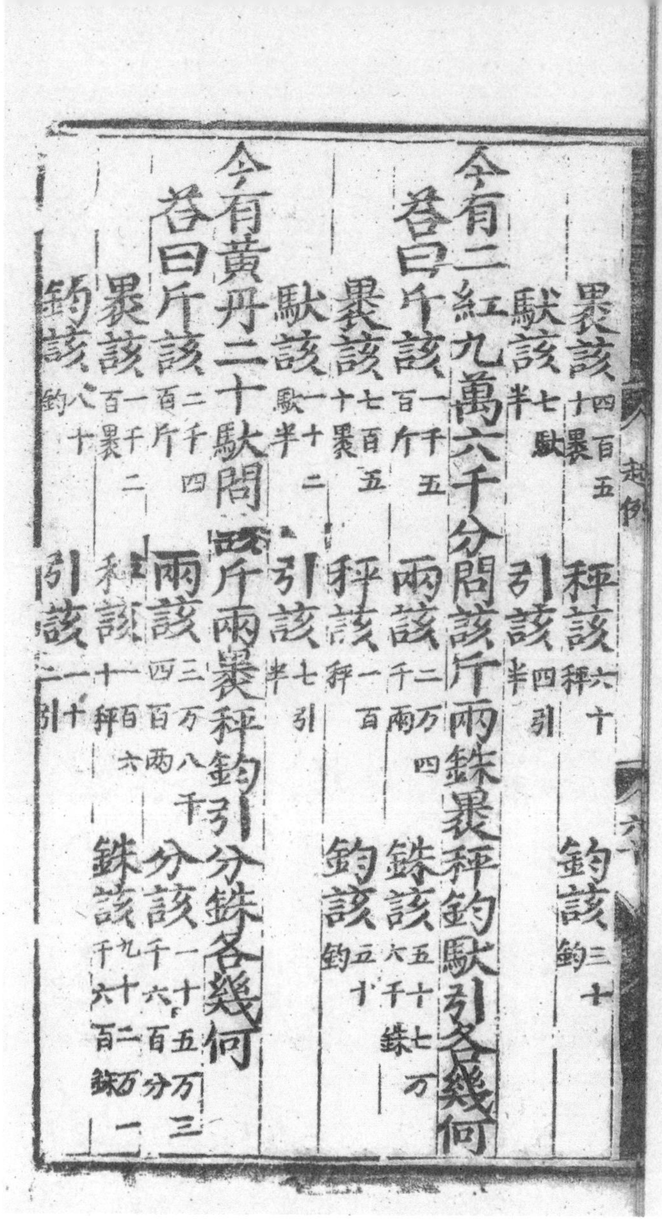

裹該四百五十裹　秤該六十秤　鈞該三十鈞

馱該七馱半　引該四引半

今有二紅九萬六千分，問該斤、兩、銖、裹、秤、鈞、馱、引各幾何？

答曰：斤該一千五百斤　兩該二万四千兩　銖該五十七万六千銖

裹該七百五十裹　秤該一百秤　鈞該五十鈞

馱該一十二馱半　引該七引半

今有黄丹二十馱，問該斤、兩、裹、秤、鈞、引、分、銖各幾何？

答曰：斤該二千四百斤　兩該三万八千四百兩　分該一十五万三千六百分

裹該一千二百裹　秤該一百六十秤　銖該九十二万一千六百銖

鈞該八十鈞　引該一十二引

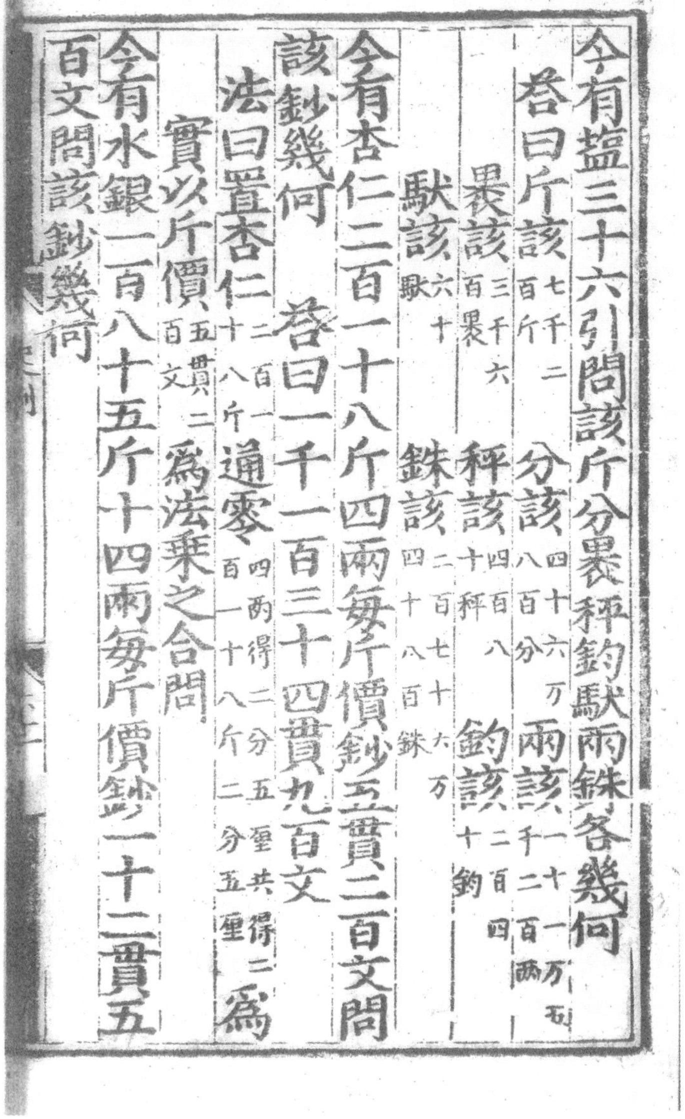

今有鹽三十六引，問該斤、分、裹、秤、鈞、馱、兩、銖各幾何？

答曰：斤該七千二百斤　分該四十六万八百分　兩該一十一万五千二百兩

裹該三千六百裹　秤該四百八十秤　鈞該二百四十鈞

馱該六十馱　銖該二百七十六万四千八百銖

今有杏仁二百一十八斤四兩，每斤價鈔五貫二百文，問該鈔幾何？　答曰：一千一百三十四貫九百文。

法曰：置杏仁二百一十八斤通零四兩，得二分五厘，共得二百一十八斤二分五厘。爲實，以斤價五貫二百文爲法，乘之，合問。

今有水銀一百八十五斤十四兩，每斤價鈔一十二貫五百文，問該鈔幾何？

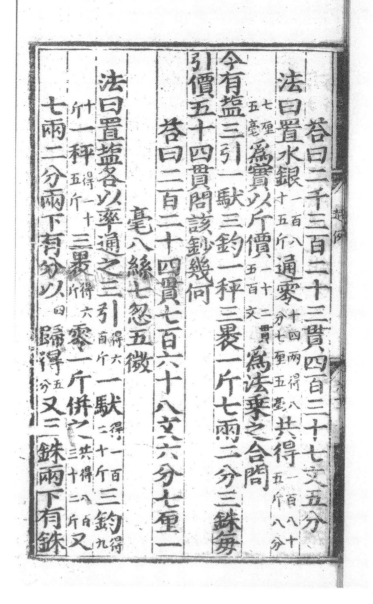

答曰：二千三百二十三貫四百三十七文五分。

法曰：置水銀一百八十五斤通零十四兩，得八分七厘五毫。共得一百八十五斤八分七厘五毫。爲實，以斤價一十二貫五百文爲法，乘之。合問。

今有鹽三引一馱三鈞一秤三裹一斤七兩二分三銖，每引價五十四貫，問該鈔幾何？

答曰：二百二十四貫七百六十八文六分七厘一毫八絲七忽五微。

法曰：置鹽各以率通之，三引得六百斤。一馱得一百二十斤。三鈞得九十斤。一秤得一十五斤。三裹得六斤。零一斤，并之共得八百三十二斤。又七兩二分，兩下有分，以四歸得五分。又三銖，兩下有銖，

以二四除之得一分二厘五毫。并爲兩率。共得七兩六分二厘五毫。又以兩

求斤法通之得四分七厘六毫五絲六忽二微五塵。并前斤共得八百三十二斤

四分七厘六毫五絲六忽二微五塵。却以引率二百歸得四引一分六厘二毫三絲八忽

二微八塵一渺二漠五沙。爲實。以每引價鈔五十四貫爲法，乘之，合問。

每駄價鈔三十二貫四百文，問該鈔幾何？　答曰：同前。

法曰：俱照前法通之，并共八百三十二斤四分七厘六毫五絲六忽二微五塵。却

以駄率二百二十除之得六駄九分三厘七毫三絲四微六塵八渺七漠五沙。爲實。

以每駄價鈔三十二貫四百文爲法，乘之。合問。

每鈞價鈔八貫一百文，問該鈔幾何？　答曰：同前。

法曰：俱照前法通之，并共八百三十二斤四分七厘六毫五絲六忽二微五塵。却

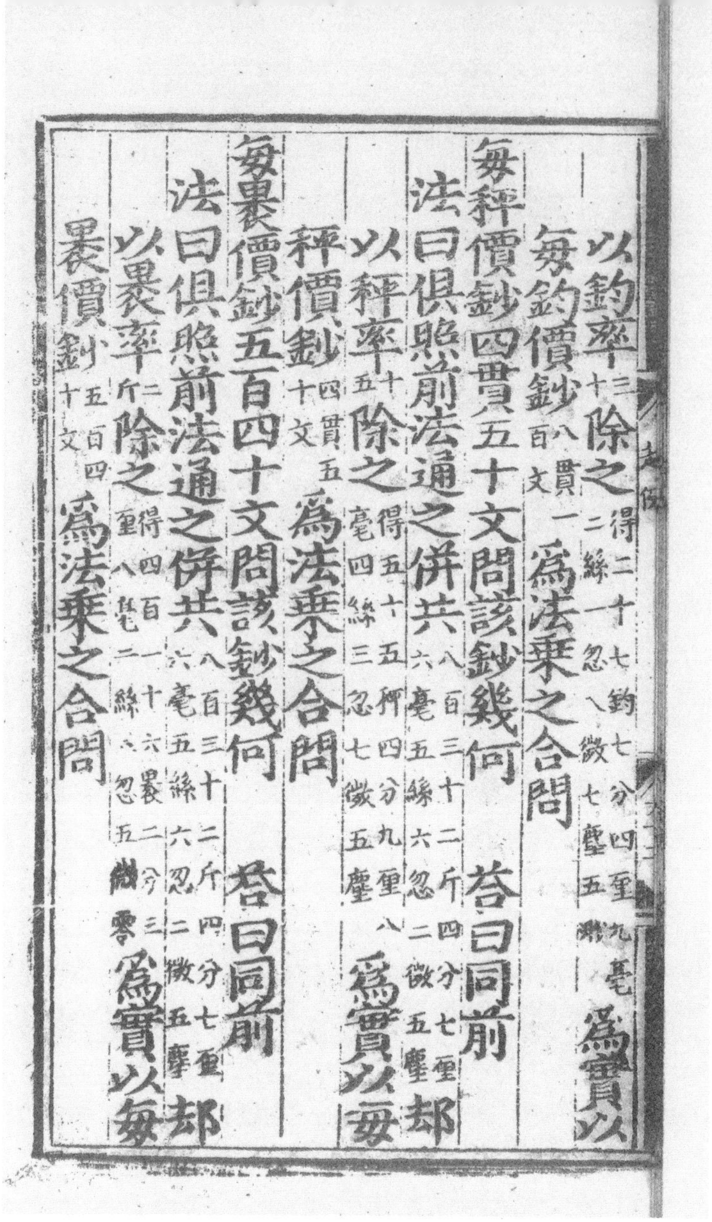

以鈞率三十除之得二十七鈞七分四厘九毫二絲一忽八微七塵五渺。爲實，以每鈞價鈔八貫一百文爲法，乘之。合問。

每秤價鈔四貫五十文，問該鈔幾何？　答曰：同前。

法曰：俱照前法通之，并共八百三十二斤四分七厘六毫五絲六忽二微五塵。却以秤率十五除之得五十五秤四分九厘八毫四絲三忽七微五塵。爲實，以每秤價鈔四貫五十文爲法，乘之。合問。

每裹價鈔五百四十文，問該鈔幾何？　答曰：同前。

法曰：俱照前法通之，并共八百三十二斤四分七厘六毫五絲六忽二微五塵。却以裹率二斤除之得四百一十六裹二分三厘八毫二絲八忽五微零。爲實，以每裹價鈔五百四十文爲法，乘之。合問。

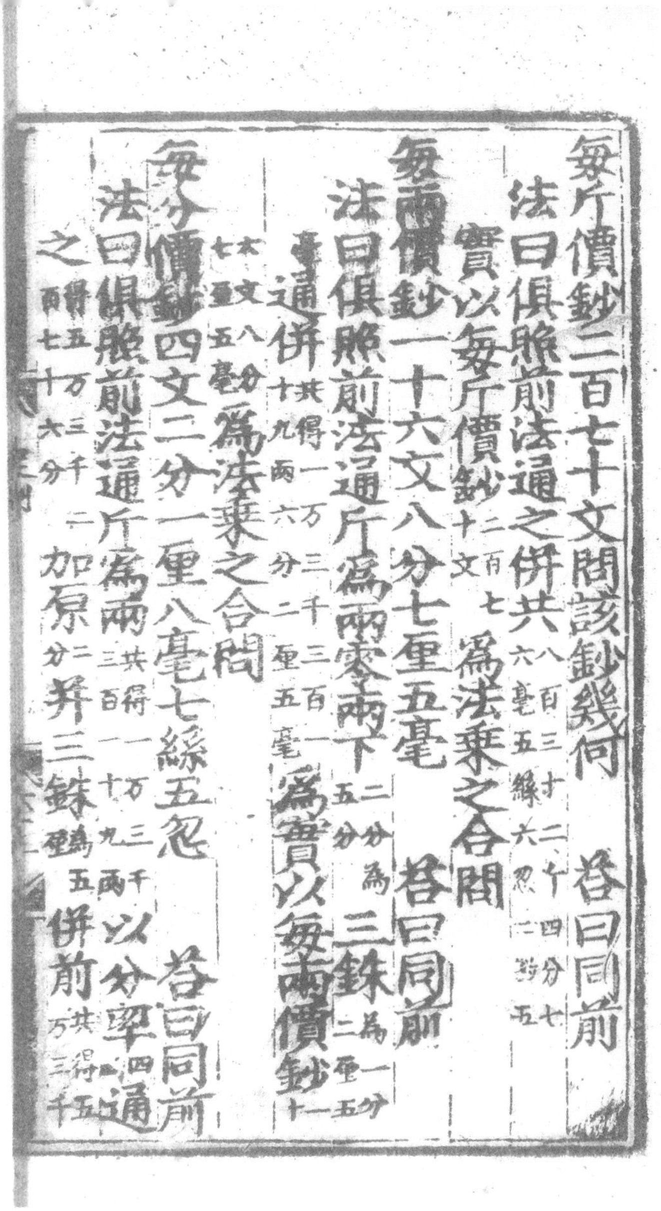

每斤價鈔二百七十文，問該鈔幾何？　答曰：同前。

法曰：俱照前法通之，并共八百三十二斤四分七六毫五絲六忽二微五。

實，以每斤價鈔二百七十文爲法，乘之，合問。

每兩價鈔一十六文八分七厘五毫。　答曰：同前。

法曰：俱照前法通斤爲兩，零兩下二分五分爲三銖爲一分二厘五毫。通并共得一万三千三百一十九兩六分二厘五毫。爲實，以每兩價鈔一十六文八分七厘五毫爲法，乘之。合問。

每分價鈔四文二分一厘八毫七絲五忽。　答曰：同前。

法曰：俱照前法通斤爲兩共得一万三千三百一十九兩。以分率四通之得五万三千二百七十六分。加原二分并三銖爲五厘。并前共得五万三千

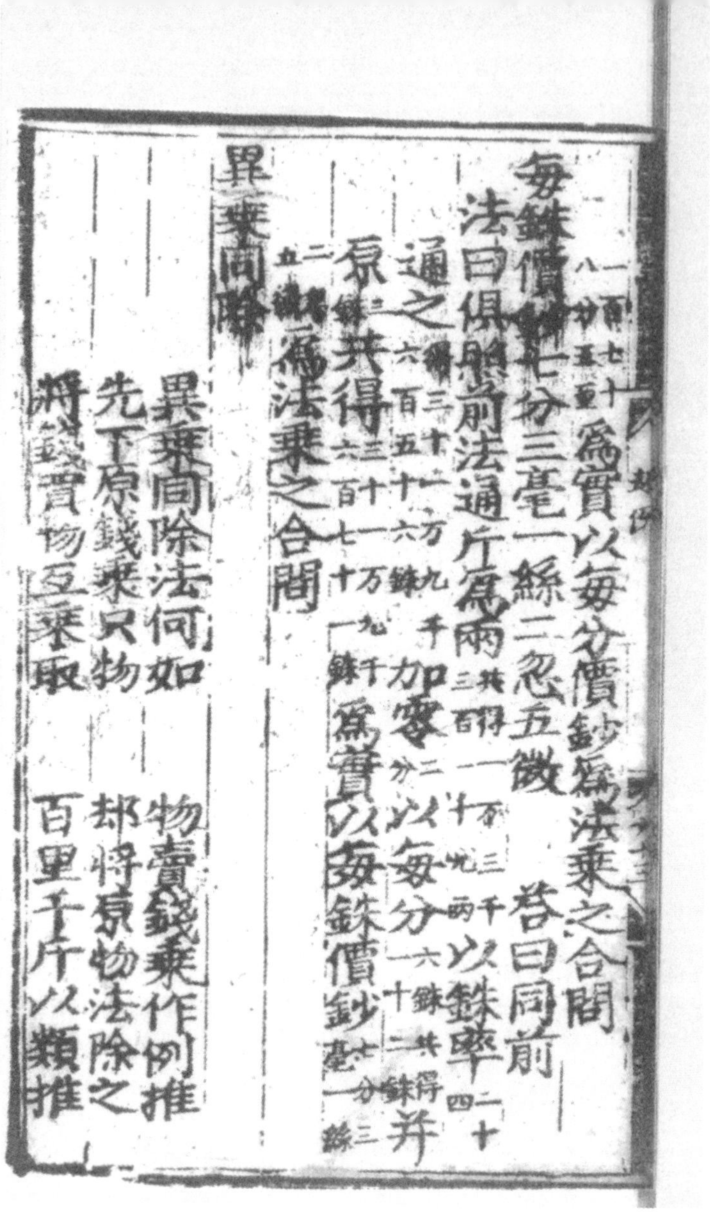

一百七十八分五厘。爲實，以每分價鈔爲法，乘之。合問。

每銖價鈔七分三毫一絲二忽五微。答曰：同前。

法曰：俱照前法，通斤爲兩共得一万三千三百一十九兩。以銖率二十四通之得三十一万九千六百五十六銖。加零二分以每分六銖，共得一十二銖。并原三銖共得三十一万九千六百七十一銖。爲實。以每銖價鈔七分三毫一絲二忽五微。爲法，乘之。合問。

異乘同除

異乘同除法何如，　物賣錢乘作例推。

先下原錢乘只物，　却將原物法除之。

將錢買物互乘取，　百里千斤以類推。

筭者有心能善用，一絲一忽不能差池。

原有米二十三石三斗六升，糴銀八兩七錢六分，今只有米三石四斗四升，問該銀幾何？答曰：一兩二錢九分。

法曰：置銀八兩七錢六分以乘只有米三石四斗四升，共得三十兩一錢三分四厘四毫。爲實，以原有米二十三万三斗六升爲法，除之。合問。

原有銀一兩二錢九分，糴米三石四斗四升。今只有銀八兩七錢六分，問該米幾何？答曰：二十三石三斗六升。

法曰：置糴米三石四斗四升乘今有銀八兩七錢六分，共得三十兩一錢三分四厘四毫。爲實，以原有銀一兩二錢九分爲法，除之。合問。

原有米三石四斗四升，糴銀一兩二錢九分。今只有米二

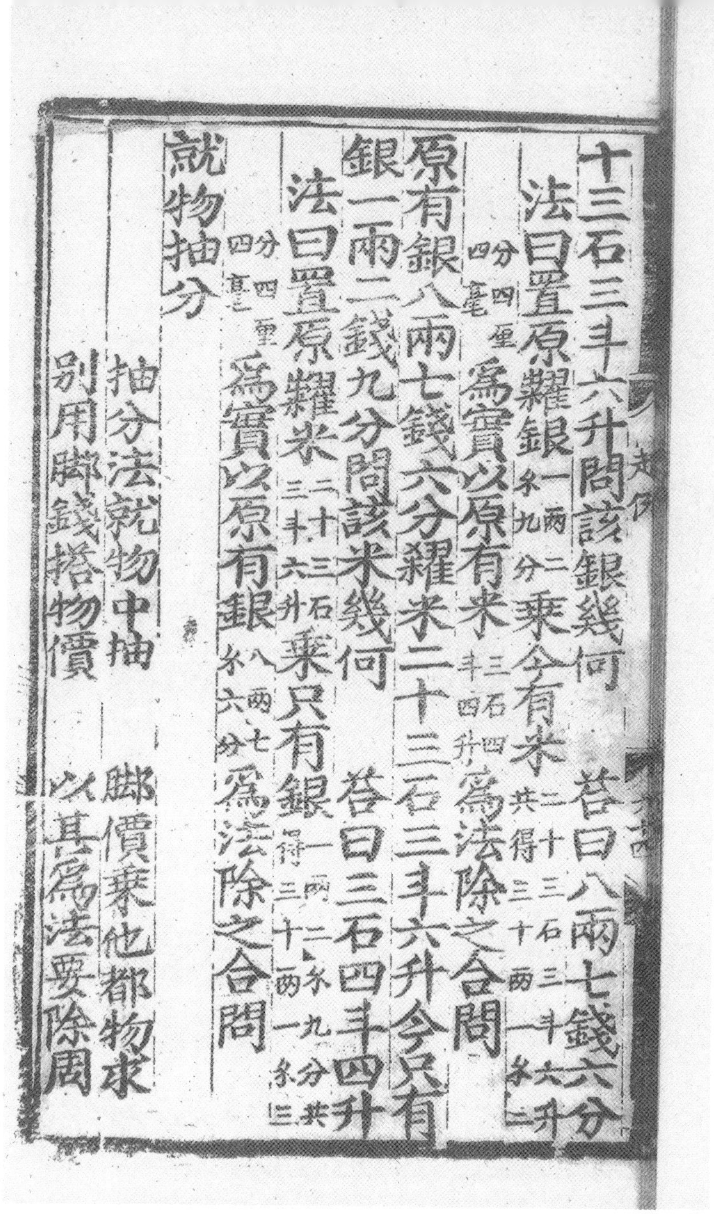

十三石三斗六升，問該銀幾何？　答曰：八兩七錢六分。

法曰：置原糴銀一兩二錢九分乘今有米二十三石三斗六升，共得三十兩一錢二分四厘四毫。爲實，以原有米三石四斗四升爲法，除之，合問。

原有銀八兩七錢六分，糴米二十三石三斗六升。今只有銀一兩二錢九分，問該米幾何？　答曰：三石四斗四升。

法曰：置原糴米二十三石三斗六升乘只有銀一兩二錢九分，共得三十兩一錢三分四厘四毫。爲實，以原有銀八兩七錢六分爲法，除之。合問。

就物抽分

抽分法就物中抽，　脚價乘他都物求。

別用脚錢搭物價，　以其爲法要除周。

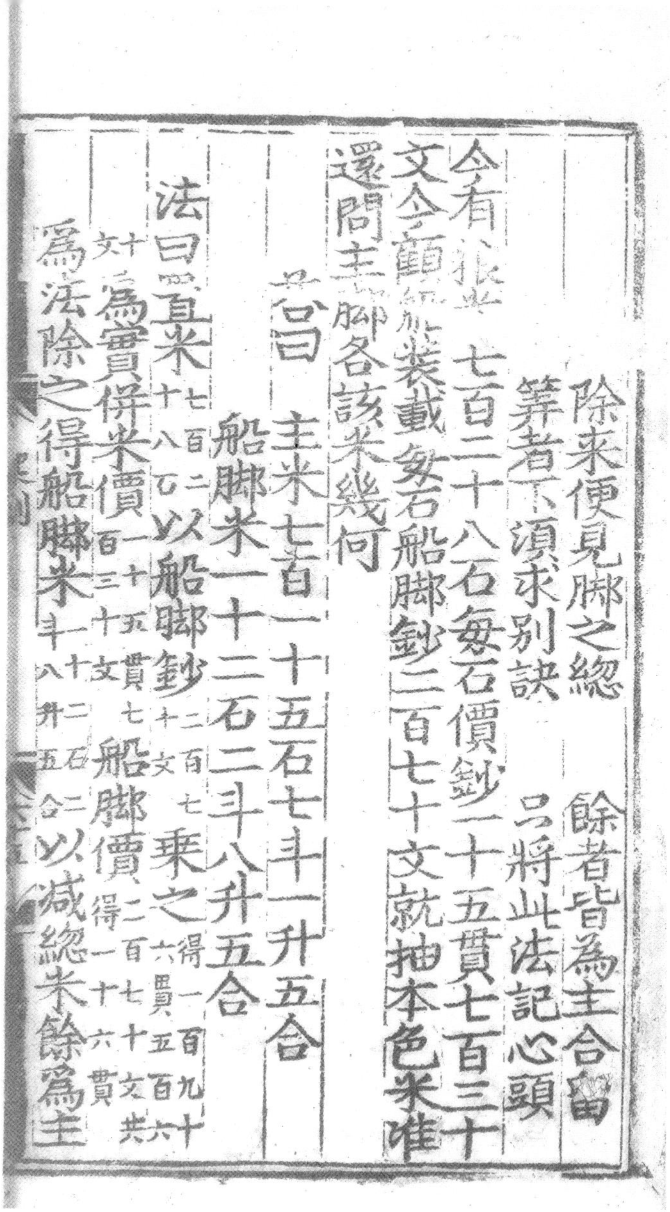

除來便見脚之總，　餘者皆爲主合留。

筭者下須求別訣，　只將此法記心頭。

今有粮米七百二十八石，每石價鈔一十五貫七百三十文。今顧船裝載，每石船脚鈔二百七十文，就抽本色米准還。問主、脚各該米幾何？

答曰：　主米七百一十五石七斗一升五合，

船脚米一十二石二斗八升五合。

法曰：置米（七百二十八石）以船脚鈔（二百七十文）乘之（得一百九十六貫五百六十文。）爲實，并米價（一十五貫七百三十文）船脚價（二百七十文共得一十六貫。）爲法，除之得船脚米（一十二石二斗八升五合。）以減總米，餘爲主

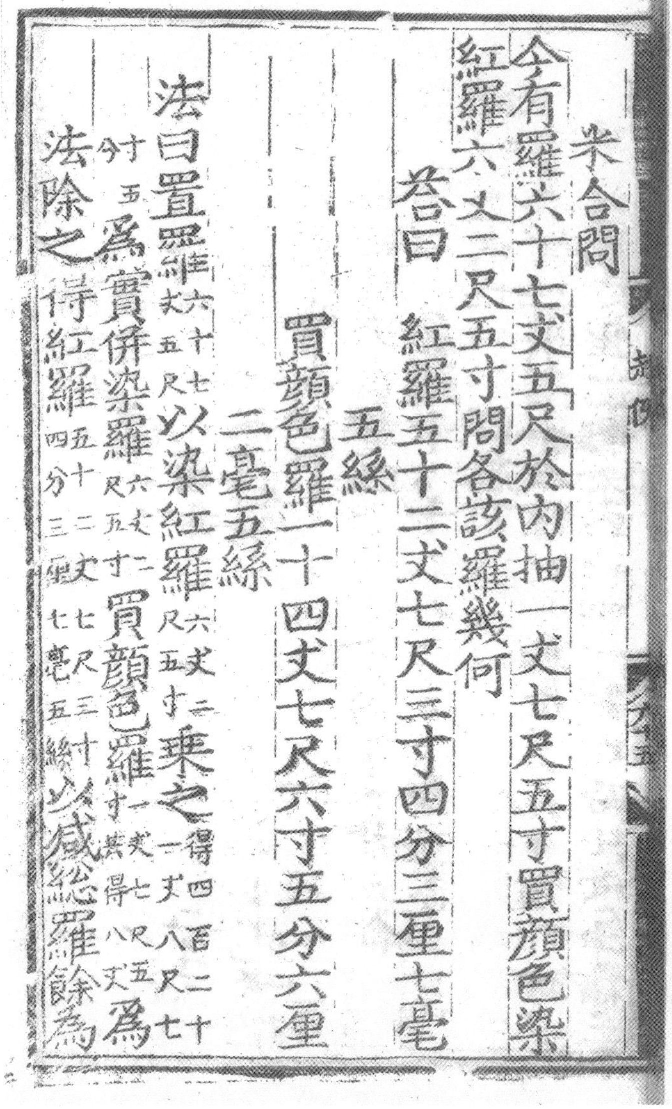

米，合問。

今有羅六十七丈五尺，於内抽一丈七尺五寸買顏色，染紅羅六丈二尺五寸，問各該羅幾何？

答曰：　紅羅五十二丈七尺三寸四分三厘七毫五絲，

買顏色羅一十四丈七尺六寸五分六厘二毫五絲。

法曰：置羅六十七丈五尺以染紅羅六丈二尺五寸乘之得四百二十一丈八尺七寸五分。爲實，并染羅六丈二尺五寸買顏色羅一丈七尺五寸，共得八丈。爲法，除之，得紅羅五十二丈七尺三寸四分三厘七毫五絲。以減總羅，餘爲買顔色羅，合問。

差分

差分之法并來分，　須要分教一分成。

將此一分爲之實，　以乘各數自均平。

今有甲、乙、丙、丁四人合本，甲出銀二十八兩七錢，乙出銀二十一兩三錢，丙出銀一十七兩五錢，丁出銀一十二兩三錢共買絲。賣銀九十八兩七錢一分二厘六毫，問除本各得利幾何？

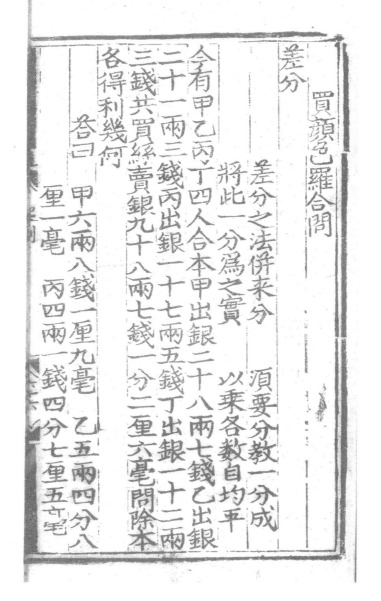

答曰：甲六兩八錢一厘九毫，乙五兩四分八厘一毫，丙四兩一錢四分七厘五毫，

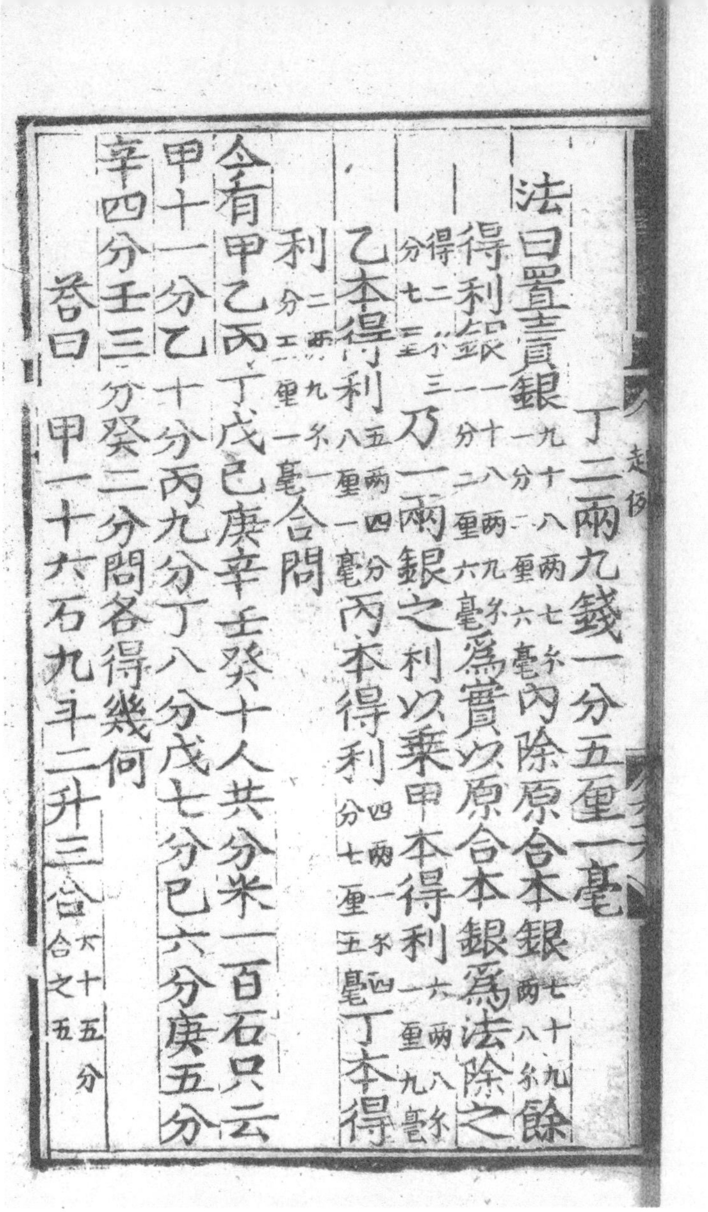

丁二兩九錢一分五厘一毫

法曰置賣銀九十八兩七錢一分二厘六毫內除原合本銀七十九兩八錢餘

得利銀二十八兩九錢一分二厘六毫爲實以原合本銀爲法除之

得二錢三分七厘乃一兩銀之利以乘甲本得利六兩八錢一厘九毫

乙本得利五兩四分八厘一毫丙本得利四兩一錢四分七厘五毫丁本得

利二兩九錢一分五厘一毫合問

今有甲乙丙丁戊己庚辛壬癸十人共分米一百石只云

甲十一分乙十分丙九分丁八分戊七分己六分庚五分

辛四分壬三分癸二分問各得幾何

荅曰甲一十六石九斗二升三合六十五分合之五

丁二兩九錢一分五厘一毫。

法曰：置賣銀九十八兩七錢一分二厘六毫內除原合本銀七十九兩八錢餘

得利銀二十八兩九錢一分二厘六毫。爲實，以原合本銀爲法，除之

得二錢三分七厘。乃一兩銀之利，以乘甲本得利六兩八錢一厘九毫。

乙本得利五兩四分八厘一毫。丙本得利四兩一錢四分七厘五毫。丁本得

利二兩九錢一分五厘一毫。合問。

今有甲、乙、丙、丁、戊、己、庚、辛、壬、癸十人，共分米一百石。只云

甲十一分，乙十分，丙九分，丁八分，戊七分，己六分，庚五分，辛四分，壬三分，癸二分，問各得幾何？

荅曰：甲一十六石九斗二升三合六十五分合之五，

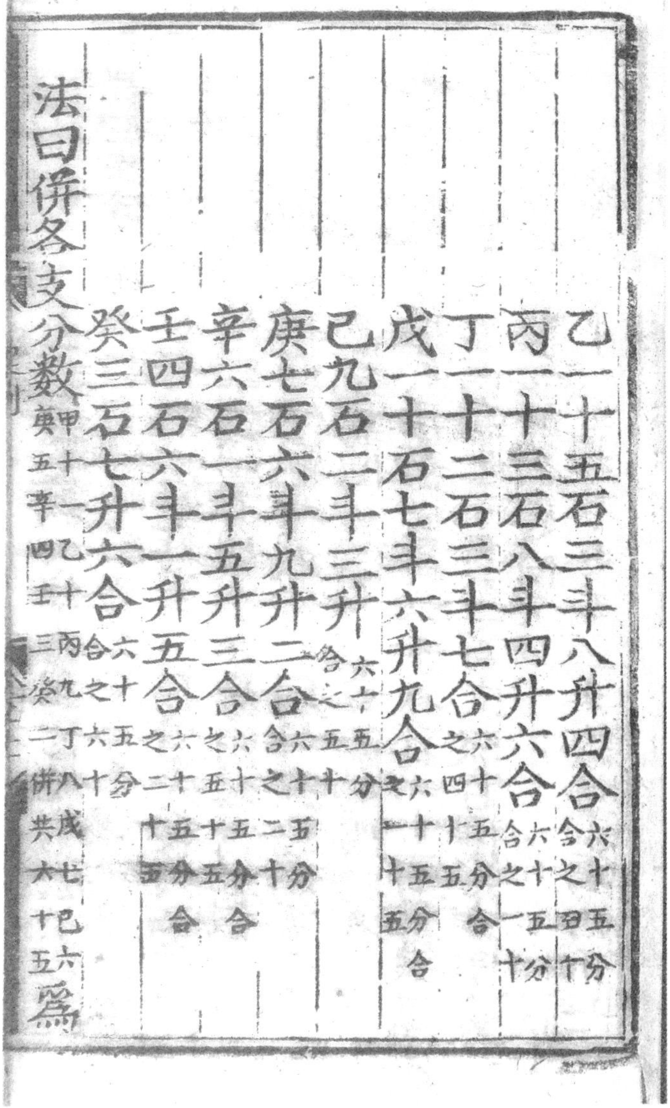

乙一十五石三斗八升四合六十五分合之五十，

丙一十三石八斗四升六合六十五分合之一十，

丁一十二石三斗七合六十五分合之四十五，

戊一十石七斗六升九合六十五分合之一十五，

己九石二斗三升六十五分合之五十，

庚七石六斗九升二合六十五分合之二十，

辛六石一斗五升三合六十五分合之五十五，

壬四石六斗一升五合六十五分合之二十五，

癸三石七升六合六十五分合之六十。

法曰：并各支分數甲十一、乙十、丙九、丁八、戊七、己六、庚五、辛四、壬三、癸二，并共六十五。爲法，各以分數乘總米一百石各自爲實。以法除之，合問。

貴賤差分

差分貴賤法尤精，　高價先乘共物情。

却用都錢減今數，　餘留爲實甚分明。

別將二價也相減，　用此餘錢爲法行。

除了先爲低物價，　自餘高價物方成。

今有米麥一千石，共價鈔一萬六千八百一十四貫七百一十文。只云米石價一十七貫二百文，麥石價一十四貫五百文，問米麥并該鈔各幾何？

答曰：米八百五十七石三斗，該鈔一萬四千七百四十五貫五百六十文；

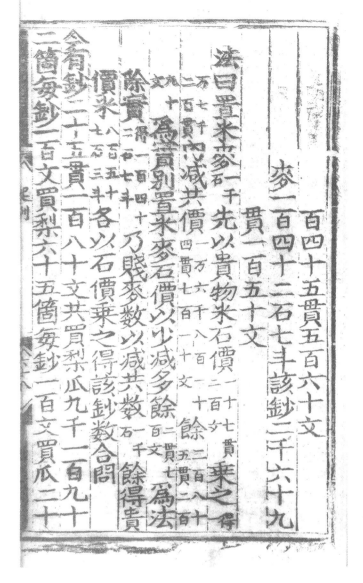

麥一百四二石七斗，該鈔二千六十九

貫一百五十文。

法曰：置米麥二千石先以貴物米石價二十七貫二百文乘之得二

万七千二百貫。內減共價一万六千八百一十四貫七百一十文餘二百八十五貫二百

九十文。爲實。別置米、麥石價，以少減多餘二貫七百文爲法，

除實得一百四十二石七斗。乃賤麥數。以減共數二千石餘得貴

價米八百五十七石三斗。各以石價乘之，得該鈔數。合問。

今有鈔二十五貫一百八十文，共買梨瓜九千一百九十

二箇，每鈔一百文買梨六十五箇，每鈔一百文買瓜二十

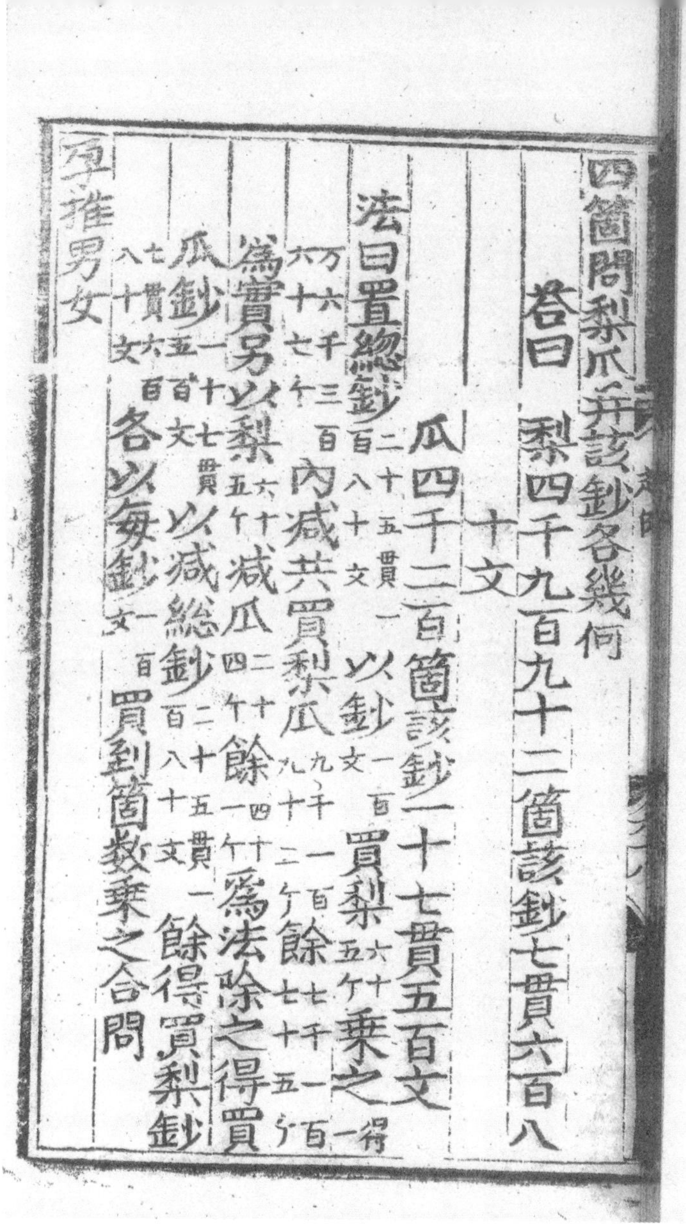

四箇。問梨、瓜并該鈔各幾何？

答曰：梨四千九百九十二箇，該鈔七貫六百八十文。

瓜四千二百箇，該鈔一十七貫五百文。

法曰：置總鈔二十五貫一百八十文以鈔一百文買梨六十五个乘之得一万六千三百六十七个。內減共買梨瓜九千一百九十二个餘七千一百七十五个。爲實。另以梨六十五个減瓜二十四个餘四十二个爲法，除之，得買瓜鈔一十七貫五百文。以減總鈔二十五貫一百八十文餘得買梨鈔七貫六百八十文。各以每鈔一百文買到箇數乘之。合問。

孕推男女

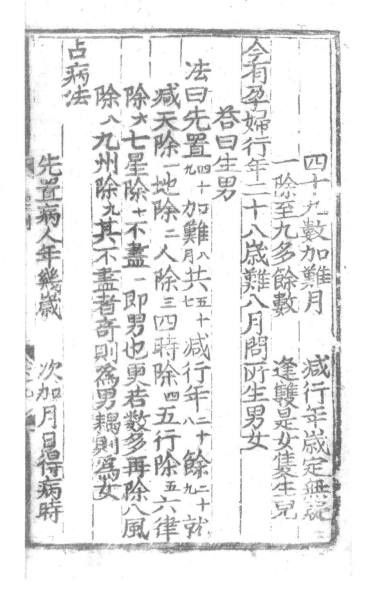

四十九數加難月，　減行年歲定無疑。

一除至九多餘數，　逢雙是女隻生兒。

今有孕婦行年二十八歲，難八月，問所生男女？

答曰：生男。

法曰：先置四十九加難八月共五十七。減行年二十八餘二十九。就

減天除一，地除二，人除三，四時除四，五行除五，六律除六，七星除七，不盡一。即男也。更若數多，再除八風除八，九州除九，其不盡者，奇則爲男，耦則爲女。

占病法

先置病人年幾歲，　次加月日得病時。

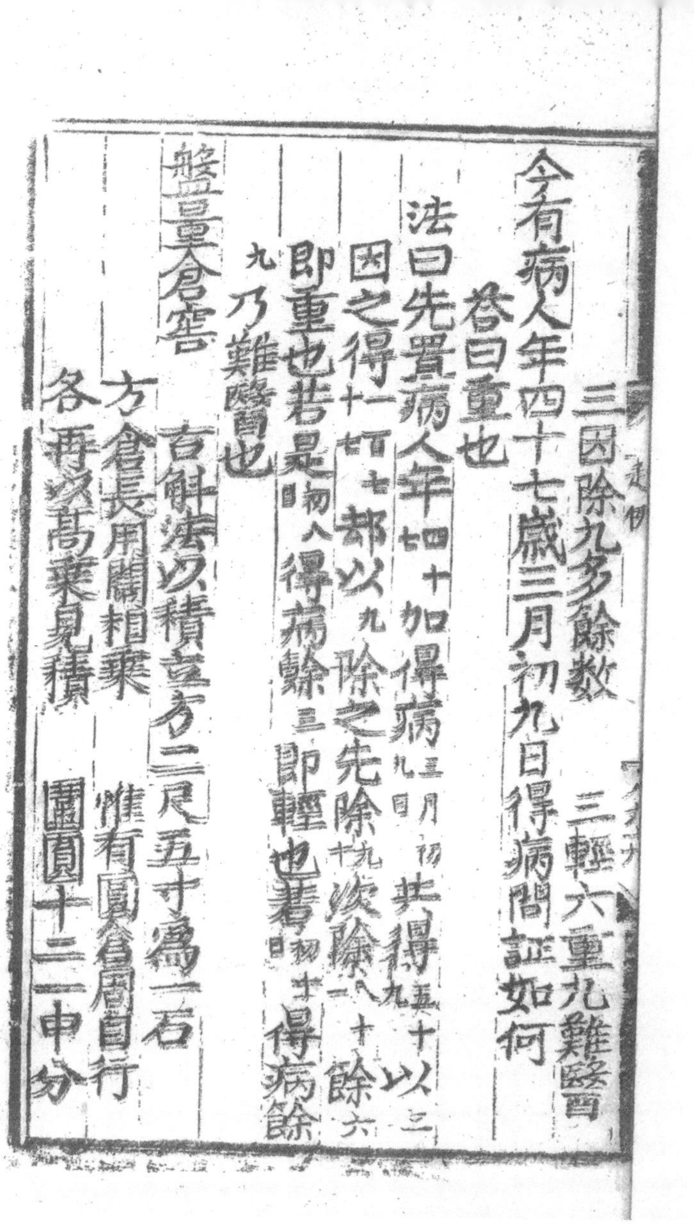

三因除九多餘數，　三輕六重九難醫。

今有病人年四十七歲，三月初九日得病，問証如何？

答曰：重也。

法曰：先置病人年四十七加得病三月初九日共得五十九。以三因之得一百七十七。却以九除之，先除九十次除八十一餘六即重也。若是初八日得病，餘三即輕也。若初十日得病，餘九乃難醫也。

盤量倉窖　古斛法，以積立方二尺五寸爲一石。

方倉長用闊相乘，　惟有圓倉周自行。

各再以高乘見積，　圍圓十二一中分，

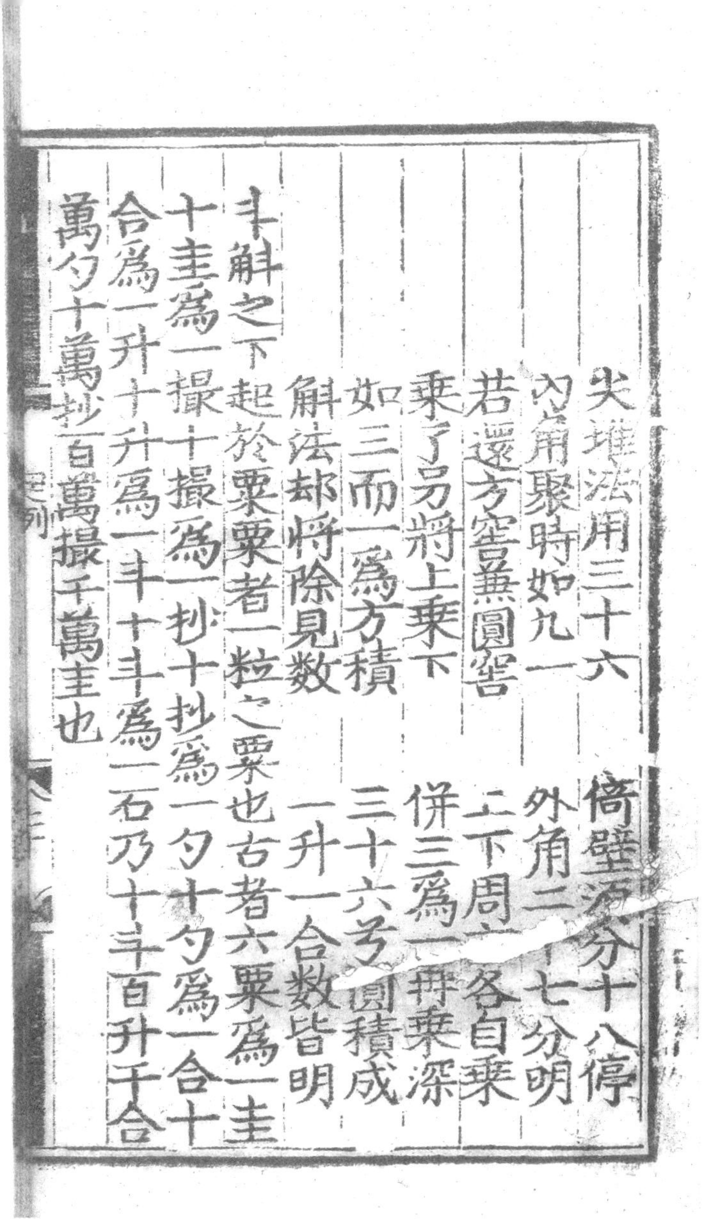
尖堆法用三十六　倚壁源分十八停
内角聚時如九一　外角二十七分明
若還方窖兼圓窖　上下周方各自乘
乘了另將上乘下　併三爲一再乘深
如三而一爲方積　三十六亏圓積成
斛法却將除見數　一升一合數皆明
斗斛之下起於粟粟者一粒之粟也古者六粟爲一圭
十圭爲一撮十撮爲一抄十抄爲一勺十勺爲一合十
合爲一升十升爲一斗十斗爲一石乃十斗百升千合
萬勺十萬抄百萬撮千萬圭也

尖堆法用三十六，　倚壁源分十八停。

内角聚時如九一，　外角二十七分明。

若還方窖兼圓窖，　上下周方各自乘。

乘了另將上乘下，　并三爲一再乘深。

如三而一爲方積，　三十六亏圓積成。

斛法却將除見數，　一升一合數皆明。

斗斛之下起於粟，粟者一粒之粟也。古者六粟爲一圭，十圭爲一撮，十撮爲一抄，十抄爲一勺，十勺爲一合，十合爲一升，十升爲一斗，十斗爲一石。乃十斗、百升、千合、萬勺、十萬抄、百萬撮、千萬圭也。

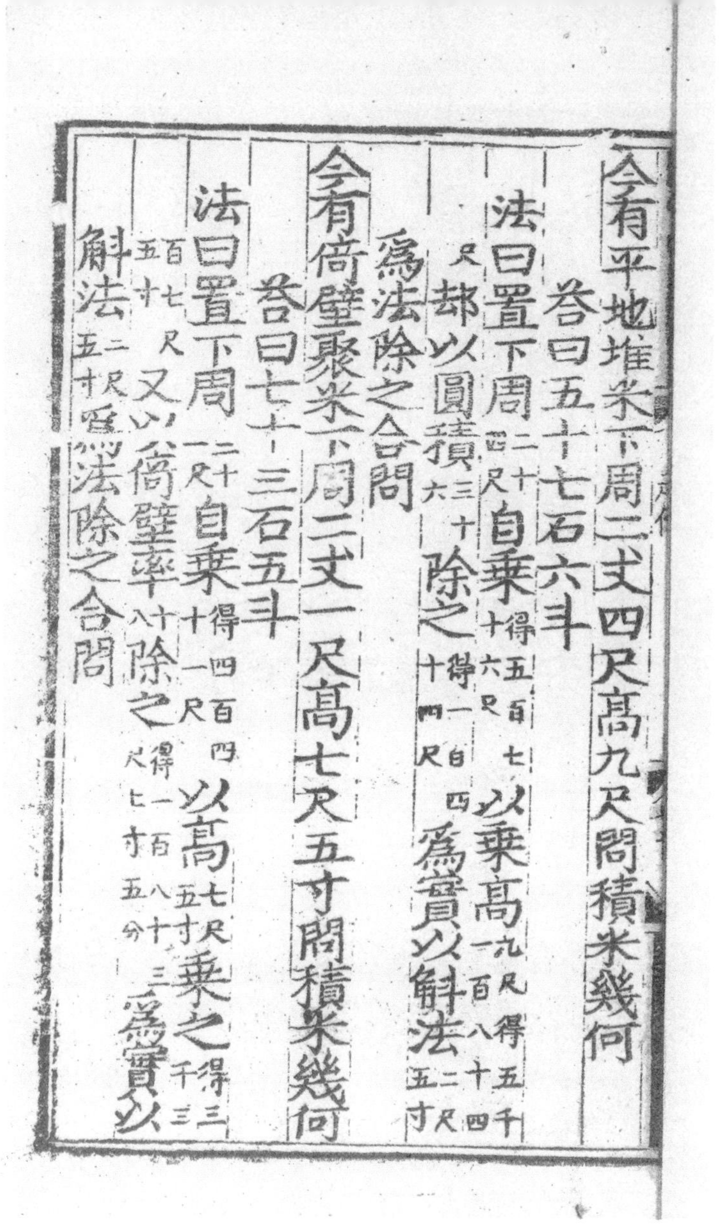

今有平地堆米，下周二丈四尺，高九尺，問積米幾何？

答曰：五十七石六斗。

法曰：置下周二十四尺自乘得五百七十六尺。以乘高九尺，得五千一百八十四尺。却以圓積三十六除之得一百四十四尺。爲實，以斛法二尺五寸爲法除之。合問。

今有倚壁聚米下周二丈一尺，高七尺五寸，問積米幾何？

答曰：七十三石五斗。

法曰：置下周二十一尺自乘得四百四十一尺。以高七尺五寸乘之得三千三百七尺五寸。又以倚壁率十八除之得一百八十三尺七寸五分。爲實，以斛法二尺五寸爲法，除之。合問。

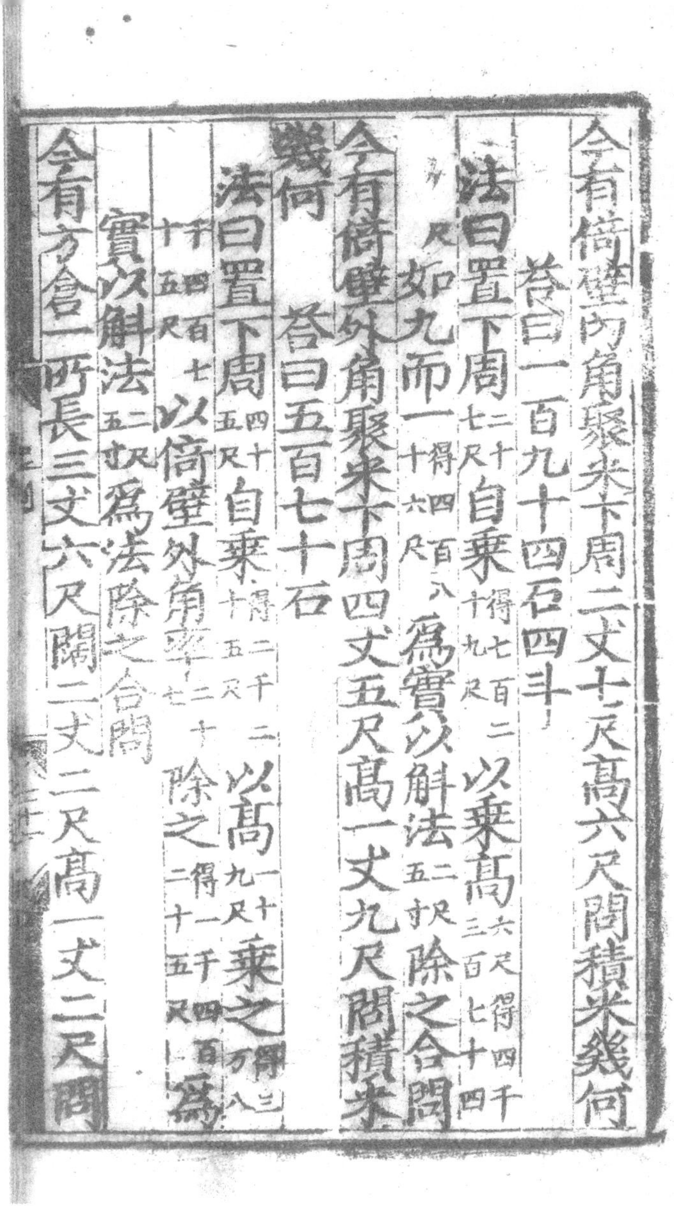

今有倚壁内角聚米，下周二丈七尺，高六尺，問積米幾何？

答曰：一百九十四石四斗。

法曰：置下周（二十七尺）自乘（得七百二十九尺。）以乘高（六尺，得四千三百七十四尺。）如九而一（得四百八十六尺。）爲實。以斛法（二尺五寸）除之，合問。

今有倚壁外角聚米，下周四丈五尺，高一丈九尺，問積米幾何？　答曰：五百七十石。

法曰：置下周（四十五尺）自乘（得二千二十五尺。）以高（一十九尺）乘之（得三万八千四百七十五尺。）以倚壁外角率（二十七）除之（得一千四百二十五尺。）爲實，以斛法（二尺五寸）爲法除之，合問。

今有方倉一所，長三丈六尺，闊二丈二尺，高一丈二尺，問

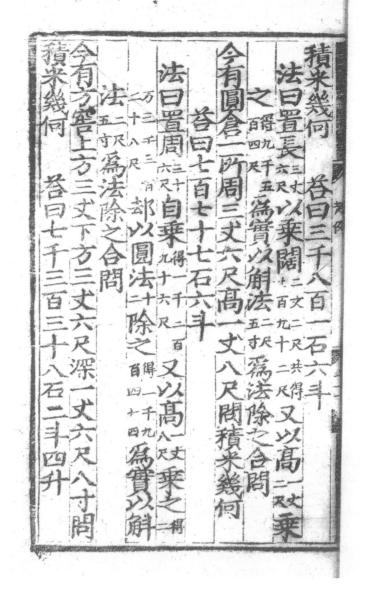

積米幾何？　　答曰：三千八百一石六斗。

法曰：置長三丈六尺以乘闊二丈二尺，共得七百九十二尺。又以高一丈二尺乘之得九千五百四尺。爲實，以斛法二尺五寸爲法，除之，合問。

今有圓倉一所，周三丈六尺，高一丈八尺，問積米幾何？

答曰：七百七十七石六斗。

法曰：置周三十六尺自乘得一千二百九十六尺。又以高一丈八尺乘之得二万三千三百二十八尺。却以圓法十二除之得一千九百四十四。爲實，以斛法二尺五寸爲法除之，合問。

今有方窖上方三丈，下方三丈六尺，深一丈六尺八寸，問積米幾何？　　答曰：七千三百三十八石二斗四升。

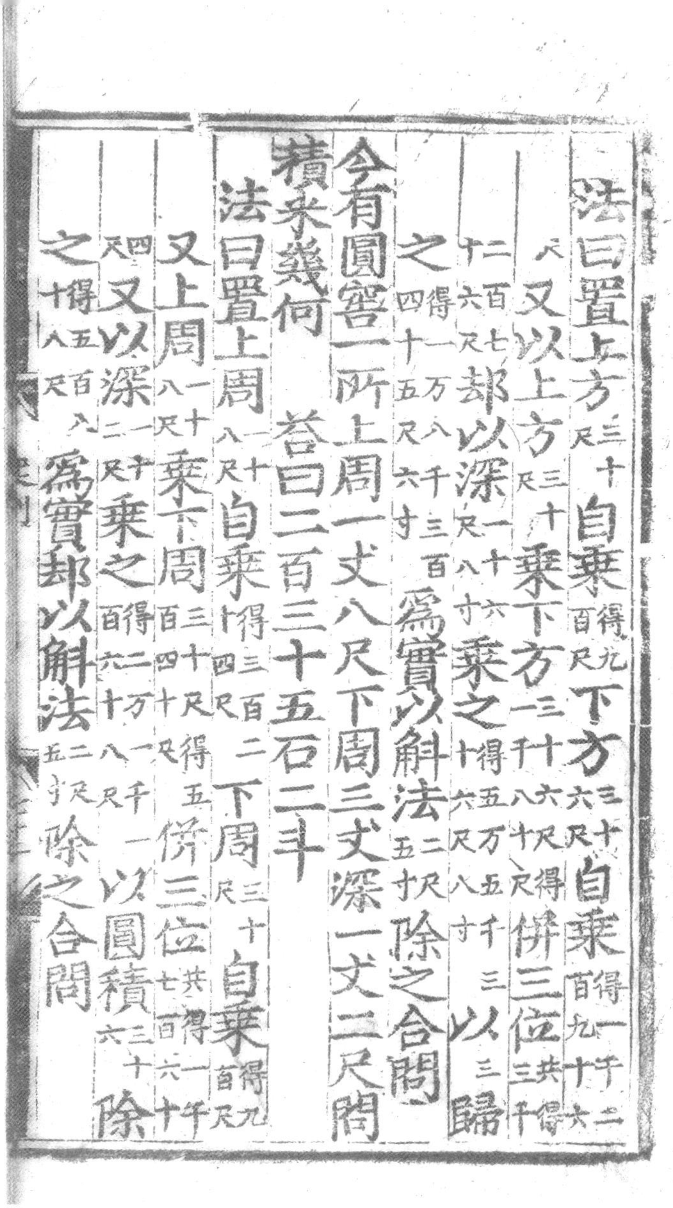

法曰：置上方三十尺自乘得九百尺。下方三十六尺自乘得一千二百九十六尺。又以上方三十尺乘下方三十六尺，得一千八十尺。并三位共得三千二百七十六尺。却以深一十六尺八寸乘之得五万五千三十六尺八寸。以三歸之得一万八千三百四十五尺六寸。爲實，以斛法二尺五寸除之，合問。

今有圓窖一所，上周一丈八尺，下周三丈，深一丈二尺，問積米幾何？　答曰：二百三十五石二斗。

法曰：置上周一十八尺自乘得三百二十四尺。下周三十尺自乘得九百尺。又上周一十八尺乘下周三十尺，得五百四十尺。并三位共得一千七百六十四尺。又以深一十二尺乘之得二万一千一百六十八尺。以圓積三十六除之得五百八十八尺。爲實，却以斛法二尺五寸除之。合問。

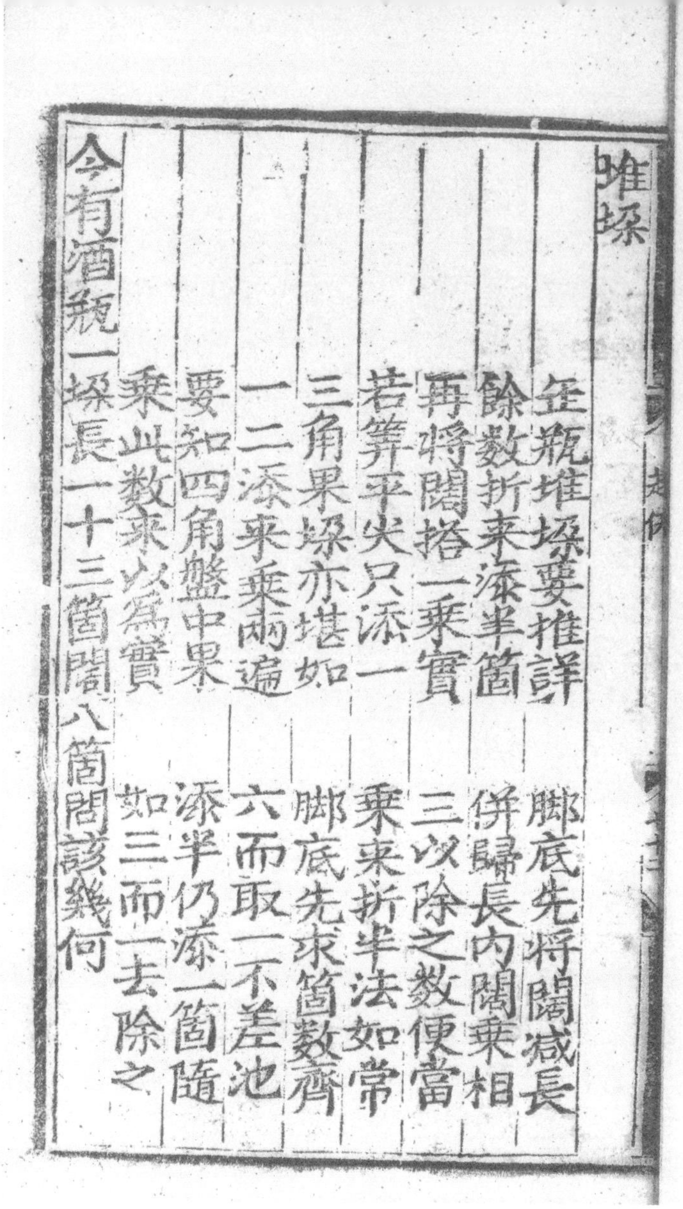

堆垛

缶瓶堆垛要推詳，　脚底先將闊减長。

餘數折來添半箇，　并歸長内闊乘相。

再將闊搭一乘實，　三以除之數便當。

若筭平尖只添一，　乘來折半法如常。

三角果垛亦堪如，　脚底先求箇數齊。

一二添來乘兩遍，　六而取一不差池。

要知四角盤中果，　添半仍添一箇隨。

乘此數來以爲實，　如三而一去除之。

今有酒瓶一垛，長一十三箇，闊八箇，問該幾何？

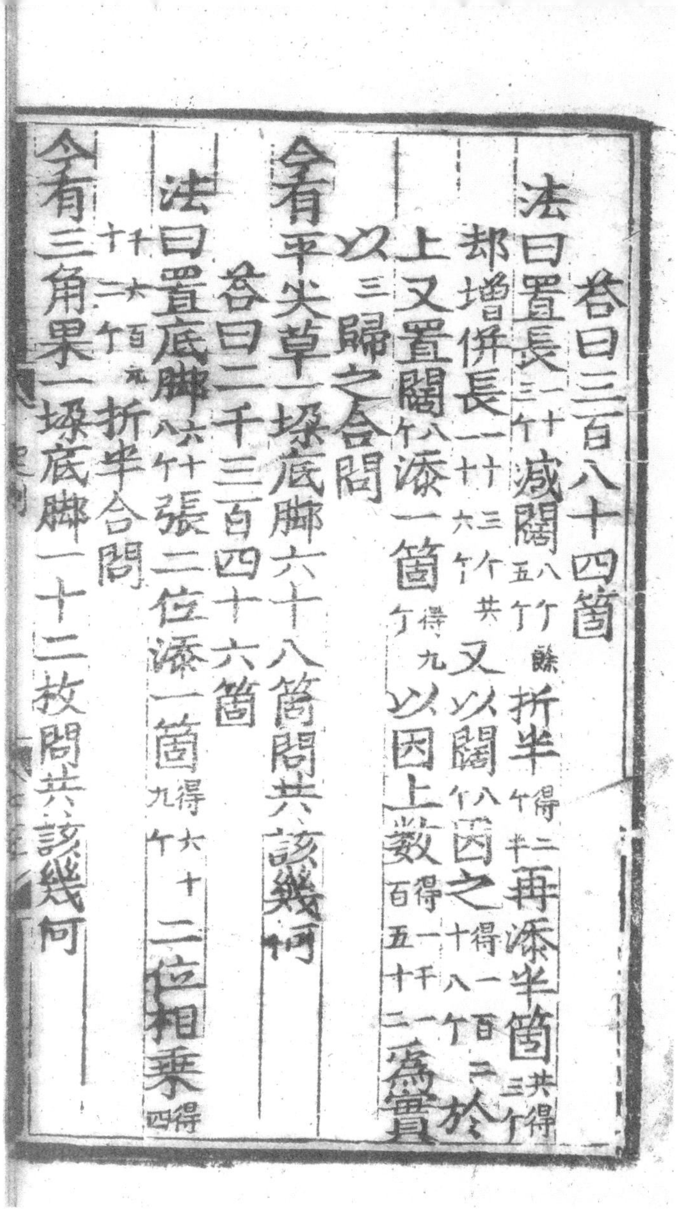

答曰：三百八十四箇。

法曰：置長二十三个減闊八个五个，餘折半得二个半。再添半箇共得三个。

却增并長二十三个二十六个，共又以闊八个因之得一百二十八个。於

上又置闊八个添一箇得九个。以因上數得一千一百五十二。爲實，

以三歸之。合問。

今有平尖草一垛，底脚六十八箇，問共該幾何？

答曰：二千三百四十六箇。

法曰：置底脚六十八个張二位添一箇得六十九个。二位相乘得四千六百九十二个。折半。合問。

今有三角果一垛，底脚一十二枚，問共該幾何？

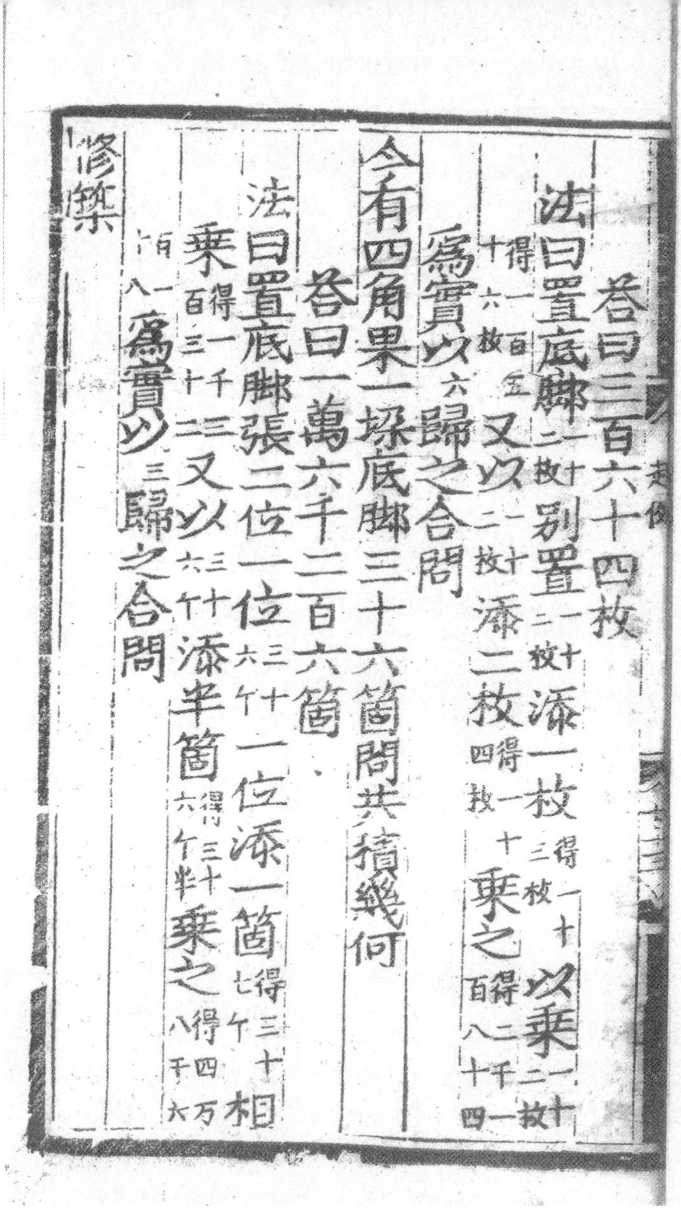

答曰：三百六十四枚。

法曰：置底脚二十二枚别置二十二枚添一枚得一十三枚。以乘二十二枚得一百五十六枚。又以二十二枚添二枚得一十四枚。乘之得二千一百八十四。爲實，以六歸之。合問。

今有四角果一垛，底脚三十六箇，問共積幾何？

答曰：一萬六千二百六箇。

法曰：置底脚張二位、一位三十六个一位添一箇得三十七个。相乘得一千三百三十二。又以三十六个添半箇得三十六个半。乘之得四万八千六百一十八。爲實，以三歸之。合問。

修築

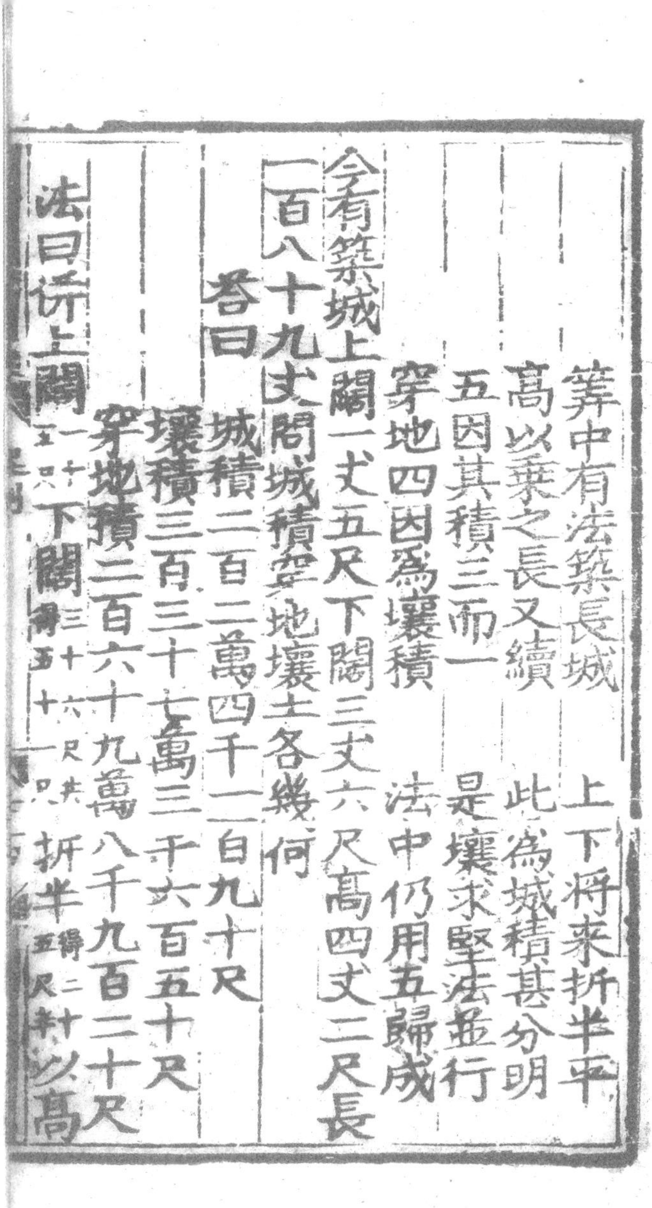

筭中有法築長城，　上下將來折半平。

高以乘之長又續，　此爲城積甚分明。

五因其積三而一，　是壤求堅法并行。

穿地四因爲壤積，　法中仍用五歸成。

今有築城，上闊一丈五尺，下闊三丈六尺，高四丈二尺，長一百八十九丈。問城該積穿地壤土各幾何？

答曰：城積二百二萬四千一百九十尺，

壤積三百三十七萬三千六百五十尺，

穿地積二百六十九萬八千九百二十尺。

法曰：并上闊一十五尺下闊三十六尺，得五十一尺。共折半得二十五尺半。以高

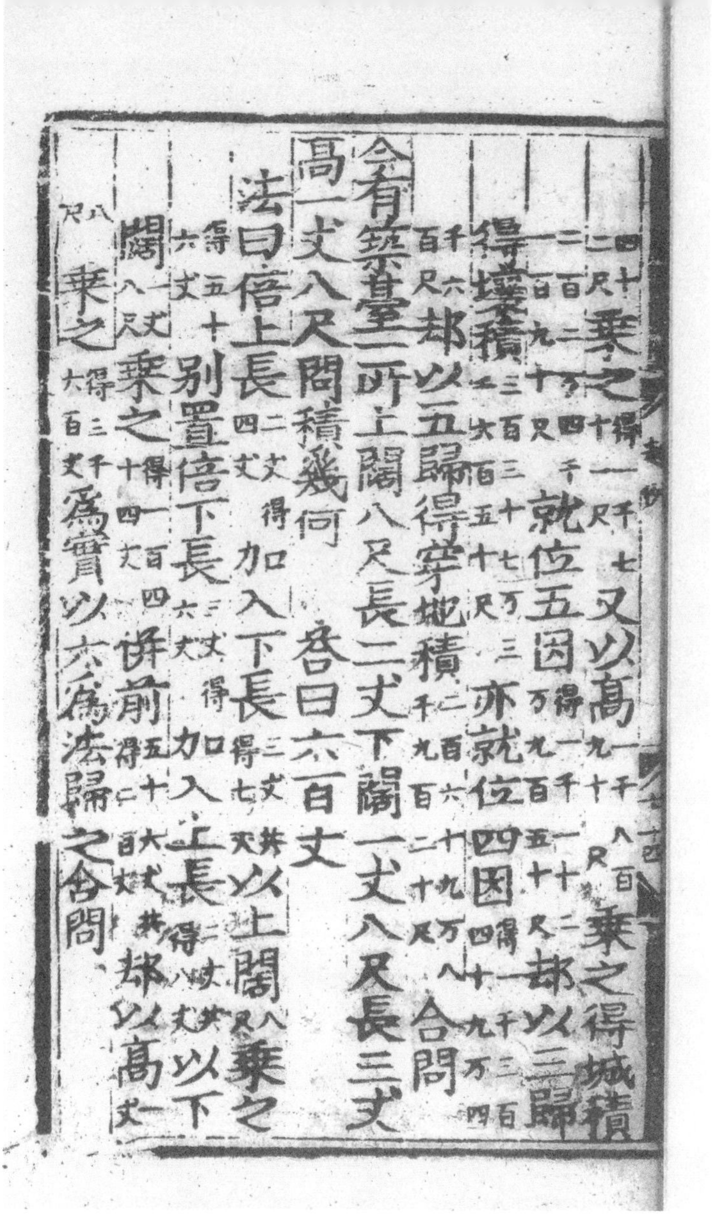

四十二尺乘之得一千七十一尺。又以高一千八百九十尺乘之，得城積二百二万四千一百九十尺。就位五因得一千一十二万九百五十尺。却以三歸得壤積。三百三十七万三千六百五十尺。亦就位四因得一千三百四十九万四千六百尺。却以五歸得穿地積二百六十九万八千九百二十尺。合問。

今有築臺一所，上闊八尺，長二丈，下闊一丈八尺，長三丈，高一丈八尺。問積幾何？　答曰：六百丈。

法曰：倍上長二丈，得四丈。加入下長三丈，共得七丈。以上闊八尺乘之得五十六丈。別置倍下長三丈，得六丈。加入上長二丈，共得八丈。以下闊一丈八尺乘之得一百四十四丈。并前五十六丈，共得二百丈。却以高一丈八尺乘之得三千六百丈。爲實，以六爲法歸之。合問。

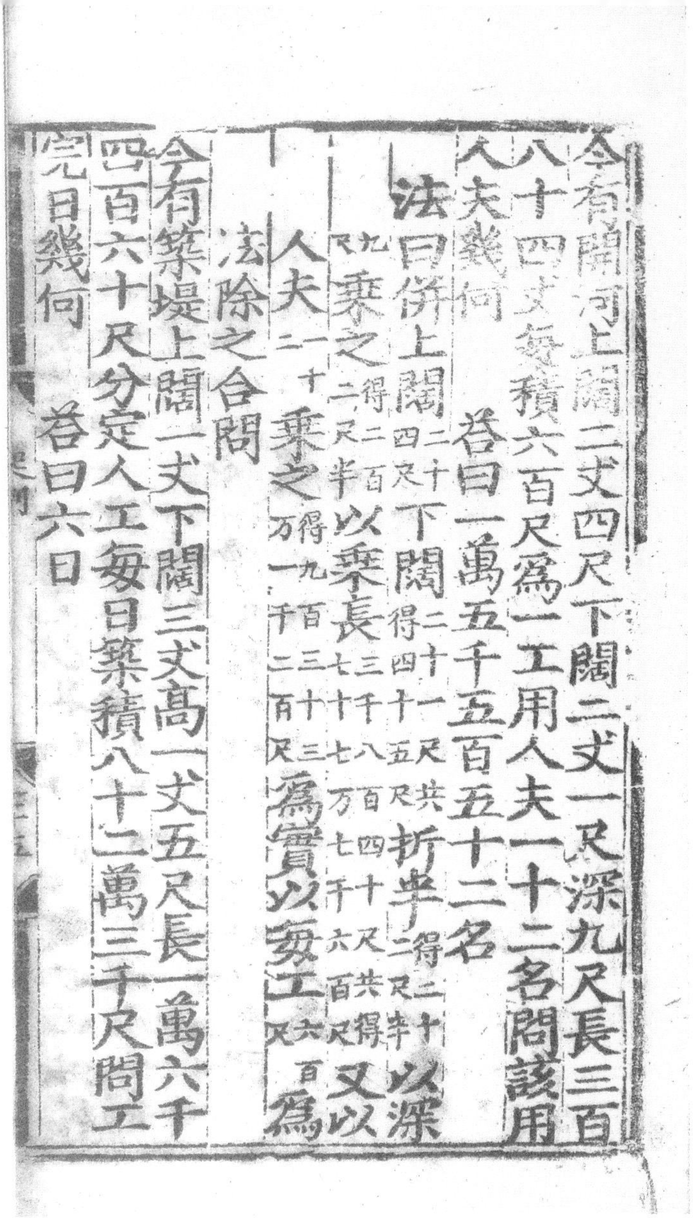
今有開河上闊二丈四尺下闊二丈一尺深九尺長三百八十四丈每積六百尺爲一工用人夫一十二名問該用人夫幾何　答曰一萬五千五百五十二名
法曰併上闊二十四尺下闊二十一尺共得四十五尺折半得二十二尺半以深九尺乘之得二百二尺半以乘長三千八百四十尺共得七十七万七千六百尺又以人夫一十二乘之得九百三十三万一千二百尺爲實以每工六百尺爲法除之合問
今有築堤上闊一丈下闊三丈高一丈五尺長一萬六千四百六十尺分定人工每日築積八十二萬三千尺問工完日幾何　答曰六日

今有開河，上闊二丈四尺，下闊二丈一尺，深九尺，長三百八十四丈。每積六百尺爲一工，用人夫一十二名。問該用人夫幾何？　　答曰：一萬五千五百五十二名。

法曰：并上闊二十四尺下闊二十一尺，共得四十五尺。折半得二十二尺半。以深九尺乘之得二百二尺半。以乘長三千八百四十尺，共得七十七万七千六百尺。又以人夫一十二乘之得九百三十三万一千二百尺。爲實，以每工六百尺爲法，除之。合問。

今有築堤上闊一丈，下闊三丈，高一丈五尺，長一萬六千四百六十尺。分定人工，每日築積八十二萬三千尺，問工完日幾何？　　答曰：六日。

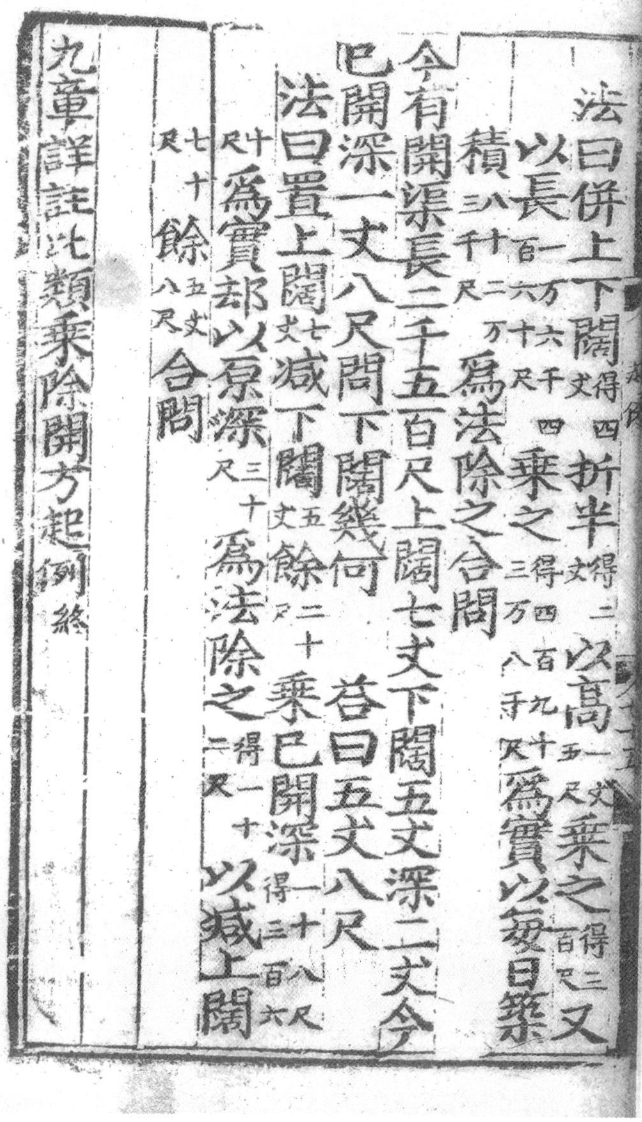

法曰：并上下闊得四丈。折半得二丈。以高一丈五尺乘之得三百尺。又以長一万六千四百六十尺乘之得四百九十三万八千尺。爲實，以每日築積八十二万三千尺爲法除之。合問。

今有開渠長二千五百尺，上闊七丈，下闊五丈，深二丈。今已開深一丈八尺，問下闊幾何？　　答曰：五丈八尺。

法曰：置上闊七丈減下闊五丈餘二十尺乘已開深一十八尺，得三百六十尺。爲實。却以原深二十尺爲法，除之得一十二尺，以減上闊七十尺餘五丈八尺。合問。

九章詳注比類乘除開方起例終

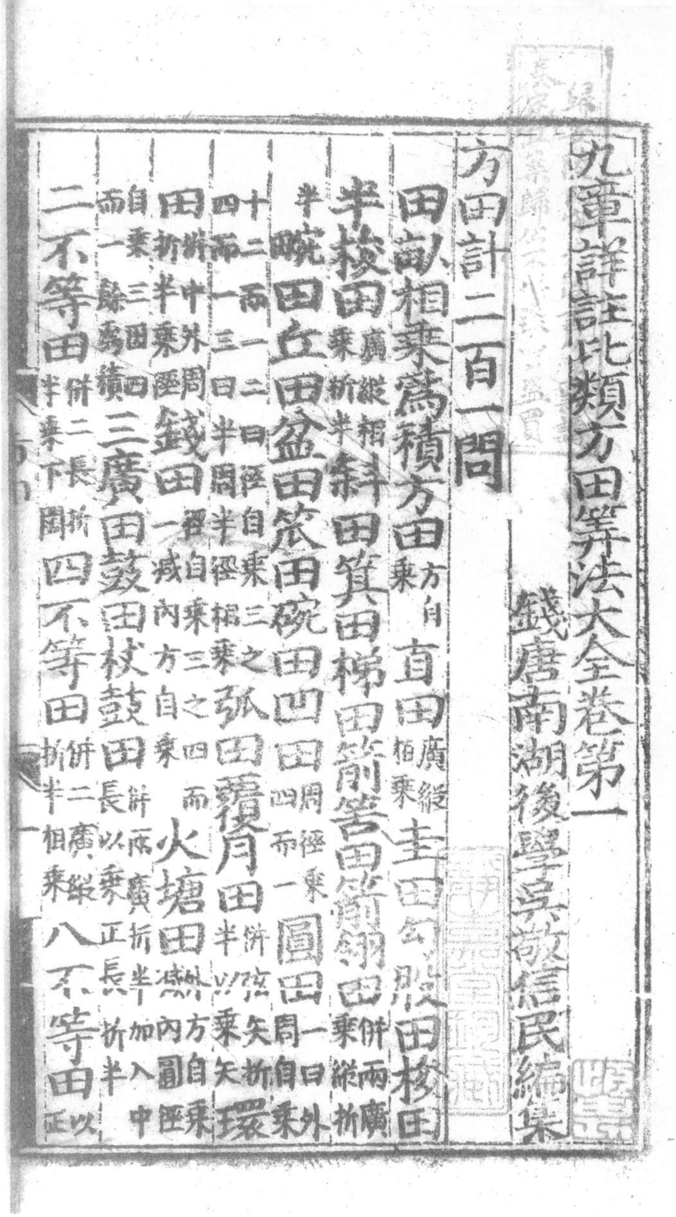

九章詳注比類方田算法大全卷第一

錢唐南湖後學吳敬信民編集

方田計二百一問

田畝相乘爲積。方田自乘。直田廣縱相乘。圭田、勾股田、梭田、半梭田廣縱相乘，折半。斜田、箕田、梯田、箭筈田，箭翎田并兩廣，乘縱，折半。畹田、丘田、盆田、笊田、碗田、凹田周徑乘，四而一。圓田一曰外周自乘，十二而一。二曰徑自乘，三之四而一。三曰半周半徑相乘。弧田、覆月田并弦矢，折半，以乘矢。環田并中外周，折半，乘徑。錢田徑自乘，三之四而一，減內方自乘。火塘田外方自乘減內圓徑自乘三因四而一，餘爲積。三廣田、鼓田、杖鼓田并兩廣折半，加入中長，以乘正長，折半。二不等田并二長，折半，乘下周。四不等田并二廣縱，折半，相乘。八不等田以正

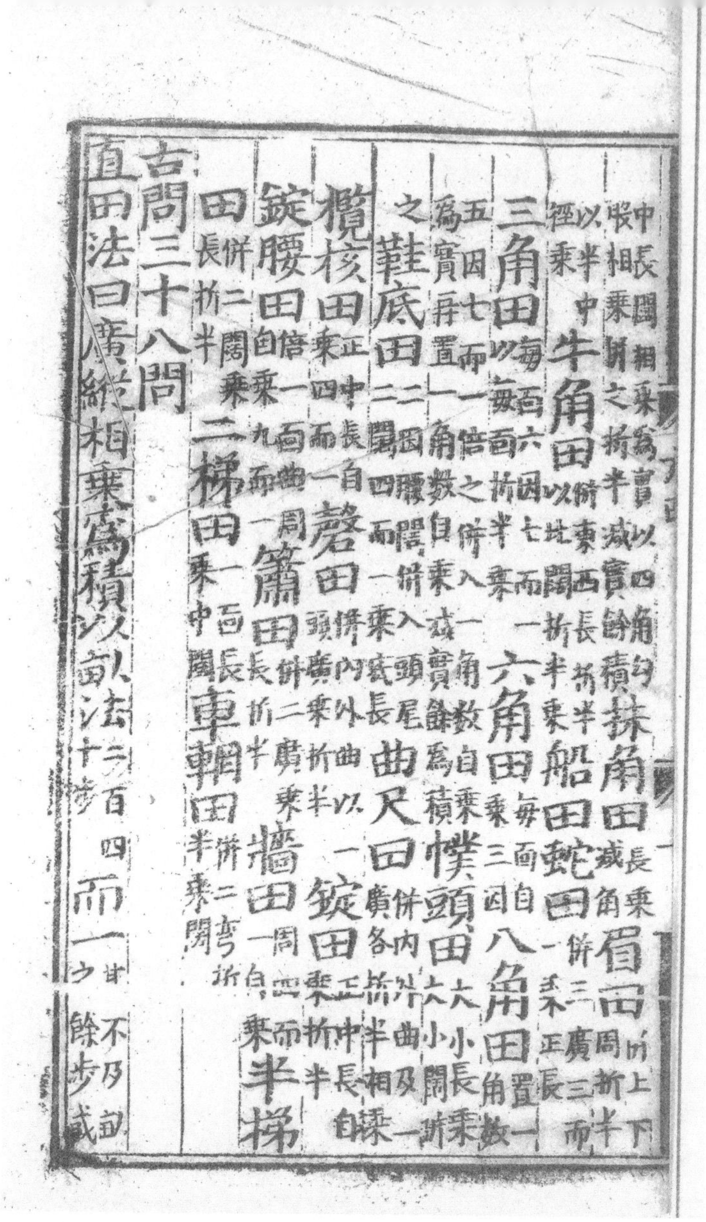

中長闊相乘爲實，以四角勾股相乘，并之，折半，減實餘積。抹角田長乘減角。眉田并上下周，折半，以半中徑乘。牛角田并東西長，折半，以北闊折半乘。船田、蛇田并三廣，三而一，乘正長。三角田每面六因七而一，以每面折半乘。六角田每面自乘，三因。八角田置一角數，五因七而一，倍之，并入一角數，自乘爲實，再置一角數自乘減實，餘爲積。幞頭田大小長乘大小闊，折之。鞋底田二因腰闊并入頭尾二闊，四而一，乘底長。曲尺田并內外曲及一廣，各折半，相乘。欖核田正中長自乘，四而一。磬田并內外曲，以一頭廣乘，折半。錠田正中長自乘，折半。錠腰田倍一面曲周，自乘，九而一。簫田并二廣，乘長，折半。牆田周四而一，自乘。半梯田并二闊，乘長，折半。二梯田一面長乘中闊。車輞田并二弯，折半，乘闊。

古問三十八問

直田法曰：廣縱相乘爲積，以畝法二百四十步而一。其不及畝之餘步，或

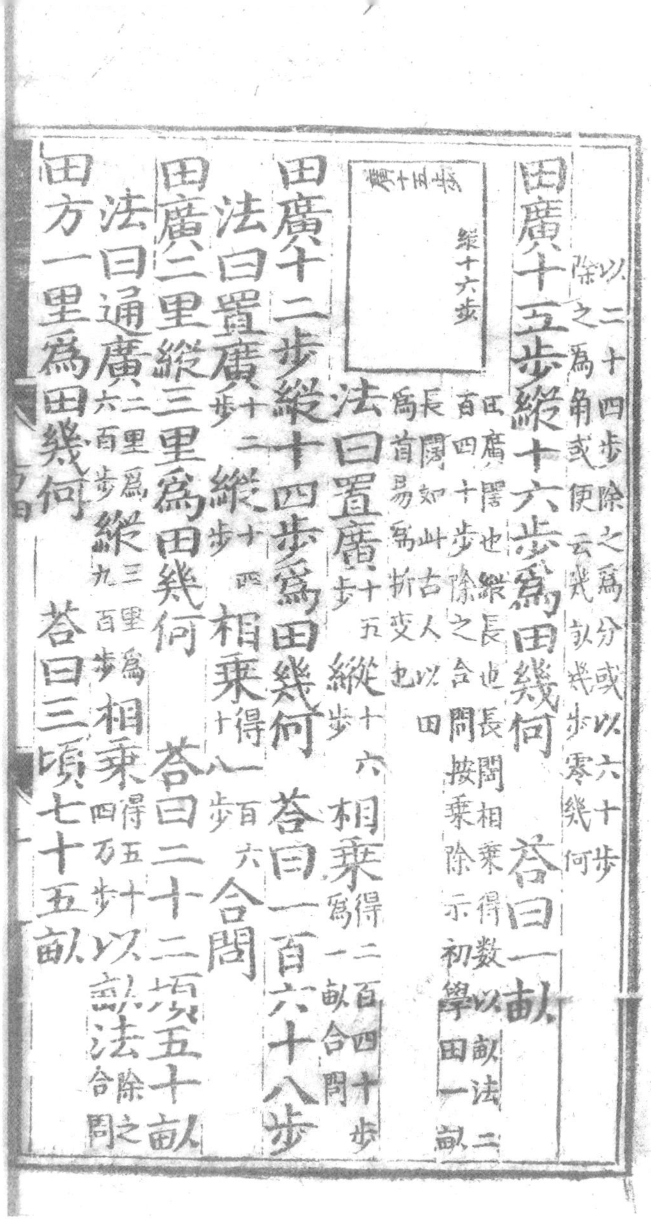

以二十四步除之爲分，或以六十步除之爲角，或便云幾畝幾步零幾何。

田廣十五步，縱十六步，爲田幾何？　答曰：一畝。

田廣，闊也。縱，長也。長闊相乘得數，以畝法二百四十步除之，合問。按乘除示初學，田一畝長闊如此，古人以田爲首，易爲折變也。

法曰：置廣十五步縱十六步相乘得二百四十步爲一畝，合問。

田廣十二步，縱十四步，爲田幾何？　答曰：一百六十八步。

法曰：置廣十二步縱十四步相乘得一百六十八步。合問。

田廣二里，縱三里，爲田幾何？　答曰：二十二頃五十畝。

法曰：通廣二里，爲六百步。縱三里，爲九百步。相乘得五十四万步。以畝法除之，合問。

田方一里，爲田幾何？　答曰：三頃七十五畝。

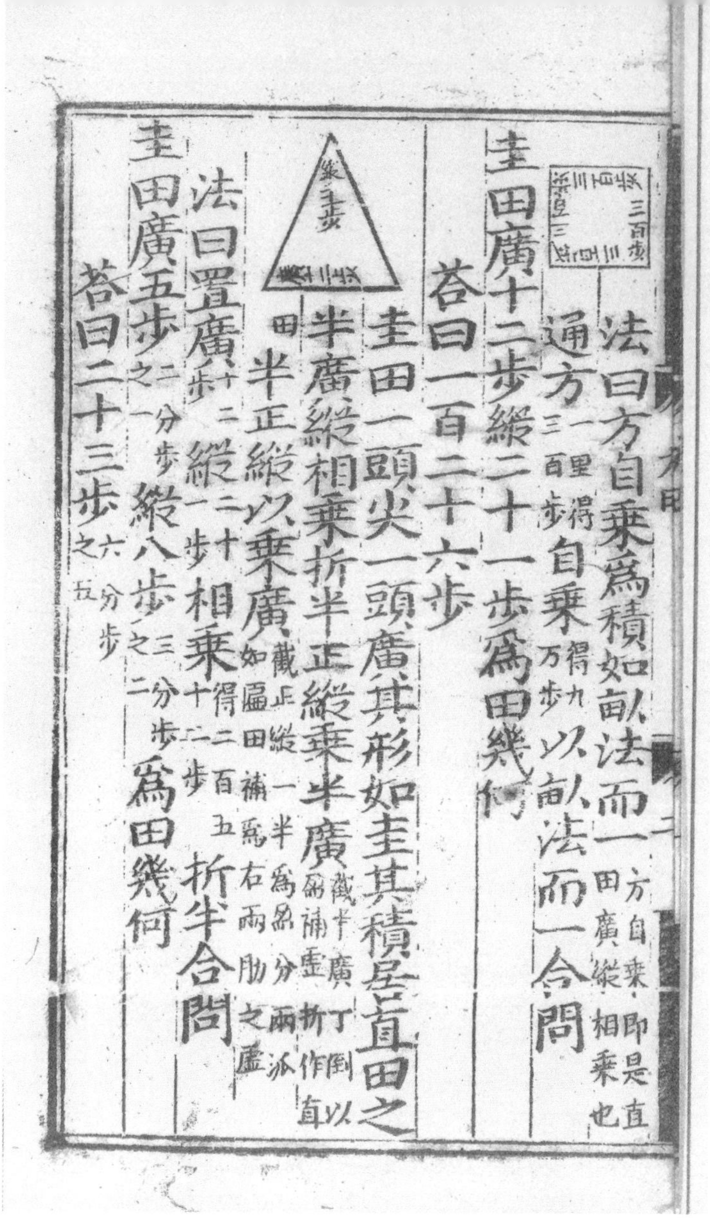

法曰：方自乘爲積，如畝法而一。方自乘即是直田廣縱相乘也。

通方一里，三百步。得自乘得九万步。以畝法而一，合問。

圭田廣十二步，縱二十一步爲田幾何？

答曰：一百二十六步。

圭田一頭尖一頭廣，其形如圭。其積居直田之半。廣縱相乘折半。正縱乘半廣。截半廣，丁倒以盈補虛，折作直田。半正縱以乘廣。截正縱一半爲盈，分兩派如匾田，補爲右兩肋之虛。

法曰：置廣十二步縱二十一步相乘得二百五十二步。折半，合問。

圭田廣五步二分步之一，縱八步三分步之二，爲田幾何？

答曰：二十三步六分步之五。

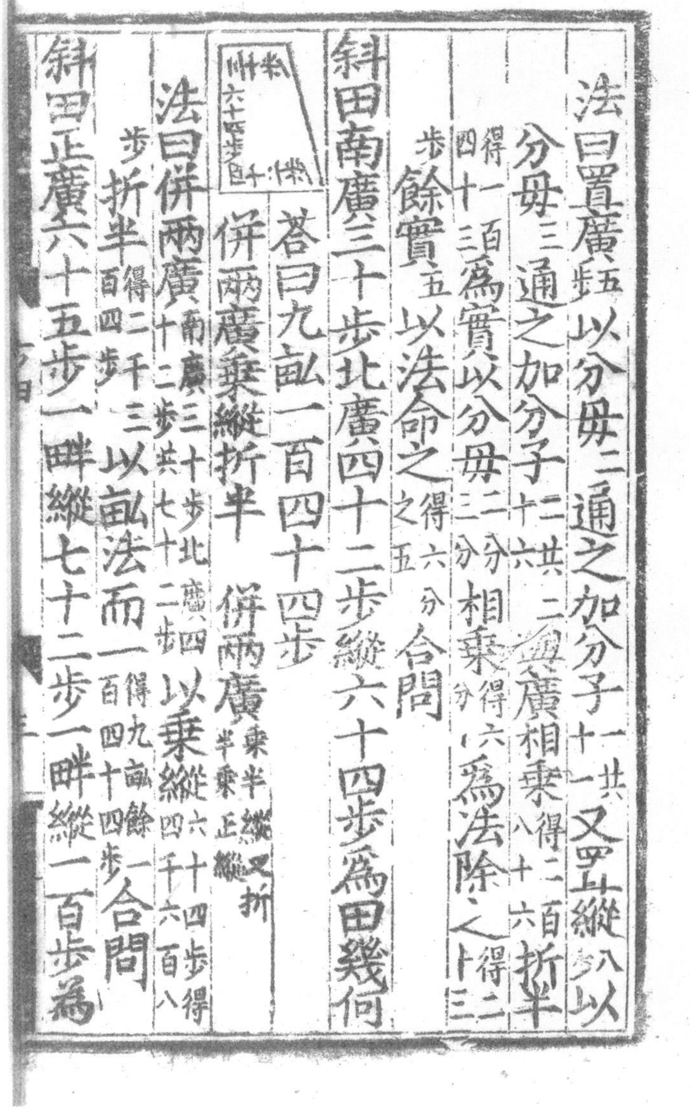

法曰：置廣五步以分母二通之，加分子一共十一。又置縱八步以分母三通之，加分子二共二十六。與廣相乘得二百八十六。折半得一百四十三。爲實。以分母二分，三分，相乘得六分。爲法，除之得二十三步。餘實五以法命之得六分之五。合問。

斜田南廣三十步，北廣四十二步，縱六十四步，爲田幾何？

答曰：九畝一百四十四步。

并兩廣，乘縱，折半。　并兩廣乘半縱。又，折半，乘正縱。

法曰：并兩廣南廣三十步，北廣四十二步，共七十二步。以乘縱六十四步，得四千六百八步。折半得二千三百四步。以畝法而一得九畝餘一百四十四步。合問。

斜田正廣六十五步，一畔縱七十二步，一畔縱一百步。爲

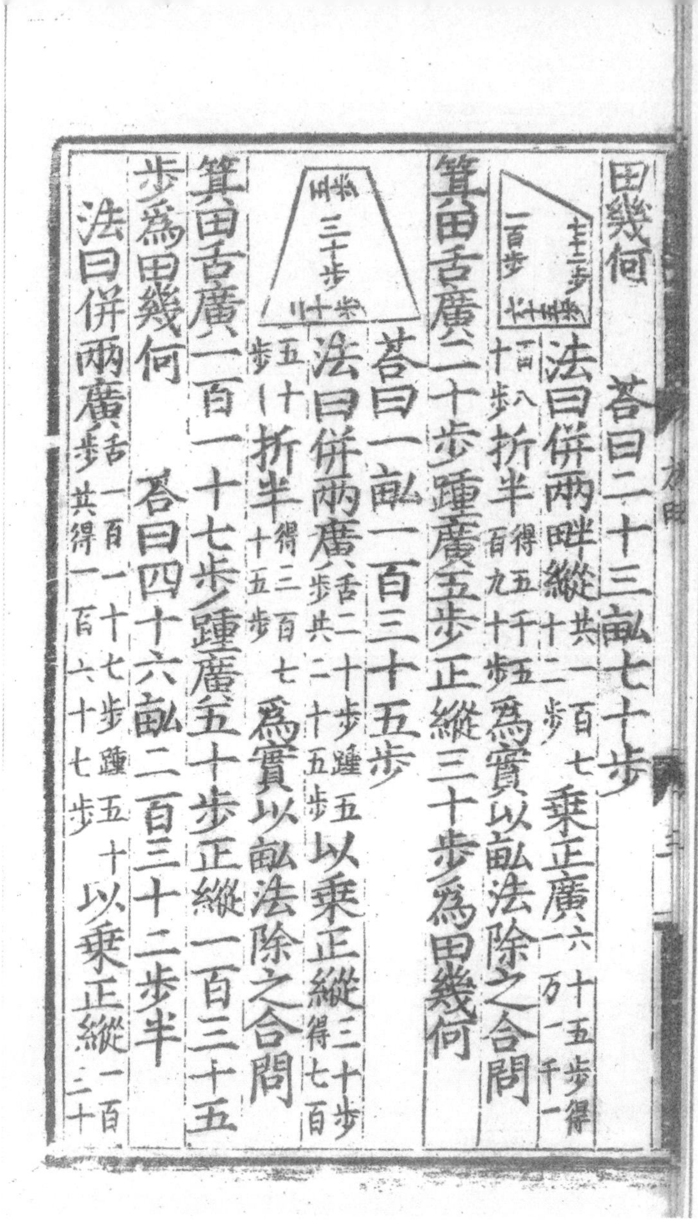

田幾何？　答曰：二十三畝七十步。

法曰：并兩畔縱共一百七十二步。乘正廣六十五步，得一万一千一百八十步。折半得五千五百九十步。爲實，以畝法除之，合問。

箕田舌廣二十步，踵廣五步，正縱三十步，爲田幾何？

答曰：一畝一百三十五步。

法曰：并兩廣舌二十步，踵五步，共二十五步。以乘正縱三十步，得七百五十步。折半得三百七十五步。爲實，以畝法除之，合問。

箕田舌廣一百一十七步，踵廣五十步，正縱一百三十五步，爲田幾何？　答曰：四十六畝二百三十二步半。

法曰：并兩廣舌一百一十七步，踵五十步，共得一百六十七步。以乘正縱一百三十

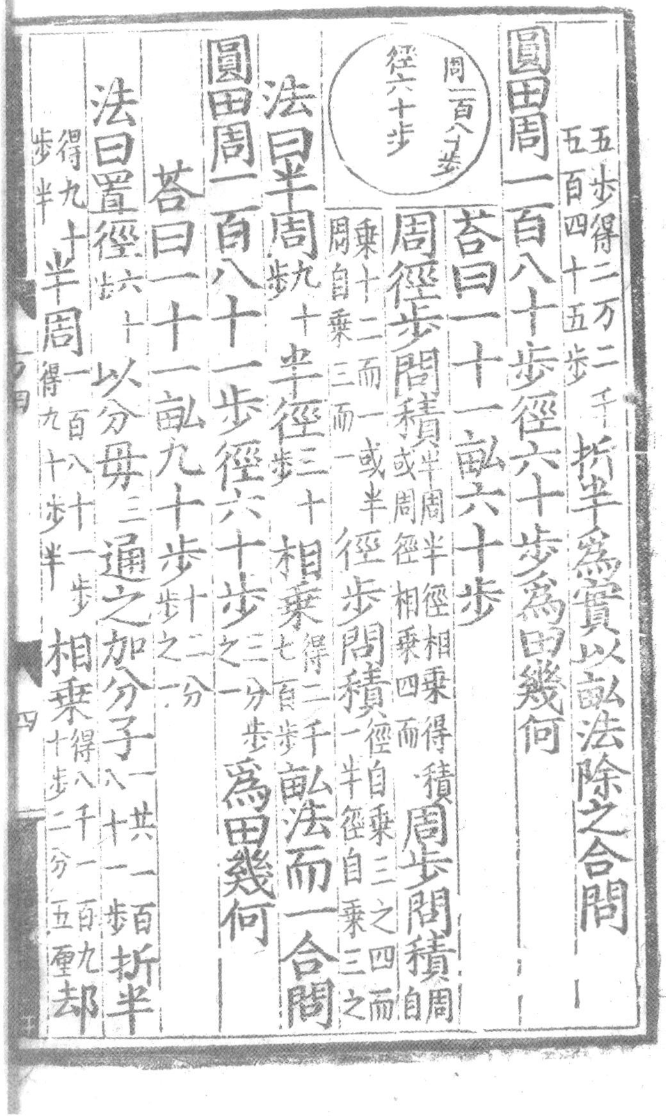

五步，得二万二千五百四十五步。折半爲實，以畝法除之，合問。

圓田周一百八十步，徑六十步，爲田幾何？

答曰：一十一畝六十步。

周、徑步問積半周半徑相乘得積。或周徑相乘，四而一。周步問積周自乘，十二而一。或半周自乘，三而一。徑步問積徑自乘，三之四而二。半徑自乘三之。

法曰：半周九十步半徑三十步相乘得二千七百步。畝法而一，合問。

圓田周一百八十一步，徑六十步三分步之二，爲田幾何？

答曰：一十一畝九十步十二分步之一。

法曰：置徑六十步以分母三通之，加分子一，共一百八十一步。折半得九十步半。半周一百八十一步，得九十步半。相乘得八千一百九十步二分五厘，却

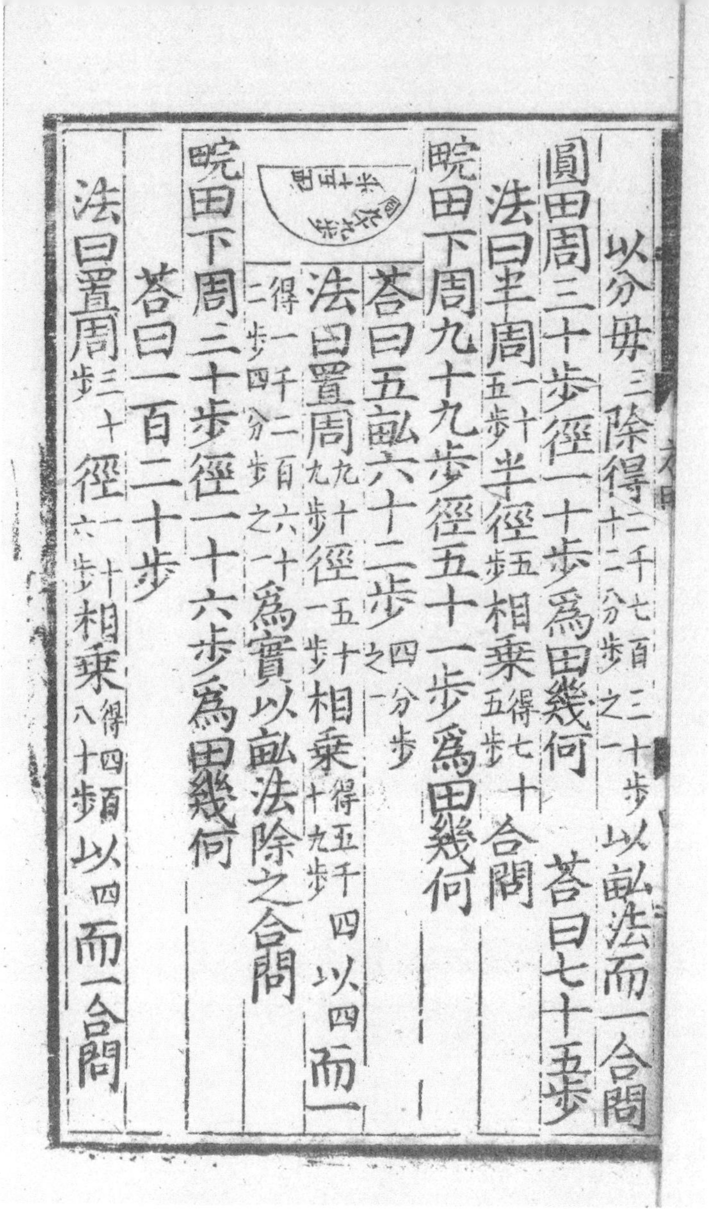
以分母三除得二千七百三十步十二分步之一以畝法而一合問
圓田周三十步徑一十步爲田幾何　荅曰七十五步
法曰半周一十五步半徑五步相乘得七十五步合問
晥田下周九十九步徑五十一步爲田幾何
荅曰五畝六十二步四分步之一
法曰置周九十九步徑五十一步相乘得五千四十九步以四而一
得一千二百六十二步四分步之一爲實以畝法除之合問
晥田下周三十步徑一十六步爲田幾何
荅曰一百二十步
法曰置周三十步徑一十六步相乘得四百八十步以四而一合問

以分母三除得二千七百三十步十二分步之一。以畝法而一，合問。

圓田周三十步，徑一十步，爲田幾何？　答曰：七十五步。

法曰：半周一十五步半徑五步相乘得七十五步。合問。

晥田下周九十九步，徑五十一步，爲田幾何？

答曰：五畝六十二步四分步之一。

法曰：置周九十九步徑五十一步相乘得五千四十九步。以四而一

得一千二百六十二步四分步之一。爲實，以畝法除之，合問。

晥田下周三十步徑一十六步，爲田幾何？

答曰：一百二十步。

法曰：置周三十步徑一十六步相乘得四百八十步。以四而一，合問。

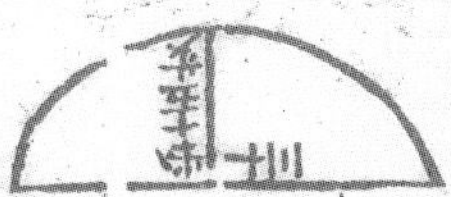

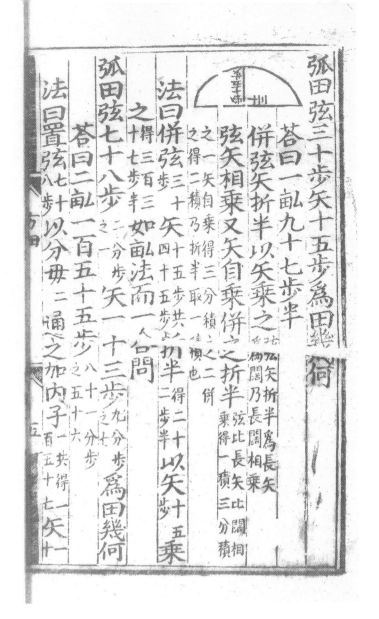

弧田弦三十步，矢十五步，爲田幾何？

答曰：一畝九十七步半。

并弦矢折半，以矢乘之。弦矢折半爲長，矢爲闊，乃長闊相乘。

弦矢相乘，又矢自乘，并之，折半。弦比長，矢比闊，相乘得一積三分積之一，矢自乘得三分積之二，并之得二積，乃折半，取一積也。

法曰：并弦三十步矢十五步，共四十五步。折半得二十二步半。以矢十五步乘之得三百三十七步半。如畝法而一，合問。

弧田弦七十八步二分步之一，矢一十三步九分步之七，爲田幾何？

答曰：二畝一百五十五步八十一分步之五十六。

法曰：置弦七十八步以分母二通之，加内子一，共得一百五十七。矢一十

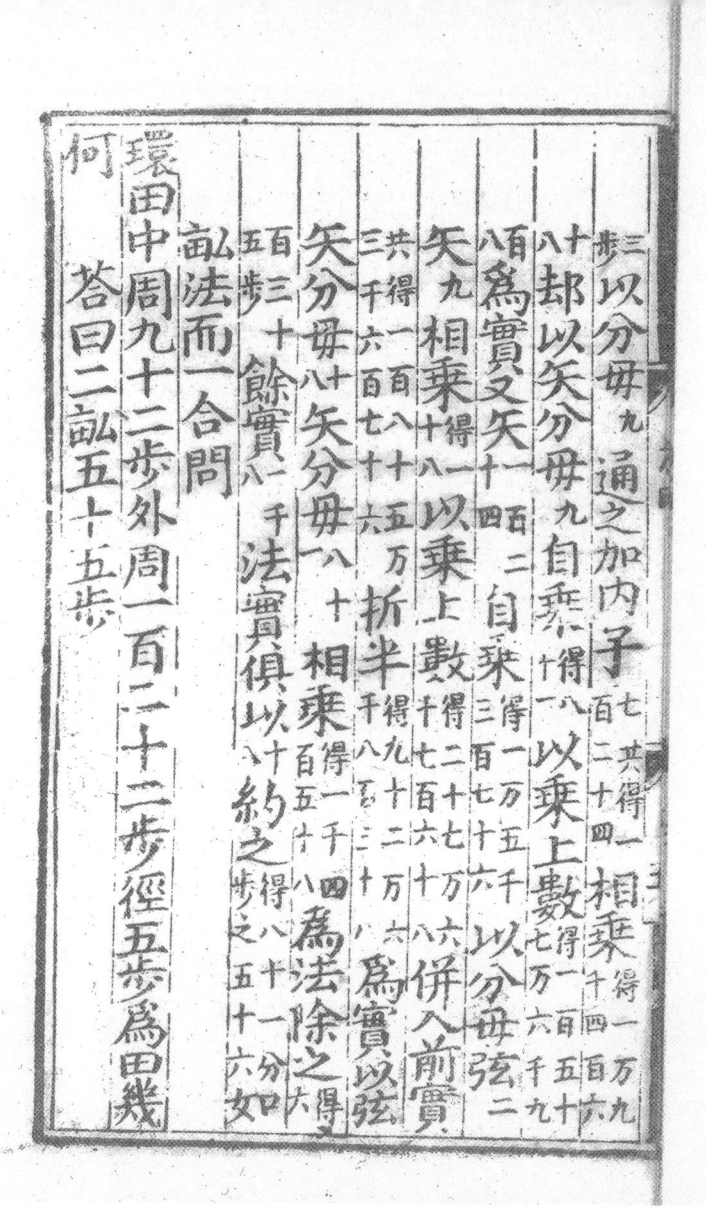

三步以分母九通之，加内子七，共得一百二十四。相乘得一万九千四百六十八。却以矢分母九自乘得八十一。以乘上數得一百五十七万六千九百八。爲實。又矢一百二十四自乘得一万五千三百七十六。以分母弦二矢九相乘得一十八。以乘上數得二十七万六千七百六十八。并入前實共得一百八十五万三千六百七十六。折半得九十二万六千八百三十八。爲實。以弦矢分母十八矢分母八十一相乘得一千四百五十八。爲法除之得六百三十五步。餘實一千八法實俱以十八約之得八十一分步之五十六。如畝法而一，合問。

環田中周九十二步，外周一百二十二步，徑五步，爲田幾何？　答曰：二畝五十五步。

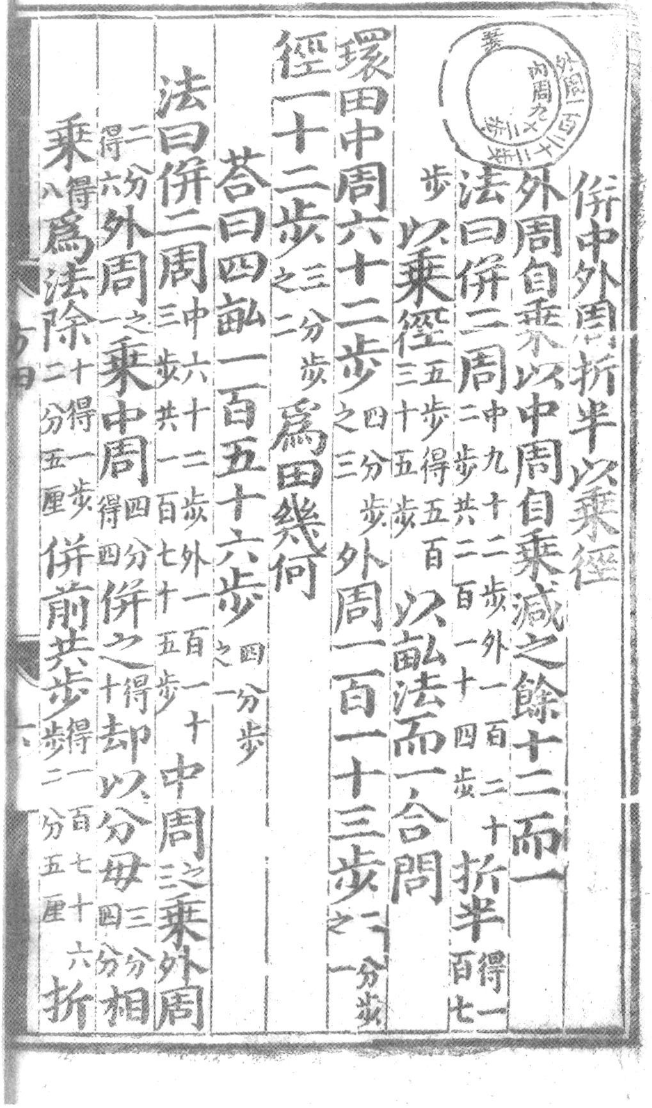

併中外周折半以乘徑

外周自乘以中周自乘減之餘十二而一

法曰併二周中九十二步外一百二十二步共二百一十四步折半得一百七

步以乘徑五步得五百三十五步以畝法而一合問

環田中周六十二步四分步之三外周一百一十三步二分步之一

徑一十二步三分步之二爲田幾何

荅曰四畝一百五十六步四分步之一

法曰併二周中六十二步外一百一十三步共一百七十五步中周之三乘外周

二分得六外周之一乘中周四分得四併之得十却以分母三分四分相

乘得八爲法除二十得一步二分五厘併前共步得一百七十六步二分五厘折

并中外周，折半，以乘徑。

外周自乘，以中周自乘減之，餘，十二而一。

法曰：并二周中九十二步，外一百二十二步，共二百一十四步。折半得一百七步。以乘徑五步，得五百三十五步。以畝法而一，合問。

環田中周六十二步四分步之三，外周一百一十三步二分步之一，徑一十二步三分步之二，爲田幾何？

答曰：四畝一百五十六步四分步之一。

法曰：并二周中六十二步，外一百一十三步，共一百七十五步。中周之三乘外周二分，得六。外周之一乘中周四分，得四。并之得十。却以分母三分，四分。相乘得八。爲法，除十，得一步二分五厘。并前共步得一百七十六步二分五厘。折

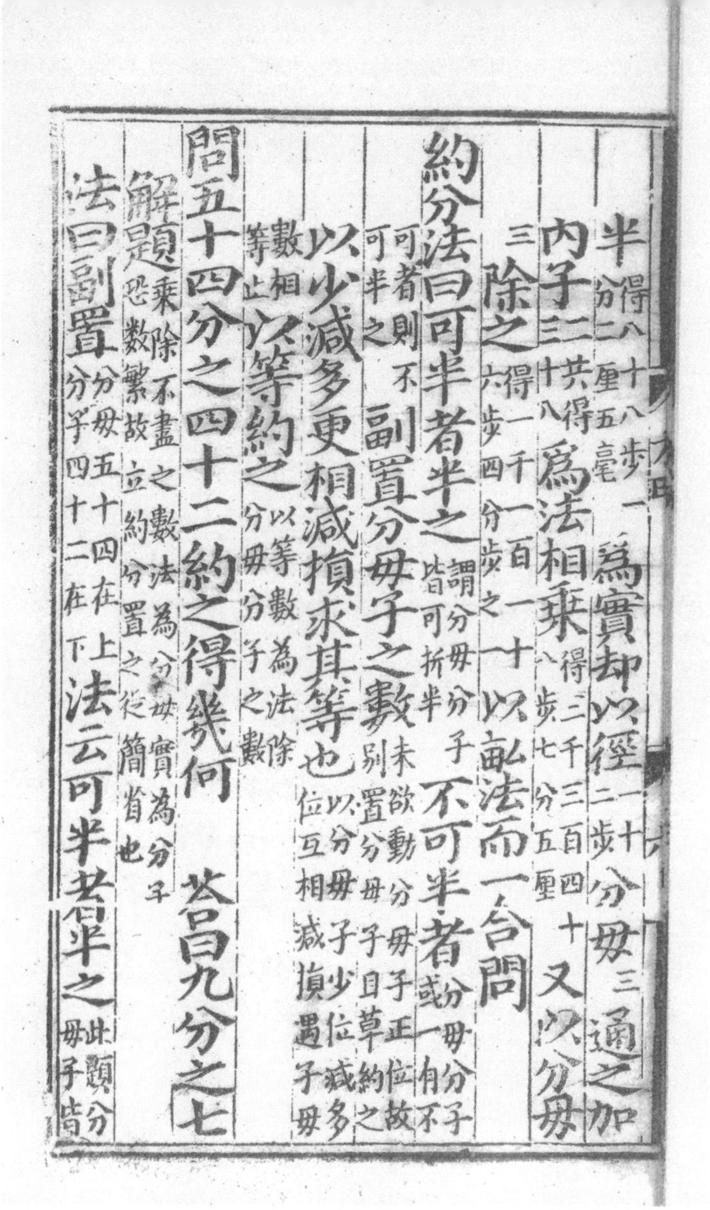

半得八十八步一分二厘五毫。爲實。却以徑二十二步分母三通之，加

内子二，共得三十八。爲法。相乘得三千三百四十八步七分五厘。又以分母

三除之得一千一百一十六步四分步之一。以畝法而一，合問。

約分法曰：可半者半之謂分母分子皆可折半。不可半者分母分子或一有不可者，則不可半之。副置分母子之數未欲動分母子正位，故別置分母子且草約之。以少減多，更相減損，求其等也。以分母子少位減多位，互相減損，遇子母數相等止。以等約之。以等數爲法，除分母分子之數。

問五十四分之四十二，約之得幾何？　答曰：九分之七。

解題：乘除不盡之數，法爲分母，實爲分子。恐數繁，故立約分置之，從簡省也。

法曰：副置分母五十四在上，分子四十二在下。法云可半者半之此題分母子皆

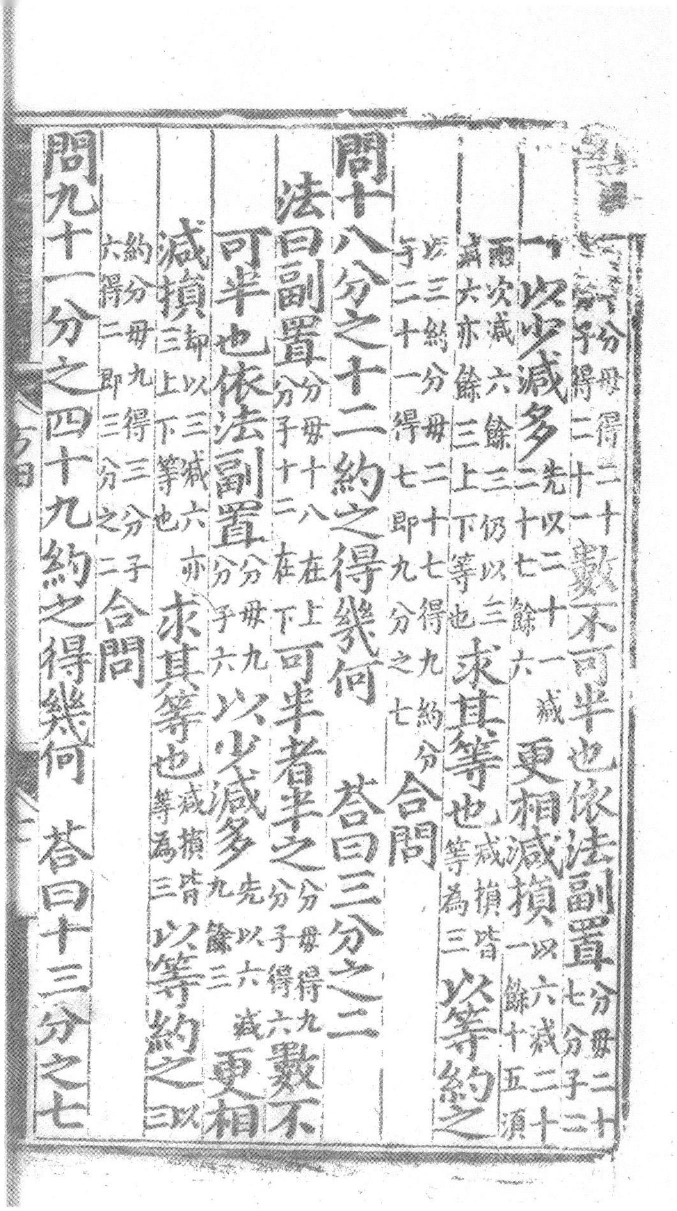

可半，分母得二十七，分子得二十一。[1]，數不可半也，依法副置分母二十七，分子二十一。以少減多先以二十一減二十七，餘六。更相減損以六減二十一，餘十五。須兩次減六，餘三。仍以三減六，亦餘三，上下等也。求其等也。減損皆等爲三。以等約之，以三約分母二十七得九，約分子二十一得七，即九分之七。合問。

問十八分之十二，約之得幾何？　答曰：三分之二。

法曰：副置分母十八在上，分子十二在下。可半者半之分母得九，分子得六。數不可半也，依法副置分母九，分子六。以少減多先以六減九，餘三。更相減損却以三減六，亦三，上下等也。求其等也減損皆等爲三。以等約之以三約分母九得三，分子六得二，即三分之二。合問。

問九十一分之四十九，約之得幾何？　答曰：十三分之七。

1“可半”“七”各本均不清，依題意作此。

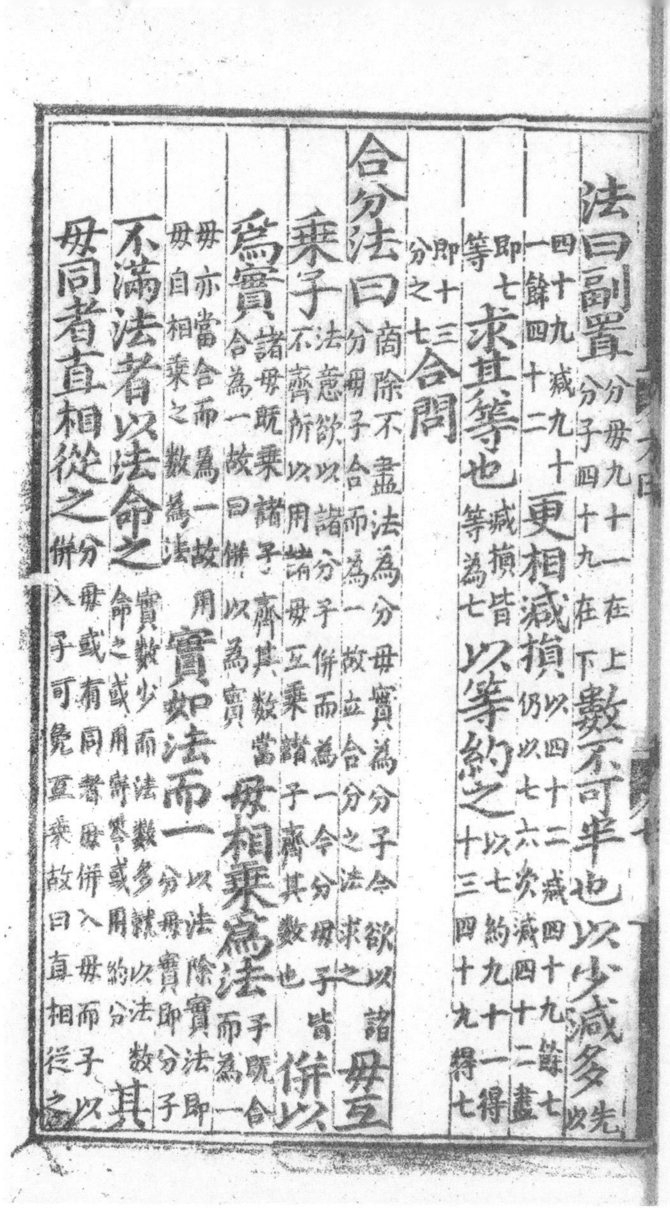

法曰：副置分母九十一在上，分子四十九在下。數不可半也，以少減多先以四十九減九十一，餘四十二。更相減損以四十二減四十九餘七，仍以七六次減四十二盡，即七等。求其等也減損皆等爲七。以等約之以七約九十一得十三，四十九得七，即十三分之七。合問。

合分法曰：商除不盡，法爲分母實爲分子，今欲以諸分母子合而爲一，故立合分之法求之。母互乘子。法意欲以諸分子并而爲一，今分母子皆不齊，所以用諸母互乘諸子，齊其數也。并以爲實，諸母既乘諸子，齊其數，當合爲一，故曰并以爲實。母相乘爲法。子既合而爲一，母亦當合而爲一，故用母自相乘之數爲法。實如法而一。以法除實，法即分母，實即分子。不滿法者，以法命之。實數少，而法數多，就以法數命之。或用奇零，或用約分。其母同者直相從之。分母或有同者，母并入母，而子以并入子，可免互乘，故曰直相從之。

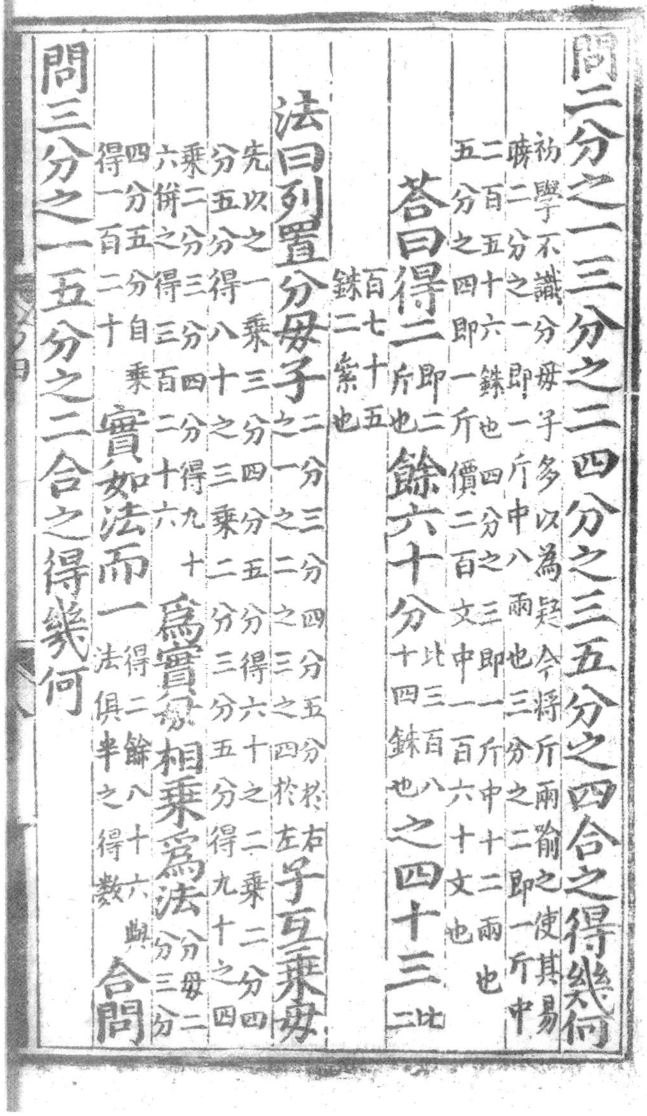

問二分之一，三分之二，四分之三，五分之四，合之得幾何？

初學不識分母子，多以爲疑，今將斤兩喻之，使其易曉。二分之一即一斤中八兩也，三分之二即一斤中二百五十六銖也。四分之三即一斤中十二兩也。五分之四即一斤價二百文中一百六十文也。

答曰：得二（即二斤也。）餘六千分（比三百八十四銖也。）之四十三（比二百七十五銖二絫也。）

法曰：列置分母子（二分、三分、四分、五分於右，之一、之二、之三、之四於左。）子互乘母（先以之一乘三分、四分、五分得六十，之二乘二分、四分、五分得八十，之三乘二分、三分、五分得九十，之四乘二分、三分、四分得九十六，并之得三百二十六。）爲實。母相乘爲法（分母二分、三分四分、五分自乘得一百二十。）實如法而一（得二餘八十六，與法俱半之，得數。）合問。

問三分之一，五分之二，合之得幾何？

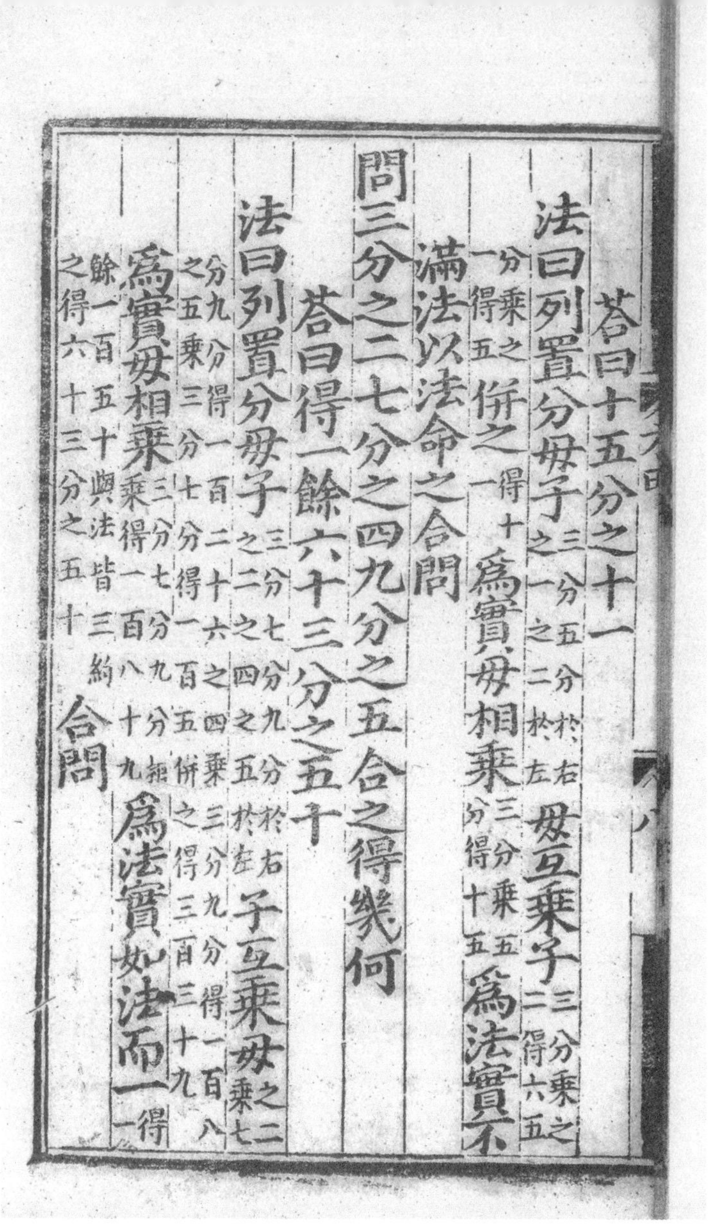

答曰：十五分之十一。

法曰：列置分母子三分、五分於右，之二、之二於左。母互乘子三分乘之二得六。五分乘之一得五。并之得十一。爲實。母相乘三分乘五分，得十五。爲法。實不滿法，以法命之，合問。

問三分之二，七分之四，九分之五，合之得幾何？

答曰：得一餘六十三分之五十。

法曰：列置分母子三分、七分、九分於右，之二、之四、之五於左。子互乘母之二乘七分、九分，得一百二十六。之四乘三分、九分，得一百八。之五乘三分、七分，得一百五。并之，得三百三十九。爲實。母相乘三分、七分、九分相乘，得一百八十九。爲法。實如法而一得一餘一百五十。與法皆三約之，得六十三分之五十。合問。

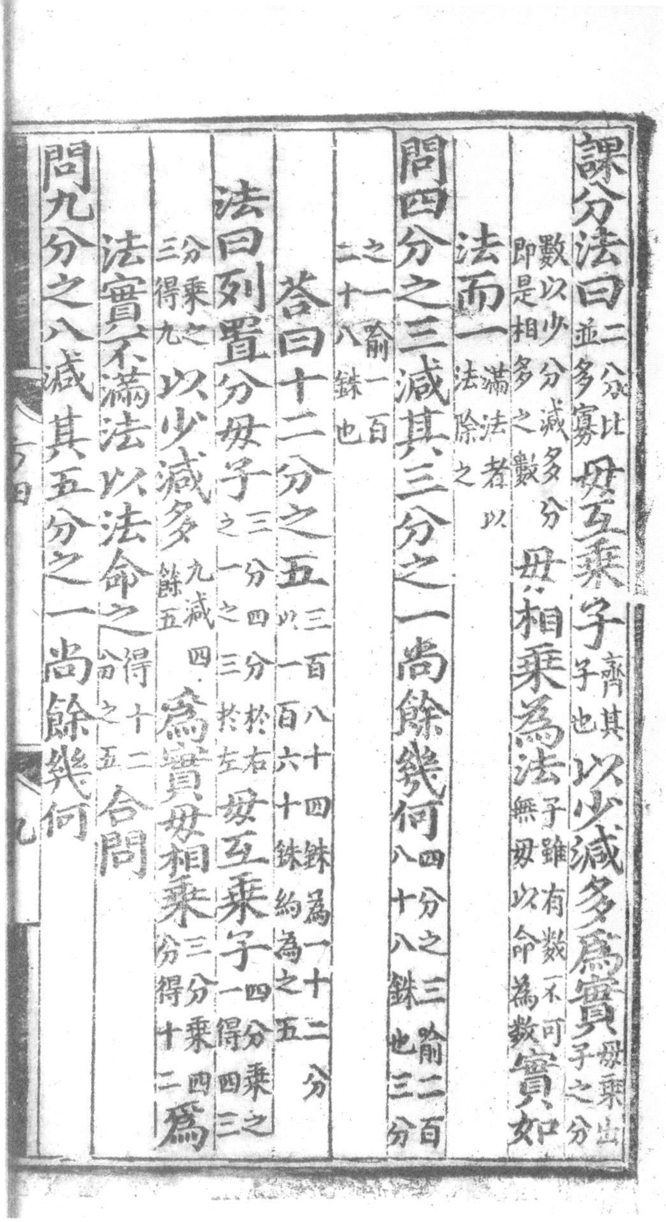

課分法曰：二分比，并多寡。母互乘子，齊其子也。以少減多爲實。母乘出子之分數，以少分減多分，即是相多之數。母相乘爲法。子雖有數，不可無母，以命爲數。實如法而一。滿法者以法除之。

問四分之三減其三分之一，尚餘幾何？四分之三喻二百八十八銖也。三分之一喻一百二十八銖也。

答曰：十二分之五三百八十四銖爲一十二分，以一百六十銖約爲之五。

法曰：列置分母子三分、四分於右，之一、之三於左。母互乘子四分乘之一得四。三分乘之三得九。以少減多九減四餘五。爲實。母相乘三分乘四分得十二。爲法。實不滿法，以法命之得十二分之五。合問。

問九分之八減其五分之一，尚餘幾何？

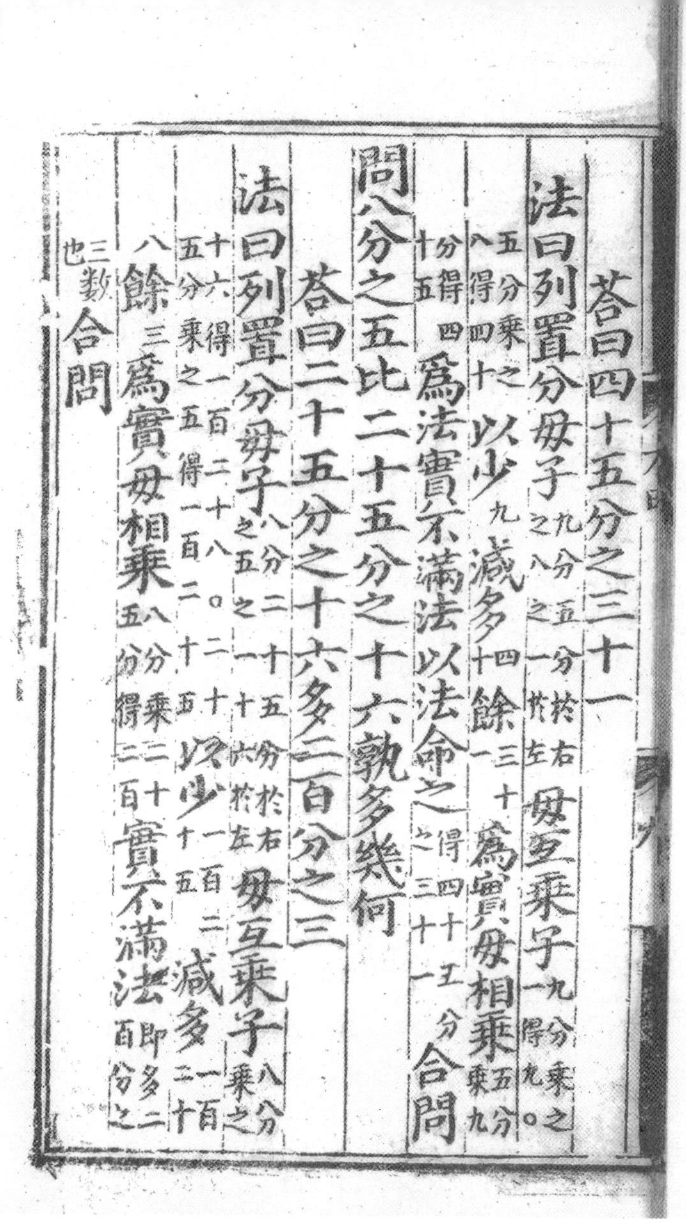

答曰：四十五分之三十一。

法曰：列置分母子九分、五分於右，之八、之一於左。母互乘子九分乘之一得九。〇[1]五分乘之八得四十。以少九減多四十餘三十一爲實。母相乘五分乘九分得四十五。爲法。實不滿法，以法命之得四十五分之三十一。合問。

問八分之五比二十五分之十六，孰多幾何？

答曰：二十五分之十六多二百分之三。

法曰：列置分母子八分、二十五分於右，之五、之一十六於左。母互乘子八分乘之十六得一百二十八。〇二十五分乘之五得一百二十五。以少一百二十五減多一百二十八餘三爲實。母相乘八分乘二十五分得二百。實不滿法即多二百分之三數也。合問。

1“九分乘之一得九”句後，原文以“〇”號表示計算操作的分隔，今保留，下同。

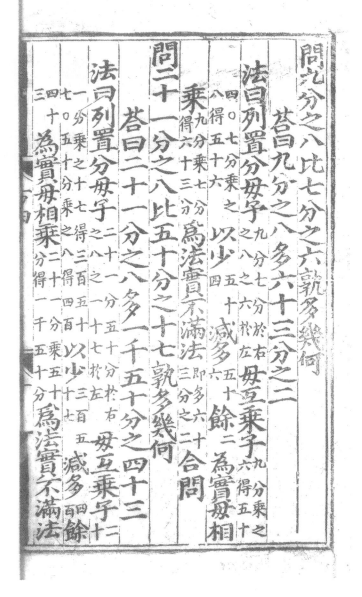

問九分之八比七分之六，孰多幾何？

答曰：九分之八多六十三分之二。

法曰：列置分母子九分、七分於右，之八之六於左。母互乘子九分乘之六得五十四。○七分乘之八得五十六。以少五十四減多五十六餘二爲實。母相乘九分乘七分得六十三分。爲法。實不滿法即多六十三分之二。合問。

問二十一分之八比五十分之十七，孰多幾何？

答曰：二十一分之八多一千五十分之四十三。

法曰：列置分母子二十一分、五十分於右，之八、之一十七於左。母互乘子二十一分乘之十七得三百五十七。○五十分乘之八得四百。以少三百五十七減多四百餘四十三爲實。母相乘二十一分乘五十分得一千五十分。爲法。實不滿法，

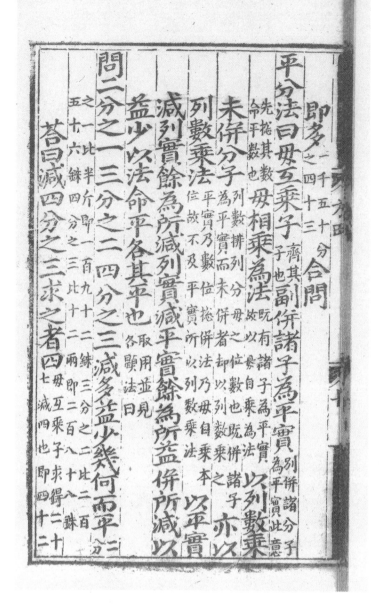

即多一千五十分之四十三。合問。

平分法曰：母互乘子，齊其子也。副并諸子爲平實。別并諸分子爲平實，此意先揔其數，命平數也。母相乘爲法。既有諸子爲平實，故以母自乘爲法。以列數乘未并分子。列數排列分母之位數也，既并諸子爲平實，而未并者却以列數乘之。亦以列數乘法。平實乃數位，揔并法乃母自乘本位，故不及平實，所以列數乘法。以平實減列實，餘爲所減。列實減平實，餘爲所益。并所減以益少，以法命平，各其平也。取用并見各題法曰。

問二分之一，三分之二，四分之三，減多益少，幾何而平？二分之一比半斤，即一百九十二銖，三分之二比二百五十六銖，四分之三比十二兩，即二百八十八銖。

答曰：減四分之三，求之者四母互乘子求得二十七，減四也，即四十二銖三分銖之二。減三分之二，求之者一母互乘子求得二十四，減一即一十銖三分銖之二。益二分之一，求之者五母互乘子求得十八益五，即五十三銖三分銖之一。各平於三十六分之二十三三十六分比全斤三百八十四銖内一分，即十銖三分銖之二，分子二十三，即二百四十五銖三分銖之一。

法曰：列置分母子二分、三分、四分於右，之一、之二、之三於左。母互乘子之二乘三分、四分得十二。〇之二乘二分、四分得十六。〇之三乘二分、三分得十八。副并，十二、十六、十八得四十六。爲平實。母相乘二分、三分、四分相乘，得二十四分。爲法。以列數乘未并分子列數三以乘十二得三十六。〇乘十六得四十八。〇乘十八得五十四。亦以列數三乘法二十四得七十二。數繁，合用約分折半法得三十六，實得二十三，其之一得十八，之二得二十四，之三得二十七。以平實二十三減列實之二求出二十四，餘一。之三求出二十七，餘四。以列實之一求出者十八。減平實，二十三，少五數。并所減之二餘一，三餘四，共五。以益少益二分之二各其平也各平於三十六分之二十三。合問。

問三分之一，三分之二，四分之三，減多益少幾何而平？

三分之一即一百二十八銖，三分之二比二百五十六銖，四分之三比二百八十八銖。

答曰：減四分之三求之者二母互乘子求得九，減二即六十四銖。減三分之二求之者一母互乘子求得八，減一即三十二銖。益三分之一求之者三母互乘子求得四，益三即九十六銖。各平於十二分之七十二分比金斤，三百八十四銖內一分即三十二銖，分子七即二百二十四銖。

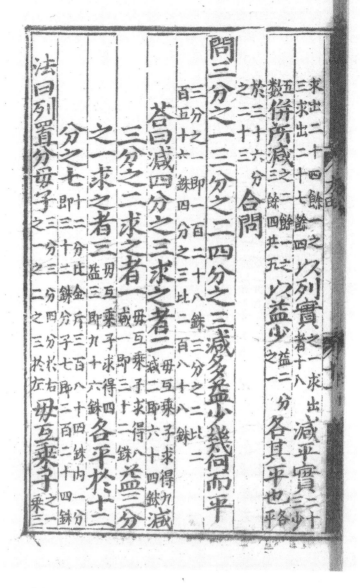

法曰：列置分母子三分、三分、四分於右，之一、之二、之三於左。母互乘子之一乘三

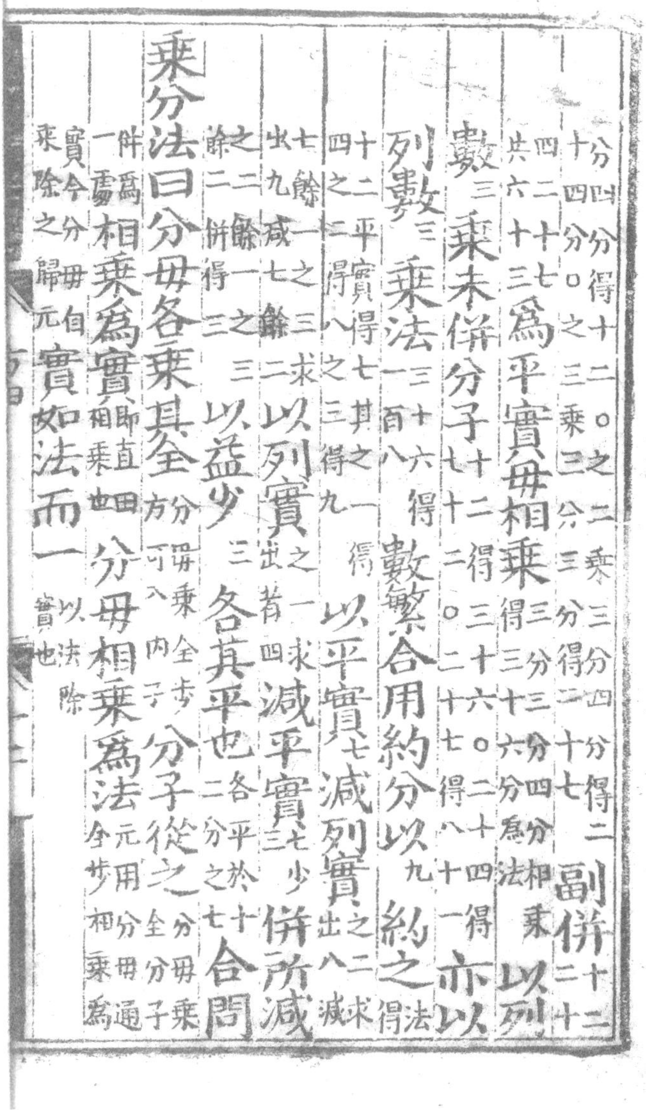

分、四分得十二。○之二乘三分、四分得二十四分。○之三乘三分、三分得二十七。副并十二、二十四、二十七爲平實。母相乘三分、三分、四分相乘，得三十六分，爲法。以列數三乘未并分子十二得三十六。○二十四得七十二。○二十七得八十一。亦以列數三乘法三十六得一百八。數繁，合用約分。以九約之法得十二，平實得七，其之一得四，之二得八，之三得九。以平實七減列實之二求出八，減七餘一。之三求出九，減七餘二。以列實之一求出者四。減平實七，三。少并所減之二餘一，之三餘二，并得三。以益少三各其平也各平於十二分之七。合問。

乘分法曰：分母各乘其全分母乘全步，方可入內子。分子從之分母乘全，分子并爲一處。相乘爲實即直田相乘也。分母相乘爲法元用分母通全步，相乘爲實，今分母自乘除之，歸元。實如法而一以法除實也。

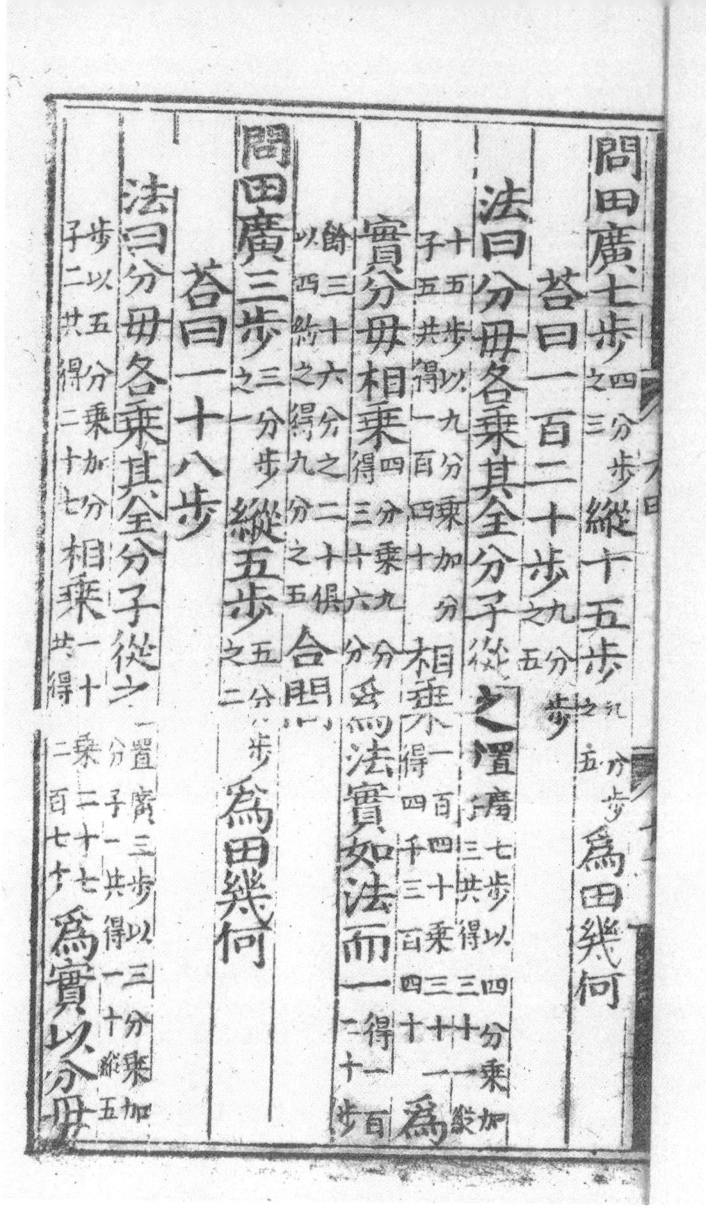

問田廣七步四分步之三，縱十五步九分步之五，爲田幾何？

答曰：一百二十步九分步之五。

法曰：分母各乘其全，分子從之置廣七步，以四分乘，加分子三，共得三十一。縱十五步，以九分乘，加分子五，共得一百四十。相乘一百四十乘三十一，得四千三百四十。爲實。分母相乘四分乘九分得三十六分。爲法。實如法而一得一百二十步，餘三十六分之二十，俱以四約之，得九分之五。合問。

問田廣三步三分步之一，縱五步五分步之二，爲田幾何？

答曰：一十八步。

法曰：分母各乘其全，分子從之置廣三步，以三分乘，加分子一，共得一十。縱五步以五分乘，加分子二，共得二十七。相乘一十乘二十七，共得二百七十。爲實。以分母

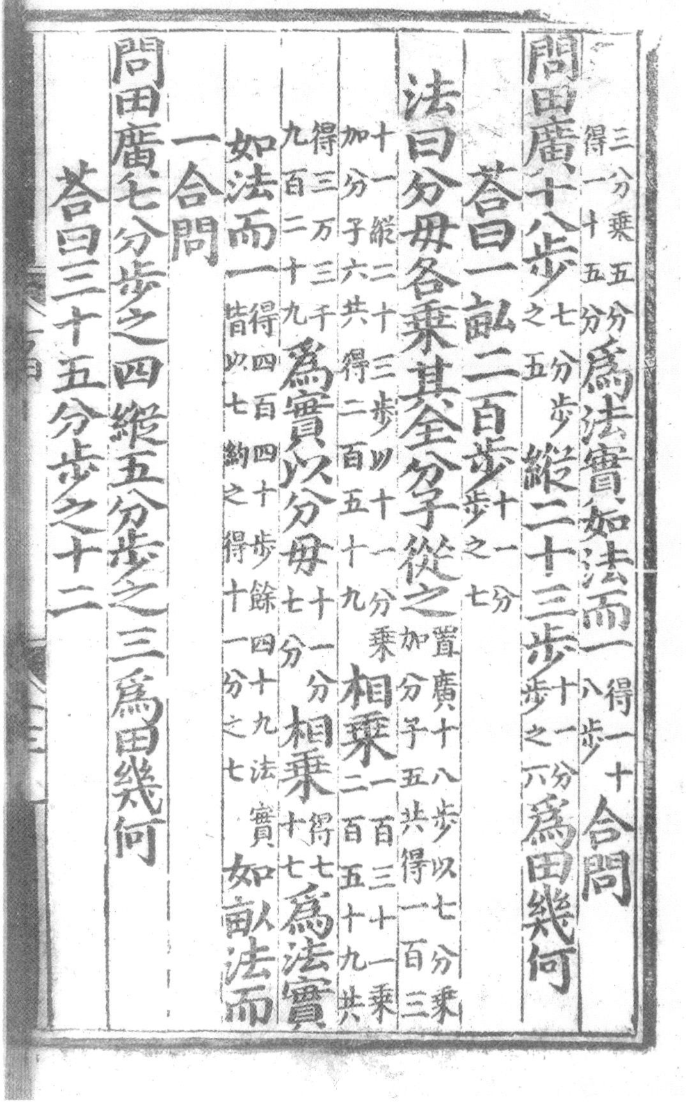
三分乘五分得一十五分爲法實如法而一得一十八步合問
問田廣十八步七分步之五縱二十三步十一分步之六爲田幾何
荅曰一畝二百步十一分步之七
法曰分母各乘其全分子從之置廣十八步以七分乘加分子五共得一百三十一縱二十三步以十一分乘加分子六共得二百五十九相乘一百三十一乘二百五十九共得三万三千九百二十九爲實以分母十一分七分相乘得七十七爲法實如法而一得四百四十步餘四十九法實皆以七約之得十一分之七如畝法而一合問
問田廣七分步之四縱五分步之三爲田幾何
荅曰三十五分步之十二

三分乘五分得一十五分。爲法。實如法而一得一十八步。合問。

問田廣十八步七分步之五，縱二十三步十一分步之六，爲田幾何？

答曰：一畝二百步十一分步之七。

法曰：分母各乘其全，分子從之置廣十八步，以七分乘加分子五，共得一百三十一。縱二十三步，以十一分乘加分子六，共得二百五十九。相乘一百三十一乘二百五十九，共得三万三千九百二十九。爲實。以分母十一分，七分，相乘得七十七。爲法。實如法而一得四百四十步，餘四十九。法實皆以七約之，得十一分之七。如畝法而一，合問。

問田廣七分步之四，縱五分步之三，爲田幾何？

答曰：三十五分步之十二。

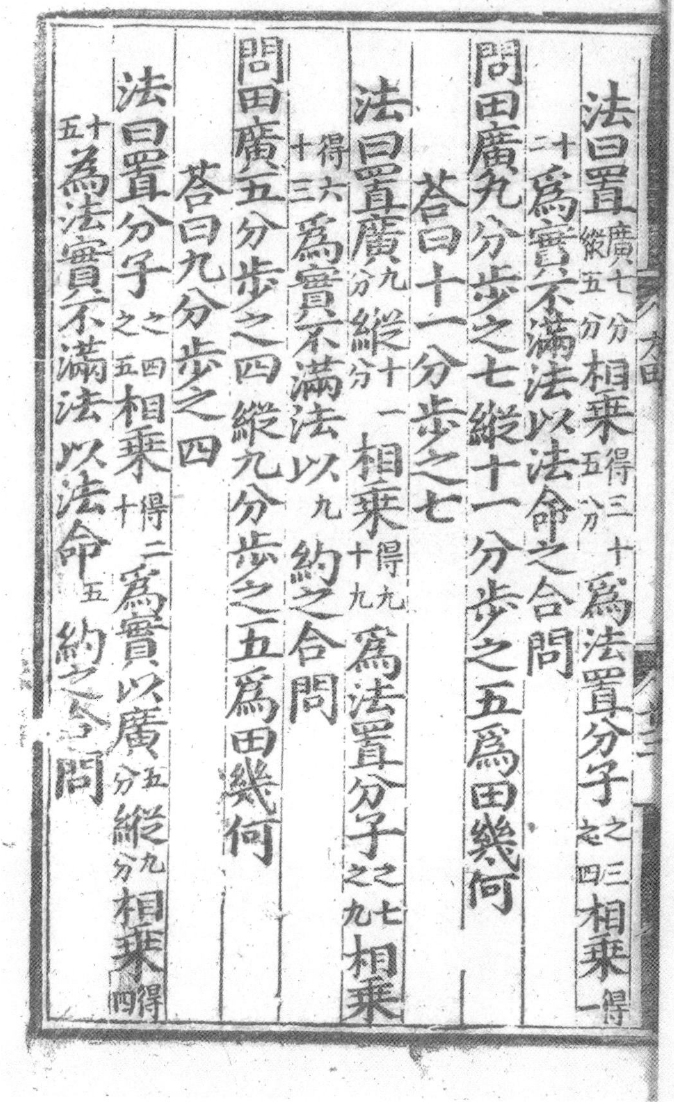

法曰：置廣七分縱五分，相乘得三十五分。爲法。置分子之三之四，相乘得一十二。爲實。不滿法以法命之，合問。

問田廣九分步之七，縱十一分步之五，爲田幾何？

答曰：十一分步之七。

法曰：置廣九分縱十一分相乘得九十九。爲法。置分子之七之九，相乘得六十三。爲實，不滿法以九約之，合問。

問田廣五分步之四，縱九分步之五，爲田幾何？

答曰：九分步之四。

法曰：置分子之四之五，相乘得二十。爲實。以廣五分縱九分相乘得四十五。爲法。實不滿法，以法命五約之，合問。

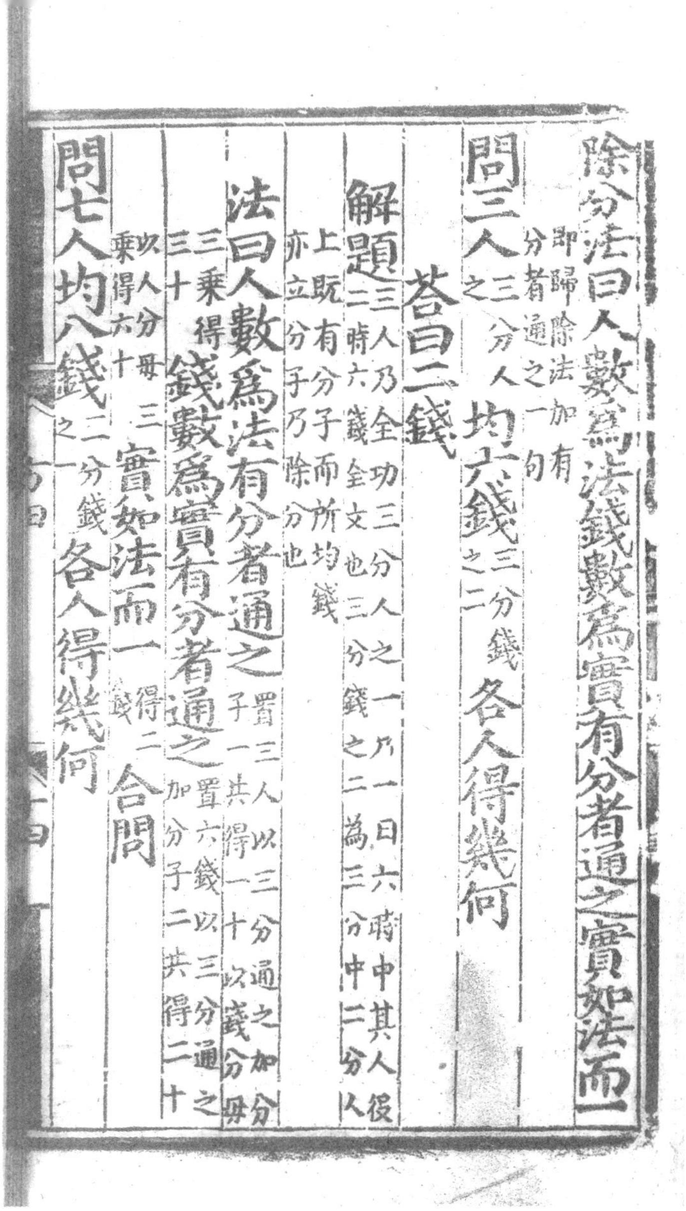

除分法曰：人數爲法，錢數爲實，有分者通之，實如法而一。

即歸除法，加“有分者通之”一句。

問三人三分人之一，均六錢三分錢之二，各人得幾何？

答曰：二錢。

解題：三人乃全功，三分人之一乃一日六時中其人役二時。六錢全文也，三分錢之二爲三分中二分。人上既有分子，而所均錢亦立分子，乃除分也。

法曰：人數爲法，有分者通之置三人以三分通之，加分子一，共得一十。以錢分母三乘得三十。錢數爲實。有分者通之置六錢以三分通之，加分子二，共得二十，以人分母三乘得六十。實如法而一得二錢。合問。

問七人均八錢二分錢之一，各人得幾何？

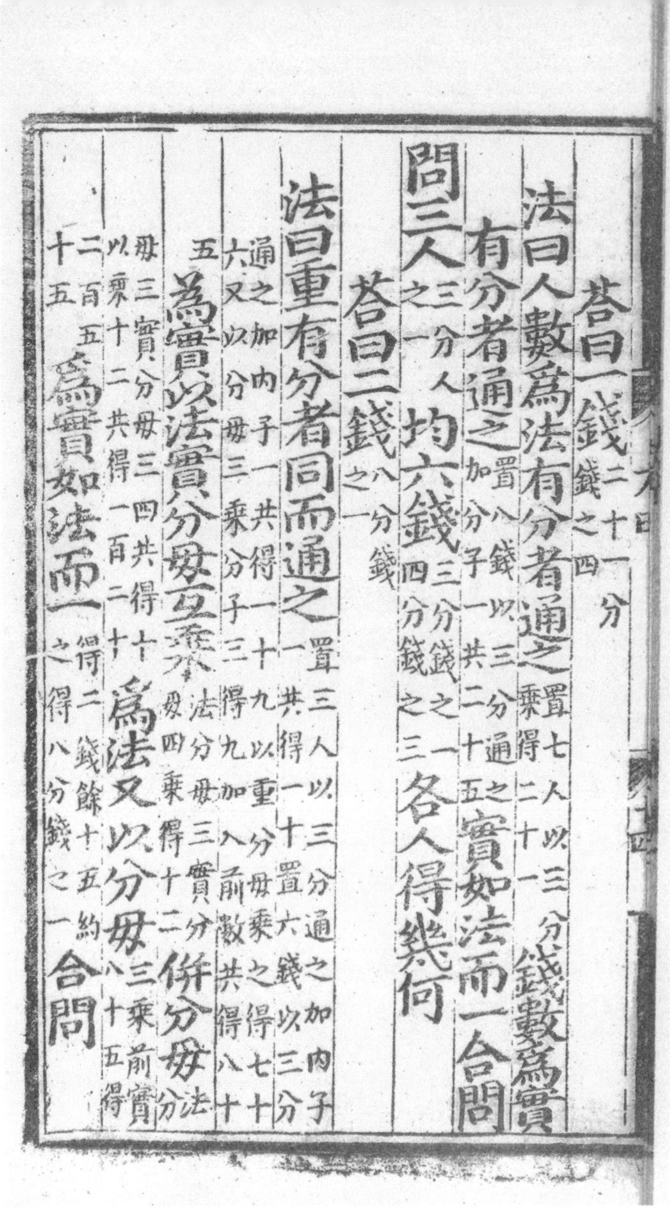

答曰：一錢二十一分錢之四。

法曰：人數爲法，有分者通之置七人以三分乘得二十一。錢數爲實，有分者通之置八錢以三分通之，加分子一，共二十五。實如法而一，合問。

問三人三分人之一，均六錢三分錢之一，四分錢之三。各人得幾何？

答曰：二錢八分錢之一。

法曰：重有分者，同而通之置三人以三分通之，加內子一，共得一十。置六錢以三分通之，加內子一，共得一十九。以重分母乘之，得七十六。又以分母三乘分子三，得九。加入前數，共得八十五。爲實。以法實分母互乘法分母三，實分母四，乘得十二。并分母法分母三，實分母三、四，共得十，以乘十二，共得一百二十。爲法。又以分母三乘前實八十五，得二百五十五。爲實，如法而一得二錢餘十五，約之得八分錢之一。合問。

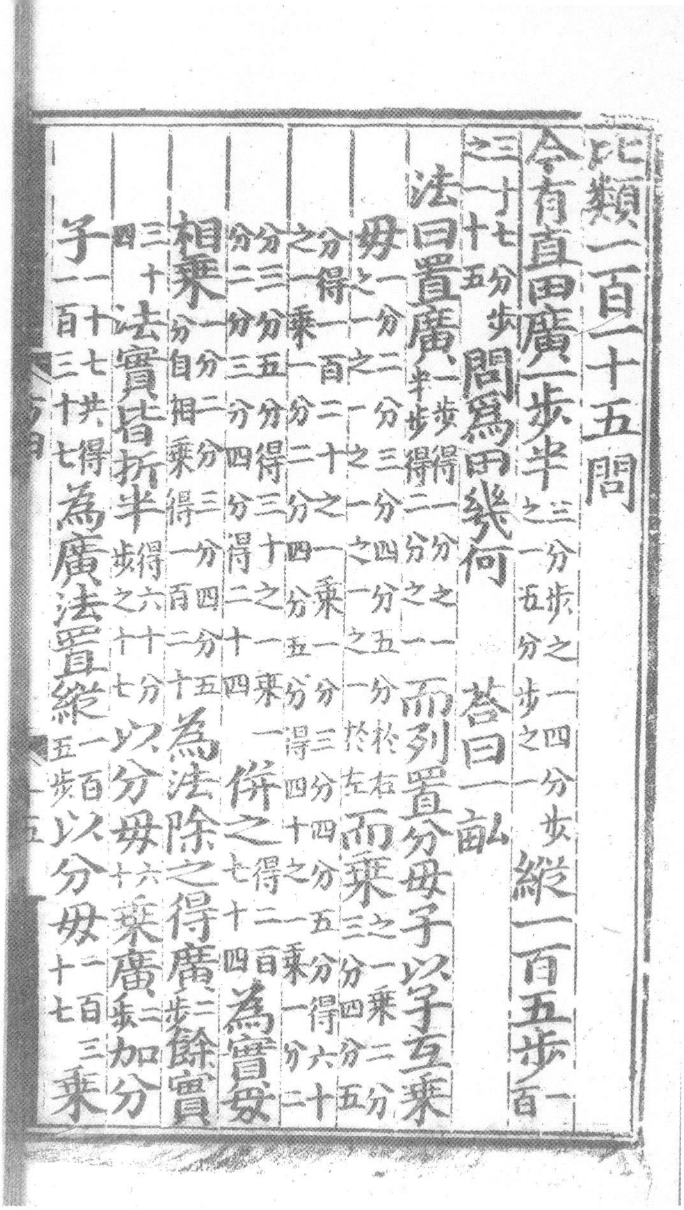

比類一百一十五問

今有直田，廣一步半三分步之一，四分步之一，五分步之一，縱一百五步一百三十七分步之一十五，問爲田幾何？　答曰：一畝。

法曰：置廣一步得一分之二，半步得二分之一。而列置分母子，以子互乘母一分、二分、三分、四分、五分於右，之一、之一、之一、之一、之一於左。而乘之一乘二分、三分、四分、五分得一百二十，之一乘一分、三分、四分、五分得六十，之一乘一分、二分、四分、五分、得四十，之一乘一分、二分、三分、五分得三十，之一乘一分、二分、三分、四分、得二十四。并之得二百七十四。爲實。母相乘一分、二分、三分、四分、五分，自相乘，得一百二十。爲法。除之得廣二步餘實三十四法實皆折半得六十分步之十七。以分母六十乘廣二步加分子一十七，共得一百三十七。爲廣法。置縱一百五步以分母一百三十七乘

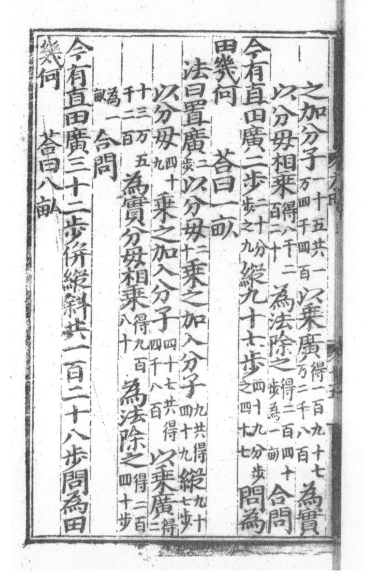

之加分子一十五，共一万四千四百。以乘廣得一百九十七万二千八百。爲實。

以分母相乘得八千二百二十。爲法，除之得二百四十步，爲一畝。合問。

今有直田，廣二步二十分步之九，縱九十七步四十九分步之四十七，問爲田幾何？　答曰：一畝。

法曰：置廣二步以分母二十乘之，加入分子九，共得四十九。縱九十七步以分母四十九乘之，加入分子四十七，共得四千八百。以乘廣得二十三万五千二百。爲實。分母相乘得九百八十。爲法，除之得二百四十步爲一畝。合問。

今有直田，廣三十二步，并縱斜共一百二十八步，問爲田幾何？　答曰：八畝。

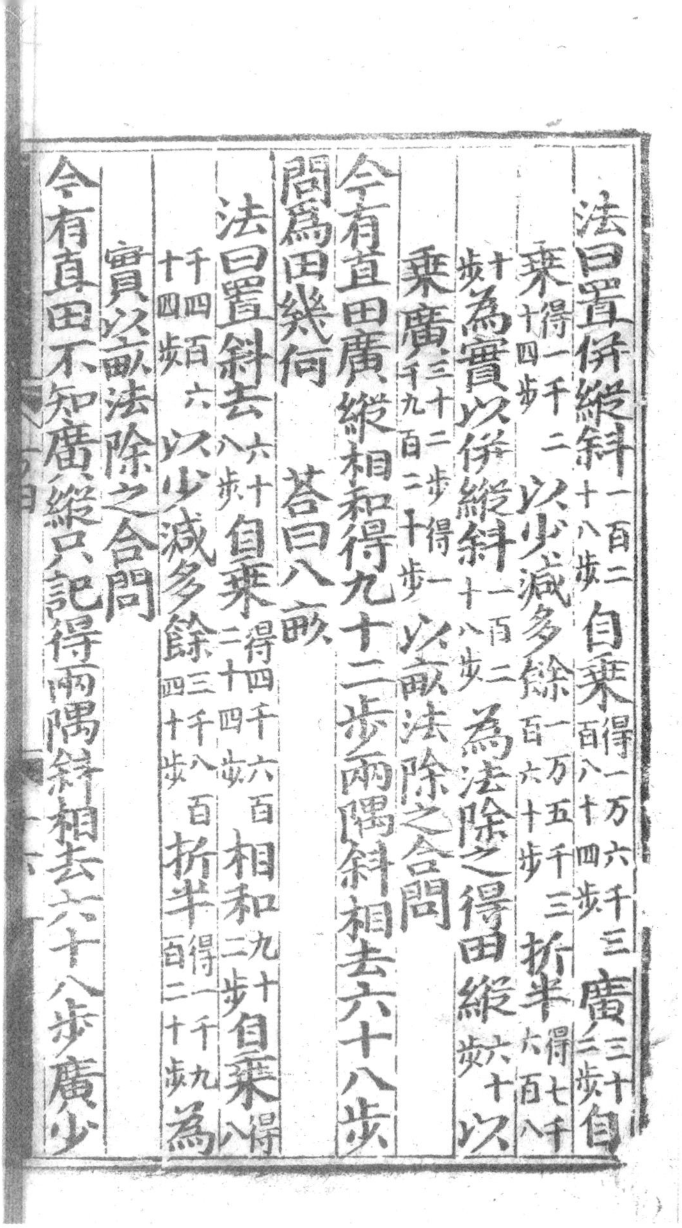

法曰：置并縱斜一百二十八步自乘得一万六千三百八十四步。廣三十二步自乘得一千二十四步。以少減多，餘一万五千三百六十步。折半得七千六百八十步。爲實。以并縱斜一百二十八步爲法，除之得田縱六十步。以乘廣三十二步，得一千九百二十步。以畒法除之，合問。

今有直田，廣縱相和得九十二步，兩隅斜相去六十八步，問爲田幾何？　答曰：八畒。

法曰：置斜去六十八步自乘得四千六百二十四步。相和九十二步自乘得八千四百六十四步。以少減多，餘三千八百四十步。折半得一千九百二十步。爲實，以畒法除之，合問。

今有直田，不知廣縱，只記得兩隅斜相去六十八步，廣少

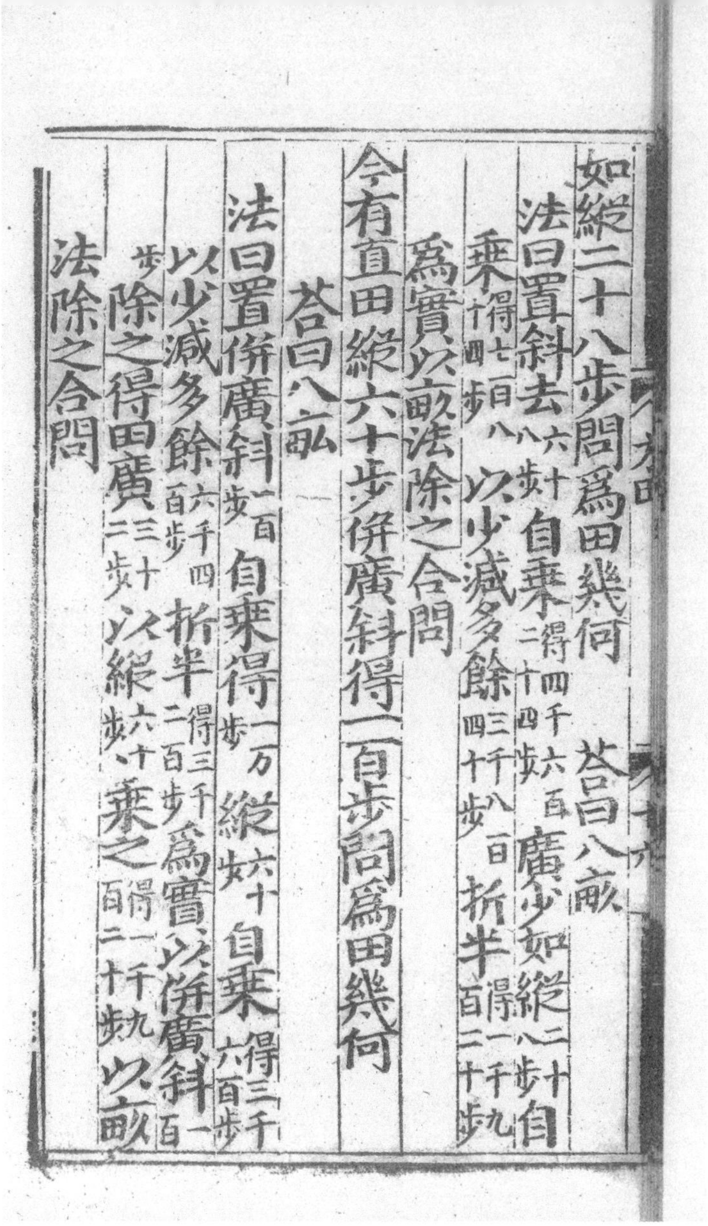

如縱二十八步，問爲田幾何？　答曰：八畝。

法曰：置斜去六十八步自乘得四千六百二十四步。廣少如縱二十八步自乘得七百八十四步。以少減多，餘三千八百四十步。折半得一千九百二十步。爲實，以畝法除之，合問。

今有直田，縱六十步，并廣斜得一百步，問爲田幾何？

答曰：八畝。

法曰：置并廣斜一百步自乘得一万步。縱六十步自乘得三千六百步。以少減多，餘六千四百步折半得三千二百步。爲實，以并廣斜一百步除之，得田廣三十二步。以縱六十步乘之得一千九百二十步。以畝法除之，合問。

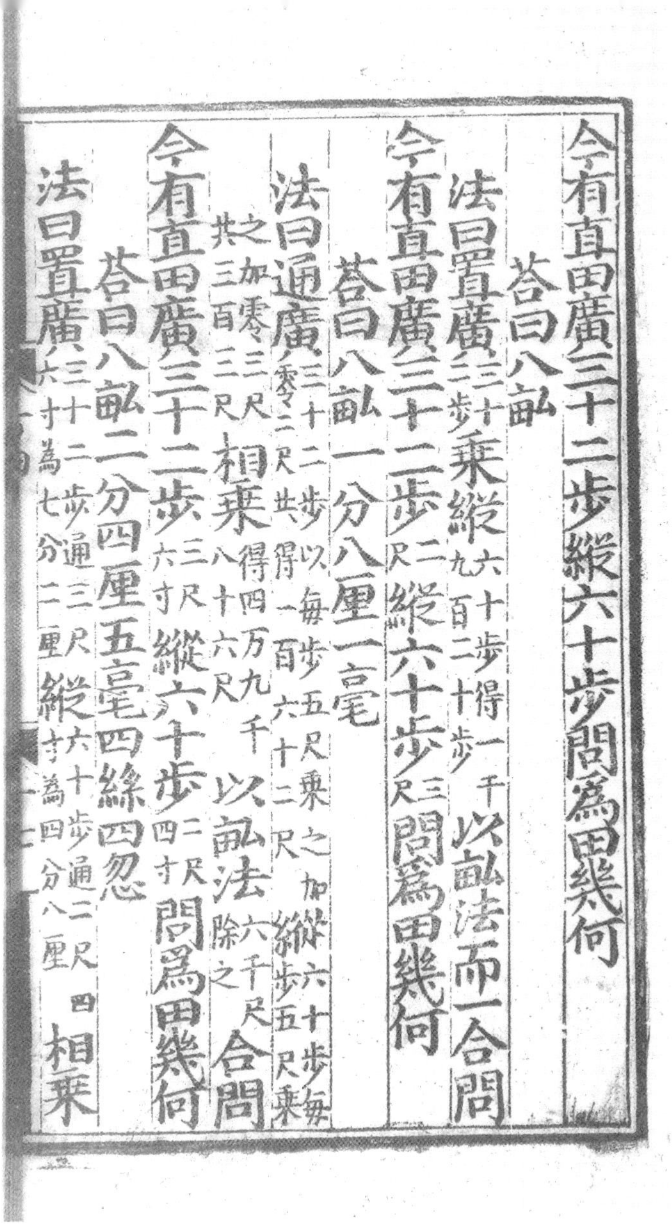

今有直田，廣三十二步，縱六十步，問爲田幾何？

答曰：八畝。

法曰：置廣三十二步乘縱六十步，得一千九百二十步。以畝法而一，合問。

今有直田，廣三十二步二尺，縱六十步三尺，問爲田幾何？

答曰：八畝一分八厘一毫。

法曰：通廣三十二步，以每步五尺乘之，加零二尺，共得一百六十二尺。縱六十步，每步五尺乘之，加零三尺，共三百三尺。相乘得四万九千八十六尺。以畝法六千尺除之。合問。

今有直田，廣三十二步三尺六寸，縱六十步二尺四寸，問爲田幾何？

答曰：八畝二分四厘五毫四絲四忽。

法曰：置廣三十二步，通三尺六寸爲七分二厘。縱六十步，通二尺四寸爲四分八厘。相乘，

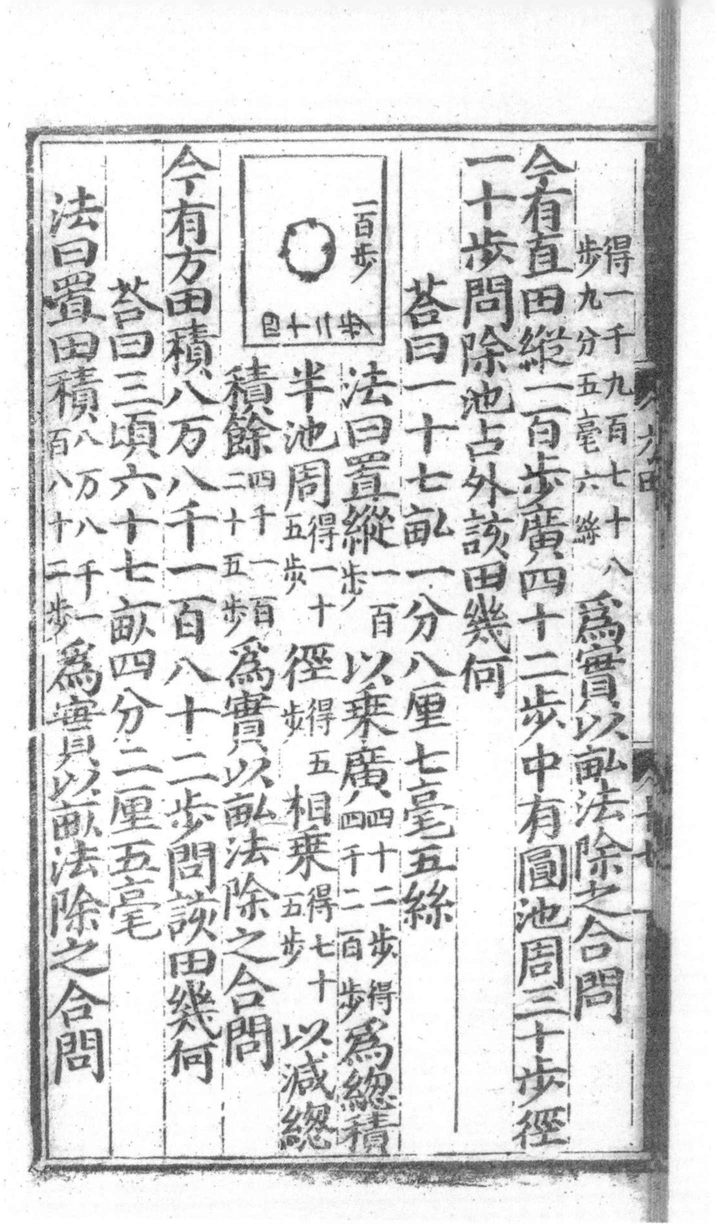

得一千九百七十八步九分五毫六絲為實以畝法除之合問
今有直田縱一百步廣四十二步中有圓池周三十步徑一十步問除池占外該田幾何
荅曰一十七畝一分八厘七毫五絲
法曰置縱一百步以乘廣四十二步得四千二百步為總積半池周得一十五步徑得五步相乘得七十五步以減總積餘四千一百二十五步為實以畝法除之合問
今有方田積八万八千一百八十二步問該田幾何
荅曰三頃六十七畝四分二厘五毫
法曰置田積八万八千一百八十二步為實以畝法除之合問

得一千九百七十八步九分五毫六絲。爲實，以畝法除之，合問。

今有直田，縱一百步，廣四十二步，中有圓池，周三十步，徑一十步。問除池占外該田幾何？

答曰：一十七畝一分八厘七毫五絲。

法曰：置縱一百步以乘廣四十二步，得四千二百步。爲總積。半池周得一十五步。徑得五步。相乘得七十五步。以減總積，餘四千一百二十五步爲實，以畝法除之，合問。

今有方田，積八万八千一百八十二步，問該田幾何？

答曰：三頃六十七畝四分二厘五毫。

法曰：置田積八万八千一百八十二步爲實，以畝法除之，合問。

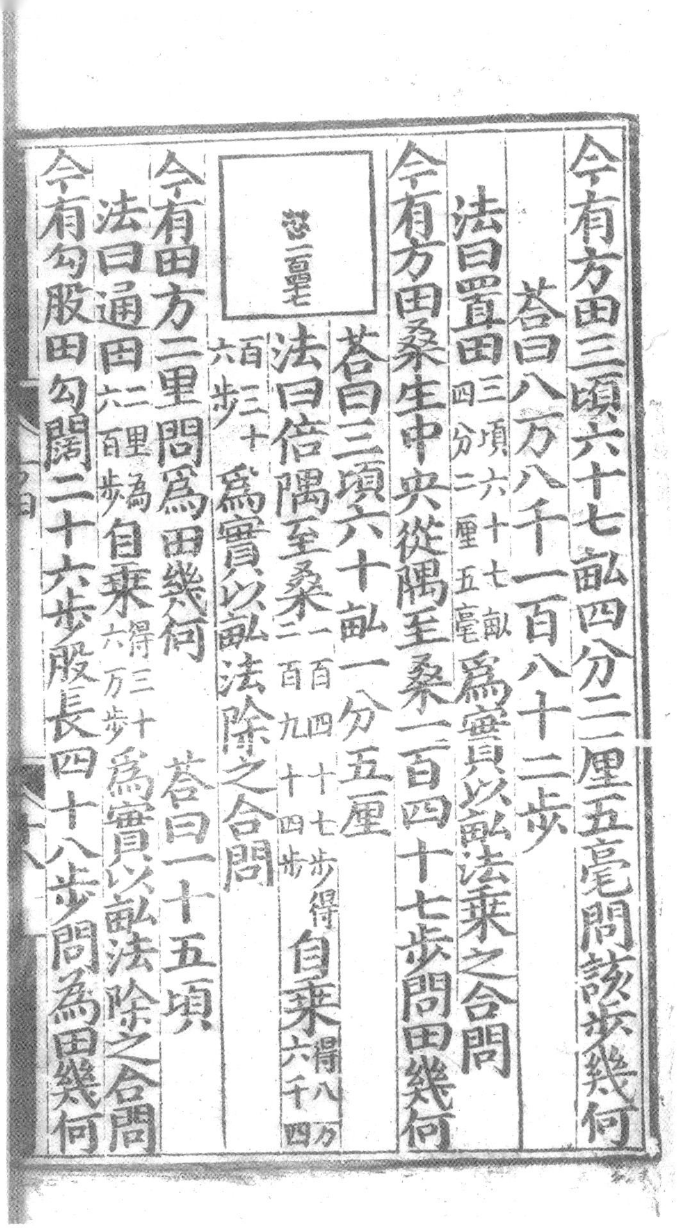

今有方田三頃六十七畝四分二厘五毫，問該步幾何？

答曰：八万八千一百八十二步。

法曰：置田三頃六十七畝四分二厘五毫爲實，以畝法乘之，合問。

今有方田，桑生中央，從隅至桑一百四十七步，問田幾何？

答曰：三頃六十畝一分五厘。

法曰：倍隅至桑一百四十七步，得二百九十四步。自乘得八万六千四百三十六步。爲實，以畝法除之，合問。

今有田方二里，問爲田幾何？　答曰：一十五頃。

法曰：通田二里爲六百步自乘得三十六万步。爲實，以畝法除之，合問。

今有勾股田勾闊二十六步，股長四十八步，問爲田幾何？

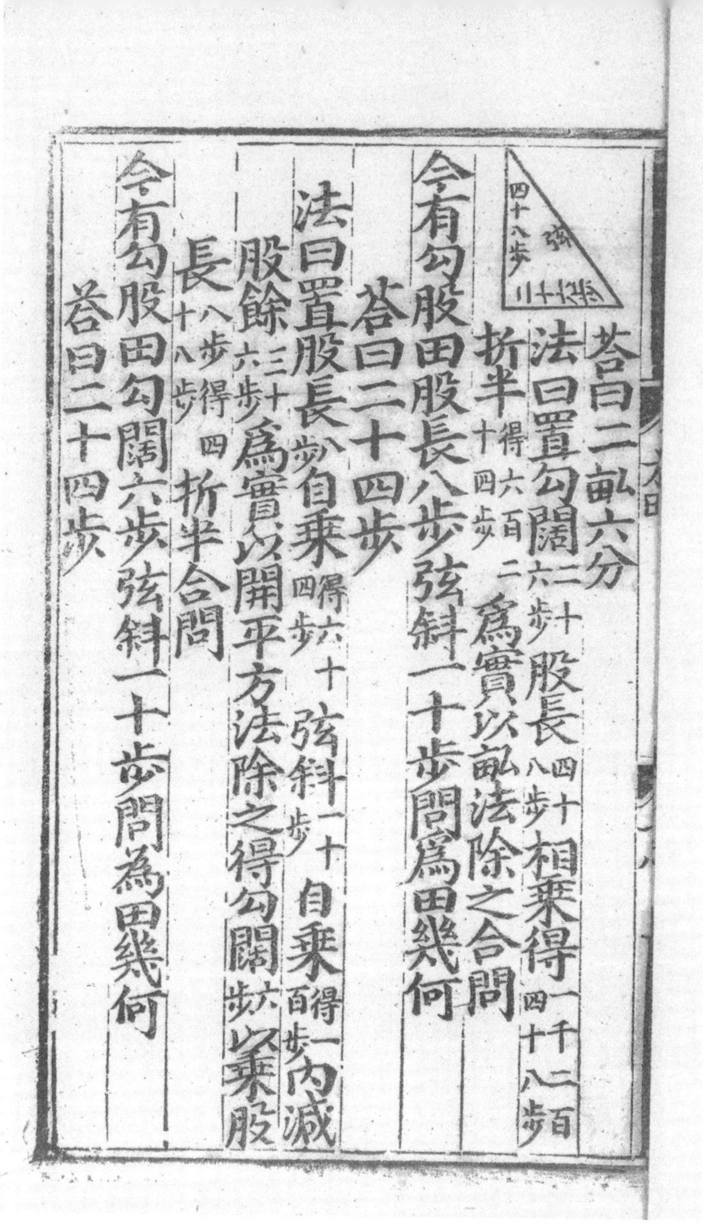

荅曰二畆六分
法曰置勾闊二十六步股長四十八步相乘得一千二百四十八步
折半得六百二十四步爲實以畆法除之合問
今有勾股田股長八步弦斜一十步問爲田幾何
荅曰二十四步
法曰置股長八步自乘得六十四步弦斜一十步自乘得一百步内減
股餘三十六步爲實以開平方法除之得勾闊六步以乘股
長八步得四十八步折半合問
今有勾股田勾闊六步弦斜一十步問爲田幾何
荅曰二十四步

答曰：二畝六分。

法曰：置勾闊二十六步股長四十八步相乘，得一千二百四十八步。折半得六百二十四步。爲實，以畝法除之，合問。

今有勾股田，股長八步，弦斜一十步，問爲田幾何？

答曰：二十四步。

法曰：置股長八步自乘得六十四步。弦斜一十步自乘得一百步。内減股，餘三十六步爲實。以開平方法除之，得勾闊六步。以乘股長八步，得四十八步。折半，合問。

今有勾股田，勾闊六步，弦斜一十步，問爲田幾何？

答曰：二十四步。

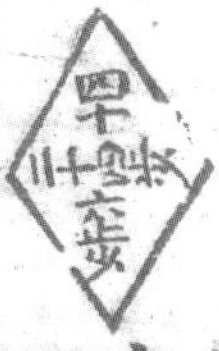

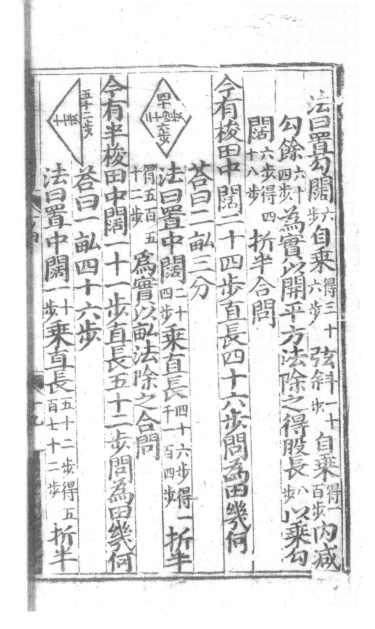

法曰：置勾闊六步自乘得三十六步。弦斜一十步自乘得一百步。内減勾，餘六十四步爲實，以開平方法除之，得股長八步。以乘勾闊六步，得四十八步。折半，合問。

今有梭田，中闊二十四步，直長四十六步，問爲田幾何？

答曰：二畝三分。

法曰：置中闊二十四步乘直長四十六步，得一千一百四步。折半得五百五十二步。爲實，以畝法除之，合問。

今有半梭田，中闊一十一步，直長五十二步，問爲田幾何？

答曰：一畝四十六步。

法曰：置中闊一十一步乘直長五十二步，得五百七十二步。折半

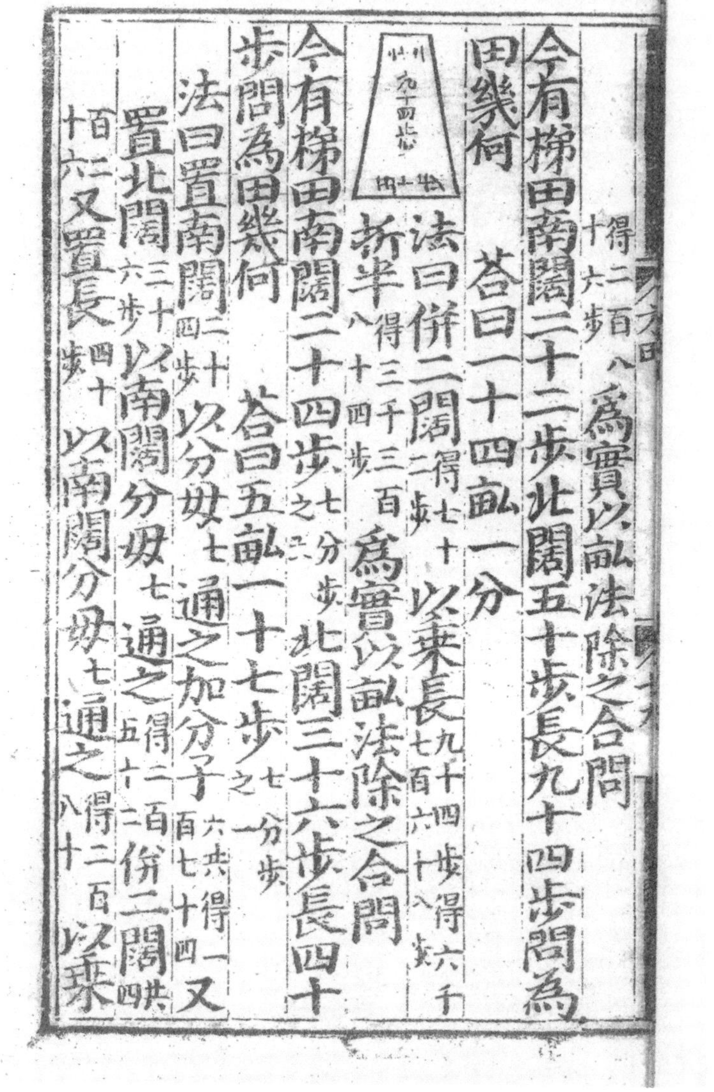

得二百八十六步爲實以畝法除之合問

今有梯田南闊二十二步北闊五十步長九十四步問爲田幾何　答曰一十四畝一分

法曰併二闊得七十二步以乘長九十四步得六千七百六十八步折半得三千三百八十四步爲實以畝法除之合問

今有梯田南闊二十四步七分步之六北闊三十六步長四十步問爲田幾何　答曰五畝一十七步七分步之一

法曰置南闊二十四步以分母七通之加分子六共得一百七十四又置北闊三十六步以南闊分母七通之得二百五十二併二闊共四百二十六又置長四十步以南闊分母七通之得二百八十以乘

得二百八十六步。爲實，以畝法除之，合問。

今有梯田，南闊二十二步，北闊五十步，長九十四步，問爲田幾何？　答曰：一十四畝一分。

法曰：并二闊得七十二步。以乘長九十四步，得六千七百六十八步。折半得三千三百八十四步。爲實，以畝法除之，合問。

今有梯田，南闊二十四步七分步之六，北闊三十六步，長四十步，問爲田幾何？　答曰：五畝一十七步七分步之一。

法曰：置南闊二十四步以分母七通之，加分子六，共得一百七十四。又置北闊三十六步以南闊分母七通之得二百五十二。并二闊共四百二十六。又置長四十步以南闊分母七通之得二百八十。以乘

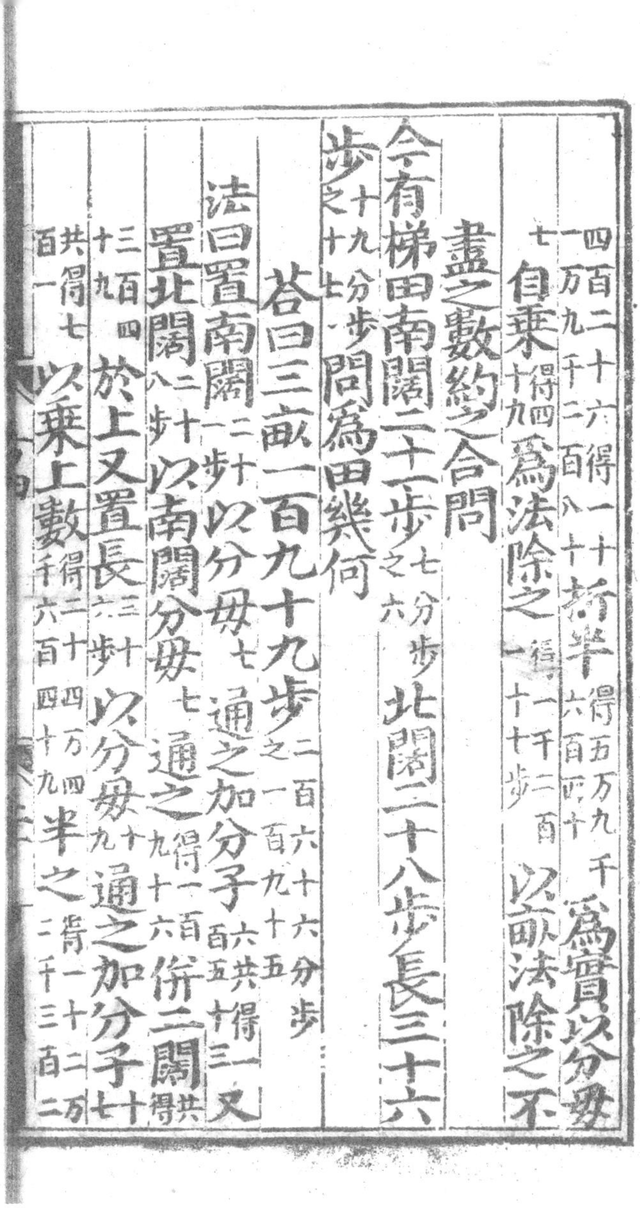

四百二十六，得一十一万九千二百八十。折半得五万九千六百四十。爲實，以分母七自乘得四十九。爲法，除之得一千二百一十七步。以畝法除之，不盡之數約之，合問。

今有梯田，南闊二十一步七分步之六，北闊二十八步，長三十六步十九分步之十七，問爲田幾何？

答曰：三畝一百九十九步二百六十六分步之一百九十五。

法曰：置南闊二十二步以分母七通之，加分子六，共得一百五十三。又置北闊二十八步以南闊分母七通之得一百九十六。并二闊共得三百四十九。於上。又置長三十六步以分母十九通之，加分子十七，共得七百一。以乘上數得二十四万四千六百四十九。半之得一十二万二千三百二

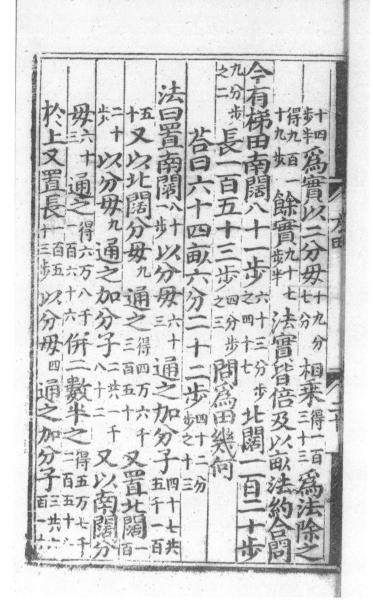

十四步半。爲實，以二分母十九分，七分。相乘得一百三十三。爲法，除之得九百一十九步。餘實九十七步半。法實皆倍，及以畝法約，合問。

今有梯田，南闊八十一步六十三分步之四十七，北闊一百二十步九分步之二，長一百五十三步四分步之三，問爲田幾何？

答曰：六十四畝六分二十二步四十二分步之十三。

法曰：置南闊八十一步以分母六十三通之，加分子四十七，共五千一百五十。又以北闊分母九通之得四万六千三百五十。又置北闊一百二十步以分母九通之，加分子二，共一千八十二。又以南闊分母六十三通之得六万八千一百六十六。并二數，半之得五万七千二百五十八。於上。又置長一百五十三步以分母四通之，加分子三，共六百一十

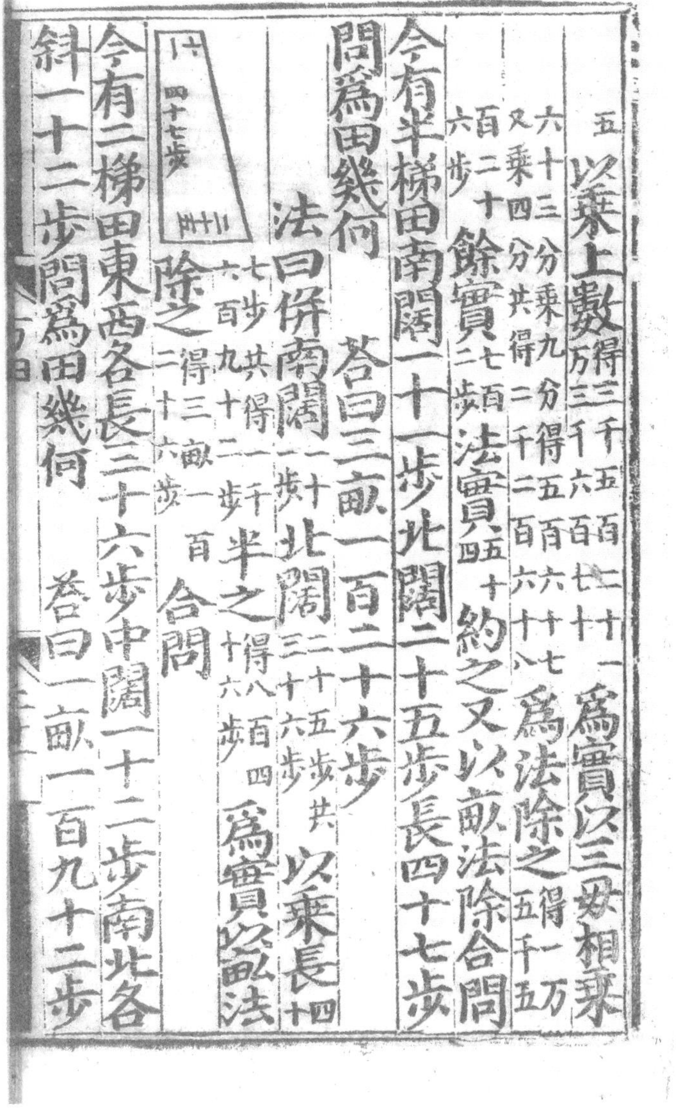

五。以乘上數得三千五百二十一万三千六百七十。爲實，以三母相乘六十三分乘九分得五百六十七，又乘四分共得二千二百六十八。爲法除之得一万五千五百二十六步。餘實七百二步。法實五十四約之。又以畝法除，合問。

今有半梯田，南闊一十一步，北闊二十五步，長四十七步，問爲田幾何？　答曰：三畝一百二十六步。

法曰：并南闊一十一步北闊二十五步，共三十六步。以乘長四十七步，共得一千六百九十二步。半之得八百四十六步。爲實，以畝法除之得三畝一百二十六步。合問。

今有二梯田，東西各長三十六步，中闊一十二步，南北各斜一十二步，問爲田幾何？　答曰：一畝一百九十二步。

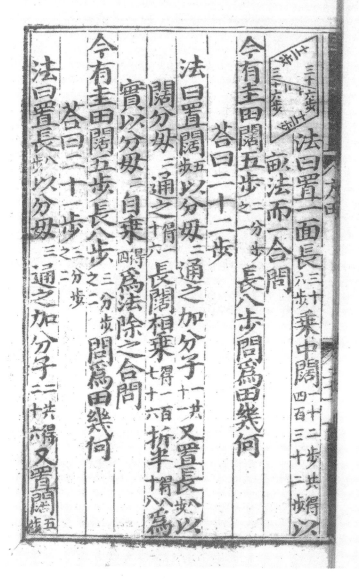

法曰：置一面長三十六步乘中闊一十二步，共得四百三十二步。以畝法而一，合問。

今有圭田，闊五步二分步之一，長八步，問爲田幾何？

答曰：二十二步。

法曰：置闊五步以分母二通之，加分子一，共十一。又置長八步以闊分母二通之得一十六。長闊相乘得一百七十六。折半得八十八。爲實。以分母二自乘得四爲法，除之，合問。

今有圭田，闊五步，長八步三分步之二，問爲田幾何？

答曰：二十一步三分步之二。

法曰：置長八步以分母三通之，加分子二，共得二十六。又置闊五步

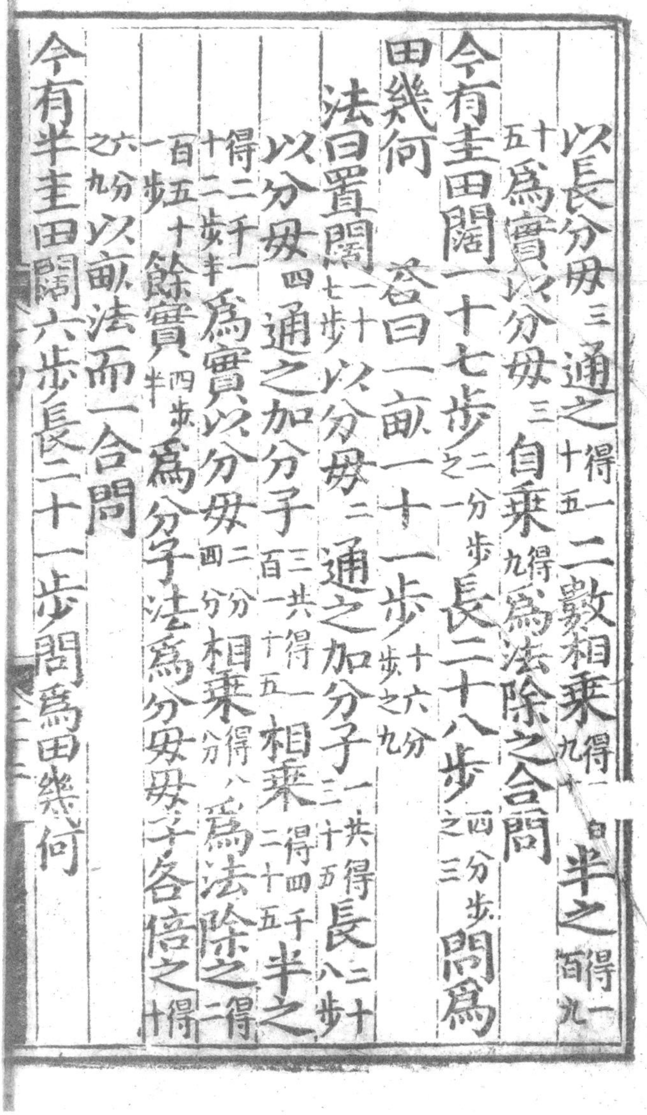

以長分母三通之得一十五。二數相乘得三百九十。[1]半之得一百九十五。爲實，以分母三自乘得九。爲法，除之，合問。

今有圭田，闊一十七步二分步之一，長二十八步四分步之三，問爲田幾何？　答曰：一畝一十一步十六分步之九。

法曰：置闊一十七步以分母二通之，加分子一，共得三十五。長二十八步以分母四通之，加分子三，共得一百一十五。相乘得四千二十五。半之得二千一十二步半。爲實，以分母二分，四分。相乘得八分。爲法，除之得二百五十一步。餘實四步半爲分子，法爲分母，母子各倍之得十六分之九。以畝法而一，合問。

今有半圭田，闊六步，長二十一步，問爲田幾何？

1 “三” 字各本均不清，依題意爲此。

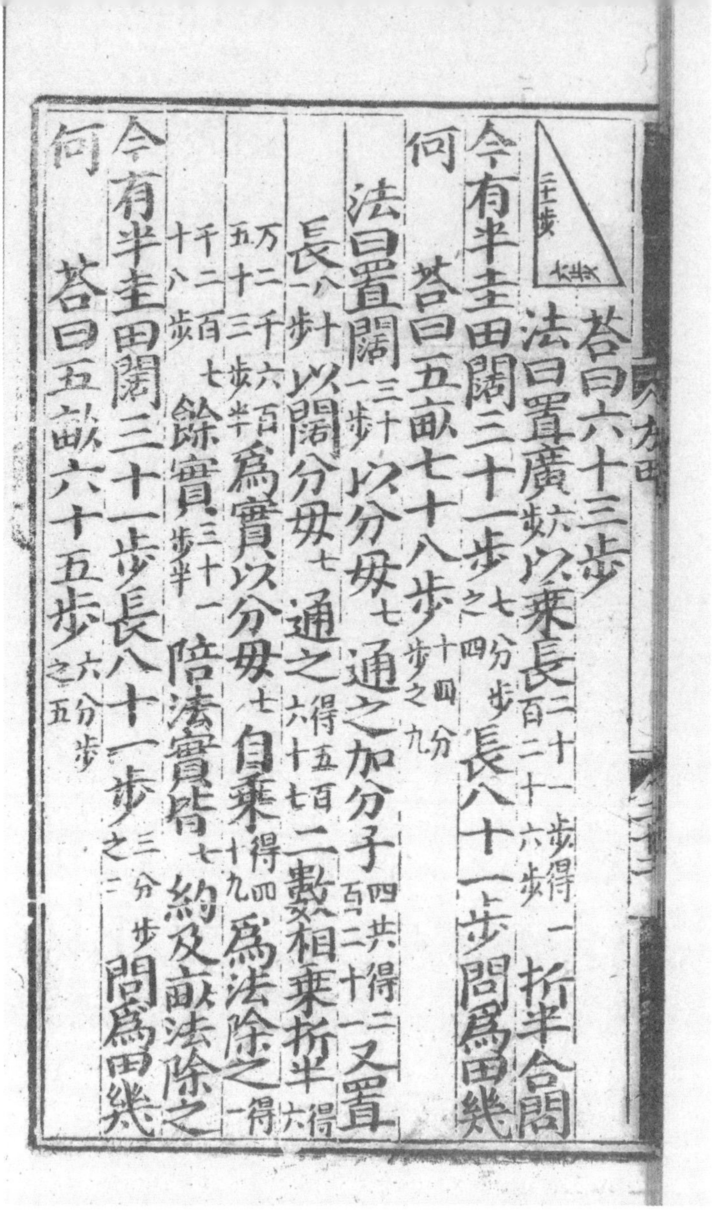
荅曰六十三步
法曰置廣六步以乘長二十一步得一百二十六步折半合問
今有半圭田闊三十一步七分步之四長八十一步問爲田幾
何 荅曰五畝七十八步十四分步之九
法曰置闊三十一步以分母七通之加分子四共得二百二十一又置
長八十一步以闊分母七通之得五百六十七二數相乘折半得六
万二千六百五十三步半爲實以分母七自乘得四十九爲法除之得一
千二百七十八步餘實三十一步半陪法實皆七約及畝法除之
今有半圭田闊三十一步長八十一步三分步之二問爲田幾
何 荅曰五畝六十五步六分步之五

荅曰：六十三步。

法曰：置廣六步以乘長二十一步，得一百二十六步。折半，合問。

今有半圭田，闊三十一步七分步之四，長八十一步，問爲田幾何？ 荅曰：五畝七十八步十四分步之九。

法曰：置闊三十一步以分母七通之，加分子四，共得二百二十一。又置長八十一步以闊分母七通之得五百六十七。二數相乘，折半得六万二千六百五十三步半。爲實。以分母七自乘得四十九。爲法，除之得一千二百七十八步。餘實三十一步半。陪[1]法實，皆七約，及畝法除之。

今有半圭田，闊三十一步，長八十一步三分步之二，問爲田幾何？ 荅曰：五畝六十五步六分步之五。

1“陪”字依算法應爲“倍”。

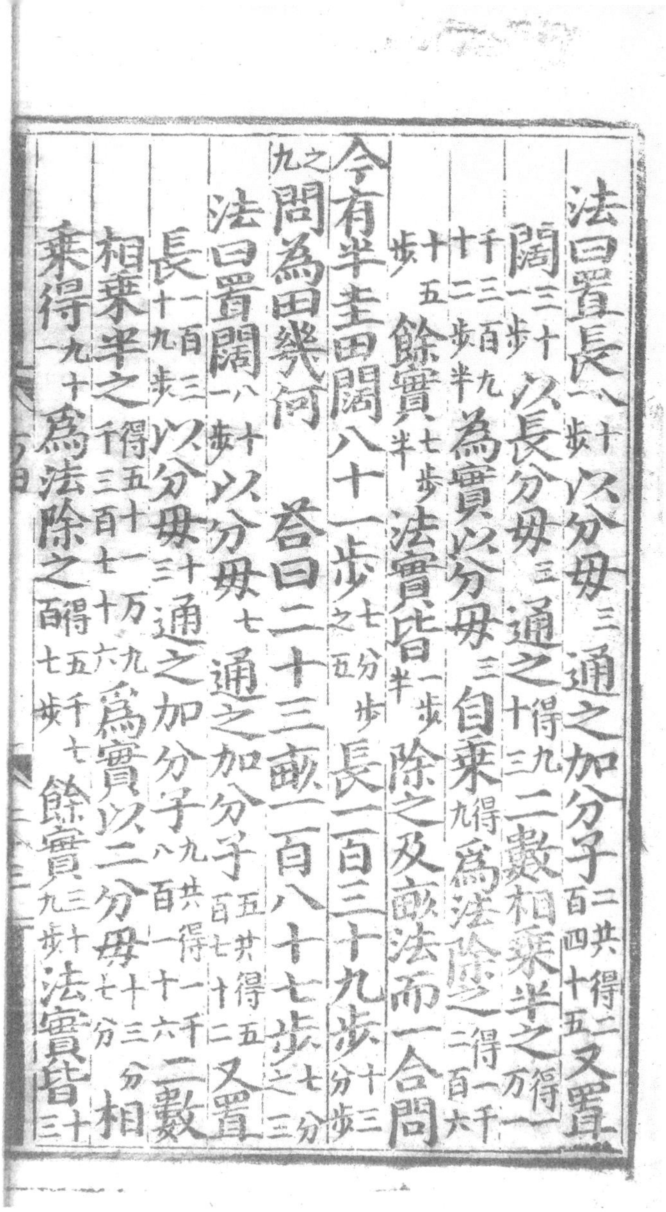

法曰：置長八十一步以分母三通之，加分子二，共得二百四十五。又置闊三十二步以長分母三通之得九十三。二數相乘，半之得一万一千三百九十二步半。爲實。以分母三自乘得九爲法除之得一千二百六十五步。餘實七步半。法實皆一步半除之，及畝法而一，合問。

今有半圭田，闊八十一步七分步之五，長一百三十九步十三分步之九，問爲田幾何？　答曰：二十三畝一百八十七步七分之三。

法曰：置闊八十一步以分母七通之，加分子五，共得五百七十二。又置長一百三十九步以分母十三通之，加分子九，共得一千八百一十六。二數相乘，半之得五十一万九千三百七十六。爲實。以二分母十三分，七分。相乘得九十一爲法除之得五千七百七步。餘實三十九步。法實皆十三

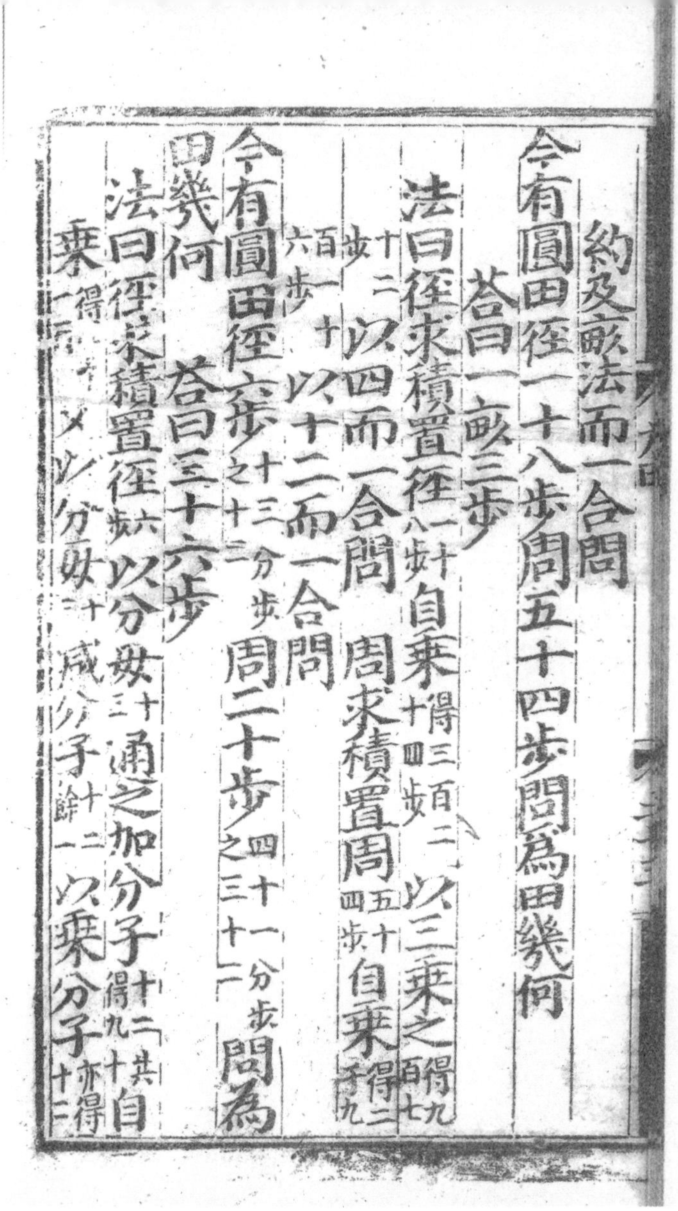

約，及畝法而一，合問。

今有圓田，徑一十八步，周五十四步，問爲田幾何？

答曰：一畝三步。

法曰：徑求積，置徑(一十八步)自乘(得三百二十四步。)以三乘之(得九百七十二步。)以四而一，合問。　周求積：置周(五十四步)自乘(得二千九百一十六步。)以十二而一，合問。

今有圓田徑六步(十三分步之十二)，周二十步(四十一分步之三十二)，問爲田幾何？　答曰：三十六步。

法曰：徑求積，置徑(六步)以分母(十三)通之，加分子(十二，共得九十。)自乘(得八千一百。)又以分母(十三)減分子(十二，餘一。)以乘分子(亦得十二。)

并前共得八千一百一十二。以三乘得二万四千三百三十六。四而一得六千八十四。爲實。以分母十三自乘得一百六十九。爲法，除之，合問。周求積，置周二十步以分母四十二通之，加分子三十二，得八百五十二。自乘得七十二万五千九百四。又以分母四十二減分子三十三餘九。以乘分子三十二，得二百八十八。并入前數共得七十二万六千一百九十二。却以十二除之得六万五百一十六。爲實，以分母四十二自乘得一千六百八十一。爲法，除之，合問。

今有圓田周，一百八十一步，問爲田幾何？

答曰：一十一畝九十步十二分步之一。

法曰：置半周九十步半自乘得八千一百九十步二分五厘。爲實。以三爲法

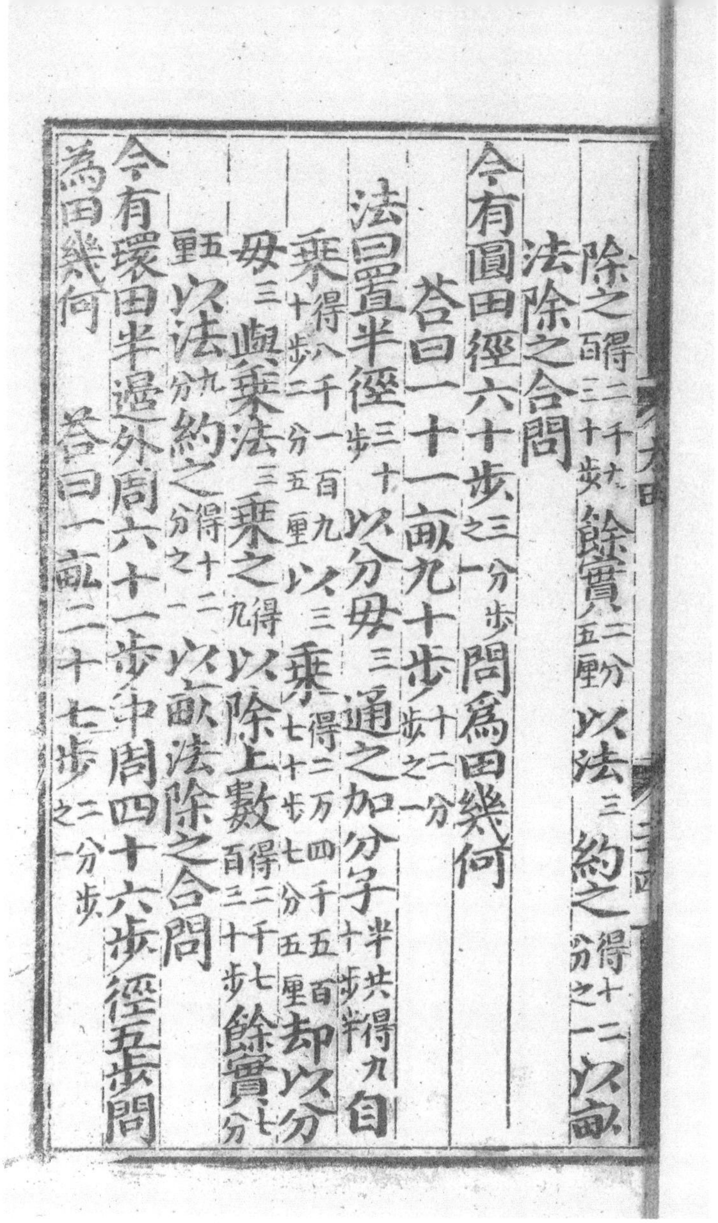

除之得二千九百三十步。餘實二分五厘。以法三約之得十二分之一。以畝法除之，合問。

今有圓田，徑六十步三分步之一，問爲田幾何？

答曰：一十一畝九十步十二分步之一。

法曰：置半徑三十步以分母三通之，加分子半，共得九十步半。自乘得八千一百九十步二分五厘。以三乘得二万四千五百七十步七分五厘。却以分母三與乘法三乘之得九。以除上數得二千七百三十步。餘實七分五厘。以法九分約之得十二分之一。以畝法除之，合問。

今有環田半邊，外周六十一步，中周四十六步，徑五步，問爲田幾何？　答曰：一畝二十七步二分步之一。

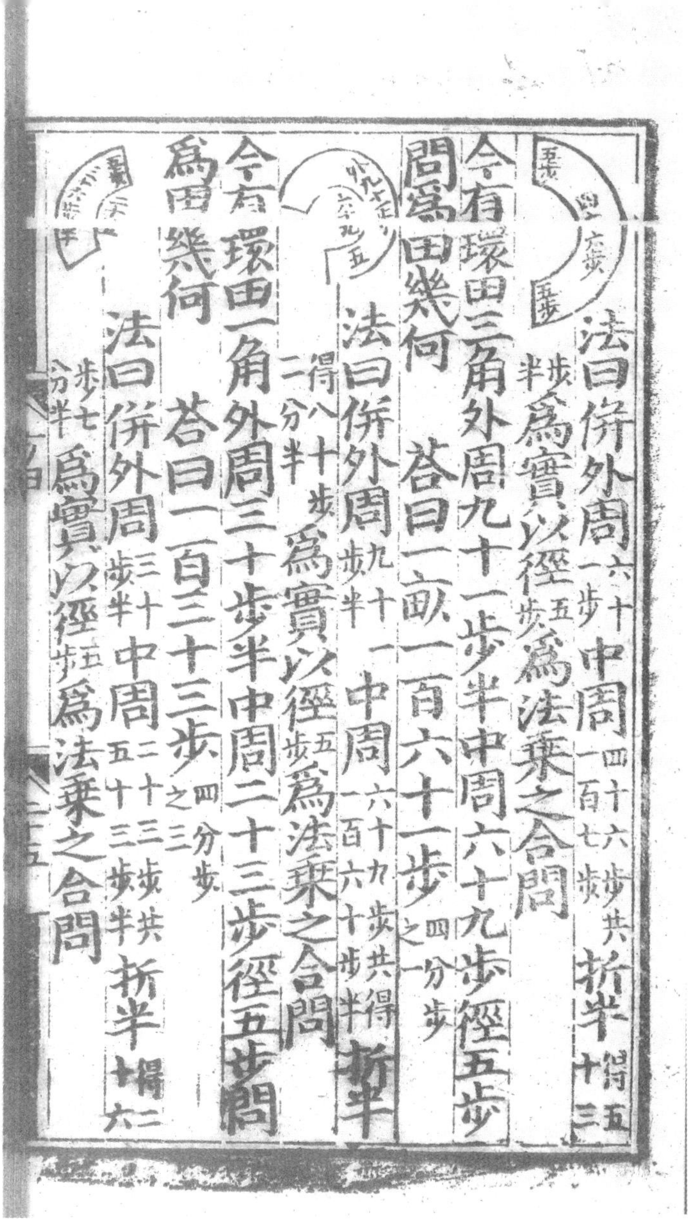

法曰：并外周六十一步中周四十六步，共一百七步。折半得五十三步半。爲實。以徑五步爲法，乘之，合問。

今有環田三角，外周九十一步半，中周六十九步，徑五步問爲田幾何？　答曰：一畝一百六十一步四分步之一。

法曰：并外周九十一步半中周六十九步，共得一百六十步半。折半得八十步二分半。爲實。以徑五步爲法乘之，合問。

今有環田一角，外周三十步半，中周二十三步，徑五步，問爲田幾何？　答曰：一百三十三步四分步之三。

法曰：并外周三十步半中周二十三步，共五十三步半。折半得二十六步七分半。爲實。以徑五步爲法乘之，合問。

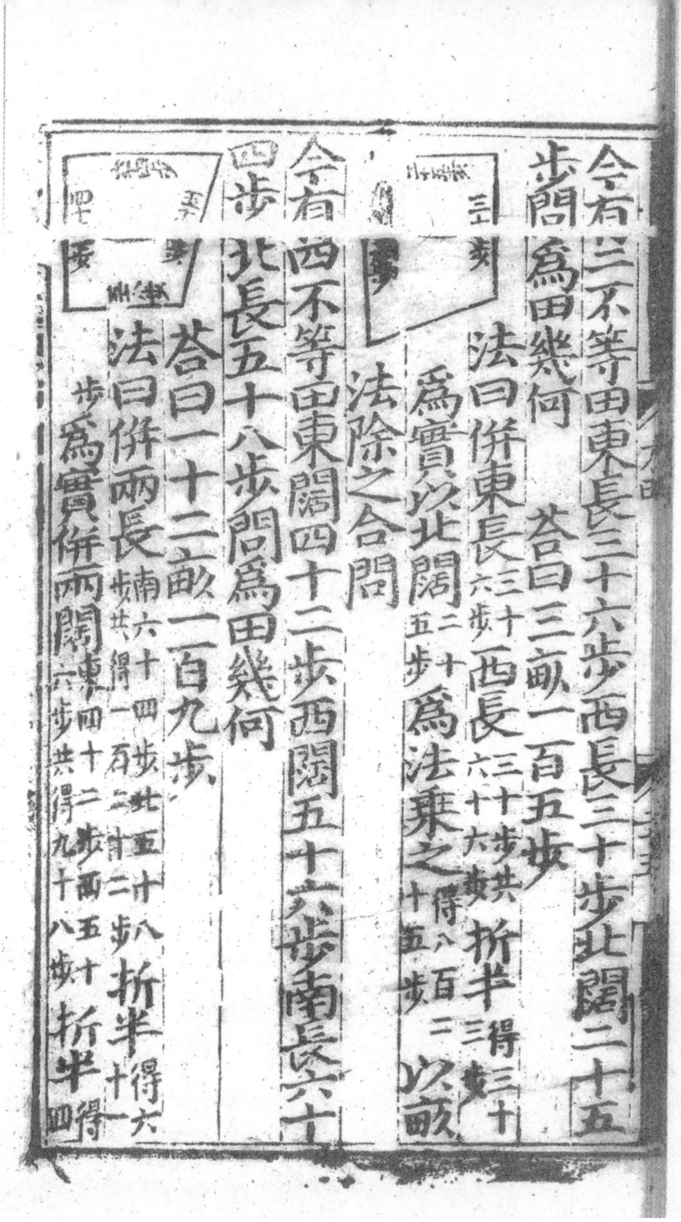

今有二不等田，東長三十六步，西長三十步，北闊二十五步，問爲田幾何？　答曰：三畝一百五步。

法曰：并東長三十六步西長三十步，共六十六步。折半得三十三步。爲實。以北闊二十五步爲法乘之得八百二十五步。以畝法除之，合問。

今有四不等田，東闊四十二步，西闊五十六步，南長六十四步，北長五十八步，問爲田幾何？

答曰：一十二畝一百九步。

法曰：并兩長南六十四步，北五十八步，共得一百二十二步。折半得六十一步。爲實。并兩闊東四十二步，西五十六步，共得九十八步。折半得四

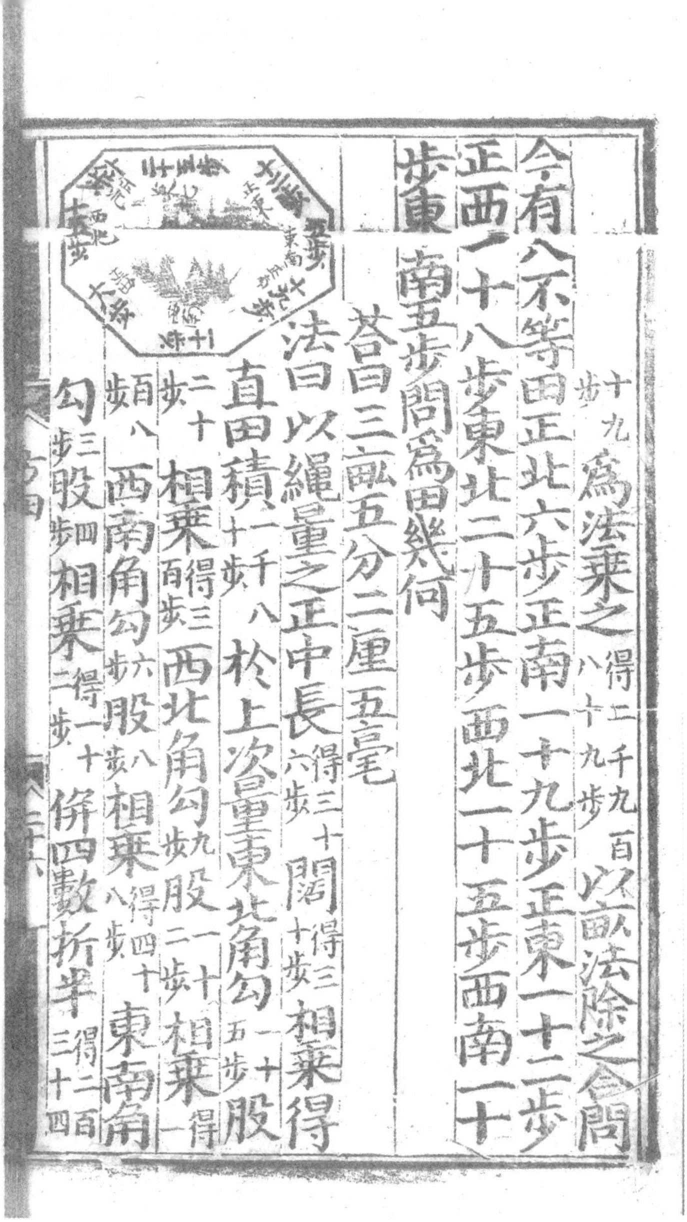

十九步。爲法乘之得二千九百八十九步。以畝法除之，合問。

今有八不等田，正北六步，正南一十九步，正東一十二步，正西一十八步，東北二十五步，西北一十五步，西南一十步，東南五步，問爲田幾何？

答曰：三畝五分二厘五毫。

法曰：以繩量之正中，長得三十六步。闊得三十步。相乘得直田積一千八十步。於上。次量東北角勾一十五步股二十步相乘得三百步。西北角勾九步股二十二步相乘得一百八步。西南角勾六步股八步相乘得四十八步。東南角勾三步股四步相乘得一十二步。并四數折半得二百三十四

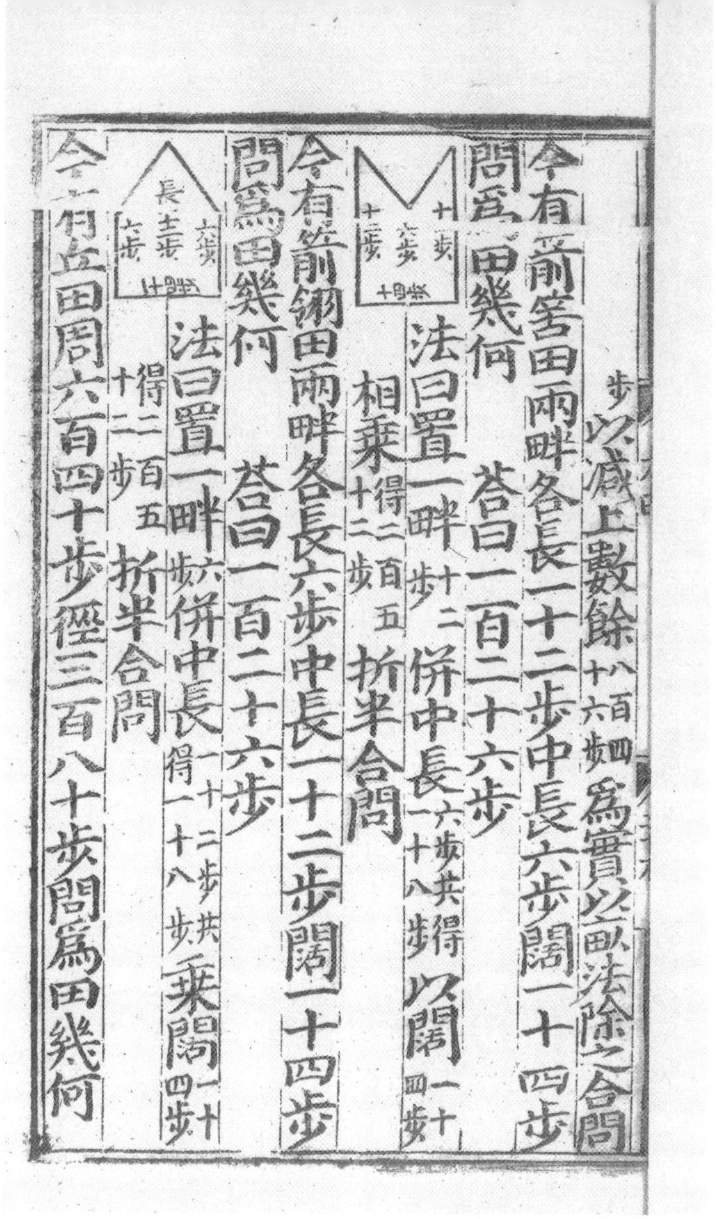

步。以減上數，餘八百四十六步。爲實，以畝法除之，合問。

今有箭筈田，兩畔各長一十二步，中長六步，闊一十四步，問爲田幾何？　答曰：一百二十六步。

法曰：置一畔十二步并中長六步，共得一十八步。以闊一十四步相乘得二百五十二步。折半，合問。

今有箭翎田，兩畔各長六步，中長一十二步，闊一十四步，問爲田幾何？　答曰：一百二十六步。

法曰：置一畔六步并中長一十二步，共得一十八步。乘闊一十四步，得二百五十二步。折半，合問。

今有丘田，周六百四十步，徑三百八十步，問爲田幾何？

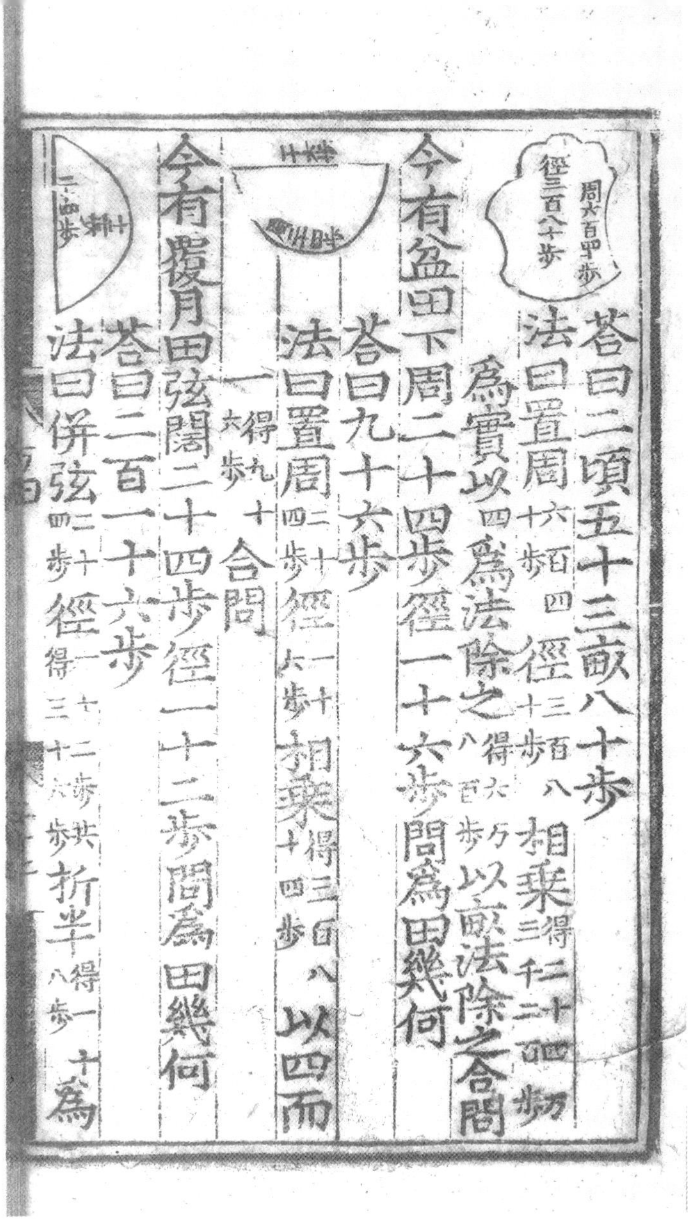

答曰：二頃五十三畝八十步。

法曰：置周六百四十步徑三百八十步相乘得二十四万三千二百步。

為實，以四為法除之得六万八百步。以畝法除之，合問。

今有盆田，下周二十四步，徑一十六步，問為田幾何？

答曰：九十六步。

法曰：置周二十四步徑一十六步相乘得三百八十四步。以四而

一得九十六步。合問。

今有覆月田，弦闊二十四步，徑一十二步，問為田幾何？

答曰：二百一十六步。

法曰：并弦二十四步徑一十二步，共得三十六步。折半得一十八步。為

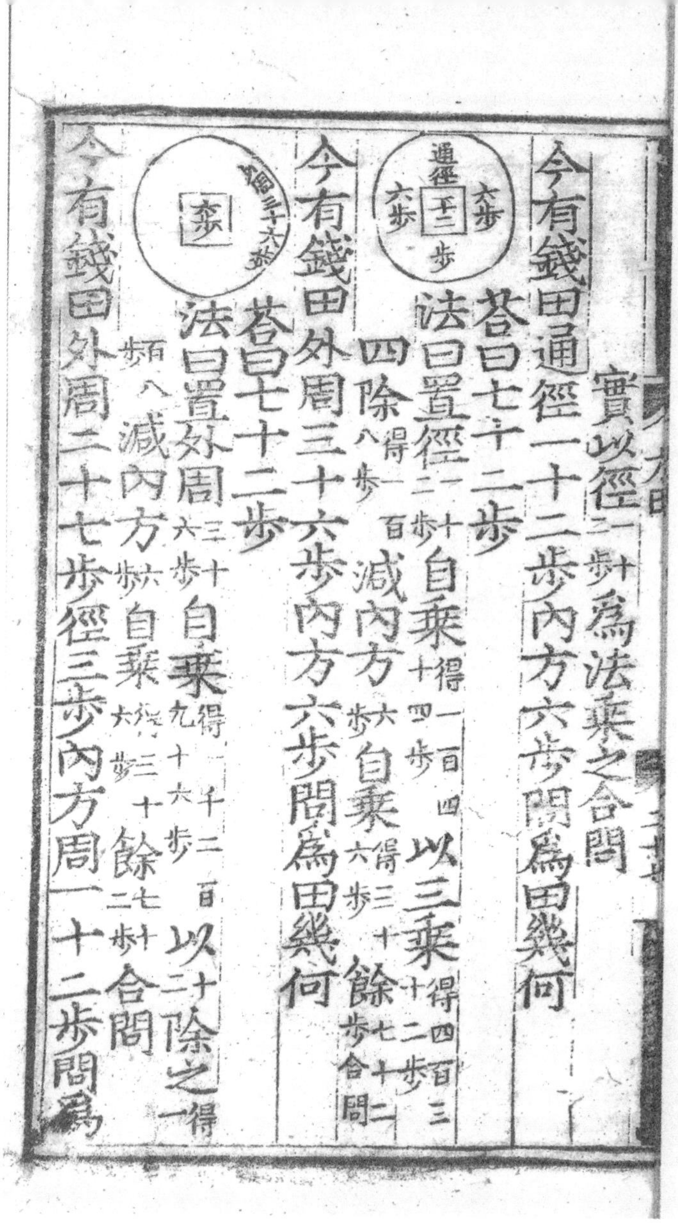

實，以徑十二步爲法乘之，合問。

今有錢田，通徑一十二步，内方六步，問爲田幾何？

答曰：七十二步。

法曰：置徑十二步自乘得一百四十四步。以三乘得四百三十二步。四除得一百八步。減内方六步自乘得三十六步。餘七十二步。合問。

今有錢田，外周三十六步，内方六步，問爲田幾何？

答曰：七十二步。

法曰：置外周三十六步自乘得一千二百九十六步。以十二除之得一百八步。減内方六步自乘得三十六步。餘七十二步。合問。

今有錢田，外周二十七步，徑三步，内方周一十二步，問爲

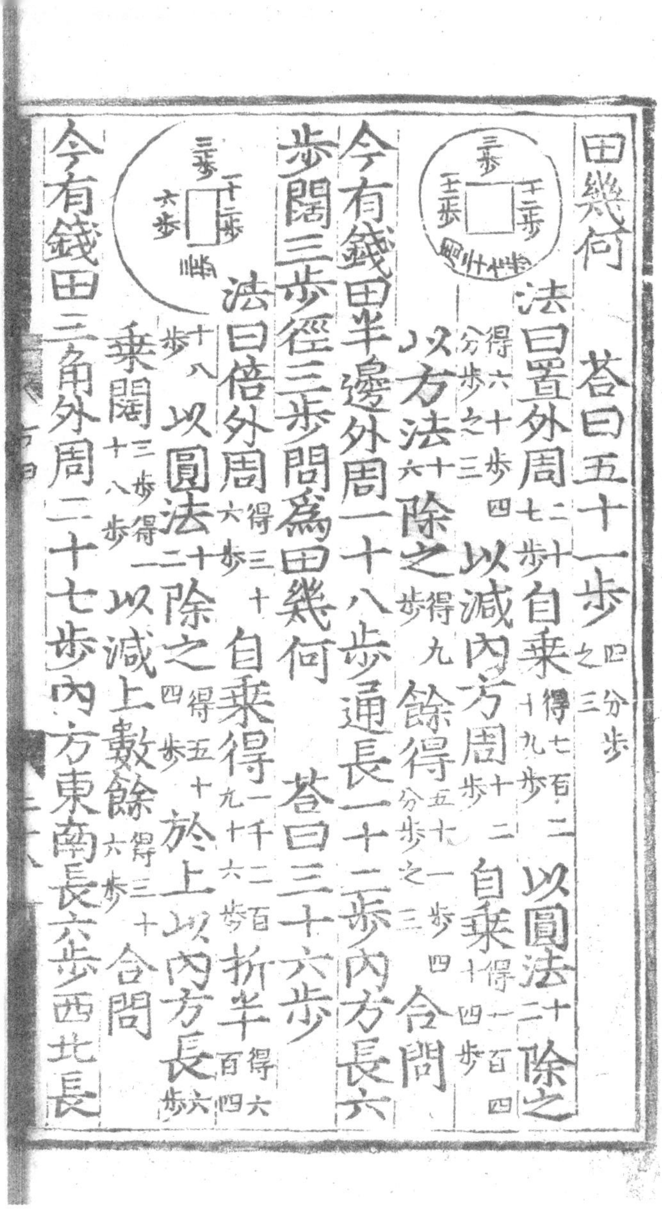

田幾何？　答曰：五十一步四分步之三。

法曰：置外周二十七步自乘得七百二十九步。以圓法十二除之，得六十步四分步之三。以減內方周十二步自乘得一百四十四步。以方法十六除之得九步。餘得五十一步四分步之三。合問。

今有錢田，半邊外周一十八步，通長一十二步，內方長六步，闊三步，徑三步，問爲田幾何？　答曰：三十六步。

法曰：倍外周得三十六步。自乘得一千二百九十六步。折半得六百四十八步。以圓法十二除之得五十四步。於上。以內方長六步乘闊三步，得一十八步。以減上數，餘得三十六步。合問。

今有錢田三角，外周二十七步，內方東南長六步，西北長

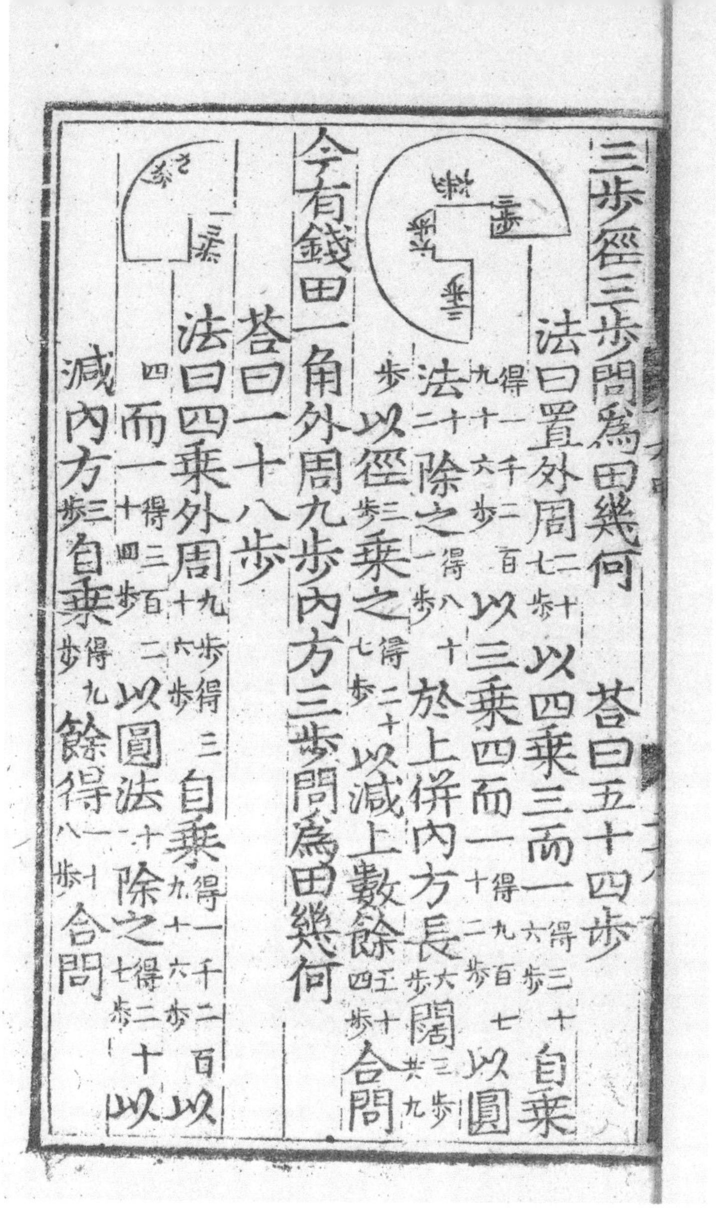

三步徑三步問為田幾何　荅曰五十四步
法曰置外周二十七步以四乘三而一得三十六步自乘得一千二百九十六步以三乘四而一得九百七十二步以圓法十二除之得八十一步於上併內方長六步闊三步共九步以徑三步乘之得二十七步以減上數餘五十四步合問
今有錢田一角外周九步內方三步問為田幾何
荅曰一十八步
法曰四乘外周九步得三十六步自乘得一千二百九十六步以四而一得三百二十四步以圓法十二除之得二十七步以減內方三步自乘得九步餘得一十八步合問

三步，徑三步，問爲田幾何？　答曰：五十四步。

法曰：置外周二十七步以四乘三而一得三十六步。自乘得一千二百九十六步。以三乘四而一得九百七十二步。以圓法十二除之得八十一步。於上。并內方長六步闊三步，共九步。以徑三步乘之得二十七步。以減上數，餘五十四步。合問。

今有錢田一角，外周九步，內方三步，問爲田幾何？

答曰：一十八步。

法曰：四乘外周九步，得三十六步。自乘得一千二百九十六步。以四而一得三百二十四步。以圓法十二除之得二十七步。以減內方三步自乘得九步。餘得一十八步。合問。

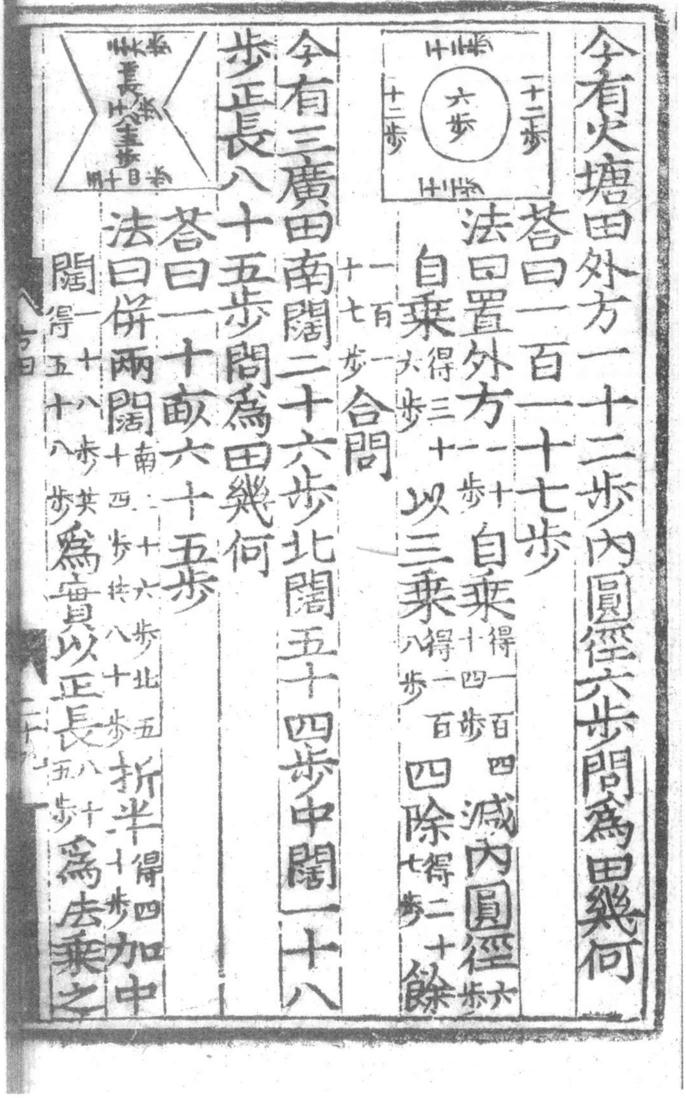

今有火塘田，外方一十二步，内圓徑六步，問爲田幾何？

答曰：一百一十七步。

法曰：置外方一十二步自乘得一百四十四步。減内圓徑六步自乘得三十六步。以三乘得一百八步。四除得二十七步。餘一百一十七步。合問。

今有三廣田，南闊二十六步，北闊五十四步，中闊一十八步，正長八十五步，問爲田幾何？

答曰：一十畝六十五步。

法曰：并兩闊南二十六步，北五十四步，共八十步。折半得四十步。加中闊一十八步，共得五十八步。爲實。以正長八十五步爲法乘之，

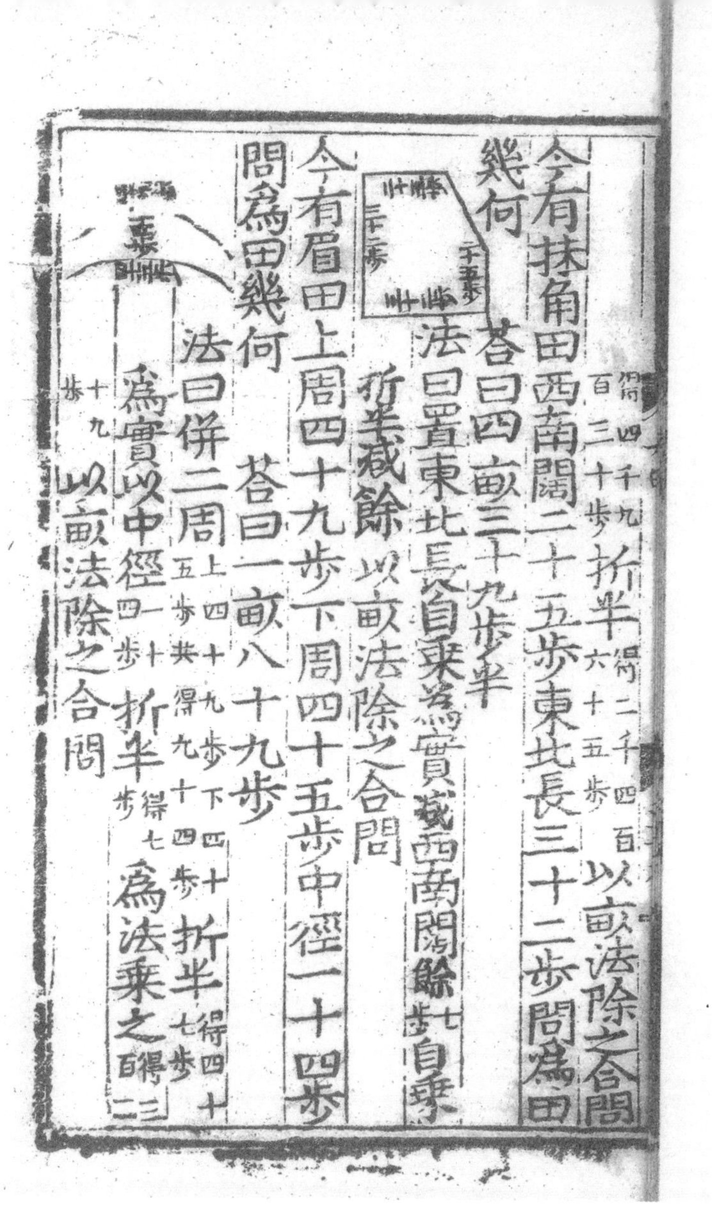
得四千九百三十步折半得二千四百六十五步以畝法除之合問
今有抹角田西南闊二十五步東北長三十二步問爲田
幾何　荅曰四畝三十九步半
法曰置東北長自乘爲實減西南闊餘七步自乘
折半減餘以畝法除之合問
今有眉田上周四十九步下周四十五步中徑一十四步
問爲田幾何　荅曰一畝八十九步
法曰并二周上四十九步下四十五步共得九十四步折半得四十七步
爲實以中徑一十四步折半得七步爲法乘之得三百二
十九步以畝法除之合問

得四千九百三十步。折半得二千四百六十五步。以畝法除之，合問。

今有抹角田，西南闊二十五步，東北長三十二步，問爲田幾何？　答曰：四畝三十九步半。

法曰：置東北長自乘爲實，減西南闊，餘七步。自乘，折半，減餘，以畝法除之，合問。

今有眉田，上周四十九步，下周四十五步，中徑一十四步，問爲田幾何？　答曰：一畝八十九步。

法曰：并二周上四十九步，下四十五步，共得九十四步。折半得四十七步。爲實。以中徑一十四步折半得七步。爲法，乘之得三百三十九步。以畝法除之，合問。

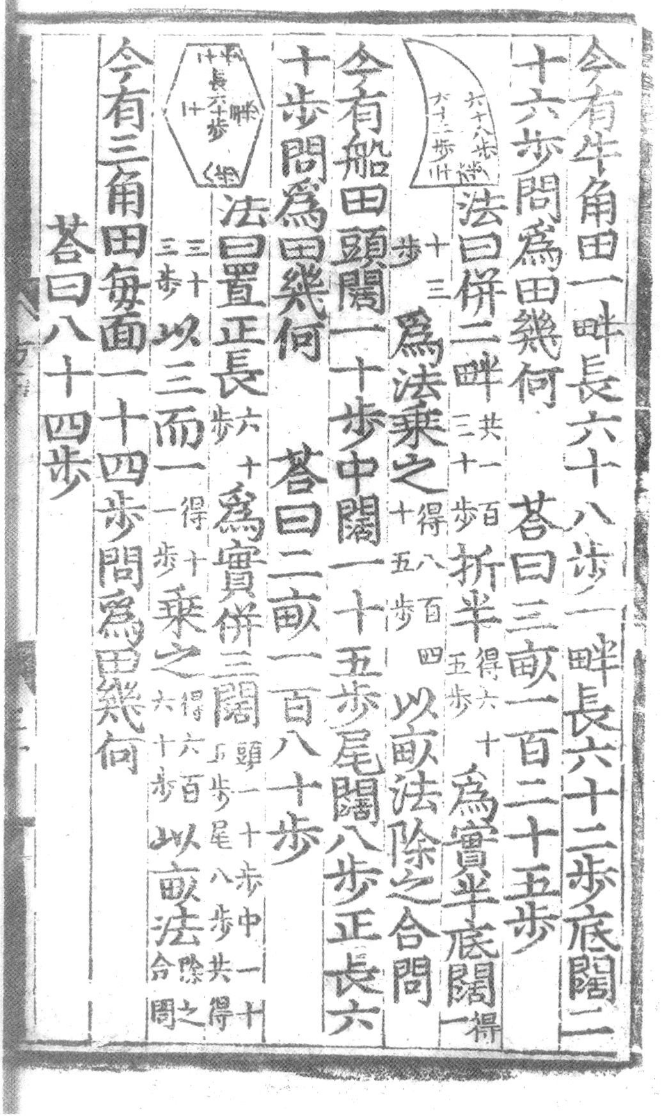

今有牛角田一畔長六十八步一畔長六十二步底闊二
十六步問爲田幾何　荅曰三畝一百二十五步
法曰併二畔共一百三十步折半得六十五步爲實半底闊得一
十三步爲法乘之得八百四十五步以畝法除之合問
今有船田頭闊一十步中闊一十五步尾闊八步正長六
十步問爲田幾何　荅曰二畝一百八十步
法曰置正長六十步爲實併三闊頭一十步中一十五步尾八步共得
三十三步以三而一得十一步乘之得六百六十步以畝法除之合問
今有三角田每面一十四步問爲田幾何
荅曰八十四步

今有牛角田，一畔長六十八步，一畔長六十二步，底闊二十六步，問爲田幾何？　答曰：三畝一百二十五步。

法曰：并二畔共一百三十步。折半得六十五步。爲實，半底闊得一十三步。爲法乘之得八百四十五步。以畝法除之，合問。

今有船田，頭闊一十步，中闊一十五步，尾闊八步，正長六十步，問爲田幾何？　答曰：二畝一百八十步。

法曰：置正長六十步爲實，并三闊頭一十步，中一十五步，尾八步，共得三十三步。以三而一得十一步。乘之得六百六十步。以畝法除之，合問。

今有三角田，每面一十四步，問爲田幾何？

答曰：八十四步。

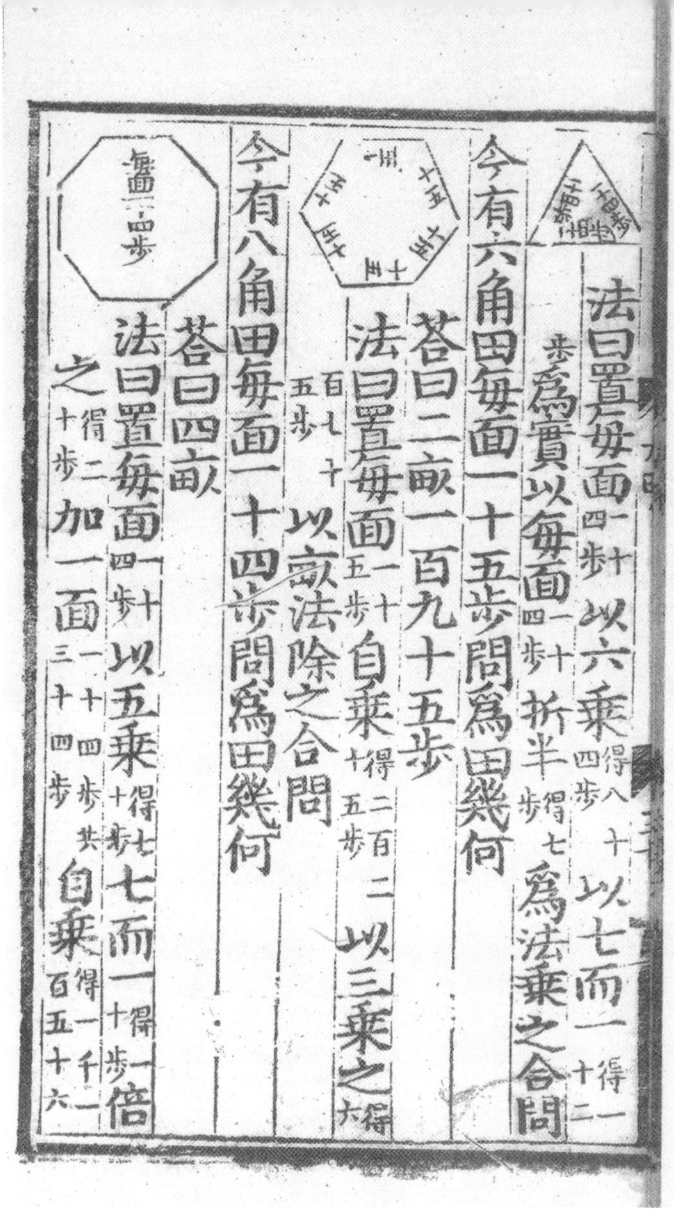

法曰：置每面一十四步以六乘得八十四步。以七而一得一十二步。爲實，以每面一十四步折半得七步。爲法乘之，合問。

今有六角田，每面一十五步，問爲田幾何？

答曰：二畝一百九十五步。

法曰：置每面一十五步自乘得二百二十五步。以三乘之得六百七十五步。以畝法除之，合問。

今有八角田，每面一十四步，問爲田幾何？

答曰：四畝。

法曰：置每面一十四步以五乘得七十步。七而一得一十步。倍之得二十步。加一面一十四步，共三十四步。自乘得一千一百五十六

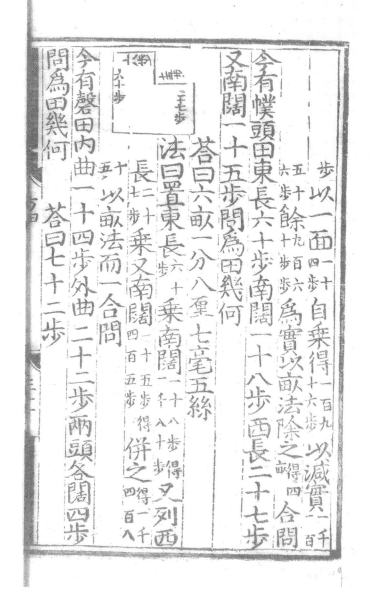

步。以一面一十四步自乘得一百九十六步。以減實二千一百五十六步餘九百六十步步。爲實，以畝法除之得四畝。合問。

今有幞頭田，東長六十步，南闊一十八步，西長二十七步，又南闊一十五步，問爲田幾何？

答曰：六畝一分八厘七毫五絲。

法曰：置東長六十步乘南闊一十八步，得一千八十步。又列西長二十七步乘又南闊一十五步，得四百五步。并之得一千四百八十五。以畝法而一，合問。

今有磬田，内曲一十四步，外曲二十二步，兩頭各闊四步，問爲田幾何？　答曰：七十二步。

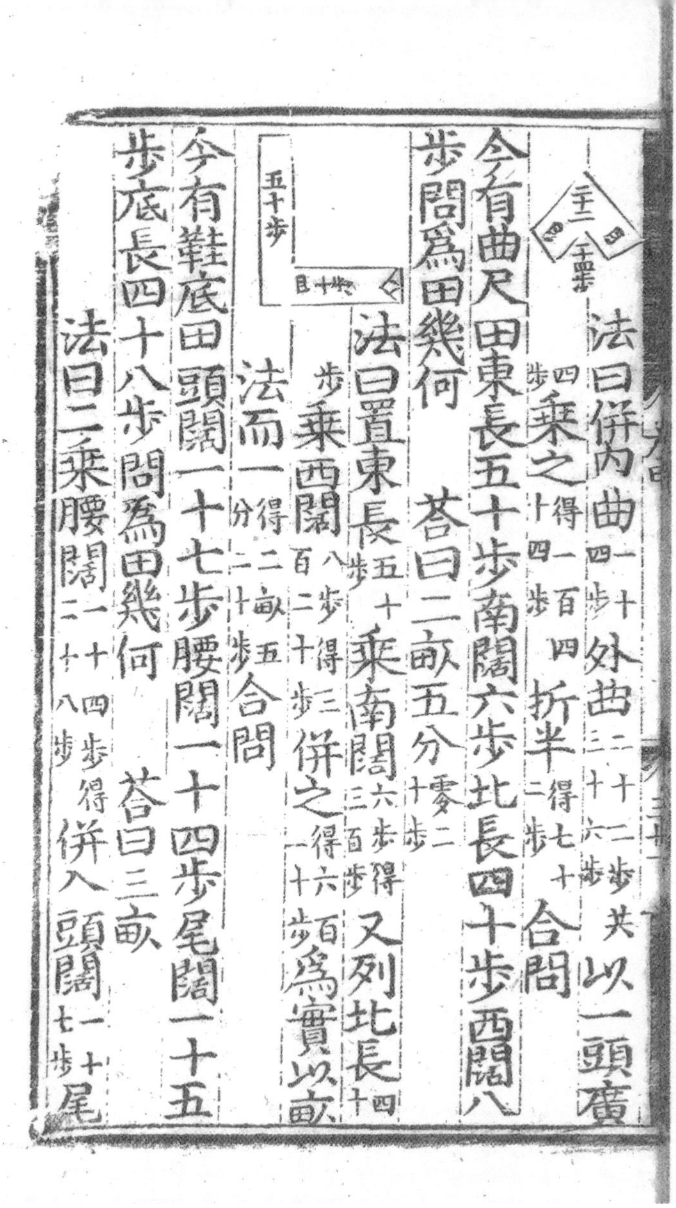

法曰：并内曲一十四步外曲二十二步，共三十六步。以一頭廣四步乘之得一百四十四步。折半得七十二步。合問。

今有曲尺田，東長五十步，南闊六步，北長四十步，西闊八步，問爲田幾何？　答曰：二畝五分零二十步。

法曰：置東長五十步乘南闊六步，得三百步。又列北長四十步乘西闊八步，得三百二十步。并之得六百一十步爲實，以畝法而一得二畝五分二十步。合問。

今有鞋底田，頭闊一十七步，腰闊一十四步，尾闊一十五步，底長四十八步，問爲田幾何？　答曰：三畝。

法曰：二乘腰闊一十四步，得二十八步。并入頭闊一十七步尾

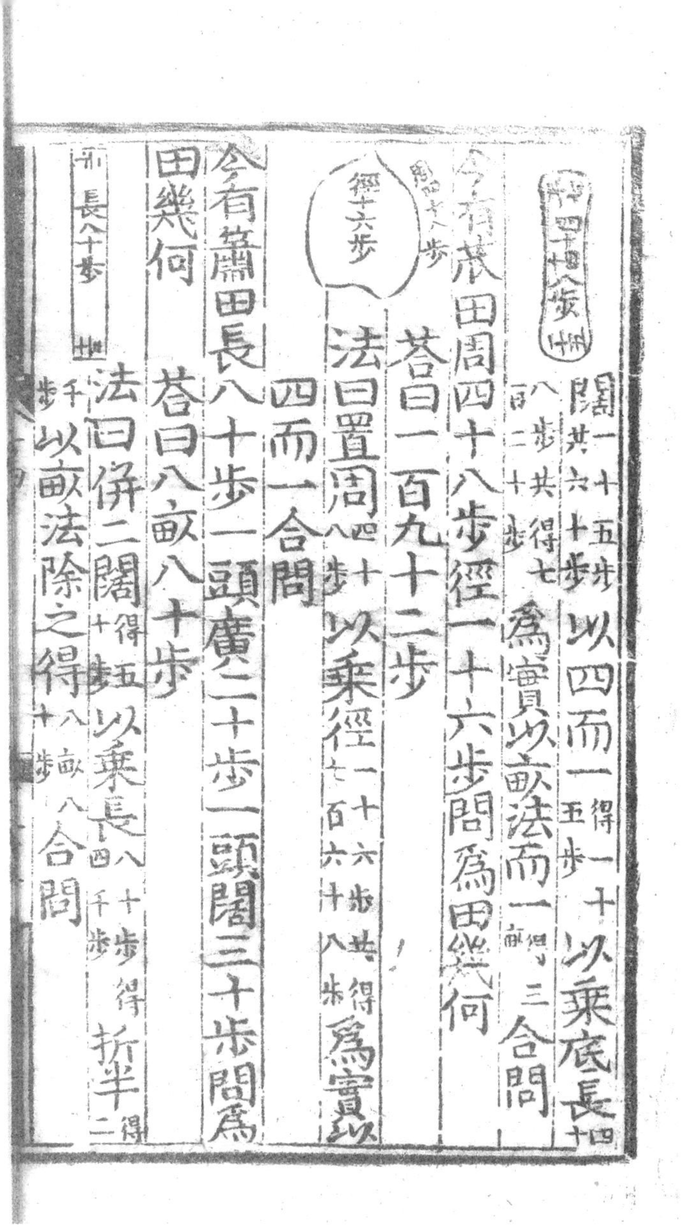

闊（一十五步，共六十步。）以四而一（得一十五步。）以乘底長（四十八步，共得七百二十步。）爲實，以畝法而一（得三畝。）合問。

今有苽田，周四十八步，徑一十六步，問爲田幾何？

答曰：一百九十二步。

法曰：置周（四十八步）以乘徑（一十六步，共得七百六十八步。）爲實，以四而一，合問。

今有簫田，長八十步，一頭廣二十步，一頭闊三十步，問爲田幾何？ 答曰：八畝八十步。

法曰：并二闊（得五十步。）以乘長（八十步，得四千步。）折半（得二千步。）以畝法除之，得（八畝八十步。）合問。

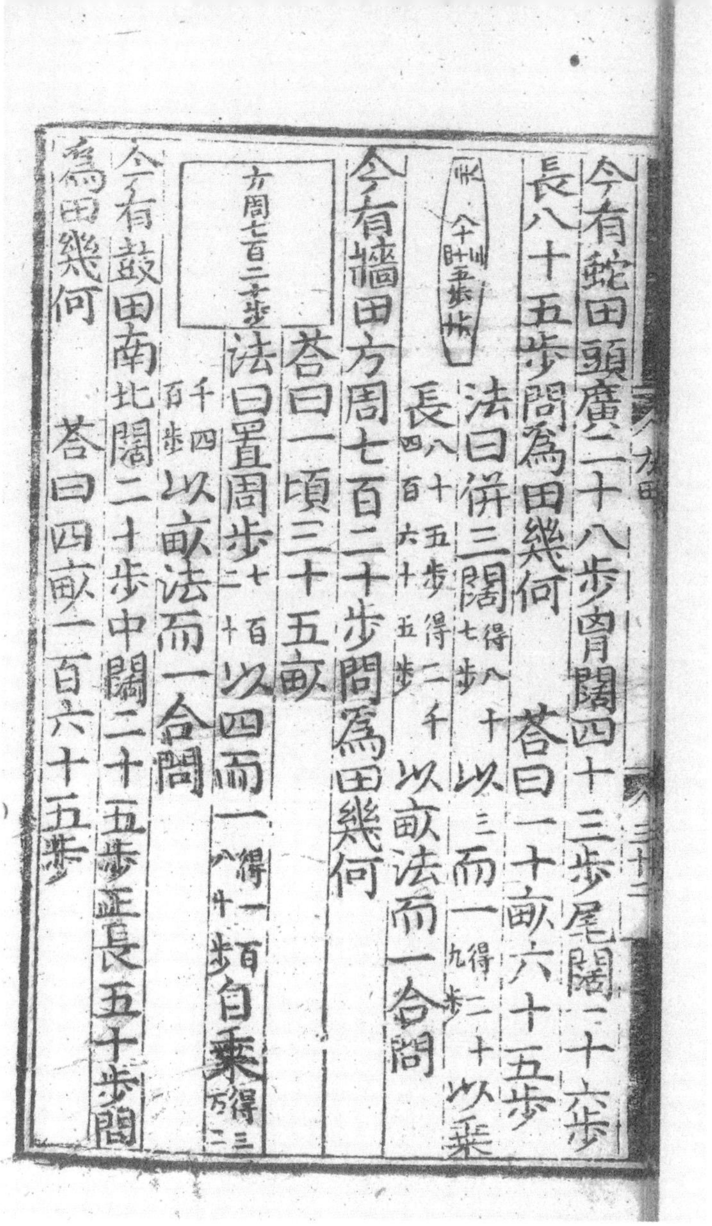
今有蛇田頭廣二十八步胷闊四十三步尾闊一十六步
長八十五步問爲田幾何　荅曰一十畝六十五步
法曰并三闊得八十七步以三而一得二十九步以乘
長八十五步得二千四百六十五步以畝法而一合問
今有牆田方周七百二十步問爲田幾何
荅曰一頃三十五畝
方周七百二十步
法曰置周步七百二十以四而一得一百八十步自乘得三方二
千四百步以畝法而一合問
今有鼓田南北闊二十步中闊二十五步正長五十步問
爲田幾何　荅曰四畝一百六十五步

今有蛇田，頭廣二十八步，胷闊四十三步，尾闊一十六步，長八十五步，問爲田幾何？　答曰：一十畝六十五步。

法曰：并三闊得八十七步。以三而一得二十九步。以乘長八十五步，得二千四百六十五步。以畝法而一，合問。

今有牆田，方周七百二十步，問爲田幾何？

答曰：一頃三十五畝。

法曰：置周步七百二十以四而一得一百八十步。自乘得三方二千四百步。以畝法而一，合問。

今有鼓田，南北闊二十步，中闊二十五步，正長五十步，問爲田幾何？　答曰：四畝一百六十五步。

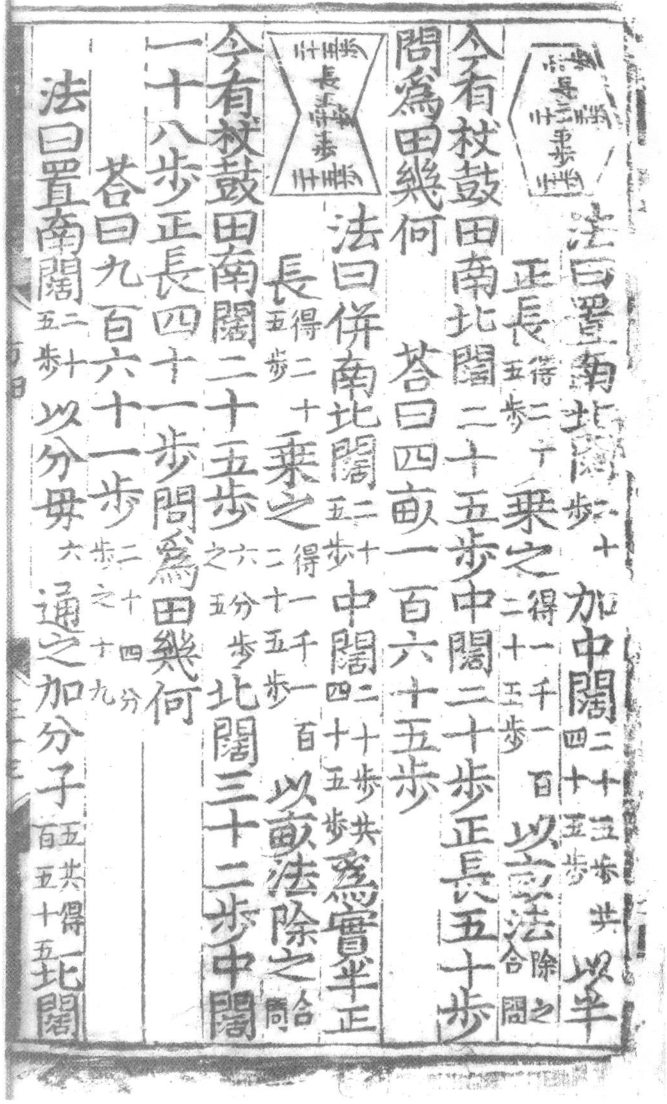

法曰：置南北闊二十步加中闊二十五步，共四十五步。以半正長得二十五步。乘之得一千一百二十五步。以畝法除之，合問。

今有杖鼓田，南北闊二十五步，中闊二十步，正長五十步問爲田幾何？　答曰：四畝一百六十五步。

法曰：并南北闊二十五步中闊二十步，共四十五步。爲實。半正長得二十五步。乘之得一千一百二十五步。以畝法除之。合問。

今有杖鼓田，南闊二十五步六分步之五，北闊三十二步，中闊一十八步，正長四十一步，問爲田幾何？

答曰：九百六十一步二十四分步之十九。

法曰：置南闊二十五步以分母六通之，加分子五，共得一百五十五。北闊

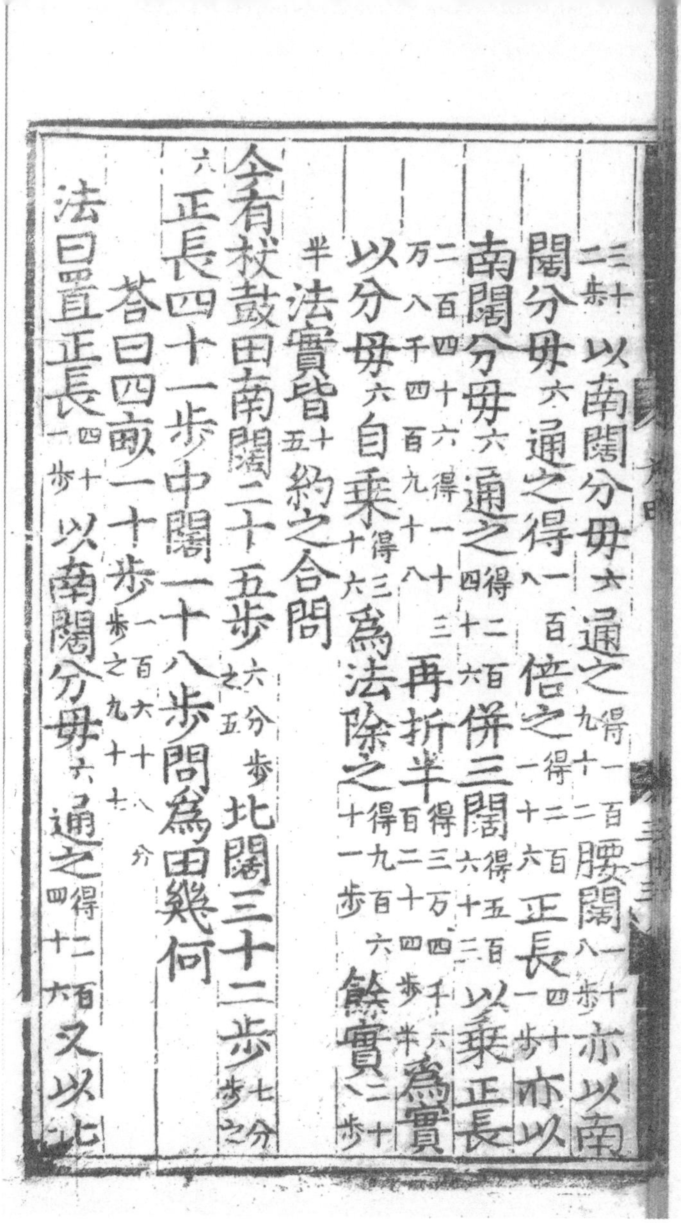

三十二步以南闊分母六通之，得一百九十二。腰闊一十八步亦以南闊分母六通之，得一百八倍之得二百二十六。正長四十二步亦以南闊分母六通之得二百四十六。并三闊得五百六十三。以乘正長二百四十六，得一十三万八千四百九十八。再折半得三万四千六百二十四步半。爲實。以分母六自乘得三十六。爲法，除之得九百六十一步。餘實二十八步半。法實皆十五約之，合問。

今有杖鼓田，南闊二十五步六分步之五，北闊三十二步七分步之六，正長四十一步，中闊一十八步，問爲田幾何？

答曰：四畝一十步一百六十八分步之九十七。

法曰：置正長四十二步以南闊分母六通之得二百四十六。又以北

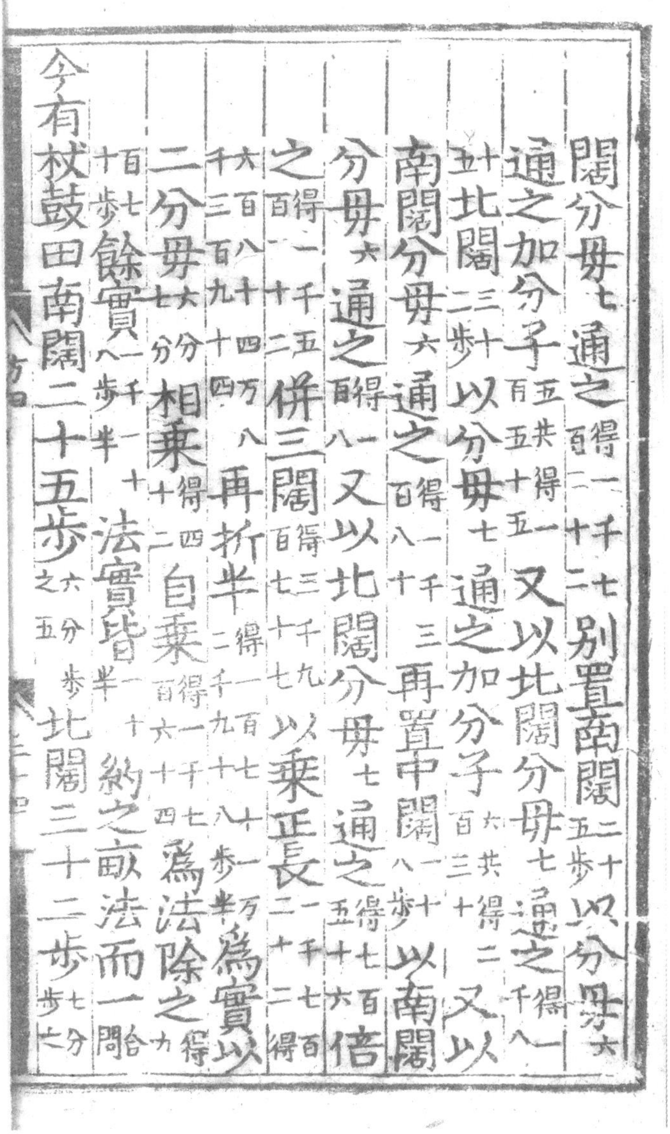

闊分母七通之得一千七百二十二。別置南闊二十五步以分母六通之，加分子五，共得一百五十五。又以北闊分母七通之得一千八十五。北闊三十二步以分母七通之，加分子六，共得二百三十。又以南闊分母六通之得一千三百八十。再置中闊一十八步以南闊分母六通之得一百八。又以北闊分母七通之得七百五十六。倍之得一千五百一十二。并三闊得三千九百七十七。以乘正長二千七百二十二，得六百八十四万八千三百九十四。再折半得一百七十一万二千九十八步半。爲實。以二分母六分；七分。相乘得四十二。自乘得一千七百六十四。爲法，除之得九百七十步。餘實一千一十八步半。法實皆一十半約之，畝法而一合問。

今有杖鼓田，南闊二十五步六分步之五，北闊三十二步七分步之六，正長四十一步，中闊一十八步三分步之二，問爲田幾何？

答曰：四畝二十四步一百六十八分步之四十一。

法曰：置正長四十一步以三闊分母通之，南闊六，得二百四十六。北闊七，得一千七百二十二。中闊三，得五千一百六十六。次置南闊二十五步以分母六通之，加分子五，共得一百五十五。又互乘北闊分母七，得一千八十五。中闊分母三，得三千二百五十五。○北闊三十二步以分母七通之，加分子六，得二百三十。又互乘南闊分母六，得一千三百八十。中闊分母三，得四千一百四十。○中闊一十八步以分母三通之，加分子二，得五十六。又互乘南闊分母六，得三百三十六步。北闊分母七，得二千三百五十二。倍之得四千七百四。并三闊得一万二千九十九。以正長五千一百六十六乘之得六千二百五十万三千四百三十四。再折半得一千五百六十二万五千八百五十八步半。爲實。以三闊分母互乘六分乘七分，得四十二，又乘三分，得一百二十六。自乘得一万五千八百七十六。爲法，除之得九百八十四步。

餘實三千八百七十四步半。法實皆九百四十五約之，又畝法除。合問。

今有杖鼓田，南闊二十五步六分步之五，北闊三十二步七分步之六，正長四十一步四分步之三，中闊一十八步三分步之二，問爲田幾何？　答曰：四畝四十二步六百七十二分步之一百六十七。

法曰：置南闊二十五步以分母六通之，加分子五，共得一百五十五。又互乘北闊分母七，得一千八十五。中闊分母三，得三千二百五十五。〇

北闊三十二步以分母七通之，加分子六，共得二百三十。又互乘

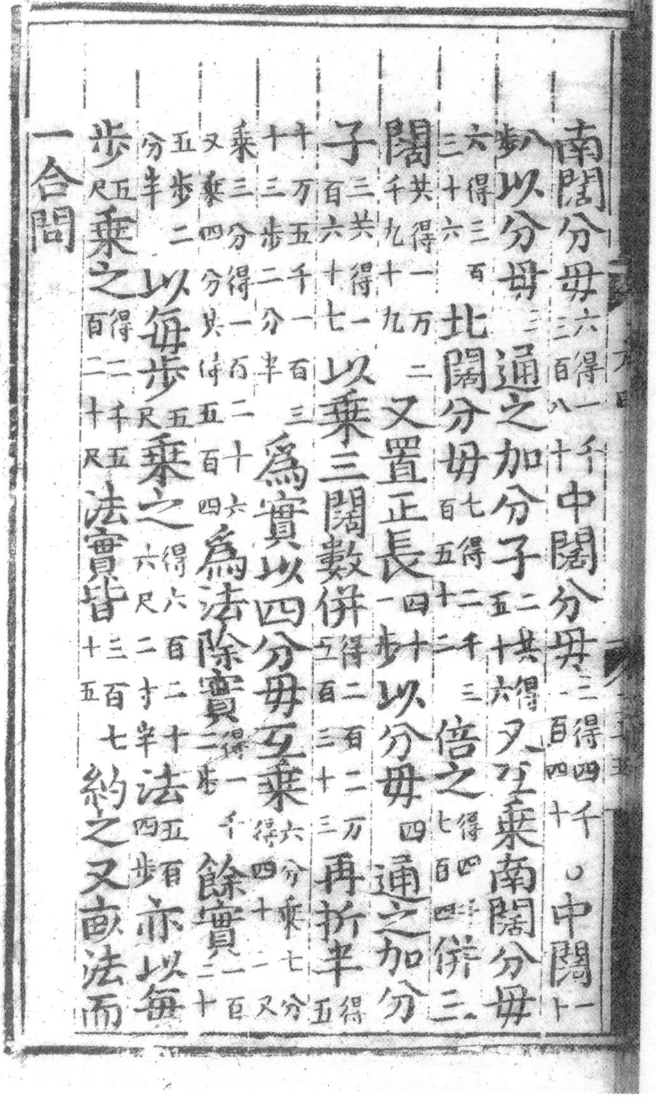

南閣分母六，得一千三百八十。中閣分母三，得四千二百四十。○中閣一十八步以分母三通之，加分子二，共得五十六。又互乘南閣分母六，得三百三十六。北閣分母七，得二千三百五十二。倍之得四千七百四。并三閣共得一万二千九十九。又置正長四十二步，以分母四通之，加分子三，共得一百六十七。以乘三閣數并得二百二万五百三十三。再折半得五十万五千一百三十三步二分半。爲實。以四分母互乘六分乘七分，得四十二，又乘三分得一百二十六，又乘四分共得五百四。爲法，除實得一千二步。餘實一百二十五步二分半。以每步五尺乘之得六百二十六尺二寸半。法五百四步亦以每步五尺乘之得二千五百二十尺。法實皆三百七十五約之，又畝法而一，合問。

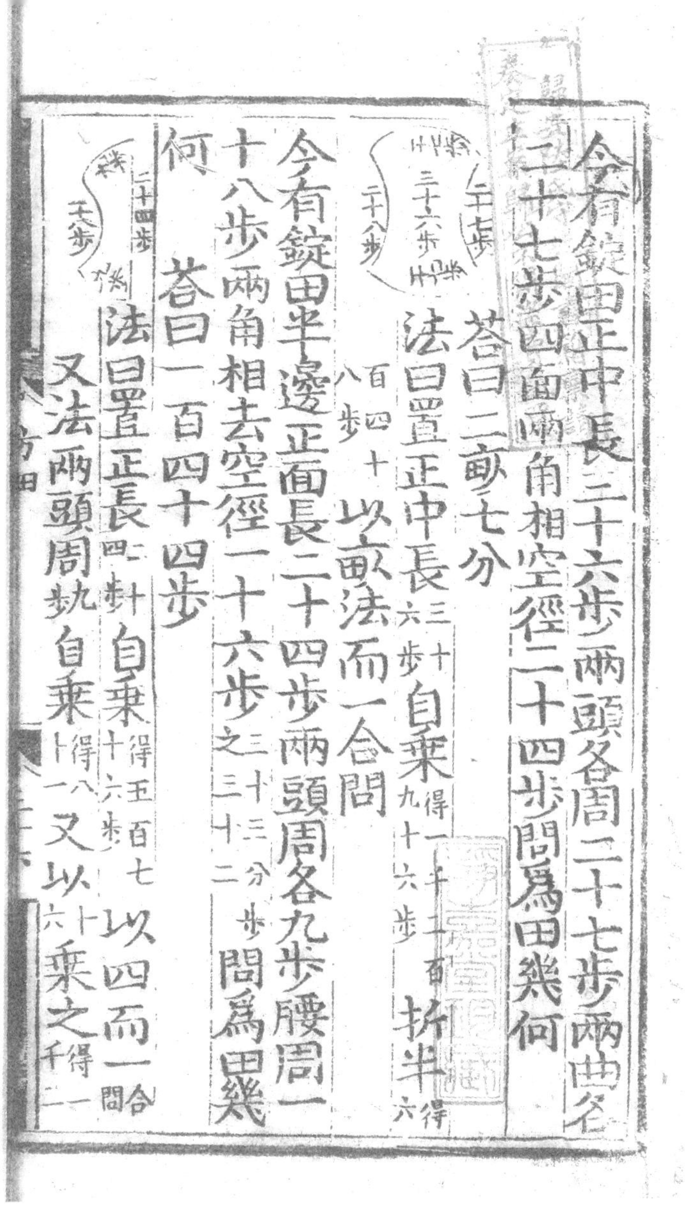

今有錠田，正中長三十六步，兩頭各周二十七步，兩曲各二十七步，四面兩角相空徑二十四步，問爲田幾何？

答曰：二畝七分。

法曰：置正中長三十六步自乘得一千二百九十六步。折半得六百四十八步。以畝法而一，合問。

今有錠田半邊，正面長二十四步，兩頭周各九步，腰周一十八步，兩角相去空徑一十六步三十三分步之三十二，問爲田幾何？　答曰：一百四十四步。

法曰：置正長二十四步自乘得五百七十六步。以四而一，合問。

又法：兩頭周九步自乘得八十一。又以十六乘之得一千二

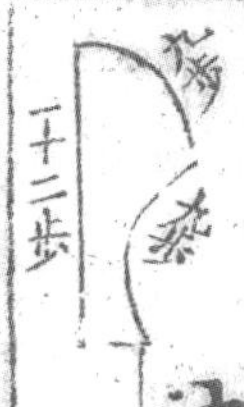

（百九十六。）却以（九）而一，合問。

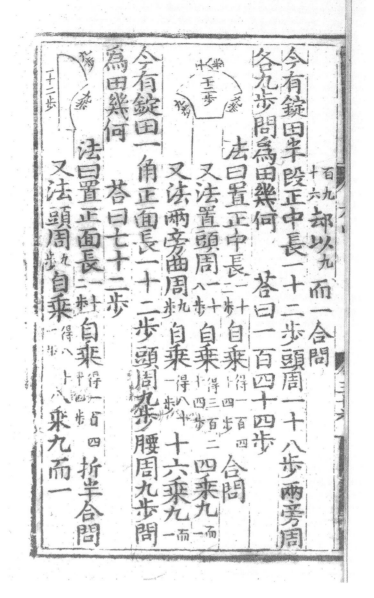

今有錠田半段，正中長一十二步，頭周一十八步，兩旁周各九步，問爲田幾何？　答曰：一百四十四步。

法曰：置正中長（一十二步）自乘（得一百四十四步。）合問。

又法：置頭周（一十八步）自乘（得三百二十四步。）四乘九（而一。）

又法：兩旁曲周（九步）自乘（得八十一步。）十六乘九（而一。）

今有錠田一角，正面長一十二步，頭周九步，腰周九步，問爲田幾何？　答曰：七十二步。

法曰：置正面長（一十二步）自乘（得一百四十四步。）折半，合問。

又法：頭周（九步）自乘（得八十一步。）八乘九而一。

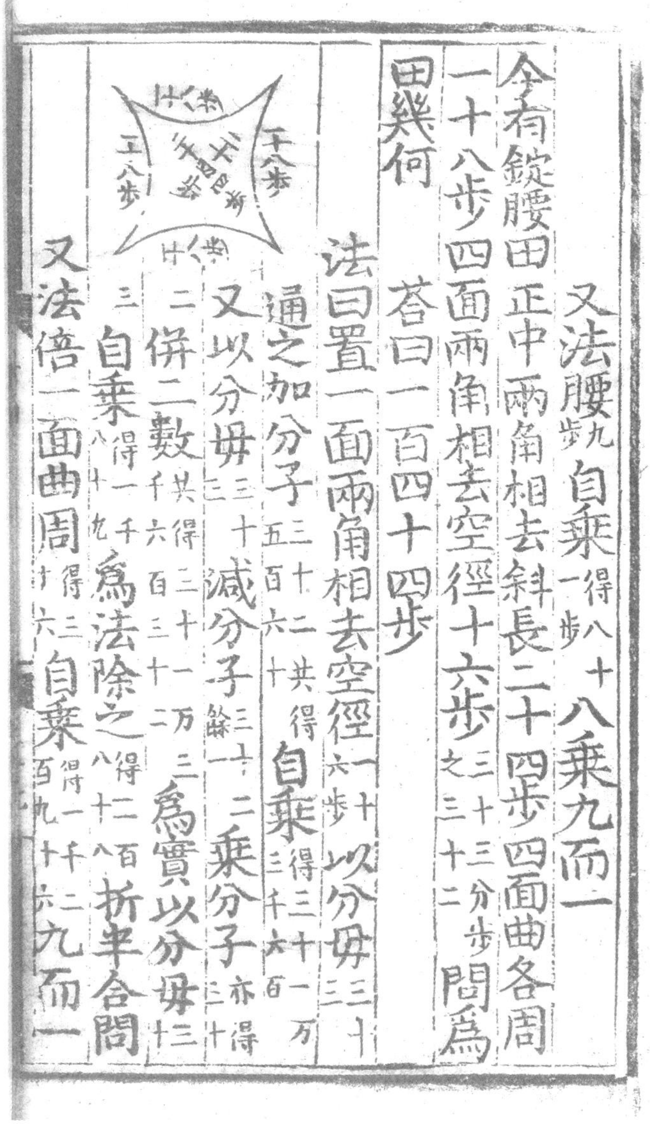

又法：腰九步自乘得八十一步。八乘九而一。

今有錠腰田，正中兩角相去斜長二十四步，四面曲各周一十八步，四面兩角相去空徑十六步三十三分步之三十二，問爲田幾何？　答曰：一百四十四步。

法曰：置一面兩角相去空徑一十六步以分母三十三通之，加分子三十二，共得五百六十。自乘得三十一万三千六百。又以分母三十三減分子三十二，餘一。乘分子亦得三十二。并二數共得三十一万三千六百三十二。爲實。以分母三十三自乘得一千八十九。爲法，除之得二百八十八。折半，合問。

又法：倍一面曲周得三十六。自乘得一千二百九十六。九而一。

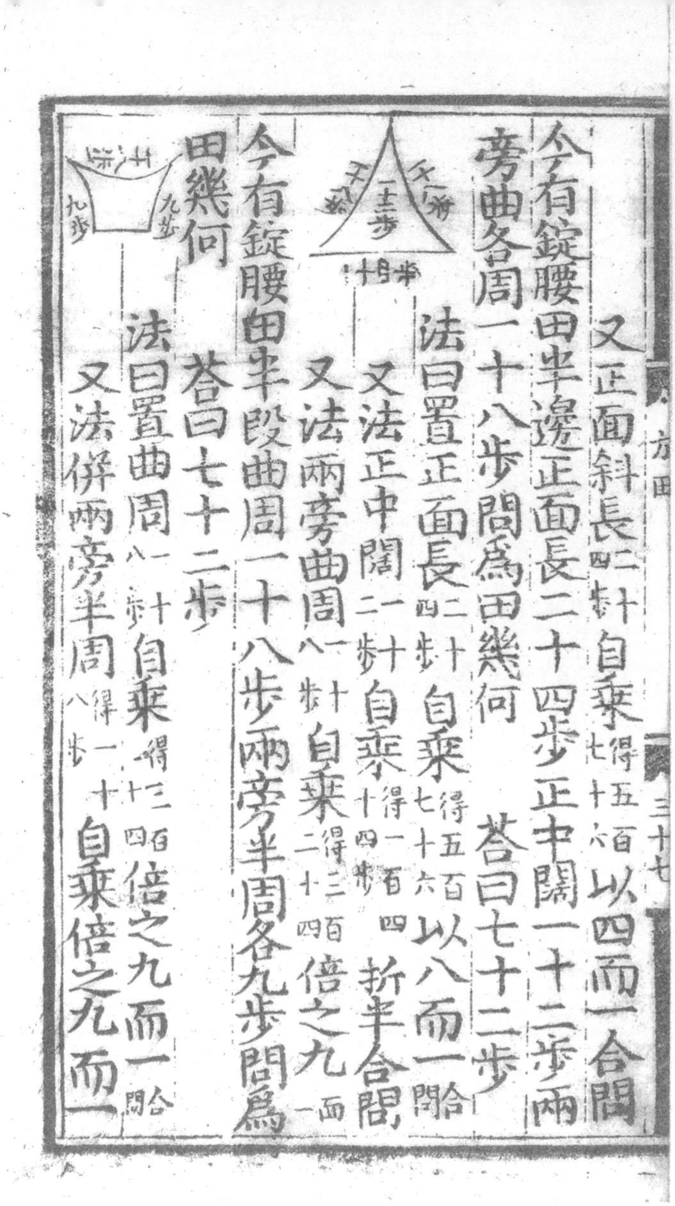

又正面斜長二十四步自乘得五百七十六。以四而一，合問。

今有錠腰田半邊，正面長二十四步，正中闊一十二步，兩旁曲各周一十八步，問爲田幾何？　答曰：七十二步。

法曰：置正面長二十四步自乘得五百七十六。以八而一，合問。

又法：正中闊一十二步自乘得一百四十四步。折半，合問。

又法：兩旁曲周一十八步自乘得三百二十四。倍之，九而一。

今有錠腰田半段，曲周一十八步，兩旁半周各九步，問爲田幾何？　答曰：七十二步。

法曰：置曲周一十八步自乘得三百二十四。倍之，九而一，合問。

又法：并兩旁半周得一十八步。自乘，倍之，九而一。

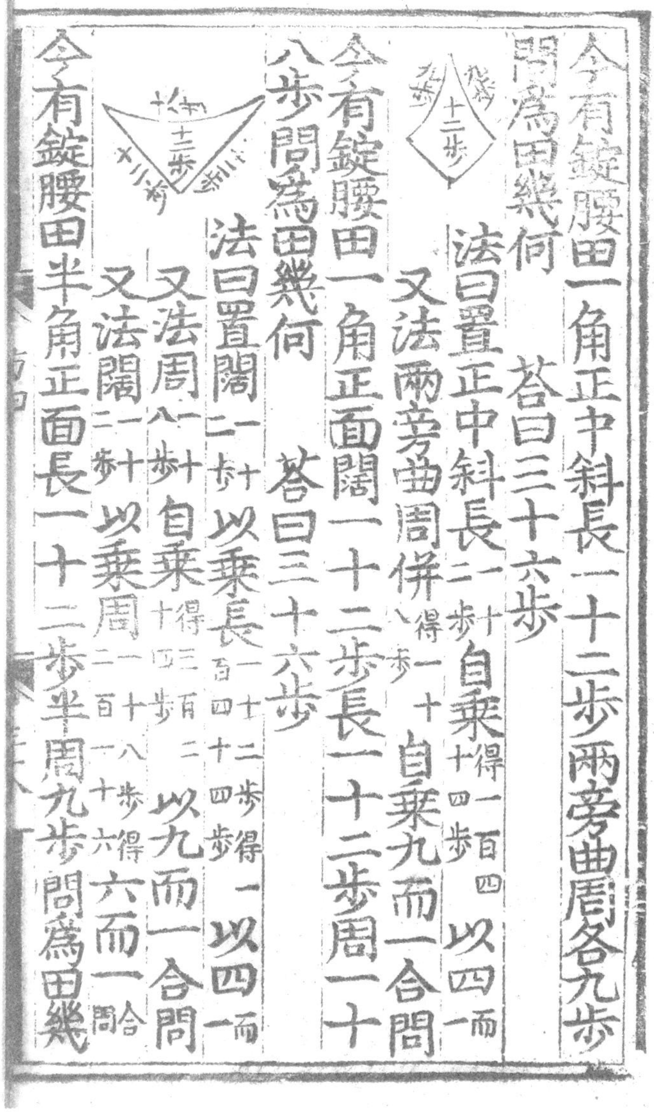
今有錠腰田一角正中斜長一十二步兩旁曲周各九步問爲田幾何　荅曰三十六步
法曰置正中斜長一十二步自乘得一百四十四步以四而一
又法兩旁曲周併得一十八步自乘九而一合問
今有錠腰田一角正面闊一十二步長一十二步周一十八步問爲田幾何　荅曰三十六步
法曰置闊一十二步以乘長一十二步得一百四十四步以四而一
又法周一十八步自乘得三百二十四步以九而一合問
又法闊一十二步以乘周一十八步得二百一十六步六而一合問
今有錠腰田半角正面長一十二步半周九步問爲田幾

今有錠腰田一角，正中斜長一十二步，兩旁曲周各九步，問爲田幾何？　答曰：三十六步。

法曰：置正中斜長一十二步自乘得一百四十四步。以四而一。

又法：兩旁曲周并得一十八步。自乘，九而一，合問。

今有錠腰田一角，正面闊一十二步，長一十二步，周一十八步，問爲田幾何？　答曰：三十六步。

法曰：置闊一十二步以乘長一十二步，得一百四十四步。以四而一。

又法：周一十八步自乘得三百二十四步。以九而一，合問。

又法：闊一十二步以乘周一十八步，得二百一十六。六而一，合問。

今有錠腰田半角，正面長一十二步，半周九步，問爲田幾

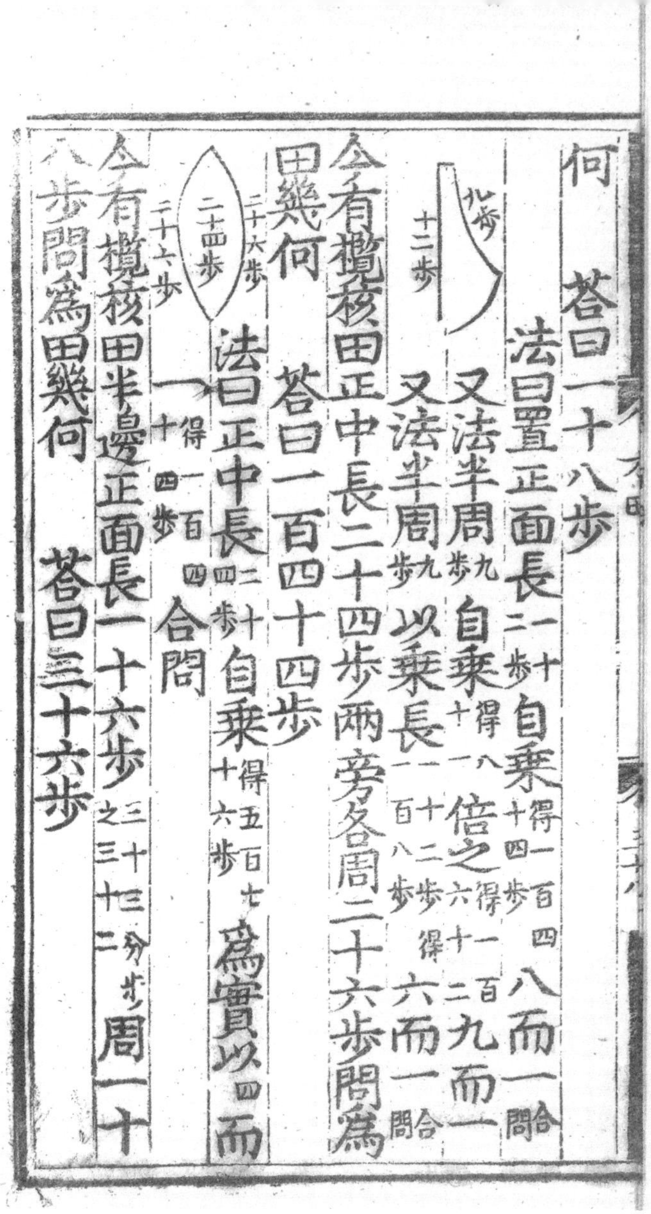

何？　答曰：一十八步。

法曰：置正面長二十二步自乘得一百四十四步。八而一合問。

又法：半周九步自乘得八十一。倍之得一百六十二。九而一。

又法：半周九步以乘長一十二步，得一百八步。六而一，合問。

今有欖核田，正中長二十四步，兩旁各周二十六步，問爲田幾何？　答曰：一百四十四步。

法曰：正中長二十四步自乘得五百七十六步。爲實，以四而一得一百四十四步。合問。

今有欖核田半邊，正面長一十六步三十三分步之三十二，周一十八步，問爲田幾何？　答曰：三十六步。

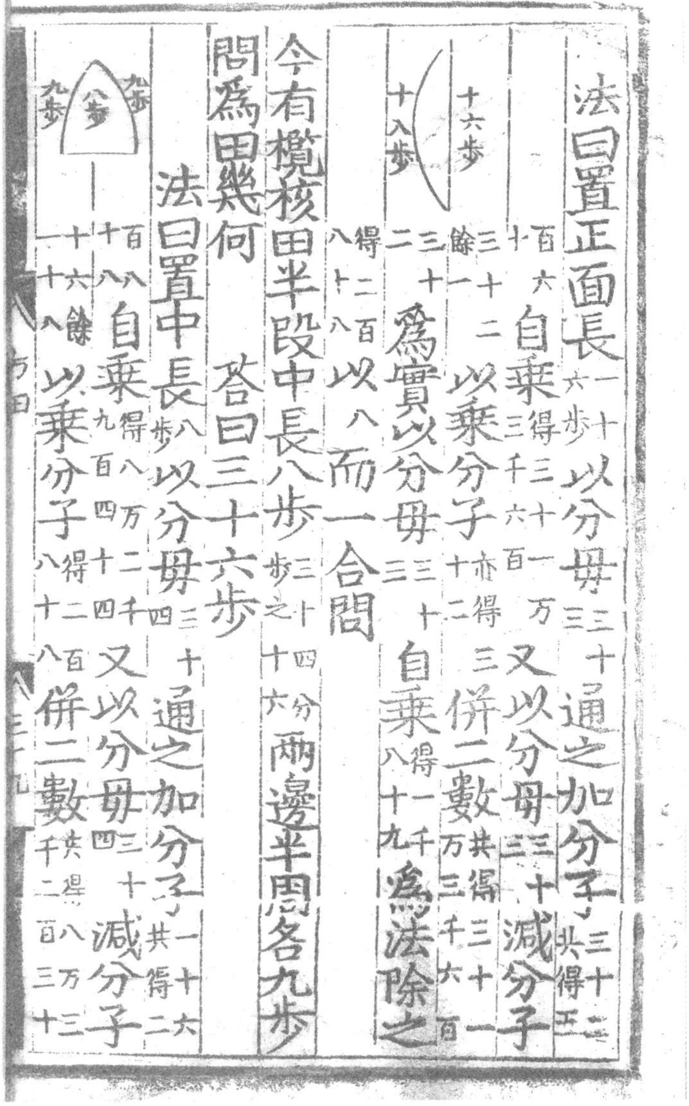

法曰：置正面長二十六步以分母三十三通之，加分子三十二，共得三百六十。自乘得三十一万三千六百。又以分母三十三減分子三十二，餘一。以乘分子亦得三十二。并二數共得三十一万三千六百三十二。爲實。以分母三十三自乘得一千八十九。爲法，除之得二百八十八。以八而一，合問。

今有欖核田半段，中長八步二十四分步之十六，兩邊半周各九步，問爲田幾何？　答曰：三十六步。

法曰：置中長八步以分母三十四通之，加分子一十六，共得二百八十八。自乘得八万二千九百四十四。又以分母三十四減分子十六，餘一十八。以乘分子得二百八十八。并二數共得八万三千二百三十二。爲實。以分母三十四自乘得一千一百五十六。爲法，除之得七十二。折半，合問。

又法：并兩旁半周，自乘，九而一，合問。

今有欖核田三角，正中長一十六步三十三分步之三十二，右邊周一十八步，左邊半周九步，問爲田幾何？

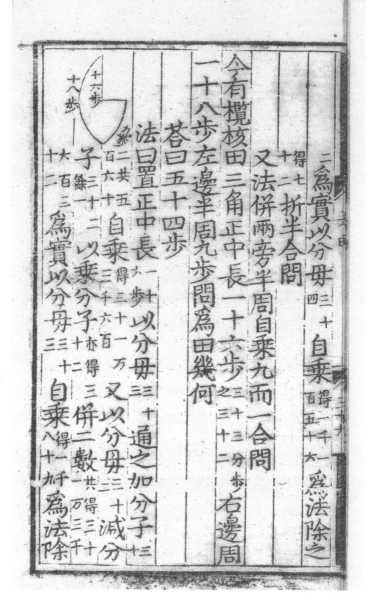

答曰：五十四步。

法曰：置正中長一十六步以分母三十三通之，加分子三十二，共五百六十。自乘得三十一万三千六百。又以分母三十三減分子三十二，餘一。以乘分子亦得三十二。并二數共得三十一万三千六百三十二。爲實。以分母三十三自乘得一千八十九。爲法，除

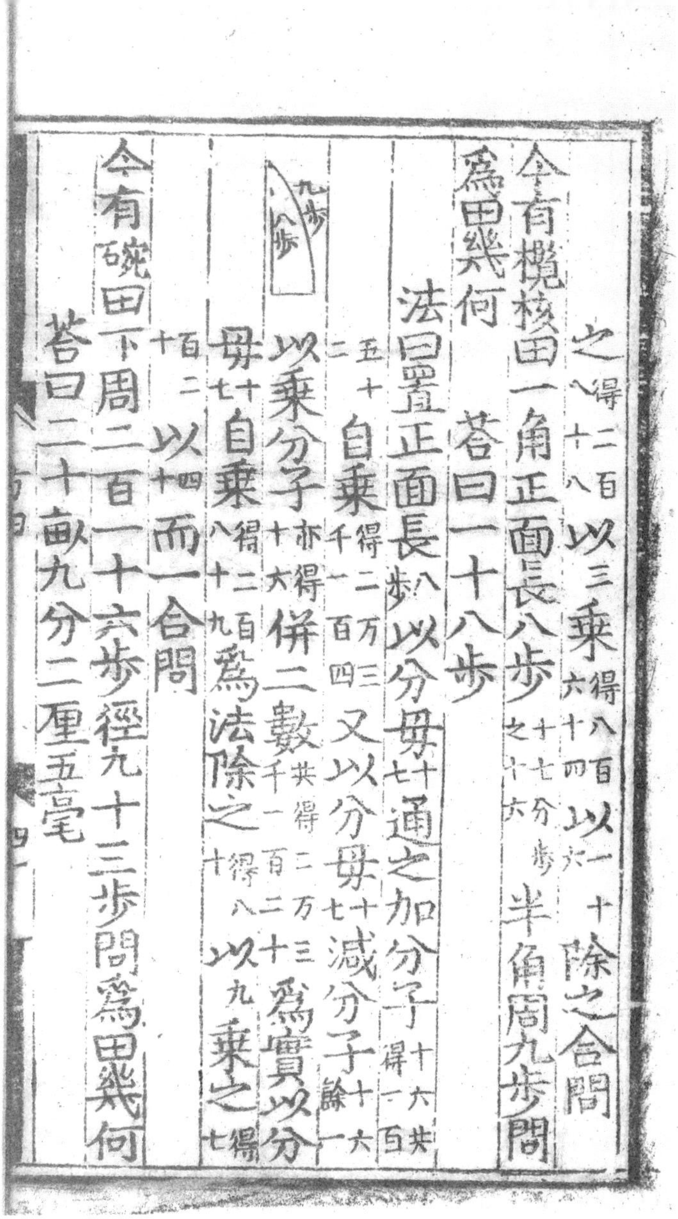

之（得二百八十八）。以（三）乘（得八百六十四）。以（一十六）除之，合問。

今有欖核田一角，正面長八步（十七分步之十六），半角周九步，問爲田幾何？　答曰：一十八步。

法曰：置正面長（八步）以分母（十七）通之，加分子（十六，共得一百五十二）。自乘（得二万三千一百四）。又以分母（十七）減分子（十六，餘一）。以乘分子（亦得十六）。并二數（共得二万三千一百二十）。爲實。以分母（十七）自乘（得二百八十九）。爲法，除之（得八十）。以（九）乘之（得七百二十）。以（四十）而一。合問。

今有碗田，下周二百一十六步，徑九十三步，問爲田幾何？

答曰：二十畝九分二厘五毫。

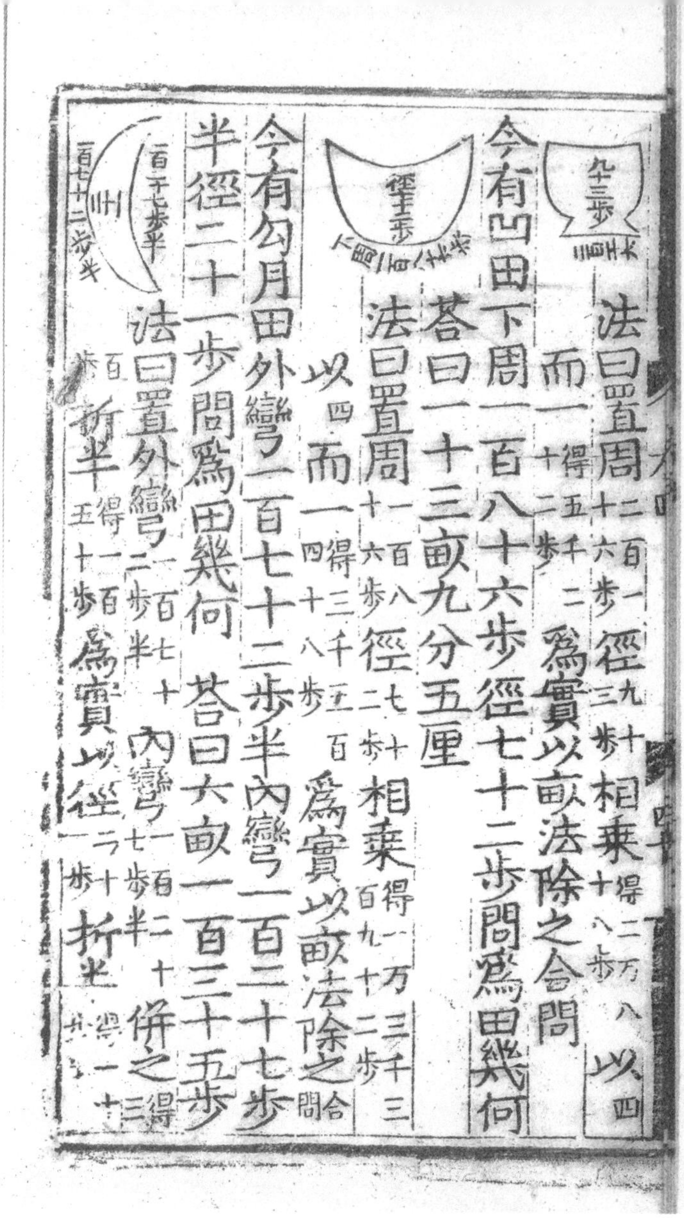

1“步半”二字各本不清，依題意爲此。

法曰：置周二百一十六步徑九十三步相乘得二万八十八步。以四而一得五千二十二步。爲實，以畝法除之，合問。

今有凹田，下周一百八十六步，徑七十二步，問爲田幾何？

答曰：一十三畝九分五厘。

法曰：置周一百八十六步徑七十二步相乘得一万三千三百九十二步。以四而一得三千三百四十八步。爲實，以畝法除之，合問。

今有勾月田，外彎一百七十二步，半内彎一百二十七步，半徑二十一步，問爲田幾何？答曰：六畝一百三十五步。

法曰：置外彎一百七十二步半内彎一百二十七步半并之得三百步。折半得一百五十步。爲實。以徑二十一步折半得一十步半

爲法乘之得一千五百七十五步。以畝法除之，合問。

今有車輞田，外彎三百七十三步，半内彎二百二十六步，半闊九步，問爲田幾何？　答曰：一十一畝六十步。

法曰：置外彎三百七十三步半内彎二百二十六步半并之得六百步。折半得三百步。爲實，以闊九步爲法乘之得二千七百步。以畝法除之，合問。

約分

今有羅二十四分疋之九，疋法四十八尺，得一十八尺。問約之得幾何？

答曰：八分疋之三。即一十八尺。

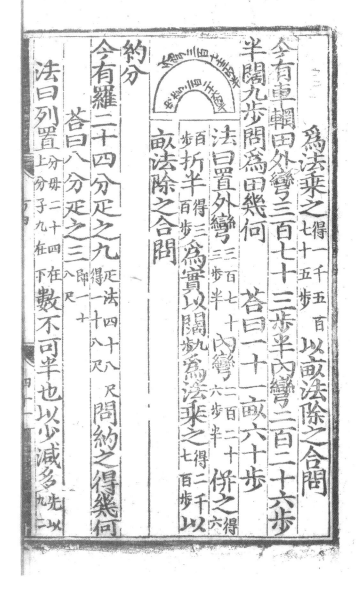

法曰：列置分母二十四在上，分子九在下。數不可半也，以少減多先以九二

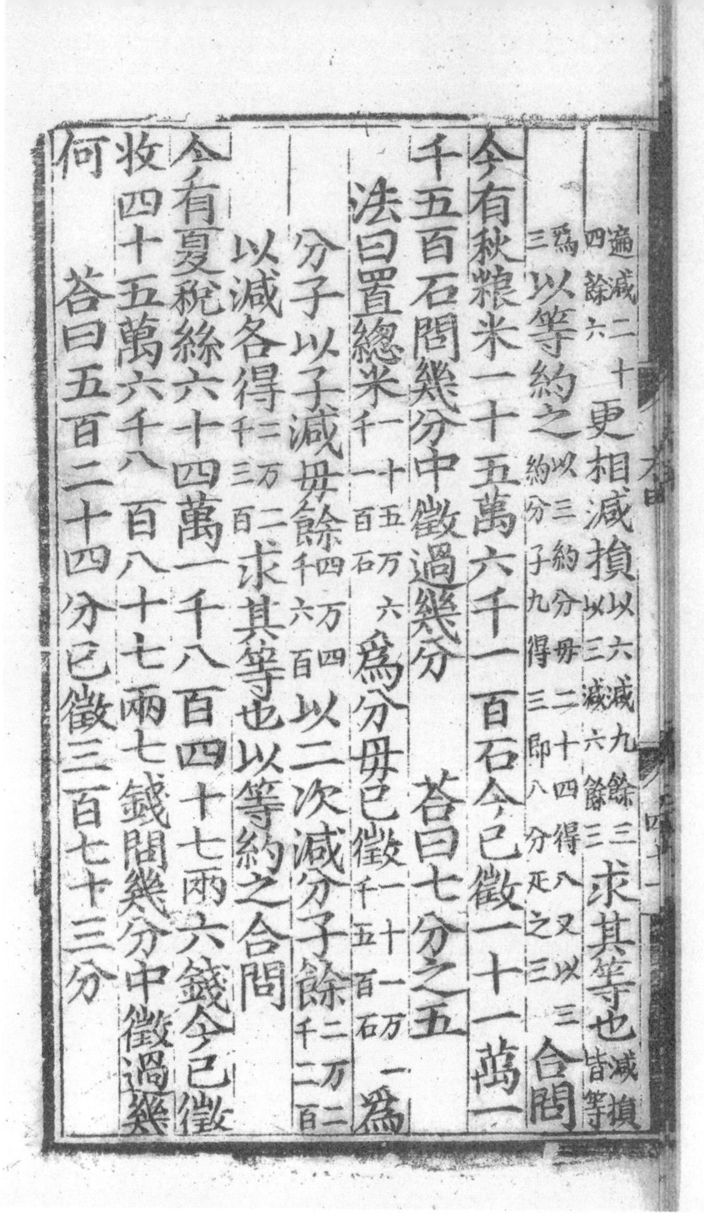

遍減二十四，餘六。更相減損以六減九餘三，以三減六，餘三。求其等也減損皆等爲三。以等約之以三約分母二十四，得八；又以三約分子九，得三。即八分匹之三。合問。

今有秋粮米一十五萬六千一百石，今已徵一十一萬一千五百石，問幾分中徵過幾分？　答曰：七分之五。

法曰：置總米一十五万六千一百石爲分母，已徵一十一万一千五百石爲分子，以子減母，餘四万四千六百。以二次減分子，餘二万二千二百。以減各得二万二千三百。求其等也。以等約之，合問。

今有夏税絲六十四萬一千八百四十七兩六錢，今已徵收四十五萬六千八百八十七兩七錢，問幾分中徵過幾何？　答曰：五百二十四分已徵三百七十三分。

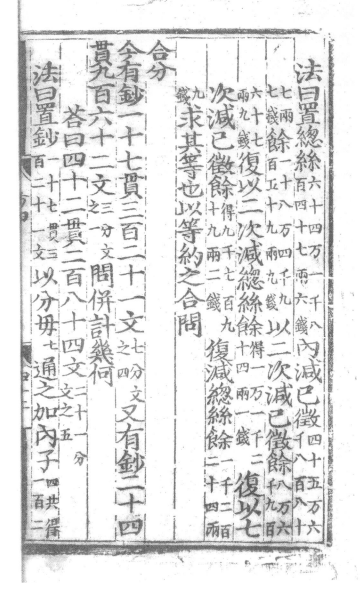

法曰：置總絲六十四万一千八百四十七兩六錢内減已徵四十五万六千八百八十七兩七錢餘一十八万四千九百五十九兩九錢。以二次減已徵，餘八万六千九百六十七兩九錢。復以二次減總絲，餘得一万一千二十四兩一錢。復以七次減已徵，餘得九千七百九十九兩二錢。復減總絲，餘二千二百二十四兩九錢。求其等也，以等約之，合問。

合分

今有鈔一十七貫三百二十一文七分文之四，又有鈔二十四貫九百六十二文三分文之二，問并計幾何？

答曰：四十二貫二百八十四文二十一分文之五。

法曰：置鈔一十七貫三百二十一文以分母七通之，加内子四，共得一百二

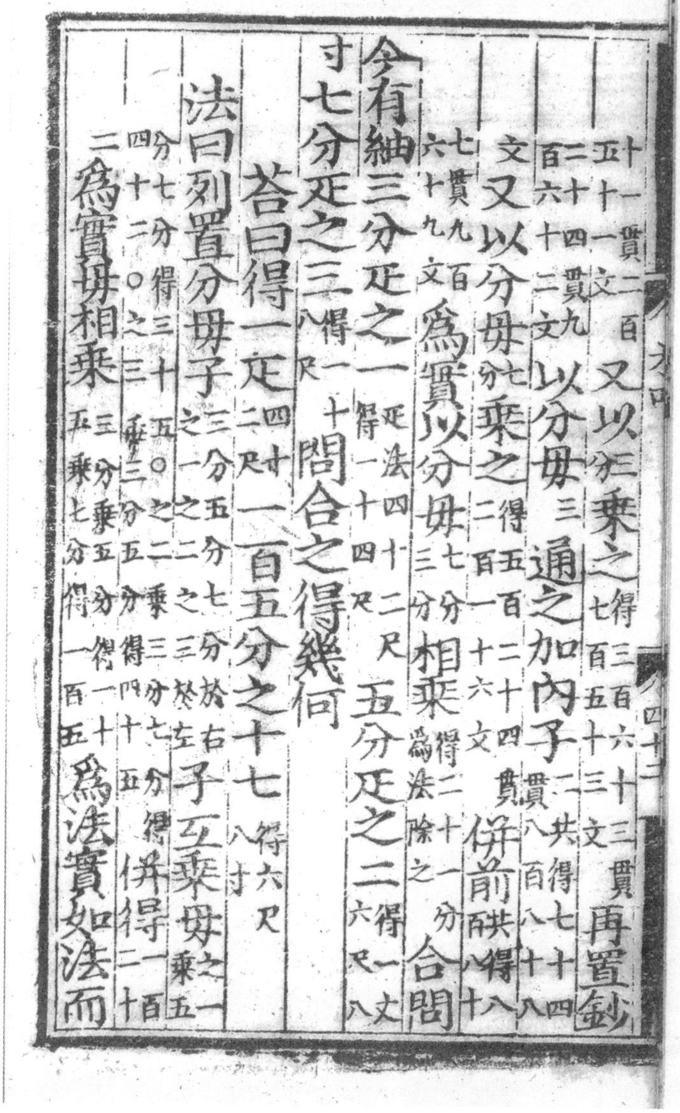

十一貫二百五十一文。又以三分乘之得三百六十三貫七百五十三文。再置鈔二十四貫九百六十二文。以分母三通之，加内子二，共得七十四貫八百八十八文。又以分母七分乘之得五百二十四貫二百一十六文。并前共得八百八十七貫九百六十九文。爲實。以分母七分，三分，相乘得二十一分，爲法除之。合問。

今有紬三分匹之一匹法四十二尺，得一十四尺。五分匹之二得一丈六尺八寸。七分匹之三得一十八尺。問合之得幾何？

答曰：得一匹四十二尺一百五分之十七得六尺八寸。

法曰：列置分母子三分、五分、七分於右，之一、之二、之三於左。子互乘母之一乘五分、七分得三十五。〇之二乘三分、七分得四十二。〇之三乘三分、五分得四十五。并得一百二十二爲實，母相乘三分乘五分得一十，五乘七分得一百五。爲法，實如法而

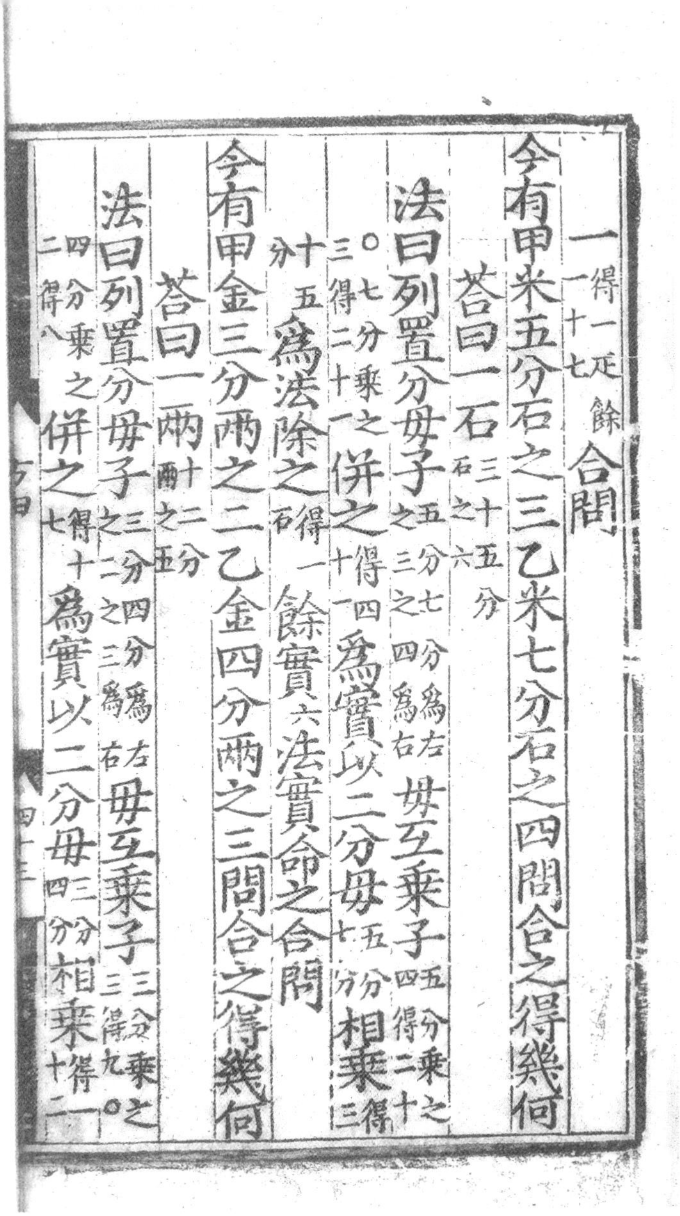

一得一匹餘一十七。合問。

今有甲米五分石之三，乙米七分石之四，問合之得幾何？

答曰：一石三十五分石之六。

法曰：列置分母子五分、七分爲左，之三之四爲右。母互乘子五分乘之四，得二十。○七分乘之三，得二十一。并之得四十一。爲實，以二分母五分，七分。相乘得三十五分。爲法除之得一石。餘實六，法實命之，合問。

今有甲金三分兩之二，乙金四分兩之三，問合之得幾何？

答曰：一兩十二分兩之五。

法曰：列置分母子三分、四分爲左，之二、之三爲右。母互乘子三分乘之三，得九。○四分乘之二，得八。并之得十七。爲實，以二分母三分，四分。相乘得一十二。

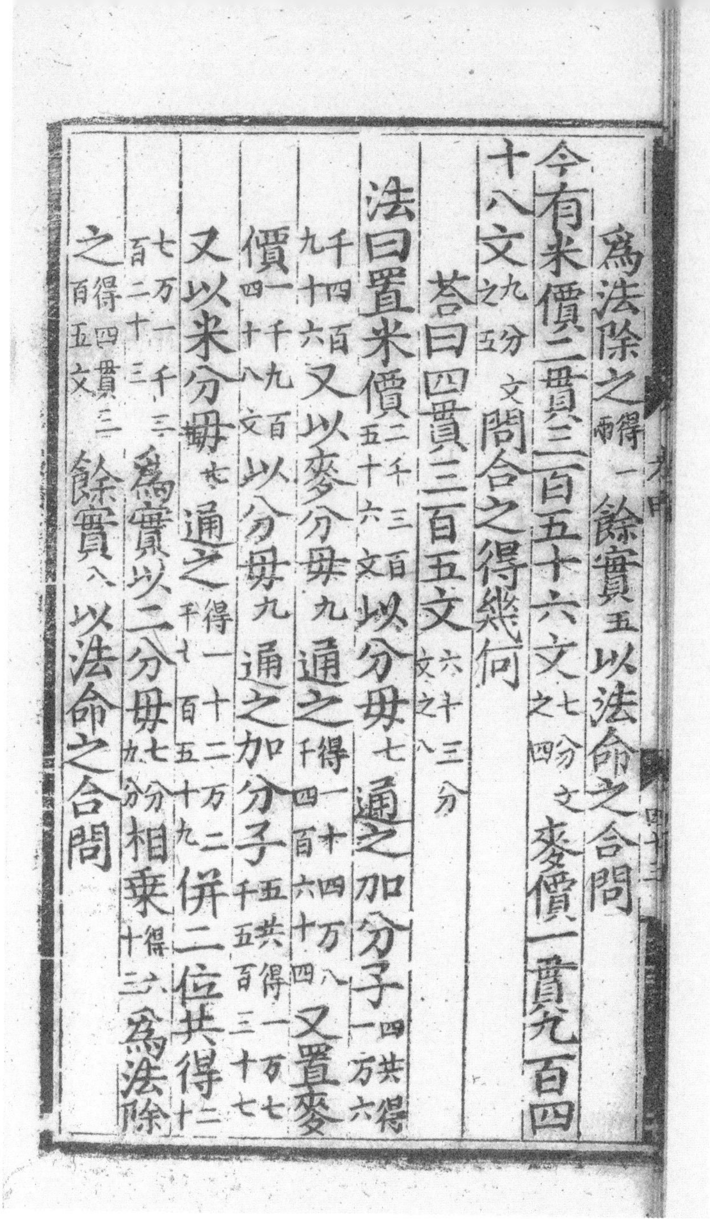

爲法除之得一兩。餘實五。以法命之，合問。

今有米價二貫三百五十六文七分文之四，麥價一貫九百四十八文九分文之五，問合之得幾何？

答曰：四貫三百五文六十三分文之八。

法曰：置米價二千三百五十六文以分母七通之，加分子四，共得一万六千四百九十六。又以麥分母九通之得一十四万八千四百六十四。又置麥價一千九百四十八文以分母九通之，加分子五，共得一万七千五百三十七。又以米分母七通之得一十二万二千七百五十九。并二位共得二十七万一千二百二十三。爲實，以二分母七分，九分。相乘得六十三。爲法，除之得四貫三百五文。餘實八。以法命之，合問。

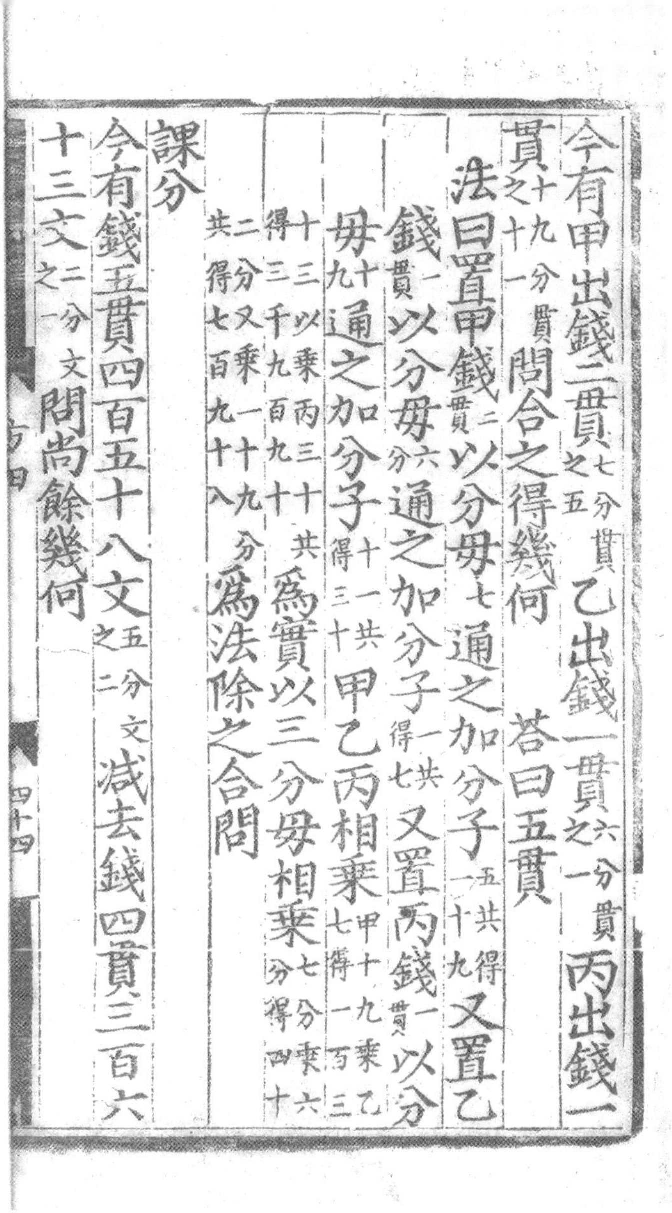

今有甲出錢二貫七分貫之五，乙出錢一貫六分貫之一，丙出錢一貫十九分貫之十一，問合之得幾何？　答曰：五貫。

法曰：置甲錢二貫以分母七通之，加分子五，共得一十九。又置乙錢一貫以分母六分通之，加分子一，共得七。又置丙錢一貫以分母十九通之，加分子十一，共得三十。甲乙丙相乘甲十九乘乙七得一百三十三以乘丙三十，共得三千九百九十。爲實。以三分母相乘七分乘六分得四十二分，又乘一十九分，共得七百九十八。爲法除之，合問。

課分

今有錢五貫四百五十八文五分文之二，減去錢四貫三百六十三文二分文之一，問尚餘幾何？

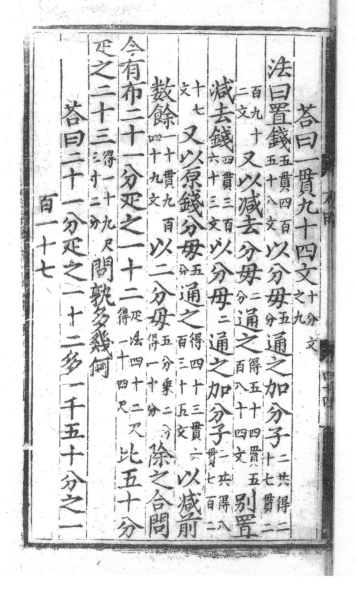

答曰：一貫九十四文（十分文之九）。

法曰：置錢（五貫四百五十八文）以分母（五分）通之，加分子（二，共得二十七貫二百九十二文。）又以減去分母（二分）通之（得五十四貫五百八十四文。）別置減去錢（四貫三百六十三文）以分母（二）通之，加分子（二，共得八貫七百二十七文。）又以原錢分母（五分）通之（得四十三貫六百三十五文。）以減前數餘（一十貫九百四十六文。）以二分母（五分乘二分得一十分。）除之，合問。

今有布二十一分匹之一十二，（匹法四十二尺得二十四尺。）比五十分匹之二十三（得一十九尺三寸二分。）問孰多幾何？

答曰：二十一分匹之一十二多一千五十分之一百一十七。

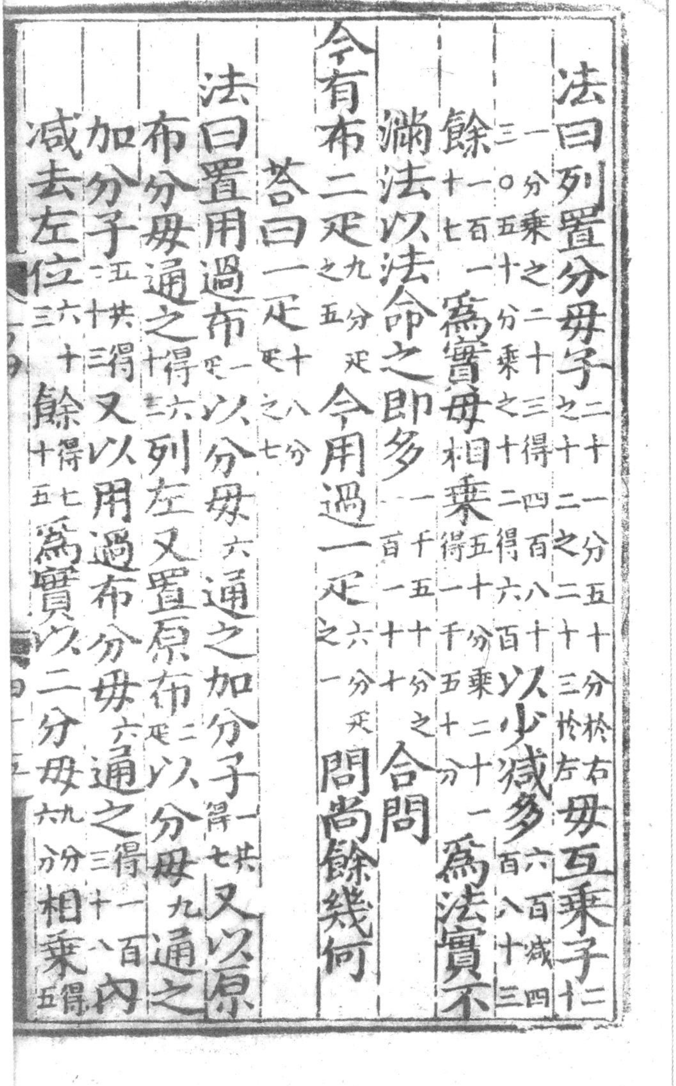

法曰：列置分母子（二十一分、五十分於右，之十二、之二十三於左。）母互乘子（二十一分乘之二十三得四百八十三。〇五十分乘之十二得六百。）以少減多（六百減四百八十三）

餘（一百一十七）為實。母相乘（五十分乘二十一，得一千五十分。）為法。實不滿法，以法命之，即多（一千五十分之一百一十七。）合問。

今有布二匹（九分匹之五），今用過一匹（六分匹之一），問尚餘幾何？

答曰：一匹（十八分匹之七）。

法曰：置用過布（一匹）以分母（六）通之，加分子（一，共得七。）又以原布分母通之（得六十三。）列左。又置原布（二匹）以分母（九）通之，加分子（五，共得二十三。）又以用過布分母（六）通之（得一百三十八。）內減去左位（六十三）餘（得七十五）為實。以二分母（九分，六分。）相乘（得五

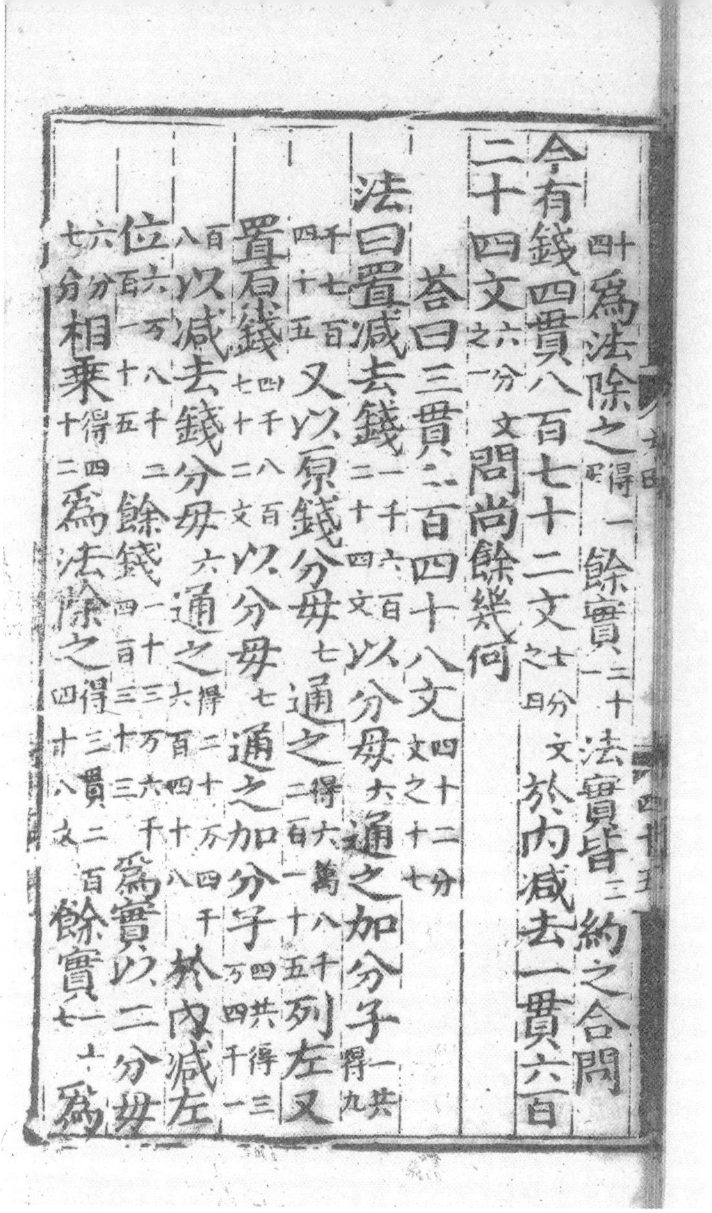

十四。爲法除之得一匹。餘實二十二。法實皆二約之，合問。

今有錢四貫八百七十二文七分文之四，於内減去一貫六百二十四文六分文之一，問尚餘幾何？

答曰：三貫二百四十八文四十二分文之十七。

法曰：置減去錢二千六百二十四文以分母六通之，加分子一，共得九千七百四十五。又以原錢分母七通之得六万八千二百一十五。列左。又置石錢四千八百七十二文以分母七通之，加分子四，共得三万四千一百八。以減去錢分母六通之得二十万四千六百四十八。於内減左位六万八千二百一十五餘錢一十三万六千四百三十三。爲實。以二分母六分，七分。相乘得四十二。爲法除之得三貫二百四十八文。餘實一十七爲

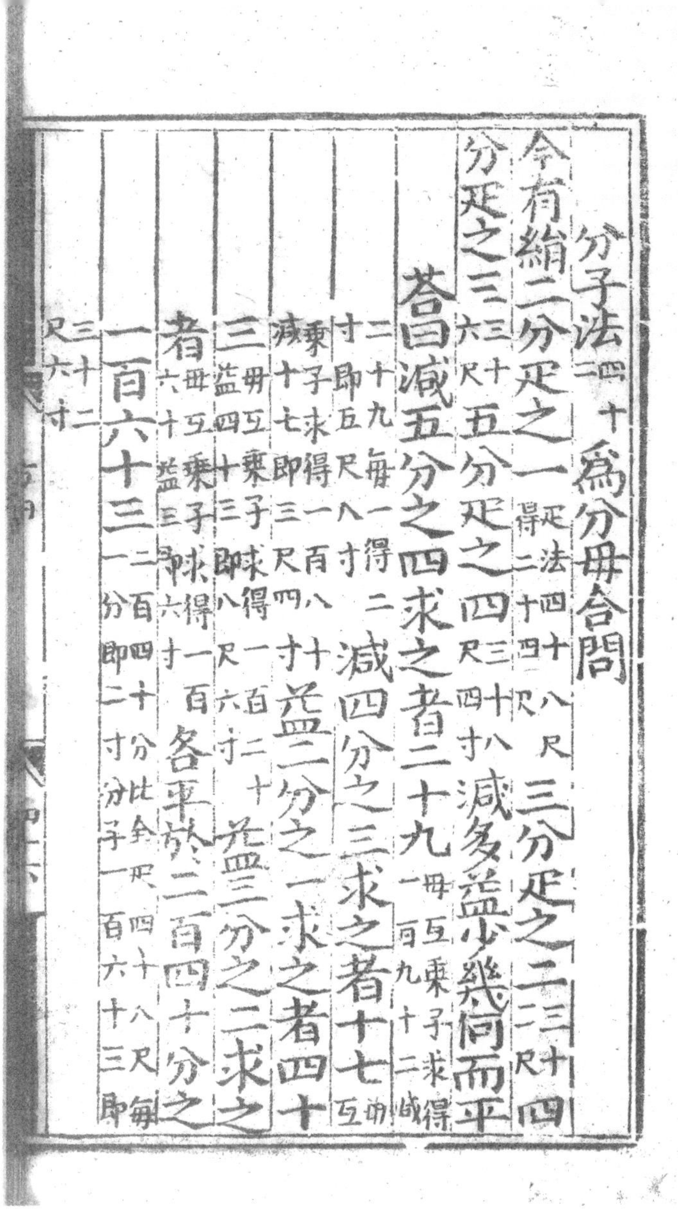

分子，法四十二爲分母，合問。

今有絹二分匹之一匹法四十八尺得二十四尺。三分匹之二三十二尺。四分匹之三三十六尺。五分匹之四三十八尺四寸。減多益少，幾何而平？

答曰：減五分之四求之者二十九母互乘子，求得一百九十二，減二十九，每一得二寸，即五尺八寸。減四分之三求之者十七母互乘子，求得一百八十，減十七即三尺四寸。益二分之一求之者四十三母互乘子，求得一百二十，益四十三，即八尺六寸。益三分之二求之者母互乘子，求得一百六十，益三即六寸。各平於二百四十分之一百六十三二百四十分，比全匹四十八尺，每一分即二寸，分子一百六十三，即三十二尺六寸。

法曰：列置分母子二分、三分、四分、五分於右，之一、之二、之三、之四於左。母互乘子之一乘三分、四分、五分得六十。○之二乘二分、四分、五分得八十。○之三乘二分、三分、五分得九十。○之四乘二分、三分、四分得九十六。副并爲平實六十、八十、九十、九十六，并得三百二十六。母相乘爲法，二分、三分、四分、五分相乘，得一百二十分。以列數乘未并分子，列數四乘六十得二百四十。○八十得三百二十○九十得三百六十。○九十六得三百八十四。亦以列數四乘法一百二十，四百八十。得數繁，合用約分折半法得二百四十，實得一百六十三。其之一得一百二十，之二得一百六十，之三得二百八十，之四得一百九十二。以平實一百六十三減列實之三，求出一百八十餘十七，之四求出一百九十二餘二十九。以列實之一求出一百二十，減平實少四十三，之二求出一百六十，減平實少三也。并所減之三，餘十七。之四，餘二十九。并得四十六。以益少之一，少四十三。之二，少三。共四

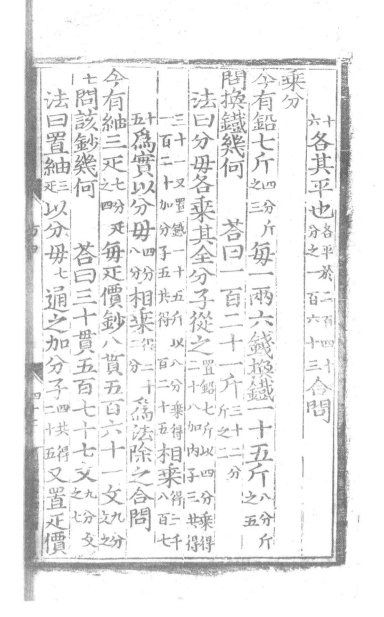

十六。各其平也各平於二百四十分之一百六十三。合問。

乘分

今有鉛七斤四分斤之三，每一兩六錢換鐵一十五斤八分斤之五，問換鐵幾何？　答曰：一百二十一斤三十二分斤之三。

法曰：分母各乘其全，分子從之。置鉛七斤以四分乘得二十八，加内子三，共得三十一。又置鐵一十五斤，以八分乘得一百二十，加分子五共得一百二十五。相乘得三千八百七十五爲實。以分母四分，八分。相乘得三十二分。爲法除之，合問。

今有紬三匹七分匹之四，每匹價鈔八貫五百六十一文九分文之七，問該鈔幾何？　答曰：三十貫五百七十七文九分文之七。

法曰：置紬三匹以分母七通之，加分子四，共得二十五。又置匹價

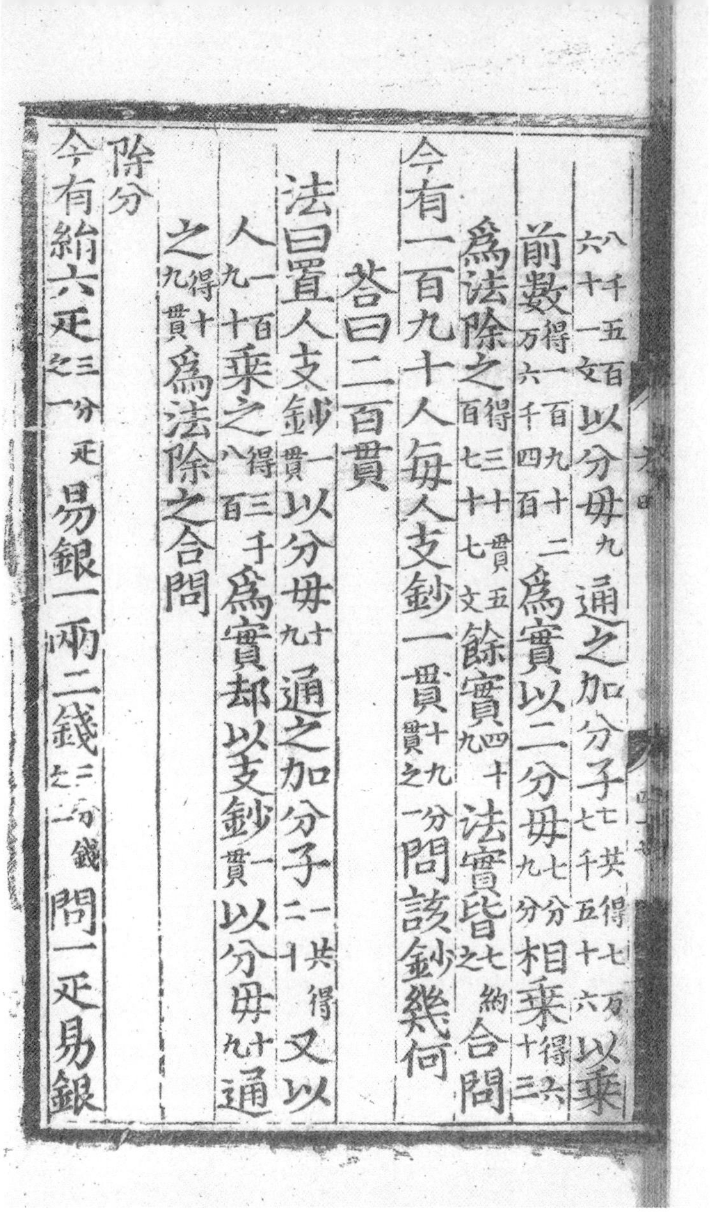

八千五百六十一文。以分母九通之，加分子七，共得七万七千五十六。以乘前數得一百九十二万六千四百。爲實。以二分母七分九分，相乘得六十三爲法除之得三十貫五百七十七文。餘實四十九。法實皆七約之。合問。

今有一百九十人，每人支鈔一貫十九分貫之二，問該鈔幾何？

答曰：二百貫。

法曰：置人支鈔一貫以分母十九通之，加分子二十一，共得又以人一百九十乘之得三千八百。爲實。却以支鈔一貫以分母十九通之得十九貫。爲法除之，合問。

除分

今有絹六匹三分匹之一，易銀一兩二錢三分錢之二，問一匹易銀

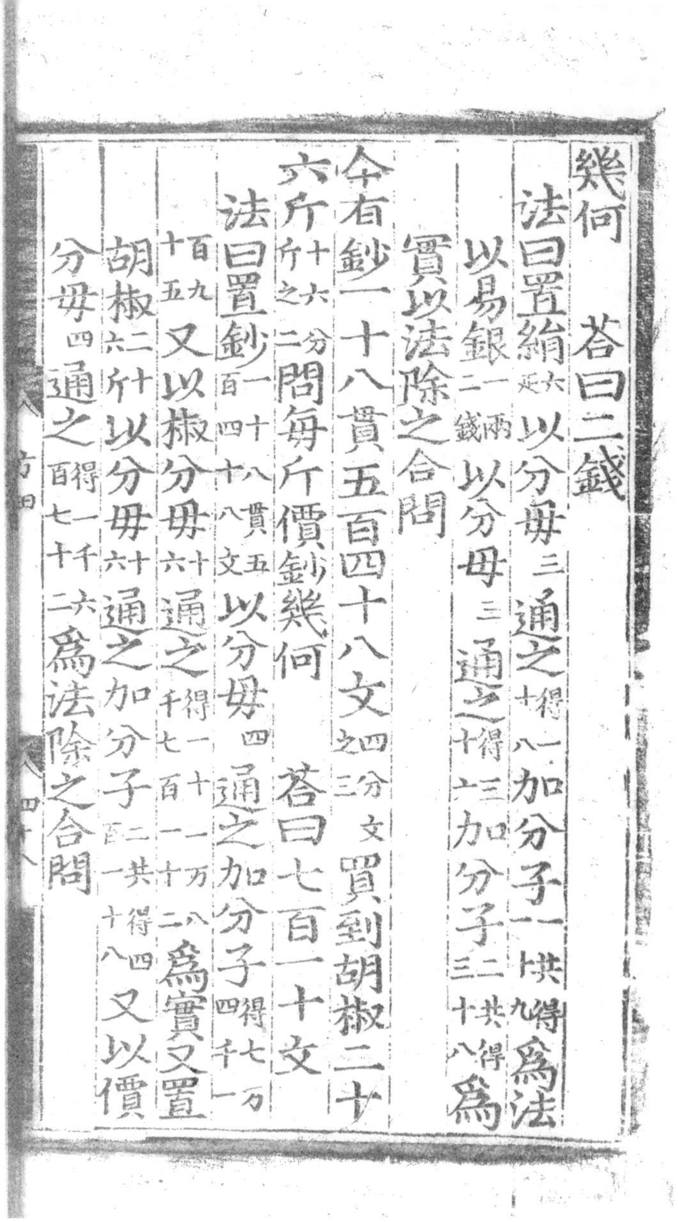

幾何？　答曰：二錢。

法曰：置絹六疋以分母三通之得一十八。加分子二，共得二十九。爲法。以易銀二兩二錢以分母三通之得三十六。加分子二，共得三十八。爲實，以法除之，合問。

今有鈔一十八貫五百四十八文四分文之三，買到胡椒二十六斤十六分斤之二，問每斤價鈔幾何？　答曰：七百一十文。

法曰：置鈔一十八貫五百四十八文以分母四通之，加分子得七万四千一百九十五。又以椒分母十六通之得一十一万八千七百一十二。爲實。又置胡椒二十六斤以分母十六通之，加分子二，共得四百一十八。又以價分母四通之得一千六百七十二。爲法除之，合問。

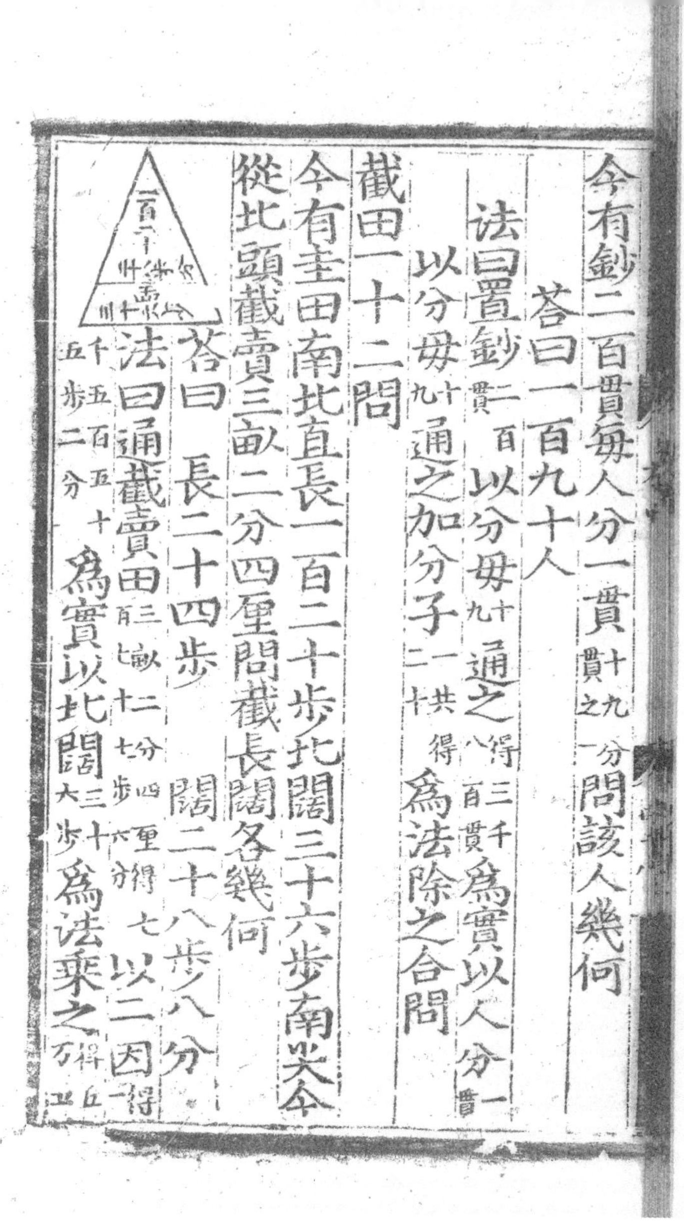

今有鈔二百貫，每人分一貫十九分貫之一，問該人幾何？

答曰：一百九十人。

法曰：置鈔二百貫以分母十九通之得三千八百貫。爲實。以人分一貫

以分母十九通之，加分子二十。共得爲法除之，合問。

截田一十二問

今有圭田，南北直長一百二十步，北闊三十六步，南尖。今從北頭截賣三畝二分四厘，問截長闊各幾何？

答曰：　長二十四步，　闊二十八步八分。

法曰：通截賣田三畝二分四厘，得七百七十七步六分。以二因得一千五百五十五步二分。爲實。以北闊三十六步爲法，乘之得五万五[1]

1 兩處"五"字各本均不清，依題意作此。

（千九百八十七步二分。）却以直長（一百二十步）除之（得四百六十六步五分六厘。）再以北闊（三十六步）自乘（得一千二百九十六步。）以減長除，餘（八百二十九步四分四厘。）爲實。以開平方法除之，得截闊（二十八步八分。）并北闊（三十六步，共得六十四步八分。）折半（得三十二步四分。）爲法，除截田積得長（二十四步。）合問。

今有圭田，南北直長一百二十步，北闊三十六步，南尖。今從南頭截賣三畝二分四厘，問截長闊各幾何？

答曰：　截長七十二步，闊二十一步三尺。

法曰：通截賣田（三畝二分四厘，得七百七十七步六分。）以直長（一百二十步）乘之（得九万三千三百一十二步。）半北闊（一十八步）除之（得五

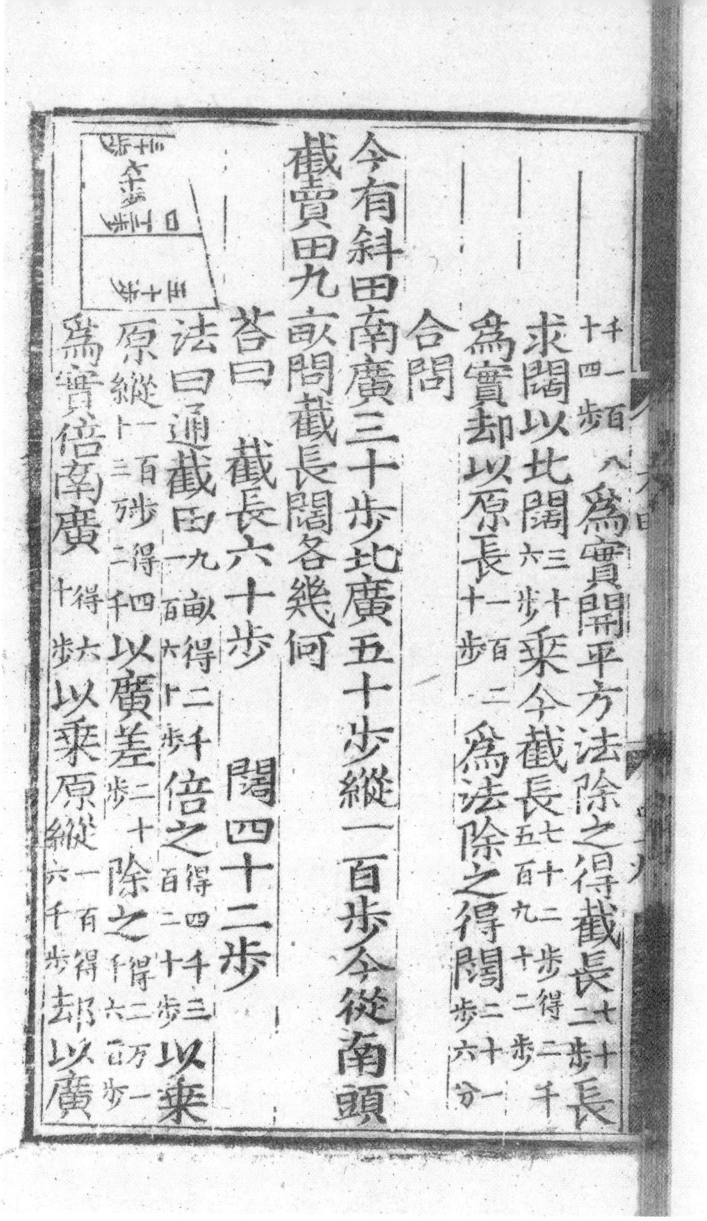

千一百八十四步。爲實。開平方法除之，得截長七十二步。長

求闊。以北闊三十六步乘今截長七十二步，得二千五百九十二步。

爲實。却以原長一百二十步爲法除之。得闊二十一步六分。

合問。

今有斜田，南廣三十步，北廣五十步，縱一百步，今從南頭截賣田九畝，問截長闊各幾何？

答曰：　截長六十步，　闊四十二步。

法曰：通截田九畝，得二千一百六十步。倍之得四千三百二十步。以乘

原縱一百步，得四十三万二千。以廣差二十步除之得二万一千六百步。

爲實。倍南廣得六十步。以乘原縱一百，得六千步。却以廣

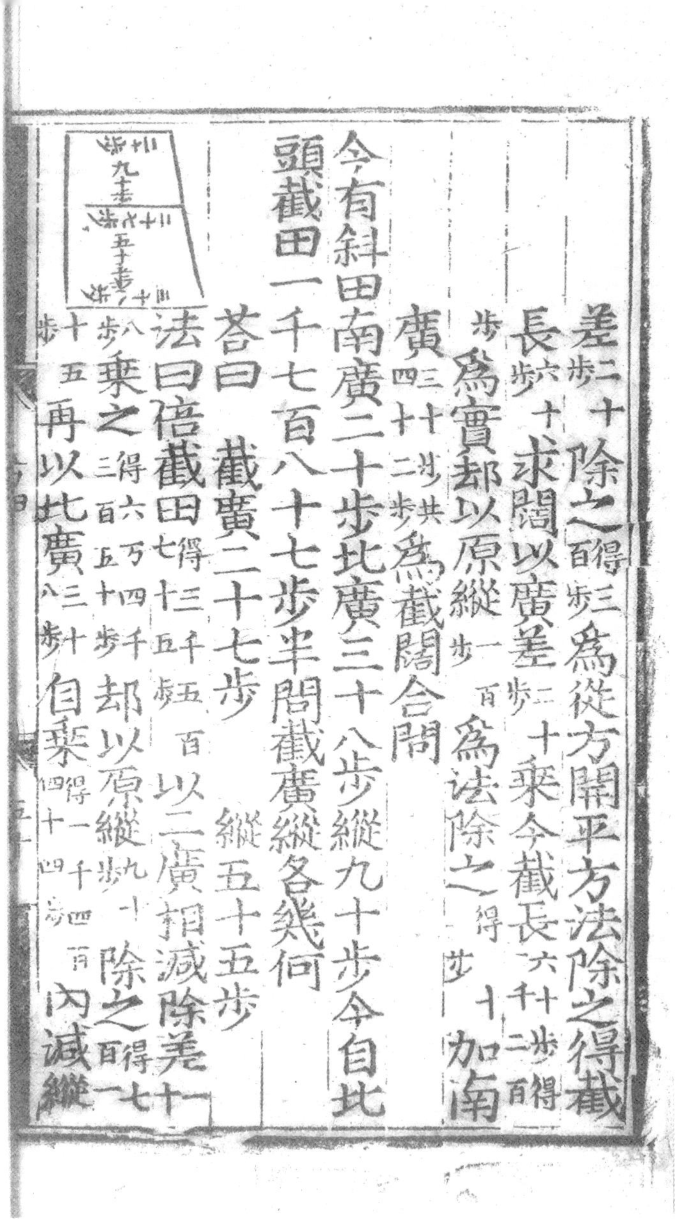

差二十步除之得三百步。爲從方。開平方法除之，得截長六十步。求闊以廣差二十步乘今截長六十步，得一千二百步。爲實。却以原縱一百步爲法除之得一十二步。[1]加南廣三十步，共四十二步。爲截闊，合問。

今有斜田，南廣二十步，北廣三十八步，縱九十步，今自北頭截田一千七百八十七步半，問截廣縱各幾何？

答曰：　截廣二十七步，縱五十五步。

法曰：倍截田得三千五百七十五步。以二廣相減，除差一十八步乘之得六万四千三百五十步。却以原縱九十步除之得七百一十五步。再以北廣三十八步自乘得一千四百四十四步。内減縱

1“得一十二步”之“一”“二”各本不清，依題意作此。

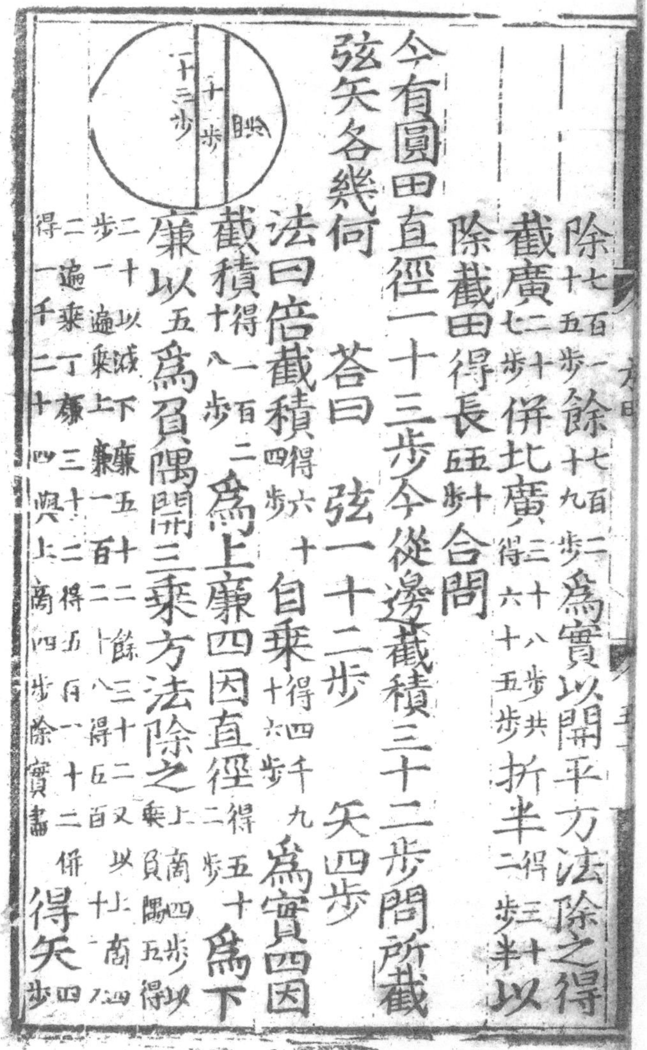

除七百一十五步餘七百二十九步爲實以開平方法除之得截廣二十七步併北廣三十八步得六十五步共折半得三十二步半以除截田得長五十五步合問

矢 十二步 一十三步

今有圓田直徑一十三步今從邊截積三十二步問所截弦矢各幾何 答曰 弦一十二步 矢四步

法曰倍截積得六十四步自乘得四千九十六步爲實四因截積得一百二十八步爲上廉四因直徑得五十二步爲下廉以五爲負隅開三乘方法除之上商四步以乘負隅五得二十以減下廉五十二餘三十二又以上商四步一遍乘上廉一百二十八得五百一十二又以上商四步二遍乘下廉三十二得五百一十二併得一千二十四與上商四步除實盡得矢四步

除七百一十五步餘七百二十九步。爲實。以開平方法除之，得截廣二十七步，并北廣三十八步，得六十五步。共折半得三十二步半。以除截田，得長五十五步。合問。

今有圓田，直徑一十三步，今從邊截積三十二步，問所截弦矢各幾何？　答曰：弦一十二步，矢四步。

法曰：倍截積得六十四步自乘得四千九十六步。爲實。四因截積得一百二十八步。爲上廉。四因直徑得五十二步。爲下廉。以五爲負隅，開三乘方法除之上商四步以乘負隅五，得二十。以減下廉五十二，餘三十二。又以上商四步一遍乘上廉一百二十八，得五百一十二步。[1] 二遍乘丁廉三十二，得五百一十二，并得一千二十四，與上商四步除實盡。得矢四步。

1“得五百一十二步”之“一”“二步”各本不清，依題意作此。

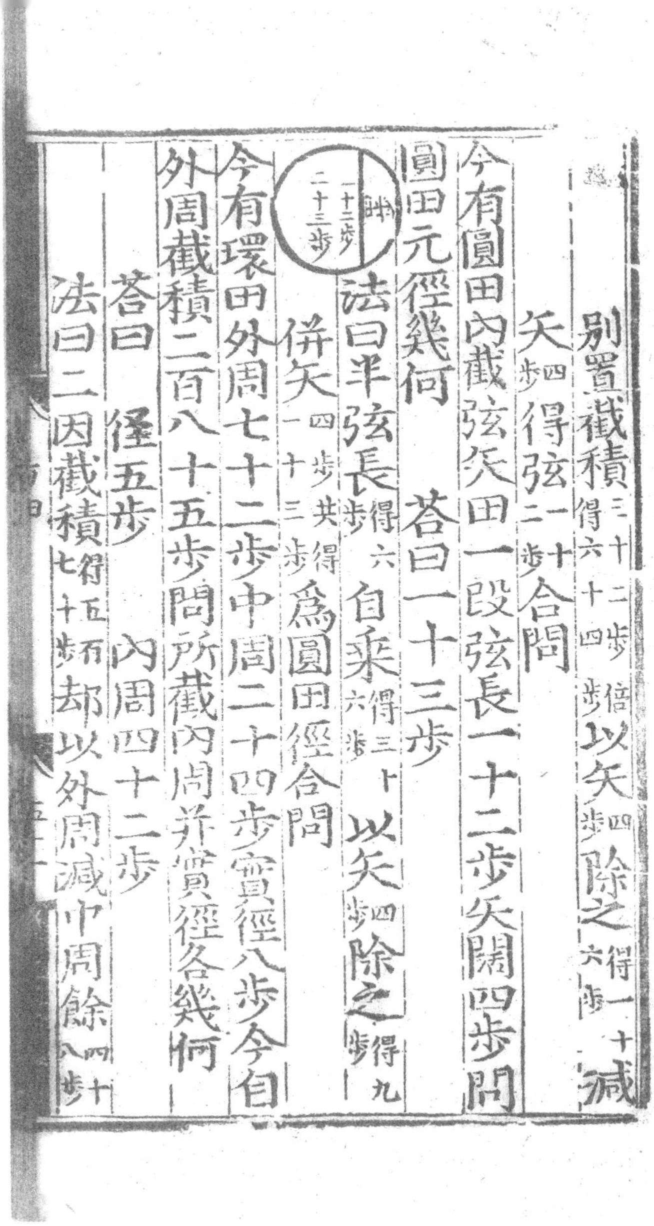

別置截積三十二步，倍得六十四步。以矢四步除之得一十六步。減

矢四步得弦二十二步。合問。

今有圓田，內截弦矢田一段，弦長一十二步，矢闊四步，問圓田元徑幾何？　答曰：一十三步。

法曰：半弦長得六步。自乘得三十六步。以矢四步除之得九步。

并矢四步，共得一十三步。爲圓田徑，合問。

今有環田，外周七十二步，中周二十四步，實徑八步，今自外周截積二百八十五步，問所截內周并實徑，各幾何？

答曰：　徑五步，　內周四十二步。

法曰：二因截積得五百七十步。却以外周減中周餘四十八步。

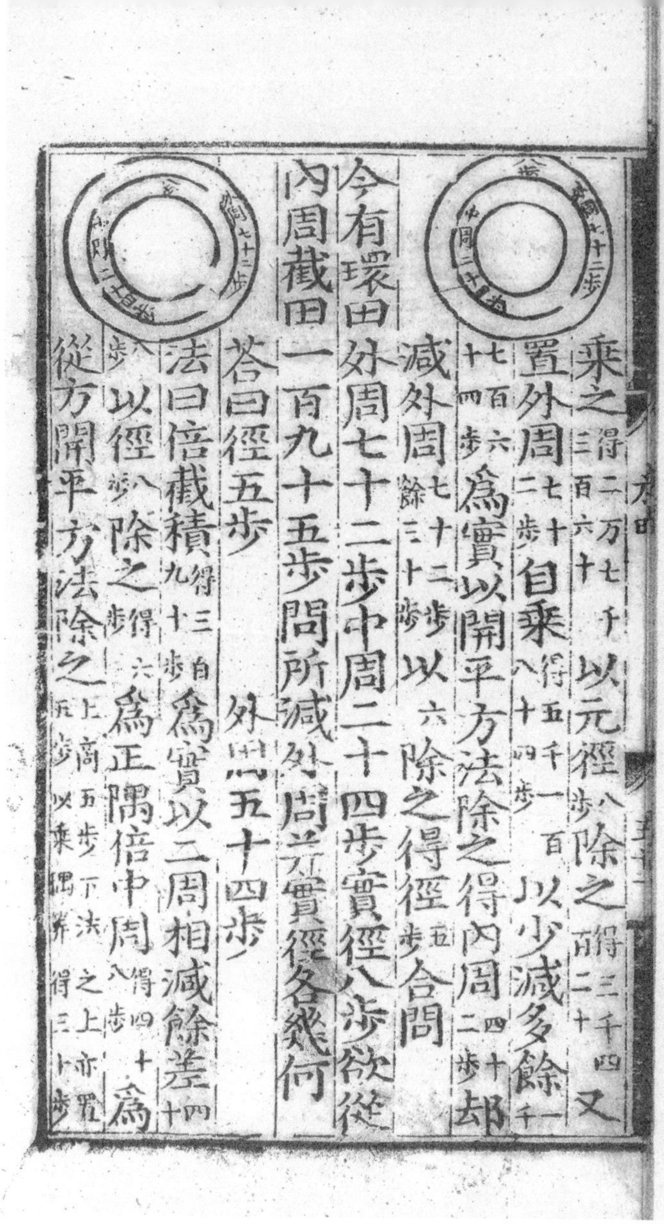

乘之得二万七千三百六十。以元徑八步除之得三千四百二十又

置外周七十二步自乘得五千一百八十四步。以少減多，餘一千七百六十四步。爲實。以開平方法除之，得内周四十二步。却

減外周七十二步，餘三十步。以六除之，得徑五步。合問。

今有環田，外周七十二步，中周二十四步，實徑八步，欲從內周截田一百九十五步，問所減外周并實徑，各幾何？

答曰：徑五步，　外周五十四步。

法曰：倍截積得三百九十步。爲實，以二周相減餘差四十八步。以徑八步除之得六步。爲正隅。倍中周得四十八步。爲

從方，開平方法除之。上商五步，下法之上亦置五步以乘隅筭，得三十步，

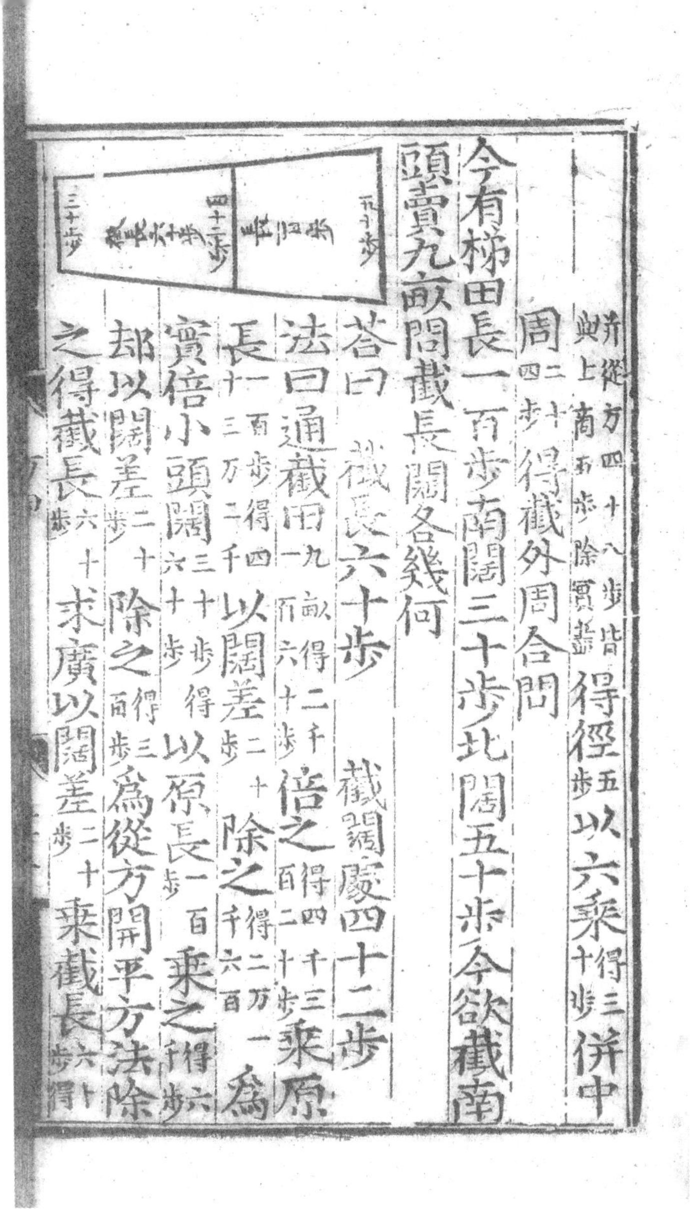

并從方四十八步，皆與上商五步除實盡。得徑五步。以六乘得三十步。并中周二十四步得截外周，合問。

今有梯田，長一百步，南闊三十步，北闊五十步，今欲截南頭賣九畝，問截長闊各幾何？

答曰：　截長六十步，　截闊處四十二步。

法曰：通截田九畝，得二千一百六十步。倍之得四千三百二十步。乘原長一百步，得四十三万二千。以闊差二十步除之得二万一千六百。爲實。倍小頭闊三十步，得六十步。以原長一百步乘之得六千步。却以闊差二十步除之得三百步。爲從方。開平方法除之，得截長六十步。求廣以闊差二十步乘截長六十步，得

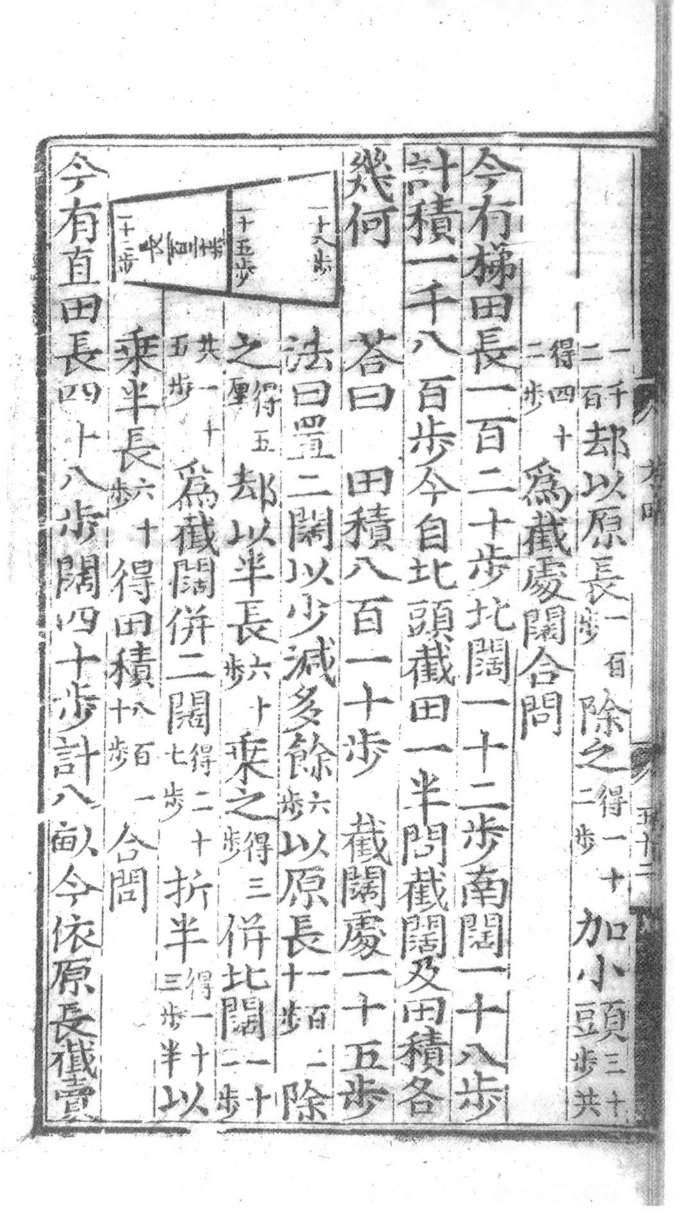

一千二百。却以原長一百步除之得一十二步。加小頭三十步，共得四十二步。爲截處闊，合問。

今有梯田，長一百二十步，北闊一十二步，南闊一十八步，計積一千八百步。今自北頭截田一半，問截闊及田積各幾何？　答曰：田積八百一十步，截闊處一十五步。

法曰：置二闊以少減多餘六步。以原長一百二十步除之得五釐。却以半長六十步乘之得三步。并北闊一十二步，共一十五步。爲截闊，并二闊得二十七步。折半得一十三步半。以乘半長六十步得田積八百一十步。合問。

今有直田長四十八步，闊四十步，計八畝，今依原長截賣

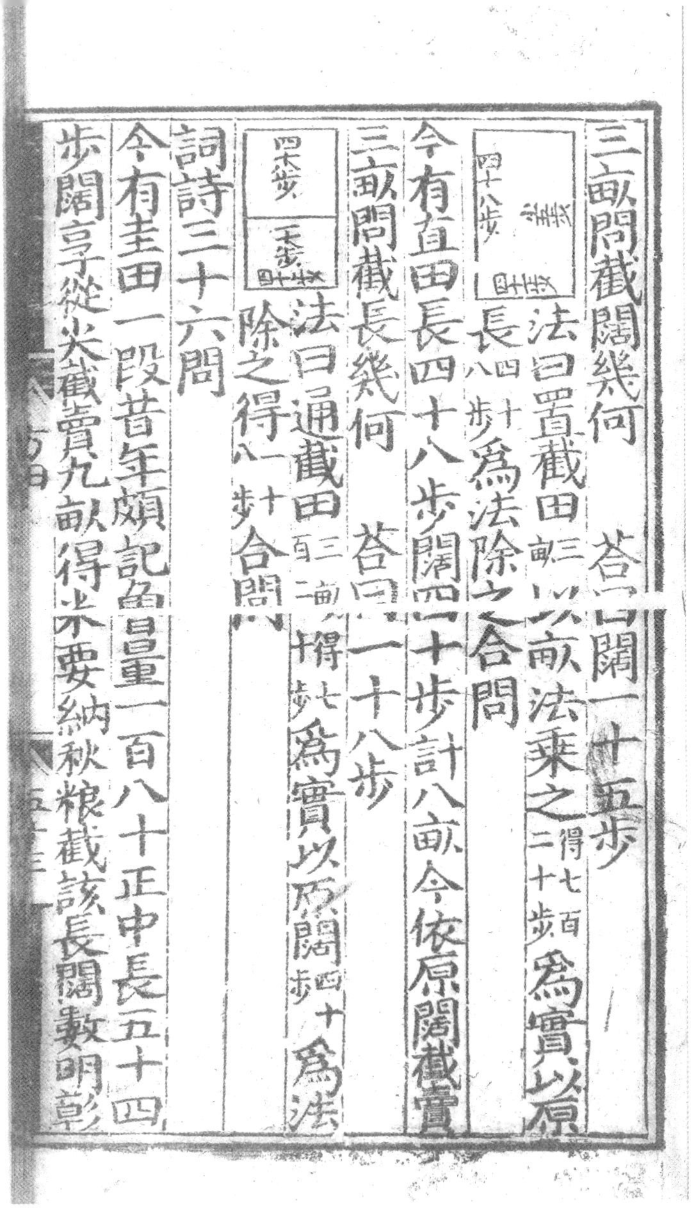

三畝，問截闊幾何？　　答曰：闊一十五步。

法曰：置截田三畝以畝法乘之得七百二十步。爲實。以原長四十八步爲法除之，合問。

今有直田，長四十八步，闊四十步，計八畝，今依原闊截賣三畝，問截長幾何？　　答曰：一十八步。

法曰：通截田三畝，得七百二十步。爲實。以原闊四十步爲法除之得一十八步。合問。

詞詩三十六問

今有圭田一段，昔年頗記曾量。一百八十正中長，五十四步闊享。從尖截賣九畝，得米要納秋粮。截該長闊數明彰，

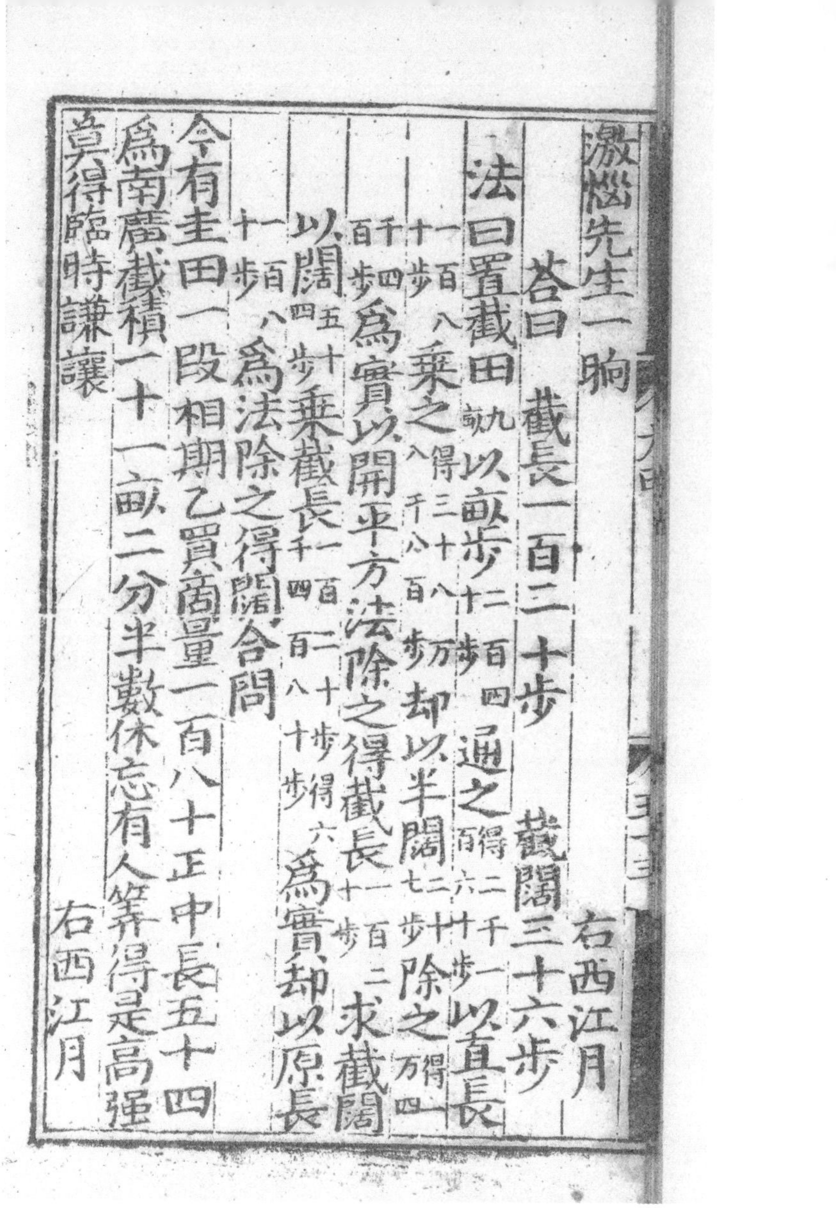

激惱先生一晌。　　　　　　　　　　　　　　右西江月

答曰：　截長一百二十步，　截闊三十六步。

法曰：置截田九畝以畝步二百四十步通之得二千一百六十步。以直長一百八十步乘之得三十八万八千八百步。却以半闊二十七步除之得一万四千四百步爲實。以開平方法除之，得截長一百二十步。求截闊以闊五十四步乘截長一百二十步，得六千四百八十步。爲實。却以原長一百八十步爲法除之，得闊。合問。

今有圭田一段，相期乙買商量。一百八十正中長，五十四爲南廣。截積一十一畝，二分半數休忘。有人筭得是高强，莫得臨時謙讓。　　　　　　　　　　　　　　右西江月

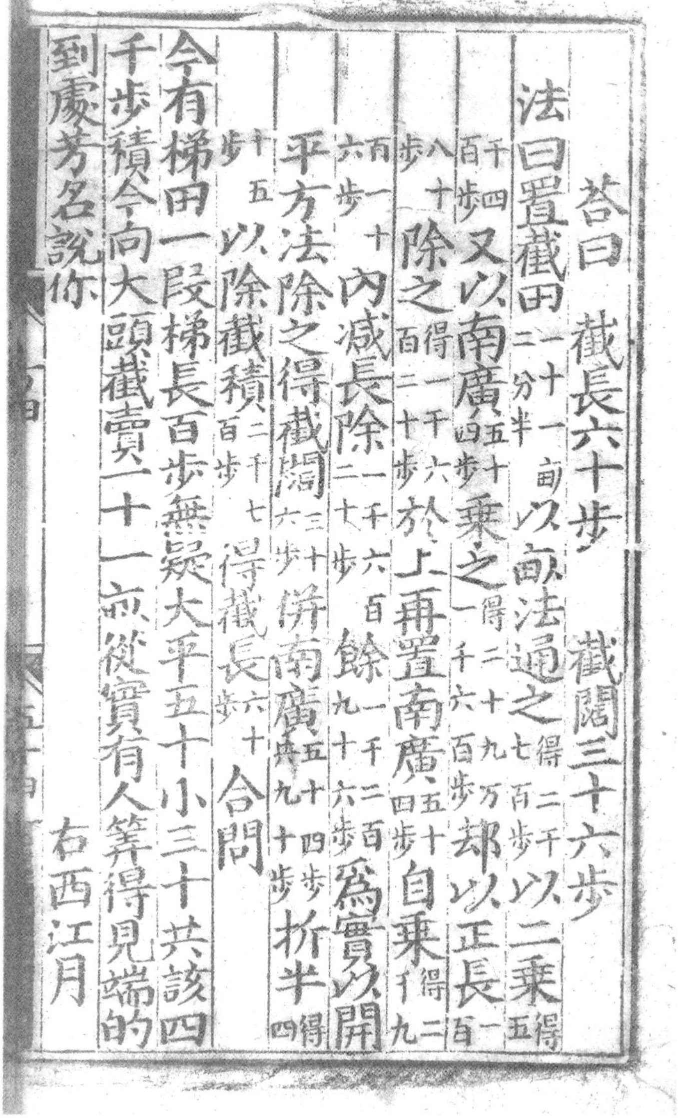

答曰：　截長六十步，截闊三十六步。

法曰：置截田二十一畝二分半以畝法通之得二千七百步。以二乘得五千四百步。又以南廣五十四步乘之得二十九万一千六百步。却以正長一百八十步除之得一千六百二十步。於上再置南廣五十四步自乘得二千九百一十六步。內減長除二千六百二十步。餘一千二百九十六步爲實。以開平方法除之，得截闊三十六步。并南廣五十四步，共九十步，折半得四十五步。以除截積二千七百步，得截長六十步。合問。

今有梯田一段，梯長百步無疑。大平五十小三十，共該四千步積。今向大頭截賣，一十一畝從實。有人筭得見端的，到處芳名説你。　　右西江月答曰：　截長六十步，　截闊三十八步。

法曰：通截田一十一畝，得二十六百四十步。倍之得五千二百八十步。以二平相減五十步，減三十步。餘差二十步乘之得一十万五千六百步。却以梯長一百步除之得一千五十六步。於上。置大平五十步自乘得二千五百步。內減長除一千五十六步，餘一千四百四十四步爲實。以開平方法除之，得截闊三十八步。以并大平五十步，共八十八步。折半得四十四步。除截積二千六百四十步。得截長六十步。合問。

甲有梯田一段，直長百步休疑。大平五十小三十，乙向小頭買置。五畝六分餘數，一十六步相隨。有人筭得不差池，敢向人前称會。　　右西江月

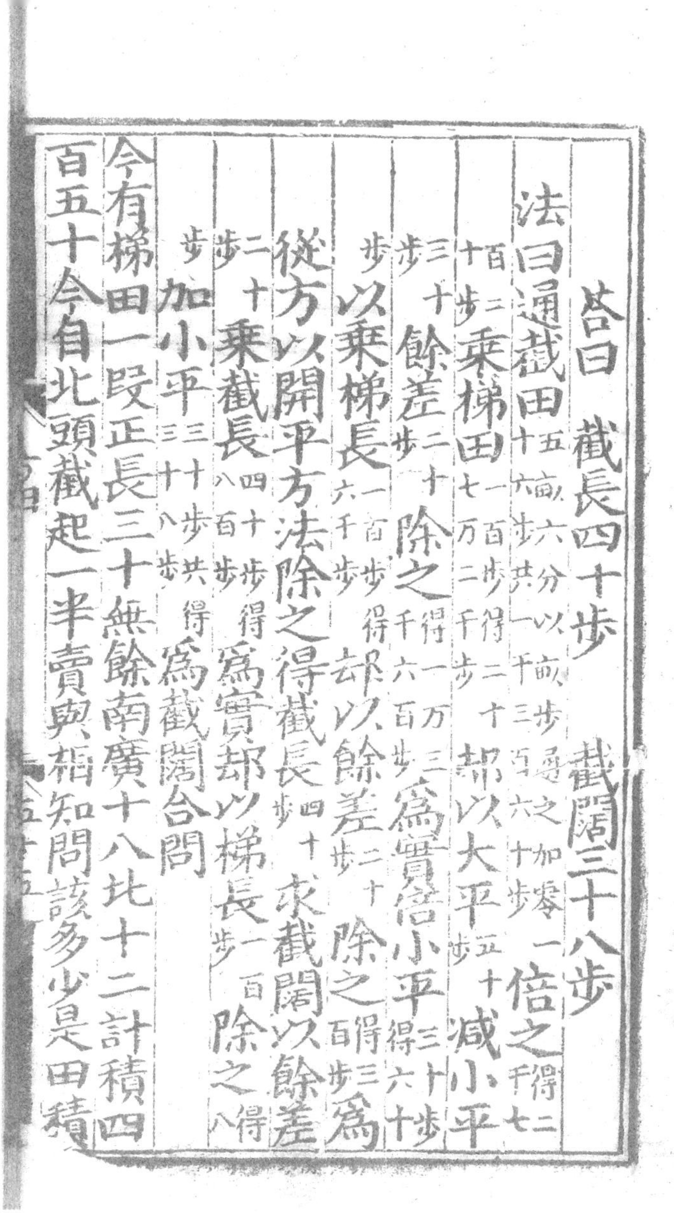

答曰：　截長四十步，　截闊三十八步。

法曰：通截田五畝六分，以畝步尋之，加零一十六步，共一千三百六十步。倍之得二千七百二十步。乘梯田一百步，得二十七万二千步。却以大平五十步減小平三十步餘差二十步除之得一万三千六百步。爲實。倍小平三十步，得六十步。以乘梯長一百步，得六千步。却以餘差二十步除之得三百步。爲從方，以開平方法除之，得截長四十步。求截闊以餘差二十步乘截長四十步，得八百步。爲實。却以梯長一百步除之得八步。加小平三十步，共得三十八步。爲截闊，合問。

今有梯田一段，正長三十無餘。南廣十八北十二，計積四百五十。今自北頭截起，一半賣與相知。問該多少是田積，

截廣處該得幾。　　　　　　　　　　右西江月

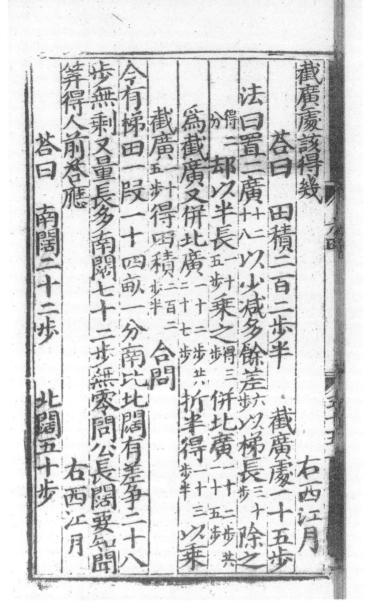

答曰：　田積二百二步半，　截廣處一十五步。

法曰：置二廣十二，十八。以少減多，餘差六步以梯長三十步除之

得二分。却以半長一十五步乘之得三步。并北廣二十二步，共二十五步。

爲截廣。又并北廣二十二步，二十七步。共折半得一十三步半。以乘

截廣一十五步得田積二百二步半。合問。

今有梯田一段，一十四畝一分。南比北闊有差争，二十八步無剩。又量長多南闊，七十二步無零。問公長闊要知聞，筭得人前答應。　　　　　　　　　　右西江月

答曰：　南闊二十二步，　北闊五十步，

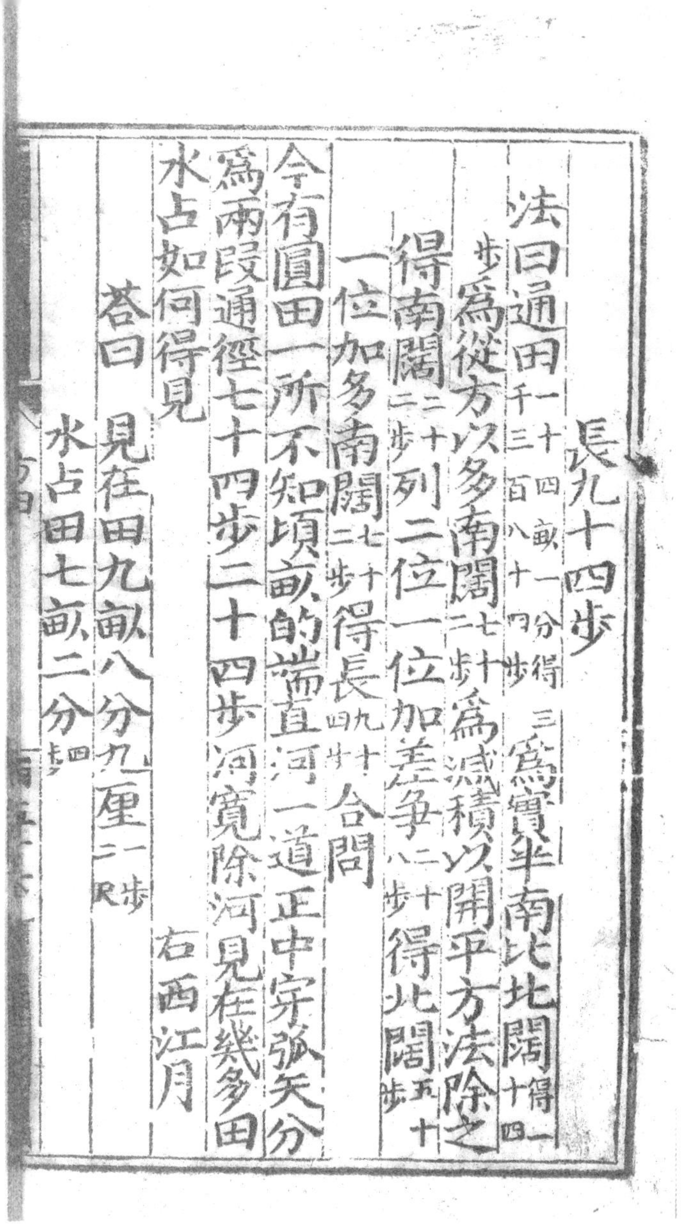

長九十四步。

法曰：通田一十四畝一分，得三千三百八十四步。爲實，半南比北闊得一十四步。爲從方，以多南闊七十二步爲減積，以開平方法除之，得南闊二十二步。列二位，一位加差争二十八步得北闊五十步。一位加多南闊七十二步，得長九十四步。合問。

今有圓田一所，不知頃畝的端。直河一道正中穿，弧矢分爲兩段。通徑七十四步，二十四步河寬。除河見在幾多田？水占如何得見。　　右西江月

答曰：　見在田九畝八分九厘二步二尺，

水占田七畝二分四步。

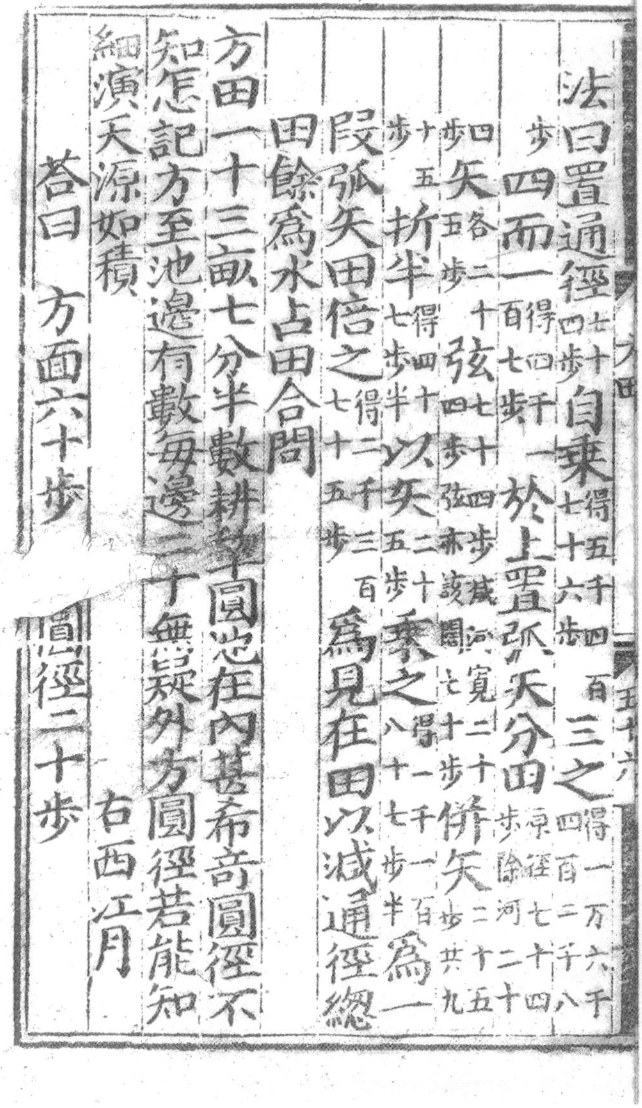

法曰：置通徑（七十四步）自乘（得五千四百七十六步。）三之（得一万六千四百二十八步。）四而一（得四千一百七步。）於上。置弧矢分田（原徑七十四步，除河二十四步。）矢（各二十五步）弦（七十四步，減河寬二十四步，弦亦該闊七十步。）并矢（二十五步，共九十五步。）折半（得四十七步半。）以矢（二十五步）乘之（得一千一百八十七步半。）爲一段弧矢田，倍之（得二千三百七十五步。）爲見在田，以減通徑，總田餘爲水占田。合問。

方田一十三畝，七分半數耕犂。圓池在内甚希奇，圓徑不知怎記。方至池邊有數，每邊二十無疑。外方圓徑若能知，細演天源如積。 右西江月

答曰： 方面六十步， 圓徑二十步。

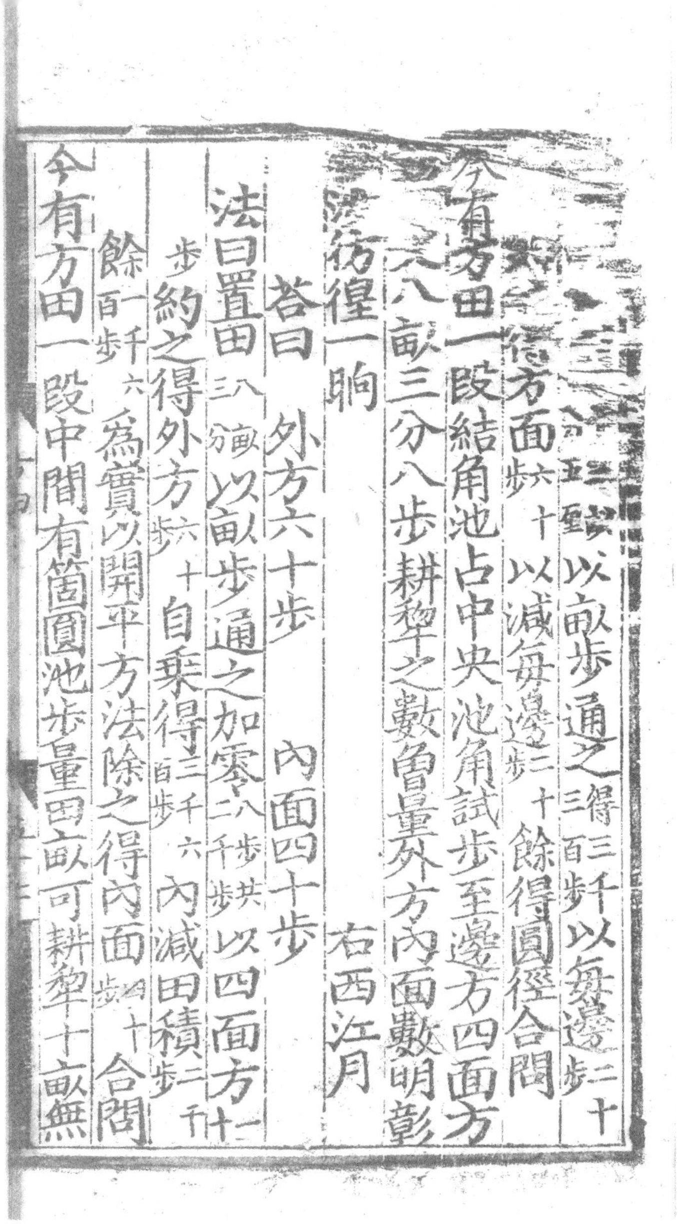

■■■■■■■■■■以畝步通之得三千三百步。以每邊二十步

■■■■■方面六十步以減每邊二十步餘得圓徑，合問。

今有方田一段，結角池占中央。池角試步至邊方，四面方

■■■。八畝三分八步，耕犂之數曾量。外方内面數明彰，

■■[1]彷徨一晌。　　　　　　　　　　　　　　右西江月

答曰：　外方六十步，　内面四十步。

法曰：置田八畝三分以畝步通之，加零八步，共二千步。以四面方一十步約之得外方六十步。自乘得三千六百步。内減田積二千步餘一千六百步。爲實。以開平方法除之，得内面四十步。合問。

今有方田一段，中間有箇圓池。步量田畝可耕犂，十畝無

1 原葉面右側數欄起始文字各本均不清。

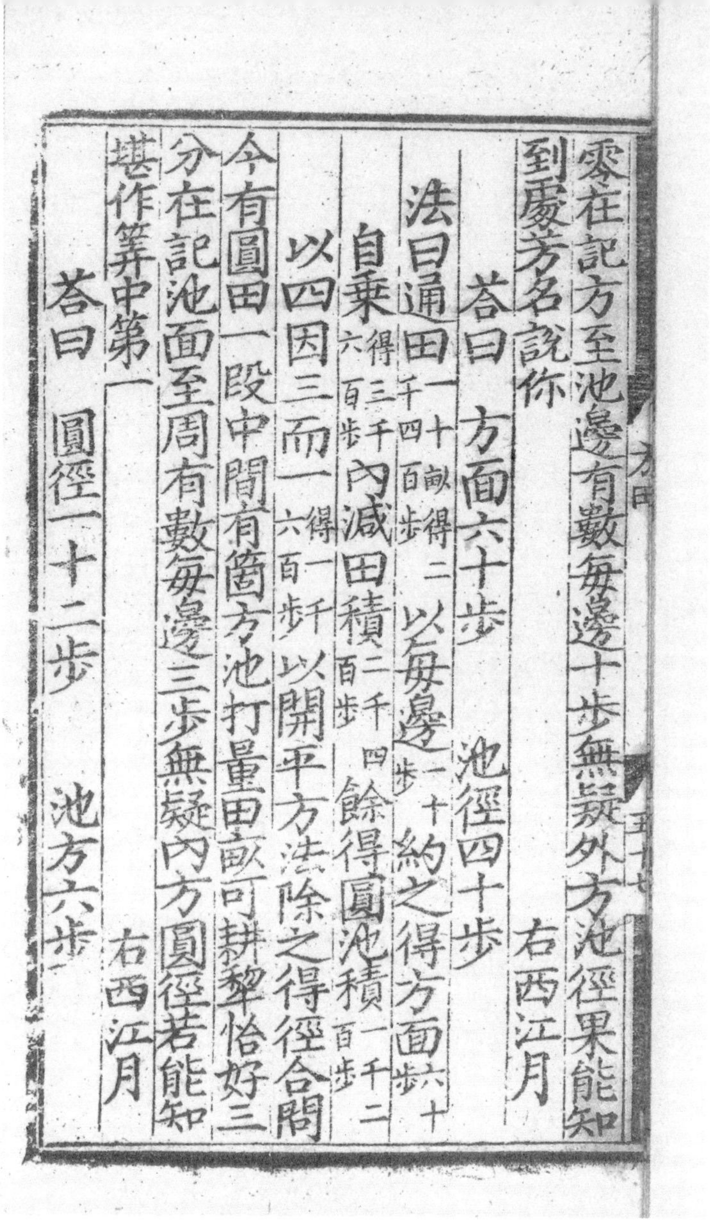

零在記。方至池邊有數，每邊十步無疑。外方池徑果能知，到處芳名説你。　　右西江月

答曰：　方面六十步，　池徑四十步。

法曰：通田（二十畝，得二千四百步。）以每邊（一十步）約之得方面（六十步。）

自乘（得三千六百步。）內減田積（二千四百步）餘得圓池積（一千二百步。）

以四因三而一（得一千六百步。）以開平方法除之，得徑。合問。

今有圓田一段，中間有箇方池。打量田畝可耕犂，恰好三分在記。池面至周有數，每邊三步無疑。內方圓徑若能知，堪作筭中第一。　　右西江月

答曰：　圓徑一十二步，　池方六步。

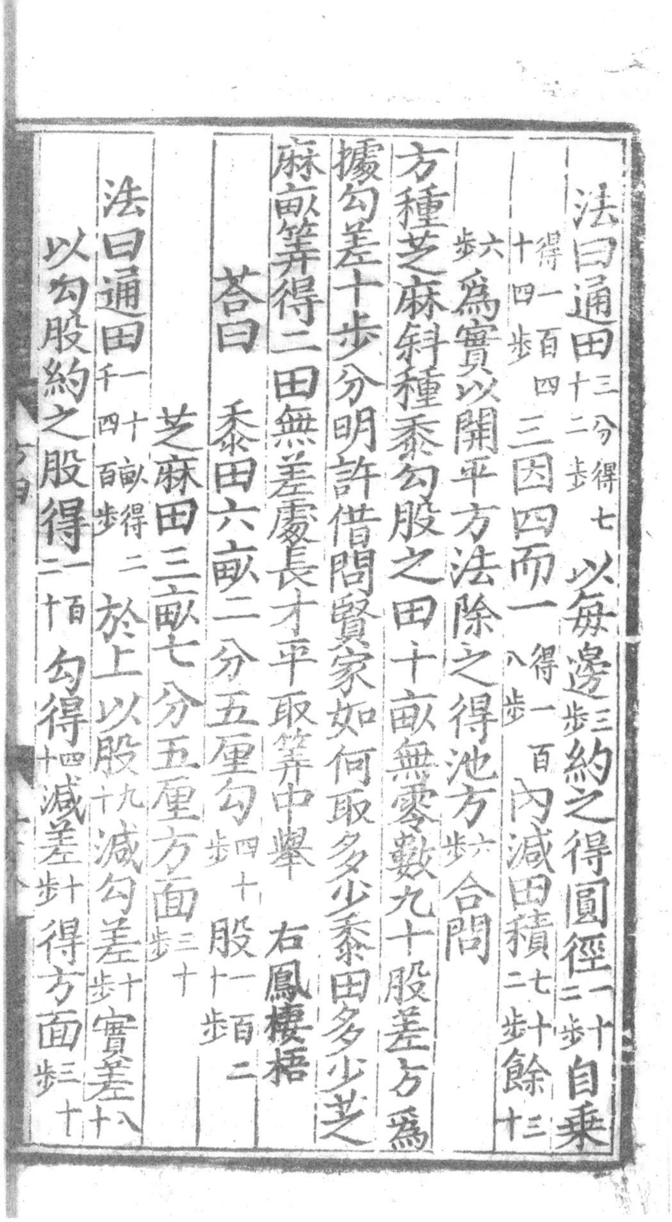

法曰：通田三分，得七十二步。以每邊三步約之得圓徑二十二步。自乘得一百四十四步。三因四而一得一百八步。內減田積七十二步餘三十六步。爲實。以開平方法除之，得池方六步。合問。

方種芝麻斜種黍，勾股之田，十畝無零數。九十股差方爲據，勾差十步分明許。借問賢家如何取，多少黍田多少芝麻畝？筭得二田無差處，長才平取筭中舉。　右鳳棲梧

答曰：黍田六畝二分五厘，勾四十步，股一百二十步；

芝麻田三畝七分五厘，方面三十步。

法曰：通田二十畝，得二千四百步。於上。以股九十減勾差十步實差八十以勾股約之，股得一百二十。勾得四十。減差十步得方面三十步。

自乘得九百步。以畝法除之，得芝麻田三畝七分五厘。以減總田十畝餘得黍田六畝二分五厘。合問。

一段環田余久慮，衆説分明，亦有誰人悟。忘了二周并徑步，人道内周，不及爲零處。七十有餘單二步，三事通知，答曰分明住。五畝二分無餘數，玄機奥妙堪思慕。右鳳棲梧

答曰：徑一十二步，　内周六十八步，

外周一百四十步。

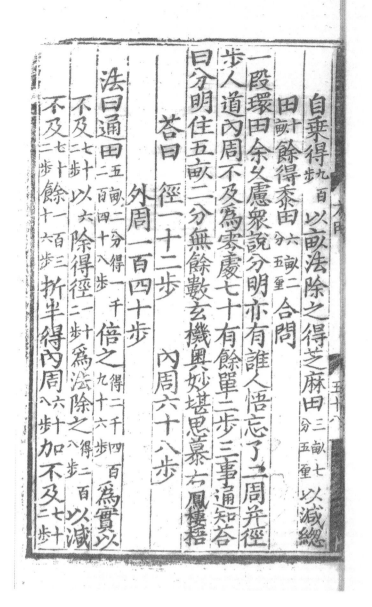

法曰：通田五畝二分，得一千二百四十八步。倍之得二千四百九十六步。爲實。以不及七十二步以六除得徑一十二步爲法。除之得二百八步。以減不及七十二步餘一百三十六步。折半得内周六十八步。加不及七十二步

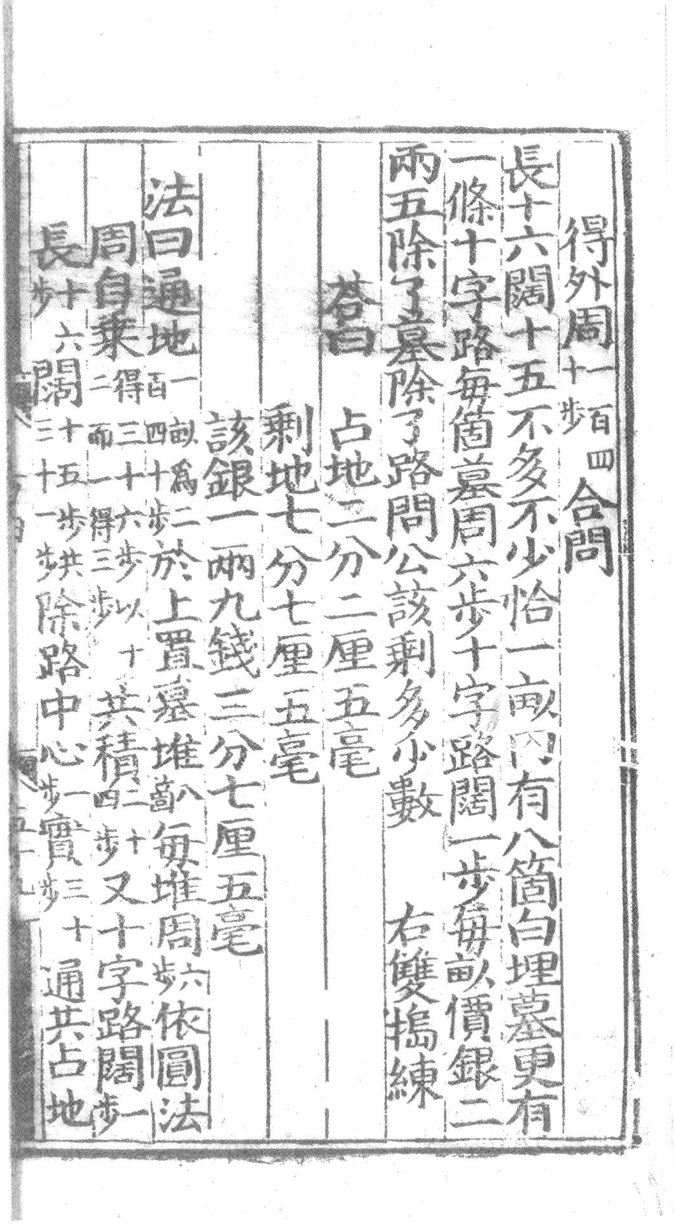

得外周一百四十步。合問。

長十六闊十五，不多不少恰一畝。內有八箇白埋墓，更有一條十字路。每箇墓周六步，十字路闊一步。每畝價銀二兩五。除了墓、除了路，問公該剩多少數？　右雙搗練

答曰：占地二分二厘五毫，

剩地七分七厘五毫，

該銀一兩九錢三分七厘五毫。

法田：通地一畝爲二百四十步。於上。置墓堆八箇每堆周六步依圓法，周自乘得三十六步以十二而一得三步。共積二十四步。又十字路闊一步長十六步闊十五步，共三十一步。除路中心一步實三十步通共占地

五十四步。以畝法而一得二分二厘五毫。爲占地，以減一畝剩地七分七厘五毫以每畝價銀二兩五錢爲法乘之得一兩九錢三分七厘三毫。合問。

四方九畝六分田，有路小徑四角穿。三井五池十二樹，自方二步屋一椽。井周三步池方六，樹圍七尺五寸圓。道闊二步知端的，問公餘剩幾何田？

答曰：七畝七分一厘一毫二絲五忽。

法曰：通田九畝六分，得二千三百四步。爲實。以開平方法除之，得一方面四十八步。方五歸之得九步六分。斜七乘之得六十七步二分。以道闊二步乘之得一百三十四步四分。四角穿該積二百六十八步八分。減路中心闊二步自乘得四步。實該積二百六十四步八分。三井每井

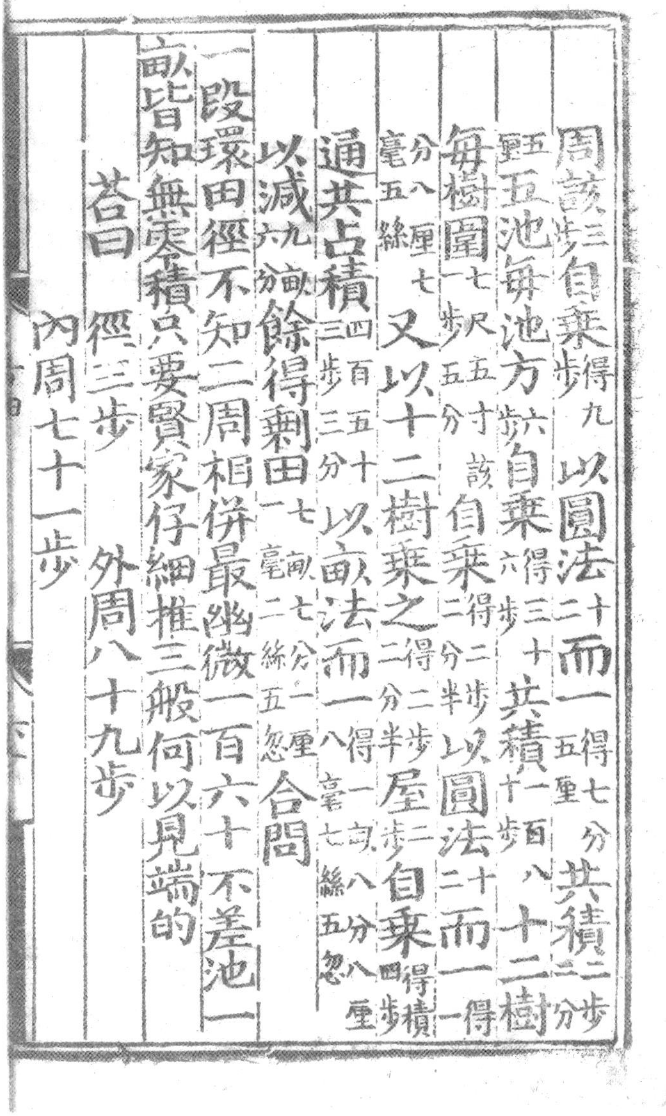

周該三步自乘得九步。以圓法十二而一得七分五厘。共積二步二分五厘。五池每池方六步自乘得三十六步。共積一百八十步。十二樹每樹圍七尺五寸該一步五分自乘得二步二分半。以圓法十二而一得一分八厘七毫五絲。又以十二樹乘之得二步二分半。屋二步自乘得積四步。

通共占積四百五十三步三分以畝法而一得一畝八分八厘八毫七絲五忽。

以減九畝六分餘得剩田七畝七分一厘一毫二絲五忽。合問。

一段環田徑不知，二周相并最幽微。一百六十不差池，一畝皆知無零積。只要賢家仔細推，三般何以見端的。

答曰：徑三步， 外周八十九步。

內周七十一步。

法曰：通田一畝得二百四十步。爲實。半相并一百六十步得八十步。爲法。除之得徑三步。以三因得九步。以減半并八十步，餘七十一步。爲內周

以減總步一百六十步餘得外周八十九步。合問。

三十八萬四千步，正長端的無差悞。六絲二忽五微闊，不知共該多少畝。　　答曰：一畝。

法曰：置長三十八万四千步爲實，以闊六絲二忽五微爲法，乘之，合問。

直田一畝無零字，不知長闊如何是。長中減二約分了，平步恰當三分二。　　答曰：　長二十步，闊一十二步。

法曰：通田一畝得二百四十步。以長減二步餘該長三分。平二分。長一十八步。

加二步，共二十步。以除總步得闊一十二步。乃三分之二。合問。

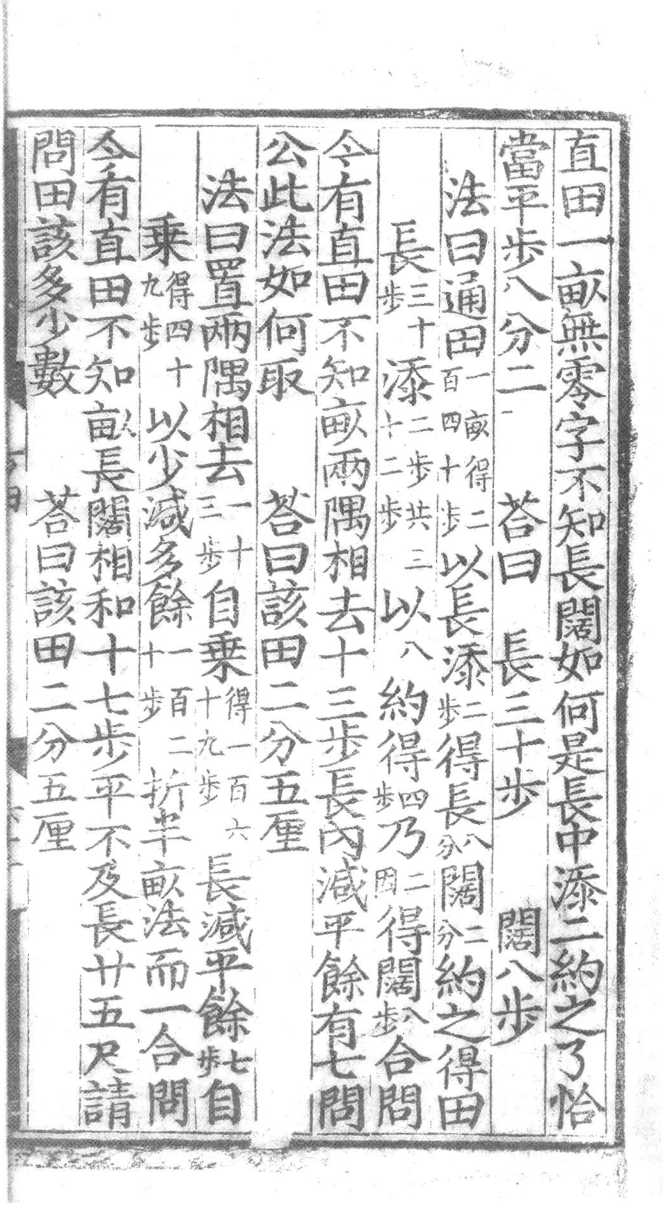

直田一畝無零字，不知長闊如何是。長中添二約之了，恰當平步八分二。　　答曰：長三十步，闊八步。

法曰：通田一畝得二百四十步。以長添二步得長八分。闊二分。約之得田長三十步。添二步，共三十二步。以八約得四步乃二因得闊八步。合問。

今有直田不知畝，兩隅相去十三步。長內減平餘有七，問公此法如何取。　　答曰：該田二分五厘。

法曰：置兩隅相去一十三步自乘得一百六十九步。長減平餘七步。自乘得四十九步。以少減多餘一百二十步。折半，畝法而一，合問。

今有直田不知畝，長闊相和十七步。平不及長廿五尺，請問田該多少數。　　答曰：該田二分五厘。

法曰：置相和一十七步減不及五步餘一十二步。以闊五步相乘，合問。

今有直田一畝積，長減一步闊減七。兩隅相去十七步，長闊何以見端的？　答曰：長一十六步，　平一十五步。

法曰：置兩隅相去一十七步自乘得二百八十九步。於上。以二減一七并之得八步。自乘得六十四步。以減上數餘二百二十五步。爲實。以開平方法除之，得長一十五步。加一步，共長一十六步。以除一畝通爲二百四十步。得平一十五步。合問。

直田二十五畝數，更有三分零五厘。長量九索，平量四，三事如何得備知。

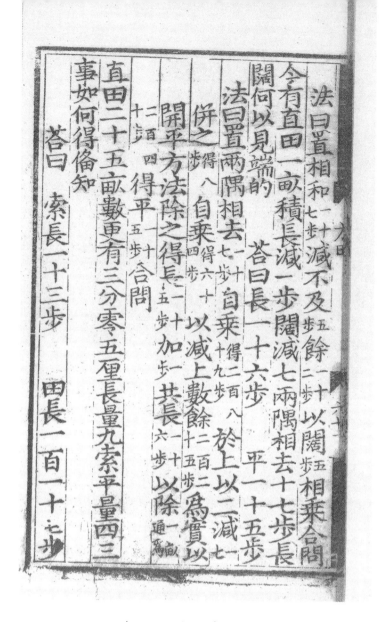

答曰：　索長一十三步，　田長一百一十三步，

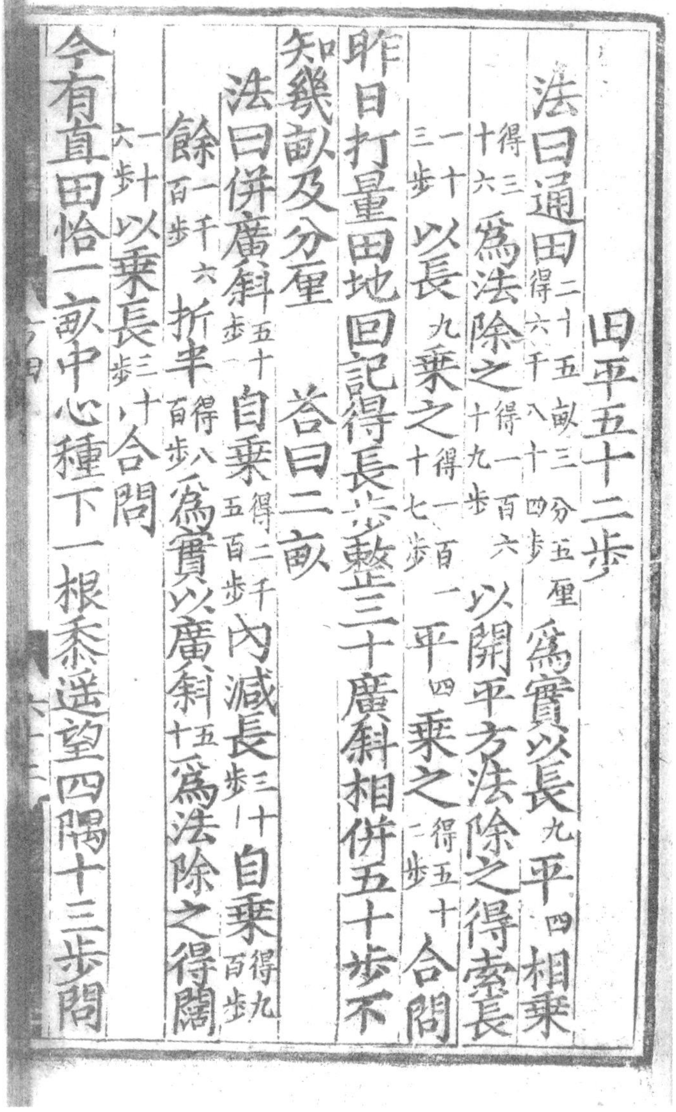

田平五十二步。

法曰：通田二十五畝三分五厘得六千八十四步。爲實。以長九平四相乘得三十六。爲法除之得一百六十九步。以開平方法除之，得索長一十三步。以長九乘之得一百一十七步。平四乘之得五十二步。合問。

昨日打量田地回，記得長步整三十。廣斜相并五十步，不知幾畝及分厘。　　答曰：二畝。

法曰：并廣斜五十步自乘得二千五百步。內減長三十步自乘得九百步。餘一千六百步。折半得八百步。爲實。以廣斜五十爲法除之，得闊一十六步。以乘長三十步。合問。

今有直田恰一畝，中心種下一根黍。遥望四隅十三步，問公長闊如何取？　　答曰：長二十四步，　平一十步。

法曰：倍四隅（十三步，得二十六步。）自乘（得六百七十六步。）以長平自乘約之得長（二十四步，自乘得五百七十六步。）平（一十步自乘得一百步。）并（得六百七十六步。）

今有直積用長乘，一千八百步無零。兩隅相去十七步，闊長何以得分明？　　答曰：　長一十五步，　闊八步。

法曰：置兩隅（一十七步）自乘（得二百八十九步。）爲實。以約長平得長（一十五步，自乘得二百二十五步。）闊（八步，自乘得六十四步。）并之（得二百八十九步。）却以長（十五）闊（八）相乘（得一百二十步。）以長（十五）乘之（得一千八百步。）合問。

直田一段不知畝，長闊不知幾步數。以闊減斜剩五十，斜内減長斜九步。　　答曰：　長八十步，　闊三十九步。

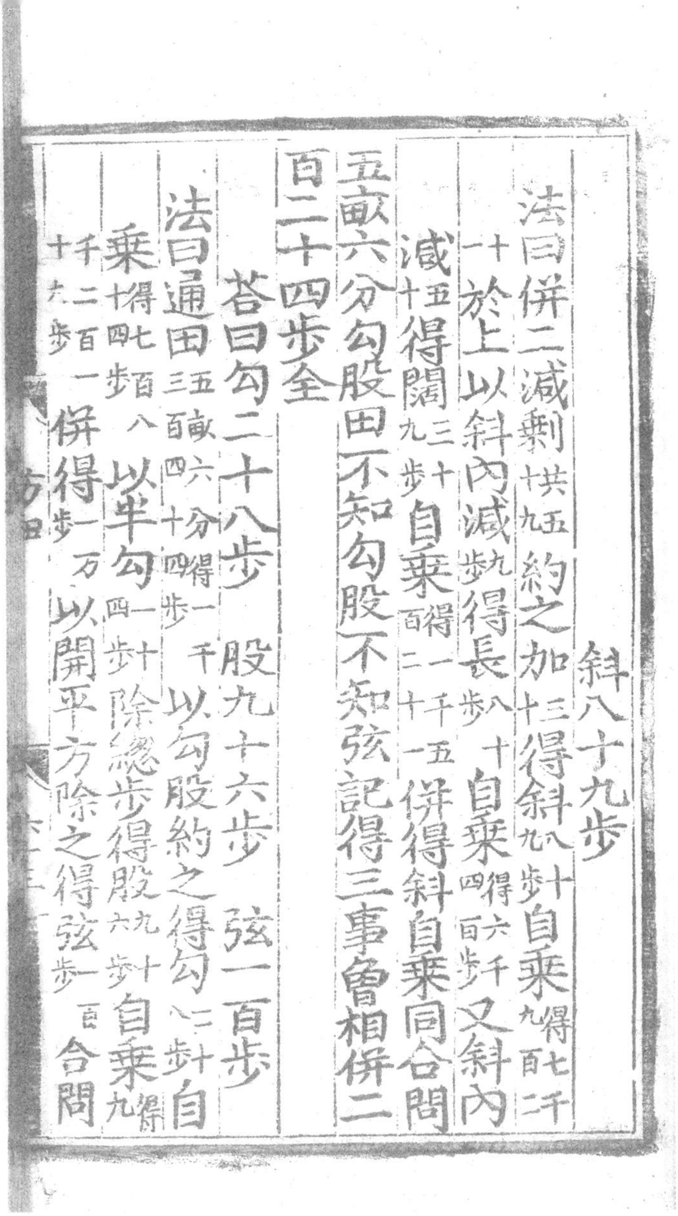

斜八十九步。

法曰：并二減剩共五十九。約之加三十得斜八十九步。自乘得七千九百二十一。於上。以斜内減九步得長八十步。自乘得六千四百步。又斜内減五十得闊三十九步。自乘得一千五百二十一。并得斜自乘同，合問。

五畝六分勾股田，不知勾股不知弦。記得三事曾相并，二百二十四步全。

答曰：勾二十八步，股九十六步，弦一百步。

法曰：通田五畝六分，得一千三百四十四步。以勾股約之，得勾二十八步。自乘得七百八十四步。以半勾一十四步。除總步得股九十六步。自乘得九千二百一十六步。并得一万步。以開平方除之，得弦一百步。合問。

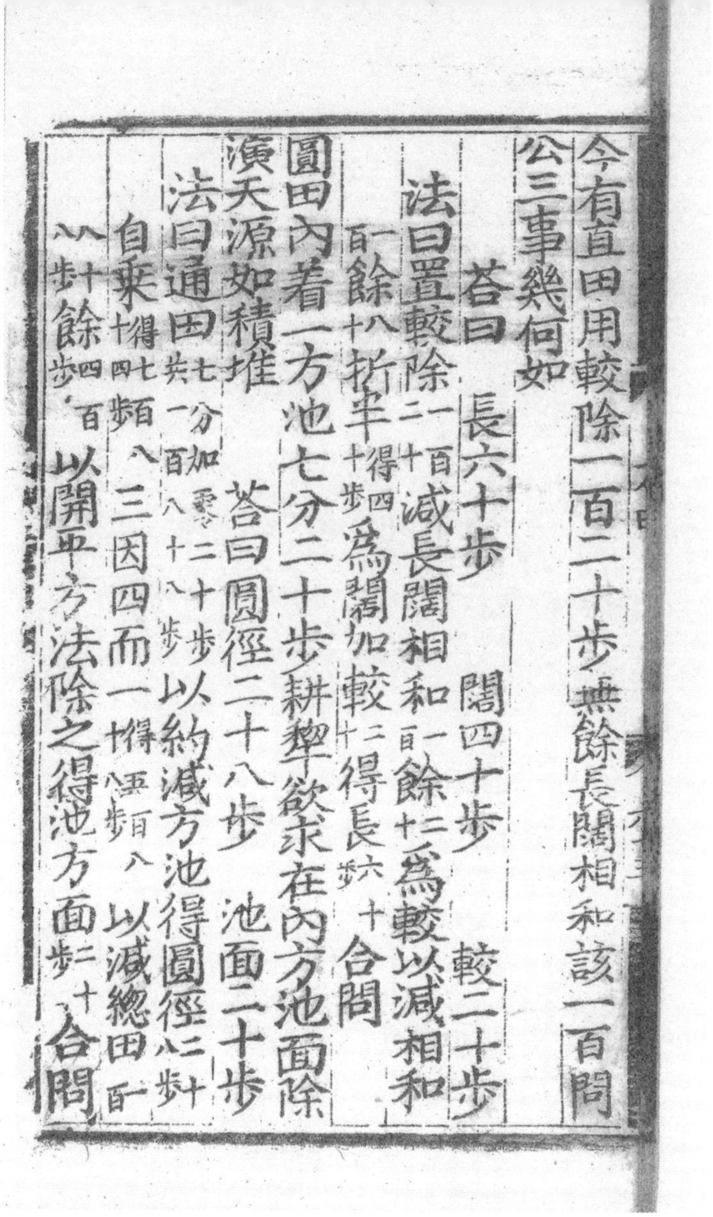

今有直田用較除，一百二十步無餘。長闊相和該一百，問公三事幾何如？

答曰：　長六十步，　闊四十步，　較二十步。

法曰：置較除一百二十減長闊相和一百餘二十。爲較。以減相和一百餘八十折半得四十步。爲闊，加較二十得長六十步。合問。

圓田内着一方池，七分二十步耕犂。欲求在内方池面，除演天源如積堆。　　答曰：圓徑二十八步，池面二十步。

法曰：通田七分加零二十步，共一百八十八步。以約減方池，得圓徑二十八步自乘得七百八十四步。三因四而一得五百八十八步。以減總田一百八十八步餘四百步。以開平方法除之，得池方面二十步。合問。

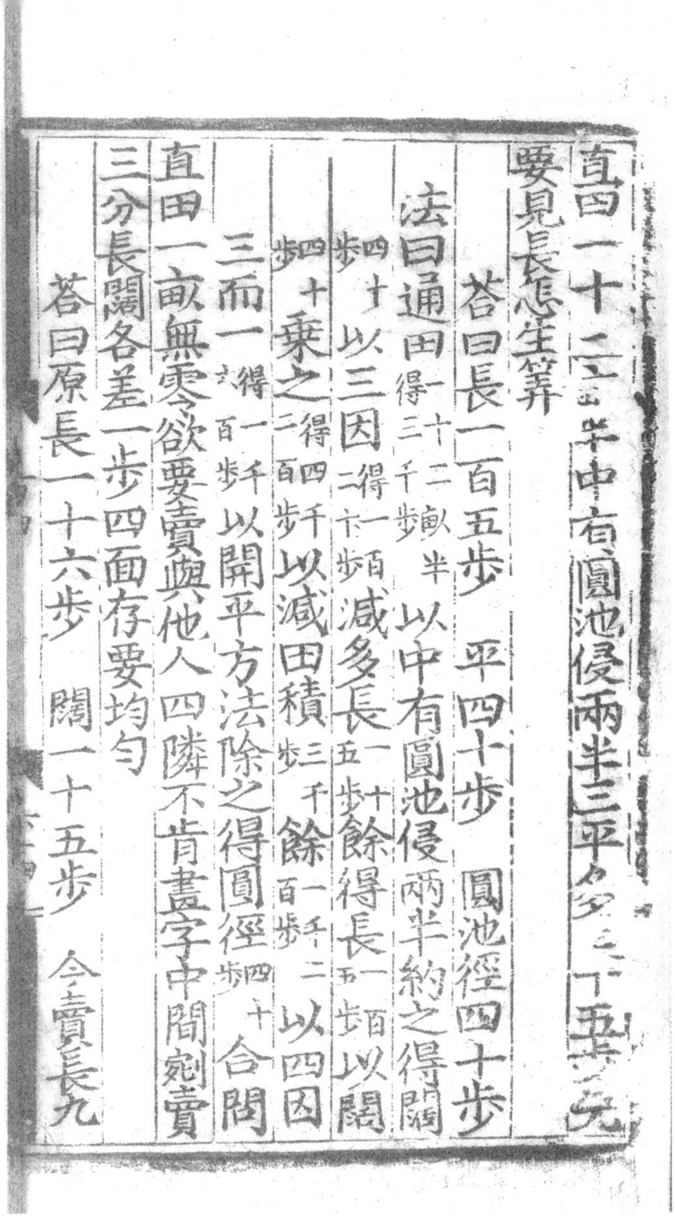

直田一十二畝半，中有圓池侵兩半。三平多長[1]十五步，若[2]要見長怎生筭？

答曰：長一百五步，平四十步，圓池徑四十步。

法曰：通田一十二畝半，得三千步。以中有圓池侵兩半約之，得闊四十步。以三因得一百二十步。減多長一十五步餘得長一百五步。以闊四十步乘之得四千二百步。以減田積三千步餘一千二百步。以四因三而一得一千六百步。以開平方法除之，得圓徑四十步。合問。

直田一畝無零，欲要賣與他人。四隣不肯畫字，中間剜賣三分。長闊各差一步，四面存要均匀。

答曰：原長一十六步，闊一十五步；今賣長九

1“長”字，各本不清，依題意推測作此。

2“若”字，各本不清，依題意推測作此。

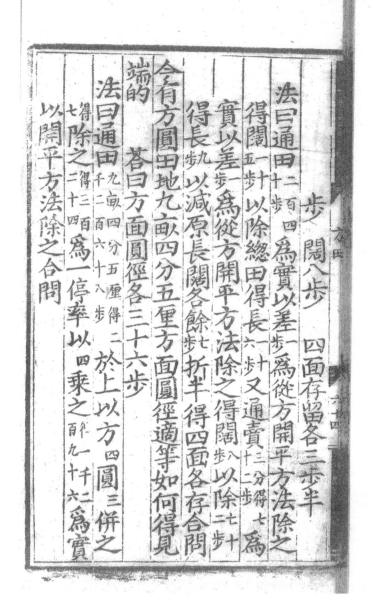

步，闊八步，四面存留各三步半。

法曰：通田二百四十步爲實，以差一步爲從方，開平方法除之得闊一十五步。以除總田得長一十六步。又通賣三分，得七十二步。爲實。以差一步爲從方，開平方法除之，得闊八步。以除七十二步得長九步。以減原長闊各餘七步。折半，得四面各存。合問。

今有方圓田地，九畝四分五厘。方面圓徑適等，如何得見端的？　答曰：方面圓徑各三十六步。

法曰：通田九畝四分五厘，得二千二百六十八步。於上。以方四圓三并之得七。除之得三百二十四。爲一停率，以四乘之得一千二百九十六。爲實，以開平方法除之，合問。

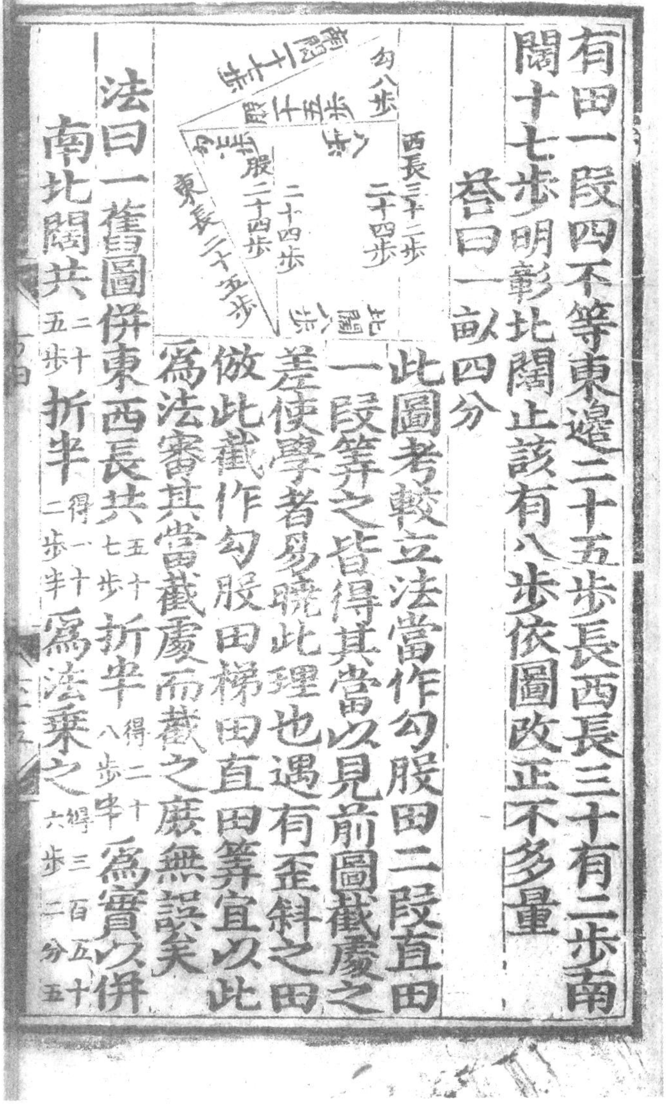

有田一段四不等，東邊二十五步長。西長三十有二步，南闊十七步明彰。北闊止該有八步，依圖改正不多量。

答曰：一畝四分。

此圖考較立法，當作勾股田二段，直田一段，筭之皆得。其當以見前圖截處之差，使學者易曉此理也。遇有歪斜之田做此。截作勾股田、梯田、直田，筭宜以此爲法。審其當截處而截之，庶無誤矣。

法曰：—[1] 舊圖并東西長共五十七步。折半得二十八步半。爲實。以并南北闊共二十五步。折半得一十二步半。爲法，乘之得三百五十六步二分五

1 "—" 在原文中爲段落分割符號，此符號後內容與下文"— 今依圖截做三段筭"之後內容并列。

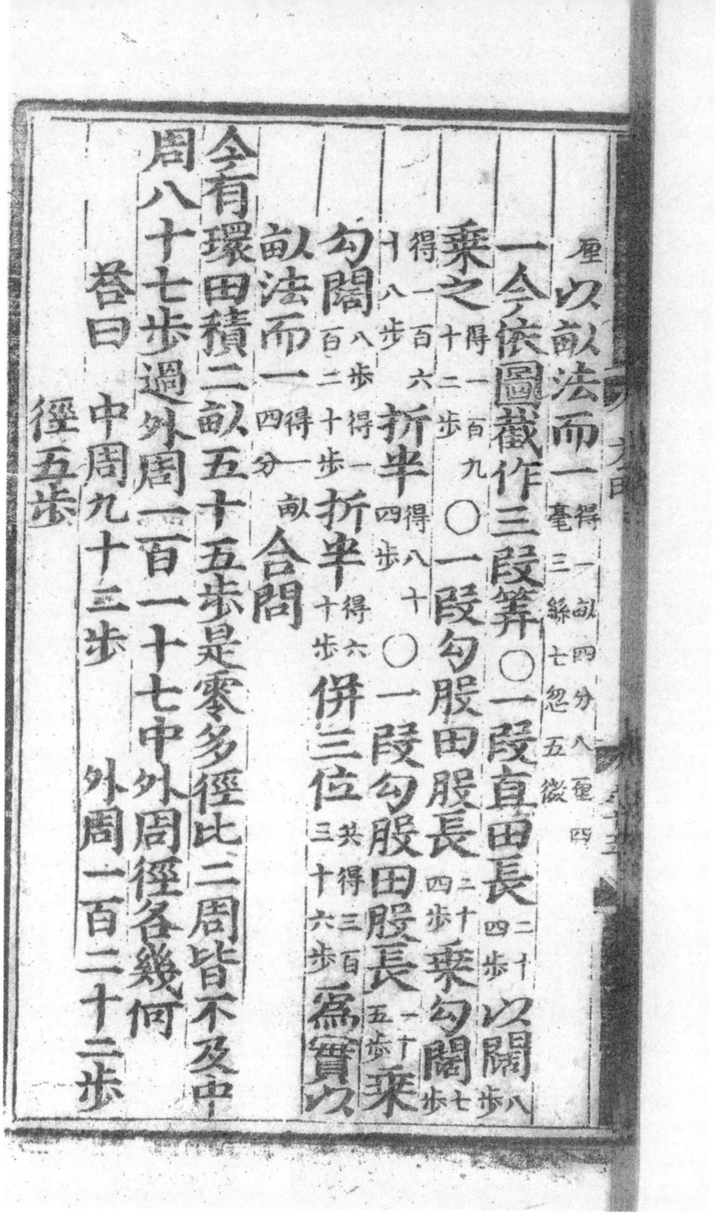
厘以畝法而一得一畝四分八厘四毫三絲七忽五微
一今依圖截作三段筭○一段直田長二十四步以闊八步乘之得一百九十二步○一段勾股田股長二十四步乘勾闊七步得一百六十八步折半得八十四步○一段勾股田股長二十五步乘勾闊八步得一百二十步折半得六十步併三位共得三百三十六步爲實以畝法而一得一畝四分合問
今有環田積二畝五十五步是零多徑比二周皆不及中周八十七步過外周一百一十七中外周徑各幾何
荅曰中周九十二步　外周一百二十二步
徑五步

厘。以畝法而一。得一畝四分八厘四毫三絲七忽五微。

一 今依圖截作三段筭。○一段直田，長二十四步以闊八步乘之得一百九十二步。○一段勾股田，股長二十四步乘勾闊七步，得一百六十八步。折半得八十四步。○一段勾股田，股長二十五步乘勾闊八步得一百二十步。折半得六十步。并三位共得三百三十六步。爲實。以畝法而一得一畝四分。合問。

今有環田積二畝，五十五步是零多。徑比二周皆不及，中周八十七步過。外周一百一十七，中外周徑各幾何?

答曰：中周九十二步， 外周一百二十二步，

徑五步。

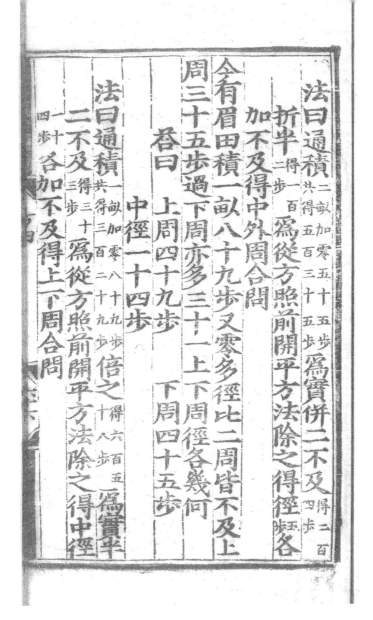

法曰：通積二畝加零五十五步，共得五百三十五步。爲實。并二不及得二百四步。折半得一百二步。爲從方。照前開平方法除之，得徑五步。各加不及，得中外周，合問。

今有眉田積一畝，八十九步又零多。徑比二周皆不及，上周三十五步過。下周亦多三十一，上下周徑各幾何？

答曰：上周四十九步，下周四十五步，

中徑一十四步。

法曰：通積一畝加零八十九步，共得三百二十九步。倍之得六百五十八步。爲實。半二不及得三十三步。爲從方。照前開平方法除之，得中徑一十四步。各加不及，得上下周，合問。

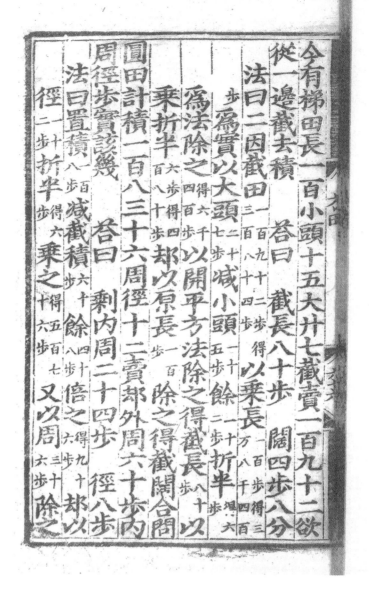

今有梯田長一百，小頭十五大廾七。截賣一百九十二，欲從一邊截去積。　　答曰：截長八十步，闊四步八分，

法曰：二因截田一百九十二步，得三百八十四步。以乘長一百步，得三万八千四百步。爲實。以大頭二十七步減小頭一十五步餘一十二步折半得六步。爲法，除之得六千四百步。以開平方法除之，得截長八十步。以乘折半六步，得四百八十步。却以原長一百步除之，得截闊，合問。

圓田計積一百八，三十六周徑十二。賣却外周六十步，内周徑步實該幾？　　答曰：剩内周二十四步，徑八步。

法曰：置積一百八步減截積六十步餘四十八步。倍之得九十六步。却以徑一十二步折半得六步。乘之得五百七十六步。又以周三十六步除之

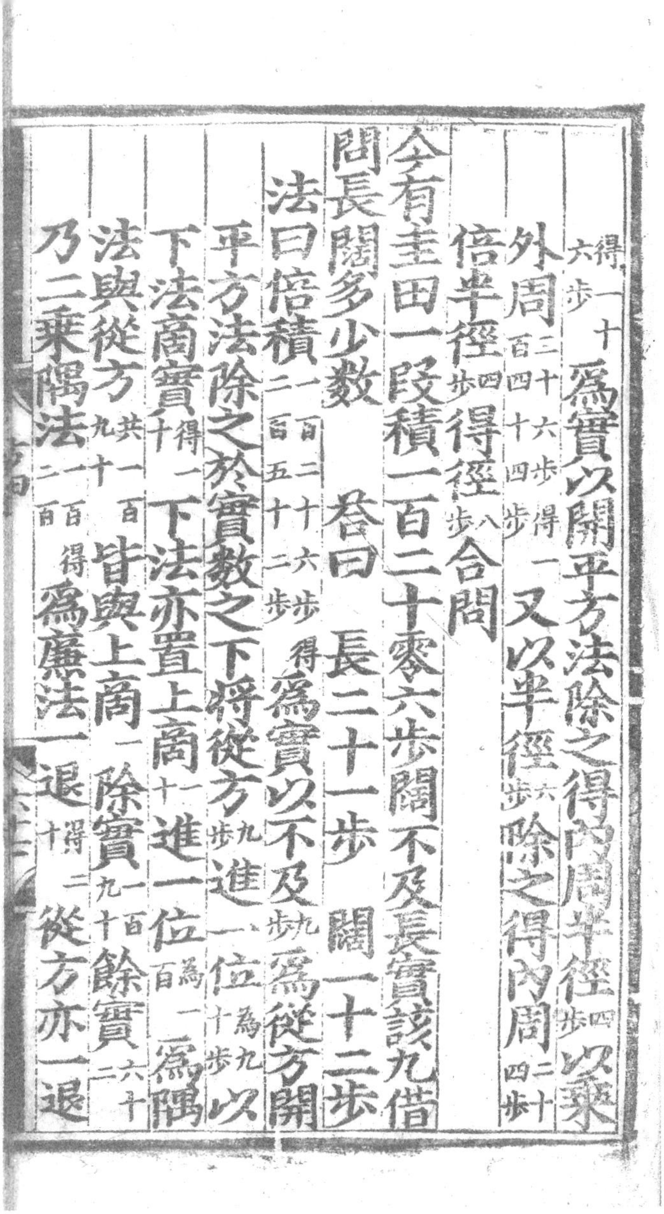

得一十六步。爲實。以開平方法除之，得内周半徑四步。以乘外周三十六步，得一百四十四步。又以半徑六步除之，得内周二十四步。

倍半徑四步得徑八步。合問。

今有圭田一段積，一百二十零六步。闊不及長實該九，借問長闊多少數。　答曰：長二十一步，闊一十二步。

法曰：倍積一百二十六步，得二百五十二步。爲實，以不及九步。爲從方，開平方法除之。於實數之下將從方九步進一位爲九十步。以下法商實得一十。下法亦置上商一十進一位爲一百。爲隅法，與從方共一百九十。皆與上商一除實一百九十餘實六十二。乃二乘隅法二百得二百。爲廉法，一退得二十。從方亦一退

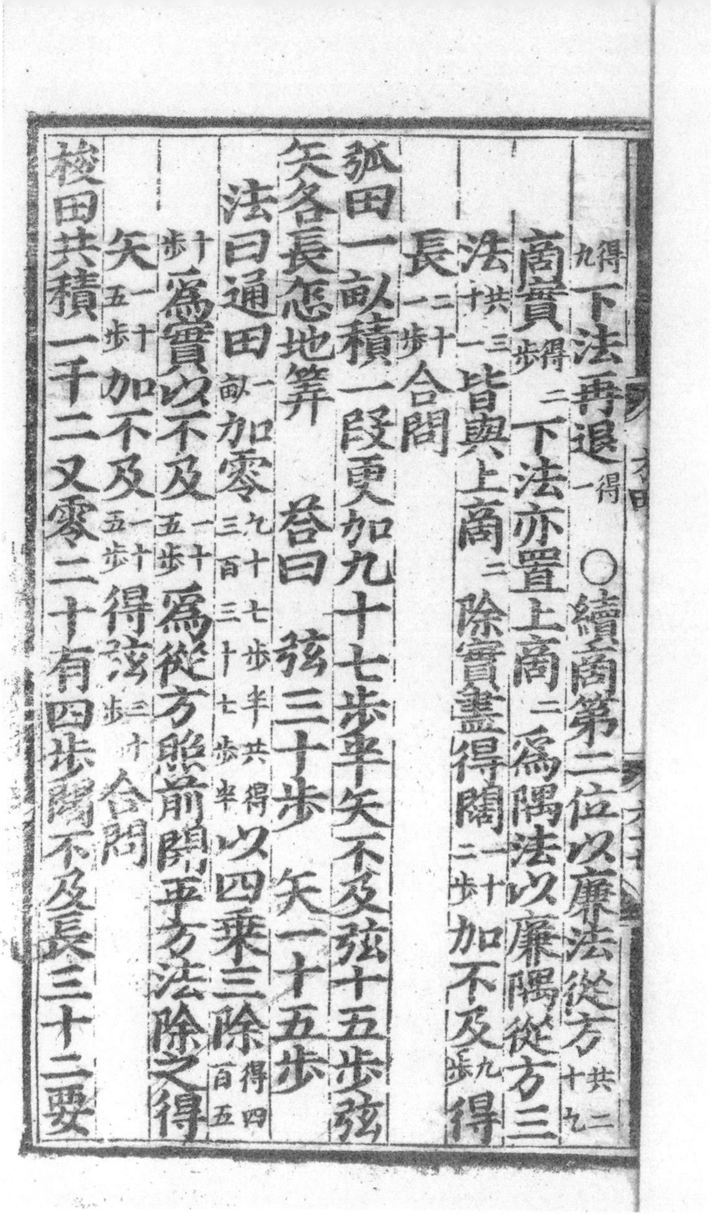

得九。下法再退得一。　○續商第二位，以廉法從方共二十九。商實得二步。下法亦置上商二爲隅法，以廉、隅、從方三法共三十二。皆與上商二除實盡，得闊一十二步。加不及九步得長二十一步。合問。

弧田一畝積一段，更加九十七步半。矢不及弦十五步，弦矢各長怎地筭？　答曰：　弦三十步，矢一十五步。

法曰：通田一畝加零九十七步半，共得三百三十七步半。以四乘三除得四百五十步。爲實。以不及一十五步爲從方，照前開平方法除之，得矢一十五步。加不及一十五步得弦三十步。合問。

梭田共積一千二，又零二十有四步。闊不及長三十二，要見闊長多少數？　　答曰：　闊三十六步，長六十八步。

法曰：二乘田積一千二百二十四步，得二千四百四十八步。爲實。以不及三十二步爲從方，照前開平方法除之，得中闊三十六步。加不及三十二步得長六十八步。合問。

今有覆月田一段，共積二百一十六。徑不及弦闊十二，問該弦徑各數目。　答曰：　弦闊二十四步，徑一十二步。

法曰：四乘田積得八百六十四步。以三除得二百八十八步。爲實。以不及一十二步爲從方，照前開平方法除之，得徑一十二步。加不及一十二步。得弦闊二十四步。合問。

箭筈田截一段，各長十九東西。北闊一百八十，中闊十步

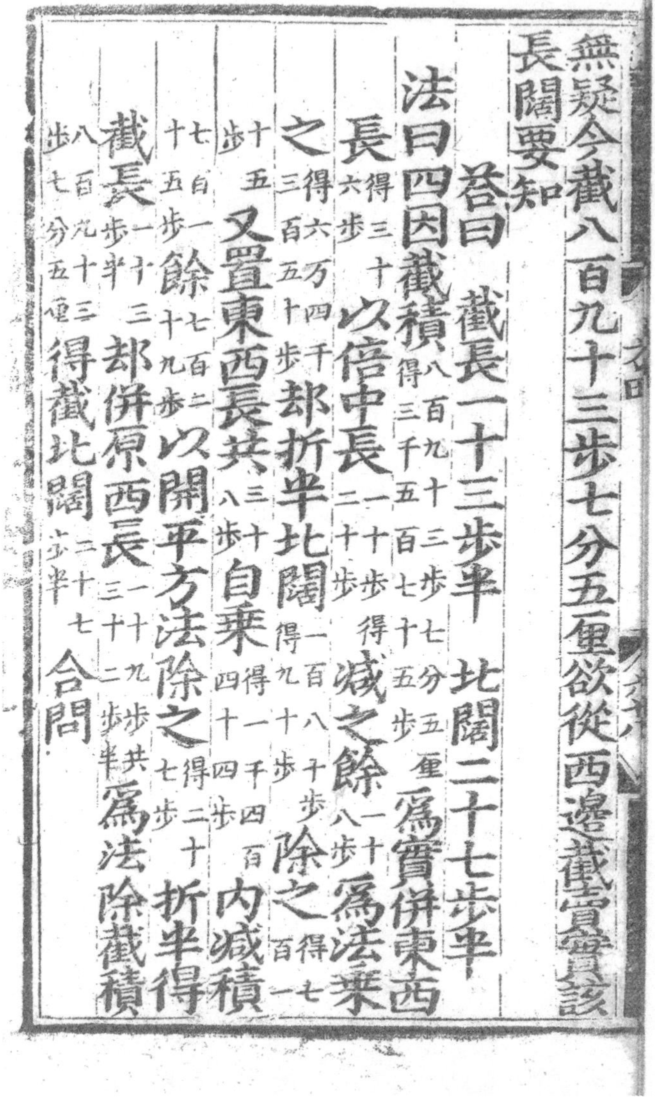

無疑。今截八百九十,三步七分五厘。欲從西邊截賣，實該長闊要知。

答曰：　截長一十三步半，北闊二十七步半。

法曰：四因截積八百九十三步七分五厘，得三千五百七十五步。爲實。并東西長得三十六步。以倍中長二十步，得二十步。減之餘一十八步。爲法。乘之得六万四千三百五十步。却折半北闊一百八十步得九十步。除之得七百一十五步。又置東西長共三十八步。自乘得一千四百四十四步。内減積七百一十五步餘七百二十九步。以開平方法除之得二十七步。折半得截長一十三步半。却并原西長一十九步，共三十二步半。爲法，除截積八百九十三步七分五厘得截北闊二十七步半。合問。

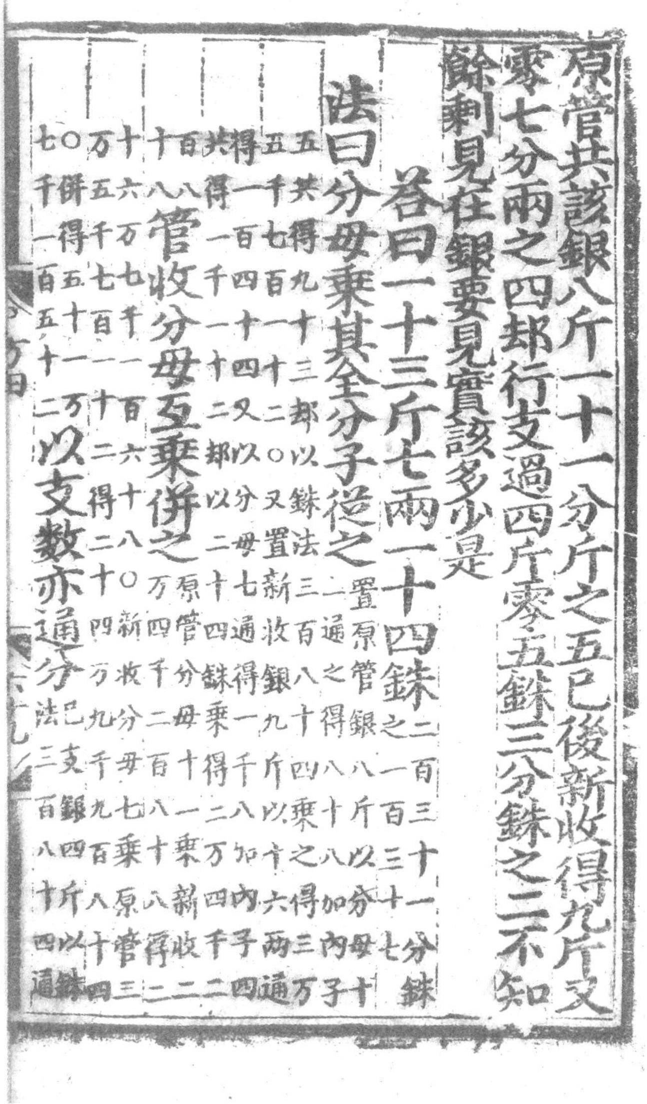

原管共該銀八斤，一十一分斤之五。已後新收得九斤，又零七分兩之四。却行支過四斤零，五銖三分銖之二。不知餘剩見在銀，要見實該多少是？

答曰：一十三斤七兩一十四銖二百三十一分銖之一百三十七。

法曰：分母乘其全，分子從之。置原管銀八斤以分母十一通之，得八十八，加内子五，共得九十三。却以銖法三百八十四乘之，得三万五千七百一十二。〇又置新收銀九斤以十六兩通得一百四十四。又以分母七通得一千八，加内子四，共得一千一十二。却以二十四銖乘得二万四千二百八十八。管收分母互乘并之原管分母十一乘新收二万四千二百八十八，得二十六万七千一百六十八。〇新收分母七乘原管三万五千七百一十二，得二十四万九千九百八十四。〇并得五十一万七千一百五十二。以支數亦通分已支銀四斤以銖法三百八十四通得一千五百三十六。加五銖共得一千五百四十一銖，以分母三通得四千六百二十三。加内子二共得四千六百二十五。與管收并數互乘以支數分母三乘并數五十一万七千一百五十二，得一百五十五万一千四百五十六。○原管分母十一乘新收分母七，得七十七。以乘支數四千六百二十五，得三十五万六千一百二十五。又以支數減并數以支三十五万六千一百二十五減并數一百五十五万一千四百五十六，餘一百一十九万五千三百三十一。爲實。以三分母相乘管分母十一乘收分母七得七十七，乘支分母三，得二百三十一。法除之得五千一百七十四銖。餘實一百三十七以法命之得二百三十一分銖之一百三十七。却以銖法歸斤兩五千一百七十四銖，先以斤法三百八十四除得一十三斤，餘一百八十二銖。又以兩法二十四除得七兩餘一十四銖。該得見在銀一十三斤七兩一十四銖二百一十一分銖之一百三十七。合問。

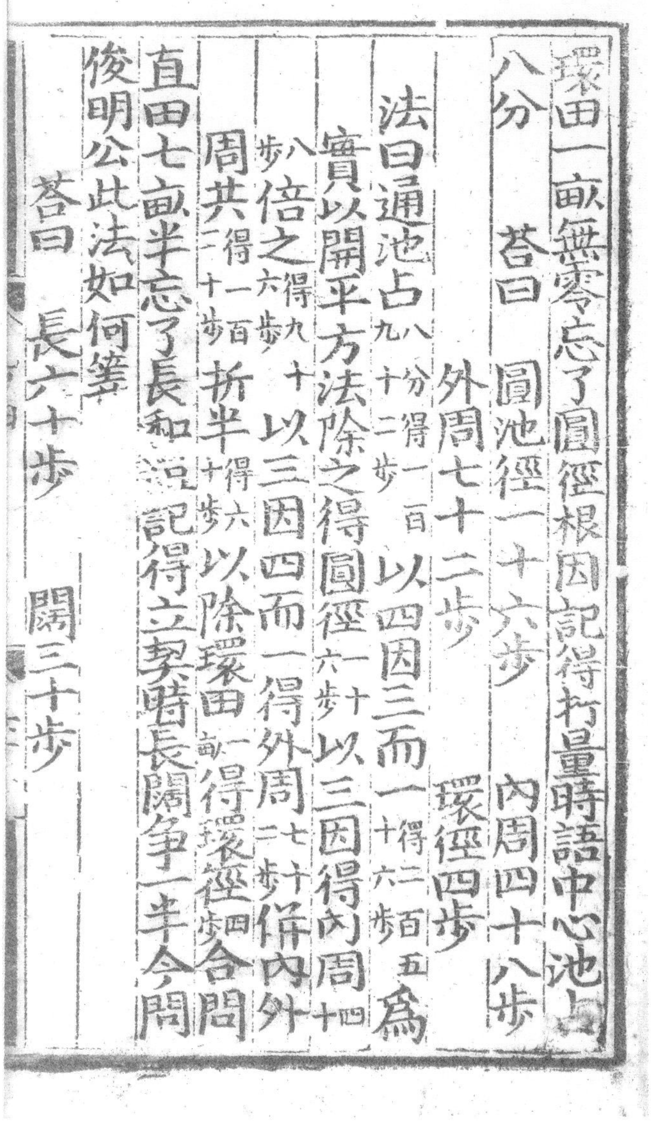

環田一畝無零，忘了圓徑根因。記得打量時語，中心池占八分。　答曰：圓池徑一十六步，內周四十八步；

外周七十二步，環徑四步。

法曰：通池占八分得一百九十二步。以四因三而一得二百五十六步。爲實，以開平方法除之，得圓徑一十六步以三因得內周四十八步倍之得九十六步。以三因四而一，得外周七十二步。并內外周共得一百二十步。折半得六十步。以除環田一畝得環徑四步。合問。

直田七畝半，忘了長和短。記得立契時，長闊争一半。今問俊明公，此法如何筭？

答曰：　長六十步，　闊三十步。

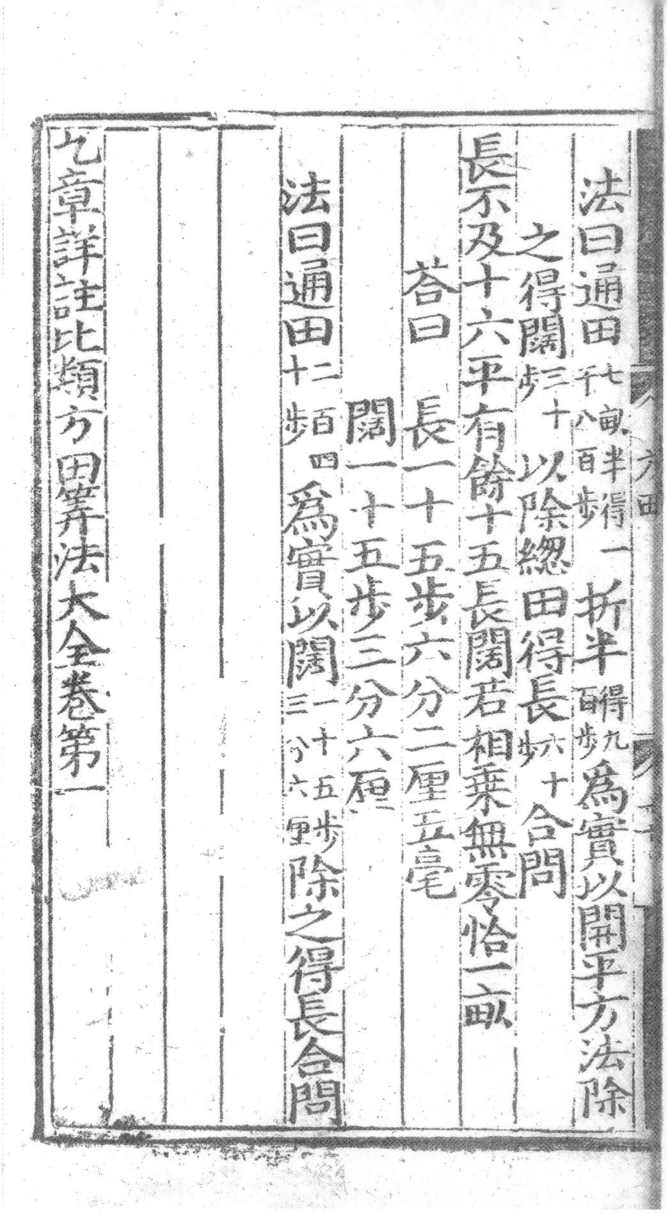

法曰：通田七畝半，得一千八百步。折半得九百步。爲實。以開平方法除之，得闊三十步。以除總田得長六十步。合問。

長不及十六，平有餘十五。長闊若相乘，無零恰一畝。

答曰：長一十五步六分二厘五毫，

闊一十五步三分六厘。

法曰：通田二百四十步爲實，以闊一十五步三分六厘除之，得長，合問。

九章詳注比類方田筭法大全卷第一

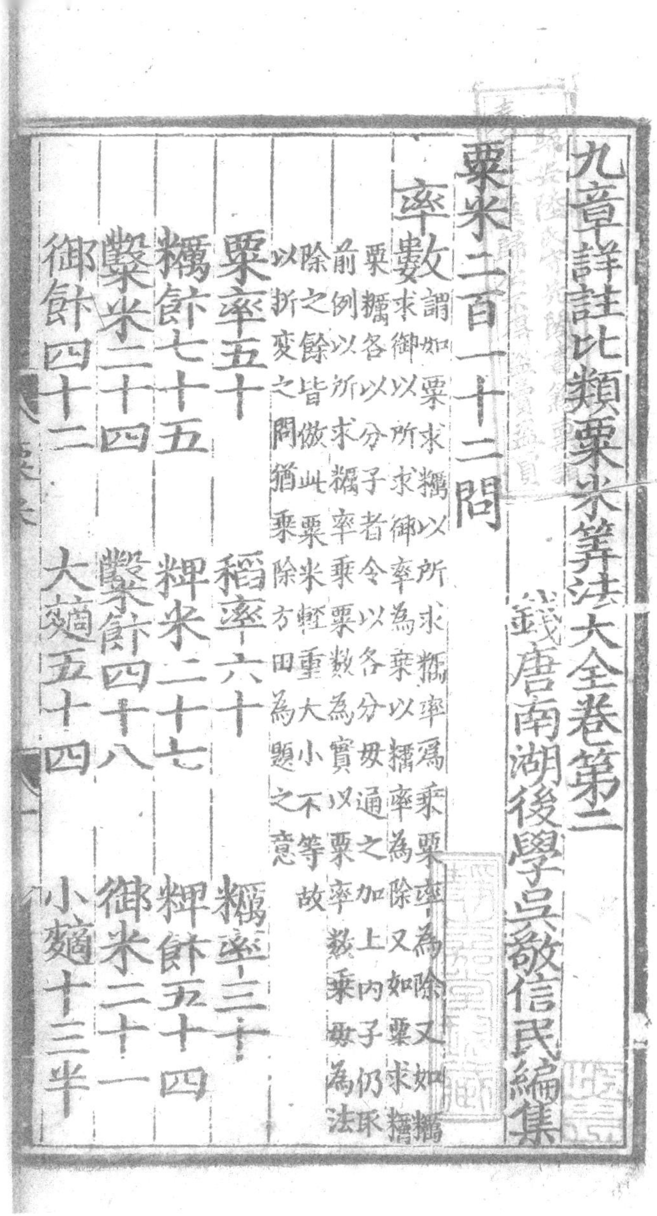

九章詳注比類粟米筭法大全卷第二

錢唐南湖後學吴敬信民編集

粟米二百一十二問

率數 謂如粟求糲，以所求糲率爲乘，粟率爲除。又如糲求御，以所求御率爲乘，以糲率爲除。又如粟求糲，粟糲各以分子者，令以各分母通之，加上内子，仍取前例，以所求糲率乘粟數爲實，以粟率數乘母爲法除之，餘皆倣此。粟米輕重大小不等，故以折变之，問猶乘除方田爲題之意。

粟率五十	稻率六十	糲率三十
糲飯七十五	粺米二十七	粺飯五十四
糳米二十四	糳飯四十八	御米二十一
御飯四十二	大䵂五十四	小䵂十三半

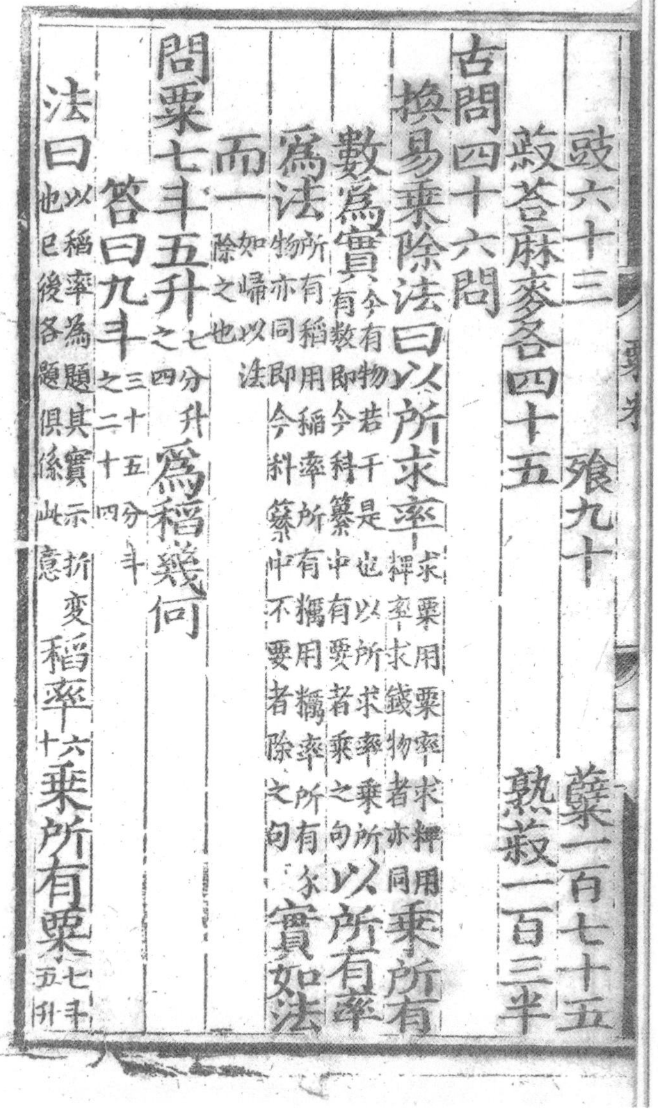

豉六十三　　殞九十　　蘖一百七十五

菽答麻麥各四十五　　熟菽一百三半

古問四十六問

換易乘除法曰：以所求率求粟用粟率，求粺用粺率，求錢物者亦同。乘所有數爲實。今有物若干是也，以所求率乘所有數。即今科纂中有要者乘之句。以所有率爲法。所有稻用稻率，所有糲用糲率，所有錢物亦同。即今科纂中不要者除之句。實如法而一如，歸，以法除之也。

問粟七斗五升七分升之四，爲稻幾何？

答曰：九斗三十五分斗之二十四。

法曰：以稻率爲題，其實示折变也，已後各題俱係此意。稻率六十乘所有粟七斗五升

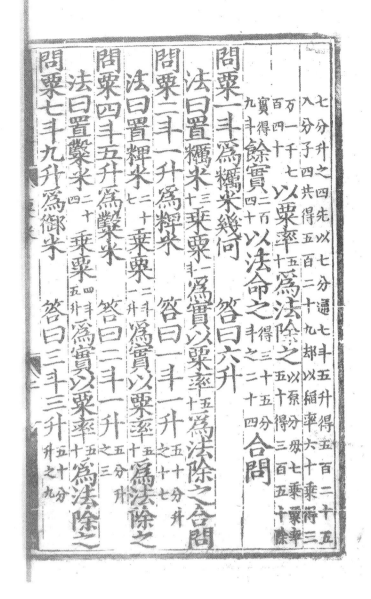

七分升之四，先以七分乘七斗五升得五百二十五，入分子四，共得五百二十九。却以稻率六十乘得三万一千七百四十。以粟率五十爲法，除之。以原分母七乘粟率五十得三百五十。除實得九斗。餘實二百四十。以法命之得三十五分斗之二十四。合問。

問粟一斗，爲糲米幾何？　答曰：六升。

法曰：置糲米三十乘粟一斗爲實，以粟率五十爲法，除之，合問。

問粟二斗一升，爲粺米。　答曰：一斗一升五十分升之十七。

法曰：置粺米二十七乘粟二斗一升爲實，以粟率五十爲法，除之。

問粟四斗五升，爲糳米。　答曰：二斗一升五分升之三。

法曰：置糳米二十四乘粟四斗五升爲實，以粟率五十爲法，除之。

問粟七斗九升，爲御米。　答曰：三斗三升五十分升之九。

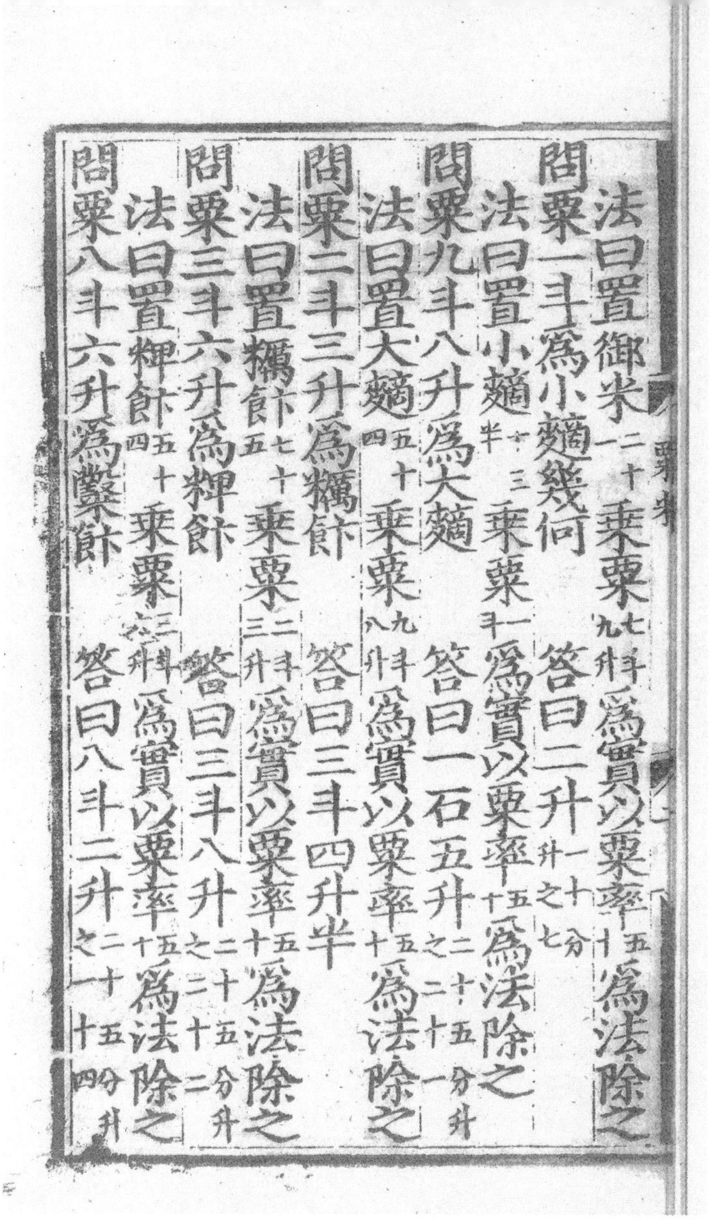

法曰：置御米二十二乘粟七斗九升爲實，以粟率五十爲法，除之。

問粟一斗，爲小䵂幾何？　答曰：二升一十分升之七。

法曰：置小䵂十三半乘粟一斗爲實，以粟率五十爲法，除之。

問粟九斗八升，爲大䵂。　答曰：一石五升二十五分升之二十一。

法曰：置大䵂五十四乘粟九斗八升爲實，以粟率五十爲法，除之。

問粟二斗三升，爲糲飯。　答曰：三斗四升半。

法曰：置糲飯七十五乘粟二斗三升爲實，以粟率五十爲法，除之。

問粟三斗六升，爲粺飯。　答曰：三斗八升二十五分升之二十二。

法曰：置粺飯五十四乘粟三斗六升爲實，以粟率五十爲法，除之。

問粟八斗六升，爲糳飯。　答曰：八斗二升二十五分升之一十四。

法曰：置糳飯四十八乘粟八斗六升爲實，以粟率五十爲法，除之。

問粟九斗八升，爲御飯。　答曰：八斗二升二十五分升之八。

法曰：置御飯四十二乘粟九斗八升爲實，以粟率五十爲法，除之。

問粟三斗三分升之一，爲菽。　答曰：二斗七升一十分升之三。

法曰：置菽四十五乘粟三斗，以分母三通之，加子一共得九十一。以菽率四十五乘之，共得四千九十五。爲實，以粟率五十，以原母三通得一百五十。爲法，除之，合問。

問粟四斗一升三分升之二爲荅。　答曰：三斗七升五合。

法曰：以荅四十五乘粟四斗一升，以分母三分通得一百二十三，加分子二共一百二十五。得五千六百二十五。爲實。以粟率五十，以原通分母三通得一百五十。爲法，除之。

問粟五斗三分升之二，爲麻。　答曰：四斗五升五分斤之三。

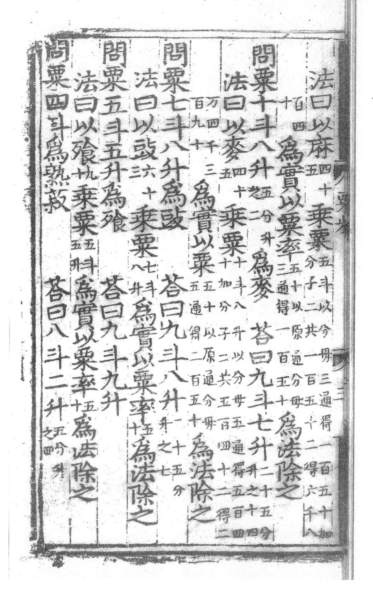

法曰：以麻四十五乘粟五斗，以分母三通得一百五十加分子二，共一百五十二，得六千八百四十。爲實。以粟率五十，以原通分母三通得一百五十。爲法，除之。

問粟十斗八升五分升之二，爲麥。答曰：九斗七升二十五分升之十四。

法曰：以麥四十五乘粟十斗八升，以分母五通得五百四十，加分子二，共五百四十二，得二万四千三百九十。爲實，以粟五十，以原通分母五通得二百五十。爲法，除之。

問粟七斗八升，爲豉。　答曰：九斗八升二十五分升之七。

法曰：以豉六十三乘粟七斗八升爲實，以粟率五十爲法，除之。

問粟五斗五升，爲飧。　答曰：九斗九升。

法曰：以飧九十乘粟五斗五升爲實，以粟率五十爲法，除之。

問粟四斗，爲熟菽。　答曰：八斗二升五分升之四。

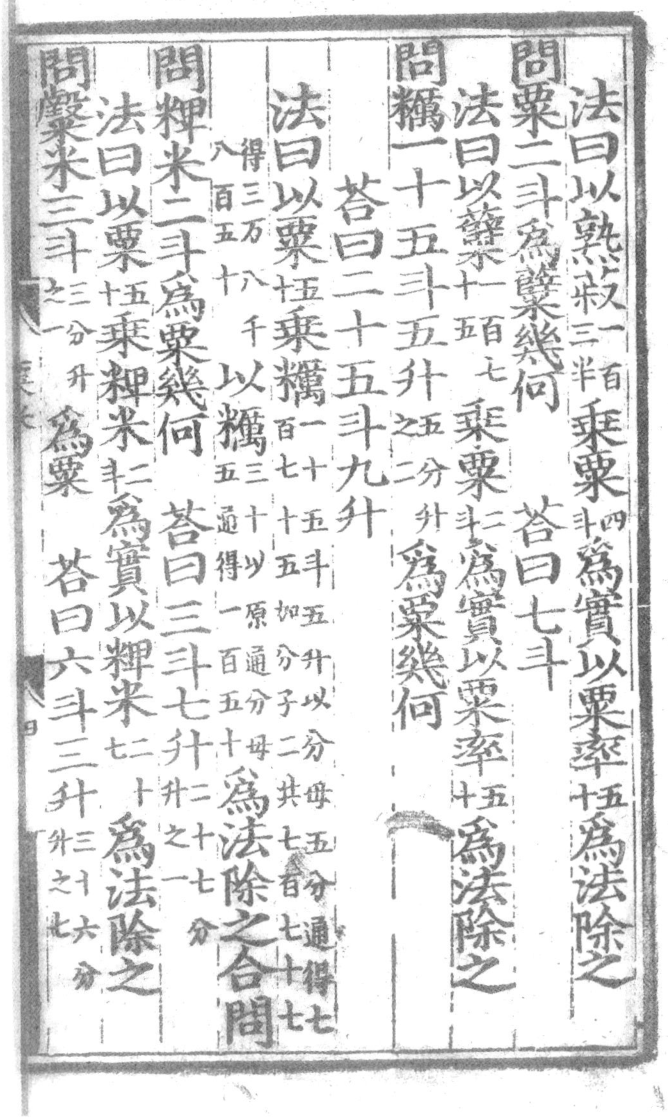

法曰：以熟菽一百三半乘粟四斗爲實，以粟率五十爲法，除之。

問粟二斗，爲蘖幾何？　答曰：七斗。

法曰：以蘖一百七十五乘粟二斗爲實，以粟率五十爲法，除之。

問糲一十五斗五升五分升之二，爲粟幾何？

答曰：二十五斗九升。

法曰：以粟五十乘糲一十五斗五升，以分母五分通得七百七十五，加分子二，共七百七十七。得三万八千八百五十。以糲三十五，以原通分母五，通得一百五十。爲法，除之，合問。

問粺米二斗，爲粟幾何？答曰：三斗七升二十七分升之一。

法曰：以粟五十乘粺米二斗爲實，以粺米二十七爲法，除之。

問糳米三斗三分升之二，爲粟。　答曰：六斗三升三十六分升之七。

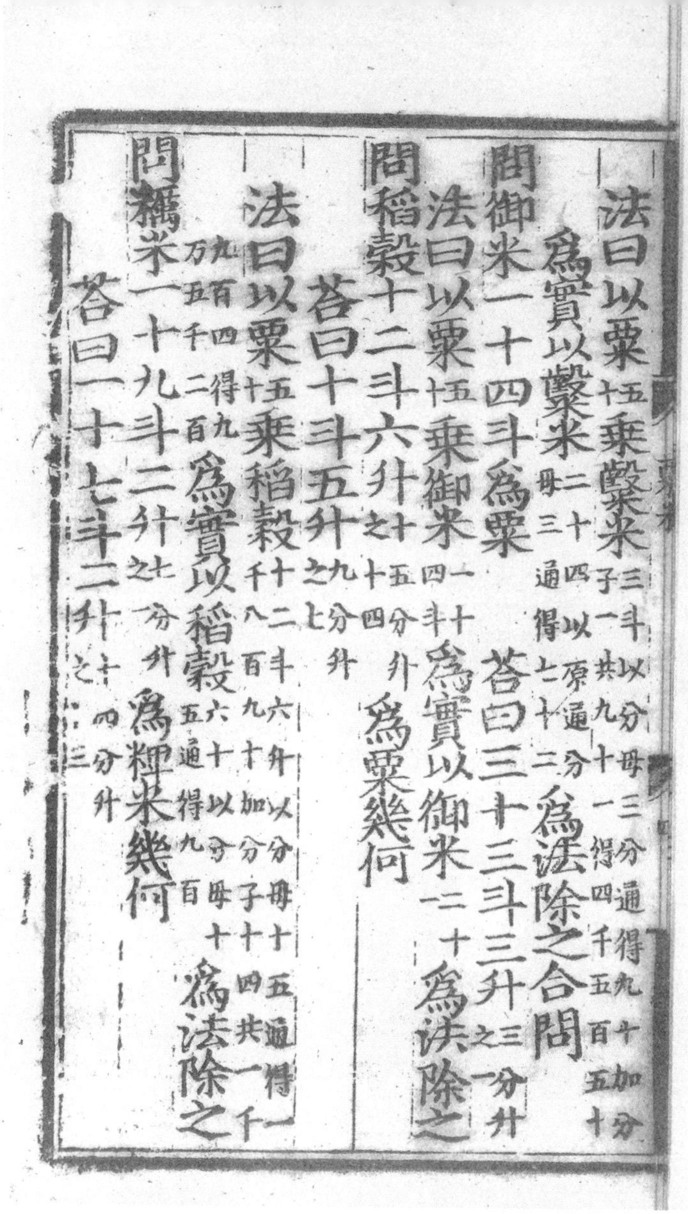

法曰：以粟五十乘糳米三斗，以分母三分通得九十，加分子一，共九十一，得四千五百五十。

爲實，以糳米二十四，以原通分母三，通得七十二。爲法，除之，合問。

問御米一十四斗爲粟。　答曰：三十三斗三升三分升之一。

法曰：以粟五十乘御米一十四斗爲實，以御米二十二爲法，除之。

問稻穀十二斗六升十五分升之十四，爲粟幾何？

答曰：十斗五升九分升之七。

法曰：以粟五十乘稻穀十二斗六升，以分母十五通得一千八百九十，加分子十四，共一千九百四，得九万五千二百。爲實，以稻穀六十，以分母十五通得九百。爲法，除之。

問糲米一十九斗二升七分升之一，爲粺米幾何？

答曰：一十七斗二升十四分升之十三。

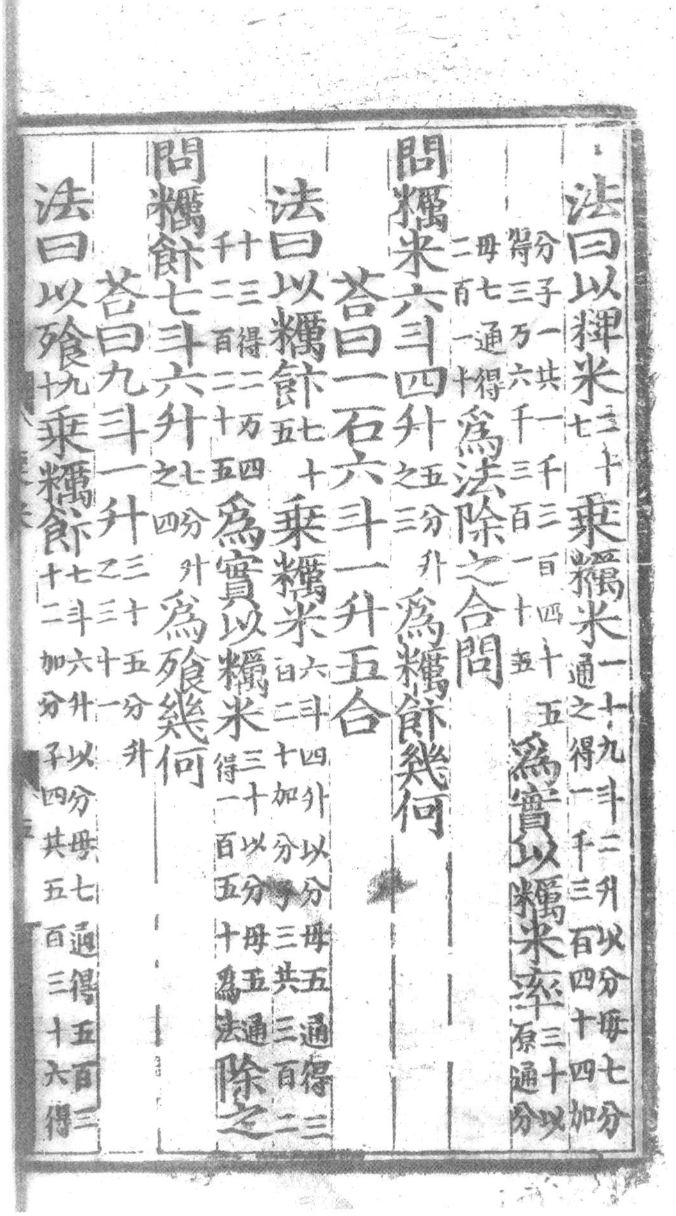

法曰：以粺米二十七乘糲米一十九斗二升，以分母七分通之得一千三百四十四，加分子一，共一千三百四十五，得三万六千三百一十五。爲實，以糲米率三十，以原通分母七通得二百一十。爲法，除之，合問。

問糲米六斗四升五分升之三，爲糲飯幾何？

答曰：一石六斗一升五合。

法曰：以糲飯七十五乘糲米六斗四升，以分母五通得三百二十，加分子三，共三百二十三，得二万四千二百二十五。爲實，以糲米三十以分母五通得一百五十爲法。除之

問糲飯七斗六升七分升之四，爲殞幾何？

答曰：九斗一升三十五分升之三十一。

法曰：以殞九十乘糲飯七斗六升，以分母七通得五百三十二，加分子四，共五百三十六，得

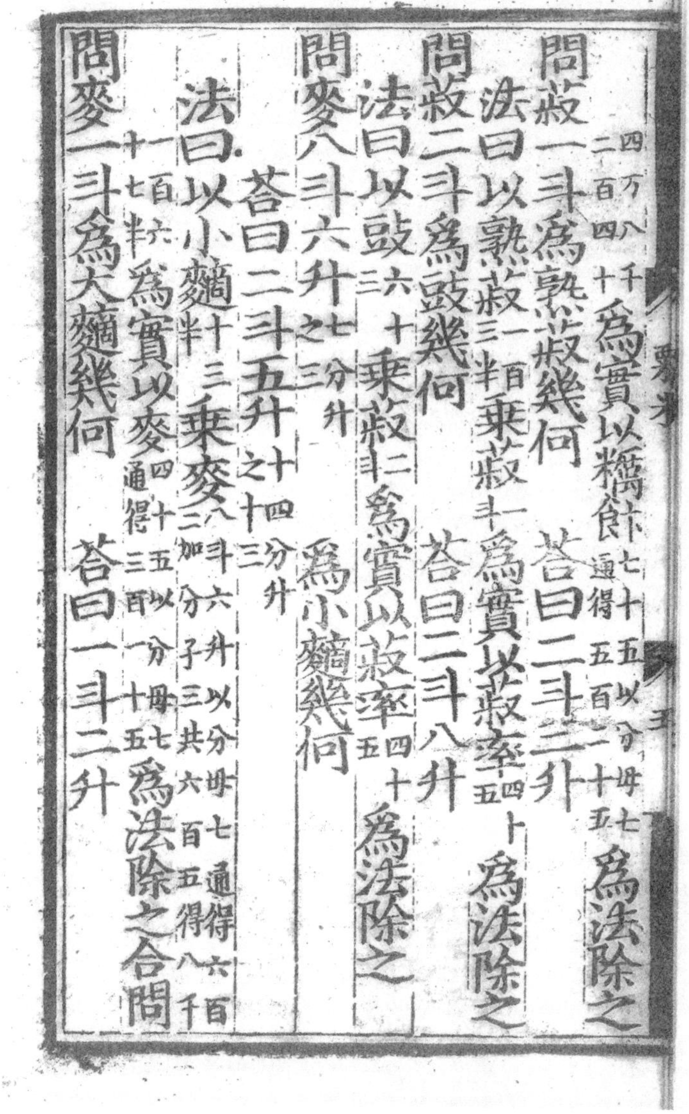

四万八千二百四十。爲實，以糲飯七十五，以分母七通得五百二十五。爲法，除之。

問菽一斗，爲熟菽幾何？　答曰：二斗三升。

法曰：以熟菽一百三半乘菽一斗爲實，以菽率四十五爲法，除之。

問菽二斗，爲豉幾何？　答曰：二斗八升。

法曰：以豉六十三乘菽二斗爲實，以菽率四十五爲法，除之。

問麥八斗六升七分升之三，爲小䵂幾何？

答曰：二斗五升十四分升之十三。

法曰：以小䵂十三半乘麥八斗六升，以分母七通得六百二，加分子三，共六百五，得八千一百六十七半。爲實，以麥四十五以分母七通得三百一十五。爲法，除之，合問。

問麥一斗，爲大䵂幾何？　答曰：一斗二升。

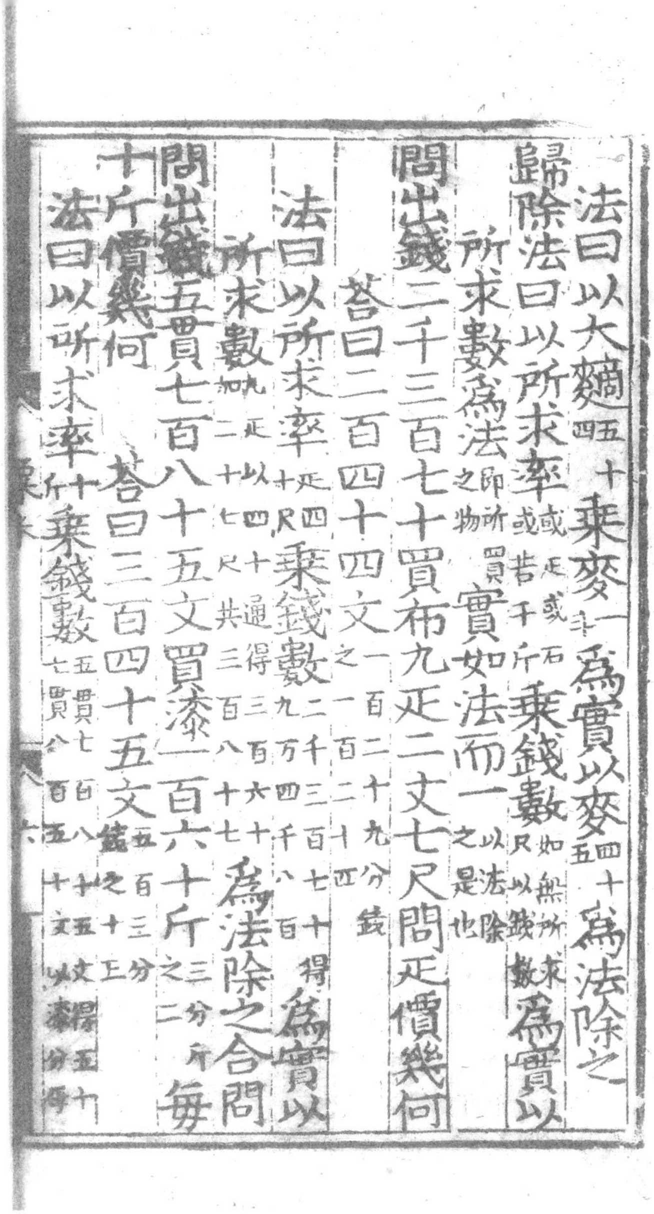

法曰：以大麴五十四乘麥一斗爲實，以麥四十五爲法，除之。

歸除法曰：以所求率或匹或石或若干斤。乘錢數如無所求，只以錢數，爲實，以所求數爲法，即所買之物。實如法而一。以法除之是也。

問出錢二千三百七十，買布九匹二丈七尺，問匹價幾何？

答曰：二百四十四文一百二十九分錢之一百二十四。

法曰：以所求率匹，四十尺乘錢數二千三百七十得九万四千八百。爲實，以所求數九匹以四十通得三百六十，加二十七尺共三百八十七。爲法，除之，合問。

問出錢五貫七百八十五文，買漆一百六十斤三分斤之二每十斤價幾何？　答曰：三百四十五文五百三分錢之十五。

法曰：以所求率十斤乘錢數五貫七百八十五文，得五十七貫八百五十文。以漆分母

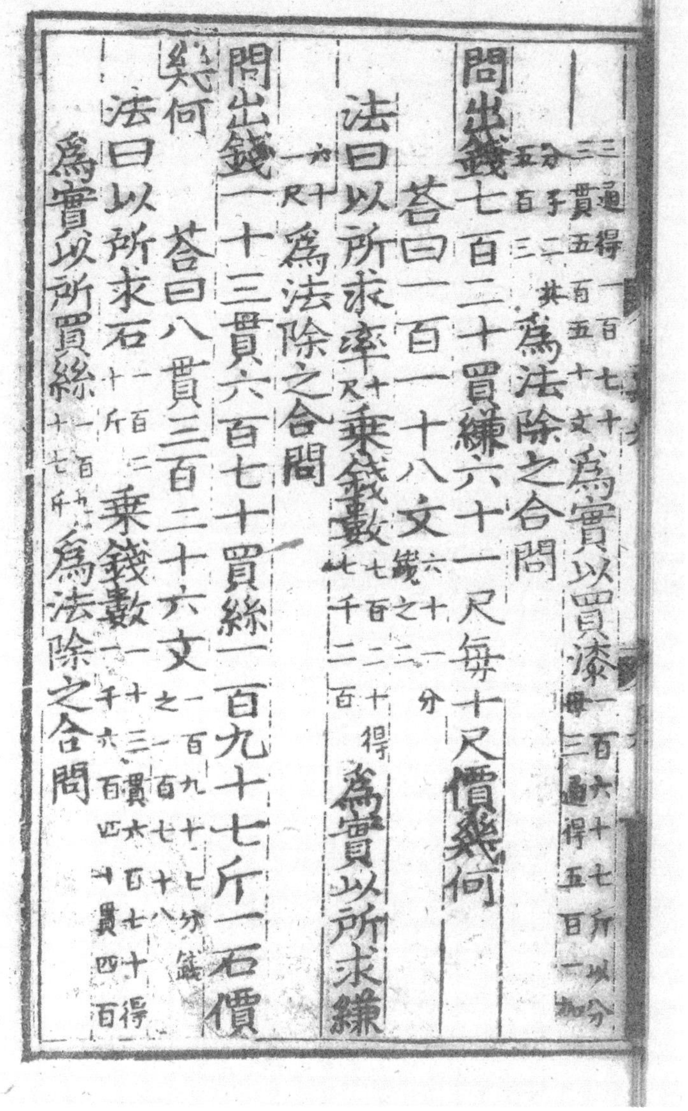

三通得一百七十三貫五百五十文。爲實，以買漆一百六十七斤，以分母三通得五百一。加分子二共五百三。爲法，除之，合問。

問出錢七百二十，買縑六十一尺，每十尺價幾何？

答曰：一百一十八文六十一分錢之二。

法曰：以所求率十尺乘錢數七百二十，得七千二百。爲實，以所求縑六十一尺爲法，除之，合問。

問出錢一十三貫六百七十，買絲一百九十七斤，一石價幾何？　答曰：八貫三百二十六文一百九十七分錢之一百七十八。

法曰：以所求石一百二十斤乘錢數一十三貫六百七十，得一千六百四十貫四百。爲實，以所買絲一百九十七斤爲法，除之，合問。

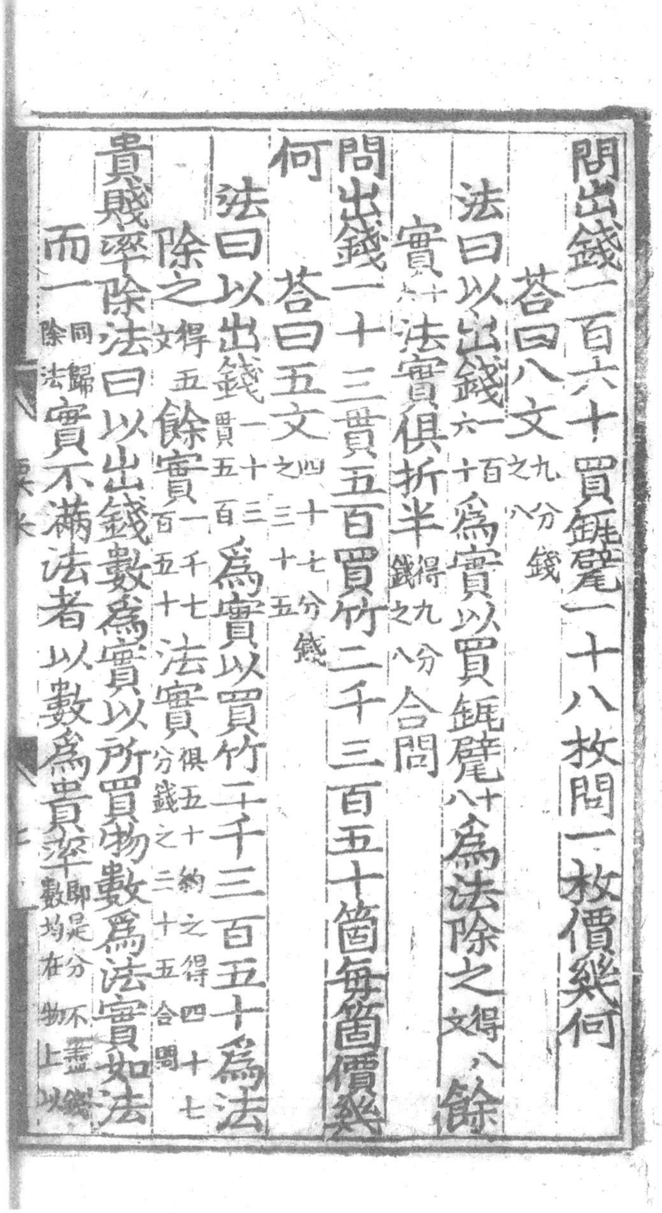

問出錢一百六十買瓴甓一十八枚，問一枚價幾何？

答曰：八文九分錢之八。

法曰：以出錢一百六十爲實，以買瓴甓十八爲法，除之得八文。餘

實十六。法實俱折半得九分錢之八。合問。

問出錢一十三貫五百買，竹二千三百五十箇，每箇價幾

何？　答曰：五文四十七分錢之三十五。

法曰：以出錢一十三貫五百爲實，以買竹二千三百五十爲法，

除之得五文。餘實一千七百五十法實俱五十約之，得四十七分錢之三十五。合問。

貴賤率除法曰：以出錢數爲實，以所買物數爲法，實如法

而一。同歸除法。實不滿法者，以數爲貴率即是分不盡錢數，均在物上，以

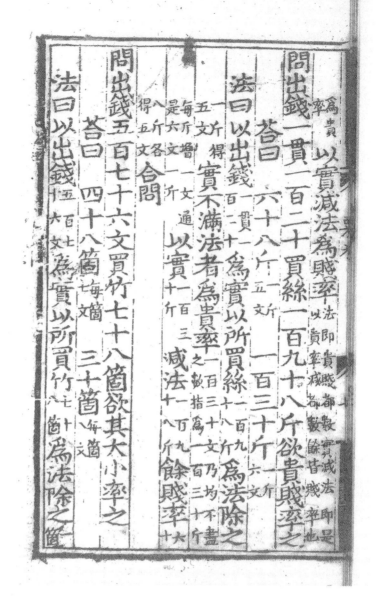

爲貴率。以實減法爲賤率，法即貴賤都數，實減法即是以貴率減都數，餘皆賤率也。

問出錢一貫一百二十買絲一百九十八斤，欲貴賤率之。

答曰：　六十八斤一斤五文，　一百三十斤一斤六文。

法曰：以出錢一貫一百二十爲實，以所買絲一百九十八斤爲法，除之一斤得五文。實不滿法者爲貴率，一百三十文，乃均不盡之數，指爲一百三十斤，每斤增一文，通是六文一斤。以實一百三十斤減法一百九十八斤餘賤率六十八斤各得五文。合問。

問出錢五百七十六文，買竹七十八箇，欲其大小率之。

答曰：　四十八箇每箇七文，三十箇每箇八文。

法曰：以出錢五百七十六文爲實，以所買竹七十八箇爲法，除之一箇

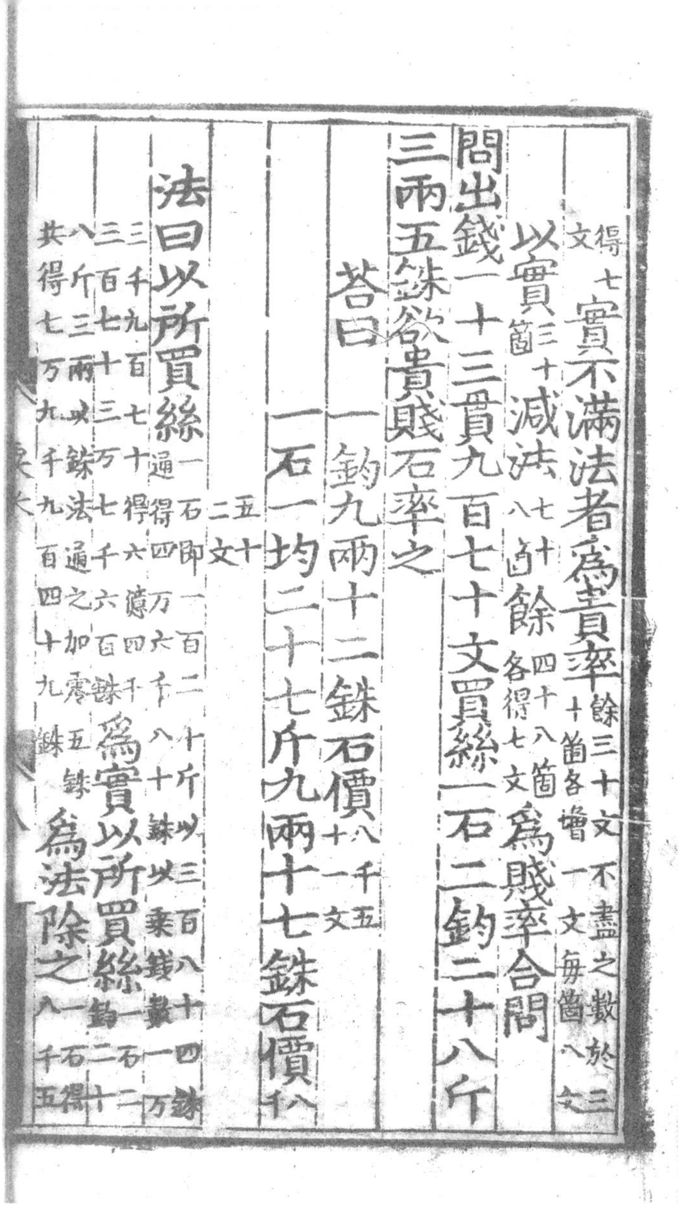

得七文。實不滿法者爲貴率，餘三十文，不盡之數於三十箇各增一文，每箇八文

以實三十箇減法七十八箇餘四十八，箇各得七文。爲賤率。合問。

問出錢一十三貫九百七十文，買絲一石二鈞二十八斤三兩五銖，欲貴賤石率之。

答曰：一鈞九兩十二銖石價八千五十一文，

一石一均二十七斤九兩十七銖石價八千五十二文。

法曰：以所買絲一石即一百二十斤，以三百八十四銖通得四万六千八十銖。以乘錢數一万三千九百七十，得六億四千三百七十三万七千六百銖。爲實，以所買絲一石二鈞二十八斤三兩以銖法通之，加零五銖共得七万九千九百四十九銖。爲法，除之一石得八千五

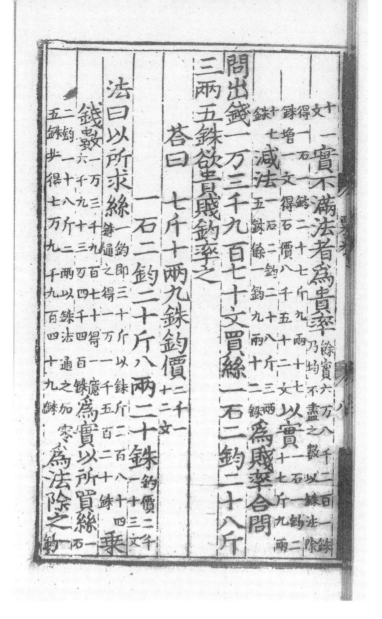

十一文。實不滿法者爲貴率，餘實六万八千二百一銖，乃均不盡之數，以銖法除得一石一鈞二十七斤九兩十七銖，增一文得石價八千五十二文。以實一石一鈞二十七斤九兩十七銖減法一石二鈞二十八斤三兩五銖，餘一鈞九兩十二銖。爲賤率，合問。

問出錢一万三千九百七十文，買絲一石二鈞二十八斤三兩五銖，欲貴賤鈞率之。

答曰：七斤十兩九銖鈞價二千一十二文，

一石二鈞二十斤八兩二十銖鈞價二千二十三文。

法曰：以所求絲一鈞即三十斤，以銖斤二百八十四銖通之，得一万一千五百二十銖。乘錢數一万三千九百七十，得一億六千九十三万四千四百銖。爲實，以所買絲一石二鈞一十八斤二兩，以銖法通之，加零五銖，共得七万九千九百四十九銖。爲法，除之一鈞

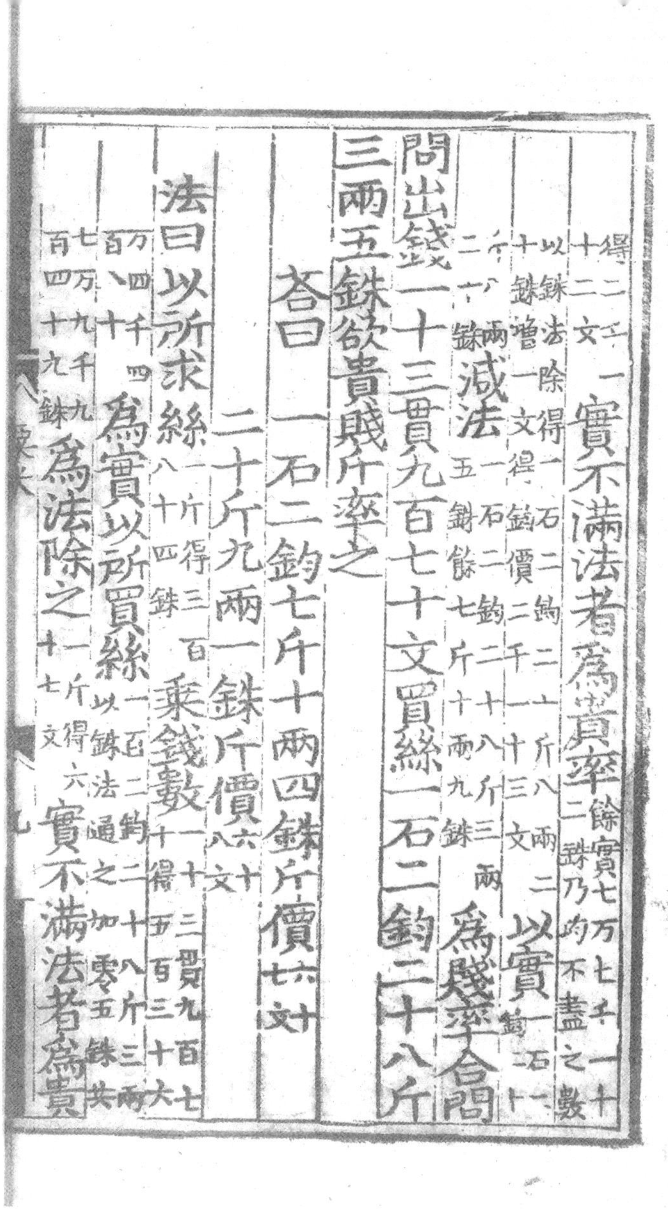

得二千一十二文。實不滿法者爲貴率餘實七万七千一十二銖，乃均不盡之數。

以銖法除得一石二鈞二十斤八兩二十銖，增一文得鈞價二千一十三文。以實一石一鈞二十斤八兩二十銖減法一石二鈞二十八斤三兩五銖，餘七斤十兩九銖。爲賤率，合問。

問出錢一十三貫九百七十文，買絲一石二鈞二十八斤三兩五銖，欲貴賤斤率之。

答曰：一石二鈞七斤十兩四銖斤價六十七文，

二十斤九兩一銖斤價六十八文。

法曰：以所求絲一斤得三百八十四銖。乘錢數一十三貫九百七十，得五百三十六万四千四百八十。爲實，以所買絲一百二鈞二十八斤三兩，以銖法通之加零五銖，共七万九千九百四十九銖。爲法，除之一斤得六十七文。實不滿法者爲貴

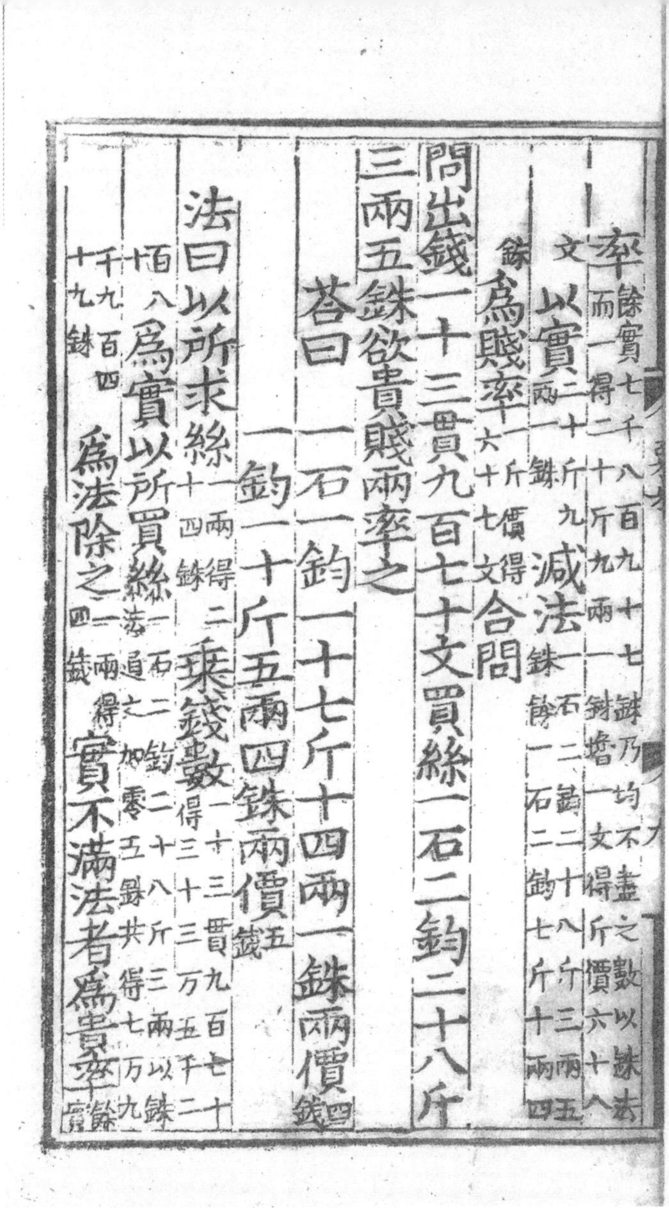

率。餘實七千八百九十七銖，乃均不盡之數，以銖法而一，得二十斤九兩一銖。增一文，得斤價六十八文。以實二十斤九兩一銖減法一石二鈞二十八斤三兩五銖，餘一石二鈞七斤十兩四銖。爲賤率一斤價得六十七文。合問。

問出錢一十三貫九百七十文，買絲一石二鈞二十八斤三兩五銖，欲貴賤兩率之。

答曰：一石一鈞一十七斤十四兩一銖兩價四錢，

一鈞一十斤五兩四銖兩價五錢。

法曰：以所求絲一兩得二十四銖。乘錢數一十三貫九百七十，得三十三万五千二百八十。爲實，以所買絲一石二鈞二十八斤三兩，以銖法通之，加零五錢，共得七万九千九百四十九銖。爲法，除之一兩得四錢。實不滿法者爲貴率餘實

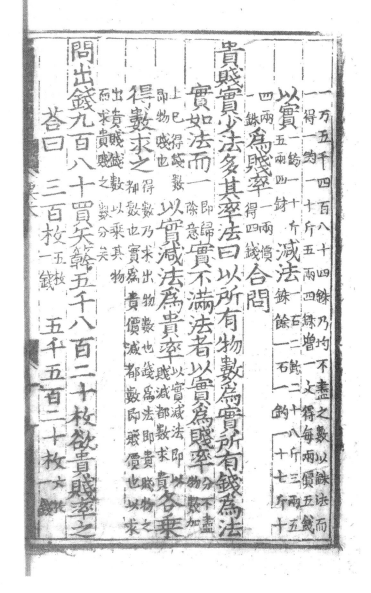

一万五千四百八十四銖，乃均不盡之數，以銖法而一，得一鈞一十斤五兩四銖，增一文得每兩價五錢。

以實一鈞一十斤五兩四銖減法一石二鈞二十八斤三兩五銖，餘一石一鈞一十七斤十四兩一銖。爲賤率一兩價得四錢。合問。

貴賤實少法多，其率法曰：以所有物數爲實，所有錢爲法，

實如法而一即歸除意。實不滿法者，以實爲賤率分不盡物數，加上已得錢數，即物賤也。以實減法爲貴率以實減法，即以賤減都數求貴。各乘

得數求之得數乃求出物數也。錢爲法，即貴賤物之都數也。實爲貴價，減都數，即賤價也。以求出貴賤錢數，以乘其物而求貴賤之數分矣。

問出錢九百八十，買矢簳五千八百二十枚，欲貴賤率之。

答曰：　三百枚五枚一錢，五千五百二十枚六枚一錢。

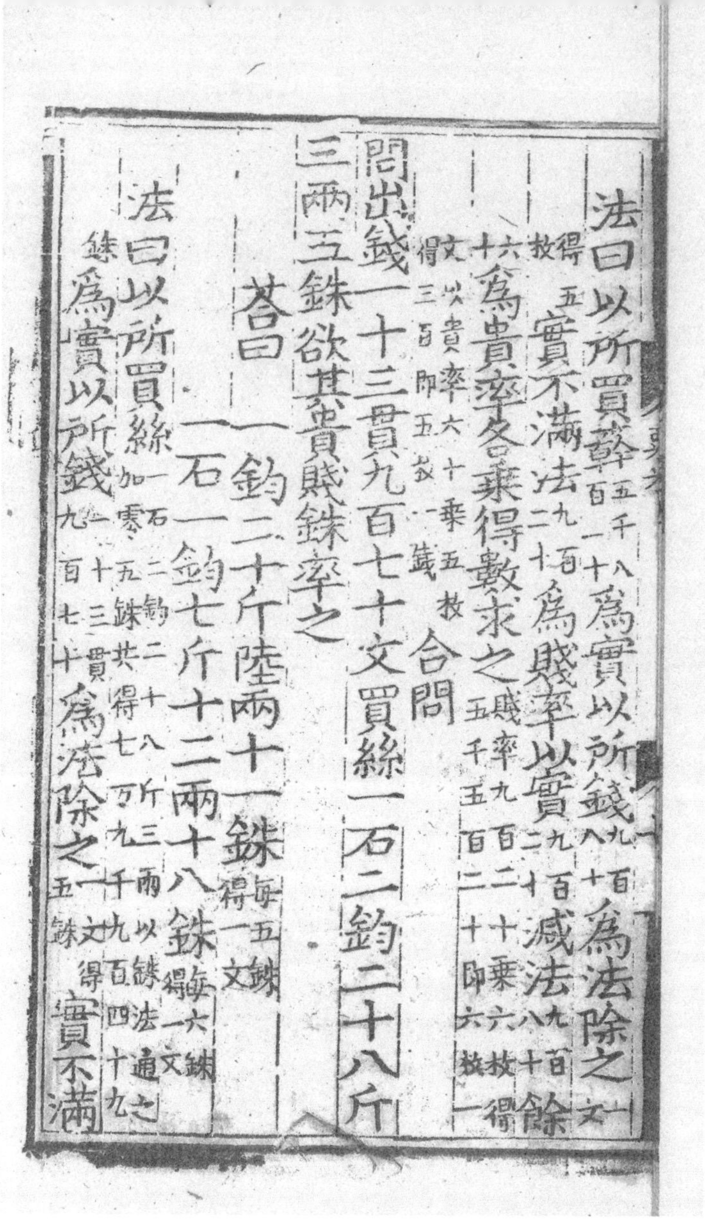

法曰：以所買榦(五千八百一十)爲實，以所錢(九百八十)爲法，除之(一文得五枚。)實不滿法(九百二十)爲賤率，以實(九百二十)減法(九百八十)餘(六十)爲貴率。各乘得數求之(賤率九百二十，乘六枚得五千五百二十，即六枚一文。以貴率六十乘五枚得三百，即五枚一錢。)合問。

問出錢一十三貫九百七十文，買絲一石二鈞二十八斤三兩五銖，欲其貴賤銖率之。

答曰：一鈞二十斤陸兩十一銖(每五銖得一文)，

一石一鈞七斤十二兩十八銖(每六銖得一文)。

法曰：以所買絲(一石二鈞二十八斤三兩，以銖法通之。加零五銖，共得七万九千九百四十九銖。)爲實，以所錢(一十三貫九百七十)爲法，除之(一文得五銖。)實不滿

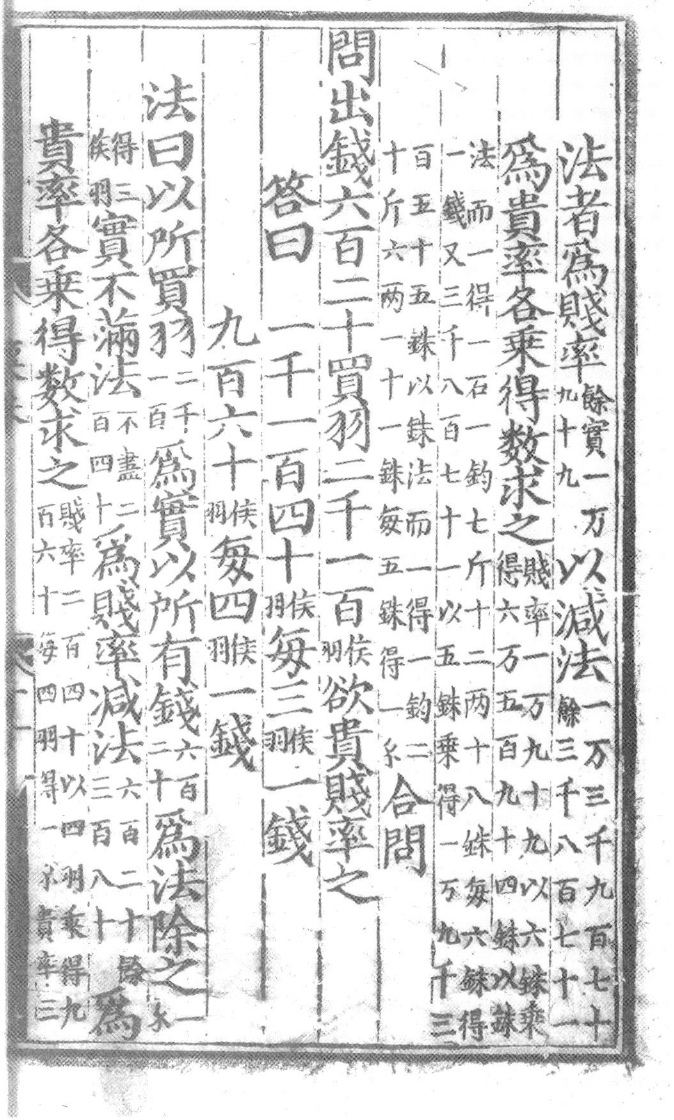

法者爲賤率，餘實一万九十九。以減法一万三千九百七十，餘三千八百七十一。

爲貴率，各乘得數求之賤率一万九十九，以六銖乘得六万五百九十四銖，以銖法而一，得一石一鈞七斤十二两十八銖，每六銖得一錢。又三千八百七十一以五銖乘得一万九千三百五十五銖，以銖法而一，得一鈞二十斤六两一十一銖，每五銖得一錢。合問。

問出錢六百二十買羽二千一百侯羽，欲貴賤率之。

答曰：一千一百四十侯羽每三侯羽一錢，

九百六十侯羽每四侯羽一錢。

法曰：以所買羽二千一百爲實，以所有錢六百二十爲法，除之一錢得三侯羽。實不滿法不盡二百四十爲賤率，減法六百二十餘三百八十。爲貴率，各乘得數求之錢率二百四十，以四羽乘得九百六十。每四羽得一錢。貴率三

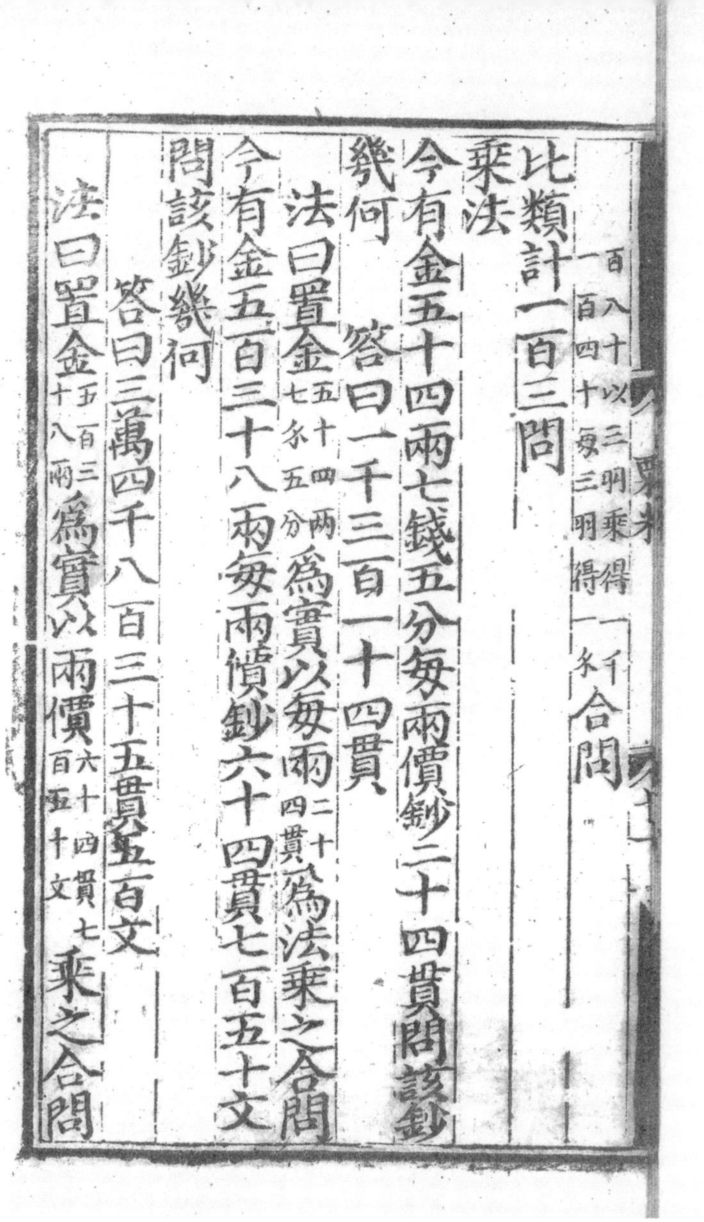

百八十，以三羽乘得一千一百四十，每三羽得一錢。合問。

比類計一百三問

乘法

今有金五十四兩七錢五分，每兩價鈔二十四貫，問該鈔幾何？　答曰：一千三百一十四貫。

法曰：置金五十四兩七錢五分爲實，以每兩二十四貫爲法乘之，合問。

今有金五百三十八兩，每兩價鈔六十四貫七百五十文，問該鈔幾何？

答曰：三萬四千八百三十五貫五百文。

法曰：置金五百三十八兩爲實，以兩價六十四貫七百五十文乘之，合問。

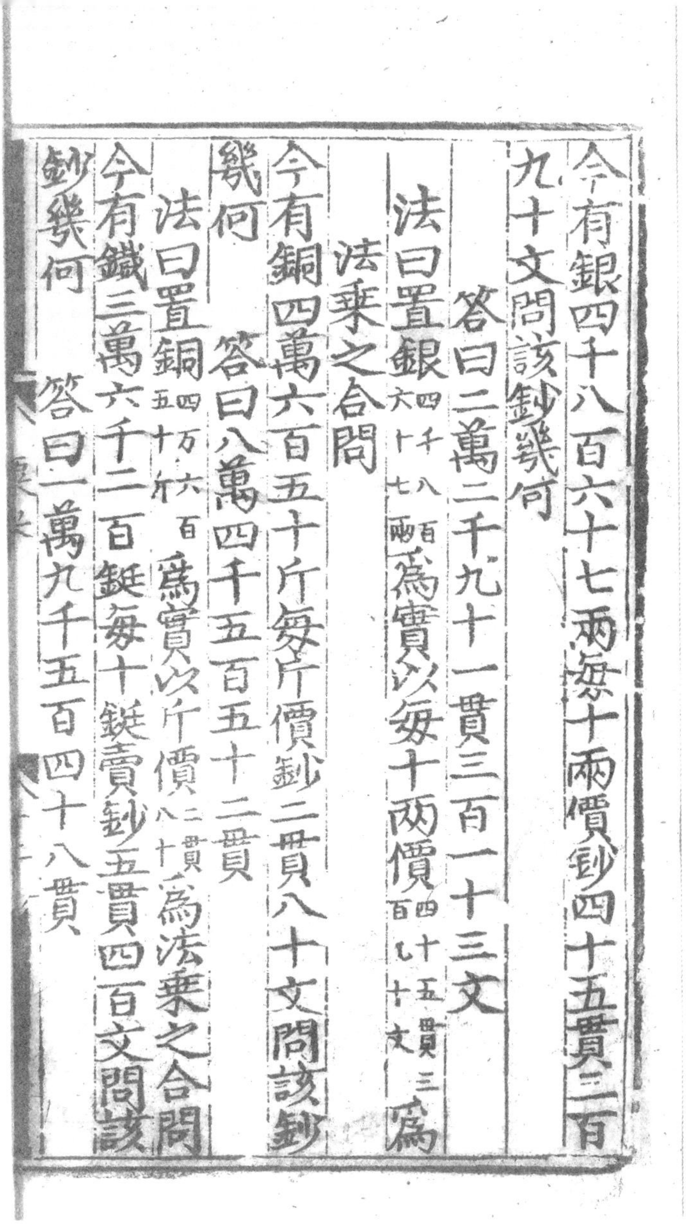
今有銀四千八百六十七兩每十兩價鈔四十五貫三百
九十文問該鈔幾何
答曰二萬二千九十一貫三百一十三文
法曰置銀四千八百六十七兩爲實以每十兩價四十五貫三百九十文爲
法乘之合問
今有銅四萬六百五十斤每斤價鈔二貫八十文問該鈔
幾何　答曰八萬四千五百五十二貫
法曰置銅四万六百五十斤爲實以斤價二貫八十爲法乘之合問
今有鐵三萬六千二百錠每十錠賣鈔五貫四百文問該
鈔幾何　答曰一萬九千五百四十八貫

今有銀四千八百六十七兩，每十兩價鈔四十五貫三百九十文，問該鈔幾何？

答曰：二萬二千九十一貫三百一十三文。

法曰：置銀（四千八百六十七兩）爲實，以每十兩價（四十五貫三百九十文）爲法，乘之，合問。

今有銅四萬六百五十斤，每斤價鈔二貫八十文，問該鈔幾何？　答曰：八萬四千五百五十二貫。

法曰：置銅（四万六百五十斤）爲實，以斤價（二貫八十）爲法，乘之，合問。

今有鐵三萬六千二百錠，每十錠賣鈔五貫四百文，問該鈔幾何？　答曰：一萬九千五百四十八貫。

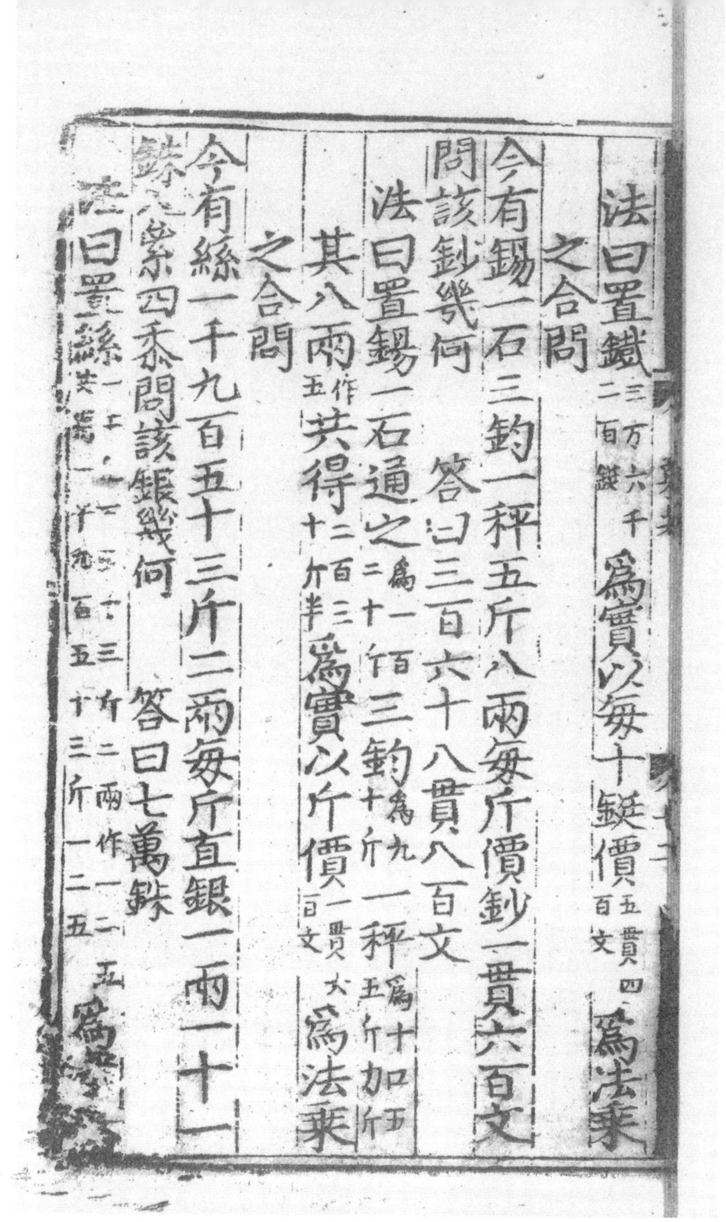

法曰：置鐵三万六千二百鋌爲實，以每十鋌價五貫四百文爲法，乘之，合問。

今有錫一石三鈞一秤五斤八兩，每斤價鈔一貫六百文，問該鈔幾何？　答曰：三百六十八貫八百文。

法曰：置錫一石通之爲一百二十斤。三鈞爲九十斤。一秤爲十五斤。加五斤其八兩作五共得二百三十斤半。爲實，以斤價一貫六百文爲法，乘之，合問。

今有絲一千九百五十三斤二兩，每斤直銀一兩一十一銖八絫四黍，問該銀幾何？　答曰：七萬銖。

法曰：置絲一千九百五十三斤二兩，作一二五共得一千九百五十三斤一二五。[1] 爲■■[2]

1“一千九百五十三斤二兩”之“一千九百五十”各本不清，此依題意作此。

2“■■”字各本不清。

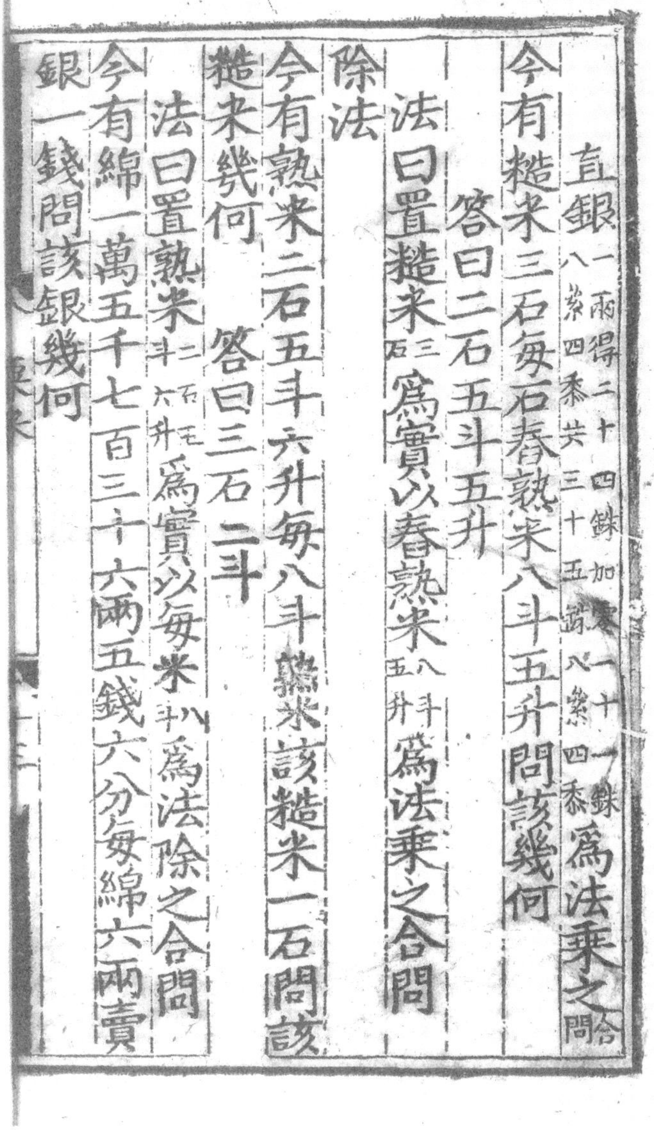

直銀一兩得二十四銖，加零一十一銖八絫四黍，共三十五銖八絫四黍。爲法，乘之合問。

今有糙米三石，每石舂熟米八斗五升，問該幾何？

答曰：二石五斗五升。

法曰：置糙米三石爲實，以舂熟米八斗五升爲法，乘之，合問。

除法

今有熟米二石五斗六升，每八斗熟米該糙米一石，問該糙米幾何？　　答曰：三石二斗。

法曰：置熟米二石五斗六升爲實，以每米八斗爲法，除之，合問。

今有綿一萬五千七百三十六兩五錢六分，每綿六兩賣銀一錢，問該銀幾何？

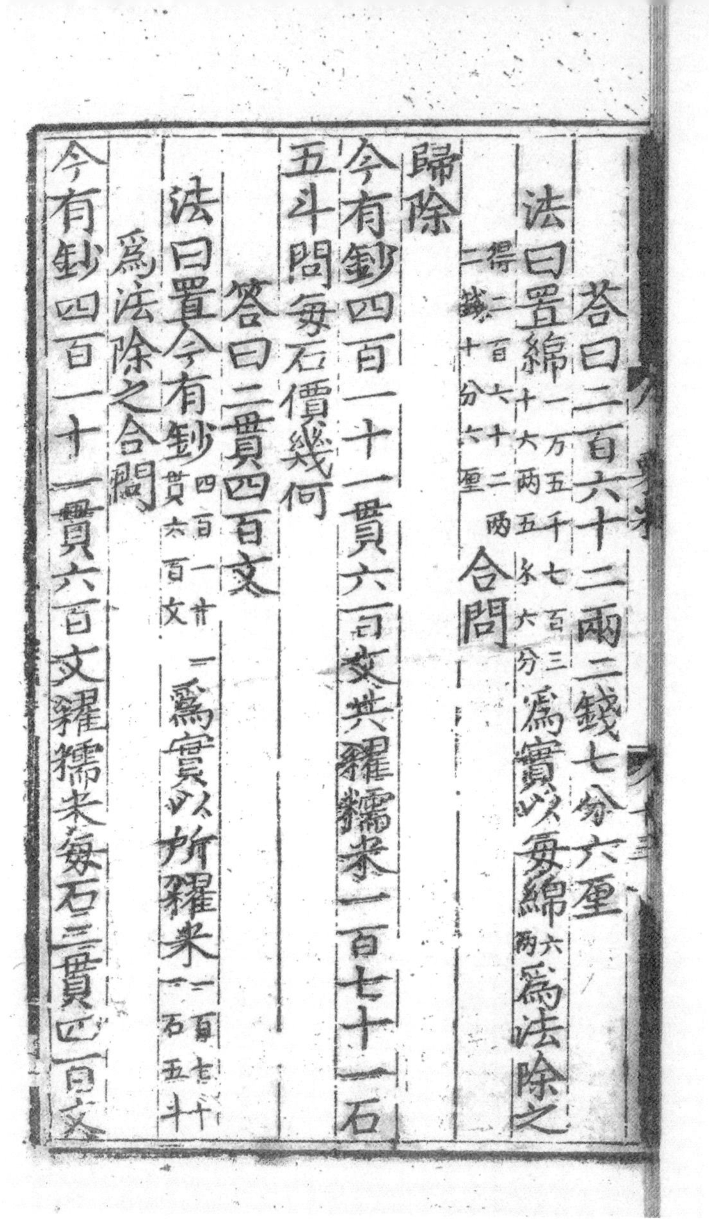

答曰：二百六十二兩二錢七分六厘。

法曰：置綿一万五千七百三十六兩五錢六分爲實，以每綿六兩爲法，除之，得二百六十二兩二錢十分六厘。合問。

歸除

今有鈔四百一十一貫六百文，共糴糯米一百七十一石五斗，問每石價幾何？

答曰：二貫四百文。

法曰：置今有鈔四百一十一貫六百文爲實，以所糴米一百七十一石五斗爲法，除之，合問。

今有鈔四百一十一貫六百文糴糯米，每石二貫四百文，問該米幾何？　答曰：一百七十一石五斗。

法曰：置今有鈔四百一十一貫六百文爲實，以每石二貫四百文爲法，除之，合問。

今有鈔六十六貫二百文，糴芝麻二十六石四斗八升，問每五斗，價幾何？　答曰：一貫二百五十文。

法曰：以所求率五斗乘鈔六十六貫二百文，得三百三十一貫。爲實，以所糴芝麻二十六石四斗八升爲法，除之，合問。

今有鈔六十六貫二百文糴芝麻，每石價二貫五百文，問該糴芝麻幾何？　答曰：二十六石四斗八升。

法曰：置今有鈔六十六貫二百文爲實，以每石二貫五百文爲法，除

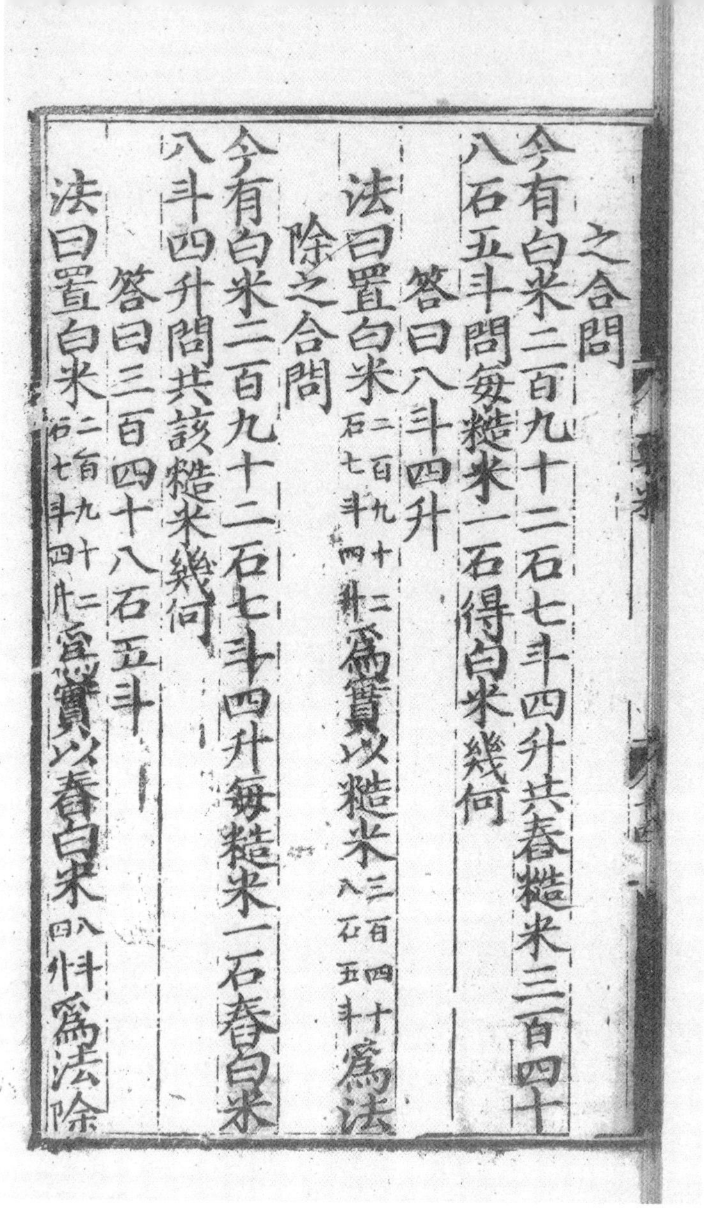

之，合問。

今有白米二百九十二石七斗四升，共舂糙米三百四十八石五斗，問每糙米一石得白米幾何？

答曰：八斗四升。

法曰：置白米二百九十二石七斗四升爲實，以糙米三百四十八石五斗爲法，除之，合問。

今有白米二百九十二石七斗四升，每糙米一石舂白米八斗四升，問共該糙米幾何？

答曰：三百四十八石五斗。

法曰：置白米二百九十二石七斗四升爲實，以舂白米八斗四升爲法，除

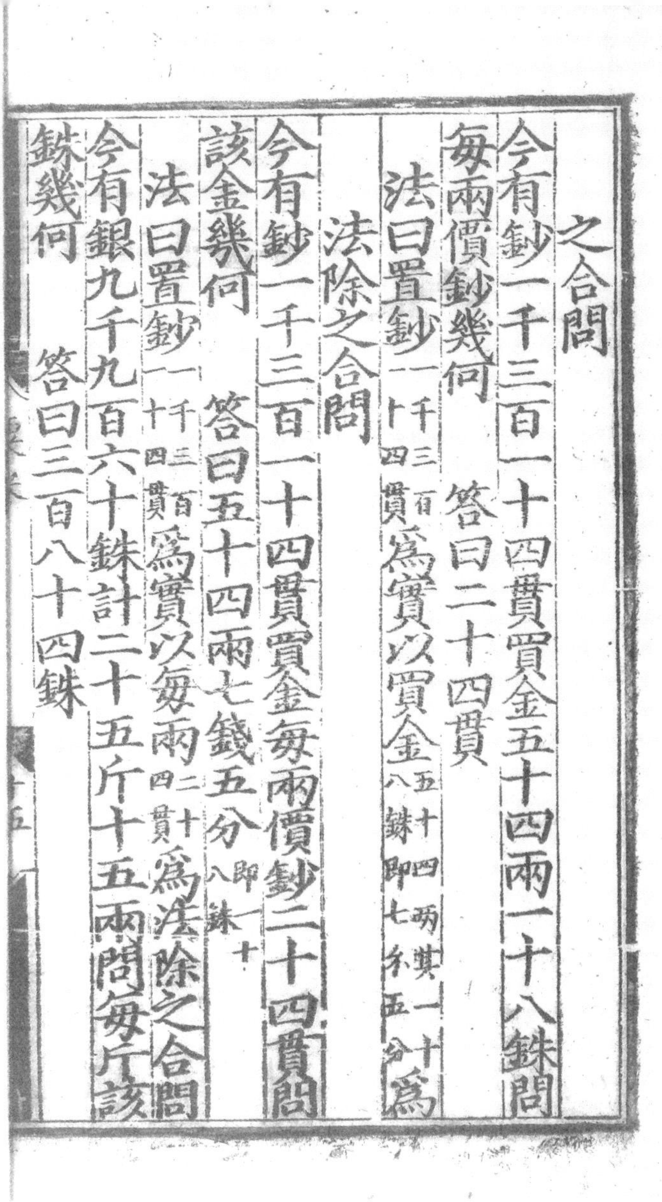

之，合問。

今有鈔一千三百一十四貫，買金五十四兩一十八銖，問每兩價鈔幾何？　　答曰：二十四貫。

法曰：置鈔一千三百一十四貫爲實，以買金五十四兩，其一十八銖即七錢五分。爲法除之，合問。

今有鈔一千三百一十四貫買金，每兩價鈔二十四貫，問該金幾何？　　答曰：五十四兩七錢五分即一十八銖。

法曰：置鈔一千三百一十四貫爲實，以每兩二十四貫爲法除之，合問。

今有銀九千九百六十銖，計二十五斤十五兩，問每斤該銖幾何？　　答曰：三百八十四銖。

法曰：以銀九千九百六十銖爲實，以計二十五斤，其十五两以两求斤，即九三七五。爲法，除之，合問。

今有鈔七十四貫三百五十文，買乳香三十八斤十一两十四銖，問每銖價鈔幾何？　答曰：五文。

法曰：置鈔七十四貫三百五十文爲實，以所買乳香三十八斤，其十一两以两求斤，即六八七五。以每斤三百八十四銖通得一万四千八百五十六銖，加零十四銖，共一万四千八百七十銖。爲法，除之，合問。

今有鈔一千七百八十五貫五百文，買鹽二百八十五引一百三十六斤每引二百斤，問每引該鈔幾何？

答曰：六貫二百五十文。

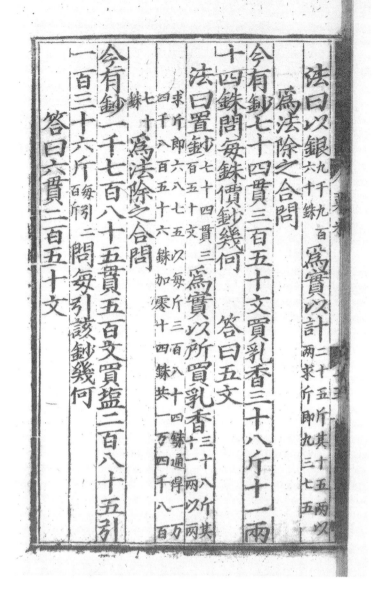

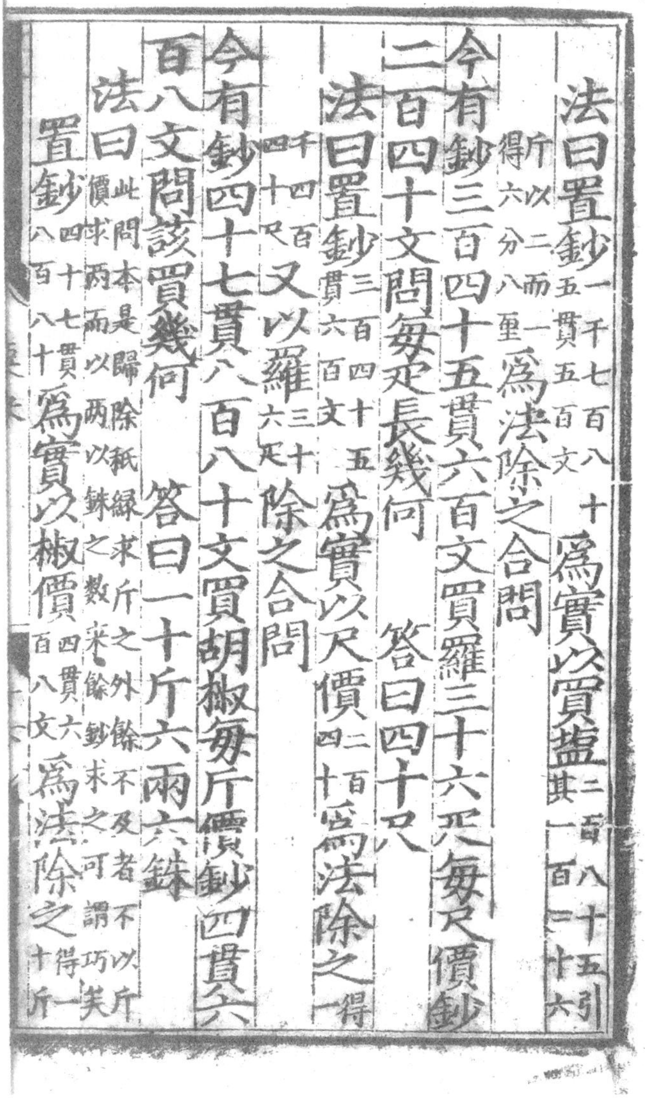

法曰：置鈔一千七百八十五貫五百文爲實，以買鹽二百八十五引，其一百三十六斤以二而一得六分八厘。爲法，除之，合問。

今有鈔三百四十五貫六百文，買羅三十六匹，每尺價鈔二百四十文，問每匹長幾何？　答曰：四十尺。

法曰：置鈔三百四十五貫六百文爲實，以尺價二百四十爲法，除之得一千四百四十尺。又以羅三十六匹除之，合問。

今有鈔四十七貫八百八十文買胡椒，每斤價鈔四貫六百八文，問該買幾何？　答曰：一十斤六兩六銖。

法曰：此問本是歸除，秖緣求斤之外餘不及者，不以斤價求两，而以两以銖之數乘餘鈔求之，可謂巧矣。

置鈔四十七貫八百八十爲實，以椒價四貫六百八文爲法，除之得一十斤。

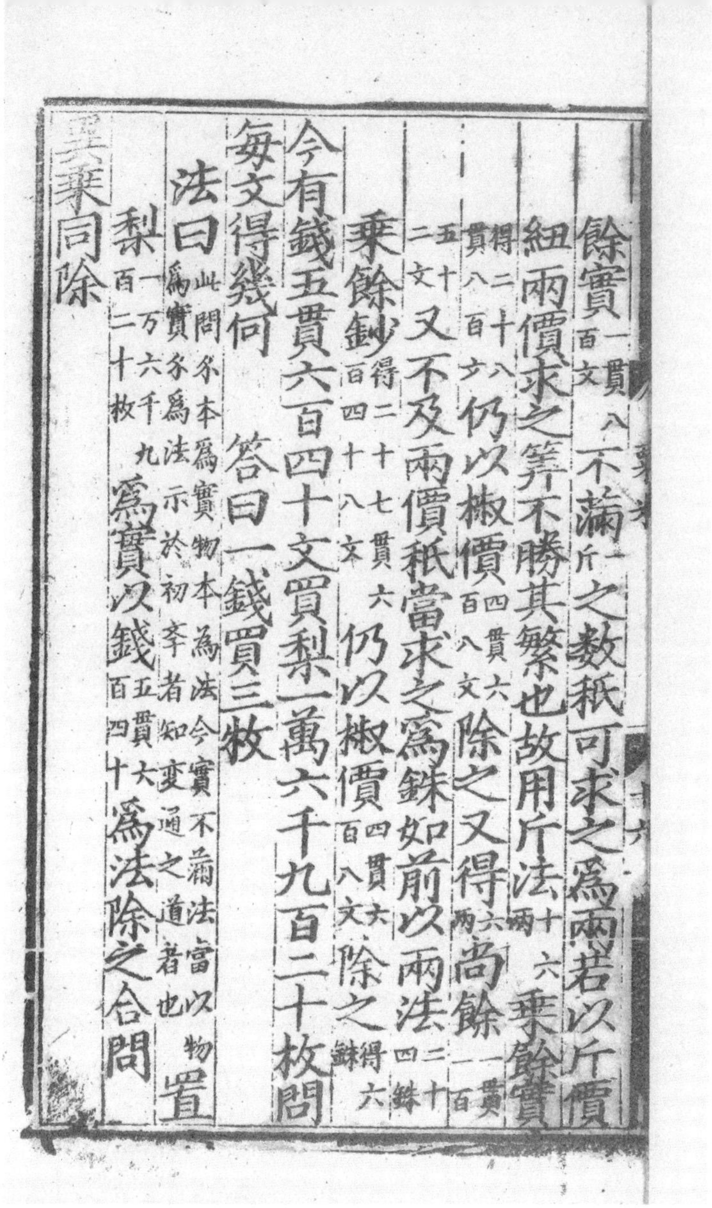

餘實一貫八百文。不滿一斤之數，秖可求之爲兩。若以斤價

紐兩價求之，筭不勝其繁也。故用斤法十六兩乘餘實

得二十八貫八百文。仍以椒價四貫六百八文除之，又得六兩尚餘一貫二百

五十二文。又不及兩價，秖當求之爲銖，如前以兩法二十四銖

乘餘鈔得二十七貫六百四十八文。仍以椒價四貫六百八文除之得六銖。

今有錢五貫六百四十文，買梨一萬六千九百二十枚，問每文得幾何？　答曰：一錢買三枚。

法曰：此問錢本爲實，物本爲法。今實不滿法，當以物爲實，錢爲法，示於初學者，知变通之道者也。置

梨一万六千九百二十枚爲實，以錢五貫六百四十爲法除之，合問。

異乘同除

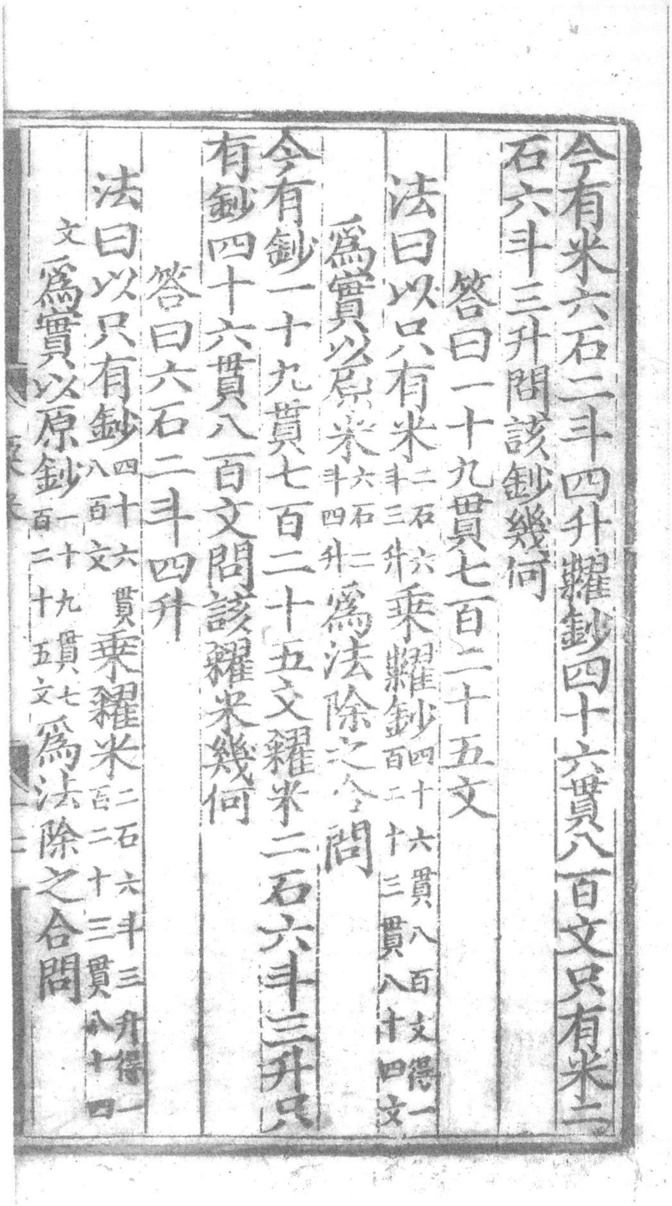

今有米六石二斗四升，糶鈔四十六貫八百文，只有米二石六斗三升，問該鈔幾何？

答曰：一十九貫七百二十五文。

法曰：以只有米二石六斗三升乘糶鈔四十六貫八百文，得一百二十三貫八十四文。爲實，以原米六石二斗四升爲法除之，合問。

今有鈔一十九貫七百二十五文，糴米二石六斗三升，只有鈔四十六貫八百文，問該糴米幾何？

答曰：六石二斗四升。

法曰：以只有鈔四十六貫八百文乘糴米二石六斗三升，得一百二十三貫八十四文。爲實，以原鈔一十九貫七百二十五文爲法，除之，合問。

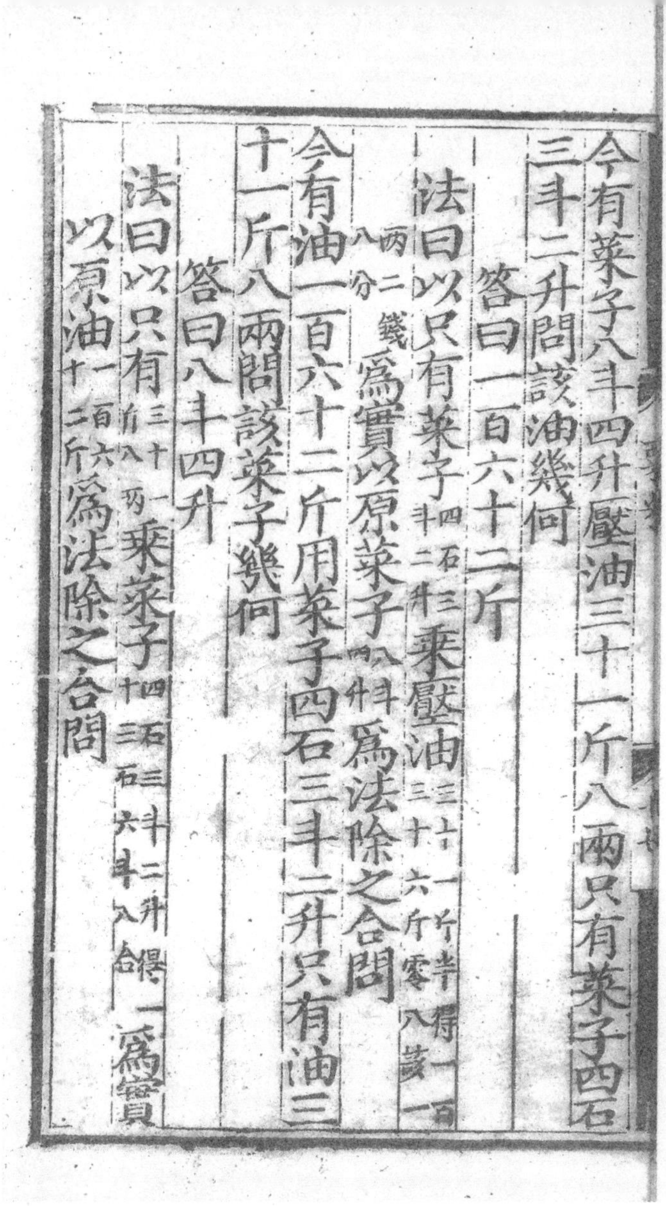

今有菜子八斗四升壓油三十一斤八兩只有菜子四石三斗二升問該油幾何
答曰一百六十二斤
法曰以只有菜子四石三斗二升乘壓油三十一斤半得一百三十六斤零八該一兩二錢八分爲實以原菜子八斗四升爲法除之合問
今有油一百六十二斤用菜子四石三斗二升只有油三十一斤八兩問該菜子幾何
答曰八斗四升
法曰以只有三十一斤八兩乘菜子四石三斗二升得一十三石六斗八合爲實
以原油一百六十二斤爲法除之合問

今有菜子八斗四升，壓油三十一斤八兩，只有菜子四石三斗二升，問該油幾何？

答曰：一百六十二斤。

法曰：以只有菜子四石三斗二升乘壓油三十一斤半，得一百三十六斤零八，該一兩二錢八分。爲實，以原菜子八斗四升爲法，除之，合問。

今有油一百六十二斤，用菜子四石三斗二升，只有油三十一斤八兩，問該菜子幾何？

答曰：八斗四升。

法曰：以只有三十一斤八兩乘菜子四石三斗二升，得一十三石六斗八合。爲實，以原油一百六十二斤爲法，除之，合問。

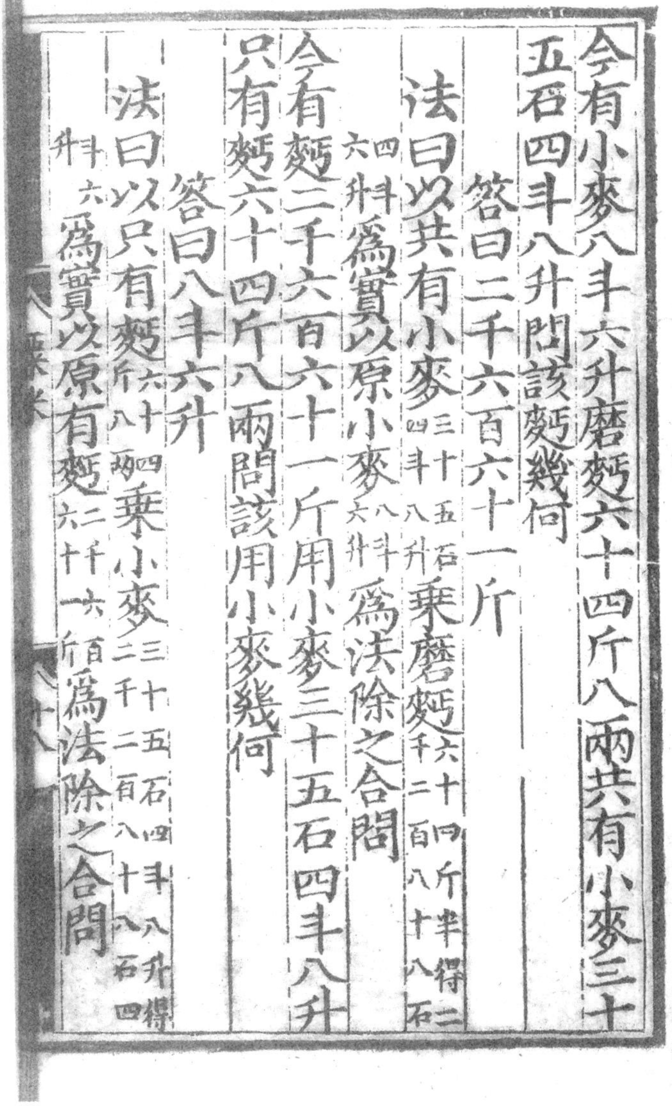

今有小麥八斗六升磨麪六十四斤八兩共有小麥三十五石四斗八升問該麪幾何

答曰二千六百六十一斤

法曰以共有小麥三十五石四斗八升乘磨麪六十四斤半得二千二百八十八石四斗六升爲實以原小麥八斗六升爲法除之合問

今有麪二千六百六十一斤用小麥三十五石四斗八升只有麪六十四斤八兩問該用小麥幾何

答曰八斗六升

法曰以只有麪六十四斤八兩乘小麥三十五石四斗八升得二千二百八十八石四斗六升爲實以原有麪二千六百六十一斤爲法除之合問

今有小麥八斗六升，磨麪六十四斤八兩，共有小麥三十五石四斗八升，問該麪幾何？

答曰：二千六百六十一斤。

法曰：以共有小麥三十五石四斗八升乘磨麪六十四斤半，得二千二百八十八石四斗六升。爲實，以原小麥八斗六升爲法，除之，合問。

今有麪二千六百六十一斤，用小麥三十五石四斗八升，只有麪六十四斤八兩，問該用小麥幾何？

答曰：八斗六升。

法曰：以只有麪六十四斤八兩乘小麥三十五石四斗八升，得二千二百八十八石四斗六升。爲實，以原有麪二千六百六十一斤爲法，除之，合問。

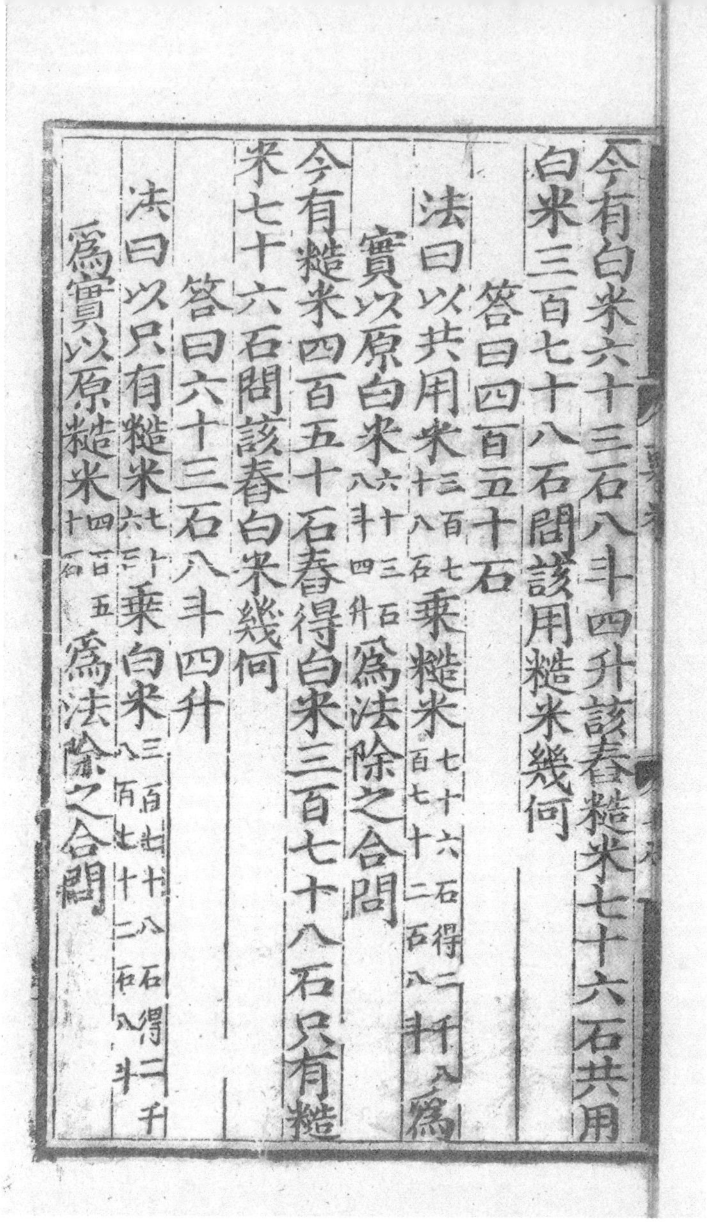

今有白米六十三石八斗四升，該舂糙米七十六石，共用白米三百七十八石，問該用糙米幾何？

答曰：四百五十石。

法曰：以共用米三百七十八石乘糙米七十六石，得二千八百七十二石八斗。爲實，以原白米六十三石八斗四升爲法，除之，合問。

今有糙米四百五十石，舂得白米三百七十八石，只有糙米七十六石，問該舂白米幾何？

答曰：六十三石八斗四升。

法曰：以只有糙米七十六石乘白米三百七十八石，得二千八百七十二石八斗。爲實，以原糙米四百五十石爲法，除之，合問。

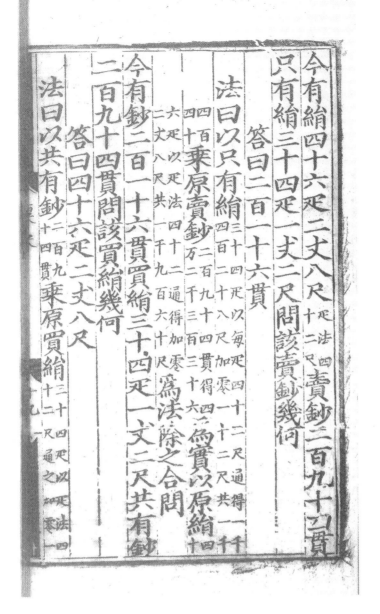

今有絹四十六匹二丈八尺匹法四十二尺。賣鈔二百九十四貫，只有絹三十四匹一丈二尺，問該賣鈔幾何？

答曰：二百一十六貫。

法曰：以只有絹三十四匹，以每匹四十二尺通得一千四百二十八尺。加零一十二尺，共一千四百四十。乘原賣鈔二百九十四貫，得四万二千三百三十六。爲實，以原絹四十六匹，以匹法四十二通得加零二丈八尺，共一千九百六十尺。爲法，除之，合問。

今有鈔二百一十六貫，買絹三十四匹一丈二尺，共有鈔二百九十四貫，問該買絹幾何？

答曰：四十六匹二丈八尺。

法曰：以共有鈔二百九十四貫乘原買絹三十四匹，以匹法四十二尺通之，加零一

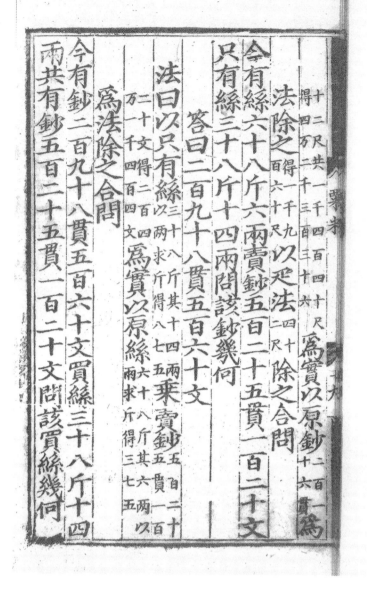

十二尺，共一千四百四十尺得四万二千三百三十六。爲實，以原鈔二百一十六貫爲法，除之得一千九百六十尺。以匹法四十二尺除之，合問。

今有絲六十八斤六兩，賣鈔五百二十五貫一百二十文，只有絲三十八斤十四兩，問該鈔幾何？

答曰：二百九十八貫五百六十文。

法曰：以只有絲三十八斤，其十四兩以兩求斤得八七五。乘賣鈔五百二十五貫一百二十文，得二百四万一千四百四文。爲實，以原絲六十八斤，其六兩以兩求斤得三七五。爲法，除之，合問。

今有鈔二百九十八貫五百六十文，買絲三十八斤十四兩，共有鈔五百二十五貫一百二十文，問該買絲幾何？

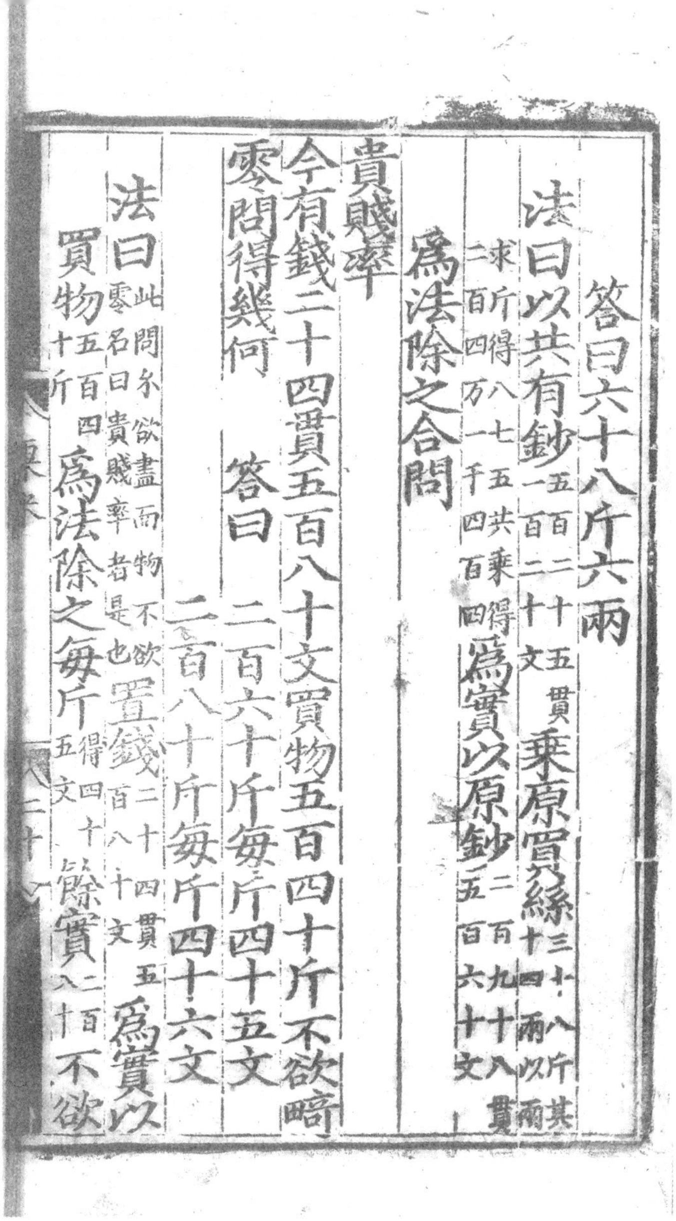

答曰：六十八斤六兩。

法曰：以共有鈔五百二十五貫一百二十文乘原買絲三十八斤，其十四兩以兩求斤得八七五。共乘得二百四万一千四百四。爲實，以原鈔二百九十八貫五百六十文爲法，除之，合問。

貴賤率

今有錢二十四貫五百八十文，買物五百四十斤，不欲畸零，問得幾何？　答曰：二百六十斤每斤四十五文，

二百八十斤每斤四十六文。

法曰：此問錢欲盡而物不欲零，名曰"貴賤率"者是也。置錢二十四貫五百八十文爲實，以買物五百四十斤爲法，除之，每斤得四十五文。餘實二百八十不欲

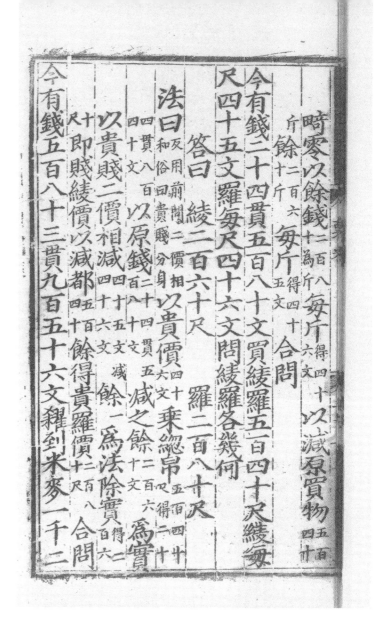

畸零，以餘錢二百八十爲斤每斤得四十六文。以減原買物五百四十斤餘二百六十斤每斤得四十五文。合問。

今有錢二十四貫五百八十文，買綾羅五百四十尺，綾每尺四十五文，羅每尺四十六文，問綾羅各幾何？

答曰： 綾二百六十尺， 羅二百八十尺。

法曰：反用前問，二價相和俗曰“貴賤分身”。以貴價四十六文乘總帛五百四十尺，得二十四貫八百四十文。以原錢二十四貫五百八十文減之餘二百六十文。爲實。

以貴、賤二價相減四十五文減四十六文餘一。爲法，除實得二百六十尺。即賤綾價。以減都五百四十餘得貴羅價二百八十尺。合問。

今有錢五百八十三貫九百五十六文，糴到米麥一千二

百七十六石三斗，米每斗五十四文，麥每斗三十六文問米麥各幾何？　　答曰：米六百九十一石六斗，

麥五百八十四石七斗。

法曰：以貴價五十四文乘米麥一千二百七十六石二斗，得六百八十九貫二百二文。以原錢五百八十三貫九百五十六文減之餘一百五貫二百四十六文爲實。以貴價五十四文減賤價三十六文餘一十八文爲法，除實得五百八十四石七斗。即賤價麥。以減都數一千二百七十六石三斗餘得貴價米六百九十一石六斗。合問。

今有鈔一百六十三貫七百五十文，共糴米、麥六十七石二斗四升三合，只云米比麥價每斗多一文，問二價各幾

何？　答曰：米三十四石九斗五升一合每斗二百四十四文，

麥三十二石二斗九升二合每斗二百四十三文。

法曰：置鈔一百六十三貫七百五十文爲實，以所糴米麥六十七石二斗四升三合爲法，除之每斗得賤價二百四十三文。實不滿法爲貴率餘實三百四十九文五分一厘，乃均不盡之數，爲米三十四石九斗五斗一合，每斗增價一文，得二百四十四文。以實米三十四石九斗五升一合減法六十七石二斗四升三合餘爲麥率三十二石二斗九升二合，每斗二百四十三文。合問。

今有鈔一千五百七十六貫一百文，共買羅、綾一百二十八疋二丈五尺二寸，每疋四丈二尺。只云羅比綾每疋多價一貫，問二價各幾何？

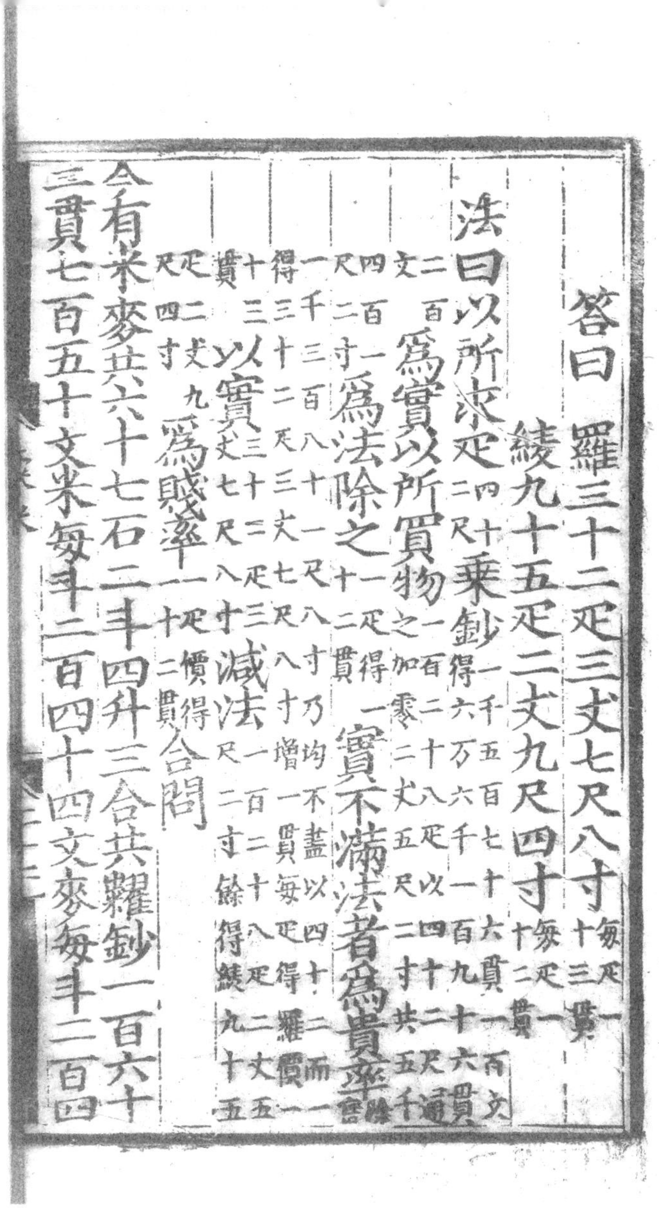

答曰：　羅三十二匹三丈七尺八寸每匹一十三貫，

　　　　綾九十五匹二丈九尺四寸每匹一十二貫。

法曰：以所求匹四十二尺乘鈔一千五百七十六貫一百文，得六万六千一百九十六貫二百文。爲實，以所買物一百二十八匹，以四十二尺通之，加零二丈五尺二寸，共五千四百一尺二寸。爲法，除之一匹得一十二貫。實不滿法者爲貴率。除實一千三百八十一尺八寸，乃均不盡，以四十二而一，得三十二尺三丈七尺八寸。增一貫，每匹得羅價一十三貫。以實三十二匹三丈七尺八寸減法一百二十八匹二丈五尺二寸，餘得綾九十五匹二丈九尺四寸。爲賤率一匹價得一十二貫。合問。

今有米、麥共六十七石二斗四升三合，共糶鈔一百六十三貫七百五十文，米每斗二百四十四文，麥每斗二百四

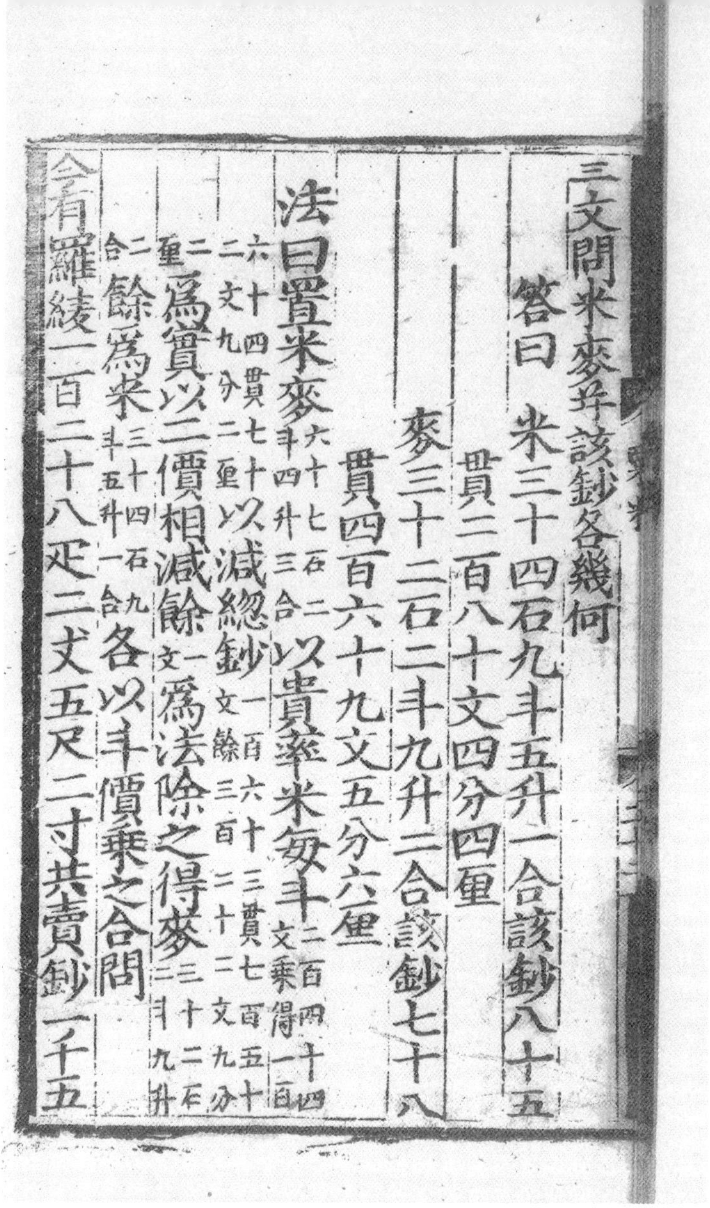
三文問米麥并該鈔各幾何
答曰　米三十四石九斗五升一合該鈔八十五
貫二百八十文四分四厘
麥三十二石二斗九升二合該鈔七十八
貫四百六十九文五分六厘
法曰置米麥六十七石二斗四升三合以貴率米每斗二百四十四文乘得一百
六十四貫七十二文九分二厘以減總鈔一百六十三貫七百五十文餘三百二十二文九分
二厘爲實以二價相減餘一文爲法除之得麥三十二石二斗九升
二合餘爲米三十四石九斗五升一合各以斗價乘之合問
今有羅綾一百二十八疋二丈五尺二寸共賣鈔一千五

三文，問米麥并該鈔各幾何？

答曰：　米三十四石九斗五升一合，該鈔八十五貫二百八十文四分四厘；

麥三十二石二斗九升二合，該鈔七十八貫四百六十九文五分六厘。

法曰：置米、麥六十七石二斗四升三合以貴率米每斗二百四十四文乘得一百六十四貫七十二文九分二厘。以減總鈔一百六十三貫七百五十文，餘三百二十二文九分二厘。爲實。以二價相減餘一文爲法，除之得麥三十二石二斗九升二合。餘爲米三十四石九斗五升一合。各以斗價乘之，合問。

今有羅、綾一百二十八匹二丈五尺二寸，共賣鈔一千五

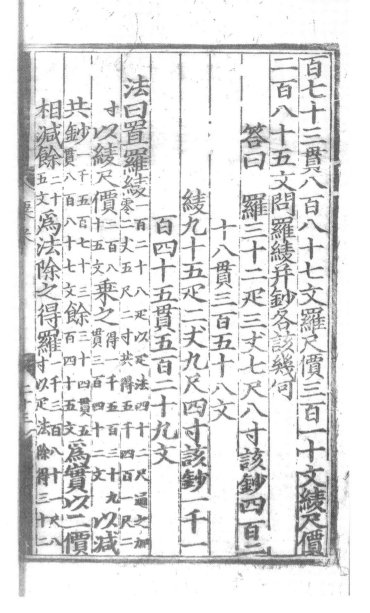

百七十三貫八百八十七文，羅尺價三百一十文，綾尺價二百八十五文，問羅綾并鈔各該幾何？

答曰：　羅三十二匹三丈七尺八寸，該鈔四百二十八貫三百五十八文；

綾九十五匹二丈九尺四寸，該鈔一千一百四十五貫五百二十九文。

法曰：置羅綾一百二十八匹，以匹法四十二尺通之，加零二丈五尺二寸，共得五千四百一尺二寸。以綾尺價二百八十五文乘之得一千五百三十九貫三百四十二文。以減共鈔一千五百七十三貫八百八十七文餘三十四貫五百四十五文。爲實。以二價相減餘二十五文爲法，除之得羅一千三百八十一尺八寸，以匹法除得三十二

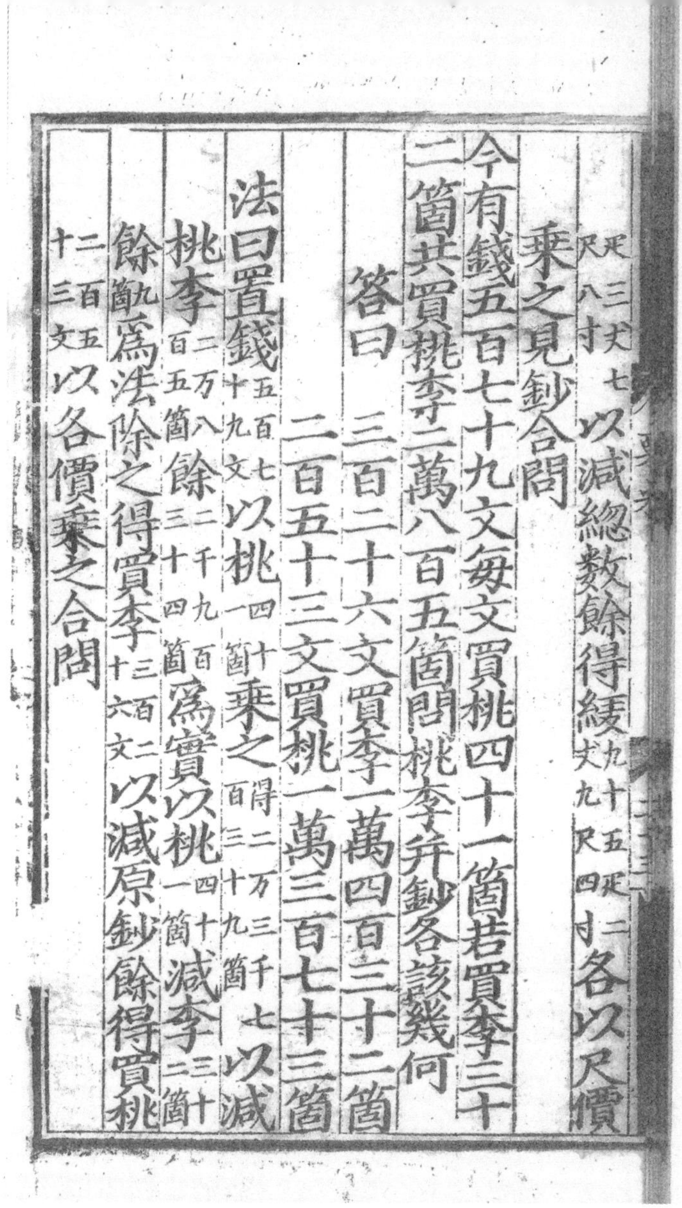

匹三丈七尺八寸。以減總數，餘得綾九十五匹二丈九尺四寸。各以尺價乘之，見鈔，合問。

今有錢五百七十九文，每文買桃四十一箇，若買李三十二箇，共買桃李二萬八百五箇，問桃李并鈔各該幾何？

答曰：三百二十六文買李一萬四百三十二箇，

二百五十三文買桃一萬三百七十三箇。

法曰：置錢五百七十九文以桃四十一箇乘之得二万三千七百三十九箇。以減桃李二万八百五箇餘二千九百三十四箇。爲實，以桃四十一箇減李三十二箇餘九箇。爲法，除之得買李三百二十六文。以減原鈔，餘得買桃二百五十三文。以各價乘之，合問。

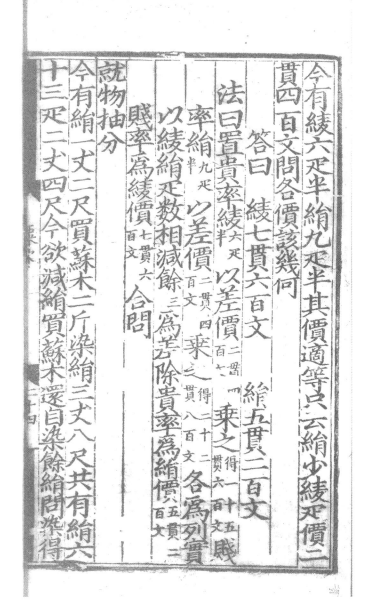

今有綾六匹半，絹九匹半，其價適等，只云絹少綾匹價二貫四百文，問各價該幾何？

答曰：　綾七貫六百文，　絹五貫二百文。

法曰：置貴率綾六匹半以差價二貫四百文乘之得一十五貫六百文。賤率絹九匹半以差價二貫四百文乘之得二十二貫八百文。各爲列實。

以綾絹匹數相減餘三爲差，除貴率爲絹價五貫二百文。

賤率爲綾價七貫六百文。合問。

就物抽分

今有絹一丈二尺，買蘇木二斤，染絹三丈八尺。共有絹六十三匹二丈四尺，今欲減絹買蘇木，還自染餘絹，問染得

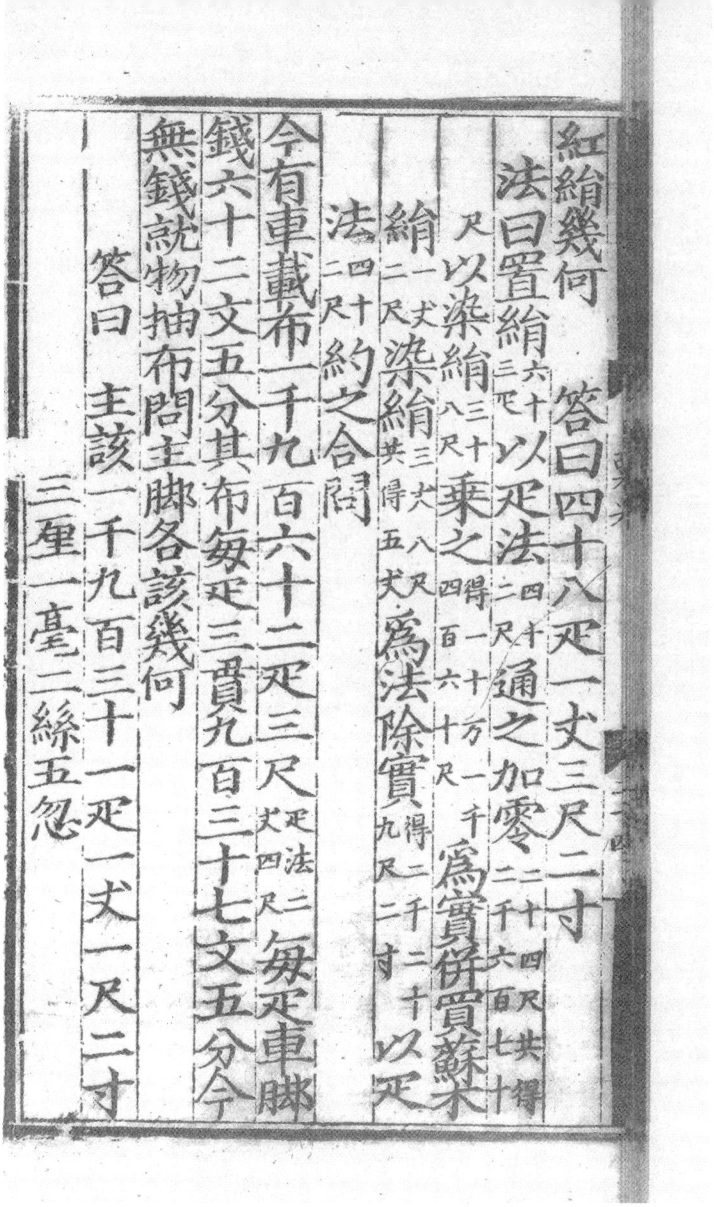

紅絹幾何？　　答曰：四十八匹一丈三尺二寸。

法曰：置絹六十三匹以匹法四十二尺通之，加零二十四尺，共得二千六百七十尺以染絹三十八尺乘之得一十万一千四百六十尺。爲實。并買蘇木絹一丈二尺染絹三丈八尺，共得五丈。爲法，除實得二千二十九尺二寸以匹法四十二尺約之，合問。

今有車載布一千九百六十二匹三尺。匹法二丈四尺。每匹車脚錢六十二文五分，其布每匹三貫九百三十七文五分，今無錢，就物抽布，問主脚各該幾何？

答曰：　主該一千九百三十一匹一丈一尺二寸三厘一毫二絲五忽，

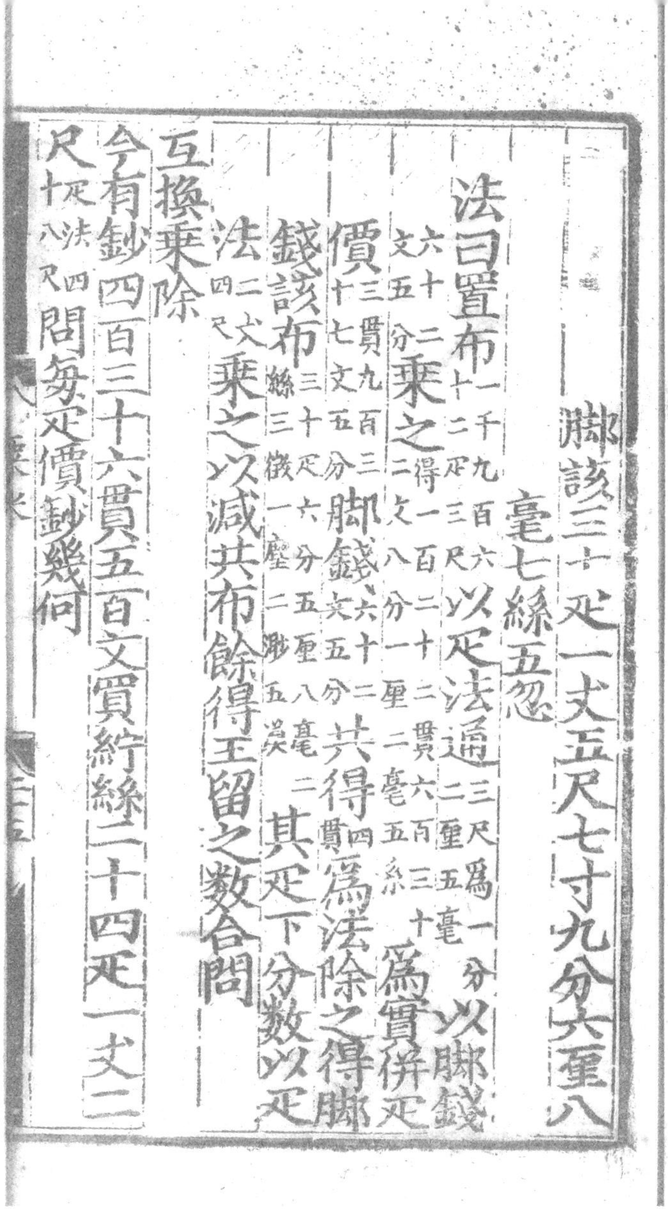

脚該三十匹一丈五尺七寸九分六厘八毫七絲五忽。

法曰：置布一千九百六十二匹三尺以匹法通三尺，爲一分二厘五毫。以脚錢六十二文五分乘之得一百二十二貫六百三十二文八分一厘二毫五系。爲實。并匹價三貫九百三十七文五分脚錢六十二文五分共得四貫。爲法，除之，得脚錢。該布三十匹六分五厘八毫二絲三微一塵二渺五漠。其匹下分數以匹法二丈四尺乘之，以減共布，餘得王留之數，合問。

互換乘除

今有鈔四百三十六貫五百文，買紵絲二十四匹一丈二尺匹法四十八尺。問每匹價鈔幾何？

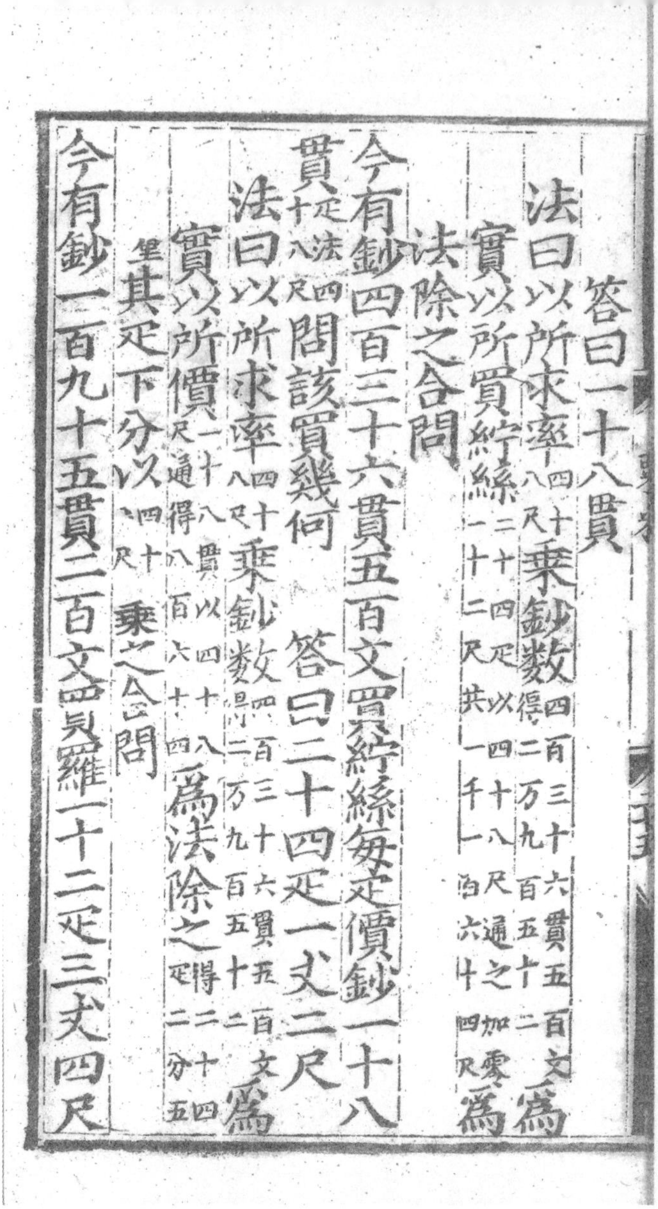

答曰：一十八貫。

法曰：以所求率四十八尺乘鈔數四百三十六貫五百文，得二万九百五十二。爲實，以所買紵絲二十四匹，以四十八尺通之，加零二十二尺，共一千一百六十四尺。爲法，除之，合問。

今有鈔四百三十六貫五百文買紵絲，每匹價鈔一十八貫匹法四十八尺。問該買幾何？　答曰：二十四匹一丈二尺。

法曰：以所求率四十八尺乘鈔數四百三十六貫五百文，得二万九百五十二。爲實，以所價一十八貫，以四十八尺通得八百六十四。爲法，除之得二十四匹二分五厘。其匹下分以四十八尺乘之，合問。

今有鈔一百九十五貫二百文，買羅一十二匹三丈四尺

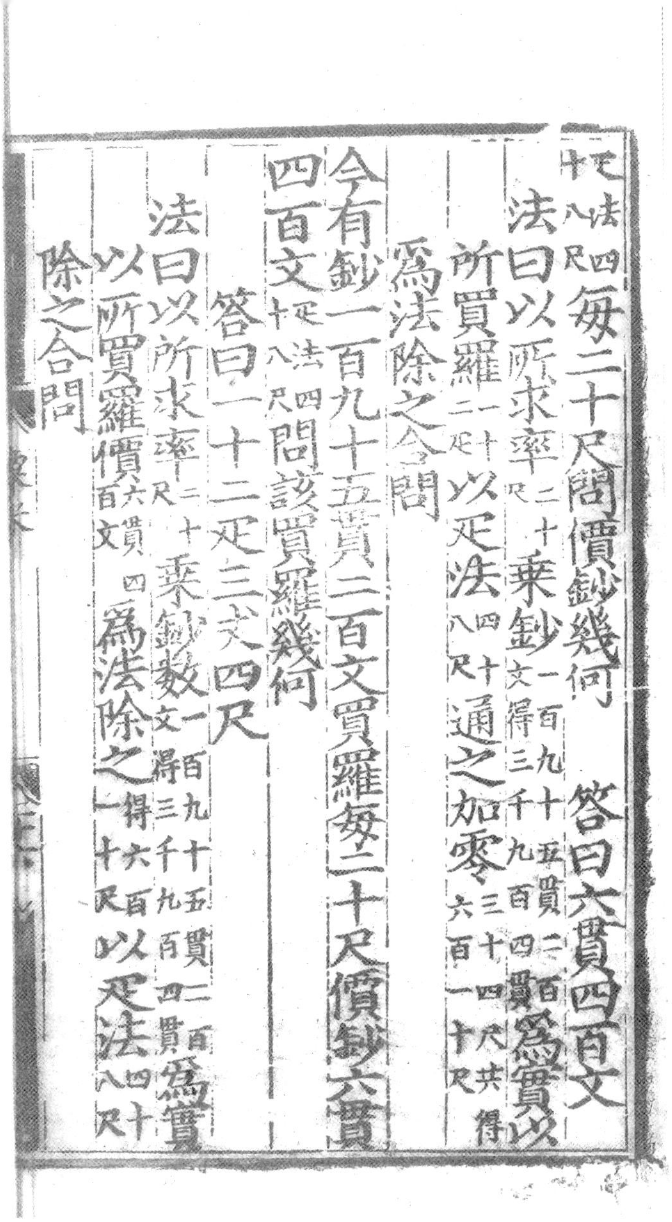

匹法四十八尺。每二十尺問價鈔幾何？　答曰：六貫四百文。

法曰：以所求率二十尺乘鈔一百九十五貫二百文，得三千九百四貫。爲實，以所買羅二十二匹以匹法四十八尺通之，加零三十四尺，共得六百一十尺。爲法，除之，合問。

今有鈔一百九十五貫二百文買羅，每二十尺價鈔六貫四百文，匹法四十八尺。問該買羅幾何？

答曰：一十二匹三丈四尺。

法曰：以所求率二十尺乘鈔數一百九十五貫二百文，得三千九百四貫。爲實，以所買羅價六貫四百文爲法，除之得六百一十尺。以匹法四十八尺除之，合問。

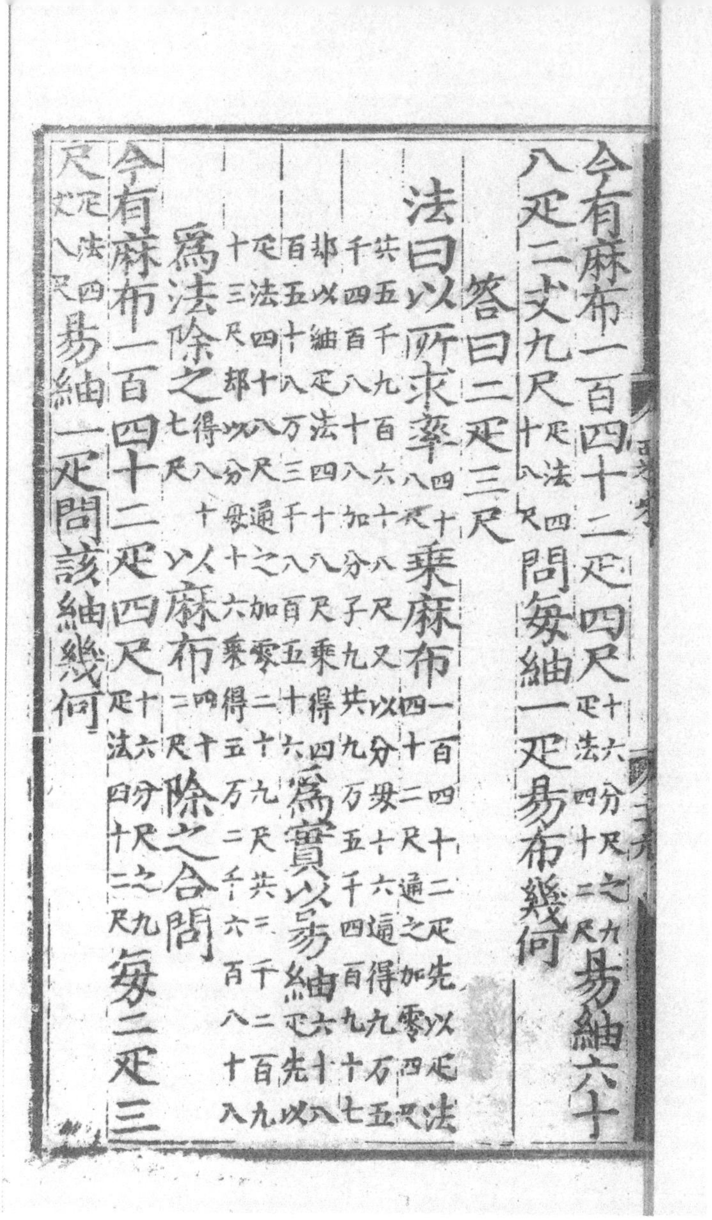

今有麻布一百四十二疋四尺十六分尺之九疋法四十二尺易紬六十八疋二丈九尺疋法四十八尺問每紬一疋易布幾何答曰二疋三尺法曰以所求率四十八尺乘麻布一百四十二疋先以疋法四十二尺通之加零四尺共五千九百六十八尺又以分母十六通得九万五千四百八十八加分子九共九万五千四百九十七却以紬疋法四十八尺乘得四百五十八万三千八百五十六爲實以易紬六十八疋先以疋法四十八尺通之加零二十九尺共三千二百九十三尺却以分母十六乘得五万二千六百八十八爲法除之得八十七尺以麻布四十二尺除之合問今有麻布一百四十二疋四尺十六分尺之九疋法四十二尺每二疋三尺疋法四丈八尺易紬一疋問該紬幾何

今有麻布一百四十二匹四尺十六分尺之九，匹法四十二尺。易紬六十八匹二丈九尺，匹法四十八尺。問每紬一匹易布幾何？

答曰：二匹三尺。

法曰：以所求率四十八尺乘麻布一百四十二匹，先以匹法四十二尺通之，加零四尺，共五千九百六十八尺。又以分母十六通得九万五千四百八十八，加分子九，共九万五千四百九十七。却以紬匹法四十八尺乘得四百五十八万三千八百五十六。爲實。以易紬六十八匹先以匹法四十八尺通之，加零二十九尺，共三千二百九十三尺，却以分母十六乘得五万二千六百八十八。爲法，除之得八十七尺。以麻布四十二尺除之，合問。

今有麻布一百四十二匹四尺十六分尺之九，匹法四十二尺。每二匹三尺匹法四丈八尺。易紬一匹，問該紬幾何？

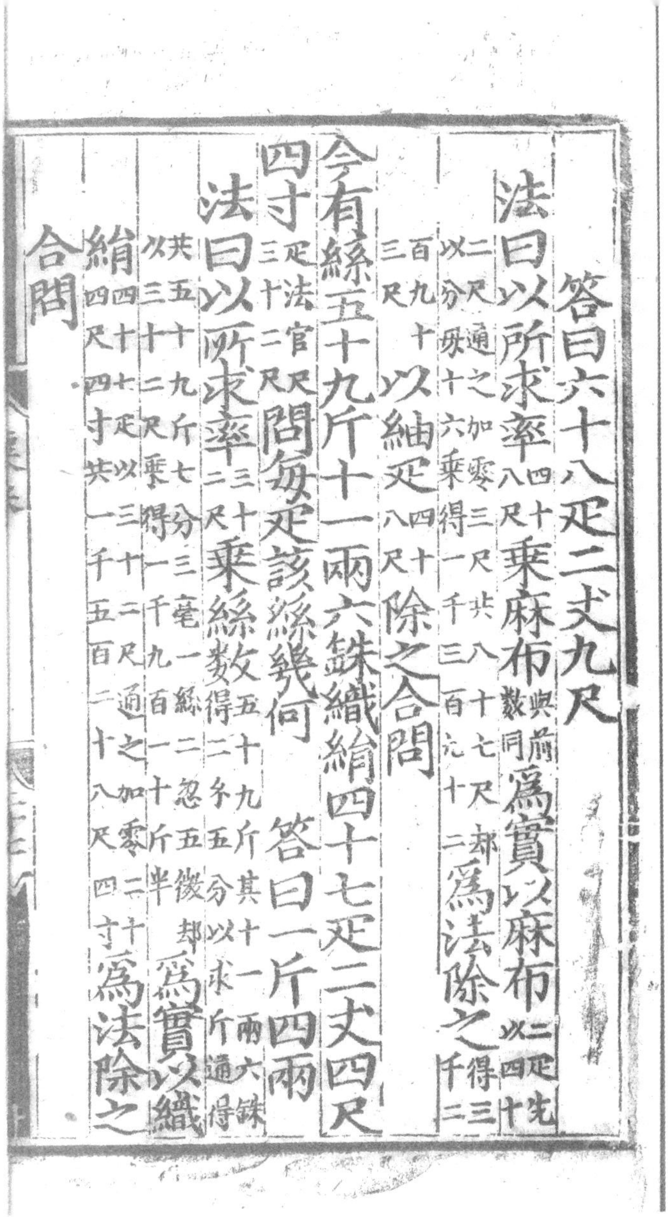

答曰：六十八匹二丈九尺。

法曰：以所求率四十八尺乘麻布與前數同爲實，以麻布二匹，先以四十二尺通之，加零三尺，共八十七尺。却以分母十六乘得一千三百九十二。爲法，除之得三千三百九十三尺。以紬匹四十八尺除之，合問。

今有絲五十九斤十一兩六銖，織絹四十七匹二丈四尺四寸匹法官尺，三十二尺。問每匹該絲幾何？　答曰：一斤四兩。

法曰：以所求率三十二尺乘絲數五十九斤，其十一兩六銖，得二錢五分，以求斤，通得共五十九斤七分三毫一絲二忽五微。却以三十二尺乘得一千九百一十斤半。爲實。以織絹四十七匹，以三十二尺通之，加零二十四尺四寸，共一千五百二十八尺四寸。爲法，除之合問。

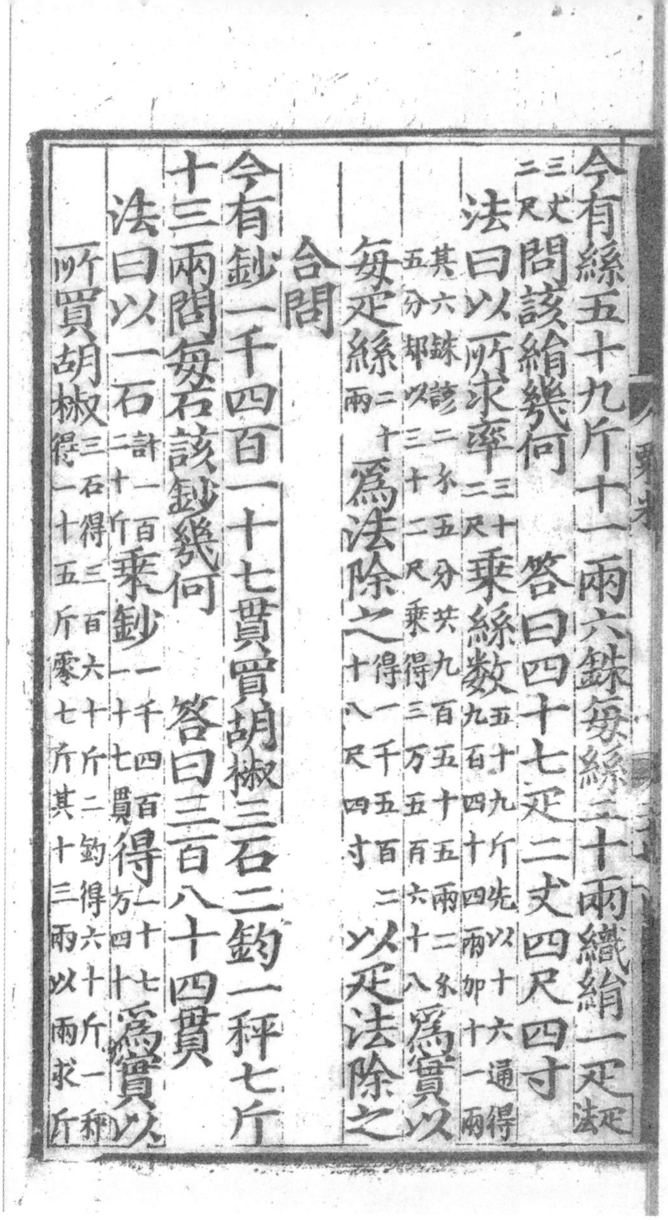

今有絲五十九斤十一兩六銖，每絲二十兩織絹一匹匹法三丈二尺。問該絹幾何？　　答曰：四十七匹二丈四尺四寸。

法曰：以所求率三十二尺乘絲數五十九斤，先以十六通得九百四十四兩，加十一兩，其六銖該二錢五分，共九百五十五兩二錢五分。却以三十二尺乘得三万五百六十八。爲實，以每匹絲二十兩爲法，除之得一千五百二十八尺四寸。以匹法除之，合問。

今有鈔一千四百一十七貫，買胡椒三石二鈞一秤七斤十三兩，問每石該鈔幾何？　　答曰：三百八十四貫。

法曰：以一石計一百二十斤乘鈔一千四百一十七貫得一十七万四十。爲實，以所買胡椒三石得三百六十斤；二鈞得六十斤；一秤得一十五斤零七斤。其十三兩以兩求斤

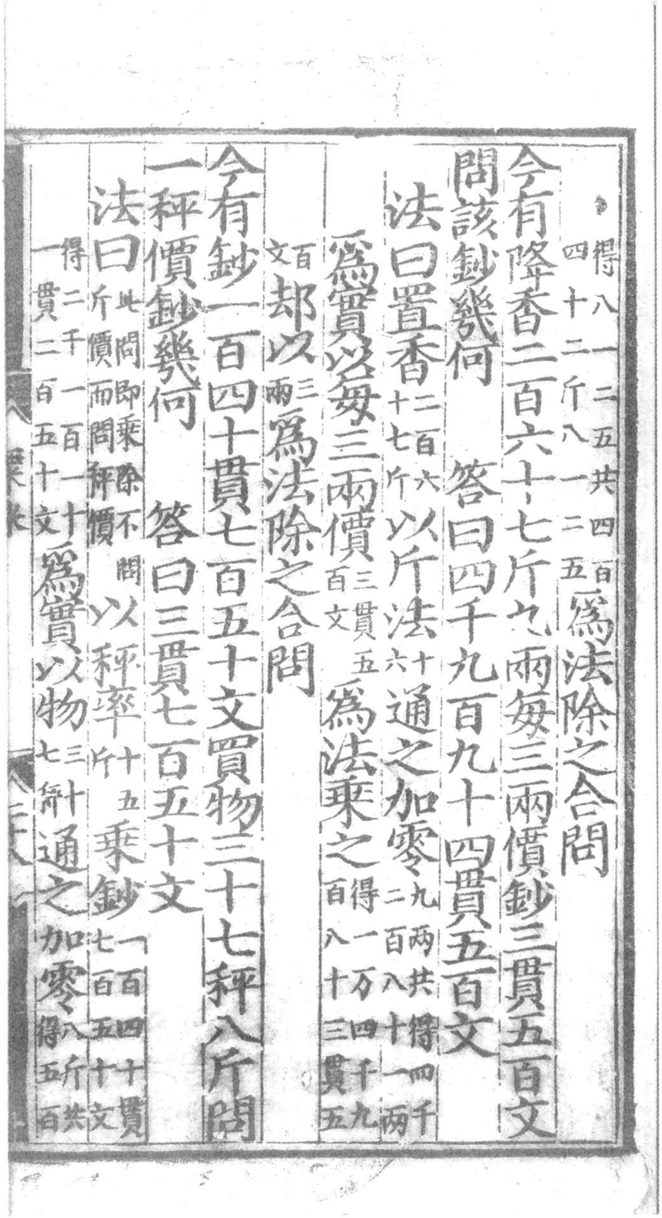

得八一二五。共四百四十二斤八一二五。爲法除之，合問。

今有降香二百六十七斤九兩，每三兩價鈔三貫五百文，問該鈔幾何？　　答曰：四千九百九十四貫五百文。

法曰：置香二百六十七斤以斤法十六通之加零九兩，共得四千二百八十一兩。爲實，以每三兩價三貫五百文爲法，乘之得一万四千九百八十三貫五百文。却以三兩爲法，除之，合問。

今有鈔一百四十貫七百五十文，買物三十七秤八斤，問一秤價鈔幾何？　　答曰：三貫七百五十文。

法曰：此問即乘除，不問斤價而問秤價。以秤率十五斤乘鈔一百四十貫七百五十文，得二千一百一十一貫二百五十文。爲實，以物三十七升通之加零八斤，共得五百

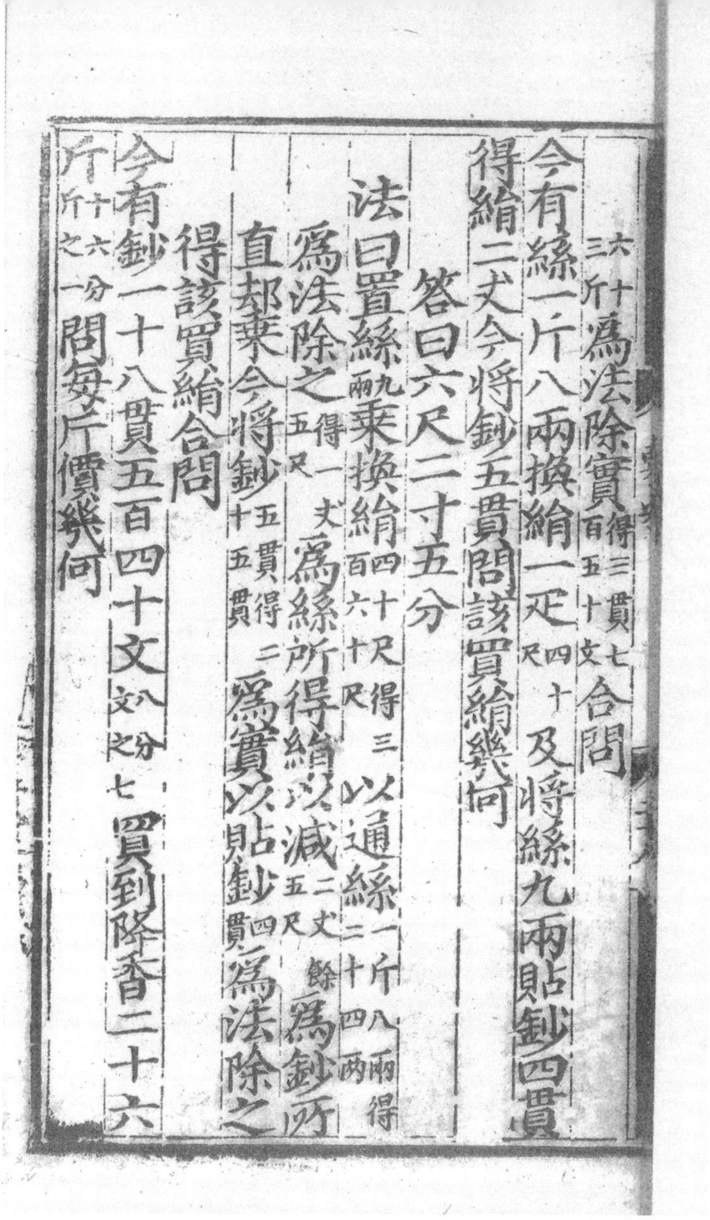
六十三斤爲法除實得三貫七百五十文合問
今有絲一斤八兩換絹一疋四十尺及將絲九兩貼鈔四貫
得絹二丈今將鈔五貫問該買絹幾何
答曰六尺二寸五分
法曰置絲九兩乘換絹四十尺得三百六十尺以通絲一斤八兩得二十四兩
爲法除之得一丈五尺爲絲所得絹以減二丈餘五尺爲鈔所
直却乘今將鈔五貫得二十五貫爲實以貼鈔四貫爲法除之
得該買絹合問
今有鈔一十八貫五百四十文八分文之七買到降香二十六
斤十六分斤之一問每斤價幾何

六十三斤。爲法，除實得三貫七百五十文。合問。

今有絲一斤八兩，換絹一匹四十尺，及將絲九兩貼鈔四貫得絹二丈，今將鈔五貫，問該買絹幾何?

答曰：六尺二寸五分。

法曰：置絲九兩乘換絹四十尺，得三百六十尺。以通絲一斤八兩，得二十四兩。爲法，除之得一丈五尺。爲絲所得絹。以減二丈餘五尺。爲鈔。所直却乘今將鈔五貫，得二十五貫。爲實，以貼鈔四貫爲法，除之得該買絹，合問。

今有鈔一十八貫五百四十文八分文之七，買到降香二十六斤十六分斤之一，問每斤價幾何?

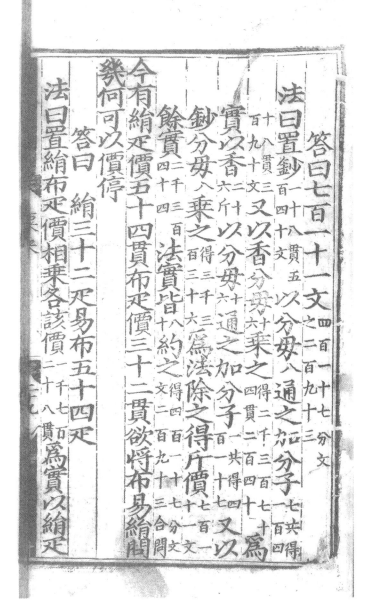

答曰：七百一十一文四百一十七分文之二百九十三。

法曰：置鈔二十八貫五百四十文以分母八通之加分子七，共得一百四十八貫三百九十文。又以香分母十六乘之得二千三百七十四貫二百四十。爲實。以香二十六斤以分母十六通之，加分子一，共得四百一十七。又以鈔分母八乘之得三千三百三十六。爲法，除之得斤價七百一十一文。餘實二千三百四十四。法實皆八十約之得四百一十七分文之二百九十三。合問。

今有絹匹價五十四貫，布匹價三十二貫，欲將布易絹，問幾何可以價停？

答曰：　絹三十二匹，易布五十四匹。

法曰：置絹、布匹價相乘，各該價一千七百二十八貫爲實，以絹匹

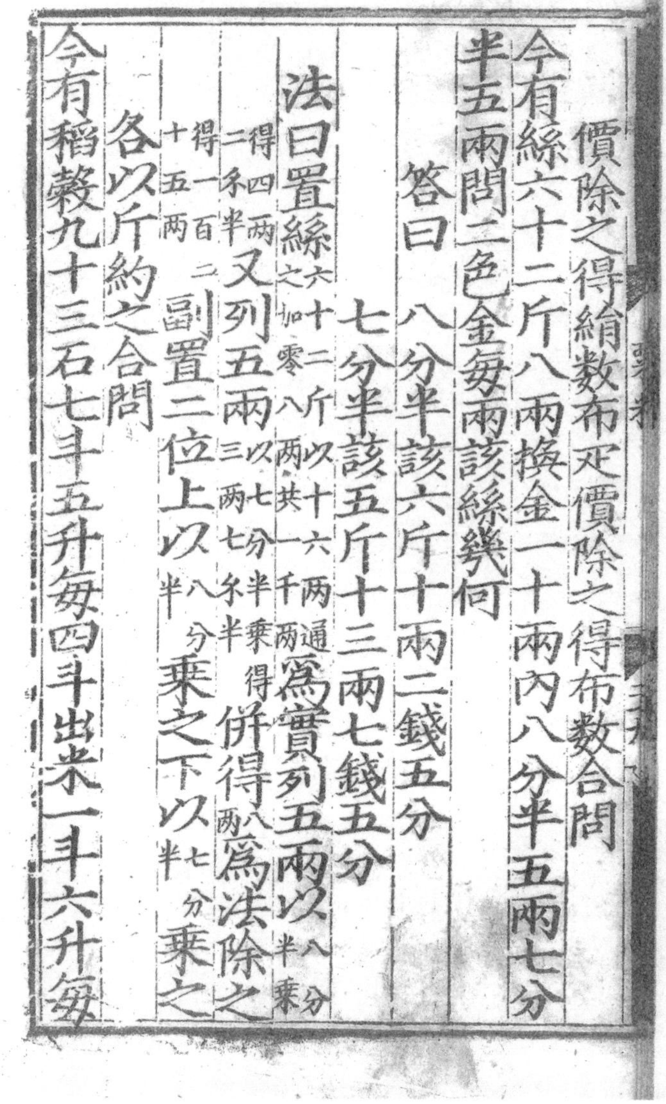

價除之，得絹數，布匹價除之，得布數，合問。

今有絲六十二斤八兩，換金一十兩。內八分半五兩，七分半五兩，問二色金每兩該絲幾何？

答曰：八分半該六斤十兩二錢五分，

七分半該五斤十三兩七錢五分。

法曰：置絲六十二斤，以十六兩通之，加零八兩，共一千兩。爲實，列五兩以八分半乘得四两二錢半。又列五兩以七分半乘得三两七錢半。并得八两爲法，除之得一百二十五两。副置二位。上以八分半乘之，下以七分半乘之，各以斤約之，合問。

今有稻穀九十三石七斗五升，每四斗出米一斗六升，每

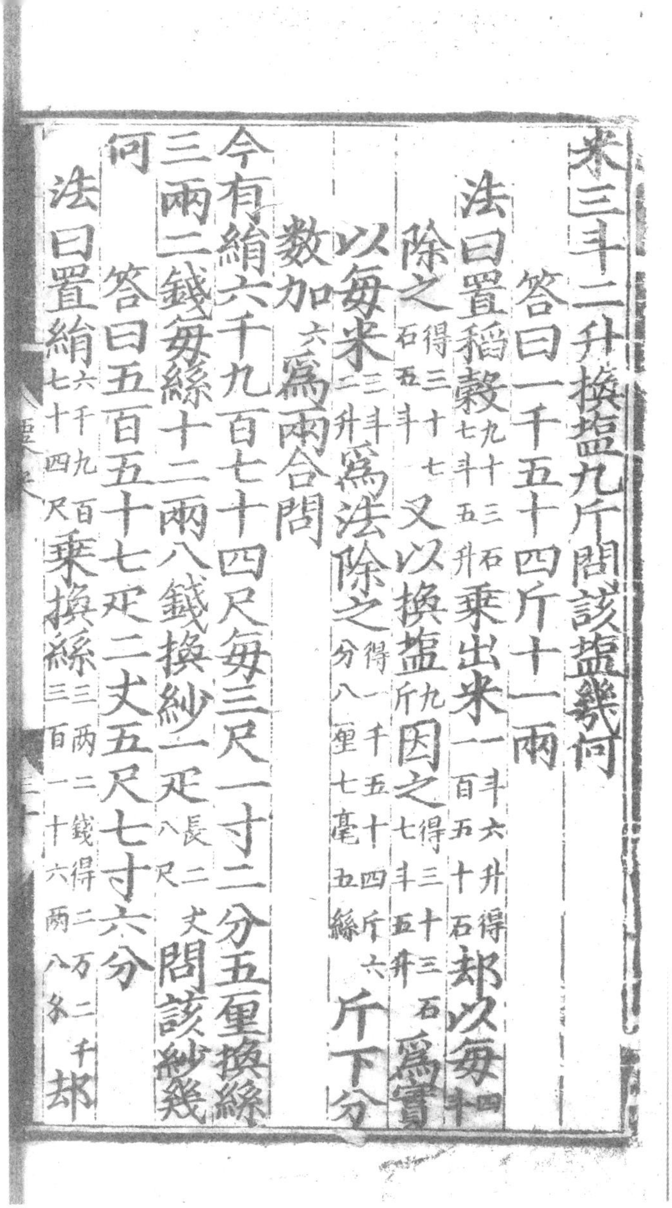

米三斗二升換鹽九斤，問該鹽幾何？

答曰：一千五十四斤十一兩。

法曰：置稻穀九十三石七斗五升乘出米一斗六升，得一百五十石。却以每四斗除之得三十七石五斗。又以換鹽九斤因之得三十三石七斗五升。爲實，以每米三斗二升爲法，除之得一千五十四斤六分八厘七毫五絲。斤下分數加六爲兩，合問。

今有絹六千九百七十四尺每三尺，一寸二分五厘換絲三兩二錢，每絲十二兩八錢換紗一匹長二丈八尺。問該紗幾何？　答曰：五百五十七匹二丈五尺七寸六分。

法曰：置絹六千九百七十四尺乘換絲三兩二錢，得二万二千三百一十六兩八錢。却

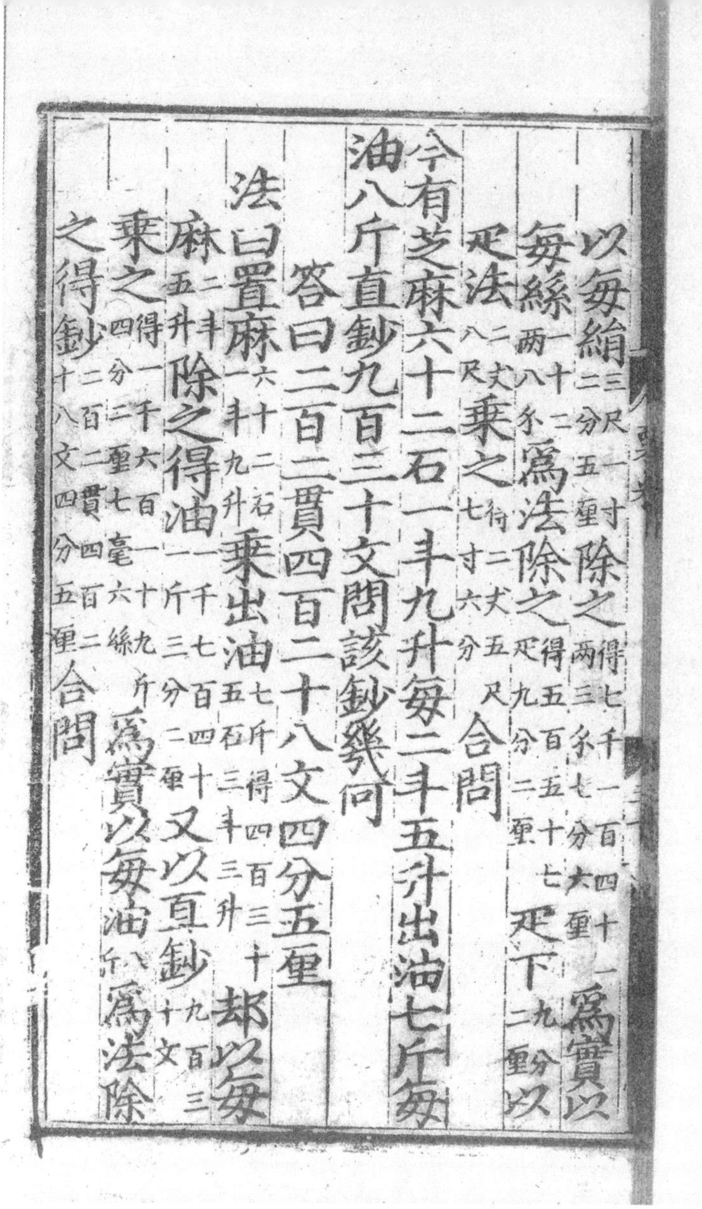

以每絹三尺一寸二分五厘除之得七千一百四十一两三錢七分六厘。爲實。以每絲一十二两八錢爲法。除之得五百五十七匹九分二厘。匹下九分二厘以匹法二丈八尺乘之得二丈五尺七寸六分。合問。

今有芝麻六十二石一斗九升，每二斗五升出油七斤，每油八斤直鈔九百三十文，問該鈔幾何？

答曰：二百二貫四百二十八文四分五厘。

法曰：置麻六十二石一斗九升乘出油七斤，得四百三十五石三斗三升。却以每麻二斗五升除之，得油一千七百四十一斤三分二厘。又以直鈔九百三十文乘之得一千六百一十九斤四分二厘七毫六絲。爲實。以每油八斤爲法，除之得鈔二百二貫四百二十八文四分五厘。合問。

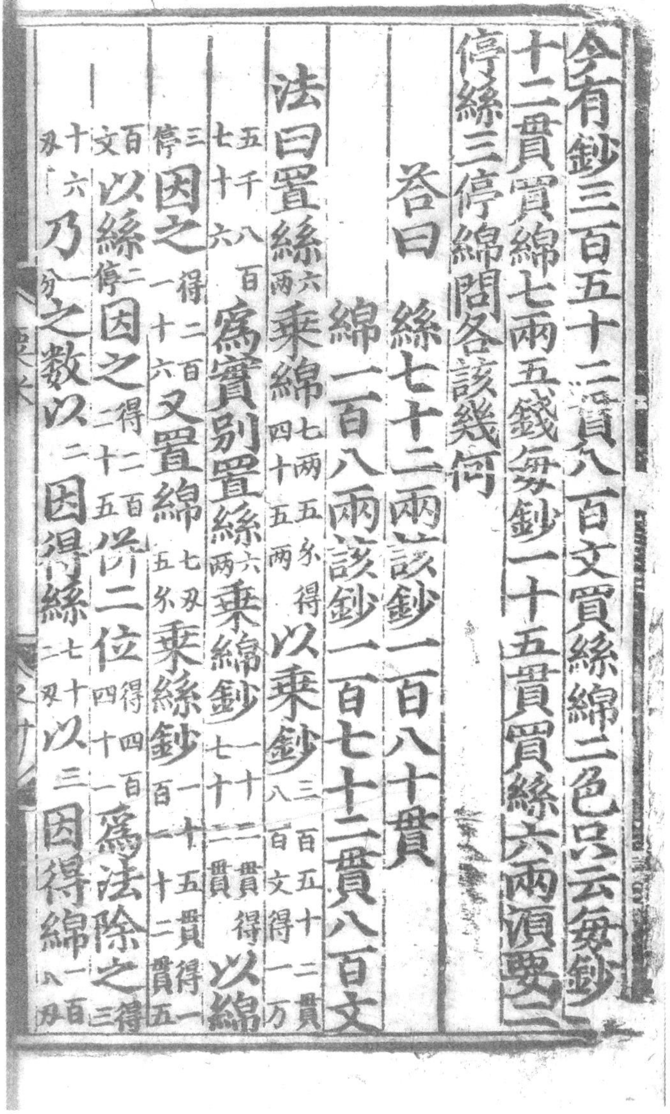

今有鈔三百五十二貫八百文，買絲、綿二色。只云每鈔一十二貫買綿七兩五錢，每鈔一十五貫買絲六兩。須要二停絲、三停綿，問各該幾何？

答曰：絲七十二兩，該鈔一百八十貫；

綿一百八兩，該鈔一百七十二貫八百文。

法曰：置絲（六兩）乘綿（七兩五錢，得四十五兩。）以乘鈔（三百五十二貫八百文，得一万五千八百七十六。）爲實。別置絲（六兩）乘綿鈔（一十二貫，得七十二貫。）以綿（三停）因之（得二百一十六。）又置綿（七刃五錢）乘絲鈔（一十五貫，得一百一十二貫五百文。）以絲（二停）因之（得二百二十五。）并二位（得四百四十一。）爲法，除之（得三十六刃。）乃（一分）之數。以（二）因得絲（七十二刃。）以（三）因得綿（一百八刃。）

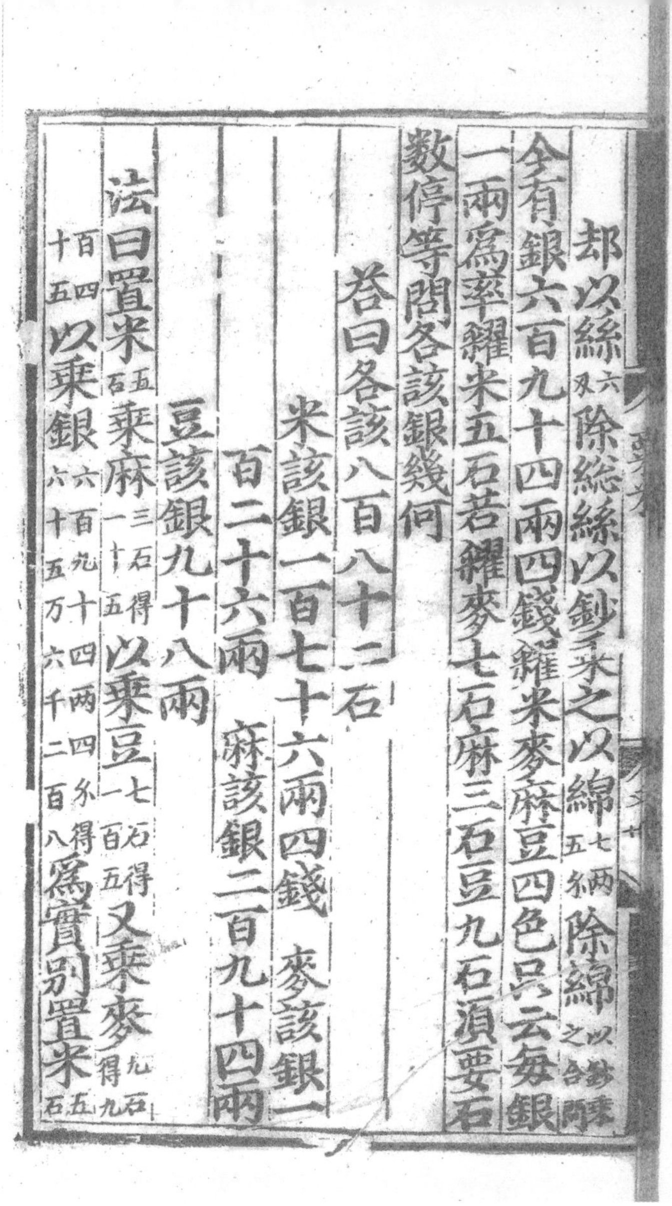

却以絲(六刃)除総絲，以鈔乘之，以綿(七兩五錢)除綿(以鈔乘之，合問)。

今有銀六百九十四兩四錢，糴米、麥、麻、豆四色，只云每銀一兩爲率，糴米五石，若糴麥七石，麻三石，豆九石，須要石數停等，問各該銀幾何？

答曰：各該八百八十二石。

米該銀一百七十六兩四錢，麥該銀一百二十六兩，麻該銀二百九十四兩，

豆該銀九十八兩。

法曰：置米(五石)乘麻(三石，得一十五。)以乘豆(七石，得一百五。)又乘麥(九石，得九百四十五。)以乘銀(六百九十四兩四錢，得六十五万六千二百八。)爲實。別置米(五石)

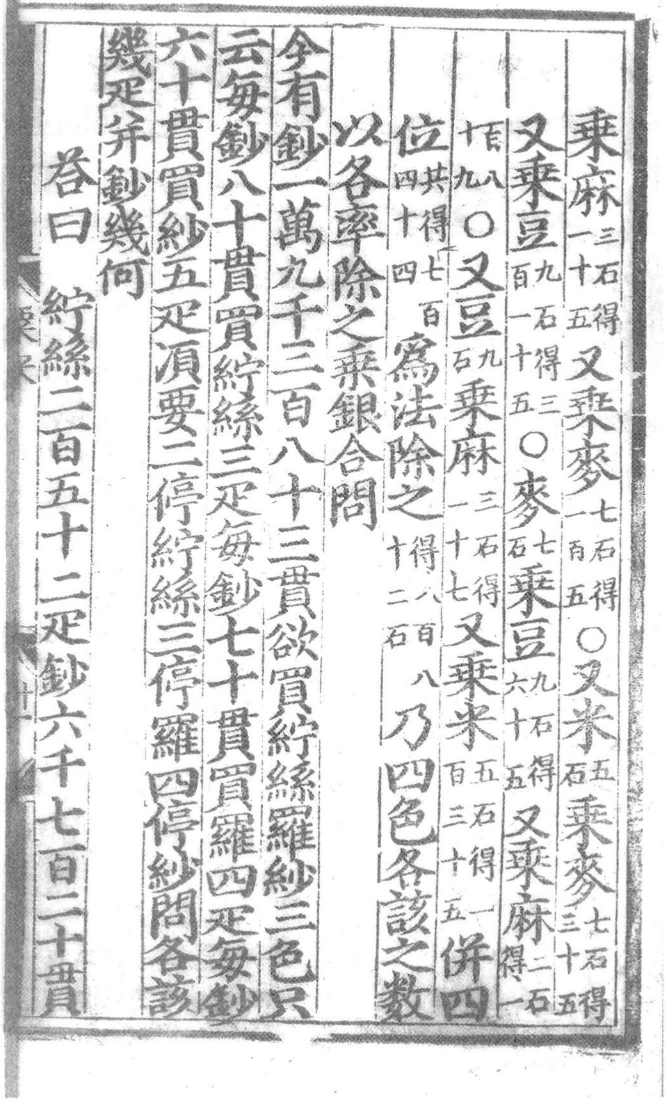

乘麻三石得一十五又乘麥七石得一百五○又米五石乘麥七石得三十五
又乘豆九石得三百一十五○麥七石乘豆九石得六十五又乘麻二石得一
百八十九○又豆九石乘麻三石得一十七又乘米五石得一百三十五併四
位共得七百四十四爲法除之得八百八十二石乃四色各該之數
以各率除之乘銀合問
今有鈔一萬九千三百八十三貫欲買紵絲羅紗三色只
云每鈔八十貫買紵絲三疋每鈔七十貫買羅四疋每鈔
六十貫買紗五疋須要二停紵絲三停羅四停紗問各該
幾疋幷鈔幾何
荅曰　紵絲二百五十二疋鈔六千七百二十貫

乘麻三石，得一十五。又乘麥七石，得一百五。○又米五石乘麥七石，得三十五。又乘豆九石，得三百一十五。○麥七石乘豆九石，得六十五。又乘麻二石，得一百八十九。○又豆九石乘麻三石，得二十七。又乘米五石，得一百三十五。并四位共得七百四十四。爲法。除之得八百八十二石。乃四色各該之數。

以各率除之，乘銀，合問。

今有鈔一萬九千三百八十三貫，欲買紵絲、羅、紗三色，只云每鈔八十貫買紵絲三匹，每鈔七十貫買羅四匹，每鈔六十貫買紗五匹。須要二停紵絲、三停羅、四停紗，問各該幾匹并鈔幾何？

答曰：紵絲二百五十二匹，鈔六千七百二十貫；

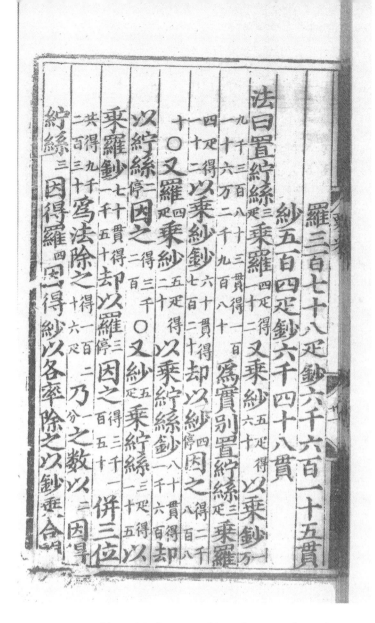

羅三百七十八匹，鈔六千六百一十五貫；

紗五百四匹，鈔六千四十八貫。

法曰：置紵絲三匹乘羅四匹，得一十二。又乘紗五匹，得六十。以乘鈔一万九千三百八十三貫，得一百一十六万二千九百八十。爲實。別置紵絲三匹乘羅四匹，得一十二。以乘紗鈔六十貫，得七百二十。却以紗四停因之得二千八百八十。〇又羅四匹乘紗五匹，得二十。以乘紵絲鈔八十貫，得一千六百。却以紵絲二停因之得三千二百。〇又紗五匹乘紵絲三匹，得一十五。以乘羅鈔七十貫，得一千五十。却以羅三停因之得三千一百五十。并三位共得九千二百三十。爲法，除之得一百二十六尺。乃一分之數，以二因得紵絲三。因得羅四。因得紗。以各率除之，以鈔乘，合問。

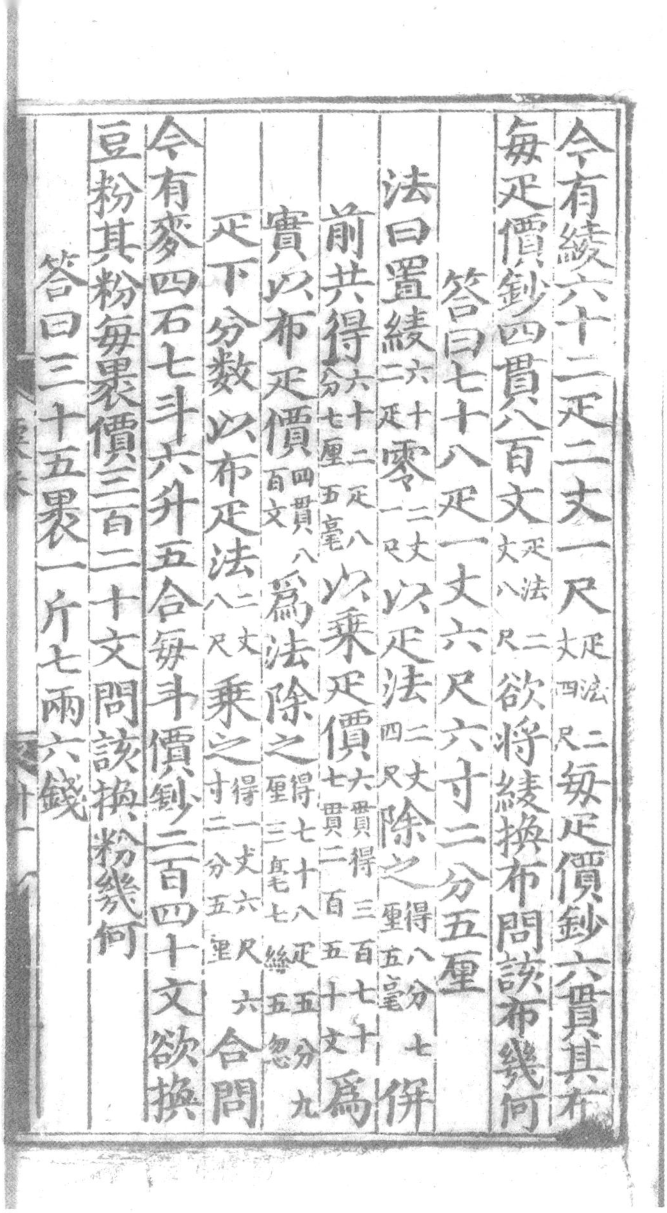

今有綾六十二匹二丈一尺匹法二丈四尺。每匹價鈔六貫，其布每匹價鈔四貫八百丈匹法二丈八尺。欲將綾換布，問該布幾何？

答曰：七十八匹一丈六尺六寸二分五厘。

法曰：置綾六十二匹零二丈一尺以匹法二丈四尺除之得八分七厘五毫。并前，共得六十二匹八分七厘五毫。以乘匹價六貫，得三百七十七貫二百五十文。爲實。以布匹價四貫八百文爲法，除之得七十八匹五分九厘三毫七絲五忽。匹下分數以布匹法二丈八尺乘之得一丈六尺六寸二分五厘。合問。

今有麥四石七斗六升五合，每斗價鈔二百四十文，欲换豆粉，其粉每裹價三百二十文，問該换粉幾何？

答曰：三十五裹一斤七兩六錢。

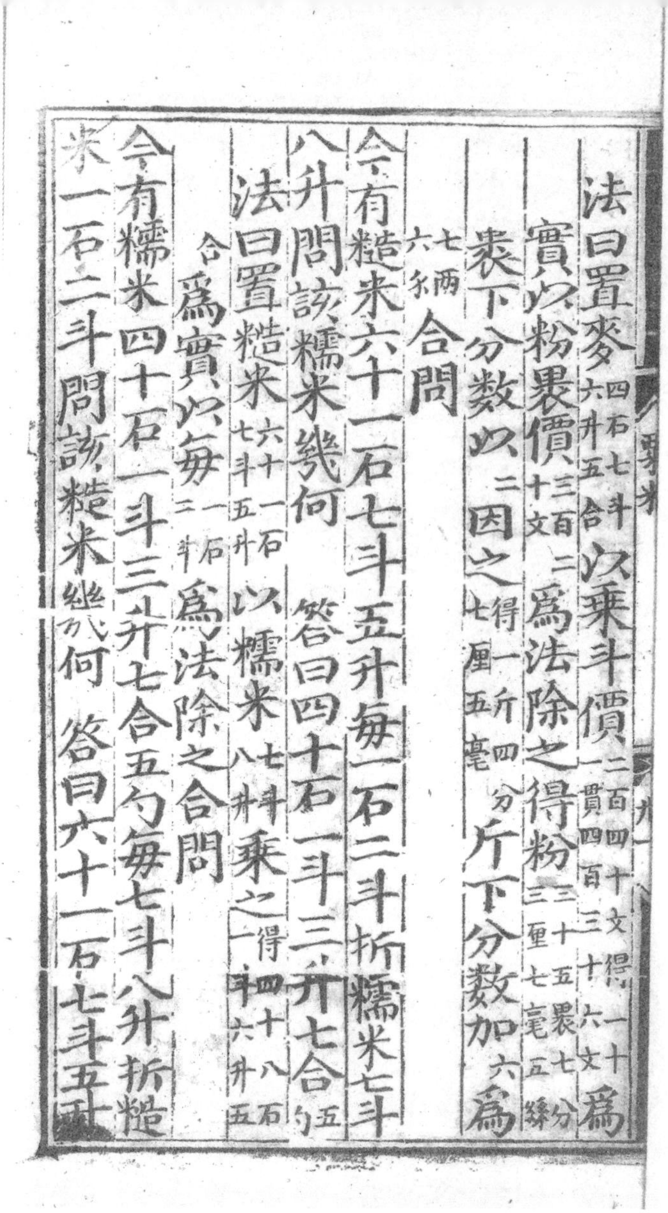

法曰：置麥四石七斗六升五合以乘斗價二百四十文，得一十一貫四百三十六文。爲

實。以粉裹價三百二十文爲法，除之得粉三十五裹七分三厘七毫五絲。

裹下分數，以二因之得一斤四分七厘五毫。斤下分數加六爲

七兩六錢。合問。

今有糙米六十一石七斗五升，每一石二斗折糯米七斗

八升，問該糯米幾何？答曰：四十石一斗三升七合五勺。

法曰：置糙米六十一石七斗五升以糯米七斗八升乘之得四十八石一斗六升五

合。爲實，以每一石二斗爲法，除之，合問。

今有糯米四十石一斗三升七合五勺，每七斗八升折糙

米一石二斗，問該糙米幾何？答曰：六十一石七斗五升。

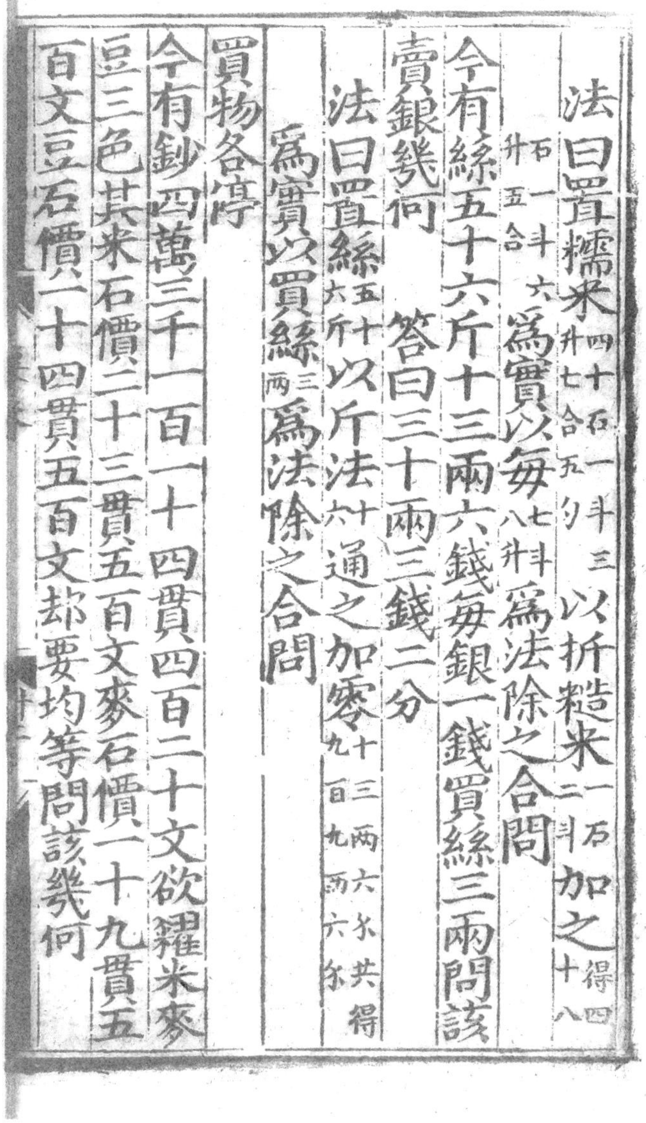

法曰：置糯米四十石一斗三升七合五勺以折糙米二石二斗加之得四十八石一斗六升五合。爲實，以每七斗八升爲法，除之，合問。

今有絲五十六斤十三兩六錢，每銀一錢買絲三兩，問該賣銀幾何？　　答曰：三十兩三錢二分。

法曰：置絲五十六斤以斤法十六通之，加零十三兩六錢，共得九百九兩六錢。爲實。以買絲三兩爲法，除之，合問。

買物各停

今有鈔四萬三千一百一十四貫四百二十文，欲糴米、麥、豆三色，其米石價二十三貫五百文，麥石價一十九貫五百文，豆石價一十四貫五百文，却要均等，問該幾何？

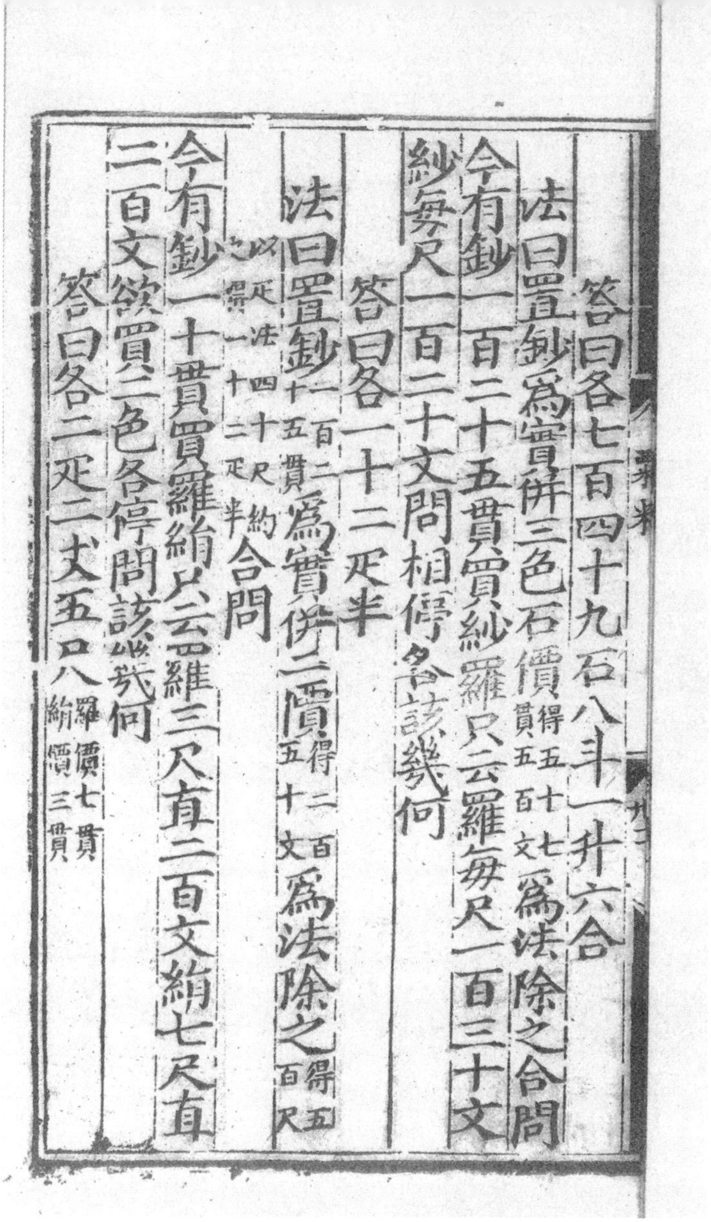

答曰：各七百四十九石八斗一升六合。

法曰：置鈔爲實，并三色石價得五十七貫五百文。爲法，除之，合問。

今有鈔一百二十五貫買紗、羅，只云羅每尺一百三十文，紗每尺一百二十文，問相停各該幾何？

答曰：各一十二匹半。

法曰：置鈔一百二十五貫爲實，并二價得二百五十文爲法，除之得五百尺。以匹法四十尺約之，得一十二匹半。合問。

今有鈔一十貫買羅、絹，只云羅三尺直二百文，絹七尺直二百文。欲買二色各停，問該幾何？

答曰：各二匹二丈五尺羅價七貫，絹價三貫。

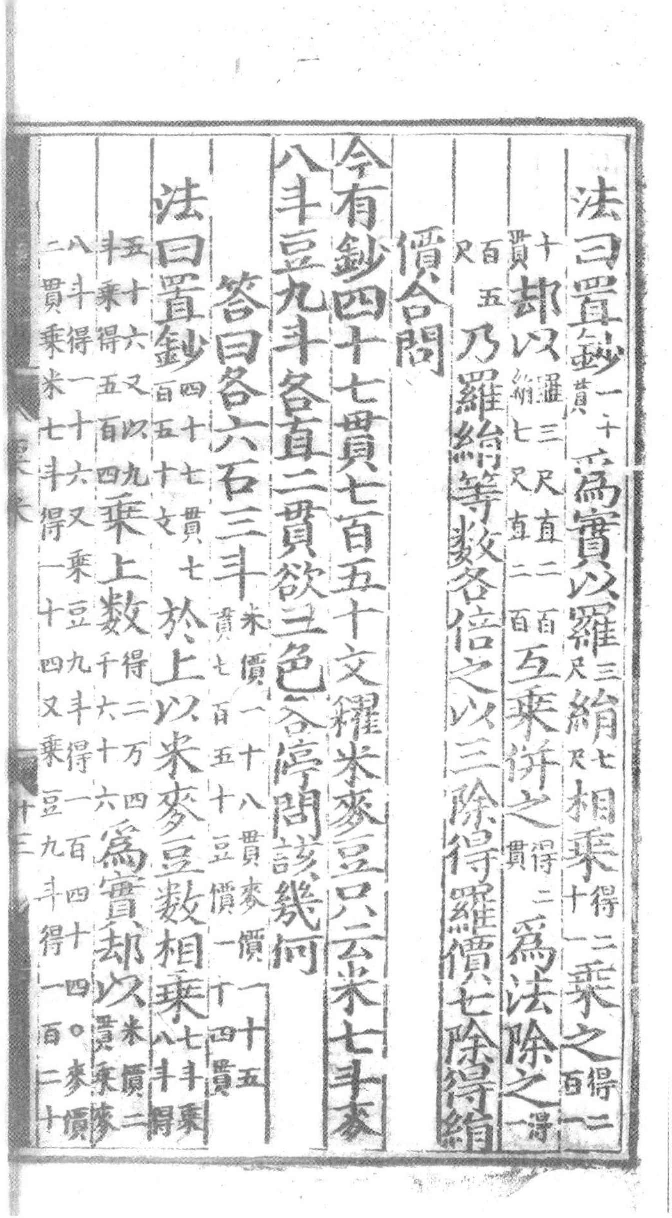

法曰：置鈔一十貫爲實，以羅三尺絹七尺相乘得二十一。乘之得二百一十貫。却以羅三尺直二百，絹七尺直二百。互乘并之得二貫。爲法，除之得一百五尺。乃羅、絹等數，各倍之，以三除得羅價，七除得絹價，合問。

今有鈔四十七貫七百五十文，糴米、麥、豆，只云米七斗、麥八斗、豆九斗，各直二貫，欲三色各停，問該幾何？

答曰：各六石三斗米價一十八貫，麥價一十五貫七百五十，豆價一十四貫。

法曰：置鈔四十七貫七百五十文於上，以米、麥、豆數相乘七斗乘八斗得五十六，又以九斗乘得五百四。乘上數得二万四千六十六。爲實。却以米價二貫乘麥八斗，得一十六。又乘豆九斗，得一百四十四。○麥價二貫乘米七斗，得一十四，又乘豆九斗，得一百二十

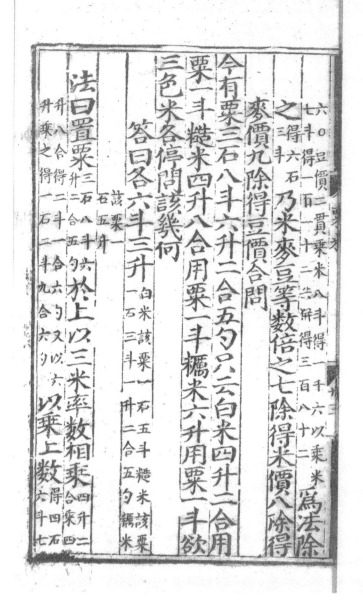

六。○豆價二貫乘米八斗，得一千六，以乘米七斗，得一百一十二，共并得三百八十二。爲法。除之得六石三斗。乃米、麥、豆等數，倍之，七除得米價，八除得麥價，九除得豆價，合問。

今有粟三石八斗六升二合五勺，只云白米四升二合用粟一斗，糙米四升八合用粟一斗，糯米六升用粟一斗。欲三色米各停，問該幾何？

答曰：各六斗三升白米該粟一石五斗，糙米該粟一石三斗一升二合五勺，糯米該粟一石五升。

法曰：置粟三石八斗六升二合五勺於上。以三米率數相乘四升二合乘四升八合，得二斗一合六勺，又以六升乘之得一石二斗九合六勺。以乘上數得四石六斗七

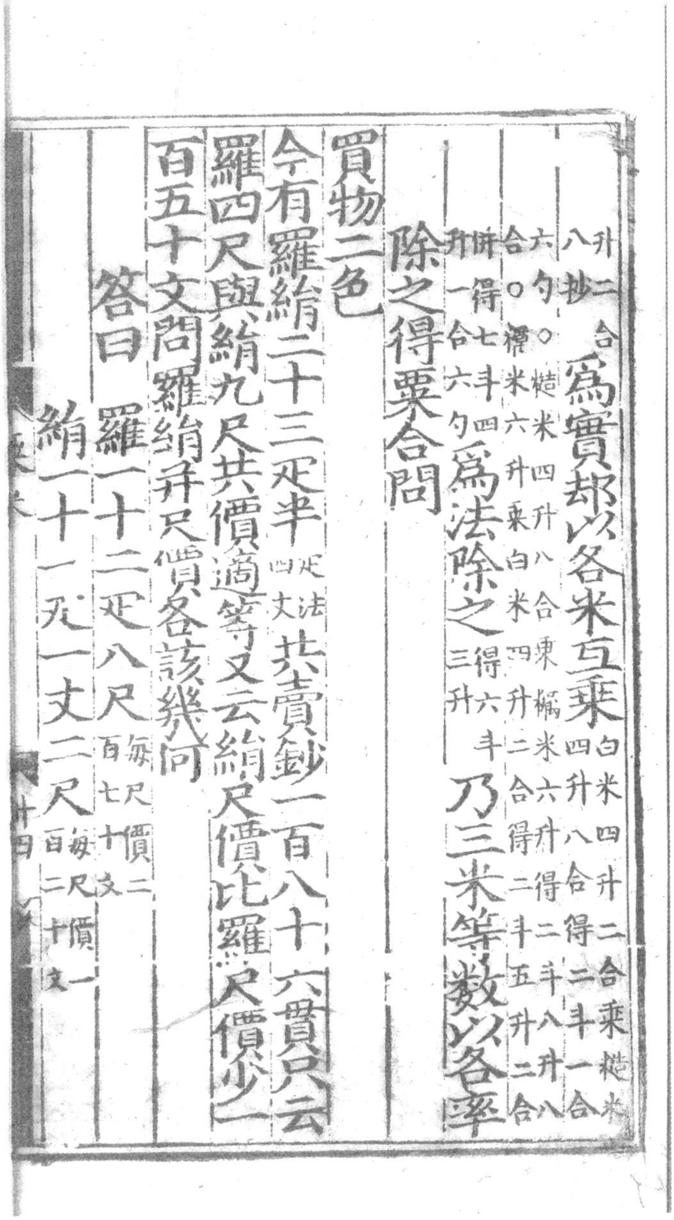

升二合八抄。爲實。却以各米互乘白米四升二合乘糙米四升八合，得二斗一合六勺。○糙米四升八合乘糲米六升，得二斗八升八合。○糲米六升乘白米四升二合，得二斗五升二合。并得七斗四升一合六勺。爲法。除之得六斗三升。乃三米等數，以各率除之，得粟合問。

買物二色

今有羅絹二十三匹半匹法四丈。共賣鈔一百八十六貫。只云羅四尺與絹九尺共價適等，又云絹尺價比羅尺價少一百五十文，問羅、絹并尺價各該幾何？

答曰：羅一十二匹八尺每尺價二百七十文，

絹一十一匹一丈二尺每尺價一百二十文。

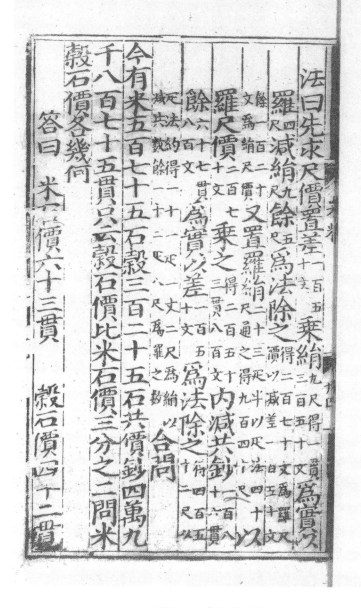

法曰：先求尺價置差一百五十文乘絹九尺，得一貫三百五十文。爲實，羅四尺減絹九尺餘五尺爲法，除之得二百七十文，爲羅尺價。以減差一百五十文餘一百二十文爲絹尺價。又置羅絹二十三匹半，以匹法四十尺通之，得九百四十尺。以羅尺價二百七十文乘之得二百五十三貫八百文。内減共鈔一百八十六貫餘六十七貫八百文。爲實，以差一百五十文爲法，除之得四百五十二尺。以匹法約得一十一匹一丈二尺爲絹。以減共數，餘一十二匹八尺爲羅之數。合問。

今有米五百七十五，石穀三百二十五石，共價鈔四萬九千八百七十五貫。只云穀石價比米石價三分之二，問米穀石價各幾何？

答曰： 米石價六十三貫， 穀石價四十二貫。

法曰：置米五百七十五石以分母三乘之得一千七百二十五。穀三百二十五石

以分子二乘之得六百五十。并之得二千三百七十五。爲法。置共鈔

四万九千八百七十五貫副置二位上以三乘之得一十四万九千六百二十五。

下以二乘之得九万九千七百五十。各以法除之，合問。

今有鈔一千二百貫，買綾每匹七貫二百文，絹每匹四貫八百文。欲買一停絹、二停綾，問各得幾何？

答曰：　綾一百二十五匹，　絹六十二匹半。

法曰：置鈔一千二百貫爲實，并絹一匹價、綾二匹價共一十九貫二百文爲法，除之得絹六十二匹半。倍之得綾數，合問。

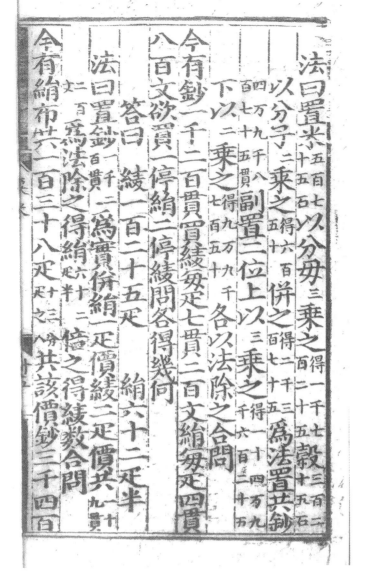

今有絹、布共一百三十八匹十三分匹之八，共該價鈔三千四百

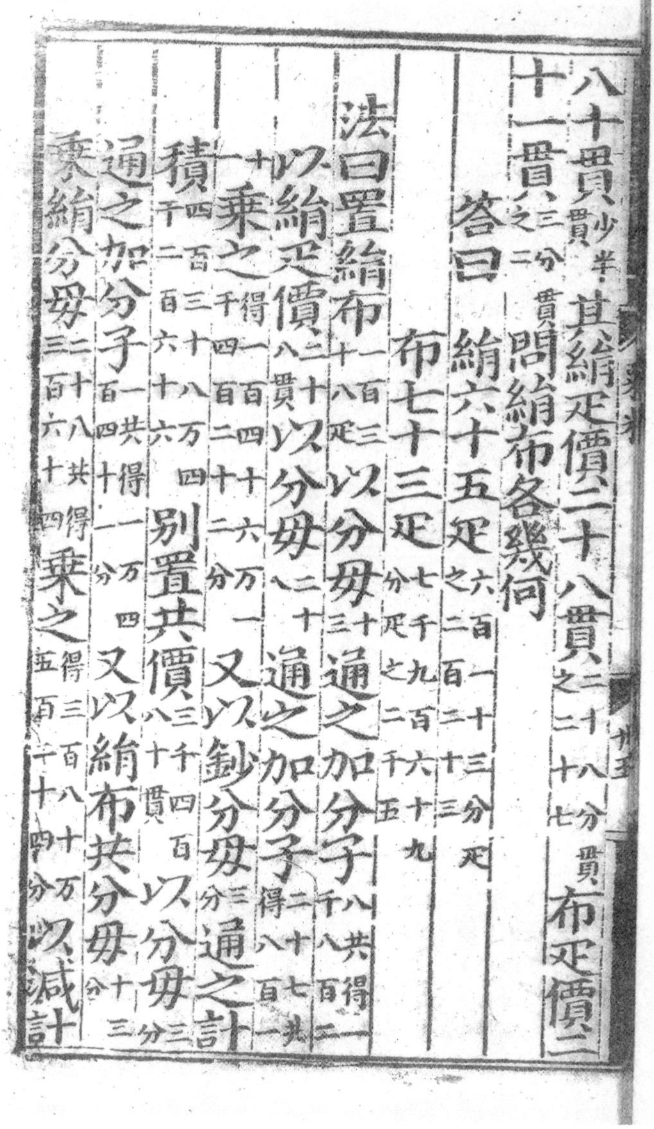

八十貫少半貫。其絹匹價二十八貫二十八分貫之二十七，布匹價二十一貫三分貫之二，問絹布各幾何？

答曰：絹六十五匹六百一十三分匹之二百二十三，

布七十三匹七千九百六十九分匹之二千五。

法曰：置絹布一百三十八匹以分母十三通之，加分子八，共得一千八百二。以絹匹價二十八貫以分母二十八通之，加分子二十七，共得八百一十一。乘之得一百四十六万一千四百二十二分。又以鈔分母三分通之計積四百三十八万四千二百六十六。別置共價三千四百八十貫以分母三分通之，加分子二，共得一万四百四十一分。又以絹布共分母十三分乘絹分母二十八，共得三百六十四。乘之得三百八十万五百二十四分。以減計

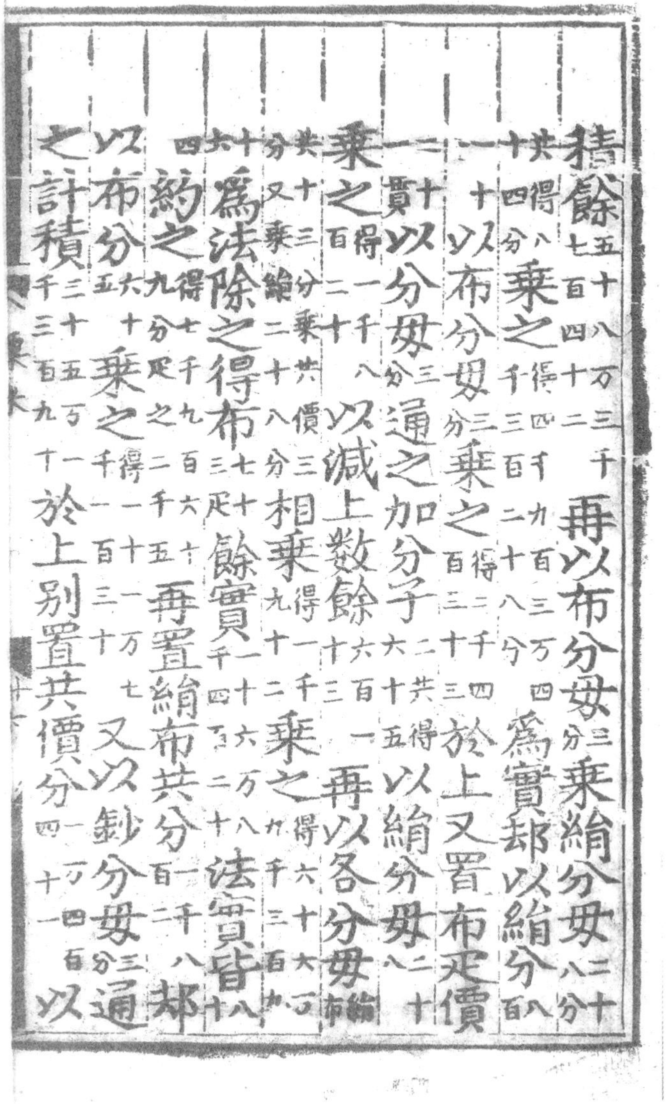

積，餘五十八万三千七百四十三。再以布分母三分乘絹分母二十八分，共得八十四分。乘之得四千九百三万四千三百二十八分。爲實。却以絹分八百二十二以布分母三分乘之得二千四百三十三。於上。又置布匹價二十二貫以分母三分通之，加分子二，共得六十五。以絹分母二十八乘之得一千八百二十。以減上數，餘六百一十三。再以各分母絹布共十三，分乘共價三分，又乘絹二十八分相乘得一千九十二。乘之得六十六万九千三百九十六。爲法。除之得布七十三匹。餘實一十六万八千四百二十。法實皆八十四約之，得七千九百六十九分匹之二千五。再置絹、布共分一千八百二却以布分六十五乘之得一十一万七千一百三十。又以鈔分母三分通之，計積三十五万一千三百九十。於上。別置共價分一万四百四十一以

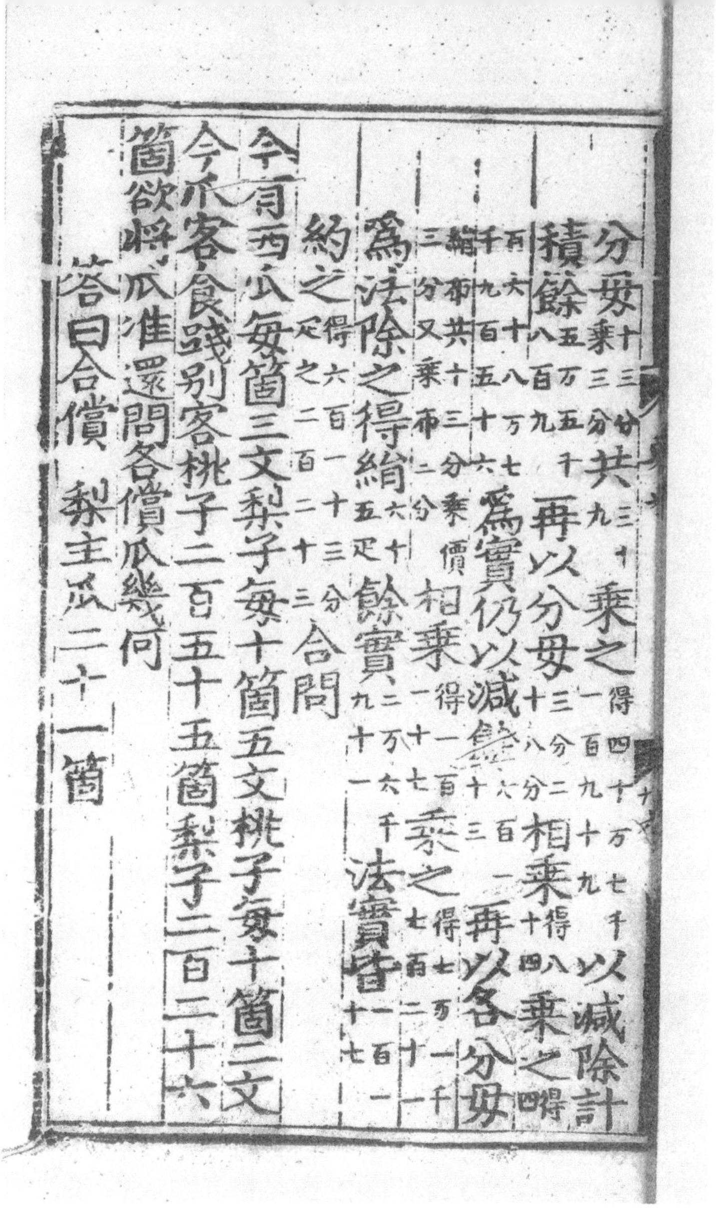

分母十三分乘三分共三十九。乘之得四十万七千一百九十九。以減除計積，餘五万五千八百九。再以分母三分二十八分相乘得八十四。乘之得四百六十八万七千九百五十六。爲實。仍以減餘六百一十三。再以各分母絹、布共十三分乘價三分，又乘布二分相乘得一百一十七。乘之得七万一千七百二十一。爲法，除之得絹六十五匹。餘實二万六千九十一。法實皆一百一十七約之得六百一十三分匹之二百二十三。合問。

今有西瓜每箇三文，梨子每十箇五文，桃子每十箇二文。今瓜客食踐別客桃子二百五十五箇，梨子二百二十六箇，欲將瓜准還，問各償瓜幾何？

答曰：合償　梨主瓜二十一箇，

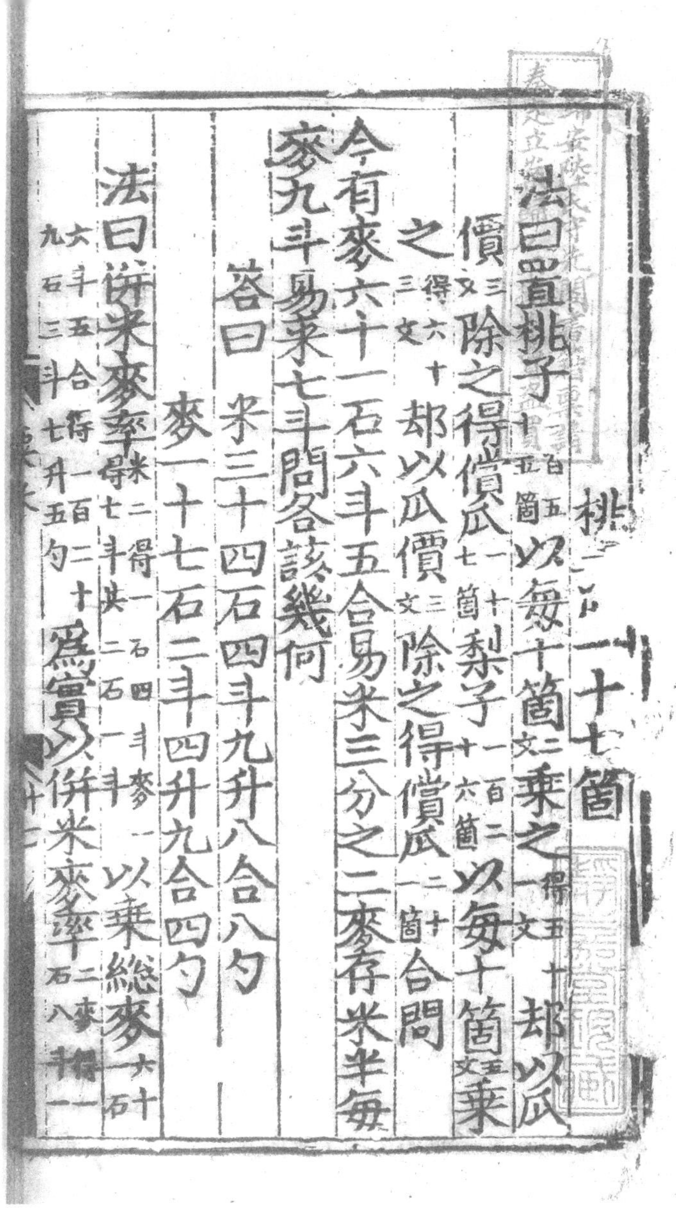

桃主瓜一十七[1]箇。

法曰：置桃子二百五十五箇以每十箇二文乘之得五十一文。却以瓜價三文除之，得償瓜一十七箇。梨子一百二十六箇。以每十箇五文乘之得六十三文。却以瓜價三文除之，得償瓜二十一箇。合問。

今有麥六十一石六斗五合，易米三分之二，麥存米半，每麥九斗易米七斗，問各該幾何？

答曰：米三十四石四斗九升八合八勺，

麥一十七石二斗四升九合四勺。

法曰：并米、麥率米二，得一石四斗，麥一，得七斗，其二石一斗。以乘総麥六十一石六斗五合，得一百二十九石三斗七升五勺。爲實，以并米麥率二麥得一石八斗，一

1“主瓜一十七”各本不清，依題意作此。

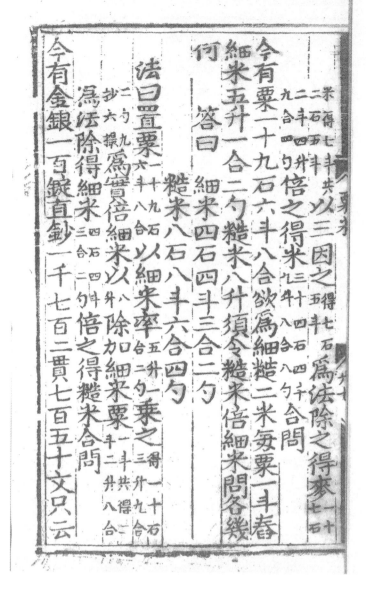

米得七斗，共二石五斗。以三因之得七石五斗。爲法，除之，得麥一十七石二斗四升九合四勺。倍之，得米三十四石四斗九升八合八勺。合問。

今有粟一十九石六斗八合，欲爲細、糙二米，每粟一斗舂細米五升一合二勺，糙米八升，須令糙米倍細米，問各幾何？　答曰：細米四石四斗三合二勺，

糙米八石八斗六合四勺。

法曰：置粟一十九石六斗八合以細米率五升一合二勺乘之得一十石三升九合二勺九抄六撮。爲實，倍細米，以八升除，加細米粟一斗，共得二斗二升八合。爲法，除得細米四石四斗三合二勺。倍之得糙米，合問。

今有金、銀一百錠，直鈔一千七百二貫七百五十文。只云

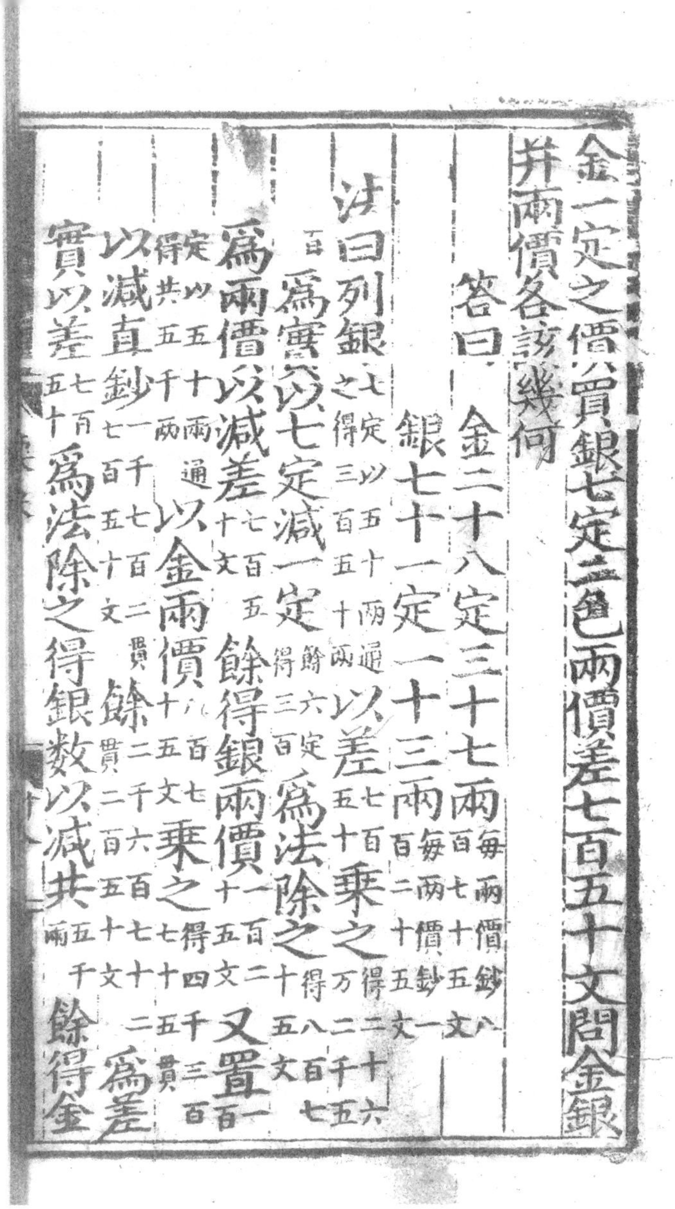

金一定之價買銀七定，二色兩價差七百五十文。問金、銀并兩價各該幾何？

答曰：金二十八定三十七兩每兩價鈔八百七十五文，

銀七十一定一十三兩每兩價鈔一百二十五文。

法曰：列銀七定，以五十兩通之，得三百五十兩。以差七百五十乘之得二十六万二千五百。爲實，以七定減一定餘六定得三百。爲法，除之得八百七十五文。爲兩價，以減差七百五十文餘得銀兩價一百二十五文。又置一百定，以五十兩通得，共五千兩。以金兩價八百七十五文乘之得四千三百七十五貫。以減直鈔一千七百二貫七百五十文餘二千六百七十二貫二百五十文。爲差實。以差七百五十爲法，除之得銀數。以減共五千兩餘得金數，各以定率約之，合問。

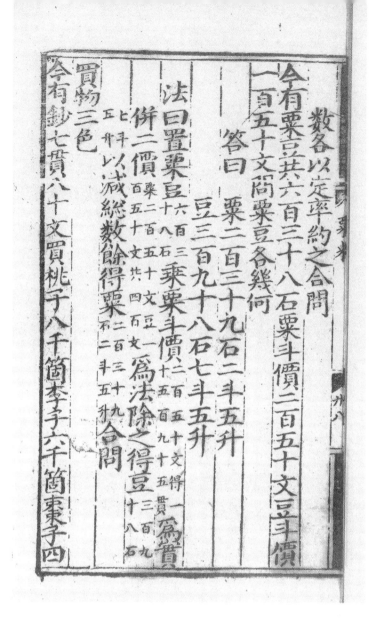

今有粟、豆共六百三十八石，粟斗價二百五十文，豆斗價一百五十文，問粟豆各幾何？

答曰：　粟二百三十九石二斗五升，

豆三百九十八石七斗五升。

法曰：置粟豆六百三十八石乘粟斗價二百五十文，得一十五百九十五貫。爲實，并二價粟二百五十文，豆一百五十文，共四百文。爲法，除之，得豆三百九十八石七斗五升。以減総數，餘得粟二百三十九石二斗五升。合問。

買物三色

今有鈔七貫八十文，買桃子八千箇，李子六千箇，棗子四

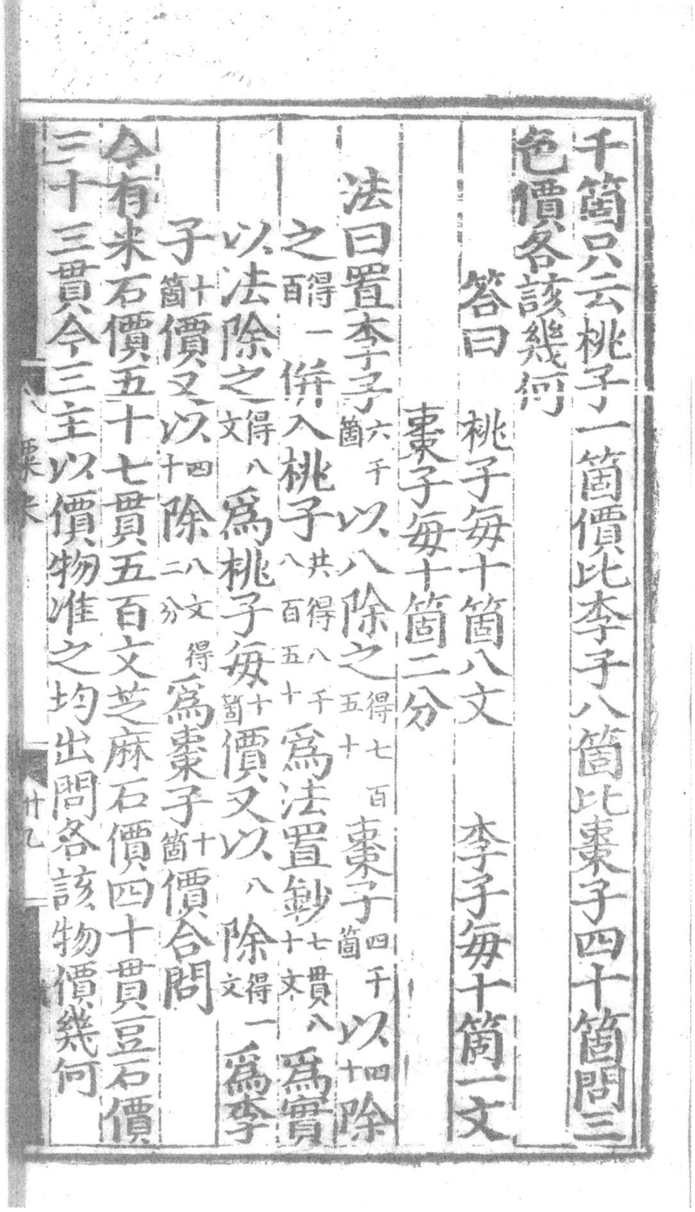

千箇。只云桃子一箇價比李子八箇，比棗子四十箇。問三色價各該幾何？

答曰：　桃子每十箇八文，　李子每十箇一文，

棗子每十箇二分。

法曰：置李子六千箇以八除之得七百五十。棗子四千箇以四十除之得一百。并入桃子共得八千八百五十。爲法。置鈔七貫八十文爲實，以法除之得八文。爲桃子每十箇價。又以八除得一文。爲李子十箇價。又以四十除八文，得二分。爲棗子十箇價，合問。

今有米石價五十七貫五百文，芝麻石價四十貫，豆石價三十三貫，今三主以價物准之均出，問各該物價幾何？

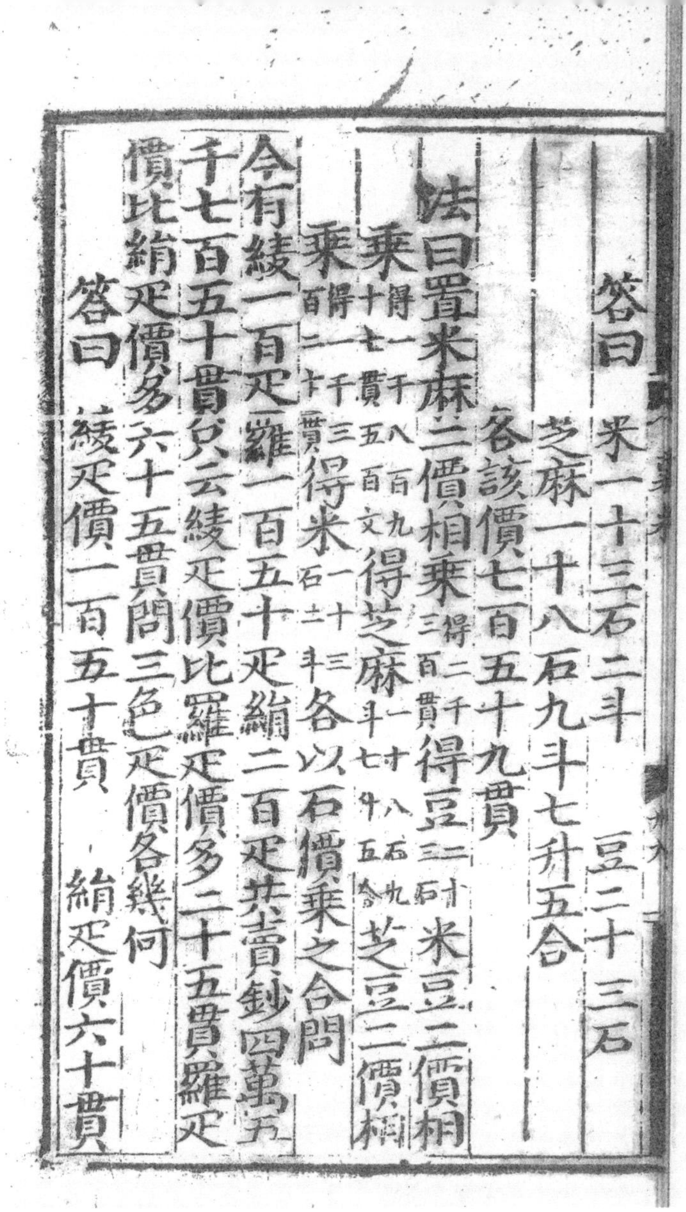

答曰：米一十三石二斗，　豆二十三石，

芝麻一十八石九斗七升五合，

各該價七百五十九貫。

法曰：置米、麻二價相乘得二千三百貫。得豆二十三石米、豆二價相乘得一千八百九十七貫五百文。得芝麻一十八石九斗七升五合芝、豆二價相乘得一千三百二十貫。得米一十三石二斗。各以石價乘之，合問。

今有綾一百匹，羅一百五十匹，絹二百匹，共賣鈔四萬五千七百五十貫。只云綾匹價比羅匹價多二十五貫，羅匹價比絹匹價多六十五貫，問三色匹價各幾何？

答曰：　綾匹價一百五十貫，　絹匹價六十貫，羅匹價一百二十五貫。

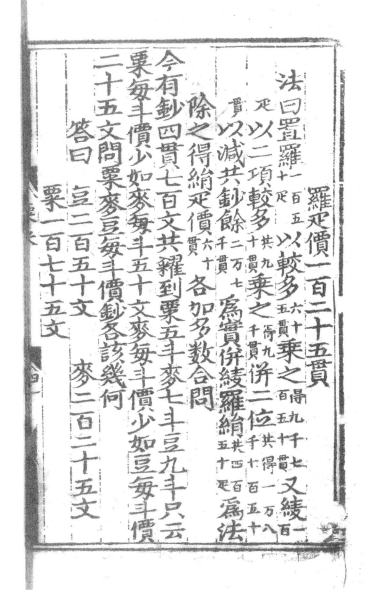

法曰：置羅一百五十匹以較多六十五貫乘之得九千七百五十貫。又綾一百匹以二項較多共九十貫乘之得九千貫。并二位共得一万八千七百五十貫。以減共鈔，餘二万七千貫。爲實。并綾、羅、絹共四百五十匹。爲法，除之，得絹匹價六十貫。各加多數，合問。

今有鈔四貫七百文，共糴到粟五斗、麥七斗、豆九斗。只云粟每斗價少如麥每斗五十文，麥每斗價少如豆每斗價二十五文，問粟、麥、豆每斗價鈔各該幾何？

答曰：豆二百五十文，　麥二百二十五文，

粟一百七十五文。

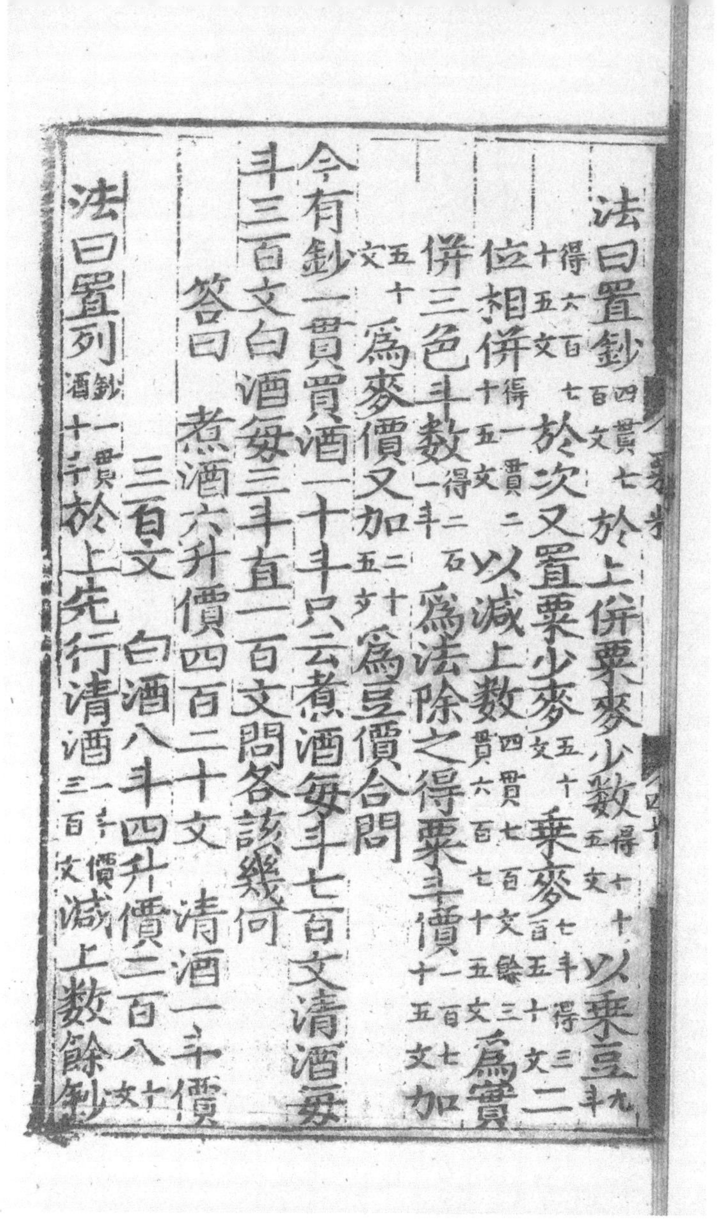

法曰：置鈔（四貫七百文）於上，并粟麥少數（得七十五文）以乘豆（九斗）（得六百七十五文）於次。又置粟少麥（五十文）乘麥（七斗，得三百五十文。）二位相并（得一貫二十五文。）以減上數（四貫七百文，餘三貫六百七十五文。）爲實。并三色斗數（得二石一斗。）爲法，除之，得粟斗價（一百七十五文。）加（五十文）爲麥價，又加（二十五文）爲豆價，合問。

今有鈔一貫買酒一十斗，只云煮酒每斗七百文，清酒每斗三百文，白酒每三斗直一百文，問各該幾何？

答曰：　煮酒六升價四百二十文，清酒一斗價三百文，白酒八斗四升價二百八（十文）。

法曰：置列（鈔一貫，酒十斗，）於上，先行清酒（一斗價三百文）減上數，餘鈔七百文。煮白酒九斗如雙分身術求之。内白酒三斗直一百合，用通分，以共價七百，三因得二貫一百文，得煮酒斗價。其白酒一斗直三十三文三分文之一，以分母三通之，得九十九，加内子，一共得斗價一百文。別置總酒九斗以貴價七百文因之得六貫三百文。内減原價七百文餘價得五貫六百文。爲實。以貴賤二價以少減多餘二貫爲法，除之得白酒價二百八十文。以每三斗因得八斗四升。以減總酒九斗餘得煮酒六升各以價因之，合問。

今有粟七十四石五斗二升，將一半換米，每粟一斗換米六升。那一半換豆、麥。每粟一斗換豆九升，每粟九升換麥八升。問換三色各該幾何？

答曰：米二十二石三斗五升六合，該粟三十七石二斗六升，

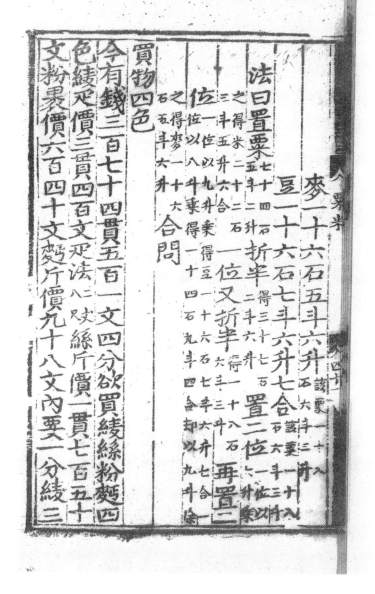

麥一十六石五斗六升，該粟一十八石六斗三升，

豆一十六石七斗六升七合，該粟一十八石六斗三升。

法曰：置粟七十四石五斗二升折半得三十七石二斗六升。置二位一位以六升乘之，得米二十二石三斗五升六合。一位又折半得一十八石六斗三升。再置二位一位以九升乘，得豆一十六石七斗六升七合。一位以八升乘，得一十四石九斗四合却以九斗除之，得麥一十六石五斗六升。合問。

買物四色

今有錢三百七十四貫五百一文四分，欲買綾、絲、粉、麪四色。綾疋價三貫四百文，疋法二丈八尺。絲斤價一貫七百五十文，粉裹價六百四十文，麪斤價九十八文。内要一分綾、三

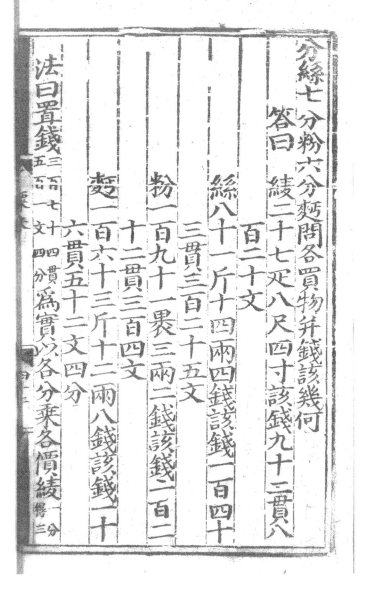

分絲、七分粉、六分麥，問各買物并錢該幾何？

答曰：淩二十七匹八尺四寸，該錢九十二貫八百二十文；

絲八十一斤十四兩四錢，該錢一百四十三貫三百二十五文；

粉一百九十一裹三兩二錢，該錢二百二十二貫三百四文；

麪一百六十三斤十二兩八錢，該錢一十六貫五十二文四分。

法曰：置錢三百七十四貫五百一文四分爲實，以各分乘各價綾一分得三

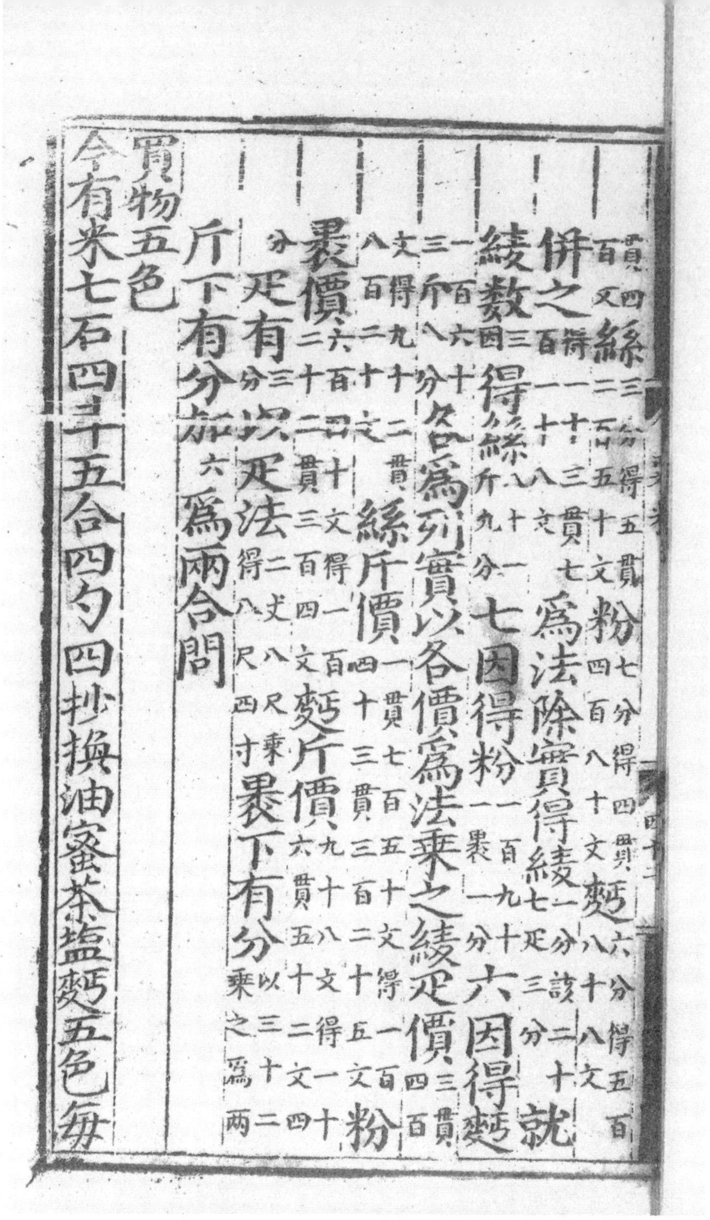

（貫四百文。）絲（三分，得五貫二百五十文。）粉（七分，得四貫四百八十文。）麪（六分，得五百八十八文。）

并之（得一十三貫七百一十八文。）爲法。除實，得綾（一分該二十七匹三分。）就綾數（三因）得絲（八十一斤九分。）七因得粉（一百九十二裹一分。）六因得麪（一百六十三斤八分。）各爲列實。以各價爲法乘之。綾匹價（三貫四百文，得九十二貫八百二十文。）絲斤價（一貫七百五十文，得一百四十三貫三百二十五文。）粉裹價（六百四十文，得一百二十二貫三百四文。）麪斤價（九十八文，得一十六貫五十二文四分。）匹有（三分）以匹法（二丈八尺，乘得八尺四寸。）裹下有分（以三十二乘之爲兩。）斤下有分加（六）爲兩，合問。

買物五色

今有米七石四斗五合四勺四抄，换油、蜜、茶、鹽、麪五色。每

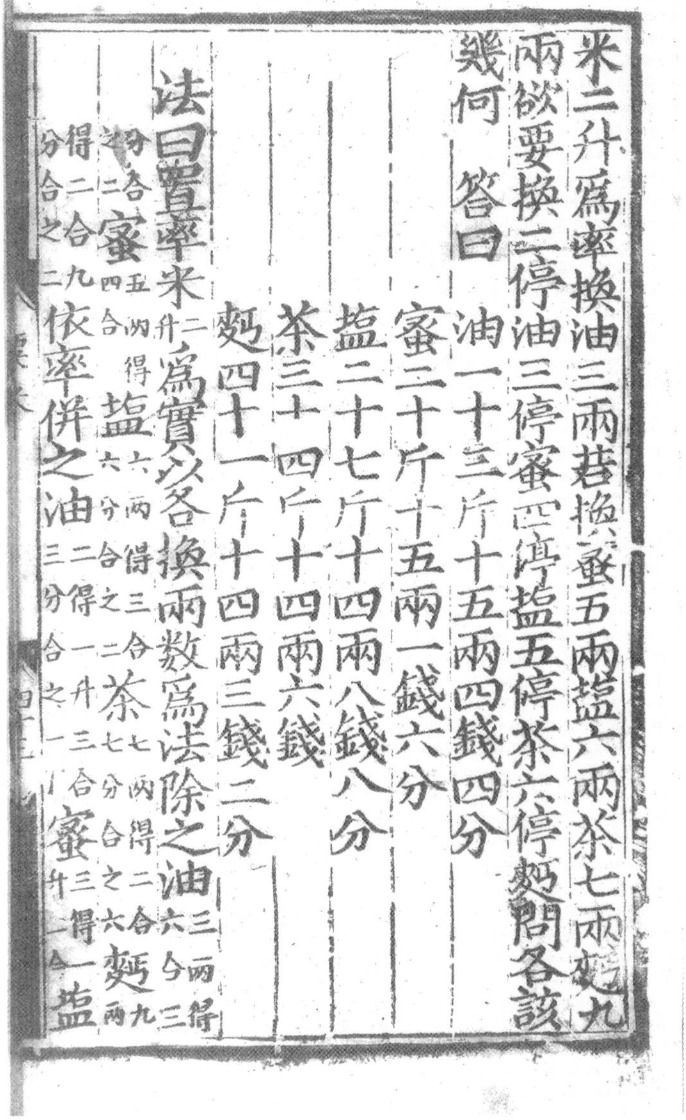
米二升爲率换油三兩若换蜜五兩盐六兩茶七兩麪九兩欲要换二停油三停蜜四停盐五停茶六停麪問各該幾何　答曰
油一十三斤十五兩四錢四分
蜜二十斤十五兩一錢六分
盐二十七斤十四兩八錢八分
茶三十四斤十四兩六錢
麪四十一斤十四兩三錢二分
法曰置率米二升爲實以各换兩數爲法除之油三兩得六合三分合之二蜜五兩得四合盐六兩得三合六分合之二茶七兩得二合七分合之六麪九兩得二合九分合之二依率併之油二得一升三合三分合之一蜜三得一升二合一盐

米二升爲率，换油三兩。若换蜜，五兩，鹽六兩，茶七兩，麪九兩。欲要换二停油、三停蜜、四停鹽、五停茶、六停麪。問各該幾何？　答曰：油一十三斤十五兩四錢四分，

蜜二十斤十五兩一錢六分，

鹽二十七斤十四兩八錢八分，

茶三十四斤十四兩六錢，

麪四十一斤十四兩三錢二分。

法曰：置率米（二升）爲實，以各换兩數爲法，除之。油（三兩，得六合三分合之二。）蜜（五兩，得四合。）鹽（六兩，得三合六分合之二。）茶（七兩，得二合七分合之六。）麪（九兩，得二合九分合之二。）依率并之。油（二，得一升三合三分合之一。）蜜（三，得一升二合。）鹽

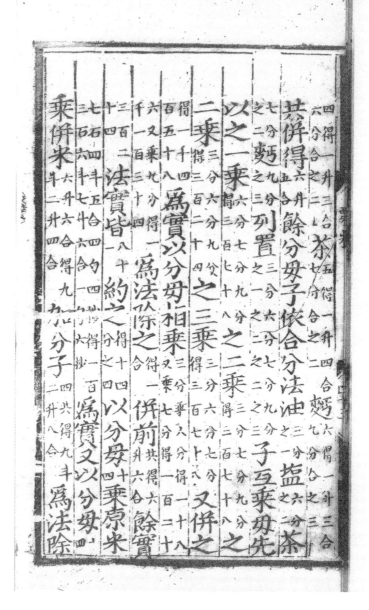

四，得一升三合六分合之二。茶五，得一升四合七分合之二。麪六，得一升三合九分合之三。

共并得六升五合。餘分母子，依合分法，油三分之一，鹽六分之二，茶七分之二，麪九分之三，列置三分之一、六分之二、七分之二、九分之三子互乘母，先以之一乘六分、七分、九分，得三百七十八。之二乘三分、七分、九分，得三百七十八。之二乘三分、六分、九分，得三百二十四。之三乘三分、六分、七分，得三百七十八。又并之得一千四百五十八。爲實。以分母相乘三分乘六分，得一十八。又乘七分，得一百二十六。又乘九分，得一千一百三十四。爲法。除之得一合。并前共得六升六合。餘實三百二十四。法實皆八十一約之得十四分之四。以分母十四乘原米七石四斗五合四勺四鈔，得一百三石六斗七升六合一勺六鈔。爲實。又以分母十四乘并米六升六合，得九斗二升四合。加分子四，共得九斗二升八合。爲法。除

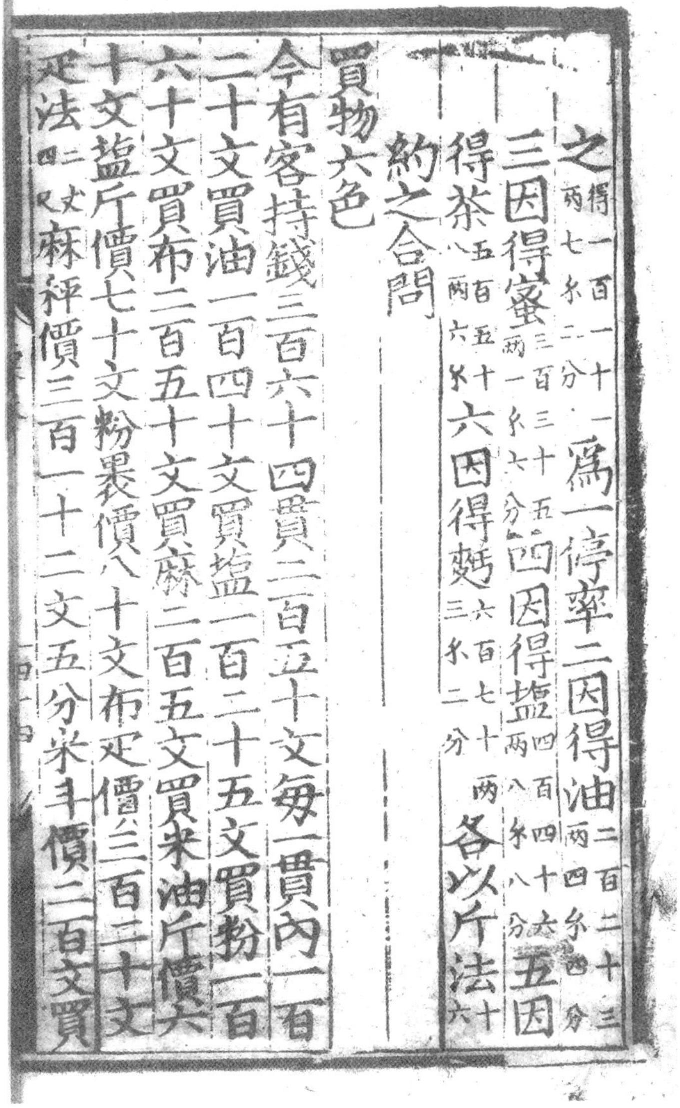

之，得一百一十一兩七錢二分。爲一停率。率二因得油二百二十三兩四錢四分。三因得蜜三百三十五兩一錢六分。四因得鹽四百四十六兩八錢八分。五因得茶五百五十八兩六錢。六因得麪六百七十兩三錢二分。各以斤法十六約之，合問。

買物六色

今有客持錢三百六十四貫二百五十文，每一貫內一百二十文買油一百四十文，買鹽一百二十五文，買粉一百六十文，買布二百五十文，買麻二百五文。買米、油斤價六十文，鹽斤價七十文，粉裹價八十文，布匹價三百二十文。匹法二丈四尺。麻秤價三百一十二文五分，米斗價二百文。買

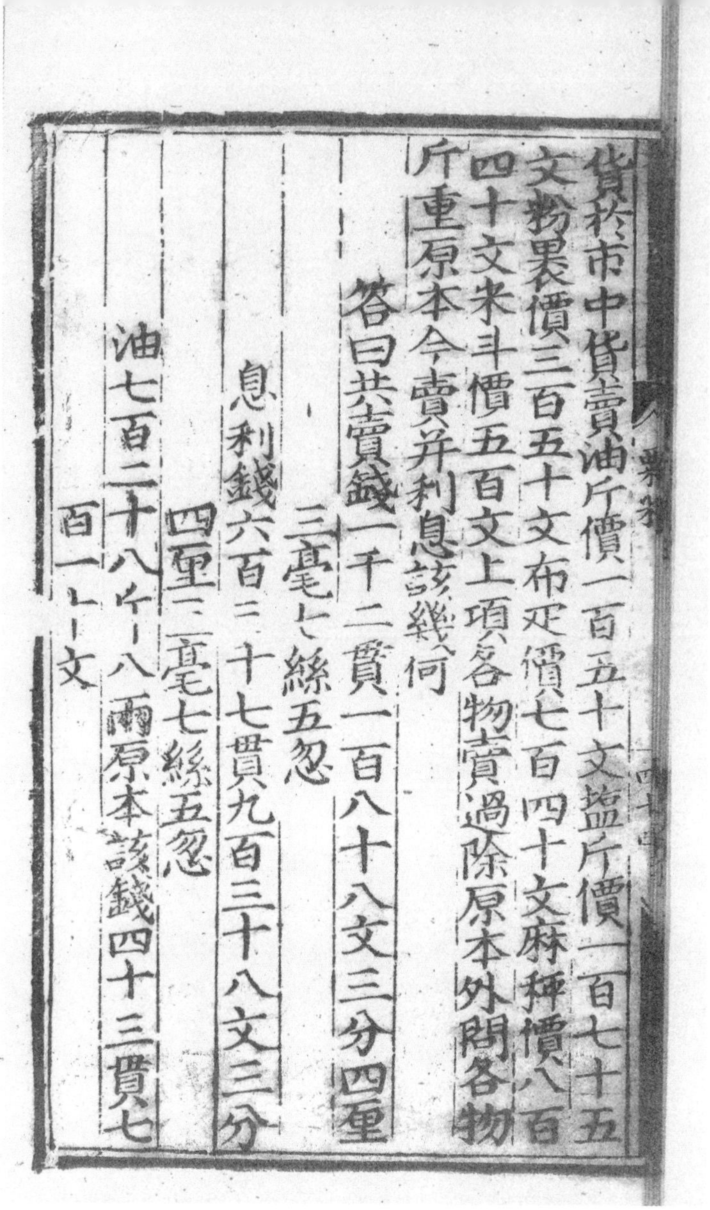
貨於市中貨賣油斤價一百五十文鹽斤價一百七十五
文粉裹價三百五十文布疋價七百四十文麻秤價八百
四十文米斗價五百文上項各物賣過除原本外問各物
斤重原本今賣并利息該幾何
答曰共賣錢一千二貫一百八十八文三分四厘
三毫七絲五忽
息利錢六百三十七貫九百三十八文三分
四厘三毫七絲五忽
油七百二十八斤八兩原本該錢四十三貫七
百一十文

貨於市中，貨賣油斤價一百五十文，鹽斤價一百七十五文，粉裹價三百五十文，布匹價七百四十文，麻秤價八百四十文，米斗價五百文。上項各物賣過除原本外，問各物斤重、原本、今賣并利息該幾何？

答曰：共賣錢一千二貫一百八十八文三分四厘三毫七絲五忽。

息利錢六百三十七貫九百三十八文三分四厘三毫七絲五忽。

油七百二十八斤八兩，原本該錢四十三貫七百一十文，

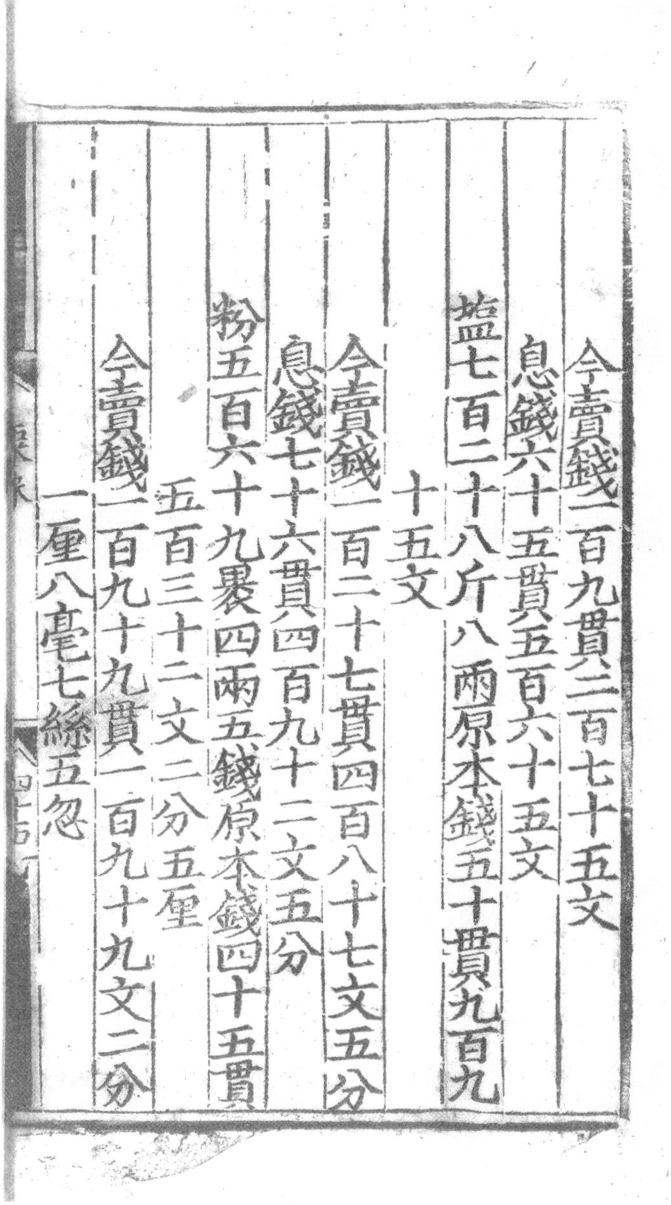
今賣錢一百九貫二百七十五文
息錢六十五貫五百六十五文
塩七百二十八斤八兩原本錢五十貫九百九
十五文
今賣錢一百二十七貫四百八十七文五分
息錢七十六貫四百九十二文五分
粉五百六十九裹四兩五錢原本錢四十五貫
五百三十二文二分五厘
今賣錢一百九十九貫一百九十九文二分
一厘八毫七絲五忽

今賣錢一百九貫二百七十五文，

息錢六十五貫五百六十五文；

鹽七百二十八斤八兩，原本錢五十貫九百九

十五文，

今賣錢一百二十七貫四百八十七文五分，

息錢七十六貫四百九十二文五分；

粉五百六十九裹四兩五錢，原本錢四十五貫

五百三十二文二分五厘，

今賣錢一百九十九貫一百九十九文二分

一厘八毫七絲五忽，

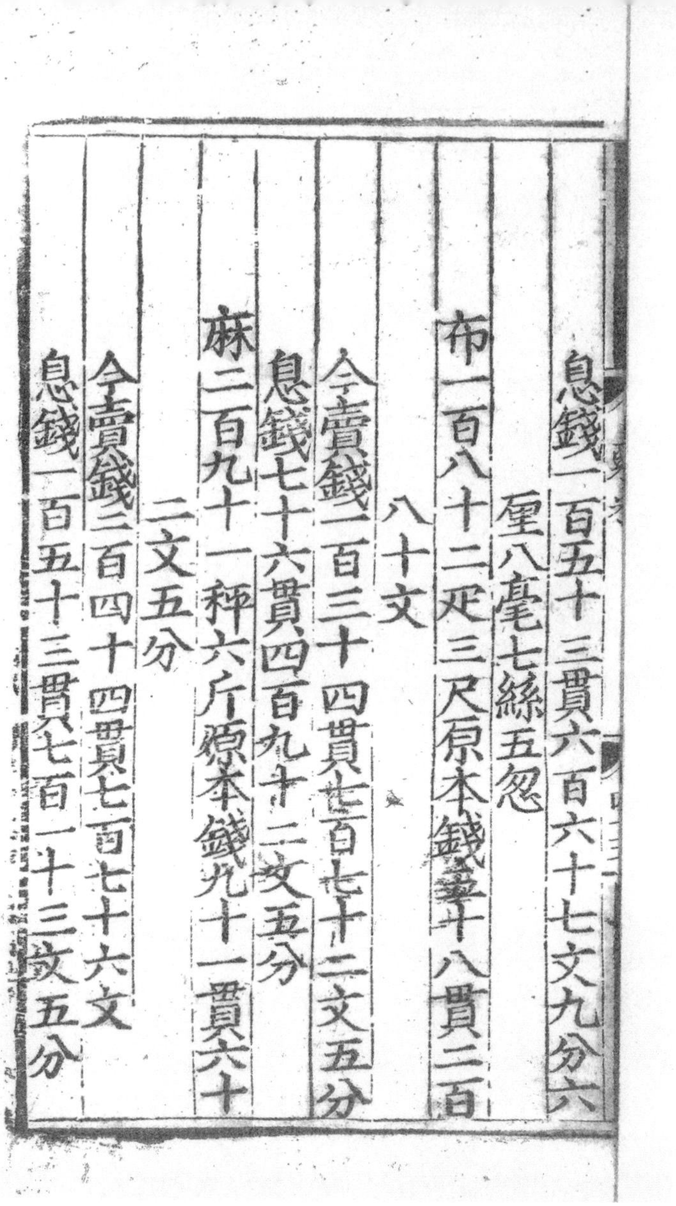
息錢一百五十三貫六百六十七文九分六
釐八毫七絲五忽
布一百八十二疋三尺原本錢五十八貫二百
八十文
今賣錢一百三十四貫七百七十二文五分
息錢七十六貫四百九十二文五分
麻二百九十一秤六斤原本錢九十一貫六十
二文五分
今賣錢二百四十四貫七百七十六文
息錢一百五十三貫七百一十三文五分

息錢一百五十三貫六百六十七文九分六

厘八毫七絲五忽；

布一百八十二匹三尺，原本錢五十八貫二百

八十文，

今賣錢一百三十四貫七百七十二文五分，

息錢七十六貫四百九十二文五分；

麻二百九十一秤六斤，原本錢九十一貫六十

二文五分，

今賣錢二百四十四貫七百七十六文，

息錢一百五十三貫七百一十三文五分；

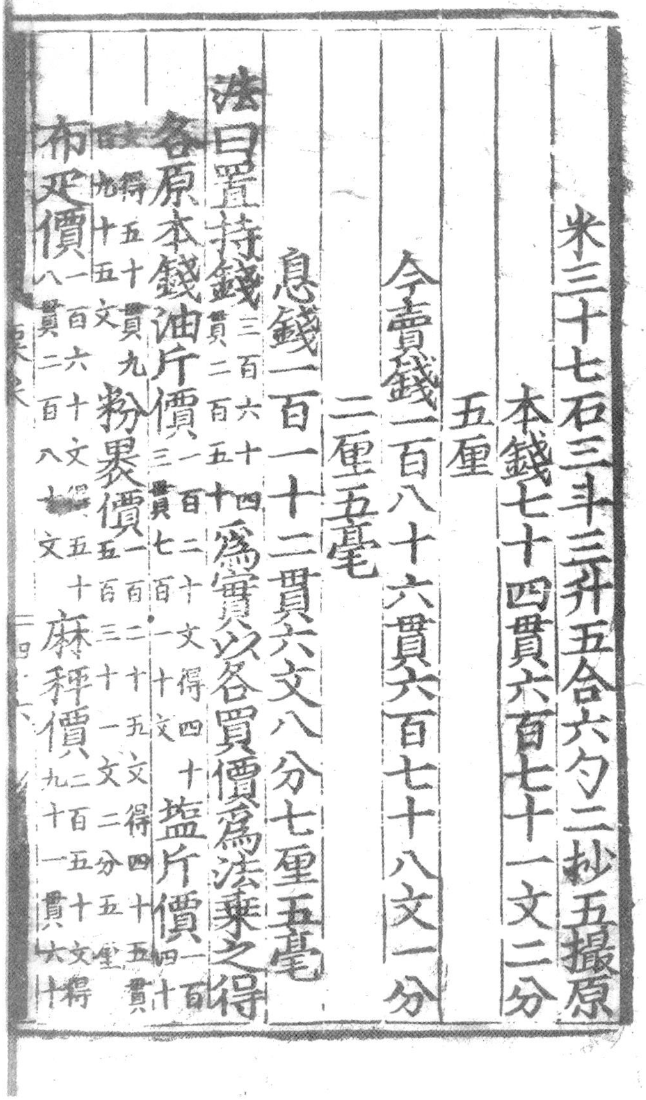

米三十七石三斗三升五合六勺二抄五撮，原

本錢七十四貫六百七十一文二分五厘，

今賣錢一百八十六貫六百七十八文一分二厘五毫，

息錢一百一十二貫六文八分七厘五毫。

法曰：置持錢三百六十四貫二百五十爲實，以各買價爲法，乘之得各原本錢。油斤價一百二十文，得四十三貫七百一十文。鹽斤價一百四十文，得五十貫九百九十五文。粉裹價一百二十五文，得四十五貫五百三十一文二分五厘。布匹價一百六十文，得五十八貫二百八十文。麻秤價二百五十文，得九十一貫六十

二文五分。米斗價二百五文，得七十四貫六百七十一文二分五厘。各就原本錢

爲實，以各物買價爲法，除之，得各買到物數。油斤價六十文，得七百二十八斤八兩。鹽斤價七十文，得七百二十八斤八兩。粉裹價八十文，得五百六十九裹四兩五錢。布匹價三百二十文，得一百八十二匹三尺。麻秤價三百二十二文五分，得二百九十一秤六斤。米斗價二百文，得三十七石二斗三升五合六勺二抄五撮。

粉裹下有分數三十二乘之爲兩，布匹下有分數二十四乘之爲尺，麻秤下有分數，加五爲斤，却將各物粉裹下兩，布匹下尺，麻秤下斤，俱作分數爲實。以市中貨賣價爲法，乘之。油斤價一百五十文，得一百九貫二百七十五文。鹽斤價一百七十五文，得一百二十七貫四百八十七文五分。粉裹價三百五十文，得一百九十九貫

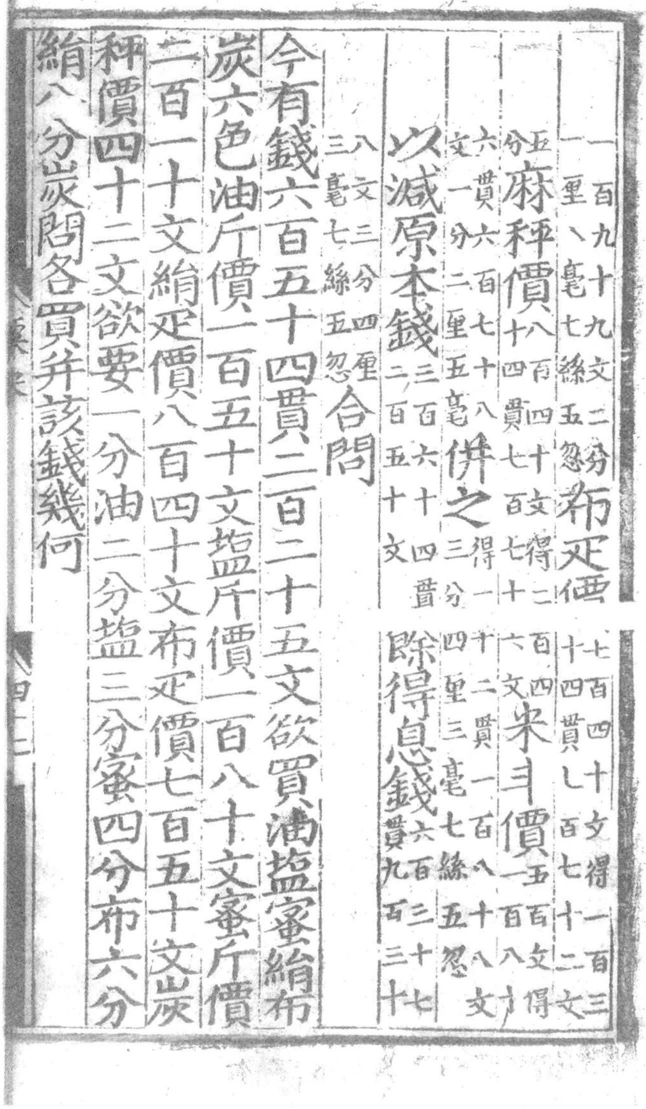

一百九十九文二分一厘八毫七絲五忽。布匹價七百四十文，得一百三十四貫七百七十二文五分。麻秤價八百四十文，得二百四十四貫七百七十六文。米斗價五百文，得一百八十六貫六百七十八文一分二厘五毫。并之得一十二貫一百八十八文三分四厘三毫七絲五忽。以減原本錢三百六十四貫二百五十文餘得息錢六百三十七貫九百三十八文三分四厘三毫七絲五忽。合問。

今有錢六百五十四貫二百二十五文，欲買油、鹽、蜜、絹、布炭六色，油斤價一百五十文，鹽斤價一百八十文，蜜斤價二百一十文，絹匹價八百四十文，布匹價七百五十文，炭秤價四十二文。欲要一分油、二分鹽、三分蜜、四分布、六分絹、八分炭，問各買并該錢幾何？

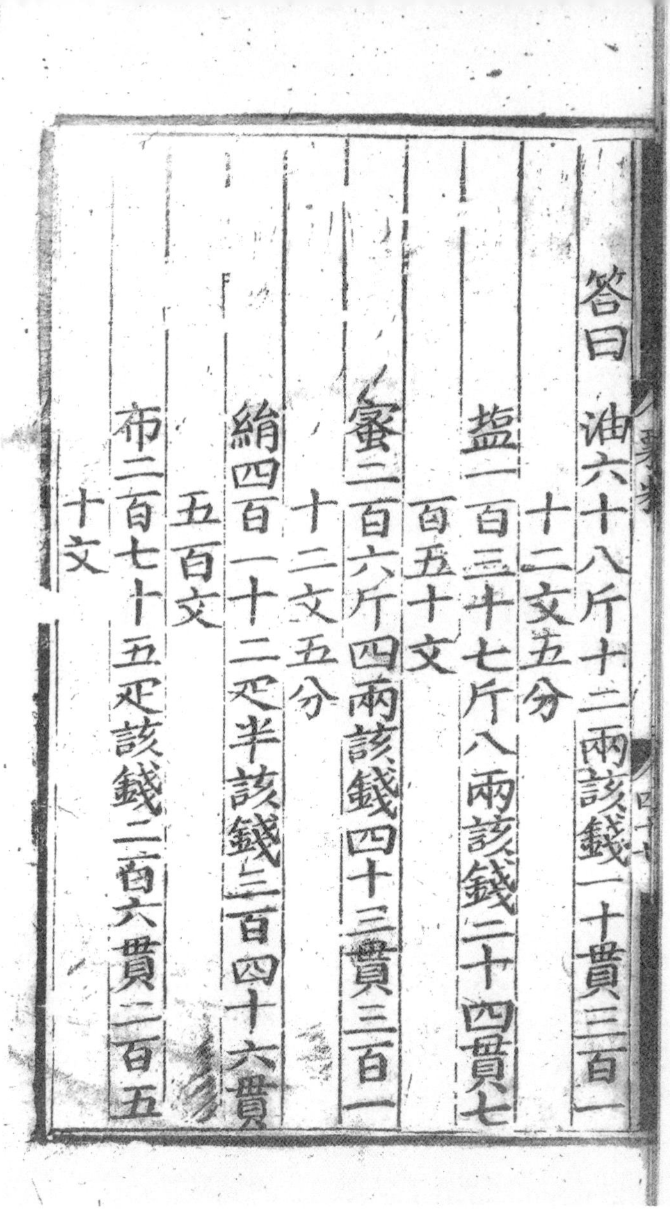

答曰　油六十八斤十二兩該錢一十貫三百一
十二文五分
鹽一百三十七斤八兩該錢二十四貫七
百五十文
蜜二百六斤四兩該錢四十三貫三百一
十二文五分
絹四百一十二疋半該錢三百四十六貫
五百文
布二百七十五疋該錢二百六貫二百五
十文

答曰：油六十八斤十二兩，該錢一十貫三百一十二文五分；

鹽一百三十七斤八兩，該錢二十四貫七百五十文；

蜜二百六斤四兩，該錢四十三貫三百一十二文五分；

絹四百一十二匹半，該錢三百四十六貫五百文；

布二百七十五匹，該錢二百六貫二百五十文；

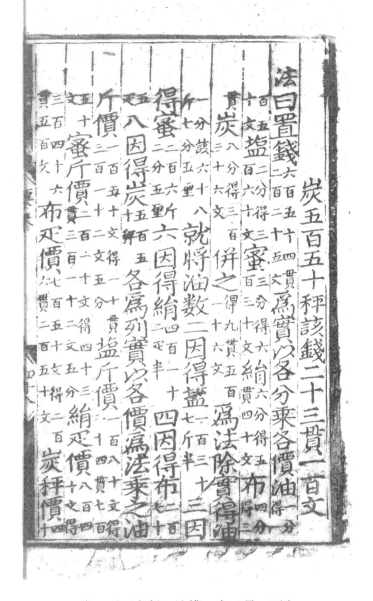

炭五百五十秤，該錢二十三貫一百文。

法曰：置錢六百五十四貫二百二十五文爲實，以各分乘各價油一分，得一百五十文。鹽二分，得三百六十文。蜜三分，得六百三十文。絹六分，得五貫四十文。布四分得三貫。炭八分，得三百三十六文。并之得九貫五百一十六文。爲法。除實，得油一分，該六十八斤七分五厘。就將油數二因得鹽一百三十七斤半。三因得蜜二百六斤二分五厘。六因得絹四百一十二匹半。四因得布二百七十五匹。八因得炭五百五十秤。各爲列實。以各價爲法，乘之，油斤價一百五十文，得一十貫三百一十二文五分。鹽斤價一百八十文，得二十四貫七百五十文。蜜斤價二百一十文，得四十三貫三百一十二文五分。絹匹價八百四十文，得三百四十六貫五百文。布匹價七百五十文，得二百六貫二百五十文。炭秤價四十

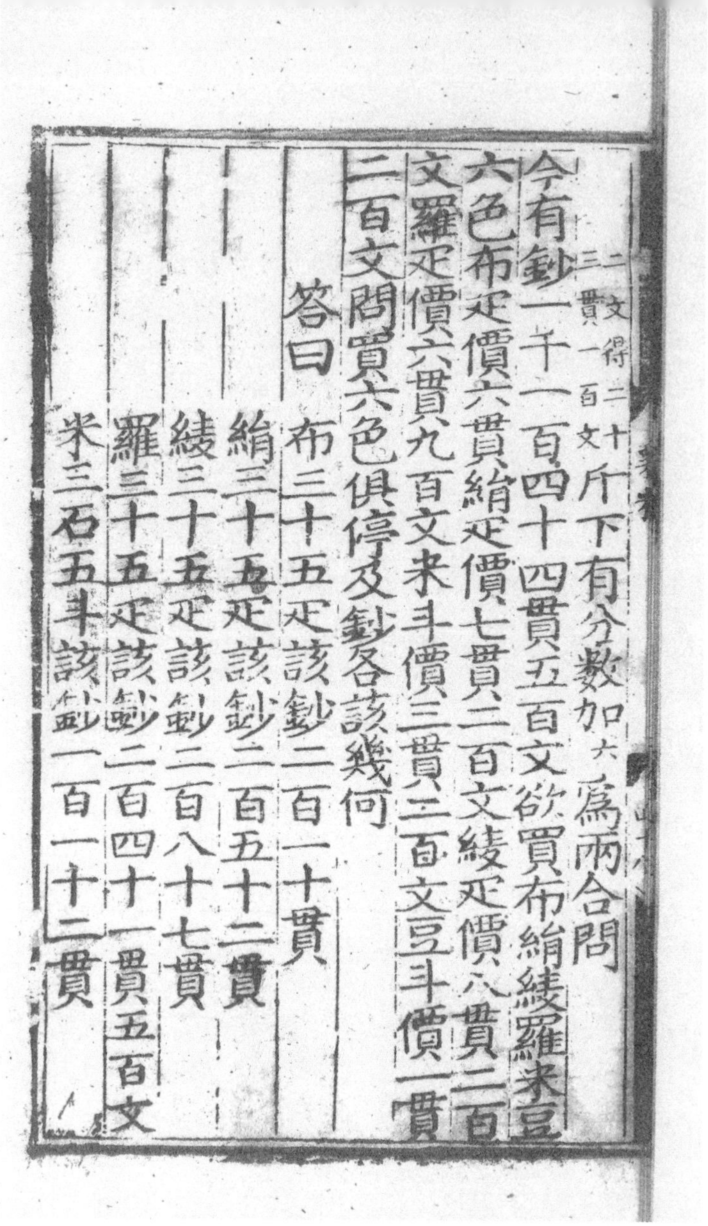
二文得二十三貫一百文斤下有分數加六爲兩合問
今有鈔一千一百四十四貫五百文欲買布絹綾羅米豆
六色布疋價六貫絹疋價七貫二百文綾疋價八貫二百
文羅疋價六貫九百文米斗價三貫二百文豆斗價一貫
二百文問買六色俱停及鈔各該幾何
答曰
布三十五疋該鈔二百一十貫
絹三十五疋該鈔二百五十二貫
綾三十五疋該鈔二百八十七貫
羅三十五疋該鈔二百四十一貫五百文
米三石五斗該鈔一百一十二貫

二文，得二十三貫一百文。斤下有分數加六爲兩，合問。

今有鈔一千一百四十四貫五百文，欲買布、絹、綾、羅、米、豆六色，布疋價六貫，絹疋價七貫二百文，綾疋價八貫二百文，羅疋價六貫九百文，米斗價三貫二百文，豆斗價一貫二百文，問買六色俱停，及鈔各該幾何？

答曰：布三十五疋，該鈔二百一十貫，

絹三十五疋，該鈔二百五十二貫，

綾三十五疋，該鈔二百八十七貫，

羅三十五疋，該鈔二百四十一貫五百文，

米三石五斗，該鈔一百一十二貫，

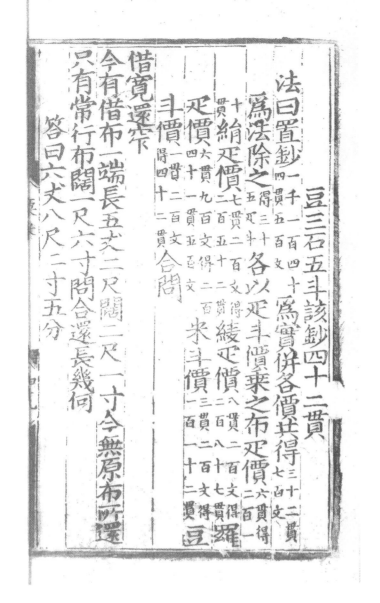

豆三石五斗該鈔四十二貫
法曰置鈔一千一百四十四貫五百文爲實併各價共得三十二貫七百文爲法除之得三十五疋斗各以疋斗價乘之布疋價六貫得一百一十貫絹疋價七貫二百文得二百五十二貫綾疋價八貫二百文得二百八十七貫羅疋價六貫九百文得二百四十一貫五百文米斗價三貫二百文得一百一十二貫豆斗價一貫二百文得四十二貫合問
借寬還窄
今有借布一端長五丈二尺闊二尺一寸今無原布所還只有常行布闊一尺六寸問合還長幾何
答曰六丈八尺二寸五分

豆三石五斗，該鈔四十二貫。

法曰：置鈔一千一百四十四貫五百文爲實，并各價共得三十二貫七百文。爲法，除之得三十五匹斗。各以匹斗價乘之。布匹價六貫，得一百一十貫。絹匹價七貫二百文，得二百五十二貫。綾匹價八貫二百文，得二百八十七貫。羅匹價六貫九百文，得二百四十一貫五百文。米斗價三貫二百文，得一百一十二貫。豆斗價一貫二百文，得四十二貫。合問。

借寬還窄

今有借布一端，長五丈二尺，闊二尺一寸，今無原布所還，只有常行布闊一尺六寸，問合還長幾何？

答曰：六丈八尺二寸五分。

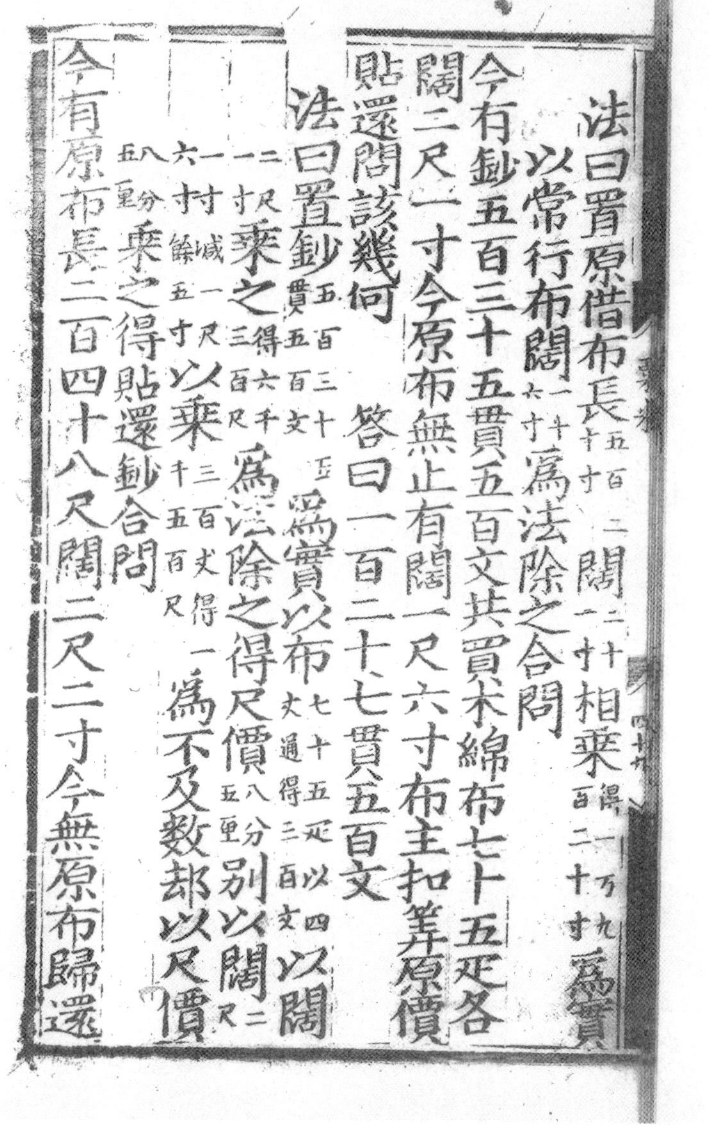

法曰：置原借布長五百二十寸闊二十二寸相乘得一万九百二十寸。爲實。

以常行布闊一十六寸爲法，除之，合問。

今有鈔五百三十五貫五百文，共買木綿布七十五匹，各闊二尺一寸。今原布無，止有闊一尺六寸布，主扣筭原價貼還，問該幾何？　答曰：一百二十七貫五百文。

法曰：置鈔五百三十五貫五百文爲實。以布七十五匹，以四丈通得三百文。以闊二尺二寸乘之得六千三百尺。爲法，除之，得尺價八分五厘。別以闊二尺一寸減一尺六寸，餘五寸。以乘三百丈，得一千五百尺爲不及數。却以尺價八分五厘乘之，得貼還鈔，合問。

今有原布長二百四十八尺，闊二尺二寸。今無原布歸還，

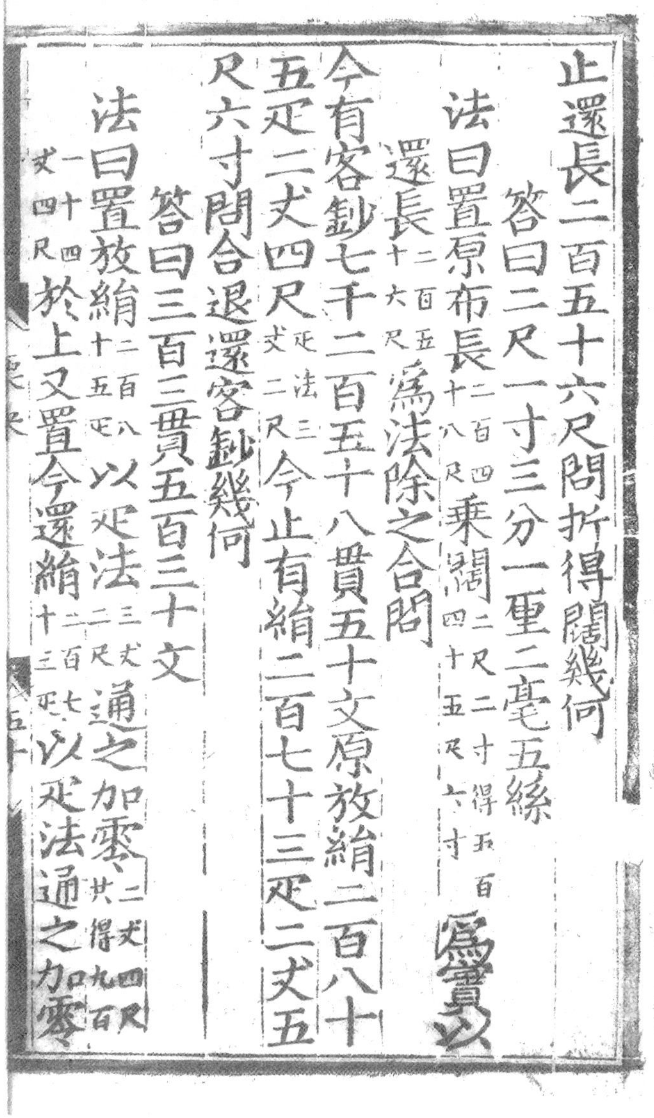

止還長二百五十六尺，問折得闊幾何？

答曰：二尺一寸三分一厘二毫五絲。

法曰：置原布長二百四十八尺乘闊二尺二寸，得五百四十五尺六寸。爲實，以還長二百五十六尺爲法，除之，合問。

今有客鈔七千二百五十八貫五十文，原放絹二百八十五匹二丈四尺，匹法三丈二尺。今止有絹二百七十三匹二丈五尺六寸，問合退還客鈔幾何？

答曰：三百三貫五百三十文。

法曰：置放絹二百八十五匹以匹法三丈二尺通之，加零二丈四尺，共得九百一十四丈四尺。於上。又置今還絹二百七十三匹以匹法通之，加零

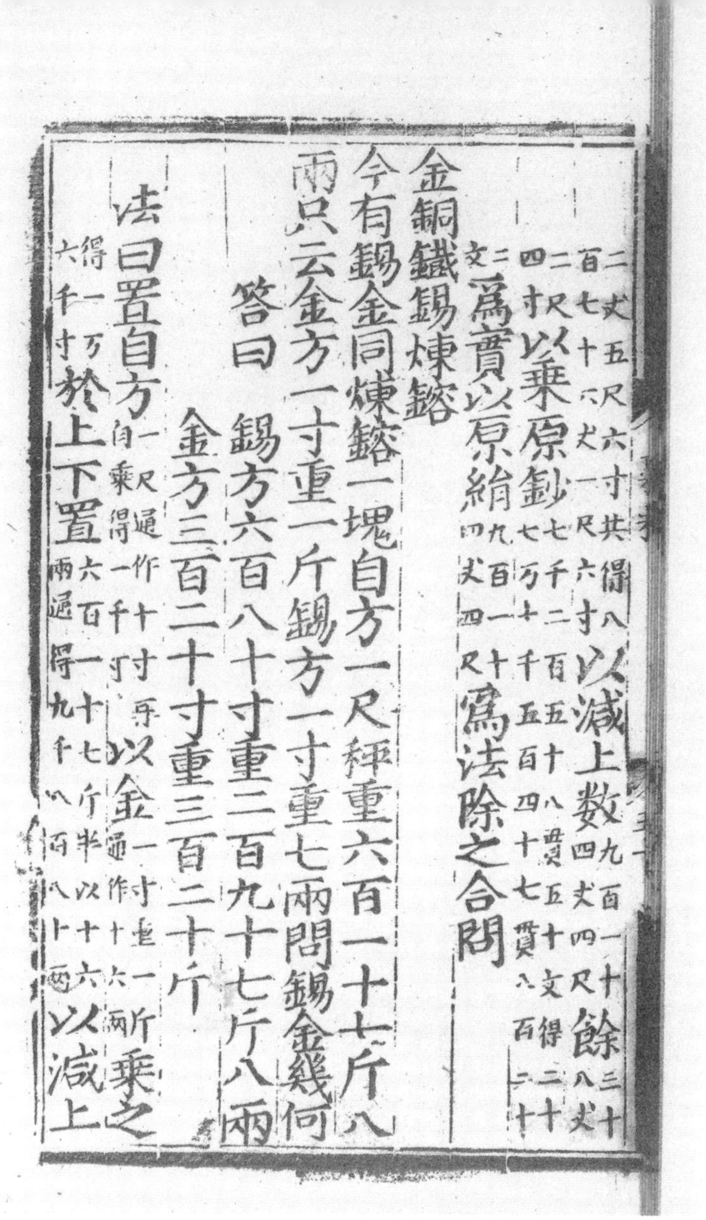

二丈五尺六寸，共得八百七十六丈一尺六寸。以減上數九百一十四丈四尺餘三十八丈二尺四寸。以乘原鈔七千二百五十八貫五十文，得二十七万七千五百四十七貫八百二十二文。爲實，以原絹九百一十四丈四尺爲法，除之，合問。

金、銅、鐵、錫、煉鎔

今有錫、金同煉鎔一塊，自方一尺，秤重六百一十七斤八兩。只云金方一寸重一斤，錫方一寸重七兩，問錫金幾何？

答曰：　錫方六百八十寸重二百九十七斤八兩，

金方三百二十寸重三百二十斤。

法曰：置自方一尺通作十寸，再自乘得一千寸。以金一寸重一斤通作十六兩。乘之得一万六千寸。於上。下置六百一十七斤半，以十六兩通得九千八百八十兩。以減上數一万六千两餘六千一百二十两。爲實。以金重十六两減錫重七两餘九两。爲法，除之得六百八十寸。爲錫方。以七两乘之，得二百九十七斤八两。爲錫重。又置一千寸，減錫六百八十寸，餘三百二十寸。爲金方。再置六百一十七斤八两，減錫重二百九十七斤八两，餘三百二十斤。爲金重，合問。

今有金五塊，共重七十一兩，成色不等。內九分五厘色者九兩，九分色者一十四兩。八分五厘色者五兩，八分色者一十三兩，七分色者三十兩。欲同煉一處，問得成色幾何？

答曰：八分。

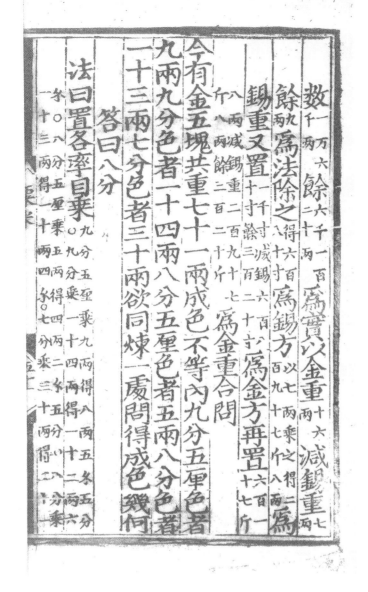

法曰：置各率自乘九分五厘乘九两，得八两五錢五分。○九分乘一十四两，得一十二两六錢。○八分五厘乘五两，得四两二錢五分。○八分乘一十三两，得一十两四錢。○七分乘三十两，得二十一兩。并之得五十六兩八錢。爲實。以七十二兩爲法除之，合問。

今有銅一經入爐，每十斤得八斤，今三經入爐，得熟銅二百二十四斤十五兩八錢七分二厘。問原本生銅幾何？

答曰：四百三十九斤七兩。

法曰：置銅二百二十四斤以斤法十六通之，加零十五兩八錢七分二厘，共得三千五百九十九兩八錢七分二厘。爲實。以煉熟八斤再自乘得五百一十二斤。爲法，除之得七千三十一兩。以斤法除之，合問。

今有鐵一經入爐，每十斤得七斤，今三經入爐，得熟鐵一百一十四斤十五兩六錢四分六厘二毫，問原本生鐵幾何？　答曰：三百三十五斤三兩四錢。

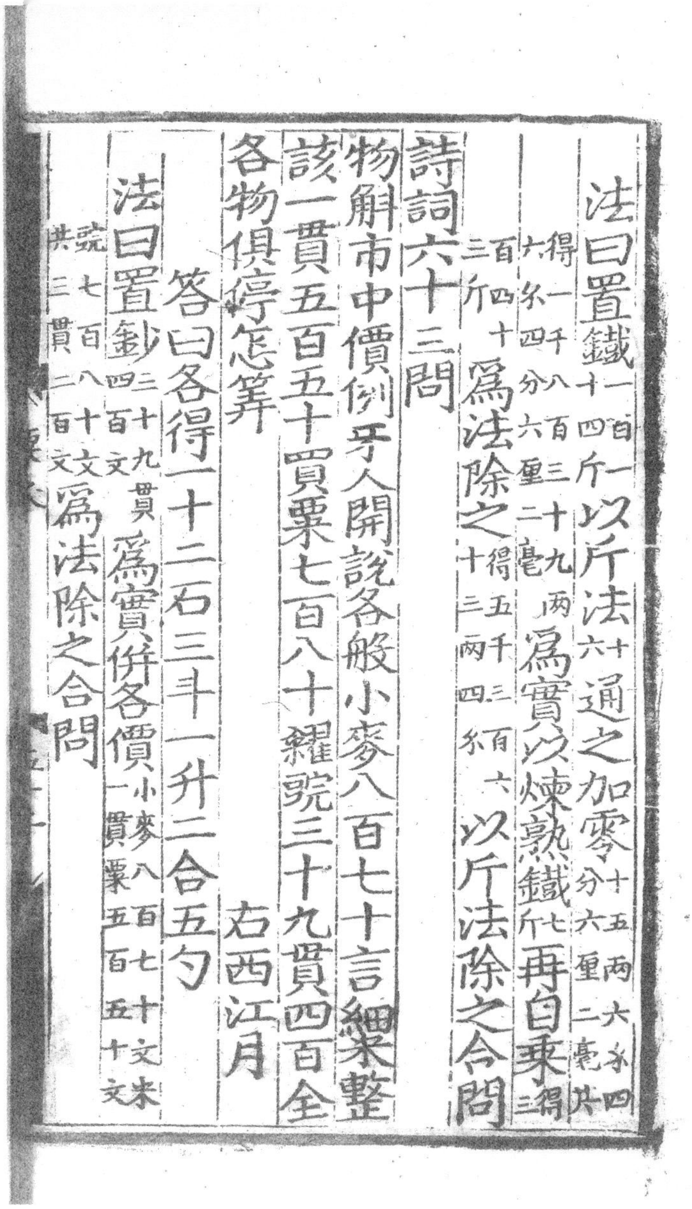

法曰：置鐵（一百一十四斤）以斤法（十六）通之，加零（十五兩六錢四分六厘二毫，共得一千八百三十九兩六錢四分六厘二毫。）爲實。以煉熟鐵（七斤）再自乘（得三百四十三斤。）爲法，除之（得五千三百六十三兩四錢。）以斤法除之，合問。

詩詞六十三問

物斛市中價例，牙人開説各般。小麥八百七十言，細米整該一貫。五百五十買粟，七百八十糴豌。三十九貫四百全，各物俱停怎筭？ 右西江月

答曰：各得一十二石三斗一升二合五勺。

法曰：置鈔（三十九貫四百文）爲實，并各價（小麥八百七十文，米一貫，粟五百五十文，豌七百八十文，共三貫二百文。）爲法，除之，合問。

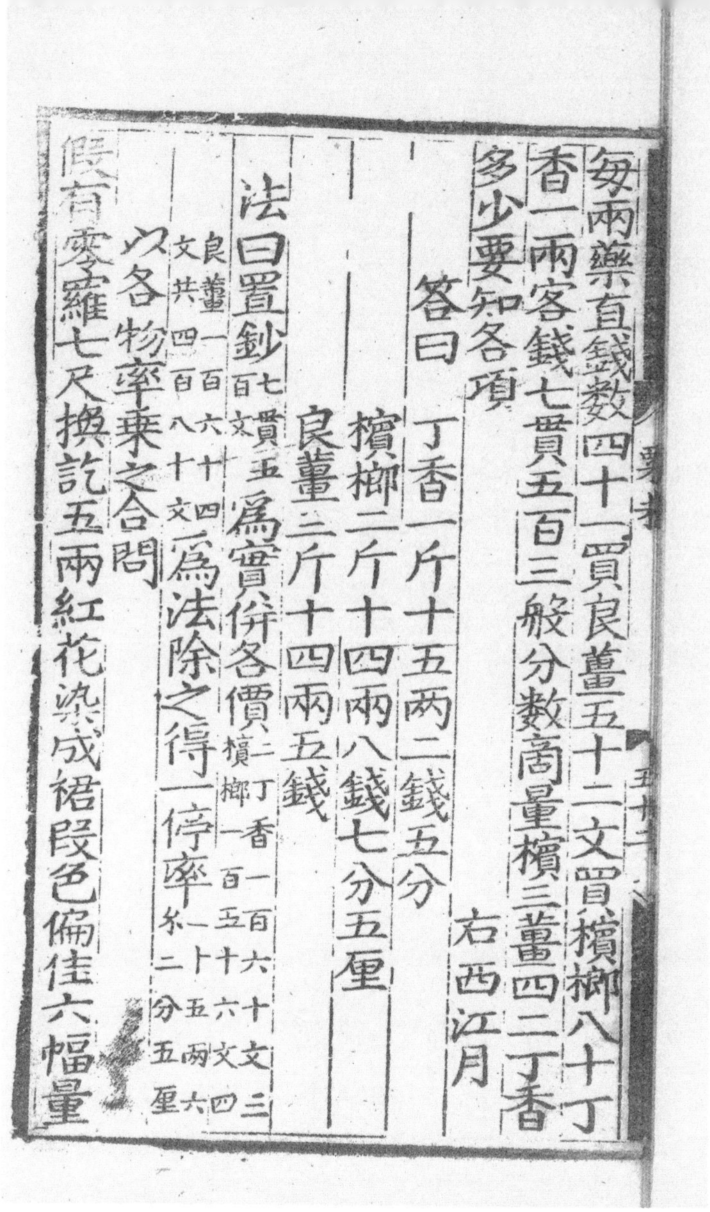

每兩藥直錢數，四十一買良薑。五十二文買檳榔，八十丁香一兩。客錢七貫五百，三般分數商量。檳三薑四二丁香，多少要知各項？　　　　右西江月

答曰：丁香一斤十五两二錢五分，

檳榔二斤十四两八錢七分五厘，

良薑三斤十四两五錢。

法曰：置鈔七貫五百文爲實，并各價二丁香一百六十文，三檳榔一百五十六文，四良薑一百六十四文，共四百八十文。爲法，除之，得一停率一十五两六錢二分五厘。

以各物率乘之，合問。

假有零羅七尺，換訖五兩紅花。染成裙段色偏佳，六幅量

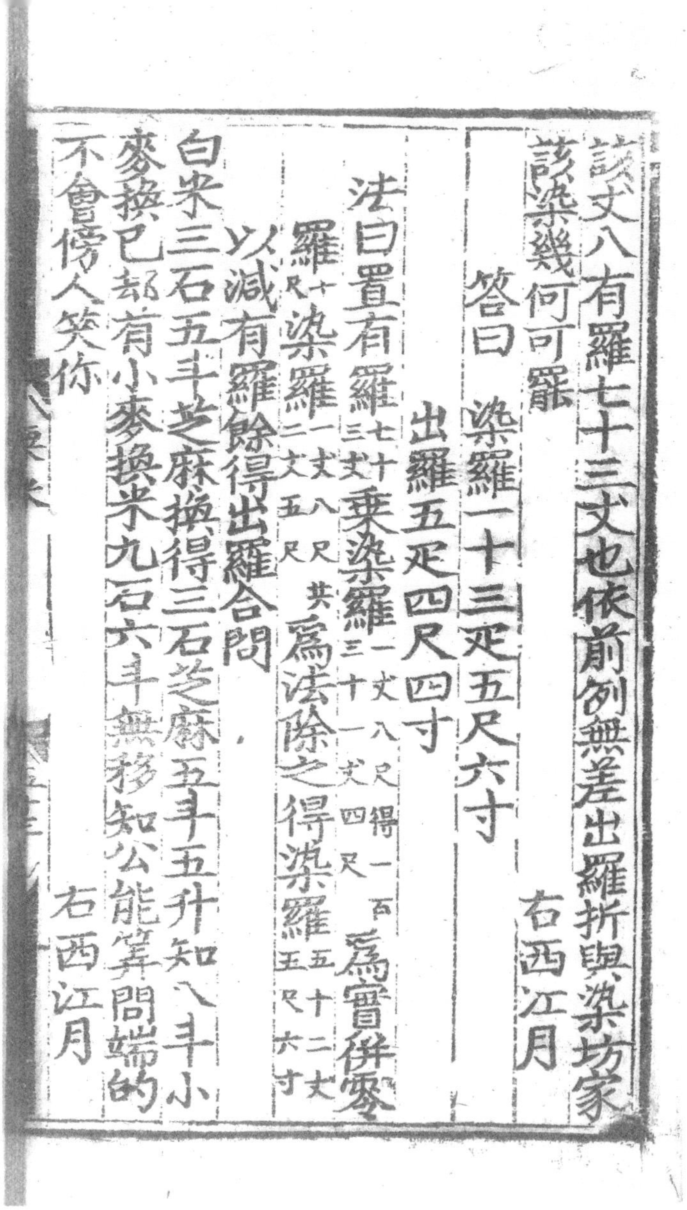

該丈八。有羅七十三丈，也依前例無差。出羅折與染坊家，該染幾何可罷？

右西江月

答曰：染羅一十三匹五尺六寸，

出羅五匹四尺四寸。

法曰：置有羅（七十三丈）乘染羅（一丈八尺，得一百三十一丈四尺。）爲實。并零羅（十尺）染羅（一丈八尺，共二丈五尺。）爲法。除之，得染羅（五十二丈五尺六寸。）以減有羅，餘得出羅，合問。

白米三石五斗，芝麻換得三石。芝麻五斗五升知，八斗小麥換已。却有小麥換米，九石六斗無移。知公能筭問端的，不會傍人笑你。

右西江月

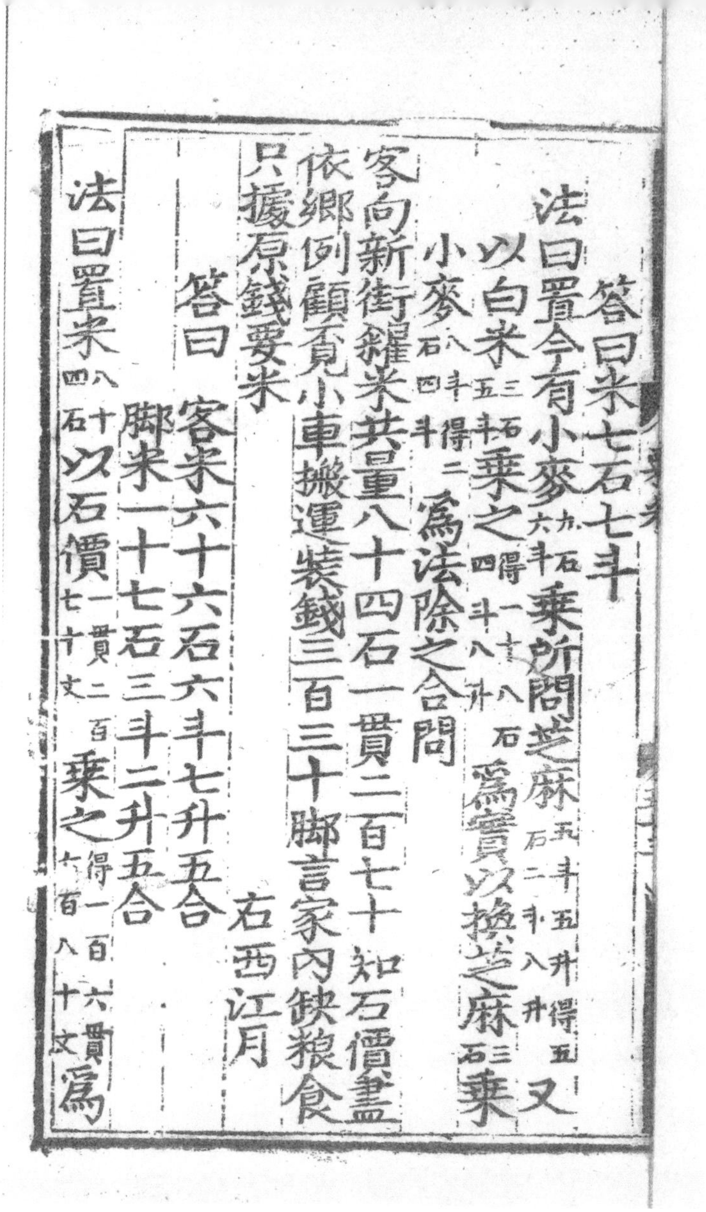

答曰：米七石七斗。

法曰：置今有小麥（九石六斗）乘所問芝麻（五斗五升，得五石二斗八升。）又以白米（三石五斗）乘之（得一十八石四斗八升。）爲實。以換芝麻（三石）乘小麥（八斗，得二石四斗。）爲法。除之，合問。

客向新街糴米，共量八十四石。一貫二百七十知，石價盡依鄉例。顧覓小車搬運，裝錢三百三十。脚言家内换粮食，只據原錢要米。 右西江月

答曰：客米六十六石六斗七升五合，

脚米一十七石三斗二升五合。

法曰：置米（八十四石）以石價（一貫二百七十文）乘之（得一百六貫六百八十文。）爲

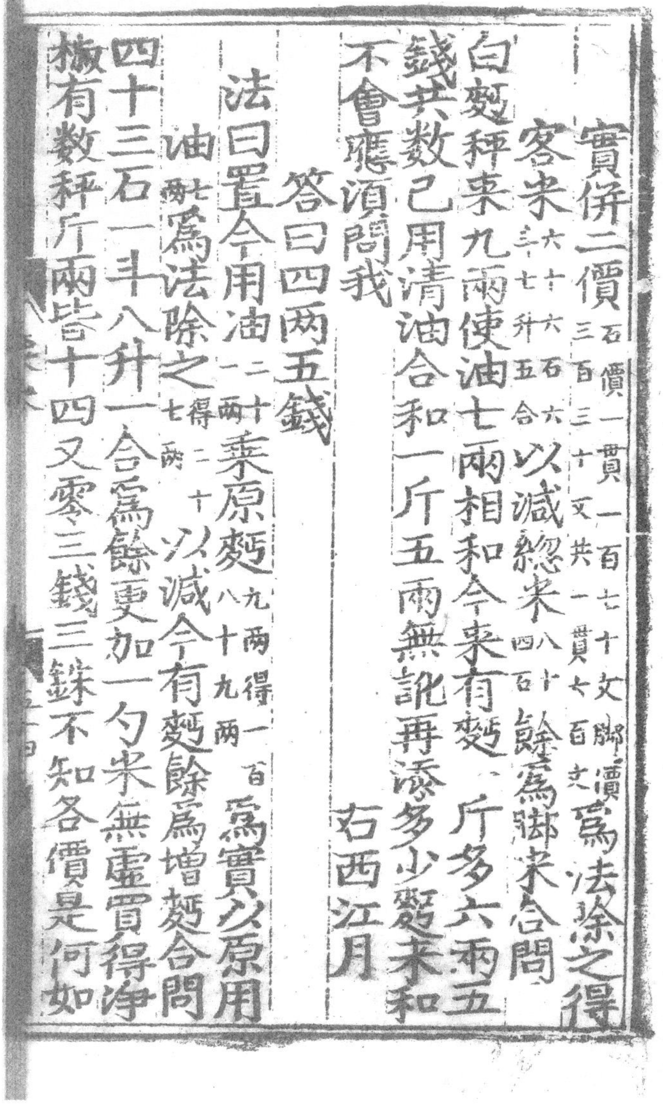

實。并二價石價一貫一百七十文，脚價三百三十文共一貫六百文。爲法，除之，得

客米六十六石六斗七升五合。以減總米八十四石餘爲脚米，合問。

白麪秤來九兩，使油七兩相和。今来有麪一斤多，六兩五錢共數。已用清油合和，一斤五兩無訛。再添多少麪来和，不會應須問我。　　　　右西江月

答曰：四兩五錢。

法曰：置今用油二十兩乘原麪九兩，得一百八十九兩。爲實。以原用

油七兩爲法。除之得二十七兩以減今有麪，餘爲增麪。合問。

四十三石一斗，八升一合爲餘。更加一勺米無虛，買得淨椒有數。秤斤兩皆十四，又零三錢三銖。不知各價是何如，

請問明公筭取。　　右西江月

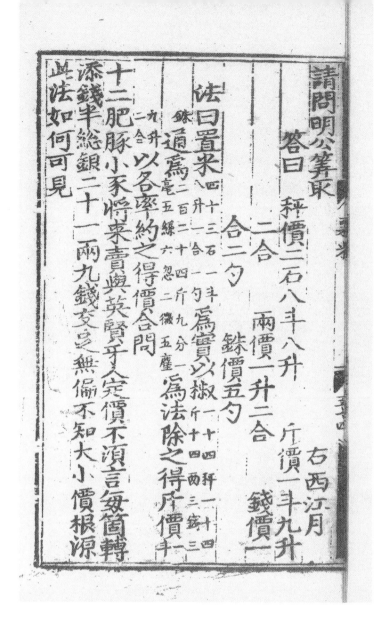

答曰：　秤價二石八斗八升，斤價一斗九升二合，兩價一升二合，錢價一合二勺，銖價五勺。

法曰：置米四十三石一斗八升一合一勺爲實，以椒一十四秤、一十四斤、十四兩、三錢三銖通爲二百二十四斤九分一毫五絲六忽二微五塵。爲法，除之，得斤價一斗九升二合。以各率約之，得價，合問。

十二肥豚小豕，將来賣與英賢。牙人定價不須言，每箇轉添錢半。総銀二十一兩，九錢交足無偏。不知大小價根源，此法如何可見？

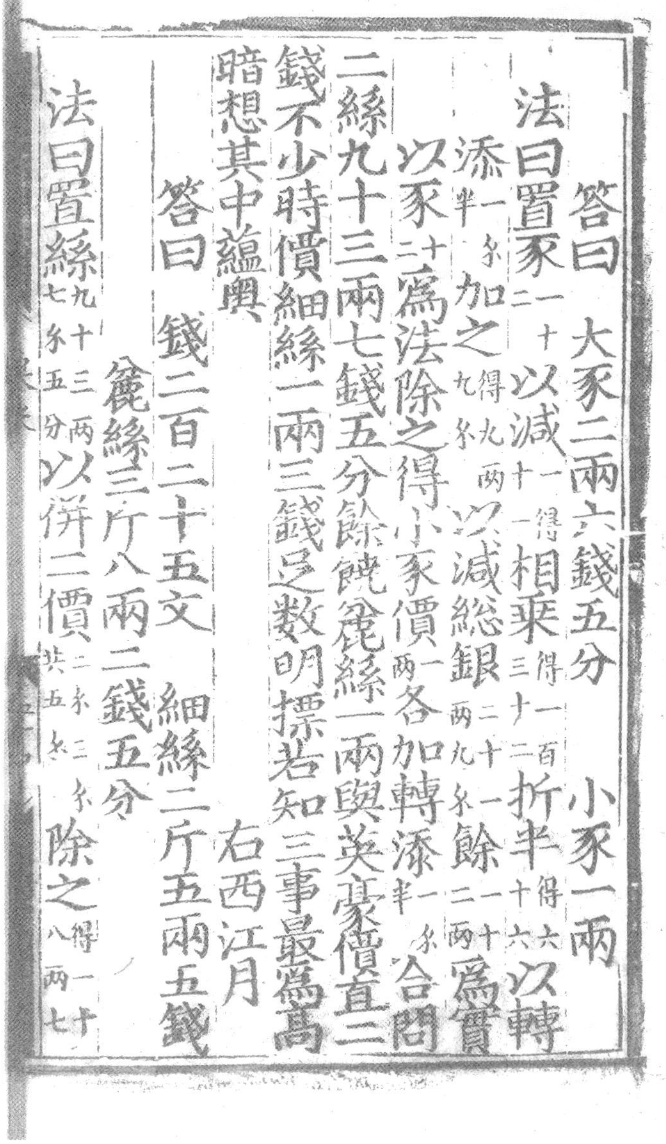

答曰：　大豕二兩六錢五分，　小豕一兩。

法曰：置豕一十二以減一，得十一。相乘得一百三十二。折半得六十六。以轉添一錢半加之得九兩九錢。以減総銀二十一兩九錢餘一十二兩。爲實。

以豕十二爲法，除之，得小豕價一兩。各加轉添一錢半。合問。

二絲九十三兩，七錢五分餘饒。麤絲一兩與英豪，價直二錢不少。時價細絲一兩，三錢足數明標。若知三事最爲高，暗想其中蘊奥。　右西江月

答曰：　錢二百二十五文，細絲二斤五兩五錢，

麤絲三斤八兩二錢五分。

法曰：置絲九十三兩七錢五分以并二價二錢、三錢，共五錢。除之得一十八兩七

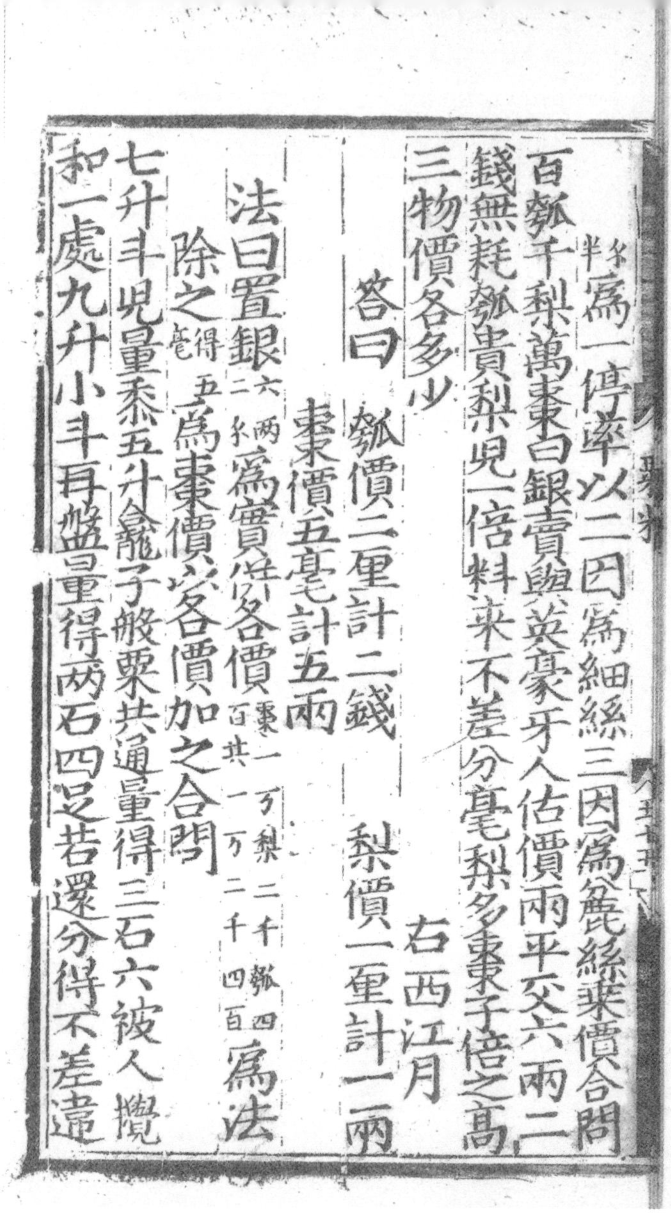

錢半。爲一停率。以二因爲細絲，三因爲麤絲乘價，合問。

百瓠千梨萬棗，白銀賣與英毫。牙人估價兩平交，六兩二錢無耗。瓠貴梨兒一倍，料来不差分毫。梨多棗子倍之高，三物價各多少？　　右西江月

答曰：瓠價二厘計二錢，梨價一厘計一兩，

棗價五毫計五兩。

法曰：置銀六两二錢爲實，并各價棗一万、梨二千、瓠四百、共一万二千四百。爲法，

除之得五毫。爲棗價。以各價加之，合問。

七升斗兒量黍，五升龕子般粟。共通量得三石六，被人攪和一處。九升小斗再盤，量得兩石四足。若還分得不差違，

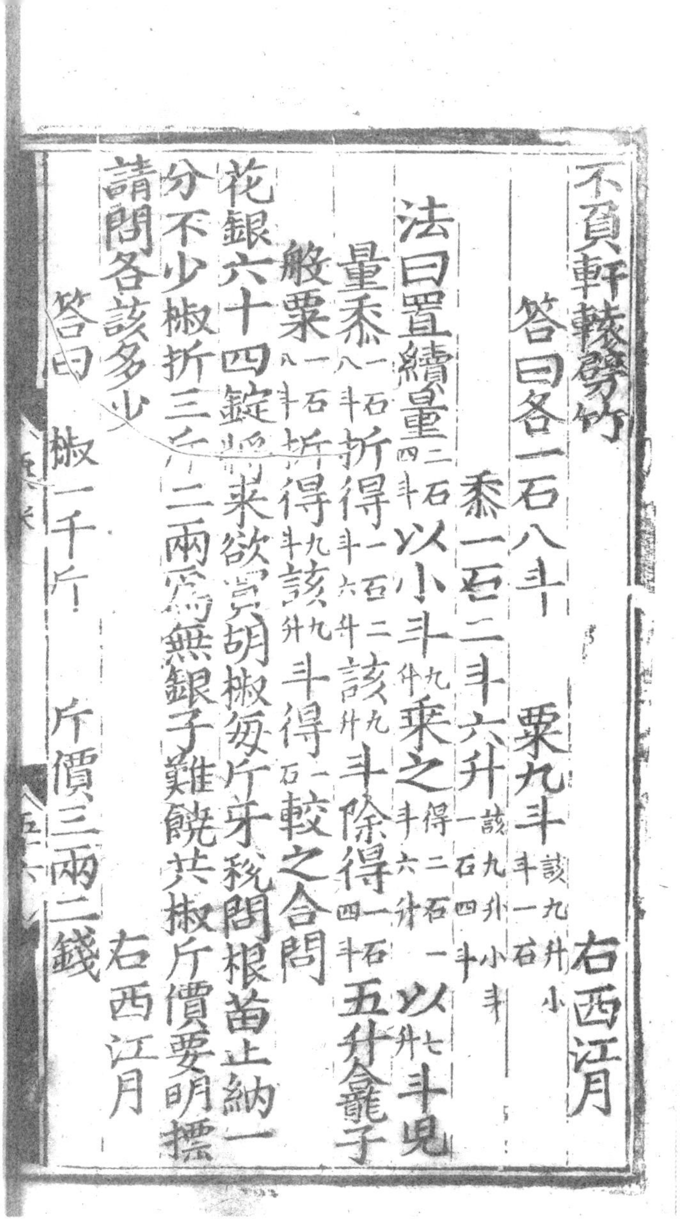

不負軒轅劈竹。　　　　　　　　　　右西江月

答曰：各一石八斗，　粟九斗該九升小斗一石，

黍一石二斗六升該九升小斗一石四斗。

法曰：置續量二石四斗以小斗九斗乘之得二石一斗六升。以七升斗兒

量黍一石八斗折得一石二斗六升。該九升斗除得一石四斗。五升龠子

般粟一石八斗折得九斗。該九升。除得二石。較之，合問。

花銀六十四錠，將来欲買胡椒。每斤牙稅問根苗，止納一分不少。椒折三斤二兩，爲無銀子難饒。共椒斤價要明摽，請問各該多少？　　　　　　　　　　右西江月

答曰：　椒一千斤，　斤價三兩二錢。

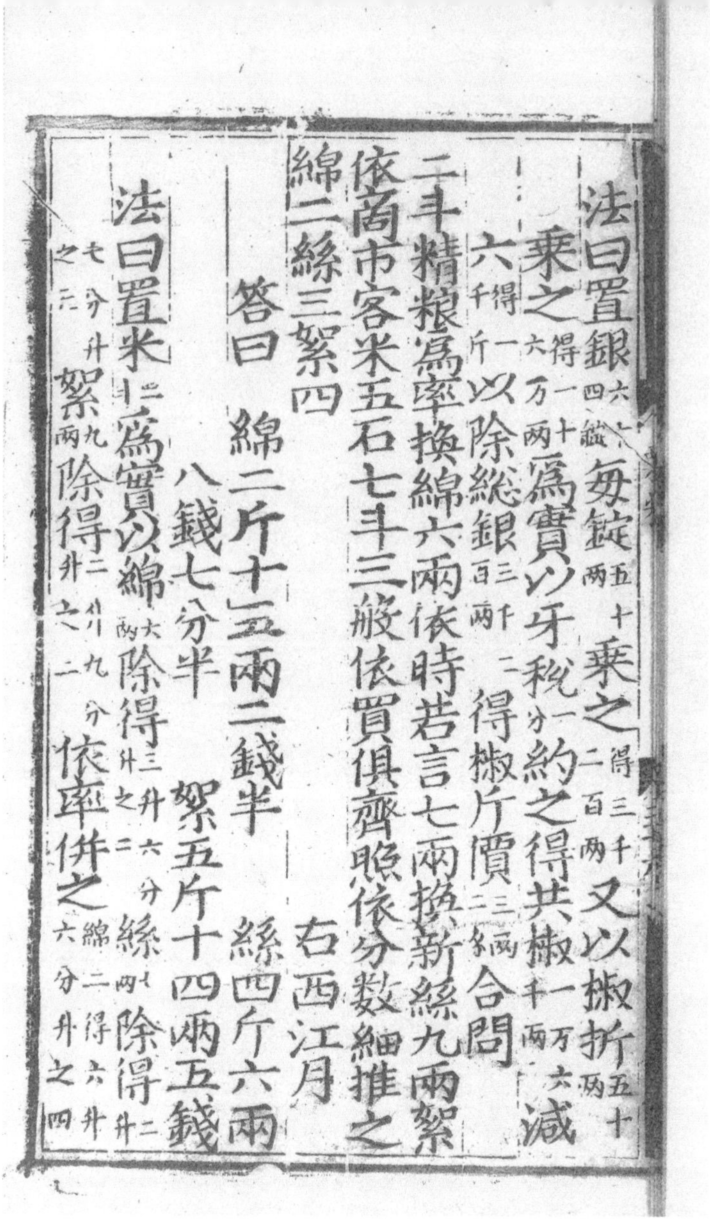

法曰：置銀（六十四錠）每錠（五十兩）乘之（得三千二百兩）。又以椒折（五十兩）乘之（得一十六万兩）。爲實。以牙税（一分）約之，得共椒（一万六千兩）。減六（得一千斤）。以除総銀（三千二百兩）。得椒斤價（二兩二錢）。合問。

二斗精粮爲率，换綿六兩依時。若言七兩换新絲，九兩絮依商市。客米五石七斗，三般依買俱齊。照依分數細推之，綿二絲三絮四。　　右西江月

答曰：　綿二斤十五兩二錢半，　絲四斤六兩八錢七分半，絮五斤十四兩五錢。

法曰：置米（二斗）爲實，以綿（六兩）除得（三升六分升之二）。絲（七兩）除得（二升七分升之六）。絮（九兩）除得（二升九分升之二）。依率并之（綿二，得六升六分升之四）。

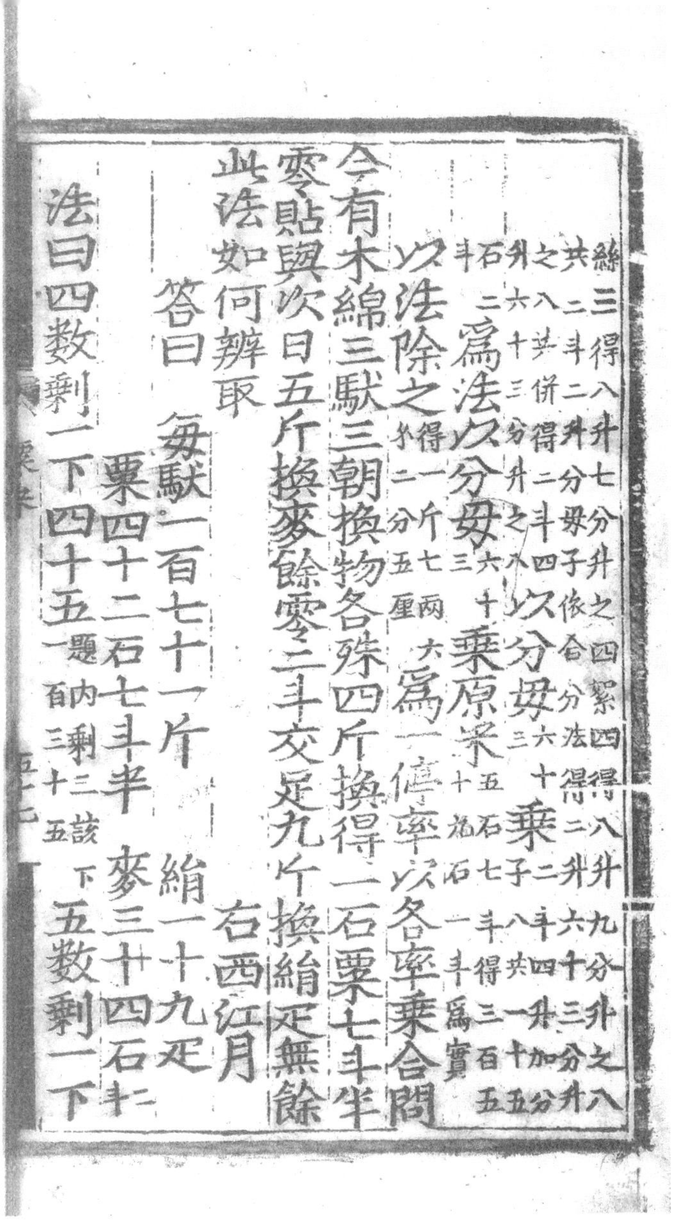

絲三，得八升七分升之四。絮四，得八升九分升之八。共二斗二升。分母子依合分法，得二升六十三分升之八。共并得二斗四升六十三分升之八。以分母六十三乘二斗四升加分子八，共一十五石二斗。爲法。以分母六十三乘原米五石七斗，得三百五十九石一斗爲實。

以法除之得一斤七兩六錢二分五厘。爲一停率，以各率乘，合問。

今有木綿三馱，三朝换物各殊。四斤换得一石粟，七斗半零貼與。次日五斤换麥，餘零二斗交足。九斤换絹匹無餘，此法如何辨取？　　右西江月

答曰：每馱一百七十一斤，絹一十九匹，

粟四十二石七斗半，麥三十四石二斗。

法曰：四數剩一，下四十五題内剩二，該下一百三十五。五數剩一，下

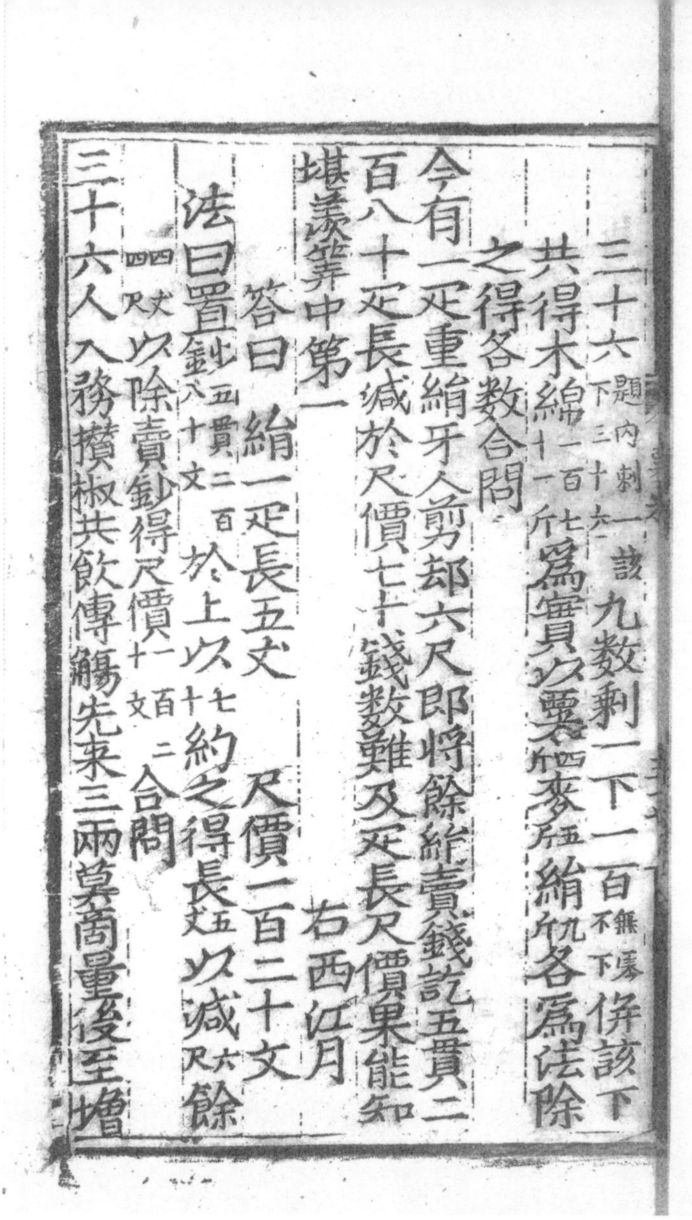

三十六題内剩一，下三十六。該九數剩一，下一百無零不下。并該下

共得木綿一百七十一斤。爲實。以粟四斤麥五斤絹九斤各爲法，除

之得各數，合問。

今有一匹重絹，牙人剪却六尺。即將餘絹賣錢訖，五貫二百八十。匹長減於尺價，七十錢數難及。匹長尺價果能知，堪羡筭中第一。　　右西江月

答曰：絹一匹長五丈，尺價一百二十文。

法曰：置鈔五貫二百八十文於上，以七十約之，得長五丈。以減六尺餘

四丈四尺。以除賣鈔，得尺價一百二十文。合問。

三十六人入務，攢椒共飲傳觴。先来三兩莫商量，後至增

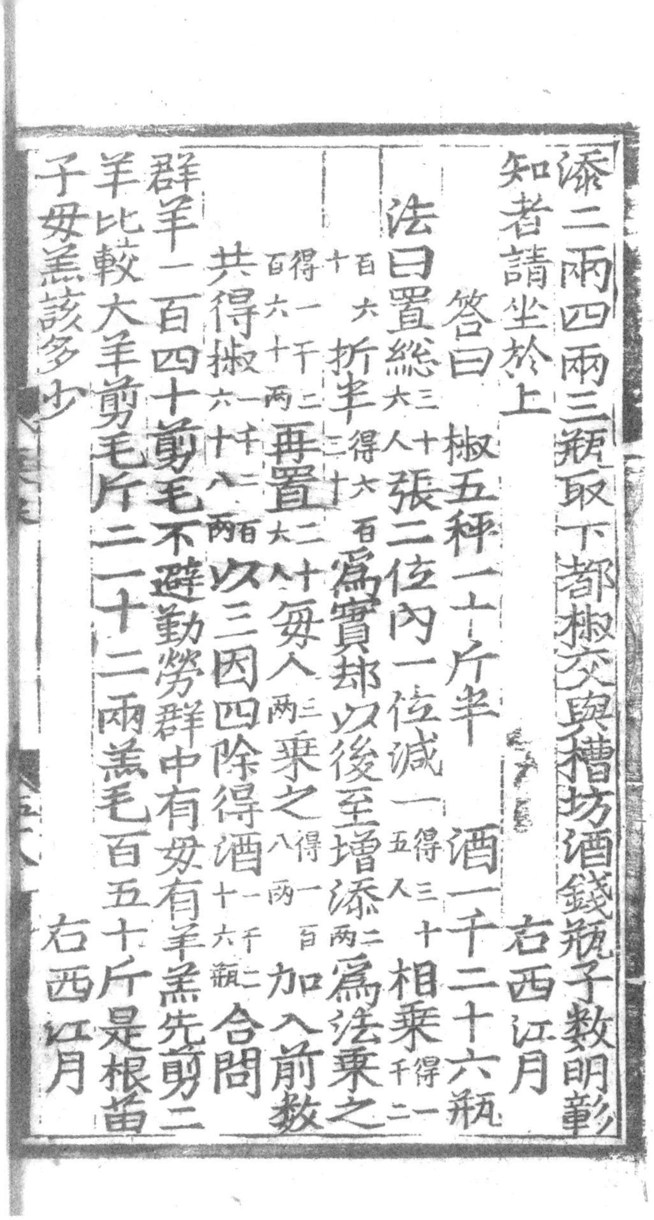

添二兩。四兩三瓶取下，都椒交與槽坊。酒錢瓶子數明彰，

知者請坐於上。　　　　　　　　　　　　右西江月

答曰：　椒五秤一十斤半，酒一千二十六瓶。

法曰：置総三十六人張二位，内一位減一得三十五人。相乘得一千二百六十。折半得六百三十。爲實。却以後至增添二兩爲法。乘之得一千二百六十兩。再置二十六人每人三兩乘之得一百八兩。加入前數，共得椒一千二百六十八兩。以三因四除，得酒一千二十六瓶。合問。

群羊一百四十，剪毛不避勤勞。群中有母有羊羔，先剪二羊比較。大羊剪毛斤二，一十二兩羔毛。百五十斤是根苗，子母羔該多少？　　　　　　　　　　　　右西江月

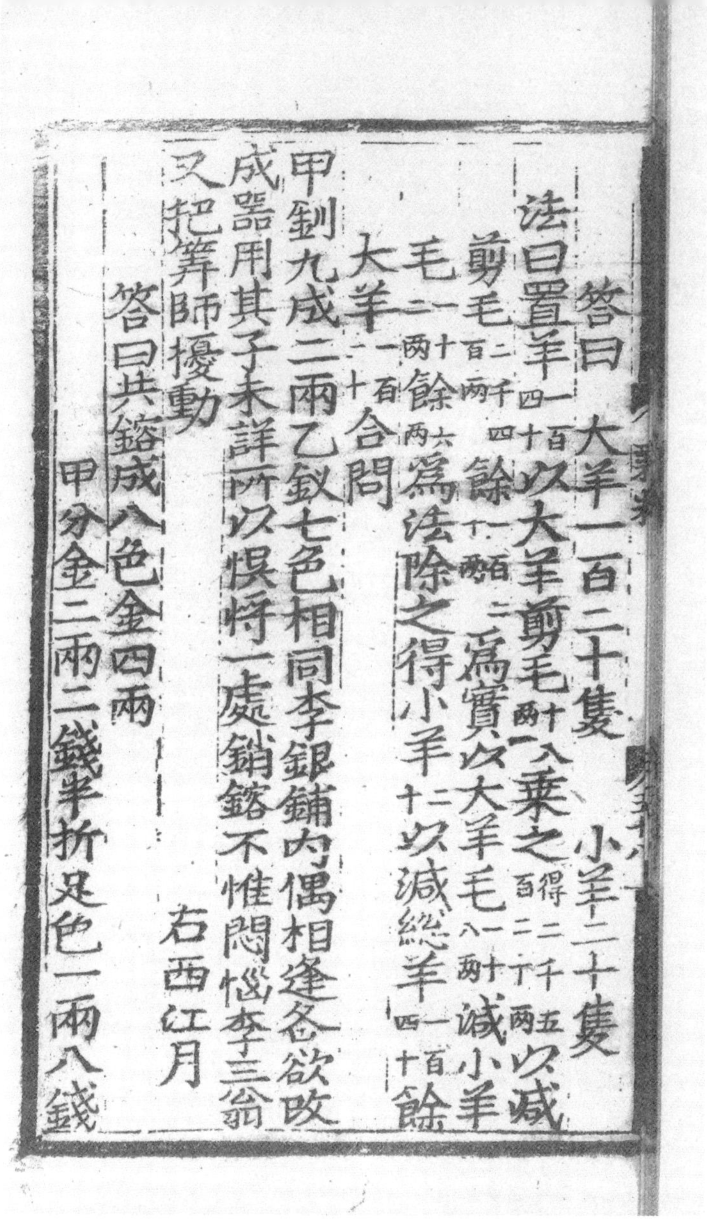

答曰：　大羊一百二十隻，小羊二十隻。

法曰：置羊一百四十以大羊剪毛十八兩一乘之得二千五百二十兩。以減剪毛二千四百兩餘一百二十兩。爲實。以大羊毛一十八兩減小羊毛二十二兩餘六兩。爲法。除之，得小羊二十。以減総羊一百四十，餘大羊一百二十。合問。

甲釧九成二兩，乙釵七色相同。李銀鋪内偶相逢，各欲改成器用。其子未詳所以，倶將一處銷鎔。不惟悶惱李三翁，又把筭師擾動。　　右西江月

答曰：共鎔成八色金四兩。

甲分金二兩二錢半，折足色一兩八錢，

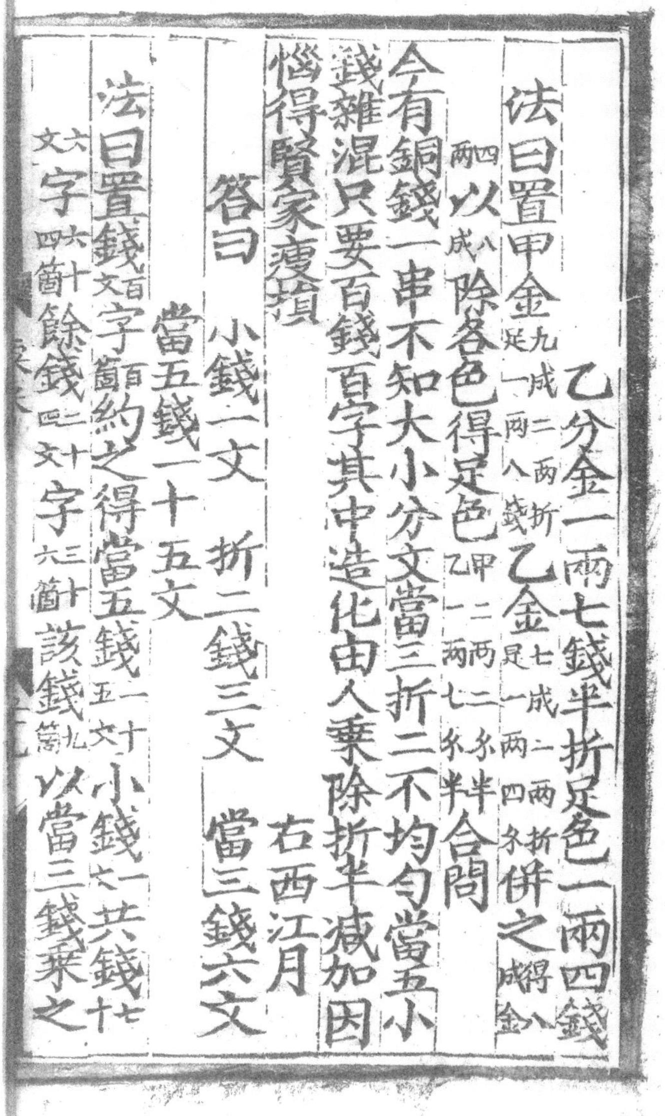

乙分金一兩七錢半，折足色一兩四錢。

法曰：置甲金九成二兩，折足一兩八錢。乙金七成二兩，折足一兩四錢。并之得八成金四兩。以八成除各色，得足色甲二兩二錢半，乙一兩七錢半。合問。

今有銅錢一串，不知大小分文。當三折二不均匀，當五小錢雜混。只要百錢百字，其中造化由人。乘除折半減加因，惱得賢家瘦損。　　右西江月

答曰：小錢一文，折二錢三文，當三錢六文，當五錢一十五文。

法曰：置錢百文字百箇約之，得當五錢二十五文。小錢一文。共錢七十六文。字六十四箇。餘錢二十四文。字三十六箇。該錢九箇。以當三錢乘之，

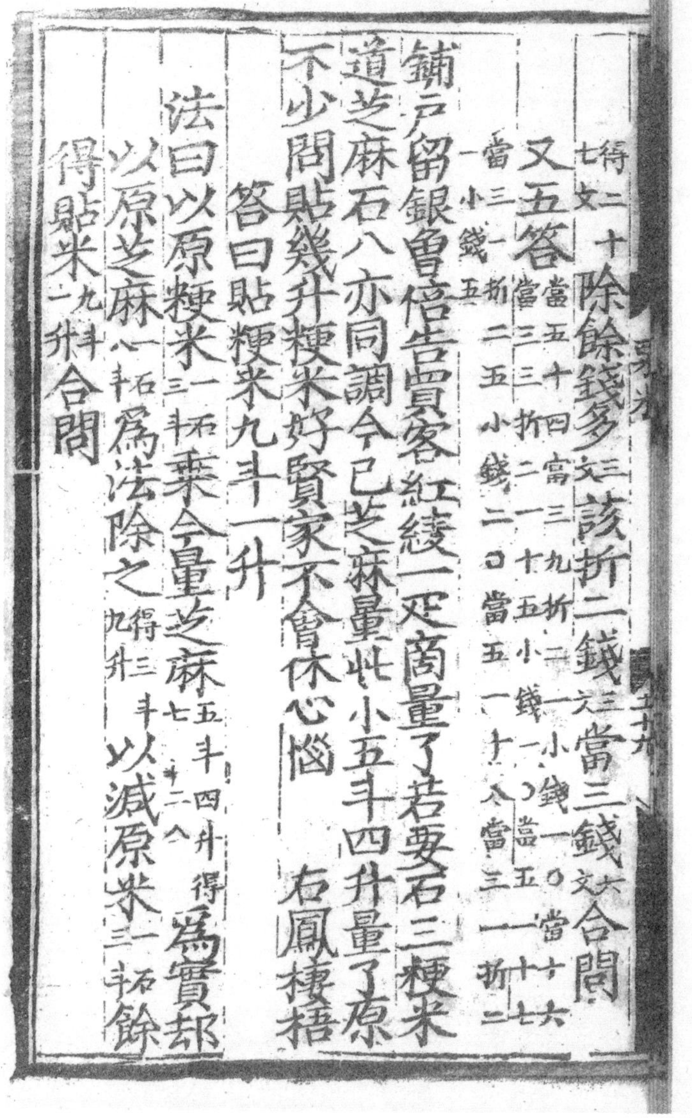
得二十七文除餘錢多三文該折二錢三文當三錢六文合問
又五答當五十四當三九折二一小錢一○當十六當三三折二一十五小錢一○當五一十七當三一折二五小錢二○當五一十八當三一折二一小錢五
鋪户留銀曾倍告買客紅綾一疋商量了若要石三粳米道芝麻石八亦同調今已芝麻量此小五斗四升量了原不少問貼幾升粳米好賢家不會休心惱　右鳳棲梧
答曰貼粳米九斗一升
法曰以原粳米一石三斗乘今量芝麻五斗四升七石二合得為實却以原芝麻一石八斗為法除之得三斗九升以減原米一石三斗餘得貼米九斗一升合問

得二十七文。除餘錢多三文該折二錢三文。當三錢六文。合問。

又五答："當五"十四，"當三"九，"折二"一，小錢一。○"當十"六，"當三"三，"折二"一十五，小錢一。○"當五"一十七，"當三"一，"折二"五，小錢二。○"當五"一十八，"當三"一，"折二"一，小錢五。

鋪户留銀曾倍告，買客紅綾，一匹商量了。若要石三粳米道，芝麻石八亦同調。今已芝麻量此小，五斗四升，量了原不少。問：貼幾升粳米好，賢家不會休心惱。　　右鳳棲梧

答曰：貼粳米九斗一升。

法曰：以原粳米一石三斗乘今量芝麻五斗四升，七石二合。[1]得爲實。却以原芝麻一石八斗爲法，除之得三斗九升。以減原米一石三斗餘得貼米九斗一升。合問。

1 "石二合" 各本不清，依題意作此。

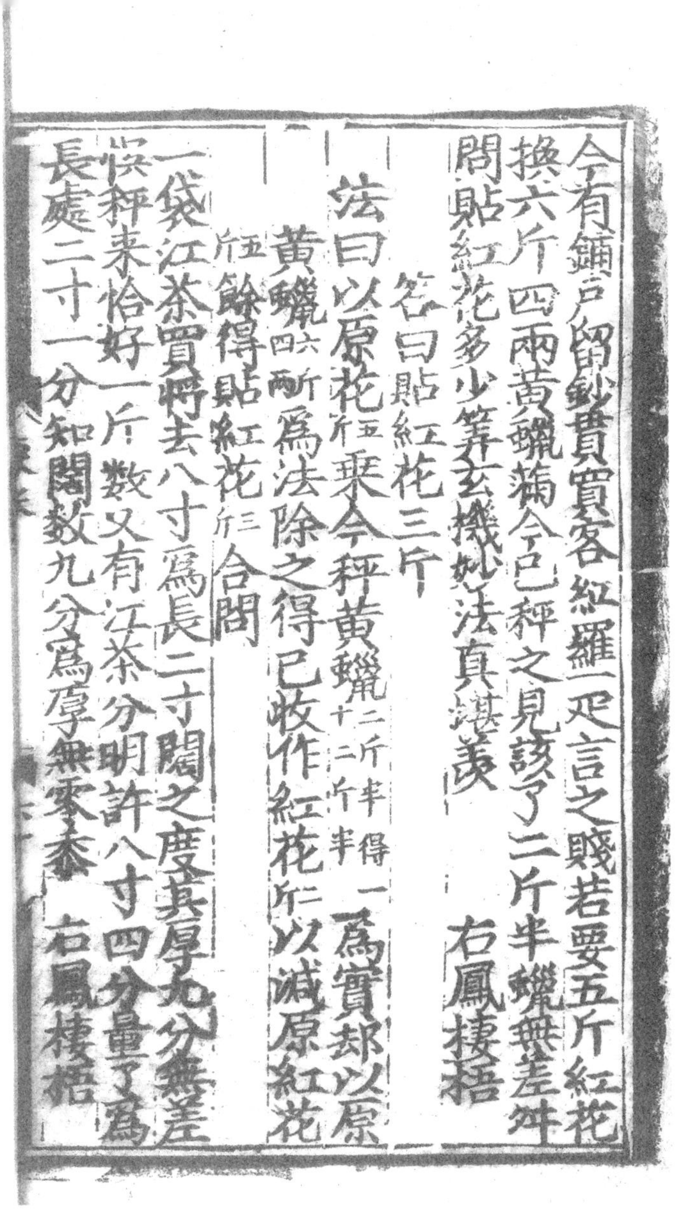

今有鋪户留鈔貫，買客紅羅，一匹言之賤。若要五斤紅花換，六斤四兩黃蠟滿。今已秤之見，該了二斤半，蠟無差舛。問貼紅花多少筭，玄機妙法真堪羡。　　　　右鳳棲梧

答曰：貼紅花三斤。

法曰：以原花五斤乘今秤黃蠟二斤半，得一十二斤半。爲實。却以原黃蠟六斤四兩爲法，除之，得已收作紅花二斤。以減原紅花五斤餘得貼紅花三斤。合問。

一袋江茶買將去，八寸爲長，二寸闊之度。其厚九分無差悮，秤来恰好一斤數。又有江茶分明許，八寸四分，量了爲長處。二寸一分知闊數，九分爲厚無零黍。　右鳳棲梧

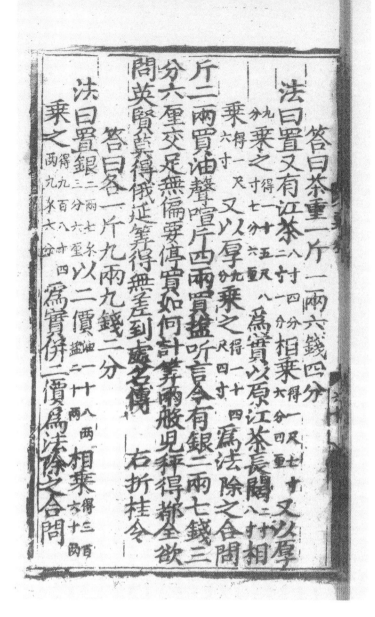

答曰：茶重一斤一兩六錢四分。

法曰：置又有江茶八寸四分二寸一分相乘得一尺七寸六分四厘。又以厚九分乘之得一十五尺八寸七分六厘。爲實。以原江茶長闊二寸八寸相乘得一尺六寸。又以厚九分乘之得一十四尺四寸。爲法。除之，合問。

斤二兩買油聲喧，斤四兩，買鹽听言。今有銀二兩七錢，三分六厘，交足無偏。要停買如何計筭，兩般兒秤得都全。欲問英賢，莫得俄延。筭得無差，到處名傳。　　右折桂令

答曰：各一斤九兩九錢二分。

法曰：置銀二兩七錢三分六厘以二價油一十八兩，鹽二十兩相乘得三百六十兩。乘之得九百八十四兩九錢六分。爲實，并二價爲法，除之，合問。

十二錠九兩交將，一兩爲率，四色商量。白麪三斤鹽該斤半，八兩乾薑油四斤，花椒四兩。五般兒都要停當，特問英賢良，莫得荒忙，筭得無差，到處名揚。　　右折桂令

答曰：各買五秤九斤。

法曰：置鈔六百九貫以各率相乘麪四十八兩乘鹽二十四兩，得一千一百五十二兩。又薑八兩，乘得九千二百一十六兩。又油六十四兩，乘得五十八万九千八百二十四兩。又花椒四兩，乘得二百三十五万九千二百九十六兩。乘鈔六百九貫，得一十四億三千六百八十一万一千二百六十四兩。爲實。又各率相乘麪四十八兩乘鹽二十四兩，又乘薑八兩，又乘油六十四兩，得五十八万九千八百二十四兩。○鹽二十四兩乘薑八兩，油六十四兩，花椒四兩，得四万九千一百五十二兩。○薑八兩乘油、椒、麪，得九万八千三百四兩。○油六十四兩乘椒、麪、鹽，得二十九万四千

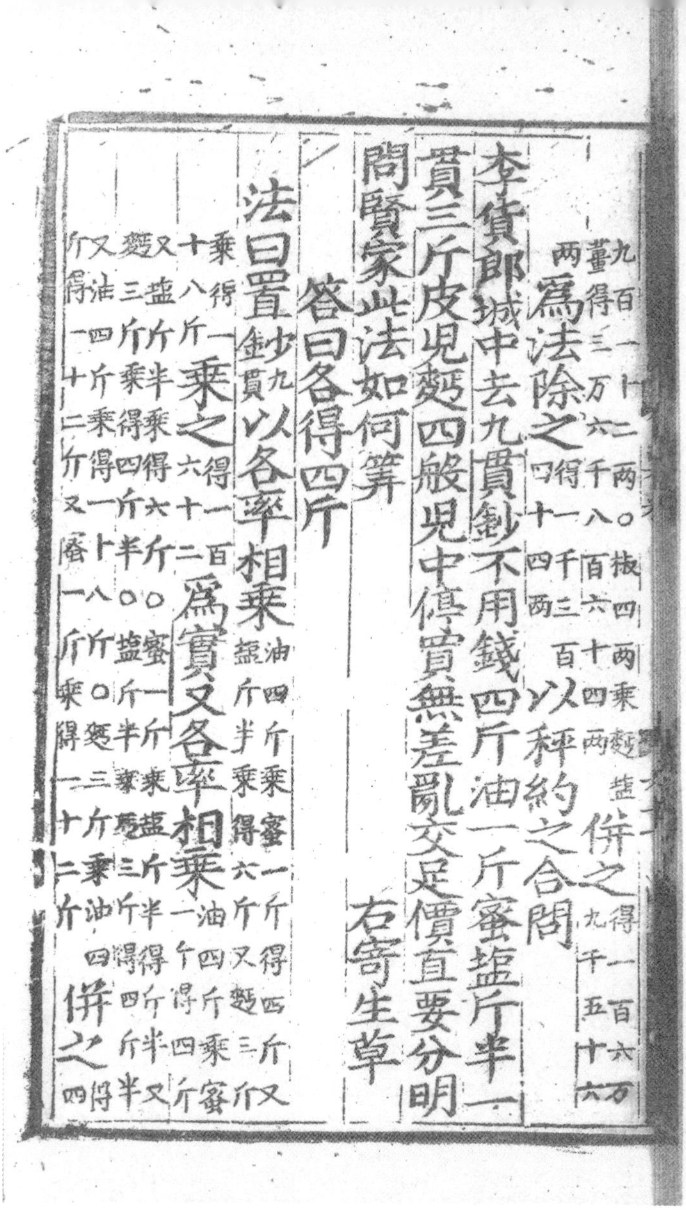

九百一十二两。〇椒四两乘麪、鹽、薑，得三万六千八百六十四两。并之得一百六万九千五十六两。爲法，除之得一千三百四十四兩。以秤約之，合問。

李貨郎城中去，九貫鈔不用錢。四斤油，一斤蜜，鹽斤半，一貫三斤皮兒麪。四般兒中停買無差亂。交足價直要分明，問賢家此法如何筭？　　右寄生草

答曰：各得四斤。

法曰：置鈔九貫以各率相乘油四斤乘蜜一斤，得四斤。又鹽斤半乘得六斤。又麪三斤乘得一十八斤。乘之得一百六十二。爲實。又各率相乘油四斤乘蜜一斤，得四斤。又鹽斤半乘得六斤。〇蜜一斤乘鹽斤半，得斤半。又麪三斤乘得四斤半。〇鹽斤半乘麪三斤，得四斤半。又油四斤乘得一十八斤。〇麪三斤乘油四斤，得一十二斤。又蜜一斤，乘得一十二斤。并之得四

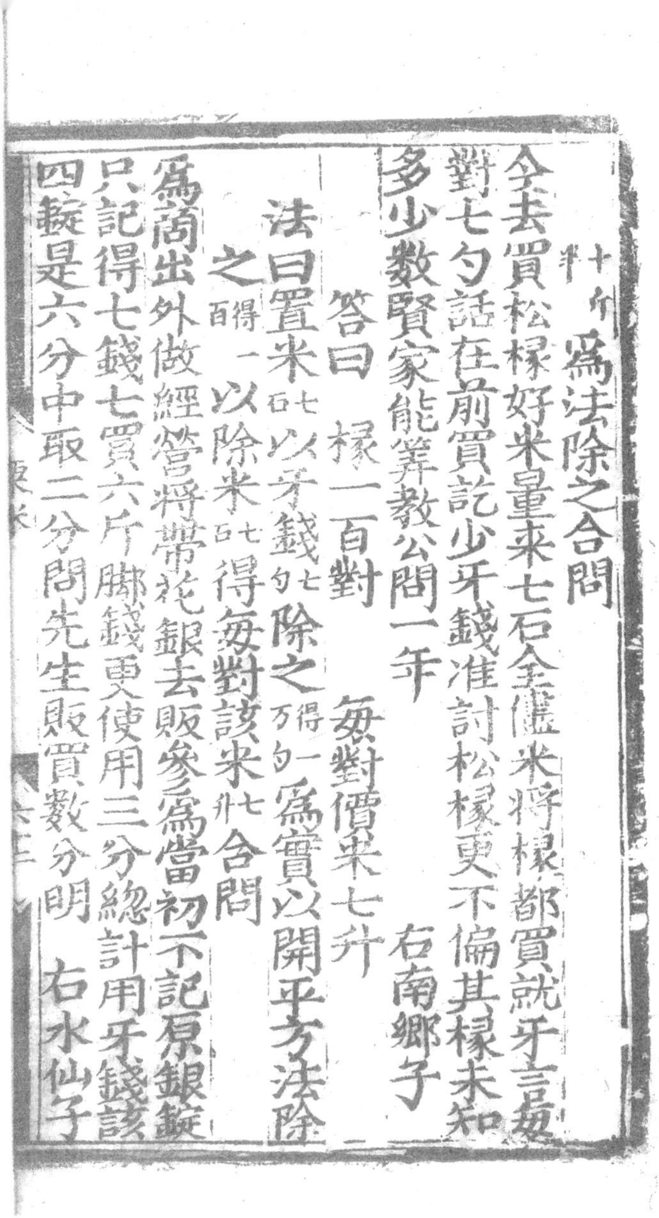

十斤半。爲法。除之，合問。

今去買松椽，好米量来七石全。儘米將椽都買就，牙言每對七勺話在前。買訖少牙錢，准討松椽更不偏。其椽未知多少數，賢家能筭，教公問一年。　　　　右南鄉子

答曰：　椽一百對，　每對價米七升。

法曰：置米七石以牙錢七勺除之得一万勺。爲實。以開平方法除之得一百。以除米七石得每對該米七升。合問。

爲商出外做經營，將帶花銀去販參。爲當初不記原銀錠，只記得，七錢七買六斤。脚錢更使用三分，總計用牙錢該四錠。是六分中取二分，問先生販買數分明。　右水仙子

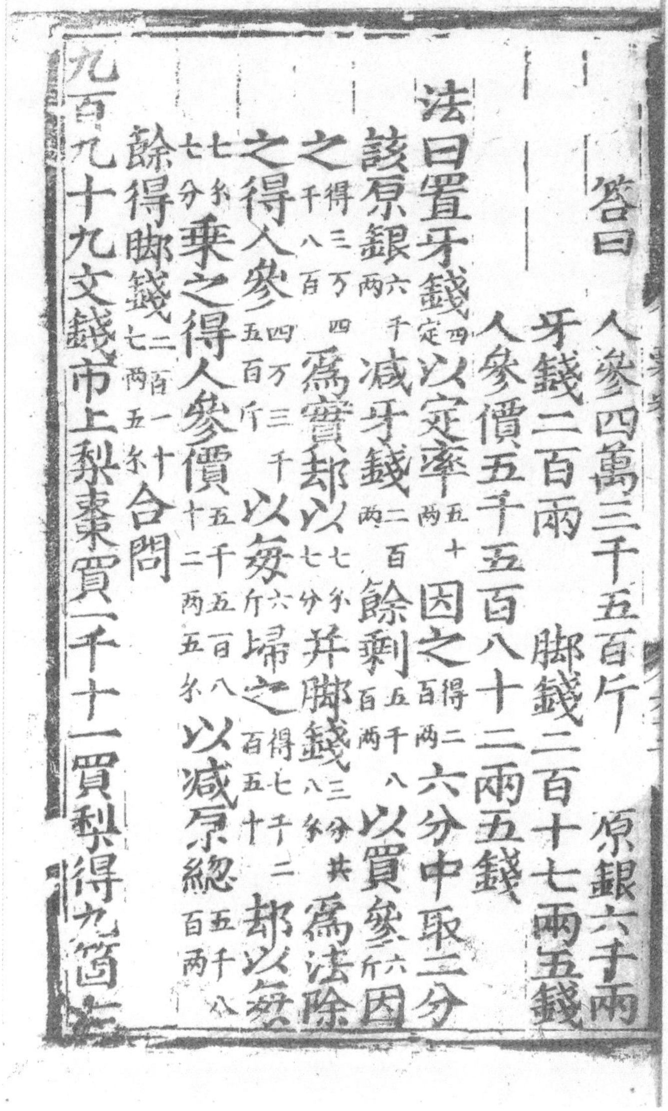

答曰：人參四萬三千五百斤， 原銀六千兩，

牙錢二百兩， 脚錢二百十七兩五錢，

人參價五千五百八十二兩五錢。

法曰：置牙錢四定以定率五十两因之得二百两。六分中取二分該原銀六千两減牙錢二百两餘剩五千八百两。以買參六斤因之得三万四千八百。爲實。却以七錢七分并脚錢三分共八錢爲法。除之得人參四万三千五百斤。以每六斤歸之得七千二百五十。却以每七錢七分乘之，得人參價五千五百八十二两五錢。以減原總五千八百两餘得脚錢二百一十七两五錢。合問。

九百九十九文錢，市上梨棗買一千。十一買梨得九箇，七

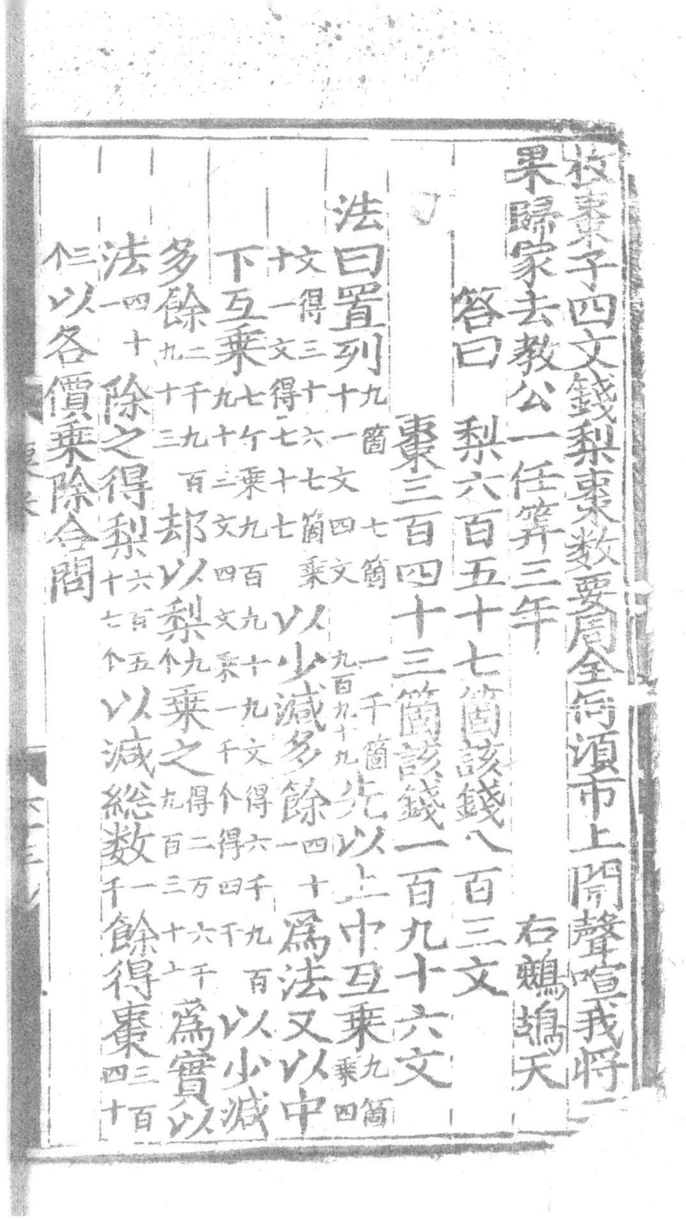

枚棗子四文錢。梨棗數、要周全。何須市上聞聲喧，我將二果歸家去，教公一任筭三年。　　　　右鷓鴣天

答曰：梨六百五十七箇，該錢八百三文；

棗三百四十三箇，該錢一百九十六文。

法曰：置列九箇十一文 七箇四文 一千箇九百九十九先以上中互乘九箇乘四文得三十六。七箇乘十一文得七十七。以少減多餘四十一。爲法。又以中下互乘七个乘九百九十九文，得六千九百九十三文。四文乘一千个得四千。以少減多餘二千九百九十三。却以梨九个乘之得二万六千九百三十七。爲實。以法四十一除之，得梨六百五十七个。以減総數一千餘得棗三百四十三个。以各價乘除，合問。

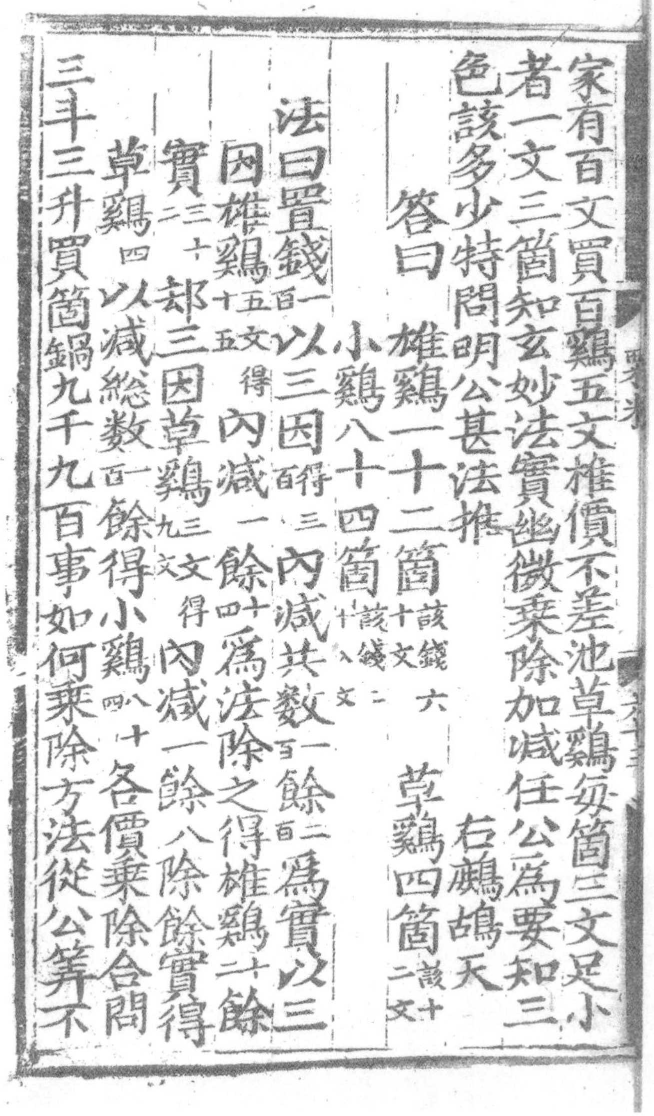

家有百文買百鷄，五文推價不差池。草鷄每箇三文足，小者一文三箇知。玄妙法、實幽微。乘除加減任公爲，要知三色該多少，特問明公甚法推。　　右鷓鴣天

答曰：雄鷄一十二箇該錢六十文，草鷄四箇該十二文，
小鷄八十四箇該錢二十八文。

法曰：置錢一百以三因得三百。內減共數一百餘二百。爲實。以三因雄鷄五文，得十五。內減一餘十四爲法。除之，得雄鷄十二。餘實三十二却三因草鷄三文，得九文。內減一餘八，除餘實得草鷄四。以減総數一百餘得小鷄八十四。各價乘除，合問。

三斗三升買箇鍋，九千九百事如何。乘除方法從公筭，不

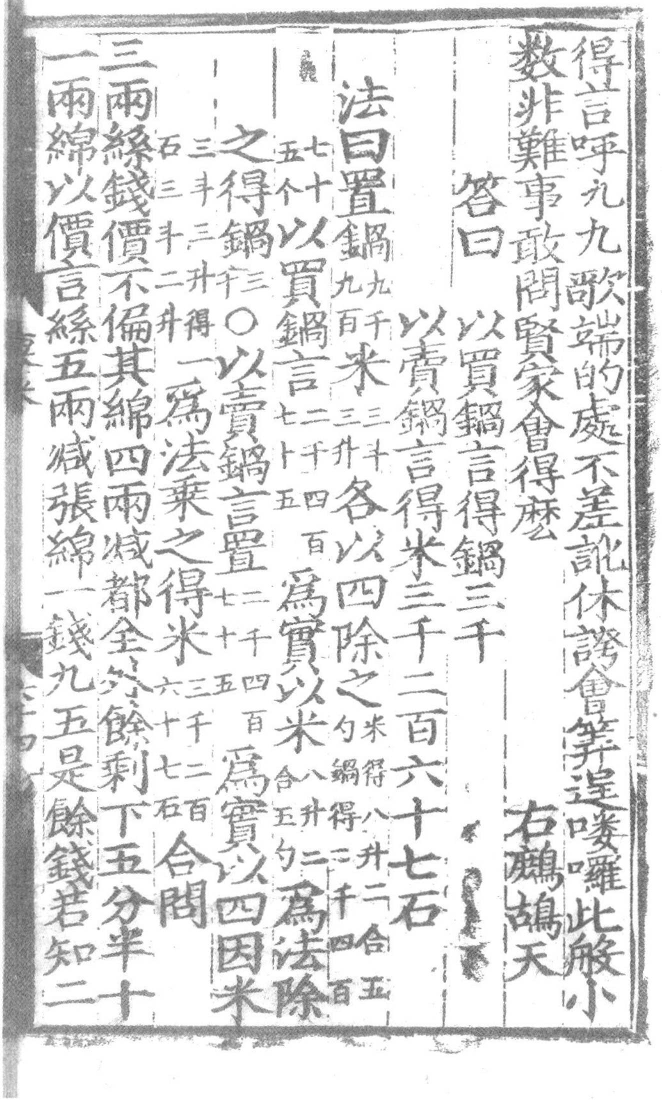

得言呼九九歌。端的處，不差訛，休誇會筭逞嘍囉。此般小數非難事，敢問賢家會得麼？　　右鷓鴣天

答曰：以買鍋言得鍋三千，

以賣鍋言得米三千二百六十七石。

法曰：置鍋九千九百米三斗三升各以四除之米得八升二合五勺，鍋得二千四百七十五个。以買鍋言二千四百七十五爲實。以米八升二合五勺爲法。除之，得鍋三千。〇以賣鍋言置二千四百七十五爲實。以四因米三斗三升，得一石三斗二升。爲法。乘之，得米三千二百六十七石。合問。

三兩絲錢價不偏，其綿四兩減都全。外餘剩下五分半，十一兩綿以價言。絲五兩，減張綿，一錢九五是餘錢。若知二

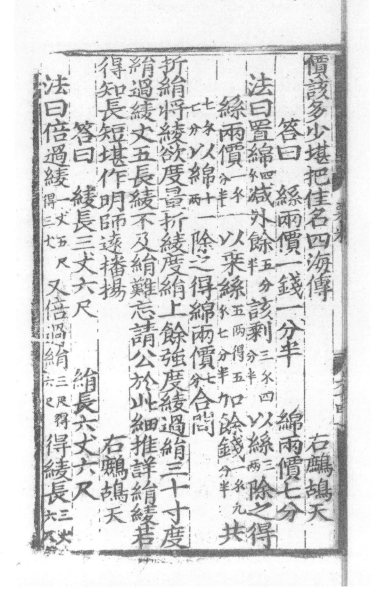

價該多少，堪把佳名四海傳。　　　　　　　　　　右鷓鴣天

答曰：　絲兩價一錢一分半，　綿兩價七分。

法曰：置綿四錢減外餘五分半該剩三錢四分半以絲三兩除之，得絲兩價一錢一分半。以乘絲五兩，得五錢七分半。加餘錢一錢九分半共七錢七分。以綿十一兩除之，得綿兩價七分。合問。

折絹將綾欲度量，折綾度絹上餘强。度綾過絹三十寸，度絹過綾丈五長。綾不及，絹難忘，請公於此細推詳。絹綾若得知長短，堪作明師遠播揚。　　　　　　　　　　右鷓鴣天

答曰：綾長三丈六尺，　絹長六丈六尺。

法曰：倍過綾一丈五尺，得三丈。又倍過絹三尺得六尺。得綾長三丈六尺

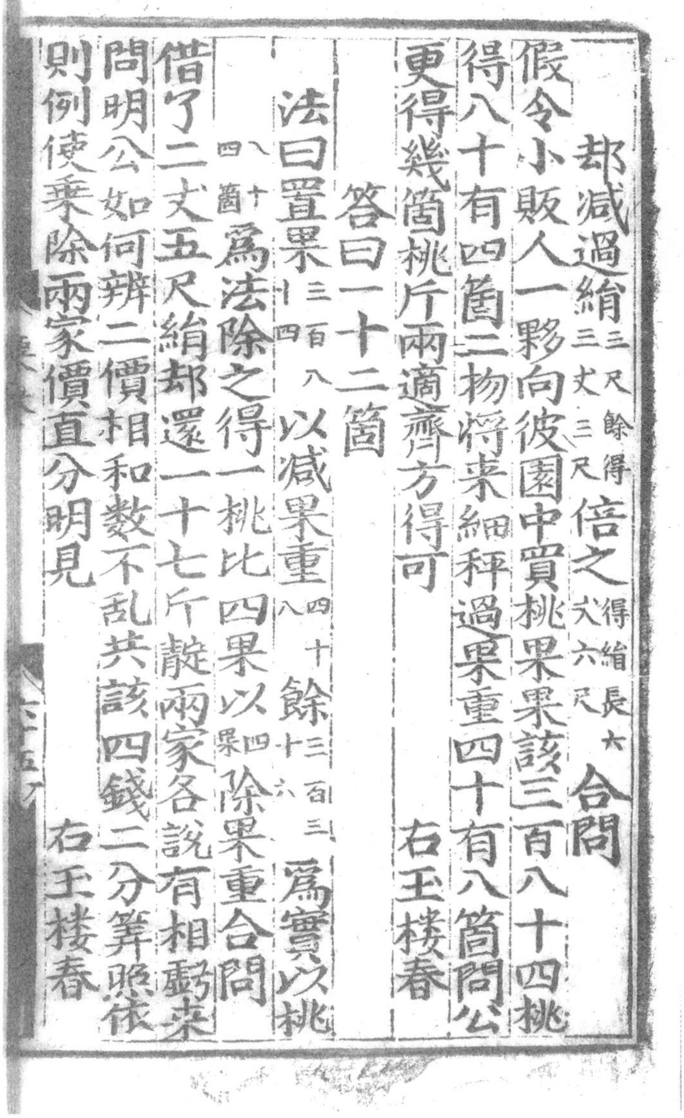

却減過絹三尺，餘得三丈三尺。倍之得絹長六丈六尺。合問。

假令小販人一夥，向彼園中買桃果。果該三百八十四，桃得八十有四箇。二物將来細秤過，果重四十有八箇。問公更得幾箇桃，斤兩適齊方得可。　　　　右玉楼春

答曰：一十二箇。

法曰：置果三百八十四以減果重四十八餘三百三十六。爲實。以桃八十四箇爲法。除之，得一桃比四果。以四果除果重，合問。

借了二丈五尺絹，却還一十七斤靛。兩家各説有相虧，来問明公如何辨。二價相和數不乱，共該四錢二分筭。照依則例使乘除，兩家價直分明見。　　　　右玉楼春

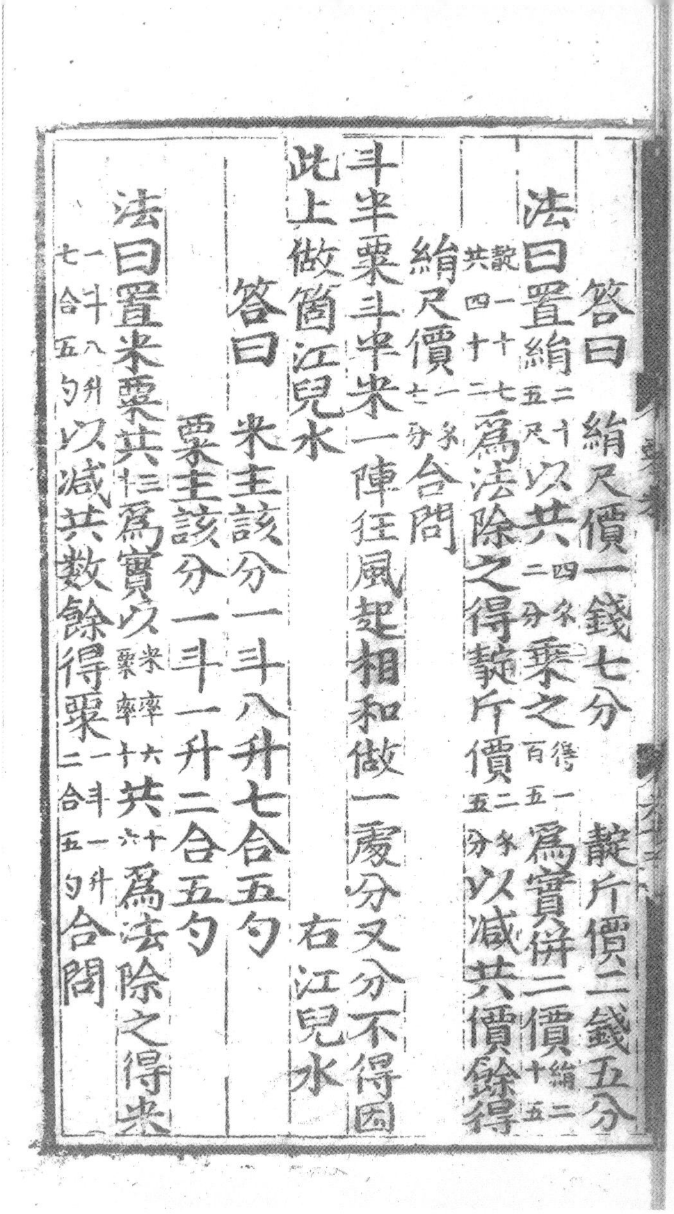

答曰：　絹尺價一錢七分，靛斤價二錢五分。

法曰：置絹[二十五尺]以共[四錢二分]乘之[得一百五。]爲實。并二價[絹二十五、靛一十七，共四十二。]爲法，除之，得靛斤價[二錢五分。]以減共價，餘得絹尺價[一錢七分。]合問。

斗半粟、斗半米，一陣狂風起。相和做一處，分又分不得。因此上做箇江兒水。　　右江兒水

答曰：米主該分一斗八升七合五勺，

粟主該分一斗一升二合五勺。

法曰：置米粟共[三斗]爲實，以[米率六粟率十]共[十六]爲法，除之，得米[一斗八升七合五勺]以減共數，餘得粟[二斗一升二合五勺。]合問。

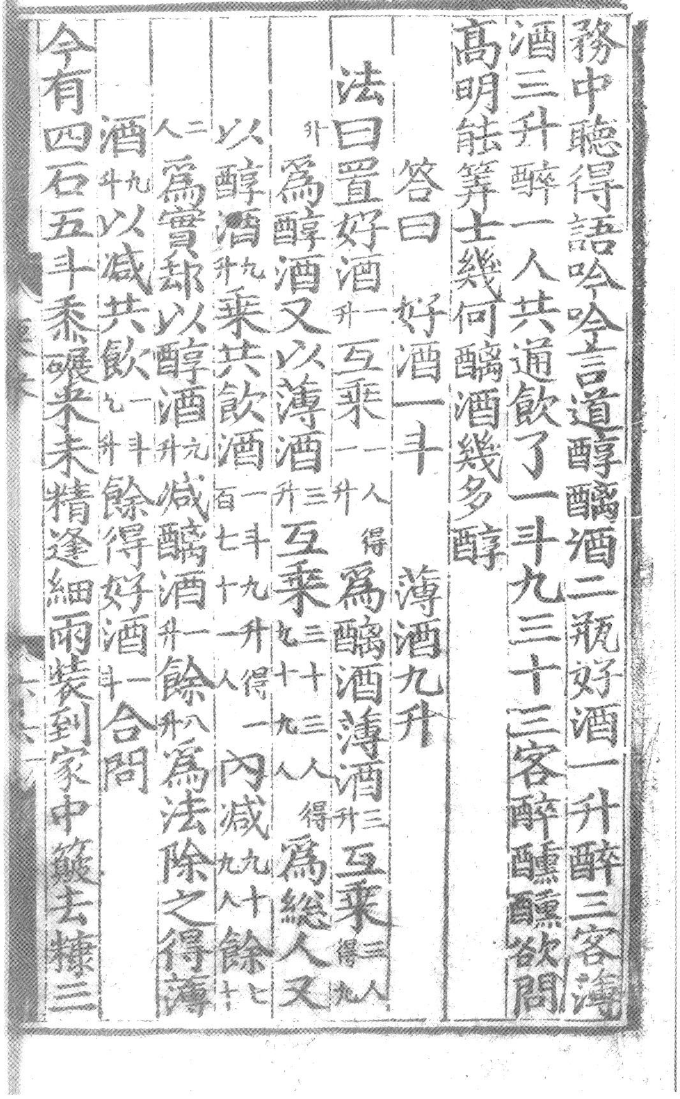

務中聽得語吟吟，言道醇醨酒二瓶。好酒一升醉三客，薄酒三升醉一人。共通飲了一斗九，三十三客醉醺醺。欲問高明能筭士，幾何醨酒幾多醇？

答曰：　好酒一斗，　薄酒九升。

法曰：置好酒一升互乘一人得一升。爲醨酒。薄酒三升互乘三人得九升。爲醇酒。又以薄酒三升互乘三十三人，得九十九人。爲総人。又以醇酒九升乘共飲酒一斗九升，得一百七十一人。内減九十九人餘七十二人。爲實。却以醇酒九升減醨酒一升餘八升爲法。除之，得薄酒九斗以減共飲一斗九升餘得好酒一斗。合問。

今有四石五斗黍，碾米未精逢細雨。裝到家中簸去糠，三

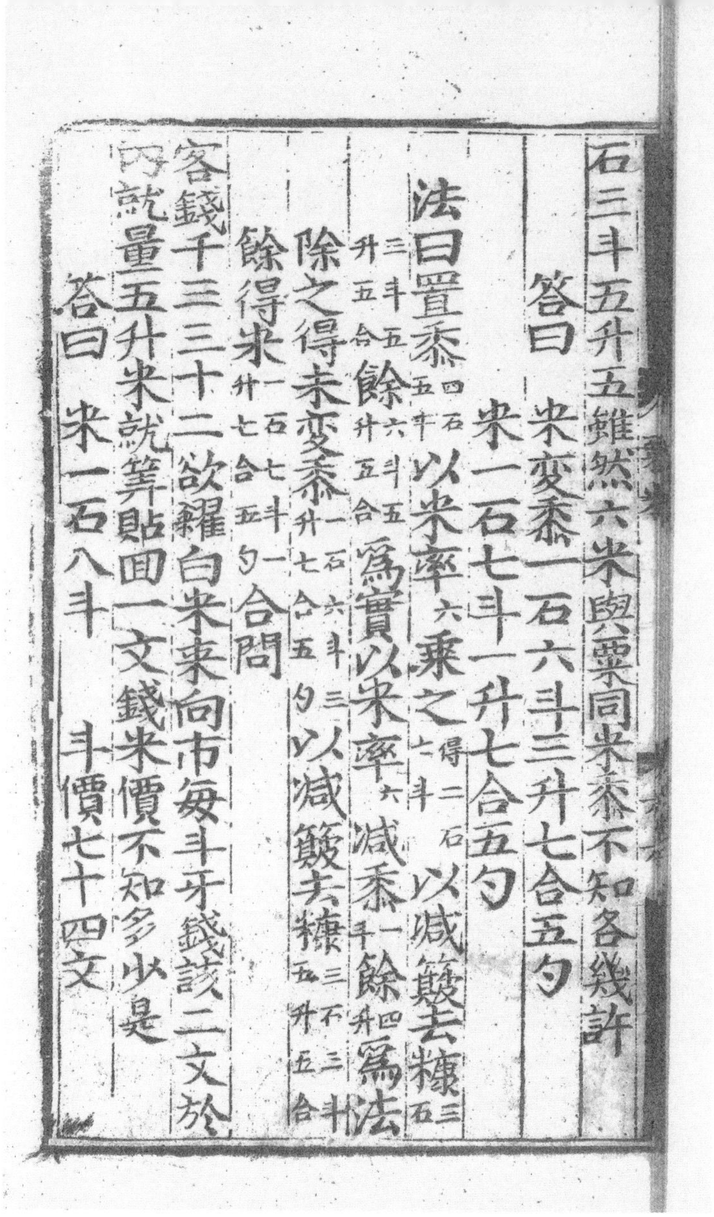

石三斗五升五。雖然六米與粟同，米黍不知各幾許。

答曰：米变黍一石六斗三升七合五勺，

米一石七斗一升七合五勺。

法曰：置黍四石五斗以米率六乘之得二石六斗。以減簸去糠三石三斗五升五合餘六斗五升五合爲實。以米率六減黍一斗餘四升。爲法。

除之得未变黍一石六斗三升七合五勺。以減簸去糠三石三斗五升五合

餘得米一石七斗一升七合五勺。合問。

客錢千三三十二，欲糴白米来向市。每斗牙錢該二文，於内就量五升米。就筭貼回一文錢，米價不知多少是。

答曰：　米一石八斗，斗價七十四文。

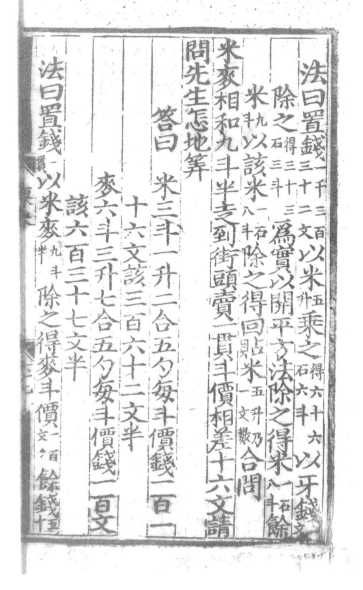

法曰：置錢二千三百三十二文以米五升乘之得六十六石六斗。以牙錢二文除之得三十三石三斗。爲實。以開平方法除之，得米一石八斗。餘米九斗。以該米一石八斗除之，得回貼米五升。一文數。乃合問。

米麥相和九斗半，走到街頭賣一貫。斗價相差十六文，請問先生怎地筭。

答曰：米三斗一升二合五勺，每斗價錢一百一十六文該三百六十二文半；

麥六斗三升七合五勺，每斗價錢一百文該六百三十七文半。

法曰：置錢一貫以米麥九斗半除之得麥斗價一百文。餘錢五十

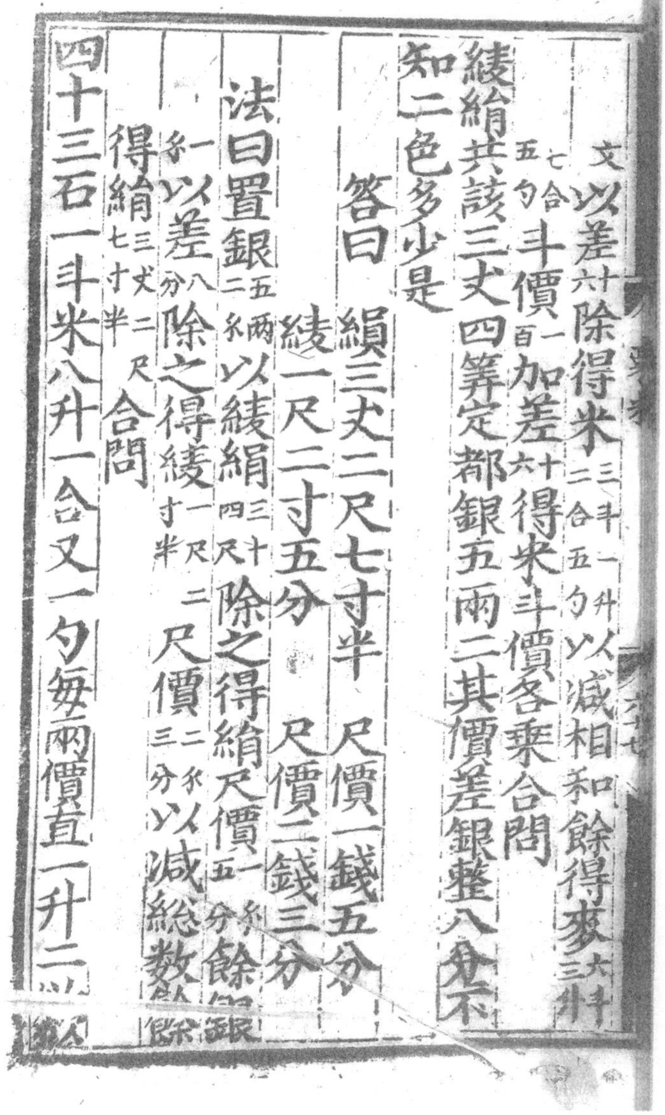

文以差十六除得米三斗一升二合五勺。以減相和，餘得麥六斗三升七合五勺。斗價一百加差十六得米斗價，各乘，合問。

綾絹共該三丈四，筭定都銀五兩二。其價差銀整八分，不知二色多少是。

答曰：絹三丈二尺七寸半，尺價一錢五分；

綾一尺二寸五分，　尺價二錢三分。

法曰：置銀五兩二錢以綾絹三十四尺除之，得絹尺價一錢五分。餘銀一錢以差八分除之，得綾一尺二寸半。尺價二錢三分以減総數，餘得絹三丈二尺七寸半。合問。

四十三石一斗米，八升一合又一勺。每兩價直一升二，欲買净椒得何幾？

答曰：一十四秤一十四斤十四兩三錢三銖。

法曰：置米四十三石一斗八升一合一勺爲實。以兩一升二合爲法。除之得三千五百九十八兩四錢二分五厘。以兩求斤、秤、銖法約之，合問。

四十三石一斗米，八升一合又一勺。斤價一斗九升二，欲買净椒得何幾？

答曰：一十四秤一十四斤十四兩三錢三銖。

法曰：照前法。以斤價一斗九升二合除之，合問。

十箇鷄兒賣十兩，每箇轉差二分半。十般價例請伊言，仔細從頭用心筭。

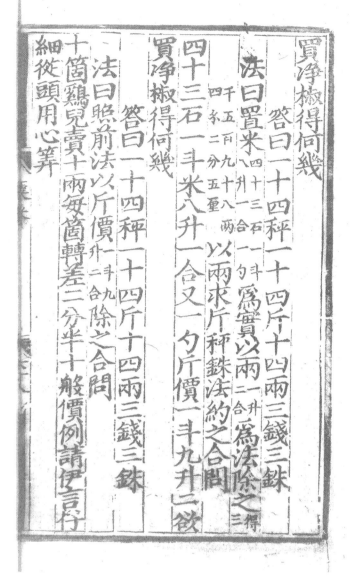

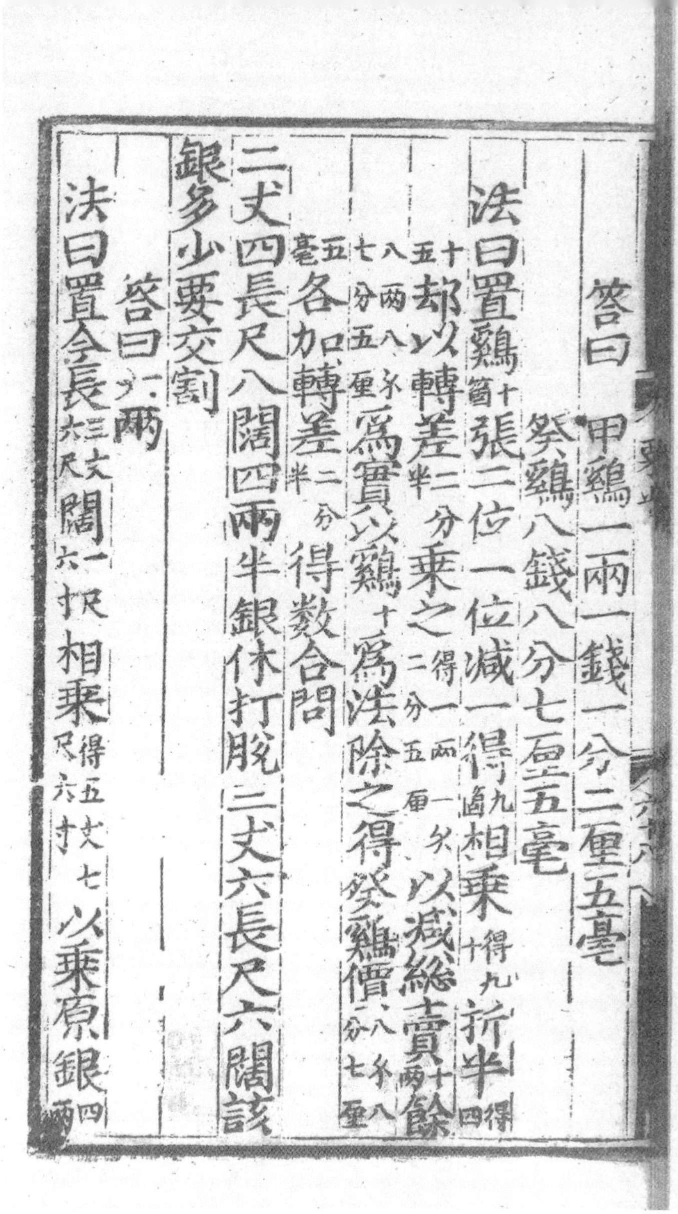

答曰：甲鷄一兩一錢一分二厘五毫，

癸鷄八錢八分七厘五毫。

法曰：置鷄（十箇）張二位，一位減一得（九箇）相乘（得九十。）折半（得四十五。）却以轉差（二分半）乘之（得一兩一錢二分五厘。）以減総賣（十兩）餘（八兩八錢七分五厘。）爲實，以鷄（十）爲法，除之，得癸鷄價（八錢八分七厘五毫。）各加轉差（二分半）得數，合問。

二丈四長尺八闊，四兩半銀休打脫。三丈六長尺六闊，該銀多少要交割？

答曰：六兩。

法曰：置今長（三丈六尺）闊（一尺六寸）相乘（得五丈七尺六寸。）以乘原銀（四兩）

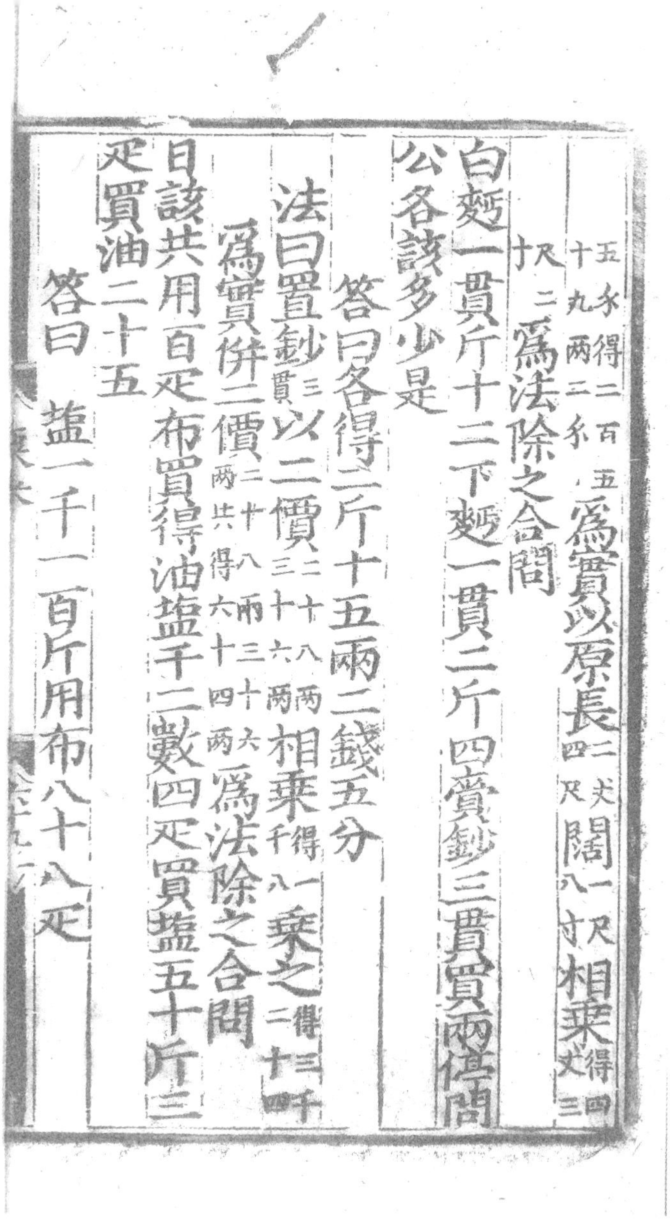

五錢，得二百五十九兩二錢。爲實。以原長二丈四尺闊一尺八寸相乘得四丈三尺二十。爲法。除之，合問。

白麪一貫斤十二，下麪一貫二斤四。賫鈔三貫買兩停，問公各該多少是？

答曰：各得二斤十五兩二錢五分。

法曰：置鈔三貫以二價二十八兩三十六兩相乘得一千八。乘之得三千二十四。

爲實。并二價二十八兩，三十六兩，共得六十四兩。爲法。除之，合問。

日該共用百匹布，買得油鹽千二數。四匹買鹽五十斤，三匹買油二十五。

答曰：　鹽一千一百斤用布八十八匹，

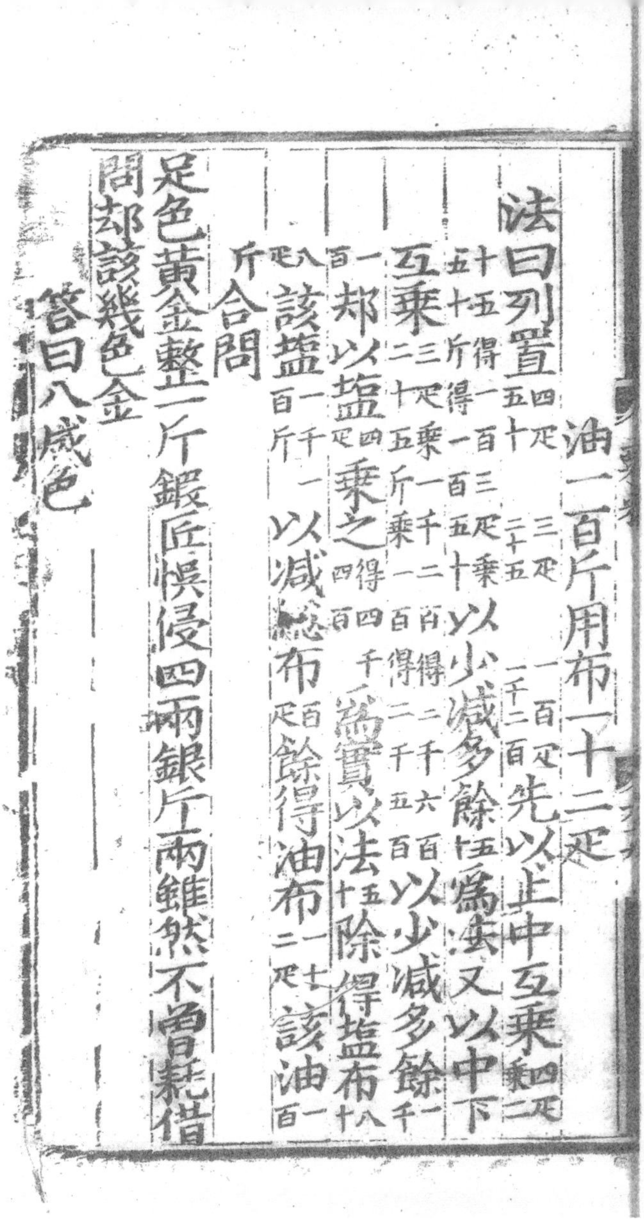

油一百斤用布一十二匹。

法曰：列置四匹五十　三匹二十五　一百匹一千二百先以上中互乘四匹乘三十五得一百。三匹乘五十斤得一百五十。以少減多餘五十。爲法。又以中下互乘三匹乘一千二百得三千六百。二十五斤乘一百得二千五百。以少減多餘一千一百。却以鹽四匹乘之得四千四百。爲實。以法五十除得鹽布八十八匹。該鹽一千一百斤。以減總布百匹餘得油布一十二匹。該油一百斤。合問。

足色黄金整一斤，鍛匠悞侵四兩銀。斤兩雖然不曾耗，借問却該幾色金？

答曰：八成色。

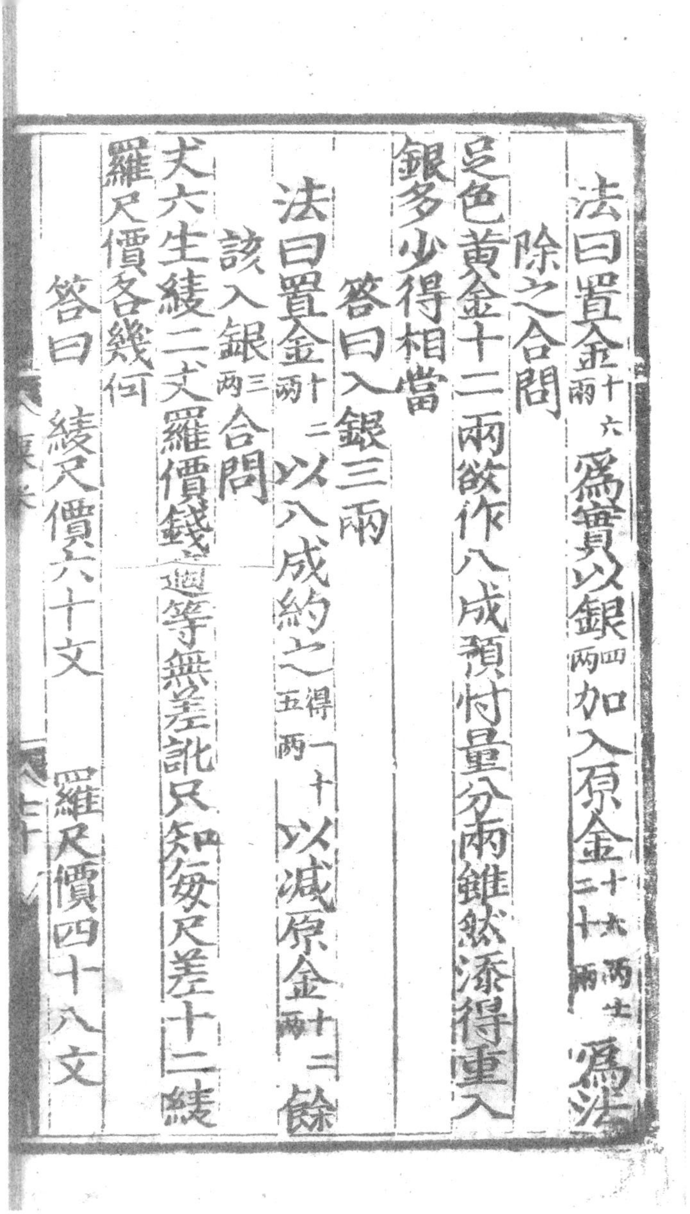

法曰：置金十六兩爲實，以銀四兩加入原金十六兩，共二十兩。爲法，除之，合問。

足色黄金十二兩，欲作八成預忖量。分兩雖然添得重，入銀多少得相當。

答曰：入銀三兩。

法曰：置金十二兩以八成約之得一十五兩。以減原金十二兩餘該入銀三兩。合問。

丈六生綾二丈羅，價錢適等無差訛。只知每尺差十二，綾羅尺價各幾何？

答曰：綾尺價六十文，羅尺價四十八文。

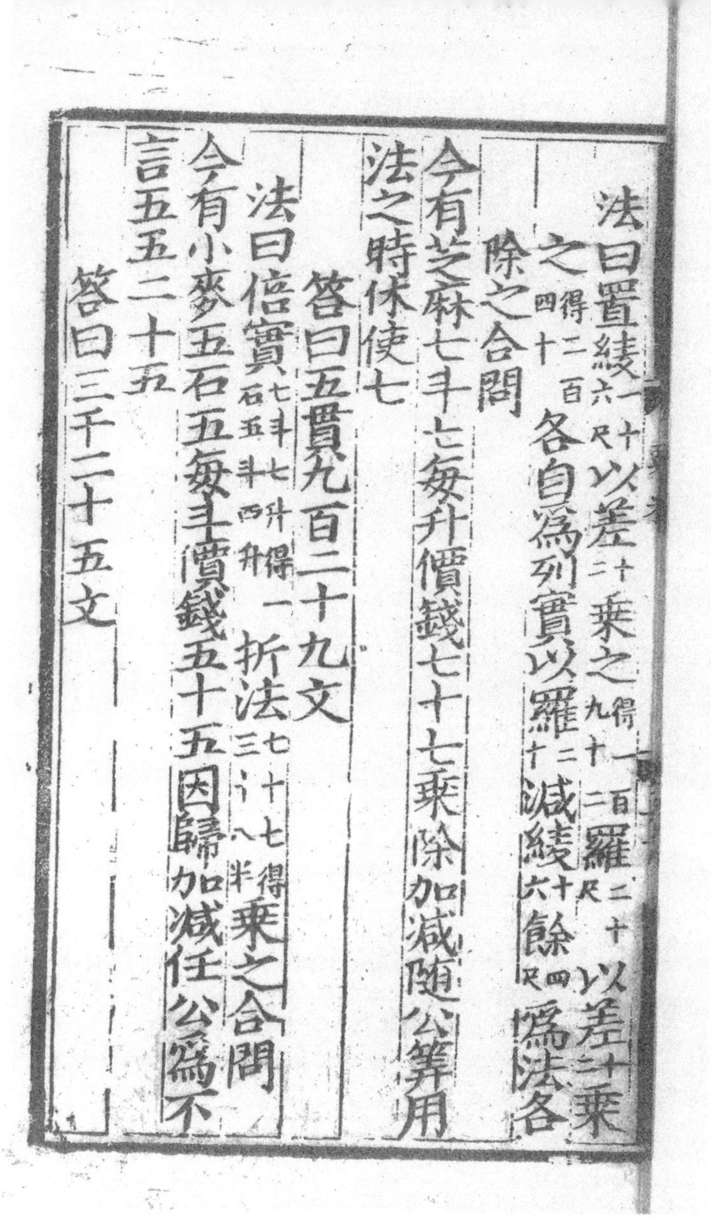

法曰：置綾一十六尺以差十二乘之得一百九十二。羅二十尺以差十二乘之得二百四十。各自爲列實。以羅二十減綾十六餘四尺。爲法。各除之，合問。

今有芝麻七斗七，每升價錢七十七。乘除加減随公筭，用法之時休使七。

答曰：五貫九百二十九文。

法曰：倍實七斗七升，得一石五斗四升。折法七十七，得三十八半。乘之，合問。

今有小麥五石五，每斗價錢五十五。因歸加減任公爲，不言五五二十五。

答曰：三千二十五文。

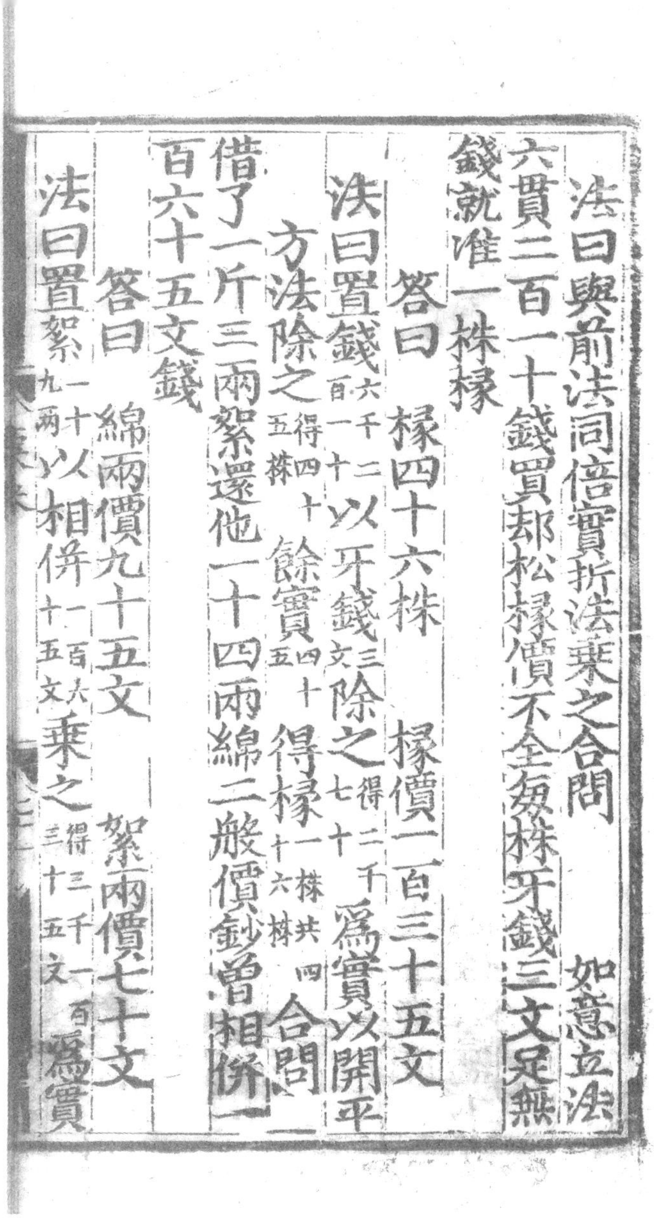

法曰：與前法同。倍實折法乘之，合問。　　　如意立法

六貫二百一十錢，買却松椽價不全。每株牙錢三文足，無錢就准一株椽。

答曰：　椽四十六株，　椽價一百三十五文。

法曰：置錢六千二百一十以牙錢三文除之得二千七十。爲實。以開平方法除之得四十五株。餘實四十五。得椽一株共四十六株。合問。

借了一斤三兩絮，還他一十四兩綿。二般價鈔曾相并，一百六十五文錢。

答曰：　綿兩價九十五文，　絮兩價七十文。

法曰：置絮一十九兩以相并一百六十五文乘之得三千一百三十五文。爲實。

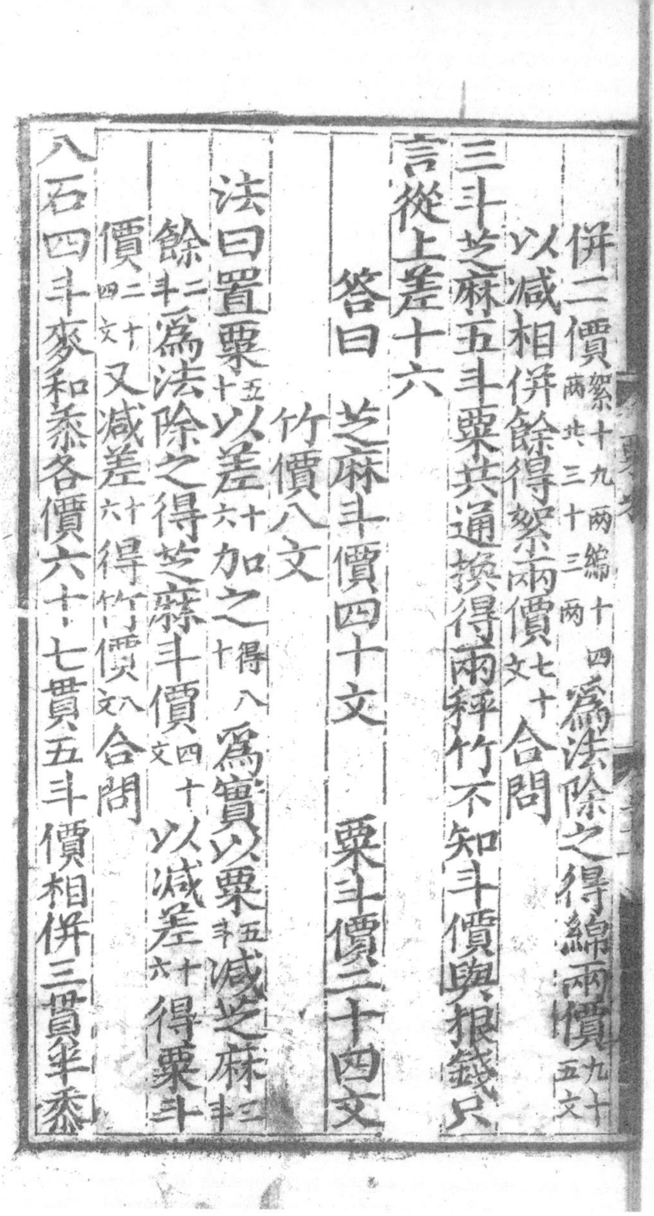

并二價絮十九兩、綿十四兩，共三十三兩。爲法。除之，得綿兩價九十五文。

以減相并，餘得絮兩價七十文。合問。

三斗芝麻五斗粟，共通换得兩秤竹。不知斗價與根錢，只言從上差十六。

答曰：芝麻斗價四十文，　粟斗價二十四文，

竹價八文。

法曰：置粟五十以差十六加之得八十。爲實。以粟五斗減芝麻三斗餘二斗爲法。除之，得芝麻斗價四十文。以減差十六得粟斗價二十四文。又減差十六得竹價八文。合問。

八石四斗麥和黍，各價六十七貫五。斗價相并三貫半，黍

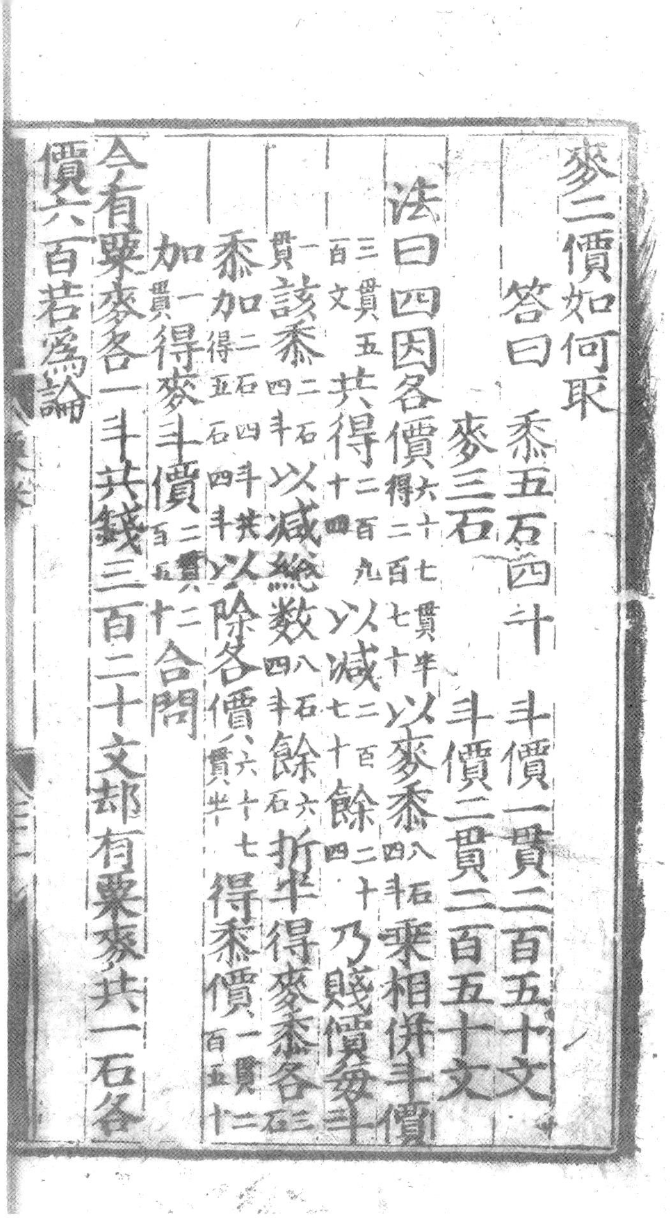

麥二價如何取？

答曰：黍五石四斗，斗價一貫二百五十文，

麥三石，　　斗價二貫二百五十文。

法曰：四因各價六十七貫半，得二百七十。以麥、黍八石，四斗。乘相并斗價

三貫五百文共得二百九十四。以減二百七十餘二十四。乃賤價。每斗

一貫該黍二石四斗。以減総數八石四斗餘六石。折半得麥、黍，各三石。

黍加二石四斗，得五石四斗。共以除各價六十七貫半得黍價一貫二百五十。

加一貫得麥斗價二貫二百五十。合問。

今有粟麥各一斗，共錢三百二十文。却有粟麥共一石，各價六百若爲論。

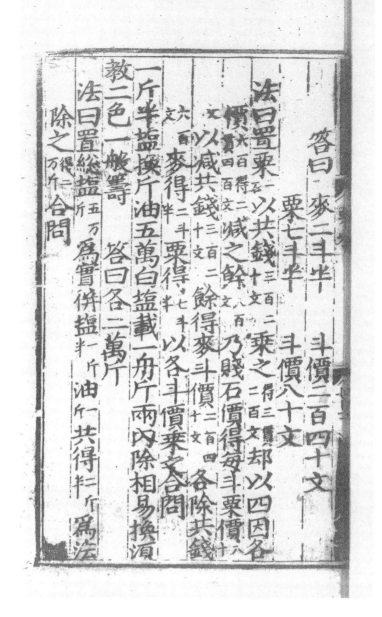

答曰：麥二斗半，　斗價二百四十文；

粟七斗半，　斗價八十文。

法曰：置粟二石以共錢三百二十文乘之得三貫二百文。却以四因各價六百，得二貫四百文。減之，餘八百文。乃賤石價。得每斗粟價八十文。以減共錢三百二十文餘得麥斗價二百四十文。各除共錢六百文麥得二斗半。粟得七斗半。以各斗價乘之，合問。

一斤半鹽換斤油，五萬白鹽載一舟。斤兩内除相易換，須教二色一般籌。　答曰：各二萬斤。

法曰：置総鹽五万斤爲實。并鹽一斤半油一斤共得二斤半。爲法，除之得二万斤。合問。

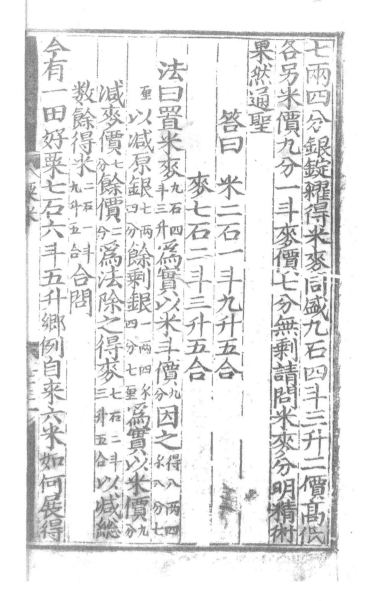

七兩四分銀錠，糴得米麥同盛。九石四斗三升，二價高低各另。米價九分一斗，麥價七分無剩。請問米麥分明，精術果然通聖。

答曰：米二石一斗九升五合，

麥七石二斗三升五合。

法曰：置米麥（九石四斗三升）爲實，以米斗價（九分）因之（得八兩四錢八分七厘。）以減原銀（七兩四分）餘剩銀（一兩四錢四分七厘。）爲實。以米價（九分）減麥價（七分）餘價（二分）爲法。除之，得麥（七石二斗三升五合。）以減総數，餘得米（二石一斗九斗五合。）合問。

今有一田好粟，七石六斗五升。鄉例自来六米，如何展得

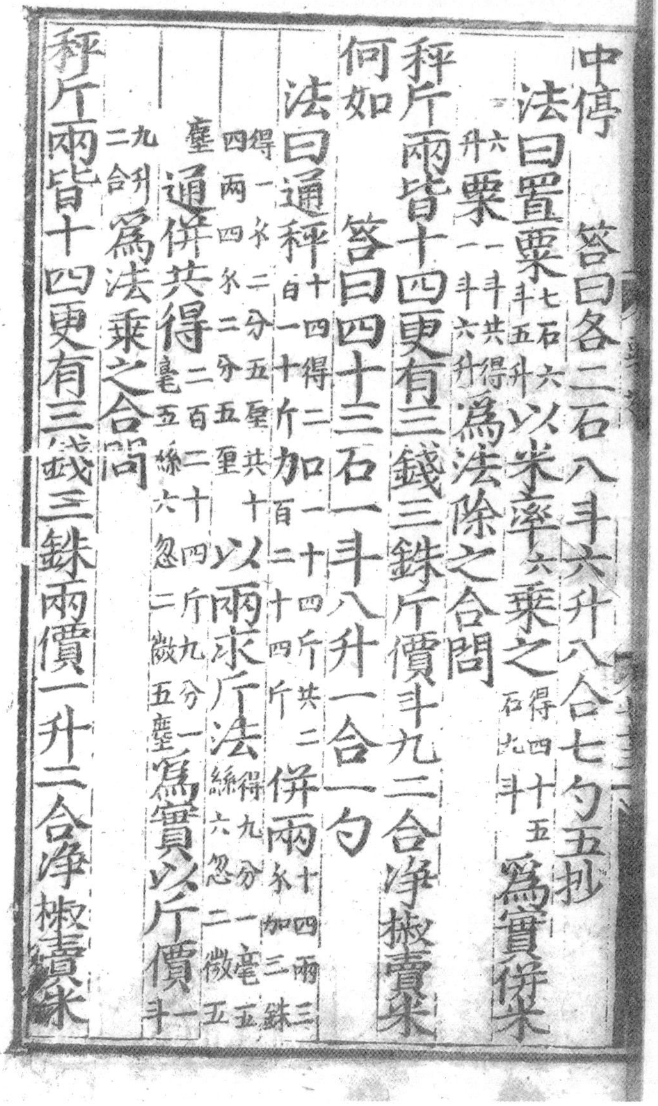

中停？　答曰：各二石八斗六升八合七勺五抄。

法曰：置粟七石六斗五升以米率六乘之得四十五石九斗。爲實，并米六升粟一斗共得一斗六升爲法。除之，合問。

秤斤兩皆十四，更有三錢三銖。斤價斗九二合，净椒賣米何如？　答曰：四十三石一斗八升一合一勺。

法曰：通秤十四，得二百一十斤。加一十四斤，共二百二十四斤。并兩十四兩三錢加三銖得一錢二分五厘。共十四兩四錢二分五厘。以兩求斤法得九分一毫五絲六忽二微五塵。通并共得二百二十四斤九分一毫五絲六忽二微五塵。爲實。以斤價一斗九升二合爲法，乘之。合問。

秤斤兩皆十四，更有三錢三銖。兩價一升二合，净椒賣米

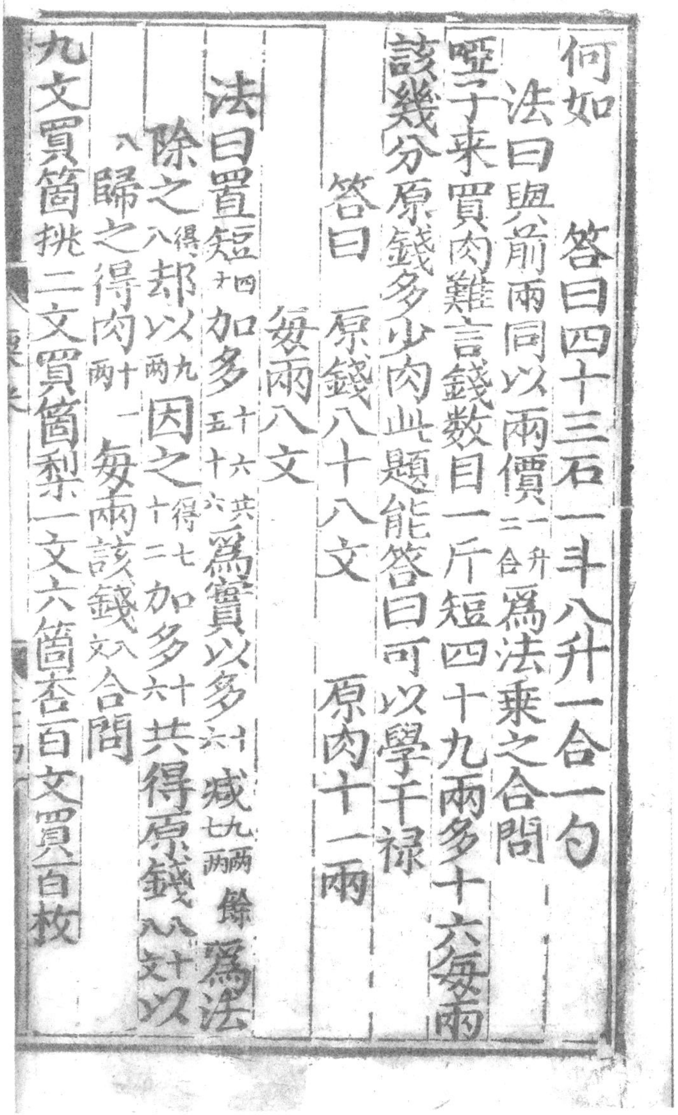

何如？　答曰：四十三石一斗八升一合一勺。

法曰：與前兩同。以兩價二升二合爲法乘之，合問。

啞子来買肉，難言錢數目。一斤短四十，九兩多十六。每兩該幾分，原錢多少肉？此題能答曰，可以學干禄。

答曰：原錢八十八文，原肉十一兩，

每兩八文。

法曰：置短四十加多十六共五十六。爲實。以多十六減九兩，七兩。餘爲法。

除之得八。却以九兩因之得七十二。加多十六共得原錢八十八文。以

八歸之，得肉十一兩。每兩該錢八文。合問。

九文買箇桃，二文買箇梨。一文六箇杏，百文買百枚。

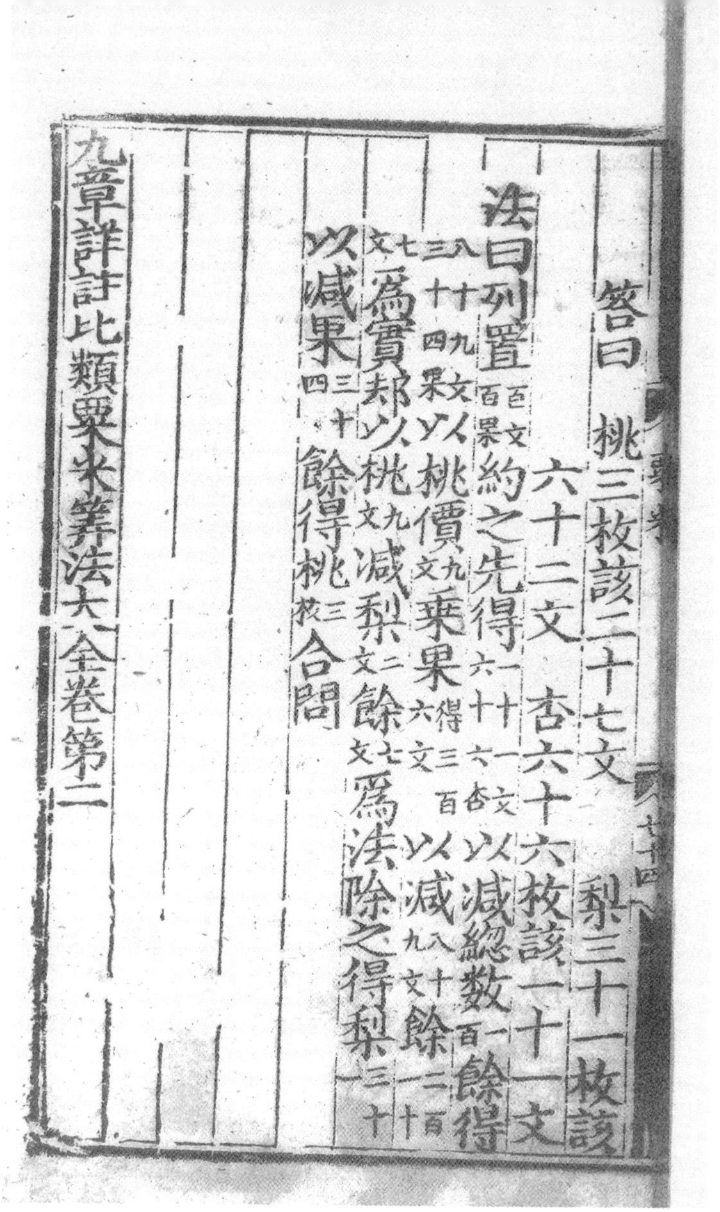

答曰：桃三枚該二十七文， 梨三十一枚該六十二文，杏六十六枚該一十一文。

法曰：列置百文百果約之，先得二十一文六十六杏。以減總數一百餘得八十九文，三十四果。以桃價九文乘果得三百六文。以減八十九文餘二百一十七文。爲實。却以桃九文減梨二文餘七文爲法。除之，得梨三十一。以減果三十四餘得桃三枚。合問。

九章詳注比類粟米筭法大全卷第二

九章算法比類大全

中册

[明]吴敬 ◇ 撰

周霄漢 ◇ 整理

國家古籍整理出版專項經費資助項目

二〇二一—二〇三五年國家古籍工作規劃重點出版項目

中國科技典籍選刊

第七輯

主編 孫顯斌 高峰

山東科學技術出版社

·濟南·

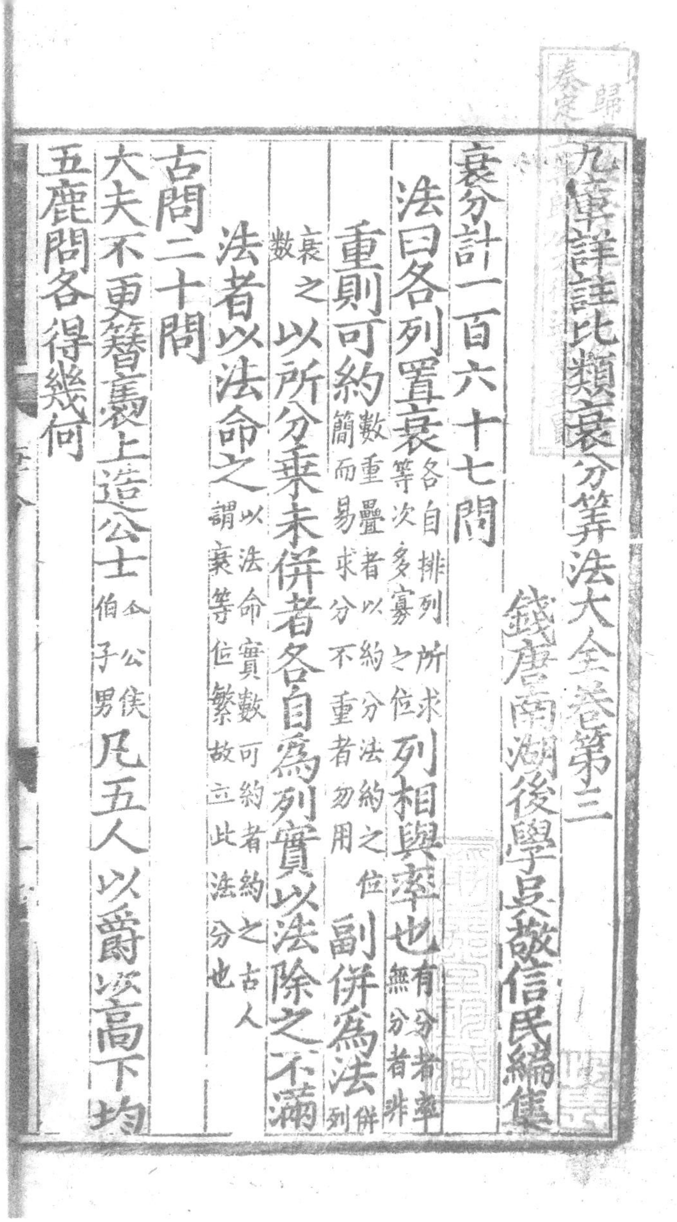
九章詳註比類衰分筭法大全卷第三
錢唐南湖後學吳敬信民編集
衰分計一百六十七問
法曰各列置衰各自排列所求等次多寡之位列相與率也有分者率無分者非
重則可約數重疊者以約分法約之位簡而易求分不重者勿用副併爲法併列
衰之數以所分乘未併者各自爲列實以法除之不滿
法者以法命之以法命實數可約者約之古人謂衰等位繁故立此法分也
古問二十問
大夫不更簪褭上造公士今公侯伯子男凡五人以爵次高下均
五鹿問各得幾何

九章詳注比類衰分筭法大全卷第三

錢唐南湖後學吴敬信民編集

衰分計一百六十七問

法曰：各列置衰各自排列所求等次多寡之位。列相與率也。有分者率，無分者非。

重則可約數重疊者以約分法約之，位簡而易求，分不重者勿用。副并爲法并列

衰之數。以所分乘未并者各自爲列實，以法除之。不滿

法者以法命之。以法命實數，可約者約之。古人謂衰等位繁，故立此法分也。

古問二十問

大夫、不更、簪裹、上造、公士今公、侯、伯、子、男。凡五人，以爵次高下均五鹿，問各得幾何？

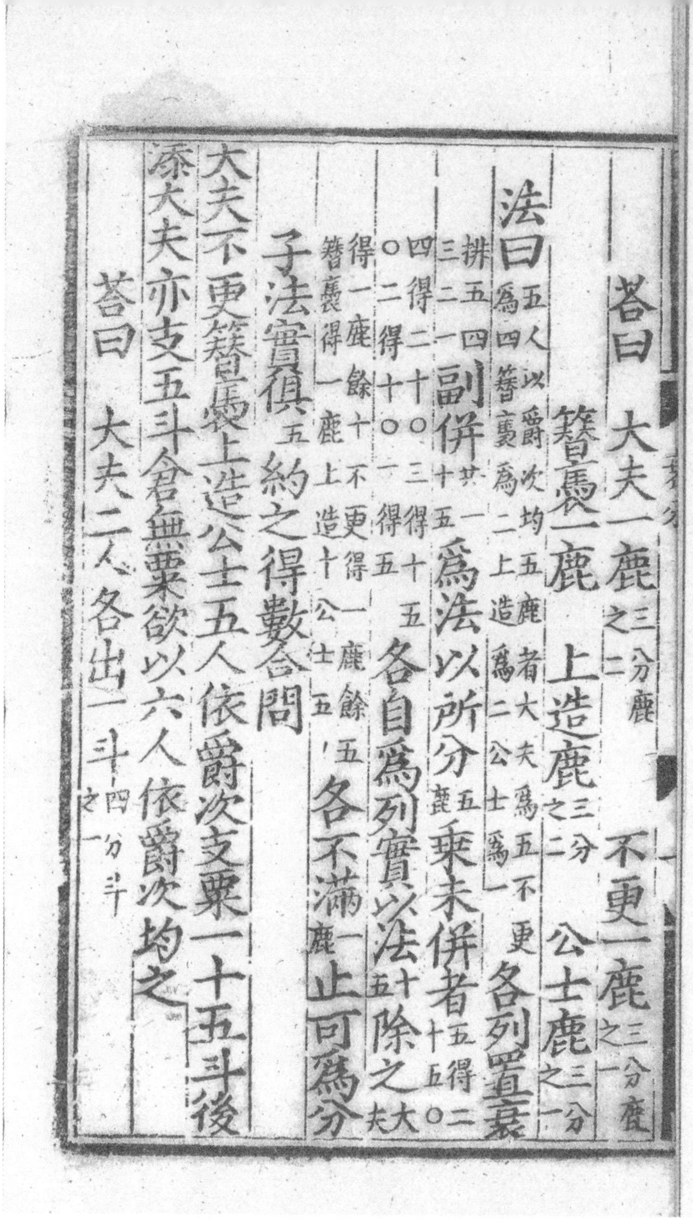

答曰：大夫一鹿三分鹿之二，　不更一鹿三分鹿之一，

簪裹一鹿，上造鹿三分之二，公士鹿三分之一。

法曰：五人以爵次均五鹿者，大夫爲五，不更爲四，簪裹爲二，上造爲二，公士爲一。各列置衰

排五、四、三、二、一。副并共一十五爲法。以所分五鹿乘未并者五得二十五。〇四得二十。〇三得十五。〇二得十。〇一得五。各自爲列實。以法十五除之大夫得一鹿餘十。不更得一鹿餘五。簪裹得一鹿。上造十。公士五。各不滿一鹿止可爲分，

子法實俱五約之，得數，合問。

大夫、不更、簪裹、上造、公士五人，依爵次支粟一十五斗。後添大夫亦支五斗，倉無粟，欲以六人依爵次均之。

答曰：　大夫二人各出一斗四分斗之一，

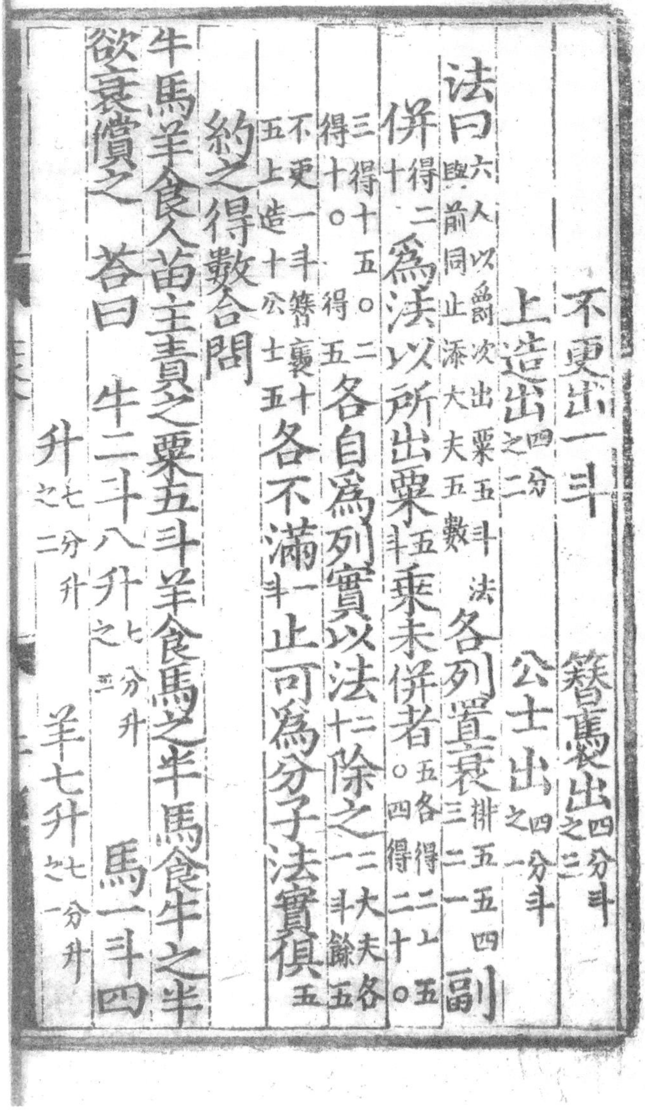

不更出一斗，　　箸裹出四分斗之三，

上造出四分之二，　　公士出四分斗之一。

法曰：（六人以爵次出粟五斗，法與前同，止添大夫五數。）各列置衰（排五、五、四、三、二、一。）副并（得二十。）爲法，以所出粟（五斗）乘未并者（五各得二十五。〇四得二十。〇三得十五。〇二得十。〇一得五。）各自爲列實，以法（二十）除之（二大夫各一斗餘五。不更一斗。箸裹十五。上造十。公士五。）各不滿（一斗）止可爲分子，法實俱（五）約之得數，合問。

牛、馬、羊食人苗，主責之，粟五斗，羊食馬之半，馬食牛之半，欲衰償之。　答曰：牛二斗八升七分升之三，　馬一斗四升七分升之二，　羊七升七分升之一。

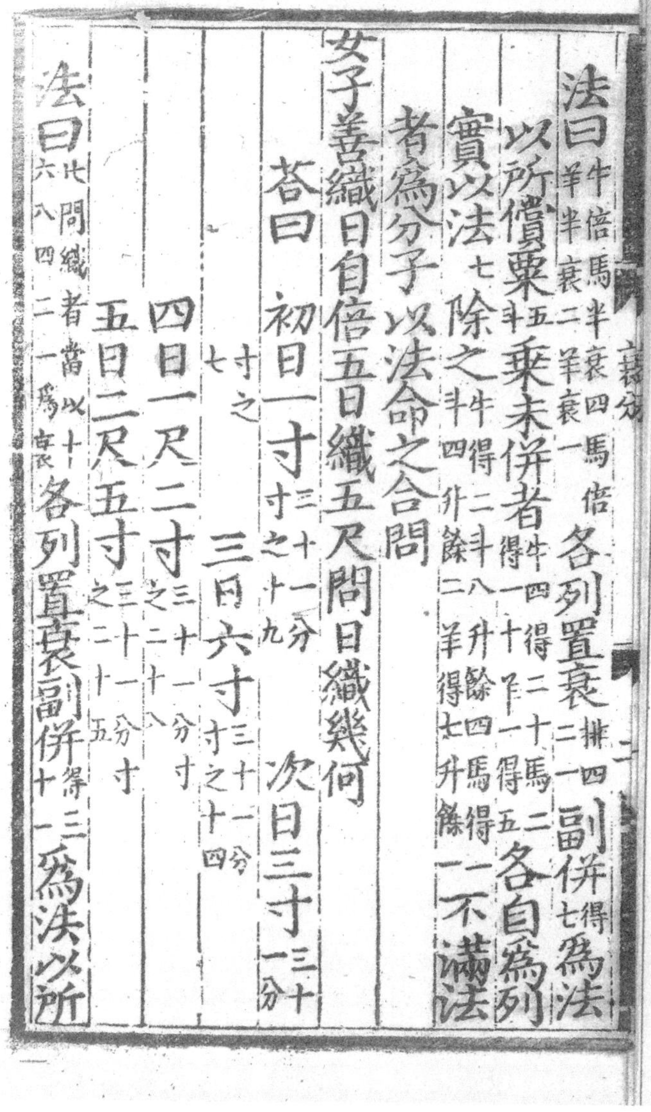

法曰：牛倍馬半衰四，馬倍羊半衰二，羊衰一。各列置衰排四、二、一。副并得七爲法。以所償粟五斗乘未并者牛四得二十。馬二得一十。羊一得五。各自爲列實，以法七除之牛得二斗八升餘四。馬得一斗四升餘二。羊得七升餘一。不滿法者爲分子，以法命之，合問。

女子善織日自倍，五日織五尺，問日織幾何？

答曰：　初日一寸三十一分寸之十九，　次日三寸三十一分寸之七，　三日六寸三十一分寸之十四，

四日一尺二寸三十一分寸之二十八，

五日二尺五寸三十一分寸之二十五。

法曰：此問織者當以十六、八、四、二、一爲衰。各列置衰，副并得三十一爲法。以所

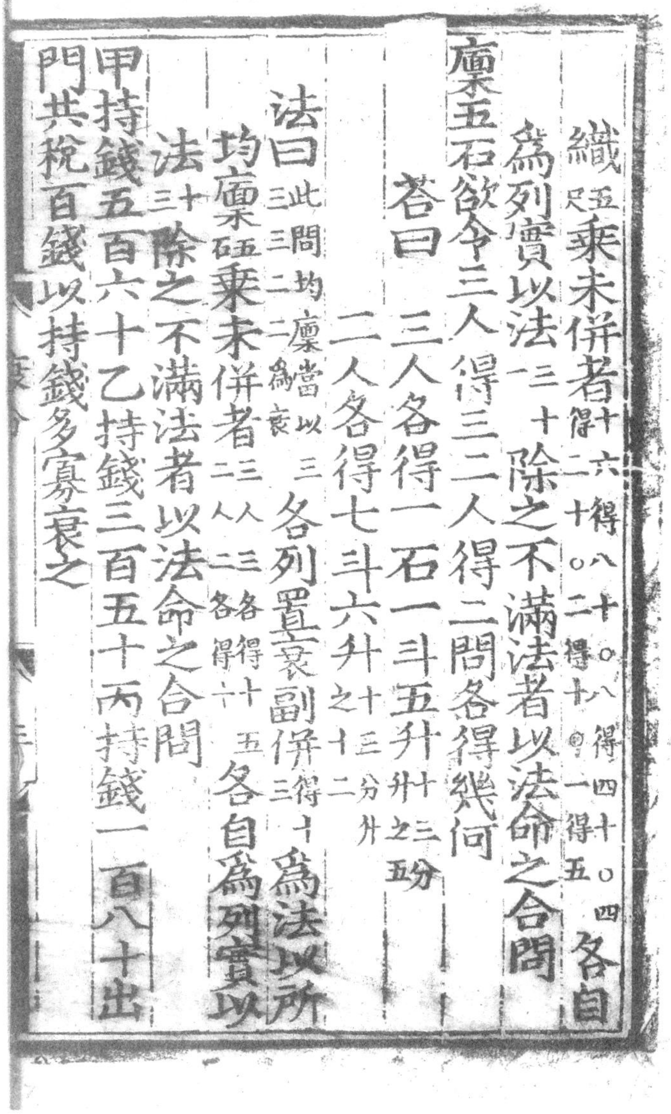

織五尺乘未并者十六得八十。○八得四十。○四得二十。○二得十。○一得五。各自爲列實。以法三十除之，不滿法者以法命之，合問。

廪五石，欲令三人得三，二人得二，問各得幾何？

答曰：三人各得一石一斗五升十三分升之五，

二人各得七斗六升十三分升之十二。

法曰：此問均廪當以三、三、三、二、二爲衰。各列置衰，副并得十三。爲法，以所均廪五石乘未并者三人三各得十五。二人二各得十。各自爲列實。以法十三除之，不滿法者以法命之，合問。

甲持錢五百六十，乙持錢三百五十，丙持錢一百八十出門，共稅百錢，以持錢多寡衰之。

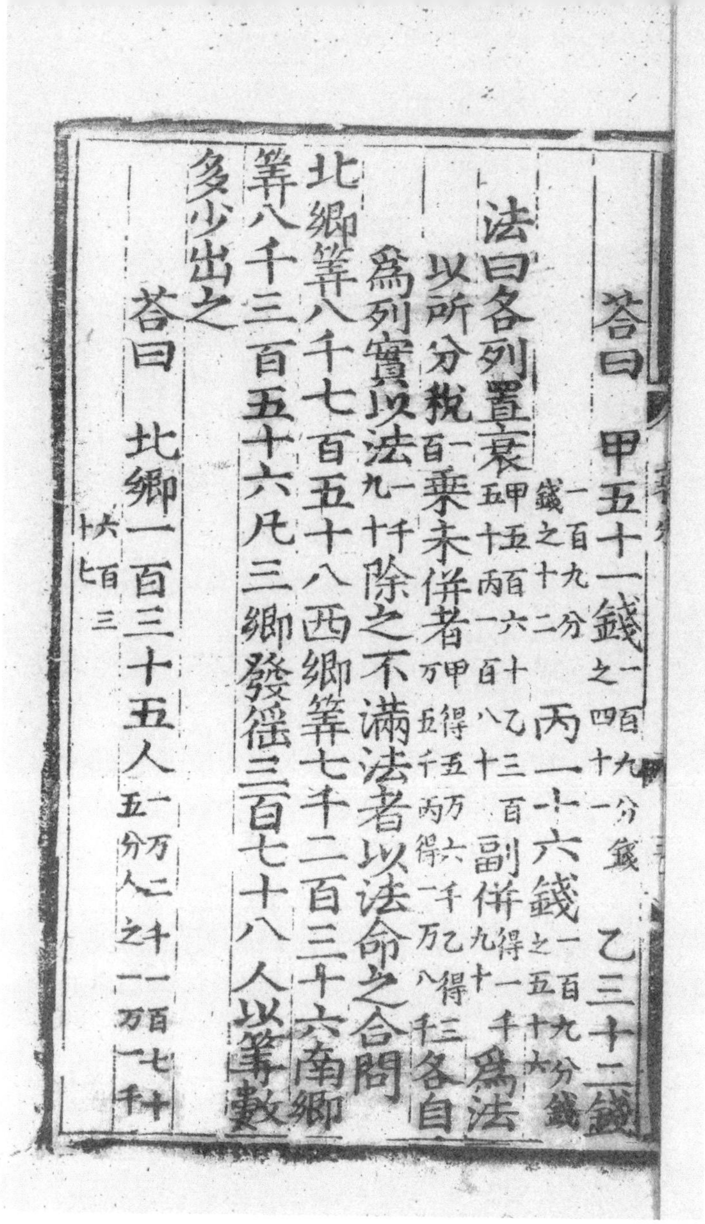

答曰：　甲五十一錢一百九分錢之四十一，乙三十二錢一百九分錢之十二，丙一十六錢一百九分錢之五十六。

法曰：各列置衰甲五百六十，乙三百五十，丙一百八十。副并得一千九十。爲法。以所分税一百乘未并者甲得五万六千。乙得三万五千。丙得一万八千。各自爲列實。以法一千九十除之，不滿法者以法命之，合問。

北鄉筭八千七百五十八，西鄉筭七千二百三十六，南鄉筭八千三百五十六，凡三鄉發傜三百七十八人，以筭數多少出之。

答曰：　北鄉一百三十五人一万二千一百七十五分人之一万一千六百三十七，

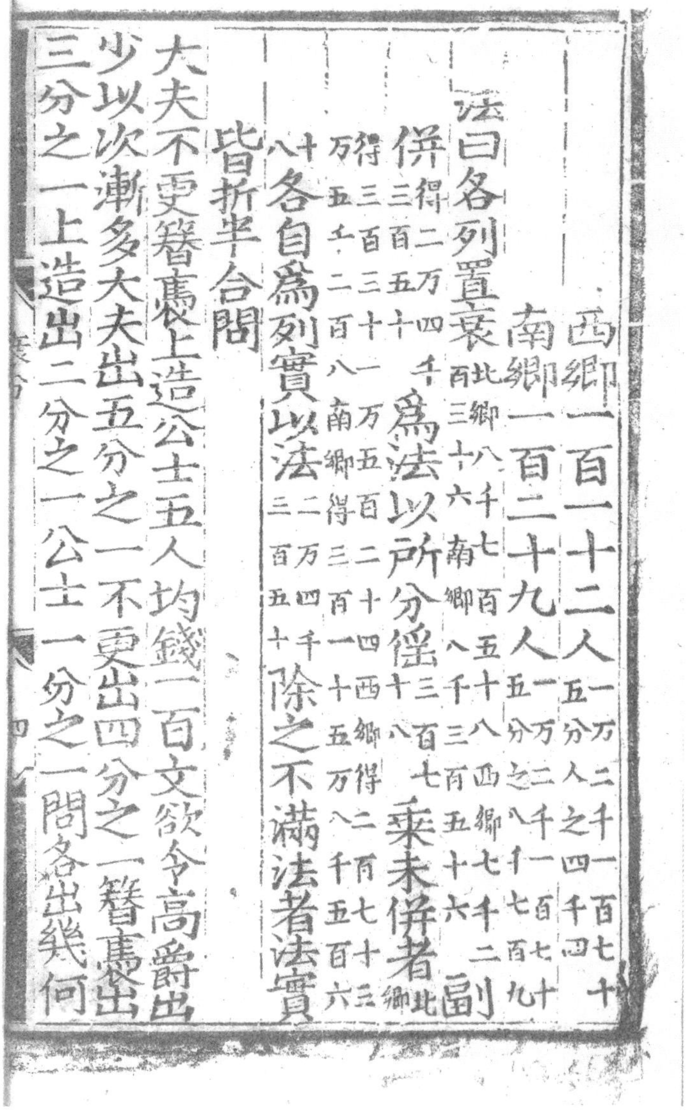

西鄉一百一十二人一万二千一百七十五分人之四千四，

南鄉一百二十九人一万二千一百七十五分之八千七百九。

法曰：各列置衰北鄉八千七百五十八，西鄉七千二百三十六，南鄉八千三百五十六。副并得二万四千三百五十。爲法，以所分徭三百七十八乘未并者北鄉得三百三十一万五百二十四，西鄉得二百七十三万五千二百八，南鄉得三百一十五万八千五百六十八。各自爲列實，以法二万四千三百五十除之，不滿法者法實皆折半，合問。

大夫、不更、簪裹、上造、公士五人均錢一百文，欲令高爵出少，以次漸多，大夫出五分之一，不更出四分之一，簪裹出三分之一，上造出二分之一，公士一分之一。問各出幾何？

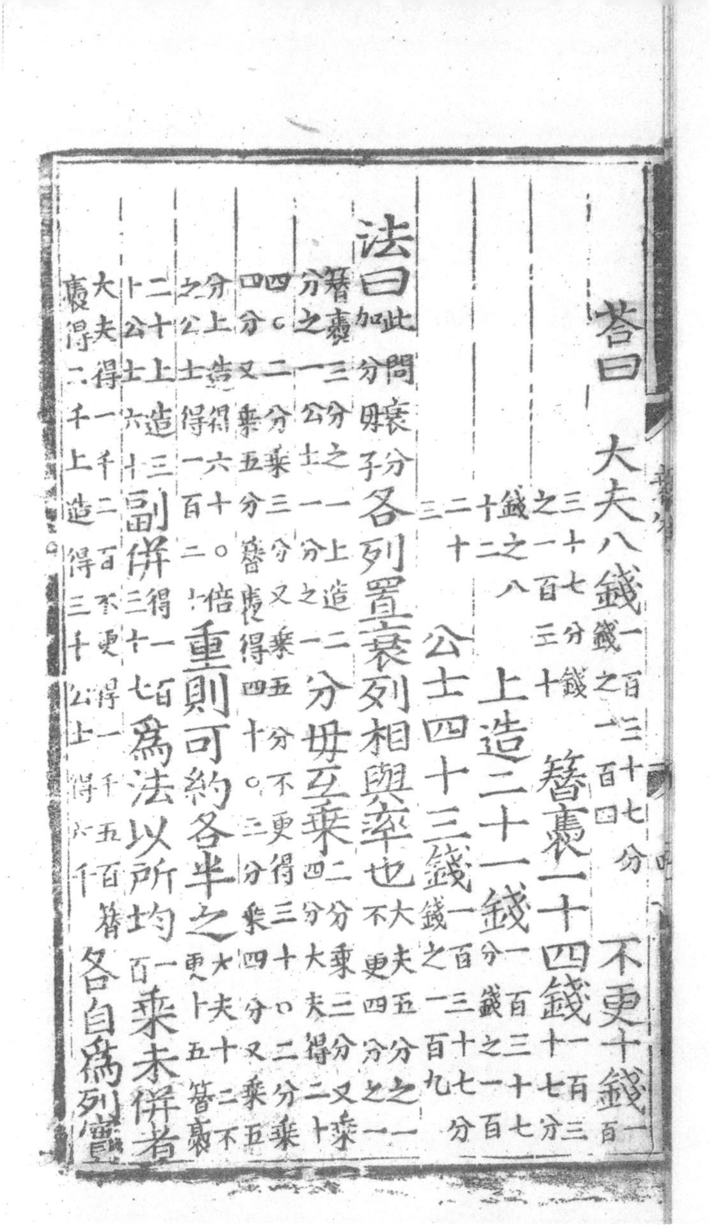

答曰：大夫八錢一百三十七分錢之一百四，不更十錢一百三十七分錢之一百三十，簪裹一十四錢一百三十七分錢之八十二，上造二十一錢一百三十七分錢之一百二十三，公士四十三錢一百三十七分錢之一百九。

法曰：此問衰分加分母子。各列置衰，列相與率也。大夫五分之二，不更四分之二，簪裹三分之一，上造二分之一，公士一分之一。分母互乘二分乘三分，又乘四分，大夫得二十四。〇二分乘三分，又乘五分，不更得三十。〇二分乘四分，又乘五分，簪裹得四十。〇三分乘四分，又乘五分，上造得六十。〇倍之，公士得一百二十。重則可約，各半之。大夫十二，不更十五，簪裹二十，上造三十，公士六十。副并得一百三十七。爲法。以所均一百乘未并者大夫得一千二百，不更得一千五百，簪裹得二千，上造得三千，公士得六千。各自爲列實。

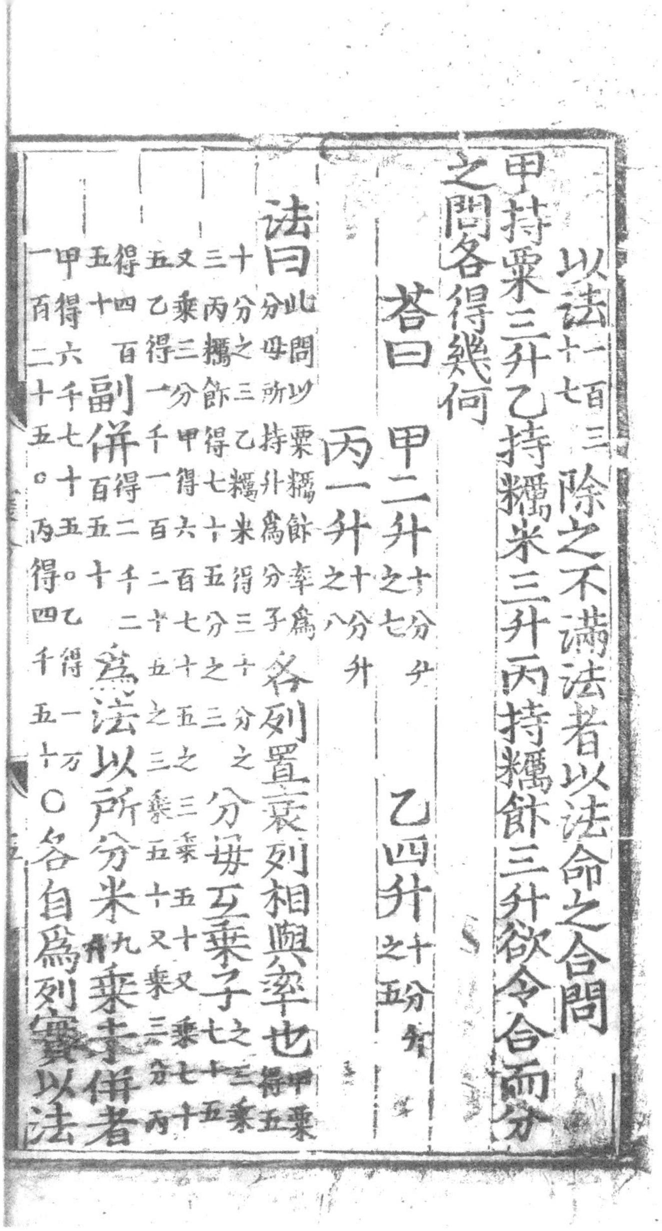

以法一百三十七除之，不滿法者以法命之，合問。

甲持粟三升，乙持糲米三升，丙持糲飯三升，欲令合而分之，問各得幾何？

答曰：甲二升十分升之七，乙四升十分升之五，

丙一升十分升之八。

法曰：此問以粟、糲、飯率爲分母，所持升爲分子。各列置衰，列相與率也。甲粟得五十分之三，乙糲米得三十分之三，丙糲飯得七十五分之三。分母互乘子之三乘七十五，又乘三分，甲得六百七十五。之三乘五十又乘七十五，乙得一千一百二十五。之三乘五十又乘三分，丙得四百五十。副并得二千二百五十。爲法，以所分米九升乘未并者甲得六千七十五。〇乙得一万一百二十五。〇丙得四千五十。〇各自爲列實，以法

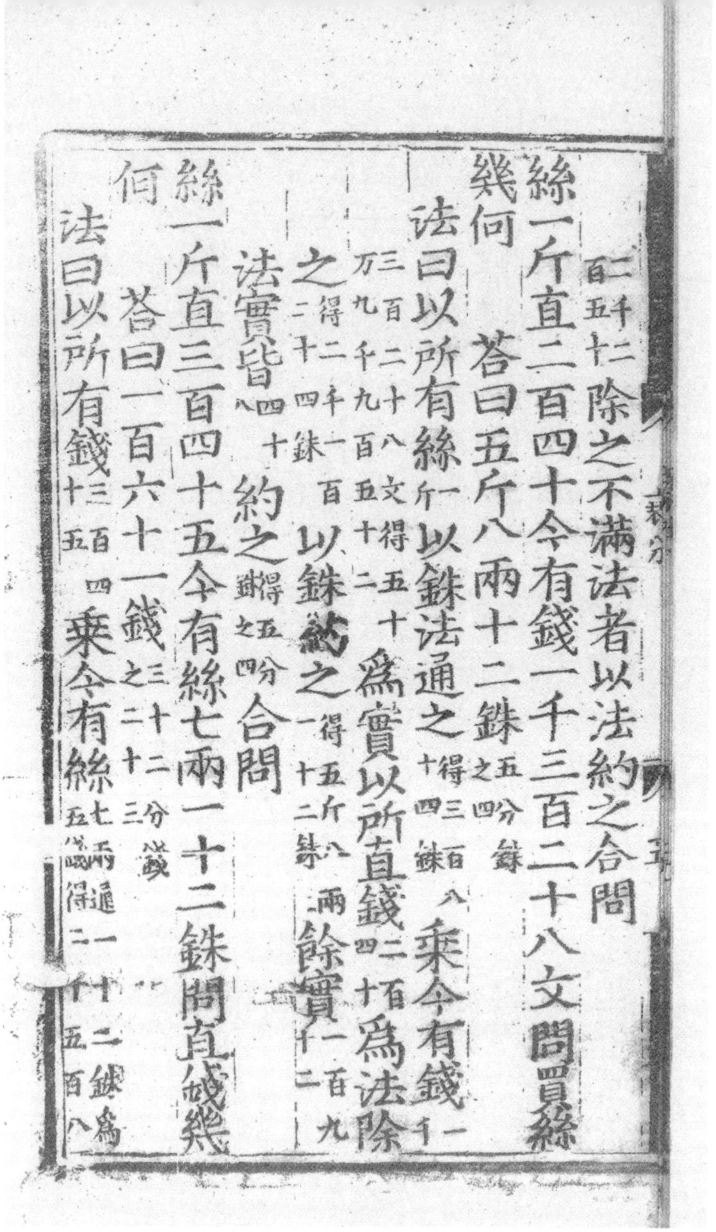

二千二百五十除之，不滿法者以法約之，合問。

絲一斤直二百四十，今有錢一千三百二十八文，問買絲幾何？　　答曰：五斤八兩十二銖五分銖之四。

法曰：以所有絲一斤以銖法通之得三百八十四銖。乘今有錢一千三百二十八文得五十万九千九百五十二。爲實。以所直錢二百四十爲法。除之得二千一百二十四銖。以銖約之得五斤八兩一十二銖。餘實一百九十二。法實皆四十八約之得五分銖之四。合問。

絲一斤直三百四十五，今有絲七兩一十二銖，問直錢幾何？答曰：一百六十一錢三十二分錢之二十三。

法曰：以所有錢三百四十五乘今有絲七兩通一十二銖爲五錢，得二千五百八十七兩五錢。爲實，以所絲一斤通得十六兩。爲法。除之得一百六十一錢。

餘實一十一兩五錢。法實皆五約之得三十二分錢之二十三。合問。

縑一丈價一百二十八，今有縑一匹九尺五寸，問直錢幾何？　答曰：六百三十三錢五分錢之三。

法曰：以所有錢一百二十八乘今問縑通一匹爲四丈，共四丈九尺五寸，得六千三百三十六。爲實，以所有縑一丈爲法，除之，餘實折半，合問。

布一匹價一百二十五，今二丈七尺，問直錢幾何？

答曰：八十四錢八分錢之三。

法曰：以所有錢一百二十五乘今問布二丈七尺得三千三百七十五。爲實。

以所有布一匹通爲四丈。爲法，除之，餘實皆五約之，合問。

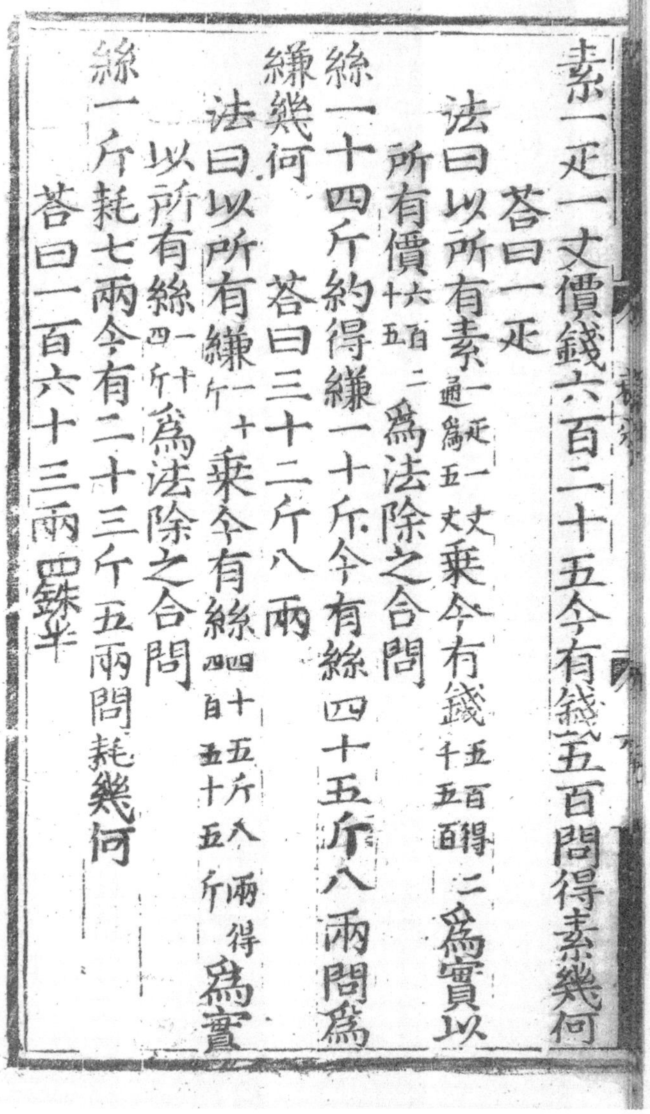
素一疋一丈價錢六百二十五今有錢五百問得素幾何
答曰一疋
法曰以所有素一疋一丈通爲五丈乘今有錢五百得二千五百爲實以
所有價六百二十五爲法除之合問
絲一十四斤約得縑一十斤今有絲四十五斤八兩問爲
縑幾何　答曰三十二斤八兩
法曰以所有縑一十斤乘今有絲四十五斤八兩得四百五十五斤爲實
以所有絲一十四斤爲法除之合問
絲一斤耗七兩今有二十三斤五兩問耗幾何
答曰一百六十三兩四銖半

素一匹一丈價錢六百二十五，今有錢五百，問得素幾何？

答曰：一匹。

法曰：以所有素一匹一丈通爲五丈。乘今有錢五百得二千五百。爲實。以所有價六百二十五爲法，除之，合問。

絲一十四斤約得縑一十斤，今有絲四十五斤八兩，問爲縑幾何？　答曰：三十二斤八兩。

法曰：以所有縑一十斤乘今有絲四十五斤八兩得四百五十五斤。爲實。以所有絲一十四斤。爲法，除之，合問。

絲一斤耗七兩，今有二十三斤五兩，問耗幾何？

答曰：一百六十三兩四銖半。

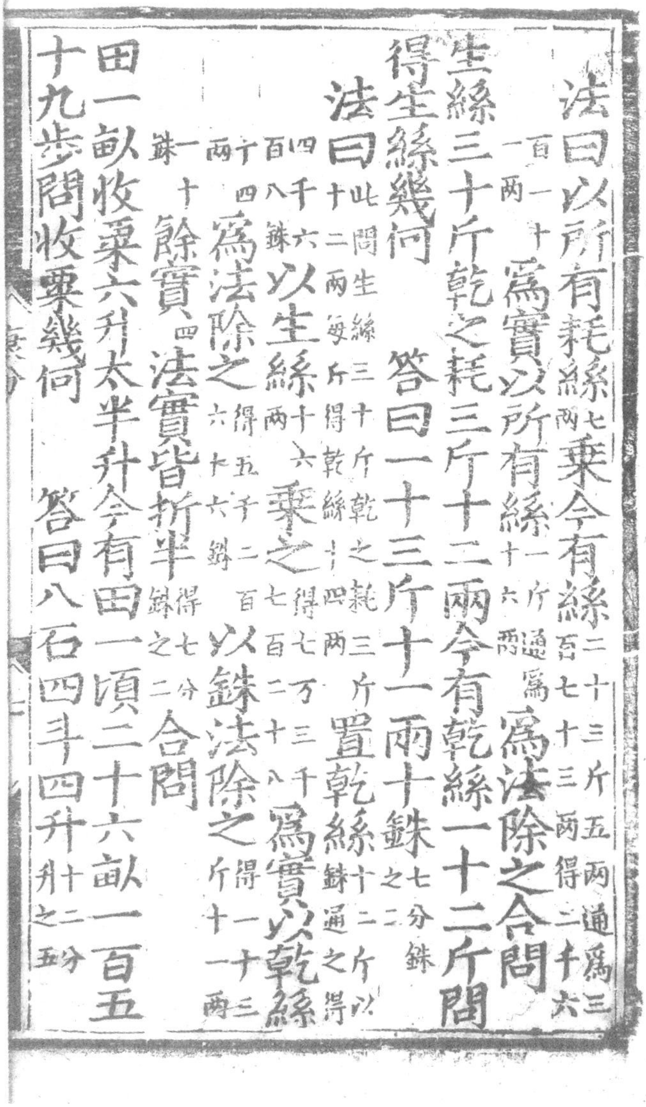

法曰：以所有耗絲七兩乘今有絲二十三斤五兩通爲三百七十三兩，得二千六百一十一兩。爲實，以所有絲一斤通爲十六兩。爲法，除之，合問。

生絲三十斤乾之耗三斤十二兩，今有乾絲一十二斤，問得生絲幾何？　　答曰：一十三斤十一兩十銖七分銖之二。

法曰：此問生絲三十斤乾之耗三斤十二兩，每斤得乾絲十四兩。置乾絲十二斤以銖通之，得四千六百八銖。以生絲十六兩乘之得七万三千七百二十八。爲實。以乾絲十四兩爲法，除之得五千二百六十六銖。以銖法除之得一十三斤十一兩一十銖。餘實四。法實皆折半得七分銖之二。合問。

田一畝收粟六升太半升，今有田一頃二十六畝一百五十九步，問收粟幾何？　　答曰：八石四斗四升十二分升之五。

法曰：以所有粟六升太半升即三分升之二，以分母三通之，加分子二共得二十。乘今有田一頃二十六畝，以畝步通之加零一百五十九步，共得三万三百九十九步。以乘二十得六十万七千九百八十。爲實，以所有田一畝通爲二百四十步，以原分母三乘得七百二十。爲法，除之得八石四斗四升。餘實三百法實皆六十約之。合問。

取保一歲價錢二貫五百文，今先取一貫二百，問當日幾何？答曰：一百六十九日二十五分日之二十三。

法曰：以取保一歲作三百五十四日。乘先取錢一千二百得四十二万四千八百。爲實，以原價錢二貫五百爲法除之得一百六十九日。餘實二千三百。法實皆一百約之。合問。

問貸錢一貫月息三十，今貸七百五十，於九日歸之，求息

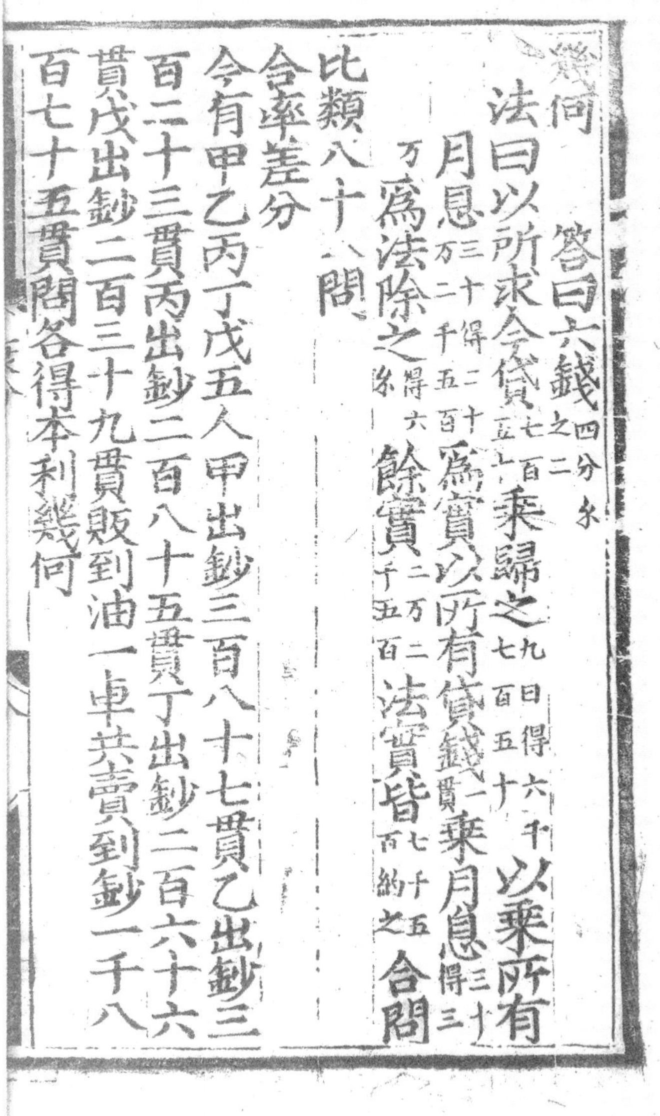

幾何？　　答曰：六錢四分錢之二。

法曰：以所求今貸七百五十乘歸之九日得六千七百五十。以乘所有月息三十得二十万二千五百。爲實。以所有貸錢一貫乘月息三十得三万。爲法，除之得六錢。餘實二万二千五百。法實皆七千五百約之。合問。

比類八十八問

合率差分

今有甲、乙、丙、丁、戊五人，甲出鈔三百八十七貫，乙出鈔三百二十三貫，丙出鈔二百八十五貫，丁出鈔二百六十六貫，戊出鈔二百三十九貫。販到油一車，共賣到鈔一千八百七十五貫。問各得本利幾何？

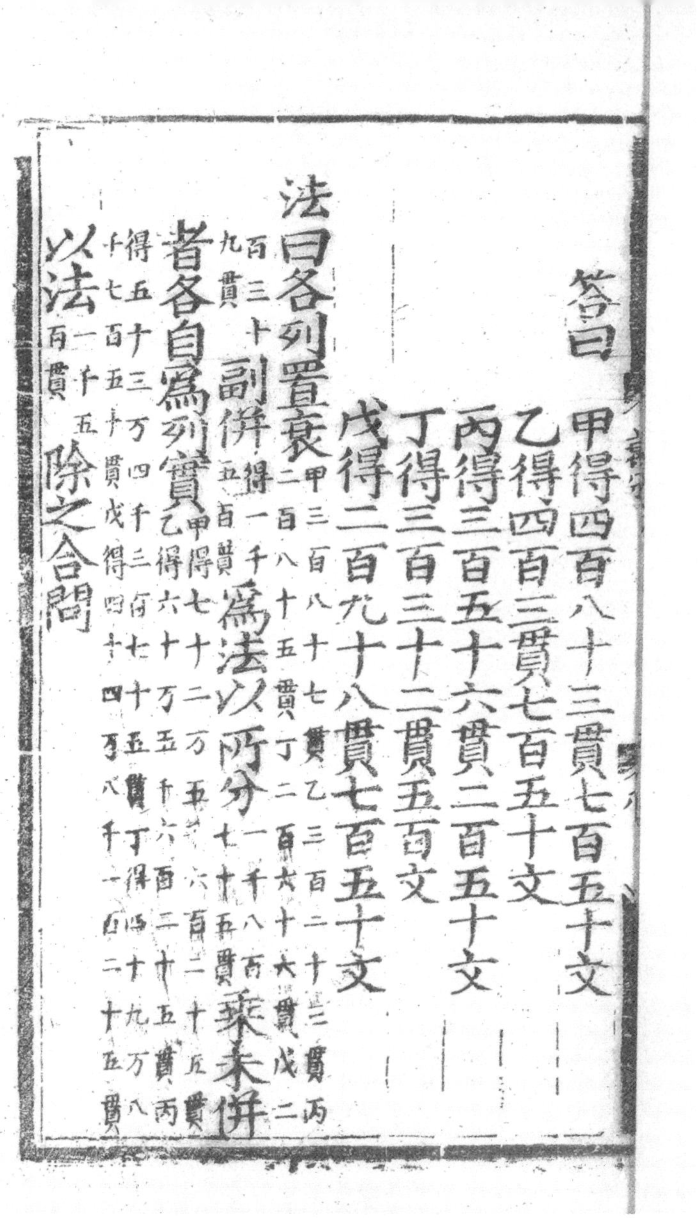

答曰：　甲得四百八十三貫七百五十文，

乙得四百三貫七百五十文，

丙得三百五十六貫二百五十文，

丁得三百三十二貫五百文，

戊得二百九十八貫七百五十文。

法曰：各列置衰甲三百八十七貫，乙三百二十三貫，丙二百八十五貫，丁二百六十六貫，戊二百三十九貫。副并得一千五百貫。爲法。以所分一千八百七十五貫乘未并者，各自爲列實。甲得七十二万五千六百二十五貫，乙得六十万五千六百二十五貫，丙得五十三万四千三百七十五貫，丁得四十九万八千七百五十貫，戊得四十四万八千一百二十五貫。以法一千五百貫除之。合問。

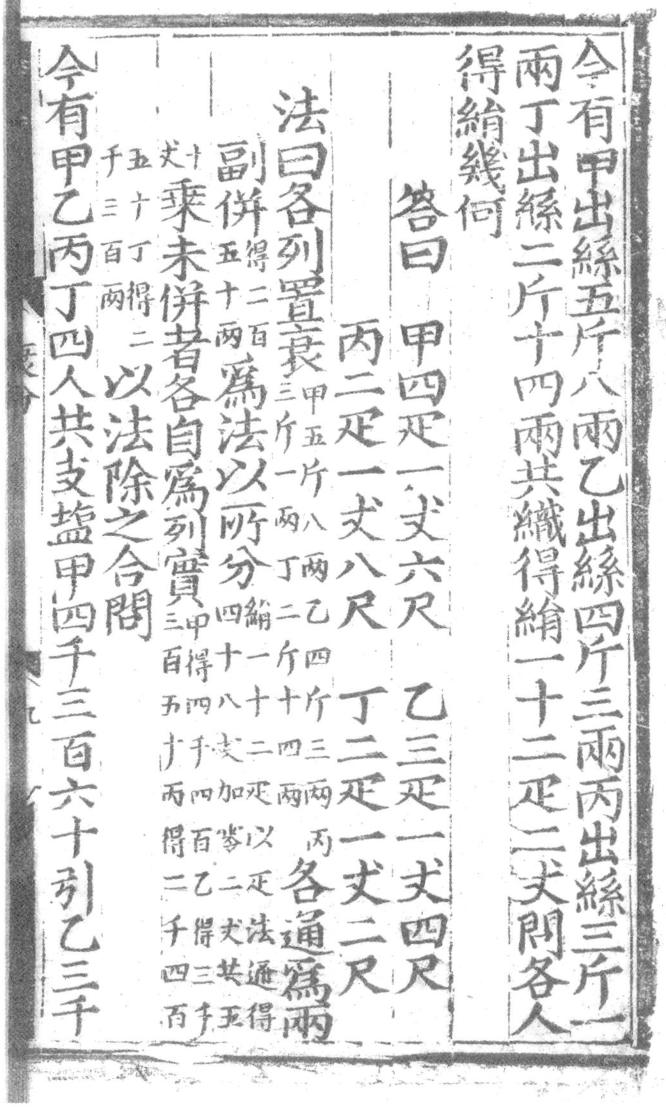
今有甲出絲五斤八兩乙出絲四斤三兩丙出絲三斤一兩丁出絲二斤十四兩共織得絹一十二疋二丈問各人得絹幾何
答曰 甲四疋一丈六尺 乙三疋一丈四尺 丙二疋一丈八尺 丁二疋一丈二尺
法曰各列置衰甲五斤八兩乙四斤三兩丙三斤一兩丁二斤十四兩各通爲兩
副併得二百五十兩爲法以所分絹一十二疋以疋法通得四十八丈加零二丈共五十丈乘未併者各自爲列實甲得四千四百乙得三千三百五十丙得二千四百五十丁得二千三百兩以法除之合問
今有甲乙丙丁四人共支鹽甲四千三百六十引乙三千

今有甲出絲五斤八兩，乙出絲四斤三兩，丙出絲三斤一兩，丁出絲二斤十四兩，共織得絹一十二匹二丈。問各人得絹幾何？

答曰：甲四匹一丈六尺，乙三匹一丈四尺，

丙二匹一丈八尺，丁二匹一丈二尺，

法曰：各列置衰甲五斤八兩，乙四斤三兩，丙三斤一兩，丁二斤十四兩。各通爲兩。

副并得二百五十兩。爲法，以所分絹一十二匹，以匹法通得四十八丈加零二丈，共五十丈。乘未并者，各自爲列實。甲得四千四百，乙得三千三百五十，丙得二千四百五十，丁得二千三百兩。以法除之，合問。

今有甲、乙、丙、丁四人共支鹽，甲四千三百六十引，乙三千

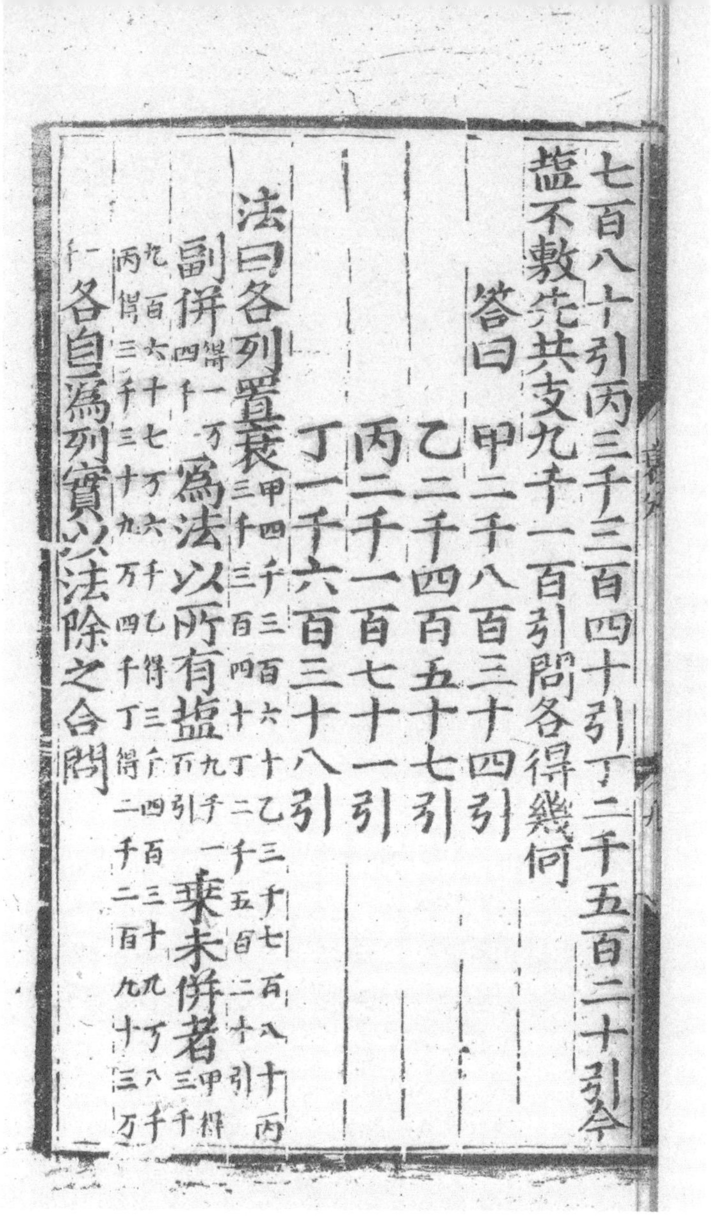

七百八十引，丙三千三百四十引，丁二千五百二十引，今鹽不敷，先共支九千一百引，問各得幾何?

答曰：甲二千八百三十四引，

乙二千四百五十七引，

丙二千一百七十一引，

丁一千六百三十八引。

法曰：各列置衰（甲四千三百六十，乙三千七百八十，丙三千三百四十，丁二千五百二十引。）副并（得一万四千。）爲法。以所有鹽（九千一百引。）乘未并者（甲得三千九百六十七万六千，乙得三千四百三十九万八千，丙得三千三十九万四千，丁得二千二百九十三万二千。）各自爲列實，以法除之。合問。

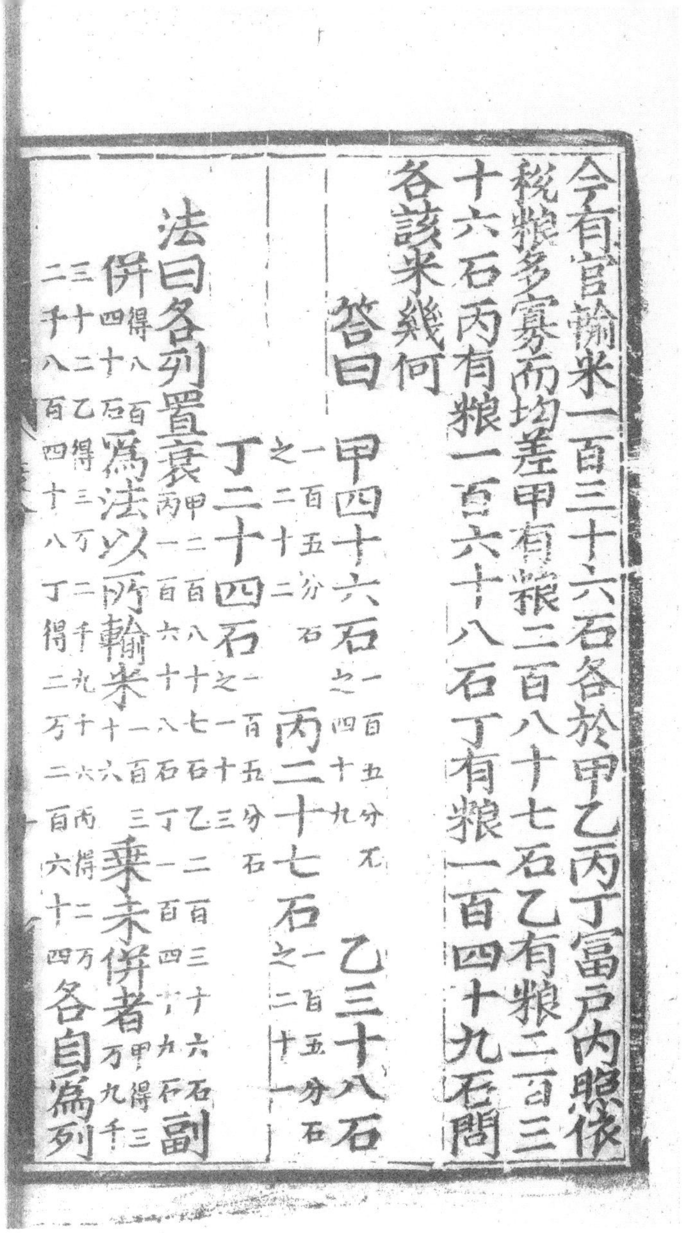

今有官輸米一百三十六石，各於甲、乙、丙、丁富户内照依税粮多寡而均差。甲有粮二百八十七石，乙有粮二百三十六石，丙有粮一百六十八石，丁有粮一百四十九石。問各該米幾何？

答曰：甲四十六石一百五分石之四十九，乙三十八石一百五分石之二十二，丙二十七石一百五分石之二十一，丁二十四石一百五分石之一十三。

法曰：各列置衰甲二百八十七石，乙二百三十六石，丙一百六十八石，丁一百四十九石。副并得八百四十石。爲法。以所輸米一百三十六乘未并者甲得三万九千三十二，乙得三万二千九十六，丙得二万二千八百四十八，丁得二万二百六十四。各自爲列實，以法各除之不滿法者以法約之。合問。

今有官差夫二百五十名，今五區照粮多寡均差。甲區粮一千五百七十五石，乙區粮一千四百二十五石，丙區粮一千三百五十石，丁區粮一千一百二十五石，戊區粮七百七十五石。問各區差夫幾何？

答曰：甲區六十三名，　乙區五十七名，

丙區五十四名，　丁區四十五名，

戊區三十一名。

法曰：置各區粮數爲衰，副并得六千二百五十。爲法，以所差夫二百五十名乘未并者，各自爲實。甲得三十九万三千七百五十，乙得三十五万六千二百五十，丙得三十三万七千五百，丁得二十八万一千二百五十，戊得一十九万三千七百五十。

以法六千二百五十除之，得數，合問。

今有錢九十五貫九百二十八文，欲糴米、麥、豆三色，須用一分米、二分麥、三分豆。米每斗五十四文，麥每斗三十六文，豆每斗二十八文。問三色各幾何？

答曰：米四十五石六斗八升，麥九十一石，三斗六升，豆一百三十七石四升。

法曰：置錢九十五貫九百二十八文爲實。以分數并各價米一斗五十四文，麥二斗七十二文，豆三斗八十四文，共得二百一十文。爲法。除實得米四十五石六斗八升。以二乘得麥九十一石三斗六升。加五得豆一百三十七石四升。合問。

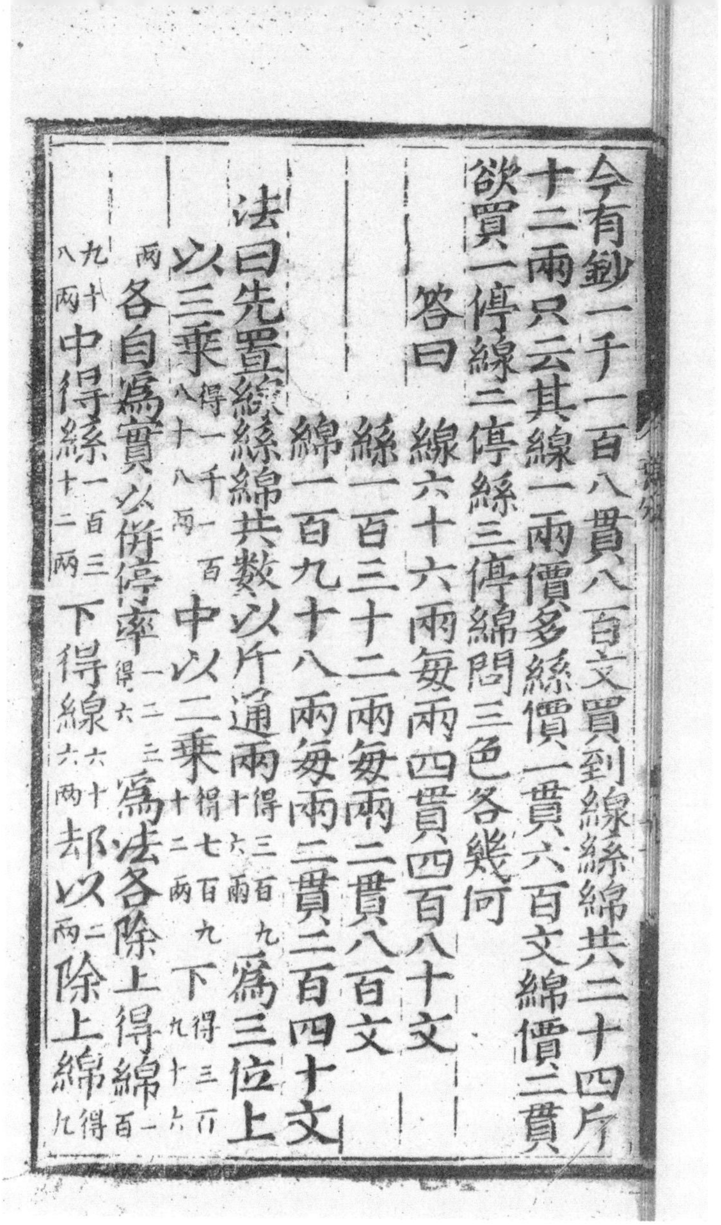

今有鈔一千一百八貫八百文，買到線、絲、綿共二十四斤十二兩。只云其線一兩價多絲價一貫六百文，綿價二貫。欲買一停線、二停絲、三停綿，問三色各幾何？

答曰：線六十六兩每兩四貫四百八十文，

絲一百三十二兩每兩二貫八百文，

綿一百九十八兩每兩二貫二百四十文。

法曰：先置線、絲、綿共數，以斤通兩得三百九十六兩。爲三位，上以三乘得一千一百八十八兩。中以二乘得七百九十二兩。下得三百九十六兩。各自爲實。以并停率一二三得六爲法。各除上得綿一百九十八兩。中得絲一百三十二兩。下得線六十六兩。却以二兩除上綿得九十九。又以一两六錢除中絲得八十二半。下線六十六并三位得二百四十七半。爲法。以除總鈔一千一百八貫八百文得線兩價四貫四百八十文。却以一两六錢除得絲兩價。以二兩除得綿兩價。

今有鈔七萬五千八百四十貫，買綾、羅、絹三色。其綾匹價一百四十三貫，羅匹價一百三十二貫，絹匹價七十五貫，却要一停綾、二停羅、三停絹，問各幾何？

答曰：綾一百二十匹，　羅二百四十匹，

絹三百六十匹。

法曰：以二乘羅價得二百六十四貫。三乘絹價得二百二十五貫。并入綾價共得六百三十二貫。爲法，置總鈔副置三位上一乘得七万五

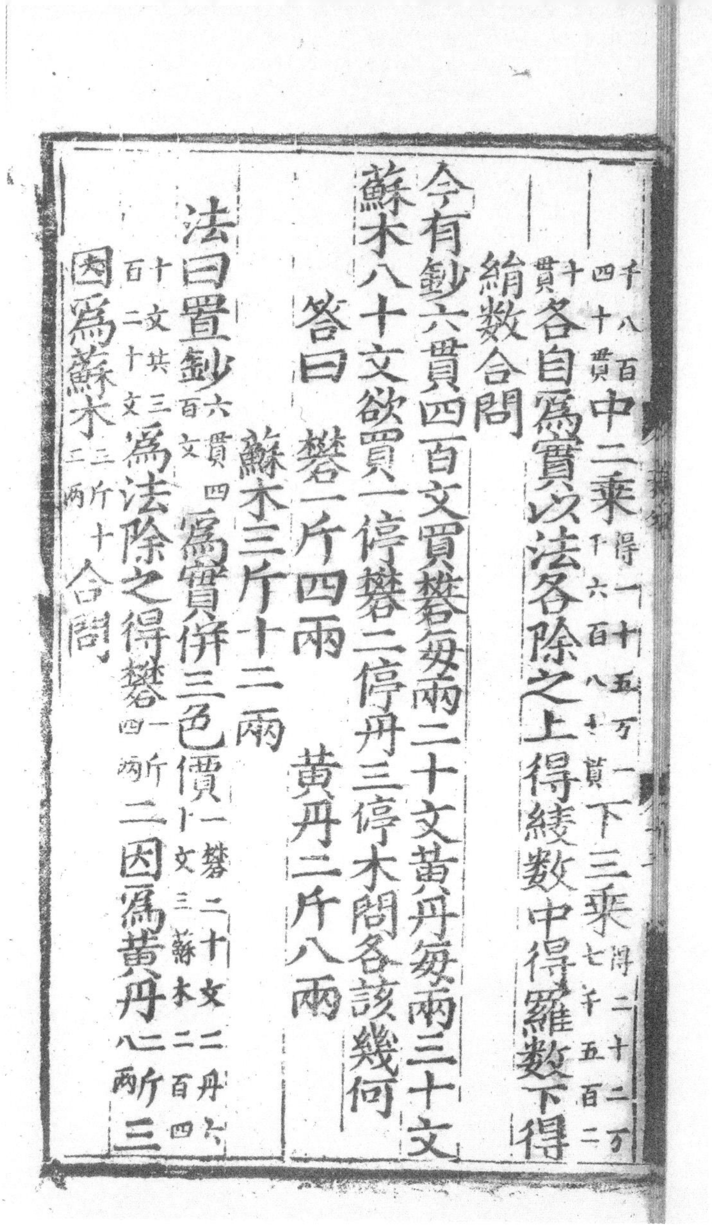

千八百四十貫。中二乘得一十五万一千六百八十貫。下三乘得二十二万七千五百二十貫。各自爲實。以法各除之，上得綾數，中得羅數，下得絹數，合問。

今有鈔六貫四百文，買礬每兩二十文，黄丹每兩三十文，蘇木八十文。欲買一停礬、二停丹、三停木，問各該幾何？

答曰：礬一斤四兩，　黄丹二斤八兩，

蘇木三斤十二兩。

法曰：置鈔六貫四百文爲實。并三色價一礬二十文，二丹六十文，三蘇木二百四十文，共三百二十文。爲法，除之得礬一斤四兩。二因爲黄丹二斤八兩。三因爲蘇木三斤十二兩。合問。

今有甲至癸十人，共分錢一十貫。只云甲十一、乙十、丙九、丁八、戊七、己六、庚五、辛四、壬三、癸二。問各得幾何？

答曰：甲一貫六百九十二文六十五分文之二十，乙一貫五百三十八文六十五分文之三十，丙一貫三百八十四文六十五分文之四十，丁一貫二百三十文六十五分文之五十，戊一貫七十六文六十五分文之六十，己九百二十三文六十五分文之五，庚七百六十九文六十五分文之一十五，辛六百一十五文六十五分文之二十五，壬四百六十一文六十五分文之三十五，癸三百七文六十五分文之四十五。

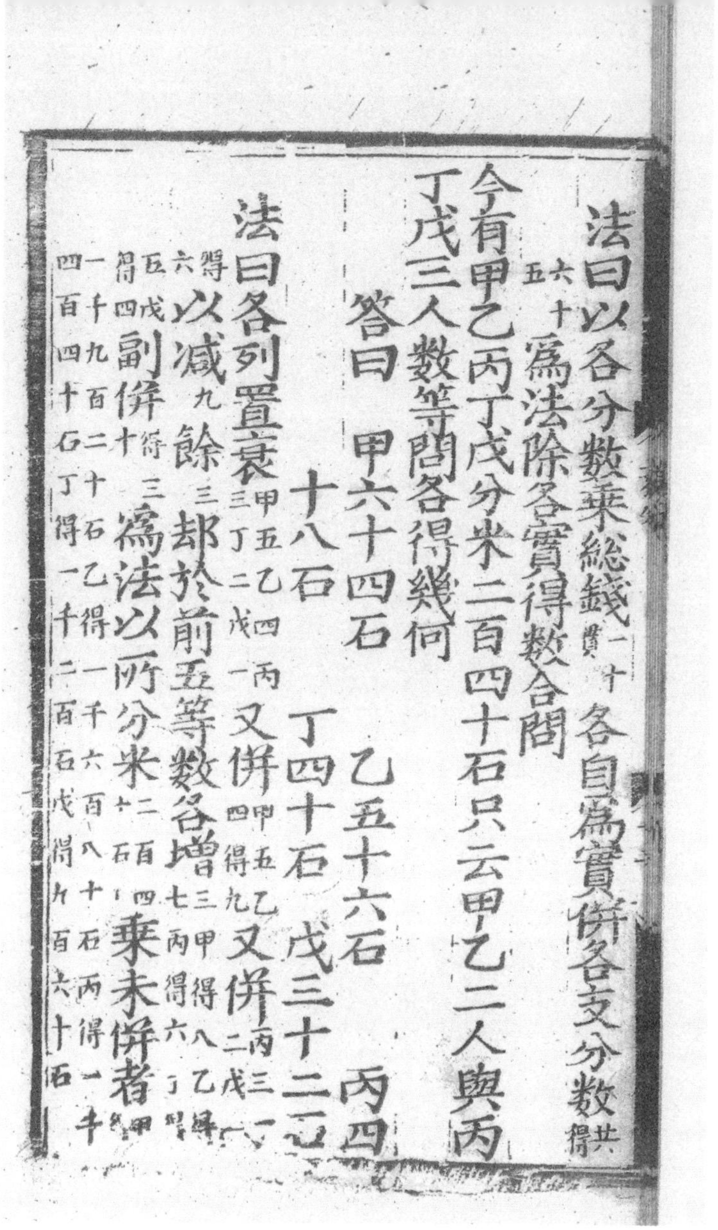

法曰：以各分數乘総錢一十貫各自爲實，并各支分數共得六十五。爲法，除各實得數，合問。

今有甲、乙、丙、丁、戊，分米二百四十石。只云甲乙二人與丙丁戊三人數等。問各得幾何？

答曰：　甲六十四石，　乙五十六石，　丙四十八石，　丁四十石，戊三十二石。

法曰：各列置衰甲五，乙四，丙三，丁二，戊一。又并甲五，乙四，得九。又并丙三，丁二，戊一得六。以減九餘三。却於前五等數各增三，甲得八，乙得七，丙得六，丁得五，戊得四。副并得三十。爲法。以所分米二百四十石乘未并者甲得一千九百二十石，乙得一千六百八十石，丙得一千四百四十石，丁得一千二百石，戊得九百六十石。

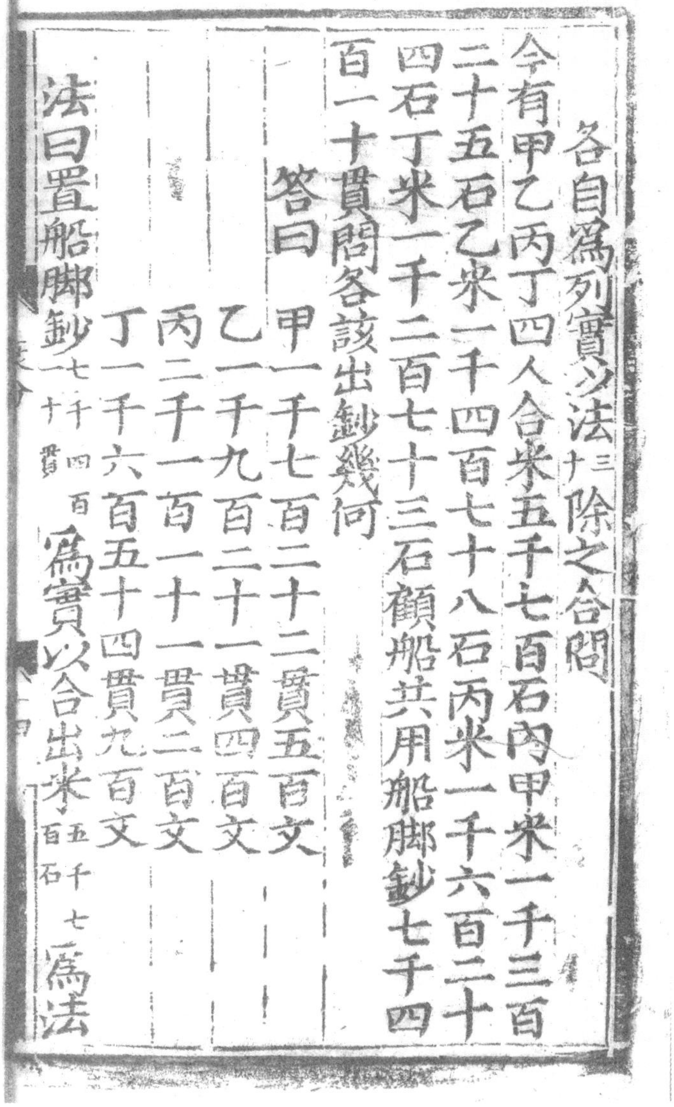

各自爲列實，以法三十除之，合問。

今有甲、乙、丙、丁四人，合米五千七百石。内甲米一千三百二十五石，乙米一千四百七十八石，丙米一千六百二十四石，丁米一千二百七十三石。顧船共用船脚鈔七千四百一十貫，問各該出鈔幾何？

答曰：甲一千七百二十二貫五百文，

乙一千九百二十一貫四百文，

丙二千一百一十一貫二百文，

丁一千六百五十四貫九百文。

法曰：置船脚鈔七千四百一十貫爲實，以合出米五千七百石爲法，

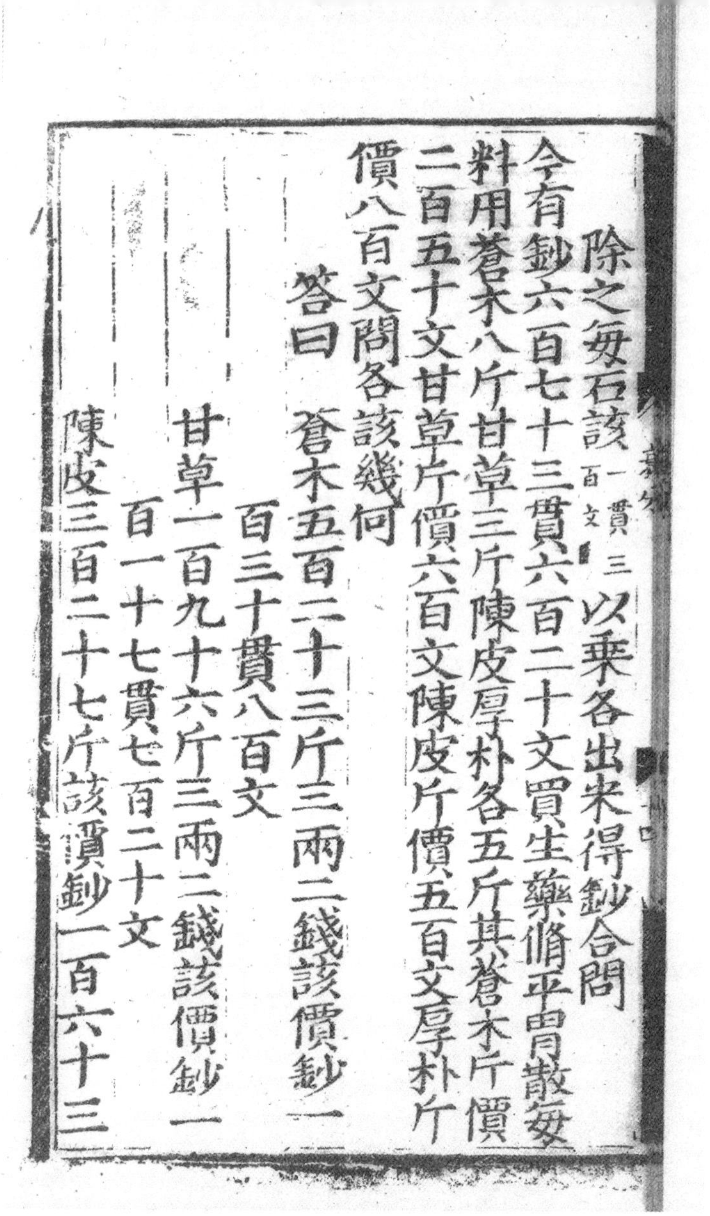

除之，每石該一貫三百文。以乘各出米得鈔，合問。

今有鈔六百七十三貫六百二十文，買生藥偹平胃散，每料用蒼木八斤，甘草三斤，陳皮、厚朴各五斤。其蒼木斤價二百五十文，甘草斤價六百文，陳皮斤價五百文，厚朴斤價八百文。問各該幾何？

答曰： 蒼木五百二十三斤三兩二錢，該價鈔一百三十貫八百文；

甘草一百九十六斤三兩二錢，該價鈔一百一十七貫七百二十文；

陳皮三百二十七斤，該價鈔一百六十三

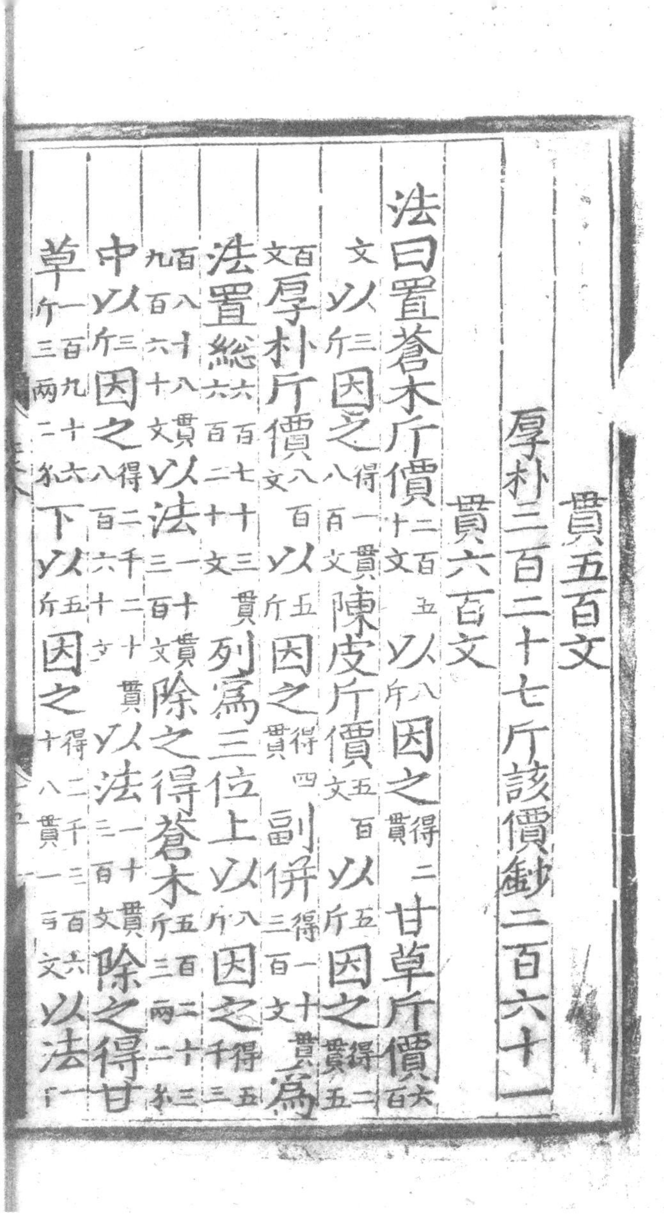

貫五百文；

厚朴三百二十七斤，該價鈔二百六十一貫六百文。

法曰：置蒼木斤價二百五十文以八斤因之得二貫。甘草斤價六百文以三斤因之得一貫八百文。陳皮斤價五百文以五斤因之得二貫五百文。厚朴斤價八百文以五斤因之得四貫。副并得一十貫三百文。爲法。置総六百七十三貫六百二十文列爲三位，上以八斤因之得五千三百八十八貫九百六十文。以法一十貫三百文除之，得蒼木五百二十三斤三两二錢。中以三斤因之得二千二十貫八百六十文。以法一十貫三百文除之，得甘草一百九十六斤三两二錢。下以五斤因之得二千三百六十八貫一百文。以法一十

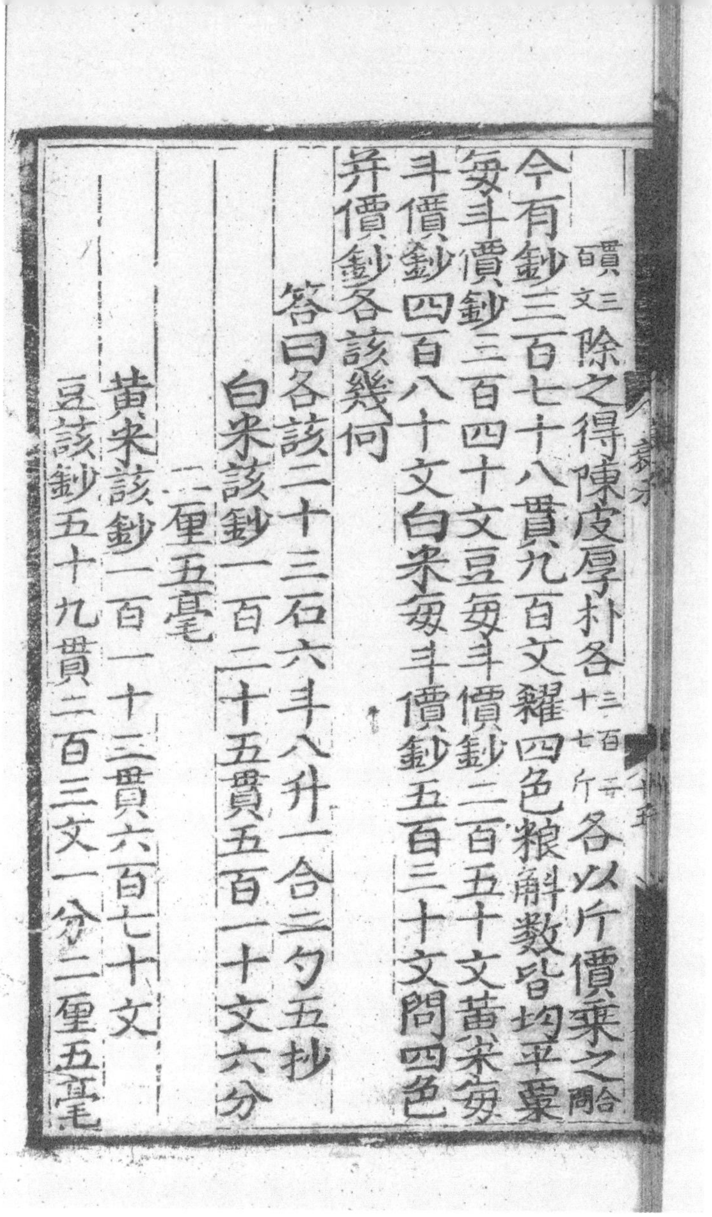
貫三百文除之得陳皮厚朴各三百二十七斤各以斤價乘之合問
今有鈔三百七十八貫九百文糴四色粮斛數皆均平粟
每斗價鈔三百四十文豆每斗價鈔二百五十文黄米每
斗價鈔四百八十文白米每斗價鈔五百三十文問四色
并價鈔各該幾何
答曰各該二十三石六斗八升一合二勺五抄
白米該鈔一百二十五貫五百一十文六分
二厘五毫
黄米該鈔一百一十三貫六百七十文
豆該鈔五十九貫二百三文一分二厘五毫

貫三百文除之，得陳皮、厚朴各三百二十七斤。各以斤價乘之。合問。

今有鈔三百七十八貫九百文，糴四色粮，斛數皆均平。粟每斗價鈔三百四十文，豆每斗價鈔二百五十文，黄米每斗價鈔四百八十文，白米每斗價鈔五百三十文。問四色并價鈔各該幾何？

答曰：各該二十三石六斗八升一合二勺五抄。

白米該鈔一百二十五貫五百一十文六分二厘五毫，

黄米該鈔一百一十三貫六百七十文，

豆該鈔五十九貫二百三文一分二厘五毫，

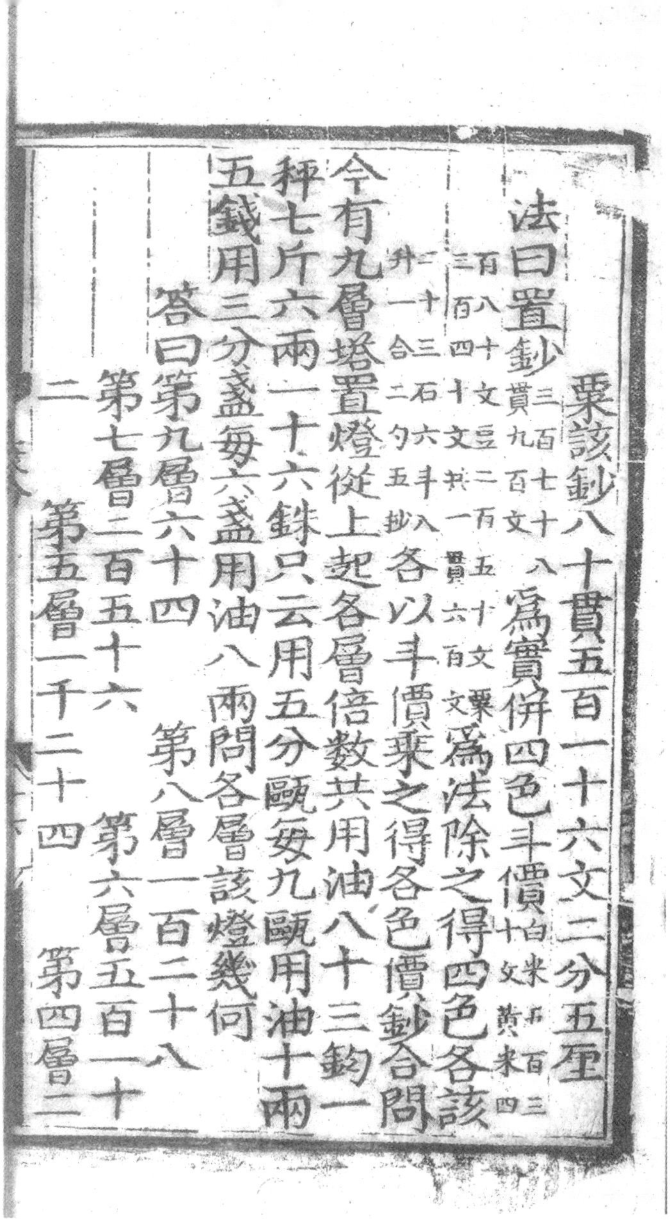

粟該鈔八十貫五百一十六文二分五厘。

法曰：置鈔三百七十八貫九百文爲實。并四色斗價白米五百三十文，黃米四百八十文，豆二百五十文，粟三百四十文，共一貫六百文。爲法，除之，得四色各該二十三石六斗八升一合二勺五抄。各以斗價乘之，得各色價鈔，合問。

今有九層塔置燈，從上起各層倍數，共用油八十三鈞一秤七斤六兩一十六銖。只云用五分甌，每九甌用油十兩五錢；用三分盞，每六盞用油八兩。問各層該燈幾何？

答曰：第九層六十四， 第八層一百二十八， 第七層二百五十六， 第六層五百一十二， 第五層一千二十四， 第四層二

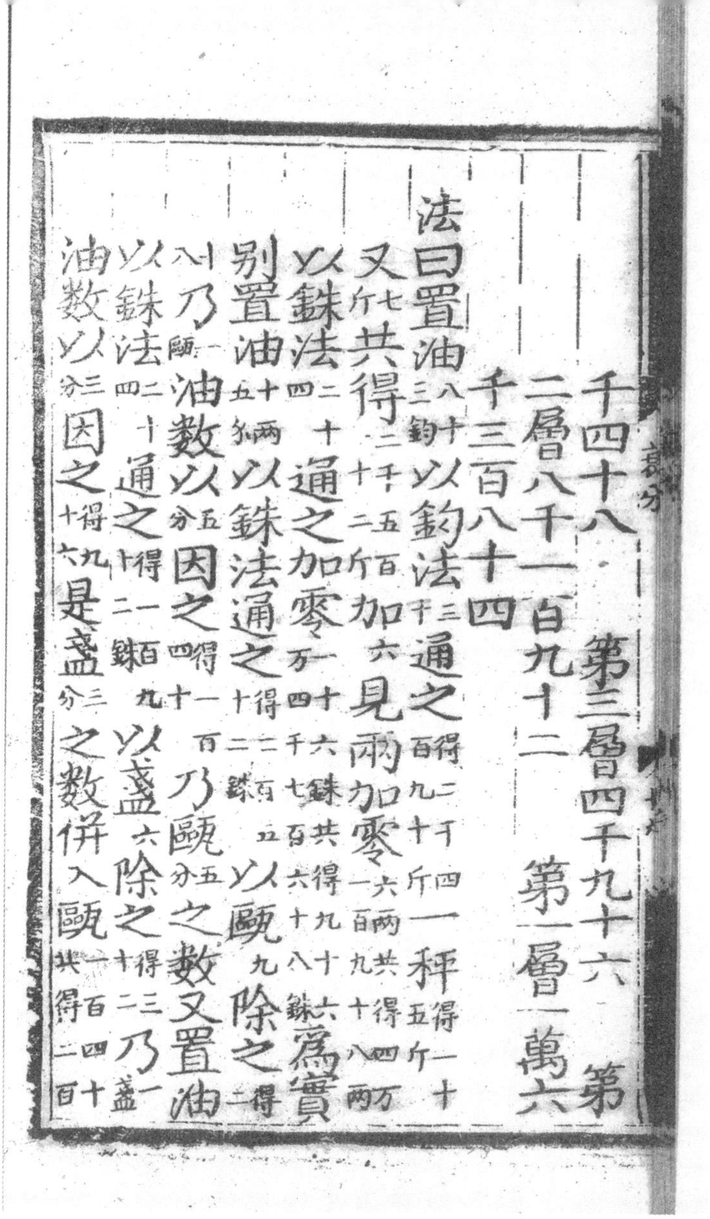

千四十八，第三層四千九十六，第二層八千一百九十二，第一層一萬六千三百八十四。

法曰：置油八十三鈞以鈞法三十通之得二千四百九十斤。一秤得一十五斤。又七斤共得二千五百二十二斤。加六見兩，加零六兩共得四万一百九十八兩。以銖法二十四通之，加零一十六銖，共得九十六万四千七百六十八銖。爲實。別置油十兩五錢以銖法通之得二百五十二銖。以甌九除之得二十八。乃一甌油數。以五分因之得一百四十。乃甌五分之數。又置油以銖法二十四通之得一百九十二銖。以盞六除之得三十二。乃一盞油數。以三分因之得九十六。是盞三分之數。并入甌一百四十共得二百三十六。爲法。除實得四千八十八。列左右二位。左以五分因之，得甌二万四百四十隻。以一甌油數二十八乘之得五十七万二千三百二十銖。以鈞銖法一万一千五百二十除之得四十九鈞。餘七千八百四十。又除一秤得五千七百六十。餘二千八十。又以斤銖法三百八十四除之得五斤。餘一百六十。以兩銖法二十四除之得六兩。餘一十六銖。乃是甌之油四十九鈞一秤五斤六兩一十六銖。○右以三分因之，得盞一万二千二百六十四隻。以一盞油數三十二乘之三十九万二千四百四十八銖以鈞銖法一万一千五百二十除之得三十四鈞。餘七百六十八。以斤銖法三百八十四除之得二斤。乃是盞之油三十四鈞二斤。并入甌油，共得原総油八十三鈞一秤七斤六兩一十六銖。并甌盞共得三万二千七百四隻爲實。并一○

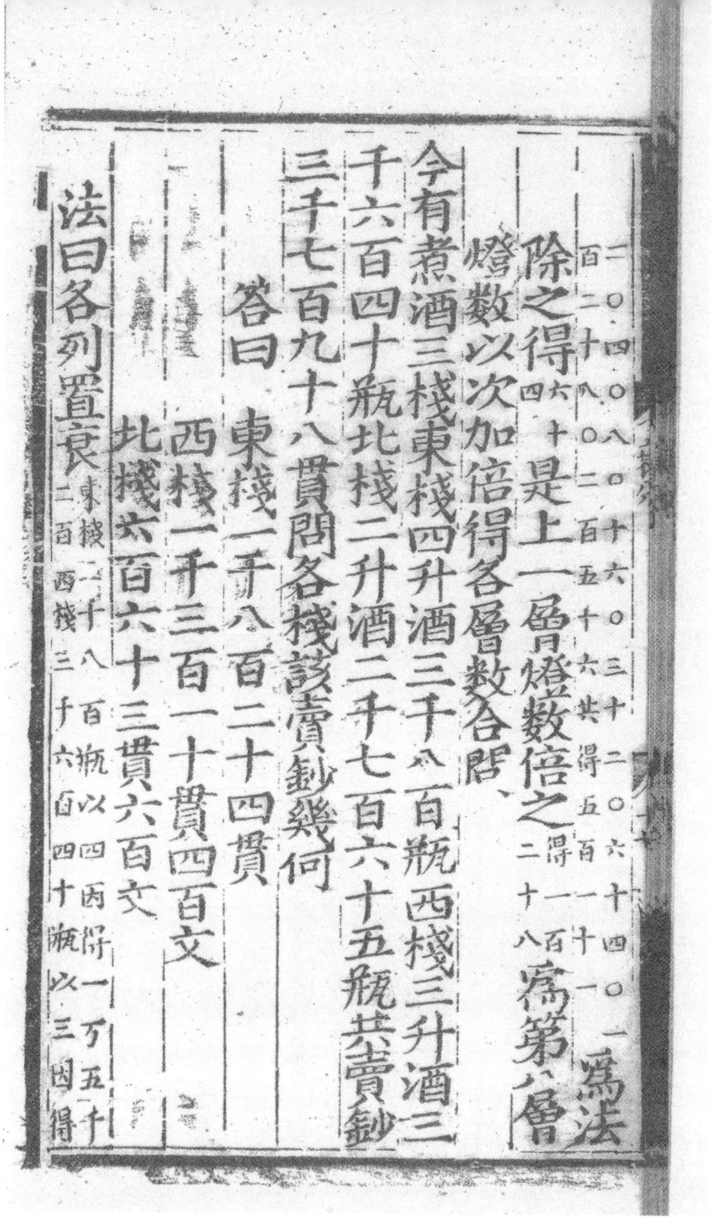

二〇四〇八〇十六〇三十二〇六十四〇一百二十八〇二百五十六，共得五百一十一。爲法。

除之，得六十四。是上一層燈數。倍之得一百二十八。爲第八層燈數。以次加倍，得各層數。合問。

今有煮酒三棧，東棧四升酒三千八百瓶，西棧三升酒三千六百四十瓶，北棧二升酒二千七百六十五瓶。共賣鈔三千七百九十八貫。問各棧該賣鈔幾何？

答曰：東棧一千八百二十四貫，

西棧一千三百一十貫四百文，

北棧六百六十三貫六百文。

法曰：各列置衰東棧二千八百瓶，以四因，得一万五千二百。西棧三千六百四十瓶，以三因，得

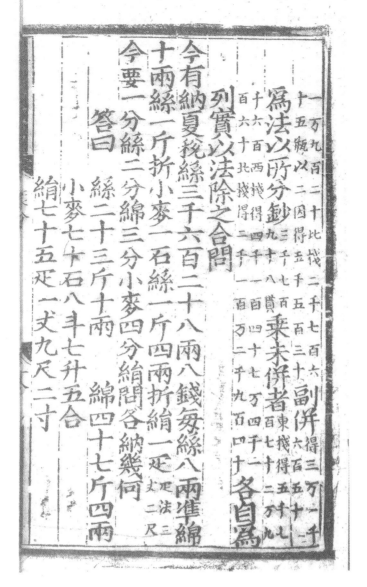

一万九百二十。北棧二千七百六十五瓶，以二因得五千五百三十。副并得三万一千六百五十。爲法。以所分鈔三千七百九十八貫乘未并者東棧得五千七百七十二万九千六百。西棧得四千一百四十七万四千一百六十。北棧得二千一百万二千九百四十。各自爲列實，以法除之，合問。

今有納夏税絲三千六百二十八兩八錢，每絲八兩準綿十兩，絲一斤折小麥一石，絲一斤四兩折絹一匹。匹法三丈二尺。今要一分絲、二分綿、三分小麥、四分絹，問各納幾何？

答曰：絲二十三斤十兩，綿四十七斤四兩，

小麥七十石八斗七升五合，

絹七十五匹一丈九尺二寸。

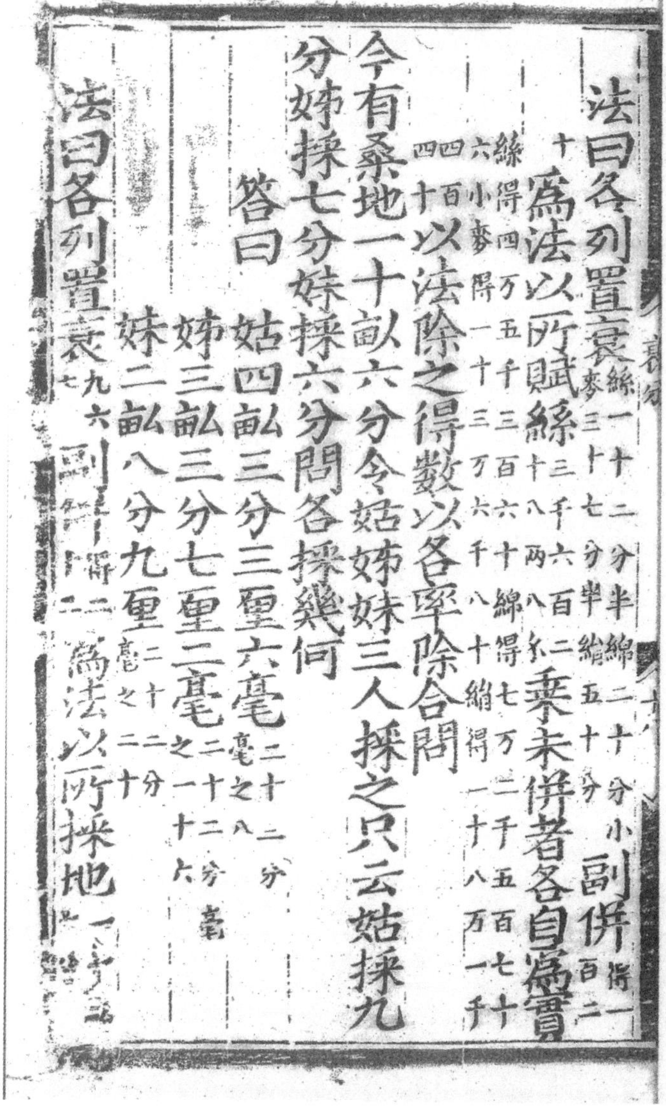

法曰：各列置衰（絲一十二分半，綿二十分，小麥三十七分半，絹五十分。）副并（得一百二十）爲法。以所賦絲（三千六百二十八兩八錢）乘未并者，各自爲實，（絲得四万五千三百六十，綿得七万二千五百七十六，小麥得一十三万六千八十，絹得一十八万一千四百四十。）以法除之，得數以各率除，合問。

今有桑地一十畝六分，令姑、姊、妹三人采之。只云姑采九分，姊采七分，妹采六分。問各采幾何？

答曰：姑四畝三分三厘六毫（二十二分毫之八），

姊三畝三分七厘二毫（二十二分毫之一十六），

妹二畝八分九厘（二十二分毫之二十）。

法曰：各列置衰（九六七）副并（得二十二。）爲法。以所采地（一十畝六分）

1 “一十畝六分”，各本不清，依題意作此。

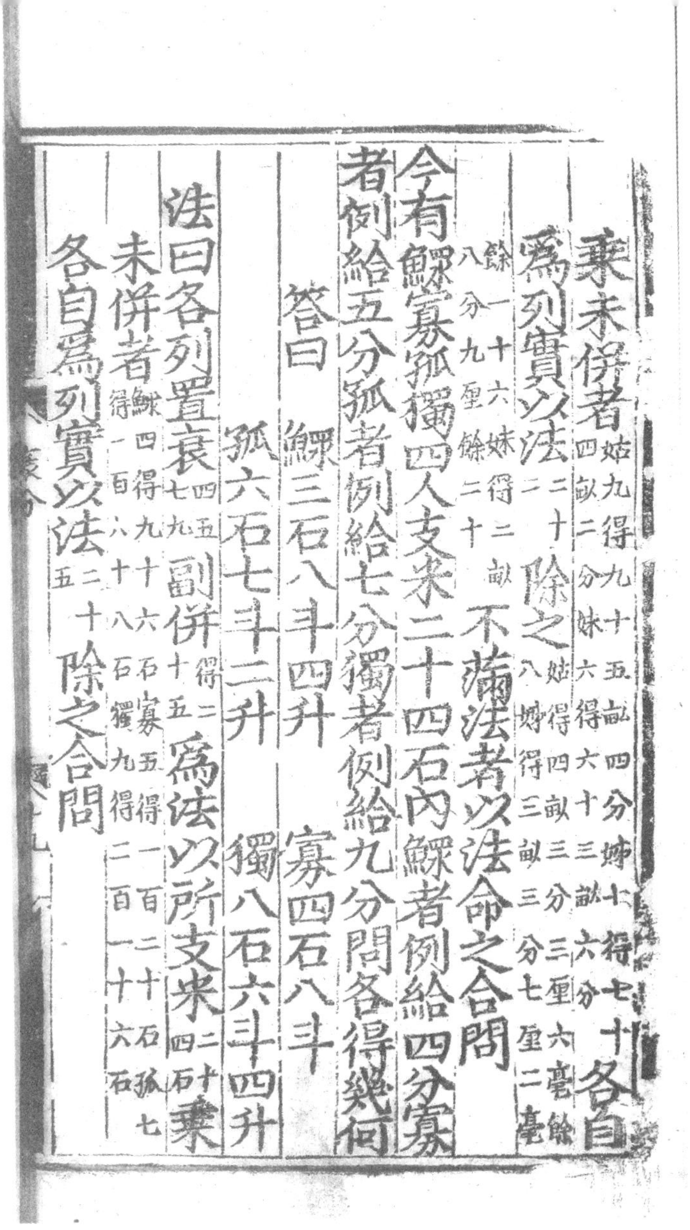

乘未并者姑九得九十五畝四分，姊七得七十四畝二分，妹六得六十三畝六分。各自爲列實，以法二十二除之姑得四畝三分三厘六毫餘八，姊得三畝三分七厘二毫餘一十六，妹得二畝八分九厘餘二十。不滿法者，以法命之，合問。

今有鰥、寡、孤、獨四人，支米二十四石。內鰥者例給四分，寡者例給五分，孤者例給七分，獨者例給九分。問各得幾何？

答曰：鰥三石八斗四升，　寡四石八斗，

孤六石七斗二升，　獨八石六斗四升。

法曰：各列置衰四，五，七，九。副并得二十五。爲法，以所支米二十四石乘未并者鰥四得九十六石，寡五得一百二十石，孤七得一百六十八石，獨九得二百一十六石。各自爲列實。以法二十五除之，合問。

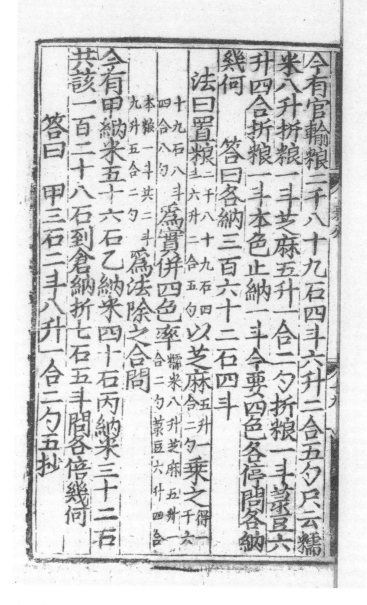

今有官輸粮二千八十九石四斗六升二合五勺。只云糯米八升折粮一斗，芝麻五升一合二勺折粮一斗，菉豆六升四合折粮一斗。本色止納一斗，今要四色各停，問各納幾何？　答曰：各納三百六十二石四斗。

法曰：置粮二千八十九石四斗六升二合五勺以芝麻五升一合二勺乘之得一千六十九石八斗四合八勺。爲實，并四色率糯米八升，芝麻五升一合二勺，菉豆六升四合，本粮一斗，共二斗九升五合二勺。爲法，除之，合問。

今有甲納米五十六石，乙納米四十石，丙納米三十二石。共該一百二十八石，到倉納折七石五斗，問各倍幾何？

答曰：　甲三石二斗八升一合二勺五抄，

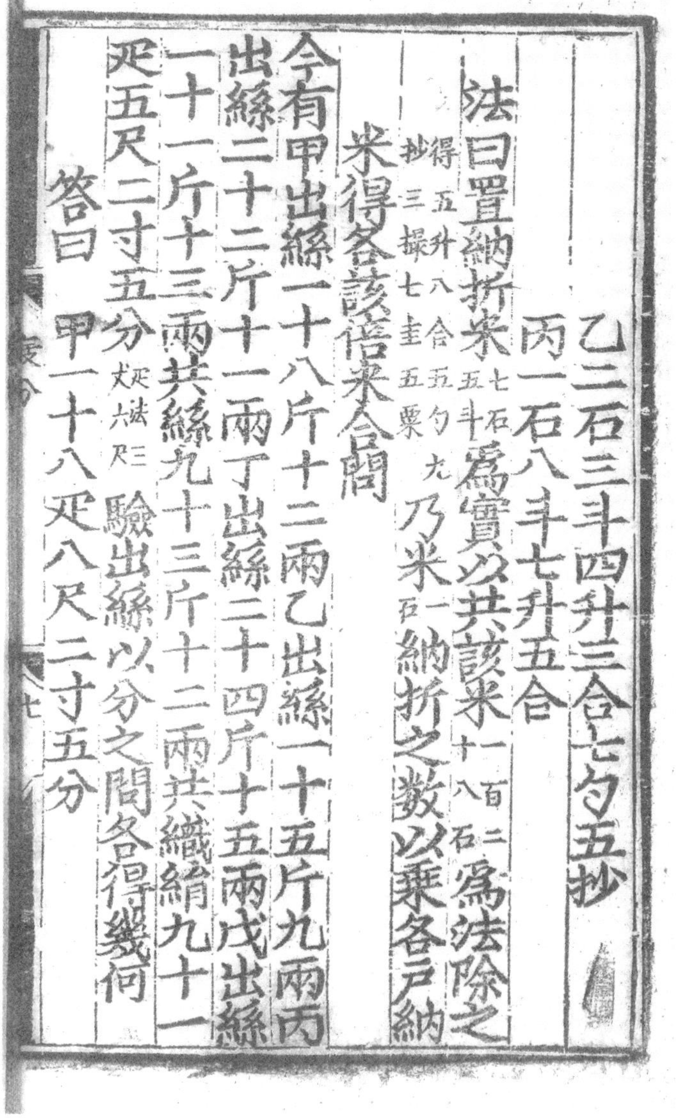
乙二石三斗四升三合七勺五抄
丙一石八斗七升五合
法曰置納折米七石五斗爲實以共該米一百二十八石爲法除之
得五升八合五勺九抄三撮七圭五粟乃米一石納折之数以乘各户納
米得各該倍米合問
今有甲出絲一十八斤十二兩乙出絲一十五斤九兩丙
出絲二十二斤十一兩丁出絲二十四斤十五兩戊出絲
一十一斤十三兩共絲九十三斤十二兩共織絹九十一
疋五尺二寸五分疋法三丈六尺驗出絲以分之問各得幾何
答曰　甲一十八疋八尺二寸五分

乙二石三斗四升三合七勺五抄，

丙一石八斗七升五合。

法曰：置納折米七石五斗爲實。以共該米一百二十八石爲法，除之得五升八合五勺九抄三撮七圭五粟。乃米一石納折之數。以乘各户納米，得各該倍米。合問。

今有甲出絲一十八斤十二兩，乙出絲一十五斤九兩，丙出絲二十二斤十一兩，丁出絲二十四斤十五兩，戊出絲一十一斤十三兩，共絲九十三斤十二兩。共織絹九十一匹五尺二寸五分。匹法三丈六尺。驗出絲以分之，問各得幾何？

答曰：甲一十八匹八尺二寸五分，

乙一十五匹四尺六寸八分七厘五毫，

丙二十二匹二尺六分二厘五毫，

丁二十四匹八尺八寸一分二厘五毫，

戊一十一匹一丈七尺四寸三分七厘五毫。

法曰：置共織絹九十二匹以匹法三丈六尺通之，加零五尺二寸五分共得三百二十八丈一尺二寸五分。爲實。通共絲九十三斤十二兩爲七分五厘。爲法，除之得三丈五尺。乃絲一斤織絹之數。以乘各出絲數，斤下百兩減六爲分，得絹尺，以匹法除之，合問。

今有兄弟三人，共當里長一年，約用鈔七百二十貫。長兄四丁民田一頃二十八畝，次兄三丁民田九十六畝，三弟

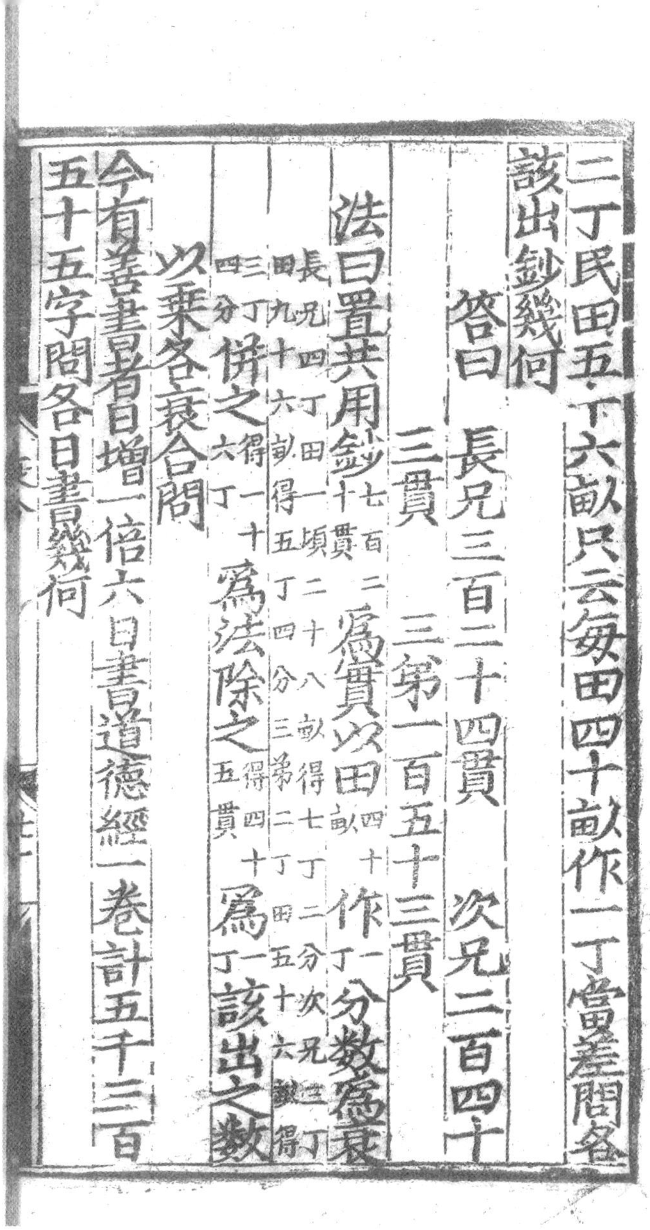

二丁民田五十六畝。只云每田四十畝作一丁當差，問各該出鈔幾何？

答曰：長兄三百二十四貫，　次兄二百四十三貫，　三弟一百五十三貫。

法曰：置共用鈔七百二十貫爲實，以田四十畝作一丁。分數爲衰長兄四丁田一頃二十八畝，得七丁二分。次兄三丁田九十六畝，得五丁四分。三弟二丁田五十六畝，得三丁四分。并之得一十六丁。爲法，除之得四十五貫。爲一丁該出之數，以乘各衰，合問。

今有善書者，日增一倍，六日書道德經一卷，計五千三百五十五字，問各日書幾何？

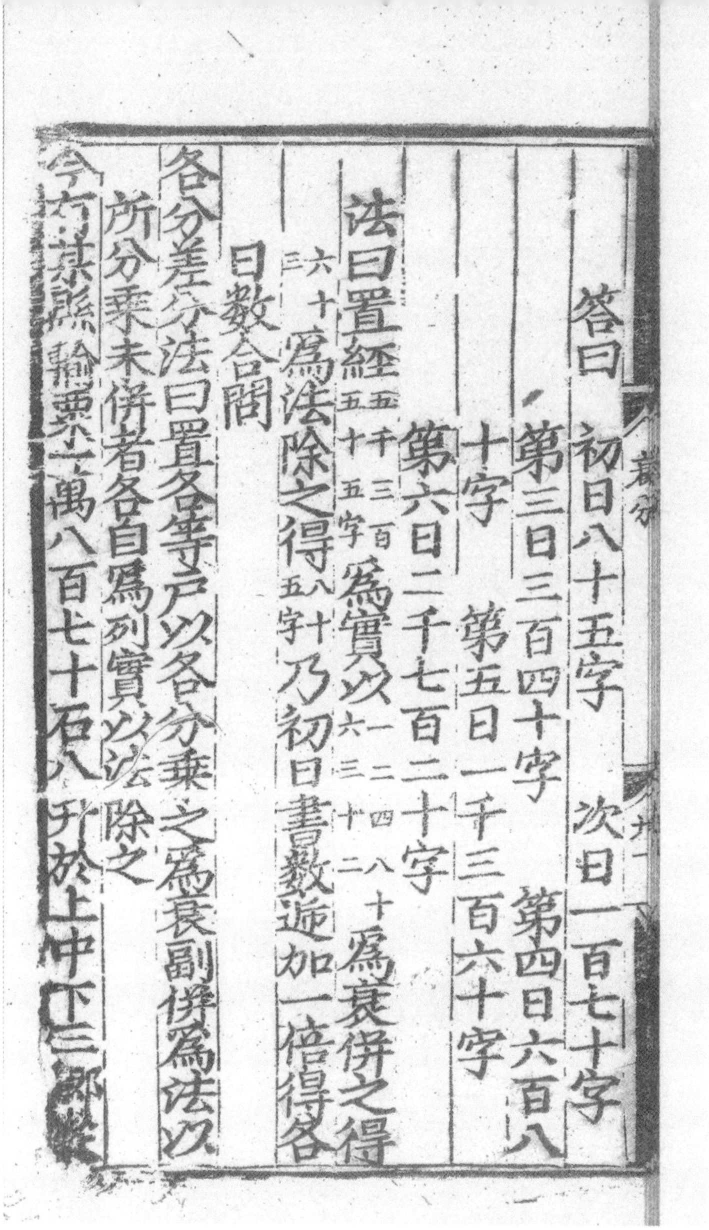

答曰：初日八十五字，　次日一百七十字，

第三日三百四十字，　第四日六百八，

十字，　第五日一千三百六十字，

第六日二千七百二十字。

法曰：置經五千三百五十五字爲實，以一，二，四，八，十六，三十二。爲衰，并之得六十三。爲法，除之得八十五字。乃初日書數。遞加一倍，得各日數，合問。

各分差分法曰：置各等户以各分乘之爲衰，副并爲法。以所分乘未并者，各自爲列實。以法除之。

今有某縣輸粟一萬八百七十石八升，於上、中、下三鄉從

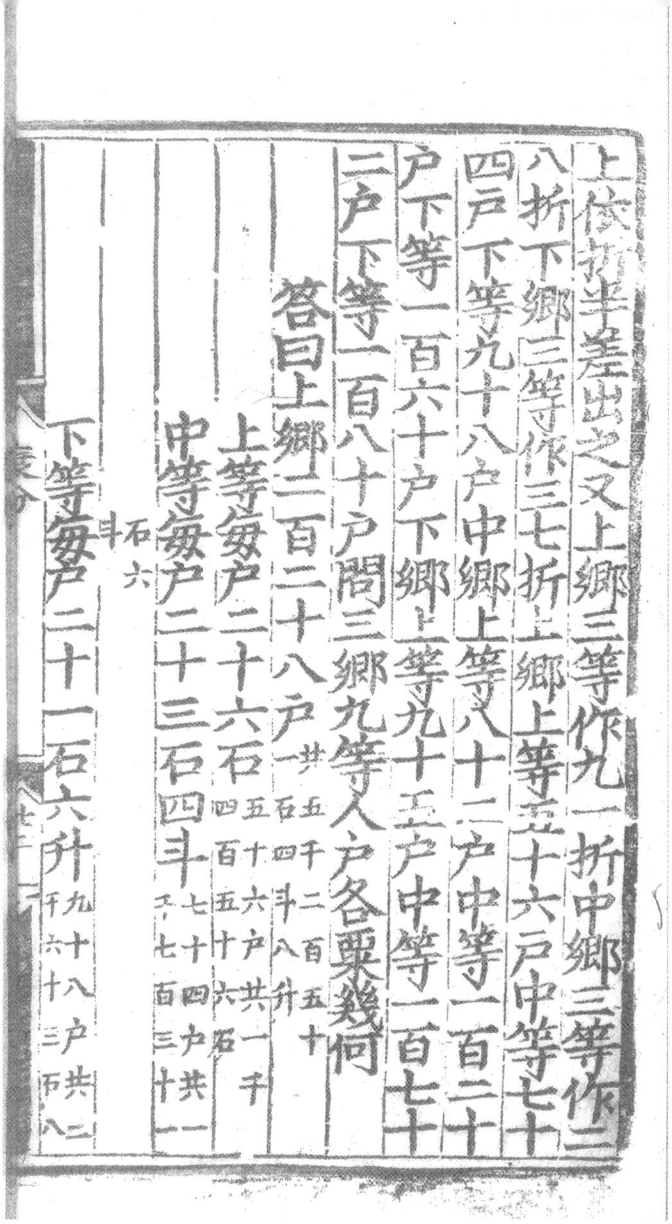

上依折半差出之又上鄉三等作九一折中鄉三等作二
八折下鄉三等作三七折上鄉上等五十六户中等七十
四户下等九十八户中鄉上等八十二户中等一百二十
户下等一百六十户下鄉上等九十五户中等一百七十
二户下等一百八十户問三鄉九等人户各粟幾何
答曰上鄉二百二十八户共五千二百五十一石四斗八升
上等每户二十六石五十六户共一千四百五十六石
中等每户二十三石四斗七十四户共一千七百三十一石六斗
下等每户二十一石六升九十八户共二千六十三石八

上依折半差出之。又上鄉三等作九一折，中鄉三等作二八折，下鄉三等作三七折。上鄉上等五十六户，中等七十四户，下等九十八户。中鄉上等八十二户，中等一百二十户，下等一百六十户。下鄉上等九十五户，中等一百七十二户，下等一百八十户。問三鄉九等人户，各粟幾何？

答曰：上鄉二百二十八户共五千二百五十一石四斗八升。

上等每户二十六石五十六户共一千四百五十六石，

中等每户二十三石四斗七十四户共一千七百三十一石六斗，

下等每户二十一石六升九十八户共二千六十三石八

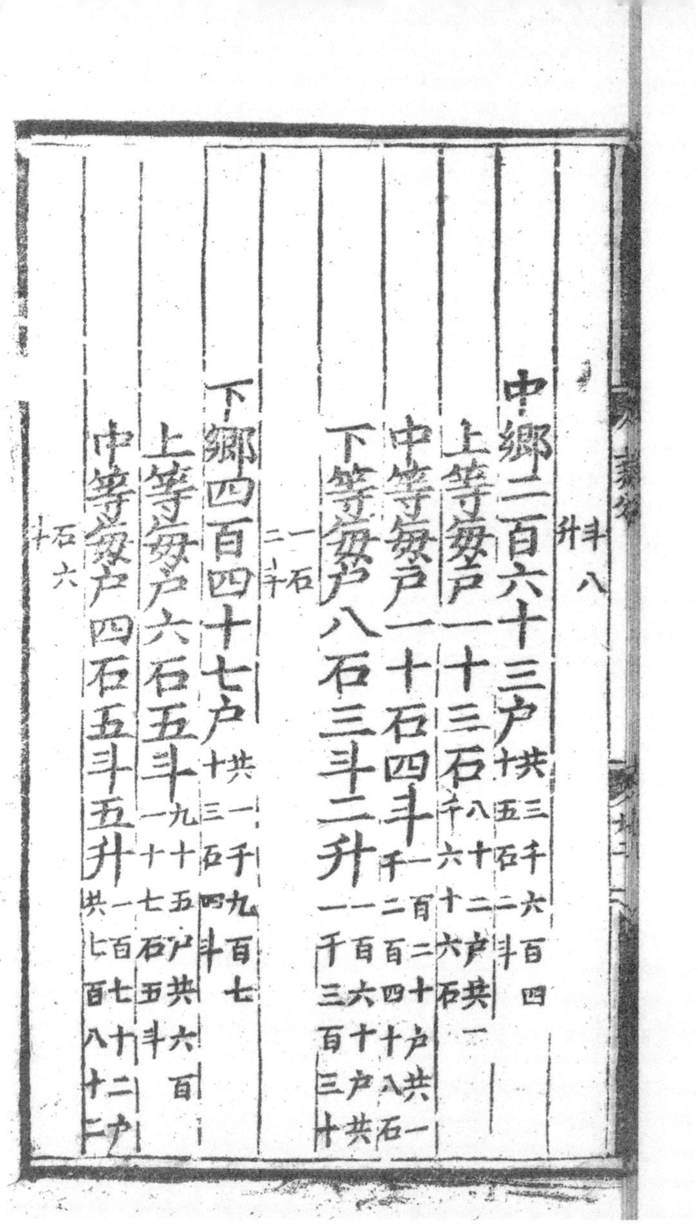

斗八升。

中鄉二百六十三户共三千六百四十五石二斗。

上等每户一十三石八十二户共一千六十六石，

中等每户一十石四斗一百二十户共一千二百四十八石，

下等每户八石三斗二升一百六十户共一千三百三十一石二斗。

下鄉四百四十七户共一千九百七十三石四斗。

上等每户六石五斗九十五户共六百二十七石五斗，

中等每户四石五斗五升一百七十二户共七百八十二石六斗，

下等每户三石一斗八升五合一百八十户共五百七十三石三斗。

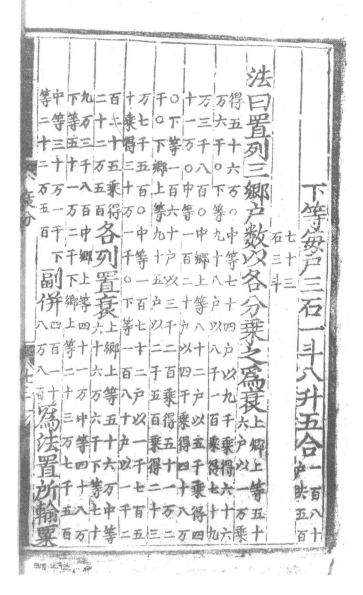

法曰：置列三鄉户數，以各分乘之爲衰。上鄉上等五十六户以一万乘得五十六万。〇中等七十四户以九千乘得六十六万六千。〇下等九十八户以八千一百乘得七十九万三千八百。〇中鄉上等八十二户以五千乘得四十一万。〇中等一百二十户以四千乘得四十八万。〇下等一百六十户，以三千二百乘得五十一万二千。〇下鄉上等九十五户以二千五百乘得二十三万七千五百。〇中等一百七十二户以一千七百五十乘得三十万一千。〇下等一百八十户以一千二百二十五乘得二十二万五百。各列置衰上鄉上等五十六万，中等六十六万六千，下等七十九万三千八百。中鄉上等四十一万，中等四十八万，下等五十一万二千。下鄉上等二十三万七千五百，中等三十万一千，下等二十二万五百。副并四百一十八万八百爲法。置所輸粟

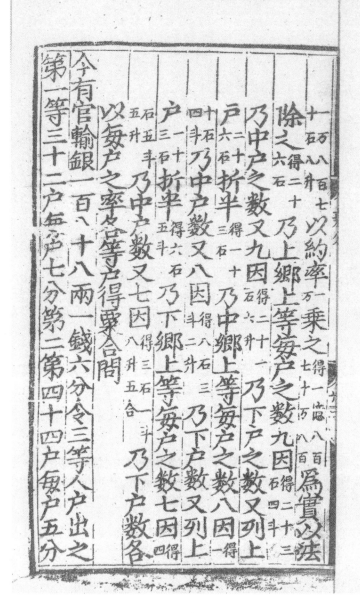

一万八百七十石八升以約率一万乘之得一億八百七十万八百。爲實。以法除之得二十六石。乃上鄉上等每户之數。九因得二十三石四斗。乃中户之數。又九因得二十一石六升。乃下户之數。又列上户二十六石折半得一十三石。乃中鄉上等每户之數。八因得一十石四斗。乃中户數。又八因得八石三斗二升。乃下户數。又列上户一十三石折半得六石五斗。乃下鄉上等每户之數。七因得四石五斗五升。乃中户數。又七因得三石一斗八升五合。乃下户數。各以每户之率各等户得粟。合問。

今有官輸銀一百八十八兩一錢六分，令三等人户出之。第一等三十二户每户七分，第二第[1]四十四户每户五分，

1“第”，依題意應爲“等”字。

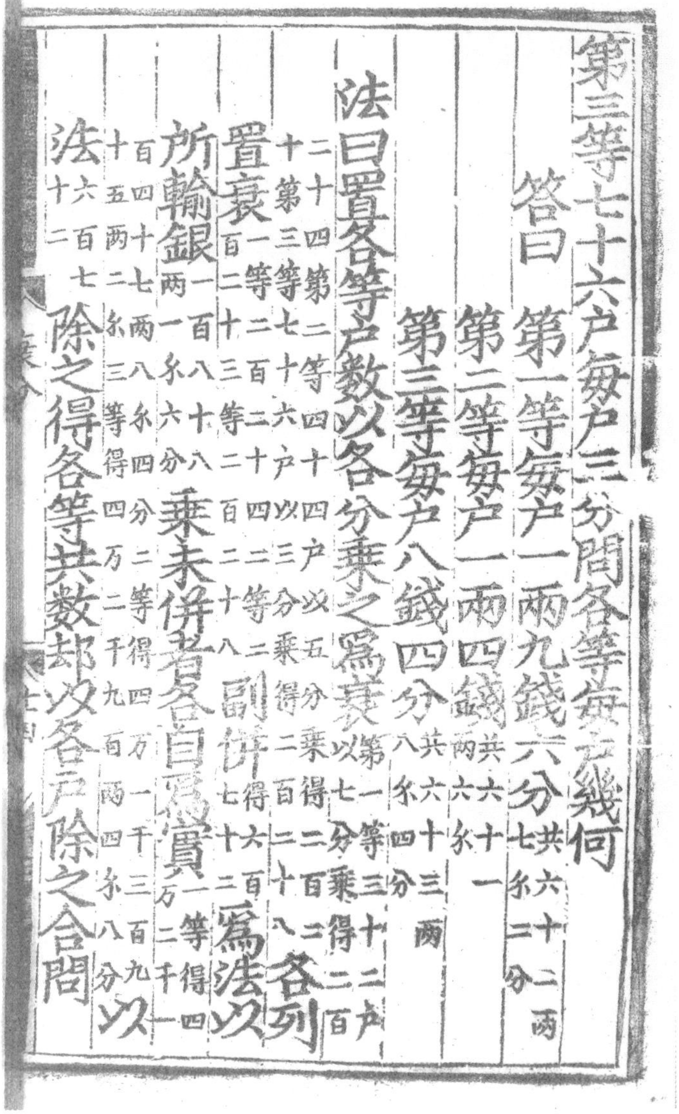

第三等七十六户每户三分。問各等每户幾何？

答曰：第一等每户一兩九錢六分，共六十二兩七錢二分。

第二等每户一兩四錢，共六十一兩六錢。

第三等每户八錢四分，共六十三兩八錢四分。

法曰：置各等户數，以各分乘之爲衰。第一等三十二户以七分乘得二百二十四。第二等四十四户以五分乘得二百二十。第三等七十六户以三分乘得二百二十八。各列置衰一等二百二十四，二等二百二十，三等二百二十八。副并得六百七十二。爲法。以所輸銀一百八十八兩一錢六分乘未并者，各自爲實一等得四万二千一百四十七兩八錢四分。二等得四万一千三百九十五兩二錢。三等得四万二千九百兩四錢八分。以法六百七十二除之，得各等共數，却以各户除之，合問。

今有官輸細絲三百斤，以粮多寡出之。甲區秋粮米二千五百六十石，每石三分；乙區秋粮米二千一百三十石，每石二分；丙區秋粮米一千八百四十石，每石一分；丁區秋粮米一千六百八十石，每石半分。問各區該絲幾何？

答曰：甲區一百五十七斤七百三十一分斤之四百三十三，

乙區八十七斤七百三十一斤之三百三，

丙區三十七斤七百三十一分斤之五百五十三，

丁區一十七斤七百三十一分斤之一百七十三。

法曰：置各區粮數，以各分乘之爲衰。甲米以三分乘得七千六百八十。乙米以二分乘得四千二百六十。丙米以一分乘得一千八百四十。丁米以半分乘得八百四十。各列

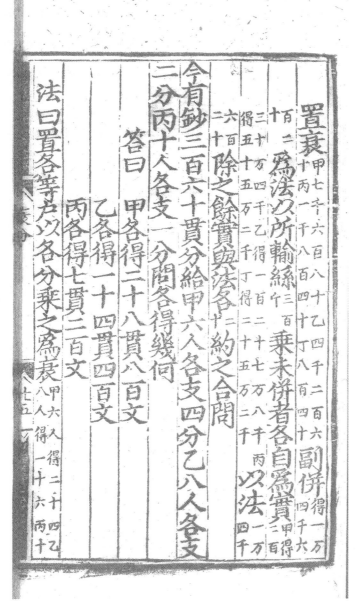

置衰甲七千六百八十，乙四千二百六十，丙一千八百四十，丁八百四十。副并得一万四千六百二十。爲法。以所輸絲三百斤乘未并者，各自爲實甲得二百三十万四千，乙得一百二十七万八千，丙得五十五万二千，丁得二十五万二千。以法一万四千六百二十除之，餘實與法各二十約之。合問。

今有鈔三百六十貫，分給甲六人，各支四分；乙八人，各支二分；丙十人，各支一分。問各得幾何？

答曰：甲各得二十八貫八百文，

乙各得一十四貫四百文，

丙各得七貫二百文。

法曰：置各等户以各分乘之爲衰。甲六人得二十四，乙八人得一十六，丙十

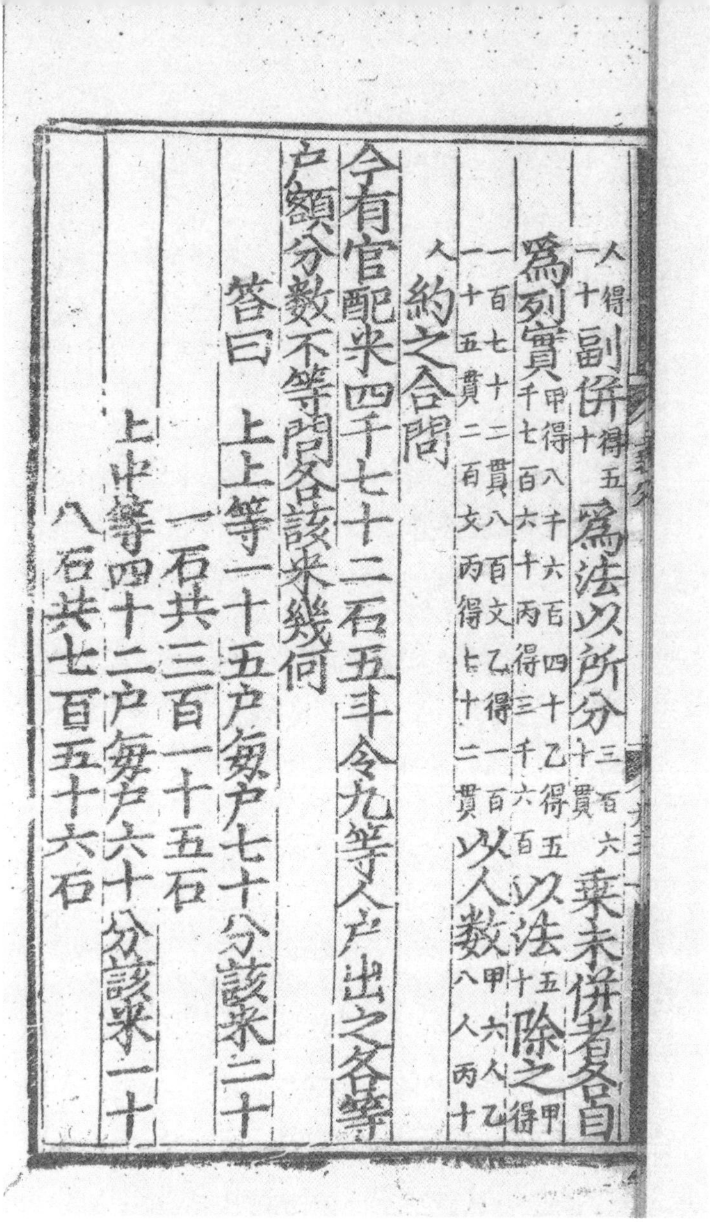

人得一十。副并得五十。爲法。以所分三百六十貫乘未并者，各自爲列實。甲得八千六百四十，乙得五千七百六十，丙得三千六百。以法五十除之甲得一百七十二貫八百文，乙得一百一十五貫二百文，丙得七十二貫。以人數甲六人，乙八人，丙十人。約之，合問。

今有官配米四千七十二石五斗，令九等人户出之，各等户額分數不等，問各該米幾何？

答曰：上上等一十五户，每户七十分，該米二十一石，共三百一十五石。

上中等四十二户，每户六十分，該米一十八石，共七百五十六石。

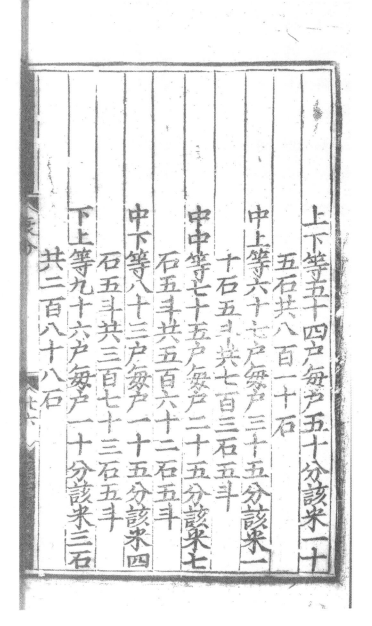

上下等五十四户，每户五十分，該米一十五石，共八百一十石。

中上等六十七户，每户三十五分，該米一十石五斗，共七百三石五斗。

中中等七十五户，每户二十五分，該米七石五斗，共五百六十二石五斗。

中下等八十三户，每户一十五分，該米四石五斗，共三百七十三石五斗。

下上等九十六户，每户一十分，該米三石，共二百八十八石。

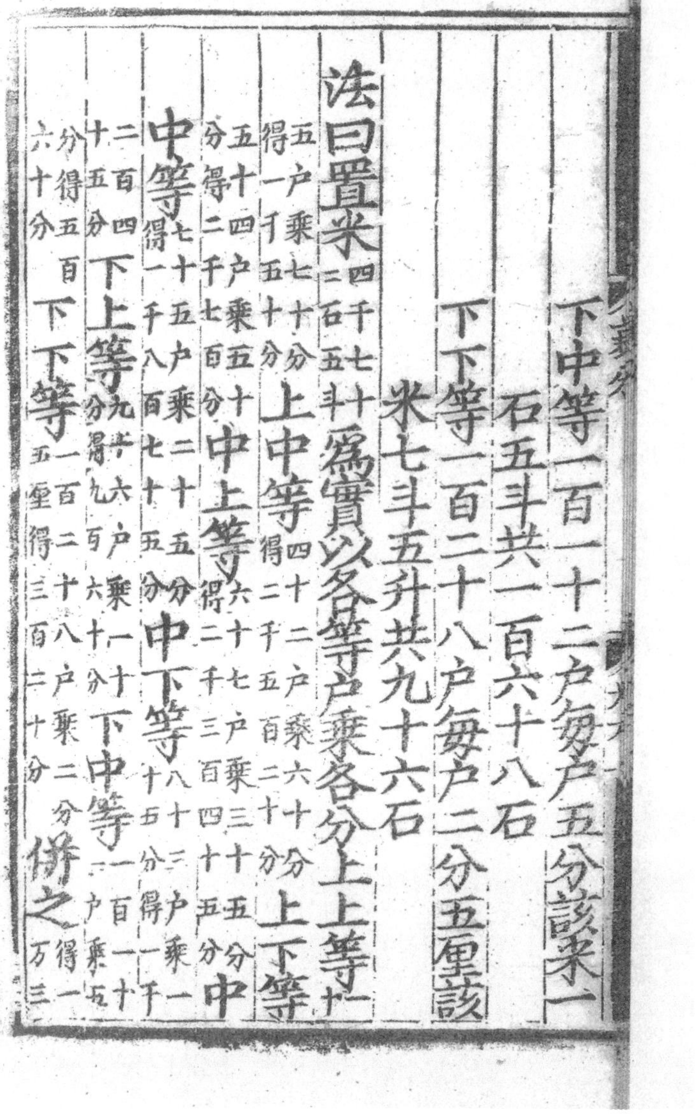

下中等一百一十二户，每户五分，該米一石五斗，共一百六十八石。

下下等一百二十八户，每户二分五厘，該米七斗五升，共九十六石。

法曰：置米四千七十二石五斗爲實，以各等户乘各分，上上等一十五户乘七十分得一千五十分。上中等四十二户乘六十分得二千五百二十分。上下等五十四户乘五十分得二千七百分。中上等六十七户乘三十五分得二千三百四十五分。中中等七十五户乘二十五分得一千八百七十五分。中下等八十三户乘一十五分得一千二百四十五分。下上等九十六户乘一十分得九百六十分。下中等一百一十二户乘五分得五百六十分。下下等一百二十八户乘二分五厘得三百二十分。并之得一万三千五百七十五分。爲法，除實得三斗。爲一分之數。以乘每户各分，得每户數。却乘各等户，得共米數。上上等每户七十分，得二十一石，共一十五户，得三百一十五石。上中等六十分，得一十八石，共四十二户，得七百五十六石。上下等五十分，得一十五石，共五十四户，得八百一十石。中上等三十五分，得一十石五斗，共六十七户，得七百三石五斗。中中等二十五分，得七石五斗，共七十五户，得五百六十二石五斗。中下等一十五分，得四石五斗，共八十三户，得三百七十三石五斗。下上等一十分，得三石，共九十六户，得二百八十八石。下中等五分，得一石五斗，共一百一十二户，得一百六十八石。下下等二分五厘，得七斗五升，共一百二十八户，得九十六石。合問。

今有官派木炭一萬六千八百二十秤九斤六兩，令三等九甲人户出之，各户額分不等。驗數派納，問每户各幾何？

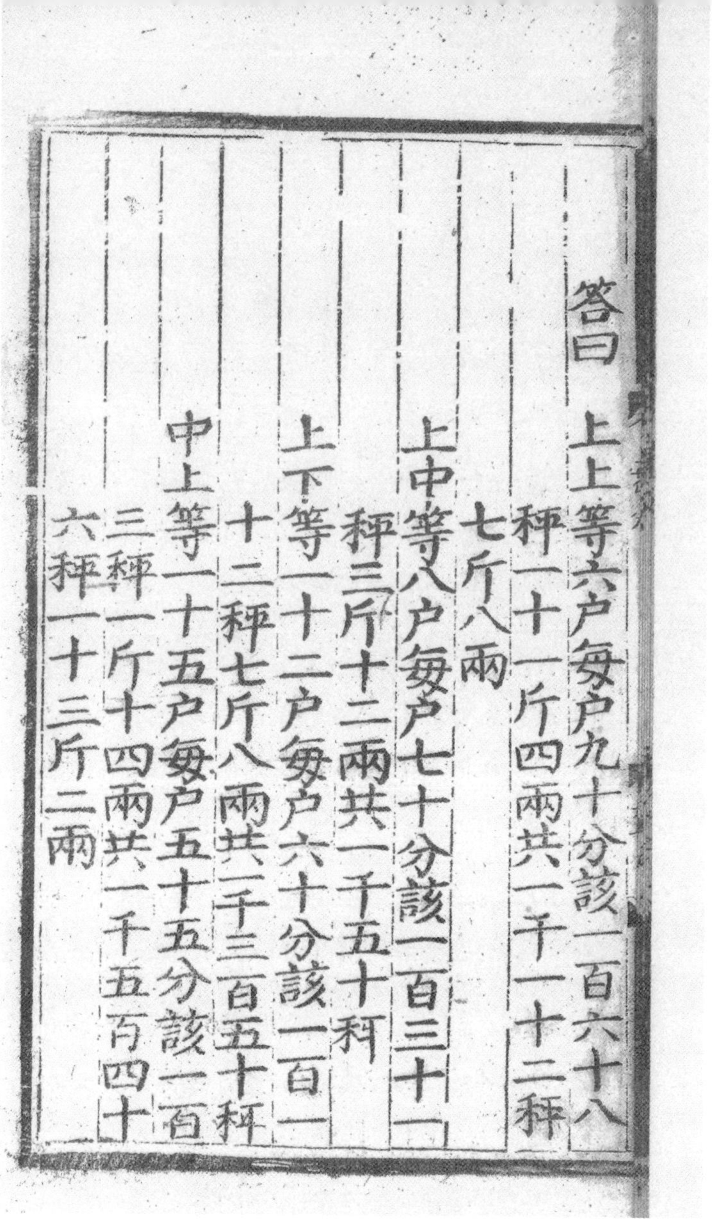
答曰　上上等六户每户九十分該一百六十八
秤一十一斤四兩共一千一十二秤
七斤八兩
上中等八户每户七十分該一百三十一
秤三斤十二兩共一千五十秤
上下等一十二户每户六十分該一百一
十二秤七斤八兩共一千三百五十秤
中上等一十五户每户五十五分該一百
三秤一斤十四兩共一千五百四十
六秤一十三斤二兩

答曰：上上等六户，每户九十分，該一百六十八秤一十一斤四兩，共一千一十二秤七斤八兩。

上中等八户，每户七十分，該一百三十一秤三斤十二兩，共一千五十秤。

上下等一十二户，每户六十分，該一百一十二秤七斤八兩，共一千三百五十秤。

中上等一十五户，每户五十五分，該一百三秤一斤十四兩，共一千五百四十六秤一十三斤二兩。

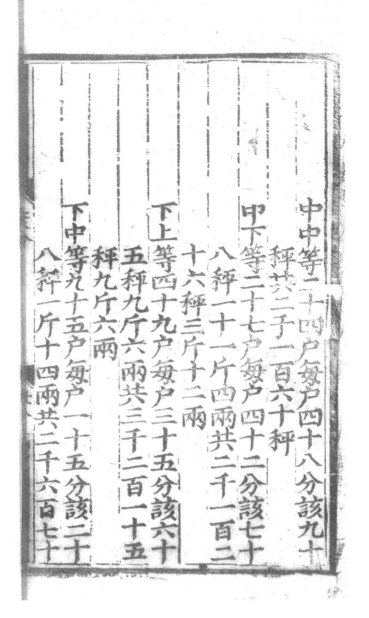

中中等二十四户，每户四十八分，該九十

秤，共二千一百六十秤。

中下等二十七户，每户四十二分，該七十

八秤一十一斤四兩，共二千一百二

十六秤三斤十二兩。

下上等四十九户，每户三十五分，該六十

五秤九斤六兩，共三千二百一十五

秤九斤六兩。

下中等九十五户，每户一十五分，該二十

八秤一斤十四兩，共二千六百七十

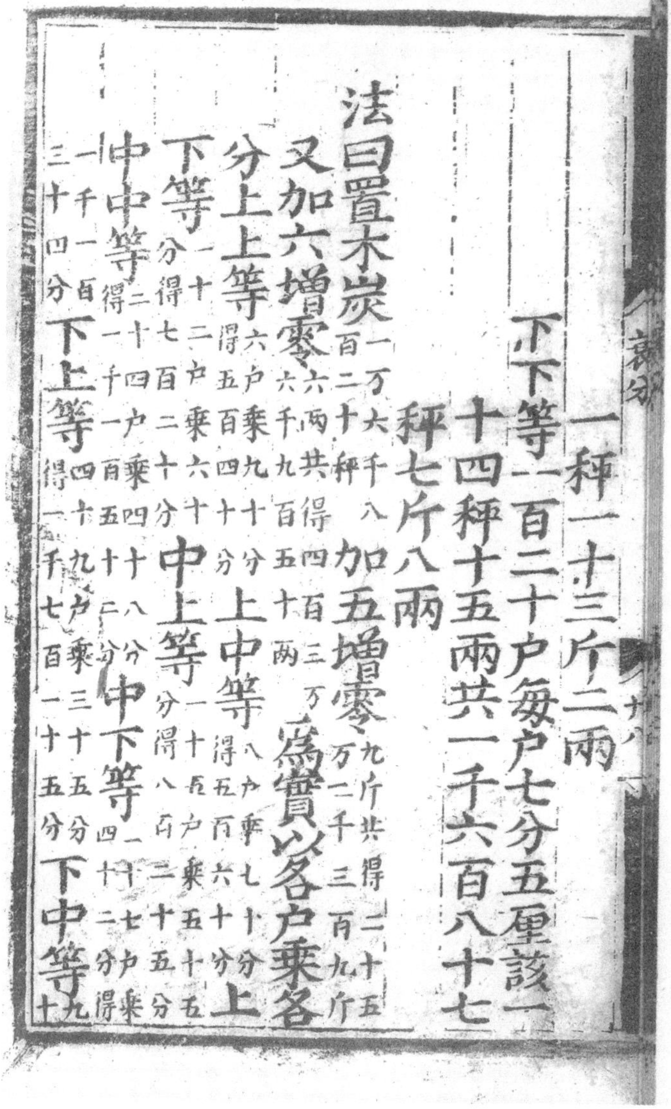

一秤一十三斤二兩。

下下等一百二十户，每户七分五厘，該一十四秤十五兩，共一千六百八十七秤七斤八兩。

法曰：置木炭一万六千八百二十秤加五增零九斤，共得二十五万二千三百九斤。又加六增零六两，共得四百三万六千九百五十两。爲實。以各户乘各分上上等六户乘九十分，得五百四十分。上中等八户乘七十分，得五百六十分。上下等一十二户乘六十分，得七百二十分。中上等一十五户乘五十五分，得八百二十五分。中中等二十四户乘四十八分，得一千一百五十二分。中下等一十七户乘四十二分，得一千一百三十四分。下上等四十九户乘三十五分，得一千七百一十五分。下中等九十

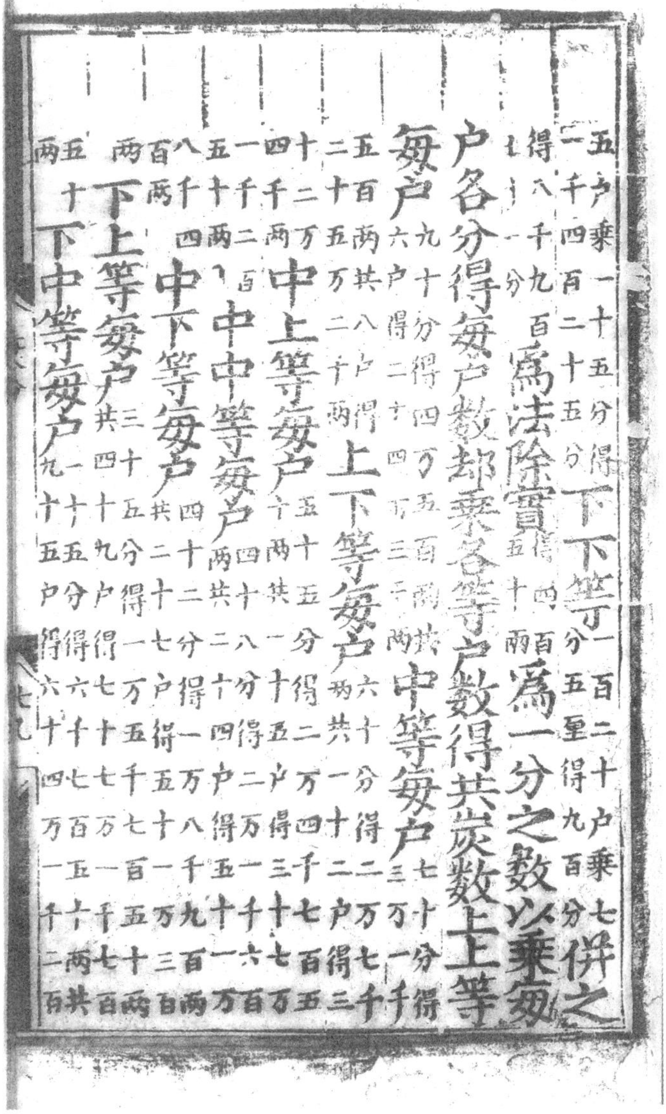

五户乘一十五分得一千四百二十五分。下下等一百二十户乘七分五厘得九百分。并之得八千九百七十一分。爲法。除實得四百五十兩。爲一分之數。以乘每户各分，得每户數。却乘各等户數，得共炭數。上上等每户九十分，得四万五百两，共六户，得二十四万三千两。中等每户七十分，得三万一千五百两，共八户得二十五万二千两。上下等每户六十分，得二万七千两，共一十二户，得三十二万四千两。中上等每户五十五分，得二万四千七百五十两，共一十五户，得三十七万一千二百五十两。中中等每户四十八分，得二万一千六百两，共二十四户，得五十一万八千四百两。中下等每户四十二分，得一万八千九百两，共二十七户，得五十一万三百两。下上等每户三十五分，得一万五千七百五十两，共四十九户，得七十七万一千七百五十两。下中等每户一十五分，得六千七百五十两，共九十五户，得六十四万一千二百

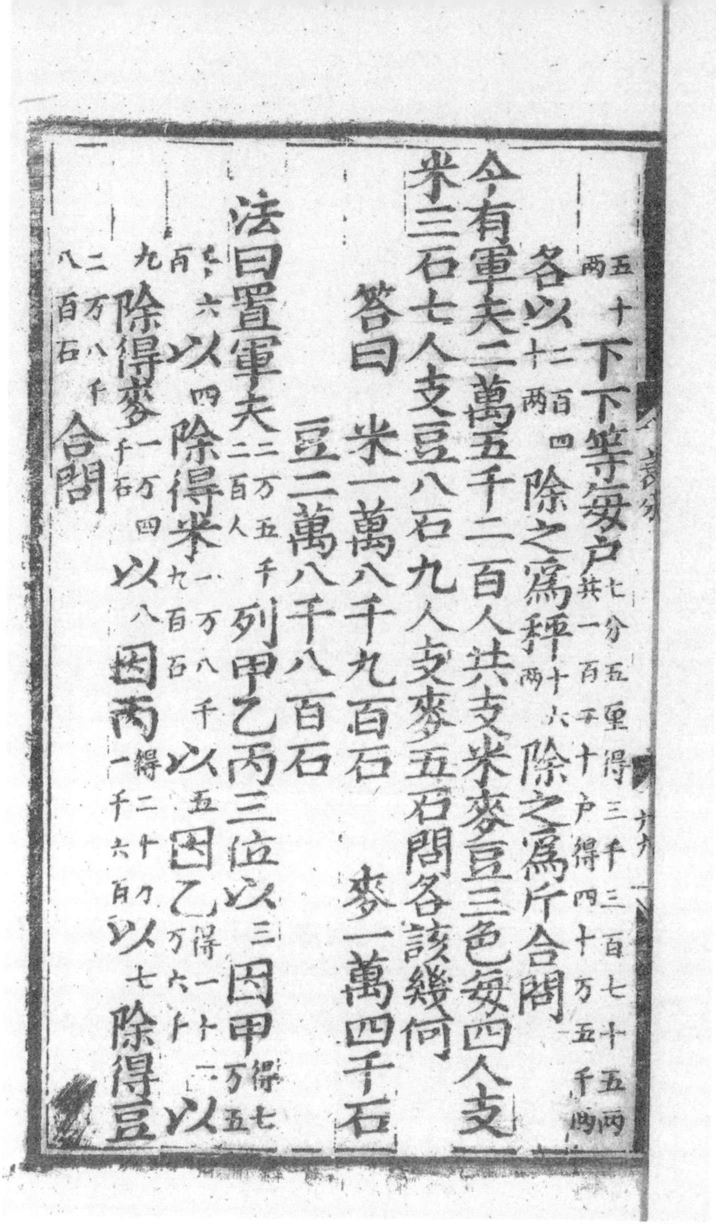
五十两下下等每户七分五厘得三千三百七十五两共一百二十户得四十万五千两
各以二百四十两除之為秤十六两除之為斤合問
今有軍夫二萬五千二百人共支米麥豆三色每四人支
米三石七人支豆八石九人支麥五石問各該幾何
答曰 米一萬八千九百石 麥一萬四千石
豆二萬八千八百石
法曰置軍夫二万五千二百人列甲乙丙三位以三因甲得七万五
千六百以四除得米一万八千九百石以五因乙得一十二万六千以
九除得麥一万四千石以八因丙得二十万一千六百以七除得豆
二万八千八百石合問

五十兩。下下等每户七分五厘，得三千三百七十五兩，共一百二十户，得四十万五千兩。

各以二百四十兩除之，爲秤十六兩除之爲斤，合問。

今有軍夫二萬五千二百人，共支米、麥、豆三色。每四人支米三石，七人支豆八石，九人支麥五石，問各該幾何？

答曰：米一萬八千九百石， 麥一萬四千石，

豆二萬八千八百石。

法曰：置軍夫二万五千二百人列甲、乙、丙三位以三因。甲得七万五千六百。以四除得米一万八千九百石。以五因乙得一十二万六千。以九除得麥一万四千石。以八因丙得二十万一千六百。以七除得豆二万八千八百石。合問。

今有官田一頃三十八畝六分，每畝科正米二斗，每斗帶耗米三合五勺。今要七分本色米，三分折納細絲。每米一石折絲一斤。問各納幾何？

答曰：米二十石八升三合一勺四抄，

絲八斤九兩七錢一分二厘九毫六絲。

法曰：置田一頃三十八畝六分以科米二斗乘之得二十七石七斗二升。每斗加耗米三合五勺，共得二十八石六斗九升二勺。副置二位上以七乘之得米二十石八升三合一勺四抄。下以三乘之得八石六斗七合六抄。以石爲斤，零斗合抄各加爲絲，合問。

今有官旗軍一百一十三員名，共支月粮一百二十五石。

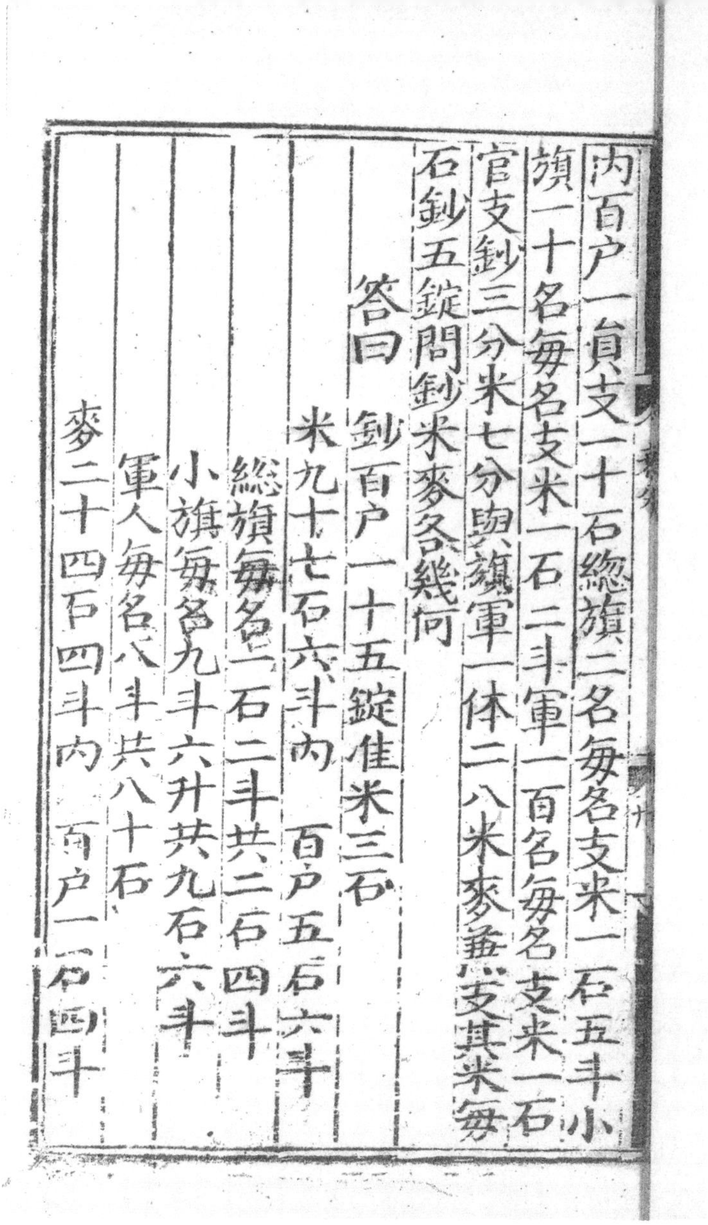
内百户一員支一十石總旗二名每名支米一石五斗小
旗一十名每名支米一石二斗軍一百名每名支米一石
官支鈔三分米七分與旗軍一体二八米麥兼支其米每
石鈔五錠問鈔米麥各幾何
答曰 鈔百户一十五錠准米三石
米九十七石六斗内 百户五石六斗
總旗每名一石二斗共二石四斗
小旗每名九斗六升共九石六斗
軍人每名八斗共八十石
麥二十四石四斗内 百户一石四斗

内百户一員，支一十石；總旗二名，每名支米一石五斗；小旗一十名，每名支米一石二斗；軍一百名，每名支米一石。官支鈔三分，米七分。與旗、軍一体，二八米麥兼支。其米每石鈔五錠。問鈔、米、麥各幾何？

答曰：鈔百户一十五錠，准米三石。

米九十七石六斗内　百户五石六斗。

總旗每名一石二斗，共二石四斗。

小旗每名九斗六升，共九石六斗。

軍人每名八斗，共八十石。

麥二十四石四斗内　百户一石四斗。

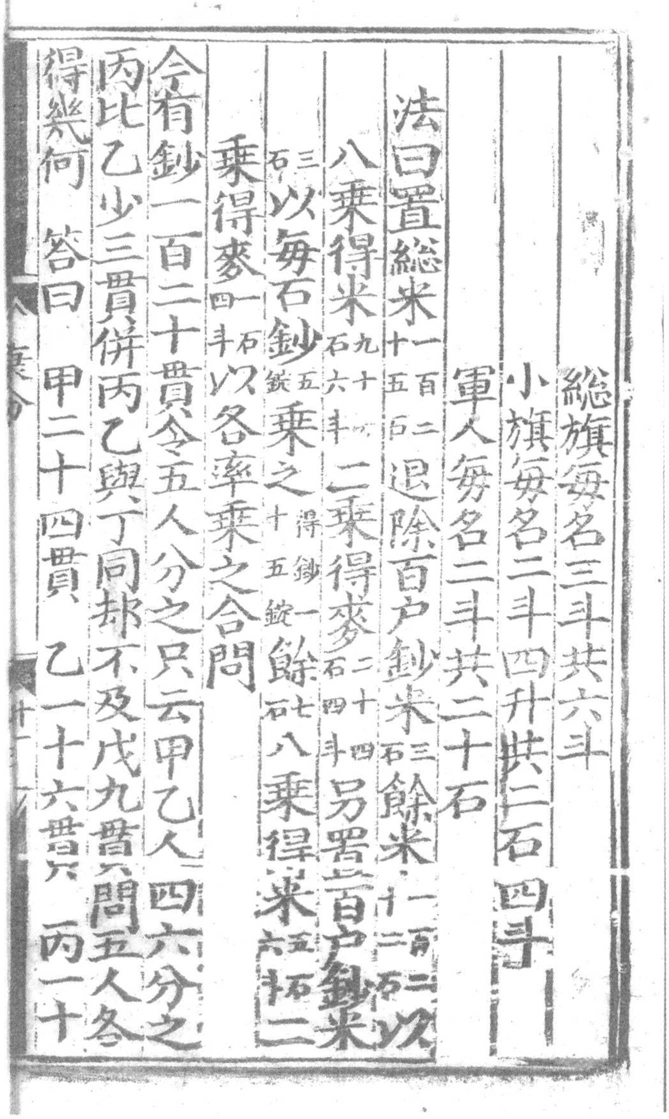

総旗每名三斗，共六斗。

小旗每名二斗四升，共二石四斗。

軍人每名二斗，共二十石。

法曰：置総米一百二十五石退除百户鈔米三石餘米一百二十二石。以八乘得米九十六石六斗。二乘得麥二十四石四斗。另置百户鈔米三石以每石鈔五錠乘之得鈔一十五錠。餘七石。八乘得米五石六斗。二乘得麥一石四斗。以各率乘之，合問。

今有鈔一百二十貫，令五人分之。只云甲乙人四六分之，丙比乙少三貫，并丙乙與丁同，却不及戊九貫。問五人各得幾何？　答曰：甲二十四貫，乙一十六貫，丙一十

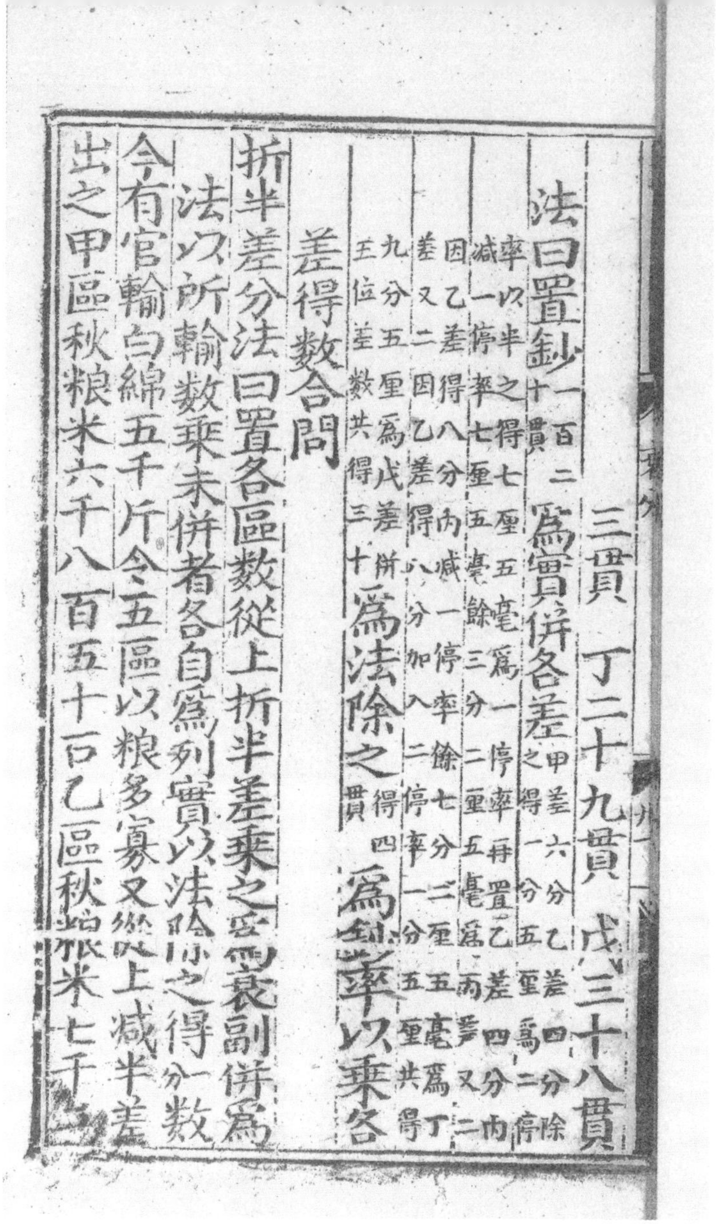

三貫，丁二十九貫，戊三十八貫。

法曰：置鈔一百二十貫爲實，并各差甲差六分乙差四分，除之，得一分五厘，爲二停率。以半之得七厘五毫，爲一停率。再置乙差四分，丙減一停率七厘五毫，餘三分二厘五毫，爲丙差。又二因乙差，得八分，内減一停率，餘七分二厘五毫爲丁差。又二因乙差，得八分，加入二停率一分五厘，共得九分五厘，爲戊差。并五位差數共得三十。爲法，除之得四貫。爲鈔率，以乘各差得數，合問。

折半差分法曰：置各區數，從上折半差乘之爲衰，副并爲法。以所輸數乘未并者，各自爲列實。以法除之，得一分數。

今有官輸白綿五千斤，令五區以粮多寡，又從上減半差出之。甲區秋粮米六千八百五十石，乙區秋粮米七千二

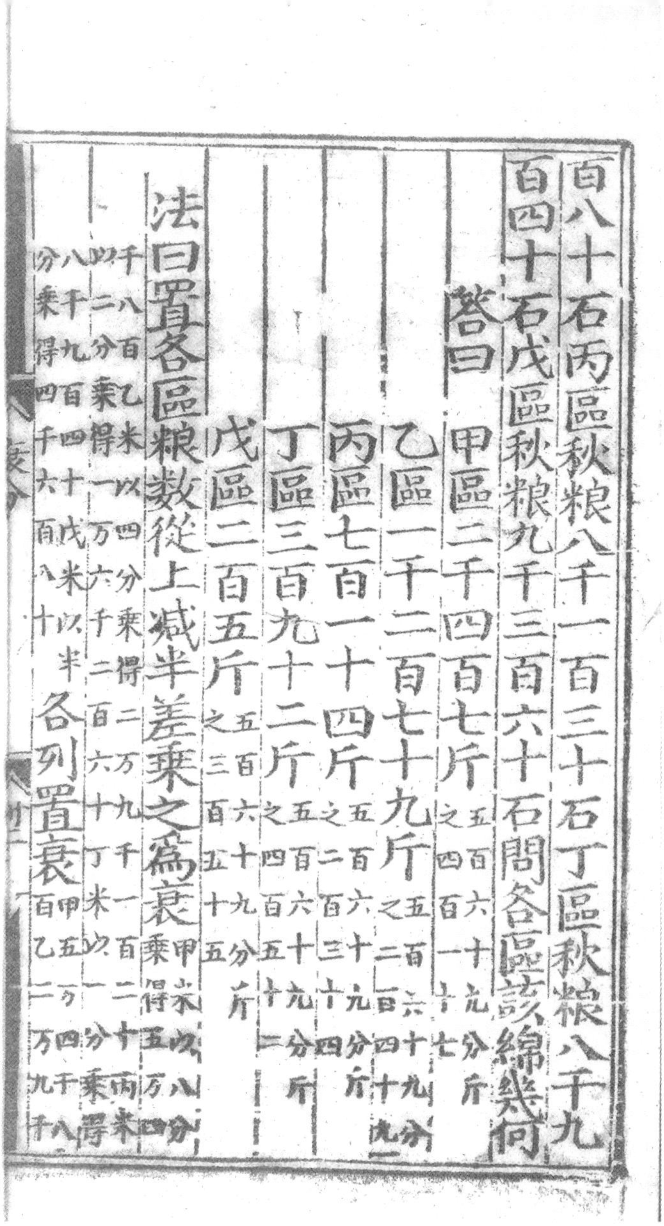

百八十石，丙區秋粮八千一百三十石，丁區秋粮八千九百四十石，戊區秋粮九千三百六十石。問各區該綿幾何？

答曰：甲區二千四百七斤五百六十九分斤之四百一十七，

乙區一千二百七十九斤五百六十九分之二百四十九，

丙區七百一十四斤五百六十九分斤之二百三十四，

丁區三百九十二斤五百六十九分斤之四百五十二，

戊區二百五斤五百六十九分斤之三百五十五。

法曰：置各區粮數，從上减半差乘之爲衰。甲米以八分乘，得五万四千八百。乙米以四分乘，得二万九千一百二十。丙米以二分乘，得一万六千二百六十。丁米以一分乘，得八千九百四十。戊米以半分乘，得四千六百八十。各列置衰甲五万四千八百，乙二万九千

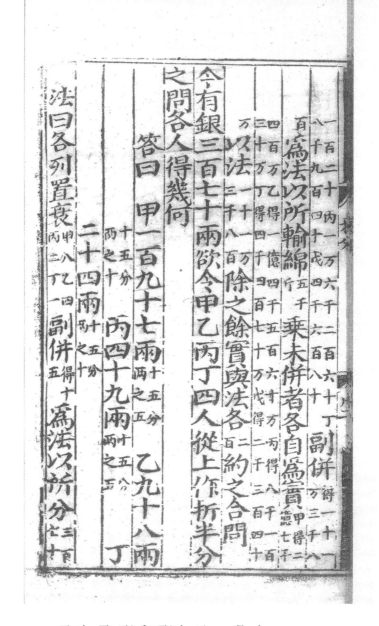

一百二十，丙一万六千二百六十，丁八千九百四十，戊四千六百八十。副并得一十一万三千八百。爲法。以所輸綿五千斤乘未并者，各自爲實甲得二億七千四百万。乙得一億四千五百六十万。丙得八千一百三十万。丁得四千四百七十万。戊得二千三百四十万。以法二十一万三千八百除之。餘實與法各二百約之，合問。

今有銀三百七十兩，欲令甲、乙、丙、丁四人，從上作折半分之，問各人得幾何？

答曰：甲一百九十七兩十五分兩之五，乙九十八兩十五分兩之十，丙四十九兩十五分兩之五，丁二十四兩十五分兩之十。

法曰：各列置衰甲八，丙二，乙四，丁一。副并得十五。爲法。以所分三百七十两乘未并者甲得二千九百六十，乙得一千四百八十，丙得七百四十，丁得三百七十。各自爲列實。以法除之，不滿法者以法命之，合問。

互和减半分法：以一、三、五、七、九爲圍法，除陽位之數。以二、四、六、八、十爲圍法，除陰位之數。照位并而爲法，除實取其首尾之共數，然後看題中之甲有餘丁不足之數。如三等以二除之，四等以三除之，五等以四除之，多少之數於尾位次第加之，得各人之數也。○二位者不立法。○三位者以三、五、七并之得十五。爲法。除實得首尾數，以二除其多少之數，遞相加之。○四位者以二、四、六、八并之得二十。爲法。除實得首尾數，以三除其多少之數，遞相加之。○五位者以

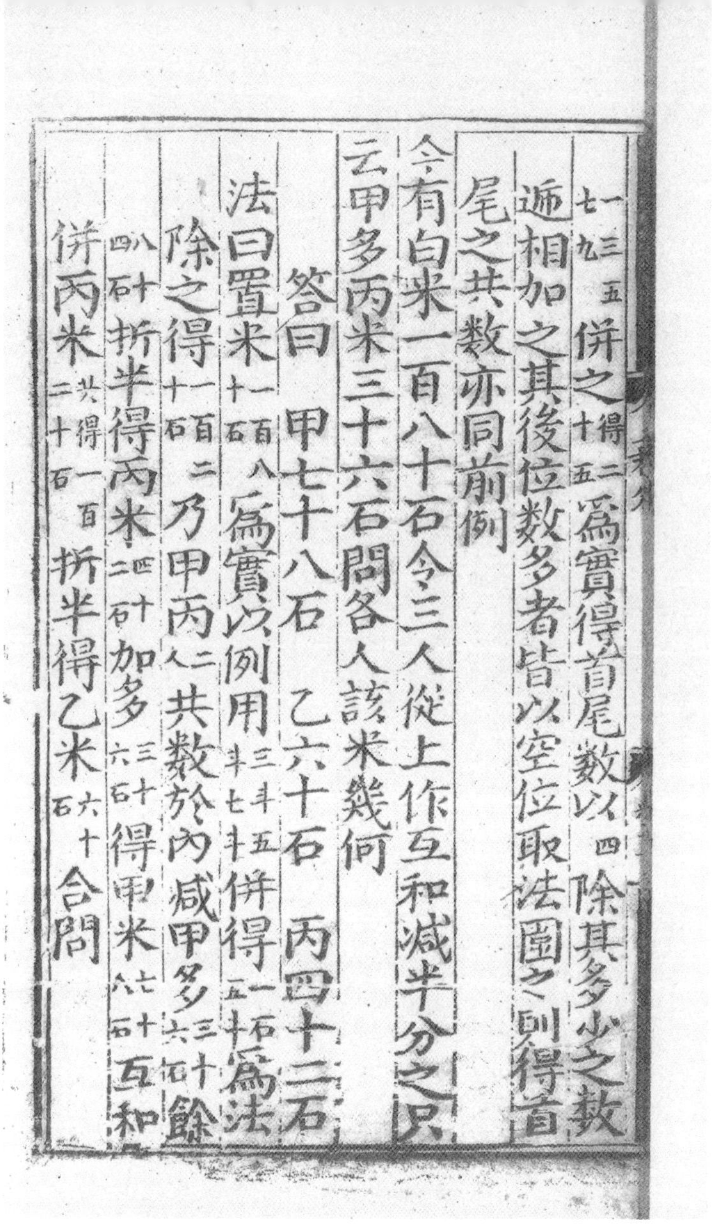

一、三、五、七、九并之得二十五。爲實。得首尾數，以四除其多少之數，遞相加之。其後位數多者，皆以空位取法圍之，則得首尾之共數，亦同前例。

今有白米一百八十石，令三人從上作互和減半分之。只云甲多丙米三十六石，問各人該米幾何？

答曰：　甲七十八石，乙六十石，丙四十二石。

法曰：置米一百八十石爲實，以例用三斗、五斗、七斗并得一石五斗。爲法。除之得一百二十石。乃甲、丙二人共數。於内減甲多三十六石餘八十四石。折半得丙米四十二石。加多三十六石得甲米七十八石。互和并丙米共得一百二十石。折半得乙米六十石。合問。

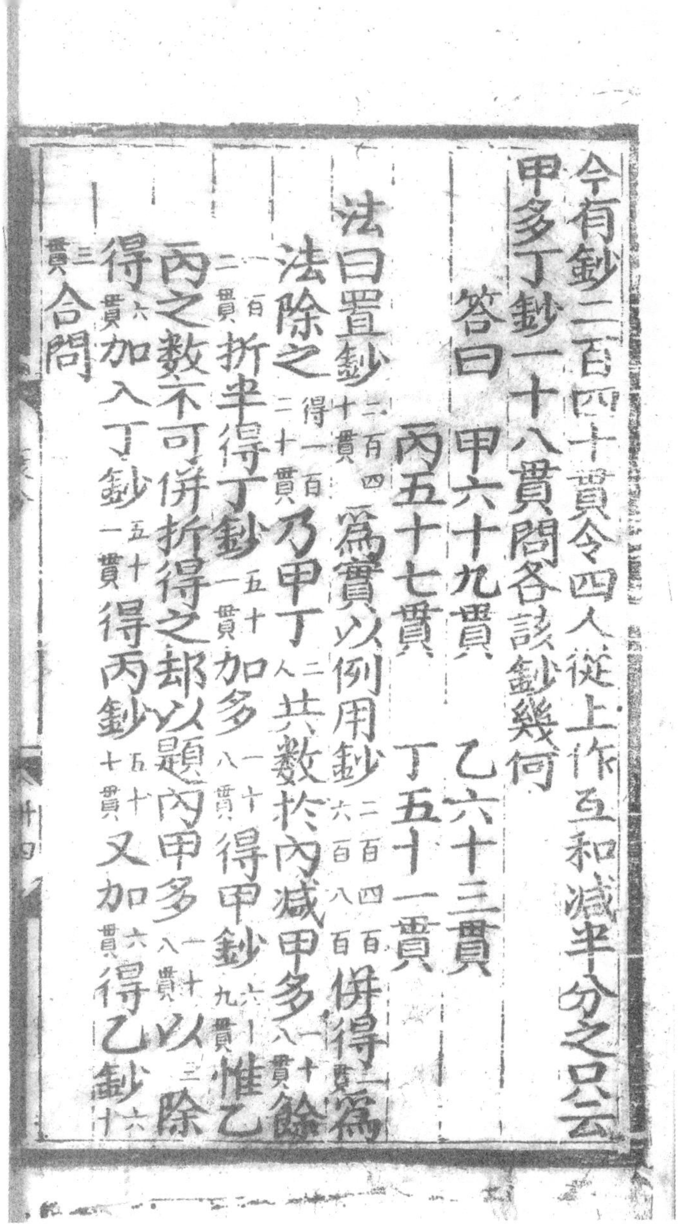

今有鈔二百四十貫，令四人從上作互和減半分之，只云甲多丁鈔一十八貫。問各該鈔幾何?

答曰：甲六十九貫，　乙六十三貫，

丙五十七貫，　丁五十一貫。

法曰：置鈔二百四十貫爲實。以例用鈔二百、四百、六百、八百、并得一貫爲法，除之得一百二十貫。乃甲、丁二人共數。於内減甲多一十八貫餘一百二貫。折半得丁鈔五十一貫。加多一十八貫得甲鈔六十九貫。惟乙、丙之數不可并，折得之，却以題内甲多一十八貫以三除得六貫。加入丁鈔五斗一貫得丙鈔五十七貫。又加六貫得乙鈔六十三貫。合問。

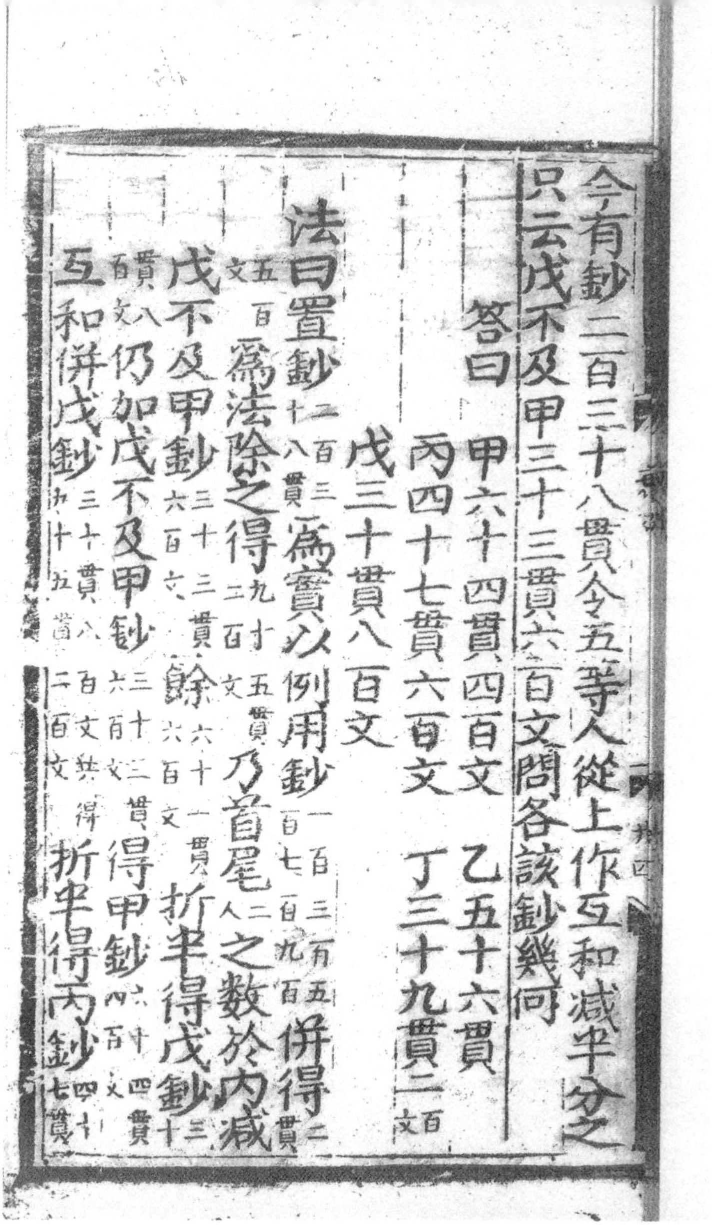

今有鈔二百三十八貫，令五等人從上作互和減半分之。

只云戊不及甲三十三貫六百文，問各該鈔幾何？

答曰：甲六十四貫四百文，乙五十六貫，

丙四十七貫六百文，丁三十九貫二百文，

戊三十貫八百文。

法曰：置鈔二百三十八貫爲實，以例用鈔一百、三百、五百、七百、九百并得二貫五百文。爲法，除之得九十五貫二百文。乃首尾二人之數。於内減戊不及甲鈔三十三貫六百文餘六十一貫六百文。折半得戊鈔三十貫八百文。仍加戊不及甲鈔三十三貫六百文得甲鈔六十四貫四百文。互和并戊鈔三十貫八百文，九十五貫二百文。共得折半得丙鈔四十七貫

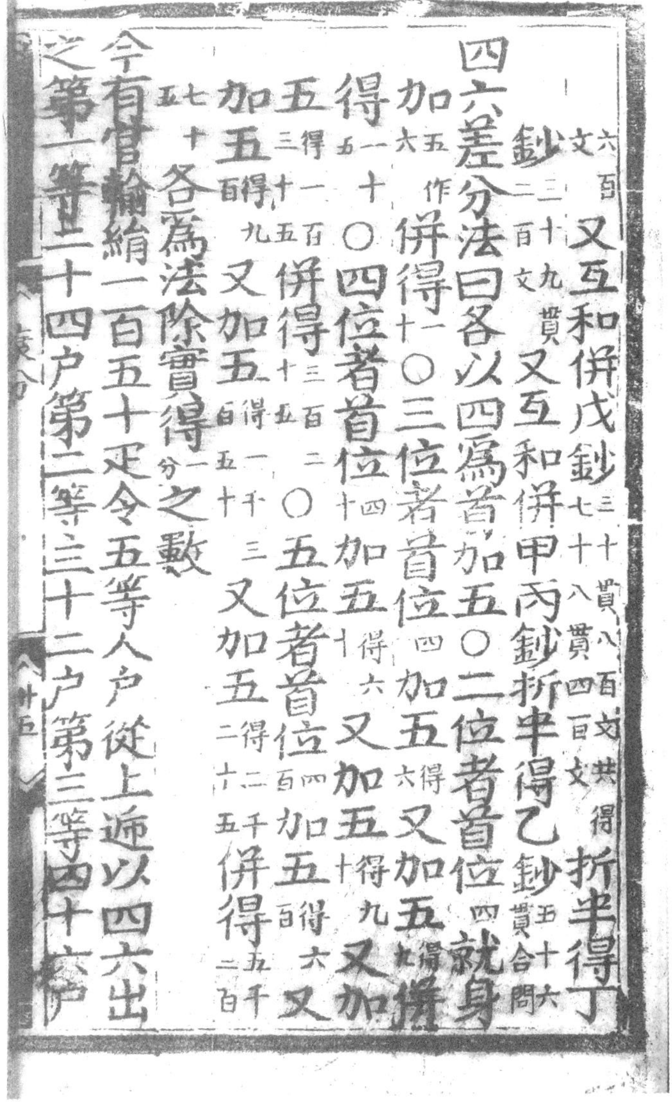

六百文。又互和并戊鈔三十貫八百文，共得七十八貫四百文。折半得丁鈔三十九貫二百文。又互和并甲、丙鈔，折半得乙鈔五十六貫。合問。

四六差分法曰：各以四爲首加五。○二位者，首位四就身加五作六。并得一十。○三位者首位四加五得六。又加五得九。并得一十五。○四位者首位四十加五得六十。又加五得九十。又加五得一百三十五。并得三百二十五。○五位者首位四百加五得六百。又加五得九百。又加五得一千三百五十。又加五得二千二十五。并得五千二百七十五。各爲法，除實得一分。之數

今有官輸絹一百五十匹，令五等人户從上遞以四六出之。第一等二十四户，第二等三十二户，第三等四十六户，

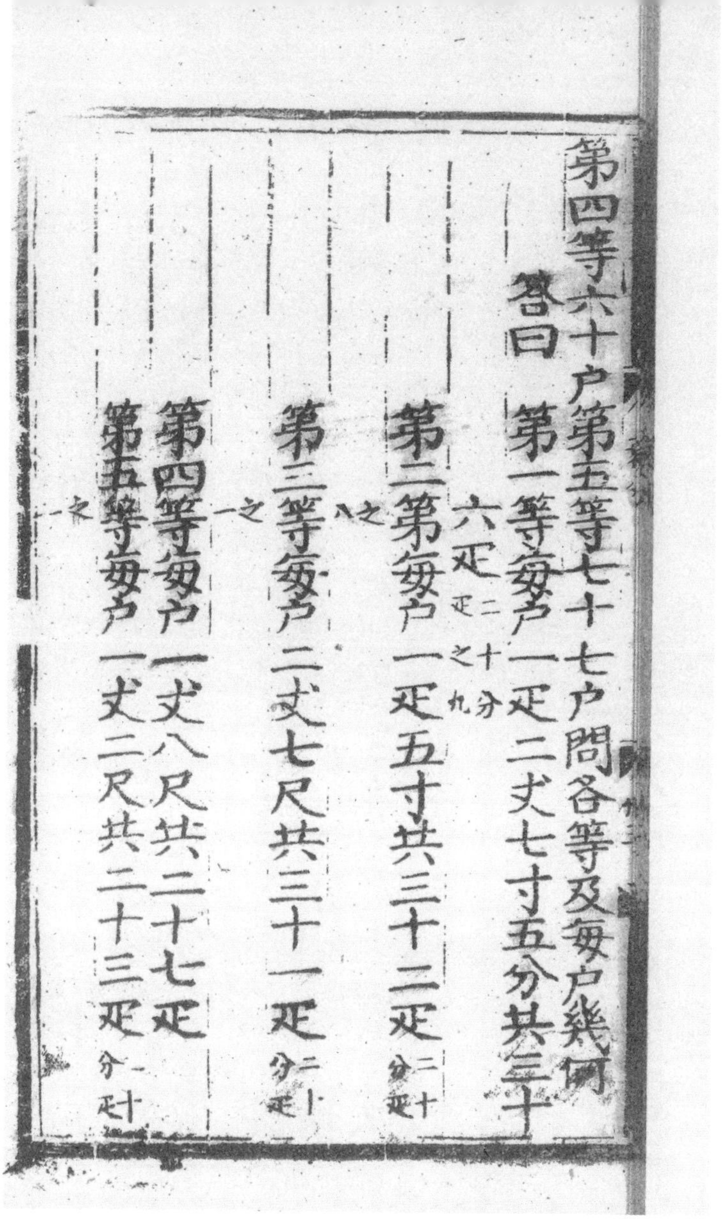
第四等六十户第五等七十七户問各等及每户幾何
答曰 第一等每户一疋二丈七寸五分共三十六疋二十分疋之九
第二第每户一疋五寸共三十二疋二十分疋之八
第三等每户二丈七尺共三十一疋二十分疋之一
第四等每户一丈八尺共二十七疋
第五等每户一丈二尺共二十三疋一十分疋之二

第四等六十户，第五等七十七户。問各等及每户幾何？

答曰：第一等每户一匹二丈七寸五分，共三十六匹$\frac{九}{二十}$匹；

第二第[1]每户一匹五寸，共三十二匹$\frac{八}{二十}$匹；

第三等每户二丈七尺，共三十一匹$\frac{一}{二十}$匹；

第四等每户一丈八尺，共二十七匹；

第五等每户一丈二尺，共二十三匹$\frac{二}{一十}$匹。

1“第”，依題意應爲“等”字。

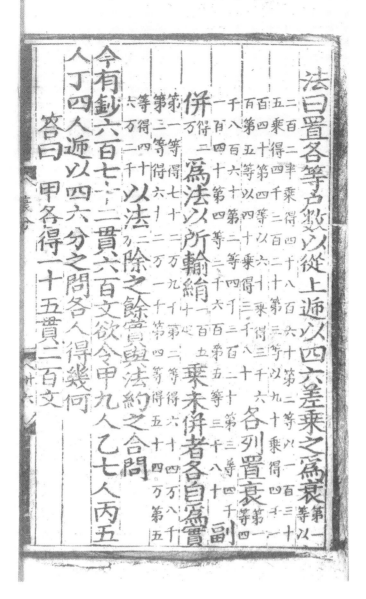

法曰：置各等户數，以從上遞以四六差乘之爲衰。第一等以二百二半乘，得四千八百六十。第二等以一百三十五乘，得四千二百二十。第三等以九十乘，得四千一百四十。第四等以六十乘，得三千六百。第五等以四十乘得三千八十。各列置衰第一等四千八百六十，第二等四千三百二十，第三等四千一百四十，第四等二千六百，第五等三千八十。副并得二万。爲法。以所輸絹一百五十匹乘未并者，各自爲實。第一等得七十二万九千，第二等得六十四万八千，第三等得六十二万一十，第四等得五十四万，第五等得四十六万二千。以法二万除之，餘實與法約之，合問。

今有鈔六百七十二貫六百文，欲令甲九人、乙七人、丙五人、丁四人遞以四六分之。問各人得幾何？

答曰：甲各得一十五貫二百文，

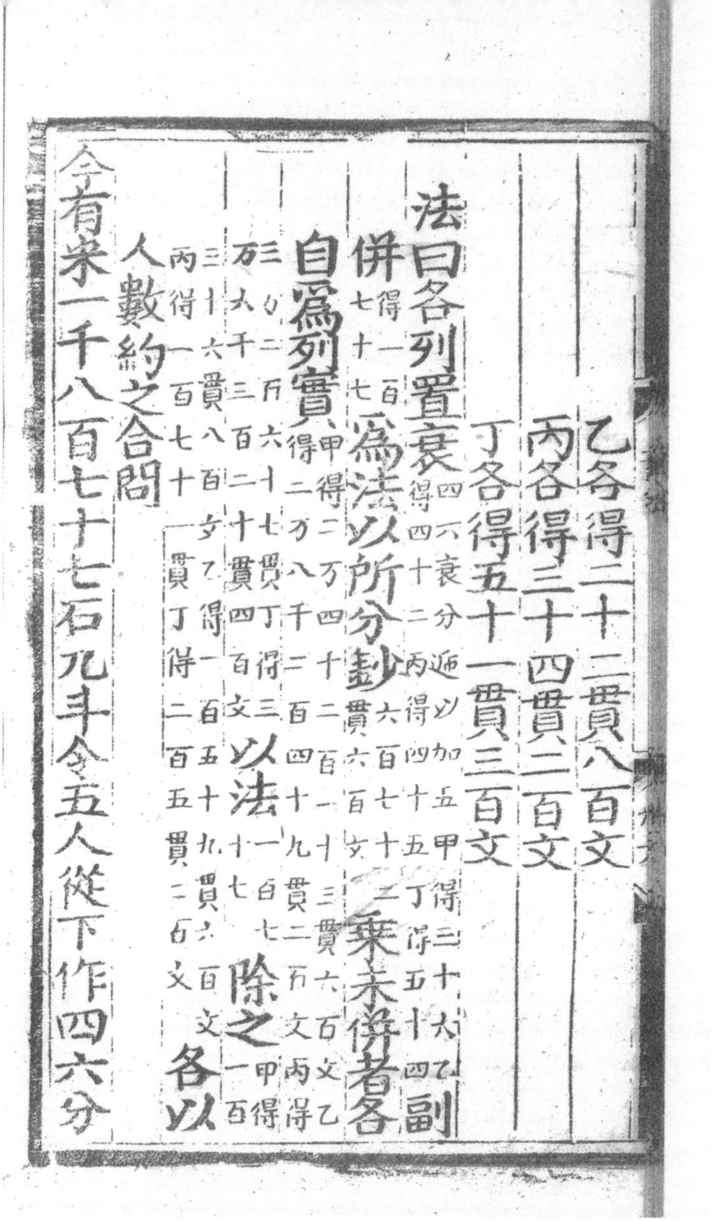

乙各得二十二貫八百文，

丙各得三十四貫二百文，

丁各得五十一貫三百文。

法曰：各列置衰（四六衰分遞以加五，甲得三十六，乙得四十二，丙得四十五，丁得五十四。）副并（得一百七十七。）爲法。以所分鈔（六百七十二貫六百文）乘未并者，各自爲列實。（甲得二万四千二百一十三貫六百文，乙得二万八千二百四十九貫二百文，丙得三万二百六十七貫，丁得三万六千三百二十貫四百文。）以法（一百七十七）除之（甲得一百三十六貫八百文。乙得一百五十九貫六百文。丙得一百七十一貫。丁得二百五貫二百文。）各以人數約之，合問。

今有米一千八百七十七石九斗，令五人從下作四六分之，問得幾何？

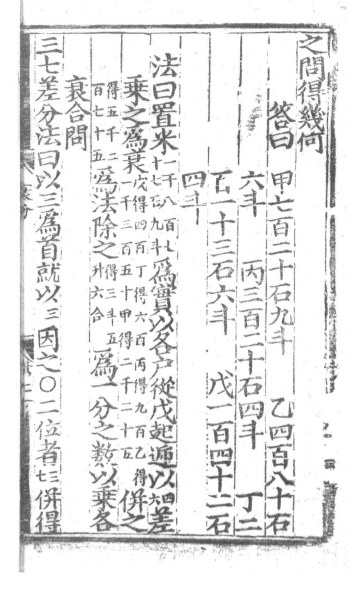

答曰：甲七百二十石九斗，乙四百八十石六斗，丙三百二十石四斗，丁二百一十三石六斗，戊一百四十二石四斗。

法曰：置米一千八百七十七石九斗爲實，以各户從戊起，遞以四六差乘之爲衰。戊得四百，丁得六百，丙得九百，乙得一千三百五十，甲得二千二十五。并之得五千二百七十五。爲法，除之得三斗五升六合。爲一分之數。以乘各衰，合問。

三七差分法曰：以三爲首，就以三因之。〇二位者三七。并得

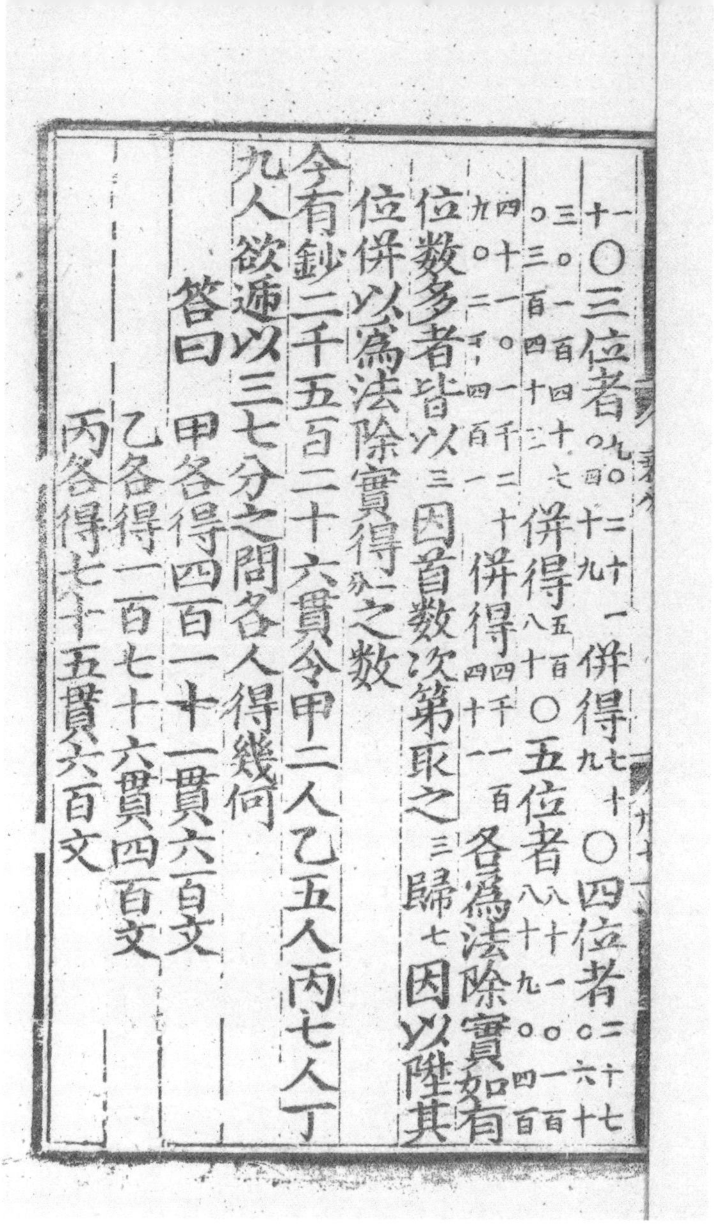

一十。○三位者九。○二十一。○四十九。并得七十九。○四位者二十七。○六十三。○一百四十七。○三百四十三。并得五百八十。○五位者八十一。○一百八十九。○四百四十一。○一千二十九。○二千四百一。并得四千一百四十一。各爲法，除實。如有位數多者，皆以三因首數，次第取之。三歸七因，以陞其位，并以爲法，除實，得一分之數。

今有鈔二千五百二十六貫，令甲二人、乙五人、丙七人、丁九人欲遞以三七分之。問各人得幾何？

答曰：甲各得四百一十一貫六百文，

乙各得一百七十六貫四百文，

丙各得七十五貫六百文，

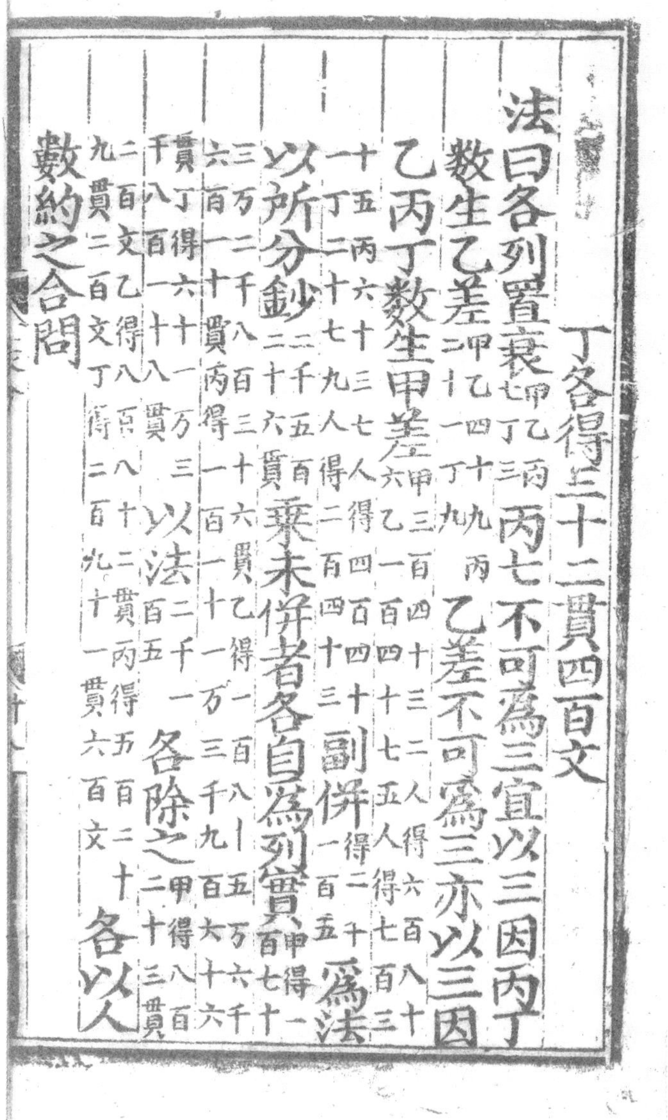

丁各得三十二貫四百文。

法曰：各列置衰甲七、乙、丁三。丙丙七不可爲三，宜以三因丙、丁數，生乙差。甲、乙四十九，丙二十一，丁九。丙乙差不可爲三，亦以三因乙、丙、丁數，生甲差。甲三百四十三，二人得六百八十六。乙一百四十七，五人得七百三十五。丙六十三，七人得四百四十一。丁二十七，九人得二百四十三。副并得二千一百五。爲法。以所分鈔二千五百二十六貫乘未并者，各自爲列實。甲得一百七十三万二千八百三十六貫。乙得一百八十五万六千六百一十貫。丙得一百一十一万三千九百六十六貫。丁得六十一万三千八百一十八貫。以法二千一百五各除之。甲得八百二十三貫二百文。乙得八百八十二貫。丙得五百二十九貫二百文。丁得二百九十一貫六百文。各以人數約之，合問。

今有鈔一萬四千四百九十三貫五百文，令五人從丁作三七分之。問各得幾何？

答曰：甲八千四百三貫五百文， 乙三千六百一貫五百文， 丙一千五百四十三貫五百文， 丁六百六十一貫五百文，戊二百八十三貫五百文。

法曰：置鈔（一万四千四百九十二貫五百文）爲實，以各户從戊起，遞以（三七）差乘之爲衰。（戊得八十一，丁得一百八十九，丙得四百四十一，乙得一千二十九，甲得二千四百一。）并之（得四千一百四十一。）爲法，除之（得三百五十文。）爲一分之數，以乘各衰[1]，合問。

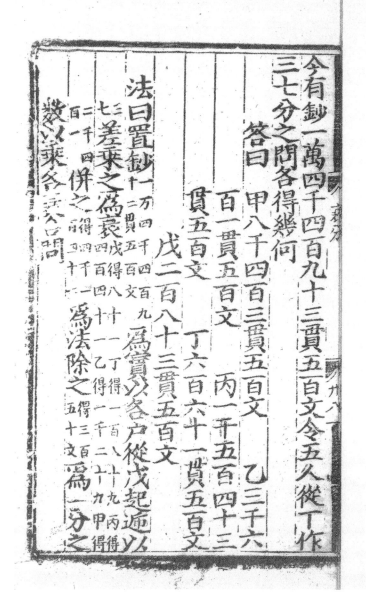

1 “衰”，各本不清，依文意推測爲“衰”。

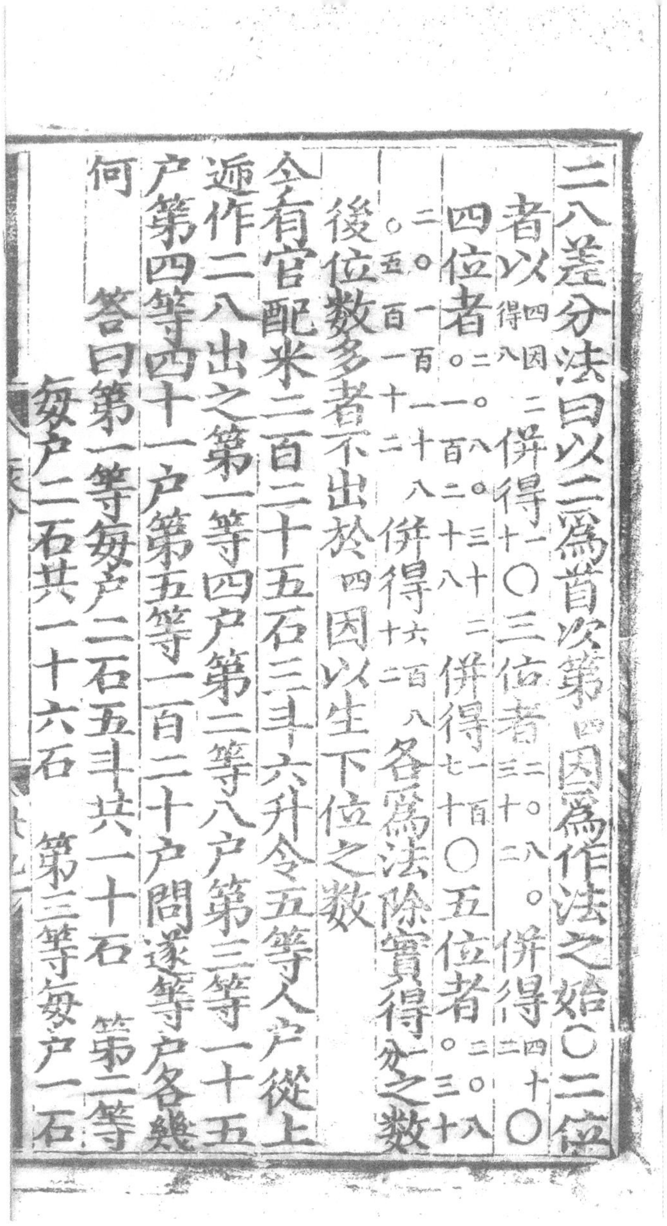

二八差分法曰：以二爲首，次第四因爲作法之始。〇二位者以四因二得八。并得一十。〇三位者二。〇八。〇三十二。并得四十二。〇四位者二。〇八。〇三十二。〇一百二十八。并得一百七十。〇五位者二。〇八。〇三十二。〇一百一十八。〇五百一十二。并得六百八十二。各爲法。除實得一分之數。

後位數多者，不出於四因，以生下位之數。

今有官配米二百二十五石三斗六升，令五等人户從上遞作二八出之。第一等四户，第二等八户，第三等一十五户，第四等四十一户，第五等一百二十户。問遂等户各幾何？　答曰：第一等每户二石五斗，共一十石；第二等每户二石，共一十六石；第三等每户一石

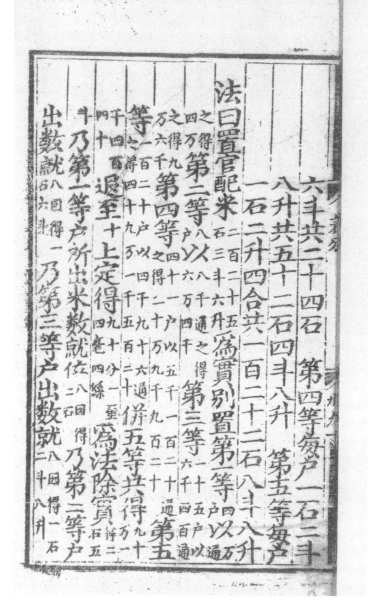

六斗，共二十四石；第四等每户一石二斗八升，共五十二石四斗八升；第五等每户一石二升四合，共一百二十二石八斗八升。

法曰：置官配米二百二十五石三斗六升爲實，别置第一等四户以万通之得四万。第二等八户以八千通之得六万四千。第三等一十五户以六千四百通之得九万六千。第四等四十一户以五千一百二十通之得二十万九千九百二十。第五等一百二十户以四千九十六通之得四十九万一千五百二十。并五等共得九十万一千四百四十。退至十上定得九十分一厘四毫四絲。爲法，除實得二石五斗。乃第一等户所出米數。就位八因得二石。乃第二等户出數。就八因得一石六斗。乃第三等户出數。就八因得一石二斗八升。

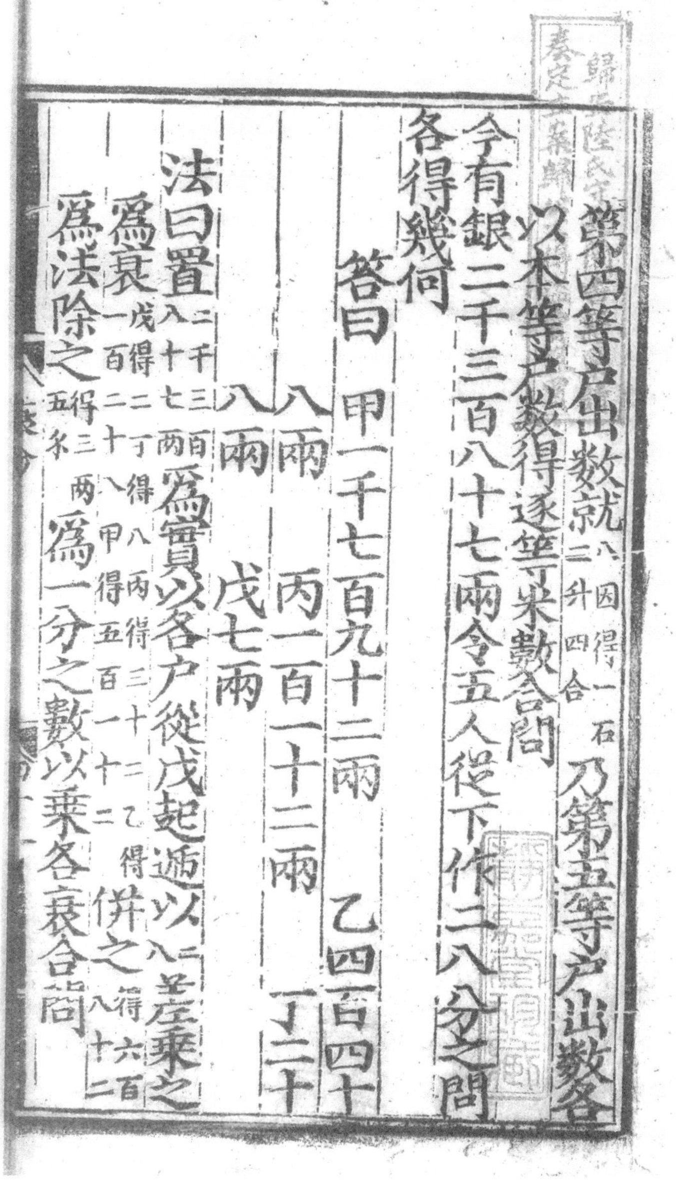

第四等户出數。就八因得一石二升四合。乃第五等户出數。各以本等户數得逐等米數。合問。

今有銀二千三百八十七兩，令五人從下作二八分之，問各得幾何？

答曰：甲一千七百九十二兩，　乙四百四十八兩，　丙一百一十二兩，　丁二十八兩，　戊七兩。

法曰：置二千三百八十七两爲實，以各户從戊起遞以二八差乘之爲衰。戊得二，丁得八，丙得三十二，乙得一百二十八，甲得五百一十三。并之得六百八十二。爲法，除之得三两五錢。爲一分之數，以乘各衰，合問。

遞多粮一石六斗差分

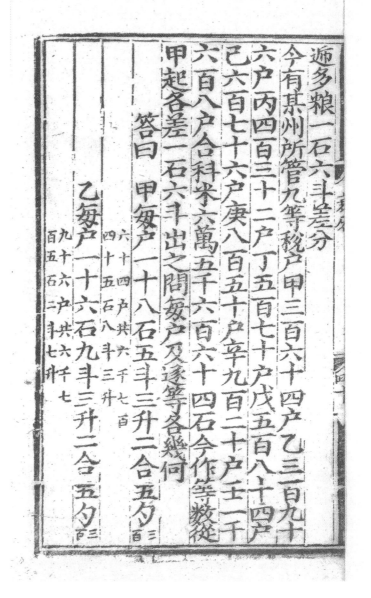

今有某州所管九等税户，甲三百六十四户，乙三百九十六户，丙四百三十二户，丁五百七十户，戊五百八十四户，己六百七十六户，庚八百五十户，辛九百二十户，壬一千六百八户。合科米六萬五千六百六十四石。今作等數從甲起各差一石六斗出之，問每户及逐等各幾何？

答曰：甲每户一十八石五斗三升二合五勺三百

六十四户共六千七百四十五石八斗三升。

乙每户一十六石九斗三升二合五勺三百

九十六户共六千七百五石二斗七升。

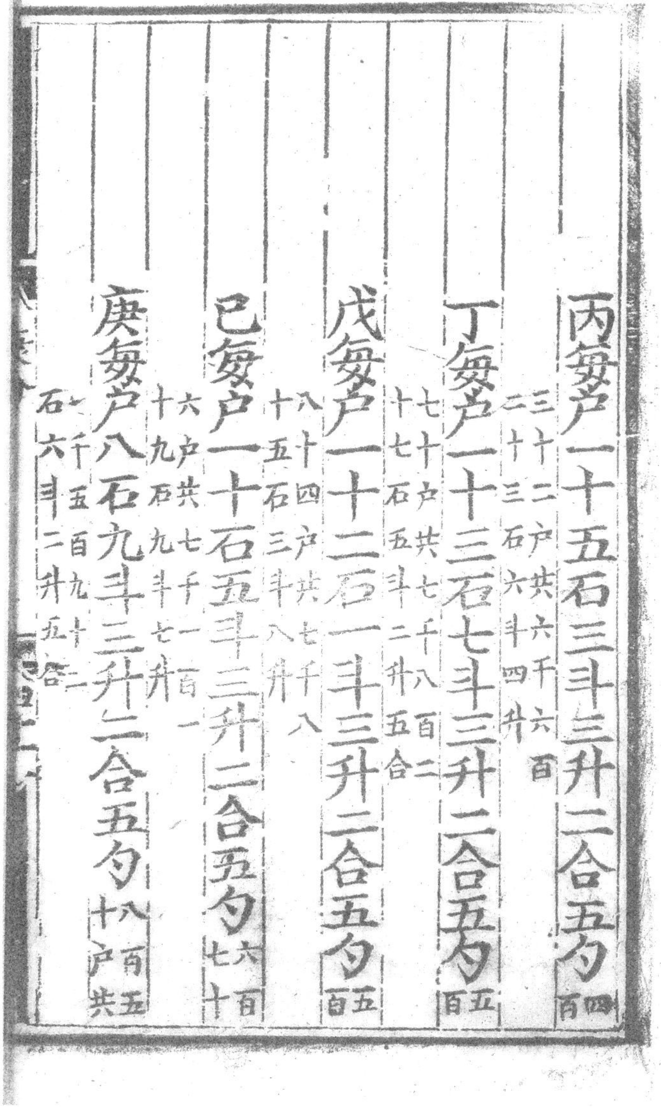

丙每户一十五石三斗三升二合五勺四百

三十二户共六千六百二十三石六斗四升。

丁每户一十三石七斗三升二合五勺五百

七十户共七千八百二十七石五斗二升五合。

戊每户一十二石一斗三升二合五勺五百

八十四户共七千八十五石三斗八升。

己每户一十石五斗三升二合五勺六百七十

六户共七千一百一十九石九斗七升。

庚每户八石九斗三升二合五勺八百五十户共

七千五百九十二石六斗二升五合。

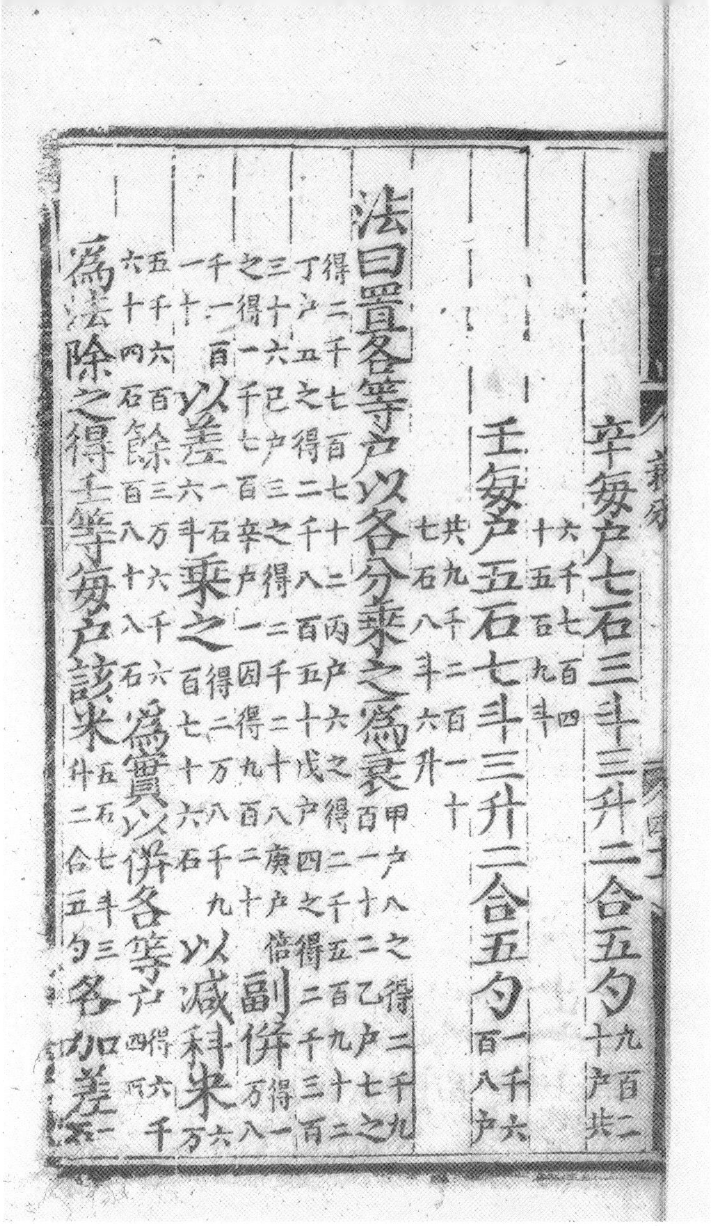

辛每户七石三斗三升二合五勺九百二十户共六千七百四十五石九斗。

壬每户五石七斗三升二合五勺一千六百八户共九千二百一十七石八斗六升。

法曰：置各等户，以各分乘之爲衰。甲户八之得二千九百一十二。乙户七之得二千七百七十二。丙户六之得二千五百九十二。丁户五之得二千八百五十。戊户四之得二千三百三十六。己户三之得二千二十八。庚户倍之得一千七百。辛户一因得九百二十。副并得一万八千一百一十。以差一石六斗乘之得二万八千九百七十六石。以減科米六万五千六百六十四石餘三万六千六百八十八石。爲實。以并各等户得六千四百。爲法，除之得壬等每户該米五石七斗三升二合五勺。各加差一石

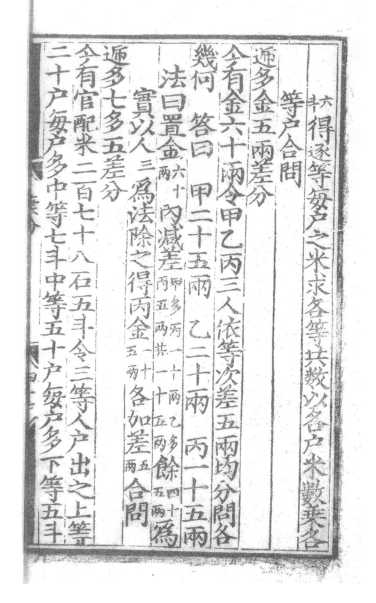

六斗得逐等每户之米。求各等共數，以各户米數乘各等户。合問。

遞多金五兩差分

今有金六十兩，令甲、乙、丙三人依等次差五兩均分。問各幾何？　答曰：甲二十五兩，乙二十兩，丙一十五兩。

法曰：置金六十兩內減差甲多丙一十兩，乙多丙五兩，共一十五兩。餘四十五兩。爲實。以人三爲法，除之。得丙金一十五兩。各加差五兩。合問。

遞多七多五差分

今有官配米二百七十八石五斗，令三等人户出之。上等二十户，每户多中等七斗。中等五十户，每户多下等五斗。

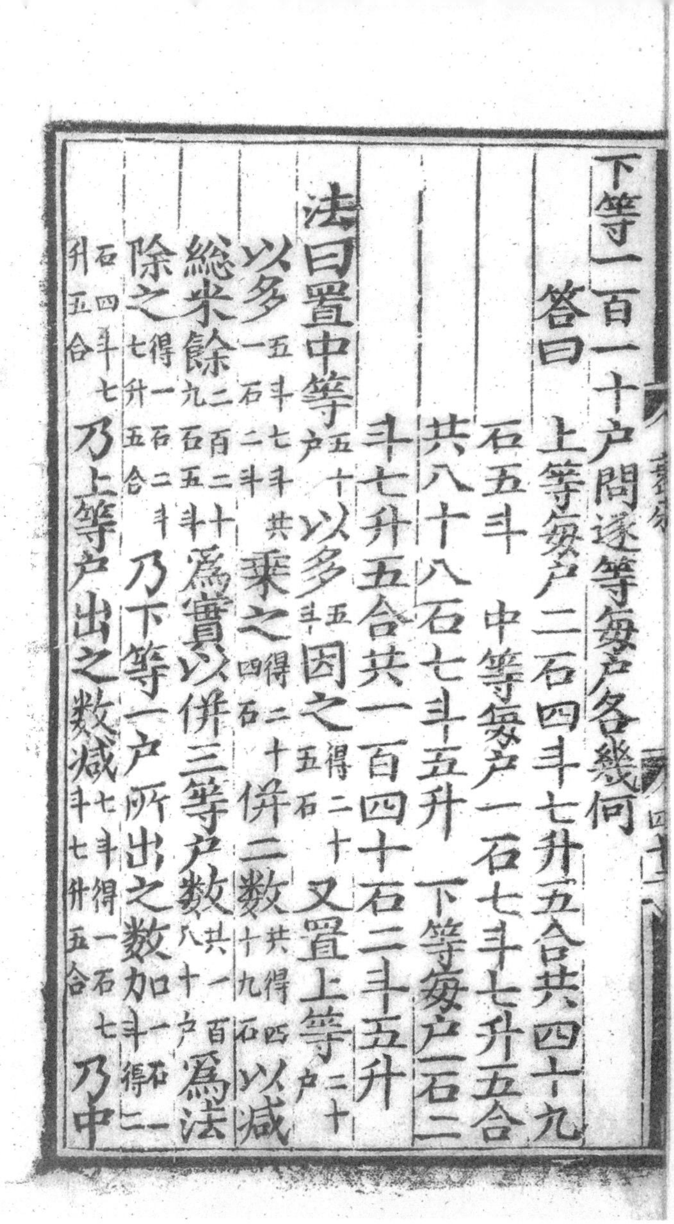

下等一百一十户。問逐等每户各幾何？

答曰：上等每户二石四斗七升五合共四十九石五斗，中等每户一石七斗七升五合共八十八石七斗五升，下等每户一石二斗七升五合共一百四十石二斗五升。

法曰：置中等五十户以多五斗因之得二十五石。又置上等二十户以多五斗七斗共一石二斗。乘之得二十四石。并二數共得四十九石。以減総米餘二百二十九石五斗。爲實。以并三等户數共一百八十户。爲法，除之得一石二斗七升五合。乃下等一户所出之數。加一石二斗得二石四斗七升五合。乃上等户出之數。減七斗得一石七斗七升五合。乃中

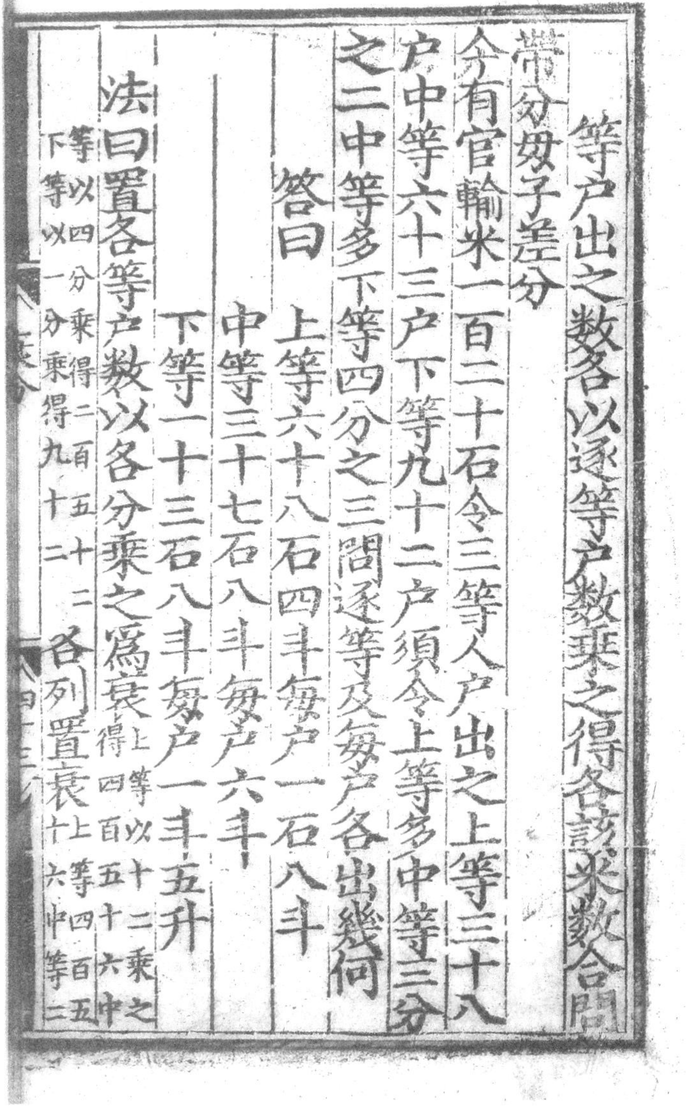
等户出之数各以逐等户数乘之得各該米数合問
帶分母子差分
今有官輸米一百二十石令三等人户出之上等三十八
户中等六十三户下等九十二户須令上等多中等三分
之二中等多下等四分之三問逐等及每户各出幾何
答曰 上等六十八石四斗每户一石八斗
中等三十七石八斗每户六斗
下等一十三石八斗每户一斗五升
法曰置各等户数以各分乘之爲衰上等以十二乘之得四百五十六中
等以四分乘得二百五十二下等以一分乘得九十二各列置衰上等四百五十六中等二

等户出之數。各以逐等户數乘之，得各該米數。合問。

帶分母子差分

今有官輸米一百二十石，令三等人户出之。上等三十八户，中等六十三户，下等九十二户。須令上等多中等三分之二，中等多下等四分之三。問逐等及每户各出幾何？

答曰：上等六十八石四斗，每户一石八斗。

中等三十七石八斗，每户六斗。

下等一十三石八斗，每户一斗五升。

法曰：置各等户數，以各分乘之爲衰。上等以十二乘之得四百五十六。中等以四分乘得二百五十二。下等以一分乘得九十二。各列置衰上等四百五十六，中等二

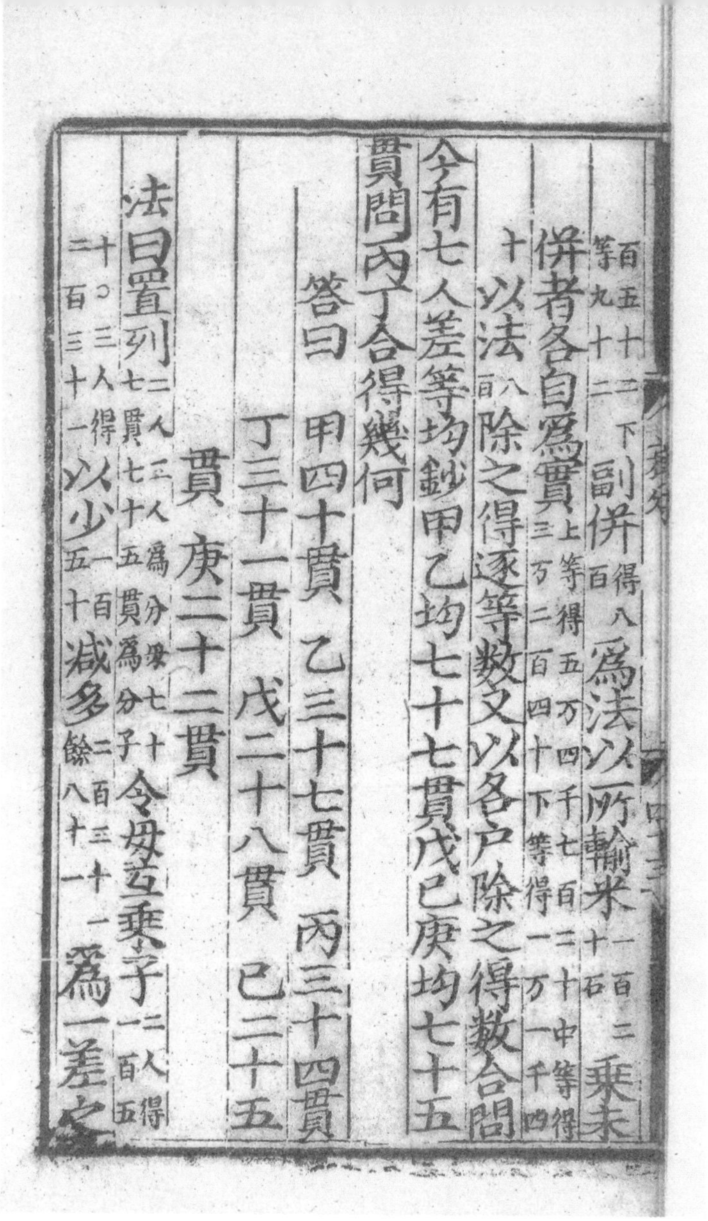

百五十二，下等九十三。副并得八百爲法。以所輸米一百二十石乘未并者各自爲實。上等得五万四千七百二十。中等得三万二百四十。下等得一万一千四十。以法八百除之，得逐等數。又以各户除之得數。合問。

今有七人差等均鈔，甲、乙均七十七貫，戊、己、庚均七十五貫。問丙丁合得幾何？

答曰：甲四十貫，乙三十七貫，丙三十四貫，

丁三十一貫，戊二十八貫，己二十五貫，庚二十二貫。

法曰：置列二人三人爲分母，七十七貫七十五貫爲分子。令母互乘子二人得一百五十。○三人得二百三十一。以少一百五十減多二百三十一餘八十一。爲一差之

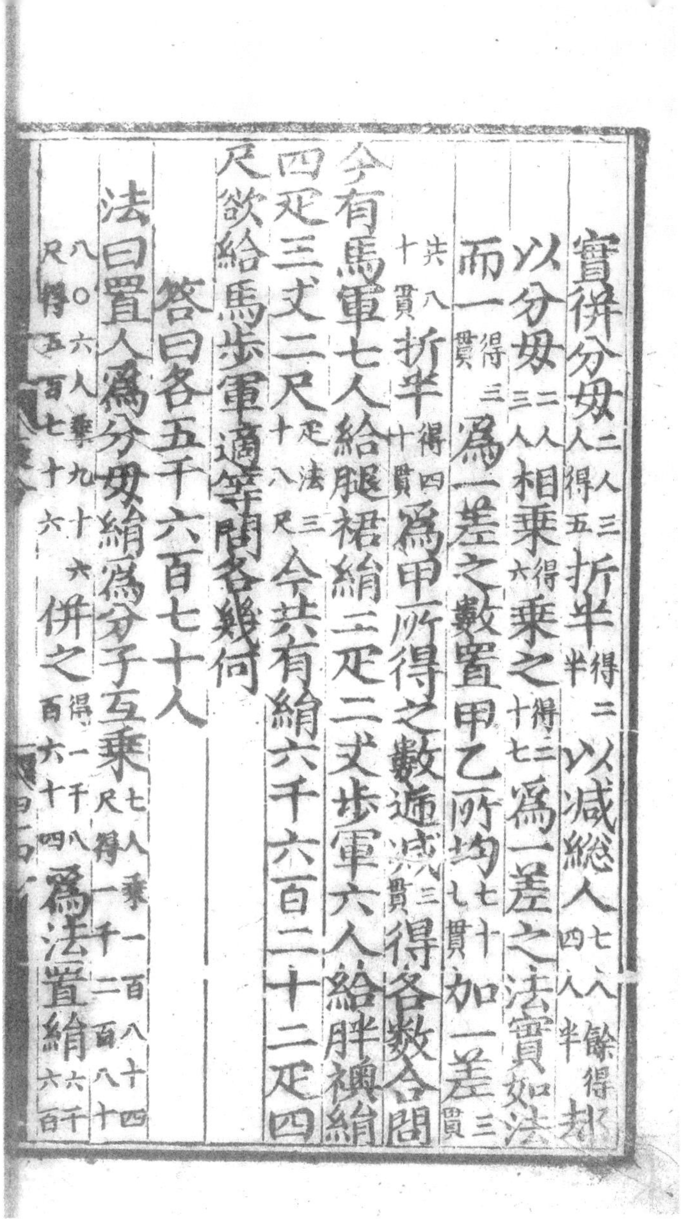

實。并分母二人、三人得五。折半得二半。以減総人七人餘得四人半。却

以分母二人三人相乘得六。乘之得二十七。爲一差之法。實如法

而一得三貫。爲一差之數。置甲、乙所均七十七貫加一差三貫

共八十貫。折半得四十貫。爲甲所得之數。遞減三貫得各數。合問。

今有馬軍七人，給腿裙絹二匹二丈。步軍六人，給胖襖絹四匹三丈二尺。匹法三十八尺。今共有絹六千六百二十二匹四尺，欲給馬、步軍適等，問各幾何？

答曰：各五千六百七十人。

法曰：置人爲分母，絹爲分子，互乘七人乘一百八十四尺得一千二百八十八。○六人乘九十六尺得五百七十六。并之得一千八百六十四。爲法。置絹六千六百

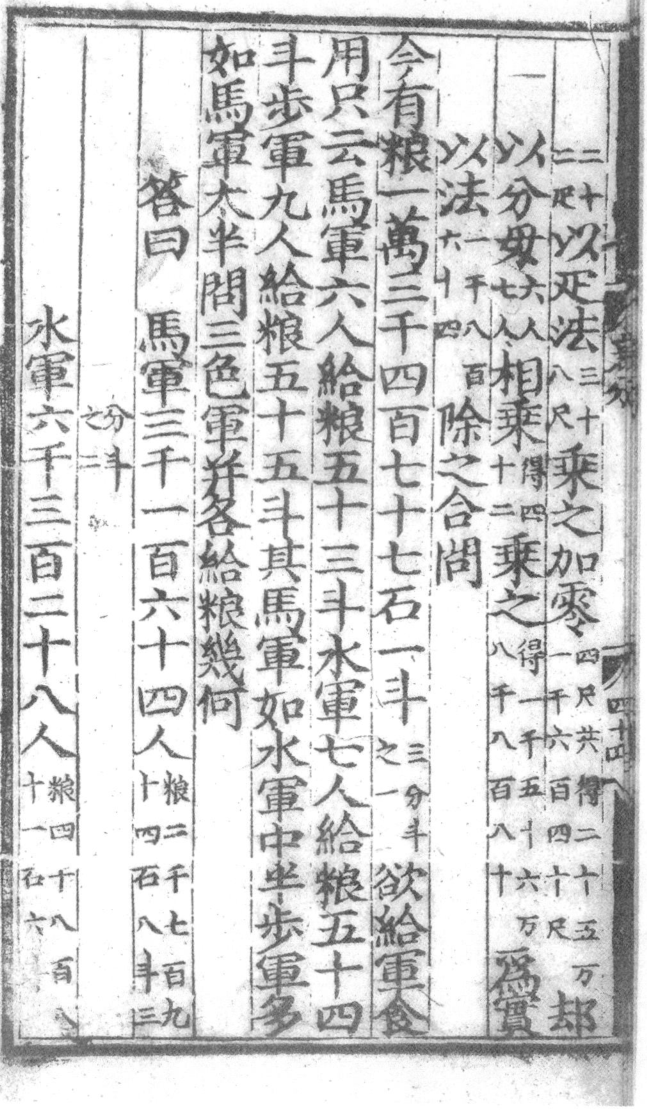

二十三匹以匹法三十八尺乘之，加零四尺，共得二十五万一千六百四十尺。却

以分母六人七人相乘得四十二。乘之得一千五十六万八千八百八十。爲實。

以法一千八百六十四除之。合問。

今有粮一萬三千四百七十七石一斗三分斗之二，欲給軍食用，只云馬軍六人給粮五十三斗，水軍七人給粮五十四斗步，軍九人給粮五十五斗。其馬軍如水軍中半，步軍多如馬軍太半。問三色軍并各給粮幾何？

答曰：馬軍三千一百六十四人粮二千七百九十四石八斗三分斗之二，

水軍六千三百二十八人粮四千八百八十一石六斗，

步軍九千四百九十二人糧五千八百石六斗三分之二。

法曰：置人爲分母，糧爲分子，互乘五十三斗乘七人得三百七十一，又乘九人得三千三百三十九。○五十四斗乘九人得四百八十六，又乘六人乘得二千九百一十六。倍之得五千八百三十二。○五十五斗乘六人得三百三十，又乘七人得二千三百一十。以三因得六千九百三十。并之得一万六千一百一。三因得四万八千三百三。爲法，置糧一万三千四百七十七石一斗以分母三通之，加内子一，得四十万四千三百一十四。以分母七人、六人、九人相乘得三百七十八。乘之得一億五千二百八十三万六百九十二。爲實。以法除之得三千一百六十四人。爲馬軍數。倍之水軍三之步軍也。求各粮，列三色軍數，以本色給粮乘之爲實。以各軍率除之，合問。

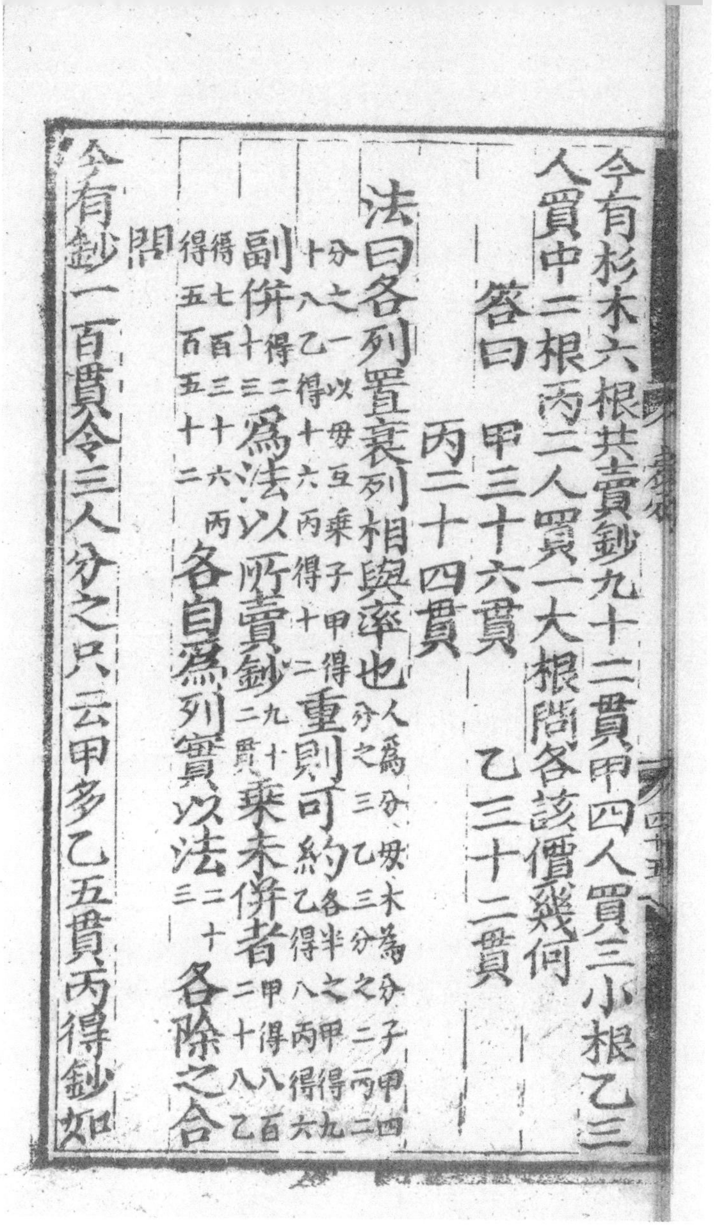

今有杉木六根，共賣鈔九十二貫。甲四人買三小根，乙三人買中二根，丙二人買一大根。問各該價幾何？

答曰：甲三十六貫，　乙三十二貫，

丙二十四貫。

法曰：各列置衰，列相與率也。人爲分母，木爲分子。甲四分之三，乙三分之二，丙二分之一。以母互乘子，甲得十八，乙得十六，丙得十二。重則可約各半之，甲得九，乙得八，丙得六。副并得二十三。爲法。以所賣鈔九十二貫乘未并者。甲得八百二十八，乙得七百三十六，丙得五百五十二。各自爲列實，以法二十三各除之。合問。

今有鈔一百貫，令三人分之。只云甲多乙五貫，丙得鈔如乙七分之五。問得鈔各幾何？

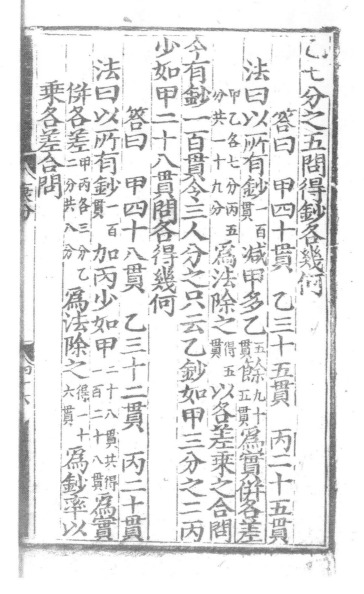

答曰：甲四十貫，乙三十五貫，丙二十五貫。

法曰：以所有鈔一百貫減甲多乙五貫餘九十五貫爲實。并各差甲乙各七分，丙五分，共一十九分。爲法。除之得五貫。以各差乘之，合問。

今有鈔一百貫，令三人分之，只云乙鈔如甲三分之二，丙少如甲二十八貫。問各得幾何？

答曰：甲四十八貫，乙三十二貫，丙二十貫。

法曰：以所有鈔一百貫加丙少如甲二十八貫，共得一百二十八貫。爲實。并各差甲丙各三分，乙二分，共八分。爲法。除之得一十六貫。爲鈔率。以乘各差。合問。

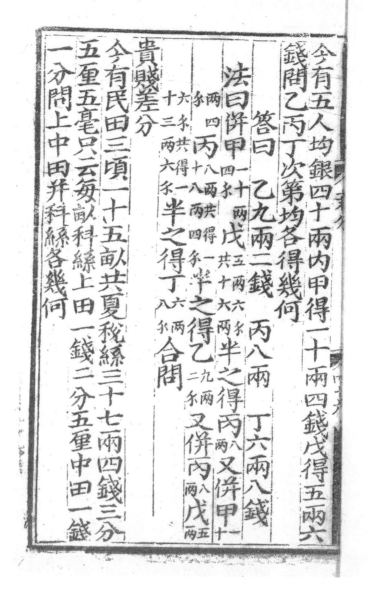

今有五人均銀四十兩，内甲得一十兩四錢，戊得五兩六錢。問乙、丙、丁次第均各得幾何？

答曰：乙九兩二錢，丙八兩，丁六兩八錢。

法曰：并甲一十兩四錢戊五兩六錢共十六兩。半之得丙八兩。又并甲一十兩四錢丙八兩，共得一十八兩四錢。半之得乙九兩二錢。又并丙八兩戊五兩六錢，共得一十三兩六錢。半之得丁六兩八錢。合問。

貴賤差分

今有民田三頃一十五畝，共夏稅絲三十七兩四錢三分五厘五毫。只云每畝科絲，上田一錢二分五厘，中田一錢一分。問上、中田并科絲各幾何？

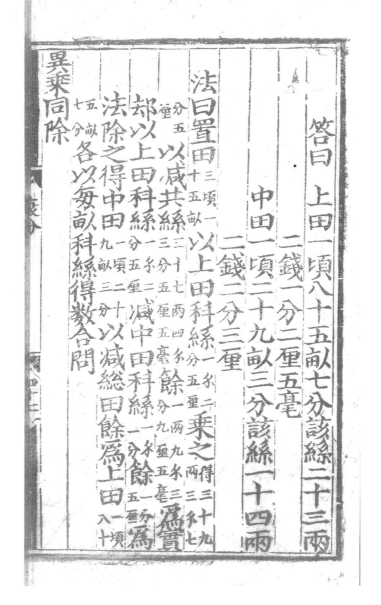

答曰：上田一頃八十五畝七分，該絲二十三兩二錢一分二厘五毫。

中田一頃二十九畝三分，該絲一十四兩二錢二分三厘。

法曰：置田三頃一十五畝以上田科絲一錢二分五厘乘之得三十九兩三錢七分五厘。以減共絲三十七兩四錢三分五厘五毫餘一兩九錢三分九厘五毫。爲實。却以上田科絲一錢二分五厘減中田科絲二錢二分餘一分五厘。爲法，除之，得中田一頃二十九畝三分。以減総田，餘爲上田一頃八十五畝七分。各以每畝科絲得數。合問。

異乘同除

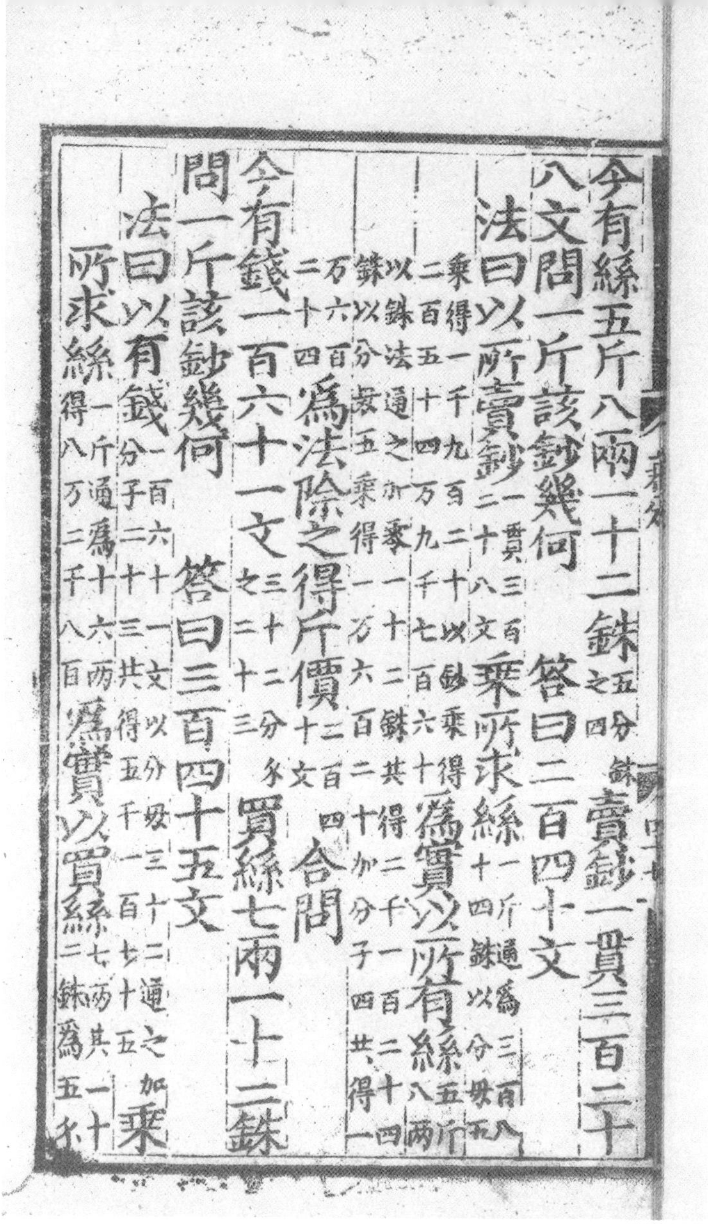

今有絲五斤八兩一十二銖五分銖之四，賣鈔一貫三百二十八文。問一斤該鈔幾何？　答曰：二百四十文。

法曰：以所賣鈔一貫三百二十八文乘所求絲一斤通爲三百八十四銖。以分母五乘得一千九百二十。以鈔乘得二百五十四万九千七百六十。爲實。以所有絲五斤八兩以銖法通之，加零一十二銖，共得二千一百二十四銖。以分母五乘得一万六百二十，加分子四，共得一万六百二十四。爲法，除之，得斤價二百四十文。合問。

今有錢一百六十一文三十二分錢之二十三，買絲七兩一十二銖，問一斤該鈔幾何？　答曰：三百四十五文。

法曰：以有錢一百六十一文，以分母三十二通之，加分子二十三，共得五千一百七十五。乘所求絲一斤通爲十六兩得八万二千八百。爲實。以買絲七兩，其一十二銖爲五錢，

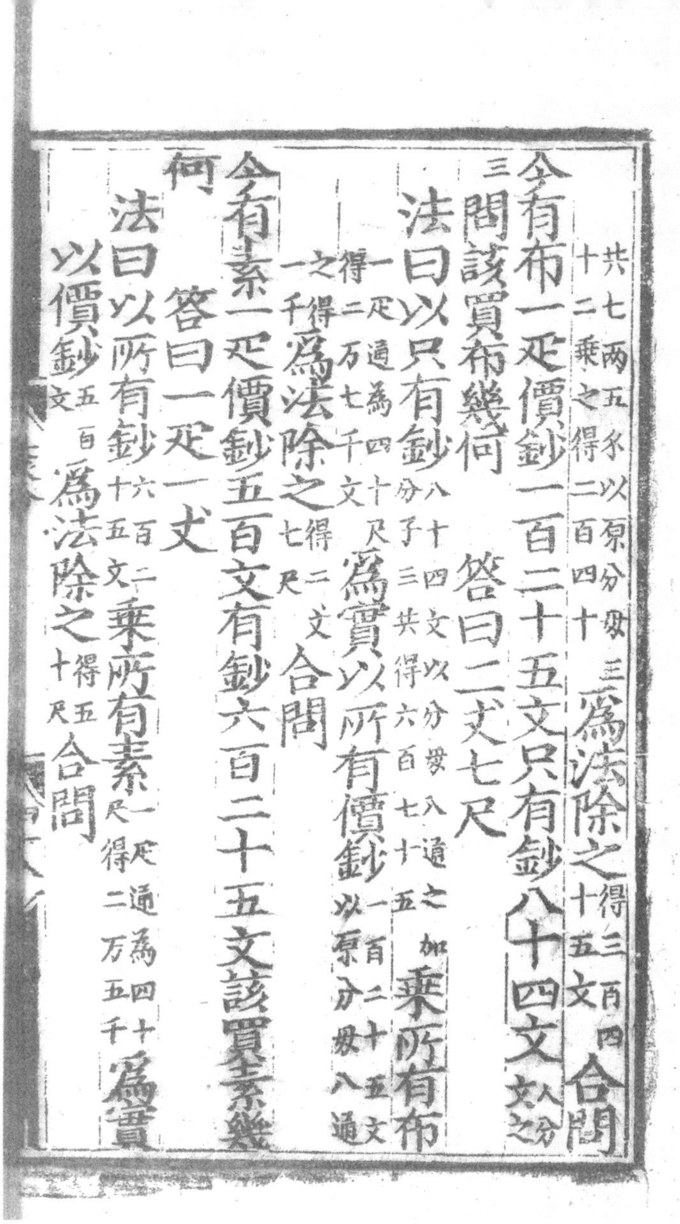

共七兩五錢，以原分母三十二乘之得二百四十。爲法，除之得三百四十五文。合問。

今有布一匹，價鈔一百二十五文。只有鈔八十四文八分文之三，問該買布幾何？　答曰：二丈七尺。

法曰：以只有鈔八十四文，以分母八通之加分子三，共得六百七十五。乘所有布一匹通爲四十尺，得二万七千文。爲實。以所有價錢一百二十五文，以原分母八通之得一千。爲法，除之得二丈七尺。合問。

今有素一匹，價鈔五百文，有鈔六百二十五文，該買素幾何？　答曰：一匹一丈。

法曰：以所有鈔六百二十五文乘所有素一匹通爲四十尺，得二万五千。爲實。

以價鈔五百文爲法，除之得五十尺。合問。

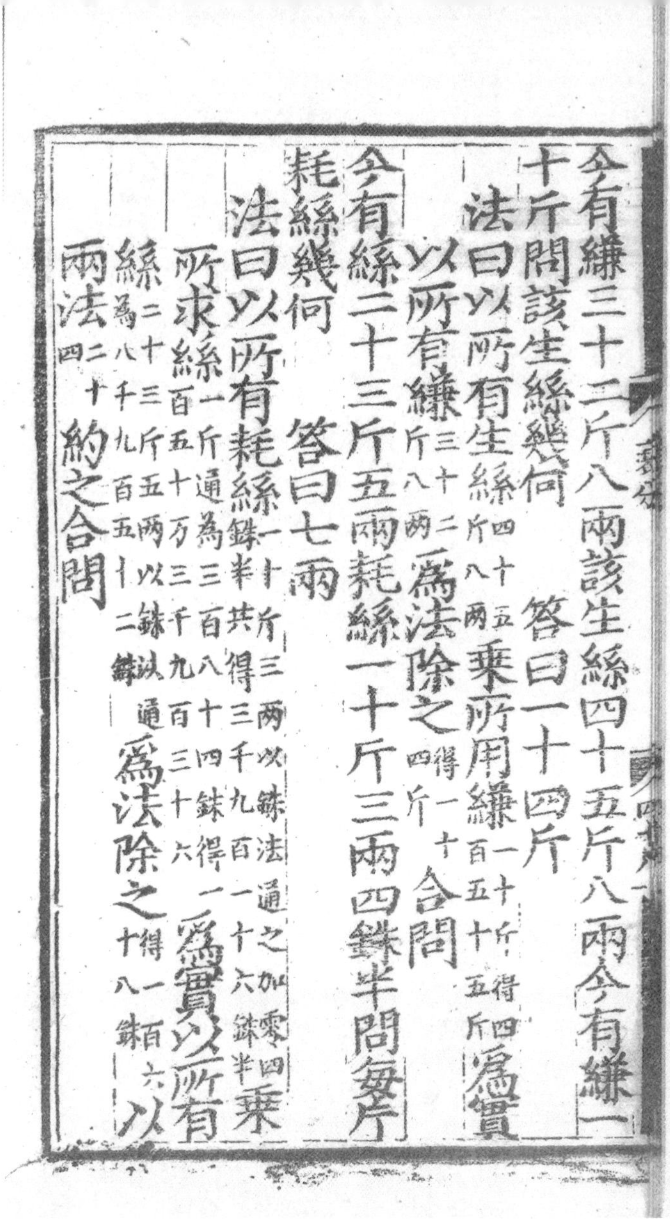

今有縑三十二斤八兩，該生絲四十五斤八兩。今有縑一十斤，問該生絲幾何？　　答曰：一十四斤。

法曰：以所有生絲四十五斤八兩乘所用縑一十斤得四百五十五斤。爲實。

以所有縑三十二斤八兩爲法，除之得一十四斤。合問。

今有絲二十三斤五兩，耗絲一十斤三兩四銖半，問每斤耗絲幾何？　　答曰：七兩。

法曰：以所有耗絲一十斤三兩以銖法通之，加零四銖半共得三千九百一十六銖半。乘

所求絲一斤通爲三百八十四銖，得一百五十万三千九百三十六。爲實。以所有

絲二十三斤五兩，以銖以通爲八千九百五十二錢。爲法，除之得一百六十八銖。以

兩法二十四約之，合問。

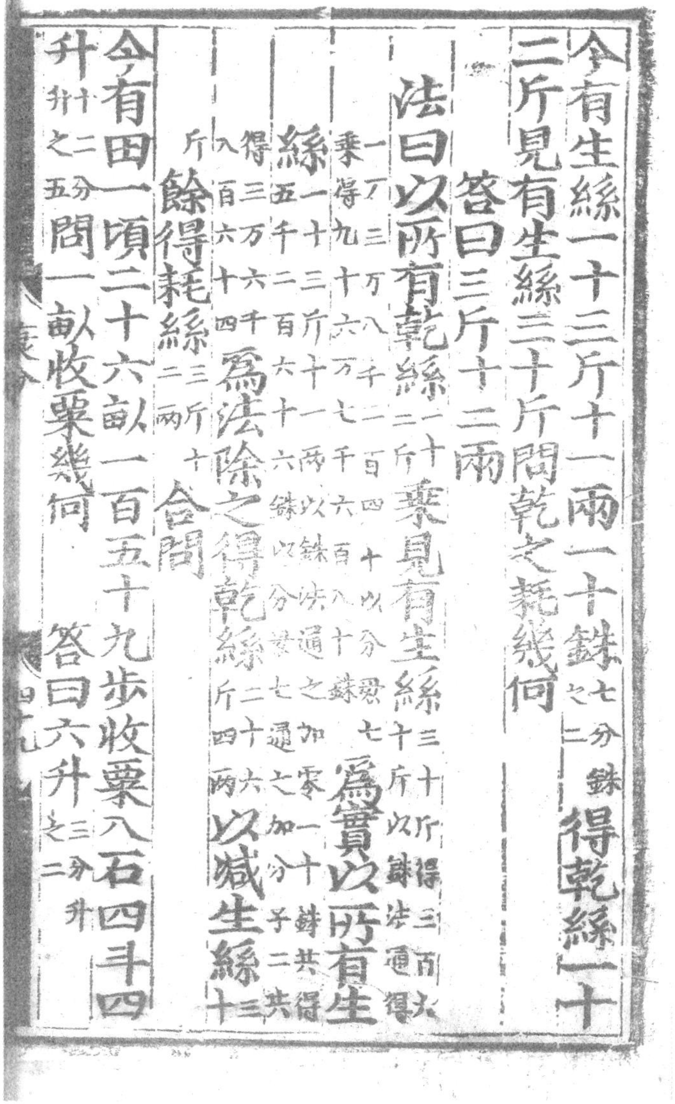

今有生絲一十三斤十一兩一十銖七分銖之二，得乾絲一十二斤。見有生絲三十斤，問乾之耗幾何?

答曰：三斤十二兩。

法曰：以所有乾絲一十二斤乘見有生絲三十斤得二百六十斤。以銖法通得一十三万八千二百四十。以分母七乘得九十六万七千六百八十銖。爲實。以所有生絲一十三斤十一兩，以銖法通之，加零一十銖，共得五千二百六十六銖。以分母七通之，加分子二，共得三万六千八百六十四。爲法，除之得乾絲二十六斤四兩。以減生絲三十斤餘得耗絲三斤十二兩。合問。

今有田一頃二十六畝一百五十九步，收粟八石四斗四升十二分升之五，問一畝收粟幾何?　答曰：六升三分升之二。

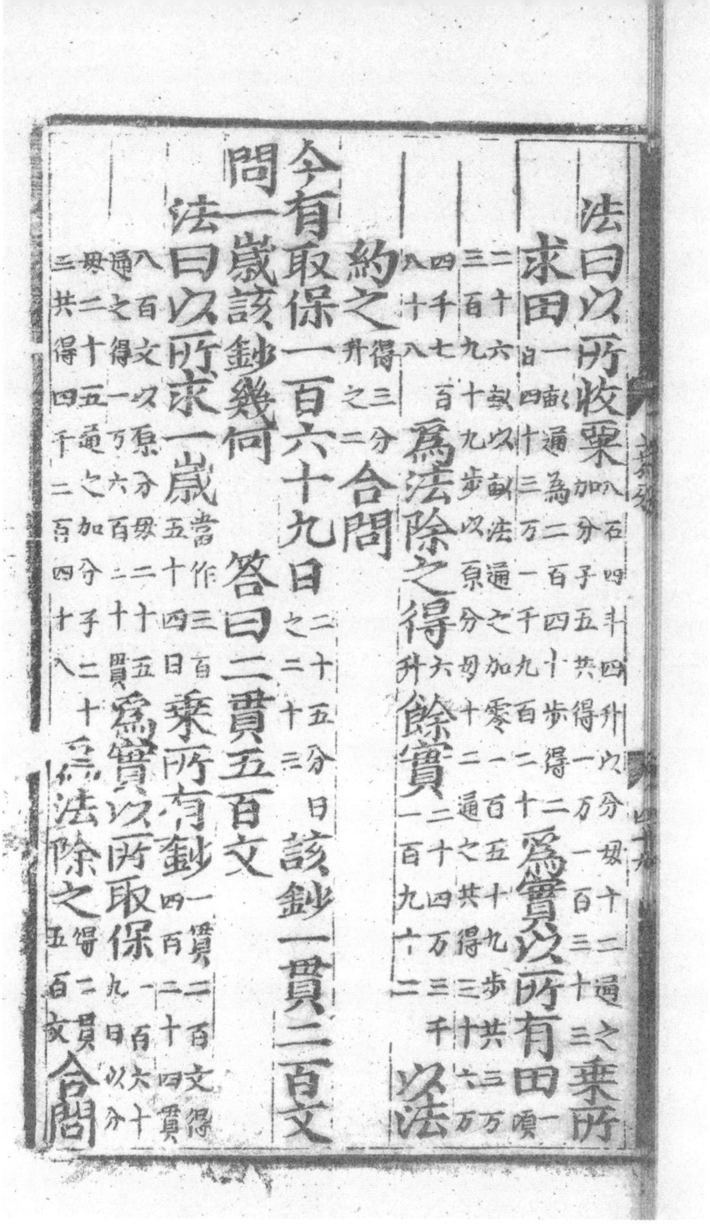

法曰：以所收粟八石四斗四升，以分母十二通之加分子五，共得一万一百三十三。乘所求田一畝通爲二百四十步，得二百四十三万一千九百二十。爲實。以所有田一頃二十六畝，以畝法通之，加零一百五十九步，共三万三百九十九步。以原分母十二通之，共得三十六万四千七百八十八。爲法，除之，得六升。餘實二十四万三千二百九十二。以法約之得三分升之二。合問。

今有取保一百六十九日二十五分日之二十三，該鈔一貫二百文。

問一歲該鈔幾何？　答曰：二貫五百文。

法曰：以所求一歲當作三百五十四日乘所有鈔一貫二百文，得四百二十四貫八百文。以原分母二十五通之，得一万六百二十貫。爲實。以所取保一百六十九日，以分母二十五通之，加分子二十三，共得四千二百四十八。爲法，除之得二貫五百文。合問。

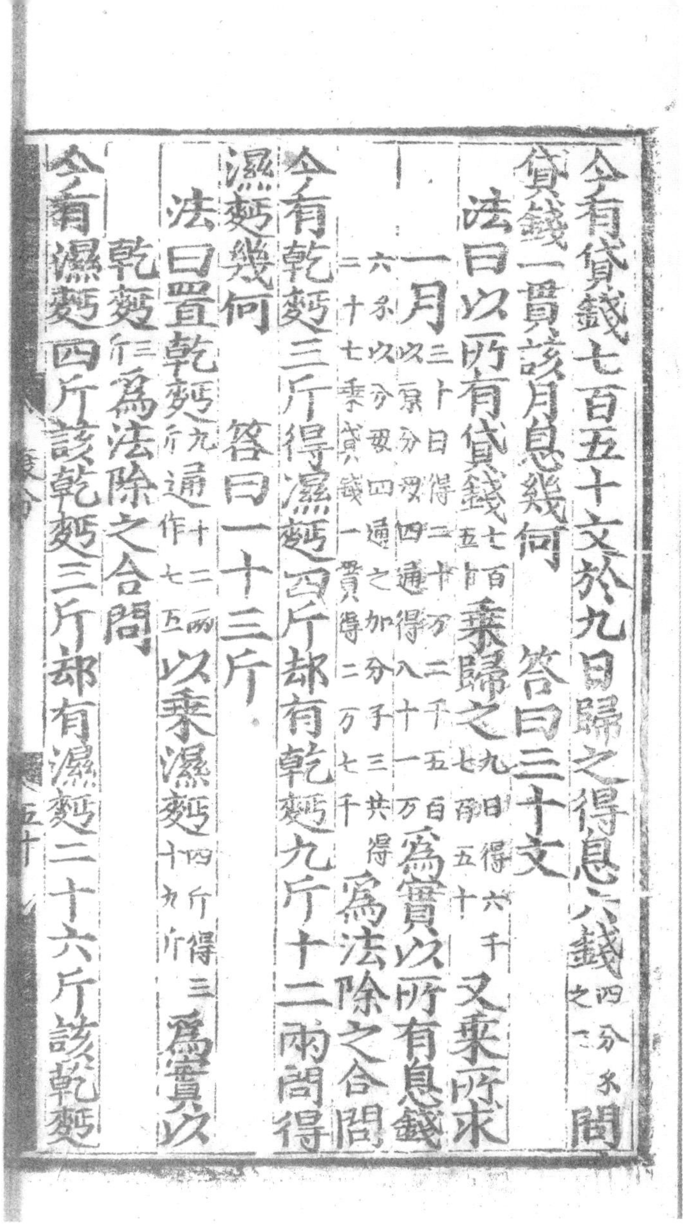

今有貸錢七百五十文，於九日歸之，得息六錢(四分錢之一)。問貸錢一貫，該月息幾何？　　答曰：三十文。

法曰：以所有貸錢(七百五十)乘歸之(九日，得六千七百五十。)又乘所求一月(三十日，得二十万二千五百。以原分母四通得八十一万。)爲實。以所有息錢(六錢，以分母四通之，加分子三，共得二十七。乘貸錢一貫，得二万七千。)爲法，除之。合問。

今有乾麵三斤，得濕麵四斤，却有乾麵九斤十二兩，問得濕麵幾何？　　答曰：一十三斤。

法曰：置乾麵(九斤)通(十二兩作七五。)以乘濕麵(四斤得三十九斤。)爲實，以乾麵(三斤)爲法，除之，合問。

今有濕麵四斤，該乾麵三斤，却有濕麵二十六斤，該乾麵

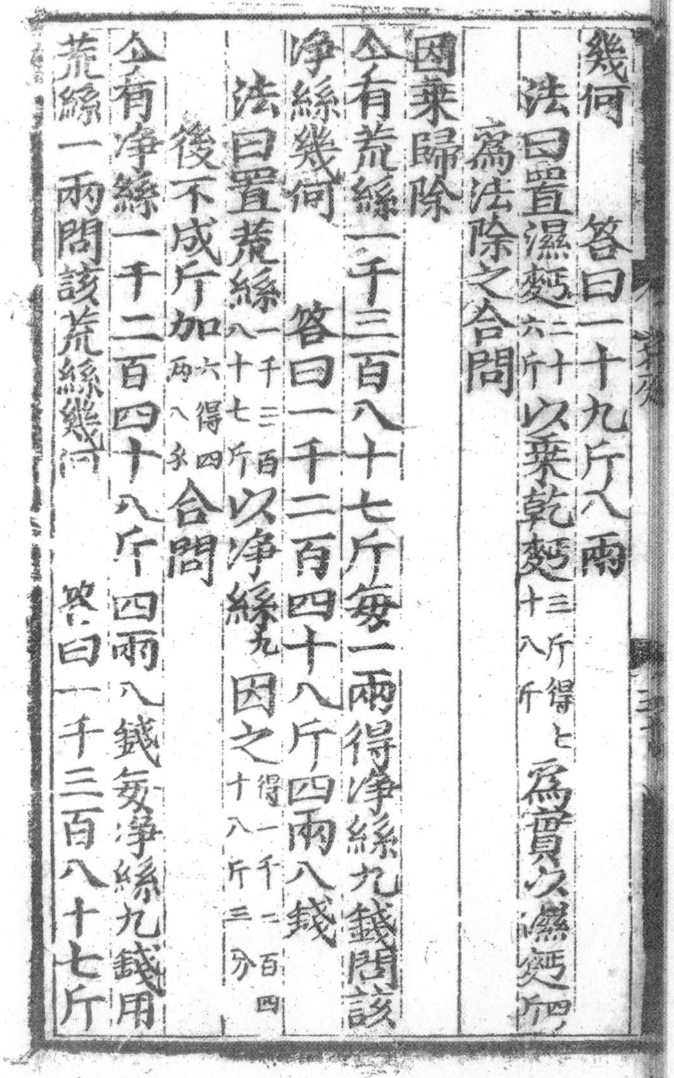

幾何？　　答曰：一十九斤八兩。

法曰：置濕麵二十六斤以乘乾麵三斤得七十八斤。爲實，以濕麵四斤爲法，除之，合問。

因乘歸除

今有荒絲一千三百八十七斤，每一兩得净絲九錢。問該净絲幾何？　　答曰：一千二百四十八斤四兩八錢。

法曰：置荒絲一千三百八十七斤以净絲九因之得一千二百四十八斤三分。後不成斤加六，得四兩八錢。合問。

今有净絲一千二百四十八斤四兩八錢，每净絲九錢用荒絲一兩。問該荒絲幾何？　　答曰：一千三百八十七斤。

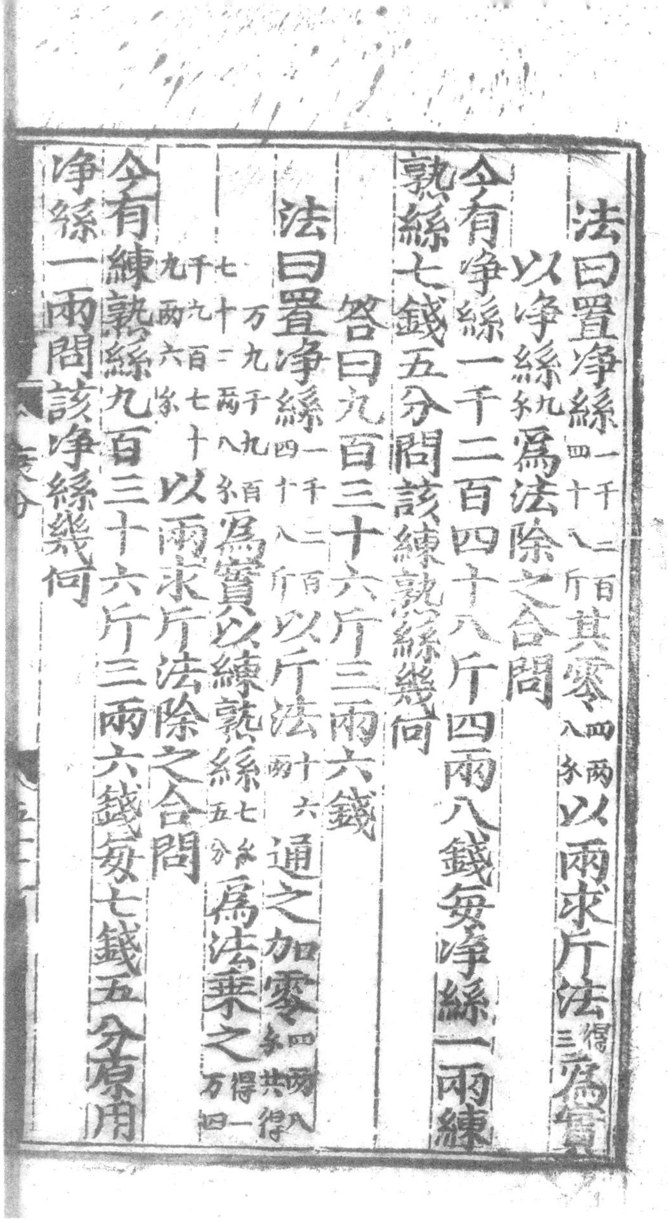

法曰：置净絲一千二百四十八斤其零四兩八錢以兩求斤法得三。爲實，以净絲九錢爲法，除之，合問。

今有净絲一千二百四十八斤四兩八錢，每净絲一兩練熟絲七錢五分。問該練熟絲幾何？

答曰：九百三十六斤三兩六錢。

法曰：置净絲一千二百四十八斤以斤法十六兩通之，加零四兩八錢，共得一万九千九百七十二兩八錢。爲實。以練熟絲七錢五分爲法，乘之得一万四千九百七十九兩六錢。以兩求斤法除之，合問。

今有練熟絲九百三十六斤三兩六錢，每七錢五分原用净絲一兩，問該净絲幾何？

答曰：一千二百四十八斤四兩八錢。

法曰：置練熟絲九百三十六斤以斤法十六兩通之，加零三兩六錢，共得一万四千九百七十九兩六錢。爲實。以練熟絲七錢五分爲法，除之得一万九千九百七十二兩八錢。以定身減六見斤，合問。

今有錢六百三十三文五分文之三，買縑一匹九尺五寸。問一丈該錢幾何？　答曰：一百二十八文。

法曰：以所有錢六百三十三文，以分母五通之，加分子三，共得三千二百六十八。加乘所求縑二十尺，得三万二千六百八十。爲實。以所買縑一匹通爲四丈零九尺五寸，以原分母五乘得二十四丈七尺五寸。爲法，除之得一百二十八文。合問。

物不知總

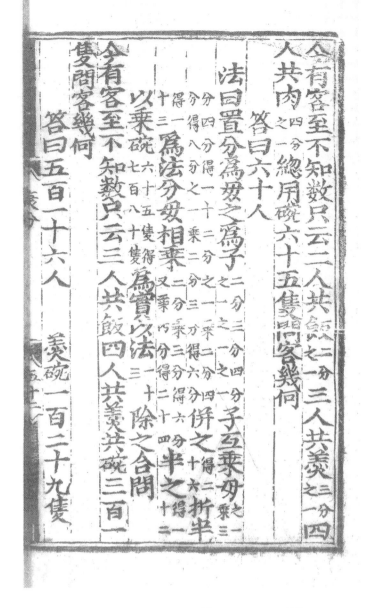

今有客至不知數。只云二人共飯二分之一，三人共羹三分之一，四人共肉四分之一，總用碗六十五隻，問客幾何?

答曰：六十人。

法曰：置分爲母之爲子二分之一、三分之一、四分之一子互乘母之一乘三分、四分得一十二分。之一乘二分、四分得八分。之一乘二分、三分得六分。并之得二十六。折半得一十三。爲法。分母相乘二分乘三分得六分，又乘四分得二十四。半之得一十二。以乘碗六十五隻，得七百八十隻。爲實，以法一十三除之，合問。

今有客至不知數，只云三人共飯，四人共羹。共碗三百一隻，問客幾何?

答曰：五百一十六人， 羹碗一百二十九隻，

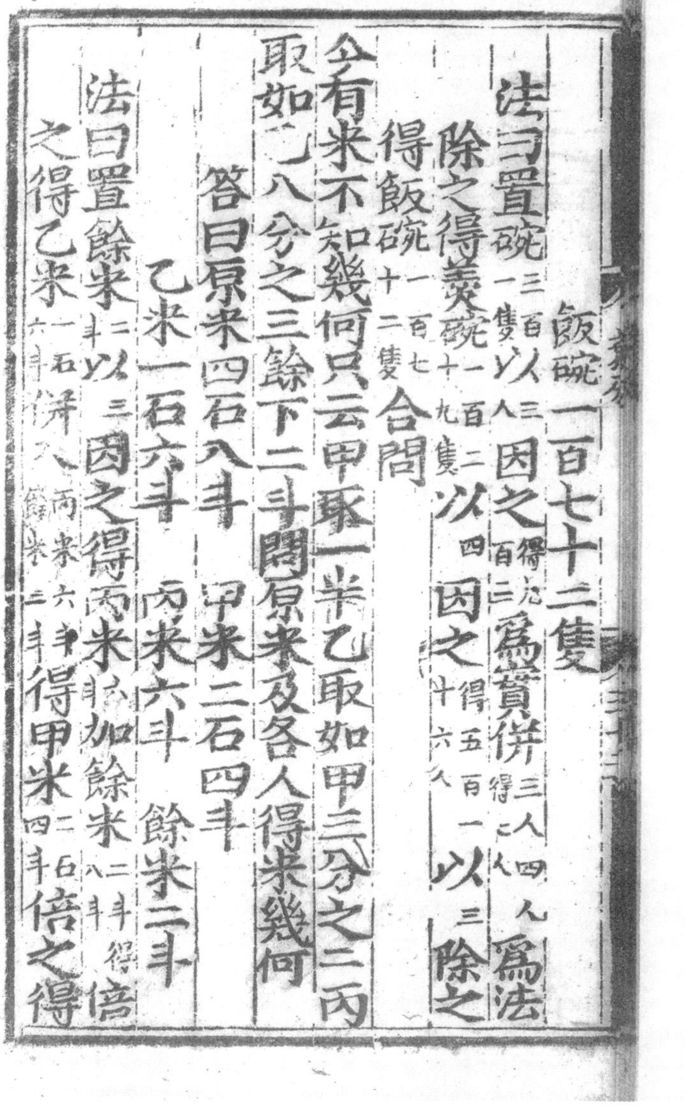

飯碗一百七十二隻。

法曰：置碗（三百二隻）以（三人）因之（得九百三）。爲實。并（三人四人得七人）。爲法，除之，得羹碗（一百二十九隻）。以（四）因之（得五百一十六人）。以（三）除之，得飯碗（一百七十二隻）。合問。

今有米不知幾何，只云甲取一半，乙取如甲三分之二，丙取如乙八分之三，餘下二斗。問原米及各人得米幾何？

答曰：原米四石八斗。甲米二石四斗，

乙米一石六斗，丙米六斗，餘米二斗。

法曰：置餘米（二斗）以（三）因之得丙米（六斗）。加餘米（二斗得八斗）。倍之得乙米（一石六斗）。并入（丙米六斗餘米二斗）得甲米（二石四斗）。倍之得原米四石八斗。合問。

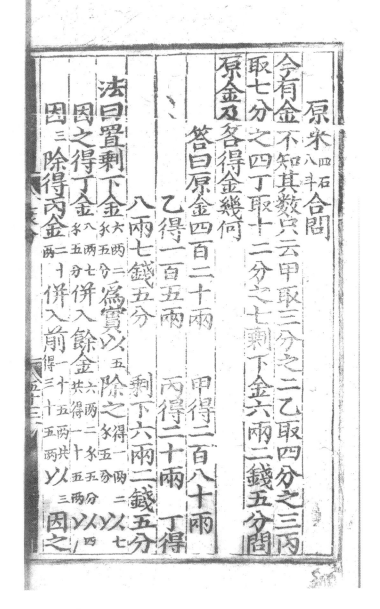

今有金不知其數，只云甲取三分之二，乙取四分之三，丙取七分之四，丁取十二分之七，剩下金六兩二錢五分，問原金及各得金幾何？

答曰：原金四百二十兩。 甲得二百八十兩，

乙得一百五兩， 丙得二十兩，丁得

八兩七錢五分， 剩下六兩二錢五分。

法曰：置剩下金六兩二錢五分爲實，以五除之得一兩二錢五分。以七因之，得丁金八兩七錢五分。并入餘金六兩二錢五分，共得一十五兩。以四因三除得丙金二十兩。并入前一十五兩，共得三十五兩。以三因之

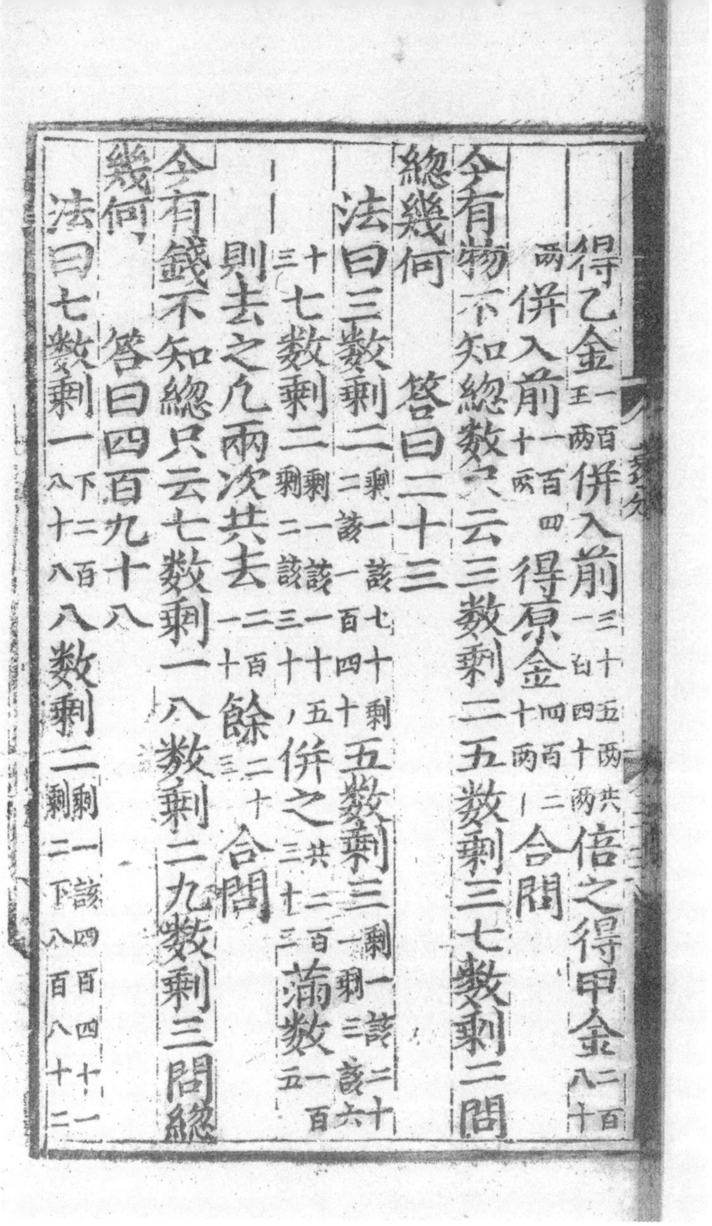

得乙金一百五兩。并入前三十五兩，共一百四十兩。倍之得甲金二百八十兩。并入前一百四十兩得原金四百二十兩。合問。

今有物不知總數，只云三數剩二，五數剩三，七數剩二。問總幾何？　答曰：二十三。

法曰：三數剩二剩一該七十，剩二該一百四十。五數剩三剩一該二十一，剩三該六十三。七數剩二剩一該一十五，剩二該三十。并之共二百三十三。滿數一百五則去之，凡兩次共去二百二十餘二十三。合問。

今有錢不知總，只云七數剩一，八數剩二，九數剩三。問總幾何？　答曰：四百九十八。

法曰：七數剩一下二百八十八。八數剩二剩一該四百四十一，剩二下八百八十二。

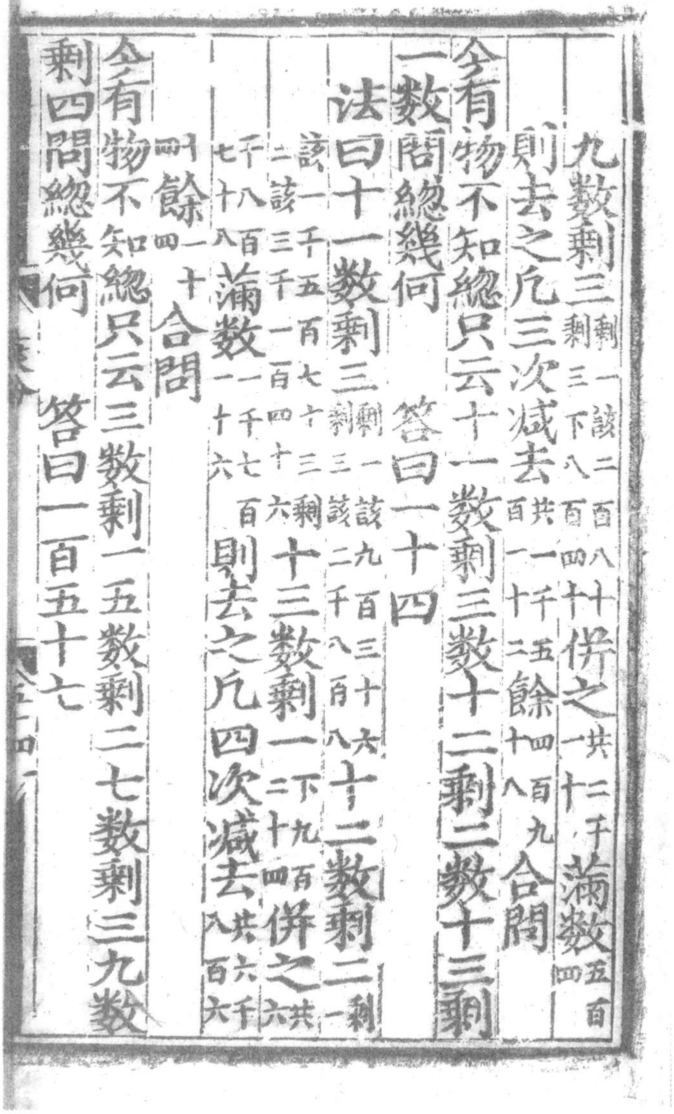

九數剩三剩一該二百八十，剩三下八百四十。并之共二千一十。滿數五百四

則去之。凡三次減去共一千五百一十二。餘四百九十八。合問。

今有物不知總，只云十一數剩三數，十二剩二數，十三剩一數，問總幾何？　答曰：一十四。

法曰：十一數剩三剩一該九百三十六，剩三該二千八百八。十二數剩二剩一該一千五百七十三，剩二該三千一百四十六。十三數剩一下九百二十四。并之共六千八百七十八。滿數二千七百二十六則去之，凡四次減去共六千八百六十四。餘一十四。合問。

今有物不知總，只云三數剩一，五數剩二，七數剩三，九數剩四。問總幾何？　答曰：一百五十七。

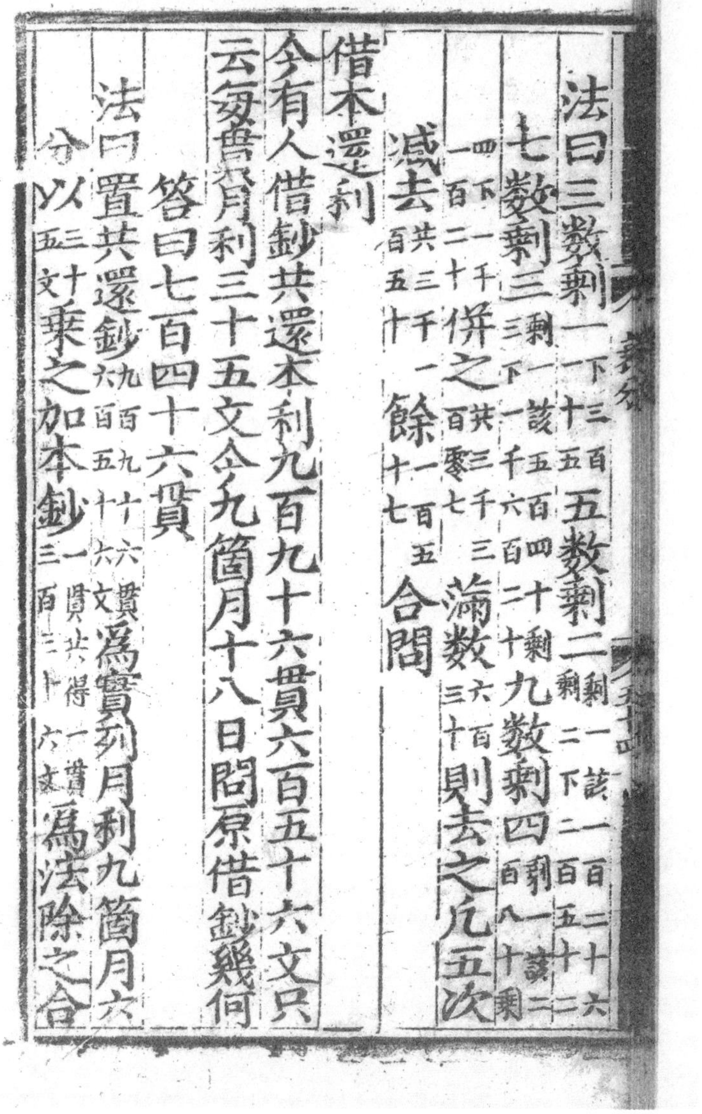

法曰：三數剩一(下三百一十五。)五數剩二(剩一該一百二十六，剩二下二百五十二。)

七數剩三(剩一該五百四十，剩三下一千六百二十。)九數剩四(剩一該二百八十，剩四下一千一百二十。)并之(共三千三百零七。)滿數(六百三十)則去之，凡五次減去(共三千一百五十。)餘(一百五十七。)合問。

借本還利

今有人借鈔，共還本利九百九十六貫六百五十六文。只云每貫月利三十五文。今九箇月十八日，問原借鈔幾何？

答曰：七百四十六貫。

法曰：置共還鈔(九百九十六貫六百五十六文)爲實。列月利九箇月六分以(三十五文)乘之，加本鈔(一貫，共得一貫三百三十六文。)爲法，除之，合問。

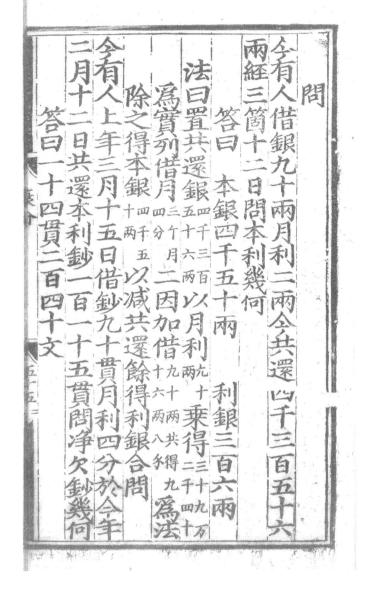

今有人借銀九十兩，月利二兩。今共還四千三百五十六兩，經三箇十二日，問本利幾何？

答曰：本銀四千五十兩，　利銀三百六兩。

法曰：置共還銀四千三百五十六兩以月利九十兩乘得三十九万二千四十

爲實。列借月三个月四分二因加借九十兩，共得九十六兩八錢。爲法。

除之，得本銀四千五十兩。以減共還，餘得利銀，合問。

今有人上年三月十五日借鈔九十貫，月利四分，於今年二月十二日，共還本利鈔一百一十五貫，問净欠鈔幾何？

答曰：一十四貫二百四十文。

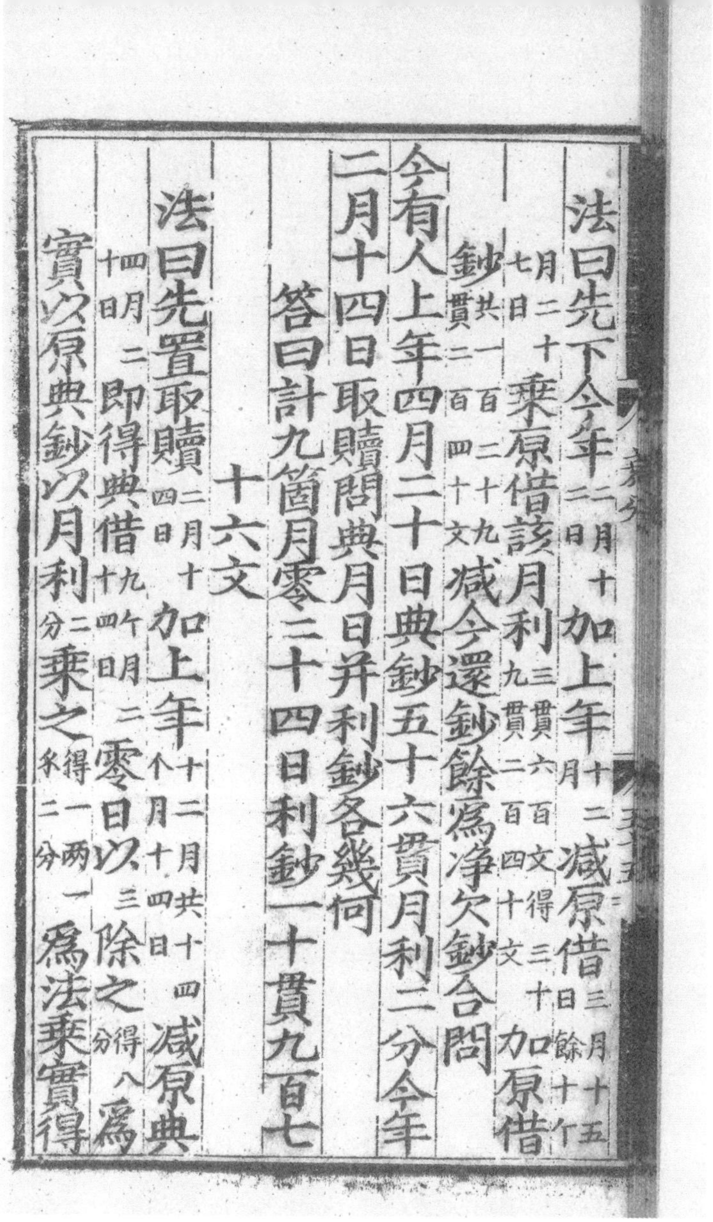

法曰先下今年二月十二日加上年十二月減原借三月十五日餘十个月二十七日乘原借該月利三貫六百文得三十九貫二百四十文加原借鈔共一百二十九貫二百四十文減今還鈔餘爲净欠鈔合問

今有人上年四月二十日典鈔五十六貫月利二分今年二月十四日取贖問典月日并利鈔各幾何

答曰計九箇月零二十四日利鈔一十貫九百七十六文

法曰先置取贖二月十四日加上年十二月共十四个月十四日減原典四月二十日即得典借九个月二十四日零日以三除之得八分爲實以原典鈔以月利二分乘之得一兩一錢二分爲法乘實得

法曰：先下今年（二月十二日）加上年（十二月）減原借（三月十五日餘十个月二十七日。）乘原借該月利（三貫六百文，得三十九貫二百四十文。）加原借鈔（共一百二十九貫二百四十文。）減今還鈔，餘爲净欠鈔，合問。

今有人上年四月二十日典鈔五十六貫，月利二分，今年二月十四日取贖，問典月日并利鈔各幾何？

答曰：計九箇月零二十四日，利鈔一十貫九百七十六文。

法曰：先置取贖（二月十四日）加上年（十二月，共十四个月十四日。）減原典（四月二十日）即得典借（九个月二十四日。）零日以三除之（得八分。）爲實。以原典鈔以月利（二分）乘之（得一兩一錢二分。）爲法，乘實得

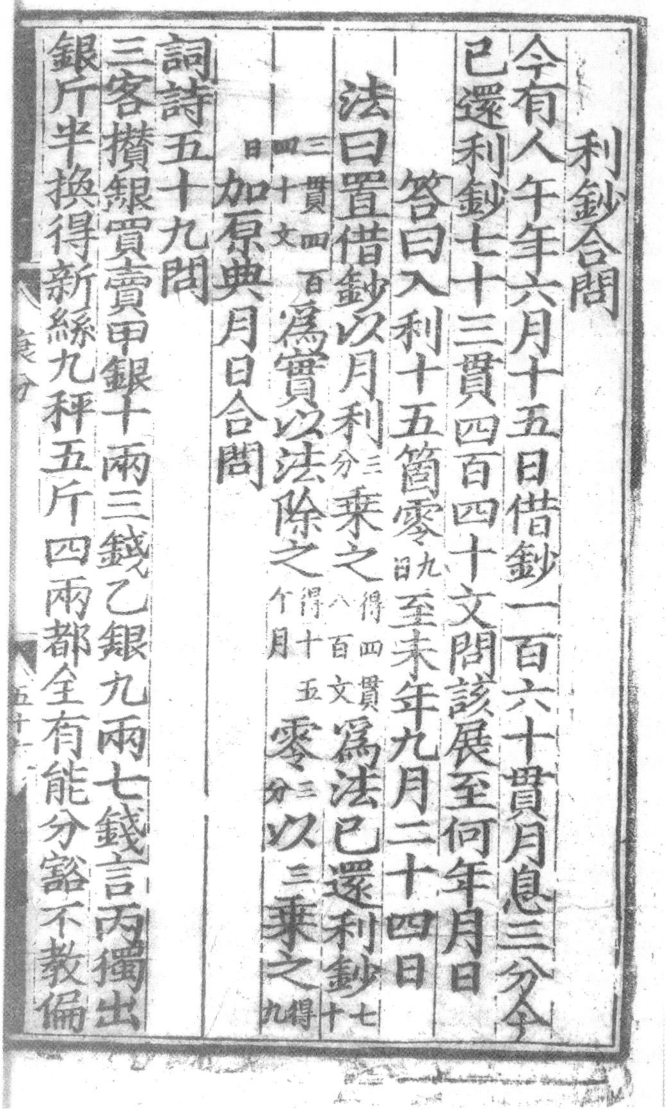

利鈔。合問。

今有人午年六月十五日，借鈔一百六十貫，月息三分。今已還利鈔七十三貫四百四十文，問該展至何年月日？

答曰：入利十五箇零九日，至未年九月二十四日。

法曰：置借鈔以月利三分乘之得四貫八百文。爲法。已還利鈔七十三貫四百四十文爲實。以法除之得十五个月。零三分。以三乘之得九日。加原典月日，合問。

詞詩五十九問

三客攢銀買賣，甲銀十兩三錢。乙銀九兩七錢言，丙獨出銀斤半。換得新絲九秤，五斤四兩都全。有能分豁不教偏，

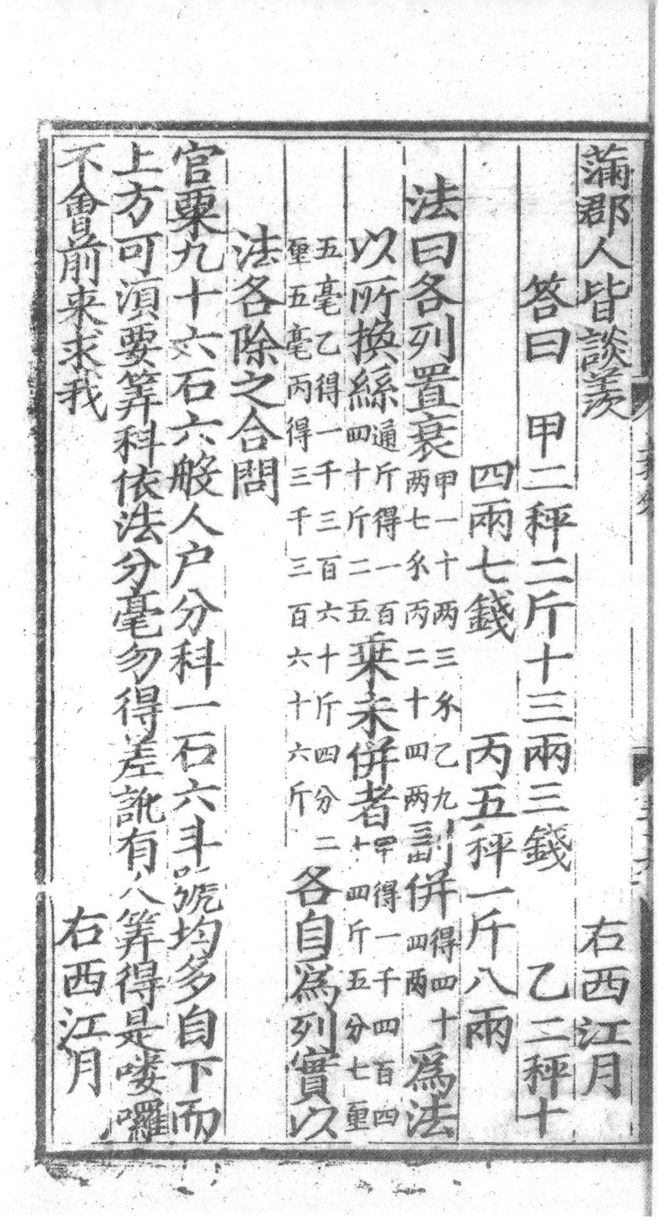

满郡人皆談羡。　　右西江月

答曰：甲二秤二斤十三兩三錢，乙二秤十四兩七錢，丙五秤一斤八兩。

法曰：各列置衰甲一十两三錢，乙九两七錢，丙二十四两。副并得四十四两。爲法。以所换絲通斤得一百四十斤二五。乘未并者甲得一千四百四十四斤五分七厘五毫，乙得一千三百六十斤四分二厘五毫，丙得三千三百六十六斤。各自爲列實。以法各除之，合問。

官粟九十六石，六般人户分科。一石六斗號均多，自下而上方可。須要筭科依法，分毫勿得差訛。有人筭得是喽囉，不會前来求我。　　右西江月

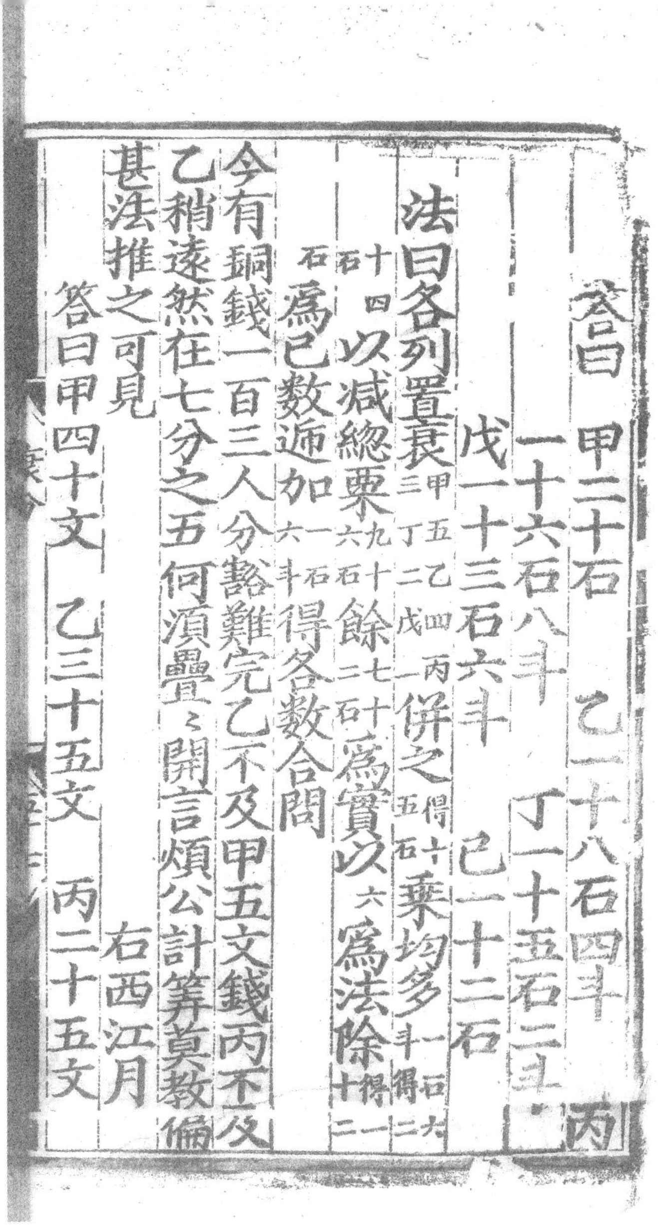

答曰：甲二十石，乙一十八石四斗，丙一十六石八斗，丁一十五石二斗，戊一十三石六斗，己一十二石。

法曰：各列置衰甲五，乙四，丙三，丁二，戊一。并之得十五石。乘均多一石六斗得二十四石。以減總粟九十六石餘七十二石。爲實。以六爲法，除得一十二石爲己數。遞加一石六斗得各數，合問。

今有銅錢一百，三人分豁難完。乙不及甲五文錢，丙不及乙稍遠。然在七分之五，何須疊疊開言。煩公計筭莫教偏，甚法推之可見。　　右西江月

答曰：甲四十文，乙三十五文，丙二十五文。

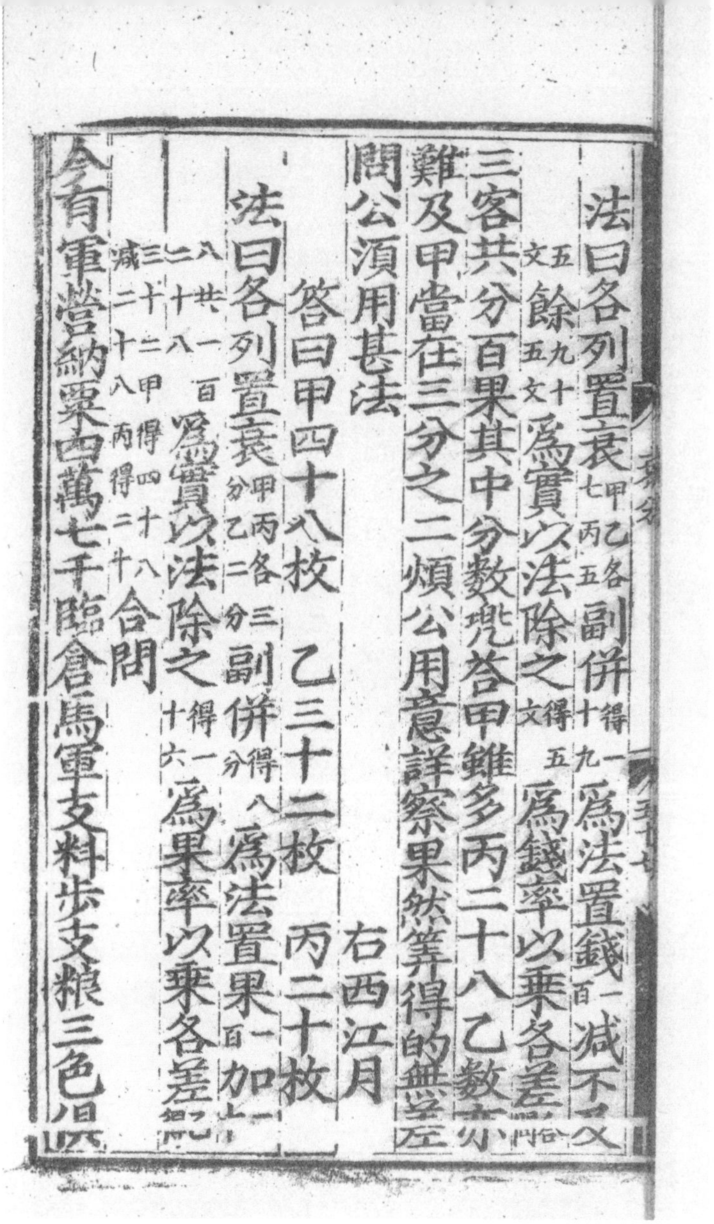

法曰：各列置衰甲乙各七，丙五。副并得一十九。爲法。置錢一百減不及五文餘九十五文。爲實。以法除之得五文。爲錢率。以乘各差。合問。

三客共分百果，其中分數兜答。甲雖多丙二十八，乙數亦難及甲。當在三分之二，煩公用意詳察。果然筭得的無差，問公須用甚法。　　右西江月

答曰：甲四十八枚，乙三十二枚，丙二十枚。

法曰：各列置衰甲丙各三分，乙二分。副并得八分。爲法。置果一百加一十八，共一百二十八。爲實。以法除之得一十六。爲果率。以乘各差乙得三十二，甲得四十八，減二十八，丙得二十。合問。

今有軍營納粟，四萬七千臨倉。馬軍支料步支粮，三色俱

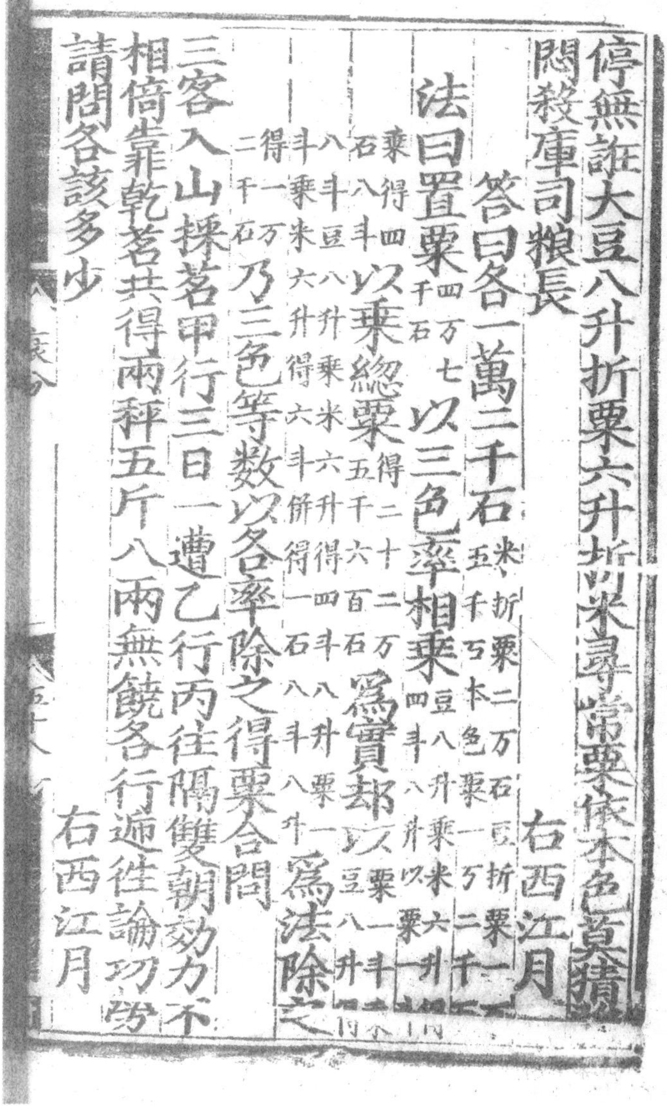
停無誑大豆八升折粟六升折米尋常粟依本色莫猜■
悶殺庫司粮長　右西江月
答曰各一萬二千石米折粟二万石豆折粟一万五千石本色粟一万二千石
法曰置粟四万七千石以三色率相乘豆八升粟米六升得四斗八升以粟一斗乘得四石八斗以乘總粟得二十二万五千六百石爲實却以粟一斗乘豆八升得八斗豆八升乘米六升得四斗八升粟一斗乘米六升得六斗併得一石八斗八升爲法除之得一万二千石乃三色等数以各率除之得粟合問
三客入山採茗甲行三日一遭乙行丙往隔雙朝劾力不相倚靠乾茗共得兩秤五斤八兩無饒各行遞往論功勞
請問各該多少　右西江月

停無誑。大豆八升折粟，六升折米尋常。粟依本色莫猜■[1]，悶殺庫司粮長。　　右西江月

答曰：各一萬二千石米折粟二万石，豆折粟一万五千石，本色粟一万二千石。

法曰：置粟四万七千石以三色率相乘豆八升粟米六升得四斗八升。以粟一斗乘得四石八斗。以乘總粟得二十二万五千六百石。爲實。却以粟一斗乘豆八升得八斗。豆八升乘米六升得四斗八升。粟一斗乘米六升得六斗。并得一石八斗八升。爲法。除之得一万二千石。乃三色等數。以各率除之，得粟。合問。

三客入山采茗，甲行三日一遭。乙行丙往隔雙朝，効力不相倚靠。乾茗共得兩秤，五斤八兩無饒。各行遞往論功勞，請問各該多少？　　右西江月

1 “■”，各本不清。

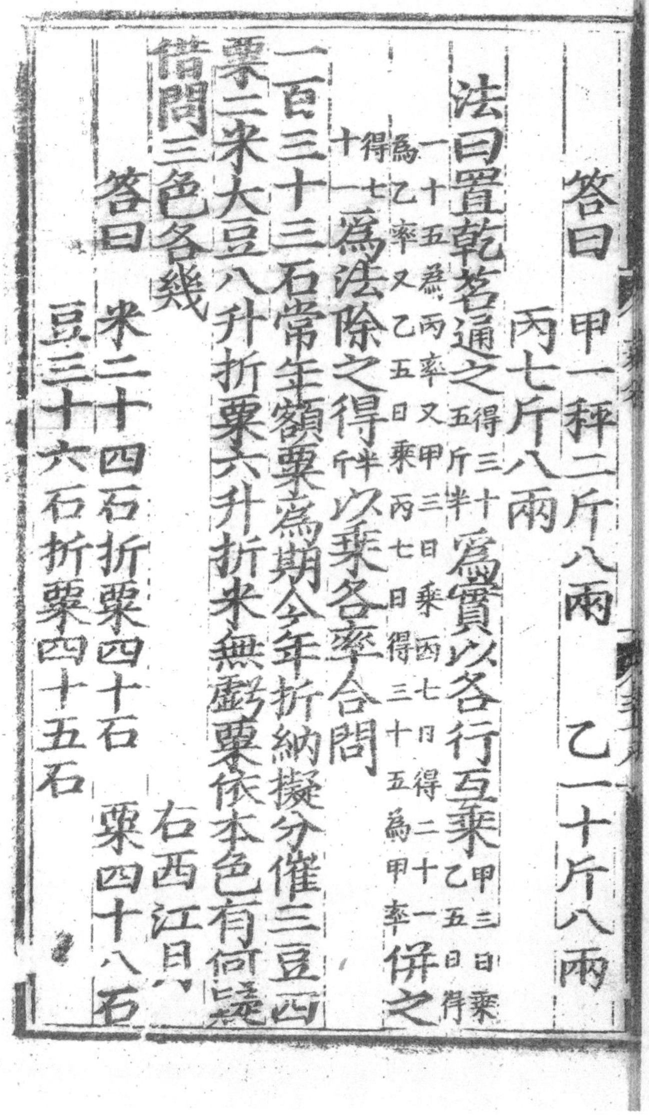

答曰：甲一秤二斤八兩，乙一十斤八兩，

丙七斤八兩。

法曰：置乾茗通之得三十五斤半。爲實。以各行互乘甲三日乘乙五日得一十五爲丙率。又甲三日乘丙七日得二十一爲乙率。又乙五日乘丙七日得三十五爲甲率。并之得七十一。爲法。除之得半斤。以乘各率，合問。

一百三十三石，常年額粟爲期。今年折納擬分催，三豆四粟二米。大豆八升折粟，六升折米無虧。粟依本色有何疑，借問三色各幾？　右西江月

答曰：米二十四石折粟四十石，粟四十八石，

豆三十六石折粟四十五石。

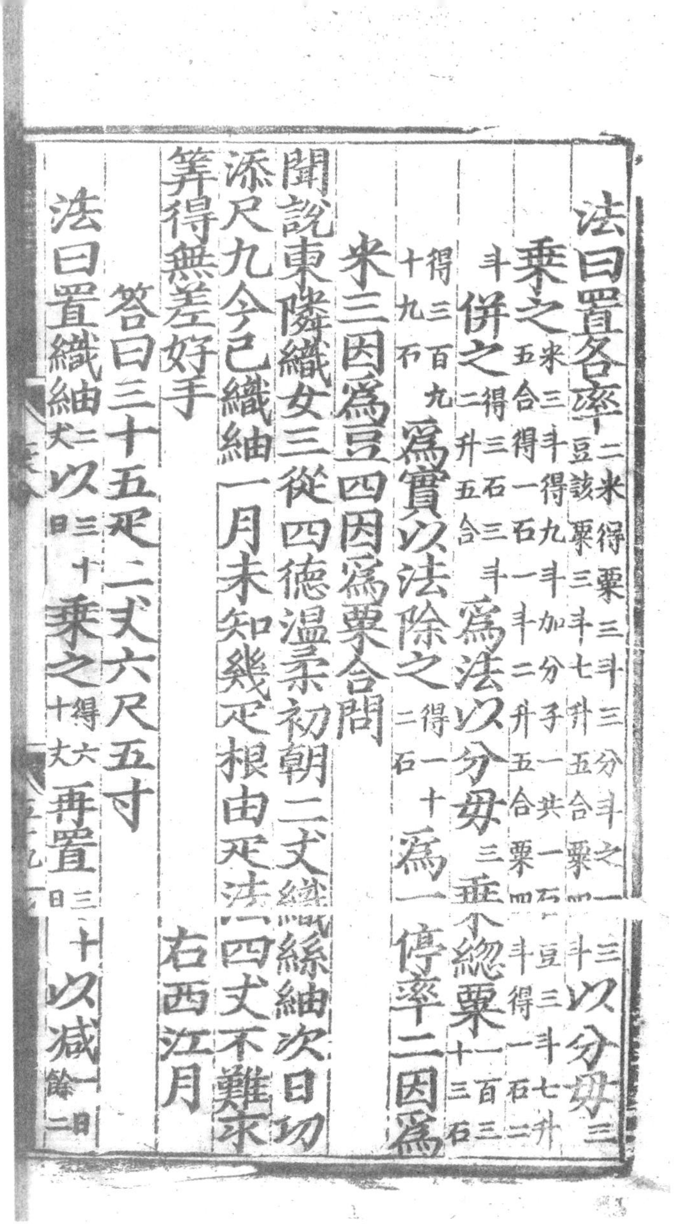

法曰：置各率二米得粟三斗三分斗之二，三豆該粟三斗七升五合，粟四斗。以分母三乘之米三斗得九斗，加分子一共一百。豆三斗七升五合得一石一斗二升五合。粟四斗得一石二斗。并之得三石三斗二升五合。爲法，以分母三乘總粟一百三十三石得三百九十九石。爲實。以法除之得一十二石。爲一停率，二因爲米，三因爲豆，四因爲粟。合問。

聞説東隣織女，三從四德温柔。初朝二丈織絲紬，次日功添尺九。今已織紬一月，未知幾匹根由。匹法四丈不難求，筭得無差好手。　　右西江月

答曰：三十五匹二丈六尺五寸。

法曰：置織紬二丈以三十日乘之得六十丈。再置三十日以減一日，餘二

十九日，與三十日相乘得八百七十。折半得四百三十五。却以日添一尺九寸乘得八十二丈六尺五寸。加前六十丈，共一百四十二丈六尺五寸。匹法除之。合問。

節遇元宵十五，明燈百盞堪遊。兩秤五斤十兩油，三夜神前如書。三盞添油五兩，九兩四甌無留。要知多少盞和甌，筭得須當敬酒。 右西江月

答曰：盞六十箇，一夜油六斤四兩，三夜共油一秤三斤十二兩。 甌四十箇，一夜油五斤十兩，三夜共油一秤一斤十四兩。

法曰：列置三盞四甌五兩九兩 一百隻一百九十先以上中互乘三盞乘九兩得二十七兩，四甌乘五兩得二十兩。以少減多餘七兩爲法。再以中下

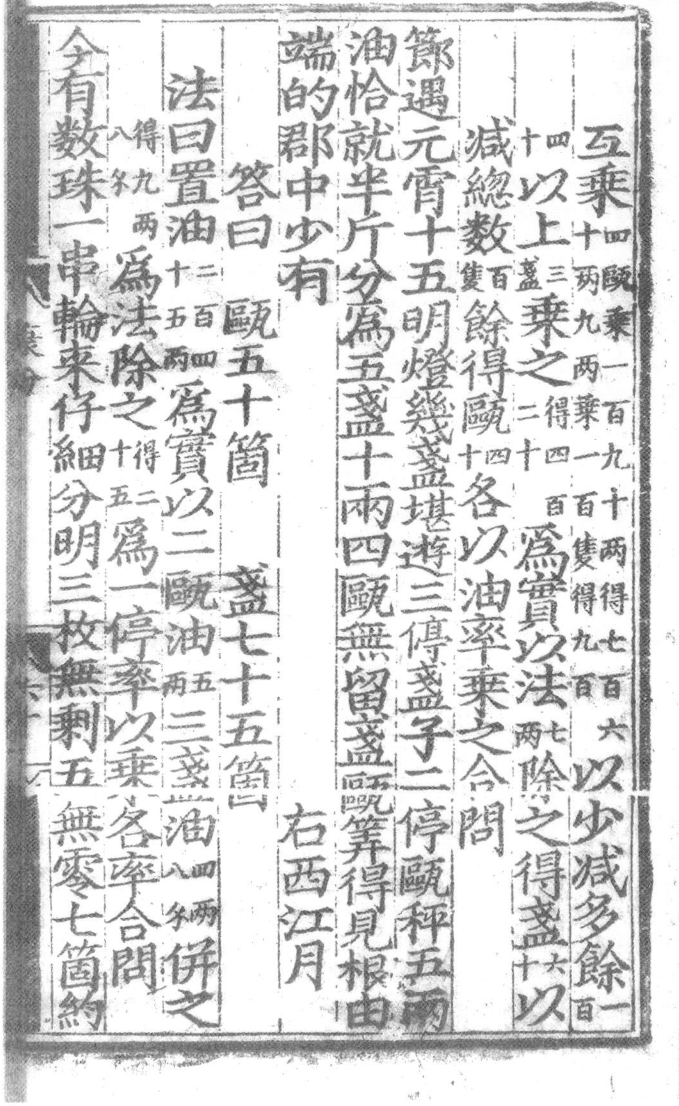

互乘四甌乘一百九十兩得七百六十兩。九兩乘一百隻得九百。以少減多餘一百四十。以上三盞乘之得四百二十。爲實。以法七兩除之，得盞六十。以減總數百隻。餘得甌四十。各以油率乘之，合問。

節遇元宵十五，明燈幾盞堪遊。三停盞子二停甌，秤五兩油恰就。半斤分爲五盞，十兩四甌無留。盞甌筭得見根由，端的郡中少有。　　右西江月

答曰：甌五十箇，盞七十五箇。

法曰：置油二百四十五兩爲實，以二甌油五兩三盞油四兩八錢并之得九兩八錢。爲法。除之得二十五。爲一停率。以乘各率，合問。

今有數珠一串，輪来仔細分明。三枚無剩五無零，七箇約

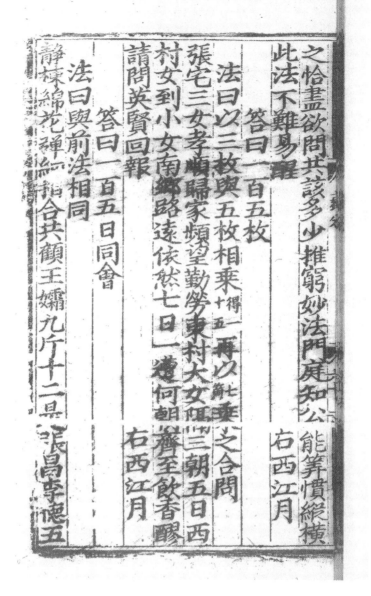

之恰盡。欲問共該多少，推窮妙法門庭。知公能筭慣縱横，此法不難易醒。　　　　右西江月

答曰：一百五枚。

法曰：以三枚與五枚相乘得一十五。再以七箇乘之，合問。

張宅三女孝順，歸家頻望勤勞。東村大女隔三朝，五日西村女到。小女南鄉路遠，依然七日一遭。何朝齊至飲香醪，請問英賢回報。　　　　右西江月

答曰：一百五日同會。

法曰：與前法相同。

静楝綿花彈細，指合共顧王嬬。九斤十二是張昌，李德五

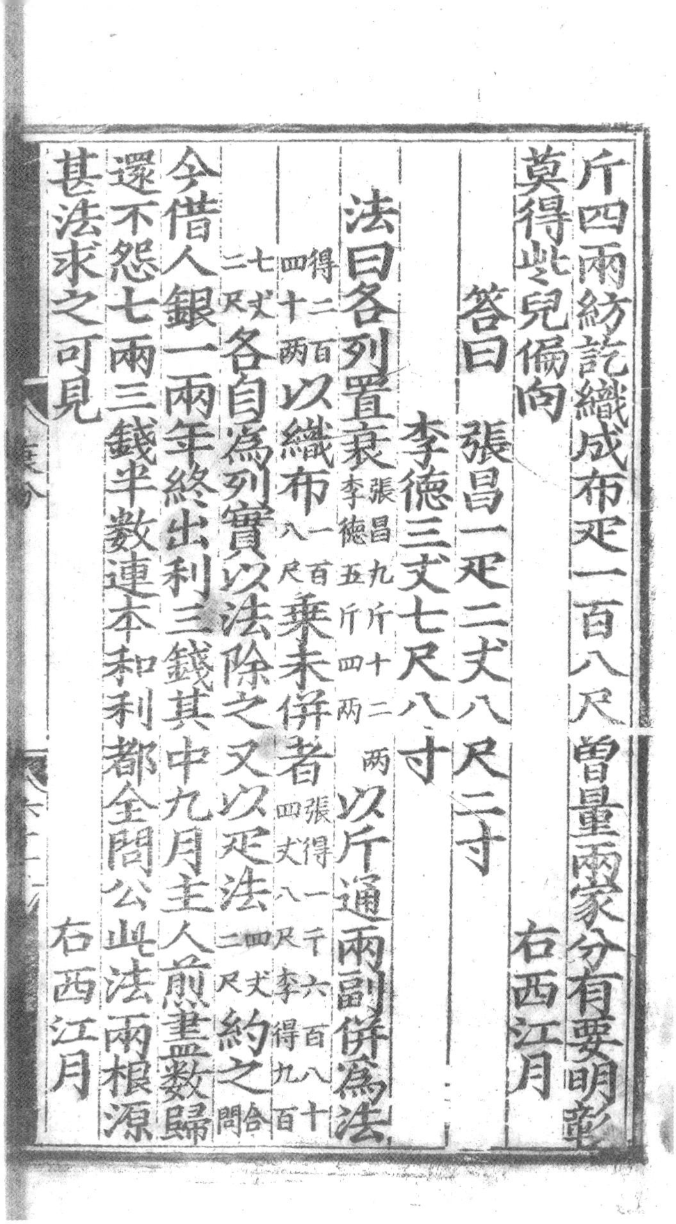
斤四兩紡訖織成布疋一百八尺曾量兩家分有要明彰
莫得些兒偏向　右西江月
答曰　張昌一疋二丈八尺二寸
李德三丈七尺八寸
法曰各列置衰張昌九斤十二兩李德五斤四兩以斤通兩副併爲法得二百四十兩以織布一百八尺乘未併者張得一千六百八十四丈八尺李得九百七丈二尺各自爲列實以法除之又以疋法四丈二尺約之合問
今借人銀一兩年終出利三錢其中九月主人煎盡數歸
還不怨七兩三錢半數連本和利都全問公此法兩根源
甚法求之可見　右西江月

斤四兩。紡訖織成布匹，一百八尺曾量。兩家分有要明彰，莫得些兒偏向。　右西江月

答曰：張昌一匹二丈八尺二寸。

李德三丈七尺八寸。

法曰：各列置衰張昌九斤十二兩李德五斤四兩以斤通兩，副并爲法，得二百四十兩。以織布一百八尺乘未并者張得一千六百八十四丈八尺，李得九百七丈二尺。各自爲列實，以法除之，又以匹法四丈二尺約之。合問。

今借人銀一兩，年終出利三錢。其中九月主人煎，盡數歸還不怨。七兩三錢半數，連本和利都全。問公此法兩根源，甚法求之可見？　右西江月

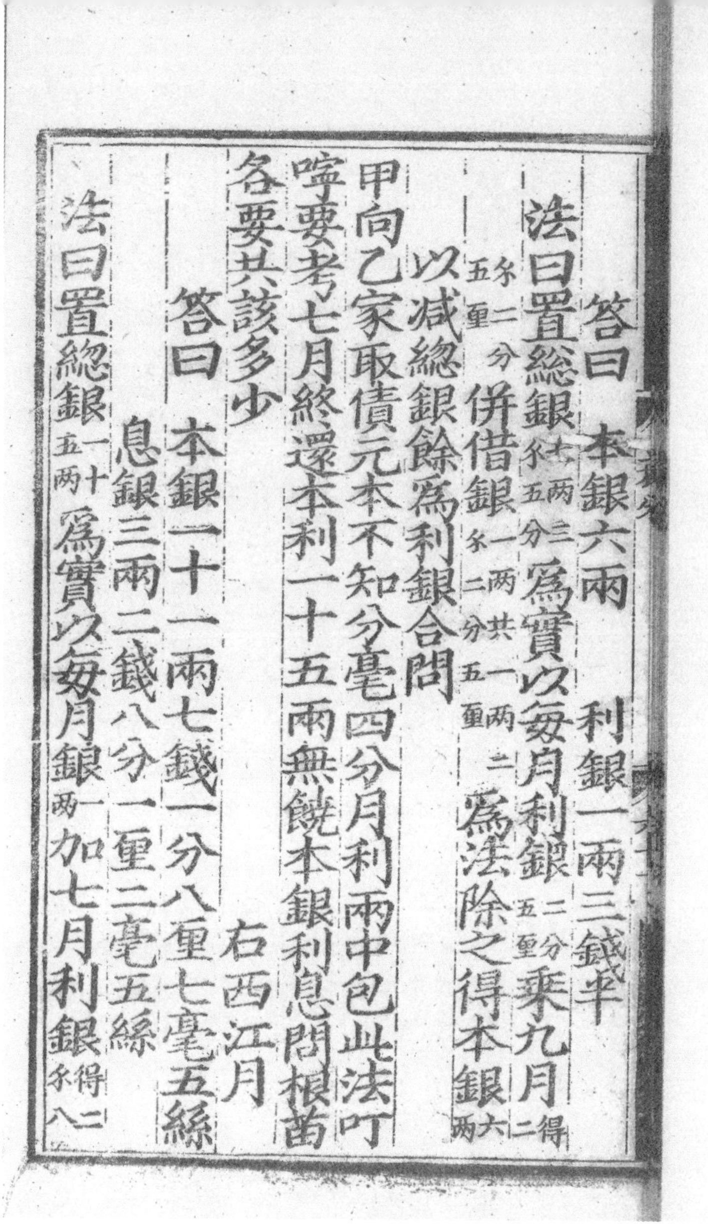
答曰　本銀六兩　利銀一兩三錢半
法曰置總銀七兩三錢五分爲實以每月利銀二分五釐乘九月得二錢二分五釐併借銀一兩共一兩二錢二分五釐爲法除之得本銀六兩
以減總銀餘爲利銀合問
甲向乙家取債元本不知分毫四分月利兩中包此法叮嚀要考七月終還本利一十五兩無饒本銀利息問根苗各要共該多少　右西江月
答曰　本銀一十一兩七錢一分八釐七毫五絲
息銀三兩二錢八分一釐二毫五絲
法曰置總銀一十五兩爲實以每月銀一兩加七月利銀得二錢八

答曰：　本銀六兩，利銀一兩三錢半。

法曰：置総銀七兩三錢五分爲實。以每月利銀二分五厘乘九月得二錢二分五厘。并借銀一兩，共一兩二錢二分五厘。爲法。除之，得本銀六兩。以减總銀，餘爲利銀，合問。

甲向乙家取債，元本不知分毫。四分月利兩中包，此法叮嚀要考。七月終還本利，一十五兩無饒。本銀利息問根苗，各要共該多少？　右西江月

答曰：本銀一十一兩七錢一分八厘七毫五絲，

息銀三兩二錢八分一厘二毫五絲。

法曰：置總銀一十五兩爲實。以每月銀一兩加七月利銀得二錢八

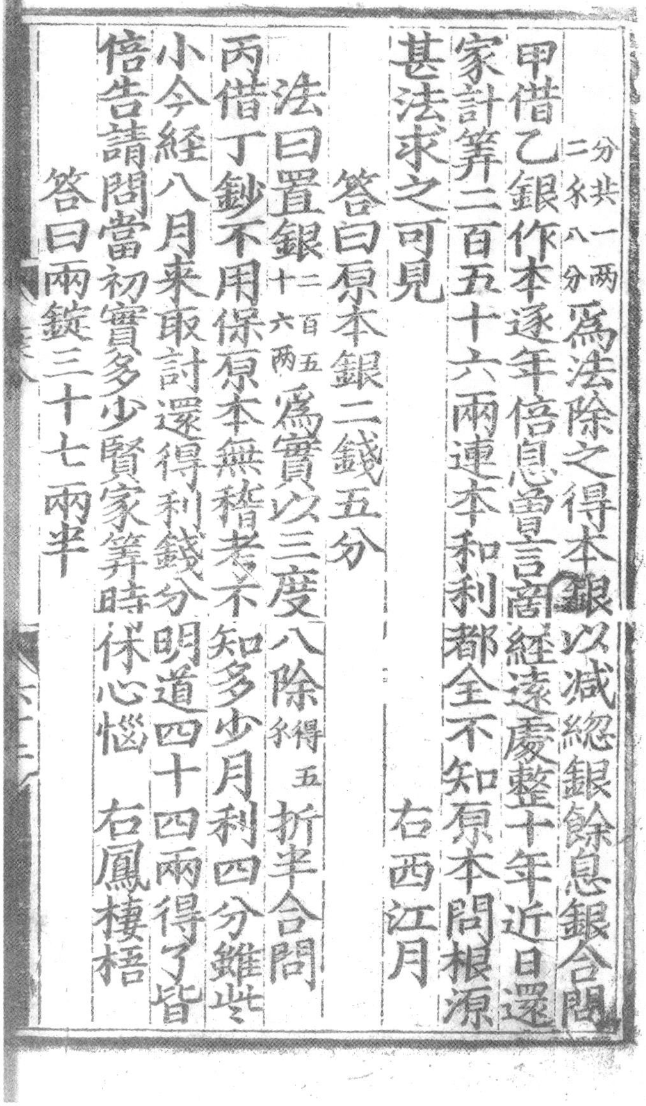

分二錢八分共一兩爲法除之得本銀以減總銀餘息銀合問
甲借乙銀作本逐年倍息曾言商經遠處整十年近日還
家計筭二百五十六兩連本和利都全不知原本問根源
甚法求之可見　右西江月
答曰原本銀二錢五分
法曰置銀二百五十六兩爲實以三度八除得五錢折半合問
丙借丁鈔不用保原本無稽考不知多少月利四分雖些
小今經八月来取討還得利錢分明道四十四兩得了皆
倍告請問當初實多少賢家筭時休心惱　右鳳棲梧
答曰兩錠三十七兩半

分，共一兩二錢八分。爲法，除之得本銀。以減總銀，餘息銀。合問。

甲借乙銀作本，逐年倍息曾言。商經遠處整十年，近日還家計筭。二百五十六兩，連本和利都全。不知原本問根源，甚法求之可見？　右西江月

答曰：原本銀二錢五分。

法曰：置銀二百五十六兩爲實，以三度八除得五錢。折半，合問。

丙借丁鈔不用保，原本無稽考，不知多少。月利四分雖些小，今經八月来取討。還得利錢分明道，四十四兩得了，皆倍告。請問當初實多少，賢家筭時休心惱。　右鳳棲梧

答曰：兩錠三十七兩半。

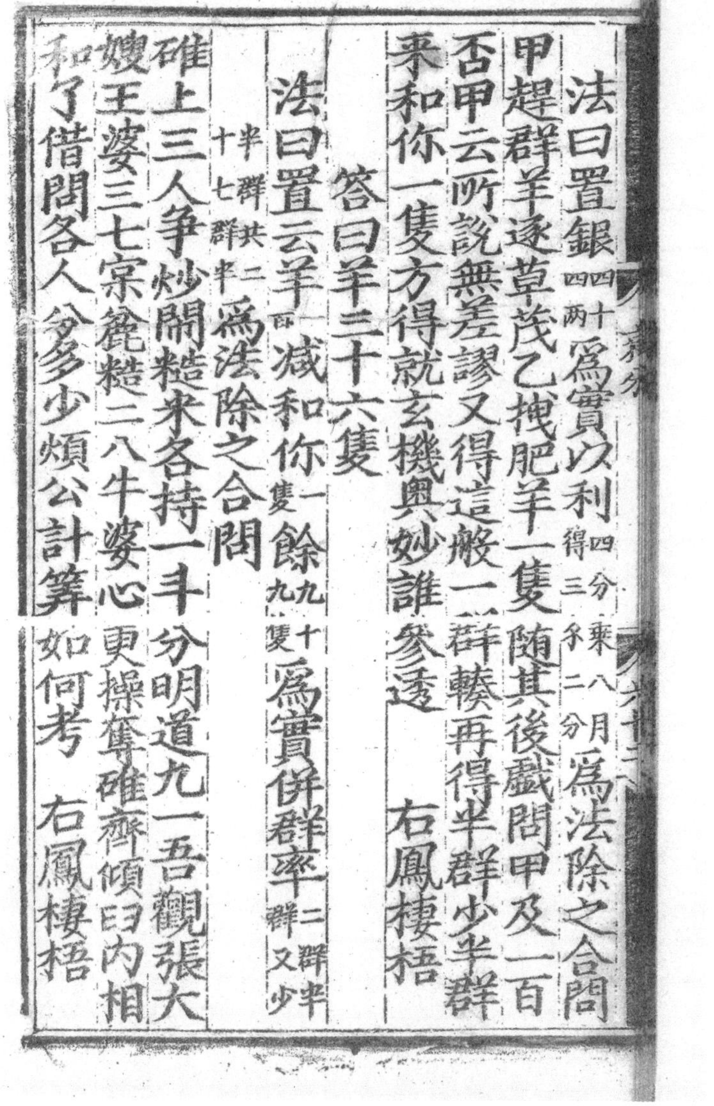

法曰：置銀四十四兩爲實。以利四分乘八月得三錢二分。爲法，除之，合問。

甲趕群羊逐草茂，乙拽肥羊，一隻随其後。戲問甲及一百否，甲云所説無差謬。又得這般一群轃，再得半群，少半群来和。你一隻方得就，玄機奥妙誰参透。　　右鳳棲梧

答曰：羊三十六隻。

法曰：置云羊一百減和你一隻餘九十九隻爲實。并群率二群，半群，又少半群，共二十七群半。爲法。除之，合問。

碓上三人争炒閙，糙米各持，一斗分明道。九一吾觀張大嫂，王婆三七宲麤糙。二八牛婆心更操，奪碓齊傾，臼内相和了。借問各人分多少，煩公計筭如何考。　　右鳳棲梧

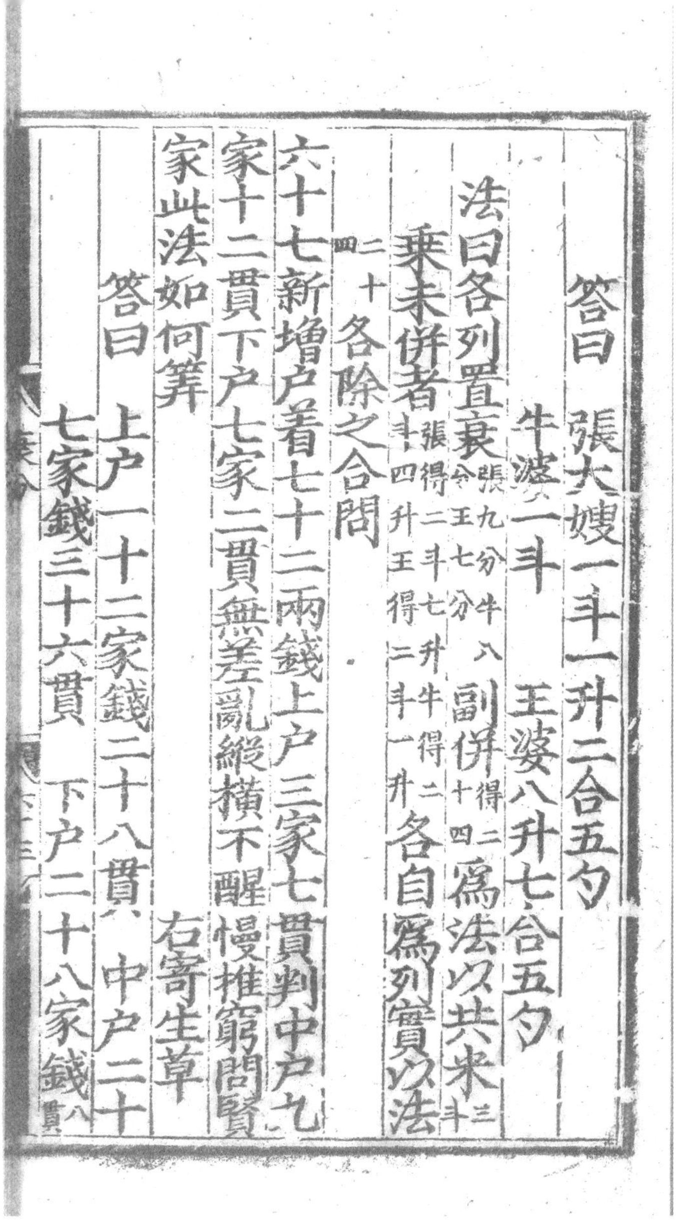

答曰：張大嫂一斗一升二合五勺，

牛婆一斗，王婆八升七合五勺。

法曰：各列置衰張九分，牛八分，王七分。副并得二十四。爲法。以共米三斗乘未并者張得二斗七升，牛得二斗四升，王得二斗一升。各自爲列實。以法二十四各除之，合問。

六十七新增户，着七十二兩錢。上户三家七貫判，中户九家十二貫。下户七家，二貫無差亂。縱横不醒慢推窮，問賢家，此法如何筭？　　右寄生草

答曰：上户一十二家，錢二十八貫；中户二十七家，錢三十六貫；下户二十八家，錢八貫。

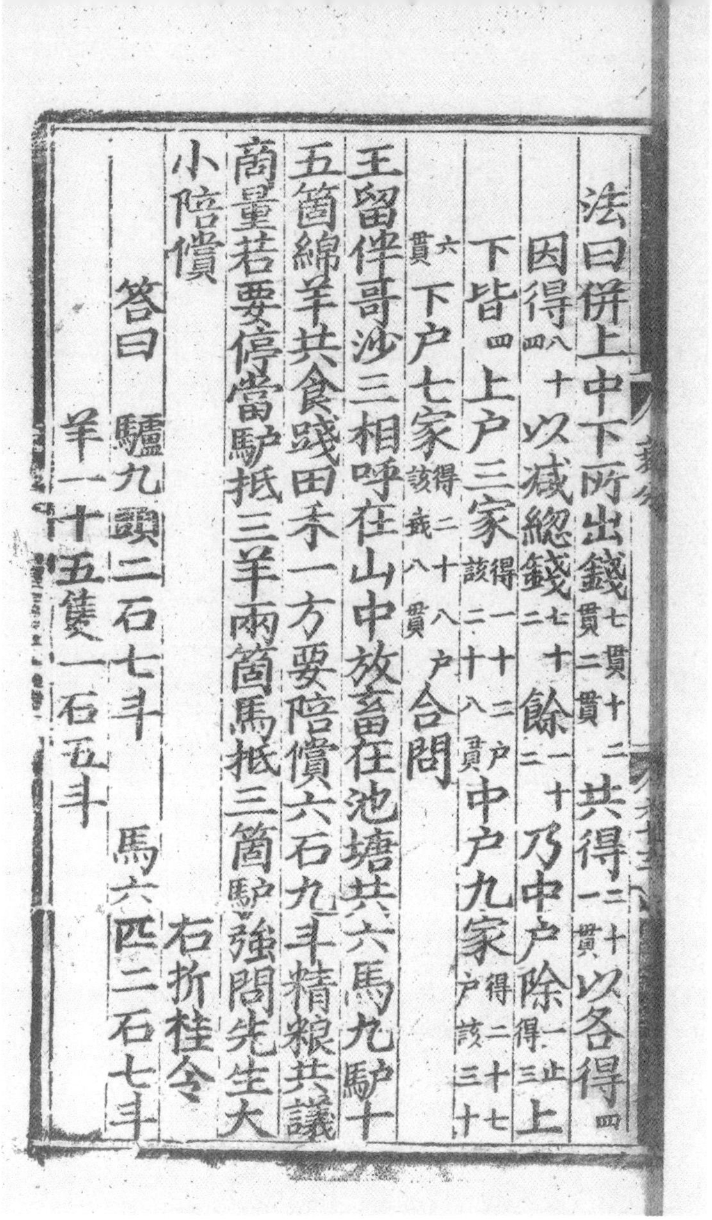

法曰：并上、中、下所出錢七貫，十二貫，二貫。共得二十一貫。以各得四因得八十四。以減總錢七十二餘十二。乃中户。除一止得三。上下皆四，上户三家得一十二户，該二十八貫。中户九家得二十七户，該三十六貫。下户七家得二十八户，該錢八貫。合問。

王留、伴哥、沙三[1]，相呼在山中，放畜在池塘。共六馬、九驴、十五箇綿羊，共食踐田禾一方。要陪償，六石九斗精粮。共議商量，若要停當，驴抵三羊，兩箇馬抵三箇驴强。問先生，大小陪償。　　右折桂令

答曰：驢九頭，二石七斗；馬六匹，二石七斗；羊一十五隻，一石五斗。

1 “王留、伴哥、沙三”，元、明劇曲中，多用此名作為鄉間少年的通稱。

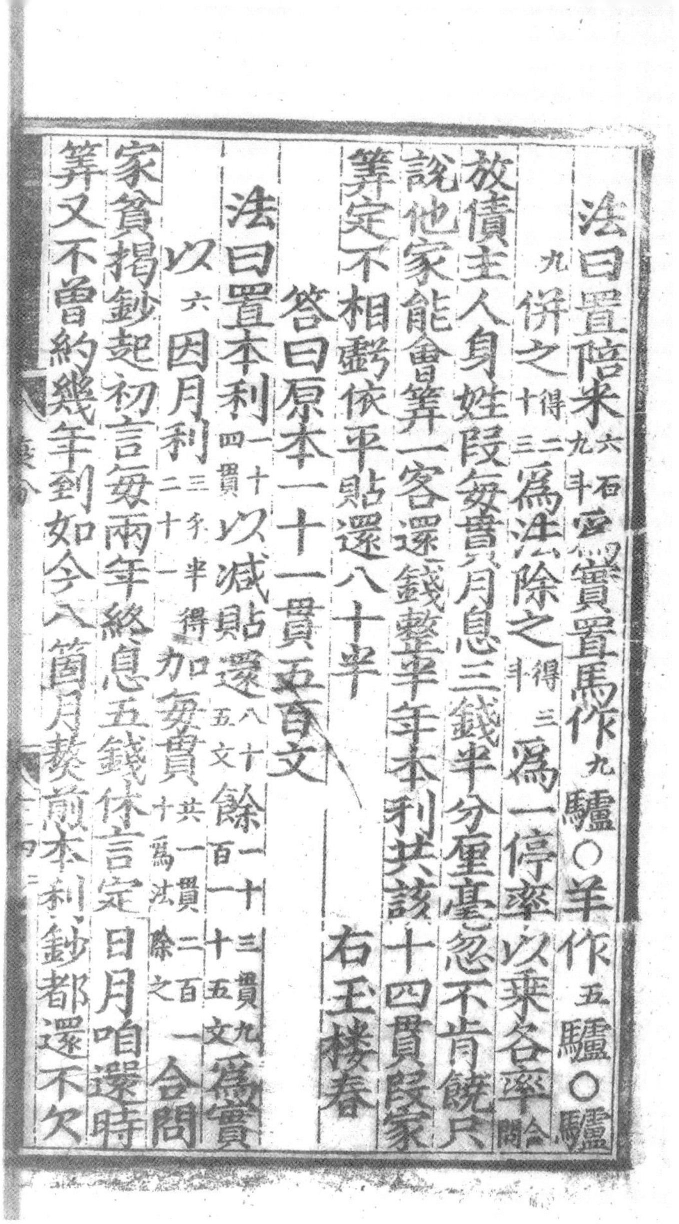

法曰：置陪米六石九斗爲實，置馬作九驢。〇羊作五驢。〇驢九并之得二十三。爲法，除之得三斗。爲一停率。以乘各率。合問。

放債主人身姓段，每貫月息三錢半。分厘毫忽不肯饒，只說他家能會筭。一客還錢整半年，本利共該十四貫。段家筭定不相虧，依平貼還八十半。　　右玉楼春

答曰：原本一十一貫五百文。

法曰：置本利一十四貫以減貼還八十五文。餘一十三貫九百一十五文。爲實。

以六因月利三錢半，得二十一。加每貫共一貫二百一十爲法，除之。合問。

家貧揭鈔起初言，每兩年終息五錢。休言定日月，咱還時筭。又不曾，約幾年。到如今，八箇月熬煎，本利鈔都還不欠。

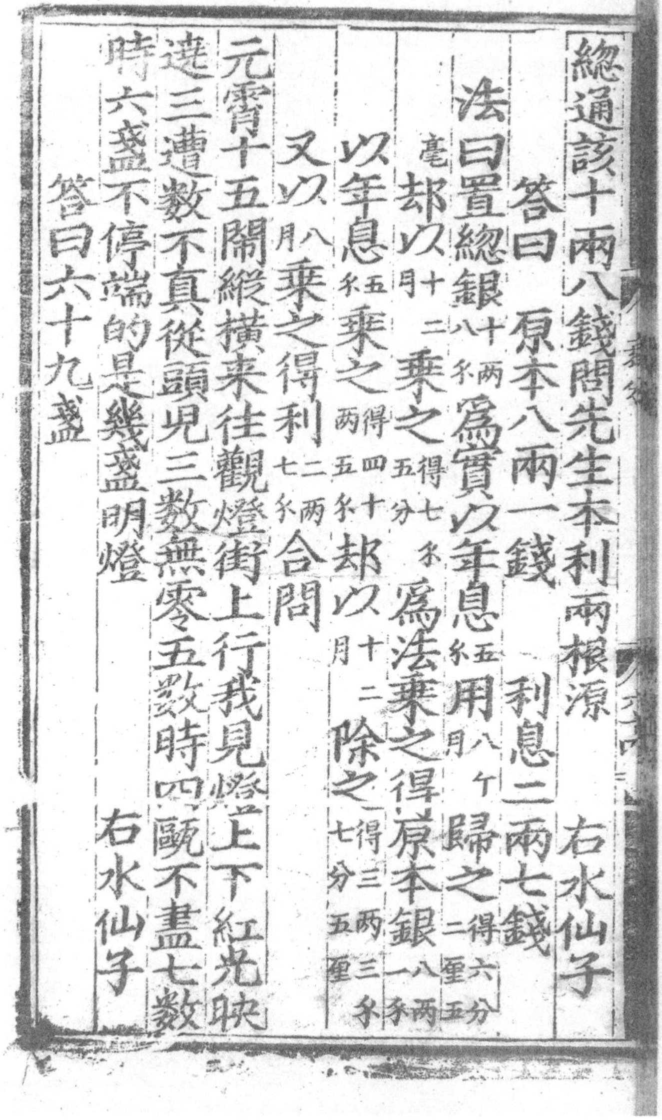

總通該十兩八錢，問先生，本利兩根源。　　右水仙子

答曰：原本八兩一錢，　利息二兩七錢。

法曰：置總銀十兩八錢爲實，以年息五錢用八个月歸之得六分二厘五毫。却以十二月乘之得七錢五分。爲法。乘之得原本銀八兩一分。

以年息五錢乘之得四十兩五錢。却以十二月除之得三兩三錢七分五厘。

又以八月乘之，得利二兩七錢。合問。

元宵十五鬧縱橫，来往觀燈街上行。我見燈，上下紅光映，遶三遭數不真。從頭兒三數無零，五數時四甌不盡，七數時六盞不停。端的是幾盞明燈？　　右水仙子

答曰：六十九盞。

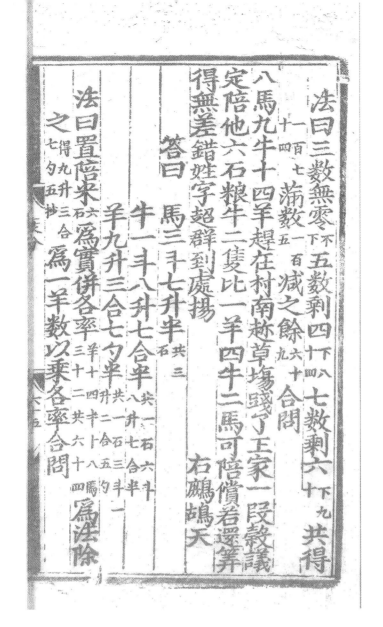

法曰：三數無零不下。五數剩四下八十四。七數剩六下九十。共得一百七十四。滿數一百五減之，餘六十九。合問。

八馬九牛十四羊，趕在村南趂草塲。踐了王家一段穀，議定陪他六石粮。牛二隻比一羊，四牛二馬可陪償。若還筭得無差錯，姓字超群到處揚。　　右鷓鴣天

答曰：馬三斗七升半，共三石；

牛一斗八升七合半，共一石六斗八升七合半；

羊九升三合七勺半，共一石三斗一升二合五勺。

法曰：置陪米六石爲實，并各率羊十四，牛十八，馬三十二，共六十四。爲法，除之得九升三合七勺五抄。爲一羊數，以乘各率，合問。

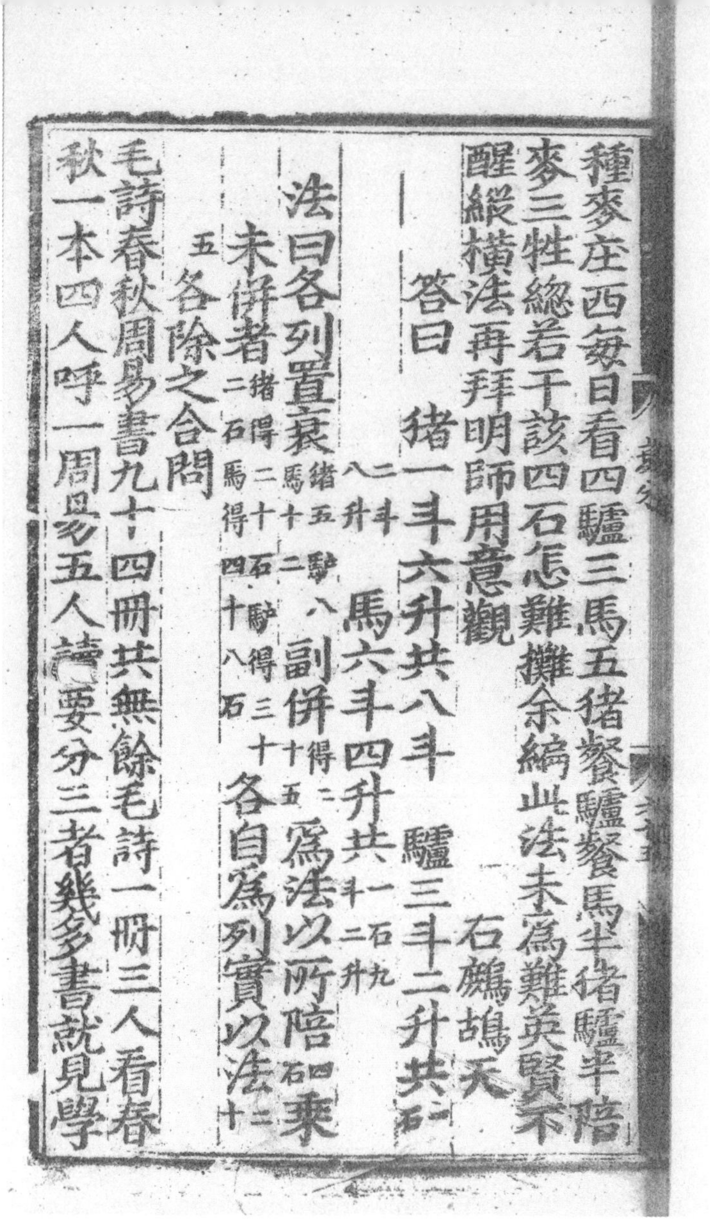

種麥庄西每日看，四驢三馬五猪餐。驢餐馬半猪驢半，陪麥三牲総若干。該四石怎難攤，余編此法未爲難。英賢不醒縱横法，再拜明師用意觀。　　右鷓鴣天

答曰：猪一斗六升，共八斗；驢三斗二升，共二石二斗八升；馬六斗四升，共一石九斗二升。

法曰：各列置衰猪五，駒八，馬十二。副并得二十五。爲法。以所陪四石乘未并者猪得二十石，駒得三十二石，馬得四十八石。各自爲列實。以法二十五各除之，合問。

《毛詩》《春秋》《周易》書，九十四册共無餘。《毛詩》一册三人看，《春秋》一本四人呼。一《周易》五人讀，要分三者幾多書。就見学

生多少數，請均布筭莫躊躇。　　　　　　　　右鷓鴣天

答曰：《毛詩》四十本，《春秋》三十本，

《周易》二十四本，學生三百六十名。

法曰：各列置衰互乘五乘四得二十。○三乘四得一十二。○三乘五得一十五。副并得四十七。爲法。又互乘三乘四得十二，以乘五得六十。以乘總書九十四得五千六百四十。爲實。以法除之得一百二十。以三除得《毛詩》數。四除得《春秋》數。五除得《周易》數。以各書數仍與三、四、五次第乘之，得各生數。合問。

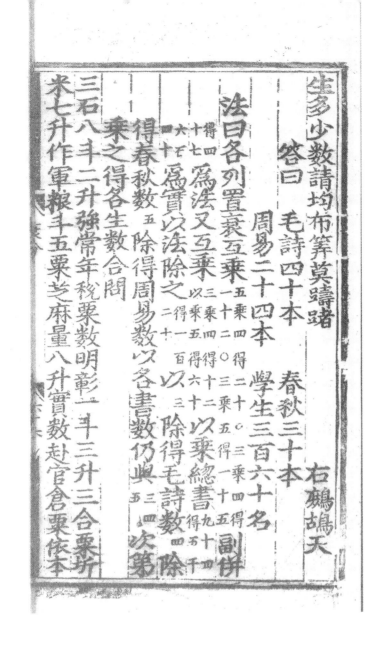

三石八斗二升强，常年税粟數明彰。一斗三升三合粟，折米七升作軍粮。斗五粟芝麻量，八升實數赴官倉。粟依本

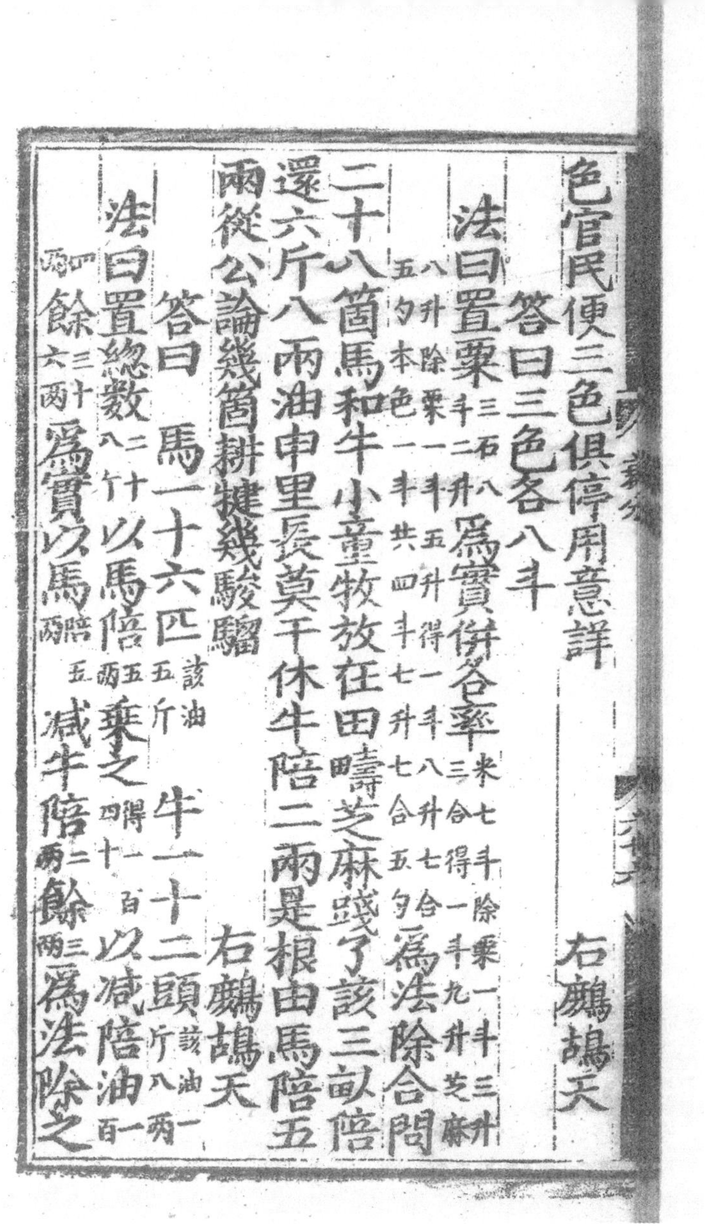

色官民便，三色俱停用意詳。　　右鵬鴣天

答曰：三色各八斗。

法曰：置粟三石八斗二升爲實，并各率米七斗除粟一斗三升三合得一斗九升。芝麻八升除粟一斗五升得一斗八升七合五勺。本色一斗，共四斗七升七合五勺。爲法，除，合問。

二十八箇馬和牛，小童牧放在田疇。芝麻踐了該三畝，陪還六斤八兩油。申里長莫干休，牛陪二兩是根由。馬陪五兩從公論，幾箇耕犍幾駿騮？　　右鵬鴣天

答曰：馬一十六匹該油五斤。　牛一十二頭該油一斤八兩。

法曰：置總數二十八个以馬陪五兩乘之得一百四十。以減陪油一百四兩餘三十六兩爲實。以馬陪五兩減牛陪二兩餘三兩爲法。除之

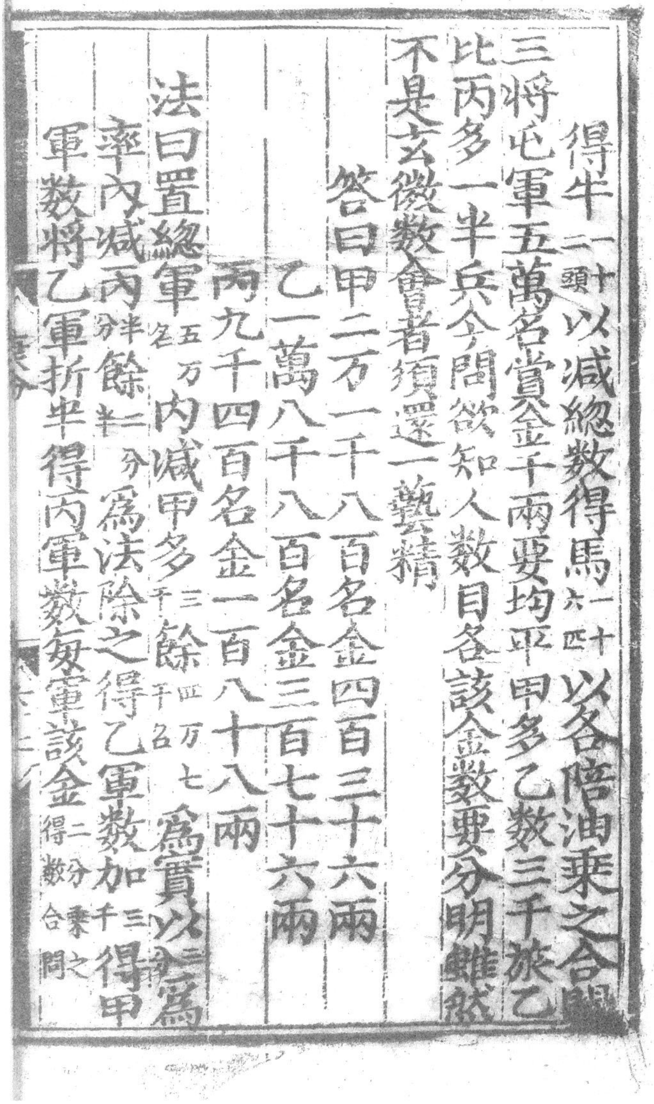

得牛二十二頭。以減總數得馬二十六匹。以各陪油乘之，合問。

三將屯軍五萬名，賞金千兩要均平。甲多乙數三千旅，乙比丙多一半兵。今問欲知人數目，各該金數要分明。雖然不是玄微數，會者須還一藝精。

答曰：甲二万一千八百名，金四百三十六兩，

乙一萬八千八百名，金三百七十六兩，

丙九千四百名，金一百八十八兩。

法曰：置總軍五万名內減甲多三千餘四万七千名。爲實。以三分爲率，內減丙半分餘二分半爲法。除之，得乙軍數。加三千得甲軍數。將乙軍折半得丙軍數。每軍該金二分乘之得數。合問。

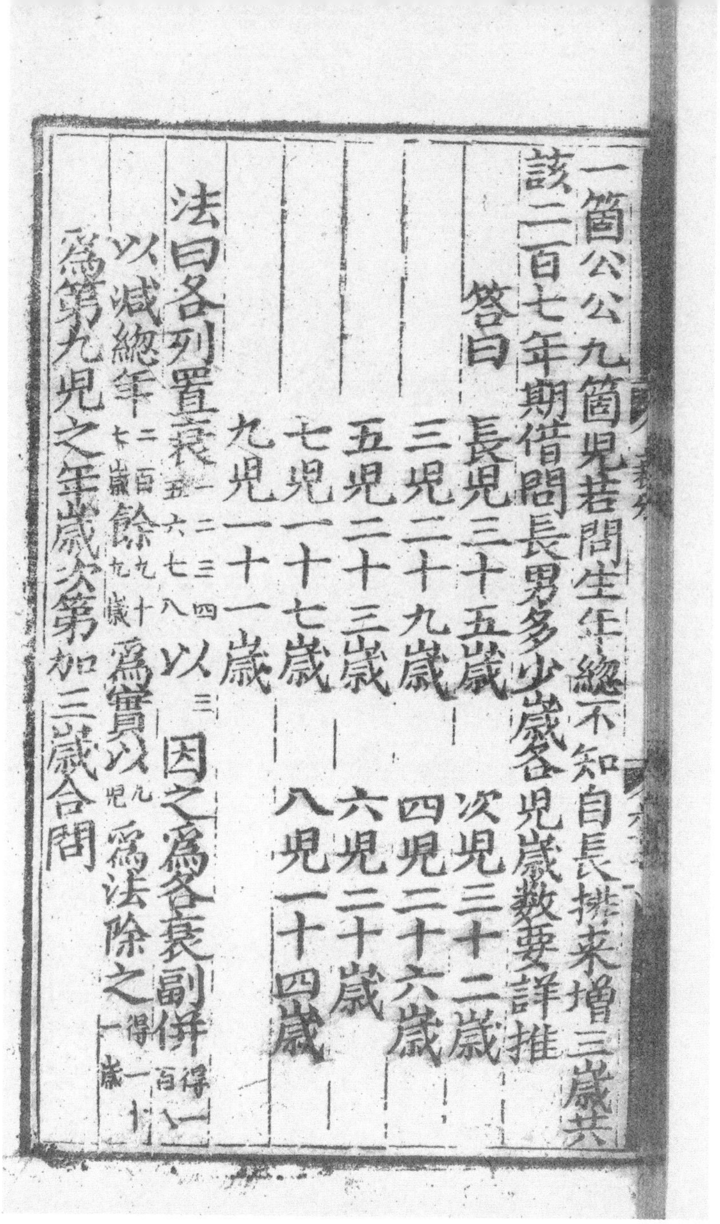

一箇公公九箇兒，若問生年總不知。自長排来增三歲，共該二百七年期。借問長男多少歲，各兒歲數要詳推。

答曰：長兒三十五歲，　次兒三十二歲，

三兒二十九歲，　四兒二十六歲，

五兒二十三歲，　六兒二十歲，

七兒一十七歲，　八兒一十四歲，

九兒一十一歲。

法曰：各列置衰一、二、三、四、五、六、七、八以三因之爲各衰。副并得一百八。以減總年二百七歲餘九十九歲。爲實。以九兒爲法，除之得一十一歲。爲第九兒之年歲，次第加三歲。合問。

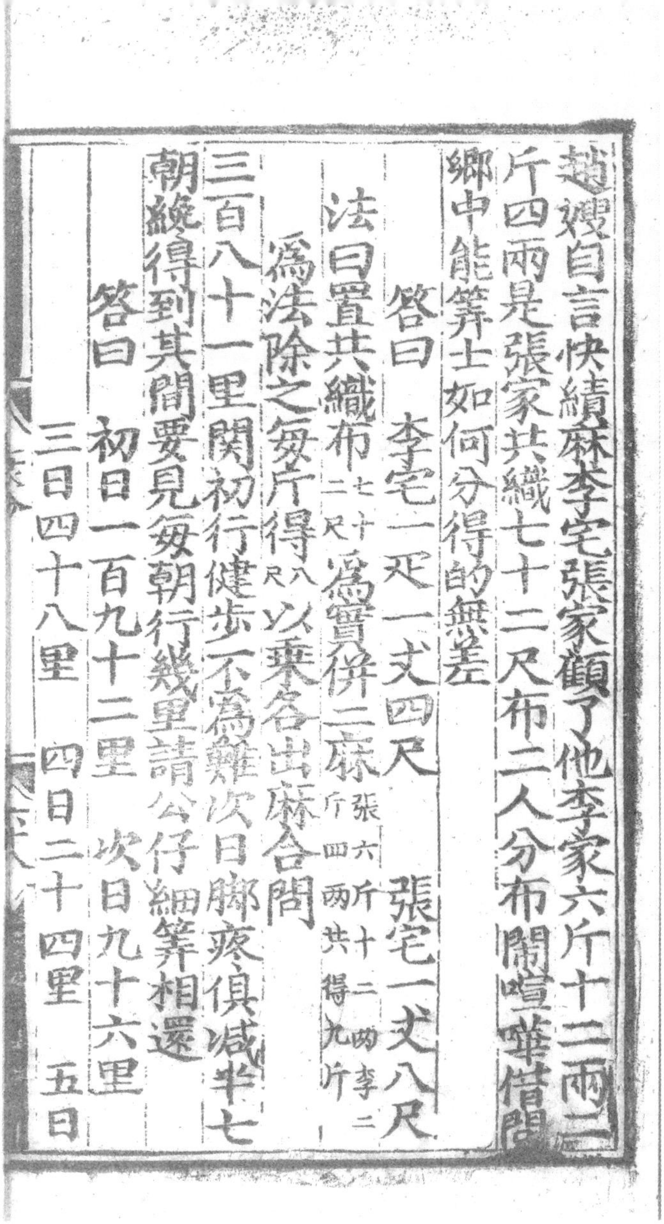
趙嫂自言快績麻李宅張家顧了他李家六斤十二兩二
斤四兩是張家共織七十二尺布二人分布閙喧嘩借問
鄉中能筭士如何分得的無差
答曰　李宅一疋一丈四尺　張宅一丈八尺
法曰置共織布七十二尺爲實併二麻張六斤十二兩李二斤四兩共得九斤
爲法除之每斤得八尺以乘各出麻合問
三百八十一里關初行健步不爲難次日脚疼俱減半七
朝纔得到其間要見每朝行幾里請公仔細筭相還
答曰　初日一百九十二里　次日九十六里
三日四十八里　四日二十四里　五日

趙嫂自言快績麻，李宅張家顧了他。李家六斤十二兩，二斤四兩是張家。共織七十二尺布，二人分布閙喧嘩。借問鄉中能筭士，如何分得的無差。

答曰：李宅一匹一丈四尺，　張宅一丈八尺。

法曰：置共織布（七十二尺）爲實。并二麻（張六斤十二兩、李二斤四兩，共得九斤。）

爲法，除之，每斤得（八尺。）以乘各出麻。合問。

三百八十一里関，初行健步不爲難。次日脚疼俱減半，七朝纔得到其間。要見每朝行幾里，請公仔細筭相還。

答曰：初日一百九十二里，次日九十六里，

三日四十八里，四日二十四里，五日

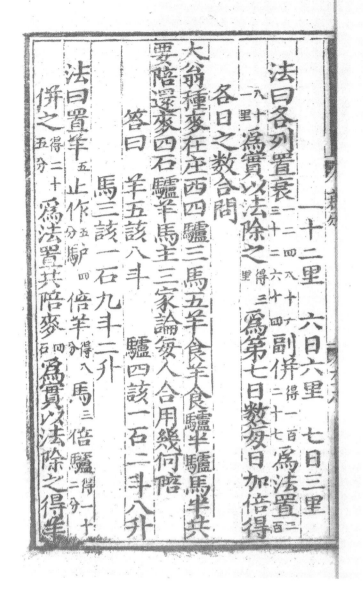

一十二里，六日六里，七日三里。

法曰：各列置衰（一、二、四、八、十六、三十二、六十四、）副并（得一百二十七。）爲法。置（三百八十一里）爲實。以法除之（得三里。）爲第七日數。每日加倍，得各日之數，合問。

大翁種麥在庄西，四驢三馬五羊食。羊食驢半驢馬半，共要陪還麥四石。驢羊馬主三家論，每人合用幾何陪？

答曰：羊五該八斗，驢四該一石二斗八升，

馬三該一石九斗二升。

法曰：置羊（五）止作（五分）驢（四）倍羊（得八分。）馬（三）倍驢（得一十二分。）并之（得二十五分。）爲法。置共陪麥（四石）爲實。以法除之，得羊該陪一斗六升。各加。合問。

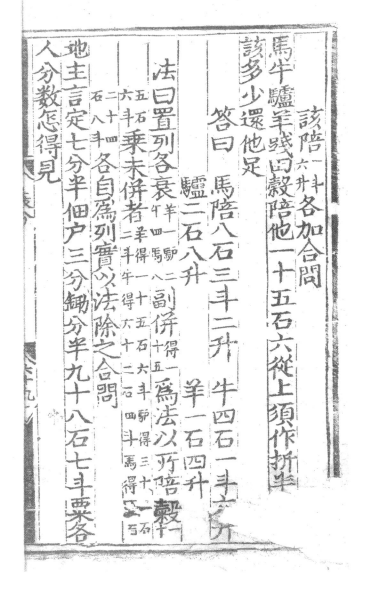

馬牛驢羊踐田穀，陪他一十五石六。從上須作折半償，各[1]該多少還他足？

答曰：馬陪八石三斗二升，牛四石一斗六升，

驢二石八升，羊一石四升。

法曰：置列各衰羊一，牛四，驢二，馬八。副并得一十五。爲法。以所陪穀一十五石六斗乘未并者羊得一十五石六斗，驢得三十一石二斗，牛得六十二石四斗，馬得一百二十四石八斗。各自爲列實。以法除之，合問。

地主言定七分半，佃户三分鋤分半。九十八石七斗粟，各人分數怎得見？

1 “償”“各”二字處，静嘉堂本、上海圖書館本均破損，上海圖書館本依稀可見“償”字，國家圖書館本依稀可見“各”字。

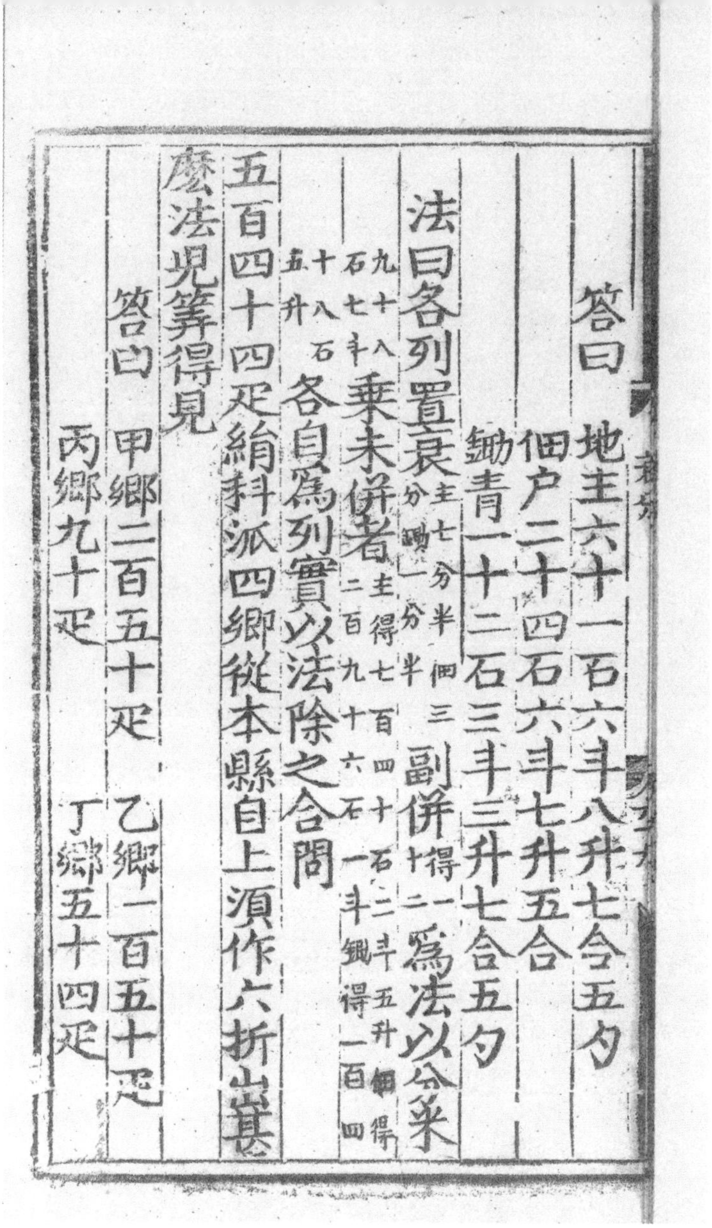

答曰：地主六十一石六斗八升七合五勺，

佃户二十四石六斗七升五合，

鋤青一十二石三斗三升七合五勺。

法曰：各列置衰主七分半，佃三分，鋤一分半。副并得一十二。爲法。以分九十八石七斗乘未并者主得七百四十石二斗五升。佃得二百九十六石一斗。鋤得一百四十八石五升。各自爲列實。以法除之，合問。

五百四十四匹絹，科派四鄉從本縣。自上須作六折出，甚麼法兒筭得見？

答曰：甲鄉二百五十四，乙鄉一百五十四，

丙鄉九十四，丁鄉五十四匹。

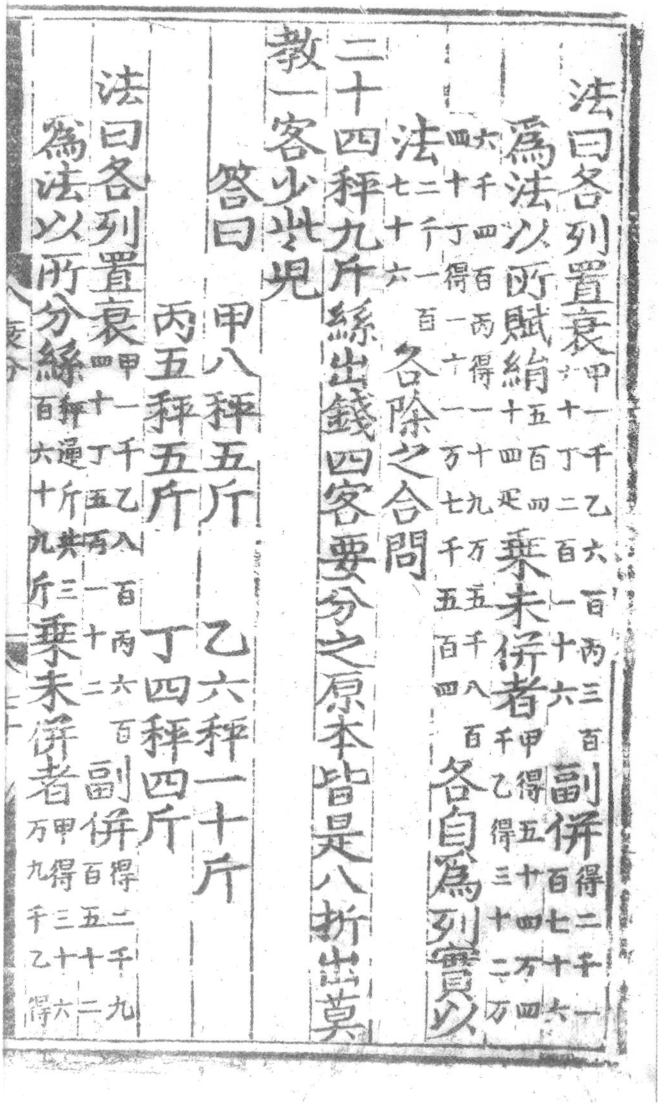

法曰：各列置衰甲一千，乙六百，丙三百六十，丁二百一十六。副并得二千一百七十六為法。以所賦絹五百四十四匹乘未并者甲得五十四万四千，乙得三十二万六千四百，丙得一十九万五千八百四十，丁得一十一万七千五百四。各自為列實。以法二千一百七十六各除之，合問。

二十四秤九斤絲，出錢四客要分之。原本皆是八折出，莫教一客少些兒。

答曰：甲八秤五斤，乙六秤一十斤，

丙五秤五斤，丁四秤四斤。

法曰：各列置衰甲一千，乙八百，丙六百四十，丁五百一十二。副并得二千九百五十二。為法。以所分絲秤通斤共三百六十九斤。乘未并者甲得三十六万九千，乙得

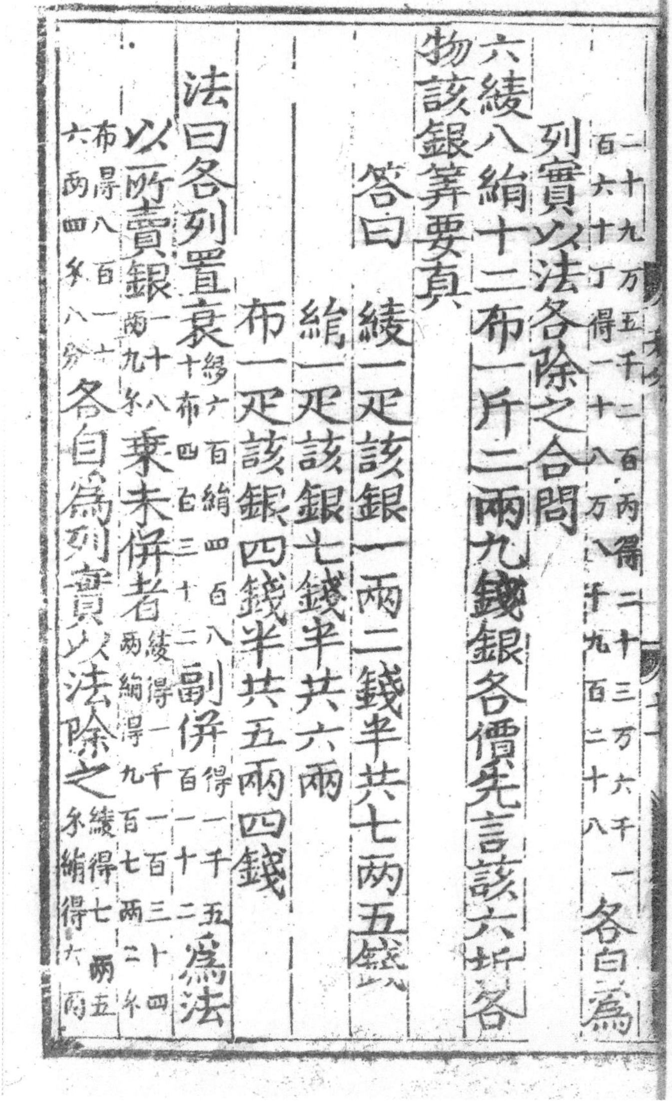

二十九万五千二百，丙得二十三万六千一百六十，丁得一十八万八千九百二十八。各自爲

列實。以法各除之，合問。

六綾八絹十二布，一斤二兩九錢銀。各價先言該六折，各物該銀筭要真。

答曰：綾一匹，該銀一兩二錢半共七兩五錢；

絹一匹，該銀七錢半共六兩；

布一匹，該銀四錢半共五兩四錢。

法曰：各列置衰綾六百，絹四百八十，布四百三十二。副并得一千五百一十二。爲法。

以所賣銀一十八兩九錢乘未并者綾得一千一百三十四兩，絹得九百七兩二錢，布得八百一十六兩四錢八分。各自爲列實。以法除之綾得七兩五錢，絹得六兩，

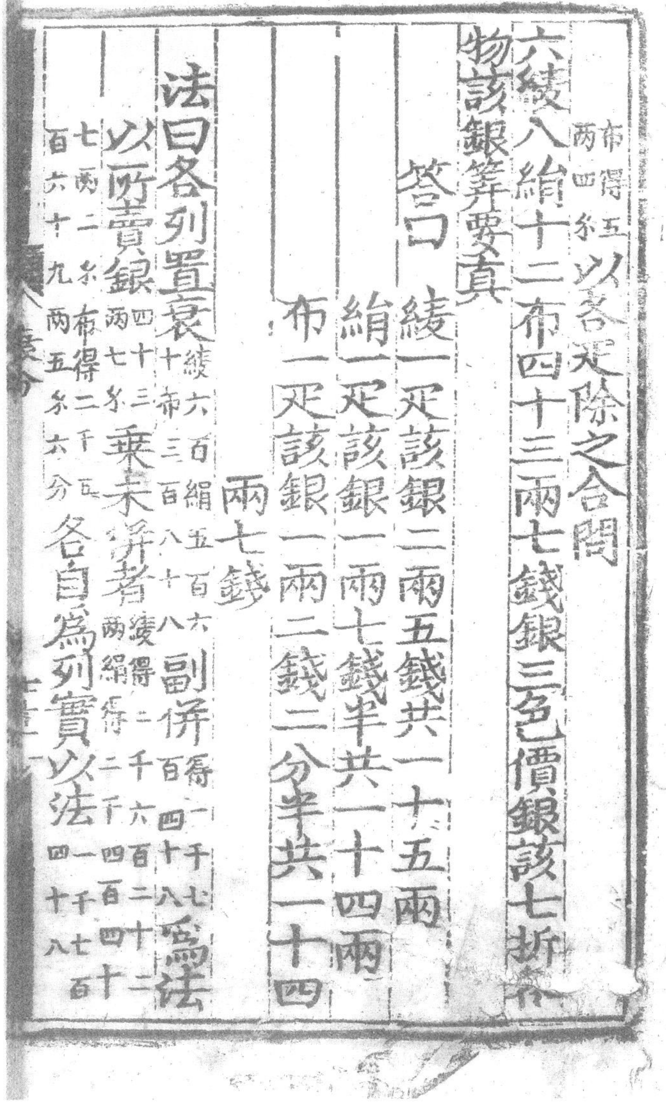

布得五兩四錢。以各匹除之，合問。

六綾八絹十二布，四十三兩七錢銀。三色價銀該七折，各物該銀筭要真。

答曰：綾一匹，該銀二兩五錢共一十五兩；

絹一匹，該銀一兩七錢半共一十四兩；

布一匹，該銀一兩二錢二分半共一十四兩七錢。

法曰：各列置衰綾六百，絹五百六十，布三百八十八。副并得一千七百四十八。爲法，以所賣銀四十三兩七錢乘未并者綾得二千六百二十二兩，絹得二千四百四十七兩二錢，布得二千五百六十九兩五錢六分。各自爲列實。以法一千七百四十八

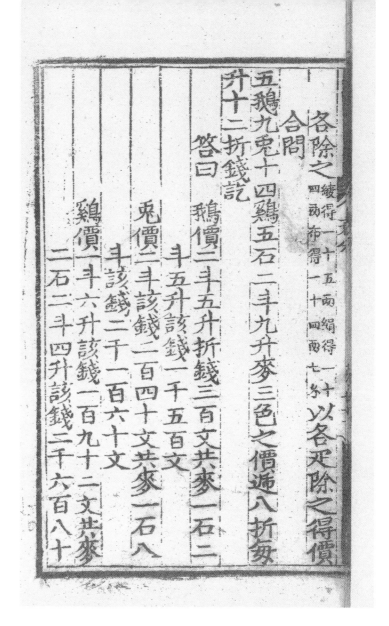

各除之（綾得一十五兩，絹得一十四兩，布得一十四兩七錢。）以各匹除之，得價。

合問。

五鵝九兔十四鷄，五石二斗九升麥。三色之價遞八折，每升十二折錢訖。

答曰：鵝價二斗五升，折錢三百文，共麥一石二斗五升，該錢一千五百文；

兔價二斗，該錢二百四十文，共麥一石八斗，該錢二千一百六十文；

鷄價一斗六升，該錢一百九十二文，共麥二石二斗四升，該錢二千六百八十八文。

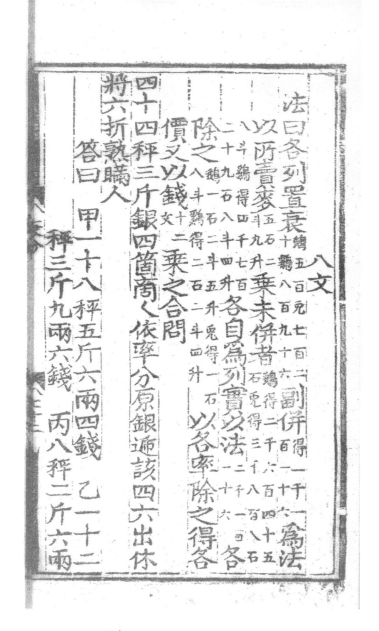

法曰：各列置衰鵝五百，兔七百二十，鷄八百九十六。副并得一千一百一十六。爲法，以所賣麥五石二斗九升乘未并者鵝得二千六百四十五石，兔得三千八百八石八斗，鷄得四千七百二十九石八斗四升。各自爲列實。以法二千一百二十六各除之。鵝一石二斗五升，兔得一石八斗，鷄得二石二斗四升。以各率除之，得各價，又以錢十二文乘之。合問。

四十四秤三斤銀，四箇商人依率分。原銀遞該四六出，休將六折熟瞞人。

答曰：甲一十八秤五斤六兩四錢，乙一十二秤三斤九兩六錢，丙八秤二斤六兩四錢，丁五秤六斤九兩六錢。

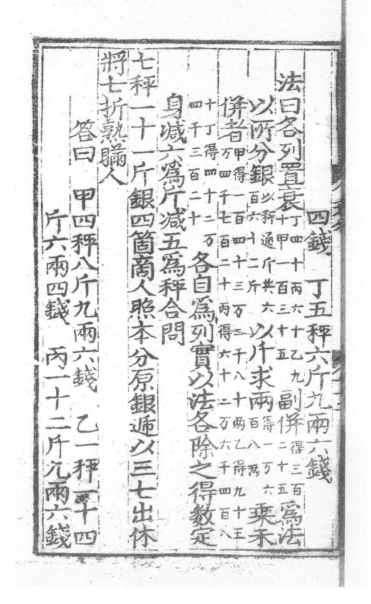

法曰：各列置衰丁四十，丙六十，乙九十，甲一百三十五。副并得三百二十五。爲法。

以所分銀以秤通斤共六百六十二斤。以斤求兩得一万六百八兩。乘未

并者甲得一百四十三万二千八十兩，乙得九十五万四千七百二十，丙得六十二万六千四百八十，丁得四十二万四千三百二十。各自爲列實。以法各除之，得數定

身減六爲斤，減五爲秤。合問。

七秤一十一斤銀，四箇商人照本分。原銀遞以三七出，休將七折熟瞞人。

答曰：甲四秤八斤九兩六錢，乙一秤一十四

斤六兩四錢，丙一十二斤九兩六錢，

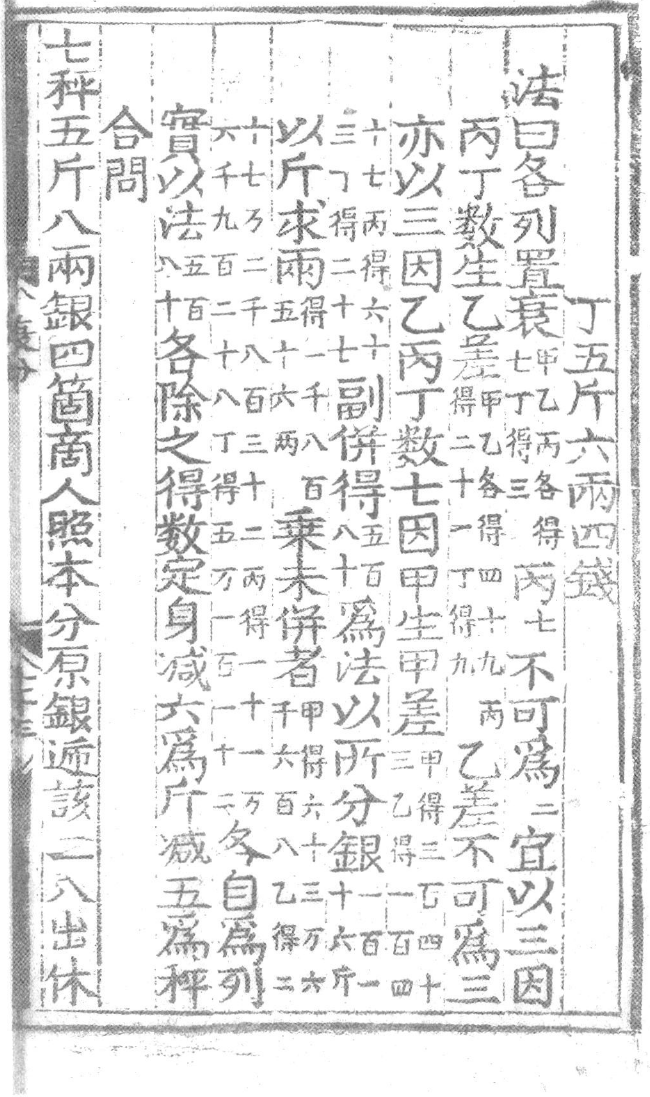

丁五斤六兩四錢。

法曰：各列置衰（甲、乙、丙各得七，丁得三。）丙七不可爲二，宜以三因丙、丁數，生乙差。（甲、乙各得四十九，丙得二十一，丁得九。）乙差不可爲三，亦以三因乙、丙、丁數。七因甲，生甲差（甲得三百四十三，乙得一百四十七，丙得六十三，丁得二十七。）副并得（五百八十。）爲法。以所分銀（一百一十六斤）以斤求兩（得一千八百五十六兩。）乘未并者（甲得六十三万六千六百八，乙得二十七万二千八百三十二，丙得一十一万六千九百二十八，丁得五万一百一十二。）各自爲列實，以法（五百八十）各除之。得數定身減六爲斤，減五爲秤。合問。

七秤五斤八兩銀，四箇商人照本分。原銀遞該二八出，休

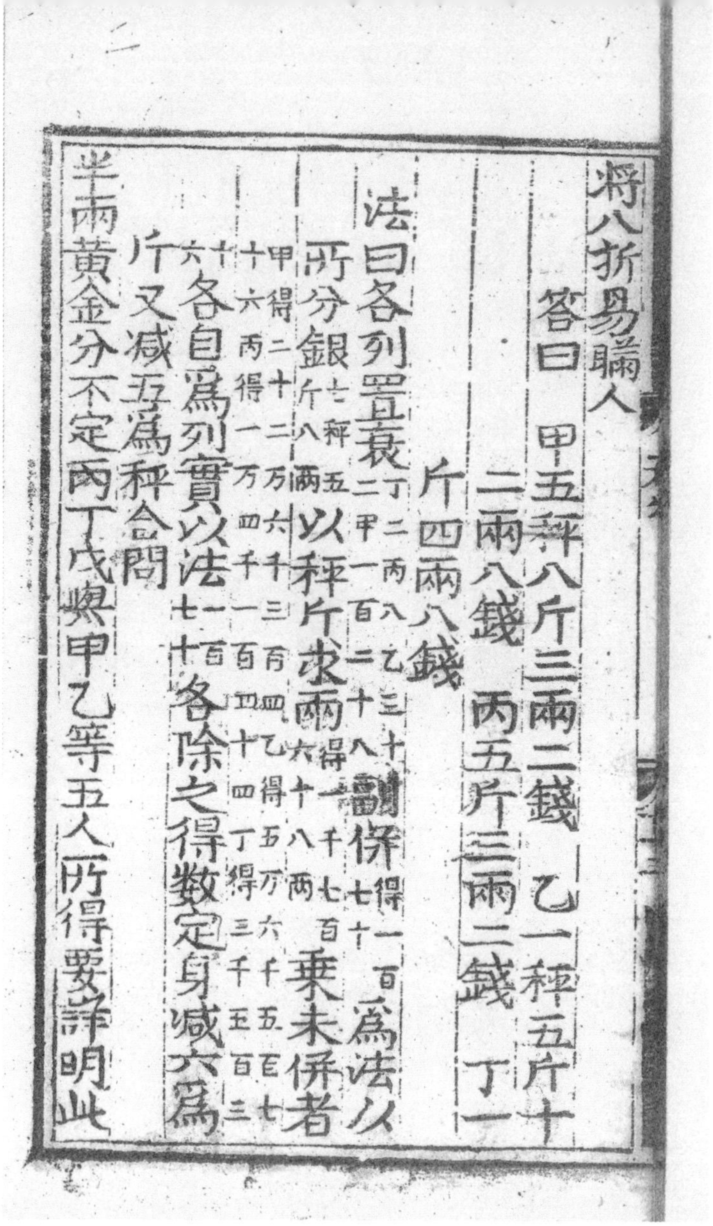

將八折易瞞人。

答曰：甲五秤八斤三兩二錢，乙一秤五斤十二兩八錢，丙五斤三兩二錢，丁一斤四兩八錢。

法曰：各列置衰丁二，丙八，乙三十二，甲一百二十八。副并得一百七十。爲法。以所分銀七秤五斤八兩以秤斤求兩得一千七百六十八兩。乘未并者。甲得二十二万六千三百四。乙得五万六千五百七十六。丙得一万四千一百四十四。丁得三千五百三十六。各自爲列實，以法一百七十各除之。得數定身減六爲斤，又減五爲秤，合問。

半兩黃金分不定，丙丁戊與甲乙等。五人所得要詳明，此

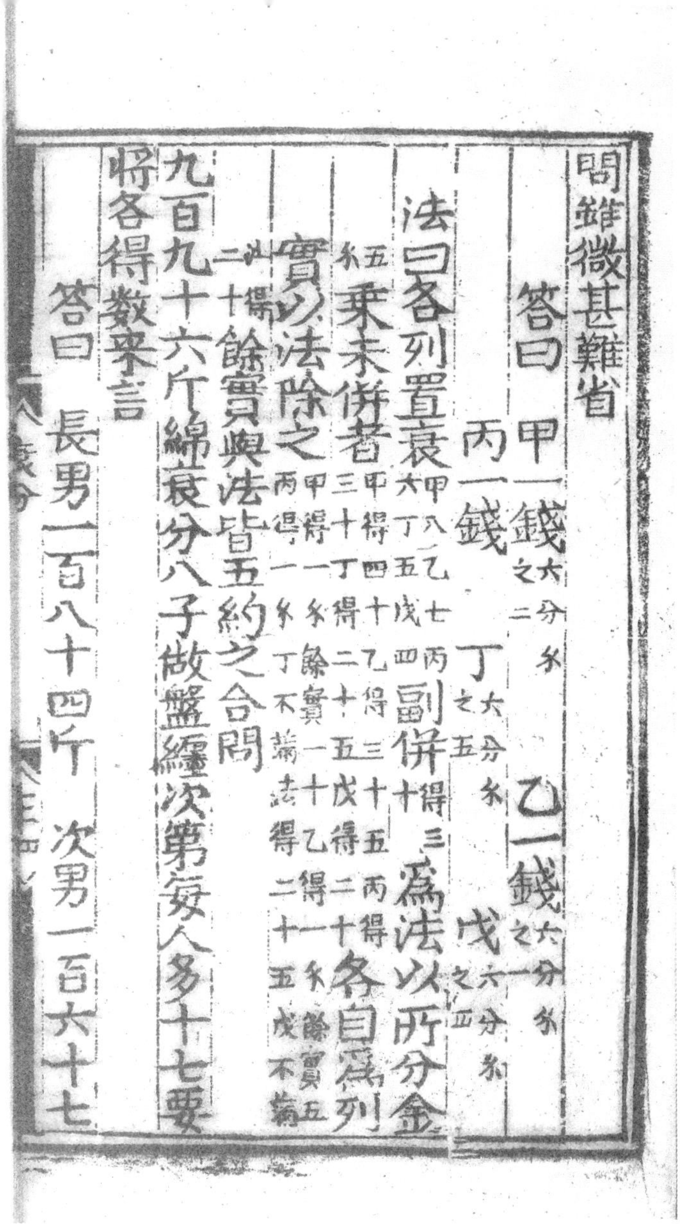

問雖微甚難省。

答曰：甲一錢六分錢之二，　乙一錢六分錢之一，

丙一錢，　丁六分錢之五，　戊六分錢之四。

法曰：各列置衰甲八，乙七，丙六，丁五，戊四。副并得三十。爲法。以所分金五錢乘未并者。甲得四十，乙得三十五，丙得三十，丁得二十五，戊得二十。各自爲列實，以法除之。甲得一錢餘實一十，乙得一錢餘實五，丙得一錢，丁不滿法得二十五，戊不滿法得二十。餘實與法皆五約之。合問。

九百九十六斤綿，衰分八子做盤纏。次第每人多十七，要將各得數来言。

答曰：長男一百八十四斤，次男一百六十七

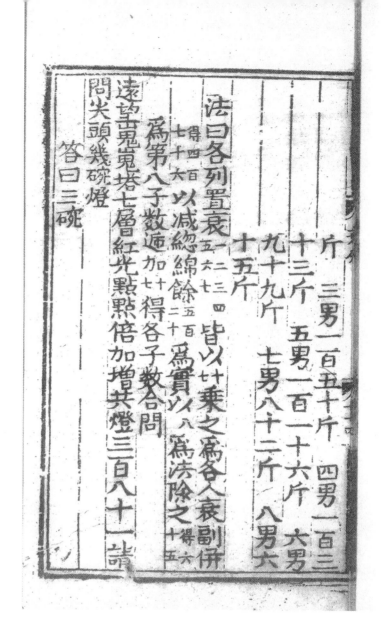

斤，三男一百五十斤，四男一百三十三斤，五男一百一十六斤，六男九十九斤，七男八十二斤，八男六十五斤。

法曰：各列置衰一、二、三、四、五、六、七。皆以十七乘之爲各人衰。副并得四百七十六。以減總綿餘五百二十。爲實。以八爲法，除之得六十五。爲第八子。數遞加十七得各子數。合問。

遠望嵬嵬塔七層，紅光點點倍加增。共燈三百八十一，請問尖頭幾碗燈。

答曰：三碗。

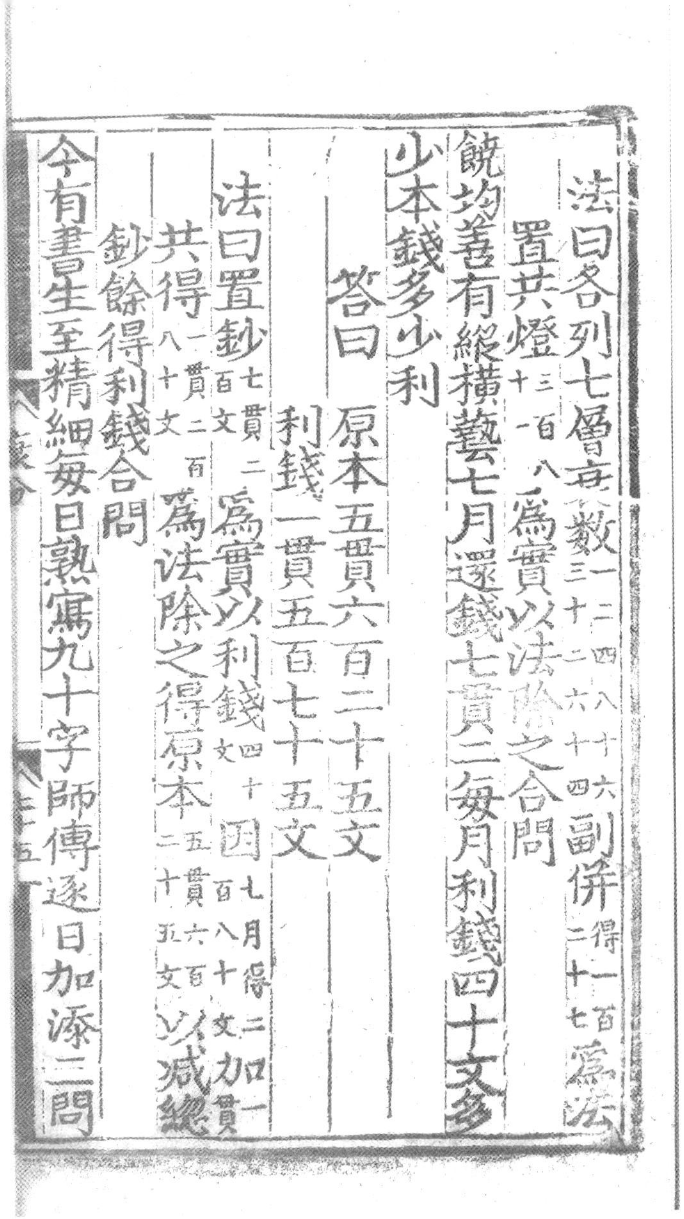
法曰各列七層衰數一二四八十六三十二六十四副併得一百二十七爲法
置共燈三百八十一爲實以法除之合問
饒均善有縱横藝七月還錢七貫二每月利錢四十文多
少本錢多少利
答曰原本五貫六百二十五文
利錢一貫五百七十五文
法曰置鈔七貫二百文爲實以利錢四十文因七月得二百八十文加一貫
共得一貫二百八十文爲法除之得原本五貫六百二十五文以減總
鈔餘得利錢合問
今有書生至精細每日熟寫九十字師傅逐日加添三問

法曰：各列七層衰數一、二、四、八、十六、三十二、六十四。副并得一百二十七。爲法。

置共燈三百八十一爲實。以法除之，合問。

饒均善有縱横藝，七月還錢七貫二。每月利錢四十文，多少本錢多少利？

答曰：原本五貫六百二十五文，

利錢一貫五百七十五文。

法曰：置鈔七貫二百文爲實，以利錢四十文因七月得二百八十文。加一貫共得一貫二百八十文。爲法，除之，得原本五貫六百二十五文。以減總鈔，餘得利錢。合問。

今有書生至精細，每日熟寫九十字。師傅逐日加添三，問

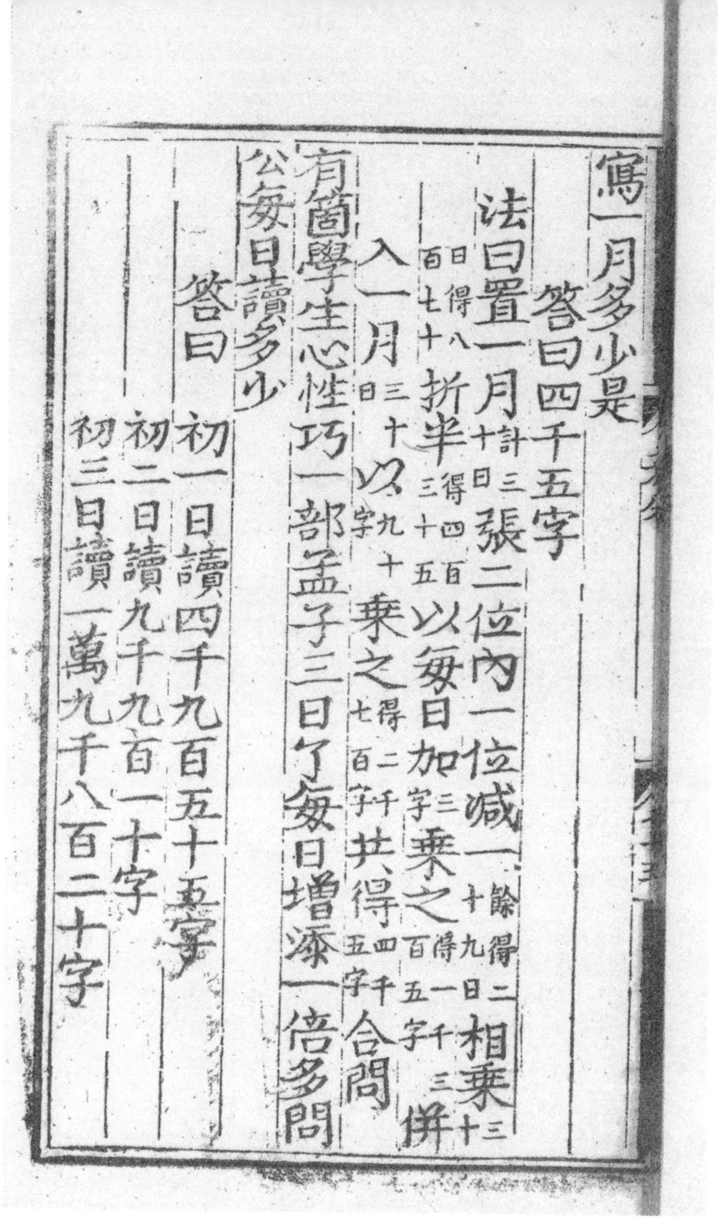
寫一月多少是
答曰四千五字
法曰置一月計三十日張二位內一位減一餘得二十九日相乘三十日得八百七十折半得四百三十五以每日加三字乘之得一千三百五字并入一月三十日以九十字乘之得二千七百字共得四千五字合問
有箇學生心性巧一部孟子三日了每日增添一倍多問公每日讀多少
答曰初一日讀四千九百五十五字
初二日讀九千九百一十字
初三日讀一萬九千八百二十字

寫一月多少是？

答曰：四千五字。

法曰：置一月計三十日張二位，內一位減一餘得二十九日。相乘三十日得八百七十。折半得四百三十五。以每日加三字乘之得一千三百五字。并入一月三十日以九十字乘之得二千七百字。共得四千五字。合問。

有箇學生心性巧，一部《孟子》三日了。每日增添一倍多，問公每日讀多少？

答曰：初一日讀四千九百五十五字，

初二日讀九千九百一十字，

初三日讀一萬九千八百二十字。

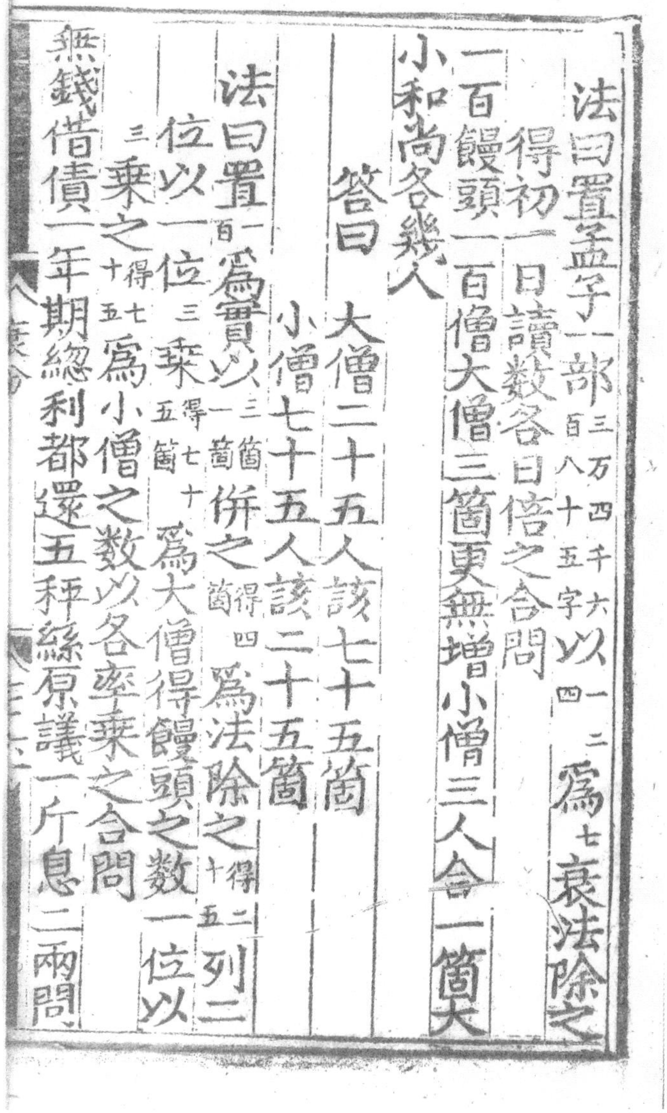

法曰：置《孟子》一部三万四千六百八十五字以一、二、四。爲七衰法，除之得初一日讀數。各日倍之。合問。

一百饅頭一百僧，大僧三箇更無增。小僧三人合一箇，大小和尚各幾人？

答曰：大僧二十五人，該七十五箇，

小僧七十五人，該二十五箇。

法曰：置一百爲實，以三箇、一箇。并之得四箇。爲法，除之得二十五。列二位，以一位三乘得七十五箇。爲大僧得饅頭之數。一位以三乘之得七十五。爲小僧之數。以各率乘之，合問。

無錢借債一年期，總利都還五秤絲。原議一斤息二兩，問

公原本要先知。　答曰：五十斤

法曰：通絲五秤得七十五斤。爲實，以月十二爲法，除之得六十二斤半。却

以息二兩作一二五除之，得原本五十斤。合問。

十萬三千短竹，做成好筆堪言。管三冒五有則，不知多少團圓？　答曰：筆一十九萬三千一百二十五管，

管用竹六萬四千三百七十五竿，

冒用竹三萬八千六百二十五竿。

法曰：置竹一十万三千爲實，并管三冒五共得八。爲法，除之得一万二千八百七十五。爲一停率。以三乘之得冒用竹三万八千六百二十五竿。

以五乘之得管用竹六万四千三百七十五竿。[1] 以管三乘之，得筆

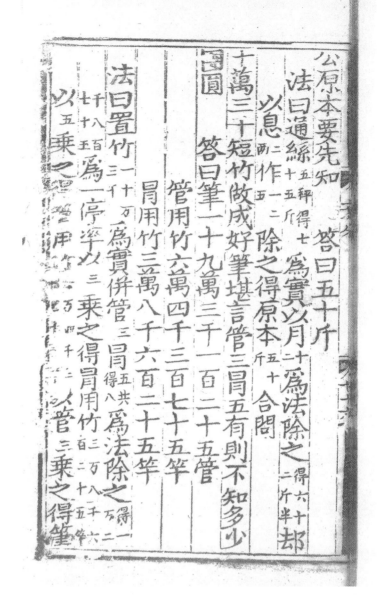

1“得管用竹六萬四千三百七十五竿。”各本不清，依題意作此。

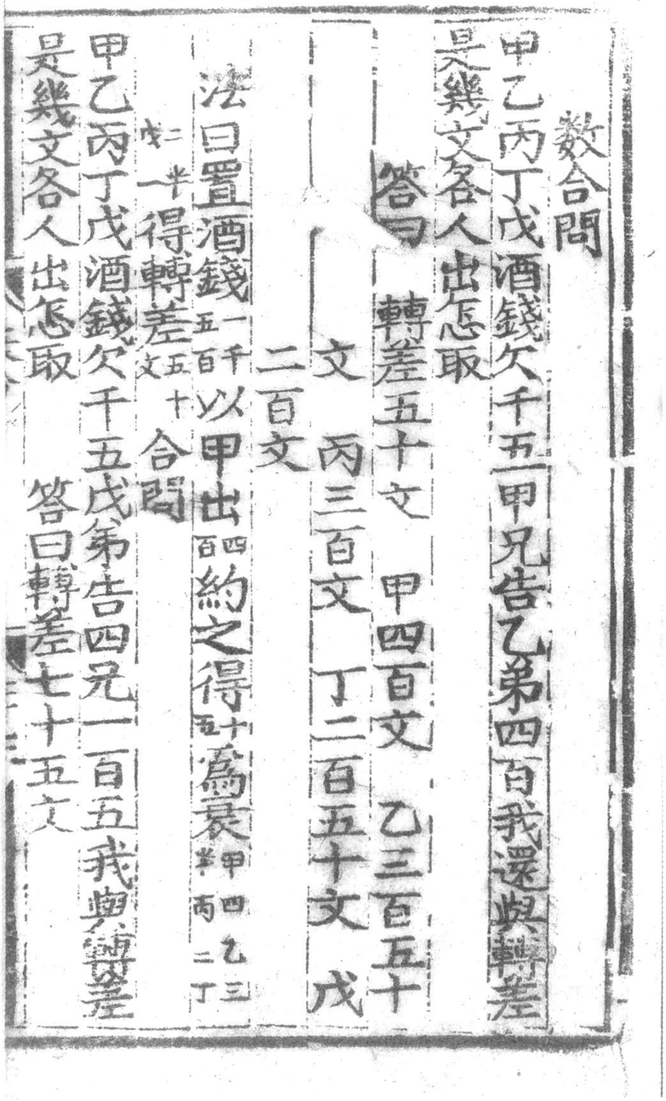

數。合問。

甲乙丙丁戊，酒錢欠千五。甲兄告乙弟，四百我還與。轉差是幾文，各人出怎取？

答曰：轉差五十文，甲四百文，乙三百五十文，丙三百文，丁二百五十文，戊二百文。

法曰：置酒錢一千五百以甲出四百約之得十五。爲衰甲四半，乙三，丙二，丁二半，戊一。得轉差五十文。合問。

甲乙丙丁戊，酒錢欠千五。戊弟告四兄，一百五我與，轉差是幾文，各人出怎取？　答曰：轉差七十五文。

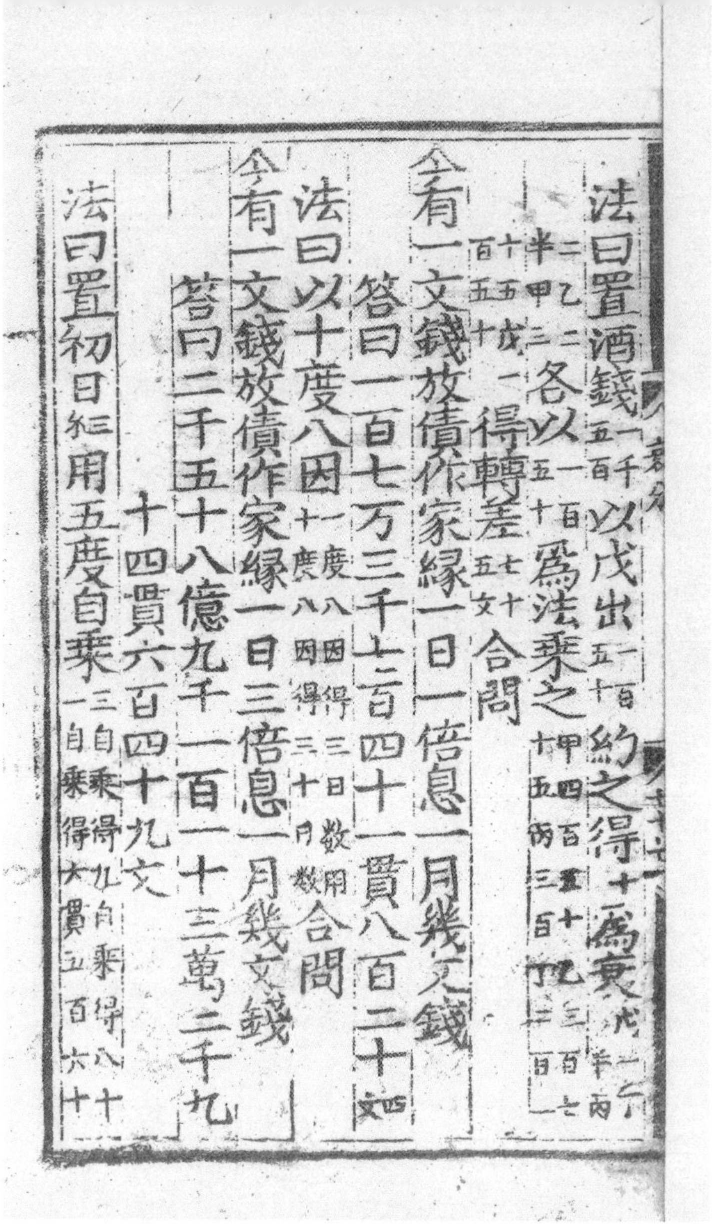

法曰：置酒錢一千五百以戊出一百五十約之得十。爲衰戊一；丁一半，丙二；乙二半，甲三。各以一百五十爲法，乘之甲四百五十，乙三百七十五，丙三百，丁二百一十五，戊一百五十。得轉差七十五文。合問。

今有一文錢，放債作家緣。一日一倍息，一月幾文錢？

答曰：一百七万三千七百四十一貫八百二十四文。

法曰：以十度八因一度八因得三日數，用十度八因得三十日數。合問。

今有一文錢，放債作家緣。一日三倍息，一月幾文錢？

答曰：二千五十八億九千一百一十三萬二千九十四貫六百四十九文。

法曰：置初日三錢用五度自乘三自乘得九，自乘得八十一，自乘得六貫五百六十一文，自乘得四万三千四十六貫七百二十一文，即第十六日錢數。又自乘得一万八千五百三十億二千一十八万八千八百五十一貫八百四十一文。爲實。以九除之。合問。

公侯伯子男，五四三二一。假有金五秤，依率要分訖。

答曰：公一秤十斤，侯一秤五斤，伯一秤，

子一十斤，男五斤。

法曰：各列置衰公五，侯四，伯三，子二，男一。副并得一十五。爲法。以所分金七十五斤乘未并者公得三百七十五，侯得三百，伯得二百二十五，丁得一百五十，男得七十五。各自爲列實。以法十五各除之。合問。

甲乙丙丁戊，分銀一兩五。甲多戊錢三，互和折半與。

答曰：甲三錢六分五厘，乙三錢三分二厘五

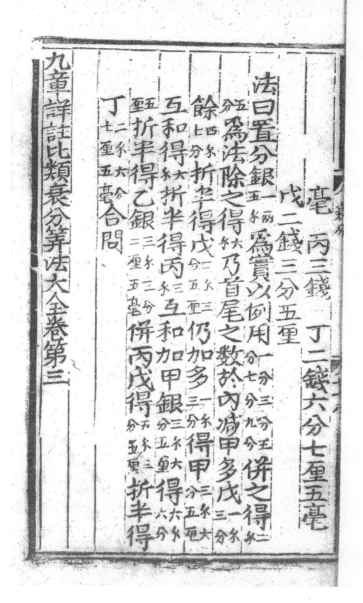

毫，丙三錢，丁二錢六分七厘五毫，

戊二錢三分五厘。

法曰：置分銀一兩五錢爲實。以例用一分，三分，五分，七分，九分。并之得二錢五分。爲法，除之得六錢。乃首尾之數。於内減甲多戊一錢三分餘四錢七分。折半得戊二錢三分五厘。仍加多一錢三分得甲三錢六分五厘。互和得六錢。折半得丙三錢。互和加甲銀三錢六分五厘得六錢六分五厘。折半得乙銀三錢三分二厘五毫。并丙戊得五錢三分五厘。折半得丁二錢六分七厘五毫。合問。

九章詳注比類衰分筭法大全卷第三

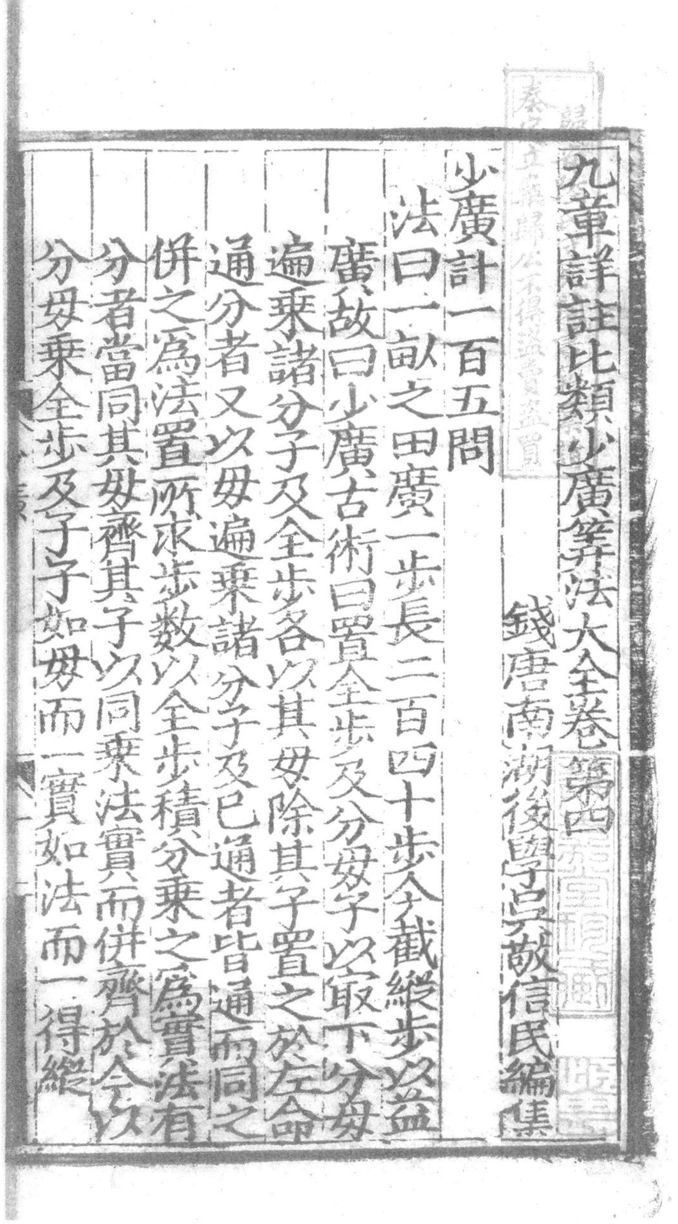
九章詳註比類少廣筭法大全卷第四
錢唐南湖後學吳敬信民編集
少廣計一百五問
法曰一畝之田廣一步長二百四十步今截縱步以益
廣故曰少廣古術曰置全步及分母子以最下分母
遍乘諸分子及全步各以其母除其子置之於左命
通分者又以母遍乘諸分子及已通者皆通而同之
併之爲法置所求步數以全步積分乘之爲實法有
分者當同其母齊其子以同乘法實而併齊於今以
分母乘全步及子子如母而一實如法而一得縱

九章詳注比類少廣筭法大全卷第四

錢唐南湖後學吴敬信民編集

少廣計一百五問

法曰：一畝之田，廣一步，長二百四十步。今截縱步以益廣，故曰“少廣”。古術曰：置全步及分母子，以最下分母遍乘諸分子及全步，各以其母除其子，置之於左。命通分者，又以母遍乘諸分子及已通者，皆通而同之，并之爲法。置所求步數，以全步積分乘之爲實。法有分者當同其母，齊其子，以同乘法實，而并齊於法[1]。今以分母乘全步及子，子如母而一。實如法而一，得縱。

1“法”字各本均缺，今依南宋本《九章算術》卷四“少廣術”補。

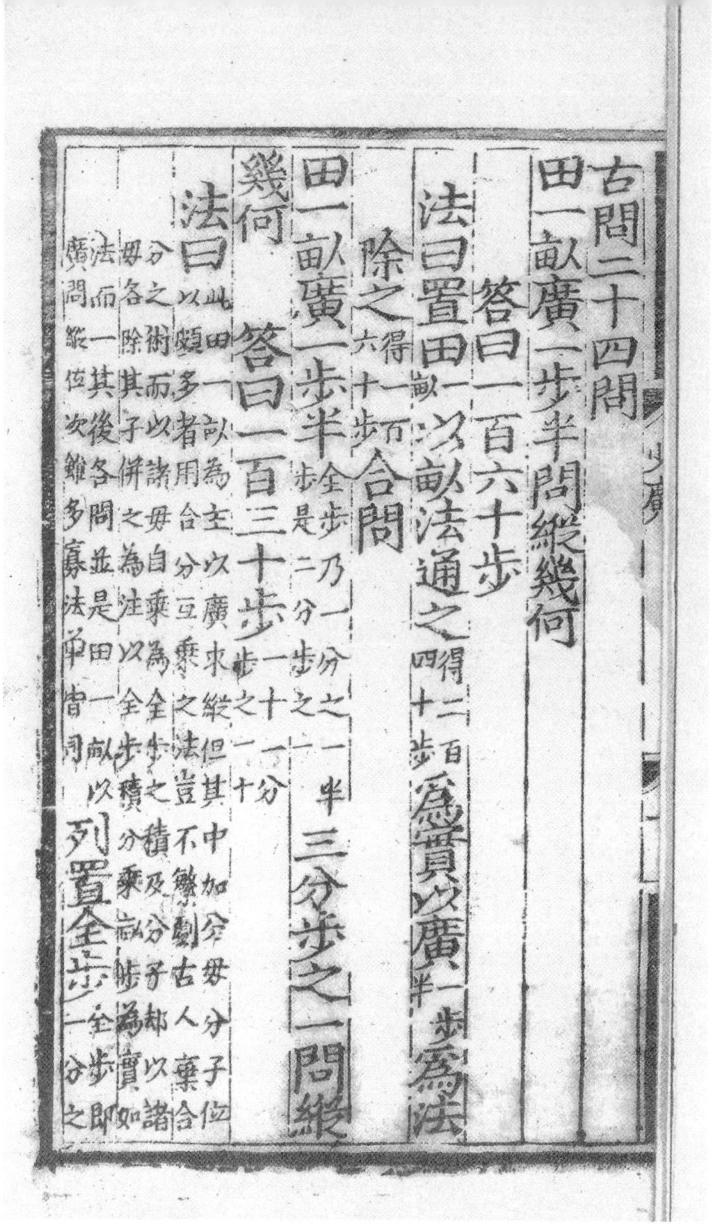
古問二十四問
田一畝廣一步半問縱幾何
答曰一百六十步
法曰置田一畝以畝法通之得二百四十步爲實以廣一步半爲法
除之得一百六十步合問
田一畝廣一步半全步乃一分之一半步是二分步之一半三分步之一問縱
幾何 答曰一百三十步一十一分步之一十
法曰此田一畝爲主以廣求縱但其中加分母分子位以頗多者用合分互乘之法豈不繁劇古人棄合
分之術而以諸母自乘爲全步之積及分子却以諸母各除其子併之爲注以全步積分乘畝步爲實如
法而一其後各問並是田一畝以廣問縱位次雖多寡法曰皆同 列置全步全步即一分之

古問二十四問

田一畝，廣一步半。問縱幾何？

答曰：一百六十步。

法曰：置田一畝以畝法通之得二百四十步。爲實。以廣一步半爲法，除之得一百六十步。合問。

田一畝，廣一步半全步乃一分之一，半步是二分步之一。半三分步之一。問縱幾何？ 答曰：一百三十步一十一分步之一十。

法曰：此田一畝爲主，以廣求縱。但其中加分母、分子位，以頗多者用合分互乘之法，豈不繁劇？古人棄合分之術，而以諸母自乘爲全步之積。及分子却以諸母各除其子，并之爲法。以全步積分乘畝步爲實，如法而一。其後各問并是田一畝，以廣問縱，位次雖多寡，法曰皆同。[1] 列置全步全步即一分之

1“并之爲法”之“法”，《比類大全》各本均誤作“注”，今依題意改。“法曰皆同”之“曰”字，各本均不清，依題意爲此。

二，半步即二分之一。及分母子以分母一，二，三列右行分子之一，一，一列左行而副并分母自乘不動正位，別置分母一乘二，二乘三得六。以六乘全步一分得六。分子之一得六。以全步積分六通畝步二百四十步得一千四百四十步。爲實。各以本母除子全步得六，其二分之一得三，其三分之一得二，并之得一十一。爲法。除實得一百三十步。餘實一十。以法命之，合問。

田一畝，廣一步半三分之一四分之一，問縱幾何？

答曰：一百一十五步五分步之一。

法曰：列置全步及分母子全步即一分之一，半步即二分之一。以分母一、二、三、四列右行，分子之一、一、一、一列左行。而副并分母自乘不動正位，別置分母一乘二得二，二乘三得六，四乘六得二十四。以乘全步及分子全步一分得二十四，分子之一得二

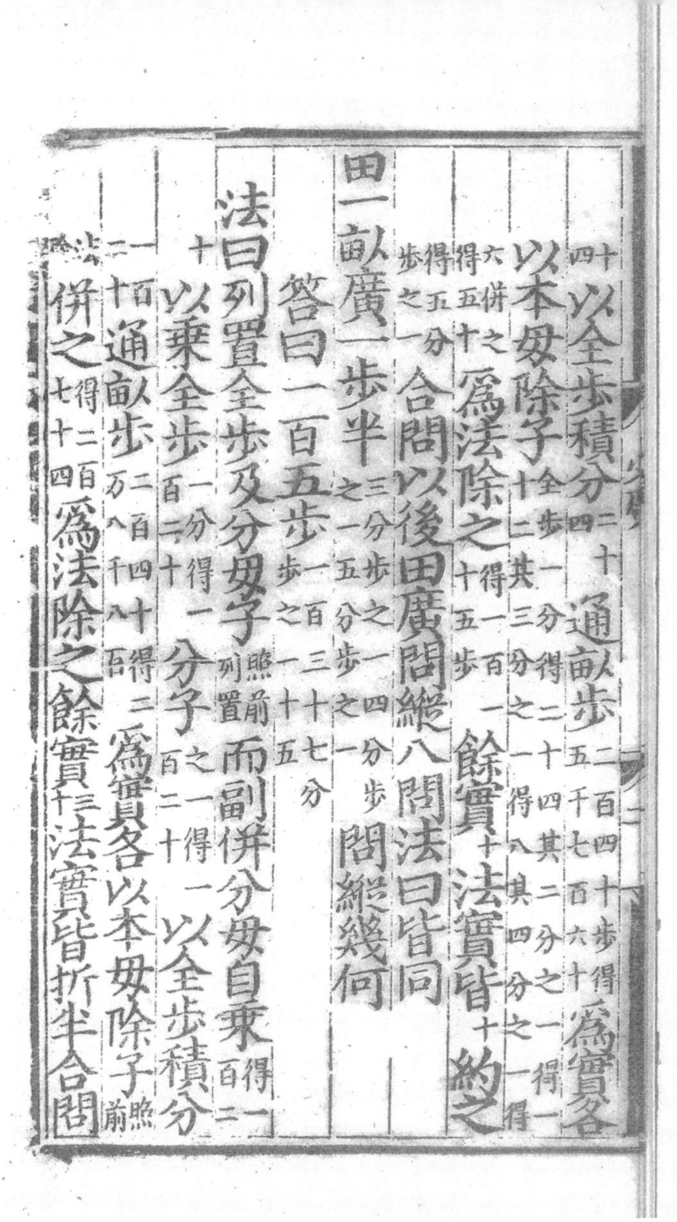

十四。以全步積分二十四通畝步二百四十步，得五千七百六十。爲實。各以本母除子全步一分得二十四，其二分之一得一十二，其三分之一得八，其四分之一得六，并之得五十。爲法。除之得一百一十五步。餘實十。法實皆十約之得五分步之一。合問。以後田廣問縱八問，法曰皆同。

田一畝，廣一步半三分步之一、四分步之一、五分步之一，問縱幾何？

答曰：一百五步一百三十七分步之一十五。

法曰：列置全步及分母子照前列置。而副并分母自乘得一百二十。以乘全步一分，得一百二十。分子之二，得一百二十。以全步積分二百二十通畝步二百四十，得二万八千八百。爲實。各以本母除子照前法除。并之得二百七十四。爲法，除之餘實三十。法實皆折半，合問。

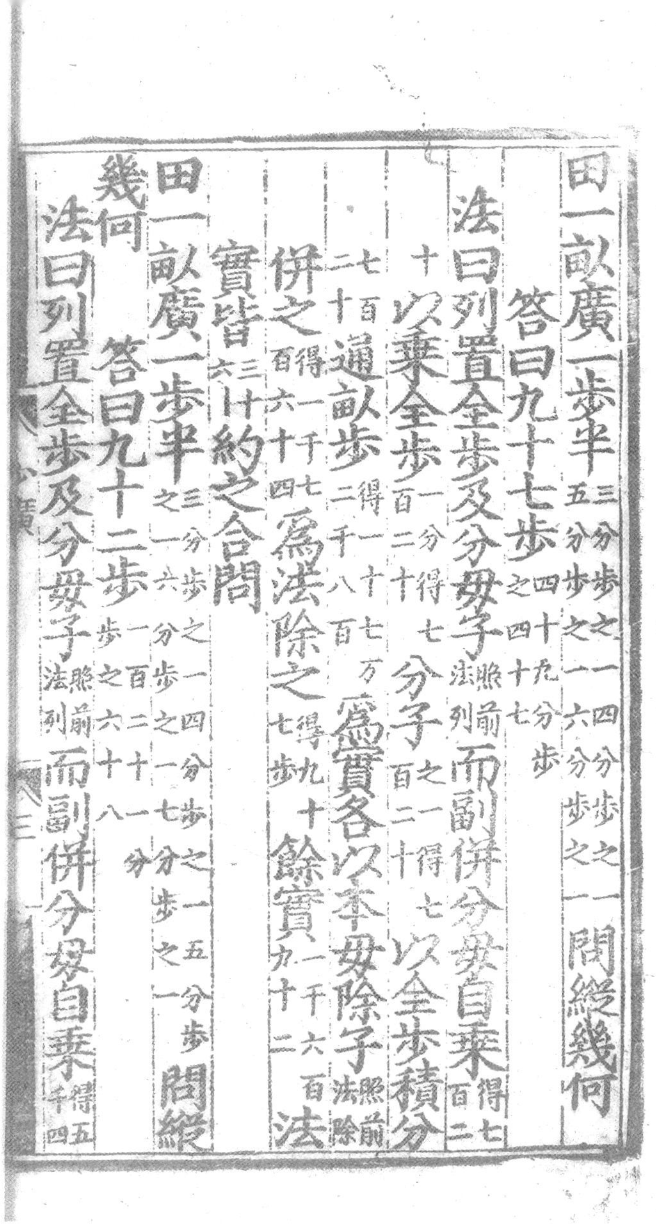

田一畝，廣一步半三分步之一、四分步之一、五分步之一、六分步之一，問縱幾何？

答曰：九十七步四十九分步之四十七。

法曰：列置全步及分母子照前法列。而副并分母自乘得七百二十。以乘全步一分，得七百二十。分子之一，得七百二十。以全步積分七百二十通畝步得一十七万二千八百。爲實。各以本母除子照前法除。并之得一千七百六十四。爲法。除之得九十七步。餘實一千六百九十二。法實皆三十六約之，合問。

田一畝，廣一步半三分步之一、四分步之一、五分步之一、六分步之一、七分步之一，問縱幾何？　答曰：九十二步一百二十一分步之六十八。

法曰：列置全步及分母子照前法列。而副并分母自乘得五千四

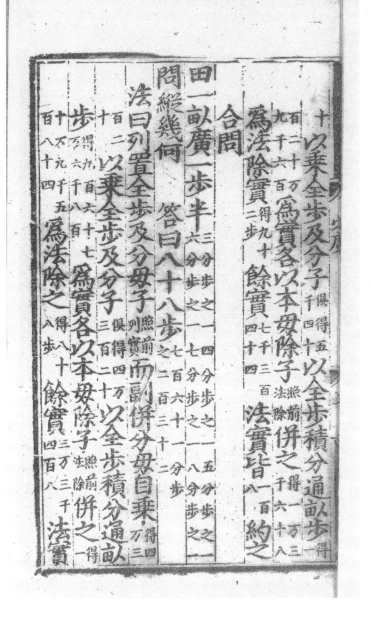

十。以乘全步及分子俱得五千四十。以全步積分通畝步得一百二十万九千六百。爲實。各以本母除子照前法除。并之得一万三千六十八爲法。除實得九十二步。餘實七千三百四十四。法實皆一百八約之。合問。

田一畝，廣一步半三分步之一、四分步之一、五分步之一、六分步之一、七分步之一、八分步之一，問縱幾何？　答曰：八十八步七百六十一分步之二百三十二。

法曰：列置全步及分母子照前列實。而副并分母自乘得四万三百二十。以乘全步及分子俱得四万三百二十。以全步積分通畝步得九百六十七万六千八百。爲實。各以本母除子照前法除。并之得一十万九千五百八十四。爲法。除之得八十八步。餘實三万三千四百八。法實

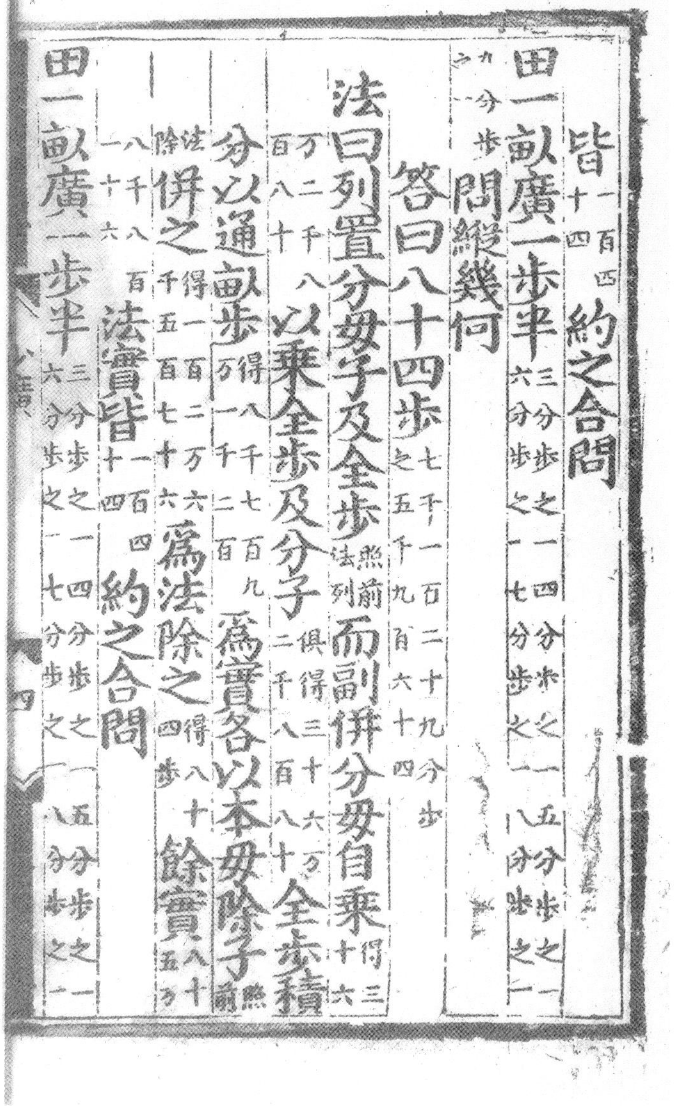

皆一百四十四約之。合問。

田一畝，廣一步半三分步之一、四分步之一、五分步之一、六分步之一、七分步之一、八分步之一、九分步之一，問縱幾何？

答曰：八十四步七千一百二十九分步之五千九百六十四。

法曰：列置分母子及全步照前法列。而副并分母自乘得三十六万二千八百八十。以乘全步及分子俱得三十六万二千八百八十。全步積分以通畝步得八千七百九十万一千二百。爲實。各以本母除子照前法除。并之得一百二十万六千五百七十六。爲法。除之得八十四步。餘實八十五万八千八百一十六。法實皆一百四十四。約之。合問。

田一畝，廣一步半三分步之一、四分步之一、五分步之一、六分步之一、七分步之一、八分步之一、

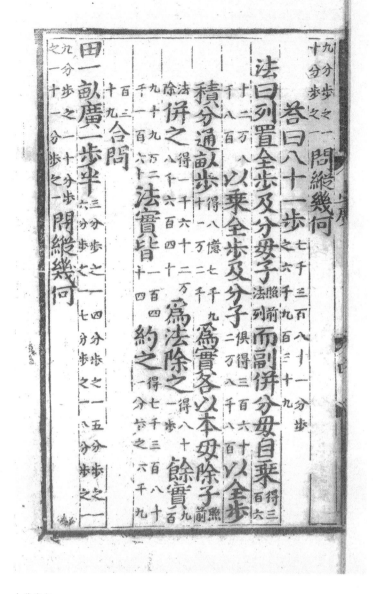

九分步之一、十分步之一，問縱幾何？

答曰：八十一步七千三百八十一分步之六千九百三十九。

法曰：列置全步及分母子照前法列。而副并分母自乘得三百六十二万八千八百。以乘全步及分子俱得三百六十二万八千八百。以全步積分通畝步得八億七千九十一万二千。爲實。各以本母除子照前法除。并之得一千六十二万八千六百四十。爲法。除之得八十一步。餘實九百九十九万二千一百六十。法實皆一百四十四約之得七千三百八十一分步之六千九百三十九。合問。

田一畝，廣一步半三分步之一、四分步之一、五分步之一、六分步之一、七分步之一、八分步之一、九分步之一、十分步之一、十一分步之一，問縱幾何？

答曰：七十九步八万三千七百一十一分步之三万九千六百三十一。

法曰：列置全步及分母子照前法列。而副并分母自乘得三千九百九十一万六千八百。以乘全步及分子俱得三千九百九十一万六千八百。以全步積分通畝步得九十五億八千三万二千。爲實。各以本母除子照前法除。并之得一億二千五百四十万三千八百四十。爲法。除之得七十九步。餘實五千七百六万八千六百四十。法實皆一百四十四約之。合問。

田一畝，廣一步半三分步之一、四分步之一、五分步之一、六分步之一、七分步之一、八分步之一、九分步之一、十分步之一、十一分步之一、十二分步之一，問縱幾何？

答曰：七十七步八万六千二十一分步之二万九千一百八十三。

法曰：列置全步及分母子照前法列。而副并分母自乘得四億七

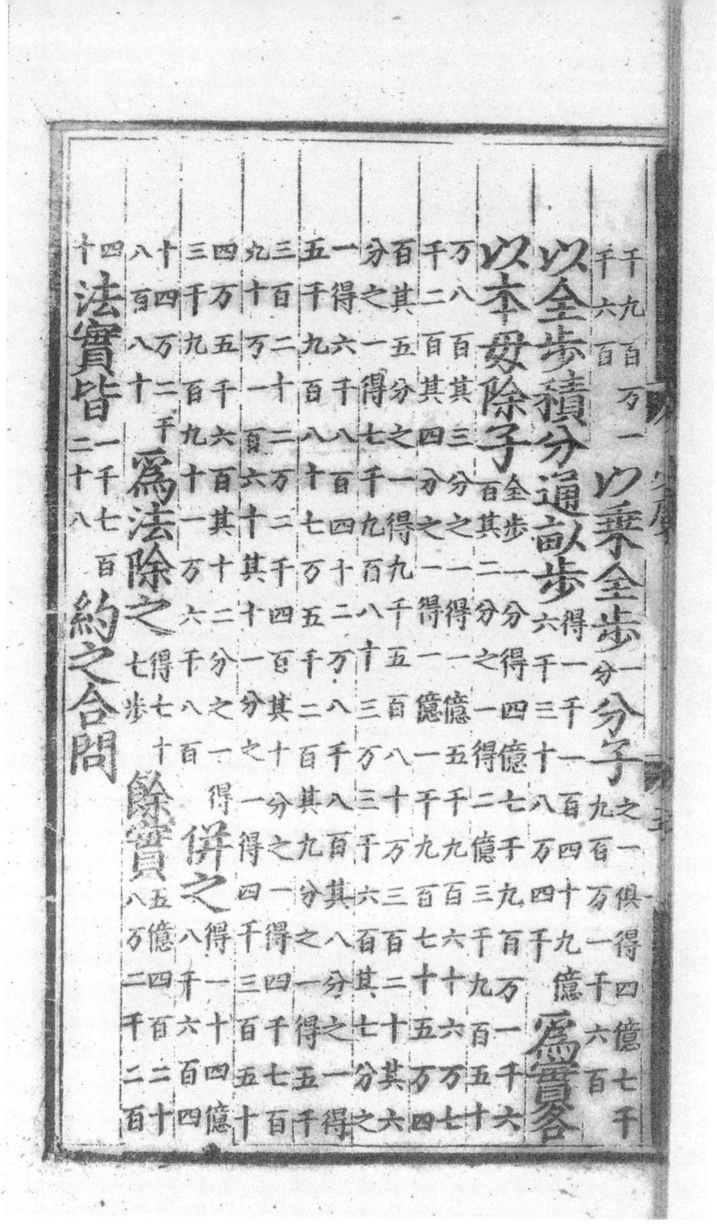

千九百万一千六百。以乘全步一分分子之一，俱得四億七千九百万一千六百。

以全步積分通畝步得一千一百四十九億六千三十八万四千。爲實。各

以本母除子全步一分得四億七千九百万一千六百。其二分之一得二億三千九百五十万八百。其三分之一得一億五千九百六十六万七千二百。其四分之一得一億一千九百七十五万四百。其五分之一得九千五百八十万三百二十。其六分之一得七千九百八十三万三千六百。其七分之一得六千八百四十二万八千八百。其八分之一得五千九百八十七万五千二百。其九分之一得五千三百二十二万二千四百。其十分之一得四千七百九十万一百六十。其十一分之一得四千三百五十四万五千六百。其十二分之一得三千九百九十一万六千八百。并之得一十四億八千六百四十四万二千八百八十。爲法，除之得七十七步。餘實五億四百二十八万二千二百四十。法實皆二千七百二十八約之。合問。

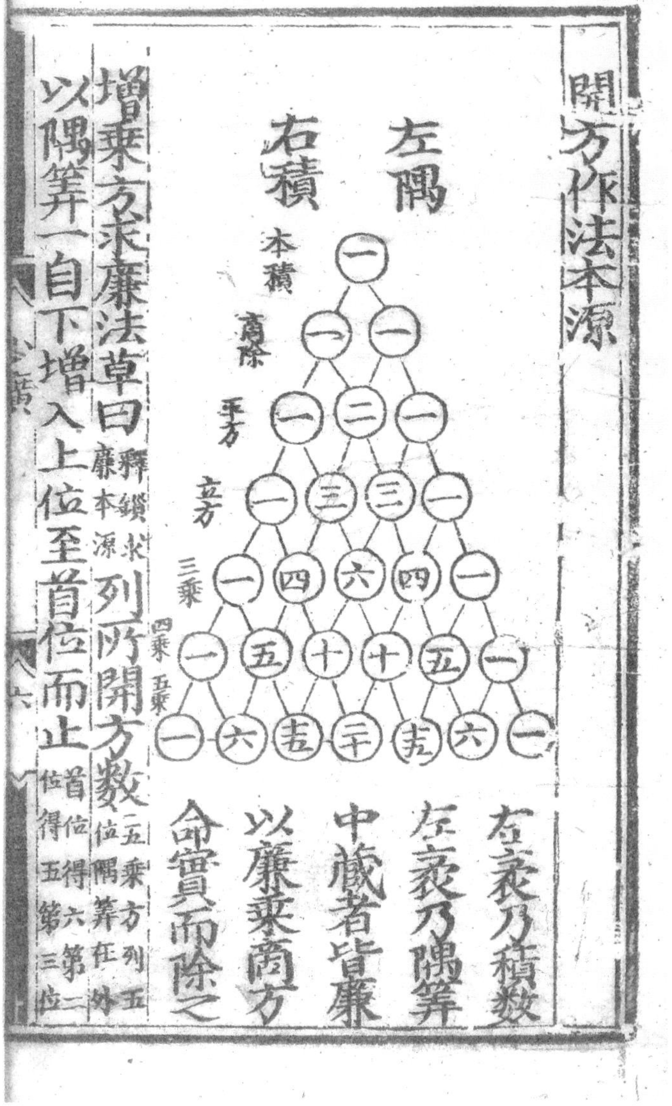

開方作法本源

增乘方求廉法草曰：釋鎖求廉本源。列所開方數五乘方列五位，隅筭在外。以隅筭一自下增入上位，至首位而止。首位得六，第二位得五，第三位

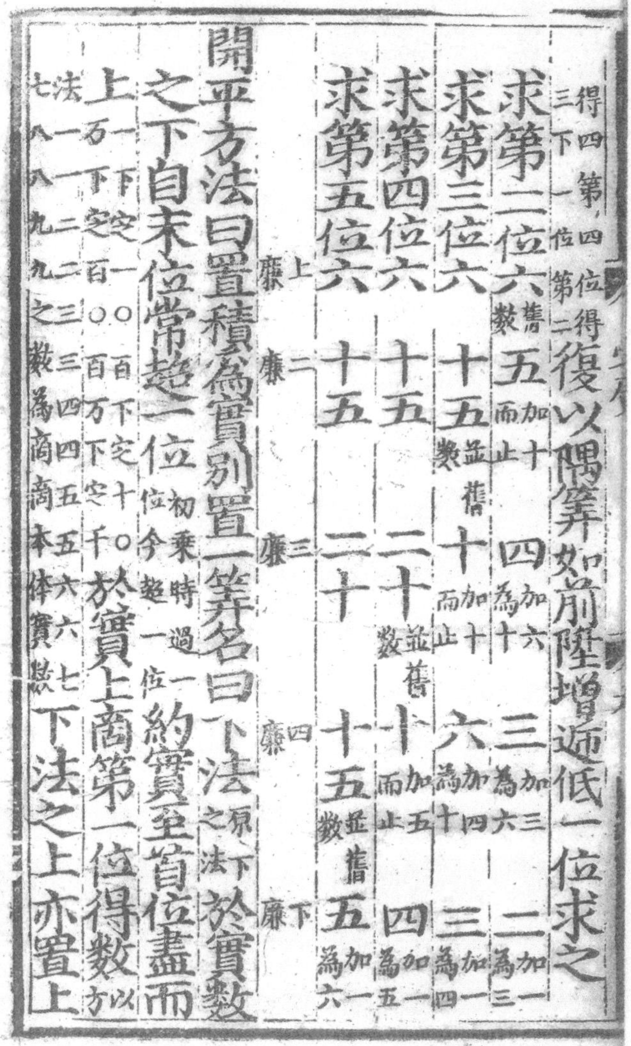

得四，第四位得三，下一位第二。復以隅筭如前陞增，遞低一位求之。

	上廉	二廉	三廉	四廉	下廉
求第二位	六舊數	五加十而止	四加六爲十	三加三爲六	二加一爲三
求第三位	六	十五并舊數	十加十而止	六加四爲十	三加一爲四
求第四位	六	十五	二十并舊數	十加五而止	四加一爲五
求第五位	六	十五	二十	十五并舊數	五加一爲六

開平方法曰：置積爲實，别置一筭，名曰“下法”。原下之法。於實數之下自末位常超一位。初乘時過一位，今超一位。約實至首位盡而上[1]。一下定一。○百下定十。○万下定百。○百万下定千。於實上商第一位得數。以方法一一，二二，三三，四四，五五，六六，七七，八八，九九之數爲商，商本体實數。下法之上亦置上

1“上”，依算法應爲“止”。

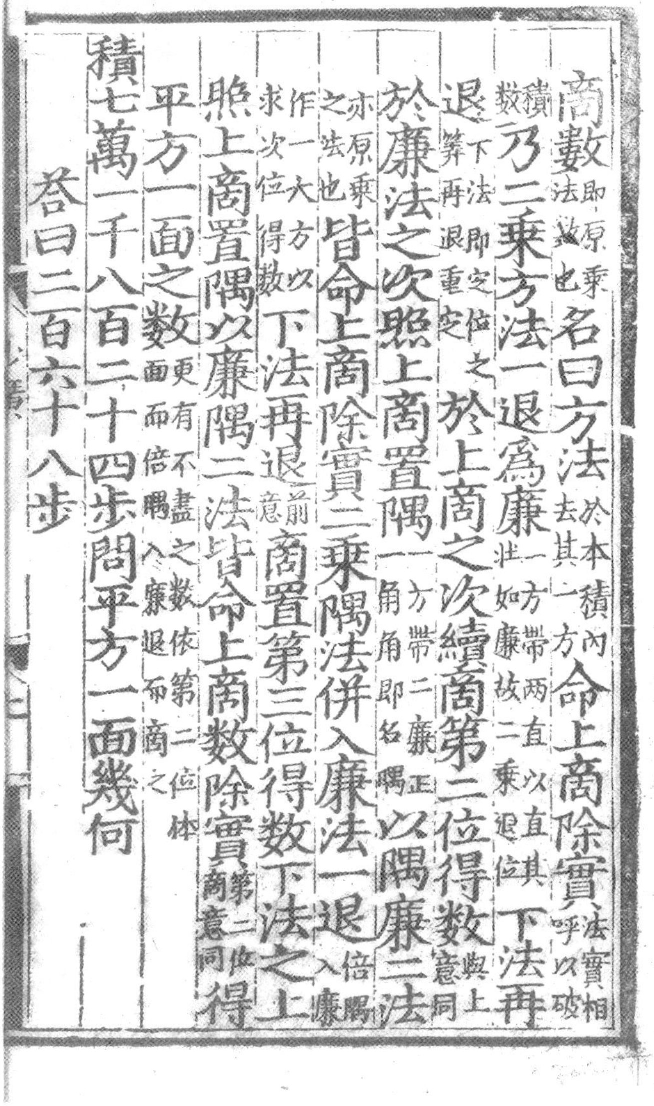

商數。即原乘法數也。名曰“方法”於本積内去其一方。命上商除實法實相呼，以破積數。乃二乘方法，一退爲廉一方帶兩直，以直其壯如廉，故二乘退位。下法再退下法即定位之筭，再退重定。於上商之次，續商第二位得數與上意同。於廉法之次，照上商置隅一方帶二廉，二角，角即名隅。以隅、廉二法亦原乘之法也。皆命上商除實，二乘隅法并入廉法一退倍隅入廉作一大方，以求次位得數。下法再退前意。商置第三位得數，下法之上照上商置隅。以廉、隅二法皆命上商數，除實第二位商意同。得平方一面之數。更有不盡之數，依第二位体面而倍隅入廉，退而商之。

積七萬一千八百二十四步，問平方一面幾何？

答曰：二百六十八步。

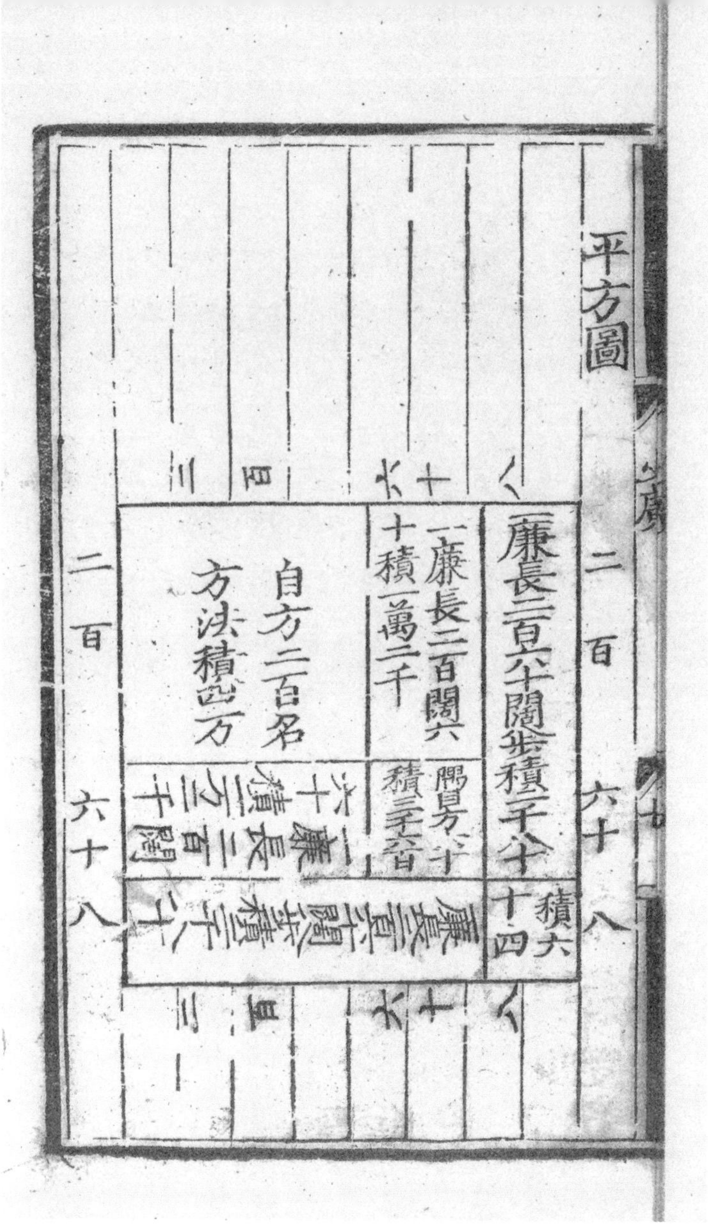

平方圖

法曰：圓三象天，方四象地。圓居方四分之三，以積立術求方，助乘除之妙用。考究源淵，莫不由此而治之。

置積七万一千八百二十四步爲實。別置一筭爲下法原下之法。從末位常超一位約實百下定十，万下定百。於實上商置第一位得二百。下法之上亦置上商二百進二位得二万。名曰"方法"。與上商二除實四万餘實三万一千八百二十四。乃二乘方法得四万。爲廉法，一退得四千。下法再退得百。於上商之次，續商第二位，以廉法四千商實得六十。下法之上亦置上商六十進一位爲六百。爲隅法。以隅、廉二法共四千六百。皆與上商六除實二万七千六百餘實四千二百二十四。乃二乘隅法六百得一千二百。并入廉法四千共五千二百一退得五百二十。下法再退得一。又於上商置第

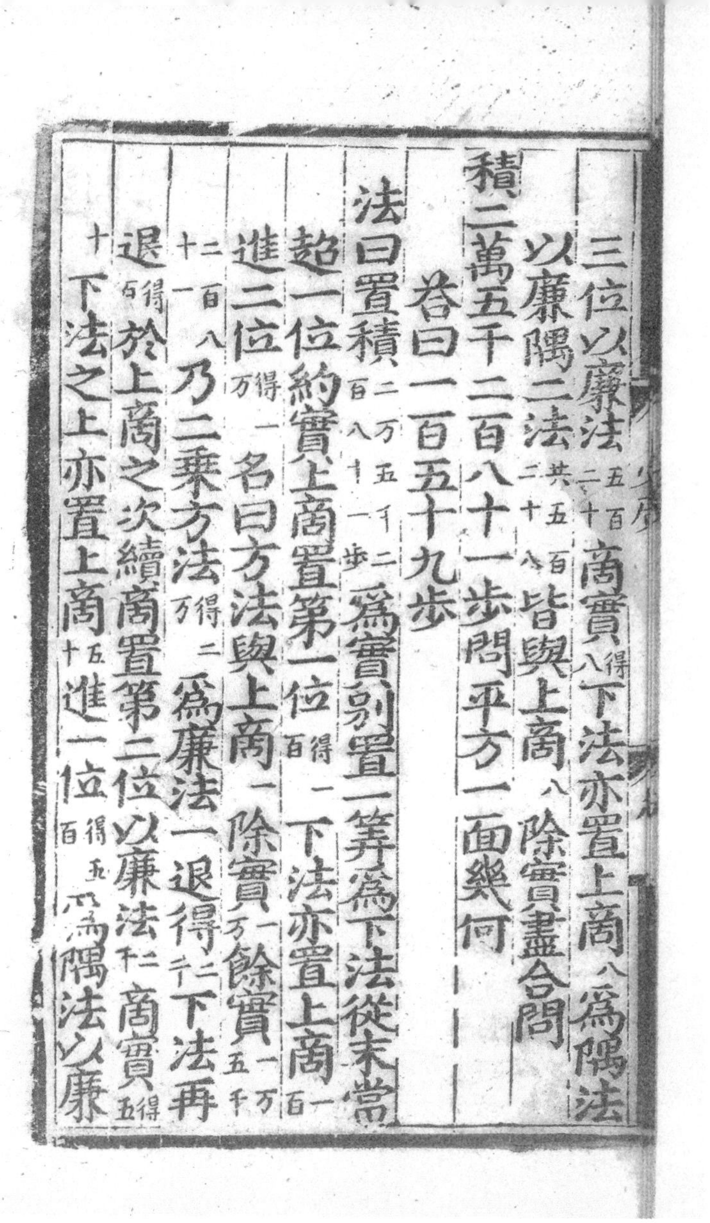

三位，以廉法（五百二十）商實（得八）。下法亦置上商（八）爲隅法，以廉、隅二法（共五百二十八）。皆與上商（八）除實盡，合問。

積二萬五千二百八十一步，問平方一面幾何？

答曰：一百五十九步。

法曰：置積（二万五千二百八十一步）爲實，別置一筭爲下法，從末常超一位約實。上商置第一位（得一百）。下法亦置上商（一百）進二位（得一万）。名曰“方法”。與上商（一）除實（一万）餘實（一万五千二百八十一）。乃二乘方法（得二万）爲廉法。一退得（二千）。下法再退（得百）。於上商之次續商置第二位，以廉法（二千）商實（得五十）。下法之上亦置上商（五十）進一位（得五百）爲隅法。以廉、隅二法共二千五百。皆與上商五除實一万二千五百餘實二千七百八十一。乃二乘隅法五百得一千。并入廉法二千共一退得三百。下法再退得一。又於上商置第三位，以廉法三百商實得九。下法之上亦置九爲隅法。以廉、隅二法共三百九皆與上商九除實盡。合問。

積五萬五千二百二十五步，問平方一面幾何？

答曰：二百三十五步。

法曰：置積五万五千二百二十五步爲實。照前法商置第一位得二百。下法亦置二百進二位爲二万。名曰“方法”。與上商二除實四万餘實一万五千二百二十五。乃二乘方法得四万。爲廉法，一退得四千。

下法再退得百。續商置第二位，以廉法四千商實得三十。下法亦置三十進一位爲三百。爲隅法。以廉、隅二法共四千三百皆與上商三除實一万二千九百餘實二千三百三十五。乃二乘隅法三百得六百。并入廉法四千共四千六百。一退得四百六十。下法再退得二。

又商置第三位，以廉法四百六十商實得五。下法亦置五爲隅法，以廉、隅二法共四百六十五。皆與上商五除實盡，合問。

積五十六萬四千七百五十二步四分步之一，問平方一面幾何？　答曰：七百五十一步半。

法曰：置積五十六万四千七百五十二步以分母四通之，加内子一共得二百二十五万九千九。又以分母四乘之得九百三万六千三十六。爲實。照前

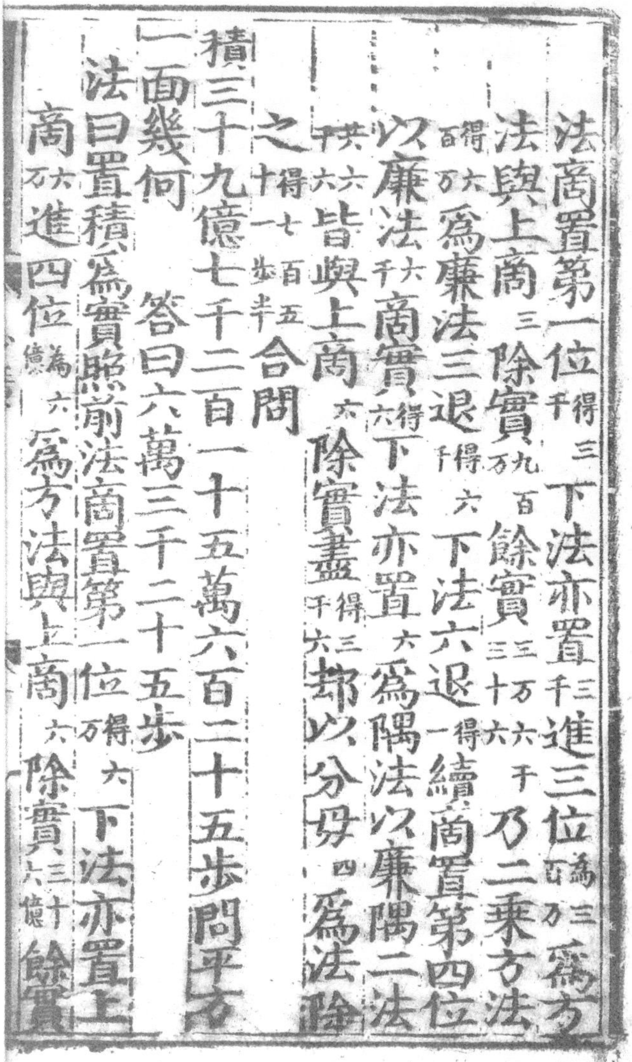

法商置第一位（得三千。）下法亦置（三千）進三位（爲三百万。）爲方法。與上商（三）除實（九百万）餘實（三万六千三十六。）乃二乘方法（得六百万。）爲廉法，三退（得六千。）下法六退（得一。）續商置第四位，以廉法（六千）商實（得六。）下法亦置（六）爲隅法，以廉、隅二法（共六千六）皆與上商（六）除實盡（得三千六。）却以分母（四）爲法，除之（得七百五十一步半。）合問。

積三十九億七千二百一十五萬六百二十五步，問平方一面幾何？　答曰：六萬三千二十五步。

法曰：置積爲實，照前法商置第一位（得六万。）下法亦置上商（六万）進四位（爲六億。）爲方法。與上商（六）除實（三十六億）餘實三億七千二百一十五万六百二十五步。乃二乘方法得一十二億。爲廉法，一退得一億二千万。下法再退得百万。續商置第二位，以廉法一億二千万商實得三千。下法亦置上商三千進三位爲三百万。爲隅法。以廉、隅二法共一億二千三百万。皆與上商三除實三億六千九百万餘實三百一十五万六百二十五步。乃二乘隅法得六百万。并入廉法得一億二千六百万。二退得一百二十六万。下法四退得百。續商置第四位，以廉法一百二十六万商實得二十。下法亦置上商二十進一位爲二百。爲隅法。以廉、隅二法共一百二十六万二百皆與上商二十除實二百五十二万四百。餘實六十三万二百二十五步。乃二乘隅法得四百。并入廉法共得一百二十六万四百。一退得一十二万六千四十。下法再

退得一。續商置第五位，以廉法一十二万六千四十商實得五。下法

亦置上商五爲隅法，以廉、隅二法共一十二万六千四十五皆與

上商五除實盡。合問。

開平圓法曰：置積，問周，以十二乘積爲實。問徑，四乘積三

而一爲實。以開平方法同。

積一千五百一十八步四分步之三，問爲圓周幾何？

答曰：一百三十五步。

法曰：以方改圓，圓居方四分之三也。置積一千五百一十八步以分母四乘之得六

千七十三。加入内子三共得六千七十五。以圓法十二乘之得七万二千九百。

又以分母四乘之得二十九万一千六百。爲實。以開平方法除

之。照前法，商置第一位得五百。下法亦置上商五百進二位爲五万。爲方法。與上商五除實二十五万餘實四万一千六百。乃二乘方法得一十万。爲廉法。一退得一万。下法再退得百。續商置第二位，以廉法一万商實得四十。下法亦置上商四十進一位爲四百。爲隅法。以廉、隅二法共一万四百皆與上商四除實盡得五百四十。却以分母四爲法除之，得圓周。合問。

積三百步，問爲圓周幾何？　答曰：六十步。

法曰：置積三百步以圓法十二乘之得三千六百步。爲實。以開平方法除之。上商六十步下法亦置上商六十進一位爲六百。爲方法。與上商六除實盡。合問。

開立方法曰：置積爲實，别置一筭，名曰“下法”原下之法。於實數之下，自末位常超二位約實一下定一。〇千下定十。〇百万十定百。上商置第一位得數，下法之上，亦置上商數，自乘名曰“隅法”。命上商除實法實相呼以破積數。乃三乘隅法爲方法。又置上商數，以三乘之爲廉法。方法一退，廉法再退，下法三退。〇續商置第二位得數，下法之上亦置上商數，自乘爲隅法。又以上商數乘廉法，以方、廉、隅三法皆與上商除實。訖，乃二乘廉法，三乘隅法，皆并入方法。再置上商數，以三乘之，爲廉法。方法一退，廉法再退，下法三退。〇續商置第三位得數，下法之上亦置

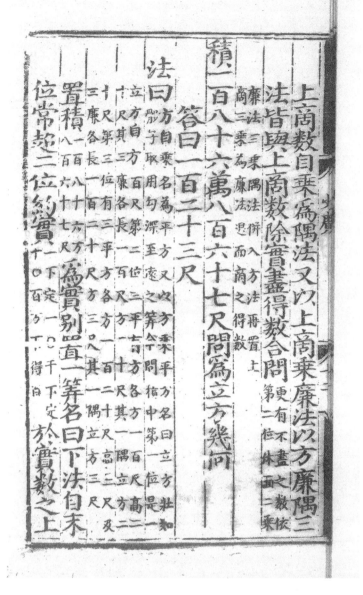

上商數，自乘爲隅法。又以上商乘廉法，以方、廉、隅三法皆與上商數除實盡，得數。合問。更有不盡之數，依第二位体面二乘廉法，三乘隅法，并入方法。再置上商三乘爲廉法，退而商之，得數。

積一百八十六萬八百六十七尺，問爲立方幾何？

答曰：一百二十三尺。

法曰：方自乘名爲平方，又以方乘平方，名曰立方。壯如骰子，取用勾深至遠之筭。今問積中第一位是一立方，自方百尺。第二位三平有方，各方一百尺，高二十尺。其三廉各長一百尺，方一十尺。其一隅立方二十尺。第三位有三平方，各方一百二十尺，高三尺及三廉各長一百二十尺，方三尺，其一隅立方三尺。

置積一百八十六万八百六十七尺爲實。别置一筭，名曰“下法”。自末位常超二位約實一下定一。〇千下定千。〇百万下得百。於實數之上

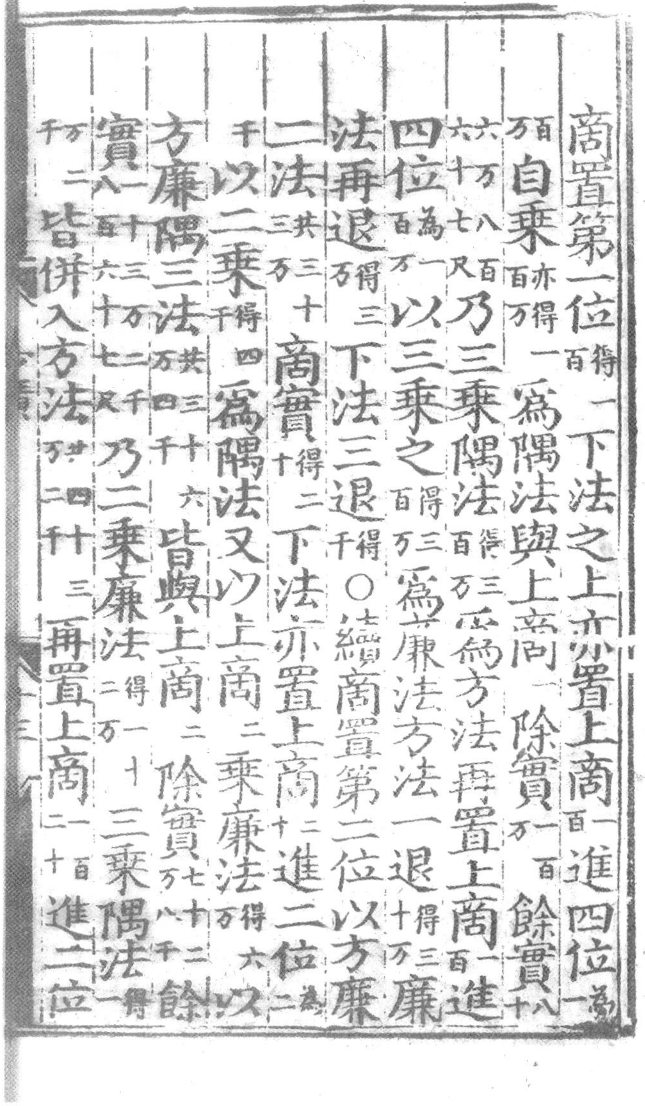

商置第一位得一百。下法之上亦置上商一百進四位爲一百万自乘亦得一百万。爲隅法。與上商一除實一百万餘實八十六万八百六十七尺。乃三乘隅法得三百万。爲方法。再置上商一百進四位爲一百万。以三乘之得三百万。爲廉法。方法一退得三十万。廉法再退得三万。下法三退得千。〇續商置第二位，以方、廉二法共三十三万。商實得二十。下法亦置上商二十進二位爲二千以二乘得四千。爲隅法。又以上商二乘廉法得六万。以方、廉、隅三法共三十六万四千皆與上商二除實七十二万八千餘實一十三万二千八百六十七尺。乃二乘廉法得一十二万。三乘隅法得一万二千。皆并入方法共四十三万二千。再置上商二十進二位

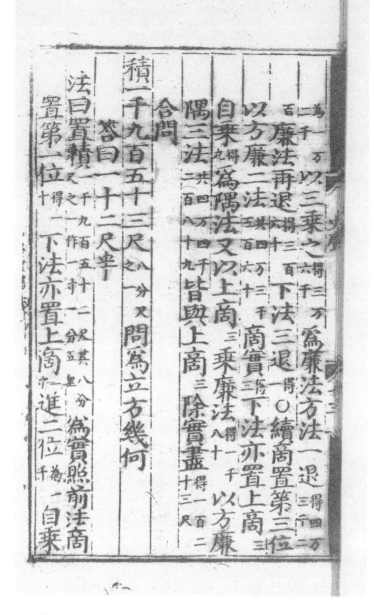

爲一万二千。以三乘之得三万六千。爲廉法。方法一退得四万三千二百。廉法再退得三百六十。下法三退得二。〇續商置第三位以方、廉二法共四万三千五百六十。商實得三。下法亦置上商三自乘得九。爲隅法。又以上商三乘廉法得一千八十。以方、廉、隅三法共四万四千二百八十九。皆與上商三除實盡得一百二十三尺。

合問。

積一千九百五十三尺八分尺之一，問爲立方幾何？

答曰：一十二尺半。

法曰：置積一千九百五十二尺，其八分尺之一作一寸一分五厘。爲實。照前法商置第一位得一十。下法亦置上商一十進二位爲一千。自乘

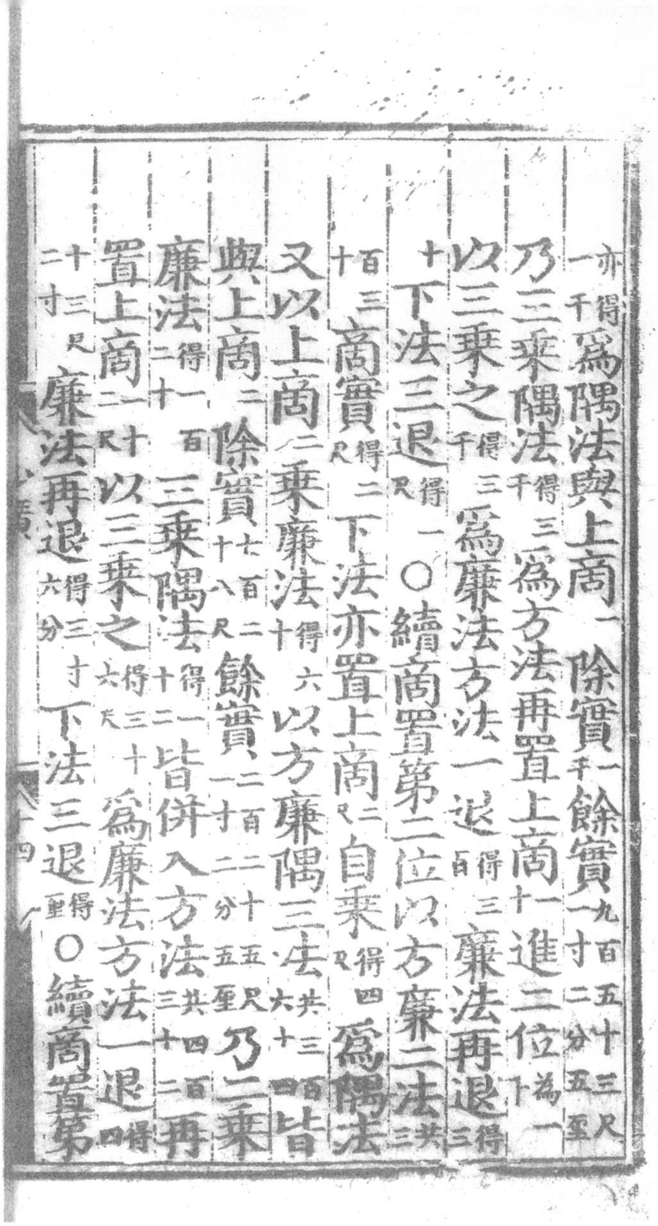

亦得一千。為隅法。與上商一除實一千餘實九百五十三尺一寸二分五厘。
乃三乘隅法得三千。為方法。再置上商一十進二位為一千。
以三乘之得三千。為廉法。方法一退得三百。廉法再退得三十。下法三退得一尺。○續商置第二位，以方、廉二法共三百三十商實得二尺。下法亦置上商二尺自乘得四尺。為隅法。
又以上商二乘廉法得六十。以方、廉、隅三法共三百六十四皆與上商二除實七百二十八尺餘實二百二十五尺二寸三分五厘。乃二乘廉法得一百二十。三乘隅法得一十二。皆并入方法共四百三十二。再置上商二十二尺以三乘之得三十六尺。為廉法。方法一退得四十三尺二寸。廉法再退得三寸六分。下法三退得厘。○續商置第

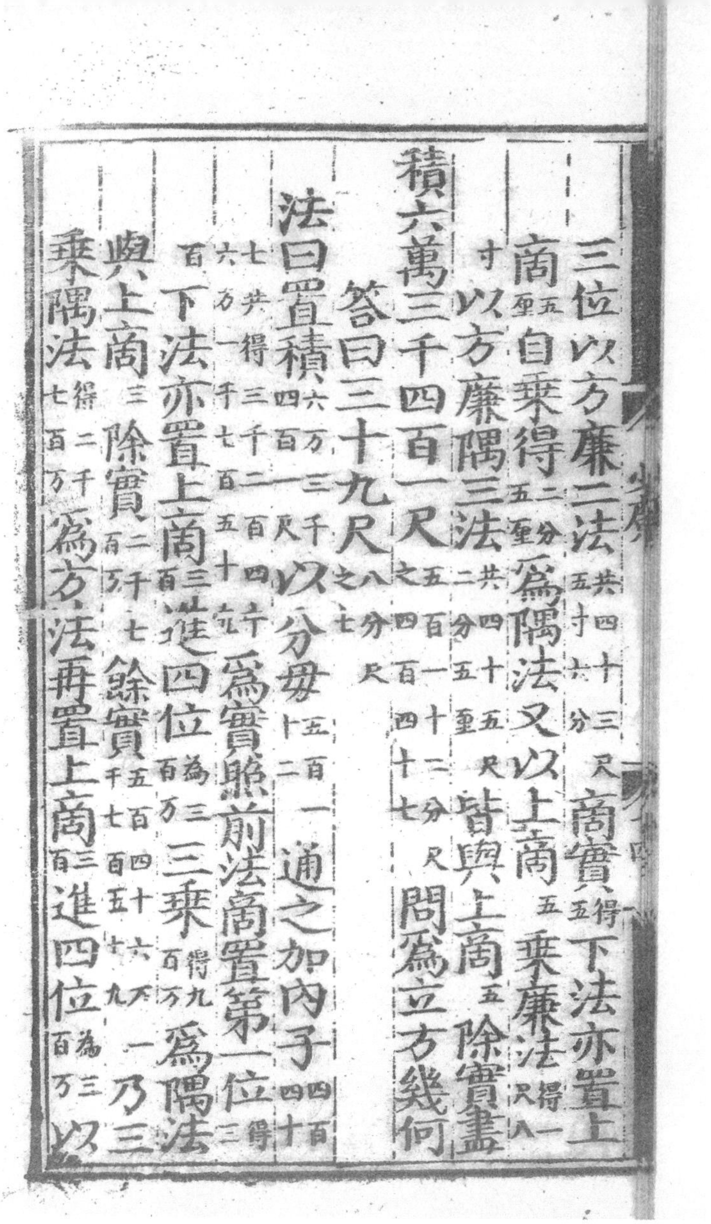

三位，以方、廉二法共四十三尺五寸六分商實得五。下法亦置上商五厘自乘得二分五厘。爲隅法。又以上商五乘廉法得一尺八寸。以方、廉、隅三法共四十五尺二分五厘。皆與上商五除實盡。

積六萬三千四百一尺五百一十二分尺之四百四十七，問爲立方幾何？

答曰：三十九尺八分尺之七。

法曰：置積六万三千四百一尺以分母五百一十二通之，加內子四百四十七，共得三千二百四十六万一千七百五十九。爲實。照前法商置第一位得三百。下法亦置上商三百進四位爲三百万。三乘得九百万。爲隅法。與上商三除實二千七百万餘實五百四十六万一千七百五十九。乃三乘隅法得二千七百万。爲方法。再置上商三百進四位爲三百万。以三乘之得九百万為廉法。方法一退得二百七十万。廉法再退得九万。下法三退得千。〇續商置第二位。以方、廉二法共二百七十九万商實得一十。下法亦置上商一十進二位得一千。自乘亦得一千。為隅法。又以上商一乘廉法得九万。以方、廉、隅三法共二百七十九万一千。皆與上商一除實二百七十九万一千餘實二百六十七万七百五十九。乃二乘廉法得一十八万。三乘隅法得三千。皆并入方法共二百八十八万三千。再置上商三百二十進二位得三万二千。以三乘之得九万三千。為廉法。方法一退得二十八万八千三百。廉法再退得九百三十。下法三退得一。〇續商置第三位。以方、廉二法共二十八万九千二百三十商實得九。下法亦置上商

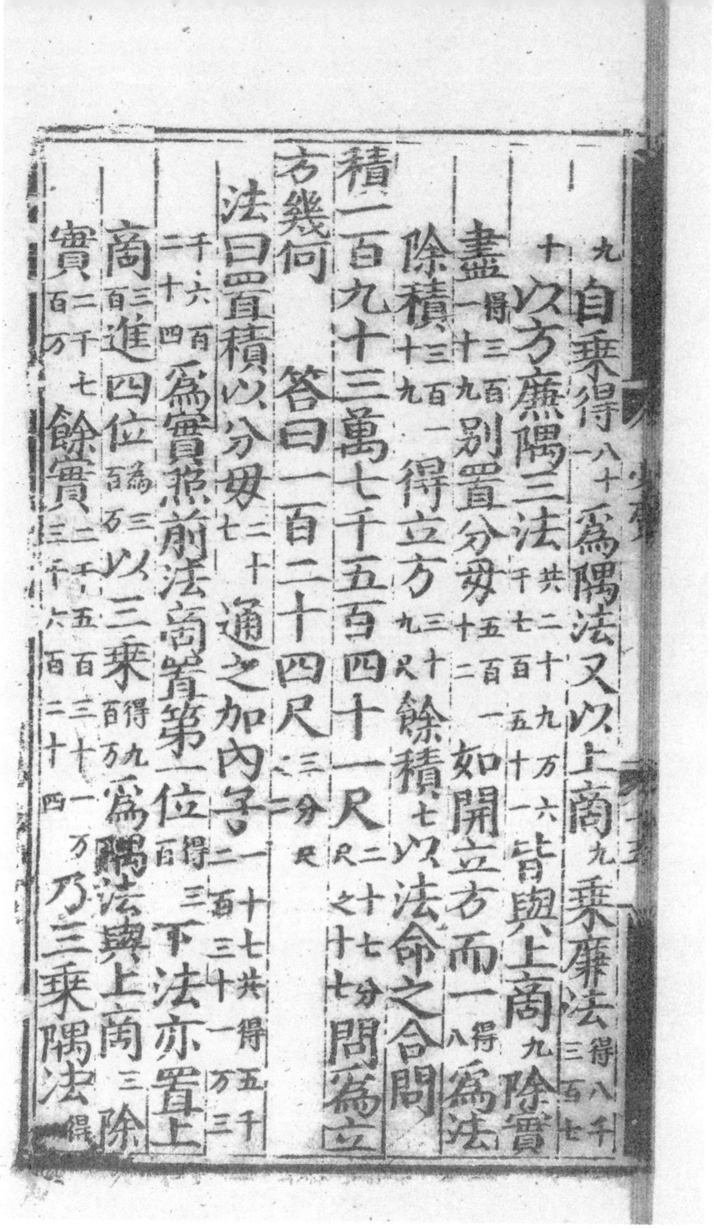

九自乘得八十一。爲隅法。又以上商九乘廉法得八千三百七十。以方、廉、隅三法共二十九万六千七百五十一。皆與上商九除實盡得三百一十九。别置分母五百一十二如開立方而一得八。爲法。除積三百一十九得立方三十九尺。餘積七以法命之。合問。

積一百九十三萬七千五百四十一尺二十七分尺之十七，問爲立方幾何？　答曰：一百二十四尺三分尺之二。

法曰：置積以分母二十七通之加内子二十七，共得五千二百三十一万三千六百二十四。爲實。照前法商置第一位得三百。下法亦置上商三百進四位爲三百万。以三乘得九百万。爲隅法。與上商三除實二千七百万餘實二千五百三十一万三千六百二十四。乃三乘隅法得二

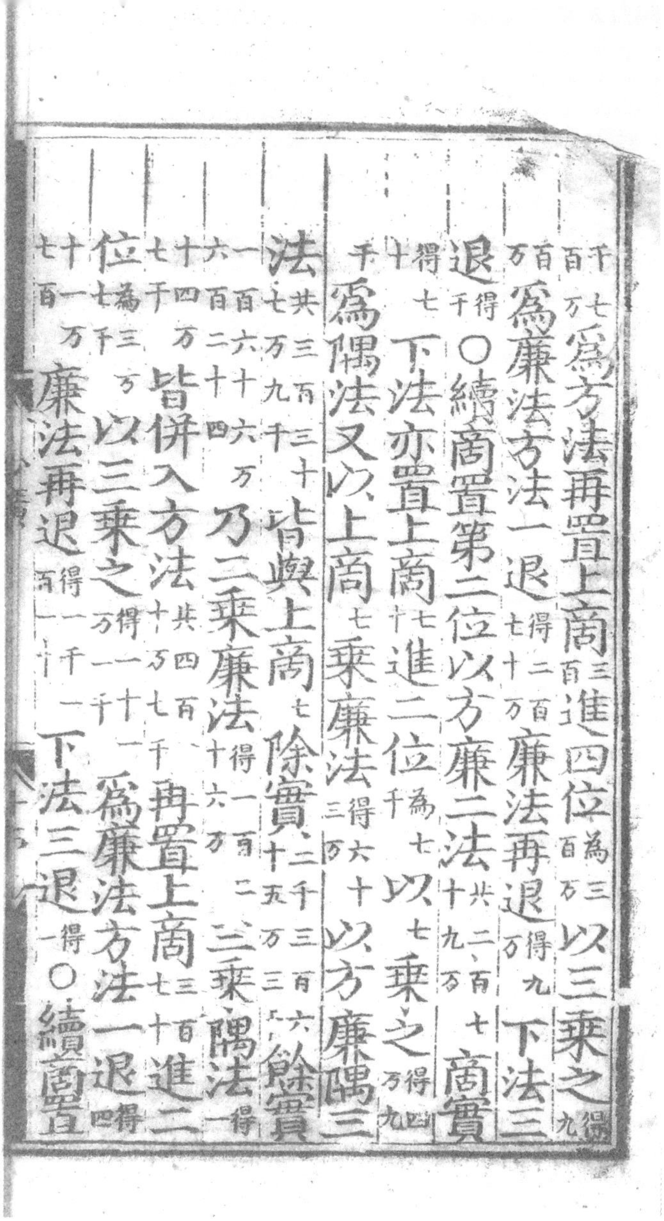

千七百万。爲方法。再置上商三百進四位爲三百万。以三乘之得九百万。爲廉法。方法一退得二百七十万。廉法再退得九万。下法三退得千。〇續商置第二位。以方、廉二法共二百七十九万。商實得七十。下法亦置上商七十進二位爲七千。以七乘之得四万九千。爲隅法。又以上商七乘廉法得六十三万。以方、廉、隅三法共三百三十七万九千。皆與上商七除實二千三百六十五万三千。餘實一百六十六万六百二十四。乃二乘廉法得一百二十六万。三乘隅法得二十四万七千。皆并入方法共四百一十万七千。再置上商三百七十進二位爲三万七千。以三乘之得一十一万一千。爲廉法。方法一退得四十一万七百。廉法再退得一千一百一十。下法三退得一。〇續商置第三位。以方、廉二法共四十一万一千八百一十商實得四。下法亦置上商四自乘得一十六。爲隅法。又以上商四乘廉法得四千四百四十。以方、廉、隅三法共四十一万五千一百五十六。皆與上商四除實盡得三百七十四。爲實。別置分母二十七如開立方而一得三。爲法除之，得立方一百二十四。餘實二。以法命之，合問。

開立圓法曰：以方法十六乘積，如圓法九而一，開方方法除之。

積一萬六千四百四十八億六千六百四十三萬七千五百尺，問爲立圓徑幾何？　答曰：一萬四千三百尺。

法曰：立圓其狀如毬，居立方十六分之九。置積以方法十六乘之得二十六万三千一百七十八億六千三百万尺。以圓法九而一得二万九千二百四十二億七百万尺。

爲實。開立方法除之，照前法上商置第一位得一万。下法亦置上商一万進八位爲一万億。自乘亦得一万億。爲隅法。與上商一除實一万億餘實一万九千二百四十二億七百万尺。乃三乘隅法得三万億。爲方法。下法再置上商一万進八位爲一万億。以三乘之得三万億。爲廉法。方法一退得三千億。廉法再退得三百億。下法三退得一十億。○續商置第二位。以方、廉二法共三千三百億商實得四千。下法亦置上商四千進六位得四十億。又以四乘之得一百六十億。爲隅法。又以上商四乘廉法得一千二百億。以方、廉、隅三法共四千三百六十億。皆與上商四除實一万七千四百四十億餘實一千八百二億七百万。乃二乘廉法得二千四百億。三乘隅法得四

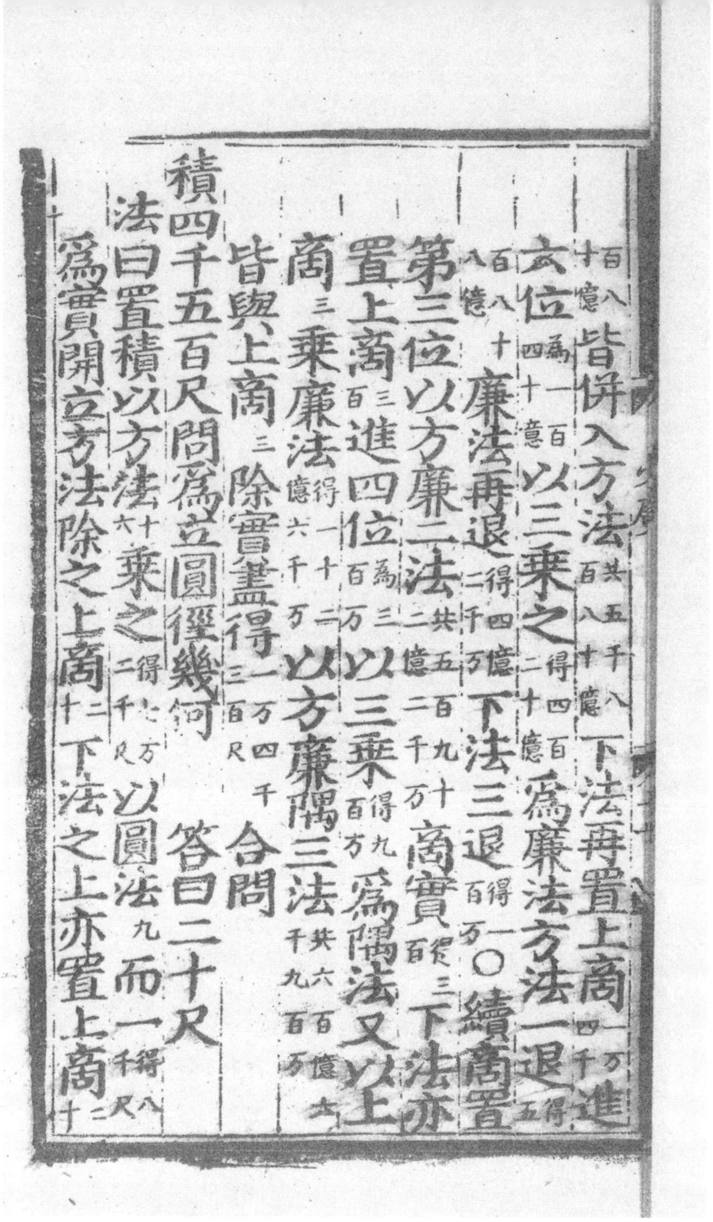

百八十億。皆并入方法共五千八百八十億。下法再置上商一万四千進六位爲一百四十億。以三乘之得四百二十億。爲廉法。方法一退得五百八十八億。廉法再退得四億二千万。下法三退得一百万。〇續商置第三位。以方廉二法共五百九十二億二千万商實得三百。下法亦置上商三百進四位爲三百万。以三乘得九百万。爲隅法。又以上商三乘廉法得一十二億六千万。以方、廉、隅三法共六百億六千九百万。皆與上商三除實盡，得一万四千三百尺。合問。

積四千五百尺，問爲立圓徑幾何？　答曰：二十尺。

法曰：置積以方法十六乘之得七万二千尺。以圓法九而一得八千尺。爲實。開立方法除之。上商二十。下法之上亦置上商二十

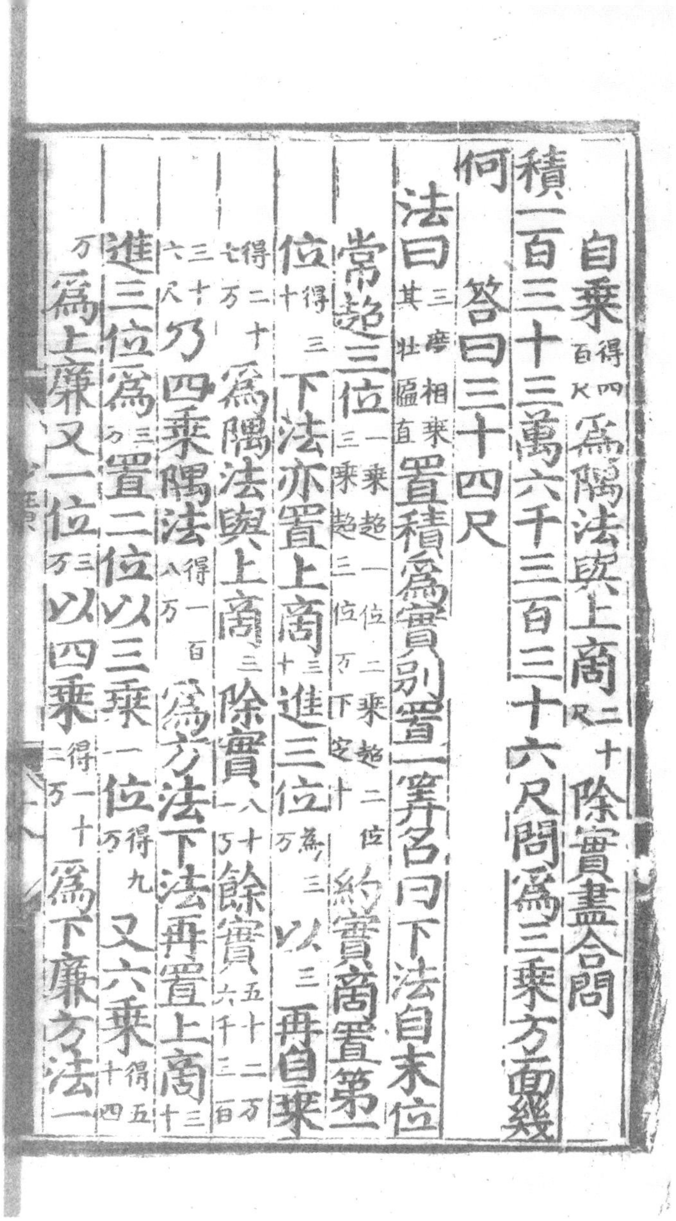

自乘（得四百尺。）爲隅法。與上商（二十尺）除實盡。合問。

積一百三十三萬六千三百三十六尺，問爲三乘方面幾何？　答曰：三十四尺。

法曰：（三度相乘其壯匾直。）置積爲實。别置一筭，名曰“下法”。自末位常超三位（一乘超一位，二乘超二位，三乘超三位，万下定十。）約實商置第一位（得三十。）下法亦置上商（三十）進三位（爲三万。）以（三）再自乘（得二十七万）爲隅法。與上商（三）除實（八十一万）餘實（五十二万六千三百三十六尺。）乃四乘隅法（得一百八万。）爲方法。下法再置上商（三十）進三位爲（三万。）置二位以三乘一位（得九万。）又六乘（得五十四万。）爲上廉。又一位（三万）以四乘（得一十二万。）爲下廉。方法一

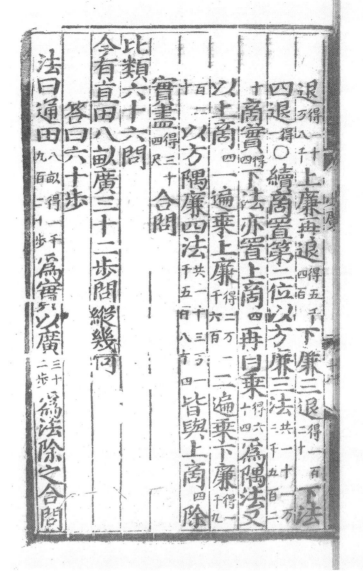

退得一十万八千。上廉再退得五千四百。下廉三退得一百二十。下法四退得二。〇續商置第二位。以方、廉三法共一十一万三千五百二十商實得四。下法亦置上商四再自乘得六十四。爲隅法。又以上商四一遍乘上廉得二万一千六百。二遍乘下廉得一千九百二十。以方、隅、廉四法共一十三万一千五百八十四。皆與上商四除實盡得三十四尺。合問。

比類六十六問

今有直田八畝，廣三十二步，問縱幾何？

答曰：六十步

法曰：通田八畝得一千九百二十步。爲實。以廣三十二步爲法，除之。合問。

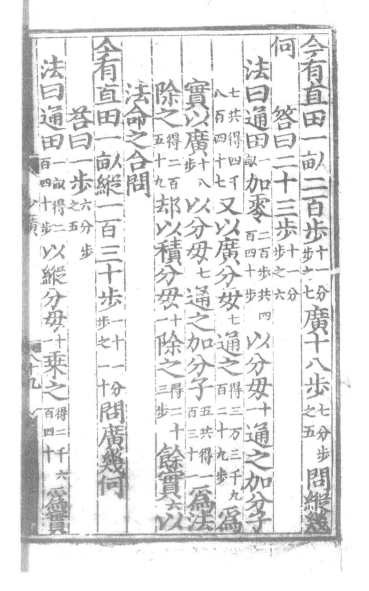

今有直田一畝二百步十一分步之七，廣十八步七分步之五，問縱幾何？　答曰：二十三步十一分步之六。

法曰：通田一畝加零二百步，共四百四十步。以分母十二通之，加分子七，共得四千八百四十七。又以廣分母七通之得三万三千九百二十九步。爲實。以廣十八步以分母七通之加分子五，共得一百三十一。爲法，除之得二百五十九。却以積分母十二除之得二十三步。餘實六以法命之，合問。

今有直田一畝，縱一百三十步一十一分步之一十，問廣幾何？

答曰：一步六分步之五。

法曰：通田一畝得二百四十步。以縱分母十一乘之得二千六百四十。爲實。

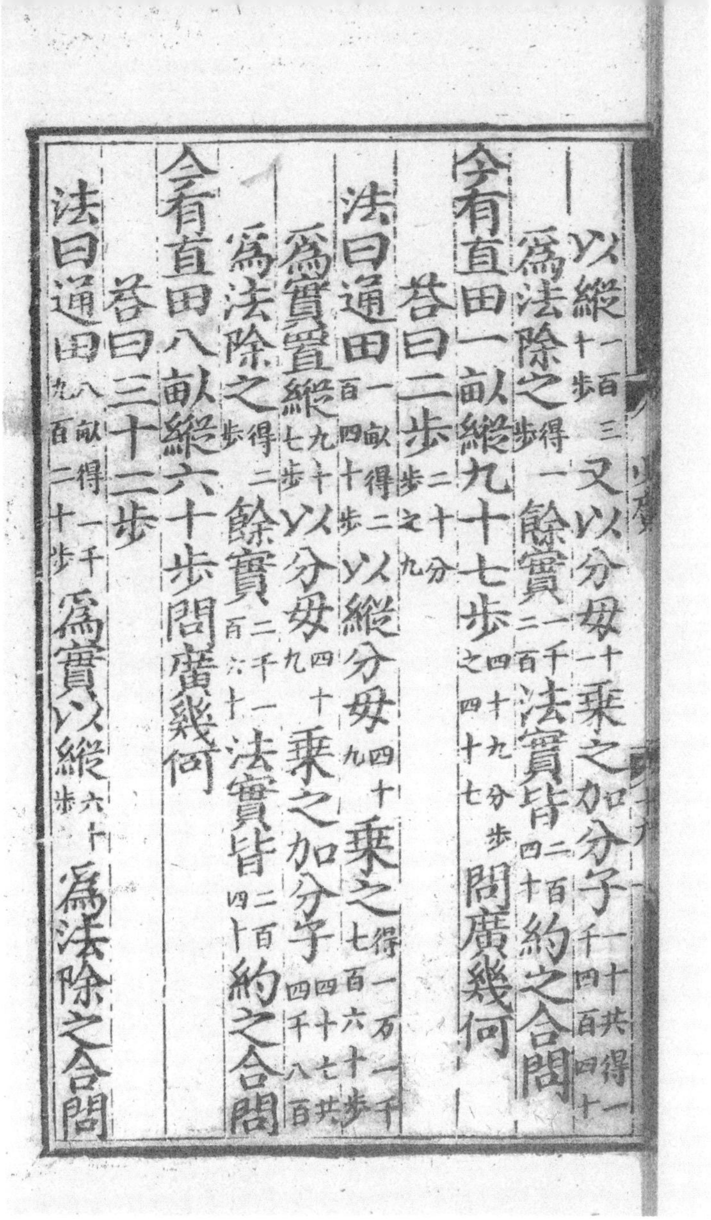

以縱一百三十步又以分母十二乘之加分子一十，共得一千四百四十。

爲法除之得一步。餘實一千二百。法實皆二百四十約之，合問。

今有直田一畝，縱九十七步四十九分步之四十七，問廣幾何？

答曰：二步二十分步之九。

法曰：通田一畝得二百四十步。以縱分母四十九乘之得一万一千七百六十步。

爲實。置縱九十七步以分母四十九乘之，加分子四十七，共四千八百。

爲法，除之得二步。餘實二千一百六十。法實皆二百四十約之，合問。

今有直田八畝，縱六十步，問廣幾何？

答曰：三十二步。

法曰：通田八畝，得一千九百二十步。爲實。以縱六十步爲法，除之，合問。

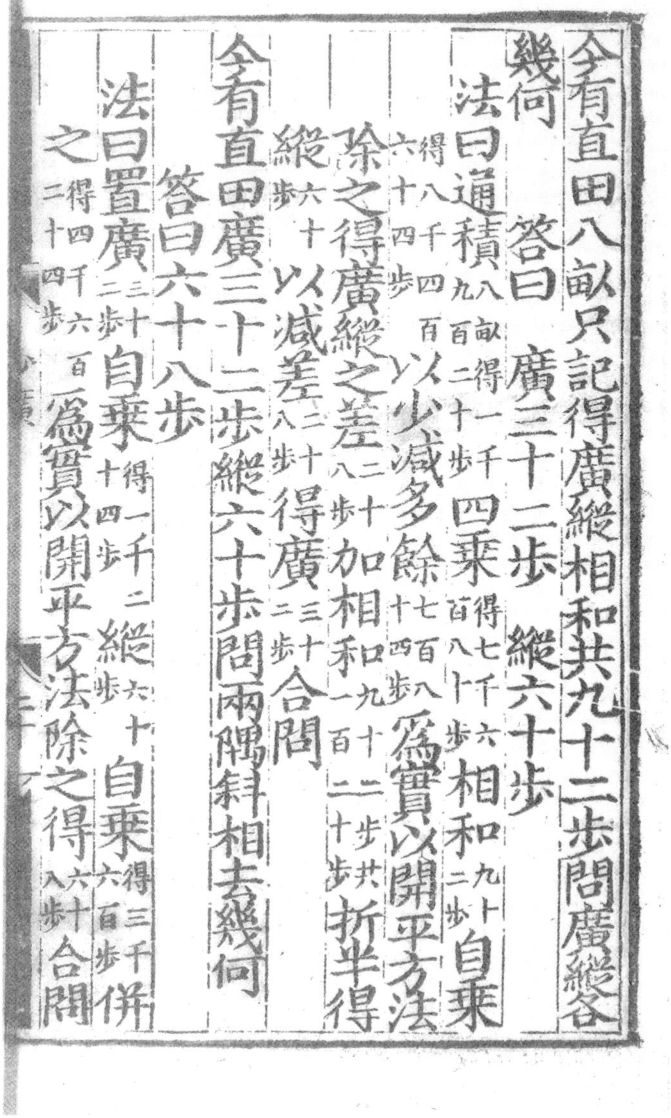

今有直田八畝，只記得廣縱相和共九十二步，問廣縱各幾何？　　答曰：廣三十二步，縱六十步。

法曰：通積（八畝，得一千九百二十步。）四乘（得七千六百八十步。）相和（九十二步）自乘（得八千四百六十四步。）以少減多餘（七百八十四步）爲實。以開平方法除之，得廣縱之差（二十八步。）加相和（九十二步，共一百二十步。）折半得縱（六十步。）以減差（二十八步）得廣（三十二步。）合問。

今有直田，廣三十二步，縱六十步，問兩隅斜相去幾何？

答曰：六十八步。

法曰：置廣（三十二步）自乘（得一千二十四步。）縱（六十步）自乘（得三千六百步。）并之（得四千六百二十四步。）爲實。以開平方法除之，得（六十八步。）合問。

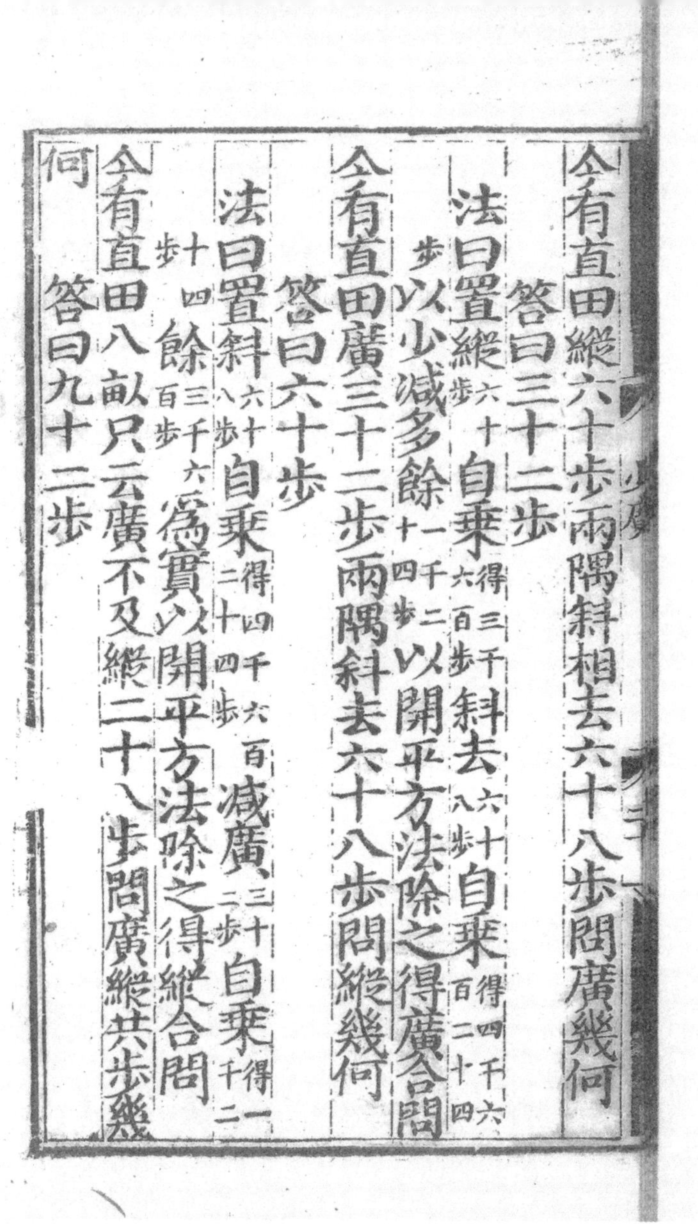

今有直田，縱六十步，兩隅斜相去六十八步，問廣幾何？

答曰：三十二步。

法曰：置縱六十步自乘得三千六百步。斜去六十八步自乘得四千六百二十四步。以少減多餘一千二十四步。以開平方法除之，得廣。合問。

今有直田，廣三十二步，兩隅斜去六十八步，問縱幾何？

答曰：六十步。

法曰：置斜六十八步自乘得四千六百二十四步。減廣三十二步自乘得一千二十四步。餘三千六百步爲實。以開平方法除之，得縱，合問。

今有直田八畝，只云廣不及縱二十八步，問廣縱共步幾何？　　答曰：九十二步。

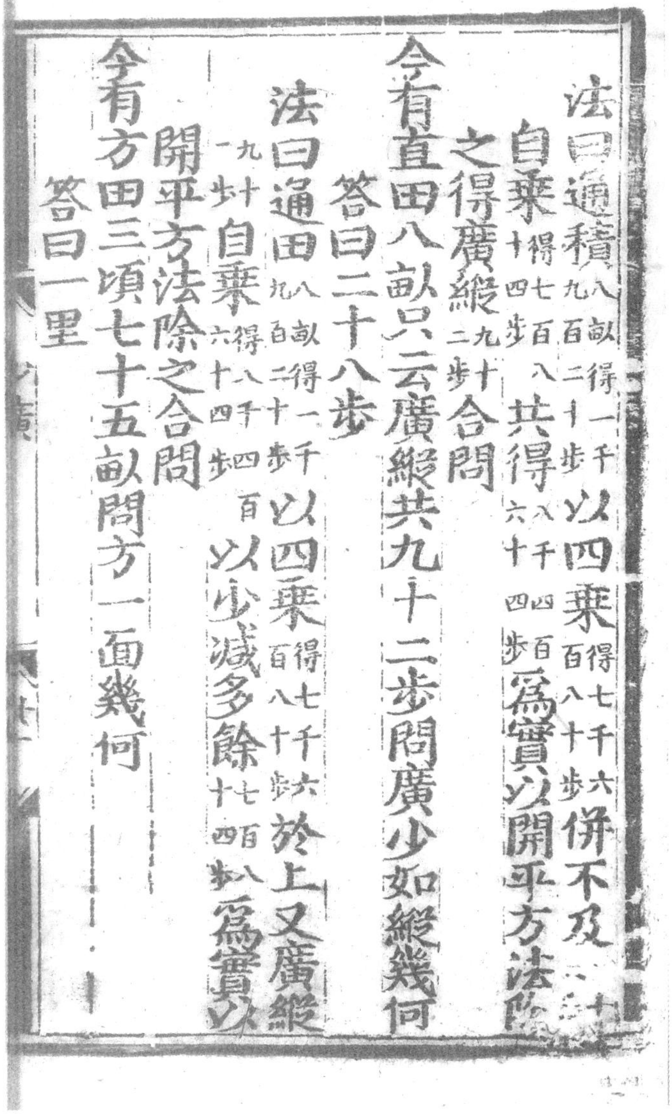

法曰：通積（八畝，得一千九百二十步。）以四乘（得七千六百八十步。）并不及（二十八步[1]）自乘（得七百八十四步。）共得（八千四百六十四步。）爲實。以開平方法除之，得廣縱（九十二步。）合問。

今有直田八畝，只云廣縱共九十二步，問廣少如縱幾何？

答曰：二十八步。

法曰：通田（八畝得一千九百二十步。）以四乘（得七千六百八十步。）於上。又廣縱（九十一步。）自乘（得八千四百六十四步。）以少減多餘（七百八十四步。）爲實。以開平方法除之，合問。

今有方田三頃七十五畝，問方一面幾何？

答曰：一里。

1“二十八步”，各本不清，依題意作此。

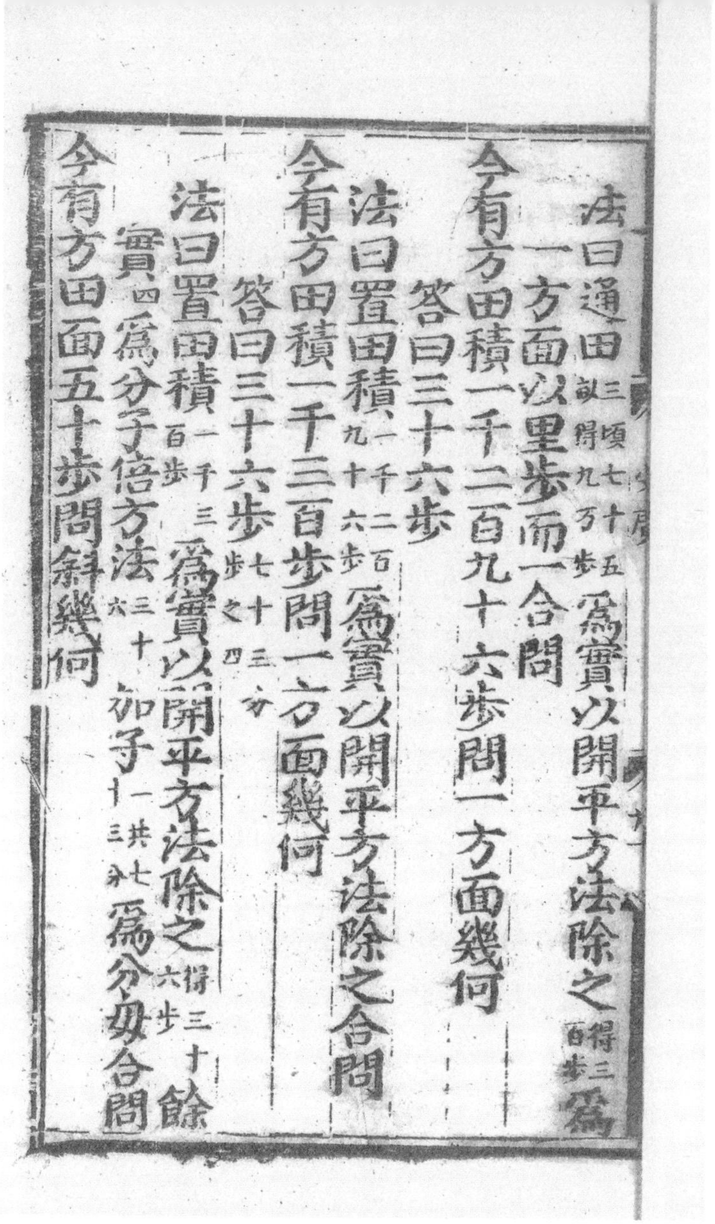

法曰：通田三頃七十五畝得九万步。爲實，以開平方法除之得三百步。爲一方面，以里步而一，合問。

今有方田積一千二百九十六步，問一方面幾何？

答曰：三十六步。

法曰：置田積一千二百九十六步爲實。以開平方法除之，合問。

今有方田積一千三百步，問一方面幾何？

答曰：三十六步七十三分步之四。

法曰：置田積一千三百步爲實，以開平方法除之得三十六步。餘實四爲分子。倍方法三十六加子一，共七十三分。爲分母。合問。

今有方田面五十步，問斜幾何？

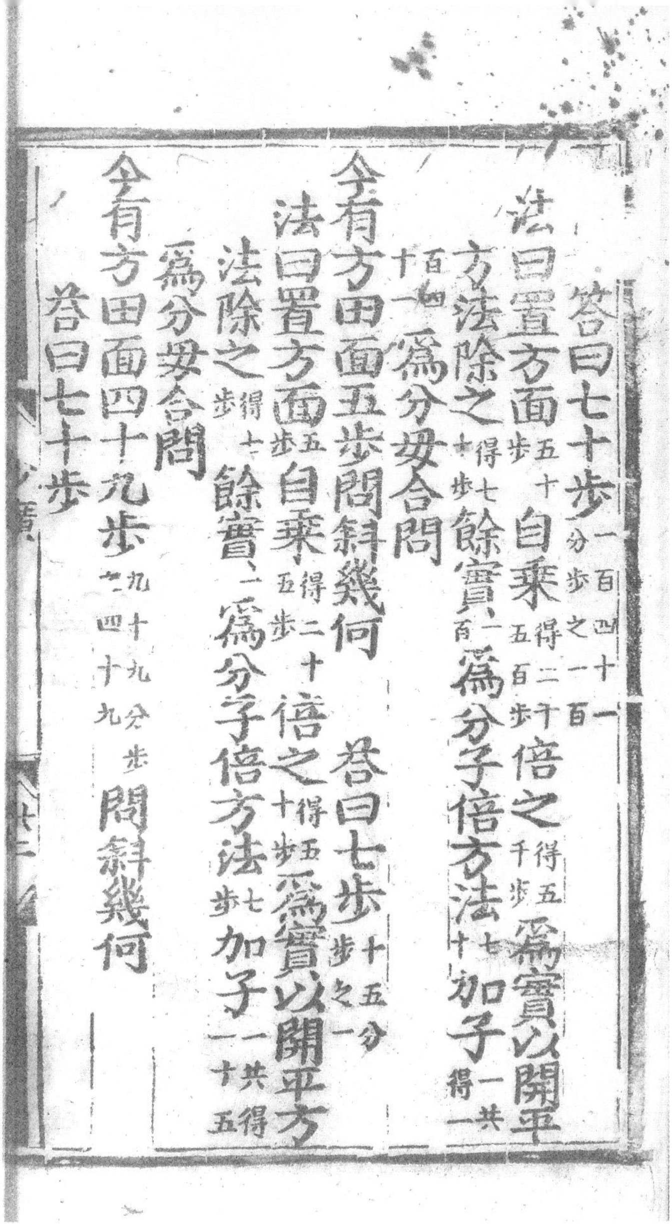
答曰七十步一百四十一分步之一百
法曰置方面五十步自乘得二千五百步倍之得五千步爲實以開平方法除之得七十步餘實一百爲分子倍方法七十加子一共得一百四十一爲分母合問
今有方田面五步問斜幾何　答曰七步十五分步之一
法曰置方面五步自乘得二十五步倍之得五十步爲實以開平方法除之得七步餘實一爲分子倍方法七步加子一共得一十五爲分母合問
今有方田面四十九步九十九分步之四十九問斜幾何
答曰七十步

答曰：七十步一百四十一分步之一百。

法曰：置方面五十步自乘得二千五百步。倍之得五千步。爲實。以開平方法除之得七十步。餘實一百爲分子，倍方法七十加子一，共得一百四十一。爲分母。合問。

今有方田面五步，問斜幾何？　答曰：七步十五分步之一。

法曰：置方面五步自乘得二十五步。倍之得五十步。爲實。以開平方法除之得七步。餘實一爲分子。倍方法七步加子一，共得一十五。爲分母。合問。

今有方田面四十九步九十九分步之四十九，問斜幾何？

答曰：七十步。

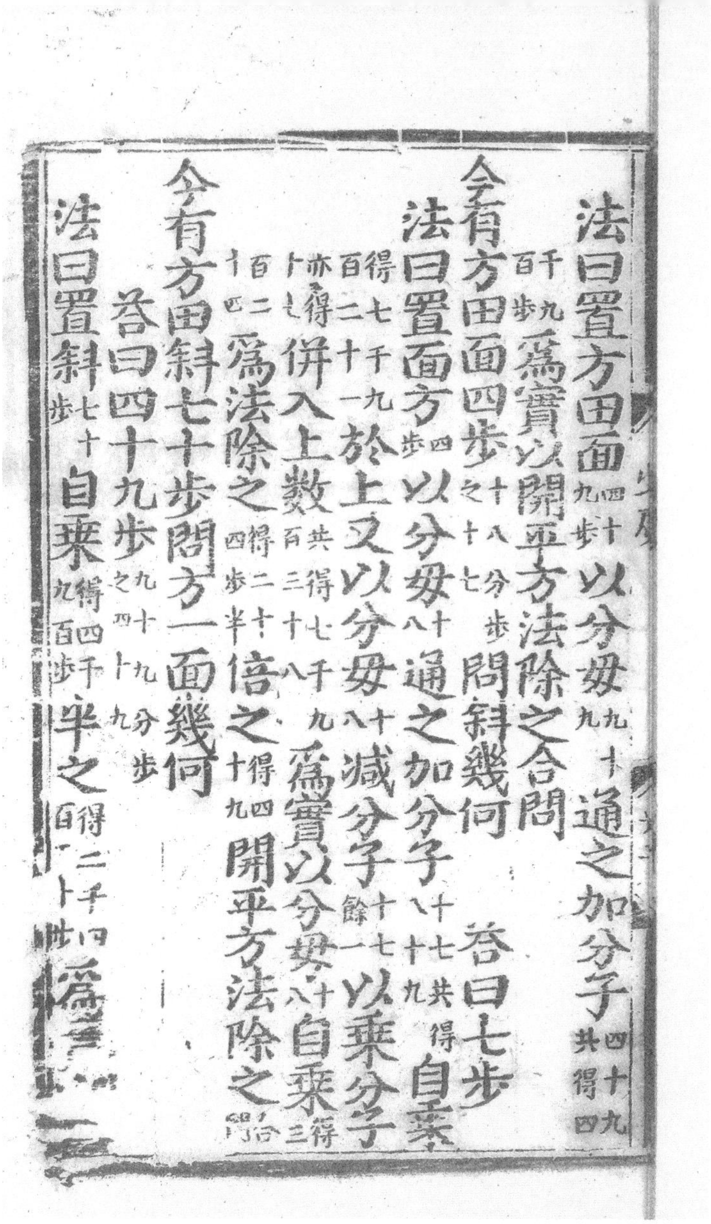

法曰：置方田面四十九步以分母九十九通之，加分子四十九，共得四千九百步。爲實。以開平方法除之，合問。

今有方田面四步十八分步之十七，問斜幾何？　　答曰：七步。

法曰：置面方四步以分母十八通之，加分子十七，共得八十九。自乘得七千九百二十一。於上。又以分母十八減分子十七餘一。以乘分子亦得十七。并入上數共得七千九百三十八。爲實。以分母十八自乘得三百二十四。爲法。除之得二十四步半。倍之得四十九。開平方法除之，合問。

今有方田斜七十步，問方一面幾何？

答曰：四十九步九十九分步之四十九。

法曰：置斜七十步自乘得四千九百步。半之得二千四百五十步。爲實。以開[1]

1“實，以開”各本不清，依題意作此。

平方法除之得四十九步。餘實四十九為分子，倍本方四十九步

加子一，共得九十九。為分母，合問。

今有方田斜七步十五分步之二，問方一面幾何？　答曰：五步。

法曰：置斜七步以分母十五通之加分子二，共得一百六。自乘得一万一千二百三十六。於上。又以分母十五減分子一餘十四。乘分子一，亦得十四。并入上數共得一万一千二百五十。為實。以分母十五自乘得二百二十五。為法，除之得五十。半之得二十五。以開平方法除之，合問。

今有方田斜七十步一百四十一步之一百，問方一面幾何？

答曰：五十步。

法曰：置斜七十步以分母一百四十一通之，加分子一百，共得九千九百

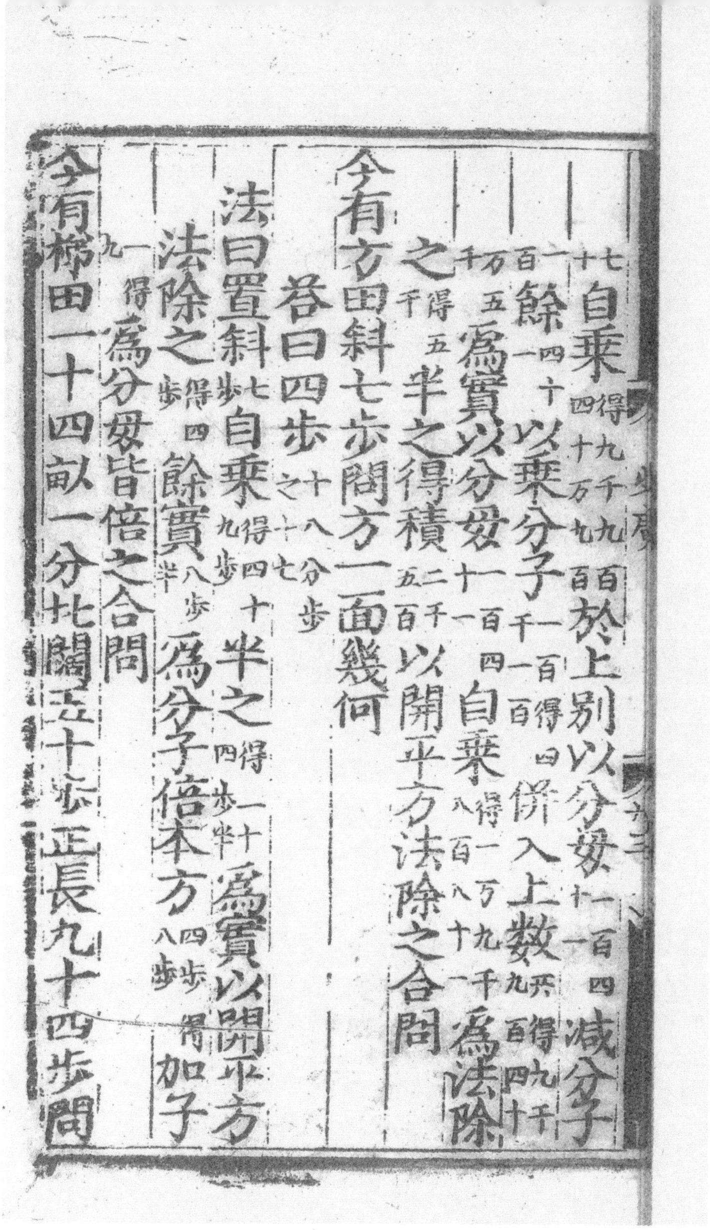

七十。自乘得九千九百四十万九百。於上。别以分母一百四十一減分子一百餘四十二。以乘分子一百，得四千一百。并入上數共得九千九百四十万五千。爲實。以分母一百四十一自乘得一万九千八百八十一。爲法。除之得五千。半之得積二千五百。以開平方法除之，合問。

今有方田，斜七步，問方一面幾何？

答曰：四步十八分步之十七。

法曰：置斜七步自乘得四十九步。半之得一十四步半。爲實。以開平方法除之得四步。餘實八步半爲分子。倍本方四步得八步。加子一，得九。爲分母。皆倍之，合問。

今有梯田一十四畝一分，北闊五十步，正長九十四步，問

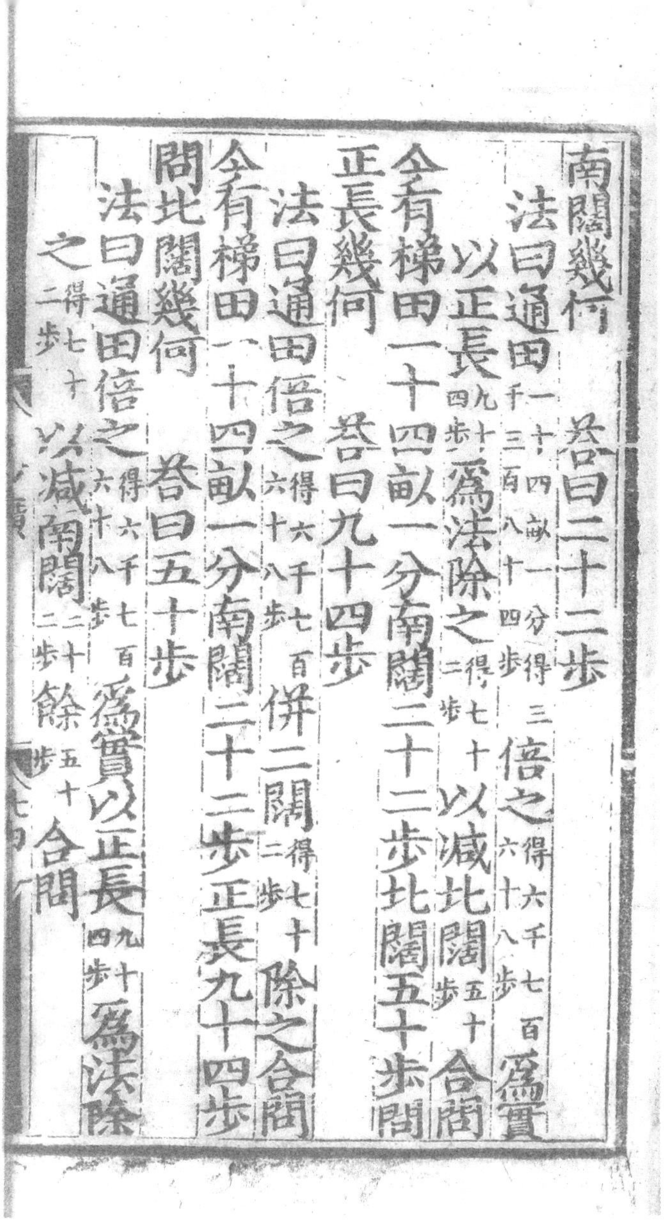

南闊幾何？　　答曰：二十二步。

法曰：通田一十四畝一分，得三千三百八十四步。倍之得六千七百六十八步。爲實。

以正長九十四步爲法，除之得七十二步。以減北闊五十步。合問。

今有梯田一十四畝一分，南闊二十二步，北闊五十步，問正長幾何？　　答曰：九十四步。

法曰：通田倍之得六千七百六十八步。并二闊得七十二步。除之，合問。

今有梯田一十四畝一分，南闊二十二步，正長九十四步，問北闊幾何？　　答曰：五十步。

法曰：通田倍之得六千七百六十八步。爲實，以正長九十四步爲法，除之得七十二步。以減南闊二十二步餘五十步。合問。

今有梯田積一千二百一十七步七分步之一，南闊二十四步七分步之六，北闊三十六步，問正長幾何？　答曰：四十步。

法曰：置積一千二百一十七步以分母七通之，加分子一，共得八千五百二十。倍之得一万七千四十。爲實。再置南闊二十四步以分母七通之，加分子六，共得一百七十四。又置北闊三十六步以南闊分母七通之得二百五十二。并二闊數得四百二十六。爲法除之。合問。

今有梯田積一千二百一十七步七分步之一，北闊三十六步，正長四十步，問南闊幾何？　答曰：二十四步七分步之六。

法曰：置積，照前法倍之得一万七千四十。爲實，以正長四千步爲法，除之得四百二十六。又置北闊三十六步以積分母七通之得二

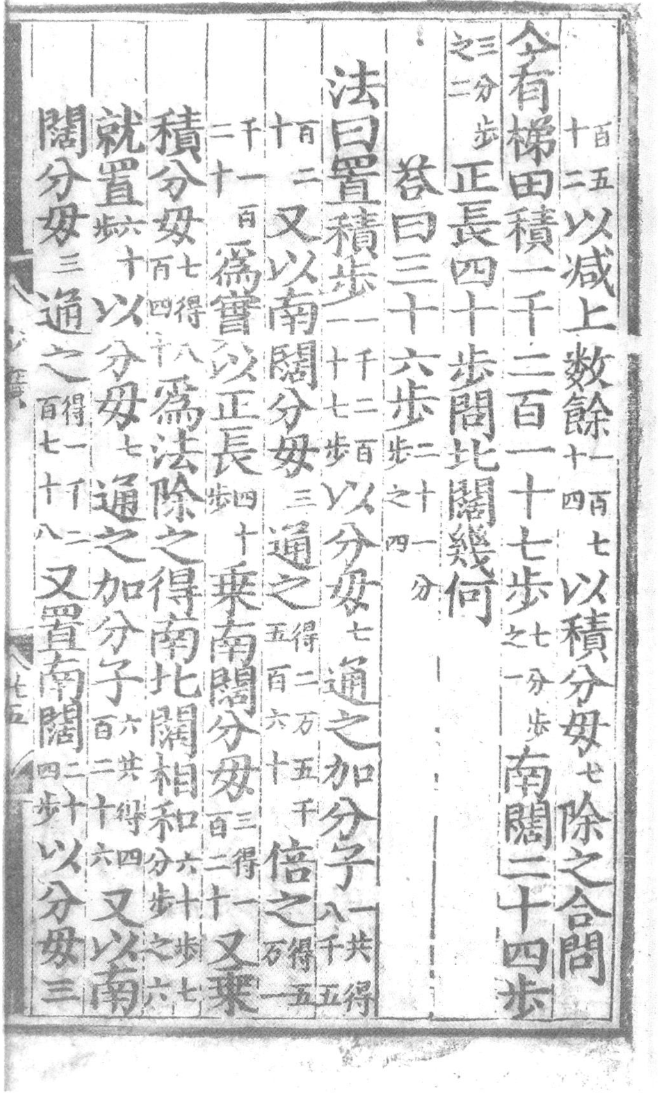

百五十二。以減上數餘一百七十四以積分母七除之。合問。

今有梯田積一千二百一十七步七分步之一，南闊二十四步三分步之二，正長四十步，問北闊幾何？

答曰：三十六步二十一分步之四。

法曰：置積步一千二百一十七步以分母七通之，加分子一，共得八千五百二十。又以南闊分母三通之得二万五千五百六十。倍之得五万一千一百二十。爲實。以正長四十步乘南闊分母三，得一百二十。又乘積分母七，得八百四十。爲法除之。得南北闊相和六十步七分步之六。就置六十步以分母七通之，加分子六，共得四百二十六。又以南闊分母三通之得一千二百七十八。又置南闊二十四步以分母三

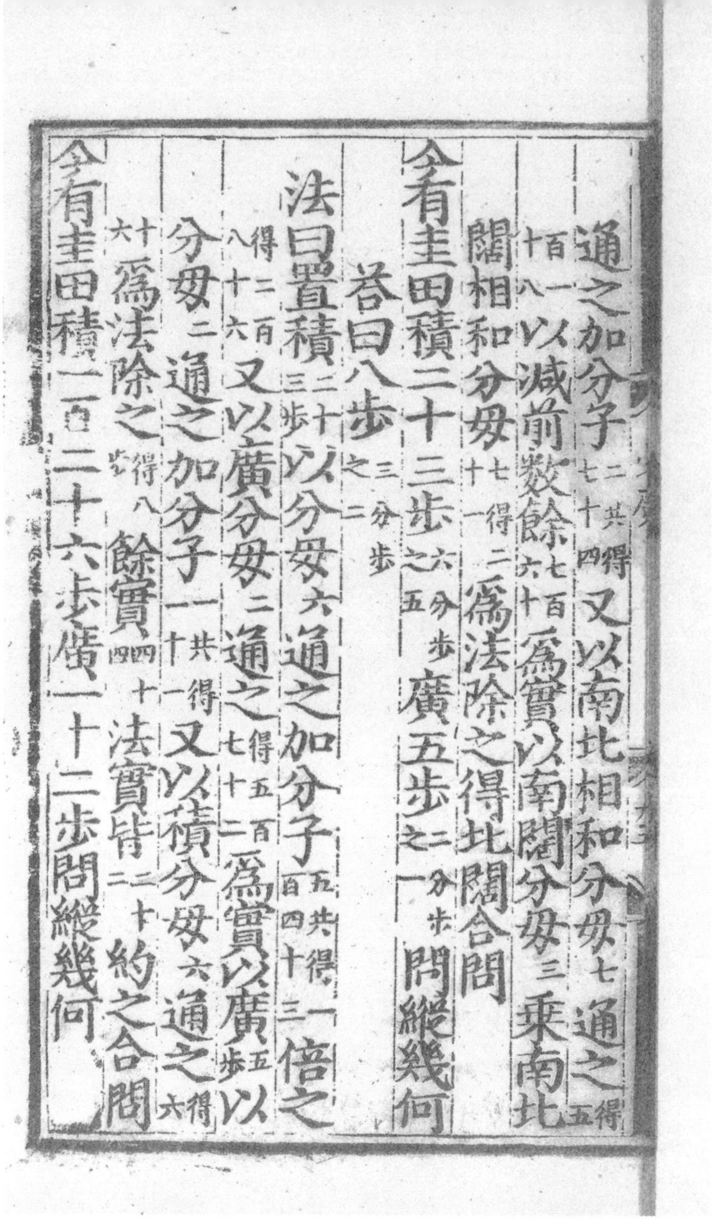

通之，加分子二，共得七十四。又以南北相和分母七通之得五百一十八。以減前數餘七百六十爲實。以南闊分母三乘南北闊相和分母七，得二十一。爲法，除之，得北闊。合問。

今有圭田積二十三步六分步之五，廣五步二分步之一，問縱幾何？

答曰：八步三分步之二。

法曰：置積二十三步以分母六通之，加分子五，共得一百四十三。倍之得二百八十六。又以廣分母二通之得五百七十二。爲實。以廣五步以分母二通之，加分子一，共得一十一。又以積分母六通之得六十六。爲法，除之得八步。餘實四十四。法實皆二十二約之，合問。

今有圭田積一百二十六步，廣一十二步，問縱幾何？

答曰：二十一步。

法曰：二乘田積得二百五十二步。爲實。以廣一十二步爲法，除，合問。

今有圭田積一百二十六步，只云正長二十一步，問闊幾何？　答曰：一十二步。

法曰：二乘田積得二百五十二步。爲實。以長二十一步爲法，除之。合問。

今有圭田積二百二十四步，小頭尖大頭闊一十六步，問正中長幾何？　答曰：二十八步。

法曰：倍積二百二十四步得四百四十八步。以闊一十六步爲法，除之，合問。

今有圭田積八百四十六步，大頭闊三十一步五十三分步之四十九。問正中長幾何？　答曰：五十三步。

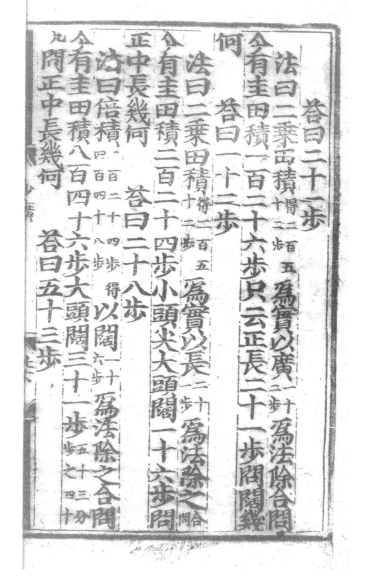

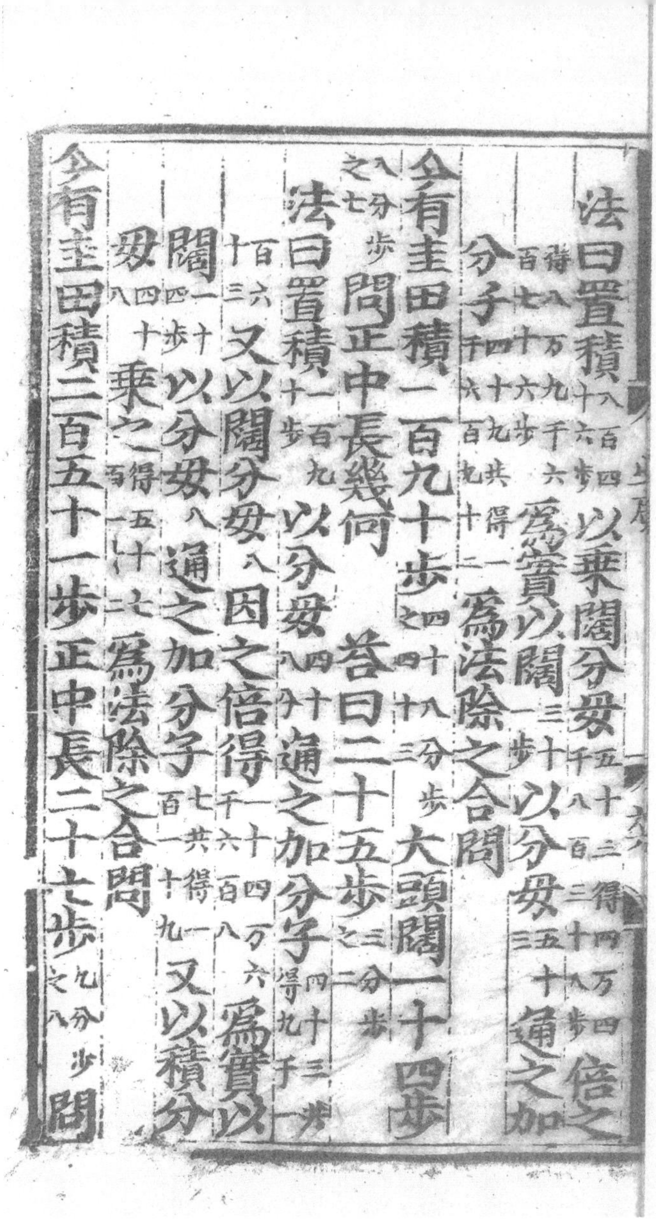

法曰：置積八百四十六步以乘闊分母五十三，得四万四千八百三十八步。倍之得八万九千六百七十六步。爲實。以闊三十二步以分母五十三通之，加分子四十九，共得一千六百九十二。爲法，除之。合問。

今有圭田積一百九十步四十八分步之四十三，大頭闊一十四步八分步之七，問正中長幾何？　答曰：二十五步三分步之二。

法曰：置積一百九十步以分母四十八分通之，加分子四十三，共得九千一百六十三。又以闊分母八因之，倍得一十四万六千六百八。爲實。以闊一十四步以分母八通之，加分子七，共得一百一十九。又以積分母四十八乘之得五千七百一十二。爲法，除之，合問。

今有圭田積二百五十一步，正中長二十七步九分步之八，問

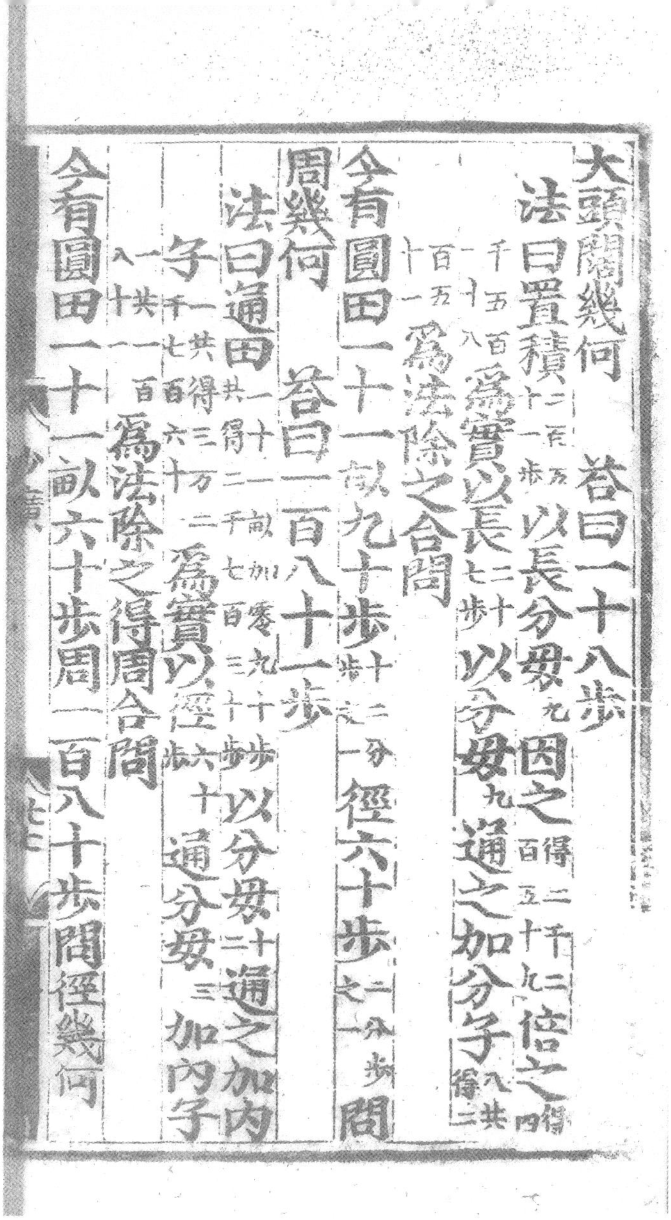

大頭闊幾何？　　答曰：一十八步。

法曰：置積二百五十一步以長分母九因之得二千二百五十九。倍之得四千五百一十八爲實。以長二十七步以分母九通之，加分子八，共得二百五十一。爲法，除之，合問。

今有圓田一十一畝九十步十二分步之一，徑六十步二分步之一，問周幾何？　　答曰：一百八十一步。

法曰：通田一十一畝，加零九十步共得二千七百三十步。以分母十二通之，加内子一，共得三万二千七百六十。爲實。以徑六十步通分母三加内子一，共一百八十一。爲法，除之得周，合問。

今有圓田一十一畝六十步，周一百八十步，問徑幾何？

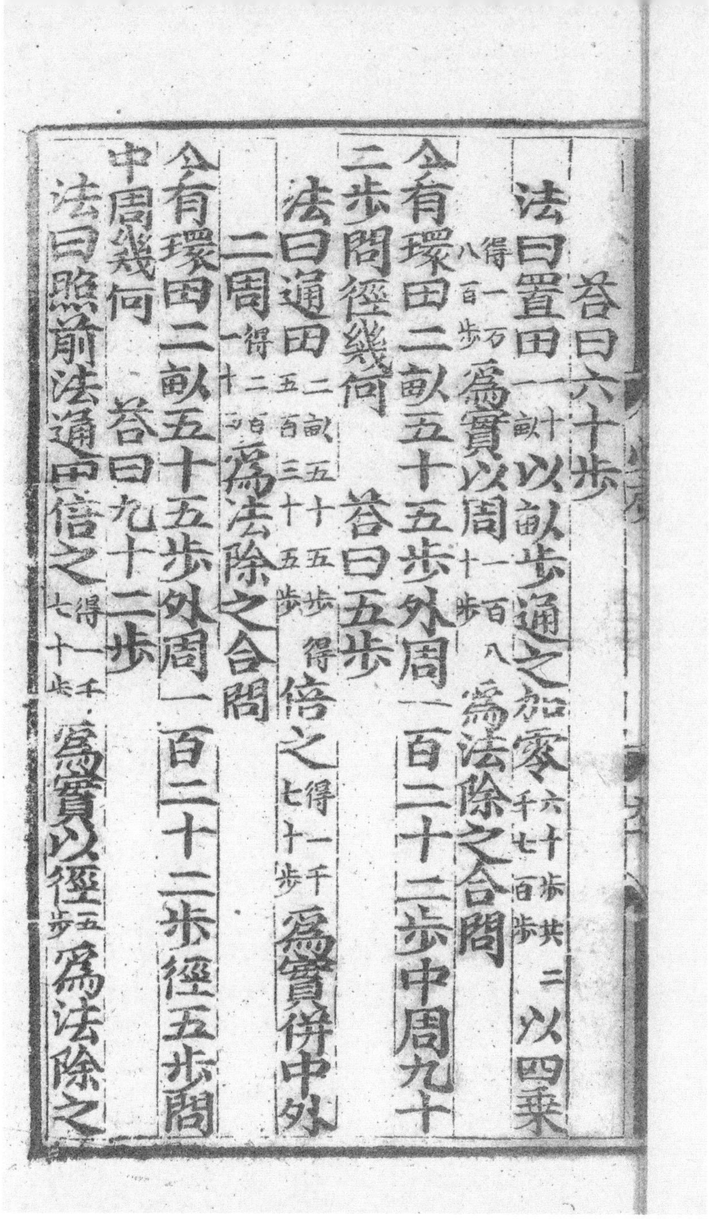
荅曰六十步
法曰置田二十畝以畝步通之加零六十步共二千七百步以四乘得一万八百步爲實以周一百八十步爲法除之合問
今有環田二畝五十五步外周一百二十二步中周九十二步問徑幾何　荅曰五步
法曰通田二畝五十五步得五百三十五步倍之得一千七十步爲實併中外二周得二百一十四爲法除之合問
今有環田二畝五十五步外周一百二十二步徑五步問中周幾何　荅曰九十二步
法曰照前法通田倍之得一千七十步爲實以徑五步爲法除之

答曰：六十步。

法曰：置田二十畝以畝步通之，加零六十步，共二千七百步。以四乘得一万八百步。爲實。以周一百八十步爲法，除之，合問。

今有環田二畝五十五步，外周一百二十二步，中周九十二步，問徑幾何？　答曰：五步。

法曰：通田二畝五十五步，得五百三十五步。倍之得一千七十步。爲實。并中、外二周得二百一十四。爲法，除之，合問。

今有環田二畝五十五步，外周一百二十二步，徑五步，問中周幾何？　答曰：九十二步。

法曰：照前法通田倍之得一千七十步。爲實。以徑五步爲法，除之

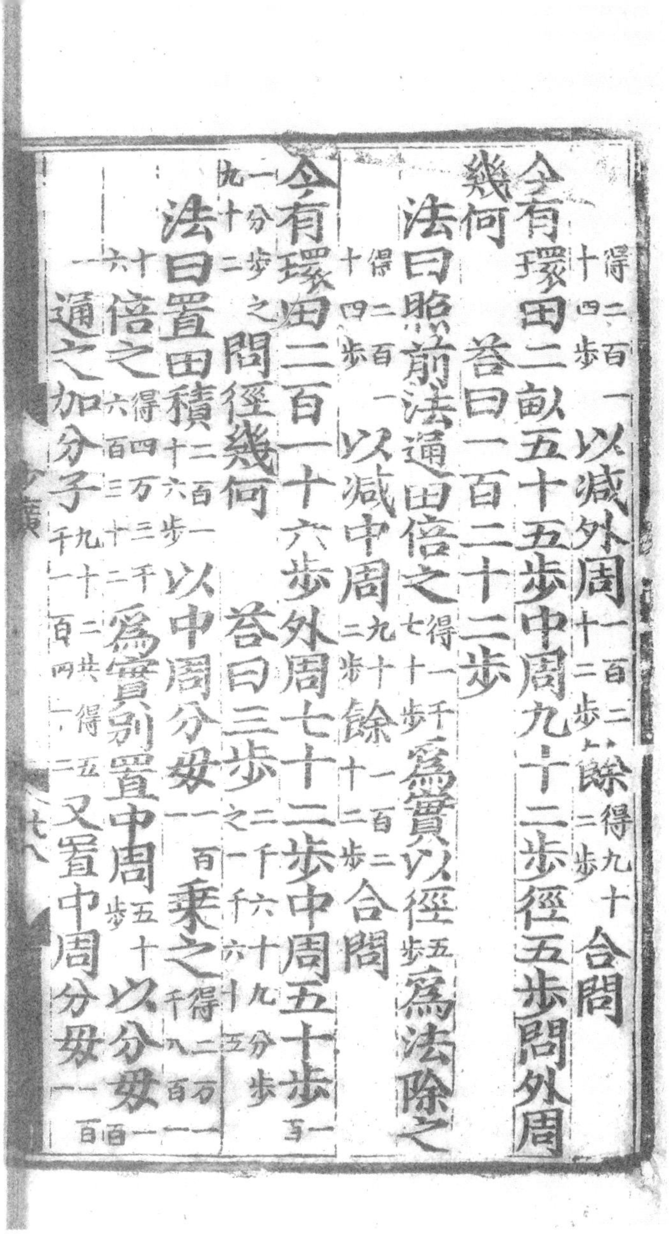

得二百一十四步。以減外周一百二十二步。餘得九十二步。合問。

今有環田二畝五十五步，中周九十二步徑五步，問外周幾何？　答曰：一百二十二步。

法曰：照前法通田倍之得一千七十步。爲實。以徑五步爲法，除之得二百一十四步。以減中周九十二步餘一百二十二步。合問。

今有環田二百一十六步，外周七十二步，中周五十步一百一分步之九十二，問徑幾何？　答曰：三步二千六十九分步之一千六十五。

法曰：置田積二百一十六步以中周分母一百一乘之得二万一千八百一十六。倍之得四万三千六百三十二爲實，別置中周五十步以分母一百一通之，加分子九十二，共得五千一百四十二。又置中周分母一百乘外周七十二步，得七千二百七十二。并之得一万二千四百一十四。爲法。除之得三步。餘實六千三百九十。法實皆六約之，合問。

今有環田積二百一十六步，外周七十二步徑三步二千六十九分步之一千六十五，問中周幾何？　答曰：五十步一百一分步之九十二。

法曰：置田積二百一十六步以徑分母二千六十九乘之得四十四万六千九百四。倍之得八十九万三千八百八。爲實。以徑三步以分母二千六十九通之，加分子一千六十五，共得七千二百七十二。爲法。除之，得内外周一百二十二步一百一分步之九十二。以減外周七十二步餘得中周數。合問。

今有環田積二百一十六步，外周七十二步四分步之三，中周五十一步一千六百四十八分步之一千五百九十三，問徑幾何？

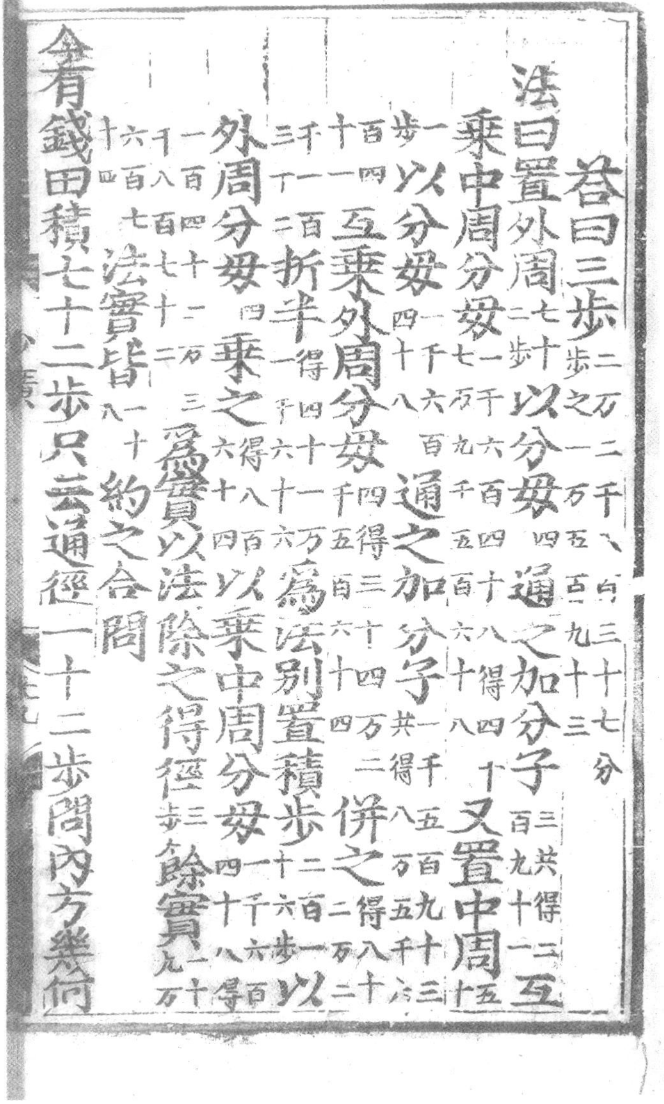

答曰：三步二万二千八百三十七分步之一万五百九十三。

法曰：置外周七十二步以分母四通之，加分子三，共得二百九十一。互乘中周分母一千六百四十八，得四十七万九千五百六十八。又置中周五十一步以分母一千六百四十八通之，加分子一千五百九十三，共得八万五千六百四十一。互乘外周分母四，得三十四万二千五百六十四。并之得八十二万二千一百三十二。折半得四十一万一千六十六。爲法。别置積步二百一十六步以外周分母四乘之得八百六十四。以乘中周分母一千六百四十八得一百四十二万三千八百七十二爲實。以法除之，得徑三步。餘實一十九万六百七十四。法實皆一十八約之，合問。

今有錢田積七十二步，只云通徑一十二步，問内方幾何？

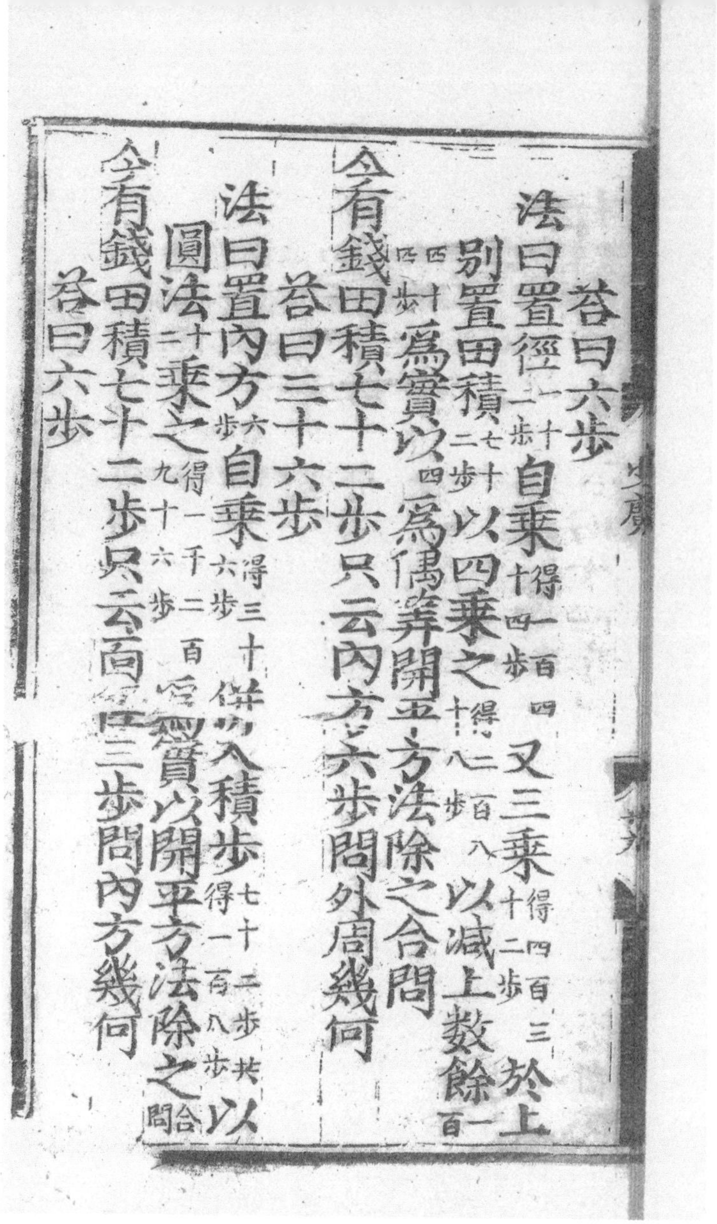

答曰：六步。

法曰：置徑二十二步自乘得一百四十四步。又三乘得四百三十二步。於上。

別置田積七十二步以四乘之得二百八十八步。以減上數餘一百四十四步。爲實。以四爲偶筭。開平方法除之，合問。

今有錢田積七十二步，只云内方六步，問外周幾何？

答曰：三十六步。

法曰：置内方六步自乘得三十六步。并入積步七十二步共得一百八步。以圓法十二乘之得一千二百九十六步。爲實，以開平方法除之，合問。

今有錢田積七十二步，只云面徑三步，問内方幾何？

答曰：六步。

法曰：四乘田積七十二步，得二百八十八步。於上。別置徑三步自乘得九步。以圓法十二乘之得一百八步。以減上數，餘一百八十步爲實。再以圓法十二乘面徑三步，得三十六步。爲從方。一爲益隅，并從方三十六加入餘積一百八十步，共得二百一十六步。爲實。以帶從開平方法除之，合問。

今有斜田九畝一百四十四步，只記得南廣三十步，北廣四十二步，問縱幾何？　　答曰：六十四步。

法曰：通積九畝，加零一百四十四步，共得二千三百四步。爲實，并二廣得七十二步。折半得三十六步。爲法，除之得縱，合問。

今有斜田九畝一百四十四步，只記得南廣三十步，縱六

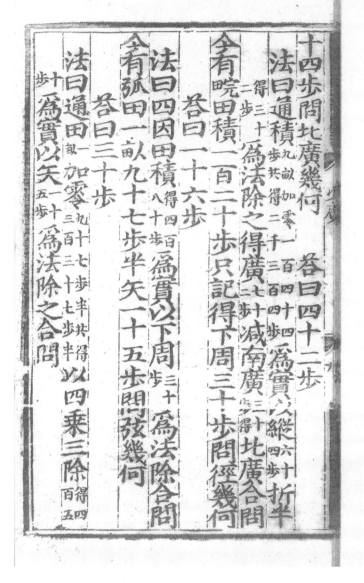

十四步，問北廣幾何？　　答曰：四十二步。

法曰：通積九畝，加零一百四十四步，共得二千三百四步。爲實。以縱六十四步折半得三十二步。爲法，除之得廣七十二步。減南廣三十步得北廣，合問。

今有畹田積一百二十步，只記得下周三十步，問徑幾何？

答曰：一十六步。

法曰：四因田積得四百八十步。爲實，以下周三十步爲法，除，合問。

今有弧田一畝九十七步半，矢一十五步，問弦幾何？

答曰：三十步。

法曰：通田一畝加零九十七步半，共得三百三十七步半。以四乘三除得四百五十步。爲實。以矢一十五步爲法，除之，合問。

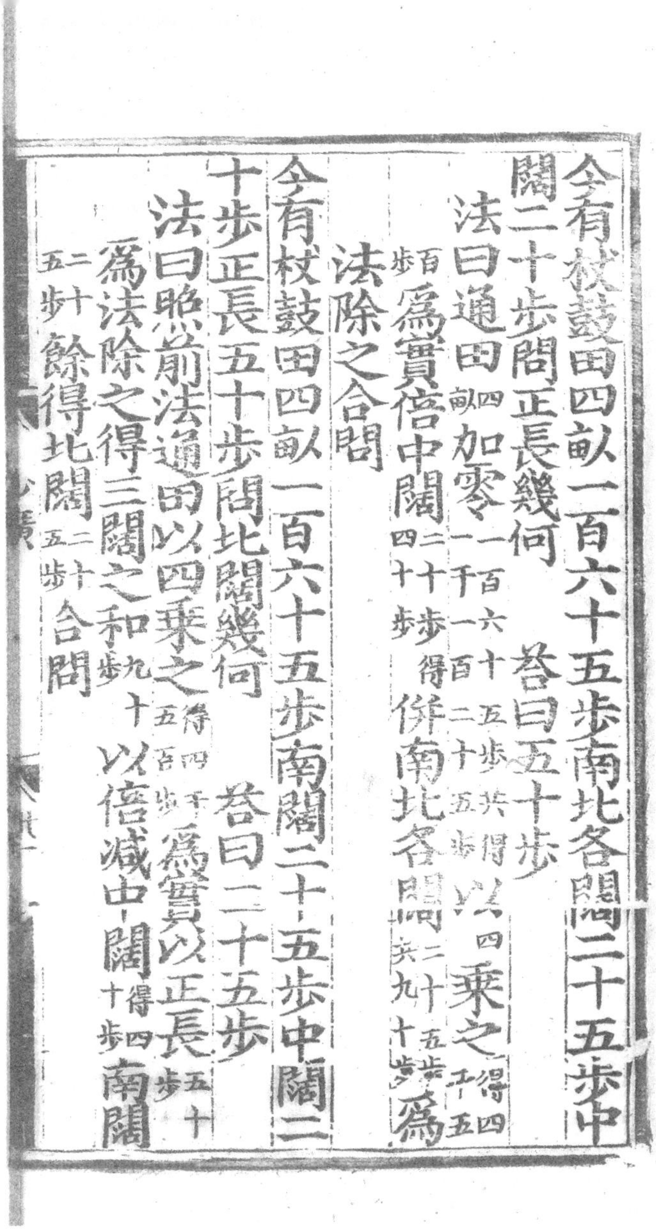

今有杖鼓田四畝一百六十五步，南北各闊二十五步，中闊二十步。問正長幾何？　　答曰：五十步。

法曰：通田（四畝）加零（一百六十五步，共得一千一百二十五步。）以四乘之（得四千五百步。）爲實。倍中闊（二十步得四十步。）并南北各闊（二十五步共九十步。）爲法，除之。合問。

今有杖鼓田四畝一百六十五步，南闊二十五步，中闊二十步，正長五十步。問北闊幾何？　　答曰：二十五步。

法曰：照前法通田，以四乘之（得四千五百步。）爲實。以正長（五十步）爲法，除之得三闊之和（九十步。）以倍減中闊（得四十步。）南闊（二十五步）餘得北闊（二十五步。）合問。

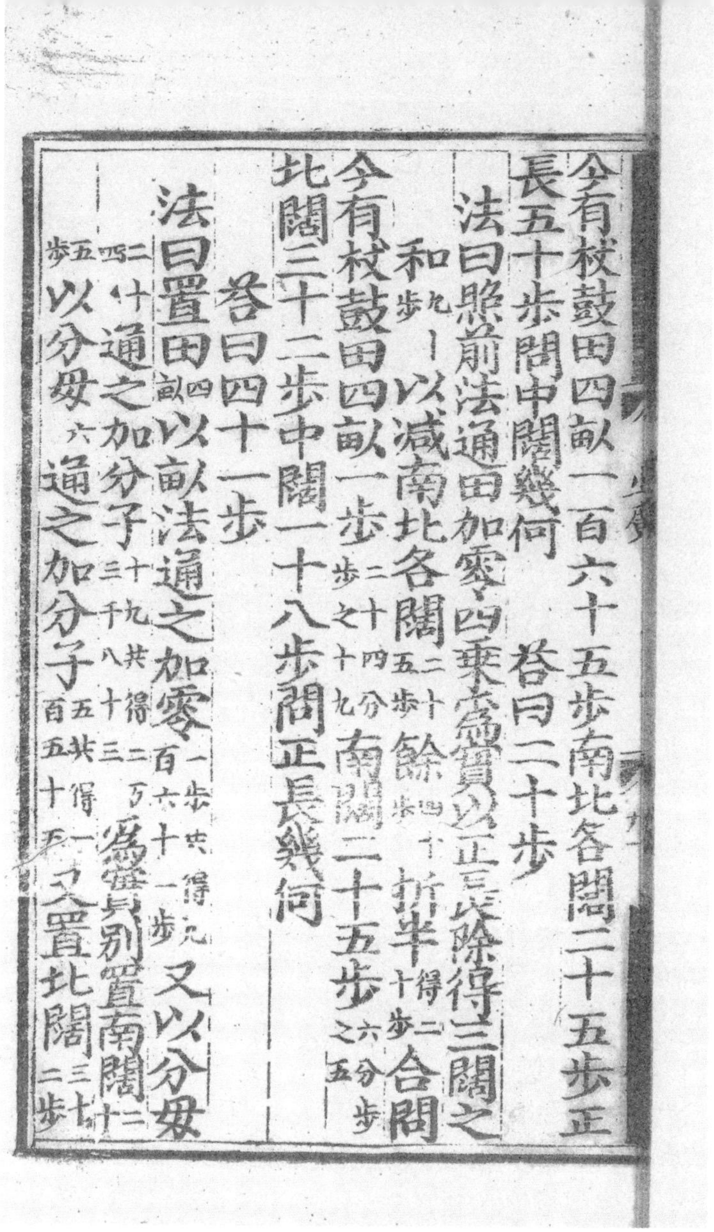

今有杖鼓田四畝一百六十五步，南北各闊二十五步，正長五十步，問中闊幾何？　答曰：二十步。

法曰：照前法通田加零，四乘爲實，以正長除得三闊之和（九十步。）以減南北各闊（二十五步）餘（四十步。）折半（得二十步。）合問。

今有杖鼓田四畝一步（二十四分步之十九），南闊二十五步（六分步之五），北闊三十二步，中闊一十八步。問正長幾何？

答曰：四十一步。

法曰：置田（四畝）以畝法通之，加零（一步，共得九百六十一步）。又以分母（二十四）通之，加分子（十九，共得二万三千八十三。）爲實。別置南闊（二十五步）以分母（六）通之，加分子（五，共得一百五十五。）又置北闊（三十二步）

以南闊分母六通之得一百九十二。又置中闊一十八步以南闊分母六通之得一百八步。倍之得二百一十六步。并入南北闊數共得五百六十三。爲法，除之，合問。

今有杖鼓田四畝一步二十四分步之十九，南闊二十五步六分步之五，北闊三十二步，正長四十一步。問中闊幾何？

答曰：一十八步。

法曰：照前法通田，以分母通之，加分子共得二万三千八十三。爲實。以正長四十一步爲法，除之得五百六十三。乃三闊之和。別置南闊二十五步以分母六通之，加分子五；共得一百五十五。又置北闊三十二步以南闊分母六通之得一百九十二。俱減三闊和步

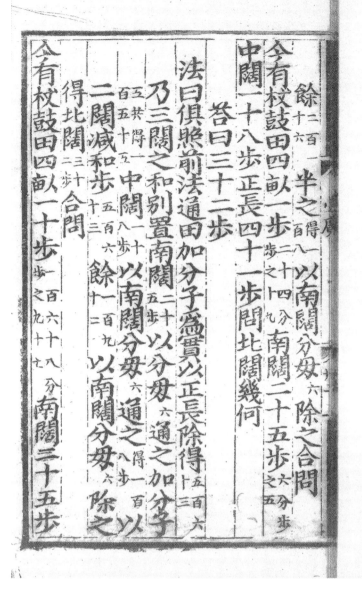

餘二百一十六。半之得一百八。以南闊分母六除之，合問。

今有杖鼓田四畝一步二十四分步之十九，南闊二十五步六分步之五，中闊一十八步，正長四十一步。問北闊幾何？

答曰：三十二步。

法曰：俱照前法，通田加分子爲實。以正長除得五百六十三。乃三闊之和。別置南闊二十五步以分母六通之，加分子五，共得一百五十五。中闊一十八步以南闊分母六通之得一百八步。以二闊減和步五百六十三餘一百九十二。以南闊分母六除之，得北闊三十二步。合問。

今有杖鼓田四畝一十步一百六十八分步之九十七，南闊二十五步六分步之五，北闊三十二步七分步之六，正長四十一步。問中闊幾何？　答曰：一十八步。

法曰：通田六畝加零一十步，共得九百七十步。以分母一百六十八通之，加分子九十七，共得一十六万三千五十七。爲實。以正長四十一步爲法，除之得三千九百七十七。乃三闊之和。別置南闊二十五步以分母六通之，加分子五，共得一百五十五。又互乘北闊分母七，得一千八十五。北闊三十二步以分母七通之，加分子六，共得二百三十。又互乘南闊分母六，得一千三百八十。并二闊得二千四百六十五。以減三闊之和餘一千五百一十二。半之得七百五十六。以南北二分母七分、六分。相乘得四十二。除之，得一十八步。合問。

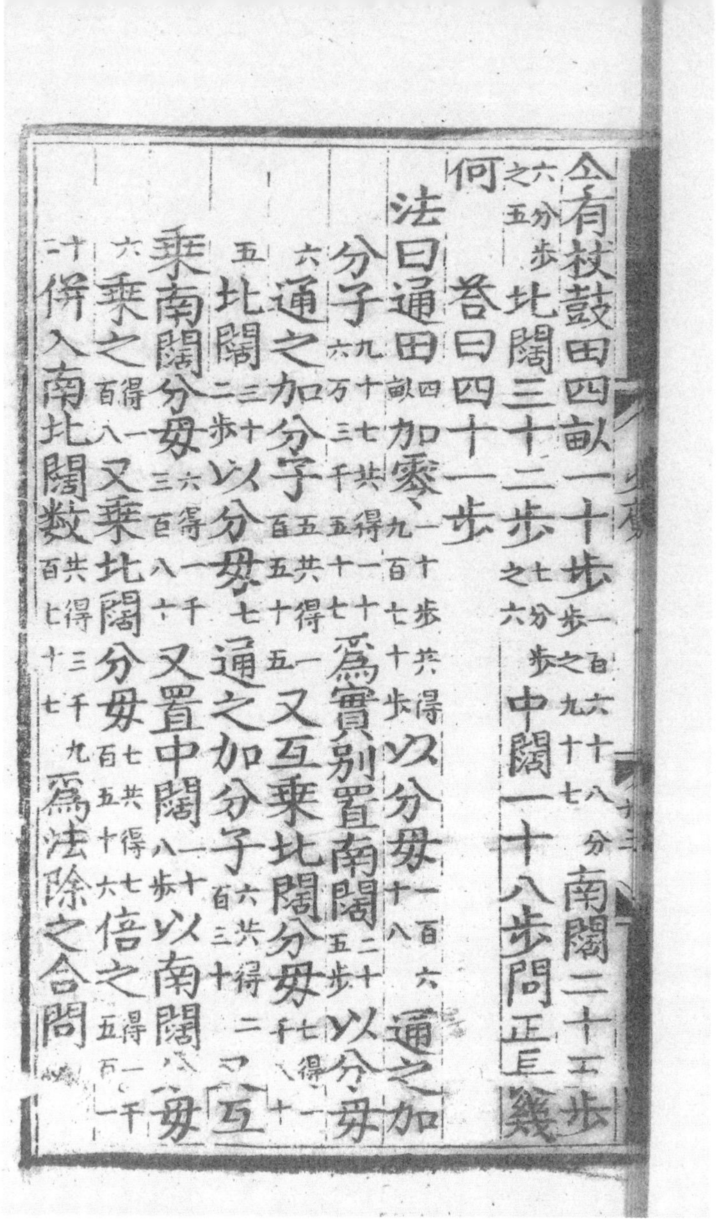

今有杖鼓田四畝一十步一百六十八分步之九十七，南闊二十五步六分步之五，北闊三十二步七分步之六，中闊一十八步。問正長幾何？　答曰：四十一步。

法曰：通田四畝加零一十步，共得九百七十步。以分母一百六十八通之，加分子九十七，共得一十六万三千五十七。爲實。別置南闊二十五步以分母六通之，加分子五，共得一百五十五。又互乘北闊分母七，得一千八十五。北闊三十二步以分母七通之，加分子六，共得二百三十。又互乘南闊分母六，得一千三百八十。又置中闊一十八步以南闊分母六乘之得一百八。又乘北闊分母七，共得七百五十六。倍之得一千五百一十二。并入南北闊數共得三千九百七十七。爲法，除之。合問。

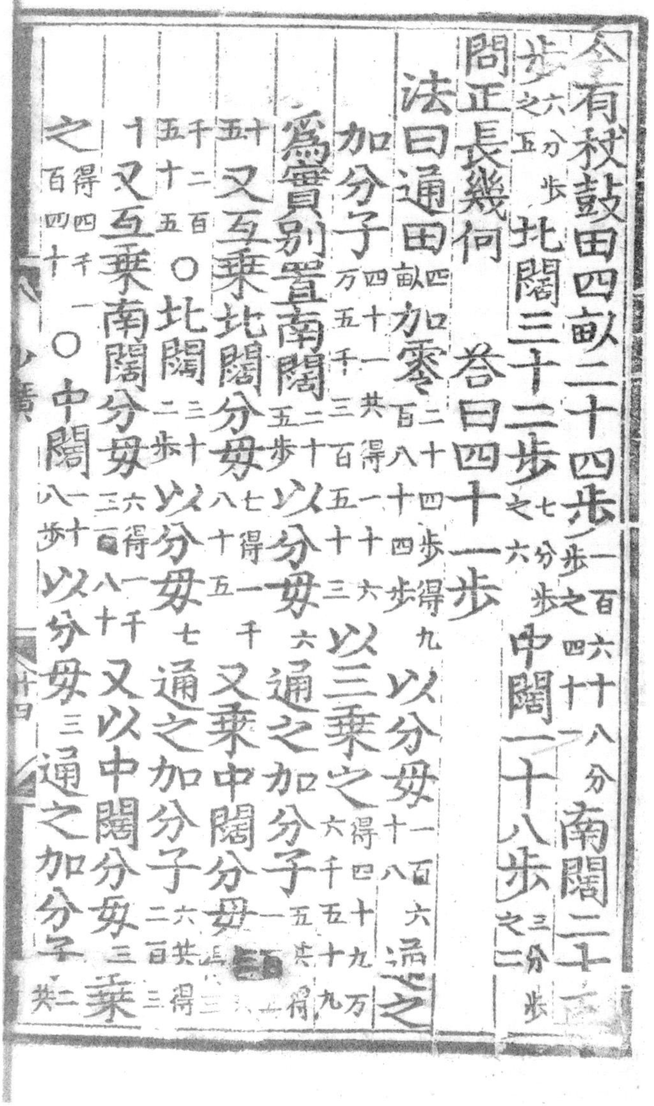

今有杖鼓田四畝二十四步一百六十八分步之四十一，南闊二十五步六分步之五，北闊三十二步七分步之六，中闊一十八步三分步之二。問正長幾何？　答曰：四十一步。

法曰：通田四畝加零二十四步，得九百八十四步。以分母一百六十八通之加分子四十一，共得一十六万五千三百五十三。以三乘之得四十九万六千五十九。爲實。別置南闊二十五步以分母六通之，加分子五，共得一百五十五。又互乘北闊分母七，得一千八十五。又乘中闊分母三，得三千二百五十五。○北闊三十二步以分母七通之，加分子六，共得二百三十。又互乘南闊分母六，得一千三百八十。又以中闊分母三乘之得四千一百四十。○中闊一十八步以分母三通之，加分子二，共

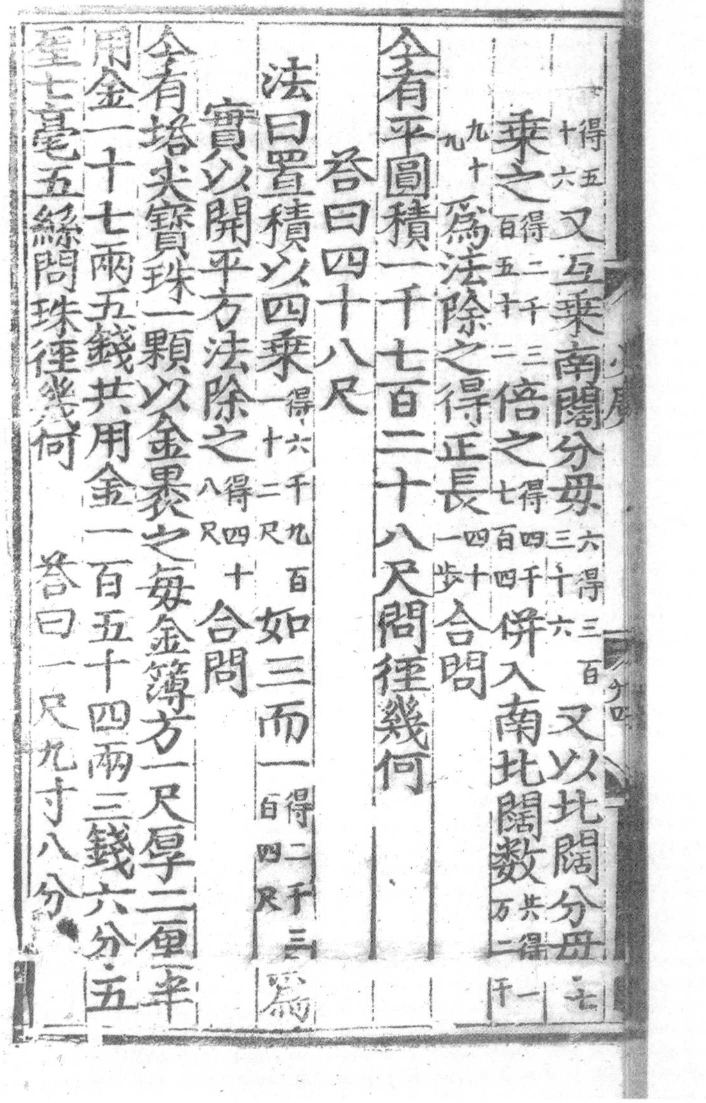

得五十六。又互乘南闊分母六，得三百三十六。又以北闊分母七乘之得二千三百五十二。倍之得四千七百四。并入南北闊數共得一万二千九十九。爲法，除之得正長四十二步。合問。

今有平圓積一千七百二十八尺，問徑幾何？

答曰：四十八尺。

法曰：置積以四乘得六千九百一十二尺。如三而一得二千三百四尺。爲實。以開平方法除之得四十八尺。合問。

今有塔尖竇珠一顆，以金裹之。每金簿方一尺厚二厘半，用金一十七兩五錢。共用金一百五十四兩三錢六分五厘七毫五絲，問珠徑幾何？　答曰：一尺九寸八分。

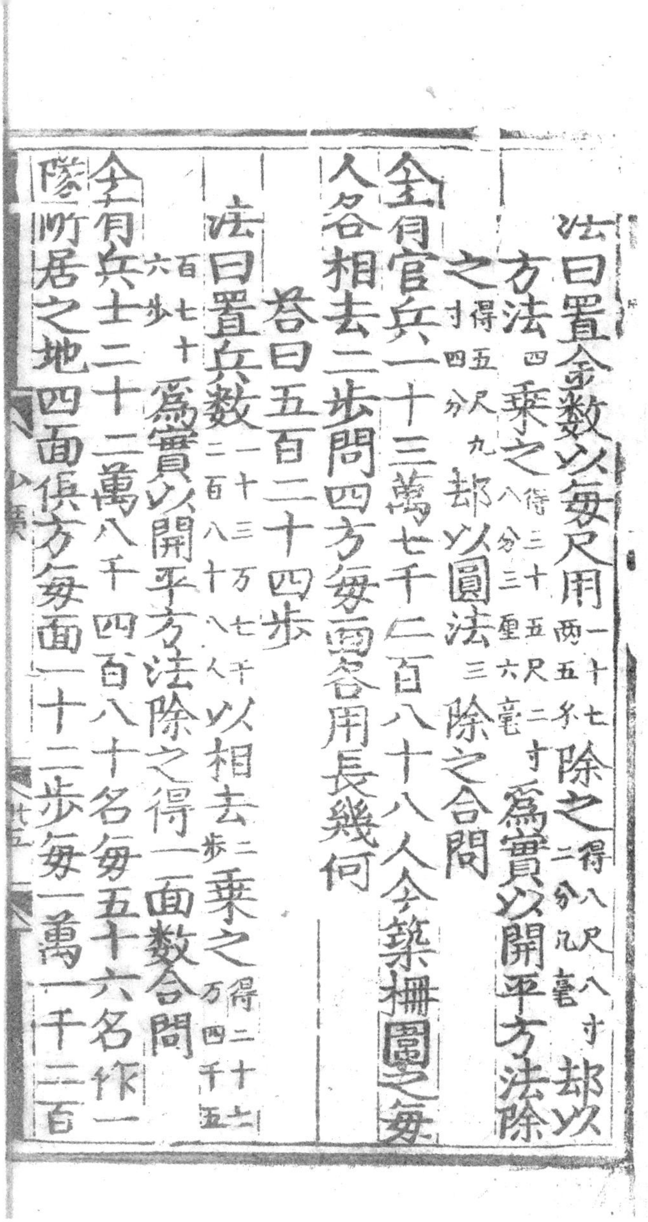

法曰：置金數，以每尺用(一十七兩五錢)除之(得八尺八寸二分九毫。)却以

方法(四)乘之(得三十五尺二寸八分三厘六毫。)爲實。以開平方法除

之(得五尺九寸四分。)却以圓法(三)除之。合問。

今有官兵一十三萬七千二百八十八人，今築柵圍之。每

人各相去二步，問四方每面各用長幾何？

答曰：五百二十四步。

法曰：置兵數(一十三万七千二百八十八人)以相去(二步)乘之(得二十七万四千五

百七十六步。)爲實。以開平方法除之，得一面數，合問。

今有兵士二十二萬八千四百八十名，每五十六名作一

隊。所居之地四面俱方，每面一十二步。每一萬一千二百

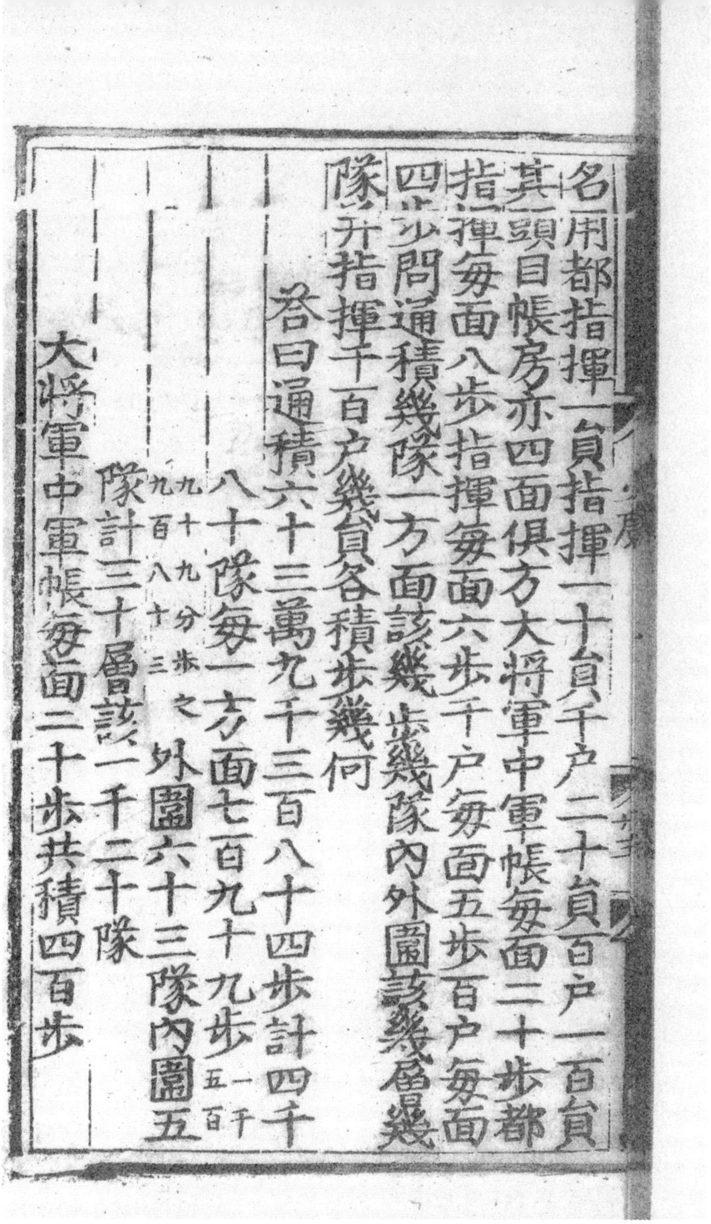

名用都指揮一員、指揮一十員、千户二十員、百户一百員。其頭目帳房亦四面俱方。大將軍中軍帳每面二十步，都指揮每面八步，指揮每面六步，千户每面五步，百户每面四步。問通積幾隊，一方面該幾步幾隊，内外圍該幾層幾隊，并指揮、千、百户幾員，各積步幾何？

答曰：通積六十三萬九千三百八十四步，計四千八十隊，每一方面七百九十九步一千五百九十九分步之九百八十三，外圍六十三隊，内圍五隊，計三十層，該一千二十隊。

大將軍中軍帳每面二十步，共積四百步；

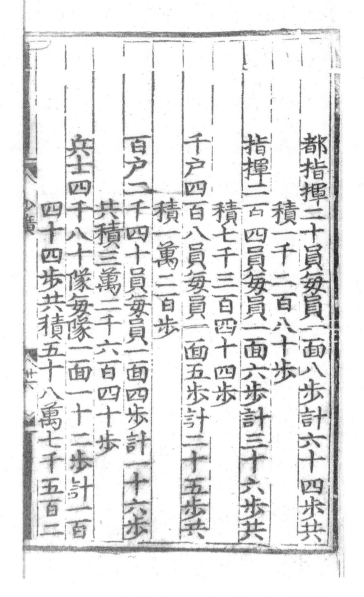

都指揮二十員，每員一面八步，計六十四步，共積一千二百八十步；

指揮二百四員，每員一面六步，計三十六步，共積七千三百四十四步；

千户四百八員，每員一面五步，計二十五步，共積一萬二百步；

百户二千四十員，每員一面四步，計一十六步，共積三萬二千六百四十步；

兵士四千八十隊，每隊一面一十二步，計一百四十四步，共積五十八萬七千五百二

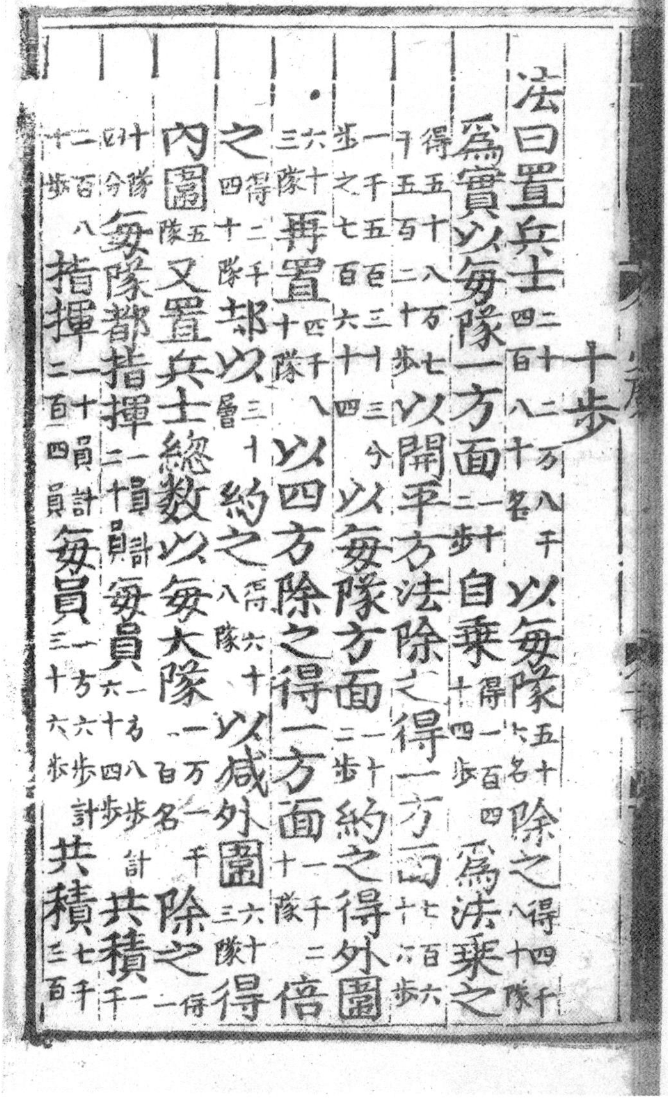

十步。

法曰：置兵士二十二万八千四百八十名以每隊五十六名除之得四千八十隊。爲實。以每隊一方面一十二步自乘得一百四十四步。爲法，乘之得五十八万七千五百二十步。以開平方法除之，得一方面七百六十六步一千五百三十三分步之七百六十四。以每隊方面一十二步約之，得外圍六十三隊。再置四千八十隊以四方除之，得一方面一千二十隊。倍之得二千四十隊。却以三十層約之得六十八隊。以減外圍六十三隊得内圍五隊。又置兵士總數，以每大隊二万一千二百名除之得二十隊四分。每隊都指揮二員，計二十員。每員一方八步，計六十四步。計共積一千二百八十步。指揮二十員，計二百四員。每員一方六步，計三十六步。計共積七千三百四十四步。千户二十員，計四百八員。每員一方五步，計二十五步。共積一万二百步。百户一百員，計二千四十員。每員一方四步，計一十六步。共積三万二千六百四十步。通前共積六十三万九千三百八十四步。爲實。以開平方法除之得七百九十九步一千五百九十九分步之九百八十三。爲一方面數。合問。

今有鈔八千七百一十七貫五百文，買絲不知其數，亦不知其價。只云每兩要絡絲鈔二百文，爲無鈔還就將絲准還。只記得准與絲二百七十八兩九錢六分。問絲總數及價鈔并絡絲鈔，各幾何？

答曰：絲三千四百八十七兩，每兩價鈔二貫五百文，共八千七百一十七貫五百文。

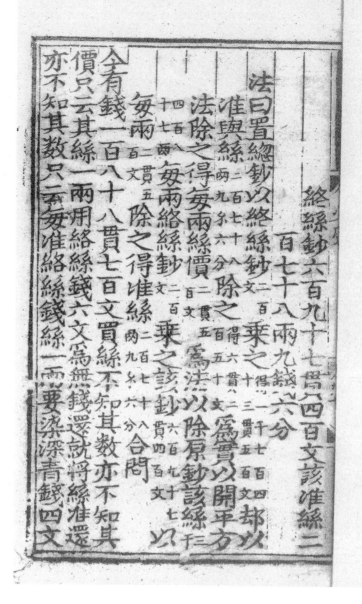

絡絲鈔六百九十七貫四百文，該准絲二百七十八兩九錢六分。

法曰：置總鈔以絡絲鈔（二百文）乘之（得一千七百四十三貫五百文。）却以准與絲（二百七十八兩九錢六分）除之（得六貫二百五十文。）爲實。以開平方法除之，得每兩絲價（二貫五百文。）爲法。以除原鈔，該絲（三千四百八十七兩。）每兩絡絲鈔（二百文）乘之，該鈔（六百九十七貫四百文。）以每兩（二貫五百文）除之，得准絲（二百七十八兩九錢六分。）合問。

今有錢一百八十八貫七百文，買絲不知其數，亦不知其價。只云其絲一兩用絡絲錢六文，爲無錢還就將絲准還，亦不知其數。只云每准絡絲錢絲一兩要染深青錢四文，

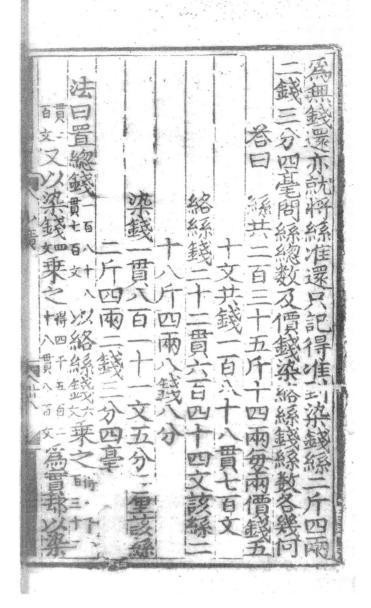

爲無錢還亦就將絲准還。只記得准到染錢絲二斤四兩二錢三分四毫。問絲總數及價錢，染、絡絲錢、絲數各幾何？

答曰：絲共二百三十五斤十四兩，每兩價錢五十文，共錢一百八十八貫七百文。

絡絲錢二十二貫六百四十四文，該絲二十八斤四兩八錢八分。

染錢一貫八百一十一文五分二厘，該絲二斤四兩二錢三分四毫。

法曰：置總錢一百八十八貫七百文以絡絲錢六文乘之得一千一百三十二貫二百文。又以染錢四文乘之得四千五百二十八貫八百文。爲實。却以染

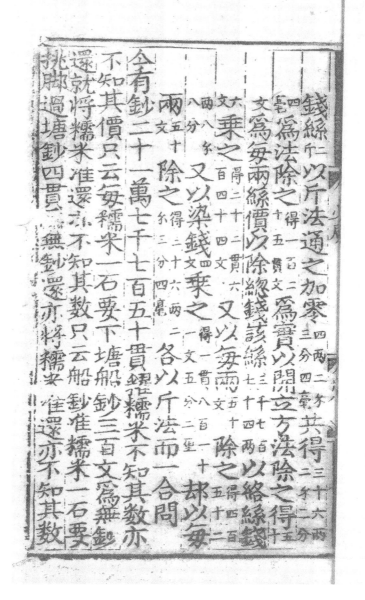

錢絲二斤以斤法通之，加零四兩二錢三分四毫共得三十六兩二錢二分四毫。爲法。除之得一百二十五貫文。爲實。以開立方法除之，得五十文。爲每兩絲價。以除總錢，該絲三千七百七十四兩。以絡絲錢六文乘之得二十二貫六百四十四文。又以每兩五十文除之得四百五十二兩八錢八分。又以染錢四文乘之得一貫八百一十一文五分二厘。却以每兩五十文除之得二十六兩二錢三分四毫。各以斤法而一。合問。

今有鈔二十一萬七千七百五十貫，糴糯米不知其數，亦不知其價。只云每糯米一石要下塘船鈔三百文。爲無鈔還就將糯米准還，亦不知其數。只云船鈔准糯米一石要挑脚過塘鈔四貫。爲[1]無鈔還亦將糯米准還，亦不知其數。

1“爲”，各本不清，依題意作此。

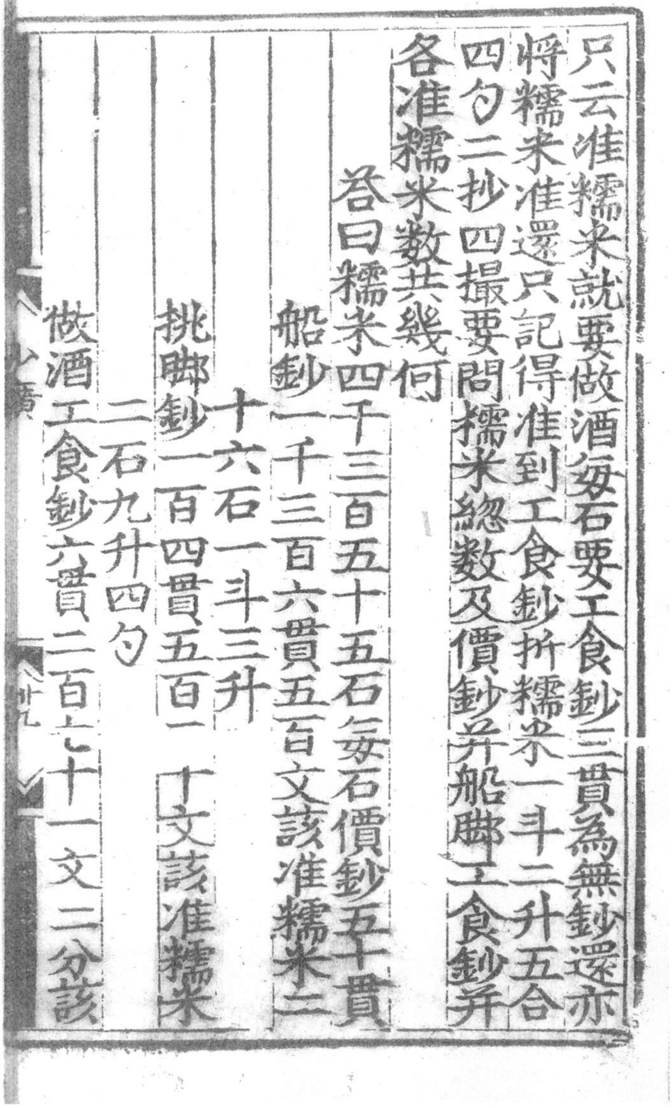

只云准糯米就要做酒每石要工食鈔三貫。爲無鈔還亦將糯米准還。只記得准到工食鈔折糯米一斗二升五合四勺二抄四撮。要問糯米總數及價鈔，并船、脚工食鈔，并各准糯米數共幾何?

答曰：糯米四千三百五十五石，每石價鈔五十貫。

船鈔一千三百六貫五百文，該准糯米二十六石一斗三升。

挑脚鈔一百四貫五百一十文，該准糯米二石九升四勺。

做酒工食鈔六貫二百七十一文二分，該

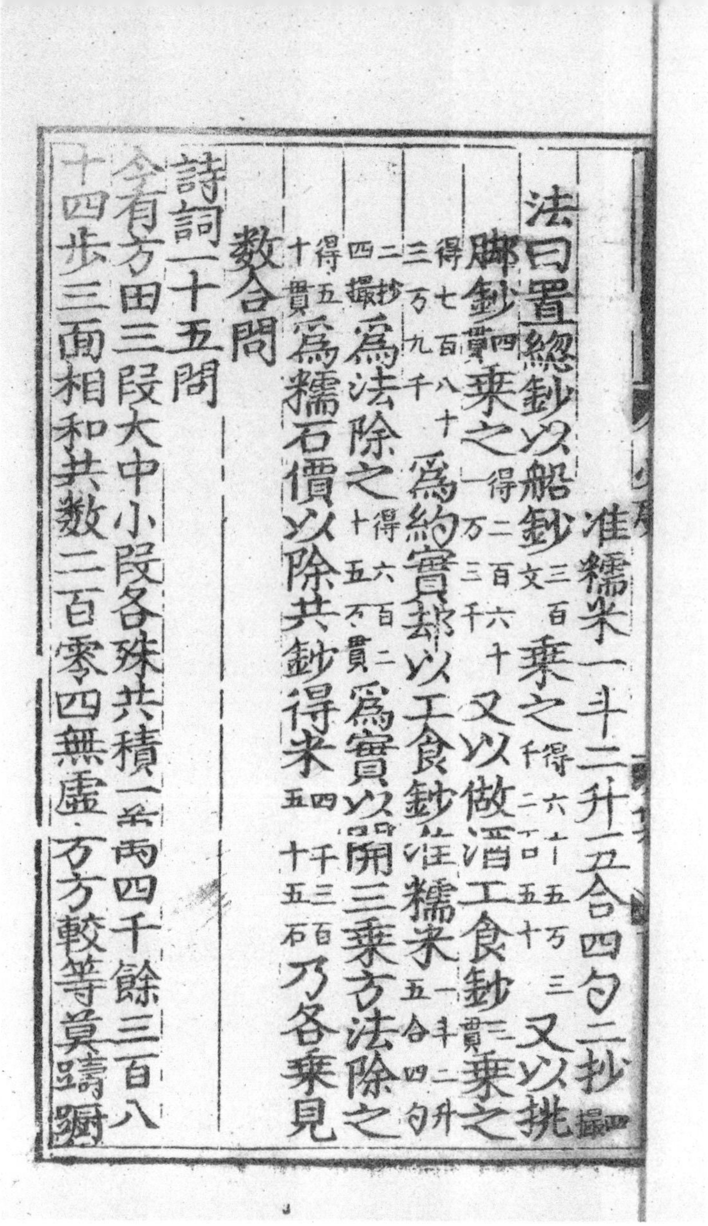

准糯米一斗二升五合四勺二抄四撮。

法曰：置總鈔以船鈔三百文乘之得六十五万三千二百五十。又以挑脚鈔四貫乘之得二百六十一万三千。又以做酒工食鈔三貫。乘之得七百八十三万九千。爲約實。却以工食鈔准糯米一斗二升五合四勺二抄四撮爲法，除之得六百二十五万貫。爲實，以開三乘方法除之得五十貫。爲糯石價。以除共鈔得米四千三百五十五石。乃各乘見數。合問。

詩詞一十五問

今有方田三段，大中小段各殊。共積一萬四千餘，三百八十四步。三面相和共數，二百零四無虛。方方較等莫躊躕，

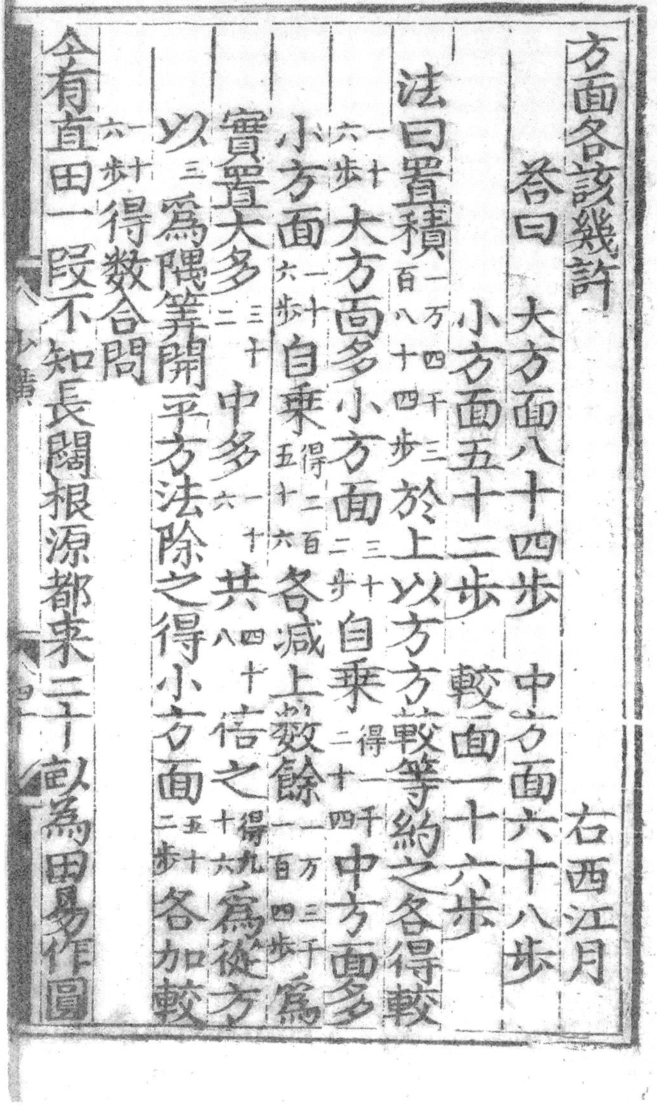

方面各該幾許？　　　　　　　　　　右西江月

答曰：大方面八十四步，中方面六十八步，

小方面五十二步，較面一十六步。

法曰：置積一万四千三百八十四步於上。以方方較等約之，各得較一十六步。大方面多小方面三十二步自乘得一千二十四。中方面多小方面一十六步自乘得二百五十六。各減上數餘一万三千一百四步。爲實。置大多三十二中多一十六共四十八。倍之得九十六。爲從方。以三爲隅筭，開平方法除之，得小方面五十二步。各加較一十六步得數。合問。

今有直田一段，不知長闊根源。都来二十畝爲田，易作圓

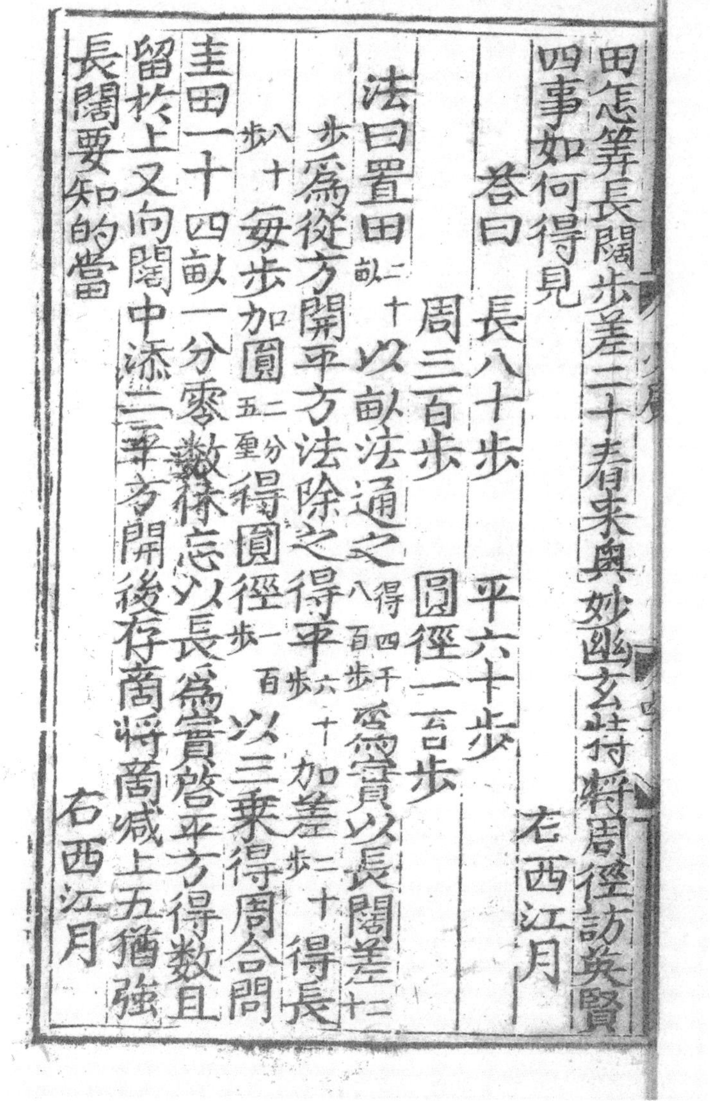

田怎筭。長闊步差二十，看来奥妙幽玄。特將周徑訪英賢，四事如何得見？　　　　　　右西江月

答曰：長八十步，　平六十步，

周三百步，　圓徑一百步。

法曰：置田二十畝以畝法通之得四千八百步。爲實。以長闊差二十步爲從方，開平方法除之，得平六十步。加差二十步得長八十步。每步加圓二分五厘得圓徑一百步。以三乘得周。合問。

圭田一十四畝，一分零數休忘。以長爲實啓平方，得數且留於上。又向闊中添二，平方開後存商。將商減上五猶强，長闊要知的當。　　　　　　右西江月

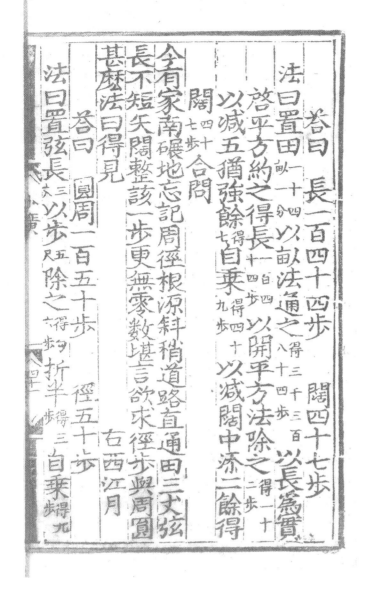

答曰：長一百四十四步，　闊四十七步。

法曰：置田一十四畝一分以畝法通之得三千三百八十四步。以長爲實。

啓平方約之，得長一百四十四步。以開平方法除之得一十二步。

以減五猶强餘得七。自乘得四十九步。以減闊，中添二餘得

闊四十七步。合問。

今有家南碾地，忘記周徑根源。斜稍道路直通田，三丈弦長不短。矢闊整該一步，更無零數堪言。欲求徑步與周圓，甚麼法曰得見？　　右西江月

答曰：圓周一百五十步，　徑五十步。

法曰：置弦長三丈以步五尺除之得勾六步。折半得三步。自乘得九步。

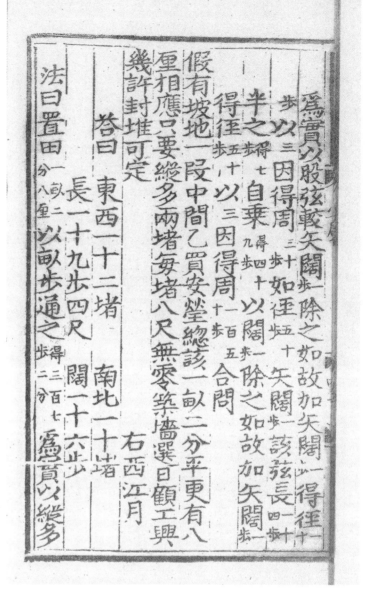

爲實。以股弦較矢闊一步除之如故，加矢闊一步得徑一十步。以三因得周三十步。如徑五十步矢闊一步該弦長一十四步。

半之得七步。自乘得四十九步。以闊一步除之如故，加矢闊一步得徑五十步。以三因得周一百五十步。合問。

假有坡地一段，中間乙買安塋。總該一畝二分平，更有八厘相應。只要縱多兩堵，每堵八尺無零。築墻選日顧工興，幾許封堆可定？　　右西江月

答曰：東西一十二堵，　南北一十堵，

長一十九步四尺，闊一十六步。

法曰：置田一畝二分八厘以畝步通之得三百七步二分。爲實。以縱多

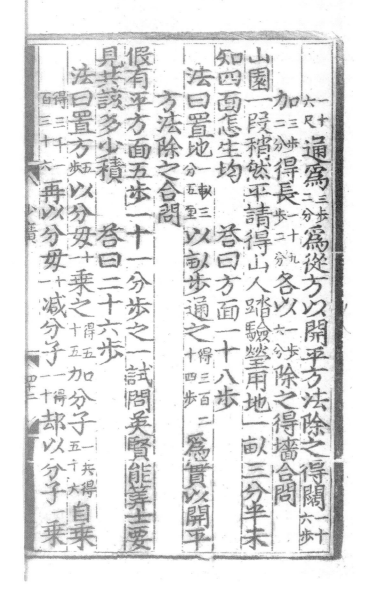

一十六尺通爲三步二分。爲從方。以開平方法除之，得闊一十六步。

加三步二分得長一十九步二分。各以一步六分除之，得墻。合問。

山園一段稍然平，請得山人踏驗塋。用地一畝三分半，未知四面怎生均。　答曰：方面一十八步。

法曰：置地一畝三分五厘以畝步通之得三百二十四步。爲實。以開平方法除之，合問。

假有平方面五步，一十一分步之一。試問英賢能筭士，要見共該多少積？　答曰：二十六步。

法曰：置方五步以分母十一乘之得五十五。加分子一，共得五十六。自乘得三千一百三十六。再以分母十一減分子一得一十。却以分子一乘之亦得二十。加入前數共得三千一百四十六。爲實。以分母十二自乘得一百二十一。爲法，除之。合問。

今有方金裏面空，方闊尺二厚三分。四方一寸十六兩，不知該重幾何金？

答曰：一十六秤六斤七兩二錢九分六厘。

法曰：置方闊一十二寸再自乘得一千七百二十八寸。於上。又置闊一十二寸減各厚三分得六分。餘闊一十一寸四分再自乘得一千四百八十一寸五分四厘四毫。以減方積餘二百四十六寸四分五厘六毫。以每寸一斤。合問。

今有金毬裏面空，周三尺六厚四分。四方一寸十六兩，請問金毬重幾斤？

答曰：重一十二秤一斤十一兩六錢四分八厘。

法曰：置周三尺六寸以三而一得徑二十二寸。再自乘得一千七百二十八寸。以九因十六而一得積九百七十二寸。於上。又置徑二十二寸以減各厚四分得八分。餘徑一十一寸二分再自乘得一千四百四寸九分二厘八毫。以九因十六而一得空積七百九十寸二分七厘二毫。以減徑積，餘得金積一百八十一寸七分二厘八毫。以每寸該金一斤。合問。

人間八十里圍城，遍地鋪金二寸深。一寸自方一斤重，請問共該多少金？　答曰：二千五百九十二億斤。

法曰：置城方八十里以四除之得二十里。爲一面之數。以二十里與里步三百六十乘之得七千二百步。又以步寸法五十寸乘之，得

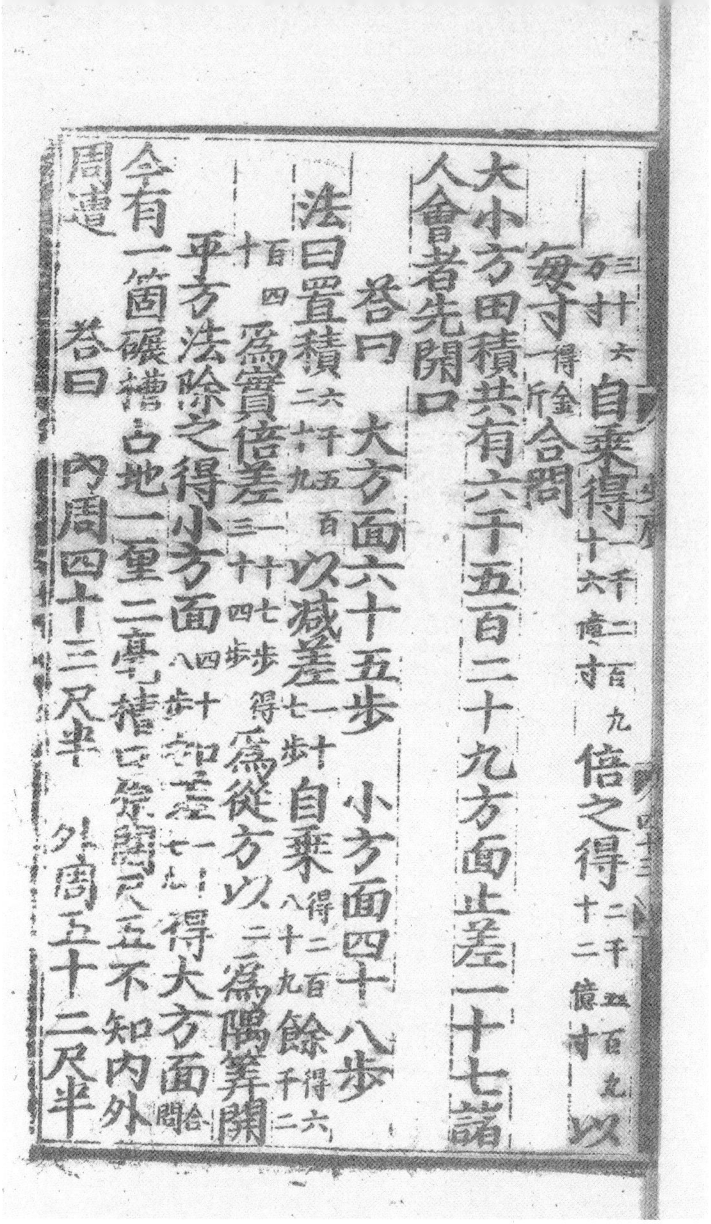

三十六万寸。自乘得一千二百九十六億寸。倍之得二千五百九十二億寸。以每寸得金一斤。合問。

大小方田積共有，六千五百二十九。方面止差一十七，諸人會者先開口？

答曰：大方面六十五步，小方面四十八步。

法曰：置積六千五百二十九 以減差一十七步 自乘得二百八十九。餘得六千二百四十 爲實。倍差一十七步得三十四步。爲從方。以一爲隅筭。開平方法除之，得小方面四十八步。加差一十七步 得大方面。合問。

今有一箇碾槽，占地一厘二毫。槽口原闊尺五，不知内外周遭。　答曰：内周四十三尺半，外周五十二尺半。

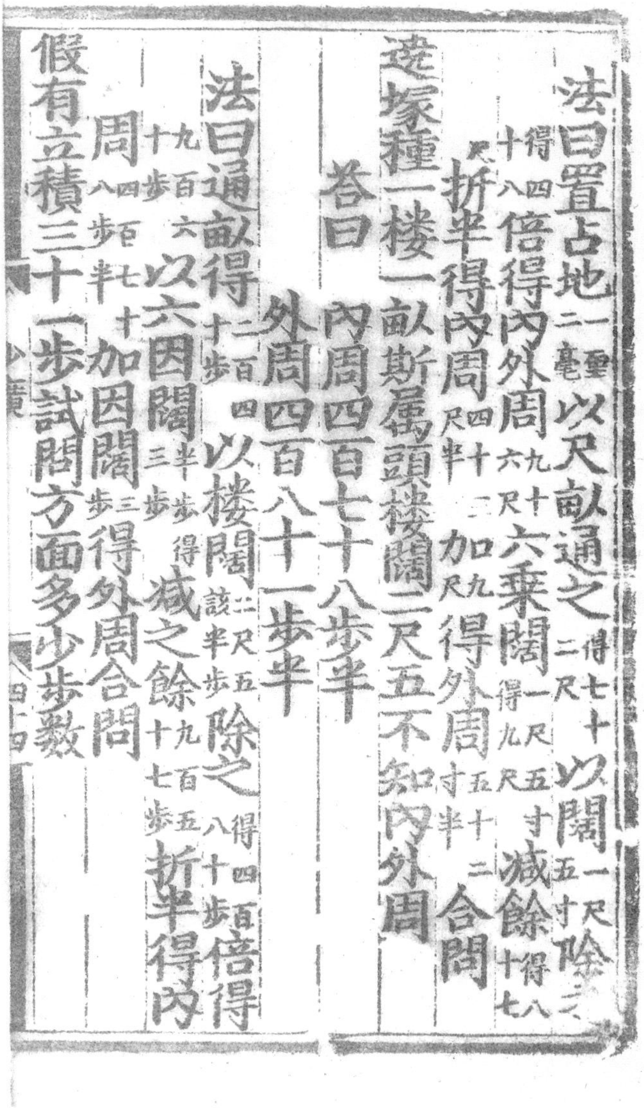

法曰：置占地(二厘二毫)以尺畝通之(得七十二尺。)以闊(一尺五寸)除之(得四十八。)倍得内外周(九十六尺。)六乘闊(一尺五寸得九尺。)減餘(得八十七尺。)折半得内周(四十三尺半。)加(九尺)得外周(五十二寸半。)合問。

繞塚種一樓，一畝斯属頭。樓闊二尺五，不知内外周。

答曰：内周四百七十八步半，

外周四百八十一步半。

法曰：通畝得(二百四十步。)以楼闊(二尺五該半步)除之(得四百八十步。)倍得(九百六十步。)以六因闊(半步得三步。)減之餘(九百五十七步。)折半得内周(四百七十八步半。)加因闊(三步)得外周。合問。

假有立積，三十一步。試問方面，多少步數？

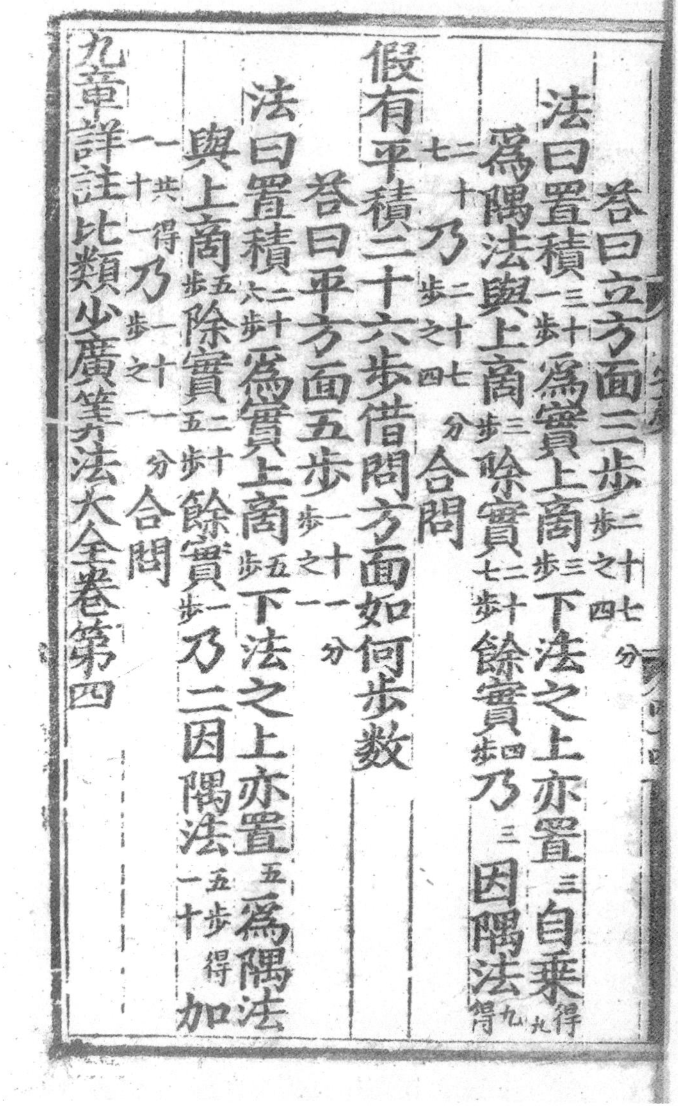

答曰：立方面三步二十七分步之四。

法曰：置積三十二步爲實，上商三步。下法之上亦置三自乘得九。

爲隅法。與上商三步除實二十七步餘實四步。乃三因隅法九得。

二十七乃二十七分步之四。合問。

假有平積，二十六步。借問方面，如何步數？

答曰：平方面五步一十一分步之一。

法曰：置積二十六步爲實，上商五步下法之上亦置五爲隅法。

與上商五步除實二十五步餘實一步。乃二因隅法五步得一十。加

一共得一十一。乃一十一分步之一。合問。

九章詳注比類少廣筭法大全卷第四

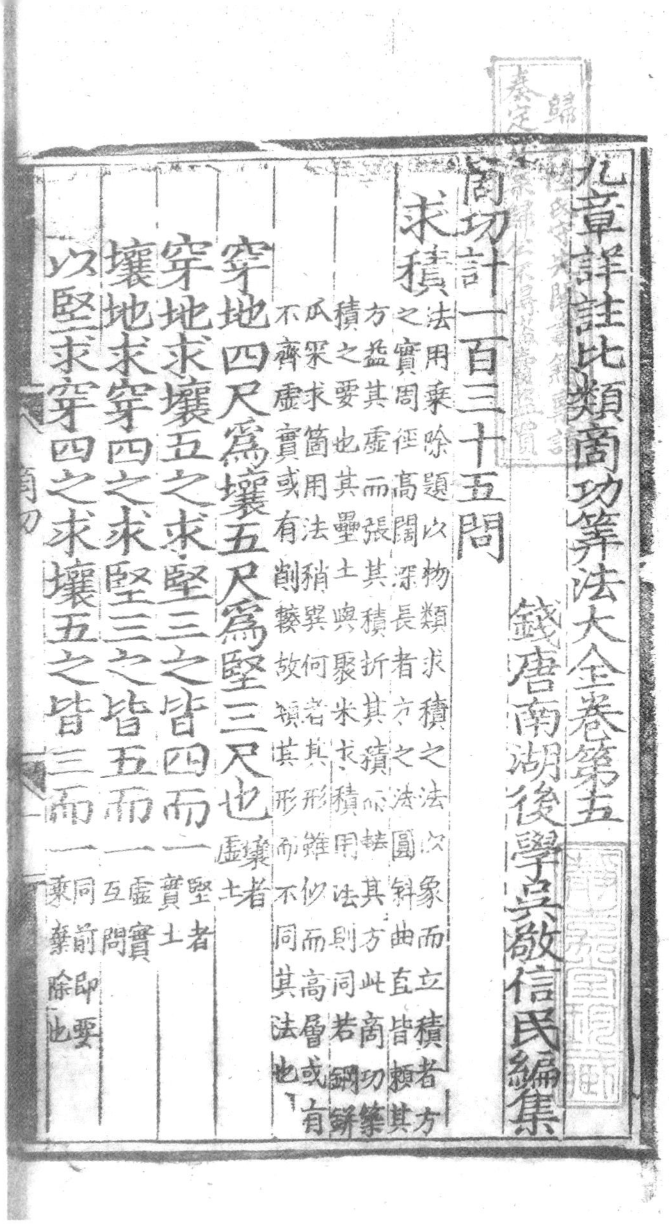

九章詳注比類商功筭法大全卷第五

錢唐南湖後學吴敬信民編集

商功計一百三十五問

求積 法用乘除，題以物類求積之法。以象而立積者，方之實，周徑高闊深長者，方之法。圓斜曲直皆賴其方。益其虛而張其積，折其積而轃其方。此商功築積之要也。其壘土與聚米求積，用法則同。若鋼鉼瓜果求箇，用法稍異。何者？其形雖似，而高層或有不齊，虛實或有削轃。故類其形，而不同其法也。

穿地四尺，爲壤五尺，爲堅三尺也。壤者虛土。

穿地求壤五之，求堅三之，皆四而一。堅者實土。

壤地求穿四之，求堅三之，皆五而一。虛實互問。

以堅求穿四之，求壤五之，皆三而一。同前，即要乘棄除也。

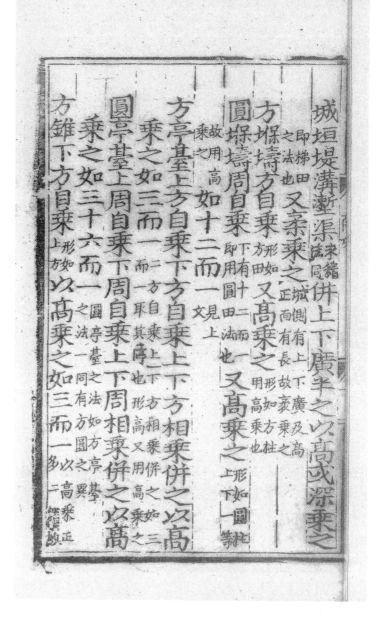

城、垣、堤、溝、壍、渠：求積法同。并上下廣，半之，以高或深乘之，即梯田之法也。又袤乘之。城側有上下廣及高，正面有長，故袤乘之。

方垛壔：方自乘形如方田。又高乘之，形如方柱，用高乘也。

圓垛壔：周自乘，下有十二而一，即用圓田法也。又高乘之，形如圓柱，上下一等，故用高乘之。如十二而一。見上文。

方亭臺：上方自乘，下方自乘，上、下方相乘，并之。以高乘之，如三而一。二方自乘，上、下方相乘，并之如三而一，取其停也。形高，又用高乘之。

圓亭臺：上周自乘，下周自乘，上、下周相乘，并之。以高乘之，如三十六而一。圓亭臺之法如方亭臺之法，一同有方、圓之異。

方錐：下方自乘，形如上方。以高乘之，如三而一。以高乘正，多二積，故三而一。

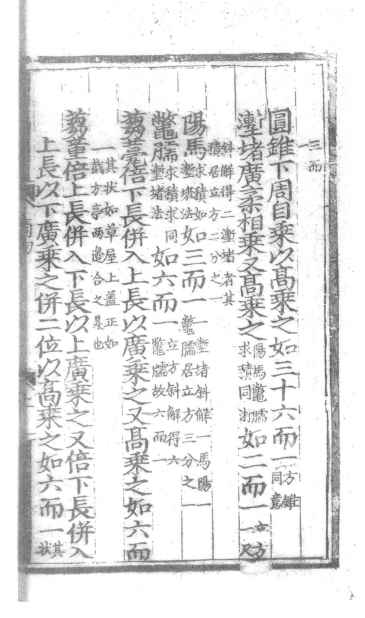

圓錐：下周自乘，以高乘之，如三十六而一。方錐同意。

壍堵：廣袤相乘，又高乘之，陽馬、鼈臑求積同術。如二而一。立方二尺。

斜解得二壍堵者，其積居立方二分之一。

陽馬：求積如壍堵法。如三而一。一壍堵斜解一馬陽、一鼈臑，居立方三分之一。

鼈臑：求積求同壍堵法。如六而一。立方斜解得六鼈臑，故六而一。

芻甍：倍下長并入上長，以廣乘之，又高乘之，如六而

一。其狀如草屋。上盖正如截方亭两邊，合之是也。

芻童：倍上長并入下長，以上廣乘之。又倍下長并入

上長，以下廣乘之。并二位，以高乘之，如六而一。其狀

如倒合碾研石也。

冥谷：形如正面碾研石，穿地之坑也。曲池、盤池、并如芻童法。

其曲池者，并上中、外周，半之，爲上袤。又并下中、外周，半之，爲下袤，餘依芻童法。

羡除：并三廣，以深乘之，又長乘之，如六而一。其狀上平下斜，

以兩鼈臑夾一塹堵，是穿地隧道也。

古問二十八問

穿地積一萬尺，問爲堅、壤幾何？

答曰：爲堅七千五百尺，爲壤一萬二千五百尺。

法曰：堅者，實固之土，壤者虚柔之土。商功治築壘，故先以穿土問之。以穿地積一万尺求

堅，三之得三万尺。四而一，得堅七千五百尺。以堅七千五百求壤，五之

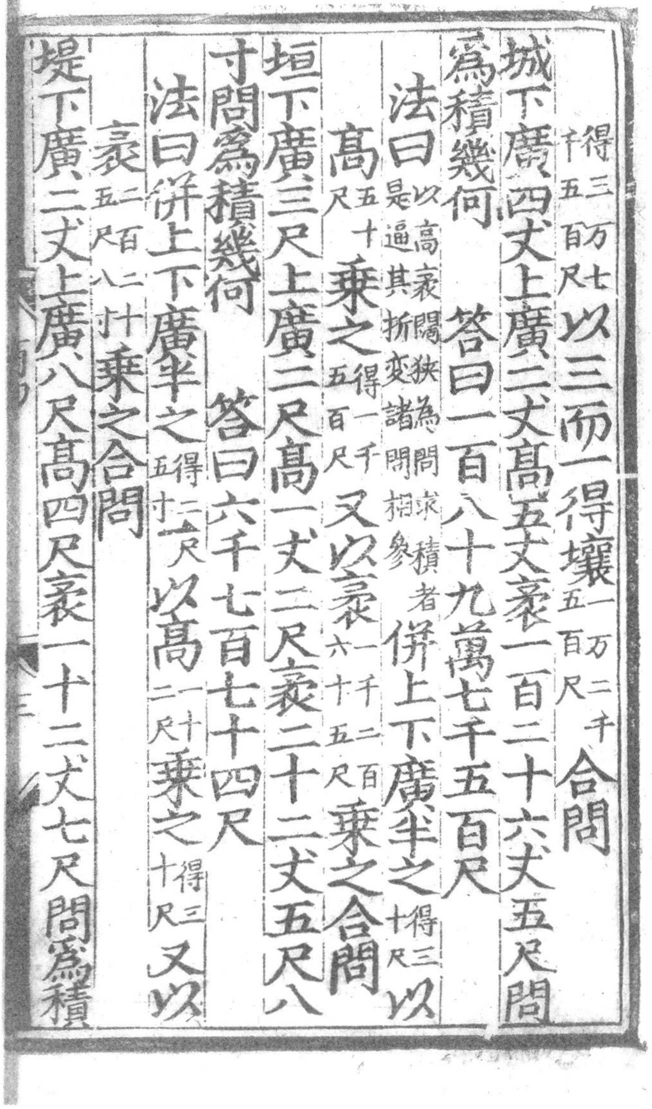

得三万七千五百尺。以三而一得壤一万二千五百尺。合問。

城下廣四丈，上廣二丈，高五丈，袤一百二十六丈五尺。問爲積幾何？　答曰：一百八十九萬七千五百尺。

法曰：以高袤闊狹爲問求積者，是逼其折变諸問相參。并上、下廣半之，得三十尺。以高五十尺乘之得一千五百尺。又以袤一千二百六十五尺乘之，合問。

垣下廣三尺上廣二尺，高一丈二尺，袤二十二丈五尺八寸。問爲積幾何？　答曰：六千七百七十四尺。

法曰：并上、下廣半之，得二尺五寸。以高一十二尺乘之，得三十尺。又以袤二百二十五尺八寸乘之，合問。

堤下廣二丈，上廣八尺，高四尺袤一十二丈七尺。問爲積

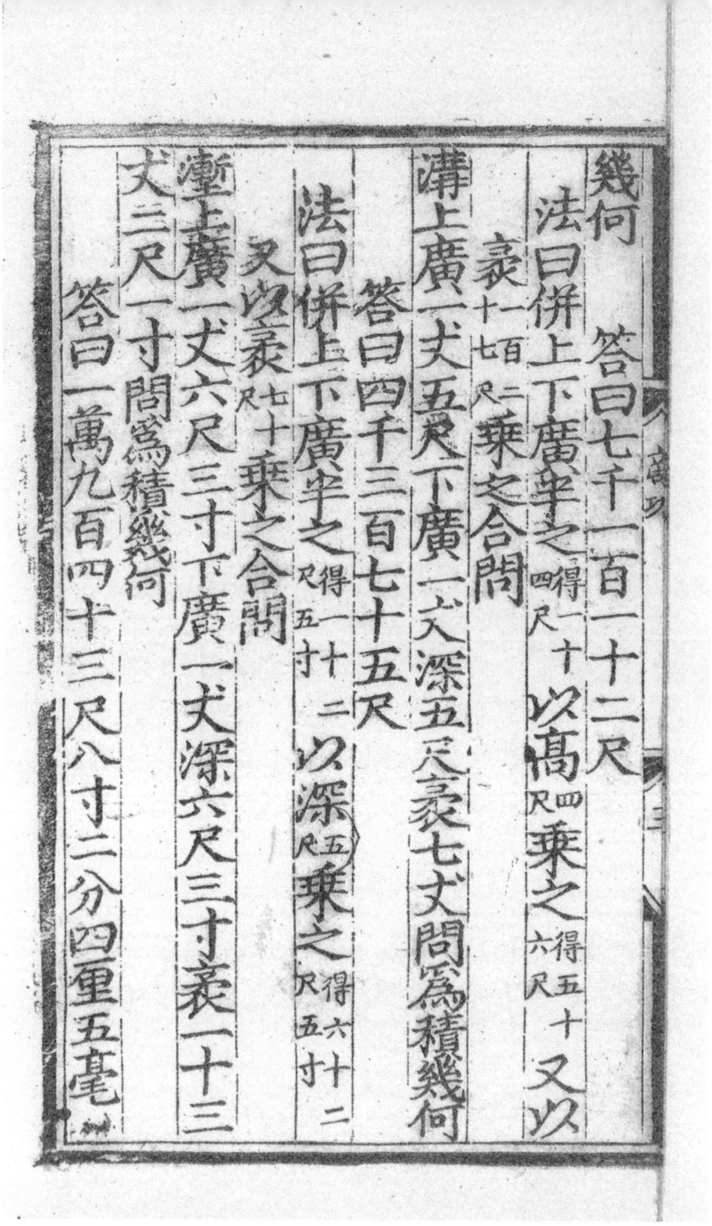

幾何？　　答曰：七千一百一十二尺。

法曰：并上、下廣半之，得一十四尺。以高四尺乘之，得五十六尺。又以袤一百二十七尺乘之，合問。

溝上廣一丈五尺，下廣一丈，深五尺，袤七丈。問爲積幾何？

答曰：四千三百七十五尺。

法曰：并上、下廣半之，得一十二尺五寸。以深五尺乘之，得六十二尺五寸。又以袤七十尺乘之，合問。

壍上廣一丈六尺三寸，下廣一丈，深六尺三寸，袤一十三丈二尺一寸。問爲積幾何？

答曰：一萬九百四十三尺八寸二分四厘五毫。

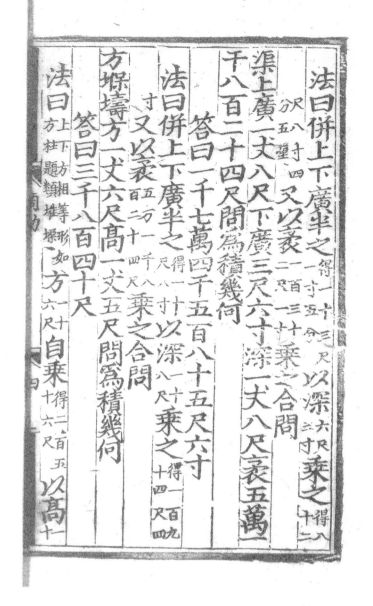

法曰：并上、下廣半之，得一十三尺一寸五分。以深六尺三寸乘之，得八十二尺八寸四分五厘。又以袤一百三十二尺一寸乘之，合問。

渠上廣一丈八尺，下廣三尺六寸，深一丈八尺，袤五萬一千八百二十四尺。問爲積幾何？

答曰：一千七萬四千五百八十五尺六寸。

法曰：并上、下廣半之，得一十尺八寸。以深一十八尺乘之，得一百九十四尺四寸。又以袤五万一千八百二十四尺乘之，合問。

方垛壔方一丈六尺，高一丈五尺。問爲積幾何？

答曰：三千八百四十尺。

法曰：上、下方相等，形如方柱，題類堆垛。方一十六尺自乘，得二百五十六尺。以高一十

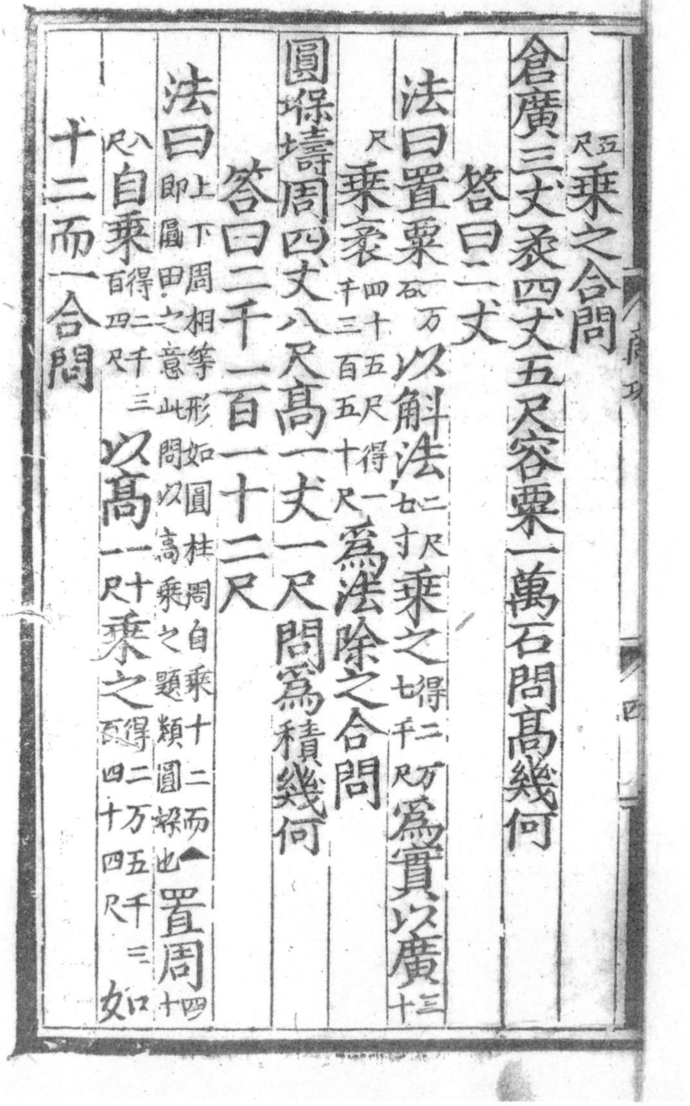

五尺乘之，合問。

倉廣三丈，袤四丈五尺，容粟一萬石。問高幾何？

答曰：二丈。

法曰：置粟一万石以斛法二尺七寸乘之得二万七千尺。爲實，以廣三十尺乘袤四十五尺，得一千三百五十尺。爲法，除之，合問。

圓垜壔周四丈八尺，高一丈一尺。問爲積幾何？

答曰：二千一百一十二尺。

法曰：上、下周相等，形如圓柱。周自乘，十二而一，即圓田之意。此問以高乘之，題類圓垜也。置周四十八尺自乘，得二千三百四尺。以高一十一尺乘之，得二万五千三百四十四尺。如十二而一，合問。

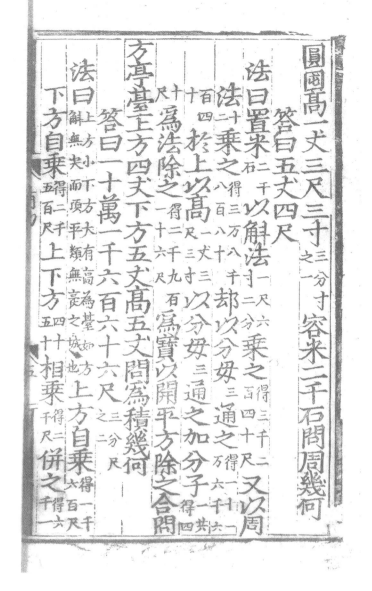

圓囤高一丈三尺三寸三分寸之二，容米二千石。問周幾何？

答曰：五丈四尺。

法曰：置米二千石以斛法一尺六寸二分乘之，得三千二百四十尺。又以周法十二乘之，得三万八千八百八十。却以分母三通之，得一十一万六千六百四十。於上，以高一丈三尺三寸以分母三通之，加分子一，共得四十尺。爲法，除之得二千九百一十六尺。爲實，以開平方除之。合問。

方亭臺上方四丈，下方五丈，高五丈。問爲積幾何？

答曰：一十萬一千六百六十六尺三分尺之二。

法曰：上方小下方大，有高爲臺，如方斛，無尖而頂平，類無袤之城也。上方自乘，得一千六百尺。下方自乘，得二千五百尺。上、下方四十、五十。相乘得二千尺。并之，得六千一

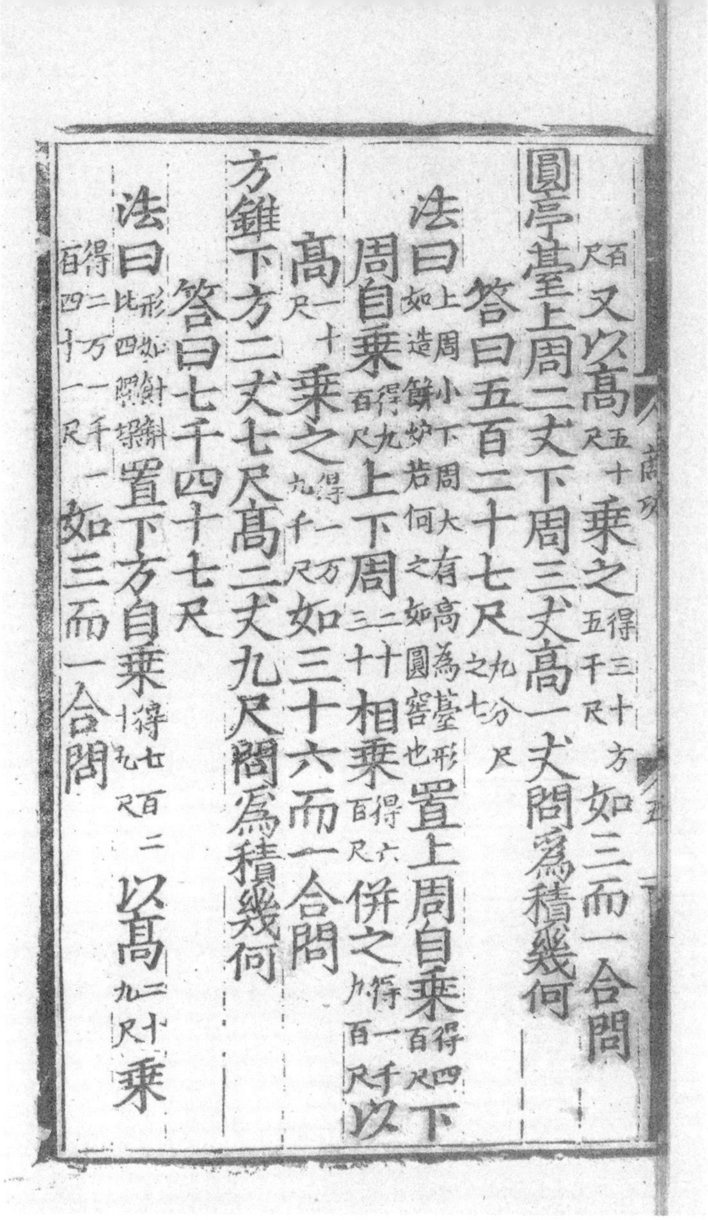

百尺。又以高五十尺乘之，得三十方五千尺。如三而一，合問。

圓亭臺上周二丈，下周三丈，高一丈。問爲積幾何？

答曰：五百二十七尺九分尺之七。

法曰：上周小下周大，有高爲臺，形如造餅炉，若何之如圓窖也。置上周自乘，得四百尺。下周自乘，得九百尺。上、下周二十三十相乘，得六百尺。并之，得一千九百尺。以高一十尺乘之，得一万九千尺。如三十六而一。合問。

方錐下方二丈七尺，高二丈九尺。問爲積幾何？

答曰：七千四十七尺。

法曰：形如針斛，比四隅垛。置下方自乘，得七百二十九尺。以高二十九尺乘，得二万一千一百四十一尺。如三而一，合問。

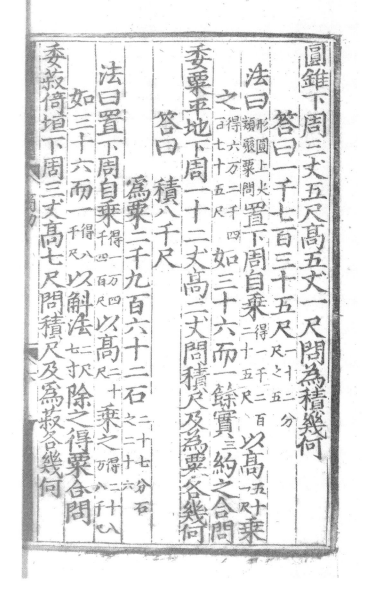

圓錐下周三丈五尺，高五丈一尺。問爲積幾何？

答曰：一千七百三十五尺一十二分尺之五。

法曰：形圓上尖，類聚粟問。置下周自乘，得一千二百二十五尺。以高五十一尺乘之得六万二千四百七十五尺。如三十六而一，餘實三約之。合問。

委粟平地下周一十二丈，高二丈。問積尺及爲粟各幾何？

答曰：積八千尺，

爲粟二千九百六十二石二十七分石之二十六。

法曰：置下周自乘，得一万四千四百尺。以高二十尺乘之，得二十八万八千尺。如三十六而一，得八千尺。以斛法二尺七寸除之，得粟。合問。

委菽倚垣下周三丈，高七尺。問積尺及爲菽各幾何？

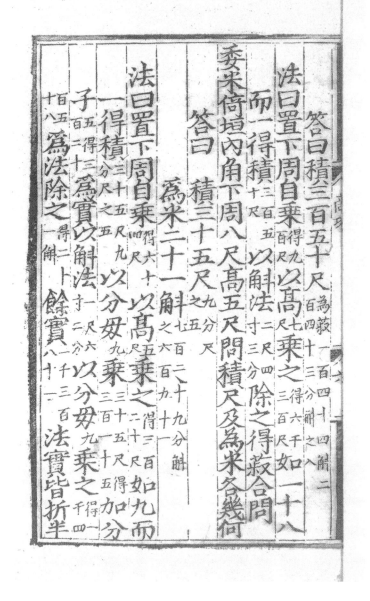

答曰：積三百五十尺爲菽一百四十四斛二百四十三分斛之八。

法曰：置下周自乘，得九百尺。以高七尺乘之，得六千三百尺。如一十八而一，得積三百五十尺。以斛法二尺四寸三分除之，得菽。合問。

委米倚垣内角下周八尺，高五尺。問積尺及爲米各幾何？

答曰：積三十五尺九分尺之五，

爲米二十一斛七百二十九分斛之六百九十一。

法曰：置下周自乘，得六十四尺。以高五尺乘之得三百二十尺。如九而一，得積三十五尺九分尺之五。以分母九乘三十五尺，得三百一十五。加分子五，得三百二十。爲實。以斛法一尺六寸二分以分母九乘之得一千四百五十八。爲法。除之得二十一斛。餘實一千三百八十二法、實皆折半約之。合問。

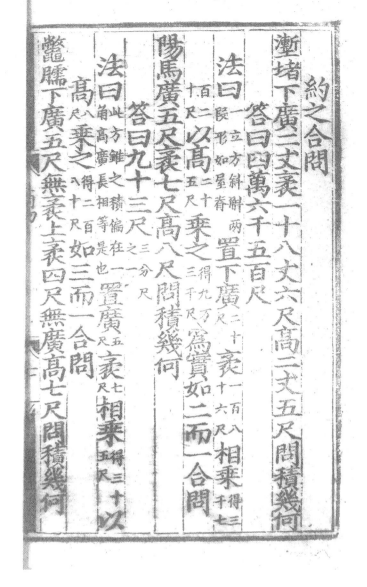

塹堵下廣二丈袤一十八丈六尺，高二丈五尺。問積幾何？

答曰：四萬六千五百尺。

法曰：一立方斜觧兩段，形如屋脊。置下廣二十尺袤一百八十六尺相乘，得三千七百二十尺。以高二十五尺乘之得九万三千尺。爲實，如二而一。合問。

陽馬廣五尺，袤七尺，高八尺。問積幾何？

答曰：九十三尺三分尺之一。

法曰：此方錐之積，偏在一角，高、廣、長相等是也。置廣五尺袤七尺相乘得三十五尺。以高八尺乘之，得二百八十尺。如三而一合問。

鼈臑下廣五尺無袤，上袤四尺無廣，高七尺。問積幾何？

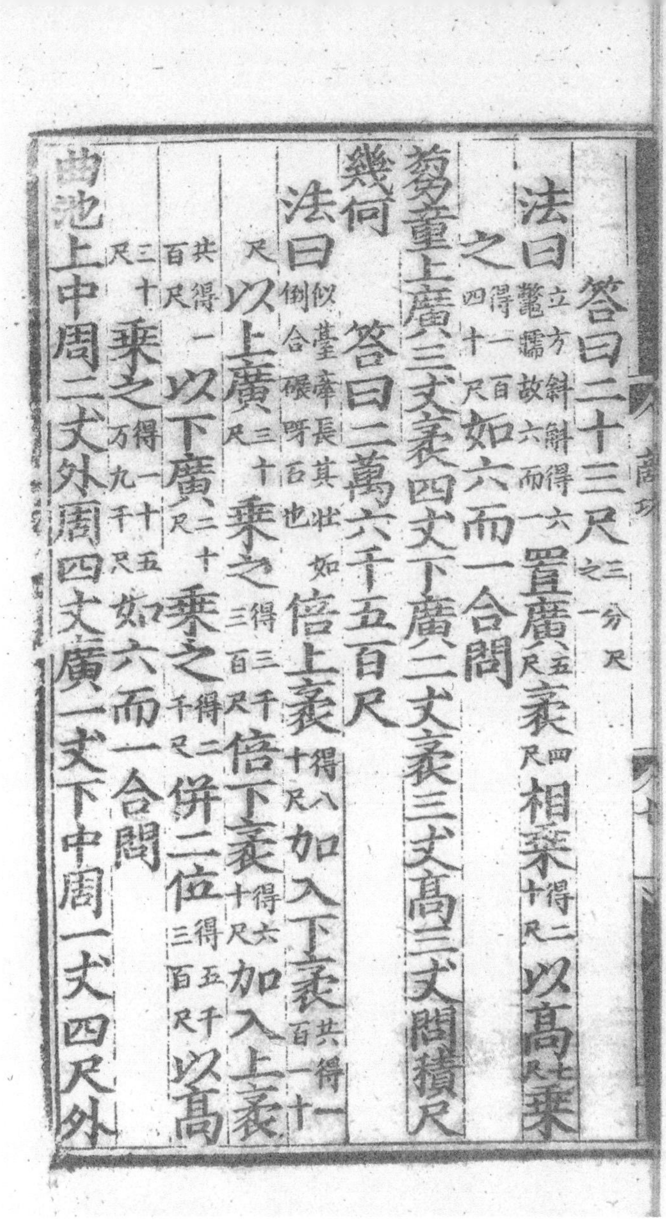

答曰：二十三尺三分尺之一。

法曰：立方斜解得六鼈臑，故六而一。置廣五尺袤四尺相乘得二十尺。以高七尺乘之，得一百四十尺。如六而一，合問。

芻童上廣三丈袤四丈，下廣二丈，袤三丈，高三丈。問積尺幾何？　答曰：二萬六千五百尺。

法曰：似臺牽長，其狀如倒合碾砑石也。倍上袤得八十尺。如入下袤，共得一百一十尺。以上廣三十尺乘之得三千三百尺。倍下袤得六十尺。加入上袤，共得一百尺。以下廣二十尺乘之，得二千尺。并二位得五千三百尺。以高三十尺乘之得一十五万九千尺。如六而一。合問。

曲池上中周二丈，外周四丈，廣一丈。下中周一丈四尺，外

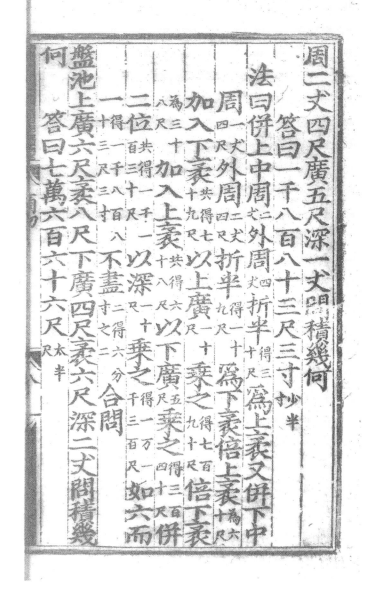

周二丈四尺，廣五尺，深一丈。問積幾何？

答曰：一千八百八十三尺三寸(少半寸)。

法曰：并上中周(二丈)外周(四丈)折半(得三十尺)。爲上袤。又并下中周(一丈四尺)外周(二丈四尺)折半(得一十九尺)。爲下袤。倍上袤(爲六十尺)。加入下袤(共得七十九尺)。以上廣(一十尺)乘之，(得七百九十尺)。倍下袤(爲三十八尺)。加入上袤(共得六十八尺)。以下廣(五尺)乘之(得三百四十尺)。并二位(共得一千一百三十尺)。以深(一十尺)乘之，(得一万一千三百尺)。如六而一，(得一千八百八十三尺三寸)。不盡(二寸)，(得六分寸之二)。合問。

盤池上廣六尺，袤八尺。下廣四尺，袤六尺，深二丈。問積幾何？答曰：七萬六百六十六尺(太半尺)。

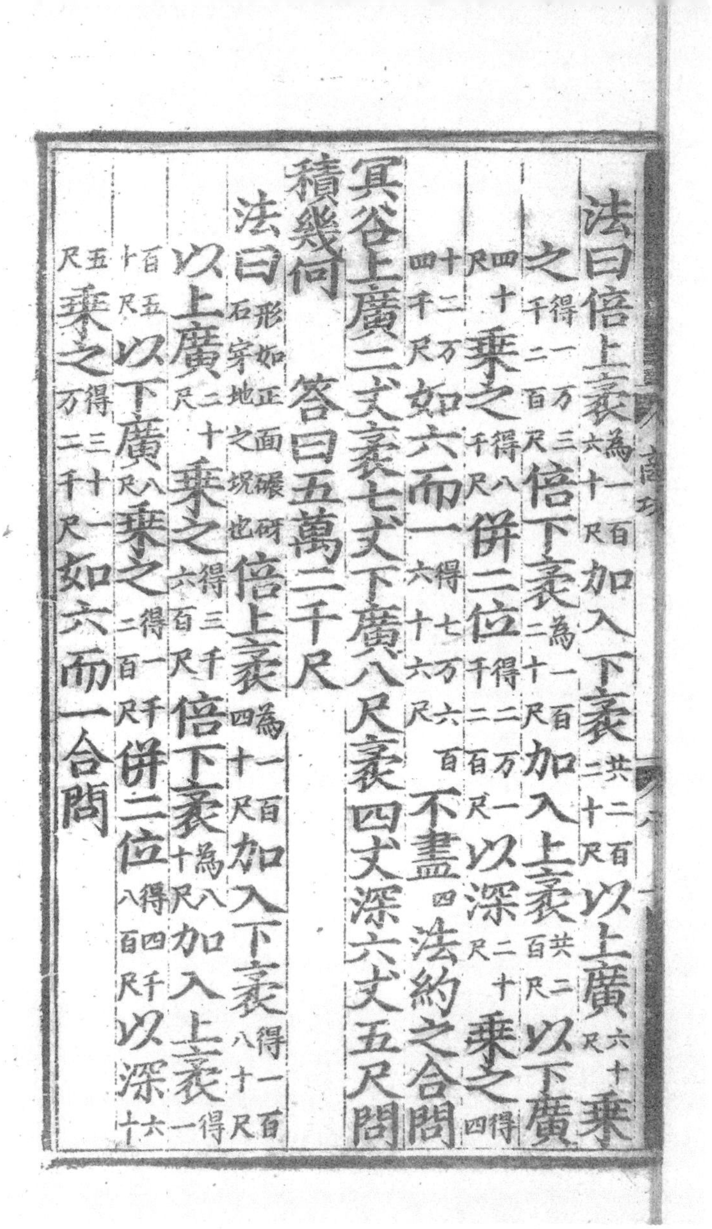

法曰倍上袤爲一百六十尺加入下袤共二百二十尺以上廣六十尺乘之得一万三千二百尺倍下袤爲一百二十尺加入上袤共二百尺以下廣四十尺乘之得八千尺併二位得二万一千二百尺以深二十尺乘之得四十二万四千尺如六而一得七万六百六十六尺不盡四法約之合問
冥谷上廣二丈袤七丈下廣八尺袤四丈深六丈五尺問積幾何　答曰五萬二千尺
法曰形如正面碾研石穿地之坑也倍上袤爲一百四十尺加入下袤得一百八十尺以上廣二十尺乘之得三千六百尺倍下袤爲八十尺加入上袤得一百五十尺以下廣八尺乘之得一千二百尺併二位得四千八百尺以深六十五尺乘之得三十一万二千尺如六而一合問

法曰：倍上袤爲一百六十尺加入下袤共二百二十尺。以上廣六十尺乘之，得一万三千二百尺。倍下袤爲一百二十尺加入上袤共二百尺。以下廣四十尺乘之，得八千尺。并二位得二万一千二百尺。以深二十尺乘之得四十二万四千尺。如六而一得七万六百六十六尺。不盡四法約之。合問。

冥谷上廣二丈，袤七丈。下廣八尺，袤四丈，深六丈五尺。問積幾何？　　答曰：五萬二千尺。

法曰：形如正面碾研石，穿地之坑也。倍上袤爲一百四十尺。加入下袤得一百八十尺。以上廣二十尺乘之得三千六百尺。倍下袤爲八十尺。加入上袤得一百五十尺。以下廣八尺乘之得一千二百尺。并二位得四千八百尺。以深六十五尺乘之得三十一万二千尺。如六而一。合問。

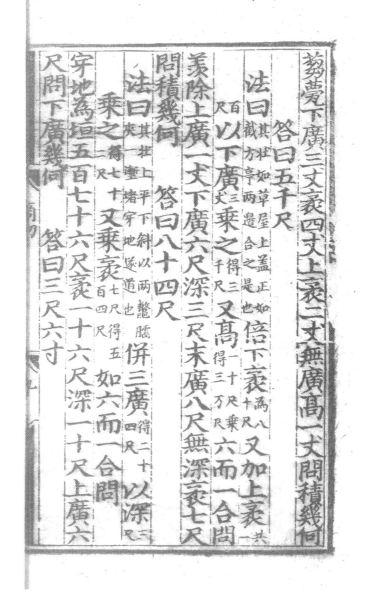

蒭甍下廣三丈，袤四丈；上袤二丈，無廣，高一丈。問積幾何？

答曰：五千尺。

法曰：其狀如草屋上盖，正如截方亭兩邊，合之是也。倍下袤爲八十尺。又加上袤共二百尺。以下廣三丈乘之得三千尺。又高一十尺乘得三万尺。六而一。合問。

羨除上廣一丈，下廣六尺，深三尺末廣八尺，無深，袤七尺，問積幾何？ 答曰：八十四尺。

法曰：其狀上平下斜，以兩鼈臑夾一壍堵，穿地遂道也。并三廣得二十四尺。以深三尺乘之得七十二尺。又乘袤七尺，得五百四尺。如六而一。合問。

穿地爲垣，五百七十六尺，袤一十六尺，深一十尺，上廣六尺。問下廣幾何？ 答曰：三尺六寸。

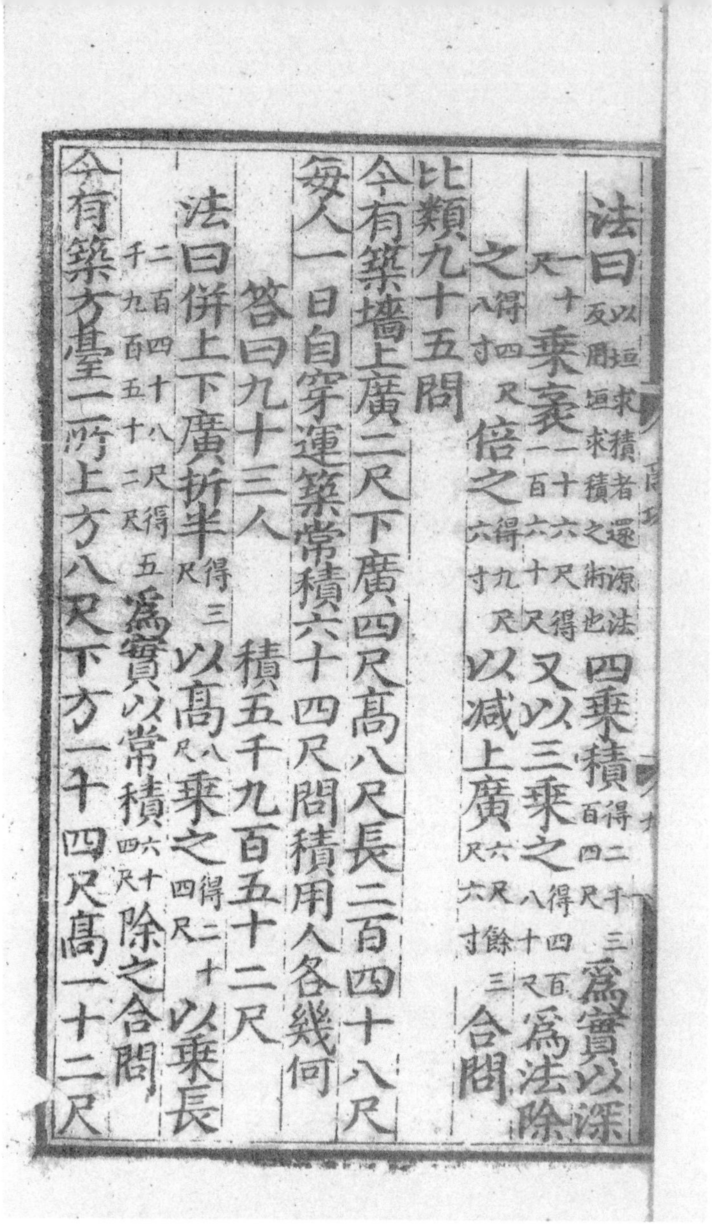

法曰：以垣求積者，還源法，反用垣求積之術也。四乘積得二千三百四尺。爲實。以深一十尺乘袤一十六尺得一百六十尺。又以三乘之得四百八十尺。爲法，除之得四尺八寸。倍之得九尺六寸。以減上廣六尺，餘三尺六寸。合問。

比類九十五問

今有築墻，上廣二尺，下廣四尺，高八尺，長二百四十八尺。每人一日自穿運築，常積六十四尺。問積用人各幾何？

答曰：九十三人，積五千九百五十二尺。

法曰：并上、下廣折半得三尺。以高八尺乘之得二十四尺。以乘長二百四十八尺，得五千九百五十二尺。爲實。以常積六十四尺除之。合問。

今有築方臺一所，上方八尺，下方一十四尺，高一十二尺。

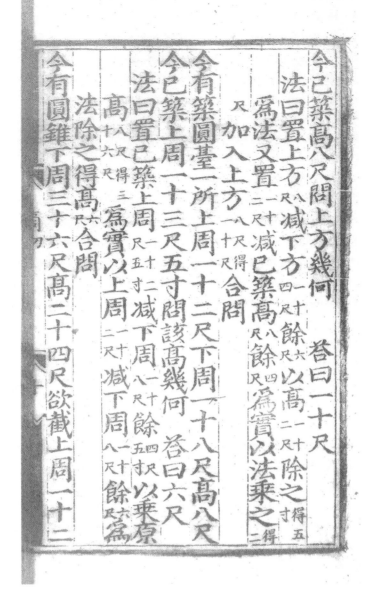

今已築高八尺，問上方幾何？　答曰：一十尺。

法曰：置上方（八尺）減下方（一十四尺）餘（六尺）。以高（二十二尺）除之（得五寸）。爲法。又置（二十二尺）減已築高（八尺）餘（四尺）爲實。以法乘之（得二尺）。加入上方（八尺得一十尺）。合問。

今有築圓臺一所，上周一十二尺，下周一十八尺，高八尺。

今已築上周一十三尺五寸，問該高幾何？　答曰：六尺。

法曰：置已築上周（一十三尺五寸）減下周（一十八尺）餘（四尺五寸）。以乘原高（八尺，得三十六尺）。爲實。以上周（一十二尺）減下周（一十八尺）餘（六尺）爲法，除之，得高（六尺）。合問。

今有圓錐，下周三十六尺，高二十四尺。欲截上周一十二

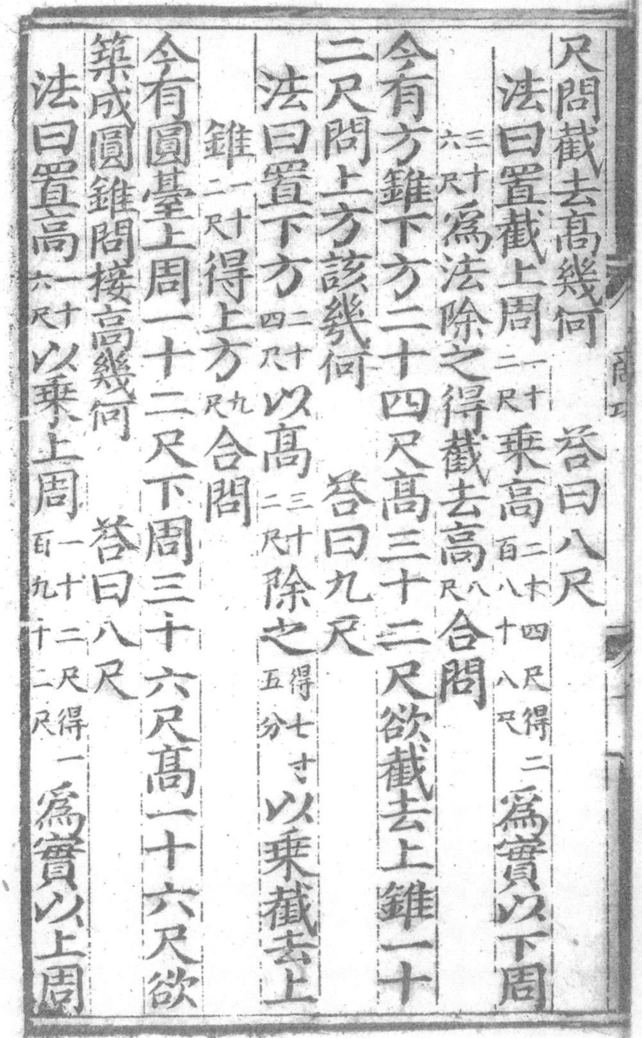
尺問截去高幾何　荅曰八尺
法曰置截上周二十二尺乘高二十四尺得二百八十八尺爲實以下周三十六尺爲法除之得截去高八尺合問
今有方錐下方二十四尺高三十二尺欲截去上錐一十二尺問上方該幾何　荅曰九尺
法曰置下方二十四尺以高三十二尺除之得七寸五分以乘截去上錐一十二尺得上方九尺合問
今有圓臺上周一十二尺下周三十六尺高一十六尺欲築成圓錐問接高幾何　荅曰八尺
法曰置高一十六尺以乘上周一百九十二尺得一百九十二尺爲實以上周

尺，問截去高幾何？　　答曰：八尺。

法曰：置截上周二十二尺乘高二十四尺，得二百八十八尺。爲實。以下周三十六尺爲法，除之，得截去高八尺。合問。

今有方錐下方二十四尺，高三十二尺。欲截去上錐一十二尺，問上方該幾何？　答曰：九尺。

法曰：置下方二十四尺以高三十二尺除之，得七寸五分。以乘截去上錐一十二尺得上方九尺。合問。

今有圓臺上周一十二尺，下周三十六尺，高一十六尺。欲築成圓錐，問接高幾何？　　答曰：八尺。

法曰：置高一十六尺以乘上周一十二尺，得一百九十二尺。爲實。以上周

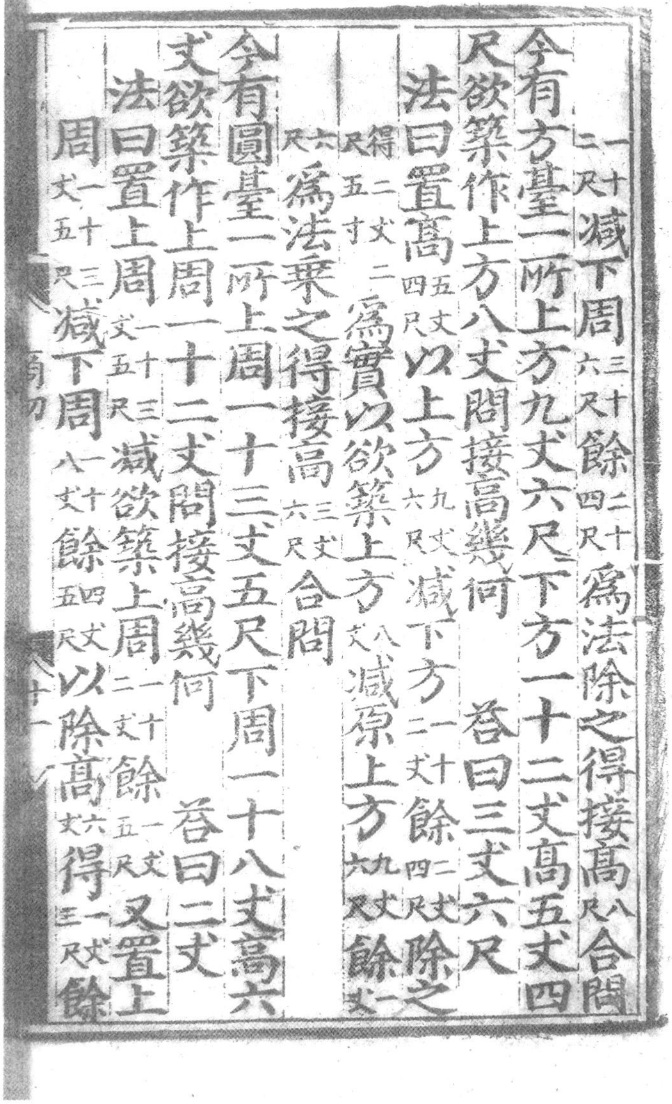

二十二尺減下周三十六尺餘二十四尺。爲法，除之，得接高八尺。合問。

今有方臺一所，上方九丈六尺，下方一十二丈，高五丈四尺。欲築作上方八丈，問接高幾何？　　答曰：三丈六尺。

法曰：置高五丈四尺以上方九丈六尺減下方一十二丈餘二丈四尺。除之得二丈二尺五寸。爲實。以欲築上方八丈減原上方九丈六尺餘一丈六尺。爲法，乘之得接高三丈六尺。合問。

今有圓臺一所，上周一十三丈五尺，下周一十八丈，高六丈。欲築作上周一十二丈，問接高幾何？　　答曰：二丈。

法曰：置上周一十三丈五尺減欲築上周一十二丈餘一丈五尺。又置上周一十三丈五尺減下周一十八丈餘四丈五尺。以除高六丈得一丈三尺。餘

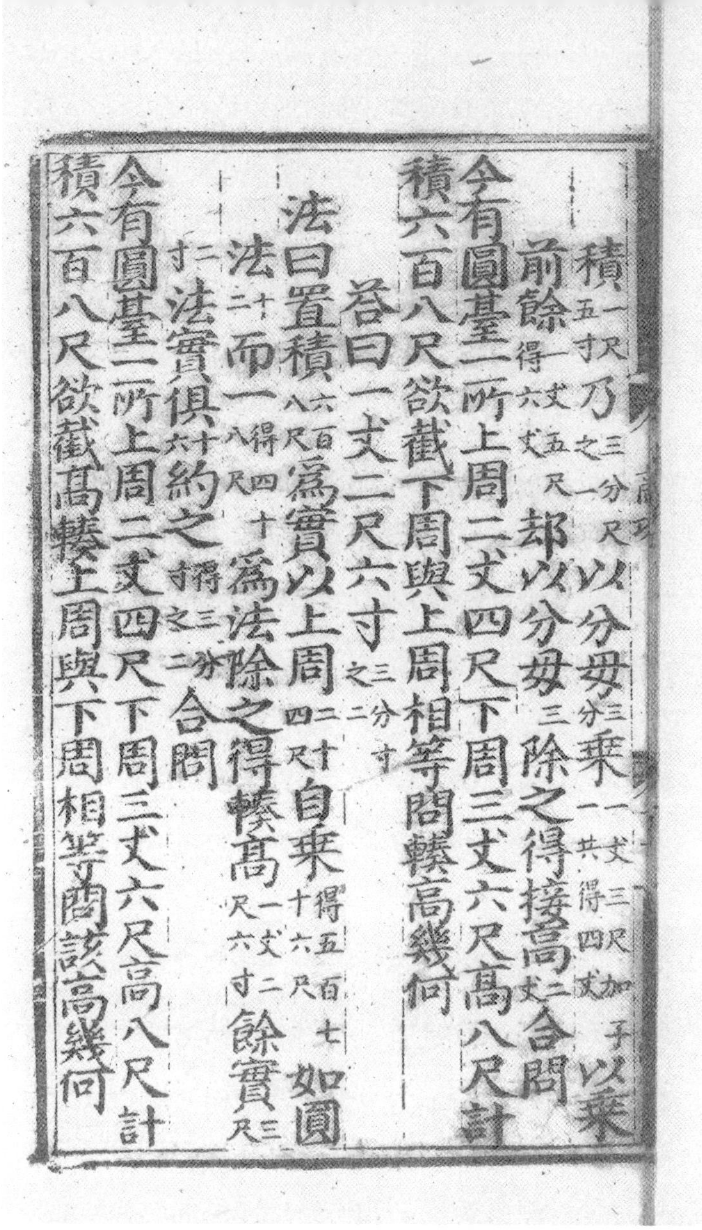

積一尺五寸乃三分尺之一。以分母三分乘一丈三尺，加子二，共得四丈。以乘

前餘一丈五尺得六丈。却以分母三除之，得接高二丈。合問。

今有圓臺一所，上周二丈四尺，下周三丈六尺，高八尺，計積六百八尺。欲截下周與上周相等，問輳高幾何？

答曰：一丈二尺六寸三分寸之二。

法曰：置積六百八尺爲實。以上周二十四尺自乘得五百七十六尺。如圓

法十二而一得四十八尺。爲法，除之，得輳高一丈二尺六寸。餘實三尺

二寸。法實俱十六約之得三分寸之二。合問。

今有圓臺一所，上周二丈四尺，下周三丈六尺，高八尺，計積六百八尺。欲截高輳上周與下周相等，問該高幾何？

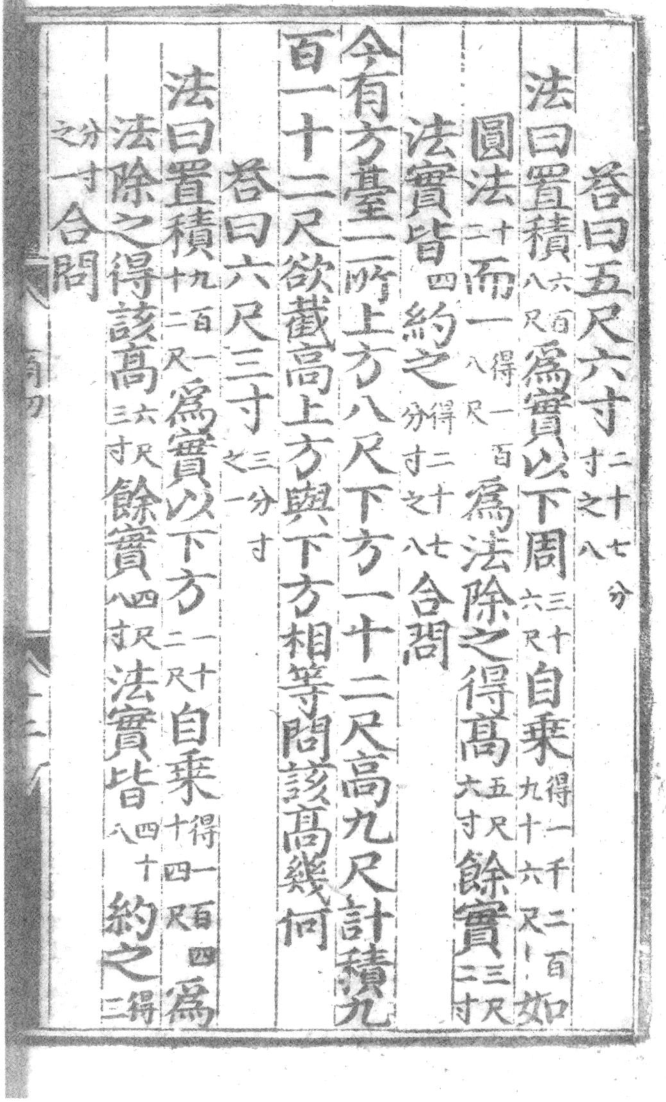

答曰：五尺六寸二十七分寸之八。

法曰：置積六百八尺爲實。以下周三十六尺自乘得一千二百九十六尺。如圓法十二而一得一百八尺。爲法，除之，得高五尺六寸。餘實三尺二寸法、實皆四約之，得二十七分寸之八。合問。

今有方臺一所，上方八尺，下方一十二尺，高九尺，計積九百一十二尺。欲截高上方與下方相等，問該高幾何？

答曰：六尺三寸三分寸之一。

法曰：置積九百一十二尺爲實。以下方一十二尺自乘得一百四十四尺。爲法，除之，得該高六尺三寸。餘實四尺八寸。法、實皆四十八約之得三分寸之一。合問。

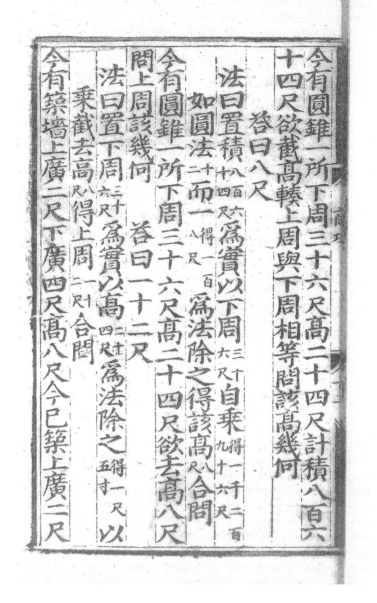

今有圓錐一所，下周三十六尺，高二十四尺，計積八百六十四尺。欲截高輳上周與下周相等，問該高幾何？

答曰：八尺。

法曰：置積八百六十四尺爲實。以下周三十六尺自乘得一千二百九十六尺。如圓法十二而一得一百八尺。爲法，除之，得該高八尺。合問。

今有圓錐一所，下周三十六尺，高二十四尺。欲去高八尺，問上周該幾何？　答曰：一十二尺。

法曰：置下周三十六尺爲實。以高二十四尺爲法，除之得一尺五寸。以乘截去高八尺，得上周一十二尺。合問。

今有築墻上廣二尺，下廣四尺，高八尺。今已築上廣二尺

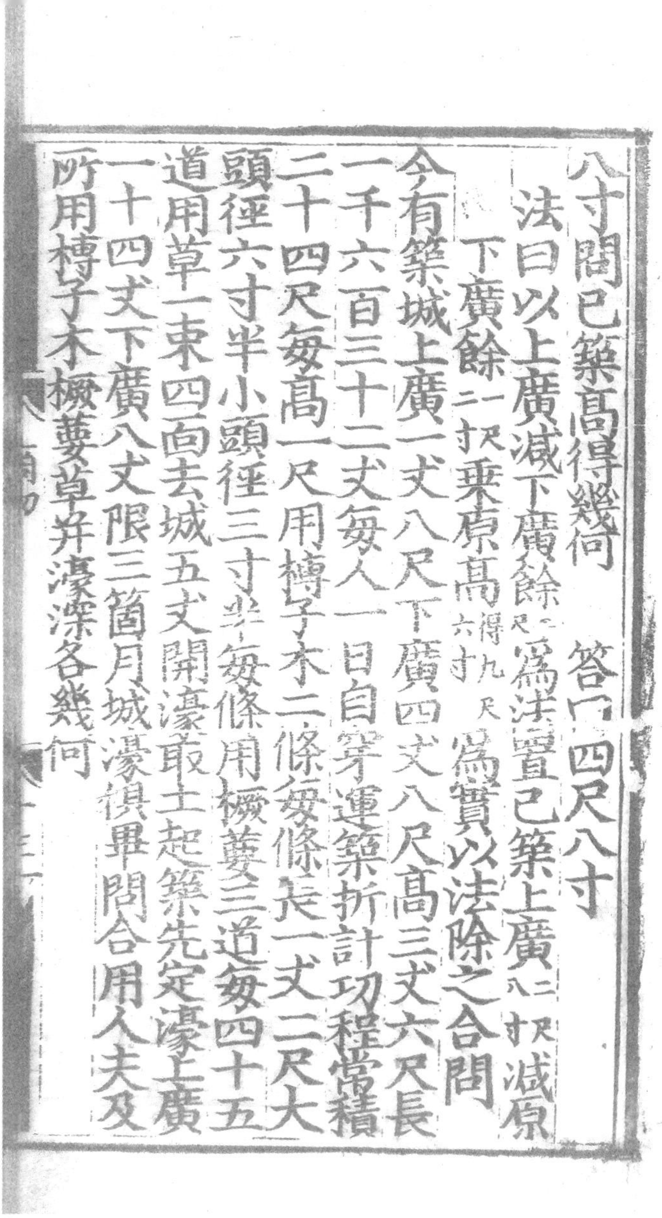

八寸，問已築高得幾何？　　答曰：四尺八寸。

法曰：以上廣減下廣餘二尺。爲法。置已築上廣二尺八寸減原

下廣，餘二尺二寸。乘原高得九尺六寸。爲實，以法除之。合問。

今有築城，上廣一丈八尺，下廣四丈八尺，高三丈六尺，長一千六百三十二丈。每人一日自穿、運、築折計功程常積二十四尺。每高一尺用榑子木二條，每條長一丈二尺。大頭徑六寸半，小頭徑三寸半。每條用橛蔞三道，每四十五道用草一束。四面去城五丈，開濠取土起築。先定濠，上廣一十四丈，下廣八丈。限三箇月城、濠俱畢。問合用人夫及所用榑子、木橛、蔞草，并濠深各幾何？

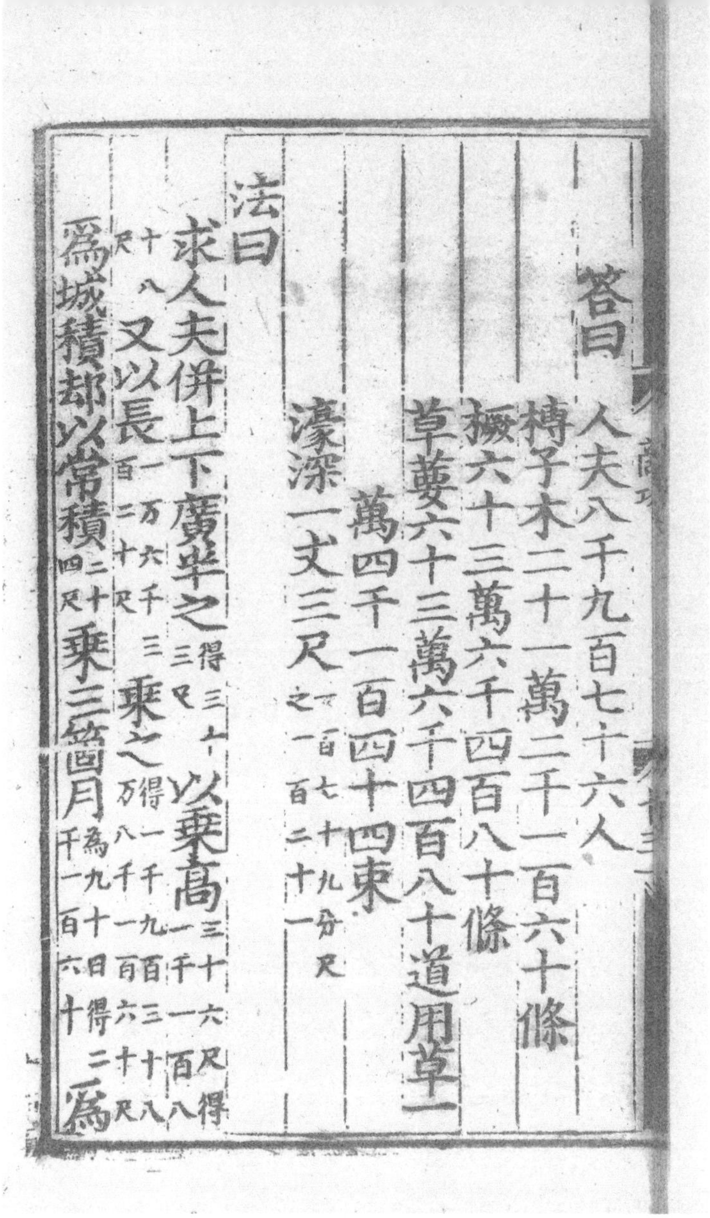

答曰人夫八千九百七十六人
椁子木二十一萬二千一百六十條
橛六十三萬六千四百八十條
草葽六十三萬六千四百八十道用草一
萬四千一百四十四束
濠深一丈三尺一百七十九分尺之一百二十一
法曰
求人夫并上下廣半之得三十三尺以乘高三十六尺得一千一百八十八尺又以長一万六千三百二十尺乘之得一千九百三十八万八千一百六十尺
爲城積却以常積二十四尺乘三箇月爲九十日得二千一百六十爲

答曰：人夫八千九百七十六人，

椁子木二十一萬二千一百六十條，

橛六十三萬六千四百八十條，

草葽六十三萬六千四百八十道，用草一

萬四千一百四十四束，

濠深一丈三尺一百七十九分尺之一百二十一。

法曰：

求人夫，并上、下廣半之得三十三尺。以乘高三十六尺，得一千一百八十八尺。又以長一万六千三百二十尺乘之，得一千九百三十八万八千一百六十尺。

爲城積。却以常積二十四尺乘三箇月爲九十日，得二千一百六十。爲法。除積得人夫八千九百七十六人。合問。

求榑子木，并橛、葽、草，以城上廣一丈八尺減下廣四丈八尺，餘三丈。半之得一十五尺。自乘得二百二十五尺。加入高羃一千二百九十六尺，共得一千五百二十一尺。爲實。以開平方法除之得三十九尺。爲城斜高。以二因之即是一尺，合用椽子木二條，得七十八。於上。下置長一万六千三百二十尺以每條二十二尺約之得一千三百六十條。却以上數七十八乘之得一十万六千八十。兩面合用，倍之得二十一万二千一百六十條。爲榑子木總數。其木止是賸倒使用，爲要橛葽草數木，故取其數。以三之得六十三万六千四百八千。爲橛、葽各數。又以四十五道除之，得草數。合問。

求濠深，置城積一千九百三十八万八千一百六十尺以四因三除得二

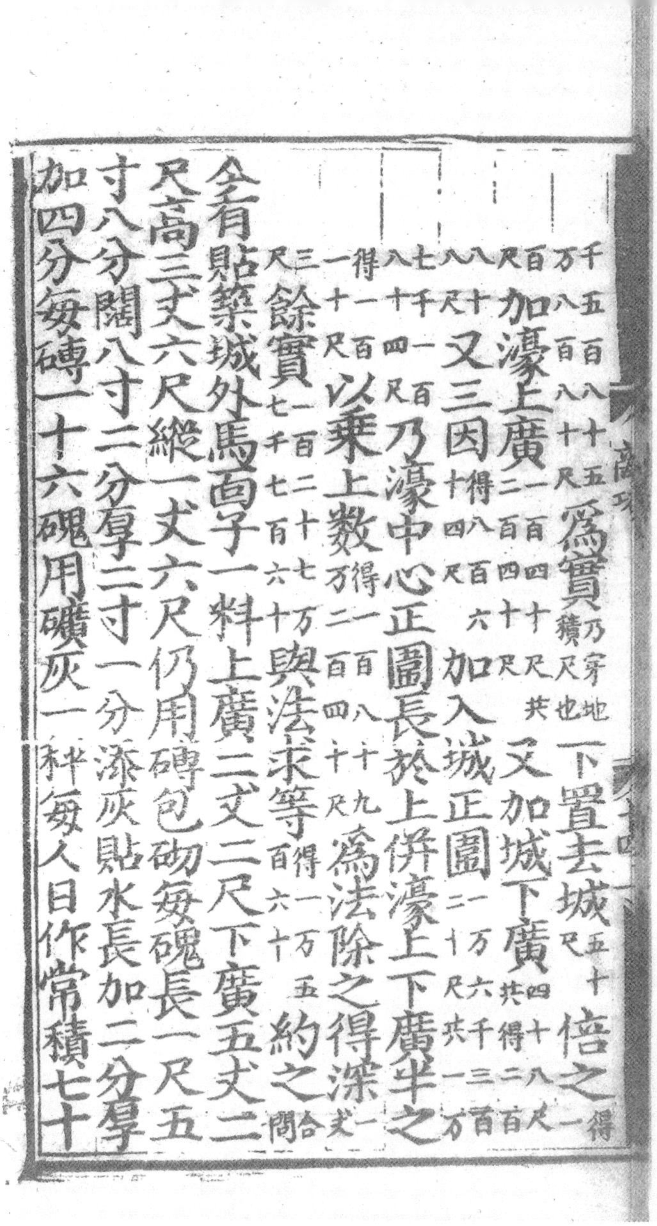

千五百八十五万八百八十尺。爲實，乃穿地積尺也。下置去城五十尺倍之得一百尺。加濠上廣一百四十尺共二百四十尺。又加城下廣四十八尺，共得二百八十八尺。又三因，得八百六十四尺。加入城正圍二万六千三百二十尺，共一万七千一百八十四尺。乃濠中心正圍長，於上。并濠上、下廣半之，得一百一十尺。以乘上數得一百八十九万二百四十尺。爲法，除之，得深一丈三尺。餘實一百二十七万七千七百六十。與法求等得一万五百六十。約之，合問。

今有貼築城外馬面子一料，上廣二丈二尺，下廣五丈二尺，高三丈六尺，縱一丈六尺。仍用磚包砌，每䂨長一尺五寸八分，闊八寸二分，厚二寸一分。添灰貼水長加二分，厚加四分，每磚一十六䂨用礦灰一秤。每人日作常積七十

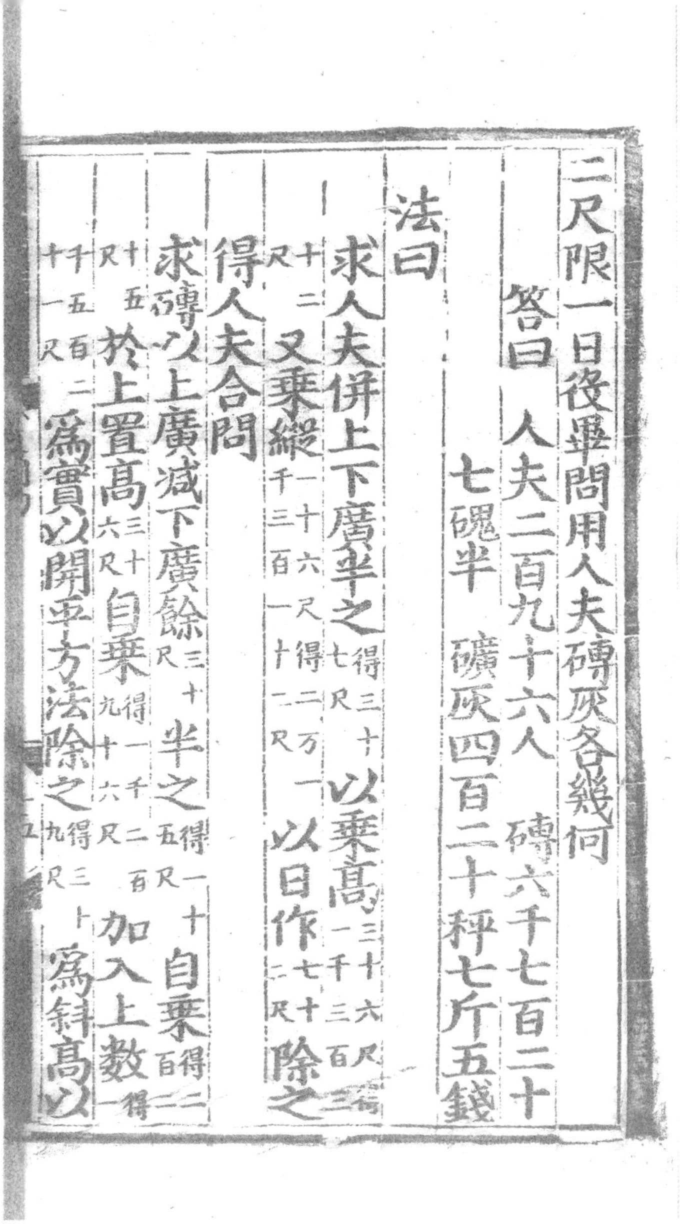

二尺，限一日役畢。問用人夫、磚、灰各幾何？

答曰： 人夫二百九十六人，磚六千七百二十七䰙半，礦灰四百二十秤七斤五錢。

法曰：

求人夫，并上、下廣半之，得三十七尺。以乘高三十六尺，得一千三百三十二尺。又乘縱一十六尺，得二万一千三百一十二尺。以日作七十二尺除之得人夫。合問。

求磚，以上廣減下廣，餘三十尺半之，得一十五尺。自乘得二百二十五尺。於上。置高三十六尺自乘，得一千二百九十六尺。加入上數，得一千五百二十一尺。爲實，以開平方法除之得三十九尺。爲斜高。以四因之，（磚厚二寸一分，添貼水四分，共得二寸五分。每一尺用磚四魂，得一百五十六魂。）以縱（一十六尺）乘之，（得二千四百九十六魂。）却以磚長（一尺五寸八分，添灰貼水二分，共一尺六寸。）除之（得一千五百六十魂。）倍之（得三千一百二十魂。）爲馬面兩邊縱共用磚數。又置斜高磚數（一百五十六魂）於上。并上、下廣半之（得三十七尺。）以乘上數（得五千七百七十二。）爲實。以磚、灰共長（一尺六寸）除之，（得三千六百七魂五分。）爲正面廣所用數，并前。合問。

求礦灰，并三面磚數（共六千七百二十七魂半。）爲實，以磚（一十六魂）爲法，除之（得四百二十秤。）餘實（七魂半。）以秤法（一十五斤）乘之，（得一百一十二分半。）却以磚（一十六魂）除之（得七斤餘半分。）以法約之，得數。合問。

今有築圍城一座，内周二十六里二百一十九步，厚三步

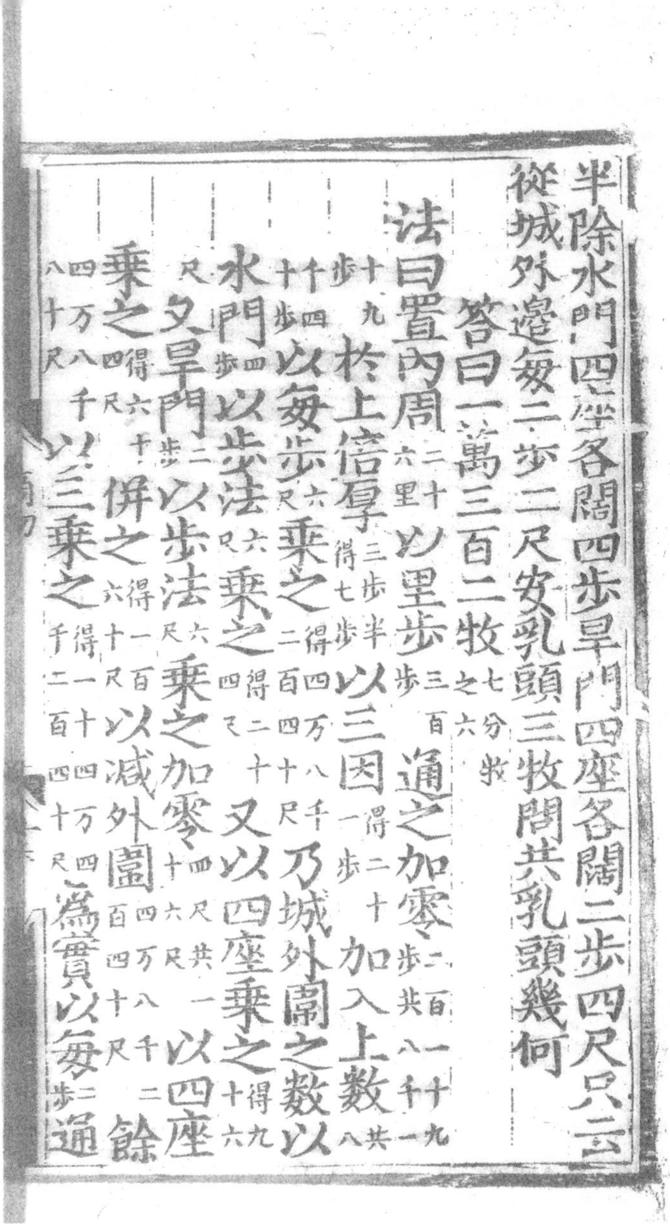

半，除水門四座各闊四步，旱門四座各闊二步四尺。只云從城外邊每二步二尺安乳頭三牧，問共乳頭幾何？

答曰：一萬三百二牧[1]七分枚之六。

法曰：置内周二十六里以里步三百步通之，加零二百一十九步，共八千一十九步。於上倍厚三步半，得七步，以三因得二十一步。加入上數共八千四十步。以每步六尺乘之，得四万八千二百四十尺。乃城外圍之數。以水門四步以步法六尺乘之得二十四尺。又以四座乘之得九十六尺。又旱門二步以步法六尺乘之，加零四尺，共一十六尺。以四座乘之得六十四尺。并之得一百六十尺。以減外圍四万八千二百四十尺餘四万八千八十尺。以三乘之得一十四万四千二百四十尺。爲實。以每二步通

1“牧”，據題意該處爲“枚”之意。

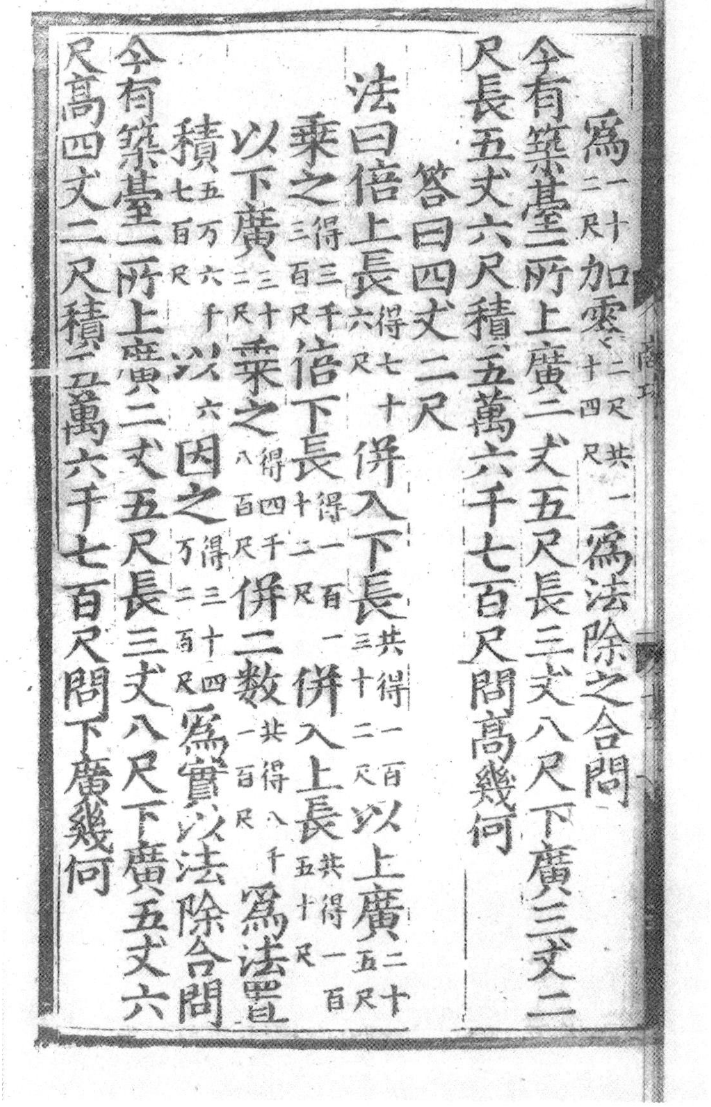

爲（二十二尺。）加零（二尺，共一十四尺。）爲法，除之。合問。

今有築臺一所，上廣二丈五尺，長三丈八尺，下廣三丈二尺，長五丈六尺，積五萬六千七百尺。問高幾何？

答曰：四丈二尺。

法曰：倍上長（得七十六尺。）并入下長（共得一百三十二尺。）以上廣（二十五尺）乘之（得三千三百尺。）倍下長（得一百一十二尺。）并入上長（共得一百五十尺。）以下廣（三十二尺）乘之（得四千八百尺。）并二數（共得八千一百尺。）爲法。置積（五万六千七百尺）以六因之（得三十四万二百尺。）爲實，以法除，合問。

今有築臺一所，上廣二丈五尺，長三丈八尺，下廣五丈六尺，高四丈二尺，積五萬六千七百尺。問下廣幾何？

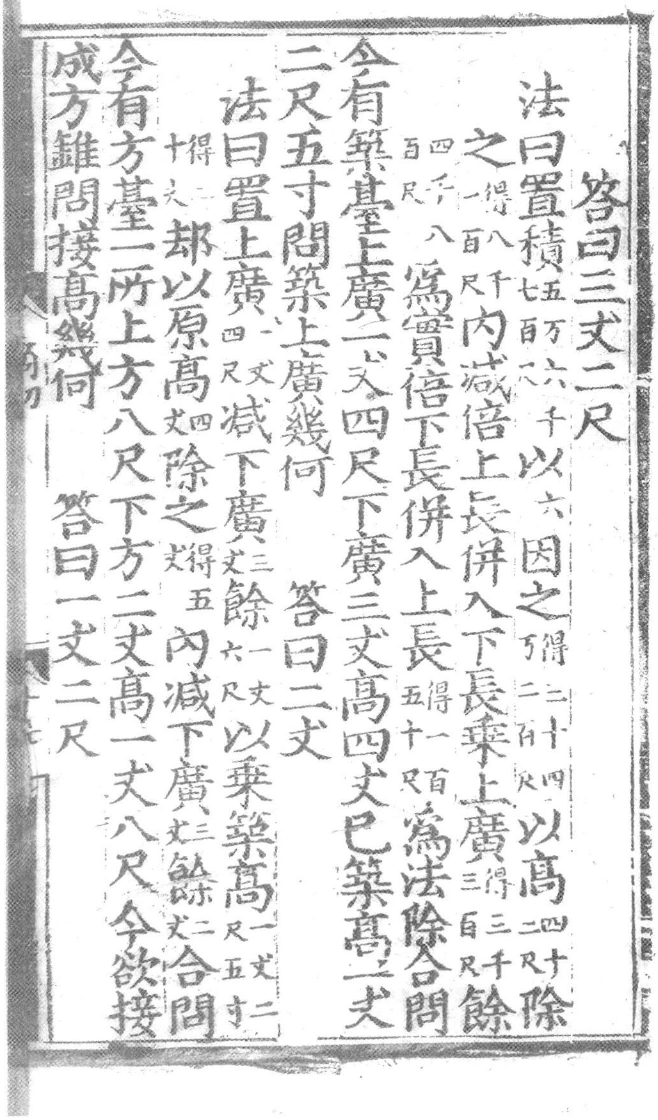

答曰：三丈二尺。

法曰：置積（五万六千七百尺）以（六）因之，（得二十四万二百尺。）以高（四十二尺）除之（得八千一百尺。）内减倍上長，并入下長，乘上廣（得三千三百尺。）餘（四千八百尺）爲實。倍下長并入上長，（得一百五十尺。）爲法，除，合問。

今有築臺，上廣一丈四尺，下廣三丈，高四丈，已築高一丈二尺五寸。問築上廣幾何？　答曰：二丈。

法曰：置上廣（一丈四尺）减下廣（三丈）餘（一丈六尺。）以乘築高（一丈二尺五寸）（得二十丈。）却以原高（四丈）除之（得五丈。）内减下廣（三丈）餘（二丈。）合問。

今有方臺一所，上方八尺，下方二丈，高一丈八尺。今欲接成方錐，問接高幾何？　答曰：一丈二尺。

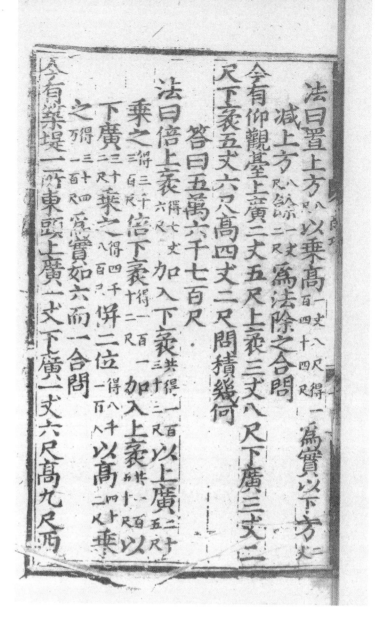

法曰：置上方八尺以乘高一丈八尺，得一百四十四尺。爲實。以下方二丈減上方八尺餘一丈二尺。爲法。除之，合問。

今有仰觀臺，上廣二丈五尺，上袤三丈八尺，下廣三丈二尺，下袤五丈六尺，高四丈二尺。問積幾何？

答曰：五萬六千七百尺。

法曰：倍上袤得七丈六尺。加入下袤，共得一百三十三尺。以上廣二十五尺乘之得三千三百尺。倍下袤得一百一十二尺。加入上袤共一百五十尺。以下廣三十二尺乘之得四千八百尺。并二位得八千一百尺。以高四十二尺乘之得三十四万一百尺。爲實，如六而一。合問。

今有築堤一所，東頭上廣一丈，下廣一丈六尺，高九尺；西

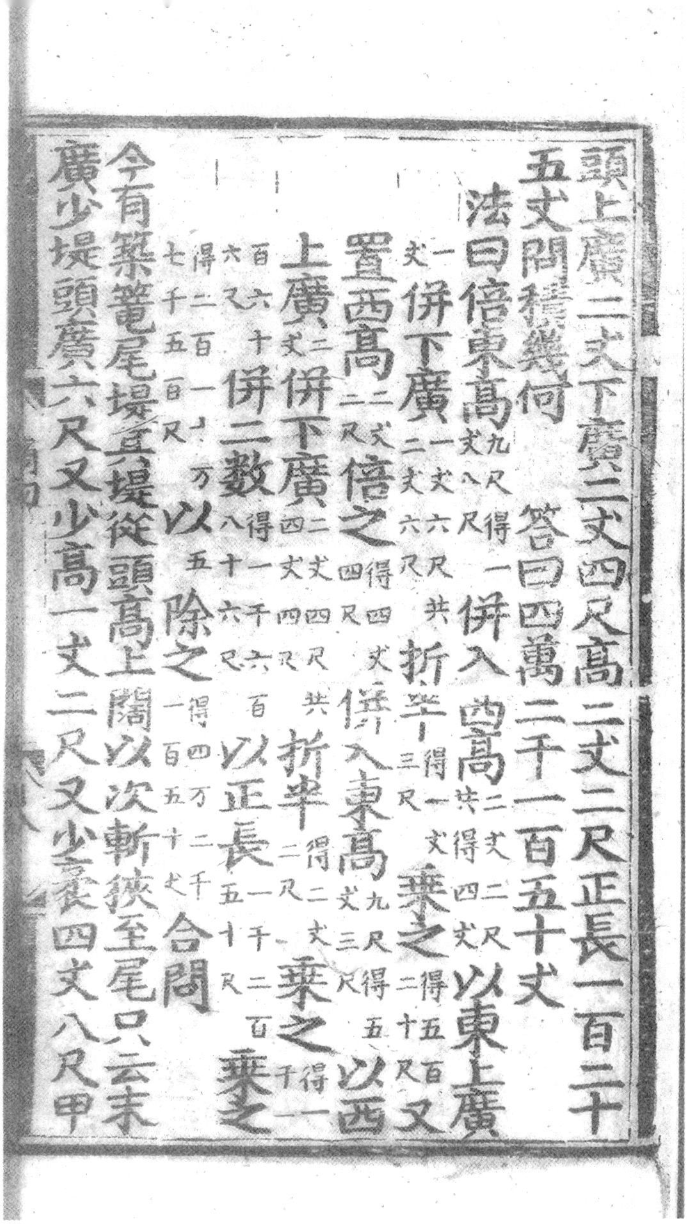

頭上廣二丈，下廣二丈四尺，高二丈二尺。正長一百二十五丈。問積幾何？　　答曰：四萬二千一百五十丈。

法曰：倍東高（九尺，得一丈八尺。）并入西高（二丈二尺，共得四丈。）以東上廣（一丈）并下廣（二丈六尺，共三丈六尺。）折半（得一丈三尺。）乘之（得五百二十尺。）又置西高（二丈二尺）倍之（得四丈四尺。）并入東高（九尺得五丈三尺。）以西上廣（二丈）并下廣（二丈四尺，共四丈四尺。）折半（得二丈二尺。）乘之（得一千一百六十六尺。）并二數（得一千六百八十六尺。）以正長（一千二百五十尺）乘之，（得二百一十万七千五百尺。）以（五）除之（得四万二千一百五十丈。）合問。

今有築篭尾堤，其堤從頭高、上、闊以次斬狹。至尾只云末廣少堤頭廣六尺，又少高一丈二尺，又少袤四丈八尺。甲

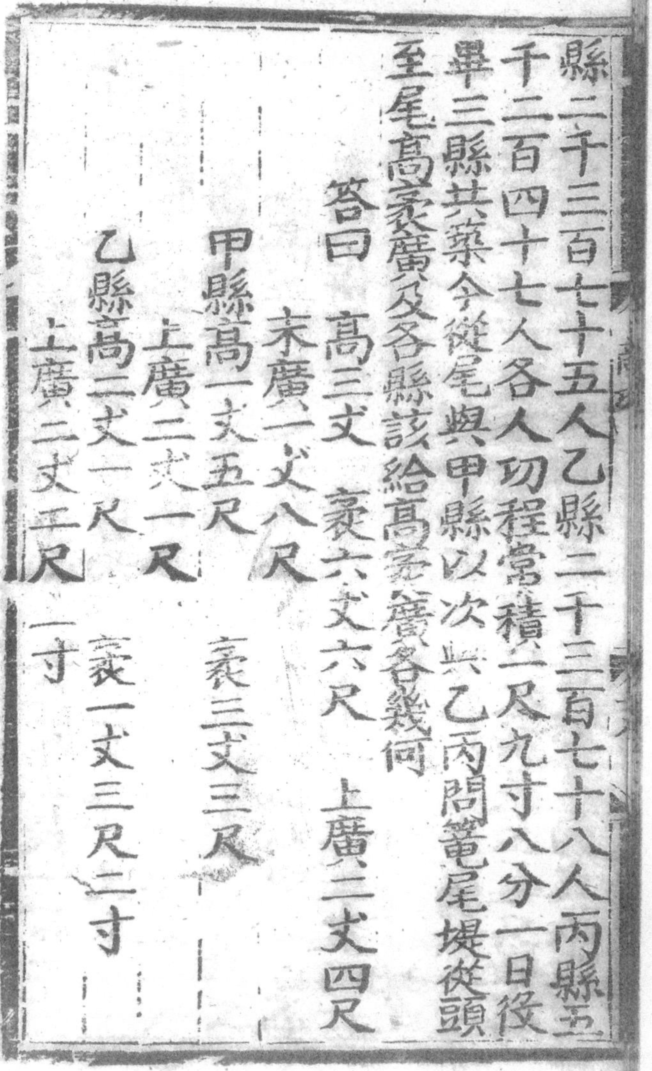

縣二千三百七十五人乙縣二千三百七十八人丙縣五
千二百四十七人各人功程常積一尺九寸八分一日役
畢三縣共築今從尾與甲縣以次與乙丙問篭尾堤從頭
至尾高袤廣及各縣該給高袤廣各幾何
答曰 高三丈 袤六丈六尺 上廣二丈四尺
末廣一丈八尺
甲縣高一丈五尺 袤三丈三尺
上廣二丈一尺
乙縣高二丈一尺 袤一丈三尺二寸
上廣二丈二尺一寸

縣二千三百七十五人，乙縣二千三百七十八人，丙縣五千二百四十七人。各人功程常積一尺九寸八分，一日役畢，三縣共築。今從尾與甲縣，以次與乙、丙，問篭尾堤從頭至尾高、袤、廣，及各縣該給高、袤、廣各幾何？

答曰：高三丈，袤六丈六尺，上廣二丈四尺，

末廣一丈八尺。

甲縣高一丈五尺，袤三丈三尺，

上廣二丈一尺；

乙縣高二丈一尺，袤一丈三尺二寸，

上廣二丈二尺一寸；

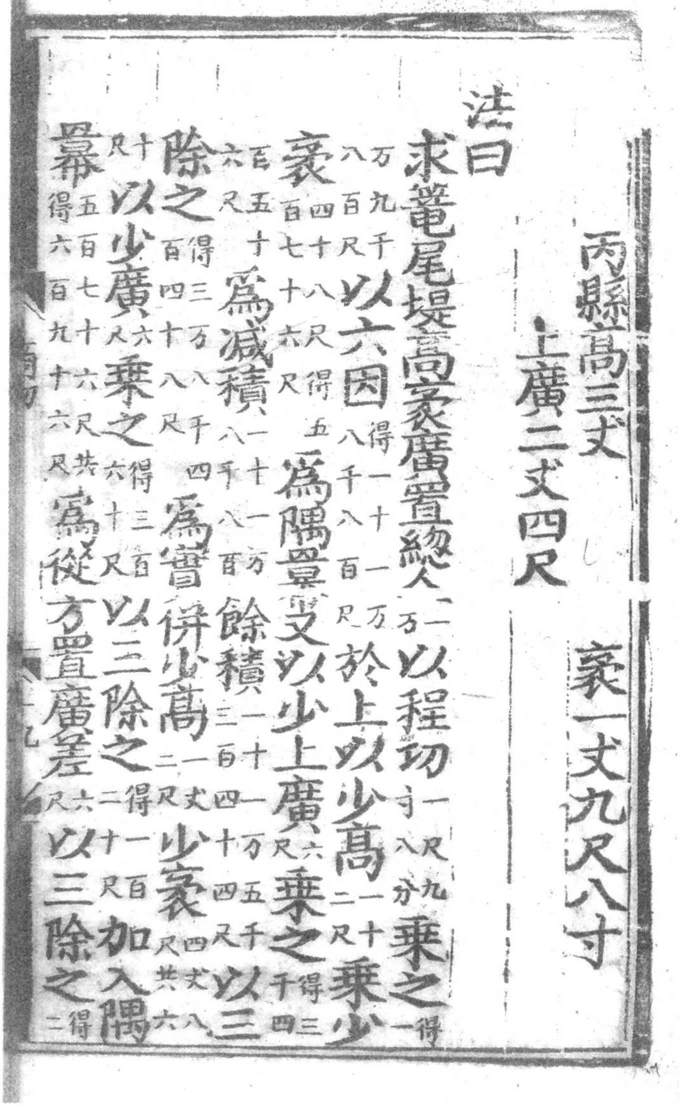

丙縣高三丈，　　　　袤一丈九尺八寸，

上廣二丈四尺。

法曰：

求篭尾堤高、袤、廣，置總人一万以程功一尺九寸八分乘之得一万九千八百尺。以六因得一十一万八千八百尺。於上。以少高二十二尺乘少袤四十八尺得五百七十六尺。爲隅冪。又以少上廣六尺乘之得三千四百五十六尺。爲減積一十一万八千八百餘積一十一万五千三百四十四尺。以三除之得三万八千四百四十八尺。爲實。并少高二丈二尺少袤四丈八尺共六十尺。以少廣六尺乘之得三百六十尺。以三除之得一百二十尺。加入隅冪五百七十六尺，共得六百九十六尺。爲從方。置廣差六尺以三除之得二尺。加入少高、袤相并六十尺共六十二尺。爲從廉。以一爲隅筭，開立方法除之。將從方一進，得六千九百六十，從廉二進，得六千二百，隅法三進，得一千。〇上商一十乘隅筭，得一千，自乘亦得一千，爲隅法。一因從廉，亦得六千二百。以方、廉、隅三法共一万四千一百六十，皆與上商，一除實，餘二万四千二百八十八。乃二因從廉，得一万二千四百。三因隅法，得三千。皆并入從方，共二万二千三百六十，爲方法。又置上商一十，進二位，得一千。以三因，得三千。并入從廉，得九千二百，爲廉法。乃方法一退，得二千二百三十六，廉法再退，得九十二，隅法三退，得一。續商得八尺。下法亦置八尺自乘，得六十四尺，爲隅法。八因廉法，得七百三十六，以方、廉、隅三法共三千三十六，皆與上商八尺除實。得末廣一丈八尺。各加不及，合問。

求甲縣均給積尺受高、袤、廣，置人二千三百七十五以程功一尺九寸八分乘之得四千七百二尺五寸。以六因得二万八千二百一十五。又以

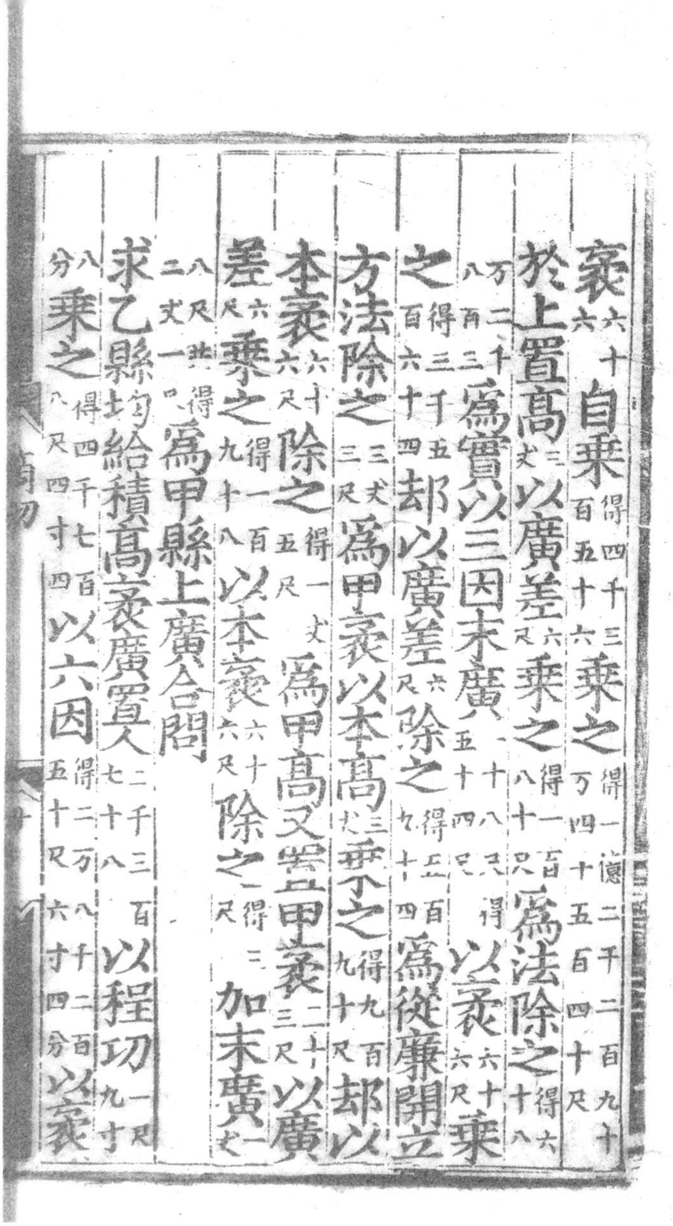

袤六十六自乘，得四千三百五十六。乘之得一億二千二百九十万四千五百四十尺。於上。置高三丈以廣差六尺乘之得一百八十尺。爲法，除之得六十八万二千八百三。爲實。以三因末廣一十八尺，得五十四尺。以袤六十六尺乘之得三千五百六十四。却以廣差六尺除之得五百九十四。爲從廉。開立方法除之。三丈三尺爲甲袤。以本高三丈乘之得九百九十尺。却以本袤六十六尺除之得一丈五尺。爲甲高。又置甲袤二十三尺以廣差六尺乘之得一百九十八。以本袤六十六尺除之得三尺。加末廣一丈八尺，共得二丈一尺。爲甲縣上廣。合問。

求乙縣均給積高、袤、廣，置人二千三百七十八以程功一尺九寸八分乘之得四千七百八尺四寸四。以六因得二万八千二百五十尺六寸四分。以袤

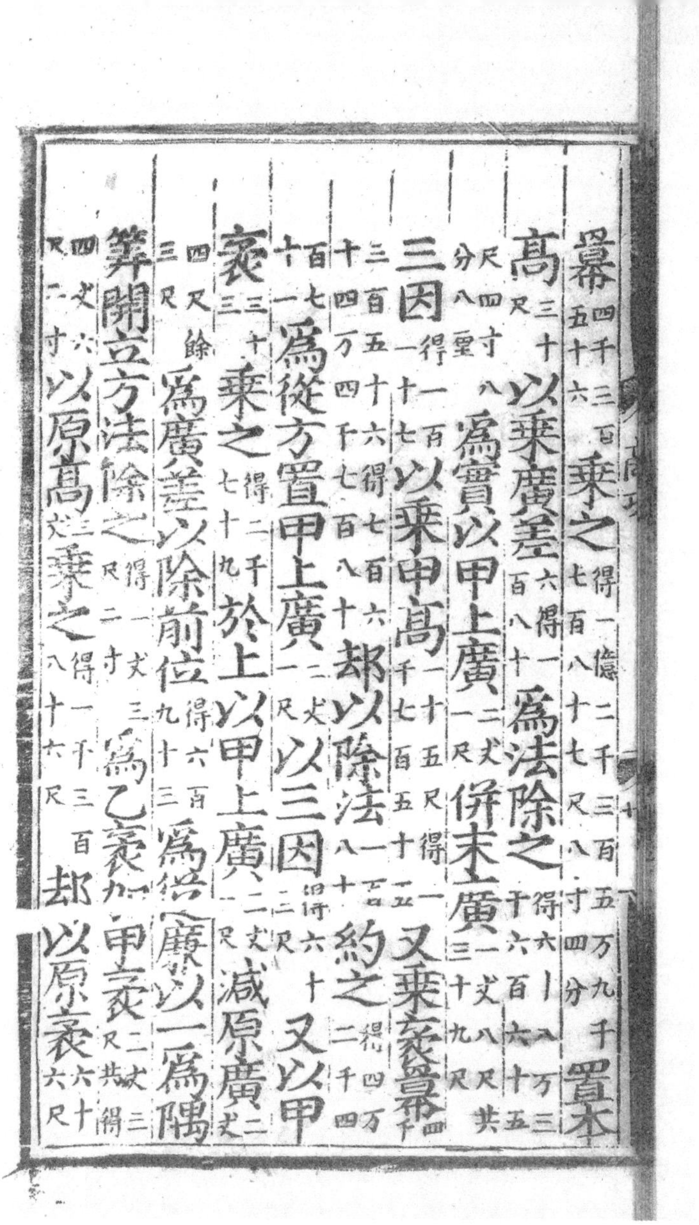

羃四千三百五十六乘之得一億二千三百五万九千七百八十七尺八寸四分。置本高三十尺以乘廣差六得一百八十。爲法，除之得六十八万三千六百六十五尺四寸八分八厘。爲實。以甲上廣二丈一尺并末廣一丈八尺，共三十九尺。三因得一百一十七。以乘甲高一十五尺，得一千七百五十五。又乘袤羃四千三百五十六，得七百六十四万四千七百八十。却以除法一百八十約之得四万二千四百七十一。爲從方，置甲上廣二丈一尺以三因得六十三尺。又以甲袤三十三乘之得二千七十九。於上。以甲上廣二丈一尺減原廣二丈四尺，餘三尺。爲廣差。以除前位得六百九十三。爲從廉。以一爲隅筭，開立方法除之得一丈三尺二寸。爲乙袤。加甲袤三丈三尺，共得四丈六尺二寸。以原高三丈乘之得一千三百八十六尺。却以原袤六十六尺

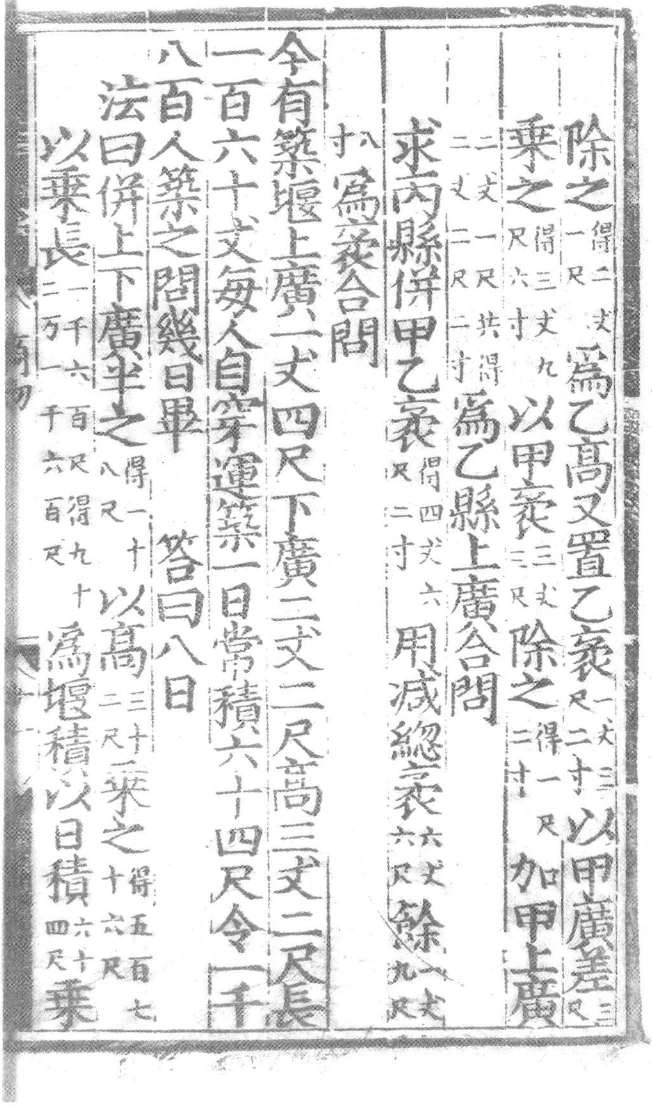
除之得二丈一尺爲乙高又置乙衺一丈三尺二寸以甲廣差三尺乘之得三丈九尺六寸以甲衺三丈三尺除之得一尺二寸加甲上廣二丈一尺共得二丈二尺二寸爲乙縣上廣合問
求丙縣併甲乙衺得四丈六尺二寸用減總衺六丈六尺餘一丈九尺八寸爲衺合問
今有築堰上廣一丈四尺下廣二丈二尺高三丈二尺長一百六十丈每人自穿運築一日常積六十四尺令一千八百人築之問幾日畢　答曰八日
法曰併上下廣半之得一十八尺以高三十二尺乘之得五百七十六尺以乘長一千六百尺得九十二万一千六百尺爲堰積以日積六十四尺乘

除之（得二丈一尺。）爲乙高。又置乙衺（一丈三尺二寸）以甲廣差（三尺）

乘之（得三丈九尺六寸。）以甲衺（三丈三尺）除之（得一尺二寸。）加甲上廣

（二丈一尺，共得三丈二尺二寸。）爲乙縣上廣，合問。

求丙縣，并甲、乙衺（得四丈六尺二寸。）用減總衺（六丈六尺）餘（一丈九尺八寸）爲衺。合問。

今有築堰，上廣一丈四尺，下廣二丈二尺，高三丈二尺，長一百六十丈。每人自穿運築，一日常積六十四尺。令一千八百人築之，問幾日畢？　答曰：八日。

法曰：并上、下廣半之（得一十八尺。）以高（三十二尺）乘之（得五百七十六尺。）

以乘長（一千六百尺，得九十二万一千六百尺。）爲堰積。以日積（六十四尺）乘

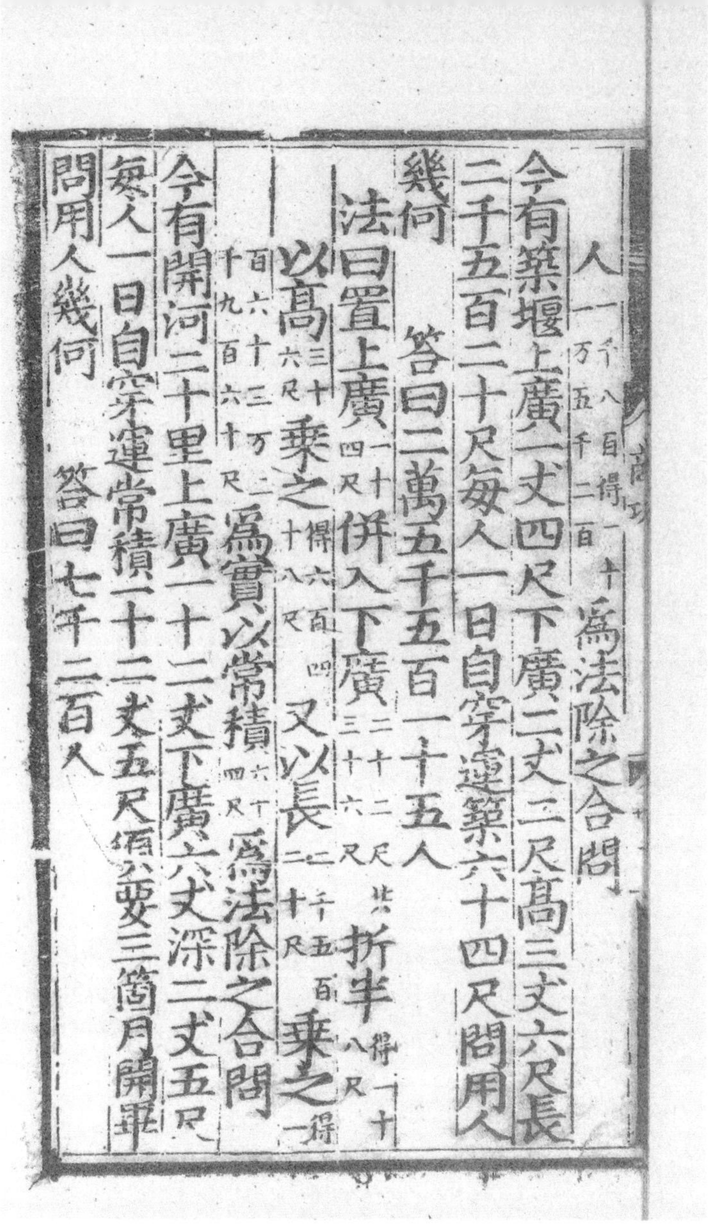

人一千八百，得一十一万五千二百。爲法，除之。合問。

今有築堰，上廣一丈四尺，下廣二丈二尺，高三丈六尺，長二千五百二十尺。每人一日自穿運築六十四尺，問用人幾何？　答曰：二萬五千五百一十五人。

法曰：置上廣一十四尺并入下廣二十二尺，共三十六尺。折半得一十八尺。以高三十六尺乘之得六百四十八尺。又以長二千五百二十尺乘之得一百六十三万二千九百六十尺。爲實，以常積六十四尺爲法，除之。合問。

今有開河二十里，上廣一十二丈，下廣六丈，深二丈五尺。每人一日自穿運常積一十二丈五尺，須要三箇月開畢。問用人幾何？　答曰：七千二百人。

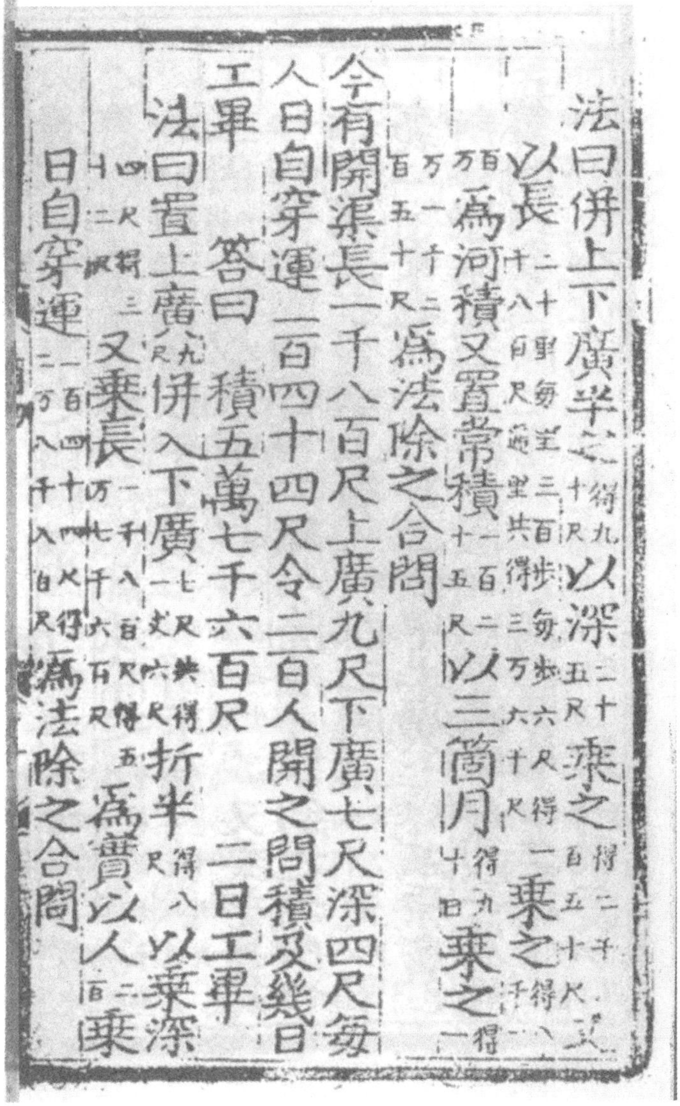

法曰[1]：并上、下廣半之得九十尺。以深二十五尺乘之得二千二百五十尺。又以長二十里，每里三百步，每步六尺，得一千八百尺。通里共得三万六千尺。乘之得八千一百万。爲河積。又置常積一百二十五尺以三箇月得九十日。乘之得二万一千二百五十尺。爲法，除之。合問。

今有開渠，長一千八百尺，上廣九尺，下廣七尺，深四尺。每人日自穿運一百四十四尺。令二百人開之，問積及幾日工畢？　答曰：積五萬七千六百尺，　二日工畢。

法曰：置上廣九尺并入下廣七尺，共得一丈六尺。折半得八尺。以乘深四尺，得三十二尺。又乘長一千八百尺，得五万七千六百尺。爲實。以人二百乘日自穿運一百四十四尺，得二万八千八百尺。爲法，除之。合問。

1 商功章版心葉碼“廿”至“卅（十）”間，静嘉堂、國家圖書館本均有葉面缺失和錯亂。静嘉堂本缺失“廿二”葉，重復“卅（十）”葉，國家圖書館本缺失“廿六”葉。上海圖書館本葉面無缺且順序正確。静嘉堂所缺“廿二”葉，今據上海圖書館本補。

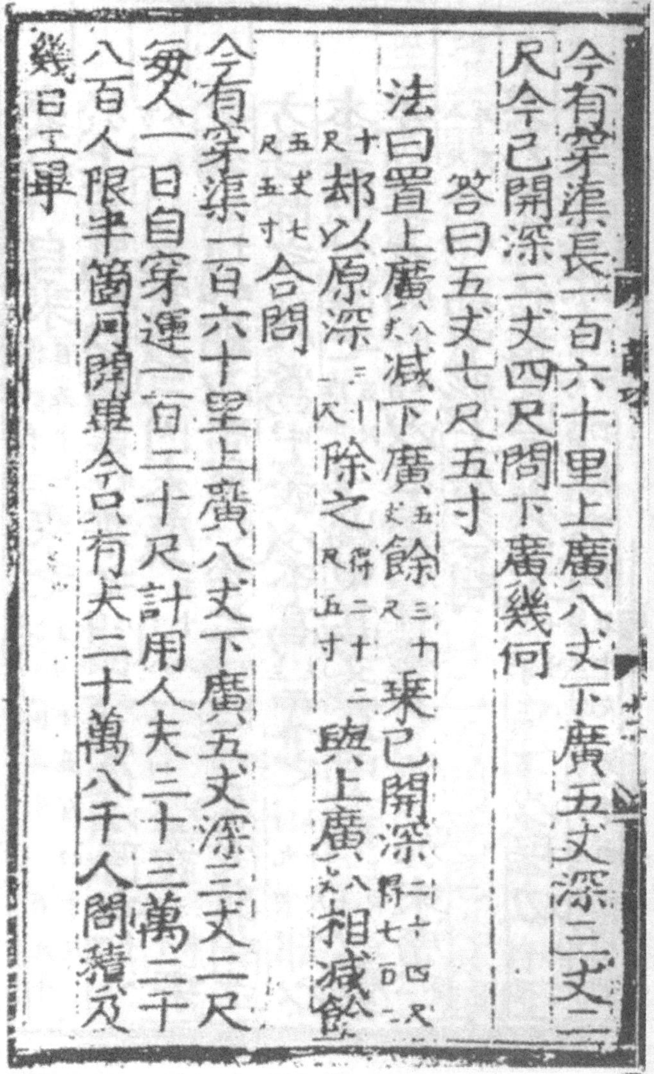

今有穿渠，長一百六十里，上廣八丈，下廣五丈，深三丈二尺。今已開深二丈四尺，問下廣幾何？

答曰：五丈七尺五寸。

法曰：置上廣八丈減下廣五丈餘三十尺。乘已開深二十四尺，得七百二十尺。却以原深三十二尺除之得二十二尺五寸。與上廣八丈相減，餘五丈七尺五寸。合問。

今有穿渠一百六十里，上廣八丈，下廣五丈，深三丈二尺。每人一日自穿運一百二十尺，計用人夫三十三萬二千八百人，限半箇月開畢。今只有夫二十萬八千人，問積及幾日工畢？

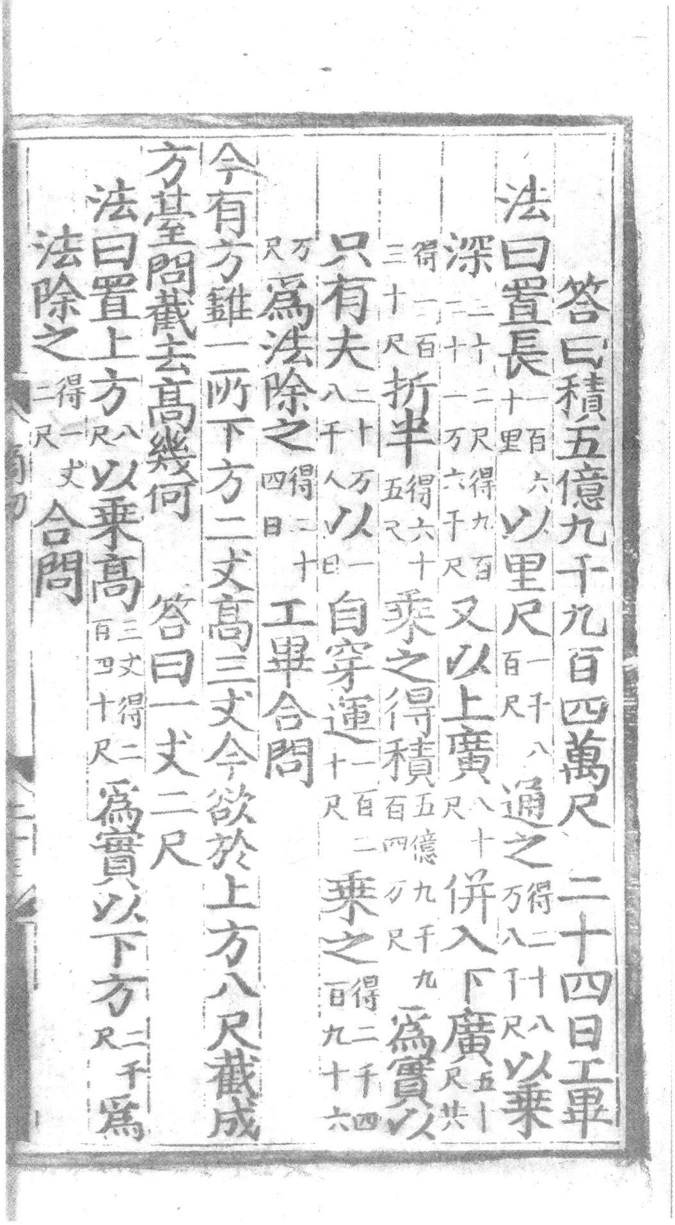

答曰：積五億九千九百四萬尺，二十四日工畢。

法曰：置長一百六十里以里尺一千八百尺通之得二十八万八千尺。以乘深三十二尺，得九百二十一万六千尺。又以上廣八十尺并入下廣五十尺，共得一百三十尺。折半得六十五尺。乘之，得積五億九千九百四万尺。爲實。以只有夫二十万八千人以一日自穿運一百二十尺乘之得二千四百九十六万尺。爲法，除之得二十四日。工畢，合問。

今有方錐一所，下方二丈，高三丈。今欲於上方八尺截成方臺，問截去高幾何？　答曰：一丈二尺。

法曰：置上方八尺以乘高三丈，得二百四十尺。爲實，以下方二千尺爲法，除之得一丈二尺。合問。

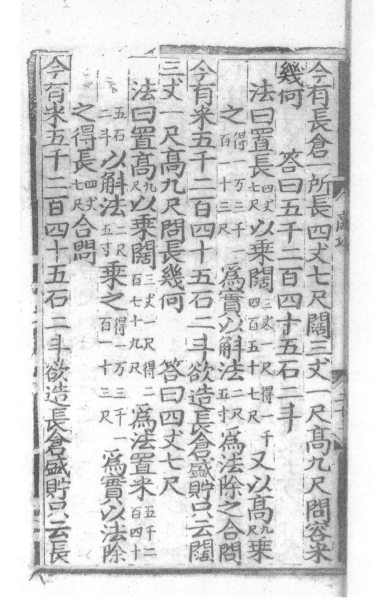

今有長倉一所，長四丈七尺，闊三丈一尺，高九尺，問容米幾何？　　答曰：五千二百四十五石二斗。

法曰：置長四丈七尺以乘闊三丈一尺，得一千四百五十七尺。又以高九尺乘之得一万三千一百一十三尺。爲實，以斛法二尺五寸爲法，除之。合問。

今有米五千二百四十五石二斗，欲造長倉盛貯。只云闊三丈一尺，高九尺問長幾何？　　答曰：四丈七尺。

法曰：置高九尺以乘闊三丈一尺，得二百七十九尺。爲法。置米五千二百四十五石二斗以斛法二尺五寸乘之得一万三千一百一十三尺。爲實，以法除之，得長四丈七尺。合問。

今有米五千二百四十五石二斗，欲造長倉盛貯。只云長

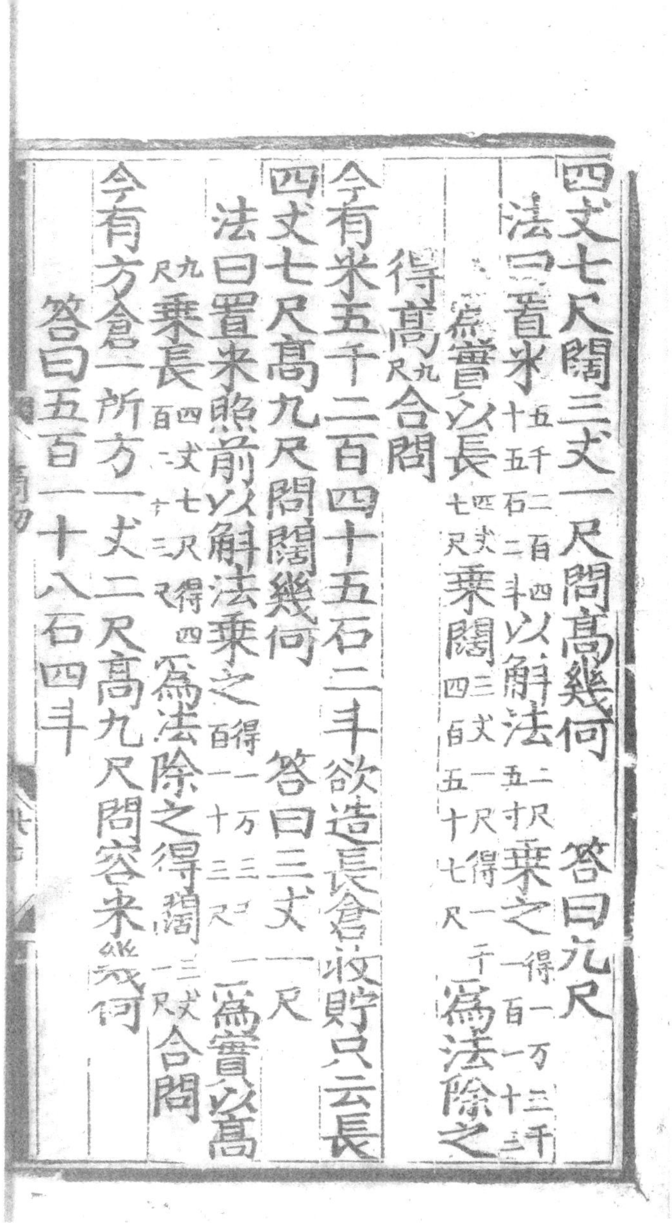

四丈七尺，闊三丈一尺，問高幾何？　　答曰：九尺。

法曰：置米（五千二百四十五石二斗）以斛法（二尺五寸）乘之（得一万三千一百一十三尺。）爲實。以長（四丈七尺）乘闊（三丈一尺，得一千四百五十七尺。）爲法，除之得高（九尺。）合問。

今有米五千二百四十五石二斗，欲造長倉收貯。只云長四丈七尺，高九尺，問闊幾何？　　答曰：三丈一尺。

法曰：置米，照前以斛法乘之（得一万三千一百一十三尺。）爲實。以高（九尺）乘長（四丈七尺，得四百二十三尺。）爲法，除之，得闊（三丈一尺。）合問。

今有方倉一所，方一丈二尺，高九尺，問容米幾何？

答曰：五百一十八石四斗。

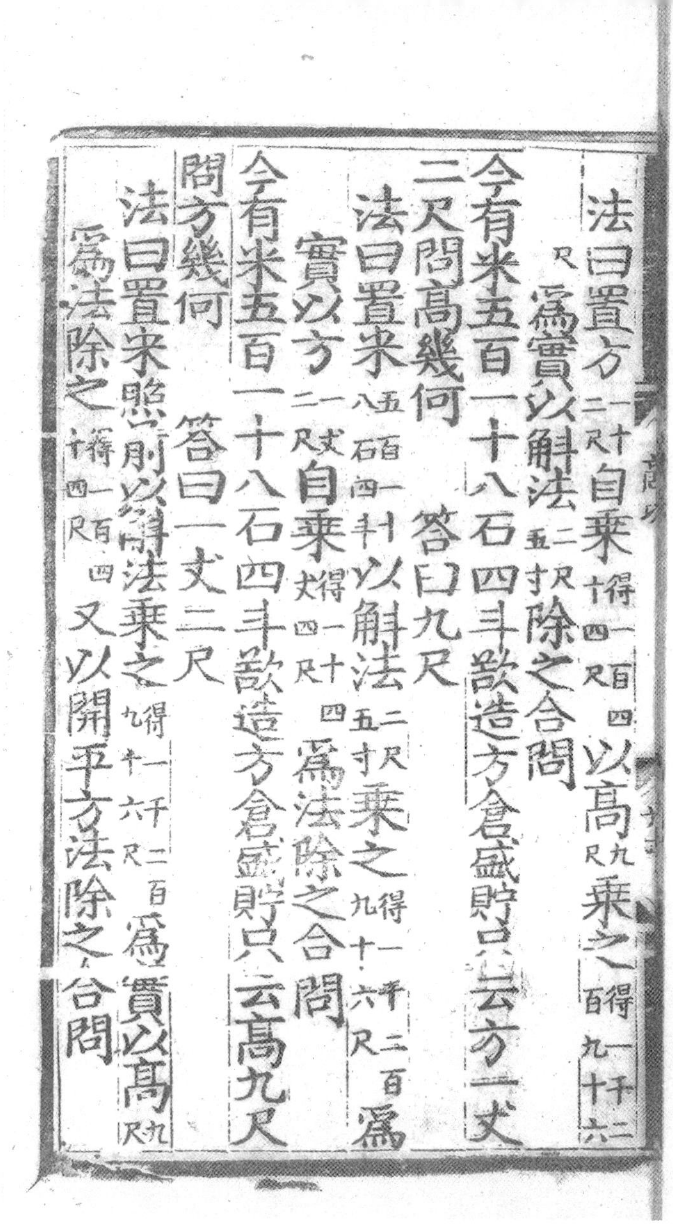

法曰：置方（一十二尺）自乘（得一百四十四尺。）以高（九尺）乘之（得一千二百九十六尺。）爲實。以斛法（二尺五寸）除之，合問。

今有米五百一十八石四斗，欲造方倉盛貯。只云方一丈二尺，問高幾何？　　答曰：九尺。

法曰：置米（五百一十八石四斗）以斛法（二尺五寸）乘之（得一千二百九十六尺。）爲實。以方（一丈二尺）自乘（得一十四丈四尺。）爲法，除之，合問。

今有米五百一十八石四斗，欲造方倉盛貯。只云高九尺，闊方幾何？　　答曰：一丈二尺。

法曰：置米，照前以斛法乘之（得一千二百九十六尺。）爲實。以高（九尺）爲法除之（得一百四十四尺。）又以開平方法除之。合問。

今有圓倉，周二丈六尺，高九尺，問容米幾何？

答曰：二百二石八斗。

法曰：置周二十六尺自乘得六百七十六尺。以高九尺乘之得六千八十四尺。

如十二而一得五百七尺。爲實，以斛法二尺五寸除之。合問。

今有米二百二石八斗，欲造圓倉盛貯。只云周二丈六尺，問高幾何？　答曰：九尺。

法曰：置米二百二石八斗以斛法二尺五寸乘之得五百七尺。爲實。以周二丈六尺自乘得六百七十六尺。以圓法十二除之得五十六尺。餘實四。

以法約之得三分之二。以分母三通五十六尺，得一百六十八。加分子一，得一百六十九。爲法。以分母三通實五百七尺，得一千五百二十一。爲實，

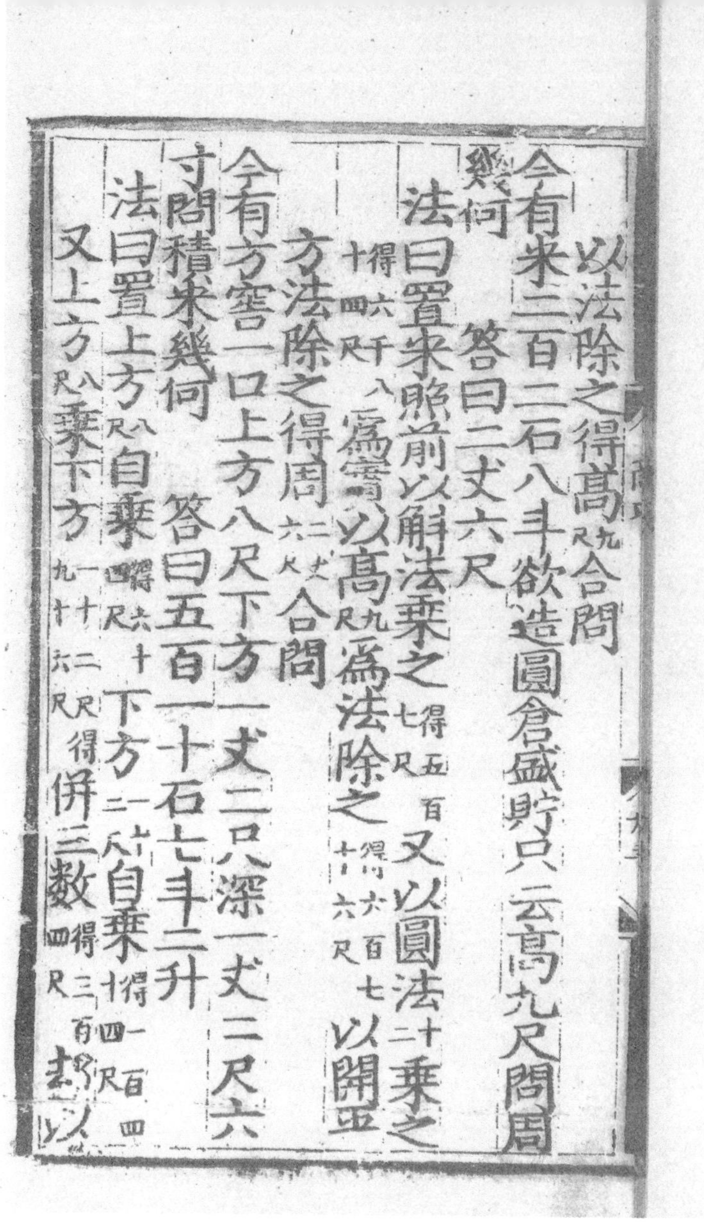

以法除之，得高九尺。合問。

今有米二百二石八斗，欲造圓倉盛貯。只云高九尺，問周幾何？　答曰：二丈六尺。

法曰：置米，照前以斛法乘之得五百七尺。又以圓法十二乘之得六千八十四尺。爲實，以高九尺爲法，除之得六百七十六尺。以開立方法除之，得周二丈六尺。合問。

今有方窖一口，上方八尺，下方一丈二尺，深一丈二尺六寸，問積米幾何？　答曰：五百一十石七斗二升。

法曰：置上方八尺自乘得六十四尺。下方一十二尺自乘得一百四十四尺。又上方八尺乘下方一十二尺，得九十六尺。并三數得三百四尺。却以

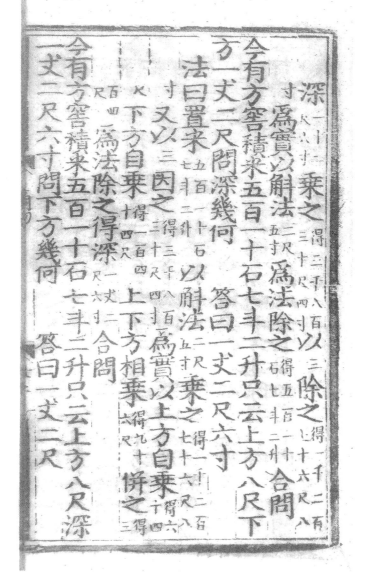

深一丈二尺六寸。乘之得三千八百三十尺四寸。以三除之得一千二百七十六尺八寸。爲實。以斛法二尺五寸爲法，除之得五百一十石七斗二升。合問。

今有方窖，積米五百一十石七斗二升。只云上方八尺，下方一丈二尺，問深幾何？　　答曰：一丈二尺六寸。

法曰：置米五百一十石七斗二升以斛法二尺五寸乘之得一千二百七十六尺八寸。又以三因之得三千八百三十尺四寸。爲實。以上方自乘得六十四尺。下方自乘得一百四十四尺。上、下方相乘得九十六尺。并之得三百四尺。爲法，除之得深一丈二尺六寸。合問。

今有方窖積，米五百一十石七斗二升。只云上方八尺，深一丈二尺六寸，問下方幾何？　　答曰：一丈二尺。

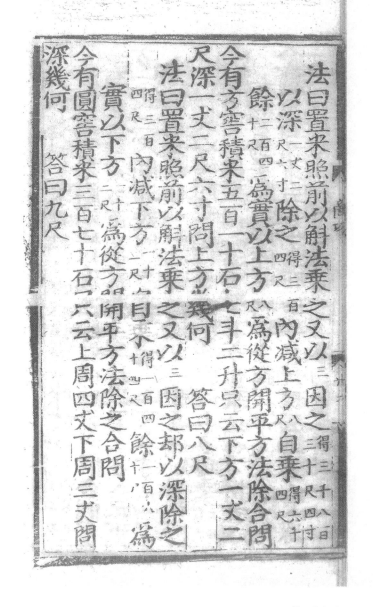

法曰：置米，照前以斛法乘之，又以三因之得三千八百三十尺四寸。

以深一丈二尺六寸除之得三百四尺。内減上方八尺自乘得六十四尺。

餘二百四十尺。爲實。以上方八尺爲從方，開平方法除。合問。

今有方窖，積米五百一十石七斗二升，只云下方一丈二尺，深一丈二尺六寸，問上方幾何？　　答曰：八尺。

法曰：置米，照前以斛法乘之，又以三因之，却以深除之得三百四尺。内減下方一十二尺，自乘得一百四十四尺。餘一百六十尺。爲實。以下方一十二尺爲從方，開平方法除之。合問。

今有圓窖，積米三百七十石，只云上周四丈，下周三丈，問深幾何？　　答曰：九尺。

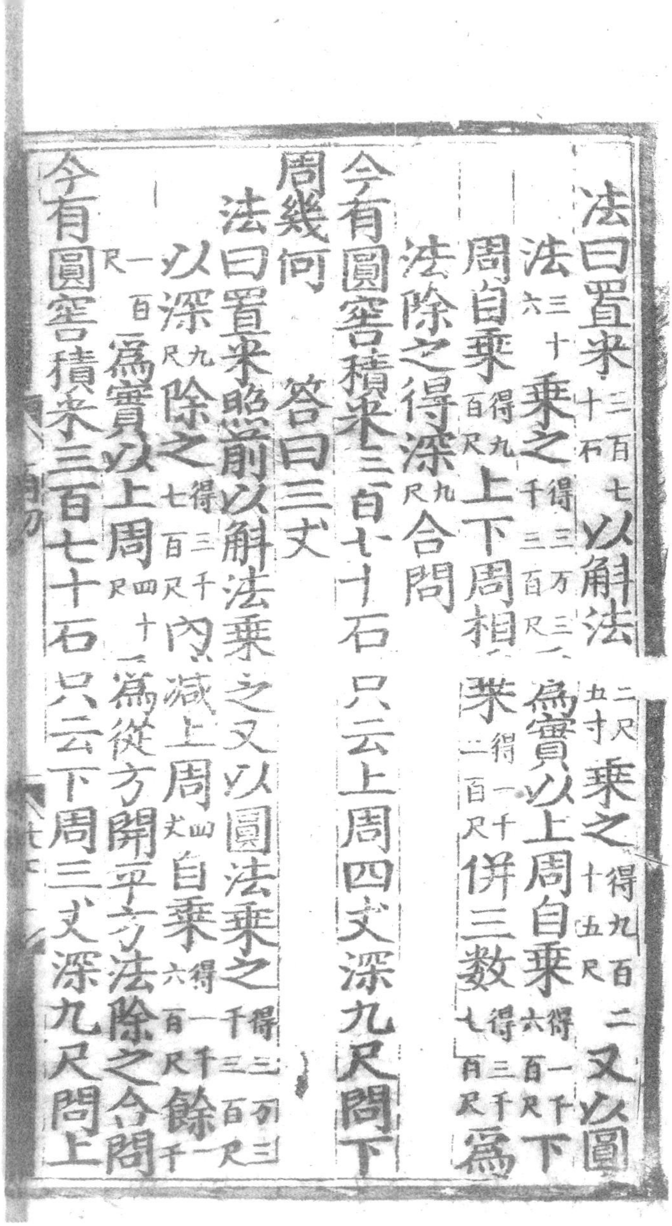

法曰：置米三百七十石以斛法二尺五寸乘之得九百二十五尺。又以圓法三十六乘之得三万三千三百尺。爲實。以上周自乘得一千六百尺。下周自乘得九百尺。上、下周相乘得一千二百尺。并三數得三千七百尺。爲法，除之，得深九尺。合問。

今有圓窖，積米三百七十石，只云上周四丈，深九尺，問下周幾何？　　答曰：三丈。

法曰：置米，照前以斛法乘之，又以圓法乘之得三万三千三百尺。以深九尺除之得三千七百尺。内減上周四丈自乘得一千六百尺。餘一千一百尺爲實。以上周四十尺爲從方，開平方法除之。合問。

今有圓窖，積米三百七十石，只云下周三丈，深九尺，問上

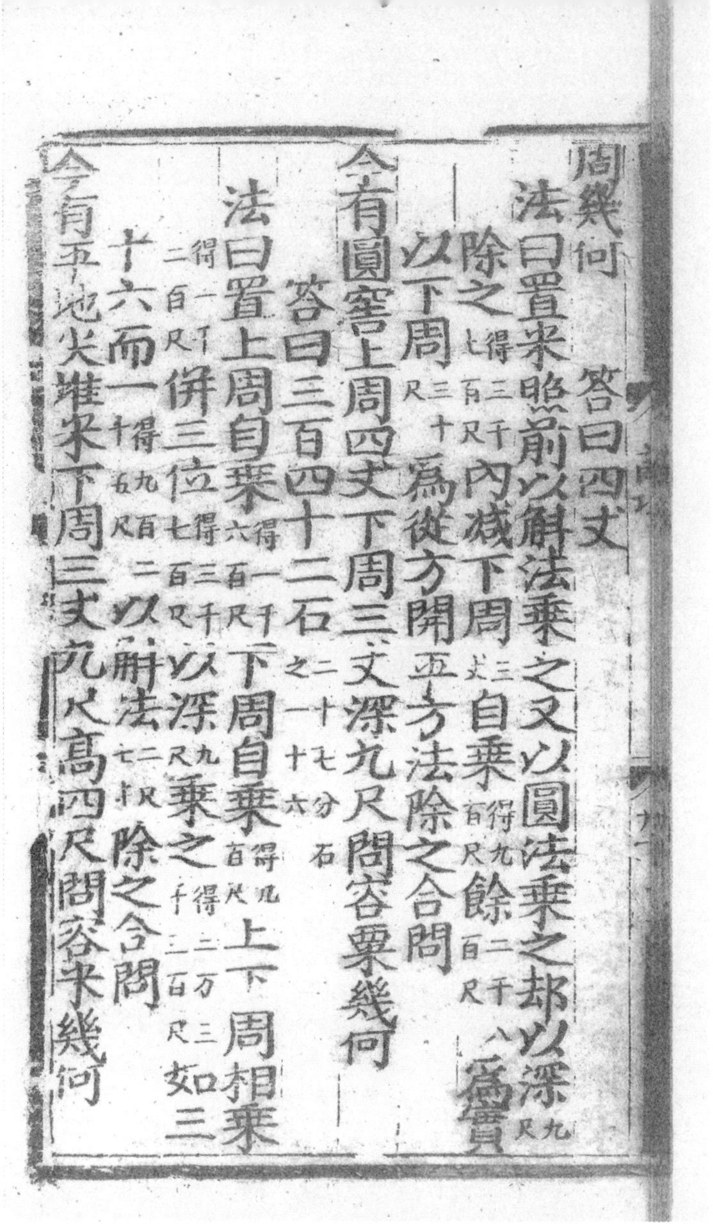

周幾何？　　答曰：四丈。

法曰：置米，照前以斛法，乘之，又以圓法乘之，却以深九尺除之得三千七百尺。内減下周三丈自乘得九百尺。餘二千八百尺。爲實。

以下周三十尺爲從方，開平方法除之。合問。

今有圓窖，上周四丈，下周三丈，深九尺，問容粟幾何？

答曰：三百四十二石二十七分石之一十六。

法曰：置上周自乘得一千六百尺。下周自乘得九百尺。上、下周相乘得一千二百尺。并三位得三千七百尺。以深九尺乘之得二万三千三百尺。如三十六而一得九百二十五尺。以斛法二尺七寸除之。合問。

今有平地尖堆米，下周三丈九尺，高四尺，問容米幾何？

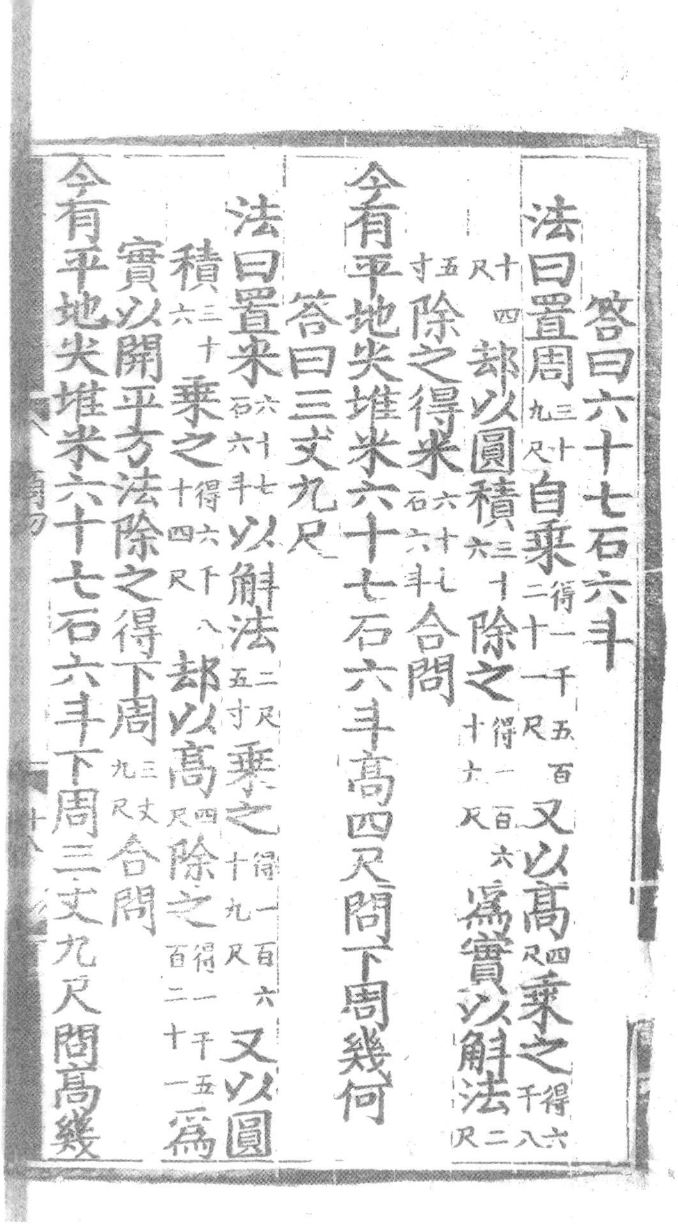

答曰六十七石六斗
法曰置周三十九尺自乘得一千五百二十一尺又以高四尺乘之得六千八十四尺却以圓積三十六除之得一百六十九尺爲實以斛法二尺五寸除之得米六十七石六斗合問
今有平地尖堆米六十七石六斗高四尺問下周幾何
答曰三丈九尺
法曰置米六十七石六斗以斛法二尺五寸乘之得一百六十九尺又以圓積三十六乘之得六千八十四尺却以高四尺除之得一千五百二十一爲實以開平方法除之得下周三丈九尺合問
今有平地尖堆米六十七石六斗下周三丈九尺問高幾

答曰：六十七石六斗。

法曰：置周三十九尺自乘得一千五百二十一尺。又以高四尺乘之得六千八十四尺。却以圓積三十六除之得一百六十九尺。爲實。以斛法二尺五寸除之，得米六十七石六斗。合問。

今有平地尖堆米六十七石六斗，高四尺，問下周幾何？

答曰：三丈九尺。

法曰：置米六十七石六斗以斛法二尺五寸乘之得一百六十九尺。又以圓積三十六乘之得六千八十四尺。却以高四尺除之得一千五百二十一。爲實。以開平方法除之，得下周三丈九尺。合問。

今有平地尖堆米六十七石六斗，下周三丈九尺，問高幾何？　　答曰：四尺。

法曰：置米，照前斛法圓積乘之得六千八十四尺。爲實。以下周三丈九尺自乘得一千五百二十一尺。爲法，除之，得高四尺。合問。

今有平地尖堆米六十七石六斗，只云高不及下周三丈五尺，問高、周各幾何？　答曰：　高四尺，　下周三丈九尺。

法曰：置米，以斛法乘之，又以圓堆率三十六乘得六千八十四尺爲實。以不及自乘得一千二百二十五尺。爲從方，倍不及得七十尺。爲從廉，開立方法除之。得高四尺。加不及得下周。合問。

今有倚壁尖堆米，下周一丈九尺五寸，高四尺，問容米幾何？　答曰：三十三石八斗。

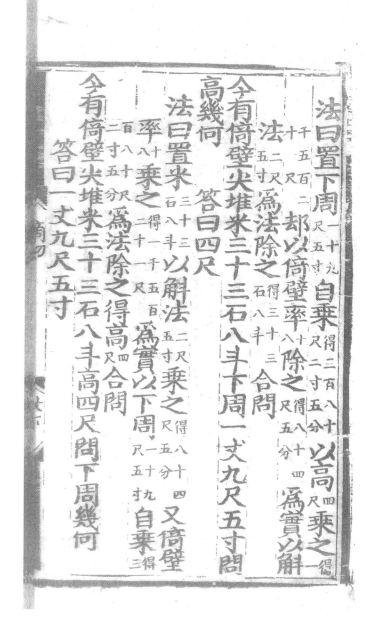

法曰：置下周一十九尺五寸自乘得三百八十尺二寸五分。以高四尺乘之得一千五百二十一尺。却以倚壁率十八除之得八十四尺五分。爲實。以斛法二尺五寸爲法，除之得三十三石八斗。合問。

今有倚壁尖堆米三十三石八斗，下周一丈九尺五寸，問高幾何？　　答曰：四尺。

法曰：置米三十三石八斗以斛法二尺五寸乘之得八十四尺五分。又倚壁率十八乘之得一千五百二十一尺。爲實。以下周一十九尺五寸自乘得三百八十尺二寸五分。爲法，除之，得高四尺。合問。

今有倚壁尖堆米三十三石八斗，高四尺，問下周幾何？

答曰：一丈九尺五寸。

法曰：置米，照前以斛法并倚壁率乘之得一千五百二十一尺。爲實。以高四尺爲法，除之得三百八十尺二寸五分。以開平方法除之，得下周一丈九尺五寸。合問。

今有倚壁外角尖堆米四百四十一石六斗，下周三丈六尺，問高幾何？　　答曰：二丈三尺。

法曰：置米四百四十一石六斗以斛法二尺五寸乘之得一千一百四尺。又以倚壁外角率二十七乘之得二万九千八百八尺。爲實。以下周三丈六尺自乘得一千二百九十六尺。爲法，除之，得高二丈三尺。合問。

今有倚壁外角尖堆米四百四十一石六斗，高二丈三尺，問下周幾何？　　答曰：三丈六尺。

法曰：置米照前以斛法乘之，又以倚壁外角率乘之得三万九千八百八尺。爲實。以高二丈三尺爲法，除之得一千二百九十六尺。以開平方法除之，得下周三丈六尺。合問。

今有倚壁外角聚米，下周三丈六尺，高二丈三尺，問積及爲米各幾何？　　答曰：積一千一百四尺，

爲米四百四十一石六斗。

法曰：置下周自乘得一千二百九十六尺。以高二十三尺乘之得二万九千八百八尺。如二十七而一得積一千一百四尺。爲實，以斛法二尺五寸爲法，除之得米。合問。

今有倚壁内角堆米，下周九尺七寸五分，高四尺，問積米

幾何？　　答曰：一十六石九斗。

法曰：置下周九尺七寸五分自乘得九十五尺六分二厘五毫。又以高四尺乘之得三百八十尺二寸五分。却以倚壁角率九除之得四十二尺二寸五分。爲實。以斛法二尺五寸爲法，除之得一十六石九斗。合問。

今有倚壁内角堆米一十六石九斗，下周九尺七寸五分，問高幾何？　　答曰：四尺。

法曰：置米一十六石九斗以斛法二尺五寸乘之得四十二尺二寸五分。又以倚壁内角率九因之得三百八十尺二寸五分。爲實。以下周九尺七寸五分自乘得九十五尺六分二厘五毫。爲法，除之，得高四尺。合問。

今有倚壁内角堆米一十六石九斗，高四尺，問下周幾何？

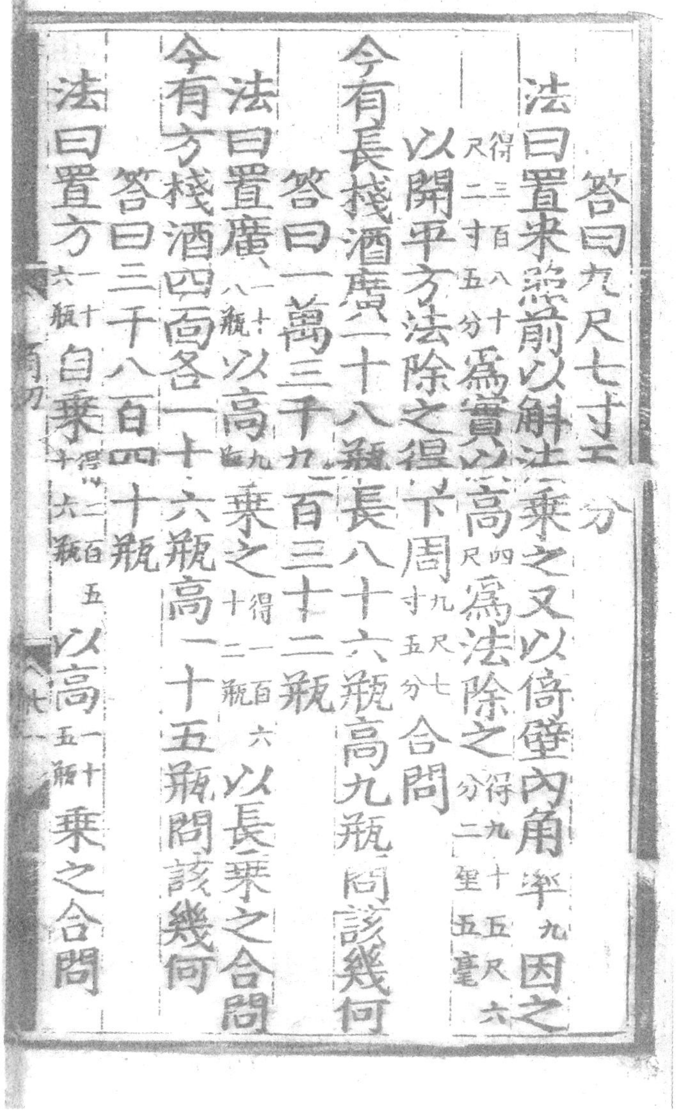

答曰：九尺七寸五分。

法曰：置米，照前以斛法乘之，又以倚壁内角率九因之得三百八十尺二寸五分。爲實。以高四尺爲法，除之得九十五尺六分二厘五毫。

以開平方法除之，得下周九尺七寸五分。合問。

今有長棧酒，廣一十八瓶，長八十六瓶，高九瓶，問該幾何？

答曰：一萬三千九百三十二瓶。

法曰：置廣一十八瓶以高九瓶乘之得一百六十二瓶。以長乘之，合問。

今有方棧酒，四面各一十六瓶，高一十五瓶，問該幾何？

答曰：三千八百四十瓶。

法曰：置方一十六瓶自乘得二百五十六瓶。以高一十五瓶乘之，合問。

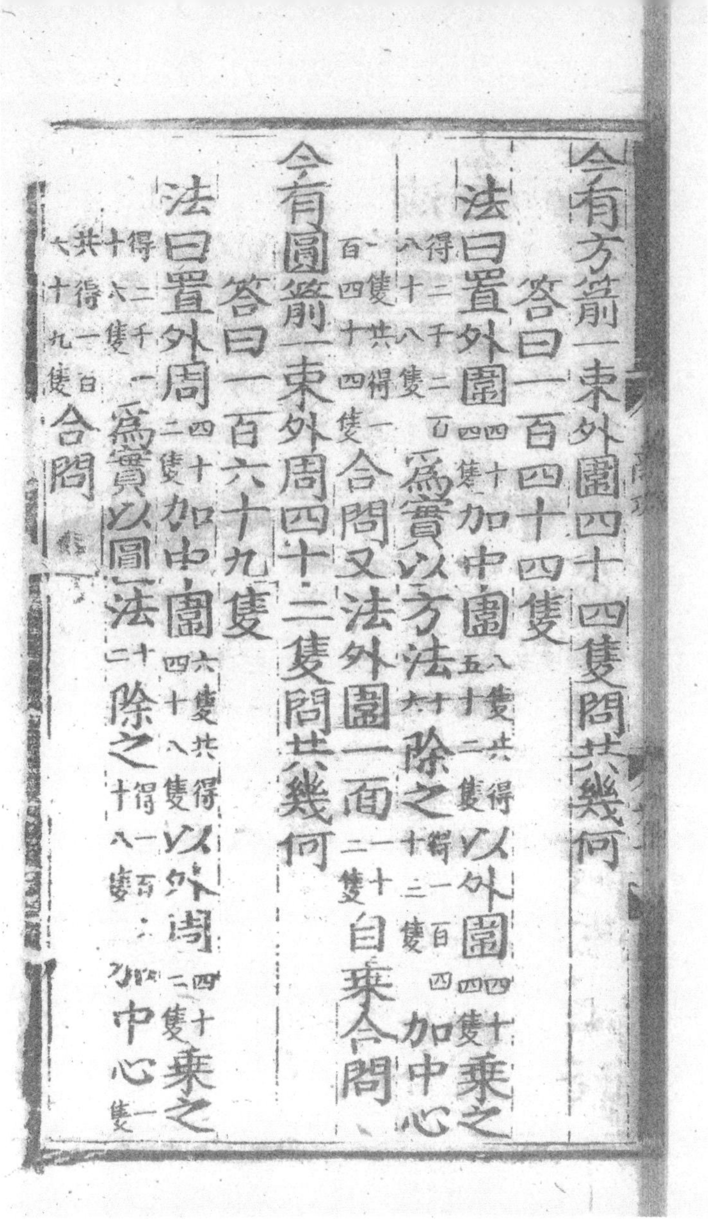

今有方箭一束，外圍四十四隻，問共幾何？

答曰：一百四十四隻。

法曰：置外圍四十四隻加中圍八隻，共得五十二隻。以外圍四十四隻乘之得二千二百八十八隻。爲實。以方法十六除之得一百四十三隻。加中心一隻，共得一百四十四隻。合問。又法：外圍一面十二隻自乘。合問。

今有圓箭一束，外周四十二雙，問共幾何？

答曰：一百六十九隻。

法曰：置外周四十二隻加中圍六隻，共得四十八隻。以外周四十二隻乘之得二千一十六隻爲實。以圓法十二除之得一百六十八隻。加中心一隻，共得一百六十九隻。合問。

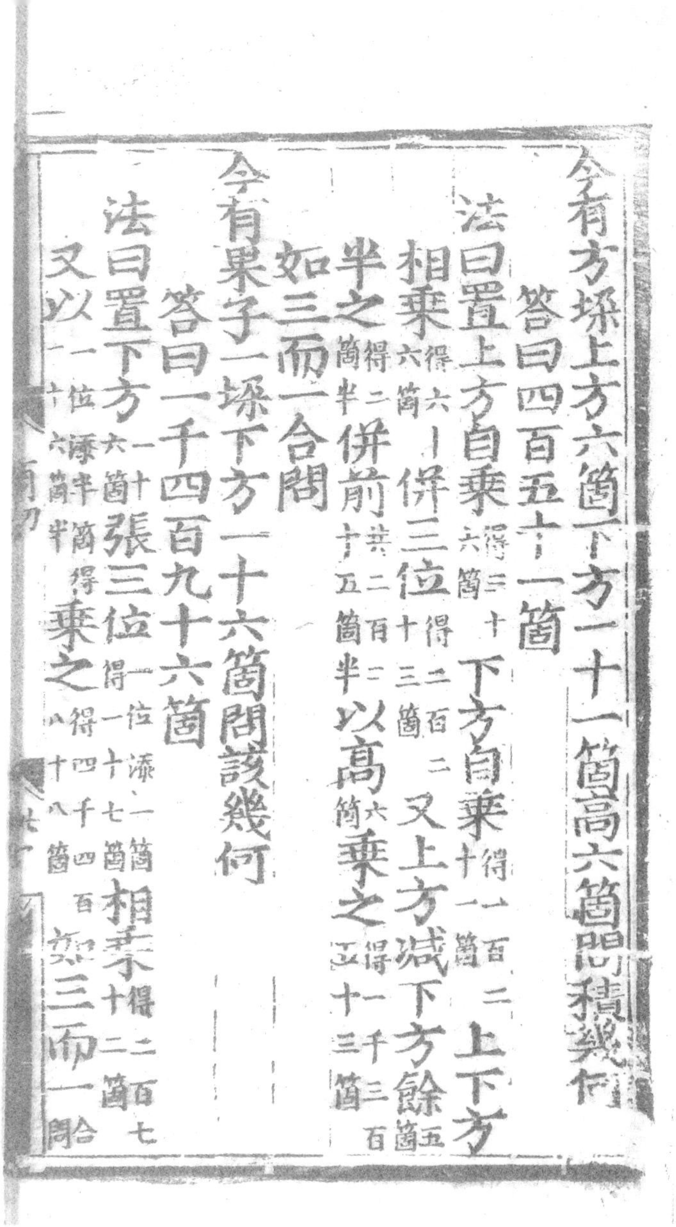

今有方垛，上方六箇，下方一十一箇，高六箇，問積幾何？

答曰：四百五十一箇。

法曰：置上方自乘得三十六箇。下方自乘得一百二十一箇。上、下方相乘得六十六箇。并三位得二百二十三箇。又上方減下方，餘五箇。半之得二箇半。并前共二百二十五箇半。以高六箇乘之得一千三百五十三箇。如三而一，合問。

今有果子一垛，下方一十六箇，問該幾何？

答曰：一千四百九十六箇。

法曰：置下方一十六箇張三位一位添一箇，得一十七箇。相乘得二百七十二箇。又以一位添半箇，得一十六箇半。乘之得四千四百八十八箇。如三而一。合問。

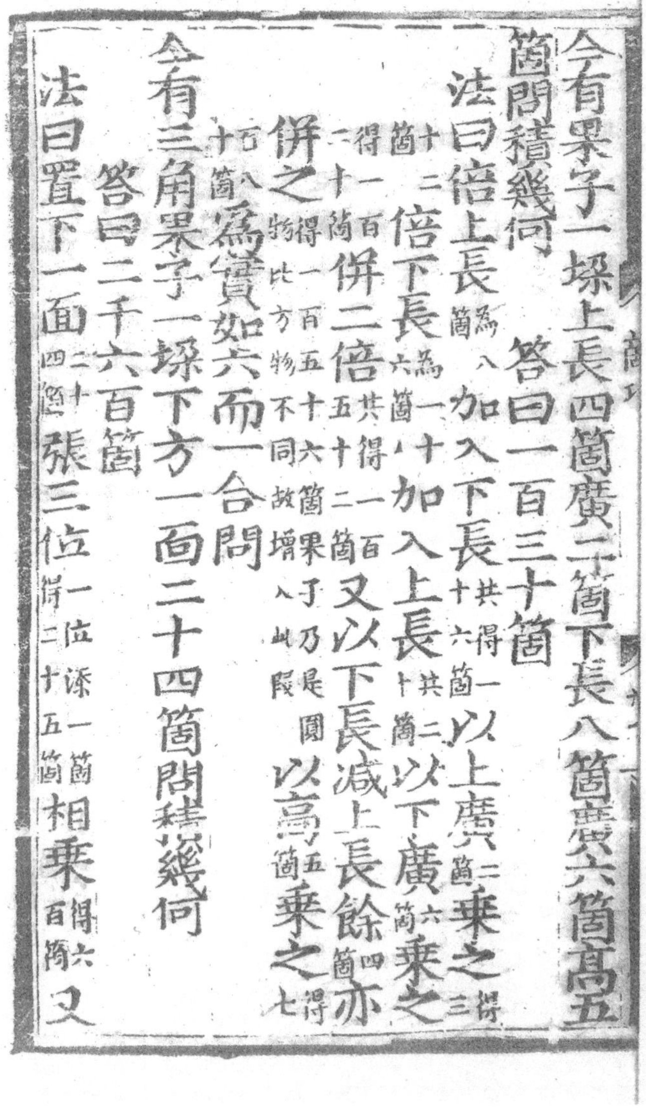

今有果子一垛，上長四箇，廣二箇，下長八箇，廣六箇，高五箇，問積幾何？　　答曰：一百三十箇。

法曰：倍上長爲八箇加入下長共得一十六箇。以上廣二箇乘之得三十二箇。倍下長爲一十六箇。加入上長共二十箇。以下廣六箇乘之得一百二十箇。并二倍共得一百五十二箇。又以下長減上長餘四箇。亦并之得一百五十六箇果子，乃是圓物，比方物不同，故增入此段。以高五箇乘之得七百八十箇。爲實，如六而一。合問。

今有三角果子一垛，下方一面二十四箇，問積幾何？

答曰：二千六百箇。

法曰：置下一面二十四箇張三位一位添一箇，得二十五箇。相乘得六百箇。又以（一位添二箇，得二十六箇。）乘之（得一万五千六百箇。）如六而一，合問。

今有酒瓶一垛，下長一十四箇，闊九箇。問積幾何？

答曰：五百一十箇。

法曰：置下長（一十四箇）減闊，餘折半（得二箇半。）增（半箇，得三箇。）并入下長（共得一十七箇。）以乘闊（九箇，得一百五十三箇。）又以闊（九箇增一箇共得一十箇。）乘之（得一千五百三十箇。）爲實，如三而一。合問。

今有酒罈一垛，下廣五箇，長一十二箇，上長八箇問計幾何？　答曰：一百六十箇。

法曰：倍下長加入上長（共得三十二箇。）以乘下廣（五箇，得一百六十箇。）又以下廣添一（得六箇。）乘之（得九百六十箇。）如六而一。合問。

今有屋盖垛，下廣八箇，長九箇，高八箇，問積幾何？

答曰：三百二十四箇。

法曰：置下廣（八箇）與長（九箇）相乘（得七十二箇。）以高（八箇）加（一箇，得九箇。）乘之（得六百四十八箇。）如二而一，合問。

今有平尖草一垛，底子三十五箇，問積幾何？

答曰：六百三十箇。

法曰：置底子（三十五箇）張二位，以一位增一箇（得三十六箇。）相乘（得一千二百六十箇。）折半，合問。

今有瓦不知數，只云三十四片作一堆，剩五片，若三十六片作一堆，剩七片，問該瓦幾何？

答曰：一千一百九十五片。

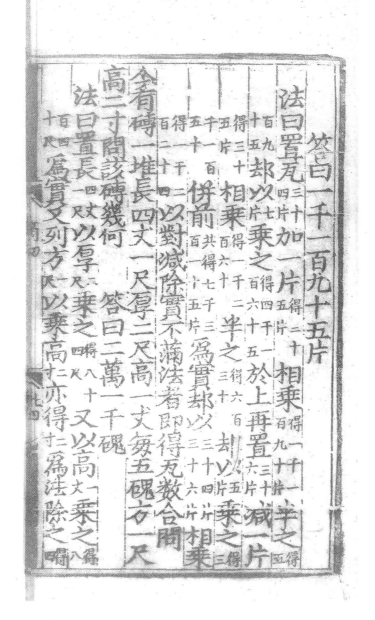

法曰：置瓦（三十四片）加一片（得三十五片。）相乘（得一千一百九十片。）半之（得五百九十五。）却以（七片）乘之（得四千一百六十五。）於上。再置（三十六片）減一片（得三十五片）相乘（得一千二百六十。）半之（得六百三十。）却以（五片）乘之（得三千一百五十。）并前（共得七千三百一十五片。）爲實。却以（三十四片，三十六片，）相乘（得一千二百二十四。）以對減除實，不滿法者即得瓦數。合問。

今有磚一堆，長四丈一尺，厚二尺，高一丈，每五磈方一尺高二寸，問該磚幾何？　答曰：二萬一千磈。

法曰：置長（四丈一尺）以厚（二尺）乘之（得八十四尺。）又以高（一丈）乘之（得八百四十尺。）爲實。又列方（一尺）以乘高（二寸）亦得（二寸。）爲法，除之（得四

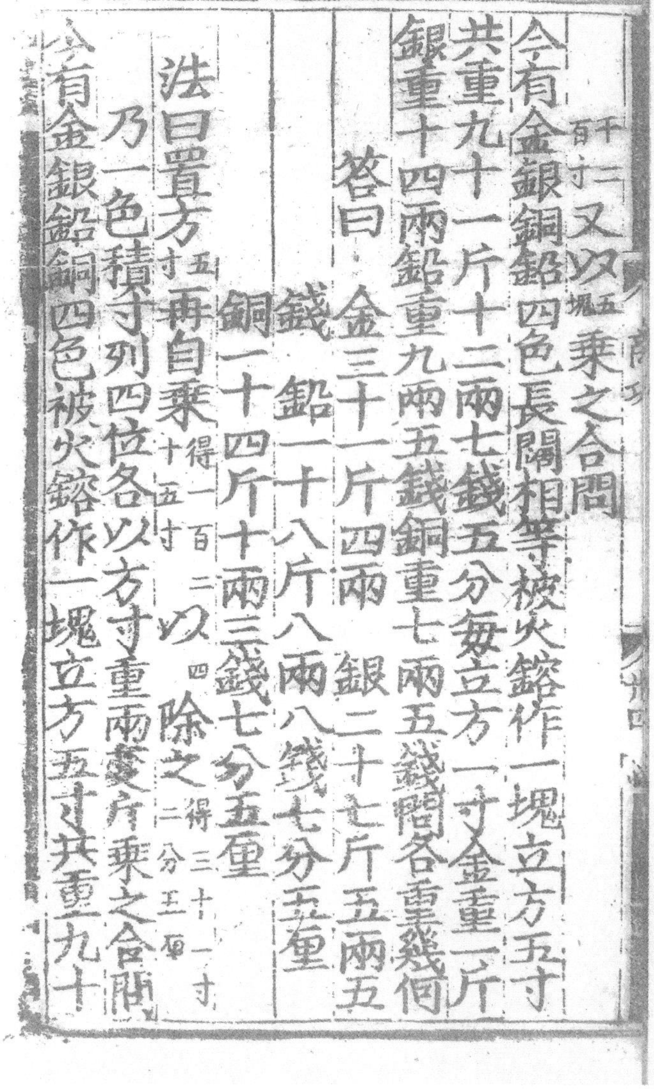

千二百寸。又以五塊乘之，合問。

今有金、銀、銅、鉛四色，長闊相等，被火鎔作一塊，立方五寸，共重九十一斤十二兩七錢五分。每立方一寸金重一斤，銀重十四兩，鉛重九兩五錢，銅重七兩五錢，問各重幾何？

答曰：金三十一斤四兩，銀二十七斤五兩五錢，鉛一十八斤八兩八錢七分五厘，銅一十四斤十兩三錢七分五厘。

法曰：置方五寸再自乘得一百二十五寸。以四除之得三十一寸二分五厘。

乃一色積寸。列四位，各以方寸重兩变斤乘之。合問。

今有金、銀、鉛、銅四色，被火鎔作一塊，立方五寸共重九十

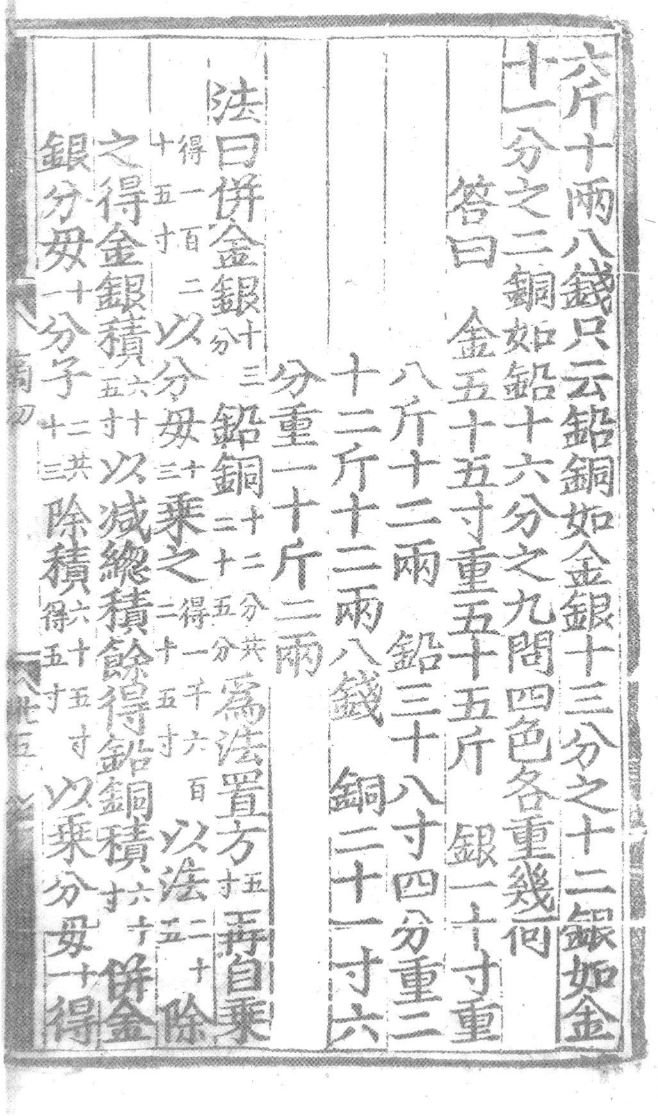

六斤十兩八錢。只云鉛、銅如金、银十三分之十二，銀如金十一分之二，銅如鉛十六分之九。問四色各重幾何？

答曰：　金五十五寸重五十五斤，銀一十寸重八斤十二兩，鉛三十八寸四分重二十二斤十二兩八錢，銅二十一寸六分重一十斤二兩。

法曰：并金、銀十三分鉛、銅十二分；二十五分。共爲法。置方五寸再自乘得一百二十五寸。以分母十三乘之得一千六百二十五寸。以法二十五除之，得金、銀積六十五寸。以減總積，餘得鉛、銅積六十寸。并金、銀分母十一分子二共十三。除積六十五寸，得五寸。以乘分母十一得

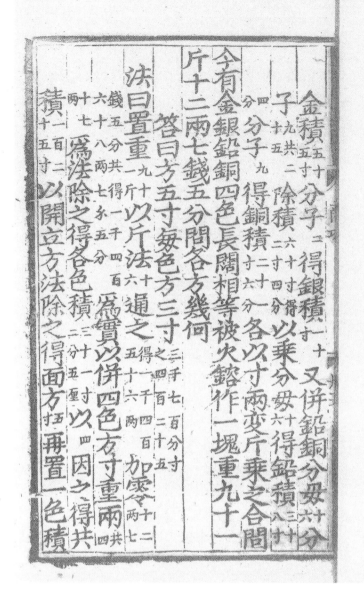

金積五十五寸。分子二得銀積一十寸。又并鉛、銅分母十六分子九，共二十五。除積六十二寸四分。得以乘分母十六得鉛積三十八寸四分。分子九得銅積二十一寸六分。各以寸、兩变斤乘之。合問。

今有金、銀、鉛、銅四色，長闊相等。被火鎔作一塊，重九十一斤十二兩七錢五分，問各方幾何？

答曰：方五寸每色方三寸三千七百分寸之四百二十五。

法曰：置重九十一斤以斤法十六通之得一千四百五十六兩。加零十二兩七錢五分，共得一千四百六十八兩七錢五分。爲實。以并四色方寸重兩共四十七兩爲法，除之，得各色積三十一寸二分五厘。以四因之，得共積一百二十五寸。以開立方法除之，得面方五寸。再置一色積

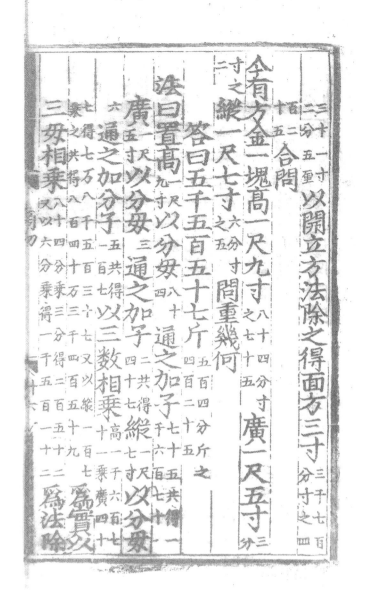

三十一寸二分五厘以開立方法除之，得面方三寸三千七百分寸之四百二十五。合問。

今有方金一塊，高一尺九寸八十四分寸之七十五，廣一尺五寸三分寸之二，縱一尺七寸六分寸之五，問重幾何？

答曰：五千五百五十七斤五百四分斤之四百二十五。

法曰：置高一尺九寸以分母八十四通之，加子七十五，共得一千六百七十。廣一尺五寸以分母三通之，加子二，共得四十七。縱一尺七寸以分母六通之，加分子五，共得一百七。以三數相乘高一千六百七十一乘廣四十七，得七万八千五百三十七。又以從一百七乘之，共得八百四十万三千四百五十九。爲實。以三母相乘八十四分乘三分，得二百五十二，又以六分乘得一千五百一十二。爲法，除

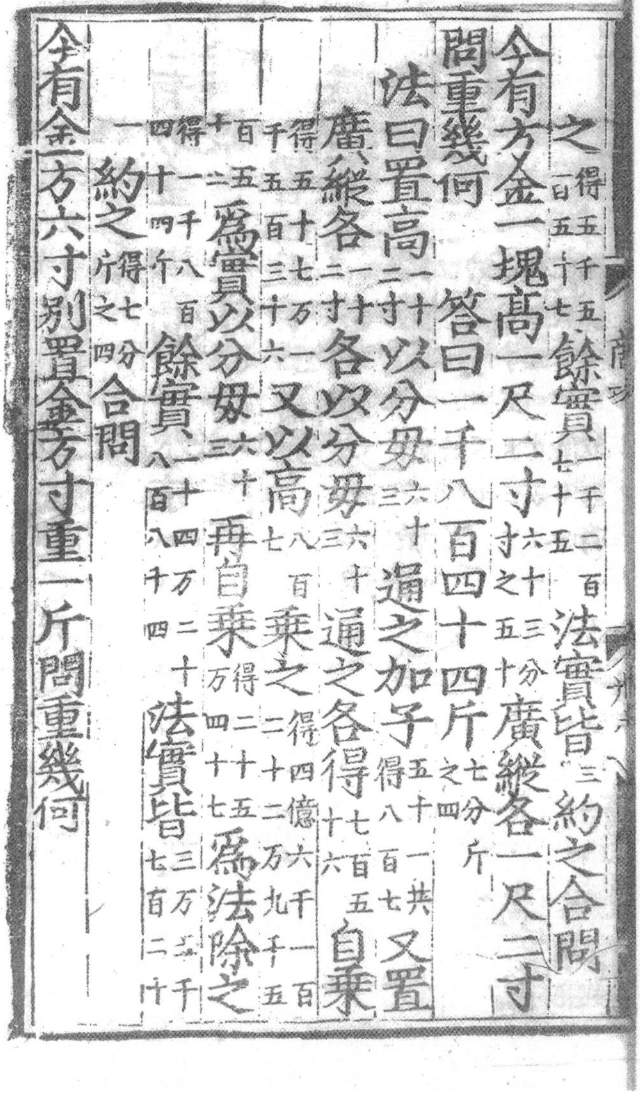

之得五千五百五十七。餘實一千二百七十五。法實皆三約之，合問。

今有方金一塊，高一尺二寸六十三分寸之五十，廣縱各一尺二寸，問重幾何？　答曰：一千八百四十四斤七分斤之四。

法曰：置高二十二寸以分母六十三通之，加子五十一，共得八百七。又置廣縱各二十二寸各以分母六十三通之，各得七百五十六。自乘得五十七万一千五百三十六。又以高八百七乘之得四億六千一百二十二万九千五百五十二。爲實。以分母六十三再自乘得二十五万四十七。爲法，除之得一千八百四十四斤。餘實一十四万二千八百八十四。法實皆三万五千七百二十一約之得七分斤之四。合問。

今有金方六寸，別置金方寸重一斤，問重幾何？

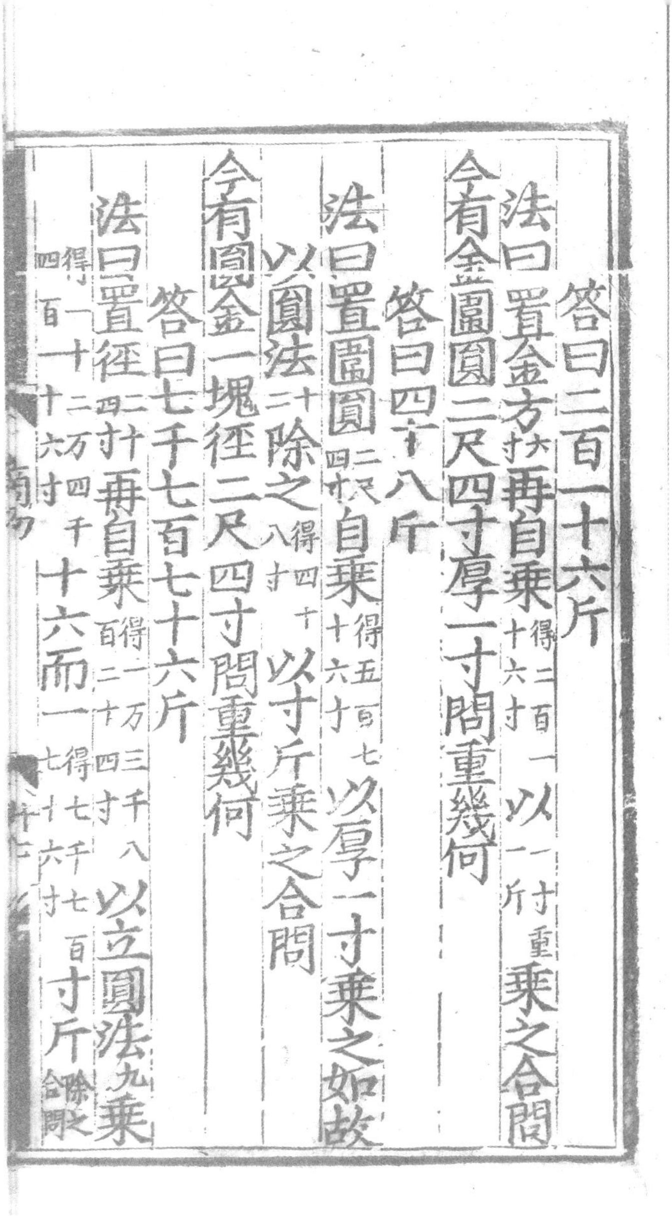

答曰：二百一十六斤。

法曰：置金方（六寸）再自乘（得二百一十六寸。）以（一寸重一斤）乘之，合問。

今有金圍圓二尺四寸，厚一寸，問重幾何？

答曰：四十八斤。

法曰：置圍圓（二尺四寸）自乘（得五百七十六寸。）以厚一寸乘之如故，以圓法（十二）除之（得四十八寸。）以寸斤乘之，合問。

今有圓金一塊，徑二尺四寸，問重幾何？

答曰：七千七百七十六斤。

法曰：置徑（二十四寸）再自乘（得一万三千八百二十四寸。）以立圓法（九）乘（得一十二万四千四百一十六寸。）十六而一（得七千七百七十六寸。）寸斤（除之。合問。）

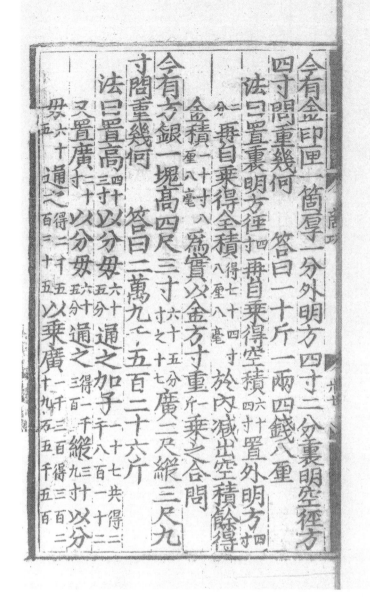

今有金印匣一箇，厚一分，外明方四寸二分，裏明空徑方四寸，問重幾何？　答曰：一十斤一兩四錢八厘。

法曰：置裏明方徑四寸再自乘，得空積六十四寸。置外明方四寸二分再自乘，得全積得七十四寸八厘八毫。於内減出空積，餘得金積一十寸八厘八毫爲實。以金方寸重一斤乘之。合問。

今有方銀一塊，高四尺三寸六十五分寸之十七，廣二尺，縱三尺九寸，問重幾何？　答曰：二萬九千五百二十六斤。

法曰：置高四十三寸以分母六十五分通之，加子一十七，共得二千八百一十二。又置廣二十寸以分母六十五分通之，得一千三百。縱三十九寸以分母六十五通之得二千五百三十五。以乘廣一千三百，得三百二十九万五千五百。

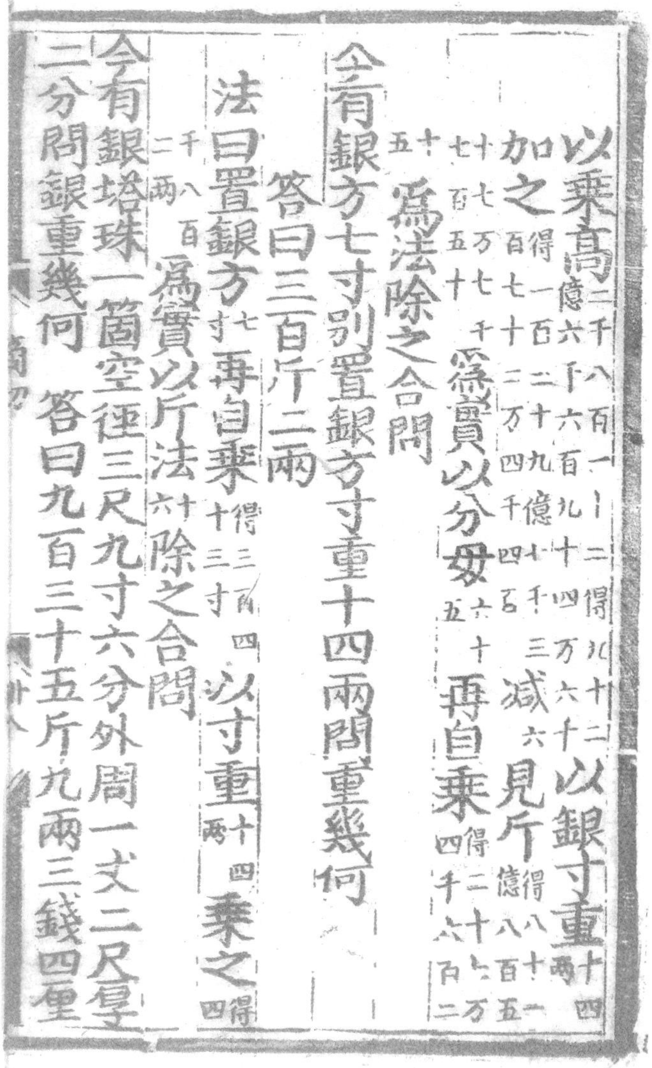

以乘高二千八百一十二，得九十二億六千六百九十四万六千。以銀寸重十四兩加之得一百二十九億七千三百七十二万四千四百。減六見斤得八十一億八百五十七万七千七百五十。爲實。以分母六十五再自乘得二十七万四千六百二十五。爲法，除之，合問。

今有銀方七寸，別置銀方寸重十四兩，問重幾何？

答曰：三百斤二兩。

法曰：置銀方七寸再自乘得三百四十三寸。以寸重十四兩乘之得四千八百二兩。爲實，以斤法十六除之，合問。

今有銀塔珠一箇，空徑三尺九寸六分，外周一丈二尺，厚二分，問銀重幾何？　答曰：九百三十五斤九兩三錢四厘。

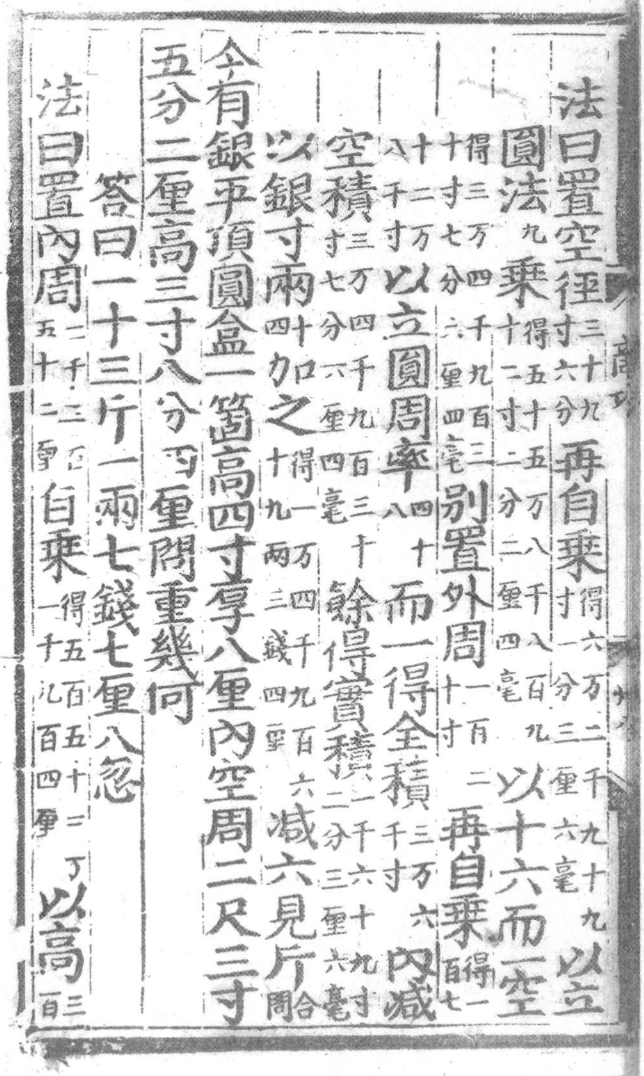

法曰：置空徑三十九寸六分再自乘得六万二千九十九寸一分三厘六毫。以立圓法九乘得五十五万八千八百九十二寸二分二厘四毫。以十六而一，空得三万四千九百三十寸七分六厘四毫。別置外周一百二十寸再自乘得一百七十二万八千寸。以立圓周率四十八而一，得全積三万六千寸。內減空積三万四千九百三十寸七分六厘四毫。餘得實積一千六十九寸二分三厘六毫。以銀寸兩十四加之得一万四千九百六十九兩三錢四厘。減六見斤。合問。

今有銀平頂圓盒一箇，高四寸，厚八厘，內空周二尺三寸五分二厘，高三寸八分四厘，問重幾何？

答曰：一十三斤一兩七錢七厘八忽。

法曰：置內周二千三百五十二厘自乘得五百五十二万二千九百四厘。以高三百

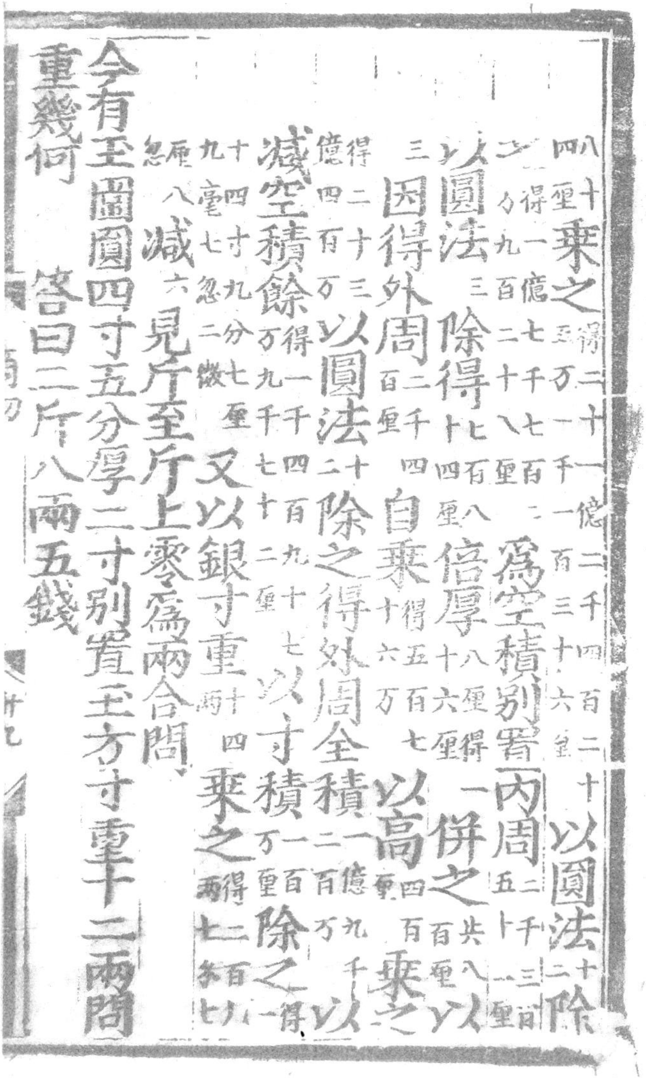

八十四厘乘之得二十一億二千四百二十五万一千一百三十六厘。以圓法十二除之得一億七千七百二万九百二十八厘。爲空積。別置内周二千三百五十一厘以圓法三除得七百八十四厘。倍厚八厘，得一十六厘。并之共八百厘。以三因得外周二千四百厘。自乘得五百七十六万。以高四百厘乘之，得二十三億四百万。以圓法十二除之，得外周全積一億九千二百万。以減空積，餘得一千四百九十七万九千七十二厘。以寸積一百万厘除之得一十四寸九分七厘九毫七忽二微。又以銀寸重十四兩乘之得二百九兩七錢七厘八忽。減六見斤，至斤上零爲兩。合問。

今有玉圍圓四寸五分，厚二寸，別置玉方寸重十二兩，問重幾何？　答曰：二斤八兩五錢。

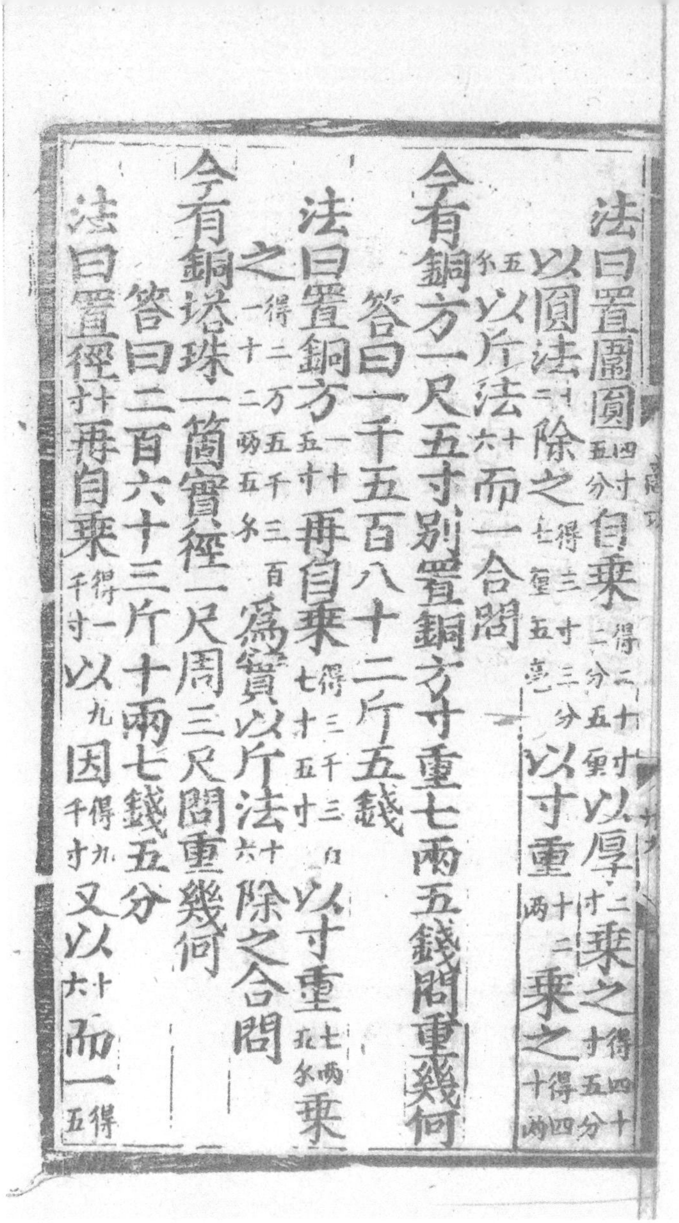

法曰：置圍圓四寸五分自乘得二十寸二分五厘。以厚二寸乘之得四十寸五分。以圓法十二除之得三寸三分七厘五毫。以寸重十二兩乘之得四十兩五錢。以斤法十六而一。合問。

今有銅方一尺五寸，別置銅方寸重七兩五錢，問重幾何？

答曰：一千五百八十二斤五錢。

法曰：置銅方一十五寸再自乘得三千三百七十五寸。以寸重七兩五錢乘之得二万五千三百一十二兩五錢。爲實，以斤法十六除之，合問。

今有銅塔珠一箇，實徑一尺周三尺，問重幾何？

答曰：二百六十三斤十兩七錢五分。

法曰：置徑十寸再自乘，得一千寸。以九因得九千寸。又以十六而一得五

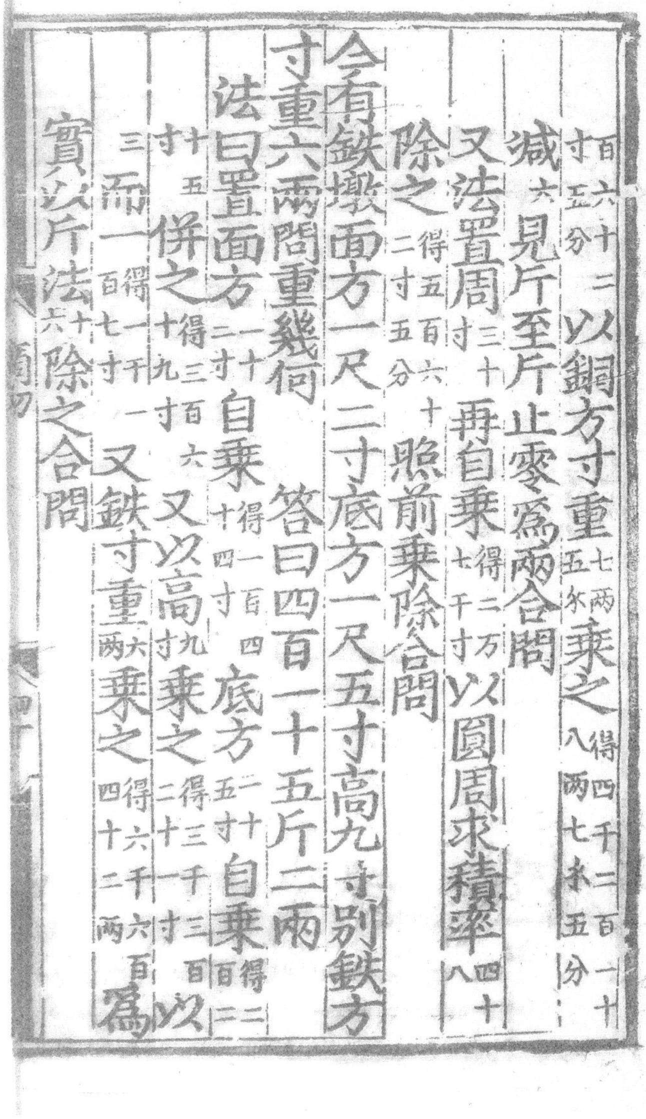

百六十二寸五分。以銅方寸重七兩五錢乘之得四千二百一十八兩七錢五分。

減六見斤，至斤止零爲兩。合問。

又法：置周三十寸再自乘得二万七千寸。以圓周求積率四十八

除之得五百六十二寸五分。照前乘除，合問。

今有鉄墩面方一尺二寸，底方一尺五寸，高九寸，別鉄方寸重六兩，問重幾何？　答曰：四百一十五斤二兩。

法曰：置面方一十二寸自乘得一百四十四寸。底方一十五寸自乘得二百二十五寸。并之得三百六十九寸。又以高九寸乘之得三千三百二十一寸。以三而一得一千一百七寸。又鉄寸重六兩乘之得六千六百四十二兩。爲實，以斤法十六除之，合問。

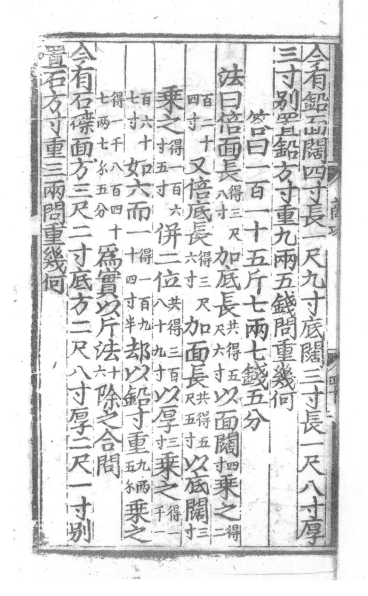

今有鉛，面闊四寸長一尺九寸，底闊三寸，長一尺八寸，厚三寸，別置鉛方寸重九兩五錢，問重幾何？

答曰：一百一十五斤七兩七錢五分。

法曰：倍面長（得三尺八寸。）加底長（共得五尺六寸。）以面闊（四寸）乘之（得二百二十四寸。）又倍底長（得三尺六寸。）加面長（共得五尺五寸。）以底闊（三寸）乘之（得一百六十五寸。）并二位（共得三百八十九寸。）以厚（三寸）乘之（得一千二百六十七寸。）如六而一（得一百九十四寸半。）却以鉛寸重（九兩五錢）乘之，（得一千八百四十七兩七錢五分。）爲實，以斤法（十六）除之，合問。

今有石礫，面方三尺二寸，底方二尺八寸，厚二尺一寸，別置石方寸重三兩，問重幾何？

答曰：三千五百四十九斤。

法曰：置面方三尺二寸自乘得一千二十四寸。底方二尺八寸自乘得七百八十四寸。又面方與底方相乘得八百九十六寸。并三位共得二千七百四寸。以厚二尺二寸乘之得五万六千七百八十四寸。如三而一得一万八千九百二十八寸。以寸重三兩乘之得五万六千七百八十四兩。以斤法除。合問。

詞詩一十三問

今築方城一座，上廣一丈八尺。下多三丈更無餘，高比下少丈二。今已築高二丈，又兼四尺加之。城垣上廣未能知，欲問城平該幾？　　　　右西江月

答曰：二丈八尺。

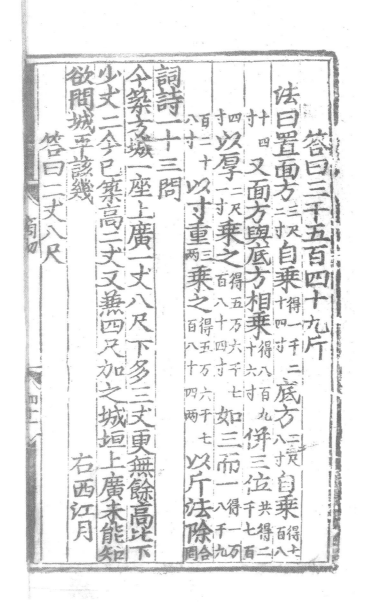

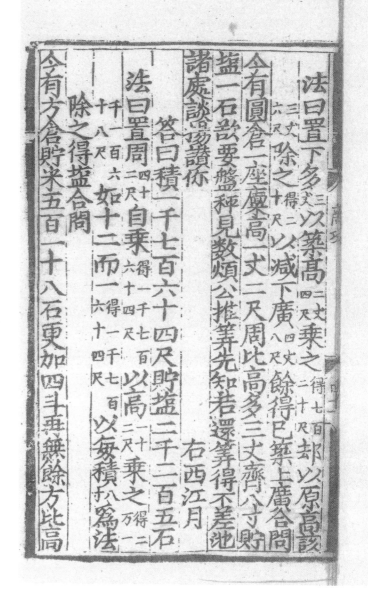

法曰：置下多三丈以築高二丈四尺乘之得七百二十尺。却以原高該三丈六尺除之得二十尺。以减下廣四丈八尺餘得已築上廣。合問。

今有圓倉一座，廩高一丈二尺。周比高多三丈齊，八寸貯鹽一石。欲要盤秤見數，煩公推筭先知。若還筭得不差池，諸處談揚讃你。　　右西江月

答曰：積一千七百六十四尺，貯鹽二千二百五石。

法曰：置周四十二尺自乘得一千七百六十四尺。以高一十二尺乘之得二万二千一百六十八尺。如十二而一得一千七百六十四尺。以每積八寸爲法，除之得鹽，合問。

今有方倉貯米，五百一十八石。更加四斗再無餘，方比高

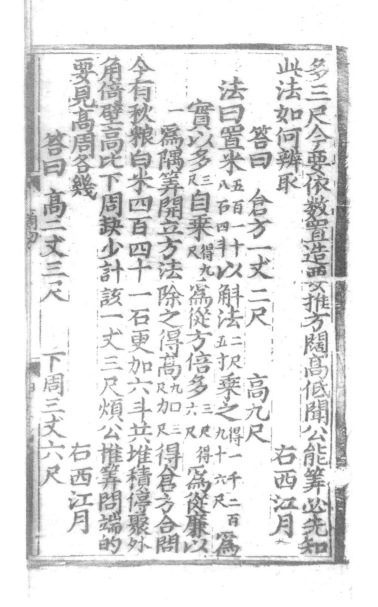

多三尺。今要依數置造，要推方闊高低，聞公能筭必先知，此法如何辨取？　　　　　　　　　右西江月

答曰：倉方一丈二尺，　高九尺。

法曰：置米五百一十八石四斗以斛法二尺五寸乘之得一千二百九十六尺。爲實。以多三尺自乘得九尺。爲從方，倍多三尺得六尺。爲從廉，以一爲隅筭，開立方法除之，得高九尺。加三尺得倉方。合問。

今有秋粮白米，四百四十一石。更加六斗共堆積，停聚外角倚壁。高比下周缺少，計該一丈三尺。煩公推筭問端的，要見高周各幾？　　　　　　　　　右西江月

答曰：　高二丈三尺，　　下周三丈六尺。

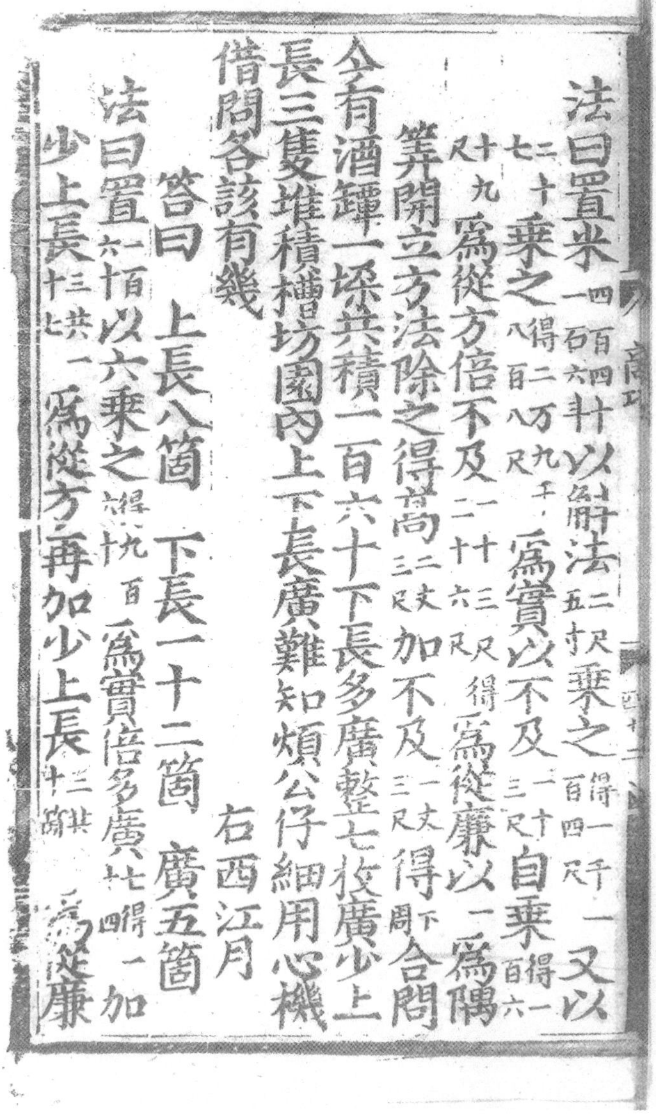

法曰：置米四百四十一石六斗以斛法二尺五寸乘之，得一千一百四尺。又以二十七乘之得二万九千八百八尺。爲實。以不及二十三尺自乘得一百六十九尺。爲從方，倍不及二十三尺得二十六尺。爲從廉，以一爲隅筭開立方法除之，得高二丈三尺。加不及二丈三尺得下周。合問。

今有酒罈一垛，共積一百六十。下長多廣整七枚，廣少上長三雙。堆積槽坊園内，上下長廣難知。煩公仔細用心機，借問各該有幾？　　右西江月

答曰：上長八箇，下長一十二箇，廣五箇。

法曰：置一百六十以六乘之得九百六十。爲實。倍多廣七，得一十四。加少上長三，共一十七。爲從方，再加少上長三，共二十箇。爲從廉，

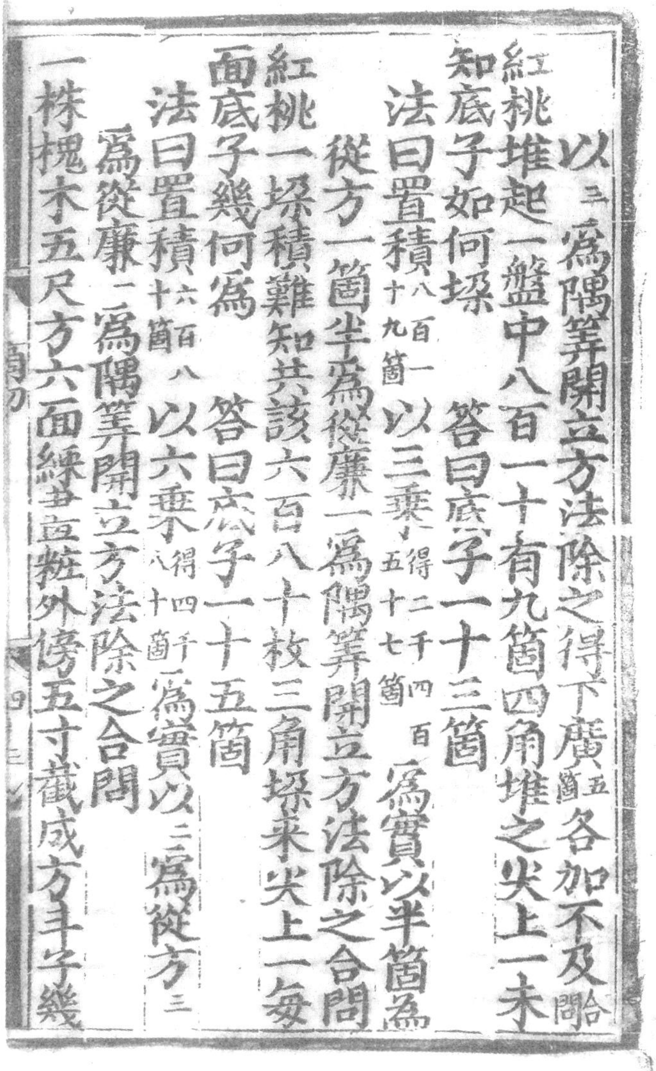

以三爲隅筭，開立方法除之，得下廣五箇。各加不及。合問。

紅桃堆起一盤中，八百一十有九箇。四角堆之尖上一，未知底子如何垛？　答曰：底子一十三箇。

法曰：置積八百一十九箇以三乘得二千四百五十七箇。爲實。以半箇爲從方，一箇半爲從廉，一爲隅筭，開立方法除之。合問。

紅桃一垛積難知，共該六百八十枚。三角垛来尖上一，每面底子幾何爲？　答曰：底子一十五箇。

法曰：置積六百八十箇以六乘得四千八十箇。爲實。以二爲從方，三爲從廉，一爲隅筭，開立方法除之。合問。

一株槐木五尺方，六面綀畫粧外傍。五寸截成方斗子，幾枚素者幾枚粧？

答曰：粧斗四百八十八箇，素斗五百一十二箇。

法曰：置木方（五尺）再自乘（得一百二十五尺。）每尺（八箇）乘之（得斗一千箇。）又置方（五尺）減外圍粧畫（一尺）餘（四尺。）再自乘（得六十四尺。）以每尺（八箇）乘之，得素斗（五百一十二箇。）以減總數，餘得粧斗。合問。

汴梁城周八十里，柘縣城周十六里。幾箇柘縣抵汴梁，定數懸空能有幾？　答曰：爲二十五柘縣。

法曰：置城周（八十里）自乘（得六千四百里。）以十二而一（得五百三十三里三分里之一。）柘縣城周（十六里）自乘（得二百五十六里。）以十二而一（得二十一里三分里之一。）有分者通之，汴梁城（五百三十三里）以分母（三）乘

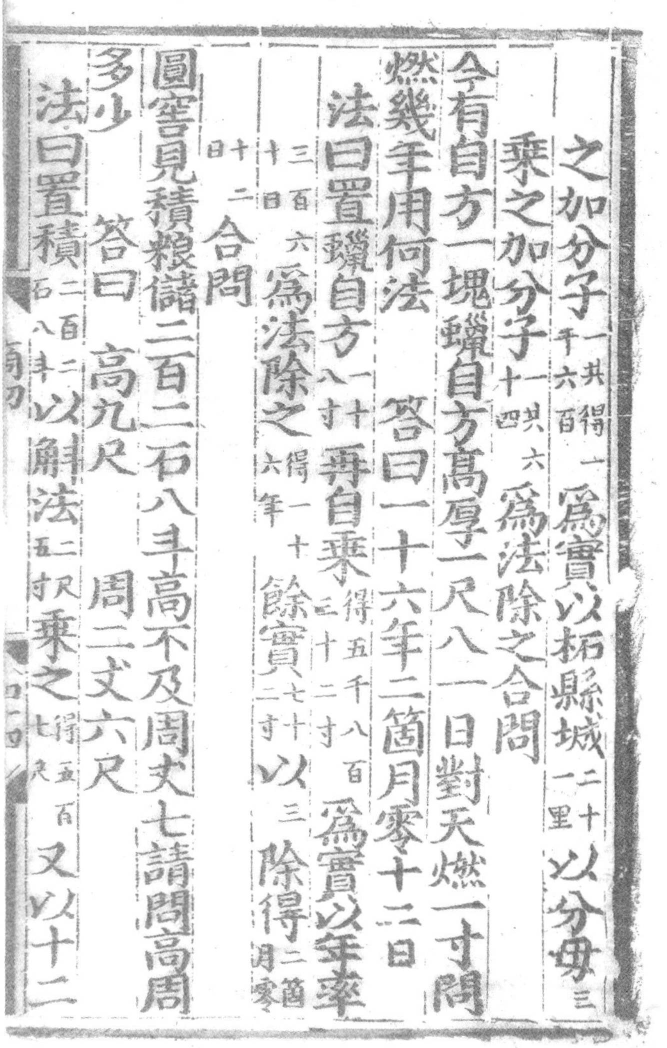

之，加分子二，共得一千六百。爲實。以柘縣城二十二里以分母三乘之，加分子二，共六十四。爲法。除之。合問。

今有自方一塊蠟，自方高厚一尺八。一日對天燃一寸，問燃幾年用何法？　　答曰：一十六年二箇月零十二日。

法曰：置蠟自方一十八寸再自乘得五千八百三十二寸。爲實。以年率三百六十日爲法，除之得一十六年。餘實七十二寸。以三除得二箇月零十二日。合問。

圓窨見積粮儲，二百二石八斗。高不及周丈七，請問高周多少？　　答曰：高九尺，周二丈六尺。

法曰：置積二百二石八斗。以斛法二尺五寸乘之得五百七尺。又以十二

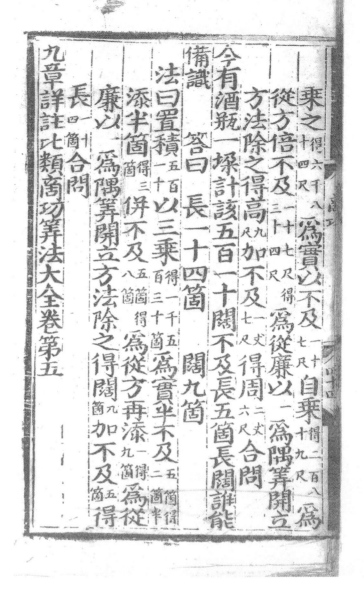

乘之得六千八十四尺。爲實。以不及一十七尺自乘得二百八十九尺。爲

從方，倍不及二十七尺，得三十四尺。爲從廉，以一爲隅筭，開立

方法除之，得高九尺。加不及一丈七尺得周二丈六尺。合問。

今有酒瓶一垛，計該五百一十。闊不及長五箇，長闊誰能

備識?　　答曰：長一十四箇，　闊九箇。

法曰：置積五百一十以三乘得一千五百三十箇。爲實。半不及五箇得二箇半。

添半箇得三箇。并不及五箇，得八箇。爲從方，再添一，得九箇。爲從

廉，以一爲隅筭，開立方法除之得闊九箇。加不及五箇得

長一十四箇。合問。

九章詳注比類商功筭法大全卷第五

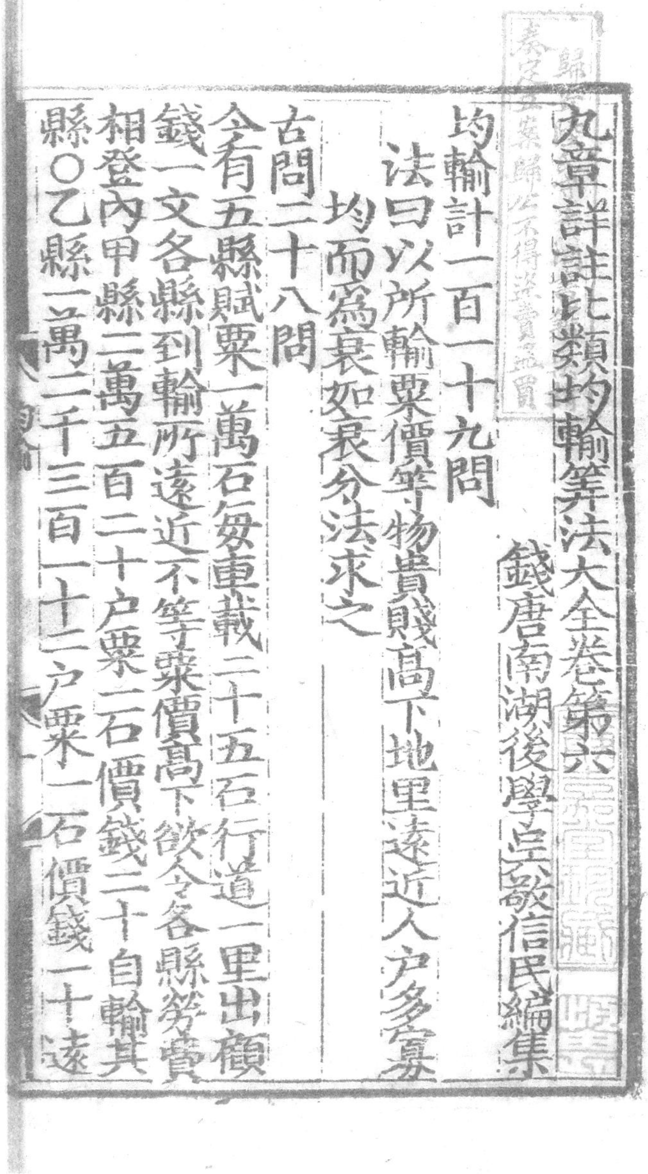

九章詳注比類均輸筭法大全卷第六

錢唐南湖後學吴敬信民編集

均輸計一百一十九問

法曰：以所輸粟價等物貴賤高下、地里遠近、人户多寡，

均而爲衰，如衰分法求之。

古問二十八問

今有五縣賦粟一萬石，每車載二十五石，行道一里出顧錢一文。各縣到輸所遠近不等，粟價高下，欲令各縣勞費相登。内甲縣二萬五百二十户，粟一石價錢二十，自輸其縣。〇乙縣一萬二千三百一十二户，粟一石價錢一十，遠

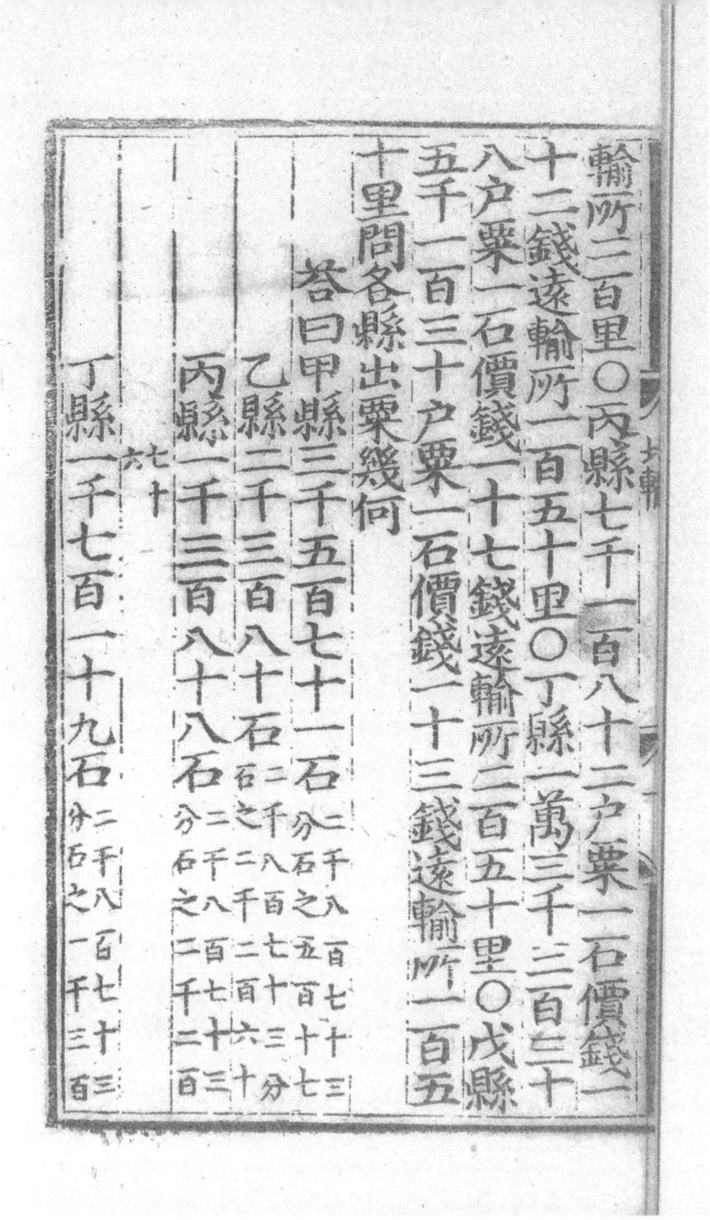

輸所二百里。○丙縣七千一百八十二户，粟一石價錢一十二錢，遠輸所一百五十里。○丁縣一萬三千三百三十八户，粟一石價錢一十七錢，遠輸所二百五十里。○戊縣五千一百三十户，粟一石價錢一十三錢，遠輸所一百五十里。問各縣出粟幾何？

答曰：甲縣三千五百七十一石二千八百七十三分石之五百十七，

乙縣二千三百八十石二千八百七十三分石之二千二百六十，

丙縣一千三百八十八石二千八百七十三分石之二千二百七十六，

丁縣一千七百一十九石二千八百七十三分石之一千三百

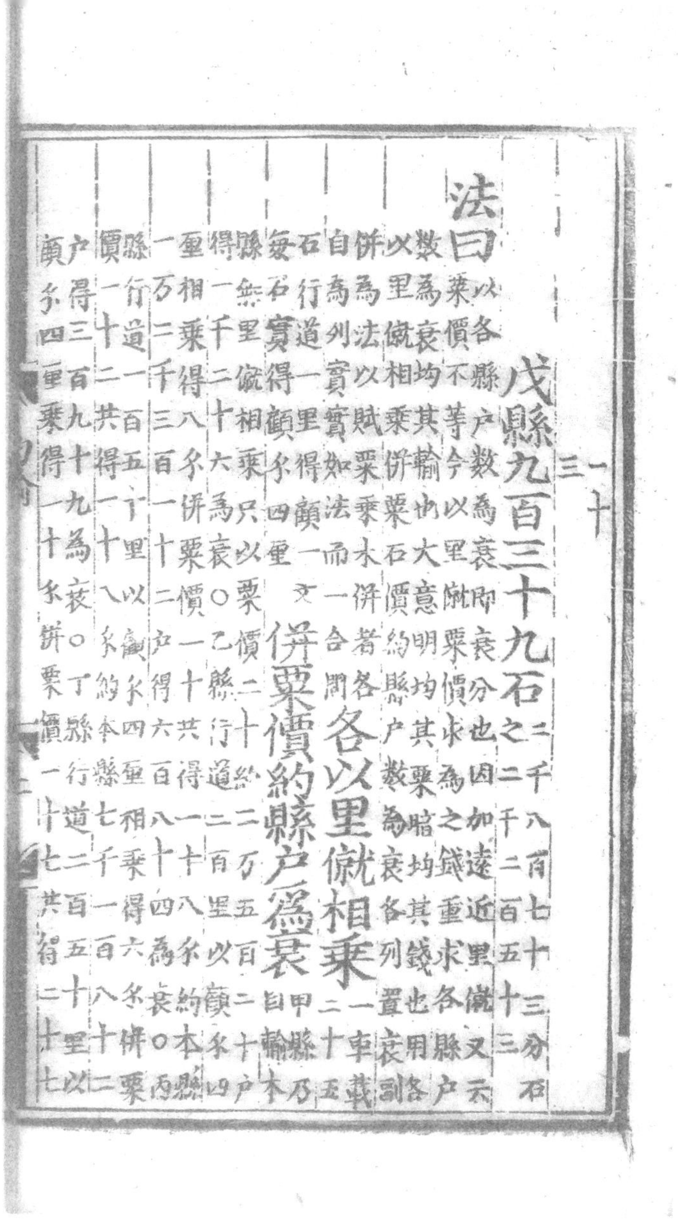

一十三，

戊縣九百三十九石二千八百七十三分石之二千二百五十三。

法曰：以各縣户數爲衰，即衰分也。因加遠近里僦，又云粟價不等，今以里僦粟價，求爲之錢，重求各縣户數爲衰，均其輸也。大意明均其粟，暗均其錢也。用各以里僦相乘，并粟石價，約縣户數爲衰。各列置衰，副并爲法，以賦粟乘未并者，各自爲列實，實如法而一，合問。各以里僦相乘二車載二十五石，行道一里得顧一文，每石實得顧錢四厘。并粟價約縣户爲衰甲縣乃自輸本縣，無里僦相乘，只以粟價二十約二万五百二十户得一千二十六爲衰。〇乙縣行道二百里，以顧錢四厘相乘，得八錢，并粟價一十，共得一十八錢，約本縣 一万二千三百一十二户，得六百八十四爲衰。〇丙縣行道一百五十里，以顧錢四厘相乘，得六錢，并粟價一十二，共得一十八錢，約本縣七千一百八十二户，得三百九十九爲衰。〇丁縣行道二百五十里，以顧錢四厘乘得一十錢，并粟價一十七，共得二十七

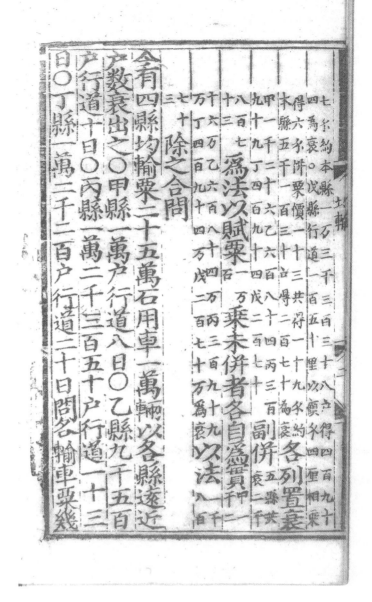

七錢，約本縣一万三千三百三十八户，得四百九十四爲衰。○戊縣行道一百五十里，以顧錢四厘相乘得六錢，并粟價一十三，共得一十九錢，約本縣五千一百三十户，得二百七十爲衰。各列置衰甲一千二十六、乙六百八十四、丙三百九十九、丁四百九十四、戊二百七十副并五縣共衰二千八百七十三。爲法，以賦粟二万石乘未并者，各自爲實甲一千二十六万，乙六百八十四万，丙三百九十九万，丁四百九十四万，戊二百七十万，爲衰。以法一千八百七十三除之，合問。

今有四縣均輸粟二十五萬石，用車一萬輛，以各縣遠近户數衰出之。○甲縣一萬户，行道八日。○乙縣九千五百户，行道十日。○丙縣一萬二千三百五十户，行道一十三日。○丁縣一萬二千二百户，行道二十日。問各輸車、粟幾

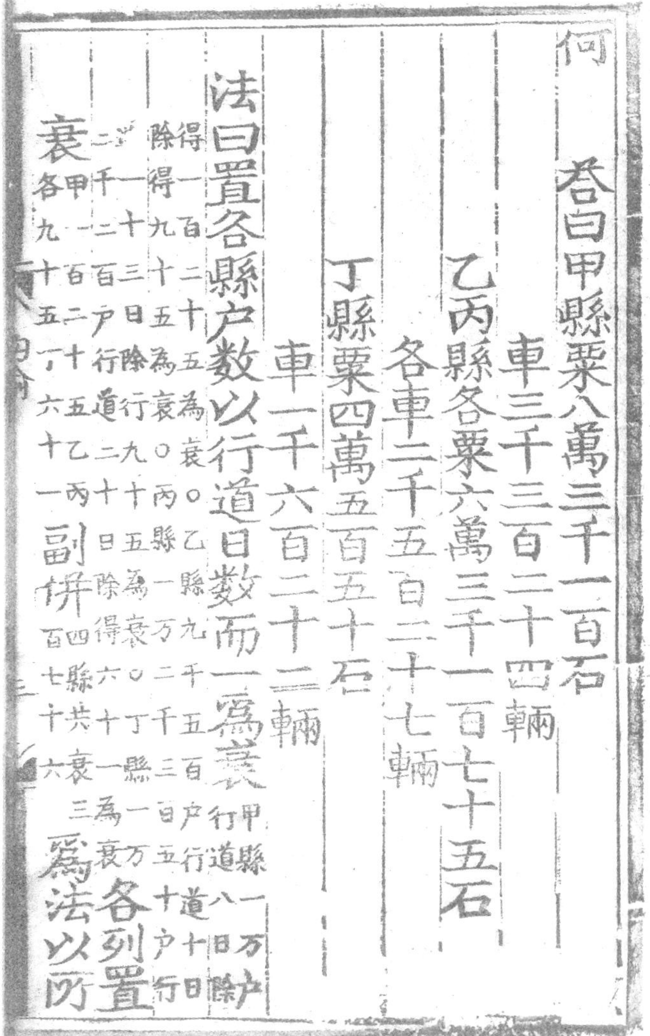

何？　答曰：甲縣粟八萬三千一百石，

車三千三百二十四輛；

乙丙縣各粟六萬三千一百七十五石，

各車二千五百二十七輛；

丁縣粟四萬五百五十石，

車一千六百二十二輛。

法曰：置各縣户數，以行道日數而一，爲衰。甲縣一万户，行道八日，除得一百二十五爲衰。〇乙縣九千五百户，行道十日，除得九十五爲衰。〇丙縣一万二千三百五十户，行道一十三日，除行九十五爲衰。〇丁縣一万二千二百户，行道二十日，除得六十一爲衰。各列置衰甲一百二十五、乙丙各九十五、丁六十一副并四縣共衰三百七十六。爲法，以所

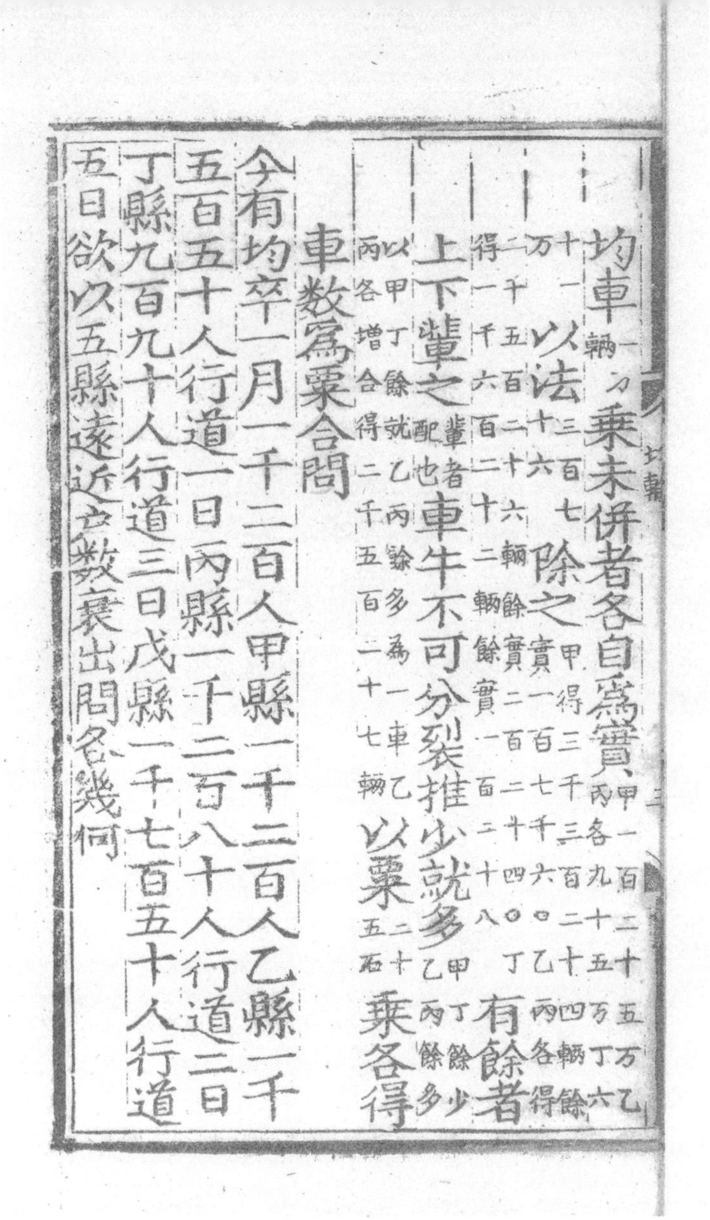

均車一万輛乘未并者，各自爲實甲一百二十五万、乙丙各九十五万、丁六十一万以法三百七十六除之甲得三千三百二十四輛，餘實一百七十六。○乙丙各得二千五百二十六輛，餘實二百二十四。○丁得一千六百二十二輛，餘實一百二十八。有餘者上下輩之輩者，配也。車牛不可分裂，推少就多。甲丁餘少，乙丙餘多。以甲丁餘就乙丙餘，多爲一車。乙丙各增，合得二千五百二十七輛。以粟二十五石乘各得車數，爲粟。合問。

今有均卒一月，一千二百人。甲縣一千二百人；乙縣一千五百五十人，行道一日；丙縣一千二百八十人，行道二日；丁縣九百九十人，行道三日；戊縣一千七百五十人，行道五日。欲以五縣遠近户數衰出，問各幾何？

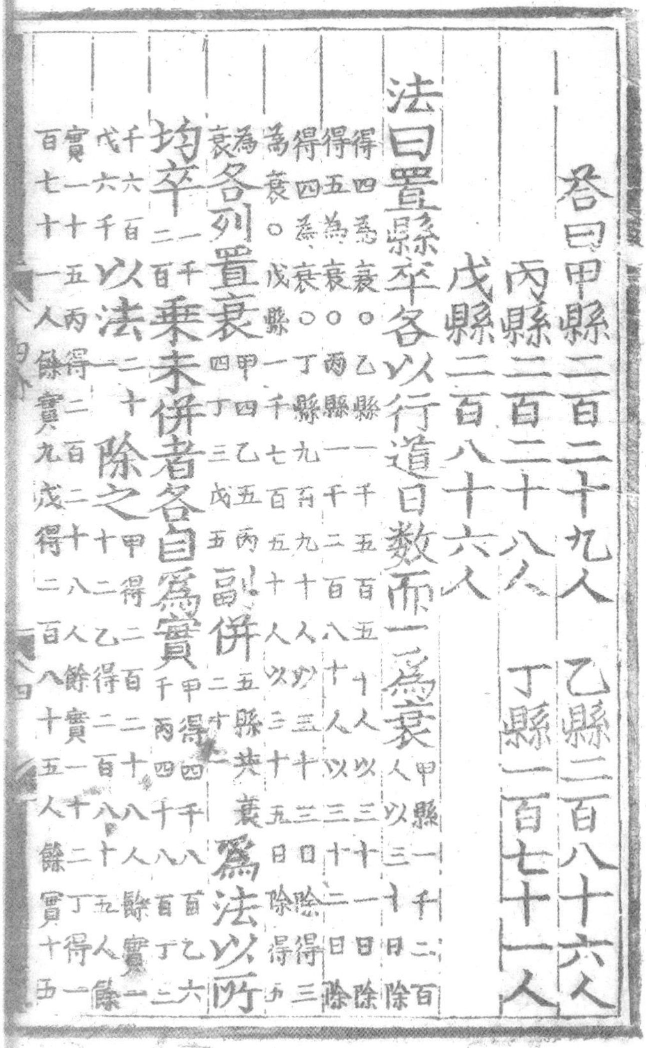

答曰：甲縣二百二十九人，乙縣二百八十六人，

丙縣二百二十八人，丁縣一百七十一人，

戊縣二百八十六人。

法曰：置縣卒各以行道日數而一爲衰。甲縣一千二百人，以三十日除得四爲衰。○乙縣一千五百五十人，以三十一日除得五爲衰。○丙縣一千二百八十人，以三十二日除得四爲衰。○丁縣九百九十人以三十三日除，得三爲衰。○戊縣一千七百五十人以三十五日除，得五爲衰。各列置衰甲四、乙五、丙四、丁三、戊五副并五縣共衰二十一。爲法，以所均卒二千二百乘未并者，各自爲實甲得四千八百，乙六千，丙四千八百，丁二千六百，戊六千。以法二十二除之甲得二百二十八人，餘實一十二。乙得二百八十五人餘實一十五。丙得二百二十八人，餘實一十二。丁得一百七十一人，餘實九。戊得二百八十五人餘實十五。

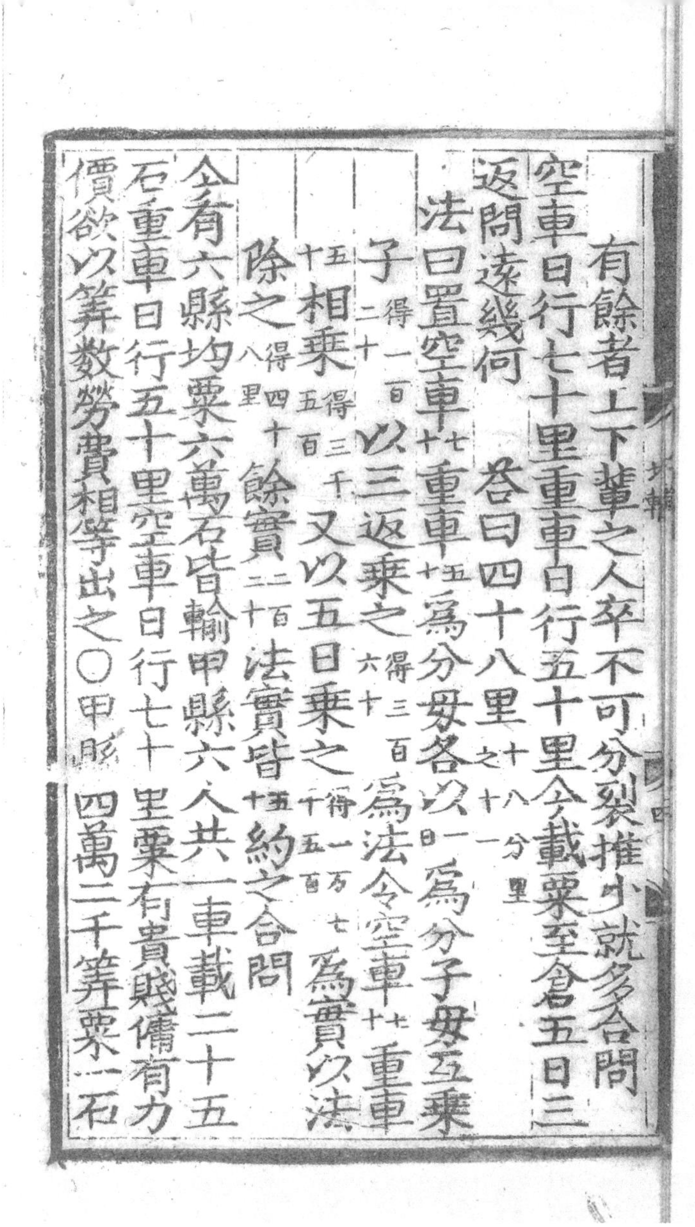

有餘者，上下輩之，人卒不可分裂，推少就多。合問。空車日行七十里，重車日行五十里。今載粟至倉，五日三返，問遠幾何？　　答曰：四十八里（十八分里之十一）。

法曰：置空車（七十）重車（五十）爲分母，各以（一日）爲分子，母互乘子（得一百二十。）以三返乘之（得三百六十。）爲法，令空車（七十）重車（五十）相乘（得三千五百。）又以五日乘之（得一万七千五百。）爲實，以法除之（得四十八里。）餘實（二百二十。）法實皆（五十）約之。合問。

今有六縣均粟六萬石，皆輸甲縣。六人共一車，載二十五石。重車日行五十里，空車日行七十里。粟有貴賤，傭有力價。欲以筭數勞費相等出之。〇甲縣四萬二千筭，粟一石

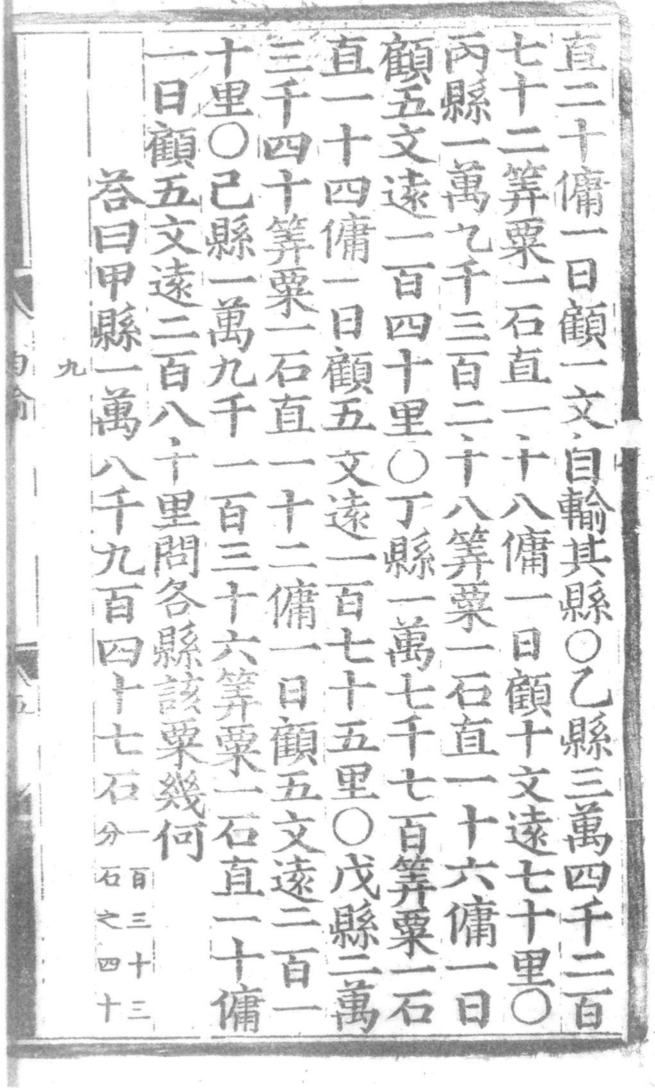
直二十傭一日顧一文自輸其縣○乙縣三萬四千二百
七十二筭粟一石直一十八傭一日顧十文遠七十里○
丙縣一萬九千三百二十八筭粟一石直一十六傭一日
顧五文遠一百四十里○丁縣一萬七千七百筭粟一石
直一十四傭一日顧五文遠一百七十五里○戊縣二萬
三千四十筭粟一石直一十二傭一日顧五文遠二百一
十里○己縣一萬九千一百三十六筭粟一石直一十傭
一日顧五文遠二百八十里問各縣該粟幾何
答曰甲縣一萬八千九百四十七石一百三十三分石之四十九

直二千，傭一日顧一文，自輸其縣。○乙縣三萬四千二百七十二筭，粟一石直一十八，傭一日顧十文，遠七十里。○丙縣一萬九千三百二十八筭，粟一石直一十六，傭一日顧五文，遠一百四十里。○丁縣一萬七千七百筭，粟一石直一十四，傭一日顧五文，遠一百七十五里。○戊縣二萬三千四十筭，粟一石直一十二，傭一日顧五文，遠二百一十里。○己縣一萬九千一百三十六筭，粟一石直一十，傭一日顧五文，遠二百八十里。問各縣該粟幾何？

答曰：甲縣一萬八千九百四十七石一百三十三分石之四十九，

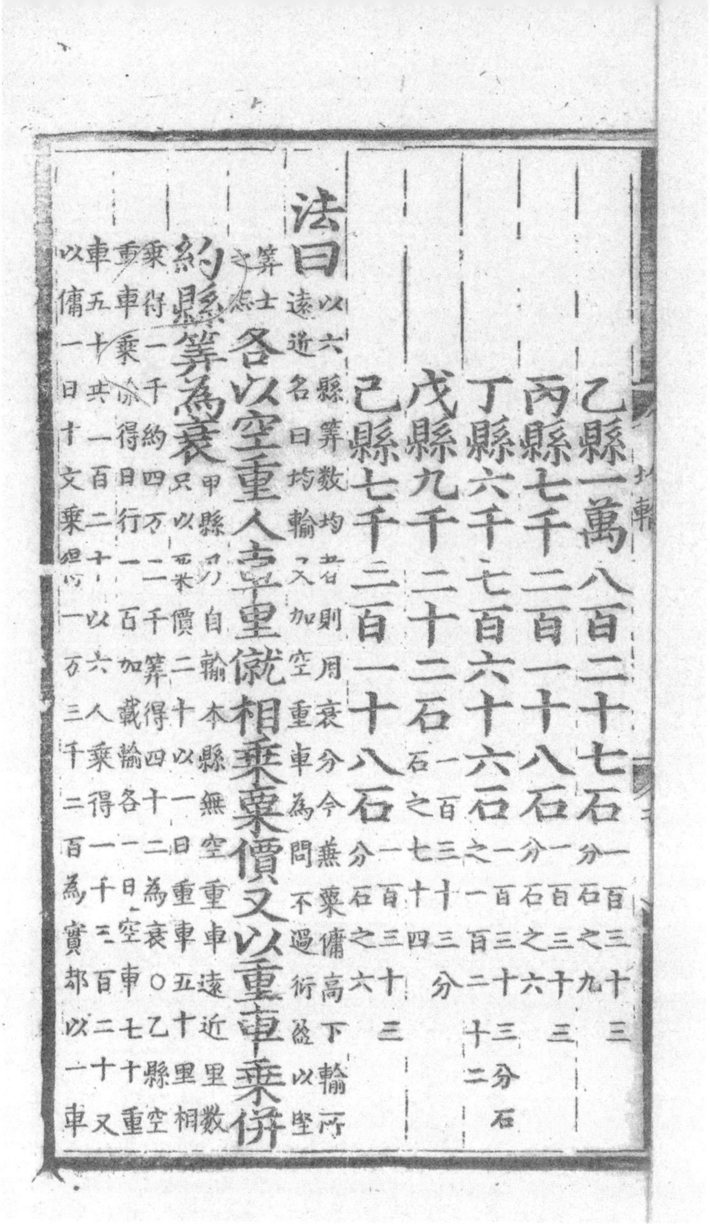

乙縣一萬八百二十七石一百三十三分石之九，

丙縣七千二百一十八石一百三十三分石之六，

丁縣六千七百六十六石一百三十三分石之一百二十二，

戊縣九千二十二石一百三十三分石之七十四，

己縣七千二百一十八石一百三十三分石之六。

法曰：以六縣筭數均者，則用衰分。今兼粟、傭高下，輸所遠近，名曰“均輸”。又加空重車爲問，不過衍盈。以堅筭士之志。各以空重人車、里僦相乘粟價，又以重車乘，并，約縣筭，爲衰。甲縣乃自輸本縣，無空重車遠近里數，只以粟價二十，以一日重車五十里相乘，得一千。約四万二千筭，得四十二爲衰。〇乙縣空重車乘除得日行一百。加載輸各一日，空車七十、重車五十，共一百二十。以六人乘得一千三百二十。又以傭一日十文乘得一万三千二百爲實。却以一車載二十五石除得五百二十八。加粟價一十八。又以一日重車五十除得九百。共一千四百二十八。約三万四千二百七十二筭，得二十四爲衰。○丙縣空、重車乘除得日行一百，加載輸各二日，重車一百，空車一百四十，共三百四十。以六人乘得二千四十。又以傭一日五文乘得一万二百爲實。却以一車載二十五石除得四百八，加粟價一十六文，以一日重車五十乘得八百，共一千二百八。約一万九千三百二十八筭，得一十六爲衰。○丁縣空重車乘除得日行一百，加載輸各二日半，空車一百七十五，重車一百二十五，共四百。以六人乘得二千四百。又以傭一日五文乘得一万二千。却以一車載二十五石除得四百八十，加粟價一十四文，以一日重車五十乘得七百，共一千一百八十。約一万七千七百筭，得一十五爲衰。○戊縣空重車乘除得日行一百，加載輸各三日，重車一百五十，空車二百一十，共四百六十。以六人乘，得二千七百六十。又以傭一日五文乘，得一万三千八百。却以一車載二十五石除，得五百五十二。加粟價一十二文，以一日空車五十乘得六百，共一千一百五十二。約二万三千四十筭，得二十爲衰。○己

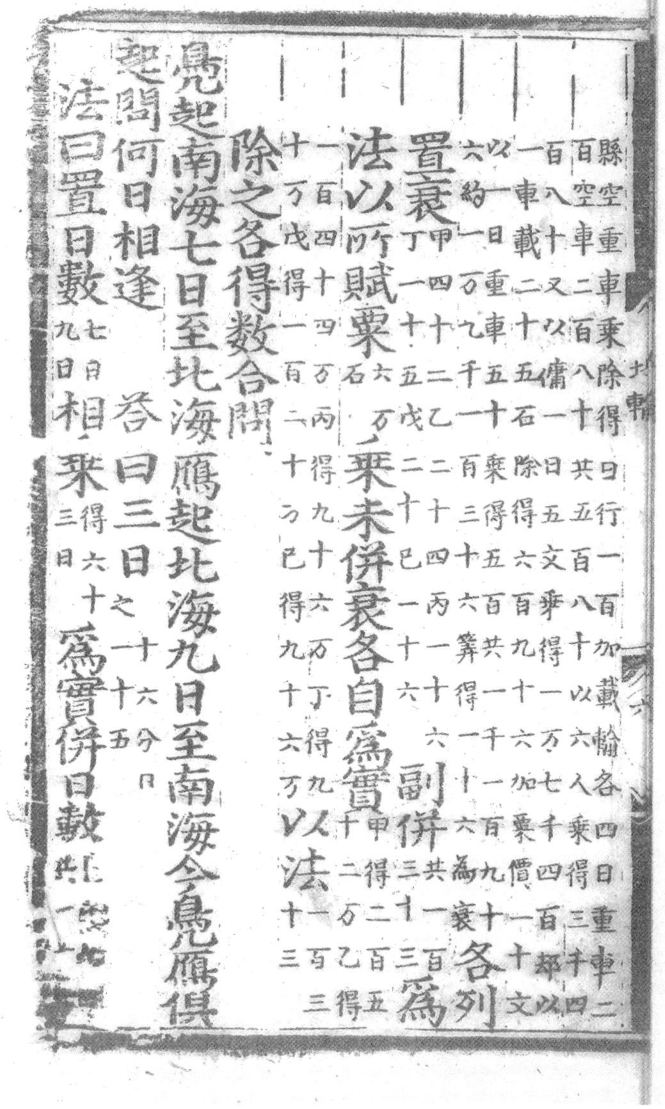

縣空重車乘除得日行一百，加載輸各四日，重車二百，空車二百八十，共五百八十。以六人乘，得三千四百八十，又以傭一日五文乘，得一万七千四百。却以一車載二十五石除，得六百九十六。加粟價一十文，以一日重車五十乘得五百，共一千一百九十六。約一万九千一百三十六筭得一十六爲衰。各列

置衰甲四十二，乙二十四，丙一十六，丁一十五，戊二十，己一十六。副并共一百三十三。爲法，以所賦粟六万石乘未并衰，各自爲實。甲得二百五十二万，乙得一百四十四万，丙得九十六万，丁得九十万，戊得一百二十万，己得九十六万。以法一百三十三除之，各得數。合問。

鳧起南海，七日至北海。鴈起北海，九日至南海。今鳧鴈俱起，問何日相逢？　答曰：三日十六分日之一十五。

法曰：置日數七日，九日。相乘得六十三日。爲實，并日數七日、九日共以十六[1]

1“七日、九日共一十六”，各本不清，依題意作此。

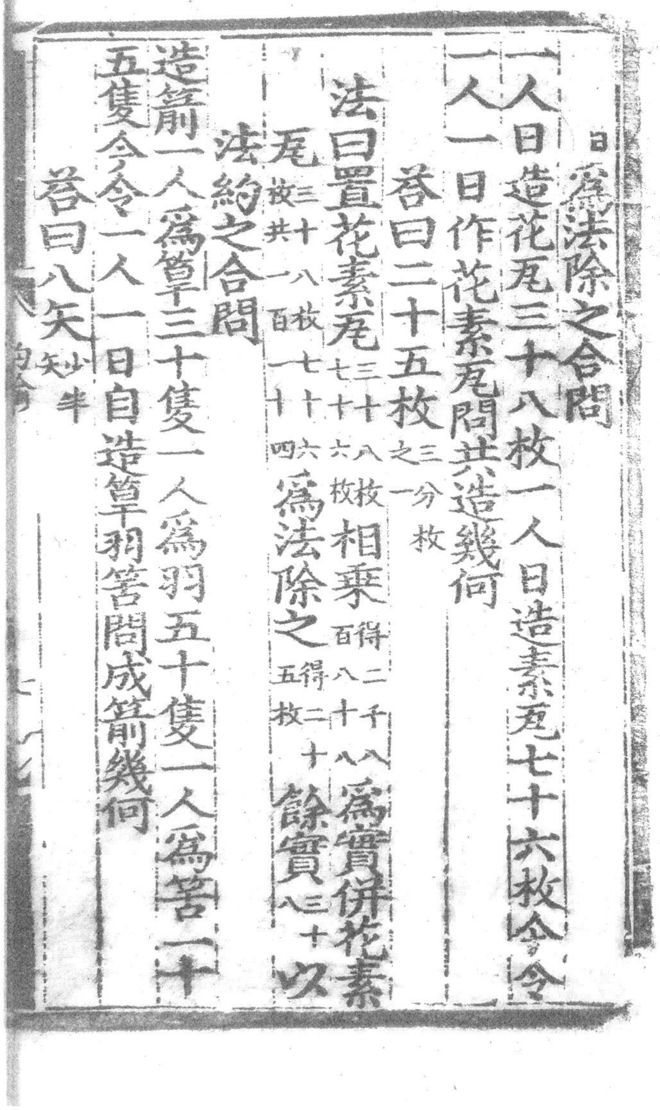

日。爲法除之，合問。

一人日造花瓦三十八枚，一人日造素瓦七十六枚，今令一人一日作花、素瓦，問共造幾何？

答曰：二十五枚三分枚之一。

法曰：置花素瓦三十八枚，七十六枚相乘得二千八百八十八。爲實，并花素瓦三十八枚，七十六枚，共一百一十四。爲法，除之得二十五枚。餘實三十八。以法約之，合問。

造箭一人爲笴三十隻，一人爲羽五十隻，一人爲筈一十五隻，今令一人一日自造笴、羽、筈，問成箭幾何？

答曰：八矢少半矢。

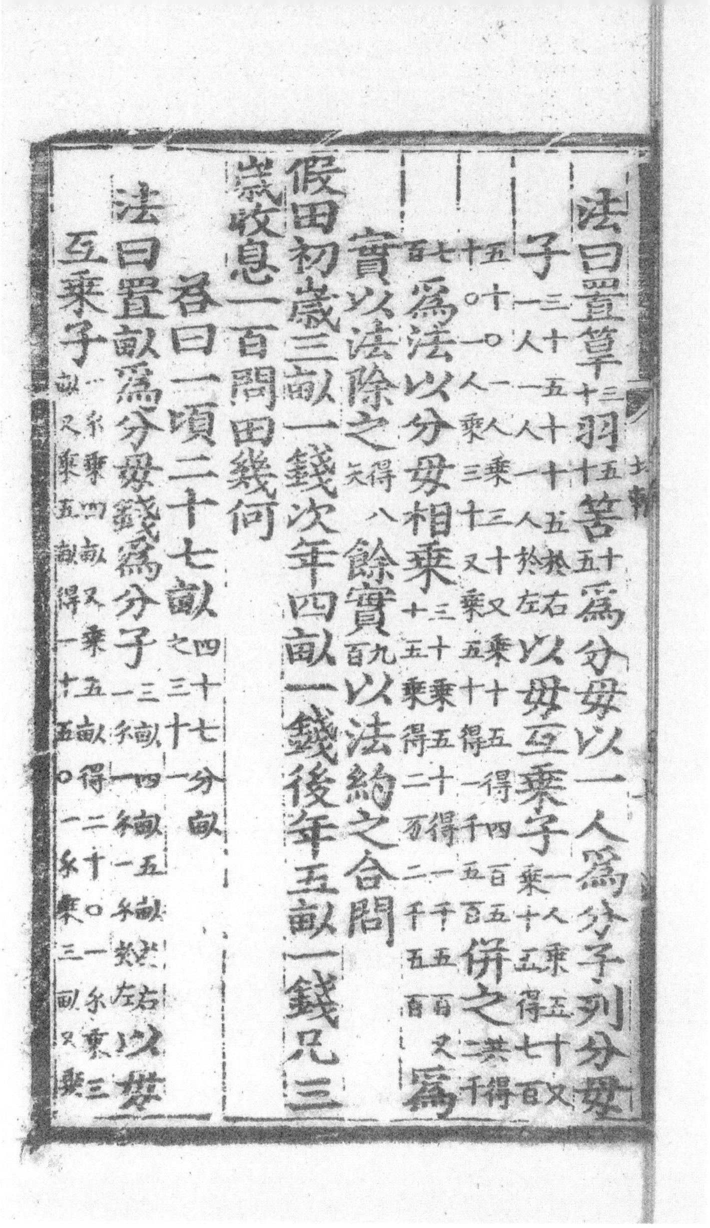

法曰：置筭三十羽五十筈十五爲分母，以一人爲分子，列分母、子三十、五十、十五於右，一人、一人、一人於左。以母互乘子一人乘五十，又乘十五，得七百五十。○一人乘三十，又乘十五，得四百五十。○一人乘三十，又乘五十，得一千五百。并之共得二千七百。爲法，以分母相乘三十乘五十得一千五百，又十五乘，得二万二千五百。爲實。以法除之得八矢。餘實九百。以法約之，合問。

假田初歲三畒一錢，次年四畒一錢，後年五畒一錢，兄三歲收息一百，問田幾何？

答曰：一頃二十七畒四十七分畒之三十一。

法曰：置畒爲分母，錢爲分子三畒、四畒、五畒於右，一錢、一錢、一錢於左。以母互乘子一錢乘四畒，又乘五畒，得二十。○一錢乘三畒，又乘五畒，得一十五。○一錢乘三畒，又乘四畝得一十二。并之共四十七。爲法，以分母相乘三畝乘四畝得一十二，又乘五畝，得六十。又以收息一百乘之得六千。爲實，以法除之。合問。

種耕凡一人日發七畝，其一人日耕三畝，其一人日種五畝。今令一人一日自發、耕、種，問治田幾何？

答曰：一畝一百一十四步七十一分步之六十六。

法曰：置畝爲分母，人爲分子七畝、三畝、五畝於右，一人、一人、一人於左。以母互乘子一人乘三畝，又乘五畝，得一十五。○一人乘七畝，又乘五畝，得三十五。○一人乘七畝，又乘三畝，得二十一。并之共七十一。爲法，以分母相乘七畝乘三畝得二十一，又乘五畝，得一百五。又以畝法二百四十乘之得二万五千二百步。爲實。以法七十一除之，得數以畝法而一，餘實，以法約之。合問。

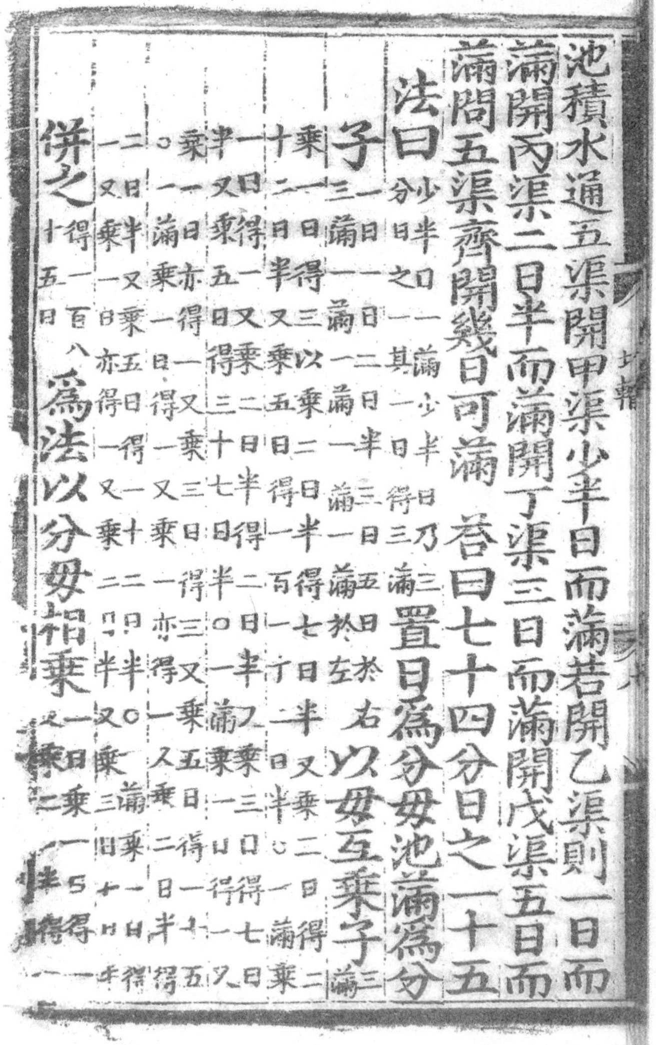

池積水通五渠，開甲渠少半日而滿，若開乙渠則一日而滿，開丙渠二日半而滿，開丁渠三日而滿，開戊渠五日而滿。問五渠齊開幾日可滿？答曰：七十四分日之一十五。

法曰：少半日一滿，少半日乃三分日之一，其一日得三滿。置日爲分母，池滿爲分子一日、一日、二日半、三日、五日於右，三滿、一滿、一滿、一滿、一滿於左。以母互乘子三滿乘一日得三，以乘二日半，得七日半，又乘二日，得二十二日半，又乘五日得一百一十二日半。〇一滿乘一日得一，又乘二日半得二日半，又乘三日得七日半，又乘五日得三十七日半。〇一滿乘一日得一，又乘一日亦得一，又乘三日得三，又乘五日得一十五〇一滿乘一日得一，又乘一亦得一，又乘二日半得二日半，又乘五日得一十二日半。〇一滿乘一日得一，又乘一日亦得一，又乘二日半，又乘三日、七日半 [1]
并之得一百八十五日。爲法，以分母相乘一日乘一日得一，又乘二日半，得二 [2]

1“又乘三日、七日半”之“七日半”各本不清，依題意作此。

2“又乘二日半”之“日”，“得二”之“二”，各本均不清，依題意作此。

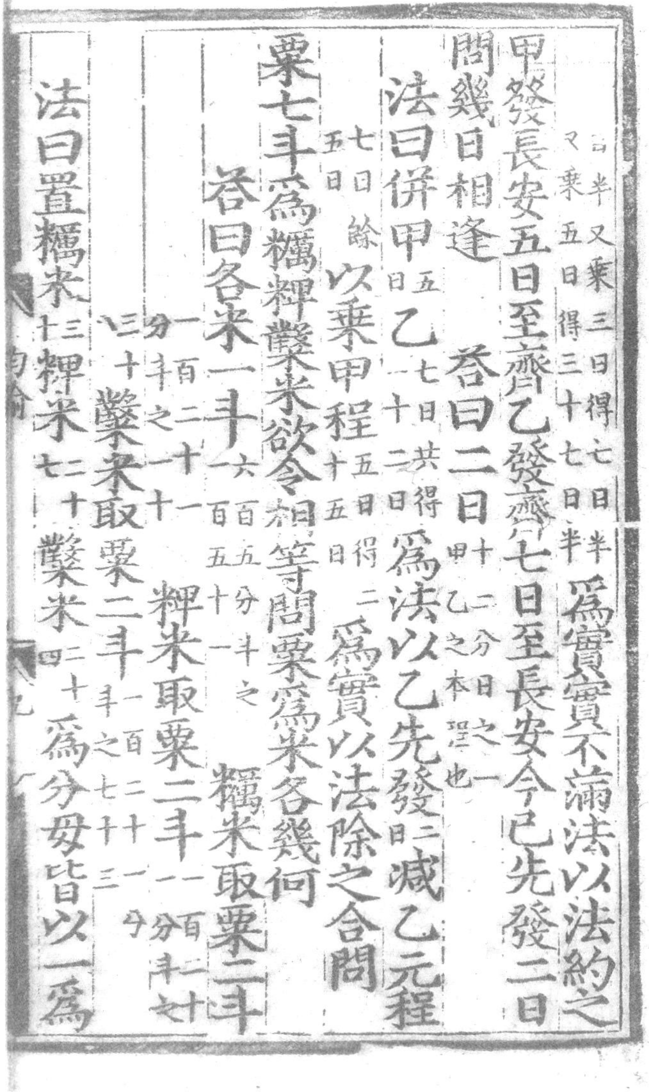

日半，又乘三日得七日半，又乘五日得三十七日半。爲實。實不滿法，以法約之。

甲發長安，五日至齊。乙發齊，七日至長安。今已先發二日，

問幾日相逢？　答曰：二日十二分日之一，甲乙之本程也。

法曰：并甲五日乙七日，共得一十二日。爲法，以乙先發二日減乙元程七日，餘五日。以乘甲程五日，得二十五日。爲實，以法除之。合問。

粟七斗爲糲、粺、糳米，欲令相等，問粟爲米各幾何？

答曰：各米一斗六百五分斗之一百五十一，糲米取粟二斗一百二十一分斗之一十，粺米取粟二斗一百二十一分斗之三十八，糳米取粟二斗一百二十一分斗之七十三。

法曰：置糲米三十粺米二十七糳米二十四爲分母，皆以一爲

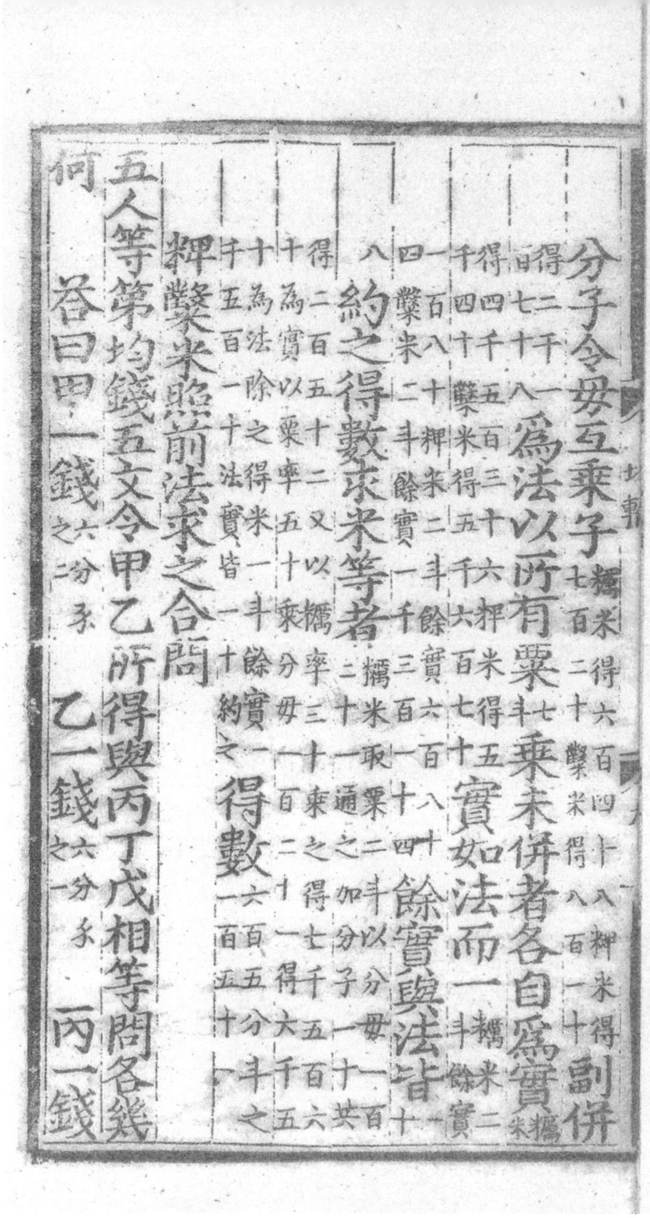

分子，令母互乘子。糲米得六百四十八，粺米得七百二十，鑿米得八百一十。副并得二千一百七十八。爲法，以所有粟七斗乘未并者，各自爲實。糲米得四千五百三十六，粺米得五千四十，鑿米得五千六百七十。實如法而一。糲米二斗餘實一百八十，粺米二斗餘實六百八十四，鑿米二斗餘實一千三百一十四。餘實與法皆一十八約之，得數求米等者糲米取粟二斗，以分母一百二十一通之，加分子一十，共得二百五十二。又以糲率三十乘之，得七千五百六十爲實，以粟率五十乘分母一百二十一，得六千五十爲法，除之，得米一斗，餘實一千五百一十。法實皆一十約之。得數六百五分斗之一百五十一。

粺、鑿米照前法求之，合問。

五人等第均錢五文，今甲、乙所得與丙、丁、戊相等，問各幾何？　答曰：甲一錢六分錢之二，乙一錢六分錢之一，丙一錢，

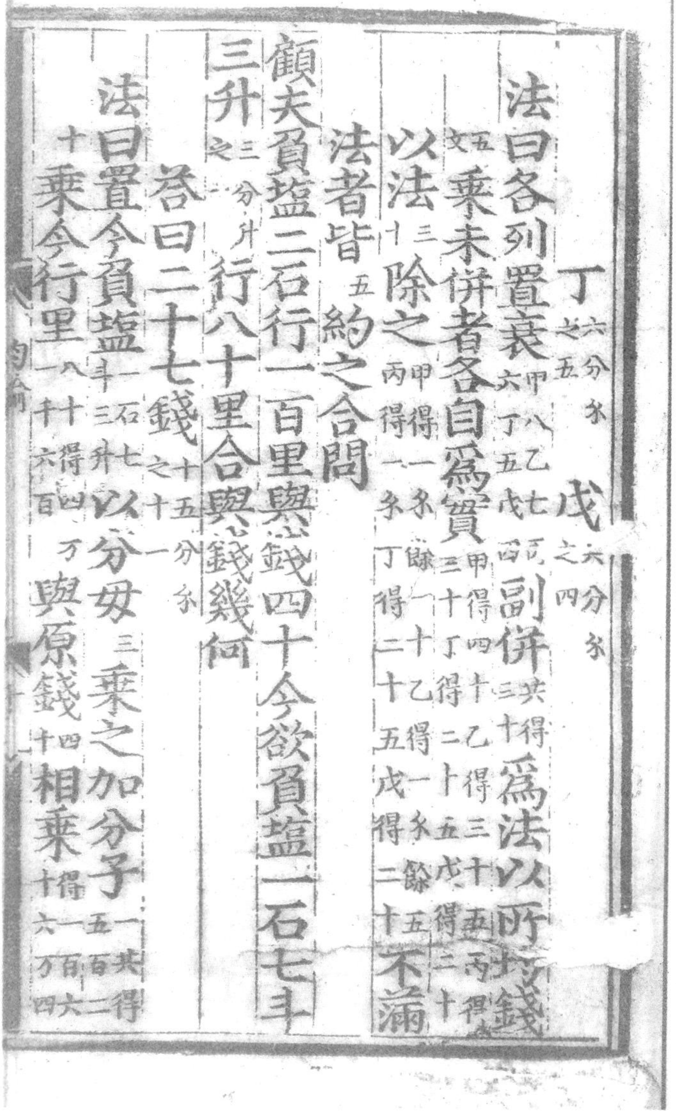

丁六分錢之五，戊六分錢之四。

法曰：各列置衰甲八，乙七，丙六，丁五，戊四。副并共得三十。爲法。以所均錢五文乘未并者，各自爲實。甲得四十，乙得三十五，丙得三十，丁得二十五，戊得二十。以法三十除之甲得一錢餘一十，乙得一錢餘五，丙得一錢，丁得二十五，戊得二十。不滿法者皆五約之。合問。

顧夫負鹽二石，行一百里，與錢四十。今欲負鹽一石七斗三升三分升之二，行八十里，合與錢幾何？

答曰：二十七錢十五分錢之十一。

法曰：置今負鹽一石七斗三升以分母三乘之，加分子二，共得五百二十。乘今行里八十，得四万一千六百。與原錢四十相乘得一百六十六万四

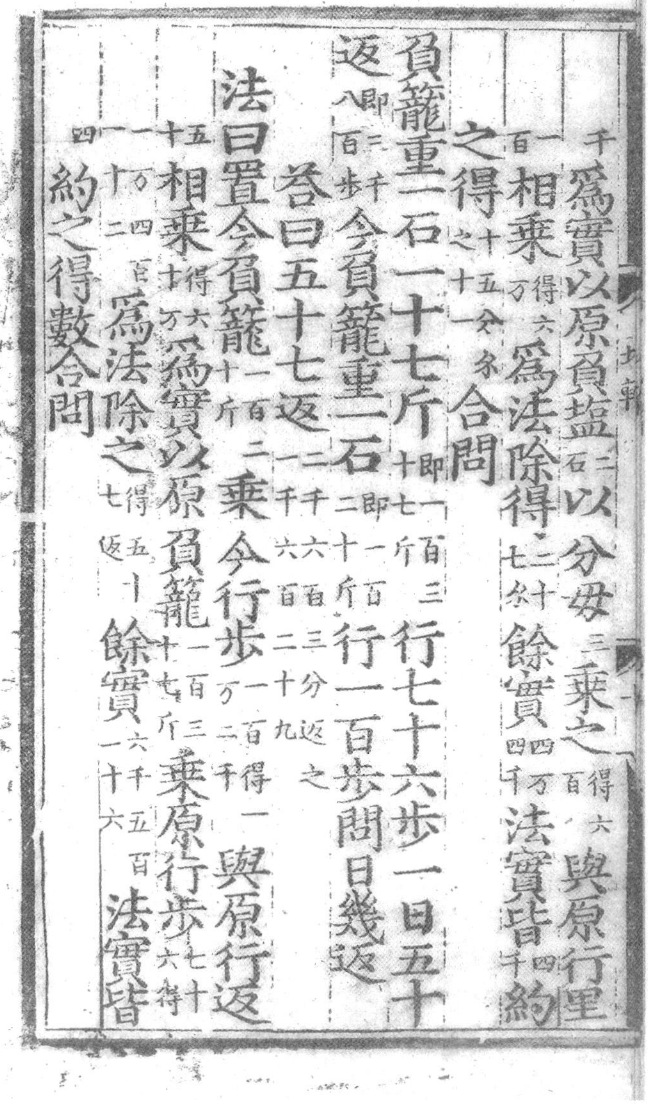

千。爲實。以原負鹽二石以分母三乘之得六百。與原行里一百相乘得六万。爲法，除得二十七錢餘實四万四千。法實皆四千約之，得十五分錢之十一。合問。

負籠重一石一十七斤即一百三十七斤。行七十六步，一日五十返即三千八百步。今負籠重一石即一百二十斤。行一百步，問日幾返？

答曰：五十七返二千六百三分返之二千六百二十九。

法曰：置今負籠一百二十斤乘今行步一百，得一万二千。與原行返五十相乘得六十万。爲實。以原負籠一百三十七斤乘原行步七十六，得一万四百一十二。爲法，除之得五十七返。餘實六千五百一十六。法實皆四約之得數。合問。

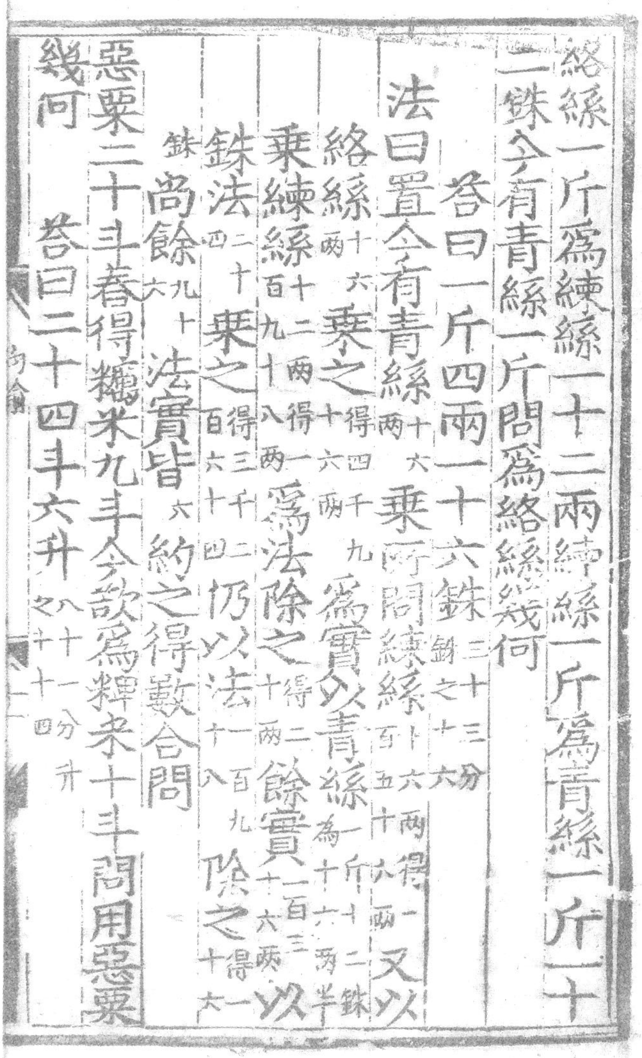

絡絲一斤爲練絲一十二兩，練絲一斤爲青絲一斤一十二銖。今有青絲一斤，問爲絡絲幾何？

答曰：一斤四兩一十六銖三十三分銖之十六。

法曰：置今有青絲十六兩乘所同練絲十六兩，得一百五十六兩。又以絡絲十六兩乘之得四千九十六兩。爲實，以青絲一斤十二銖爲十六兩半乘練絲十二兩，得一百九十八兩。爲法，除之得二十兩。餘實一百三十六兩。以銖法二十四乘之得三千二百六十四。仍以法一百九十八除之得一十六銖。尚餘九十六。法實皆六約之，得數。合問。

惡粟二十斗舂得糲米九斗，今欲爲粺米十斗，問用惡粟幾何？　答曰：二十四斗六升八十一分升之七十四。

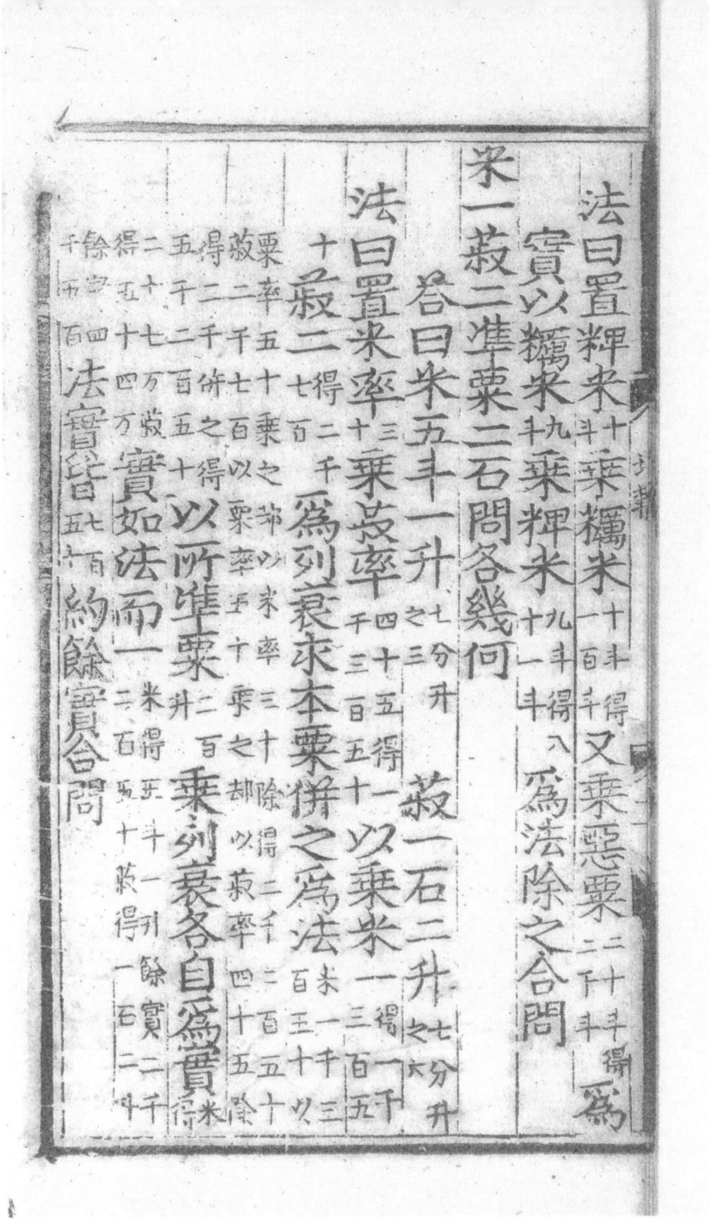

法曰：置粺米十斗乘糲米十斗得一百斗，又乘惡粟二十斗，得二千斗。爲實。以糲米九斗乘粺米九斗，得八十一斗。爲法，除之，合問。

米一、菽二準粟二石，問各幾何？

答曰：米五斗一升七分升之三，菽一石二升七分升之六。

法曰：置米率三十乘菽率四十五，得一千三百五十。以乘米一得一千三百五十菽二得二千七百。爲列衰，求本粟并之爲法。米一千三百五十，以粟率五十乘之，却以米率三十除得二千二百五十。菽二千七百以粟率五十乘之，却以菽率四十五除得三千。并之得五千二百五十。以所準粟二百升乘列衰，各自爲實米得二十七万，菽得五十四万。實如法而一米得五斗一升，餘實二千二百五十。菽得一石一斗，餘實四千五百。法實皆七百五十約，餘實。合問。

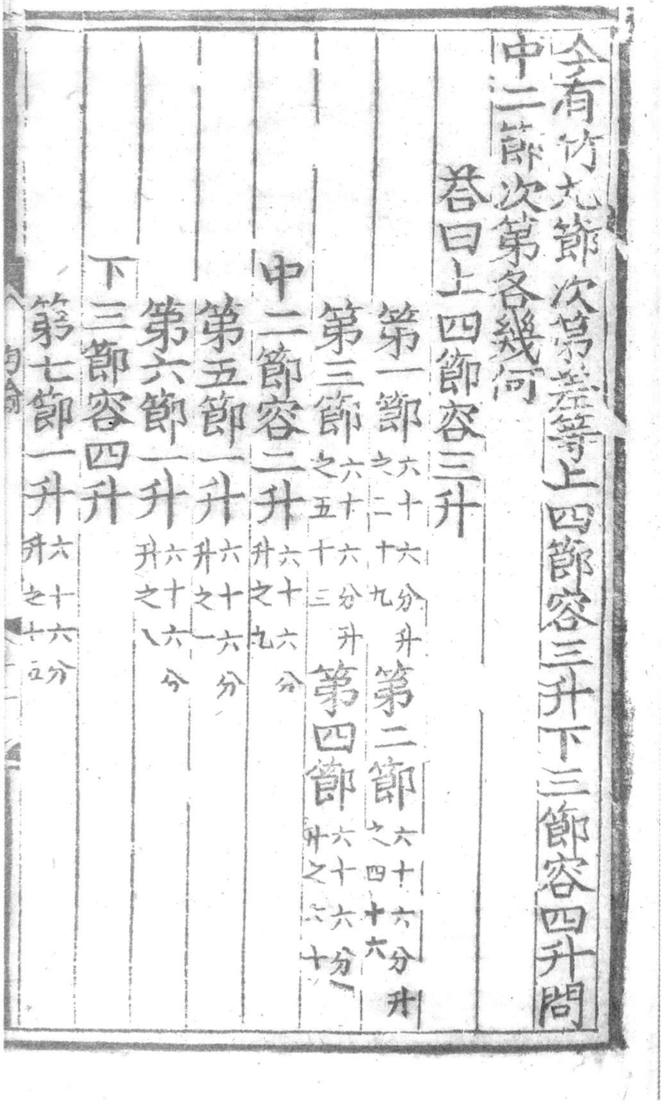

今有竹九節，次第差等。上四節容三升，下三節容四升。問中二節次第各幾何？

答曰：上四節容三升。

第一節六十六分升之三十九，第二節六十六分升之四十六，

第三節六十六分升之五十三，第四節六十六分升之六十。

中二節容二升六十六分升之九。

第五節一升六十六分升之一，

第六節一升六十六分升之八。

下三節容四升。

第七節一升六十六分升之十五，

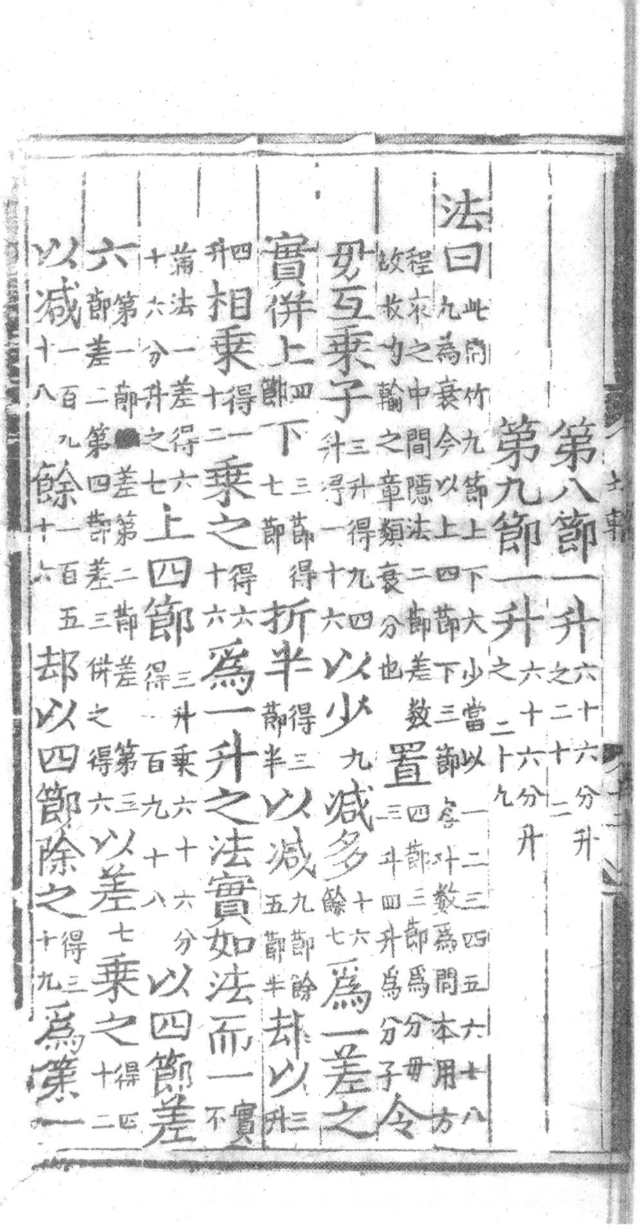

第八節一升六十六分升之二十二，

第九節一升六十六分升之二十九。

法曰：此問竹九節，上下大少，當以一、二、三、四、五、六、七、八、九爲衰。今以上四節、下三節容升數爲問。本用方程求之。中間隱法二節差數，故收均輸之章，類衰分也。[1]置四節、三節爲分母，三斗、四升爲分子。令母互乘子三升得九，四升得一十六。以少九減多十六餘七。爲一差之實。并上四節下三節，七節。得折半得三節半。以減九節，五節半。餘却以三升、四升相乘得十二。乘之得六十六。爲一升之法。實如法而一。實不滿法，一差得六十六分升之七。上四節三升乘六十六分，得一百九十八。以四節差，六第一節■差，第二節差一，第三節差二，第四節差三，并之得六。[2]以差七乘之得四十二。以減一百九十八餘一百五十六。却以四節除之得三十九。爲第一

1“隱法”二字，各本均作此，楊輝《詳解九章算法》中相應文句中爲“隱去”。“故收均輸之章”之“收均”二字，各本不清，依《詳解九章算法》中相應文句爲此。

2“第一節■差”之“■”，各本不清，均似爲一墨釘，依題意似爲“無”或“○”。

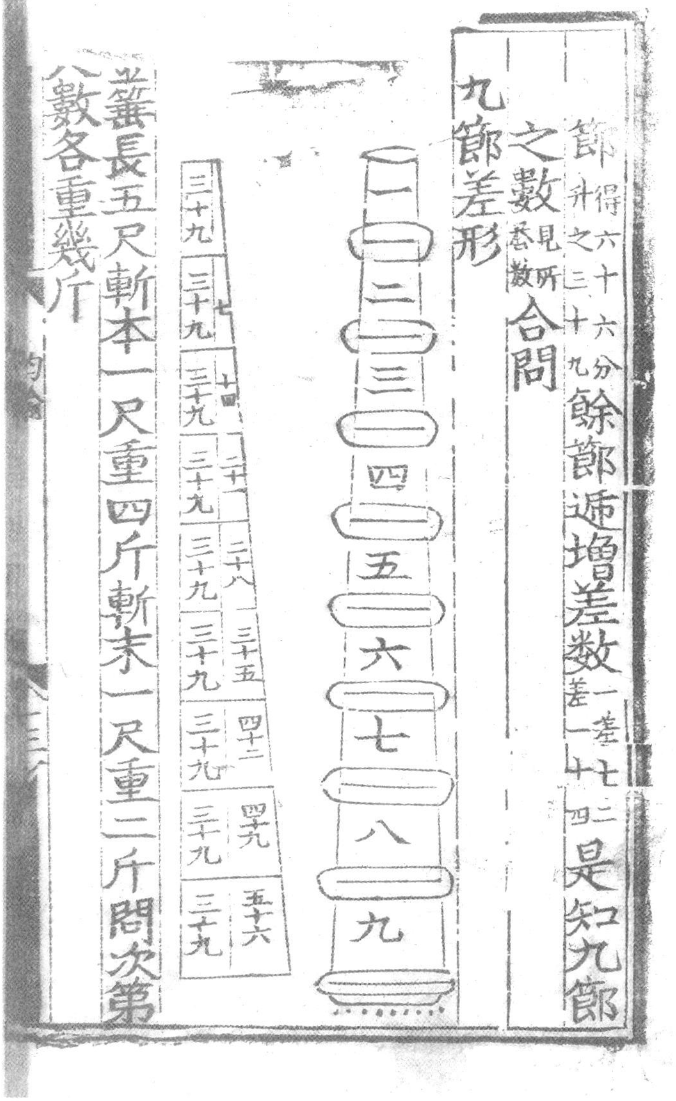

節（得六十六分升之三十九）。餘節遞增差數（一差七，二差一十四）。是知九節之數（見所答數）。合問。

九節差形

金箠長五尺，斬本一尺，重四斤。斬末一尺，重二斤。問次第八數，各重幾斤？

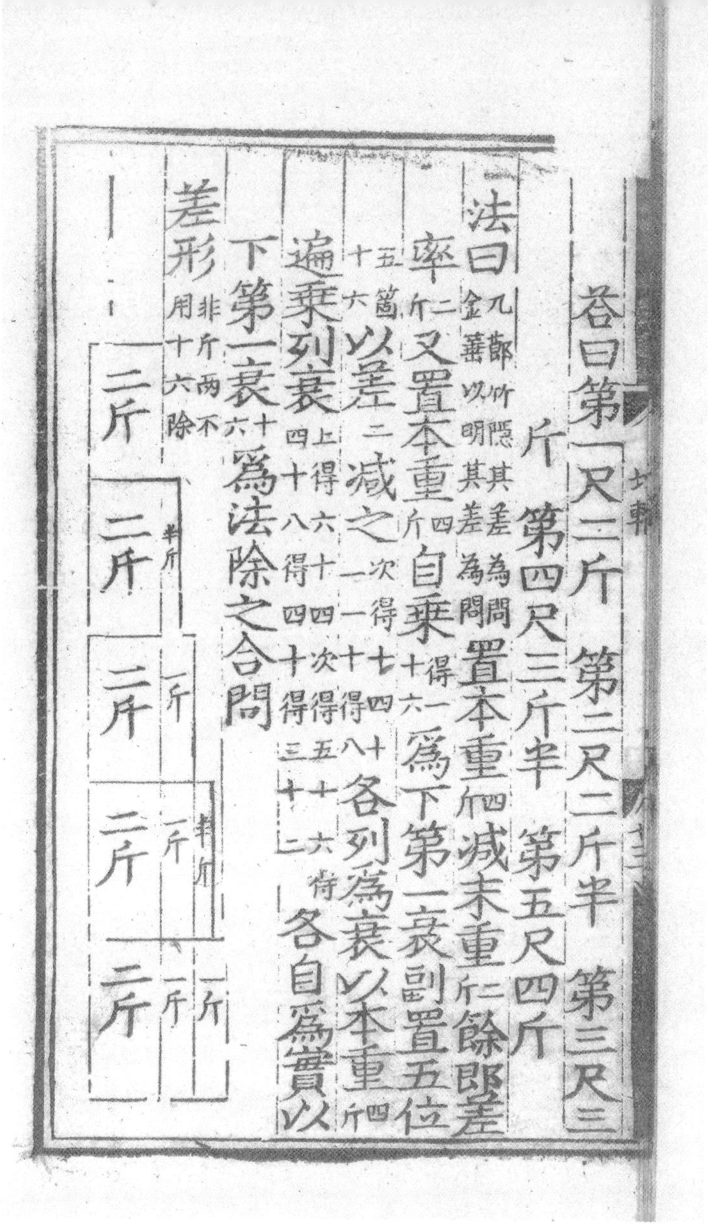

答曰：第一尺二斤，第二尺二斤半，第三尺三斤，第四尺三斤半，第五尺四斤。

法曰：九節竹隱其差爲問，金箠以明其差爲問。置本重四斤減末重二斤餘即差率二斤。又置本重四斤自乘得一十六。爲下第一衰。副置五位，五箇十六以差二減之次得十四、十二、一十，得八。各列爲衰。以本重四斤遍乘列衰上得六十四，次得五十六，得四十八，得四十，得三十二。各自爲實。以下第一衰十六爲法，除之，合問。

差形非斤兩不用十六除

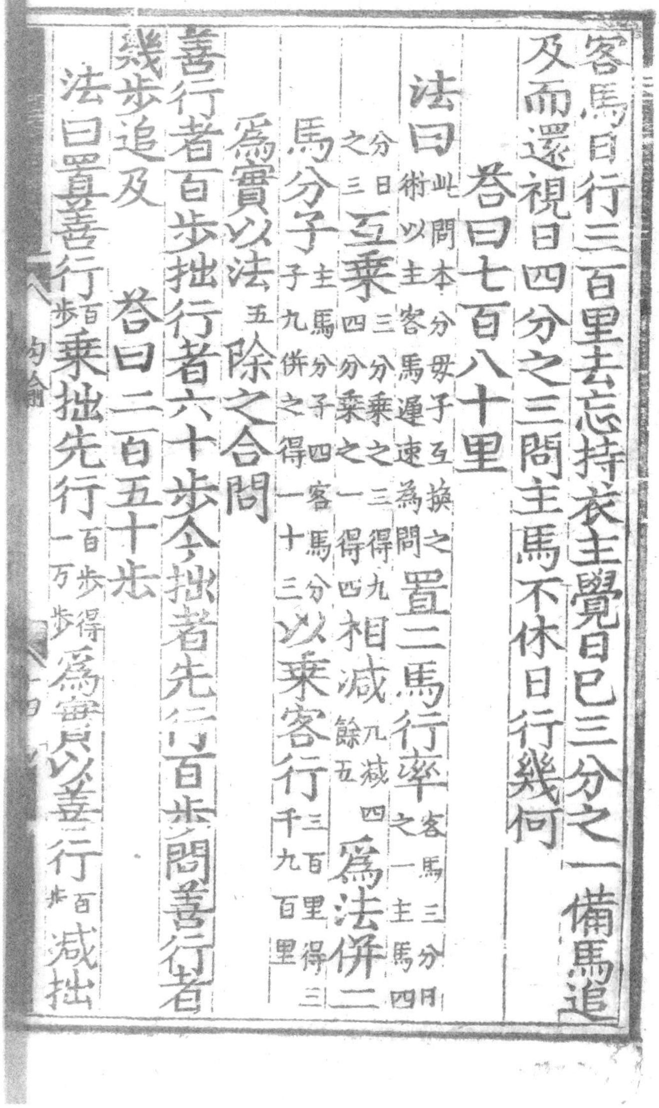

客馬日行三百里，去忘持衣，主覺日已三分之一，備馬追及而還，視日四分之三。問主馬不休日行幾何？

答曰：七百八十里。

法曰：此問本分母子互換之術，以主客馬遲速爲問。置二馬行率客馬三分日之一，主馬四分日之三。互乘三分乘之三得九，四分乘之一得四。相減九減四，餘五。爲法。并二馬分子主馬分子四，客馬分子九，并之得一十三。以乘客行三百里，得三千九百里。爲實，以法五除之。合問。

善行者百步，拙行者六十步。今拙者先行百步，問善行者幾步追及？　答曰：二百五十步。

法曰：置善行百步乘拙先行百步，得一万步。爲實。以善行百步減拙行六十步餘四十步。爲法，除之。合問。

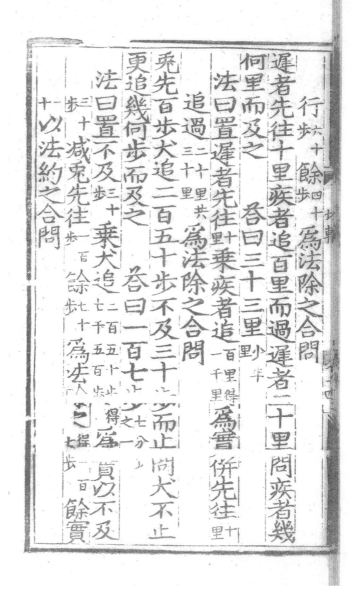

遲者先往十里，疾者追百里而過遲者二十里。問疾者幾何里而及之？　答曰：三十三里少半里。

法曰：置遲者先往十里乘疾者追百里，得一千里。爲實。并先往十里追過二十里，共三十里。爲法，除之。合問。

兔先百步，犬追二百五十步，不及三十步而止。問犬不止更追幾何步而及之？　答曰：一百七步七分步之一。

法曰：置不及三十步乘犬追二百五十步，得七千五百步。爲實。以不及三十步減兔先往一百步餘七十步。爲法。除之得一百七步。餘實一十。以法約之。合問。

持金出關，凡五税，初税二分之一，次税三分之一，次税四分之一，次税五分之一，次税六分之一，所税共重一斤。問元持金幾何？　　答曰：一斤三兩四銖五分銖之四。

法曰：置五税分母相乘二、三、四、五、六分，乘得七百二十。税剩餘分相乘一、二、三、四、五，乘得一百二十。減之餘六百爲法。以所税一十六兩乘分母，相乘七百二十，得一万一千五百二十。爲實。以法六百除之得一十九兩。餘實二百二十。以兩銖二十四乘之得二千八百八十。仍以法六百除之得四銖。不盡四百八十。法實皆一百二十約之，合問。

持米出三關，外關三分税一，中關五分税一，内關七分税一，餘米五斗。問元米幾何？　　答曰：一十斗九升八分升之三。

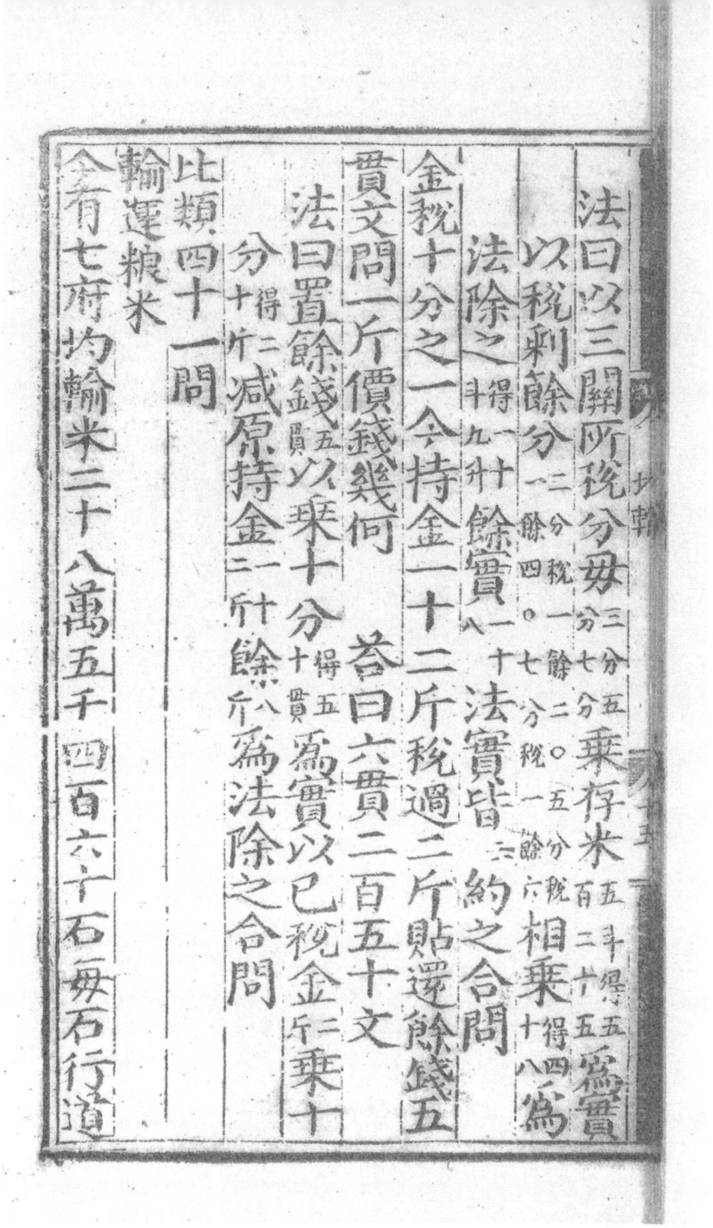

法曰：以三關所税分母三分、五分、七分。乘存米五斗，得五百二十五爲實，

以税剩餘分二分税一餘二。○五分税一餘四。○七分税一餘六。相乘得四十八。爲

法，除之得一十斗九升。餘實一十八。法實皆六約之。合問。

金税十分之一，今持金一十二斤税過二斤，貼還餘錢五

貫文，問一斤價錢幾何？　　答曰：六貫二百五十文。

法曰：置餘錢五貫以乘十分得五十貫。爲實。以已税金二斤乘十

分得二十斤。減原持金十二斤餘八斤爲法，除之。合問。

比類四十一問

輸運粮米

今有七府均輸米二十八萬五千四百六十石，每石行道

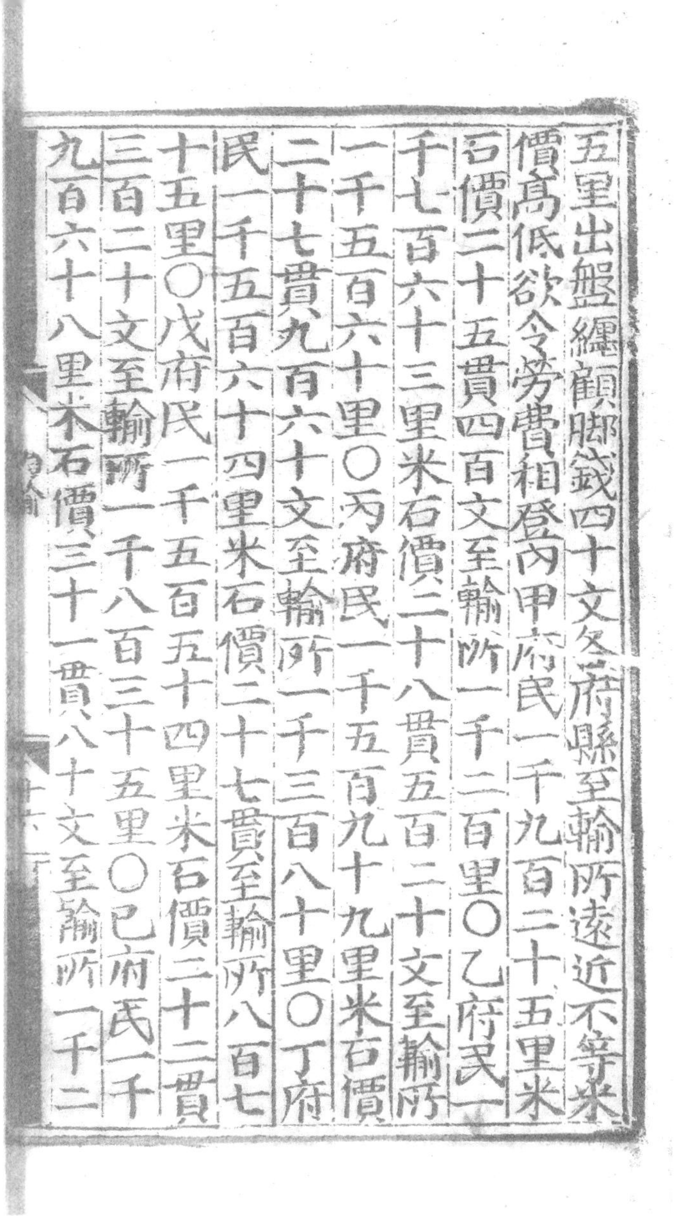

五里，出盤纏顧脚錢四十文。各府縣至輸所遠近不等，米價高低，欲令勞費相登。内甲府民一千九百二十五里，米石價二十五貫四百文，至輸所一千二百里。○乙府民一千七百六十三里，米石價二十八貫五百二十文，至輸所一千五百六十里。○丙府民一千五百九十九里，米石價二十七貫九百六十文，至輸所一千三百八十里。○丁府民一千五百六十四里，米石價二十七貫，至輸所八百七十五里。○戊府民一千五百五十四里，米石價二十二貫三百二十文，至輸所一千八百三十五里○己府民一千九百六十八里，米石價三十一貫八十文，至輸所一千二

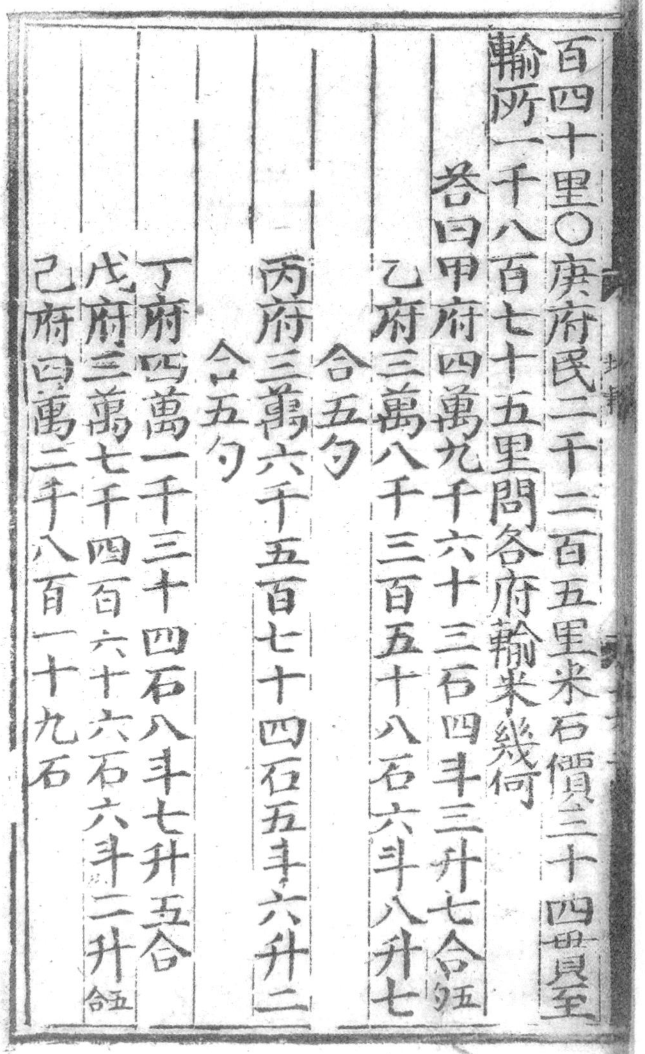
百四十里○庚府民二千二百五里米石價三十四貫至
輸所一千八百七十五里問各府輸米幾何
荅曰甲府四萬九千六十三石四斗三升七合五勺
乙府三萬八千三百五十八石六斗八升七
合五勺
丙府三萬六千五百七十四石五斗六升二
合五勺
丁府四萬一千三十四石八斗七升五合
戊府三萬七千四百六十六石六斗二升五合
己府四萬二千八百一十九石

百四十里。○庚府民二千二百五里，米石價三十四貫，至輸所一千八百七十五里。問各府輸米幾何？

答曰：甲府四萬九千六十三石四斗三升七合五勺，

乙府三萬八千三百五十八石六斗八升七合五勺，

丙府三萬六千五百七十四石五斗六升二合五勺，

丁府四萬一千三十四石八斗七升五合，

戊府三萬七千四百六十六石六斗二升五合，

己府四萬二千八百一十九石，

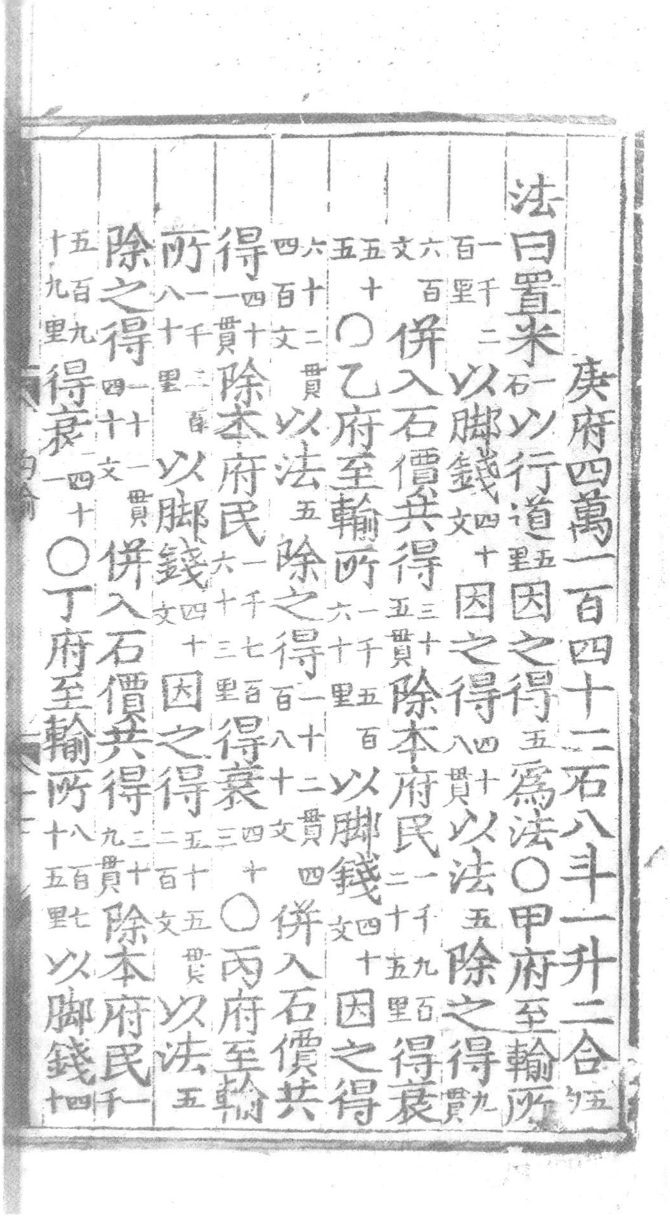

庚府四萬一百四十二石八斗一升二合五勺。

法曰：置米一石以行道五里因之得五。爲法。○甲府至輸所一千二百里以脚錢四十文因之得四十八貫。以法五除之得九貫六百文。并入石價，共得三十五貫。除本府民二千九百二十五里得衰五十五。○乙府至輸所一千五百六十里以脚錢四十文因之得六十二貫四百文。以法五除之得一十二貫四百八十文。并入石價共得四十二貫。除本府民二千七百六十三里。得衰四十三。○丙府至輸所一千三百八十里以脚錢四十文因之得五十五貫二百文。以法五除之得一十一貫四十文。并入石價共得三十九貫。除本府民二千五百九十九里得衰四十二。○丁府至輸所八百七十五里以脚錢四十文因之得三十五貫。以法五除之得七貫。并入石價共得三十四貫。除本府民一千五百六十四里得衰四十六。○戊府至輸所一千八百三十五里以脚錢四十文因之得七十三貫四百文。以法五除之得一十四貫六百八十文。并入石價，共得三十七貫。除本府民一千五百五十四里得衰四十二。○己府至輸所一千二百四十里以脚錢四十文因之得四十九貫六百文。以法五除之得九貫九百二十文。并入石價共得四十二貫。除本府民一千九百六十八里得衰四十八。○庚府至輸所一千八百七十五里以脚錢四十文因之得七十五貫。以法五除之得一十五貫。并入石價共得四十九貫。除本府民二千二百五里得衰四十五。并七府衰共得三百二十。爲法。置共輸米以各

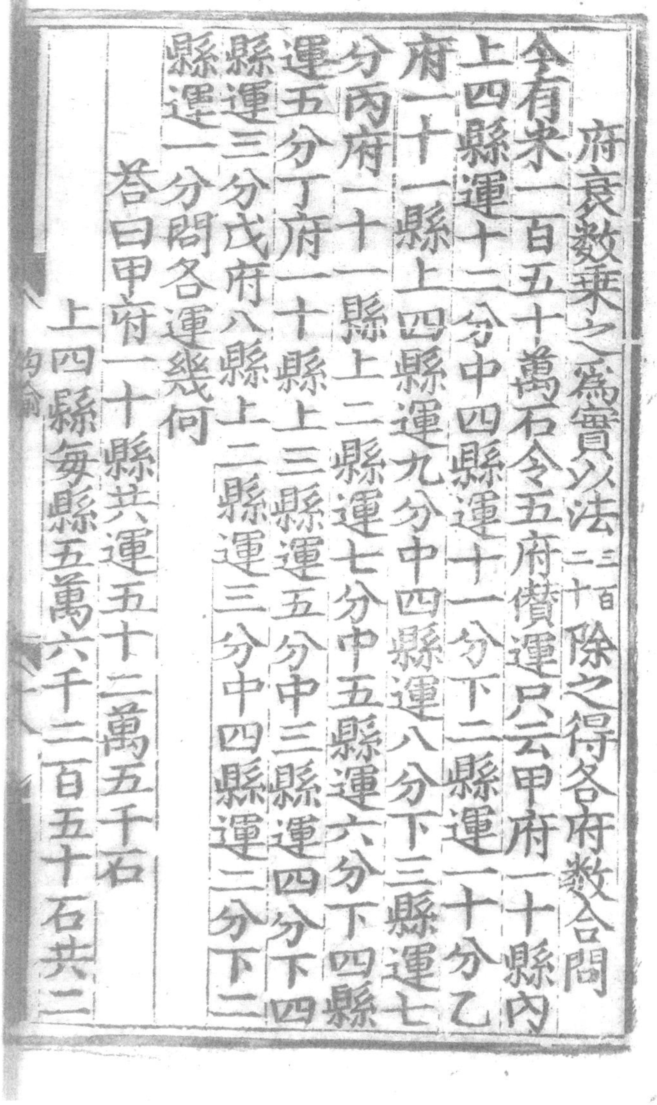

府衰數乘之爲實。以法三百二十除之，得各府數。合問。

今有米一百五十萬石，令五府儹運。只云甲府一十縣，内上四縣運十二分，中四縣運十一分，下二縣運一十分。乙府一十一縣，上四縣運九分，中四縣運八分，下三縣運七分。丙府一十一縣，上二縣運七分，中五縣運六分，下四縣運五分。丁府一十縣，上三縣運五分，中三縣運四分，下四縣運三分。戊府八縣，上二縣運三分，中四縣運二分，下二縣運一分。問各運幾何？

答曰：甲府一十縣共運五十二萬五千石。

上四縣每縣五萬六千二百五十石，共二

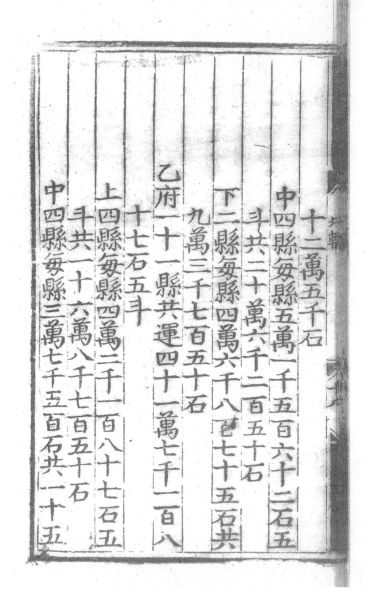

十二萬五千石
中四縣每縣五萬一千五百六十二石五
斗共二十萬六千二百五十石
下二縣每縣四萬六千八百七十五石共
九萬三千七百五十石
乙府一十一縣共運四十一萬七千一百八
十七石五斗
上四縣每縣四萬二千一百八十七石五
斗共一十六萬八千七百五十石
中四縣每縣三萬七千五百石共一十五

十二萬五千石；

中四縣每縣五萬一千五百六十二石五斗，共二十萬六千二百五十石；

下二縣每縣四萬六千八百七十五石，共九萬三千七百五十石。

乙府一十一縣共運四十一萬七千一百八十七石五斗。

上四縣每縣四萬二千一百八十七石五斗，共一十六萬八千七百五十石；

中四縣每縣三萬七千五百石，共一十五

萬石；

下三縣每縣三萬二千八百一十二石五斗，共九萬八千四百三十七石五斗。

丙府一十一縣共運三十萬石。

上二縣每縣三萬二千八百一十二石五斗，共六萬五千六百二十五石；

中五縣每縣二萬八千一百二十五石，共一十四萬六百二十五石；

下四縣每縣二萬三千四百三十七石五斗，共九萬三千七百五十石。

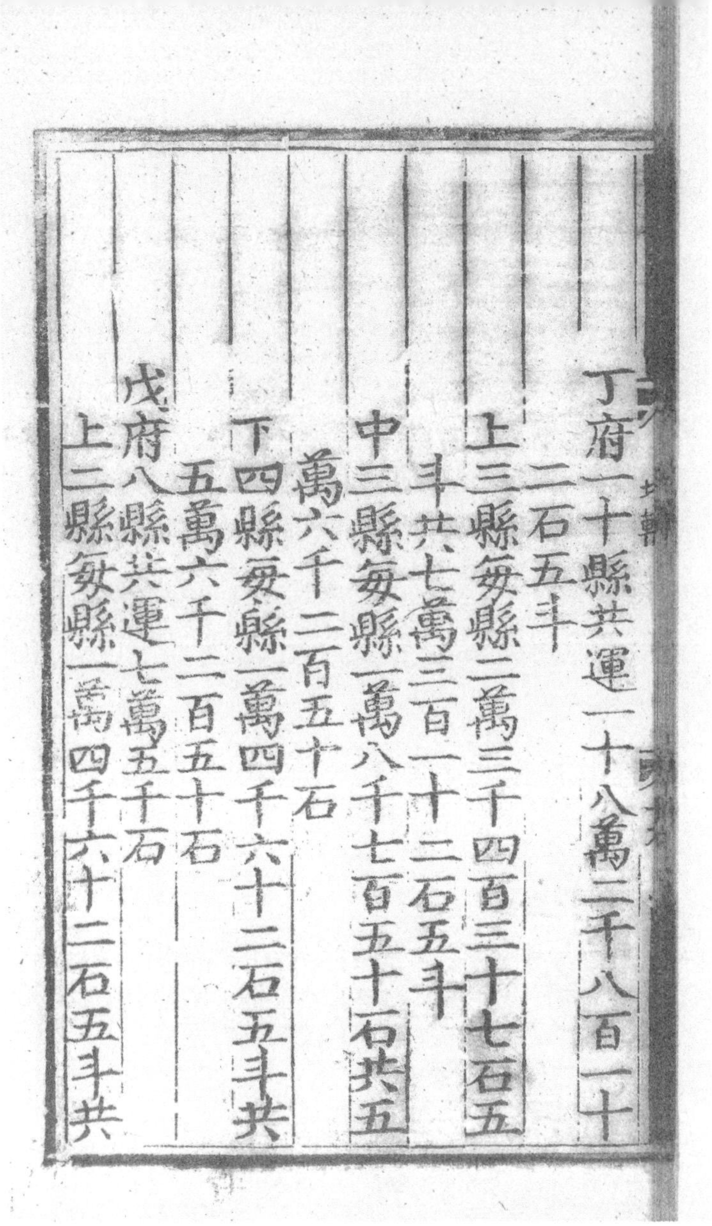

丁府一十縣共運一十八萬二千八百一十

二石五斗。

上三縣每縣二萬三千四百三十七石五

斗，共七萬三百一十二石五斗；

中三縣每縣一萬八千七百五十石，共五

萬六千二百五十石；

下四縣每縣一萬四千六十二石五斗，共

五萬六十二百五十石。

戊府八縣共運七萬五千石。

上二縣每縣一萬四千六十二石五斗，共

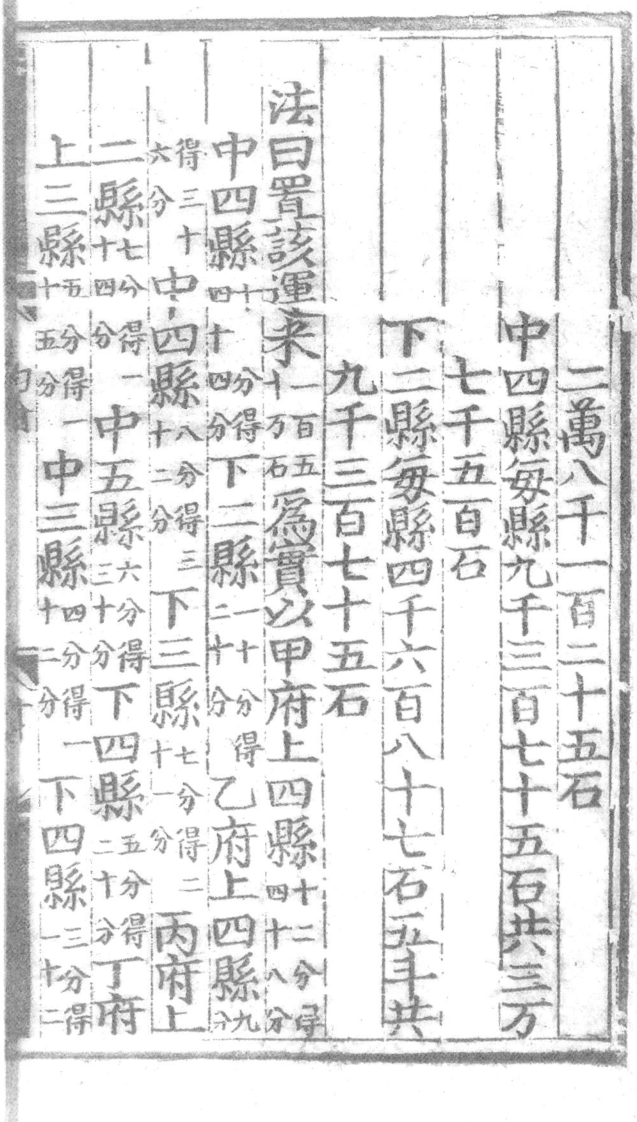

二萬八千一百二十五石；

中四縣每縣九千三百七十五石，共三万七千五百石；

下二縣每縣四千六百八十七石五斗，共九千三百七十五石。

法曰：置該運米一百五十万石爲實，以甲府上四縣十二分，得四十八分。中四縣十一分，得四十四分。下二縣二十分，得二十分。乙府上四縣九分，得三十六分。中四縣八分，得三十二分。下三縣七分，得二十一分。丙府上二縣七分，得一十四分。中五縣六分，得三十分。下四縣五分，得二十分。丁府上三縣五分，得一十五分。中三縣四分，得一十二分。下四縣三分，得一十二

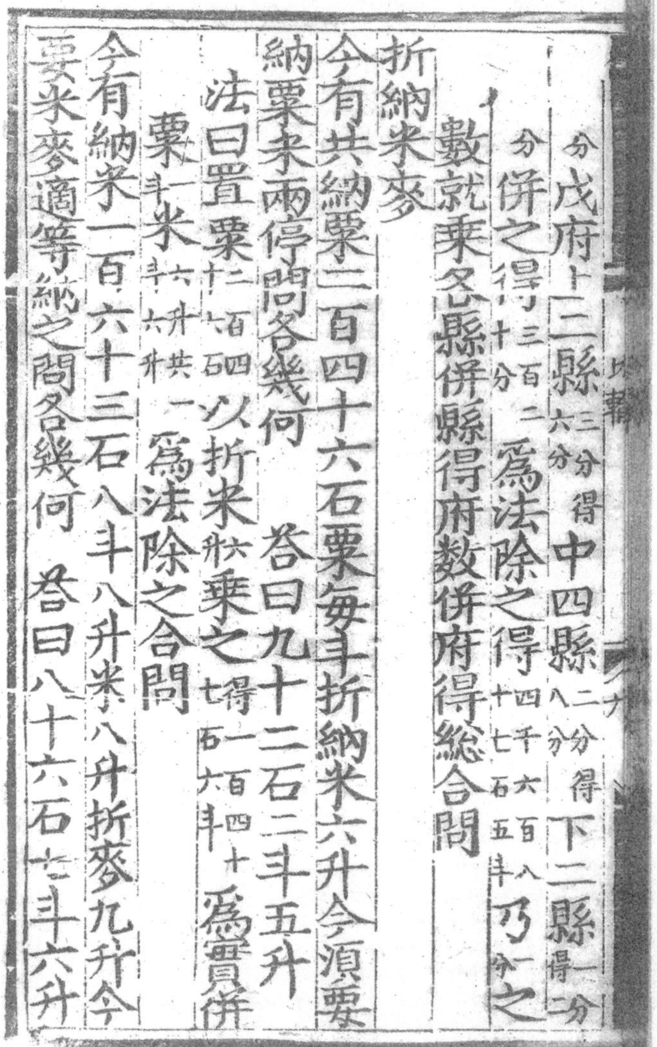

分。戊府上二縣三分，得六分。中四縣二分，得八分。下二縣一分，得二分。并之得三百二十分。爲法。除之得四千六百八十七石五斗。乃一分之數，就乘各縣。并縣得府數，并府得総。合問。

折納米麥

今有共納粟二百四十六石，粟每斗折納米六升。今須要納粟、米兩停，問各幾何？　答曰：九十二石二斗五升。

法曰：置粟二百四十六石以折米六升乘之得一百四十七石六斗。爲實。并粟一斗米六升，共一斗六升。爲法，除之。合問。

今有納米一百六十三石八斗八升，米八升折麥九升。今要米麥適等納之，問各幾何？　答曰：八十六石七斗六升。

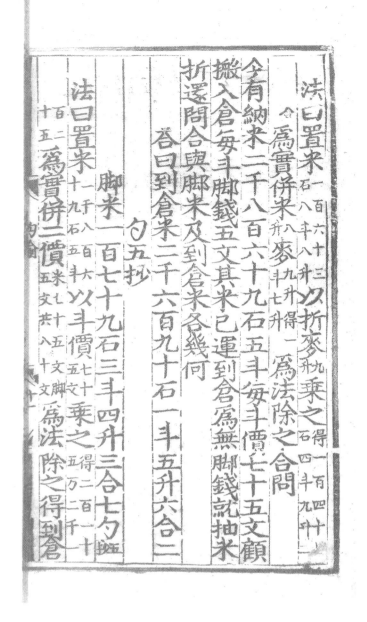

法曰：置米一百六十三石八斗八升以折麥九升乘之得一百四十七石四斗九升二合。爲實，并米八升麥九升，得一斗七升。爲法，除之。合問。

今有納米二千八百六十九石五斗，每斗價七十五文。顧搬入倉每斗脚錢五文，其米已運到倉爲無脚錢，就抽米折還。問合與脚米及到倉米各幾何？

答曰：到倉米二千六百九十石一斗五升六合二勺五抄，

脚米一百七十九石三斗四升三合七勺五抄。

法曰：置米二千八百六十九石五斗以斗價七十五文乘之得二百一十五万二千一百二十五。爲實，并二價米七十五文脚五文共八十文。爲法，除之，得到倉

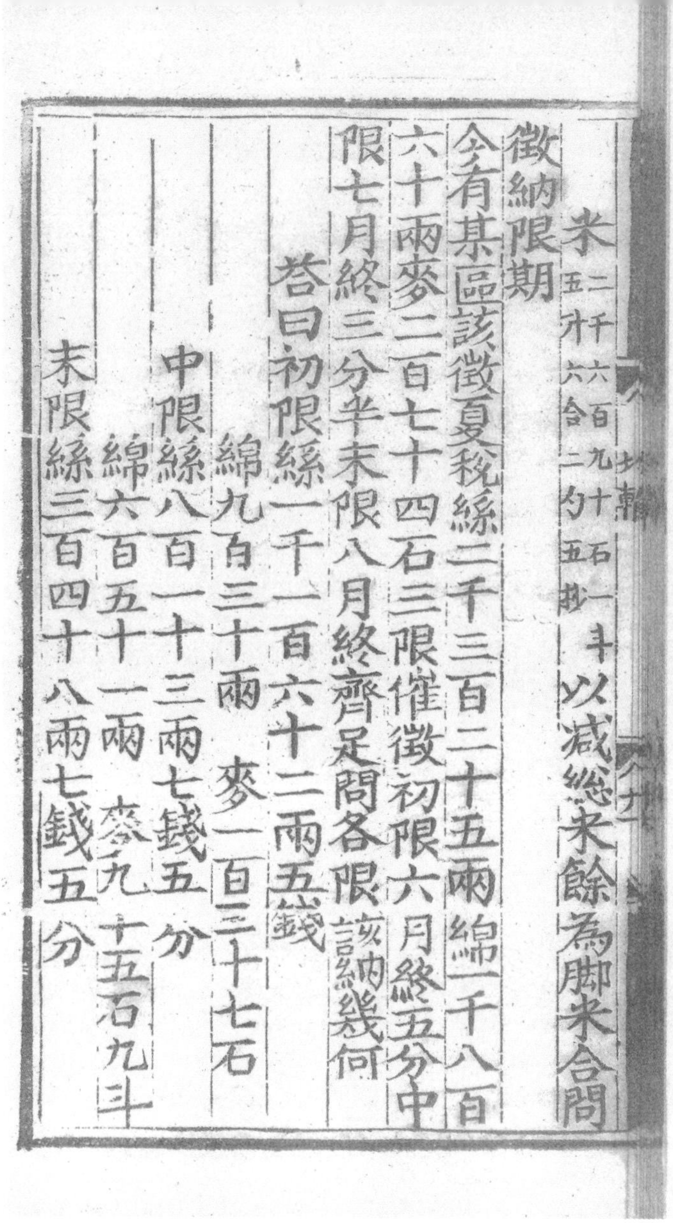
米二千六百九十石一斗五升六合二勺五抄以減総米餘爲脚米合問
徵納限期
今有某區該徵夏稅絲二千三百二十五兩綿一千八百
六十兩麥二百七十四石三限催徵初限六月終五分中
限七月終三分半末限八月終齊足問各限該納幾何
荅曰初限絲一千一百六十二兩五錢
綿九百三十兩 麥一百三十七石
中限絲八百一十三兩七錢五分
綿六百五十一兩 麥九十五石九斗
末限絲三百四十八兩七錢五分

米二千六百九十石一斗五升六合二勺五抄。以減総米，餘爲脚米。合問。

徵納限期

今有某區該徵夏税絲二千三百二十五兩，綿一千八百六十兩，麥二百七十四石。三限催徵，初限六月，終五分；中限七月，終三分半；末限八月，終齊足。問各限該納幾何？

答曰：初限絲一千一百六十二兩五錢，

綿九百三十兩，麥一百三十七石；

中限絲八百一十三兩七錢五分，

綿六百五十一兩，麥九十五石九斗；

末限絲三百四十八兩七錢五分，

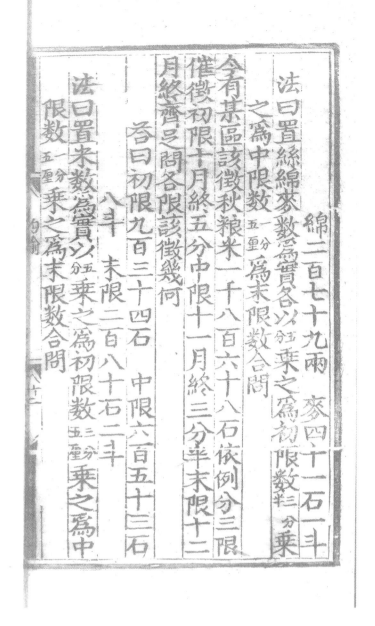

綿二百七十九兩，麥四十一石一斗。

法曰：置絲綿麥數爲實，各以五分乘之，爲初限數三分半乘之爲中限數一分五厘。爲末限數，合問。

今有某區該徵秋粮米一千八百六十八石，依例分三限催徵。初限十月，終五分；中限十一月，終三分半；末限十二月終齊足。問各限該徵幾何？

答曰：初限九百三十四石，中限六百五十三石八斗，末限二百八十石二斗。

法曰：置米數爲實，以五分乘之爲初限數。三分五厘乘之爲中限數。一分五厘乘之爲末限數。合問。

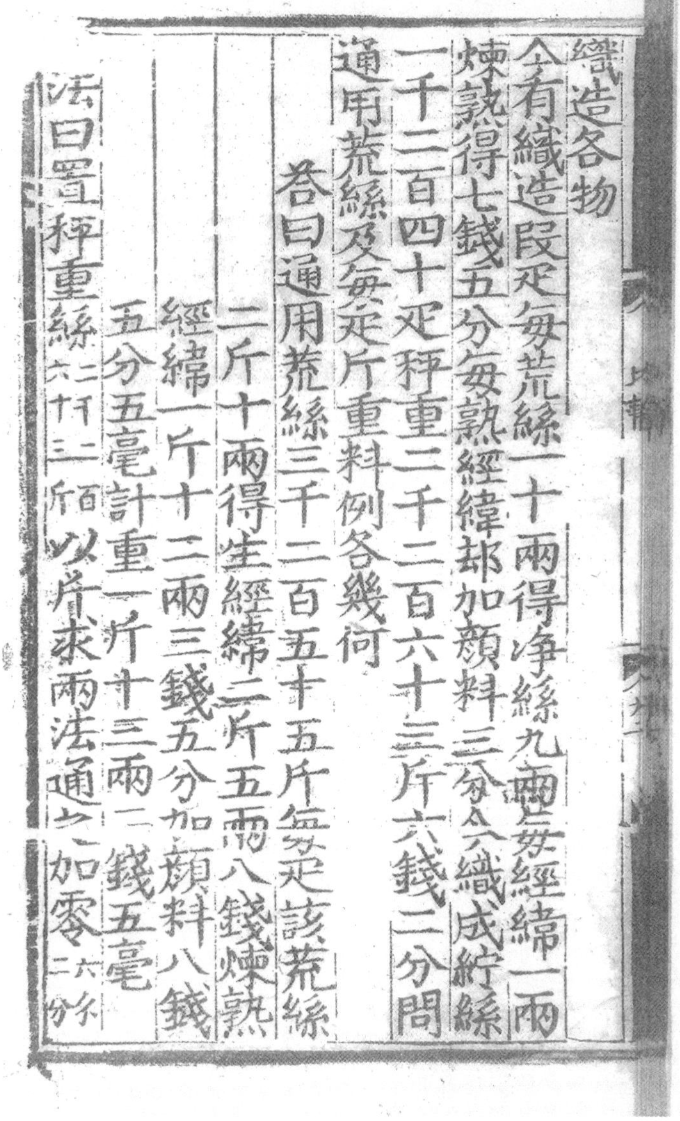

織造各物

今有織造段匹，每荒絲一十兩得净絲九兩，每經緯一兩煉熟得七錢五分，每熟經緯却加顏料三分。今織成紵絲一千二百四十匹，秤重二千二百六十三斤六錢二分，問通用荒絲，及每匹斤重料例各幾何？

答曰：通用荒絲三千二百五十五斤，每匹該荒絲二斤十兩，得生經緯二斤五兩八錢，煉熟經緯一斤十二兩三錢五分，加顏料八錢五分五毫，計重一斤十三兩二錢五毫。

法曰：置秤重絲二千二百六十三斤以斤求兩法通之，加零六錢二分共得三万六千二百八兩六錢二分。爲實。以生經緯九兩乘煉熟七錢五分，得六兩七錢五分。却加每兩顔料三分，共得六兩九錢五分二厘五毫。爲法，除之得通用荒絲五万二千八十兩。却以紵絲一千二百四十匹除之，得每匹該用荒絲四十二兩。以净絲九乘之得二十七兩八錢。又以煉熟七錢五分乘之得二十八兩三錢五分。又乘顔料三分，得八錢五分五毫。加煉熟經緯共得二十九兩二錢五毫。爲每匹重各，以斤法乘之。合問。

今有織絹七匹八尺二寸匹法三丈二尺。用絲九斤一兩三銖。今欲織八十四匹一丈四尺，問用絲幾何？

答曰：一百五斤八兩一十八銖。

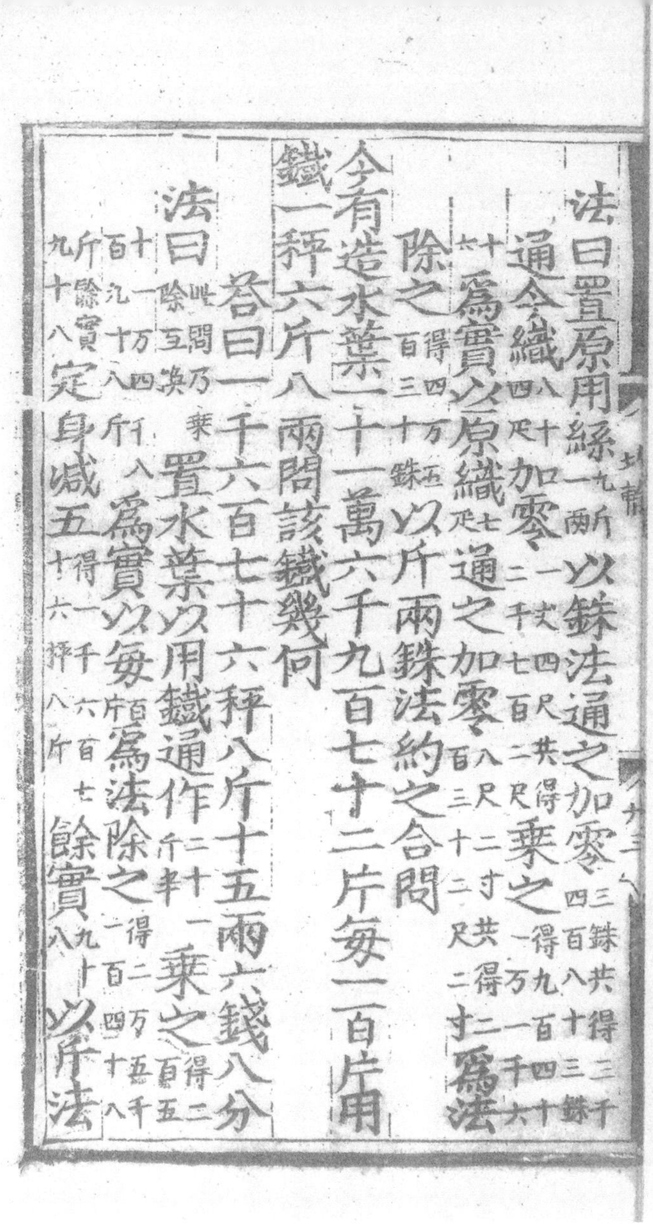

法曰：置原用絲九斤二兩以銖法通之，加零三銖，共得三千四百八十三銖。

通今織八十四匹加零二丈四尺，共得二千七百二尺。乘之得九百四十一万一千六十六。爲實。以原織七尺通之，加零八尺二寸，共得二百三十二尺二寸。爲法。

除之得四万五百三十銖。以斤兩銖法約之，合問。

今有造水葉一十一萬六千九百七十二片，每一百片用鐵一秤六斤八兩，問該鐵幾何？

答曰：一千六百七十六秤八斤十五兩六錢八分。

法曰：此問乃乘除互換。置水葉以用鐵通作二十一斤半乘之得二百五十一万四千八百九十八斤。爲實，以每百片爲法，除之得二万五千一百四十八斤，餘實九十八。定身減五得一千六百七十六秤八斤。餘實九十八以斤法

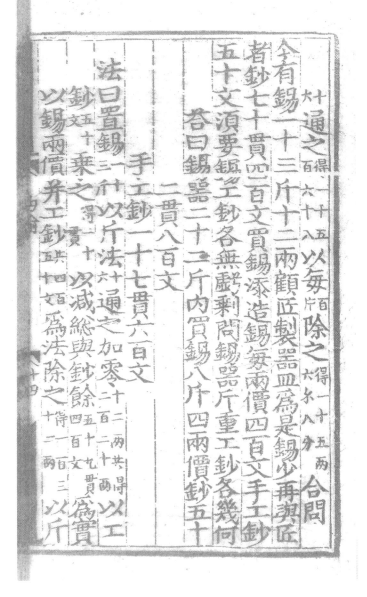

十六通之得一千五百六十八。以每百斤除之得一十五兩六錢八分。合問。

今有錫一十三斤十二兩，顧匠製器皿。爲是錫少，再與匠者鈔七十貫四百文買錫添造。錫每兩價四百文，手工鈔五十文。須要錫工、鈔各無虧剩，問錫器斤重、工鈔各幾何？

答曰：錫器二十二斤，内買錫八斤四兩，價鈔五十二貫八百文，

手工鈔一十七貫六百文。

法曰：置錫二十三斤以斤法十六通之，加零十二兩，共得二百二十兩。以工鈔五十文乘之得一十一貫。以減総與鈔餘五十九貫四百文。爲實。以錫兩價并工鈔共四百五十文爲法，除之得一百三十二兩。以斤

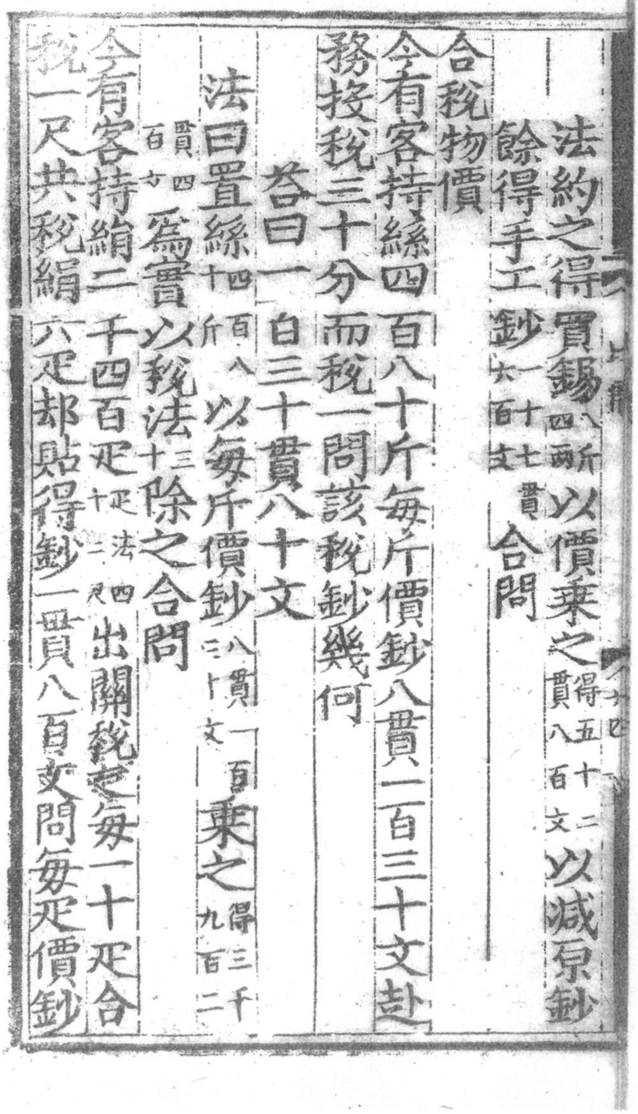

法約之，得買錫八斤四兩。以價乘之得五十二貫八百文。以減原鈔，

餘得手工鈔一十七貫六百文。合問。

合稅物價

今有客持絲四百八十斤，每斤價鈔八貫一百三十文。赴務投稅三十分而稅一，問該稅鈔幾何？

答曰：一百三十貫八十文。

法曰：置絲四百八十斤以每斤價鈔八貫一百三十文乘之得三千九百二貫四百文。爲實。以稅法三十除之。合問。

今有客持絹二千四百匹匹法四十二尺。出關稅之，每一十匹合稅一尺，共稅絹六匹，却貼得鈔一貫八百文。問每匹價鈔

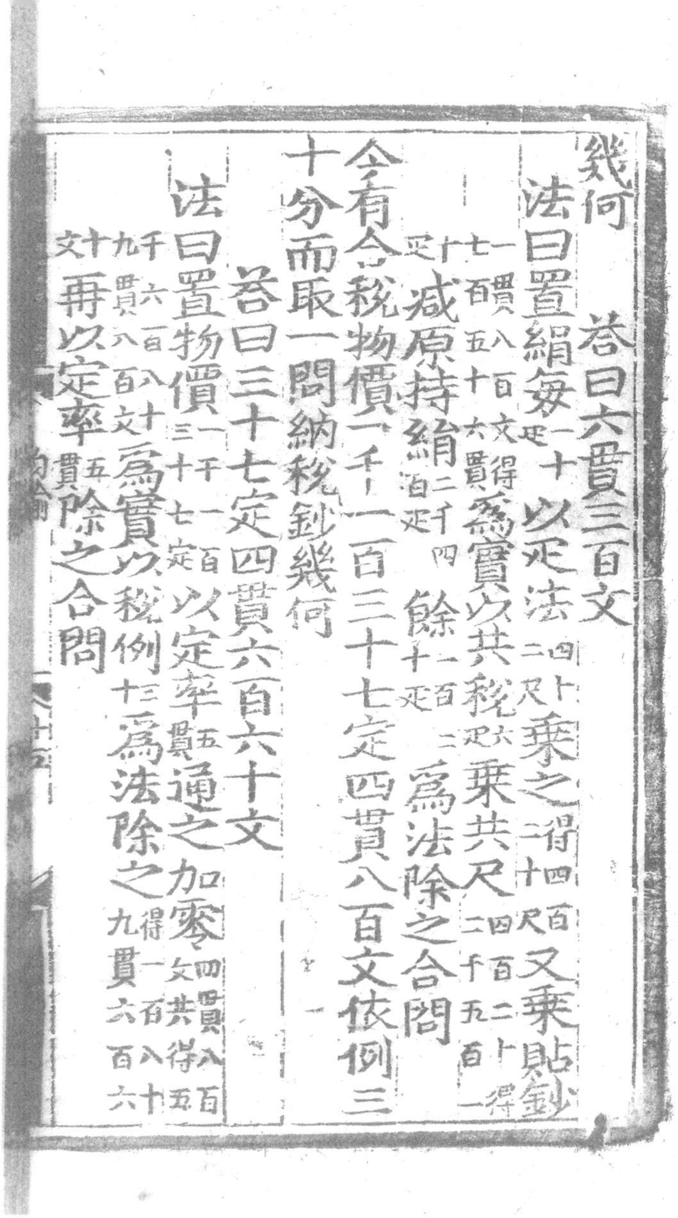

幾何？　　答曰：六貫三百文。

法曰：置絹每一十匹以匹法四十二尺乘之得四百二十尺。又乘貼鈔一貫八百文，得七百五十六貫。爲實，以共税六匹乘共尺四百二十，得二千五百一十匹。減原持絹二千四百匹餘一百二十匹。爲法，除之。合問。

今有合税物價一千一百三十七定四貫八百文，依例三十分而取一，問納税鈔幾何？

答曰：三十七定四貫六百六十文。

法曰：置物價一千一百三十七定以定率五貫通之，加零四貫八百文，共得五千六百八十九貫八百文。爲實。以税例三十爲法，除之得一百八十九貫六百六十文。再以定率五貫除之，合問。

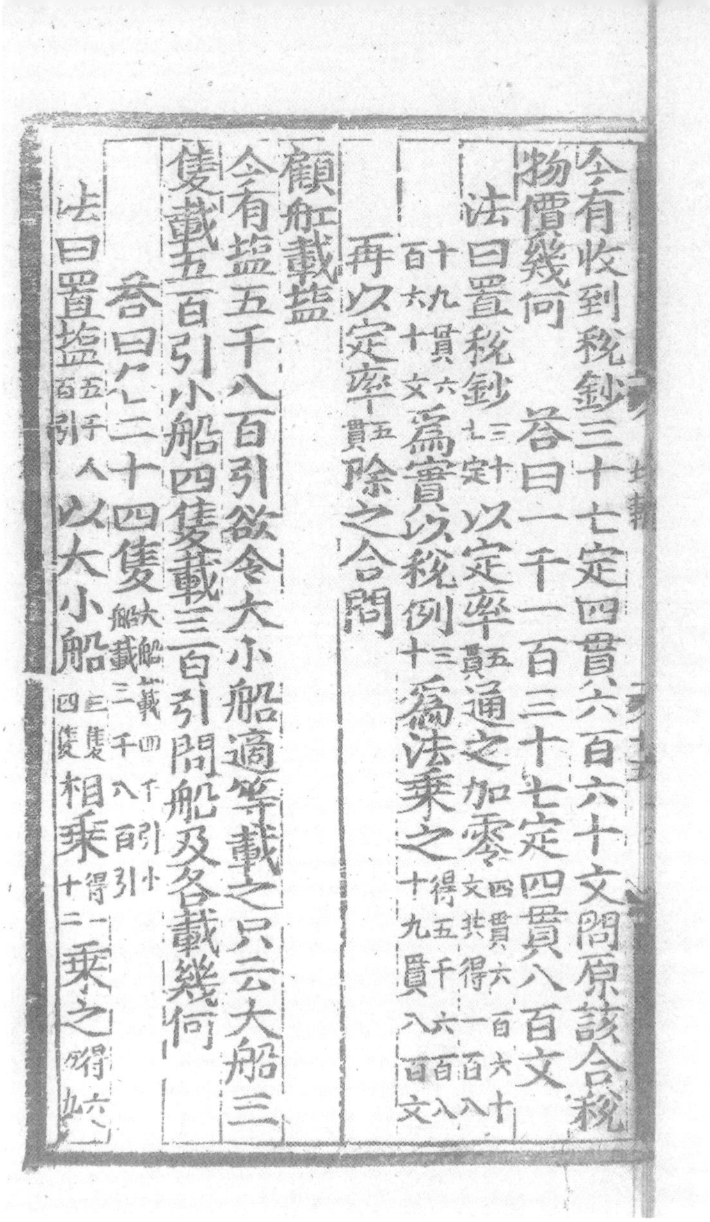
今有收到稅鈔三十七定四貫六百六十文問原該合稅物價幾何 答曰一千一百三十七定四貫八百文
法曰置稅鈔三十七定以定率五貫通之加零四貫六百六十文共得一百八十九貫六百六十文爲實以稅例三十爲法乘之得五千六百八十九貫八百文
再以定率五貫除之合問
顧舡載鹽
今有鹽五千八百引欲令大小船適等載之只云大船三隻載五百引小船四隻載三百引問船及各載幾何
答曰各二十四隻大船載四千引小船載三千八百引
法曰置鹽五千八百引以大小船三隻四隻相乘得十二乘之得六万九

今有收到稅鈔三十七定四貫六百六十文，問原該合稅物價幾何？　　答曰：一千一百三十七定四貫八百文。

法曰：置稅鈔三十七定以定率五貫通之，加零四貫六百六十文，共得一百八十九貫六百六十文。爲實，以稅例三十爲法，乘之得五千六百八十九貫八百文。

再以定率五貫除之。合問。

顧舡載鹽

今有鹽五千八百引，欲令大小船適等載之。只云大船三隻載五百引，小船四隻載三百引，問船及各載幾何？

答曰：各二十四隻大船載四千引，小船載三千八百引。

法曰：置鹽五千八百引以大小船三隻，四隻。相乘得十二。乘之得六万九

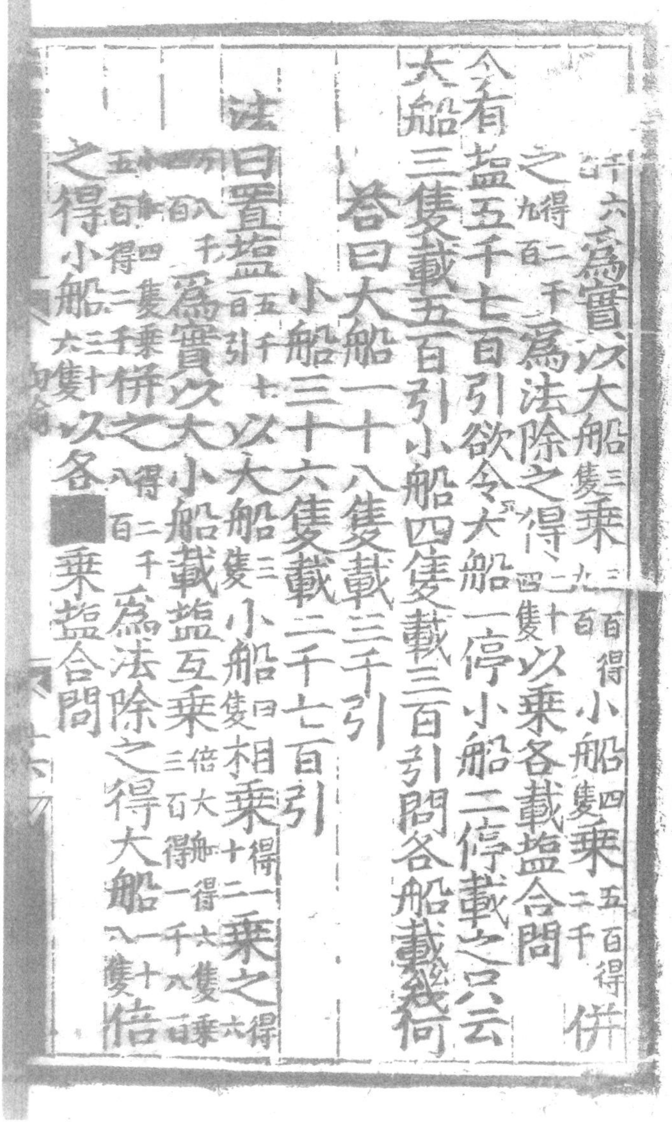

(千六百。)爲實。以大船(三隻)乘(三百，得九百。)小船(四隻)乘(五百，得二千。)并之(得二千九百。)爲法，除之得(二十四隻。)以乘各載鹽。合問。

今有鹽五千七百引，欲令大船一停、小船二停載之。只云大船三隻載五百引，小船四隻載三百引，問各船載幾何？

答曰：大船一十八隻載三千引，

小船三十六隻載二千七百引。

法曰：置鹽(五千七百引)以大船(三隻)小船(四隻)相乘(得十二。)乘之(得六万八千四百。)爲實。以大、小船載鹽互乘(倍大船得六隻，乘三百，得一千八百。小船四隻，乘五百得二千。)并之(得三千八百。)爲法，除之得大船(一十八隻。)倍之得小船(三十六隻。)以各■[1]乘鹽。合問。

1“■”各本均作墨釘，依題意疑似爲“船”。

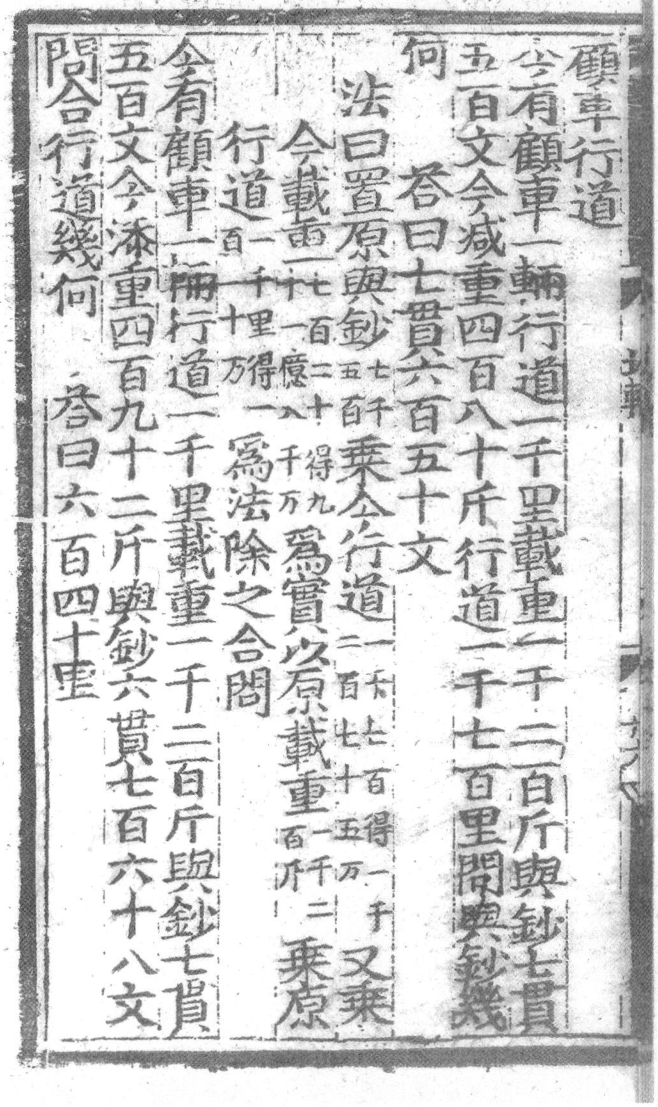

顧車行道

今有顧車一輛，行道一千里，載重一千二百斤，與鈔七貫五百文。今減重四百八十斤，行道一千七百里，問與鈔幾何？　答曰：七貫六百五十文。

法曰：置原與鈔七千五百乘今行道一千七百，得一千二百七十五万。又乘今載重七百二十，得九十一億八千万。爲實。以原載重一千二百斤乘原行道一千里，得一百一十万。爲法，除之。合問。

今有顧車一輛，行道一千里，載重一千二百斤，與鈔七貫五百文。今添重四百九十二斤，與鈔六貫七百六十八文，問合行道幾何？　答曰：六百四十里。

法曰：置原行道一千乘今與鈔六千七百六十八文，得六百七十六万八千。以乘原載重一千二百，得八十一億二千一百六十万。爲實。以今重共一千六百九十二。乘原與鈔七千五百，得一千二百六十九万。爲法，除之。合問。

今有顧車一輛，行道一千里，載重一千二百斤，與鈔七貫五百文。今與鈔七貫六百五十文，行道一千七百里，問合載重幾何？　答曰：七百二十斤。

法曰：置原載重一千二百乘原行道一千，得一百二十万。以乘今與鈔七千六百五十，得九十一億八千万。爲實。以今行道一千七百乘原與鈔七千五百，得一千二百七十五万。爲法，除之。合問。

今有顧車一輛，行道一千里，載重一千二百斤，與鈔七貫

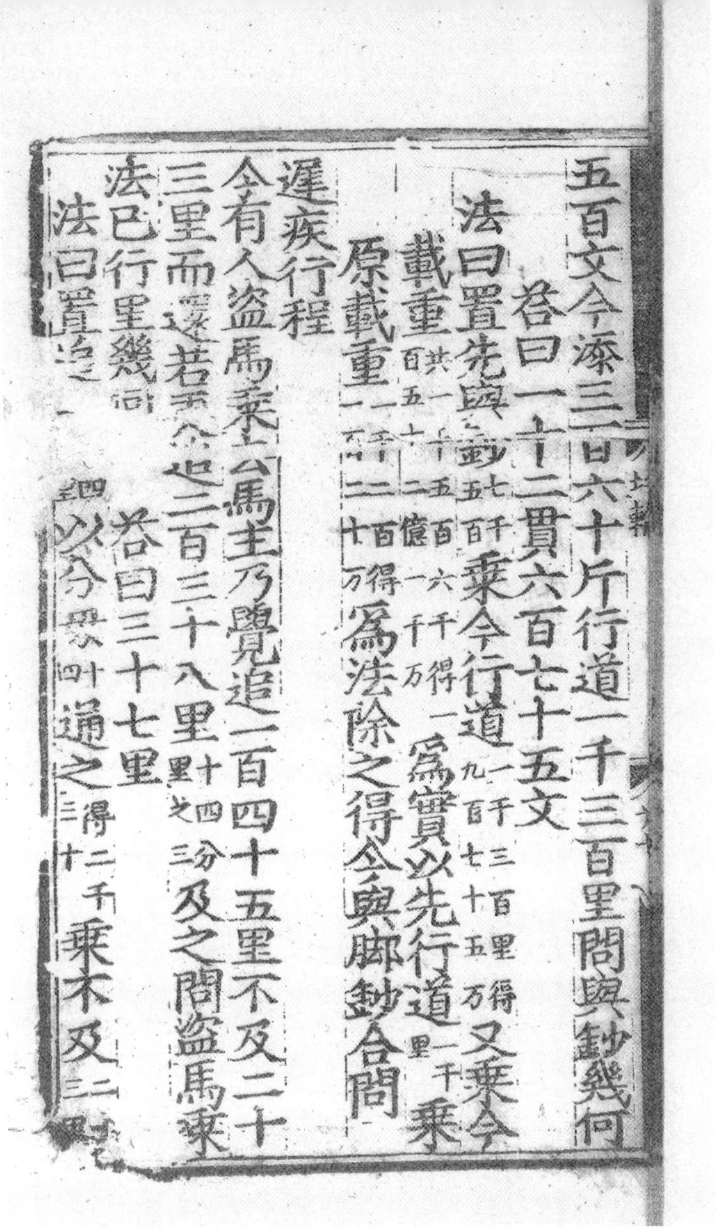

五百文。今添三百六十斤，行道一千三百里，問與鈔幾何？

答曰：一十二貫六百七十五文。

法曰：置先與鈔（七千五百）乘今行道（一千三百里，得九百七十五万。）又乘今載重（共一千五百六千，得一百五十二億一千万。）爲實。以先行道（一千里）乘原載重（一千二百，得一百二十万。）爲法，除之，得今與脚鈔。合問。

遲疾行程

今有人盜馬乘去，馬主乃覺，追一百四十五里，不及二十三里而還。若更[1]追二百三十八里（十四分里之三）及之，問盜馬乘法已行里幾何？　答曰：三十七里。

法曰：置追（一百四十五里）[2]以分母（十四）通之（得二千三十。）乘不及（二十三里）[3]

1“更”，各本均不清，依題意作此。

2“一百四十五里”之“一百”“十五”各本不清，依題意作此。

3“二十三里”之“十”“里”各本不清，依題意作此。

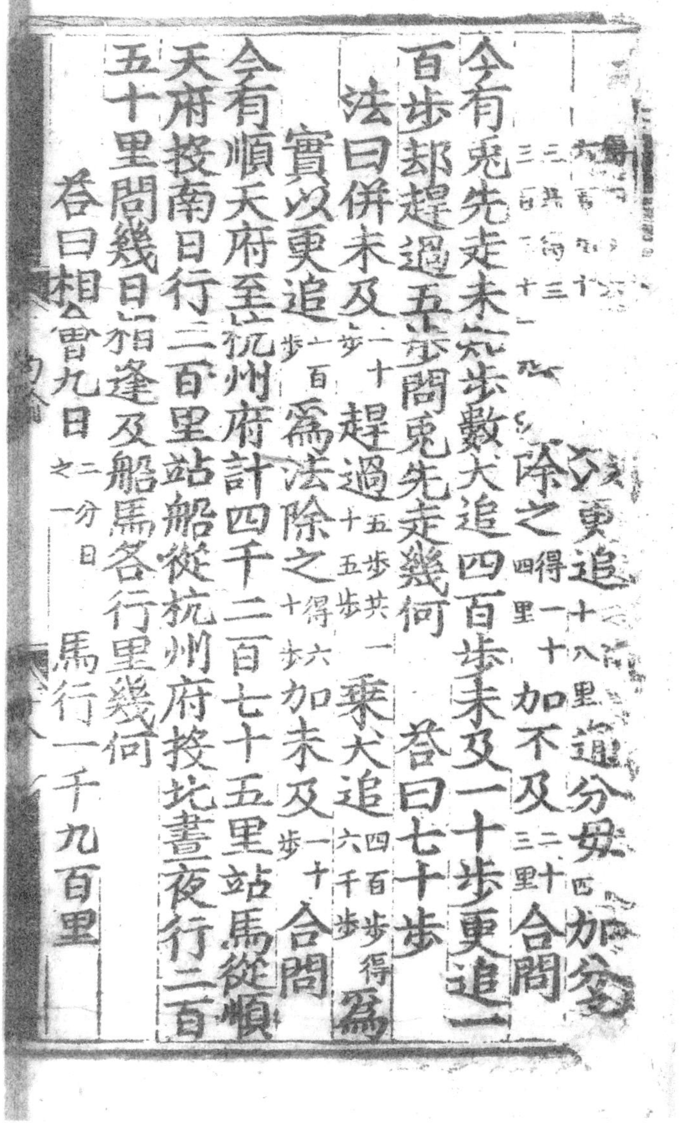

得四万六千六百九十。爲實，以更追二百三十八里。通分母十四加分子三，共得三千三百三十五。爲法，除之得一十四里。加不及三十三里。合問。[1]

今有兔先走未知步數，犬追四百步未及一十步，更追一百步却趕過五步，問兔先走幾何？　答曰：七十步。

法曰：并未及一十步趕過五步，共一十五步。乘犬追四百步，得六千步。爲實。以更追一百步爲法，除之得六十步。加未及一十步。合問。

今有順天府至杭州府，計四千二百七十五里。站馬從順天府投南，日行二百里；站船從杭州府投北，晝夜行二百五十里。問幾日相逢及船馬各行里幾何？

答曰：相會九日二分日之一，馬行一千九百里，

1 右側兩欄文字各本均模糊不清，綜合各本依稀可見文字及題意計算，推知文字如此。

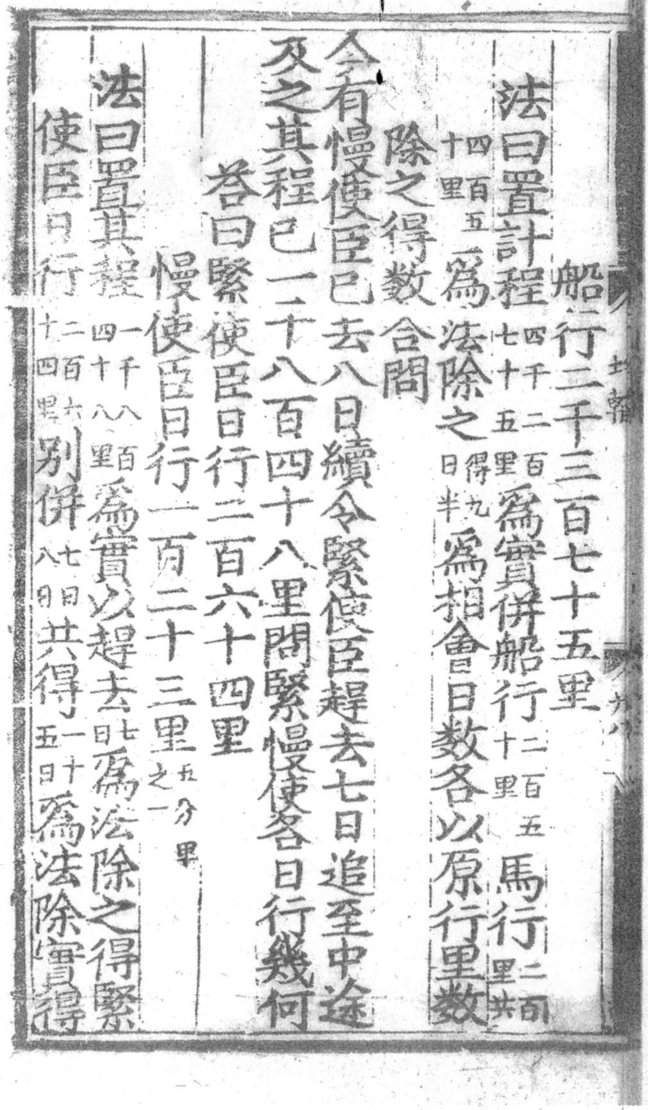

船行二千三百七十五里。

法曰：置計程四千二百七十五里爲實，并船行二百五十里馬行二百里共四百五十里。爲法，除之得九日半。爲相會日數。各以原行里數除之，得數。合問。

今有慢使臣已去八日，續令緊使臣趕去，七日追至中途及之，其程已一千八百四十八里。問緊慢使各日行幾何？

答曰：緊使臣日行二百六十四里，

慢使臣日行一百二十三里五分里之一。

法曰：置其程一千八百四十八里爲實。以趕去七日爲法，除之，得緊使臣日行二百六十四里。別并七日八日共得一十五日。爲法，除實得

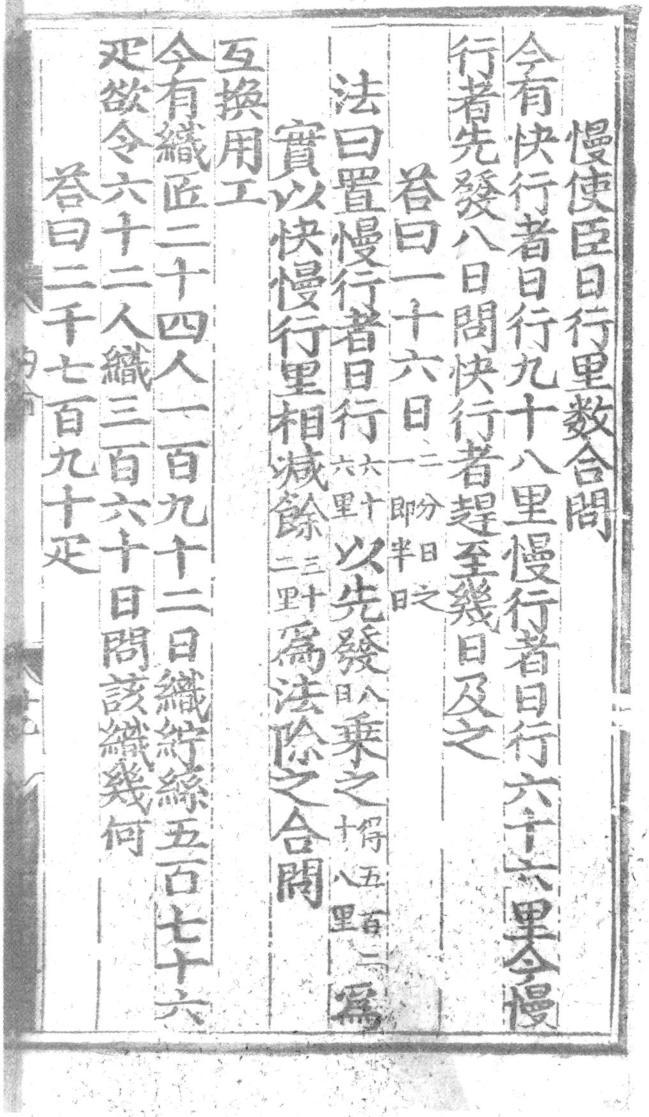
慢使臣日行里数合問
今有快行者日行九十八里慢行者日行六十六里今慢
行者先發八日問快行者趕至幾日及之
答曰一十六日二分日之一即半日
法曰置慢行者日行六十六里以先發八日乘之得五百二十八里爲
實以快慢行里相減餘三十二里爲法除之合問
互換用工
今有織匠二十四人一百九十二日織紵絲五百七十六
疋欲令六十二人織三百六十日問該織幾何
答曰二千七百九十疋

慢使臣日行里數。合問。

今有快行者日行九十八里，慢行者日行六十六里，今慢行者先發八日，問快行者趕至幾日及之？

答曰：一十六日二分日之一即半日。

法曰：置慢行者日行六十六里以先發八日乘之得五百二十八里。爲實。以快慢行里相減餘三十二里爲法，除之。合問。

互換用工

今有織匠二十四人一百九十二日，織紵絲五百七十六匹。欲令六十二人織三百六十日，問該織幾何？

答曰：二千七百九十四。

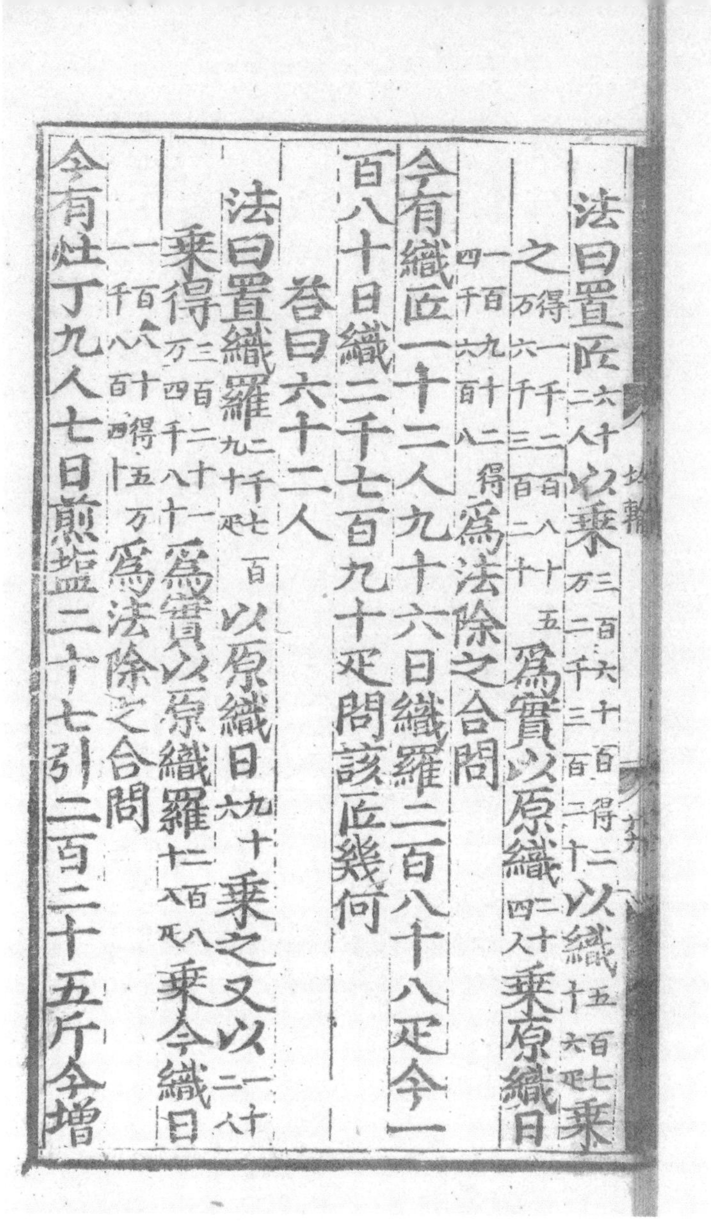

法曰：置匠六十二人以乘三百六十百，得二万二千三百二十。以織五百七十六匹乘之得一千二百八十五万六千三百二十。爲實，以原織二十四人乘原織日一百九十二，得四千六百八。爲法，除之。合問。

今有織匠一十二人九十六日，織羅二百八十八匹。今一百八十日織二千七百九十匹，問該匠幾何？

答曰：六十二人。

法曰：置織羅二千七百九十匹以原織日九十六乘之。又以一十二人乘得三百二十一万四千八十。爲實。以原織羅二百八十八匹乘今織日一百八十，得五万一千八百四十。爲法，除之。合問。

今有灶丁九人，七日煎鹽二十七引二百二十五斤。今增

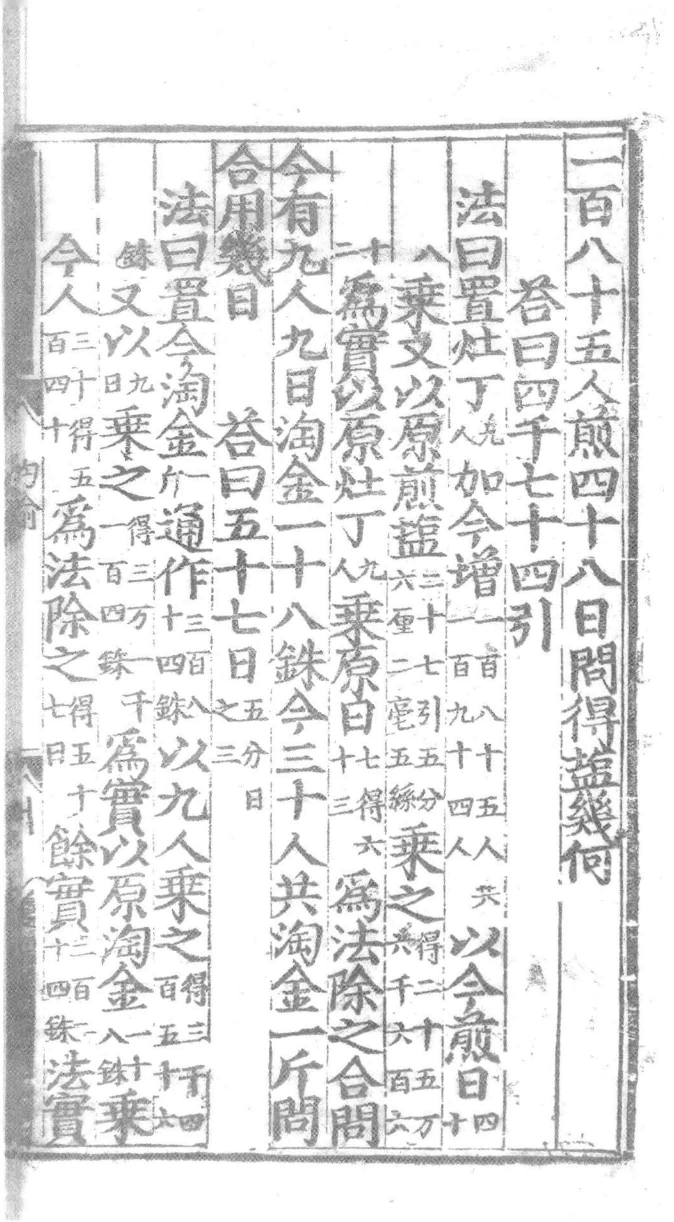

一百八十五人，煎四十八日，問得鹽幾何？

答曰：四千七十四引。

法曰：置灶丁（九人）如今增（一百八十五人，共一百九十四人。）以今煎日（四十八）乘，又以原煎鹽（二十七引五分六厘二毫五絲）乘之（得二十五万六千六百六十二。）爲實。以原灶丁（九人）乘原日（七十三。得六）爲法，除之，合問。

今有九人九日淘金一十八銖，今三十人共淘金一斤，問合用幾日？　答曰：五十七日（五分日之三）。

法曰：置今淘金（一斤）通作（三百八十四銖。）以九人乘之（得三千四百五十六銖。）又以（九日）乘之（得三万一千一百四銖。）爲實。以原淘金（一十八銖）乘今人（三十，百四十。得五）爲法，除之（得五十七日。）餘實（三百二十四銖。）[1] 法實

1“二”，各本不清，依題意作此。

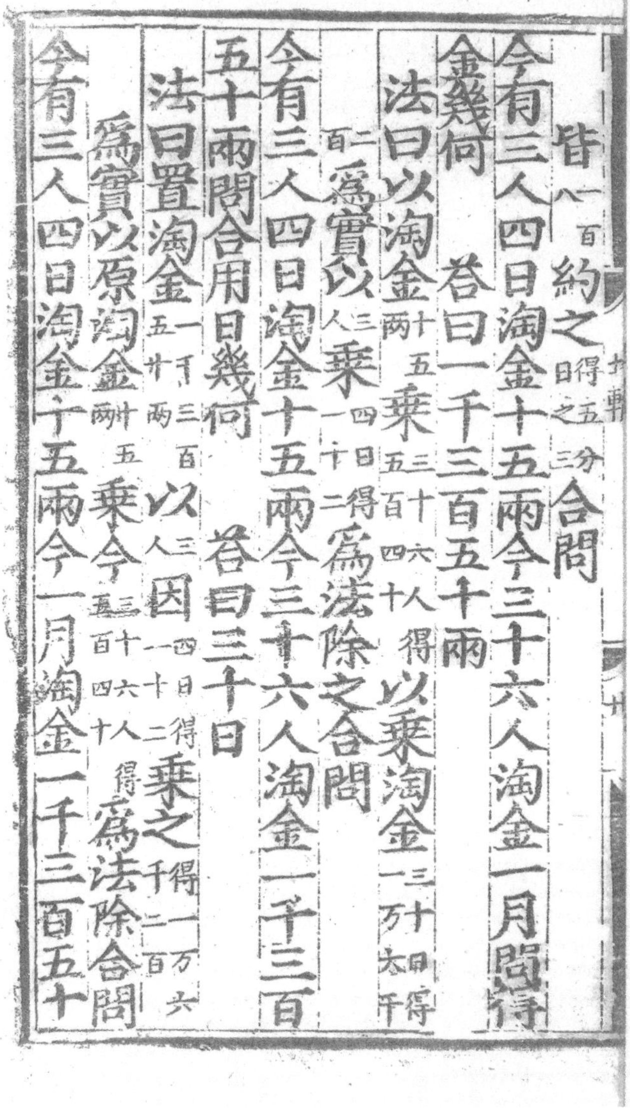

皆一百八約之得五分日之三。合問。

今有三人四日淘金十五兩，今三十六人淘金一月，問得金幾何？　答曰：一千三百五十兩。

法曰：以淘金十五兩乘三十六人，得五百四十。以乘淘金三十日，得一万六千二百。爲實。以三人乘四日，得一千二。爲法，除之。合問。

今有三人四日淘金十五兩，今三十六人淘金一千三百五十兩，問合用日幾何？　答曰：三十日。

法曰：置淘金一千三百五十兩以三人因四日，得一十二。乘之得一万六千二百。爲實。以原淘金十五兩乘今三十六人，得五百四十。爲法，除。合問。

今有三人四日淘金十五兩，今一月淘金一千三百五十

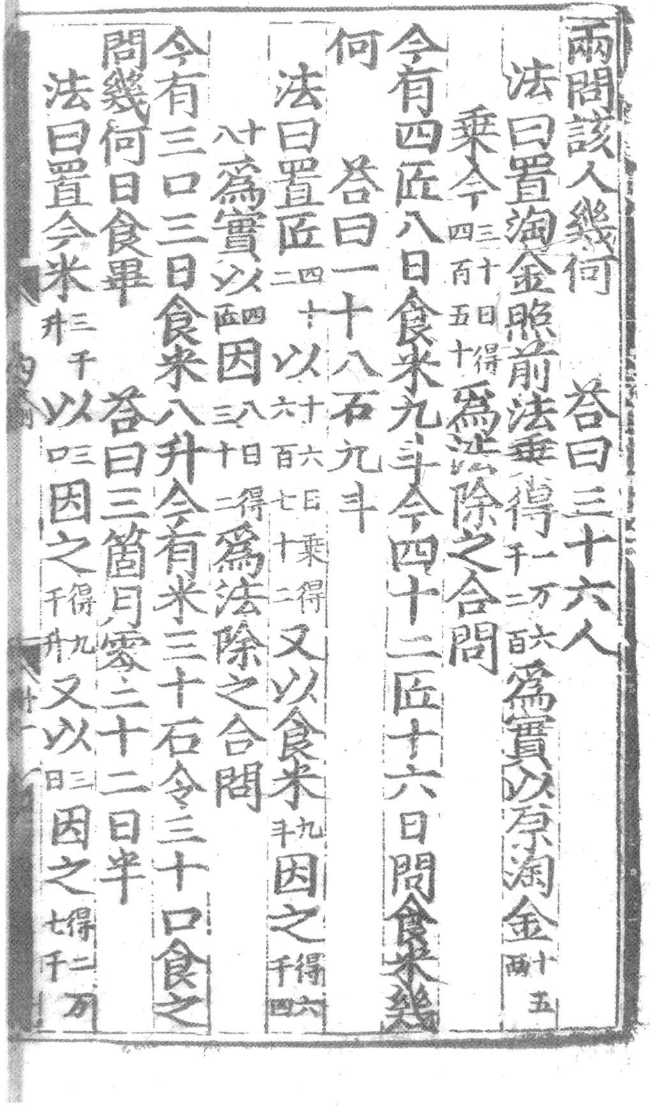

兩，問該人幾何？　　答曰：三十六人。

法曰：置淘金照前法乘得二万六千二百。爲實。以原淘金十五兩乘今三十日，得四百五十。爲法，除之。合問。

今有四匠八日食米九斗，今四十二匠十六日，問食米幾何？　　答曰：一十八石九斗。

法曰：置匠四十二以十六日，乘得六百七十二。又以食米九斗因之得六千四十八。爲實。以四匠因八日，得三十二。爲法，除之。合問。

今有三口三日食米八升，今有米三十石令三十口食之，問幾何日食畢？　答曰：三箇月零二十二日半。

法曰：置今米三千升以三口因之得九千升。又以三日因之得二万七千。

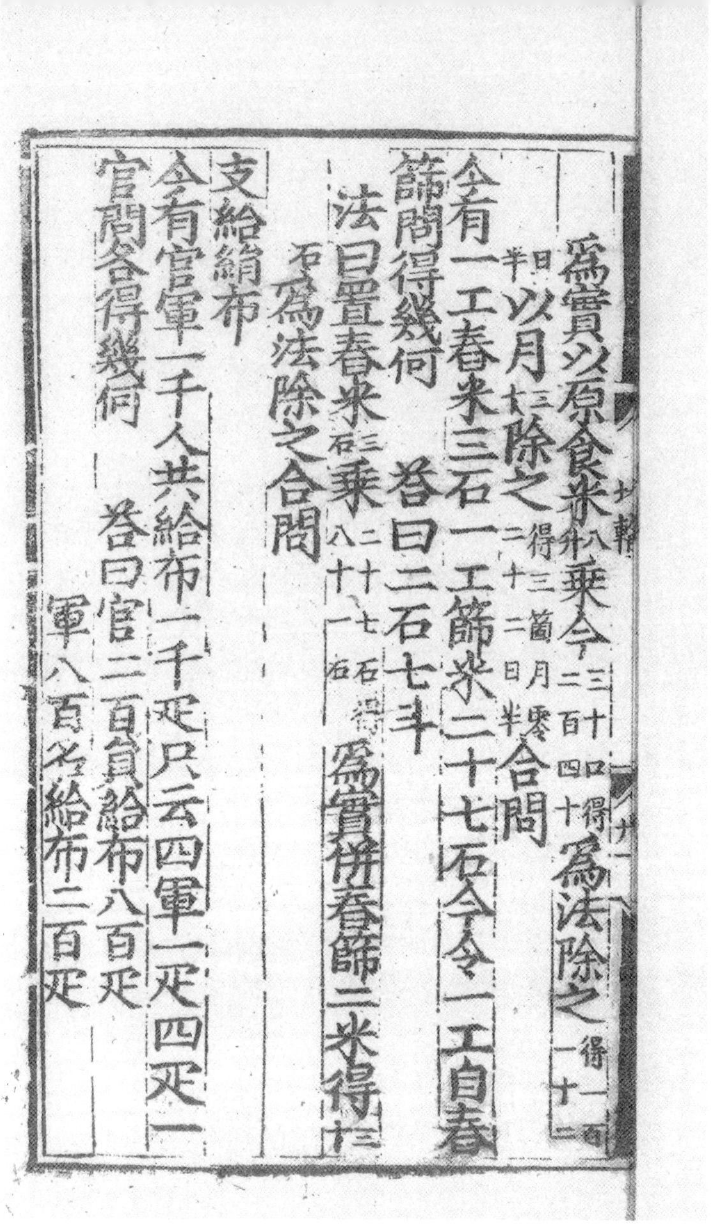

爲實。以原食米八升乘今三十口，得二百四十。爲法，除之得一百一十二日半。以月三十除之得三箇月零二十二日半。合問。

今有一工舂米三石，一工篩米二十七石。今令一工自舂篩，問得幾何？　答曰：二石七斗。

法曰：置舂米三石乘二十七石，得八十一石。爲實，并舂篩二米得三十石爲法，除之，合問。

支給絹布

今有官、軍一千人，共給布一千匹。只云四軍一匹，四匹一官。問各得幾何？　答曰：官二百員給布八百匹，

軍八百名，给布二百匹。

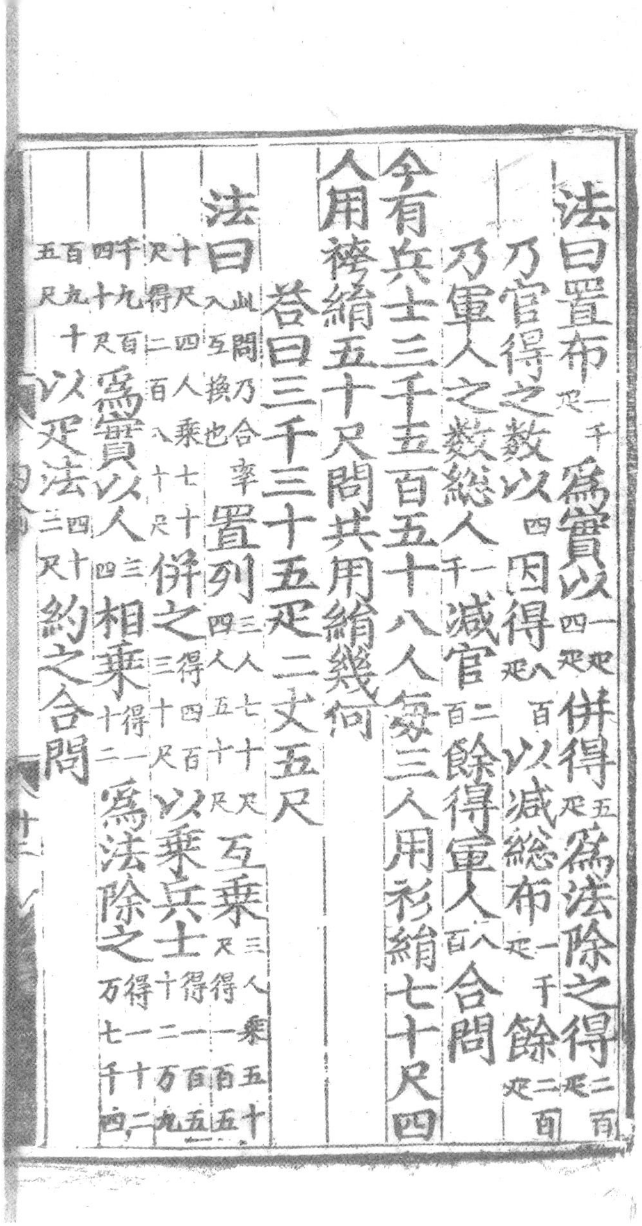

法曰：置布一千匹爲實，以一匹、四匹并得五匹爲法。除之得二百匹。

乃官。得之數以四因得八百匹。以減総布一千匹餘二百匹。

乃軍人之數。総人一千減官二百餘得軍人八百。合問。

今有兵士三千五百五十八人，每三人用衫絹七十尺，四人用袴絹五十尺。問共用絹幾何？

答曰：三千三十五匹二丈五尺。

法曰：此問乃合率人互換也。置列三人、七十尺四人、五十尺互乘三人乘五十尺，得一百五十尺；四人乘七十尺得二百八十尺。并之得四百三十尺。以乘兵士得一百五十二万九千九百四十尺。爲實，以人三四相乘得十二。爲法，除之得一十二万七千四百九十五尺。以匹法四十二尺約之，合問。

今有旗軍二十二萬八千四百八十名劄寨一所每五十
六名爲一隊所居之地長一十步闊八步每一萬一千二
百名用管軍頭目都指揮一員指揮一十員千户二十員
百户一百員帳房所居之地俱方大將軍中軍帳每面闊
一十六步都指揮每面闊六步指揮每面闊五步千户每
面闊四步百户每面闊三步其寨通闊四百八十步問長
步及長闊各列隊伍并指揮千百户員數同積步各幾何
答曰通積三十五萬七千三百六十四步
長七百四十四步一百二十分步之六十一
闊四百八十步

今有旗軍二十二萬八千四百八十名，劄寨一所，每五十六名爲一隊。所居之地長一十步，闊八步。每一萬一千二百名，用管軍頭目都指揮一員、指揮一十員、千户二十員、百户一百員。帳房所居之地俱方。大將軍中軍帳每面闊一十六步，都指揮每面闊六步，指揮每面闊五步，千户每面闊四步，百户每面闊三步。其寨通闊四百八十步。問長步及長闊各列隊伍，并指揮、千、百户員數，同積步各幾何?

答曰：通積三十五萬七千三百六十四步，

長七百四十四步一百二十分步之六十一，

闊四百八十步。

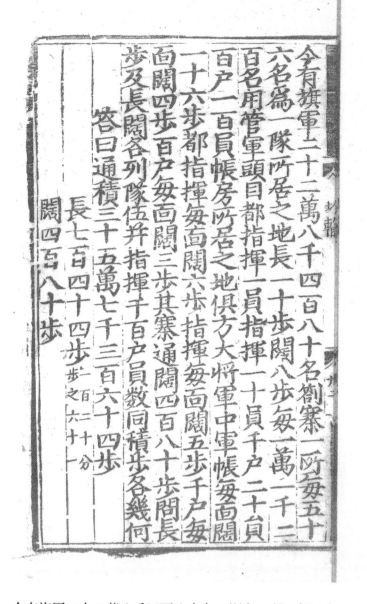

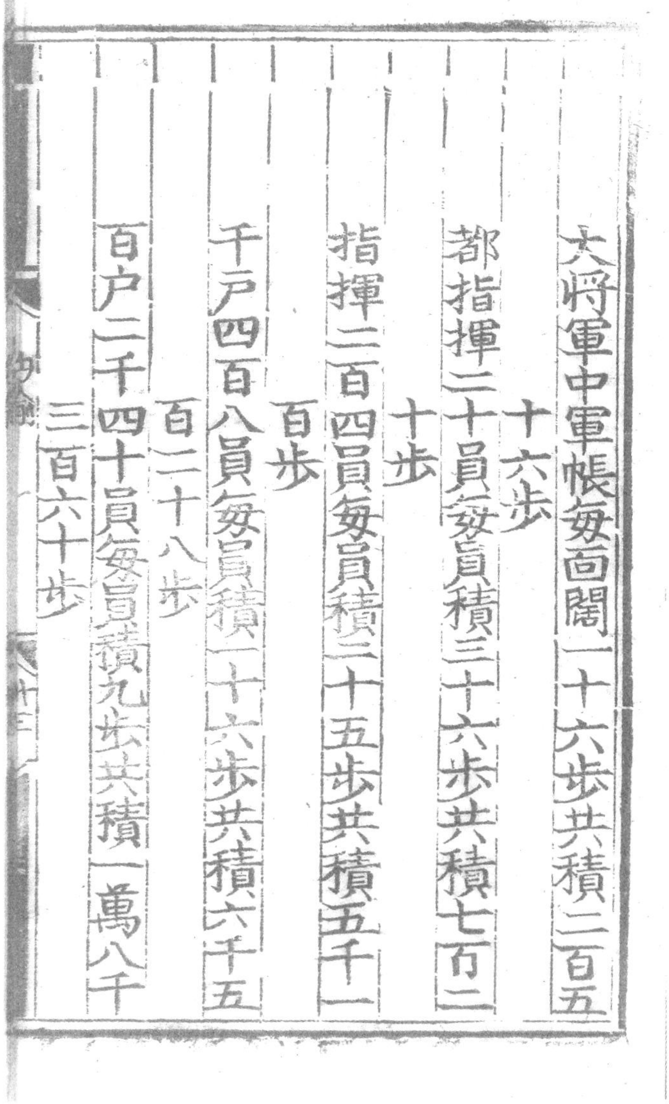
大將軍中軍帳每面闊一十六步共積二百五十六步
都指揮二十員每員積三十六步共積七百二十步
指揮二百四員每員積二十五步共積五千一百步
千戶四百八員每員積一十六步共積六千五百二十八步
百戶二千四十員每員積九步共積一萬八千三百六十步

大將軍中軍帳每面闊一十六步，共積二百五十六步；

都指揮二十員每員積三十六步，共積七百二十步；

指揮二百四員每員積二十五步，共積五千一百步；

千户四百八員每員積一十六步，共積六千五百二十八步；

百户二千四十員每員積九步，共積一萬八千三百六十步；

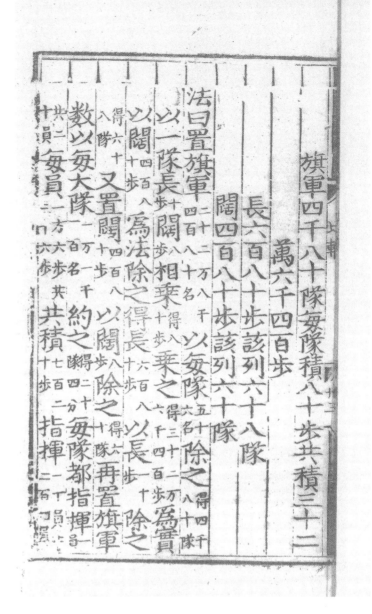

旗軍四千八十隊每隊積八十步，共積三十二萬六千四百步。

長六百八十步該列六十八隊，

闊四百八十步該列六十隊。

法曰：置旗軍（二十二万八千四百八十名）以每隊（五十六名）除之（得四千八十隊。）以一隊長（十步）闊（八步）相乘（得八十步。）乘之（得三十二万六千四百步。）爲實。以闊（四百八十步）爲法，除之得長（六百八十步。）以長（一十步）除之（得六十八隊。）又置闊（四百八十步）以闊（八步）除之（得六十隊。）再置旗軍數，以每大隊（二万一千二百名）約之（得二十隊四分。）每隊都指揮（一員，共二十員。）每員（一方六步，共三十六步。）共積（七百二十步）指揮（二十員，共二百四員。）[1]

1“共”“四員”各本均不清，依題意作此。

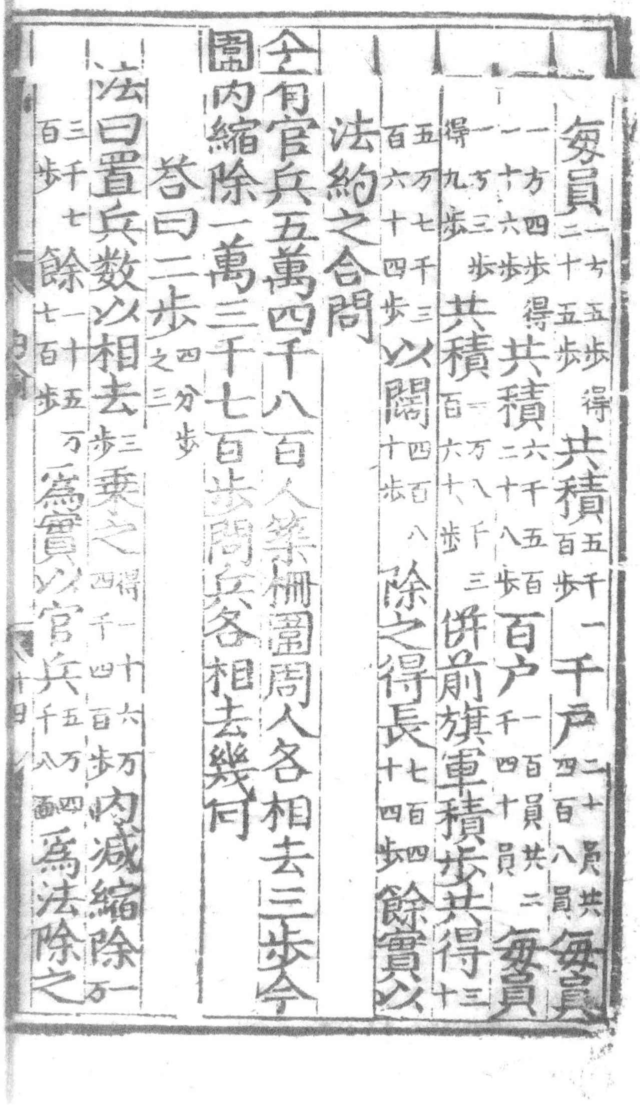

每員一方五步，得二十五步。共積五千一百步　千户二十員，共四百八員。每員一方四步，得一十六步。共積六千五百二十八步。百户一百員，共二千四十員。每員一方三步，得九步。共積一万八千三百六十步　并前旗軍積步共得三十五万七千三百六十四步。以闊四百八十步除之，得長七百四十四步。餘實，以法約之，合問。

今有官兵五萬四千八百人築柵圍，周人各相去三步。今圍内縮除一萬三千七百步，問兵各相去幾何？

答曰：二步四分步之三。

法曰：置兵數以相去三步乘之得一十六万四千四百步。内減縮除一万三千七百步餘一十五万七百步。爲實。以官兵五万四千八百爲法，除之得二步。餘實四万一千一百步。法實皆一百三十七約之。合問。

今有狐狸一頭九尾，鵰鳥一尾九頭。只云前有七十二頭，後有八十八尾，問二禽獸各幾何？

答曰：狐狸九，鵰鳥七。

法曰：置頭七十二以減尾八十八餘一十六。乃二禽獸共數。以尾九因之得一百四十四。內減総尾八十八餘五十六。爲實。別以尾九內減頭一餘八。爲法，除實，得鵰鳥七。以減共數一十六餘得狐狸九。合問。

詩詞五十問

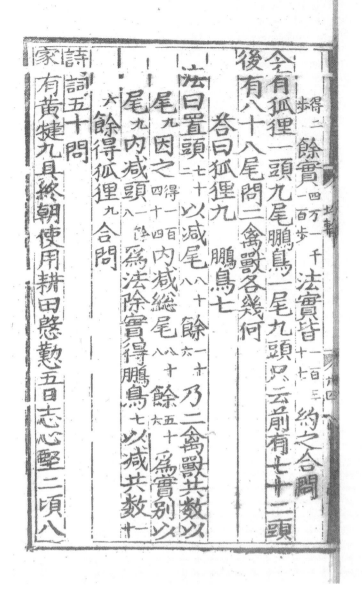

家有黄犍九具，終朝使用耕田。慇懃五日志心堅，二頃八

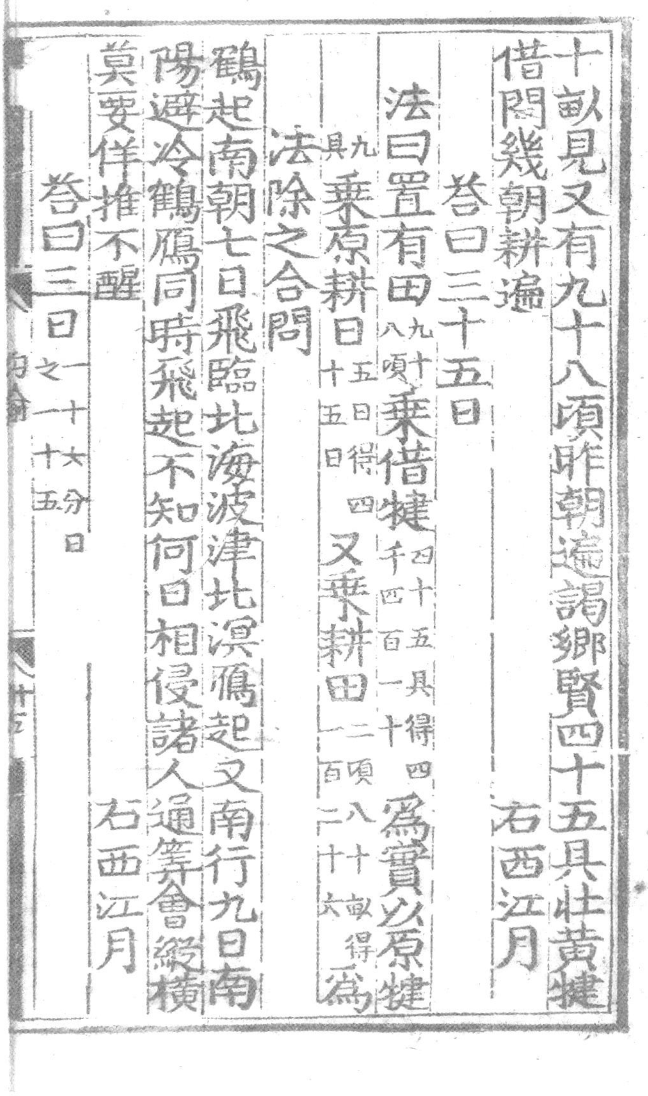

十畝見。又有九十八頃，昨朝遍謁鄉賢。四十五具壯黄犍，借問幾朝耕遍？　　　　　　　　　　右西江月

答曰：三十五日。

法曰：置有田九十八頃乘借犍四十五具，得四千四百一十。爲實。以原犍九具乘原耕日五日，得四十五日。又乘耕田二頃八十畝，得一百二十六。爲法，除之，合問。

鶴起南朝七日，飛臨北海波津。北溟鴈起又南行，九日南陽避冷。鶴鴈同時飛起，不知何日相侵。諸人通筭會縱横，莫要佯推不醒。　　　　　　　　　　右西江月

答曰：三日一十六分日之一十五。

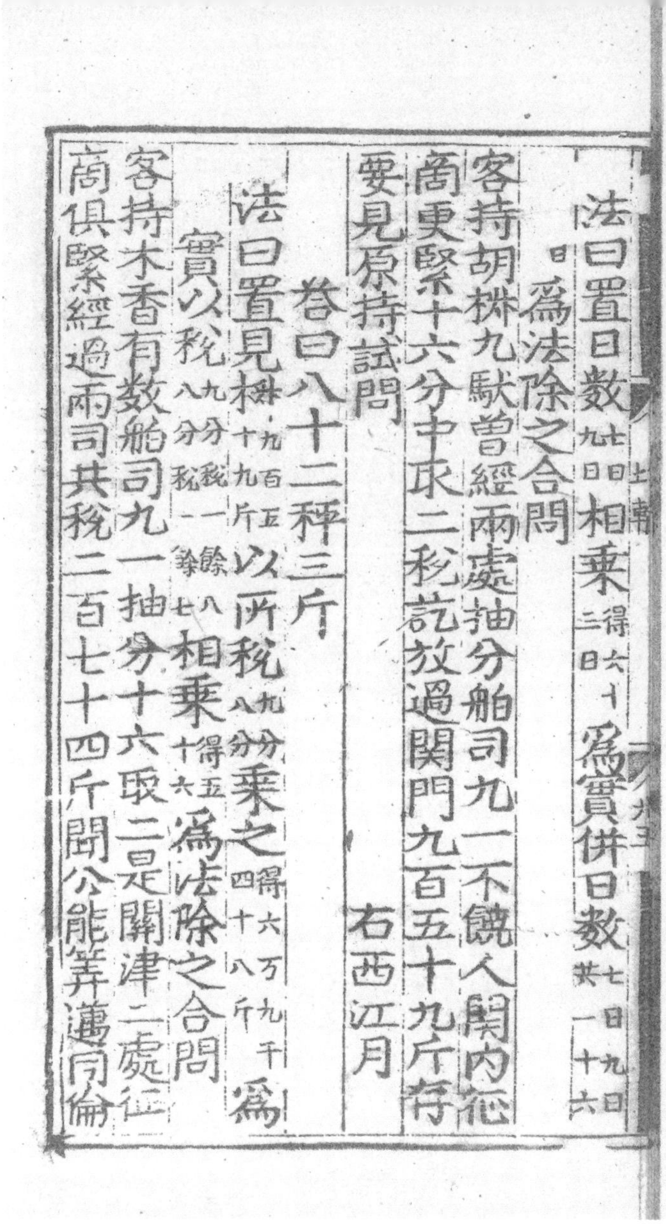

法曰：置日數七日，九日。相乘得六十三日。爲實。并日數七日，九日，共一十六日。爲法，除之，合問。

客持胡椒九馱，曾經兩處抽分。舶司九一不饒人，関内征商更緊。十六分中取二，税訖放過関門。九百五十九斤存，要見原持試問。　　　　右西江月

答曰：八十二秤三斤。

法曰：置見椒九百五十九斤以所税九分，八分。乘之得六万九千四十八斤。爲實。以税九分税一餘八，八分税一餘七。相乘得五十六。爲法，除之。合問。

客持木香有數，舶司九一抽分。十六取二是關津，二處征商俱緊。經過兩司共税，二百七十四斤。聞公能筭邁同倫，

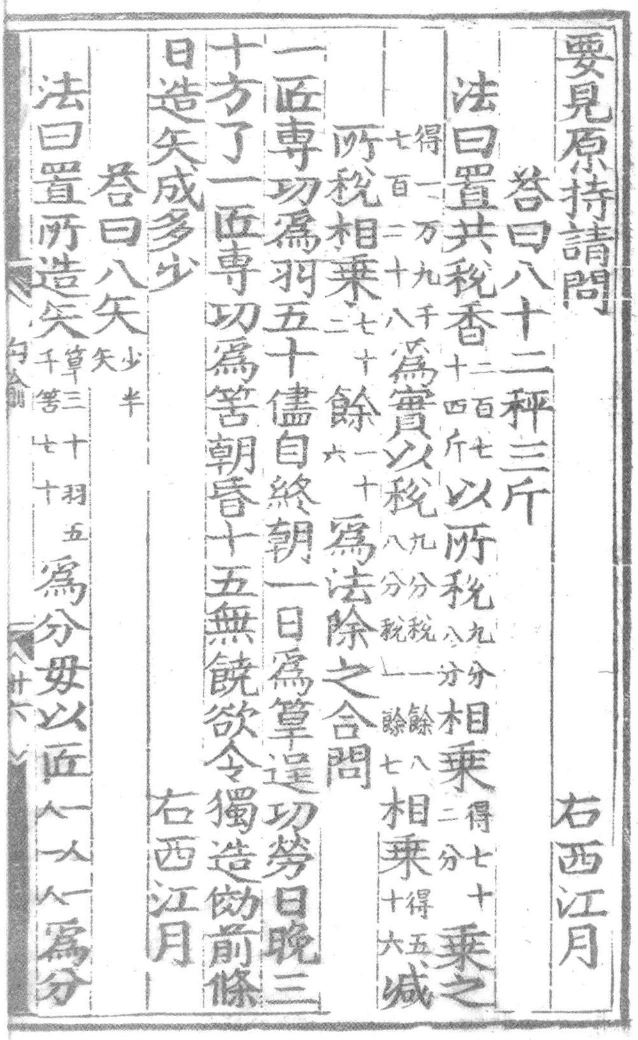

要見原持請問。　　右西江月

答曰：八十二秤三斤。

法曰：置共税香(二百七十四斤)以所税(九分，八分。)相乘(得七十二分。)乘之(得一万九千七百二十八。)爲實。以税(九分税一餘八，八分税一餘七。)相乘(得五十六。)減所税相乘(七十二)餘(一十六。)爲法，除之。合問。

一匠專功爲羽，五十儘自終朝。一日爲筸逞功勞，日晚三十方了。一匠專功爲筈，朝昏十五無鐃。欲令獨造效前條，日造矢成多少？　　右西江月

答曰：八矢(少半矢)。

法曰：置所造矢(筸三十，羽五十，筈七十。)爲分母，以匠(一人，一人，一人。)爲分

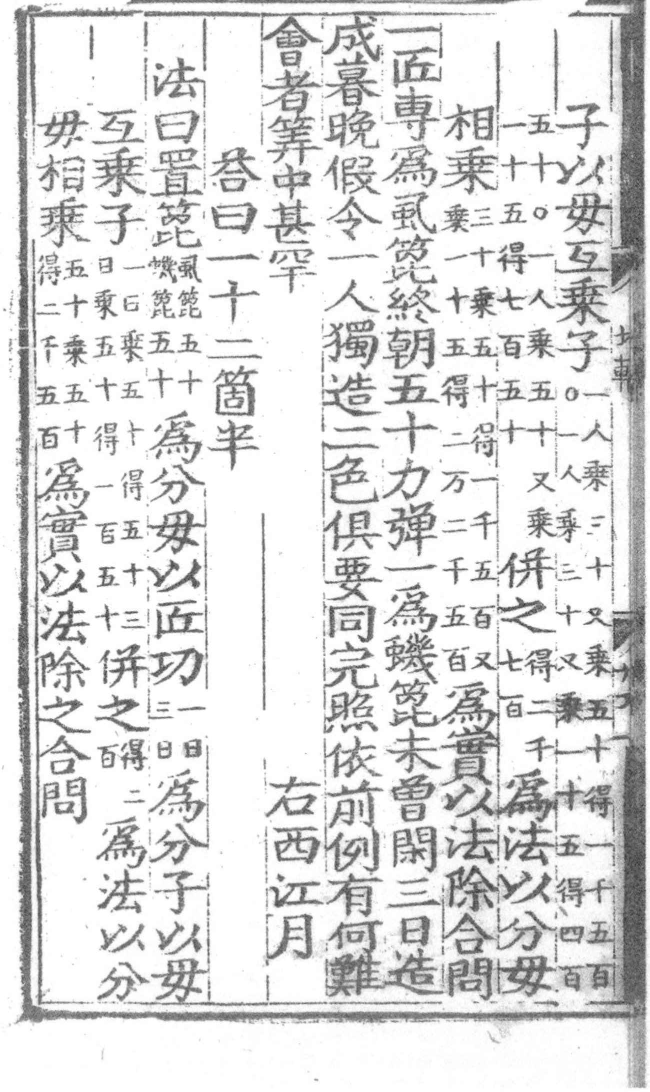

子。以母互乘子（一人乘三十，又乘五十，得一千五百。〇一人乘三十，又乘一十五，得四百五十。〇一人乘五十，又乘一十五，得七百五十。）并之（得二千七百。）爲法。以分母相乘（三十乘五十得一千五百。又乘一十五得二万二千五百。）爲實。以法除，合問。

一匠專爲虱篦，終朝五十力彈。一爲蟣篦未曾閑，三日造成暮晚。假令一人獨造，二色俱要同完。照依前例有何難，會者筭中甚罕。　右西江月

答曰：一十二箇半。

法曰：置篦（虱篦五十　蟣篦五十）爲分母，以匠功（一日　三日）爲分子。以母互乘子（一日乘五十得五十，三日乘五十得一百五十。）并之（得二百。）爲法。以分母相乘（五十乘五十得二千五百。）爲實，以法除之，合問。

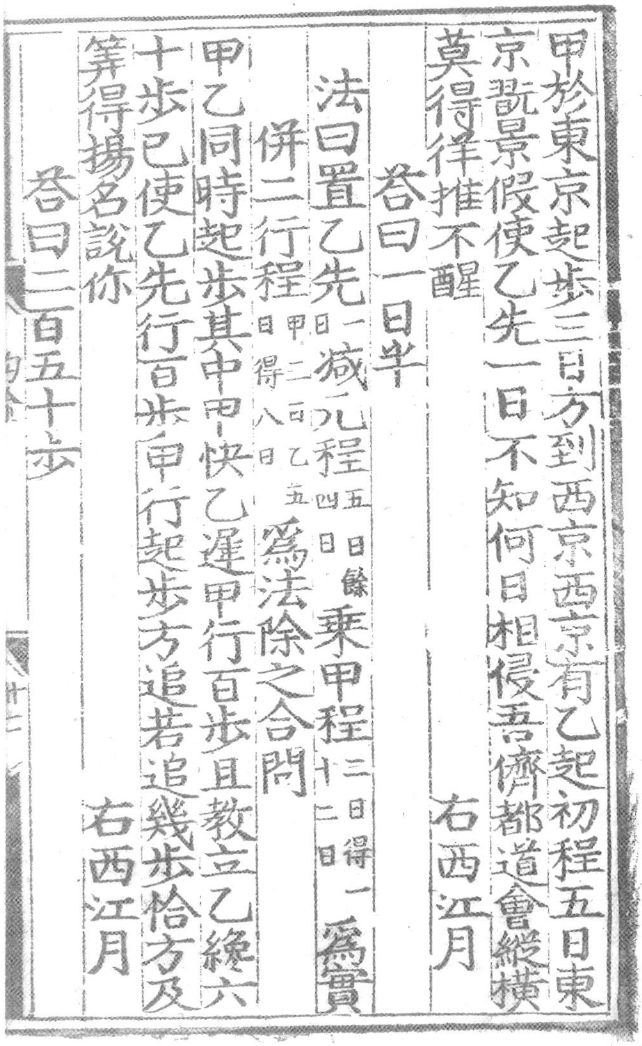

甲於東京起步，三日方到西京。西京有乙起初程，五日東京翫景。假使乙先一日，不知何日相侵。吾儕都道會縱横，莫得徉推不醒。　　　　右西江月

答曰：一日半。

法曰：置乙先一日減元程五日，四日。餘乘甲程三日，十二日。得一爲實。

并二行程甲三日，乙五日，得八日。爲法除之，合問。

甲乙同時起步，其中甲快乙遲。甲行百步且教立，乙纔六十步已。使乙先行百步，甲行起步方追。若追幾步恰方及，筭得揚名説你。　　　　右西江月

答曰：二百五十步。

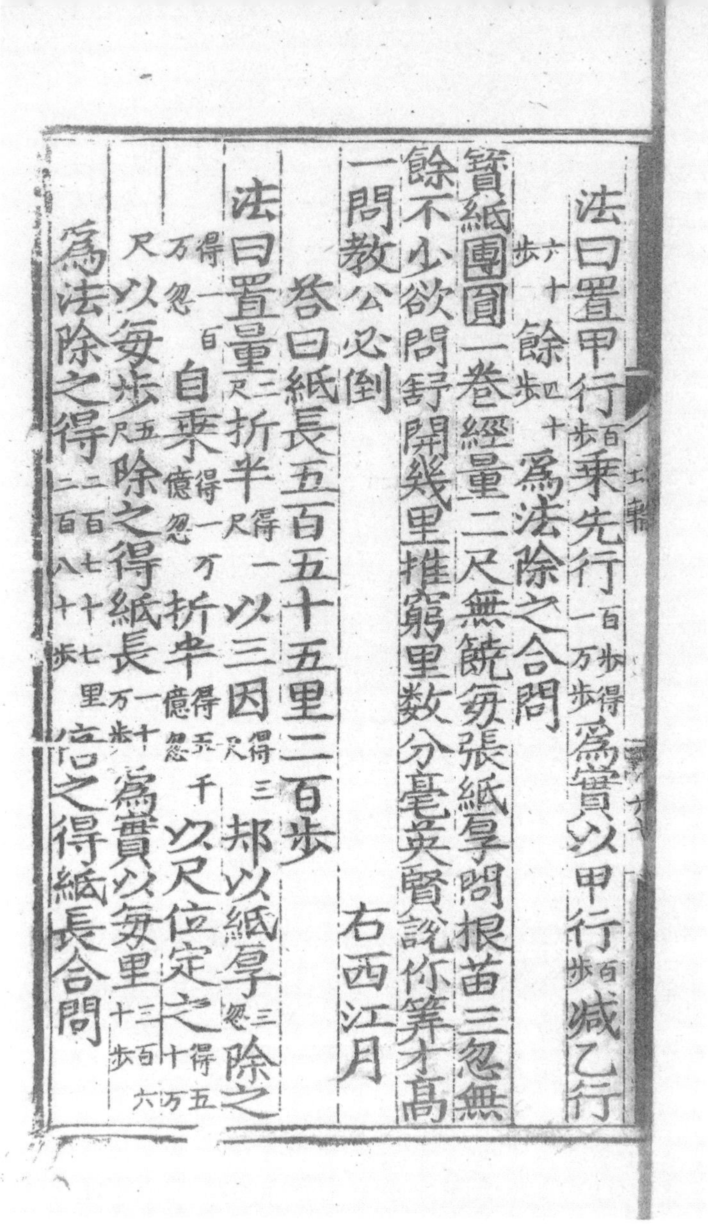

法曰：置甲行百步乘先行百步得一万步。爲實。以甲行百步减乙行六十步餘四十步。爲法，除之。合問。

寳紙團圓一卷，經量二尺無饒。每張紙厚問根苗，三忽無餘不少。欲問舒開幾里，推窮里數分毫。英賢説你筭才高，一問教公必倒。　　右西江月

答曰：紙長五百五十五里二百步。

法曰：置量二尺折半得一尺。以三因得三尺。却以紙厚三忽除之得一百万忽。自乘得一万億忽。折半得五千億忽。以尺位定之得五十万尺。以每步五尺除之，得紙長一十万步爲實。以每里三百六十步爲法，除之，得二百七十七里二百八十步。倍之，得紙長。合問。

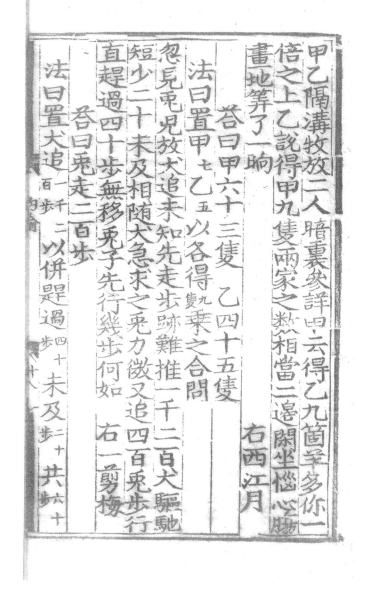

甲乙隔溝牧放，二人暗裏參詳。甲云得乙九箇羊，多你一倍之上。乙説得甲九隻，兩家之數相當。二邊閑坐惱心腸，畫地筭了一晌。　　　　右西江月

答曰：甲六十三隻，乙四十五隻。

法曰：置甲七乙五以各得九隻乘之，合問。

忽見兔兒放犬追，未知先走，步迹難推。一千二百犬驅馳，短少二十，未及相随。犬急求之兔力微，又追四百，兔步行直。趕過四十步無移，兔子先行，幾步何如？　右一剪梅

答曰：兔走二百步。

法曰：置犬追一千二百步以并趕過四十步未及二十步共六十步

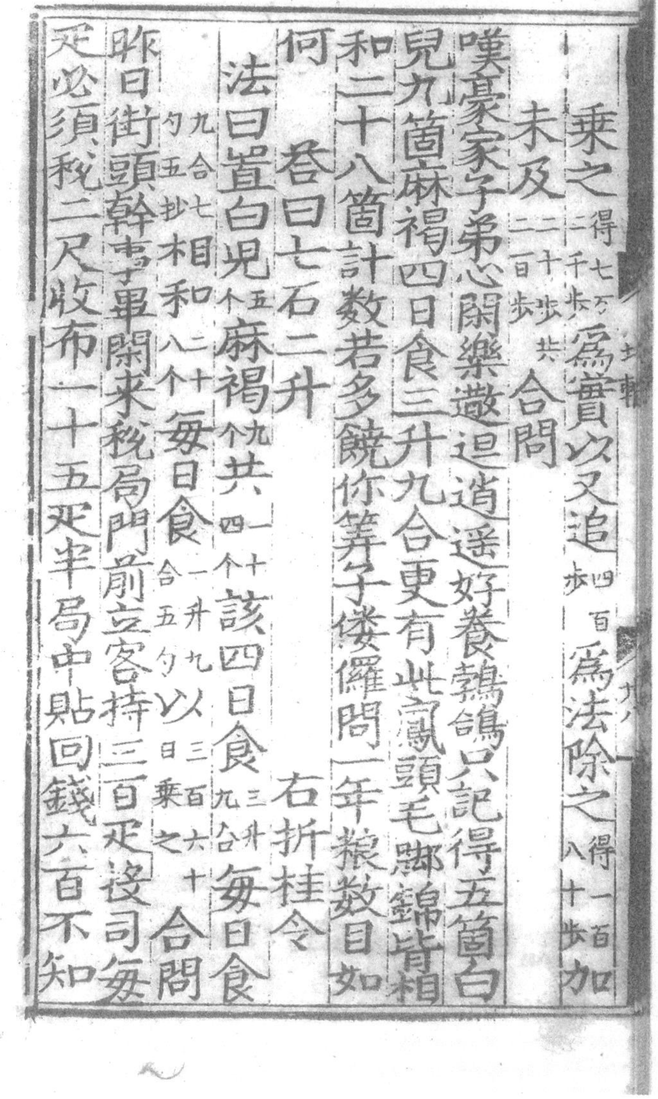

乘之得七万二千步。爲實。以又追四百步爲法，除之得一百八十步。加未及二十步，共二百步。合問。

嘆豪家子弟心閑樂，邀廹逍遥，好養鵓鴿。只記得，五箇白兒，九箇麻褐，四日食三升九合。更有此，鳳頭毛脚錦，皆相和，二十八箇，計數若多。饒你筭子倭儸，問一年粮數目如何？　答曰：七石二升　　　　右折桂令

法曰：置白兒五个麻褐九个共一十四个。該四日食三升九合每日食九合七勺五抄。相和二十八个。每日食一升九合五勺以三百六十日乘之，合問。

昨日街頭幹事畢，閑来稅局門前立。客持三百匹役司，每匹必須稅二尺。收布一十五匹半，局中貼回錢六百。不知

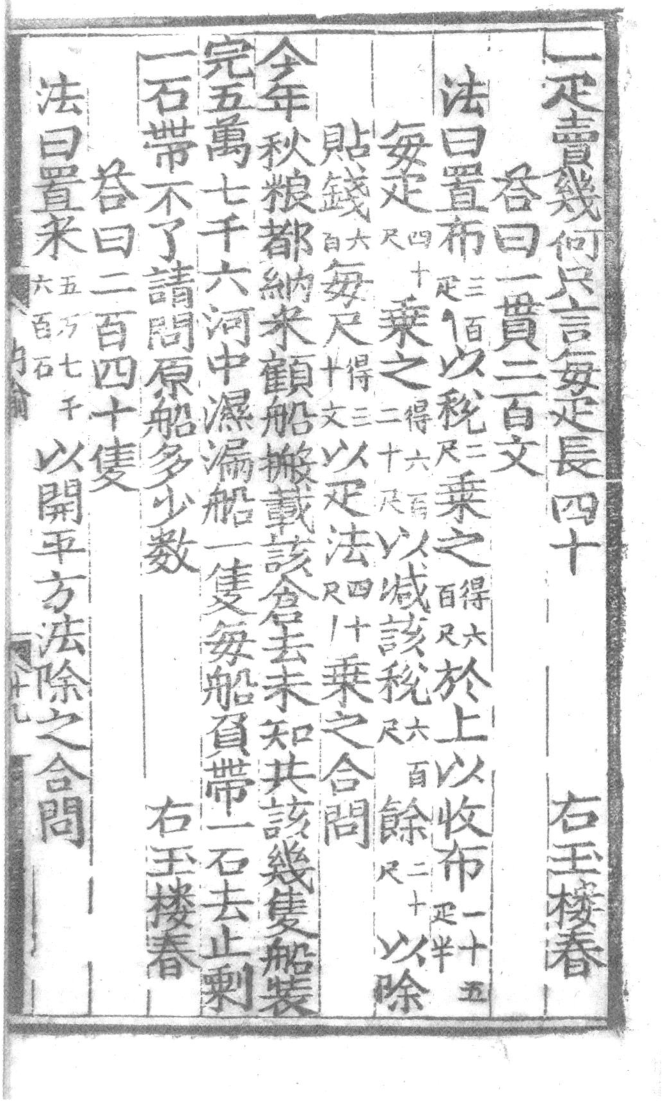

一匹賣幾何，只言每匹長四十。　　　　　　右玉楼春

答曰：一貫二百文。

法曰：置布三百匹以税二尺乘之得六百尺。於上。以收布一十五匹半每匹四十尺乘之得六百二十尺。以減該税六百尺。餘二十尺。以除貼錢六百每尺得三十文。以匹法四十尺乘之。合問。

今年秋粮都納米，顧船搬載該倉去。未知共該幾隻船，裝完五萬七千六。河中濕漏船一隻，每船負帶一石去。止剩一石帶不了，請問原船多少數？　　　　　　右玉楼春

答曰：二百四十隻。

法曰：置米五万七千六百石以開平方法除之，合問。

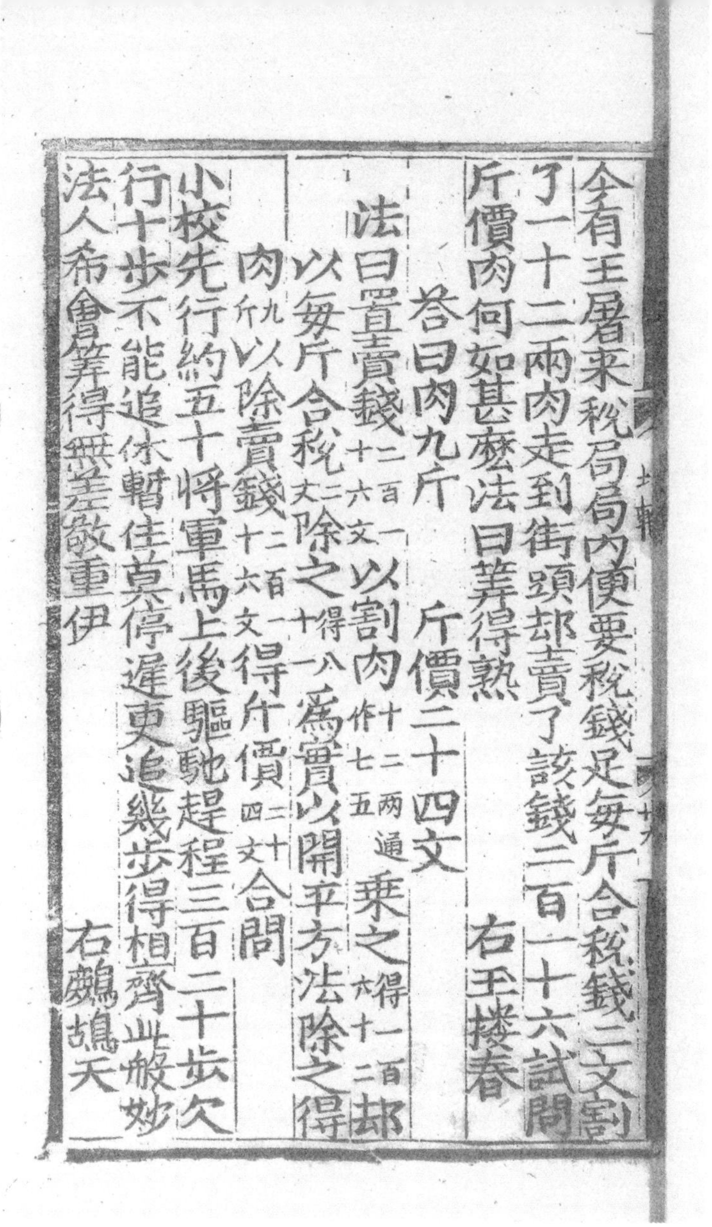

今有王屠来税局，局内便要税錢足。每斤合税錢二文，割了一十二兩肉。走到街頭却賣了，該錢二百一十六。試問斤價肉何如，甚麽法曰筭得熟？　　　　　右玉楼春

答曰：肉九斤，　斤價二十四文。

法曰：置賣錢二百一十六文以割肉十二兩，通作七五。乘之得一百六十二。却以每斤合税二文除之得八十一爲實。以開平方法除之，得肉九斤。以除賣錢二百一十六文得斤價二十四文。合問。

小校先行約五十，將軍馬上後驅馳。趕程三百二十步，欠行十步不能追。休暫住，莫停遲，更追幾步得相齊。此般妙法人希會，筭得無差敬重伊。　　　　　右鷓鴣天

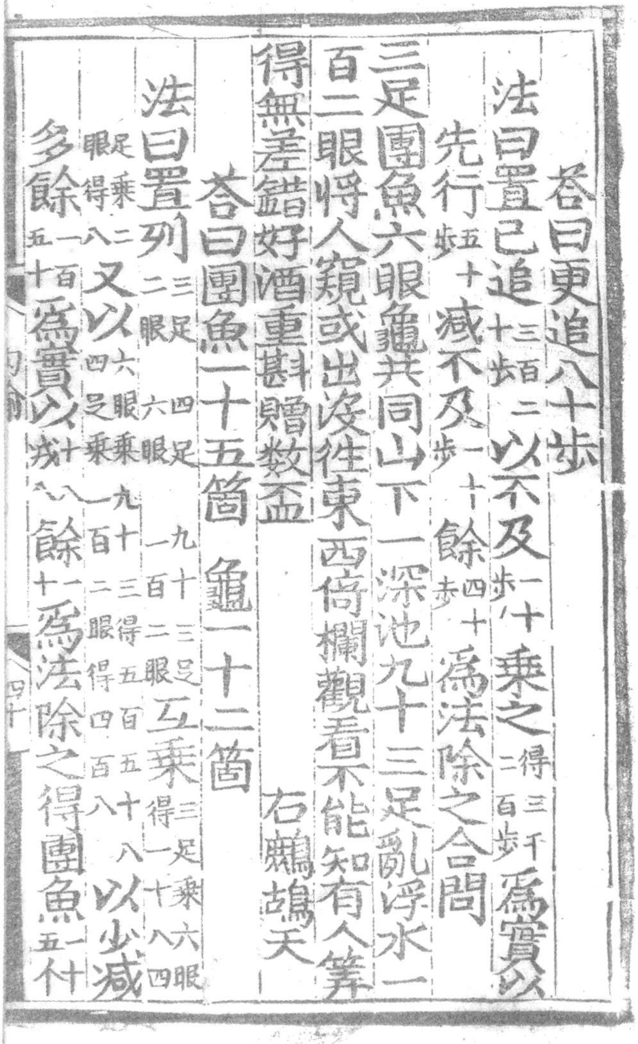

答曰：更追八十步。

法曰：置已追三百二十步以不及一十步乘之得三千二百步爲實。以先行五十步減不及一十步餘四十步。爲法，除之。合問。

三足團魚六眼龜，共同山下一深池。九十三足亂浮水，一百二眼將人窺。或出没，往東西，倚欄觀看不能知。有人筭得無差錯，好酒重斟贈數盃。　　右鷓鴣天

答曰：團魚一十五箇，龜一十二箇。

法曰：置列三足二眼　四足六眼　九十三足一百二眼互乘三足乘六眼得一十八，四足乘二眼得八。又以六眼乘九十三得五百五十八。四足乘一百二眼得四百八。以少減多餘一百五十爲實。以十八減八餘一十爲法，除之得團魚一十五个。

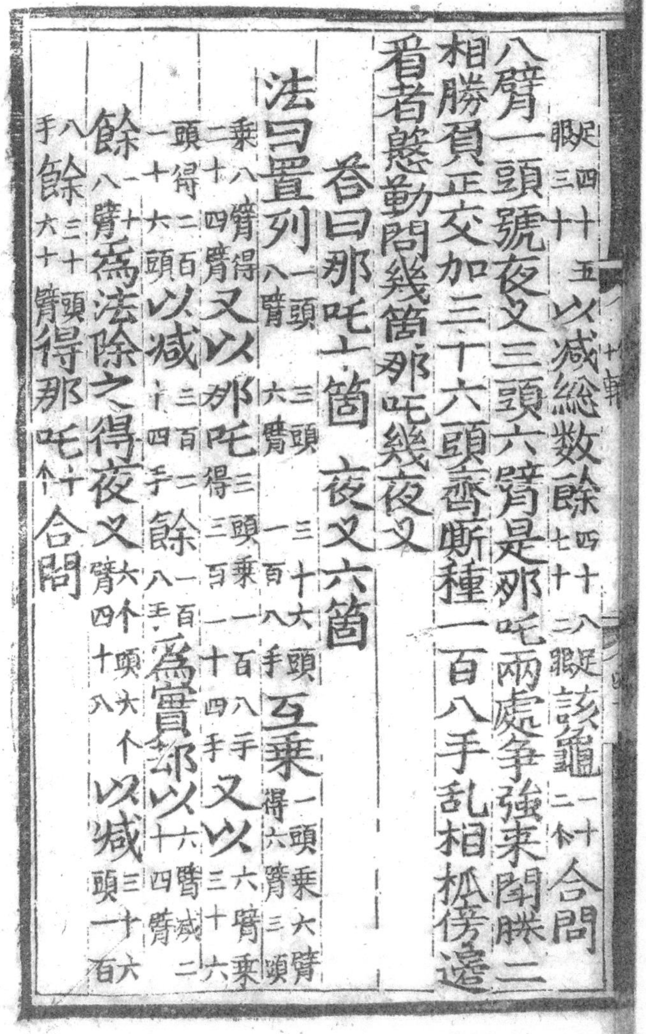

足四十五，眼三十。以减總數餘四十八足，七十二眼。該龜二十二个。合問。

八臂一頭號夜叉，三頭六臂是那吒。兩處争强来閗勝，二相勝負正交加。三十六頭齊斷種，一百八手乱相抓。傍邊看者慇勤問，幾箇那吒幾夜叉？

答曰：那吒十箇，夜叉六箇。

法曰：置列一頭八臂 三頭六臂 三十六頭一百八手互乘一頭乘六臂得六臂，三頭乘八臂，得二十四臂。又以那吒三頭乘一百八手得三百一十四手。又以六臂乘三十六頭得二百一十六頭。以减三百二十四手餘一百八手爲實。却以六臂减二十四臂餘一十八臂。爲法，除之得夜叉六个，頭六个，臂四十八。以减三十六頭，一百八手。餘三十頭，六十臂。得那吒十个。合問。

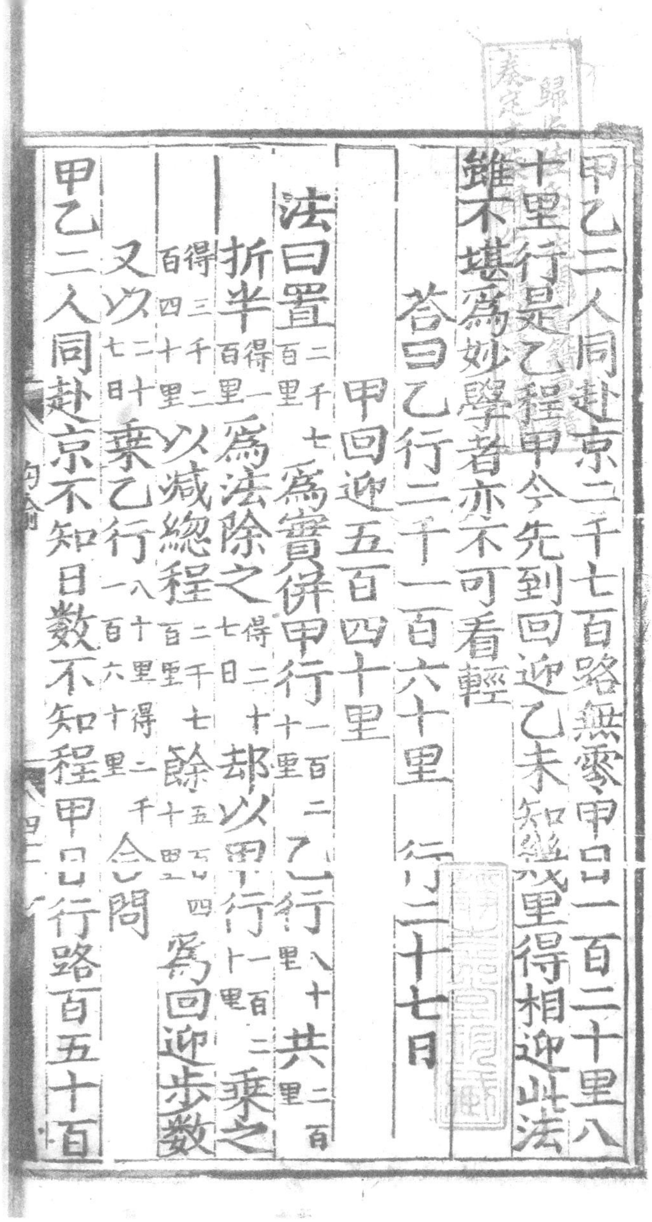

甲乙二人同赴京，二千七百路無零。甲日一百二十里，八十里行是乙程。甲今先到回迎乙，未知幾里得相迎。此法雖不堪爲妙，學者亦不可看輕。

答曰：乙行二千一百六十里，行二十七日，

甲回迎五百四十里。

法曰：置二千七百里爲實，并甲行一百二十里乙行八十里共二百里。

折半得一百里。爲法，除之得二十七日。却以甲行一百二十里乘之

得三千二百四十里。以減總程二千七百里餘五百四十里爲回迎步數。

又以二十七日乘乙行八十里，得二千一百六十里。合問。

甲乙二人同赴京，不知日數不知程。甲日行路百五十，百

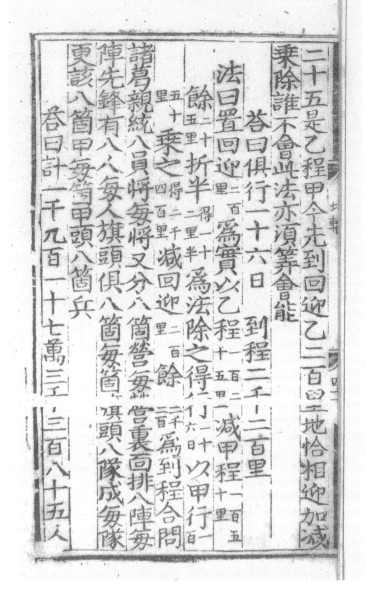

二十五是乙程。甲今先到回迎乙，二百里地恰相迎。加減乘除誰不會，此法亦須筭會能。

答曰：俱行一十六日，到程二千二百里。

法曰：置回迎二百里爲實。以乙程一百二十五里減甲程一百五十里餘二十五里折半得一十二里半。爲法，除之，得行一十六日。以甲行一百五十里乘之得二千四百里。減回迎二百里餘二千二百。爲到程。合問。

諸葛親統八員將，每將又分八箇營。每營裏面排八陣，每陣先鋒有八人。每人旗頭俱八箇，每箇旗頭八隊成。每隊更該八箇甲，每箇甲頭八箇兵。

答曰：計一千九百一十七萬三千三百八十五人。

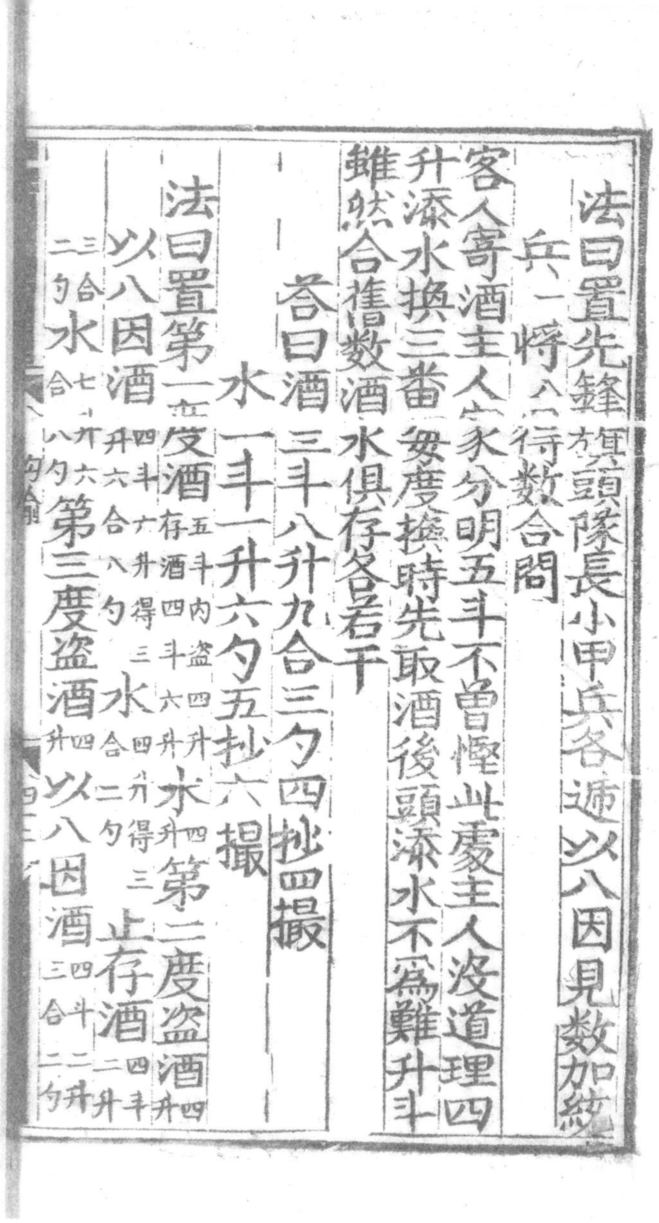

法曰：置先鋒、旗頭、隊長、小甲、兵，各遞以八因，見數加統

兵一將八得數。合問。

客人寄酒主人家，分明五斗不曾慳。此處主人没道理，四升添水换三番。每度换時先取酒，後頭添水不爲難。升斗雖然合舊數，酒水俱存各若干？

答曰：酒三斗八升九合三勺四抄四撮，

水一斗一升六勺五抄六撮。

法曰：置第一度酒五斗，內盜四升存酒四斗六升。水四升第二度盜酒四升

以八因酒四斗六升，得三升六合八勺。水四升，得三合二勺。止存酒四斗二升三合二勺。水七升六合八勺。第三度盜酒四升以八因酒四斗二升三合二勺，

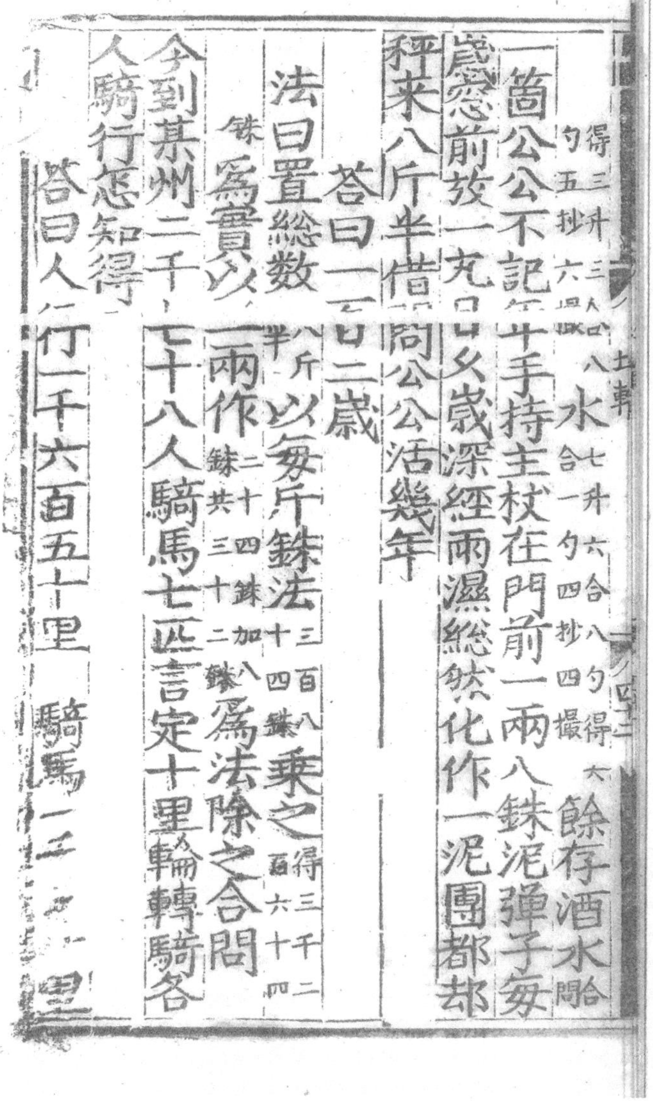

得三升三合八勺五抄六撮。水七升六合八勺，得六合一勺四抄四撮。餘存酒水。合問。

一箇公公不記年，手持主杖在門前。一兩八銖泥彈子，每歲窓前放一丸。日久歲深經雨濕，総然化作一泥團。都却秤来八斤半，借問公公活幾年？

答曰：一百二歲。

法曰：置総數八斤半以每斤銖法三百八十四銖乘之得三千二百六十四。銖爲實。以一兩作二十四銖，加八銖，共三十二銖。爲法，除之。合問。

今到某州二千七，十八人騎馬七匹。言定十里輪轉騎，各人騎行怎知得？

答曰：人行一千六百五十里，騎馬一千五十[1]里。

1“五十”，各本均不清，依題意作此。

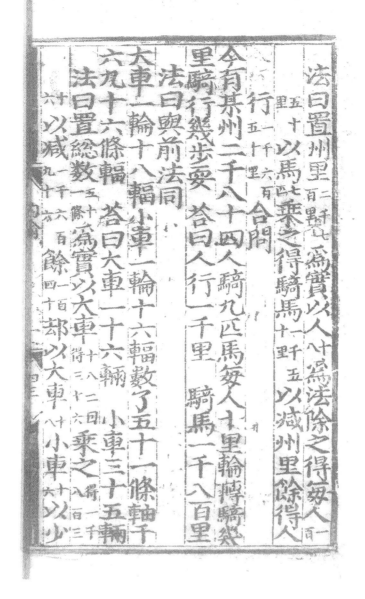

法曰：置州里二千七百里爲實，以人十八爲法，除之得每人一百五十里。以馬七匹乘之，得騎馬一千五十里。以減州里，餘得人行一千六百五十里。合問。

今有某州二千八，十四人騎九匹馬。每人十里輪轉騎，幾里騎行幾步要？答曰：人行一千里，騎馬一千八百里。

法曰：與前法同。

大車一輪十八輻，小車一輪十六輻。數了五十一條軸，千六九十六條輻。答曰：大車一十六輛，小車三十五輛。

法曰：置総數五十一條爲實，以大車十八，二因得三十六。乘之得一千八百三十六。以減一千六百九十六。餘一百四十。却以大車十八小車十六以少

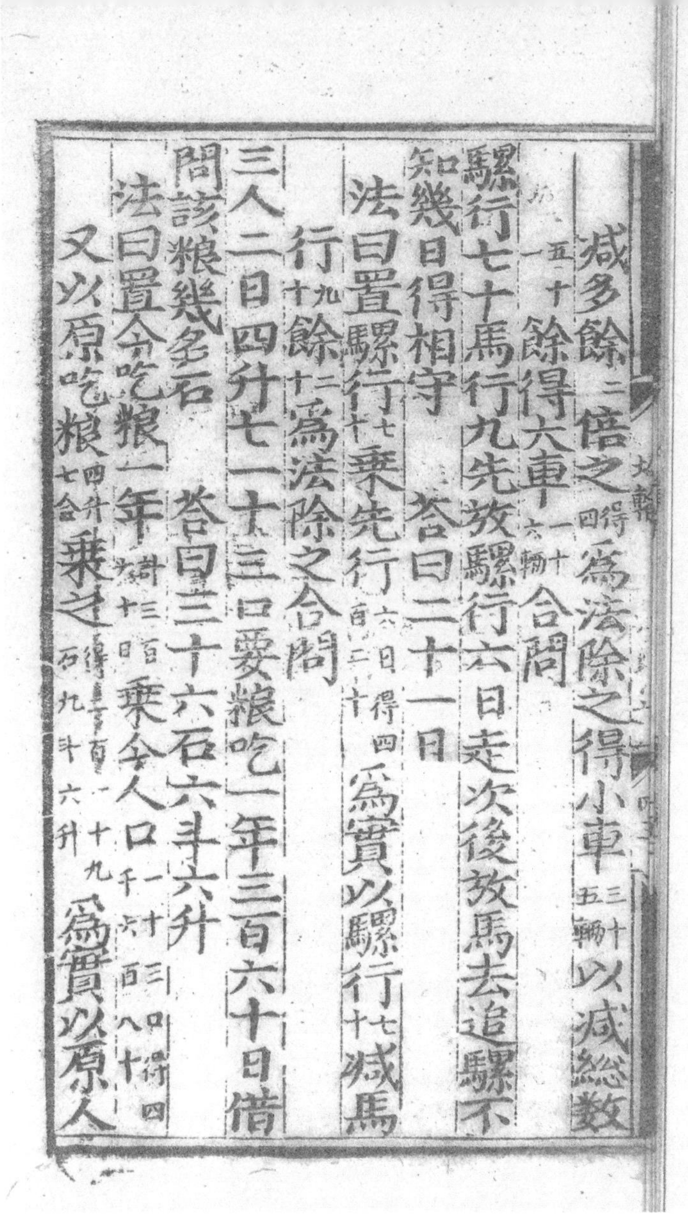

減多，餘二倍之得四。爲法，除之，得小車三十五輛。以減総數五十一。餘得大車一十六輛。合問。

騾行七十馬行九，先放騾行六日走。次後放馬去追騾，不知幾日得相守。　答曰：二十一日。

法曰：置騾行七十乘先行六日，得四百二十。爲實。以騾行七十減馬行九十餘二十爲法，除之。合問。

三人二日四升七，一十三口要粮吃。一年三百六十日，借問該粮幾名石？　答曰：三十六石六斗六升。

法曰：置今吃粮一年計三百六十日乘今人口一十三口，得四千六百八十。又以原吃粮四升七合乘之得二百一十九石九斗六升。爲實。以原人

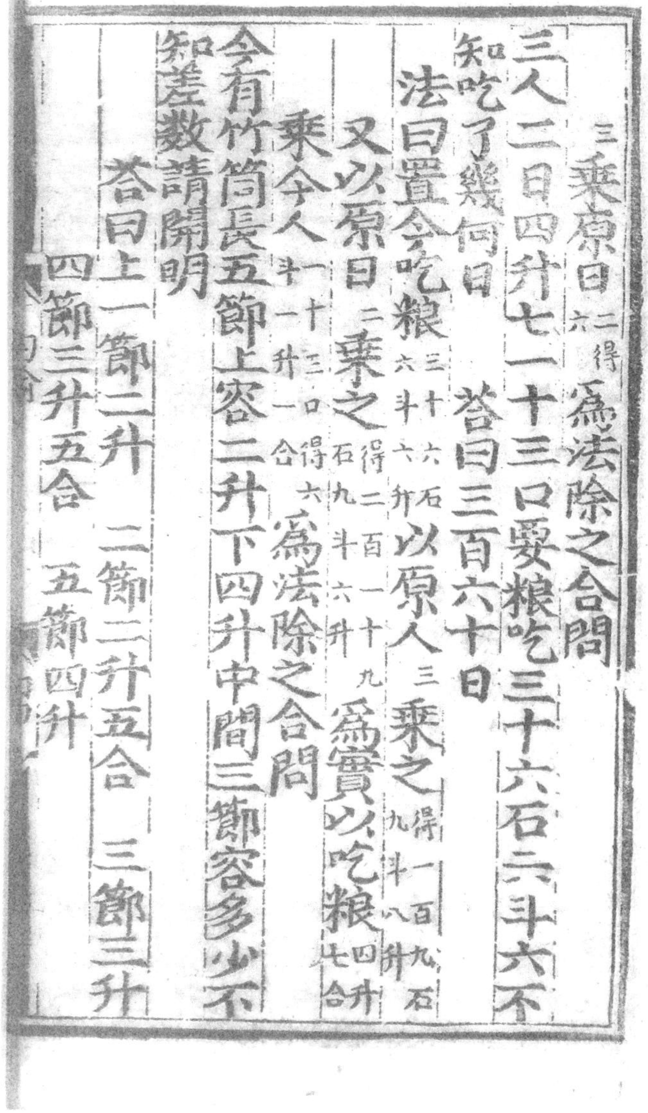

三乘原日（二，六。得）爲法，除之，合問。

三人二日四升七，一十三口要粮吃。三十六石六斗六，不知吃了幾何日。　答曰：三百六十日。

法曰：置今吃粮（三十六石六斗六升）以原人（三）乘之（得一百九石九斗八升。）

又以原日（二）乘之（得二百一十九石九斗六升。）爲實。以吃粮（四升七合）

乘今人（一十三口，斗一升一合。得六）爲法，除之，合問。

今有竹筒長五節，上容二升下四升。中間三節容多少，不知差數請開明。

答曰：上一節二升，二節二升五合，三節三升，

四節三升五合，五節四升。

法曰：置列上一節容二升　下一節容四升互乘上節得四升，下節得二升。以少減

多，餘二升爲一差之實。并上、下二節折半，得一。以減五節

餘四。却以一十相乘亦得一。乘之亦得四。爲一升之法，除之，

得差五合。各加差，合問。

今有竹筒七箇節，容米二升上三節。下二節容三升整，各節容米如何說?

答曰：最下節一升二十七分升之十六，最上節二十七分升之十三。

法曰：置列三節二升　二節三升母互乘子三節得九升，二節得四升。以少減

多，餘五升。爲一差之實。并上三下二，五節。得折半得二節半。以減

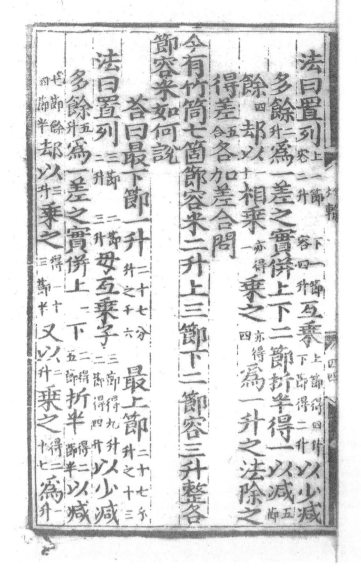

七節，除四節半。却以三升乘之得一十三節半。又以二升乘之得二十七。爲一升

之法，除之，實不滿法，一差（得二十七分升之五。）上三節容米（二升）

乘分母（二十七，得五十四。）以求三節差（第一節無差，第二節差一，第三節差二。）

并之（得三。）乘一差之實（五，得十五。）以減（五十四）餘（三十九。）却以（三節）

除之，（得一十三。）爲上節，（得二十七分升之一十三。）各節遞增，合問。

今有竹筒九箇節，下五節容米九升。上四節米三升六，各節容米問分明？

答曰：上一節容米六合，以次均差二合，

最下一節容米二升二合。

法曰：置容米（三升六合）以上（四節）除之（得九合。）容米（九升）以下（五節）除

之（得一升八合。）以少減多，餘（九合）倍之（得一升八合。）却以（九節）除之，

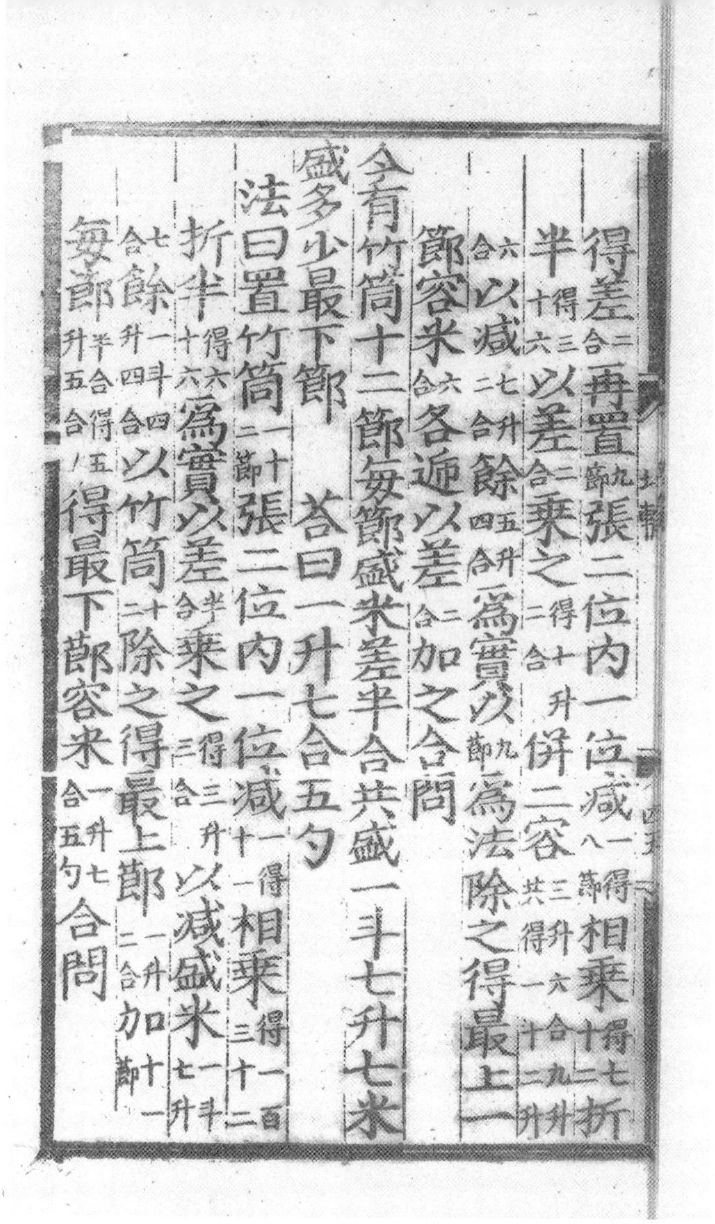

得差二合。再置九節張二位，內一位減一，得八節。相乘得七十二。折
半得三十六。以差二合乘之得七升二合。并二容三升六合，九升，共得一斗二升
六合。以減七升二合餘五升四合爲實。以九節爲法，除之，得最上一
節容米六合。各遞以差二合加之，合問。

今有竹筒十二節，每節盛米差半合。共盛一斗七升七，米盛多少最下節。　答曰：一升七合五勺。

法曰：置竹筒十二節張二位，內一位減一，得十一。相乘得一百三十二。
折半得六十六爲實。以差半合乘之得三升三合。以減盛米一斗七升
七合餘一斗四升四合。以竹筒十二除之，得最上節一升二合。加十一節
每節半，合得五升五合。得最下節容米一升七合五勺。合問。

甲日織綾一丈七乙織丈三盡其力令乙先織六十日次後甲織幾日及　荅曰甲織一百九十五日
法曰置乙織綾二丈三尺乘先織六十日得七十八丈爲實以甲織一丈七尺減乙織二丈三尺餘四尺爲法除之合問
大馬每匹料五升小馬一匹四升平共関六十三石料一夜喂飽剩一升　荅曰大馬一百一十五匹　小馬一千四百三十一匹
法曰置料六十三石以減剩一升餘六十二石九斗九升以約大馬一百二十五匹每匹五升乘之得五石七斗五升減餘五十七石二斗四升爲實以小馬每匹四升爲法除之得小馬合問

甲日織綾一丈七，乙織丈三盡其力。令乙先織六十日，次後甲織幾日及？　答曰：甲織一百九十五日。

法曰：置乙織綾二丈三尺乘先織六十日，得七十八丈。爲實。以甲織一丈七尺減乙織二丈三尺餘四尺。爲法，除之。合問。

大馬每匹料五升，小馬一匹四升平。共関六十三石料，一夜喂飽剩一升。　答曰：大馬一百一十五匹，

小馬一千四百三十一匹。

法曰：置料六十三石以減剩一升餘六十二石九斗九升。以約大馬一百二十五匹每匹五升乘之得五石七斗五升。減餘五十七石二斗四升爲實。以小馬每匹四升爲法，除之，得小馬。合問。

十六西瓜十七瓠，兩車推去無斤數。若還易换過一枚，兩箇車兒停推去。　答曰：瓜重一秤，瓠重一十四斤。

法曰：置列十五瓜一瓜一瓠十六瓠互乘十五瓜得二百四，十一瓜得一箇。以少減多，餘重二百三十九斤爲實。以瓜十五爲法，除之，得瓜重一十五斤餘實一十四斤。得瓠重，合問。

騾行五十馬行七，先行後趕俱未及。各行日數曾相并，共行筭該十八日。　答曰：騾行十日半，馬行七日半。

法曰：置共日十八以馬七十乘之得一千二百六十。爲實。并馬行七十騾行五十共一百二十。爲法，除之，得騾行一十日半。以減共日，餘得馬行七日半。合問。

雞兔同籠不知數，上數有頭六十箇。却向下頭細意數，一百六十八隻脚。　答曰：雞三十六隻，兔二十四箇。

法曰：置頭六十以兔四足乘之得二百四十。却減脚一百六十八餘七十二爲實。以兔脚四減雞脚二餘二爲法，除之，得雞三十六隻。減總頭六十餘得兔二十四个。合問。

四脚碾子三脚樓，一群八十四隻牛。趕了一出恰輥遍，幾多樓碾得相投。　答曰：楼四十八隻，碾三十六隻。

法曰：置牛八十四隻以碾四脚楼三脚相乘得十二。乘之得一千八。爲實。并碾四楼三共得七爲法，除之，得一百四十四。以三脚除之，得楼四十八隻。以四脚除之，得碾三十六隻。合問。

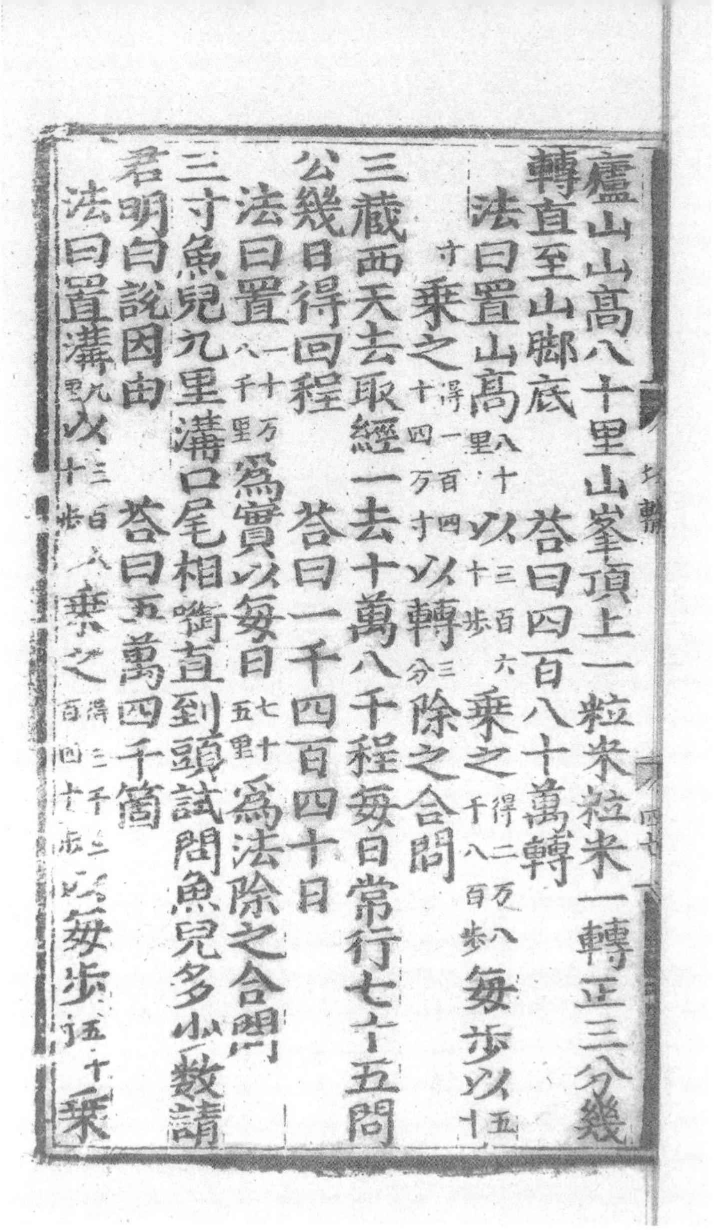

盧山山高八十里，山峯頂上一粒米。粒米一轉正三分，幾轉直至山脚底？　答曰：四百八十萬轉。

法曰：置山高八十里以三百六十步乘之得二万八千八百步。每步以五十寸乘之得一百四十四万寸。以轉三分除之。合問。

三藏西天去取經，一去十萬八千程。每日常行七十五，問公幾日得回程？　答曰：一千四百四十日。

法曰：置一十万八千里爲實，以每日七十五里爲法，除之。合問。

三寸魚兒九里溝，口尾相銜直到頭。試問魚兒多少數，請君明白説因由。　答曰：五萬四千箇。

法曰：置溝九里以三百八十步乘之得三千二百四十步。以每步五十寸乘

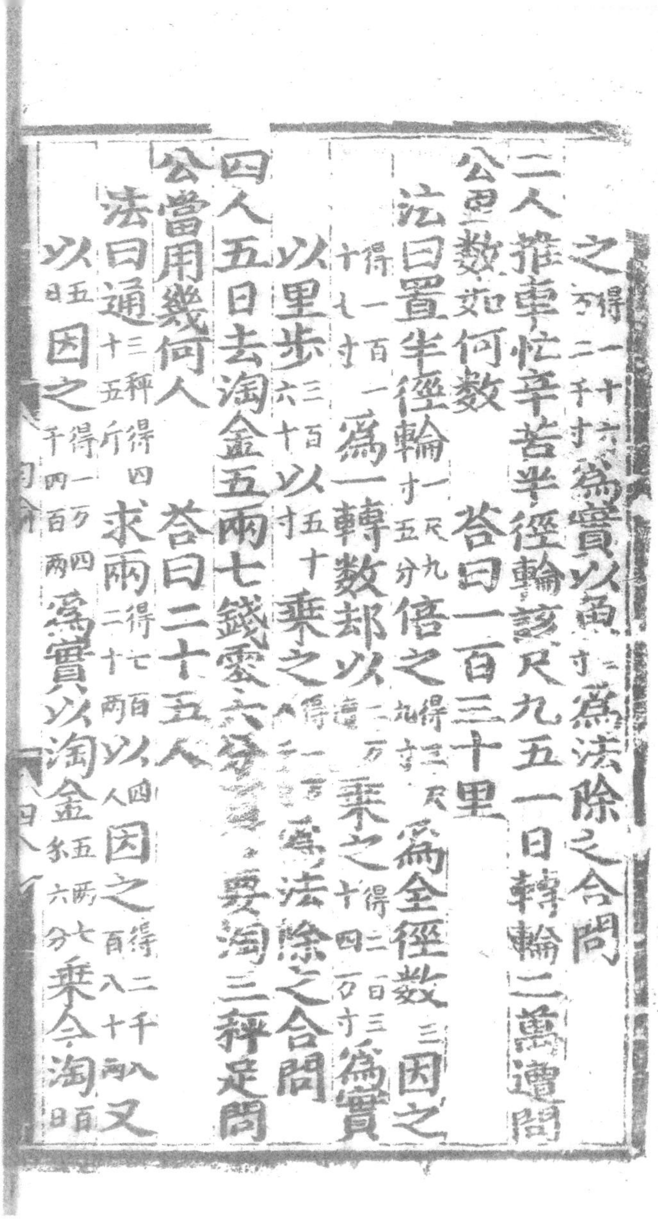

之（得一十六万二千寸。）爲實。以魚（三寸）爲法除之。合問。

二人推車忙辛苦，半徑輪該尺九五。一日轉輪二萬遭，問公里數如何數？　答曰：一百三十里。

法曰：置半徑輪（一尺九寸五分）倍之（得三尺九寸。）爲全徑，數（三）因之，（得一百一十七寸。）爲一轉數。却以（二万遭）乘之（得二百三十四万寸。）爲實。以里步（三百六十）以（五十寸）乘之（得一万八千。）爲法，除之。合問。

四人五日去淘金，五兩七錢零六分。百日要淘三秤足，問公當用幾何人？　答曰：二十五人。

法曰：通（三秤得四十五斤。）求兩（得七百二十兩。）以（四人）因之（得二千八百八十兩。）又以（五日）因之（得一万四千四百兩。）爲實。以淘金（五兩七錢六分）乘今淘（百日），

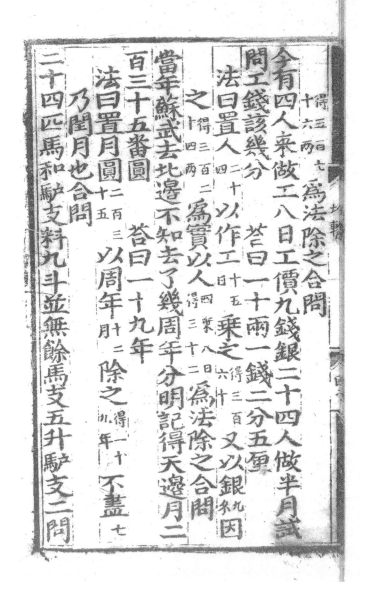

得五百七十六兩。爲法，除之。合問。

今有四人来做工，八日工價九錢銀。二十四人做半月，試問工錢該幾分？　答曰：一十兩一錢二分五厘。

法曰：置人二十四以作工十五日乘之得三百六十。又以銀九錢因之得三百二十四兩。爲實。以人四，乘八日得三十二。爲法，除之。合問。

當年蘇武去北邊，不知去了幾周年。分明記得天邊月，二百三十五番圓。　答曰：一十九年。

法曰：置月圓二百三十五以周年十二月除之得一十九年。不盡七。乃閏月也。合問。

二十四匹馬和驢，支料九斗并無餘。馬支五升驢支二，問

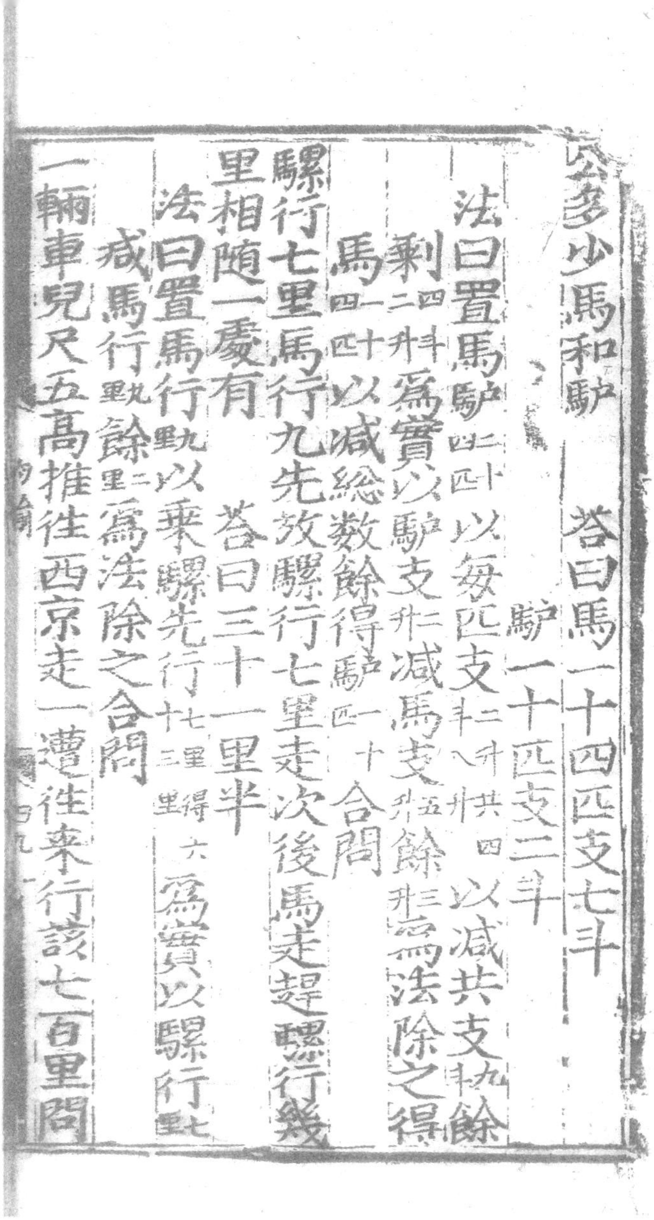

公多少馬和驢？答曰：馬一十四匹支七斗，

驢一十四支二斗。

法曰：置馬驢二十四匹以每匹支二升，共四斗八升。以減共支九斗餘剩四斗二升爲實。以驢支二升減馬支五升餘三升爲法，除之，得馬一十四匹。以減総數，餘得驢一十匹。合問。

騾行七里馬行九，先放騾行七里走。次後馬走趕騾行，幾里相隨一處有？　答曰：三十一里半。

法曰：置馬行九里以乘騾先行七里，得六十三里。爲實。以騾行七里減馬行九里餘二里爲法，除之。合問。

一輛車兒尺五高，推往西京走一遭。往来行該七百里，問

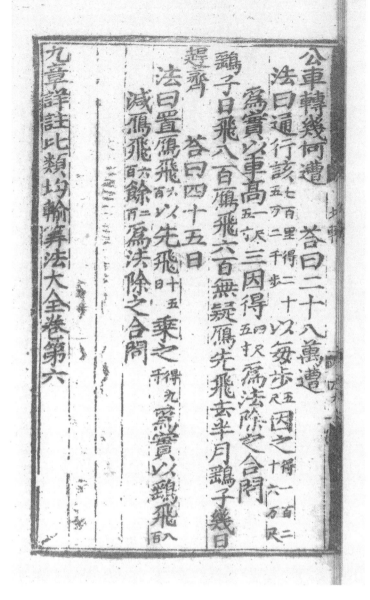

公車轉幾何遭？　答曰：二十八萬遭。

法曰：通行該七百里，得二十五万二千步。以每步五尺因之得一百二十六万尺。

爲實。以車高一尺五寸三因得四尺五寸。爲法，除之。合問。

鷄子日飛八百，鴈飛六百無疑。鴈先飛去半月，鷄子幾日趕齊？　答曰：四十五日。

法曰：置鴈飛六百以先飛十五日乘之得九千。爲實。以鷄飛八百

減鴈飛六百餘二百。爲法，除之。合問。

九意詳注比類均輸筭法大全卷第六

九章算法比類大全

下册

國家古籍整理出版專項經費資助項目
二〇二一—二〇三五年國家古籍工作規劃重點出版項目

[明]吴敬◇撰
周霄漢◇整理

中國科技典籍選刊

第七輯

主編 孫顯斌 高峰

山東科學技術出版社
·濟南·

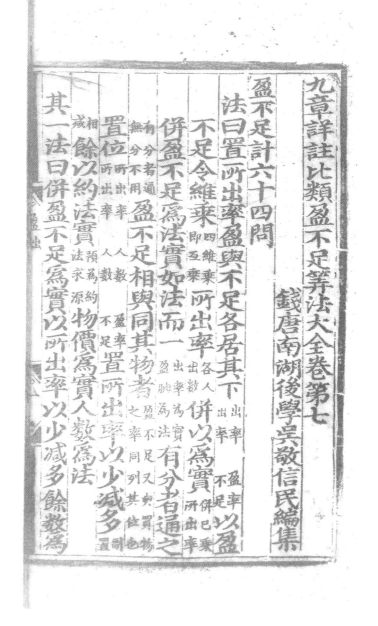

九章詳注比類盈不足筭法大全卷第七

錢唐南湖後學吴敬信民編集

盈不足計六十四問

法曰：置所出率、盈與不足各居其下出率出率　盈率不足以盈不足令維乘四維乘即互乘。所出率各人出數并以爲實。并已乘所出率并盈不足爲法，實如法而一。出率爲實，盈朒爲法。有分者通之有分者通，無分不用。盈不足相與同其物者盈、不足又與買物之率，同列其位也。置位所出率所出率　人數人數　盈率不足置所出率，以少減多副置相減。餘，以約法實預爲約法，求源。物價爲實，人數爲法。

其一法曰：并盈不足爲實，以所出率以少減多，餘數爲

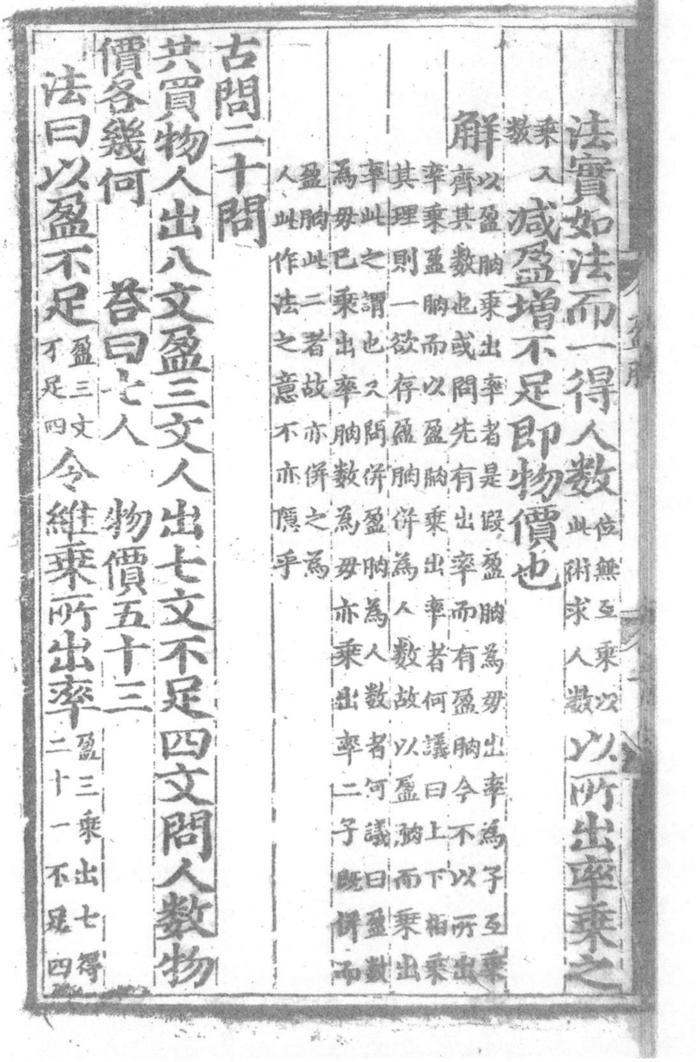

法。實如法而一，得人數。位無互乘，以此術求人數。以所出率乘之。

乘人數。減盈、增不足，即物價也。

解：以盈朒乘出率者，是假盈朒爲母，出率爲子，互乘，齊其數也。或問：先有出率，而有盈朒。今不以所出率乘盈朒，而以盈朒乘出率者何？議曰：上下相乘，其理則一。欲存盈朒，并爲人數，故以盈朒而乘出率，此之謂也。又問：并盈朒爲人數者何？議曰：盈數爲母，已乘出率，朒數爲母，亦乘出率。二子既并，而盈朒此二者，故亦并之爲人。此作法之意不亦隱乎？

古問二十問

共買物，人出八文盈三文，人出七文不足四文。問人數物價各幾何？　答曰：七人，物價五十三。

法曰：以盈不足盈三文，不足四。令維乘所出率。盈三乘出七，得二十一；不足四

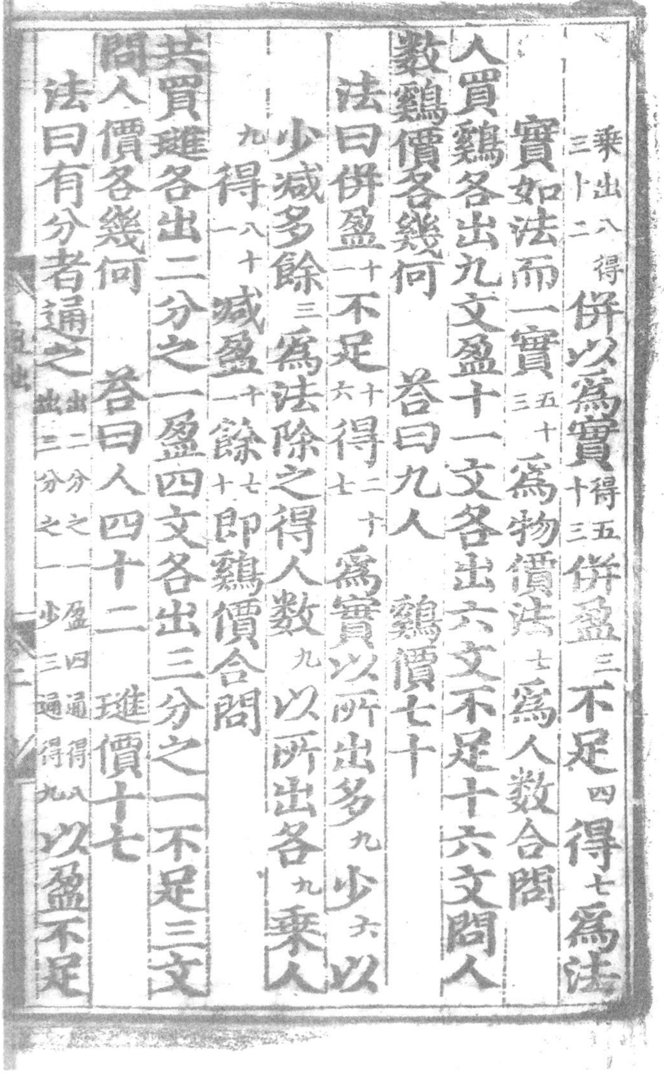

乘出八得三十二。并以爲實，得五十三。并盈三不足四得七。爲法，

實如法而一。實五十三爲物價，法七爲人數，合問。

人買鷄，各出九文盈十一文，各出六文不足十六文。問人數鷄價各幾何？　答曰：九人，鷄價七十。

法曰：并盈十一不足十六得二十七爲實。以所出多九少六以少減多，餘三爲法，除之，得人數九。以所出各九乘人九得八十一。減盈十一餘七十。即鷄價。合問。

共買雞，各出二分之一盈四文，各出三分之一不足三文。問人價各幾何？　答曰：人四十二，雞價十七。

法曰：有分者通之出二分之一盈四，通得八；出三分之一少三，通得九。以盈不足

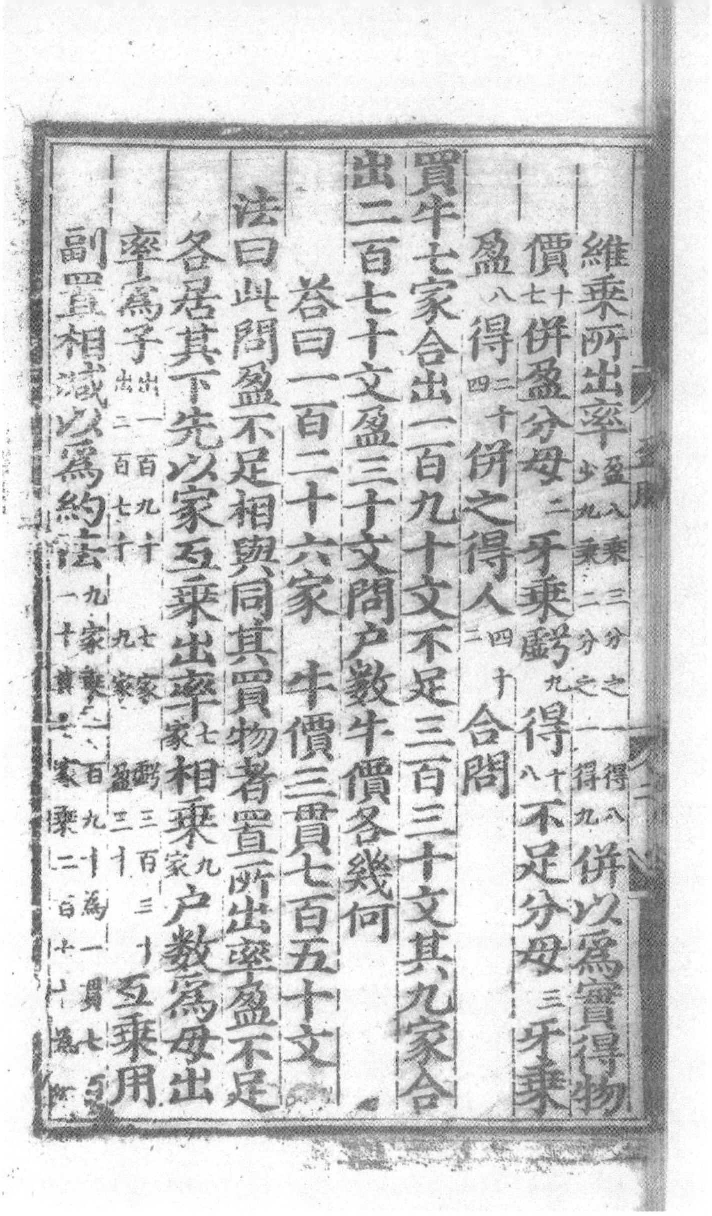

維乘所出率（盈八乘三分之一得八，少九乘三分之一得九。）并以爲實，得物價（十七。）并盈分母（二）牙乘虧（九）得（十八。）不足分母（三）牙乘盈（八）得（二十四。）并之得人（四十二。）合問。

買牛，七家合出一百九十文不足三百三十文，其九家合出二百七十文盈三十文。問户數牛價各幾何？

答曰：一百二十六家，牛價三貫七百五十文。

法曰：此問盈、不足。相與同其買物者，置所出率，盈、不足各居其下。先以家互乘出率（七家）相乘（九家）户數爲母。出率爲子（出一百九十 出二百七十 七家 九家 虧三百三十 盈三十）互乘，用副置相減，以爲約法（九家乘一百九十爲一貫七百一十文；七家乘二百七十爲一

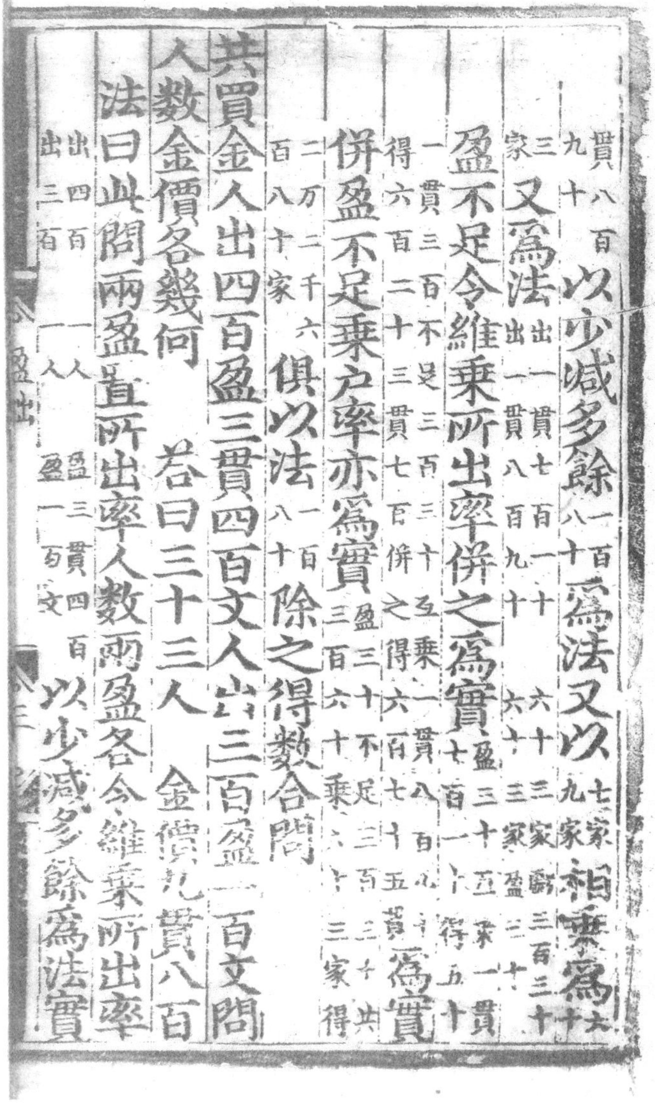

貫八百九十。以少減多，餘一百八十。爲法。又以七家，九家。相乘爲六十三家。又爲法。出一貫七百一十　六十三家虧三百三十　出一貫八百九十　六十三家盈三十

盈、不足令維乘所出率并之爲實。盈三十互乘一貫七百一十得五十一貫三百，不足三百三十互乘一貫八百九十得六百二十三貫七百。并之得六百七十五貫。爲實。

并盈、不足乘户率亦爲實。盈三十、不足三百三十，共三百六十。乘六十三家，得二万二千六百八十家。俱以法一百八十除之，得數。合問。

共買金，人出四百盈三貫四百文，人出三百盈一百文。問人數、金價各幾何？　答曰：三十三人，金價九貫八百。

法曰：此問兩盈。置所出率、人數、兩盈，各令維乘所出率。

出四百　一人　盈三貫四百　出三百　一人　盈一百文。以少減多，餘爲法、實。

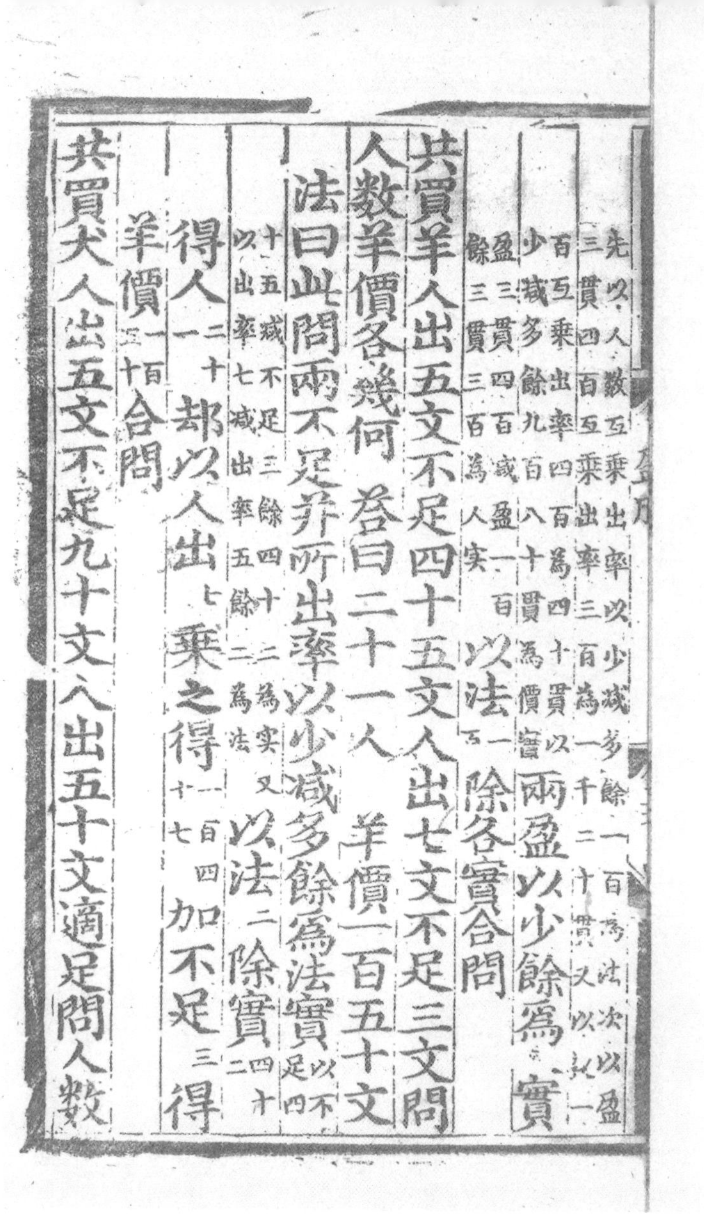

先以人數互乘出率，以少減多，餘一百爲法。次以盈[1]三貫四百互乘出率三百，爲一千二十貫。又以盈一百互乘出率四百，爲四十貫。以少減多，餘九百八十貫爲價實。兩盈以少餘爲人[2]實。盈三貫四百減盈一百餘三貫三百，爲人实。以法一百除各實。合問。

共買羊，人出五文不足四十五文，人出七文不足三文。問人數、羊價各幾何？　答曰：二十一人，羊價一百五十文。

法曰：此問兩不足。并所出率，以少減多，餘爲法、實。以不足四十五減不足三，餘四十二爲实。又以出率七減出率五，餘二爲法。以法二除實四十二得人二十一。却以人出七乘之，得一百四十七。加不足三得羊價一百五十。合問。

共買犬，人出五文不足九十文，人出五十文適足。問人數

1“又以盈一”之“盈”，各本不清，依題意作此。

2“人”，各本不清，依題意作此。

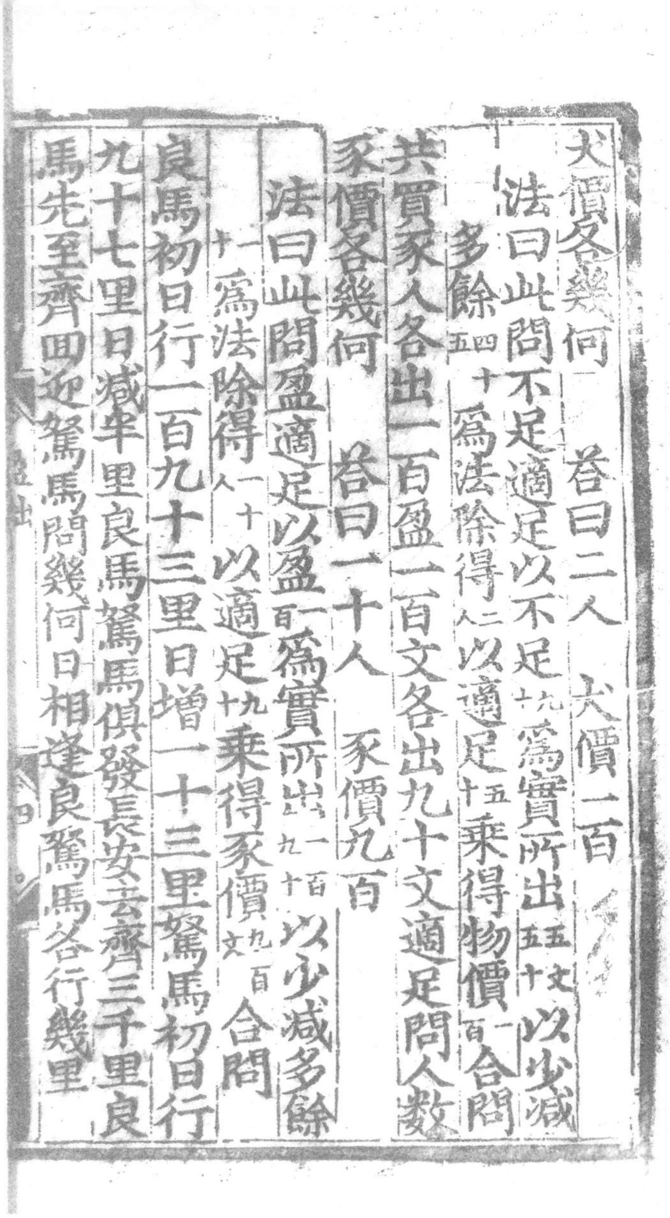

犬價各幾何？　　答曰：二人，犬價一百。

法曰：此問不足、適足。以不足九十爲實。所出五十五文，以少減多餘四十五爲法，除得二人。以適足五十乘得物價一百。合問。

共買豕，人各出一百盈一百文，各出九十文適足。問人數豕價各幾何？　　答曰：一十人，豕價九百。

法曰：此問盈、適足。以盈一百爲實，所出一百九十以少減多，餘一十爲法，除得一十人。以適足九十乘得豕價九百文。合問。

良馬初日行一百九十三里，日增一十三里；駑馬初日行九十七里，日減半里。良馬、駑馬俱發長安，去齊三千里。良馬先至齊，回迎駑馬。問幾何日相逢，良、駑馬各行幾里？

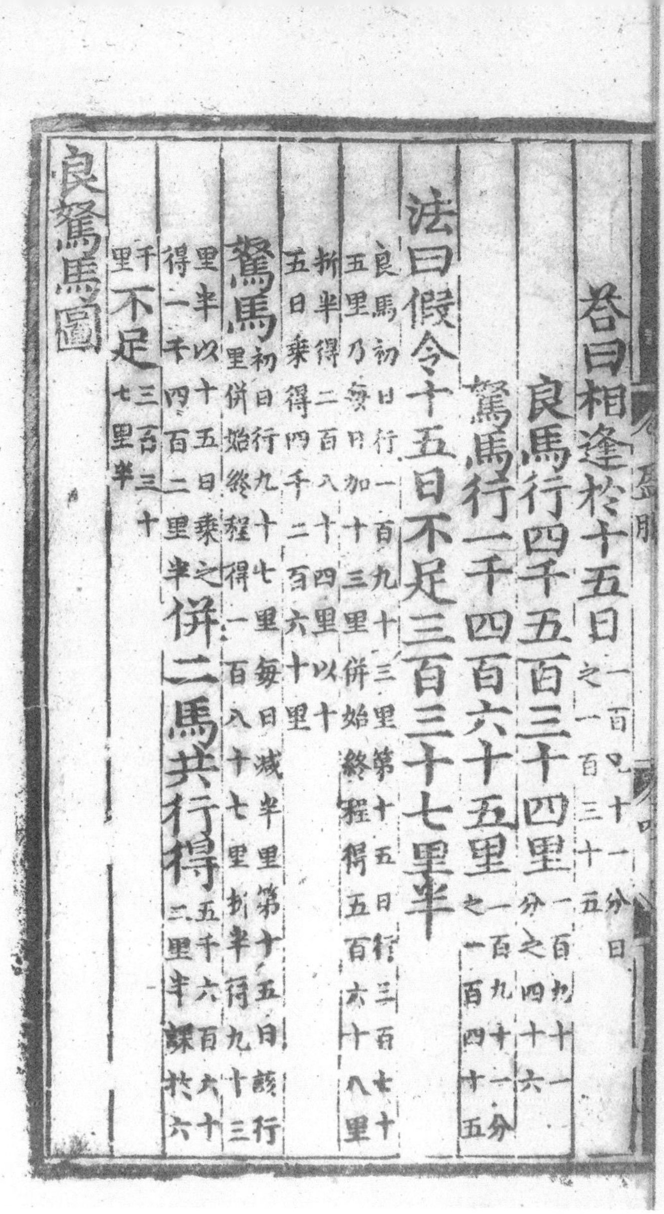

答曰：相逢於十五日一百九十一分日之一百三十五，

良馬行四千五百三十四里一百九十一分之四十六，

駑馬行一千四百六十五里一百九十一分之一百四十五，

法曰：假令十五日，不足三百三十七里半。

良馬初日行一百九十三里，第十五日行三百七十五里，乃每日加十三里。并始終程得五百六十八里，折半得二百八十四里。以十五日乘，得四千二百六十里。

駑馬初日行九十七里，每日減半里，第十五日該行里并始終程，得一百八十七里，折半得九十三里半。以十五日乘之，得一千四百二里半。并二馬共行得五千六百六十二里半，課於六千里。不足三百三十七里半。

良駑馬圖

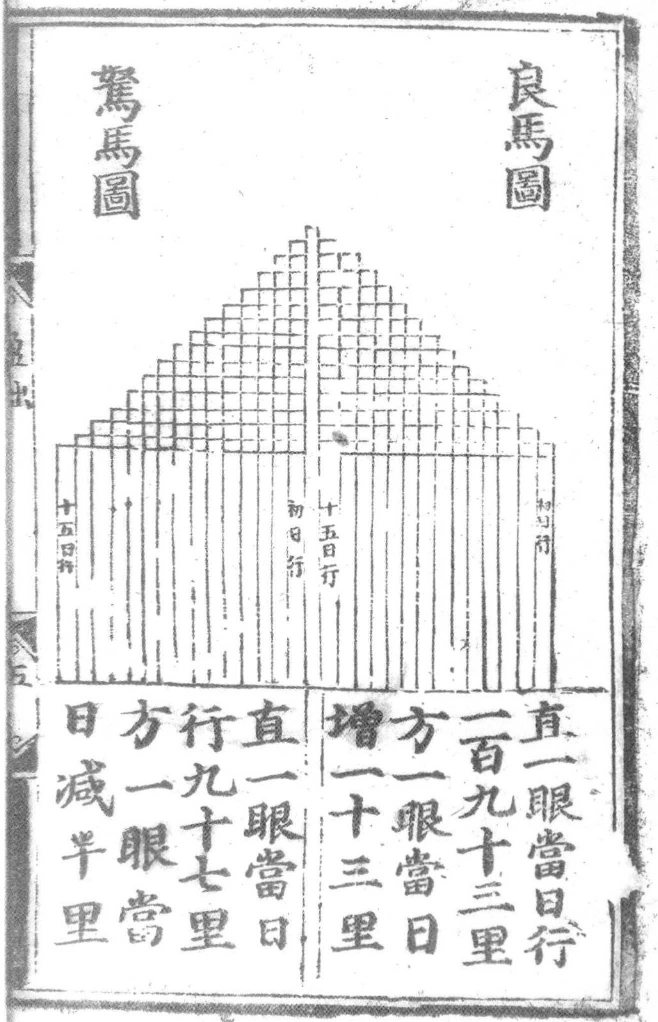

良馬圖

直一眼當日行

一百九十三里，

方一眼當日

增一十三里。

駑馬圖

直一眼當日

行九十七里，

方一眼當

日減半里。

令之十六日多一百四十里。

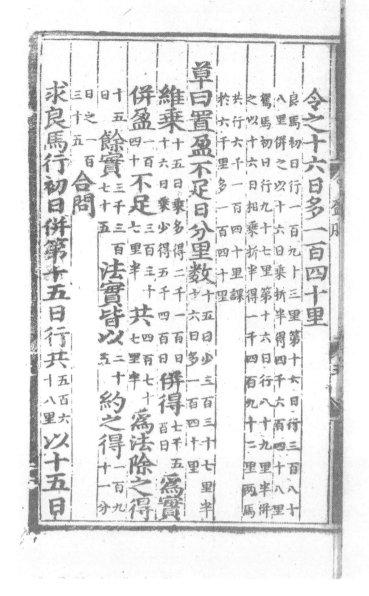

良馬初日行一百九十三里，第十六日行三百八十八里，并之，以十六日乘，折半，得四千六百四十八里。駑馬初日行九十七里，第十六日行八十九里半，并之，以十六日相乘，折半，得一千四百九十二里。两馬共行六千一百四十里，課於六千里，多一百四十里。

草曰：置盈、不足日分里數十五日少三百三十七里半，十六日多一百四十里。

維乘十五日乘多，得二千一百日；十六日乘少，得五千四百日。并得七千五百日。爲實。

并盈一百四十不足三百三十七里半共四百七十七里半。爲法，除之，得十五日。餘實三千三百七十五。法實皆以二十五約之，得一百九十一分日之一百三十五。合問。

求良馬行，初日并第十五日行共五百六十八里。以十五日

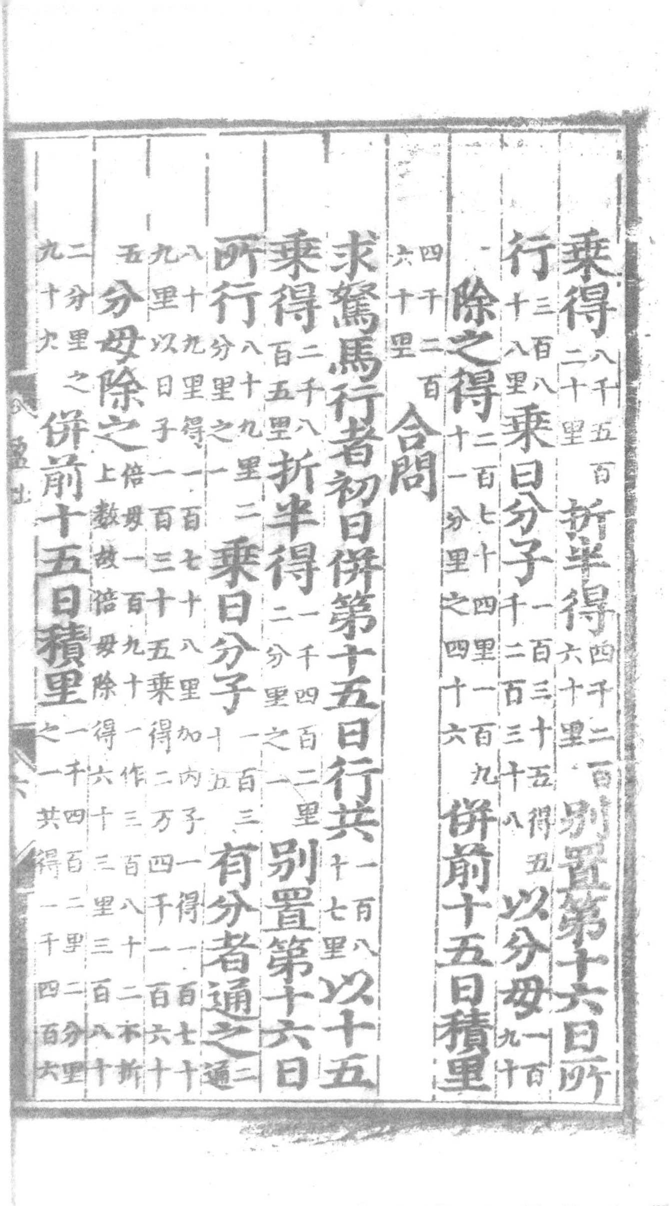

乘得八千五百二十里。折半，得四千二百六十里。别置第十六日所行三百八十八里乘日分子一百三十五，得五千二百三十八。以分母一百九十除之，得二百七十四里一百九十一分里之四十六。并前十五日積里四千二百六十里。合問。

求駑馬行者，初日并第十五日行共一百八十七里。以十五乘得二千八百五里折半，得一千四百二里二分里之一。别置第十六日所行八十九里二分里之一乘日分子一百三十五有分者通之二通八十九里，得一百七十八里，加内子一，得一百七十九里。以日子一百三十五乘，得二万四千一百六十五。分母除之，倍母一百九十一，作三百八十二。不折上數，故倍母除，得六十三里三百八十二分里之九十九。并前十五日積里一千四百二里二分里之一，共得一千四百六

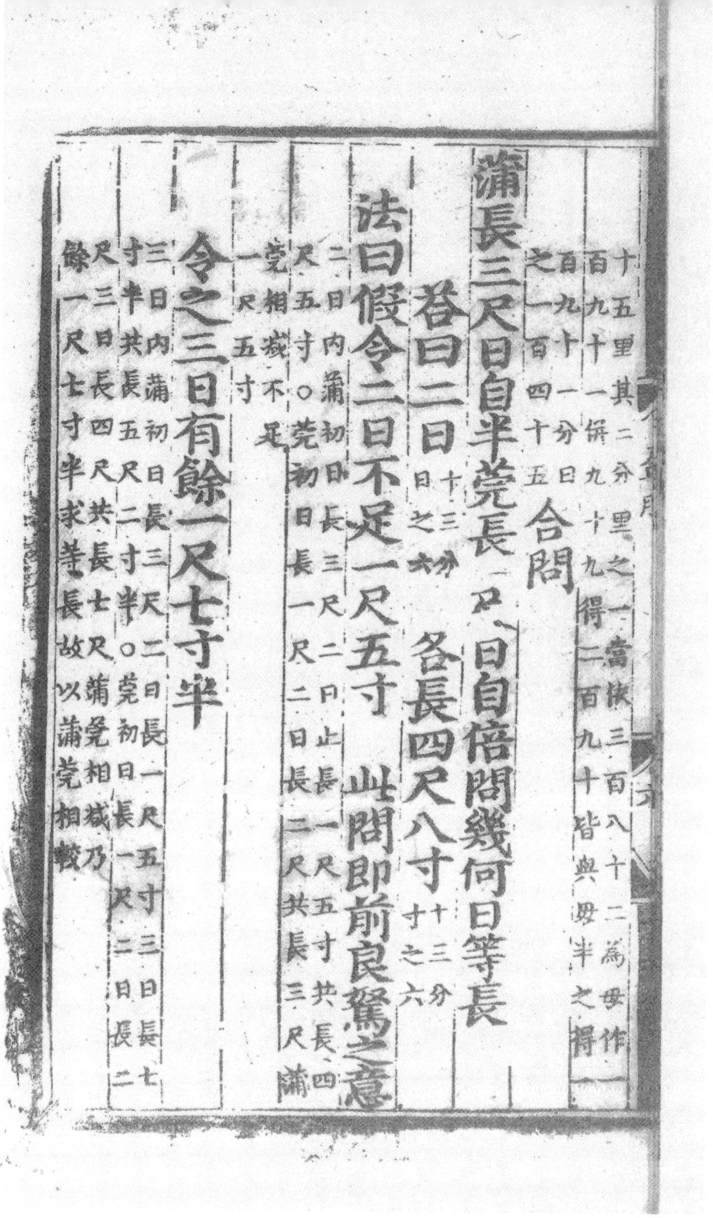

十五里。其二分里之一當依三百八十二爲母，作一百九十一，并九十九得二百九十。皆與母半之，得一百九十一分日之一百四十五。合問。

蒲長三尺，日自半；莞長一尺，日自倍。問幾何日等長？

答曰：二日十三分日之六。各長四尺八寸十三分寸之六。

法曰：假令二日，不足一尺五寸。此問即前良、駑之意。

二日内蒲初日長三尺，二日止長一尺五寸，共長四尺五寸。〇莞初日長一尺，二日長二尺，共長三尺。蒲莞相減，不足一尺五寸。

令之三日有餘一尺七寸半。

三日内蒲初日長三尺，二日長一尺五寸，三日長七寸半，共長五尺二寸半。〇莞初日長一尺，二日長二尺，三日長四尺，共長七尺。蒲莞相減，乃餘一尺七寸半。求等長，故以蒲莞相較。

草曰：置盈不足 二日不足一尺五寸 三日有餘一尺七寸半

維乘二日乘有餘一尺七寸半，得三尺五寸；三日乘不足一尺五寸，得四尺五寸。并得八尺

爲實。并有餘一尺七寸半不足一尺五寸共三尺二寸半。爲法，除之

得二日。餘實一尺五寸。法實皆二五約之，得十三分日之六。合問。

求蒲長，以第三日長七寸半以日分子六乘之，得四尺五寸。

爲實。以日分母十三爲法，除得三寸。不盡六，加前二日長

四尺五寸共四尺八寸十三分寸之六。合問。

求莞長，以第三日長四尺以日分子六乘之，得二十四尺爲

實。以日分母十三爲法，除得一尺八寸，不盡六，加前二日長

三尺共四尺八寸十三分寸之六。合問。

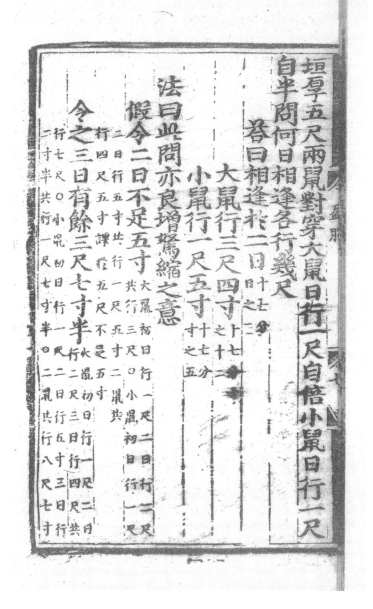

垣厚五尺，兩鼠對穿。大鼠日行一尺自倍，小鼠日行一尺自半。問何日相逢各行幾尺？

答曰：相逢於二日十七分日之三。

大鼠行三尺四寸十七分寸之十二，

小鼠行一尺五寸十七分寸之五。

法曰：此問亦良增駑縮之意。

假令二日，不足五寸。大鼠初日行一尺，二日行二尺，共行三尺。〇小鼠初日行一尺，二日行五寸，共行一尺五寸。二鼠共行四尺五寸，課於五尺，不足五寸。

令之三日，有餘三尺七寸半。大鼠初日行一尺，二日行二尺，三日行四尺。共行七尺。〇小鼠初日行一尺，二日行五寸，三日行二寸半，共行一尺七寸半。〇二鼠共行八尺七寸半，課於五尺，有餘三尺七尺半。

草曰：置盈不足二日三日不足五寸有餘三尺七寸半維乘二日乘有餘三尺七寸半，得七尺五寸。三日乘不足五寸，得一尺五寸。共并得九尺爲實。并盈不足爲法。盈三尺七寸半、不足五寸，共并得四尺二寸半。實如法而一。得二日，餘實五寸。法實皆二五約之，得一十七分日之二。

求大鼠行，置第三日行四尺，以日分子二乘，得八十寸。爲實。以日分母十七爲法，除得四寸。餘實十二。并前二日所行三尺共行三尺四寸十七分寸之十二。

求小鼠行，置第三日行二寸半，以日分子二乘，得五寸。爲實。以日分母十七爲法，除不滿法，只得十七分寸之五。并前二日

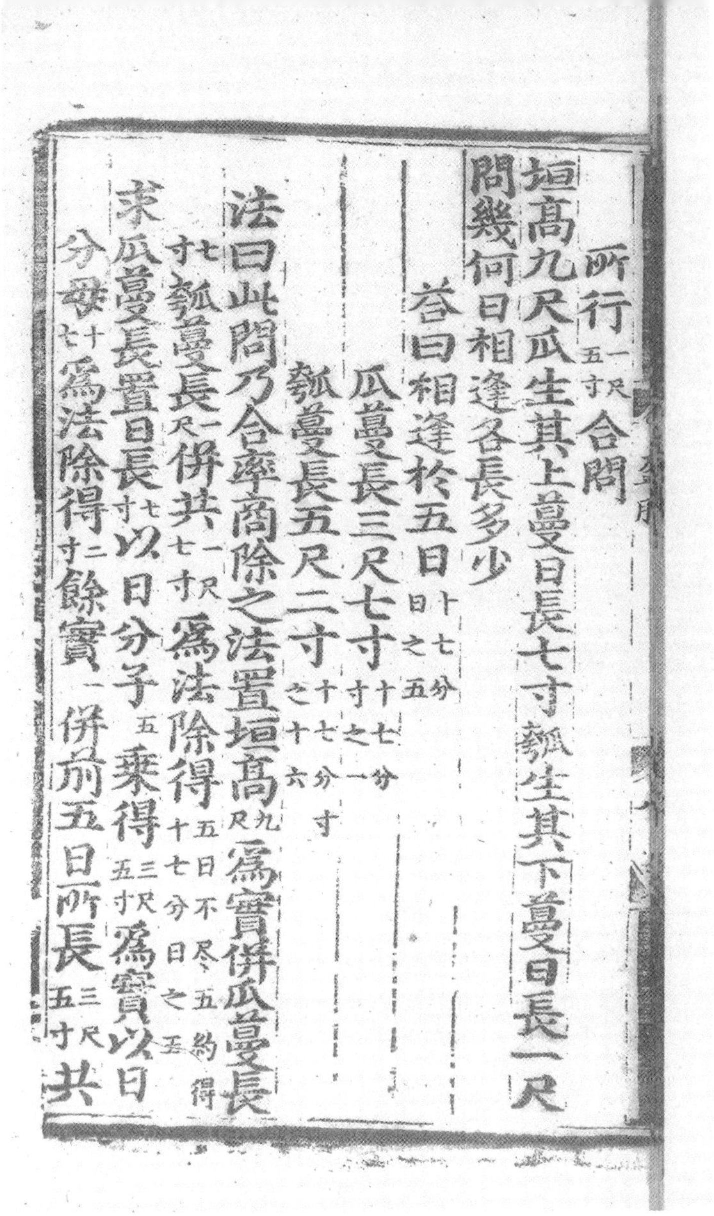

所行一尺五寸。合問。

垣高九尺，瓜生其上。蔓日長七寸，瓠生其下，蔓日長一尺。問幾何日相逢，各長多少？

答曰：相逢於五日十七分日之五。

瓜蔓長三尺七寸十七分寸之一，

瓠蔓長五尺二寸十七分寸之十六。

法曰：此問乃合率商除之法。置垣高九尺爲實。并瓜蔓長七寸瓠蔓長一尺并共一尺七寸爲法，除得五日，不尽五，約得十七分日之五。

求瓜蔓長，置日長七寸，以日分子五乘得三尺五寸。爲實。以日分母十七爲法，除得二寸。餘實一。并前五日所長三尺五寸共

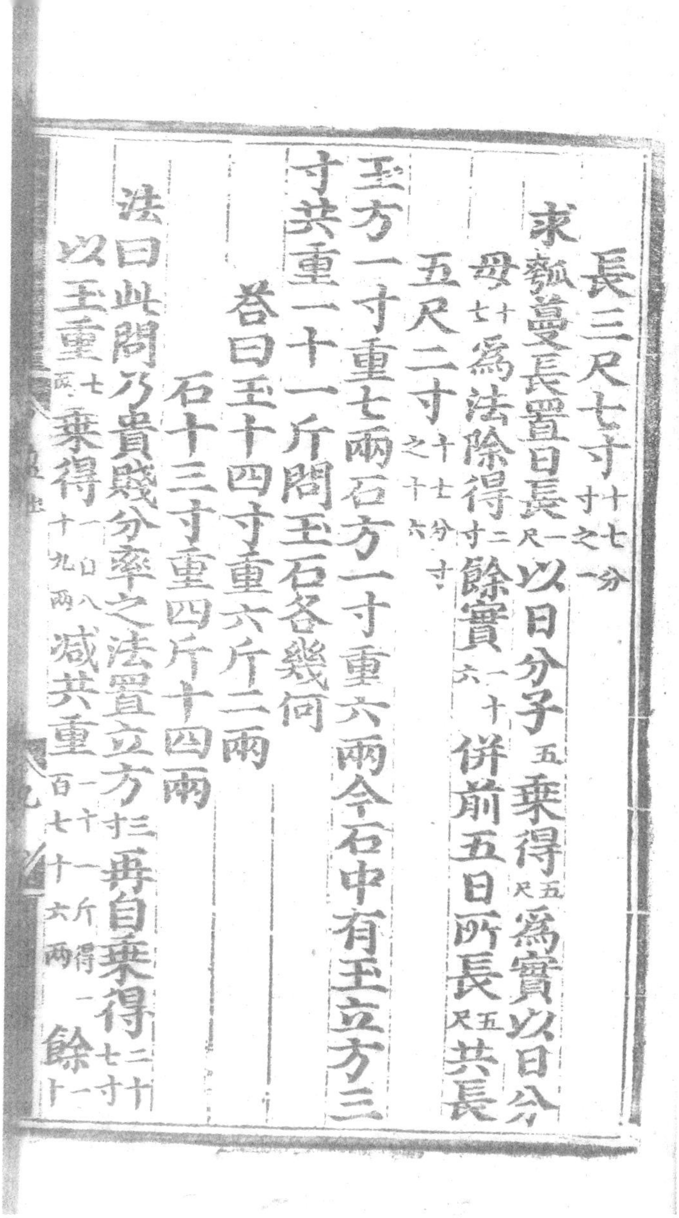

長三尺七寸十七分寸之一。

求瓠蔓長，置日長一尺，以日分子五乘得五尺。爲實。以日分母十七爲法，除得二寸。餘實一十六。并前五日所長五尺共長五尺二寸十七分寸之十六。

玉方一寸重七兩，石方一寸重六兩。今石中有玉，立方三寸，共重一十一斤。問玉石各幾何？

答曰：玉十四寸重六斤二兩，

石十三寸重四斤十四兩。

法曰：此問乃貴賤分率之法。置立方三寸再自乘，得二十七寸。以玉重七兩乘得一百八十九兩。減共重一十一斤，得一百七十六兩。餘一十

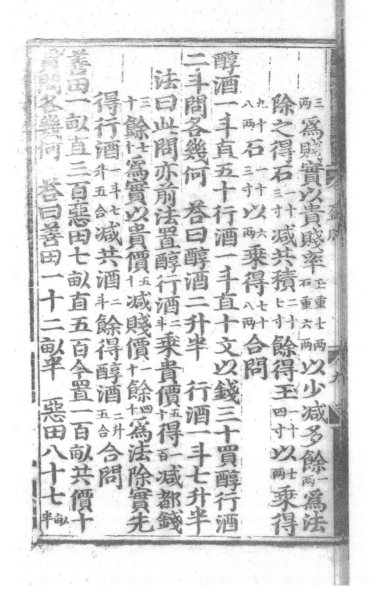

三兩。爲賤實。以貴賤率玉重七兩；石重六兩。以少減多餘一兩爲法，除之，得石二十三寸。減共積二十七寸餘得玉一十四寸。以七兩乘得九十八兩。石二十三寸以六兩乘得七十八兩。合問。

醇酒一斗直五十，行酒一斗直十文。以錢三十買醇、行酒二斗。問各幾何？　答曰：醇酒二升半，行酒一斗七升半。

法曰：此問亦前法。置醇行酒二斗乘貴價五十得一百。減都錢三十餘七十。爲實。以貴價五十減賤價一十餘四十。爲法，除實，先得行酒一斗七升五合。減共酒二斗餘得醇酒二升五合。合問。

善田一畝直三百，惡田七畝直五百。今置一百畝，共價十貫。問各幾何？答曰：善田一十二畝半，惡田八十七畝半。

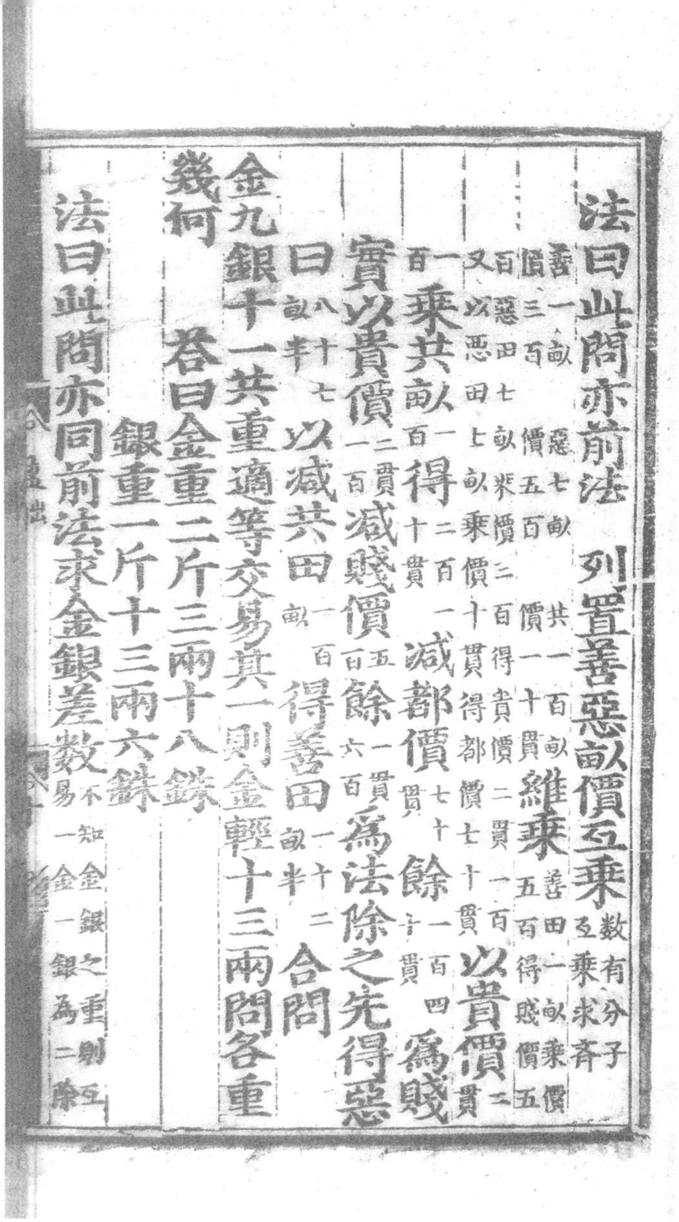

法曰：此問亦前法。列置善惡畝價互乘數有分子互乘求齊。

善一畝價三百　惡七畝價五百　共一百畝價一十貫　維乘善田一畝乘價五百，得賤價五百。惡田七畝乘價三百，得貴價二貫一百。又以惡田七畝乘價十貫，得都價七十貫。以貴價二貫二百乘共畝一百得二百二十貫。減都價七十貫餘一百四十貫。爲賤實。以貴價二貫二百減賤價五百餘一貫六百。爲法，除之。先得惡田八十七畝半。以減共田一百畝得善田一十二畝半。合問。

金九銀十一，共重適等，交易其一，則金輕十三兩。問各重幾何？　答曰：金重二斤三兩十八銖，

銀重一斤十三兩六銖。

法曰：此問亦同前法。求金銀差數不知金銀之重，則互易一金一銀爲二，除

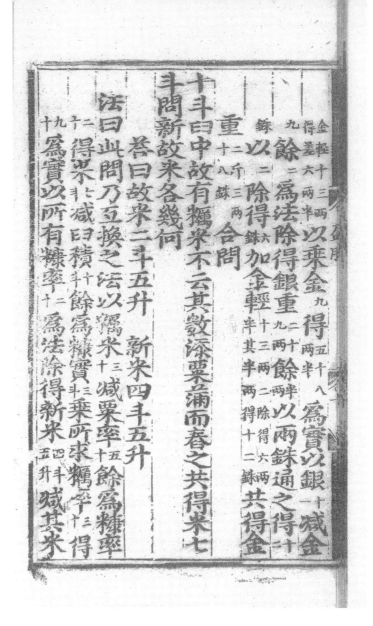

金輕十三兩，得差六兩半。以乘金九得五十八兩半。爲實。以銀十一減金九餘二爲法，除得銀重二十九兩。餘半兩。以兩銖通之，得十二銖。以二除得六銖。加金輕十三兩，二除得六兩半，其半兩得十二銖。共得金重二斤三兩十八銖。合問。

十斗臼中故有糲米不云其數，添粟、蒲而舂之，共得米七斗，問新、故米各幾何？

答曰：故米二斗五升，新米四斗五升。

法曰：此問乃互換之法。以糲米三十減粟率五十餘爲糠率二十。得米七斗。減臼積十斗餘爲糠實三斗。乘所求糲率三十得九十爲實，以所有糠率二十爲法，除得新米四斗五升。減其米

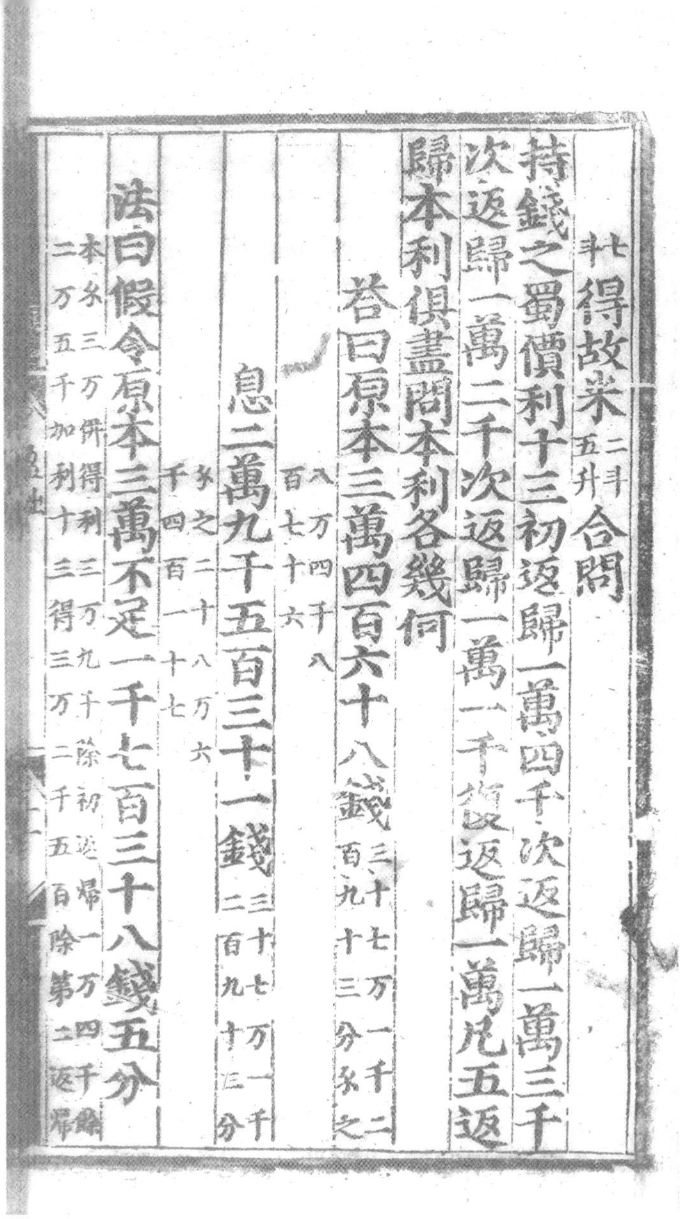

七斗。得故米二斗五升。合問。

持錢之蜀，價利十三，初返歸一萬四千，次返歸一萬三千，次返歸一萬二千，次返歸一萬一千，復返歸一萬。凡五返歸本利俱盡，問本利各幾何？

答曰：原本三萬四百六十八錢三十七万一千二百九十三分錢之八万四千八百七十六，

息二萬九千五百三十一錢三十七万一千二百九十三分錢之二十八万六千四百一十七。

法曰：假令原本三萬，不足一千七百三十八錢五分。

本錢三万，并得利三万九千，除初返歸一万四千，餘二万五千。加利十三，得三万二千五百，除第二返歸

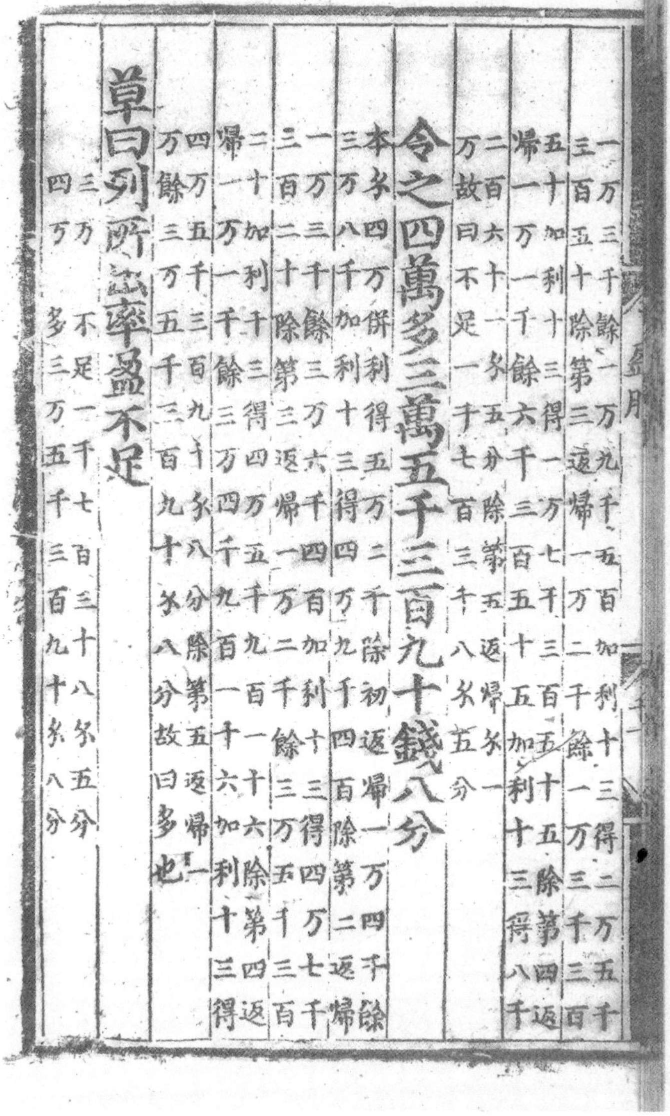

一万三千，餘一万九千五百。加利十三，得二万五千三百五十，除第三返歸一万二千，餘一万三千三百五十。加利十三，得一万七千三百五十五，除第四返歸一万一千，餘六千三百五十五。加利十三，得八千二百六十一錢五分，除第五返歸錢一万，故曰不足一千七百三千八錢五分。

令之四萬，多三萬五千三百九十錢八分。

本錢四万，并利得五万二千。除初返歸一万四千，餘三万八千。加利十三，得四万九千四百，除第二返歸一万三千，餘三万六千四百。加利十三，得四万七千三百二十，除第三返歸一万二千，餘三万五千三百二十。加利十三，得四万五千九百一十六，除第四返歸一万一千，餘三万四千九百一十六。加利十三，得四万五千三百九十錢八分，除第五返歸一万，餘三万五千三百九十錢八分，故曰多也。

草曰：列所出率、盈、不足

三万　不足一千七百三十八錢五分
四万　多三万五千三百九十錢八分

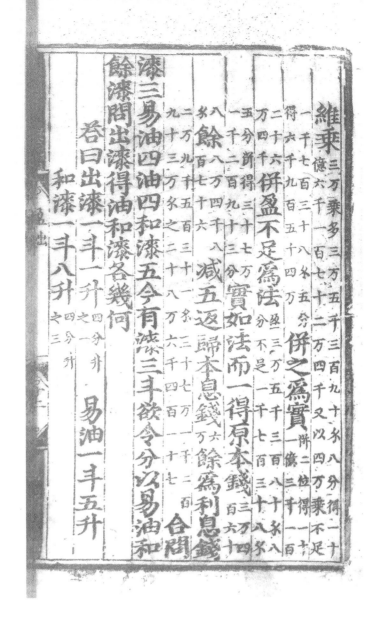

維乘三万乘多三万五千三百九十錢八分，得一十億六千一百七十二万四千。又以四万乘不足一千七百三十八錢五分，得六千九百五十四万。并之爲實并二位得一十一億三千一百二十六万四千。并盈、不足爲法盈三万五千三百八十錢八分，不足一千七百三十八錢五分，并得三十七万一千二百九十三分。實如法而一，得原本錢三万四百六十八錢餘八万四千八百七十六。減五返歸本息錢六万餘爲利息錢二万九千五百三十一錢三十七万一千二百九十三万錢之二十八万六千四百一十七。合問。

漆三易油四，油四和漆五。今有漆三斗，欲令分以易油和餘漆，問出漆、得油、和漆各幾何？

答曰：出漆一斗一升四分升之一，易油一斗五升，

和漆一斗八升四分升之三。

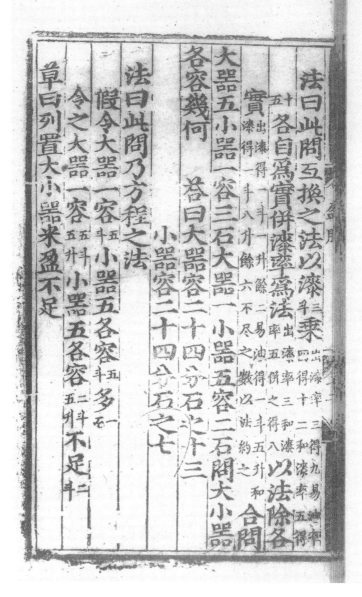

法曰：此問互換之法。以漆三斗乘出漆率三，得九，易油率四，得十二，和漆率五，得十五。各自爲實。并漆率爲法出漆率三、和漆率五，并之得八。以法除各實，出漆得一斗一升，餘二。易油得一斗五升。和漆得一斗八升，餘六。不尽之數，以法約之，合問。

大器五小器一容三石，大器一小器五容二石。問大、小器各容幾何？　　答曰：大器容二十四分石之十三，

小器容二十四分石之七。

法曰：此問乃方程之法。

假令大器一容五斗，小器五各容五斗，多一石。

令之大器一容五斗五升，小器五各容二斗五升，不足二斗。

草曰：列置大、小器，米盈、不足

大器五斗五斗五升　小器五斗二斗五升　盈一石少二斗維乘盈一石乘大器五斗五升

得五十五。不足二斗乘大器五斗，得一十。并得六十五。爲實。又以盈一石乘大器二斗五升，

得二十五。不足二斗乘小器五斗，得一十。并得三十五。亦爲實。并盈一石不足二斗

得一百二十。爲法，除二實，各不滿法，皆五約之，得數。合問。

比類一十五問

盈不足

今有人分銀，不知其數。只云人分四兩剩一十二兩，人分七兩少六十兩。問銀及人各幾何？

答曰：銀一百八兩，人二十四。

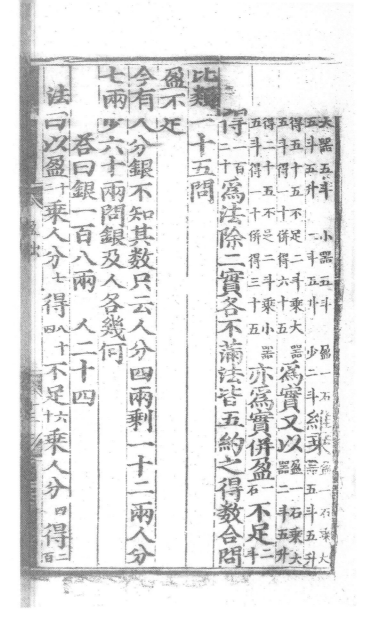

法曰：以盈十二乘人分七，得八十四。不足六十乘人分四，得二百

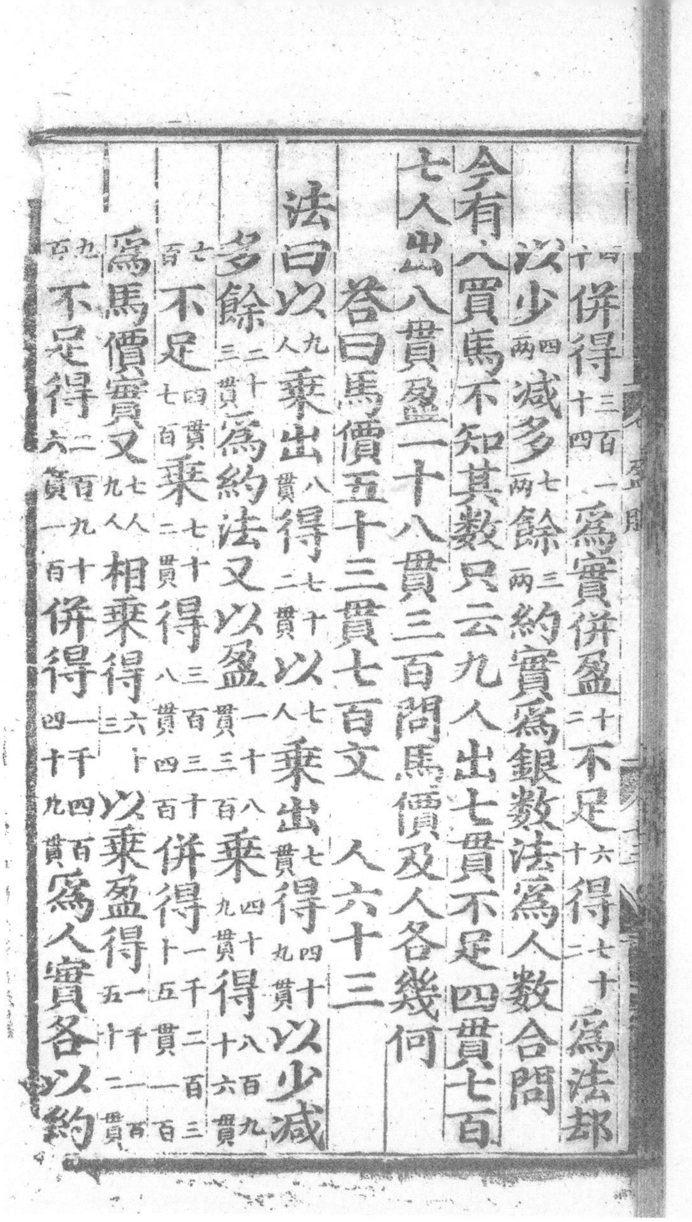

四十。并得三百二十四為實。并盈十二不足六十得七十二。為法，却

以少四兩減多七兩餘三兩約實，為銀數，法為人數。合問。

今有人買馬，不知其數。只云九人出七貫不足四貫七百，

七人出八貫盈一十八貫三百。問馬價及人各幾何？

答曰：馬價五十三貫七百文，人六十三。

法曰：以九人乘出八貫得七十二貫。以七人乘出七貫得四十九貫。以少減

多餘二十三貫。為約法。又以盈一十八貫三百乘四十九貫。得八百九十六貫

七百。不足四貫七百乘七十二貫得三百三十八貫四百。并得一千二百三十五貫一百。

為馬價。實又七人九人相乘得六十三。以乘盈得一千一百五十二貫

九百。不足得二百九十六貫一百。并得一千四百四千九貫。為人實。各以約

法二十三貫除之。合問。

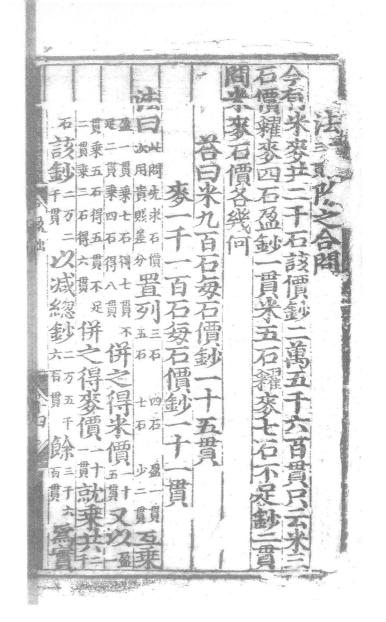

今有米麥共二千石，該價鈔二萬五千六百貫。只云米三石價糴麥四石盈鈔一貫，米五石糴麥七石不足鈔二貫。問米麥石價各幾何？

答曰：米九百石每石價鈔一十五貫，

麥一千一百石每石價鈔一十一貫。

法曰：此問先求石價，次用貴賤差分。置列三石 五石 四石 七石 盈一貫 少二貫 互乘盈一貫乘七石，得七貫。不足二貫乘四石，得八貫。并之，得米價一十五貫。又以盈一貫乘五石，得五貫。不足二貫乘三石，得六貫。并之得麥價一十一貫。就乘共二千石該鈔二万二千貫。以減總鈔二万五千六百貫餘三千六百貫。爲實。

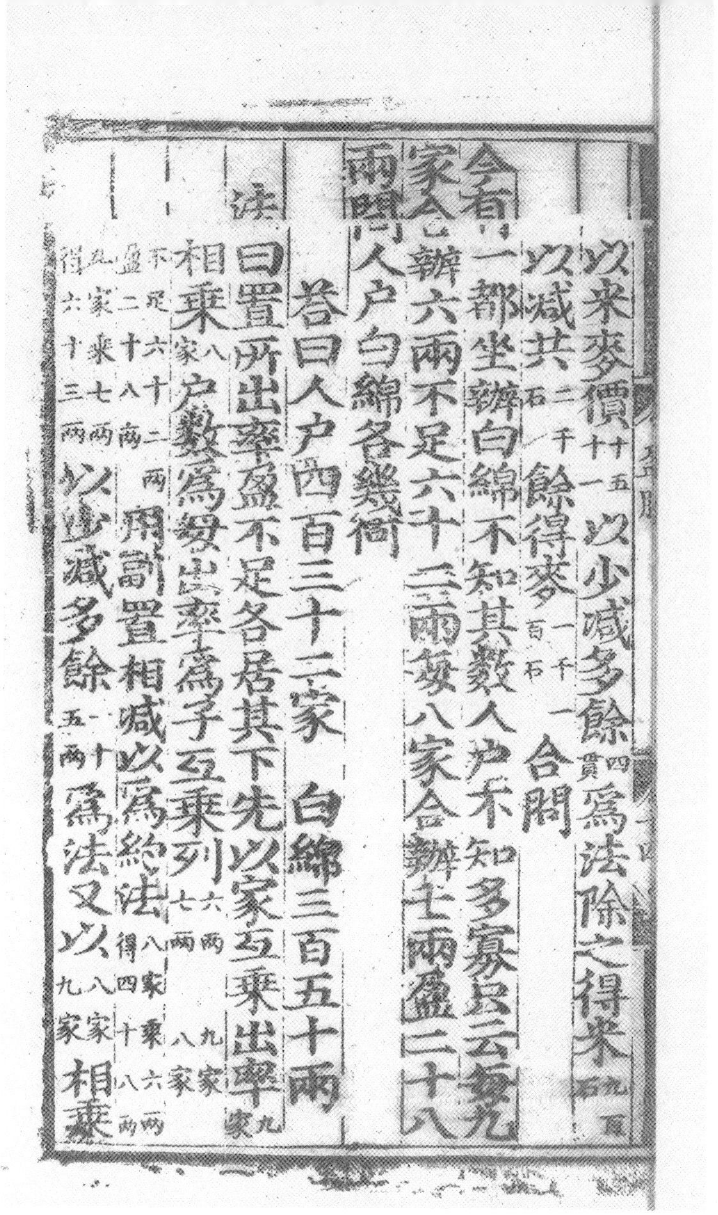

以米、麥價十五十二，以少減多餘四貫爲法，除之，得米九百石。

以減共二千石餘得麥一千一百石。合問。

今有一都坐辦白綿，不知其數，人户不知多寡。只云每九家合辦六兩不足六十二兩，每八家合辦七兩盈二十八兩。問人户白綿各幾何？

答曰：人户四百三十二家，白綿三百五十兩。

法曰：置所出率、盈、不足各居其下。先以家互乘出率九家相乘八家户數爲母，出率爲子，互乘列六兩七兩 九家八家 不足六十二兩盈二十八兩用副置相減，以爲約法。八家乘六兩，得四十八兩。九家乘七兩，得六十三兩。以少減多，餘一十五兩爲法。又以八家，九家。相乘

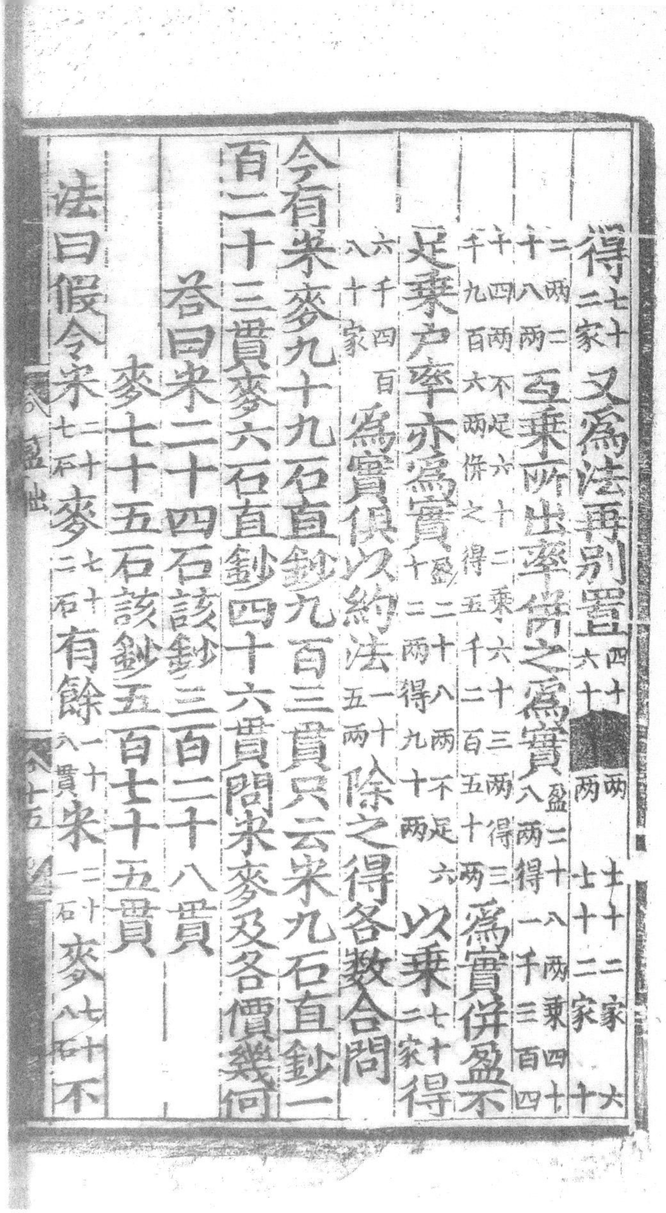

得七十二家。又爲法。再別置四十八兩　七十二家　六[1]六十三兩　七十二家　十二兩，二十八兩。互乘所出率，并之爲實盈二十八兩乘四十八兩，得一千三百四十四兩。不足六十二乘六十三兩，得三千九百六兩。并之得五千二百五十兩。爲實。并盈、不足乘户率，亦爲實。盈二十八兩、不足六十二兩，得九十兩。以乘七十二家得六千四百八十家爲實。俱以約法二十五兩除之，得各數。合問。

今有米、麥九十九石，直鈔九百三貫。只云米九石直鈔一百二十三貫，麥六石直鈔四十六貫。問米麥及各價幾何？

答曰：米二十四石，該鈔三百二十八貫；

麥七十五石，該鈔五百七十五貫。

法曰：假令米二十七石麥七十二石有餘一十八貫。米二十一石麥七十八石不

1“四十八兩”之“八”，“六十三兩”之“三”，各本均作墨釘，依題意作此。

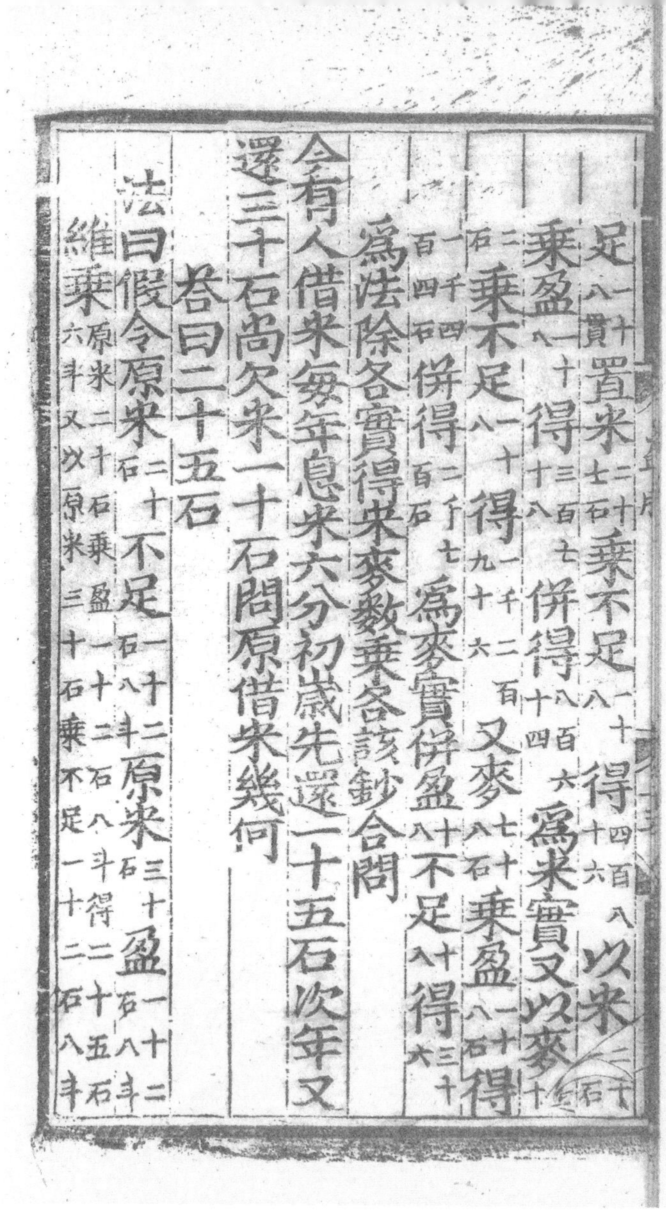

足一十八貫。置米二十七石乘不足一十八得四百八十六。以米二十一石乘盈一十八得三百七十八。并得八百六十四爲米實。又以麥七十二石乘不足一十八得一千二百九十六。又麥七十八石乘盈一十八石得一千四百四石。并得二千七百石爲麥實。并盈十八不足十八得三十六。爲法，除各實，得米、麥數，乘各該鈔。合問。

今有人借米，每年息米六分。初歲先還一十五石，次年又還三十石，尚欠米一十石。問原借米幾何？

答曰：二十五石。

法曰：假令原米二十石不足一十二石八斗，原米三十石盈一十二石八斗

維乘原米二十石乘盈一十二石八斗，得二十五石六斗。又以原米三十石乘不足一十二石八斗，

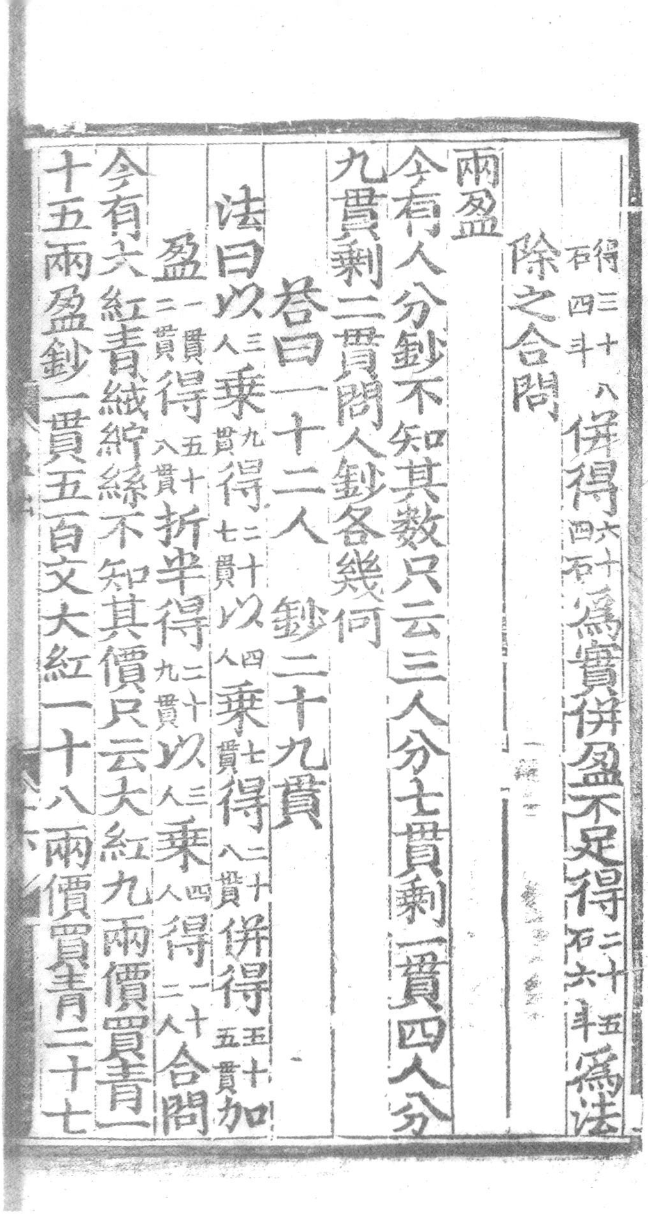

得三十八石四斗。并得六十四石。爲實。并盈不足得二十五石六斗。爲法，除之。合問。

兩盈

今有人分鈔不知其數。只云三人分七貫剩一貫，四人分九貫剩二貫。問人鈔各幾何？

答曰：一十二人，鈔二十九貫。

法曰：以三人乘九貫得二十七貫。以四人乘七貫得二十八貫。并得五十五貫。加盈一貫；二貫；得五十八貫。折半得二十九貫。以三人乘四人得一十二人。合問。

今有大紅、青絨紵絲，不知其價。只云大紅九兩價買青一十五兩，盈鈔一貫五百文；大紅一十八兩價買青二十七

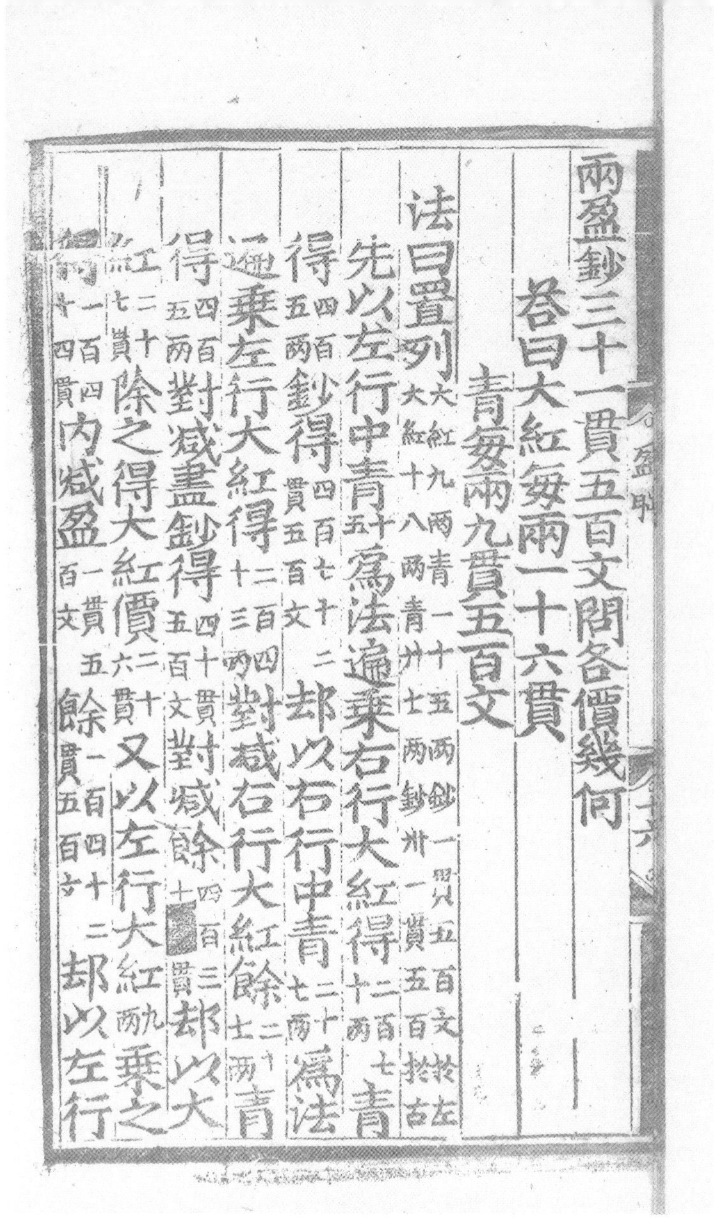

兩，盈鈔三十一貫五百文。問各價幾何？

答曰：大紅每兩一十六貫，

青每兩九貫五百文。

法曰：置列大紅九兩青一十五兩，鈔一貫五百文於左，大紅十八兩青廿七兩，鈔卅一貫五百於右。

先以左行中青十五爲法，遍乘右行大紅得二百七十兩。青得四百五兩。鈔得四百七十二貫五百文。却以右行中青二十七兩爲法，通乘左行大紅得二百四十三兩。對減右行大紅，餘二十七兩青得四百五兩。對減盡，鈔得四十貫五百文。對減，餘四百三十■貫。[1] 却以大紅二十七貫除之，得大紅價二十六貫。又以左行大紅九兩乘之得一百四十四貫。內減盈一貫五百文餘一百四十二貫五百文。却以左行

1“■”，各本均作墨釘。

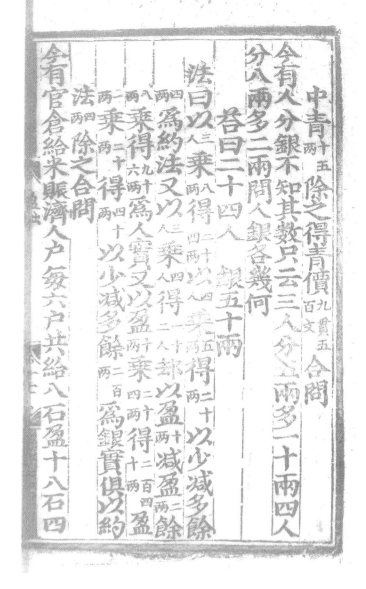

中青十五兩除之，得青價九貫五百文。合問。

今有人分銀，不知其數。只云三人分五兩多一十兩，四人分八兩多二兩。問人銀各幾何？

答曰：二十四人，銀五十兩。

法曰：以三人乘八兩得二十四兩。以四人乘五兩得二十兩。以少減多，餘四兩。爲約法。又以三人乘四人得十二人。却以盈十兩減盈二兩餘八兩。乘得九十六兩。爲人實。又以盈十兩乘二十四兩得二百四十兩。盈二兩乘二十兩得四十兩。以少減多，餘二百兩爲銀實。俱以約法四兩除之。合問。

今有官倉給米賑濟人户，每六户共給八石盈十八石，四

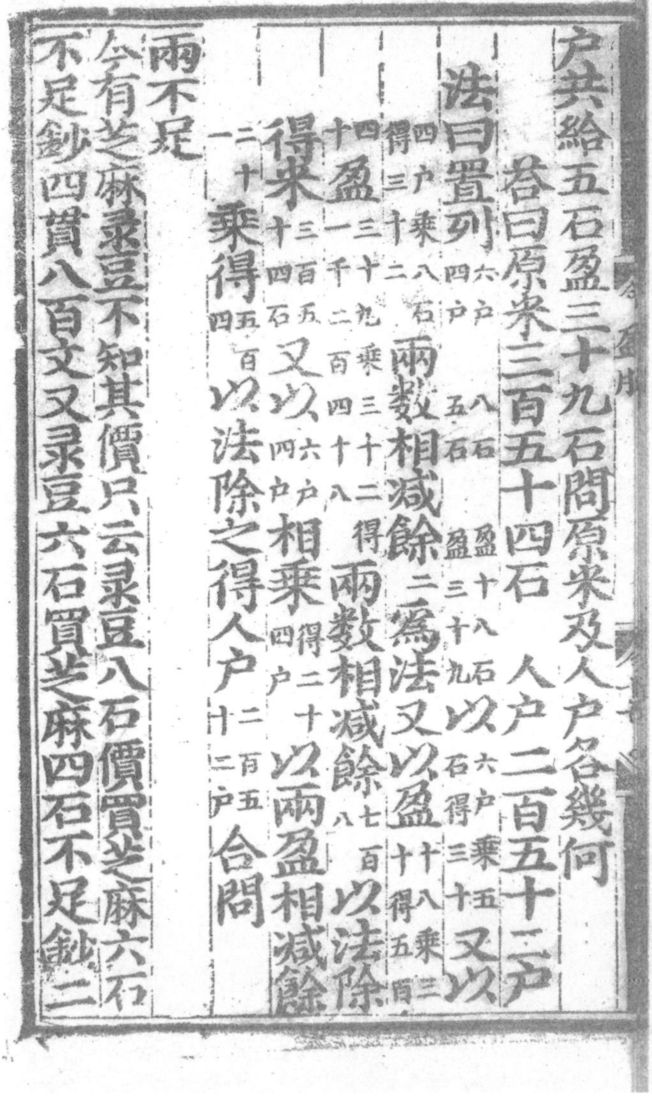

户共給五石盈三十九石。問原米及人户各幾何？

答曰：原米三百五十四石，人户二百五十二户。

法曰：置列六户四户 八石五石 盈十八石盈三十九 以六户乘五石，得三十。又以四户乘八石，得三十二。兩數相減餘二爲法。又以盈十八乘三十，得五百四十。盈三十九乘三十二，得一千二百四十八。兩數相減，餘七百八。以法除得米三百五十四石。又以六户、四户相乘得二十四户。以兩盈相減，餘二十一乘得五百四。以法除之，得人户二百五十二户。合問。

兩不足

今有芝麻、緑豆不知其價。只云緑豆八石價買芝麻六石，不足鈔四貫八百文；又緑豆六石買芝麻四石，不足鈔二

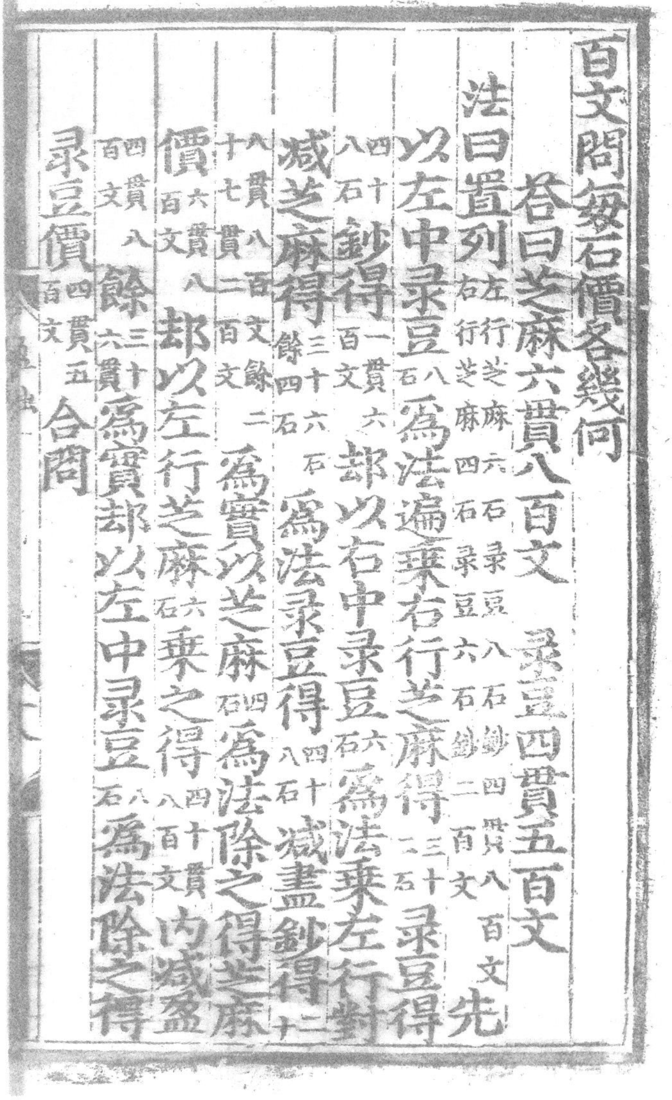
百文問每石價各幾何
荅曰芝麻六貫八百文　菉豆四貫五百文
法曰置列(左行芝麻六石菉豆八石鈔四貫八百文 右行芝麻四石菉豆六石鈔二百文)先
以左中菉豆(八石)爲法徧乘右行芝麻得(三十二石)菉豆得
(四十八石)鈔得(一貫六百文)卻以右中菉豆(六石)爲法乘左行對
減芝麻得(三十六石餘四石)爲法菉豆得(四十八石)減盡鈔得(二十
八貫八百文餘二十七貫二百文)爲實以芝麻(四石)爲法除之得芝麻
價(六貫八百文)卻以左行芝麻(六石)乘之得(四十貫八百文)內減盈
(四貫八百文)餘(三十六貫)爲實卻以左中菉豆(八石)爲法除之得
菉豆價(四貫五百文)合問

百文。問每石價各幾何？

答曰：芝麻六貫八百文，　緑豆四貫五百文。

法曰：置列左行芝麻六石，緑豆八石，鈔四貫八百文；右行芝麻四石，緑豆六石，鈔二百文。先以左、中緑豆八石爲法，遍乘右行芝麻，得三十二石。緑豆得四十八石。鈔得一貫六百文。却以右、中緑豆六石爲法，乘左行對減，芝麻得三十六石餘四石。爲法，緑豆得四十八石。減盡，鈔得二十八貫八百文，餘二十七貫二百文。爲實。以芝麻四石爲法，除之，得芝麻價六貫八百文。却以左行芝麻六石乘之，得四十貫八百文。内減盈四貫八百文餘三十六貫。爲實。却以左、中緑豆八石爲法，除之，得緑豆價四貫五百文。合問。

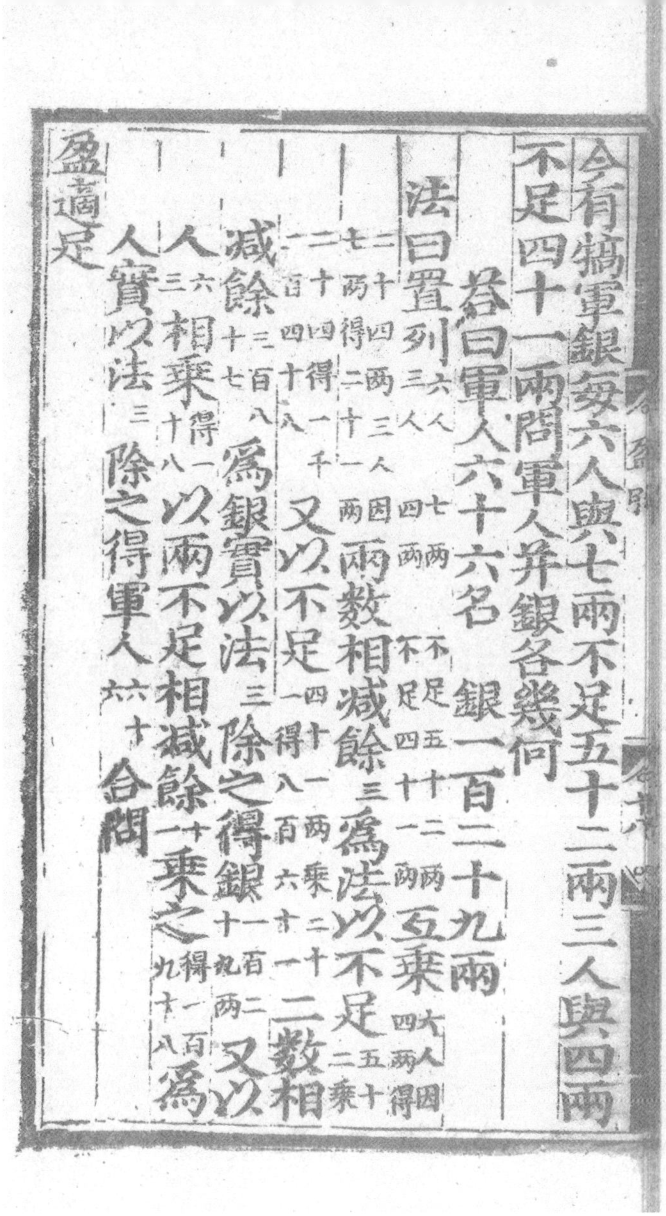

今有犒軍銀，每六人與七兩不足五十二兩，三人與四兩不足四十一兩。問軍人并銀各幾何？

答曰：軍人六十六名，銀一百二十九兩。

法曰：置列六人三人 七兩四兩 不足五十二兩不足四十一兩 互乘六人因四兩，得二十四兩。三人因七兩，得二十一兩。兩數相減，餘三爲法。以不足五十二乘二十四，得一千二百四十八。又以不足四十一兩乘二十一，得八百六十一。二數相減，餘三百八十七。爲銀實。以法三除之，得銀一百二十九兩。又以人六三相乘得一十八。以兩不足相減餘十一乘之得一百九十八。爲人實。以法三除之，得軍人六十六。合問。

盈適足

今有絲綿不知其價只云綿十二兩價買絲九兩盈鈔七
百五十文若綿二十七兩與絲二十一兩價適等問各價
幾何　答曰絲價二貫二百五十文
綿價一貫七百五十文
法曰列絲二十一兩於上綿二十七兩於下各以盈七百五十文乘之
上得一十五貫七百五十文爲綿實下得二十貫二百五十文爲絲實却
以絲九兩綿十二兩以少減多餘三兩自乘得九兩爲法除之
得絲綿價合問
不足適足
今有布絹不知其價只云布四疋價買絹三疋不足鈔一

今有絲、綿不知其價，只云綿十二兩價買絲九兩，盈鈔七百五十文。若綿二十七兩與絲二十一兩價適等，問各價幾何？　　答曰：絲價二貫二百五十文，

綿價一貫七百五十文。

法曰：列絲二十一兩於上，綿二十七兩於下。各以盈七百五十文乘之。上得一十五貫七百五十文。爲綿實，下得二十貫二百五十文。爲絲實。却以絲九兩綿十二兩以少減多，餘三兩自乘得九兩。爲法，除之，得絲、綿價。合問。

不足、適足

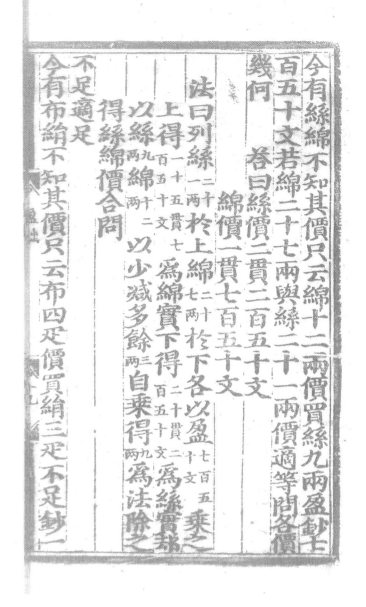

今有布、絹不知其價，只云布四疋價買絹三疋，不足鈔一

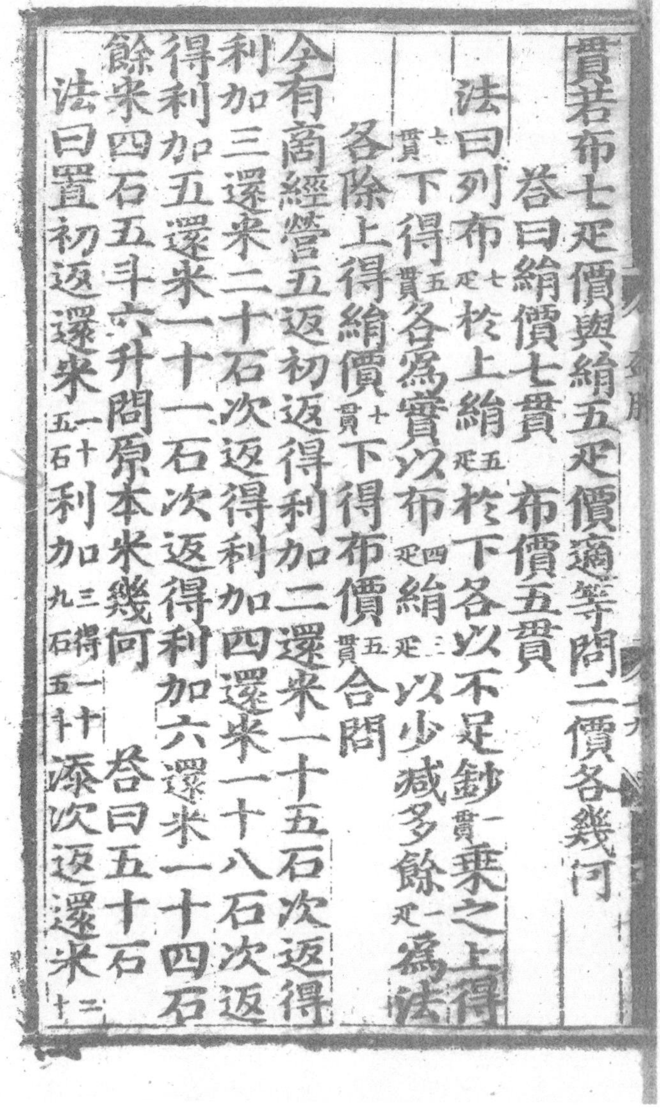

貫，若布七匹價與絹五匹價適等。問二價各幾何？

答曰：絹價七貫，布價五貫。

法曰：列布七匹於上，絹五匹於下。各以不足鈔一貫乘之。上得十貫下得五貫各爲實。以布四匹絹三匹以少減多，餘一匹爲法，各除上得絹價十貫。下得布價五貫。合問。

今有商經營五返，初返得利加二還米一十五石，次返得利加三還米二十石，次返得利加四還米一十八石，次返得利加五還米一十一石，次返得利加六還米一十四石。餘米四石五斗六升，問原本米幾何？　答曰：五十石。

答曰：置初返還米一十五石利加三，得一十九石五斗。添次返還米二十

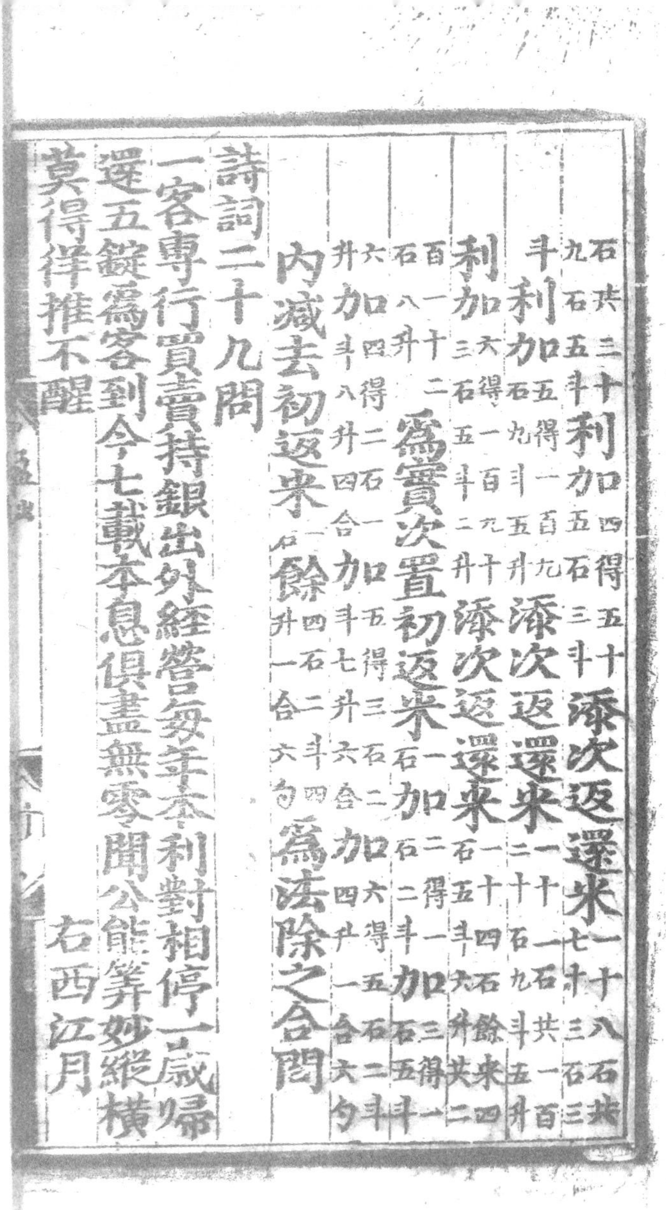

石，共三十九石五斗。利加四，得五十五石三斗。添次返還米一十八石，共七十三石三斗。利加五，得一百九石九斗五升。添次返還米一十一石，共一百二十石九斗五升。利加六，得一百九十三石五斗二升。添次返還米一十四石，餘米四石五斗六升，共二百一十二石八升。爲實。次置初返米一石加二，得一石二斗。加三，得一石五斗六升。加四，得二石一斗八升四合。加五，得三石二斗七升六合。加六，得五石二斗四升一合六勺。

内減去初返米一石餘四石二斗四升一合六勺。爲法，除之。合問。

詩詞二十九問

一客専行買賣，持銀出外經營。每年本利對相停，一歳歸還五錠。爲客到今七載，本息俱盡無零。聞公能筭妙縱横，莫得佯推不醒。　　右西江月

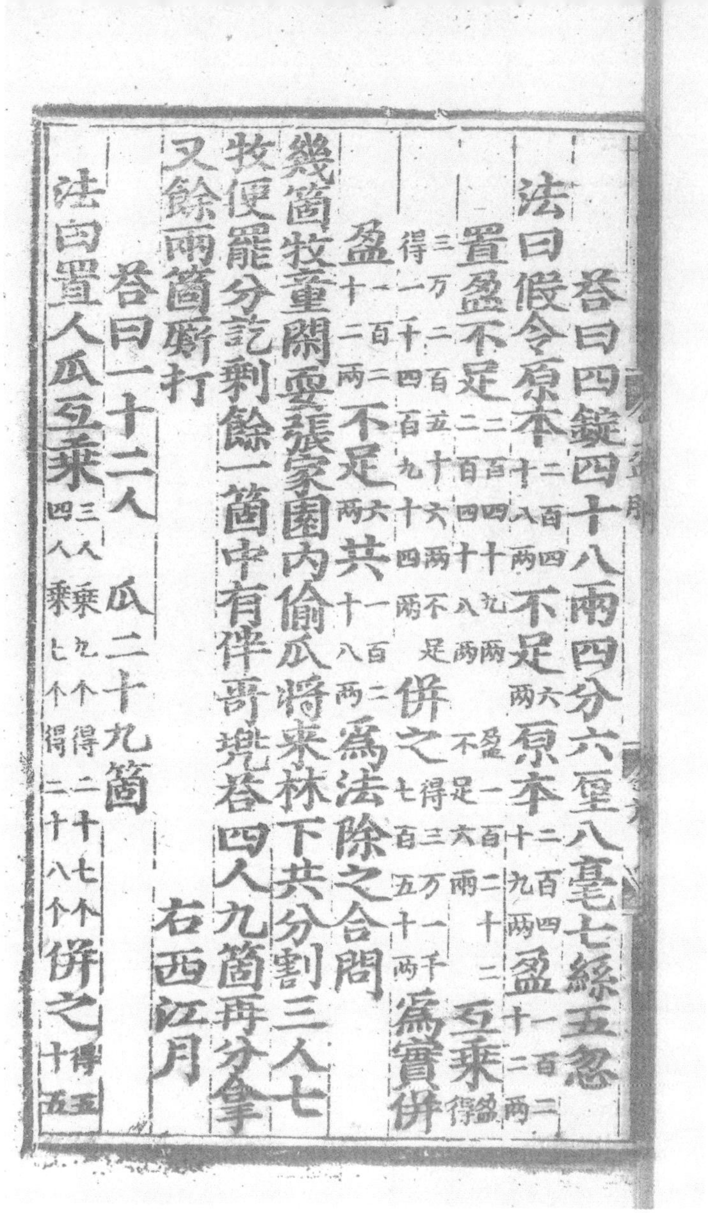

答曰：四錠四十八兩四分六厘八毫七絲五忽。

法曰：假令原本二百四十八两不足六两，原本二百四十九两盈一百二十二两。

置盈、不足二百四十九两 二百四十八两 盈一百二十二 不足六兩 互乘盈得三万二百五十六两，不足得一千四百九十四两。并之得三万一千七百五十两。爲實。并盈一百二十二两不足六两共一百二十八两爲法，除之。合問。

幾箇牧童閑耍，張家園内偷瓜。將来林下共分割，三人七枚便罷。分訖剩餘一箇，中有伴哥兜答。四人九箇再分拿，又餘兩箇厮打。

右西江月

答曰：一十二人，瓜二十九箇。

法曰：置人、瓜互乘三人乘九个，得二十七个；四人乘七个，得二十八个。并之得五十五

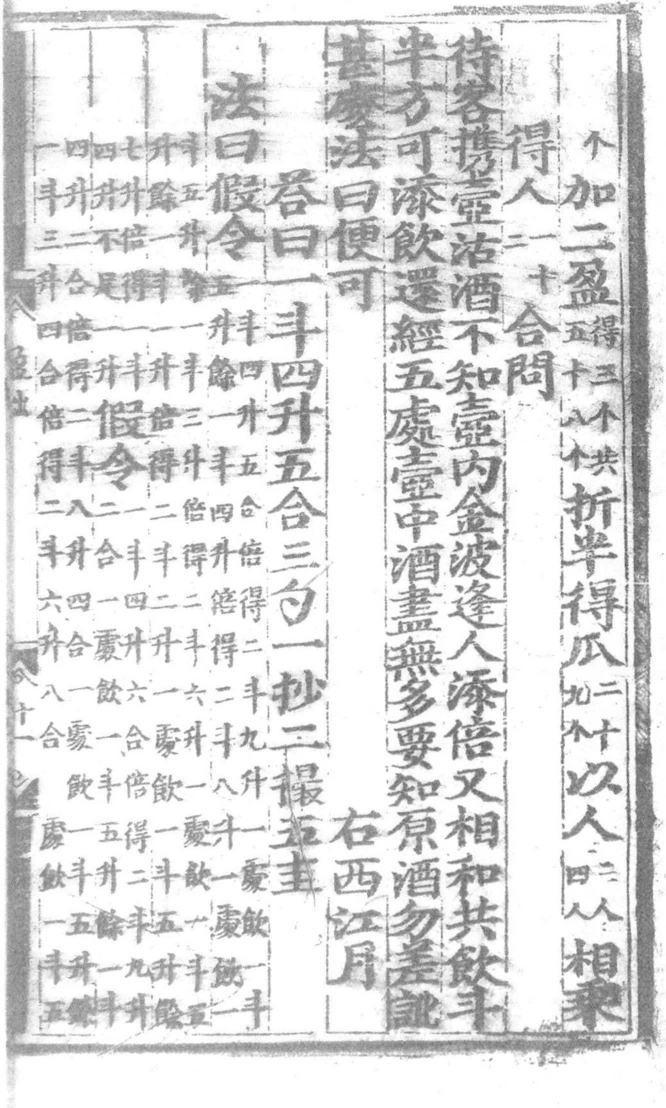

个。加二盈得三个，共五十八个。折半，得瓜二十九个。以人三人，四人。相乘得人十二。合問。

待客携壺沽酒，不知壺内金波。逢人添倍又相和，共飲斗半方可。添飲還經五處，壺中酒盡無多。要知原酒勿差訛，甚麽法曰便可？　　右西江月

答曰：一斗四升五合三勺一抄二撮五圭。

法曰：假令一斗四升五合，倍得二斗九升。一處飲一斗五升，餘一斗四升，倍得二斗八升。一處飲一斗五升，餘一斗三升，倍得二斗六升。一處飲一斗五升，餘一斗一升，倍得二斗二升。一處飲一斗五升，餘七升，倍得一斗四升，不足一升。假令一斗四升六合，倍得二斗九升二合。一處飲一斗五升，餘一斗四升二合，倍得二斗八升四合。一處飲一斗五升，餘一斗三升四合，倍得二斗六升八合。一處飲一斗五

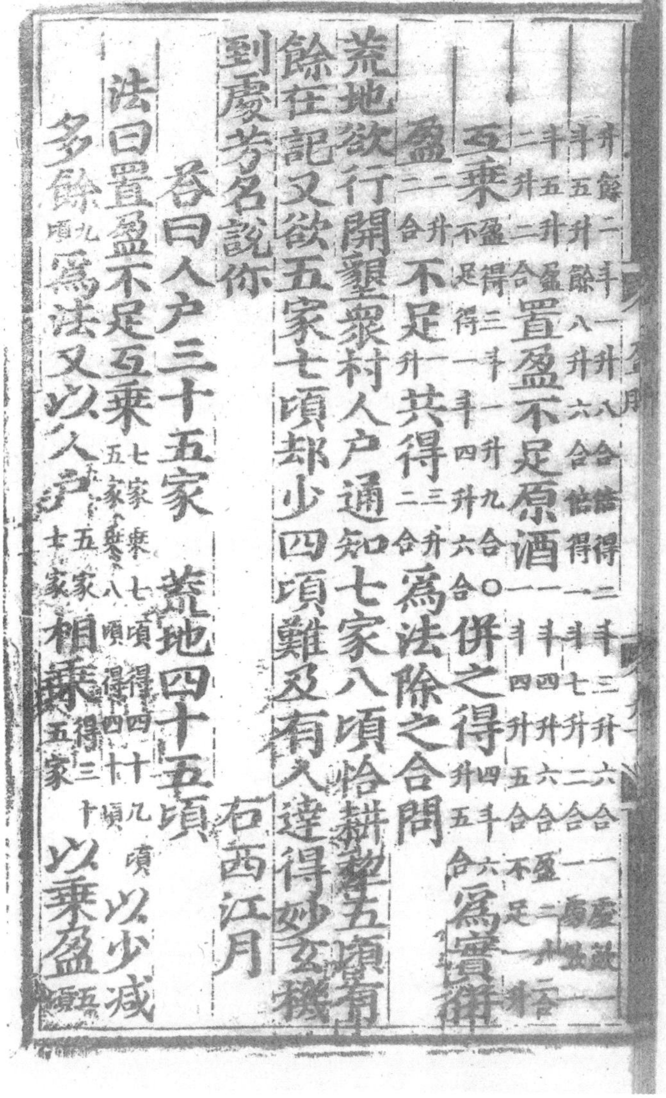

升，餘二斗一升八合，倍得二斗三升六合。一處飲一斗五升，餘八升六合，倍得一斗七升二合。一處飲一斗五升，盈二升二合。置盈、不足、原酒一斗四升六合，盈二升二合；一斗四升五合，不足一升互乘盈得三斗一升九合。不足得一斗四升六合。○并之得四斗六升五合。爲實。并盈二升二合不足一升共得三升二合爲法，除之。合問。

荒地欲行開墾，衆村人户通知。七家八頃恰耕犂，五頃有餘在記。又欲五家七頃，却少四頃難及。有人達得妙玄機，到處芳名説你。　　右西江月

答曰：人户三十五家，荒地四十五頃。

法曰：置盈、不足互乘七家乘七頃得四十九頃，五家乘八頃得四十頃。以少減多，餘九頃爲法。又以人户五家，七家。相乘得三十五家。以乘盈五頃

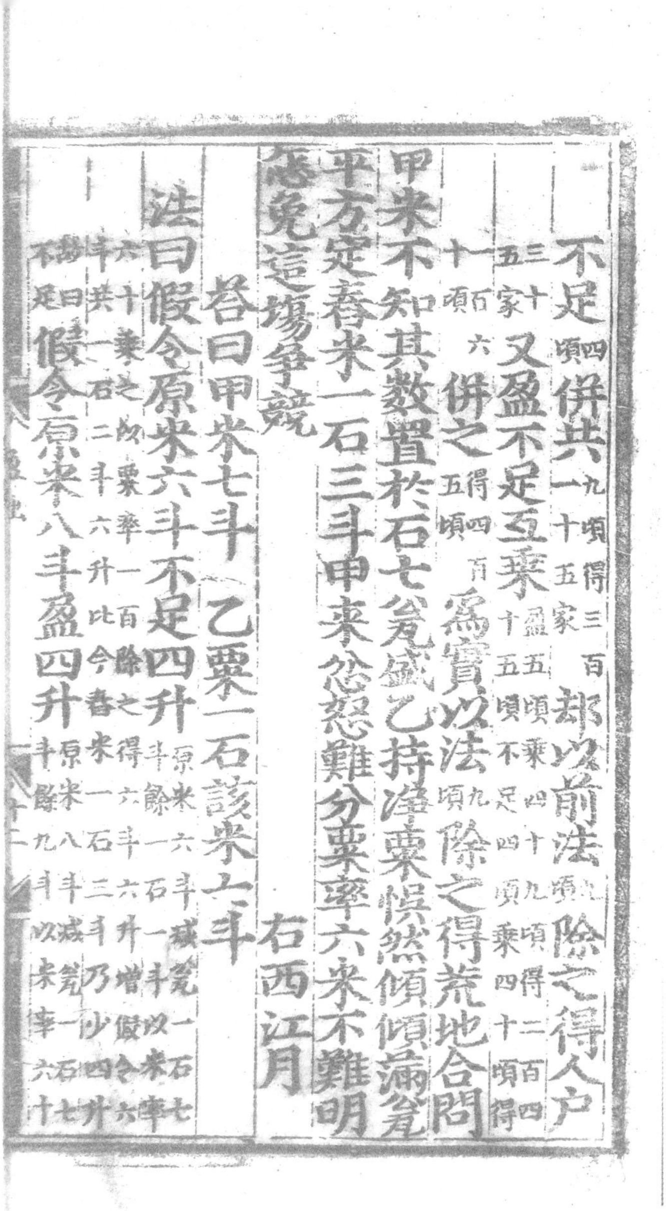

不足四頃并共九頃，得三百一十五家。却以前法九頃除之，得人户三十五家。又盈、不足互乘盈五頃乘四十九頃，得二百四十五頃。不足四頃乘四十頃，得一百六十頃。并之得四百五頃。爲實，以法九頃除之，得荒地。合問。

甲米不知其數，置於石七瓮盛。乙持净粟悮然傾，傾滿瓮平方定。舂米一石三斗，甲来忿怒難分。粟率六米不難明，怎免這場争競。　　右西江月

答曰：甲米七斗，乙粟一石該米六斗。

法曰：假令原米六斗，不足四升。原米六斗減瓮一石七斗，餘一石一斗。以米率六十乘之，以粟率一百除之，得六斗六升。增假令六斗，共一石二斗六升，比今舂米一石三斗，乃少四升，故曰不足。假令原米八斗，盈四升。原米八斗減瓮一石七斗，餘九斗。以米率六十

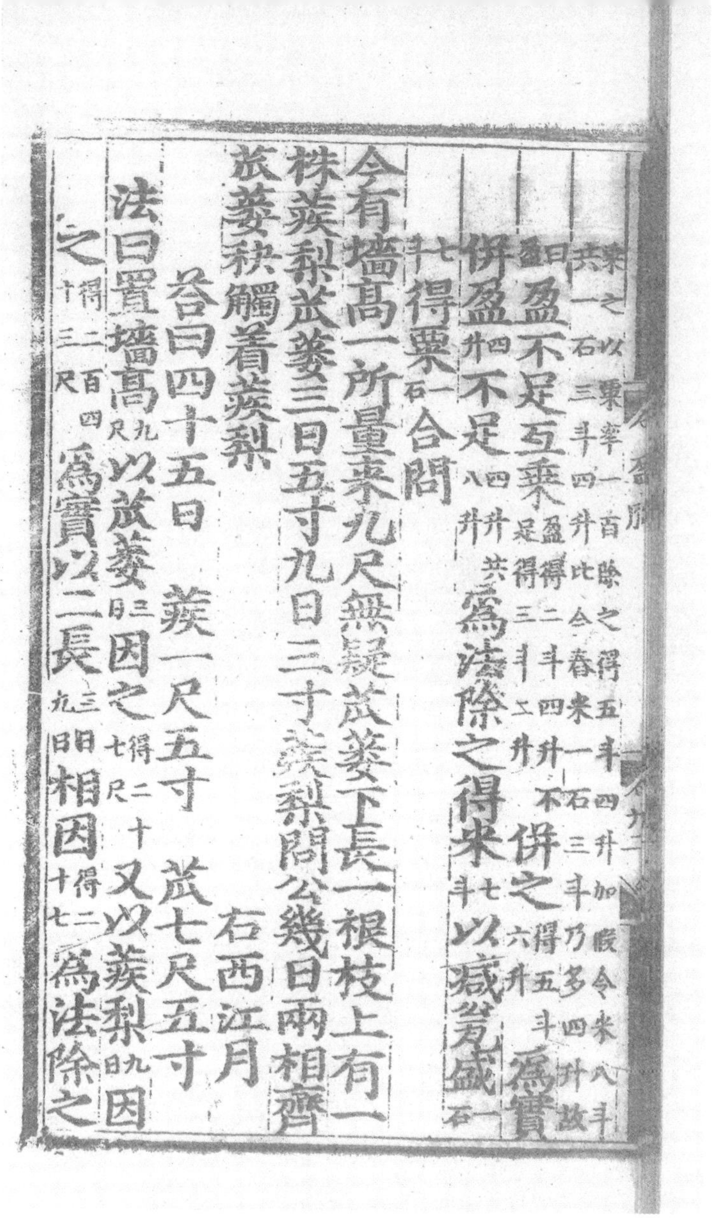

乘之，以粟率一百除之，得五斗四升。加假令米八斗，共一石三斗四升，比今舂米一石三斗乃多四升，故曰盈。盈、不足互乘盈得二斗四升，不足得三斗二升。并之得五斗六升。爲實。

并盈四升不足四升共八升。爲法。除之，得米七斗。以減瓮盛二石七斗得粟二石。合問。

今有墻高一所，量来九尺無疑。菧蔞下長一根枝，上有一株蒺梨。菧蔞三日五寸，九日三寸蒺梨。問公幾日兩相齊，菧蔞秧觸着蒺梨？　　右西江月

答曰：四十五日，蒺一尺五寸，菧七尺五寸。

法曰：置墻高九尺以菧蔞三日因之得二十七尺。又以蒺梨九日因之得二百四十三尺。爲實。以二長三日；九日。相因得二十七。爲法，除之

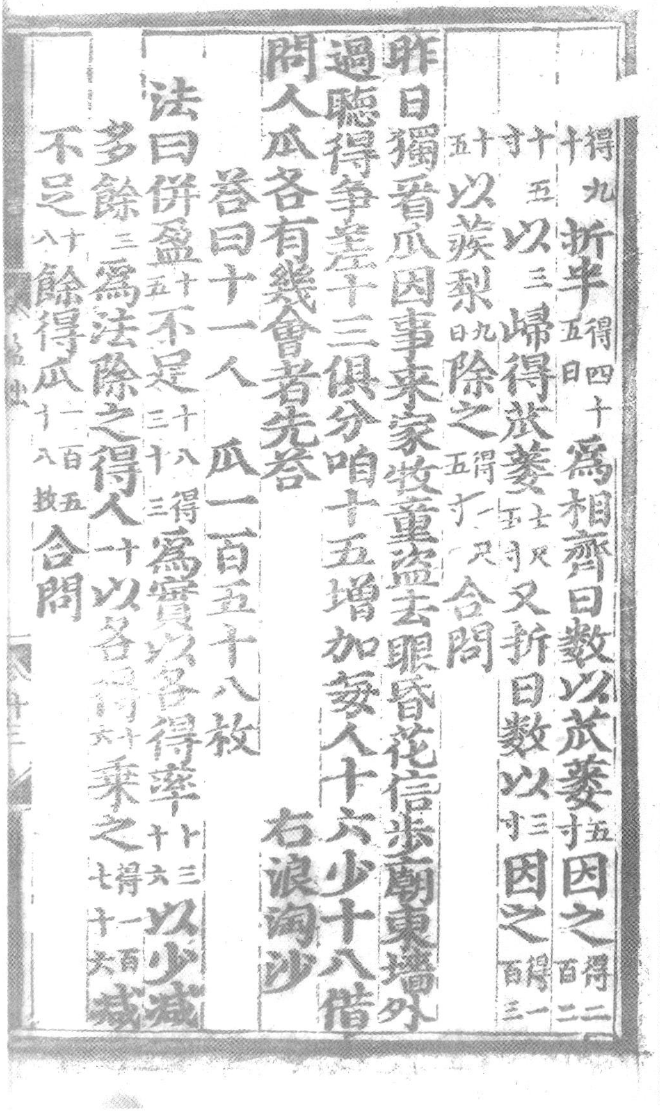

得九十。折半得四十五日。爲相齊日數。以苽蔞五寸因之得二百二十五寸。以三歸得苽蔞七尺五寸。又折日數，以三寸因之得一百三十五。以蒺梨九日除之得一尺五寸。合問。

昨日獨看瓜，因事来家，牧童盗去眼昏花。信步廟東墻外過，聽得争差。十三俱分咱，十五增加，每人十六少十八。借問人瓜各有幾，會者先答。　　右浪淘沙

答曰：十一人，瓜一百五十八枚。

法曰：并盈十五不足十八得三十三。爲實，以各得率十三十六以少減多餘三爲法，除之，得人十一。以各得十六乘之得一百七十六。減不足十八餘得瓜一百五十八枚。合問。

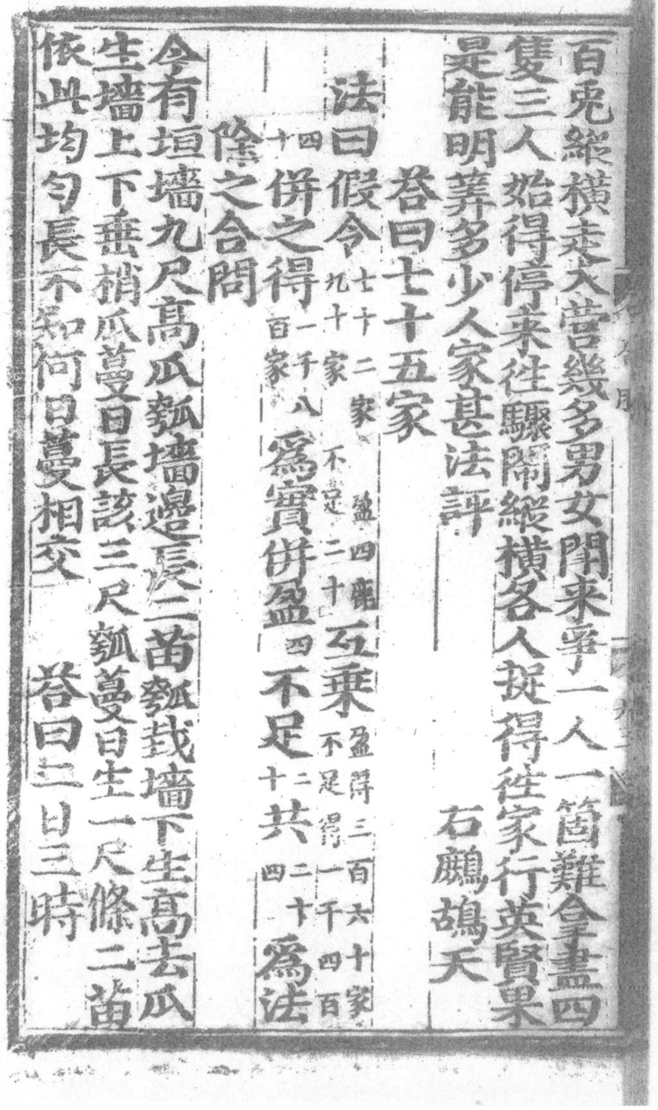
百兎縱横走入营幾多男女閙来爭一人一箇難拿盡四
隻三人始得停来往驟閙縱横各人捉得往家行英賢果
是能明筭多少人家甚法評　　右鷓鴣天
荅曰七十五家
法曰假令七十二家/九十家 盈四鹿/不足二十 互乘 盈得三百六十家/不足得一千四百四十 併之得一千八百家 爲實併盈四不足二十共二十四爲法
除之合問
今有垣墻九尺高瓜瓠墻邉長二苗瓠莪墻下生高去瓜
生墻上下垂梢瓜蔓日長該三尺瓠蔓日生一尺條二苗
依此均匀長不知何日蔓相交　　荅曰二日三時

百兔縱横走入营，幾多男女閙来爭。一人一箇難拿盡，四隻三人始得停。来往驟閙縱横。各人捉得往家行。英賢果是能明筭，多少人家甚法評？　　　　右鷓鴣天

答曰：七十五家。

法曰：假令七十二家/九十家 盈四鹿/不足二十 互乘盈得三百六十家，/不足得一千四百四十。并之得一千八百家。爲實。并盈四不足二十共二十四。爲法，除之，合問。

今有垣墻九尺高，瓜瓠墻邊長二苗。瓠我墻下生高去，瓜生墻上下垂梢。瓜蔓日長該三尺，瓠蔓日生一尺條。二苗依此均匀長，不知何日蔓相交。答曰：二日三時。

法曰：以墻高九尺爲實。并二蔓長三尺，一尺共四尺。爲法，除，合問。

昨朝沽酒探親朋，路遠迢遥有四程。行過一程添一倍，却被安童盜六升。行到親家門裏面，半點全無在酒瓶。借問高賢能筭士，幾何原酒要分明？

答曰：五升六合二勺半。

法曰：假令原酒五升六合，不足四合。若五升七合，盈一升二合。以盈、不足互乘，盈一升二合乘五升六合，得六斗七升二合。不足四合乘五升七合，得二斗二升八合。并之，得九斗爲實。并盈一升二合不足四合，共一升六合。爲法，除之，合問。

小兒拿錢一手，走到街頭沽酒。三升剩下十七，五升却少十九。酒價每升幾分，銅錢問伊原有。問酒沽得幾升，筭得

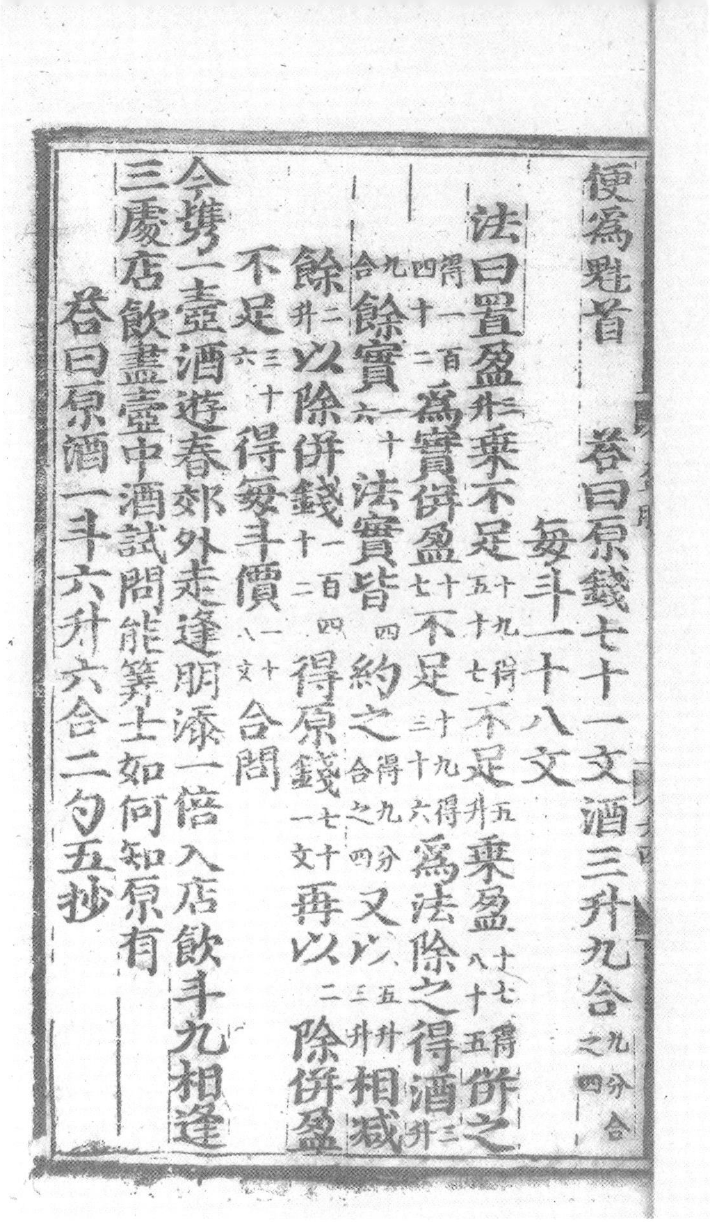

便爲魁首。　　答曰：原錢七十一文，酒三升九合九分合之四，每斗一十八文。

法曰：置盈三升乘不足十九，得五十七。不足五升乘盈十七，得八十五。并之得一百四十二。爲實。并盈十七不足十九，得三十六。爲法，除之，得酒三升九合。餘實一十六。法實皆四約之得九分合之四。又以五升三升相減餘二升。以除并錢一百四十二得原錢七十一文。再以二除并盈、不足三十六得每斗價一十八文。合問。

今携一壺酒，遊春郊外走。逢朋添一倍，入店飲斗九。相逢三處店，飲盡壺中酒。試問能筭士，如何知原有？

答曰：原酒一斗六升六合二勺五抄。

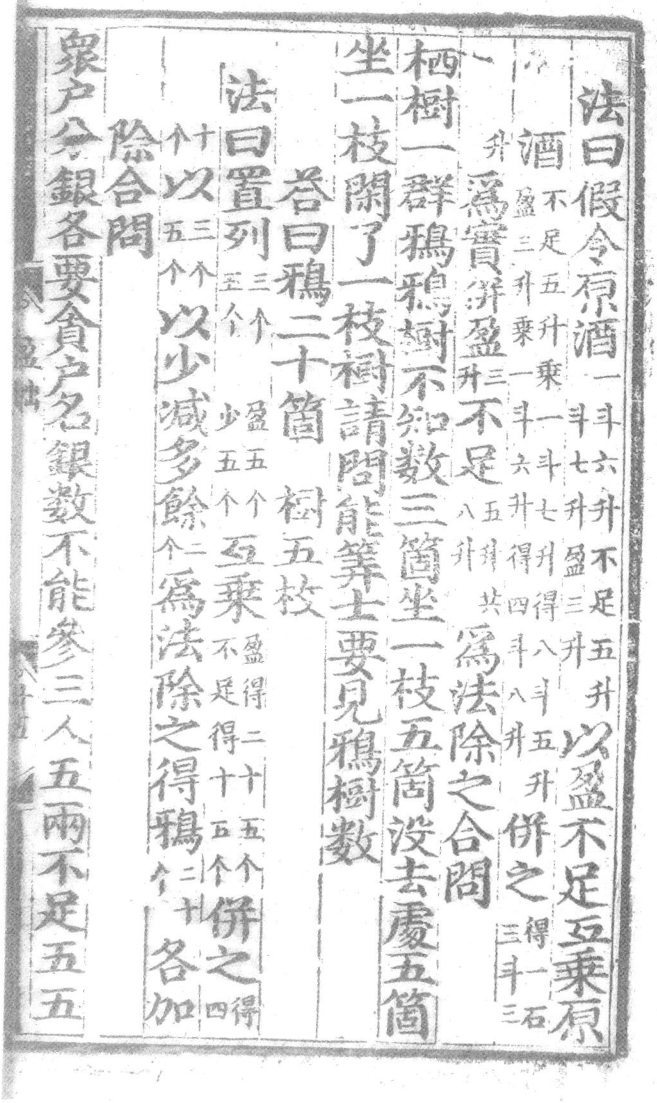

法曰：假令原酒二斗六升，不足五升；二斗七升，盈三升。以盈、不足互乘原酒不足五升乘一斗七升，得八斗五升；盈三升乘一斗六升，得四斗八升。并之得一石三斗三升。爲實。并盈三升不足五升共八升爲法，除之，合問。

栖樹一群鴉，鴉樹不知數。三箇坐一枝，五箇没去處。五箇坐一枝，閑了一枝樹。請問能筭士，要見鴉樹數。

答曰：鴉二十箇，樹五枚。

法曰：置列三个五个盈五个少五个互乘盈得二十五个；不足得十五个。并之得四十个。以三个五个以少減多，餘二个爲法，除之，得鴉二十个。各加除。合問。

衆户分銀各要貪，户名銀數不能參。三人五兩不足五，五

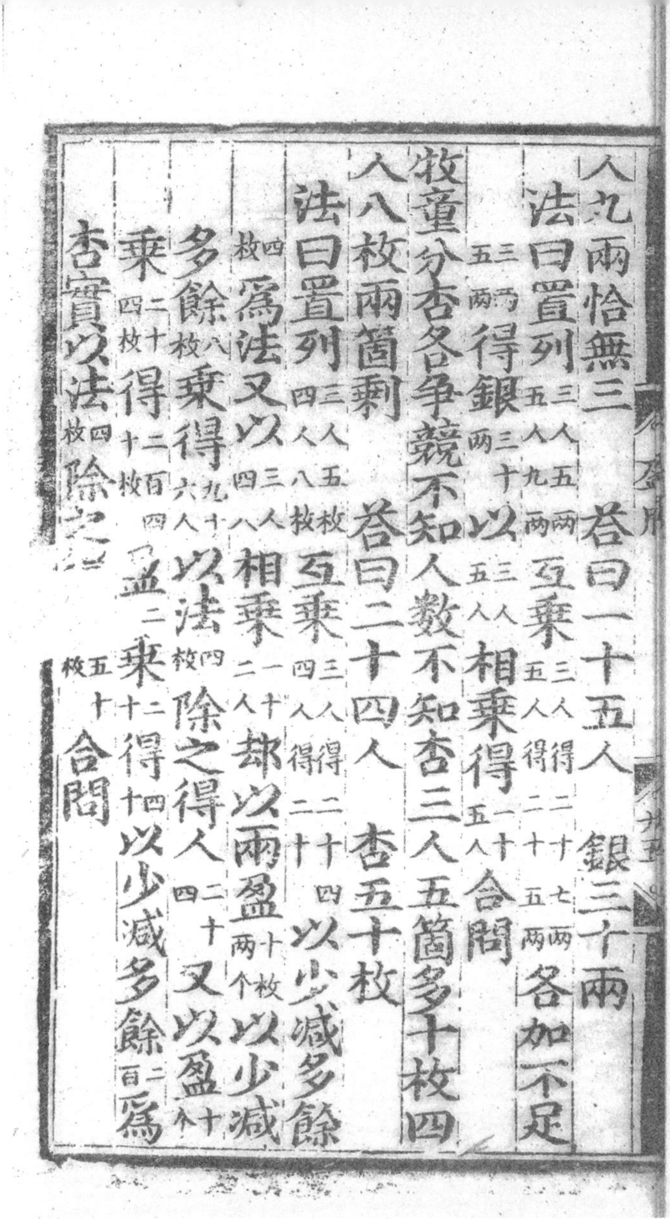

人九兩恰無三　荅曰一十五人　銀三十兩
法曰置列三人五兩五人九兩互乘三人得二十七兩五人得三十五兩各加不足
三兩五兩得銀三十兩以三人五人相乘得一十五人合問
牧童分杏各争競不知人數不知杏三人五箇多十枚四
人八枚兩箇剩　荅曰二十四人　杏五十枚
法曰置列三人四人五枚八枚互乘三人得二十四人得二十以少減多餘
四枚爲法又以三人四人相乘一十二人却以兩盈十枚兩个以少減
多餘八枚乘得九十六人以法四枚除之得人二十四又以盈十个
乘二十四枚得二百四十枚盈二乘一十二得二十四以少減多餘二百爲
杏實以法四枚除之□□五十枚合問

1“得杏”，各本不清，依題意作此。

人九兩恰無三。　　答曰：一十五人，銀三十兩。

法曰：置列三人，五人；五兩，九兩。互乘三人得二十七兩，五人得三十五兩。各加不足三兩，五兩。得銀三十兩以三人五人相乘，得一十五人。合問。

牧童分杏各争競，不知人數不知杏。三人五箇多十枚，四人八枚兩箇剩。　　答曰：二十四人，杏五十枚。

法曰：置列三人，四人，五枚；八枚。互乘三人得二十四，四人得二十。以少減多，餘四枚。爲法，又以三人四人相乘一十二人。却以兩盈十枚兩个以少減多，餘八枚乘得九十六人。以法四枚除之，得人二十四。又以盈十个乘二十四枚得二百四十枚。盈二乘一十二得二十四。以少減多，餘二百。爲杏實。以法四枚除之得杏[1]五十枚，合問。

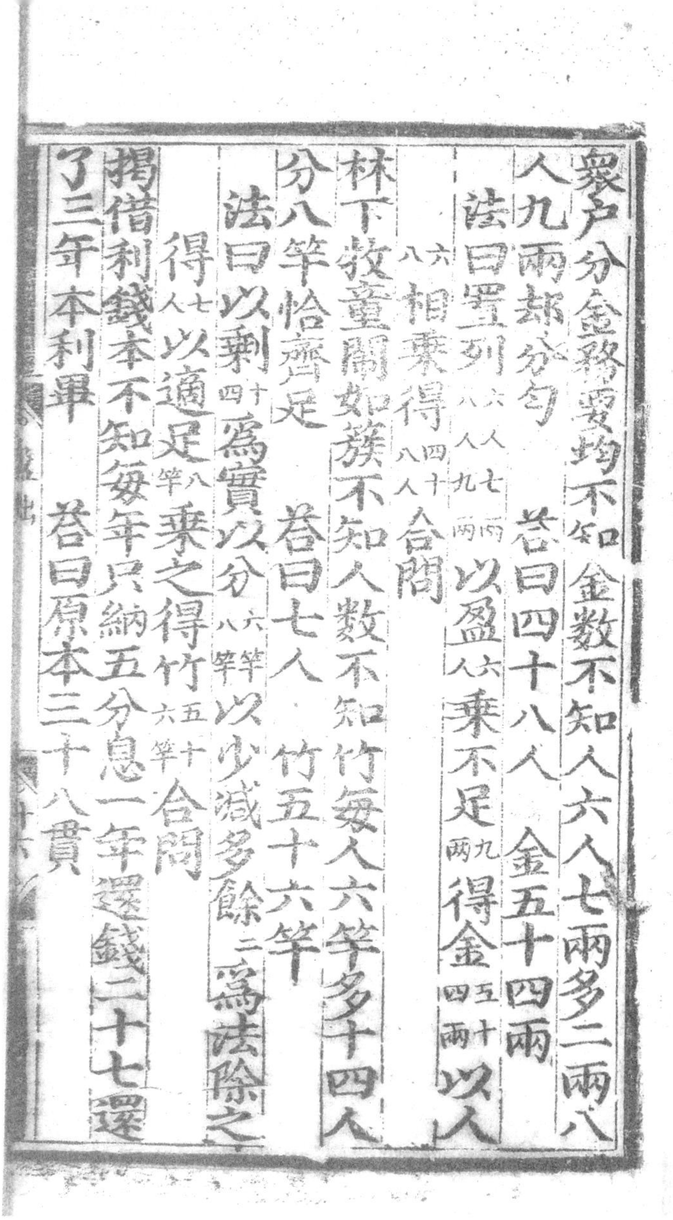

衆户分金務要均，不知金數不知人。六人七兩多二兩，八人九兩却分匀。　　答曰：四十八人，金五十四兩。

法曰：置列六人；八人，七兩；九兩。以盈六人乘不足九兩得金五十四兩。以人六八相乘得四十八人。合問。

林下牧童閙如簇，不知人數不知竹。每人六竿多十四，人分八竿恰齊足。　　答曰：七人，竹五十六竿。

法曰：以剩十四爲實。以分六竿八竿以少減多，餘二爲法，除之得七人。以適足八竿乘之，得竹五十六竿。合問。

揭借利錢本不知，每年只納五分息。一年還錢二十七，還了三年本利畢。　　答曰：原本三十八貫。

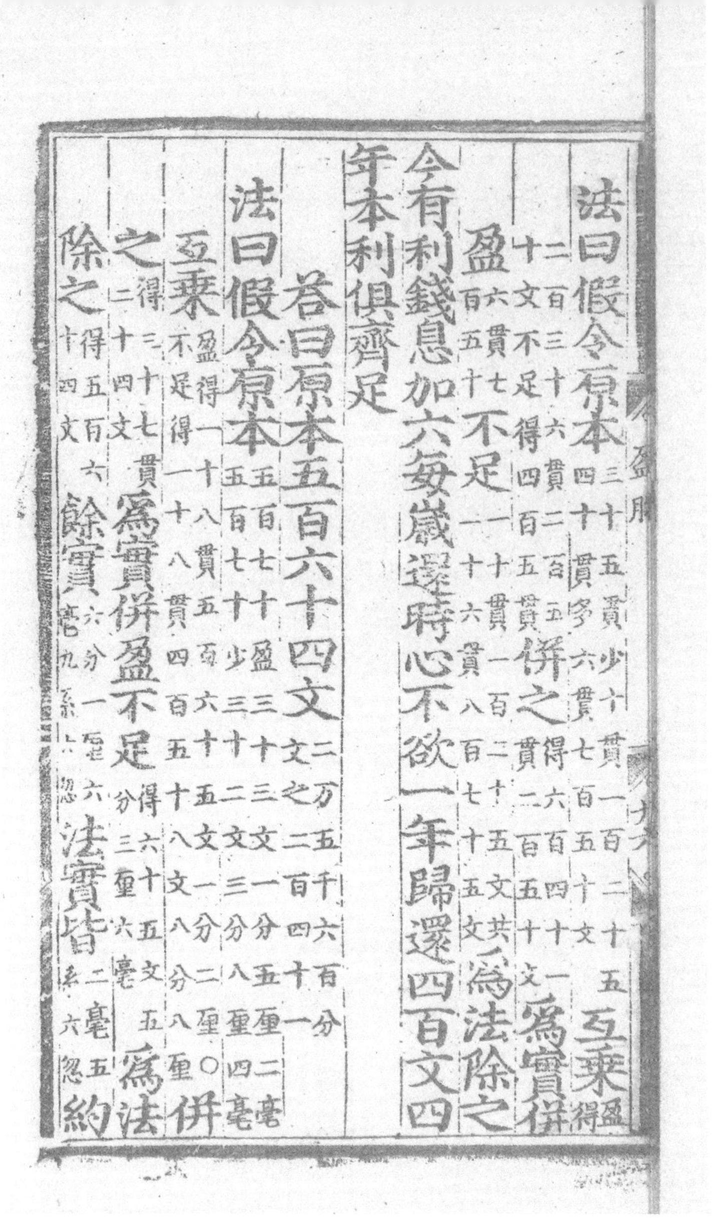

法曰：假令原本三十五貫，少十貫一百二十五；四十貫，多六貫七百五十文。互乘盈得二百三十六貫二百五十文，不足得四百五貫。并之得六百四十一貫二百五十文。爲實。并盈六貫七百五十不足一十貫一百二十五文，共一十六貫八百七十五文。爲法，除之。

今有利錢息加六，每歲還時心不欲。一年歸還四百文，四年本利俱齊足。

答曰：原本五百六十四文二万五千六百分文之二百四十一。

法曰：假令原本五百七十，盈三十三文一分五厘二毫；五百七十，少三十二文三分八厘四毫。互乘盈得一十八貫五百六十五文一分二厘。○不足，得一十八貫四百五十八文八分八厘。并之得三十七貫二十四文。爲實，并盈不足得六十五文五分三厘六毫。爲法，除之得五百六十四文。餘實六分一厘六毫九絲六忽。法實皆二毫五絲六忽約

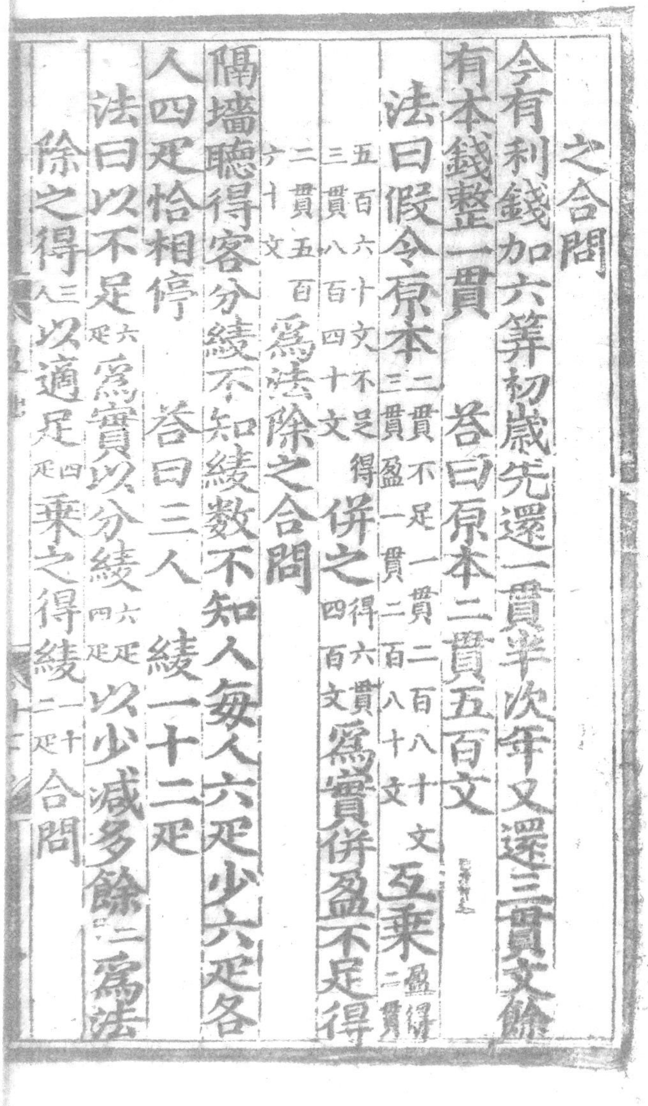

之，合問。

今有利錢加六筭，初歲先還一貫半。次年又還三貫文，餘有本錢整一貫。　　答曰：原本二貫五百文。

法曰：假令原本二貫，不足一貫二百八十文；三貫，盈一貫二百八十文。互乘盈得二貫五百六十文，不足得三貫八百四十文。并之得六貫四百文爲實。并盈、不足得二貫五百六十文爲法，除之。合問。

隔墻聽得客分綾，不知綾數不知人。每人六匹少六匹，各人四匹恰相停。　　答曰：三人，綾一十二匹。

法曰：以不足六匹爲實，以分綾六匹四匹以少減多，餘二爲法，除之，得三人。以適足四匹乘之，得綾一十二匹。合問。

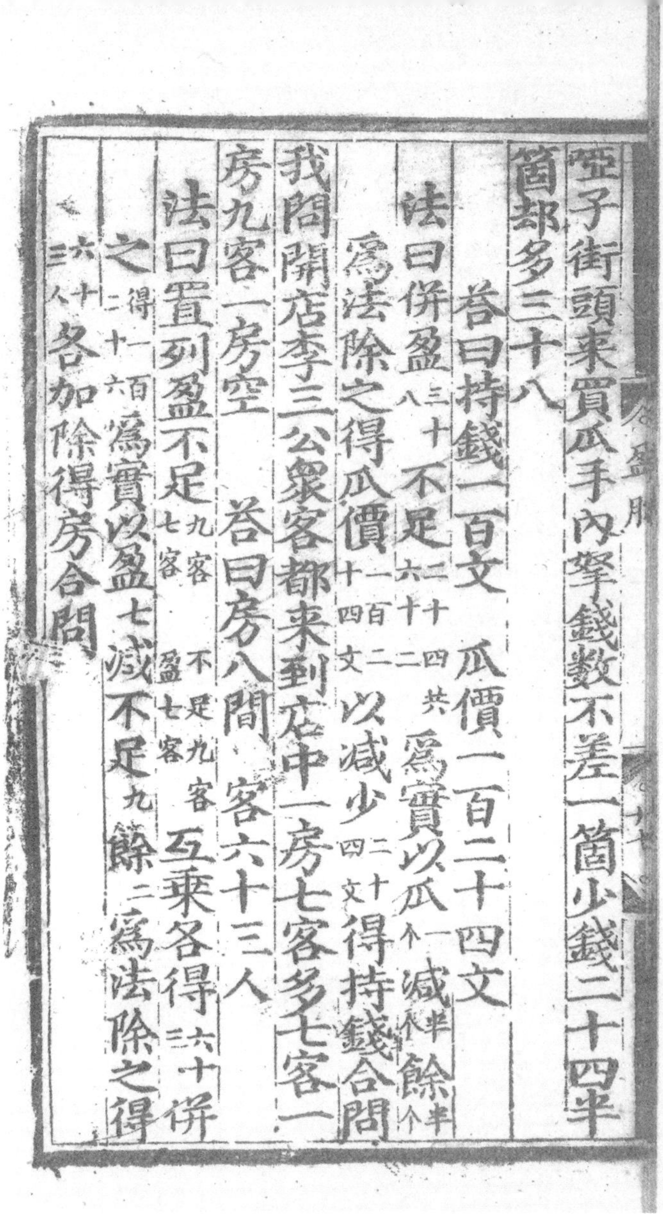

啞子街頭來買瓜，手内拏錢數不差。一箇少錢二十四，半箇却多三十八。

答曰：持錢一百文，瓜價一百二十四文。

法曰：并盈三十八不足二十四共六十二。爲實。以瓜一个減半个餘半个爲法，除之，得瓜價一百二十四文。以減少二十四文得持錢。合問。

我問開店李三公，衆客都来到店中。一房七客多七客，一房九客一房空。　　答曰：房八間，客六十三人。

法曰：置列盈、不足九客七客 不足九客盈七客互乘，各得六十三。并之得一百二十六。爲實。以盈七減不足九餘二爲法，除之，得六十三人。各加除，得房。合問。

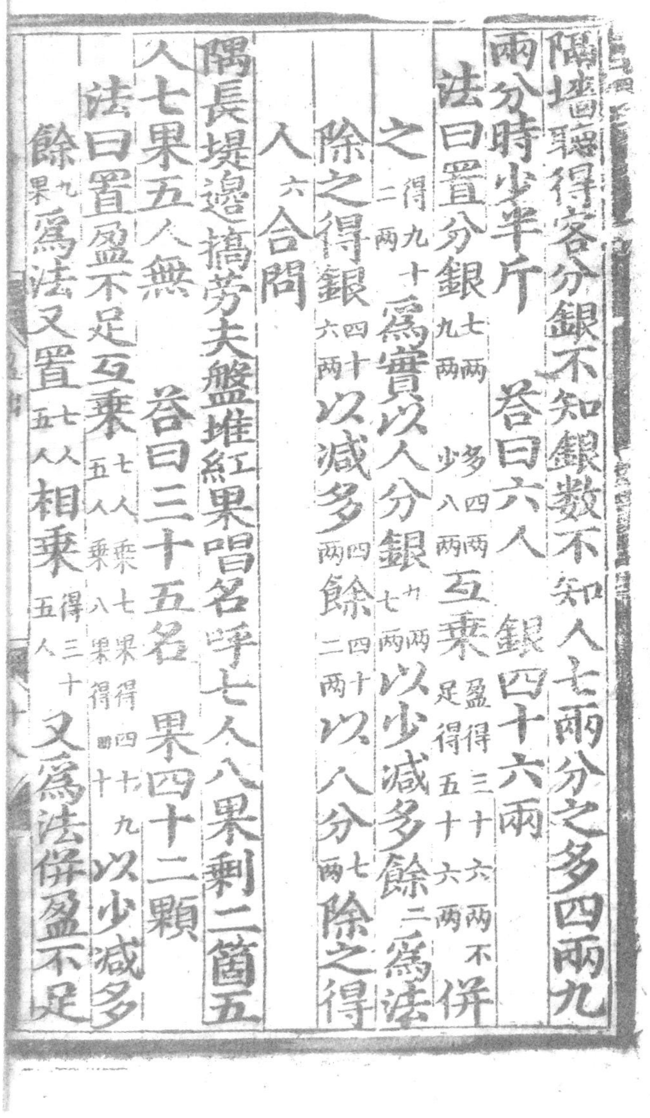

隔墻聽得客分銀，不知銀數不知人。七兩分之多四兩，九兩分時少半斤。　　答曰：六人，銀四十六兩。

法曰：置分銀七两九两多四两少八两互乘盈得三十六两，不足得五十六两。并之得九十二两。爲實。以人分銀九两七两以少減多，餘二爲法，除之，得銀四十六两。以減多四两餘四十二两。以人分七两除之，得人六。合問。

隅長堤邊搞劳夫，盤堆紅果唱名呼。七人八果剩二箇，五人七果五人無。　　答曰：三十五名，果四十二顆。

法曰：置盈、不足互乘七人乘七果得四十九，五人乘八果得四十。以少減多餘九果。爲法。又置七人五人相乘得三十五人。又爲法。并盈、不足

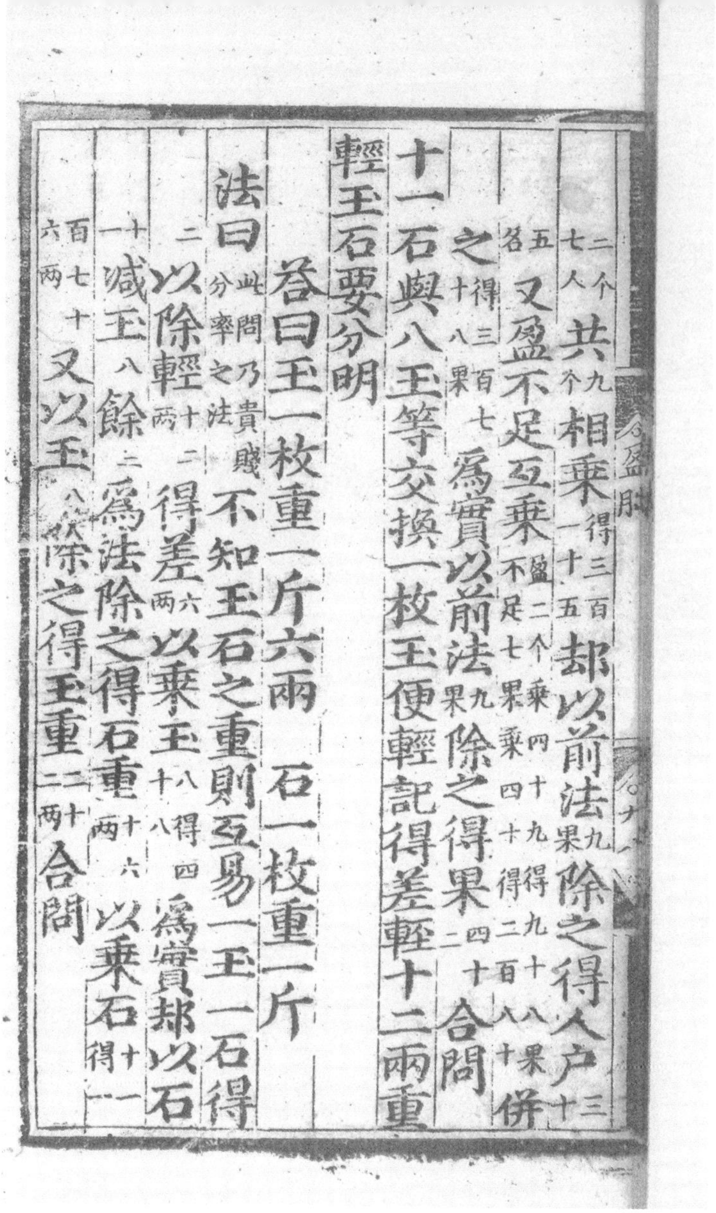

二个七人共九个。相乘得三百一十五。却以前法九果除之，得人户三十五名。又盈、不足互乘盈二个乘四十九，得九十八果；不足七果乘四十得二百八十。并之得三百七十八果。爲實，以前法九果除之，得果四十二。合問。

十一石與八玉等，交換一枚玉便輕。記得差輕十二兩，重輕玉石要分明。

答曰：玉一枚重一斤六兩，石一枚重一斤。

法曰：此問乃貴賤分率之法。不知玉石之重，則互易一玉、一石，得二以除輕十二兩得差六兩。以乘玉八，得四十八爲實。却以石十一減玉八餘三爲法，除之，得石重十六兩。以乘石十一，得一百七十六兩。又以玉八除之，得玉重二十二兩。合問。

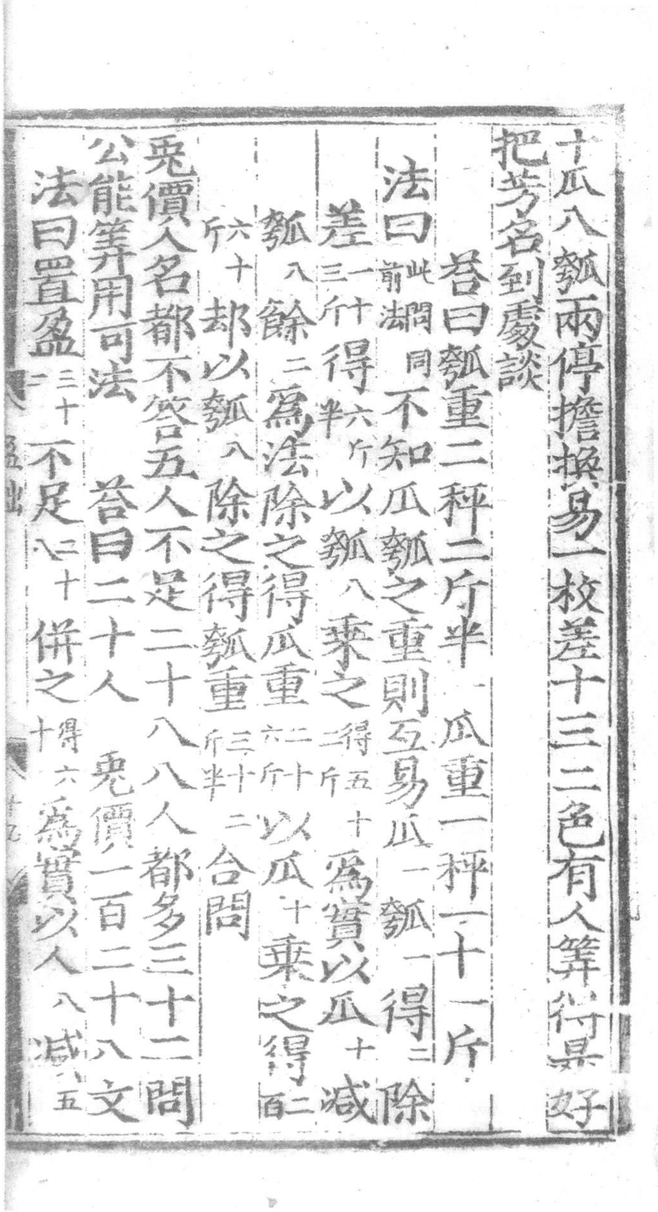

十瓜八瓠兩停擔，换易一枚差十三。二色有人筭得是，好把芳名到處談。

答曰：瓠重二秤二斤半，瓜重一秤一十一斤。

法曰：此問同前法。不知瓜、瓠之重，則互易瓜一瓠一，得二。除差二十三斤得六斤半。以瓠八乘之，得五十二斤。爲實。以瓜十減瓠八餘二爲法，除之，得瓜重二十六斤。以瓜十乘之，得二百六十斤。却以瓠八除之，得瓠重三十二斤半。合問。

兔價人名都不答，五人不足二十八。八人都多三十二，問公能筭用可法？答曰：二十人，兔價一百二十八文。

法曰：置盈三十二不足二十八并之得六十。爲實。以人八減五餘三爲法，除之得二十人。以人五乘盈三十二，得一百六十。又人八乘二十八，得二百二十四。并得三百八十四。以人相減餘三爲法，除之，得兔價一百二十八文。合問。

本粟年年倍，債主日日煎。一年還五斗，三年本利完。

答曰：原本四斗三升七合五勺。

法曰：假令原本四斗三升，不足六升；四斗四升，盈二升。互乘不足得二石六斗四升，盈得八斗六升。并之得三石五斗。爲實，并盈不足共八升。爲法，除之。合問。

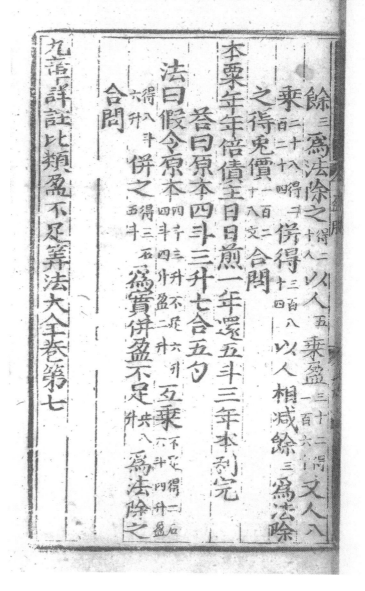

九章詳注比類盈不足筭法大全卷第七

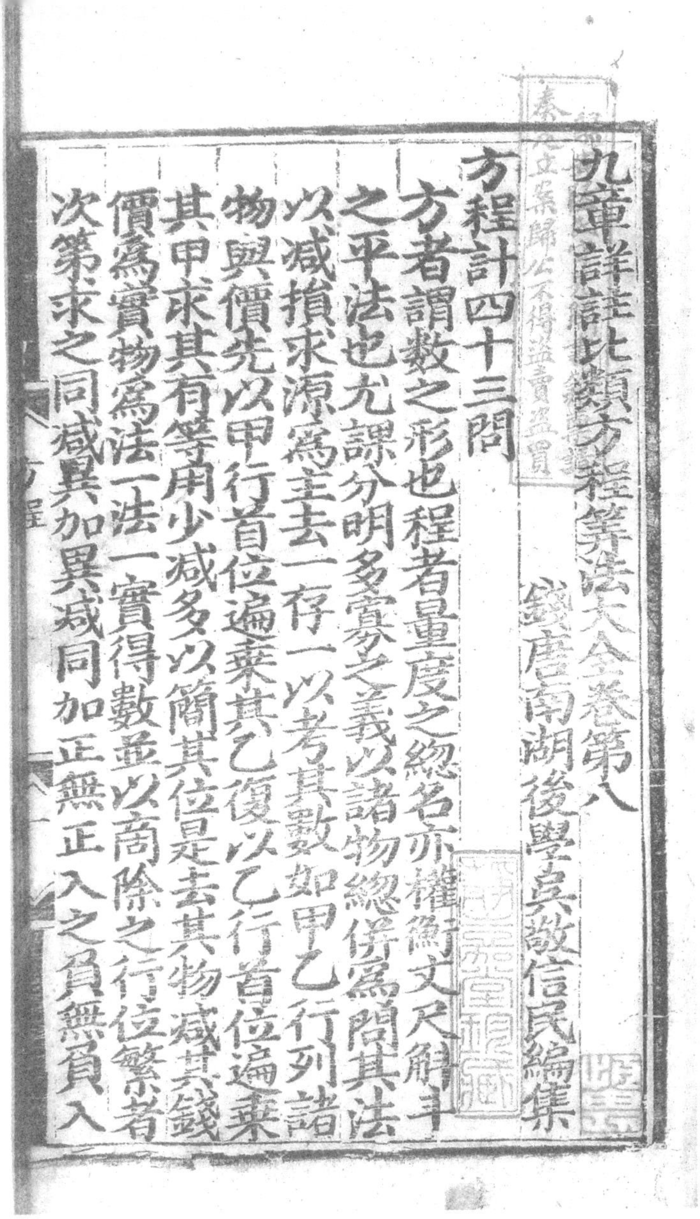

九章詳注比類方程筭法大全卷第八

錢唐南湖後學吴敬信民編集

方程計四十三問

方者，謂數之形也，程者，量度之緫名，亦權衡丈、尺、斛、斗之平法也。尢課分明多寡之義。以諸物總并爲問，其法以減損求源爲主。去一存一，以考其數。如甲乙行列諸物與價，先以甲行首位遍乘其乙，復以乙行首位遍乘其甲，求其有等。用少減多，以簡其位。是去其物，減其錢，價爲實，物爲法。一法一實，得數并以商除之。行位繁者，次第求之。同減異加，異減同加，正無正入之，負無負入

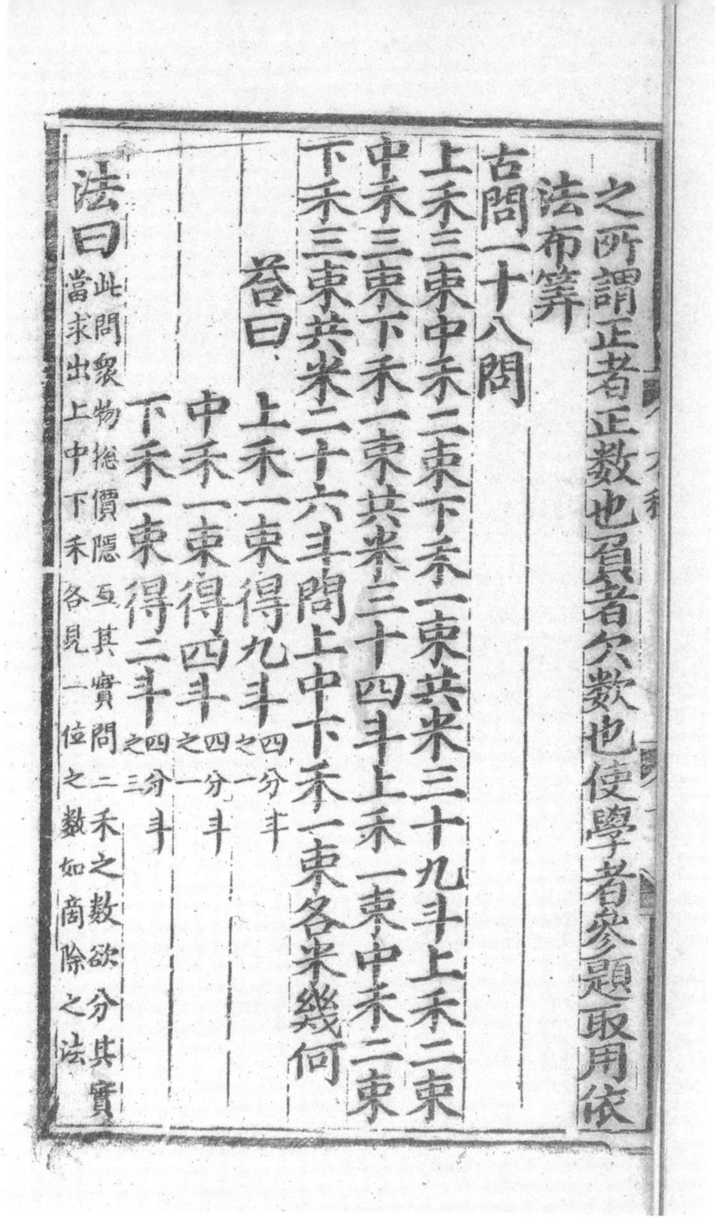

之。所謂正者正數也，負者欠數也。使學者參題取用，依法布筭。

古問一十八問

上禾三束，中禾二束，下禾一束，共米三十九斗。上禾二束中禾三束，下禾一束，共米三十四斗。上禾一束，中禾二束，下禾三束，共米二十六斗。問上中下禾一束各米幾何？

答曰：　上禾一束得九斗四分斗之一，

中禾一束得四斗四分斗之一，

下禾一束得二斗四分斗之三。

法曰：此問衆物總價，隱互其實。問三禾之數，欲分其實當求出上中下禾，各見一位之數，如商除之法。

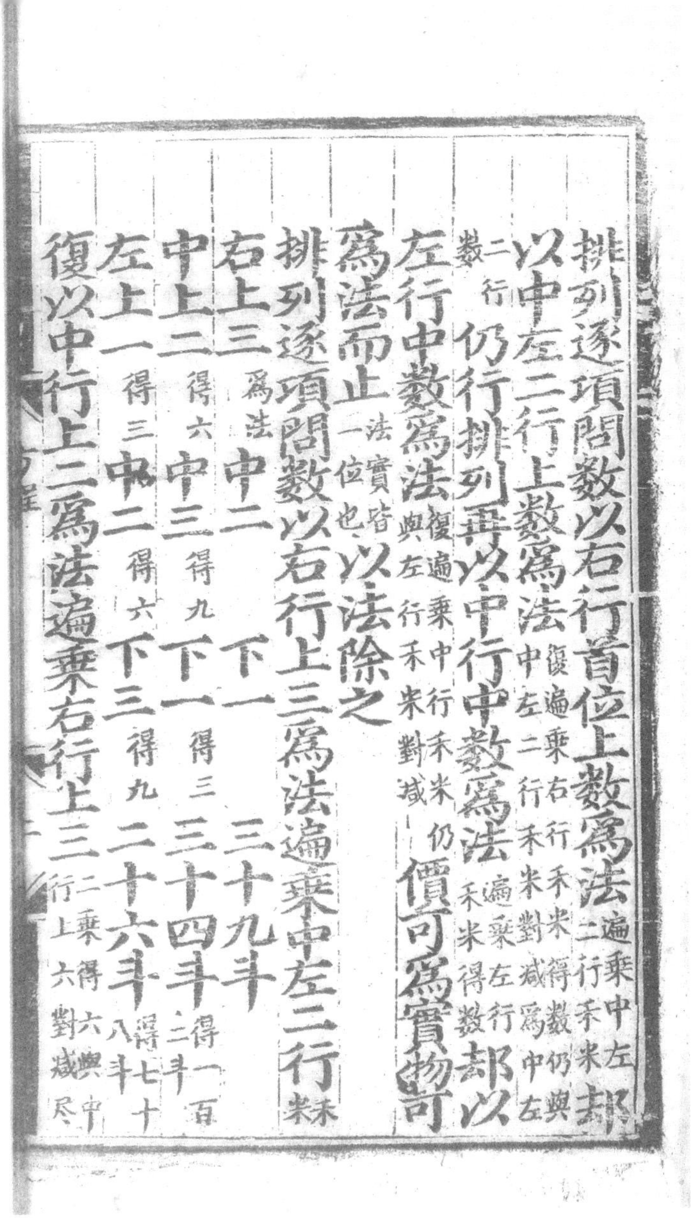

排列逐項問數，以右行首位上數爲法，遍乘中左二行禾米。却以中左二行上數爲法，復遍乘右行禾米，得數仍與中左二行禾米對減，爲中左二行數。仍行排列。再以中行中數爲法，遍乘左行禾米得數。却以左行中數爲法，復遍乘中行禾米，仍與左行禾米對減。價可爲實，物可爲法而止。法實皆一位也。以法除之。

排列逐項問數，以右行上三爲法，遍乘中左二行禾米。

右上三爲法	中二	下一	三十九斗
中上二得六	中三得九	下一得三	三十四斗得一百二斗
左上一得三	中二得六	下三得九	二十六斗得七十八斗

復以中行上二爲法，遍乘右行上三二乘得六，與中行上六對減尽。

中二二乘得四，減中行中九，餘得中五。下一二乘得二，減中行下三，餘得下一。三十九斗二乘得七十八斗，減中行一百二斗，餘得二十四斗。又以左行上一爲法，復遍乘右行上三一乘得三，與左行上三對減尽。中二一乘得二，減左行中六，餘得中四。下一一乘得一，減左行下九，餘得下八。三十九斗一乘得三十九斗，減左行七十八斗，餘得三十九斗。○再以中行中五爲法，遍乘左行中四得二十。下八得四十。三十九斗得一百九十五斗。復以左行中四爲法，遍乘中行中五得二十，與左行中二十對減尽。下一得四，減左行下四十餘得三十六，爲法。二十四斗得九十六斗，減左行一百九十五斗，餘得九十九斗，爲實。以法除每下禾一束得米二斗，爲實二十七，法實皆九約之，得四分斗之三。○中行二十四斗減下禾一束，得二斗四分斗之三，餘二十一斗四分斗之

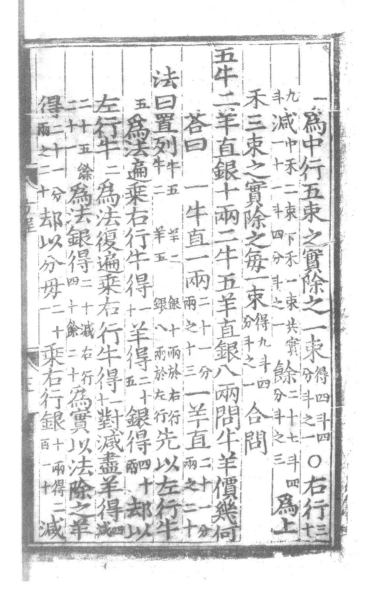

一為中行五束之實，除之一束得四斗四分斗之一。○右行三十

九斗減中禾二束，下禾一束，共實一十一斗四分斗之一。餘二十七斗四分斗之三。爲上

禾三束之實。除之，每一束得九斗四分斗之一。合問。

五牛二羊，直銀十兩。二牛五羊，直銀八兩，問牛羊價幾何？

答曰：　一牛直一兩二十一分兩之十三一羊直二十一分兩之二十

法曰：置列牛五牛二　羊二羊五　銀十兩於右行銀八兩於左行先以左行牛

五爲法，遍乘右行，牛得一十。羊得二十五。銀得四十兩。却以

左行牛二爲法，復遍乘右行，牛得一十。對減盡。羊得四，減

二十五餘二十一。爲法。銀得二十，減右行四十餘二十。爲實。以法除之，羊

得二十一分兩之二十。却以分母二十一乘右行銀十兩，得二百一十。減

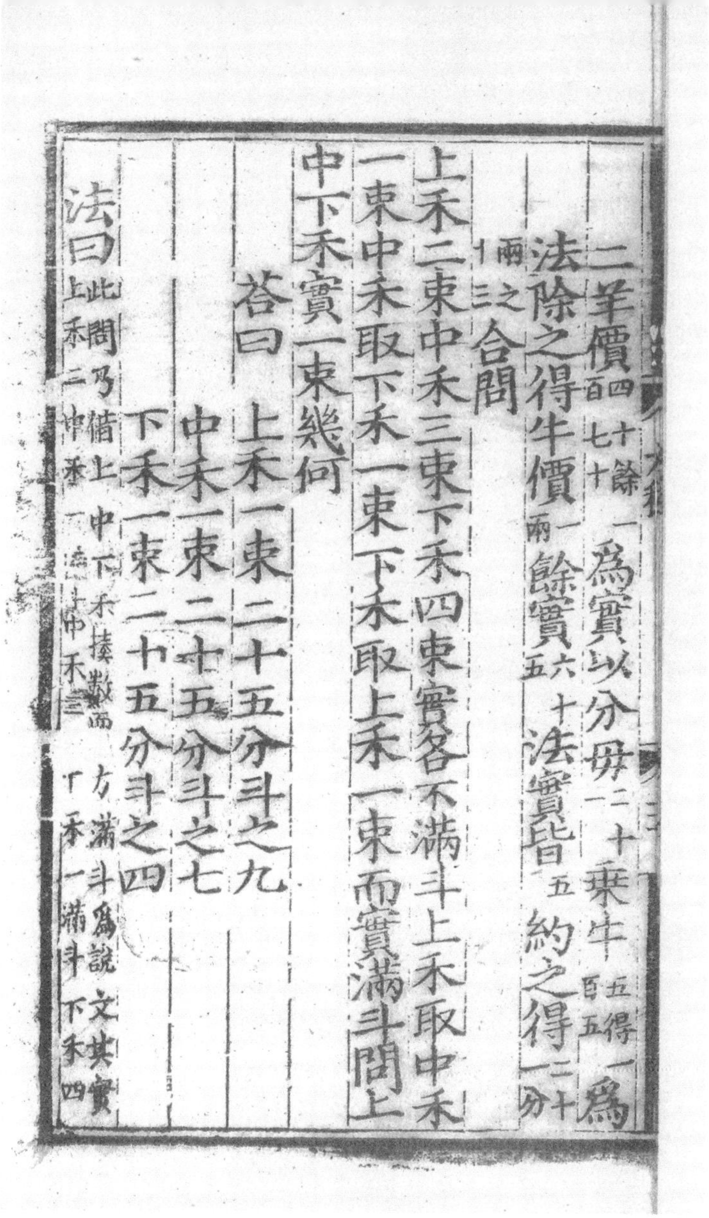

二羊價四十，百七十。餘一為實。以分母二十二乘牛五，得一百五。為法，除之，得牛價一兩。餘實六十五。法實皆五，約之得二十二分兩之十三。合問。

上禾二束，中禾三束，下禾四束，實各不滿斗，上禾取中禾一束，中禾取下禾一束，下禾取上禾一束，而實滿斗，問上中下禾實一束幾何？

答曰：　上禾一束二十五分斗之九，

中禾一束二十五分斗之七，

下禾一束二十五分斗之四。

法曰：此問乃借上中下禾，揍數而方滿斗為說文，其實上禾二、中禾一滿斗，中禾三、下禾一滿斗，下禾四上禾一滿斗，本與第一問同意。排列逐項問數，先以右行上二爲法，遍乘左行。

右上二爲法　中一　空　一斗

中空　中三　下一　一斗

左上一得二　空　下四得八　一斗得二斗

復以左行上一爲法，遍乘右行上二得二，與右行二對減盡。中一得一，左行中空無減，加入得中負一。下空左行原下八，無加，減得下正八。一斗一乘得正一斗，減右行二斗，餘得正一斗。○再以中行中正三爲法，遍乘左行中負一，得負三。下正八，得正二十四。正一斗得正三斗。却以左行中負一爲法，復遍乘中行禾米，仍與左行禾米同減異加，中正三，一乘得正三，與左行中正三對減盡。下正一，一負乘得負一，加左行下正二十四

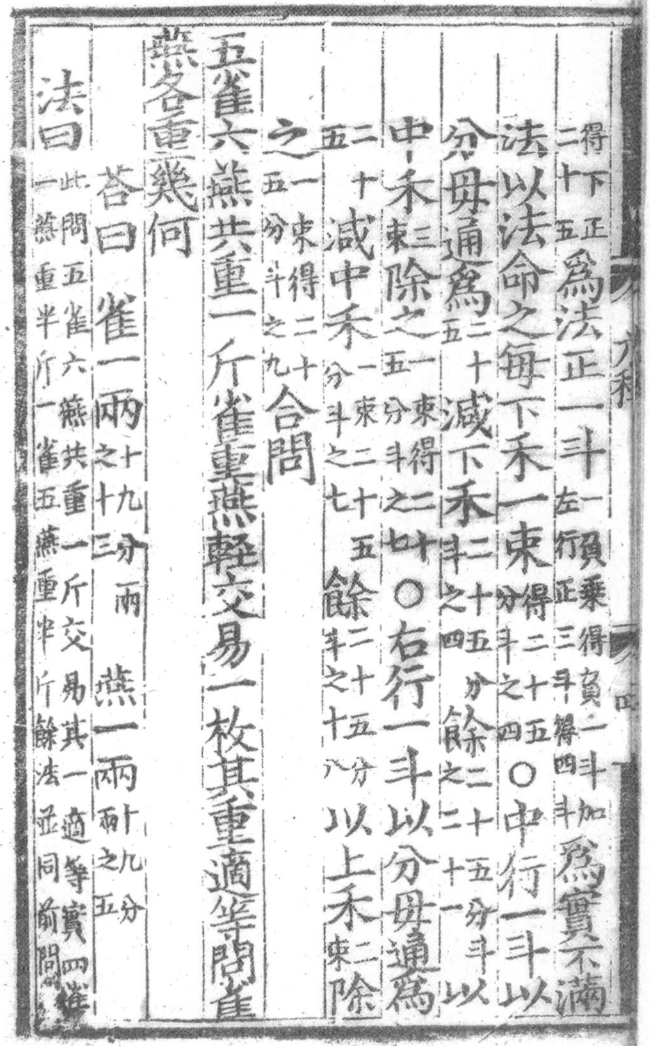

得下正二十五。爲法。正一斗一負乘得負一斗，左行正三斗得四斗。爲實。不滿法以法命之，每下禾一束得二十五分斗之四。○中行一斗，以分母通爲二十五減下禾二十五分斗之四餘二十五分斗之二十一。以中禾二束除之一束，得二十五分斗之七。○右行一斗以分母通爲二十五。減中禾一束，二十五分斗之七。餘二十五分斗之十八。以上禾二束除之，一束，得二十五分斗之九。合問。

五雀六燕，共重一斤。雀重燕輕，交易一枚，其重適等，問雀燕各重幾何？

答曰：　雀一兩十九分兩之十三　燕一兩十九分兩之五

法曰：此問五雀六燕共重一斤，交易其一，適等，實四雀一燕重半斤，一雀五燕重半斤，餘法并同前問。

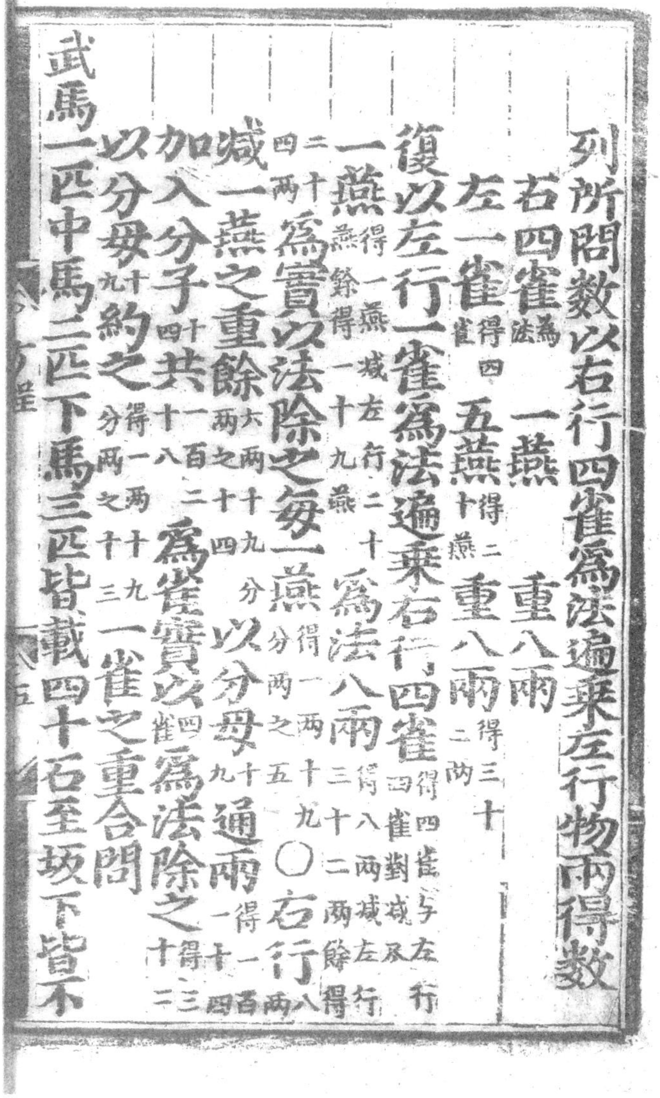

列所問數，以右行四雀爲法，遍乘左行，物兩得數：

右四雀爲法　一燕　重八兩

左一雀得四雀　五燕得二十燕　重八兩得三十二兩

復以左行一雀爲法，遍乘右行四雀得四雀，与左行四雀對減尽。一燕得一燕，減左行二十燕，餘得一十九燕。爲法。八兩得八两，減左行三十二两，餘得二十四两。爲實。以法除之，每一燕得一两十九分两之五。〇右行八两減一燕之重，餘六两十九分两之十四。以分母十九通兩得一百二十四，加入分子十四共一百二十八，爲雀實。以四雀爲法除之，得三十二以分母十九約之，得一两十九分两之十三。一雀之重。合問。

武馬一匹，中馬二匹，下馬三匹，皆載四十石至坂下。皆不

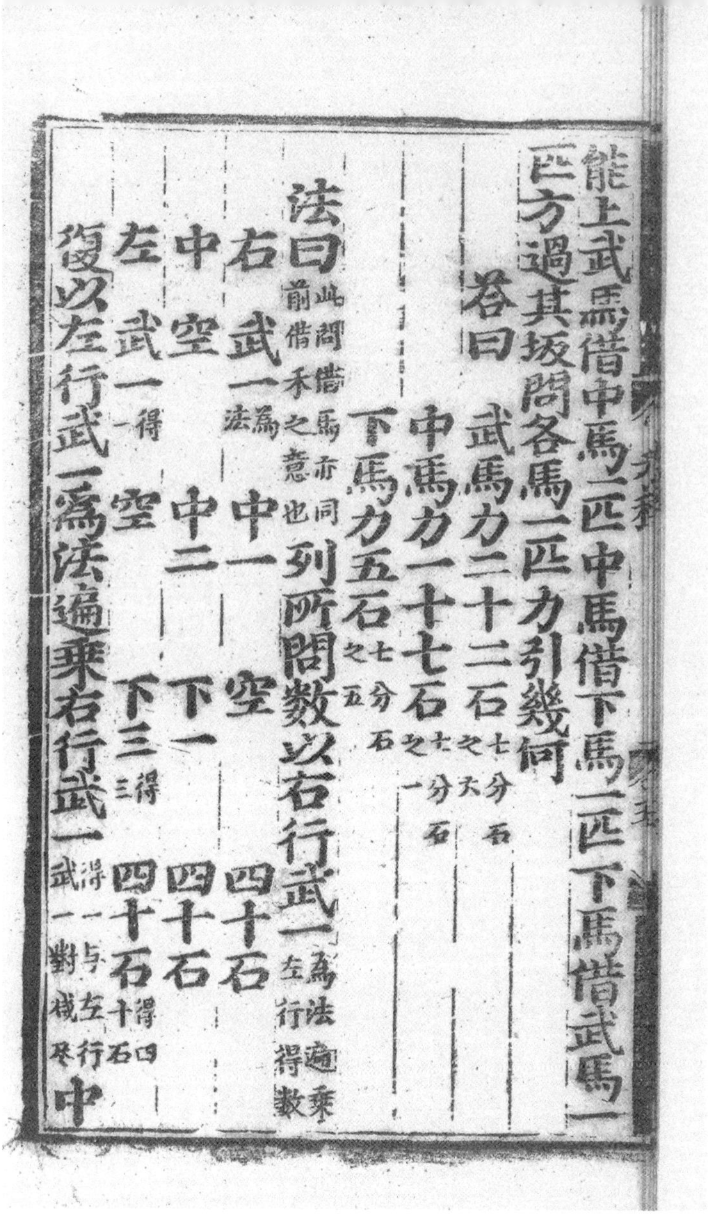

能上，武馬借中馬一匹，中馬借下馬一匹，下馬借武馬一匹，方過其坂。問各馬一匹力引幾何？

答曰：　武馬力二十二石七分石之六，

中馬力一十七石七分石之一，

下馬力五石七分石之五。

法曰：此問借馬，亦同前借禾之意也。列所問數，以右行武一為法，遍乘左行，得數：

右	武一為法	中一	空	四十石
中	空	中二	下一	四十石
左	武一得一	空	下三得三	四十石得四十石

復以左行武一為法，遍乘右行武一得一，与左行武一對減尽。中

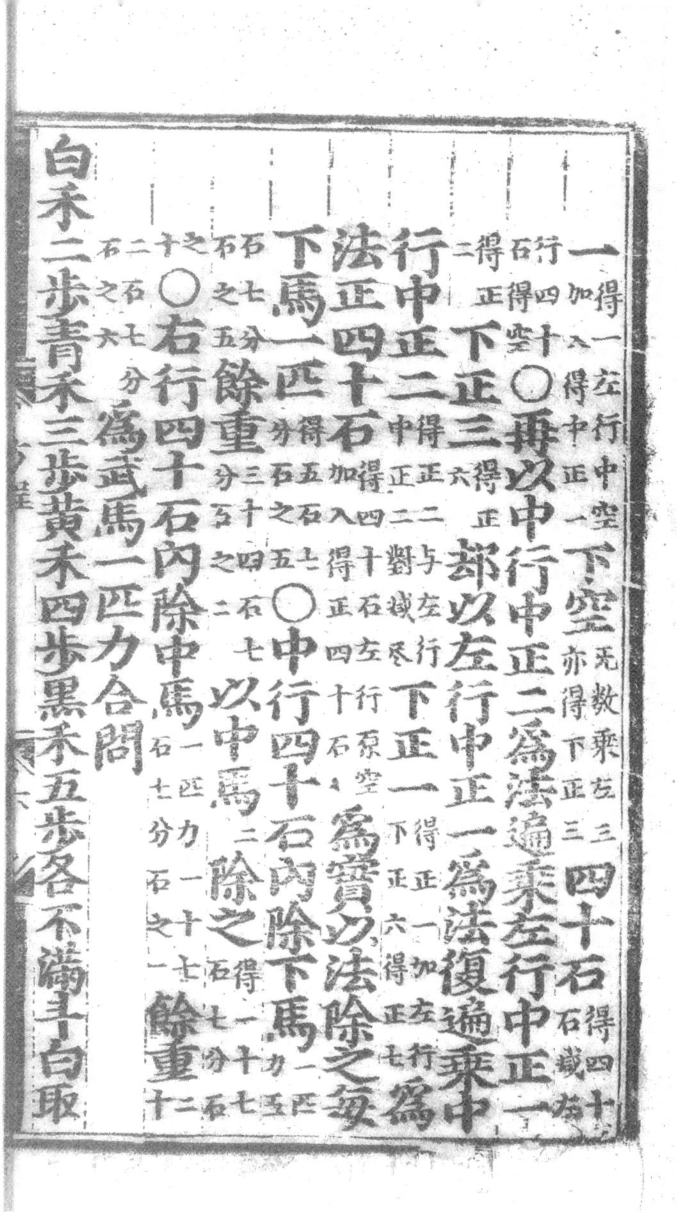

一得一，左行中空，加入得中正一。下空无數乘，左三亦得下正三。四十石得四十石，減左行四十石得空。○再以中行中正二爲法，遍乘左行中正一得正二。下正三得正六。却以左行中正一爲法，復遍乘中行中正二得正二，与左行中正二對減尽。下正一得正一，加左行下正六，得正七。爲法。正四十石得四十石，左行原空，加入得正四十石。爲實。以法除之，每下馬一匹得五石七分石之五。○中行四十石内除下馬一匹力五石七分石之五，餘重三十四石七分石之二。以中馬二除之得一十七石七分石之一。○右行四十石内除中馬一匹力一十七石七分石之一，餘重二十二石七分石之六。爲武馬一匹力。合問。

白禾二步，青禾三步，黄禾四步，黑禾五步，各不滿斗。白取

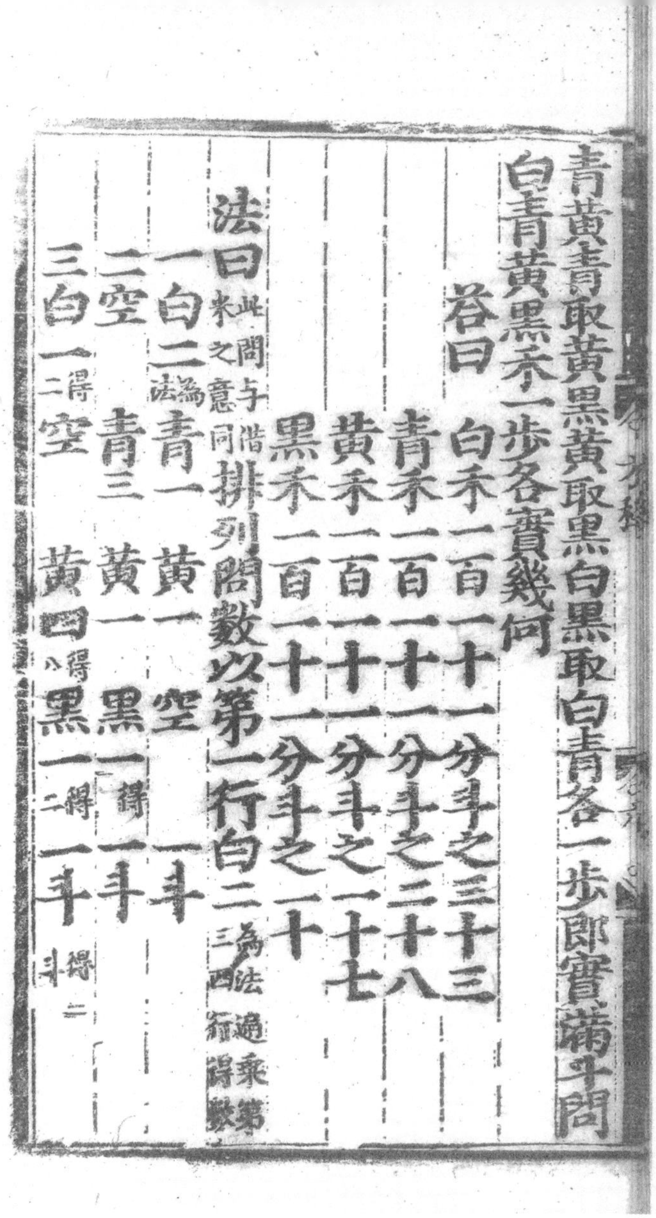

青黄，青取黄黑，黄取黑白，黑取白青，各一步，即實滿斗，問白、青、黄、黑、禾一步各實幾何？

答曰：　白禾一百一十一分斗之三十三，

　　　　青禾一百一十一分斗之二十八，

　　　　黄禾一百一十一分斗之一十七，

　　　　黑禾一百一十一分斗之一十。

法曰：此問与借米之意同。排列問數，以第一行白二爲法，遍乘第三四行得數：

一	白二爲法	青一	黄一	空	一斗
二	空	青三	黄一	黑一得	一斗
三	白一得二	空	黄四得八	黑一得二	一斗得二斗

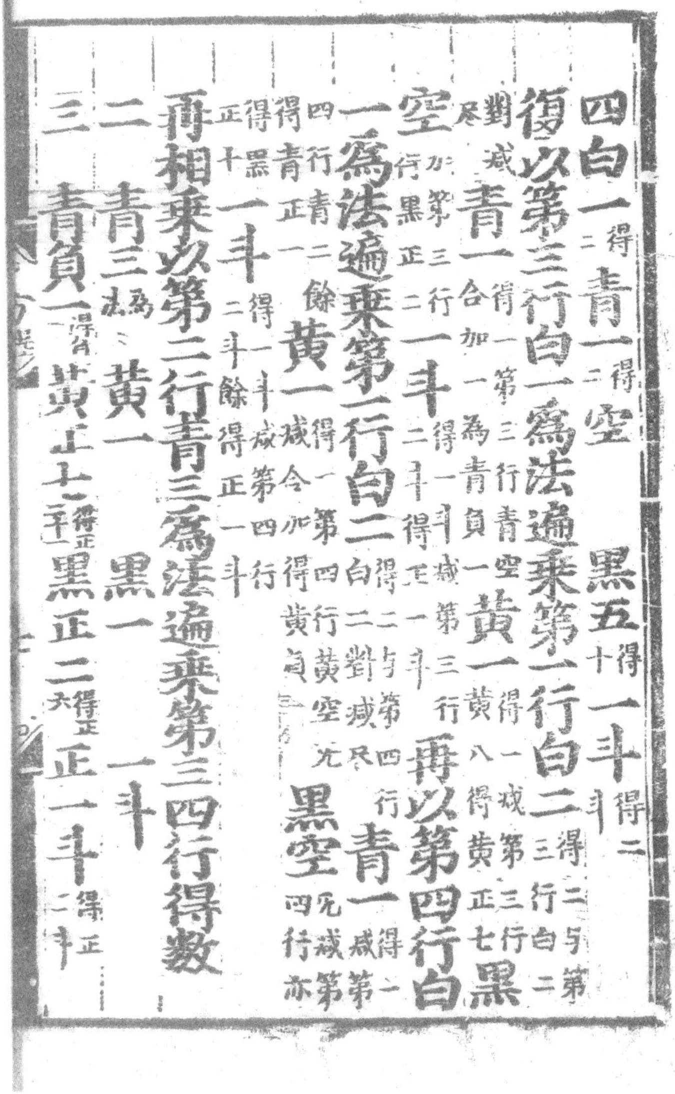

四　白一得二　青一得二　空　黑五得十　一斗得二斗

復以第三行白一爲法，遍乘第一行白二得二，与第三行白二對減尽。青一得一，第三行青空，合加一爲青負一。黄一得一，減第三行黄八，得黄正七黑空加第三行，得黑正二。一斗得一斗，減第三行二斗，得正一斗。再以第四行白一爲法，遍乘第一行白二得二，与第四行白二對減尽。青一得一，減第四行青二，餘得青正一。黄一得一，第四行黄空无減，合加得黄負一。黑空无減，第四行亦得黑正十。一斗得一斗，減第四行二斗，餘得正一斗。

再相乘。以第二行青三爲法，遍乘第三四行，得數：

二	青三爲法	黄一	黑一	一斗
三	青負一得負一	黄正七得正二十一	黑正二得正六	正一斗得正二斗

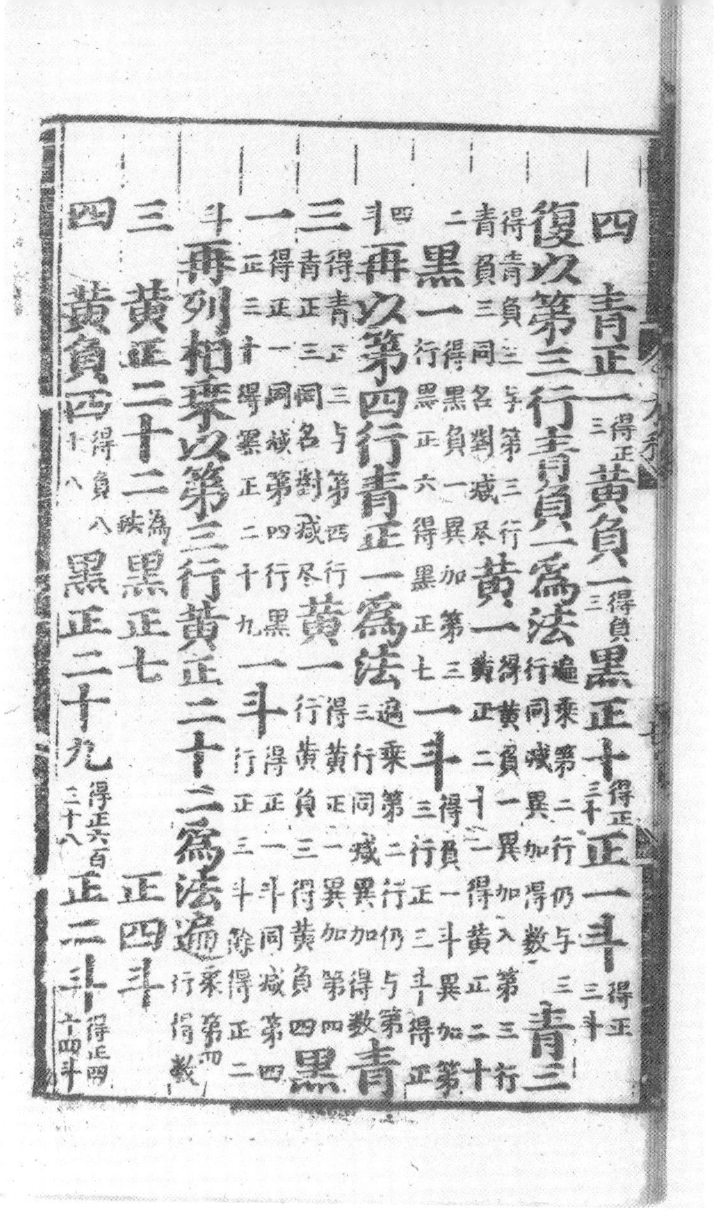

四　青正一（得正三）　黄負一（得負三）　黑正十（得正三十）　正一斗（得正三斗）

復以第三行青負一爲法，（遍乘第二行，仍与三行同减異加，得數：）青三（得青負三，与第三行青負三同名對减尽。）黄一（得黄負一，異加入第三行黄正二十一，得黄正二十二。）黑一（得黑負一，異加第三行黑正六，得黑正七。）一斗（得負一斗，異加第三行正三斗，得正四斗。）再以第四行青正一爲法（遍乘第二行，仍与第三行同减異加，得數：）青三（得青正三，与第四行青正三同名對减尽。）黄一（得黄正一，異加第四行黄負三，得黄負四。）黑一（得正一，同减第四行黑正三十，得黑正二十九。）一斗（得正一斗，同减第四行正三斗，餘得正二斗）再列相乘。以第三行黄正二十二爲法，遍（乘第四行，得數：）

三　黄正二十二（爲法）　黑正七　正四斗

四　黄負四（得負八十八）　黑正二十九（得正六百三十八）　正二斗（得正四十四斗）

復以第四行黃負四爲法，遍乘第三行，仍与第四行同減異加，得黑禾可爲實，斗可爲法而止。黃正二十二得負八十八，与第四行黃負八十八同名對減尽。黑正七得黑負二十八，異名加入第四行黑正六百三十八，得黑正六百六十六。爲法。正四斗得負一十六斗，異加第四行正四十四斗，得正六十斗，爲實。不滿法皆以十約之。每黑禾一步得一百一十一分斗之十。〇第三行內四斗以分母一百一十一通之得四百四十四。減黑禾七束分子七十，餘得三百七十四。以黃禾二十三步除之，每步得一百一十一分斗之十七。〇第二行內一斗以分母通爲一百一十一，減黑禾一分子二十黃禾一分子十七餘得八十四。以青禾三除之，每步得一百一十一分斗之二十八。〇第一行一斗以分母通爲一百一十一減黃禾一，得分子十七，青禾一，得分子

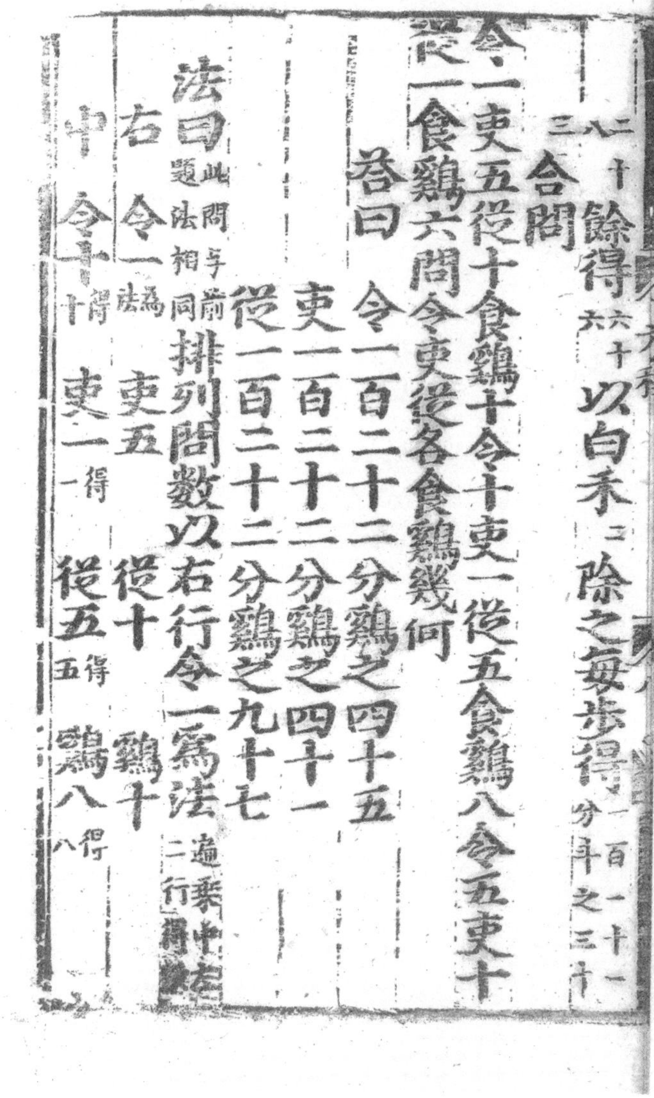

二十八。餘得六十六。以白禾二除之，每步得一百一十一分斗之三十三。合問。

令一，吏五、從十食鷄十。令十、吏一、從五食鷄八。令五、吏十、從一食鷄六。問令、吏、從各食鷄幾何？

答曰：　令一百二十二分鷄之四十五，

吏一百二十二分鷄之四十一，

從一百二十二分鷄之九十七。

法曰：此問与前題、法相同。排列問數，以右行令一爲法遍乘中左二行，得數：

右	令一爲法	吏五	從十	鷄十
中	令十得十	吏一得一	從五得五	鷄八得八

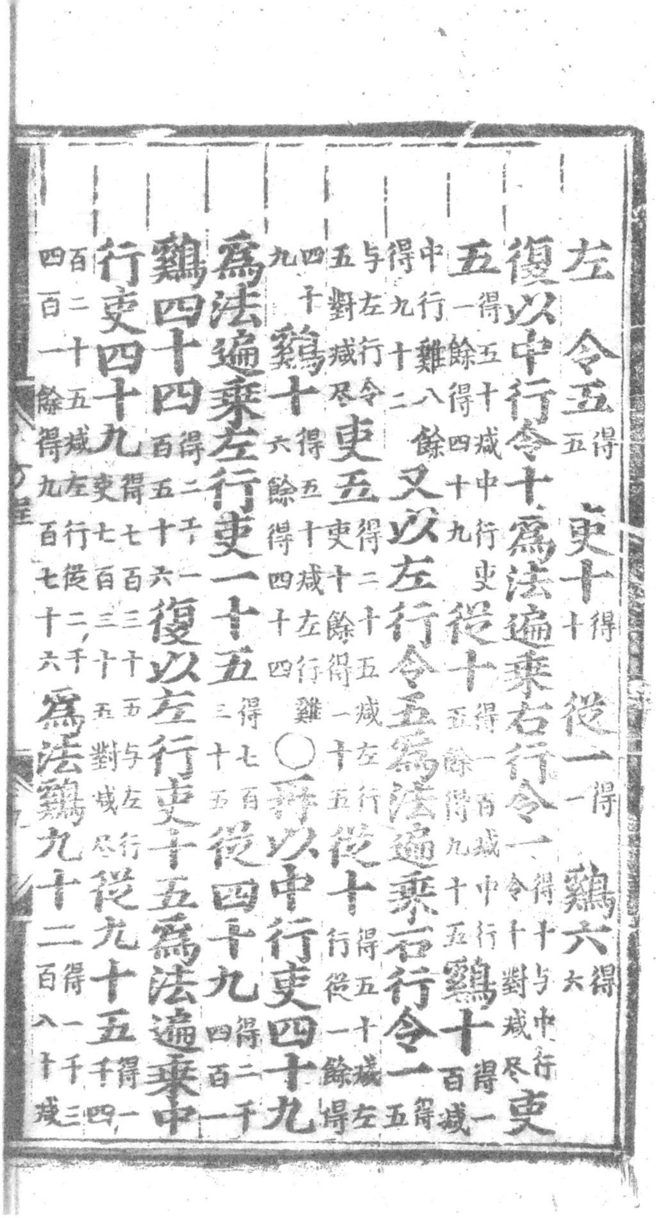

左　令五（得五）　吏十（得十）　從一（得一）　鷄六（得六）

復以中行令十爲法，遍乘右行令一（得十，令十，与中行對減尽。）吏五（得五十，減中行吏一，餘得四十九。）從十（得一百，減中行五，餘得九十五。）鷄十（得一百，減中行雞八，餘得九十二。）又以左行令五爲法，遍乘石行令一（得五，与左行令五，對減尽。）吏五（得二十五，減左行吏十，餘得一十五。）從十（得五十，減左行從一，餘得四十九。）鷄十（得五十，減左行雞六，餘得四十四。）○再以中行吏四十九爲法，遍乘左行吏一十五（得七百三十五。）從四十九（得二千四百一。）鷄四十四（得二千一百五十六。）復以左行吏十五爲法，遍乘中行吏四十九（得七百三十五，吏七百三十五，与左行對減尽。）從九十五（得一千四百二十五，減左行從二千四百一，餘得九百七十六。）爲法。鷄九十二（得一千三百八十，減

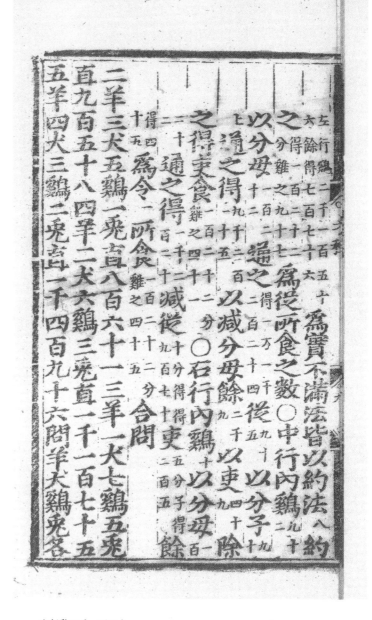

左行鷄二千一百五十六，餘得七百七十六。爲實。不滿法皆以約法八約之得一百二十二分雞之九十七。爲從所食之數。〇中行内鷄九十二以分母一百二十二通之得一万一千二百二十四。從九十五以分子九十七通之得九千二百二十五。以減分母，餘二千九。以吏四十九除之，得吏食一百二十二分雞之四十二。〇右行内鷄十以分母一百二十二通之，得一千二百二十。減從十分，得得九百七十。吏五分子，得二百五。得餘得四十五。爲令一所食一百二十二分雞之四十五。合問。

二羊、三犬、五鷄、一兔直八百六十一。三羊、一犬、七鷄、五兔直九百五十八。四羊、二犬、六鷄、三兔，直一千一百七十五。五羊、四犬、三鷄、二兔直一千四百九十六。問羊、犬、鷄、兔各

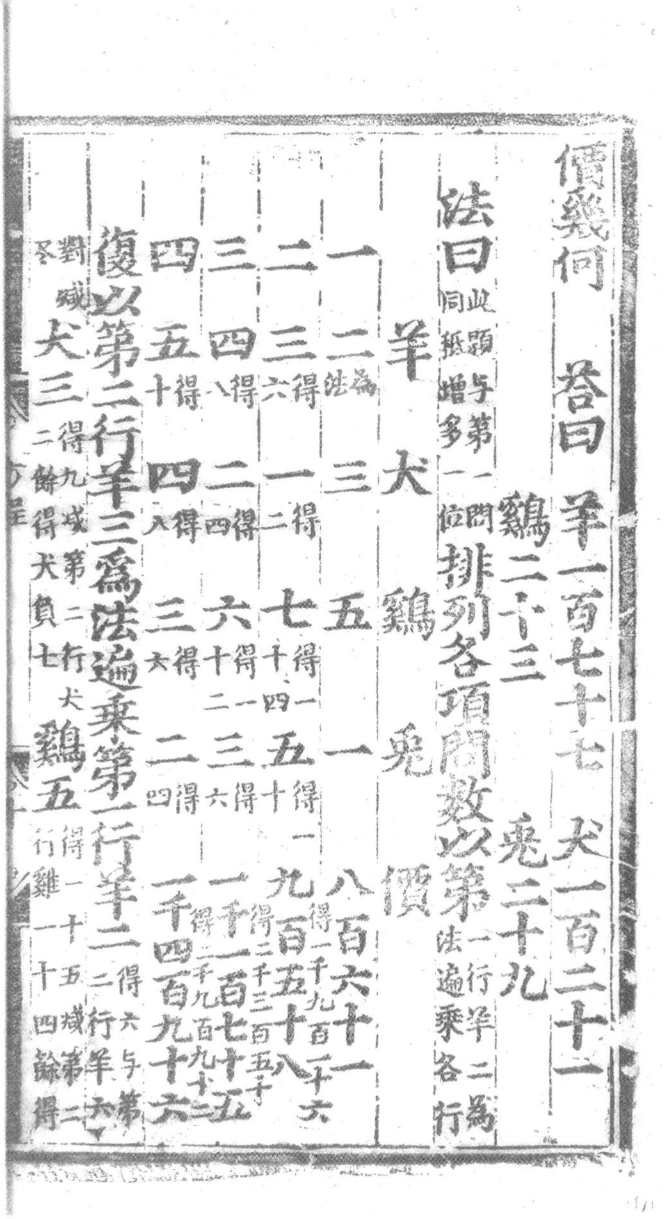

價幾何？　答曰：羊一百七十七，犬一百二十一，

鷄二十三，兔二十九。

法曰：此題与第一問同，祇增多一位。排列各項問數，以第一行羊二爲法，遍乘各行。

	羊	犬	鷄	兔	價
一	二爲法	三	五	一	八百六十一
二	三得六	一得二	七得一十四	五得一十	九百五十八得一千九百一十六[1]
三	四得八	二得四	六得一十二	三得六	一千一百七十五得二千三百五十[2]
四	五得十	四得八	三得六	二得四	一千四百九十六得二千九百九十二[3]

復以第二行羊三爲法，遍乘第一行羊二得六，与第二行羊六對減盡。犬三得九，減第二行犬二，餘得犬負七。鷄五得一十五，減第二行雞一十四餘得

1“得一千九百一十六”，各本均作單行小字，在“九百五十八”之右。

2“得二千三百五十”，各本均作單行小字，在“一千一百七十五”之右。

3“得二千九百九十二”，各本均作單行小字，在“一千四百九十六”之右。

鷄負一。兔一得三，減第二行兔一十餘得兔正七。價八百六十一得二千五百八十三，減第二行價一千九百一十六，餘得價負六百六十七。〇又以第三行羊四爲法，遍乘第一行羊二得八，与第三行羊八對減尽。犬三得一十二，減第三行犬四，餘得犬負八。鷄五得二十，減第三行雞一十二，餘得雞負八。兔一得四減第三行兔六餘得兔正二。價八百六十一得三千四百四十四，減第三行價二千三百五十，餘得價負一千九十四。〇再以第四行羊五爲法，遍乘第一行羊二得一十，与第四行羊一十對減尽。犬三得一十五，減第四行犬八，餘得犬負七。鷄五得二十五，減第四行雞六，餘得雞負一十九。兔一得五，減第四行兔四，餘得兔負一。價八百六十一得四千三百五，減第四行價二千九百九十二，餘得價負一千三百一十三。

再列相乘。以第二行犬負七爲法，遍乘第三、四行得數：

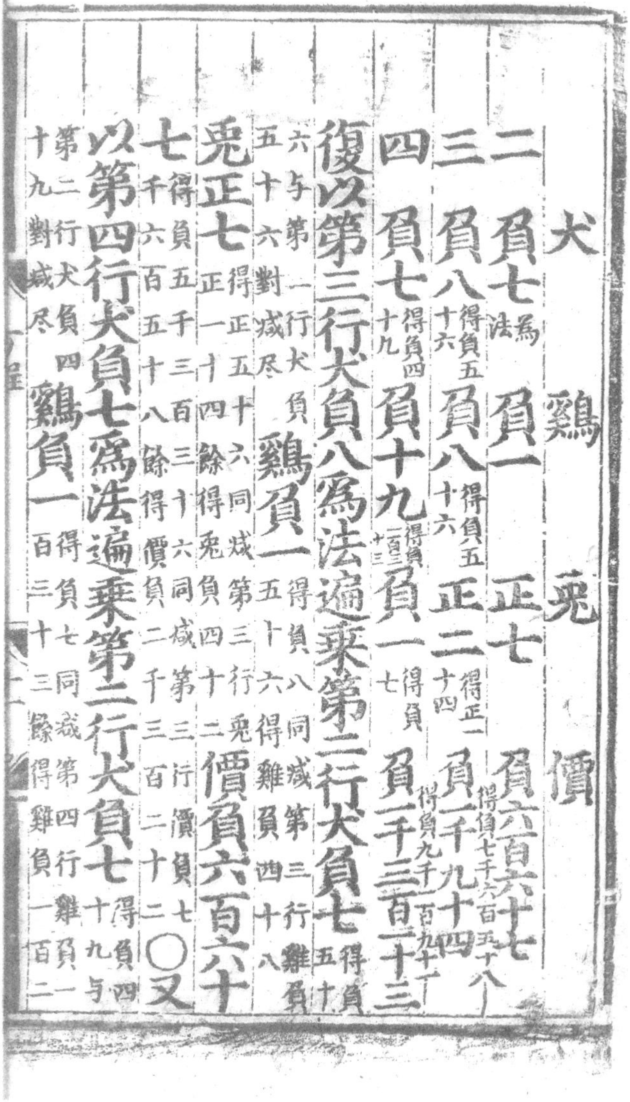

犬　鷄　兎　價
二　負七爲法　負一　正七　負六百六十七
三　負八得負五十六　負八得負五十六　正二得正一十四　負一千九十四得負七千六百五十八
四　負七得負四十九　負十九得負一百三十三　負一得負七　負一千三百一十三得負九千一百九十一
復以第三行犬負八爲法遍乘第二行犬負七得負五十六与第一行犬負五十六對减尽鷄負一得負八同减第三行雞負五十六得雞負四十八
兎正七得正五十六同减第三行兎正一十四餘得兎負四十二價負六百六十七得負五千三百三十六同减第三行價負七千六百五十八餘得價負二千三百二十二〇又
以第四行犬負七爲法遍乘第二行犬負七得負四十九与第二行犬負四十九對减尽鷄負一得負七同减第四行雞負一百三十三餘得雞負一百二

	犬	鷄	兔	價
二	負七爲法	負一	正七	負六百六十七
三	負八得負五十六	負八得負五十六	正二得正一十四	負一千九十四得負七千六百五十八[1]
四	負七得負四十九	負十九得負一百三十三	負一得負七	負一千三百一十三得負九千一百九十一[2]

復以第三行犬負八爲法，遍乘第二行犬負七得負五十六，与第一行犬負五十六對減尽。鷄負一得負八，同減第三行雞負五十六，得雞負四十八。兔正七得正五十六，同減第三行兔正一十四，餘得兔負四十二。價負六百六十七得負五千三百三十六，同減第三行價負七千六百五十八，餘得價負二千三百二十二。〇又以第四行犬負七爲法，遍乘第二行犬負七得負四十九，与第二行犬負四十九對減尽。鷄負一得負七，同減第四行雞負一百三十三，餘得雞負一百二

1“得負七千六百五十八”，各本均作單行小字，在“負一千九十四”之右。

2“得負九千一百九十一”，各本均作單行小字，在“負一千三百一十三”之右。

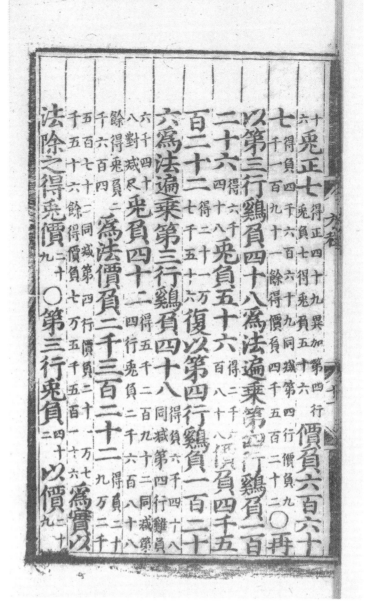

十六。兔正七（得正四十九，異加第四行兔負七，得兔負五十六。）價負六百六十七（得負四千六百六十九，同減第四行價負九千一百九十一，餘得價負四千五百二十二。）○再以第三行鷄負四十八爲法，遍乘第四行鷄負一百二十六（得六千四十八。）兔負五十六（得二千六百八十八。）價負四千五百二十二（得二十一万七千五十六。）復以第四行鷄負一百二十六爲法，遍乘第三行鷄負四十八（得負六千四十八，同減第四行雞負六千四十八，對減尽。）兔負四十二（得五千二百九十二，同減第四行兔負二千六百八十八，餘得兔負二千六百四，）爲法。價負二千三百二十二（得負二十九万二千五百七十二，同減第四行價負二十一万七千五十六，餘得價負七万五千五百一十六。）爲實。以法除之，得兔價（二十九。）○第三行兔負（四十二，）以價（二十九）

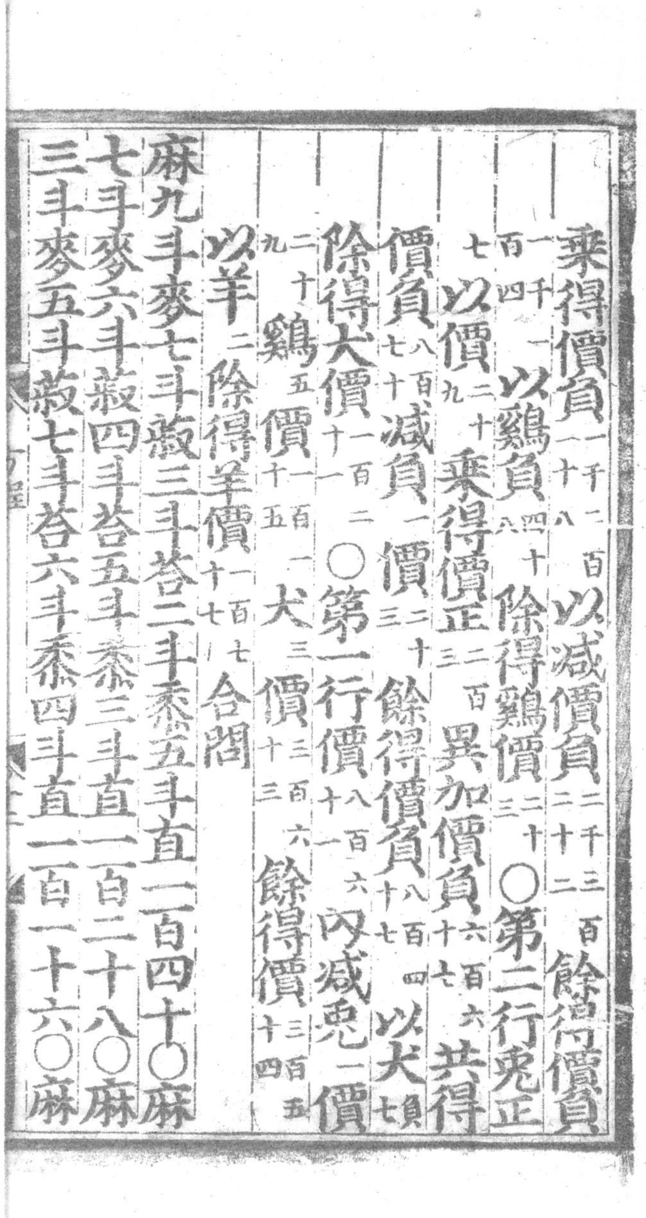

乘得價負二千二百十八。以減價負三千三百三十二，餘得價負一千一百四。以鷄負四十八除得鷄價二十三。○第二行兔正七，以價二十九乘得價正二百三。異加價負六百六十七，共得價負八百七十。減負一價二十三，餘得價負八百四十七。以犬負七除得犬價一百二十一。○第一行價八百六十二，内減兔一價二十九，鷄五價一百一十五，犬三價三百六十三，餘得價三百五十四。以羊二除得羊價一百七十七。合問。

麻九斗、麥七斗、菽三斗、荅二斗、黍五斗，直一百四十。○麻七斗、麥六斗、菽四斗、荅五斗、黍三斗，直一百二十八。○麻三斗、麥五斗、菽七斗、荅六斗、黍四斗，直一百一十六。○麻

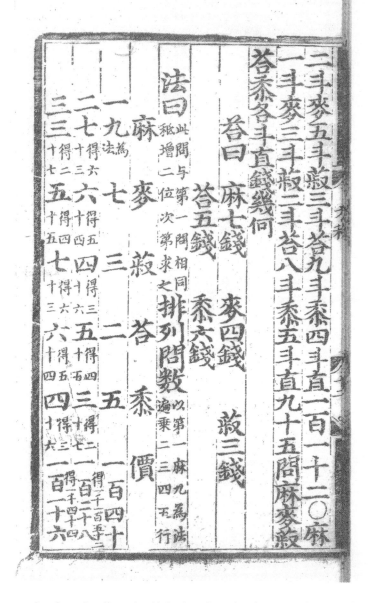

二斗、麥五斗、菽三斗、荅九斗、黍四斗，直一百一十二。○麻一斗、麥三斗、菽二斗、荅八斗、黍五斗，直九十五。問麻、麥、菽、荅、黍各斗直錢幾何？

答曰：　麻七錢，　麥四錢，　菽三錢，

荅五錢，　黍六錢。

法曰：此問与第一問相同，衹增二位，次第求之。排列問數以第一麻九爲法，遍乘二三四五行。

麻	麥	菽	荅	黍	價
一九爲法	七	三	二	五	一百四十
二七得六十三	六得五十四	四得三十六	五得四十五	三得二十七	一百二十八得一千一百五十二[1]
三三得二十七	五得四十五	七得六十三	六得五十四	四得三十六	一百一十六得一千四十四[2]

1 "得一千一百五十二"，各本均作單行小字，在"一百二十八"之右。

2 "一千四十四"，各本均作單行小字，在"一百一十六"之右。

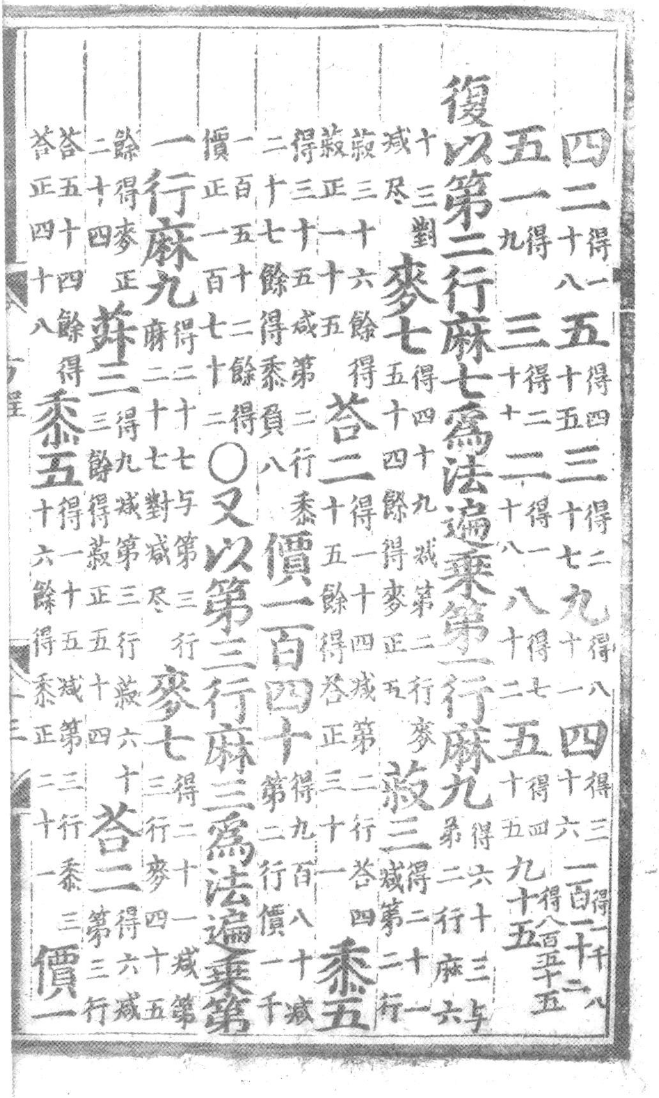

四二得一十八　五得四十五　三得二十七　九得八十一　四得三十六　一百一十二得一千八[1]

五一得九　三得二十七　一得一十八　八得七十二　五得四十五　九十五得八百五十五[2]

復以第二行麻七爲法，遍乘第一行麻九得六十三，与第二行麻六十三對減尽。麥七得四十九，減第二行麥五十四，餘得麥正五。菽三得二十一，減第二行菽三十六，餘得菽正一十五。荅二得一十四，減第二行荅四十五，餘得荅正三十一。黍五得三十五，減第二行黍二十七，餘得黍負八。價一百四十得九百八十，減第二行價一千一百五十二，餘得價正一百七十二。〇又以第三行麻三爲法，遍乘第一行麻九得二十七，与第三行麻二十七對減尽。麥七得二十一，減第三行麥四十五，餘得麥正二十四。菽三得九，減第三行菽六十三，餘得菽正五十四。荅二得六，減第三行荅五十四，餘得荅正四十八。黍五得一十五，減第三行黍三十六，餘得黍正二十一。價一

1“得一千八”，各本均作單行小字，在“一百二十”之右。

2“得八百五十五”，各本均作單行小字，在“九十五”之右。

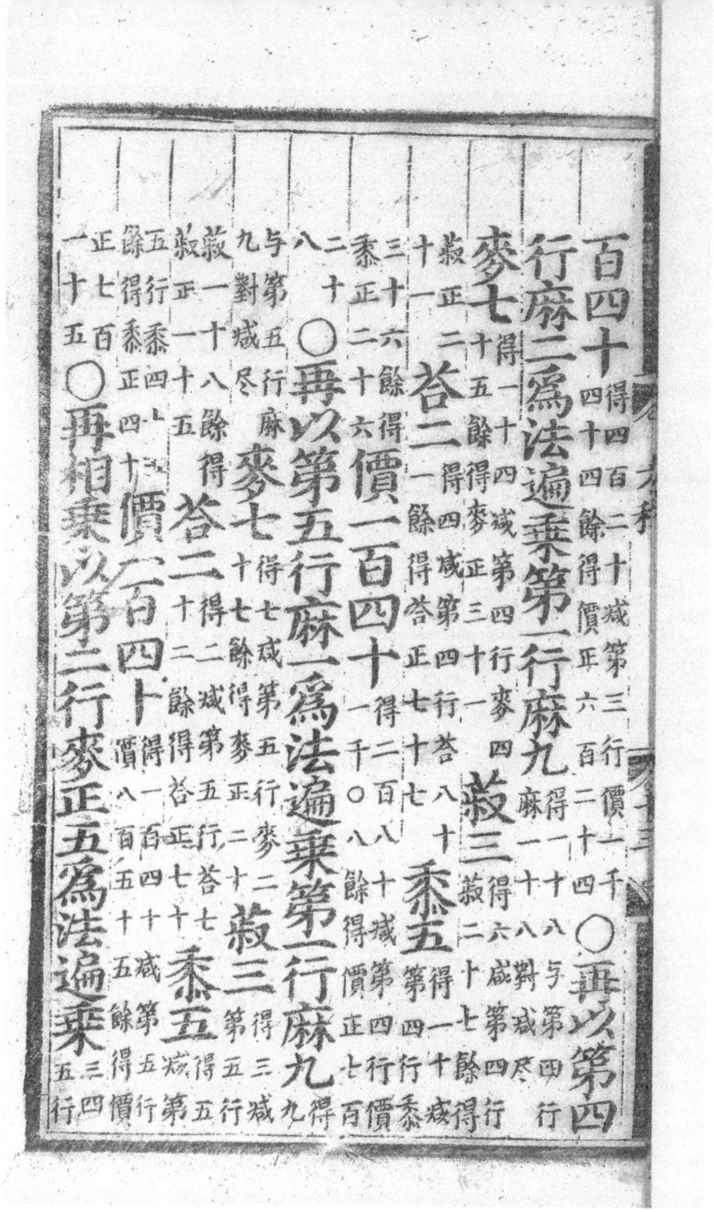

百四十得四百二十，減第三行價一千四十四，餘得價正六百二十四。〇再以第四行麻二爲法，遍乘第一行麻九得一十八，与第四行麻一十八對減尽。麥七得一十四，減第四行麥四十五，餘得麥正三十一。菽三得六，減第四行菽二十七，餘得菽正二十一。荅二得四，減第四行荅八十一，餘得荅正七十七。黍五得一十，減第四行黍三十六，餘得黍正二十六。價一百四十得二百八十，減第四行價一千〇八，餘得價正七百二十八。〇再以第五行麻一爲法，遍乘第一行麻九得九，与第五行麻九對減尽。麥七得七，減第五行麥二十七，餘得麥正二十。菽三得三，減第五行菽一十八，餘得菽正一十五。荅二得二，減第五行荅七十二，餘得荅正七十。黍五得五，減第五行黍四十五，餘得黍正四十。價一百四十得一百四十，減第五行價八百五十五，餘得價正七百一十五。〇再相乘。以第二行麥正五爲法，遍乘三四五行物價得數：第三行麥正二十四得正一百二十。菽正五十四得正二百[1]七十。荅正四十八得二百四十。黍正二十一得正一百五。價正六百二十四得正三千一百二十。〇第四行麥正三十一得正一百五十五。菽正二十一得正一百五。荅正七十七得正三百八十五。黍正二十六得正一百三十。價正七百二十八得正三千六百四十。〇第五行麥正二十得正一百。菽正一十五得正七十五。荅正七十得正三百五十。黍正四十得正一百。價正七百一十五得正三千五百七十五。

〇復以第三行麥正二十四爲法，遍乘第二行麥正五得正一百二十，与第二行麥正一百一十對減尽。菽正一十五得正三百六十，同減第三得菽正二百七十，餘得菽負九十。荅正三十一得正七百四十四，同減第三行荅正

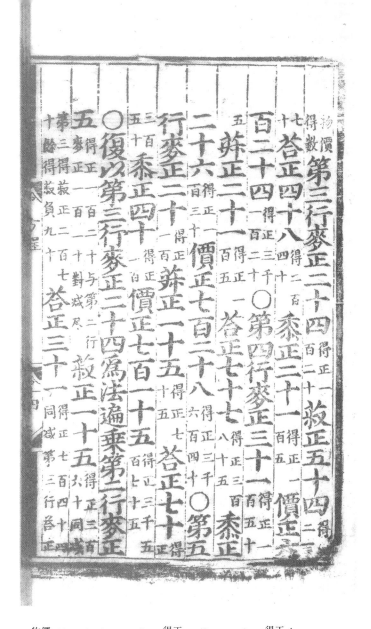

1“得正二百”之“正”“百”，此字各本均不清，據題意計算推測爲此。

二百四十，餘得荅負五百四。黍負八得負一百九十二，異加第三行黍正一百五，得黍正二百九十七。價正一百七十二得正四千一百二十八，同減第三行價正三千一百二十，餘得價負一千〇八。〇又以第四行麥正三十一爲法，遍乘第二行麥正五得正一百五十五，与第四行麥正一百五十五對減尽。菽正一十五得正四百六十五，同減第四行菽正一百五，得菽負三百六十。荅正三十一得正九百六十一，同減第四行荅正三百八十五，得荅負五百七十六。黍負八得負二百四十八，異加第四行黍正一百三十，得黍正三百七十八。價正一百七十二得正五千三百三十二，同減第四行價正三千六百四十，餘得價負一千六百九十二。〇再以第五行麥正二十爲法，遍乘第二行麥正五得正一百，与第五行麥正一百對減尽。菽正一十五得正三百，同減第五行菽正七十五，得菽負二百二十五。荅正三十一得正六百二十，同減第五行麥正三百五十，得荅負二百七十。黍負八得負一百六十，異加第五行黍正二百，得黍正三百六十。價正一百七十二得正三千四百四十，同減第五行價正三千五百七十五，得價正一百三十五。○再相乘。以第三行菽負九十遍乘四五行物價得數：第四行菽負三百六十得負三万二千四百。荅負五百七十六得負五万一千八百四十。黍正三百七十八得正三万四千二十。價負一千六百九十二得負一十五万二千二百八十。○第五行菽負二百二十五得負二万二百五十。荅負二百七十得負二万四千三百。黍正三百六十得正三万二千四百。價正一百三十五得正一万二千一百五十。○却以第四行菽負三百六十爲法，遍乘第三行菽負九十得負三万二千四百，与第四行菽負三万二千四百對減尽。

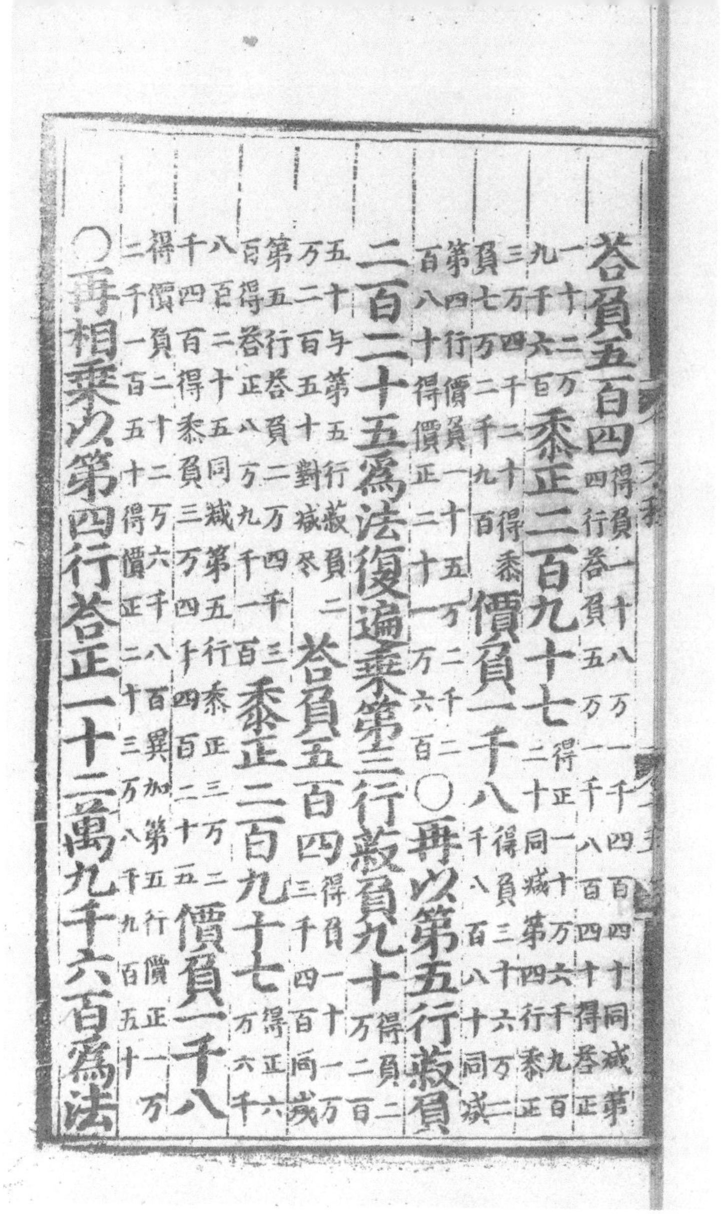

荅負五百四得負一十八万一千四百四十，同减第四行荅負五万一千八百四十，得荅正一十二万九千六百。黍正二百九十七得正一十万六千九百二十，同减第四行黍正三万四千二十，得黍負七万二千九百。價負一千八得負三十六万二千八百八十，同减第四行價負一十五万二千二百八十，得價正二十一万六百。○再以第五行菽負二百二十五爲法，復遍乘第三行菽負九十得負二万二百五十，與第五行菽負二万二百五十對减尽。荅負五百四得負一十一万三千四百，同减第五行荅負二万四千三百，得荅正八万九千一百。黍正二百九十七得正六万六千八百二十五，同减第五行黍正三万二千四百，得黍負三万四千四百二十五。價負一千八得價負二十二万六千八百，異加第五行價正一万二千一百五十，得價正二十三万八千九百五十。○再相乘。以第四行荅正一十二萬九千六百爲法，遍乘第五行荅正八萬九千一百得正一百一十五億四千七百三十六万。乘負三萬四千四百二十五得負六十四億六千一百四十八万。價正二十三萬八千九百五十得正三百九億六千二百四十八万。〇復以第五行荅正八萬九千一百爲法，遍乘第四行荅正一十二萬九千六百得正一百一十五億四千七百三十六万，与第四行荅正一百一十五億四千七百三十六万對減尽。乘負七萬二千九百得負六十四億九千五百三十九万，同減第四行乘負四十四億六千一百四十八万，得乘負二十億三千三百九十一万。爲法。價正二十一萬六百得正一百八十七億六千四百四十六万，同減第四行價正三百九億六千七百九十二万，餘得價負一百二十二億三百四十六万。爲實。以法除得乘價六錢。〇第四行乘負七万二千九百以價六錢乘得四十三万七千四百。加入價正二十一万六百共得價正六十四万八千。以荅正一十二万九千六百除得荅價五錢。○第三行黍正二百九十七，以六錢乘得一千七百八十二。加入價負一千八得價負二千七百九十。減荅負五百四，以價五錢乘得二千五百二十。以減價負二千七百九十，餘得價負二百七十。以菽負九十除得菽價三錢。○第二行黍負八，以價六錢乘得四十八。加入價正一百七十二，共得價正二百二十。以減荅正三十一價一百五十五，菽正十五價得四十五，餘價正二十。以麥正五除得麥價四錢。○第一行價正一百四十內減黍五價得三十。荅二價得二十。菽三價得九。麥七價得二十八。餘得價六十三。以麻九除之得麻價七錢。合問。

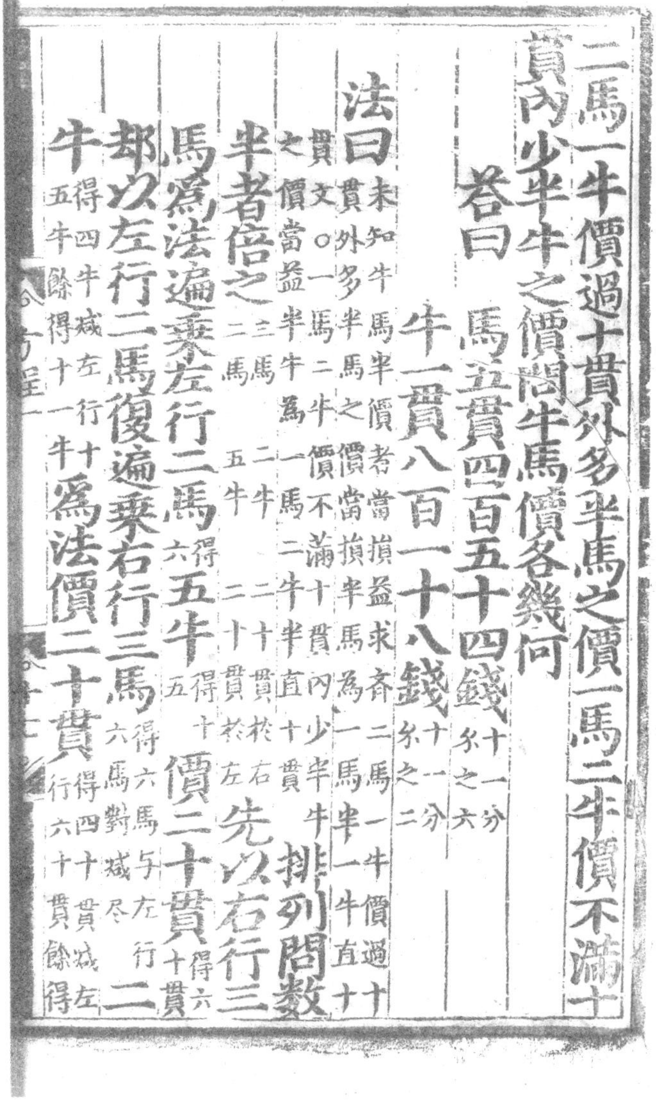

二馬一牛價過十貫，外多半馬之價。一馬二牛價不滿十貫，内少半牛之價。問牛馬價各幾何？

答曰：　馬五貫四百五十四錢十一分錢之六，

牛一貫八百一十八錢十一分錢之二。

法曰：未知牛馬半價者，當損益求齊。二馬一牛價過十貫，外多半馬之價。當損半馬，爲一馬半一牛直十貫文。○一馬二牛價不滿十貫，内少半牛之價。當益半牛，爲一馬二牛半直十貫。排列問數。

半者倍之三馬　二牛　二十貫於右；二馬　五牛　二十貫於左。先以右行三馬爲法，遍乘左行二馬得六。五牛得十五。價二十貫得六十貫。

却以左行二馬復遍乘右行三馬得六馬，与左行六馬對減尽。二牛得四，牛減左行十五牛餘得十一牛。爲法。價二十貫得四十貫，減左行六十貫餘得二十貫。爲實。以法十二除得一貫八百一十八文十一分錢之二。却以牛十二乘馬六得六十六。爲法。又以牛十二乘鈔四十貫得四百四十貫。却以牛四乘鈔二十貫，八十貫。得以減餘，得鈔三百六十貫。爲實。以法除得馬價五貫四百五十四文。餘實三十六，以六約得二十一分錢之六。合問。

甲乙持錢，甲添乙中半而及五十文。乙添甲太半亦足五十文，問各幾何？

答曰： 甲三十七文半，乙二十五文。

法曰：甲欲乙中半，乙母二、分子之一。甲之太半，甲母是三，分子乃之二。乙欲以甲母三分乘乙錢五十，百五十。得一復以乙母二分乘甲錢五十，一百。得以少減

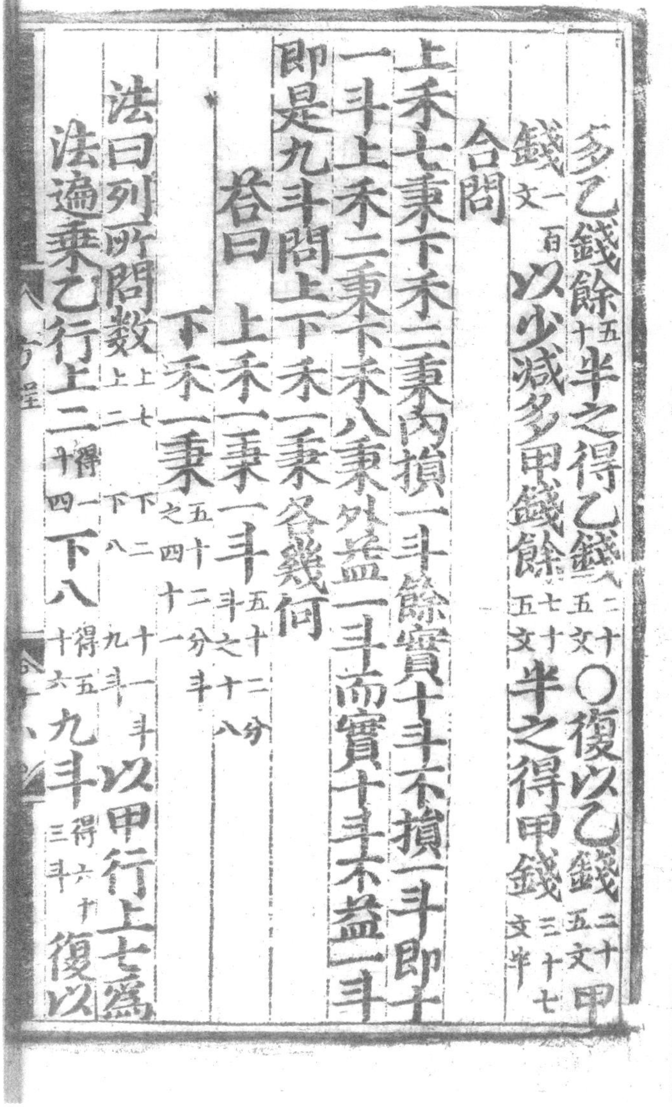

多。乙錢餘五十，半之得乙錢二十五文。○復以乙錢二十五文甲錢一百文，以少減多。甲錢餘七十五文，半之得甲錢三十七文半。

合問。

上禾七秉，下禾二秉，内損一斗，餘實十斗。不損一斗即十一斗。上禾二秉，下禾八秉，外益一斗而實十斗。不益一斗即是九斗，問上下禾一秉各幾何？

答曰：　上禾一秉一斗五十二分斗之十八，

　　　　下禾一秉五十二分斗之四十一。

法曰：列所問數上七上二　下二下八　十一斗九斗以甲行上七爲法，遍乘乙行上二得二十四。下八得五十六。九斗得六十三斗。復以

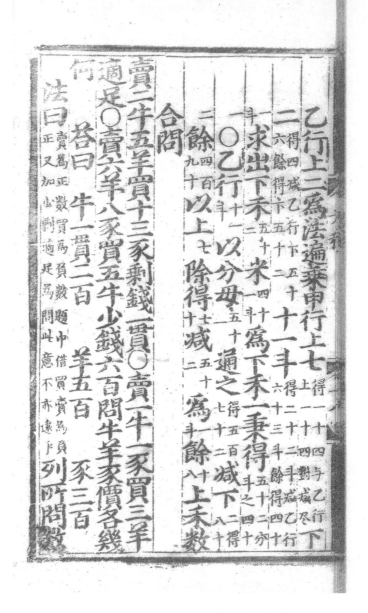

乙行上二爲法，遍乘甲行上七得一十四，与乙行上二十四對減尽。下二得四，減乙行下五十六，餘得下五十二。十一斗得二十二斗，減乙行六十三斗，餘得四十一斗。求出下禾五十二米四十一斗爲下禾一秉得五十二分斗之四十一。○乙行十一斗，以分母五十二通之得五百七十二。減下二得八十二。餘四百九十。以上七除得七十。減五十二爲一斗。餘十八。上禾數。

合問。

賣二牛五羊，買十三豕，剩錢一貫。○賣一牛一豕，買三羊適足。○賣六羊八豕，買五牛，少錢六百。問牛羊豕價各幾何？　答曰：牛一貫二百　羊五百　豕三百

法曰：賣爲正數，買爲負數。題中借買賣爲負正，又加少、剩、適足爲問，此意不亦遠乎？列所問數。

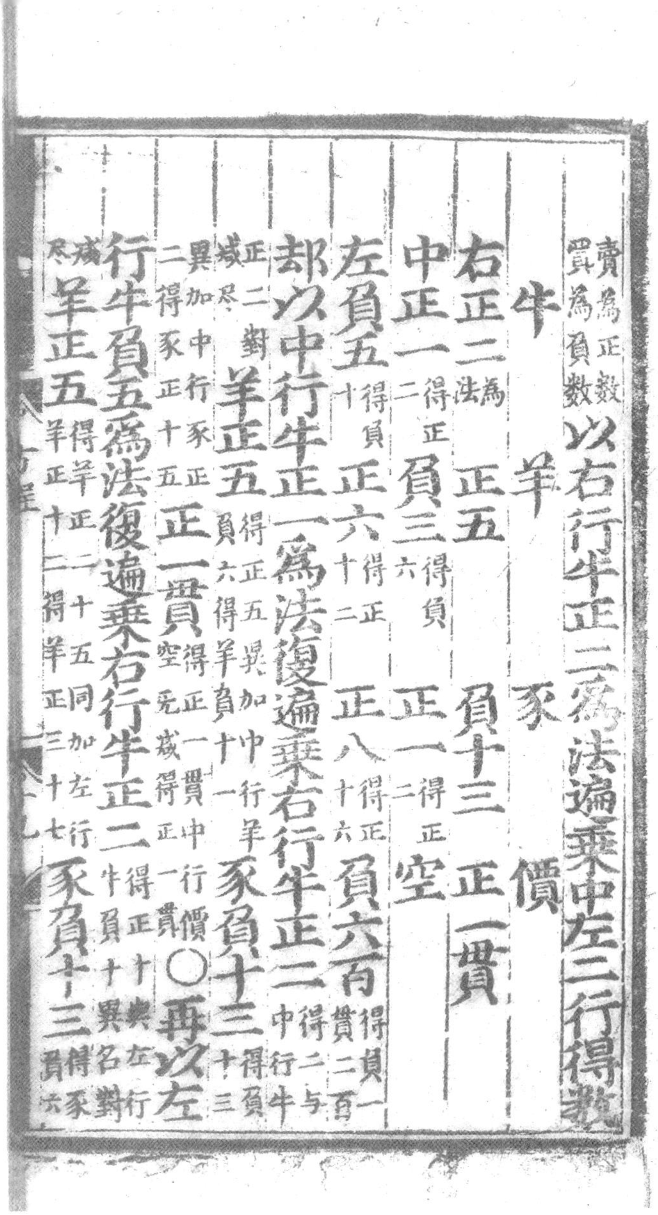

賣爲正數，買爲負數。以右行牛正二爲法，遍乘中左二行得數：

	牛	羊	豕	價
右	正二爲法	正五	負十三	正一貫
中	正一得正二	負三得負六	正一得正二	空
左	負五得負十	正六得正十二	正八得正十六	負六百得負一貫二百

却以中行牛正一爲法，復遍乘右行牛正二得二，与中行牛正二對減尽。羊正五得正五，異加中行羊負六，得羊負十一。豕負十三得負十三，異加中行豕正二，得豕正十五。正一貫得正一貫，中行價空，無減得正一貫。〇再以左行牛負五爲法，復遍乘右行牛正二得正十，與左行牛負十異名對減尽。羊正五得羊正二十五，同加左行羊正十二，得羊正三十七。豕負十三得豕負六

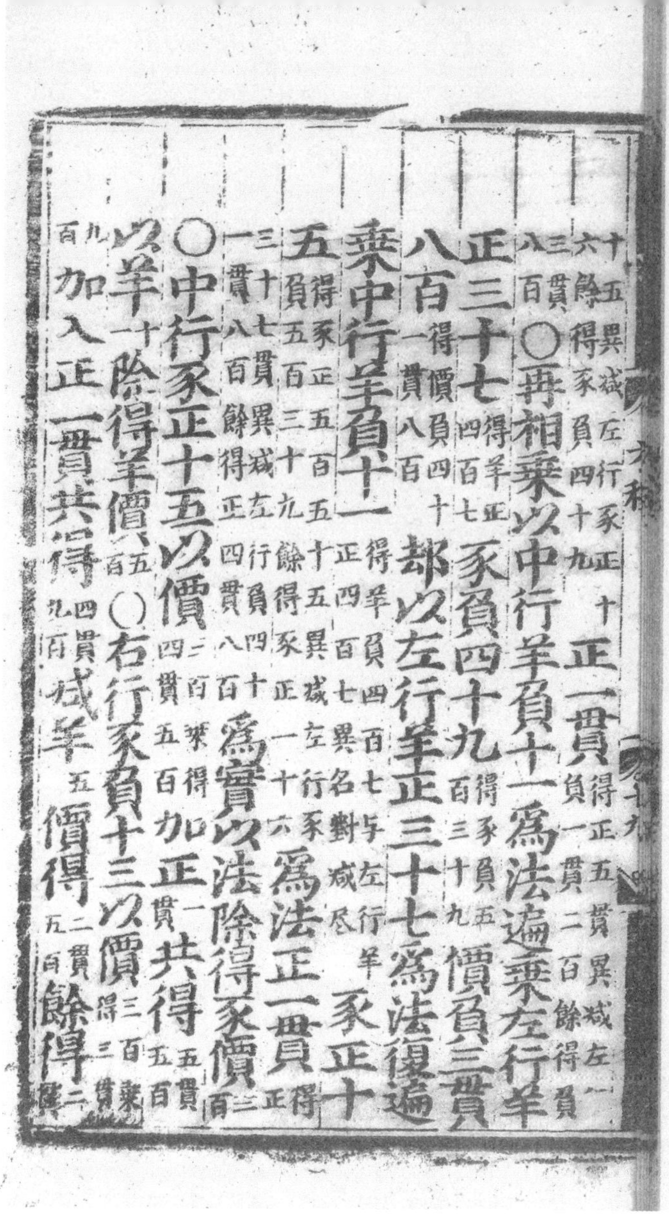

十五，異減左行豕正十六，餘得豕負四十九。正一貫得正五貫，異減左行[1]負一貫二百，餘得負三貫八百。○再相乘。以中行羊負十一爲法，遍乘左行羊正三十七得羊正四百七。豕負四十九得豕負五百三十九。價負三貫八百得價負四十一貫八百。却以左行羊正三十七爲法，復遍乘中行羊負十一得羊負四百七，与左行羊正四百七異名對減尽。豕正十五得豕正五百五十五，異減左行豕負五百三十九，餘得豕正一十六，爲法。正一貫得正三十七貫，異減左行負四十一貫八百，餘得正四貫八百。爲實。以法除得豕價三百。○中行豕正十五，以價三百乘得四貫五百。加正一貫共得五貫五百。以羊十一除得羊價五百。○右行豕負十三以價三百乘得三貫九百。加入正一貫，共得四貫九百。減羊五價得二貫五百。餘得二貫

1“異減左行”之“行”，此字各本均不清，據題意推測爲“行”。

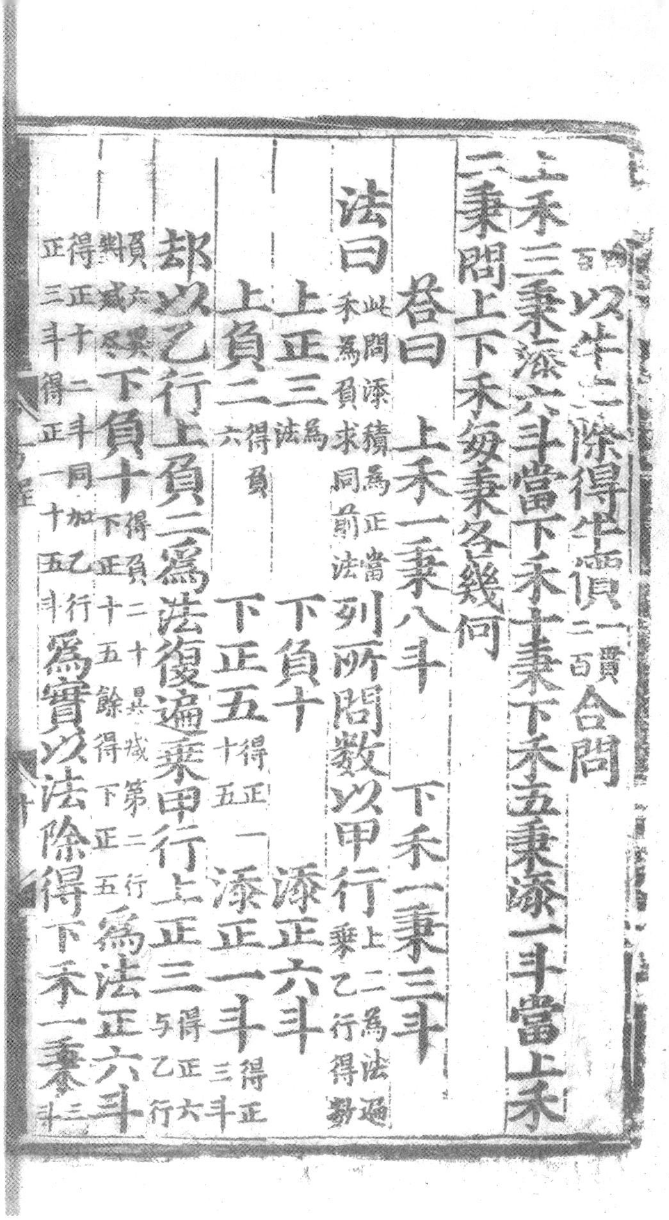

四百。以牛二除得牛價二貫二百。合問。

上禾三秉添六斗，當下禾十秉，下禾五秉添一斗，當上禾二秉。問上下禾每秉各幾何？

答曰：　上禾一秉八斗，　下禾一秉三斗。

法曰：此問添積爲正，當禾爲負。求同前法。列所問數。以甲行上二爲法遍乘乙行得數：

上正三爲法　　下負十　　　　添正六斗

上負二得負六　　下正五得正一十五　　添正一斗得正三斗

却以乙行上負二爲法，復遍乘甲行上正三得正六，与乙行負六異對減尽。下負十得負二十，異減第二行下正十五，餘得下正五。爲法。正六斗得正十二斗，同加乙行正三斗，得正一十五斗。爲實。以法除得下禾一秉三斗。

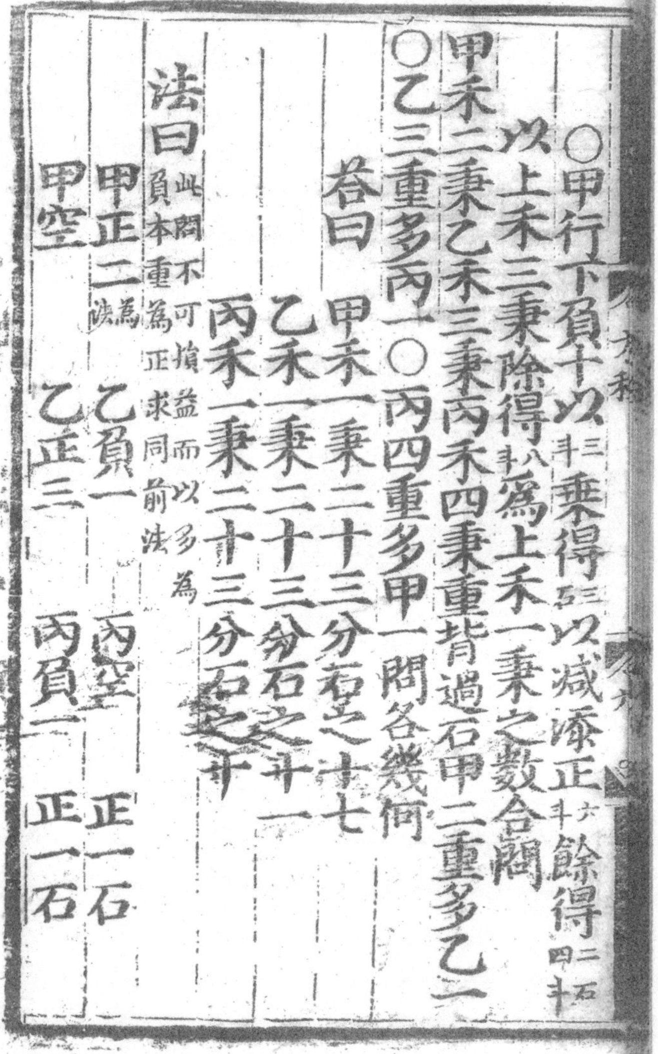

○甲行下負十以三斗乘得三石。以減添正六斗，餘得二石四斗。

以上禾三秉除得八斗。爲上禾一秉之數。合問。

甲禾二秉、乙禾三秉、丙禾四秉重皆過石。甲二重多乙一。○乙三重多丙一。○丙四重多甲一。問各幾何？

答曰：甲禾一秉二十三分石之十七，

乙禾一秉二十三分石之十一，

丙禾一秉二十三分石之十。

法曰：此問不可損益，而以多爲負，本重爲正。求同前法。

甲正二爲法	乙負一	丙空	正一石
甲空	乙正三	丙負一	正一石

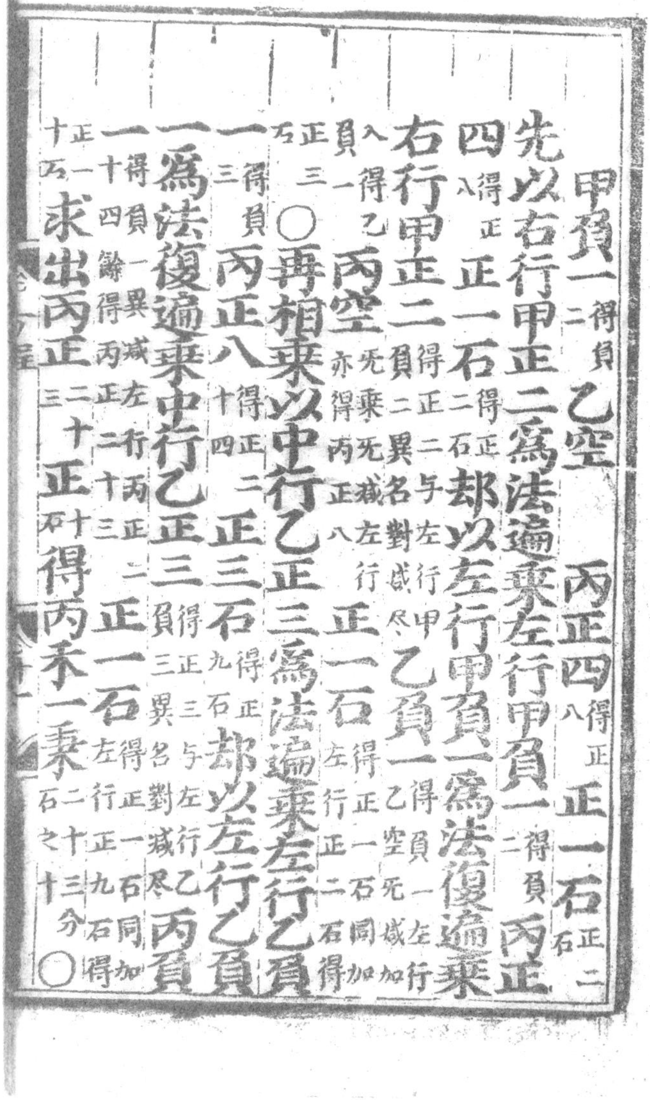

甲負一得負二乙空　丙正四得正八正一石正二石

先以右行甲正二爲法，遍乘左行甲負一得負二。丙正四得正八。正一石得正二石。却以左行甲負一爲法，復遍乘右行甲正二得正二，与左行甲負二異名對減尽。乙負一得負一，左行乙空无減，加入得乙負一。丙空无乘无減，左行亦得丙正八。正一石得正一石，同加左行正二石得正三石。○再相乘。以中行乙正三爲法，遍乘左行乙負一得負三。丙正八得正二十四。正三石得正九石。却以左行乙負一爲法，復遍乘中行乙正三得正三，与左行乙負三異名對減尽。丙負一得負一，異減左行丙正二十四，餘得丙正二十三。正一石得正一石，同加左行正九石得正一十石。求出丙正二十三正十石。得丙禾一秉二十三分石之十。○

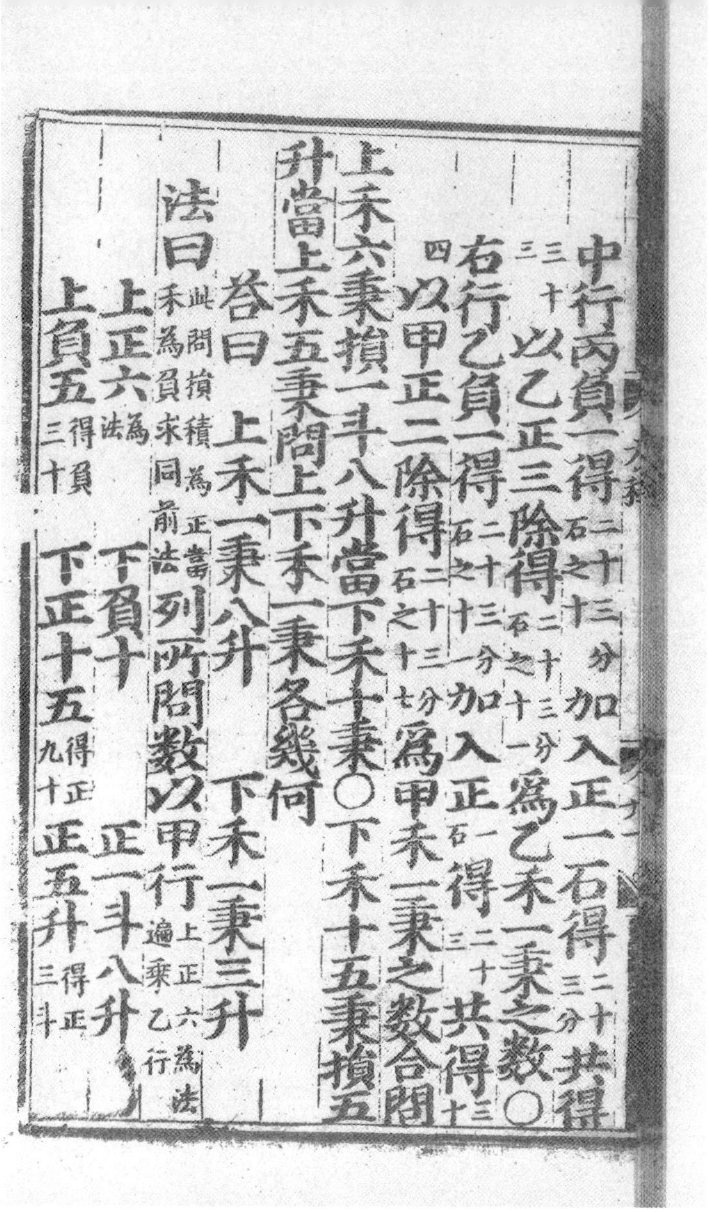

中行丙負一得二十三分石之十。加入正一石得三十三分，共得三十三。以乙正三除得二十三分石之十一。爲乙禾一秉之數。○

右行乙負一得二十三分石之十一。加入正一石得三十三，共得三十四。以甲正二除得二十三分石之十七，爲甲禾一秉之數。合問。

上禾六秉損一斗八升，當下禾十秉。○下禾十五秉損五升，當上禾五秉。問上下禾一秉各幾何?

答曰： 上禾一秉八升， 下禾一秉三升。

法曰：此問損積爲正，當禾爲負。求同前法。列所問數。以甲行上正六爲法，遍乘乙行。

上正六爲法　下負十　正一斗八升

上負五得負三十　下正十五得正九十　正五升得正三斗

却以乙行上負五爲法，復遍乘甲行上正六得正三十，与乙行上負三十異名對减尽。下負十得負五十，異减乙行下正九十，餘得下正四十。爲法。正一斗八升得正九斗，同加乙行正三斗得正一十二斗。爲實。以法除得下禾一秉得三升。〇甲行下負十以三升乘得三斗。加入正一斗八升，共得四斗八升。以上正六除得上禾一秉得八升。合問。

上禾五秉損一斗一升，爲下禾七秉。〇上禾七秉損二斗五升，爲下禾五秉。問上下禾每秉各幾何？

答曰：　上禾一秉五升，　下禾一秉二升。

法曰：此問与前法同。列所問數。以甲行上正五爲法，遍乘乙行得數：

上正五爲法　　下負七　　正一斗一升

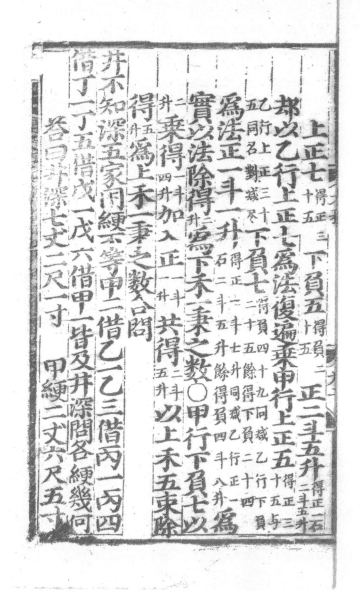

上正七得正三十五 下負五得負二十五 正二斗五升得正一石二斗五升

却以乙行上正七爲法，復遍乘甲行上正五得正三十五，与乙行上正三十五同名對減尽。下負七得負四十九，同減乙行下負二十五，餘得下負二十四，爲法。正一斗一升得正一斗七升，同減乙行正一石二斗五升，餘得負四斗八升。爲實。以法除得二升爲下禾一秉之數。○甲行下負七以二升乘得一斗四升。加入正一斗一升共得二斗五升。以上禾五束除得五升，爲上禾一秉之數。合問。

井不知深，五家用綆不等。甲二借乙一，乙三借丙一，丙四借丁一，丁五借戊一，戊六借甲一，皆及井深。問各綆幾何？

答曰：井深七丈二尺一寸，甲綆二丈六尺五寸，

乙絚一丈九尺一寸，丙絚一丈四尺八寸，

丁絚一丈二尺九寸，戊絚七尺六寸。

法曰：此問户絚數爲分母，相乘，通其分也。借絚數爲分子，并之内其子也。如方程，正負入之。得井深絚數。

五絚數爲分母相乘二三得六。丙四，因六得二十四。丁五，因二十四得一百二十。戊六，因一百二十得七百二十。再借絚數一爲分子，并之得七百二十一。爲深積。列各户本絚、所借及深積，只戊行可取諸絚。

甲	乙	丙	丁	戊	深積
二	一				七百二十一
	三	一			七百二十一
		四	一		七百二十一

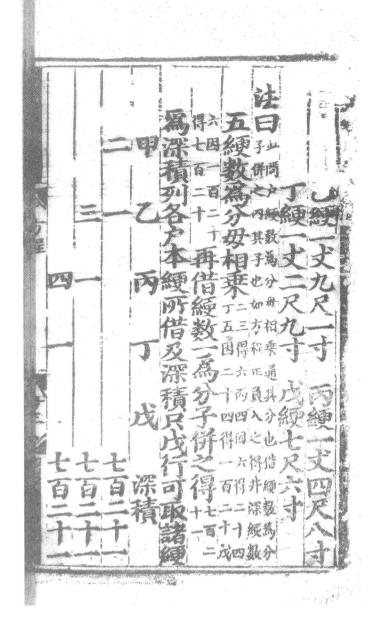

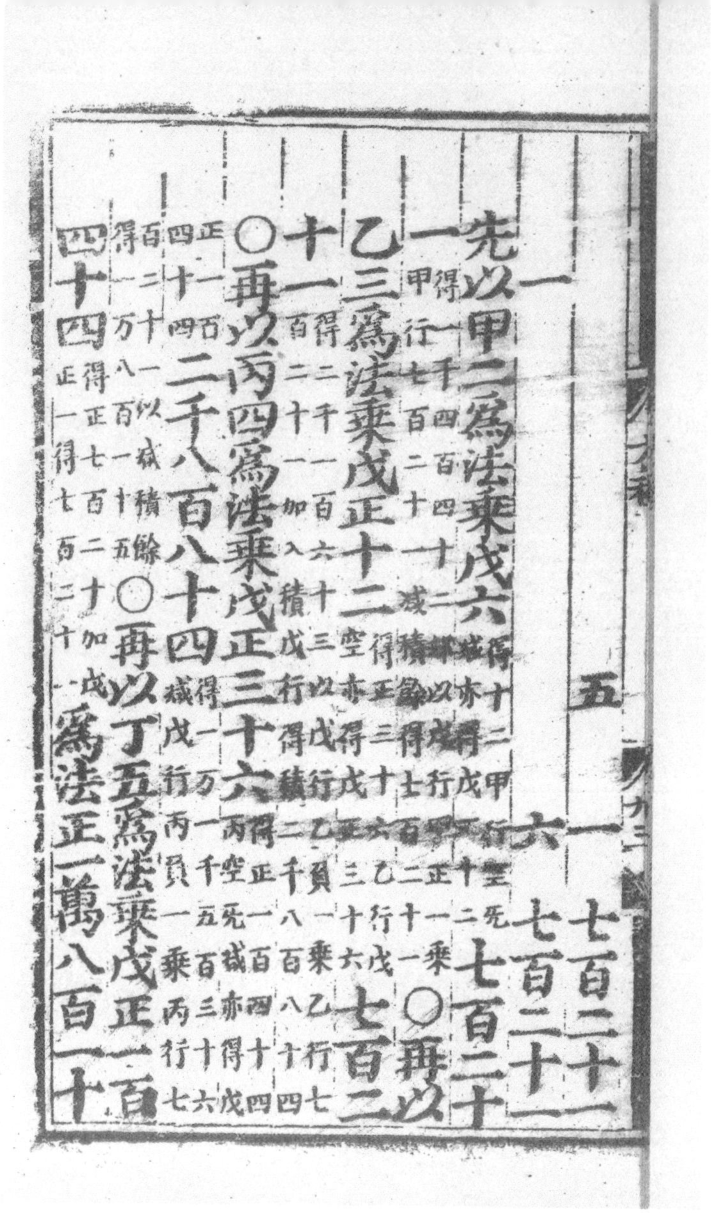

五　一　七百二十一

一　六　七百二十一

先以甲二爲法，乘戊六得十二，甲行空无减，亦得戊正十二。七百二十一得一千四百四十二，却以戊行甲正一乘甲行七百二十一，減積餘得七百二十一。〇再以乙三爲法，乘戊正十二得正三十六，乙行戊空，亦得戊正三十六。七百二十一得二千一百六十三，以戊行乙負一乘乙行七百二十一，加入積，戊行得積二千八百八十四。〇再以丙四爲法，乘戊正三十六得正一百四十四，丙空无減，亦得戊正一百四十四。二千八百八十四得一万一千五百三十六，減戊行丙負一乘丙行七百二十一，以減積，餘得一万八百一十五。〇再以丁五爲法，乘戊正一百四十四得正七百二十，加戊正一得七百二十一。爲法。正一萬八百一十五得正五万四千七十五，以戊行丁負一乘丁行七百二十一，加入積共得五万四千七百九十六。

爲實。以法除得戊綆七尺六寸。○丁行七百二十一，以減戊綆七尺六寸，餘得六百四十五。以丁五除得丁綆一丈二尺九寸。○丙行七百二十一，以減丁綆一丈二尺九寸，餘五百九十二寸。以丙四除得丙綆一丈四尺八寸。○乙行七百二十，以減丙綆一丈四尺八寸餘得五百七十三。以乙三除得乙綆一丈九尺二寸。○甲行七百二十一以減乙綆一丈九尺二寸，餘得五百三十。以甲二除得甲綆二丈六尺五寸。合問。

比類一十六問

今有羅四尺、綾五尺、絹六尺直錢一貫二百一十九文。羅五尺、綾六尺、絹四尺直錢一貫二百六十八文。羅六尺、綾

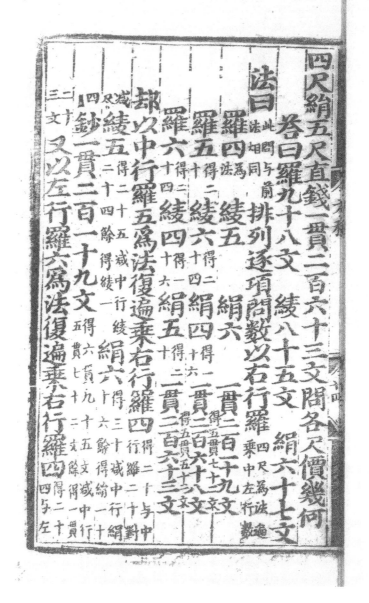

四尺、絹五尺直錢一貫二百六十三文。問各尺價幾何？

答曰：羅九十八文，綾八十五文，絹六十七文。

法曰：此問与前法相同。排列逐項問數。以右行羅四尺爲法，遍乘中左行數。

羅四爲法	綾五	絹六	一貫二百一十九文
羅五得二十	綾六得三十四	絹四得一十六	一貫二百六十八文得五貫七十二文
羅六得二十四	綾四得一十六	絹五得二十	一貫二百六十三文得五貫五十二文

却以中行羅五爲法，復遍乘右行羅四得二十，与中行羅二十對減盡。綾五得二十五，減中行綾二十四，餘得綾一。絹六得三十，減中行絹十六，餘得絹一十四。鈔一貫二百一十九文得六貫九十五文，減中行五貫七十二文，餘得一貫二十三文。又以左行羅六爲法，復遍乘右行羅四得二十四，与左

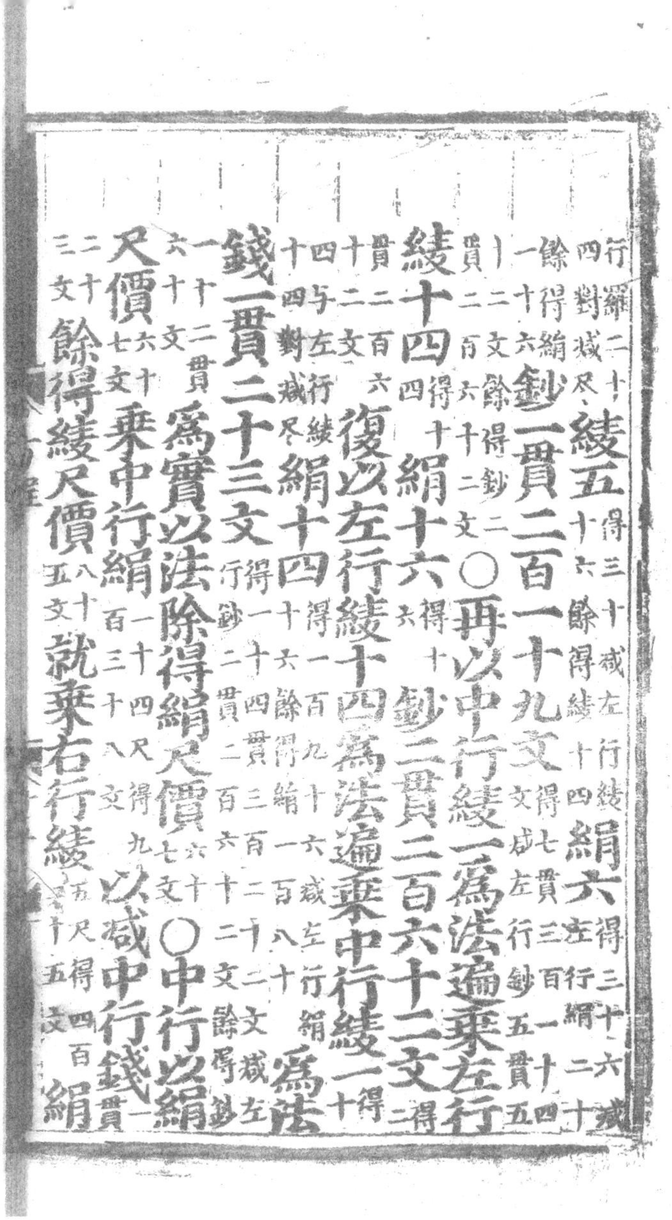

行羅二十四對減尽。綾五得三十，減左行綾十六，餘得綾十四。絹六得三十六，減左行絹二十，餘得絹一十六。鈔一貫二百一十九文得七貫三百一十四文，減左行鈔五貫五十二文，餘得鈔二貫二百六十二文。〇再以中行綾一爲法，遍乘左行綾十四得十四。絹十六得十六。鈔二貫二百六十二文得二貫二百六十二文。復以左行綾十四爲法，遍乘中行綾一得十四与左行綾十四對減尽。絹十四得一百九十六減左行絹十六，餘得絹一百八十。爲法。錢一貫二十三文得一十四貫三百二十二文，減左行鈔二貫二百六十二文，餘得鈔一十二貫六十文。爲實。以法除得絹尺價六十七文。〇中行以絹尺價六十七文乘中行絹一十四尺，得九百三十八文。以減中行錢一貫二十三文，餘得綾尺價八十五文。就乘右行綾五尺，得四百二十五文。絹

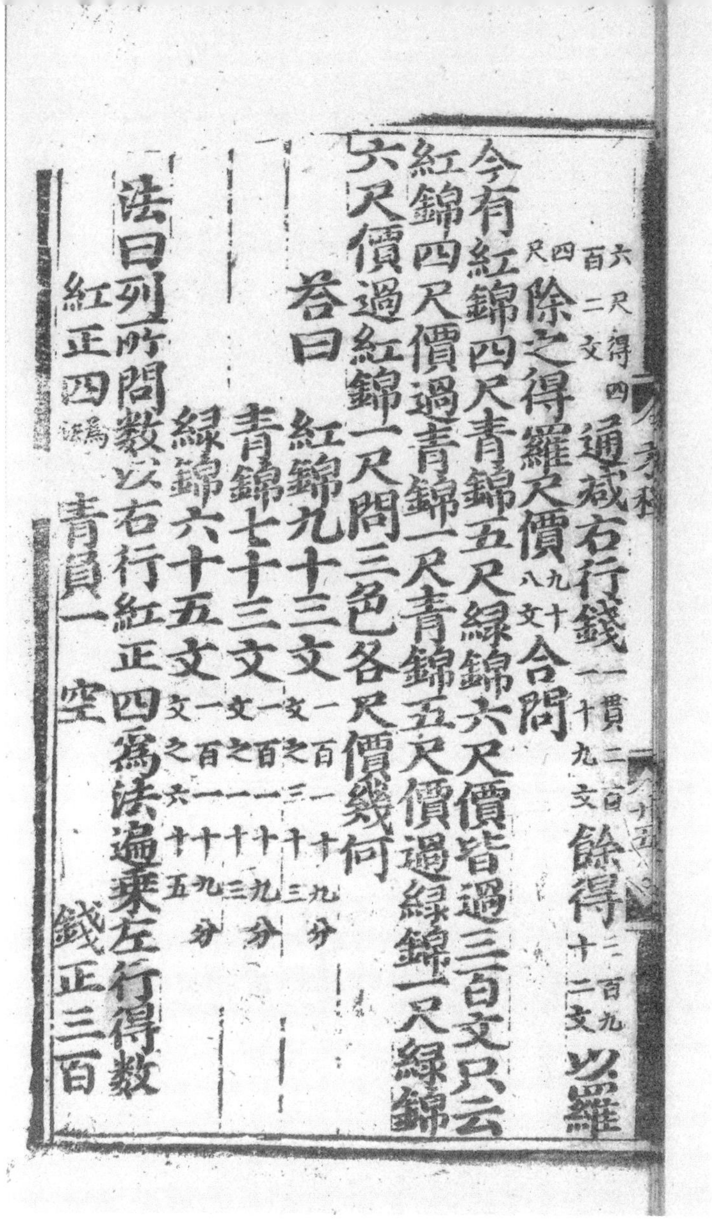

六尺，得四百二文。通減右行錢一貫二百二十九文，餘得三百九十二文。以羅四尺除之，得羅尺價九十八文。合問。

今有紅錦四尺，青錦五尺，緑錦六尺，價皆過三百文。只云紅錦四尺價過青錦一尺，青錦五尺價過緑錦一尺，緑錦六尺價過紅錦一尺。問三色各尺價幾何？

答曰：紅錦九十三文一百一十九分文之三十三，

青錦七十三文一百一十九分文之一十三，

緑錦六十五文一百一十九分文之六十五。

法曰：列所問數。以右行紅正四爲法，遍乘左行得數：

紅正四爲法　青負一　空　錢正三百

空　青正五　緑負一　錢正三百

紅負一得負四　空　緑正六得正二十四　錢正三百得正一千二百

却以左行紅負一爲法，復遍乘右行紅正四得正四，与左行紅負四異名對減尽。青負一得負一，左行青空无減，合加青負一。緑空无減左行，亦得緑正二十四。正三百得正三百，同加左行正一千二百，得正一千五百。○再相乘。以中行青正五爲法，遍乘左行青負一得負五。緑正二十四得正一百二十。錢正一千五百得正七千五百。却以左行青負一復遍乘中行青正五得正五，与左行青負五異名對減尽。緑負一得負一，異減左行緑正一百二十，餘得緑正一百一十九。爲法。正三百得正三百，同加左行七千五百，得正七千八百。爲實。以法除得緑錦尺價六十五文一百一十九分文之六十

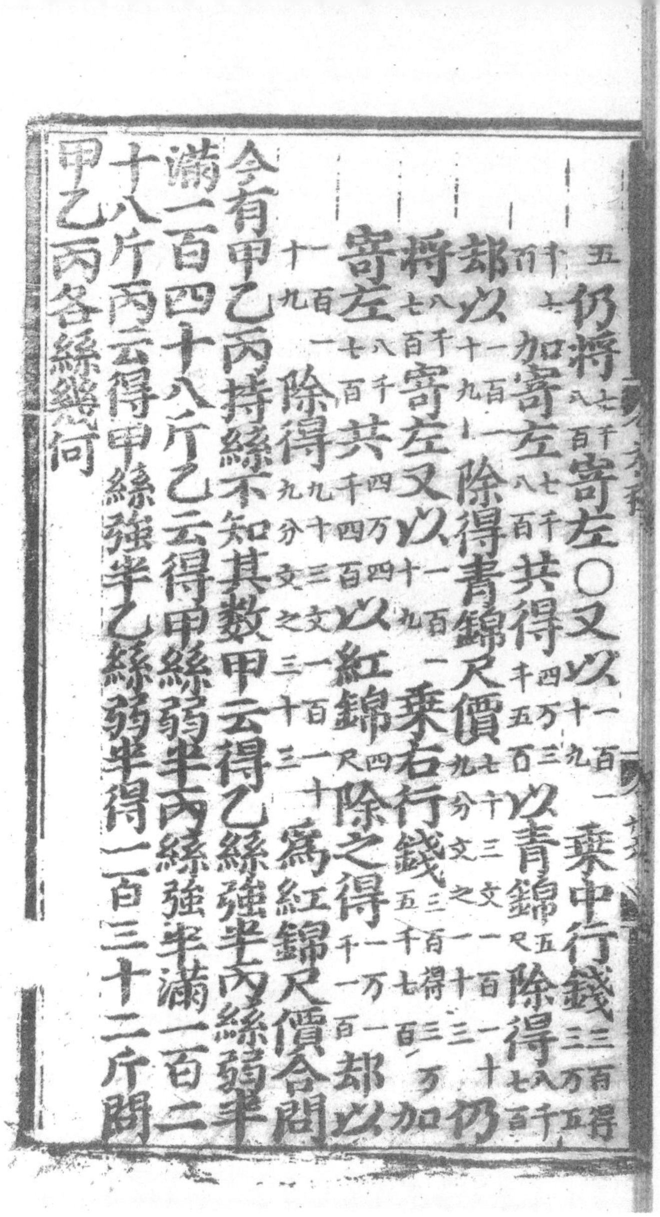

五。仍將七千八百寄左。〇又以一百一十九乘中行錢三百得三万五千七百。加寄左七千八百，共得四万三千五百。以青錦五尺除得八千七百。却以一百一十九除得青錦尺價七十三文一百一十九分文之一十三。仍將八千七百寄左。又以一百一十九乘右行錢三百，得三万五千七百。加寄左八千七百共四万四千四百。以紅錦四尺除之，得一万一千一百。却以一百一十九除得九十三文一百一十九分文之三十三。爲紅錦尺價。合問。

今有甲乙丙持絲，不知其數。甲云得乙絲强半、丙絲弱半，滿一百四十八斤。乙云得甲絲弱半、丙絲强半，滿一百二十八斤。丙云得甲絲强半、乙絲弱半，得一百三十二斤。問甲乙丙各絲幾何？

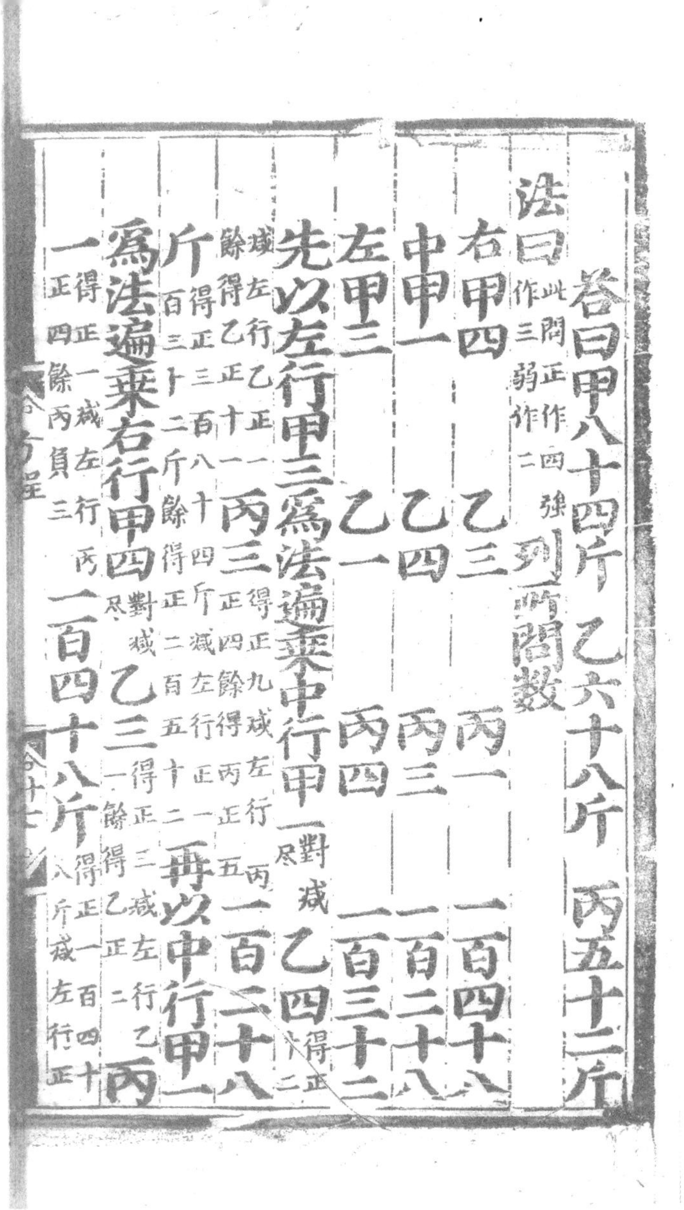

答曰：甲八十四斤，乙六十八斤，丙五十二斤。

法曰：此問正作四，强作三，弱作二。列所問數。

右甲四	乙三	丙一	一百四十八
中甲一	乙四	丙三	一百二十八
左甲三	乙一	丙四	一百三十二

先以左行甲三爲法，遍乘中行甲一對減盡。乙四得正十二減左行乙正一，餘得乙正十一。丙三得正九，減左行丙正四，餘得丙正五。一百二十八斤得正三百八十四斤，減左行正一百三十二斤，餘得正二百五十二。再以中行甲一爲法，遍乘右行甲四對減盡。乙三得正三，減左行乙正一，餘得乙正二。丙一得正一，減左行丙正四，餘丙負三。一百四十八斤得正一百四十八斤，減左行正

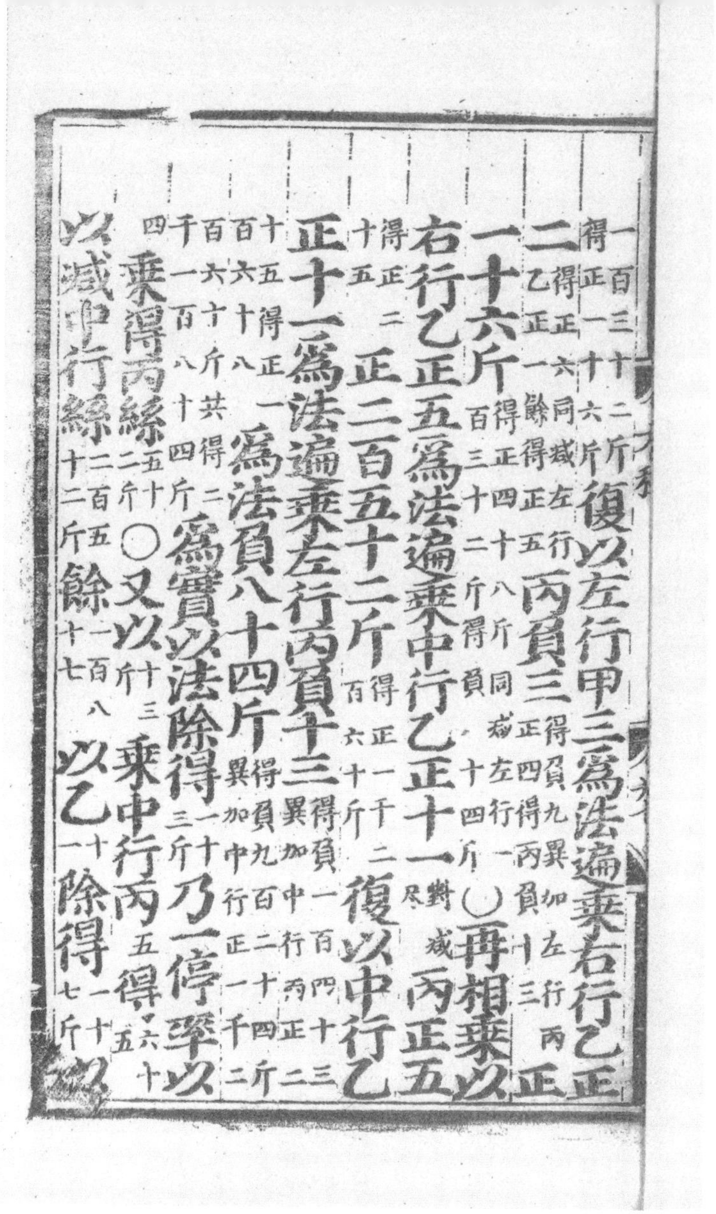

一百三十二斤，得正一十六斤。復以左行甲三爲法，遍乘右行乙正一得正六，同減左行一乙正一，餘得正五。丙負三得負九，異加左行丙正四，得丙負十三。正一十六斤得正四十八斤，同減左行一百三十二斤，得負八十四斤。[1]〇再相乘。以右行乙正五爲法，遍乘中行乙正十一對減盡。丙正五得正二十五。正二百五十二斤得正一千二百六十斤。復以中行乙正十一爲法，遍乘左行丙負十三得負一百四十三，異加中行丙正二十五，得正一百六十八。爲法。負八十四斤得負九百二十四斤，異加中行正一千二百六十斤，共得二千一百八十四斤。爲實。以法除得一十三斤。乃一停率。以四乘得丙絲五十二斤。〇又以十三斤乘中行丙五得六十五。以減中行絲二百五十二斤，餘一百八十七。以乙十一除得一十七斤。以

1 “得負八十四斤”之“八”，此字各本均不清，據題意計算推測爲“八”。

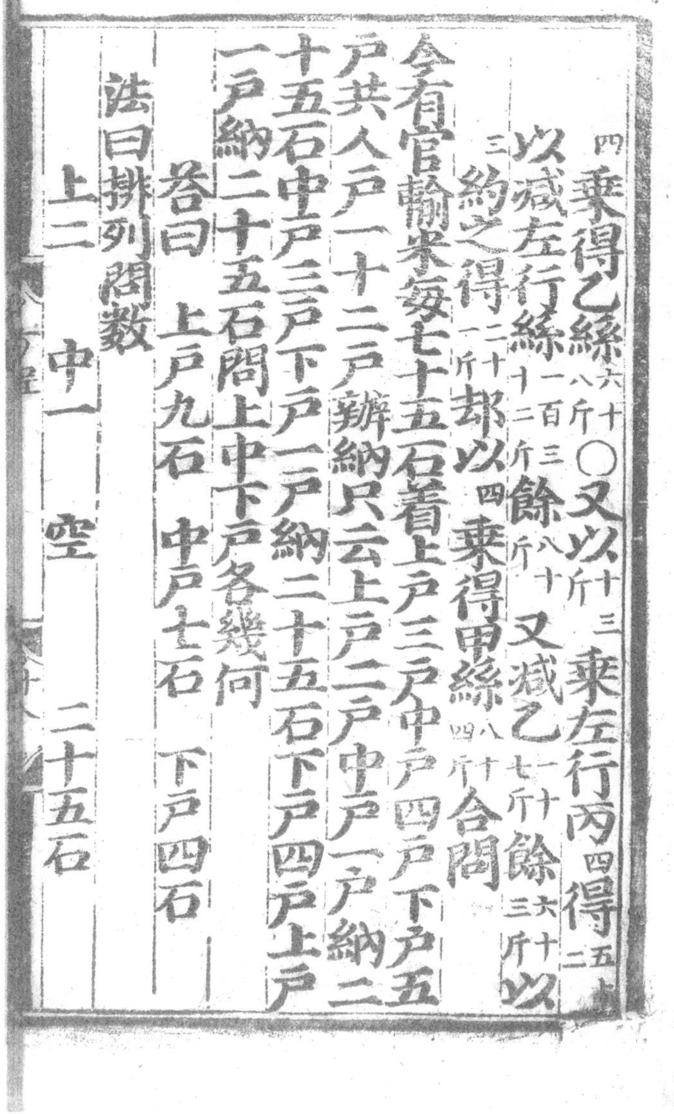

四乘得乙絲六十八斤。〇又以十三斤乘左行丙四得五十二。以減左行絲一百三十二斤，餘八十斤。又減乙一十七斤，餘六十三斤。以三約之，得二十一斤。却以四乘得甲絲八十四斤。合問。

今有官輸米，每七十五石着上户三户、中户四户、下户五户，共人户一十二户辦納。只云上户二户、中户一户納二十五石。中户三户、下户一户納二十五石。下户四户、上户一户納二十五石。問上中下户各幾何？

答曰：上户九石，中户七石，下户四石。

法曰：排列問數。

上二　　中一　　空　　二十五石

空　中三　下一　二十五石

上一　空　下四　二十五石

先以右行上二爲法，乘左行下四得八。二十五石得五十石。中行負一減二十五石，餘得二十五石。又以中行中三爲法，乘左行下八得二十四，添一共得二十五。爲法。二十五石得七十五石。添中行正一得二十五石。共得一百石。爲實。以法除得四石爲下户所出之數。〇中行二十五石。以減下户一，得四石。餘得二十一石。以中户三除得七石。爲中户數。〇右行二十五石以減中户一，得七石。餘一十八石。以上户二除得九石。上户數。合問。

今有人齋僧，初日大僧一十八、小僧一十二，支襯錢九貫

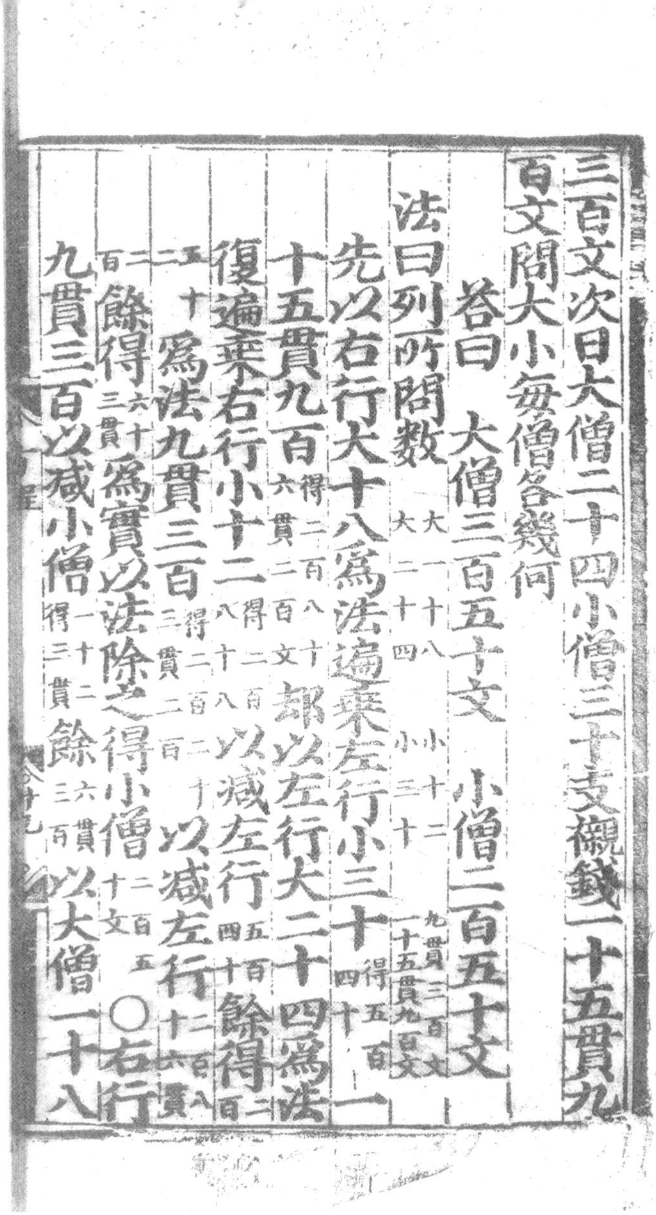

三百文。次日大僧二十四、小僧三十，支襯錢一十五貫九百文。問大小每僧各幾何？

答曰： 大僧三百五十文，小僧二百五十文。

法曰：列所問數。 大一十八 大二十四 小十二 小三十 九貫三百文 一十五貫九百文

先以右行大十八爲法，遍乘左行小三十得五百四十。一十五貫九百得二百八十六貫二百文。却以左行大二十四爲法，復遍乘右行小十二得二百八十八。以減左行五百四十，餘得二百五十二。爲法。九貫三百得二百二十三貫二百。以減左行二百八十六貫二百，餘得六十三貫。爲實。以法除之，得小僧二百五十文。○右行九貫三百以減小僧一十二得三貫。餘六貫三百。以大僧一十八

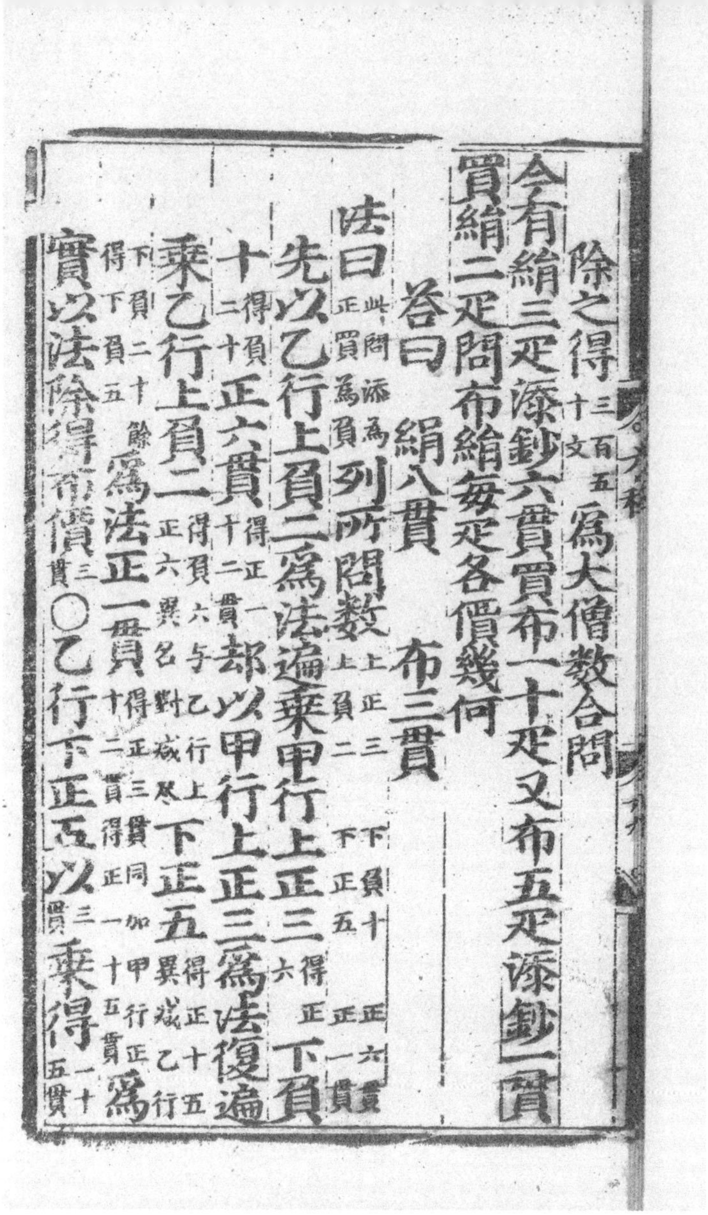

除之，得三百五十文。爲大僧數。合問。

今有絹三匹添鈔六貫，買布一十匹。又布五匹添鈔一貫，買絹二匹。問布絹每匹各價幾何？

答曰：　絹八貫　　布三貫

法曰：此問添爲正，買爲負。列所問數。上正三 上負二　下負十 下正五　正六貫 正一貫

先以乙行上負二爲法，遍乘甲行上正三得正六。下負十得負二十。正六貫得正一十二貫。却以甲行上正三爲法，復遍乘乙行上負二得負六，与乙行上正六異名對減尽。下正五得正十五，異減乙行下負二十，得下負五。餘爲法。正一貫得正三貫，同加甲行正十二貫，得正一十五貫。爲實，以法除得布價三貫。〇乙行下正五，以三貫乘得一十五貫。

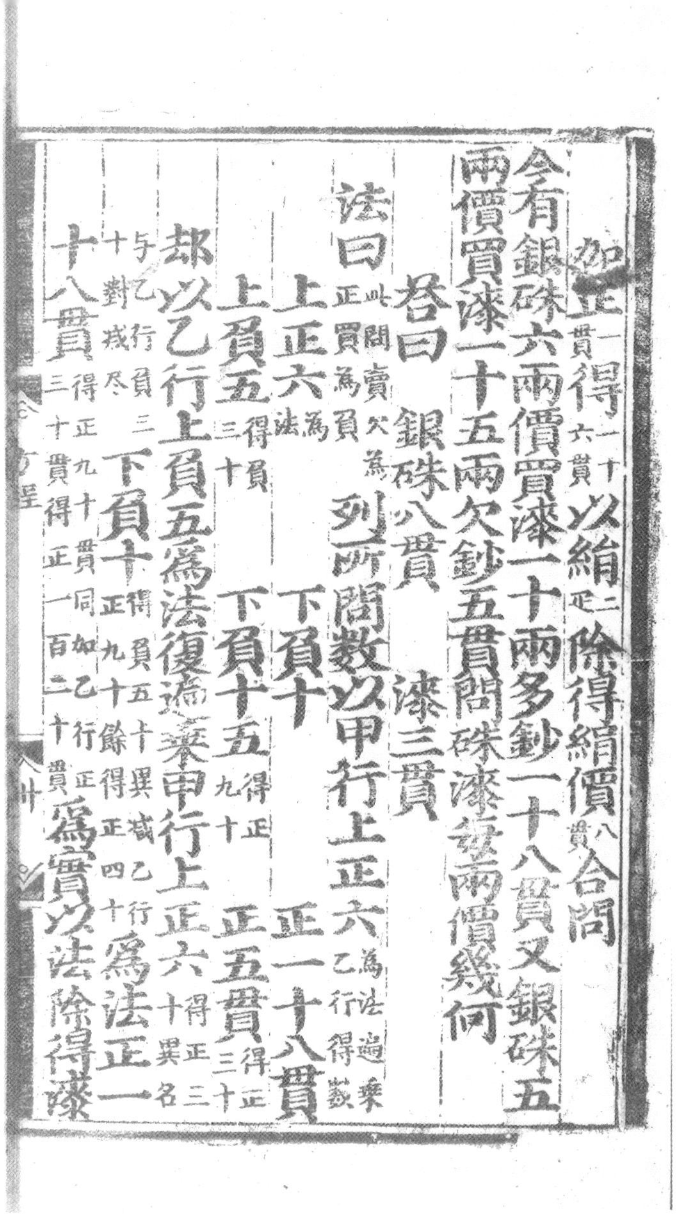

加正一貫，得二十六貫。以絹二匹除得絹價八貫。合問。

今有銀硃六兩價買漆一十兩，多鈔一十八貫。又銀硃五兩價買漆一十五兩，欠鈔五貫。問硃漆每兩價幾何？

答曰：銀硃八貫，漆三貫。

法曰：此問賣欠爲正，買爲負。列所問數。以甲行上正六爲法，遍乘乙行，得數：

上正六爲法　　下負十　　正一十八貫

上負五得負三十　　下負十五得正九十　　正五貫得正三十

却以乙行上負五爲法，復遍乘甲行上正六得正三十，異名与乙行負三十對減尽。下負十得負五十，異減乙行正九十，餘得正四十。爲法。正一十八貫得正九十貫，同加乙行正三十貫，得正一百二十貫。爲實。以法除得漆

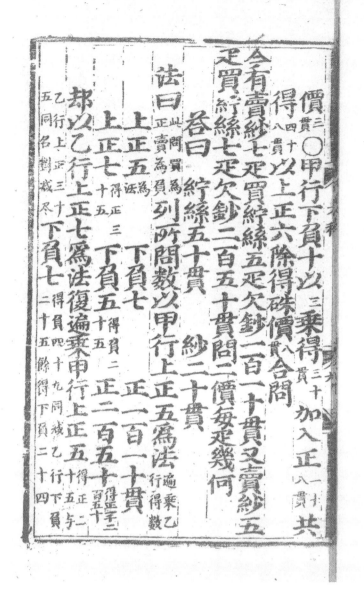

價三貫。○甲行下負十以三乘得三十貫。加入正一十八貫，共得四十八貫。以上正六除得硃價八貫。合問。

今有賣紗七匹買紵絲五匹，欠鈔一百一十貫。又賣紗五匹買紵絲七匹，欠鈔二百五十貫。問二價每匹幾何？

答曰：　紵絲五十貫　　紗二十貫

法曰：此問買爲正，賣爲負。列所問數。以甲行上正五爲法，遍乘乙行，得數：

上正五爲法　　下負七　　正一百一十貫

上正七得正三十五　　下負五得負二十五　　正二百五十得正一千二百五十

却以乙行上正七爲法，復遍乘甲行上正五得正二十五，与乙行上正三十五同名對減尽。下負七得負四十九，同減乙行下負二十五，餘得下負二十四。

爲法。正一百一十（得正七百七十，同減乙行正一千二百五十，餘得負四百八十。）爲實。以法除得（二十貫，）爲紗一匹之價。〇甲行下負七以（二十貫）乘得（一百四十貫。）加入正（一百一十貫）共得（二百五十貫。）以上正五除之，得（五十貫。）爲紵絲價。合問。

今有羊三箇、豕二箇價鈔一百五十五貫。又有羊四箇、豕五箇價鈔二百六十五貫。問羊豕每箇價鈔各幾何？

答曰：　羊三十五貫　　豕二十五貫

法曰：列各項問數。（羊三个　豕二个　價一百五十五；羊四个　豕五个　價二百六十五）先以甲行羊三爲法，遍乘乙行羊四（得一十二。）豕五（得一十五。）價二百六十五（得七百九十五。）〇却以乙行羊四爲法，復遍

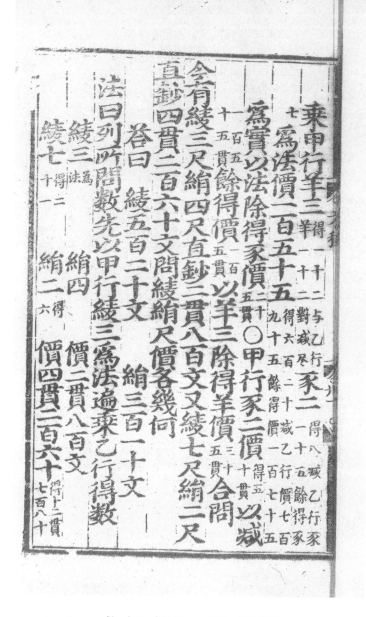

乘甲行羊三得一十二，与乙行羊一十二對減尽。家二得八，減乙行家一十五，餘得家七，爲法。價一百五十五得六百二十，減乙行價七百九十五，餘得價一百七十五，爲實。以法除得家價二十五貫。〇甲行家二價得五十貫。以減一百五十五貫，餘得價一百五貫。以羊三除得羊價三十五貫。合問。

今有綾三尺、絹四尺直鈔二貫八百文。又綾七尺、絹二尺直鈔四貫二百六十文。問綾絹尺價各幾何？

答曰：綾五百二十文，　絹三百一十文。

法曰：列所問數。先以甲行綾三爲法，遍乘乙行，得數：

綾三爲法	絹四	價二貫八百文
綾七得二十一	絹二得六	價四貫二百六十得十二貫七百八十

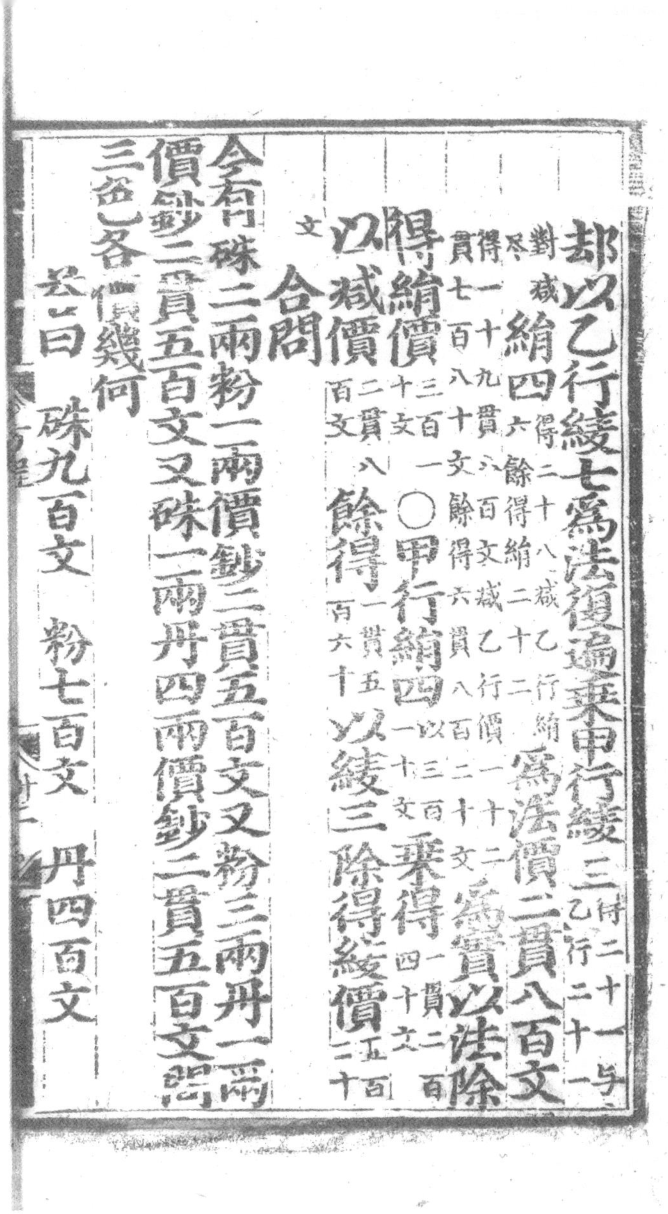

却以乙行綾七爲法，復遍乘甲行綾三得二十一，与乙行二十一對減盡。絹四得二十八，減乙行絹六，餘得絹二十二。爲法。價二貫八百文得一十九貫八百文，減乙行價一十二貫七百八十文，餘得六貫八百二十文。爲實。以法除得絹價三百一十文。〇甲行絹四以三百一十文乘得一貫二百四十文。以減價二貫八百文餘得一貫五百六十。以綾三除得綾價五百二十文。合問。

今有硃二兩、粉一兩價鈔二貫五百文。又粉三兩、丹一兩價鈔二貫五百文。又硃一兩、丹四兩價鈔二貫五百文。問三色各價幾何？

答曰：　硃九百文　粉七百文　丹四百文

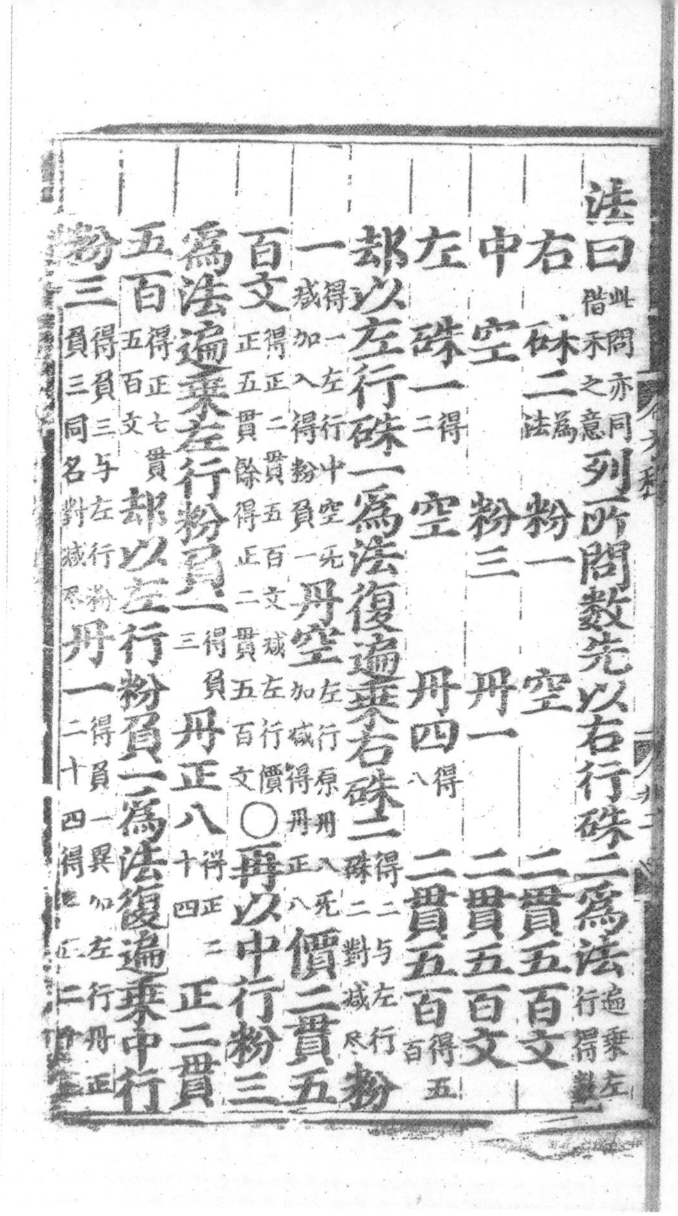

法曰：此問亦同借禾之意。列所問數。先以右行硃二爲法，遍乘左行，得數：

右	硃二爲法	粉一	空	二貫五百文
中	空	粉三	丹一	二貫五百文
左	硃一得二	空	丹四得八	二貫五百得五百

却以左行硃一爲法，復遍乘右硃二得二，与左行硃二對減尽。粉一得一，左行中空無減，加入得粉負一。丹空左行原丹八，無加，減得丹正八。價二貫五百文得正二貫五百文，減左行價正五貫，餘得正二貫五百文。〇再以中行粉三爲法，遍乘左行粉負一得負三。丹正八得正二十四。正二貫五百得正七貫五百文。却以左行粉負一爲法，復遍乘中行粉三得負三，与左行粉負三同名對減尽。丹一得負一，異加左行丹正二十四，得丹正二十五，

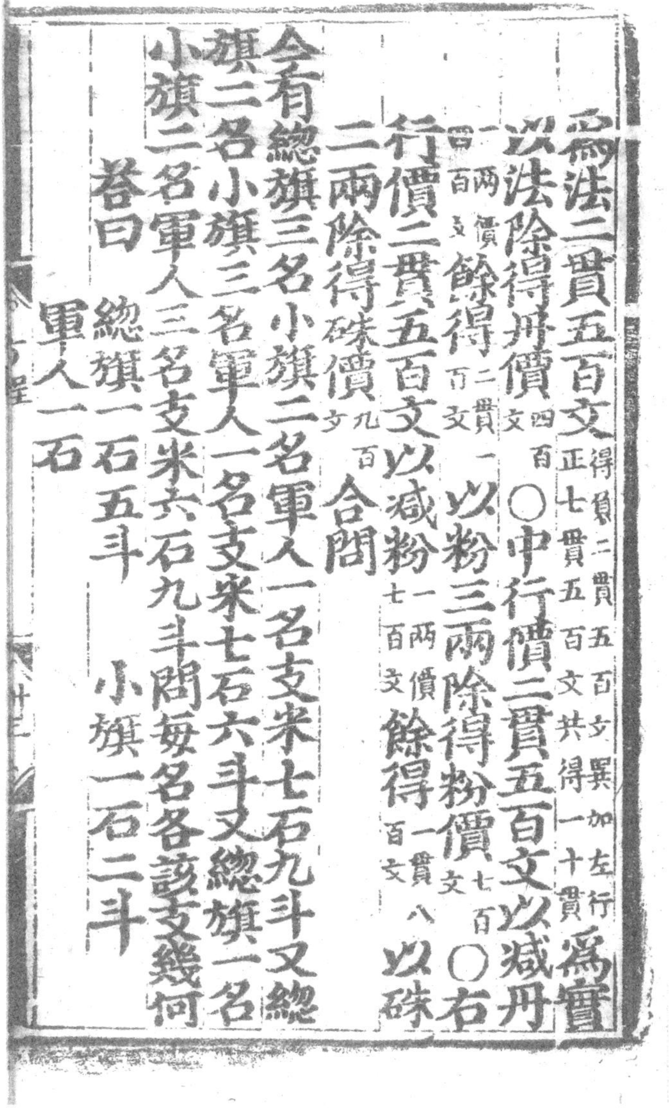

為法。二貫五百文得負二貫五百文，異加左行正七貫五百文，共得一十貫。為實。

以法除得丹價四百文。○中行價二貫五百文，以減丹一兩價四百文。餘得二貫一百文。以粉三兩除得粉價七百文。○右行價二貫五百文，以減粉一兩價七百文餘得一貫八百文。以硃二兩餘得硃價九百文。合問。

今有總旗三名、小旗二名、軍人一名支米七石九斗。又總旗二名、小旗三名、軍人一名支米七石六斗。又總旗一名、小旗二名、軍人三名支米六石九斗。問每名各該支幾何？

答曰：　總旗一石五斗，　小旗一石二斗，

軍人一石。

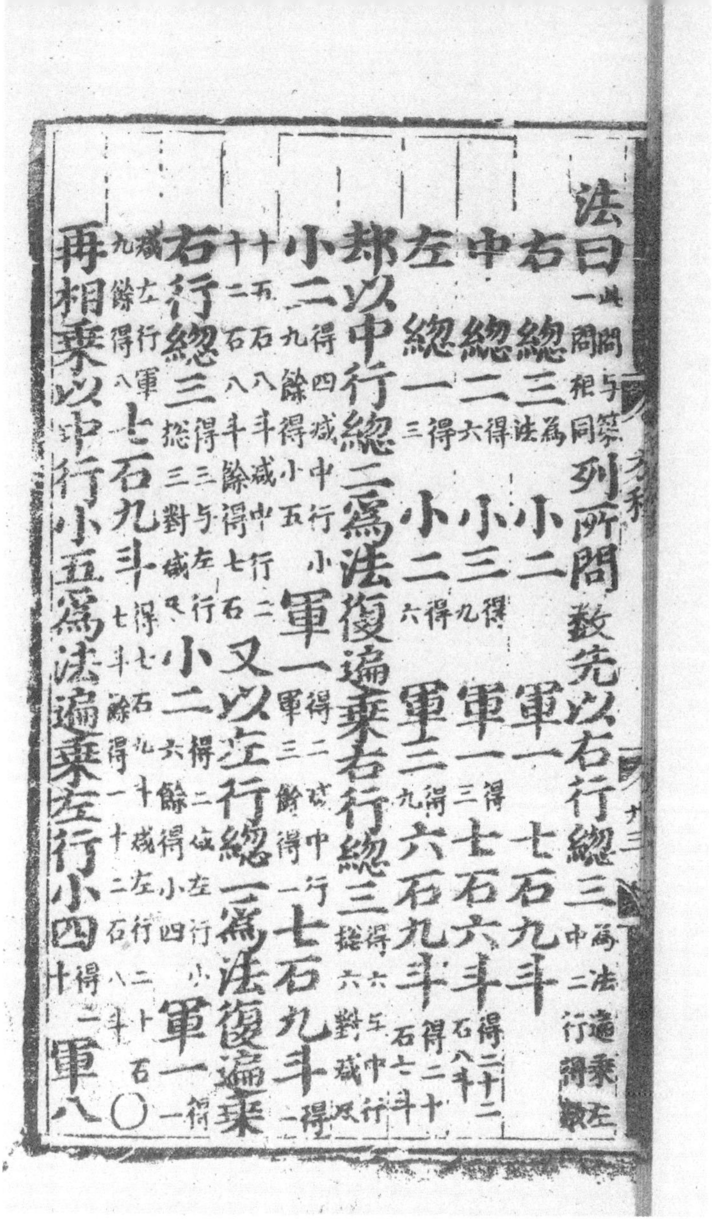

法曰：此問与第一問相同。列所問數。先以右行總三爲法，遍乘左中二行，得數：

右　總三爲法　小二　軍一　七石九斗

中　總二得六　小三得九　軍一得三　七石六斗得二十二石八斗

左　總一得三　小二得六　軍三得九　六石九斗得二十石七斗

却以中行總二爲法，復遍乘右行總三得六，与中行捴六對減尽。小二得四，減中行小九，餘得小五。軍一得二，減中行軍三，餘得一。七石九斗得一十五石八斗，減中行二十二石八斗，餘得七石。又以左行總一爲法，復遍乘右行總三得三，与左行總三對減尽。小二得二，減左行小六，餘得小四。軍一得一，減左行軍九餘得八。七石九斗得七石九斗，減左行二十石七斗，餘得一十二石八斗。〇

再相乘。以中行小五爲法，遍乘左行小四得二十。軍八

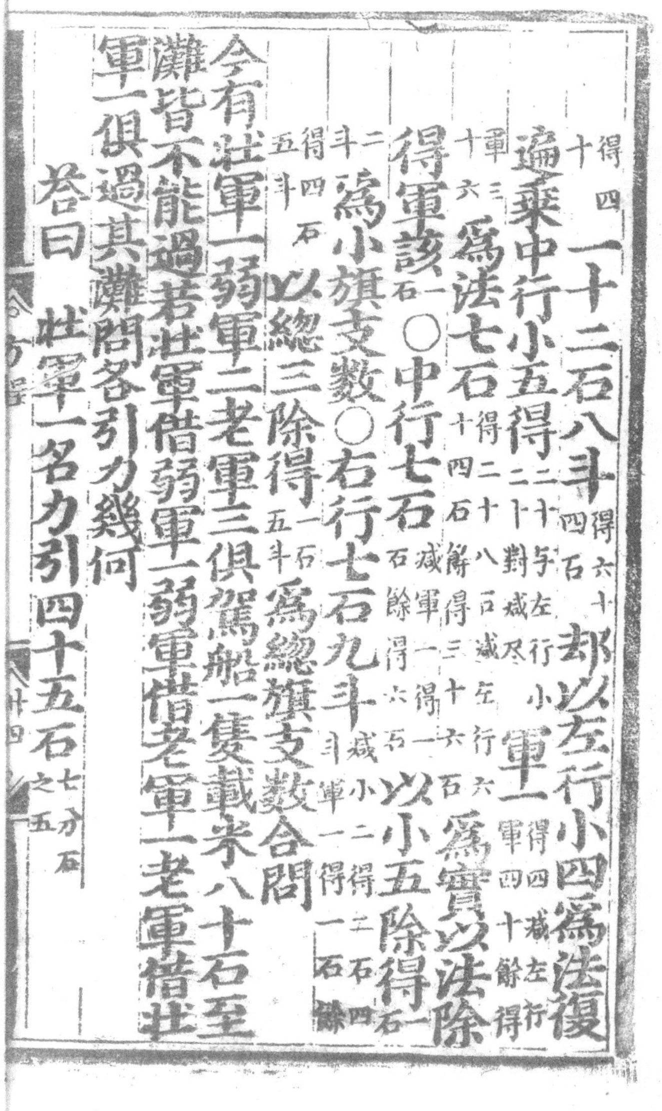

得四十。一十二石八斗得六十四石。却以左行小四爲法復遍乘中行小五得二十，与左行小二十對減尽。軍一得四，減左行軍四十，餘得軍三十六。爲法。七石得二十八石，減左行六十四石，餘得三十六石。爲實。以法除得軍該一石。〇中行七石減軍一得一石，餘得六石。以小五除得一石二斗。爲小旗支數。〇右行七石九斗減小二得二石四斗、軍一得一石，餘得四石五斗。以總三除得一石五斗。爲總旗支數。合問。

今有壯軍一、弱軍二、老軍三俱駕船一隻，載米八十石至灘，皆不能過。若壯軍借弱軍一，弱軍借老軍一，老軍借壯軍一，俱過其灘。問各引力幾何？

答曰：　壯軍一名力引四十五石七分石之五，

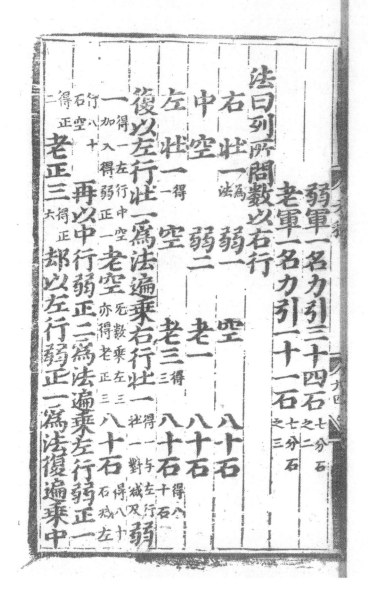

弱軍一名力引三十四石七分石之二，

老軍一名力引一十一石七分石之三。

法曰：列所問數，以右行

右	壯一爲法	弱一	空	八十石
中	空	弱二	老一	八十石
左	壯一得一	空	老三得三	八十石得八十石

復以左行壯一爲法，遍乘右行壯一得一，与左行壯一對減尽。弱一得一，左行中空，加入得弱正一。老空無數，乘左三亦得老正三。八十石得八十石，減左行八十石空。再以中行弱正二爲法，遍乘左行弱正一得正二。老正三得正六。却以左行弱正一爲法，復遍乘中

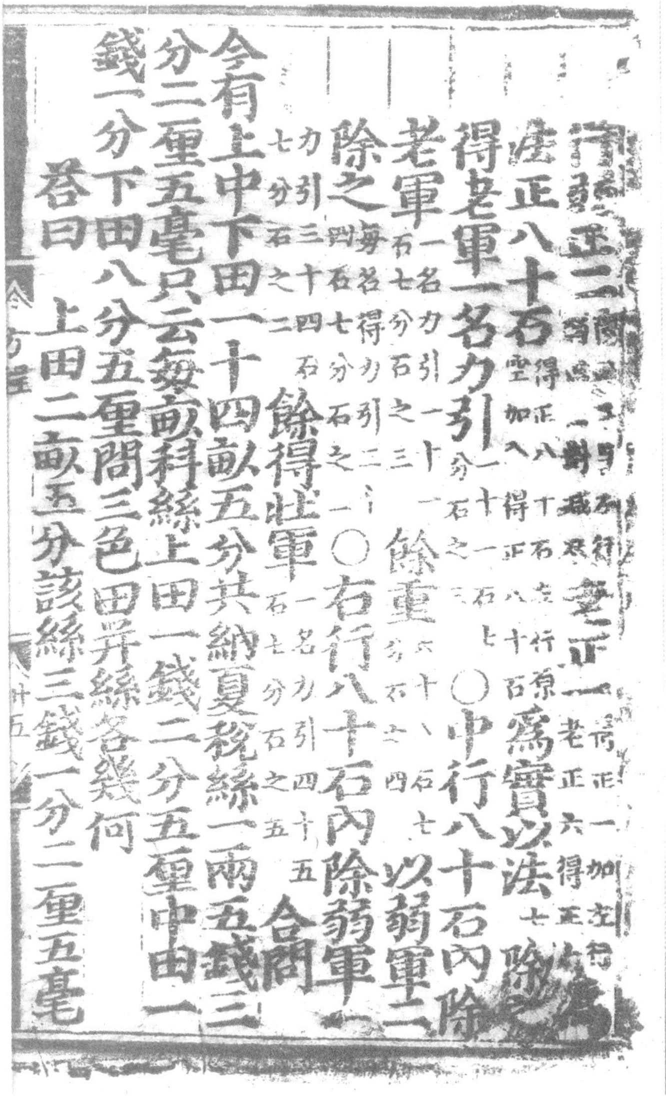

行弱正二得正二，與左行弱正二對減尽。老正一得正一，加左行老正六得正七。爲法。正八十石得正八十石，左行原空，加入得正八十石。爲實。以法七除之，得老軍一名力引一十一石七分石之三。〇中行八十石内除老軍一名力引一十一石七分石之三，餘重六十八石七分石之四。以弱軍二[1]除之，每名得力引二十四石七分石之一。〇右行八十石内除弱軍一力引三十四石七分石之二，餘得壯軍一名力引四十五石七分石之五。合問。

今有上、中、下田一十四畝五分，共納夏税絲一兩五錢三分二厘五毫。只云每畝科絲上田一錢二分五厘、中田一錢一分、下田八分五厘。問三色田并絲各幾何？

答曰：　上田二畝五分該絲三錢一分二厘五毫，

1 右四欄大部分文字各本均不清，據題意和計算補出。

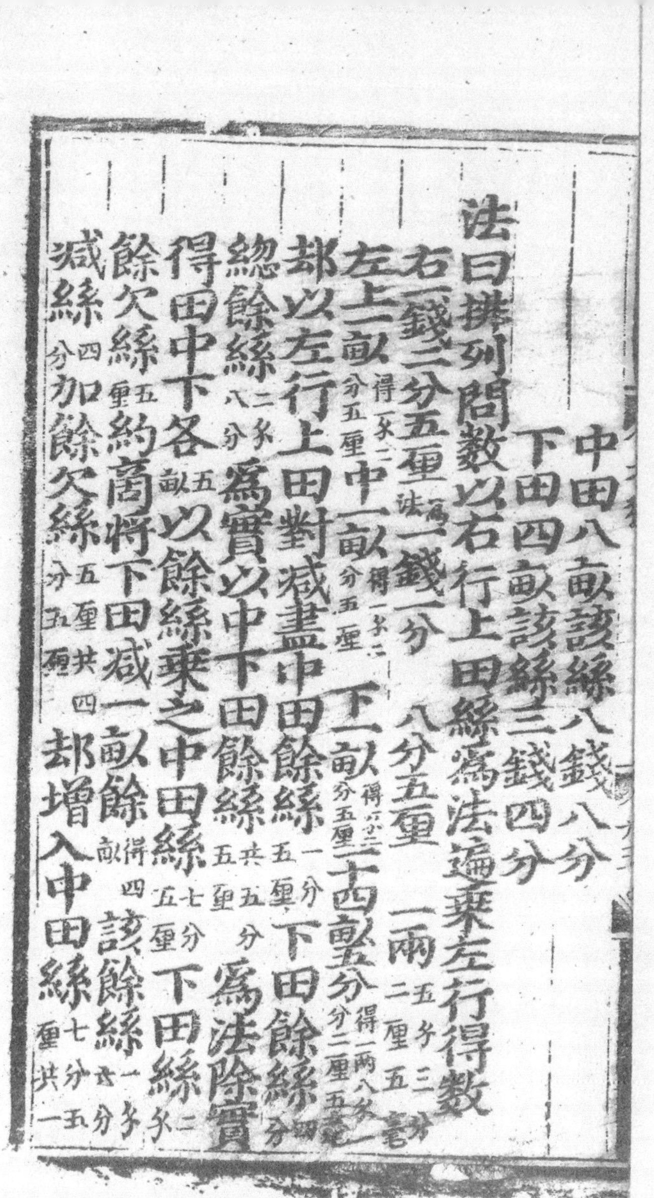

中田八畝該絲八錢八分，

下田四畝該絲三錢四分。

法曰：排列問數。以右行上田絲爲法，遍乘左行，得數：

右一錢二分五厘爲法一錢一分　八分五厘　一兩五錢三分二厘五毫

左上一畝得一錢二分五厘中一畝得一錢二分五厘下一畝得一錢二分五厘一十四畝五分得一两八錢一分二厘五毫

却以左行上田對減盡。中田餘絲一分五厘，下田餘絲四分。

總餘絲二錢八分，爲實。以中下田餘絲共五分五厘，爲法。除實

得田中下各五畝。以餘絲乘之，中田絲七分五厘。下田絲二錢。

餘欠絲五厘約商，將下田減一畝餘得四畝。該餘絲一錢六分，

減絲四分，加餘欠絲五厘共四分五厘，却增入中田絲七分五厘共一

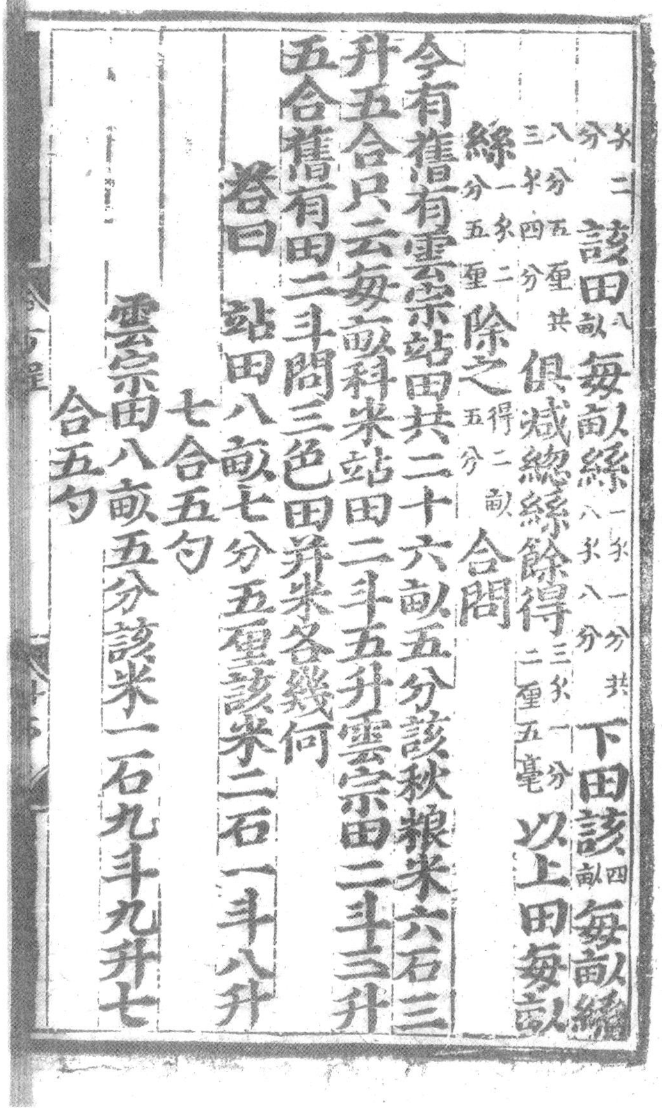

錢二分。該田八畝，每畝絲一錢一分共八錢八分。下田該四畝。每畝絲八分五厘共三錢四分。俱減總絲餘得三錢一分二厘五毫。以上田每畝絲一錢二分五厘除之得二畝五分。合問。

今有舊有、雲宗、站田共二十六畝五分，該秋粮米六石三升五合。只云每畝科米站田二斗五升，雲宗田二斗三升五合，舊有田二斗。問三色田并米各幾何？

答曰：　站田八畝七分五厘，該米二石一斗八升七合五勺；

雲宗田八畝五分，該米一石九斗九升七合五勺；

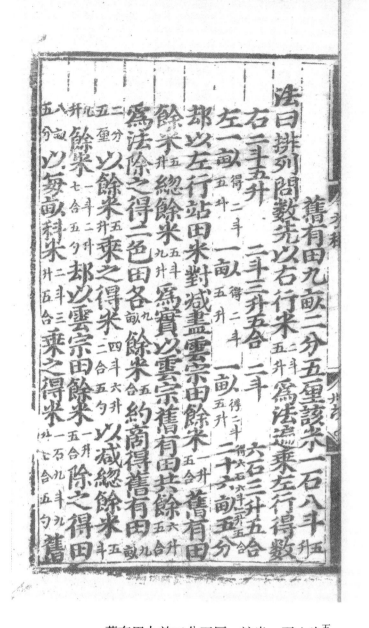

舊有田九畝二分五厘，該米一石八斗五升。

法曰：排列問數。先以右行米二斗五升爲法，遍乘左行得數：

右二斗五升　二斗三升五合　二斗　六石三升五合

左一畝得二斗五升　一畝得二斗五升　一畝得二斗五升　二十六畝五分得六石六斗二升五合

却以左行站田米對減盡。雲宗田餘米一升五合，舊有田餘米五升，總餘米五斗九升，爲實。以雲宗舊有田共餘六升五合爲法。除之得二色田各九畝。餘米五合。約商得舊有田九畝二分五厘。以餘米五升乘之，得米四斗六升二合五勺。以減總餘米五斗九升，餘米一斗二升七合五勺。却以雲宗田餘米一升五合除之，得田八畝五分。以每畝科米二斗三升五合乘之，得米一石九斗九升七合五勺。舊

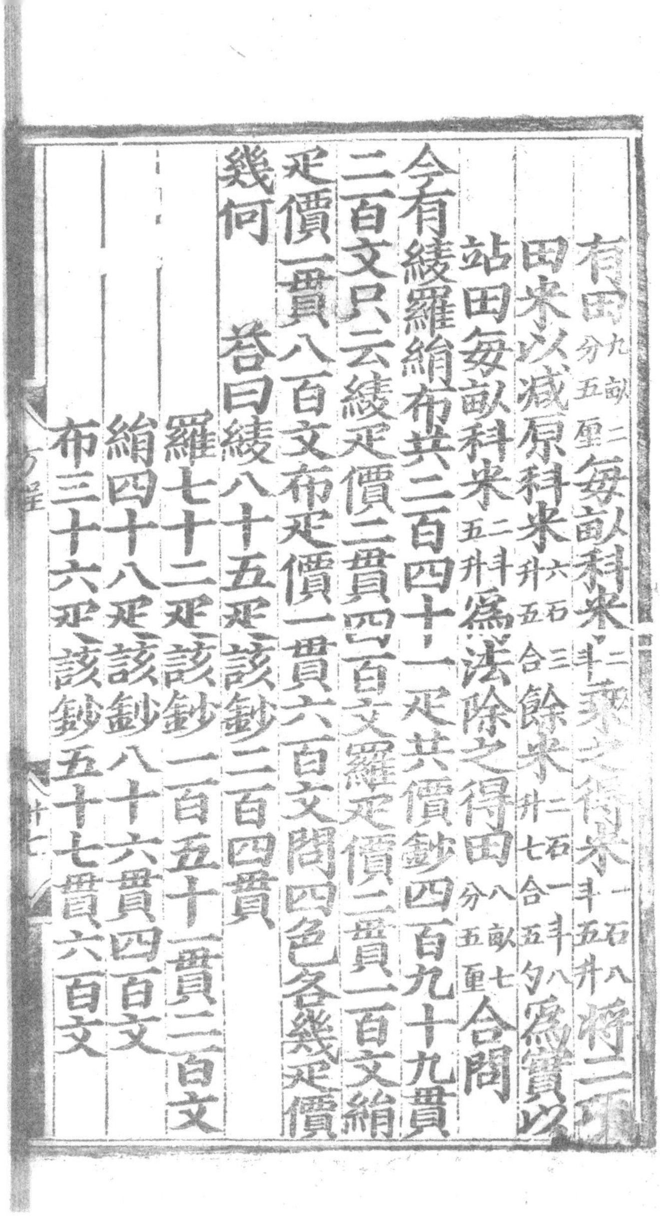

有田九畝二分五厘。每畝科米二斗乘之，得米一石八斗五升。將二項

田米以減原科米六石三升五合，餘米二石一斗八升七合五勺，爲實。以

站田每畝科米二斗五升爲法。除之得田八畝七分五厘。合問。

今有綾、羅、絹、布共二百四十一匹，共價鈔四百九十九貫二百文。只云綾匹價二貫四百文，羅匹價二貫一百文，絹匹價一貫八百文，布匹價一貫六百文。問四色各幾匹價？幾何？　答曰：綾八十五匹該鈔二百四貫，

羅七十二匹該鈔一百五十一貫二百文，

絹四十八匹該鈔八十六貫四百文，

布三十六匹該鈔五十七貫六百文。

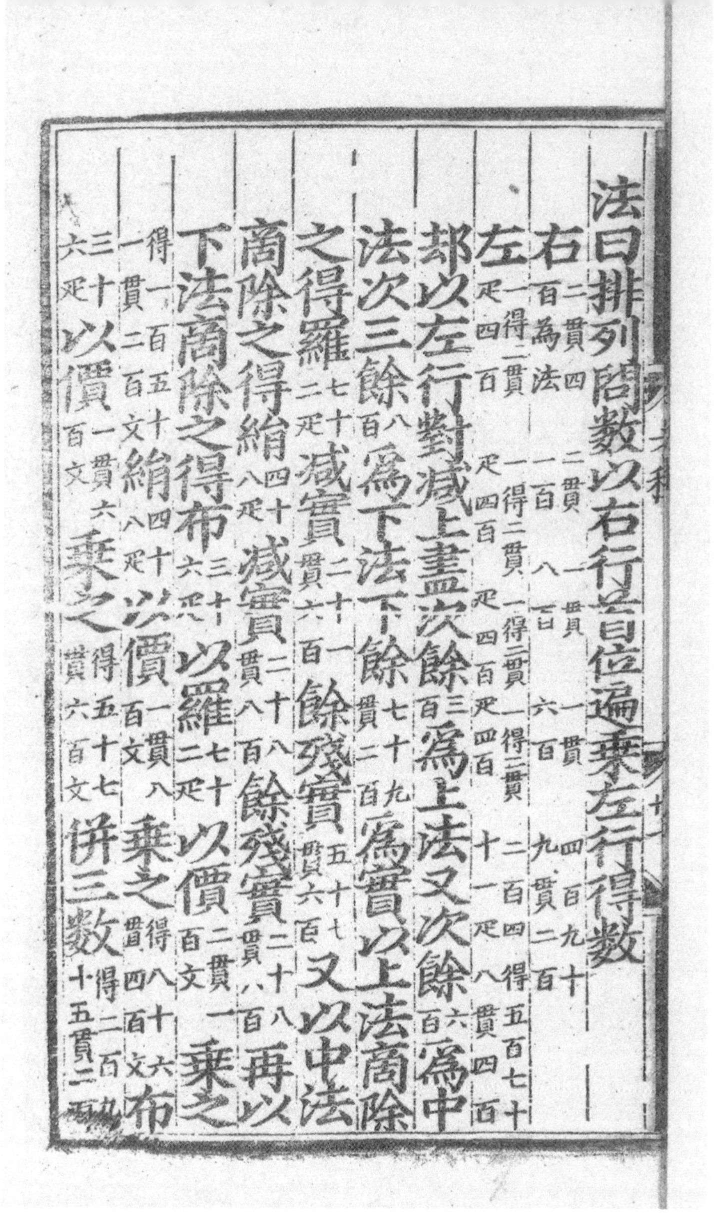

法曰：排列問數。以右行首位遍乘左行，得數：

右	二貫四百爲法	二貫一百	一貫八百	一貫六百	四百九十九貫二百
左	一得二貫匹四百	一得二貫匹四百	一得二貫匹四百	一得二貫匹四百	二百四得五百七十十一匹八貫四百

却以左行對減上盡。次餘三百爲上法，又次餘六百爲中法，次三餘八百爲下法。下餘七十九貫二百爲實。以上法商除之，得羅七十二匹，減實二十一貫六百，餘殘實五十七貫六百。又以中法商除之，得絹四十八匹。減實二十八貫八百餘殘實二十八貫八百。再以下法商除之，得布三十六匹。以羅七十二匹以價二貫一百文乘之，得一百五十一貫二百文。絹四十八匹以價一貫八百文乘之得八十六貫四百文。布三十六匹以價一貫六百文乘之得五十七貫六百文。并三數得二百九十五貫二百

以减総價，餘二百四貫爲實。以綾匹價二貫四百文爲法除之，

得綾八十五匹。合問。

詞詩九問

七釧九釵成器，釧子分兩重多。九兩四錢是相和，仔細與公説過。二物相交一隻，秤和得等與那。有人筭得是嘍囉，不會却来問我。　　右西江月

答曰：　釧一隻重七錢，　釵一隻重五錢。

法曰：此問七釧九釵共重九兩四錢，交易其一適等者，乃六釧一釵重四兩七錢，八釵一釧重四兩七錢。

排列問數：六釧　一釵　四兩七錢　一釧　八釵　四兩七錢先以右行六釧

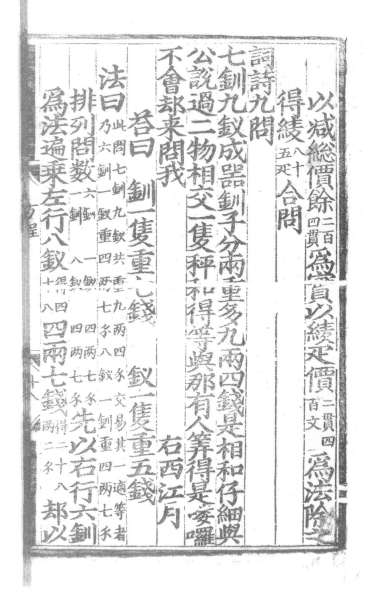

爲法，遍乘左行八釵得四十八。四兩七錢得二十八兩二錢。却以

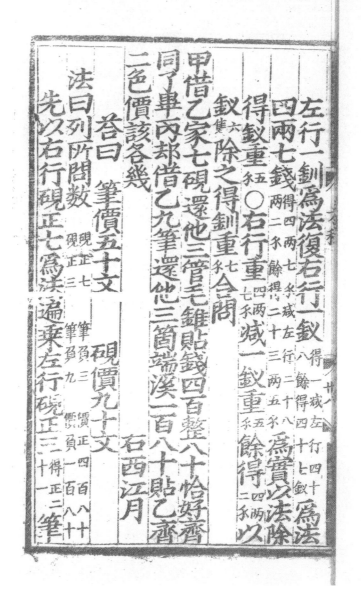

左行一釧爲法，復右行一釵得一，減左行四十八餘得四十七釵。爲法。

四兩七錢得四兩七錢，減左行二十八兩二錢餘得二十三兩五錢。爲實。以法除

得釵重五錢。〇右行重四兩七錢減一釵重五錢，餘得四兩二錢。以

釵六隻除之，得釧重七錢。合問。

甲借乙家七硯，還他三管毛錐。貼錢四百整八十，恰好齊

同了畢。丙却借乙九筆，還他三箇端溪。一百八十貼乙齊，

二色價該各幾。　　　　　　　　　　　　　右西江月

答曰：　筆價五十文，　硯價九十文。

法曰：列所問數　硯正七，筆負三，價正四百八十
硯正三，筆負九，價負一百八十

先以右行硯正七爲法，遍乘左行硯正三得正二十一。筆

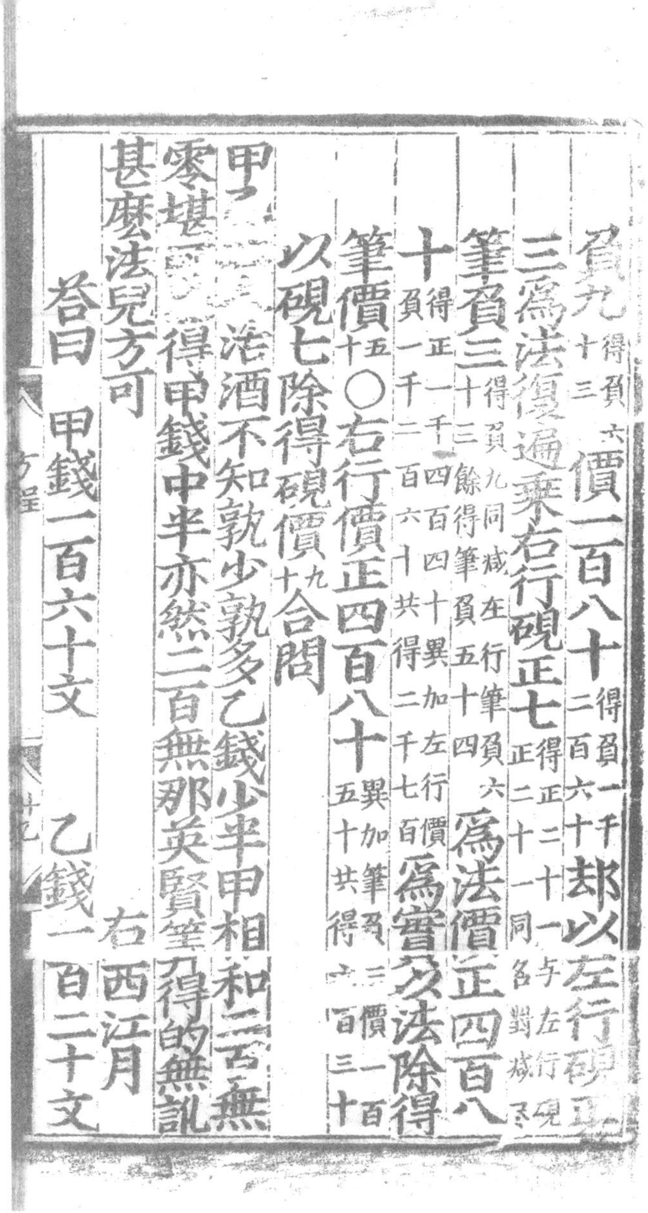

負九得負六十三。價一百八十得負一千二百六十。却以左行硯正

三爲法，復遍乘右行硯正七得正二十一，与左行硯正二十一同名對減尽。

筆負三得負九，同減左行筆負六十三，餘得筆負五十四。爲法。價正四百八

十得正一千四百四十，異加左行價負一千二百六十，共得二千七百。爲實。以法除得

筆價五十。○右行價正四百八十異加筆負三價一百五十，共得六百三十。

以硯七除得硯價九十。合問。

甲乙二人沽酒，不知孰少孰多。乙錢少半甲相和，二百無零堪■。乙得甲錢中半，亦然二百無那。英賢筭得的無訛，甚麼法兒方可？

右西江月

答曰：甲錢一百六十文，乙錢一百二十文。

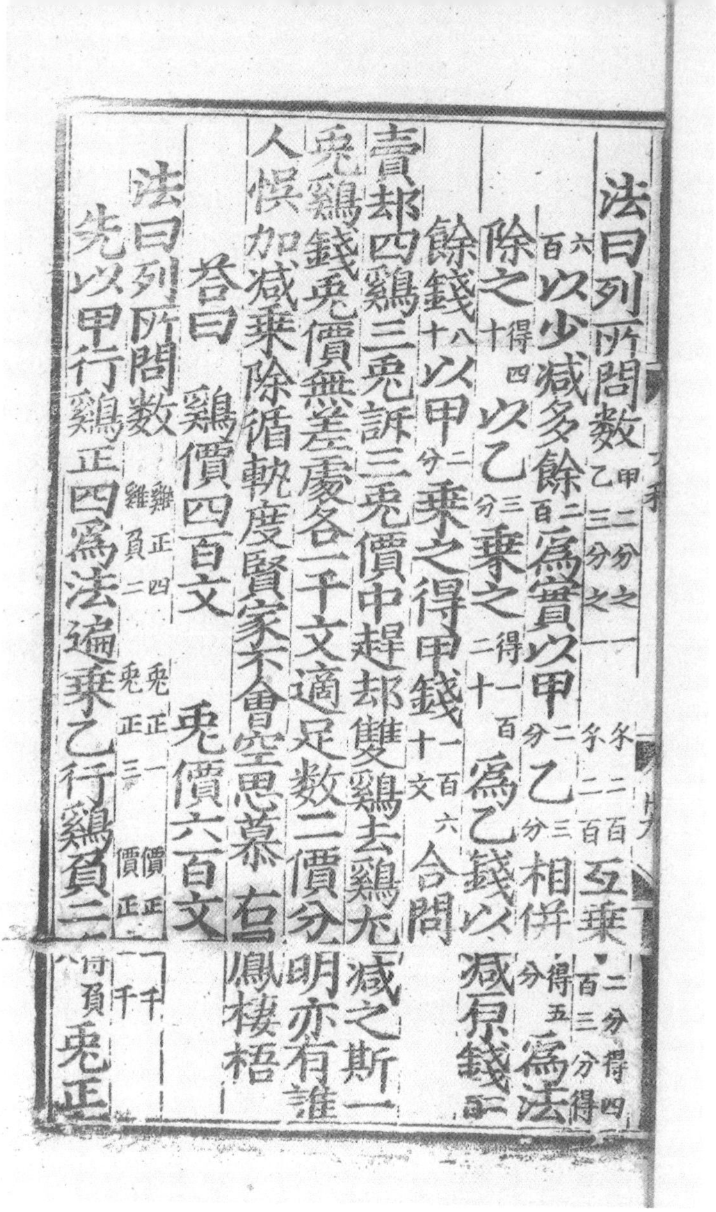

法曰：列所問數（甲二分之一　錢二百；乙三分之一　錢二百）互乘（二分得四百，三分得六百）。以少減多餘（二百）爲實。以甲（二分）乙（三分）相并（得五分）爲法，除之（得四十）。以乙（三分）乘之（得一百二十）。爲乙錢。以減原錢（二百），餘錢（八十）。以甲（二分）乘之，得甲錢（一百六十文）。合問。

賣却四鷄三兔訴，三兔價中，趕却雙鷄去。鷄尤減之斯一兔，鷄錢兔價無差處。各一千文適足數，二價分明，亦有誰人悞。加減乘除循軌度，賢家不會空思慕。　　右鳳棲梧

答曰：　鷄價四百文，　兔價六百文。

法曰：列所問數。（雞正四，兔正一，價正一千；雞價二，兔正三，價正一千）

先以甲行鷄正四爲法遍乘乙行，鷄負二（得負八）。兔正

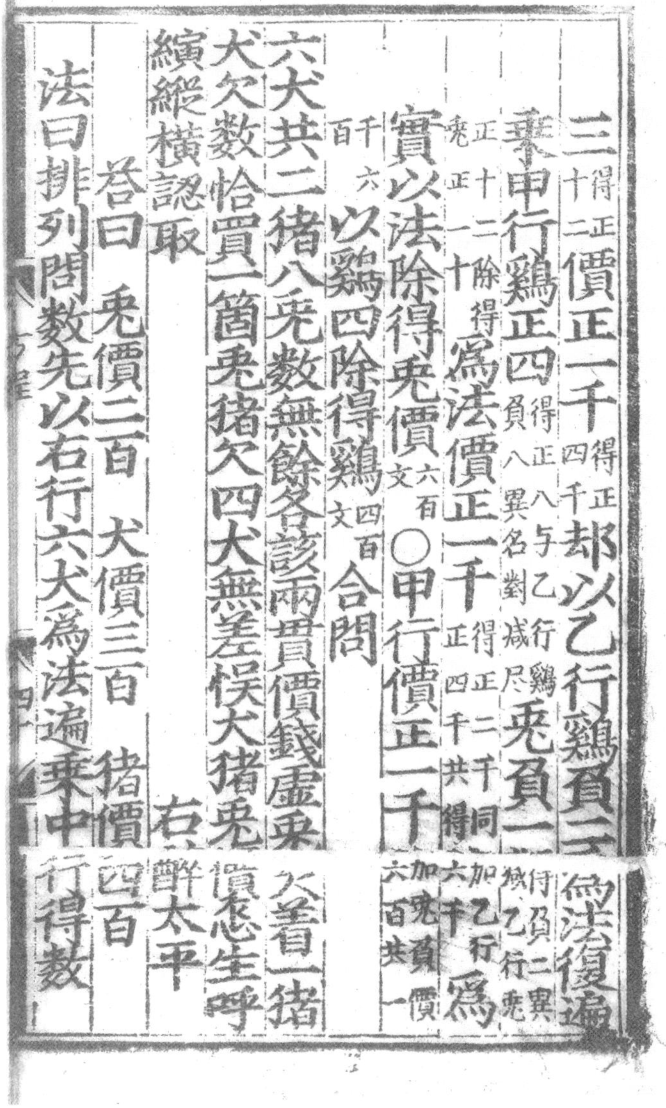

三（得正十二。）價正一千（得正四千。）却以乙行鷄負二爲法，復遍乘甲行鷄正四（得正八，与乙行鷄負八異名對減尽。）兔負一（得負二，異減乙行兔正十二，除得兔正一十。）爲法。價正一千（得正二千，同加乙行正四千，共得六千。）爲實。以法除得兔價（六百文。）〇甲行價正一千（加兔負價六百，共一千六百。）以鷄四除得鷄（四百文。）合問。

六犬共二猪，八兔數無餘。各該兩貫價錢虚，兔欠着一猪。犬欠數恰買一箇兔，猪欠四犬無差悮。犬猪兔價怎生呼？繽縱橫認取。　　右醉太平

答曰：　兔價二百，犬價三百，猪價四百。

法曰：排列問數。先以右行六犬爲法，遍乘中行得數：

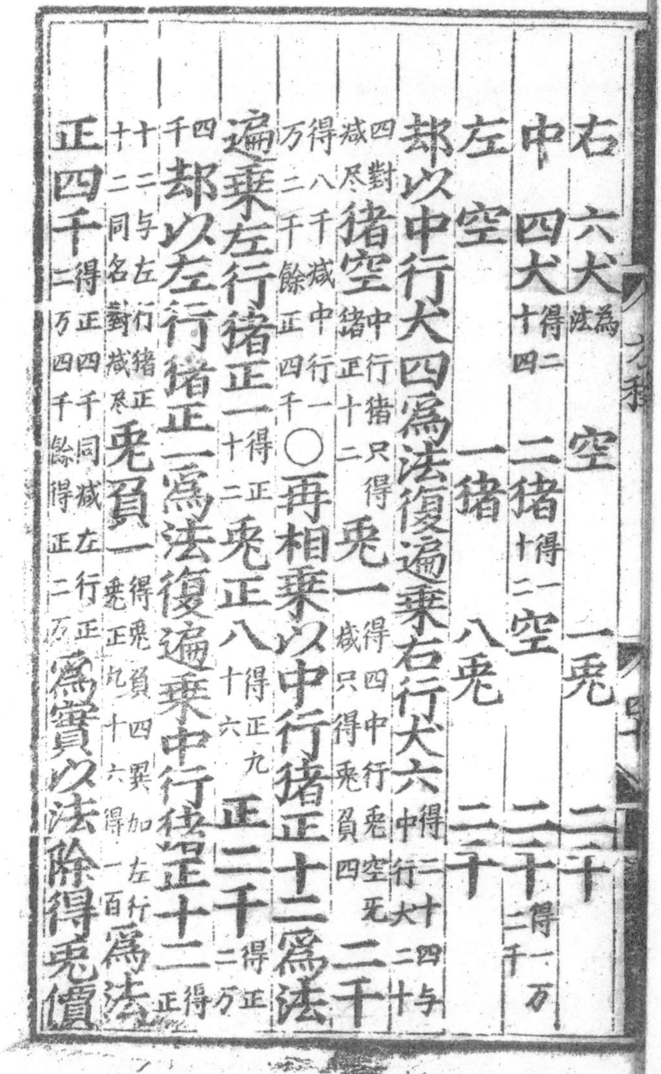

右	六犬爲法	空	一兔	二千
中	四犬得二十四	二猪得一十二	空	二千得一万二千
左	空	一猪	八兔	二千

却以中行犬四爲法，復遍乘右行犬六得二十四与中行犬二十四對減尽。猪空中行猪只得猪正十二。兔一得四，中行兔空無減，只得兔負四。二千得八千減中行一万二千餘正四千。〇再相乘，以中行猪正十二爲法遍乘左行猪正一得正十二。兔正八得正九十六。正二千得正二万四千。却以左行猪正一爲法，復遍乘中行猪正十二得正十二，与左行猪正十二同名對減尽。兔負一得兔負四，異加左行兔正九十六，得一百。爲法。正四千得正四千，同減左行正二万四千，餘得正二万。爲實。以法除得兔價

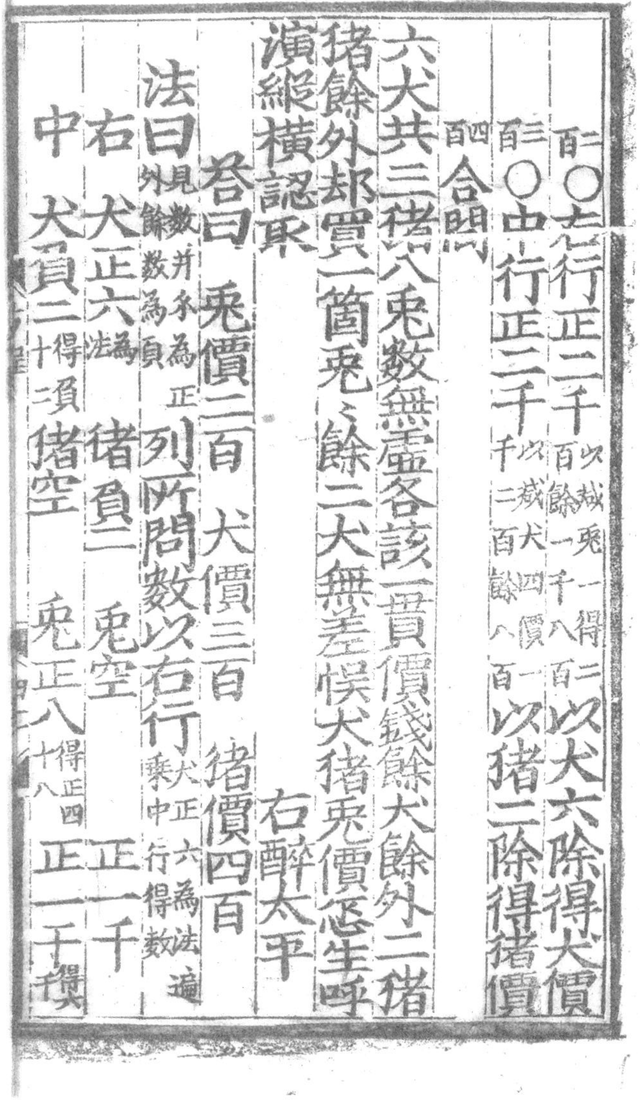

二百。○右行正二千以減兔一，得二百餘一千八百。以犬六除得犬價

三百。○中行正二千以減犬四價一千二百，餘八百。以猪二除得猪價

四百。合問。

六犬共三猪，八兔數無虚。各該一貫價錢餘，犬餘外二猪。

猪餘外却買一箇兔，餘二犬無差悮。犬猪兔價怎生呼？

演縱横認取。　　　　　　　　右醉太平

答曰：　兔價二百，犬價三百，猪價四百。

法曰：見數并錢爲正，外餘數爲負。列所問數。以右行犬正六爲法，遍乘中行得數。

右	犬正六爲法	猪負二	兔空	正一千
中	犬負二得負十二	猪空	兔正八得正四十八	正一千得六千

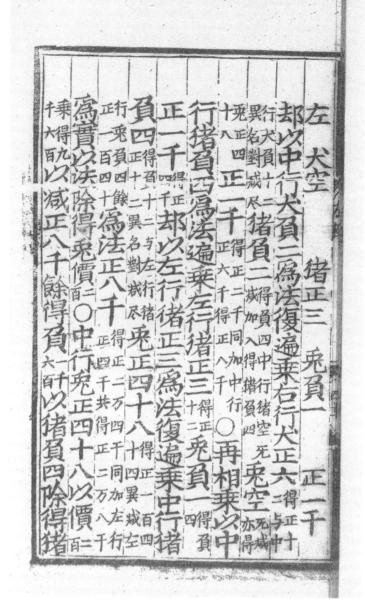

左　犬空　　　猪正三　兔負一　　正一千

却以中行犬負二爲法，復遍乘右行犬正六得正十二，与中行犬負十二異名對減尽。猪負二得負四，中行猪空無減，加入得猪負四。兔空無減亦得兔正四十八。正一千得正二千，同加中行正六千得正八千。〇再相乘。以中行猪負四爲法，遍乘左行猪正三得正十二。兔負一得負四。正一千得正四千。却以左行猪正三爲法，復遍乘中行猪負四得負十二，与左行猪正十二異名對減尽。兔正四十八得正一百四十四，異減左行兔負四餘正一百四十。爲法。正八千得正二万四千，同加左行正四千共得正二万八千。爲實。以法除得兔價二百。〇中行兔正四十八，以價二百乘得九千六百。以減正八千，餘得負一千六百。以猪負四除得猪

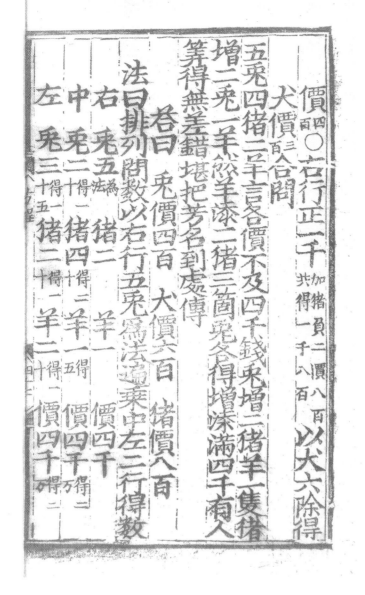

價四百。○右行正一千加豬負二價八百，共得一千八百。以犬六除得犬價三百。合問。

五兔四豬二羊言，各價不及四千錢。兔增二豬羊一隻，豬增二兔一羊然。羊添二豬三箇兔，各得增添滿四千。有人筭得無差錯，堪把芳名到處傳。

答曰：　兔價四百，犬價六百，豬價八百。

法曰：排列問數。以右行五兔爲法，遍乘中左二行得數：

右	兔五爲法	豬二	羊一	價四千
中	兔二得一十	豬四得二十	羊一得五	價四千得二万
左	兔三得一十五	豬二得一十	羊二得一十	價四千得二万

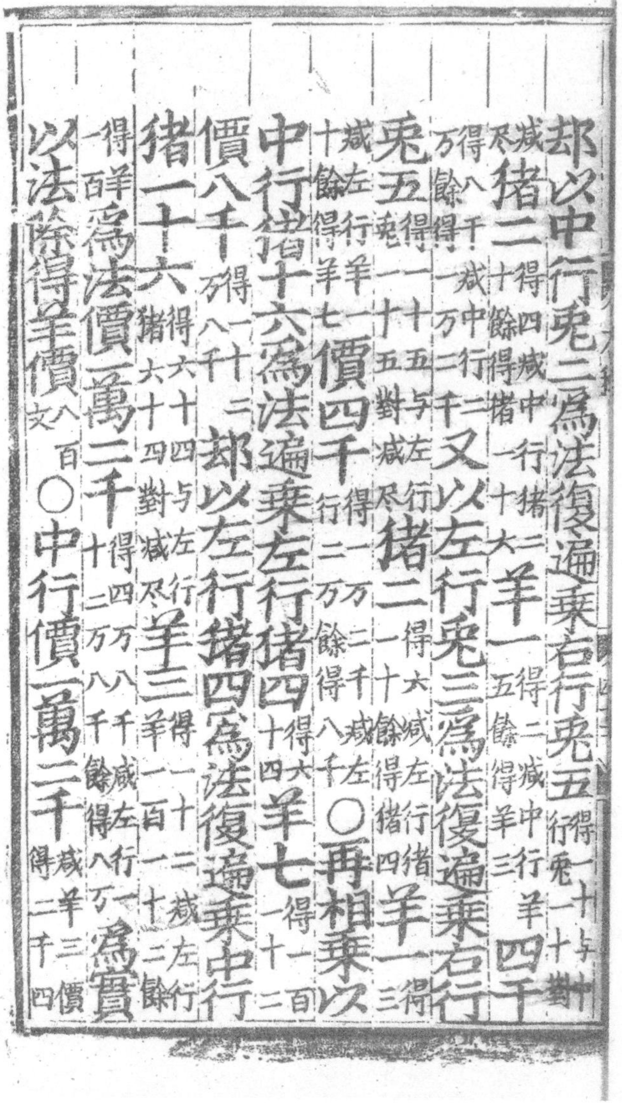

却以中行兔二爲法，復遍乘右行兔五得一十，与中行兔一十對減尽。猪二得四，減中行猪二十餘得猪一十六。羊一得二，減中行羊五餘得羊三。四千得八千，減中行二万餘得一万二千。又以左行兔三爲法，復遍乘右行兔五得一十五，与左行兔一十五對減尽。猪二得六，減左行猪一十餘得猪四。羊一得三，減左行羊一十餘得羊七。價四千得一万二千，減左行二万餘得八千。○再相乘。以中行猪十六爲法，遍乘左行猪四得六十四。羊七得一百一十二。價八千得一十二万八千。却以左行猪四爲法，復遍乘中行猪一十六得六十四，与左行猪六十四對減尽。羊三得一十二，減左行羊一百一十二餘得羊一百，爲法。價一萬二千得四万八千，減左行一十二万八千餘得八万。爲實。以法除得羊價八百文。○中行價一萬二千減羊三價得二千四百。餘得九千六百。以猪一十六除得猪價六百文。○右行價四千減羊一價八百，猪二價一千二百，餘得價二千。以兔五除得兔價四百。合問。

七兔四猪二羊言，各價一千有剩錢。兔減一猪無少剩，猪減一羊也一般。羊除一兔却得就，減説餘錢整一千。有人筭得無差錯，堪把佳名四海傳。

答曰：　兔價二百，猪價三百，羊價六百。

法曰：見有數并錢爲正，減除數爲負。列所問數。以右行兔正七爲法，遍乘左行得數：

右	兔正七爲法	猪負一	羊空	正一千
中	兔空	猪正四	羊負一	正一千
左	兔負一得負七	猪空	羊正二得正十四	正一千得正七千

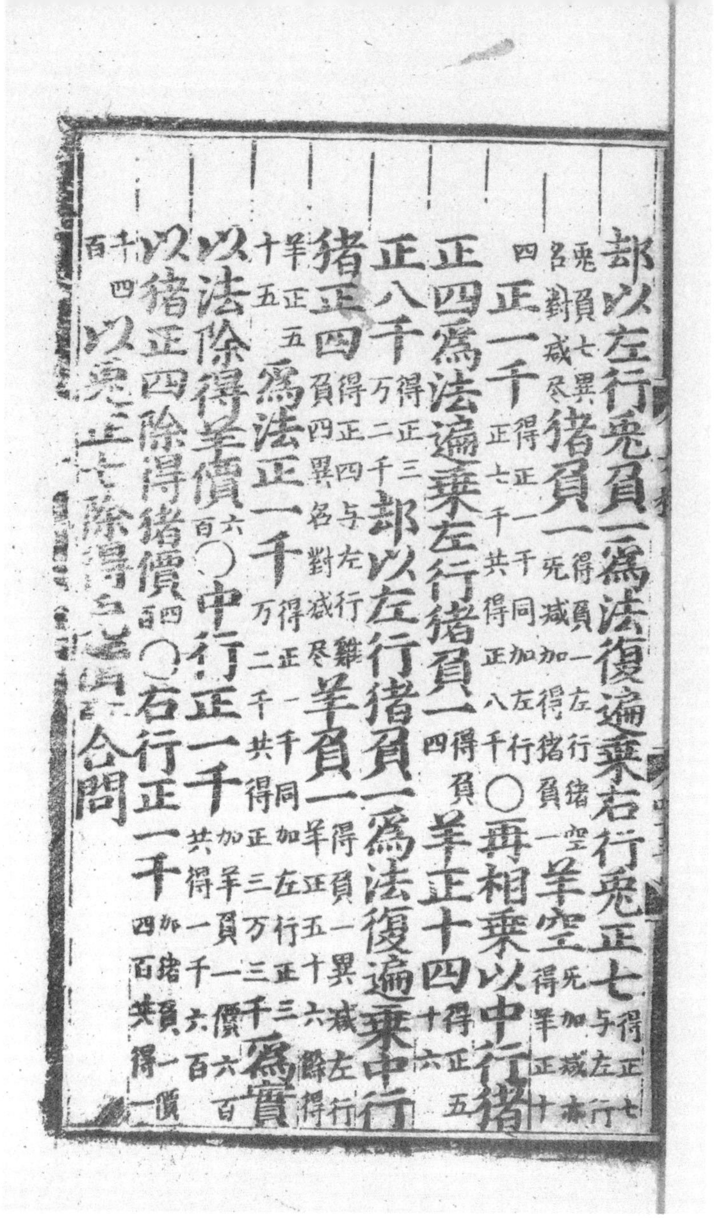

却以左行兔負一爲法，復遍乘右行兔正七得正七，与左行兔負七異名對減尽。猪負一得負一，左行猪空無減，加得猪負一。羊空無加，減亦得羊正十四。正一千得正一千，同加左行正七千共得正八千。〇再相乘。以中行猪正四爲法，遍乘左行猪負一得負四。羊正十四得正五十六。正八千得正三万二千。却以左行猪負一爲法，復遍乘中行猪正四得正四，与左行雞負四異名對減尽。羊負一得負一，異減左行羊正五十六餘得羊正五十五。爲法。正一千得正一千，同加左行正三万二千共得正三万三千。爲實。以法除得羊價六百。〇中行正一千，加羊負一價六百，共得一千六百。以猪正四除得猪價四百。〇右行正一千加猪負一價四百，共得一千四百。以兔正七除得兔價二百[1]合問。

1 “兔價二百”，各本均不清，據題意推測作此。

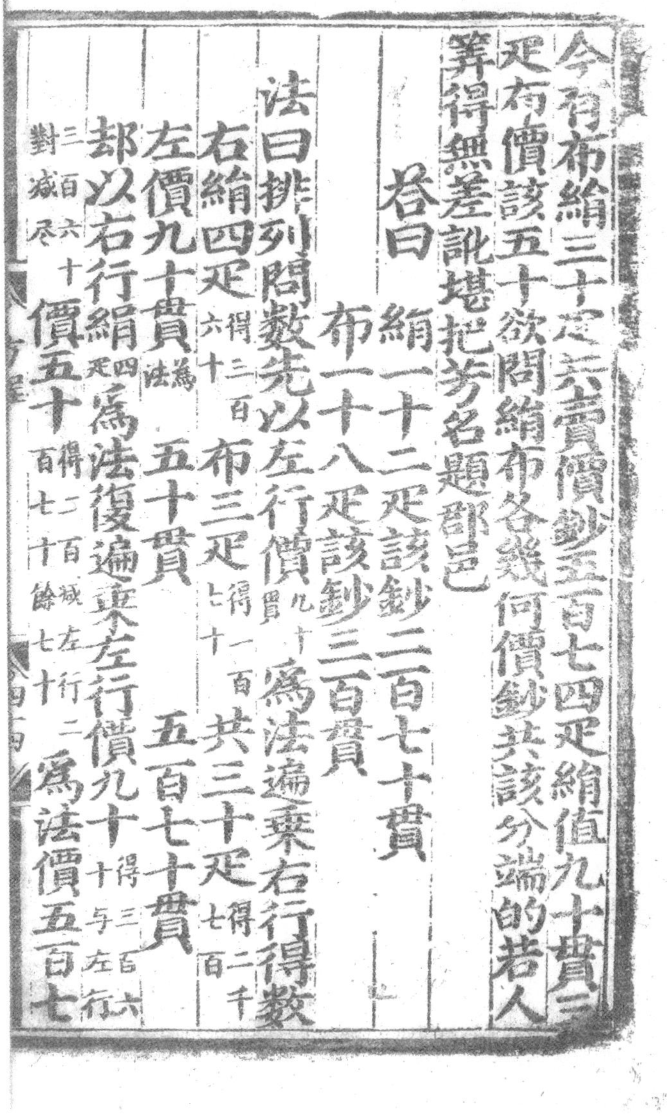

今有布絹三十匹，共賣價鈔五百七。四匹絹值九十貫，三匹布價該五十。欲問絹布各幾何，價鈔共該分端的。若人筭得無差訛，堪把芳名題郡邑。

答曰：　絹一十二匹該鈔二百七十貫，

布一十八匹該鈔三百貫。

法曰：排列問數。先以左行價九十貫爲法，遍乘右行得數：

右絹四匹得三百六十　布三匹得一百七十　共三十匹得二千七百

左價九十貫爲法　五十貫　五百七十貫

却以右行絹四匹爲法，復遍乘左行價九十得三百六十，与左行三百六十對減尽。價五十得二百，減左行二百七十餘七十。爲法。價五百七

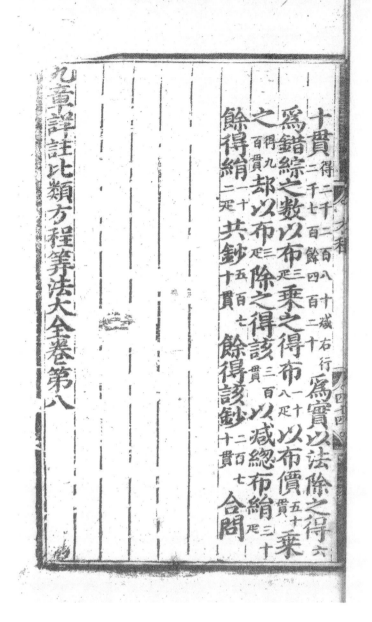

十貫得二千二百八十，減右行二千七百餘四百二十。爲實。以法除之得六，爲錯綜之數。以布三匹乘之，得布一十八匹。以布價五十貫乘之得九百貫。却以布三匹除之，得該三百貫。以減總布絹三十匹，餘得絹二十二匹。共鈔五百七十貫。餘得該鈔二百七十貫。合問。

九章詳注比類方程筭法大全卷第八

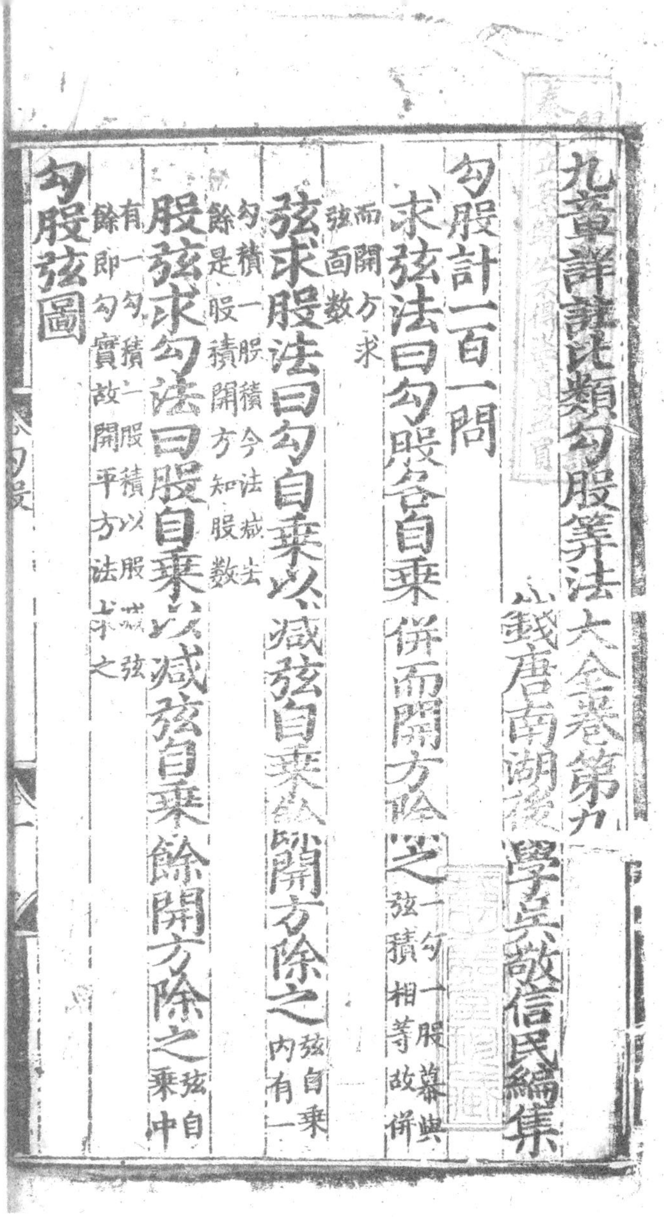

九章詳注比類勾股筭法大全卷第九

錢唐南湖後學吴敬信民編集

勾股計一百一問

求弦法曰：勾股各自乘，并而開方除之。一勾一股幂，與弦積相等，故併。而開方求弦面數。

弦求股法曰：勾自乘，以減弦自乘。餘，開方除之。弦自乘，内有一勾積，一股積，今法減去。餘是股積。開方知股數。

股弦求勾法曰：股自乘，以減弦自乘，餘，開方除之。弦自乘，中有一勾積，一股積。以股減弦，餘即勾實。故開平方法求之。

勾股弦圖[1]

1 圖中“二尺乘股”之“二尺”，各本均不清，參考《詳解九章算法》勾股卷卷首該圖，并依題意推測爲此。

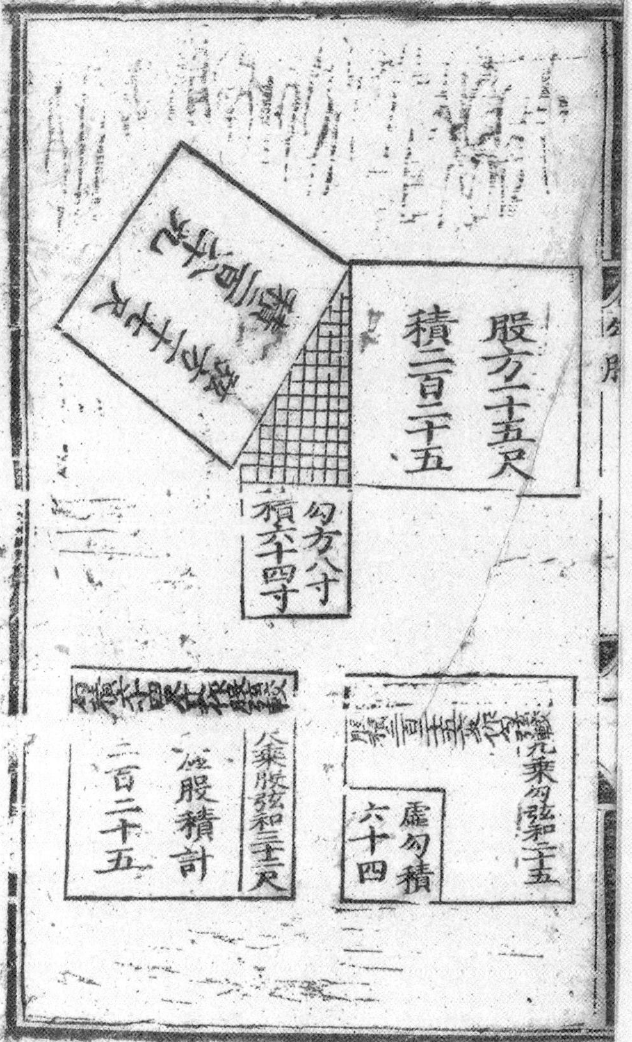
股方一十五尺
積二百二十五
勾方八寸
積六十四寸
虛勾積
六十四
股積計
二百二十五

勾股生變十三名圖

勾股弦併而為和減而為較等而為變為股自乘為積為冪有用者而取之其无用者不取立圖而驗之

釋名	假令數	變段	勾股較股		較弦和較	自乘積數
勾 直田闊	八	二段		一	一	六十四
股 直田長	十五	三段	一	一	一	二百二十五
弦 田兩隅	十七	四段	一	一	一	二百八十九
勾股較 勾減股	七	一段	一			四十九
勾弦較 勾減弦	九	二段	一	一		八十一
股弦較 股減弦	二	一段	一			四
勾股和 勾共股	二十三	五段	一	二	二	五百二十九

勾股生變十三名圖

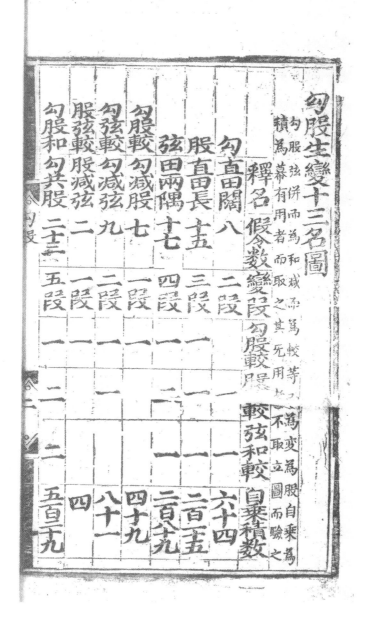

勾股弦并而爲和，減而爲較，等而爲變爲股，自乘爲積爲冪。有用者而取之，其無用者不取。立圖而驗之。

勾弦和	勾共弦 二十五	六段	一	三	二	六百二十五
股弦和	股共弦 三十二	七段	二	三	二	一千二十四
弦較和	(弦与勾减股共) 二十四	五段	二	二	一	五百七十六
弦和和	勾股共弦 四十	九段	二	四	三	一千六百
弦和較	(弦减勾股共数) 六	一段			一	三十六
弦較較	(以弦减勾股較) 十	三段		二	一	一百

古問二十四問

勾八尺股十五尺問爲弦幾何　荅曰十七尺

法曰勾(八尺)自乘(得六十四尺)股(十五尺)自乘(得二百二十五尺)併之(得二百八十九尺)爲實以開平方法除之合問

古問二十四問

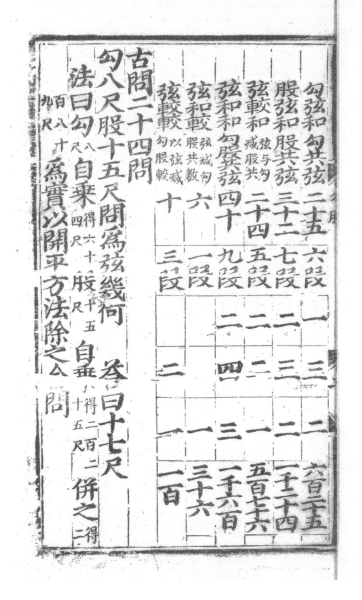

勾八尺，股十五尺，問爲弦幾何？　　答曰：十七尺。

法曰：勾(八尺)自乘(得六十四尺。)股(十五尺)自乘(得二百二十五尺。)并之(得二百八十九尺。)爲實。以開平方法除之。合問。

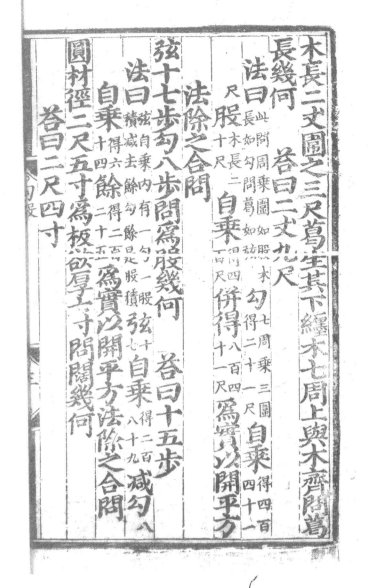

木長二丈，圍之三尺，葛生其下，纏木七周，上與木齊。問葛長幾何？　答曰：二丈九尺。

法曰：此問周乘圍如股，木長如勾，問葛如弦。勾七周乘三圍得二十一尺。自乘得四百四十一尺。股木長二十尺自乘得四百尺。并得八百四十一尺。爲實，以開平方法除之。合問。

弦十七步，勾八步，問爲股幾何？　答曰：十五步。

法曰：弦自乘，內有一勾一股積，減去餘勾，餘是股積。弦十七自乘得二百八十九。減勾八自乘得六十四。餘得二百二十五。爲實，以開平方法除之。合問。

圓材徑二尺五寸，爲板欲厚七寸，問闊幾何？

答曰：二尺四寸

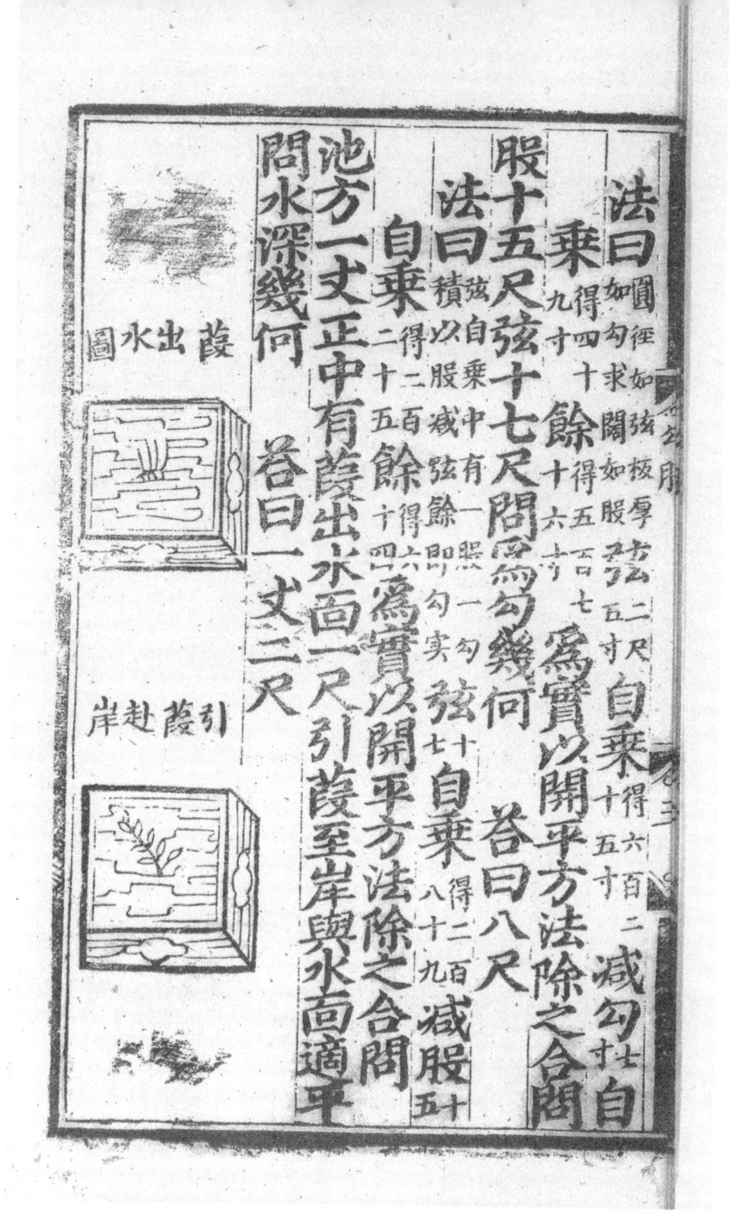

法曰：圓徑如弦，板厚如勾，求闊如股。弦二尺五寸自乘得六百二十五寸。減勾七寸自乘得四十九寸。餘得五百七十六寸。爲實，以開平方法除之。合問。

股十五尺，弦十七尺，問爲勾幾何？　答曰：八尺。

法曰：弦自乘中有一股一勾，積，以股減弦，餘即勾实。弦十七自乘得二百八十九。減股十五自乘得二百二十五。餘得六十四。爲實，以開平方法除之。合問。

池方一丈，正中有葭，出水面一尺，引葭至岸，與水面適平，問水深幾何？　答曰：一丈二尺。

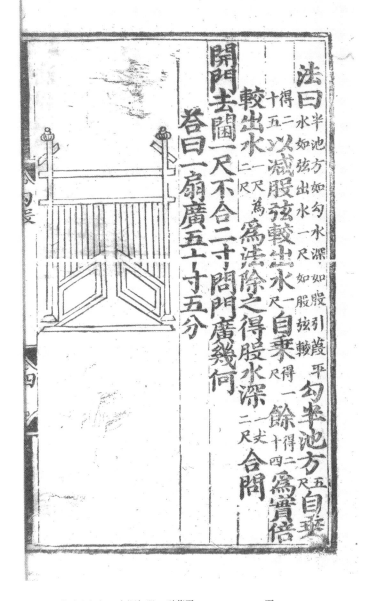

法曰：半池方如勾，水深如股，引葭平水如弦，出水一尺如股弦較。勾半，池方五尺自乘得二十五。以減股弦較，出水一尺自乘得一尺。餘得二十四。爲實，倍較出水一尺爲二尺。爲法，除之得股水深一丈二尺。合問。

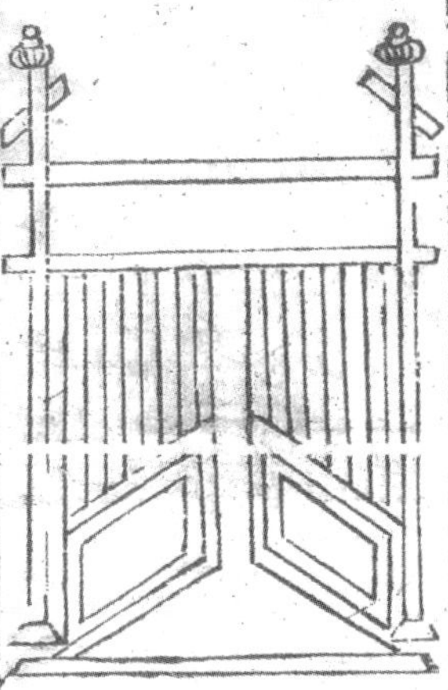

開門去閫一尺，不合二寸，問門廣幾何？

答曰：一扇廣五十寸五分。

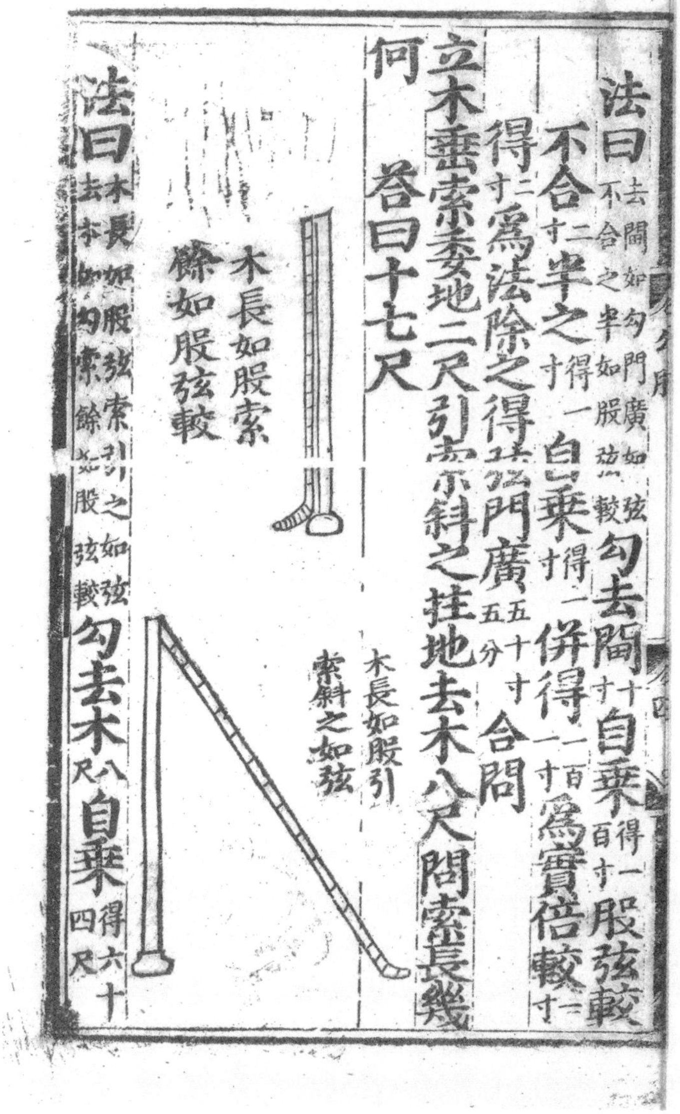

法曰：去闊如勾，門廣如弦，不合之半如股弦較。勾去闊十寸自乘得一百寸。股弦較

不合二寸半之得一寸。自乘得一寸。并得二百二寸。爲實。倍較一寸

得二寸爲法，除之得弦，門廣五十寸五分。合問。

立木垂索，委地二尺，引索斜之拄地，去木八尺，問索長幾何？　答曰：十七尺。

木長如股索　餘如股弦較

木長如股引　索斜之如弦

法曰：木長如股，弦索引之如弦，去木如勾，索餘如股弦較。勾去木八尺自乘得六十四尺。

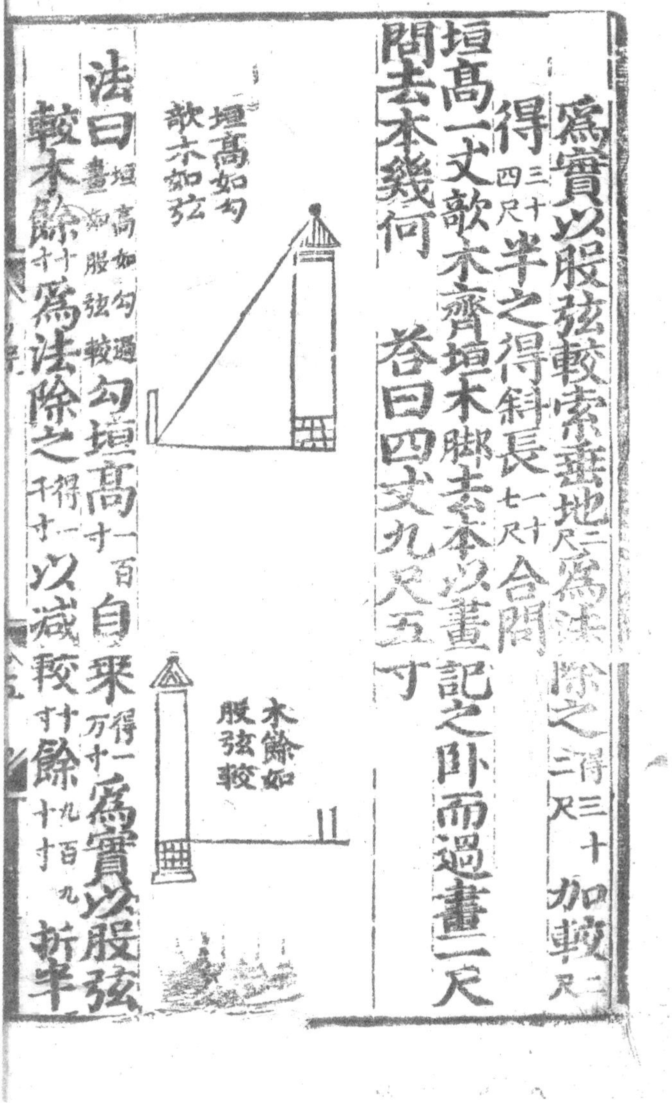

爲實。以股弦較，索垂地二尺爲法除之得三十二尺。加較二尺得三十四尺。半之，得斜長一十七尺。合問。

垣高一丈，欹木齊垣，木脚去本以畫記之，卧而過畫一尺，問去本幾何？　答曰：四丈九尺五寸。

垣高如勾　欹木如弦

木餘如股弦較

法曰：垣高如勾，過畫如股弦較。勾垣高一百寸自乘得一万寸。爲實，以股弦較木餘十寸。爲法，除之得一千寸。以減較十寸餘九百九十寸。折半

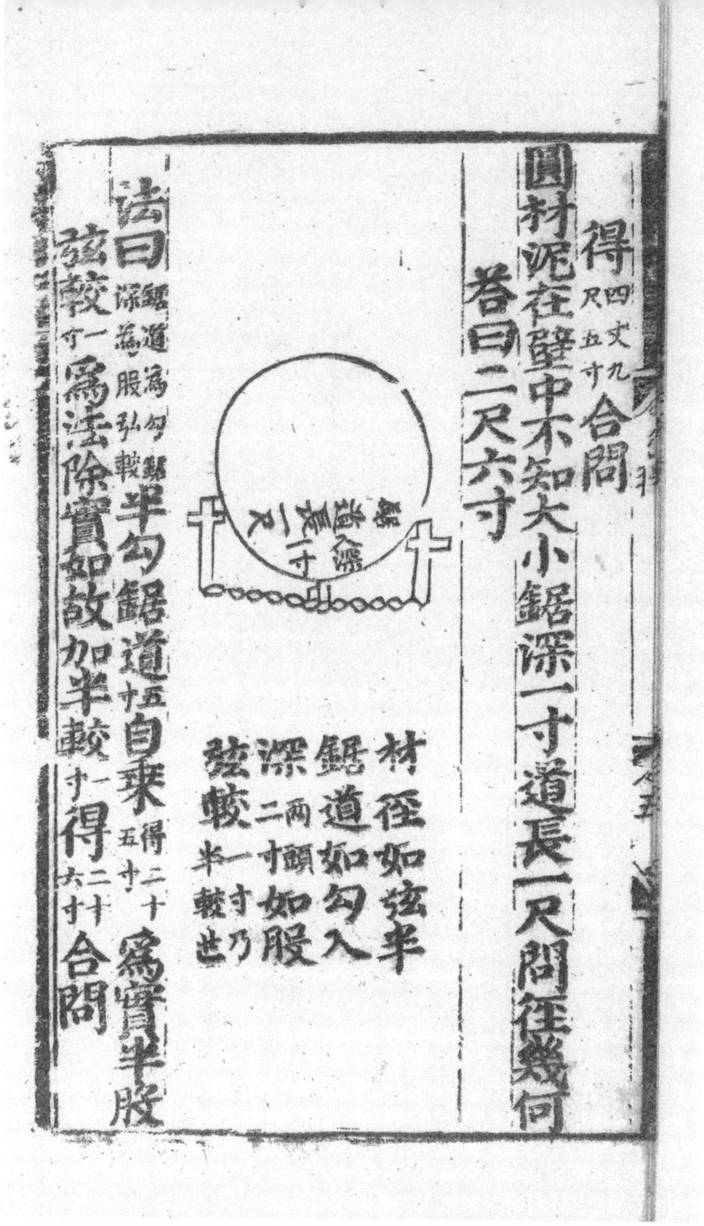

得四丈九尺五寸。合問。

圓材泥在壁中，不知大小，鋸深一寸，道長一尺，問徑幾何？

答曰：二尺六寸。

材徑如弦半　鋸道如勾入

深兩頭二寸如股　弦較一寸乃半較也

法曰：鋸道爲勾，鋸深爲股弦較。半勾鋸道五寸自乘得二十五寸。爲實，半股弦較一寸爲法，除實如故，加半較一寸得二十六寸。合問。

竹高一丈折梢拄地去根三尺問折處高幾何

荅曰四尺二十分尺之十一

法曰去根如勾折處如股折梢如弦通長如股弦和勾去根三尺自乘得九尺以股弦和竹高一丈而一除得九寸以減股弦和竹高一丈餘得九尺一寸半之得四尺餘約得二十分尺之十一合問

勾八步股十五步問勾中容圓徑幾何　荅曰六步

法曰圓徑与弦和較等數即勾股求弦和較也勾八步股十五步相乘得一百二十步倍

竹高一丈，折梢拄地，去根三尺，問折處高幾何？

答曰：四尺二十分尺之十一。

法曰：去根如勾，折處如股，折梢如弦，通長如股弦和。勾去根三尺自乘得九尺。以股弦和竹高一丈而一，除得九寸。以減股弦和竹高一丈餘得九尺一寸。半之得四尺。餘約得二十分尺之十一。合問。

勾八步，股十五步，問勾中容圓徑幾何？　答曰：六步。

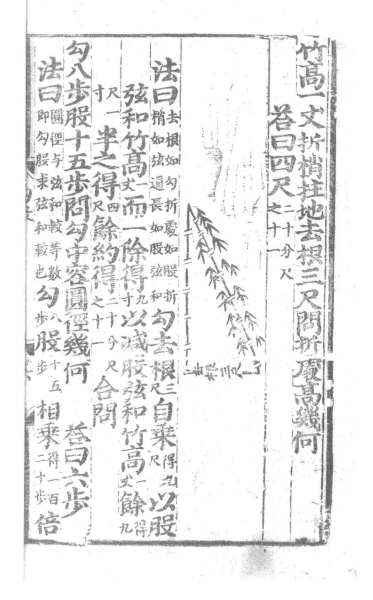

法曰：圓徑与弦和較等數，即勾股求弦和較也。勾八步股十五步相乘得一百二十步。倍

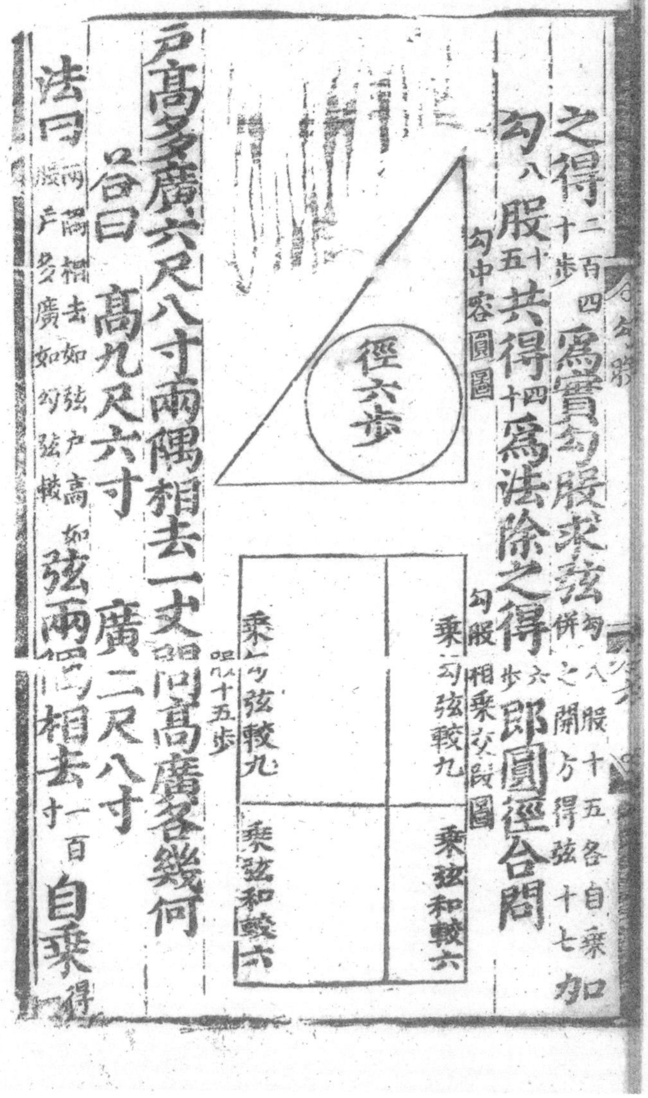

之得二百四十步。爲實，勾股求弦勾八，股十五，各自乘并之，開方得弦十七。加勾八股十五共得四十。爲法，除之得六步。即圓徑。合問。

户高多廣六尺八寸，兩隅相去一丈，問高廣各幾何？

答曰：高九尺六寸，廣二尺八寸。

法曰：兩隅相去如弦，户高如股，户多廣如勾弦較。弦兩隅相去一百寸自乘得一

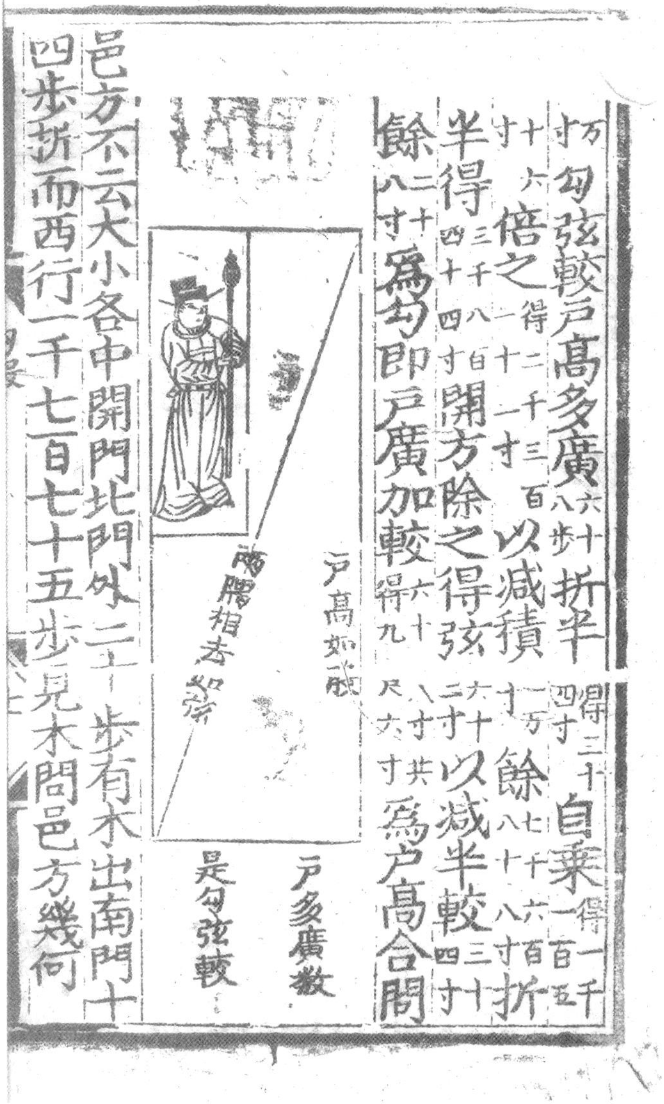

万寸。勾弦較户高多廣六十八步折半得三十四寸。自乘得一千一百五十六寸。倍之得二千三百一十二寸。以減積一万寸餘七千六百八十八寸。折半，得三千八百四十四寸。開方除之，得弦六十二寸。以減半較三十四寸餘二十八寸。爲勾，即户廣。加較六十八寸共得九尺六寸。爲户高。合問。

户高如股　兩隅相去如弦

户多廣數　是勾弦較

邑方不云大小，各中開門，北門外二十步有木，出南門十四步，折而西行一千七百七十五步見木，問邑方幾何？

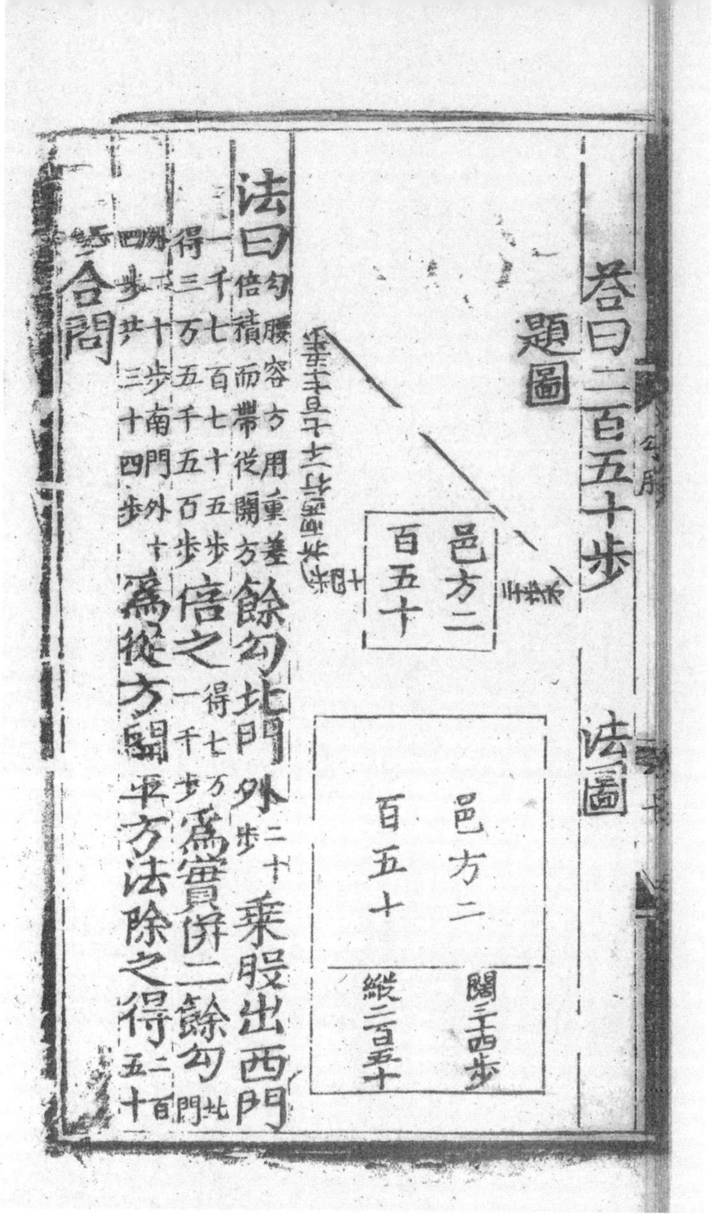

1“步”，静嘉堂本、国图本均不清，依上图本作此。

答曰：二百五十步。　　法圖

法曰：勾腰容方，用重差，倍積而帶從開方。餘勾北門外二十步乘股出西門一千七百七十五步，得三万五千五百步。倍之得七万一千步。爲實。并二餘勾北門外一十步，南門外十四步，共三十四步。爲縱方，開平方法除之，得二百五十步。[1]合問。

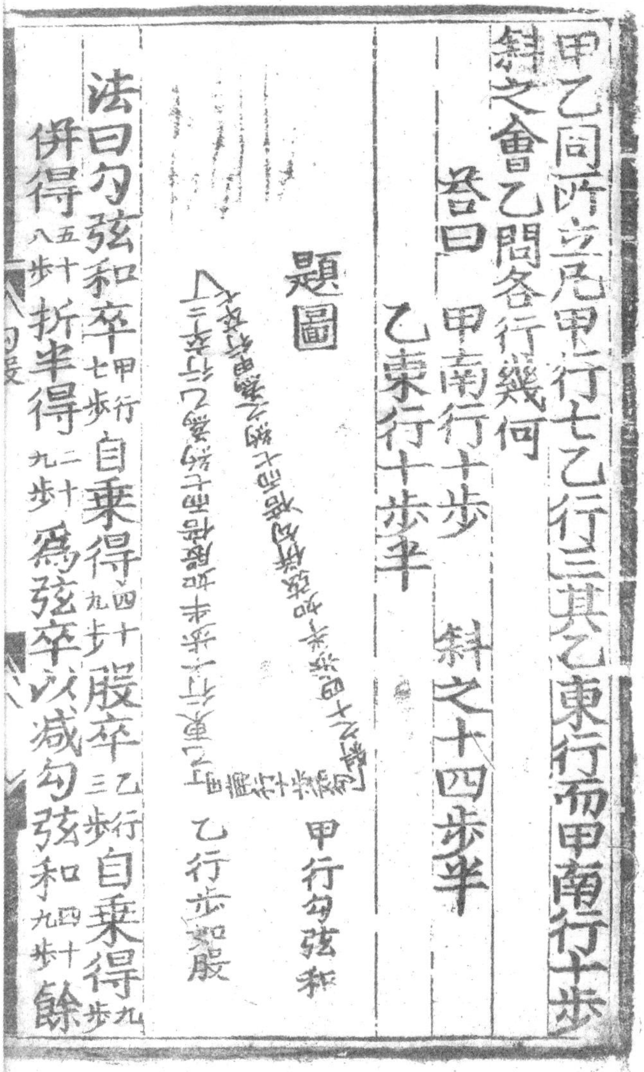

甲乙同所立凡甲行七乙行三其乙東行而甲南行十步斜之會乙問各行幾何

答曰 甲南行十步 斜之十四步半

乙東行十步半

題圖

法曰勾弦和率甲行七步自乘得四十九步股率乙行三步自乘得九步併得五十八步折半得二十九步爲弦率以減勾弦和四十九步餘

甲乙同所立，凡甲行七乙行三，其乙東行，而甲南行十步斜之會乙，問各行幾何？

答曰：甲南行十步， 斜之十四步半，

乙東行十步半。

法曰：勾弦和率（甲行七步）自乘得（四十九步）。股率（乙行三步）自乘得（九步）。

并得（五十八步），折半得（二十九步）。爲弦率。以減勾弦和（四十九步）餘

二十步。爲勾即甲南行十步也。股率乙行三步勾弦和率甲行七步相乘

得二十一步。爲股。即乙東行十步半也。以所有勾率十步爲法，乘所求

勾二十得二百。股二十一，得二百一十。弦二十九，得二百九十。三率爲列實，以

所勾率二十爲法除之，得各行。合問。

邑方十里，分中開門，二人同立邑之中，乙出東行率三，甲出南行率五。甲乃斜之磨邑隅角來與乙會，問各行幾何？

答曰：甲邑中行一千五百步，

出南門八百步，

甲斜之四千八百八十七步半，

乙東行四千三百一十二步半。

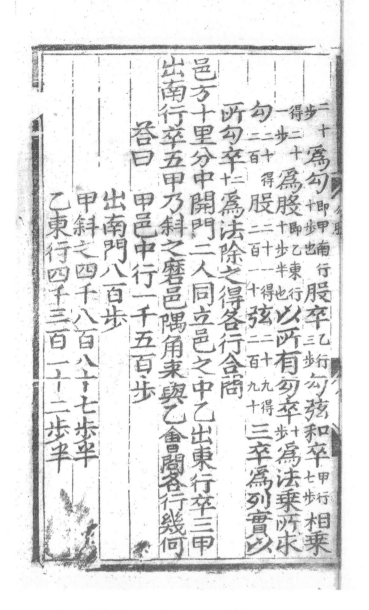

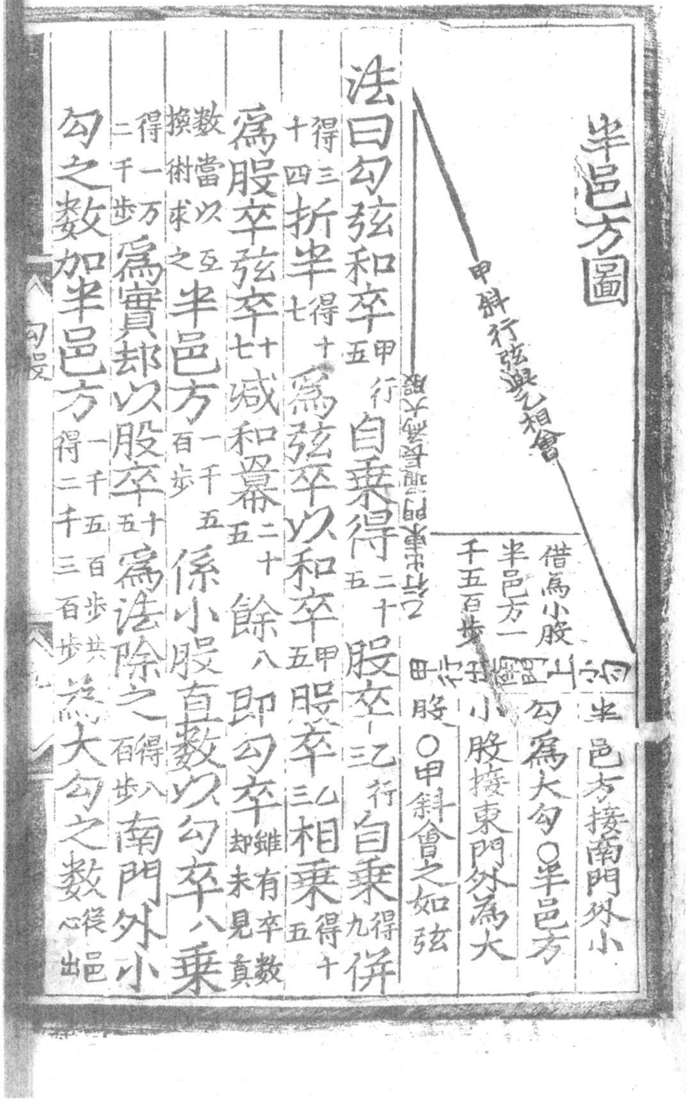

法曰：勾弦和率甲行五自乘得二十五。股率乙行三自乘得九。并得三十四。折半得十七。爲弦率。以和率甲五股率乙三相乘得十五。爲股率。弦率十七減和羃二十五餘八即勾率。雖有率數却未見真數，當以互换術求之。半邑方一千五百步係小股真數。以勾率八乘得一万二千步爲實，却以股率十五爲法，除之得八百步。南門外小勾之數加半邑方一千五百步，共得二千三百步。爲大勾之數。從邑心出

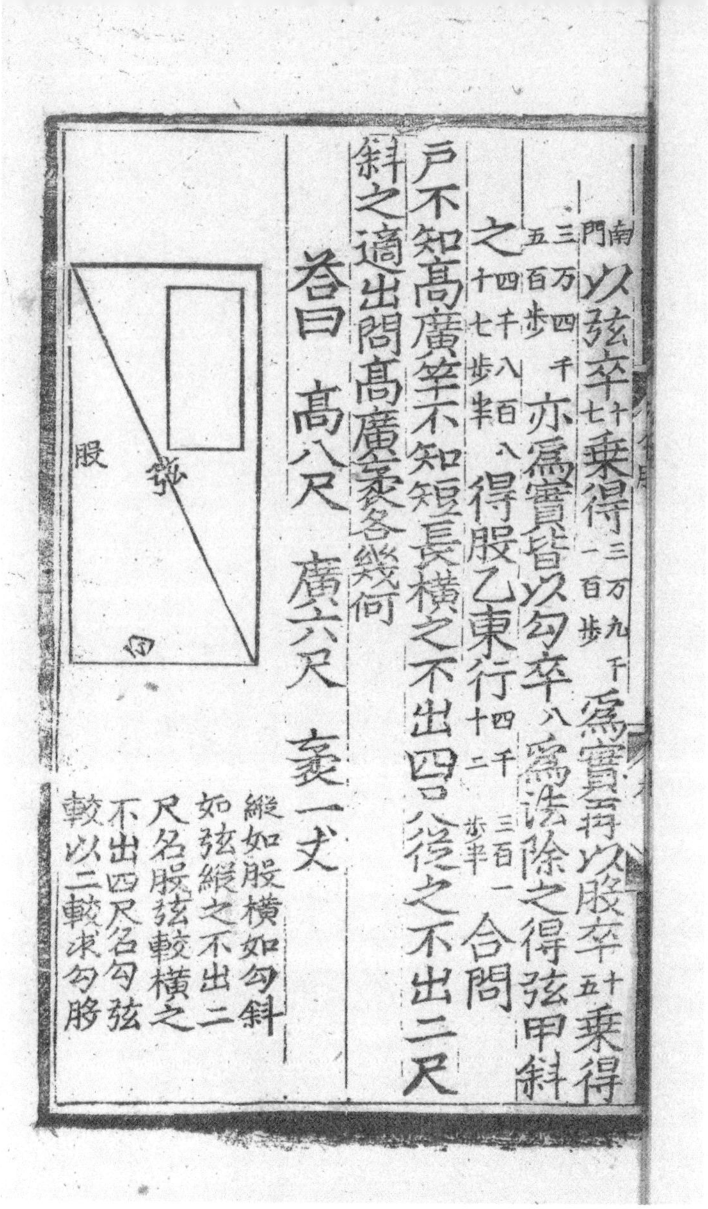
南門以弦率十七乘得三万九千一百步爲實再以股率十五乘得
三万四千五百步亦爲實皆以勾率八爲法除之得弦甲斜
之四千八百八十七步半得股乙東行四千三百一十二步半合問
户不知高廣竿不知短長橫之不出四尺從之不出二尺
斜之適出問高廣袤各幾何
答曰 高八尺 廣六尺 袤一丈
股 弦 勾
縱如股橫如勾斜如弦縱之不出二尺名股弦較橫之不出四尺名勾弦較以二較求勾股

南門。以弦率十七乘得三万九千二百步。爲實。再以股率十五乘得三万四千五百步。亦爲實。皆以勾率八爲法除之，得弦甲斜之四千八百八十七步半。得股乙東行四千三百一十二步半。合問。

户不知高廣，竿不知短長。橫之不出四尺，從之不出二尺，斜之適出。問高廣袤各幾何？

答曰：高八尺，廣六尺，袤一丈。

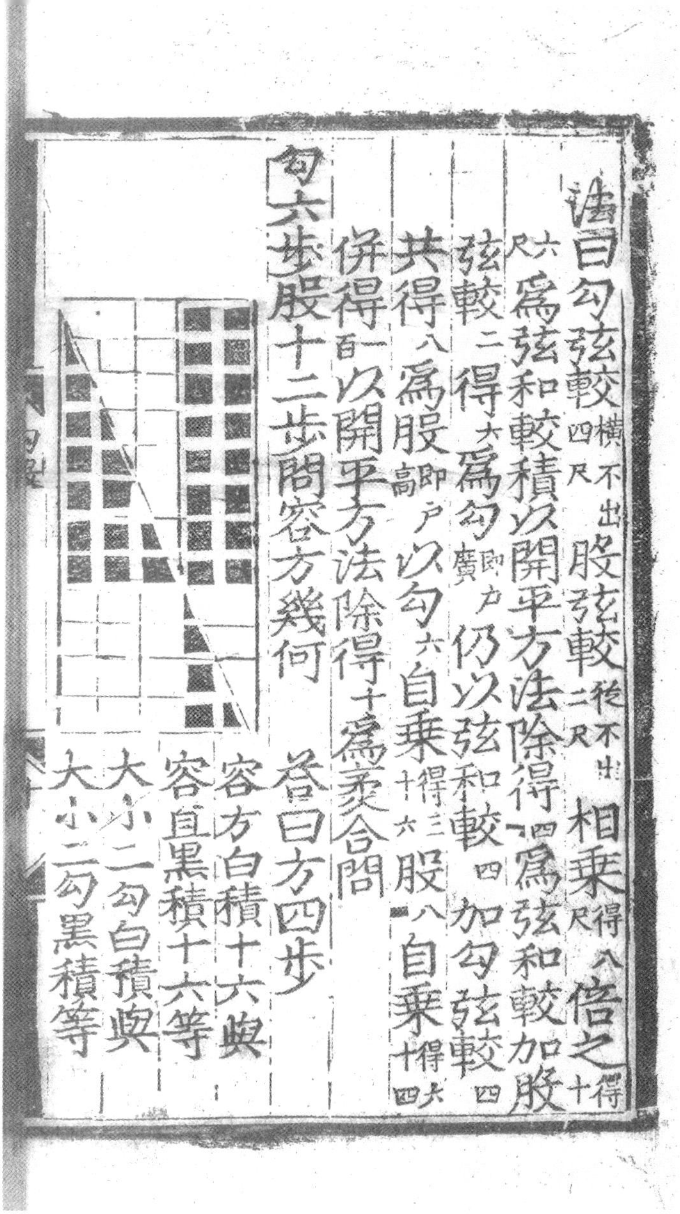

法曰：勾弦較横不出四尺股弦較從不出二尺相乘得八尺。倍之得十六尺。爲弦和較積，以開平方法除得四爲弦和較。加股弦較二得六爲勾即户廣。仍以弦和較四加勾弦較四共得八爲股即户高。以勾六自乘得三十六。股八自乘得六十四。并得一百。以開平方法除得十。爲袤。合問。

勾六步，股十二步，問容方幾何？　　答曰：方四步。

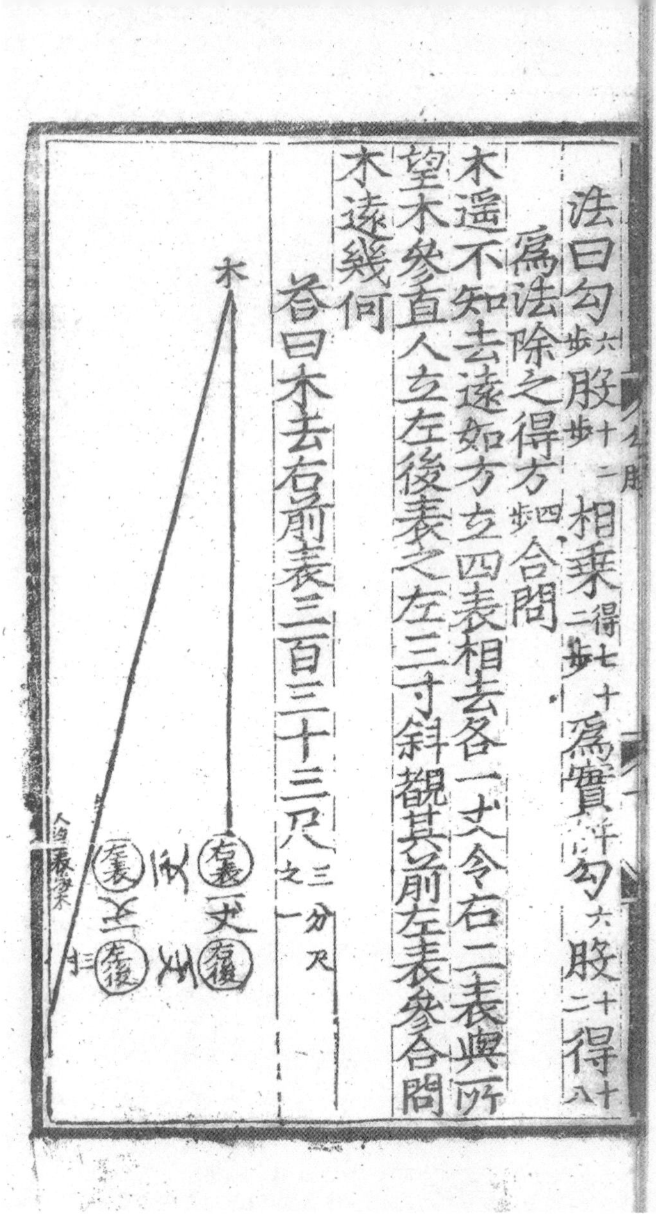

法曰：勾六步股十二步相乘得七十二步爲實，并勾六股十二得十八爲法，除之得方四步。合問。

木遥不知去遠，如方立四表，相去各一丈。令右二表與所望木參直，人立左後表之左三寸，斜覩其前左表參合，問木遠幾何？

答曰：木去右前表三百三十三尺三分尺之一。

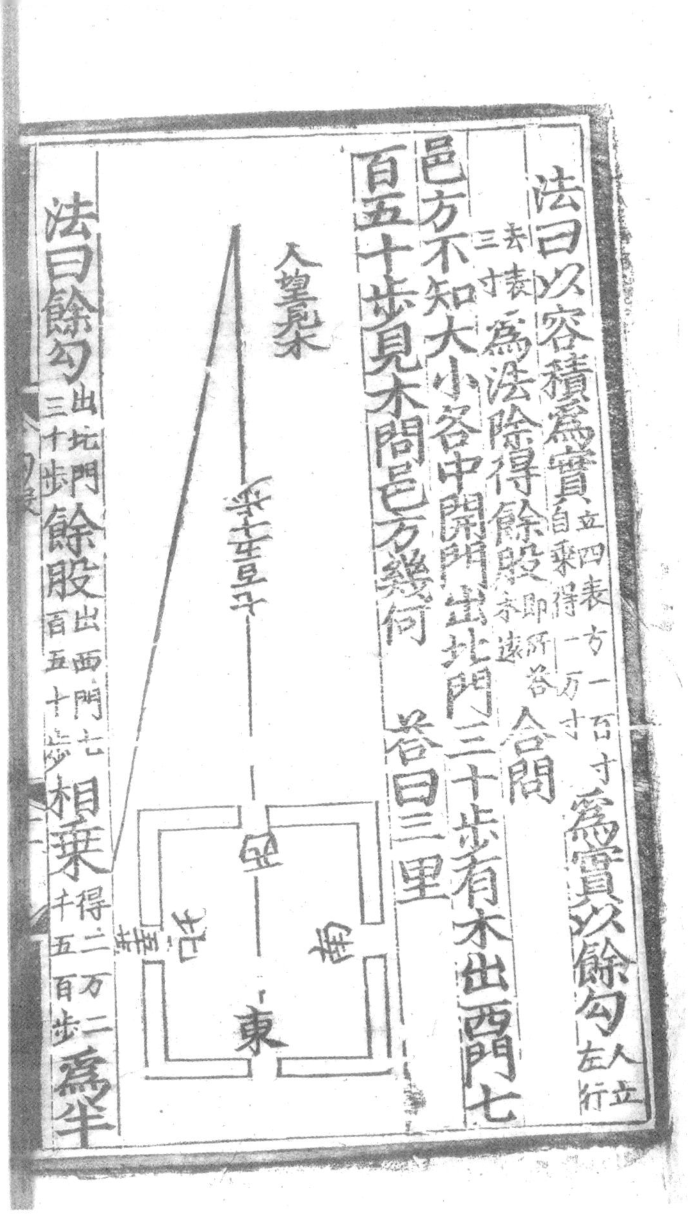

法曰：以容積爲實立四表方一百寸自乘得一万寸。爲實，以餘勾人立左行去表三寸爲法，除得餘股即所答木遠。合問。

邑方不知大小，各中開門。出北門三十步有木，出西門七百五十步見木，問邑方幾何？　答曰：三里。

法曰：餘勾出北門三十步餘股出西門七百五十步相乘得二万二千五百步。爲半

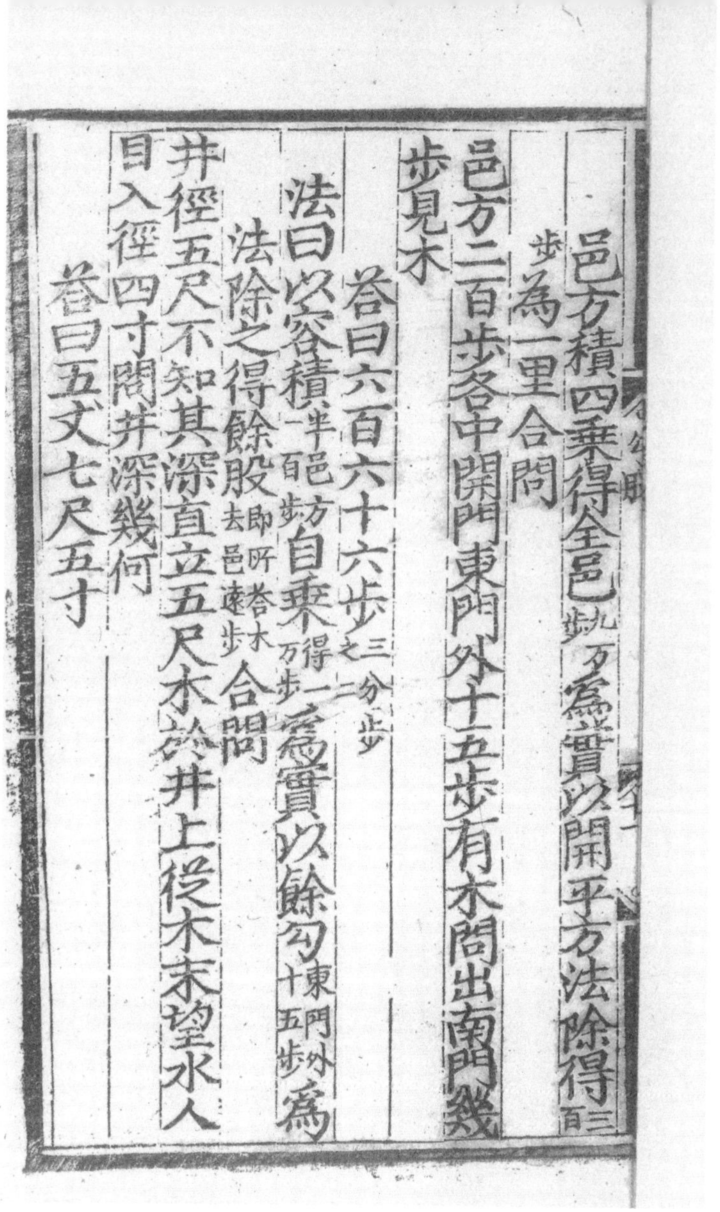

邑方積四乘得全邑九万步為實以開平方法除得三百步為一里合問
邑方二百步各中開門東門外十五步有木問出南門幾步見木
答曰六百六十六步三分步之二
法曰以容積半邑方一百步自乘得一万步為實以餘勾東門外十五步為法除之得餘股即所答木去邑遠步合問
井徑五尺不知其深直立五尺木於井上從木末望水人目入徑四寸問井深幾何
答曰五丈七尺五寸

邑方積。四乘得全邑九万步爲實。以開平方法除得三百步。爲一里。合問。

邑方二百步，各中開門。東門外十五步有木，問出南門幾步見木？

答曰：六百六十六步三分步之二。

法曰：以容積半邑方一百步自乘得一万步。爲實，以餘勾東門外十五步爲法除之，得餘股。即所答木去邑遠步。合問。

井徑五尺，不知其深，直立五尺木於井上。從木末望水，人目入徑四寸，問井深幾何？

答曰：五丈七尺五寸。

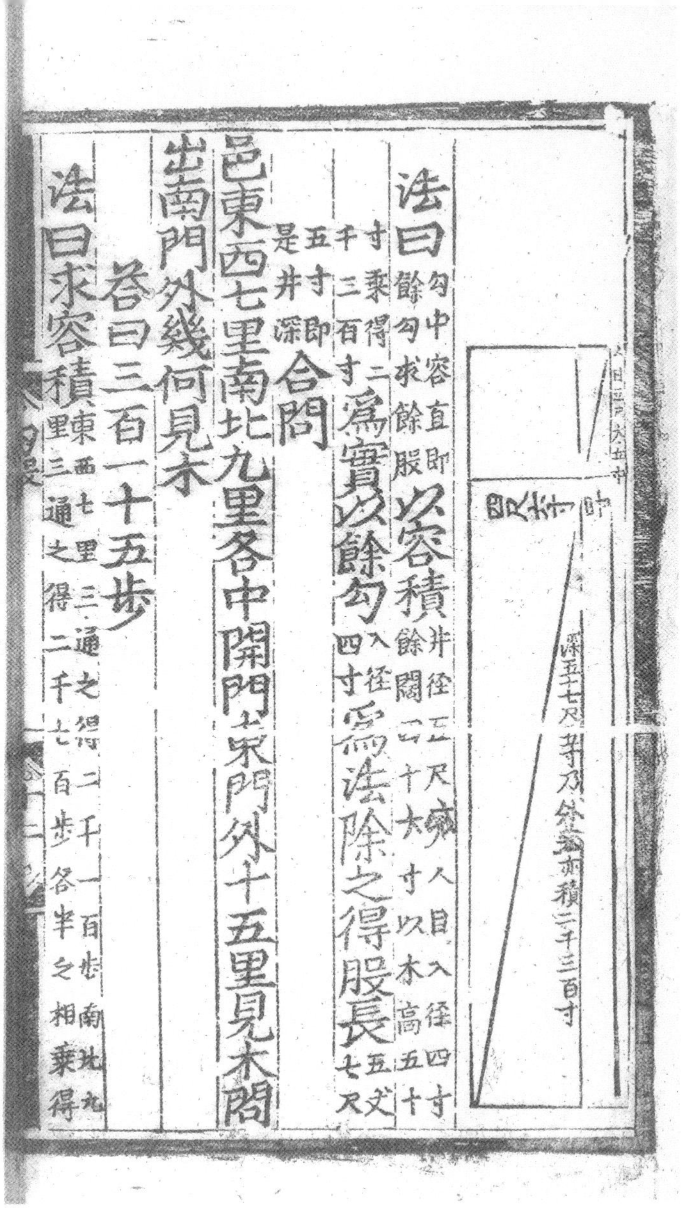

法曰：勾中容直，即餘勾求餘股。以容積井径五尺减人目入径四寸，餘闊四十六寸。以木高五十寸乘得二千三百寸。爲實。以餘勾入径四寸爲法，除之得股長。五丈七尺五寸，即是井深。合問。

邑東西七里，南北九里，各中開門。東門外十五里見木，問出南門外幾何見木？

答曰：三百一十五步。

法曰：求容積東西七里，三通之得二千一百步。南北九里，三通之得二千七百步。各半之相乘得

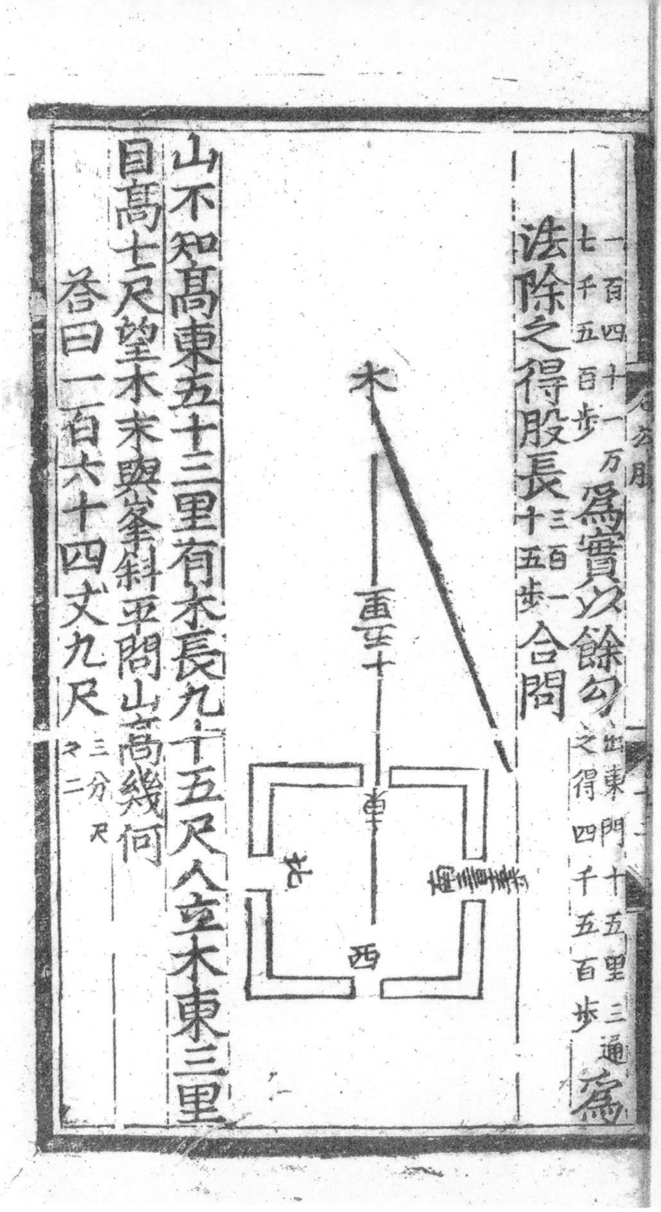

一百四十一万七千五百步。爲實。以餘勾出東門十五里，三通之得四千五百步。爲法除之，得股長三百一十五步。合問。

山不知高，東五十三里有木，長九十五尺。人立木東三里，目高七尺。望木末與峯斜平，問山高幾何？

答曰：一百六十四丈九尺三分尺之二。

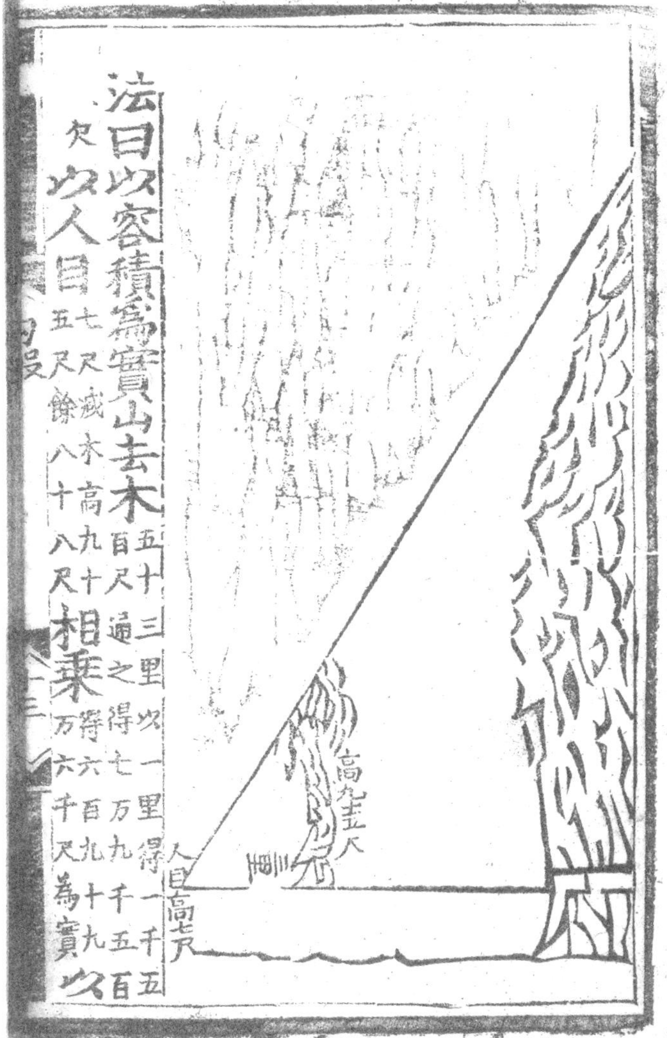

法曰：以容積爲實，山去木五十三里，以一里得一千五百尺通之，得七万九千五百尺。以人目七尺減木高九十五尺，餘八十八尺。相乘得六百九十九万六千尺爲實。以

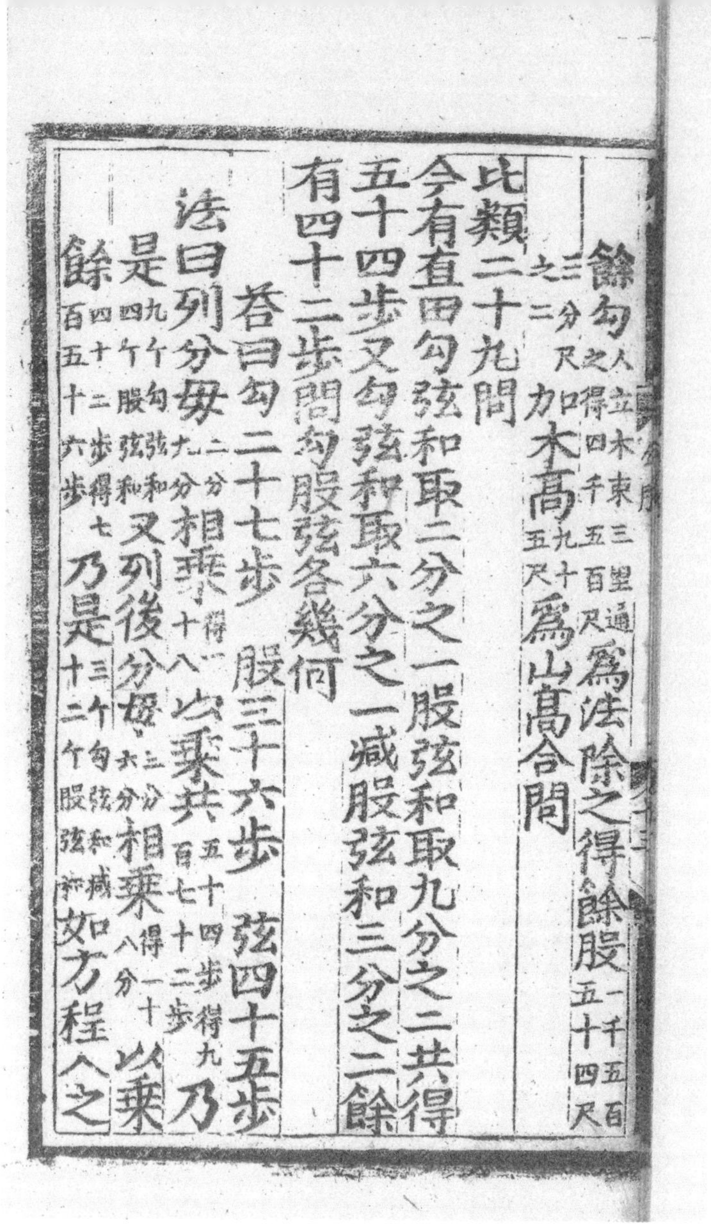

餘勾人立木東三里通之，得四千五百尺。爲法除之，得餘股一千五百五十四尺三分尺之二。加木高九十五尺爲山高。合問。

比類二十九問

今有直田，勾弦和取二分之一，股弦和取九分之二，共得五十四步。又勾弦和取六分之一，減股弦和三分之二，餘有四十二步。問勾股弦各幾何？

答曰：勾二十七步，股三十六步，弦四十五步。

法曰：列分母二分，九分。相乘得一十八。以乘共五十四步得九百七十二步。乃是九个勾弦和，四个股弦和。又列後分母三分六分相乘得一十八分。以乘餘四十二步，得七百五十六步。乃是三个勾弦和，減十二个股弦和。如方程入之。

勾弦和三爲法，股弦和十二得一百八。七百五十六得六千八百四

勾弦和九爲法，股弦和四得十二。九百七十二得二千九百一十六

乃并勾股弦和得一百二十。以三除得四十。爲法。并乘共步得九千七百二十。以三除得三千二百四十。爲實。以法除得股弦和八十一步。就以十二乘得九百七十二。以減右下七百五十六餘二百一十六以三除得勾弦和七十二步。却以股弦和八十一步乘得五千八百三十二。倍得一万一千六百六十四。爲實。以開平方法除得一百八步。即勾股弦和。副置上位以減股弦和八十一步即勾二十七步。又下位一百八步減勾弦和七十二步餘即股三十六步。又勾弦和七十二步減勾二十七步即弦四十五步。合問。

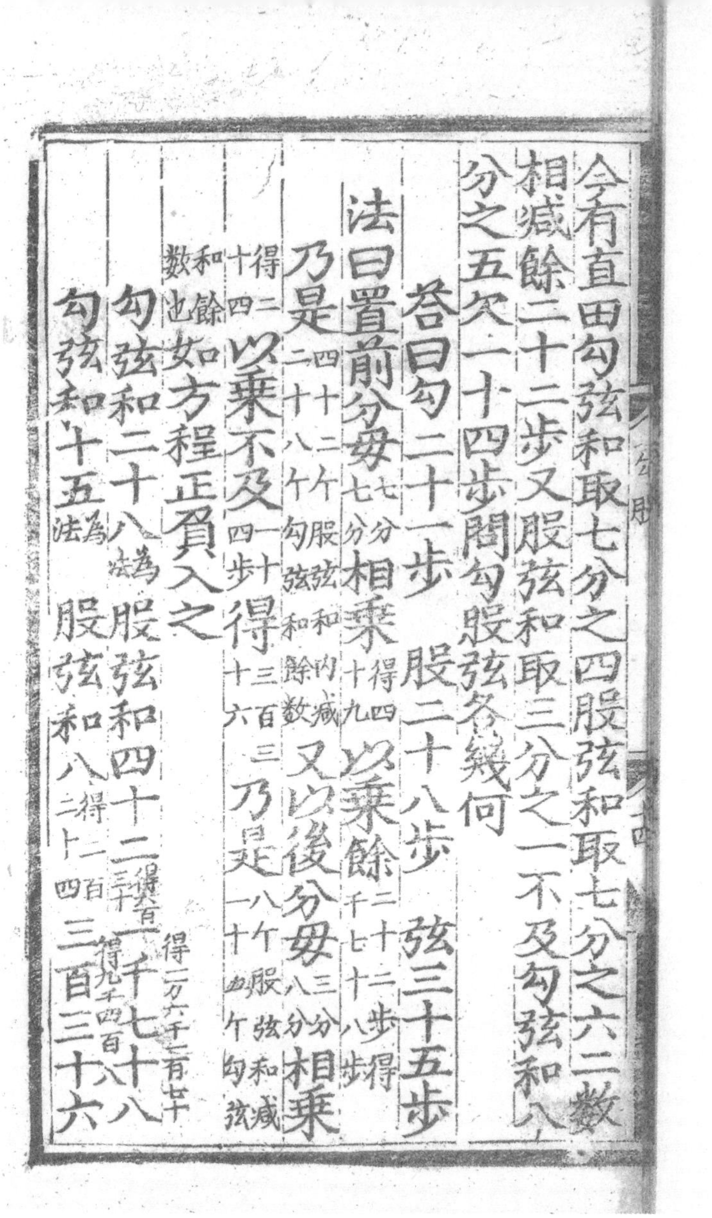

今有直田，勾弦和取七分之四，股弦和取七分之六，二數相減，餘二十二步。又股弦和取三分之一，不及勾弦和八分之五，欠一十四步，問勾股弦各幾何？

答曰：勾二十一步，股二十八步，弦三十五步。

法曰：置前分母七分，七分。相乘得四十九。以乘餘二十二步得一千七十八步。乃是四十二个股弦和内减二十八个勾弦和餘數。又以後分母三分八分相乘得二十四。以乘不及一十四步得三百三十六。乃是八个股弦和减一十五个勾弦和餘數也。如方程正負入之。

勾弦和二十八爲法　股弦和四十二得六百三十　一千七十八得一万六千一百七十

勾弦和十五爲法　股弦和八得二百二十四　三百三十六得九千四百八[1]

1“得九千四百八”，此六字各本均作單行小字，在“三百三十六”之右。

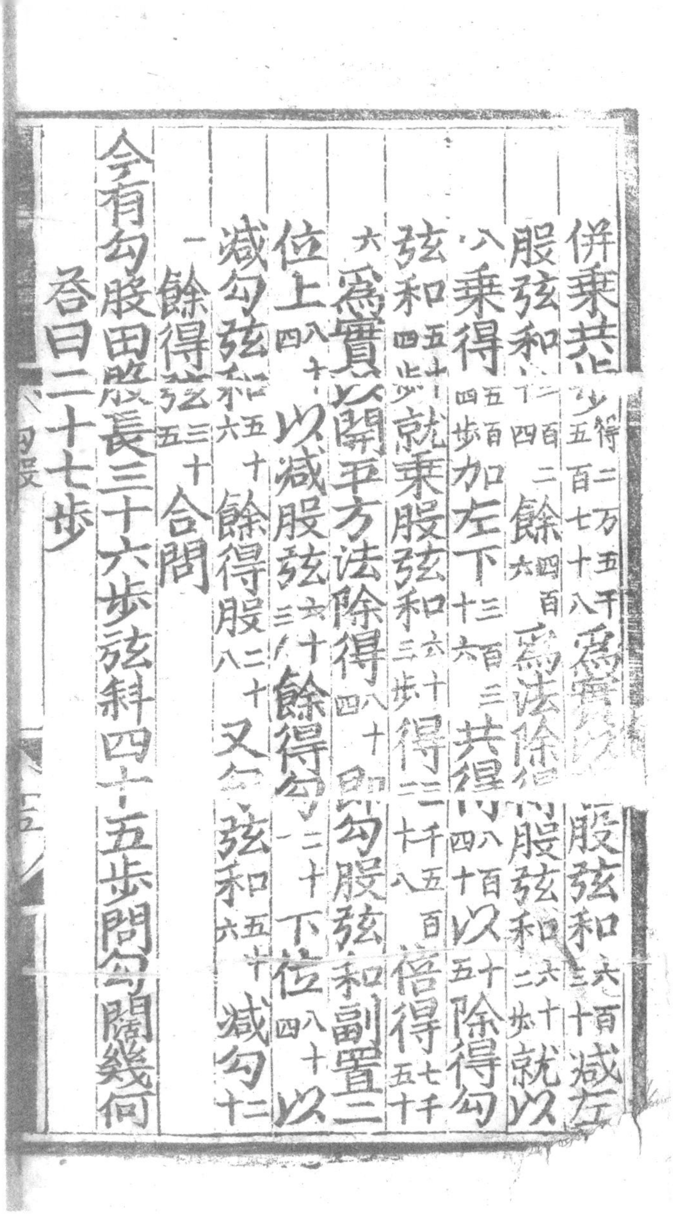

并乘共步得二万五千五百七十八。爲實。以右[1]股弦和六百三十減左股弦和二百二十四餘四百六。爲法，除得股弦和六十二步。就以八乘得五百四步。加左下三百三十六共得八百四十。以十五除得勾弦和五十四步。就乘股弦和六十二步得三千五百二十八。倍得七千五十六。爲實。以開平方法除得八十四。即勾股弦和。副置二位上八十四以減股弦六十三除得勾二十一。下位八十四以減勾弦和五十六餘得股二十八。又勾弦和五十六減勾二十一餘得弦三十五。合問。

今有勾股田，股長三十六步，弦斜四十五步，問勾闊幾何？

答曰：二十七步。

1 "右"，此字各本均不清，依題意作此。

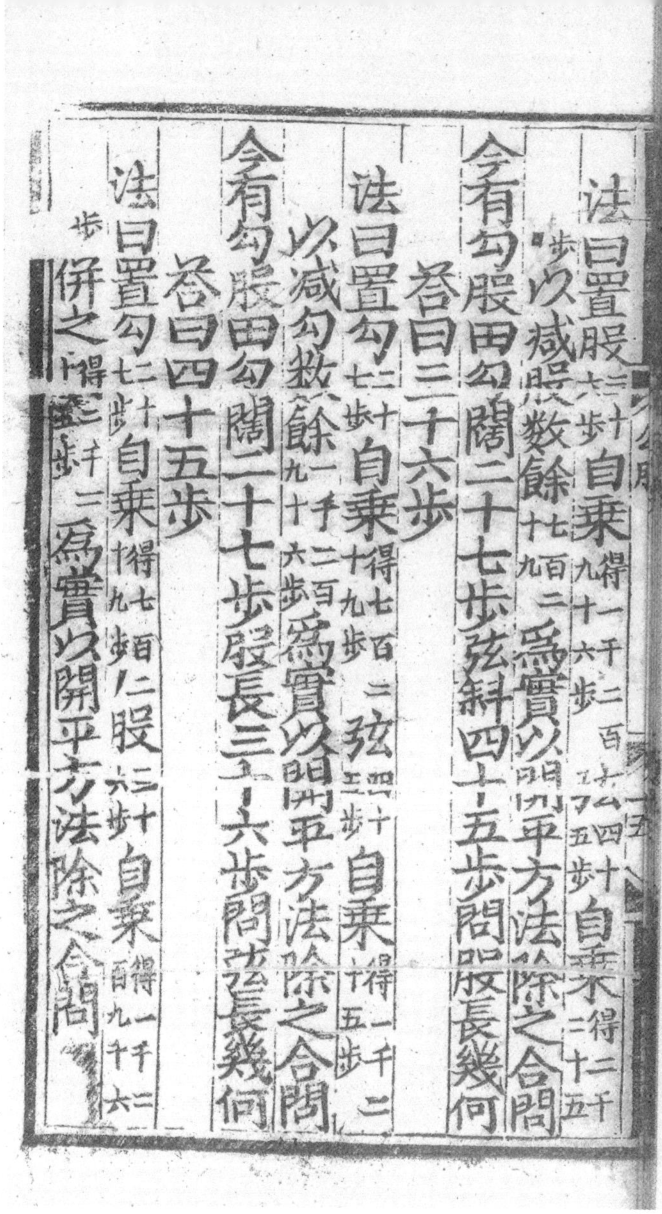

法曰：置股三十六步自乘得一千二百九十六步。弦四十五步自乘得二千二十五步。以減股數，餘七百二十九爲實，以開平方法除之。合問。

今有勾股田，勾闊二十七步，弦斜四十五步，問股長幾何？

答曰：三十六步。

法曰：置勾二十七步自乘得七百二十九步。弦四十五步自乘得一千二十五步。以減勾數，餘一千二百九十六步爲實，以開平方法除之。合問。

今有勾股田，勾闊二十七步，股長三十六步，問弦長幾何？

答曰：四十五步。

法曰：置勾二十七步自乘得七百二十九步。股三十六步自乘得一千二百九十六步。并之得三千二十五步。爲實，以開平方法除之。合問。

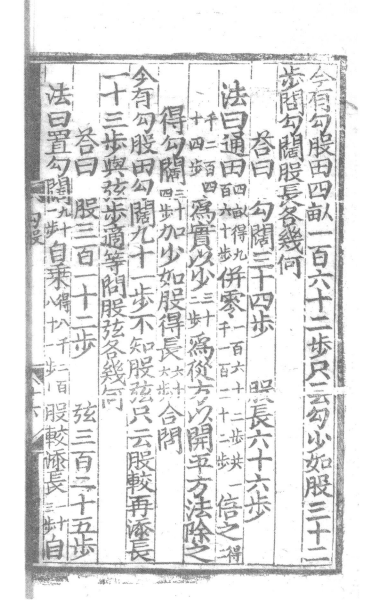

今有勾股田四畝一百六十二步，只云勾少如股三十二步，問勾闊股長各幾何？

答曰：勾闊三十四步，　股長六十六步。

法曰：通田四畝得九百六十步。并零一百六十二步共一千一百二十二步。倍之得二千二百四十四步。爲實。以少三十二步爲從方，以開平方法除之，得勾闊三十四步。加少如股得長六十六步。合問。

今有勾股田，勾闊九十一步，不知股弦，只云股較再添長一十三步與弦步適等，問股弦各幾何？

答曰：股三百一十二步，　弦三百二十五步。

法曰：置勾闊九十一步自乘得八千二百八十一步。股較添長一十三步自

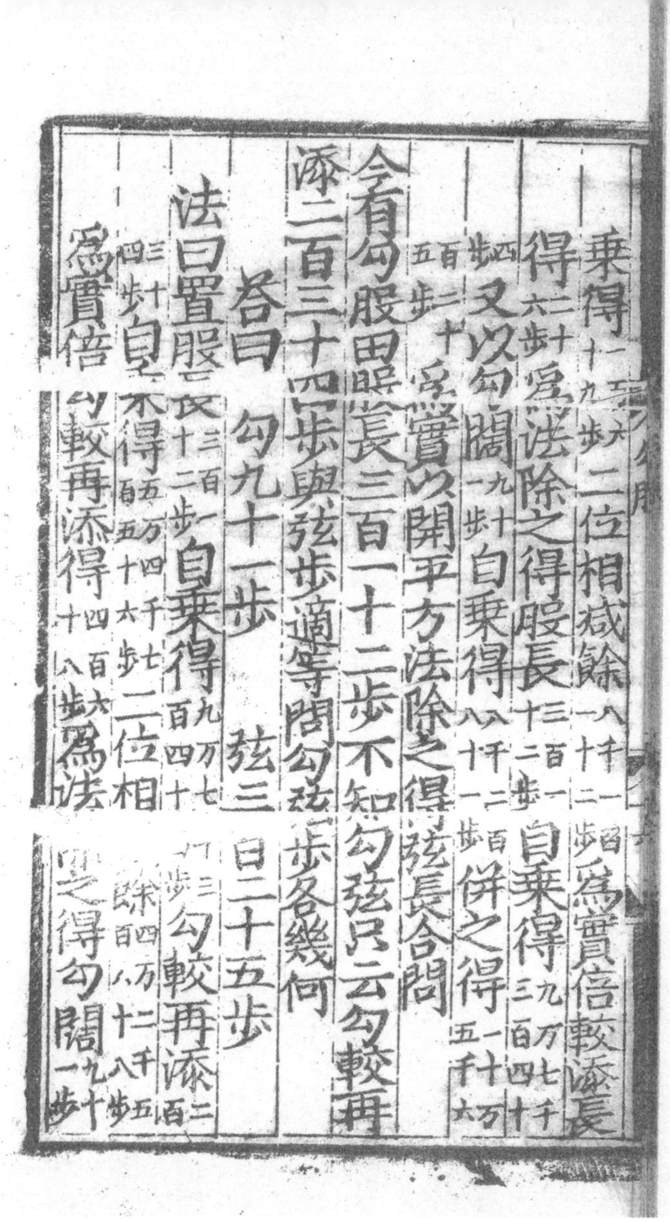

乘得一百六十九步。二位相減，餘八千一百二十二步。爲實，倍較添長得二十六步爲法。除之得股長三百一十二步。自乘得九万七千三百四十四步。又以勾闊九十二步自乘，得八千二百八十一步。并之，得一十万五千六百二十五步。爲實，以開平方法除之，得弦長。合問。

今有勾股田，股長三百一十二步，不知勾弦，只云勾較再添二百三十四步，與弦步適等。問勾弦步各幾何？

答曰：勾九十一步， 弦三百二十五步。

法曰：置股長三百一十二步自乘得九万七千三百四十四步。[1]，勾較再添二百三十四步自乘得五万四千七百五十六步。二位相減，餘四万二千五百八十八步爲實。倍勾較再添得四百六十八步。爲法，除之得勾闊九十一步。

1 "九万七千三百四十四步"之"千""四"，静嘉堂本、國家圖書館本不清，依上海圖書館本作此。

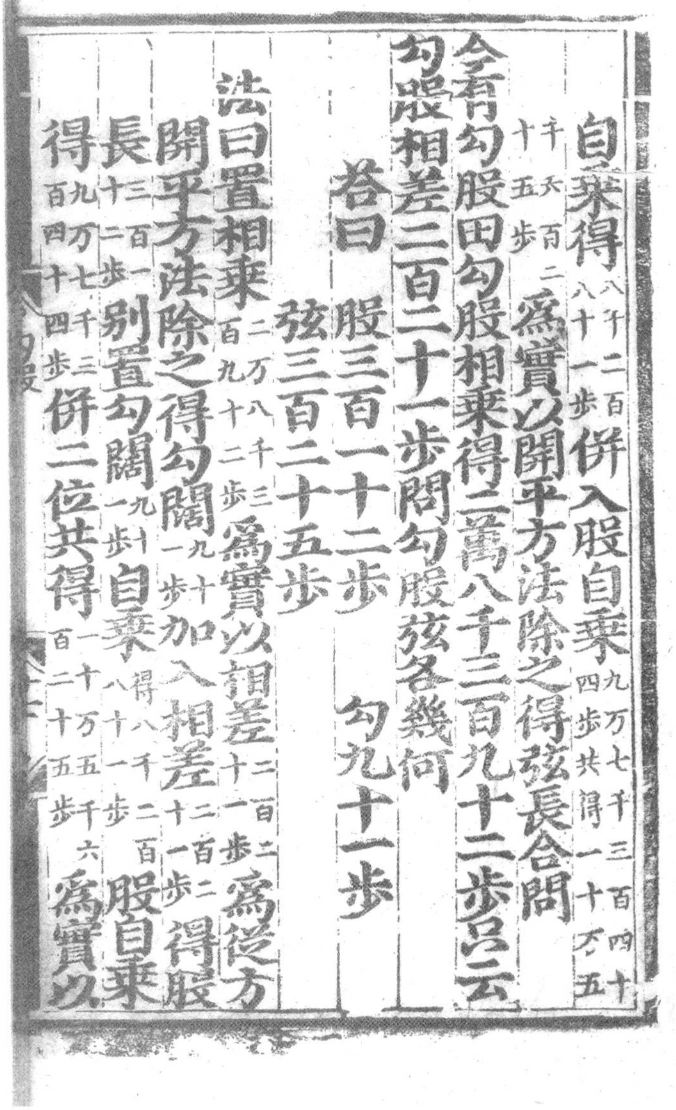

自乘得八千二百八十一步。并入股自乘九万七千三百四十四步，共得一十万五千六百二十五步。爲實，以開平方法除之，得弦長。合問。

今有勾股田，勾股相乘得二萬八千三百九十二步，只云勾股相差二百二十一步，問勾股弦各幾何?

答曰：股三百一十二步， 勾九十一步，

弦三百二十五步。

法曰：置相乘二万八千三百九十二步爲實，以相差二百二十一步爲從方，開平方法除之，得勾闊九十一步。加入相差二百二十一步得股長三百一十二步。别置勾闊九十一步自乘得八千二百八十一步。股自乘得九万七千三百四十四步。并二位共得一十万五千六百二十五步。爲實，以開平方法除之，得弦長。合問。

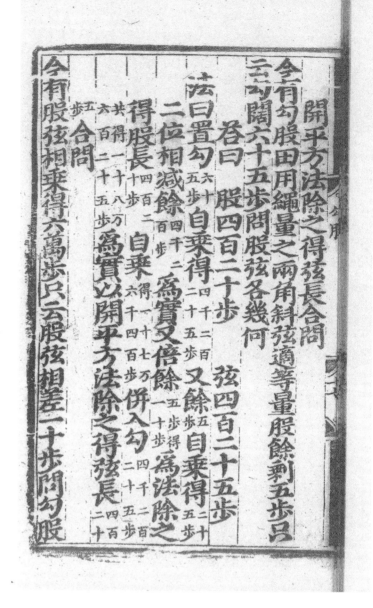

今有勾股田，用繩量之，兩角斜弦適等量，股餘剩五步，只云勾闊六十五步，問股弦各幾何？

答曰：股四百二十步， 弦四百二十五步。

法曰：置勾六十五步自乘得四千二百二十五步。又餘五步自乘得二十五步。二位相減，餘四千二百步爲實。又倍餘五步得一十步爲法，除之得股長四百二十步。自乘得一十七万六千四百步。并入勾四千二百二十五步共得一十八万六百二十五步。爲實，以開平方法除之，得弦長四百二十五步。合問。

今有股弦相乘得六萬步，只云股弦相差一十步，問勾股

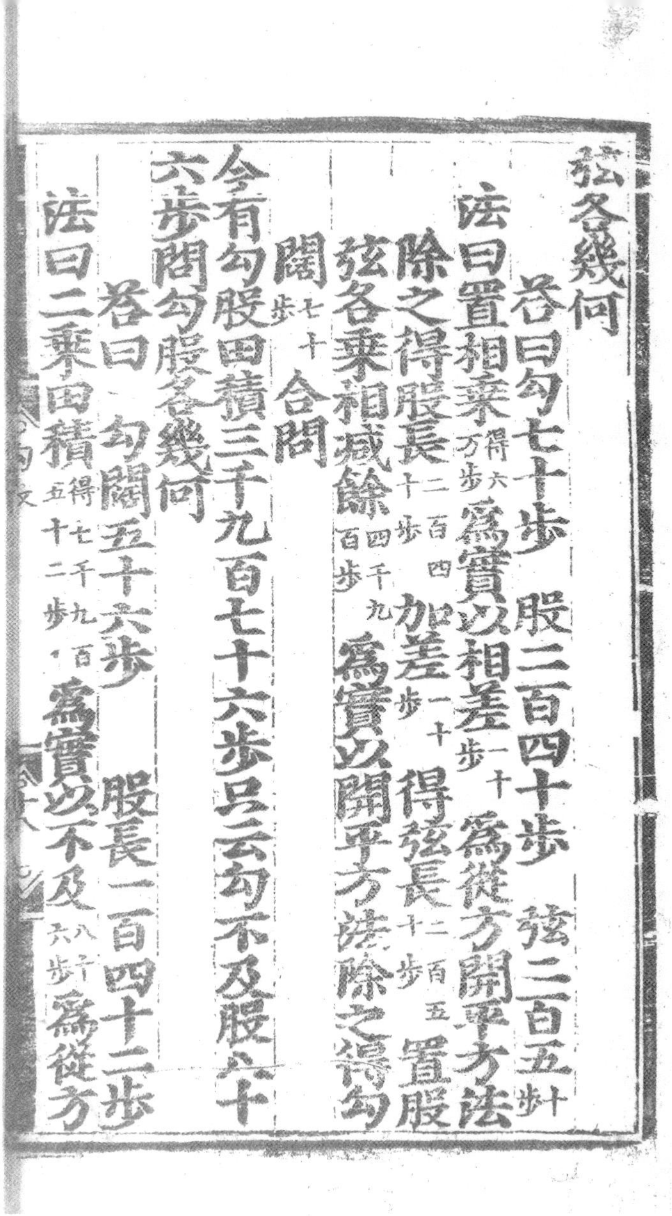

弦各幾何？

答曰：勾七十步，股二百四十步，弦二百五十步。

法曰：置相乘得六万步爲實，以相差一十步爲從方，開平方法除之，得股長二百四十步。加差一十步得弦長二百五十步。置股弦各乘相減，餘四千九百步爲實，以開平方法除之，得勾闊七十步。合問。

今有勾股田，積三千九百七十六步，只云勾不及股八十六步，問勾股各幾何？

答曰：勾闊五十六步，股長一百四十二步。

法曰：二乘田積得七千九百五十二步。爲實，以不及八十六步爲從方，開平方法除之，得勾闊五十六步。加不及得股長一百四十二步。

合問。

今有股弦相乘得六萬步，只云股弦相和四百九十步，問勾股弦各幾何？

答曰：勾七十步，股二百四十步，弦二百五十步。

法曰：置相乘六万步爲實，以和步四百九十步爲從方，開平方法除之，得股長二百四十步。減和步，餘得弦長二百五十步。次置股弦各自乘，相減餘四千九百步以開平方法除之，得勾闊七十步。合問。

今有勾股相乘得六千四十八步，只云勾股相和一百八

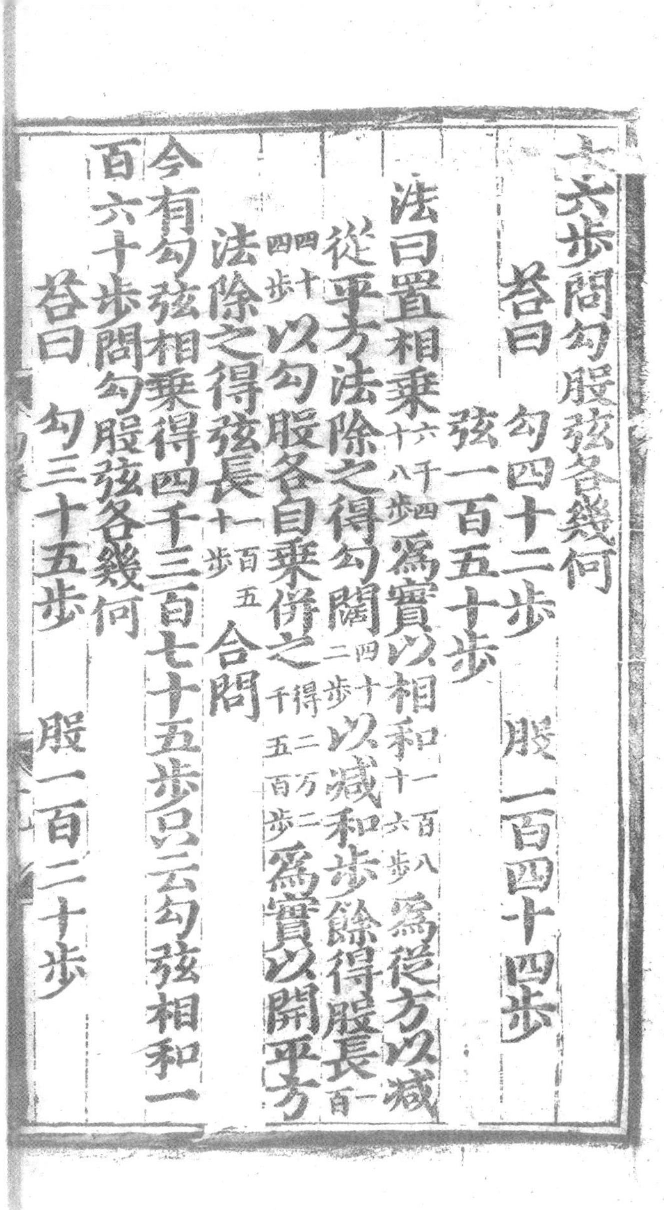

十六步，問勾股弦各幾何？

答曰：勾四十二步， 股一百四十四步，

弦一百五十步。

法曰：置相乘六千四十八步爲實，以相和一百八十六步爲從方，以減從平方法除之，得勾闊四十二步。以減和步，餘得股長一百四十四步。以勾股各自乘，并之得二万二千五百步。爲實。以開平方法除之，得弦長一百五十步。合問。

今有勾弦相乘得四千三百七十五步，只云勾弦相和一百六十步，問勾股弦各幾何？

答曰：勾三十五步， 股一百二十步，

弦一百二十五步。

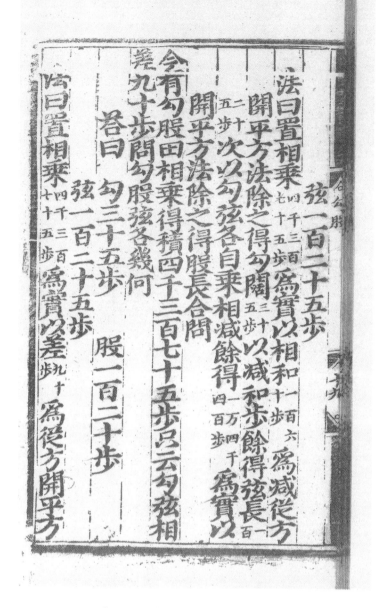

法曰：置相乘四千三百七十五步爲實，以相和一百六十步爲減從方，開平方法除之，得勾闊三十五步。以減和步，餘得弦長一百二十五步。次以勾弦各自乘，相減餘得一万四千四百步。爲實，以開平方法除之，得股長。合問。

今有勾股田相乘得積四千三百七十五步，只云勾弦相差九十步，問勾股弦各幾何？

答曰：勾三十五步， 股一百二十步，

弦一百二十五步。

法曰：置相乘四千三百七十五步爲實，以差九十步爲從方，開平方

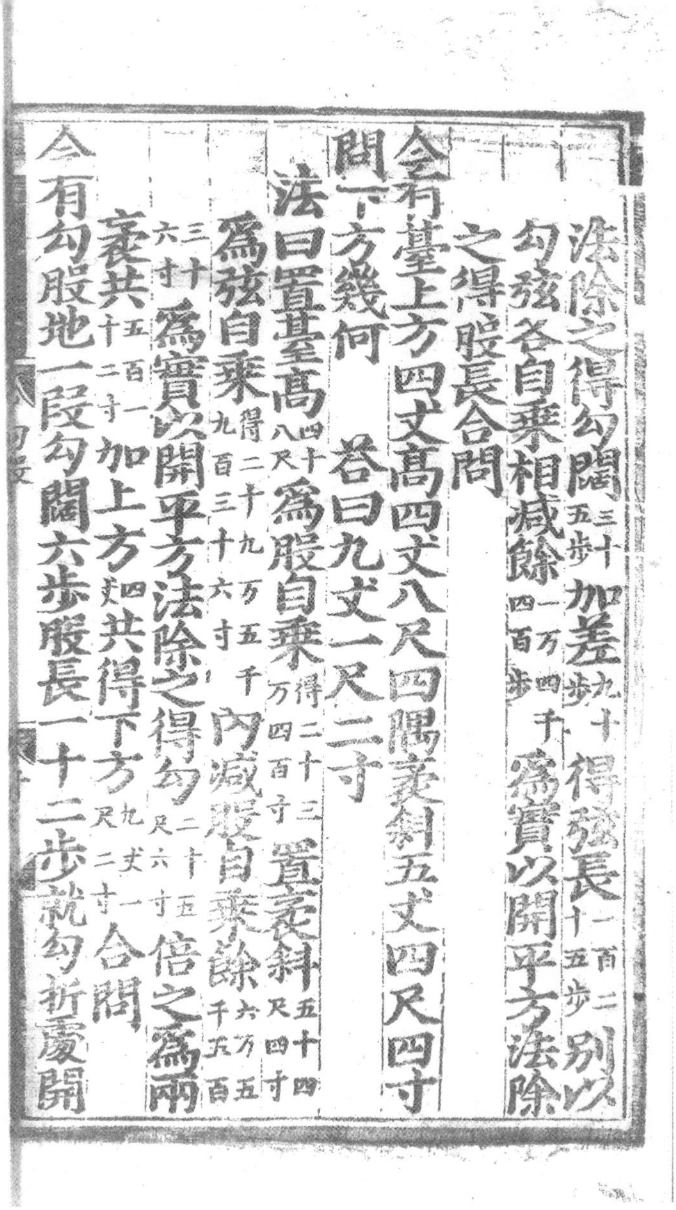

法除之，得勾闊三十五步。加差九十步得弦長一百二十五步。別以勾弦各自乘相減，餘一万四千四百步。爲實，以開平方法除之，得股長。合問。

今有臺，上方四丈，高四丈八尺，四隅衺斜五丈四尺四寸。問下方幾何？　答曰：九丈一尺二寸。

法曰：置臺高四十八尺爲股，自乘得二十三万四百寸。置衺斜五十四尺四寸爲弦，自乘得二十九万五千九百三十六寸。内減股自乘，餘六万五千五百三十六寸爲實，以開平方法除之，得勾二十五尺六寸。倍之爲兩衺，共五百一十二寸。加上方四丈共得下方九丈一尺二寸。合問。

今有勾股地一段，勾闊六步，股長一十二步，就勾折處開

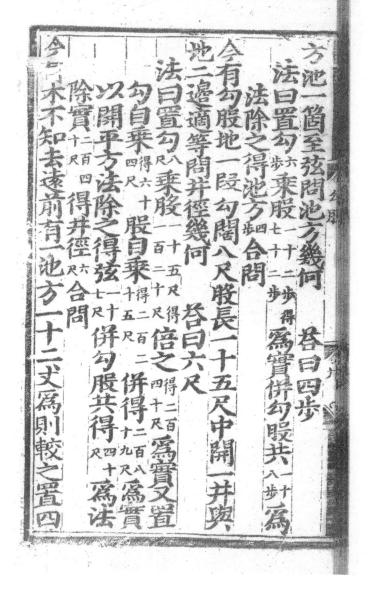

方池一箇至弦，問池方幾何？　　答曰：四步。

法曰：置勾六步乘股一十二步，得七十二步爲實。并勾股共一十八步爲法除之，得池方四步。合問。

今有勾股地一段，勾闊八尺，股長一十五尺，中開一井。與地二邊適等，問井徑幾何？　　答曰：六尺。

法曰：置勾八尺乘股一十五尺，得一百二十尺。倍之得二百四十尺。爲實。又置勾自乘得六十四尺。股自乘得二百二十五尺。并得二百八十九尺。爲實，以開平方法除之，得弦一十七尺。并勾股共得四十尺。爲法，除實二百四十尺。得井徑六尺。合問。

今有木不知去遠，前有一池，方一十二丈，爲則較之，置四

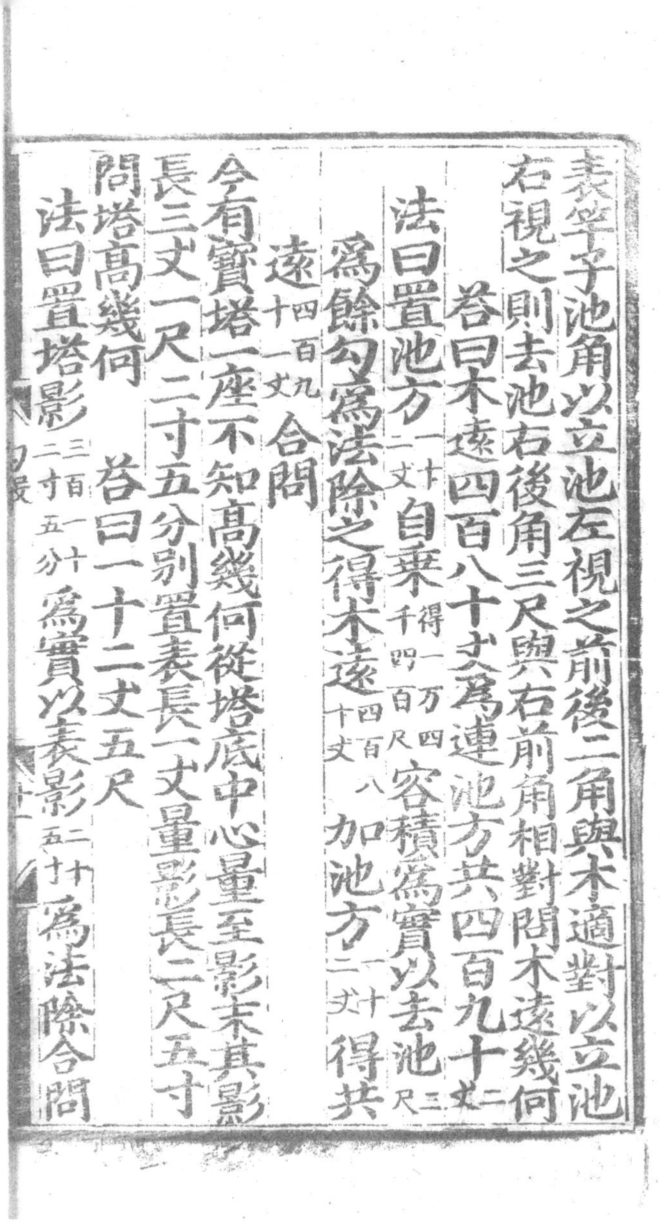

表竿子，池角以立。池左視之，前後二角與木適對。以立池右視之，則去池右後角三尺，與右前角相對，問木遠幾何？

答曰：木遠四百八十丈，爲連池方共四百九十二丈。

法曰：置池方一十二丈自乘得一万四千四百尺。容積爲實，以去池三尺爲餘勾爲法除之，得木遠四百八十丈。加池方一十二丈得共遠四百九十一丈。合問。

今有寶塔一座，不知高幾何。從塔底中心量至影末，其影長三丈一尺二寸五。分別置表長一丈，量影長二尺五寸。問塔高幾何？　答曰：一十二丈五尺，

法曰：置塔影三百一十二寸五分爲實，以表影二十五寸爲法除，合問。

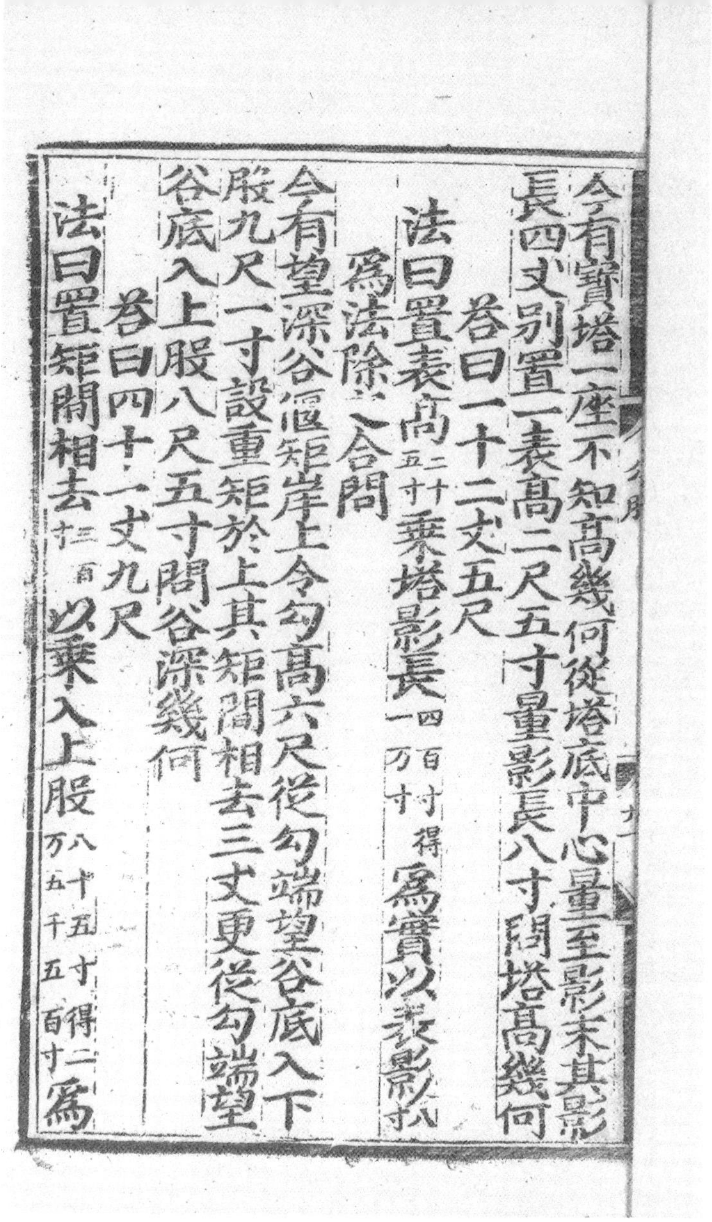

今有寳塔一座，不知高幾何。從塔底中心量至影末，其影長四丈。别置一表，高二尺五寸，量影長八寸，問塔高幾何？

答曰：一十二丈五尺。

法曰：置表高二十五寸乘塔影長四百寸得一万寸。爲實，以表影八寸爲法除之。合問。

今有望深谷，偃矩岸。上令勾高六尺，從勾端望谷底，入下股九尺一寸。設重矩於上，其矩間相去三丈，更從勾端望谷底，入上股八尺五寸，問谷深幾何？

答曰：四十一丈九尺

法曰：置矩間相去三百寸以乘入上股八十五寸，得二万五千五百寸。爲實。以上股八十五寸減入下股九十一尺餘六寸爲法，除之得四千二百五十寸。內減勾高六十寸，餘得谷深四千一百九十寸。合問。

又法：以矩間相去三百寸乘入下股九十一寸，得二万七千三百寸。爲實。以入上下股相減，餘六十爲法，除之得四千五百五十寸。內減勾爲六十寸及矩間相去三百寸。餘得，谷深四十一丈九尺。合問。

今有東南望波口，立兩表，南北相去九丈，以索薄地連之。當北表之西，却行去表六丈，薄地遥望波口南岸，入索北端四丈二寸。以望北岸，入前所望表裏一丈二尺。又却行後去表一十三丈五尺，薄地遥望波口南岸，與南表參合。問波口廣幾何？　答曰：一里二百四十步。

法曰：以後表却行（一千三百五十寸）乘入索（四百二寸，得五十四万二千七百寸。）以兩表相去（九百寸）除之（得六百三寸。）内減前表却行（六百寸）餘（三寸）爲法。又置從後去表（一千三百五十寸）内減前去表（六百寸）餘（七百五十寸。）乘所望表裹（一百二十寸，得九万寸。）以法（二寸）除之（得三万寸。）爲實。以里法（一万八千寸）除之（得一里。）餘（寸以步法除得二百四十步。）合問。

今有登山臨邑，邑在山南，偃矩山上，勾高三尺五寸，勾端與邑東南隅及東北隅參相直。從勾端遥望東北隅，入下股一丈二尺。又横勾於入股之外，從勾端望西北隅，入横勾五尺。東南隅入下股一丈八尺。又設重矩於上矩，間相

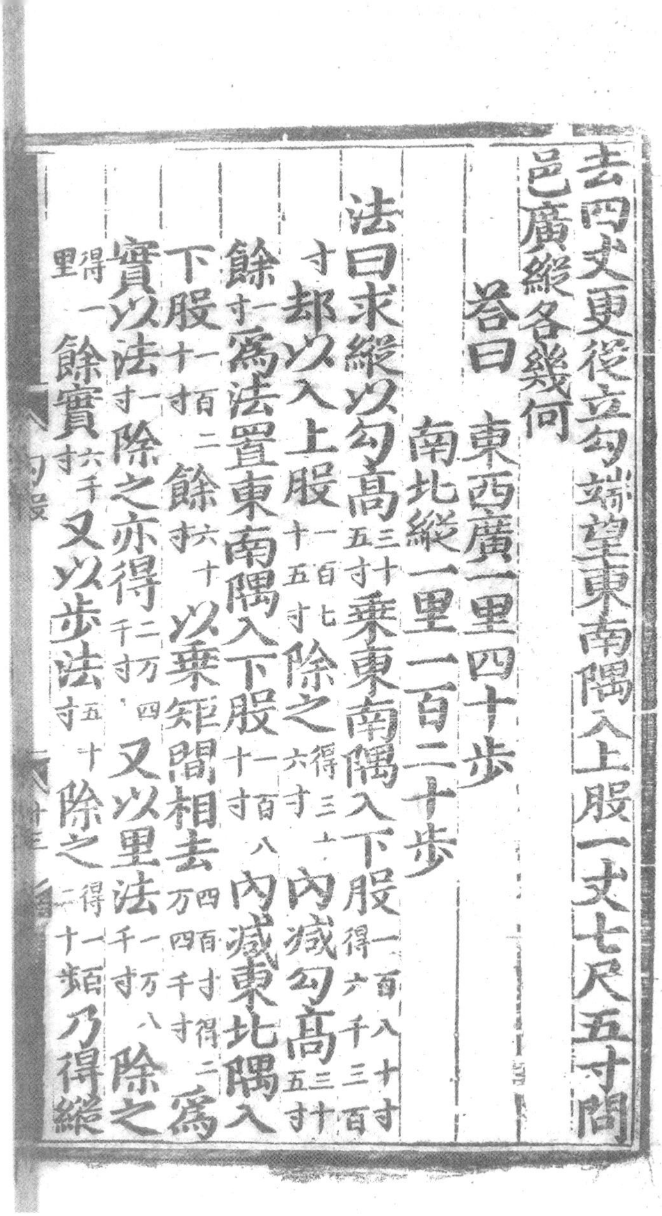

去四丈。更從立勾端望東南隅，入上股一丈七尺五寸。問邑廣縱各幾何？

答曰：東西廣一里四十步，

南北縱一里一百二十步。

法曰：求縱：以勾高三十五寸乘東南隅入下股一百八十寸，得六千三百寸。却以入上股一百七十五寸除之得三十六寸。內減勾高三十五寸餘一寸爲法。置東南隅入下股一百八十寸內減東北隅入下股一百二十寸餘六十寸。以乘矩間相去四百寸，得二萬四千寸。爲實。以法一寸除之，亦得二萬四千寸。又以里法一萬八千寸除之，得一里。餘實六千寸。又以步法五十寸除之得一百二十步。乃得縱

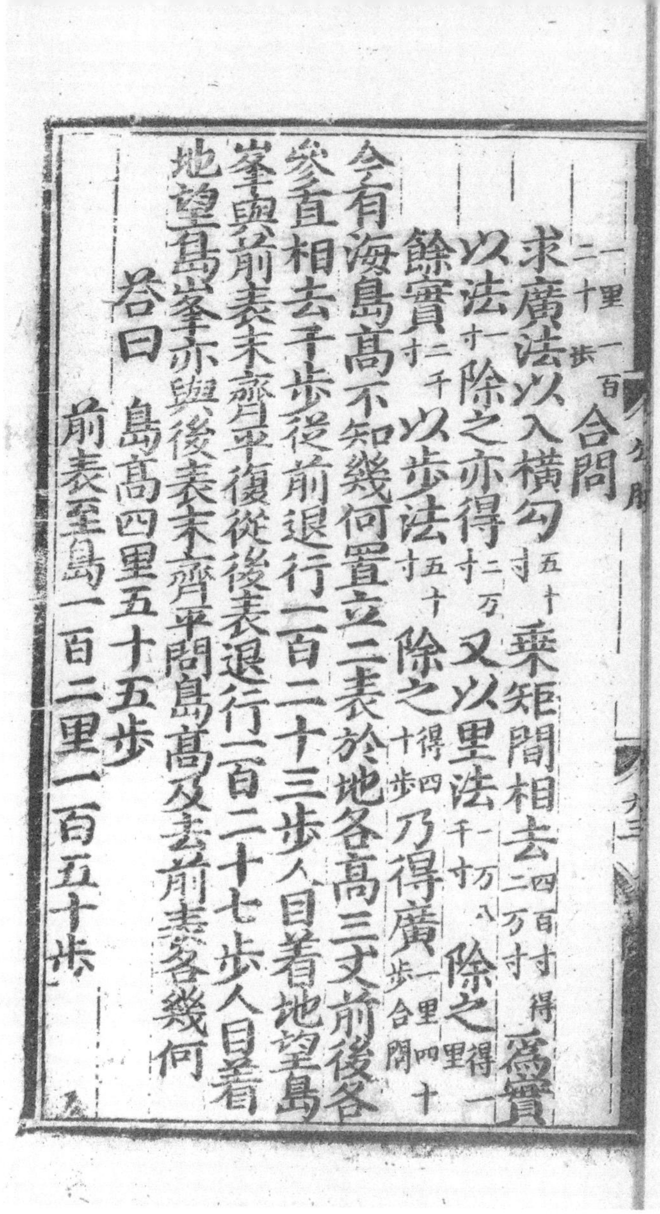

一里一百二十步合問
求廣法以入橫勾五十寸乘矩間相去四百寸得二万寸爲實
以法一寸除之亦得二万寸又以里法一万八千寸除之得一里
餘實二千寸以步法五十寸除之得四十步乃得廣一里四十步合問
今有海島高不知幾何置立二表於地各高三丈前後各
參直相去千步從前退行一百二十三步人目着地望島
峯與前表末齊平復從後表退行一百二十七步人目着
地望島峯亦與後表末齊平問島高及去前表各幾何
荅曰　島高四里五十五步
前表至島一百二里一百五十步

一里一百二十步。合問。

求廣法：以入橫勾五十寸乘矩間相去四百寸，得二万寸爲實。

以法一寸除之，亦得二万寸。又以里法一万八千寸除之得一里。

餘實二千寸。以步法五十寸除之得四十步。乃得廣一里四十步。合問。

今有海島，高不知幾何。置立二表於地，各高三丈。前後各參直，相去千步。從前退行一百二十三步，人目着地望島，峯與前表末齊平。復從後表退行一百二十七步，人目着地望島峯，亦與後表末齊平。問島高及去前表各幾何？

答曰：島高四里五十五步，

前表至島一百二里一百五十步。

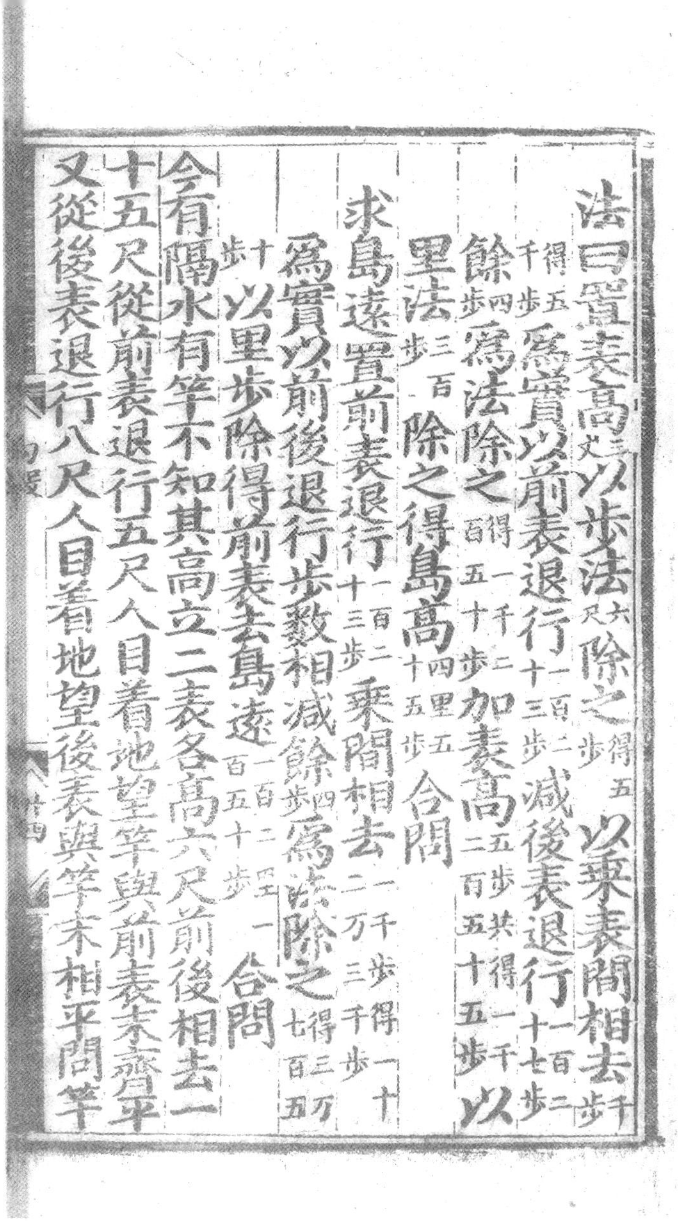
法曰置表高三丈以步法六尺除之得五步以乘表間相去千步
得五千步爲實以前表退行一百二十三步減後表退行一百二十七步
餘四步爲法除之得一千二百五十步加表高五步共得一千二百五十五步以
里法三百步除之得島高四里五十五步合問
求島遠置前表退行一百二十三步乘間相去一千步得一十二万三千步
爲實以前後退行步數相減餘四步爲法除之得三万七百五
十步以里步除得前表去島遠一百二里一百五十步合問
今有隔水有竿不知其高立二表各高六尺前後相去一
十五尺從前表退行五尺人目着地望竿與前表末齊平
又從後表退行八尺人目着地望後表與竿末相平問竿

法曰：置表高三丈，以步法六尺除之得五步。以乘表間，相去千步，得五千步。爲實。以前表退行一百二十三步減後表退行一百二十七步餘四步爲法，除之得一千二百五十步。加表高五步，共得一千二百五十五步。以里法三百步除之，得島高四里五十五步。合問。

求島遠：置前表退行一百二十三步乘間相去一千步，得一十二万三千步。爲實。以前後退行步數相減，餘四步爲法，除之得三万七百五十步。以里步除得前表去島遠一百二里一百五十步。合問。

今有隔水有竿，不知其高。立二表各高六尺，前後相去一十五尺，從前表退行五尺。人目着地望竿，與前表末齊平。又從後表退行八尺，人目着地望後表，與竿末相平。問竿高及前去竿各幾何？

答曰：竿高三十六尺，前表去竿隔水二十五尺。

法曰：置表高六尺乘表間相去一十五尺，得九十尺，爲實。以二表退行八尺五尺相減餘三尺爲法，除之得三十尺。加表高六尺，得三十六尺。

又法：置前表退行五尺乘相去一十五尺得七十五尺，爲實。以二表退行相減餘三尺爲法除之，得前表去竿二十五尺。合問。

今有隔水有竿，不知其高。立二表各高一丈，前後相去一十五尺。從前表退行五尺，人目高四尺，望竿與前表末齊平。又從後表退行八尺，人目高四尺，望竿與後表末齊平。問竿高及前表去竿各幾何？

答曰：竿高四十尺，前表去竿隔水二十五尺。

法曰：置表高一丈減人目四尺餘六尺。以乘相去一十五尺得九十尺。爲實。以二表退行相減餘三尺爲法，除之得三十尺。加表高一十尺得竿高四十尺。合問。

又法：置前表退行五尺乘相去一十五尺，得七十五尺。爲實。以二表退行相減，餘三尺爲法，除之，得前表去竿二十五尺。合問。

今有望松生山上，不知高下。立兩表齊高二丈，前後相却五十步。令後表與前表叅相直，從前表却行七步四尺。人目薄地，遥望松末，與表端參合。又望松本，入表二尺八寸，復後表八步五尺，薄地遥望松末，亦與表端參合，問松高及山去表各幾何？

答曰：松高一十二丈二尺八寸，

山去表一百九十七丈一尺七分尺之三。

法曰：置兩表間五十步以步尺法六尺通之得三百尺。乘入表二尺八寸，得八百四十尺。爲實，以前表却行七步四尺通作四十六尺。去後表八步五尺通作五十三尺。二位相減，餘七尺爲法除之得一百二十尺。加入表二尺八寸共得松高一十二丈二尺八寸。〇求表去山遠近：置間三百尺以前表却行四十六尺乘之得一万三千八百尺。爲實。以相多七尺爲法，除之得一千九百七十一尺。餘實三尺，與法命之，爲七錢尺之三。合問。

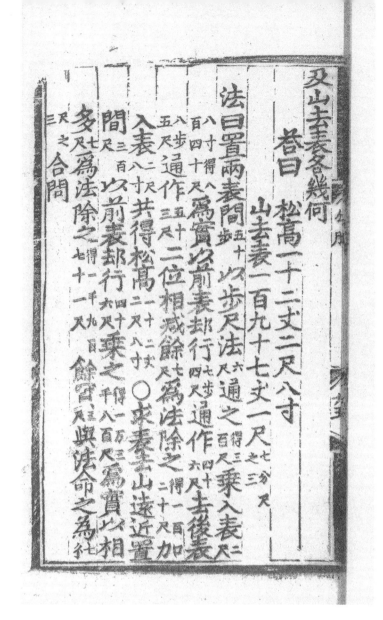

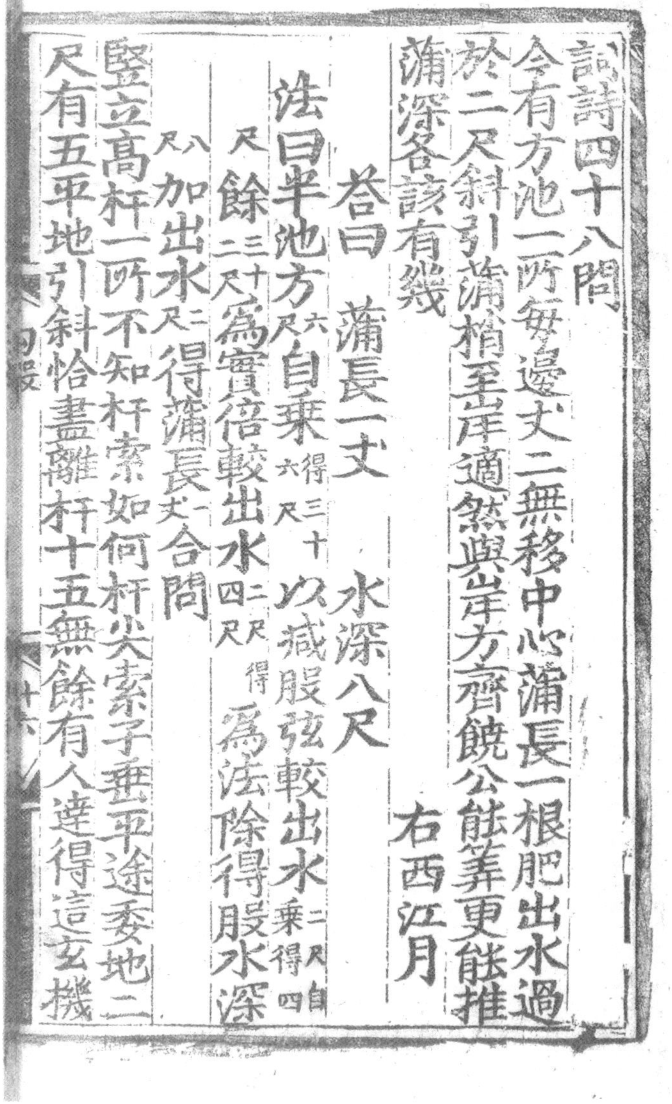

詞詩四十八問

今有方池一所，每邊丈二無移。中心蒲長一根肥，出水過於二尺。斜引蒲梢至岸，適然與岸方齊。饒公能筭更能推，蒲深各該有幾?　　右西江月

答曰：蒲長一丈　水深八尺

法曰：半池方六尺自乘得三十六尺。以減股弦較，出水二尺，自乘得四尺餘三十二尺。爲實。倍較出水二尺，得四尺爲法，除得股水深八尺加出水二尺。得蒲長一丈合問。

竪立高杆一所，不知杆索如何。杆尖索子垂平途，委地二尺有五。平地引斜恰盡，離杆十五無餘。有人達得這玄機，

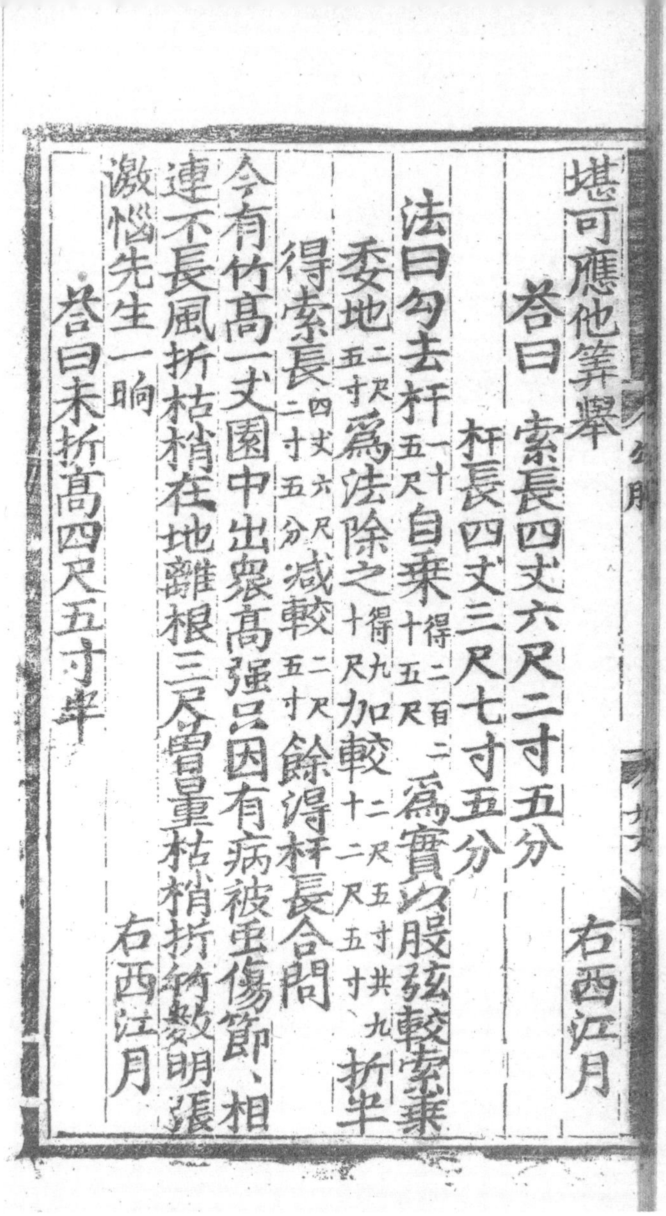

堪可應他筭舉　右西江月
荅曰　索長四丈六尺二寸五分
杆長四丈三尺七寸五分
法曰勾去杆一十五尺自乘得二百二十五尺爲實以股弦較索乘
委地二尺五寸爲法除之得九十尺加較二尺五寸共九十二尺五寸折半
得索長四丈六尺二寸五分減較二尺五寸餘得杆長合問
今有竹高一丈園中出衆高强只因有病被虫傷節節相
連不長風折枯梢在地離根三尺曽量枯梢折竹數明張
激惱先生一晌　右西江月
荅曰未折高四尺五寸半

堪可應他筭舉。　　右西江月

答曰：索長四丈六尺二寸五分，

杆長四丈三尺七寸五分。

法曰：勾去杆一十五尺自乘得二百二十五尺。爲實，以股弦較索乘委地二尺五寸爲法除之得九十尺。加較二尺五寸，共九十二尺五寸。折半，得索長四丈六尺二寸五分。減較二尺五寸餘得杆長。合問。

今有竹高一丈，園中出衆高强。只因有病被虫傷，節節相連不長。風折枯梢在地，離根三尺曾量。枯梢折竹數明張，激惱先生一晌。　　右西江月

答曰：未折高四尺五寸半。

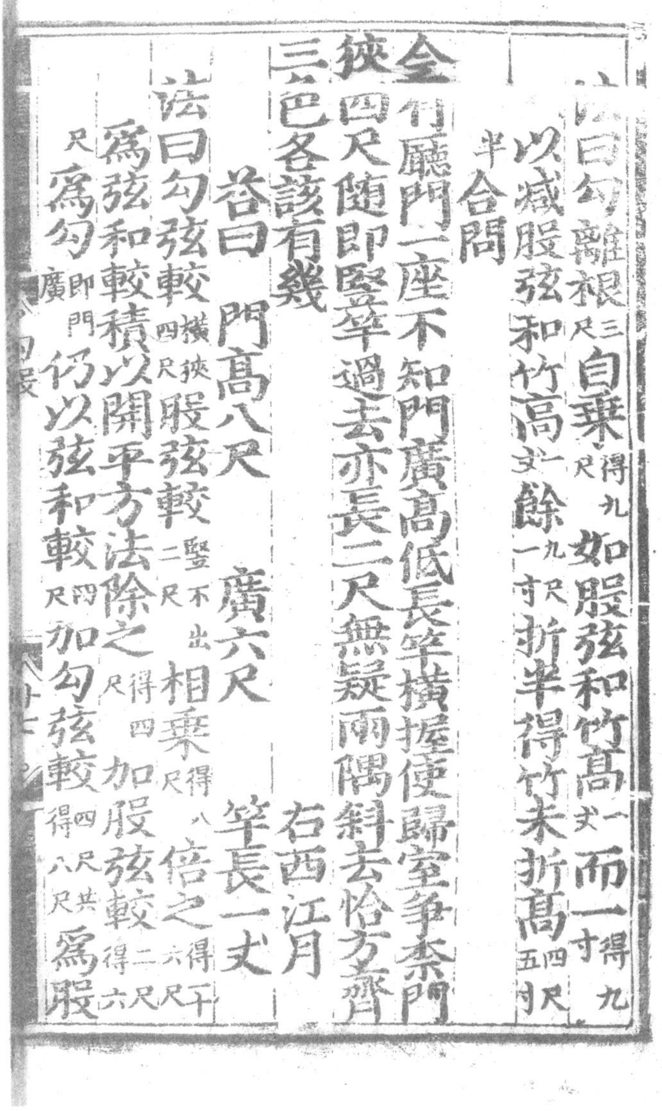

法曰：勾離根三尺自乘得九尺。如股弦和竹高一丈而一得九寸。以減股弦和竹高一丈餘九尺一寸。折半，得竹未折高四尺五寸半。合問。

今有廳門一座，不知門廣高低。長竿橫握使歸室，争柰門狹四尺。隨即竪竿過去，亦長二尺無疑。兩隅斜去恰方齊，三色各該有幾？　右西江月

答曰：門高八尺，　廣六尺，　竿長一丈。

法曰：勾弦較橫狹四尺股弦較竪不出二尺相乘得八尺。倍之得一十六尺。爲弦和較積。以開平方法除之得四尺。加股弦較二尺得六尺爲勾即門廣。仍以弦和較四尺加勾弦較四尺，得八尺。共爲股

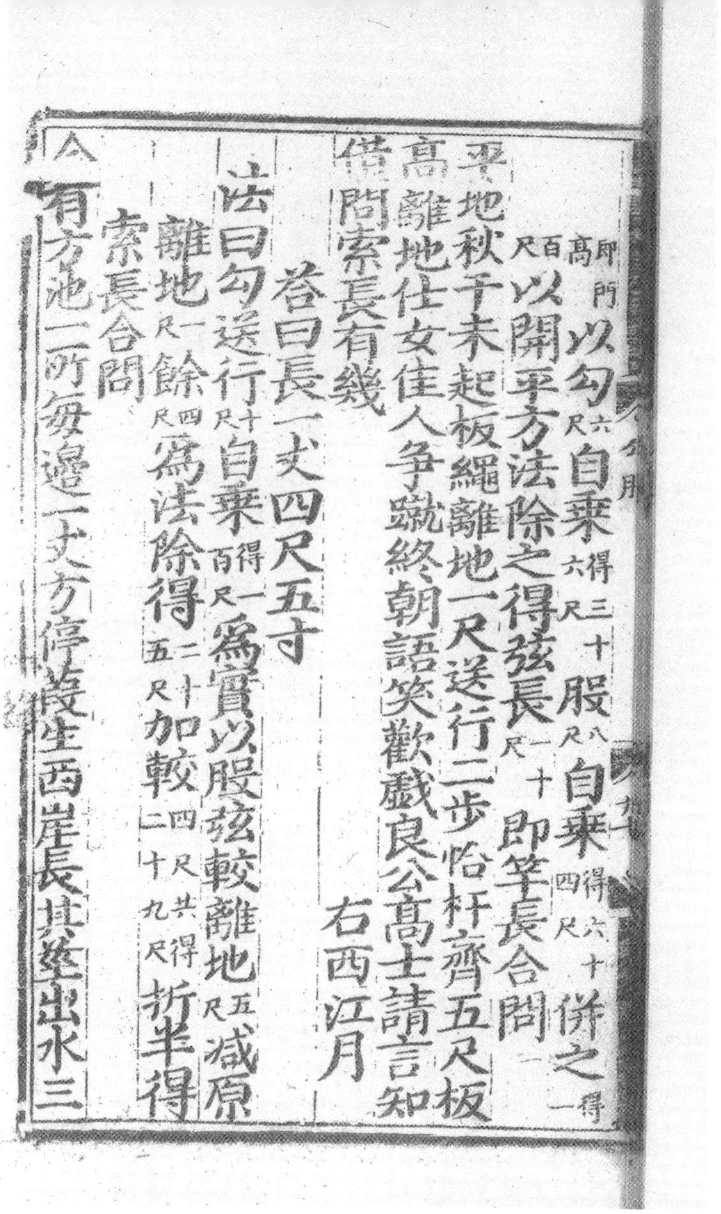

即門高。以勾六尺自乘得三十六尺。股八尺自乘得六十四尺。并之得一百尺。以開平方法除之，得弦長一十尺。即竿長。合問。

平地秋千未起，板繩離地一尺。送行二步恰杆齊，五尺板高離地。仕女佳人争蹴，終朝語笑歡戲。良公高士請言知，借問索長有幾？　　右西江月

答曰：長一丈四尺五寸。

法曰：勾送行十尺自乘得一百尺。爲實，以股弦較離地五尺減原離地一尺餘四尺爲法。除得二十五尺。加較四尺，共得二十九尺。折半，得索長。合問。

今有方池一所，每邊一丈方停。葭生西岸長其莖，出水三

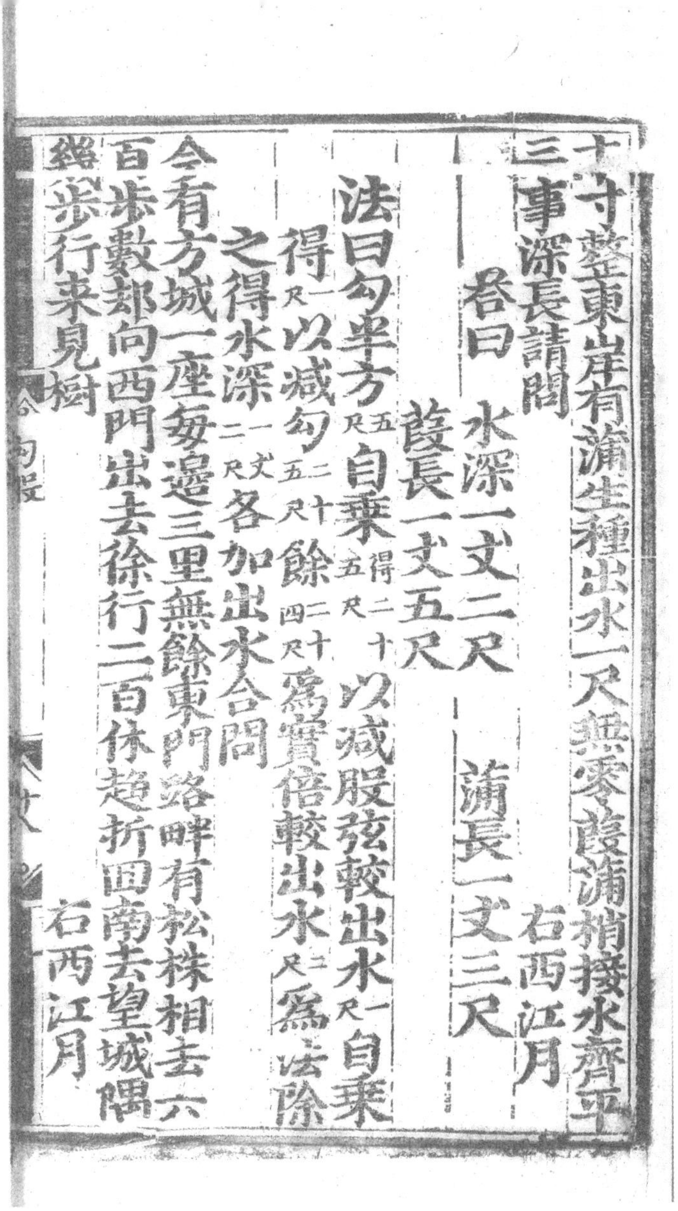

十寸整。東岸有蒲生種，出水一尺無零。葭蒲梢接水齊平，三事深長請問。　　　　右西江月

答曰：水深一丈二尺，　蒲長一丈三尺，

葭長一丈五尺。

法曰：勾半方五尺自乘得二十五尺。以減股弦較出水一尺自乘得一尺。以減勾二十五尺餘二十四尺。爲實。倍較出水二尺爲法，除之得水深一丈二尺。各加出水。合問。

今有方城一座，每邊三里無餘。東門路畔有松株，相去六百步數。却向西門出去，徐行二百休�趙。折回南去望城隅，幾步行来見樹?　　　　右西江月

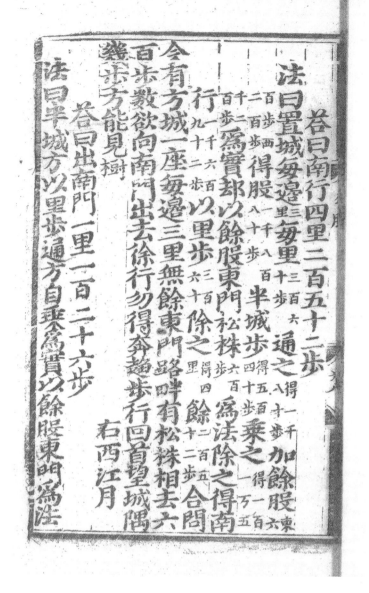

答曰：南行四里二百五十二步。

法曰：置城每邊三里，每里三百六十步通之得一千八十步。加餘股東六百步西二百步。得股一千八百八十步。半城步得五百四十步。乘之得一百一万五千二百步。爲實，却以餘股東門松株六百步爲法，除之，得南行一千六百九十二步。以里步三百六十除之得四里。餘二百五十二步。合問。

今有方城一座，每邊三里無餘。東門路畔有松株，相去六百步數。欲向南門出去，徐行勿得奔趋。步行回首望城隅，幾步方能見樹？　　右西江月

答曰：出南門一里一百二十六步。

法曰：半城方以里步通，方自乘爲實，以餘股東門爲法，

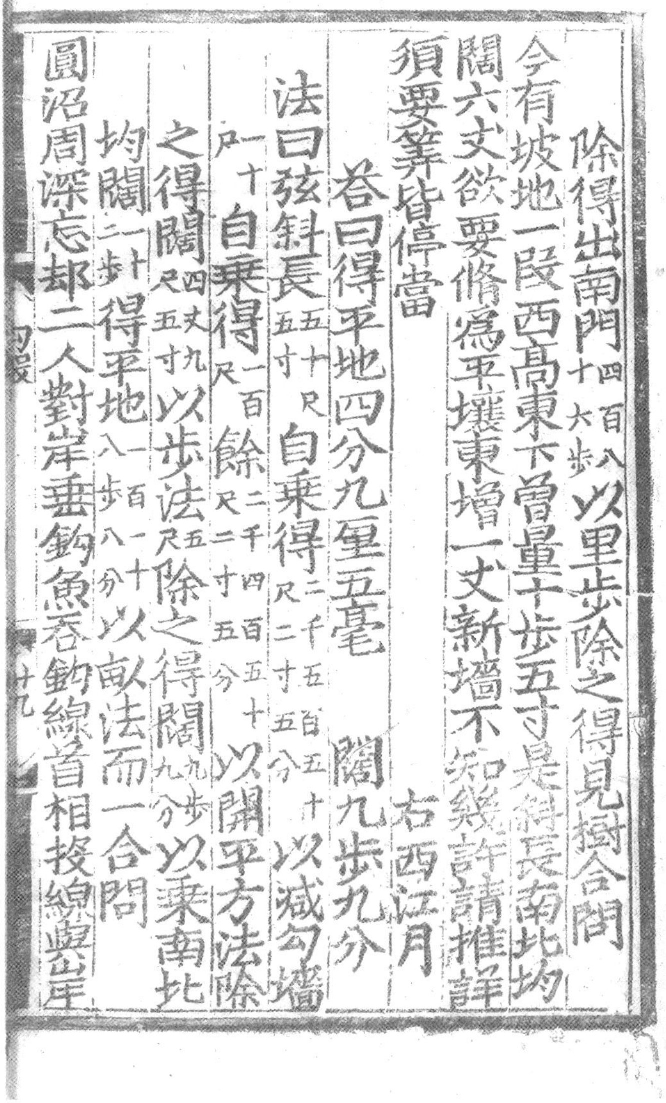

除得出南門四百八十六步。以里步除之，得見樹。合問。

今有坡地一段，西高東下曾量。十步五寸是斜長，南北均闊六丈。欲要脩爲平壤，東增一丈新墻。不知幾許請推詳，須要筭皆停當。　　右西江月

答曰：得平地四分九厘五毫，　闊九步九分。

法曰：弦斜長五十尺五寸自乘得二千五百五十尺二寸五分。以減勾墻一十尺自乘得一百尺。餘二千四百五十尺二寸五分。以開平方法除之，得闊四丈九尺五寸。以步法五尺除之，得闊九步九分。以乘南北均闊二十二步得平地一百一十八步八分。以畝法而一。合問。

圓沼周深忘却，二人對岸垂鈎。魚吞鈎線首相投，線與岸

平無謬。甲線半尺出水，乙線一尺增浮。六之徑線等雙周，知者筭中少有。　　　　右西江月

答曰：池周四丈二尺，　水深八尺（六分尺之五）。

法曰：并股弦較出水（一尺五寸）自乘（得二十二尺五寸）。減出水（一尺五寸）餘（二丈一尺）。倍之得池周（四丈二尺）。以三而一得徑（一丈四尺）。勾半池徑（得七尺）。自乘得（四十九尺）。以減股弦較出水（一尺五寸）自乘（得二十二尺五寸）。餘（二十六尺五寸）。爲實。倍較出水（一尺五寸得三尺）。爲法除之，得股水深（八尺）。不盡（二尺五寸），以法約之（得六分尺之五）。合問。

一段田禾之外，東邊近有荒丘。離邊五步繫其牛，只爲繩長遊走。踐迹五分八步，如同弧矢弦疇。索長多少是根由，

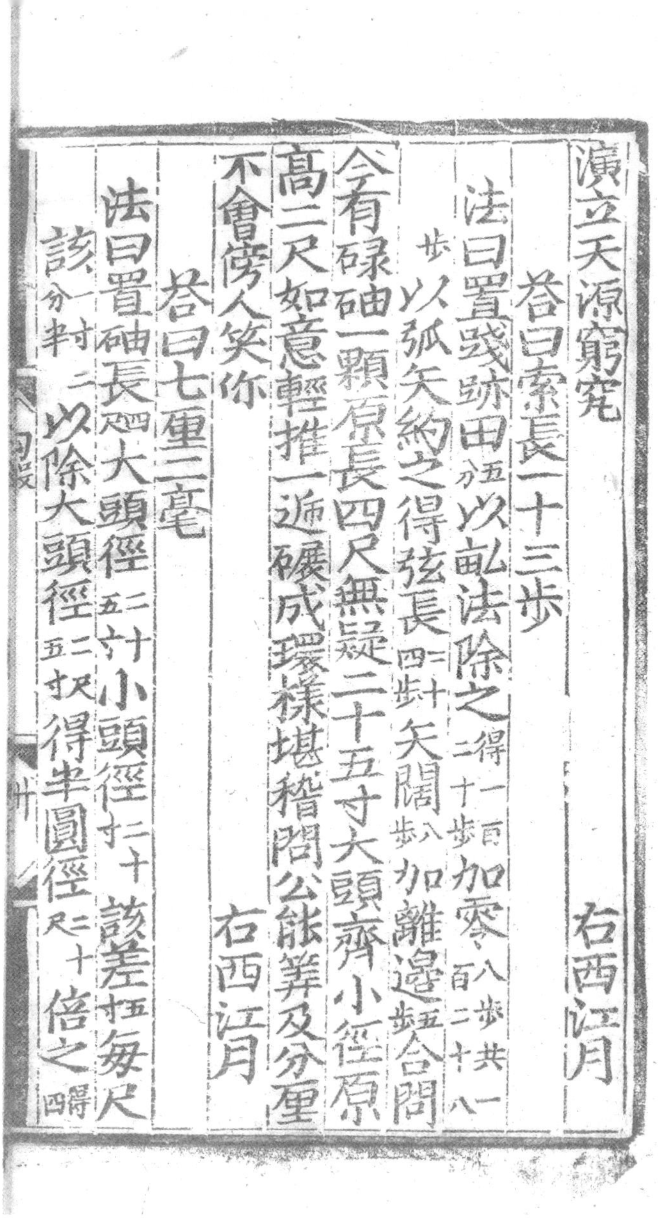

演立天源窮究。　　　　　　　　　　　　　　　　右西江月

答曰：索長一十三步。

法曰：置踐迹田五分以畝法除之得一百二十步。加零八步，共一百二十八步。以弧矢約之，得弦長二十四步。矢闊八步加離邊五步。合問。

今有碌軸[1]一顆，原長四尺無疑。二十五寸大頭齊，小徑原高二尺。如意輕推一遍，碾成環様堪稽。問公能筭及分厘，不會傍人笑你。　　　　　　　　　　　　　　　　右西江月

答曰：七厘二毫。

法曰：置軸長四尺大頭徑二十五寸小頭徑二十寸該差五寸。每尺該一寸二分半。以除大頭徑二尺五寸。得半圓徑二十尺。倍之得四

1“軸”，此字各本均作“碯”，“碯”爲“釉”字之异體。根據題意，此字似本應作“軸”。“碌軸”，即“碌碡”，碾壓用的農具。

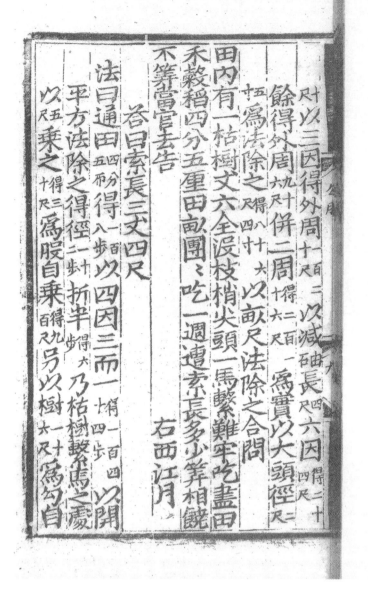

十尺。以三因得外周一百二十尺。以減軸長四尺。六因得二十四尺。

餘得外周九十六尺并二周得二百一十六尺。爲實。以大頭徑二尺

五寸爲法除之得八十六尺四寸。以畝尺法除之。合問。

田内有一枯樹，丈六全没枝梢。尖頭一馬繫難牢，吃盡田禾穀稻。四分五厘田畝，團團吃一週遭。索長多少筭相饒，不筭當官去告。　　　　右西江月

答曰：索長三丈四尺。

法曰：通田四分五厘得一百八步。以四因三而一得一百四十四步。以開

平方法除之，得徑一十二步。折半得六步。乃枯樹繫馬之處。

以五尺乘之得三十尺。爲股，自乘得九百尺。另以樹一十六尺爲勾自

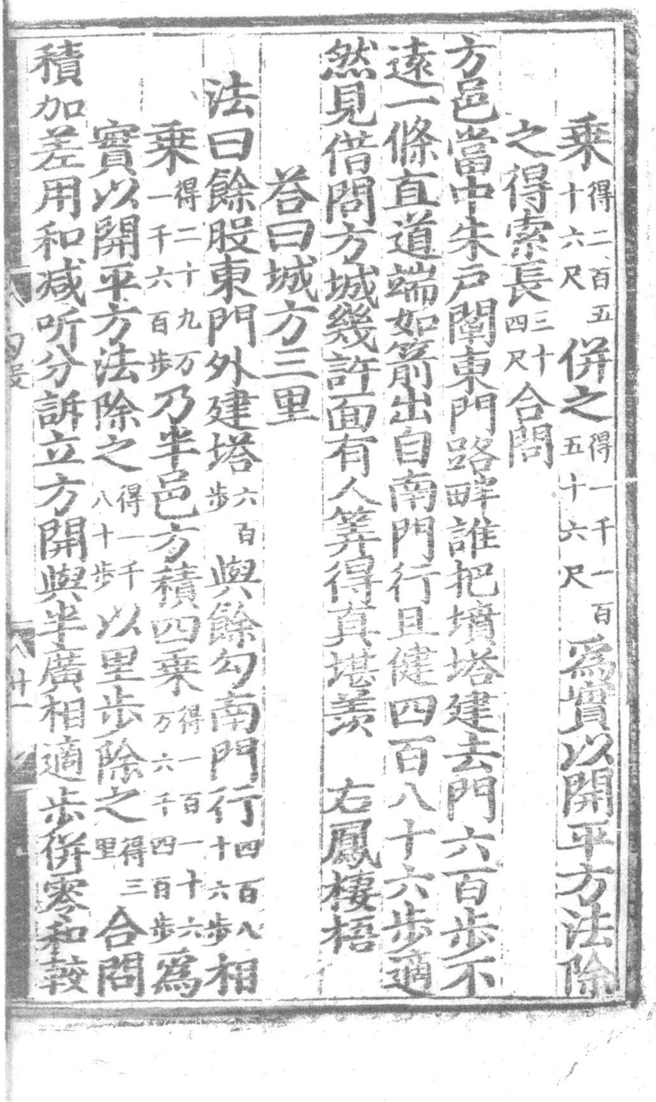

乘得二百五十六尺，并之得一千一百五十六尺。爲實。以開平方法除

之，得索長三十四尺。合問。

方邑當中朱户闉，東門路畔，誰把墳塔建。去門六百步不遠，一條直道端如箭。出自南門行且健，四百八十六步適然見。借問方城幾許面，有人筭得真堪羡。　右鳳棲梧

答曰：城方三里。

法曰：餘股東門外建塔六百步與餘勾南門行四百八十六步相

乘得二十九万一千六百步。乃半邑方積。四乘得一百一十六万六千四百步。爲

實。以開平方法除之得一千八十步。以里步除之得三里。合問。

積加差用和減听，分訴立方開，與半廣相適步并零，和較

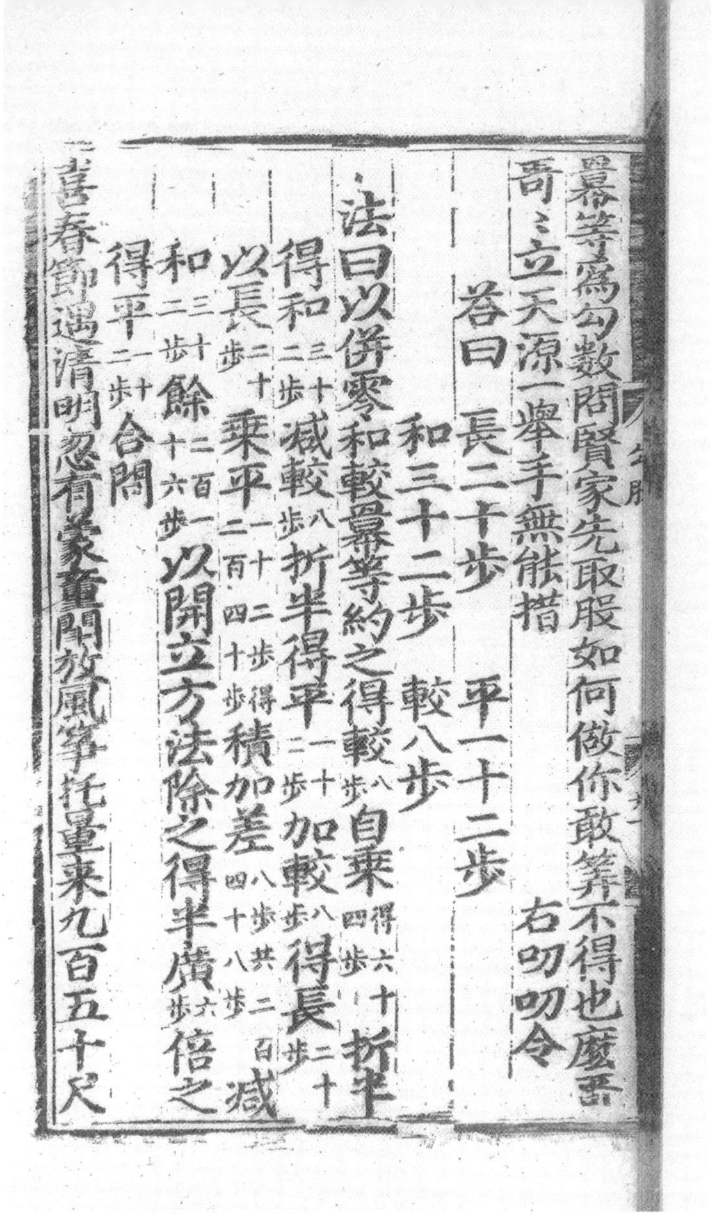

羃等爲勾數。問賢家，先取股如何做，你敢筭不得也麼哥。

哥哥立天源一，舉手無能措。　　　　　　右叨叨令

答曰：長二十步，　平一十二步，

和三十二步，　較八步。

法曰：以并零和較羃等約之，得較八步。自乘得六十四步。折半得和三十二步。減較八步折半得平一十二步。加較八步得長二十步。以長二十步乘平一十二步，得二百四十步。積加差八步，共二百四十八步。減和三十二步餘二百一十六步。以開立方法除之，得半廣六步。倍之得平一十二步。合問。

喜春節遇清明，忽有蒙童，閗放風筝。托量来九百五十尺

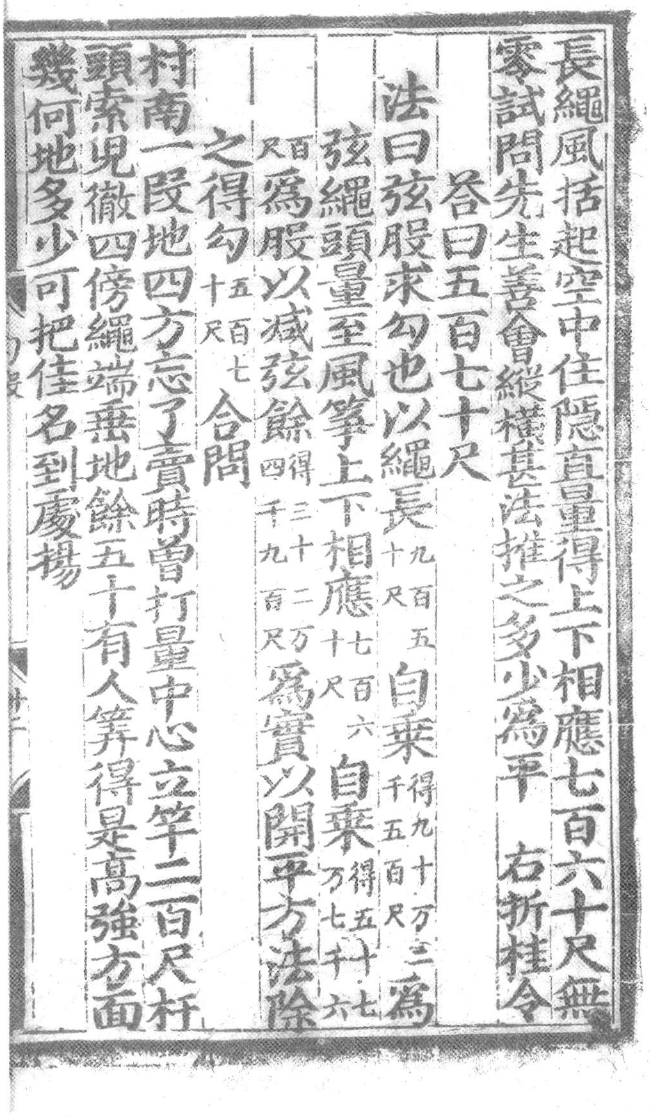

長繩，風括起空中住隱。直量得上下相應，七百六十尺無零。試問先生，善會縱横。甚法推之，多少爲平？　右折桂令

答曰：五百七十尺。

法曰：弦股求勾也。以繩長九百五十尺自乘得九十万二千五百尺。爲弦繩。頭量至風箏上下相應七百六十尺自乘得五十七万七千六百尺。爲股。以減弦，餘得三十二万四千九百尺。爲實。以開平方法除之得勾五百七十尺。合問。

村南一段地四方，忘了賣時曾打量。中心立竿二百尺，杆頭索兒徹四傍。繩端垂地餘五十，有人筭得是高强。方面幾何地多少，可把佳名到處揚。

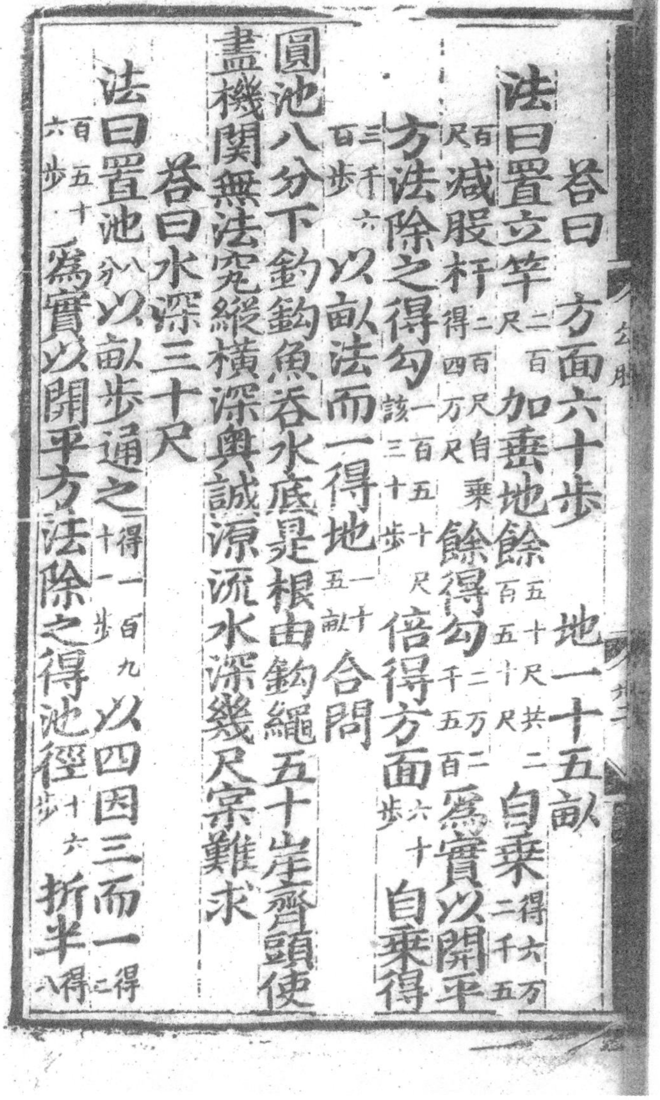

答曰：方面六十步，　地一十五畝。

法曰：置立竿二百尺加垂地餘五十尺，共二百五十尺。自乘得六万二千五百尺。減股杆二百尺，自乘得四万尺。餘，得勾二万二千五百。爲實。以開平方法除之，得勾一百五十尺，該三十步。倍得方面六十步。自乘得三千六百步。以畝法而一，得地一十五畝。合問。

圓池八分下釣鈎，魚吞水底是根由。鈎繩五十岸齊頭，使盡機関無法究。縱橫深奥誠源流，水深幾尺實難求。

答曰：水深三十尺。

法曰：置池八分以畝步通之得一百九十二步。以四因三而一得二百五十六步。爲實。以開平方法除之，得池徑十六步。折半得八

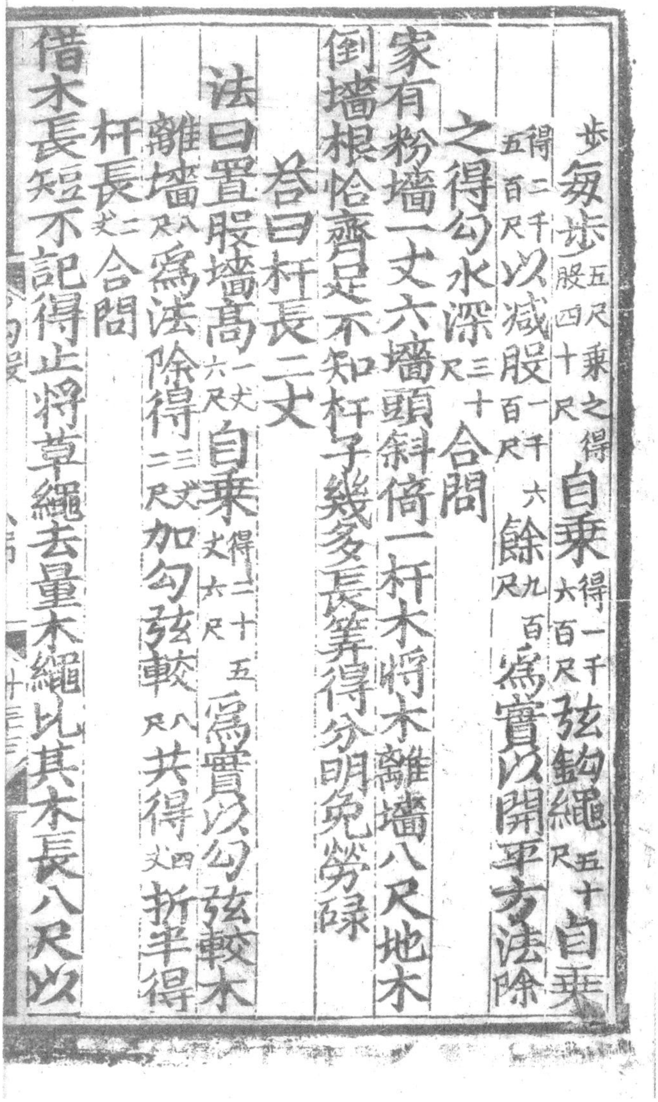

步。每步五尺，乘之得股四十尺。自乘得一千六百尺。弦鈎繩五十尺自乘得二千五百尺。以減股一千六百尺餘九百尺。爲實，以開平方法除之，得勾水深三十尺。合問。

家有粉墻一丈六，墻頭斜倚一杆木。將木離墻八尺地，木倒墻根恰齊足。不知杆子幾多長，筭得分明免勞碌。

答曰：杆長二丈。

法曰：置股墻高一丈六尺自乘得二十五丈六尺。爲實，以勾弦較木離墻八尺爲法，除得三丈二尺。加勾弦較八尺共得四丈。折半得杆長二丈。合問。

借木長短不記得，止將草繩去量木。繩比其木長八尺，以

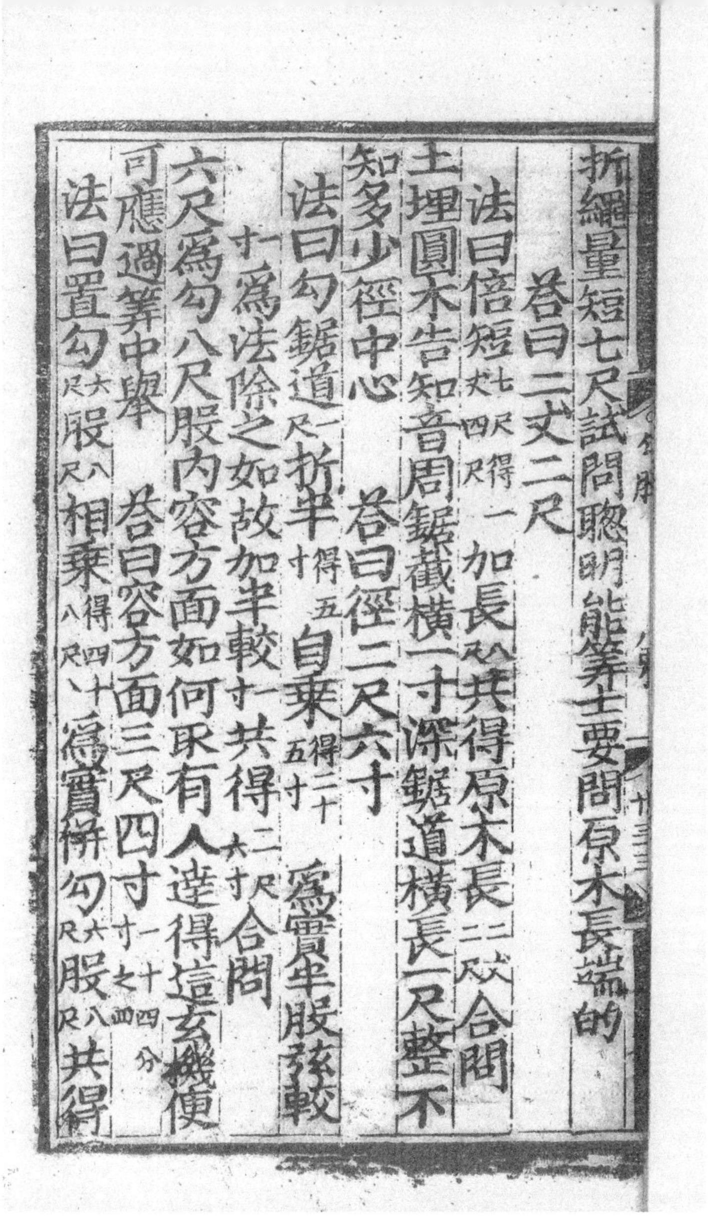

折繩量短七尺。試問聰明能筭士，要問原木長端的？

答曰：二丈二尺。

法曰：倍短七尺，得一丈四尺。加長八尺共得原木長二丈二尺。合問。

土理圓木告知音，周鋸截横一寸深。鋸道横長一尺整，不知多少徑中心？　答曰：徑二尺六寸。

法曰：勾鋸道一尺折半得五寸。自乘得二十五寸。　爲實。半股弦較一寸爲法，除之如故，加半較一寸共得二尺六寸。合問。

六尺爲勾八尺股，内容方面如何取。有人達得這玄機，便可應過筭中舉。　答曰：容方面三尺四寸一十四分寸之四。

法曰：置勾六尺股八尺相乘得四十八尺。爲實。并勾六尺股八尺共得

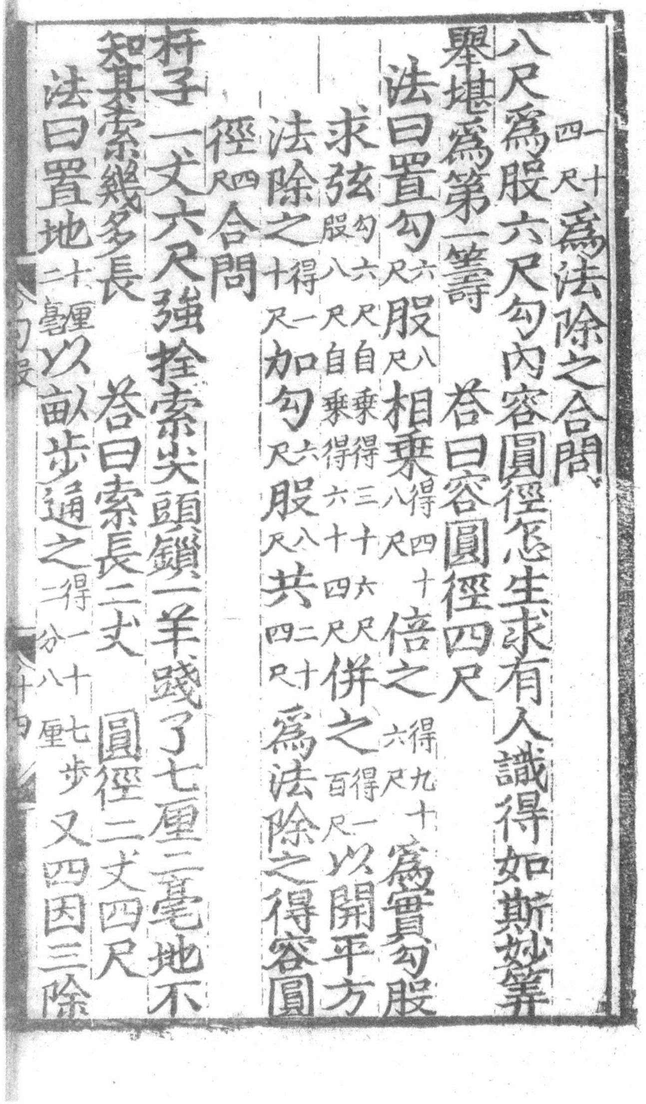

二十四尺。爲法，除之。合問。

八尺爲股六尺勾，内容圓徑怎生求。有人識得如斯妙，筭舉堪爲第一籌。　　答曰：容圓徑四尺。

法曰：置勾六尺股八尺相乘得四十八尺。倍之得九十六尺。爲實。勾股求弦：勾六尺，自乘得三十六尺，股八尺，自乘得六十四尺。并之得一百尺。以開平方法除之得一十尺。加勾六尺股八尺共二十四尺。爲法，除之得容圓徑四尺。合問。

杆子一丈六尺强，拴索尖頭鎖一羊。踐了七厘二毫地，不知其索幾多長？　　答曰：索長二丈，圓徑二丈四尺。

法曰：置地十厘二毫以畝步通之得一十七步二分八厘。又四因三除

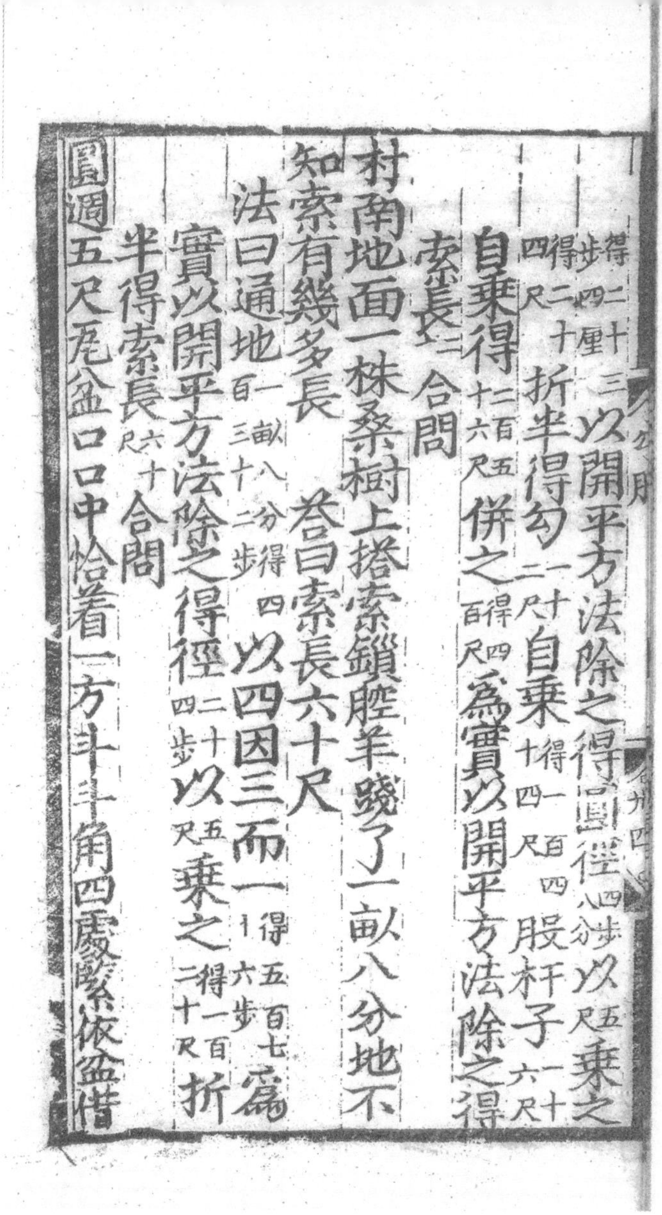

得二十三步四厘。以開平方法除之，得圓徑四步八分。以五尺乘之得二十四尺。折半得勾一十二尺。自乘得一百四十四尺。股杆子一十六尺自乘得二百五十六尺。并之得四百尺。爲實。以開平方法除之，得索長二十。合問。

村南地面一株桑，樹上搭索鎖腔羊。踐了一畝八分地，不知索有幾多長？　答曰：索長六十尺。

法曰：通地一畝八分，得四百三十二步。以四因三而一得五百七十六步。爲實。以開平方法除之，得徑二十四步。以五尺乘之得一百二十尺。折半，得索長六十尺。合問。

圓週五尺瓦盆口，口中恰着一方斗。斗角四處緊依盆，借

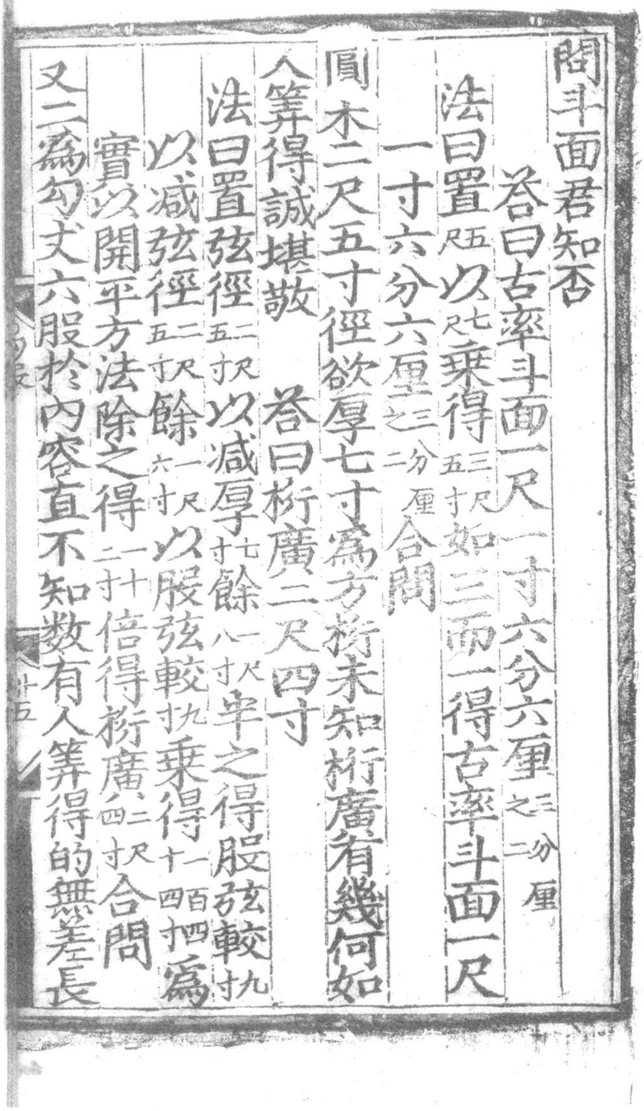

問斗面君知否。

答曰：古率斗面一尺一寸六分六厘三分厘之二。

法曰：置五尺以七尺乘得三尺五寸。如三而一，得古率斗面一尺一寸六分六厘三分厘之二。合問。

圓木二尺五寸徑，欲厚七寸爲方桁。未知桁廣有幾何，如人筭得誠堪敬。　　答曰：桁廣二尺四寸。

法曰：置弦徑二尺五寸以減厚七寸餘一尺八寸。半之得股弦較九寸。以減弦徑二尺五寸餘一尺六寸。以股弦較九寸乘得一百四十四寸。爲實，以開平方法除之，得一十二寸。倍得桁廣二尺四寸。合問。

又二爲勾丈六股，於内容直不知數。有人筭得的無差長，

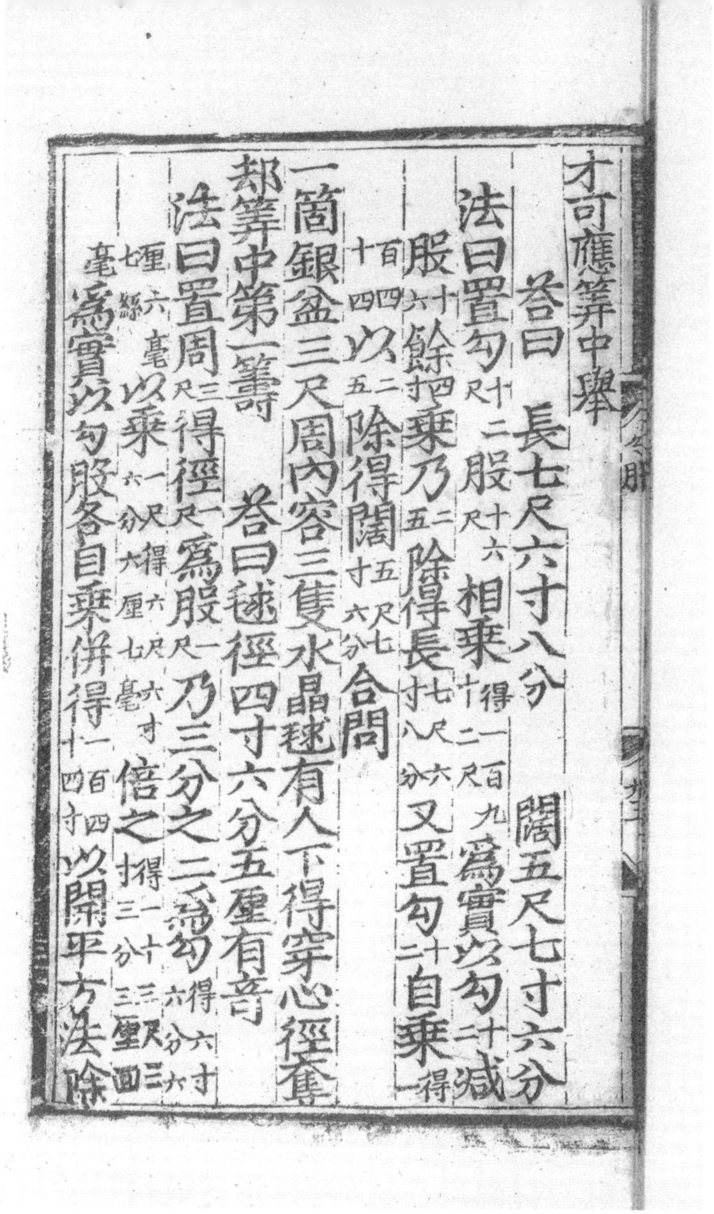

才可應筭中舉。

答曰：長七尺六寸八分，　闊五尺七寸六分。

法曰：置勾十二尺股十六尺相乘得一百九十二尺。爲實。以勾十二減股十六餘四寸乘乃二五。除得長七尺六寸八分。又置勾十二自乘得一百四十四。以二五除得闊五尺七寸六分。合問。

一箇銀盆三尺周，内容三隻水晶毬。有人下得穿心徑，奪却筭中第一籌。　　答曰：毬徑四寸六分五厘有奇。

法曰：置周三尺得徑一尺爲股一尺。乃三分之二爲勾得六寸六分六厘六毫七絲。以乘一尺，得六尺六寸六分六厘七毫。倍之得一十三尺三寸三分三厘四毫。爲實。以勾股各自乘并得一百四十四寸。以開平方法除

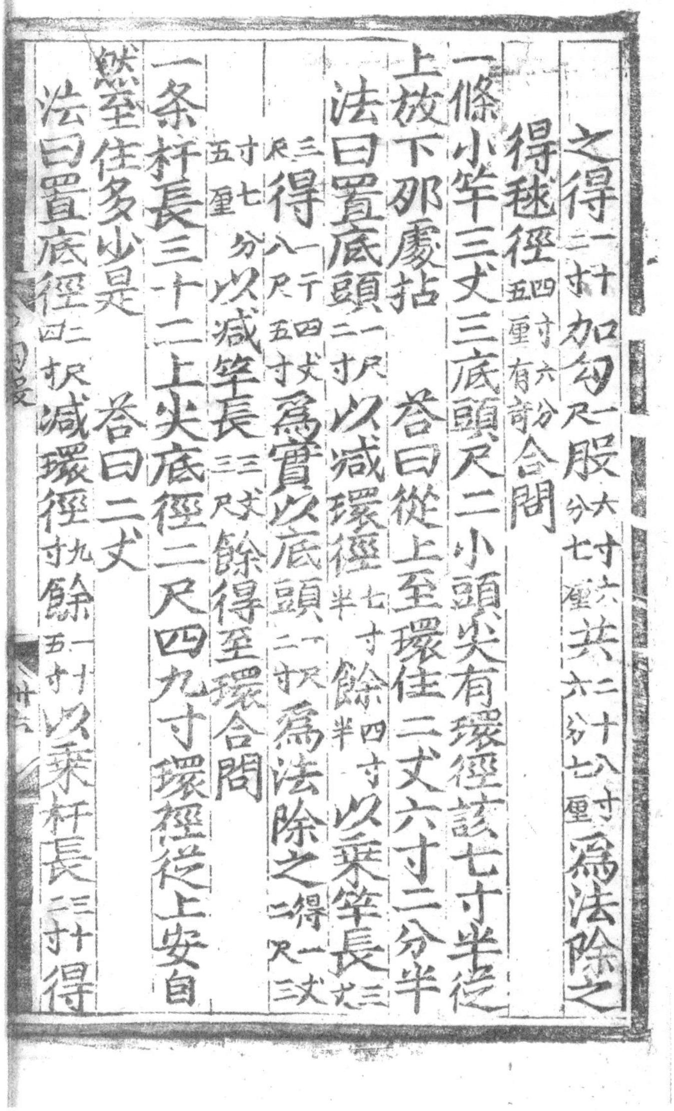

之，得二十二寸。加勾一尺股六寸六分七厘共二十八寸六分七厘。爲法除之，

得毬徑四寸六分五厘有奇。合問。

一條小竿三丈三，底頭尺二小頭尖。有環徑該七寸半，從上放下那處拈。　　答曰：從上至環住二丈六寸二分半。

法曰：置底頭二尺二寸以減環徑七寸半餘四寸半。以乘竿長三丈三尺得一千四丈八尺五寸。爲實。以底頭二尺二寸爲法除之得一丈二尺三寸七分五厘。以減竿長三丈三尺，餘得至環。合問。

一条杆長三十二，上尖底徑二尺四。九寸環徑從上安，自然至住多少是？　　答曰：二丈。

法曰：置底徑二尺四寸減環徑九寸餘一十五寸。以乘杆長三十二寸得

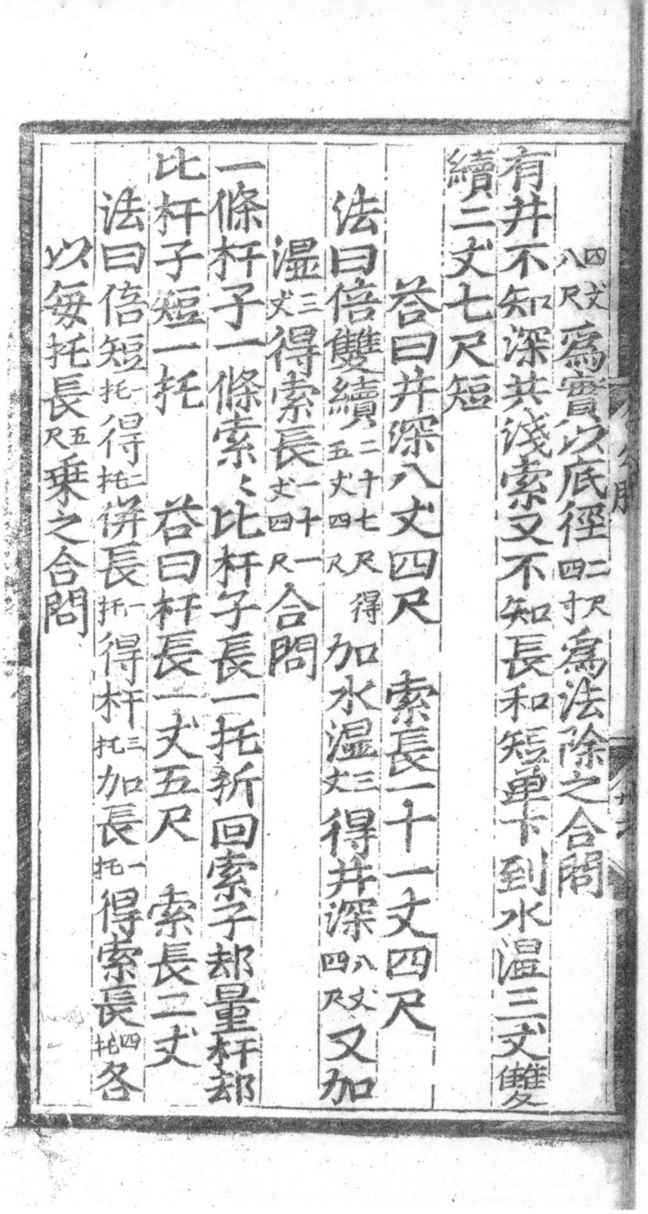

四丈八尺。爲實。以底徑二尺四寸爲法，除之。合問。

有井不知深共淺，索又不知長和短。单下到水湿三丈，雙續二丈七尺短。

答曰：井深八丈四尺，索長一十一丈四尺。

法曰：倍雙續二十七尺，五丈四尺。得加水湿三丈得井深八丈四尺。又加湿三丈得索長一十一丈四尺。合問。

一條杆子一條索，索[1]比杆子長一托。折回索子却量杆，却比杆子短一托。　答曰：杆長一丈五尺，索長二丈。

法曰：倍短一托得二托。并長一托得杆三托。加長一托得索長四托。各以每托長五尺乘之。合問。

1“索”，此字静嘉堂本、上海圖書館本作疊字符號“ㄑ”，國家圖書館本不清，此處還原本字。

今有六角紙一張，每面六寸皆爲定。對角相去都一尺，剪三卦輪如何徑？　　答曰：卦輪徑四寸三分三厘三分厘之一。

法曰：置股相去一尺以勾每面六寸半之得三寸。爲法，除之得三寸三分三厘三分厘之一。又置勾六寸以六角除之得一寸。加入前數，得卦輪徑。合問。

圓木二尺五寸徑，二丈四寸爲方桁。未知桁厚得幾何，若人筭得誠堪敬。　　答曰：厚七寸。

法曰：置弦徑二十五寸自乘得六百二十五寸。以減股桁徑二尺四寸自乘得五百七十六寸。餘四十九寸。爲實，以開平方法除之，得桁厚七寸。合問。

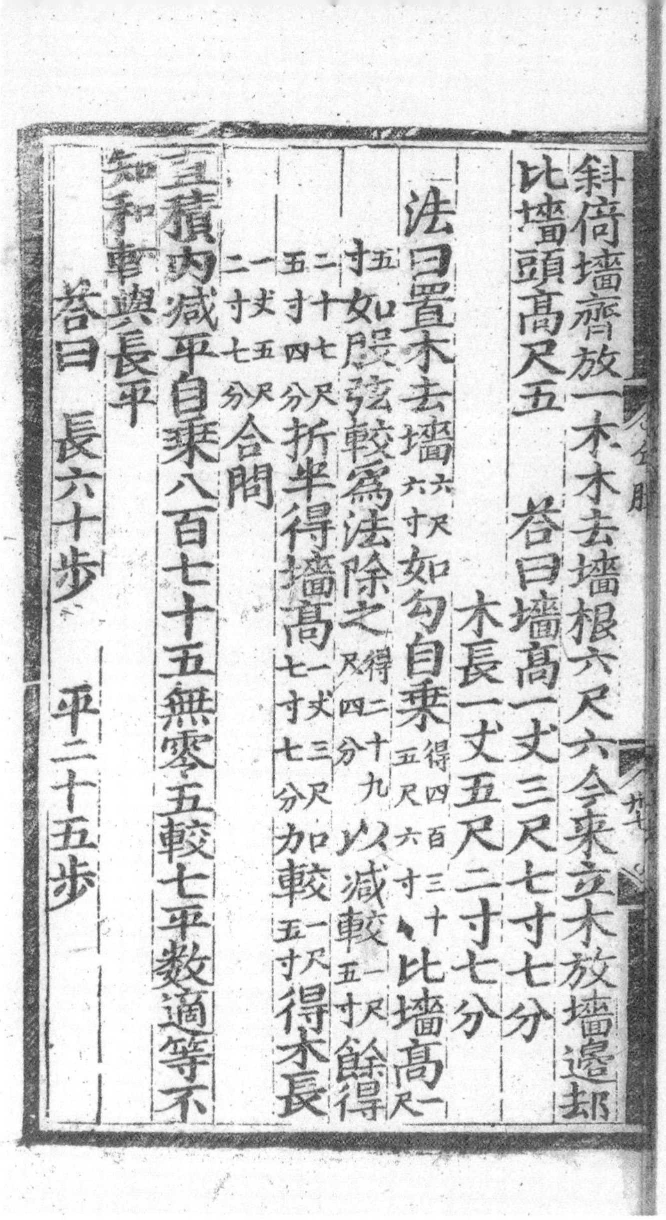

斜倚墻齊放一木，木去墻根六尺六。今来立木放墻邊，却比墻頭高尺五。　　答曰：墻高一丈三尺七寸七分，

木長一丈五尺二寸七分。

法曰：置木去墻六尺六寸如勾自乘得四百三十五尺六寸。比墻高一尺五寸如股弦較爲法除之得二十九尺四分。以減較一尺五寸餘得二十七尺五寸四分。折半得墻高一丈三尺七寸七分。加較一尺五寸得木長一丈五尺二寸七分。合問。

直積内減平自乘，八百七十五無零。五較七平數適等，不知和較與長平。

答曰：長六十步，　平二十五步，

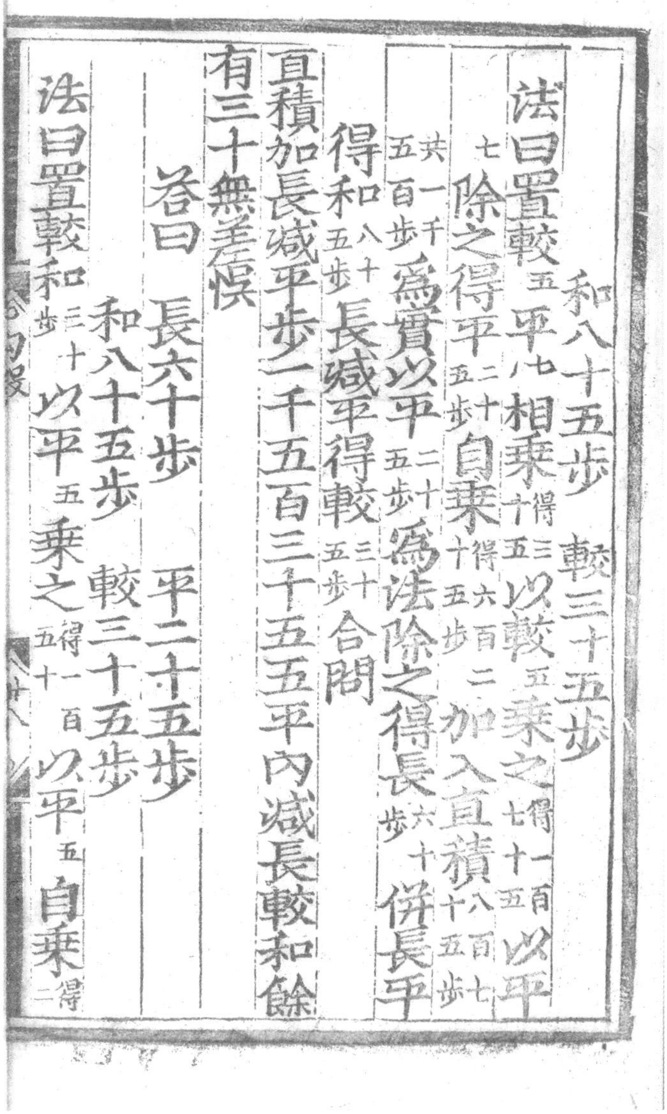

和八十五步，較三十五步。

法曰：置較五平七相乘得三十五。以較五乘之得一百七十五。以平七除之，得平二十五步。自乘得六百二十五步。加入直積八百七十五步，共一千五百步。爲實。以平二十五步爲法除之，得長六十步。并長平得和八十五步。長減平得較三十五步。合問。

直積加長減平步，一千五百三十五。五平内減長較和，餘有三十無差誤。

答曰：長六十步，　平二十五步，

和八十五步，較三十五步。

法曰：置較和三十步以平五乘之得一百五十。以平五自乘得二

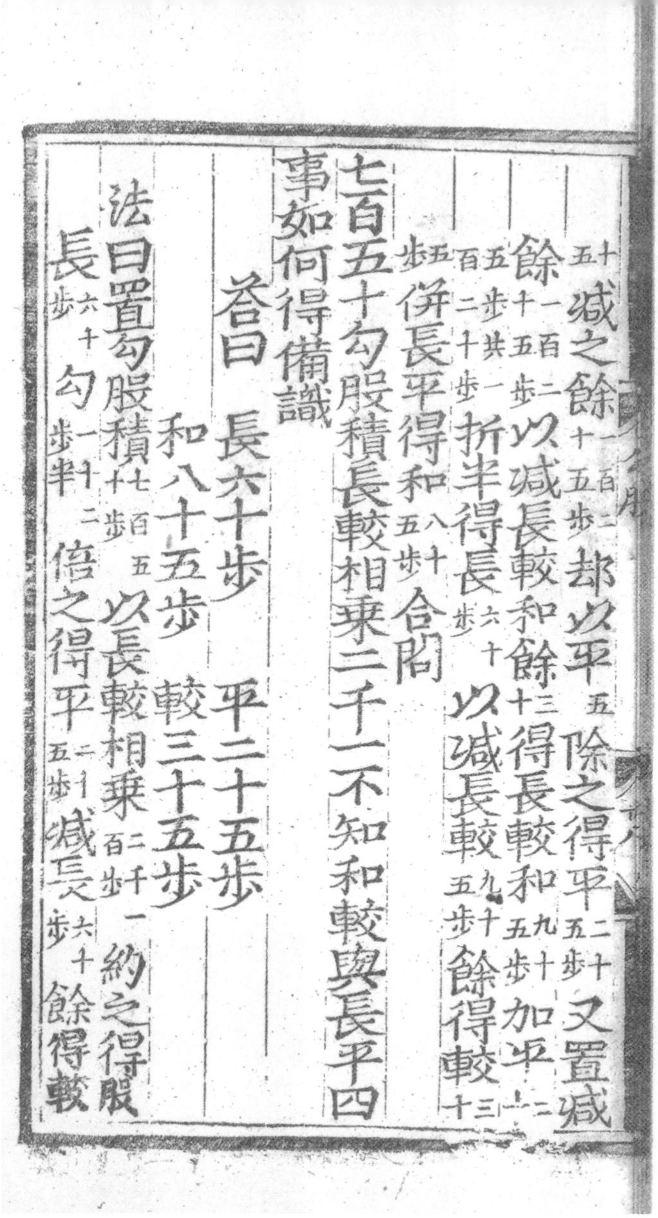

十五。減之，餘一百二十五步。却以平五除之，得平二十五步。又置減餘一百二十五步。以減長較和，餘三十。得長較和九十五步。加平二十五步，共一百二十步。折半，得長六十步。以減長較九十五步餘得較三十五。并長平得和八十五步。合問。

七百五十勾股積，長較相乘二千一。不知和較與長平，四事如何得備識？

答曰：長六十步， 平二十五步，

和八十五步，較三十五步。

法曰：置勾股積七百五十步，以長較相乘二千一百步約之，得股長六十步。勾一十二步半。倍之得平二十五步。減長六十步餘得較

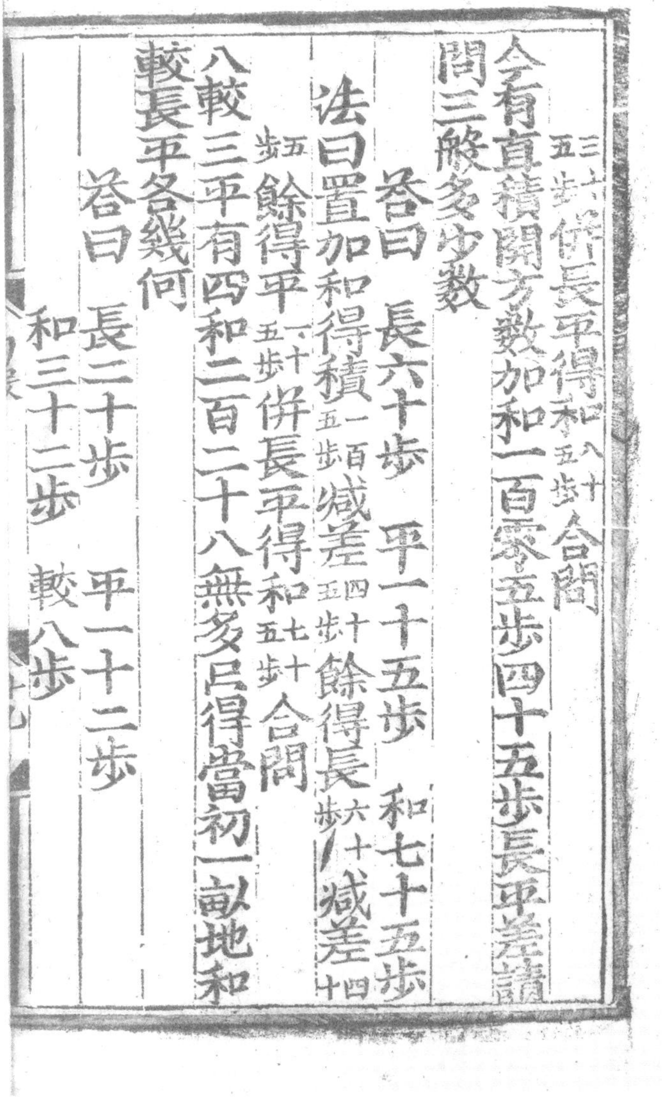

三十五步。并長平得和八十五步。合問。

今有直積開方數，加和一百零五步。四十五步長平差，請問三般多步數。

答曰：長六十步，平一十五步，和七十五步。

法曰：置加和得積一百五步減差四十五步餘得長六十步。減差四十五餘得平一十五步。并長平得和七十五步。合問。

八較三平有四和，二百二十八無多。只得當初一畝地，和較長平各幾何？

答曰：長二十步，　平一十二步，

和三十二步，較八步。

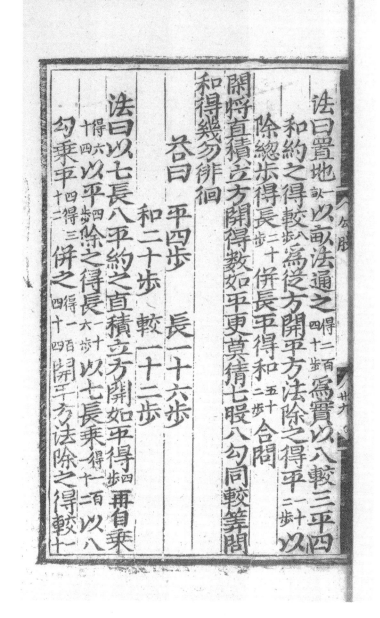

法曰：置地一畝以畝法通之得二百四十步。爲實。以八較三平四和約之，得較八步。爲從方，開平方法除之，得平一十二步。以除總步，得長二十步。并長平得和五十二步。合問。

閑將直積立方開，得數如平更莫猜。七股八勾同較筭，問和得幾勿徘徊？

答曰：平四步，　長一十六步，

和二十步，較一十二步。

法曰：以七長八平約之，直積立方開如平得四步。再自乘得六十四。以平四步除之得長一十六步。以七長乘得一百一十二。以八勾乘平四得三十二。并之得一百四十四。開平方法除之，得較一十

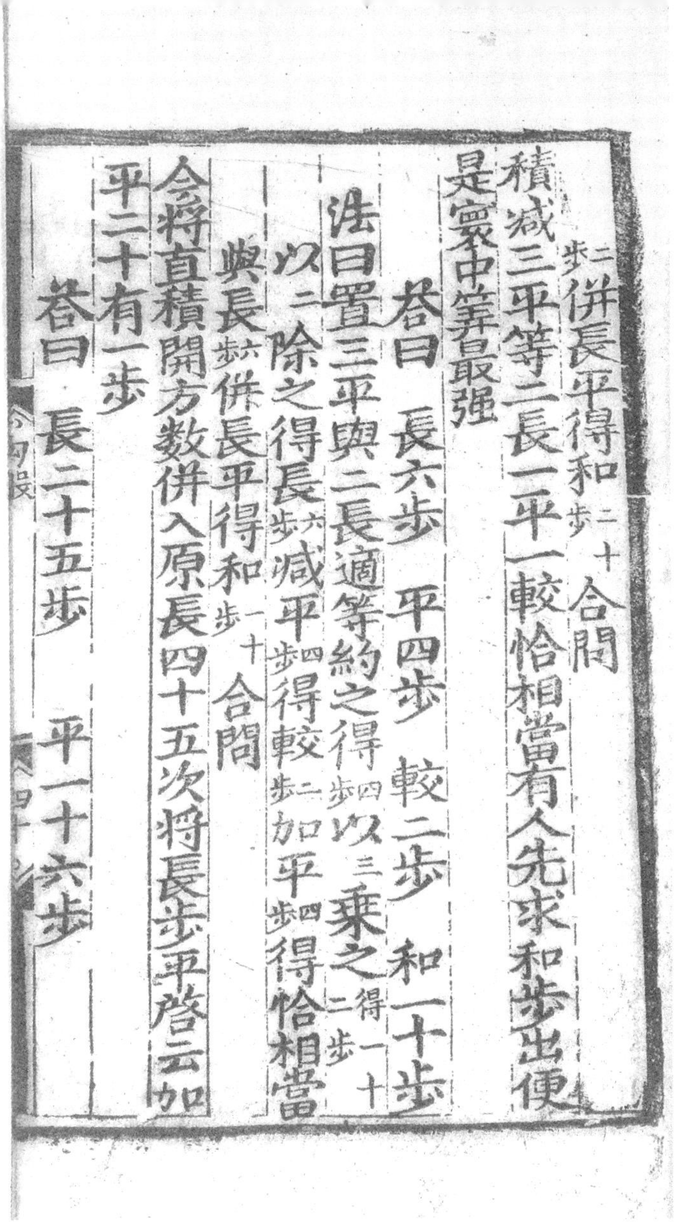
二步併長平得和二十步合問
積減三平等二長一平一較恰相當有人先求和步出便
是寰中筭最强
荅曰 長六步 平四步 較二步 和一十步
法曰置三平與二長適等約之得四步以三乘之得一十二步
以二除之得長六步減平四步得較二步加平四步得恰相當
與長六步併長平得和一十步合問
今將直積開方数併入原長四十五次將長步平啓云加
平二十有一步
荅曰 長二十五步 平一十六步

二步。并長平得和二十步。合問。

積減三平等二長，一平一較恰相當。有人先求和步出，便是寰中筭最强。

答曰：長六步，平四步，較二步，和一十步。

法曰：置三平與二長適等，約之得四步。以三乘之得一十二步。

以二除之，得長六步。減平四步得較二步。加平四步。得恰相當

與長六步。并長平得和一十步。合問。

今將直積開方數，并入原長四十五。次將長步平啓云，加平二十有一步。

答曰：長二十五步， 平一十六步，

和四十一步，　較九步。

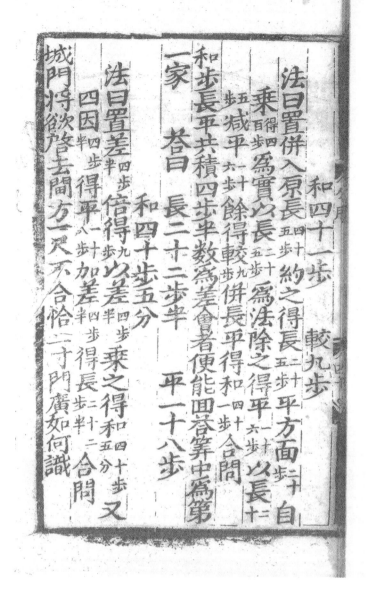

法曰：置并入原長四十五步約之得長二十五步。平方面二十步自乘得四百步。爲實。以長二十五步爲法，除之得平一十六步。以長二十五步減平一十六步餘得較九步。并長平得和四十一步。合問。

和步長平共積，四步半數爲差。會者便能回答，筭中爲第一家。　　答曰：長二十二步半，　平一十八步，

和四十步五分。

法曰：置差四步半倍得九步。以差四步半乘之，得和四十步五分。又四因四步半得平一十八步。加差四步半得長二十二步半。合問。

城門將欲啓，去閫方一尺。不合恰二寸，門廣如何識？

答曰：門廣一丈一尺。

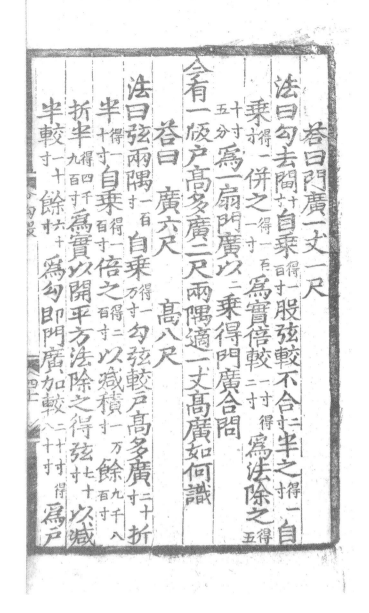

法曰：勾去闊十寸自乘得一百寸。股弦較不合二寸半之得一寸。自乘得一寸。并之得一百一寸。爲實，倍較一寸得二寸。爲法，除之得五十寸五分。爲一扇門廣。以二乘得門廣。合問。

今有一版户，高多廣二尺。兩隅適一丈，高廣如何識？

答曰：廣六尺， 高八尺。

法曰：弦兩隅一百寸自乘得一万寸。勾弦較户高多廣二十寸折半得一十寸。自乘得一百寸。倍之得二百寸。以減積一万寸餘九千八百寸。折半得四千九百寸。爲實。以開平方法除之，得弦七十寸。以減半較一十寸餘六十寸。爲勾，即門廣。加較二十寸得八十寸。爲户

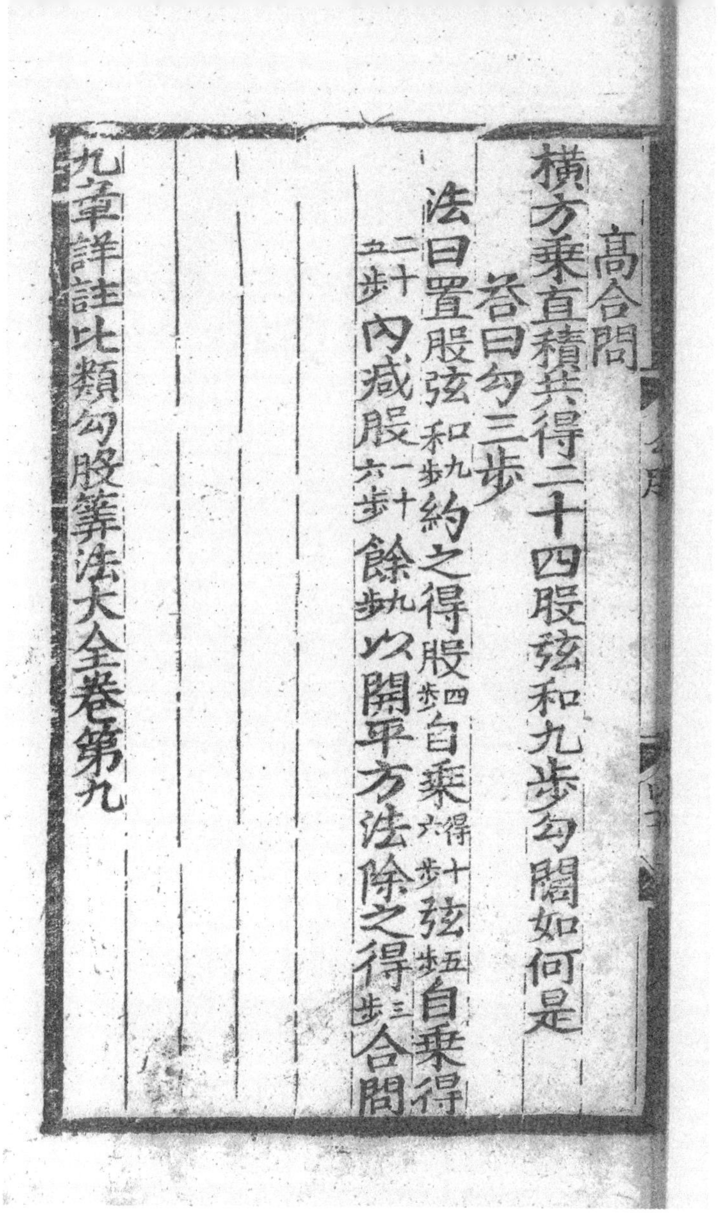

高。合問。

横方乘直積，共得二十四。股弦和九步，勾闊如何是。

答曰：勾三步。

法曰：置股弦和九步約之，得股四步。自乘得十六步。弦五步自乘得二十五步。内減股一十六步餘九步。以開平方法除之，得三步。合問。

九章詳注比類勾股筭法大全卷第九

九章詳注比類還源開方筭法大全卷第十

錢唐南湖後學吴敬信民編集

開三乘方法

法曰：置積若干爲實，别置一筭，名曰“下法”。常超三位一乘超一位，二乘超二位，三乘超三位，万下定十。〇億下定百。約實下法定億。商置第一位得若干。下法亦置上商爲若干再自乘得若干。爲隅法。與上商若干除實若干餘實若干。乃四乘隅法得若干。爲方法。下法再置上商爲若干。副置二位，第一位自乘得若干。又以六乘得若干。爲上廉。第二位以四乘得若干。爲下廉。乃方法一退得若干。上廉再退得若干。下廉三退，下法四退得若干。

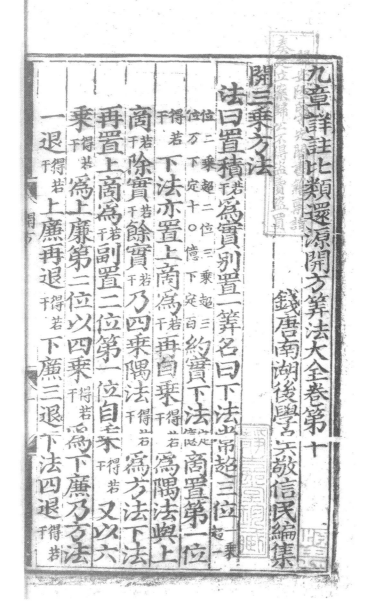

○續商置第二位，以方廉三法共若干。商餘實得若干。下
法亦置上商爲若干。再自乘得若干。爲隅法。又以上商若干
一遍乘上廉得若干。二遍乘下廉得若干。以方、廉、隅四法
共若干。皆與上商若干除餘實若干。仍餘實若干。乃二乘上廉
得若干。三乘下廉得若干。四乘隅法得若干。皆并入方法共得
若干。又於下法再置上商共若干。進三位爲若干。副置二位
第一位自乘得若干。又以六乘得若干。爲上廉。第二位以
四乘得若干。爲下廉。乃方法一退得若干。上廉再退得若干。
下廉三退得若干。下法四退得若干。○再商置第三位以
方廉三法共若干。商餘實得若干。下法亦置上商若干再自

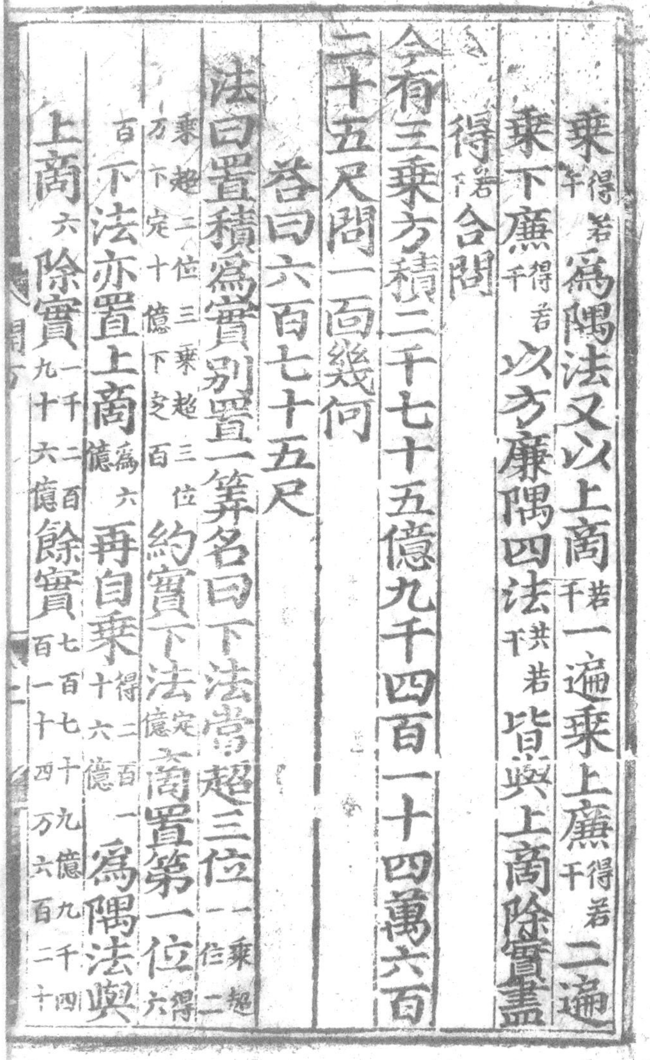

乘得若干。爲隅法。又以上商若干一遍乘上廉得若干。二遍乘下廉得若干。以方廉隅四法共若干。皆與上商除實盡，得若干。合問。

今有三乘方積二千七十五億九千四百一十四萬六百二十五尺，問一面幾何？

答曰：六百七十五尺。

法曰：置積爲實，別置一筭，名曰“下法”。常超三位二乘超一位，二乘超二位，三乘超三位，万下定十，億下定百。約實下法定億。商置第一位得六百。下法亦置上商爲六億。再自乘得二百一十六億。爲隅法。與上商六除實一千二百九十六億餘實七百七十九億九千四百一十四万六百二十

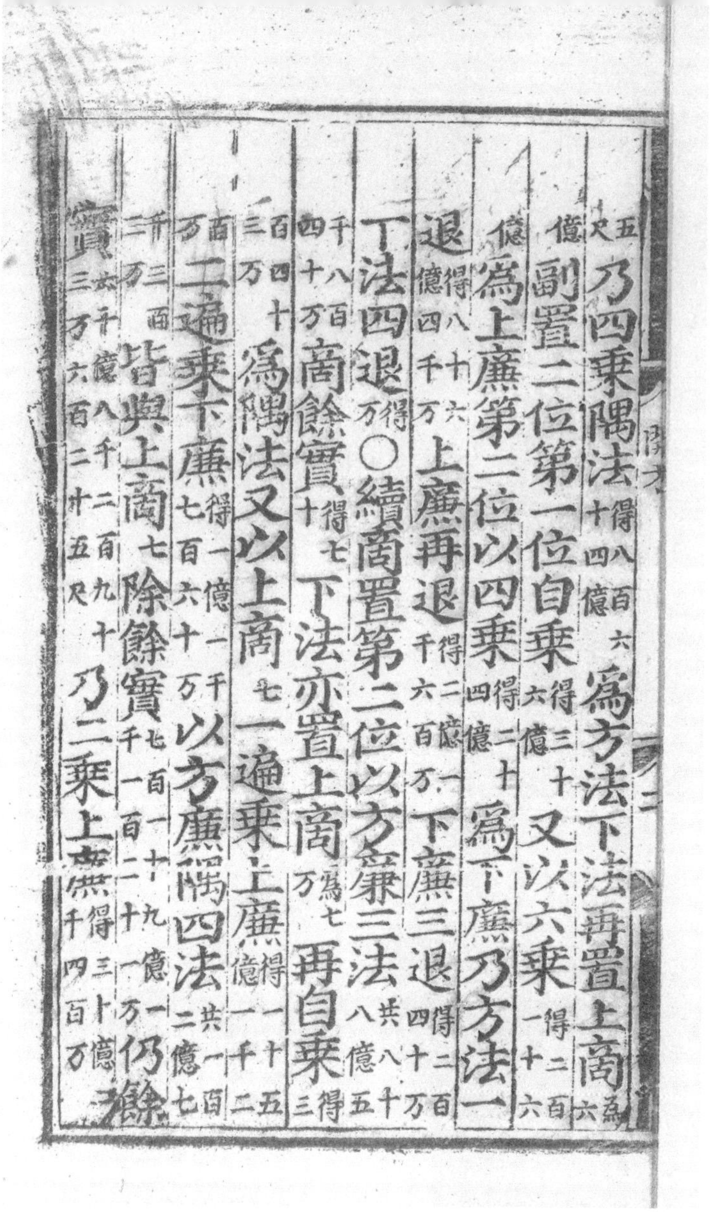

五尺。乃四乘隅法得八百六十四億。爲方法。下法再置上商爲六億。副置二位，第一位自乘得三十六億。又以六乘得二百一十六億。爲上廉。第二位以四乘得二十四億。爲下廉。乃方法一退得八十六億四千万。上廉再退得二億一千六百万。下廉三退得二百四十万。下法四退得万。〇續商置第二位，以方廉三法共八十八億五千八百四十万。商餘實得七十。下法亦置上商爲七万。再自乘得三百四十三万。爲隅法。又以上商七一遍乘上廉得一十五億一千二百万。二遍乘下廉得一億一千七百六十万。以方、廉、隅四法共一百二億七千三百三万。皆與上商七除餘實七百一十九億一千一百二十一万。仍餘實六十億八千二百九十三万六百二十五尺。乃二乘上廉得三十億二千四百万。

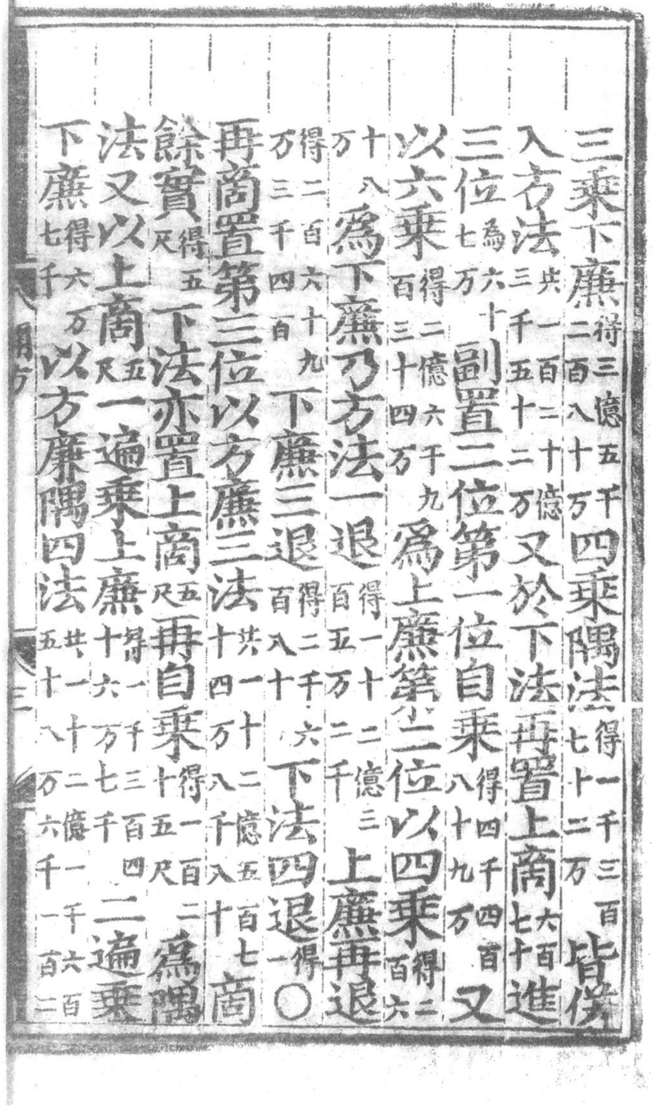

三乘下廉得三億五千二百八十万。四乘隅法得一千三百七十二万。皆并入方法共一百二十億三千五十二万。又於下法，再置上商六百七十進三位爲六十七万。副置二位。第一位自乘得四千四百八十九万。又以六乘得二億六千九百三十四万。爲上廉。第二位以四乘得二百六十八万。爲下廉。乃方法一退得一十二億三百五万二千。上廉再退得二百六十九万三千四百。下廉三退得二千六百八十。下法四退得二。○

再商置第三位。以方廉三法共一十二億五百七十四万八千八十。商餘實得五尺。下法亦置上商五尺再自乘得一百二十五尺。爲隅法。又以上商五尺一遍乘上廉得一千三百四十六万七千。二遍乘下廉得六万七千。以方、廉、隅四法共一十二億一千六百五十八万六千一百二

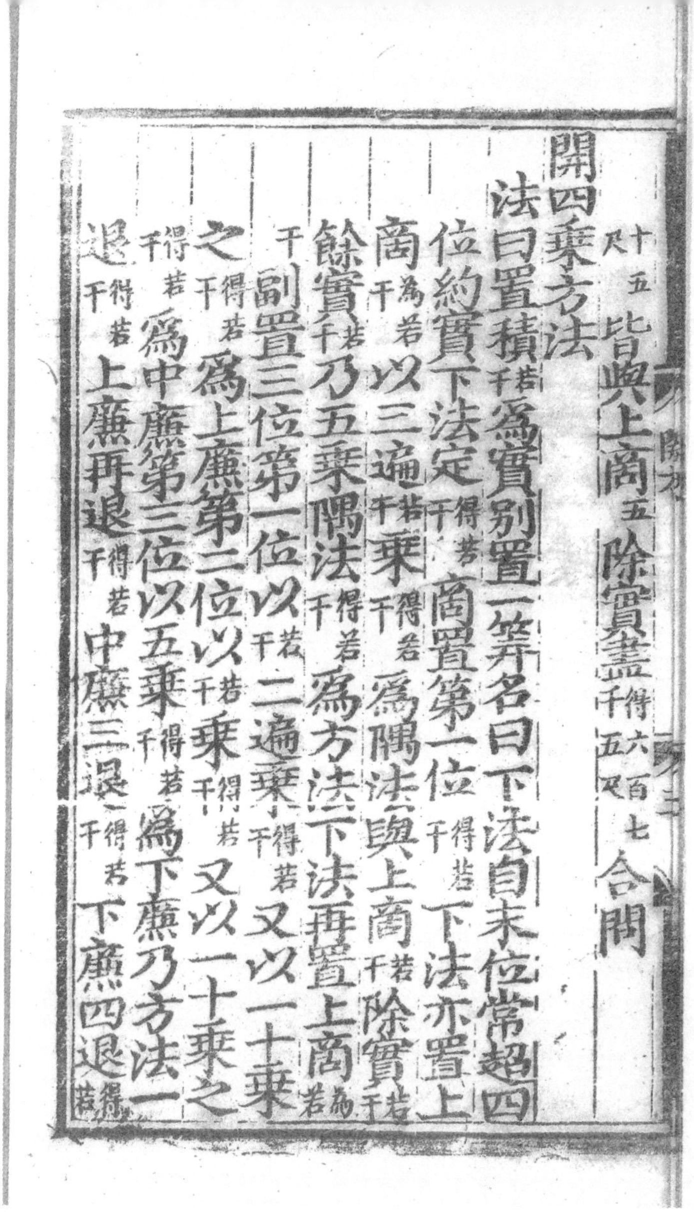

十五尺。皆與上商五除實盡得六百七十五尺。合問。

開四乘方法

法曰：置積若干爲實。別置一筭，名曰“下法”。自末位常超四位約實，下法定得若干。商置第一位得若干。下法亦置上商爲若干。以三遍若干乘得若干。爲隅法。與上商若干除實若干餘實若干。乃五乘隅法得若干。爲方法。下法再置上商爲若干。副置三位，第一位以若干二遍乘得若干。又以一十乘之得若干。爲上廉。第二位以若干乘得若干。又以一十乘之得若干。爲中廉。第三位以五乘得若干。爲下廉。乃方法一退得若干。上廉再退得若干。中廉三退得若干。下廉四退得若干。下法五退得若干。○續商置第二位，以方廉四法共若干。商餘實得若干。下法亦置上商爲若干。三遍若干乘得若干。爲隅法。又以上商若干一遍乘上廉得若干。二遍乘中廉得若干。三遍乘下廉得若干。以方、廉、隅五法共若干。皆與上商若干除餘實若干仍餘實若干。乃二乘上廉得若干。三乘中廉得若干。四乘下廉得若干。五乘隅法得若干。皆并入方法共若干。又於下法再置上商共若干。進四位爲若干。副置三位，第一位以若干二遍乘得若干。又以一十乘之得若干。爲上廉。第二位以若干乘之得若干。又以一十乘之得若干。爲中廉。第三位以五乘得若干。爲下廉。乃方法。一退得若干。

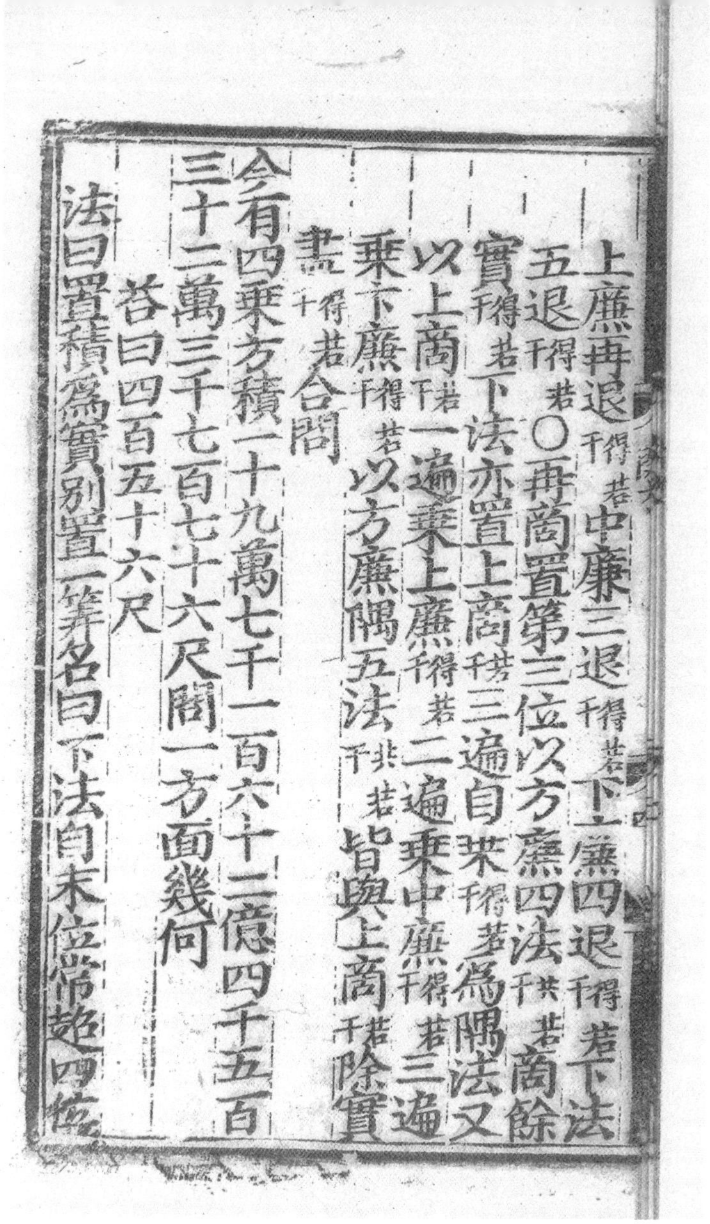

上廉再退得若干。中廉三退得若干。下廉四退得若干。下法五退得若干。〇再商置第三位，以方廉四法共若干。商餘實得若干。下法亦置上商若干三遍自乘得若干。爲隅法。又以上商若干一遍乘上廉得若干。二遍乘中廉得若干。三遍乘下廉得若干。以方、廉、隅五法共若干。皆與上商若干除實盡得若干。合問。

今有四乘方積一十九萬七千一百六十二億四千五百三十二萬三千七百七十六尺，問一方面幾何？

答曰：四百五十六尺。

法曰：置積爲實，别置一筭名曰“下法”。自末位常超四位

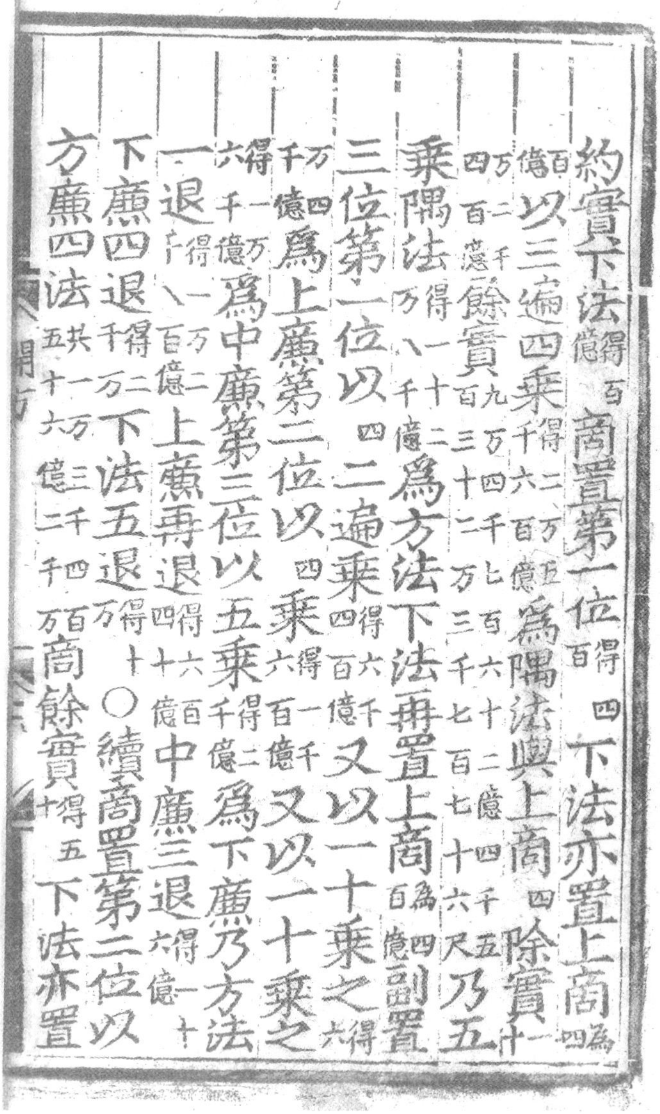

約實，下法（得百億。）商置第一位（得四百。）下法亦置上商（爲四百億。）以三遍四乘（得二万五千六百億。）爲隅法。與上商（四）除實（一十万二千四百億。）餘實（九万四千七百六十二億四千五百三十二万三千七百七十六尺。）乃五乘隅法（得一十二万八千億。）爲方法。下法再置上商（爲四百億。）副置三位，第一位以（四）二遍乘（得六千四百億。）又以一十乘之（得六万四千億。）爲上廉。第二位以（四）乘（得一千六百億。）又以一十乘之（得一万六千億。）爲中廉。第三位以五乘（得二千億。）爲下廉。乃方法一退（得一万二千八百億。）上廉再退（得六百四十億。）中廉三退（得一十六億。）下廉四退（得二千万。）下法五退（得十万。）○續商置第二位，以方、廉四法（共一万三千四百五十六億二千万。）商餘實（得五十。）下法亦置上商爲五十万。三遍五乘得六千二百五十万。爲隅法。又以上商五一遍乘上廉得三千五百億。二遍乘中廉得四百億。三遍乘下廉得二十五億。以方廉隅五法共一万六千四百二十五億六千二百五十万。皆與上商五除餘實八万二千一百二十八億一千二百五十万。仍餘實一万二千六百三十四億三千二百八十二万三千七百七十六尺。乃二乘上廉得六千四百億。三乘中廉得一千二百億。四乘下廉得一百億。五乘隅法得三億一千二百五十万。皆并入方法共二万五百三億二千二百五十万。又於下法再置上商四百五 進四位爲四百五十万。副置三位，第一位以四十五 二遍乘得九十一億一千二百五十万。又以一十乘之得九百一十一億二千五百万。爲上廉。第二位以四十五 乘之得二億二百五十万。又以一十乘

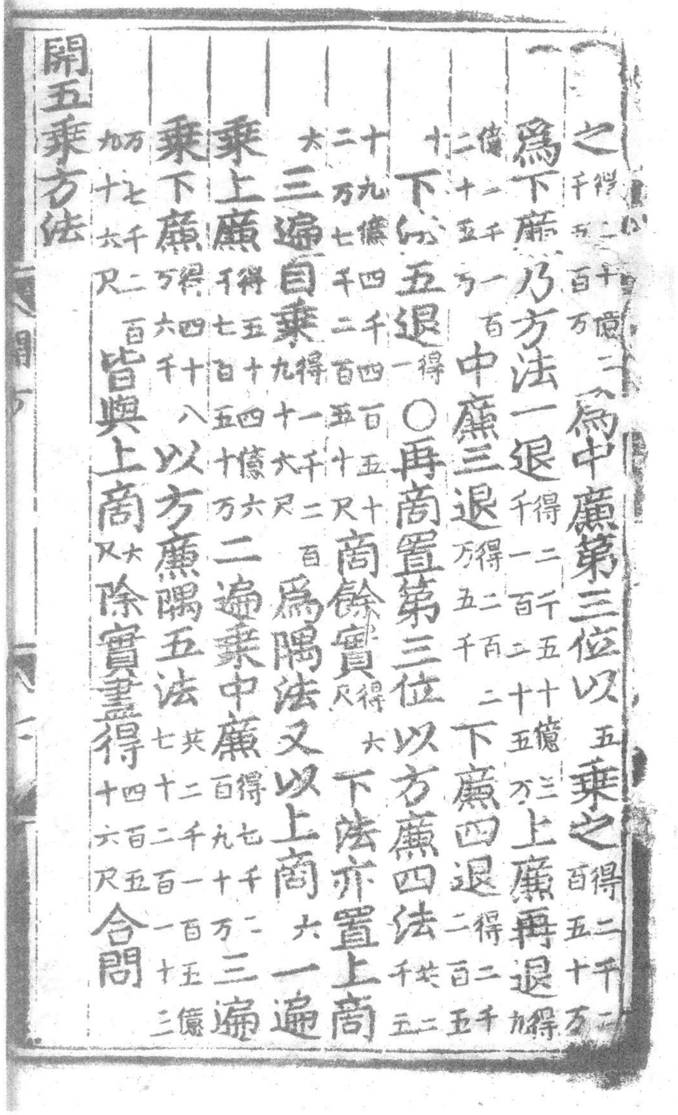

之得二十億二千五百万。爲中廉。第三位以五乘之得二千二百五十万。爲下廉。乃方法一退得二千五十億三千二百二十五万。上廉再退得九億一千一百二十五万。中廉三退得二百二万五千。下廉四退得二千二百五十。下法五退得二。〇再商置第三位，以方廉四法共二千五十九億四千四百五十二万七千二百五十尺。商餘實得六尺。下法亦置上商六三遍自乘得一千二百九十六尺。爲隅法。又以上商六一遍乘上廉得五十四億六千七百五十万。二遍乘中廉得七千二百九十万。三遍乘下廉得四十八万六千。以方、廉、隅五法共二千一百五億七千二百一十三万七千二百九十六尺。皆與上商六尺除實盡，得四百五十六尺。合問。

開五乘方法

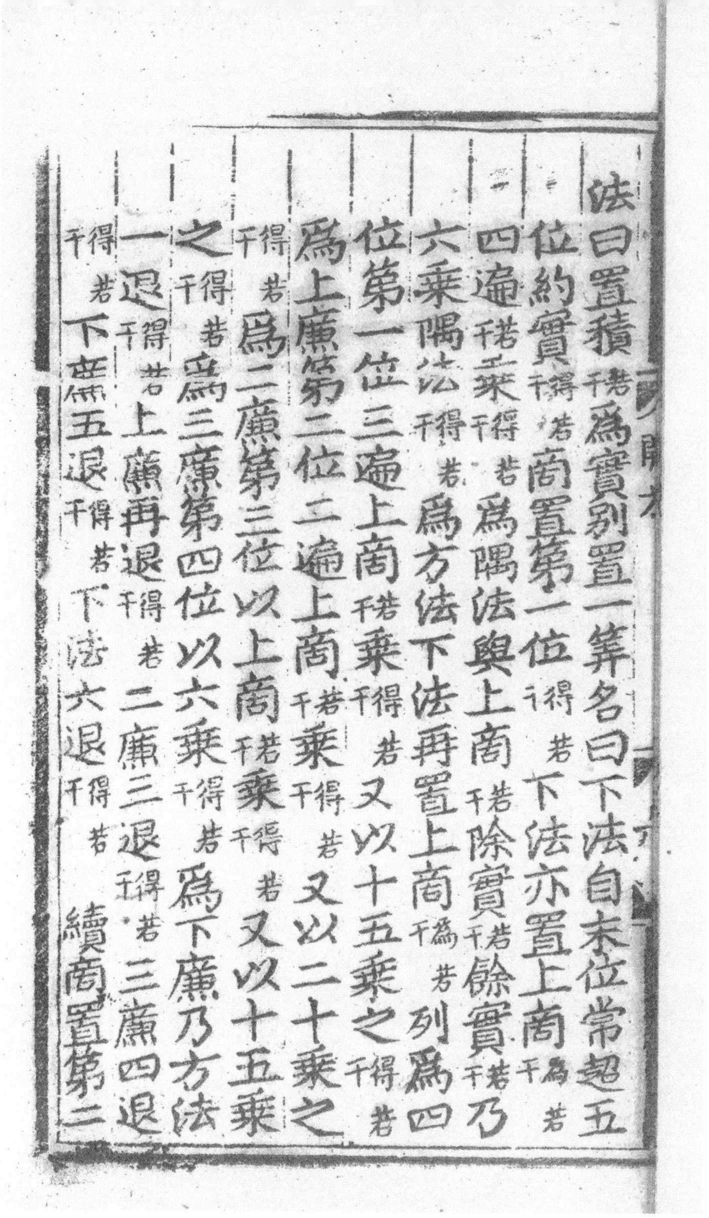

法曰：置積若干爲實。別置一筭，名曰“下法”。自末位常超五
位約實得若干。商置第一位得若干。下法亦置上商爲若干。
四遍若干乘得若干。爲隅法。與上商若干除實若干餘實若干。乃
六乘隅法得若干。爲方法。下法再置上商爲若干。列爲四
位，第一位三遍上商若干乘得若干。又以十五乘之得若干。
爲上廉。第二位二遍上商若干乘得若干。又以二十乘之
得若干。爲二廉。第三位以上商若干乘得若干。又以十五乘
之得若干。爲三廉。第四位以六乘得若干。爲下廉。乃方法
一退得若干。上廉再退得若干。二廉三退得若干。三廉四退
得若干。下廉五退得若干。下法六退得若干。　續商置第二

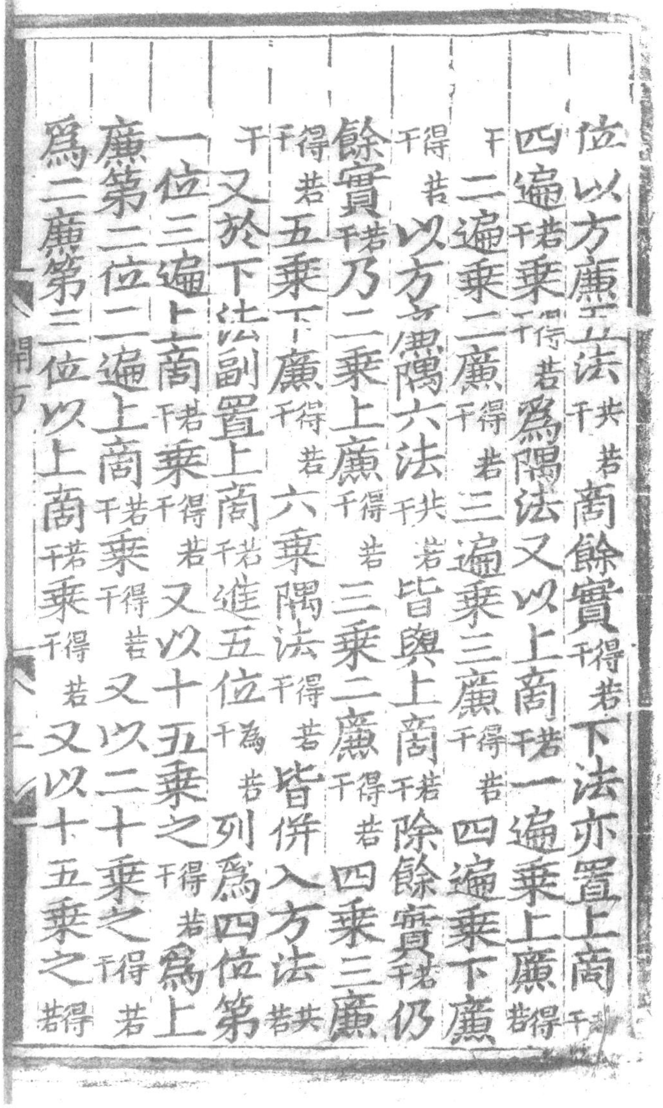

位，以方廉五法共若干。商餘實得若干。下法亦置上商若干四遍若干乘得若干。爲隅法。又以上商若干一遍乘上廉得若干。二遍乘二廉得若干。三遍乘三廉得若干。四遍乘下廉得若干。以方、廉、隅六法共若干。皆與上商若干除餘實若干。仍餘實若干。乃二乘上廉得若干。三乘二廉得若干。四乘三廉得若干。五乘下廉得若干。六乘隅法得若干。皆并入方法共若干。又於下法副置上商若干進五位爲若干。列爲四位。第一位三遍上商若干乘得若干。又以十五乘之得若干。爲上廉。第二位二遍上商若干乘得若干。又以二十乘之得若干。爲二廉。第三位以上商若干乘得若干。又以十五乘之得若

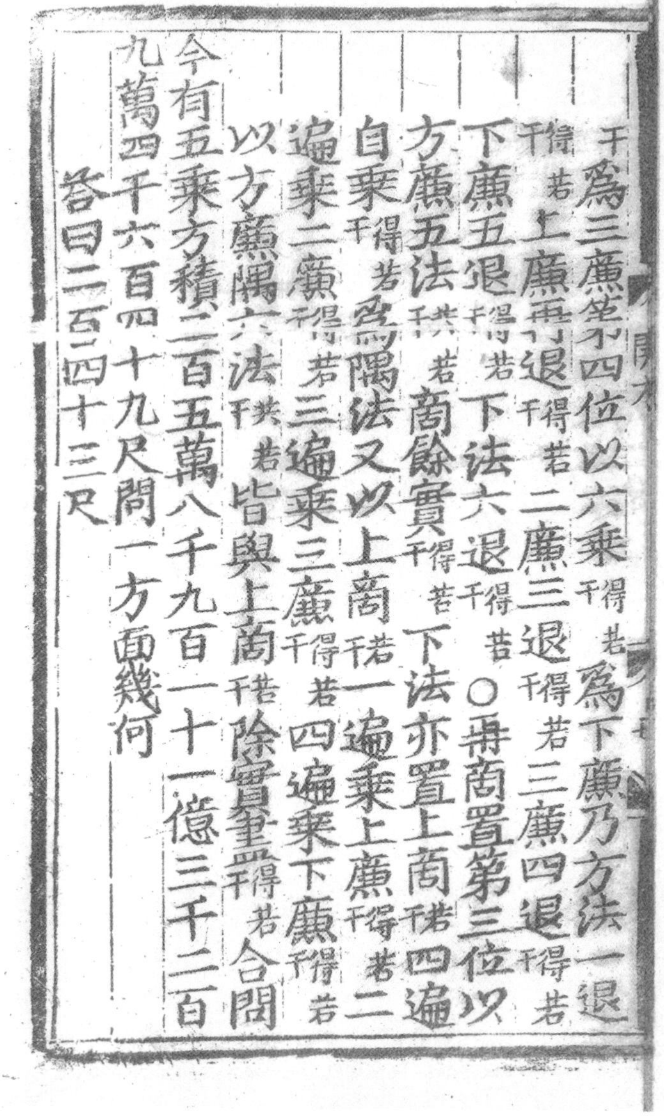

干。爲三廉。第四位以六乘得若干。爲下廉。乃方法一退得若干。上廉再退得若干。二廉三退得若干。三廉四退得若干。下廉五退得若干。下法六退得若干。〇再商置第三位，以方廉五法共若干。商餘實得若干。下法亦置上商若干四遍自乘得若干。爲隅法。又以上商若干一遍乘上廉得若干。二遍乘二廉得若干。三遍乘三廉得若干。四遍乘下廉得若干。以方、廉、隅六法共若干皆與上商若干除實盡得若干。合問。

今有五乘方積二百五萬八千九百一十一億三千二百九萬四千六百四十九尺，問一方面幾何？

答曰：二百四十三尺。

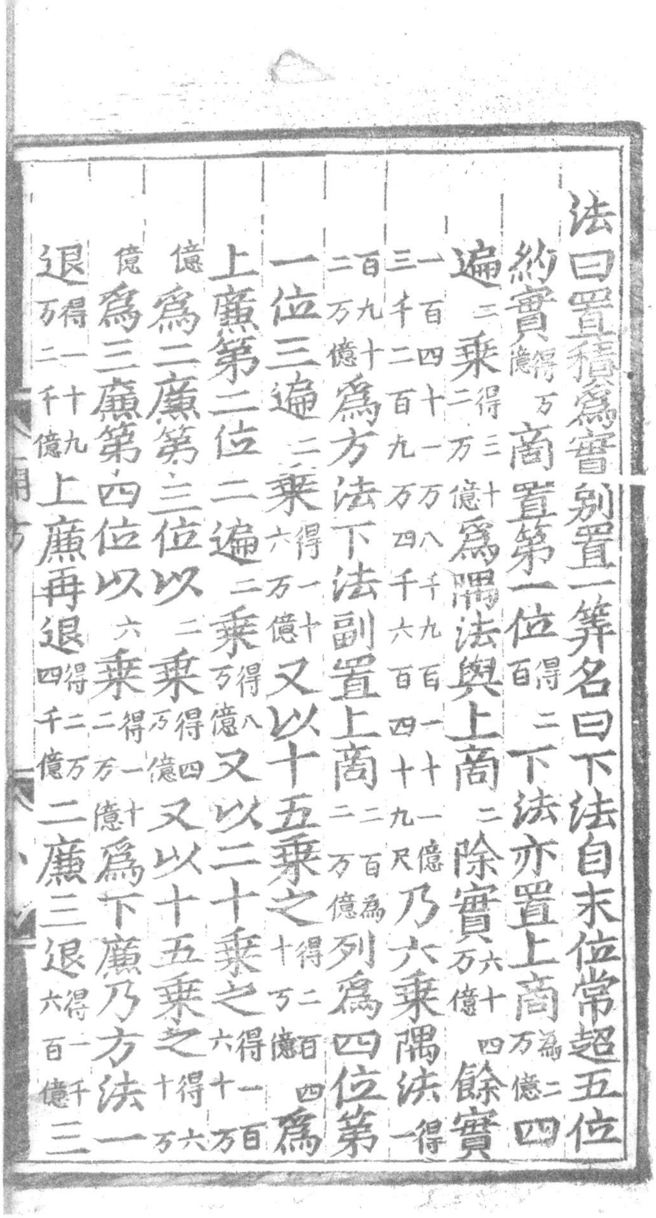

法曰：置積爲實，別置一筭名曰“下法”。自末位常超五位約實得万億。商置第一位得二百。下法亦置上商爲二万億四遍二乘得三十二万億。爲隅法。與上商二除實六十四万億餘實一百四十一万八千九百一十一億三千二百九万四千六百四十九尺。乃六乘隅法得二百九十二万億。爲方法。下法副置上商二百爲二万億。列爲四位，第一位三遍二乘得一十六万億。又以十五乘之得二百四十万億。爲上廉。第二位二遍二乘得八万億。又以二十乘之得一百六十万億。爲二廉。第三位以二乘得四万億。又以十五乘之得六十万億。爲三廉。第四位以六乘得一十二万億。爲下廉。乃方法一退得一十九万二千億。上廉再退得二万四千億。二廉三退得一千六百億。三

廉四退得六十億。下廉五退得一億二千万。下法六退得百万。○續
商置第二位，以方廉五法共二十一万七千六百六十一億二千万。商餘
實得四十。下法亦置上商爲四百万。四遍四乘得一十億二千四百万。
爲隅法。又以上商四一遍乘上廉得九万六千億。二遍乘二
廉得二万五千六百億。三遍乘三廉得三千八百四十億。四遍乘下廉得三
百七億二千万。以方、廉、隅六法共三十一万七千七百五十七億四千四百万。皆與
上商四除餘實一百二十七万一千二十九億七千六百万。仍餘實一十四万
七千八百八十一億五千六百九万四千六百四十九尺。乃二乘上廉得一十九万二千億。
三乘二廉得七万六千八百億。四乘三廉得一万五千三百六十億。五乘下
廉得一千五百三十六億。六乘隅法得六十一億四千四百万。皆并入方法

共四十七万七千七百五十九億四千四百万。又於下法副置上商二百四十進五位為二千四百万列爲四位，第一位三遍二十四乘得三千三百一十七億七千六百万。又以十五乘之得四万九千七百六十六億四十万。爲上廉。第二位二遍二十四乘得一百三十八億二千四百万。又以二十乘之得二千七百六十四億八千万。爲二廉。第三位以二十四乘得五億七千六百万。又以十五乘之得八十六億四千万。爲三廉。第四位以六乘得一億四千四百万。爲下廉。乃方法一退得四万七千七百七十五億七千四百四十万。上廉再退得四百九十七億六千六百四十万。二廉三退得二億七千六百四十八万。三廉四退得八十六万四千。下廉五退得一千四百四十。下法六退得一。〇再商置第三位，以方廉五法共四万八千二百七十六億二千八百一十四万五千四百四十。商餘實得三尺。下法亦置上商三四遍自乘得二百四十三尺。爲隅法。又以上商三一遍乘上廉得一千四百九十二億九千九百二十万。二遍乘二廉得二十四億八千八百五十二万。三遍乘三廉得二千三百三十二万八十。四遍乘下廉得一十一万六千六百四十。以方、廉、隅六法共四万九千二百九十三億八千五百三十六万四千八百八十三尺。皆與上商三除實盡得二百四十三尺。合問。

帶從開平方法

法曰：置積若干爲實，以不及若干爲從方，於實數之下將從方商一位者就商。○商二位者一進，以一得十。○商三位者二進，以一得百。下法商二位者二進得百，商三位者四進得万。於實上商置第一位得數若干。下法亦置上商若干以進爲數。爲方法。與從方共得若干。皆與上商若干除實若干餘實若干。乃二乘方法得若干。并入從方共得若干。俱爲方法，一退得若干。下法再退得百。〇續商置第二位，以方法若干商餘實得若干。下法亦置上商若干以退爲數。爲隅法。與方法共得若干。皆與上商若干除餘實若干仍餘實若干。乃二乘隅法得若干。并入方法，一退得若干。下法再退得一。〇再商置第三位，以方法若干商餘實得若干。下法亦置上商若干爲隅法，與方法共若干。皆與上商若干除實盡，得闊若干。合問。

今有直田六頃九十六畝，只云闊不及長一百三十二步，問闊幾何？　　答曰：三百四十八步。

法曰：置田六頃九十六畝以畝步通之得一十六万七千四十步。爲實。以不及一百三十二步爲從方。開平方法除之，於實數之下商置第一位，將從方二進得一万三千二百步。下法四進得万。以商實得三百。下法亦置上商得三万。爲方法。與從方共得四万三千二百。皆與上商三除實一十二万九千六百餘實三万七千四百四十。乃二乘方法得六万。并入從方共得七万三千二百。俱爲方法，一退得七千三百二十。下法再退得百。○續商置第二位以方法七千三百二十商餘實得四十。下法亦置上商得四百。爲隅法。與方法共得七千七百二十。皆與上商四除餘實三万八百八十仍餘實六千五百六十。乃二乘隅法得八百。并入方法共得八千一百二十。一退得八百一十二。

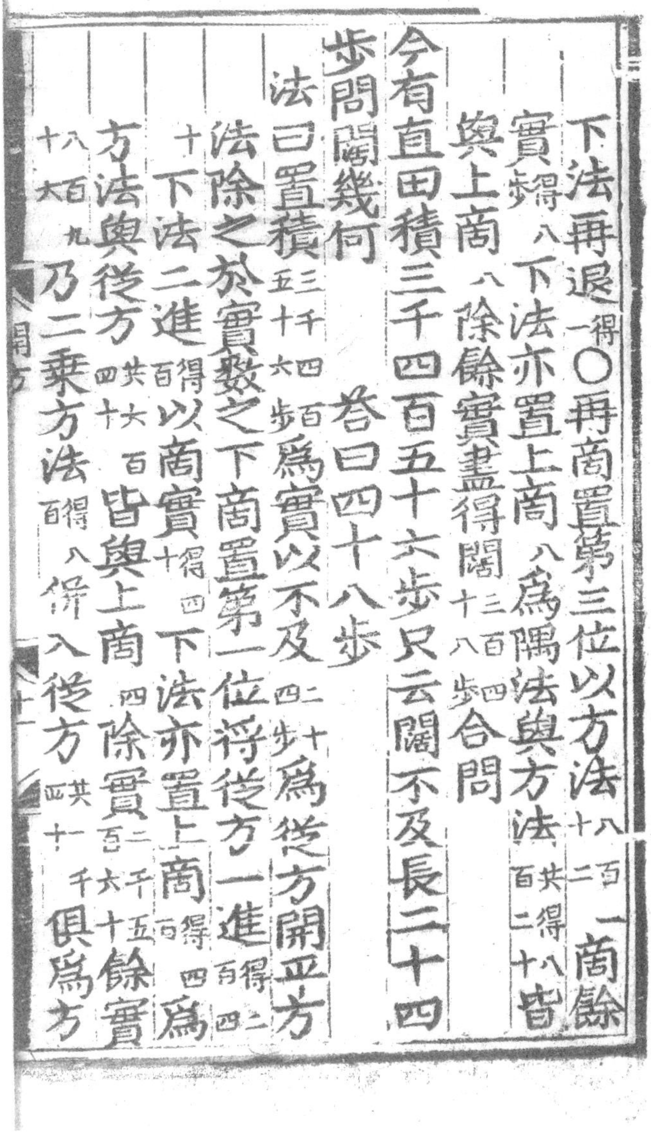

下法再退得二。〇再商置第三位，以方法八百一十二商餘實得八步。下法亦置上商八爲隅法，與方法共得八百二十。皆與上商八除餘實盡，得闊三百四十八步。合問。

今有直田積三千四百五十六步，只云闊不及長二十四步，問闊幾何？　　答曰：四十八步。

法曰：置積三千四百五十六步爲實，以不及二十四步爲從方，開平方法除之。於實數之下商置第一位，將從方一進得二百四十。下法二進得百。以商實得四十。下法亦置上商得四百。爲方法。與從方共六百四十。皆與上商四除實二千五百六十餘實八百九十六。乃二乘方法得八百。并入從方共一千四十。俱爲方法，一退得一百四。下法再退得一。○續商置第二位，以方法一百四商餘實得八步。下法亦置上商八爲隅法。以方隅二法共一百一十二。皆與上商八除餘實盡，得闊四十八步。合問。

今有直田二十二頃五十畝，只云闊不及長一里，問闊幾何　　答曰：二里。

法曰：置積二十二頃五十畝以畝步通之得五十四万步。爲實，通不及長一里爲三百步。爲從方，開平方法除之。於實數之下將從方二進得三万步。下法四進得万。以商實得六百。下法亦置上商得六万。爲方法。與從方共九万。皆與上商六除實盡。得闊六百步。以里步法三百步除之。合問。

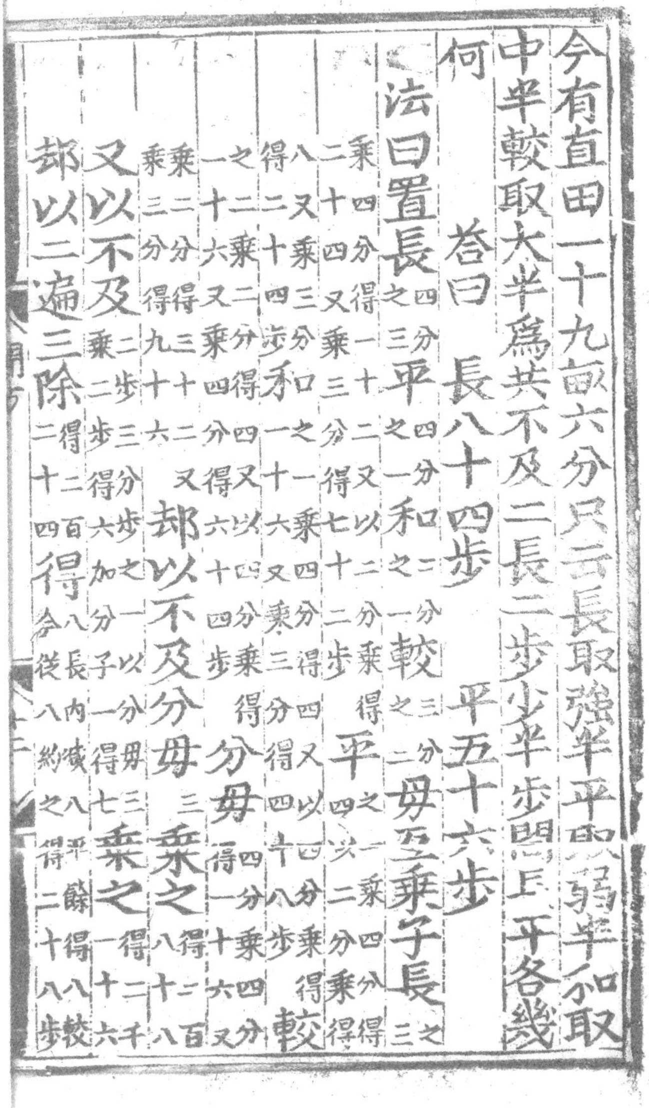

今有直田一十九畝六分，只云長取强半，平取弱半，和取中半，較取大半，爲共不及二長二步少半步，問長平各幾何？　答曰：長八十四步，平五十六步。

法曰：置長四分之三平四分之一和二分之一較三分之二母互乘子，長之三乘四分得一十二，又以二分乘得二十四，又乘三分得七十二步。平之一乘四分得四，以二分乘得八，又乘三分得二十四步。和之一乘四分得四，又以四分乘得一十六，又乘三分得四十八步。較之二乘二分得四，又以四分乘得一十六，又乘四分得六十四步。分母四分乘四分得一十六，又乘二分得三十二，又乘三分得九十六。却以不及分母三乘之得二百八十八。

又以不及二步三分步之一以分母三乘二步得六，加分子一得七。乘之得二千一十六。

却以二遍三除得二百二十四。得八長内減八平餘得八較，今從八約之得二十八步，

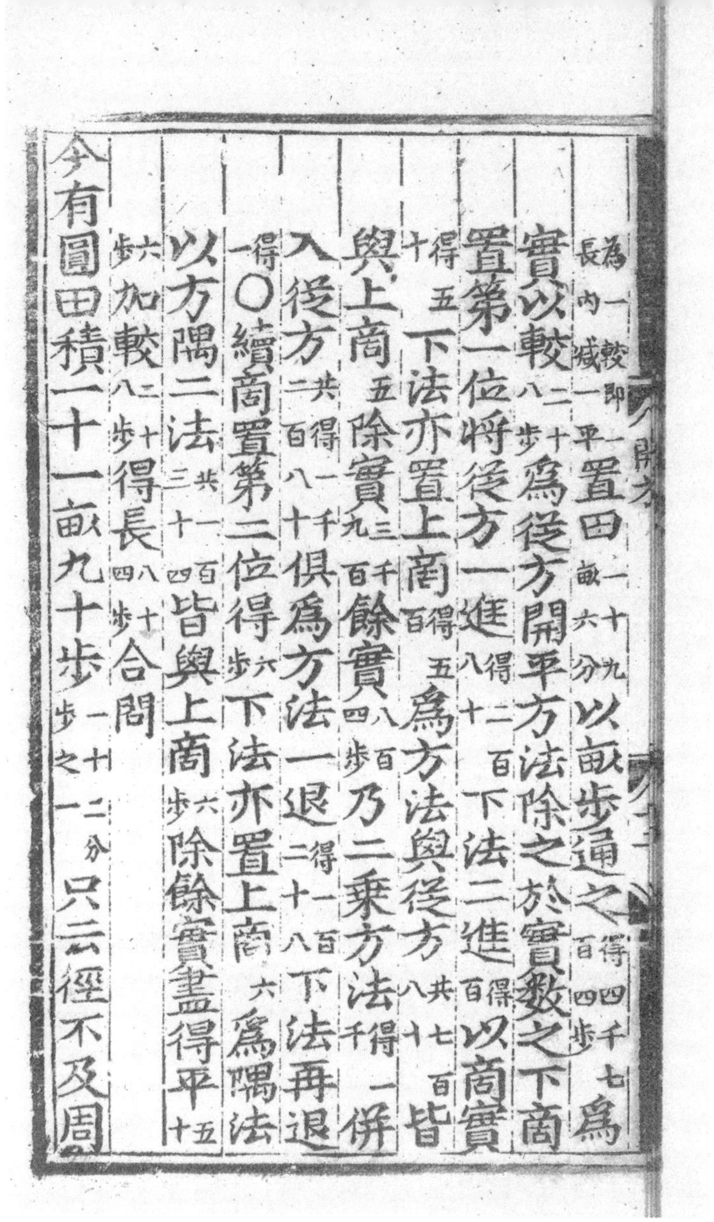

爲一較，即一長内減一平。置田一十九畝六分以畝步通之得四千七百四步。爲
實。以較二十八步爲從方，開平方法除之。於實數之下商
置第一位，將從方一進得二百八十。下法二進得百。以商實
得五十。下法亦置上商得五百。爲方法。與從方共七百八十。皆
與上商五除實三千九百餘實八百四步。乃二乘方法得一千。并
入從方共得一千二百八十。俱爲方法。一退得一百二十八。下法再退
得一。〇續商置第二位得六步。下法亦置上商六爲隅法。
以方、隅二法共一百三十四。皆與上商六步除餘實盡，得平五十六步。加較二十八步得長八十四步。合問。

今有圓田積一十一畝九十步一十二分步之一，只云徑不及周

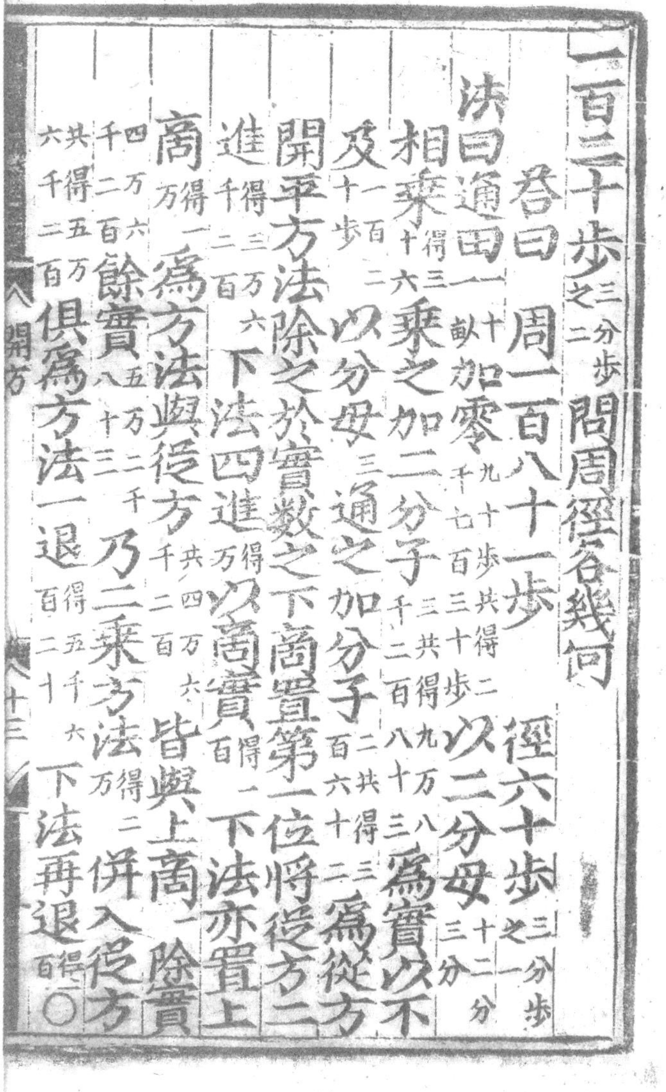
一百二十步三分步之二問周徑各幾何
答曰　周一百八十一步　徑六十步三分步之一
法曰通田二十一畝加零九十步共得二千七百三十步以二分母十二分三分相乘得三十六乘之加二分子三共得九万八千二百八十三爲實以不及一百二十步以分母三通之加分子二共得三百六十二爲從方開平方法除之於實數之下商置第一位将從方二進得三万六千二百下法四進得万以商實得一百下法亦置上商得一万爲方法與從方共四万六千二百皆與上商一除實四万六千二百餘實五万二千八十三乃二乘方法得二万併入從方共得五万六千二百俱爲方法一退得五千六百二十下法再退得一百○

一百二十步三分步之二，問周徑各幾何？

答曰：　周一百八十一步，　徑六十步三分步之一。

法曰：通田二十一畝加零九十步，共得二千七百三十步。以二分母十二分三分相乘得三十六。乘之加二分子三共得九万八千二百八十三。爲實。以不及一百二十步以分母三通之加分子二共得三百六十二。爲從方，開平方法除之。於實數之下商置第一位，將從方二進得三万六千二百。下法四進得万。以商實得一百。下法亦置上商得一万。爲方法。與從方共四万六千二百。皆與上商一除實四万六千二百餘實五万二千八十三。乃二乘方法得二万。并入從方共得五万六千二百。俱爲方法，一退得五千六百二十。下法再退得一百。○

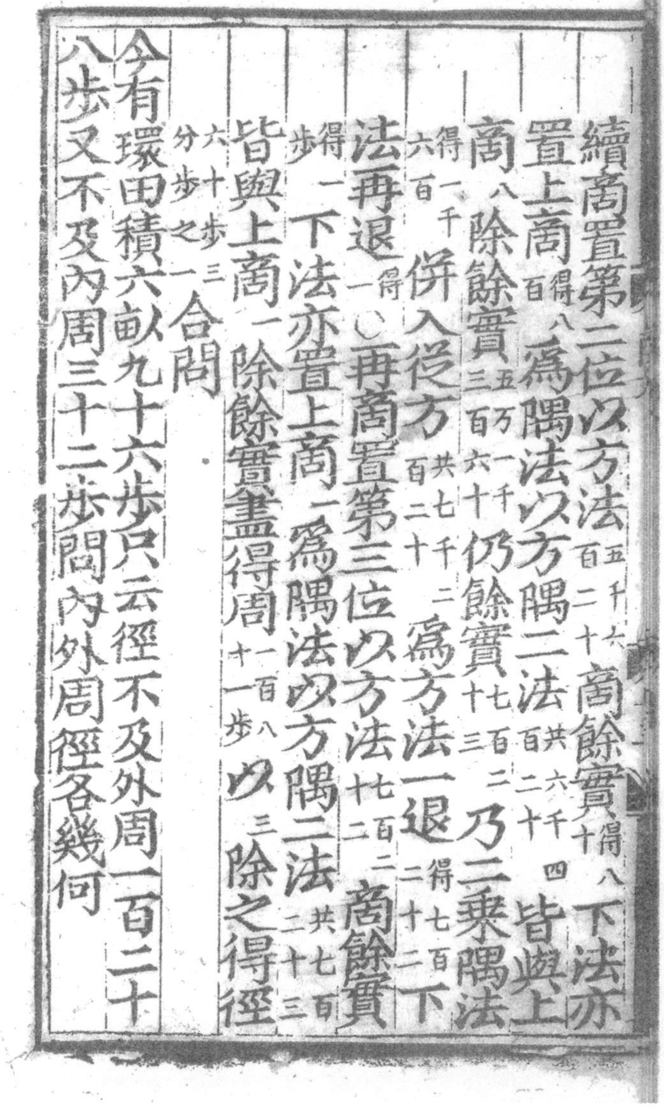

續商置第二位，以方法五千六百二十商餘實得八十。下法亦置上商得八百。爲隅法。以方、隅二法共六千四百二十。皆與上商八除餘實五万一千三百六十仍餘實七百二十三。乃二乘隅法得一千六百。并入從方共七千二百二十。爲方法，一退得七百二十二。下法再退得二。〇再商置第三位，以方法七百二十二商餘實得一步。下法亦置上商一爲隅法。以方、隅二法共七百二十三。皆與上商一除餘實盡，得周一百八十一步。以三除之，得徑六十步三分步之二。合問。

今有環田積六畝九十六步，只云徑不及外周一百二十八步，又不及内周三十二步，問内外周徑各幾何？

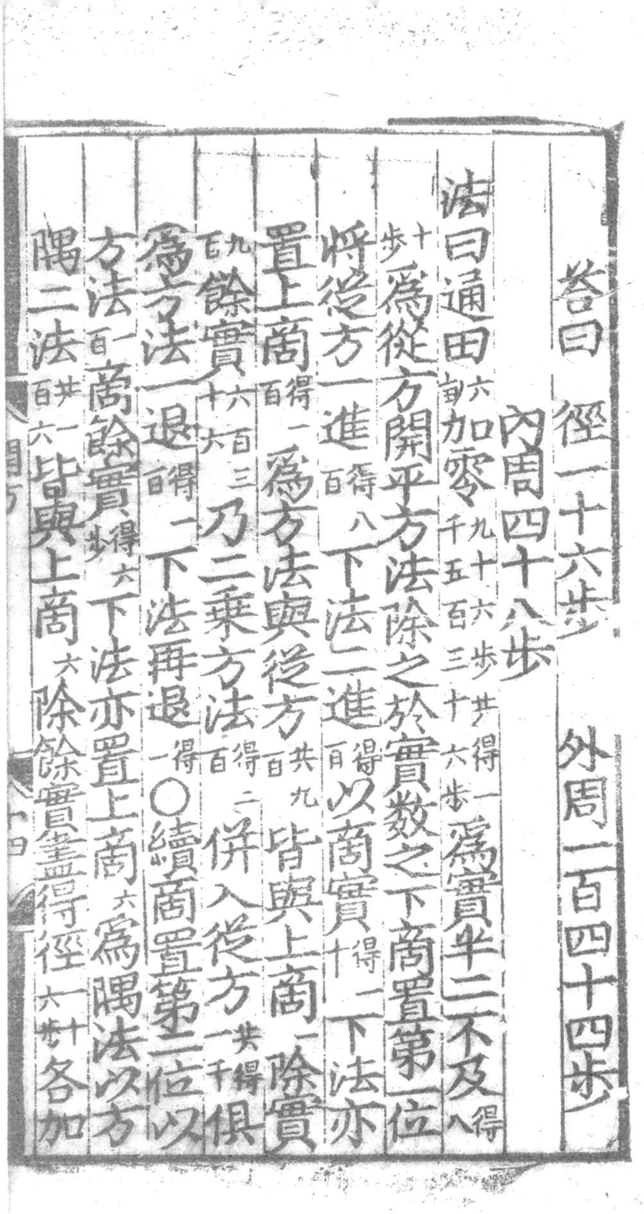

答曰：徑一十六步， 外周一百四十四步，

內周四十八步。

法曰：通田六畝加零九十六步共得一千五百三十六步。爲實。半二不及得八十步。爲從方。開平方法除之。於實數之下商置第一位，將從方一進得八百。下法二進得百。以商實得一十。下法亦置上商得一百。爲方法。與從方共九百。皆與上商一除實九百餘實六百三十六。乃二乘方法得二百。并入從方共得一千。俱爲方法，一退得一百。下法再退得一。○續商置第二位，以方法一百商餘實得六步。下法亦置上商六爲隅法。以方、隅二法共一百六。皆與上商六除餘實盡，得徑一十六步。各加不及。合問。

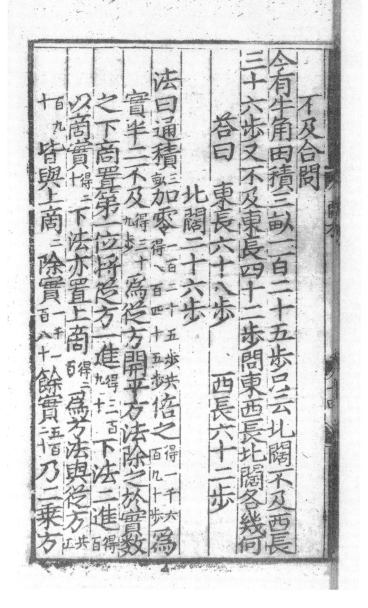

今有牛角田積三畝一百二十五步，只云北闊不及西長三十六步，又不及東長四十二步，問東西長北闊各幾何？

答曰：東長六十八步， 西長六十二步，

北闊二十六步。

法曰：通積三畝加零一百二十五步共得八百四十五步。倍之得一千六百九十步。爲實。半二不及得三十九步。爲從方，開平方法除之。於實數之下商置第一位，將從方一進得三百九十。下法二進得百。以商實得二十。下法亦置上商得二百。爲方法，與從方共五百九十。皆與上商二除實一千一百八十餘實五百二十。乃二乘方

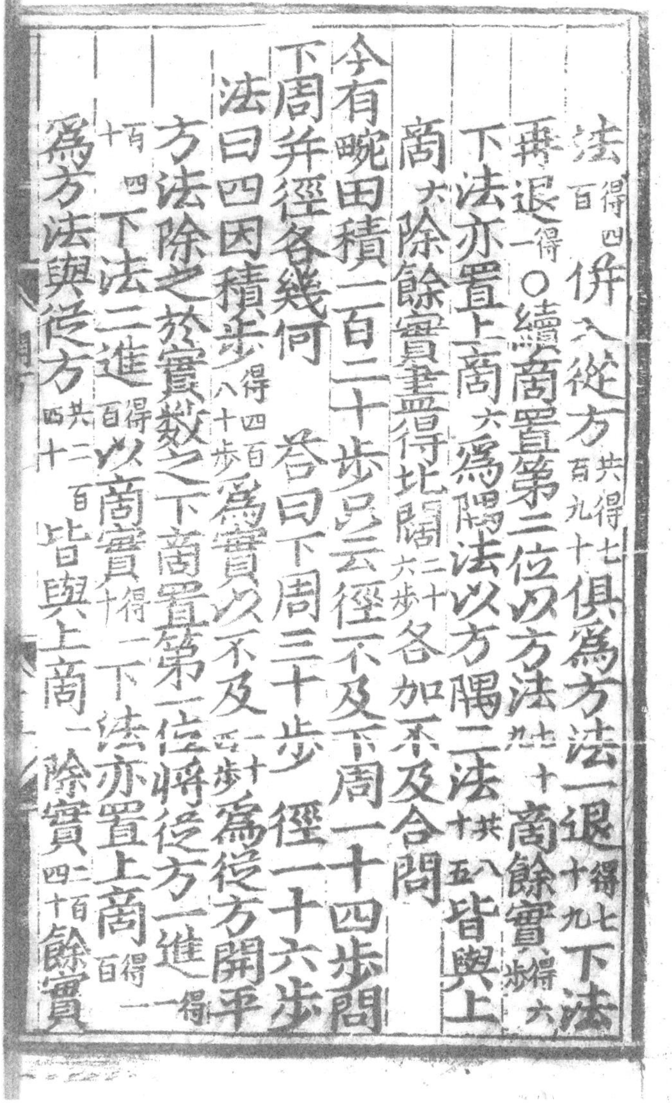

法得四百。并入從方共得七百九十。俱爲方法，一退得七十九。下法再退得一。〇續商置第二位，以方法七十九商餘實得六步。下法亦置上商六爲隅法。以方隅二法共八十五。皆與上商六除餘實盡。得北闊二十六步。各加不及。合問。

今有畹田積一百二十步，只云徑不及下周一十四步，問下周并徑各幾何？　答曰：下周三十步徑一十六步。

法曰：四因積步得四百八十步。爲實。以不及一十四步爲從方，開平方法除之。於實數之下商置第一位，將從方一進得一百四十。下法二進得百。以商實得一十。下法亦置上商得一百。爲方法。與從方共二百四十。皆與上商一除實二百四十餘實

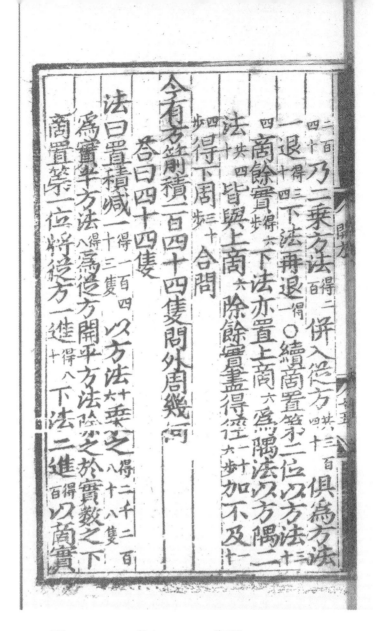

二百四十。乃二乘方法得二百。并入從方共三百四十。俱爲方法。一退得三十四。下法再退得一。〇續商置第二位，以方法三十四商餘實得六步。下法亦置上商六爲隅法，以方隅二法共四十。皆與上商六除餘實盡，得徑一十六步。加不及一十四步得下周三十步。合問。

今有方箭積一百四十四隻，問外周幾何？

答曰：四十四隻。

法曰：置積減一得一百四十三隻以方法十六乘之得二千二百八十八隻。爲實。半方法得八。爲從方，開平方法除之。於實數之下商置第一位，將從方一進得八十。下法二進得百。以商實

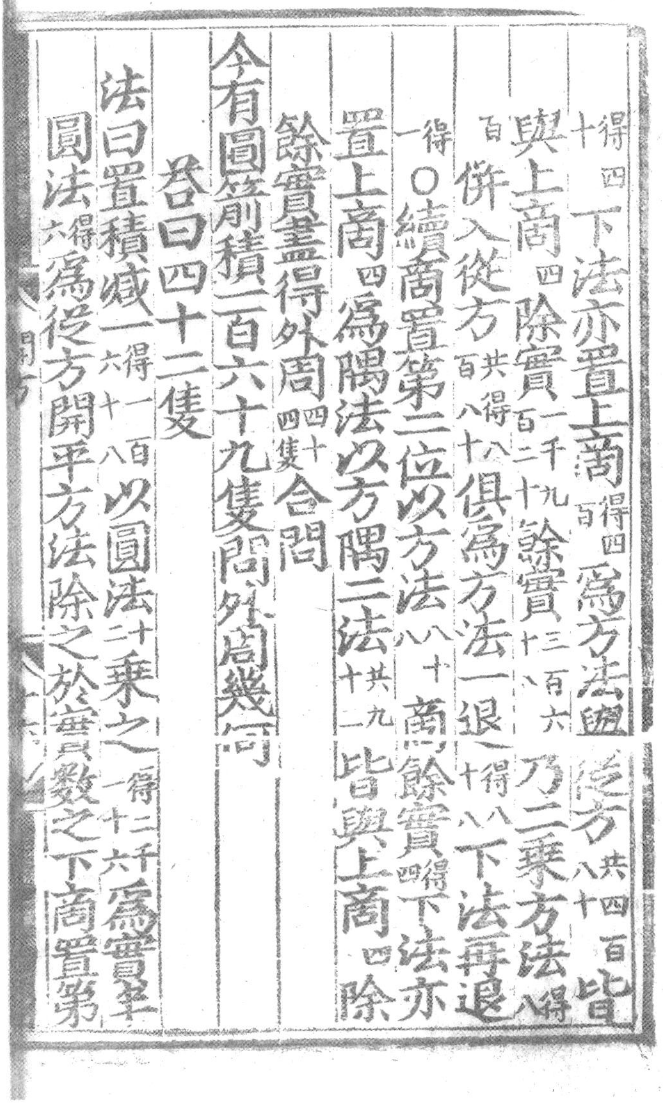

得四十。下法亦置上商得四百。爲方法，與從方共四百八十。皆與上商四除實一千九百二十餘實三百六十八。乃二乘方法得八百。并入從方共得八百八十。俱爲方法，一退得八十八。下法再退得一。○續商置第二位，以方法八十八商餘實得四。下法亦置上商四爲隅法，以方、隅二法共九十二。皆與上商四除餘實盡，得外周四十四隻。合問。

今有圓箭積一百六十九隻，問外周幾何？

答曰：四十二隻。

法曰：置積減一得一百六十八。以圓法十二乘之得二千一十六。爲實。半圓法得六。爲從方，開平方法除之。於實數之下商置第一位，將從方一進得六十。下法二進得百。以商實得四十。下法亦置上商得四百。爲方法，與從方共四百六十。皆與上商四除實一千八百四十餘實一百七十六。乃二乘方法得八百。并入從方共得八百六十。俱爲方法，一退得八十六。下法再退得一。○續商置第二位，以方法八十六商餘實得二隻。下法亦置上商二爲隅法，以方、隅二法共八十八。皆與上商二除餘實盡，得外周四十二隻。合問。

今有平尖草一垛積六百三十箇，問底子幾何？

答曰：三十五箇。

法曰：倍積得一千二百六十个。爲實，以一爲從方，開平方法除之。

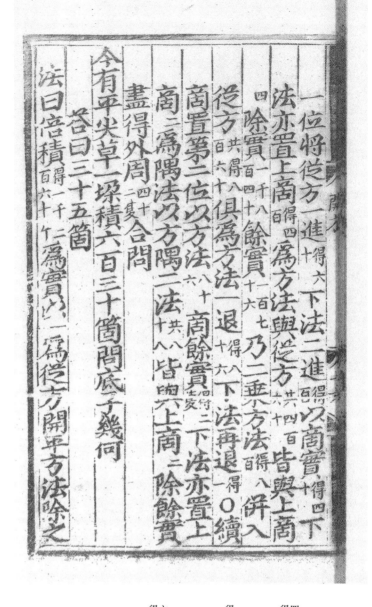

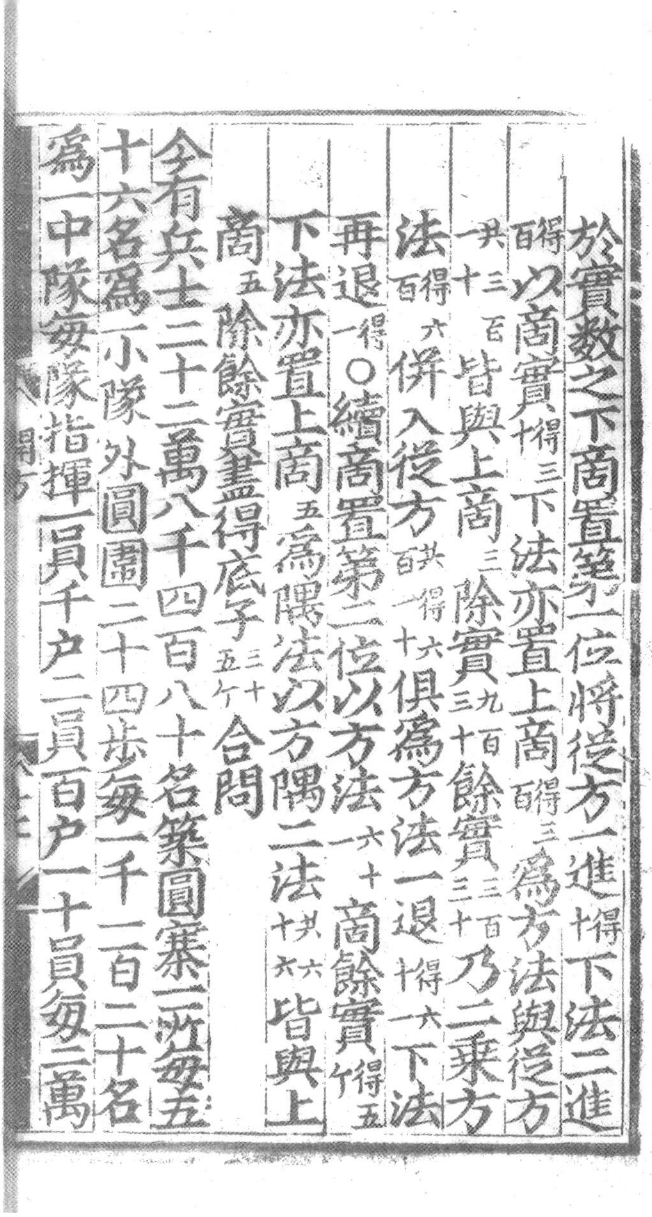

於實數之下商置第一位，將從方一進得十。下法二進得百。以商實得三十。下法亦置上商得三百。爲方法，與從方共三百一十。皆與上商三除實九百三十餘實三百三十。乃二乘方法得六百。并入從方共得六百一十。俱爲方法，一退得六十一。下法再退得一。○續商置第二位，以方法六十二商餘實得五个。下法亦置上商五爲隅法，以方、隅二法共六十六。皆與上商五除餘實盡，得底子三十五个。合問。

今有兵士二十二萬八千四百八十名，築圓寨一所，每五十六名爲一小隊，外圓圍二十四步。每一千一百二十名爲一中隊，每隊指揮一員，千户二員，百户一十員。每二萬

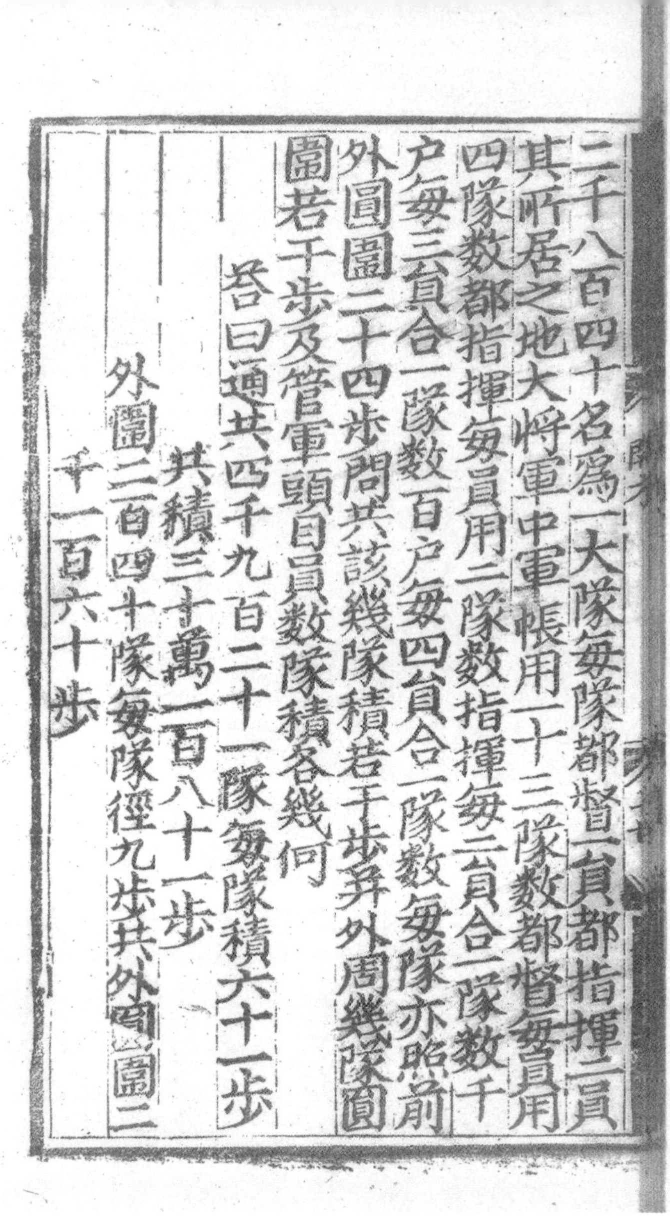

二千八百四十名爲一大隊每隊都督一員都指揮二員
其所居之地大將軍中軍帳用一十三隊數都督每員用
四隊數都指揮每員用二隊數指揮每二員合一隊數千
户每三員合一隊數百户每四員合一隊數每隊亦照前
外圓圍二十四步問共該幾隊積若干步并外周幾隊圓
圍若干步及管軍頭目員數隊積各幾何
荅曰通共四千九百二十一隊每隊積六十一步
共積三十萬一百八十一步
外圍二百四十隊每隊徑九步共外圓圍二
千一百六十步

二千八百四十名爲一大隊，每隊都督一員，都指揮二員。其所居之地大將軍中軍帳用一十三隊數，都督每員用四隊數，都指揮每員用二隊數，指揮每二員合一隊數，千户每三員合一隊數，百户每四員合一隊數。每隊亦照前外圓圍二十四步，問共該幾隊，積若干步，并外周幾隊，圓圍若干步，及管軍頭目員數，隊積各幾何？

答曰：通共四千九百二十一隊，每隊積六十一步，

共積三十萬一百八十一步。

外圍二百四十隊，每隊徑九步，共外圓圍二

千一百六十步。

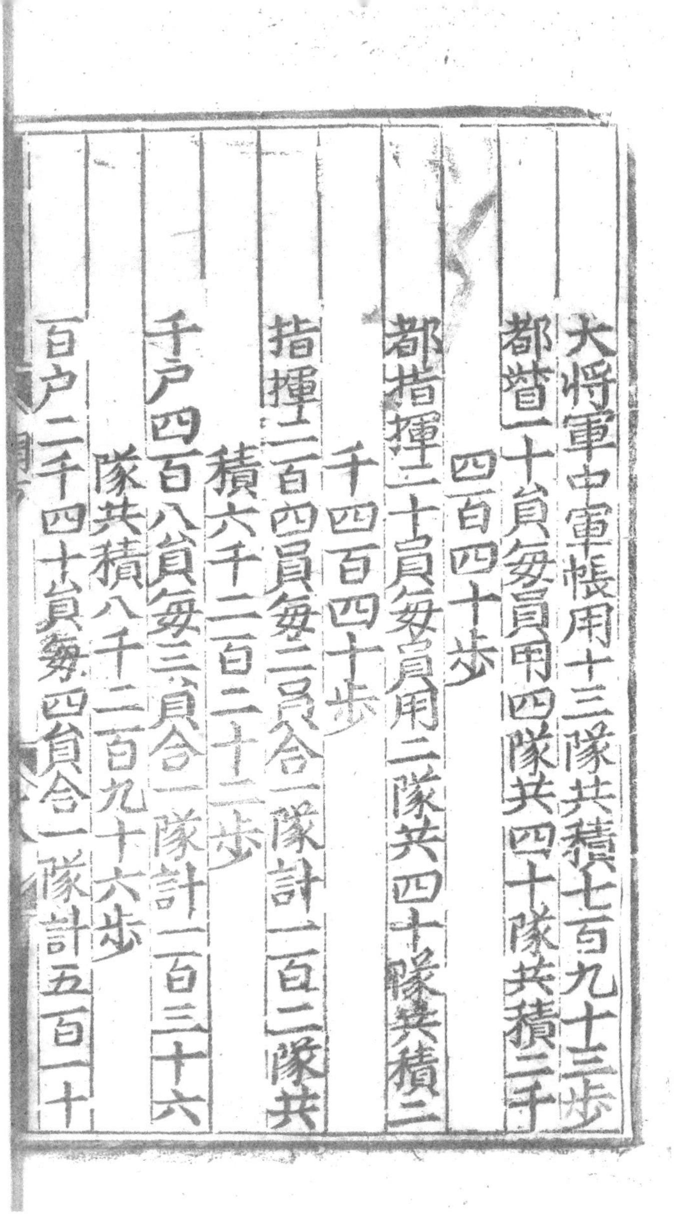

大將軍中軍帳用十三隊，共積七百九十三步。

都督一十員，每員用四隊，共四十隊，共積二千四百四十步。

都指揮二十員，每員用二隊，共四十隊，共積二千四百四十步。

指揮二百四員，每二員合一隊，計一百二隊，共積六千二百二十二步。

千户四百八員，每三員合一隊，計一百三十六隊，共積八千二百九十六步。

百户二千四十員，每四員合一隊，計五百一十

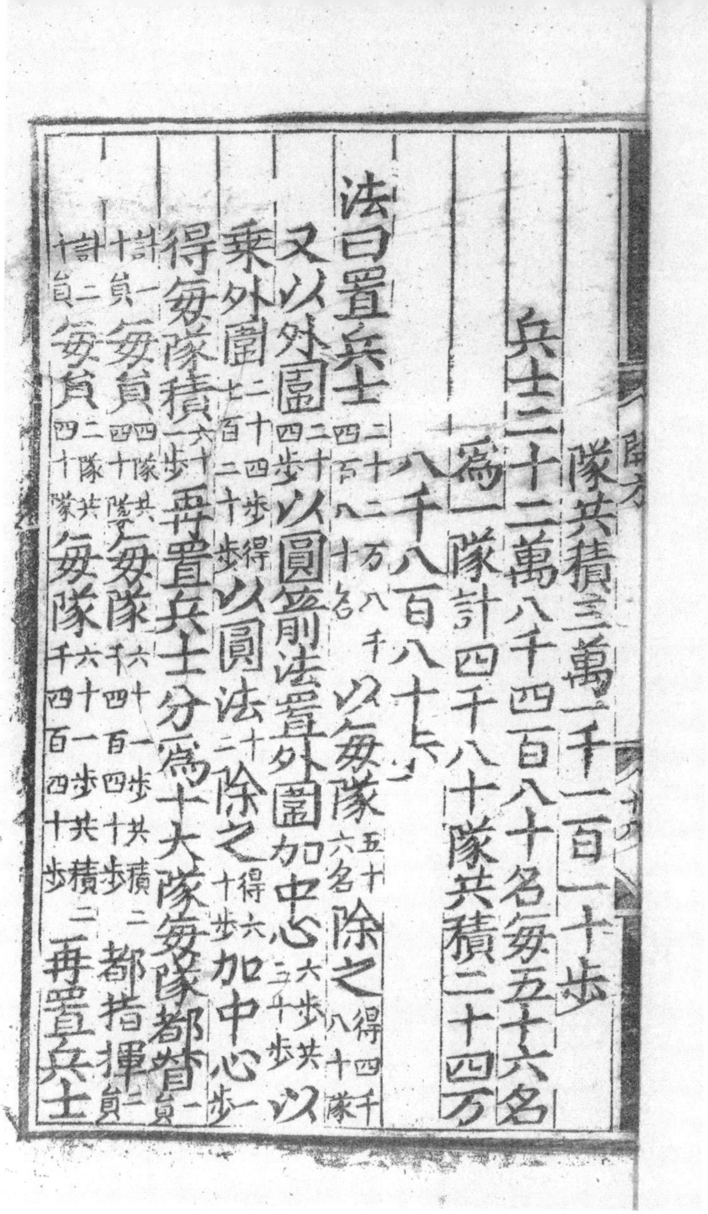

隊，共積三萬一千一百一十步。

兵士二十二萬八千四百八十名，每五十六名爲一隊，計四千八十隊，共積二十四万八千八百八十步。

法曰：置兵士二十二万八千四百八十名以每隊五十六名除之得四千八十隊。又以外圍二十四步以圓箭法置外圍加中心六步共三十步。以乘外圍二十四步得七百二十步。以圓法十二除之得六十步。加中心一步得每隊積六十一步。再置兵士分爲十大隊，每隊都督一員，計一十員。每員四隊，共四十隊。每隊六十一步，共積二千四百四十步。都指揮二員，計二十員。每員二隊，共四十隊。每隊六十一步，共積二千四百四十步。再置兵士以二千一百二十名爲一中隊計二百四隊。每隊指揮一員，計二百四員。

每二員合一隊，共一百二隊。每隊六十一步，共積六千二百二十二步。千户二員，計四百八員。每三員合一隊，共一百三十六隊。每隊六十一步，共積八千二百九十六步。百户一十員，計二千四十員。每四員合一隊，共五百一十隊。每隊六十一步，共積三万一千一百一十步。兵士四千八十隊每隊六十一步，共積二十四万八千八百八十步。

通共四千九百二十一隊。每隊六十一步共積三十万一百八十一步。

求外圍，置通共四千九百二十一隊減中心一隊餘四千九百二十隊。以圓法十二乘之得五万九千四十。爲實。半圓法得六。爲從方，開平方法除之。於實數之下商置第一位，將從方二進得六百。下法四進得万。以商實得二百。下法亦置上商得二万。爲方法，與從方_{共二万六百。}皆與上商_二除實_{四万一千二百}餘實_{一万七千八百四十。}乃二乘方法_{得四万。}并入從方_{共得四万六百。}俱爲方法，一退_{得四千六十。}下法二退_{得百。}○續商置第二位，以方法_{四千六十}商實_{得四十。}下法亦置上商_{得四百。}爲隅法。以方、隅二法_{共四千四百六十。}皆與上商_四除實盡，得外圍_{二百四十隊。}每隊外圍_{二十四步}該徑_{八步}加中心_{一步，九步。共}乘之得外圓圍_{二千一百六十步。}合問。

今有盗馬乘去馬主乃覺，追之不及而還，若更追二百七十八里_{十六分里之七}及之。只云馬主追之里數與追不及里數相多一百三十八。又云盗馬乘去已行里數内減馬主追

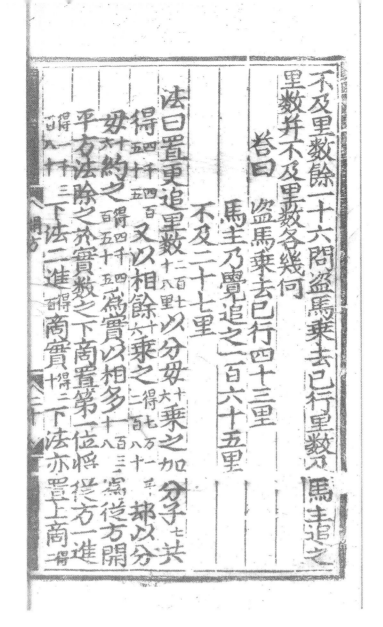

不及里數餘一十六。問盗馬乘去已行里數，及馬主追之里數，并不及里數各幾何？

答曰：盗馬乘去已行四十三里，

馬生乃覺，追之一百六十五里，

不及二十七里。

法曰：置更追里數二百七十八里以分母十六乘之，加分子七共得四千四百五十五。又以相餘十六乘之得七万一千二百八十。却以分母十六約之得四千四百五十五。爲實。以相多一百三十八爲從方，開平方法除之。於實數之下商置第一位，將從方一進得一千三百八十。下法二進得百。商實得二十。下法亦置上商得二

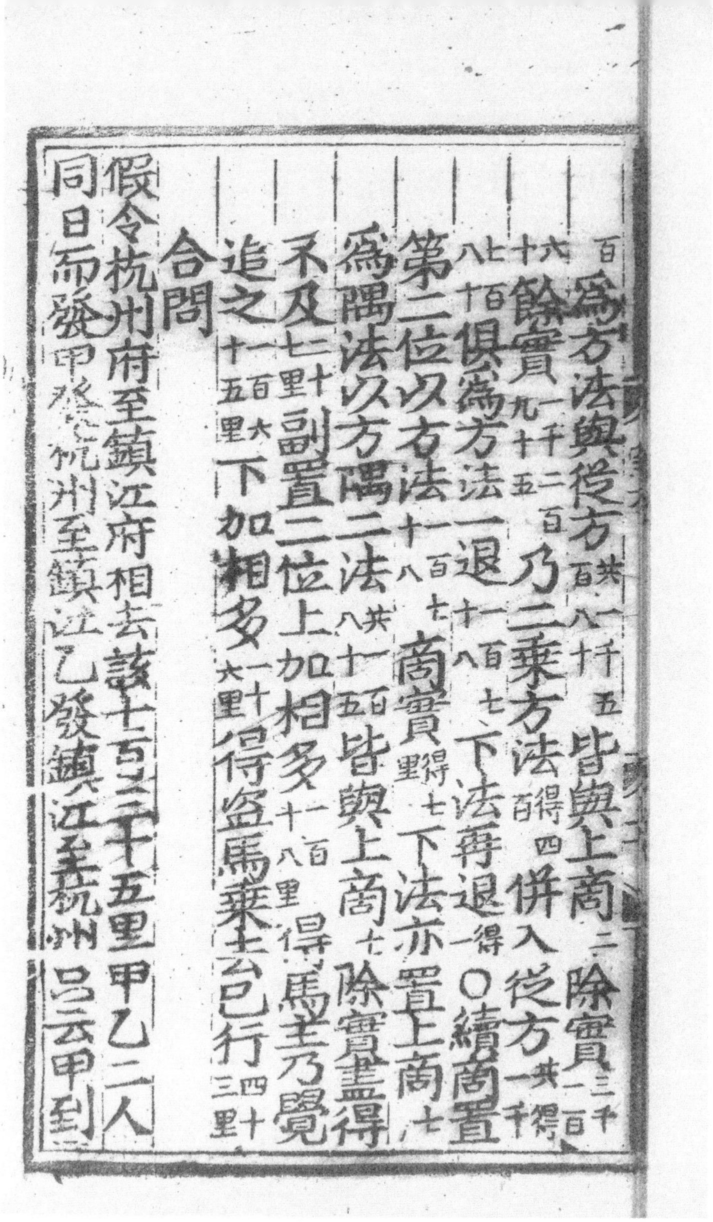

百。爲方法，與從方共一千五百八十。皆與上商二除實三千二百六十餘實一千二百九十五。乃二乘方法得四百。并入從方共得二千七百八十。俱爲方法，一退一百七十八。下法再退得二。〇續商置第二位，以方法一百七十八商實得七里。下法亦置上商七爲隅法，以方、隅二法共一百八十五。皆與上商七除實盡，得不及二十七里。副置二位，上加相多一百十八里得馬主乃覺追之一百六十五里。下加相多二十六里得盜馬乘去已行四十三里。

合問。

假令杭州府至鎮江府相去該七百三十五里，甲乙二人同日而發。甲發杭州至鎮江，乙發鎮江至杭州。只云甲到程比乙疾四日。又云甲乙到程日數相乘，内減甲日行數如乙日行多里數，外餘一百一十九。問甲乙到程日行里數，并甲多如乙日行里數各幾何？

答曰：甲十日到程日行七十三里半，

乙十四日到程日行五十二里半，

甲多如乙日行二十一里。

法曰：置相去七百三十五里以乙疾四日乘之得二千九百四十。爲實。以外餘一百一十九爲從方，開平方法除之。於實數之下商置第一位，將從方一進得一千一百九十。下法二進得百。以商實得二十。下法亦置上商得二百。爲方法，與從方共一千三百九十。皆與上商二除實二千七百八十。餘實一百六十。乃二乘方法得四百。并入從方共一千五百九十。俱爲方法，一退得一百五十九。下法再退得二。〇續商置第二位，以方法一百五十九商實得二里。下法亦置上商一爲隅法，以方隅二法共一百六十。皆與上商一除實盡，得甲多如乙日行二十二里。再置相去七百三十五里以多日行二十二里爲法除之得三十五里。却以乙疾四日乘之得一百四十。爲實，以乙疾四爲從方，開平方法除之。於實數之下，將從方一進得四十。以下法再進得百。商實得一十。下法亦置上商得一百。爲方法，與從方共一百四十。皆與上商一除實盡，得甲到日程一十日。加疾四日得乙到日程一十四日。以各到日程爲法，除相去里數。合問。

帶減從開平方

今有直田九十畝二分，只云長闊共二百九十六步，問闊幾何？答曰：一百三十二步。

法曰：置田九十畝二分以畝步通之得二万一千六百四十八步。爲實，以共步一百九十六爲減從，開平方法除之。於實數之下商置第一位得一百。以減從二百九十六餘從一百九十六。與上商一百除實一万九千六百餘實二千四十八。又以上商一百再減從一百九十六仍餘從九十六。爲方法。〇續商置第二位，以方法九十六商餘實得三十。又減方法九十六仍餘方法六十六。與上商三十除餘實一千九百八十仍餘實六十八。又以上商三十再減方法六十六仍餘三十六。爲方法。○再商置第三位，以方法三十六商餘實得二步。又減方法三十六仍餘三十四。與上商二步除餘實盡，得闊一百三十二步。合問

今有直田八畝，只云長闊共九十二步，問闊幾何？

答曰：三十二步。

法曰：通田八畝得一千九百二十步爲實。以共步九十二爲減從，開平方法除之。上商三十以減從九十二餘從六十二。與上商三十除實一千八百六十餘實六十。又以上商三十再減餘從六十二餘從三十二。爲方法。○續商得二步。又減方法二步餘三十步。與

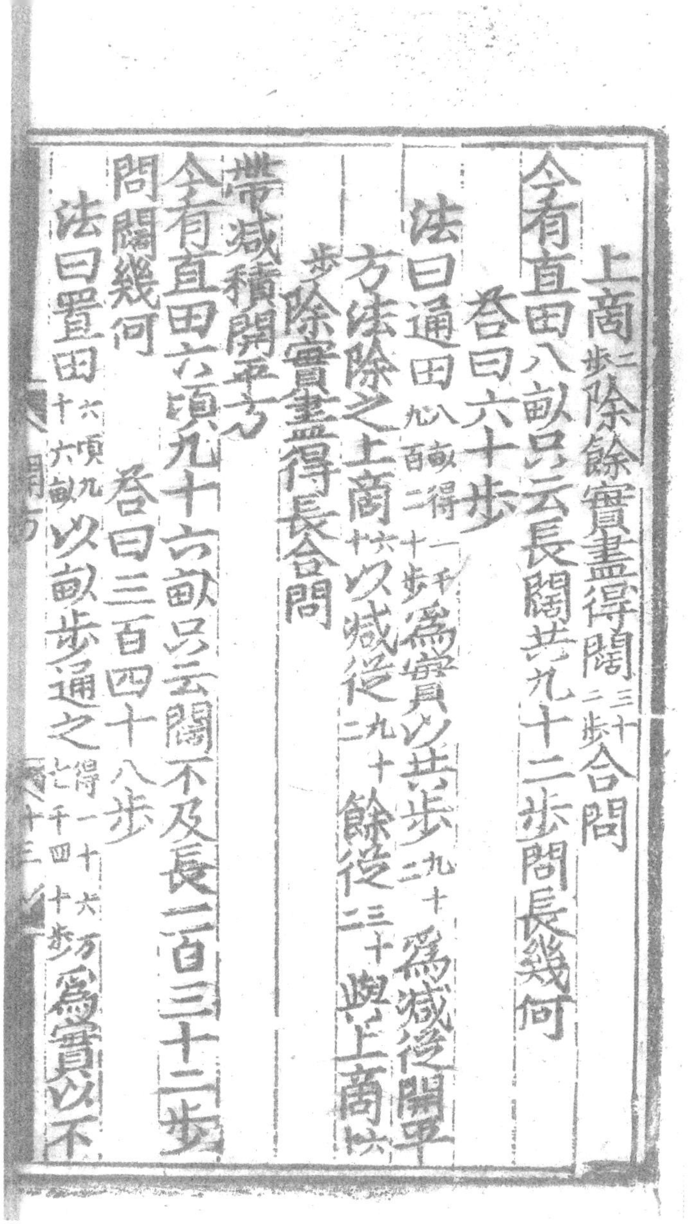

上商二步除餘實盡，得闊三十二步。合問。

今有直田八畝，只云長闊共九十二步，問長幾何？

答曰：六十步。

法曰：通田八畝，得一千九百二十步。爲實，以共步九十二爲減從，開平方法除之。上商六十以減從九十二餘從三十二。與上商六十步除實盡，得長。合問。

帶減積開平方

今有直田六頃九十六畝，只云闊不及長一百三十二步，

問闊幾何？答曰：三百四十八步

法曰：置田六頃九十六畝以畝步通之得一十六万七千四百四十步。爲實。以不

及一百三十二步爲減積，開平方法除之。於實數之下商置第一位得三百。下法亦置上商三百爲方法。以乘減積得三万九千六百。以減通積餘實一十二万七千四百四十。却以方法三百與上商三百除實九万餘實三万七千四百四十。乃二乘方法得六百。爲廉法。〇續商置第二位，以廉法六百商餘實得四十。下法亦置上商四十爲隅法，以乘減積一百三十二得五千二百八十。以減餘實，仍餘三万二千一百六十。却以廉、隅二法共六百四十。皆與上商四十除仍餘二万五千六百餘實六千五百六十。乃二乘隅法得八十。并入廉法共得六百八十。〇再商置第三位，以廉法六百八十商餘實得八步。下法亦置上商八爲隅法，以乘減積一百三十

二得一千五十六。以減餘實，仍餘實五千五百四。却以廉、隅二法共六百八十八。皆與上商八步除餘實盡，得闊三百四十八步。合問

今有直田積八畝，只云廣不及縱二十八步，問廣幾何？

答曰：三十二步。

法曰：通積八畝，得一千九百二十步爲實，以不及二十八步爲減積，開平方法除之。上商三十下法亦置上商三十爲方法。以乘減積二十八步，得八百四十步。以減通積餘實一千八十步。却以方法三十與上商三十除實九百步餘實一百八十步。乃二乘方法得六十步。爲廉法。〇續商得二步。下法亦置上商二步爲隅法，以乘減積二十八步，得五十六步。以減餘實一百八十步仍餘實一百二十四步。

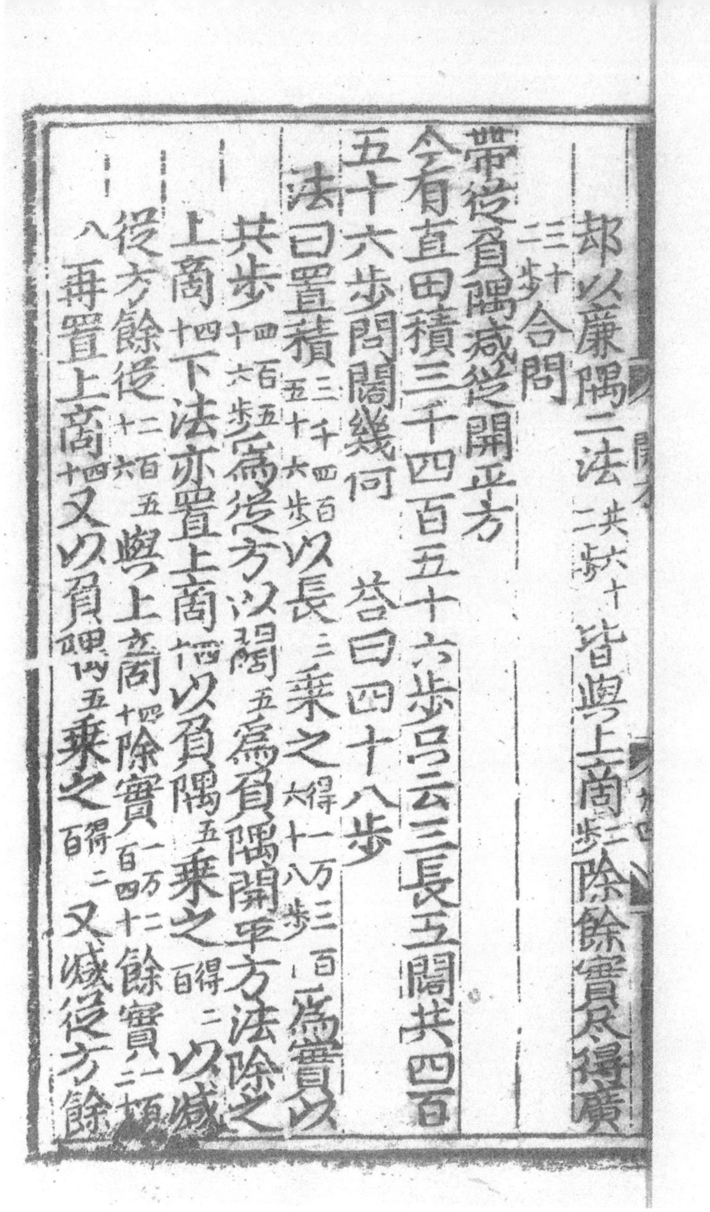

却以廉、隅二法共六十二步。皆與上商二步除餘實尽，得廣三十二步。合問。

帶從負隅減從開平方

今有直田，積三千四百五十六步，只云三長五闊，共四百五十六步，問闊幾何？答曰：四十八步。

法曰：置積三千四百五十六步以長三乘之得一万三百六十八步。爲實。以共步四百五十六步爲從方，以闊五爲負隅，開平方法除之。上商四十下法亦置上商四十。以負隅五乘之得二百。以減從方餘從二百五十六。與上商四十除實一万二百四十餘實一百二十八。再置上商四十又以負隅五乘之得二百。又減從方餘

從五十六。〇續商得八步。以負隅五乘之得四十。再減從方餘從得一十六。與上商八除餘實盡，得闊四十八步。合問

今有直田積三千四百五十六步，只云三長五闊共四百五十六步，問長幾何？　答曰：七十二步。

法曰：置積三千四百五十六步以闊五乘之得一万七千二百八十步。爲實。以共步四百五十六步爲從方，以長三爲負隅，開平方法除之。上商七十下法亦置上商七十，以負隅三乘之得二百一十。以減從方四百五十六餘從二百四十六。與上商七十除實一万七千二百二十餘實六十。再置上商七十又以負隅三乘之得二百一十。再減從方二百四十六餘從三十六。〇續商得二步。下法亦置上

商二步以乘負隅三得六。再減從方三十六餘從三十。與上商

二步除餘實盡，得長七十二步。合問

今有直田三千四百五十六步，只云一長二闊三和四較

共六百二十四步，問闊幾何？　答曰：四十八步。

法曰：以八乘田積得二万七千六百四十八步。爲實。以共步六百二十四步

爲從方，以一爲負隅，開平方法除之。上商四十下法亦

置上商四十。以負一乘之得四十。以減從方，餘從五百八十四。

與上商四十除實二万三千三百六十餘實四千二百八十八。再置上商

四十又以負隅一乘之得四十。又減從方，餘從五百四十四。○

續商得八步。下法亦置上商八，以負隅一乘之得八。再減

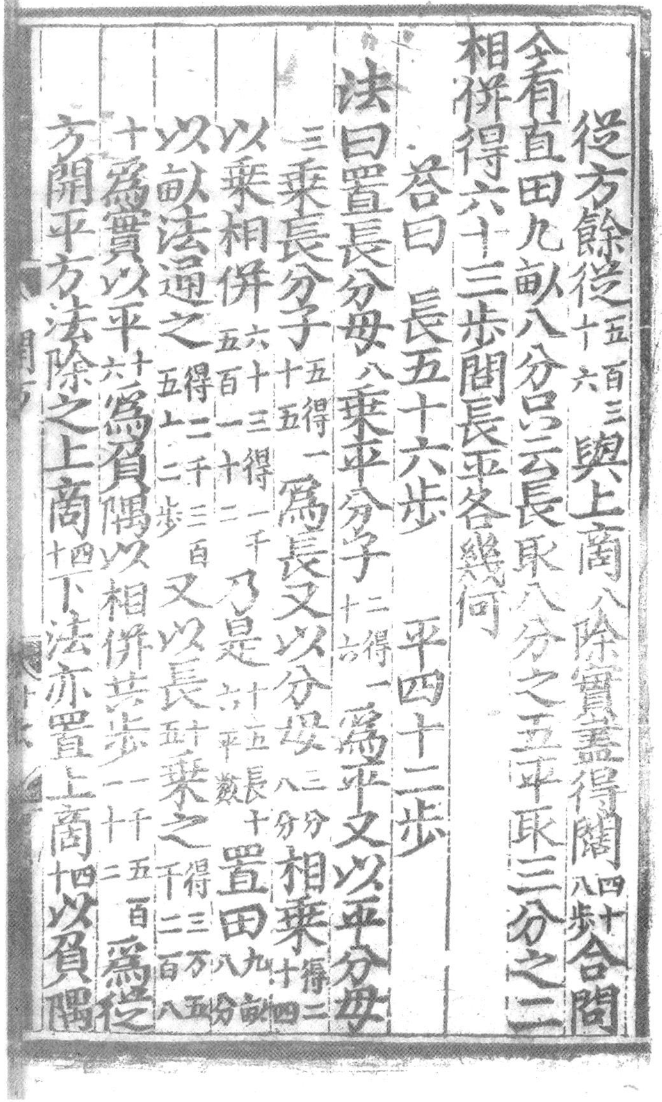

從方，餘從五百三十六。與上商八除實盡，得闊四十八步。合問。

今有直田九畝八分，只云長取八分之五，平取三分之二，相并得六十三步，問長平各幾何？

答曰：長五十六步，平四十二步。

法曰：置長分母八乘平分子二，得一十六。爲平。又以平分母三乘長分子五，得一十五。爲長。又以分母三分八分。相乘得二十四。以乘相并六十三，得一千五百一十二。乃是十五長十六平數。置田九畝八分以畝法通之得二千三百五十二步。又以長十五乘之得三万五千二百八十。爲實。以平十六爲負隅，以相并共步一千五百一十二爲從方，開平方法除之。上商四十下法亦置上商四十，以負隅

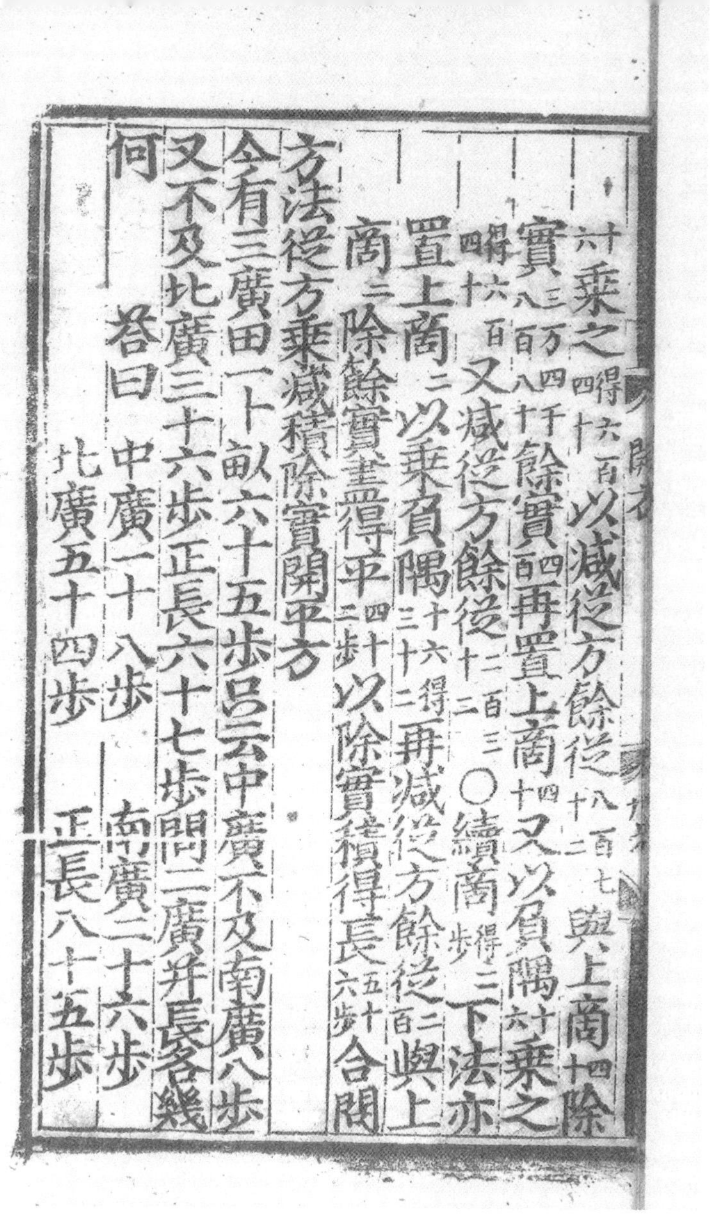

十六乘之得六百四十。以減從方，餘從八百七十二。與上商四十除

實三万四千八百八十。餘實四百。再置上商四十又以負隅十六乘之

得六百四十。又減從方餘從二百三十二。〇續商得二步。下法亦

置上商二以乘負隅十六，得三十二。再減從方，餘從二百。與上

商二除餘實盡，得平四十二步。以除實積得長五十六步。合問

方法從方乘減積除實開平方

今有三廣田一十畝六十五步，只云中廣不及南廣八步，

又不及北廣三十六步、正長六十七步，問二廣并長各幾

何？　　答曰：中廣一十八步，南廣二十六步，

北廣五十四步，正長八十五步。

法曰：通田一十畝加零六十五步，共得二千四百六十五步。爲實。并不及二廣共得四十四步。以四而一得一十一步。爲從方。以不及長六十七步爲減積，開平方法除之。上商一十，下法亦置上商一十爲方法，與從方共二十二以乘減積六十七，千四百七。得一以減共積一千四百七餘實一千五十八。却以方法、從方共二十二。皆與上商一十除餘實二百二十仍餘實八百四十八。乃二乘方法得二十。并減積六十七皆并從方共九十八。俱爲方法。〇續商得八步。下法亦置上商八步爲隅法，以方、隅二法共一百六步。皆與上商八步除餘實盡，得中闊一十八步。各加不及。合問。

今有梯田一十四畝一分，只云南闊不及北闊二十八步，

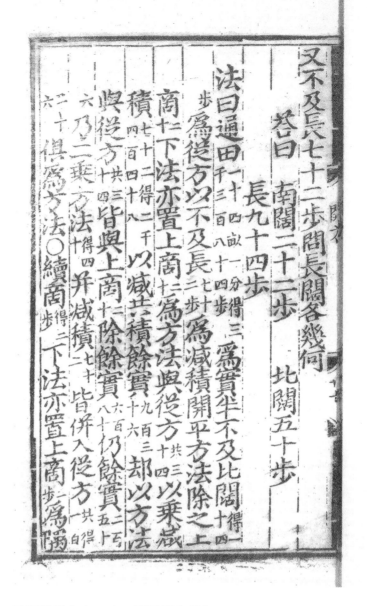

又不及長七十二步，問長闊各幾何？

答曰：南闊二十二步，北闊五十步，

長九十四步。

法曰：通田二十四畝一分，得三千三百八十四步。爲實。半不及比闊得一十四步。爲從方，以不及長七十二步爲減積，開平方法除之。上商二十，下法亦置上商二十爲方法。與從方共三十四。以乘減積七十二，得二千四百四十八。以減共積餘實九百三十六。却以方法與從方共三十四皆與上商二十除餘實六百八十仍餘實二百五十六。乃二乘方法得四十。并減積七十二皆并入從方共得一百二十六。俱爲方法。〇續商得二步。下法亦置上商二步爲隅法，以方、隅二法共一百二十八。皆與上商二步除餘實盡，得南闊二十三步。各加不及，合問。

今有箕田四十六畝二百三十二步半，只云踵闊不及舌闊六十七步，又不及正長八十五步，問二闊并長各幾何？

答曰：踵闊五十步，舌闊一百一十七步，

正長一百三十五步。

法曰：通田四十六畝加零二百三十二步半，共得一万一千二百七十二步半。爲實。半不及舌闊得三十三步半。爲從方。以不及正長八十五步爲減積，開平方法除之。上商五十，下法亦置上商五十爲方法。與從方共八十三步半。以乘減積八十五步，得七千九十七步半。以減共積，餘

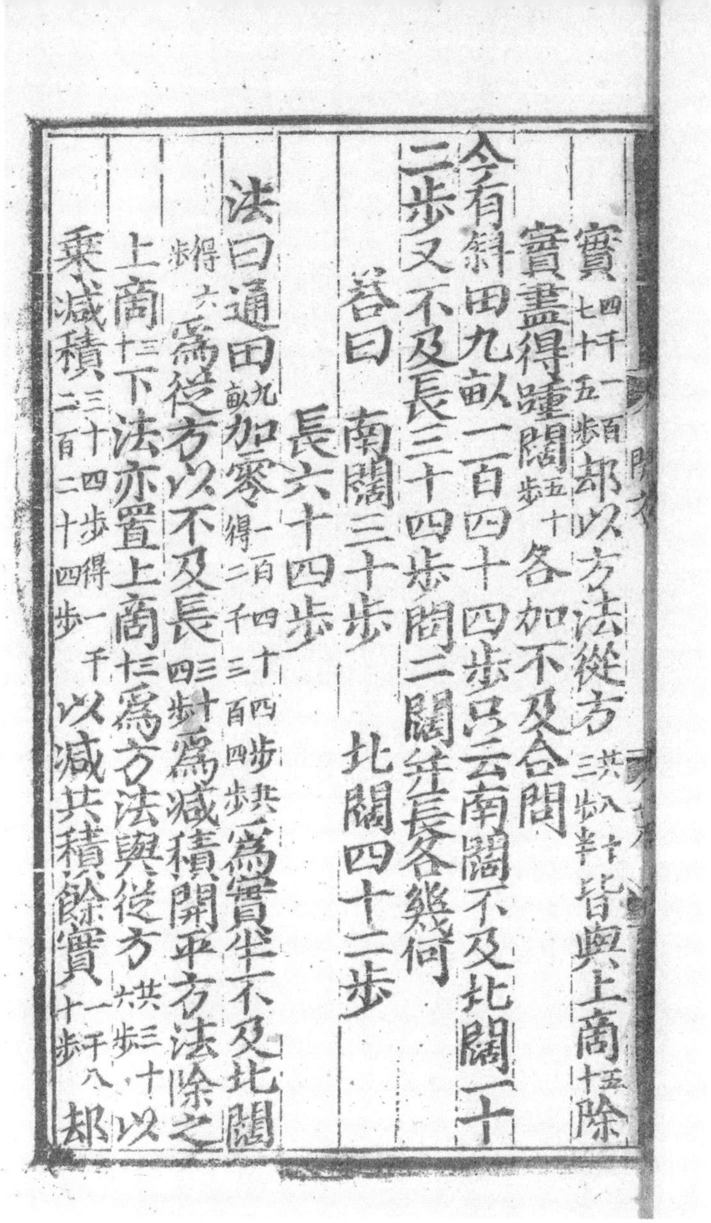

實（四千一百七十五步。）却以方法從方（共八十三步半。）皆與上商（五十）除實盡，得踵闊（五十步。）各加不及，合問。

今有斜田九畝一百四十四步，只云南闊不及北闊一十二步，又不及長三十四步，問二闊并長各幾何？

答曰：南闊三十步，北闊四十二步，

長六十四步。

法曰：通田（九畝）加零（一百四十四步，共得二千三百四步。）爲實。半不及北闊（得六步。）爲從方。以不及長（三十四步）爲減積，開平方法除之。上商（三十），下法亦置上商（三十）爲方法，與從方（共三十六步。）以乘減積（三十四步，得一千二百二十四步。）以減共積，餘實（一千八十步。）却以方法與從方共三十六步。皆與上商三十除實盡，得南闊三十步。各加不及，合問。

今有四不等田一十二畝一百九步，只云東闊不及西闊一十四步，又不及南長二十二步、北長一十六步。問四方長闊各幾何？答曰：東闊四十二步，西闊五十六步，

南長六十四步，北長五十八步。

法曰：通田二十畝加零一百九步，共得二千九百八十九步。爲實。半不及西闊得七步。爲從方。半不及南北長共一十九步。爲減積，開平方法除之。上商四十，下法亦置上商四十爲方法，與從方共四十七。以乘減積一十九，得八百九十三。以減共積餘實二千九十六。

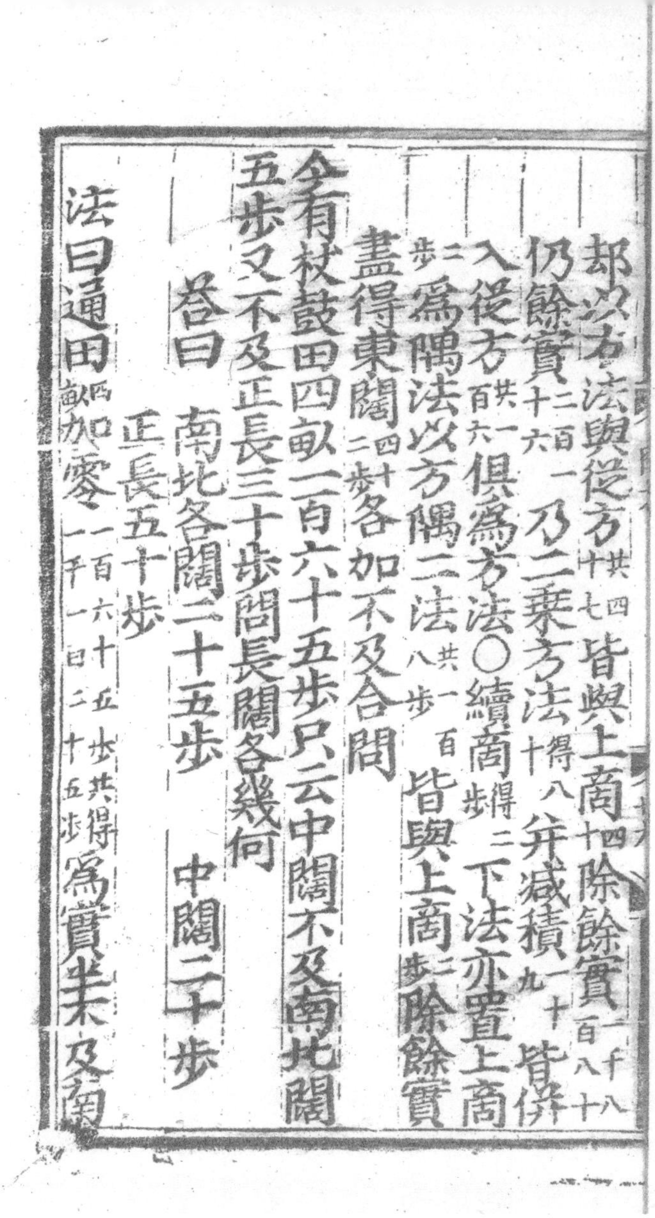

却以方法與從方〔共四十七。〕皆與上商〔四十〕除餘實〔一千八百八十〕仍餘實〔二百一十六。〕乃二乘方法〔得八十。〕并減積〔一十九〕皆并入從方〔共一百六。〕俱爲方法。〇續商〔得二步〕，下法亦置上商〔二步〕爲隅法，以方、隅二法〔共一百八步。〕皆與上商〔二步〕除餘實盡，得東闊〔四十二步。〕各加不及。合問。

今有杖鼓田四畝一百六十五步，只云中闊不及南北闊五步，又不及正長三十步，問長闊各幾何？

答曰：南北各闊二十五步，中闊二十步，

正長五十步。

法曰：通田〔四畝〕加零〔一百六十五步，共得一千一百二十五步。〕爲實。半不及南

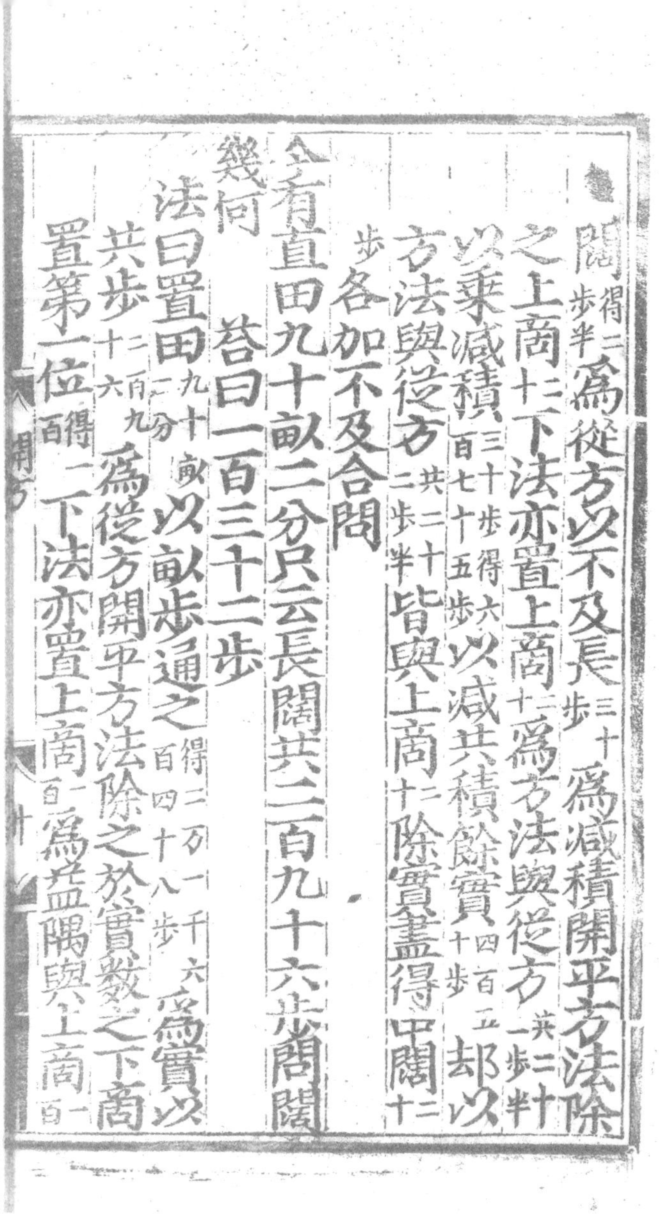

闊得二步半。爲從方。以不及長三十步爲減積，開平方法除之。上商二十，下法亦置上商二十。爲方法。與從方共二十二步半。以乘減積三十步，得六百七十五步。以減共積餘實四百五十步。却以方法與從方共二十二步半。皆與上商二十除實盡，得中闊二十步。各加不及。合問。

今有直田九十畝二分，只云長闊共二百九十六步，問闊幾何？答曰：一百三十二步。

法曰：置田九十畝二分以畝步通之得二万一千六百四十八步。爲實。以共步二百九十六爲從方，開平方法除之。於實數之下商置第一位得一百。下法亦置上商一百。爲益隅，與上商一百相乘得一万。添入積實共得三万一千六百四十八步。却以從方二百九十六與上商二百除實二万九千六百餘實二千四十八。乃二乘益隅得二百。爲方法。〇續商置第二位，以方法二百商餘實得三十。下法亦置上商三十爲益隅，添入方法共得二百三十。與上商三十相乘得六千九百。添入餘實共得八千九百四十八。却以從方二百九十六與上商三十除實八千八百八十餘實六十八。乃二乘益隅得六十。添入前方共得二百六十。爲方法。〇再商置第三位，以方法二百六十商餘實得二步。下法亦置上商二步爲益隅，添入方法共得二百六十二。與上商二步相乘得五百二十四。添入餘實共得五百九十二。却以從方二百九十六與上商二步除餘實盡，得闊一百三十二步。合問。

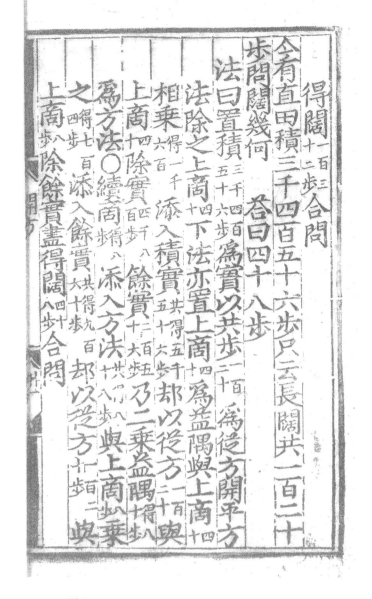

今有直田積三千四百五十六步，只云長闊共一百二十步，問闊幾何？答曰：四十八步。

法曰：置積三千四百五十六步爲實，以共步一百二十爲從方，開平方法除之。上商四十下法亦置上商四十爲益隅。與上商四十相乘得一千六百。添入積實共得五千五十六步。却以從方一百二十與上商四十除實四千八百步餘實二百五十六步。乃二乘益隅得八十步。爲方法。〇續商得八步。添入方法共得八十八步與上商八步乘之得七百四步。添入餘實共得九百六十步。却以從方一百二十步與上商八步除餘實盡，得闊四十八步。合問

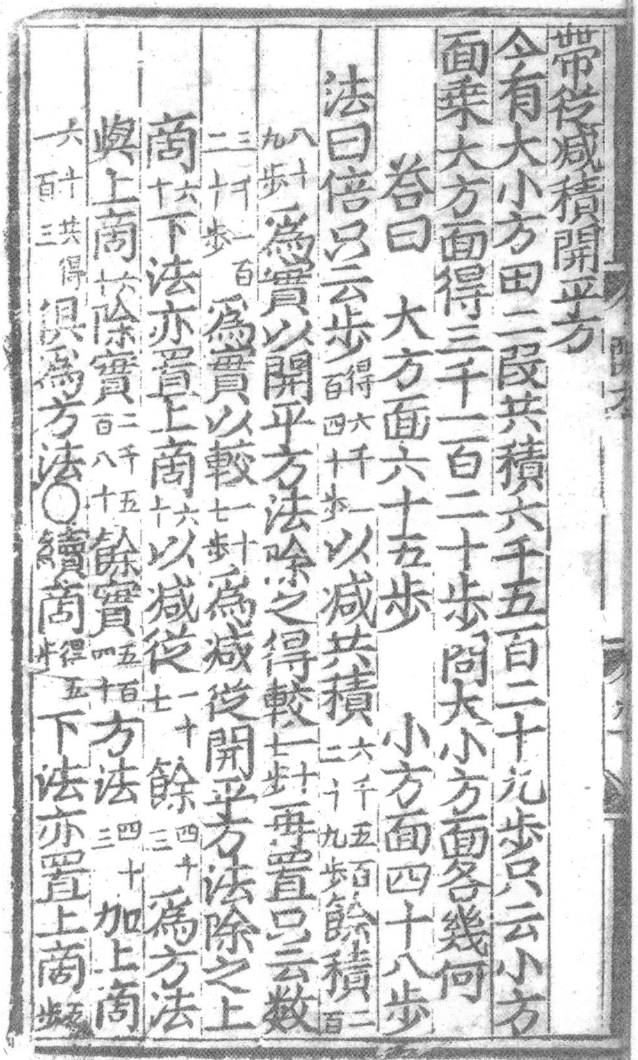

帶從減積開平方

今有大小方田二段，共積六千五百二十九步。只云小方面乘大方面得三千一百二十步，問大小方面各幾何？

答曰：大方面六十五步，小方面四十八步。

法曰：倍只云步得六千一百四十步。以減共積六千五百二十九步餘積二百八十九步。爲實。以開平方法除之，得較一十七步。再置只云數三千一百二十步爲實，以較一十七步爲減從，開平方法除之。上商六十下法亦置上商六十。以減從一十七餘四十三。爲方法。與上商六十除實二千五百八十餘實五百四十。方法四十三加上商六十共得一百三。俱爲方法。○續商得五步。下法亦置上商五步

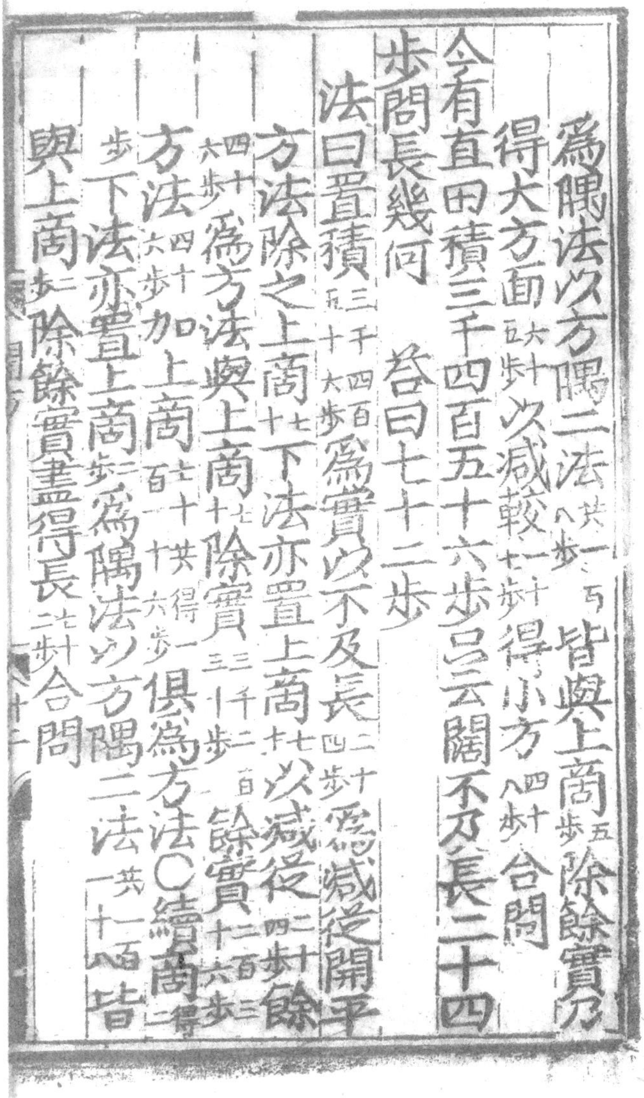

爲隅法。以方、隅二法共一百八步皆與上商五步除餘實乃得大方面六十五步。以減較一十七步得小方四十八步。合問。

今有直田積三千四百五十六步，只云闊不及長二十四步，問長幾何？答曰：七十二步。

法曰：置積三千四百五十六步爲實，以不及長二十四步爲減從，開平方法除之。上商七十下法亦置上商七十，以減從二十四步餘四十六步爲方法，與上商七十除實三千二百三十步餘實二百二十六步。方法四十六步加上商七十，共得一百一十六步。俱爲方法。〇續商得二步。下法亦置上商二步爲隅法，以方、隅二法共一百一十八。皆與上商二步除餘實盡，得長七十二步。合問。

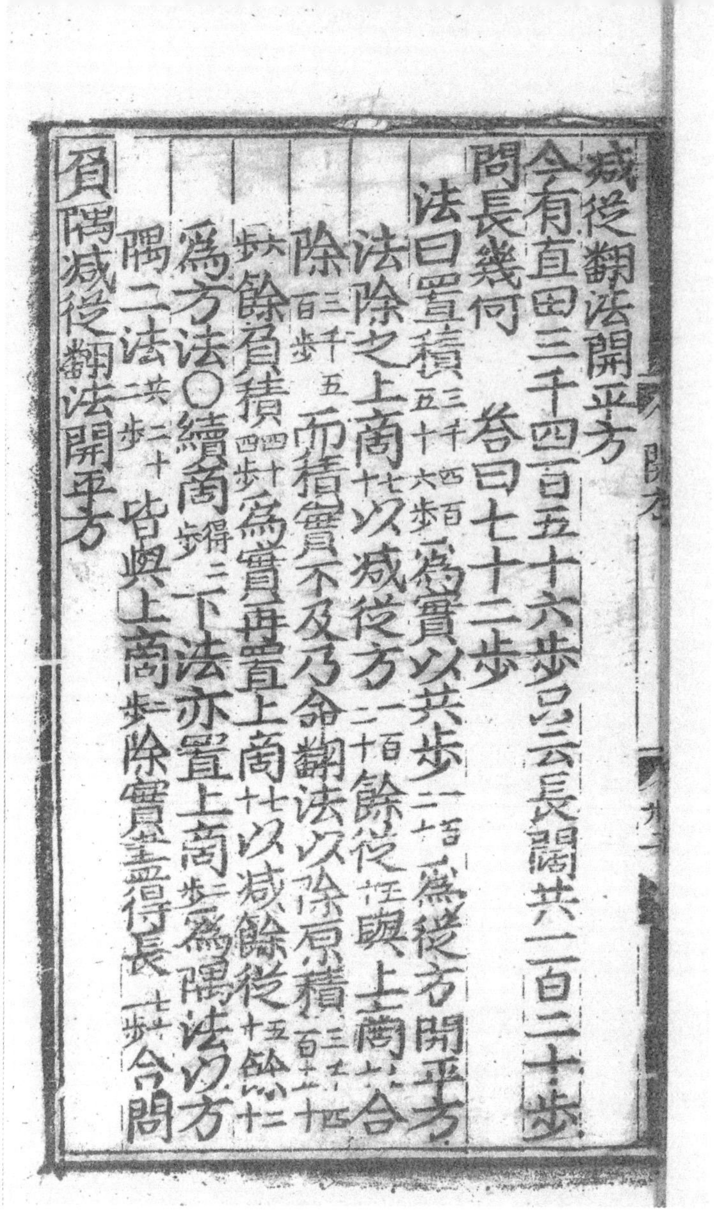

減從翻法開平方

今有直田三千四百五十六步，只云長闊共一百二十步，問長幾何？答曰：七十二步。

法曰：置積三千四百五十六步爲實，以共步一百二十爲從方，開平方法除之。上商七十以減從方一百二十，餘從五十。與上商七十合除三千五百步，而積實不及，乃命翻法，以除原積三千四百五十六步。餘負積四十四步爲實。再置上商七十以減餘從五十餘二十爲方法。〇續商得二步。下法亦置上商二步爲隅法，以方、隅二法共二十二步。皆與上商二步除實盡，得長七十二步。合問。

負隅減從翻法開平方

今有直田積三千四百五十六步，只云一長二闊三和四較共六百二十四步，問長幾何？答曰：七十二步。

法曰：置積三千四百五十六步爲實，以共步六百二十四爲從方，以八爲負隅，開平方法除之。上商七十以負隅八乘之得五百六十。以減從方六百二十四餘從得六十四。與上商七十除實，該四千四百八十。其積不及，乃用翻法，反減原積三千四百五十六步餘負積一千二十四。爲實。再以上商七十以乘負隅八，得五百六十。以減餘從，止有六十四。亦不及，又用翻法，置負從五百六十以減餘從六十四餘負從四百九十六。其隅從積三法皆負矣。○續商得二步。以負隅八乘之得一十六。加入負從共得五百一十二。

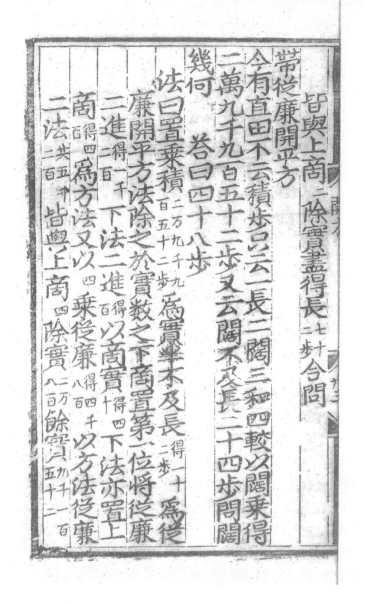

皆與上商二除實盡，得長七十二步。合問

帶從廉開平方

今有直田不云積步，只云一長二闊三和四較，以闊乘得二萬九千九百五十二步，又云闊不及長二十四步，問闊幾何？答曰：四十八步。

法曰：置乘積二万九千九百五十二步爲實，半不及長得一十二步。爲從廉，開平方法除之。於實數之下，商置第一位，將從廉二進得一千二百。下法二進得百。以商實得四十。下法亦置上商得四百。爲方法。又以四乘從廉得四千八百。以方法從廉二法共五千二百。皆與上商四除實二万八百餘實九千一百五十二。

乃二乘從廉得九千六百。方法得八百。并之得一万四百。爲方法。

再置從廉二千二百，乃方法一退得一千四十。從廉再退得二十二。

下法再退得二。○續商置第二位，以方廉二法共一千五十二。

商實得八步。下法亦置上商八爲隅法。又以上商八乘

從廉得九十六。以方廉隅三法共一千一百四十四。皆與上商八除

餘實盡，得闊四十八步。合問。

益隅開平方

今有直田八畝，只云廣不及縱二十八步，問縱幾何?

答曰：六十步。

法曰：通田八畝，得一千九百二十步。爲實。以不及二十八步爲益隅，開平

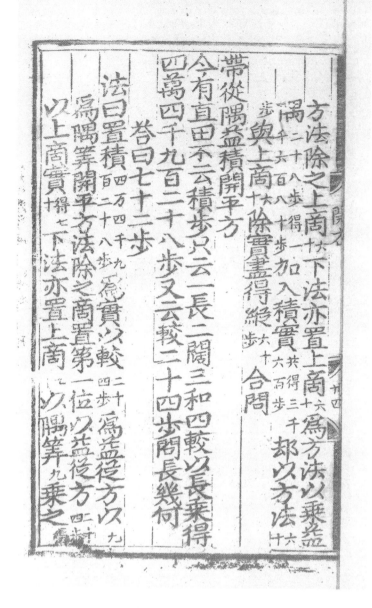

方法除之。上商六十下法亦置上商六十爲方法。以乘益隅二十八步，得一千六百八十步。加入積實共得三千六百步。却以方法六十步與上商六十除實盡，得縱六十步。合問。

帶從隅益積開平方

今有直田不云積步，只云一長二闊三和四較，以長乘得四萬四千九百二十八步。又云較二十四步，問長幾何？

答曰：七十二步。

法曰：置積四万四千九百二十八步爲實，以較二十四步爲益從方，以九爲隅筭，開平方法除之。商置第一位，以益從方二十四步以上商實得七十。下法亦置上商七十。以隅筭九乘之得

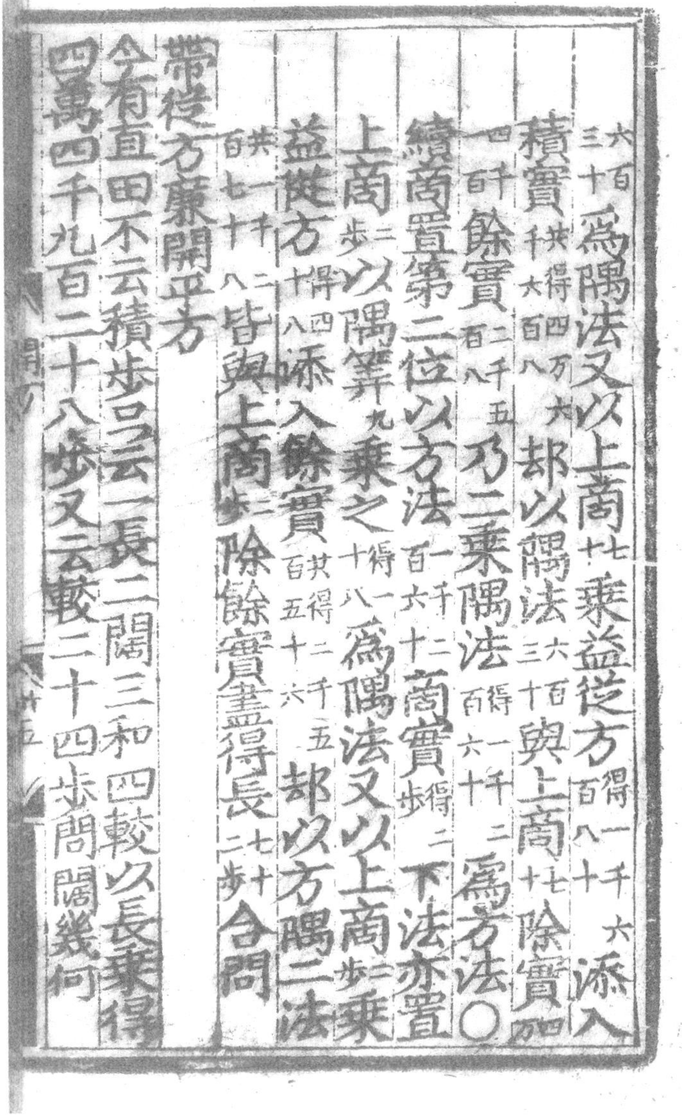

六百三十。爲隅法。又以上商七十乘益從方得一千六百八十。添入積實共得四万六千六百八。却以隅法六百三十與上商七十除實四万四千一百餘實二千五百八。乃二乘隅法得一千二百六十。爲方法。○

續商置第二位，以方法一千二百六十商實得二步。下法亦置上商二步以隅筭九乘之得一十八。爲隅法。又以上商二步乘益從方得四十八。添入餘實共得二千五百五十六。却以方、隅二法共一千二百七十八。皆與上商二步除餘實盡，得長七十二步。合問。

帶從方廉開平方

今有直田不云積步，只云一長二闊三和四較，以長乘得四萬四千九百二十八步。又云較二十四步，問闊幾何？

答曰：四十八步。

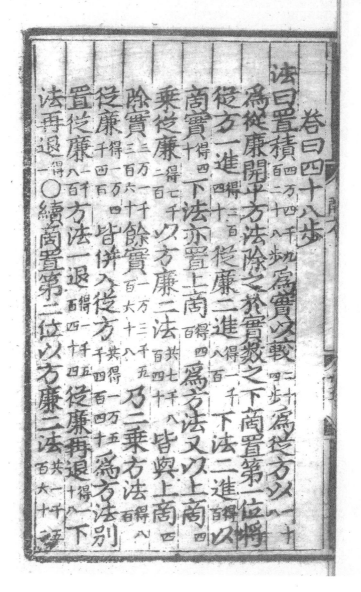

法曰：置積四万四千九百二十八步爲實，以較二十四步爲從方，以一十八爲從廉，開平方法除之。於實數之下，商置第一位，將從方一進得二百四十。從廉二進得一千八百。下法二進得百。以商實得四十。下法亦置上商得四百。爲方法。又以上商四乘從廉得七千二百。以方、廉二法共七千八百四十。皆與上商四除實三万一千三百六十。餘實一万三千五百六十八。乃二乘方法得八百。從廉得一万四千四百。皆并入從方共得一万五千四百四十。爲方法。別置從廉一千八百，方法一退得一千五百四十四。從廉再退得一十八。下法再退得一。○續商置第二位，以方廉二法共一千五百六十二。

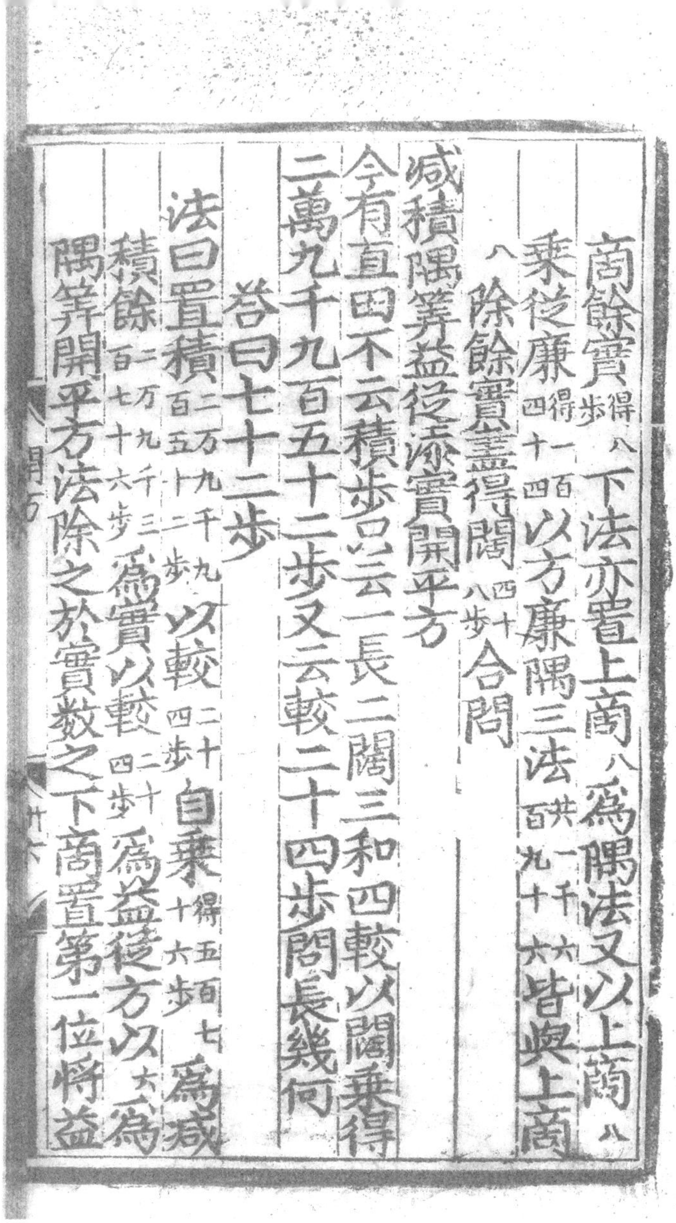

商餘實得八步。下法亦置上商八爲隅法。又以上商八乘從廉得一百四十四。以方、廉、隅三法共一千六百九十六。皆與上商八除餘實盡，得闊四十八步。合問。

減積隅筭益從添實開平方

今有直田不云積步，只云一長二闊三和四較，以闊乘得二萬九千九百五十二步，又云較二十四步。問長幾何?

答曰：七十二步。

法曰：置積二万九千九百五十二步以較二十四步自乘得五百七十六步。爲減積，餘二万九千三百七十六步爲實。以較二十四步爲益從方，以六爲隅筭，開平方法除之。於實數之下，商置第一位，將益

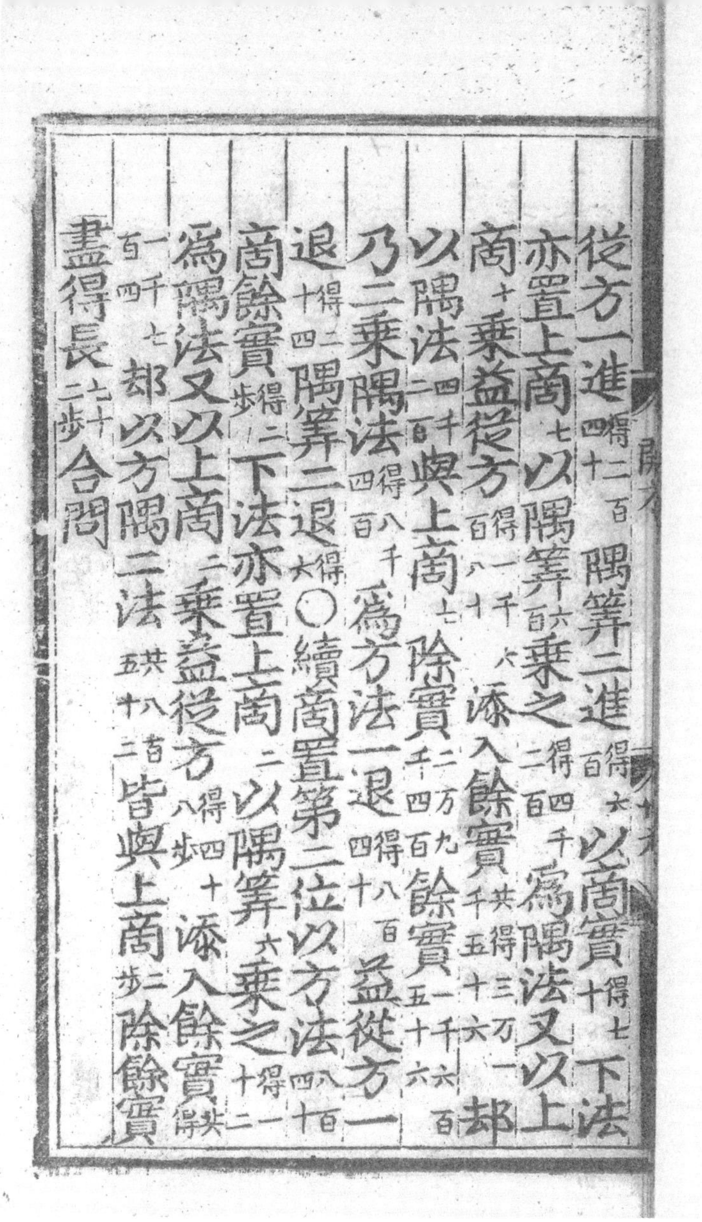

從方一進得二百四十。隅筭二進得六百。以商實得七十。下法亦置上商七以隅筭六百乘之得四千二百。爲隅法。又以上商十乘益從方得一千六百八十。添入餘實共得三万一千五十六。却以隅法四千二百與上商七除實二万九千四百餘實一千六百五十六。乃二乘隅法得八千四百。爲方法，一退得八百四十。益從方一退得二十四。隅筭二退得六。○續商置第二位，以方法八百四十商餘實得二步。下法亦置上商二以隅筭六乘之得一十二。爲隅法。又以上商二乘益從方得四十八步。添入餘實共得一千七百四。却以方、隅二法共八百五十二。皆與上商二步除餘實盡，得長七十二步。合問。

帶從方廉開立方法

法曰：置積若干爲實，倍不及得若干。或以若干乘不及得若干。又加不及自乘得若干，得若干。共爲從方。倍不及得若干。或倍不及又加若干，得若干。共爲從廉。於實數之下，商置第一位，將從方一進得若干。從廉二進得若干。下法三進得若干。以商實得若干。下法亦置上商若干自乘得若干。爲隅法。又以上商若干乘從廉得若干。以方、廉、隅三法共若干皆與上商若干除實若干餘實若干。乃二乘從廉得若干。三乘隅法得若干。皆并入從方共得若干。爲方法。下法再置上商若干，以三乘之得若干。加入從廉共得若干。爲廉法，乃方法一退得若干。廉法

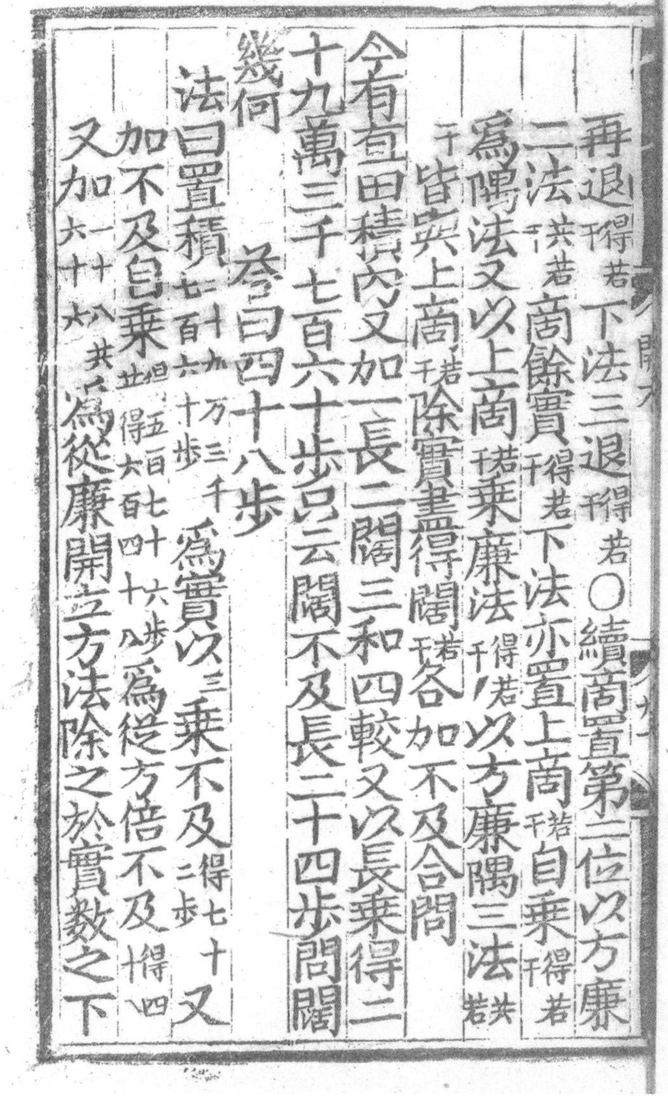

再退得若干。下法三退得若干。〇續商置第二位，以方廉二法共若干商餘實得若干。下法亦置上商若干自乘得若干。爲隅法。又以上商若干乘廉法得若干。以方、廉、隅三法共若干。皆與上商若干除實盡，得闊若干。各加不及，合問。

今有直田積内又加一長二闊三和四較，又以長乘得二十九萬三千七百六十步。只云闊不及長二十四步，問闊幾何？　答曰：四十八步。

法曰：置積二十九万三千七百六十步爲實，以二乘不及得七十二步。又加不及自乘得五百七十六步共得六百四十八。爲從方。倍不及得四十八。又加二十六共六十六。爲從廉，開立方法除之。於實數之下，

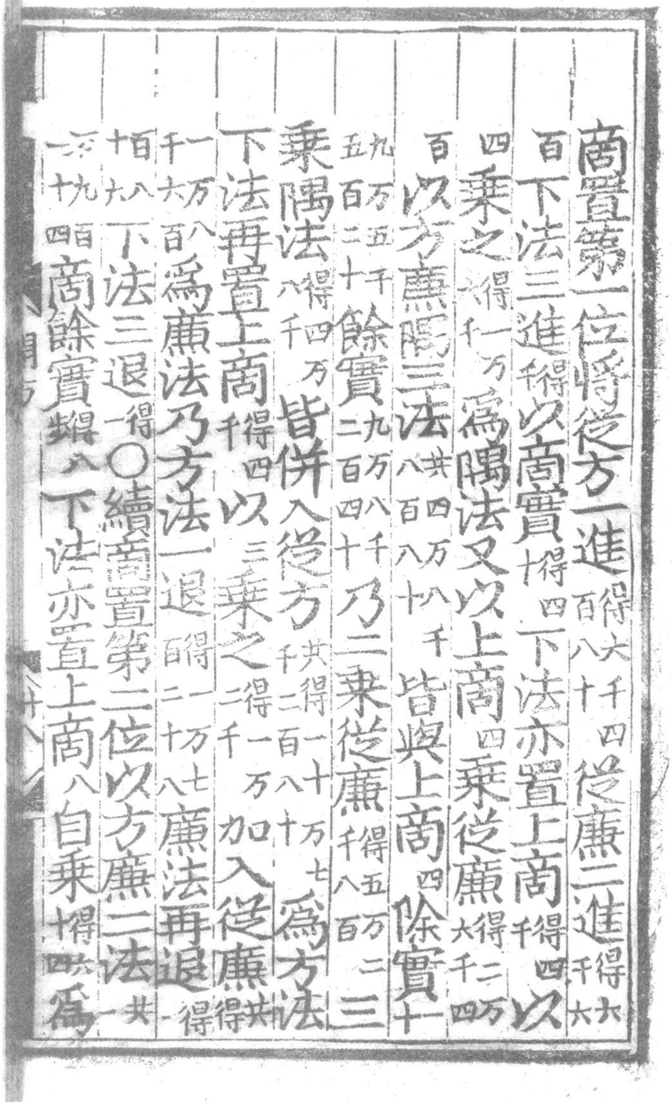

商置第一位，將從方一進得六千四百八十。從廉二進得六千六百。下法三進得千。以商實得四十。下法亦置上商得四千。以四乘之得一万六千。爲隅法。又以上商四乘從廉得二万六千四百。以方、廉、隅三法共四万八千八百八十。皆與上商四除實一十九万五千五百二十，餘實九万八千二百四十。乃二乘從廉得五万二千八百。三乘隅法得四万八千。皆并入從方共得一十万七千二百八十。爲方法。下法再置上商得四千。以三乘之得一万二千。加入從廉共得一万八千六百。爲廉法。乃方法一退得一万七百二十八。廉法再退得一百八十六。下法三退得一。○續商置第二位，以方、廉二法共一万九百二十四。商餘實得八步。下法亦置上商八自乘得六十四。爲

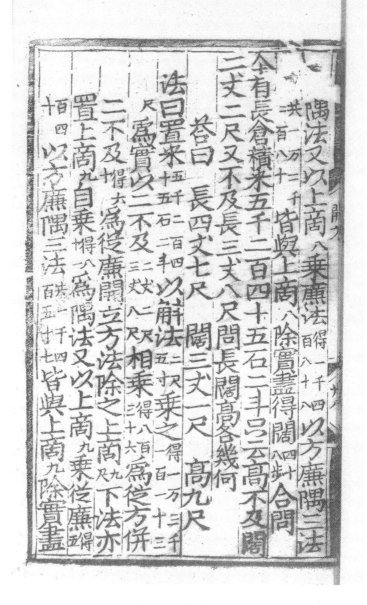

隅法。又以上商八乘廉法得一千四百八十八。以方、廉、隅三法共一万二千二百八十。皆與上商八除實盡，得闊四十八步。合問。

今有長倉積米五千二百四十五石二斗，只云高不及闊二丈二尺，又不及長三丈八尺，問長闊高各幾何？

答曰：長四丈七尺，闊三丈一尺，高九尺。

法曰：置米五千二百四十五石二斗以斛法二尺五寸乘之得一万三千一百一十三尺。爲實。以二不及二丈二尺，三丈八尺。相乘得八百三十六。爲從方。并二不及得六十。爲從廉，開立方法除之。上商九尺下法亦置上商九自乘得八十一。爲隅法。又以上商九乘從廉得五百四十。以方、廉、隅三法共一千四百五十七。皆與上商九除實盡，

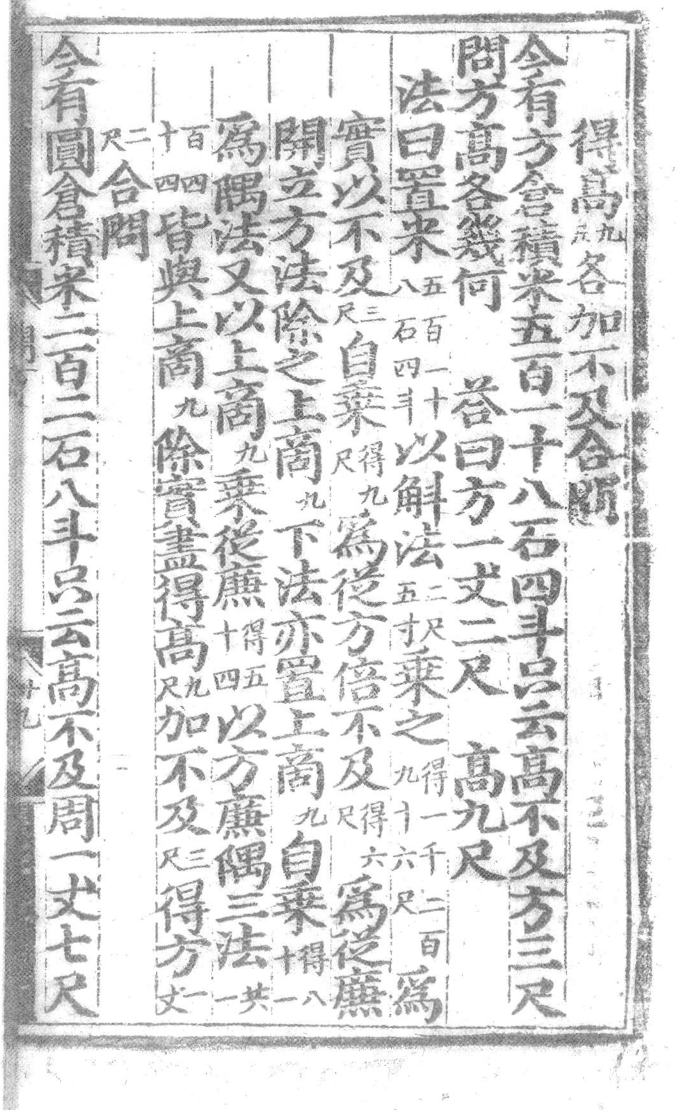

得高九尺。各加不及，合問。

今有方倉積米五百一十八石四斗，只云高不及方三尺，問方高各幾何？　　答曰：方一丈二尺，高九尺。

法曰：置米五百一十八石四斗以斛法二尺五寸乘之得一千二百九十六尺。爲實。以不及三尺自乘得九尺。爲從方。倍不及得六尺。爲從廉，開立方法除之。上商九下法亦置上商九自乘得八十一。爲隅法。又以上商九乘從廉得五十四。以方、廉、隅三法共二百四十四。皆與上商九除實盡，得高九尺。加不及三尺得方一丈二尺。合問。

今有圓倉積米二百二石八斗，只云高不及周一丈七尺，

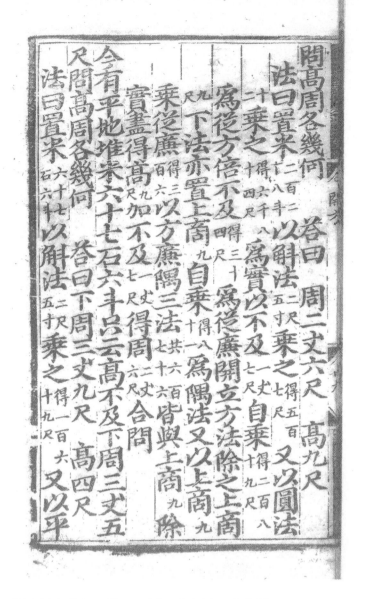

問高周各幾何？答曰：周二丈六尺，高九尺。

法曰：置米二百二十八斗以斛法二尺五寸乘之得五百七尺。又以圓法十二乘之得六千八十四尺。爲實。以不及一丈七尺自乘得二百八十九尺。爲從方。倍不及得三十四尺。爲從廉，開立方法除之。上商九尺下法亦置上商九自乘得八十一。爲隅法。又以上商九乘從廉得三百六。以方、廉、隅三法共六百七十六。皆與上商九除實盡，得高九尺。加不及一丈七尺得周二丈六尺。合問。

今有平地堆米六十七石六斗，只云高不及下周三丈五尺，問高周各幾何？答曰：下周三丈九尺，高四尺。

法曰：置米六十七石六斗以斛法二尺五寸乘之得一百六十九尺。又以平地堆率三十六乘之得六千八十四尺。爲實。以不及三十五尺自乘得一千二百二十五尺。爲從方。倍不及得七十尺。爲從廉，開立方法除之。上商四尺下法亦置上商四自乘得一十六。爲隅法。又以上商四乘從廉得二百八十尺。以方、廉、隅三法共一千五百二十一尺。皆與上商四除實盡，得高四尺。加不及三十五尺，得下周三丈九尺。合問。

今有倚壁尖堆米三十三石八斗，只云高不及下周一丈五尺五寸，問高周各幾何？

答曰：下周一丈九尺五寸，高四尺。

法曰：置米二十三石八斗以斛法二尺五寸乘之得八十四尺五寸。又以倚

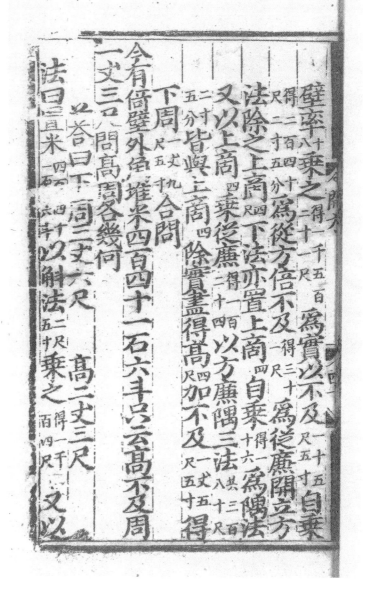

壁率十八乘之得一千五百二十一尺。爲實。以不及一十五尺五寸自乘得二百四十尺二寸五分。爲從方。倍不及得三十一尺。爲從廉，開立方法除之。上商四尺下法亦置上商四自乘得一十六。爲隅法。又以上商四乘從廉得一百二十四。以方、廉、隅三法共三百八十尺二寸五分。皆與上商四除實盡，得高四尺。加不及一丈五尺五寸得下周一丈九尺五寸。合問。

今有倚壁外角堆米四百四十一石六斗，只云高不及周一丈三尺，問高周各幾何？

答曰：下周三丈六尺，高二丈三尺。

法曰：置米四百四十一石六斗以斛法二尺五寸乘之得一千二百四尺。又以

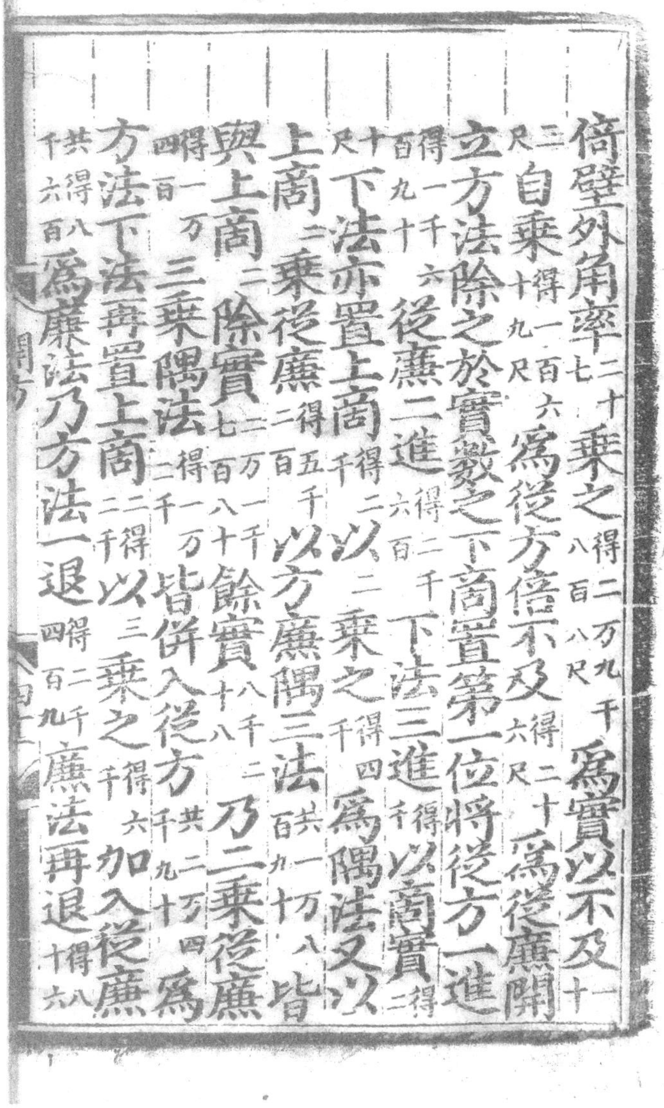

倚壁外角率二十七乘之得二万九千八百八尺。爲實。以不及一十三尺自乘得一百六十九尺。爲從方。倍不及得二十六尺。爲從廉，開立方法除之。於實數之下，商置第一位。將從方一進得一千六百九十。從廉二進得二千六百。下法三進得千。以商實得二十尺。下法亦置上商得二千。以二乘之得四千。爲隅法。又以上商二乘從廉得五千二百。以方、廉、隅三法共一万八百九十。皆與上商二除實二万一千七百八十餘實八千二十八。乃二乘從廉得一万四百。三乘隅法得一万二千。皆并入從方共二万四千九十。爲方法。下法再置上商二，得三千。以三乘之得六千。加入從廉共得八千六百。爲廉法，乃方法一退得二千四百九。廉法再退得八十六。

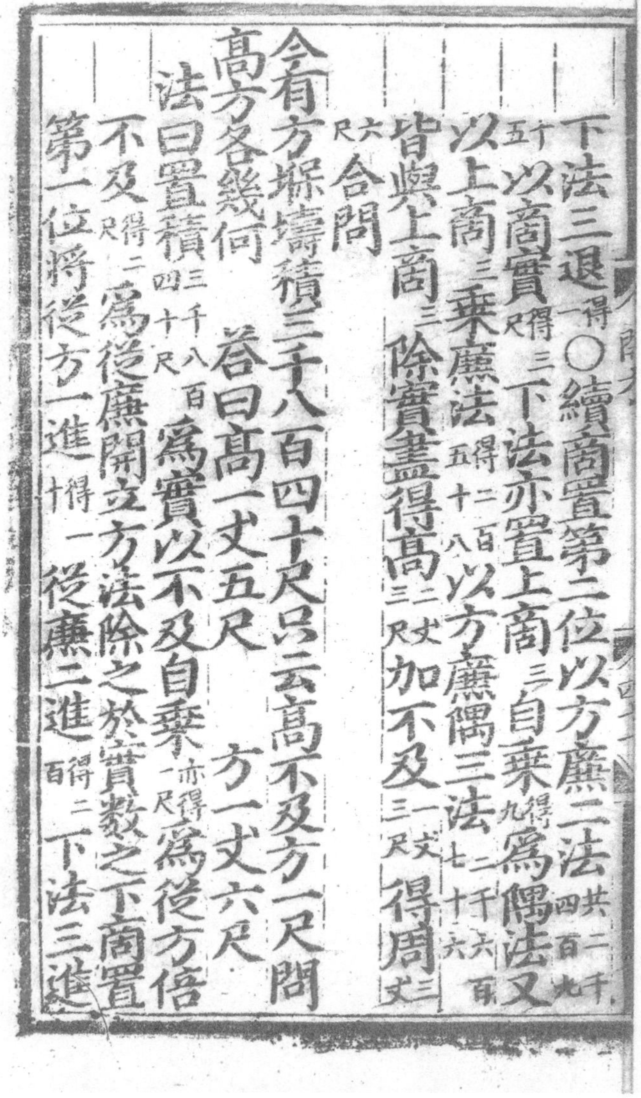

下法三退（得一）。○續商置第二位，以方、廉二法（共二千四百九十五）。以商實（得三尺）。下法亦置上商（三）自乘（得九）。爲隅法。又以上商（三）乘廉法（得二百五十八）。以方、廉、隅三法（二千六百七十六）皆與上商（三）除實盡，得高（二丈三尺）。加不及（一丈三尺）得周（三丈六尺）。合問。

今有方垛壔積三千八百四十尺，只云高不及方一尺，問高方各幾何？　答曰：高一丈五尺，方一丈六尺。

法曰：置積（三千八百四十尺）爲實，以不及自乘（亦得一尺）。爲從方。倍不及（得二尺）。爲從廉，開立方法除之。於實數之下，商置第一位，將從方一進（得一十）。從廉二進（得二百）。下法三進

得千。以商實得一十尺。下法亦置上商得一千。以一乘亦得一千。爲

隅法。又以上商一乘從廉亦得二百。以方、廉、隅三法共一千三百一十。皆與上商一除實一千二百一十。餘實二千六百三十。乃二乘

從廉得四百。三乘隅法得三千。皆并入從方共得三千四百二十。爲

方法。下法再置上商得一千。以三乘之得三千。加入從廉

共得三千二百。爲廉法，乃方法一退得三百四十二。廉法再退得三十二。

下法三退一。〇續商置第二位，以方、廉二法共三百七十三。

以商實得五尺。下法亦置上商五自乘得二十五。爲隅法。又

以上商五乘廉法得一百六十。以方、廉、隅三法共五百二十六。皆

與上商五除實盡，得高一十五尺。加不及一尺，得方一丈六尺。合問。

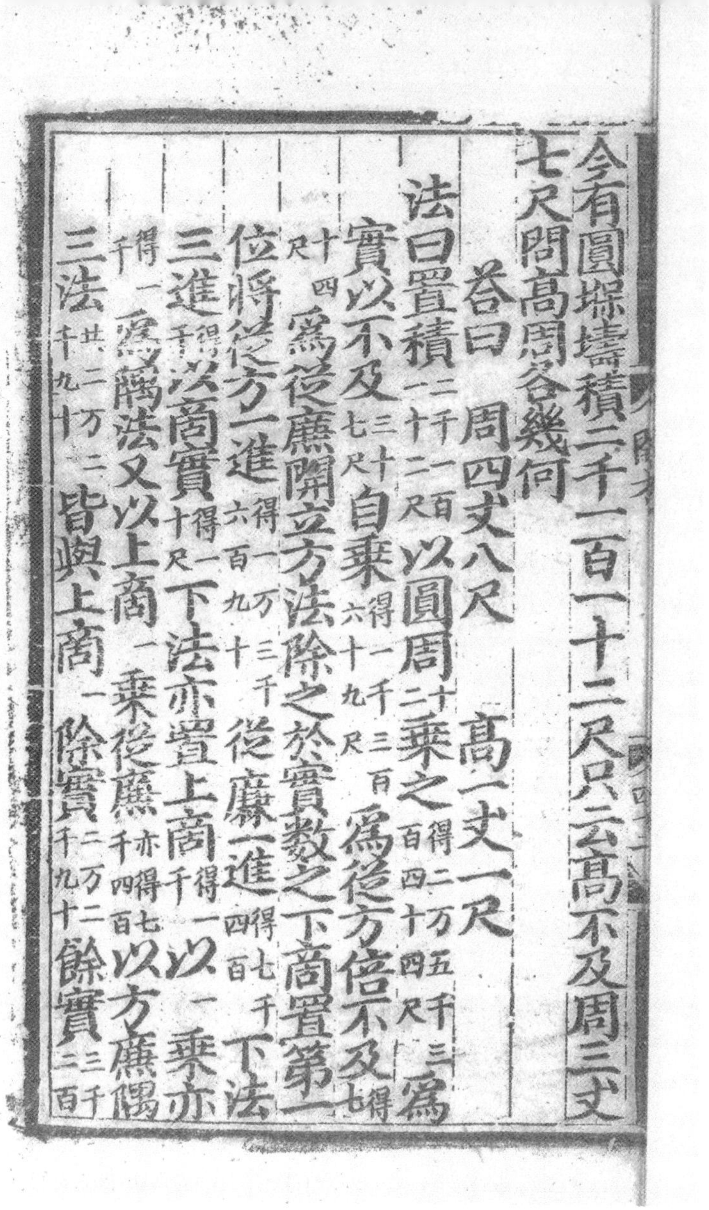

今有圓垜壔積二千一百一十二尺，只云高不及周三丈七尺，問高周各幾何？

答曰：周四丈八尺，高一丈一尺。

法曰：置積二千一百二十二尺以圓周十二乘之得二万五千三百四十四尺。爲實。以不及三十七尺自乘得一千三百六十九尺。爲從方。倍不及得七十四尺。爲從廉，開立方法除之。於實數之下，商置第一位，將從方一進得一万三千六百九十。從廉一進得七千四百。下法三進得千。以商實得一十尺。下法亦置上商得一千。以一乘亦得一千。爲隅法。又以上商一乘從廉亦得七千四百。以方、廉、隅三法共二万二千九十。皆與上商一除實二万二千九十餘實三千二百五十四。乃二乘從廉得一万四千八百。三乘隅法得三千。皆并入從方共三万一千四百九十。爲方法。下法再置上商得一千。以三乘之得三千。加入從廉共得一万四百。爲廉法，乃方法一退得三千一百四十九。廉法再退得一百四。下法三退得一。○續商置第二位，以方、廉二法共三千二百五十三。以商實得一尺。下法亦置上商一自乘亦得一。爲隅法。又以上商一乘廉法亦得一百四。以方、廉、隅三法共三千二百五十四。皆與上商一除實，尽得高一丈二尺。加不及三丈七尺。得周四丈八尺。合問。

今有方錐積二千八百八十尺，只云高不及下方九尺，問方高各幾何？答曰：下方二丈四尺，高一丈五尺。

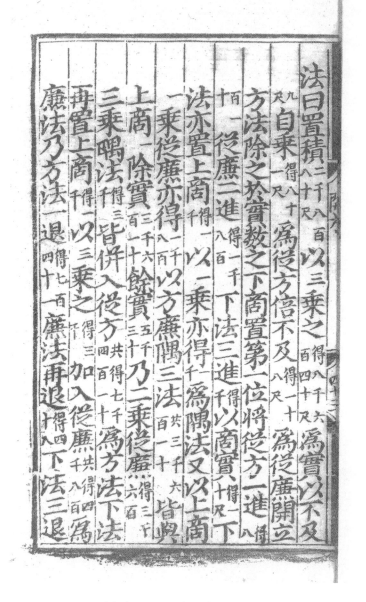

法曰：置積二千八百八十尺以三乘之得八千六百四十尺。爲實。以不及九尺自乘得八十一尺。爲從方。倍不及得一十八尺。爲從廉，開立方法除之，於實數之下，商置第一位，將從方一進得八百一十。從廉二進得一千八百。下法三進得千。以商實得一十尺。下法亦置上商得一千。以一乘亦得一千。爲隅法。又以上商一乘從廉亦得一千八百。以方、廉、隅三法共三千六百一十。皆與上商一除實三千六百一十餘實五千三十。乃二乘從廉得三千六百。三乘隅法得三千。皆并入從方共得七千四百一十。爲方法。下法再置上商得一千。以三乘之得三千。加入從廉共得四千八百。爲廉法，乃方法一退得七百四十一。廉法再退得四十八。下法三退得一。○續商置第二位，以方、廉二法共七百八十九。以商實得五尺。下法亦置上商五自乘得二十五。爲隅法。又以上商五乘廉法得二百四十。以方、廉、隅三法共一千一十六。皆與上商五除實盡，得高一丈五尺。加不及九尺得下方二丈四尺。合問。

今有城積一百八十九萬七千五百尺，只云上廣不及下廣二丈，又不及高三丈，不及袤一百二十四丈五尺，問上下廣并高袤各幾何？

答曰：上廣二丈，下廣四丈，高五丈，

袤一百二十六丈五尺。

法曰：置城積一百八十九万七千五百尺於上，以不及下廣三十尺乘不及袤一千二百四十五尺，得二万四千九百尺。又半不及高得一十五尺。乘之得三十七万三千五百尺。爲减積。以减城積，餘一百五十二万四千尺。爲實。以不及高乘袤得三万七千三百五十尺。於上。又并不及高袤折半得六百三十七尺半。以乘不及下廣得一万二千七百五十尺。加入上數共得五万一百尺。爲從方。并不及高袤共一千二百七十五尺。又半及下廣得一十尺。加之共得一千二百八十五尺。爲從廉，開立方法除之。於實數之下，將從方一進得五十万一千尺。從廉二進得一十二万八千五百尺。下法三進得千。以商實得二丈。下法亦置上商得二千。以二乘得四千。爲隅法。又以上商二乘從廉得二十五万七千尺。以方、廉、隅三法共七十六万二千尺。皆與上商二除實尽，

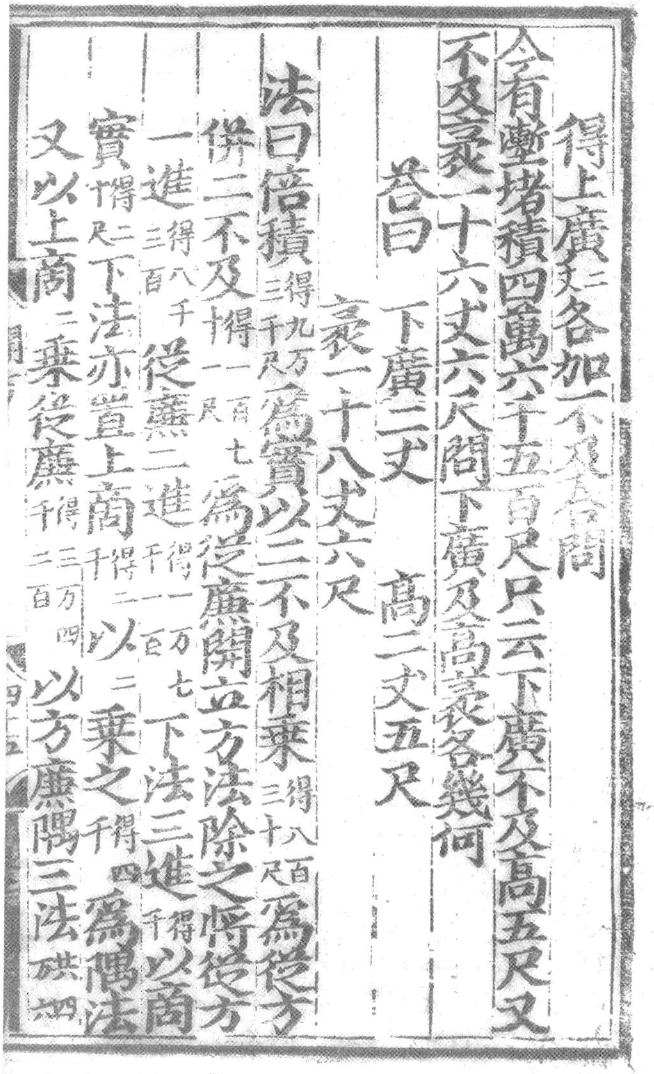

得上廣二丈。各加不及，合問。

今有壍堵積四萬六千五百尺，只云下廣不及高五尺，又不及袤一十六丈六尺，問下廣及高袤各幾何？

答曰：下廣二丈，高二丈五尺，

袤一十八丈六尺。

法曰：倍積得九万三千尺。爲實。以二不及相乘得八百三十尺。爲從方。并二不及得一百七十一尺。爲從廉，開立方法除之。將從方一進得八千三百。從廉二進得一万七千一百。下法三進得千。以商實得二十尺。下法亦置上商得二千。以二乘之得四千。爲隅法。又以上商二乘從廉得三万四千二百。以方、廉、隅三法共四万六

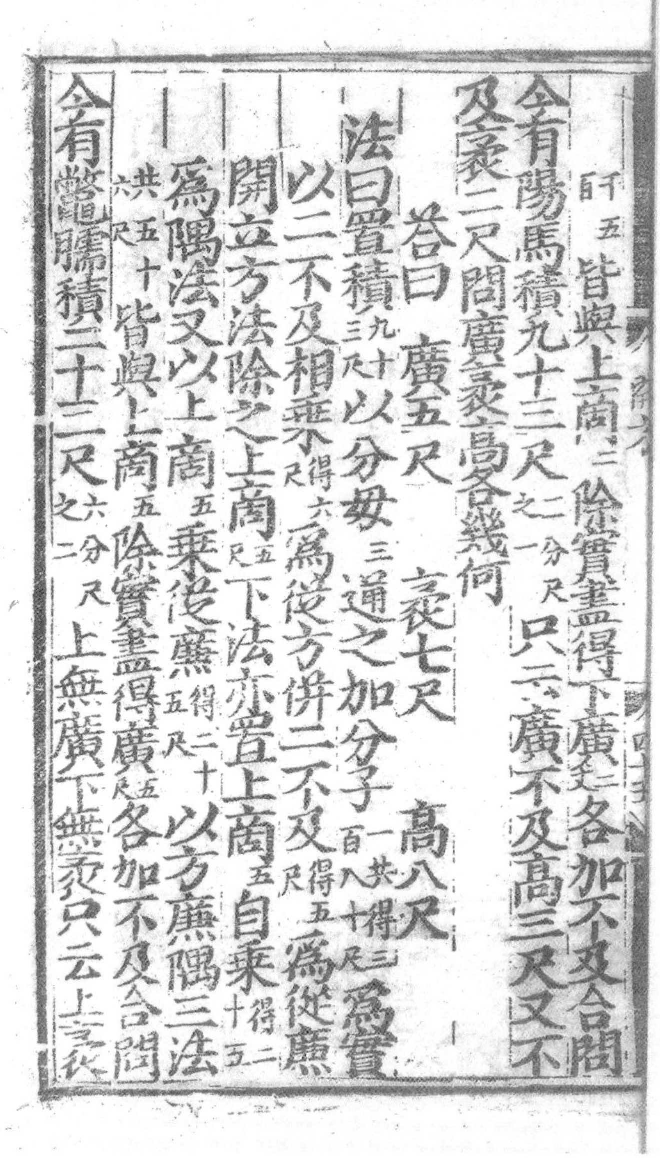
千五百 皆與上商二除實盡得下廣二丈各加不及合問
今有陽馬積九十三尺二分尺之一只云廣不及高三尺又不
及袤二尺問廣袤高各幾何
答曰 廣五尺 袤七尺 高八尺
法曰置積九十三尺以分母三通之加分子一共得二百八十尺為實
以二不及相乘得六尺為從方併二不及得五尺為從廉
開立方法除之上商五尺下法亦置上商五自乘得二十五
為隅法又以上商五乘從廉得二十五尺以方廉隅三法
共五十六尺皆與上商五除實盡得廣五尺各加不及合問
今有鼈臑積二十三尺六分尺之二上無廣下無袤只云上袤

千五百。皆與上商二除實盡，得下廣二丈。各加不及，合問。

今有陽馬積九十三尺二分尺之一，只云廣不及高三尺，又不及袤二尺，問廣袤高各幾何？

答曰：廣五尺，袤七尺，高八尺。

法曰：置積九十三尺以分母三通之，加分子一，共得二百八十尺。爲實。

以二不及相乘得六尺。爲從方。并二不及得五尺。爲從廉。

開立方法除之，上商五尺下法亦置上商五自乘得二十五。

爲隅法。又以上商五乘從廉得二十五尺。以方、廉、隅三法

共五十六尺。皆與上商五除實盡，得廣五尺。各加不及，合問。

今有鼈臑積二十三尺六分尺之二，上無廣下無袤，只云上袤

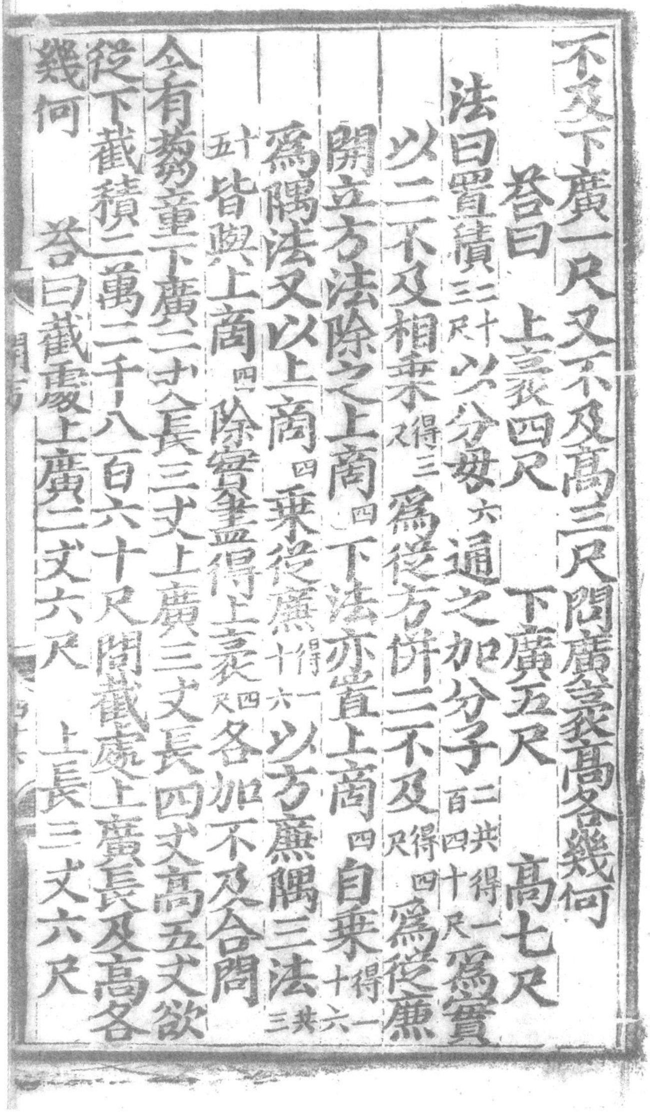
不及下廣一尺又不及高三尺問廣袤高各幾何　荅曰上袤四尺　下廣五尺　高七尺
法曰置積二十三尺以分母六通之加分子二共得一百四十尺爲實以二不及相乘得三尺爲從方併二不及得四尺爲從廉開立方法除之上商四下法亦置上商四自乘得一十六爲隅法又以上商四乘從廉得一十六以方廉隅三法共三十五皆與上商四除實盡得上袤四尺各加不及合問
今有蒭童下廣二丈長三丈上廣三丈長四丈高五丈欲從下截積二萬二千八百六十尺問截處上廣長及高各幾何　荅曰截處上廣二丈六尺　上長三丈六尺

不及下廣一尺，又不及高三尺，問廣、袤、高各幾何？

荅曰：上袤四尺，下廣五尺，高七尺。

法曰：置積二十三尺以分母六通之，加分子二，共得一百四十尺。爲實。以二不及相乘得三尺。爲從方。并二不及得四尺。爲從廉，開立方法除之。上商四下法亦置上商四自乘得一十六。爲隅法。又以上商四乘從廉得一十六。以方、廉、隅三法共三十五。皆與上商四除實盡，得上袤四尺。各加不及，合問。

今有蒭童下廣二丈，長三丈，上廣三丈，長四丈，高五丈。欲從下截積二萬二千八百六十尺，問截處上廣長及高各幾何？　荅曰：截處上廣二丈六尺，上長三丈六尺，高三丈。

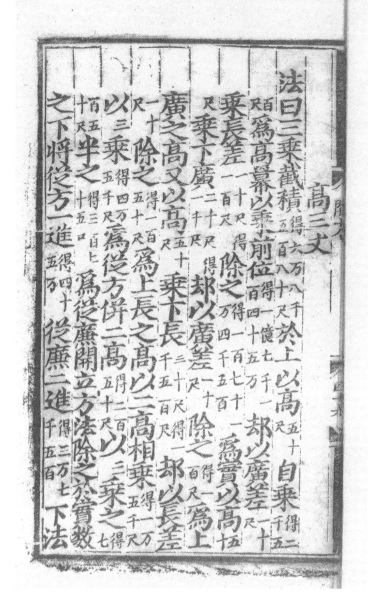

法曰：三乘截積得六万八千五百八十尺。於上。以高五十尺自乘得二千五百尺。爲高冪。以乘前位得一億七千一百四十五万。却以廣差一十尺乘長差二十尺得二百尺。除之得一百七十一万四千五百。爲實。以高五十尺乘下廣二十尺得二千尺。却以廣差一十尺除之得一百尺。爲上廣之高。又以高五十尺乘下長三十尺，得一千五百尺。却以長差一十尺除之得一百五十尺。爲上長之高。以二高相乘得一万五千尺。以三乘得四万五千尺。爲從方。并二高得二百五十尺。以三乘之得七百五十尺。半之得三百七十五尺。爲從廉，開立方法除之。於實數之下將從方一進得四十五万。從廉二進得三万七千五百。下法

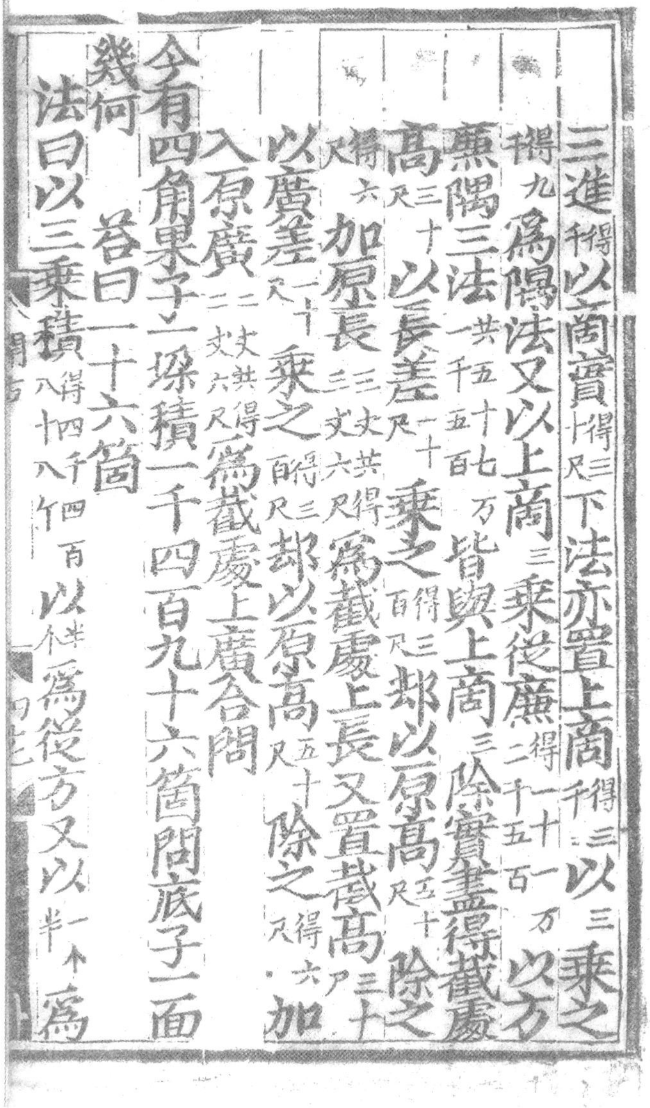

三進得千。以商實得三十尺。下法亦置上商得三千。以三乘之得九千。爲隅法。又以上商三乘從廣得一十一万二千五百。以方、廉、隅三法共五十七万二千五百。皆與上商三除實盡，得截處高三十尺。以長差一十尺乘之得三百尺。却以原高五十尺除之得六尺。加原長三丈，共得三丈六尺。爲截處上長。又置截高三十尺以廣差一十尺乘之得三百尺。却以原高五十尺除之得六尺。加入原廣二丈，共得二丈六尺。爲截處上廣。合問。

今有四角果子一垛，積一千四百九十六箇，問底子一面幾何？　答曰：一十六箇。

法曰：以三乘積得四千四百八十八个。以半个爲從方，又以一个半爲

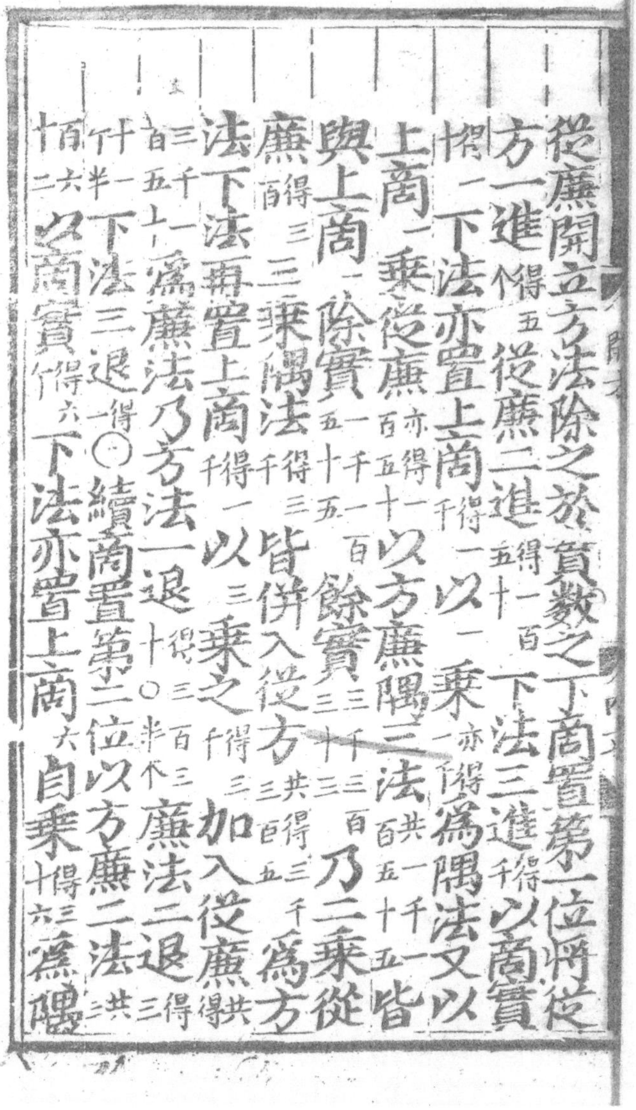

從廉，開立方法除之。於實數之下商置第一位，將從

方一進得五个。從廉二進得一百五十。下法三進得千。以商實

得一十。下法亦置上商得一千。以一乘亦得一千。爲隅法。又以

上商一乘從廉亦得一百五十。以方、廉、隅三法共一千一百五十五。皆

與上商一除實一千一百五十五 餘實三千三百三十三。乃二乘從

廉得三百。三乘隅法得三千。皆并入從方共得三千三百五。爲方

法。下法再置上商得一千。以三乘之得三千。加入從廉共得

三千一百五十。爲廉法，乃方法一退得三百三十〇半个。廉法二退得三

十一个半。下法三退得二。〇續商置第二位，以方、廉二法共三

百六十二 以商實得六个。下法亦置上商六自乘得三十六。爲隅

法。又以上商六乘廣法得一百八十九。以方、廉、隅三法共三百五十五个半。皆與上商六除實盡，得底子一面二十六个。合問。

今有三角果子一垜，積二千六百箇，問底子一面幾何？

答曰：二十四箇。

法曰：以六乘積得一万五千六百个。爲實。以二箇爲從方，三箇爲從廉，開立方法除之。於實數之下，商置第一位，將從方一進得二十个。從廉二進得三百个。下法三進得千。以商實得二十。下法亦置上商得二千。以二乘之得四千。爲隅法。又以上商二乘從廉得九百。以方、廉、隅三法共四千六百二十。皆與上商二除實九千二百四十餘實六千三百六十。乃二乘從廉得二千三

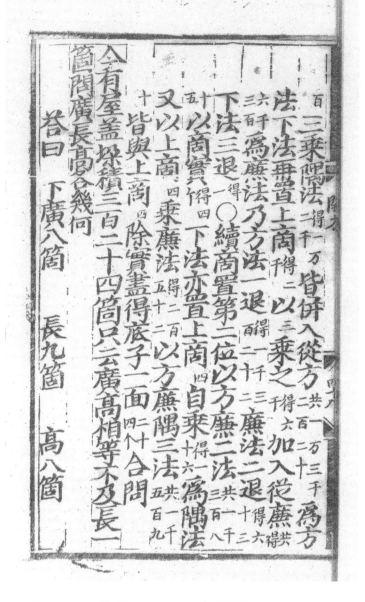

百。三乘隅法得一万二千。皆并入從方共一万三千二百二十。爲方法。下法再置上商得二千。以三乘之得六千。加入從廉共得六千三百。爲廉法，乃方法一退得一千三百二十三。廉法二退得六十三。下法三退得二。○續商置第二位，以方、廉二法共一千三百八十五以商實得四个。下法亦置上商四自乘得一十六。爲隅法。又以上商四乘廉法得二百五十二。以方、廉、隅三法共一千五百九十。皆與上商四除實盡，得底子一面二十四个。合問。

今有屋盖垜，積三百二十四箇。只云廣高相等，不及長一箇，問廣長高各幾何？

答曰：下廣八箇，長九箇，高八箇。

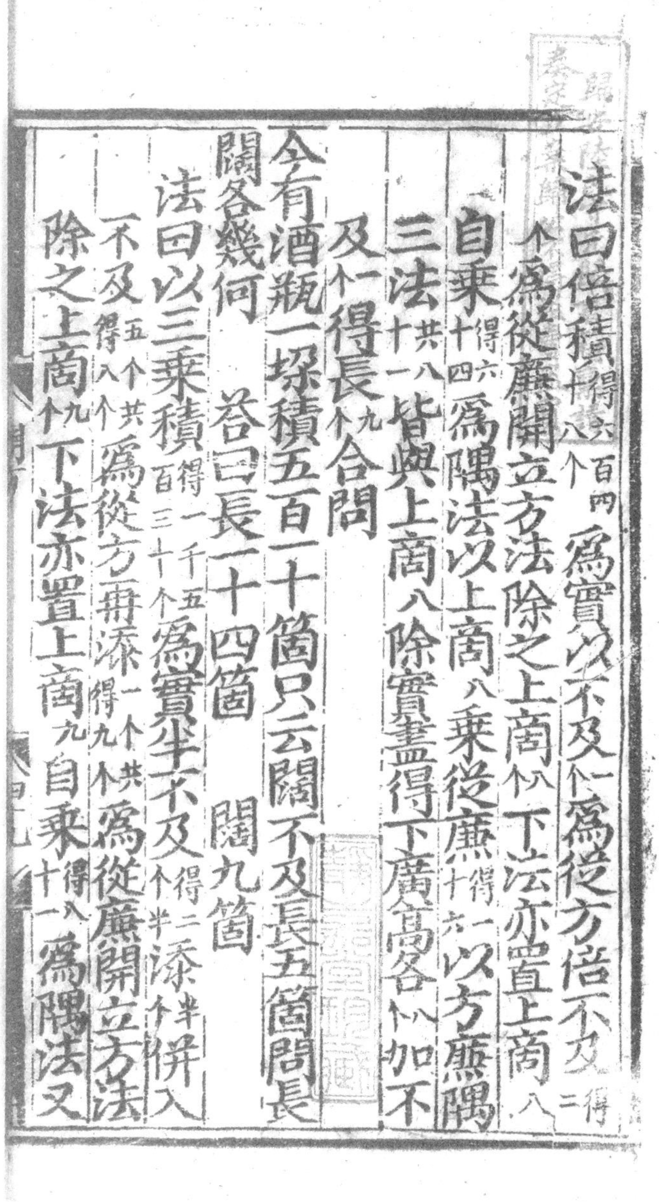
法曰倍積得六百四十八个爲實以不及一个爲從方倍不及得二个爲從廉開立方法除之上商八个下法亦置上商八自乘得六十四爲隅法以上商八乘從廉得一十六以方廉隅三法共八十二皆與上商八除實盡得下廣高各八个加不及一个得長九个合問
今有酒瓶一垛積五百一十箇只云闊不及長五箇問長闊各幾何　荅曰長一十四箇　闊九箇
法曰以三乘積得一千五百三十个爲實半不及得二个半添半个併入不及五个共得八个爲從方再添一个共得九个爲從廉開立方法除之上商九个下法亦置上商九自乘得八十一爲隅法又

法曰：倍積得六百四十八个。爲實。以不及一个爲從方。倍不及得二个爲從廉，開立方法除之。上商八个下法亦置上商八自乘得六十四。爲隅法。以上商八乘從廉得一十六。以方、廉、隅三法共八十二。皆與上商八除實盡，得下廣高各八个。加不及一个得長九个。合問。

今有酒瓶一垛，積五百一十箇，只云闊不及長五箇，問長闊各幾何？答曰：長一十四箇，闊九箇。

法曰：以三乘積得一千五百三十个。爲實。半不及得二个半。添半个并入不及五个共得八个。爲從方。再添一个，共得九个。爲從廉，開立方法除之。上商九个下法亦置上商九自乘得八十一。爲隅法。又

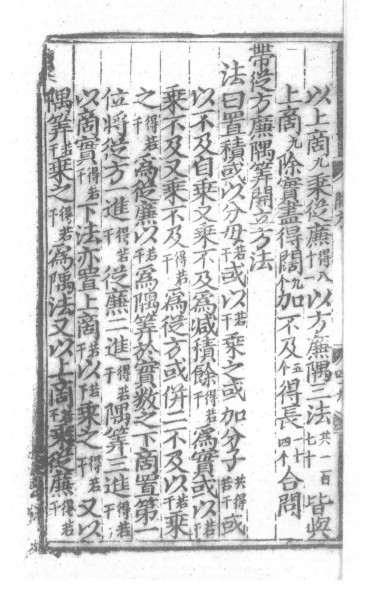

以上商九乘從廉得八十二。以方、廉、隅三法共一百七十皆與上商九除實盡，得闊九個。加不及五個得長一十四個。合問。

帶從方廉隅筭開立方法

法曰：置積或以分母若干或以若干乘之，或加分子共得若干。或以不及自乘，又乘不及爲減積，餘得若干。爲實。或以若干乘不及又乘不及得若干。爲從方。或并二不及以若干乘之得若干。爲從廉。以若干爲隅筭。於實數之下，商置第一位，將從方一進得若干。從廉二進得若干。隅筭三進得若干。以商實得若干。下法亦置上商若干，以若干乘之得若干。又以隅筭若干乘之得若干。爲隅法。又以上商若干乘從廉得若干。

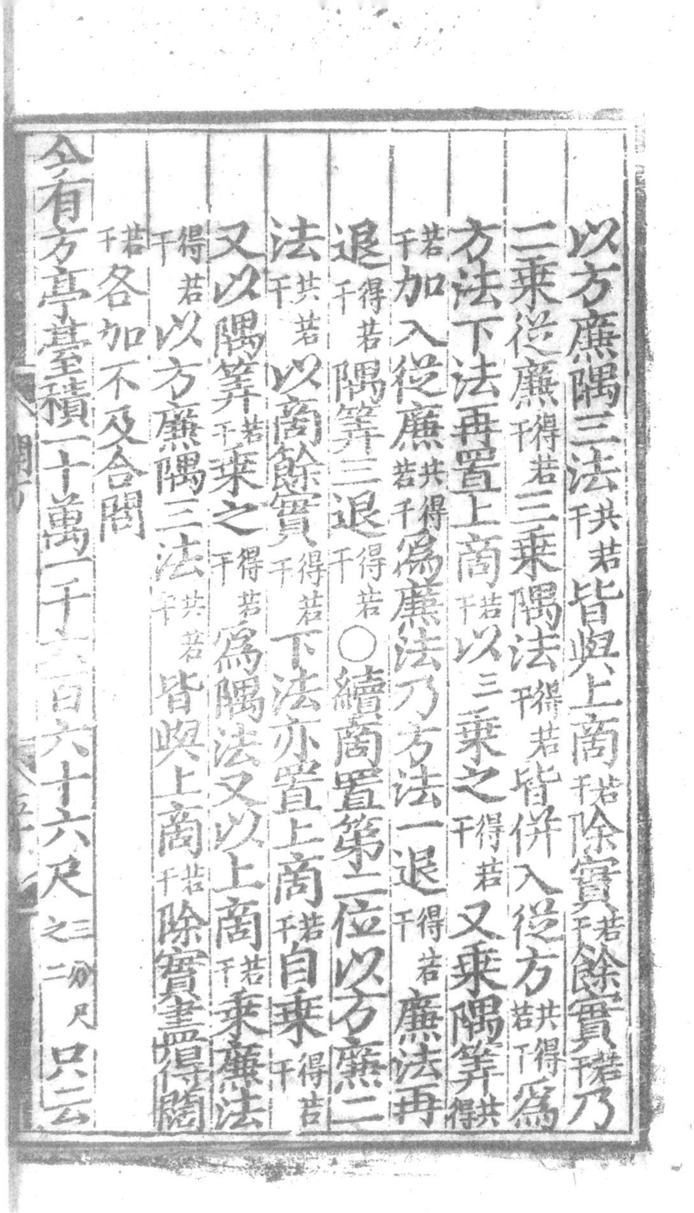

以方、廉、隅三法共若干。皆與上商若干除實若干餘實若干。乃二乘從廉得若干。三乘隅法得若干。皆并入從方共得若干。爲方法。下法再置上商若干以三乘之得若干。又乘隅筭共得若干。加入從廉共得若干。爲廉法，乃方法一退得若干。廉法再退得若干。隅筭三退得若干。○續商置第二位，以方廉二法共若干。以商餘實得若干。下法亦置上商若干自乘得若干。又以隅筭若干乘之得若干。爲隅法。又以上商若干乘廉法得若干。以方、廉、隅三法共若干。皆與上商若干除實盡，得闊若干。各加不及，合問。

今有方亭臺積一十萬一千六百六十六尺三分尺之二，只云

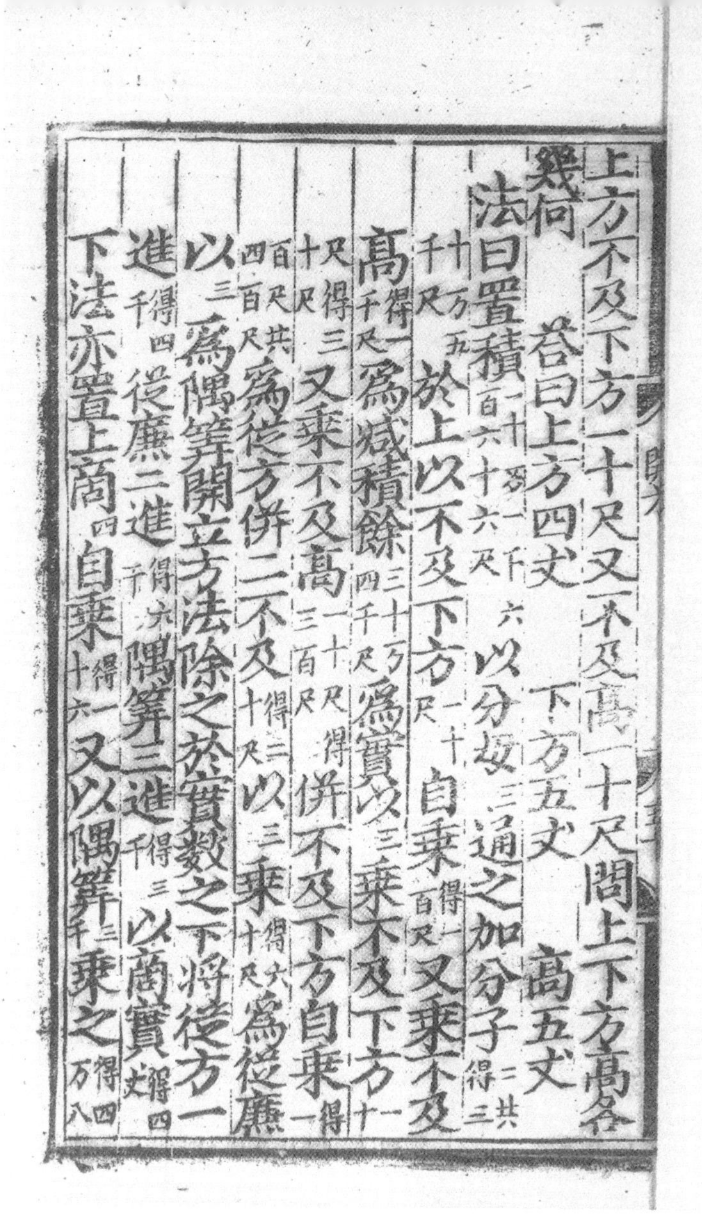

上方不及下方一十尺，又不及高一十尺。問上下方高各幾何？答曰：上方四丈，下方五丈，高五丈。

法曰：置積一十万一千六百六十六尺以分母三通之，加分子二，共得三十万五千尺。於上以不及下方一十尺自乘得一百尺。又乘不及高得一千尺。爲減積，餘三十万四千尺爲實。以三乘不及下方一十尺，得三十尺。又乘不及高一十尺，得三百尺。并不及，下方自乘得一百尺共四百尺。爲從方。并二不及得二十尺。以三乘得六十尺。爲從廉。以三爲隅筭，開立方法除之。於實數之下，將從方一進得四千。從廉二進得六千。隅筭三進得三千。以商實得四丈。下法亦置上商四自乘得一十六。又以隅筭三千乘之得四万八

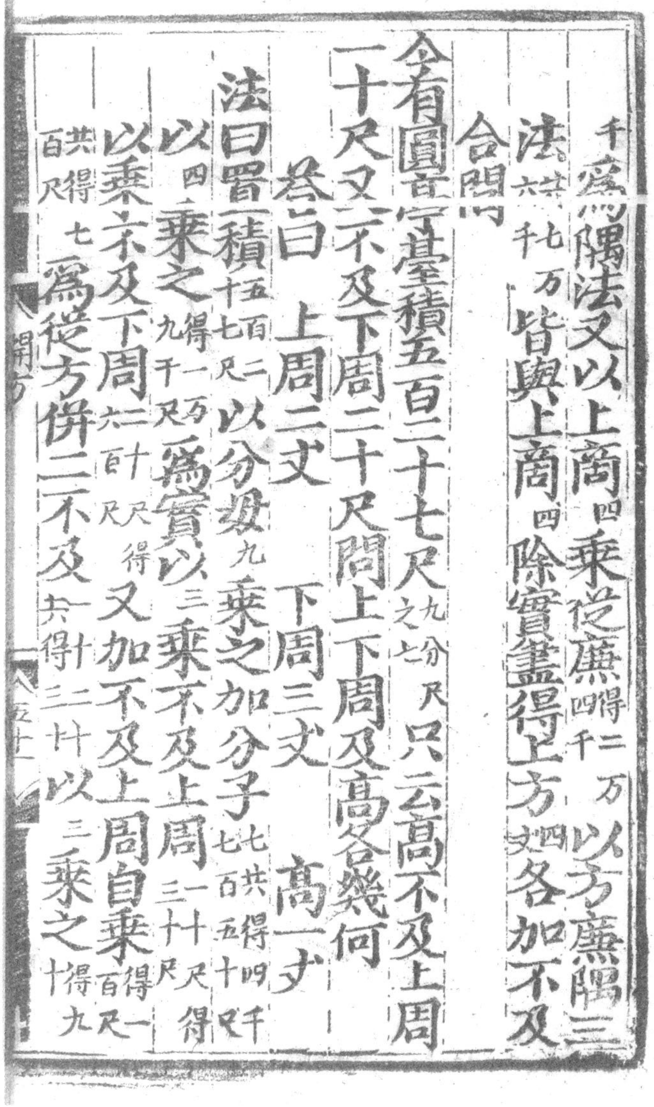

千。爲隅法。又以上商四乘從廉得二万四千。以方、廉、隅三法共七万六千。皆與上商四除實盡，得上方四丈。各加不及，合問。

今有圓亭臺積五百二十七尺九分尺之七，只云高不及上周一十尺，又不及下周二十尺，問上、下周及高各幾何？

答曰：上周二丈，下周三丈，高一丈。

法曰：置積五百二十七尺以分母九乘之，加分子七，共得四千七百五十尺。以四乘之得一万九千尺。爲實。以三乘不及上周一十尺得三十尺以乘不及下周二十尺得六百尺。又加不及上周自乘得一百尺，共得七百尺。爲從方。并二不及一十、二十，共得三十。以三乘之得九十。

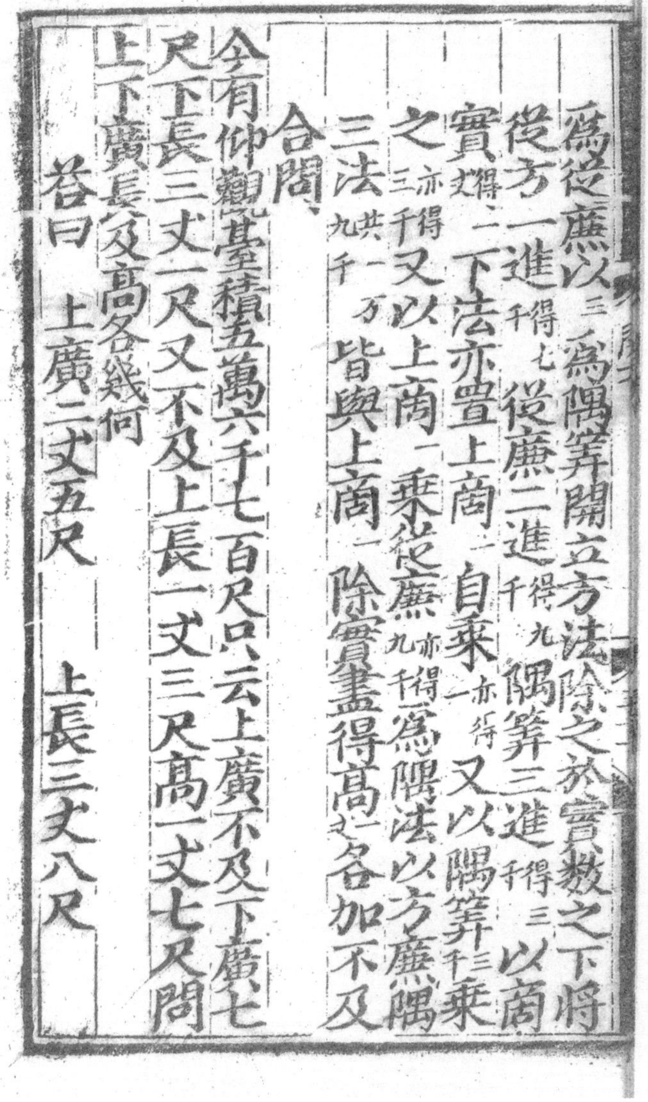

爲從廉以三爲隅筭開立方法除之於實數之下將從方一進得七千從廉二進得九千隅筭三進得三千以商實得一丈下法亦置上商一自乘亦得一又以隅筭三千乘之亦得三千又以上商一乘從廉亦得九千爲隅法以方廉隅三法共一万九千皆與上商一除實盡得高一丈各加不及合問

今有仰觀臺積五萬六千七百尺只云上廣不及下廣七尺下長三丈一尺又不及上長一丈三尺高一丈七尺問上下廣長及高各幾何

荅曰 上廣二丈五尺 上長三丈八尺

爲從廉。以三爲隅筭，開立方法除之。於實數之下，將從方一進得七千。從廉二進得九千。隅筭三進得三千。以商實得一丈。下法亦置上商一自乘亦得一。又以隅筭三千乘之亦得三千。又以上商一乘從廉亦得九千。爲隅法。以方、廉、隅三法共一万九千皆與上商一除實盡，得高一丈各加不及，合問。

今有仰觀臺積五萬六千七百尺，只云上廣不及下廣七尺、下長三丈一尺，又不及上長一丈三尺、高一丈七尺。問上、下廣長及高各幾何？

答曰：上廣二丈五尺，上長三丈八尺。

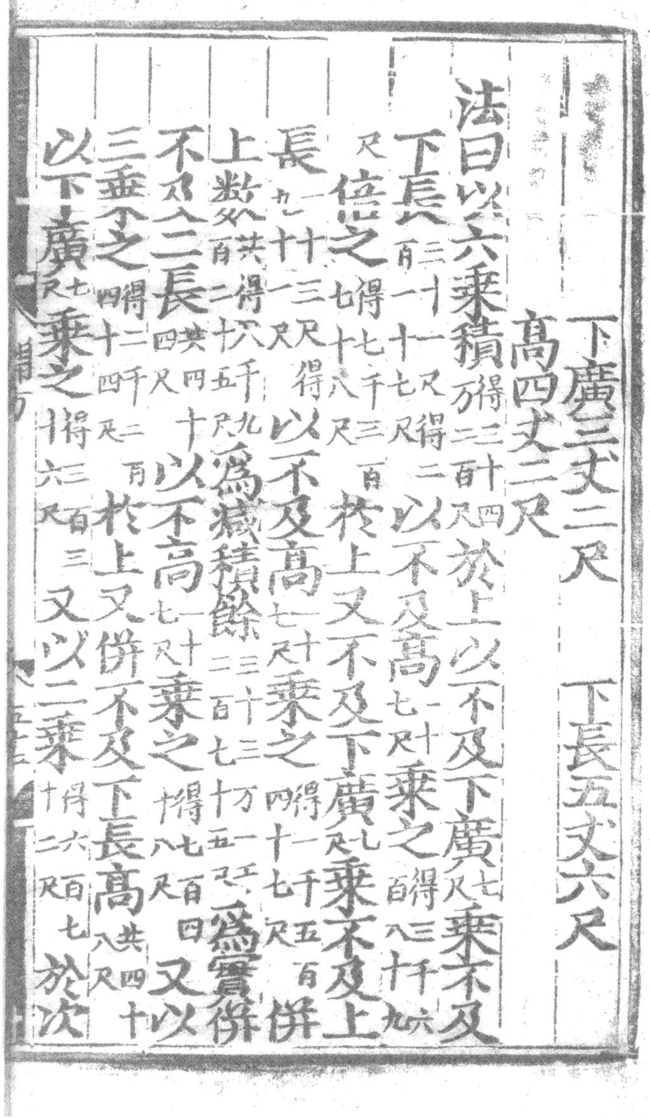

下廣三丈二尺，下長五丈六尺，

高四丈二尺。

法曰：以六乘積得三十四万二百尺。於上。以不及下廣七尺乘不及下長三十一尺，得二百一十七尺。以不及高一十七尺乘之得三千六百八十九尺。倍之得七千三百七十八尺。於上。又不及下廣七尺乘不及上長一十三尺，得九十一尺。以不及高一十七尺乘之得一千五百四十七尺。并上數共得八千九百二十五尺。爲减積餘三十三万一千三百七十五尺。爲實。并不及二長共四十四尺。以不高一十七尺乘之得七百四十八尺。又以三乘之得二千二百四十四尺。於上。又并不及下長高共四十八尺。以下廣七尺乘之得三百三十六尺。又以二乘得六百七十二尺。於次。

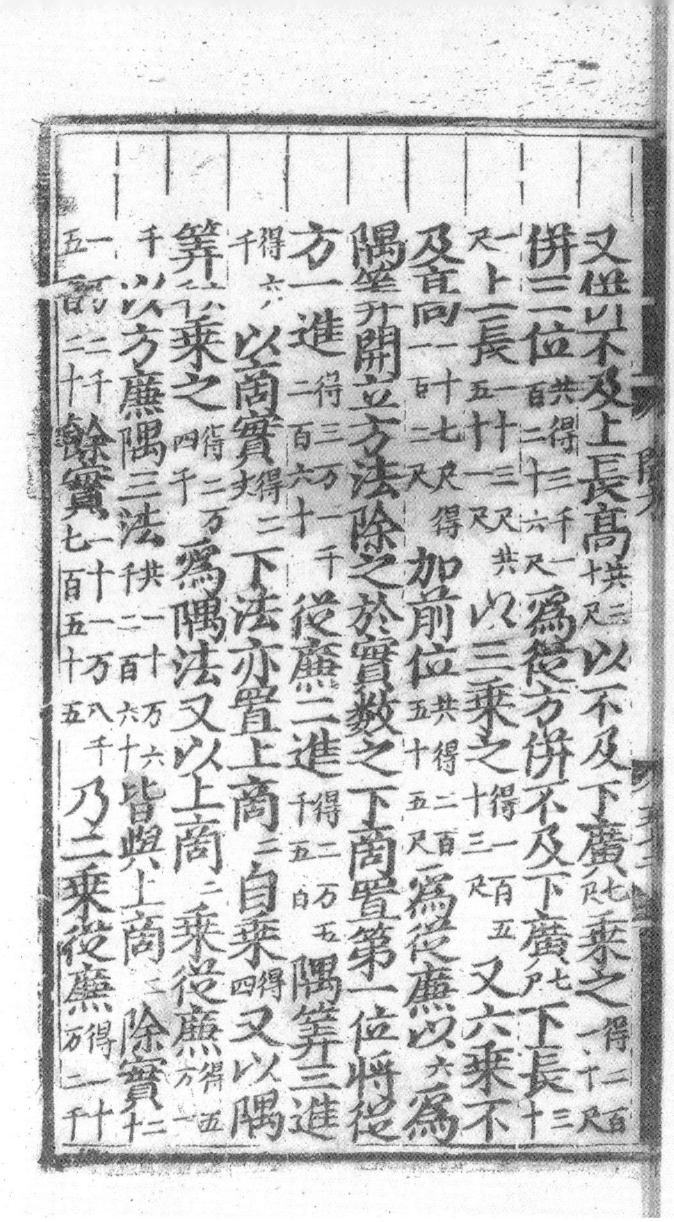

又并不及上長高共三十尺。以不及下廣七尺乘之得二百一十尺。并三位共得三千一百二十六尺。爲從方。并不及下廣七尺下長三十一尺上長二十三尺，共五十一尺。以三乘之得一百五十三尺。又六乘不及高二十七尺，得一百二尺。加前位共得二百五十五尺。爲從廉。以六爲隅筭，開立方法除之。於實數之下，商置第一位，將從方一進得三万一千二百六十。從廉二進得二万五千五百。隅筭三進得六千。以商實得二丈。下法亦置上商二自乘得四。又以隅筭六千乘之得二万四千。爲隅法。又以上商二乘從廉得五万一千。以方、廉、隅三法共一十万六千二百六十。皆與上商二除實二十一万二千五百二十餘實一十一万八千七百五十五。乃二乘從廉得一十万二千。

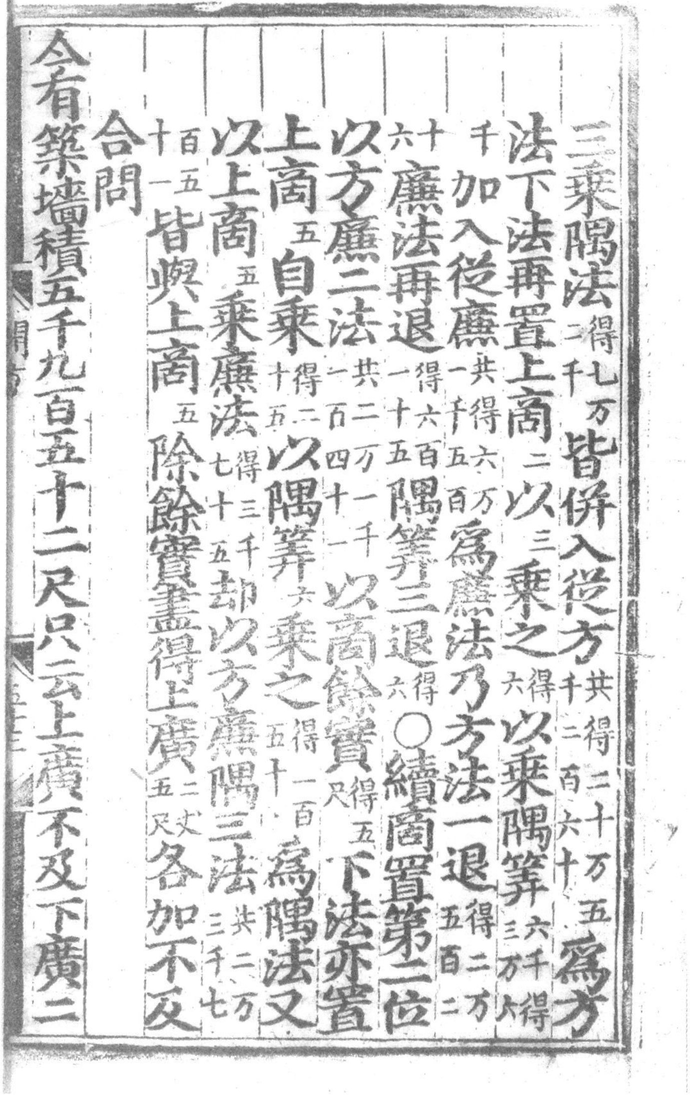

三乘隅法得七万二千。皆并入從方共得二十万五千二百六十。爲方法。下法再置上商二以三乘之得六。以乘隅筭六千，得三万六千。加入從廉共得六万二千五百。爲廉法，乃方法一退得二万五百二十，廉法再退得六百二十五，隅筭三退得六。〇續商置第二位，以方、廉二法共二万一千一百四十一。以商餘實得五尺。下法亦置上商五自乘得二十五。以隅筭六乘之得一百五十。爲隅法。又以上商五乘廉法得三千七十五。却以方、廉、隅三法共二万三千七百五十一。皆與上商五除餘實盡，得上廣二丈五尺。各加不及，合問。

今有築墻積五千九百五十二尺，只云上廣不及下廣二

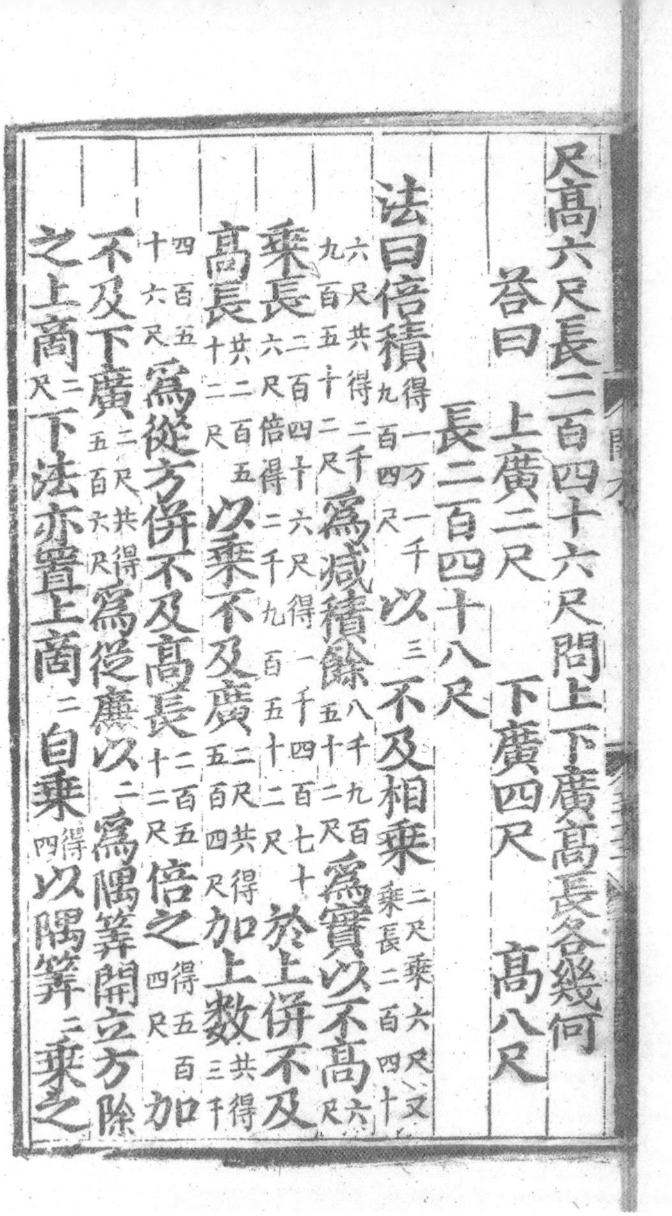

尺、高六尺、長二百四十六尺。問上、下廣，高、長各幾何？

答曰：上廣二尺，下廣四尺，高八尺，

長二百四十八尺。

法曰：倍積得一万一千九百四尺。以三不及相乘二尺乘六尺，又乘長二百四十六尺，共得二千九百五十二尺。爲減積。餘八千九百五十二尺爲實。以不高六尺乘長二百四十六尺，得一千四百七十六尺，倍得二千九百五十二尺。於上。并不及高長共二百五十二尺。以乘不及廣二尺，共得五百四尺。加上數共得三千四百五十六尺。爲從方。并不及高長二百五十二尺倍之得五百四尺。加不及下廣二尺，共得五百六尺。爲從廉。以二爲隅筭，開立方除之。上商二尺下法亦置上商二自乘得四。以隅筭二乘之

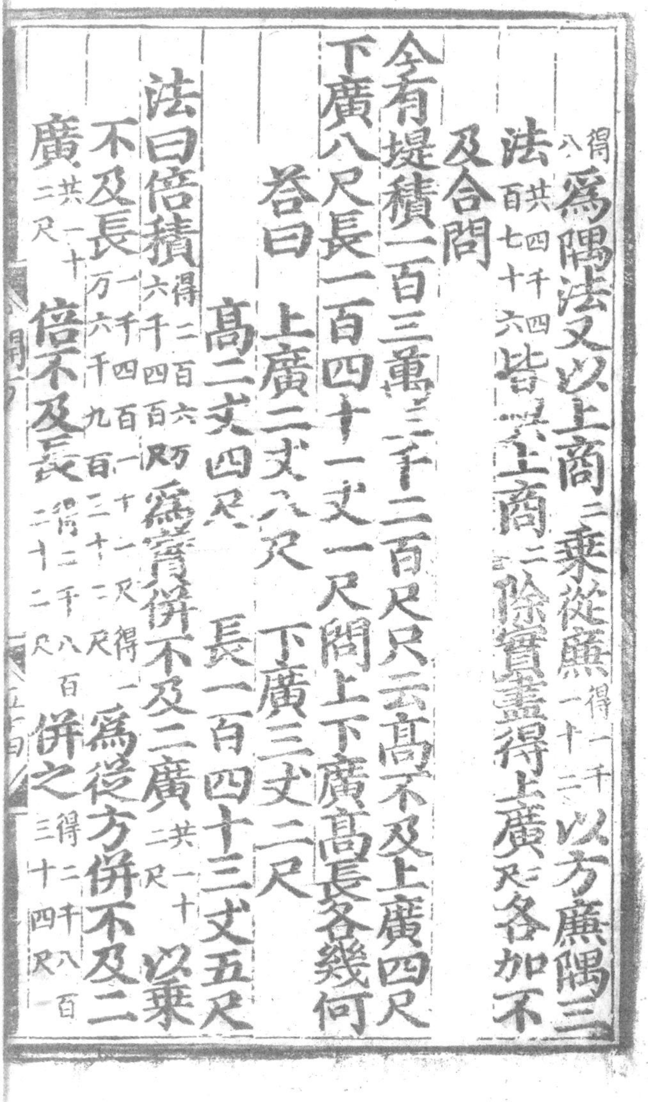

得八。爲隅法。又以上商二乘從廉得一千二十二。以方、廉、隅三法共四千四百七十六。皆與上商二除實盡，得上廣二尺。各加不及，合問。

今有堤積一百三萬三千二百尺，只云高不及上廣四尺、下廣八尺長一百四十一丈一尺，問上、下廣，高，長各幾何？

答曰：上廣二丈八尺，下廣三丈二尺，

高二丈四尺，長一百四十三丈五尺。

法曰：倍積得二百六万六千四百尺。爲實。并不及二廣共一十二尺。以乘不及長一千四百一十一尺，得一万六千九百三十二尺。爲從方。并不及二廣共一十二尺。倍不及長得二千八百二十二尺。并之得二千八百三十四尺。

爲從廉。以二爲隅筭，開立方法除之。於實數之下，商置第一位，將從方一進得一十六万九千三百二十。從廉二進得二十八万三千四百。隅筭三進得二千。以商實得二十尺。下法亦置上商二自乘得四。又以隅筭二千乘之得八千。爲隅法。又以上商二乘從廉得五十六万六千八百。以方、廉、隅三法共七十四万四千一百二十。皆與上商二除實一百四十八万八千二百四十，餘實五十七万八千一百六十。乃二乘從廉得一百一十三万三千六百。三乘隅法得二万四千。皆并入從方共得一百三十二万六千九百二十。爲方法。下法再置上商二以三乘之得六。又乘隅筭得一万二千。加入從廉共得二十九万五千四百。爲廉法，乃方法一退得一十三万二千六百九十二。廉法再

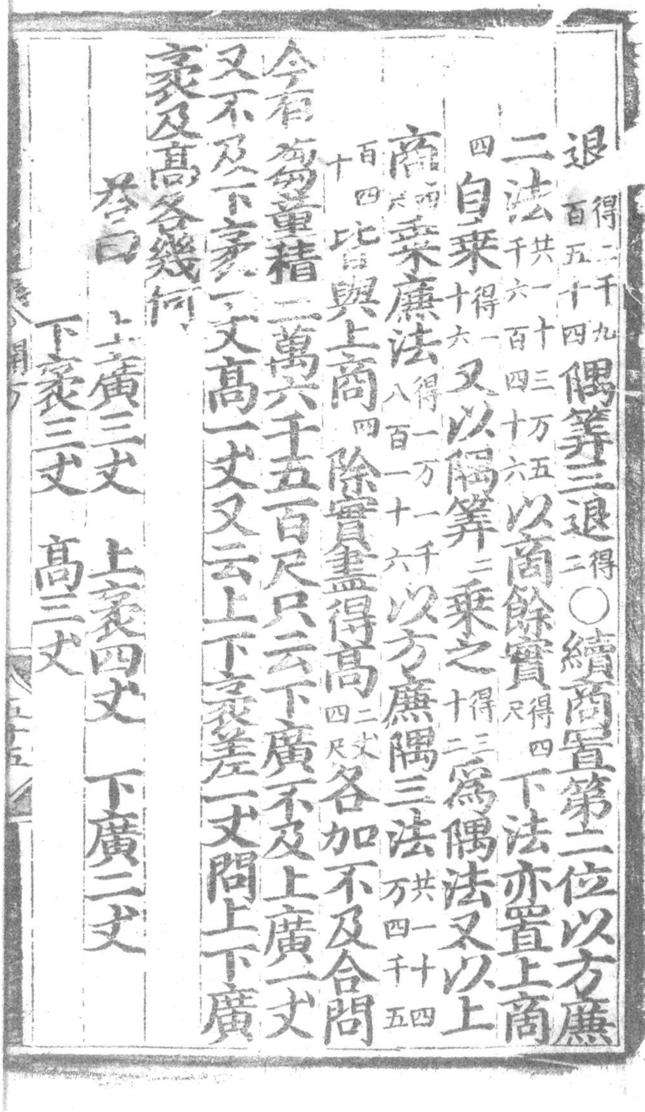

退得二千九百五十四。隅筭三退得二。○續商置第二位，以方廉二法共一十三万五千六百四十六。以商餘實得四尺。下法亦置上商四自乘得一十六。又以隅筭二乘之得三十二。爲隅法。又以上商四尺乘廉法得一万一千八百一十六。以方、廉、隅三法共一十四万四千五百四十。皆與上商四除實盡，得高二丈四尺。各加不及，合問。

今有芻童積二萬六千五百尺，只云下廣不及上廣一丈，又不及下袤一丈、高一丈。又云上、下袤差一丈。問上下廣袤及高各幾何？

答曰：上廣三丈，上袤四丈，下廣二丈，下袤三丈，高三丈。

法曰：置積（二万六千五百尺）以分母（三）通之（得七万九千五百尺。）於上。以不及上廣乘袤差（得一百尺。）如（三）而一（得三十三尺三分尺之一。）爲隅。陽冪半不及上廣（得五尺。）乘不及下袤（一十尺，得五十尺。）爲隅頭冪并二位（共得八十三尺三分尺之一。）却以分母（三）通之，加分子（一，共得二百五十。）以乘不及高（一十尺，得二千五百。）爲減積。以減通積餘（七万七千尺。）爲實。却不及上廣加袤差（得二十尺。）半之（得一十尺。）爲正數。加不及下袤（得二十尺。）以乘不及高（一十尺，得二百尺。）加隅陽冪（三十三尺三分尺之一）隅頭冪（五十尺，共得二百八十三尺三分尺之二。）以分母（三）通之，加分子（一，共得八百五十。）爲從方。并不及高、下袤正數（共三十尺。）亦以分母（三）通之（得九十尺。）爲從廉。以

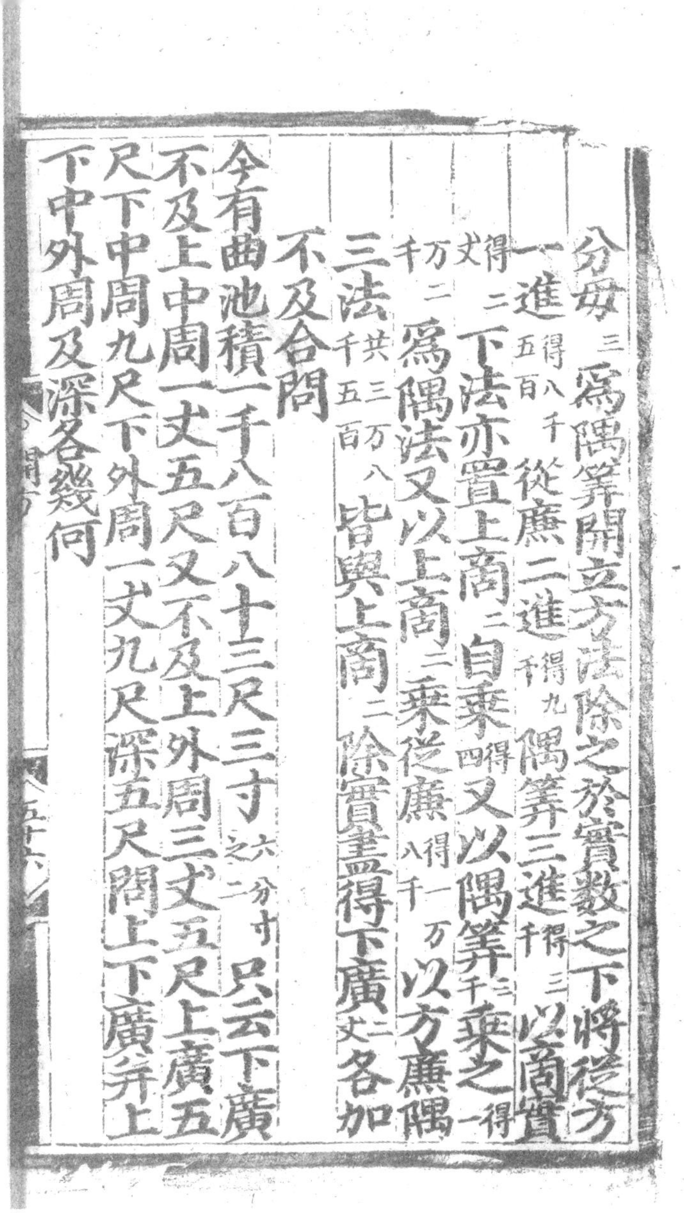

分母(三)爲隅筭，開立方法除之。於實數之下，將從方一進(得八千五百。)從廉二進(得九千。)隅筭三進(得三千。)以商實(得二丈。)下法亦置上商(二)自乘(得四。)又以隅筭(三千)乘之(得一万二千。)爲隅法。又以上商(二)乘從廉(得一万八千。)以方、廉、隅三法(共三万八千五百。)皆與上商(二)除實盡，得下廣(二丈。)各加不及，合問。

今有曲池積一千八百八十三尺三寸(六分寸之二)，只云下廣不及上中周一丈五尺，又不及上外周三丈五尺、上廣五尺、下中周九尺、下外周一丈九尺、深五尺。問上、下廣并上下、中、外周及深各幾何？

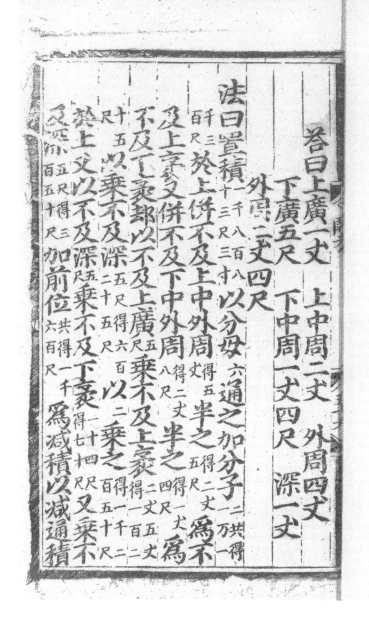

答曰：上廣一丈，上中周二丈，外周四丈，

下廣五尺，下中周一丈四尺，深一丈，

外周二丈四尺。

法曰：置積（一千八百八十三尺三寸）以分母（六）通之，加分子（二，共得二万一千三百尺。）於上。并不及上中外周（得五丈。）半之（得二丈五尺。）爲不及上袤。又并不及下中外周（得二丈八尺。）半之（得一丈四尺。）爲不及下袤。却以不及上廣（五尺，）乘不及上袤（二丈五丈得一百二十五尺。）以乘不及深（五尺，得六百二十五尺。）以二乘之（得一千二百五十尺。）於上。又以不及深（五尺）乘不及下袤（一十四尺，得七十尺。）又乘不及深（五尺，得三百五十尺。）加前位（共得一千六百尺。）爲減積。以減通積

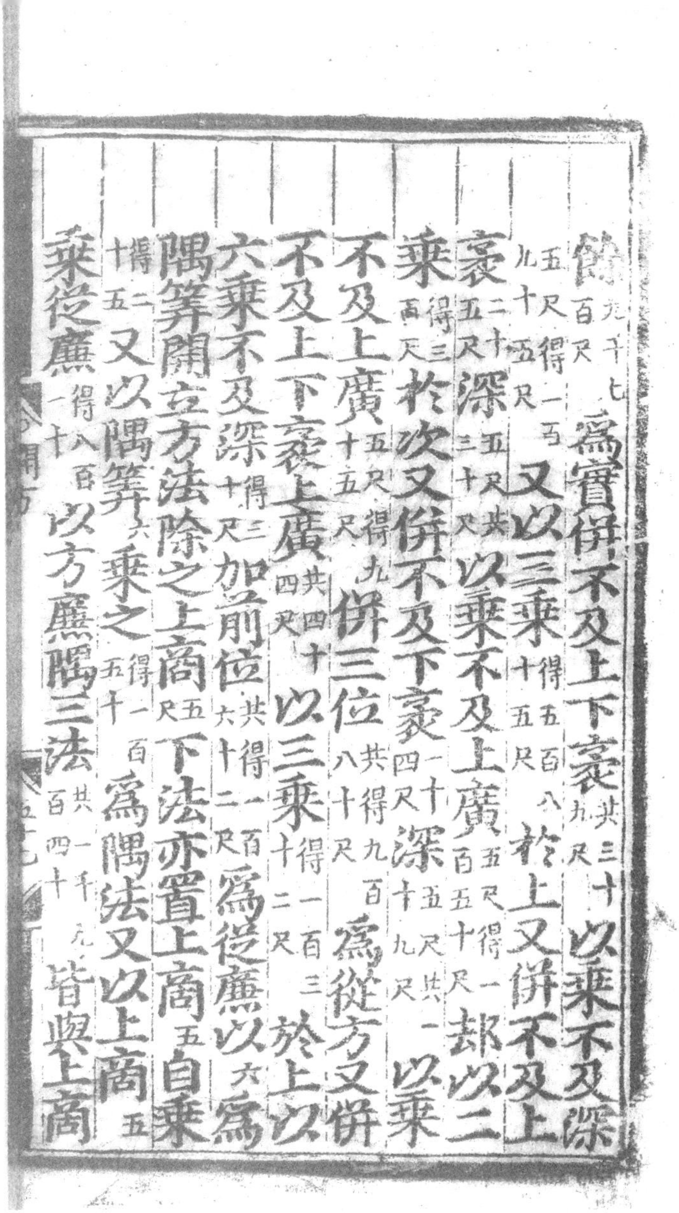

餘九千七百尺。爲實。并不及上下袤共三十九尺。以乘不及深五尺，得一百九十五尺。又以三乘得五百八十五尺。於上。又并不及上袤二十五尺深五尺，共三十尺。以乘不及上廣五尺，得一百五十尺。却以二乘得三百尺。於次。又并不及下袤一十四尺深五尺，共一十九尺。以乘不及上廣五尺，得九十五尺。并三位共得九百八十尺。爲從方。又并不及上下袤上廣共四十四尺。以三乘得一百三十二尺。於上。以六乘不及深得三十尺。加前位共得一百六十二尺。爲從廉。以六爲隅筭，開立方法除之。上商五尺下法亦置上商五自乘得二十五。又以隅筭六乘之得一百五十。爲隅法。又以上商五乘從廉得八百二十。以方、廉、隅三法共一千九百四十。皆與上商

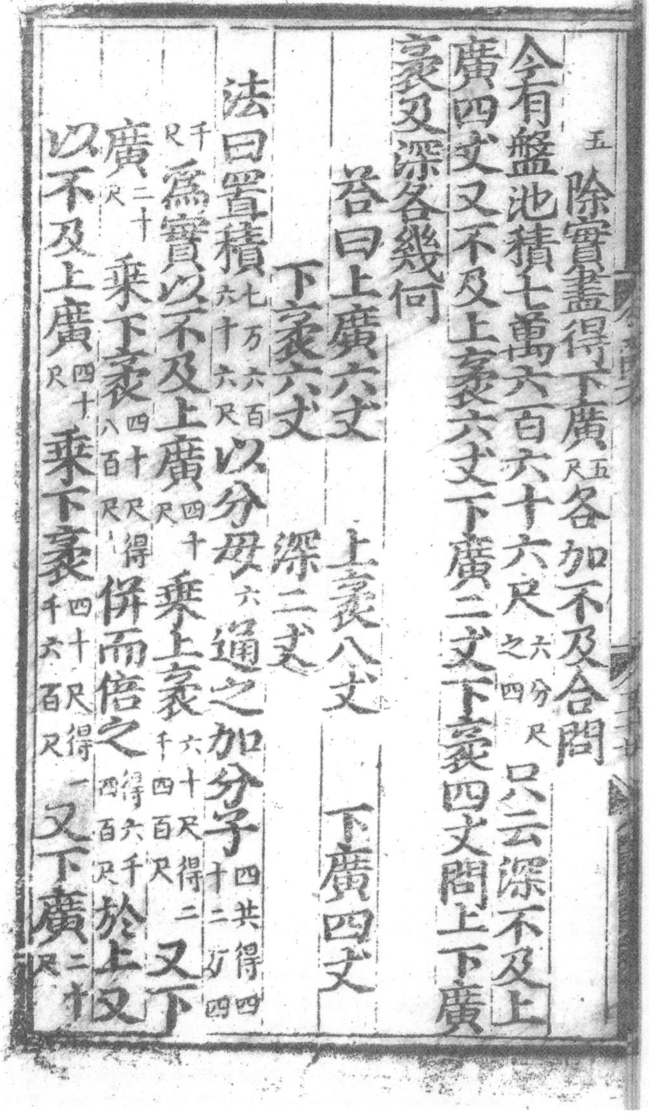

五除實盡，得下廣五尺。各加不及，合問。

今有盤池積七萬六百六十六尺六分尺之四，只云深不及上廣四丈，又不及上袤六丈、下廣二丈、下袤四丈。問上、下廣、袤，及深各幾何？

答曰：上廣六丈，上袤八丈，下廣四丈，下袤六丈，深二丈。

法曰：置積七万六百六十六尺以分母六通之加分子四，共得四十二万四千尺。爲實。以不及上廣四十尺乘上袤六十尺，得二千四百尺。又下廣二十尺乘下袤四十尺，得八百尺。并而倍之得六千四百尺。於上。又以不及上廣四十尺乘下袤四十尺，得一千六百尺。又下廣二十尺

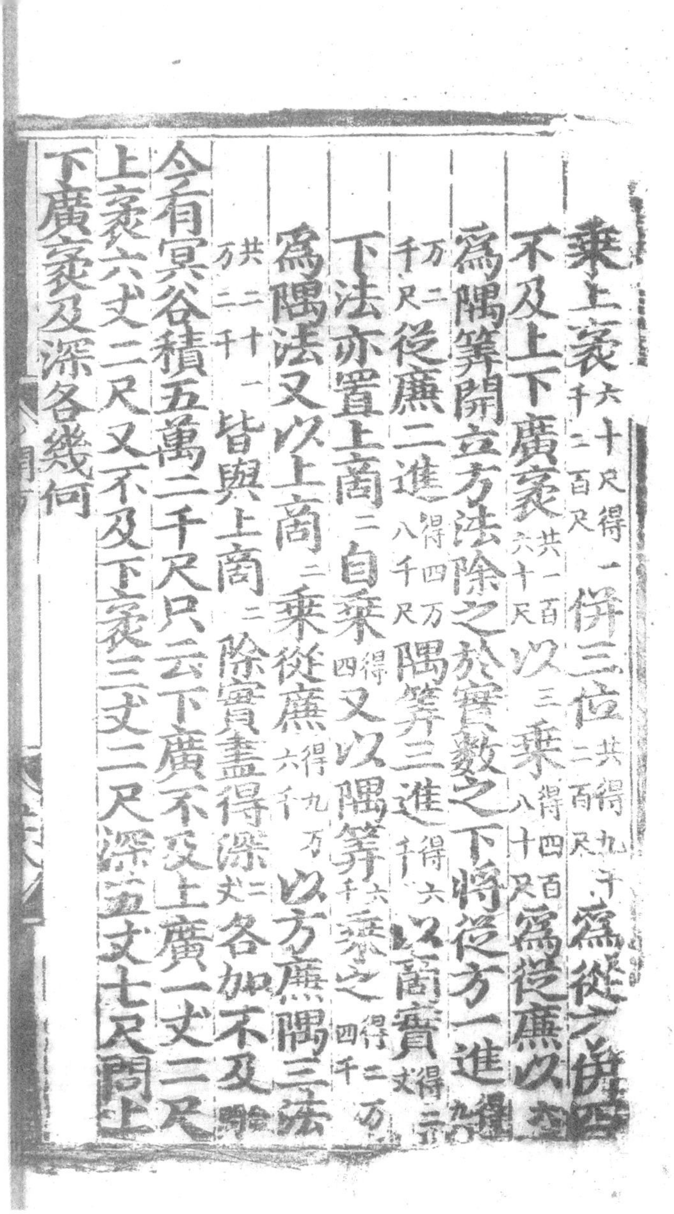

乘上袤六十尺，千二百尺。得一并三位共得九千二百尺。爲從方。并四不及上、下廣、袤共一百六十尺。以三乘得四百八十尺。爲從廉。以六爲隅筭，開立方法除之。於實數之下，將從方一進得九万二千尺。從廉二進得四万八千尺。隅筭三進得六千。以商實得二丈。下法亦置上商二自乘得四。又以隅筭六千乘之得二万四千。爲隅法。又以上商二乘從廉得九万六千。以方、廉、隅三法共二十一万二千。皆與上商二除實盡，得深二丈。各加不及，合問。

今有冥谷積五萬二千尺，只云下廣不及上廣一丈二尺、上袤六丈二尺，又不及下袤三丈二尺、深五丈七尺。問上、下廣、袤及深各幾何？

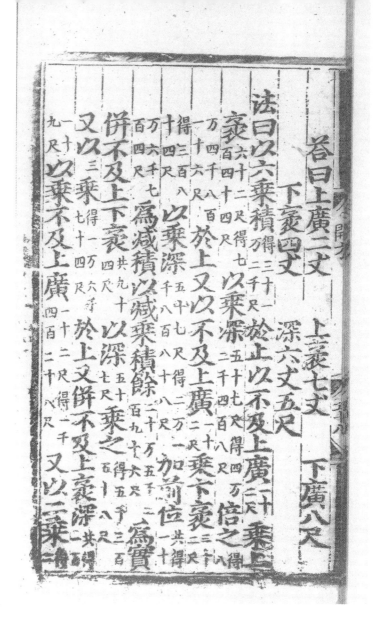

答曰：上廣二丈，上袤七丈，下廣八尺，

下袤四丈，深六丈五尺。

法曰：以六乘積得三十一万二千尺。於上。以不及上廣二十二尺乘上袤六十二尺，得七百四十四尺。以乘深五十七尺，得四万二千四百八尺。倍之得八万四千八百一十六尺。於上。又以不及上廣二十二尺乘下袤三十二尺，得三百八十四尺。以乘深五十七尺，得二万一千八百八十八尺。加前位共得一十万六千七百四尺。爲減積。以減乘積，餘二十万五千二百九十六尺。爲實。并不及上、下袤共九十四尺。以深五十七尺乘之得五千三百五十八尺。又以三乘得一万六千七十四尺。於上。又并不及上袤、深共得一百一十九尺。以乘不及上廣一十二尺，得一千四百二十八尺。又以二乘得二

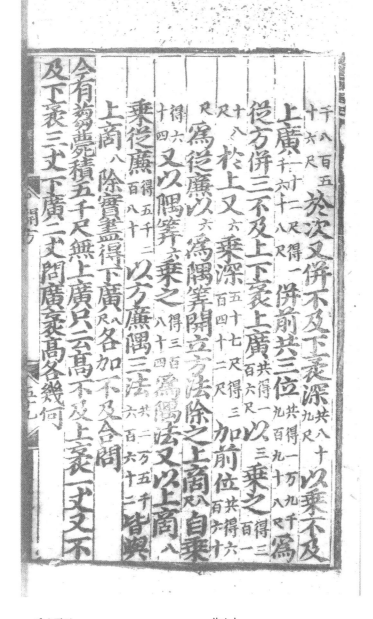

千八百五十六尺。於次。又并不及下袤深共八十九尺。以乘不及上廣一十二尺，得一千六十八尺。并前共三位共得一万九千九百九十八尺。爲從方。并三不及上、下袤，上廣共得一百六尺。以三乘之得三百一十八尺。於上又六乘深五十七尺，得三百四十二尺。加前位共得六百六十尺。爲從廉。以六爲隅筭，開立方法除之。上商八尺自乘得六十四。又以隅筭六乘之得三百八十四。爲隅法。又以上商八乘從廉得五千二百八十。以方、廉、隅三法共二万五千六百六十二。皆與上商八除實盡，得下廣八尺。各加不及，合問。

今有蒭蕘[1]積五千尺，無上廣，只云高不及上袤一丈，又不及下袤三丈、下廣二丈。問廣袤高各幾何？

1 "蕘"，依題意應作"甍"。

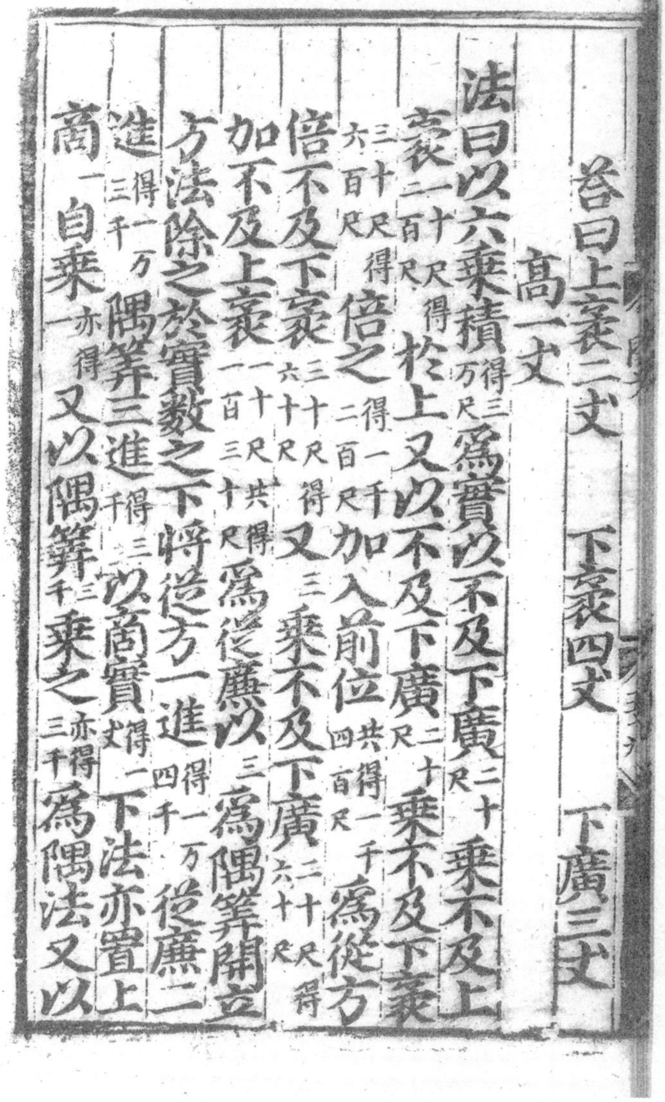

答曰：上袤二丈，下袤四丈，下廣三丈，

高一丈。

法曰：以六乘積(得三万尺。)爲實。以不及下廣(二十尺)乘不及上袤(二十尺，得二百尺。)於上。又以不及下廣(二十尺)乘不及下袤(三十尺，得六百尺。)倍之(得一千二百尺。)加入前位(共得一千四百尺。)爲從方。倍不及下袤(三十尺，得六十尺。)又(三)乘不及下廣(二十尺，得六十尺。)加不及上袤(二十尺，共得一百三十尺。)爲從廉。以(三)爲隅筭，開立方法除之。於實數之下，將從方一進(得一万四千。)從廉二進(得一万三千。)隅筭三進(得三千。)以商實(得一丈。)下法亦置上商(一)自乘(亦得一。)又以隅筭(三千)乘之(亦得三千。)爲隅法。又以

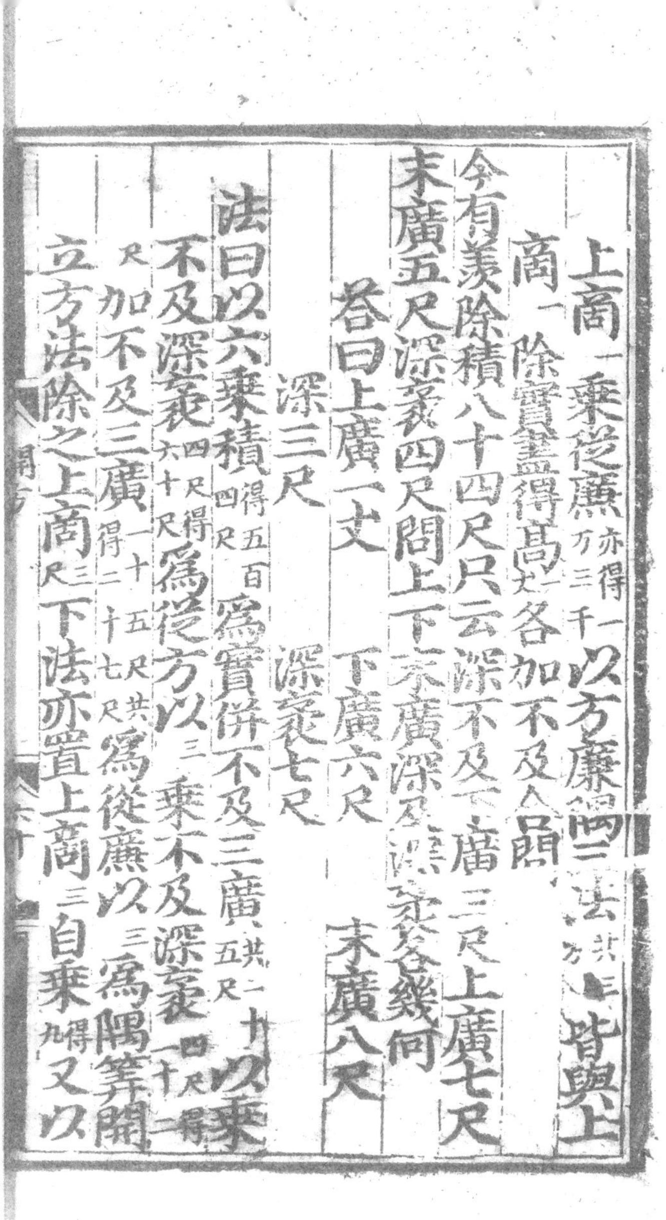

上商一乘從廉亦得一万三千。以方、廉、隅三法共三方。皆與上商一除實盡，得高一丈。各加不及，合問。

今有羨除積八十四尺，只云深不及下廣三尺、上廣七尺、末廣五尺、深袤四尺。問上、下、末廣，深及深袤各幾何？

答曰：上廣一丈，下廣六尺，末廣八尺，

深三尺，深袤七尺。

法曰：以六乘積得五百四尺。爲實。并不及三廣共二十五尺。以乘不及深袤四尺，得六十尺。爲從方。以三乘不及深袤四尺，得一十二尺。加不及三廣一十五尺，得二十七尺。共爲從廉。以三爲隅筭，開立方法除之。上商三尺下法亦置上商三自乘得九。又以

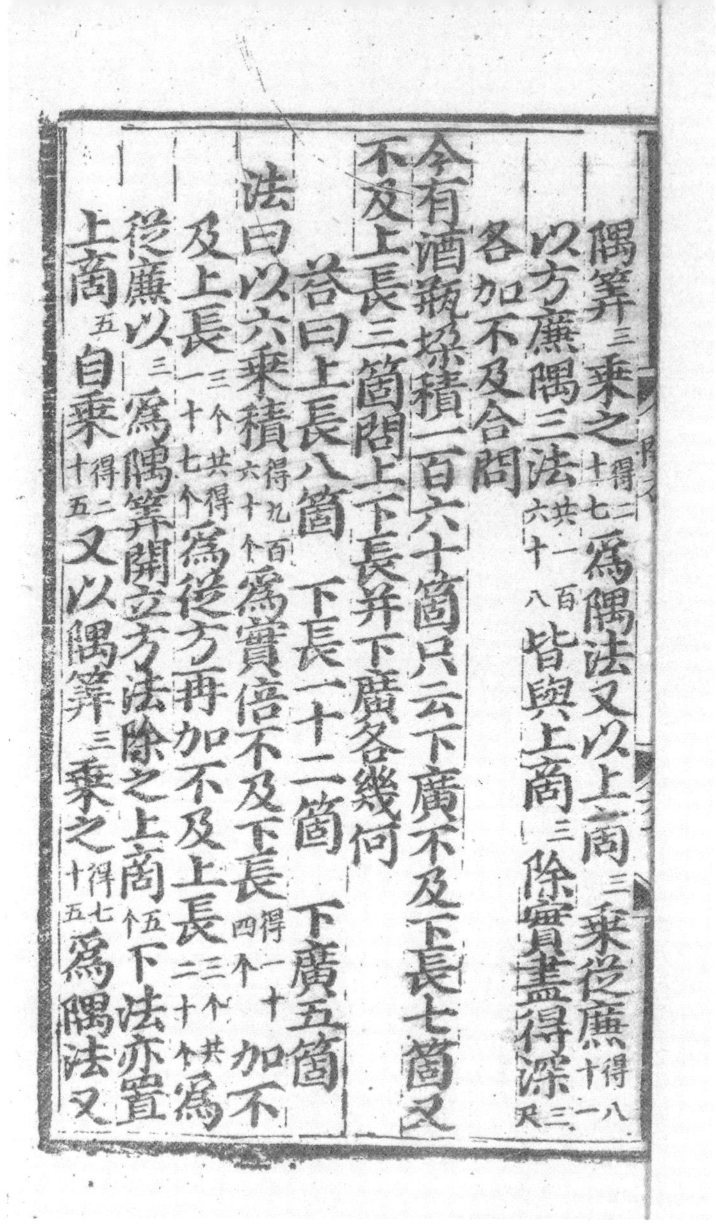

隅筭三乘之得二十七。爲隅法。又以上商三乘從廉得八十一。

以方、廉、隅三法共一百六十八。皆與上商三除實盡，得深三尺。

各加不及，合問。

今有酒瓶垜積一百六十箇，只云下廣不及下長七箇，又不及上長三箇。問上、下長并下廣各幾何？

答曰：上長八箇，下長一十二箇，下廣五箇。

法曰：以六乘積得九百六十个。爲實。倍不及下長得一十四个。加不及上長三个，共得一十七个。爲從方。再加不及上長三个，共二十个。爲從廉。以三爲隅筭，開立方法除之。上商五个下法亦置上商五自乘得二十五。又以隅筭三乘之得七十五。爲隅法。又

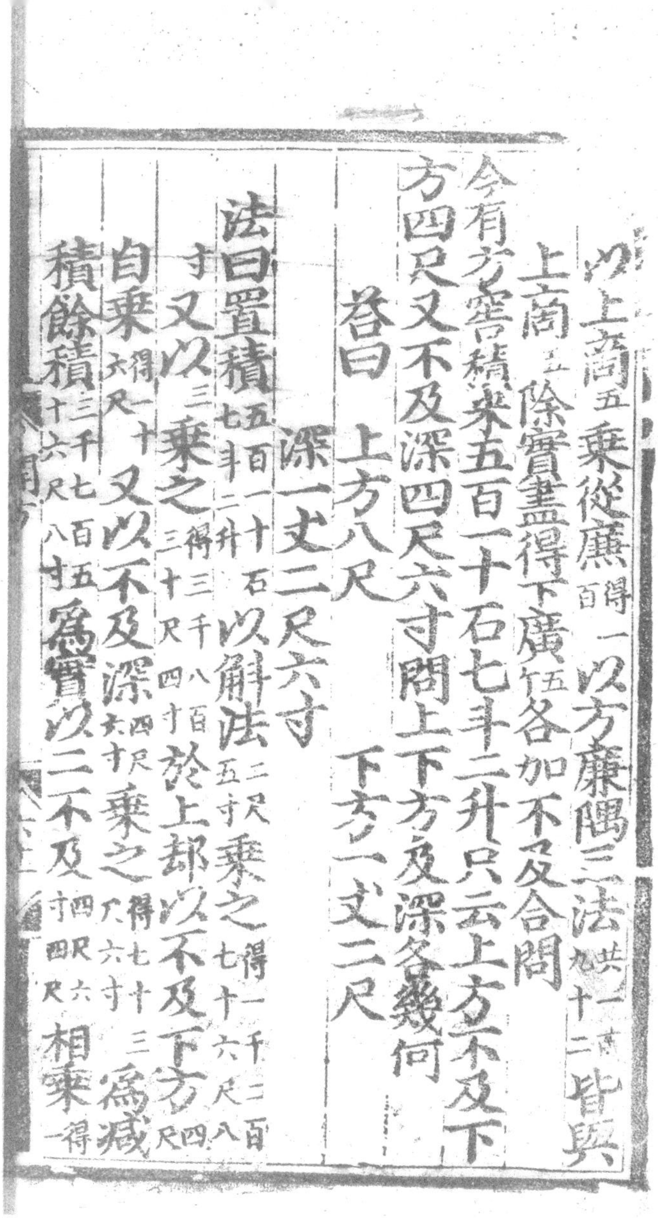

以上商五乘從廉得一百。以方、廉、隅三法共一百九十二。皆與

上商五除實盡，得下廣五尺。各加不及，合問。

今有方窖積米五百一十石七斗二升，只云上方不及下

方四尺，又不及深四尺六寸，問上、下方及深各幾何？

答曰：上方八尺，下方一丈二尺，

深一丈二尺六寸。

法曰：置積五百一十石七斗二升以斛法二尺五寸乘之得一千二百七十六尺八寸。又以三乘之得三千八百三十尺四寸。於上。却以不及下方四尺

自乘得一十六尺。又以不及深四尺六寸乘之得七十三尺六寸。爲減

積。餘積三千七百五十六尺八寸爲實。以二不及四尺六寸四尺相乘得一

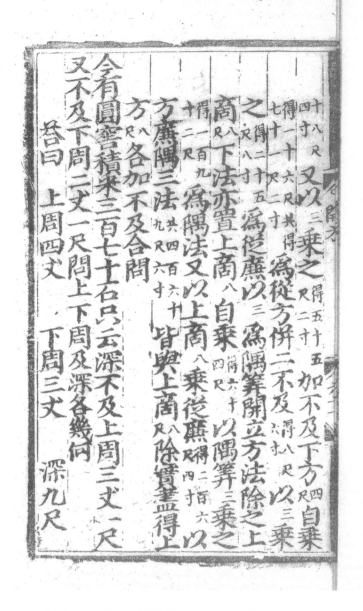

十八尺四寸。又以三乘之得五十五尺二寸。加不及下方四尺自乘得一十六尺，共得七十一尺二寸。爲從方。并二不及得八尺六寸。以三乘之得二十五尺八寸。爲從廉。以三爲隅筭，開立方法除之。上商八尺下法亦置上商八自乘得六十四尺。以隅筭三乘之得一百九十二尺。爲隅法。又以上商八乘從廉得二百六尺四寸。以方、廉、隅三法共四百六十九尺六寸。皆與上商八尺餘實盡，得上方八尺。各加不及，合問。

今有圓窖積米三百七十石，只云深不及上周三丈一尺，又不及下周二丈一尺，問上、下周及深各幾何？

答曰：上周四丈，下周三丈，深九尺。

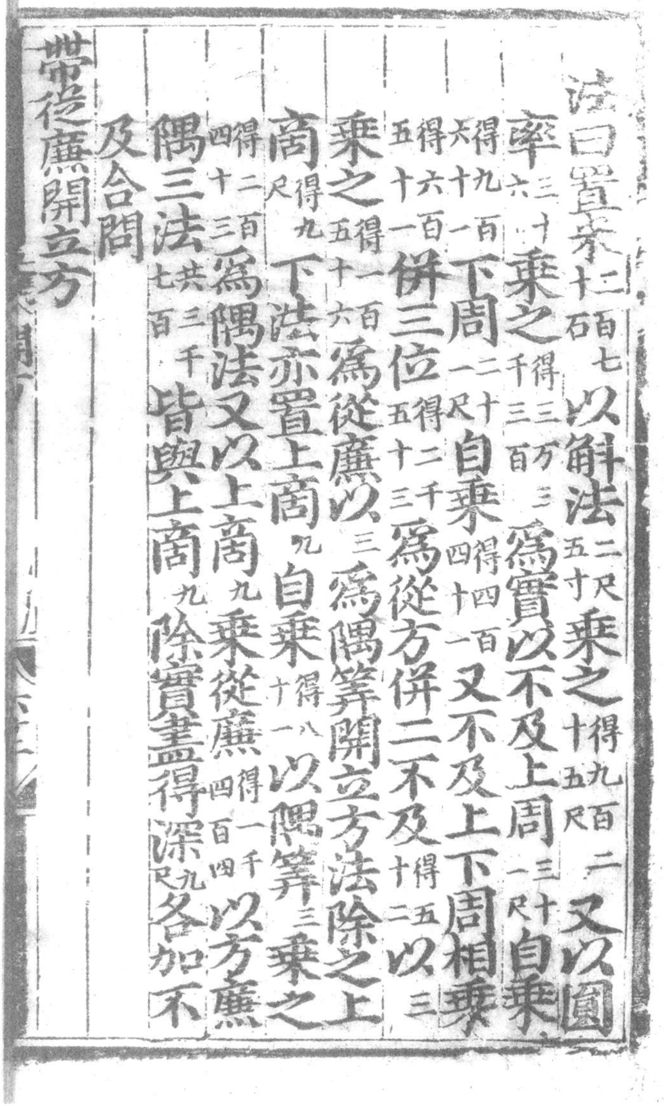

法曰：置米（二百七十石）以斛法（二尺五寸）乘之（得九百二十五尺。）又以圓率（三十六）乘之（得三万三千三百。）爲實。以不及上周（三十一尺）自乘（得九百六十一。）下周（二十一尺）自乘（得四百四十一。）又不及上、下周相乘（得六百五十一。）并三位（得二千五十三。）爲從方。并二不及（得五十二。）以（三）乘之（得一百五十六。）爲從廉。以（三）爲隅筭，開立方法除之，上商（得九尺。）下法亦置上商（九）自乘（得八十一。）以隅筭（三）乘之（得二百四十三。）爲隅法。又以上商（九）乘從廉（得一千四百四。）以方、廉、隅三法（共三千七百。）皆與上商（九）除實盡，得深（九尺。）各加不及，合問。

帶從廉開立方

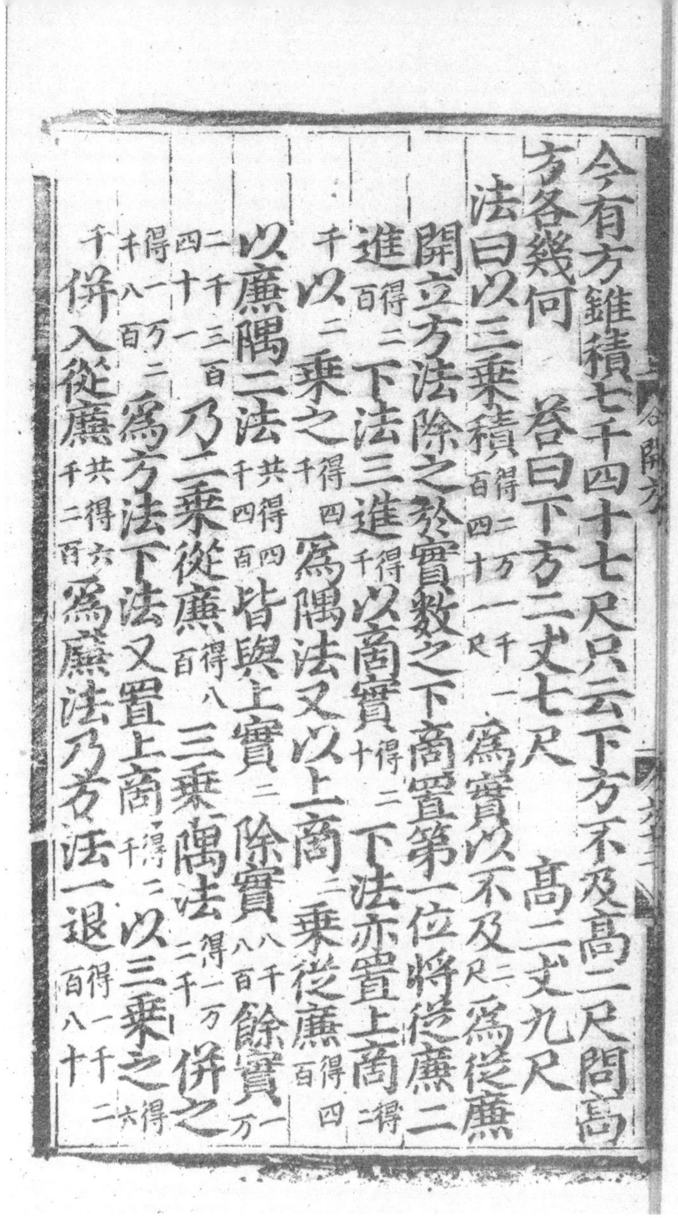

今有方錐積七千四十七尺，只云下方不及高二尺，問高方各幾何？答曰：下方二丈七尺，高二丈九尺。

法曰：以三乘積得二万一千一百四十一尺。爲實。以不及二尺爲從廉，開立方法除之。於實數之下，商置第一位。將從廉二進得二百。下法三進得千。以商實得二十。下法亦置上商得二千以二乘之得四千。爲隅法。又以上商二乘從廉得四百。以廉、隅二法共得四千四百。皆與上實二除實八千八百，餘實一万二千三百四十一。乃二乘從廉得八百。三乘隅法得一万二千。并之得一万二千八百。爲方法。下法又置上商得二千。以三乘之得六千。并入從廉共得六千二百。爲廉法，乃方法一退得一千二百八十。

廉法再退得六十二。下法三退得一。〇續商置第二位，以方、廉二法共一千三百四十三。商餘實得七尺。下法亦置上商七自乘得四十九。爲隅法。又以上商七乘廉法得四百三十四。以方、廉、隅三法共一千七百六十三。皆與上商七尺除實盡，得下方二丈七尺。

加不及二尺得高二丈九尺。合問。

今有圓錐積一千七百三十五尺一十二分尺之五，只云下周不及高一丈六尺，問高周各幾何？

答曰：下周三丈五尺，高五丈一尺。

法曰：置積一千七百三十五尺以三乘分母一十二，得三十六。乘之加分子十五，共得六万二千四百七十五尺。爲實。以不及一十六尺爲從廉，開立方

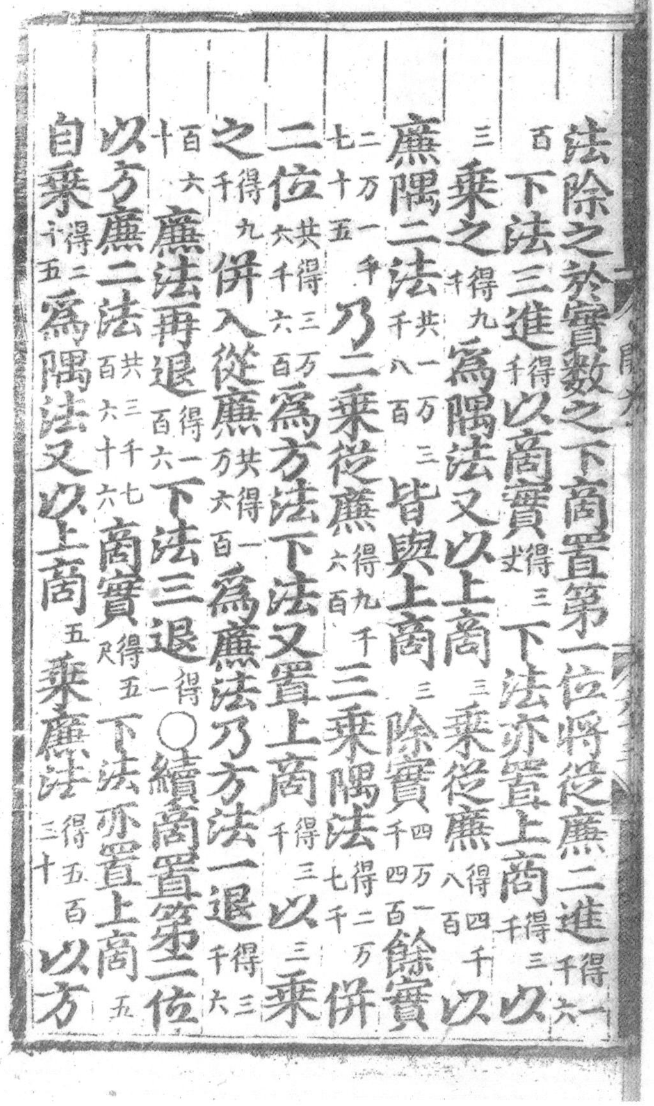

法除之。於實數之下商置第一位，將從廉二進得一千六百。下法三進得千。以商實得三丈。下法亦置上商得三千。以三乘之得九千。爲隅法。又以上商三乘從廉得四千八百。以廉、隅二法共一万三千八百。皆與上商三除實四万一千四百餘實二万一千七十五。乃二乘從廉得九千六百。三乘隅法得二万七千。并二位共得三万六千六百。爲方法。下法又置上商得三千。以三乘之得九千。并入從廉共得一万六百。爲廉法，乃方法一退得三千六百六十。廉法再退得一百六。下法三退得一。○續商置第二位，以方、廉二法共三千七百六十六。商實得五尺。下法亦置上商五自乘得二十五。爲隅法。又以上商五乘廉法得五百三十。以方、

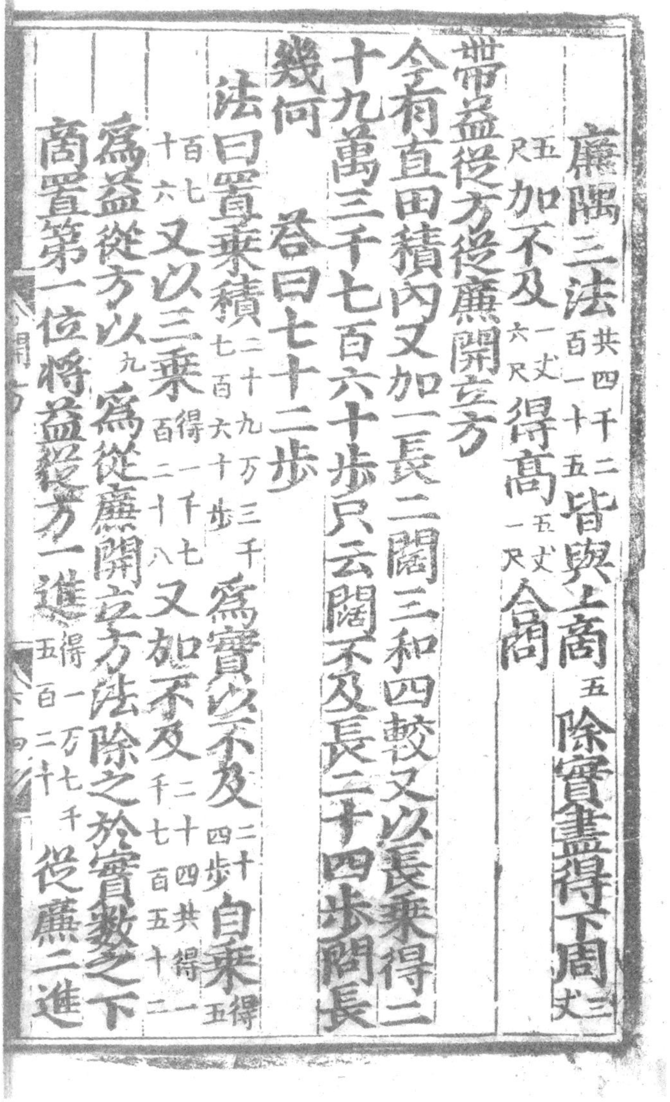

廉、隅三法共四千二百一十五。皆與上商五除實盡，得下周三丈五尺。加不及一丈六尺得高五丈二尺。合問。

帶益從方從廉開立方

今有直田，積内又加一長二闊三和四較，又以長乘得二十九萬三千七百六十步，只云闊不及長二十四步，問長幾何？答曰：七十二步。

法曰：置乘積二十九万三千七百六十步爲實。以不及二十四步自乘得五百七十六。又以三乘得一千七百二十八。又加不及二十四，共得一千七百五十二。爲益從方。以九爲從廉，開立方法除之。於實數之下商置第一位，將益從方一進得一万七千五百二十。從兼二進

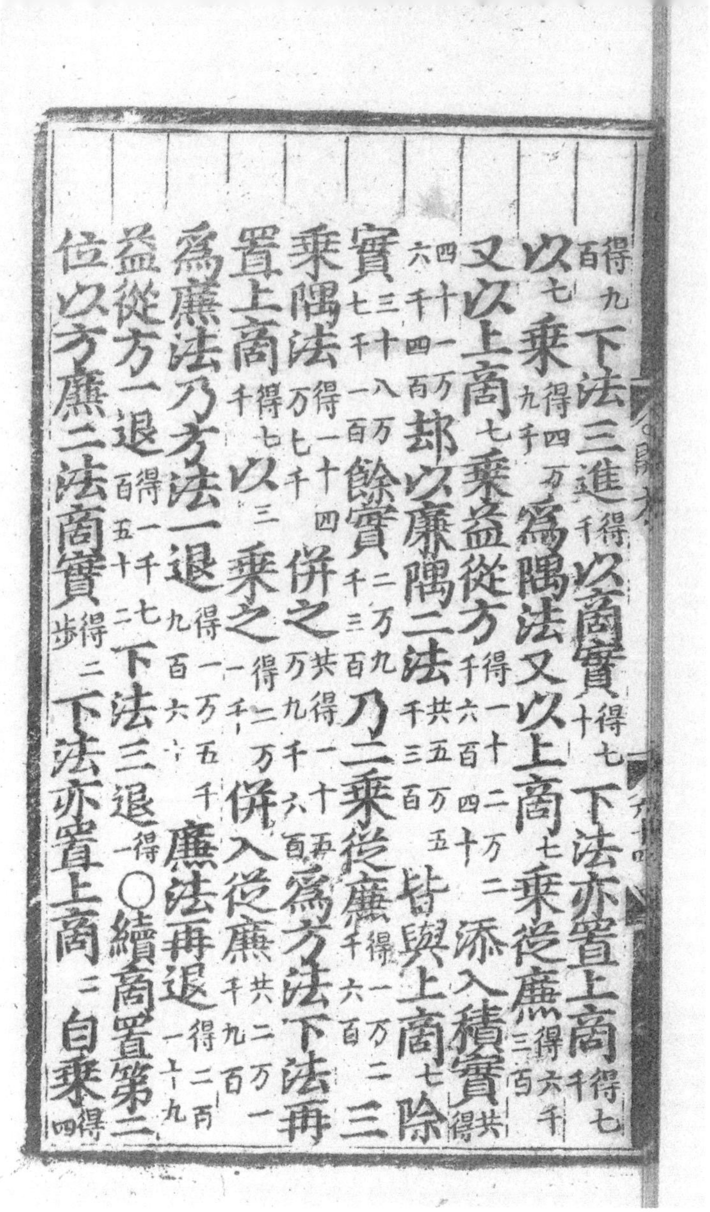

得九百。下法三進得千。以商實得七十。下法亦置上商得七千。以七乘得四万九千。爲隅法。又以上商七乘從廉得六千三百。又以上商七乘益從方得一十二万二千六百四十。添入積實共得四十一万六千四百。却以廉、隅二法共五万五千三百。皆與上商七除實三十八万七千一百餘實二万九千三百。乃二乘從廉得一万二千六百。三乘隅法得一十四万七千。并之共得一十五万九千六百。爲方法。下法再置上商得七千。以三乘之得二万一千。并入從廉共二万一千九百。爲廉法。乃方法一退得一万五千九百六十。廉法再退得二百一十九。益從方一退得一千七百五十二。下法三退得二。〇續商置第二位，以方、廉二法商實得二步。下法亦置上商二自乘得四。

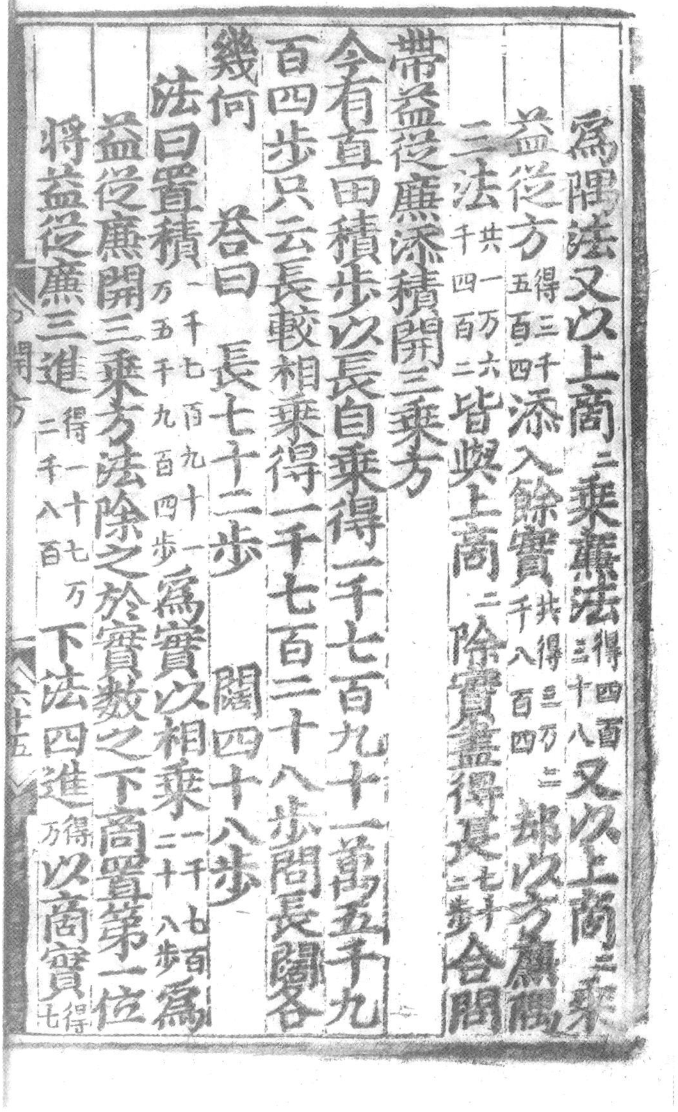

爲隅法。又以上商二乘廉法得四百三十八。又以上商二乘益從方得三千五百四。添入餘實共得三万二千八百四。却以方、廉、隅三法共一万六千四百二。皆與上商二除實盡，得長七十二步。合問。

帶益從廉添積開三乘方

今有直田積步，以長自乘得一千七百九十一萬五千九百四步，只云長較相乘得一千七百二十八步，問長、闊各幾何？答曰：長七十二步，闊四十八步。

法曰：置積一千七百九十一万五千九百四步爲實，以相乘一千七百二十八步爲益從廉，開三乘方法除之。於實數之下，商置第一位，將益從廉三進得一十七万二千八百。下法四進得万。以商實得七

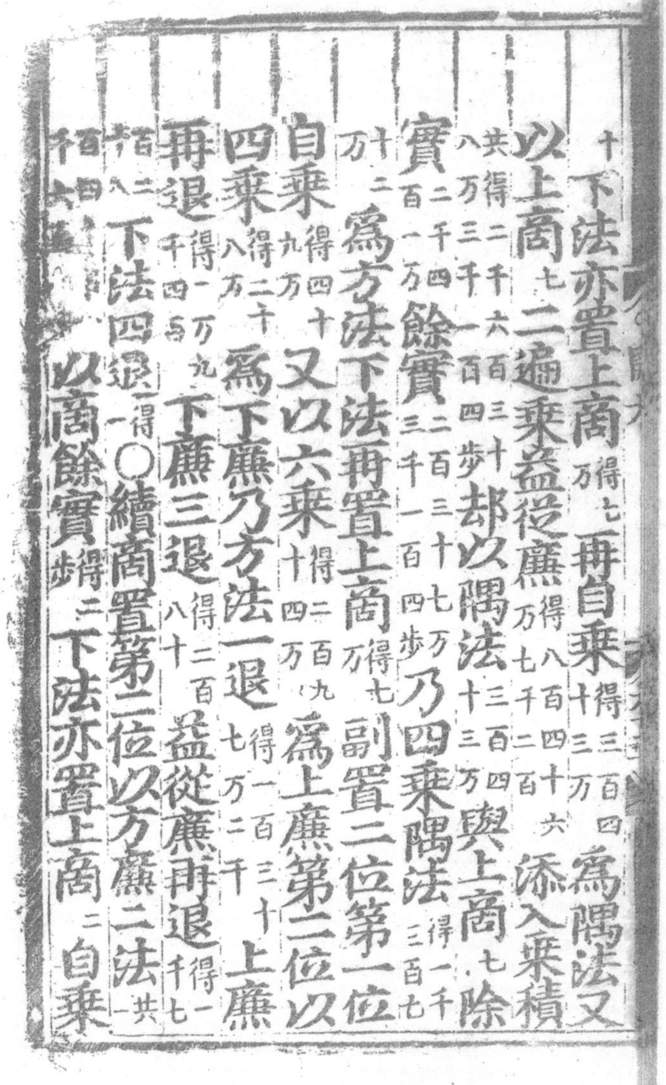

十。下法亦置上商得七万。再自乘得三百四十三万。爲隅法。又以上商七二遍乘益從廉得八百四十六万七千二百。添入乘積共得二千六百三十八万三千一百四步。却以隅法三百四十三万與上商七除實二千四百一万餘實二百三十七万三千一百四步。乃四乘隅法得一千三百七十二万。爲方法。下法再置上商得七万。副置二位。第一位自乘得四十九万。又以六乘得二百九十四万。爲上廉。第二位以四乘得二十八万。爲下廉。乃方法一退得一百三十七万二千。上廉再退得一万九千四百。下廉三退得二百八十。益從廉再退得一千七百二十八。下法四退得二。〇續商置第二位，以方、廉二法共二百四十■[1]千六百。以商餘實得二步。下法亦置上商二自乘

1“■”，各本不清。

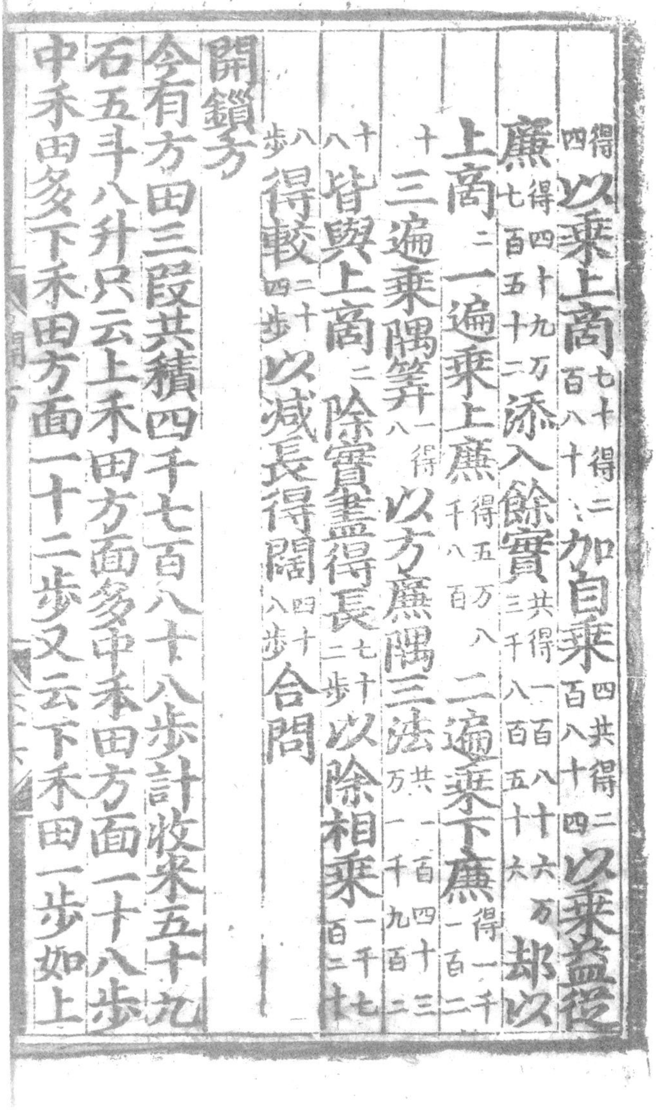

得四。以乘上商七十，得二百八十。加自乘四，共得二百八十四。以乘益從廉得四十九万七百五十二。添入餘實共得一百八十六万三千八百五十六。却以上商二一遍乘上廉得五万八千八百。二遍乘下廉得一千一百二十。三遍乘隅筭一得八。以方、廉、隅三法共一百四十三万一千九百三十八。皆與上商二除實盡，得長七十二步。以除相乘一千七百二十八步得較二十四步。以減長得闊四十八步。合問。

開鎖方

今有方田三段，共積四千七百八十八步。計收米五十九石五斗八升，只云上禾田方面多中禾田方面一十八步，中禾田多下禾田方面一十二步。又云下禾田一步如上

禾田一步收米三分之一中禾田一步如上禾田一步收
米三分之二問三色田方面及收米各幾何
荅曰上禾田方面五十四步共積二千九百一十
六步每步收米一升五合計米(四十三石七斗四升)
中禾田方面三十六步共積一千二百九十
六步每步收米一升計米(一十二石九斗六升)
下禾田方面二十四步共積五百七十六步
每步收米五合計米(二石八斗八升)
法曰置積(四千七百八十八步)於上以上禾田多下禾田(三十步)自
一乘(得九百步)又以中禾田多下禾田(一十二步)自乘(得一百四十四步)

禾田一步收米三分之一，中禾田一步如上禾田一步收米三分之二。問三色田方面及收米各幾何？

答曰：上禾田方面五十四步，共積二千九百一十六步，每步收米一升五合，計米(四十三石七斗四升)。

中禾田方面三十六步，共積一千二百九十六步，每步收米一升，計米(一十二石九斗六升)。

下禾田方面二十四步，共積五百七十六步，每步收米五合，計米(二石八斗八升)。

法曰：置積(四千七百八十八步)於上。以上禾田多下禾田(三十步)自一乘(得九百步)。又以中禾由多下禾田(一十二步)自乘(得一百四十四步)。

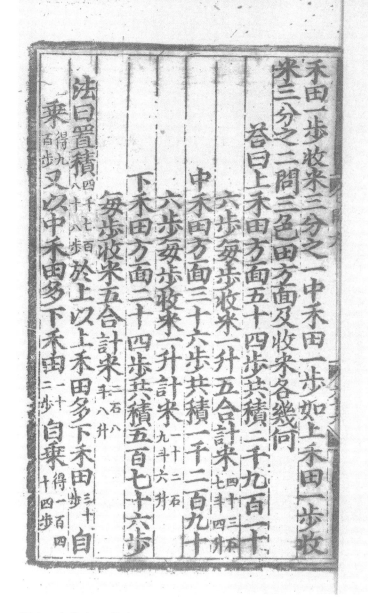

并二位共得一千四十四步。爲減積。以減上數，餘積三千七百四十四步。爲實。置上禾田多下禾田三十步，中禾田多下禾田一十二步相并得四十二步。倍之得八十四步。爲從方。以三爲從廉，開平方法除之。於實數之下，商置第一位，將從方一進得八百四十。從廉二進得三百。下法三進得百。以商實得二十。下法亦置上商得二百。爲隅法。又以上商二乘從廉得六百。以方、廉、隅三法共一千六百四十。皆與上商二除實三千二百八十。餘實四百六十四。乃將隅法二百并入從方共得一千四十。爲方法。一退得一百四。從廉二退得三。下法二退得一。○續商置第二位，以方、廉二法共一百七。商餘實得四步。下法亦置上商四，以乘從廉（三十二。得一）以方、廉二法（共一百二十六。）皆與上商（四步）除實盡，得下禾田方面（二十四步。）加中禾田多（一十二步，共得三十六步。）爲中禾田方。又加上禾田多中禾田（一十八步，得五十四步。）爲上禾田方面。置共收米（五十九石五斗八升）爲實，三禾田各以方面自乘，相并，上禾田（得二千九百一十六步。）以（三）乘之（得八千七百四十八步。）中禾田（得一千二百九十六步。）以（二）乘之（得二千五百九十二步。）下禾田（得五百七十六步。）并三位（共得一万一千九百一十六步。）爲法。除實（得五合。）爲下禾田（一步）所收米數。以（二）乘（得一升。）爲中禾田（一步）所收米數。再加（五合，得一升五合。）爲上禾田（一步）所收米數。各以積步乘之，得共收米數，合問。

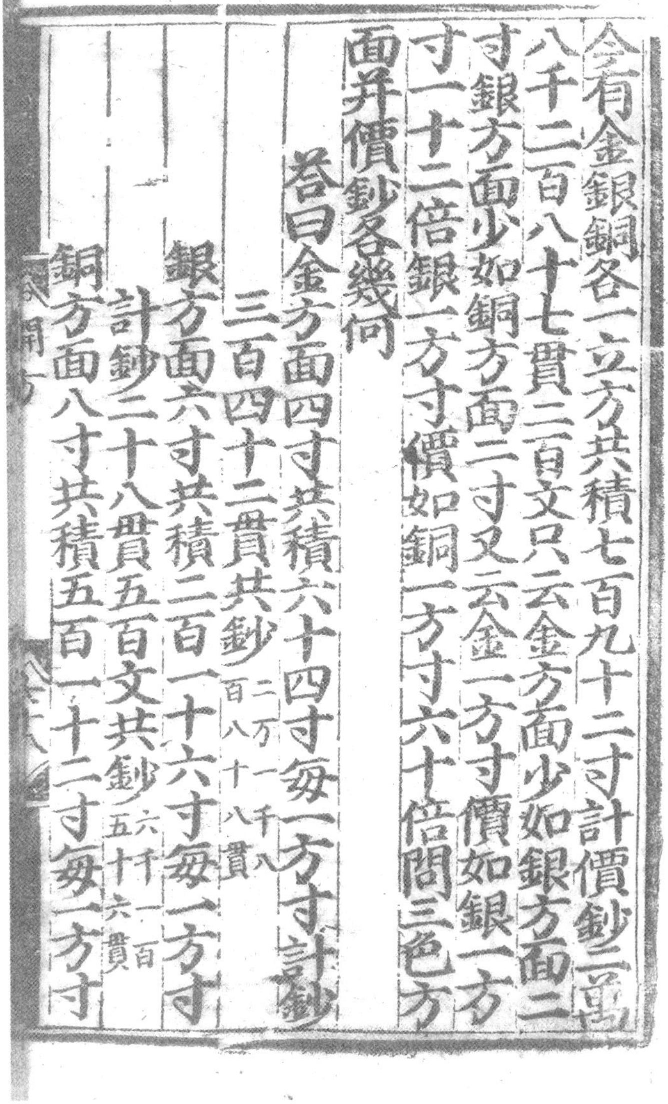
今有金銀銅各一立方共積七百九十二寸計價鈔二萬
八千二百八十七貫二百文只云金方面少如銀方面二
寸銀方面少如銅方面二寸又云金一方寸價如銀一方
寸一十二倍銀一方寸價如銅一方寸六十倍問三色方
面并價鈔各幾何
答曰金方面四寸共積六十四寸每一方寸計鈔
三百四十二貫共鈔二万一千八百八十八貫
銀方面六寸共積二百一十六寸每一方寸
計鈔二十八貫五百文共鈔六千一百五十六貫
銅方面八寸共積五百一十二寸每一方寸

今有金、銀、銅各一立方，共積七百九十二寸。計價鈔二萬八千二百八十七貫二百文。只云金方面少如銀方面二寸，銀方面少如銅方面二寸。又云金一方寸價如銀一方寸一十二倍，銀一方寸價如銅一方寸六十倍。問三色方面并價鈔各幾何？

答曰：金方面四寸，共積六十四寸，每一方寸計鈔三百四十二貫，共鈔二万一千八百八十八貫。

銀方面六寸，共積二百一十六寸，每一方寸計鈔二十八貫五百文，共鈔六千一百五十六貫。

銅方面八寸，共積五百一十二寸，每一方寸

計鈔四百七十五文，共鈔二百四十三貫二百文。

法曰：置積七百九十二寸於上。下置銅多金四寸再自乘得六十四寸。
銀多金二寸再自乘得八寸。并二位共得七十二寸。爲減積。以減
共積餘七百二十寸爲實。又以銅差四寸自乘得一十六寸。銀差
二寸自乘得四寸。并二位共得二十寸。以三乘之得六十寸。爲從方。
又并銅差四寸銀差二寸共得六寸以三乘之得一十八寸。爲從廉。
以三爲隅筭，開立方法除之。上商四寸下法亦置上商
四自乘得一十六。以隅筭三乘之得四十八。爲隅法。又以上商
四乘從廉得七十二。以方、廉、隅三法共一百八十下。皆與上商四
除實盡，得金方四寸。加差二寸，得六寸。爲銀方面。又加差二寸

得八寸。爲銅方面。又置金分數二十二倍以乘銀分數六十倍，共得七百二十倍。以乘金積六十四寸，得四万六千八十。爲金差。置銀分數六十倍乘銀積二百一十六寸，得一万二千九百六十。爲銀差。又置銅積五百一十二寸以一分乘之得五百一十二。爲銅差。并三位共得五万九千五百五十二。爲差法。以除法共價二万八千二百八十七貫二百文，得四百七十五文。爲銅每方寸價。副置其位，上以六十乘之得二十八貫五百文。爲銀方寸價。下以七百二十乘之得三百四十二貫。爲金方寸價。以各數乘之，合問。

今有唇底相登四隅垛常和二色酒共一所，不知瓶數。共賣到鈔五百八十二貫九百三十文。及有口底相登六辨

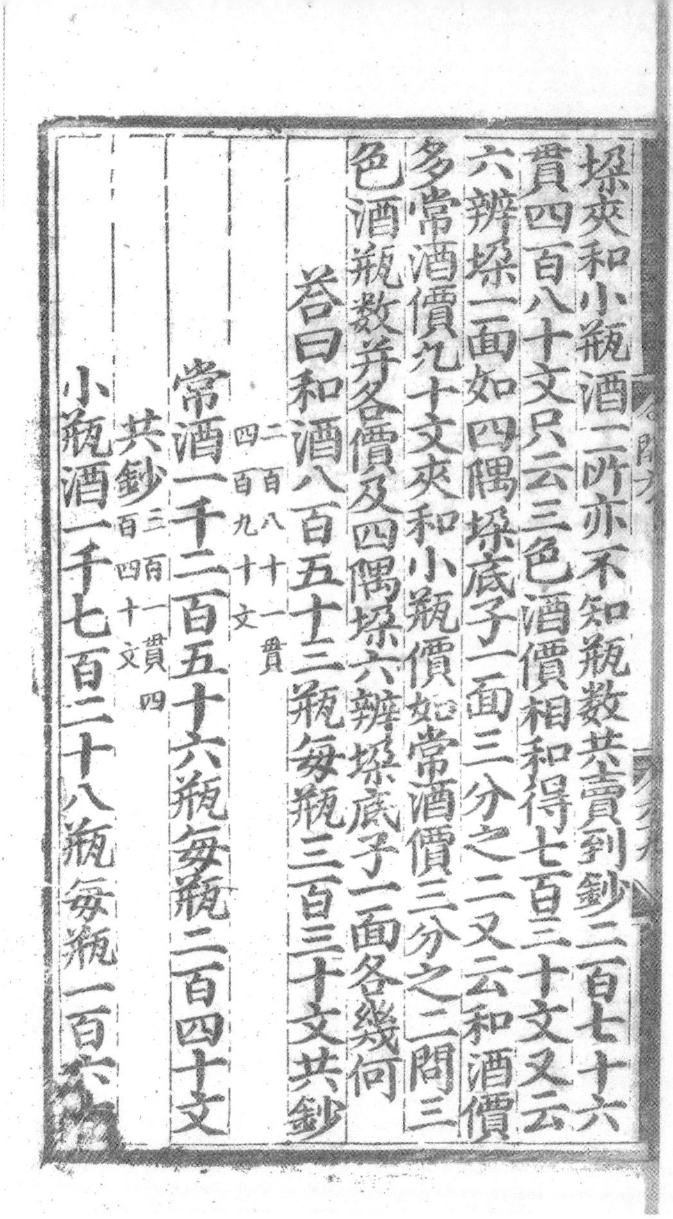

垛夾和小瓶酒一所，亦不知瓶數。共賣到鈔二百七十六貫四百八十文。只云三色酒價相和得七百三十文。又云六辨垛一面如四隅垛，底子一面三分之二。又云和酒價多常酒價九十文，夾和小瓶價如常酒價三分之二。問三色酒瓶數并各價，及四隅垛、六辨垛底子一面各幾何？

答曰：和酒八百五十三瓶，每瓶三百三十文，共鈔二百八十一貫四百九十文。

常酒一千二百五十六瓶，每瓶二百四十文，共鈔三百一貫四百四十文。

小瓶酒一千七百二十八瓶，每瓶一百六十

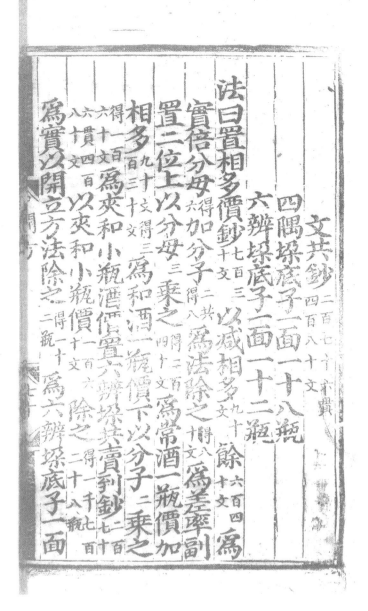

文，共鈔二百七十六貫四百八十文。

四隅垛底子一面一十八瓶，

六辨垛底子一面一十二瓶。

法曰：置相多價鈔七百三十文以減相多九十文餘六百四十文。爲實。倍分母得六。加分子二共得八。爲法。除之得八十文。爲差率。副置二位。上以分母三乘之得二百四十文。爲常酒一瓶價。加相多九十文，得三百三十文。爲和酒一瓶價。下以分子二乘之得一百六十文。爲夾和小瓶酒價。置六辨垛共賣到鈔二百七十六貫四百八十文以夾和小瓶價一百六十文除之得一千七百二十八瓶。爲實。以開立方法除之得一十二瓶。爲六辨垛底子一面數。却折半得六瓶。以分母三乘之得一十八瓶。爲四隅垛底子一面數。置一十八瓶，添一瓶得一十九瓶。相乘得三百四十二瓶。却以一十八瓶添半瓶，得一十八瓶半。乘之得六千三百二十七瓶。如三而一得二千一百九瓶。爲常和二色共垛酒數。置二千一百九瓶以常酒瓶價二百四十文乘之得五百六貫一百六十文。用減四隅垛共賣到鈔五百八十二貫九百三十文餘鈔七十六貫七百七十文爲實。以常和二價相多九十文爲法，除之得八百五十三瓶。爲和酒數。用減共垛二千二百九瓶餘爲常酒二千二百五十六瓶。合問。

今有方田、圓田、直田、環田、梯田各一，共積一千七百四步。只云方田面、圓田徑、直田闊、環田實徑、梯田小頭闊各適

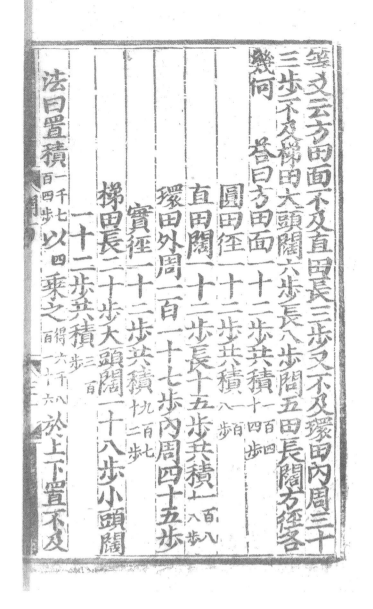

等。又云方田面不及直田長三步，又不及環田内周三十三步，不及梯田大頭闊六步長八步。問五田長、闊、方、徑各幾何？答曰：方田面一十二步，共積一百四十四步。

圓田徑一十二步，共積一百八步。

直田闊一十二步，長十五步，共積一百八十八步。

環田外周一百一十七步，内周四十五步，

實徑一十二步，共積九百七十二步。

梯田長二十步，大頭闊一十八步，小頭闊

一十二步，共積三百步。

法曰：置積一千七百四步以四乘之得六千八百一十六。於上。下置不及

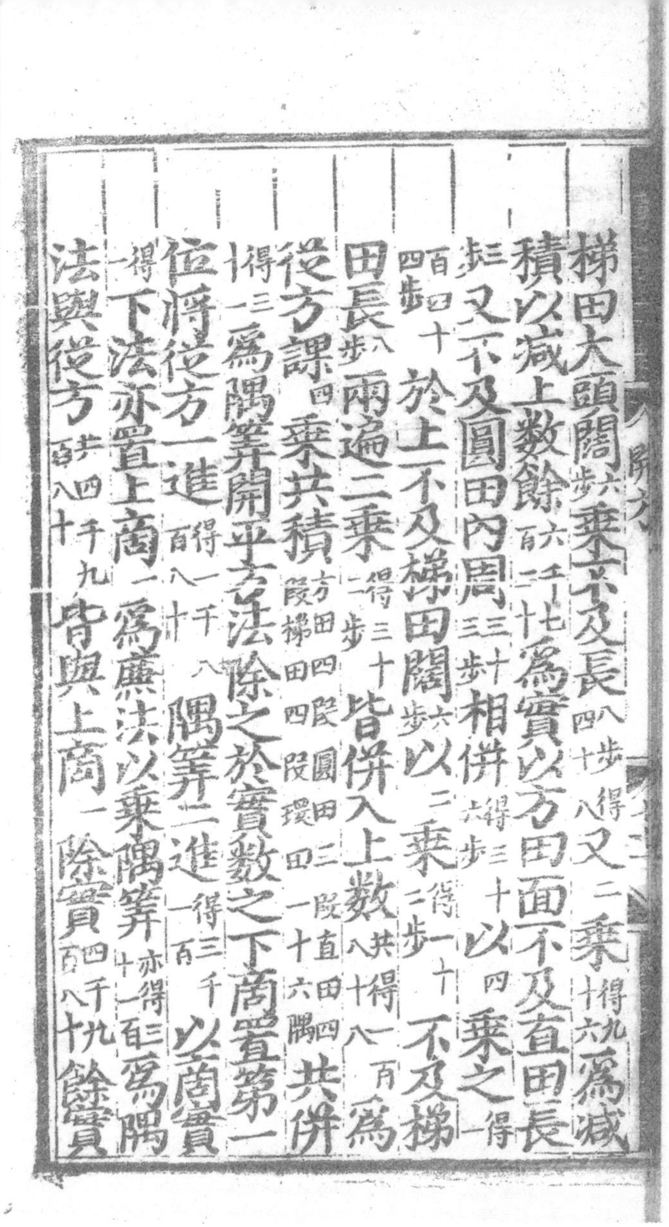

梯田大頭闊六步乘不及長八步，得四十八。又二乘得九十六。爲減

積。以減上數餘六千七百二十爲實。以方田面不及直田長

三步又不及圓田内周三十三步相并得三十六步。以四乘之得一

百四十四步。於上。不及梯田闊六步以二乘得一十二步。不及梯

田長八步兩遍二乘得三十二步。皆并入上數共得一百八十八。爲

從方。課四乘共積方田四段，圓田三段，直田四段，梯田四段，環田一十六隅。共并

得三十二。爲隅筭，開平方法除之。於實數之下，商置第一

位，將從方一進得一千八百八十。隅筭二進得三千二百。以商實

得一。下法亦置上商一爲廉法。以乘隅筭亦得三十一百。爲隅

法。與從方共四千九百八十。皆與上商一除實四千九百八十餘實

一千七百四十。及二乘隅法得六千二百。并入從方共得八千八十。爲方
法一退得八百八。隅筭再退得三十二。〇續商置第二位，以方、
隅二法共八百三十九。商實得二步。下法亦置上商二以乘隅
法得六十二。以方、隅二法共八百七十。皆與上商二除實尽，得
各田等數二十二步。加直差三，得一十五步。爲直田長。加環差三十
三步，得四十五步。爲環内周。以内周三而一得一十五步。又倍實
徑二十二，并二十四。并之得三十九。以三乘之得一百一十七步。爲環田
外周。以等數二十二步置二位上加差六步，得一十八步。爲梯田
大頭闊。下加差八步，得二十步。爲梯田長。合問。
今有大小方田三段，大小直田二段，圓田一段。不云通積，

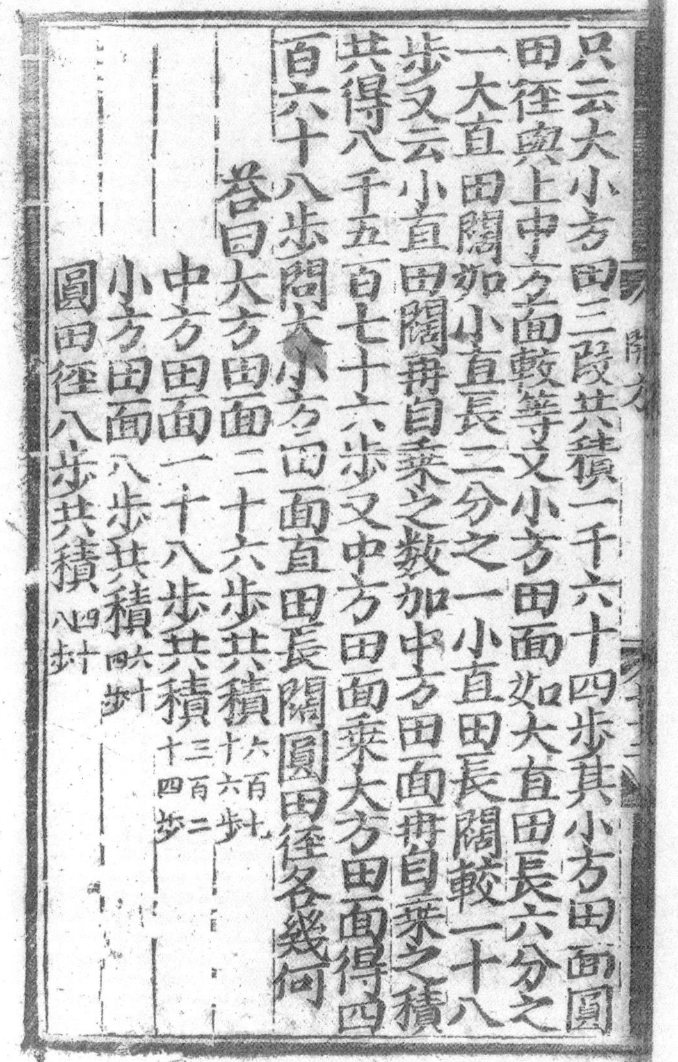

只云大小方田三段共積一千六十四步，其小方田面、圓田徑與上中方面較等。又小方田面如大直田長六分之一，大直田闊如小直長二分之一，小直田長闊較一十八步。又云小直田闊再自乘之數，加中方田面再自乘之積，共得八千五百七十六步。又中方田面乘大方田面得四百六十八步。問大小方田面，直田長、闊，圓田徑各幾何？

答曰：大方田面二十六步，共積六百七十六步。

中方田面一十八步，共積三百二十四步。

小方田面八步，共積六十四步。

圓田徑八步，共積四十八步。

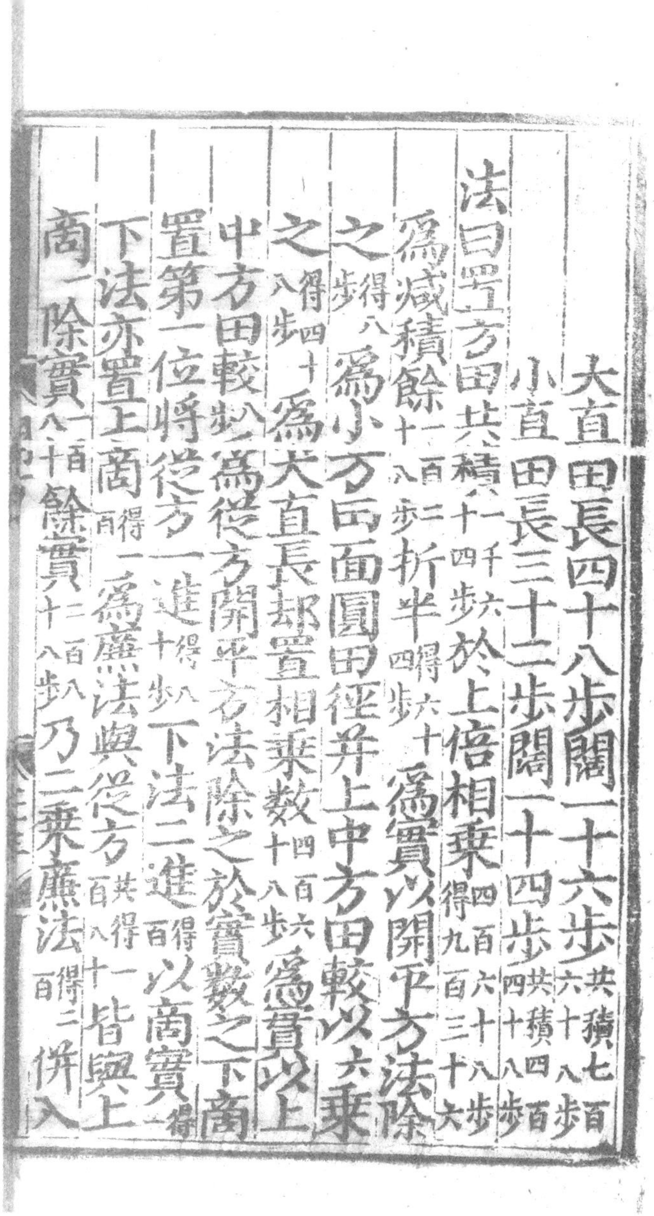

大直田長四十八步，闊一十六步，（共積七百六十八步。）

小直田長三十二步，闊一十四步，（共積四百四十八步。）

法曰：置方田共積（一千六十四步）於上，倍相乘（四百六十八步，得九百三十六，）爲減積。餘（一百二十八步）折半（得六十四步。）爲實。以開平方法除之（得八步。）爲小方田面。圓田徑并上中方田較，以（六）乘之（得四十八步。）爲大直長。却置相乘數（四百六十八步）爲實。以上中方田較（八步）爲從方，開平方法除之。於實數之下，商置第一位，將從方一進（得八十步。）下法二進（得百。）以商實（得一。）下法亦置上商（得一百。）爲廉法。與從方（共得一百八十。）皆與上商一除實（一百八十）餘實（二百八十八步。）乃二乘廉法（得二百。）并入

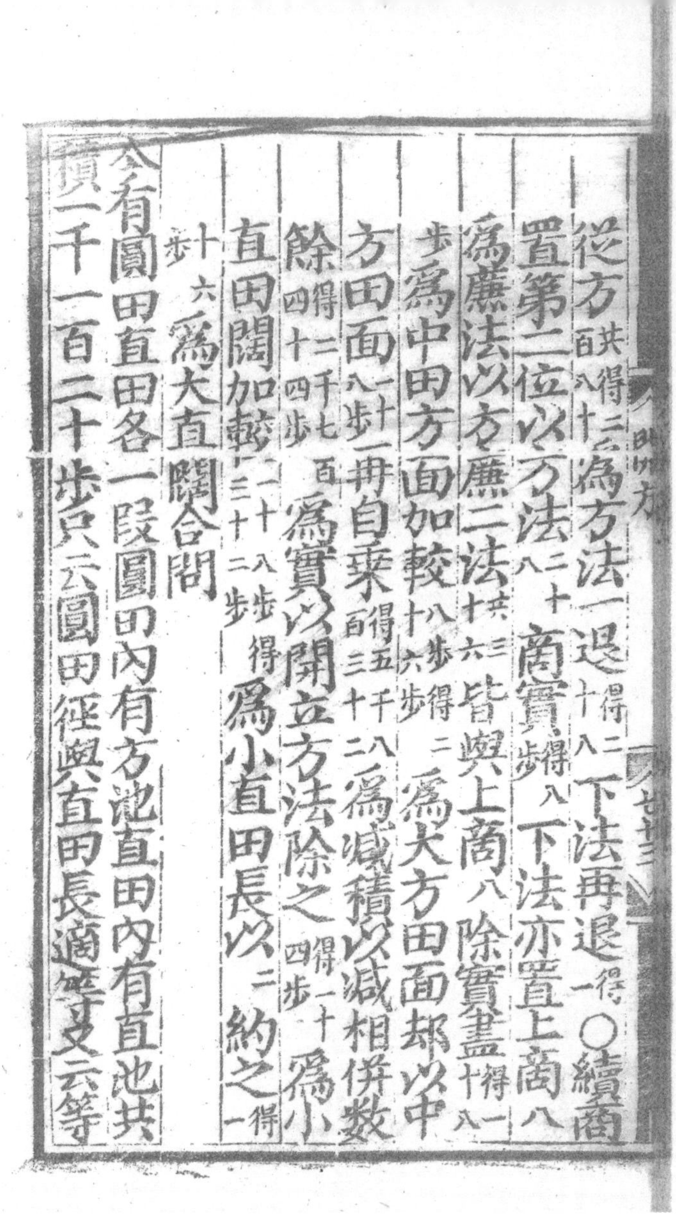

從方共得二百八十。爲方法，一退得二十八。下法再退得二。〇續商置第二位，以方法二十八商實得八步。下法亦置上商八爲廉法，以方、廉二法共三十六。皆與上商八除實盡得一十八步。爲中田方面。加較八步，得二十六步。爲大方田面。却以中方田面一十八步再自乘得五千八百三十二。爲減積。以減相并數餘得二千七百四十四步。爲實。以開立方法除之得一十四步。爲小直田闊。加較一十八步，得三十二步。爲小直田長。以二約之得一十六步。爲大直闊。合問。

今有圓田、直田各一段，圓田内有方池，直田内有直池。共積一千一百二十步。只云圓田徑與直田長適等，又云等

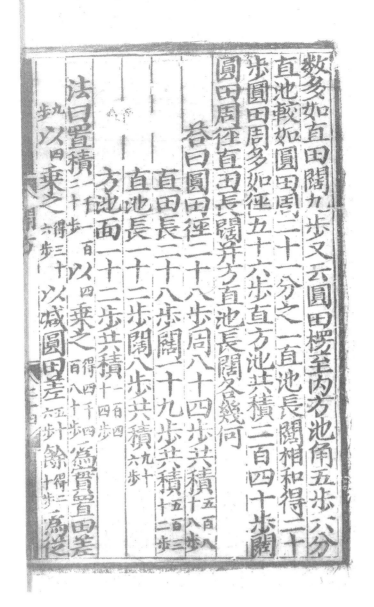

數多如直田闊九步。又云圓田楞至内方池角五步六分，直池較如圓田周二十一分之一，直池長闊相和得二十步。圓田周多如徑五十六步，直、方池共積二百四十步。問圓田周、徑，直田長、闊，并方、直池長、闊各幾何？

答曰：圓田徑二十八步，周八十四步，共積五百八十八步。

直田長二十八步，闊一十九步，共積五百三十二步。

直池長一十二步，闊八步，共積九十六步。

方池面一十二步，共積一百四十四步。

法曰：置積二千一百二十步以四乘之得四千四百八十步。爲實。置田差九步以四乘之得三十六步。以減圓田差五十六步餘得二十步。爲從

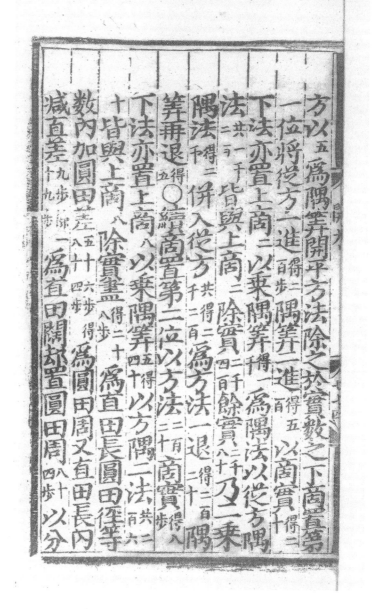

方。以五爲隅筭，開平方法除之。於實數之下，商置第一位，將從方一進得二百步。隅筭二進得五百。以商實得二十。下法亦置上商二以乘隅筭得一千。爲隅法。以從方隅法共一千二百。皆與上商二除實二千四百餘實二千八十。乃二乘隅法得二千。并入從方共得二千二百。爲方法一退得二百二十。隅筭再退得五。○續商置第二位，以方法二百二十商實得八步。下法亦置上商八以乘隅筭五，得四十。以方、隅二法共二百六十。皆與上商八除實盡得二十八步。爲直田長。圓田徑等數內加圓田差五十六步，得八十四步。爲圓田周。又直田長內減直差九步，除一十九步。爲直田闊。却置圓田四周八十四步以分

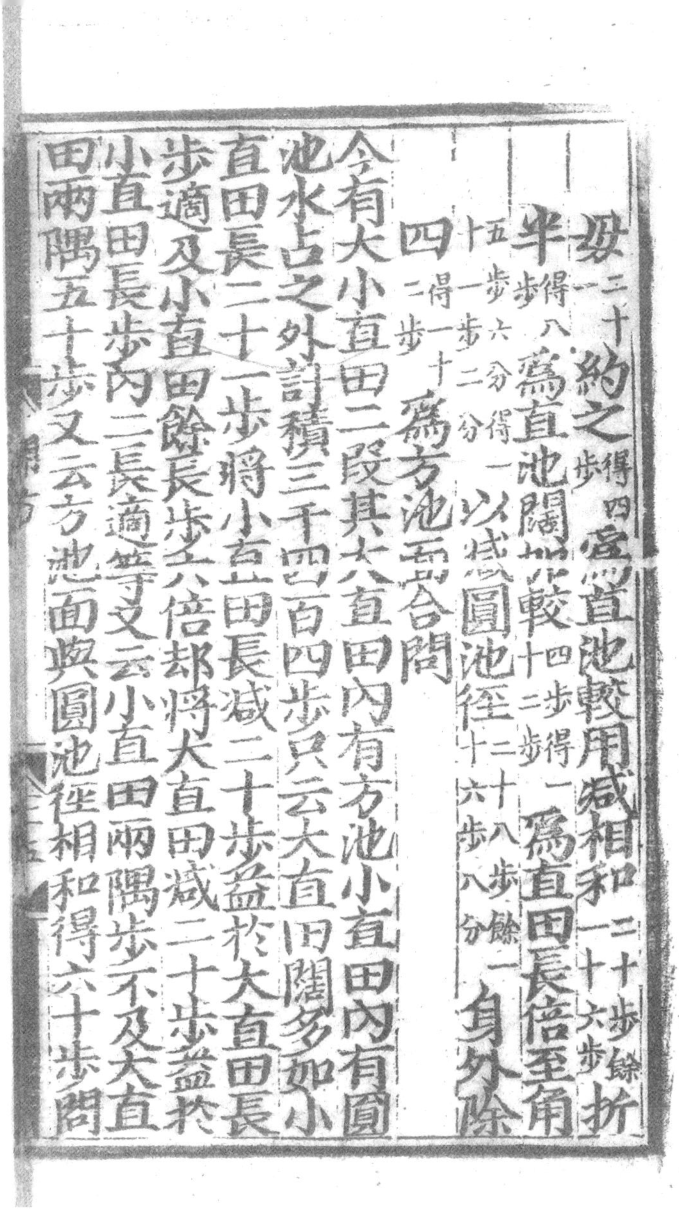

母二十二約之得四步。爲直池。較用減相和二十步，餘一十六步。折半得八步。爲直池闊。加較四步，得一十二步。爲直田長。倍至角五步六分，得一十一步二分。以減圓池徑二十八步，餘一十六步八分。身外除四得一十二步。爲方池面。合問。

今有大、小直田二段，其大直田内有方池，小直田内有圓池。水占之外計積三千四百四步。只云大直田闊多如小直田長二十一步，將小直田長減二十步益於大直田長步，適及小直田餘長步六倍。却將大直田減二十步益於小直田長步内，二長適等。又云小直田兩隅步不及大直田兩隅五十步，又云方池面與圓池徑相和得六十步。問

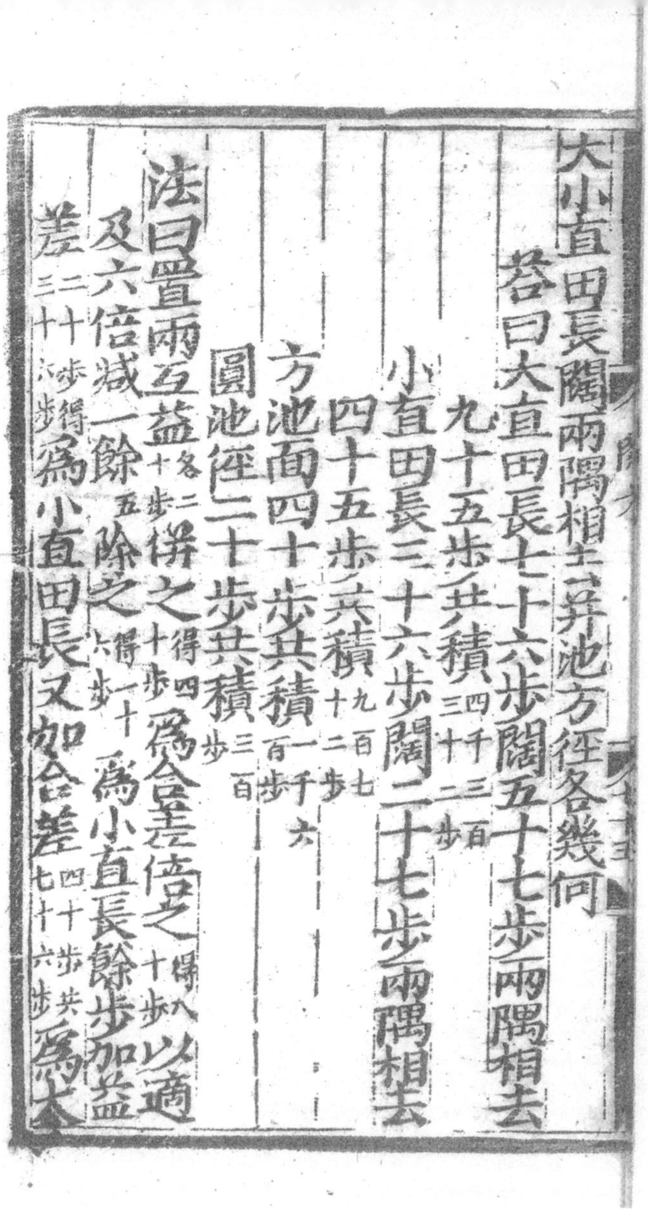

大、小直田長、闊、兩隅相去，并池方、徑各幾何？

答曰：大直田長七十六步，闊五十七步，兩隅相去九十五步，共積四千三百三十二步。

小直田長三十六步，闊二十七步，兩隅相去四十五步，共積九百七十二步。

方池面四十步，共積一千六百步。

圓池徑二十步，共積三百步。

法曰：置兩互益各二十步并之得四十步。爲合差。倍之得八十步。以適及六倍減一餘五除之得一十六步。爲小直長。餘步加益差二十步，得三十六步。爲小直田長。又加合差四十步，共七十六步。爲大直田長。將小直田二十六步加長闊差二十一步，共五十七步。爲大直田闊。却以大直田長自乘得五千七百七十六步。闊自乘得三千二百四十九步。并之得九千二十五步。爲實。以開平方法除之得九十五步。爲大直田兩隅相去步。内減五十步，餘四十五步。爲小直田兩隅相去步。自乘得二千二十五步。内減小直田長自乘一千二百九十六步。餘七百二十九步爲實。以開平方法除之得二十七步。爲小直田闊步。再置大直田長、闊相乘得四千三百三十二步。小直田長闊相乘得九百七十二步。并二位得五千三百四步。爲通積。内減實積三千四百四步餘一千九百步。以減池相和六十步自乘得三千六百步。餘一千七百步。爲實。倍相和六十步，得一百二十步。爲從方。

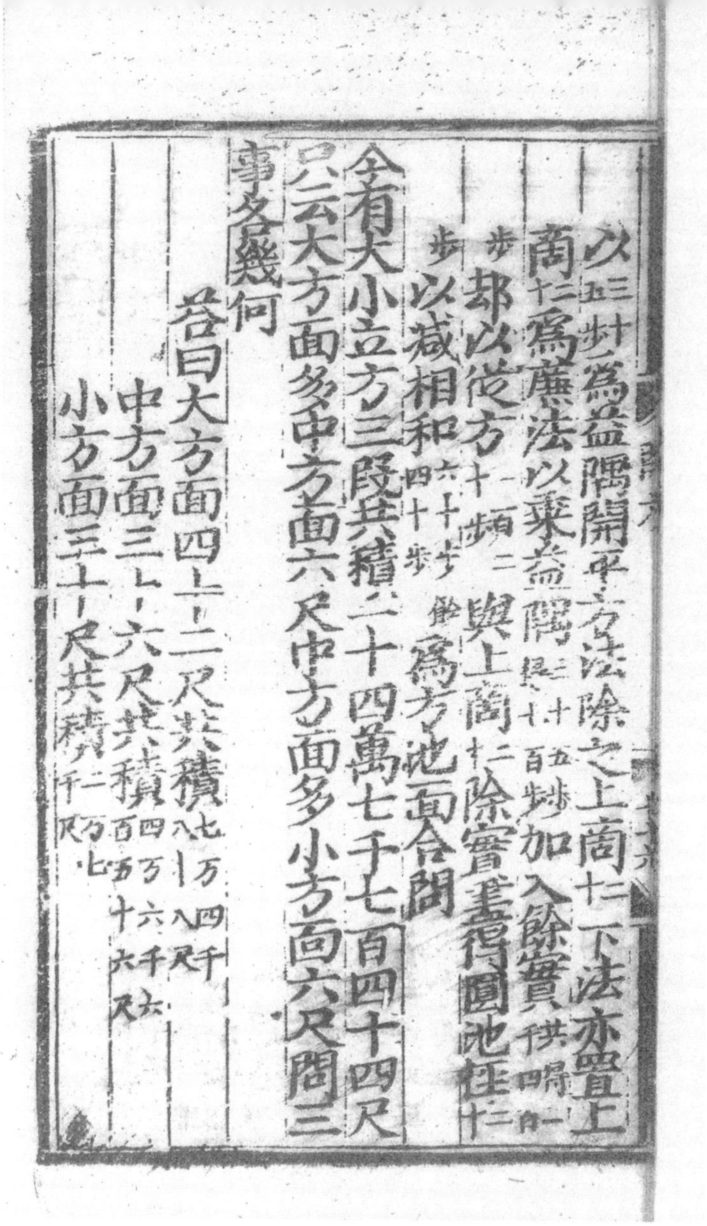

以三十五步爲益隅，開平方法除之。上商二十下法亦置上商二十爲廉法。以乘益隅三十五步，得七百步，加入餘實共得一千四百步。却以從方一百二十步與上商二十除實盡，得圓池徑二十步。以減相和六十步，餘四十步。爲方池面。合問。

今有大、小立方三段，共積一十四萬七千七百四十四尺。只云大方面多中方面六尺，中方面多小方面六尺，問三事各幾何？

答曰：大方面四十二尺共積七万四千八十八尺，

中方面三十六尺共積四万六千六百五十六尺，

小方面三十尺共積二万七千尺。

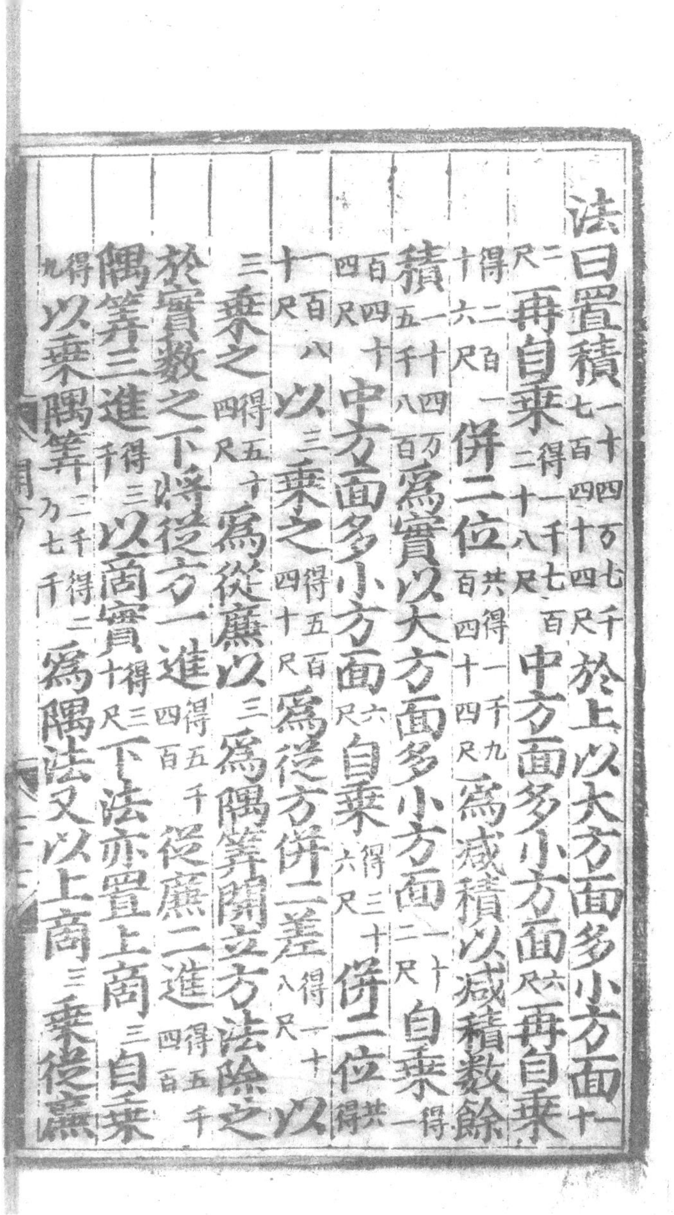

法曰：置積一十四万七千七百四十四尺於上，以大方面多小方面一十二尺再自乘得一千七百二十八尺。中方面多小方面六尺再自乘得二百一十六尺。并二位共得一千九百四十四尺。爲減積。以減積數，餘積一十四万五千八百。爲實。以大方面多小方面一十二尺自乘得一百四十四尺。中方面多小方面六尺自乘得三十六尺。并二位共得一百八十尺。以三乘之得五百四十尺。爲從方。并二差得一十八尺。以三乘之得五十四尺。爲從廉。以三爲隅筭，開立方法除之。於實數之下，將從方一進得五千四百。從廉二進得五千四百。隅筭三進得三千。以商實得三十尺。下法亦置上商三自乘得九。以乘隅筭二千，得二万七千。爲隅法。又以上商三乘從廉

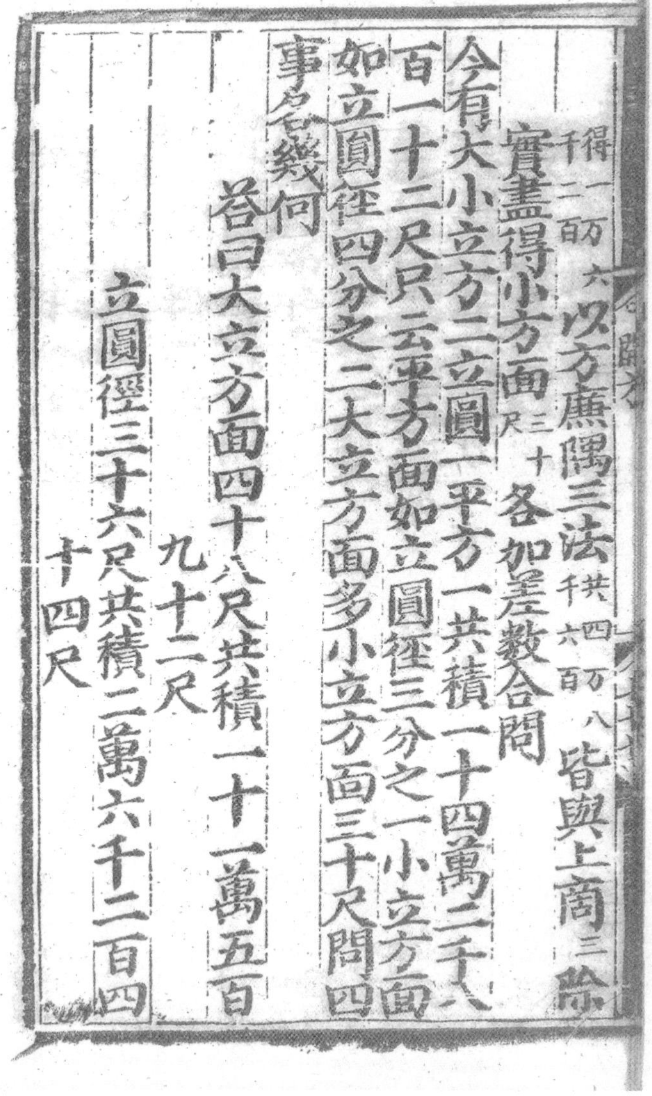

得一万六千二百。以方、廉、隅三法共四万八千六百。皆與上商三除

實盡，得小方面三十尺。各加差數，合問。

今有大、小立方二立圓一，平方一，共積一十四萬二千八百一十二尺。只云平方面如立圓徑三分之一，小立方面如立圓徑四分之二，大立方面多小立方面三十尺。問四事各幾何？

答曰：大立方面四十八尺，共積一十一萬五百九十二尺。

立圓徑三十六尺，共積二萬六千二百四十四尺。

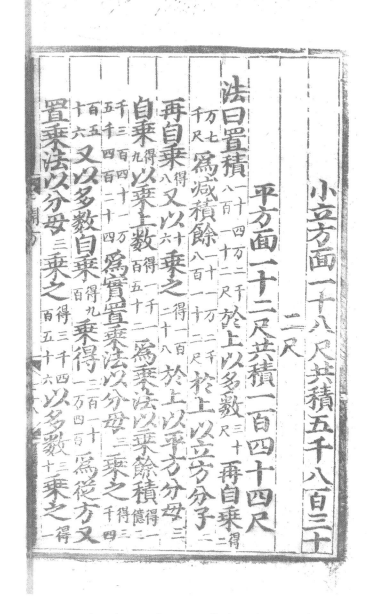

小立方面一十八尺，共積五千八百三十二尺。

平方面一十二尺，共積一百四十四尺。

法曰：置積一十四万二千八百一十三尺於上。以多數三十尺再自乘得二万七千尺。爲減積。餘一十一万二千八百一十三尺。於上。以立方分子二再自乘得八。又以十六乘之得一百二十八。於上。以平方分母三自乘得九。以乘上數得一千一百五十二。爲乘法。以乘餘積得一億二千三百四十一万五千四百二十四。爲實。置乘法以分母三乘之得三千四百五十六。又以多數自乘得九百。乘得三百一十二万四百爲從方。又置乘法以分母三乘之得三千四百五十六。以多數三十乘之得一

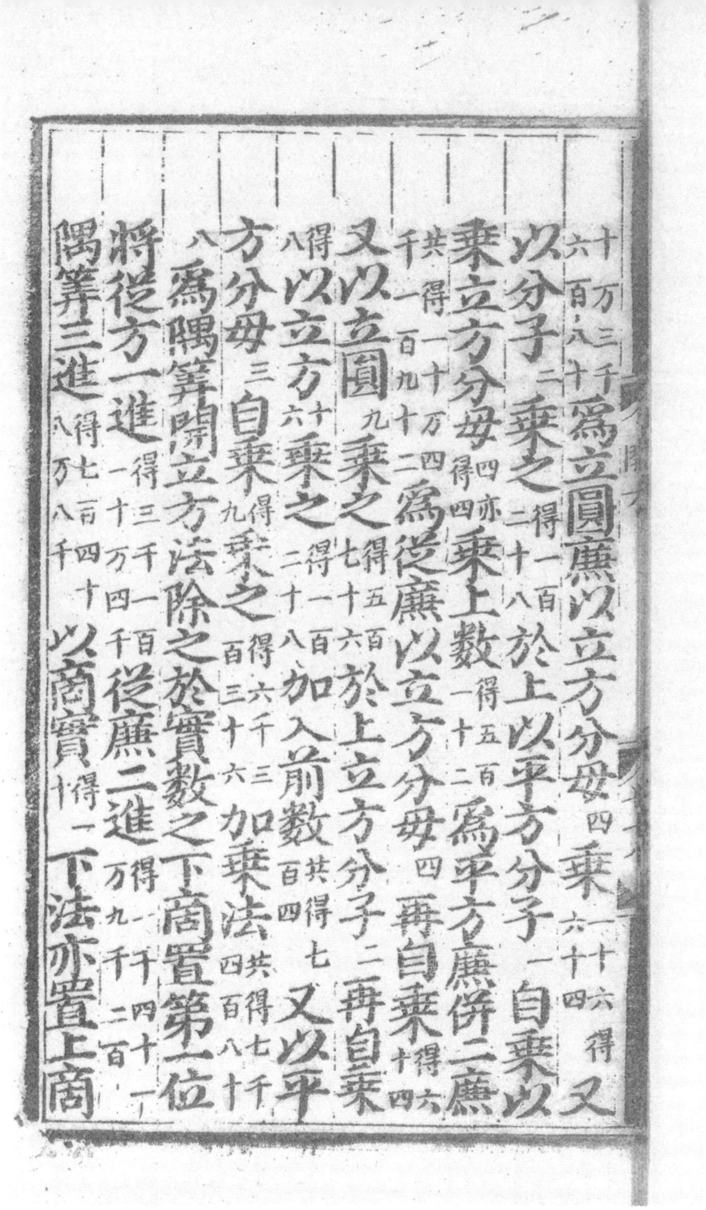

十万三千六百八十。爲立圓廉。以立方分母四乘一十六，得六十四。又

以分子二乘之得一百二十八。於上。以平方分子一自乘以

乘立方分母四，得四。亦乘上數得五百一十二。爲平方廉。并二廉

共得一十万四千一百九十二。爲從廉。以立方分母四再自乘得六十四。

又以立圓九乘之得五百七十六。於上。立方分子二再自乘

得八。以立方十六乘之得一百二十八。加入前數共得七百四。又以平

方分母三自乘得九。乘之得六千三百三十六。加乘法共得七千四百八十八。爲隅筭，開立方法除之。於實數之下，商置第一位，

將從方一進得三千一百一十万四千。從廉二進得一千四十一万九千二百。

隅筭三進得七百四十八万八千。以商實得一十。下法亦置上商

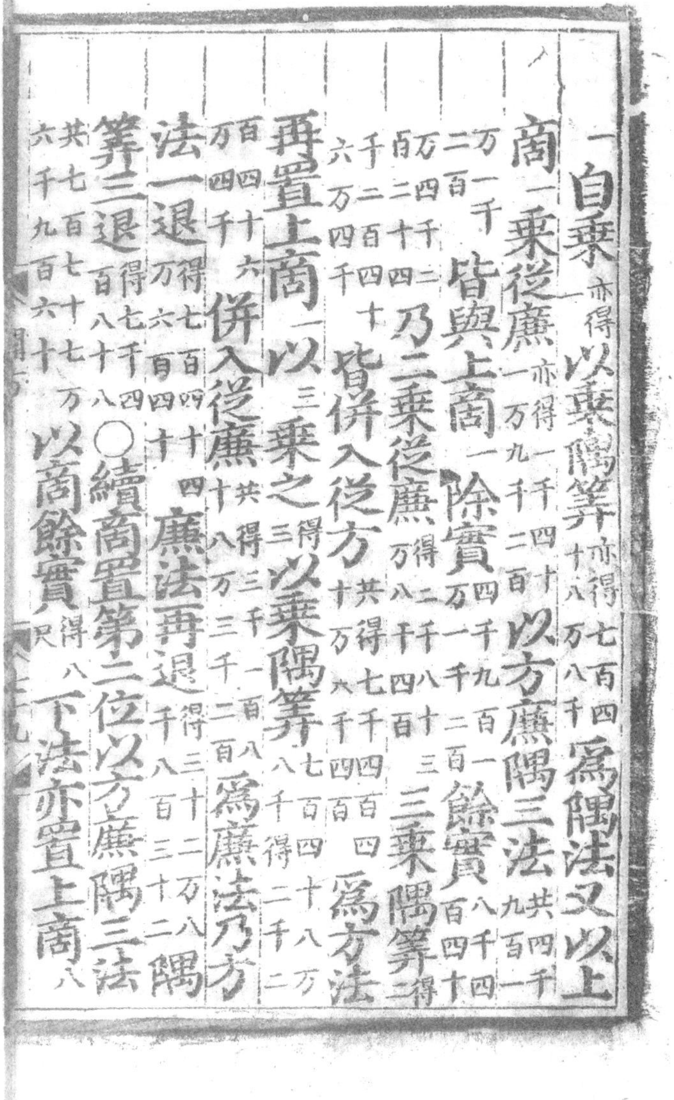

一自乘亦得一。以乘隅筭亦得七百四十八万八千。爲隅法。又以上

商一乘從廉亦得一千四十一万九千二百。以方、廉、隅三法共四千九百一

万一千二百皆與上商一除實四千九百一万一千二百餘實八千四百四十

万四千二百二十四。乃二乘從廉得二千八十三万八千四百。三乘隅筭得二

千二百四十六万四千。皆并入從方共得七千四百四十万六千四百。爲方法。

再置上商一以三乘之得三。以乘隅筭七百四十八万八千，得二千二

百四十六万四千。并入從廉共得三千一百八十八万三千二百。爲廉法。乃方

法一退得七百四十四万六百四十。廉法再退得三十二万八千八百三十二。隅

筭三退得七千四百八十八。〇續商置第二位，以方、廉、隅三法

共七百七十七万六千九百六十。以商餘實得八尺。下法亦置上商八

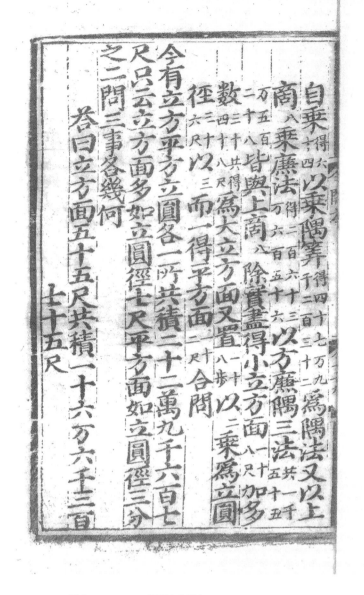

自乘得六十四。以乘隅筭得四十七万九千二百三十二。爲隅法。又以上商八乘廉法得二百六十三万六百五十六。以方、廉、隅三法共一千五十五万五百二十八。皆與上商八除實盡。得小立方面一十八尺加多數三十，共得四十八尺。爲大立方面。又置一十八步以二乘爲立圓徑三十六尺。以三而一，得平方面一十二尺。合問。

今有立方、平方、立圓各一，所共積二十二萬九千六百七尺。只云立方面多如立圓徑七尺，平方面如立圓徑三分之二。問三事各幾何？

答曰：立方面五十五尺，共積一十六万六千三百七十五尺。

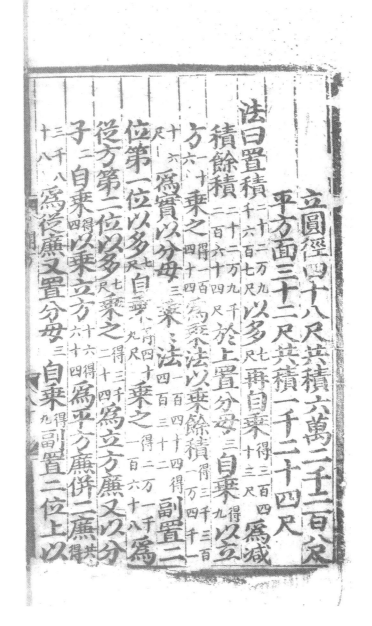

立圓徑四十八尺，共積六萬二千二百八尺。

平方面三十二尺，共積一千二十四尺。

法曰：置積二十二万九千六百七尺以多七尺再自乘得三百四十三尺。爲減積。餘積二十二万九千二百六十四尺於上。置分母三自乘得九。以立方一十六乘之得一百四十四。爲乘法。以乘餘積得三千三百一万四千一十六尺。爲實。以分母三乘法一百四十四，得四百三十二。副置二位。第一位以多七尺自乘得四十九尺。乘之得二万一千一百六十八。爲從方。第二位以多七尺乘之得三千二十四。爲立方廉。又以分子二自乘得四。以乘立方十六，得六十四。爲平方廉。并二廉共得三千八十八。爲從廉。又置分母三自乘得九。副置二位上，以

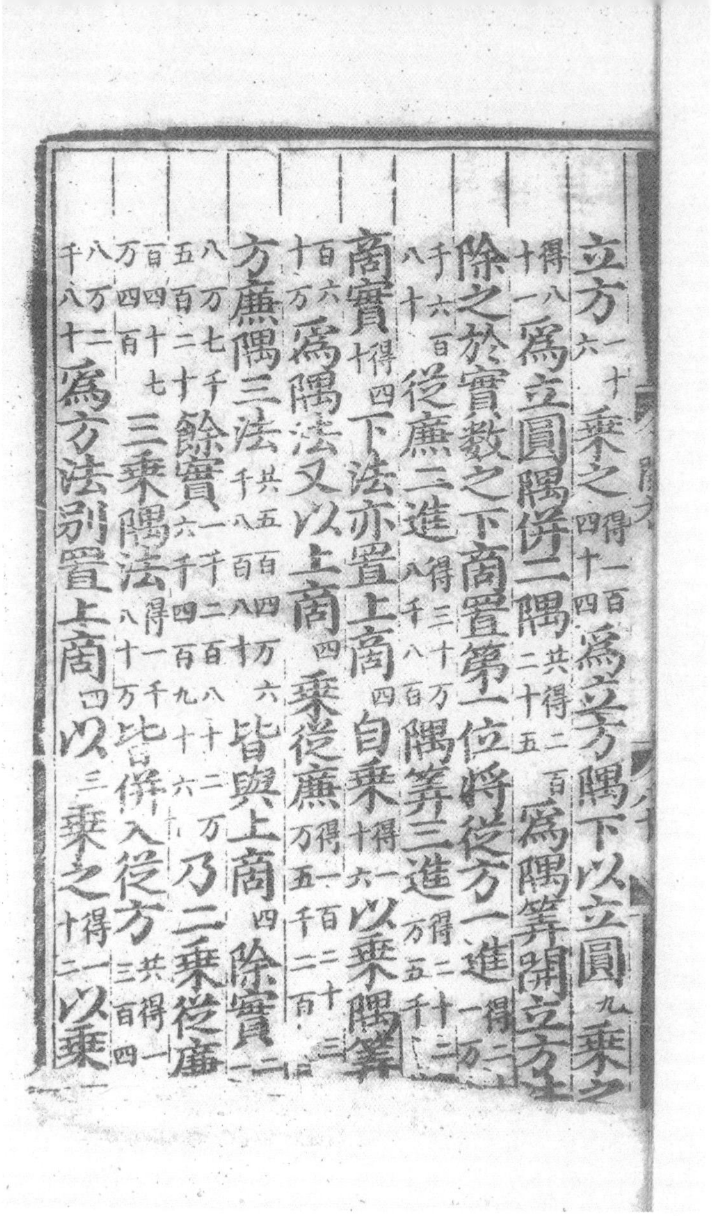

立方一十六乘之得一百四十四。爲立方隅。下以立圓九乘之
得八十一。爲立圓隅。并二隅共得二百二十五。爲隅筭。開立方法
除之。於實數之下，商置第一位，將從方一進得二■一万■ [1]
千六百八十。從廉二進得三十万八千八百。隅筭三進得二十二万五千。
商實得四十。下法亦置上商四自乘得一十六。以乘隅筭
百六十万爲隅法。又以上商四乘從廉得一百二十三万五千二百。
方、廉、隅三法共五百四万六千八百八十。皆與上商四除實二
八万七千五百二十餘實一千二百八十二万六千四百九十六。乃二乘從廉
百四十七万四百。三乘隅法得一千八十万。皆并入從方共得一三百四
八万二千八十。爲方法。別置上商四以三乘之得一十二。以乘一

1“得二■一萬■”之“■”，及隨後七欄末尾文字各本不清。

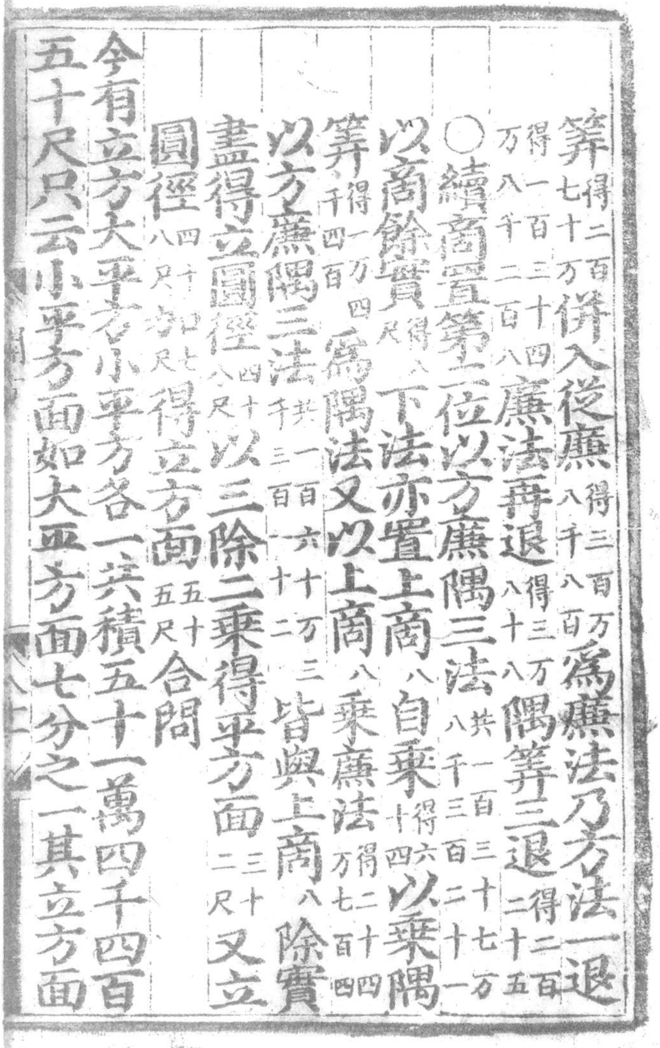

筭得二百七十万。并入從廉得三百万八千八百。爲廉法。乃方法一退得一百三十四万八千二百八。廉法再退得三万八十八。隅筭三退得二百二十五。

○續商置第二位，以方、廉、隅三法共一百三十七万八千三百二十一。以商餘實得八尺。下法亦置上商八自乘得六十四。以乘隅筭得一万四千四百。爲隅法。又以上商八乘廉法得二十四万七百四。以方、廉、隅三法共一百六十万三千三百二十二。皆與上商八除實盡，得立圓徑四十八尺。以三除二乘得平方面三十二尺。又立圓徑四十八尺加七尺得立方面五十五尺。合問。

今有立方大平方、小平方各一，共積五十一萬四千四百五十尺。只云小平方面如大平方面七分之一，其立方面

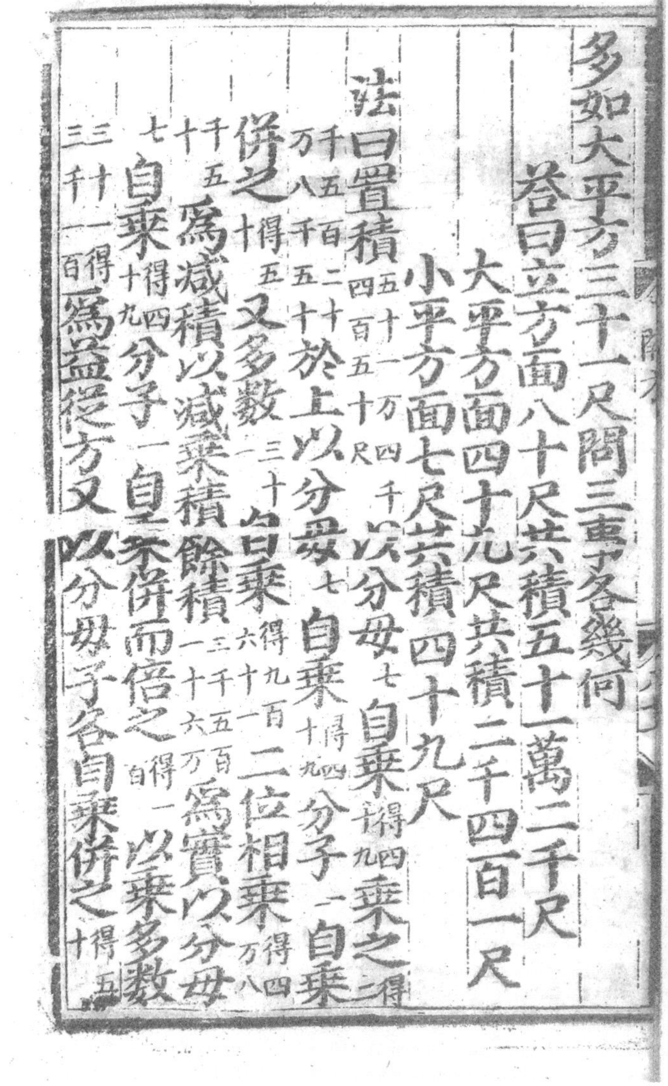

多如大平方三十一尺。問三事各幾何？

答曰：立方面八十尺，共積五十一萬二千尺。

大平方面四十九尺，共積二千四百一尺。

小平方面七尺，共積四十九尺。

法曰：置積五十一万四千四百五十尺以分母七自乘得四十九。乘之得二千五百二十万八千五十。於上以分母七自乘得四十九。分子一自乘并之得五十。又多數三十一自乘得九百六十一。二位相乘得四万八千五十。爲減積。以減乘積，餘積三千五百二十六万。爲實。以分母七自乘得四十九。分子一自乘并而倍之得一百。以乘多數三十一得三千一百。爲益從方。又以分母子各自乘并之得五十。

爲從廉。又以分母七自乘得四十九。爲隅筭，開立方法除之。於實數之下，將益從方一進得三万二千。從廉二進得五千。隅筭三進得四万九千。以商實得八十尺。下法亦置上商八自乘得六十四。以乘隅筭得三百一十三万六千。爲隅法。又以上商八乘從廉得四万。爲廉法。却以上商八乘益從方得二十四万八千。添入餘積共得二千五百四十万八千。爲實。却以廉、隅二法共三百一十七万六千。皆與上商八除實盡，得立方面八十尺。内減多數三十二尺得大平方面四十九尺。以七約之得小平方面七尺。合問。

今有方垛壔、圓垛壔、立方、大平方、小平方、立圓毬各一，共

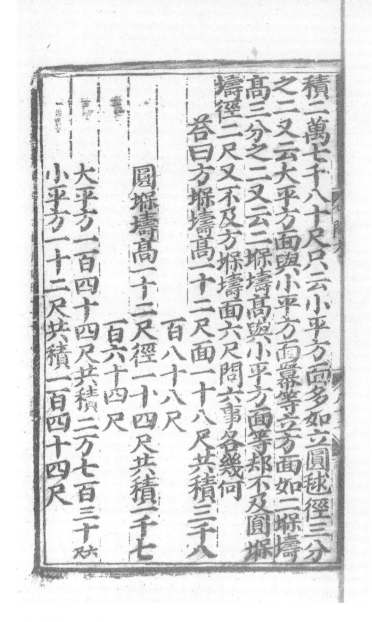

積二萬七千八十尺。只云小平方面多如立圓毬徑三分之二，又云大平方面與小平方面羃等。立方面如二垛壔高三分之二，又云二垛壔高與小平方面等，却不及圓垛壔徑二尺，又不及方垛壔面六尺。問六事各幾何？

答曰：方垛壔高一十二尺，面一十八尺，共積三千八百八十八尺。

圓垛壔高一十二尺，徑一十四尺，共積一千七百六十四尺。

大平方一百四十四尺，共積二万七百三十六尺。

小平方一十二尺，共積一百四十四尺。

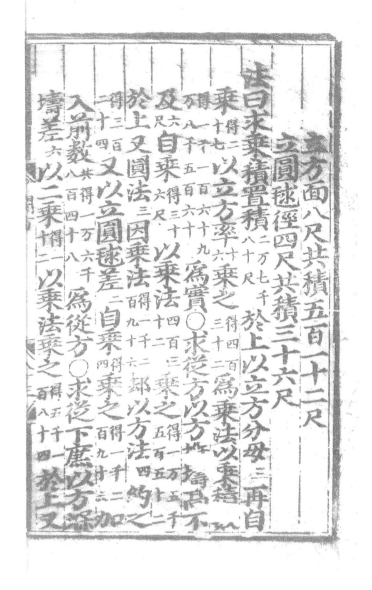

立方面八尺，共積五百一十二尺。

立圓毬徑四尺，共積三十六尺。

法曰：求乘積置積二万七千八十尺於上。以立方分母三再自乘得二十七。以立方率十六乘之得四百三十二。爲乘法。以乘積數得一千一百六十九万八千五百六十。爲實。〇求從方，以方垛壔高不及六尺自乘得三十六尺。以乘法四百三十二乘之得一万五千五百五十二。於上。又圓法三因乘法得一千二百九十六。却以方法四約之得三百二十四。又以立圓毬差二自乘得四。乘之得一千二百九十六。加入前數共得一万六千八百四十八。爲從方。〇求從下廉，以方垛壔差六以二乘得一十二。以乘法乘之得五千一百八十四。於上又

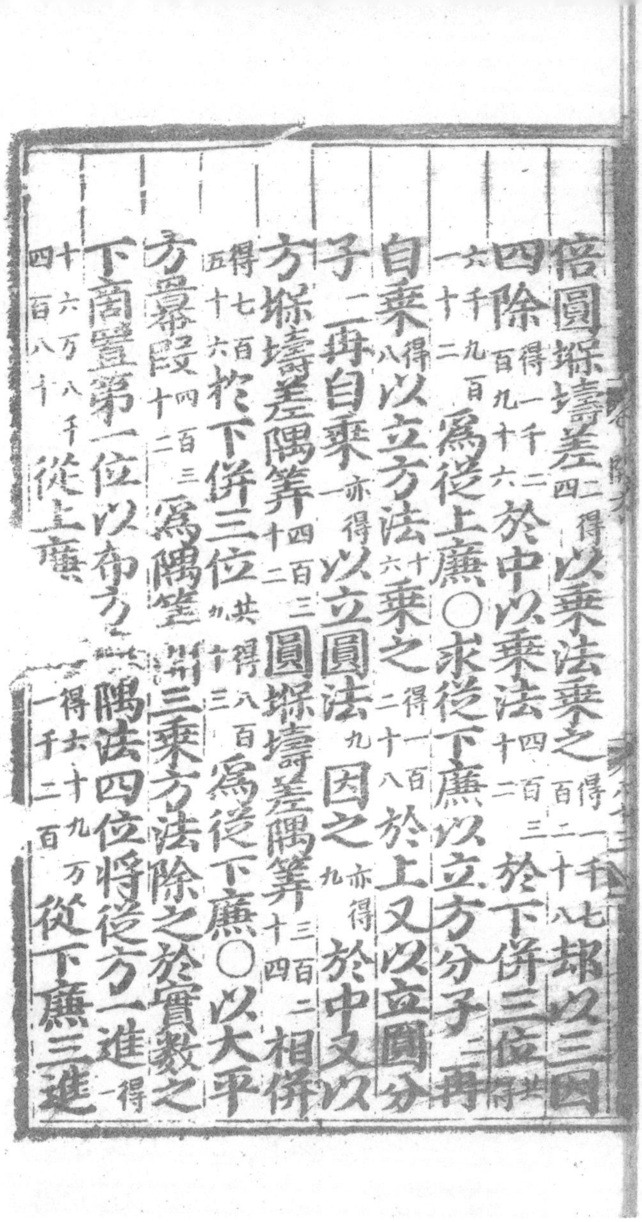

倍圓垛壔差二四，得以乘法乘之得一千七百二十八。却以三因四除得一千二百九十六。於中。以乘法四百三十二於下并三位共得六千九百二十二。爲從上廉。〇求從下廉，以立方分子二再自乘得八。以立方法十六乘之得一百二十八。於上。又以立圓分子一再自乘亦得一。以立圓法九因之亦得九。於中。又以方垛壔差隅筭四百三十二圓垛壔差隅筭三百二十四相并得七百五十六。於下。并三位共得八百九十三。爲從下廉。〇以大平方羃段四百三十二爲隅筭，開三乘方法除之。於實數之下，商置第一位，以布方、廉、隅法四位，將從方一進得二十六万八千四百八十。從上廉二進[1]得六十九万一千二百。從下廉三進

[1]“二進”，静嘉堂本、國家圖書館本不清，此依題意作此。

得八十九万三千。隅法四進得四百三十二万。於實數萬位之下，商實得一十。下法亦置上商一，遂依三乘方法一遍乘上廉，二遍乘下廉，一乘隅法，皆止得原數。以方、廉、隅四法共六百七万二千六百八十。皆與上商一除實六百七万二千六百八十餘實五百六十二万五千八百八十。二乘上廉得一百三十八万二千四百。三乘下廉得二百六十七万九千。四乘隅法得一千七百二十八万。皆并入從方共得二千一百五十万九千八百八十。爲方法。再置上、下廉二位，以三因上商一十得三十。以乘下廉八十九万三千，得二百六十七万九千。加入上廉六十九万一千二百，共得三百三十七万二百。又於隅法之下，置上商一二位上自乘止得一。又六乘得六。以乘隅法四百三十二万，得二千五百九十二万。又加入上廉三百三十七万二百，共得一千九百二十九万二百。下位只以四乘得四。以乘隅法四百三十二万，共得一千七百二十八万。加入下廉八十九万三千，共得一千八百一十七万三千。乃方法一退得二百一十五万九百八十八。上廉再退得二十九万二千九百二。下廉三退得一万八千一百七十三。隅法四退得四百三十二。〇續商置第二位，以方、廉、隅四法共二百四十六万二千四百九十四。商餘實得二尺。下法亦置上商二一遍乘上廉得五十八万五千八百四。二遍乘下廉得七万二千六百九十二。三遍乘隅法得三千四百五十六。以方、廉、隅四法共二百八十一万二千九百四十。皆與上商二除實盡，得一十二尺。爲方、圓垛壔高小平方面等數。却以等數一十二尺副置五位，第一位以三約之得四尺。爲立圓毬徑。第

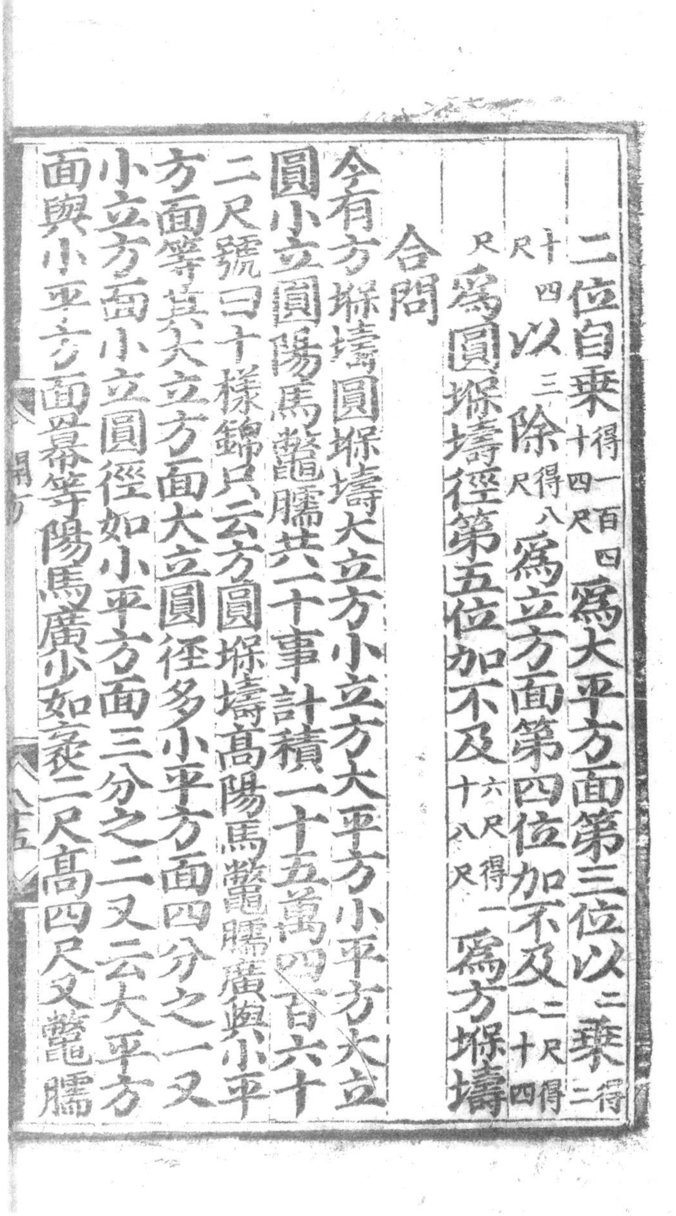

二位自乘得一百四十四尺。爲大平方面。第三位以二乘得二十四尺。以三除得八尺。爲立方面。第四位加不及二尺，得二十四尺。爲圓垛壔徑。第五位加不及六尺，得一十八尺。爲方垛壔。

合問。

今有方垛壔、圓垛壔、大立方、小立方、大平方、小平方、大立圓、小立圓、陽馬、鼈臑共一十事。計積一十五萬四百六十二尺，號曰十樣錦。只云方、圓垛壔高，陽馬、鼈臑廣，與小平方面等。其大立方面、大立圓徑多小平方面四分之一。又小立方面、小立圓徑如小平方面三分之二。又云大平方面與小平方面冪等，陽馬廣少如袤二尺、高四尺。又鱉臑

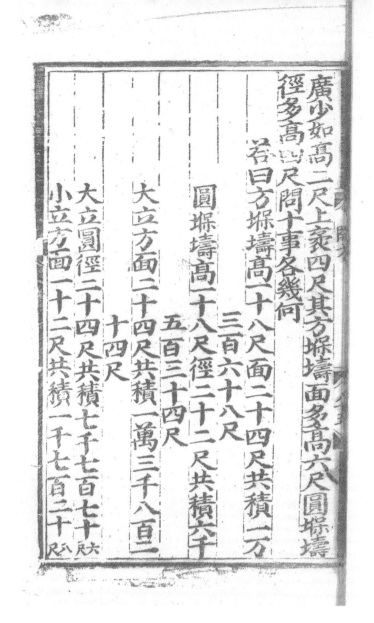

廣少如高二尺、上袤四尺。其方堢壔面多高六尺，圓堢壔徑多高四尺。問十事各幾何？

答曰：方堢壔高一十八尺，面二十四尺，共積一万三百六十八尺。

圓堢壔高一十八尺，徑二十二尺，共積六千五百三十四尺。

大立方面二十四尺，共積一萬三千八百二十四尺。

大立圓徑二十四尺，共積七千七百七十六尺。

小立方面一十二尺，共積一千七百二十八尺。

小立圓徑一十二尺，共積九百七十二尺。

大平方面三百二十四尺，共積一十万四千

九百七十六尺。

小平方面一十八尺，共積三百二十四尺。

陽馬廣一十八尺，高二十二尺，袤二十尺，共

積二千六百四十尺。

鼈臑廣一十八尺，高二十尺，上袤二十二尺，

共積一千三百二十尺。

法曰：求乘積置積一十五万四百六十二尺於上。以立方分母三再

自乘得二十七。以立方十六乘之得四百三十二。爲乘法。以乘積數

得六千四百九十九万九千五百八十四。爲實。○求從方，以方垜壔多數六自乘得三十六。以乘法乘之得一万五千五百五十二。又圓垜壔多數四自乘得一十六。以乘法乘之，又三因四而一得五千一百八十四。又陽馬二差相乘得八。以乘法乘之，如三而一得一千二百五十二。又鼈臑二差相乘得八。以乘法乘之，如六而一得五百七十六。并四位共得二万二千四百六十四。爲從方。○求從上廉，倍方垜壔多數六，得一十二。以乘法乘之得五千一百八十四。又倍圓垜壔多數四，得八。以乘法乘之，又三因四而一得二千五百九十二。又陽馬二差相并得六。以乘法乘之，如三而一得八百六十四。又鼈臑二差相并得六。以乘法乘之，如六而一得四百三十二。又用大平方冪段四百三十二并五位共得九千五百四。為從上廉。○求從下廉。以方垛壔分母三再自乘得二十七。以立方率十六乘之得四百三十二。又圓垛壔分母三再自乘得二十七。以立方率十六乘之，又三因四而一得三百二十四。大立方分母四再自乘得六十四。以立方率十六乘之得一千二十四。小立方分母二再自乘得八。以立方率十六乘之得一百二十八。大立圓分母四再自乘得六十四。以立圓率九乘之得五百七十六。小立圓分母二再自乘得八。以立圓率九乘之得七十二。陽馬分母三再自乘得二十七。以立方率十六乘之，又如三而一得一百四十四。鼈臑分母三再自乘得二十七。以立方率十六乘之。

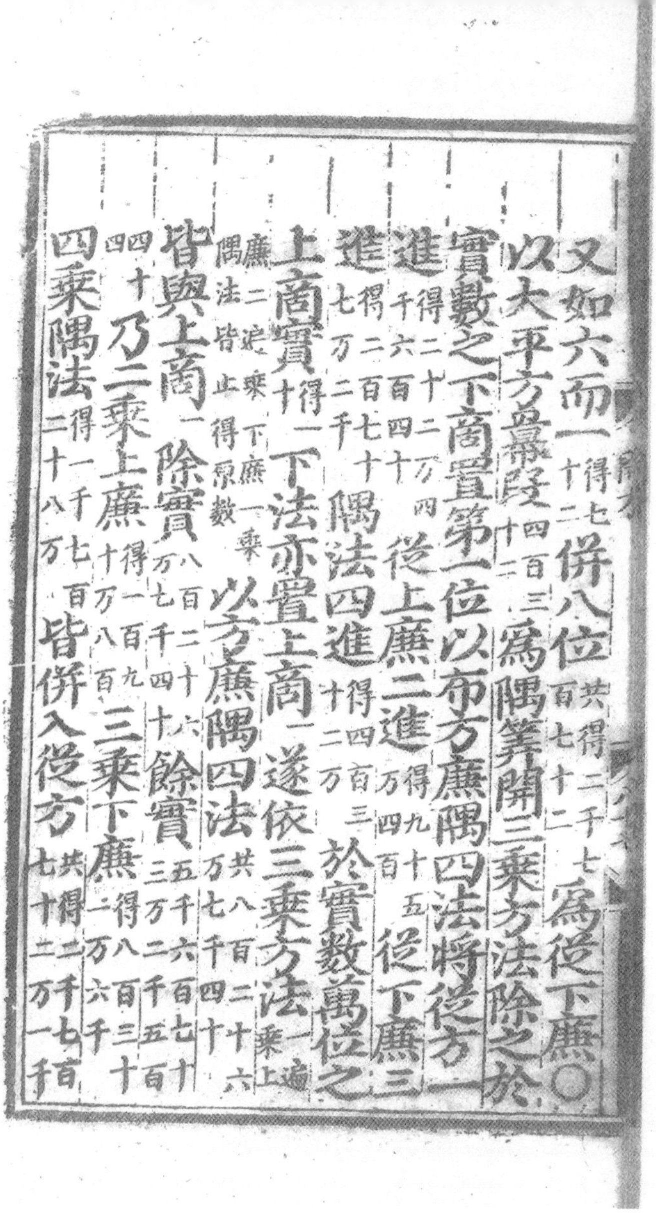

又如六而一得七十二。并八位共得二千七百七十二。爲從下廉。○

以大平方羃段四百三十二爲隅筭，開三乘方法除之。於

實數之下，商置第一位，以布方、廉、隅四法，將從方一

進得二十二万四千六百四十。從上廉二進得九十五万四百。從下廉三

進得二百七十七万二千。隅法四進得四百三十二万。於實數萬位之

上，商實得一十。下法亦置上商一，遂依三乘方法一遍乘上

廉，二遍乘下廉，一乘隅法，皆止得原數。以方、廉、隅四法共八百二十六万七千四十。

皆與上商一除實八百二十六万七千四十餘實五千六百七十三万二千五百

四十四。乃二乘上廉得一百九十万八百。三乘下廉得八百三十一万六千。

四乘隅法得一千七百二十八万。皆并入從方共得二千七百七十二万一千

四百四十。爲方法。再置上商一以三乘之得三。乘下廉二百七十七万二千，得八百三十一万六千。加入上廉九十五万四百，共得九百二十六万六千四百。

又於隅法之下，置上商一，二位上自乘，又六乘，止得六。以乘隅法四百三十二万，得二千五百九十二万。加入上廉九百二十六万六千四百，共得三千五百一十八万六千四百。下位只以四乘止得四以乘隅法得一千七百二十八万。加入下廉二百七十七万二千，共得二千五万二千。乃方法一退得二百七十七万二千一百四十四。上廉再退得三十五万一千八百六十四。下廉三退得二万五十二。隅法四退得四百三十二。○續商置第二位，以方、廉、隅四法共三百一十四万四千四百九十二。商餘實得八尺。下法亦置上商八，一遍乘上廉得二百八十一万四千九百一十二。二遍

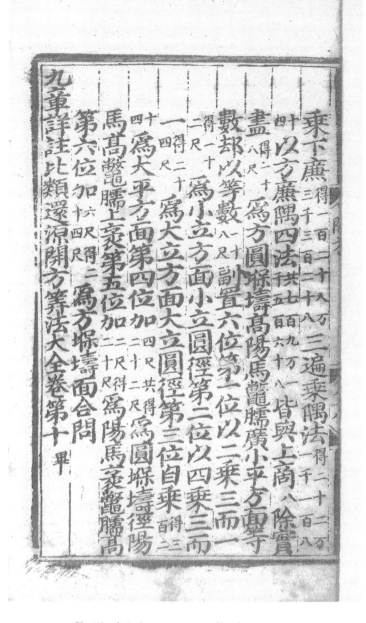

乘下廉得一百二十八万三千三百二十八。三遍乘隅法得二十二万一千一百八十四。以方、廉、隅四法共七百九万一千五百六十八。皆與上商八除實盡得二十八尺。爲方、圓垛壔高，陽馬、鼈臑廣，小平方面等數。却以等數十八尺副置六位，第一位以二乘三而一得一十二尺。爲小立方面、小立圓徑。第二位以四乘三而一得二十四尺。爲大立方面、大立圓徑。第三位自乘得三百二十四。爲大平方面。第四位加四尺，共得二十二尺。爲圓垛壔徑、陽馬高、鼈臑上袤。第五位加二尺，得二十尺。爲陽馬袤、鼈臑高。第六位加六尺，得二十四尺。爲方垛壔面。合問。

九章詳注比類還源開方筭法大全卷第十畢

後 記

二〇一四年，我初到法國巴黎第七大學攻讀博士學位，導師 Karine Chemla（林力娜）教授和我討論博士期間的研究方向，我們認爲由以往數學史研究價值取向的影響，學者普遍對“宋元數學高峰”到十七世紀傳教士進入中國之前的幾個世紀内的數學著作關注不够，然而這部分數學内容却在經典數學文本《九章算術》在民間進一步普及、流傳和發展中發揮了重要的作用，中國古典數學知識、概念、算法和操作的“連續性”問題爲以往“宋元高峰”和“明代衰落”的數學史叙述所遮蔽。Chemla 教授詢問我對吴敬《九章算法比類大全》的興趣，并建議我先通過閲讀此書與其慢慢討論，教導給我她對古代數學文本的闡釋和研究的方法。我也是在這個時候，開始系統關注該書，此後興趣慢慢擴展至對該書影響至大的宋代楊輝的《詳解九章算法》。《九章算法比類大全》與其之間的關係、以及由此體現的諸多連續性，最終成爲我博士論文的主題。

在剛開始閲讀此書時，我一直爲其模糊的影印效果所困擾。實際上，該書在當時便屬于民間普及類著作，用紙、用墨和刊印效果均算不上精良，較一些明代精刻算書，如顧應祥、朱載堉的著作相去甚遠。加之後世保存不佳，到了二十世紀被現代數學史家關注和重新影印時，很多頁面已經模糊不清，甚至有的藏本的頁面散亂遺失，内容無法連貫。當時身在异國，國家圖書館、上海市圖書館原藏本均不易獲見，只能依靠其影印本閲讀。後來才知，即便造訪這些圖書館，也已無法看到原本。二〇一五年我曾至北京大學圖書館，雖得見此書原本，但因時間關係也就只能針對書上的一些批注拍照記録。而原底本情況較佳的日本静嘉堂藏本的一九九四年《歷代算學集成》影印本，所依據的又是紙質複印本，當年是否獲得出版授權亦未知，最終出版的圖片質量也很不如人意。Chemla 教授的指導尤其看重對文字的深入闡釋和解讀，并非僅僅了解大概算法即可，而原書中不少關鍵的解釋性文字僅作雙行小字，有時實在難以辨别。

在閲讀之初，我使用書籍掃描的文檔，將三種影印書籍每部七百葉左右的每一葉上都做上編碼，逐葉對比，建立對應關係，在閲讀某一版遇到不清楚的文字時，可以快速地查找到其餘兩本上文字的情况。當時，我用一台電腦連接三台顯示器，借助 Autohotkey 編寫的小程序，在三個大型文檔之間切换比較，透過頁面上的一條條木板裂紋、一絲絲印刷墨迹和一塊塊像素的鋸齒，推測着某某處可能是個什麼字。這實際上也就是該書最早的校勘整理工作了。

在後來的研究中，隨着對文本字形的熟悉和吴敬用詞造句的了解，不知不覺中閲讀的困難逐漸降低，同事朋友往往驚嘆我是怎么於一片黑色的墨團中識別出這么多文字，而我也才意識到自己閱讀起來已經稍微順暢的頁面，在其他學者眼中仍然有不少的困難。而對于關注該書的非中國學者而言更是如此，他們或有優秀的古典文獻的閱讀和翻譯能力，但對于極度模糊又不規範的中文字形，則也會束手無策。在我博士論文中附了該書的兩個章節的整理和校勘文字，論文評審委員會的 Alexei Volkov 教授對此附録十分關注，期待盡早看到該書完整的整理校勘本。

二〇一八年底，我畢業後入職中國科學院自然科學史研究所，非常榮幸地參與到張柏春所長、圖書館孫顯斌館長主持的“中國科技典籍選刊”古籍整理項目，老師們對整理《比類大全》提供了大力的支持。孫顯斌館長爲獲取該書的日本藏本提供了尤其多的幫助。在獲得高清的静嘉堂本複印件之後，我心情十分高興與激動，這份在電腦裏被我無數次打開、寫滿了批注的文檔，第一次以如此清晰的面目出現在面前，以前很多對模糊文字的猜測和經過算理推算出的數據，通過它可以得到證實或否定。但是欣喜之餘也帶着一點點失落，因爲以前大量的校勘記録在以這份静嘉堂爲底本之後，都徑可删去。但無論如何，能以此本做高清的掃描出版，并配以對文字的排印標點，對于學界而言是件極大的好事，可彌補數十年來《比類大全》出版影印本質量的遺憾，讓更多的學者可以更方便地進入到文本，進行進一步的研究。

感謝法國國家科研中心 Chemla 教授支持我選擇吴敬《比類大全》作爲研究的方向，她始終關心該書的整理校勘工作。感謝項目主持者張柏春研究員、孫顯斌研究員對整理出版該書的支持和幫助。感謝日本青山學院大學廖明飛博士幫助獲得静嘉堂藏本的複印件，并協助獲取静嘉堂文庫的出版授權。感謝中國國家圖書館、上海市圖書館、北京大學圖書館古籍部門爲查閱此書提供的幫助。感謝中國科學院自然科學史研究所圖書館高峰老師提供技術協助，南開大學外國語學院賀夢瑩老師幫助將約三章的標點録入電子文檔，研究生鄭奕君協助核對録入的文字和排版格式。十分感謝山東科學技術出版社的楊磊編輯爲此書付出的辛勤工作。編輯整理校勘工作是在中國科學院自然科學史研究所製作的電子文檔的基礎上進行的。该项工作受到孫顯斌研究員主持的“中國科技典籍整理和研究”項目（E2293G11）以及本人主持的中國科學院青促會“十三至十六世紀中國實用數學”項目（E2292G01）的資助。

整理工作出現的問題和失誤由本人負責，請各位方家批評指正。

周霄漢

二〇二三年十二月

中國科學院自然科學史研究所

xhzhou630@hotmail.com